Uwe K. Zettl, Hayrettin Tumani, Sigurd D. Süßmuth (Hrsg.)

Klinische Liquordiagnostik

Uwe K. Zettl, Hayrettin Tumani,
Sigurd D. Süßmuth (Hrsg.)

Klinische Liquordiagnostik

mit Zytologieatlas

3. Auflage

DE GRUYTER

Herausgeber
Prof. Dr. med. Uwe Klaus Zettl
Universitätsmedizin Rostock
Klinik und Poliklinik für Neurologie
Sektion Neuroimmunologie
Gehlsheimer Str. 20
18147 Rostock
E-Mail: uwe.zettl@med.uni-rostock.de

Priv.-Doz. Dr. med. Sigurd Dietrich Süßmuth
Medizinische Fakultät der Universität Ulm
Klinik und Poliklinik für Neurologie
Oberer Eselsberg 45
89081 Ulm
E-Mail: sigurd.suessmuth@uni-ulm.de

Prof. Dr. med. Hayrettin Tumani
Universitäts- und Rehabilitationskliniken Ulm (RKU)
Neurologische Uniklinik im RKU
Labor für Liquordiagnostik und klinische Neurochemie
Oberer Eselsberg 45
89081 Ulm
E-Mail: hayrettin.tumani@uni-ulm.de

ISBN 978-3-11-022193-0
e-ISBN (PDF) 978-3-11-033190-5
e-ISBN (EPUB) 978-3-11-039004-9

Library of Congress Control Number: 2024933469

Bibliografische Information der Deutschen Nationalbibliothek
Die Deutsche Nationalbibliothek verzeichnet diese Publikation in der Deutschen Nationalbibliografie; detaillierte bibliografische Daten sind im Internet über http://dnb.dnb.de abrufbar.

Einbandabbildung: Dissoid/iStock/Getty Images Plus
Satz: Integra Software Services Pvt. Ltd.

www.degruyter.com

Geleitworte

Die Beurteilung der Zerebrospinalflüssigkeit für diagnostische Zwecke bleibt ein Bereich von großer Bedeutung. Die zweite Auflage des Werkes „Klinische Liquordiagnostik" ist weiterhin ein maßgebliches Nachschlagewerk für Neurologen und Neuroimmunologen. Seit der Veröffentlichung der letzten Ausgabe wurden zahlreiche bahnbrechende Entdeckungen hinsichtlich der Physiologie der Liquorproduktion und des Liquorflusses sowie zu diagnostischen Tests gemacht, die eine detaillierte Charakterisierung der zellulären und nicht-zellulären Bestandteile des Liquors ermöglichen. Die dritte Ausgabe von „Klinische Liquordiagnostik" reflektiert diese dynamischen Entwicklungen und stellt eine wertvolle Erweiterung der bestehenden Literatur dar.

Das Verständnis der Pathogenese der Multiplen Sklerose (MS) und verwandter Erkrankungen bleibt trotz erheblicher wissenschaftlicher und medizinischer Fortschritte gegenwärtig unvollständig. Seit Beginn der dokumentierten neueren naturwissenschaftlichen Geschichte haben Wissenschaftler in vitro- und tierexperimentelle Studien durchgeführt, um Einblicke in die biologische Struktur und Funktion des zentralen Nervensystems (ZNS) und des Immunsystems zu gewinnen. Unabhängig davon, welches Tiermodell zur Untersuchung von Autoimmunität und anderen krankheitsrelevanten Mechanismen verwendet wird, ist die Analyse von Geweben, die für den Krankheitsprozess relevant sind, von entscheidender Bedeutung. Die Untersuchung der Zerebrospinalflüssigkeit zur Identifizierung und Charakterisierung von Molekülen und Zelluntergruppen, die als relevant für die Pathogenese gelten, hat sich in Forschungsstudien und teilweise auch in der klinischen Praxis als Routineverfahren etabliert. Bei Versuchstieren, insbesondere bei kleinen Nagetieren, sind Liquorstudien zwar komplexer, bieten jedoch die gleichen Vorteile wie beim Menschen: die Längsschnittbewertung von Biomarkern in einem Gewebekompartiment, das von den meisten Neuroimmunologen als hoch relevant angesehen wird.

Die Autorenliste der dritten Auflage von „Klinische Liquordiagnostik" umfasst ausschließlich angesehene Kliniker und Wissenschaftler, die dem Leser effektiv krankheitsrelevante Neuigkeiten in den Bereichen Molekularbiologie, Zellbiologie, Biochemie, Immunologie und Labormedizin vermitteln. Einige Beispiele sollen hier hervorgehoben werden.

Die Hauptfunktion des Liquorsystems besteht in der Aufrechterhaltung der Homöostase des ZNS. Dies betrifft sowohl die zellulären als auch die nichtzellulären Bestandteile des Gehirns und des Rückenmarks. Einige Bereiche des Gehirns sind metabolisch hochaktiv, wodurch Stoffwechselneben- und Abbauprodukte kontinuierlich abtransportiert werden müssen. Dies ist ein wesentliches biologisches Ereignis, bei dem der interstitiellen Flüssigkeit und dem Liquor zentrale Rollen zukommen.

Seit der letzten Ausgabe dieses Buches hat sich unser Wissen über die Liquorentsorgung des Gehirns durch die Charakterisierung des glymphatischen Systems, eines Körperflüssigkeitskanals im Gehirn, der durch einen Astrozyten-vermittelten Flüssigkeitsaustausch von interstitieller Flüssigkeit und Liquor aufrechterhalten wird, erheblich erweitert. Es wird angenommen, dass die Bewegung des Liquors ins Gehirn vom Subarachnoidalraum in die periarteriellen Räume rund um die durchdringenden Arterien erfolgt und dabei der Richtung des Blutflusses folgt. Im Hirnparenchym verteilt sich der Liquor und vermischt sich mit der interstitiellen Flüs-

https://doi.org/10.1515/9783110331905-202

sigkeit, wobei die chemischen Zusammensetzungen dieser beiden Flüssigkeiten in diesem Kompartiment sehr ähnlich sind. Anschließend gelangt die Mischung aus Liquor und interstitieller Flüssigkeit in den perivenösen Raum und verlässt schließlich das Gehirn, indem sie entweder durch die Gefäßwand wieder in die Vene eintritt oder in den Subarachnoidalraum zurückkehrt. Daher muss davon ausgegangen werden, dass die chemische Zusammensetzung des Liquors im Subarachnoidalraum der der interstitiellen Flüssigkeit im Gehirn sehr ähnelt und dass die Untersuchung des Liquors mittels Spektrometrie oder anderer Nachweismethoden aussagekräftige Ergebnisse zu chemischen Veränderungen im Gehirn von Patienten mit MS liefern kann.

Die MS und verwandte Erkrankungen weisen eine immunologische Pathogenese auf. Der größte Nutzen der Liquordiagnostik zur Erweiterung unseres Verständnisses ihrer Pathogenese dürfte aus der Charakterisierung zellulärer Untergruppen resultieren, die Entzündungen auslösen und aufrechterhalten. Seit der letzten Ausgabe dieses Buches wurden in diesem Bereich erhebliche Fortschritte erzielt. Zukünftige methodische Ansätze und Interessengebiete umfassen (A) die fortlaufende Bewertung von Lymphozyten- und myeloischen Zellgruppen mittels Multiparameter-Durchflusszytometrie und CyTOF, (B) die Antigenrezeptorsequenzierung sowie (C) Einzelzell-Transkriptomik und Proteomik. Mit der Weiterentwicklung dieser Methoden wird es möglich sein, krankheitsrelevante biologische und biochemische Daten zu generieren. Es ist plausibel zu spekulieren, dass die Untersuchung und Validierung molekularer und zellulärer Ziele eine exzellente Möglichkeit bietet, das Verständnis der Pathogenese von MS zu verbessern und neue Therapeutika zu entwickeln.

Den Herausgebern ist es erneut gelungen, das vorliegende Werk didaktisch und optisch dem neuesten Wissensstand anzupassen. Es sollte betont werden, dass das Buch sehr praktische Auswirkungen auf die klinische Praxis hat. Angesichts der Vielzahl diagnostischer Antikörper im Liquor können klinische Diagnosen durch Proteinnachweis-Assays bestätigt werden. Darüber hinaus können diagnostische Tests in Situationen, in denen die Erstellung einer klinischen Diagnose schwierig ist, zu diagnostischer Gewissheit führen. Weitere wichtige relevante klinische Anwendungen, die in dem Buch beschrieben werden, sind die Charakterisierung von ZNS-spezifischen Biomarkern bei einigen neurodegenerativen Erkrankungen, sowie die umfangreiche zytologische Darstellung von Liquorzellen für die zelluläre Diagnostik. Aus diesen Gründen wird die „Klinische Liquordiagnostik“ für Kliniker und translationale Wissenschaftler, die in den Bereichen Neuroimmunologie, Neuroonkologie, Neuroinfektiologie und entzündlichen neurodegenerativen Erkrankungen des ZNS tätig sind, eine bedeutende Bereicherung darstellen.

Dallas, Texas, Oktober 2024

Prof. Dr. med. Olaf Stüve
Department of Neurology at UT Southwestern Medical Center
Head of the MS/Neuroimmunology section
Chief of Neurology at the Dallas VA Medical Center.
Dallas, Texas
USA

Die Analyse der Zerebrospinalflüssigkeit bietet eine der wenigen Möglichkeiten, direkte Information über molekulare und immunologische Vorgänge im zentralen Nervensystem von Patienten mit neurologischen Erkrankungen zu erlangen. Dementsprechend hat die Untersuchung des Liquors große Bedeutung in der Diagnostik solcher Erkrankungen und in der Erforschung ihrer zu Grunde liegenden pathogenetischen Mechanismen. Die Bedeutung einzelner Untersuchungen und der dazu verwendeten Techniken unterliegt einem dynamischen Wandel und es ist deshalb von großer Bedeutung, den aktuellen Wissensstand nicht nur klar und übersichtlich, sondern auch zeitnah und detailgetreu zu darzustellen. Diese wichtige Aufgabe wird bereits über Jahrzehnte in vorbildlicher Form von den Autoren des Buches „Klinische Liquordiagnostik" erfüllt. Vergleicht man die bisherigen Auflagen mit der gegenwärtigen dritten Auflage, erkennt man die dynamische Entwicklung des Feldes allein an der eindrücklichen Zunahme des Textvolumens und der Zahl der Kapitel des Buches. Besonders eindrücklich ist dies in den Autoimmunerkrankungen, einschließlich der paraneoplastischen Erkrankungen, und den neurodegenerativen Erkrankungen, für die heute eine Vielzahl neuer und spezifischer Marker für die Diagnostik und die Verlaufsprognose zur Verfügung stehen. Den Autoren ist es gelungen, diese neuen Entwicklungen sehr detailliert und trotzdem in sehr klarer und übersichtlicher Form darzustellen. Ohne Zweifel handelt es sich hier um ein herausragendes Standardwerk, das die Grundlagen der Liquordiagnostik einschließlich der Liquorzytologie für die klinische Praxis in der Neurologie, Psychiatrie und Labormedizin vermittelt. Dass dieses Buch in deutscher Sprache erscheint, ist offensichtlich der herausragenden Tradition und Bedeutung der Liquordiagnostik und deren zu Grunde liegender Forschung im deutschsprachigen Raum geschuldet.

Die Bedeutung dieses Buches für die Klinik wird im Detail im Geleitwort von Prof. Olaf Stüve beschrieben, sie ist jedoch auch für die Grundlagenforschung in den Gebieten der Neurobiologie, Physiologie und Pathologie gegeben. Die letzten Jahre sind durch die Entwicklung zahlreicher neuer Konzepte zur Frage der Liquorproduktion und -resorption, zur möglichen Existenz und Rolle lymphatischer Abflusswege aus dem Gehirn und zur Kommunikation extrazerebraler und intrazerebraler Blutgefäßsysteme gekennzeichnet. Die meisten Daten zu diesen Konzepten wurden in Mausmodellen erhoben, in denen auf Grund des sehr kleinen Liquorvolumens physiologisch relevante Daten nur beschränkt gemessen werden können. Solche Daten stehen jedoch zum Teil aus historischen Untersuchungen zur Physiologie des Liquor cerebrospinalis beim Menschen zur Verfügung, die in diesem Buch detailliert in den Kapiteln zur Geschichte der Liquordiagnostik, der Anatomie und Physiologie des Liquorsystems, der Blut-Liquor-Schrankenfunktion und dem Liquorfluss dargestellt sind. Diese wertvollen Informationen erlauben es, die neu entwickelten Konzepte im Licht der bekannten Fakten der Liquorphysiologie des Menschen zu überprüfen. Ähnliches gilt auch für das Kapitel „Zelluläre und humorale Immunreaktionen in Nervensystem", das eine Grundlage für die Validierung neuer Konzepte zur Immunüberwachung des menschlichen Gehirns und Rückenmarks und zur Pathogenese neuer Autoimmunerkrankungen bietet.

Die „Klinische Liquordiagnostik" hat sich bereits in ihren früheren Buchauflagen als Goldstandard im einschlägigen Fachgebiet etabliert. Auf Grund der rasanten Entwicklung des Wissens war eine Überarbeitung und Ergänzung dieses Buches in einer neuen Auflage unbedingt notwendig. Dies ist in der dritten Auflage in hervorragender Weise gelungen. Sie verdient einen prominenten Platz in der Fachbibliothek nicht nur von Abteilungen der Neurologie, Psychiatrie und Labormedizin, sondern auch von Institutionen der neurowissenschaftlichen Grundlagenforschung.

Wien, Oktober 2024

Prof. Dr. med. Hans Lassmann
Zentrum für Hirnforschung
Medizinische Universität Wien
Spitalgasse 4
1090 Wien
Österreich

Es gibt wenige Bereiche in der Diagnostik, die so interdisziplinär aufgestellt sind wie die Liquordiagnostik. Zum Wohle der Patientinnen und Patienten arbeiten die Fachdisziplinen Neurologie, Psychiatrie, Labormedizin, Immunologie, Mikrobiologie und Virologie eng zusammen.

Die Liquordiagnostik spielt bei vielen neurologischen Erkrankungen eine entscheidende Rolle und trägt zur Diagnostik und Differenzialdiagnostik neurodegenerativer, entzündlicher, infektiöser und neoplastischer Prozesse im ZNS bei. Trotz ihrer Komplexität und der hohen Anforderungen an die Präanalytik und Analytik behält die Liquordiagnostik auch durch neue Möglichkeiten ihre Bedeutung in der täglichen klinischen Praxis bei.

Das Buch „Klinische Liquordiagnostik" richtet sich an Neurologen, Psychiater, Labormediziner, Infektiologen und alle, die in der Diagnostik und Behandlung von ZNS-Erkrankungen tätig sind. Es beleuchtet die facettenreichen Aspekte der Liquoranalytik, von den Grundlagen bis zu den neuesten methodischen Entwicklungen, und legt dabei einen besonderen Fokus auf die Bedeutung präziser Laboranalysen und ihre Interpretation im klinischen Kontext. Das Buch hat sich in seiner 3. Auflage als Standardwerk etabliert und kann gleichermaßen als Lehrbuch, Leitfaden und Nachschlagewerk dienen.

In einer Zeit, in der die Medizin immer stärker von interdisziplinären Ansätzen geprägt ist, möchte dieses Werk dazu beitragen, das Verständnis und die Zusammenarbeit zwischen den verschiedenen Fachdisziplinen und damit eine qualitativ hochwertige Patientenversorgung zu fördern. Das Kapitel des integrierten Liquorbefunds zeigt, was durch dieses Zusammenspiel erreichbar ist. Dieses Buch hilft, die klinische Liquordiagnostik als wertvolles Instrument in der Diagnostik von Erkrankungen des Nervensystems verstehen und anwenden zu können.

Viel Freude bei Ihrer Lektüre,
Köln, Oktober 2024

Prof. Dr. med. Thomas Streichert
Institut für Klinische Chemie
Centrum für Labordiagnostik
Universitätsklinikum Köln

Geleitwort zur 2. Auflage

Mit Freude haben wir vernommen, daß die 1. Auflage der „Klinischen Liquordiagnostik“ einen sehr großen Zuspruch gefunden hat. Darin widerspiegelt sich zu unserer Genugtuung der hohe Stellenwert dieses Teilgebietes der klinischen Medizin. Wir freuen uns besonders, daß sich das vorliegende Nachschlagewerk innerhalb kürzester Zeit zu einem Standardwerk auf seinem Gebiet entwickelt hat.

Die überarbeitete 2. Auflage berücksichtigt die neuen Erkenntnisse der letzten Jahre. Die aus dem Buch deutlich werdende Komplexität der modernen Liquordiagnostik führt den Trend der Auflösung von Liquorlabors als selbstständige Spezialeinheiten ad adsurdum. Das Buch ist eine unschätzbare Hilfe, um eine unkritische „Einzelwertbetrachtung“ in Hinblick auf den integrierten Liquorbefund zu vermeiden.

Wir wünschen auch der 2. Auflage der „Klinischen Liquordiagnostik“, daß sie dem praktisch tätigen Arzt im klinischen Alltag ein unverzichtbarer „Begleiter“ zum Wohle unserer Patienten wird.

Rostock und Halle, Februar 2005

Prof. Dr. med. Johannes Sayk
Prof. Dr. med. Rudolf Manfred Schmidt

Geleitwort zur 1. Auflage

Noch in den fünfziger Jahren des 20. Jahrhunderts bestand die Meinung, in der Zerebrospinalflüssigkeit „sei nichts drin“. Heute muß konstatiert werden, das Gegenteil ist der Fall, wie das vorliegende Werk eindrucksvoll zeigt. Die rasch gediehenen und in die klinische Laborpraxis eingeführten biochemischen, immunzytologischen und molekularbiologischen Forschungsergebnisse haben die achtbare Stellung der Liquordiagnostik weiter ausgebaut. Trotz der epochalen Fortschritte durch bildgebende Verfahren bleibt die Liquoranalyse in der neurologischen Diagnostik und Verlaufskontrolle unverzichtbar.

In dem umfassend ausgestatteten Kompendium der klinischen Liquordiagnostik haben renommierte Kliniker und experimentell hervorgetretene Forscher den aktuellen Stand der zellulären und humoralen Immunreaktionen, der modernen Protein- und Zelldiagnostik, eindrucksvoll und prägnant dargestellt. Hervorzuheben sind besonders die methodischen Fortschritte in den Zellmarkierungstechniken, in den mikrobiologischen und molekularbiologischen Nachweismethoden. Die Stärke des vorliegenden Buches besteht in der klinischen Relevanz durch die praxisbezogene Interpretation der Ergebnisse aus der Liquoranalytik. Den Herausgebern ist es in vorzüglicher Art und Weise gelungen, das vorliegende Werk didaktisch und optisch zu gestalten.

Dem Buch kommt im aktuellen Literaturspektrum zweifellos eine einzigartige bedarfsdeckende Funktion zu.

Wir sind sicher, dass die umfassende, klinisch relevante Publikation eine rasche und weite Verbreitung auch über die Grenzen der Neurologie hinausreichend finden wird.

Rostock und Halle, Oktober 2002

Prof. Dr. med. Johannes Sayk
Prof. Dr. med. Rudolf Manfred Schmidt

Vorwort

Die rasanten Fortschritte in den klinischen und experimentellen Neurowissenschaften sowie im Verständnis der pathophysiologischen Grundlagen haben eine grundsätzliche inhaltliche sowie didaktische Überarbeitung und deutliche Erweiterung der zweiten Auflage des Standardwerkes *Klinische Liquordiagnostik* notwendig gemacht. Die verdienstvollen Mitherausgeber der ersten beiden Auflagen, Eilhard Mix und Reinhard Lehmitz sind zwischenzeitlich in den Ruhestand getreten und haben den Staffelstab an die in der Liquordiagnostik aktiven Experten Hayrettin Tumani und Sigurd Süßmuth übergeben.

Aufgrund des enormen Wissenszuwachses in den letzten Jahrzehnten gewinnt die Möglichkeit des raschen Zugriffs auf relevante Daten, Fakten und Zusammenhänge in der klinischen Liquordiagnostik zunehmend an Relevanz. Auf der Basis einer Synopsis aus neuesten wissenschaftlichen Erkenntnissen und dem fundierten klinischen Erfahrungsschatz soll sowohl dem Kliniker und Labormediziner als auch dem Forscher der aktuelle Wissensstand der Liquorologie übersichtlich in Breite und Tiefe präsentiert werden. Beibehalten wurde der didaktisch bewährte Aufbau des Buches. In vertrauter Art und Weise wird in den Hauptkapiteln A (Grundlagen), B (Methoden) und C (Differentialdiagnostik) der jeweils aktuelle Wissenstand dargeboten, mit Tabellen zu Einheiten und Grundbegriffen (Kapitel D). Unser Ziel war es, beide traditionellen Konzepte der Befundinterpretation darzustellen: Einerseits den Weg vom klinischen Krankheitsbild zum Liquorbefund und andererseits vom Liquorbefund zur klinischen Differentialdiagnose. Völlig neu ist der unter didaktischen Gesichtspunkten konzipierte Liquorzytologieatlas (Kapitel E), der mit einer Vielzahl neuerer Präparate das Spektrum der Zytologie erweitert. Wir hoffen, dass es uns gemeinsam mit vielen früheren und neu hinzu gewonnenen Liquorexperten als Koautoren gelungen ist, den *State of the Art* der klinischen Liquorologie mit der vorliegenden dritten Auflage des Folianten umfassend und praxisrelevant abzubilden. Hierbei soll das Werk sowohl den Anforderungen eines Lehrbuches als auch eines Nachschlagewerkes erfüllen.

Wir danken allen Autoren für das unermüdliche und große Engagement bei der Realisierung der vorliegenden dritten Auflage. Ein besonderer Dank gilt den Vorstandsmitgliedern der Deutschen Gesellschaft für Liquordiagnostik und Klinische Neurochemie e.V., die eine Optimierung und technische Umsetzung der Graphiken ermöglicht haben. Für die entsprechende Realisierung möchten wir uns bei Frau Nora Tomm bedanken. Den Mitarbeitern des Walter de Gruyter Verlages, insbesondere Frau Stella Müller und Herrn Andreas Brandmair, gebührt unser verbindlichster Dank für die kontinuierliche und konstruktive Unterstützung bei der Realisierung dieser Neuauflage.

Wir sind weiterhin für jegliche Anregungen und hilfreiche Kritiken zur Verbesserung der vorliegenden Auflage des Buches sehr dankbar. Die höchste Anerkennung und den besten Lohn stellt für die Autoren und Herausgeber aber der intensive Gebrauch der *Klinischen Liquordiagnostik* in der täglichen Praxis zum Nutzen unserer Patienten dar.

Rostock und Ulm,
Oktober 2024

Prof. Dr. med. Uwe K. Zettl
Prof. Dr. med. Hayrettin Tumani
Priv.-Doz. Dr. med. Sigurd D. Süßmuth

https://doi.org/10.1515/9783110331905-203

Vorwort zur 2. Auflage

Nach dem Erscheinen der „Klinischen Liquordiagnostik“ war die 1. Auflage sehr schnell vergriffen. Auf Grund der weiterhin großen Nachfrage ergab sich folglich das Erfordernis für eine 2. Auflage. Der rasanten Entwicklung von molekularbiologischen Methoden bei neoplastischen Erkrankungen und der Bedeutung von Aktivierungs- und Destruktionsmarkern bei neurologischen Erkrankungen wurde in der Neuauflage besonders Rechnung getragen.

Wir danken allen Autoren für Ihr Engagement bei der Realisierung dieser 2. überarbeiteten Auflage. Den Mitarbeitern des Walter de Gruyter Verlages gebührt unser besonderer Dank für die konstruktive Lösung aller Fragen, die sich im Verlauf der Entstehung des Buches ergaben. Für die hilfreiche Unterstützung bei den redaktionellen Arbeiten bedanken wir uns bei Frau Iris Kell und Frau Silvia Dilk aus der Klinik für Neurologie der Universität Rostock.

Für Hinweise zur Verbesserung der „Klinischen Liquordiagnostik“ sind wir weiterhin dankbar. Möge auch die 2. Auflage so wohlwollend aufgenommen werden, wie es für die 1. Auflage dieses „Standardwerks“ der Fall war.

Bad Doberan, Dalwitzhof und Rostock,
Januar 2005

Prof. Dr. med. Uwe K. Zettl
Dr. rer. nat. Reinhard Lehmitz
Dr. med. Eilhard Mix

Vorwort zur 1. Auflage

Das vorliegende Buch soll dem Kliniker und dem Labormediziner in der täglichen Praxis eine schnelle und komplexe Orientierung über den umfangreichen Wissensstand der klinischen Liquordiagnostik ermöglichen.

Im ersten Teil (Abschnitte A und B) werden neben den Methoden und Indikationsstellungen zur Gewinnung des Liquor cerebrospinalis insbesondere die Analyseverfahren, Messparameter und Befundkonstellationen des Liquors behandelt. Dieser Teil zeigt die Möglichkeiten und Grenzen der Liquordiagnostik für die klinische Medizin auf. Gleichzeitig soll ein vertiefendes Eindringen in methodische und interpretatorische Aspekte aller klinisch bedeutsamen Liquorparameter ermöglicht werden. Dabei wird der gegenwärtig stürmischen Entwicklung von Immunologie, Molekularbiologie und Proteinanalytik Rechnung getragen. Außerdem wird das diffizile Gebiet der Standardisierung und Qualitätssicherung der Liquordiagnostik gesondert besprochen.

Im zweiten Teil des Buches (Abschnitt C) steht die klinische Interpretation der einzelnen Liquorparameter und Befundkonstellationen im Vordergrund. Einerseits werden die beim einzelnen Krankheitsbild zu erwartenden Liquorveränderungen dargestellt, andererseits differentialdiagnostische Überlegungen, ausgehend vom quantitativen Wert einzelner Liquorparameter, tabellarisch aufgeführt.

Da gegenwärtig das alte und neue (Système International d'Unités, „SI") Maßeinheitssystem *in praxi* gleichberechtigt verwendet werden, ist es den einzelnen Autoren überlassen geblieben, „ihr" vertrautes System im jeweiligen Kapitel anzuwenden. Die notwendigen Umrechnungsfaktoren sind im Tabellenanhang ausgewiesen.

Trotz seines inhaltlichen Umfanges sollte das Buch ein leicht handhabbares Format behalten und hohen drucktechnischen Anforderungen genügen. Um dieses Ziel zu erreichen, war eine aufopferungsvolle Tätigkeit aller beteiligten Autoren und Verlagsmitarbeiter erforderlich, die ihnen und ihren Familien ein oft an die Grenzen des Zumutbaren gehendes Engagement abverlangten. Dafür möchten die Herausgeber den Autoren, den Mitarbeitern des Walter de Gruyter Verlages, insbesondere Herrn Dr. Josef Kleine, Frau Ingrid Ullrich und Frau Petra Schmidt-Wiborg, sowie Frau Iris Kell aus der Klinik für Neurologie der Universität Rostock herzlich Dank sagen.

Der beste Lohn für die Autoren wäre ein intensiver Gebrauch des Buches in der täglichen Praxis zum Nutzen unserer Patienten. Die Herausgeber sind für jegliche Anregung und Kritik zu einer Verbesserung des Buches „Klinische Liquordiagnostik" dankbar.

Bad Doberan, Dalwitzhof und Rostock,
Oktober 2002

Prof. Dr. med. Uwe K. Zettl
Dr. rer. nat. Reinhard Lehmitz
Dr. med. Eilhard Mix

Inhalt

A Grundlagen der Liquordiagnostik

C Klinische Liquordifferentialdiagnostik

Autorenverzeichnis 3. Auflage

Dr. med. Ahmed Abdelhak
University of California San Francisco (UCSF)
Department of Neurology
675 Nelson Rising Lane, #260
San Francisco, CA 94158
USA
E-Mail: Ahmed.Abdelhak@ucsf.edu

Dr. med. Samir Abu Rumeileh
Martin-Luther-Universität Halle-Wittenberg
Klinik und Poliklinik für Neurologie am Universitätsklinikum
Ernst-Grube-Straße 40
D-06120 Halle (Saale)
E-Mail: samir.aburumeileh@uk-halle.de

Dr. rer. nat. Franziska Bachhuber
Universitätsklinikum Ulm
Klinik und Poliklinik für Neurologie
Oberer Eselsberg 45
D-89081 Ulm
E-Mail: franziska.bachhuber@uni-ulm.de

Dr. med. Annikki Bertolini
Universität Witten/Herdecke
Vestische Kinder- und Jugendklinik Datteln
Department für Neuropädiatrie, Entwicklungsneurologie und Sozialpädiatrie
Dr.-Friedrich-Steiner-Straße 5
D-45711 Datteln
E-Mail: a.bertolini@kinderklinik-datteln.de

Prof. Dr. med. Martin Bommer
Alb Fils Klinikum
Klinik für Hämatologie, Onkologie, Infektionskrankheiten und Palliativmedizin
Eichertstraße 3
D-73035 Göppingen
E-Mail: martin.bommer@af-k.de

Prof. Dr. med. Andreas Büttner
Universitätsmedizin Rostock
Institut für Rechtsmedizin
St.-Georg-Straße 108
D-18055 Rostock
E-Mail: andreas.buettner@med.uni-rostock.de

Prof. Dr. med. Florian Deisenhammer
Medizinische Universität Innsbruck
Universitätsklinik für Neurologie
Anichstraße 35
A-6020 Innsbruck
Österreich
E-Mail: florian.deisenhammer@tirol-kliniken.at

Priv.-Doz. Dr. med. Steffi Dreha-Kulaczewski
1. Universitätsmedizin Göttingen
Klinik für Kinder- und Jugendmedizin
Deutsches Zentrum für Kinder- und Jugendgesundheit (DZKJ)
Standort Göttingen
Robert-Koch-Straße 40
D-37075 Göttingen
2. Medizinische Hochschule Hannover
Kinderheilkunde II - Pädiatrische Nieren-, Leber- und Stoffwechselerkrankungen
Carl-Neuberg-Straße 1
D-30625 Hannover
E-Mail: s.dreha@gwgd.de

Prof. Dr. med. Dr. rer. nat. Helmut Eiffert (†)
Ehem. Georg-August-Universität Göttingen
Institut für Medizinische Mikrobiologie
Universitätsmedizin Göttingen
Kreuzbergring 57
D-37075 Göttingen

Priv.-Doz. Dr. med. Susanne Fauser
RKH Ludwigsburg
Klinik für Neurologie
Posilipostraße 4
D-71640 Ludwigsburg
E-Mail: susanne.fauser@rkh-gesundheit.de

Dr. Matteo Foschi
Ospedale Santa Maria delle Croci
Department of Neuroscience, Neurology Unit
AUSL Romagna
Viale Randi, 5
I- 48121 Ravenna
Italien
E-Mail: mattfos89@gmail.com

https://doi.org/10.1515/9783110331905-205

Dr. med. Stefan Gingele
Medizinische Hochschule Hannover
Klinik für Neurologie mit Klinischer Neurophysiologie
Carl-Neuberg-Straße 1
D-30625 Hannover
E-Mail: gingele.stefan@mh-hannover.de

Priv.-Doz. Dr. rer. nat. habil. Catharina C. Gross
Universitätsklinikum Münster
Klinik für Neurologie mit Institut für Translationale Neurologie
Albert-Schweitzer-Campus 1
D-48149 Münster
E-Mail: Catharina.Gross@ukmuenster.de

Priv.-Doz. Dr. med. Matthias Grothe
Universitätsmedizin Greifswald
Klinik und Poliklinik für Neurologie
Fleischmannstraße 8
D-17475 Greifswald
matthias.grothe@med.uni-greifswald.de

Priv.-Doz. Dr. med. Simon Hametner
Medizinische Universität Wien
Abteilung für Neuropathologie/Neurochemie
Universitätsklinik für Neurologie
Währinger Gürtel 18-20
A-1090 Wien
Österreich
E-Mail: simon.hametner@meduniwien.ac.at

Priv.-Doz. Dr. rer. nat. Andrea Harrer
Paracelsus Medizinische Universität Salzburg
Universitätsklinik für Neurologie, neurologische Intensivmedizin und Neurorehabilitation
Ignaz-Harrer-Str. 79
A-5020 Salzburg
Österreich
E-Mail: a.harrer@salk.at

Priv.-Doz. Dr. Harald Hegen
Medizinische Universität Innsbruck
Universitätsklinik für Neurologie
Anichstraße 35
A-6020 Innsbruck
Österreich
E-Mail: harald.hegen@i-med.ac.at

Dr. rer. nat. André Huss
Universitätsklinikum Ulm
Klinik und Poliklinik für Neurologie
Abteilung Experimentelle Neurologie
Helmholtzstraße 8/1
D-89081 Ulm
E-Mail: andre.huss@uni-ulm.de

Prof. Dr. med. Stefan Isenmann
GFO Kliniken Niederrhein
St. Josef Krankenhaus Moers
Klinik für Neurologie und klinische Neurophysiologie
Asberger Straße 4
D-47441 Moers
E-Mail: stefan.isenmann@st-josef-moers.de

Prof. Dr. med. Sarah Jesse
Universitätsklinikum Ulm
Klinik und Poliklinik für Neurologie
Oberer Eselsberg 45
D-89081 Ulm
sarah.jesse@uni-ulm.de

Prof. Dr. med. Wolfgang Jordan, MBA, MIM
Klinikum Magdeburg, Akademisches Lehrkrankenhaus der Otto-von-Guericke-Universität Magdeburg Klinik für Psychiatrie und Psychotherapie
Birkenallee 34
D-39130 Magdeburg
E-Mail: wolfgang.jordan@klinikum-magdeburg.de

Prof. em. Dr. med. Rolf Kalff
Medizinische Fakultät der Friedrich-Schiller-Universität Jena
Am Klinikum 1
D-07747 Jena
rolf.kalff@med.uni-jena.de

Prof. Dr. med. Thomas Kapapa
Universitätsklinikum Ulm
Klinik für Neurochirurgie
Albert-Einstein-Allee 23
D-89081 Ulm
E-Mail: thomas.kapapa@uni-ulm.de

Prof. Dr. med. Dr. phil. Michael Khalil
Medizinische Universität Graz
Universitätsklinik für Neurologie
Auenbrugger Platz 22
A-8036 Graz
Österreich
E-Mail: michael.khalil@medunigraz.at

Prof. Dr. rer. nat. Harald Kluge
Ehem. Friedrich-Schiller-Universität Jena
Klinik für Neurologie und Poliklinik
Abteilung Neurobiochemie
Philosophenweg 3
D-07740 Jena

Priv.-Doz. Dr. med. Jörg Kraus
1. Paracelsus Medizinische Universität Salzburg
Institut für Medizinisch-Chemische Labordiagnostik
Bereichsleitung Liquorlabor
Müllner Hauptstraße 48
A-5020 Salzburg
Österreich
2. Universitätsklinikum Düsseldorf
Klinik für Neurologie
Moorenstraße 5
D-40225 Düsseldorf
E-Mail: joerg.kraus@outlook.com

Priv.-Doz. Dr. med. Markus Krumbholz
1. Medizinische Hochschule Brandenburg Theodor Fontane
Abteilung Neurologie und Schmerztherapie, Immanuel Klinik Rüdersdorf
D-15562 Rüdersdorf bei Berlin
2. Abteilung Neurologie mit Schwerpunkt neurovaskuläre Erkrankungen
Universität Tübingen
D-72076 Tübingen
E-Mail: markus.krumbholz@mhb-fontane.de

Dr. med. univ. Leonie Klara Kühne
Rudi-Opitz-Straße 11
D-04157 Leipzig
E-Mail: kuehne.leonie@gmx.net

Prof. Dr. med. Dr. phil. Jens Kuhle
Universitätsspital und Universität Basel
Departmente Klinische Forschung und Biomedizin
Research Centre for Clinical Neuroimmunology and Neuroscience (RC2NB)
Petersgraben 4
CH-4031 Basel
Schweiz
E-Mail: jens.kuhle@usb.ch

Prof. Dr. med. Erwin Kunesch
Ehem. Bezirksklinikum Mainkofen
Neurologische Klinik
Mainkofen C 3
D-94469 Deggendorf

Peter Lange
Universitätsmedizin Göttingen
Klinik und Poliklinik für Neurologie
Robert-Koch-Straße 40
D-37075 Göttingen
E-Mail: peter-la@med.uni-goettingen.de

Mag. Dr. med. Christian Lechner
Medizinische Universität Innsbruck
Department für Kinder- und Jugendheilkunde
Universitätsklinik für Pädiatrie I, Neuropädiatrie und Entwicklungsneurologie
Anichstraße 35
A-6020 Innsbruck
Österreich
E-Mail: ch.lechner@i-med.ac.at

Prof. Dr. med. David Leppert
Universität Basel
Klinik für Neurologie
Departement Biomedizin
Hebelstrasse 20
CH-4031 Basel
Schweiz
E-Mail: david.leppert@unibas.ch

Prof. Dr. med. Jan Lewerenz
Universitätsklinikum Ulm
Klinik und Poliklinik für Neurologie
Oberer Eselsberg 45
D-89081 Ulm
E-Mail: jan.lewerenz@uni-ulm.de

Dr. rer. nat. Ernst Linke
Ehem. SYNLAB Liquorzentrum, Stadtroda
Dammstraße 40
D-07749 Jena

Prof. Dr. med. Edgar Meinl
Ludwig-Maximillians-Universität München
Institut für Klinische Neuroimmunologie und Biomedizinisches Zentrum der LMU Campus Großhadern
Großhaderner Straße 9
D-82152 Planegg-Martinsried
E-Mail: edgar.meinl@med.uni-muenchen.de

Prof. Dr. med. Geert Mayer
Philipps Universität Marburg
Klinik und Poliklinik für Neurologie
Baldinger Strasse
D-35043 Marburg
E-Mail: geert.mayer@t-online.de

Priv.-Doz. Dr. med. Nora Möhn
Medizinische Hochschule Hannover
Klinik für Neurologie
Carl-Neubergstraße 1
D-30625 Hannover
moehn.nora@mh-hannover.de

Prof. Dr. med. Roland Nau
Geriatrisches Zentrum, Evangelisches Krankenhaus Göttingen-Weende
& Institut für Neuropathologie, Universitätsmedizin Göttingen
An der Lutter 24
D-37075 Göttingen
E-Mail: rnau@gwdg.de

Prof. Dr. med. Patrick Oschmann
Klinikum Bayreuth
Klinik für Neurologie
Hohe Warte 8
D-95445 Bayreuth
E-Mail: neurologie.projekt@klinikum-bayreuth.de

Prof. Dr. med. Markus Otto
Martin-Luther-Universität Halle-Wittenberg
Klinik und Poliklinik für Neurologie
Ernst-Grube-Str. 40
D-06120 Halle (Saale)
E-Mail: markus.otto@uk-halle.de

Priv.-Doz. Dr. med Hela-F. Petereit
Praxis rechts vom Rhein
Böckingstraße 54-56
D-51063 Köln-Mülheim
E-Mail: jds-hfp@t-online.de

Prof. Dr. med. Axel Petzold, MD PhD FRCP FRCOphth FRCPath FEAN
The National Hospital for Neurology and Neurosurgery
University College London Hospitals NHS Foundation Trust
Queen Square
London, WC1N 3BG
United Kingdom
E-Mail: a.petzold@ucl.ac.uk

Priv.-Doz. Dr. med. Bettina Pfausler
Medizinische Universität Innsbruck
Universitätsklinik für Neurologie
Anichstraße 35
A-6020 Innsbruck
Österreich
E-Mail: B.Pfausler@i-med.ac.at

Priv.-Doz. Dr. med. Georg Pilz
Paracelsus Medizinische Universität Salzburg
Universitätsklinik für Neurologie, neurologische Intensivmedizin und Neurorehabilitation
Ignaz-Harrer-Straße 79
A-5020 Salzburg
Österreich
E-Mail: georg.pilz@salk.at

Priv.-Doz. Dr. med. Axel Regeniter
medica medizinische Laboratorien Dr. F. Kaeppeli AG
Wolfbachstrasse 17
CH-8032 Zürich
Schweiz
E-Mail: axel.regeniter@medica.ch

Prof. Dr. rer. nat. Hansotto Reiber
Ehem. Universitätsmedizin Göttingen
CSF and Complexity Studies
Mühlenstraße 3c
D-37073 Göttingen
E-Mail: csf.lcr@horeiber.de

Assoc. Prof. Priv.- Doz. Dr. med. Paulus Rommer
Medizinische Universität Wien
Abteilung Neuropathologie und Neurochemie und Abteilung Neurologie
Währinger Gürtel 18-20
A-1097 Wien
Österreich
E-Mail: paulus.rommer@meduniwien.ac.at

Dr. med. Martin Roskos
MVZ SYNLAB Leverkusen GmbH
Paracelsus Straße 13
D-51375 Leverkusen
E-Mail: martin.roskos@synlab.com

Prof. Dr. med. Kevin Rostásy
Universität Witten/Herdecke
Department für Neuropädiatrie, Entwicklungsneurologie und Sozialpädiatrie
Vestische Kinder- und Jugendklinik Datteln
Dr. Friedrich- Steiner- Straße 5
D-45711 Datteln
k.rostasy@kinderklinik-datteln.de

Prof. Dr. med. Klemens Ruprecht
Charité – Universitätsmedizin Berlin
Klinik und Hochschulambulanz für Neurologie
Charité Campus Mitte
Charitéplatz 1
D-10117 Berlin
E-Mail: klemens.ruprecht@charité.de

Prof. Dr. med. Holger Schmidt
Elbe Kliniken Stade-Buxtehude
Klinik für Neurologie und Zweig der Stradins-Universität Riga am Elbe Klinikum Stade
Bremervörder Straße 111
D-21682 Stade
E-Mail: holger.schmidt@elbekliniken.de

Prof. em. Dr. med. Erich Schmutzhard
Medizinische Universität Innsbruck
Universitätsklinik für Neurologie
Anichstraße 35
A-6020 Innsbruck
Österreich

Priv.-Doz. Dr. med. Tabea Seeliger
Medizinische Hochschule Hannover
Klinik und Poliklinik für Neurologie
Carl-Neuberg-Straße 1
D-30625 Hannover
E-Mail: seeliger.tabea@mh-hannover.de

Priv.-Doz. Dr. med. Makbule Senel
Universitätsklinikum Ulm
Klinik und Poliklinik für Neurologie
Oberer Eselsberg 45
D-89081 Ulm
E-Mail: makbule.senel@uni-ulm.de

Prof. Dr. med. Thomas Skripuletz
Medizinische Hochschule Hannover
Klinik für Neurologie mit Klinischer Neurophysiologie
Labor für Liquordiagnostik und Neurochemie
Carl-Neuberg-Straße 1
D-30625 Hannover
E-Mail: skripuletz.thomas@mh-hannover.de

Priv.-Doz. Dr. med. Annette Spreer
Städtisches Klinikum Braunschweig
Klinik für Neurologie
Salzdahlumer Straße 90
D-38126 Braunschweig
E-Mail: a.spreer@skbs.de

Prof. Dr. med. Martin Stangel
Ehem. Medizinische Hochschule Hannover
Haarstraße 14
D-30169 Hannover
E-Mail: Martin.stangel@web.de

Dr. rer. nat. Olga V. Steinberg
Universitätsklinikum Münster
Klinik für Neurologie mit Institut für Translationale Neurologie
Albert-Schweitzer-Campus 1
D-48149 Münster
E-Mail: olga.steinberg@ukmuenster.de

Prof. Dr. med. Herwig Strik
Sozialstiftung Bamberg
Neurologische Klinik
Buger Straße 80
D-96049 Bamberg
E-Mail: Herwig.Strik@sozialstiftung-bamberg.de

Priv.-Doz. Dr. med. Marie Süße
Universitätsmedizin Greifswald
Klinik und Poliklinik für Neurologie
Fleischmannstraße 8
D-17475 Greifswald
E-Mail: marie.suesse@uni-greifswald.de

Priv.-Doz. Dr. med. Sigurd Dietrich Süßmuth
Medizinische Fakultät der Universität Ulm
Klinik für Neurologie
Oberer Eselsberg 45
D-89081 Ulm
E-Mail: sigurd.suessmuth@uni-ulm.de

Prof. Dr. med. Hayrettin Tumani
Universitätsklinikum Ulm
Klinik und Poliklinik fur Neurologie
Oberer Eselsberg 45
D-89081 Ulm
E-Mail: hayrettin.tumani@uni-ulm.de

Prof. Dr. med. Dr. rer. nat. Manfred Uhr
Max-Planck-Institut für Psychiatrie
Kraepelinstr 2-10
D-80804 München
E-Mail: manfred.uhr@t-online.de

Dr. med. univ. Željko Uzelac
Universitätsklinikum Ulm
Klinik für Neurologie
Oberer Eselsberg 45
D-89081 Ulm
E-Mail: zeljko.uzelac@rku.de

Dr. med. Manfred Wick
Ehem. Ludwig-Maximillians-Universität München
Institut für Laboratoriumsmedizin
Thanner Strasse 34
D-83607 Holzkirchen
E-Mail: manfred.wick@googlemail.com

Prof. Dr. med. Brigitte Wildemann
Universitätsklinikum Heidelberg
Neurologische Klinik, Molekulare Neuroimmunologie
Im Neuenheimer Feld 400
D-69120 Heidelberg
E-Mail: brigitte.wildemann@med.uni-heidelberg.de

Prof. Dr. med. Jens Wiltfang
Universitätsmedizin Göttingen
Klinik für Psychiatrie und Psychotherapie
Von-Siebold-Straße 5
D-37075 Göttingen
E-Mail: jens.wiltfang@med.uni-goettingen.de

Priv.-Doz. Dr. med. Claudia Wurster
Universitätsklinikum Ulm
1. Institut für Humangenetik
Albert-Einstein-Allee 11
2. Klinik für Neurologie
Oberer Eselsberg 45
D-89081 Ulm
claudia.wurster@uni-ulm.de

Dr. rer. nat. Ulrich Wurster
Medizinische Hochschule Hannover
Klinik für Neurologie und Poliklinik
Liquorlabor
Carl-Neuberg-Straße 1
D-30625 Hannover
E-Mail: Wurster.Ulrich@mh-hannover.de

Prof. Dr. med. Inga Zerr
Universitätsmedizin Göttingen
Klinik für Neurologie
Robert-Koch-Straße 40
D-37075 Göttingen
E-Mail: IngaZerr@med.uni-goettingen.de

Prof. Dr. med. Uwe K. Zettl
Universitätsmedizin Rostock
Klinik für Neurologie und Poliklinik
Abteilung Neuroimmunologie
Gehlsheimer Straße 20
D-18147 Rostock
E-Mail: uwe.zettl@med.uni-rostock.de

Dr. rer. nat. Klaus Zimmermann
Ehem. Bereichsleiter Liquordiagnostik
Labopart – Medizinische Laboratorien
Wurzener Straße 5
D-01127 Dresden

Autoren der 2. Auflage, die an der 3. Auflage nicht mehr mitgearbeitet haben

Priv.-Doz. Dr. med. Stephan Bamborschke
Brandenburg Klinik
Neurologische Abteilung
Brandenburgallee 1
D-16321 Bernau – Waldsiedlung

Prof. Dr. med. Wolfgang Brück
Georg-August-Universität Göttingen
Zentrum Pathologie, Abteilung Neuropathologie
Robert-Koch-Str. 40
D-37075 Göttingen

Prof. Dr. med. Rüdiger Dörries
Ruprecht-Karls-Universität, Standort Mannheim
Institut für Medizinische Mikrobiologie und Hygiene
Theodor-Kutzner-Ufer 1–3
D-68135 Mannheim

Dr. med. Dirk Hobusch
Universität Rostock
Klinik für Kinder- und Jugendmedizin
Rembrandtstr. 16/17
D-18057 Rostock

Prof. Dr. rer. nat. Ursula Kaben
Universität Rostock
Institut für Medizinische Mikrobiologie
Schillingallee 70
D-18055 Rostock

Prof. Dr. med. Reinhard Kaiser
Städtisches Klinikum
Pforzheim Klinik für Neurologie und Poliklinik
Kanzlerstr. 2–6
D-75175 Pforzheim

Prof. Dr. rer. nat. Tilmann Otto Kleine
Philipps-Universität Marburg
Abteilung Klinische Chemie und Molekulare Diagnostik
Referenzlabor für Liquordiagnostik
Baldinger Straße
D-35033 Marburg

Prof. Dr. med. Hans Wolfgang Kölmel
Klinikum Erfurt
Klinik für Neurologie
Nordhäuser Str. 74
D-99089 Erfurt

Dr. rer. nat. Reinhard Lehmitz
Universität Rostock
Klinik für Neurologie und Poliklinik
Zentrallabor für Liquordiagnostik
Gehlsheimer Str. 20
D-18147 Rostock

Prof. Dr. med. Hans Meyer-Rienecker (†)
Universität Rostock
Klinik für Neurologie und Poliklinik
Gehlsheimer Str. 20
D-18147 Rostock

Dr. med. Eilhard Mix, PhD
Universität Rostock
Klinik für Neurologie und Poliklinik
Gehlsheimer Str. 20
D-18147 Rostock

Dr. med. Silke Nolden
Universität Köln
Klinik für Neurologie
Joseph-Stelzmann-Str. 9
D-0924 Köln

Prof. Dr. med. Rosemarie Olischer (†)
Universität Rostock
Klinik für Neurologie und Poliklinik
Gehlsheimer Str. 20
D-8147 Rostock

Prof. Dr. Valentin Wieczorek (†)
Ehem. Friedrich-Schiller-Universität Jena
Klinik und Poliklink für Neurologie
D-07740 Jena

https://doi.org/10.1515/9783110331905-206

Prof. Dr. med. Arndt Rolfs
Universität Rostock
Klinik für Neurologie und Poliklinik
Gehlsheimer Str. 20
D-18147 Rostock

Dr. med. Brigitte Storch-Hagenlocher (†)
Ruprecht-Karls-Universität Heidelberg
Neurologische Klink
Im Neuenheimer Feld 400
D-69120 Heidelberg

A Grundlagen der Liquordiagnostik

Im folgenden Kapitel werden umfassend alle für die Bewertung des Liquor cerebrospinalis (im Folgenden kurz „Liquor“ genannt) relevanten Grundlagen vermittelt. Beginnend mit der Geschichte und den Meilensteinen der Liquordiagnostik wird ein breites Themenspektrum abgehandelt, das den aktuellen Stand von der Liquorgewinnung bis zur routinemäßigen Anwendung der Liquoranalytik beinhaltet. Auf der Grundlage der Anatomie des Liquorraums und der Physiologie des Liquors wird die Entwicklung der modernen Liquordiagnostik unter Berücksichtigung der morphologischen und der funktionellen Schranken des ZNS mitsamt des Liquorraums aufgezeigt. Strukturelle und dynamische Aspekte des Liquorsystems werden zunehmend mittels moderner bildgebender Methoden bearbeitet und müssen im Kontext des bisherigen Verständnisses der Flussdynamik eingeordnet werden. Auch auf dem Gebiet der Immunologie mit zellulären und humoralen Parametern sind beträchtliche Fortschritte erzielt worden und werden in Bezug zur klinischen Liquordiagnostik gebracht. Abgerundet wird Teil A mit dem in den klinischen Laboratorien weitgehend etablierten integrierten Liquorbefundbericht und den Referenzwerten für die wesentlichen Liquorparameter.

https://doi.org/10.1515/9783110331905-001

A.1 Geschichte der Liquordiagnostik

Hayrettin Tumani, Manfred Wick, Uwe K. Zettl*

1.1 Vorgeschichte

Die Historie der Liquorologie erstreckt sich von der Vorgeschichte bis zur Zeitgeschichte. Im vorliegenden können die frühen, besonders jedoch die späteren Abschnitte der über 130-jährigen Entwicklung nur begrenzt und teilweise exemplarisch – was besonders die Vielfalt der Literatur betrifft – angeführt werden (Übersichten bei [1–8]).

1.1.1 Erstbeschreibung des Liquorsystems

Der Ausgangspunkt war vor über 5000 Jahren die Kenntnis der Meningen und vor etwa 3000 Jahren die des Ventrikelsystems. Letzteres wurde zeitweise als *Zentrum* der Aktivitäten und des Denkens des Menschen angesehen. Hippokrates von Kos (um 460–333 a. Chr.) bemerkte – bei Studien über den Hydrozephalus – eine Flüssigkeit, die „abnorm" wäre und zum „Wahnsinn" führe. Die Pia und Dura mater sowie die Hirnventrikel waren bereits Aristoteles (384–322 a. Chr.) bekannt. Herophilos von Chalcedon (um 320 a. Chr.) beschrieb den Bau des Gehirns und den Plexus choroideus sowie den 4. Ventrikel, ebenso der gleichfalls an der medizinischen Schule zu Alexandria tätige Erasistratos von Chios (um 290 a. Chr.).

Galenos von Pergamon (131–201), der „vier kardinale Lebenssäfte" annahm, vermutete, dass der Liquor vom Plexus choroideus stammt und in die Seiten- und den 3. sowie 4. Ventrikel fließt; er entdeckte auch das später nach Magendi benannte Foramen und deklarierte einen „Lebensgeist", den *liquor vitalis.* Es war Leonardo da Vinci, der im Rahmen seiner Studien (1504) einen Wachsguss vom Ventrikelsystem des Menschen anfertigte. Gegen den im frühen Mittelalter angenommenen „Sitz der Seele" im Bereich der Hirnkammern als *spiritus animae* nahm der flämische Anatom Vesalius (1510–1564) auf Grund von Vergleichen mit dem Tierreich Stellung. In Padua tätig, beschrieb er die Seiten-, den 3. und 4. Ventrikel, den Aqueduct sowie Plexus choroideus. Pacchioni (1665–1726) entdeckte die Arachnoidalgranulationen und nahm die Sekretion einer sich über das Hirn ausbreitenden Flüssigkeit an.

1.1.2 Erkenntnisse zur Morphologie und Physiologie des Liquorsystems

Der italienische Anatom Cotugno (1736–1822) konnte im Hirn sowie in Lumbalsäcken eine klare, farblose, nicht koagulierbare, „normale" Körperflüssigkeit nachweisen. In seiner „Physiologie des Menschen" war der Berner von Haller (1708–1777) der Meinung, dass der Liquor von den Hirnventrikeln in die Lumbalregion fließt (er wies auf die lateralen Foramina hin – später nach von Luschka benannt). Nicht nur Beschreibungen des Ventrikelsystems, sondern auch die Verbindung der lateralen mit dem 3. Ventrikel sind Monro (1733–1817) zu verdanken.

In Publikationen ab 1825 und einer Monographie von 1842 beschäftigte sich Magendi mit den Nervenwurzeln und der von ihm *„liquide céphalo-rachidien ou cérébrospinale"* bezeich-

*__Autor der Vorauflage:__ Hans Meyer-Rienecker

https://doi.org/10.1515/9783110331905-002

neten klaren Flüssigkeit, die in den Ventrikeln, dem Subarachnoidalraum und Spinalkanal fließt: von ihrer Bildung (in der Arachnoidea), Verteilung (nach „innen" gerichtet) über die Foramina bis zur „elastischen" Funktion. Der Tübinger Anatom von Luschka (1820–1875) stellte den 4. Ventrikel und die lateralen Foramina sowie das Foramen Magendi dar. Um 1887 beschrieb Swedenborg einige Hirnstrukturen und machte auf die Existenz des Liquor cerebrospinalis aufmerksam. Weitgehend exakte und *definitive* Untersuchungen zum Liquorsystem wurden 1875 durch die Schweden Key und Retzius [9] vorgelegt. Sie machten nicht nur auf die Pacchionischen Granulationen, die Foramina sowie die Beziehungen zwischen Blut und Liquor aufmerksam, sondern nahmen auch dessen Absorption durch die Arachnoidalzotten an.

Derartige und weitere Studien ergaben die *Grundlagen* für Kenntnisse zur *„Liquorbewegung"* (aus den Ventrikeln in die basalen Zisternen, den zerebralen und spinalen Subarachnoidalraum). Durch von Luschka (1855) wurde der Liquor als (a) „Sekretionsprodukt" angesehen; weitere Vorstellungen waren die eines (b) mechanischen Filtrationsprozesses oder einer (c) Transsudation sowie später [10] die eines (d) aktiven Dialysevorganges im Plexus choroideus mit evtl. „spezifischem" Epithel. Die *Resorption* des Liquor wurde durch das zerebrale und spinale Venensystem, die in die Sinus mündenden Arachnoidalzotten, die Nervenwurzelscheiden und perivaskulären Räume angenommen.

Alsbald folgten Erkenntnisse zur „Permeabilität" der Liquorräume und somit der *Schrankenfunktion* zwischen den Kompartimenten, der Blut-Liquor- und der Blut-Hirn-Schranke. Hierzu führten Anfang des 20. Jahrhunderts Lewandowsky (1900) (mit Preußisch-Blau-Injektionen), Ehrlich (1902) mit Studien über die Vitalfärbung und Goldmann (1913) [11] (mit Trypanblau) erste Experimente durch.

1.2 Beginn der klinischen Liquorologie: Liquorgewinnung durch die Lumbalpunktion

Mit Entwicklung der Hohlnadeln und der Glasspritze (A. Wood, 1853) sowie Entdeckung der Cocain-Anästhesie (Kohler, 1884) ergaben sich Überlegungen zur *Spinalanalgesie*. Der Neurologe Corning (erstes Lehrbuch der Lokalanästhesie, 1886) verabreichte (zwischen zwei „unteren" Dornfortsätzen Abb. B.2.18 „intradural", d. h. subarachnoidal) Cocain. Die Technik ließ sich vorerst nicht reproduzieren; nach lateral injiziertem Cocain (im Dornfortsatzbereich des 10.–12. Brustwirbels) erfolgte schließlich eine Spinalanalgesie. Die Methode wurde später vervollkommnet (Abtropfen von Liquor, durch Nadel „einschießender Schmerz im Bein").

Wynter (1860–1945) benutzte, um bei tuberkulöser Meningitis eine Art „Liquordrainage" durchzuführen, Southey-Nadeln. Im selben Jahr, 1891 [12], beschrieb der Internist Quincke (1842–1922), Kiel, nachdem er sich um 1872 auch experimentell mit der Verteilung und dem Fluss des Liquors beschäftigt hatte, die *transkutane Lumbalpunktion*. Auf dem „10. Internistenkongreß, Baden-Baden" stellte er die Ergebnisse (Zellanteil, Gesamteiweiß, Tuberkulosebakterien, Zuckergehalt sowie manometrische Druckmessung) der subarachnoidalen Punktion zwischen den 3. und 4. Lumbalwirbelbögen vor. Im September des gleichen Jahres publizierte er [12] – wie auch in den folgenden Jahren – Resultate. Ebenfalls 1891 berichteten Toison u. Lenoble [13] über die Zusammensetzung der ventrikulären und zerebrospinalen Flüssigkeit (CSF) bei Hydrozephalus sowie posttraumatischer Rhinoliquorrhoe. Alsbald erfolgten weitere Veröffentlichungen, so durch von Ziemssen (1893) zum diagnostischen Wert der Liquoruntersuchung bei entzündlichen Erkrankungen und durch Freyhan (1894) zur Zytologie der CSF bei Meningitis tuberculosa.

In kurzer Zeit war die lumbale Liquorpunktion zunehmend verbreitet. Wentworth (1896) stellte fest, dass der *Zelltyp* im Liquor von der jeweiligen Art der Meningitis abhängig ist, bemerkte auch vermehrt „Liquoralbumin" bei der Meningitis. Er wies auf die Notwendigkeit von wiederholten Punktionen hin und führte bakteriologische Analysen durch. So war es bald möglich, eine *Differentialdiagnose* zwischen den verschiedenartigen Meningitiden zu erlangen, z. B. durch den Nachweis der kleinen runden Lymphozyten bei tuberkulöser Meningitis und das Auftreten polynukleärer Leukozyten bei „purulenter" Meningitis. Fürbringer (1896) machte auf die vitale Gefahr der Lumbalpunktion bei Tumoren der hinteren Schädelgrube aufmerksam.

1.3 Klinische Anwendung der Liquoruntersuchung: I. Periode

Es kam innerhalb weniger Jahre, ausgehend von der quantitativen *Zytologie* des Liquors, wie von Widal, Sicard u. Ravaut (1901) [14] mit der sogen. „französischen" Methode (Auszählung der Zellen eines abzentrifugierten Liquors auf Objektträgern) – und den vorstehend erwähnten Arbeiten – ermittelt, zu Kenntnissen über die zellulären Befunde besonders bei der Tuberkulose und Neurosyphilis. Brissaud u. Sicard [15] entdeckten 1901 die mononukleäre (lymphozytäre) Pleozytose bei Virusinfektionen (an Krankheitsfällen mit Herpes zoster).

Im Jahre 1904 entwickelten die Wiener Neurologen Fuchs und Rosenthal die nach ihnen benannte exakte *Zählkammer*-Methode [16] zur Bestimmung der sogen. „Drittelzellen", die noch heute gebräuchlich ist (wenngleich später teilweise voluminösere Kammern durch Nageotte, 1911, Geißler, 1911, Alter, 1915, Neel, 1928 und Jessen, 1936 [17] – in einigen Ländern – zum Einsatz kamen). Eine Reihe weiterer Modifikationen wurden erarbeitet (Alzheimer, 1907; Kafka, 1910 [18]) – auch mittels Liquorzentrifugation (Fischer, 1906; Szésci, 1911) – bis hin zum „Sedimentator" (Trömner, 1923 [19]). Zumindest im deutschsprachigen Raum stellt die Fuchs-Rosenthal-Kammer auch nach fast 130 Jahren seit ihrer Einführung den Goldstandard der Zellzählung dar, obwohl automatisierte Geräte für die Liquorzellzählung seit drei Jahrzehnten in Erprobung sind. Die automatisierte Liquorzytologie liefert im Pleozytosebereich 5–30/µl Ungenauigkeiten, so dass die Befunde durch eine manuelle Kammerzählung bestätigt werden müssen. Ferner werden in der Liquorzytologie unabhängig vom Gerät diagnostisch relevante Einzelzellen wie Tumorzellen, Blasten, Siderophagen, Plasmazellen etc. nicht als solche erkannt, so dass die Zelldifferenzierung mit Automaten nicht empfohlen werden kann und weiterhin mikroskopisch im zytologischen Präparat durchgeführt werden muss [20].

Für die Erkennung *pathologischer Zellreaktionen*, wie Pleozytosen mit neutrophilen Granulozyten und/oder Lymphozyten, deren Unterformen, den Plasmazellen, Monozyten und Makrophagen, wie auch „atypische" Zellelemente, wurden verschiedene *Färbeverfahren* (in [21,22]) (mit Methylgrün-Pyronin, Methylenazur, Methylenblau, Eosin – von Pappenheim (1922) [23] als „panoptische Färbung" eingeführt –, auch der Peroxydase-Nachweis) sowie weitere hämatologische und histochemische Methoden genutzt.

Gleichfalls gelangten die gebräuchlichen *Bakterienfärbungen* (Ziehl-Neelsen, Differenzierung nach Gram, Löfflersches Methylenblau u. a.) sowie für den Nachweis der Erreger übliche *Kulturverfahren* (z. B. mittels Schottmüllerscher Blutagar- oder Löfflerscher Serumplatte und weitere Nährböden- bzw. Anreicherungsmethoden) bis hin zu Tierversuchen zur Anwendung. Klinisch wertvoll wurde der von der *Serologie* her bekannte Einsatz der Wassermannschen Reaktion durch Wassermann u. Plaut (1906), vor allem, nachdem das Verfahren in Deutschland ab 1919 staatlich obligatorisch wurde.

Alsbald erfolgte die Verwendung sogen. „physikalisch-chemischer" Methoden zur quantitativen *Eiweißbestimmung* im Liquor, wie die volumetrische Messung im Röhrchen nach Nissl (1904) – später modifiziert von Kafka [18] –, die Salpetersäureschichtprobe nach Roberts-Stolnikow-Brandberg-Zaloziecki (1909, 1913), die (im französischen Bereich benutzten) Kochproben bzw. die diaphanometrische Methode gemäß Mestrezat (1911, 1912) [10] – der übrigens zu diesem Zeitpunkt etwa 40 physikalisch-chemische Testverfahren für die CSF beschrieb. Auf einer Trübungsreaktion basiert auch die Methode von Ravaut u. Boyer (1920).

Unter den sogen. „Globulin"-Bestimmungen sind diejenigen von Nonne-Apelt-Schumm (1907), die Pándy-Reaktion (1910) mit Karbolsäure sowie die Salzsäure- und Sublimatlösung-Reaktion gemäß Braun u. Hüsler (1912) bzw. Weichbrodt (1916), die fraktionierte Ammoniumsulfat-Aussalzung nach Kafka (1913) [18] und die Sulfosalizylsäure-Reaktion nach Hudovernig (1917) zu erwähnen. Mehrere dieser Methoden, wie die Ermittlung der Relation der Globuline zu den Albuminen nach Kafka und Samson (1928) [24], waren – ebenso wie einige der zytologischen Verfahrensweisen – bis in die 60er Jahre dieses Jahrhunderts von Bedeutung.

Schließlich erfolgte die Feststellung *reduzierender* Substanzen, die Bestimmung des Zuckers (Lichtheim, 1893) – zunächst qualitativ (Trommer, Nylander, Fehlingsche Probe), später quantitativ nach Hagedorn u. Jensen (1923), Crecelius-Seifert (1928) –, die Ermittlung des Reduktionsindex (Mayerhofer), der Permanganat-Reaktion (Poveri), der Azeton- und Azetessigsäure-Nachweis und weiterer in die CSF übertretender Bestandteile – auch die elektrometrische Ermittlung des „Wasserstoffexponenten" pH (nach Häbler, 1906) mittels Indikatoren (s. bei Linke [22]).

In Ergänzung des quantitativen Eiweißwertes wurden sogen. *kolloidchemische Reaktionen* entwickelt. Zunächst die Goldsolreaktion von Lange (1912) [25] (Dispersitätsgrad-Verschiebung zweier Kolloidsysteme). Wenig später beschrieb Emanuel die Mastixreaktion (Modifikation durch Kafka, 1916 u. 1921 [18]), die als Normomastixreaktion Jahrzehnte in Gebrauch war (weniger die Formol- bzw. Traubenzuckergoldsol-Reaktion und weitere Variationen wie Paraffin-, Benzoe- und Schellack- oder die Sublimat-Fuchsin-Reaktion). Schließlich wurde in Deutschland die Salzsäure-Collargol-Reaktion von Riebeling (1938) [26] häufig angewandt. Zum fast obligatorischen Einsatz der Kolloidreaktionen bis in die 60er Jahre gab Samson (1931) [27] Erklärungsansätze und nahmen W. Schmitt (1932) [28] sowie Duensing (1940) bezüglich „charakteristischer" Reaktionskurven Stellung.

In der ersten Periode der CSF-Diagnostik war die *Liquordruckmessung* verbreitet (Steigrohrmessung nach Quincke mit Zweiwegepunktionsnadel). Als günstiger erwies sich die Nadel nach Kausch (1908) und das Manometer von Reichmann bzw. Krönig (Quecksilbermanometer, evtl. ergänzt durch den Hydrophorographen gem. Trattner). Einen praktisch-klinischen Wert erlangte der *Queckenstedt-Versuch* (1916) bei Raumverdrängung im Spinalkanal (z. B. durch Tumor).

Etwa 30 Jahre nach der Quinckeschen Lumbalpunktion gelang – nach einigen Tierversuchen (Westenhoefer, 1906; Dixon und Hallyburton, 1919) – die Einführung der *Subokzipitalpunktion* der Cisterna cerebellomedullaris durch Wegeforth, Ayer u. Essick (1919 bzw. 1923) [29] und – unabhängig davon – Eskuchen [30] (zunächst mit Quinckeschem Punktionsbesteck bzw. Schottmüller- oder Wechselmann-Kanülen). Alsbald wurde auf die Gefahren aufmerksam gemacht, weswegen dieses Verfahren kaum noch gebräuchlich ist (trotz des Vorteils geringerer Punktionsbeschwerden). Im selben Jahr wurde von Dandy mit der Punktion des Hinter- bzw. später Vorderhorns die *Ventrikelpunktion* eingeführt. Ebenfalls 1919 wandte Dandy die bis zur Epoche der bildgebenden Verfahren vielfach genutzte Pneumenzephalographie und ihre Variationen (z. B. Zisternographie) an.

Aus den methodischen Fortschritten und deren Anwendung ist ersichtlich, dass ein wesentliches *Basisprogramm* für die klinische CSF-Diagnostik etwa *drei Jahrzehnte nach Einführung* der Lumbalpunktion zur Verfügung stand. Ausdruck dieser Entwicklung sind eine Reihe von *monographischen Beiträgen* bzw. Laborbüchern, die eine Zusammenfassung des erreichten *Standes* und der Befundkonstellationen (s. Abschn. A.1.5 – Liquorsyndrome) beinhalten:

So die französischsprachige Darstellung von Mestrezat (1912) [10], der relativ umfangreiche „Leitfaden" von Plaut, Rehm u. Schottmüller (1913) [31], Holzmann in der „Neuen deutschen Chirurgie" (1914), das „Taschenbuch" von Kafka (1917, 3. Aufl. 1927) [18], die gut 190 Seiten umfassende „Lumbalpunktion" von Eskuchen (1919) [30], die gleichfalls ausführlichen Darlegungen von Pappenheim (1922) [23] und die „Lumbalpunktion und Liquordiagnostik" von Lange (1923) [25].

1.4 Klinische Anwendung der Liquoruntersuchung: II. Periode

In der zweiten Periode der klinischen Liquorologie kam es

a. zu einer zunehmend umfangreichen *Anwendung* der – auch aus heutiger Sicht (!) – o. a. „klassischen" Methoden,
b. darüber hinaus zu einer gewissen *Erweiterung* des Spektrums der zu untersuchenden Liquorbestandteile – analog der Entwicklung bei den Blutplasma-, den hämatologischen, biochemischen und immunologischen Analyseverfahren –, vor allem jedoch
c. vermehrt zur Ausarbeitung und Anwendung von neuen *qualitativen* zytologischen und proteinanalytischen Verfahrensweisen.

Zunächst erfolgte in den 30er bis 40er Jahren die Periode einer *Konsolidierung* des bislang Entwickelten in Form eines *Grund- bzw. Basisprogramms* (damals noch nicht so bezeichnet). In den Monographien dieser Periode standen infolge umfassender klinischer Erfahrung mit den einzelnen Liquorparametern die *„spezielle Liquordiagnostik"* für die einzelnen Erkrankungsbilder (s. auch Liquorsyndrome im Abschn. **A.1.5**) und die Krankheitsphasen (!) zunehmend im Mittelpunkt.

Kaum anzuführen ist hier die zunehmend große Zahl der teils sehr sorgfältigen und/oder umfangreichen Originalarbeiten in den verschiedenen Zeitschriften, sondern nur einige der wesentlichen *Monographien*, wie die „Cerebrospinalflüssigkeit" von Kafka (1930) [24], der zytologische „Atlas der Zerebrospinalflüssigkeit" von Rehm (1932) [32], die damals grundlegende „Liquordiagnostik" von Demme (1935, 2. Aufl. 1950) [33], Beiträge im Handbuch der Neurologie von Georgi, Fischer u. Guttmann (1935, 1936) [34] sowie im Handbuch der Inneren Medizin von Lüthy (1939, 1953) [35] bis hin zu den bekannten Büchern von Roeder u. Rehm (1942) [36] sowie Meyer (1949) [37]. Aus dem englischsprachigen Bereich sind u. a. die Darstellungen von Greenfield u. Carmichael (1925) [38], Levinson (1929) [39] sowie Merritt u. Fremont-Smith (1938) [40] zu erwähnen (wobei anzumerken ist, dass die Liquorologie gerade in diesem

Zeitabschnitt nur in begrenztem internationalem Austausch stand).

1.4.1 Qualitative Liquorzytologie

Im Zeitraum der 50er bis in die 70er Jahre hinein liegt der Beginn und schließlich die Etablierung einer differenzierenden qualitativen Analyse der Liquorparameter, wobei auf dem Gebiet der Zytologie die Bemühungen um ein *Differentialzellbild* wesentliche Fortschritte vor allem im Hinblick auf die Liquorsyndrome (s. Abschnitt **A.1.5**) erbrachten. Die Anfänge basieren auf den *Zentrifugationsverfahren* von Widal, Sicard u. Ravaut (1901) [14], Alzheimer (1907) sowie Forster (1928), Einstein (1931) und Ostertag (1932).

Schon Ravaut bemühte sich um die Zelldifferenzierung nach dem Absinkenlassen (Gefäßboden). Es war dann Trömner (1923) [19], der eine Art *Zellsedimentation* (mittels „Sedimentator“) durchführte und danach Schönenberg (1949) [41], der eine Spontansedimentation entwickelte. Der entscheidende Durchbruch ist Sayk (1954, 1960) [42] durch die Konstruktion einer „Sedimentkammer“ zu verdanken. Weitere Variationen und Modifikationen bzw. Kombinationsverfahren (Eneström, 1964; Sörnäs, 1967) und die Membranfiltertechnik (Seal, 1956; Mc Cormick u. Coleman, 1962 [43]; Bischoff, 1964 [44]) folgten. Schließlich gelang auch die Entwicklung einer Sorptionskammer (Sayk u. Lehmitz, 1979 [45]). Vor allem in den USA erlangten die *Zentrifugationsverfahren* größere klinische Bedeutung (siehe u. a. bei Naylor, 1961, 1964 [46]; Woodruff, 1973 [47] bzw. Fa. Shandon).

Von Relevanz für die Aus- und Bewertung der Ergebnisse eines Liquorzytogramms erwiesen sich zytochemische und -enzymatische *Färbemethoden:* so in Anlehnung an Verfahren der Histologie bzw. Hämatologie u. a. der Nachweis von Hämosiderin, PAS-positiven Substanzen, Lipideinlagerungen, vermehrtem Nukleinsäuregehalt im Kern und/oder Zytoplasma sowie der Phosphatasen und Esterasen zur Bestätigung einer pathologischen Reaktion bei entzündlichen Prozessen, Abräumreaktionen bzw. von „atypischen“ Zellformen, wozu auf die Darstellungen von Olischer (1969) [21] und Schmidt (1968, 1987) [22,48] hinzuweisen ist (s. Kapitel **B.2.1**).

Die angeführten Differenzierungsverfahren bildeten die Grundlage für das Differentialzellbild („Meningogramm“), die Reaktionstypen und zytomorphologischen Syndrome. Ausgangspunkt waren Untersuchungen zur *Funktion* sowie zur *Zytogenese* der Liquorzellen, wie bereits in der frühen Periode von Nissl (1904), Alzheimer (1907), Pappenheim (1922) [23] und danach von Rehm (1932) [32], Bannwarth (1933), Scheid (1941), Schönenberg (1952) [41], Sayk (1960) [42] und Schmidt (1968) [22] durchgeführt. Zum hämatogenen Ursprung hatten einige Autoren (Plaut, Rehm u. Schottmüller, 1913 [31]; Kubie u. Schultz, 1925) und danach Kolárˇ u. Zeman (1968) sowie Schwarze (1968, 1973) Studien vorgelegt. Andererseits wurde auf die morphologische und funktionelle Ähnlichkeit retikulohistiozytärer Formen mit lokalen mesenchymalen Zellen (Fischer, 1910; Sasaki, 1955; Bischoff, 1960 [44]; Sayk, 1960 [42]; Schönenberg, 1960 [41]; Olischer, 1969 [21] und Wieczorek, 1969 [49]) hingewiesen. Oehmichen (1973, 1975, 1976 [50]) belegte mit enzymhistochemischen Markern (wie für Oberflächenrezeptoren) und der Autoradiographie die hämatogene Abstammung auch von mononukleären Phagozyten.

1.4.2 Qualitative Liquoreiweißanalysen

Analog zu den Fortschritten in der Zytologie begannen in der II. Periode die Bemühungen um qualitative Eiweißbestimmungen. Im

Mittelpunkt stand die mit der *Elektrophorese* ermittelte γ-*Globulin*-Vermehrung (speziell IgG gemäß Link, 1967 [51]) innerhalb der Befunde bei den entzündlichen Erkrankungen. Hinzu kamen die α- und β-Globulinbanden („Dachgiebelform" in der Papierelektrophorese) und Hinweise auf eine *Schrankenstörung:* das sogen. „Mischpherogramm" mit erniedrigter oder fehlender „liquortypischer" V- und Tau-Fraktion, der Albuminvermehrung sowie einem α-, β- oder γ-„Mischtyp" bei verschiedenen Erkrankungen (Bauer, Delank, Demme, Frick, Habeck, Lowenthal, Meyer-Rienecker, Scheid, Schmidt u. a.).

Es waren – nach ersten Versuchen von Hesselvik (1939) – Kabat, Moore u. Landow (1942), die charakteristische Proteinbestandteile analysierten: z. B. das Präalbumin oder „Protein X", d. h. das Transthyretin, nachwiesen; später wurden das Tau-Transferrin und das „liquortypische" β-trace-, d. h. Prostaglandin D-Synthase, und γ-trace-Protein, das Cystatin C ermittelt. Zwei Jahre danach begannen Scheid u. Scheid (s. [22]) mit entsprechenden Untersuchungen.

Etwa ab 1953 wandten Baudouin, Lewin u. Hillion, Bauer [52], Cumings, Steger und danach Schmidt (1955 u. 1959) [22] die *Papierelektrophorese* (nach Grassmann u. Hannig, 1952) auf der Grundlage eines Mikroelektrophorese-Gerätes (Antweiler) an. Voraussetzung war eine Liquor-„Einengung" (auf das etwa 200-fache), wozu u. a. die Konzentrationsdialyse, die Ultrafiltration bis hin zur Gefriertrocknung verwendet wurden. Neben der *Proteinfärbung* (Amidoschwarz B) erfolgte auch die Anfärbung der Lipoproteine (Dencker, Gottfries u. Swahn, 1957) und Glykoproteine bzw. die *„Triasfärbung"* (Bauer, 1954, 1956/57 u. 1961 [53]; Frick, 1962, s. bei [22]).

Als überlegenes Trägermaterial zeigte sich die von Kohn (1957) entwickelte *Celluloseacetat-Folie* (verkürzte Trennzeit, Transparenz, optimalere Färbung und Differenzierung), die u. a. von Kaplan u. Johnstone (1966) [54], Mertin, Wisser u. Doerr (1971) sowie Zimmermann, Krause u. Linke (1981) eingesetzt wurde. Alsbald fanden Studien mit *nativem* Liquor (Rice u. Bleakney, 1965; Kleine u. Stroh, 1974, 1980 [55]; Weitbrecht u. Consbruch, 1978) sowie einem Kurzzeitverfahren (Glasner, 1979, 1980 [56]) statt. Bei Versuchen mit *Agargel* (Grabar u. Williams jr., 1953; Burtin, 1959, sowie Wieme, 1959 – zunächst für die Immunelektrophorese) bzw. *Agarose* stellten sich die Banden noch differenzierter dar, besonders im Bereich der γ-Globuline (bis zu 7–9), aber auch in den α-Globulinfraktionen. Die Agargel-Elektrophorese wurde schließlich klinisch zunehmend relevant (Lowenthal, 1960, 1964 [57]; Laterre, 1965 [58]; Delank, 1965 [59]; Schmidt, 1968, 1972 [22,60]); auch konnte die Triasfärbung – Kohlenhydrat- und Lipidagargel-Elektrophorese – angewandt werden.

Als weiteres Medium wurde das *Polyacrylamidgel* (Davis u. Ornstein, 1964) in Form der Discelektrophorese (Monseu u. Cumings, 1965 [61]; Evans u. Quick, 1966; Felgenhauer, 1968, 1971 [62]) eingesetzt, wobei eine Auftrennung in teilweise bis zu 40 Banden erfolgte. Die später entwickelte *isoelektrische Fokussierung* ergab einige mono- bzw. „oligoklonale" Subfraktionen (gemäß Laterre, 1965 [58]) im Immunglobulin-Bereich; ferner IgG-kappa, -lambda (Delmotte, 1971; Delmotte u. Gonsette, 1977 [63]; Sidén u. Kjellin, 1977, 1978, 1979 [64]; Olsson u. Nilson, 1979; Olsson, Kostulas u. Link, 1984 [65]; Sindic u. Laterre, 1991 [66]; s. Übersicht bei [48]), wobei die umfassende und weiterreichende Anwendung bis in die heutige Zeit reicht (bezüglich spezieller Einzelheiten sei auf die Kapitel **B.3.1** und **B.3.2** verwiesen).

Bedeutung für die Grundlagenforschung erlangte die *Immunelektrophorese*. Das Vorgehen wurde, ausgehend von Studien durch Oudin (1946) und der radialen Doppeldiffusionstechnik von Ouchterlony (1949) über

Antigen-Antikörperreaktionen, zunächst als Makro- (Gavrilescu et al., 1955 [67]; Scheiffarth et al., 1958) und schließlich als Mikromethode (Clausen, 1960; Dencker u. Swahn, 1961 [68]; Laterre, 1965 [58]; Meyer-Rienecker, 1969 [69]) eingeführt. Die Anzahl der Präzipitationslinien war abhängig von der Spezifität der Antiseren: Es konnten im Liquor alsbald über 36 definierbare Proteine nachgewiesen werden. Die „Elektroimmundiffusion", die *Raketen*-Immunelektrophorese in antikörperhaltigem Agarosegel von Laurell (1966) sowie Linke, Zimmermann u. Krause (1976) erlangte keine langdauernde klinische Verwendung.

Der Nachteil des Immunpherogramms war die begrenzte Standardisierung und fehlende quantitative Aussagemöglichkeit. Insofern wurde von Mancini, Carbonara u. Heremans (1965) die *radiale Immundiffusion* entwickelt. Mit spezifischen Antiseren konnte eine quantitative Bestimmung der einzelnen Liquoreiweißkörper (z. B. mittels LC-Partigen-Platten, Behringwerke, Marburg), insbesondere des IgG, IgM, IgA, α_2–Makroglobulin (Schrankenstörung), aber auch weiterer Liquorproteine erfolgen (Gottesleben u. Bauer, 1967 [70]; Link u. Müller, 1971; Eickhoff u. Heipertz, 1977; Weisner u. Bernhardt, 1978, u. a.). Zu dem *Quotienten Serum-/Liquoralbumin* zur Beurteilung der Permeabilitätsverhältnisse der Blut-Hirn-Schranke nahmen alsbald Felgenhauer, Schliep u. Rapic (1976) [71], Kleine (1980) [55] sowie Reiber (1979, 1980, 1998) [72–74] Stellung.

Die Ermittlung einer *autochthonen* oligoklonalen *Liquor-IgG-Produktion* erfolgte gemäß Delpech u. Lichtblau (1972) [75] sowie auf der Grundlage der Darstellungen von Ganrot u. Laurell (1974) mit Aufstellung von Quotienten- bzw. Korrelationsdiagrammen (Schliep u. Felgenhauer, 1978; Reiber u. Felgenhauer, 1979, 1987; Thompson, 1988 [76]; Kleine (1984, 1996) [77,78]). Zur Quantifizierung der lokalen bzw. „intrathekalen" Immunglobulin-Synthese sowie zur Blut-Hirn-Schrankenstörung wurden eine Reihe von *Formeln* erarbeitet (Tourtellotte, 1970, 1997 [79]; Tibbling, Link u. Öhman, 1977; Schuller u. Sagar, 1981), wobei die Weiterentwicklungen bis an die Gegenwart reichen (Link, 1987 [80]; Gallo, Bracco u. Tavolato, 1988; Öhman et al., 1989; Luxton, McLean u. Thompson, 1990; Blennow et al., 1994 [81]). Zur klinisch zunehmend bedeutsamen polyspezifischen und der *oligoklonalen* IgG-, IgA- und IgM-Synthese sowie dem „Göttinger" Quotientendiagramm, der 1- bis 3-Klassenreaktion der humoralen Immunreaktion und dem erregerspezifischen *Antikörper-Spezifitäts-Index* (ASI: MRZ – Masern, Röteln, Zoster) sei auf Reiber und Mitarbeiter (1991, 1998) [82,83], Felgenhauer und Mitarbeiter (1998, 1999) [84,85] sowie die Kapitel **B.3.1** und **B.3.3** hingewiesen.

Einen besonderen Bereich stellt die Frage der *Herkunft* der Liquorproteine dar, die im Zusammenhang mit den

a. Schrankenstörungen (Blut-Hirn-, Blut-Liquor- und Hirnparenchym-Liquor-Schranke) sowie der
b. „intrathekalen" bzw. intrazerebralen, d. h. lokalen Synthese (s. voranstehende Erörterungen sowie Kapitel **A.3, A.4, B.3.1**) steht.

Bereits Kabat, Moore u. Landow (1942) bemühten sich um die Analyse der *Unterschiede* zwischen Liquor- und Serumproteinen, was von Frick u. Scheid-Seydel (1957, 1960) [86] sowie Frick (1960, 1968) (s. bei [22]) mit markierten Proteinen fortgesetzt wurde. Die Studien des Albumins und γ-Globulins zeigten für letzteres eine langsamere Passage durch die Blut-Liquor-Schranke und eine verzögerte Abbaurate. Die Ergebnisse wurden von Lippincott et al. (1965) und Cutler, Watters u. Hammerstad (1967, 1970) [87] bestätigt. Nach Hochwald u. Wallenstein (1967) entstammt im Normalfall das γ-Globulin dem Serum: bei entzündlichen Erkrankungen des ZNS konnten die o. G. einen nicht unbeträchtlichen Anteil von „liquoreigenem“ γ-Globulin in Art einer intrathekalen *de-novo-Synthese* ermitteln. Die Syntheserate des IgG wurde schließlich von Tourtellotte (1970) [79] und anderen (s. Kapitel **B.3.1**) bestimmt.

Die Verfahren der Eiweißfraktionierung und Antikörperpräparation wurden neben den Entwicklungen in der speziellen Neurochemie auch für die Charakterisierung *hirnspezifischer Proteine* neuronaler oder gliöser Herkunft im Liquor relevant. Hierzu ist für die 60 er bis 80 er Jahre vor allem auf das basische Myelinprotein (später Ermittlung einer Korrelation mit intrathekaler IgG-Synthese durch Sellebjerg, Christiansen u. Garred [88]) und dessen Fragmente (evtl. Marker für Remyelinisierung) – s. auch nachfolgend die Arbeiten von Whitaker [89] – hinzuweisen.

Des Weiteren sind das S-100-Protein, α-Albumin bzw. gliafibrilläre saure Protein (biochemischer Marker für Gliose – s. Laman, Thompson u. Kappos [90]), das α_2-Glykoprotein, 14-3-3-Protein, die neuronenspezifische Enolase (Destruktionsmarker – s. Kapitel **B.4**) sowie die 2′3′-zyklische Nucleotid-3′-Phosphodiesterase, Glutaminsynthetase zu erwähnen (s. Übersicht bei Roboz-Einstein, 1982 [91]; Sindic, 1985 [92] und Kapitel **A.3 und B.4**). Später erlangten das (intrathekale) β_2-Mikroglobulin und das Neopterin (T-Zell-Immunresp. Mikroglia- bzw. Makrophagenaktivierung) als Marker eine gewisse Bedeutung [84].

Ferner ist der Nachweis von *Komplementkomponenten* (C1–C4) in der CSF (Kuwert et al., 1965) und die Aktivierung der Komplementkaskade (Morgan, Campbell u. Compston, 1984 [93], deren Korrelation mit der intrathekalen IgM-Synthese (Sellebjerg, Christiansen u. Garred [88]) anzuführen. Der klinische Nutzen derartiger Befunde erwies sich zunächst als begrenzt.

1.4.3 Weitere Liquorbestandteile

Bereits Mestrezat (1912) [10] waren im Liquor an 40 Bestandteile bekannt. Später wurden analog der Labordiagnostik anderer Körperflüssigkeiten (Plasma) *weitere Inhaltsstoffe* untersucht. Generell resultierten eher *sekundär* bedingte Abweichungen infolge der Passageverhältnisse und Störungen der Schrankensysteme (s. folgenden Abschn. **A.1.4.4**) sowie vielfältiger Einflussmöglichkeiten vaskulärer, hypoxischer, metabolischer, toxischer oder endokriner Art. Es bekamen nur einige der Inhaltsstoffe klinisch-diagnostische Bedeutung.

Anzuführen ist die *Glukose*, auf deren Hypo- oder Hyperglycorrhachie bereits voranstehend hingewiesen wurde (Riebeling, 1951). Zum vorwiegend vom Hirn in den Liquor abgegebenen *Lactat* bzw. Pyruvat erfolgten im Zeitraum einige Publikationen (u. a. von Sudre u. Reiss, 1969; Bland, Lister u. Ries, 1974; Contri, Rodriguez, Hicks et al., 1977; Kleine, 1980 [55]).

Eine Anzahl von Studien beschäftigte sich mit dem *Ionenhaushalt*, vorrangig den Natrium-, Kalium-, Calcium-, Magnesium- und Chlorid-Ionen. Seit den ersten Analysen (Mestrezat, 1912 [10]; Brock, 1923; Cohen, 1927) wurden Abweichungen der Kationen- und Anionenkonzentrationen bei Hirnfunktions- und Stoffwechselstörungen festgestellt (Karcher, Lowenthal u. van Sande, 1957; Weise, 1959; Prill, 1969; Breyer u. Kanig, 1970; Bjorum, Plenge u. Rafaelsen, 1972; Wood, 1980, 1983 [94,95]) und auch – teilweise tierexperimentell – auf die zentralnervösen Regulationsvorgänge aufmerksam gemacht.

Das *Säure-Basen-Gleichgewicht* – für konstanten pH-Wert –, bestimmt durch (a) pCO_2 (schrankengängig) und (b) HCO^-_3 (langsame Diffusion und Schrankenpassage), unterliegt im Liquor einer geringen Regulationskapazität. Die Resultate bei primärer zerebraler und Liquor-Azidose (mit Hirnödem), aber auch metabolischer oder respiratorischer Azidose (oder Alkalose) erwiesen sich für den Bereich der Intensivneurologie als zunehmend bedeutsam (Schwab, 1967 [96]; Linke, 1968, in [22]; Schnaberth, 1977, 1987 [97]; Leusen, Weyne u. Demester, 1983, in [22]; Davson, Welch u. Segal, 1987 [98]).

Infolge der Entwicklungen der Neurochemie und Erkenntnisse über den hohen Anteil der *Lipide* und Lipoproteine am Nervensystem wurden diese besonders bei Entmarkungskrankheiten, einigen hirnatrophischen und sogen. degenerativen Prozessen sowie genetisch bedingten Sphingolipidosen von Interesse. Das Lipidmuster ließ sich mit den Extraktions- und Trennverfahren bis in den Ultramikrobereich analysieren (Jatzkewitz, 1965; Klenk, 1968; Bauer u. Pilz, 1968, bei [99]; Pilz, 1970 [100].4 u. a.). Bei den Fettsäuren, Steroiden, Sphingosinphosphatiden und Cerebrosiden fanden sich einige Abweichungen (Tourtellotte u. Haerer, 1969 [101]; Tichy u. Skorkowska, 1970; Seidel, Heipertz u. Weisner, 1980 [102]), die – methodisch bedingt – nicht gleichartig waren.

In den 60er, bis in die 80er Jahre hinein ließen sich etwa 50 verschiedene *Enzyme* im Liquor nachweisen (Lowenthal, 1968, 1987 [103]; Fishman, 1980, 1992 [4]; Banik u. Hogan, 1983, in [95]), ohne dass eine wesentliche diagnostische Relevanz resultierte. Neben technischen Schwierigkeiten waren es sowohl die Blut-Hirn-Schranke als auch der Gehalt an Proteinen und Zellen in der CSF (wie auch lysosomaler Enzyme), die variierende Faktoren darstellten (Fishman, 1975 [4]; Cutler u. Spertell, 1980, 1982, in [95]). Es liegen Ergebnisse vor, z. B. für die Aldolase und Isoenzyme (bei vaskulären und meningitischen Erkrankungen), die Enolase (α, γ) als hirn-(neuronen-)spezifisches Protein (bei zerebralem Gewebsuntergang – s. Kapitel **B.4**), die Cholinesteraseaktivität (wechselnd) wie auch die Laktat-Dehydrogenase und eine Anzahl lysosomaler Enzyme sowie Proteasen, u. a. Matrix-Metalloproteinasen [104].

Von funktionsdiagnostischem Interesse waren die *Neurotransmitter*, ihre Präkursoren und Metaboliten (Kluge, 1968, in [48]). Das Azetylcholin zeigte sich infolge schnellen intra- und extrazellulären Abbaus in der CSF lediglich als Restkonzentration. Einem aktiven Carriermechanismus unterlag die (inhibitorische) γ-Aminobuttersäure mit widersprüchlichen Befunden. Gleiches galt für eine Anzahl weiterer biogener Amine, wie Dopamin, 5-Hydroxytryptophan, Serotonin und Noradrenalin, deren Schrankengängigkeit und CSF-Gradienten begrenzt sind (Chase, 1983, in [95]; Wood, 1980, 1983 [94,95]; Dencker, 1987, in [48]).

Unter den *Peptiden* und Hormonen wurden im Liquor die Steroide, vor allem das Cortisol (abweichend bei Depressionen) untersucht. Ein Anteil der Neuropeptide (Jackson, 1980, in [94]) stammt von den neurosekretorischen Zellen (fenestrierte Kapillarendothelien der zirkumventrikulären Organe und der Adenohypophyse) ab (s. u. a. Sterba bzw. Heller, 1969 [105]). Post et al., 1983, in [95], konnten etwa 32 Peptide in der CSF zusammenstellen, deren Bedeutung erst aktuellere Liquoranalysen aufdecken werden. Anzuführen sind die Endorphine (Bloom u. Segal, 1980; von Knorring, Terenius u. Wahlström, 1983, in [95]; Dencker, 1987, in [48]) und einige tendenzielle Befunde beim Somatostatin, Oxytozin sowie eine mögliche Korrelation von Opiatpeptiden bei Psychosen, Angstsyndrom und Neuroseformen.

1.4.4 Blut-Hirn-, Blut-Liquor- und Hirn-Liquor-Schranke

Einen besonderen Bereich der Liquorforschung bildeten die Schrankensysteme. Bereits 1929 hatte Walter [106] eine umfangreiche Darstellung zur Blut-Hirn-Schranke (zuvor auch als „Permeabilität der Meningen" bezeichnet) vorgelegt, ausgehend von den Vitalfärbungsversuchen von Goldmann (1909, 1913) [11] und Stern u. Gautier (1921, 1922) [107–109], der den Begriff der „Schranke" prägte. Danach erfolgten Studien zu den *drei Schrankensystemen* auf der Basis der drei Kompartimente (Blut, innere und äußere Liquorräume, Hirnparenchym):

1. die Blut-Hirn-Schranke (außerhalb der zirkumventrikulären Organe)
2. die Blut-Liquor-Schranke (als Filtrationsbarriere für hydrophile, weniger lipophile Moleküle; – vorwiegend im Bereich der zirkumventrikulären Organe)
3. die Hirn-Liquor-Schranke (zwischen dem Hirnparenchym und den inneren sowie äußeren Liquorräumen).

Hinzuweisen ist auf die Arbeiten bzw. Monographien von Bakay (1956) [110], Quadbeck (1957, 1987), in [48], Fenstermacher u. Patlak (1966, 1975) [111], Davson (1967) [112], Rapoport (1976) [113], Bradbury (1979) [114] und deren Mitarbeiter sowie Cutler (1980), in [94], Davson, Welch u. Segal (1987) [98] und Greenwood et al. (1995) [115] über die energiebedürftige Sperr- (d. h. Schutz-), Regel- und Transportfunktion der Schrankensysteme. Aktuell ist das Vierkompartimentmodell und die Klassifikation von Felgenhauer (1993, 1998) [84,116], u. a. bezüglich des spezifischen Carrier für jede der Schranken, den Albuminquotienten bis zum ICAM-Index und den Permeabilitätsmarkern [85] (s. Kapitel **A.3 und A.4**).

Ein großes klinisches Interesse fand seit Jahrzehnten die *gestörte Sperrfunktion* mit pathologischem Substratübertritt aus dem Blut („Schrankenzusammenbruch"). So bei Verletzungen der Schrankenstrukturen, insbesondere der Hirnkapillaren, der Dissoziation zwischen den Endothelzellen (der interzellulären Kittstellen, den tight- bzw. gap-junctions), einer Störung der Sperrmechanismen von am Schrankenaufbau beteiligten Strukturen, beim Hirnödem und im Bereich von Tumorgewebe (Tumorkapillaren!). Dabei spielen vor allem der pH-Abfall, die hypoxischen, Nährstoff- und Wirkstoffmangel-Hypoxydosen sowie Inhibitoren wie toxische Substanzen – und somit inaktivierte Fermentsysteme – eine Rolle (Quadbeck, 1957 u. 1968, in [22]). Wegen der klinischen Relevanz erschienen bis in die heutige Zeit (z. B. auch zum „Centennial of Quincke's Lumbal Punction" im Jahre 1991 von Felgenhauer, Holzgraefe u. Prange, 1993 [116]) eine große Anzahl von Publikationen.

Erheblich seltener waren die Mitteilungen, die sich direkt der Frage einer therapeutischen *Schrankenabdichtung* widmen (Aird u. Strait, 1944; Quadbeck, 1987, in [48]). Als ein wesentliches Problem für die Abdichtung der Schranken erscheint das Hirnödem (Notwendigkeit der Osmotherapie). Über die speziellen Wirkmechanismen einer diesbezüglichen Kortikosteroidanwendung bestanden im zu erörternden Zeitraum noch Unklarheiten (Reulen u. Schuermann, 1972 [117]).

1.5 Klinische Liquorsyndrome

Bereits zu Beginn der klinischen Liquorologie wurde von *Nonne u. Froin* (1910) der „Sperrliquor" bzw. das *Kompressions- oder Stoppsyndrom* unterhalb einer spinalen Raumforderung mit starker Gesamteiweißvermehrung bei unauffälliger Zellzahl (sogen. proteino-zytologische Dissoziation) beschrieben. Ebenso früh wurde die *Dissociation albumino-cytologique* von *Guillain-Barré-Strohl* (1916) [118] für die Polyneuritis mit Eiweißvermehrung bei weitgehend normaler Zellzahl ermittelt. Als *weitere* Liquorsyndrome sind zu nennen der sogen. *„subnormale Liquor"* nach Kafka (1933) mit deutlicher Eiweißverminderung (von Schaltenbrand, 1938, als „Hypoproteinose" bei evtl. Hyperliquorrhoe bezeichnet) sowie von letzterem das *„Aliquorrhoe-Syndrom“* – wenige Tropfen getrübter Liquor bei Unterdruckanzeichen (Schaltenbrand u. Wolff, 1959, in [119]).

Deklariert wurde später auch eine *„proteino-kolloidale Dissoziation“* (isolierte γ-Globulin-Vermehrung gem. Linkstyp der Mastixreaktion) – in [22] – sowie sogen. *„maskierte Liquorbefunde“* (z. B. isolierte β- und γ-Typen im Pherogramm). Zum Syndrom und der Problematik des *bluthaltigen Liquors* erfolgten seit Mestrezat (1912) [10] Beiträge zur Abklärung einer Xanthochromie (Hämorrhagie oder Stauung) bzw. Studien zur Differenzierung eines (a) *artifiziell* oder (b) *pathologisch* blutigen Liquors (Eskuchen, 1919, [30]; Pappenheim, 1922 [23]; Samson, 1929, 1931 [27]) sowie Untersuchungen zum Einfluss bluthaltigen Liquors auf die übrigen CSF-Parameter (Schmidt, 1968 [22]).

Die Entwicklungen und die Fortschritte in der Liquorzytologie (Sedimentkammer von Sayk, 1954, 1960, 1964 [42,119]) führten über vorangehende Ansätze einiger Autoren (Demme, 1935, 1950–1956 [33,120–122]; Meyer, 1949 [37]; Lüthy, 1953 [35]; Schönenberg, 1960 [41]) hinausgehend zur Aufstellung einer Reihe von Liquorsyndromen, die sich zur *Übersicht* wie folgt gruppieren lassen:

1. akute bakterielle, vorwiegend granulozytäre Meningitis-Syndrome
2. virusbedingte lymphozytäre Meningitis- bzw. Meningoenzephalitis-Syndrome
3. überwiegend virusbedingte, zumeist lymphozytäre Enzephalitis-Syndrome.

   Hohe Pleozytosen (bei 1.–3.) deuten auf akut entzündliche, besonders am leptomeningealen Gefäßbindegewebe ablaufende Prozesse. Die quantitativen und diffizileren qualitativen Zell- und Eiweißbefunde (bei 1.–3.) erlauben eine Zuordnung zu den *Verlaufsstadien* mit (a) primärer, *akut*-exsudativer, (b) sekundärer, *subakuter* Phase sowie (c) den nachfolgenden Reaktionsabläufen bzw. *Reparationsphasen.*

   Direkte *Erregernachweise* (bei 1.–3.), positive Antikörper-*Seroreaktionen* bzw. – später – *molekularbiologische* Verfahren können die genaue Ätiologie klären. Dies galt bereits für die von Sayk aufgeführten *„lues-spezifischen“* Liquorsyndrome (akute, subakute und chronische) sowie Zuordnungen *weiterer*, durch *andere* Erreger bedingte Abläufe (z. B. Tuberkulose, Borrelien, Listerien u. a.) – siehe Kapitel **B.6.1 bis B.6.4.**
4. Die *para-* oder *postinfektiösen Meningoenzephalitis-* und *Enzephalomyelitis*-Syndrome – früher auch als „symptomatische Meningitis“ (Demme, 1950, 1953, 1956 [120–122]) bezeichnet – stellen „Begleitreaktionen“ ohne gesicherte bakteriologische oder Virusbefunde in der CSF sowohl bei Allgemeinerkrankungen („fieberhafter Infekt“) als auch bei lokalisierten Prozessen (z. B. Nasennebenhöhlen) dar.
5. Des Weiteren sind anzuführen die *besonders gearteten Meningitis-* bzw. *Meningoenzephalitis*-Syndrome wie (a) die *eosinophile* Meningitis oder Meningoenzephalitis (Wolff, 1956; Esselier u. Forster, 1957 in [119]) durch Parasitosen, aber auch „allergische“ Prozesse, (b) die *granulomatöse* Meningoenzephalitis mit variablen Liquorabweichungen (u. a. bei Tuberkulose, Lues, retikulären Granulomen, Pilzerkrankungen) sowie weitere Sonderformen, wie (c) die *chronische lymphozytäre* Meningitis (Bannwarth, 1944 [123]; Schaltenbrand, 1954 [124]) und (d) die chronisch verlaufende retotheliale *Riesenzellmeningitis* mit charakteristischem Zellbild (Sayk, 1960 [42]) bei mesenchymalen lokalen Prozessen (durch Tuberkulose, Borreliose oder bei Fremd-

körperreaktionen (Wieczorek, 1969 [49])) und ferner (e) die *„leukämische"* Meningitis mit Leuko- und Parablasten (Spriggs, 1958; Bischoff, 1960, in [119]).

6. Das *proteino-zytologische Dissoziationssyndrom* gem. *Guillain-Barré-Strohl* bei Polyneuritis bzw. Polyradikulitis bietet im Verlauf zunehmende quantitative und qualitative Eiweißabweichungen, teilweise ein monozytär-aktiviertes Zytogramm.
7. *Akute Reizungssyndrome* wurden von Sayk 1964 [119] nach (a) besonderer und (b) traumatischer Natur unterschieden, *subakute* Reizungssyndrome als (a) besonderer oder (b) allgemeiner, d.h. unspezifischer Art mit quantitativ wenig ausgeprägten und qualitativ z. T. diskreten Befunden (geringe Exsudation, Abräumreaktionen verschiedenen Grades) angegeben, wie sie auch bei Enzephalitiden (IgG-Vermehrung, Granulozyten, Lymphoidzellen) und ähnlich im Falle des *„Hirnabszess*-Syndroms" auftreten können.
8. *Hämorrhagische* Liquorsyndrome bieten erkennbare Verlaufsphasen bei (a) frischen Einblutungen, d.h. blutig-hämorrhagischer CSF und typischer granulozytär-exsudativer Reaktion oder (b) nachfolgend eindeutiger Abräumreaktion im aufklarenden Liquor mit Erythro- bis Hämosiderinmakrophagen und danach (c) länger bestehendem Restzustand geringer Reaktivität (Wieczorek, 1969 [49]; Olischer, 1969 [21]).
9. Die *Tumorliquor*-Syndrome wurden von Sayk (1958, 1964 [119]) in diejenigen *I. und II. Ordnung* eingeteilt, mit den qualitativ und quantitativ mehr oder weniger deutlich ausgeprägten „Anzeichen einer Malignität" bietenden Liquorzellbildern wozu später, von Coakham, Garson, Brownell et al., 1984 [125] Versuche einer diffizileren Identifizierung mittels monoklonaler Antikörper vorgenommen wurden.

1.6 Klinische Anwendung der Liquoruntersuchung: Beginn der III. Periode

Die auf der Grundlage der auch heute noch „klassischen" CSF-Parameter der II. Periode der Liquorologie basierenden Liquorsyndrome entsprechen dem Stand bis in die 70er Jahre. Im folgenden Dezennium – überleitend in die *III. Periode* der weiteren *Differenzierungs-* und *„Marker"*-Diagnostik – führen methodische Entwicklungen zur Analyse der zellulären Immunität, zur Antikörper- bzw. Antigenbestimmung [3–5,74,77,84,89,126–130], molekularbiologische Verfahren wie die PCR-Techniken (s. Kapitel **B.5**), Southern Blot und die In-situ-Hybridisierung zur Erweiterung.

Es resultieren einerseits „spezifische" Nachweismöglichkeiten für verschiedene Erreger (etwa mittels PCR – s. [131] und Kapitel **B.6**), andererseits durch neue humorale und zelluläre Parameter typische Syndrom-Konstellationen (z. B. für die Encephalomyelitis disseminata [83,132–135]). Ferner ergibt sich für verschiedene Erkrankungsformen die ergänzende Anwendung von Markern für die Zellaktivierung (s. u. a. bei [78,85,126,136–140]), die Bestimmung von (Auto-)Antikörpern oder der Anzeichen für Destruktionen im Hirnparenchym (auch speziell lokalisierter Strukturen – z. B. [90,141–143] und Kapitel **B.4**) – sowie die Determination löslicher Tumormarker (s. auch Zusammenstellungen von McConnell u. Bianchine, 1994 [5], Reiber et al., 1996 [133] sowie die nachfolgenden Kapitel **B.2.2, B.3.4, B.3.5, B.4**).

Zu einigen Grundlagen der weiteren Entwicklung und Differenzierung der klinischen Liquorologie

Ausgangspunkt für die *Fortschritte* in der *Differenzierungsetappe*, auch als *III. Periode*, der *„Marker"* (für Aktivitäts- oder Destruktionsprozesse) anzusehenden Etappe der Liquorologie waren seit Mitte der 70er Jahre neben einer Fülle von Originalarbeiten einige grundlegende *Monographien* und mehrere bereits zuvor, zunehmend jedoch in diesem Zeitraum durchgeführte *Liquorsymposien* (z. T. mit Publikationsbänden) anzuführen sowie die in der vorangegangenen Periode jeweils an größere Tagungen angefügten Programmschwerpunkte bzw. CSF-Topics.

Letzteres geschah z. B. im Rahmen der Jahrestagungen der Deutschen Gesellschaft für Neurologie (DGN), aber auch der Inneren Medizin, vor allem jedoch der World Federation of Neurology (WFN) der WHO (ab Brüssel, 1958) mit einer Reihe von Satelliten-Symposien und Meetings anlässlich der Weltkongresse der WFN, die zur Bildung einer *CSF Research Group der WFN* (Leitung: Lowenthal/später Sindic) führten; auch die Tagungen der American Neurological Association und der American Academy of Neurology hatten CSF-Schwerpunkte. Für den deutschsprachigen Raum sind die frühen internationalen Veranstaltungen in Rostock 1964 (Sayk, 1966 [144]), in Wien 1965 (Seitelberger, 1966 [145]) sowie in Halle 1973 (Schmidt, 1974 [146]) zu erwähnen. Im Mai 2016 erfolgte in Göteborg/Schweden zeitgleich mit ihrer Gründung das erste Symposium der europäisch-dominierten Liquorgesellschaft (CSF Society – *„Society for CSF analysis and clinical neurochemistry"*; www.neurochem.info/html/home) nach dem Vorbild der DGLN. Das zweite Symposium fand im Mai 2018 in Amsterdam statt, das 3. Symposium bedingt durch die Corona-Pandemie erst im Juni/Juli 2022 in Berlin, und das 4. Symposium erfolgte im Juni 2024 in Barcelona. Ziel der internationalen CSF-Society ist es, Studenten, Doktoranden, Post-Docs, leitende Forscher und Kliniker zusammenzubringen, die sich mit allen Aspekten der Suche nach Biomarkern für verschiedene neurodegenerative und entzündliche Erkrankungen befassen, darunter Demenzerkrankungen, ALS, Multiple Sklerose und Parkinson-Krankheit.

Speziell zur Entwicklung der *Zytologie* des Liquors waren die Einführungen bzw. Atlanten (Defresne, 1973; Kölmel, 1976 [147]; Oehmichen, 1976 [50]; Schmidt, 1978 [99]; Den Hartog Jager, 1980 [148]; Kulczycki, 1988 [149]) und der umfassende Symposiumsband von Kölmel (1986) [150] von Wert. Aus den Fortschritten der Zytochemie, Immunzytologie und Zellphänotypisierung (mit Differenzierungsmarkern) resultierte eine *weitere Differenzierung* der CSF-Zellen in eine Anzahl von Subpopulationen, besonders der *T- und B-Lymphozyten* mit spezifischen Funktionen. Die Entwicklung der Liquorzytologie verlief (anders als die sich verhältnismäßig rasch in der klinischen Praxis bewährenden differenzierenden Eiweißanalysen – s. voranstehenden Abschnitt **A.1.4.2**) in längeren *Phasen* parallel zur Grundlagenforschung der Immunzytologie:

So kam es für die Zytologie erst relativ *spät* durch eine Reihe von Arbeitsgruppen zu *diagnostisch* relevanten Neuentwicklungen. Hingewiesen werden kann hier nur auf eine kleine Auswahl früher Arbeiten mit Anwendung verschiedener Methoden (Naess, 1976 [151]; Manconi et al., 1976 [152]; Frydén, 1977; Traugott, 1978; Knowles et al., 1978; Kam-Hansen, Frydén u. Link, 1978, 1979; Oehmichen, Wiethölter u. Gencic, 1980; Panitch u. Francis, 1982; Zaffaroni et al., 1985 [153] u. a.).

Voraussetzung für die Fortschritte waren verschiedenartige *Techniken*, so die Immunzytologie (Rieckmann, Weber, Felgenhauer, 1990 [140]) und Durchflusszytometrie (s. Kapitel **B.2.2**), die Verwendung von monoklonalen Antikörper-Panel gegen Zelloberflächenantigene (Differenzierungsmarker) zur Phänotypisierung bis hin zur Tumorzelldetektion (Hohlfeld et al., 1983 [136]; Coakham et al., 1984 [125]) und RT-PCR – z. B. Genexpression (s. bei Weber et al., 1993 [154], und [138]). Schließlich gelang die weitere Differenzierung bestimmter Lymphozyten-Subpopulationen, s. auch [85,139] insbesondere der Th1/Th2-Lymphozyten – auch auf der Basis selektiver Zytokinexpression (Link, 1998, [155]; Monteyne, Van Antwerpen u. Sindic, 1999 [138]).

Ein wichtiger Aspekt war die Erfassung der *Zellfunktionen.* Sie begann in den 70er Jahren mit der Bestimmung von Zytokinen im Liquor bzw. in Liquorzellen (Jenssen, Meyer-Rienecker u. Werner, 1976, 1979, 1991 [132,156]; Houniau et al., 1988; Gallo et al., 1989 [128]; Chalon, Sindic u. Laterre, 1993). Des Weiteren erfolgte eine Reihe – auch pathogenetisch relevanter – zytometrischer und anderer Studien (Nick et al., 1995; Stinissen et al., 1996; Kleine, 1996 [78]; Mix u. Meyer-Rienecker, 1996 [137]) z. B. bezüglich antigen-reaktiver T-Lymphozyten (mit Sekretion ThO-artiger Zytokine und Expression von Adhäsionsmolekülen). Es gelang der Nachweis der löslichen sICAM-1, sVCAM-1 (Trojano et al., 1996; Rieckmann et al., 1997 [157] – s. [85] und **Kapitel B.4**), der neuralen Adhäsionsmoleküle (N-CAM) und des ciliary neurotrophic factor (CNTF) (Massaro u. Tonali, 1998 [158]).

Spät erlangte der Nachweis der klonalen Expansion [126] spezifisch aktivierter B-Lymphozyten und ihrer Untergruppen, insbesondere der *Immunglobulin-* oder *Antikörper*-bildenden Zellen eine langsam zunehmende klinische Bedeutung (Sandberg-Wollheim, 1974, 1975 [159]; Allen et al., 1976; Schädlich, Nekic u. Felgenhauer, 1980; Beuche et al., 1988 [126]; Rieckmann, Weber u. Felgenhauer, 1990 [140]; Link et al., 1993 [160] – s. Kapitel **A.7.2 und B.2.3**). Auch sind *Erweiterungen* und Ergänzungen der konventionellen bzw. „klassischen" Liquorzytologie in den 80er und 90er Jahren zu erwähnen (Kölmel, 1986 [150]; Weitbrecht, 1986 in [150]; Olischer, 1985, 1988, 1991 [129,161,162]; Wieczorek, 1991 [163]) bis hin zu Vergleichsuntersuchungen von Zentrifugations-, Sedimentations- und anderen zellanreichernden Verfahren (Kleine, 1980 [55]; Lehmitz, Kleine u. Meyer-Rienecker, 1991, 1993 [129, 164]) – s. Kapitel **B.2.1.**

Bezüglich des *Liquoreiweißes* fand die *weitere Differenzierung* über mehrere *Etappen* statt, ausgehend von den bereits in der II. Periode der Liquoruntersuchungen im Zusammenhang mit den Immundiffusionsverfahren (s. oben in Abschnitt **A.1.4.2**) erörterten vielfältigen Entwicklungen. Die Zielstellung betraf – wie in der gegenwärtigen III. Periode – die Bemühungen, *„krankheitsspezifische"* Marker aufzufinden und mit möglichst rationellen, „automatisierbaren" Verfahren nachzuweisen, was sich bislang nur auf wenige Erkrankungsformen anwenden ließ.

Von den Symposien, die sich mit speziellen Liquor-*Eiweißparametern*, aber auch der Zytologie des Liquors befassten, ist die Tagung des Nato Advanced Study Institute on Humoral Immunity in Antwerpen (Karcher, Lowenthal u. Strosberg, 1979, [165]) als Meilenstein hervorzuheben. Sie bildete einen wesentlichen Ausgangspunkt für Fortschritte bei der Immunglobulin-Bestimmung, der Bewertung der lokalen Immunreaktion im ZNS, insbesondere der oligoklonalen B-Zellreaktion, der Ermittlung der Blut-Liquor-Schrankenpermeabilität und der Bestimmung hirnspezifischer Proteine bzw. Antigene und Virus-Antikörper im Liquor.

Eine Anzahl von *Monographien* waren die Basis sowohl für die Zytologie als auch für Aspekte der Analyse der Liquoreiweiße (sowie einiger weiterer CSF-Inhaltsstoffe). Zu ihnen gehörten die relativ umfangreichen, für Jahre wegweisenden Erörterungen im Tagungsband der „Cerebrospinalflüssigkeit" von Dommasch u. Mertens (1980) [166], die „Neuen Labormethoden für die Liquordiagnostik“ von Kleine (1980) [55] sowie die „Laboruntersuchungen“ im Rahmen der internationalen Multiple-Sklerose-Tagung von Bauer, Poser u. Ritter (1980) [167]. Nachfolgend wurde übrigens innerhalb einer Vielzahl von *MS-Symposien* und monographischen Darstellungen die Problematik der Liquordiagnostik bei der MS bis in die Gegenwart regelmäßig behandelt (Lowenthal u. Raus, 1987 [168]; Thompson, Trojano u. Livrea, 1996 [134]; Tourtellotte u. Tumani, 1997 [135]). Speziell und grundlegend auf die Biochemie der Liquorproteine ausgerichtet waren die Darlegungen von Thompson (1988) [76].

Es ist noch auf einige *Beiträge* in relevanten labordiagnostischen Zusammenstellungen aufmerksam zu machen, wie u. a. von Kleine (1984) [77], Wurster (1988) [169] und Felgenhauer (1995, 1998) [84]. Des Weiteren sind seit der umfangreichen 2. Auflage des handbuchartigen „Liquor cerebrospinalis“ von Schmidt (1987) [48] die *eigenständigen Monographien* von Holzgraefe, Reiber u. Felgenhauer (1988) [170], Herndon u. Brumback (1989) [3], die Ergebnisdarstellungen des 1. Gesamtdeutschen und des Europäischen Liquorsymposiums 1990 bzw. 1995 und 2000 von Kleine [78,129,142] und das richtungsweisende internationale *Quincke-Symposium* zu den „Barrier Concepts and CSF Analysis“ 1991 von Felgenhauer, Holzgraefe u. Prange (1993) [116] sowie die *Übersicht* von Fishman (1992) [4], McConnell u. Bianchine (1994) [5] zu nennen.

Von der 1963 gegründeten Arbeitsgemeinschaft (Sayk, Schmidt) bzw. Sektion für Liquorforschung und klinische Neurochemie (Gesellsch. f. Neurologie u. Psychiatrie/DDR) wurden neben einer Standardisierung der Liquordiagnostik (DAB 7, D. L./DDR [171]) jährliche Arbeitstagungen bzw. CSF-Symposien (z. B. Sayk, Meyer-Rienecker, Olischer, 1985 [162]) sowie Qualitätskontrollen (s. Kapitel **B.9**) durchgeführt. Ab 1990 war die Arbeitsgemeinschaft (Reiber) innerhalb der DGN tätig. Sie entwickelte sich im Jahre 1996 zur Deutschen Gesellschaft für Liquordiagnostik und klinische Neurochemie (DGLN), die zweijährig Liquorsymposien veranstaltet. In den „CSF-Mitteilungen“ der DGLN wurden ausgewählte aktuelle Methoden der Liquordiagnostik und klinischen Neurochemie (Reiber et al., 1996 [133], 2. Aufl., Wick et al. 2004 [172]; 3. Aufl., Wick et al. 2014 [173]; 4. Aufl., Wick et al. 2020 [174]) vorgelegt, die eine Basis für neu zu erarbeitende Liquorsyndrome darstellen können.

Als Grundlage und Beispiel für die notwendige *Erweiterung der Liquorsyndrome* in der derzeitigen *III. Periode* der CSF-Untersuchungen seien des Weiteren zur Liquordiagnostik bei den infektiösen Erkrankungen die Darlegungen von Graves (1989), in [3], und der Consensus report zur CSF-Diagnostik der Multiplen Sklerose (CEC Standards on CSF in MS) von Andersson et al., 1994 [175] bis zum Quality Assurance Scheme für Proteine (2003) [176] angeführt. Ferner sei auf die zusammenfassenden Erörterungen von McConnell u. Bianchine (1994) [5] sowie Massaro u. Tonali (1998) [158] – auch bezüglich der Notwendigkeit einer „Study group“ für die Standardisierung – und von Laman, Thompson u. Kappos (1998) [90] zu den „body fluid marker“ (Hommes, Sandberg u. Silberberg, 1998 [177]) sowie die Darstellung von Felgenhauer u. Beuche (1999) [85] hingewiesen.

Mit der Gründung der Liquorgesellschaft (DGLN) im Jahre 1996 als kooptiertes Mitglied der Deutschen Gesellschaft für Neurologie (DGN) sollte die klinisch-wissenschaftlich basierte Weiterentwicklung der Liquordiagnostik durch einen engen Austausch mit klinisch-relevanten neuropsychiatrischen Fragestellungen gewährleistet werden. Die Aktivitäten der DGLN, insbesondere die Gründung einer Weiterbildungskommission

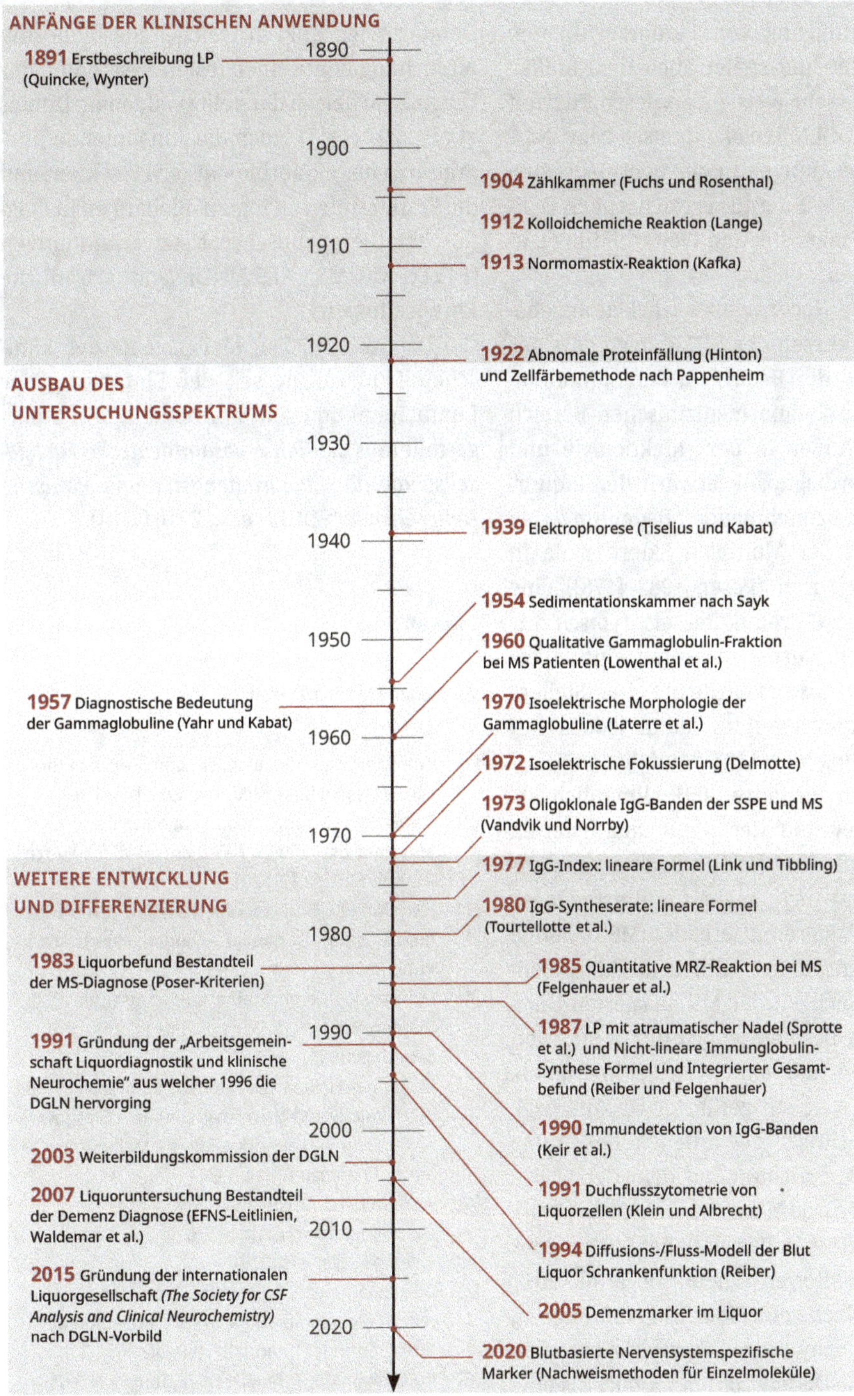

Abb. A.1.1: Meilensteine der Liquordiagnostik: Von der Lumbalpunktion, zu dem integrierten Liquorbefund und zu den blutbasierten ZNS-spezifischen Diagnosemarkern. I. Periode (1891–1925) Anfänge der klinischen Anwendung. II. Periode (1925–1975) Ausbau des Untersuchungsspektrums. III. Periode (1975-heute) Neue Konzepte zu Blut-Hirn-/Blut-Liquor-Schrankenmodellen und neue Immunoassay-Generationen (Einzelmolekül-Nachweise).

und die Einführung von Liquorzertifikaten für Laborleiter und später auch für Kliniker, haben sich als sehr wertvoll erwiesen. Hiermit versucht die DGLN den ökonomisch begründeten Fehlentwicklungen in der neurologischen Labormedizin mit daraus erwachsenden Defiziten in der Diagnostik und Weiterbildung entgegenzuwirken.

Die große Nachfrage an jährlich angebotenen Liquorkursen der DGLN zeigt, dass das Interesse und der Bedarf an der Liquoranalytik im klinisch-labormedizinischen Bereich fortbesteht. Außer in der Infektiologie und in der Tumordiagnostik erwarb der Liquorbefund eine zunehmende Bedeutung bei der Diagnose der Multiplen Sklerose, da in den Poser-Kriterien (Poser, 1983 [178]) eine intrathekale IgG-Produktion als typisch für MS angesehen wurde und somit eine laborgestützte Diagnose ermöglichte. Der Stellenwert des Liquorbefundes nahm jedoch mit der Einführung der MRT-dominierten Diagnose-Kriterien im Jahre 2001 allmählich ab. In der 3. Revision der McDonald-Kriterien (Polmann et al., 2011 [179]) wurde der Liquorbefund formal nicht mehr für die Diagnose der schubförmig-remittierenden MS benötigt. Bei eingeschränkter differentialdiagnostischer Verlässlichkeit der MRT-basierten Diagnosekriterien bestand jedoch die Gefahr von Fehldiagnosen und somit von Fehltherapien, weshalb ein weltweit geführter Diskurs bzgl. der noch wichtiger gewordenen Bedeutung der Liquoruntersuchung auf dem Gebiet der MS entfacht wurde (Tumani et al., 2011 [180]). Daraufhin wurde in der aktuellen Version der MS-Diagnosekriterien (Thompson et al., 2017 [181]) der Nachweis einer Entzündung im Liquor als gleichwertiger Ersatz für eine fehlende zeitliche Dissemination im MRT als eine Option erneut aufgenommen.

Erfreulicher war die Entwicklung der Rolle der Liquordiagnostik auf dem Gebiet der Demenzdiagnostik, in welcher die Liquoruntersuchung heute einen festen Bestandteil der Diagnosekriterien darstellt (Waldemar, Dubois et al., 2007 [182]). Auch die zunehmende Integration von Liquorbiomarker-Projekten und die Etablierung von Liquor-Biobanken in diagnostisch-therapeutischen Netzwerkinitiativen (FTLD, KKNMS, ALS-MND) sind erfreuliche Entwicklungen.

Die wesentlichen Meilensteine der klinischen Liquorologie seit der Einführung der Lumbalpunktion sind in Abbildung A.1.1 dargestellt (aus *„25 Jahre gesamtdeutsche Fachgesellschaft für Liquordiagnostik und klinische Neurochemie.“*, DGLN e. V., 2016 [183]).

Literatur

Vorwiegend Monographien.

[1] Woollam DHM. The historical significance of the cerebrospinal fluid. Med Hist. 1957;1:91–114.

[2] Torack RM. Historical aspects of normal and abnormal brain fluids. I. Cerebrospinal fluid. Arch Neurol. 1982;39:197–201.

[3] Herndon RM, Brumback RA (eds). The cerebrospinal fluid. Boston – Dordrecht – London: Kluwer Acad. Publ., 1989.

[4] Fishman RA. Cerebrospinal fluid in diseases of the nervous system. 2nd ed. Philadelphia: W. B. Saunders, 1992.

[5] McConnell H, Bianchine J (eds). Cerebrospinal fluid in neurology and psychiatry. London – Glasgow – Weinheim – New York – Tokyo – Melbourne – M adras: Chapman & Hall, 1994.

[6] Wildemann B, Oschmann P, Reiber H, et al. Laboratory diagnosis in neurology. Stuttgart: Thieme Publishers, 2010.

[7] Deisenhammer F, Sellebjerg F, Teunissen CE, et al. (eds). Cerebrospinal Fluid in Clinical Neurology. Cham: Springer International Publishing, 2015.

[8] Deisenhammer F, Teunissen CE, Tumani H (eds). Cerebrospinal Fluid in Neurologic Disorders. Handbook of clinical neurology; Volume 146. Elsevier, 2017.

[9] Key A, Retzius G. Studien in der Anatomie des Nervensystems und des Bindegewebes. Stockholm: Norstedt & Soner, 1875.

[10] Mestrezat W. Le liquide céphalo-rachidien. Normal et pathologique. Valeur clinique de l'examen chimique. Syndromes humoraux dans les diverses affections. Maloine – Paris: Arscia, 1912.

[11] Goldmann EE. Vitalfärbung am Zentralnervensystem. Abhandlungen der Preußischen Akademie der Wissenschaften, Physikalisch-Mathematische Klasse. Berlin: Verl. d. Königl. Akad. d. Wiss., 1913.

[12] Quincke H. Die Lumbalpunktion des Hydrocephalus. Berliner Klin Wochenschrift. 1891;32:861–862, 929–933.

[13] Toison J, Lenoble E. Note sur la structure et sur la composition du liquide céphalo-rachidien chez l'homme. C R Séances Soc Biol. 1891;43:373–379.

[14] Widal FGI, Sicard JMA, Ravaut PJF. Cytologie du liquide céphalo-rachidien au cours de quelques processes méninges chroniques (paralysis generale et tabes). Bull Mem Soc Med Hop Paris. 1901;18:31–33.

[15] Brissaud E, Sicard JA. Cytologie du liquide céphalo-rachidien au cours du zona thoracique. Bull Mem Soc Méd Hôp. 1901;260–261.

[16] Fuchs A, Rosenthal R. Physikalisch-chemische, zytologische und anderweitige Untersuchungen der Cerebrospinalflüssigkeit. Wien Med Press. 1904;45:2081–2087.

[17] Jessen H. Cytologie du liquide céphalo-rachidien normal chez l'homme. Paris: Masson & Co., 1936.

[18] Kafka V. Taschenbuch der praktischen Untersuchungsmethoden der Körperflüssigkeiten bei Nerven- und Geisteskrankheiten. 3. verb. A. Berlin: Springer, 1927.

[19] Trömner E. Ein Sedimentator für Zellen und feine Niederschläge, besonders für Liquorzellen. Munch Med Wochenschr. 1923;70:1229–1232.

[20] Wick M, Gross CC, Tumani H, et al. Automated Analysis of Cerebrospinal Fluid Cells Using Commercially Available Blood Cell Analysis Devices-A Critical Appraisal. Cells; 10.

[21] Olischer R-M. Die Zellreaktionen des Liquor cerebrospinalis.

[22] Schmidt RM (ed). Der Liquor cerebrospinalis. Berlin: Verl. Volk u. Gesundheit, 1968.

[23] Pappenheim M. Die Lumbalpunktion. Wien – Leipzig – München: Rikola Verl., 1922.

[24] Kafka V. Die Zerebrospinalflüssigkeit. Leipzig – Wien: Deuticke, 1930.

[25] Lange C. Lumbalpunktion und Liquordiagnostik. In: Krauss-Brugsch T (ed) Handbuch der speziellen Pathologie und Therapie innerer Krankheiten, Bd. 3. Leipzig: [Verlag nicht im Buch angegeben], 1923, p. 435.

[26] Riebeling C. Die Salzsäure-Collargol-Reaktion, eine neue Liquorreaktion. Klin Wochenschr. 1938;17:501–504, 783–784.

[27] Samson K. Die Liquordiagnostik im Kindesalter (einschl. Encephalographie). In: Czerny A, Kraus F, Langstein L, et al. (eds) Ergebnisse der Inneren Medizin und Kinderheilkunde: Einundvierzigster Band. Berlin, Heidelberg: Springer Berlin Heidelberg, 1931, pp. 553–788.

[28] Schmitt W. Kolloidreaktionen der Rückenmarkflüssigkeit. Dresden – Leipzig: Th. Steinkopff, 1932.

[29] Wegeforth P, Ayer JB, Essick CR. The method of obtaining cerebrospinal fluid by puncture of the cisterna magna. Amer J Med Sci. 1919;157:789.

[30] Eskuchen K. Die Lumbalpunktion. Berlin – Wien: Urban & Schwarzenberg, 1919.

[31] Plaut F, Rehm O, Schottmüller H. Leitfaden zur Untersuchung der Zerebrospinalflüssigkeit. Jena: Fischer, 1913.

[32] Rehm O. Atlas der Zerebrospinalflüssigkeit. Jena: Fischer, 1932.

[33] Demme H. Die Liquordiagnostik in Klinik und Praxis. München: J. F. Lehmanns, 1935.

[34] Georgi F, Fischer Ö. Liquor. In: Bumke O, Foerster O (eds) Handbuch der Neurologie. Bd VII/1. Berlin: Springer, 1935, p. 200.

[35] Lüthy F. Liquor cerebrospinalis. In: Bergmann G von, Frey W, Schwiegk H (eds) Handbuch der inneren Medizin. Berlin: Springer, 1953, pp. 1048–1084.

[36] Roeder F, Rehm O. Die Cerebrospinalflüssigkeit. 1st ed. Berlin: Springer, 1942.

[37] Meyer H-H. Der Liquor. Untersuchung und Diagnostik. Berlin: Springer, 1949.

[38] Greenfield JG, Carmichael E. The cerebrospinal fluid in clinical diagnosis. London: Mac Millan and Co., 1925.

[39] Levinson A. Cerebrospinal fluid in health and in disease. 3. Aufl. St. Louis: C. V. Mosby & Co., 1929.

[40] Merritt HH, Fremont-Smith F. The cerebrospinal fluid. Philadelphia – London: W. B. Saunders, 1938.

[41] Schönenberg H. Der Liquor cerebrospinalis im Kindesalter. Stuttgart: Thieme, 1960.

[42] Sayk J. Cytologie der Cerebrospinalflüssigkeit. Jena: G. Fischer, 1960.

[43] McCormick WF, Coleman SA. A Membrane Filter Technic for Cytology of Spinal Fluid. Am J Clin Pathol. 1962;38:191–197.
[44] Bischoff A. Das Vorkommen von Plasmazellen im Liquor cerebrospinalis bei der Multiplen Skerose. Dtsch Z Nervenheilkd. 1964;185:606–617.
[45] Sayk J, Lehmitz R. Die Sorptionskammer. Eine neue Methode der spontanen Zellsedimentation. Dtsch Gesundheitsw. 1979;34:2561–2565.
[46] Naylor B. The cytologic diagnosis of cerebrospinal fluid. Acta Cytol. 1964;8:141–149.
[47] Woodruff KH. Cerebrospinal fluid cytomorphology using cytocentrifugation. Am J Clin Pathol. 1973;60:621–627.
[48] Schmidt RM (ed). Der Liquor cerebrospinalis. Untersuchungsmethoden und Diagnostik. 2nd ed. Leipzig: Thieme, 1987.
[49] Wieczorek V. Klinische und tierexperimentelle Liquoruntersuchungen zur differentialdiagnostischen Abgrenzung und Bedeutung der einzelnen Zellarten im Liquor cerebrospinalis für die Diagnostik bei Erkrankungen im Bereich des ZNS.
[50] Oehmichen M. Cerebrospinal fluid cytology. An introduction and atlas. Stuttgart: Thieme, 1976.
[51] Link H. Immunoglobulin G and low molecular weight proteins in human cerebrospinal fluid. Chemical and immunological characterisation with special reference to multiple sclerosis. Acta Neurol Scand. 1967;43:1–136.
[52] Bauer H. Über die Bedeutung der Papier-Elektrophorese des Liquors für die klinische Forschung. Dtsch Z Nervenheilkd. 1953;170:381–401.
[53] Bauer H. Die Cerebrospinalflüssigkeit. Neuere Methoden u. Forschungsergebnisse als Grundlage der Deutung von Liquorbefunden. Internist. 1961;2:85–94.
[54] Kaplan A, Johnstone M. Concentration of cerebrospinal fluid proteins and their fractionation by cellulose acetate electrophoresis. Clin Chem. 1966;12:717–727.
[55] Kleine TO (ed). Neue Labormethoden für die Liquordiagnostik. Stuttgart: Thieme, 1980.
[56] Glasner H, Lowenthal A, Karcher D. Diagnostic value of brief microzone electrophoresis of unconcentrated CSF and agar gel electrophoresis of concentrated and unconcentrated CSF. J Neurol. 1979;222: 53–58.
[57] Lowenthal A. Agar gel electrophoresis in neurology. Amsterdam: Elsevier, 1964.
[58] Laterre EC. Les protéines du liquide céphalo-rachidien à l'état normal et pathologique. Brüssel – Maloine – Paris: Arscia, 1965.
[59] Delank HW. Das Eiweißbild des Liquor cerebrospinalis und seine klinische Bedeutung. Darmstadt: Th. Steinkopff, 1965.
[60] Schmidt RM. Liquoragargelelektrophorese. Jena: G. Fischer, 1972.
[61] Monseu G, Cumings JN. Polyacrylamide disc electrophoresis of the proteins of cerebrospinal fluid and brain. J Neurol Neurosurg Psychiatry. 1965;28:56–60.
[62] Felgenhauer K. Vergleichende Disc-Elektrophorese von Serum und Liquor cerebrospinalis. Stuttgart: Thieme, 1971.
[63] Delmotte P, Gonsette R. Biochemical Findings in Multiple Sclerosis IV. Isoelectric Focusing of the CSF Gamma Globulins in Multiple Sclerosis (262 Cases) and Other Neurological Diseases (272 Cases). J Neurol. 1977;215:27–37.
[64] Sidén Å, Kjellin KG. Isoelectric focusing of CSF proteins in known or probable infectious neurological diseases and the Guillain-Barré syndrome. J Neurol Sci. 1979;42:139–153.
[65] Olsson T, Kostulas V, Link H. Improved detection of oligoclonal IgG in cerebrospinal fluid by isoelectric focusing in agarose, double-antibody peroxidase labeling, and avidin-biotin amplification. Clin Chem. 1984;30:1246–1249.
[66] Sindic CJM, Laterre EC. Oligoclonal free kappa and lambda bands in the cerebrospinal fluid of patients with multiple sclerosis and other neurological diseases: An immunoaffinity-mediated capillary blot study. J Neuroimmunol. 1991;33:63–72.
[67] Gavrilesco K, Courcon J, Hillion P, et al. Étude de liquide céphalo-rachidien humain normal par la méthode immuno-électrophorétique. Bull Soc Chim Biol (Paris). 1955;37:803–807.
[68] Dencker SJ, Swahn B. Clinical Value of Protein Analysis in Cerebrospinal Fluid: A Micro-immuno-electrophoretic Study. Lunds Univ Arsskrift N F, Avd 2; 57.
[69] Meyer-Rienecker H. Ergebnisse der Untersuchung des Liquor cerebrospinalis zur Immunbiologie entzündlicher Erkrankungen des Nervensystems.
[70] Gottesleben A, Bauer HJ. Quantitative Immunochemie der Liquorproteine bei entzündlichen Erkrankungen des Nervensystems. Germ med Mth. 1967;12:331–334.
[71] Felgenhauer K, Schliep G, Rapic N. Evaluation of the blood-CSF barrier by protein gradients and

the humoral immune response within the central nervous system. J Neurol Sci. 1976;30:113–128.

[72] Reiber H. Quantitative Bestimmung der lokal im Zentralnervensystem synthetisierten Immunglobulin G-Fraktion des Liquors. Clin Chem Lab Med. 1979;17:587–591.

[73] Reiber H. The discrimination between different blood-CSF barrier dysfunctions and inflammatory reactions of the CNS by a recent evaluation graph for the protein profile of cerebrospinal fluid. J Neurol. 1980;224:89–99.

[74] Reiber H. Cerebrospinal fluid – Physiology, analysis and interpretation of protein patterns for diagnosis of neurological diseases. Mult Scler. 1998;4:99–107.

[75] Delpech B, Lichtblau E. Étude quantitative des immunoglobulines G et de l'albumine du liquide cephalo rachidien. Clin Chim Acta. 1972;37:15–23.

[76] Thompson EJ. The CSF proteins: a biochemical approach. Amsterdam – New York – Oxford: Elsevier, 1988.

[77] Kleine TO. Liquor. In: Thomas L (ed) Labor und Diagnose. Marburg: Medizin. Verl. -Ges., 1984, pp. 937–965.

[78] Kleine, T. O. (Hrsg.): European CSF Symposium. J Lab Med. 1996;20:156–179, 303–365, 497–524.

[79] Tourtellotte W. On cerebrospinal fluid immunoglobulin-G (IgG) quotients in multiple sclerosis and other diseases. A review and a new formula to estimate the amount of IgG synthesized per day by the central nervous system. J Neurol Sci. 1970;10:279–304.

[80] Link H. CSF IgG and its congeners. In: Thompson EJ (ed) Advances in CSF protein research and diagnosis. Lancaster: MTP Press, 1987, pp. 49–88.

[81] Blennow K, Fredman P, Wallin A, et al. Formulas for the quantitation of intrathecal IgG production: Their validity in the presence of blood-brain barrier damage and their utility in multiple sclerosis. J Neurol Sci. 1994;121:90–96.

[82] Reiber H, Lange P. Quantification of virus-specific antibodies in cerebrospinal fluid and serum: sensitive and specific detection of antibody synthesis in brain. Clin Chem. 1991;37:1153–1160.

[83] Reiber H, Ungefehr S, Jacobi C. The intrathecal, polyspecific and oligoclonal immune response in multiple sclerosis. Mult Scler. 1998;4:111–117.

[84] Felgenhauer K. Labordiagnostik neurologischer Erkrankungen. In: Thomas L (ed) Labor und Diagnose. Indikation und Bewertung von Laborbefunden für die medizinische Diagnostik. Frankfurt/M.: TH-Books Verl.-Ges., 1998, pp. 1341–1359.

[85] Felgenhauer K, Beuche W. Labordiagnostik neurologischer Erkrankungen: Liquoranalytik und-zytologie, Diagnose-und Prozessmarker. Stuttgart: Thieme, 1999.

[86] Frick E, Scheid-Seydel L. Untersuchungen mit J131-markiertem β-Globulin zur Frage der Abstammung der Liquoreiweißkörper. Klin Wochenschr. 1960;38:1240–1243.

[87] Cutler RWP, Watters G V., Hammerstad JP. The origin and turnover rates of cerebrospinal fluid albumin and gamma-globulin in man. J Neurol Sci. 1970;10:259–268.

[88] Sellebjerg F, Christiansen M, Garred P. MBP, anti-MBP and anti-PLP antibodies, and intrathecal complement activation in multiple sclerosis. Mult Scler. 1998;4:127–131.

[89] Whitaker JN. Myelin basic protein in cerebrospinal fluid and other body fluids. Mult Scler. 1998;4:16–21.

[90] Laman JD, Thompson EJ, Kappos L. Body fluid markers to monitor multiple sclerosis: the assays and the challenges. Mult Scler. 1998;4:266–269.

[91] Roboz-Einstein E. Proteins of the brain and CSF in health and disease. Springfield: Thomas, 1982.

[92] Sindic CJM. Cerebrospinal fluid proteins in diseases of the nervous system. UCL-Université Catholique de Louvain, 1985.

[93] Morgan BP, Campbell AK, Compston DAS. Terminal component of complement (C9) in cerebrospinal fluid of patients with multiple sclerosis. Lancet. 1984;2:251–255.

[94] Wood JH (ed). Neurobiology of Cerebrospinal Fluid 1. New York – London: Plenum Press, 1980.

[95] Wood JH (ed). Neurobiology of Cerebrospinal Fluid 2. New York – London: Plenum Press, 1983.

[96] Schwab M. Die Liquor-Elektrolyte bei normalem und gestörtem Elektrolythaushalt. In: Kienle G (ed) Hydrodynamik, Elektrolyt- und Säure-Basenhaushalt im Liquor und Nervensystem. Stuttgart: Thieme, 1967, pp. 64–67.

[97] Schnaberth G. Säure-Basenhaushalt und Atemgase im Liquor cerebrospinalis. Stuttgart: Thieme, 1977.

[98] Davson H, Welch K, Segal MB. Physiology and pathophysiology of the cerebrospinal fluid. Edinbu rgh – London – Melbourne – New York: Churchill Livingstone, 1987.

[99] Schmidt RM. Cytological atlas of cerebrospinal fluid. Leipzig: J. A. Barth, 1978.

[100] Pilz H. Die Lipide des normalen und pathologischen Liquor cerebrospinalis. Berlin: Springer, 1970.
[101] Tourtellotte WW, Haerer AF. Lipids in cerebrospinal fluid. XII. In multiple sclerosis and retrobulbar neuritis. Arch Neurol. 1969;20:605–615.
[102] Seidel D, Heipertz R, Weisner B. Cerebrospinal fluid lipids in demyelinating diseaseII. Linoleic acid as an index of impaired blood-CSF barrier. J Neurol. 1980;222:177–182.
[103] Lowenthal A. Enzymes of the cerebrospinal fluid. In: Schmidt RM (ed) Der Liquor cerebrospinalis. Leipzig: Thieme, 1987, pp. 553–578.
[104] Mandler RN, Dencoff JD, Midani F, et al. Matrix metalloproteinases and tissue inhibitors of metalloproteinases in cerebrospinal fluid differ in multiple sclerosis and Devic's neuromyelitis optica. Brain. 2001;124:493–498.
[105] Heller H. Neurohypophysial hormones in the cerebrospinal fluid. In: Sterba G (ed) Zirkumventrikuläre Organe und Liquor. Jena: Fischer, 1969, pp. 235–242.
[106] Walter FK. Die Blut-Liquorschranke. Leipzig: G. Thieme, 1929.
[107] Stern L, Gautier R. Recherches Sur Le Liquide CÉphalo-Rachidien: I.–Les Rapports Entre Le Liquide CÉphalo-Rachidien et la Circulation Sanguine. Arch Int Physiol. 1921;17:138–192.
[108] Stern L, Gautier R. II. – Les Rapports Entre Le Liquide Céphalo-Rachidien Et Les éléments Nerveux De L'axe Cerebrospinal. Arch Int Physiol. 1922;17:391–448.
[109] Stern L, Gautier R. III. – Rapports Entre Le Liquide Céphalo-Rachidien Des Espaces Ventriculaires Et Celui Des Espaces Sous-Arachnoïdiens. Arch Int Physiol. 1923;20:403–436.
[110] Bakay L. The blood-brain-barrier. Springfield (Ill.): C. T. Rollister, 1956.
[111] Fenstermacher JD, Patlak CS. The exchange of material between cerebrospinal fluid and brain. In: Cserr HF, Fenstermacher JD, Fencl V (eds) Fluid environment of the brain. New York: Academic Press, 1975, pp. 201–214.
[112] Davson H. Physiology of the cerebrospinal fluid. London: J. & A. Churchill, 1967.
[113] Rapoport SJ. Blood-brain barrier in physiology and medicine. New York: Raven Press, 1976.
[114] Bradbury M. The concept of a blood-brain barrier. Chichester – New York – Brisbane – Toronto: John Wiley & Sons, 1979.
[115] Greenwood J, Begley DJ, Segal MB, et al. (eds). New concepts of a blood-brain barrier. London: Plenum Press, 1995.
[116] Felgenhauer K, Holzgraefe M, Prange HW (eds). CNS barriers and modern CSF diagnostics. Weinheim – New York: VCH Verl.-Ges., 1993.
[117] Reulen J, Schuermann K (eds). Steroids and brain edema. Berlin: Springer, 1972.
[118] Guillain G, Barré JA, Strohl A. Sur un syndrome de radiculonévrite avec hyperalbuminose du liquide céphalorachidien sans réaction cellulaire. Bull Soc Méd Hôp. 1916;40:1462–1470.
[119] Sayk J. Liquorsyndrome. Schweiz Arch Neurol Neurochir Psychiat. 1964;93:75–97.
[120] Demme H. Liquor. Fortschr Neurol Psychiatr Grenzgeb. 1950;18:169–211.
[121] Demme H. Liquor. Fortschr Neurol Psychiatr Grenzgeb. 1953;21:455–510.
[122] Demme H. Liquor. Fortschr Neurol Psychiatr Grenzgeb. 1956;24:113–148.
[123] Bannwarth A. Zur Klinik und Pathogenese der „chronischen lymphocytären Meningitis". 1. u. 2. Mitteilung. Arch Psychiatr Nervenkr. 1944;117:161–185, 682–716.
[124] Schaltenbrand G. Die chronischen Meningitiden [Chronic meningitides]. Dtsch Zeitschrift für Nervenheilkd. 1954;171:275–297.
[125] Coakham HB, Brownell B, Harper EI, et al. Use of monoclonal antibody panel to identify malignant cells in cerebrospinal fluid. Lancet. 1984;323:1095–1098.
[126] Beuche W, Siever A, Thomas RS, et al. Immunocytochemical detection of specific activated cerebrospinal fluid B lymphocytes in the diagnosis of infectious diseases. In: Felgenhauer K, Holzgraefe M, Prange HW (eds) CNS barriers and modern CSF diagnostics. Weinheim – New York – Basel – Cambridge – Tokyo: VCH Verl.-Ges., 1993, p. S. 331–337.
[127] Felgenhauer K, Schädlich HJ, Nekic M, et al. Cerebrospinal fluid virus antibodies: A diagnostic indicator for multiple sclerosis? J Neurol Sci. 1985;71:291–299.
[128] Gallo P, Piccinno MG, Pagni S, et al. Immune activation in multiple sclerosis: study of IL-2, sIL-2R, and gamma-IFN levels in serum and cerebrospinal fluid. J Neurol Sci. 1989;92:9–15.
[129] Kleine TO, Meyer-Rienecker H. Gesamtdeutsches Liquor-Symposium „Klassische und moderne Methoden in der Liquor-Diagnostik". Lab med. 1991;15:29–129 u. 173–210.

[130] Olsson T, Zhi WW, Hojeberg B, et al. Autoreactive T lymphocytes in multiple sclerosis determined by antigen-induced secretion of interferon-gamma. J Clin Invest. 1990;86:981–985.
[131] Sindic CJM, Van Antwerpen MP, Goffette S. Clinical relevance of polymerase chain reaction (PCR) assays and antigen-driven immunoblots for the diagnosis of neurological infectious diseases. Brain Res Bull. 2003;61:299–308.
[132] Meyer-Rienecker HJ, Jenssen HL, Werner H. Aspects of cellular immunity in multiple sclerosis. Antigen-reactivity of lymphocytes and lymphokine activity. J Neurol Sci. 1979;42:173–186.
[133] Reiber H, Adelmann M, Bamborschke S, et al. Ausgewählte Methoden der Liquordiagnostik und klinischen Neurochemie. 1st ed. Mitteilung Arbeitsgemeinschaft Liquordiagnostik und Klinische Neurochemie e. V., 1996.
[134] Thompson EJ, Trojano M, Livrea P (eds). Cerebrospinal fluid analysis in multiple sclerosis. Berlin – Heidelberg – New York – Milano: Springer, 1996.
[135] Tourtellotte WW, Tumani H. Multiple sclerosis cerebrospinal fluid. In: Raine CS, Farland HFM, Tourtellotte WW (eds) Multiple sclerosis, clinical and pathogenetic basis. London: Chapman and Hall Medical, 1997, p. S. 57–79.
[136] Hohlfeld R, Schwartz A, Brocke U, et al. A practicable method for the analysis of T lymphocyte subsets in CSF lymphopleocytosis. Klin Wochenschr. 1983;61:933–934.
[137] Mix E, Meyer-Rienecker H. Fetal-type lymphocytes in blood and cerebrospinal fluid (CSF) in inflammatory diseases of the central nervous system (CNS). J Lab Med. 1996;20:166–167.
[138] Monteyne P, Van Antwerpen MP, Sindic CJ. Expression of costimulatory molecules and cytokines in CSF and peripheral blood mononuclear cells from multiple sclerosis patients. Acta Neurol Belg. 1999;99:11–20.
[139] Pashenkov M, Huang YM, Kostulas V, et al. Two subsets of dendritic cells are present in human cerebrospinal fluid. Brain. 2001;124:480–492.
[140] Rieckmann P, Weber T, Felgenhauer K. Class differentiation of immunoglobulin-containing cerebrospinal fluid cells in inflammatory diseases of the central nervous system. Klin Wochenschr. 1990;68:12–17.
[141] Blennow K, Vanmechelen E. CSF markers for pathogenic processes in Alzheimer's disease: Diagnostic implications and use in clinical neurochemistry. Brain Res Bull. 2003;61:235–242.
[142] Kleine TO. (Hrsg.): Laboratory Diagnosis of Brain Damage and Inflammation with New and Old Markers in Human Cerebrospinal Fluid and Blood. Brain Res Bull. 2003;61:227–364.
[143] Lamers KJB, Vos P, Verbeek MM, et al. Protein S-100B, neuron-specific enolase (NSE), myelin basic protein (MBP) and glial fibrillary acidic protein (GFAP) in cerebrospinal fluid (CSF) and blood of neurological patients. Brain Res Bull. 2003;61:261–264.
[144] Sayk J (ed). Symposion über die Zerebrospinalflüssigkeit. Jena: Fischer, 1966.
[145] Seitelberger F (ed). Symposium über den Liquor cerebrospinalis. Wiener Z. Nervenheilkd. Suppl. I. Wien – New York: Springer, 1966.
[146] Schmidt RM (ed). Neue Forschungsergebnisse des Hirnstoffwechsels und der Entmarkungsenzephalomyelitis. Leipzig: J. A. Barth, 1974.
[147] Kölmel HW. Atlas of cerebrospinal fluid cells. Berlin: Springer, 1976.
[148] Den Hartog Jager WA. Color atlas of CSF cytopathology. Amsterdam: Elsevier/North-Holland Biomedical Press, 1980.
[149] Kulczycki J (ed). Atlas cytologiczny płynu mógzgowo rhzeniowego. Warszawa: Państwowy Zakład Wydawnictw Lekarskich, 1988.
[150] Kölmel HW. Zytologie des Liquor cerebrospinalis. Weinheim: VCH Verlagsgesellschaft, 1986.
[151] Naess A. Demonstration of T lymphocytes in cerebrospinal fluid. Scand J Immunol. 1976;5:165–168.
[152] Manconi PE, Zaccheo D, Bugiani O, et al. Letter: T and B lymphocytes in normal cerebrospinal fluid. N Engl J Med. 1976;294:49.
[153] Zaffaroni M, Caputo D, Ghezzi A, et al. T-cell subsets in multiple sclerosis: relationships between peripheral blood and cerebrospinal fluid. Acta Neurol Scand. 1985;71:242–248.
[154] Weber T, Rieckmann P, Burchhardt M, et al. The polymerase chain reaction: a powerful tool for CSF analysis. In: Felgenhauer K, Holzgraefe M, Prange HW (eds) CNS barriers and modern CSF diagnostics. Weinheim – New York: VCH Verl.-Ges., 1993, pp. 325–330.
[155] Link H. The cytokine storm in multiple sclerosis. Mult Scler. 1998;4:12–15.
[156] Meyer-Rienecker H. Interleukine, Zytokine, Wertigkeit und Nachweis im Liquor cerebrospinalis. Lab/J Lab Med. 1991;15:86–89.

[157] Rieckmann P, Altenhofen B, Riegel A, et al. Soluble adhesion molecules (sVCAM-1 and sICAM-1) in cerebrospinal fluid and serum correlate with MRI activity in multiple sclerosis. Ann Neurol. 1997;41:326–333.

[158] Massaro AR, Tonali P. Cerebrospinal fluid markers in multiple sclerosis: an overview. Mult Scler. 1998;4:1–4.

[159] Sandberg-Wollheim M. Immunoglobulin synthesis in vitro by cerebrospinal fluid cells in patients with multiple sclerosis. Scand J Immunol. 1974;3:717–730.

[160] Link H, Olsson T, Baig S, et al. The B cell repertoire evaluated at the single cell level in multiple sclerosis and other inflammatory neurological diseases. In: Felgenhauer K, Holzgraefe M, Prange HW (eds) CNS barriers and modern CSF diagnostics. Weinheim: VCH Verl. -Ges., 1993, pp. 285–304.

[161] Olischer R-M. Zur Zytodiagnostik im Liquor cerebrospinalis unter besonderer Berücksichtigung der Verlaufsphasen bei Erkrankungen des Zentralnervensystems. Psychiatr Neurol Med Psychol. 1988;40:609–616.

[162] Sayk J, Meyer-Rienecker HJ, Olischer R-M (eds). Fortschritte der Liquorforschung – Progress in CSF Research. Rostock: W. -Pieck-Universität, 1985.

[163] Wieczorek V. Wert und Grenzen der klassischen Liquorzytodiagnostik. Lab Medizin / J Lab Med. 1991;15:31–33.

[164] Lehmitz R, Kleine TO, Meyer-Rienecker H-J. Vergleichende liquorzytologische Untersuchungen mit der Hettich-Zytozentrifuge und der Sedimentkammer nach Sayk. Rostock: Med Beitr H. 1, 1993.

[165] Karcher D, Lowenthal A, Strosberg AD (eds). Humoral Immunity in Neurological Diseases. In: Nato Advanced Study Institutes Series A, Vol. 24. New York – London: Plenum Press, 1979.

[166] Dommasch D, Mertens HG (eds). Cerebrospinalflüssigkeit – CSF. Stuttgart: Thieme, 1980.

[167] Bauer H, Poser S, Ritter G (eds). Progress in Multiple Sclerosis Research. Berlin – Heidelberg – New York: Springer, 1980.

[168] Lowenthal A, Raus J (eds). Cellular and humoral immunological components of cerebrospinal fluid in multiple sclerosis. New York – London: Plenum Press, 1987.

[169] Wurster U. Liquoranalytik. In: Schliack H, Hopf HC (eds) Diagnostik in der Neurologie. Stuttgart: Thieme, 1988, p. S. 212–236.

[170] Holzgraefe M, Reiber H, Felgenhauer K (eds). Labordiagnostik von Erkrankungen des Nervensystems. Erlangen: Perimed Fachbuch-Verl. -Ges., 1988.

[171] Minister für Gesundheitswesen (DDR) (ed). Deutsches Arzneibuch: DAB 7-DDR. Diagnostische Labormethoden. Berlin: Akademie-Verlag, 1985.

[172] Wick M, et al. Ausgewählte Methoden der Liquordiagnostik und Klinischen Neurochemie. 2nd ed. Deutsche Gesellschaft für Liquordiagnostik und Klinische Neurochemie e. V., 2004.

[173] Wick M, et al. Ausgewählte Methoden der Liquordiagnostik und Klinischen Neurochemie. Deutsche Gesellschaft für Liquordiagnostik und Klinische Neurochemie e. V., 2014.

[174] Wick M, et al. Ausgewählte Methoden der Liquordiagnostik und Klinischen Neurochemie. 4th ed. Deutsche Gesellschaft für Liquordiagnostik und Klinische Neurochemie e. V., 2020.

[175] Andersson M, Alvarez-Cermeñio J, Bernardi G, et al. Cerebrospinal fluid in the diagnosis of multiple sclerosis: A consensus report. J Neurol Neurosurg Psychiatry. 1994;57:897–902.

[176] Reiber H, Thompson EJ, Grimsley G, et al. Quality assurance for cerebrospinal fluid protein analysis: International consensus by an internet-based group discussion. Clin Chem Lab Med. 2003;41:331–337.

[177] Hommes OR, Sandberg M, Silberberg D. Body fluid markers for course and activity of disease in multiple sclerosis. European Charcot Foundation Symposium. Mult Scler. 1998;4:91–269.

[178] Poser CM, Paty DW, Scheinberg L, et al. New diagnostic criteria for multiple sclerosis: Guidelines for research protocols. Ann Neurol. 1983;13:227–231.

[179] Polman CH, Reingold SC, Banwell B, et al. Diagnostic criteria for multiple sclerosis: 2010 revisions to the McDonald criteria. Ann Neurol. 2011;69:292–302.

[180] Tumani H, Deisenhammer F, Giovannoni G, et al. Revised McDonald criteria: the persisting importance of cerebrospinal fluid analysis. Ann Neurol. 2011;70:520.

[181] Thompson AJ, Banwell BL, Barkhof F, et al. Diagnosis of multiple sclerosis: 2017 revisions of the McDonald criteria. Lancet Neurol. 2018;17:162–173.

[182] Waldemar G, Dubois B, Emre M, et al. Recommendations for the diagnosis and management

of Alzheimer's disease and other disorders associated with dementia: EFNS guideline. Eur J Neurol. 14.

[183] DGLN e. V. (ed). 25 Jahre gesamtdeutsche Fachgesellschaft für Liquordiagnostik und klinische Neurochemie. Ulm: Konzept, Redaktion, Organisation: Hayrettin Tumani; Gestaltung, Layout, Illustration: logo.lio., Lioba Geggerle, Neu-Ulm; Produktion mayercards, Reinhold Armbruster-Mayer, Ulm, 2016.

A.2 Liquorgewinnung – Indikationen, Techniken und Komplikationen

Patrick Oschmann, Erwin Kunesch, Uwe K. Zettl

2.1 Einleitung

Hippokrates soll als erster um 400 vor Christus das Vorkommen von Flüssigkeitskammern im Gehirn erkannt haben. Ihm werden auch die ersten Punktionsversuche der Ventrikel zur Therapie des Hydrocephalus zugeordnet. Über fast 2000 Jahre geriet dieses Wissen in Vergessenheit bis zu den Beschreibungen einer wässrigen Flüssigkeit von Vesalius um 1543. Zu wissenschaftlichen Zwecken führte Cotugno 1764 als erster Lumbalpunktionen an 20 toten Erwachsenen durch. Die ersten systematischen Arbeiten begann Magendii 1825 und etablierte den Begriff des Liquor cerebrospinalis. Er zeigte die Punktion der Cisterna magna erstmals bei Tieren. 1885 führte Corning die erste Spinalanästhesie durch. Er injizierte Kokainhydrochlorid (alte WHO-Nomenklatur) bei einem Mann mit „spinaler Schwäche" zwischen den 11. und 12. Brustwirbel und beschreibt eine vorübergehende Taubheit der Beine. Kurz darauf führte Quincke 1891 die Lumbalpunktion („Liquorpunktion") zu diagnostischen und therapeutischen Zwecken in den klinischen Alltag ein. Durch diese Methode war es erstmals möglich, Liquor einfach und sicher zu gewinnen. Andere Methoden wie Schädeltrepanation und offene Hautinzision im Rückenbereich wurden dadurch abgelöst. Um die Jahrhundertwende war die Lumbalpunktion bereits als Standard in europäischen und amerikanischen Krankenhäusern etabliert. Die Subokzipital- und Zisternenpunktion führten Wegeforth, Ayer und Essick (1919) in Amerika und unabhängig hiervon Eskuchen (1919) in Deutschland für die klinische Praxis ein.

Die intrathekalen Therapieoptionen fanden in den folgenden Jahrzehnten weites Interesse. Neben der Injektion von Immunserum bei Tetanus und Meningokokkenmeningitis wurden Carbolsäure bei Tuberkulose sowie Arsen bei Neurosyphilis jedoch ohne großen Erfolg eingesetzt. Nach Entdeckung der Antibiotika und Zytostatika hat inzwischen die intrathekale Therapie einen festen Stellenwert gefunden. Als Zugangsweg zur radiologischen Darstellung der Neuroaxis wurde 1919 erstmals eine Enzephalographie mit Luft (Pneumenzephalographie) von Dandy eingeführt. Myelographische Techniken mit Luft (1921) und Jodöl (1922) folgten kurz darauf. Eine entscheidende Verbesserung erlebte diese Technik im Jahre 1975 durch die Applikation resorbierbarer Kontrastmittel. Seit der Etablierung der Lumbalpunktion durch Quincke hat sich wenig an der Punktionstechnik geändert. Allein durch die Einführung atraumatischer Kanülen konnte die Inzidenz neue WHO-Nomenklatur: postpunktioneller Syndrome entscheidend gesenkt werden [1].

2.2 Indikation und Kontraindikation der Lumbalpunktion

2.2.1 Indikation

Eine Lumbalpunktion (LP) sollte nur nach ausführlicher klinischer Untersuchung des Patienten unter Abwägung potenzieller Kon-

https://doi.org/10.1515/9783110331905-003

traindikationen durchgeführt werden. In aller Regel handelt es sich um eine diagnostische Maßnahme bei der Entnahme von Liquor cerebrospinalis mit konsekutiver Liquoranalytik. Selten hat die Entnahme von Liquor „per se“ einen diagnostischen und ggf. therapeutischen Charakter, z. B. bei Hydrocephalus aresorptivus oder Pseudotumor cerebri. Daneben kann die Punktion des Subarachnoidalraumes zur intrathekalen Therapie (Antibiotika, Chemotherapeutika, Antispastika, u. a.) und für kontrastmittelverstärkte bildgebende Verfahren genutzt werden.

Für die Punktion des Liquor cerebrospinalis ist eine schriftliche Einwilligungserklärung des Patienten einzuholen. Außerhalb der Akutsituation sollte dies aus formaljuristischen Gründen 24 Stunden vor der Punktion erfolgen.

Für das Aufklärungsgespräch sollten vorgefertigte Einwilligungserklärungen verwendet werden. Zu dokumentieren ist das Risiko-Nutzen-Verhältnis der Lumbalpunktion, die technische Durchführung und mögliche Komplikationen der Lumbalpunktion sowie alternative diagnostische Verfahren sowie die Konsequenzen der Nichtdurchführung der Lumbalpunktion.

Die krankheitsbezogenen Indikationen für die Liquorentnahme haben sich in den letzten Jahrzehnten, bedingt durch die Einführung neuer bildgebender Verfahren sowie Verbesserung der Liquordiagnostik mittels molekularbiologischer und immunologischer Techniken mehrfach geändert. Historische Entwicklungen sowie unterschiedliche Rechtsauffassungen führten zusätzlich zu einer landesbezogenen Sichtweise der Indikation, Dringlichkeit und Nützlichkeit der Lumbalpunktion. Großen Stellenwert und weite Verbreitung hat die Lumbalpunktion insbesondere im deutschsprachigen Raum.

2.2.2 Kontraindikation

Die Lumbalpunktion ist kontraindiziert bei oberflächlichen und tiefen entzündlichen Infiltrationen der Haut im Punktionsbereich. In solchen Fällen ist eine Subokzipitalpunktion zu erwägen. Eine weitere klare Kontraindikation stellt ein erhöhter intrakranieller Druck mit progredienter Herniation dar. Falls dieser klinische Verdacht besteht, sollte vor Lumbalpunktion durch ein kraniales CT eine Hirndrucksymptomatik ausgeschlossen werden. Ein fehlendes Papillenödem stellt diesbezüglich kein Ausschlusskriterium dar. Bei der Entscheidung zur Punktion muss die Ursache und Natur der intrakraniellen Druckerhöhung berücksichtigt werden. Während in Fällen von Papillenödem bei Pseudotumor cerebri eine Lumbalpunktion ungefährlich ist, kann sie bei einer Raumforderung in der hinteren Schädelgrube lebensgefährlich sein. CT-Kriterien, die eine Lumbalpunktion verbieten, sind nach Gower [2] eine Mittellinienverlagerung unter die Falx cerebri und/oder eine axiale Druckerhöhung mit Verschwinden suprachiasmaler und zirkummesenzephaler Zisternen. Eine Raumforderung der hinteren Schädelgrube stellt das größte Risiko dar und kann sich in einer Verlagerung, Kompression oder Obliteration des 4. Ventrikels mit ggf. konsekutivem Hydrocephalus occlusus äußern.

Eine relative Kontraindikation stellt die Antikoagulation sowie das Vorliegen einer Blutgerinnungsstörung dar. Thrombozytenzahlen unter 50.000/µl (50 Gpt/l) erhöhen das Blutungsrisiko deutlich. Ab 20.000/µl (20 Gpt/l) sollten kurz vor der Lumbalpunktion Thrombozyten substituiert werden. Bei einer therapeutischen Heparinisierung muss die Antikoagulation vor der Lumbalpunktion zeitlich so weit zuvor unterbrochen werden, dass die Gerinnungswerte anhand der partiellen Thromboplastinzeit weitestgehend normalisiert sind. Nach der Lumbalpunktion soll die Heparinisierung erst nach ein bis zwei Stunden wieder aufgenommen werden. Patienten, die eine orale Antikoagulation (Phenprocoumon) erhalten, sind vor der Lumbalpunktion auf Heparin umzustellen. Alternativ, insbesondere bei dringender Indikation zur Lumbalpunktion, kann die Prothrombinzeit (Thromboplastinzeit, Quick-Wert) mittels PPSB (Prothrombinkomplex)-Konzentrat normalisiert werden. Die benötigten Substitutionseinheiten werden dabei aus der Differenz zwischen Quick-Ist-Wert (%) und Quick-Soll-Wert (%) multipliziert mit dem Körpergewicht des Patienten berechnet. Der Quick sollte dabei auf mindestens 50 % angehoben werden. *So werden bei einem 70 kg Patienten mit einem Quick-Ist-Wert von 30 % und einem angestrebten Quick-Soll-Wert von 50 % (Erhöhung des Quick-Wertes um 20 %) 1400 IE PPSB langsam intravenös über 5 min oder im Perfusor über 30 min appliziert.* Im Falle hereditärer Gerinnungsstörungen ist die Gerinnungszeit oft das am besten geeignete Instrument, um das individuelle Risiko einer postpunktionellen Blutung abzuschätzen [1,3].

Patienten, die mit neuen oralen Antikoagulanzien (NOAK: Dabigatran, Apixaban, Rivaroxaban, Edoxaban) behandelt werden, stellen bezüglich einer Lumbalpunktion eine besondere Herausforderung dar, da systematische Studien fehlen. Analog zu anderen invasiven Eingriffen wird empfohlen, die NOAK zwei bis drei Tage vor der LP abzusetzen [4]. Zu beachten ist hierbei die möglicherweise verlängerte Halbwertzeit bei eingeschränkter Nierenfunktion, vor allem bei einer Therapie mit Dabigatran. Zur besseren Abschätzung der Gerinnungsaktivität können Labortests eingesetzt werden (z. B. Anti-Faktor Xa-Aktivität). Bei höheren thromboembolischen Risiken sollte ein Bridging mit Heparin erwogen werden. Bei einer Notfallindikation besteht die Möglichkeit einer Antagonisierung der Wirkung von Dabigatran mit Idarucizumab und bei den Faktor Xa-Antagonisten mit Andexanat alfa. Größere Erfahrungen oder Studien fehlen diesbezüglich.

Bei Patienten mit dualer Plättchenaggregationshemmung (ASS + Clopidogrel) besteht ein erhöhtes Blutungsrisiko bei einer Lumbalpunktion. Daher empfiehlt es sich bei einer elektiven Lumbalpunktion, das Clopidogrel für eine Woche abzusetzen und dann die Lumbalpunktion durchzuführen. Im Falle einer Clopidogrel-Monotherapie könnte eine Umstellung auf ASS erwogen werden [5].

2.3 Methoden

2.3.1 Durchführung der Lumbalpunktion

Die LP wird in der Regel zwischen dem 4. und 5. oder zwischen dem 3. und 4. Lendenwirbeldornfortsatz durchgeführt. Die Höhe LWK 4/5 lässt sich gut durch eine gedachte Verbindungslinie zwischen beiden Beckenkämmen lokalisieren (Abb. A.2.1a). In der Regel schneidet diese Linie den Dornfortsatz des 4. Lendenwirbels. Eine Punktion oberhalb von LWK 2/3 sollte vermieden werden, da der Conus medullaris in 94 % der Fälle mindestens bis LWK 1/2 reicht, in den übrigen darüber hinaus. Die Punktion am liegenden Patienten ist vorzuziehen, insbesondere wenn der Liquordruck bestimmt werden soll. Eine sorgfältige Lagerung des Patienten vereinfacht die Durchführung. In liegender Position muss der Untergrund hart sein, um eine „artifizielle Skoliose" der Wirbelsäule zu verhindern. Die Knie sind zur Brust hochgezogen (Abb. A.2.2). In sitzender Position ist es günstig, den Patienten am Bettrand mit vorn übergebeugtem Oberkörper zu lagern. Zur Abstützung ist ein Kissen unter den Oberschenkeln sowie Armen nützlich. Während der Punktion ist es hilfreich, die Beibehaltung der Lagerung durch eine Hilfsperson zu unterstützen (Abb. A.2.1c). Zur Gewährleistung eines sterilen Vorgehens müssen Handschuhe getragen und die Haut chirurgisch mit Jodlösung sowie Alkohol desinfiziert werden. Nach Festlegung der Punktionsstelle kann eine Lokalanästhesie durchgeführt werden. Dieses Vorgehen empfiehlt sich insbesondere bei sehr schmerzempfindlichen Patienten. Nach intradermaler Injektion wird tieferes Gewebe mit ca. 2 ml einer 1- bis 2 %igen Lidocainlösung infiltriert. Handelt es sich einerseits um sehr ängstliche Patienten und erlaubt es andererseits die klinische Gesamtsituation, so kann nach eigenen Erfahrungen (Zettl und Buchmann) die klinische Hypnose den Ablauf der Lumbalpunktion für den Patienten sehr positiv beeinflussen. Zu Beginn der Punktion spannt der Rechtshänder zwischen Zeige- und Mittelfinger der linken Hand die Haut zwischen den Dornfortsätzen und sticht dann zwischen den beiden Fingern die Punktionsnadel in leicht nach kranial schräger Richtung ein. Sobald die Nadel die Haut durchdrungen hat, kann man die Nadel ein- oder beidhändig geführt tiefer stechen (Abb. A.2.1b). An einem federnden Widerstand ist zu erkennen, dass die Nadelspitze das Ligamentum flavum bzw. die Dura durchdringt, sofort anschließend wird das Vorschieben wieder leichter. Mit der Penetration der Dura ist meist in 4–4,5 cm Tiefe zu rechnen. Bei sehr muskulösen oder adipösen Patienten kann die Tiefe bis zum Durchdringen des Ligamentum flavum bzw. der Dura individuell deutlich größer sein. Nach Herausziehen des Mandrins tropft der Liquor cerebrospinalis ab. Falls nicht, kann nach Wiedereinführung des Mandrin die vorsichtige Drehung der Nadel oder das langsame Vorschieben zum Erfolg führen. Falls die Nadel zu weit vorgeschoben wurde, kann es zu einer Punktion des ventral der Cauda equina gelegenen Venenplexus führen („blutige Punktion"). Wenn weiterhin kein Liquor fließt, muss die Nadel bis fast unter die Haut zurückgezogen werden, um die Richtung variieren zu können. In einzelnen Fällen sollte die Punktion einen Wirbelkörper höher erneut versucht werden. Falls die Nadel nicht streng median eingeführt wird, können Nervenwurzeln berührt werden. Der Patient gibt dann einen akuten ins jeweilige Bein ausstrahlenden Schmerz („wie ein elektrischer Stromstoß") an. In solchen Fällen muss die Nadel zurückgezogen und neu positioniert werden.

In Ausnahmefällen können degenerative Veränderungen der LWS so ausgeprägt sein, dass ein Vorschieben der Nadel nur unter radiologischen Durchleuchtungsbedingungen möglich ist.

Wenn die Lumbalpunktion erfolgreich war, wird, falls indiziert, die instrumentale Liquordruckmessung vor der Liquorentnahme durchgeführt (Abb. A.2.3). Im Rahmen der Liquorgewinnung sollte nachfolgend eine Dreigläserprobe zur Abgrenzung einer artefiziellen Blutung von einer pathologischen Blutung erfolgen. Ist bereits makroskopisch eine Blutbeimengung zu vermuten, sollte in jedem Fall diese einfache, aber richtungsweisende Untersuchung durchgeführt werden (Teil C). Zu diagnostischen Zwecken können beim Erwachsenen problemlos bis zu 15 ml Liquor entnommen werden (Abb. A.2.1d). Gelegentlich ist der Liquorabfluss verzögert. In solchen Fällen können ein leichtes Rotieren der Nadel oder eine diskrete Positionsoptimierung durch eine vorsichtige Patientenlagerung (z. B. Verstärkung der LWS-Krümmung) hilfreich sein, um adhärierende Dura oder

Nervenwurzeln abzustreifen bzw. die Processus spinosi weiter voneinander zu entfernen. Eine abdominelle Druckerhöhung mit aktivem Pressen hilft gelegentlich zu entscheiden, ob die Nadellage korrekt ist. In Fällen eines Liquorunterdrucks kann mit einer Spritze vorsichtig aspiriert werden. Bei Repunktion ist in Fällen einer geringen Flussmenge an die Möglichkeit der Fehllage der Kanülenspitze in einem subdural gelegenen Liquorkissen zu denken. Nach Abschluss der Punktion ist der Mandrin unter sterilen Kautelen wieder in die Punktionskanüle einzuführen. Die Nadel wird dann zügig herausgezogen, die Punktionsstelle wird steril verbunden und der Patient möglichst mindestens 2 Stunden flach auf dem Bauch gelagert.

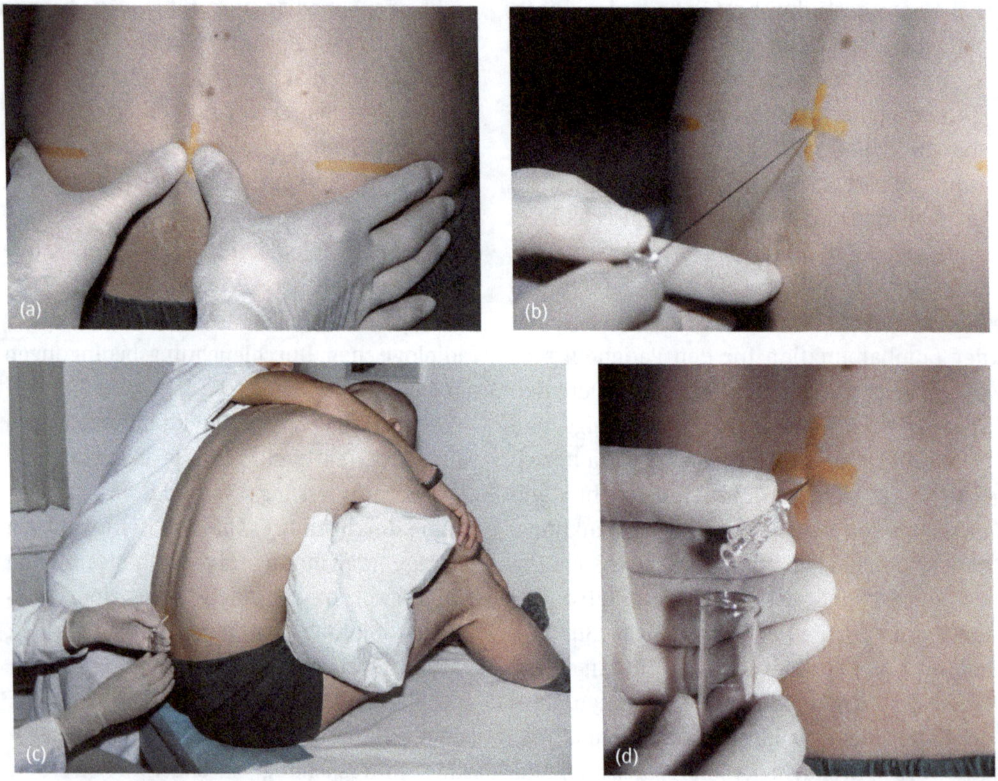

Abb. A.2.1: Lumbalpunktion am sitzenden Patienten. (a): Markierung einer Verbindungslinie zwischen den beiden Darmbeinoberkanten, die in der Regel den 4. Lendenwirbel tangiert. Durch palpieren wird der Raum zwischen den Dornfortsätzen des 4. und 5. Lendenwirbelkörpers lokalisiert. Der Patient ist dabei durch eine Hilfsperson in „Katzenbuckel"-Position fixiert. (b): Einstich der Lumbalpunktionskanüle unter aseptischen Bedingungen in der Mittellinie zwischen den Dornfortsätzen des 4. und 5. (oder 3. und 4.) Lendenwirbelkörpers in leicht kranialwärts gerichteter Stichrichtung. Die Einstichstelle sollte sich dabei unmittelbar am Oberrand des 5. (bzw. 4.) Dornfortsatzes befinden. (c)–(d): Nach erfolgreicher Penetration der Dura und Erreichen des Subarachnoidalraumes wird der Mandrin entfernt und der Liquor je nach Indikation unter aeroben oder aneroben Bedingungen entnommen. Ursachen für das Misslingen der Lumbalpunktion sind meist ein Abweichen der Stichrichtung von der Mittellinie, eine zu geringe lumbale Krümmung der Wirbelsäule oder degenerative Wirbelkörperveränderungen.

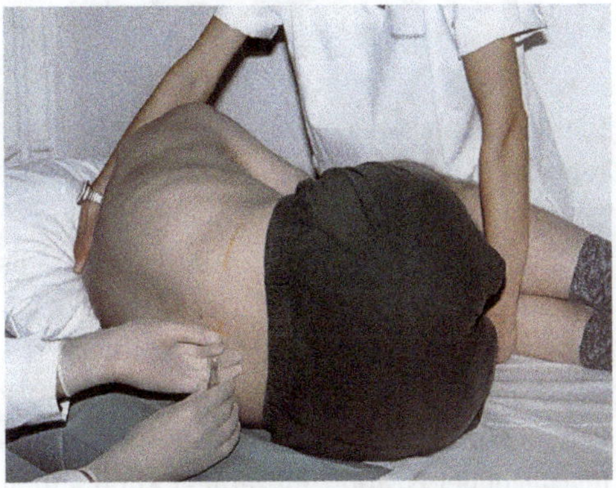

Abb. A.2.2: Lumbalpunktion am liegenden Patienten. Die Lumbalpunktion am liegenden Patienten wird bis auf die unterschiedliche Körperposition in analoger Weise zur Lumbalpunktion am sitzenden Patienten durchgeführt. Sie ist für den Ungeübten meist problematischer durchzuführen, da zusätzliche Fehlerquellen, wie eine „artifizielle Skoliose" bei zu weicher Unterlage, auftreten können. Die Lumbalpunktion am liegenden Patienten ist Voraussetzung für eine konsekutive Liquordruckmessung und für die Liquorgewinnung bei beatmeten oder bewusstseinsgetrübten Patienten.

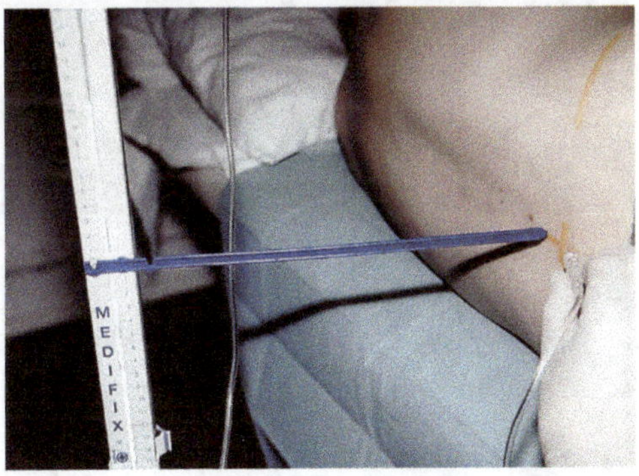

Abb. A.2.3: Prinzip der *Liquordruckmessung* am liegenden Patienten mit Hilfe eines Steigrohres analog der Messung des zentralen Venendruckes. Steigrohr und Verbindungssystem zur Punktionskanüle werden vor Punktion luftblasenfrei bis zum Nullpunkt der Skala (in cm H_2O) mit steriler physiologischer Kochsalzlösung gefüllt. Der Nullpunkt liegt in Höhe der Punktionsstelle. Nach Anschluss des Verbindungsschlauches an die Punktionskanüle und Öffnen des Dreiwegehahnes stellt sich innerhalb des Messsystems die Höhe der Wassersäule (hydrostatischer Druck in cm H_2O) entsprechend dem Liquordruck ein. Die Liquordruckmessung muss vor der diagnostischen Liquorentnahme erfolgen.

2.3.2 Subokzipitalpunktion

In den ersten Jahren nach der Beschreibung dieser Methode von Ayer 1923 fand die Subokzipitalpunktion auf Grund der geringen Inzidenz postpunktioneller Beschwerden weite Verbreitung. Bis zur Einführung von Schnittbildtechniken war diese Methode insbesondere zum Ausschluss spinaler Raumforderungen mittels vergleichender Liquordruckmessungen (lumbal versus subokzipital) und für die Myelographie beliebt. Als Alternative zur zisternalen Punktion (mediale Subokzipitalpunktion, Abb. A.2.4) wird als risikoärmerer Eingriff ein lateraler Zugang (laterale Zervikalpunktion, Abb. A.2.5) beschrieben. Eine Indikation zur Okzipitalpunktion besteht insbesondere, wenn mittels des lumbalen Zugangs kein Liquor gewonnen werden kann. Gründe hierfür sind technische Ursachen wie ein Zustand nach Wirbelsäulenoperationen sowie das Vorliegen lokaler Entzündungen, Tumoren oder Osteochondrome im Bereich der Punktionsstelle.

2.3.2.1 Zisternaler Zugang (mediale Subokzipitalpunktion)

Die Punktion ist sowohl in liegender wie sitzender Position möglich. Der sitzende Patient stützt sich mit leicht gebeugtem Kopf auf einem Tisch ober bei einer Hilfsperson ab (Abb. A.2.4a). Nach Rasur der Nackenregion kann das Unterhautfettgewebe, wie bei der Lumbalpunktion beschrieben, anästhesiert werden. Die Punktionsnadel wird bei 7,5 cm markiert und streng median zwischen dem ersten Dornfortsatz und der Hinterhauptschuppe bei gut fixiertem Kopf eingeführt [6]. Nach Kontakt mit dem kaudalen Okziput sollte die Richtung der Nadel korrigiert und langsam entlang des Okziput in Richtung der Nasenwurzel (Glabella) geführt werden (Abb. A.2.4b), bis die Dura durchstochen wird (Abb. A.2.4c). Der Abstand zwischen Haut und Cisterna magna liegt in der Regel zwischen 4,0 und 6,0 cm, unterliegt aber großen individuellen Schwankungen. Das Durchdringen des Ligamentum nuchae und der Dura wird vom Untersucher deutlich gespürt, danach fehlt der zuvor stets spürbare federnde Widerstand. Von der Dura bis zur Medulla ist noch 1,5–2,5 cm Distanz, so dass die Nadel nie mehr als 7,5 cm eingestochen werden sollte. Da beim sitzenden Patienten in der Cisterna cerebellomedullaris oft ein „negativer Druck“ herrscht, muss man den Liquor mit einer Spritze vorsichtig abziehen (Abb. A.2.4d). Bei Überdruck infolge Pressens oder eines raumfordernden en intrakraniellen Prozesses tropft oder spritzt der Liquor von selbst aus der Kanüle.

2.3.2.2 Lateraler Zugang (laterale Zytologieatlas) in Kap. E

Dieser Zugangsweg wird als generell sicherer als die zisternale Punktion angesehen. Entwickelt hat sie sich aus einer Methode der perkutanen Cordotomie. Ein Vorgehen unter Durchleuchtung ist ratsam. Der HWK 1/2-Zwischenraum wird gewählt, da der Intervertebralraum in dieser Höhe relativ weit ist. Der Patient wird z. B. auf dem Röntgentisch in seitlich liegender Position mit gerader Kopfhaltung positioniert (Abb. A.2.5a). Eine 20 Gauge-Nadel wird 1 cm caudal und 1 cm dorsal der Spitze des Mastoids senkrecht zur Unterlage eingeführt (Abb. A.2.5b). Während des Einführens

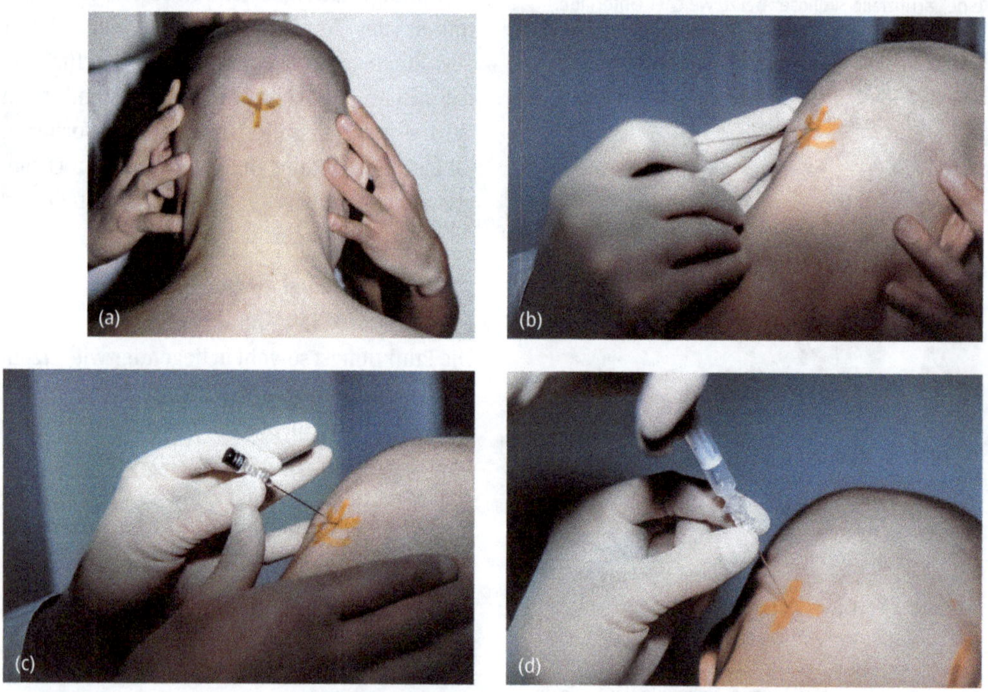

Abb. A.2.4: Durchführung der medialen Subokzipitalpunktion am sitzenden Patienten. (a): Markierung der Punktionsstelle zwischen dem Dornfortsatz des ersten Halswirbelkörpers und der Hinterhauptschuppe. Der Kopf sollte während der Punktion durch eine Hilfsperson fixiert werden. (b)–(c): Einführen der Nadel unter aseptischen Bedingungen mit primärer Stichrichtung zum Unterrand des Okziput. Der untere Querstrich auf der Haut zeigt etwa die Höhe des 1. Halswirbels. Nach Kontakt mit dem Okziput wird die Stichrichtung der Nadel dicht unterhalb der Hinterhauptschuppe nach kaudal korrigiert und zeigt jetzt in Richtung der Nasenwurzel bzw. des kaudalen Stirnbeines. In einer Tiefe von ca. 4–6 cm wird nach Durchstechen der Dura die Cisterna magna erreicht. (d): Aufgrund der Unterdrucksituation am sitzenden Patienten ist die Lage der Punktionsnadel durch Aspirationsversuche zu prüfen.

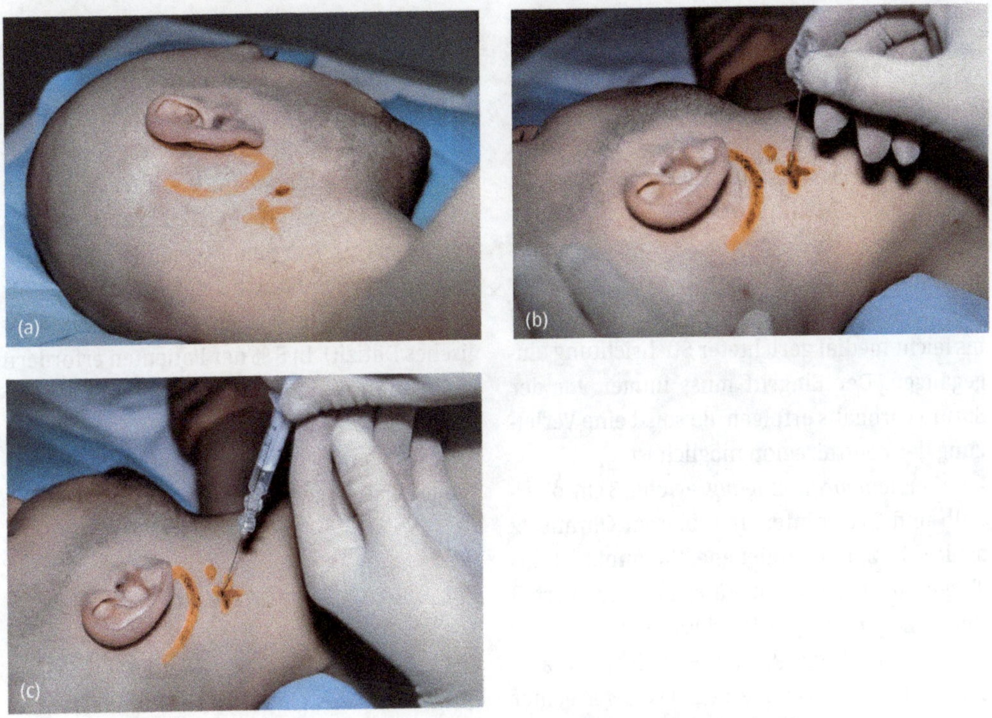

Abb. A.2.5: Laterale Zervikalpunktion. (a): Lagerung des Patienten in seitlich liegender Position mit gerader Kopfhaltung. Markierung des Processus mastoideus (bogenförmig) und der Punktionsstelle (Kreuz). Die Punktionsstelle befindet sich 1 cm kaudal (Punkt) sowie 1 cm dorsal der Spitze des Processus mastoideus. (b): Einführung der Punktionsnadel unter aseptischen Bedingungen senkrecht zur Unterlage. (c): Aspiration von Liquor nach Erreichen des Liquorraumes. Bei Unterdrucksituationen sollte die Lage der Punktionskanüle immer durch Aspirationsversuche mit Hilfe einer Spritze geprüft werden.

werden verschiedene Bänder durchdrungen, so dass schwer zu fühlen ist, zu welchem Zeitpunkt der Subarachnoidalraum erreicht ist. Es ist daher ratsam, intermittierend den Mandrin zurückzuziehen, um die Positionierung der Kanüle zu prüfen. Dabei sollte zusätzlich mit einer Spritze aspiriert werden (Abb. A.2.5c).

2.3.3 Ventrikelpunktion

Die Ventrikelpunktion stellt einen operativen Eingriff dar und fällt somit vorrangig in das Aufgabengebiet des Neurochirurgen. Die verschiedenen Zugangswege (frontal, temporal, parietal) zeigt Abb. A.2.6.

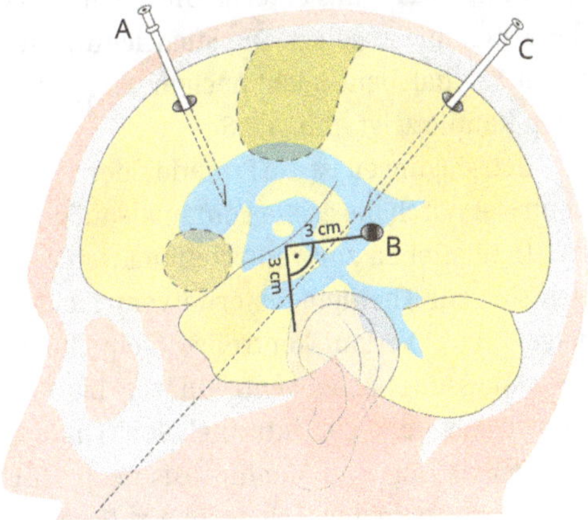

Abb. A.2.6: Ventrikelpunktion. Lage des Bohrloches und der Punktions-Kanüle bei der (A) frontalen, (B) temporalen und (C) parietalen Methode zur Ventrikelpunktion. Zu meidende Regionen: Zentralregion und Broca-Areal in braun.

Der *frontale Zugang* mit Punktion des Vorderhornes, der ja gewöhnlich auch in der Shunt-Chirurgie angewendet wird, ist heutzutage mit Abstand der häufigste. Dabei wird eine Trepanationsöffnung 2 bis 3 cm seitlich der Mittellinie vor der Stirn-Scheitelbein-Grenze, d. h. vor der Sutura coronalis angelegt und dann mit leicht nach posterior (Richtung äußerer Gehörgang) und sagittal bis leicht medial gerichteter Stichrichtung eingegangen. Der Eingriff muss immer vor der Sutura coronalis erfolgen, da sonst eine Verletzung der Zentralregion möglich ist.

Der *temporale Zugang* erfolgt 3 cm oberhalb und 3 cm hinter dem oberen Ohransatz senkrecht zur Sagittalebene. Zielpunkt ist das Trigonum der Seitenventrikel. Der Vorteil dieses Zugangsweges ist, dass man einerseits ohne ausgedehntes Rasieren des Schädels auskommt und andererseits bei strikt senkrechter Punktionstechnik mit relativ großer Sicherheit auch bei kleinen Seitenventrikeln erfolgreich punktiert.

Zur Punktion des Hinterhornes über den *parietalen Zugang* wird eine Trepanation 5 cm oberhalb einer gedachten Linie von der Protuberantia occipitalis externa und 3 cm lateral der Mittellinie angelegt. Die Stichrichtung der in der Sagittalebene leicht nach medial gerichteten Kanüle zeigt Abb. A.2.6.

Bei Säuglingen ist die Punktion der Seitenventrikel durch die große Fontanelle möglich.

Indikationen zur Ventrikelpunktion ergeben sich zur Therapie (externe Ventrikeldrainage) und Verlaufskontrolle (ventrikuläre Druckmessung) eines ventrikulären Liquorüberdruckes oder zur intrathekalen Therapie bei Ventrikulitis und Meningeosis neoplastica (Ommaya-Reservoir). Das Ommaya-Reservoir stellt einen Ventrikelkatheter mit subkutaner Blindsack-Kapsel dar, der in das Vorderhorn der nicht dominanten Hemisphäre eingeführt wird. Dieses System erlaubt wiederholte intrathekale Applikationen und diagnostische Liquorentnahmen zur Therapiekontrolle der Grunderkrankung. Bei Patienten mit Meningeosis neoplastica ist die intraventrikuläre Therapie bezüglich Ansprechrate und Überlebenszeit der lumbalen Therapie überlegen [7]. Die Anlage eines ventrikulären Katheters mit Reservoir hat eine Mortalität von 0,5 % und eine perioperative Morbidität von 2 bis 10 % (Blutung, Infektion, reversibles neurologisches Defizit). In 5 % der Patienten erfordern Dislokation und Leckage eine operative Revision. Im Bereich der Katheterspitze kann in 5 % der Fälle konsekutiv eine fokale Leukenzephalopathie entstehen [8,9].

2.4 Liquordruckmessungen

Erstmals beschrieben wurde die Messung des intrakraniellen Liquordruckes mittels eines Steigrohres von Magendii 1841 bei einem subokzipital punktierten Hund. Eine Messung des initialen Liquordrucks ist bei jeder Lumbalpunktion ratsam. Technisch wird nach der Punktion des liegenden Patienten, am besten über einen Dreiwegehahn ein Steigrohr angeschlossen, sobald die Zerebrospinalflüssigkeit austropft. Der Nullpunkt der Steigrohrskala liegt in Höhe der Punktionsstelle (Abb. A.2.3). Die Flüssigkeit steigt im Rahmen des Druckausgleiches mit dem Liquordruck in dem dünnlumigen Steigrohr auf eine konstante Höhe an und entspricht dann dem Liquordruck in mm Wassersäule. Außer in Fällen einer spinalen Raumforderung entspricht der Liquordruck beim horizontal liegenden Patienten dem intrakraniellen Druck. Bei der Messung können Pulsationen um 2 bis 5 mm pulssynchron und um 4 bis 10 mm in Abhängigkeit von der Atmung beobachtet werden. Der Normwert beträgt in liegender Position zwischen 60 bis 200 mm H_2O. Dies entspricht etwa 5 bis 15 mmHg (1 mmHg ≅ 13,62 mm H_2O). Im Sitzen ist auf Grund des variablen Abstandes zwischen Punktionsstelle und

Cisterna magna die Angabe von Normwerten nicht möglich. Die Angaben schwanken zwischen 400 und 490 mm H_2O. Falls der Liquordruck in liegender Position über 200 mm H_2O erhöht ist, sollte der Arzt einige Minuten warten und den Patienten bitten, sich zu entspannen. Insbesondere angespannte Bauchdecken führen zu falsch hohen Druckwerten. Auch Adipositas kann durch Steigerung des intraabdominellen Druckes zu erhöhtem Liquordruck bis 250 mm H_2O führen. Eine weitere Fehlerquelle ist die nicht exakt horizontale Positionierung des Patienten mit Hochlagerung des Kopfes. Falsch niedrige Messwerte treten z. B. bei partieller Verlegung der Nadelspitze durch anliegende Nervenwurzeln auf. Es empfiehlt sich, bei nur geringem Anstieg des Liquordruckes die Nadelspitze z. B. zu rotieren und so neu zu positionieren. Falls die Wirkung ausbleibt, kann über die Bauchpresse überprüft werden, ob es zu einem Liquordruckanstieg kommt. Falls dies nicht eintritt, ist eine Fehllage der Nadel, z. B. in einem Liquorkissen bei Zustand nach früheren Punktionen, möglich. Aber auch forcierte Hyperventilation des Patienten führt über einen erniedrigten pCO_2 und somit rückläufigen Hirndruck zu falsch niedrigen Druckwerten. Falls alle möglichen Fehlerquellen ausgeschlossen sind, muss ein Liquorunterdrucksyndrom diskutiert werden. Dies kann auf einen Stoppliquor bei spinaler Raumforderung hinweisen. Eine gelbliche Verfärbung des Liquors bedingt durch hohen Eiweißgehalt unterstützt diese Annahme. In diesen seltenen Fällen kann die Queckenstedt-Probe als „Bedside-Test“ hilfreich sein [10]. Bei liegenden Patienten werden durch eine Kompression beider Venae jugulares (ca. 10 Sekunden) ein rasches Ansteigen (100–300 mm H_2O), nach aufgehobener Jugulariskompression ein rascher Abfall des Liquordruckes als Zeichen der freien Passage gewertet. Die klinische Bedeutung liegt in der Identifikation von Patienten mit spinaler Raumforderung, bei denen es durch die Lumbalpunktion zu einer Zunahme der Rückenmarkskompression im Sinne einer spinalen Herniation kommen kann. Ein Hinweis ist der rasche Abfall des Liquordrucks bei Entnahme von nur wenigen Tropfen Liquor cerebrospinalis. In solchen Fällen ist die Belassung der Nadel mit anschließender Myelographie ratsam.

Ein heute nicht mehr eingesetzter Test ist der Tobey-Ayer-Test [11] (einseitige Jugularisvenenkompression) zur Überprüfung der Durchgängigkeit des lateralen Sinus bei Verdacht auf Sinusthrombose. Die häufig asymmetrische Anlage der Sinus erschwert einerseits die Interpretation, und andererseits sind für die Fragestellung neue bildgebende Verfahren wie Magnetresonanztomographie (MRT) und MR-Angiographie aussagekräftiger.

In Erweiterung der Queckenstedt-Probe wurden seit 1923 zahlreiche Methoden spinaler Infusionstests zur genauen Analyse von Liquorzirkulationsstörungen entwickelt [12]. Untersuchungsziel ist die Bestimmung elastischer Eigenschaften des Gehirns (Compliance) und seiner Höhlen sowie die Berechnung von Sekretionsrate und Abflusswiderstand des Liquors. Prinzipiell lassen sich alle Infusionsmethoden auf drei technische Varianten zurückführen. Bei den Bolus-Techniken werden verschiedene Volumina nacheinander in den spinalen Subarachnoidalraum injiziert. Bei der „klassischen“ Infusionstechnik wird die Volumenbelastung dagegen durch eine intrathekale Dauerinfusion herbeigeführt. Man arbeitet entweder mit konstanter Flussrate oder mit konstantem Druck. Im letztgenannten Fall variiert die Flussrate der intrathekalen Infusion, der Liquordruck hingegen wird durch Rückkopplung konstant gehalten.

Eine potenzielle Einsatzmöglichkeit stellt diese Methode im Rahmen der Indikationsstellung zur Shunt-OP bei Normaldruckhydrozephalus (NPH) dar. Aus pathogenetischen Überlegungen müssten die Messungen des Abflusswiderstandes dem Kern des Problems bei NPH sehr nahe kommen und somit prognostisch bedeutsam sein. In retrospektiven Studien konnte bisher jedoch nicht belegt werden, dass Infusionstests der Kombination von klinischen Befunden und CT überlegen sind [13]. Es ist ratsam, diese Verfahren nur bei ausreichender Erfahrung und nach Einzelfallentscheidung anzuwenden. Gleiches gilt für die Langzeitmessung des intrakraniellen Druckes (über 12 Stunden) nach Anlage lumbaler Drucksonden [14]. Als prognostisch günstig für ein Ansprechen auf eine Shunt-Operation wird ein leicht erhöhter intrakranieller Druck sowie eine relativ gesteigerte Manifestation von B-Wellen (> 10 %) angesehen. Umgekehrt spricht eine relativ niedrige Frequenz von B-Wellen (< 5 %) gegen den Erfolg einer Operation [15,16].

Ventrikeldruckmessung zur Bestimmung des intrakraniellen Druckes (ICP)

Der intrakranielle Druck wird am besten durch Ventrikeldruckmessung bestimmt [17]. Ventrikelpunktionen bei Menschen sind seit 1744 beschrieben. Nach der Initiierung aseptischer Bedingungen im Rahmen der Ventrikeldruckmessung durch Wernicke 1871 stiegen die durchgeführten Untersuchungszahlen, wobei der Druck bei Heraustropfen des Liquors grob geschätzt wurde. Quincke führte 1891 die quantitative Liquordruckmessung sowohl bei lumbalen wie später bei Ventrikel-Lumbalpunktionen ein. 1927 wurde die kontinuierliche Ventrikeldruckmessung beschrieben und schließlich 1960 von Lundberg etabliert. Er führte zugleich die Klassifikation der Hirndruckwellen in Plateau (A-) und Rampenwellen (B-) ein. Im Normalfall erfolgt ein prompter Druckausgleich im ZNS. Unter pathologischen Bedingungen wie Hirnödem oder Hirnblutung kann die Liquorpassage jederzeit behindert oder total blockiert werden, was zu einem supra-infratentoriellen Druckgradienten bis zu 80 mmHg und sogar 100 mmHg Differenz zwischen Seitenventrikel und Spinalraum führen kann [18]. Kleinere Druckgradienten sind sogar innerhalb einer Hemisphäre bzw. zwischen Ventrikel und Hirngewebe möglich. Bei der Interpretation von ICP-Daten muss daher immer bedacht werden, ob die Daten auf ein frei kommunizierendes ZNS zu beziehen sind oder nur regional gültig sind.

Bei Liquordruckanalysen muss des Weiteren bedacht werden, dass der hydrostatische Druck einer Flüssigkeit von der Höhe der Flüssigkeitssäule abhängt. Auf den Menschen bezogen bedeutet dies, dass zwischen Scheitel und sakralem Spinalraum ein Druckgefälle von etwa 50 mmHg (70 cm H_2O) besteht. Im Liegen bestehen noch intrakranielle anterior-posteriore Druckdifferenzen von 13 mmHg sowie in Seitenlage von 10 mmHg.

Für den ICP wird daher ein Bezugsniveau auf Höhe des Foramen Monroi (Foramen interventriculare) definiert. Der normale ICP ist prinzipiell von der Körperlage abhängig. Im Liegen beträgt er plus 10 ± 5 mmHg und in aufrechter Position minus 5 ± 5 mmHg. Weitere Einflussfaktoren stellen Husten (30–110 mmHg), Erbrechen, körperliche Aktivität oder Schlaf dar. Leicht pathologische ICP-Werte sind bei 15–20 mmHg erreicht, als lebensbedrohlich wird ein länger bestehender Druck ab 40–50 mmHg angesehen. Ziele einer ICP-Messung sind die prophylaktische Erkennung von kritischen Situationen bei intrakraniellen Erkrankungen sowie für die Entscheidungsfindung zur Operation (Dekompression, Shunt usw.). Eines der Hauptprobleme der ICP-Messung ist die Messgenauigkeit. Messfehler können insbesondere entstehen durch hydrostatische Abweichungen zwischen Wandler und Referenzniveau, Fehler des Druckwandlers (Drift, Materialquellung, Licht-Temperatur-Empfindlichkeit) sowie Interferenz durch die Ankopplung. Die ventrikuläre Messung ist daher nur unter folgenden Bedingungen zu verwenden: exakte Höhenjustierung, nachgewiesene Flüssigkeitskopplung, Ausschluss von Liquoraustritt, fehlende Schlitzventrikel und psychomotorisch ruhige Patienten. Die häufigste Komplikation bei ventrikulären Kathetern stellt die Infektion mit 6–7 % dar, aus der sich eine vitale Gefährdung des Patienten ergeben kann. Wichtiger Risikofaktor hierfür ist die Liegedauer des Katheters. Weitere Komplikationen stellen operationsbedingte Blutungen (ca. 1 %) und Fehlplatzierung der Drucksonde in den Stammganglien oder im Mesencephalon dar. Neben der ventrikulären Druckmessung kann der intrakranielle Druck auch über Triptransducer oder luftgekoppelte Sonden im Hirngewebe sowie epidural gemessen werden. Die ventrikuläre Druckmessung ist in den Händen eines Erfahrenen zuverlässig, aber auch komplikationsreich. Gerechtfertigt ist sie insbesondere dann, wenn eine externe Liquordrainage notwendig ist.

2.5 Komplikationen und Zwischenfälle der Lumbalpunktion

Das Gefahrenmoment bei der Lumbalpunktion ist unter Berücksichtigung der Kontraindikationen außerordentlich gering [3]. Anders liegen die Verhältnisse bei der Subokzipitalpunktion, da es hierbei zum Anstechen oder zu gröberen Verletzungen der Medulla oblongata kommen kann. Daneben können durch die Punktion des Venengeflechts oder von atypisch verlaufenden Arterien vital bedrohliche Blutungen auftreten.

Potenzielle schwerwiegende Komplikationen der Lumbalpunktion stellen die zerebrale und spinale Herniation, das Subduralhämatom, Hirnnervenparesen und Inokulationsmeningitis dar. Insbesondere bei der lumbalen Lumbalpunktion können sich konsekutiv radikuläre Reizsyndrome und das postpunktionelle Liquorunterdrucksyndrom manifestieren.

Zerebrale und spinale Herniation

Erstmals beschrieben wurde diese Komplikation von Mestrezat 1912 [19]. Es treten unkale wie zerebelläre Herniationen auf. Die Latenz kann Minuten bis Stunden nach der Punktion betragen. Bei längeren Intervallen ist schwer zu differenzieren, ob die Herniation kausal auf einer primär bestehenden progredienten Hirndrucksteigerung oder der Lumbalpunktion beruht. Pathophysiologisch kommt es nur dann zu einer Einklemmung, wenn bei Zunahme des Druckgefälles zwischen kranialem und spinalem Liquorraum der Druckausgleich behindert ist. In Fällen freier Liquorflussverhältnisse kommt es nach einer lumbalen Lumbalpunktion schnell zu einem Druckausgleich zwischen intrakraniellem Liquorraum und spinalem Subarachnoidalraum. Erstaunlicherweise scheint es nach Studien aus der Prä-Computertomographieära selbst bei Vorliegen einer intrakraniellen Raumforderung äußerst selten zu dieser Komplikation zu kommen. Lubic und Marotti berichteten 1954 über eine Serie von 447 Lumbalpunktionen bei Patienten mit Hirntumoren [20]. In 49 Fällen lag ein Papillenödem vor. In 14 % war der Sitz des Tumors im Temporallappen und in 18,5 % in der hinteren Schädelgrube. Nur in einem Fall trat eine transtentorielle Herniation auf. Horein berichtete 1959 die Ergebnisse einer Metaanalyse von 418 Patienten mit Papillenödem heterogener Ursachen (83 % Hirntumore) [21]. Die Komplikationsrate einer Herniation nach Lumbalpunktion betrug hier 1,2 %. Deutlich höher ist die Gefährdung der Patienten bei Vorliegen einer bakteriellen Meningitis. Rennick [22] berichtete 1993 über 445 betroffene Kinder mit einem Durchschnittsalter von 2 Jahren. In 19 Fällen kam es zu einer Herniation, wobei bei 5 von 14 Kindern das durchgeführte CT normal war, bei 12 Erkrankten trat das Ereignis innerhalb von 12 Stunden auf. In einer Serie von 493 Lumbalpunktionen bei Erwachsenen mit bakterieller Meningitis kam es in 5 Fällen innerhalb von Minuten bis Stunden zu einer Herniation [23]. Vergleichbar komplikationsreich sind Lumbalpunktionen nach Subarachnoidalblutungen. Duffy [24] beobachtete in 7 von 55 Fällen bereits während der Punktion eine dramatische Befundverschlechterung. Anders ist die Situation bei Patienten mit Verdacht auf Pseudotumor cerebri und normalem MRT. Hier kann in der Regel eine Lumbalpunktion gefahrlos durchgeführt werden. Zu Komplikationen kann es jedoch bei einer additiv vorliegenden Arnold-Chiari I-Missbildung kommen, wie zwei Fälle aus der Literatur belegen [25]. Zu einer Schädigung des Rückenmarks sowie der Cauda equina kann es bei Verlegung des Spinalkanals z. B. durch einen extramedullären Tumor kommen. Durch die Punktion distal des Liquorstopps wird die Druckdifferenz verstärkt. Hollis und Mitarbeiter [26] berichteten 1986 über eine deutliche Befundverschlechterung während der Myelographie in 57 Fällen mit Liquorstopp vorwiegend tumoröser Genese. Im Gegensatz dazu ergab sich in keinem Fall bei subokzipital durchgeführter Lumbalpunktion eine Befundverschlechterung.

Blutungskomplikationen

Im Rahmen einer Lumbalpunktion kann es zu intrakraniellen und spinalen Subduralhämatomen, Subarachnoidalblutungen sowie zu spinalen Epiduralhämatomen kommen [3].

- Intrakranielle Blutungen: Subdurale Hämatome und Hygrome stellen eine seltene Komplikation bei Patienten ohne Gerinnungsstörungen dar. Ursächlich kann es über einen Liquorunterdruck zu Zugkräften auf die Meningen mit konsekutivem Einreißen venöser Duragefäße kommen. Ähnliche Mechanismen werden bei Ruptur eines basalen Aneurysmas mit Subarachnoidalblutung nach einer Lumbalpunktion diskutiert.
- Spinale Blutungen: Eine traumatische („blutige“) Lumbalpunktion ist nicht selten. In einer Serie von Breuer betrug die Quote 73 % [27]. Zumeist treten weniger als 50 Erythrozyten/µl auf. Die Quelle stellen in der Regel lateral gelegene venöse und arterielle Gefäße im Bereich der Nervenwurzeln dar. Äußerst selten kommt es zu schweren Komplikationen und Auftreten meningealer Reizsymptome oder Ausbildung subdural bzw. epidural gelegener Hämatome. Die Diagnosestellung erfolgt in diesen Fällen über das MRT.

Inokulationsmeningitis

Die bakterielle Meningitis stellt im Gegensatz zu permanent liegenden Ventrikeldrainagen eine äußerst seltene Komplikation der Lumbalpunktion dar. Das Keimspektrum umfasst insbesondere Streptokokken, Staphylokokken, Enterokokken und Pseudomonas. Ursächlich kann dies auf einer kontaminierten Nadel (z. B. Tröpfcheninfektion durch den Untersucher), mangelhafter Hautdesinfektion, auf vorbestehenden Entzündungen im Bereich der Punktionsstelle sowie einer Inokulation von Blut bei bestehender Bakteriämie beruhen. Bei über 10.000 Lumbalpunktionen im eigenen Patientengut kam es erfreulicherweise in keinem Fall zu einer postpunktionellen Inokulationsmeningitis. Die in der älteren Literatur [28] angegebene Rate von 0,2 % dürfte seit routinemäßiger Anwendung von Einmalnadeln nicht mehr realistisch sein.

Hirnnervenparesen und Tinnitus

Affektionen der Hirnnerven III, IV, V, VI, VII und VIII wurden beschrieben. Die regelhafte Assoziation mit postpunktionellen Beschwerden weist auf die Genese durch Liquorunterdruck und Traktion der Hirnnerven hin. Am häufigsten sind Abduzensparesen, die bei 1 von 400 Patienten auftreten sollen (0,25 %). Die Parese tritt meist 4 bis 14 Tage nach der Punktion auf und bildet sich gewöhnlich nach 4 bis 6 Wochen zurück. In 0,2 bis 8 % der

Fälle kann es zu Tinnitus und Hörstörungen kommen. Äußerst selten ist dies irreversibel. Erklärt werden diese Symptome durch einen endolymphatischen Hydrops in Folge der Liquorhypotension [29].

Radikuläre Symptome und Rückenschmerzen

Während der Punktion kann es durch Berührung der Nervenwurzeln zu sensiblen Reizerscheinungen kommen. In einer Untersuchungsserie von Crawford [30] lagen diese Komplikationen bei 13 %. Ein permanentes neurologisches Defizit in diesem Zusammenhang ist äußerst selten [31]. Schädigungen des Rückenmarks sind nur denkbar bei Punktionen oberhalb von LWK 3/4. Häufiger klagen die Patienten im Anschluss an die Lumbalpunktion einige Tage lang über unspezifische Rückenschmerzen. In einer Studie von Aboulish und Mitarbeitern lag die Inzidenz dieser postpunktionellen Beschwerden um 35 % [32]. Durch Anstechen des Anulus fibrosus wurden sehr selten ein Nucleus-pulposus-Prolaps und aseptische Bandscheibennekrosen beobachtet [33]. Vereinzelt wurden nach Lumbalpunktion intradural wachsende Epidermoide, die durch Implantation von Epidermiszellen entstehen sollen, beschrieben.

Postpunktionelles Liquorunterdrucksyndrom

Die diagnostische Lumbalpunktion führt bei Verwendung von 20–22 Gauge Kanülen in einem hohen Prozentsatz (20–40 %) zu Liquorunterdruckbeschwerden mit Schwindel, Übelkeit, Kopf- und Nackenschmerzen bis hin zu einem deutlichen Meningismus [34]. Typischerweise verschwinden die Symptome rasch nach Flachlagerung. Die Beschwerden sind jeweils in den Morgenstunden ausgeprägter als nachmittags. Der Kopfschmerz beginnt bei 80 % der Patienten innerhalb von 48 Stunden und bei 90 % innerhalb von 72 Stunden *post punctionem*. Die Symptome können selten sofort nach der Punktion oder aber verzögert nach 14 Tagen einsetzen. Die Dauer liegt in 80 % der Patienten bei weniger als 5 Tagen [35,36]. Über Wochen bis Monate dauernde Beschwerden durch protrahiert epiduralen Liquorabfluss stellen eine Rarität dar [37]. Der Symptomkomplex kann durch vegetative Symptome, wie Hypotonie, Tachykardie, Schwitzen und orthostatische Kollapsbereitschaft begleitet sein [32]. Die Betroffenen sind auffallend niedergeschlagen, subdepressiv und oft schwer zu überzeugen, dass es sich um einen relativ belanglosen, in wenigen Tagen vorübergehenden Zustand handelt. Vergleichbare Symptome können als Folge eines spontanen Liquorunterdrucksyndroms oder bei Überdrainage eines ventrikulo-peritonealen Shunts auftreten. Im MRT können bei ausgeprägter Symptomatologie eine meningeale Verdickung durch Hyperämie (Vasodilatation duraler Venen) mit Kontrastmittelaufnahme, durale Flüssigkeitssäume und eine kaudale Hirnverlagerung vorliegen. Diese Veränderungen bilden sich parallel zu den Symptomen spontan zurück [38]. Betroffen sind vor allem junge Erwachsene (18–30 Jahre), Frauen doppelt so oft wie Männer. Weitere Risikofaktoren stellen ein geringer *body mass index*, vorbestehende Kopfschmerzen sowie ein anamnestisch bekanntes postpunktionelles Syndrom dar [35]. Differenzialdiagnostisch abzuwägen sind andere Schmerzformen, insbesondere Kopfschmerzen vom Spannungstyp, die Migräne ohne Aura, eine Meningitis, Subarachnoidalblutungen oder Komplikationen durch Vergrößerung bzw. Entwicklung eines subduralen Hämatoms. Diagnostisch wegweisend ist die Lageabhängigkeit der Beschwerden mit eindeutiger Besserung im Liegen.

Die Häufigkeit des postpunktionellen Liquorunterdrucksyndroms hängt von der Kanülenstärke ab ([39]; Abb. A.2.7). Es tritt für die 20–22 Gauge Kanülen bei Lumbalpunktion

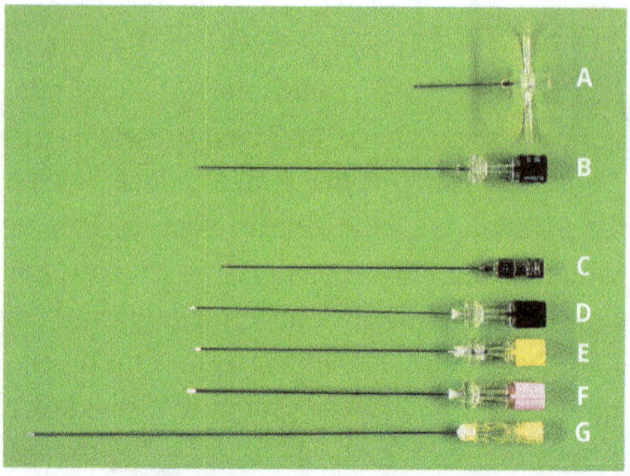

Abb. A.2.7: Kanülen für die Lumbalpunktion. (A,B): Sprotte-Kanüle mit Introducer (A) und atraumatischem Kanülenteil (B). (C-G): Verschiedene Quincke-Kanülen, die sich insbesondere in Durchmesser und Länge unterscheiden. (C): 22 Gauge (0,7 × 88 mm), Metallansatz. (D): 22 Gauge (0,7 × 88 mm), Kunststoffansatz. (E): 20 Gauge (0,9 × 90 mm), Kunststoffansatz. (F): 18 Gauge (1,2 × 90 mm), Kunststoffansatz. (G): 20 Gauge (0,9 × 148,4 mm), Kunststoffansatz.

in 20–40 % und im Rahmen der Spinalanästhesien in 16 bis 30 % auf. Für die 24–27 Gauge Kanülen werden 5–12 % bzw. 5–25 % angegeben [34,39]. Die in der Regel geringere Rate bei Spinalanästhesie hat neben der Verwendung dünnerer Punktionskanülen noch andere Gründe. Die Patienten sind im Durchschnitt älter und es wird mehr Flüssigkeit injiziert als entnommen. Weiterhin wird nach Spinalanästhesie häufig die postoperative Bettruhe eingehalten. Neben der Kanülenstärke spielt die Form der Nadelspitze eine wichtige Rolle. Günstig erscheint die atraumatische Spinalkanüle nach Sprotte mit konisch abgerundeter Spitze und seitlicher Öffnung (Abb. A.2.8). Die Häufigkeit postpunktioneller Beschwerden kann dadurch auf 2,5–6,5 % bei atraumatischen 21–22 Gauge-Punktionsnadeln und 2 % bei atraumatischen 22–24 Gauge-Punktionsnadeln gesenkt werden. Erklärt wird dies durch den Kanülenanschliff, wodurch die Durafasern nicht durchschnitten, sondern atraumatisch auseinandergedrängt werden [40,41]. Die direkt entnommene Liquormenge hat bei einem Volumen von 10–25 ml nach heutigem Kenntnisstand keinen Einfluss auf die Inzidenz des postpunktionellen Liquorunterdrucksystems [42].

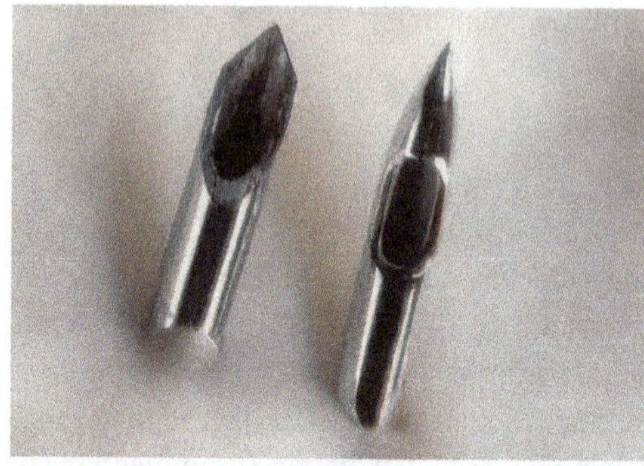

Abb. A.2.8: Schliffgeometrien der Quincke- und Sprotte-Kanüle. Im Gegensatz zur Quincke-Kanüle (links) ist die Sprotte-Kanüle (rechts) an der Spitze geschlossen und verjüngt sich rotationssymmetrisch in feiner Krümmung in Form einer Ogive mit seitlicher Öffnung.

Pathogenetisch wird angenommen, dass es wegen eines sich verzögert schließenden „traumatischen“ Dura-Arachnoidea-Defektes zu einem persistierenden Leck mit epiduralem Liquorabfluss (initial 5–30 ml/h) und konsekutivem Liquorunterdruck kommt. Dies wird unterstützt durch den kernspintomographisch regelhaften Nachweis von paraspinalen Liquoransammlungen in einer Serie von 11 lumbal punktierten Patienten [43]. Der lageabhängige Kopfschmerz entsteht als Folge der durch den Liquorunterdruck resultierenden Venendilatation mit kaudaler Hirnverlagerung sowie konsekutiver Traktion an schmerzhaften Strukturen wie Dura, Nerven und Gefäße [44]. Der Nacken-Hinterhaupt-Kopfschmerz wird durch Irritation des N. glossopharyngeus, N. vagus sowie der drei oberen Zervikalwurzeln, der Stirn-Schläfen-Kopfschmerz durch die Irritation der 2. und 3. Trigeminusäste erklärt [45]. Ein weiterer Mechanismus ist die durch die Reduktion des normalen Liquorvolumens bedingte Venendilatation und Hirnvolumenzunahme. Dies erklärt möglicherweise das bei einigen Patienten post punctionem vorliegende „entzündliche“ Liquorsyndrom mit unspezifischer Pleozytose (Reizpleozytose) und Eiweiß-Erhöhung [46].

Die beste Prophylaxe und Therapie des Liquorunterdrucksyndroms ist nach gegenwärtigem Kenntnisstand der Einsatz einer möglichst dünnen Punktionsnadel mit atraumatischer Spitze [39,47]. Bei der diagnostischen Lumbalpunktion ist auf Grund der benötigten Liquormenge und der Liquordruckmessungen die Unterschreitung einer Kanülenstärke von 22 Gauge nicht sinnvoll. Trotz des deutlichen Vorteils hat die atraumatische Punktionsnadel (Sprotte-Kanüle) die seit Jahrzehnten eingesetzte Quincke-Kanüle nicht verdrängt. Neben den höheren Kosten liegt dies an der ungewohnten Punktionstechnik. Es muss eine Führungskanüle (Introducer) zur Penetration der oberen Hautschichten angewandt und mehr manueller Druck beim Vorschieben der Sprotte-Kanüle eingesetzt werden (Abb. A.2.9). In der von Thomas und Mitarbeiter durchgeführten Studie zeigte sich, dass insbesondere bei deutlich übergewichtigen Patienten die Lumbalpunktion mit atraumatischen Nadeln häufiger scheitert [47]. Ein Nachteil der atraumatischen Nadel besteht in der eingeschränkten Möglichkeit, die Punktionsrichtung zu ändern. Bei einer therapeutischen Lumbalpunktion, z.B. bei Normaldruckhydrozephalus, sollte eine traumatische Nadel genutzt werden, da das persistierende Leck mit epiduralem Liquorabfluss die therapeutische Wirkung unterstützt.

Bei Einsatz der Quincke-Kanüle sollte auf eine vertikale Führung des Kanülenanschliffs geachtet werden, da der horizontal angesetzte Kanülenstift besonders die longitudinal verlaufende Durafasern traumatisiert. Durch Beachtung dieser Tatsache konnte die Beschwerderate von 17,9 % auf 4,5 % (Quincke 25 Gauge) reduziert werden [48]. Ebenso günstig ist die Wiedereinführung des Mandrins in die Kanüle und eine Rotation um 90 Grad vor Entfernung. Hierdurch ließ sich die Komplikationsrate von 16 % auf 5 % (Sprotte 21 Gauge) senken [49]. Verschiedentlich empfohlene Lagemanöver nach der Punktion sind, wie in doppelblinden, prospektiven oder kontrollierten einfachen Studien gezeigt, nicht wirksamer [50–52]. Sie verlängern allenfalls die Latenz bis zum Einsetzen der Beschwerden. Ebenso ohne präventiven Effekt war eine erhöhte orale Flüssigkeitszufuhr nach Lumbalpunktion [53].

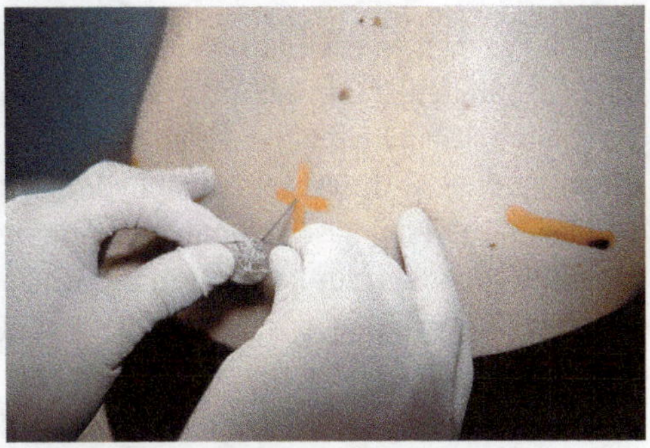

Abb. A.2.9: *Lumbalpunktion mit atraumatischer Punktionskanüle.* Hierbei erfolgt die subkutane Punktion mit einem kurzen, scharf geschliffenem Introducer in gewünschter Stichrichtung. In einem zweiten Schritt wird die atraumatische Kanüle (Sprotte-Kanüle) durch den Introducer eingeführt und bis zum Subarachnoidalraum vorgeschoben.

Zur *Behandlung* des Liquorunterdrucksyndroms kommen die Flachlagerung des Patienten, die Applikation von Koffein oder Theophyllin und die epidurale Eigenblutinjektion (Blood-Patch) in Frage. Zur symptomatischen Behandlung der sich in aufrechter Körperhaltung manifestierenden Kopfschmerzen ist gegebenenfalls über Tage eine Bettruhe des Patienten sinnvoll. Eine Thromboseprophylaxe kann dann notwendig werden. Nach prospektiven Studien war die wiederholte intravenöse Gabe von Koffein in bis zu 85 % der Patienten wirksam [54,55]. Oral verabreichtes Koffein erscheint auch wirksam, muss jedoch bei Wiederauftreten der Beschwerden wiederholt gegeben werden (z. B. Koffein 300 mg alle 4–6 Stunden) [56]. Das pharmakologisch verwandte Theophyllin hat einen ähnlichen Effekt (z. B. 3 × 1 Kapsel Theophyllin 250 retard) [57]. Physiologisch kommt es über eine Blockade von Adenosin-Rezeptoren im Gehirn zu einer Konstriktion der Hirnarterien und somit Abnahme des zerebralen Blutflusses und Hirndrucks. Dies bedingt eine Steigerung der Liquorproduktion. In einer kleineren Pilotstudie (n = 6) erwies sich der Serotonin-Agonist Sumatriptan günstig [58]. Bei starker Übelkeit und Erbrechen ist Flüssigkeitssubstitution und eine antiemetische Therapie angezeigt. Die epidurale Eigenblutinjektion im Bereich der Lumbalpunktionsstelle kann bei schweren, eindeutig postpunktionell hervorgerufenen Beschwerden eingesetzt werden. Die Erfolgsrate wird mit 80–96 % angegeben [30,59]. 5–20 ml Eigenblut werden frühestens 24 Stunden nach der Liquorentnahme in Höhe der vorherigen Liquorentnahmestelle epidural instilliert und der Patient für 30–60 Minuten flach auf dem Bauch gelagert. Spinale MRTs 30 Minuten bis 18 Stunden nach epiduraler Eigenblutinjektion zeigen die größte extradurale Blutmenge 3–5 Spinalsegmente oberhalb der Injektionshöhe mit deutlicher Kompression des Duralsacks nach 30 Minuten bis drei Stunden und einer zunehmenden Auflösung der Blutansammlung bereits nach sieben Stunden [27,60,61]. Es resultiert eine gelatinöse Tamponade mit anschließender Vernarbung [32]. Die prophylaktische epidurale Eigenblutinjektion ist aus bisher nicht geklärten Gründen weniger wirksam. So liegt die Erfolgsquote bei Patch-Behandlung mit Eigenblut innerhalb von 24 Stunden nach Liquorentnahme bei 29 % und entsprechender Therapie nach 24 Stunden bei 96 % [62]. Nebenwirkungen dieser symptomatischen Therapie sind selten und gering ausgeprägt. Berichtet wird über leichte Rücken- oder Nackenschmerzen (35 %), passagere Temperaturerhöhungen (5 %) sowie in seltenen Fällen Nervenwurzelreizungen [63]. Eine theoretisch denkbare Arachnoiditis wurde bisher nicht beschrieben. Als therapeutisch unwirksam erwiesen sich im Rahmen der symptomatischen Behandlung des Liquorunterdrucksyndroms epidurale Natriumchlorid-Infusionen, Flunarizin zur Prävention, die Anlage einer Bauchbinde zur intraabdominalen Druckerhöhung oder eine gesteigerte Antidiurese mit Desmopressin [34].

2.6 Resümee

Zusammenfassend stellt die Lumbalpunktion zur Liquoruntersuchung und Messung des Liquordruckes ein wichtiges diagnostisches Instrument für den Neurologen und Neurochirurgen dar. Die anderen Zugangswege zur Liquorgewinnung sind in der Regel nur unter besonderen Bedingungen oder Fragestellungen indiziert. Schwere Komplikationen wie Inokulationsmeningitis und Herniationen lassen sich in der Hand des Geübten und bei Beachtung der Indikationen und Kontraindikationen fast immer vermeiden. Die Häufigkeit postpunktioneller Symptome ist bei Verwendung atraumatischer Sprotte-Kanülen gering.

Literatur

[1] Fishman RA. Cerebrospinal fluid in Diseases of the Nervous System, S. 1–4. W. B. Saunders Company, London – Philadelphia 1992.

[2] Gower DJ, Baker AL, Bell WO. Contraindication to lumbar puncture as defined by computed cranial tomography. J Neurol Neurosurg Psychiatr. 1987;50:1071–1074.

[3] Evans RW. Complications of Lumbar puncture. Neurol Clin. 1998;16:83–105.

[4] Domingues R, Bruniera G, Brunale F, Mangueira C, Senne C. Lumbar puncture in patients using

anticoagulants and antiplatelet agents. Arq. Neuropsiquiatr. 2016;74:679–686.

[5] Tumani H, Petereit H. Lumbalpunktion und Liquordiagnostik. Leitlinien für Diagnostik und Therapie in der Neurologie. www.DGN.org

[6] Ayer JB. Puncture of cisterna magna. Report on 1985 punctures. JAMA. 1923;81:558–560.

[7] Bleyer WA, Byrne TN. Leptomeningeal cancer in leukemia and solid tumors. Curr Probl Cancer. 1988;12:181–238.

[8] Lemann W, Wiley RG, Posner RG. Leukencephalopathy complicating intraventricular catheters: clinical, radiographic and pathologic study of 10 cases. J Neurooncol. 1988;5:67–74.

[9] Obbens EA, Leavens E. Ommaya reservoir in 387 cancer patients: a 15 year experience. Neurol. 1988;35:1274–1278.

[10] Queckenstedt H. Zur Diagnose der Rückenmarkskompression. Dtsch Z Nervenheilkunde. 1916;15:325.

[11] Toby G, Ayer JB. Dynamic studies of the cerebrospinal fluid in the differential diagnosis of lateral sinus thrombosis. Arch Otolaryngol. 1925;2:50–57.

[12] Fuhrmeister U. Spinale Infusionstests und verwandte Methoden lumbaler Druckmessung. In: D. Dommasch, H. G. Mertens (Hrsg.): Cerebrospinalflüssigkeit, S. 242–253. Georg Thieme Verlag, Stuttgart – New York 1980.

[13] Vanneste J, Augustijn P, Dirven C, et al. Shunting normal-pressure hydrocephalus: do the benefits outweigh the risks? A multicenter study and literature review. Neurol. 1992;42:54–59.

[14] Chen IJ, Huang CI, Liu HC, et al. Effectiveness of shunting in patients with normal pressure hydrocephalus predicted by temporary, controlled-resistance, continuous lumbar drainage: a pilot study. J Neurol Neurosurg Psychiatr. 1994;57:1430–1432.

[15] Dauch WA, Zimmermann R. Der Normaldruck-Hydrozephalus. Eine Bilanz 25 Jahre nach der Erstbeschreibung. Fortschr Neurol Psychiatr. 1990;58:178–190.

[16] Graff-Radford NR, Godersky JC, Jones MP. Variables predicting surgical outcome in symptomatic hydrocephalus in the elderly. Neurol. 1989;39:1601–1604.

[17] Rengachary SS, Wilkins RH. Principles of Neurosurgery. Mosby-Wolfe, London 1996.

[18] Aschoff A, Steiner T. Messung von Hirndruck und Perfusionsdruck. In: S. Schwab, D. Krieger, W. Mallges et al. (Hrsg.): Neurologische Intensivmedizin, S. 272–302. Springer-Verlag, Berlin – Heidelberg, 1999.

[19] Mestrezat W. Le Liquide Cephalorachidien. Normal et Pathologique. Paris, A. Maloire, 1912.

[20] Lubic L, Marotta J. Brain-tumor and lumbar puncture. Arch Neurol Psychiatr. 1954;72:568–572.

[21] Horein J, Cravioto JC, Leicadh M. Reevaluation of lumbar puncture. A study of 129 patients with papilledema or intracranial hypertension. Neurol. 1959;9:290–297.

[22] Rennick G, Sharn F, de Campio J. Cerebral herniation during bacterial meningitis in children. BMJ. 1993;306:953–955.

[23] Durando ML, Calderwood SB, Weber DJ. Acute bacterial meningitis: A review of 493 episodes. N Engl J Med. 1993;328:21–28.

[24] Duffy GB. Lumbar puncture in spontaneous subarachnoid hemorrhage. BMJ. 1982;285:1163–1164.

[25] Satti S, Stieg PE. Aquired Chiari I malformation after multiple lumbar punctures: Case report. Neurosurg. 1993;32:306–309.

[26] Hollis PH, Malis LI, Zapullis RA. Neurological detoriation after lumbar puncture below complete spinal subarachnoid block. J Neurosurg. 1986;64:253–256.

[27] Breuer AC, Tyler HR, Marzewski DJ. Radicular vessels are the most probable source of needle-induced blood in lumbar puncture: Significance for the thrombocytopenic cancer patient. Cancer. 1982;49:2168–2172.

[28] Domingo P, Mancelo J, Blanck L. Iatrogenic streptococcal meningitis. CID. 1994;19:356–567.

[29] Vandam LD, Dripps RD. Long-term follow-up of patients who received 10098 spinal anesthetics: Syndrome of decreased intracranial pressure (headache and ocular and auditory difficulties). JAMA. 1956;161:586–591.

[30] Crawford JS. Experiences with epidural blood patch. Anaesthesia. 1980;35:513–515.

[31] Dahlgren N, Tornebrandt K. neurological complications after anaesthesia: A follow up of 18000 spinal and epidural anaesthetics performed over three years. Acta Anaesthesiol Scan. 1995;39:872–880.

[32] Aboulish E, dela Vega S, Blendinger I, et al. Long-term follow up of epidural blood patch. Anesth Analg. 1975;54:459–463.

[33] Dripps RD, Vandam LD. Hazards of lumbar puncture. JAMA. 1951;147:1118–1121.

[34] Dieterich M, Perkin GD. Postlumbar puncture headache syndrome. In: T. Brandt, L. R. Caplan, J. Dichgans et al. (Hrsg.): Neurological disorders: Course and treatment, S. 59–63. Academic Press, San Diego – New York, 1996.

[35] Kuntz KM, Kokmen E, Stevens JC, et al. Post-lumbar puncture headaches: Experience in 501 consecutive patients. Neurol. 1992;42:1884–1887.

[36] Lybecker H, Djernes M, Schmidt JF. Postdural puncture headache (PDPH): Onset, duration, severity, and associated symptoms. Acta Anaesthesiol Scand. 1995;39:605–612.

[37] Lance JW, Branch GB. Persistent headache after lumbar puncture. Lancet. 1994;343:414.

[38] Pannullo SC, Reich JB, Krol G, et al. MRI changes in intracranial hypotension. Neurol. 1993;43:916–926.

[39] Kovanen J, Sulkava R. Duration of postural headache after lumbar puncture: effect of needle size. Headache. 1986;26:224–226.

[40] Braune HJ, Huffmann A. prospective double-blind clinical trial, comparing the sharp Quincke needle (22 G) with an „atraumatic“ needle (22 G) in the induction of post-lumbar puncture headache. Acta Neurol Scand. 1992;86:50–54.

[41] Engelhardt A, Oheim S, Neundörfer B. Postlumbar puncture headache: Experiences with Sprottes atraumatic needle. Cephalagia. 1992;12:259.

[42] Alpers BJ. Lumbar puncture headache. Arch Neuro Psych. 1925;14:806–812.

[43] Iqbal J, Davis LE, Orrison WW. An MRI study of lumber puncture headaches. Headache. 1995;35:420–422.

[44] Wolff HG. Headache and other head pain. 3. Aufl., Oxford University Press, New York, 1972.

[45] Pickering GW. Lumbar-puncture headache. Brain. 1948;71:271–280.

[46] Lipman IJ. Primary intracranial hypotension: The syndrome of spontaneous low cerebrospinal fluid pressure with traction headache. Dis Nerv Syst. 1977;38:212–213.

[47] Thomas SR, Jamieson DRS, Muir KW. Randomized controlled trial of atraumatic versus standard needles for diagnostic lumbar punctur. BMJ. 2000;321:986–990.

[48] Takkila PJ, Heine H, Tervo RR. Comparison of Sprotte and Quincke needles with respect to postdural puncture headache and backache. Reg Anesth. 1992;17:283–287.

[49] Strupp M, Brandt T, Müller A. Post lumbar puncture syndrome: Incidence further reduced by replacing the stylet before removing the atraumatic needle. Neurol. 1995;88:114.

[50] Dieterich M, Brandt TH. Is obligatory bed rest after lumbar puncture obsolet? Eur Arch Psychiatr Neurol Sci. 1985;235:71–75.

[51] Handler CE, Smith FR, Perkin GD, et al. Posture and lumbar puncture headace: A controlled trial in 50 patients. J R Soc Med. 1982;75:404–407.

[52] Hilton-Jones D, Harrad RA, Gill MW, et al. Failure of postural manoeuvres to prevent lumbar puncture headache. J Neurol Neurosurg Psychiatr. 1982;45:743–746.

[53] Dieterich M, Brandt TH. Incidence of post-lumbar puncture headache is independent of daily fluid intake. Eur Arch Psychiatr Neurol Sci. 1988;237:194–196.

[54] Ford CC, Königsberg MD. A simple treatment of post-lumbar puncture headache. J Emerg Med. 1989;7:29–31.

[55] Sechzer PH, Abel L. Post-spinal anaesthesia headache treated with caffeine. Curr Ther Res. 1978;24:307–312.

[56] Camann WR, Murray RS, Mushlin PS, et al. Effects of oral caffeine on postdural puncture headache. A double-blind, pacebo-controlled trial. Anesth Analg. 1990;70:181–184.

[57] Feuerstein TJ, Zeides A. Theophylline relieves headache following lumbar puncture. Klin Wochenschr. 1986;64:216–218.

[58] Carp H, Singh PJ, Vadhera R, et al. Effects of the serotonin-receptor-agonist sumatriptan on postdural puncture headache: report of six cases. Anesth Analg. 1994;79:180–182.

[59] Olsen KS. Epidural blood patch in the treatment of post-lumbar puncture headache. Pain. 1987;30:293–301.

[60] Beards SC, Jackson A, Griffiths AG, et al. Magnetic resonance imaging of extradural blood patches: appearances from 30 min to 18 h. Br J Anasth. 1993;71:182–188.

[61] Szeinfeld M, Ihmeidan IH, Moser MM, et al. Epidural blood patch: evaluation of the volume and spread of blood injected into the epidural space. Anaesthesiol. 1986;64:820–822.

[62] Berrettini WH, Simmons-Alling S, Nürnberger JI. Epidural blood patch does not prevent headache after lumbar puncture. Lancet. 1987;1:856–857.

[63] Tarkkila PJ, Miralles JA, Palomaki EA. The subjective complications and efficiency of the epidural blood patch in the treatment of postdural puncture headache. Reg Anesth. 1989;14:247–250.

A.3 Anatomie und Physiologie des Liquorsystems

Hayrettin Tumani, Harald Kluge, Franziska Bachhuber, André Huss

3.1 Anatomie der Liquorräume

Ventrikel: Der Liquor cerebrospinalis füllt die Ventrikel und die subarachnoidalen Räume aus. Das Ventrikelsystem ist in Abb. A.3.1, modifiziert nach [1], dargestellt. Es besteht aus zwei lateralen Ventrikeln, die im Neocortex fronto-occipital verlaufen und sich im vorderen Teil über die interventrikulären Foramina (Monro) vereinigen, um in den dritten Ventrikel überzugehen. Der im Zwischenhirn lokalisierte dritte Ventrikel ist nach caudal über einen Aquädukt (Sylvius) mit dem vierten Ventrikel, der zwischen dem Pons und dem Cerebellum liegt, verbunden. Der vierte Ventrikel dehnt sich nach caudal bis in den Rückenmarksbereich aus und geht in den Spinalkanal über. Der Spinalkanal ist bei gesunden Neugeborenen bereits geschlossen, so dass der intraventrikuläre Liquorraum hier endet.

Die freie Kommunikation des ventrikulären Liquors mit dem übrigen zentralen Nervensystem (ZNS) bzw. mit der subarachnoidalen Flüssigkeit wird durch drei Foramina ermöglicht. Eine mediale Öffnung im Bereich des Daches des vierten Ventrikels (Foramen Magendii) stellt die Kommunikation mit der großen zerebello-medullären Zisterne (Cisterna magna) her. Cranial vom Foramen Magendii befinden sich laterale, symmetrische Recessus des vierten Ventrikels. Diese Recessus umfahren die Medulla oblongata

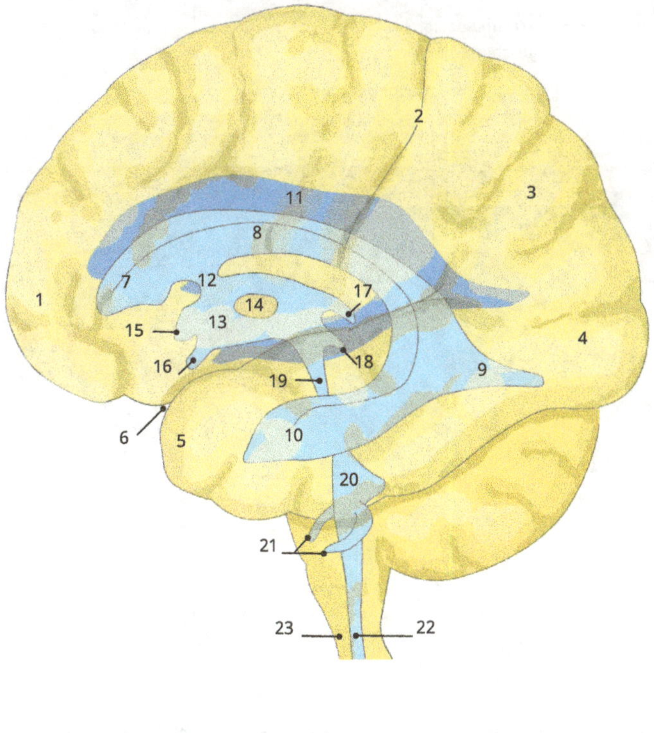

1 Lobus frontalis
2 Sulcus centralis
3 Lobus parietalis
4 Lobus occipitalis
5 Lobus temporalis
6 Sulcus lateralis (Ramus post.)

VENTRICULUS LATERALIS
7 Cornu frontale
8 Pars centralis (links)
9 Cornu occipitale
10 Cornu temporale
11 Pars centralis (rechts)
12 Foramen interventriculare

VENTRICULUS TERTIUS
13 3. Ventrikel
14 Adhaesio interthalamica
15 Recessus opticus
16 Recessus infundibuli
17 Recessus suprapinealis
18 Recessus pinealis
19 Aquaeductus mesencephali

VENTRICULUS QUARTUS
20 Ventriculus quartus
21 Recessus lateralis ventriculi quarti
22 Canalis centralis
23 Medulla oblongata

Abb. A.3.1: Ventrikel des menschlichen Gehirns (modifiziert nach [1]).

https://doi.org/10.1515/9783110331905-004

entlang der Basis der unteren zerebellären Pedunkel und öffnen sich als Foramina Luschkae im Bereich der Hirnstammbasis in die Cisterna pontis des Subarachnoidalraumes.

Subarachnoidalräume: Die membranöse Ummantelung des Gehirns setzt sich aus folgenden Schichten (Meningen) zusammen: Dura mater, Arachnoidea, Pia mater (Abb. A.3.2, modifiziert nach [2]).

Die Dura (Pachymeninx) ist eine feste fibröse Membran, bestehend aus einer äußeren und inneren Schicht. Die äußere Schicht liegt im Schädelbereich der Kalotte als inneres Periost an. Im Rückenmarksbereich ist sie vom knöchernen Vertebralkanal durch eine epidurale Fettschicht getrennt und bildet den durale Gefäße und Nerven aufnehmenden Epiduralraum. Die innere, der Arachnoidea zugewandte Duraschicht wird von epithelartig angeordneten Fibroblasten gebildet.

Die Blutkapillaren der Dura mater cerebri sind teilweise fenestriert. Die venösen Gefäße der Dura (Sinus durae matris) liegen entweder auf periostaler Seite (Sinus transversus, Sinus sigmoideus) oder zwischen den beiden Duraschichten, welche die Durasepten bilden (Sinus sagittalis inferior, Sinus rectus). In den venösen Gefäßwänden der Dura fehlen Muskelzellen. Sie enthalten starr mit den Duraschichten verbundene Bindegewebsfasern und werden von Endothelzellen ausgekleidet.

Der inneren Duraschicht liegt ohne scharfe Grenze die Dura mater-Arachnoidea-Interfaceschicht, das Neurothel, an. Es besteht aus 1–2 Lagen langgestreckter Zellen, die dünne Filamente und *tight junctions* enthalten und die Abgrenzung der Dura von der Arachnoidea und Pia bilden [3,4].

Entlang der austretenden Spinalnervenwurzeln bildet die Dura Aussackungen

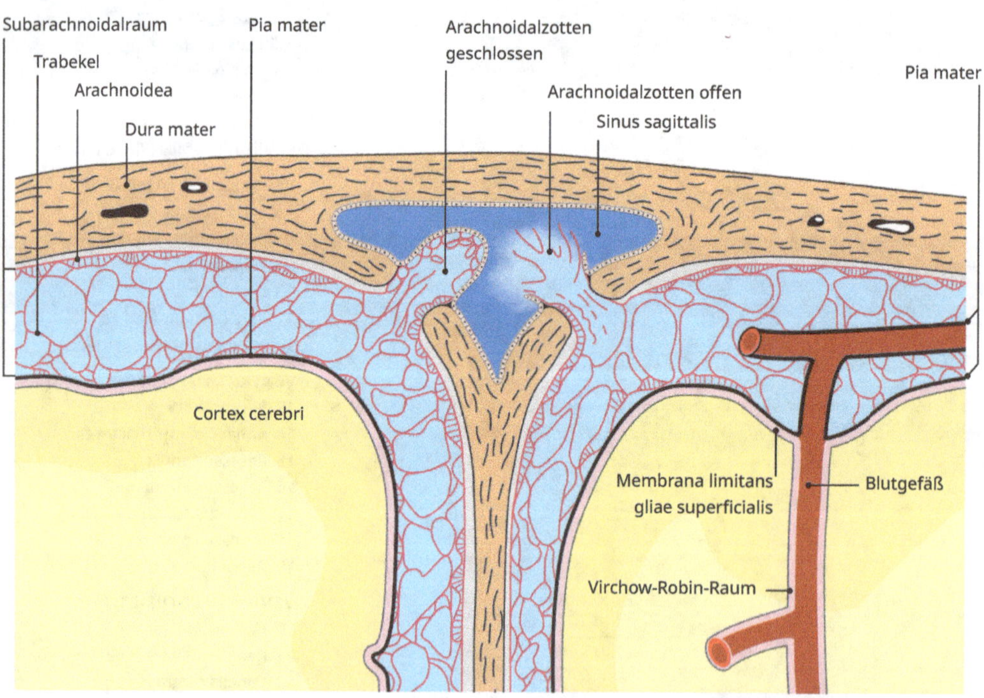

Abb. A.3.2: Schematische Darstellung der Meningen und der Arachnoidalzotten im Bereich des Sinus sagittalis superior, Frontalschnitt (modifiziert nach [2]).

und geht am Foramen intervertebrale in die Perineural- und Epineuralhülle von Spinalganglien und Spinalnerven über. An dieser Stelle ist die Durascheide bindegewebig mit dem Periost verbunden. In den Aussackungen werden die Nervenwurzeln von Liquor umspült. Hier bilden die Neurothelzellen am Ende der Durascheiden aufgelockerte Zellverbände, durch die Liquor in die Endoneuralflüssigkeit abfließen kann. Das bedeutet eine Fortsetzung des Subarachnoidalraumes in das vom Perineum umschlossene endoneurale Gewebe und damit die Möglichkeit eines Abflusses in das Lymphsystem [5].

Arachnoidea und Pia mater, die beiden Häute der Leptomeninx, schließen den mit Liquor gefüllten Subarachnoidalraum ein. Die Arachnoidea ist ein gefäßfreies Gitter von Faserbündeln (Trabekel) und wird neurothel- bzw. piaseitig jeweils von einer einschichtigen Zelllage bedeckt. Knötchenartige Wucherungen der Arachnoidea treten als Pacchionische Granulationen (Arachnoidalzotten) in den Sinus sagittalis und bewirken die Resorption von Liquor in das venöse Blut (siehe Kap. **A.3.2.**).

Die sich anschließende Pia mater liegt der Basallamina der Hirnoberfläche unmittelbar an, folgt ihr also in ihren Windungen. Begleitet sie in das Hirn ein- oder aus ihm austretende Gefäße, bildet sie einen rasch abnehmenden perivaskulären Pia-Mantel. Es entstehen perivaskuläre Pia-Trichter, die sogenannten Virchow-Robinschen Räume. In bestimmten Regionen, in denen die Schädelinnenfläche und die Hirnoberfläche Inkongruenzen aufweisen, weichen das äußere (pia-zugewandte) Arachnoidalblatt und die Pia mater auseinander und bilden Zisternen (Abb. A.3.3). Es werden sieben Zisternen unterschieden: Cisterna cerebellomedullaris (magna), Cisterna pontis, Cisterna interpeduncularis, Cisterna chiasmatis, Cisterna corporis callosi (hinter Splenium corporis callosi als Cisterna venae cerebri magnae bezeichnet), Cisterna ambiens und Cisterna lateralis.

Das Volumen des subarachnoidalen Raumes ist wesentlich größer als das der Ventrikel. Von den 150–170 ml Gesamtvolumen des Liquorraumes beim Menschen soll das Ventrikelvolumen, berechnet auf der Basis von Gussmethoden, im Mittel etwa 16 % ausmachen [6]. Mit Hilfe von nicht-invasiven Untersuchungstechniken (Computertomographie mit radioaktiv markierten Substanzen) wurde ein höherer Anteil des Ventrikelvolumens (im Mittel 25 %) bestimmt [7]. Der auf der Basis von kernspintomographischen Untersuchungen ermittelte Anteil des Ventrikelvolumens liegt mit ca. 15–20 % wiederum etwas niedriger [8–10]. Neue Untersuchungsmetoden mittels 3D-Magnetresonanztomographie erlauben eine automatisierte Messung des Liquorvolumens individueller Patienten [8,11].

3.2 Produktion, Zirkulation und Resorption

Die Produktionsmenge des Liquor cerebrospinalis beträgt etwa 500–600 ml in 24 Stunden, was einem Gesamt-Turnover des Liquors von 3–4-mal pro Tag entspricht. Demgegenüber steht ein Wasseraustauschvolumen zwischen Hirn und Blut ohne Restriktion von etwa 600 l in 24 Stunden. Das Liquor-Produktionsvolumen macht also weniger als 0,1 % dieses gesamten Wasseraustauschvolumens aus.

Die hauptsächlichen Ursprungsorte der Inhaltsstoffe des Liquors sind die fenestrierten Blutgefäße des Plexus choroideus der Hirnventrikel (etwa 80–90 %). Die übrigen Quellen sind die Blutgefäße des Gehirns (nicht fenestriert) und des Subarachnoidalraumes (in Dura teilweise fenestriert) sowie das über seine Extrazellularräume mit den Liquorkompartimenten kommunizierende Hirnparenchym. An den Begrenzungen des

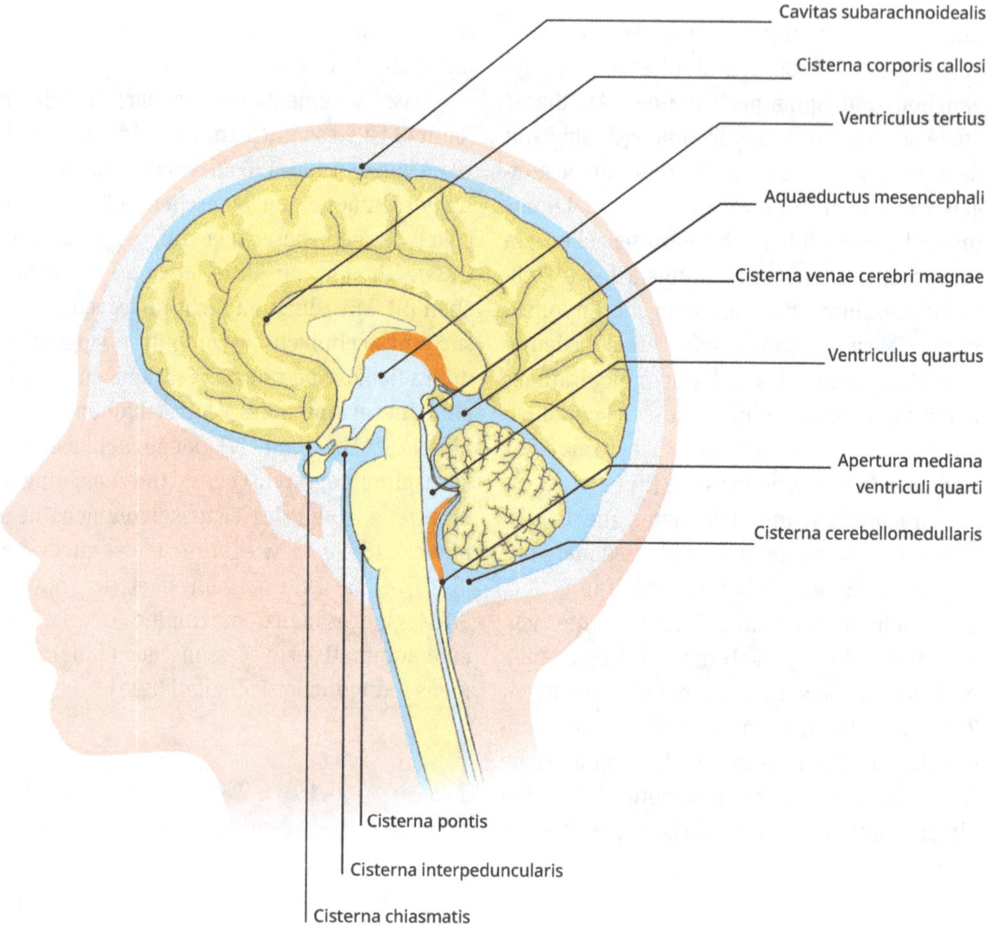

Abb. A.3.3: Äußere Liquorräume des menschlichen Gehirns (modifiziert nach [1]).

Liquorraums zu Hirnparenchym und Blut wurden Aquaporine, eine Familie von Wasserkanälen, sowie weitere Wassertransporter identifiziert, welche den Transport von Wasser über die Schrankensysteme erlauben und welchen inzwischen ebenfalls eine wichtige Rolle in der Liquorproduktion zugeschrieben wird [12].

Bezüglich der Zirkulation und Resorption des Liquors haben sich aus Magnetresonanzuntersuchungen zur Kinetik des Liquorflusses (gated MR-Imaging, Phase-Contrast Cine MR-Imaging) während der letzten Dekaden Ergebnisse gezeigt, die bisherige Hypothesen entweder quantitativ untersetzen oder gar in Frage stellen [12–18].

Die Zirkulation des Liquors wird zu einem großen Teil durch die vom pulsatilen arteriellen Blutfluss generierten Druckwellen im kranialen und spinalen Raum bewirkt. Die induzierten Liquorpulsationen sind in den verschiedenen Abschnitten der inneren und äußeren Liquorkompartimente aufgrund der jeweiligen physiologischen und anatomisch-morphologischen Gegebenheiten unterschiedlich und wechseln in Systole und Diastole die Flussrichtung. Die Liquorbewegung in allen Kompartimenten ist also nicht generell unidirektional, sondern eine Auf- und Ab-Pulsation (to-and-fro flow). Eine differenzierte Darstellung dieser Richtungswechsel findet sich in Abb. A.3.4a [14]. Annähernde Berechnungsgrundlage für einen Netto-Fluss (bulk-flow) an den verschiedenen anatomischen Lokalisationen der Liquorräume bildet das Flächenverhältnis der Kurvenabschnitte Systole/Diastole [16].

Das vor Einführung des pulsatilen Flussmodells verbreitete klassische bulk-flow-Modell ging von einem unidirektionalen Fluss des Liquors aus (Abb. A.3.4b). Die Darstellungen in Abb. A.3.4a verdeutlichen die Notwendigkeit der Korrektur dieses klassischen Zirkulations- und Resorptionsmodells mit seinen ausschließlich unidirektional gerichteten Flussrichtungen.

Membranständige Aquaporin-4-Wasserkanäle, welche gehäuft an den Astrozyten-Endfüßen an Grenzflächen zwischen Hirnparenchym und dem Blut- oder Liquorkompartiment (z. B Blut-Hirn-Schranke, Virchow-Robinsche Räume) vorkommen, spielen eine zentrale Rolle in der Wasser Homöostase des Gehirns. Sie erlauben den bidirektionalen Transport von Wassermolekülen über Membranen und sind neben der Regulation des interstitiellen Volumens sowie der Kalium- und Kalziumhomöostase an der Liquorzirkulation beteiligt. Der durch Aquaporin-4-Kanäle regulierte Einfluss interstitieller Flüssigkeit über die Virchow-Robinschen Räume in die Liquorrräume trägt ebenfalls zur ventrikulären Liquorproduktion und somit zur Liquorzirkulation bei [19–21].

Ein nennenswerter Nettofluss wurde nahe der Foraminae Magendii und Luschkae als Übergänge von den ventrikulären in die äußeren Liquorkompartimente mit ca. 0,4 ml/Minute beschrieben. Pro 24 Stunden würde dies einem Ausstrom aus den lateralen Ventrikeln, dem dritten und dem vierten Ventrikel in die äußeren Liquorräume von ca. 575 ml entsprechen, vereinbar mit der eingangs genannten täglichen Produktionsmenge. Im ventralen Teil des zervikalen Subarachnoidalraumes ist ebenfalls noch ein geringer Nettofluss messbar, während dies im Lumbalsack und in der zerebralen Konvexität nicht der Fall ist.

Gegenüber den geringen bzw. fehlenden Nettoflussraten sind die Maximalgeschwindigkeiten während der Pulsationen in beiden Richtungen und in den unterschiedlichen Abschnitten der Liquorräume mit 0,5–3,5 cm/sec ganz erheblich. Damit ist durch die über die gesamten Liquorräume laufenden Pulsationen eine graduelle Durchmischung und ein steady-state-Verteilungsgleichgewicht der Liquorinhaltsstoffe gewährleistet. Lokale Tracer-Injektionen geben über die Verteilungszeiten Auskunft. Beispielsweise ist nach intraventrikulärer Injektion lumbal nach etwa 35 Minuten, nach intralumbaler Injektion in der zerebralen Konvexität erst nach 24 Stunden das Verteilungsgleichgewicht erreicht.

Unter physiologischen Bedingungen stehen Bildung, Zirkulation und Resorption des Liquors in einem dynamischen Gleichgewicht. Das klassische Modell der Liquorresorption beschreibt den Abfluss über kraniale Arachnoidalzotten (Pacchioni-Granulationen) in die venösen Gefäße der Dura. Die Arachnoidalzotten sind als Verbindungen des Subarachnoidalraumes mit den venösen Sinus in die Dura eingebettet (Abb. A.3.2) und entleeren den Liquor über einen Ventilmechanismus unidirektional in Form eines bulk-flow in das venöse Blut. Die Feinstruktur der Arachnoidalzotten ist in Abb. A.3.5 dargestellt [23]. Die Grenze an der Kappe zum venösen Lumen wird lediglich durch eine Endothelschicht gebildet.

Dieses Modell als Hauptabflussweg wird inzwischen in Frage gestellt, da es unter Einbezug neuer experimenteller, physiologischer und patho-physiologischer Erkenntnisse die Dynamik der Liquorresorption nicht mehr

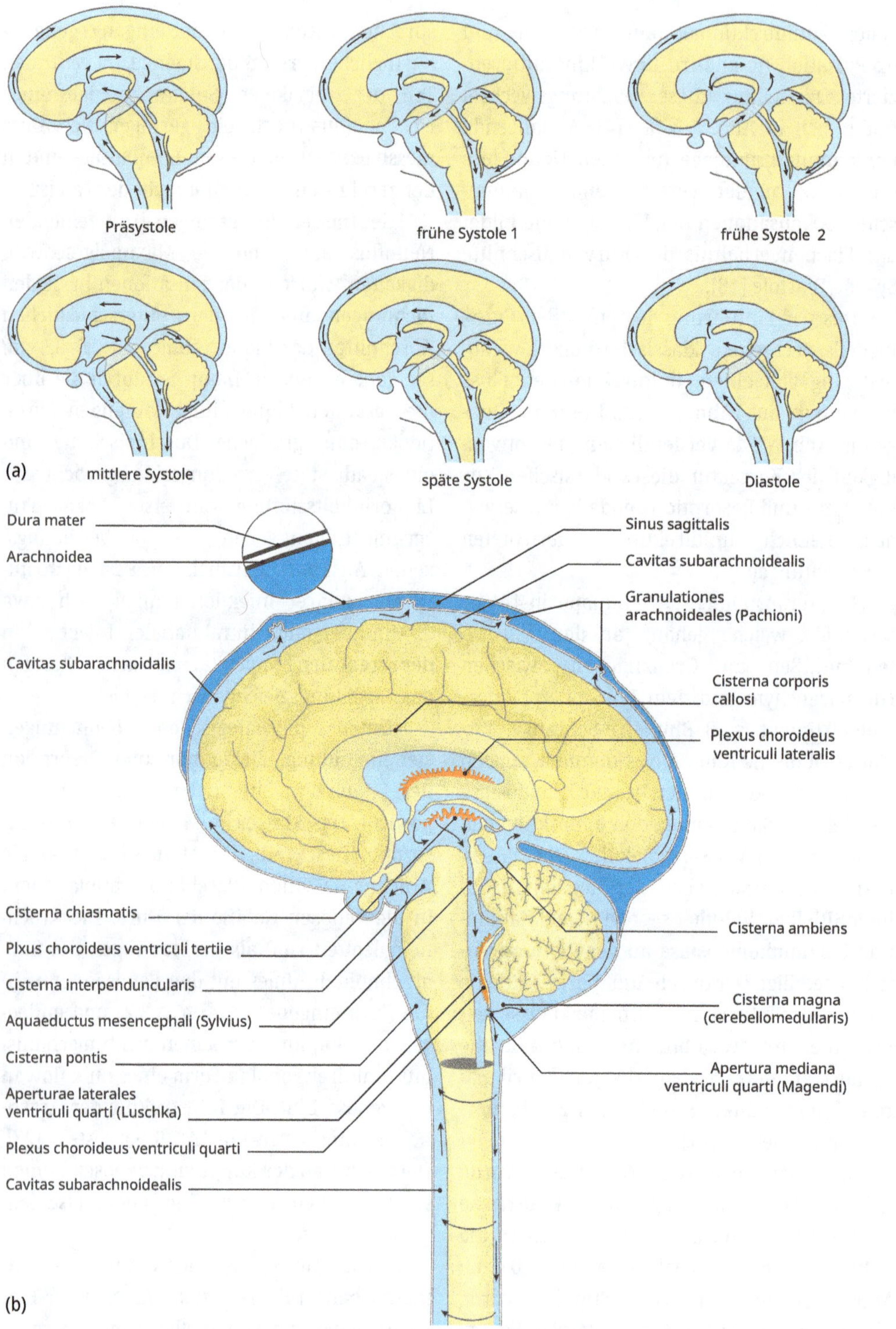

Abb. A.3.4: (a): Illustration der Liquorzirkulationsräume im menschlichen Gehirn: pulsatiles Flussmodell nach [14]. (b): Illustration der Liquorzirkulationsräume im menschlichen Gehirn: traditionelles bulk flow-Modell (modifiziert nach [22]).

ausreichend erklären kann [12, 24]. Neue Konzepte beschreiben eine zusätzliche Resorption von Liquor durch spinale Arachnoidalzotten und lymphatische Systeme [25].

Mehrere Studien legen nahe, dass auch mit Spinalnervenwurzeln assoziierte Arachnoidalzotten zur Resorption des Liquor beitragen [26–28]. Eine weitere Route der Liquorresorption stellt der Abfluss in periphere lymphatische Gefäße dar [29]. Beschriebene Resorptionsorte sind hierbei Prolongationen des Subarachnoidalraumes um bestimmte Nerven und Nervenwurzeln an den Durchtrittsstellen durch die Meningen. Günstige Regionen für den Austritt des Liquors befinden sich im Bereich des Nervus olfactorius, des Nervus opticus, des Nervus vestibulo-cochlearis sowie bestimmter spinaler Nervenwurzeln [5]. Besonders die Lamina cribrosa mit ihren Löchern für den Durchtritt der Nervi olfactorii ist eine bevorzugte Region für den Liquoraustritt [30]. Im Tiermodell wurde die Drainage von Liquor in die zervikalen Lymphwege nach Tracer-Applikation in den Liquorraum zu spezies-abhängig verschiedenen Anteilen nachgewiesen [31–33].

Lange wurde die Abwesenheit lymphatischer Gefäßsysteme im zentralen Nervensystem postuliert. Inzwischen wurden lymphatische Gefäße, welche parallel zu den duralen venösen Sinus verlaufen und die typischen histologischen Marker des Lymphsystems

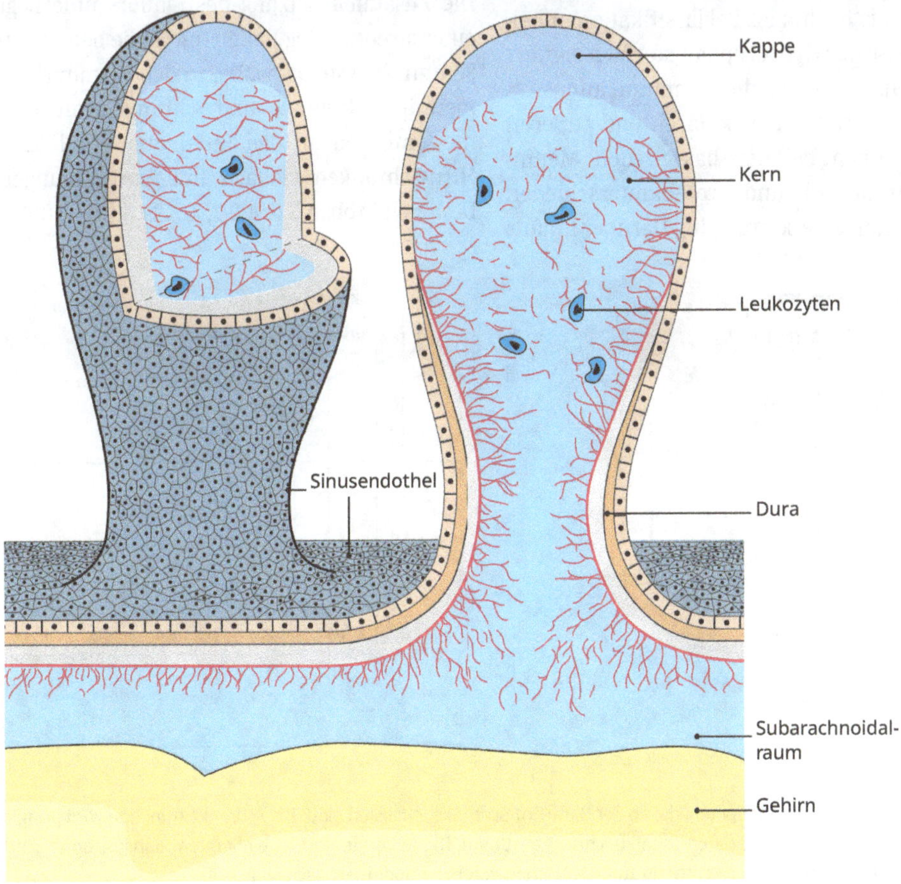

Abb. A.3.5: Schematische Illustration der morphologischen Strukturen der Arachnoidalzotten nach [23].

aufweisen, beschrieben [34–36]. Auch diese Entdeckung könnte zum weiteren Verständnis der Liquorresorptionswege beitragen.

Die Entwicklung des lymphatischen Systems scheint derjenigen der Arachnoidalzotten vorauszugehen und es wird vermutet, dass dieses insbesondere während der Embryonalentwicklung und frühen Kindheit eine wichtige Rolle bei der Liquorresorption spielt [37,38].

Der proportionale Anteil, die Regulation und die physiologische Bedeutung der verschiedenen Liquor Zirkulations- und Resorptionsmodelle beim Menschen sind noch nicht abschließend geklärt. Die neueren Erkenntnisse zu Produktion, Zirkulation und Resorption des Liquors haben zu einem besseren Verständnis bis hin zu Reklassifikationen beispielsweise der Hydrocephalusformen geführt [12,24,39]. Sie können die Kommunikationsstörungen zwischen ventrikulären und äußeren Liquorräumen bei der bakteriellen Meningitis, die zu Zell- und Proteinunterschieden führen, sinnvoll erklären [40]. Darüber hinaus verdeutlichen sie die Notwendigkeit der Korrektur einer Reihe klassischer und häufig kritiklos übernommener Lehranschauungen.

Insbesondere können die neueren Erkenntnisse dem klinisch-chemisch und zytologisch arbeitenden Liquordiagnostiker als konkretes interdisziplinäres Basismaterial für seine Theorienbildung und sein Verständnis von Elementarprozessen dienen.

3.3 Morphologie und Biochemie der Blut-Hirn- und Blut-Liquor-Schranke –Transportmechanismen

Die Zusammensetzung des Liquors unterliegt einer strengen Regulation durch die beteiligten Schrankensysteme, wobei in den Grundprinzipien der Sekretions- und Schrankentransportmechanismen an den Blut-Liquor- und Blut-Hirn-Schranken vielfach Übereinstimmungen bestehen (Abb. A.3.6, A.3.7, A.3.8a und A.3.8b).

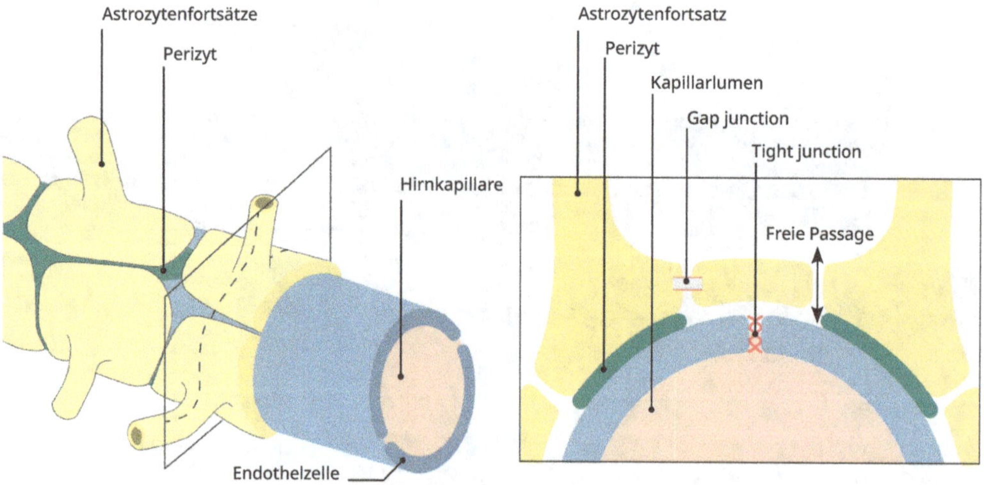

Abb. A.3.6: Zelluläre Komponenten, die an der Blut-Hirn-Schranke lokalisiert sind: Die Schrankenfunktion wird primär durch die Endothelzellen und deren „tight junctions“ bestimmt. Die Astrozytenfortsätze mit ihren „gap junctions“ sind durchlässiger, so dass sie keine echte Filtrationsbarriere darstellen (modifiziert nach [41]).

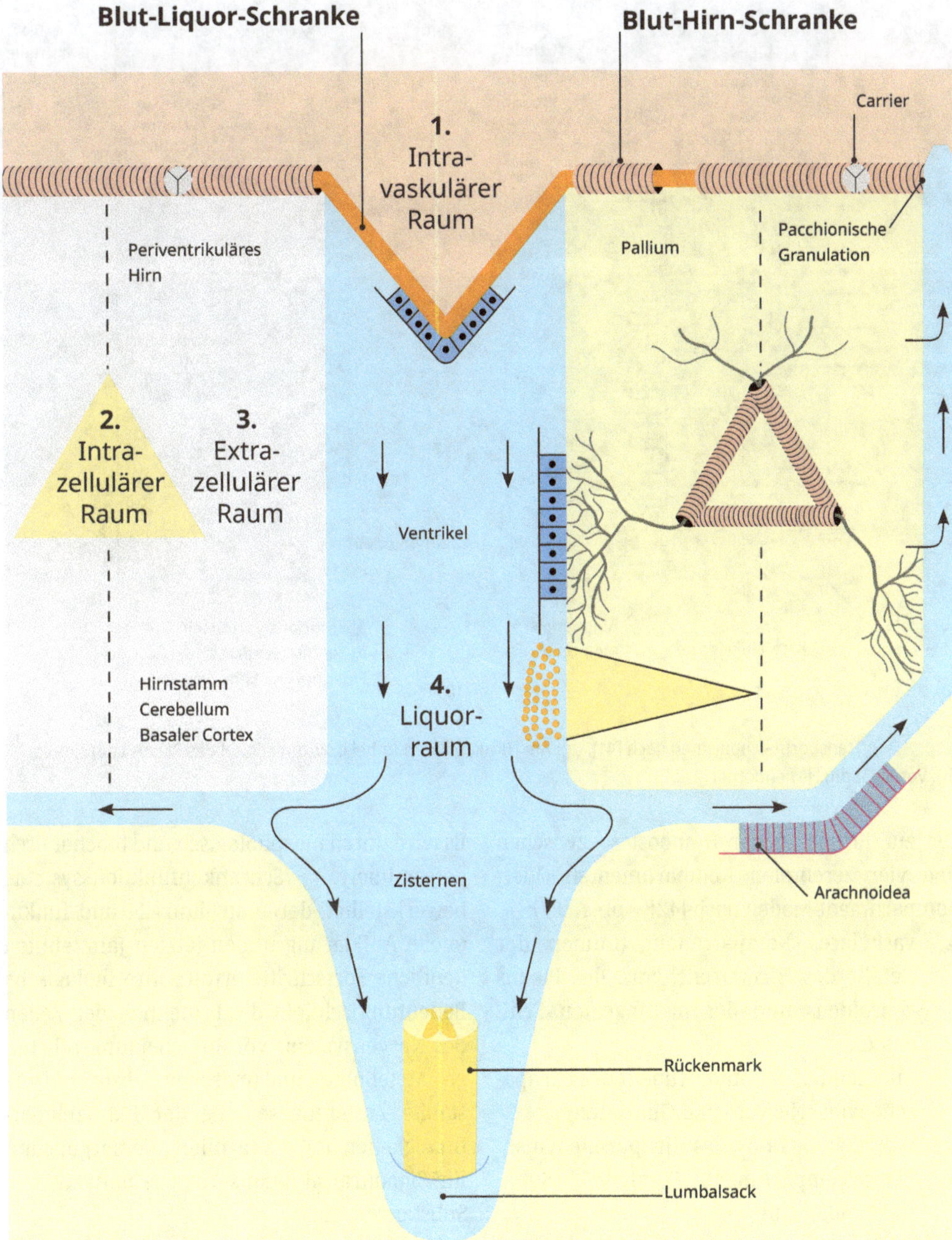

Abb. A.3.7: Schematische Darstellung des Konzeptes einer funktionell unabhängigen Blut-Liquor-Schranke nach [42].

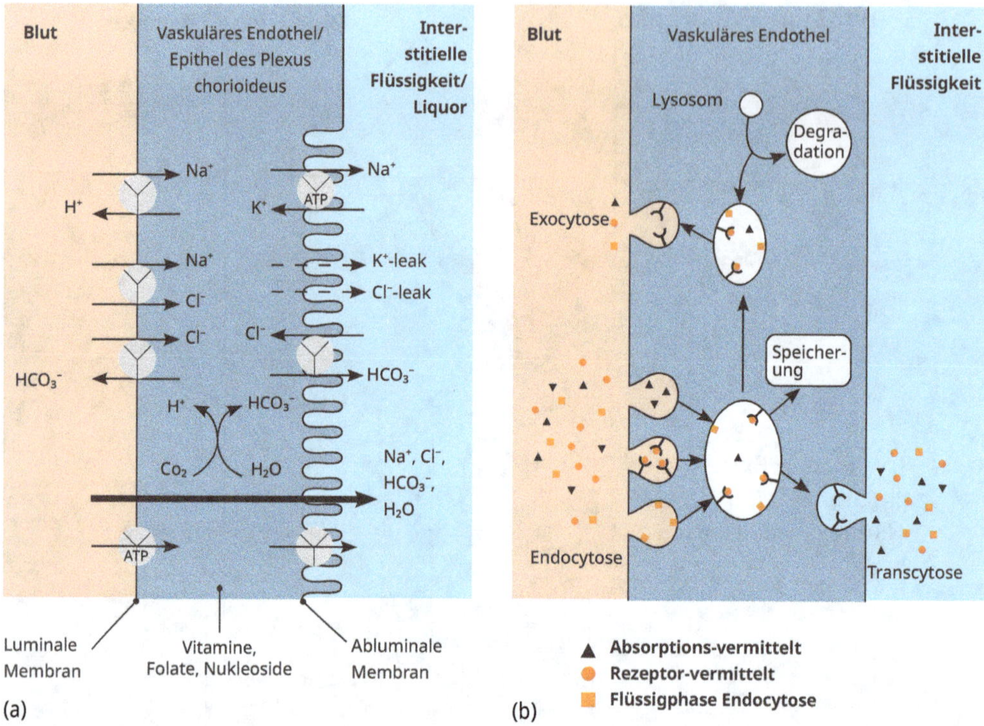

Abb. A.3.8: Transportmechanismen nach [41]. (a): Am Hirnkapillarendothel bzw. am Epithel des Plexus choroideus. (b): Vesikulär am Hirnendothel.

Die zur Erhaltung der Homöostase zwischen den vier zerebralen Kompartimenten (Vierkompartiment-Modell nach [42], Abb. A.3.7):

- vaskuläres Kompartiment (Lumen der Gefäße des Hirnparenchyms, des Plexus choroideus und der meningealen Schichten),
- intrazelluläres Kompartiment des Hirnparenchyms (Nerven- und Gliazellen),
- Extrazellularraum des Hirnparenchyms,
- Liquorkompartiment (Ventrikel, Subarachnoidalraum)

Die notwendige Regulation erfolgt durch limitierte interzelluläre (parazelluläre) und transzelluläre Transportmechanismen. Das streng regulierte Gleichgewicht des Stoffaustauschs durch diese Transportmechanismen ist höchst komplex und umfasst Aufnahme-, Strömungs-, Sekretions- und Resorptionsprozesse. Es wird durch morphologisch und biochemisch determinierte Schrankenfunktionssysteme bewerkstelligt, deren strukturelle und funktionelle Aufklärung in den letzten Jahrzehnten deutliche Fortschritte erfuhr. Ihre biologische Bedeutung schließt die Protektion der Zellen des Nervensystems vor ausscheidungspflichtigen Metaboliten und toxischen Substanzen, die stabile Zusammensetzung der Extrazellularflüssigkeiten und die regulierte Versorgung mit für Signaltransduktionsprozesse notwendigen Substanzen ein.

Die Kategorisierung der Schrankenfunktionssysteme nach dem Kompartimentmodell erfolgt in ein Blut-Hirn-, Blut-Liquor- und Hirn-Liquor-Schrankenfunktionssystem. In all diesen Schrankenfunktionssystemen sind sowohl interzelluläre als auch transzelluläre Transportmechanismen eingeschlossen. Der Liquordiagnostiker nutzt diese Systematisierung für

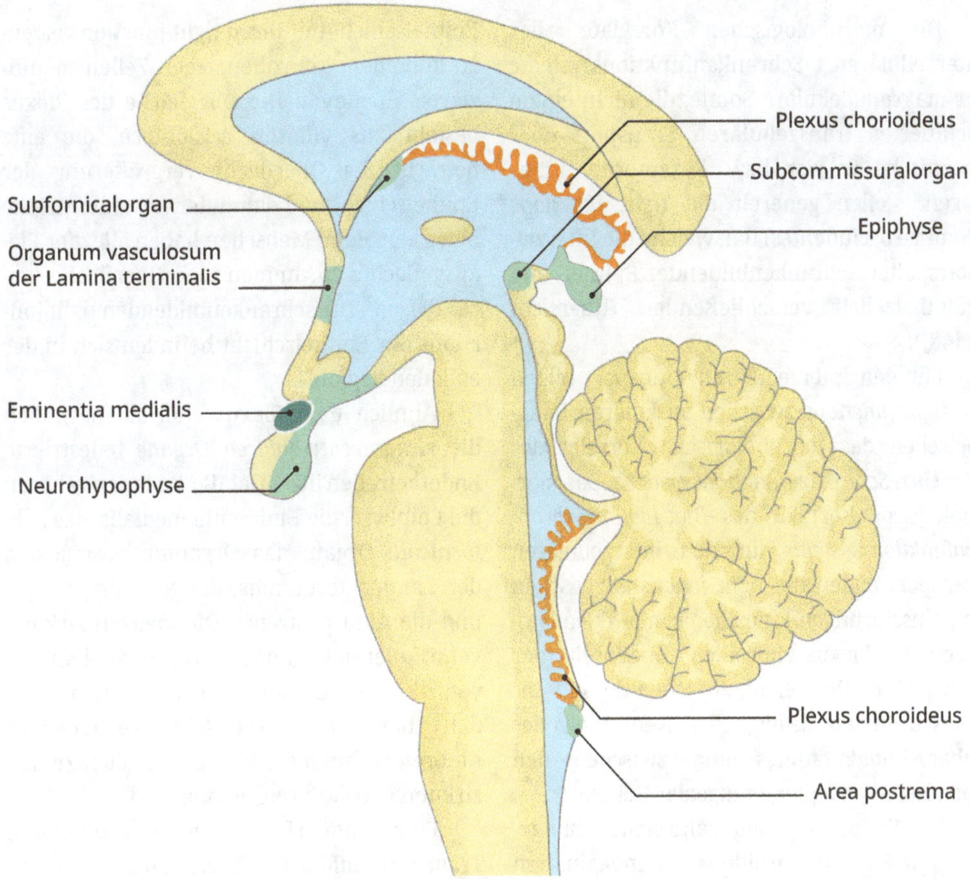

Abb. A.3.9: Schematische Darstellung der Lokalisation der zirkumventrikulären Organe im menschlichen Gehirn; medianer Sagittalschnitt (modifiziert nach [43]).

seine Befundinterpretation, obwohl er eigentlich mit der ausschließlichen Messung von Konzentrationen in den Liquores der verschiedenen Punktionsorte (ventrikulär, suboccipital und lumbal) bzw. von Konzentrationsrelationen Liquor/Serum immer nur das komplexe Resultat aller beteiligten Prozesse erfasst.

Weitere Schrankenfunktionssysteme zwischen dem Blutkompartiment und neuralen Strukturen stellen die Blut-Retina-, Blut-Rückenmark- und Blut-Arachnoid-Schranken dar. Sie grenzen die entsprechenden Strukturen vom zirkulierenden Blut ab, limitieren unspezifischen Stoffaustausch und regulieren den Transport zwischen den jeweiligen Kompartimenten [22–24].

3.3.1 Interzelluläre (parazelluläre) Schrankenfunktionssysteme

Interzelluläre Schrankenfunktionssysteme separieren die betreffenden Kompartimente überwiegend hinsichtlich des Stofftransportes hydrophiler makromolekularer gelöster Stoffe, vornehmlich der Blutproteine in den Extrazellularraum des Hirnparenchyms [47] und in das Liquorkompartiment.

Die morphologischen Korrelate aller interzellulären Schrankenfunktionssysteme für makromolekulare Solute, die nicht einem facilitierten transzellulären Transport über spezifische Carrier bzw. Rezeptoren unterliegen, stellen generell die *tight junctions* (Zonulae occludentes) dar, welche die Interzellularspalten schrankenbildender Epithel- und Endothelzellen verschließenden (Übersicht in [48]).

Für den interzellulären Transport bilden die *tight junctions* zwischen vaskulären Endothelzellen das morphologische Korrelat des *Blut-Hirn-Schrankenfunktionssystems*. Das morphologische Korrelat des *Blut-Liquor-Schrankenfunktionssystems* für den interzellulären Transport bilden die *tight junctions* zwischen den einschichtigen kinozilienarmen Ependymzellen des Plexus choroideus lumenseits der Ventrikel (Epithelzellen), zwischen der ein- bis zweischichtigen Zelllage des Neurothels des Subarachnoidalraumes und zwischen den Endothelzellen leptomeningealer Gefäße.

Die Endothelien der zahlreichen Blutgefäße im Plexus choroideus als Invagination der Pia mater in die Kavitäten der Ventrikel sind fenestriert. Die Fenestrae sind mit einer 3–5 nm dicken Diaphragmamembran verschlossen, welche luminal mit einer mindestens 300 nm hohen filamentösen anionischen Glykokalix bedeckt ist, die zusätzlich proteinabstoßend wirkt [49]. Während die Fenestrae für Proteine nicht frei permeabel sind, wird den Glykokalixfilamenten aufgrund ihrer Struktur und Ladungseigenschaften eine Funktion beim fazilitierten Transport von Ionen und niedermolekularen Soluten nach Ionenaustausch-/Molekularsiebeffekten zugeschrieben. Die vier Plexuslokalisationen finden sich an den Dächern des dritten und vierten Ventrikels und den Wänden der lateralen Ventrikel (Abb. A.3.4b).

Die lumenseitig und damit das „Liquormilieu“ abgrenzende, schrankenbildende Epithelschicht mit ihren tight junctions ist ein zu kuboiden, kinozilienarmen Zellen modifiziertes Ependym. Die Oberfläche des Plexus besteht aus villösen Ausläufern, die eine beträchtliche Oberflächenvergrößerung der Epithelschicht und damit der Austauschfläche bewirken. Beim Menschen haben alle vier Plexusgeflechte zusammen eine Oberfläche von ca. 200 cm^2. Die schrankenbildenden tight junctions der Epithelschicht befinden sich in der apikalen Region.

Ähnlich dem Plexus chorioideus haben die *zirkumventrikulären Organe* fenestrierte Endothelzellen ihrer Gefäße. Zu ihnen gehören die Epiphyse, die Eminentia medialis, das subfornicale Organ, das Organum vasculosum der Lamina terminalis, die Neurohypophyse und die Area postrema. Die meisten zirkumventrikulären Organe grenzen sowohl an den ventrikulären als auch an den subarachnoidalen Liquorraum (Abb. A.3.9). Verschiedene Autoren rechnen die Plexus choroidei zu den zirkumventrikulären Organen.

Eine Sonderform des interzellulären Transports bildet die Migration von Blutzellen in die liquorführenden Systeme und in die interstitiellen Räume des perivaskulären Milieus (Stroma des Plexus choroideus, intraduraler Raum bis zum Neurothel). Einige Publikationen legen nahe, dass der Durchtritt von Blutzellen durch kapillares Endothel und Plexusepithel interzellulär, also zwischen tight junctions, erfolgt [50,51]. Eine wichtige Rolle spielt hierbei die Interaktion zwischen zellulären Adhäsionsmolekülen, welche am kapillaren Endothel (z. B. ICAM-1, P-Selektin, E-Selektin), dem Epithel des Plexus choroideus (z. B. V-CAM-1, P-Selektin) und an der Oberfläche der Blutzellen (z. B. CD11a/CD18, CD162, VLA-4) exprimiert werden [52–55].

Unter bestimmten pathologischen Bedingungen werden dabei allerdings in distinkten endothelialen Abschnitten die tight junctions in Struktur und Zusammensetzung verändert, so dass dort die Blut-Hirn-Schranke alteriert ist (z. B. bei MS, Schlaganfall [56]).

3.3.2 Hypothesen zum interzellulären Transportmechanismus – Substruktur und Zusammensetzung von tight junctions

Aus dem besonders während der letzten drei Jahrzehnte stark gewachsenen interdisziplinären Grundlagenwissen wurde die Hypothese einer Penetration der Serumproteine nach dem Prinzip der Ultrafiltration [23] durch distinkte „Poren-Strukturen" innerhalb der tight junctions unter Steuerung der Membranglykokalices (polyionische Ladungsträger) der beteiligten Epithelien und Endothelien unter regulativer Beteiligung ihrer umgebenden luminalen anionischen Glykokalixfilamente als „Poren-Matrix-Hypothese" erheblich gefestigt [57–62]. Im Folgenden werden einige relevante Erkenntnisse zu Aufbau und Funktion von tight junctions aufgeführt.

1. Bezüglich des Aufbaus der tight junctions löst ein Protein-Lipid-Modell zuvor diskutierte reine Lipid- oder Protein-Modelle ab. Die tight junction verbindet beide benachbarten Epithel- oder Endothelzellen und polarisiert damit in einen apikalen und basolateralen Membranteil. Nach bisherigem Verständnis sind tight junctions makromolekulare Komplexe an deren Aufbau Transmembranproteine (Claudine, junktionale Adhäsionsmoleküle, Occludine), Membranlipide und Zonula Occludens Proteine essentielle Funktionen übernehmen [63]. Sie sind durchzogen mit Strängen des Transmembranproteins Claudin (tight junction strands). Die mit tight junctions assoziierten Adhäsionsmoleküle (Junctional-Adhesion-Molecules, JAMs) bewirken eine enge Annäherung der beteiligten Zellmembranen. Occludine bilden eine weitere Gruppe integraler Membranproteine, die an Aufbau und Funktion der tight junctions beteiligt sind [64]. Die Gerüstproteine der Zonula Occludens Familie (ZO-1, ZO-2, ZO-3) interagieren mit den cytoplasmatischen Anteilen der tight junction Membranproteine sowie cytoplasmatischen Proteinen (u. a. Cingulin, p130, 7H6, rab13, Ras target protein) und stellen eine Verbindung zum Aktinzytoskelett der beteiligten Zellen her [49,64,65]. Die tight junctions sind also keine isolierten, sondern in den gesamten Zellverband integrierte Funktionseinheiten.
2. Tight junctions bilden semipermeable Ladungs- und Größen-selektive Diffusionsbarrieren [66]. Variationen im substrukturellen Aufbau bedingen den Grad der Dichtheit der tight junctions von „very tight" (z. B. in Endothelien zerebraler Kapillaren und postkapillärer Venulen) bis „leaky" (z. B. in Epithelien des Plexus choroideus) und „very leaky" (z. B. in zerebralen Sammelvenen) [67,68]. Diesbezüglich zeigen sich auch deutliche Organunterschiede. Grundsätzlich lassen sich zwei Mechanismen der selektiven Permeabilität der tight junctions unterscheiden, einen Ladungs-abhängigen Mechanismus über kleine Poren (ca. 4 Å) und einen Größen-abhängigen Mechanismus für Molekülgrößen von bis zu 60 Å [63]. Die Claudin-Stränge bilden Ladungs-selektive kleine Poren, wobei man davon ausgeht, dass die Ladung extrazellulärer Claudin-Bestandteile die Ladungsselektivität der gebildeten Poren bestimmt. Mindestens 20 Claudin-Isoformen wurden beschrieben und eine Änderung der Zusammensetzung der Claudin-Stränge hat Auswirkungen auf Selektivität und Dichtheit der tight junctions [69]. Die Claudin-Stränge in tight junction-Populationen epithelialer und endothelialer Zellver-

bände treten mit verschiedener Häufigkeit zwischen zwei und mehr als 10 Strängen mehr oder weniger anastomosierend auf. Die Claudin-Stränge werden, auch hier wiederum populations- und organabhängig, in unterschiedlichem Maße als blind endend oder mit Unterbrechungen unterschiedlicher Länge in den tight junction-Strängen gefunden [58,61,70,71]. Diese freien Endigungen und Unterbrechungen, sowie die fehlenden Kontakte an Grenzen dreier zusammentreffender Zellen („tricellular corners" [72]), werden als eine Grundlage von „Poren"-Bildungen angesehen. „Very tight" bedeutet hohe Strangzahl mit vielen Anastomosen zwischen den Strängen, wenig blind endende Stränge und geringe Häufigkeit ihrer Unterbrechungen. Die tight junctions der nicht-fenestrierten zerebralen Kapillaren sind bedeutend geringer durchlässig für Proteine anzusehen. Ebenso treten dadurch Poren (Kanäle) von 20–30 nm Durchmesser in den bereits genannten Zwischenräumen dreier aneinandergrenzender Endothel- *und* Epithelzellen auf (tricellular corners), in denen sich keine tight junctions-Stränge berühren [61].

Die Funktion der tight junctions als makromolekulare Diffusionsbarriere ist unabhängig von den Claudin-Strängen. Die durch JAMs verursachte enge Annäherung der beiden Zellmembranen bewirkt einen Siebeffekt durch die Bildung großer Poren (bis zu 60 Å) und ist verantwortlich für die Funktion als Molekülgrößen-abhängige Diffusionsbarriere [63].

3. Das hochkomplexe Netzwerk aus den tight junctions und ihrer Porensysteme, den membranständigen „peripheren" Proteinkomplexen und dem intrazellulären Zytoskelett wird als Gesamtheit durch zahlreiche Faktoren reguliert und reagiert schnell und sensitiv auf Veränderungen ihres Mikroumfelds: u. a. Ca^{2+}, G-Proteine, cAMP, Proteintyrosinkinase, Proteinkinase C, Phospholipase C, Zytokine (rTNF-α, IFN-γ), Östrogene, integrale Komponenten benachbarter adherens junctions [73–76].
4. Es ist noch nicht abschließend geklärt, welche Anteile am molekularen Selektionsprozess der Serumproteine die verschiedenen Durchmesser der Porenstrukturen innerhalb und zwischen den tight junctions einerseits, sowie der Ladungszustand und die Größe der besonders im Umfeld der Porenstrukturen befindlichen luminalen anionischen Glykokalixsäume andererseits, beim Ultrafiltrationsprozess haben. Da alle Serumproteine im physiologischen pH-Bereich *anionischer Natur unterschiedlichen Ausmaßes* entsprechend ihres jeweiligen Molekulargewichts sind, haben die gleichgeladenen filamentösen Glykokalices (sulfatierte Proteoglycane, Sialoglykoproteine) einen *selektiven* Abstoßungseffekt, wodurch letzteren sicherlich eine große Bedeutung zukommt.

Die Hypothese zur Ultrafiltration von Proteinen entsprechend ihres Molekulargewichtes und ihrer molekularen Dimensionen durch interzelluläre tight junction-Filter unter steuernder Beteiligung der luminalen Membranglykokalices (anionisch bei physiologischem pH) erklärt gewissermaßen den initialen Schritt aus dem Gesamtkomplex der Prozesse, die unter dem Begriff der interzellulären Schrankentransportfunktion zusammengefasst werden. Dieser initiale Selektionsprozess wird unter physiologisch normalen Bedingungen durch die Konzentrationsrelation der Proteine zwischen Serum/Liquor dokumentiert. Die absoluten Konzentrationen der Proteine im Liquor unterschiedlicher Kompartimente (Punktionsorte) sind jedoch bei intakter Selektionsfunktion das Resultat von Serumangebot,

Liquorproduktion, Liquorfluss und Liquorresorption (unter pathologischen Bedingungen ist für Reiber die Liquorflussgeschwindigkeit die determinierende Größe, siehe **Abschnitt A.4.** und [77]).

3.3.3 Transzelluläre Schrankenfunktionssysteme

Transzelluläre Schrankenfunktionssysteme existieren für alle Arten von Transportmechanismen im Transfer zwischen den vier zerebralen Kompartimenten. Der jeweilige Transportmechanismus ist substanz- bzw. substanzklassenspezifisch. Die Definition im Sinne einer Schranke, also eines mehr oder weniger limitierten Transports, ist hier sehr weit gefasst:

- Bei den passiven transzellulären Transportprozessen, also auf einer passiven Diffusion beruhend, wird der Blut-Liquor-, Blut-Hirn- und Hirn-Liquor-Substanztransfer durch alle zwischen den jeweiligen Kompartimenten liegenden Zellschichten und interstitiellen Räume unter Einstellung eines von der jeweiligen Substanz abhängigen Diffusionsgleichgewichtes vollzogen. Abfluss und Verbrauchsreaktionen bestimmen die stationäre Stoffkonzentration im Zielkompartiment. Respiratorische Gase (O_2, CO_2) können aufgrund ihres Partialdruck-Gradienten durch die Blut-Hirn-Schranke frei diffundieren. Lipophile Substanzen (Steroidhormone, lipophile Pharmaka [78], Alkohol u. a.) können die zerebralen Schranken durch Diffusion relativ leicht passieren. Für hydrophile Substanzen hingegen stellen Zellmembranen aufgrund ihrer doppelschichtigen Lipidstruktur eine weitgehende Diffusionsbarriere dar.
- Bei den facilitierten transzellulären Transportprozessen, also auf einer *Carrier- bzw. Transporter-vermittelten Diffusion* beruhend, wird der Blut-Liquor-, Blut-Hirn- und Hirn-Liquor-Substanztransfer durch die zwischen den jeweiligen Kompartimenten liegenden Carrier-tragenden Zellschichten unter Einstellung eines substanzspezifischen Transportgleichgewichtes vollzogen. Der Prozess läuft nach den substanzspezifischen kinetischen Gesetzmäßigkeiten ab, wie wir sie etwa aus der Enzymkinetik kennen. Durch Strukturanaloga der zu transportierenden Substanz kommt es zu Aktivierungen bzw. Hemmungen am Carrier durch Kompetition. Substanzspezifische Carrier existieren im zerebralen Schrankentransport hauptsächlich für niedermolekulare hydrophile Solute: u.a. Aminosäuren (jeweils Carrier für neutrale, basische und saure Aminosäuren), Glukose.
- Eine spezielle Form des facilitierten transzellulären Transports stellen *Rezeptor-vermittelte Mechanismen* (Endozytose, Transzytose) dar. Bezüglich der zerebralen Transportprozesse sind substanzspezifische Rezeptoren in Endothelzellen der Gefäße, sowie in allen zerebralen Zellpopulationen nachgewiesen (z. B. für Transferrin zum Eisentransport in die Zellen).
- Ein Großteil zerebraler transzellulärer Transportprozesse verläuft über aktive Transportmechanismen, beruhend auf der gekoppelten Energiefreisetzung aus der ATP-Hydrolyse durch ATPasen. Sie finden an allen zerebralen Schrankensystemen, damit alle vier Kompartimente betreffend, statt und regeln im weitesten Sinne Sekretion, Absorption, Ionentransfer, Osmolarität u. a. m. (siehe biochemische Grundlagenliteratur).
- Eine spezielle Form des transzellulären Transports stellt die Pinozytose (vesikuläre Endo- und Exozytose) dar. Im physio-

logisch normal arbeitenden Hirn spielt diese Transportform eine untergeordnete Rolle. Unter pathologischen Bedingungen kann sie einen größeren Umfang annehmen und hier besonders dem Transport makromolekularer Solute dienen.

Tab. A.3.1: Aus dem Blut stammende Liquorinhaltsstoffe.

Substanz	Liquor	Serum	Liquor/Serum	Besonderheiten
	Referenzbereiche		Quotient	
Gesamtprotein	200–500 mg/l	70 g/l		
Albumin	150–350 mg/l	35–55 g/l	bis 8×10^{-3}	Marker für Störung der Schrankenfunktion; Bezugsparameter für Synthese von Ig im ZNS
IgG	bis 40 mg/l	8–18 g/l	bis 6×10^{-3}	Träger der humoralen Immunreaktion im ZNS-Indikator für chronische oder zurückliegende ZNS-Entzündung
IgA	bis 6 mg/l	0,9–4,5 g/l	bis 4×10^{-3}	s. o.
IgM	bis 1 mg/l	0,6–2,5 g/l	bis 1.8×10^{-3}	s. o.
ICAM-1	1,5 µg/l	285 µg/l	bis 5×10^{-3}	Indikator für akute Entzündungen im ZNS; Bei MS im Schub erhöht
α_1-Glykoprotein	3,7 mg/l	70–110 mg/l		Akute-Phase-Protein
α_2-Makroglobulin	3,3 mg/l	130–380 mg/l		Zeichen für Störung der Schrankenfunktion
Transferrin	1,7–3 mg/l	210–445 mg/l		
Haptoglobin	2,2 mg/l	10–220 mg/l		Zeichen für entzündlichen Prozess

Tab. A.3.2: Liquorinhaltsstoffe mit vorwiegend intrathekalem Anteil.

Substanz	Liquor	Serum	Lokale Synthese (%)	Besonderheiten
	Referenzbereich (Mittelwert)			
Transthyretin (Präalbumin)	17 mg/l	250 mg/l	93	Synthese im Plexusepithel; Transporter
Prostaglandin-D-Synthase (ehemals β-Trace)	15 mg/l	0,5 mg/l	> 99	Nachweis einer Liquorfistel; Enzym und Transporter
Cystatin-C (γ-Trace)	3 mg/l	0,5 mg/l	> 99	Proteinase-Inhibitor
Apolipoprotein E	6 mg/l	93,5 mg/l	90	Lipidtransporter
β_2-Mikroglobulin	1 mg/l	1,7 mg/l	99	ZNS-Befall bei Leukämien, Lymphomen und HIV-Infektion

Tab. A.3.2 (fortgesetzt)

Substanz	Liquor	Serum	Lokale Synthese (%)	Besonderheiten
	Referenzbereich (Mittelwert)			
Neopterin [15]	4,2 nmol/l	5,3 nmol/l	98	Mikroglia- und Makrophagenaktivierung bei ZNS-Infektion;
NSE	5 µg/l	6 µg/l	> 99	Marker für Neuronenschädigung
GFAP [79]	6,2 µg/l	92 ng/l	100	Marker für Gliaschädigung/-aktivierung
NfL [80]	272 ng/l	26 ng/l		Marker für axonale Schädigung
pNfH [81, 82]	201 ng/l	30 ng/l		Marker für axonale Schädigung
Ferritin	6 µg/l	120 µg/l	97	Marker für Tumoren, Entzündungen und SAB
S-100 Protein	2,9 µg/l	0,12 µg/l	> 99	Marker für Gliaaktivierung und Melanom
MBP	0,5 µg/l	n. n.	100	Marker für Myelinschädigung bei MS
Tau-Protein	170 ng/l	1 ng/l	100	Marker für Neuronen- und Axonenschädigung
14–3–3 Protein	qualit.	n. n.		diagnostische Relevanz bei Creutzfeldt-Jakob-Krankheit
IL-6	10,5 ng/l	12 ng/l	99	Immunaktivierung
TNF-alpha	5,5 ng/l	20 ng/l	94	Immunaktivierung
β_2-Transferrin	qualit.	n. n.		Nachweis im Immunoblot; Marker für Liquorfistel

3.4 Liquorinhaltsstoffe

3.4.1 Proteine und Lipide

Proteine: Seit Einführung der Lumbalpunktion durch Quincke [83] ist die Analyse des lumbalen Liquors möglich, daher ist die Zusammensetzung des Liquor cerebrospinalis relativ gut bekannt. Mit Ausnahme von bestimmten hirneigenen Proteinen lassen sich die meisten Liquorinhaltsstoffe auch im Blut nachweisen, in der Regel in deutlich höherer Konzentration. Aus diesem Grund ist die quantitative Bestimmung der meisten Liquorinhaltsstoffe ohne Bezug auf die entsprechenden Blutwerte wenig aussagekräftig. Liquor und Blut müssen daher parallel zum gleichen Zeitpunkt gewonnen und untersucht werden.

Für hydrophile Moleküle besteht eine klare Korrelation zwischen dem Liquor/Serum-Quotienten und den hydrodynamischen Molekülgrößen. Dieses Verhältnis gilt jedoch nur im *„steady-state-Gleichgewicht"*, d. h. bei stabilen Konzentrationen des betreffenden Moleküls im Serum und bei ungestörter Blut-Liquor-Schranke. Eine vergleichende Betrachtung der Gesamtproteinkonzentration des Serums und des Liquors zeigt eine ca. 200-fach höhere Konzentration im Serum, was den Farbunterschied der beiden Flüssigkeiten erklärt. Dieser Konzentrationsgradient ist molekülgrößenabhängig und nimmt mit zunehmender Molekülgröße zu (z. B. bei IgM bis zu 3000-fach) [84].

Etwa 80 % der Liquorproteine des gesunden Menschen stammen aus dem Blut, wobei bestimmte Proteine (insbesondere das Albumin) dominieren (Tab. A.3.1). Wenn Molekülgröße und Serumkonzentration dieser hydrophilen Proteine bekannt sind, kann ihre Konzentration im Liquor annähernd berechnet werden. Ist die Konzentration im Liquor höher als rein rechnerisch zu erwarten wäre, so ist eine intrathekale Synthese anzunehmen (s. Kap. **B.3**). Bei einer Schrankenfunktionsstörung (erhöhter Albumin Liquor/Serum-Quotient) nimmt die Relation von aus dem Serum stammenden Proteinen (IgG, IgA, IgM) entsprechend einer Hyperbelfunktion zu [77]. Der Liquor/Serum-Quotient des löslichen Adhäsionsmoleküls ICAM-1hingegen zeigt eine Zunahme entsprechend einer Sättigungskurve [85].

Die *Liquorproteine lokalen Ursprungs*, d. h. intrathekal synthetisierte Proteine, machen etwa 20 % des Gesamtproteins im Liquor aus. Die wesentlichen Proteine lokalen Ursprungs sind in Tab. A.3.2 zusammengefasst. Hierbei ist zu erkennen, dass der größte Anteil dieser Proteine in den Meningen und im Plexusepithel synthetisiert wird, während Proteine aus dem Hirnparenchym nur einen geringen Anteil ausmachen. Bei einem erhöhten Albuminquotienten bleibt die Konzentration der meisten untersuchten Proteine lokalen Ursprungs (mit Ausnahme von Prostaglandin-D-Synthase) nahezu unverändert [86], da ihre Transportmechanismen unterschiedlich und voneinander unabhängig sind.

Referenzwerte für Konzentrationen im Serum und im lumbalen Liquor, für Liquor/Serum-Quotienten, für intrathekal produzierte Fraktionen sowie die Bedeutung der meningealen, parenchymatösen und immunologischen Proteine sind in Tab. A.3.1 und A.3.2 zusammengefasst.

Proteinkonzentrationen in ventrikulärem und lumbalem Liquor: Bei einer intakten Blut-Liquor-Schranke ist die Konzentration des Gesamteiweißes im lumbalen Liquor von Referenzpersonen um das 2–3-fache höher als in den Seitenventrikeln. Entsprechend steigt die Konzentration der meisten Proteine von ventrikulär nach lumbal an: Albumin 2,3-fach, IgG 2,6-fach, Transferrin 1,9-fach. In der Regel gilt dieser zunehmende ventrikulo-lumbale Gradient für Proteine, die aus dem Blut stammen, da über die bis in den Lumbalraum reichende leptomeningeale Blut-Liquor-Schranke zusätzliche Serumproteine hinzukommen (s. oben Kap. **A.3.1**).

Für Proteine intrathekalen Ursprungs sind die Verhältnisse anders: Für hirnspezifische Proteine, die aus dem Parenchym kommen (z. B. NSE, S-100, GFAP) oder aus dem Plexus choroideus sezerniert werden (z. B. Transthyretin) ist das Verhältnis der ventrikulären zur lumbalen Konzentration entweder eins zu eins, oder die Konzentration nimmt nach lumbal hin ab. Für intrathekal synthetisierte Proteine, die primär aus den Leptomeningen stammen (z. B. Prostaglandin-D-Synthetase), ist hingegen wie bei den aus dem Blut stammenden Proteinen ein Konzentrationsanstieg zum lumbalen Liquor hin zu beobachten. Dies ist dadurch zu erklären, dass die leptomeningealen Strukturen diese Proteine zusätzlich entlang der kranio-kaudalen Neuraxis sezernieren [87]. Zu Vergleichen zwischen ventrikulärem und lumbalem Liquor siehe auch Kapitel **A.4 und B.8**.

Zirkadiane Schwankungen: Auch tageszyklische Schwankungen können die Konzentrationen von Proteinen im Liquor cerebrospinalis beeinflussen. So konnten im Tagesverlauf beispielsweise deutliche intraindividuelle Schwankungen der Konzentrationen von Aβ- und Tau-Proteinen demonstriert werden [88,89]. Darüber hinaus wurden starke physiologische Tagesschwankungen der Glukose-Konzentration im Liquor beobachtet, welche in zeitlichen Zusammenhang mit Nahrungsaufnahmen gebracht werden konnten und nachts generell absanken [90].

Lipide: Das Interesse an den Lipiden des Liquor cerebrospinalis ist im Wesentlichen auf die Tatsache zurückzuführen, dass Nervengewebe den höchsten Lipidanteil aller Organe besitzt und zudem ein spezifisches Lipidmuster aufweist. Deshalb sind die Bemühungen der Liquorlipidforschung in erster Linie darauf gerichtet, festzustellen, ob sich eine Korrelation der Liquorlipidzusammensetzung zu pathologischen Hirnprozessen herstellen lässt. Dabei gilt es, Störungen infolge erhöhter Permeabilität der Blut-Liquor-Schranke abzugrenzen. Im Vergleich zur Serum-Lipidmenge ist der Lipidgehalt des Liquors (10–20 mg/l) mit einem Serum/Liquor-Verhältnis von circa 300 zu 1 extrem niedrig.

Die Herkunft der physiologischen Liquorlipide ist heterogen. Sowohl Serumlipide als auch Lymphozytenlipide können das Lipidspektrum des Liquors erheblich beeinflussen. Dass auch geringe Anteile aus Hirnlipiden oder entsprechende Abbauprodukte in den Liquor übergehen, ist nicht auszuschließen. Ihre Differenzierung ist jedoch bislang nicht zuverlässig möglich.

Tab. A.3.3: Niedermolekulare Substanzen im Liquor und Blut.

Substanz	Blut	Liquor
Natrium (mmol/l)	135–145	136–146
Kalzium (mmol/l)	2,2–2,65	1,05–1,35
Kalium (mmol/l)	3,6–4,8	2,5–3,0
Chlorid (mmol/l)	95–105	108–118
pH	7,394 ± 0.017	7,306 ± 0,028
pCO_2 (mmHg) pCO_2 (kPa)	39,1 ± 1,87 5	49,5 ± 2,37 7
HCO^-_3 (mmol/l)	23,67 ± 0.98	22,69 ± 1,15
Glukose (mmol/l)	3,9–5,5	2,7–4,2
Laktat (mmol/l)	0,5–2,2	1,2–2,1
Blei (µg/l)	50–270	25–135
Aluminium (ng/ml)	10–90	22–130
Mangan (ng/ml)	20–90	0,25–1,22
Quecksilber (ng/ml)	< 6	< 5

3.4.2 Elektrolyte und Säure-Basen-Haushalt

Unter physiologischen Bedingungen ist der Liquor cerebrospinalis zum Serum hyperton und weist im Vergleich zu Serum höhere Natrium- und Chlorid-Ionen-Konzentrationen sowie niedrigere Kalium- und Kalzium-Ionen-Konzentrationen auf [91]. Normalwertbereiche für Elektrolyte im Liquor cerebrospinalis und Serum finden sich in Tab. A.3.3.

Natrium-Ionen: Die Austauschvorgänge unterliegen aktiven transzellulären Transportmechanismen, die eine Regulation zwischen den beiden Kompartimenten möglich machen. Die wichtigste Rolle kommt hierbei der Natrium-Kalium-ATPase der luminalen Seites des Choroid-Plexus-Epithels zu. Die Natriumkonzentrationen zeigen ausgehend vom Normbereich des Blutserums und bei physiologischem Säurebasenstatus einen Verteilungsquotienten, der zwischen 103 % und 114 % zugunsten des Liquors liegt.

Chlorid-Ionen: Auch die Aufrechterhaltung der Chlorid-Ionen-Konzentration im Liquor wird transzellulären Transportmechanismen zugeschrieben. So finden sich luminal und basolateral im Choroid-Plexus Epithel zahlreiche Anionen-Transporter. Der Verteilungsquotient ausgehend vom Normbereich des Blutserums und bei physiologischem Säurebasenstatus für Chlorid liegt zwischen 110 % und 130 % zugunsten des Liquors.

Kalium-Ionen: Die Konzentration von Kalium-Ionen im Liquor ist relativ konstant und wird eng reguliert. Die Nettoabsorption von Kalium von den Ventrikeln ins Blut erfolgt durch transzelluläre Transportmechanismen am Epithel des Plexus-Choroideus. Die Sekretion von Kalium-Ionen in den Liquor erfolgt parazellulär entlang des chemischen Gradienten. Die Kaliumverteilung im lumbalen Liquor ist streng umgekehrt proportional zur Höhe des Serumspiegels. Hieraus resultieren niedrige Austauschquotienten bei hohen Serumkonzentrationen (Hyperkaliämie) und hohe Austauschraten bei niedrigen Serumkonzentrationen (Hypokaliämien).

Kalzium-Ionen: Kalzium-Ionen sind an zahlreichen elementaren ZNS-Prozessen beteiligt und die Regulation der Kalzium-Ionen-Homöostase im intra- sowie extrazellulären Kompartiment des Hirnparenchyms ist essenziell für seine Funktionen. In diesem Zusammenhang ist der Transport von Kalzium-Ionen an den Blut-Hirn- und Blut-Liquor-Schrankenfunktionssystem streng reguliert und die Liquor-Konzentrationen von Kalzium-Ionen verhalten sich auch bei Änderungen der Kalzium-Ionen-Konzentration im Blut relativ konstant. Die Mechanismen der Kalzium-Ionen-Homöostase im Liquor sind noch nicht abschließend geklärt, derzeit geht man von einer Beteiligung von transzellulären Carrier- und Transporter-vermittelten Prozessen am Epithel des Plexus-Choroideus und einer regulatorischen Rolle des Proteins alpha-Klotho aus [91,92].

Säure-Basen-Gleichgewicht: Für die Aufrechterhaltung des Säure-Basen-Gleichgewichts stehen dem Liquor im Vergleich zum Blut sehr geringe Eiweißmengen und wenige puffernde zelluläre Oberflächenladungen zur Verfügung. Die Pufferung im Liquor erfolgt primär durch das Bikarbonat/CO_2-System. Die Konsequenz hieraus ist, dass die pH-Verschiebung im Säure-Basen-Nomogramm auf einer Isobicarbonatlinie erfolgt. Unter physiologischen Bedingungen zeigen sich innerhalb des Liquorraumes geringgradigere Veränderungen des pH-Wertes als im Blut. Dies spricht für ausgezeichnete Stabilisierungsmöglichkeiten des Säure-Basen-Milieus im Liquor trotz der Besonderheit seiner viel geringeren Pufferkapazität. Dadurch ist das ZNS über die Blut-Hirn-Schranke bezüglich Entgleisungen des Säure-Basen-Haushalts besser geschützt als der übrige Körper. Einzelparameter des Säure-Basen-Haushalts sind Tab. A.3.3 zu entnehmen. Eine Messung des pH-Wertes im isolierten Liquor hat unbedingt unter anaeroben Bedingungen zu erfolgen, da bei Luftzutritt sein viel höherer CO_2-Gehalt als derjenige der Luft sehr schnell an Letztere abgegeben wird. Der pH-Wert fällt damit sofort bis in alkalische Bereiche.

3.4.3 Glukose, Laktat, Spurenelemente

Glukose: Der Transport von Glukose in das ZNS verläuft über stereospezifische Carrier-Mechanismen. Im Liquor sollte der Glukosespiegel etwa 2/3 des Blutspiegels betragen (Tab. A.3.3). Ein erniedrigter Liquor/Blut-Quotient kann eine wertvolle Zusatzinformation für die Erkennung glukoseverbrauchender Prozesse oder einer Schädigung des Glukosetransporters im ZNS sein (mucobakterielle Erkrankung oder Pilzbefall), wenn die routinemäßige Differentialzytologie keinen eindeutigen Befund ergibt.

Laktat: Eine Laktatacidose des Liquors findet sich bei vielen neurologischen Erkrankungen, wie beispielsweise zerebralen Massenblutungen, Insulten, besonders ausgeprägt bei bakteriellen meningitischen Erkrankungen, jedoch kaum bei Polyneuropathien [64]. In der routinemäßigen Liquordiagnostik hat sich die Bestimmung der Laktatkonzentration im Liquor gegenüber derjenigen der Glukosekonzentration im Liquor und Blut als aussagefähigerer Vortest erwiesen (siehe Normalwerte in **Kapitel A.9 und Tab. A.3.3**).

Spurenelemente: Essenzielle und toxische Spurenelemente können mittels empfindlicher Nachweismethoden (u. a. Atomabsorptionsspektralfotometrie, Massenspektrometrie, Atomemissionsspektrometrie mit induktiv gekoppeltem Plasma) im Liquor erfasst werden. Zu ihnen zählen Jod, Eisen, Kobalt, Kupfer, Zink, Mangan, Molybdän, Blei, Quecksilber, Kadmium, Chrom, Selen, Zinn, Fluor, Vanadium, Nickel, Aluminium, Silizium und Arsen. Sowohl ein Mangel als auch ein Überschuss an essenziellen Spurenelementen kann vorliegen und zu entsprechenden Störungen führen. Auch eine potenzielle Rolle elementarer Spurenelemente bei neurodegenerativen Erkrankungen ist in den Fokus neuer Forschungsinteressen gerückt. Detaillierte, für den Kliniker interessante Befunde und Referenzwerte bezüglich der Spurenelemente im Liquor sind derzeit noch relativ spärlich, so dass auf die Spezialliteratur verwiesen werden muss [93]. Einige Angaben sind in Tab. A.3.3 enthalten.

3.4.4 Hormone und Neurotransmitter

Zahlreiche Hormone und biologisch aktive Peptide können im menschlichen Liquor untersucht werden. Dazu zählen unter anderem Melatonin, die Hormone der Hypophyse, des Hypothalamus, Thyroxin, Insulin, neuroaktive Steroide sowie im ZNS wirkende Peptide wie Choriongonadotropin, Angiotensin-ähnliches Peptid, vasoaktive intestinale Polypeptide, Bradykinin, Substanz P und Neurophysine.

Außerdem besitzen bestimmte neuroaktive Peptide modulatorische Eigenschaften auf Neurotransmittersysteme (Endorphine, Substanz P, Somatostatin, Neurophysin, Angiotensin und die Hormone TRH, Oxytocin, Vasopressin, Prolaktin und die melanozytenstimulierenden und -inhibierenden Hormone).

Veränderte Liquorhormonspiegel wurden mit diversen neurologischen Erkrankungen in Zusammenhang gebracht. So konnten erhöhte Liquorhormonspiegel unter anderem beschrieben werden bei Medulloblastom und Germinom (Somatostatin), Hypophysentumore (ACTH, Wachstumshormon, Prolaktin, LH und FSH), Zustand nach Krampfanfall (Prolaktin, Somatostatin) oder Schädel-Hirn-Trauma (MSH), während erniedrigte Liquor-Hormonspiegel vorkommen können bei frühkindlichen Hirnschäden (Oxytocin), Angststörungen (Oxytocin), Hirnatrophie (vasoaktive intestinale Polypeptide) sowie Morbus Alzheimer (Melatonin) [94–99]. Klinisch scheint vor allem die Messung der Hypophysenvorderlappenhormone hilfreich zu sein.

Auch eine Untersuchung des Neurotransmitterpools im Liquor ist möglich. Die klinische Relevanz von Neurotransmitterbestimmungen im Liquor ist jedoch aufgrund folgender Limitationen umstritten:

- Der Transmittergehalt im Liquor spiegelt aufgrund von Einflussfaktoren wie Sekretionsrate, Rückresorption, Hirndruck etc. nicht zwangsläufig den Transmittermetabolismus im Gehirn wider.
- Der Transmittergehalt im Liquor lässt keinen Schluss auf die Hirnregion, in der der Stoffwechsel gestört ist, zu.
- Das Verhältnis von Transmittergehalt im Hirn zum Transmittergehalt im Liquor ist hoch.
- Ein Teil der Metabolite wird nicht in den Liquor, sondern direkt in die Blutbahn sezerniert.

Häufig erweist es sich als zweckmäßig, die Abbauprodukte und Co-Faktoren von einigen Neurotransmittern zusätzlich zu den Transmittern selbst zu bestimmen. Beispielsweise MHPG für Noradrenalin, HVA für Dopamin und 5-HIAA für Serotonin. Die Liquorspiegel von 5-HIAA und HVA sind besonders bei psychiatrischen Patienten verändert, etwa erniedrigt bei endogenen Depressionen oder Schizophrenie [100,101]. Bei schweren Schädel-Hirn-Traumata mit länger anhaltendem Koma wurde eine HVA-Erniedrigung im Liquor bei normalem oder erhöhtem 5-HIAA-Gehalt im Liquor berichtet während bei Patienten mit Anfallsleiden und Schädel-Hirn-Trauma erhöhte Acetylcholin-Werte gezeigt wurden.

Eine besondere Rolle kommt der Liquoranalyse bei der Diagnostik seltener angeborener neurometabolischer Erkrankungen zu, die in den meisten Fällen nicht durch die alleinige Analyse von Serum- oder Urinproben und bildgebende Methoden zu diagnostizieren sind (z. B.: Segawa Syndrom) [102–104]. Die inzwischen zahlreichen identifizierten pädiatrischen Neurotransmittererkrankungen umfassen u. a. Störungen der Synthese, des Metabolismus oder des Transports biogener Amine und ihrer Co-Faktoren sowie des Stoffwechsels der Neurotransmitter-Aminosäuren Glycin und Gamma-Amino-Buttersäure. Untersuchungen zum Neurotransmitterstoffwechsel im Liquor sind methodisch anspruchsvoll, klinisch jedoch von großer Bedeutung, da für einen Teil der Neurotransmittererkrankungen verlaufsmodifizierende Therapien zur Verfügung stehen, wobei eine frühzeitige Diagnose und Intervention maßgeblich für die Prognose sind [103,104].

Literatur

[1] Firbas W, Gruber H, Mayr R. Neuroanatomie. 2nd ed. München-Bern: Verlag Wilhelm Maudrich Wien, 1995.

[2] Schuller E. Les protéines du liquide céphalo-rachidien et les maladies immunitaires du système nerveux. Paris: Institut Behring, 1981.

[3] Angelov DN. Ultrastructural characteristics of the cranial dura mater-arachnoid interface layer. Z Mikrosk Anat Forsch. 1990;104:982–990.

[4] Krisch B. Ultrastructure of the meninges at the site of penetration of veins through the dura mater, with particular reference to Pacchionian granulations. Investigations in the rat and two species of New-World monkeys (Cebus apella, Callitrix jacchus). Cell Tissue Res. 1988;251:621–631.

[5] Bradbury MWB. The blood brain barrier and the lymphatic drainage of the brain. In: Felgenhauer K, Holzgraefe M, Prange HW (eds) CNS barriers and modern CSF diagnostics. Weinheim: VCH Verlagsgesellschaft, 1993, pp. 1–8.

[6] Last RJ, Tompsett DH. Casts of the cerebral ventricles. Br J Surg. 1953;40:525–543.

[7] Wyper DJ, Pickard JD, Matheson M. Accuracy of ventricular volume estimation. J Neurol Neurosurg Psychiatry. 1979;42:345–350.

[8] Hodel J, Lebret A, Petit E, et al. Imaging of the entire cerebrospinal fluid volume with a multistation 3 D SPACE MR sequence: Feasibility study in patients with hydrocephalus. Eur Radiol. 2013;23:1450–1458.

[9] Kohn MI, Tanna NK, Herman GT, et al. Analysis of brain and cerebrospinal fluid volumes with MR imaging: Part I. Methods, reliability, and validation. Radiology. 1991;178:115–122.

[10] Tanna NK, Kohn MI, Horwich DN, et al. Analysis of brain and cerebrospinal fluid volumes with MR imaging: impact on PET data correction for atrophy. Part II. Aging and Alzheimer dementia. Radiology. 1991;178:123–130.

[11] Ishii K, Soma T, Shimada K, et al. Automatic Volumetry of the Cerebrospinal Fluid Space in Idiopathic Normal Pressure Hydrocephalus. Dement Geriatr Cogn Dis Extra. 2013;3:489–496.

[12] Brinker T, Stopa E, Morrison J, et al. A new look at cerebrospinal fluid circulation. Fluids and Barriers of the CNS. 2014;11:1–16.

[13] Feinberg DA, Mark AS. Human brain motion and cerebrospinal fluid circulation demonstrated with MR velocity imaging. Radiology. 1987;163:793–799.

[14] Greitz D, Franck A, Nordell B. On the pulsatile nature of intracranial and spinal CSF-circulation demonstrated by MR imaging. Acta Radiol. 1993;34:321–328.

[15] Greitz D, Hannerz J. A proposed model of cerebrospinal fluid circulation: observations with radionuclide cisternography. Am J Neuroradiol. ;17.

[16] Henry-Feugeas MC, Idy-Peretti I, Blanchet B, et al. Temporal and spatial assessment of normal cerebrospinal fluid dynamics with MR imaging. Magn Reson Imaging. 1993;11:1107–1118.

[17] Levy LM, Di Chiro G. MR phase imaging and cerebrospinal fluid flow in the head and spine. Neuroradiology. 1990;32:399–406.

[18] Battal B, Kocaoglu M, Bulakbasi N, et al. Cerebrospinal fluid flow imaging by using

phase-contrast MR technique. Br J Radiol. 2011;84:758–765.

[19] Nakada T. Virchow-Robin space and aquaporin-4: New insights on an old friend. Croat Med J. 2014;55:328–336.

[20] Nagelhus EA, Ottersen OP. Physiological roles of Aquaporin-4 in brain. Physiol Rev. 2013;93:1543–1562.

[21] Nakada T, Kwee IL. Fluid Dynamics Inside the Brain Barrier: Current Concept of Interstitial Flow, Glymphatic Flow, and Cerebrospinal Fluid Circulation in the Brain. Neuroscientist. 2019;25:155–166.

[22] Netter FH. Farbatlanten der Medizin. Nervensystem I. The CIBA collection of medical illustrations. Stuttgart: Thieme, 1987.

[23] Felgenhauer K, Beuche W. Labordiagnostik neurologischer Erkrankungen. Stuttgart: Georg Thieme, 1999.

[24] Greitz D, Greitz T, Hindmarsh T. A new view on the CSF-circulation with the potential for pharmacological treatment of childhood hydrocephalus. Acta Paediatr. 1997;86:125–132.

[25] Chen L, Elias G, Yostos MP, et al. Pathways of cerebrospinal fluid outflow: a deeper understanding of resorption. Neuroradiology. 2015;57:139–147.

[26] Kido DK, Gomez DG, Pavese AM, et al. Human spinal arachnoid villi and granulations. Neuroradiology. 1976;11:221–228.

[27] Seyfert S, Koch HC, Kunzmann V. Conditions of iodine contrast transfer from lumbosacral CSF to blood. J Neurol Sci. 2003;206:85–90.

[28] Tubbs RS, Hansasuta A, Stetler W, et al. Human spinal arachnoid villi revisited: Immunohistological study and review of the literature. J Neurosurg Spine. 2007;7:328–331.

[29] Sakka L, Coll G, Chazal J. Anatomy and physiology of cerebrospinal fluid. European Annals of Otorhinolaryngology, Head and Neck Diseases. 2011;128:309–316.

[30] Bradbury MW, Westrop RJ. Factors influencing exit of substances from cerebrospinal fluid into deep cervical lymph of the rabbit. J Physiol. 1983;339:519–534.

[31] Cserr HF, Knopf PM. Cervical lymphatics, the blood-brain barrier and the immunoreactivity of the brain: a new view. Immunol Today. 1992;13:507–512.

[32] Brinker T, Lüdemann W, Von Berens Rautenfeld D, et al. Dynamic properties of lymphatic pathways for the absorption of cerebrospinal fluid. Acta Neuropathol. 1997;94:493–498.

[33] Boulton M, Flessner M, Armstrong D, et al. Determination of volumetric cerebrospinal fluid absorption into extracranial lymphatics in sheep. Am J Physiol 1998 Jan;274(1):R88-96.

[34] Aspelund A, Antila S, Proulx ST, et al. A dural lymphatic vascular system that drains brain interstitial fluid and macromolecules. J Exp Med. 2015;212:991–999.

[35] Louveau A, Smirnov I, Keyes TJ, et al. Structural and functional features of central nervous system lymphatic vessels. Nature. 2015;523:337–341.

[36] Absinta M, Ha S-K, Nair G, et al. Human and nonhuman primate meninges harbor lymphatic vessels that can be visualized noninvasively by MRI. Elife; 2017 Oct 3;6:e29738.

[37] Koh L, Zakharov A, Johnston M. Integration of the subarachnoid space and lymphatics: Is it time to embrace a new concept of cerebrospinal fluid absorption? Cerebrospinal Fluid Research; 2005 Sep 20;2:6.

[38] Kapoor KG, Katz SE, Grzybowski DM, et al. Cerebrospinal fluid outflow: An evolving perspective. Brain Research Bulletin. 2008;77:327–334.

[39] Quencer RM, Donovan Post MJ, Hinks RS. Cine MR in the evaluation of normal and abnormal CSF flow: intracranial and intraspinal studies. Neuroradiology. 1990;32:371–391.

[40] Gerber J, Tumani H, Kolenda H, et al. Lumbar and ventricular CSF protein, leukocytes, and lactate in suspected bacterial CNS infections. Neurology. 1998;51:1710–1714.

[41] Kuschinsky W. Blood-Brain Barrier and the Production of Cerebrospinal Fluid. Compr Hum Physiol. 1996;545–559.

[42] Felgenhauer K. Labordiagnostik neurologischer Erkrankungen. In: Thomas L (ed) Labor und Diagnose. Frankfurt/Main: Th-Books, 1998, pp. 1341–1359.

[43] Weindl A, Schinko I. Zirkumventrikuläre Organe und Ventrikelsystem. In: Dommasch D, Mertens HG (eds) Cerebrospinalflüssigkeit-CSF. Stuttgart New York: Thieme, 1980, pp. 66–78.

[44] Barichello T (ed). Blood-Brain Barrier. 1st ed. New York, NY: Springer New York, 2019.

[45] Yoon KC, Kim KW. Blood-neural barrier: its diversity and coordinated cell-to-cell communication. BMB Rep. 2008;41:345–352.

[46] Edelhauser HF, Rowe-Rendleman CL, Robinson MR, et al. Ophthalmic Drug Delivery Systems for

the Treatment of Retinal Diseases: Basic Research to Clinical Applications. Invest Ophthalmol Vis Sci. 2010;51:5403–5420.
[47] Nicholson C, Syková E. Extracellular space structure revealed by diffusion analysis. Trends Neurosci. 1998;21:207–215.
[48] Leonhardt VH. Ependym und Circumventriculäre Organe. 1980;177–666.
[49] Rubin LL, Staddon JM. The cell biology of the blood-brain barrier. Annu Rev Neurosci. 1999;22:11–28.
[50] Burns AR, Walker DC, Brown ES, et al. Neutrophil transendothelial migration is independent of tight junctions and occurs preferentially at tricellular corners. J Immunol.;159.
[51] Dejana E, Zanetti A, Del Maschio A. Adhesive proteins at endothelial cell-to-cell junctions and leukocyte extravasation. Haemostasis. 1996;26(4):210–219.
[52] Steffen BJ, Breier G, Butcher EC, et al. ICAM-1, VCAM-1, and MAdCAM-1 are expressed on choroid plexus epithelium but not endothelium and mediate binding of lymphocytes in vitro. Am J Pathol. 1996;148:1819–1838.
[53] Kivisäkk P, Mahad DJ, Callahan MK, et al. Human cerebrospinal fluid central memory CD4 + T cells: Evidence for trafficking through choroid plexus and meninges via P-selectin. Proc Natl Acad Sci U S A. 2003;100:8389–8394.
[54] Kleine TO, Benes L. Immune surveillance of the human central nervous system (CNS): Different migration pathways of immune cells through theblood–brain barrier and blood–cerebrospinal fluid barrier in healthy persons. Cytom Part A. 2006;69A:147–151.
[55] Strazielle N, Creidy R, Malcus C, et al. T-Lymphocytes traffic into the brain across the blood-csf barrier: Evidence using a reconstituted choroid plexus epithelium. PLoS One; 11. Epub ahead of print 1 March 2016. DOI: 10.1371/journal.pone.0150945.
[56] Bolton SJ, Anthony DC, Perry VH. Loss of the tight junction proteins occludin and zonula occludens-1 from cerebral vascular endothelium during neutrophil-induced blood-brain barrier breakdown in vivo. Neuroscience. 1998;86:1245–1257.
[57] Kluge H, Hartmann W, Mertins B, et al. Correlation between protein data in normal lumbar CSF and morphological findings of choroid plexus epithelium: a biochemical corroboration of barrier transport via tight junction pores. J Neurol. 1986;233:195–199.
[58] Van Deurs B, Koehler JK. Tight junctions in the choroid plexus epithelium. A freeze-fracture study including complementary replicas. J Cell Biol. 1979;80:662–673.
[59] Weinbaum S, Tsay R, Curry FE. A three-dimensional junction-pore-matrix model for capillary permeability. Microvasc Res. 1992;44:85–111.
[60] Brightman MW. The Anatomic Basis of the Blood-Brain Barrier. Implic Blood-Brain Barrier Its Manip. 1989;53–83.
[61] Bundgaard M. The three-dimensional organization of tight junctions in a capillary endothelium revealed by serial-section electron microscopy. J Ultrastruct Res. 1984;88:1–17.
[62] Rapoport SI. Passage of Proteins from Blood to Cerebrospinal Fluid. Neurobiol Cerebrospinal Fluid 2. 1983;233–245.
[63] Otani T, Furuse M. Tight Junction Structure and Function Revisited. Trends in Cell Biology. 2020;30:805–817.
[64] Abbott NJ, Patabendige AAK, Dolman DEM, et al. Structure and function of the blood-brain barrier. Neurobiology of Disease. 2010;37:13–25.
[65] Stevenson BR, Keon BH. The tight junction: morphology to molecules. Annu Rev Cell Dev Biol. 1998;14:89–109.
[66] Zihni C, Mills C, Matter K, et al. Tight junctions: From simple barriers to multifunctional molecular gates. Nature Reviews Molecular Cell Biology. 2016;17:564–580.
[67] Anderson JM, Van Itallie CM. Physiology and function of the tight junction. Cold Spring Harbor Perspect Biol. 2009 Aug;1(2):a002584.
[68] Sawcer S, Hellenthal G, Pirinen M, et al. Genetic risk and a primary role for cell-mediated immune mechanisms in multiple sclerosis. Nature. 2011;476:214–219.
[69] Mitic LL, Van Itallie CM, Anderson JM. Molecular physiology and pathophysiology of tight junctions I. Tight junction structure and function: Lessons from mutant animals and proteins. American Journal of Physiology – Gastrointestinal and Liver Physiology; 279. Epub ahead of print 2000.
[70] Hasegawa M, Yamashima T, Kida S, et al. Membranous ultrastructure of human arachnoid cells. J Neuropathol Exp Neurol. 1997;56:1217–1227.
[71] Nagy Z, Peters H, Hüttner I. Fracture faces of cell junctions in cerebral endothelium during

normal and hyperosmotic conditions. Lab Invest. 1984;50:313–22.
[72] Walker DC, MacKenzie A, Hosford S. The structure of the tricellular region of endothelial tight junctions of pulmonary capillaries analyzed by freeze-fracture. Microvasc Res. 1994;48:259–281.
[73] Anderson JM, Balda MS, Fanning AS. The structure and regulation of tight junctions. Curr Opin Cell Biol. 1993;5:772–778.
[74] Balda MS, González-Mariscal L, Contreras RG, et al. Assembly and sealing of tight junctions: possible participation of G-proteins, phospholipase C, protein kinase C and calmodulin. J Membr Biol. 1991;122:193–202.
[75] Goldblum SE, Ding X, Campbell-Washington J. TNF-alpha induces endothelial cell F-actin depolymerization, new actin synthesis, and barrier dysfunction. Am J Physiol;264. Epub ahead of print 1993.
[76] Wolburg H, Lippoldt A. Tight junctions of the blood-brain barrier: Development, composition and regulation. Vascul Pharmacol. 2002;38:323–337.
[77] Reiber H. Flow rate of cerebrospinal fluid (CSF) – A concept common to normal blood-CSF barrier function and to dysfunction in neurological diseases. J Neurol Sci. 1994;122:189–203.
[78] Fenstermacher J, Kaye T. Drug 'diffusion' within the brain. Ann N Y Acad Sci. 1988;531:29–39.
[79] Abdelhak A, Huss A, Kassubek J, et al. Serum GFAP as a biomarker for disease severity in multiple sclerosis. Sci Rep. 2018;8:14798.
[80] Kuhle J, Plattner K, Bestwick JP, et al. A comparative study of CSF neurofilament light and heavy chain protein in MS. Mult Scler J. 2013;19:1597–1603.
[81] Steinacker P, Semler E, Anderl-Straub S, et al. Neurofilament as a blood marker for diagnosis and monitoring of primary progressive aphasias. Neurology. 2017;88:961–969.
[82] De Schaepdryver M, Goossens J, De Meyer S, et al. Serum neurofilament heavy chains as early marker of motor neuron degeneration. Ann Clin Transl Neurol. 2019;6:1971.
[83] Quincke HI. Über Lumbalpunktion. Berlin Klin Wochenschrift. 1895;889–891.
[84] Felgenhauer K. The Filtration Concept of the Blood-CSF-Barrier as Basis for the Differentiation of CSF Proteins. New Concepts a Blood—Brain Barrier. 1995;209–217.
[85] Lewczuk P, Reiber H, Tumani H. Intercellular adhesion molecule-1 in cerebrospinal fluid--the evaluation of blood-derived and brain-derived fractions in neurological diseases. J Neuroimmunol. 1998;87:156–161.
[86] Tumani H, Nau R, Felgenhauer K. Beta-trace protein in cerebrospinal fluid: a blood-CSF barrier-related evaluation in neurological diseases. Ann Neurol. 1998;44:882–889.
[87] Blödorn B, Brück W, Tumani H, et al. Expression of the beta-trace protein in human pachymeninx as revealed by in situ hybridization and immunocytochemistry. J Neurosci Res. 1999;57:730–734.
[88] Slats D, Claassen JAHR, Spies PE, et al. Hourly variability of cerebrospinal fluid biomarkers in Alzheimer's disease subjects and healthy older volunteers. Neurobiol Aging 2012;33:831.e1-831.e9.
[89] Lucey BP, Gonzales C, Das U, et al. An integrated multi-study analysis of intra-subject variability in cerebrospinal fluid amyloid-β concentrations collected by lumbar puncture and indwelling lumbar catheter. Alzheimers Res Ther; 7. Epub ahead of print 29 July 2015.
[90] Verbeek MM, Leen WG, Willemsen MA, et al. Hourly analysis of cerebrospinal fluid glucose shows large diurnalfluctuations. J Cereb Blood Flow Metab. 2016;36:899.
[91] Damkier HH, Brown PD, Praetorius J. Epithelial pathways in choroid plexus electrolyte transport. Physiology. 2010;25:239–249.
[92] Nabeshima Y, Imura H. α-Klotho: A Regulator That Integrates Calcium Homeostasis. Am J Nephrol. 2008;28:455–464.
[93] Michalke B, Nischwitz V. Review on metal speciation analysis in cerebrospinal fluid-current methods and results: A review. Analytica Chimica Acta. 2010;682:23–36.
[94] Aydln GB, Köse G, Değerliyurt A, et al. Prolactin levels in cerebrospinal fluid of patients with infantile spasms. Pediatr Neurol. 2002;27:267–270.
[95] Ko FJ, Chiang CH, Liu WJ, et al. Somatostatin, substance P, prolactin and vasoactive intestinal peptide levels in serum and cerebrospinal fluid of children with seizure disorders. Gaoxiong Yi Xue Ke Xue Za Zhi. 1991;7:391–7.
[96] Feng G, Feng J, Zhang S, et al. Altered levels of α-melanocyte stimulating hormone in cerebrospinal fluid and plasma of patients with traumatic brain injury. Brain Res. 2018;1696: 22–30.
[97] Neumann ID, Landgraf R. Balance of brain oxytocin and vasopressin: implications for anxiety,

depression, and social behaviors. Trends Neurosci. 2012;35:649–659.

[98] Fahrenkrug J, de Muckadell OBS, Fahrenkrug A. Vasoactive intestinal polypeptide (VIP) in human cerebrospinal fluid. Brain Res. 1977;124:581–584.

[99] Nous A, Engelborghs S, Smolders I. Melatonin levels in the Alzheimer's disease continuum: a systematic review. Alzheimers Res Ther; 13. Epub ahead of print 1 December 2021.

[100] Jayamohanan H, Kumar MKM, Aneesh TP. 5-HIAA as a Potenzial Biological Marker for Neurological and Psychiatric Disorders. Adv Pharm Bull. 2019;9:374.

[101] Hoertel N, Cipel H, Blanco C, et al. Cerebrospinal fluid levels of monoamines among suicide attempters: A systematic review and random-effects meta-analysis. J Psychiatr Res. 2021;136:224–235.

[102] Pearl PL, Taylor JL, Trzcinski S, et al. The pediatric neurotransmitter disorders. Journal of Child Neurology. 2007;22:606–616.

[103] Patterson MC. Movers and shakers: Diagnosing neurotransmitter diseases with CSF. Neurology. 2010;75:15–17.

[104] Rodan LH, Gibson KM, Pearl PL. Clinical Use of CSF Neurotransmitters. Pediatric Neurology. 2015;53:277–286.

A.4 Blut-Liquor-Schrankenfunktion und Liquorfluss

Hansotto Reiber

4.1 Schranken – Struktur und Funktion

Die biologischen Strukturen, die sich in der Evolution herausgebildet haben, mögen eine unüberschaubar scheinende Vielfalt darstellen und dennoch beruhen die Mechanismen der Gestaltbildung und auch die damit verbundenen Funktionen auf den wenigen Grundprinzipien der Physik, wie Diffusion und Materiefluss.

Ein weiterer wichtiger Aspekt ist die biologische Stabilität der entwickelten Formen und Strukturen, die sich in Jahrmillionen Evolution und Selektion bewährt haben. Dahinter steht wiederum ein, noch nicht so lange verstandenes, Prinzip aus der Entwicklungsbiologie, die Selbstorganisation von stabilen Formen, wie z. B. die Lipiddoppelschicht der Zellmembran oder die phylotypische Form in der Entwicklung der Organismen. Auch dem liegt wieder ein physikalisch begründbarer Zusammenhang zugrunde. Die Selbstorganisation von Ordnung in Systemen, die fernab des Gleichgewichts unter ständiger Energiezufuhr existieren, wie es für alle lebenden Systeme zutrifft, werden von der Nichtgleichgewichts-Thermodynamik beschrieben. Die genannten naturwissenschaftlichen Prinzipien, Diffusion und Materiefluss, müssen um das Konzept der selbstorganisierten Entstehung von Ordnung (dissipative Strukturen), der nichtlinearen Funktionen (nichtprognostizierbare Verläufe von Zeitserien) und um die fraktale Geometrie (Selbstähnlichkeit oder Größeninvarianz) erweitert werden. Ohne diese Zusammenhänge ist die biologische Stabilität des Gesunden aber auch der Krankheiten nicht zu erklären. Selbst die Genexpression ist Teil dieser phänotypischen Selbstorganisation [1–3].

So wird auch leicht übersehen, dass, wenn es sich um das Verständnis normaler oder auch pathologischer Prozesse in der Medizin dreht, der Information aus Physiologie und Pathophysiologie gegenüber der aus anatomischen Strukturen Vorrang gebührt. In diesem Beitrag wird deshalb den Daten der empirischen Liquorforschung Vorrang vor der Darstellung der vielfältigen strukturellen Gegebenheiten eingeräumt. Solange, z. B., das grundlegende Transferprinizip für Proteine die Diffusion ist, spielt es für die Beschreibung der Dynamik keine prinzipielle Rolle, ob die Behinderung durch tight junctions, gap junctions oder mit fenestrierten Kapillarendothelien bewirkt wird.

Seit der ersten Originalarbeit zur Physiologie des Liquors von H. Quincke (1878) [4] sind viele Detailkenntnisse gewonnen worden, die vor allem für den Liquorfluss wesentliche Korrekturen der ursprünglichen Vorstellungen erlaubten [5]. Das Lehrbuch Physiologie des Liquors und der Blut-Hirn-Schranken von H. Davson und B. Segal (1996) [6] beschreibt die historisch wichtigen Schritte zum dynamischen Verständnis der Schranken und der Rolle des Liquors mit vielen Beispielen und mit umfangreicher Literatur der letzten hundert Jahre.

4.1.1 Schrankenfunktion – ein Fließgleichgewicht

Die biologischen „Schranken“ bewirken, dass sich Kompartimente (Zellen, Organe) bilden können, die andere Konzentrationen als in der Umgebung (z. B. extrazelluläre Flüssigkeit oder Blut) aufrechterhalten. Die elementarste Schranke ist die Zellmembran, und im makro-

https://doi.org/10.1515/9783110331905-005

skopischen Rahmen sind dies die Zellschichten der Kapillaren und Blutgefäße.

Ein Konzentrationsunterschied zwischen Außen und Innen wird zwar durch die Schranke ermöglicht, aber er kann nur durch eine zusätzliche stetige Verbrauchs- oder Eliminierungsreaktion aufrechterhalten werden. Reine Diffusion über die Schranke führt über kurz oder lang zu einem Gleichgewicht zwischen Innen und Außen, durch die das biologische System im chemischen Gleichgewicht (d. h. Tod) endet.

Die Konzentrationsgradienten von Substanzen zwischen verschiedenen Kompartimenten sind also nicht eine Konsequenz der Dicke oder Dichte der Strukturen, die die molekulare Diffusion beschränken, sondern sind abhängig von den mit dem Stofftransport über die Grenzen gekoppelten Verbrauchsreaktionen.

Die „Schrankenfunktion" ist biochemisch ein Fließgleichgewicht oder steady state zwischen molekularem Transfer und Eliminierungsprozess.

Für die Blut-Liquor-Schranke hat H. Davson [6] schon sehr früh den steady state der Molekülkonzentrationen im Liquor dadurch erkannt, dass im Liquor nie Blutkonzentrationen erreicht werden. Die Rolle des Liquorflusses (Abb. A.4.1 und A.4.2a) wurde dennoch nur sehr langsam in das physiologische Wissen zur Schrankenfunktion integriert. Vor allem bei den pathologischen Schrankenstörungen hat die dominante Rolle des Liquorflusses immer noch zu wenig Akzeptanz gefunden. Auch in den mathematischen Schrankenmodellen ist die Einbindung des Flusses als Verbrauchsreaktion lange nicht gelungen.

Diffusions-Reaktionsgleichungen wurden zwar schon früh von A. Turing [7] beschrieben, aber erst mit der *Diffusions-Fluss Theorie* von H. Reiber [8,9] wurde ein zu den empirischen Daten widerspruchsfreies physikalisches Modell für die Blut-Liquor-Schrankenfunktion publiziert.

4.1.2 Schrankenpassage: Selektivität und Spezifität

Die molekülgrößenbezogene Selektivität eines reinen Diffusionsprozesses wäre nicht ausreichend, um die Versorgung mit einer Vielzahl spezifischer Substrate biochemischer Reaktionen zu gewährleisten, wie dies für ein so komplexes Organ wie das Gehirn nötig ist.

Für die Transfermechanismen haben wir mindestens vier verschiedene Typen zu betrachten:

- Diffusion (passiver Transfer, nur down hill).
- Erleichterter Transfer, auch als Carrier vermittelter Transport bezeichnet, (nur down hill).
- Aktiver Transport (wenn der Transport der Substanz über die Membran gegen den Konzentrationsgradienten geht und Energie verbraucht, up hill).
- Pinozytose, Transport in Vesikeln (down hill).

Bei der *Diffusion* kommt die Selektivität durch die Molekülgröße zustande: kleinere Moleküle diffundieren schneller als größere Moleküle. Dabei spielt aber die chemische Struktur praktisch keine Rolle. Der erleichterte und der aktive Transport sind wesentlich für die Spezifität, mit ihren Selektionseigenschaften, z. B. durch eine Molekülstruktur bedingte, spezifische Bindung (bspw. für Aminosäuren [10] im erleichterten oder für Vitamin C [11] im aktiven Transport). Beim Transport durch vesikuläre Einstülpungen direkt durch die Zellen (Pinozytose) fehlt die molekulare Selektivität.

Für diese sehr unterschiedlichen Schrankenfunktionen haben wir zwei grundsätzlich verschiedene Transferwege durch die Endothelzellschicht der Kapillaren (Abb. A.4.2b):

- Transzelluläre Passage
- Interzelluläre Passage

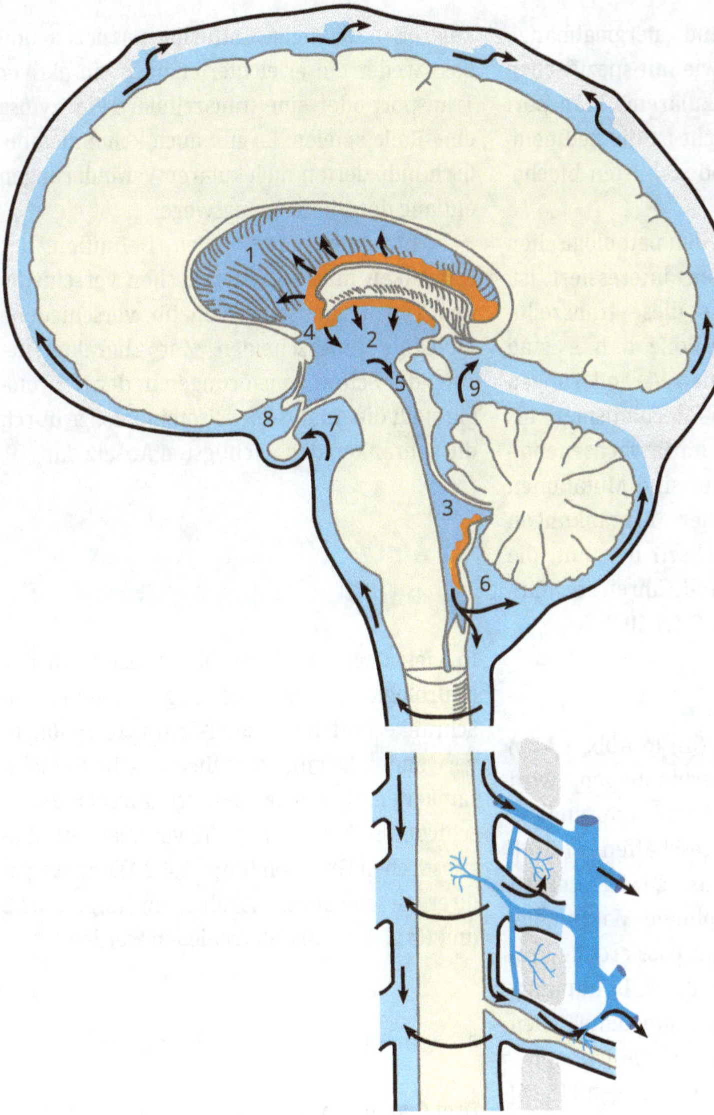

Abb. A.4.1: Subarachnoidalraum und Liquorfluss. Nach der Liquorproduktion in den Plexus choroidei der Ventrikel (1 = I. und II. lateraler Ventrikel; 2 = III. Ventrikel; 3 = IV. Ventrikel) fließt der Liquor durch die Aperturen 4 und 5 in die Zisternen 6 bis 9. Nach Aufteilung in einen kortikalen und einen lumbalen Zweig des Subarachnoidalraumes drainiert der Liquor durch die Arachnoidalzotten und entlang der spinalen Nervenwurzeln in das venöse Blut.

4.1.2.1 Transzelluläre Passage

Die Vielfalt der transzellulären Passagen ([a] in Abb. A.4.2b) wurde bereits mit umfassenden Referenzen beschrieben [6]. Ionen und eine Vielzahl von Molekülen müssen die Zellmembranen der Endothelzellen passieren, die aus einer Lipiddoppelschicht (Vergrößerung in Abb. A.4.2b) mit integrierten Proteinen besteht [12]. Somit korreliert der transzelluläre Transport mit der Lipophilie der Moleküle [6]. Die transzelluläre Passage ist eine der komplexesten biochemischen Funktionseinheiten mit passivem und energieabhängigem Molekültransport sowie mit spezifischen Ionenkanälen oder vesikulärem Transport [12]. Aus evolutionärer Sicht ist die Zellmembran eine der ältesten und stabilsten biochemischen Organellen.

In der Medizin, die an den pathologischen Prozessen bei Krankheiten interessiert ist, spielen interessanterweise diese transzellulären Mechanismen keine Rolle, d. h. es sind kaum pathophysiologische Veränderungen in diesen biochemischen Mechanismen als Ursache von Krankheiten im Erwachsenenalter bekannt. Im Kindesalter sind Mutationen als Ursache metabolischer Erkrankungen (z. B. Aminosäurestoffwechsel) bekannt, die aber häufig zum frühen Tod führen (s. X-linked ALD in **Kap. B.3.1 und C.1.4.10.2**).

4.1.2.2 Interzelluläre Passage

Die interzelluläre Passage ([b] in Abb. A.4.2b) durch die Zell-zu-Zell-Verbindungen wird durch eine Vielzahl von Membranproteinen der Endothelzellwände geschaffen [13,14]. Dieser rein wässrige Passageweg betrifft hauptsächlich die hydrophilen Makromoleküle, wie z. B. aus dem Blut passierende Proteine. Ganz allgemein sind das z. B. Immunglobuline, aber auch immunkompetente Zellen und Mikroorganismen, die für die Pathophysiologie neurologischer Erkrankungen [15,16] von Bedeutung sind. Die größten Moleküle wie IgM (pentameres Immunglobulin, 800 kDa) als auch ganze Zellen können diese Barriere passieren, es ist nur eine Frage der Größen-abhängigen Passagezeit.

Wenn von „Schrankenstörungen" bei neurologischen Krankheiten die Rede ist, hat dies immer mit der erhöhten Menge von aus dem Blut stammenden Proteinen im Liquor zu tun. Wenn man sich auf die Schrankenfunktion für Proteine konzentriert, ist es theoretisch von Interesse, dass Proteine den Körper durch molekülgrößenabhängige Diffusion passieren und dass weder ein erleichterter noch ein aktiver Transport oder eine transzelluläre Pinozytose eine Rolle spielen. Es gibt auch keine metabolisch induzierten molekularen Veränderungen entlang der Übertragungswege.

Mit einer funktionalen Definition der Schranken müssen wir zwischen verschiedenen Typen von Schranken für verschiedene Moleküle unterscheiden. Zur Charakterisierung der Schrankenstörungen in der Neurologie stellt die Analyse der Proteinpassage durch die Schranken den wichtigsten Ansatz dar.

4.2 Unterscheidung von Blut-Hirn- und Blut-Liquor-Schranke

In vielen wissenschaftlichen Arbeiten in der Neurologie werden die Begriffe Blut-Hirn-Schranke und Blut-Liquor-Schranke synonym verwendet. Es gibt zwar theoretische Gemeinsamkeiten, aber neben den strukturellen Unterschieden sollten die Begriffe vor allem aus diagnostischen Gründen (**Kap. A.4.2.1**) und wegen ihrer verschiedenen Lokalisation (**Kap. A.4.2.2** und **Kap. A.4.2.3**) unterschieden werden.

4.2.1 Diagnostische Unterscheidung

Drei Gründe sprechen für die Unterscheidung der für die Analytik relevanten Blut-Liquor-Schranke von der Blut-Hirn-Schranke:

1. Der für die Liquoranalytik relevante Hirnbereich rund um die Ventrikel, Zisternen und Subarachnoidalraum hat ein sehr beschränktes Gesamtvolumen im Vergleich zum Gesamthirn.
2. Der Austausch an der Blut-Hirn-Schranke bei neurologischen Erkrankungen beeinflusst die Blutkonzentration stärker und schneller als über den Liquor-Ausflussweg.

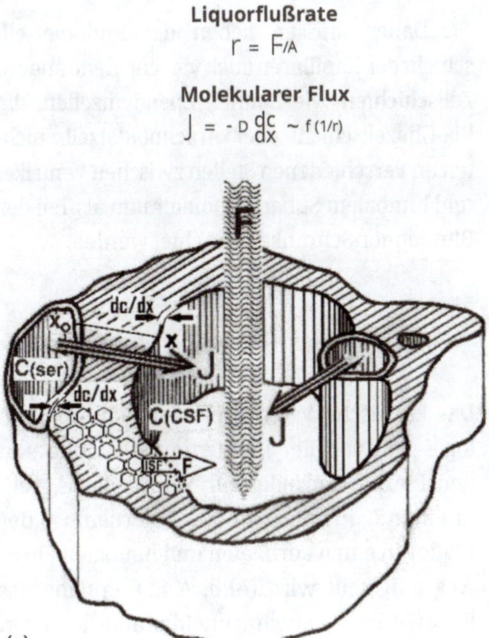

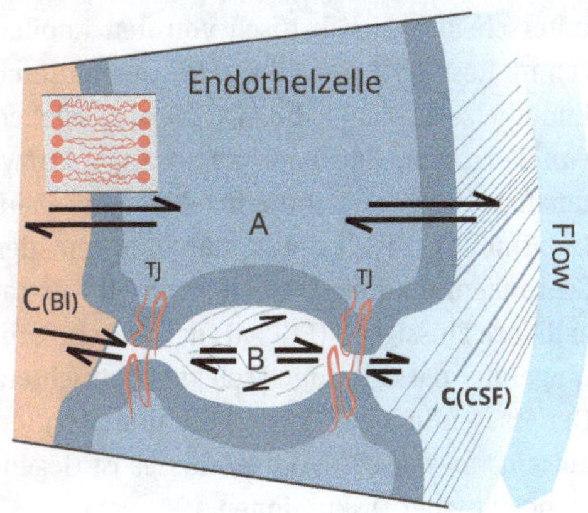

Abb. A.4.2: Blut-Liquor-Schranke – Transferwege und Fluss. (a): Idealisierter Querschnitt durch den Subarachnoidalraum. Die Moleküle diffundieren aus dem Blut (Konzentration, C_{Ser}) entweder direkt in die Extrazellulärflüssigkeit (ECF), direkt in den Liquor oder über das Gewebe in den Liquor im Subarachnoidalraum (Konzentration, C_{CSF}). Der Molekül-Strom (*molecular flux*) J, hängt von dem lokalen Konzentrationsgradienten dc/dx an der Diffusions-/Fluss-Grenzfläche (*Interface*) und vom Diffusionskoeffizienten D, ab. Ein beschränkter Anteil der ECF fließt per *bulk flow* (F) direkt in den Liquor. (b): Transzelluläre (A) und interzelluläre (B) Schrankenpassage. Die transzelluläre Passage durch Endothelzellen verläuft durch Lipid-bilayer-Membranen (Vergrößerung mit äußeren polaren Phasen und einer inneren lipophilen Phase). Interzelluläre Passagewege führen durch ein dichtes Netzwerk von interzellulären *junctions* in der Wasserphase (TJ, *tight junctions* mit Transmembranproteinen). Der Gesamtgradient ist die Differenz zwischen der Blutkonzentration (C_{Bl}) und der Konzentration im Liquor (C_{CSF}). Flow = Flüssigkeitsfluss kann die Cerebrospinalflüssigkeit (CSF) oder die Extrazelluläre Flüssigkeit (ECF) (F in Abb. A.4.2a) betreffen.

3. Der Liquor hat eine 10-fach schnellere Flussgeschwindigkeit als die Extrazellulärflüssigkeit.

Beispiele dafür sind: Eine Störung der Blut-Hirn-Schranke kann in Hirnarealen fernab des Liquorraumes lokalisiert sein (z. B. eine Metastase im Stirnhirnlappen), wobei die freigesetzten Proteine (z. B. karzinoembryonales Antigen) den Liquor nicht erreichen. Ein weiteres Beispiel ist die Freisetzung der Neuronen-spezifischen Enolase (NSE) bei Hypoxie des Gehirns mit massivem Neuronenabbau (Ref. in [9]). Auch die Schrankenstörung mit lokalem Einstrom von Gadolinium bei akuten Multiple-Sklerose-Plaques spiegelt sich nicht im Albuminquotienten (Q_{Alb}) des Liquors wider. Es gibt also krankheitsbedingte Veränderungen, die durch ihre große Distanz zum Liquorraum im Liquor nicht sichtbar werden.

Anders verhält es sich beim leptomeningealen β-trace-Protein [9]. Die nur direkt aus den Leptomeningen in den Liquor gelangende Proteinmenge, die mit dem Liquorfluss (500 ml/Tag) ins Blut gelangt, entspricht der im Blut zu findenden β-trace-Proteinkonzentration [9].

Eine Störung der Blut-Hirn-Schranke muss nicht unbedingt im Liquor sichtbar sein.

4.2.2 Lokalisation der Blut-Hirn-Schranke

Die Blut-Hirn-Schranke ist die Grenze zwischen Blut und extrazellulärer Flüssigkeit (ECF) und umfasst das gesamte, dichte Kapillarnetz im Gehirn [6,13,17]. Die Hirnkapillaren unterscheiden sich kritisch von den Kapillaren im Rest des Organismus. Die gemeinsame Endothelzellschicht (Abb. A.4.2b) ist zusätzlich von Perizyten, der Basalmembran, Astrozytenausläufern und Immunzellen umgeben. Im Hinblick auf das stationäre Konzept der Schrankenfunktionen müssen wir die Extrazelluläre Flüssigkeit (ECF) als den ersten Empfänger der passierenden Moleküle betrachten. Der Massenfluss der ECF scheint unumstritten zu sein, aber das Ziel des Abflusses ist Gegenstand aktueller Diskussionen.

4.2.3 Lokalisation der Blut-Liquor-Schranke

Die Blut-Liquor-Schranke wird aufgrund der zahlreichen, unterschiedlichen Grenzflächen zwischen Blut, Parenchym und Liquor unterschiedlich definiert. Der größte Anteil des Liquorvolumens wird im Plexus choroideus durch aktiven Wassertransport (Sekretion) mit verschiedenen enzymatischen Aktivitäten gebildet [18,19], aber die Beschränkung der Blut-Liquor-Schranke auf die Endothel-/Epithelzellschicht des Plexus choroideus [13] ist unzureichend. Aus dem Blut stammende Proteine gelangen über verschiedene zusätzliche Passagen in die Ventrikel, und ihre Konzentrationen steigen zwischen den Ventrikeln und dem lumbalen Liquor an, z. B. um das 2,5-fache für Albumin (**Kap. B.3.1**). Dies bedeutet, dass der Hauptteil der Albuminkonzentration, d. h. etwa 60 % des im lumbalen Liquor nachweisbaren Liquor-Albumins, entlang des Flussweges im Subarachnoidalraum durch Moleküldiffusion hinzukommt.

Daher müssen neben der Endothelzellschicht der Kapillaren auch verschiedene andere Zellschichten wie Epithel, Ependymzellen, die Pia-Gliazellschicht oder Arachnoidalzellschichten an verschiedenen Stellen zwischen Ventrikel und lumbalem Subarachnoidalraum als Teil der Blut-Liquor-Schranke betrachtet werden.

4.3 Physiologie des Liquors

Das klassische Verständnis der Liquorphysiologie geht von der Produktion des Liquors in den Plexus choroidei der Ventrikel aus, geht mit dem Liquorfluss zu den Zisternen, wo der Liquor in einen kortikalen und lumbalen Flussweg aufgeteilt wird (Abb. A.4.1). Entlang des Flussweges im Subarachnoidalraum kommen ca. 10 % des Volumens als extrazelluläre Flüssigkeit (ECF) hinzu. Der Liquor wird als bulk flow ungefiltert durch Arachnoidalzotten und entlang der Nervenwurzeln ins venöse Blut entlassen. Der rostro-kaudale Fluss wird durch den arterio-venösen Druckgradienten aufrechterhalten. Die Flussgeschwindigkeit hängt von der Liquor-Produktionsgeschwindigkeit ab.

Für die Validierung neuerer Ergebnisse zur Physiologie des Liquors liegen vor allem die *in vivo*-Information der Liquorproteinanalyse vor. Aber auch die ontogenetische Entwicklung mag wichtige Argumente für den Zusammenhang von Schranke und Fluss ergeben. Neben Volumenproduktion, Nettoflussrichtung, und den Mechanismen des Liquorausflusses soll auch die Rolle der Liquoroszillation betrachtet werden.

4.3.1 Entwicklung der Schranken und des Liquorflusses

Untersuchungen der frühen fötalen Stadien der menschlichen Entwicklung (Ontogenese) sind in Tab. A.4.1 zusammengefasst, die die folgenden grundlegenden Schlussfolgerungen zulassen:

1. Die hohen Proteinkonzentrationen im fötalen Liquor sind nicht auf eine nicht ausgereifte morphologische Struktur zurückzuführen, wie eine weit verbreitete Vermutung vorgibt. Bereits in den frühesten fötalen Entwicklungsstadien des Menschen [20], in der 7. Schwangerschaftswoche, scheinen die *tight junctions* sowohl in den zerebralen Endothelzellen als auch in den Epithelzellen der Plexus choroidei vollständig funktionsfähig zu sein [21].
2. Die Liquorproduktion scheint ebenfalls sehr früh zu funktionieren, was aus der Anwesenheit von Carboanhydrase (Wasserproduktion) in der neunten Schwangerschaftswoche geschlossen werden kann [22].
3. Es gab zum Zeitpunkt der ersten Beobachtungen nach der 12. Schwangerschaftswoche keinen Hinweis auf eine funktionelle Öffnung der Arachnoidalzotten zum venösen Sinus ([17] S. 492–493 und [21]) in der Entwicklung des Föten. Mit einer Albuminkonzentration in der 15. Schwangerschaftswoche [22], die 20-mal so hoch ist wie die des Erwachsenen oder 40-mal so hoch wie die eines 4 Monate alten Kindes (Abb. A.4.3a) [23–25], gibt es beim Menschen eindeutig auch keinen signifikanten alternativen Abfluss zum Lymphsystem.
4. Beginn des Liquorabflusses. Die abnehmende Albuminkonzentration zwischen der 12. und 41. Schwangerschaftswoche korreliert mit der langsamen Reifung der Arachnoidalzotten. Zum Zeitpunkt der Geburt ist die mikroskopische Form der Arachnoidalzotten nachweisbar, aber die makroskopischen Granulationen, die als hypertrophe Arachnoidalzotten angesehen werden, zeigen sich mit einer maximalen Verteilung erst viel später.

Eine direkte Plausibilität für die obigen Beobachtungen liefern die in Abb. A.4.3a und A.4.3b [25] dargestellten Liquordaten von menschlichen Neugeborenen. Die hohen Albuminkonzentrationen (Abb. A.4.3a) zum Zeitpunkt der Geburt (mittleres $Q_{Alb} = 30 \times 10^{-3}$) nehmen mit der Reifung der Arachnoidalzotten bei maximaler Liquorflussgeschwindigkeit etwa 4 Monate nach der Geburt ab (mittleres $Q_{Alb} = 2 \times 10^{-3}$) [23–25]. Durch den initial fehlenden Abfluss des Liquors, d. h. die fehlende Elimination der aus dem Blut eindiffundierenden Proteine ist deren Konzentration im fötalen Liquor 40-fach höher als zum Zeitpunkt nach der Geburt, wenn der Liquorfluss seinen maximalen Umsatz (*turnover*) erreicht (Abb. A.4.3a).

Die Abnahme der Albuminkonzentration im Liquor ist nicht mit einer Verdichtung der Schrankenstruktur verbunden, wie wir aus Abb. A.4.3b erkennen: Bereits zum Zeitpunkt der Geburt, vor der maximalen Flussgeschwindigkeit, passt das Verhältnis zwischen Molekülen unterschiedlicher Größe (Q_{IgG}/Q_{Alb}) entsprechend dem Diffusions-Fluss-Modell zu einer hyperbolischen Funktion.

Die frühe Funktion der Schranken und der Liquorproduktion führen zu hohen Proteinkonzentrationen im pränatalen Liquor, da es keinen Abfluss gibt, der erst mit der Reifung der Arachnoidalzotten als Hauptabflussweg für Liquor in Betracht kommt.

4.3.2 Liquorfluss

Das Interesse am Fluss des Liquors ist sehr alt [4]. Die früheren Experimente und Beobachtungen müssen allerdings auf der Grundlage des aktuellen Wissensstandes z. T. grundlegend revidiert werden [5].

Tab. A.4.1: Entwicklung der Schrankenfunktion und des Liquorflusses im frühen fötalen und embryonalen Stadium im Vergleich zu späteren Altersgruppen des Menschen.

Gestationsalter/Alter	frühester Nachweis	Ref.
7. Woche	tight junctions im Kapillarendothel und Plexus-Epithel	20
9. Woche	Carboanhydrase (Wassersekretion)	21
12. Woche	Arachnoidalzotten, noch nicht geöffnet	20
15. Woche	Albuminkonzentration 40-faches des Kindes (20-faches des Erwachsenen)	22,25
12.–41. Woche (Geburt)	Abnahme der Albuminkonzentration, Transthyretin bleibt konstant	22
40. Woche	Albuminkonzentration 15-faches des Minimums	23,24,25
4 Monate nach Geburt	Minimum der Albumin- und Transthyretin-Konzentration	23,24,25
18 Monate bis 3–4 Jahre	Makroskopische Granulationen (Pacchioni'sche Granulationen)	26
Erwachsener, z. B. 60 Jahre	Bis zu 3-fach erhöhter Q_{Alb} -Wert im Vergleich zu Kindern	15,25

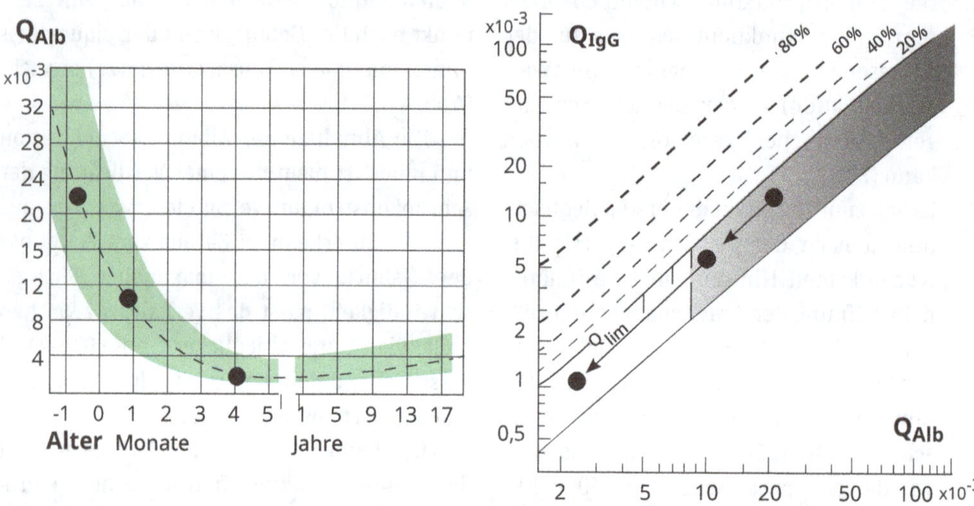

Abb. A.4.3: Proteinkonzentration beim Neugeborenen. Linkes Diagramm: Altersabhängigkeit des Albuminkonzentrationsquotienten zum Zeitpunkt der Geburt. Die initial hohen Werte von Q_{Alb} sind bedingt durch den langsamen Liquorfluss aufgrund der noch unreifen Arachnoidalzotten. Mit Abschluss der Reifung (4. Monat) erreicht der Liquorfluss eine maximale Geschwindigkeit und damit den niedrigsten Q_{Alb}-Wert. Später wird durch altersbedingte Abnahme der Liquorproduktion im Plexus choroideus der Liquorfluss langsamer und der Q_{Alb}-Wert wieder größer. Rechtes Diagramm: Im doppelt logarithmischen Quotientendiagramm für IgG wird deutlich, dass bereits zu den ausgewählten Zeitpunkten (linke Seite) das Verhältnis Q_{IgG}/Q_{Alb} einer hyperbolischen Funktion folgt, d. h. die normale Schrankenfunktion vollständig ausgebildet ist.

4.3.2.1 Liquorproduktion

Das Hauptvolumen des Liquors wird kontinuierlich in den Plexus choroidei der 4 Ventrikel gebildet (Abb. A.4.1). Das Hauptmerkmal eines stetigen Liquorflusses ist die kontinuierliche Sekretion von Wasser. Die Wassersekretion im Plexusepithel [18,19] ist eine Passage einzelner Wassermoleküle in die Ventrikel (molekularer Wasserstrom). Das Wasser-Kanalprotein Aquaporin 1 erleichtert diesen Wasserstrom um das 10-fache im Vergleich zur Diffusion von Wassermolekülen durch eine elementare

Lipiddoppelschichtmembran [12]. Die Richtung des Wasserdurchgangs wird durch die hohe Konzentration der apikalen Na-K-ATPase erzeugt, die das Natrium erhöht und die Kaliumkonzentration im Liquor verringert. Zusammen mit dem luminalen Natrium/Bicarbonat-Co-Transporter erzeugt dies einen steilen osmotischen Gradienten als Ursache des gerichteten molekularen Wasserflusses. Dieser Wassertransfer ist ein energieverbrauchender (ATP), d. h. aktiver Prozess.

Diese sekretorische Funktion des Plexus choroideus wird auch durch die Fenestrierung seiner Kapillaren [14] erleichtert, die durch den endothelialen Wachstumsfaktor (VEGF) aktiv offengehalten werden. Aber eine zweite Zellschicht, die epitheliale Zellschicht, schränkt die Proteinpassage durch *tight junctions* ein [14]. Im Nicht-Plexus-Bereich der Ventrikel, ist dies umgekehrt, die Ependymzellschicht [27,28] enthält weniger dichte *gap junctions* und das Kapillarendothel ist dichter durch *Tight junctions*.

Jedes Defizit in der Funktion dieser vier Proteine (Na-K-ATPase, Carboanhydrase, VEGF und Aquaporin) führt zu einer verminderten Liquorproduktion und in der Folge zu einer verminderten Liquorflussgeschwindigkeit. Dies ist eine Quelle für die interindividuelle Variation der Liquorflussgeschwindigkeit und die daraus resultierenden unterschiedlichen Proteinkonzentrationen.

4.3.2.2 Ventrikelliquor

Der Ventrikelliquor nimmt in der systematischen Beschreibung der Physiologie des Liquors eine Sonderstellung ein. Der Ventrikelliquor ist mehr als ein Produkt des Plexus choroideus, da Proteine über verschiedene Funktionen und Strukturen in die Ventrikel gelangen. Als Ausgangsflüssigkeit, die sich entlang des Flussweges in den Proteinkonzentration allein durch Diffusion systematisch beschreibbar verändert, müssen wir seiner Konstitution besondere Aufmerksamkeit schenken. Der bei den Hyperbelfunktionen in den Quotientendiagrammen beobachtete Ordinaten-Abschnitt für Werte von Q_{Alb}, die gegen Null gehen, ist nur durch die besonderen Konzentrationsverhältnisse des Ventrikelliquors zu erklären [8,29].

Die Plexuszellen selbst [18,19] setzen bestimmte Proteine frei, z. B. Transthyretin [30], und die restliche Ventrikeloberfläche mit der ependymalen Zellauskleidung [31] setzt leptomeningeale Proteine frei [9,32–35]. Proteine kommen auch aus Gehirnzellen [9] entweder durch direkte Diffusion oder über den ECF-Fluss in den Liquor [36]. Aus dem Blut stammende Proteine wie Albumin erscheinen im ventrikulären Liquor entweder durch direkte Diffusion durch die verschiedenen Strukturen oder mit dem ECF-Fluss.

Diese Kombination verschiedener Proteintransfermechanismen aus unterschiedlichen Quellen erlaubt es nicht, eine choroidale „Ur"-Flüssigkeit getrennt vom gesamten ventrikulären Liquor zu definieren.

Ventrikulärer Liquor ist kein Ultrafiltrat des Blutes. Er ist eine aktive Kreation aus molekularem Wasser und Proteinen, Salzen usw. aus verschiedenen ventrikelnahen Quellen:

1. Wasserstrom (flux, Energie verbrauchender aktiver Prozess)
2. Proteine aus dem Plexus choroideus (Diffusion)
3. Proteine aus dem Blut (Diffusion)
4. Proteine aus Gehirnzellen (Diffusion)
5. Proteine, die mit der ECF einfließen (bulk flow)

Der Plexus choroideus produziert den Hauptteil des Liquorvolumens, aber dies erlaubt nicht, den Plexus choroideus als die strukturelle oder funktionelle Basis der Blut-Liquor-Schranke zu bezeichnen [13].

4.3.2.3 Liquor – Volumina und Umsatzgeschwindigkeit

Mit einem variablen Ventrikelvolumen zwischen 7 bis 60 ml variiert auch die Größe der Plexus choroidei und damit das Liquor-Produktionsvolumen von Mensch zu Mensch. Die mittlere Bildungsgeschwindigkeit des Liquors ist altersabhängig abnehmend zwischen 0,4 ml/min oder 500 ml/Tag im jungen Erwachsenen und 0,19 ml/min entsprechend 250 ml/Tag beim älteren Menschen [37].

Das Gesamtvolumen des Liquors im Erwachsenen von ca. 140 ml einschließlich einem mittleren Ventrikelvolumen von 12–23 ml und 30 ml im spinalen Subarachnoidalraum (Abb. A.4.1) wird also je nach Alter 2–4-mal täglich erneuert. Die aktive Sekretion im Plexus zusammen mit den zirkumventrikulären Organen macht etwa 60–70 % des lumbalen Liquors aus, der Rest kommt u. a. als ECF entlang des Liquor-Flussweges im lumbalen und kortikalen Subarachnoidalraum hinzu.

Die spinale Abflussrate beim Gesunden [38] wurde mit 0,11–0,23 ml/min bei einer Produktionsrate des Liquors von 0,34 ± 0,13 ml/min bestimmt [38]. Die Differenz mag mit durch den kortikalen Abflussweg bedingt sein. Die lokale mittlere Umsatzrate (*turnover*) des lumbalen Liquorvolumens lag während einer Stunde bei 20 ± 13 %, wobei sie doppelt so hoch bei den aktiven gegenüber den ruhenden Probanden war.

4.3.2.4 Beitrag der Extrazellulärflüssigkeit

Die extrazelluläre Flüssigkeit (ECF) trägt als extraventrikuläre Quelle zum Liquorvolumen bei (Abb. A.4.1). Die Menge ist nicht genau zu bestimmen, mag aber mit bis zu 40 % des Gesamt-Liquorvolumens weit überschätzt werden, da die Liquor-Flussgeschwindigkeit [6,37] 10-fach schneller als die langsame ECF-Flussgeschwindigkeit [39–41] ist. Ausgehend von einem ähnlichen Gesamtvolumen von Liquor und ECF im Gehirn [36] und einem vergleichsweise geringen Zugang der ECF vom Liquor-nahen Raum zum Liquor mag der Beitrag der ECF zum Liquor um 10 % liegen.

4.3.2.5 Liquorflussweg

Der Liquor fließt von den Ventrikeln durch das Foramen Magendie und die beiden Foramina Luschkae in die basalen Zisternen (Abb. A.4.1). Die Größe des Foramen Magendie (zwischen 4. Ventrikel und der *Cisterna magna*) mit einem Mittel von 16 mm^2 variiert zwischen 1 mm^2 und einer Größe, die es schwierig macht, den Übergang in die *Cisterna magna* zu bestimmen. Im Zisternalraum teilt sich der Liquor in einen kortikalen und lumbalen Zweig des Subarachnoidalraumes. Durch die Arachnoidalzotten in den Pacchioni'schen-Granulationen [42,43] wird der Liquor komplett, ohne Filtration (*bulk flow*) in das venöse Blut drainiert. Arachnoidalzotten sind vor allem im kranialen Bereich (zum *Sinus sagittalis*) zu finden. Im spinalen Bereich (Abb. A.4.1) kann der Liquor neben den Arachnoidalzotten auch entlang der spinalen Nervenwurzeln abfließen. Als lokale Variation an den Spinalnervenwurzeln passiert der Liquor den Subarachnoidalwinkel, der in und durch die *Dura mater* ragt. Einige Projektionen erreichen einen nahegelegenen, venösen Sinus und verbinden so den Subarachnoidalraum mit dem venösen Blut ([17] S. 501–504). Der Weg entlang der Spinalnervenwurzeln in das venöse Blut ist vor allem bei pathologischen Zuständen von klinischer Bedeutung [44].

Die Liquordrainage in das venöse Blut ist funktionell ein Abfluss (flow), weder „Absorption" noch „Ausstrom" (efflux).

4.3.2.6 Arterio-venöser Druckgradient

Die treibende Kraft für den Liquorfluss ist die Druckdifferenz zwischen arteriellem und venösem Blut. Die ventilähnliche Funktion der Arachnoidzotten kollabiert, wenn der Liquordruck nicht höher als der venöse Blutdruck ist. Der normale Druck während der Punktion beträgt 5–20 cm H_2O mit 1–2 mm Variation durch arterielle Pulsation [6]. Im Gleichgewicht zwischen Bildung und Abflusswiderstand besteht ein mittlerer Liquordruck von 1,4 kPa. Neben dem Druck/Fluss-Zusammenhang ist auch der Liquor-Volumen/Druck-Zusammenhang wichtig [6].

4.3.2.7 Pulsation und Flussrichtung

Durch Herzschlag und Atmung entstehen Druckpulse im Liquor (Ref. in [5]). Die mit bildgebenden Verfahren gemachten Beobachtungen der Druckpulse haben zu einiger Verwirrung über den Nettofluss geführt. Die Strahl-ähnlichen Flüssigkeitsbewegungen durch die Apertur zurück in den 4. Ventrikel sind beeindruckend, suggerieren aber einen falschen Gesamteindruck bezüglich des Nettoflusses und dem Ausmaß der Durchmischung. Die schnellen Druckpulse der Herztätigkeit (60/min) stören jedoch keinesfalls den nichtlinearen rostro-kaudalen Konzentrationsgradienten (Abb. A.4.3) für Serumproteine im spinalen Subarachnoidalraum. Diese biologischen Einflüsse scheinen also nicht wesentlich zur Vermischung entfernter Bereiche beizutragen. Das hat zumindest zwei Gründe:

Der Subarachnoidalraum ist keine unflexible Röhre, sondern ein die Druckpulse mit lokalen Volumenverschiebungen elastisch aufnehmendes biologisches System.

Als Verbindung zwischen Pia und Arachnoidea durchziehen Kapillaren-haltige Trabekel den Subarachnoidalraum und stellen so eine weitere Behinderung einer schnellen freien Bewegung des Liquors über größere Distanzen dar. Die biologische Beweglichkeit des Liquorraumes zu verstehen ist also wichtig, um die 10-fach schnelleren lokalen Pulsationen in der Wirkung auf den Nettofluss des Liquors nicht überzubewerten [4,36].

4.3.2.8 Liquor und Lymphsystem

Das Gehirn hat kein Lymphsystem. Die bei Schafen beobachteten nasalen Abflusswege des Liquors in das Lymphsystem spielen beim Menschen mengenmäßig keine wesentliche Rolle. Dies ist insbesondere an der fötalen und embryonalen Entwicklung bis zum Neugeborenen zu sehen (**Kap A.4.3.1**). Die 40-fach höhere Albuminkonzentration nimmt erst langsam mit der Reifung der Arachnoidalzotten und dem zunehmenden Liquorfluss über die Arachnoidalzotten ins venöse Blut ab.

Der Abfluss der ECF ins Lymphsystem ist eine weitere, unter dem Stichwort glymphatisches System diskutierte Vermutung. Eine mögliche Beteiligung des Lymphsystems an pathophysiologischen Zusammenhängen ändert aber grundsätzlich nichts an den Fakten der Liquordynamik (s. **Kap. A.4.4**) [5,8].

Die molekularen Messdaten zeigen einen eindeutigen rostro-kaudalen Liquorfluss: Die Konzentrationszunahme der Proteine aus dem Blut in Richtung lumbalem Liquor und auch die Nichtlinearität des rostro-kaudalen Gradienten sind nicht anders erklärbar. Eine bei einigen Tierspezies mögliche Drainage des Liquors zum Lymphsystem ist beim Menschen von der Menge her offensichtlich nicht relevant.

4.3.2.9 Interindividuelle Variation des Liquorflusses

Die interindividuellen Variationen des Liquor-Umsatzes (*turnover*) haben viele verschiedene Gründe, wie Größe des Plexus, Aktivität und Menge der Enzyme im Wassersekretionsprozess, aber auch das Alter des Menschen und die zirkadianen Rhythmen. Die Phasenkontrast-MR-Bildgebung am zerebralen Aquädukt zwischen dem dritten und vierten Ventrikel ergibt eine mittlere Liquorproduktionsmenge von 650 ml/Tag mit einer zirkadianen Variation von minimal 12 ml/h (um 18 Uhr) und 42 ml/h nachts (um 2 Uhr) [45]. Dieses Ergebnis stimmt in etwa mit den Werten völlig unterschiedlicher Methoden zwischen 19 und 25 ml/h überein [37]. Mit zunehmendem Alter sinkt die mittlere Produktionsrate von 0,41 ml/min (mittleres Alter 29 Jahre) auf 0,19 ml/h (mittleres Alter 77 Jahre) [37], mit entsprechenden Veränderungen des mittleren Albuminquotienten [15,46]. Die Gründe dafür sind hormonelle Veränderungen sowie die natürliche Verkalkung im Plexus mit zunehmendem Alter [47].

Interindividuelle Schwankungen der Liquorproduktion und der Liquorflussrate ergeben sich aus

- ventrikulären Volumina zwischen 7 und 60 ml mit einer entsprechenden Variation der Größe der Plexus choroidei
- individueller Variation der an der Wassersekretion im Plexus choroideus beteiligten Enzyme (Menge und Aktivität)
- allgemeinen Variationen mit dem Alter
- zirkadianen Rhythmen.

Die interindividuelle Variation der Liquor-Albuminkonzentration muss zusätzliche Parameter zur Liquor-Umsatzrate berücksichtigen. Die Länge des Liquorflussweges beeinflusst die Liquorproteinkonzentration und kann der Grund für die Geschlechtsunterschiede sein, da Männer mit einer durchschnittlich größeren Körpergröße als Frauen 20 % höhere Q_{Alb}-Werte aufweisen. Auch dies ist keine Folge der Schrankenstrukturen, sondern des Liquorflusses.

Geschlechtsbedingte Unterschiede in den Liquorproteinkonzentrationen sind eine Folge der unterschiedlichen Liquorflussweglänge aufgrund der unterschiedlichen Körpergröße.

4.4 Protein-Dynamik im Liquor: Die empirische Datenbasis

Diesem Kapitel gebührt besondere Beachtung. Alle Modelle der Schrankenfunktion müssen diesen empirischen, quasi *in vivo*-Daten gerecht werden. Diese Informationsbasis [5] hat zentrale Bedeutung für die in diesem Kapitel beschriebenen theoretischen Modelle und Konsequenzen.

Die Proteine, die in den Ventrikeln und entlang des Liquorflussweges in den Liquor gelangen (Abb. A.4.1), stammen aus folgenden Quellen:

1. Blut
2. Hirnzellen (Neuronen und Gliazellen)
3. choroidales Plexusepithel
4. leptomeningeale Zellen

Der größte Teil der Proteine (80 %) im normalen Liquor stammt aus dem Blut [48]. Nur ein kleiner Bruchteil der Proteine im Liquor stammt ausschließlich aus Hirnzellen [48]. Die meisten aus dem Hirn stammenden Proteine im Liquor werden auch in anderen Organen gebildet, ihr aus dem Blut stammender Beitrag im Liquor ist aber vernachlässigbar [9].

4.4.1 Dynamik der aus dem Blut stammenden Proteine

4.4.1.1 Albumin als Referenzmolekül im Liquor

Es ist ein Geschenk der Natur, dass Albumin nur in der Leber synthetisiert wird und so die Liquorkonzentration von Albumin als Referenzmolekül die interzelluläre Passage zwischen Blut und Liquor ungestört durch eine intrathekale Synthese wiedergibt.

Albumin wird in Form des Liquor/Serum-Konzentrations-Quotienten, Q_{Alb}, als normalisierte, dimensionslose Liquor-Konzentration mit Werten zwischen „0“ und „1“ verwendet (Referenzbereiche s. **Kap. B.3.1**).

Der Albuminquotient ist in dreifacher Weise für die Liquoranalytik wichtig:

1. Q_{Alb} charakterisiert die individuelle Blut-Liquor-Schrankenfunktion (altersbezogene Auswertung).

2. Q_{Alb} ist eine geeignete Referenz für die Auswertung anderer Serumproteine im Liquor zur Berücksichtigung der individuellen Blut-Liquor-Schrankenfunktion.
3. Änderungen des Albuminquotienten sind ein Maß für die Änderung der Liquorflussgeschwindigkeit.

4.4.1.2 Der Blut-Liquor Konzentrationsgradient

Die Konzentrationsgradienten der aus dem Blut stammenden Proteine zwischen Blut und Liquor sind molekulargrößenabhängig (Tab. A.4.2). Je größer das Molekül, desto langsamer ist auch die Diffusion, um die stationäre Konzentration im Liquor zu erreichen. Eine schnelle Änderung der Blutkonzentration (z. B. Injektion) erreicht das Gleichgewicht im Liquor bei Albumin in etwa 1 Tag, für IgG in zwei und für IgM viel später [49].

Der Blut-Liquor-Gradient für Proteine ist als Ausdruck der Diffusion nichtlinear. Die Konzentrationsfunktion ist im theoretischen Teil beschrieben (**Kap. A.4.8** mit Abb. A.4.11). In diesem Punkt unterscheiden sich die früheren Schranken-Modelle, die den Overall Gradienten im Rahmen eines linearen Permeabilitäts-Modells [5] einsetzen, vom Diffusions-Fluss-Modell (**Kap. A.4.6**).

> Die Schrankenpassage für Proteine ist ein molekülgrößenabhängiger zufälliger Diffusionsprozess mit nichtlinearer Konzentrationsverteilung.

Tab. A.4.2: Molekülgrößen-bezogene Konzentrationsgradienten von Serumproteinen zwischen normalem Serum und normalem Liquor. R = effektiver mittlerer Molekülradius (diffusionsrelevant); MG = Molekulargewicht; Mittelwerte normaler Liquor: Serumkonzentrationsquotienten für IgG, IgA, IgM und Freie leichte Ketten-Kappa (FLC-K) entsprechen einem normalen mittleren $Q_{Alb} = 5 \times 10^{-3}$ [5,29].

	MG (kDa)	**R (nm)**	**Ser : CSF Mittelwert**	**Serum g/l**	**Liquor mg/l**
Alb	69	3,58	200:1	35–55	175–270
IgG	150	5,34	429:1	7–16	16–40
IgA	160	5,68	775:1	0,7–4,5	0,9–6,5
IgM	971	12,1	3300:1	0,4–2,6	0,02–0,8
FLC-K	22.5	n. d.	100:1	0,01*)	0,1*)

* Mittelwerte [29]

4.4.1.3 Der rostro-kaudale Konzentrationsgradient

Im normalen Liquor steigen die Konzentrationen der aus dem Blut stammenden Proteine zwischen Ventrikel und lumbalem Liquor stetig an aufgrund der stetigen Diffusion von Proteinen aus den Kapillaren, die den Subarachnoidalraum begleiten. Die Albuminkonzentration steigt um das 2,5-fache an [5,25]. Aus der in Abb. A.4.4 gezeigten sequentiellen Extraktion des lumbalen Liquors lernen wir, dass der rostro-kaudale Gradient der aus dem Blut stammenden Proteine nichtlinear ansteigt [5,50] und durch eine Gauß'sche Fehlerfunktion angepasst werden kann [51]. Die Gauß'sche Fehlerfunktion ist das Differential der Konzentrationsverteilungskurve (Abb. A.4.11) für die Charakterisierung der Veränderung des lokalen Blut-Liquor-Gradienten an der Grenzfläche zwischen Diffusion und Fluss. Diese Veränderung mit Erhöhung der lokalen Konzentration kann entweder durch die Flussveränderung (lumbaler Liquor) oder durch den rostro-kaudalen Gradienten entstehen. Diese nichtlineare Änderung des Fließgleichgewichts (*steady state*) ist nur mit dem 2. Fick'schen Diffusionsgesetz zu erklären [51] (**Kap. A.4.8**). Die gemeinsame Gauß-Funktion für Schrankenstörung und rostro-kaudalem Gradienten ist die Voraussetzung, dass die Quotientendiagramme [15,16] für Ventrikel, zisternalen und lumbalen Liquor zur Charakterisierung einer intrathekalen Synthese nutzbar sind (**Kap. B.3.1**).

> Der nichtlineare rostro-kaudale Gradient für Serumproteine ist ein grundlegendes Argument für das Diffusions-Fluss-Modell mit liquorkonzentrationsabhängigem Molekularstrom.

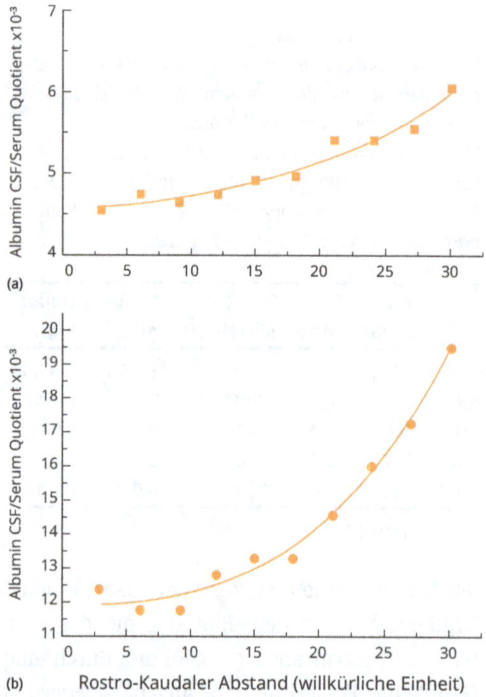

Abb. A.4.4: Rostro-kaudaler Konzentrationsgradient von Albumin im Liquor. Daten aus sequenzieller Extraktion von Liquorproben (10 × 3 ml) [50], beginnend mit der niedrigsten Q_{Alb}-Konzentration (10. Probe), die dem Ventrikel/zisternalen Liquor entspricht. x-Achse willkürliche Einheiten für Konzentrationen in aufeinander folgenden Proben von 3 ml Volumen. (a) Mittelwert aus n = 13 Kontroll-Patienten mit mittlerem lumbalen $Q_{Alb} = 6 \times 10^{-3}$ (1. extrahierte Probe). (b) Einzelner Patient mit einer Schrankenstörung, lumbaler $Q_{Alb} = 19{,}5 \times 10^{-3}$. Beide Datenreihen in Abb. A.4.4a und A.4.4b sind mit einer Gauß'schen Fehlerfunktion gefittet [51].

4.4.2 Schrankenstörung: Veränderung der Proteinkonzentrationen

Die Schrankenfunktionsstörung bei neurologischen Erkrankungen ist definiert als erhöhte Konzentration des Albuminquotienten, Q_{Alb}. Abb. A.4.5 zeigt, wie Konzentrationen anderer Proteine aus dem Blut, z. B. der Immunglobuline, im Vergleich zum Albumin ansteigen. Der nichtlineare, hyperbolische Anstieg des Referenzbereiches mit der Grenzlinie, Q_{Lim}, gilt für den gesamten Bereich bis $Q_{Alb} = 1 = 1000 \times 10^{-3}$ (genau bis $Q_{Ig} < 0{,}5$). In den linearen Quotiendiagrammen in Abb. A.4.5 sind Q_{Alb} Werte bis 20×10^{-3} (linke Seite) und $20–150 \times 10^{-3}$ (rechte Seite) dargestellt [8].

4.4.2.1 Die hyperbolische Funktion

Die perfekte Anpassung der empirischen Daten über zwei Größenordnungen der Q_{Alb}-Werte ($1{,}5–150 \times 10^{-3}$) in Abb. A.4.5 ergibt eine hohe Plausibilität für die hyperbolischen Funktionen. Die Hyperbelfunktionen in Abb. A.4.5 werden mit den Parametern a, b und c in der Gleichung (1) charakterisiert. In Tab. A.4.3 sind Beispiele für die Mittelwerte gezeigt [8,50]. Die allgemeine Hyperbelfunktion lautet $v^2/a^2) - (u^2/b^2) = 1$. Die Konstante „c" im klinisch relevanten Sonderfall (Einschub in Abb. A.4.5) repräsentiert die Koordinatentransformation ($v = y + c$; $u = x$). Aus der Umformung der Gleichung $(y + c)^2/a^2 - (x^2/b^2) = 1$ erhalten wir die Hyperbelfunktion in der hier bevorzugten Darstellungsform der Gleichung (1).

$$QIg = a/b\sqrt{QAlb^2 + b^2} - c. \tag{1}$$

Die Steigung der Asymptoten ($S = a/b$) ist molekülgrößenabhängig. Je kleiner das Molekül, desto steiler die Asymptote [5,8,29] (Abb. A.4.6a).

4.4.2.2 Universalität der Hyperbelfunktion

Die Beschreibung der Proteinquotienten (Q) als Funktion des Albuminquotienten mit einer Hyperbelfunktion ist sowohl für die Immunglobuline G, A, M als auch für alle anderen bislang untersuchten Serumproteine im Liquor gültig (Abb. A.4.6a). Proteine mit Molekülgrößen größer als Albumin liegen unter der eingezeichneten 45°-Linie mit umso flacherer Steigung, je größer das Molekül ist. *Transthyretin* (TT) passiert die Schranke mit derselben

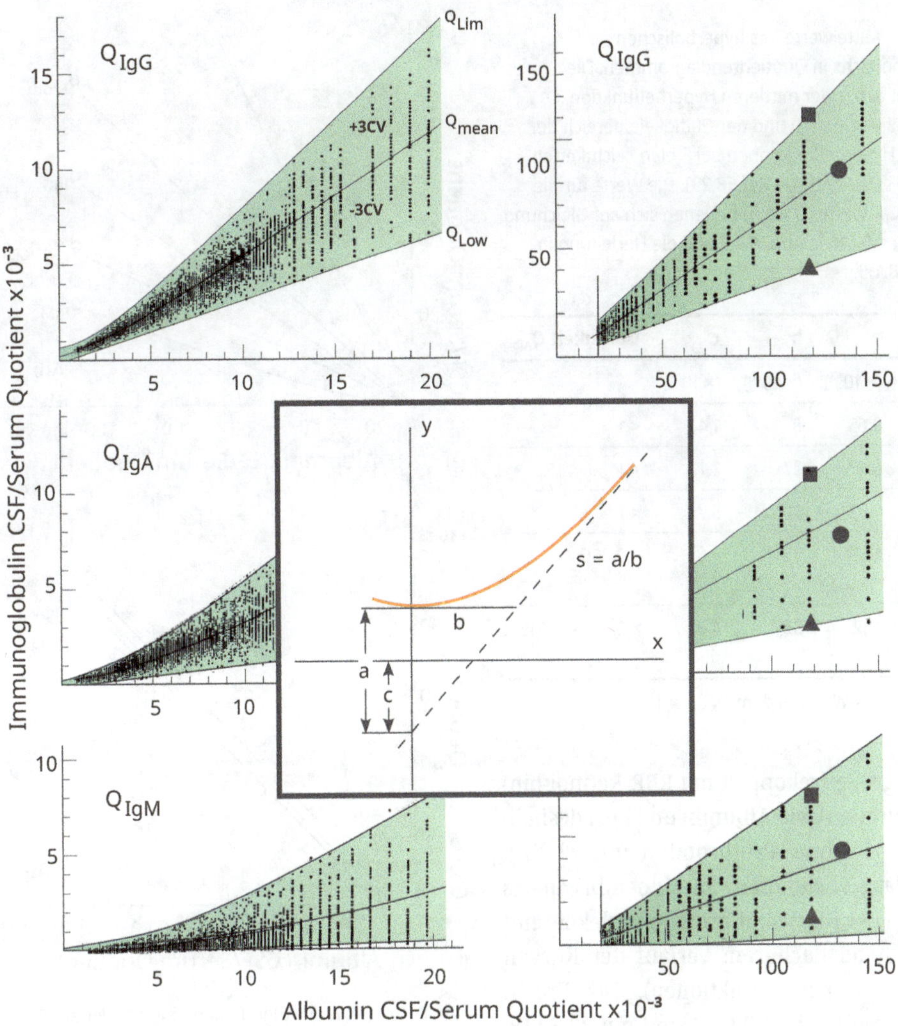

Abb. A.4.5: Dynamik der Immunglobuline, IgG, IgA, IgM bei Schrankenstörungen im Quotientendiagramm als Funktion des Albuminquotienten (Q_{Alb}). Daten von Patienten (n = 4154) die keine humorale Immunreaktion hatten (kein oligoklonales IgG und keine Verschiebung in den Immunglobulin-Relationen). Der Referenzbereich ist charakterisiert durch die empirisch gefitteten Hyperbelfunktionen für Q_{Lim} und Q_{Low} unter Einbezug von 99 % der Daten, entsprechend einem Referenzbereich von Q_{mean} ± 3CV (linkes IgG-Diagramm). Berechnung der Mittelwerte mit Standardabweichung (Variationskoeffizient CV = SD/Q_{mean} * 100 %) wurden jeweils 30–70 Fälle mit ähnlichen Albuminquotienten gruppiert, entsprechend der Abbildung. In den rechten Diagrammen mit Albuminquotienten, $Q_{Alb} > 20 \times 10^{-3}$ sind IgG, IgA und IgM Daten von 3 Patienten: 1 (■); 2 (•); 3 (▲) mit bakterieller Meningitis herausgehoben. Beim Patienten, dessen Wert im IgG-Quotientendiagramm an der Obergrenze liegt, liegt auch im IgA- und IgM-Diagramm an der Obergrenze. Entsprechendes gilt für die anderen beiden exemplarischen Patienten an der Untergrenze oder im Mittelbereich. Der Einschub zeigt die Parameter a, b, c die eine Hyperbelfunktion bestimmen und die Asymptote mit der Steigung, S = a/b.

Tab. A.4.3: Mittelwerte des hyperbolischen Referenzbereichs in Quotientendiagrammen. Die Parameter a, b, c der mittleren Hyperbelfunktion, Q_{mean} (Abb. A.4.5 und Gl. [1]) und der Gültigkeitsbereich der mittleren Hyperbelfunktionen bei Freien Leichtketten Kappa (Q < 0,5) sind von Ref. [8,29]. Die Werte für die hohen FLC-K Werte (Q > 0,5) beziehen sich auf Gleichung (2) mit Q_{AK} = 0,515 in Abb. A.4.7 und die Herleitung in **Kap. A.4.8.1.5**.

Analyt	a	b^2	c	Gültigkeit Q_{Alb}
	($\times 10^{-3}$)	($\times 10^{-6}$)	($\times 10^{-3}$)	
IgG	0,65	8	1,4	< 1
IgA	0,47	27	2,1	< 1
IgM	0,33	306	5,7	< 1
FLC-K, Q < 0,5	11,2	33	4,85	< 0,256
FLC-K, Q > 0,5	11,2	33	4,85	> 0,256 – 0,515*)

*) Q_{AK}, der Q_{ALB}-Wert bei dem Q_{Kappa} = 1

Molekülgröße (gekoppelt mit RBP, Retinol-bindendes Protein) wie Albumin und liegt deshalb auf der 45°-Linie. Prothrombin mit 72 KDa Molekulargewicht oder Karzinoembryonales Antigen (184 KDa) sind größere Moleküle mit entsprechend flacherem Verlauf der Kurven (ebenfalls Hyperbelfunktionen). Die Freien Leichtketten Kappa (FLC-K) sind mit 22,5 kDa die kleinsten bislang diesbezüglich systematisch charakterisierten Proteine [29]. Auch diese haben einen hyperbolischen Referenzbereich. Wie für alle Proteine aus dem Blut, die kleiner als Albumin sind, muss hierbei der Referenzbereich im Quotientendiagramm erweitert werden (Abb. A.4.7).

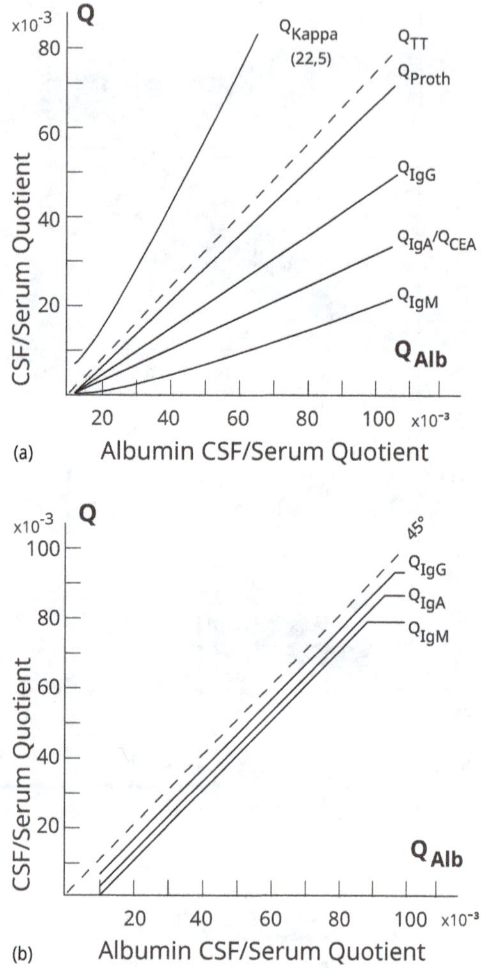

Abb. A.4.6: (a): Molekülgrößenabhängiger Verlauf der mittleren Hyperbelfunktion im Quotientendiagramm. Immunglobuline G, A, M. Transthyretin (TT) passiert die Schranke mit derselben Molekülgröße (gekoppelt mit RBP, Retinol-bindendes Protein) wie Albumin. Proth = Prothrombin; CEA = Karzinoembryonales Antigen (184 KDa) passiert die Schranke wie IgA (169 kDa). Kappa = Freie Leichtketten Kappa. (b): Experimentelle Simulation eines „leakage"-Modells. Serum des Patienten wurde sukzessive zur Liquorprobe des Patienten hinzugefügt und die jeweiligen Konzentrationen von IgG, IgA, IgM und Albumin gemessen. Die jeweils errechneten Liquor/Serum-Quotienten führen zu der unter 45° ansteigenden linearen Veränderung der Quotienten mit Verlust der Molekulargrößen-abhängigen Selektivität im Gegensatz zur realen, hyperbolischen Veränderung der Quotienten in (a).

4.4.2.3 Kleine Moleküle und die komplette sigmoide Funktion

Kleinere Proteinmoleküle passieren die Schranke schneller als Albumin und erreichen so das Gleichgewicht zwischen Liquor und Serum vor Albumin, d. h. Q_{Kappa} = 1 wird bei einem $Q_{AK} < 1$ (Tab. A.4.3) erreicht. Abb. A.4.7 zeigt im vollständigen Quotientendiagramm bis $Q_{Alb} = 1$ die vollständige Q_{Kappa}-Kurve. Bei Werten von $Q_{Kappa} < 0{,}5$ gilt die Hyperbelfunktion in Gleichung (1). Bei Werten $Q_{Kappa} > 0{,}5$ gilt die theoretisch abgeleitete Hyperbelfunktion in Gleichung (2). Beide Funktionen sind Äste derselben Hyperbelfunktion.

$$Q_{Kappa} = 1 + a - a/b\sqrt{(QAlb - QAK)^2 + b^2} - c \quad (2)$$

Der Unterschied kommt durch die Lösung der Differentialgleichungen mit der *Error-Funktion complement*, erfc, bei niedrigen Konzentrationen und der Error-Funktion, erf, bei hohen Konzentrationen. Daher haben die Hyperbelfunktionen theoretisch eine limitierte Gültigkeitsgrenze. Die Werte für FLC-K sind in Tab. A.4.3 gezeigt.

Für praktische diagnostische Zwecke kann aber bei den kleinen Molekülen als Grenzlinie im Bereich Q > 0,5 statt Gleichung (2) die Asymptote A in Gleichung (3) verwendet werden.

$$A = a/b\,X - c. \quad (3)$$

So erhält man z. B. für Q_{mean} von FLC-K die Näherung mit den Werten in Tab. A.4.3 [29] die Funktion Q_{Kappa} (> 0,5) = 1,95 Q_{ALB} – 4,85 × 10^{-3}, graphisch gezeigt in Abb. A.4.7.

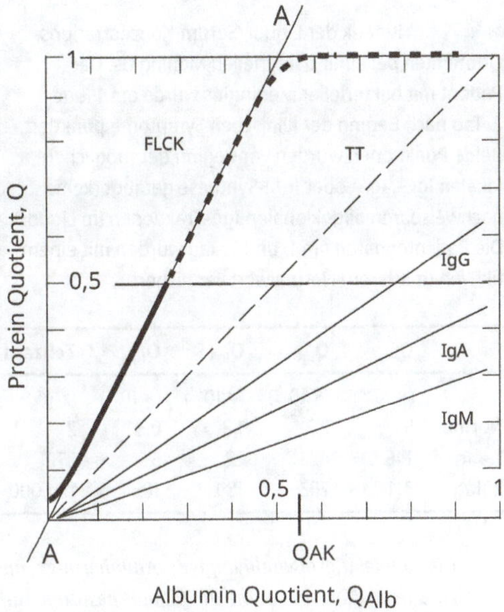

Abb. A.4.7: Komplette sigmoide Referenzkurve, Q_{Kappa} (mean) für die freien Leichtketten Kappa im Quotientendiagramm. A bezeichnet die gemeinsame Asymptote der beiden Hyperbeläste für $Q_{Kappa} < 0{,}5$ und $Q_{Kappa} > 0{,}5$ (Tab. A.4.3). Die Immunglobuline G, A, M können im gesamtem Quotientendiagramm mit der Hyperbelfunktion für Q < 0,5 (Gl. 1) ausgewertet werden. Transthyretin (TT) passiert die Schranke mit derselben Molekülgröße (gekoppelt mit RBP, Retinol-bindendes Protein) wie Albumin und stellt die 45°-Linie dar. Q_{AK} ist die Q_{ALB}-Konzentration bei der $Q_{Kappa} = 1$ ist.

4.4.2.4 Protein-Kinetik beim Einzelpatienten

Neben den statistischen Daten können die kinetischen Daten beim Einzelpatienten wesentliche Einblicke in die Schrankenfunktion vermitteln.

Bei einem Patienten mit einer bakteriellen Meningitis (Tab. A.4.4) konnten die Proteindaten am ersten und zweiten Tag nach Ausbruch der Erkrankung verglichen werden. Das kleinste Molekül, Albumin, erreicht sein neues Fließgleichgewicht am 2. Tag, früher als die größeren Moleküle IgG, IgA und IgM. Am ersten Tag erreicht Albumin bereits etwa 50 % der am zweiten Tag erreichten Konzentration, aber die größeren Moleküle erreichten am ersten Tag nur 20 % (IgG), 10 % (IgA) und 5 % (IgM) der am zweiten Tag gemessenen Werte aufgrund ihrer molekülgrößenabhängig langsameren Schrankenpassage.

Diese Beobachtung der initialen Dynamik der Einstellung eines neuen Fließgleichgewichts bei einer Schrankenstörung erklärt auch die variablen Verhältnisse der IgG-, IgA- und IgM-Quotienten der verschiedenen Patienten in Tab. A.4.5 als Folge des unterschiedlichen Zeitpunktes der diagnostischen Erstpunktion im Verlauf der Erkrankungen.

Tab. A.4.4: Kinetik der Liquor/Serum-Konzentrations-Quotienten bei einer bakteriellen Meningitis. Der Patient mit bakterieller Meningitis wurde am 1. und 2. Tag nach Beginn der klinischen Symptome punktiert. Beide Punktionen wurden vor Beginn der möglichen lokalen IgG-, IgA- oder IgM-Synthese getätigt (keine nachweisbaren oligoklonalen IgG-Fraktionen im Liquor). Die Patientendaten am 1. und 2. Tag wurden mit einem fiktiven (mittleren) Normalwert verglichen.

	Q_{Alb}	Q_{IgG}	Q_{IgA}	Q_{IgM}	Zellzahl
	($\times 10^{-3}$)	($\times 10^{-3}$)	($\times 10^{-3}$)	($\times 10^{-3}$)	(z/µL)
Normal	5	2,3	1,3	0,3	2
1. Tag	146	42	22	5	872
2. Tag	311	203	184	105	154.000

Die molekülgrößenabhängige Annäherung an eine neue Konzentration im Liquor bestätigt die unveränderte Schrankenselektivität bei der akuten Erkrankung des einzelnen Patienten.

Tab. A.4.5: Neurologische Erkrankungen mit extremen Schrankenfunktionsstörungen, ohne intrathekale Synthese von Immunglobulinen. Die Daten stammen von der ersten diagnostischen Punktion, die zu verschiedenen Zeitpunkten nach Beginn der Erkrankung erfolgen kann.

Krankheit	Q_{Alb}	Q_{IgG}	Q_{IgA}	Q_{IgM}
	($\times 10^{-3}$)	($\times 10^{-3}$)	($\times 10^{-3}$)	($\times 10^{-3}$)
Spinaler Tumor	172	93	67	15
Meningitis	214	155	110	84
Ependymom	295	238	191	127
Meningitis	329	227	145	12
Spinale Zyste	344	182	96	26
Meningeal-Karzinose	411	256	196	16
Spinaler Tumor	510	333	240	154
Medulloblastom	627	425	347	161
Bakterielle Meningitis	731	646	466	352

4.4.2.5 Konstanter Variationskoeffizient der Serumproteine im Liquor

Die statistische Dateninterpretation in Quotientendiagrammen (Abb. A.4.5) nutzt die Analyse von gruppierten Q_{Alb}-Intervallen zur Berechnung von Mittelwerten und interindividuellen Variationskoeffizienten, CV, der Einzelgruppen [8,29]. Als wichtiges Ergebnis aus Abb. A.4.5 (linke Seite) finden wir, dass die CVs der Immunglobuline für alle Q_{Alb}-Werte konstant sind, d. h. unabhängig vom Ausmaß der Schrankenfunktionsstörung, einschließlich der schwersten Schranken-„Zusammenbrüche“. Im Falle eines zunehmenden Lecks in den Strukturen müssten wir mit einem sich stetig ändernden CV im Liquor rechnen, der sich einem CV-Wert annähert, der dem Serum-CV entspricht [8]. Das ist nicht der Fall (Tab. A.4.6).

Neben der früheren Analyse des großen Datenkollektivs in Abb. A.4.5 [8] ist in Tab. A.4.6 diese Methode mit einer anderen kleineren Patientengruppe dargestellt und so die molekülgrößenabhängigen Variationskoeffizienten explizit berechnet.

> Ein interindividueller Variationskoeffizient CV der unabhängig von der Schwere der Schrankenstörung (QAlb) ist, zeigt, dass die zunehmende Liquorproteinkonzentration nicht mit einer Veränderung des Diffusionsweges (Leakage) zusammenhängt.

4.5 Hirnproteine im Liquor

Die Hirnproteine im Liquor [48], die nicht die Blut-Liquor- oder Blut-Hirn-Schranke passieren, leisten einen wichtigen theoretischen Beitrag zum Verständnis von Schrankenfunktion und Liquorfluss. Proteine, die überwiegend oder ausschließlich aus dem Gehirn stammen, kommen aus glialen, neuronalen oder Plexuszellen [9,49]. Sie werden in die extrazelluläre Flüssigkeit, ventrikulären, zisternalen und kortikalen Liquor, nicht aber in den lumbalen Subarachnoidalraum freigesetzt. Ihre Konzentrationen sind im Liquor typischerweise höher als im Blut (Tab. A.4.7). Bei einer höheren Konzentration im Liquor ist der molekulare Nettostrom (Diffusion) vom

Tab. A.4.6: Interindividuelle Variabilität der Serumproteine im Liquor. Patientendaten wurden für kleine Q_{Alb}-Intervalle gruppiert, der Mittelwert und der entsprechende Variationskoeffizient (CV = SD/Q_{mean} *100 %) für Q_{IgG}, Q_{IgA}, Q_{IgM} berechnet, SD = Standardabweichung. Der mittlere CV ist unabhängig von der Liquor-Flussgeschwindigkeit (Q_{Alb}).

	Q_{Alb}		Q_{IgG}	Q_{IgA}	Q_{IgM}
N	Mittel (× 10^{-3})	Bereich (× 10^{-3})	CV (%)	CV (%)	CV (%)
63	6.7	5–9	19,3	23,2	45,2
57	17,1	15–20	13,2	21,4	47,7
39	32,7	30–35	16,1	22,0	57,2
23	42,9	40–45	18,3	26,3	52,5
30	64,8	60–70	15,9	26,8	59,3
CV (Mittel) %			16,6	23,9	52,4

Liquor zum Blut (Ausstrom, *efflux*) gerichtet. Damit nimmt auch die Konzentration der Hirnproteine zwischen Ventrikel und lumbalem Liquor auf dem Flussweg durch den Subarachnoidalraum stetig und linear ab. Dieser Gegensatz zu den Serumproteinen die rostro-kaudal nichtlinear ansteigen ist u. a. ein wichtiges Argument für die Flussrichtung des Liquors.

4.5.1 Konzentrations-Gradienten

Von den 20 % der Liquorproteine [48], die aus dem ZNS stammen, sind es wiederum nur wenige Proteine, die ausschließlich in den Zellen des Gehirns und nicht auch in anderen Zellen gebildet werden, die also hirnspezifisch sind [9,49]. Dadurch ergeben sich für die verschiedenen Proteine sehr unterschiedliche Gradienten, einmal bezüglich des normalen Gradienten und zweitens durch Veränderungen der Liquorflussgeschwindigkeit bei Schrankenstörungen.

1. Tau-Protein, Neuronen-spezifische Enolase und S-100B sind typische Hirnproteine mit einer Abnahme der Konzentration in rostro-kaudaler Richtung (Tab. A.4.7) und einer vom Liquorfluss unabhängigen Konzentration (Abb. A.4.8a und A.4.8b).

Tab. A.4.7: Konzentrationsgradienten zwischen Liquor und Blut und zwischen ventrikulärem (V_{CSF}) und lumbalem (L_{CSF}) Liquor für Liquorproteine unterschiedlicher Herkunft.

Proteine	Molekulargewicht	L_{CSF}	CSF : Serum	IF	V_{CSF}:L_{CSF}
	(kDa)	(mg/L)		(%)	
β-trace-Protein	25	16,6	34:1	> 99	1:11
Cystatin C	13,3	3,1	5:1	> 99	1:3,5
Tau-Protein	55–74	0,0002	10:1	> 99	1,5:1
S-100 B	21	0,0015	18:1	> 99	3,5:1
NSE	78	0,011	1:1	> 99	2:1
Transthyretin	54 (+21)	15	1:18	~ 90	1,1:1
sICAM	90	0,0015	1:190	~ 30	n. d.
Albumin	64	245	1:200	0	1:2,5

S-100 B Protein (Glia); NSE, Neuronen-spezifische Enolase; Tau-Protein (Mikrotubuli von Neuronen und Glia); β-Trace-Protein und Cystatin C (Leptomeningen); Transthyretin (Plexus choroideus + Blut, assoziiert mit dem Retinol-bindenden Protein). sICAM, lösliches interzelluläres Adhäsionsmolekül-1 (Leptomeningen und Blut). Intrathekale Fraktionen (IF) in % werden durch Subtraktion der berechneten theoretisch aus dem Blut stammenden Fraktionen erhalten [9,49].

2. Beta-trace-Protein und Cystatin C sind typische leptomeningeale Proteine, deren Konzentration in rostro-kaudaler Richtung zunimmt (Tab. A.4.7) und deren lumbale Konzentration mit langsamerem Fluss linear ansteigt (Abb. A.4.8b).
3. Das lösliche Zelladhäsionsmolekül (sICAM) ist ein Protein, das zusätzlich zu einer starken aus dem Blut stammenden Fraktion im Liquor auch noch in ein chemisches Gleichgewicht mit dem Membran-gebundenen Molekül eingebunden ist (Abb. A.4.8c).
4. Transthyretin ist ein Protein, dessen Liquorkonzentration auch von der Serumkonzentration signifikant beeinflusst wird und damit auch zusätzlich vom Albuminquotienten abhängt (Abb. A.4.9).

In Tab. A.4.7 sind diese Liquor/Serum-Verhältnisse, die rostro-kaudalen Gradienten und die errechneten intrathekalen Fraktionen von ausgewählten Hirnproteinen im normalen Liquor dargestellt.

In Abb. A.4.8 sind die Konzentrationsveränderungen bei einer Schrankenstörung dargestellt.

1. Tau-Protein, ursprünglich als ein Neuronen-spezifisches Protein angesehen, ist ein weit verbreitetes Strukturprotein, hat aber wesentlich höhere Konzentrationen im Liquor im Vergleich zum Blut. Vergleichbar ist die Neuronen-spezifische Enolase (NSE), im Prinzip ein ubiquitär verbreitetes dimeres Enzym des Glycolyse-Stoffwechsels jeder Zelle, die sich aber als Gamma-Gamma-Dimer der Neuronen von Alpha-Alpha- oder Alpha-Gamma-Dimeren der Enolase aus anderen Zelltypen unterscheidet.

Bei einer theoretisch angenommenen rein aus dem Blut stammenden Fraktion im Liquor entsprechend der Molekülgröße von NSE (*steady state* ca. 100:1 bei normalem Liquorfluss) würde theoretisch

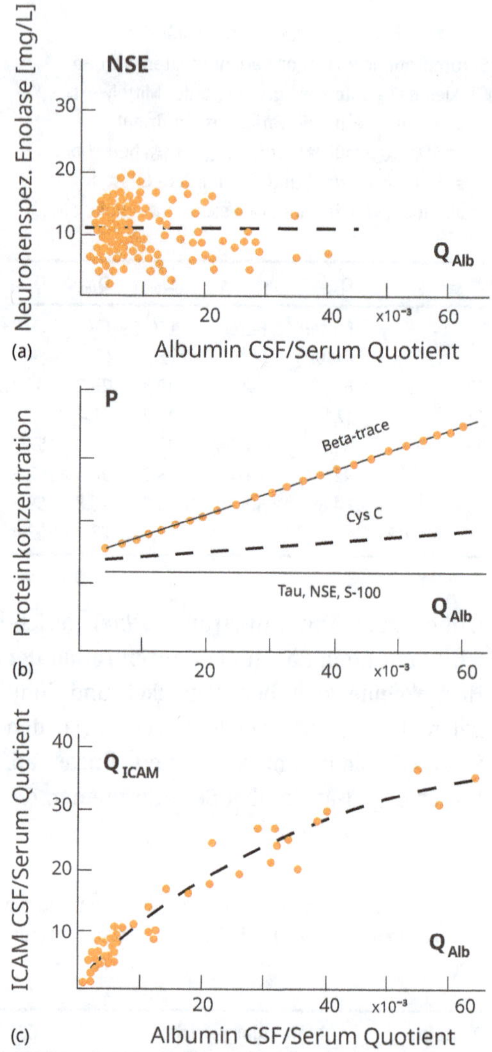

Abb. A.4.8: Einfluss der Blut-Liquor Schrankenstörung, d. h. der verminderten Liquor-Flussgeschwindigkeit, auf Liquorproteine unterschiedlicher Herkunft. Daten von normalen Kontrollen und Patienten bei nicht-entzündlichen Erkrankungen [9]. Patienten mit degenerativen Erkrankungen, Hypoxie oder Schlaganfall wurden aus diesen Gruppen ausgeschlossen. (a): Daten von Neuronen-spezifischer Enolase. (b): Regressionslinien von Proteinen, die entweder aus Hirnzellen freigesetzt wurden: gliales S-100-Protein, Tau-Protein und NSE, oder von leptomeningealen Proteinen stammen, β-trace und Cystatin C. Die Konzentrationen von β-trace wurden im lumbalen Liquor von normalen Kontrollen und Patienten mit Spinalkanalstenose analysiert. (c): Lösliches interzelluläres Adhäsionsmolekül, sICAM. Die gestrichelte Kurve stellt den Mittelwert des Referenzbereichs dar.

die aus dem Blut stammende Konzentration im Liquor nicht mehr als 1 % der Serum- und damit hier auch der Liquorkonzentration ausmachen. Somit stammt NSE im Liquor zu > 99 % aus dem Gehirn, trotz ähnlicher Konzentrationen in Liquor und Blut [9]. Mit ähnlichen Konzentrationen in Blut und Liquor stammt der Hauptanteil der NSE (Gamma-Gamma-Dimer) im Blut (NSE in Tab. A.4.7) aus der direkten, ubiquitären Diffusion von NSE durch die Kapillarwände des gesamten Gehirns [9]. Auch die extreme Zunahme von NSE im Blut bei Hypoxie des Gehirns mit massivem Neuronenuntergang [9,52] kann nicht allein durch den Liquorausfluss über die Arachnoidalzotten erklärt werden.

2. Die Zellen der Leptomeningen geben mehrere der vom Gehirn stammenden Proteine in den Liquor ab: β-trace Protein (Prostaglandin-D-Synthase [33]), Insulin-ähnlicher Wachstumsfaktor (IGF)-II, IGF-bindendes Protein-2, Apolipoprotein E [34], β2-Mikroglobulin, Cystatin C, Transferrin usw. [9,48].

   β-trace-Protein [9,49], das mit 17 mg/l höchst konzentrierte aus dem ZNS stammende Liquorprotein, wird auch in wenigen anderen Organen des menschlichen Organismus freigesetzt. Die im Blut nachweisbare Konzentration von β-trace-Protein ist sehr niedrig (1/34 der Liquorkonzentration), und außerdem dominiert der aus dem ZNS stammende, in besonderer Weise glykosylierte, Proteinanteil.

3. Beim löslichen Zelladhäsionsmolekül sICAM ist der Anteil der aus dem Blut stammenden Fraktion entsprechend der Verhältnisse noch höher als beim Transthyretin (Tab. A.4.7). Mehr als 70 % stammt aus dem Blut, und der sICAM Liquor/Serum-Quotient sollte einer hyperbolischen Funktion mit steigendem Albuminquotienten folgen. Tatsächlich nähert sich der Quotient (Q) einem Grenzwert wie einer ICAM-Sättigungskurve. Da es keinen Q_{Alb}-abhängigen Abbau-Prozess gibt, ist dieser Verlauf nur mit einem chemischen Gleichgewicht mit dem Membran-gebundenen Molekül erklärbar. Die Kurve entspricht einer typischen Michaelis-Menton-Kinetik, mit steigender Konzentration von sICAM im Liquor wird immer mehr gebunden, oder immer weniger Moleküle liegen in der dissoziierten löslichen Form vor. Mit dem Diffusions-Fluss-Modell der Schrankenfunktion lassen sich solche Besonderheiten der Liquorproteine zuordnen, die sonst nicht einfach verständlich wären.

4. Transthyretin (TT; früher Präalbumin), das mit seiner relativ hohen Liquorkonzentration (15 mg/l) zum typischen Elektrophorese-Bild des Liquors beiträgt, wird im Gehirn sehr selektiv nur im Plexus choroideus synthetisiert [30]. Da es aber auch in der Leber synthetisiert wird, ergibt sich eine 18-fach höhere Konzentration im Blut. Aber die theoretisch berechenbare aus dem Blut stammende Fraktion bei einer effektiven Molekülgröße wie Albumin (mit Retinol-bindendem Protein assoziiert) erreicht 10 % der im Liquor gemessenen Konzentration. Damit ist die aus dem Plexus stammende Fraktion im Liquor immer noch dominant. Die aus dem Blut stammende Fraktion nimmt entlang des rostro-kaudalen Gradienten zu, wodurch der rostro-kaudale Gradient insgesamt relativ klein ist (1,1:1 in Tab. A.4.7). Bei einer Verlangsamung des Liquorflusses (Zunahme von Q_{Alb} in Abb. A.4.9) steigt die aus dem Blut stammende Fraktion linear an. Der Anstieg, der eigentlich einer Hyperbelfunktion folgen muss, ist linear, da die Molekülgröße dem

Albumin entspricht (s. Quotientendiagramm in Abb. A.4.7). Die aus dem Hirn stammende Fraktion bleibt, wie für NSE in Abb. A.4.8a gezeigt, unverändert. Das ist mit der gestrichelten Linie in Abb. A.4.9 gezeigt. Am Beispiel einer Lumbalstenose ist TT unterhalb des Blocks deutlich angestiegen, obwohl der theoretische Hirnanteil allein abnehmen würde [5] (Tabelle B.3.9 in **Kap. B.3.1**).

Dieses Beispiel ist besonders wichtig für die diagnostische Interpretation der Immunglobulinsynthese.

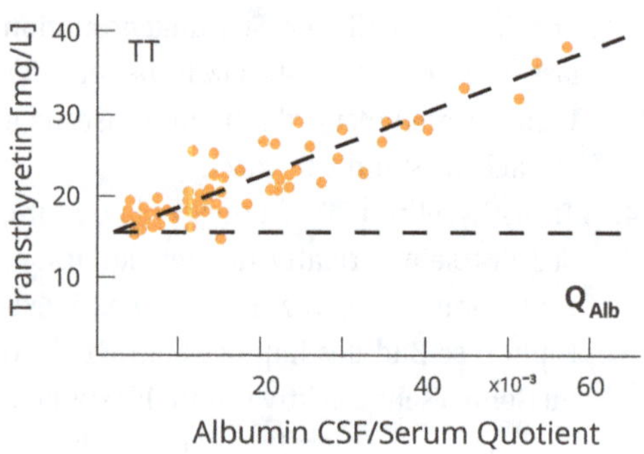

Abb. A.4.9: Transthyretin (TT) Konzentrationsänderung im lumbalen Liquor bei Schrankenstörungen. Die gestrichelte Line zeigt den theoretischen Anteil der aus dem Plexus stammenden Fraktion im Liquor. Die aus dem Blut stammende Fraktion nimmt mit der Schwere der Schrankenstörung (Q_{Alb}) zu.

Das Diffusions-Fluss-Modell für die Blut-Liquor-Schrankenfunktion der aus dem Blut stammenden Proteine erlaubt gleichzeitig auch die Erklärung der Dynamik der aus dem Hirn stammenden Proteine im Liquor, ohne dass diese etwas mit der Schranke zu tun haben. Auch hier ist also die Änderung des Liquorflusses hinreichend zur quantitativen Erklärung der Dynamik der aus Glia und Neuronen oder aus den Leptomeningen stammenden Proteine. Die Theorie ist also universell gültig.

4.5.2 Systematik der Liquorproteinforschung

Durch die unterschiedliche Dynamik der aus dem Blut, dem Hirn oder aus den Leptomeningen stammenden Proteine lässt sich leicht der Ursprung eines neuen Moleküls im Liquor bestimmen. Zuerst wird festgestellt, wo die höhere Konzentration ist, im Liquor oder Blut, dann werden die Variationskoeffizienten (CV) in Liquor und Blut verglichen (Tab. A.4.8). Ein höherer Variationskoeffizient im Liquor spricht für ein aus dem Blut stammendes Molekül. Für die aus dem Blut stammenden Moleküle muss der Liquor-CV > Serum-CV sein, da neben der Variation im Blut auch zusätzlich die Variation der Passagewege und vor allem des Liquorflusses eine Rolle spielt. Liquor-CV < Serum-CV schließt Blut als Hauptursprung aus.

Neopterin in Tab. A.4.8 ist zwar kein Protein, aber da Neopterin das Endprodukt des Tryptophanstoffwechsels ist [53], wird es auf den Diffusions- und Flusswegen nicht weiter modifiziert. Damit gelten auch für dieses Molekül die für Proteine vorausgesetzten Bedingungen.

Es bleibt die Diskriminierung zwischen Hirnzellen und leptomeningealen Zellen als Ursprung. Wird der Liquor sequenziell entnommen (Abb. A.4.4) [55] steigt mit zunehmendem Extraktionsvolumen die Konzentration der Hirnproteine an und die der leptomeningealen Proteine nimmt ab. Bei Schrankenstörungen steigt die Konzentration im lumbalen Liquor für die leptomeningealen Proteine linear an und bleibt unverändert für die aus Hirnzellen stammenden Proteine.

An zwei Beispielen wurde das Konzept erfolgreich dokumentiert. Neopterin im Liquor stammt aus dem Hirn [53] und das Mannan binding lectin (MBL) stammt aus den Leptomeningen [54].

Tab. A.4.8: Interindividuelle Variationskoeffizienten, CV = SD/mean (%), von Liquorproteinen aus verschiedenen Quellen. Liquor und Serum der einzelnen Parameter stammen aus der gleichen Gruppe und werden im gleichen Analysenlauf analysiert. Vergleich von Molekülen aus dem Blut (Albumin, IgG, Prothrombin [55]), aus dem Gehirn (Neopterin [53]), vorwiegend aus dem Gehirn (Transthyretin [30,56]) und leptomeningeale Proteine (Mannan-bindendes Lektin (MBL) [54], β-trace-Protein [49]).

	Variationskoeffizienten, CV (%)						
	Alb	IgG	Prothrombin	Neopterin	MBL	Transthyretin	β-trace
Liquor	29,3[1)]	46	33	10	66	6,4	24
Serum	8,9	35	21	25	146	18	28
Q	26,2	18	22[2)]	21	81	23	25
n	53	23	18	26	13	28	28

[1)] Eingeschränkter Altersbereich 50–59 J., Mittelwert 55 ± 3,2 J.; [2)] berechnet aus $Q_{Protein} = 3{,}0 \pm 0{,}7$ bei $Q_{Alb} = 4{,}5 \times 10^{-3}$[55].

4.6 Das Diffusions-Fluss-Modell der Schrankenfunktion

Die empirischen Daten (Kap. A.4.4) als auch die theoretischen Herleitungen der empirisch gefundenen Funktionen (Kap. A.4.8) lassen keinen Zweifel daran, dass bei einer Schrankenstörung der reduzierte Liquorfluss die Ursache der erhöhten Konzentrationen der aus dem Blut stammenden Proteine ist.

Damit lässt sich die Schrankenstörung in folgenden Einzelschritten erklären:

1. reduzierte Liquorflussgeschwindigkeit
2. initialer Anstieg der Serumproteinkonzentrationen im Liquor
3. nichtlinearer Anstieg (später Abnahme) des lokalen Konzentrationsgradienten
4. Anstieg des Molekülstroms (*flux*) durch die Grenzfläche (*interface*)
5. nichtlineare Verschiebung des *steady state* der Liquorkonzentration.

Diese zeitliche Änderung eines stationären Zustandes aufgrund der flussabhängigen Änderung der lokalen Proteinkonzentration entspricht einer räumlich kontinuierlich wechselnden Konzentration bei unverändertem Liquorfluss entlang des rostro-kaudalen Gradienten. Die Veränderung der Konzentration (Q_{Alb}) folgt einer Gauß'schen Fehlerkurve (Abb. A.4.4). Das Verhältnis von zwei Molekülen (Q_{IgG}/Q_{Alb}) folgt dabei einer Hyperbelfunktion.

Die Relevanz des Diffusions-Fluss-Interface-Modells der Schrankenfunktion wird durch folgende, weitere unabhängige Argumente unterstützt:

- die ubiquitäre Gültigkeit
- Stabilität der Schranken
  - Evolution
  - nichtlineare Thermodynamik
- Pathophysiologische Beobachtungen.

4.6.1 Gemeinsamkeiten der Blut-Hirn- und Blut-Liquor-Schranken

Mit dem verbesserten Wissen über den Fluss (*bulk flow*) der extrazellulären Flüssigkeit (ECF) oder interstitiellen Flüssigkeit [36,39–41,57,58], haben wir die Möglichkeit, das biophysikalische Prinzip der Diffusions-Fluss-Grenzfläche auch für die Blut-Hirn-Schranke anzuwenden. Moleküle, die durch die interzellulären Schrankenstrukturen diffundieren, oder Moleküle, die aus den einzelnen Zellen in die ECF freigesetzt werden und dann anschließend durch *bulk flow* abtransportiert werden, erfüllen genau die Bedingungen, die für die eher makroskopischen Bedingungen der Blut-Liquor-Schranke beschrieben wurden.

Wenn wir von den Sonderbedingungen der Bildung des Ventrikelliquors absehen und die Schrankenfunktionsstörungen als einen reduzierten Volumenfluss betrachten, brauchen wir biophysikalisch gesehen die Blut-Hirn- und Blut-Liquor-Schrankenfunktionsstörung aufgrund ihres gemeinsamen biophysikalischen Prinzips an der Zell/ECF-Grenzfläche, der Kapillar/ECF- und der Kapillar/Liquor-Grenzfläche nicht zu unterscheiden. Diese Art der identischen Funktion in verschiedenen Größenordnungen (Skalen-Invarianz) kann als quasi fraktale Eigenschaft angesehen werden [59].

> Das biophysikalische Konzept zur Beschreibung aller biologischen Schranken als Diffusions-Fluss-Grenzfläche bietet eine biophysikalische Grundlage für die Vereinigung der morphologischen Blut-Hirn-Schranke mit den Blut-Liquor-Schranken.

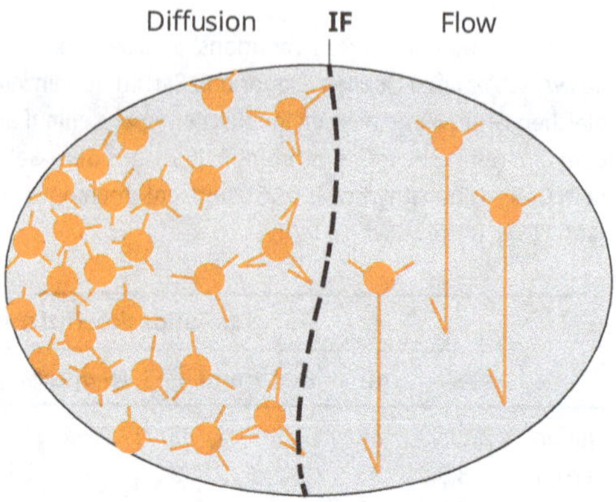

Abb. A.4.10: Das generalisierte Diffusions-Fluss-Modell der biologischen Schrankenfunktion. Die (Protein-)Moleküle diffundieren entsprechend einem Konzentrationsgradienten als Nettostrom durch die Grenzfläche (gestrichelt: *interface* = IF) in die fließende Flüssigkeit, mit der sie eliminiert werden. Dadurch stellt sich ein Fließgleichgewicht (*steady state*) ein. Durch Änderung des Flusses ändert sich der lokale Konzentrationsgradient dc/dx an der Grenzfläche nichtlinear (Gauß'sche Fehlerfunktion) und damit der Molekülstrom durch die Grenzfläche.

4.6.2 Das Auge – ein Fluss-basiertes Schrankenmodell

Die homologen Strukturen des Auges mit Kammerwasser-Produktion (Ziliarkörper), Flussweg und Abfluss über den Schlemm'schen Kanal in ein venöses Geflecht [60] stellen ein Beispiel dar, um vergleichend die Rolle des Kammerwasserflusses bei Blut-Kammerwasser-Schrankenstörungen zu untersuchen. Mit den auch zu den Meningen analogen Strukturen war die krankheitsbezogene Dynamik des Kammerwassers schon früh untersucht worden [61]. Entzündungen, die im Kammerwasser-Flussweg liegen (anteriore Uveitis), gehen viel häufiger mit einem auch viel stärker erhöhten Albumin-Kammerwasser/Blutquotienten als bei Entzündungen des hinteren Auges (Retinitis, Toxoplasmose) einher [62,63]. Das ist ein überzeugendes Beispiel für die Universalität des Diffusions-Fluss-Modells.

4.6.3 Schrankenstabilität als Evolutions- und Komplexitäts-Aspekt

4.6.3.1 Evolution der Schranken

Zellmembranen, die Voraussetzung für die Existenz von Zellen, existieren seit mehr als einer Milliarde Jahre. Die interzelluläre Schrankenfunktion zwischen Hämolymphe und Insektenganglien besteht seit mindestens 500 Millionen Jahren und selbst die Blut-Hirn-Schranke der ersten Primaten existiert seit mindestens 20 Millionen Jahren. Aus evolutionärer Sicht gehören die biologischen Barrieren zu den ältesten und daher offensichtlich biologisch stabilsten Organellen. Dies ist nicht verwunderlich, denn ohne eine stabile Abschottung der Reaktionsräume ist eine biologische Evolution nicht denkbar. Das ist aber noch kein hinreichendes Argument für die Schrankenstabilität, sofern wir nicht naturwissenschaftliche Begründungen haben.

4.6.3.2 Selbstorganisation der stabilen biologischen Form

Biologische Stabilität hat weniger mit den Genen als mit der Selbstorganisation von Ordnung und Form zu tun [1,3]. Bereits vor hundert Jahren zeigte D'Arcy Thompson [64], dass biologische Formen auf einfachen geometrischen Formen basieren und mit elementaren mathematischen Funktionen beschrieben werden können. Dies gilt nicht nur für die Gestalt von Organismen, z. B. logarithmische Spirale des Schneckenhauses oder die phylotypische Form in der Entwicklung (Wirtelbildung in der monozellulären Schirmalge Acetabularia [1]) als Attraktor [3], sondern auch für den spiralförmigen Flug der Motte zum Licht [64].

Die Lipid-Doppelschichtstruktur von Membranen (Abb. A.4.2b) als sich spontan entwickelnde Ordnung von Lipiden im Wasser, ist eines dieser Beispiele für selbstorganisierende Ordnung. Wenn Lipide in Wasser einfach gerührt oder mit Ultraschall behandelt werden, bilden sich spontan Lipid-Doppelschichten. Selbst zugefügtes Cholesterin wird in biologisch relevanten Verhältnissen eingebaut [12,65]. Mit dieser selbstorganisierten Stabilität (stabiler Attraktor) einer Lipid-Doppelschicht ist die Entwicklung von Löchern (leakage) ohne aktiv aufgebaute stabilisierende Proteinstrukturen, wie z. B. in Natriumkanälen der Membranen, nicht zu erwarten.

Auch für die Schranken von Zellschichten mit interzellulären *„junctions“* wird die selbstorganisierende Ausbildung stabiler Strukturen gezeigt. Die spontane Bildung von Zellschichten in den experimentellen Schrankenmodellen [66], nicht aber eine spontane Öffnung von *junctions.* Dafür wird die enzymatische Aktivität von Astrogliazellen benötigt, die Fenestrationen an der Gefäßwand aktiv offenhalten [14].

> Die interzelluläre Schranke mit tight junctions ist stabiler als die offenen Strukturen.
>
> Die Vorstellung eines spontanen Schrankenlecks bei neurologischen Erkrankungen ist ebenso falsch wie die Erwartung, dass ein in einen See geworfener Stein ein Loch im Wasser hinterlässt.

4.6.3.3 Nichtlineare Thermodynamik

Mit der Entdeckung der Nichtgleichgewichts- oder irreversiblen Thermodynamik [2] erhielten Begriffe wie Selbstorganisation von Ordnung und Stabilität eines Systems elementarste Definitionen. Das Beispiel der Bénard-Figuren [2] in erhitztem Wasser ist ein Beispiel dafür: Zunächst wird Wärme durch einzelne Molekülkollisionen (Diffusion) geleitet. Mit zunehmendem Temperaturgradienten entstehen spontan Cluster aus kohärenter Bewegung der Wassermoleküle (Konvektion, Fluss). Es entstehen Wirbel, die die Flüssigkeit in Zellen aufteilen. Wir erhalten Diffusion-Konvektion-Grenzflächen. Mit weiter steigender Temperatur verändern sich die hexagonalen Oberflächenmuster [2] wieder zu komplexeren geometrischen Figuren, bevor das Wasser den Siedepunkt erreicht. Wenn wir den Erwärmungsprozess stoppen, löst sich die strömungsassoziierte Ordnung auf und kehrt zur üblichen thermischen Bewegung zurück. Im Gleichgewicht ist die Entropie des Systems konstant und es existiert keine Ordnung. In chemischen Reaktionen, die weit vom Gleichgewicht entfernt sind, können wir entsprechend eine Diffusions-Reaktions-Grenzfläche erhalten [2].

Mit irreversibler Thermodynamik beschreiben wir die einfachste Form einer Diffusions-Bulk-Flow-Grenzfläche, wie sie in

Abb. A.4.10 beschrieben ist. Zusätzlich lernen wir etwas über elementare Eigenschaften des rein wässrigen dissipativen Systems: die spontane Entwicklung von Ordnung (Selbstorganisation), Stabilität (Attraktor) oder Selbstähnlichkeit (Skaleninvarianz mit fraktalen Dimensionen [59]). Dies sind grundlegende Eigenschaften, die wir auch in der Ontogenese, dem biologischen Entwicklungsprozess, finden [1,64].

Mit dieser thermodynamischen Grundlage der evolutionären Entwicklung der Schrankenfunktion als stabile Diffusions-Fluss-Grenzfläche lernen wir eine neue, verallgemeinernde Grundlage der Eigenschaften und Funktionen biologischer Schranken kennen.

> Wir können die biologische Schranke vereinfacht als eine Struktur beschreiben, die den freien Fluss (Konvektion) behindert, und so die Diffusion und den erleichterten oder aktiven Transport einzelner Moleküle ermöglicht und damit die Selektivität oder Spezifität der Schrankenpassage erlaubt.

4.7 Pathophysiologie der Schrankenstörung

Mit dem aktuellen Liquorfluss-Modell können viele bislang unerklärte Beobachtungen aus der Physiologie des Liquors und der Pathophysiologie neurologischer Erkrankungen in einem neuen Licht gesehen werden. Dazu seien folgende Beispiele aufgeführt:

1. Bei der Leukämie des Zentralnervensystems, die eine primär Arachnoidea-bezogene Erkrankung mit Veränderung der Trabeculae darstellt, konnte aus histopathologischen Untersuchungen auf eine reduzierte Liquorflussgeschwindigkeit geschlossen werden.
2. Bei der purulenten bakteriellen Meningitis werden eine erhöhte Liquorviskosität und meningeale Verklebungen beobachtet. Ebenfalls werden Proteinkomplexe und Zellablagerungen in den Arachnoidalzotten im *post mortem*-Gewebe nachgewiesen.
3. Die hohen Proteinkonzentrationen bei der Polyradikulitis Guillain-Barré sind mit einem reduzierten Abfluss durch die Arachnoidalzotten in die den spinalen Nervenwurzeln-assoziierten Venen verbunden, hier bedingt durch die Schwellungen im Bereich um die Spinalwurzeln.
4. Bei der spinalen Schistosomiasis ist es der direkte Parasitenblock [16], der den Liquorabfluss behindert.
5. Im Falle einer spinalen Stenose oder eines kompletten spinalen Blocks sind die unterschiedlichen Veränderungen oberhalb und unterhalb des Blocks [5] (Tab. B.3.9) durch Veränderungen des Liquor-Turnovers zu erklären. Vor allem die Veränderungen der Hirnproteine, die nichts mit einer Schranke zu tun haben, sind nur durch Veränderungen des Flusses zu erklären.
6. Bei der Multiplen Sklerose korreliert ein erhöhter Gadolinium-Einstrom (sichtbar im MRT) in den Gehirnen von MS-Patienten nicht mit dem erhöhten Albuminquotienten im Liquor. Sie lassen sich aber folgerichtig durch eine lokale Einschränkung des ECF-Flusses durch die entzündlichen lokalen Demyelinisierungsprozesse erklären.
7. Beim Normaldruckhydrozephalus [67] mit normalen Q_{Alb}-Werten, d. h. mit normalem Nettofluss, muss berücksichtigt werden, dass ein größeres Volumen des Liquorraumes nichts mit der Liquorproduktionsmenge zu tun hat und außerdem 60 % der lumbalen Albuminkonzentration erst entlang des rostro-kaudalen Flussweges dazukommt.
8. Bei der chronisch remittierenden, rezidivierenden Form der experimentellen allergischen Enzephalomyelitis des Meer-

schweinchens ist die erhöhte zisternale Albuminkonzentration, d. h., der Albuminquotient Q_{Alb} [68,69] auf eine Einschränkung des Liquorflusses durch die meningeale Entzündung zurückzuführen.

Wenn in der gängigen Literatur eine Schrankenstörung mit dem Zusammenbruch der strukturellen Schranke in Verbindung gebracht wird, wird meistes nur die Proteindynamik betrachtet. Ein Zusammenbruch der interzellulären Schranken für Proteine müsste jedoch mit einer unkontrollierten Passage aller anderen Blutbestandteile mit einer notwendigen Störung der grundlegenden neurochemischen und neuronalen Aktivitäten im Gehirn einhergehen.

Aber in keinem dieser Fälle mit einem isolierten Schranken-„Zusammenbruch" wurden bisher neurologische Ausfälle gemeldet, die von einer kollabierten Mikroumgebung der neuronalen Netzwerke erwartet werden müssten. Zweifellos hätte ein solch leicht destabilisierbarer Organismus in der Evolution kaum eine Chance gehabt. Die Störung der Flussdynamik (Liquor, ECF oder Lymphe) ist weniger destruktiv für die Homöostase intrazellulärer oder intraorganischer Stoffwechselprozesse.

Tatsächlich gibt es bislang kein einziges Beispiel, in dem die Funktion der Blut-Liquor-Schrankenstörung nicht eine Folge der reduzierten Flussrate ist.

4.8 Biophysik der Blut-Liquor-Schrankenfunktion

Die physikalische, mathematische Beschreibung chemischer Reaktionen als auch vieler damit verbundener biologischer Prozesse beruht auf sogenannten Diffusions-Reaktionsgleichungen [7]. In diesen Gleichungen kommt zum Ausdruck, dass Moleküle entsprechend ihrer Diffusionskoeffizienten (Molekülgröße) mehr oder weniger schnell in Lösungen oder durch Gewebe diffundieren, um dann in chemischen Reaktionen verbraucht zu werden. Die Diffusionsprozesse sind durch die Fick'schen Diffusionsgesetze beschrieben. Da das 2. Fick'sche Gesetz mit einer Differentialgleichung zweiten Grades keine expliziten Lösungen hat, mussten stets implizite Lösungen für bestimmte Rahmenbedingungen gefunden werden. Reiber [8,9,51,70] hat erstmals eine solche Lösung für die Blut-Liquor-Schrankenfunktion dargestellt, wobei der Liquorabfluss die chemische Verbrauchsreaktion ersetzt. Schranken garantieren die Diffusion von Einzelmolekülen aus dem Blut in den Liquorraum. Durch die nichtlineare Konzentrationskurve ist der lokale Konzentrationsgradient beim Eintritt in den Subarachnoidalraum (Tangenten dc/dx in Abb. A.4.11) entscheidend für die Berechnung des Molekülstroms, J, durch die Grenzfläche als die Konzentrationsdifferenz zwischen Blut und Liquor (Tab. A.4.2). Darin unterscheidet sich das Diffusions-Fluss-Modell, u. a., von den vielen früheren Schrankenmodellen, die den Permeabilitätsansatz mit linearem Overall-Gradienten verwenden (Ref. in [5,8]).

4.8.1 Diffusion

Molekulare Diffusion [71] ist eine statistische, zufällige Bewegung von Molekülen in alle Richtungen (z. B. eines Proteinmoleküls in Wasser). Eine Nettomassenbewegung (Molekülstrom) in eine einzige Richtung hängt von einem Konzentrationsunterschied oder -gradienten ab: Mit mehr Molekülen auf einer Seite, z. B. einer Zellschicht, bewegen sich statistisch gesehen mehr Moleküle pro Zeiteinheit von der Seite der hohen Konzentration in Richtung der niedrigeren Konzentration, als Moleküle statistisch gesehen von der niedrigeren Konzentration zur höheren Seite diffundieren. Die Diffusion über eine Barriere ist prinzipiell bidirektional. Zu unendlicher Zeit würden wir bei einem Liquorfluss von Null ein Gleichgewicht mit gleicher Konzentration auf beiden Seiten erhalten, aber der Molekülstrom in beiden Richtungen setzt sich fort (z. B. Blut-Liquor-Gleichgewicht in einem Leichnam).

4.8.2 Permeabilität

Der Begriff Permeabilität [12] wurde verwendet, um den Durchgang von Nichtelektrolyten durch eine Biomembran (Zellmembran, Lipid-Doppelschichtmembran) zu beschreiben (Abb. A.4.2b). Der Permeabilitätskoeffizient, $P = K\ Dm/d$ (cm/s), eine Geschwindigkeit, ist das Produkt aus dem Verteilungskoeffizienten zwischen der Wasserphase und der Lipidphase, K, mit dem Diffusionskoeffizienten in der Membran, Dm, geteilt durch die Dicke der Membran, d. Die Rechnung mit der Permeabilität ist geeignet, wenn es darum geht die Geschwindigkeit der Schrankenpassage lipophiler Substanzen zu vergleichen. Das wird oft in den experimentellen Schrankenmodellen zur Analyse der Hirngängigkeit neuer Pharmaka verwendet [66]. Der Begriff Permeabilität ist jedoch nicht geeignet für die Beschreibung des interzellulären Proteintransfers (Abb. A.4.2b) vom Blut zum Liquor.

Die lange Geschichte der früheren Blut-Hirn-Schranken-Modelle zurück bis zu E. M. Renkin (1964), W. W. Tourtellotte (1970) oder S. I. Rapoport (1979) (Ref. in [5,8,9]) zeigt den durchweg linearen Ansatz für die Interaktion von Molekültransfer und Liquorfluss. Die Verwendung des Gesamtgradienten $(C_{Blut} - C_{CSF})/\Delta x$ anstelle einer diffusionsbedingten nichtlinearen Konzentrationsverteilung mit der Anwendung des unterschiedlichen lokalen Gradienten dc/dx an der Diffusion/Fluss-Grenzfläche erlaubt keine Integration einer Rückkopplung der Flussgeschwindigkeit auf den lokalen Gradienten.

Die Verwendung des Begriffs Permeabilität im Zusammenhang mit der Blut-Liquor-Schrankenfunktionen sollte vermieden oder jeweils mathematisch definiert angewendet werden [12].

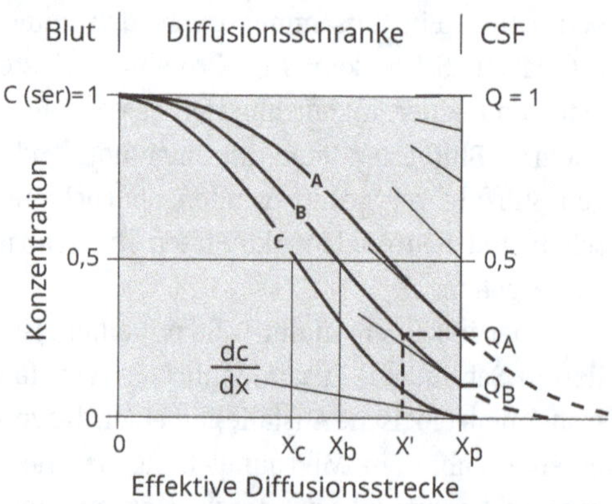

Abb. A.4.11: Das Diffusions-Fluss-Modell der Schrankenfunktion. Zum direkten Vergleich sind die Konzentrationen der Moleküle normalisiert für C(ser) = 1 und in CSF als Q = C(CSF)/C(ser). Konzentrationsverteilung von drei Molekülen verschiedener Größe A, B, C auf der idealisierten Diffusionsstrecke x zwischen Blut und Liquor. An der Grenzfläche zum Liquor, x_p, ist der lokale Konzentrationsgradient dc/dx als Tangente an die Kurve gezeigt. An der Grenzfläche zum Liquor, x_p, ist der lokale Konzentrationsgradient dc/dx als Tangente an die Kurve gezeigt. Das bestimmt den Molekülstrom $J = -D\ dc/dx$, d. h. die Molekülmenge, die in den Liquor gelangt. Die Kurven (z. B. B und C) mit derselben mathematischen Funktion (Gleichung [4] im Text), unterscheiden sich nur durch ihre mittlere molekulare Verschiebung mit verschiedenen Diffusionskoeffizienten D (z. B. X_b und X_c). Das kleinere Molekül A mit dem größeren Diffusionskoeffizienten D_A erreicht eine höhere Gewebekonzentration (Kurve A) als B (Kurve B) und hier auch einen größeren, lokalen Konzentrationsgradienten dc/dx bei x_p. Das Verhältnis Q_B/Q_A verändert sich mit einer Hyperbelfunktion.

4.8.3 Das Diffusions-Fluss-Modell

Die Abb. A.4.11 stellt ein strukturunabhängiges Modell der Schrankenfunktion dar.

Das Modell ist am besten verständlich, wenn man von einem Zustand Null ausgeht, an dem die initial geschlossene Grenze zwischen Blut (bei x = 0) und Schrankengewebe geöffnet wird, und die Moleküle je nach Größe mehr oder weniger schnell ins Gewebe entlang der Diffusionsstrecke x diffundieren. Das würde bis zum Gleichgewicht mit gleicher Konzentration im Liquor (bei x_p) weitergehen (Q = 1). Aber durch den stetigen Abtransport der eindiffundierenden Moleküle (Molekülstrom) mit dem fließenden Liquor (Fluss, bulk flow) entsteht ein Molekülgrößen-abhängiges Fließgleichgewicht zwischen Einstrom und Abtransport mit den Gleichgewichtkonzentrationen QA, QB, etc.

Je größer das Molekül (C > B > A), desto langsamer ist die Diffusion entlang des Diffusionsweges. Man kann auch sagen desto kleiner ist die mittlere Eindringtiefe, angezeigt durch die Werte von X (Xc < Xb) bei der Konzentration C = Q = 0,5, wo gleich viele Moleküle in beide Richtungen diffundieren. Dieses von Einstein eingeführte, mean square displacement, $X_{0,5}$, $\sqrt{2Dt}$, ist mathematisch der einzige Unterschied zwischen den Kurven A, B, C [71,72].

4.8.3.1 Konzentration Gradient und die Diffusionsgesetze

Der lokalen Molekülstrom (molecular flux), J, in Richtung der niedrigeren Konzentrationen (negatives Vorzeichen) entsprechend Gleichung (4), repräsentiert das 1. Fick'sche Diffusionsgesetz mit der Dimension (mol/cm^2 × sec).

$$J = -D\,dc/dx \tag{4}$$

Wird mit verlangsamtem Liquorfluss die Konzentration c im Liquor höher, gefolgt von der nichtlinearen Veränderung des Molekülstromes dJ/dc (Änderung der Tangentensteigung in Abb. A.4.11), verschiebt sich auch die Eindringtiefe X. Diese Dynamik folgt der Gauß'schen Fehlerkurve in Gleichung (5).

$$C(x) = \frac{A}{\sqrt{t}} \exp\left(-x^2/4Dt\right). \tag{5}$$

A ist eine Konstante und D ist der Molekülgrößen-abhängige Diffusionskoeffizient.

Diese Gleichung (5) ist eine implizite Lösung des zweiten Diffusionsgesetzes (Gl. 6)

$$\frac{\partial C}{\partial t} = D\frac{\partial^2 C}{\partial x^2} \tag{6}$$

Durch Integration von Gl. (5) erhält man die Funktion für die nichtlinearen Konzentrations-Kurven (A, B, C in Abb. A.4.11) in Gl. (7), für den Bereich x bis ∞.

$$C_{x,t} = \frac{C_0}{2\sqrt{\pi Dt}} \int_x^\infty e^{-(x^2/4Dt)}\,dx \tag{7}$$

Die Gleichung (7) beschreibt die zeitabhängige Konzentrationsverteilung für jedes einzelne der verschiedenen Moleküle mit verschiedenen Diffusionskonstanten (D_A, D_B, D_C mit den Eindringtiefen X_A, X_B, X_C in Abb. A.4.6). Die Kurvenfunktionen können verallgemeinert werden mit der von Einstein eingeführten mittleren Eindringtiefe in Gl. (8)

$$X_{0.5} = \sqrt{2Dt} \tag{8}$$

Verallgemeinert (normiert für D bei konstanter Zeit t) erhält man dann als neuen Achsenparameter z statt x (Abb. A.4.11) mit den Zusammenhängen $z = x/2\sqrt{Dt}$ *und* dx $2\sqrt{Dt}dz =$ aus Gl (7) die vereinfachte Gleichung (9)

$$C_{x,t} = \frac{C_0}{\sqrt{\pi}} \int_z^{\infty} e^{-z^2} dz \qquad (9)$$

Das ist immer noch eine implizite Funktion, die nicht nach z aufgelöst werden kann.

Als Näherungslösung wurden zwei trigonometrische Reihen gefunden. Für den oberen Konzentrationsbereich (Abb. 11 < $X_{0,5}$) wird die error function, erf z, und für den unteren Konzentrationsbereich (Abb. 11, > $X_{0,5}$) die error function complement, erfc z = 1-erf z, verwendet.

Damit ergibt sich Gl. (10a) mit den Grenzen zwischen 0 bis z (hohe Konzentrationen) und Gl. 10b für z bis ∞, getrennt für die Beschreibung der beiden Teile der Diffusionskurve (Abb. A.4.11).

$$\mathrm{erf}\, z = \frac{2}{\sqrt{\pi}} \int_0^{z} e^{-z^2} dz \text{ und}$$

$$\mathrm{erfc}\, z = \frac{2}{\sqrt{\pi}} \int_z^{\infty} e^{-z^2} dz \qquad (10\text{ a,b})$$

Das Integral in der trigonometrischen Funktion ist unbestimmt (Gl.11), aber es gibt Näherungen für die verschiedenen Bereiche von z, die in Tabellen angegeben sind.

$$\mathrm{erfc}\, z = \frac{1}{\sqrt{\pi}} e^{-z^2} \left(\frac{1}{z} - \frac{1}{2z^3} + \frac{1}{2^2}\frac{\cdot 3}{z^5} - \frac{1}{2^3}\frac{\cdot 3 \cdot 5}{z^7} + \ldots \right) \qquad (11)$$

Da sich die diagnostisch relevanten Konzentrationsänderungen im Liquor im Bereich der niedrigen Konzentrationen (C < 0,5 Cser, > $X_{0,5}$) abspielen, entwickelt man weiter mit error function complement, erfc (Gl. 10b).

Mit der Gl. 11 für erfc kann man Gl. (9) als Gleichung (12) für den unteren Kurventeil schreiben:

$$C_{x,t} = \frac{C_0}{2}\, \mathrm{erfc}\, \frac{x}{2\sqrt{Dt}} \qquad (12)$$

oder vereinfacht mit als einfachste, berechenbare Gleichung der Konzentrationsverteilungskurve:

$$Q_{x,t} = C_{x,t}/C_{0=}\, 0.5\, \mathrm{erfc}\, z \qquad (13)$$

4.8.3.2 Herleitung der Hyperbelfunktion für niedrige Liquorkonzentrationen

Die Hyperbelfunktion (Abb. A.4.5) charakterisiert die universelle Grenzlinie zwischen einer aus dem Blut und einer aus dem Hirn stammenden Proteinfraktion in den Quotiendiagrammen.

Ziel der Herleitung der Hyperbelfunktion ist es nun, das Verhältnis der Konzentration der Molekülkonzentration QB (z. B. Q_{IgG}) zur Molekülkonzentration QA (z. B. Q_{Alb}) bei sich ändernder Liquorflussgeschwindigkeit zu bestimmen. Das Verhältnis der Konzentrationen QB:QA bei xp in Abb. A.4.11 kann nicht direkt bestimmt werden. Das erfordert eine besondere Anwendung der mittleren quadratischen Verschiebung.

Die Kurven für A und B in Abb. A.4.11 haben die gleiche allgemeine mathematische Funktion $C_{x,t}$ (Gl. 12) oder $Q_{x,t}$ (Gl.13). Kurve A für das kleiner Molekül hat die größere quadratische Verschiebung (Eindringtiefe $X_A > X_B$) aufgrund des größeren Diffusionskoeffizienten ($D_A > D_B$) und entsprechend höhere Konzentrationen in Gewebe und Liquor (Q_A). Die Konzentrationen (bei gemeinsamem Diffusionsweg im Gewebe) an der Grenzfläche x_p sind entsprechend Gl. (12):

$$C_{x,t}(A) = \frac{C_0}{2}\, \mathrm{erfc}\, \frac{x(p)}{2\sqrt{D(A)t}} \text{ and}$$

$$C_{x,t}(B) = \frac{C_0}{2}\, \mathrm{erfc}\, \frac{x(p)}{2\sqrt{D(B)t}}$$

Durch die Einführung der Projektion von Q_A (Wert auf Kurve A bei x_p) auf die Kurve B (Abb. A.4.11) erhalten wir den gleichen Konzentrationswert für Q_A bei x' auf Kurve B wie Q_A bei x_p in Kurve A (Abb. A.4.11). Diese Transformation war mein entscheidender Lösungsweg: Wir erhalten das Konzentrationsverhältnis von zwei verschiedenen Molekülen als zwei verschiedene Abstände von x auf derselben Kurve mit einer gemeinsamen Funktion. Damit ist der Vergleich von Q_B:Q_A möglich, ohne die absoluten Werte Q_A, Q_B zu kennen.

Als Konsequenz können wir schreiben:

$$Q_B : Q_A = erfc\frac{xp}{2\sqrt{D_B t}} : erfc\frac{x'}{2\sqrt{D_B t}}.$$

$$\text{Mit } \frac{x'}{2\sqrt{D_B t}} = \frac{xp}{2\sqrt{D_A t}} \text{ oder } x' = xp\sqrt{D_B/D_A}$$

$$\text{und } z = \frac{x}{2\sqrt{Dt}}$$

finden wir

$$Q_B = \frac{erfc\, z}{erfc\, z\sqrt{D_B/D_A}}\, Q_A \text{ oder}$$

$$Q_B = \frac{erfc\, z\sqrt{D_A/D_B}}{erfc\, z}\, Q_A \tag{14}$$

Diese Gleichung zeigt, dass das Verhältnis der Quotienten QB/QA bei Veränderung der Flussgeschwindigkeit allein von dem Verhältnis der Diffusionsquotienten D_A/D_B abhängt.

Wenn B das größere Molekül ist, ist QB < QA und $D_B > D_A$. Damit ist die Gleichung (14) in sich konsistent. (In der Originalarbeit (Reiber 1994) sind die Buchstaben A und B verwechselt).

Diese Gleichung (14) ist nicht direkt als eine hyperbolische Funktion (Abb. A.4.5) erkennbar und auch nicht mathematisch dazu umformbar. Aber durch den praktischen Vergleich der Gleichung (14) mit der bekannten expliziten hyperbolischen Funktion (15) für ein beliebiges Verhältnis von D_A zu D_B ist es möglich die Übereinstimmung empirisch zu bestätigen.

$$Q_{IgG} = a/b\sqrt{(Q_{Alb})^2 + b^2} - c \tag{15}$$

Für Gleichung (14) wurden mit einem willkürlichen Verhältnis von D_B/D_A = 2,25:1 oder $\sqrt{D_A/D_B}$ = 1,5:1 die passenden Werte für z und $z\sqrt{D_A/D_B}$ aus einer Tabelle (Internet, s. in Reiber 1994) für erfc z abgelesen werden. Diese Wertepaare aus der Tabelle sind über drei Größenordnungen mit den explizit berechneten Werten der hyperbolischen Funktion, Gl. (15), zu fitten. Die implizite Gl. (14) ist eine hyperbolische Funktion.

Damit konnte gezeigt werden, dass die empirisch gefitteten Hyperbelfunktionen (Abb. A.4.5) mathematisch aus den Diffusionsgesetzen ableitbar sind, unter der Annahme, dass der Liquorfluss die alleinige Ursache der Konzentrationszunahme bei der Schrankenstörung ist.

4.8.3.3 Herleitung der Hyperbelfunktion für hohe Liquorkonzentrationen

Kleine Moleküle deren Konzentration bei einer Schrankenstörung schneller zu Werten von Q = 0,5 oder $500 \cdot 10^{-3}$ kommen, benötigen zumindest aus theoretischen Gründen eine Definition ihrer Referenzbereiche für Werte Q > 0,5. Als Beispiel ist die Kurve für FLC-K in Abb. A.4.7 gezeigt. Für diesen Bereich ist als Lösung der Konzentrationsverteilungsfunktion die Gleichung 10a mit erf statt erfc zuständig. Entsprechend der bereits gezeigten Ableitung erhalten wir auch die Gleichung für den Hyperbelast bei hohen Konzentrationen.

$$Q_B = \frac{erf\ z\sqrt{D_A/D_B}}{erf\ z}\, Q_A \tag{16}$$

Für den Vergleich mit einer expliziten hyperbolischen Funktion müssen wir einen zweiten Zweig derselben konjugierten Hyperbelfunktion charakterisieren, aber für neg x und neg y ($y^2/a^2 - x^2/b^2 = 1$). Mit einer Verschiebung des Scheitelpunkts des Zweiges 2 von (y/x) = (-a/0) nach (0,5/0,5) verschieben wir die Kurve des Zweiges 2 an die entsprechende Position (FLCk in Abb. A.4.7). Mit dieser Verschiebung erhalten wir allgemein $y = Q_B - a - 0{,}5$ und $x = Q_A - 0{,}5$ und die explizite hyperbolische Funktion (17). Da beide Funktionen für niedrige, Gl. (14), und hohe, Gl. (16), Konzentrationen Zweige der gleichen konjugierten Hyperbel sind, müssen sie die gleiche Steigung a/b für die Asymptote haben.

$$Q_B = -a/b\sqrt{(Q_A - 0.5)^2 + b^2} + \mathrm{a} + 0{,}5. \quad (17)$$

Im praktischen Beispiel für FLCk mit $y = Q_{Kappa} + c - a - 1$ und $x = QAlb - QAK$ erhalten wir die explizite Funktion, die in Abb. A.4.7 zur Ergänzung der sigmoiden Gesamtkurve gezeigt ist.

$$Q_{Kappa} = 1 + a - a/b\sqrt{(QAlb - QAK)^2 + b^2} - c. \quad (18)$$

4.9 Interpretationen im diagnostischen Quotientendiagramm

4.9.1 Doppelt-logarithmische Darstellung

Die in Abb. A.4.5 für IgG dargestellten doppelt-linearen Diagramme mit dem Referenzbereich für Q_{Lim}, Q_{mean} und Q_{low} wird für die praktische Handhabung in der neurologischen Diagnostik als doppelt logarithmisches Diagramm dargestellt (Abb. A.4.12) in dem auch die Linien für das Ausmaß der intrathekalen Synthese als % der Gesamt Ig-Menge im Liquor gezeigt werden (Erklärung s. **Kap B.3.1**). Der Bereich von $Q_{Alb} = 1{,}6 \times 10^{-3}$–$150 \times 10^{-3}$ ist für die Praxis ausreichend und spreizt vorteilhafterweise den diagnostisch wichtigen Entscheidungsbereich zwischen normalem und leicht erhöhtem Q_{Alb}. Die in Abb. A.4.5 gezeigten konstanten Verhältnisse der Quotienten eines Patienten (Q_{IgG}:Q_{IgA}:Q_{IgM}) erlauben bei einer Verschiebung in der Lage im Referenzbereich des Quotientendiagramms den Verdacht auf eine intrathekale Synthese bereits bei Quotienten die kleiner als Q_{Lim} sind.

Dieses Quotientendiagramm wurde bereits in einer früheren Version von den Kollegen in der DDR als Reiber-Diagramm bezeichnet, ein Begriff der auch international als Reibergram oder Reibergramma übernommen wurde. Die Übernahme als kombinierte IgG-, IgA- und IgM-Diagramme in die online-Software der mit Nephelometer Automaten gewonnenen Daten [77,78] als Bestandteil eines integrierenden Befundberichtes, hat zur praktischen Anwendung wesentlich beigetragen. Eine unabhängige freie Liquor-Software für die Berechnung der Daten und deren graphische Darstellung ist auch für die Statistik in der Liquor-Diagnostik und -Forschung verfügbar [79]. Die Beispiele der krankheitstypischen Muster sind in **Kap. B.3.1** gezeigt.

4.9.1.1 Zisternaler und Ventrikel-Liquor

Mit der in diesem Kapitel dargestellten Gauß'schen Funktion des rostro-kaudalen Gradienten (**Kap. A.4.4.1.3**) wird auch begründet, warum die Grenzlinien Q_{Lim} auch für den zisternalen Liquor und Ventrikelliquor, aber auch den Liquor von Kindern im Bereich der sehr niedrigen Konzentrationen gültig sind (Abb. A.4.12). Es muss lediglich bei der Diagnose einer Schrankenstörung auf eine verschiedene Bewertung der Q_{Alb}-Grenzwerte für die verschiedenen Liquor-Extraktionsorte geachtet werden (Gradient in Abb. A.4.4). In

Abb. A.4.12 sind die Daten eines Patienten dargestellt, der eine intrathekale Synthese von IgG von 13,6 mg/l hat. Durch die entlang des Flussweges zunehmende, aus dem Blut stammende IgG-Fraktion nimmt natürlich die aus dem ZNS stammende intrathekale Fraktion prozentual zwischen Ventrikel und lumbalem Liquor ab (41,7–19,5 %).

Damit ist auch das in der Praxis variable Extraktionsvolumen der Liquorprobe bei der Bestimmung einer intrathekalen Synthese problemlos. Es wird allerdings daraus ersichtlich, dass eine Interpretation als Schrankenstörung großzügig zu handhaben ist.

Beispiele für die Berechnung der intrathekalen Fraktion und Synthesemenge sind in **Kap. B.3.1** gezeigt. Bei Molekülen wie z. B. FLC-K (Abb. A.4.7), die kleiner als Albumin sind, muss bei der Berechnung der intrathekalen Synthese formal unterschieden werden zwischen den Bereichen in denen erfc oder erf gilt, z. B. mit Bezug auf Gleichung (1) oder Gleichung (18).

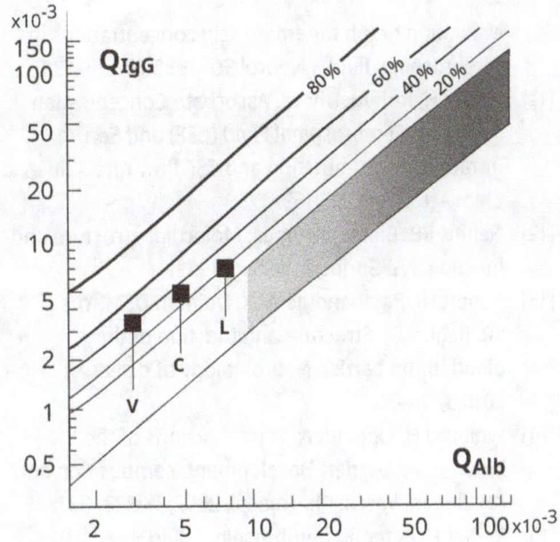

Abb. A.4.12: Zusammenhang zwischen ventrikulärem, zisternalem und lumbalem Liquor im Quotientendiagramm (Reibergramm). Beim Patienten mit einem Serumwert von 10,1 g/l IgG werden Konzentrationen von 70 mg/l IgG im lumbalen Liquor (L), 46,7 mg/l IgG im zisternalen (C) und 32,6 mg/l IgG im ventrikulären Liquor (V) gemessen. Im lumbalen Liquor (Q_{Alb} = 7,5*10^{-3}) ist dann die intrathekale Fraktionen IgG_{IF} = 19,5 % oder IgG_{loc} = 13,6 mg/l (Punkt L). Die entsprechenden Werte im zisternalen Liquor (Punkt C) bei Q_{Alb} = 4,8*10^{-3} mit der gleichen Menge IgG_{loc} haben eine intrathekale Fraktion von IgG_{IF} = 29,1 % und im ventrikulären Liquor (Punkt V) bei Q_{Alb} = 3,0 *10^{-3} wurde eine intrathekale Fraktion von IgG_{IF} = 41,7 % errechnet. Quotientendiagramm und Berechnungen wurden mit der Liquor-Statistik-Software erstellt [78,79]. (Rechengrundlagen und Beispiele in **Kap. B.3.1**).

Literatur

Verschiedene der genannten Publikationen können von der Webseite www.horeiber.de heruntergeladen werden. Weitere allgemeine Grundlagen sind in Ref. [46] zu finden.

[1] Goodwin BC. How the Leopard Changed Its Spots: The Evolution of Complexity. NJ: Princeton university press. 2007. p. 1–252.

[2] Prigogine I, Nicolis. Self-Organization in Non-Equilibrium Systems. Wiley. 1977 ISBN 0-471-02401-5.

[3] Reiber H. Komplexität und Selbstorganisation stabiler biologischer Gestalt in Epigenese und Evolution. In: Kaasch, M., und Kaasch, J. (Eds), Biologie und Gesellschaft, Verlag für Wissenschaft und Bildung, Berlin, 2012, Bd.17, 37–80.

[4] Quincke H. Zur Physiologie der Cerebrospinalflüssigkeit. Arch Anat Physiol Wis Med, Leipzig, 1872, 153–177.

[5] Reiber H. Blood-Cerebrospinal fluid (CSF) barrier dysfunction means reduced CSF flow not barrier leakage: conclusions from CSF protein data. Arq Neuropsiquiatr. 2021;79(1) 56–67 DOI: https://doi.org/10.1590/0004-282X-anp-2020-0094.

[6] Davson H, Segal MB. Physiology of the CSF and blood-brain barriers. CRC, Boca Raton, 1996.

[7] Turing AM. The chemical basis of morphogenesis. Phil. Trans. R. Soc. B. 1952;23:737–72.

[8] Reiber H. Flow rate of cerebrospinal fluid (CSF) – a concept common to normal blood-CSF barrier function and to dysfunction in neurological diseases. J Neurol Sci. 1994;122:189–203.

[9] Reiber H. Proteins in cerebrospinal fluid and blood: Barriers, CSF flow rate and source-related dynamics. Rest Neurol Neurosci. 2003;21:79–96.

[10] Kruse T, Reiber H, Neuhoff V: Amino acid transport across the human blood-CSF barrier. An

evaluation graph for amino acid concentrations in cerebrospinal fluid. J Neurol Sci. 1985;70:129–138.

[11] Reiber H, Ruff M, Uhr M. Ascorbate Concentration in Human Cerebrospinal Fluid (CSF) and Serum. Intrathecal Accumulation and CSF flow rate. Clin Chim Acta. 1993;217:163–173.

[12] Gennis RB. Biomembranes: Molecular structure and function. NY: Springer Verlag; 1989.

[13] Abbott NJ, Patabendige AAK, Dolman DEM, Yusof SR, Begley DJ. Structure and function of the blood–brain barrier. Neurobiology of disease. 2010;37:13–25.

[14] Wolburg H, Lippoldt A. Tight junctions of the blood-brain barrier: Development, composition and regulation. Vascul Pharmacol. 2002;38:323–337.

[15] Reiber H, Peter JB. Cerebrospinal fluid analysis – disease-related data patterns and evaluation programs. J Neurol Sci. 2001;184:101–122.

[16] Reiber H. Cerebrospinal fluid data compilation and knowledge-based interpretation of bacterial, viral, parasitic, oncological, chronic inflammatory and demyelinating diseases: Diagnostic patterns not to be missed in Neurology and Psychiatry. Arq Neuropsiquiatr. 2016;74(4):337–350.

[17] Bradbury M. The concept of a Blood-Brain-Barrier. J Wiley & Sons: Chichester 1979.

[18] Wolburg H, Paulus W. Choroid plexus: biology and pathology. Acta Neuropathol. 2010;119:75–88.

[19] Segal MB.The choroid plexuses and the barriers between the blood and the cerebrospinal fluid. Cell Mol Neurobiol. 2000;20:183–196.

[20] Møllgård K, Saunders NR. The development of the human Blood-Brain and Blood-CSF Barriers. Neuropathol and Appl. Neurobiol. 1986;12:337–358.

[21] Catala M. Carbonic anhydrase activity during development of the choroid plexus in the human fetus. Child Nerv Syst. 1997;13:364–368.

[22] Bell JE, Fryer AA, Collins M, et al. Developmental profile of plasma proteins in human fetal cerebrospinal fluid and blood. Neuropath and Applied Neurobiol. 1991;17:441–45.

[23] Statz A, Felgenhauer K. Development of the blood-CSF barrier. Dev Med Child Neurol. 1983;25:152.

[24] Häfeli WE, Rieder HP, Kaeser HE. Die Perinatalen Verhältnisse der Blut-Liquorschranke und ihr Einfluß auf die Proteinzusammensetzung des Liquors. Monatsschr. Kinderheilkunde. 1985;133:749–75.

[25] Reiber H. Knowledge-base for interpretation of Cerebrospinal fluid data patterns – Essentials in Neurology and Psychiatry. Arq Neuropsiquiatr. 2016;74(6):501–512.

[26] Friede RL. Developmental Neuropathology. Berlin:Springer 1989, 2nd ed,p. 240–246.

[27] Weller RO.Microscopic Morphology and Histology of the human meninges. Morphologie. 2005;89:22–34.

[28] Wolburg H, Noell S, Wolburg-Buchholz K, Mack A, Fallier-Becker P. Agrin, Aquaporin-4, and Astrocyte polarity as an important feature of the Blood-Brain Barrier. The Neuroscientist. 2009;15:180–193.

[29] Reiber H, Zeman D, Kušnierová P, Mundwiler E, Bernasconi L. Diagnostic relevance of Free light chains in Cerebrospinal fluid – The hyperbolic reference range for reliable data interpretation in quotient diagrams. Clin Chim Acta. 2019;497:153–162.

[30] Aldred AR, Brack CM, Schreiber G. The cerebral expression of the plasma protein genes in different species. Comp Biochem Physiol Biochem Mol Biol. 1995;111:1–15.

[31] Wolburg H, Wolburg-Buchholz K, Mack AF, Reichenbach A. Ependymal Cells. Encyclopedia of Neuroscience. 2009;3:1133–1140.

[32] Reiber H, Padilla-Docal B, Jensenius J, et al. Mannan-binding lectin in CSF – a leptomeningeal protein. Fluids and Barriers of the CNS. 2012;9:17–24.

[33] Blödorn B, Maeder M, Urade Y, et al. Choroid plexus: the major site of mRNA expression for the ß-trace protein (prostaglandin D synthetase) in human brain. Neurosci. Lett. 1996;209:117–120.

[34] Carlsson J, Armstrong VW, Reiber H, Felgenhauer K, Seidel D. Clinical relevance of the quantification of apolipoprotein E in cerebrospinal fluid. Clin Chim Acta. 1991;196:167–176.

[35] Lewczuk P, Reiber H, Tumani H. Intercellular adhesion molecule-1 (sICAM-1) in cerebrospinal fluid – the evaluation of blood-derived and brain-derived fractions in neurological diseases. J Neuroimmunol. 1998;87:156–161.

[36] Abbott NJ. Evidence for bulk flow of brain interstitial fluid: Significance for physiology and pathology. Neurochem. Int. 2004;45:545–552.

[37] May C, Kays SA, Atack JR, et al. Cerebrospinal fluid production is reduced in healthy aging. Neurology. 1990;40:500–503.

[38] Edsbagge M, Tisell M, Jacobsson L, Wikkelso C . Spinal CSF absorption in healthy individuals. Am J

Physiol Regul Integr Comp Physiol. 2004;287: R1450–R1455.

[39] Lei Y, Han H, Yuan F, Javeed A, Zhao Y. The brain interstitial system: Anatomy, modeling, in vivo measurement, and applications. Progress in Neurobiology. 2017;157:230–246.

[40] Weller RO. Pathology of cerebrospinal fluid and interstitial fluid of the CNS: significance for Alzheimer disease, prion disorders and multiple sclerosis. J Neuropathol Exp Neurol. 1998;57(10):885–94.

[41] Boespflug EL, Iliff JJ. The Emerging Relationship Between Interstitial Fluid-Cerebrospinal Fluid Exchange, Amyloid-β, and Sleep. Biol Psychiatry. 2018;83(4):328–336.

[42] Upton ML, Weller RO. The morphology of cerebrospinal fluid drainage pathways in human arachnoid granulations. J Neurosurg. 1985;63:867–875.

[43] Yamashima T, Kida S, Yamamoto S. Ultrastructural comparison of arachnoid villi and meningiomas in Man. Modern Pathol. 1988;1:224–234.

[44] Bechter K, Schmitz B. Cerebrospinal fluid outflow along lumbar nerves and possible relevance for pain research: case report and review. Croat Med J. 2014;55(4):399–404.

[45] Reubelt D, Small LC, Hoffmann MHK, Kapapa T, Schmitz BL. MR imaging and quantification of the movement of the lamina terminalis depending on the CSF dynamics. Am J Neurorad. 2009;30:199–202.

[46] Reiber H. Liquordiagnostik in der Neurologie. Paradigmenwechsel bei Schrankenfunktionen, Immunologie und chronischen Erkrankungen. Essentials, Springer 2023.

[47] Weller RO, Kida S, Zhang T. Pathways of fluid drainage from the brain. Morphological aspects and immunological significance in rat and man. Brain Pathol. 1992;2:277.

[48] Thompson EJ. The CSF proteins: A biochemical approach, 2nd edn. 2005, Elsevier, Amsterdam.

[49] Reiber H. Dynamics of brain proteins in cerebrospinal fluid. Clin Chim Acta. 2001;310:173–186.

[50] Seyfert S, Faulstich A. Is the blood-CSF barrier altered in disease? Acta Neurol Scand. 2003;108:252–6.

[51] Reiber H. Non-linear ventriculo – lumbar protein gradients validate the diffusion-flow model for the blood-CSF barrier. Clin Chim Acta. 2021;513:64–67. https://doi.org/10.1016/j.cca.2020.12.002

[52] Schaarschmidt H, Prange H, Reiber H. Neuron-specific enolase concentrations in blood as a prognostic parameter in cerebrovascular diseases. Stroke. 1994;24:558–565.

[53] Kuehne LK, Reiber H, Bechter K, Hagberg L, Fuchs D. Cerebrospinal fluid neopterin is brain-derived and not associated with blood-CSF barrier dysfunction in non-inflammatory affective and schizophrenic spectrum disorders. J Psych.Res. 2013;47:1417–1422.

[54] Reiber H, Padilla-Docal B, Jensenius J, et al. Mannan-binding lectin in CSF – a leptomeningeal protein. Fluids and Barriers of the CNS. 2012;9:17–24.

[55] Lewczuk P, Reiber H, Ehrenreich H. Prothrombin in normal human cerebrospinal fluid originates from blood. Neurochem Research. 1998;23(8):1027–1030.

[56] Weisner B, Bernhardt W. Protein fractions of lumbar, cisternal and ventricular cerebrospinal fluid. J Neurol.Sci. 1978;37:205–214.

[57] Agnati LF, Marcoli M, Leo G, Maura G, Guidolin D. Homeostasis and the concept of 'interstitial fluids hierarchy': Relevance of cerebrospinal fluid sodium concentrations and brain temperature control. Int. J. Molecular Med. 2017;39:487–497.

[58] Hladky SB, Barrand MA. Mechanisms of fluid movement into, through and out of the brain: evaluation of the evidence. Fluids and Barriers of the CNS. 2014;11:2.

[59] Mandelbrot BB. Fractals: Form, Chance and Dimension. WH Freeman & Co 1977.

[60] Goel M, Picciani RG, Lee RK, Bhattacharya SK. Aqueous humor Dynamics: A review. Open Ophtalmol J. 2010;4:52–59.

[61] Davson H. Physiology of the Ocular and Cerebrospinal Fluids. London: Churchill 1956.

[62] Quentin CD, Reiber H. Kammerwasseranalytik bei intraokularer Toxoplasmose. Ophtalmologe. 1997;94:728–731.

[63] Quentin CD, Reiber H. Fuchs´ Heterochromic Cyclitis – rubella virus antibodies and genome in aqueous humor. AJO. 2004;138:46–54.

[64] D'Arcy W. Thompson, On Growth and form, Cambridge Univ Press (2014), Abridged ed by J. T. Bonner, First ed 1917, enlarged 2nd ed in 1942.

[65] Reiber H. Chlosterol/lipid interactions in membranes. The saturation concentration of cholesterol in bilayers of various lipids. Biochim Biophys Acta. 1978;512:72–83.

[66] Helms CH, Abbott NJ, Burek M, et al. In vitro models of the blood brain barrier: An overview of commonly used brain endothelial cell culture

models and guidelines for their use, J Cereb Blood Flow Metab. 2016;36:862–90. Epub 2016/02/13. https://doi.org/10.1177/0271678X16630991

[67] Lindstrøm EK, Ringstad G, Mardal KA, Eide PK. Cerebrospinal fluid volumetric net flow rate and direction in idiopathic normal pressure hydrocephalus. Neuroimage Clin. 2018;20:731–741. doi: 10.1016/j.nicl.2018.09.006

[68] Suckling AJ, Reiber H, Kirby JA, Rumsby MG. Chronic relapsing experimental allergic encephalomyelitis: Immmunological and blood-cerebrospinal fluid barrier-dependent changes in the cerebrospinal fluid. J Neuroimmunol. 1983;4:35–45.

[69] Suckling AJ, Reiber H, Rumsby MG. The blood-CSF barrier in chronic relapsing experimental allergic encephalomyelitis. In: The blood-brain barrier in health and disease. Edited by Suckling AJ, Rumsby MG, Bradbury MWB . Chichester: Ellis Horwood, UK 1986 p. 147–157

[70] Reiber H. The hyperbolic function: a mathematical solution of the protein flux/CSF flow model for blood-CSF barrier function, J Neurol Sci. 1994;126:243–245.

[71] Crank J. The mathematics of diffusion. London: Clarendon Press; 1975.

[72] Jost W . Diffusion in Solids, Liquids, Gases. Academic Press, New York, 1960.

[73] Einstein A. Über die von der molekularkinetischen Theorie der Wärme geforderte Bewegung von in ruhenden Flüssigkeiten suspendierten Teilchen. Ann. d. Phys. 1905;17:549–561.

[74] Frey E, Kroy K. Brownian motion: paradigm of soft matter and biological physics. Ann. Phys. (Leipzig). 2005;14:20–50. DOI: 10.1002/andp.200410132]

[75] Carslaw HS, Jaeger JC. Conduction of heat. Clarendon Press 1959 p 482.

[76] Error function tables calculation. https://keisan.casio.com/exec/system/1180573450 (31.8.2019)

[77] Regeniter A, Kuhle J, Mehling M, et al. A modern approach to CSF analysis:pathophysioly, clinical application, proof of concept and laboratory reporting. Clin Neurol Neurosurg. 2009;111(4):313–8.

[78] Reiber H. Software for cerebrospinal fluid diagnostics and statistics, Revista cubana de investigaciones Biomedicas. 2020;39 (3):e740. http://scielo.sld.cu/scielo.php?pid=S0864-03002020000300004&script=sci_arttext&tlng=es

[79] Albaum W. CSF-Lab; CSF Research Tool/ Reibergrams; FLC-K Statistics and Graphic program, www.Albaum.it

A.5 Magnetresonanztomographie des Liquorsystems

Steffi Dreha-Kulaczewski

Die Magnetresonanztomographie (MRT) nimmt eine herausragende Stellung für die *in vivo* Bildgebung des Liquorsystems ein. Seit drei Jahrzehnten ermöglicht sie die strukturelle Darstellung der inneren und äußeren Liquorräume sowie deren Verbindungen. Durch methodische Fortschritte können mittlerweile dynamische MRT-Untersuchungen des Liquorflusses durchgeführt werden. Die aktuellste Entwicklung der Phasenkontrast (PC = phase-contrast) Fluss-MRT erlaubt Messungen in Echtzeit, die die komplexe Physiologie der Liquordynamik ohne Einschränkung widerspiegeln.

5.1 Strukturelle MRT des Liquorraumes

Räumlich hochauflösende MRT-Sequenzen (1 mm isotrop) gehören zu den neuroradiologischen Standardprotokollen. Aufnahmen mit T1- oder T2-gewichtetem Kontrast ermöglichen eine genaue Beurteilung der Hirnventrikel und Subarachnoidalräume. Stehen diese als dreidimensionale (3D) Datensätze zur Verfügung, können weitere Orientierungen rekonstruiert werden und unterschiedliche Angulierungen der Bildebene die Auswertung optimieren.

Pathologien insbesondere im 4. Ventrikel lassen sich mittels einer CISS-Sequenz (constructive interference in steady state) erfolgreich untersuchen. Durch eine extrem hohe 0,5–0,6 mm (nahe) isotrope räumliche Auflösung sind z. B. okkludierende Membrane in der hinteren Schädelgrube ebenso darstellbar wie das durch die endoskopische Drittventrikulostomie (ETV) geschaffene Stoma im Boden des 3. Ventrikels [1,2]. Neben den rein qualitativen Beschreibungen haben sich international etliche radiologische Indizes und Scoring-Systeme durchgesetzt, um das Ausmaß einer Zirkulationsstörung objektiver zu erfassen.

5.1.1 Neuroradiologische Indizes

Der Hydrozephalus des Kindesalters (meist obstruktiver Genese) wird überwiegend durch das Verhältnis der Fronto-Occipitalen Ventrikelhörner (FOHR) sowie durch den weit verbreiteten Evans-Index beschrieben (Abb. A.5.1a) [3,4]. Der Evans-Index dient als ein Baustein in der neurochirurgischen Beurteilung und Indikationsstellung. Zudem führen die Leitlinien der DGN sowie die internationalen Richtlinien den Evans-Index als einen Parameter für die Diagnosestellung eines idiopathischen Normaldruckhydrozephalus (iNPH) auf. Ein Index > 0,3 gilt als pathologisch [5,6]. Neben klinischen Charakteristika wurden in 2018 mit der iNPH Radscale weitestgehend standardisierte radiologische Kriterien für die Diagnostik eines iNPH etabliert und in mehreren Studien validiert [7–10]. Diese umfassen 7 Parameter, von denen der Corpus-Callosum-Winkel (Abb. A.5.1b) eine semiquantitative Aussage liefert [11]. Alle weiteren Parameter setzen sich aus rein bildmorphologischen Aspekten zusammen, wie die Kompression der hochkonvexen Subarachnoidalräume, die Erweiterung der Sylvischen Fissur, fokal erweiterte Sulci, große Temporalhörner der Seitenventrikel sowie Signalauffälligkeiten im Marklager [10]. Das häufig benutze DESH-Zeichen (disproportional enlarged subarachnoid-space hydrocephalus) ist

https://doi.org/10.1515/9783110331905-006

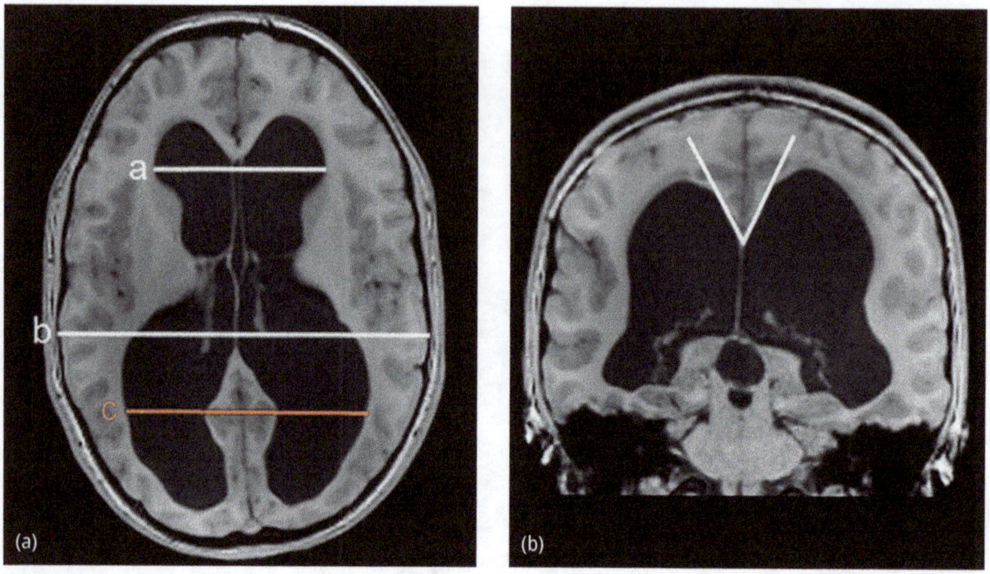

Abb. A.5.1: Neuroradiologische Indizes. Patient, 13 Jahre, mit Hydrozephalus bei Aquäduktstenose vor ETV. (a): Axiales T1-gewichtetes Bild in der AC-PC Ebene für die Berechnung des Evans-Index a/b mit a = maximale Ventrikelweite im Bereich der Vorderhörner und b = maximaler Durchmesser der Gehirns auf der gleichen Ebene und der Fronto-Occipitalen Ventrikelhorn-Ratio (FOHR) als $(a + c)/2 \times b$ mit c = maximale Ventrikelweite im Bereich der Hinterhörner. (b) Koronares T1-gewichtetes Bild senkrecht zur AC-PC Ebene auf Höhe der hinteren Kommissur zur Bestimmung des Corpus-Callosum-Winkels. AC = Commissura anterior; PC = Commissura posterior.

definiert als Kombination aus Erweiterung der Sylvischen Fissur, einer Kompression der hochkonvexen Subarachnoidalräume und einem Evans-Index > 0,3 [10].

5.1.2 Flow Void – Auslöschung des Fluss-MRT-Signals

Die Frage, ob ein Liquorfluss überhaupt vorhanden ist, kann anhand T2-gewichteter MRT-Bilder beantwortet werden. In schichtselektiven TSE (Turbo-Spinecho) Sequenzen weisen diejenigen Orte einen Signalverlust auf, in denen die Kernspins der Wasserprotonen zwischen Anregungspuls und Refokussierungspuls aufgrund von Flussbewegung ihre Phasenkohärenz verlieren oder sich aus der definierten Bildebene herausbewegen. Obwohl es sich um einen rein qualitativen Effekt handelt, korreliert die Stärke dieses sogenannten Flow Void mit den Flussgeschwindigkeiten [12]. Als erster diagnostischer Schritt hat sich die Einschätzung des Flow Void in der sagittalen Ebene entlang des Aquädukts bewährt (Abb. A.5.2a). Insbesondere Aquäduktstenosen lassen sich so zumindest abschätzen oder Flusshindernisse in der hinteren Schädelgrube erkennen. Diese Beobachtung gehört zu den wichtigen Untersuchungsmodalitäten, um Ursachen des obstruktiven Hydrozephalus im Kindesalter wie ein Liquor-Entrapment oder einen Ventilmechanismus zu identifizieren [13]. Umgekehrt weist ein ausgeprägter Flow Void im 4. Ventrikel und Aquädukt, weiter durch das Stoma im Boden des 3. Ventrikels und in der praepontinen Zisterne, auf die Funktionsfähigkeit einer ETV hin (Abb. A.5.2b).

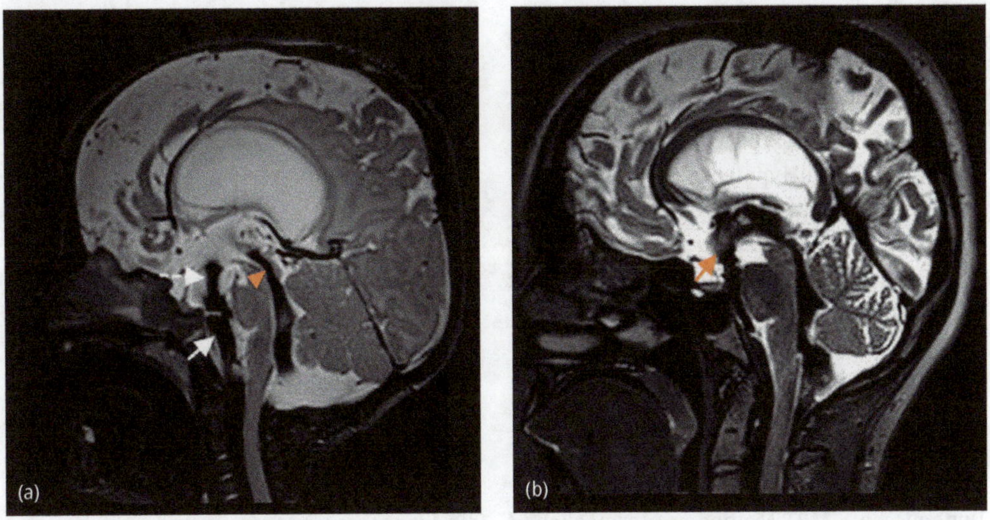

Abb. A.5.2: Darstellung des Flow Void. Sagittale T2-gewichtete TSE MRT-Bilder. (a): Säugling, 8 Wochen, ehemaliges Frühgeborenes (34. Schwangerschaftswoche) mit post-hämorrhagischem Hydrozephalus vor Shuntanlage. Ausgeprägter Flow Void (Auslöschung des Flusssignals = schwarz) im 4. Ventrikel und Aquädukt (oranger Pfeilkopf) sowie in der präpontinen Zisterne (Pfeil) bis zum Boden des 3. Ventrikels (gestrichelter Pfeil). (b): Patient, 18 Jahre, mit Hydrozephalus, 22 Monate nach ETV. Der Flow Void zeigt die Durchgängigkeit der Öffnung am Boden des 3. Ventrikels (oranger Pfeil) und den ungehinderten Liquorfluss weiter entlang der Zirkulationswege.

5.1.3 Glymphatische MRT

MRT-Anwendungen, die über die morphologische Darstellung hinausgehen und funktionelle Aspekte abbilden, wie z. B. die Liquor-Tracer-Clearance, besitzen ein hohes Potenzial für eine Reihe klinischer Anwendungen. Fragen nach der Kinetik intrathekal applizierter Medikamente oder dem Abtransport von β-Amyloid und nicht zuletzt nach der Pathogenese gestörter Liquorzirkulation können spezifisch und *in vivo* adressiert werden. Der „glymphatischen" MRT liegen Konzepte eines parenchymweiten, hirneigenen Transportsystems für Abfallprodukte des neuronalen Stoffwechsels zugrunde, welches 2012 erstmals in Nagern etabliert und als „Glymphatisches System" bezeichnet wurde [14]. Seitdem sind in einer Vielzahl von Studien Hinweise für ein solches System im menschlichen Hirn gefunden und seine pathophysiologische Bedeutung untersucht worden, u. a. für dementielle Erkrankungen, posttraumatische Hirnschädigung, Schlaganfall und zerebrale Mikroangiopathien [15–17]. So konnte nach lumbaler intrathekaler Gabe des Kontrastmittels Gadobutrol in seriellen 3D T1-gewichteten MRT-Aufnahmen dessen Verteilung im Subarachnoidalraum erst des Spinalkanals und nachfolgend des Schädels beobachtet werden. Interessanterweise ließ sich Gadobutrol intrakranial vorrangig in den Sulci und Zisternen nachweisen nahe den großen leptomeningealen Arterien und folgte seltener den Konvexitäten der Hirnoberflächen. Auch der Eintritt in die inneren Liquorräume wurde mit dieser Methode dokumentiert, der bei Patienten mit iNPH deutlich ausgeprägter ausfiel. Die anschließende Anreicherung im Hirnparenchym in zentripetaler Richtung ging dann überwiegend von den Regionen mit hohem Kontrastmittelsignal an der Oberfläche aus [18,19]. Es wurden Unterschiede in der zeitlichen Dynamik des Abtransports aus dem Hirngewebe ins Blut beschrieben zwischen Patienten mit iNPH, idiopathischer intrakranieller Hypertension (IIH), Pinealiszysten und spontaner intrakranialer Hypotension und einer Referenzgruppe [20–23]. Beide im MRT abbildbaren Vorgänge, die Anreicherung und der Abtransport, werden als Ausdruck für die Funktion des glymphatischen Systems angesehen.

5.2 Dynamische MRT des Liquorflusses

Dynamische MRT-Methoden ermöglichen ergänzend zur strukturellen Bildgebung die Aufnahme von Fluss-Parametern und bieten damit eine breitere Grundlage für das Management von Patienten mit Störungen der Liquorzirkulation.

5.2.1 EKG-synchronisierte Phasenkontrast-MRT des Liquorflusses

Für die EKG-synchronisierte „cine" Phasenkontrast (PC)-MRT, eine seit vielen Jahren etablierte flusssensitive MRT-Technik, sind zwar Anwendungen in zahlreichen Studien aufgezeigt, zentrumsübergreifende, einheitliche Protokolle existieren allerdings nicht. Die schichtselektive cine PC-MRT benötigt zwei Messungen mit verschiedenen flusskodierenden Gradientenschaltungen, die mit dem EKG und damit mit dem Herzzyklus synchronisiert werden müssen. Daraus ergeben sich quantitative Flussparameter des Liquors wie z. B. Geschwindigkeit (mm/s), Flussrate (ml/min oder ml/Zyklus) während Systole und Diastole bzw. Flussvolumen (ml). Diese Ergebnisse beziehen sich auf einen gemittelten kardialen Zyklus in zeitlichem Abstand zur R-Zacke des EKGs oder in % des Herzzyklus. In den 1990-iger Jahren konnte so das Flussverhalten entlang der Liquorwege analysiert werden [24]. Die erkennbare pulsatile Dynamik parallel zum Herzzyklus wies eine kranio-kaudale Richtung während der Systole und eine entgegengesetzte kaudo-kraniale Richtung während der Diastole auf. Eindeutige Ergebnisse lieferten nur Messungen in Foramina Monroi, Aquädukt und Spinalkanal. Liquor in den Ventrikeln oder der Cisterna magna zeigte ein uneinheitliches und teils bidirektionales Flussverhalten [25]. Bereits früh etablierten sich Aquädukt, kranio-zervikaler Übergang und oberer Spinalkanal als überwiegend genutzte Standardlokalisationen. Greitz et al. demonstrierten, dass die Liquorbewegungen in und zwischen den Ventrikeln durch pulsatile Oszillationen der Hirnhemispheren aufgrund der Änderungen des intrakraniellen Blutvolumens verursacht werden [26]. Weiterhin wurde beschrieben, dass die Antriebskraft in den basalen Zisternen durch Auf- und Abwärtsbewegungen des Hirns aufgrund des pulsierenden Blutvolumens im Subarachnoidalraum zustande kommt.

5.2.1.1 Stand der klinischen Anwendungen

Cine PC-MRT Sequenzen werden grundsätzlich für Krankheitsbilder mit gestörter Liquorzirkulation für die neurochirurgische Indikationsstellung und Therapiekontrolle herangezogen. Die Reduktion von vormals hohen Liquorpulsationen und -volumina [27] im Aquädukt wurde mit positivem Outcome nach Shunt-Implantation in iNPH-Patienten korreliert [28–30]. Aufgrund widersprüchlicher Ergebnisse wurde der Parameter allerdings bisher nicht in die iNPH-Leitlinien der DGN eingefügt [31].

Bargallo et al. gelang die Abschätzung von Aquäduktstenosen oder Funktionskontrollen von ETVs bei obstruktivem Hydrocephalus [32]. Die Diagnose einer Syringomyelie beruht im Wesentlichen auf der MRT-Bildgebung, die auch die cine PC-MRT umfassen sollte. Der

Fokus liegt auf dem Liquorfluss in der Syrinx und im umgebenden Subarachnoidalraum und präzise Aufnahmen erlauben den Nachweis kleinster arachnoidaler Verklebungen [33,34].

Für Chiari I-Malformation (CM I) liefert die cine PC-MRT der Liquordynamik am kraniozervikalen Übergang ein Kriterium für die Entscheidung zur operativen Dekompression der hinteren Schädelgrube. Eine Studie stellte bei 105/130 symptomatischen CM I-Patienten präoperativ einen verminderten oder komplett blockierten Liquorfluss im Bereich der Medulla oblongata fest, der in 95 Fällen post-operativ wiederhergestellt war. Das Ausmaß der Flussbehinderung korrelierte mit der Schwere der prä-operativen klinischen Symptomatik und stellte den verlässlichsten Prädiktor für deren permanente Besserung dar [35]. Alternativ wurden in pädiatrischen CM I-Patienten signifikante Unterschiede in der Flussgeschwindigkeit des Liquors im Aquädukt und anterioren Spinalkanal am Foramen magnum prä- und post-operativ gemessen [36].

Es ist allerdings festzustellen, dass die für cine PC-MRT Messungen entscheidende Voraussetzung eines regelmäßigen EKG-Signals sowie die ausschließlich herzzyklusabhängigen Ergebnisse bedeutsame Limitationen darstellen. Alle Prozesse außerhalb der Herzfrequenz mit Einfluss auf die Liquordynamik, wie die Atmung, werden grundsätzlich nicht erfasst.

5.2.2 Echtzeit Phasenkontrast-MRT des Liquorflusses

5.2.2.1 Methodik

Methodische Weiterentwicklungen hin zur Echtzeit Phasenkontrast (PC)-MRT ermöglichen die direkte Untersuchung der Liquordynamik mit hoher zeitlicher und räumlicher Auflösung und damit unabhängig von der Annahme eines periodischen Prozesses, d. h. unabhängig vom Herzzyklus. Durch die Kombination einer Reihe von MRT-Techniken wie radiale Ortskodierung, Prinzipien der parallelen Bildgebung und zeitliche Regularisierung der Bildrekonstruktion gelingen serielle (filmische) Messungen mit einer Frequenz von 20 bis 50 Bilder/s (20 bis 50 ms zeitliche Auflösung) [37–39]. Die Rekonstruktion der Daten ergibt für jeden Zeitpunkt ein anatomisches MRT-Bild und eine quantitative Geschwindigkeitskarte (Abb. A.5.3b–i).

5.2.2.2 Neue Einsichten in die Liquordynamik

Mit der Echtzeit PC-MRT lassen sich neue Einsichten in die Physiologie der Flussdynamik gewinnen. So konnte bereits nachgewiesen werden, dass die Atmung und insbesondere die forcierte Inspiration den dominierenden Antrieb darstellt. Mit Beginn einer tiefen Inspiration kommt es zu einer signifikanten Liquorbewegung von kaudal nach kranial in den Schädel hinein bzw. vom 4. in den 3. Ventrikel (Abb. A.5.3b–i). Das Muster lässt sich im gesamten Spinalkanal sowie intrakranial im Aquädukt nachweisen [40–42]. Simultan wird mit der intrathorakalen Druckerniedrigung venöses Blut aus der Kopf/Halsregion in kardiale Richtung gesogen. Daraus lässt sich folgern, dass ein fein abgestimmtes, sich wechselseitig kompensierendes Zusammenspiel zwischen venösem Blutfluss und Liquorsystem einen wichtigen Mechanismus für den Erhalt konstanter intrakranieller Druck- und Volumenverhältnisse darstellt. Diese Erklärung steht im Einklang mit der Monro-Kellie-Doktrin [43] und hat sich inzwischen in der Literatur durchgesetzt [44,45]. Der kardiale Puls bewirkt eine schnell oszillierende Liquorflusskomponente mit niedriger Amplitude, die zervikal/thorakal die größte Ausprägung zeigt [42].

Der Nachweis einer wiederkehrenden Aufwärtsbewegung stellt die bisherigen,

100 Jahre alten Konzepte zur Liquorzirkulation und deren Störungen, die auf den Tierexperimenten von Dandy beruhen, in Frage [46]. Er bestätigt die intraoperativen Beobachtungen der Neurochirurgen über aufwärts gerichtete Bewegungen des Liquors und ändert grundlegend das Verständnis über obstruktiven Hydrozephalus [13]. Das enge Wechselspiel mit dem Venensystem stellt darüber hinaus die Aufwärtsbewegung gegen den hydrostatischen Druck sicher. Damit ist eine essenzielle Bedingung für den Erhalt eines adäquaten Hirnturgors und Auftriebs des Gehirns (Hirnbuoyancy) in aufrechter Körperposition erfüllt. Die mit der Echtzeit PC-MRT gewonnenen Erkenntnisse über zwei sich kompensierende intrakranielle Flüssigkeitssysteme tragen zu einer neuen ganzheitlichen Betrachtung der „Neurofluids" im glymphatischen System bei [45,47,48].

5.2.2.3 Translation in die klinische Anwendung

Die Translation der Methode in die klinische Anwendung ist von großem Interesse, um drängende Fragen zu Pathogenese und Patientenmanagement zu beantworten. Vielversprechend sind Applikationen prä- und post-neurochirurgischer Interventionen, sowie in Patientengruppen mit IIH, iNPH und Syringomyelie als enigmatische Krankheitsbilder letztendlich ungeklärter Genese. Aufbauend auf den bisherigen Studien ist ein Messprotokoll für alle gelisteten Erkrankungen vereinheitlicht worden, welches regelhaft Lokalisationen im lumbalen (L3) und zervikalen (C3) Spinalkanal sowie intrakraniell im Aquädukt umfasst (Abb. A.5.3a), zusätzlich zu ggf. lokalen Pathologien. Wichtige Gesichtspunkte sind dabei einerseits das Überwiegen laminarer Strömungsverhältnisse für zuverlässige Ergebnisse und andererseits die Einbeziehung des gesamten Liquorsystems, um ZNS-weite Folgekomplikationen gestörter Zirkulation nicht zu übersehen. Ein Wechsel zwischen forcierter und Ruheatmung erscheint ebenfalls sinnvoll, da die tiefe Atmung den größten Effekt zeigt. Aus der Vielzahl der Flussparameter sind besonders aussagekräftig Geschwindigkeit (cm/s), Flussrate (ml/s), Spektralanalysen der Frequenzverteilung und verschiedene Korrelationen, z. B. zwischen Liquor- und Venenfluss. Bisher wurden Messungen bei Patienten mit neurochirurgischen Fragestellungen durchgeführt. Prä-operativ konnten Liquorflussbehinderungen visualisiert werden, während post-operative Erfolgskontrollen mit intraoperativen Beobachtungen und dem weiterem klinischen Verlauf korrelierten.

5.2.2.4 Wechselwirkung der Systeme – komplementäre Messungen des Venenflusses

Klinische Beobachtungen bestätigen zunehmend einen Zusammenhang zwischen gestörter Liquorzirkulation und Pathologien des Venensystems. So zählt eine venöse Flussbehinderung zu den auslösenden Faktoren von IIH und überproportional häufig wurden intrakranielle oder zervikale venöse Obstruktionen bei Patienten mit gestörter Liquorzirkulation nachgewiesen [49,50]. Kürzlich konnte nun die tiefe Atmung als ein Kopplungsmechanismus zwischen Liquor- und Venensystem identifiziert werden [51]. Aus diesem Grund erscheint eine Ausdehnung der MRT-Untersuchung auf den venösen Fluss sinnvoll. Eine MR-Angiographie mit venöser Phase ist vielerorts schon Standard. Mittels Echtzeit PC-MRT sind bisher der Sinus sagittalis superior, die Vena jugularis interna, die Vena cava inferior sowie die spinalen epiduralen Venen auf Höhe C3 und L3 untersucht worden.

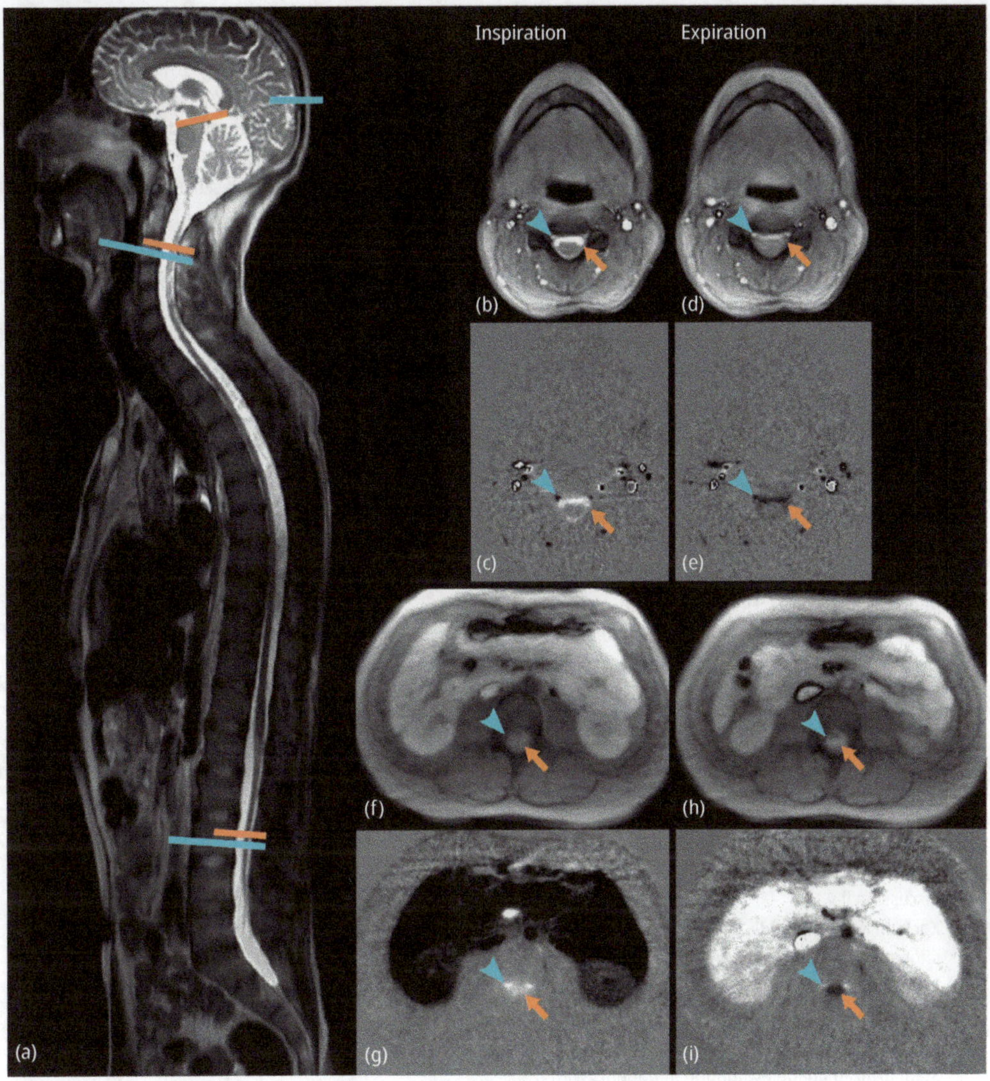

Abb. A.5.3: Echtzeit PC-MRT der Liquordynamik. (a): Sagittales T2-gewichtetes Bild des Liquorraumes mit Messlokalisationen (orange = Liquor; hellblau = Venen) bei L3, C3 sowie intrakranial im Aquädukt und Sinus sagittalis superior. (b)/(d) und (f/h): Die anatomischen Bilder der PC-MRT zeigen Strukturen wie den subarachnoidalen Liquorraum bei C3 und den Durasack bei L3 (orangene Pfeile) sowie epidurale Venen (hellblaue Pfeilköpfe). (c)/(e) und (g)/(i): Die Geschwindigkeitskarten der PC-MRT zeigen ausschließlich Signale fließender Kernspins als Aufwärtsfluss (hell) und kaudal gerichteten Fluss (dunkel). (b)/(c) und (f)/(g) wurden während forcierter Inspiration und (d)/(e) und (h)/(i) während forcierter Exspiration gemessen. C3: Liquor fließt während der Inspiration nach oben (helles Signal im Subarachnoidalraum in [c]), Blut in den epiduralen Venen dagegen verstärkt nach kaudal (sehr dunkles Signal). Während der Exspiration bewegt sich Liquor nach kaudal (dunkles Signal im Subarachnoidalraum in [e]). Die Epiduralvenen zeigen eine verminderte kaudale Flussrate (abgeschwächtes dunkles Signal). L3: Während der Inspiration fließt Liquor nach kranial (helles Signal im Durasack in [g]) und simultan Blut in den epiduralen Venen nach oben (hellblauer Pfeilkopf = helles Signal in [g]). Während der Exspiration fließt Liquor in die entgegengesetzte Richtung nach unten (dunkles Signal im Durasack in [i]), während Blut in den epiduralen Venen den Aufwärtsfluss beibehält (hellblauer Pfeilkopf in [i]).

Literatur

[1] Cuoco JA, Benko MJ, Klein BJ, et al. Idiopathic fourth ventricular outlet obstruction misdiagnosed as normal pressure hydrocephalus: A cautionary case. Surg Neurol Int. 2020;11:305.

[2] Trelles M, Ahmed AK, Mitchell CH, et al. Natural History of Endoscopic Third Ventriculostomy in Adults: Serial Evaluation with High-Resolution CISS. AJNR Am J Neuroradiol. 2018;39:2231–6.

[3] Patra DP, Bir SC, Maiti TK, et al. Role of radiological parameters in predicting overall shunt outcome after ventriculoperitoneal shunt insertion in pediatric patients with obstructive hydrocephalus. Neurosurg Focus. 2016;41:E4.

[4] Pilotto C, Liguoro I, Scaravetti S, et al. Risk Factors of Persistent Hydrocephalus in Children with Brain Tumor: A Retrospective Analysis. Pediatr Neurosurg. 2021;56:205–12.

[5] Agerskov S, Wallin M, Hellstrom P, et al. Absence of Disproportionately Enlarged Subarachnoid Space Hydrocephalus, a Sharp Callosal Angle, or Other Morphologic MRI Markers Should Not Be Used to Exclude Patients with Idiopathic Normal Pressure Hydrocephalus from Shunt Surgery. AJNR Am J Neuroradiol. 2019;40:74–9.

[6] Relkin N, Marmarou A, Klinge P, Bergsneider M, Black PM. Diagnosing idiopathic normal-pressure hydrocephalus. Neurosurgery. 2005;57:S4–16; discussion ii-v.

[7] Kockum K, Lilja-Lund O, Larsson EM, et al. The idiopathic normal-pressure hydrocephalus Radscale: a radiological scale for structured evaluation. Eur J Neurol. 2018;25:569–76.

[8] Kockum K, Virhammar J, Riklund K, et al. Standardized image evaluation in patients with idiopathic normal pressure hydrocephalus: consistency and reproducibility. Neuroradiology. 2019;61:1397–406.

[9] Kockum K, Virhammar J, Riklund K, et al. Diagnostic accuracy of the iNPH Radscale in idiopathic normal pressure hydrocephalus. PLoS One. 2020;15:e0232275.

[10] Fallmar D, Andersson O, Kilander L, et al. Imaging features associated with idiopathic normal pressure hydrocephalus have high specificity even when comparing with vascular dementia and atypical parkinsonism. Fluids Barriers CNS. 2021;18:35.

[11] Virhammar J, Laurell K, Cesarini KG, Larsson EM. The callosal angle measured on MRI as a predictor of outcome in idiopathic normal-pressure hydrocephalus. J Neurosurg. 2014;120:178–84.

[12] Lisanti C, Carlin C, Banks KP, Wang D. Normal MRI appearance and motion-related phenomena of CSF. AJR Am J Roentgenol. 2007;188:716–25.

[13] Bock HC, Dreha-Kulaczewski SF, Alaid A, Gartner J, Ludwig HC. Upward movement of cerebrospinal fluid in obstructive hydrocephalus-revision of an old concept. Childs Nerv Syst. 2019;35:833–41.

[14] Iliff JJ, Lee H, Yu M, et al. Brain-wide pathway for waste clearance captured by contrast-enhanced MRI. J Clin Invest. 2013;123:1299–309.

[15] Jessen NA, Munk AS, Lundgaard I, Nedergaard M. The Glymphatic System: A Beginner‘s Guide. Neurochem Res. 2015;40:2583–99.

[16] Benveniste H, Nedergaard M. Cerebral small vessel disease: A glymphopathy? Curr Opin Neurobiol. 2021;72:15–21.

[17] Wardlaw JM, Benveniste H, Nedergaard M, et al. Perivascular spaces in the brain: anatomy, physiology and pathology. Nat Rev Neurol. 2020;16:137–53.

[18] Ringstad G, Valnes LM, Dale AM, et al. Brain-wide glymphatic enhancement and clearance in humans assessed with MRI. JCI Insight. 2018;3.

[19] Ringstad G, Vatnehol SAS, Eide PK. Glymphatic MRI in idiopathic normal pressure hydrocephalus. Brain. 2017;140:2691–705.

[20] Eide PK, Mariussen E, Uggerud H, et al. Clinical application of intrathecal gadobutrol for assessment of cerebrospinal fluid tracer clearance to blood. JCI Insight. 2021;6.

[21] Eide PK, Pripp AH, Ringstad G. Magnetic resonance imaging biomarkers of cerebrospinal fluid tracer dynamics in idiopathic normal pressure hydrocephalus. Brain Commun. 2020;2:fcaa187.

[22] Eide PK, Valnes LM, Pripp AH, Mardal KA, Ringstad G. Delayed clearance of cerebrospinal fluid tracer from choroid plexus in idiopathic normal pressure hydrocephalus. J Cereb Blood Flow Metab. 2020;40:1849–58.

[23] Edeklev CS, Halvorsen M, Lovland G, et al. Intrathecal Use of Gadobutrol for Glymphatic MR Imaging: Prospective Safety Study of 100 Patients. AJNR Am J Neuroradiol. 2019;40:1257–64.

[24] Nitz WR, Bradley WG, Jr., Watanabe AS, et al. Flow dynamics of cerebrospinal fluid: assessment with phase-contrast velocity MR imaging performed with retrospective cardiac gating. Radiology. 1992;183:395–405.

[25] Enzmann DR, Pelc NJ. Normal flow patterns of intracranial and spinal cerebrospinal fluid defined with phase-contrast cine MR imaging. Radiology. 1991;178:467–74.

[26] Greitz D, Franck A, Nordell B. On the pulsatile nature of intracranial and spinal CSF-circulation demonstrated by MR imaging. Acta Radiol. 1993;34:321–8.

[27] Qvarlander S, Ambarki K, Wahlin A, et al. Cerebrospinal fluid and blood flow patterns in idiopathic normal pressure hydrocephalus. Acta Neurol Scand. 2017;135:576–84.

[28] Hamilton RB, Scalzo F, Baldwin K, et al. Opposing CSF hydrodynamic trends found in the cerebral aqueduct and prepontine cistern following shunt treatment in patients with normal pressure hydrocephalus. Fluids Barriers CNS. 2019;16:2.

[29] Luetmer PH, Huston J, Friedman JA, et al. Measurement of cerebrospinal fluid flow at the cerebral aqueduct by use of phase-contrast magnetic resonance imaging: technique validation and utility in diagnosing idiopathic normal pressure hydrocephalus. Neurosurgery. 2002;50:534–43; discussion 43–4.

[30] Battal B, Kocaoglu M, Bulakbasi N, Husmen G, Tuba Sanal H, Tayfun C. Cerebrospinal fluid flow imaging by using phase-contrast MR technique. Br J Radiol. 2011;84:758–65.

[31] Dixon GR, Friedman JA, Luetmer PH, et al. Use of cerebrospinal fluid flow rates measured by phase-contrast MR to predict outcome of ventriculoperitoneal shunting for idiopathic normal-pressure hydrocephalus. Mayo Clin Proc. 2002;77:509–14.

[32] Bargallo N, Olondo L, Garcia AI, et al. Functional analysis of third ventriculostomy patency by quantification of CSF stroke volume by using cine phase-contrast MR imaging. AJNR Am J Neuroradiol. 2005;26:2514–21.

[33] Brugieres P, Idy-Peretti I, Iffenecker C, et al. CSF flow measurement in syringomyelia. AJNR Am J Neuroradiol. 2000;21:1785–92.

[34] Leclerc A, Matveeff L, Emery E. Syringomyelia and hydromyelia: Current understanding and neurosurgical management. Rev Neurol (Paris). 2021;177:498–507.

[35] McGirt MJ, Nimjee SM, Fuchs HE, George TM. Relationship of Cine Phase-Contrast MRI to Outcome after Decompression for Chiari I Malformation. Neurosurgery. 2006;59:140–6.

[36] Bapuraj JR, Londy FJ, Delavari N, et al. Cerebrospinal fluid velocity amplitudes within the cerebral aqueduct in healthy children and patients with Chiari I malformation. J Magn Reson Imaging. 2016;44:463–70.

[37] Uecker M, Zhang S, Voit D, Karaus A, Merboldt KD, Frahm J. Real-time MRI at a resolution of 20 ms. NMR Biomed. 2010;23:986–94.

[38] Untenberger M, Tan Z, Voit D, et al. Advances in real-time phase-contrast flow MRI using asymmetric radial gradient echoes. Magn Reson Med. 2016;75:1901–8.

[39] Tan Z, Roeloffs V, Voit D, et al. Model-based reconstruction for real-time phase-contrast flow MRI: Improved spatiotemporal accuracy. Magn Reson Med. 2017;77:1082–93.

[40] Dreha-Kulaczewski S, Joseph AA, Merboldt KD, Ludwig HC, Gartner J, Frahm J. Inspiration is the major regulator of human CSF flow. J Neurosci. 2015;35:2485–91.

[41] Dreha-Kulaczewski S, Joseph AA, Merboldt KD, Ludwig HC, Gartner J, Frahm J. Identification of the Upward Movement of Human CSF In Vivo and its Relation to the Brain Venous System. J Neurosci. 2017;37:2395–402.

[42] Dreha-Kulaczewski S, Konopka M, Joseph AA, et al. Respiration and the watershed of spinal CSF flow in humans. Sci Rep. 2018;8:5594.

[43] Wilson MH. Monro-Kellie 2.0: The dynamic vascular and venous pathophysiological components of intracranial pressure. J Cereb Blood Flow Metab. 2016;36:1338–50.

[44] Ludwig HC, Bock HC, Gartner J, Schiller S, Frahm J, Dreha-Kulaczewski S. Hydrocephalus Revisited: New Insights into Dynamics of Neurofluids on Macro- and Microscales. Neuropediatrics. 2021;52:233–41.

[45] Ludwig HC, Dreha-Kulaczewski S, Bock HC. Neurofluids-Deep inspiration, cilia and preloading of the astrocytic network. J Neurosci Res. 2021:99;2804–21.

[46] [46] Dandy WE. Experimental Hydrocephalus. Ann Surg. 1919;70:129–42.

[47] Nedergaard M, Goldman SA. Glymphatic failure as a final common pathway to dementia. Science. 2020;370:50–6.

[48] Matsumae M, Kuroda K, Yatsushiro S, et al. Changing the Currently Held Concept of Cerebrospinal Fluid Dynamics Based on Shared Findings of Cerebrospinal Fluid Motion in the Cranial Cavity Using Various Types of Magnetic Resonance Imaging Techniques. Neurol Med Chir (Tokyo). 2019;59:133–46.

[49] Morris PP, Black DF, Port J, Campeau N. Transverse Sinus Stenosis Is the Most Sensitive MR Imaging Correlate of Idiopathic Intracranial Hypertension. AJNR Am J Neuroradiol. 2017;38:471–7.

[50] Mollan SP, Davies B, Silver NC, et al. Idiopathic intracranial hypertension: consensus guidelines on management. J Neurol Neurosurg Psychiatry. 2018;89:1088–100.

[51] Kollmeier JM, Guerbuez-Reiss LE, Sahoo P, et al. Deep breathing couples CSF and venous flow dynamics. Sci. Rep. 2022;12:2568–80.

A.6 Liquorzirkulationsstörungen: klinische Syndrome

Martin Stangel

6.1 Hydrozephalus

Unter einem Hydrozephalus versteht man eine Erweiterung der Liquorräume zu Lasten der Hirnsubstanz, meist in Verbindung mit einer Erhöhung des intrakraniellen Druckes [1]. Je nach Lokalisation unterscheidet man einen *Hydrozephalus externus* mit Vergrößerung der äußeren Liquorräume und einen *Hydrozephalus internus* mit Erweiterung der Ventrikelräume. Beim *kommunizierenden Hydrozephalus* besteht eine freie Liquorpassage von den Seitenventrikeln bis zum Subarachnoidalraum, während beim *nicht-kommunizierenden Hydrozephalus* eine Flussbehinderung innerhalb des Ventrikelsystems vorliegt. Der *Hydrozephalus e vacuo* stellt eine kompensatorische Erweiterung der Liquorräume als Folge eines Verlustes von Hirngewebe dar (z. B. bei degenerativen Hirnerkrankungen, nach Schädel-Hirn-Trauma oder zerebraler Ischämie), wobei der Hirndruck nicht erhöht ist und dies daher kein Hydrozephalus im engeren Sinn ist.

Der *Normaldruckhydrozephalus* ist eine Sonderform des kommunizierenden Hydrozephalus bei älteren Menschen und wird im nächsten Abschnitt behandelt.

6.1.1 Ätiologie und Pathogenese

Ein Hydrozephalus kann entweder durch Überproduktion von Liquor oder durch verminderte Resorption entstehen. Die bislang einzige bekannte Ursache für eine Überproduktion sind Tumoren des Plexus choroideus, sogenannte Plexuspapillome. Eine verminderte Resorption, ein *Hydrozephalus malresorptivus*, kann sowohl angeboren sein durch Aplasie oder Hypoplasie der Paccioni'schen Granulationen, Missbildungen wie Enzephalozelen oder Lissenzephalie, sowie später auftreten als Folge von Arachnoitiden, Meningitiden, Subduralblutungen, Subduralhämatomen oder Meningeosis carcinomatosa. Auf der anderen Seite bewirkt jede Läsion, die zu einem Abflusshindernis innerhalb der Liquorräume führt, einen *Hydrozephalus occlusus*. Angeborene Ursachen sind Aquäduktatresie oder -stenose, Chiari-Malformationen, Dandy-Walker-Malformationen, Arachnoidalzysten sowie vaskuläre Fehlbildungen wie arterio-venöse Malformationen. Erworbene Ursachen für eine Liquorabflussstörung beinhalten Tumoren, Entzündungen (Ventrikulitis), Blutungen in das Ventrikelsystem sowie Schädel-Hirn-Traumen. Eine sehr seltene Ursache ist der X-chromosomal rezessiv vererbte Hydrozephalus internus [2].

Histopathologische Untersuchungen zeigen eine Schädigung von Myelin und Axonen in der periventrikulären Substanz. Ursächlich erscheint sowohl die mechanische Kompression als auch die Distorsion von Blutgefäßen und die dadurch resultierende Ischämie [3]. Sehr selten kann es durch eine Druckatrophie des Plexus choroideus zu einem spontanen Stillstand des Hydrozephalus kommen (*arretierter Hydrozephalus*), bei dem die Ventrikel erweitert bleiben ohne klinische Zeichen eines erhöhten intrakraniellen Druckes.

6.1.2 Epidemiologie

Die weltweite Prävalenz des Hydrozephalus wird mit 85/100.000 angegeben mit einer Prävalenz von 88/100.000 bei Kindern und 11/100.000 bei Erwachsenen [4]. Ältere haben

https://doi.org/10.1515/9783110331905-007

wieder eine höhere Prävalenz von 175/100.000, wobei hier die meisten Fälle wohl auf einen Normaldruckhydrozephalus zurückzuführen sind. Die Inzidenz von angeborenem Hydrozephalus liegt bei 81/100.000, wobei diese in Ländern mit hohem Einkommen niedriger ist [4]. Durch die erhöhte Überlebensrate von Frühgeborenen mit perinatalen Hirnblutungen kommt es sicherlich auch zu einer Zunahme der Häufigkeit.

6.1.3 Klinisches Bild

Aufgrund der offenen Schädelnähte beim Säugling und Kleinkind unterscheidet sich die klinische Symptomatik eines Hydrozephalus in den *ersten Lebensjahren* deutlich von der im späteren Leben. Es kommt zu einem unproportionalen Wachstum der Schädelkalotte mit Vorwölbung der Stirn (sogenannte „Balkonstirn“), einem tastbaren Klaffen der Schädelnähte und einem scheppernden Geräusch beim Beklopfen der Kalotte (MacEwens Zeichen). Die Fontanelle ist vorgewölbt, gespannt und pulsiert nicht mehr, die Hautvenen am Kopf sind gestaut. Zu Beginn können die Kinder symptomlos bleiben, doch kommt es im Verlauf zu allgemeiner Irritierbarkeit, Gedeihstörung und schließlich zu Blickheberparesen (Sonnenuntergangsphänomen, partielles Parinaud-Syndrom) und Bewusstseinsstörungen. Bei nur geringem Druckgradienten kann ein chronischer frühkindlicher Hydrozephalus trotz massiver Erweiterung der inneren Liquorräume mit Verschmälerung der Hirnrinde fast symptomfrei bleiben. Bei größeren Druckgradienten entwickelt eine Großzahl der Kinder in der Folgezeit neurologische Auffälligkeiten und nur ungefähr 20 % von Frühgeborenen, die wegen eines posthämorrhagischen Hydrozephalus einen Shunt zur Behandlung benötigten, entwickeln sich normal [5].

Nach dem Schluss der Schädelnähte sind die Symptome bei *Kindern und Erwachsenen* durch die Zeichen des erhöhten intrakraniellen Druckes geprägt mit Kopfschmerzen, Übelkeit, Erbrechen, Visusstörung mit Stauungspapillen, Blickparesen durch Parinaud-Syndrom oder Hirnnervenausfälle (besonders N. abducens) und schließlich Bewusstseinstrübung mit nachfolgenden Einklemmungssymptomen. Zu Beginn sind Kopfschmerz und Übelkeit typischerweise morgens stärker ausgeprägt. Bei plötzlichem Verschluss des Liquorabflusses durch Tumoren oder Blutungen kann die Symptomatik durch die schnelle Druckerhöhung auch akut auftreten.

6.1.4 Diagnostik

Durch die pränatale Ultraschalldiagnostik kann ein Hydrozephalus bereits intrauterin erkannt werden. Postnatal kann durch die offene Fontanelle eine Blutung oder Erweiterung der Liquorräume mittels Ultraschall nachgewiesen werden. Bei den regelmäßigen Vorsorgeuntersuchungen mit Messung des Kopfumfanges wird ein überproportionales Wachstum des Kopfes durch Vergleich mit den Wachstumskurven erfasst. Jeder auffällige Befund sollte durch CCT oder MRT des Kopfes ergänzt werden. Damit können Erweiterungen des Ventrikelsystems noch vor dem Auftreten klinischer Symptome oder der Zunahme des Schädelumfanges festgestellt werden. CCT und MRT sind auch bei Erwachsenen die entscheidenden diagnostischen Verfahren. Bei einem Verschlusshydrozephalus kommt es typischerweise zu einer Ballonierung des 3. Ventrikels und Erweiterung der Temporalhörner sowie zu periventrikulären Dichteminderungen. Liegt eine Aquäduktstenose vor, so ist der 4. Ventrikel normal weit; bei Raumforderungen in der hinteren Schädelgrube ist der 4. Ventrikel auch erweitert.

Mit der MR-Diagnostik kann durch liquorsensitive Techniken auch der Fluss im Aquädukt dargestellt werden.

Andere diagnostische Verfahren sind in den Hintergrund gerückt. Bei chronischem Hydrozephalus kommt es zu einem sogenannten Wolkenschädel im nativen Röntgenbild, der durch die Ausdünnung der Kalotte entsteht. Das EEG ist nicht wegweisend und zeigt in der Regel unspezifische Veränderungen mit allgemeiner Verlangsamung. Durch die Verbesserung der bildgebenden Verfahren ist eine Liquordruckmessung zur Diagnosestellung in der Regel nicht erforderlich.

6.1.5 Therapie

Eine vorübergehende Senkung der Liquorproduktion kann durch Carboanhydrasehemmer (Azetazolamid, 1 g/Tag) sowie Furosemid (250 mg/Tag) erreicht werden. Durch wiederholte Gaben von Osmotherapeutika wie Mannit oder Sorbit kann der intrakranielle Druck medikamentös gesenkt werden. Diese Maßnahmen sind jedoch nur begrenzt wirksam.

In vielen Fällen muss ein Hydrozephalus mittels Liquordrainage behandelt werden. Bei akut auftretender Symptomatik oder bei blutigem bzw. infiziertem Liquor muss zunächst eine externe Ventrikeldrainage angelegt werden. Kann der Liquordruck durch medikamentöse Maßnahmen und temporäre externe Ableitung nicht längerfristig normalisiert werden, muss eine permanente Ableitung erfolgen. Hierfür stehen verschiedene Shunt-Systeme zur Verfügung, bei denen über ein Druckventil eine Ableitung aus dem Seitenventrikel zum rechten Herzvorhof (ventrikulo-atrial) oder der Peritonealhöhle (ventrikulo-peritoneal) erfolgt. Komplikationen dieses Verfahrens sind Shunt-Dysfunktion durch Verlegung des Katheters, Über- oder Unterdrainage, Hygrome bzw. Hämatome und Shunt-Infektion. Die Komplikationsrate ist mit bis zu 50 % sehr hoch [6].

Aquäduktstenosen können auch stereotaktisch eröffnet werden und eine Drainage eingelegt werden. Alternativ ist in diesen Fällen auch eine Ventrikulostomie möglich mit Fensterung des Bodens des 3. Ventrikels und Ableitung des Liquors in den zisternalen Subarachnoidalraum [7].

6.1.6 Differentialdiagnose

Mit den bildgebenden Verfahren wird nicht nur der Hydrozephalus diagnostiziert, sondern oft auch die zu Grunde liegende Ursache und Lokalisation eines Abflusshindernisses. Sowohl angeborene Missbildungen als auch erworbene Ursachen wie Hirntumoren oder Blutungen stellen sich dar. Desweiteren gibt die Anamnese Aufschluss über Ursachen wie durchgemachte Meningitiden, Schädel-Hirn-Traumen oder Hirnblutungen.

6.2 Normaldruckhydrozephalus

Der Normaldruckhydrozephalus („normal pressure hydrocephalus“, NPH) stellt eine Sonderform des kommunizierenden Hydrozephalus dar, bei der es zu einer Erweiterung der Liquorräume kommt, ohne dass ein erhöh_ter Liquordruck gemessen wird. Bereits bei der Erstbeschreibung 1965 wurden pathophysiologische und therapeutische Ansätze gefunden, die heute noch ihre Gültigkeit haben [8].

6.2.1 Ätiologie und Pathogenese

In ungefähr der Hälfte der Fälle tritt ein NPH idiopathisch auf (iNPH). Sekundär kommt ein

NPH (sNPH) nach Meningitis, Subarachnoidalblutung oder Schädel-Hirn-Trauma vor, noch seltener nach neurochirurgischen Eingriffen, nach Radiotherapie, nach intrathekaler Methotrexat-Behandlung, bei spinalen Tumoren mit erhöhtem Liquoreiweiß, bei basilärer Impression oder Megadolichobasilaris [9]. Einige Autoren haben den Begriff des sNPH verlassen und sehen den iNPH als eigene Entität, welche als NPH bezeichnet werden sollte [10]. Obwohl der Liquordruck bei einmaliger Lumbalpunktion normal ist, und auch im Mitteldruck allenfalls leicht gesteigert ist, kommen Druckspitzen mit erhöhtem Liquordruck beim NPH vor. Diese ½ bis 2 Minuten dauernden sogenannten B-Wellen treten zwischen 10 % und 90 % der gemessenen Zeit bei kontinuierlicher Druckmessung auf [11]. Anfänglich kommt es zu einer Erweiterung der Ventrikel mit einem Druckgradienten zwischen intra- und extraventrikulärem Raum. Die Ursache hierfür kann beim sekundären NPH in einer Aquäduktstenose oder einem Flusshindernis in den Basalzisternen liegen, ist hingegen beim idiopathischen NPH nicht bekannt. Es wird diskutiert, dass die Pulswellen gegen die Ventrikelwände schlagen („Wasserhammer") und durch eine veränderte Elastizität der Ventrikelwände es zu einem transependymalen Übertritt von Liquor (Liquordiapedese) kommt mit Ödembildung und Schädigung der paraventrikulären Fasern des Marklagers. Eine verminderte Resorption des Liquors scheint nicht ursächlich zu sein, da dabei kein Druckgradient von intraventrikulär nach extraventrikulär auftreten würde.

6.2.2 Epidemiologie

Epidemiologische Daten variieren stark aufgrund von z. T. uneinheitlichen Diagnosekriterien. Es wird eine Prävalenz von 10/100.000 bis 5.900/100.000 berichtet [12,13]. Dabei besteht eine Altersabhängigkeit mit einer Prävalenz von 0,003 % bei unter 65-jährigen und von 0,2 %–2,9 % bei über 65-jährigen. Die höchste Prävalenz mit 5,9 % bei über 80-jährigen wurde in einer schwedischen Studie beobachtet (Jaray et al. 2014). Die Inzidenz wird mit 0,2–5,5/100.000 Patientenjahren angegeben [14]. Krankenkassendaten aus Deutschland geben eine Inzidenz von 1,36/100.000/Jahr an [15]. Das durchschnittliche Erkrankungsalter liegt bei 70 Jahren. In älteren Studien waren Männer etwas häufiger betroffen als Frauen (2:1), wobei neuere Studien dies nicht bestätigten.

6.2.3 Klinisches Bild

Die klassische klinische Trias (Hakim Trias nach dem Erstbeschreiber 1965) aus Gangstörung, Demenz und Blasenstörung tritt bei ungefähr der Hälfte der Patienten auf. Insbesondere die Gangstörung ist bei fast allen Fällen zu finden und wird von einigen Autoren als obligat angesehen, während monosymptomatische Demenz oder Inkontinenz sehr selten sind [16]. Die Symptome können bis zur Diagnosestellung mehrere Jahre bestehen, wobei der NPH unbehandelt eine langsam progrediente Erkrankung ist.

Einheitliche Diagnosekriterien bestehen derzeit nicht. Es wurden internationale Kriterien, japanische Kriterien und Empfehlungen von der American Academy of Neurology veröffentlicht [17–19], bei denen letztlich Konsens besteht, dass die Patienten über 60 Jahre sein sollten, neuroradiologisch erweiterte Ventrikel haben und mindestens eines der Kardinalsymptome Gangstörung, kognitive Störung oder Harninkontinenz haben sollten.

Die *Gangstörung* geht häufig den anderen Symptomen voran und besteht aus einem breitbasigen, kleinschrittigen Gang, mit unregelmäßiger Schrittlänge, häufig auch Stolpern und Stürzen. Die Patienten klagen über Startschwierigkeiten beim Losgehen (sogenanntes Magnetphänomen) sowie Gleichgewichtsstörungen besonders beim Treppensteigen. Im Gegensatz dazu können Gehbewegungen im Liegen gut ausgeführt werden. In späteren Krankheitsstadien können auch das Stehen und Sitzen beeinträchtigt sein und selten auch die oberen Extremitäten mitbetroffen sein. Ein Ruhetremor, gegebenenfalls mit Ansprechen auf L-Dopa, spricht jedoch für eine Komorbidität mit einem M. Parkinson.

Die *Demenz* ist in aller Regel nur milde ausgeprägt in Form von subkortikalen kognitiven Defiziten wie Gedächtnis- und Aufmerksamkeitsstörung, Verlangsamung psychischer und motorischer Prozesse, Antriebsmangel und affektive Indifferenz [20].

Die *Blasenstörung* macht sich zu Beginn meist als imperativer Harndrang bemerkbar und erst in späteren Krankheitsstadien kommt es zu einer Harninkontinenz. Durch Schädigung des periventrikulären Marklagers kommt es zu einem partiellen Verlust inhibitorischer Fasern der Blasenkontraktion mit Hyperreflexie und Instabilität des Detrusors bei erhaltener Sphinkterfunktion.

6.2.4 Diagnostik

Die Diagnostik mit kraniellem *CT* oder *MRT* zeigt eine Erweiterung aller Ventrikel und oft enge, verstrichene Sulci über der Konvexität, während der Subarachnoidalraum z. B. an der Sylvischen Fissur dysproportional erweitert ist. Eine Erweiterung der Ventrikel ist eine Voraussetzung für die Diagnose NPH. Häufig sind flächige periventrikuläre Marklagerläsionen um die Vorder- und Hinterhörner sichtbar, die der transependymalen Liquorabsorption zugeschrieben werden (Abb. A.6.1). Eine Reihe von neuroradiologischen quantitativen und qualitativen Kriterien wurden beschrieben, allerdings haben sich diese bislang in der Routinediagnostik nicht durchgesetzt [16]. Neben den für einen NPH typischen Veränderungen kann die MRT auch weitere Komorbiditäten wie z. B. eine Mikroangiopathie aufzeigen.

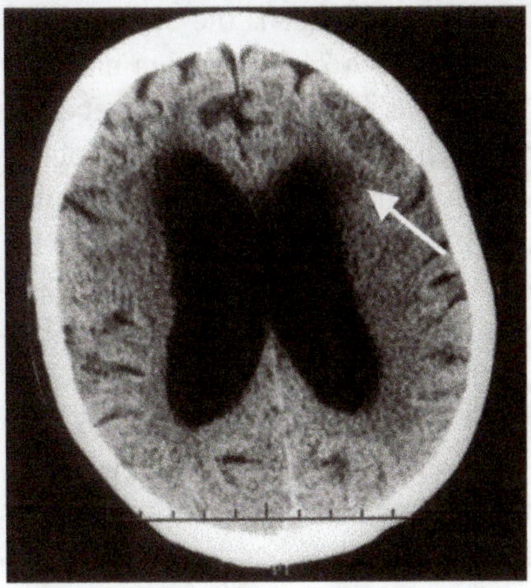

Abb. A.6.1: Normaldruckhydrozephalus. CCT mit Erweiterung der Seitenventrikel und periventrikulärer Hypodensität um die Vorderhörner (Pfeil).

Bei der diagnostischen *Lumbalpunktion* zeigt sich ein normaler Eröffnungsdruck, der Eiweißgehalt und die Zytologie sind in der Regel normal. Eine Messung des Eröffnungsdruckes ist jedoch nicht zwingend erforderlich, da dieser die Diagnose eines NPH weder verifiziert noch ausschließt. Entscheidend ist das klinische Ansprechen auf das Ablassen von 30–50 ml Liquor. In vielen Fällen zeigt sich eine klinische Besserung, die sich mit einfachen Tests dokumentieren lässt. Vor und nach der Punktion sollte das Gangbild auf Schrittgröße und Geschwindigkeit geprüft werden. Die kognitiven Defizite können mit Wortflüssigkeit (Anzahl von Worten beginnend mit A bzw. B, die innerhalb einer Minute aufgezählt werden), serieller Subtraktion (Zeit, die benötigt wird für 100 minus 7 [bzw. 8] bis 50 unterschritten ist) und verbalem Gedächtnis (Lernen und Wiedergabe einer Liste von 10 Worten) getestet werden. Alternativ wird auch der MOCA-Test (Montreal cognitive assessment test) in den zwei unterschiedlichen verfügbaren Versionen eingesetzt. Kommt es nach der Lumbalpunktion zu einer Besserung von mindestens 20 %, so ist die Diagnose eines NPH sehr wahrscheinlich. Die stärkste Verbesserung zeigt sich 24–48 Stunden nach der Liquorentnahme, so dass die Tests gegebenenfalls mehrfach durchgeführt werden sollten. Bei zweifelhaftem Ergebnis sollte die Punktion nach 2–3 Tagen wiederholt werden. Bei einigen Patienten zeigt sich eine klinische Besserung auch erst nach wiederholten Lumbalpunktionen. Eine kontinuierliche Liquorableitung von 100–200 ml täglich für 3–5 Tage wurde von verschiedenen Autoren zwar propagiert, hat sich in der klinischen Praxis aber nicht durchgesetzt.

Eine *kontinuierliche Liquordruckmessung* hat sich in einigen Zentren bewährt, wobei das häufige Auftreten von B-Wellen ein guter prädiktiver Wert für das Ansprechen auf eine Shunt-Operation zu sein scheint. Diese Technik steht jedoch nicht in allen Zentren zur Verfügung.

Das *EEG* zeigt unterschiedliche Allgemeinveränderungen, die diagnostisch nicht wegweisend sind. Ebenso zeigen die *Radionuklid-Zisternographie* und *CT-Zisternographie* zur Darstellung der Liquorzirkulationsstörung keine diagnostischen oder prognostischen Vorteile.

6.2.5 Therapie

Die Therapie der Wahl beim NPH ist die *Shunt-Operation*. Die Erfolgsrate variiert stark zwischen den Studien, bedingt durch die unterschiedlichen Einschlusskriterien und Outcome-Parameter. Neuere Studien zeigen ein Ansprechen von 70–90 % in einem Zeitraum von 2 Jahren und 40 % nach 5 Jahren [19,21]. Die Komplikationsrate liegt bei 5–40 %, wobei sich diese in den letzten Jahren auch durch Einsatz neuer Techniken verbessert hat. Daher sollte die Indikation zur Shunt-Operation mit großer Sorgfalt getroffen werden. Eine Reihe von Untersuchungen hat versucht, prädiktive Faktoren für ein positives Ansprechen auf eine Shunt-Operation zu finden. Ein guter therapeutischer Effekt scheint danach wahrscheinlich, wenn die Gangstörung im Vordergrund steht, keine kognitiven Defizite vorliegen und wenn im CCT/MRT typische Befunde für einen NPH zu finden sind ohne Zeichen einer zerebrovaskulären Erkrankung, sowie bei vorübergehender klinischer Besserung nach Lumbalpunktion [16,22,23]. Die positiven und negativen Prädiktoren sind in Tab. A.6.1 zusammengefasst. Letztlich gibt es aber keine sicheren Kriterien, so dass in jedem Fall individuell entschieden werden muss. Aufgrund der Progredienz der Erkrankung wird eine frühe Shunt-Anlage nach Diagnosestellung empfohlen [10].

Bei Patienten, die eine Kontraindikation für eine Shunt-Einlage haben, können alternativ regelmäßige Lumbalpunktionen durchgeführt werden.

Pharmakologische Therapien stehen bislang keine zur Verfügung. Regelmäßige Physiotherapie sollte die chirurgische Therapie komplementieren.

6.2.6 Differentialdiagnose

Die klinische Trias Gangstörung, Demenz und Blasenstörung kann auch bei anderen Erkrankungen auftreten und die meisten Patienten haben keinen NPH. Bei *Parkinson-Syndromen* tritt eine ähnliche Gangstörung auf, vor allem bei einem vaskulär bedingten sogenannten „lower body parkinsonism“, oder kombiniert mit Demenz und Blasenstörung bei der Multisystematrophie und der progressiven supranukleären Paralyse (Steel-Richardson-Olszew-

Tab. A.6.1: Prädiktive Faktoren für ein Ansprechen auf eine Shunt-Operation bei NPH.

Prädiktiver Faktor	positiv	negativ
Ätiologie	bekannt (sekundärer NPH)	unbekannt (idiopathischer NPH)
Krankheitsdauer	kurz	lang
Klinik	initial Gangstörung leichte Demenz	schwere Demenz Demenz initial
CCT/MRT	nur mäßige Ventrikulomegalie keine Läsionen periventrikulär keine Marklagerläsionen keine Atrophie erhöhter pulsatiler Fluss im Aquädukt	zerebrale Atrophie zerebrovaskuläre Läsionen
Lumbalpunktion	klinische Besserung	keine Besserung
Liquordruckmessung	hohe Frequenz von B-Wellen (> 50 %) Liquorausflusswiderstand > 18 mmHg/ml	niedrige Frequenz von B-Wellen (< 10 %)

ski-Syndrom). Andererseits kann insbesondere in späteren Stadien auch beim NPH eine hypokinetische Bewegungsstörung vorliegen.

Die Demenz muss insbesondere von der *subkortikalen arteriosklerotischen Enzephalopathie* (SAE) abgegrenzt werden, wobei die bildgebende Diagnostik nicht in allen Fällen eine klare Unterscheidung erlaubt. Auch klinische Risikofaktoren wie Hypertonus können bei beiden Erkrankungen überlappen [24]. Die Abgrenzung zum *Morbus Alzheimer* sollte in aller Regel nicht schwerfallen, da hier motorische Störungen selten sind und neuropsychologisch kortikale Symptome wie Agnosie, Apraxie und Aphasie beim NPH nicht auftreten. Auch sind die Liquormarker Aβ und Tau-Protein bei NPH normal. Im CCT oder cMRT zeigt sich im Gegensatz zum NPH eine Atrophie mit erweiterten Sulci auch an der Konvexität. Ist die Demenz klinisch im Vordergrund, sollte die Diagnose NPH ohnehin nochmals überprüft werden. Erweiterte Liquorräume sind bei degenerativen Erkrankungen zu finden, wobei dies einem *Hydrozephalus e vacuo* ohne Hirndruck entspricht.

Die Kombination mehrerer häufiger Erkrankungen bei älteren Menschen kann zu einem klinisch ähnlichen Bild wie beim NPH führen, so z. B. eine zervikale Myelopathie verbunden mit einer Prostatahyperplasie und milden kognitiven Defiziten.

6.3 Idiopathischer intrakranieller Hypertonus

Der idiopathische intrakranielle Hypertonus (IIH, früher Pseudotumor cerebri) ist ein heterogenes Krankheitsbild mit erhöhtem intrakraniellem Druck ohne intrazerebrale Raumforderung oder Hydrozephalus.

6.3.1 Ätiologie und Pathogenese

Die Ursache eines IIH ist häufig unbekannt. Gesicherte Risikofaktoren scheinen Übergewicht und Gewichtszunahme zu sein, insbesondere bei jungen Frauen mit unregelmäßiger Menstruation. Weniger gut belegt sind *endokrinologische Ursachen* (M. Addison, M. Cushing, Hypothyreose, Hypophysenadenom, Hypo- und Hyperparathyreoidismus) sowie *metabolische Störungen* (Galaktosämie, Mukoviszidose, Vitamin A/D-Mangel, Anti-Chymotrypsin-Mangel). Auch eine Reihe von *Medikamenten* wurde mit einer IIH in Verbindung gebracht (Tab. A.6.2). Eine sekundäre IIH kann bei Liquorzirkulationsstörungen durch Überproduktion (z. B. Plexuspapillom) oder verminderte Resorption bei Sinusvenenthrombose sowie bei *verändertem Liquorproteingehalt* auftreten (Guillain-Barré-Syndrom, Lupus erythematodes, spinale Tumoren). Zumindest einem Teil der bislang als idiopathisch eingeschätzten IIH-Fälle scheint eine *partielle Sinusvenenthrombose* zugrunde zu liegen [25]. Verbesserte kernspintomographische Methoden werden in Zukunft wahrscheinlich häufiger den Nachweis solcher Teilthrombosen auch kleinerer Venen erbringen können. Schließlich wird auch ein *erhöhter zentralvenöser Druck* (z. B. bei Rechtsherzversagen) ursächlich diskutiert [26].

Die Visusminderung entsteht durch das Ödem an der Optikusscheide und die kurzzeitigen Visusminderungen werden als kurzzeitige Durchblutungsstörungen am N. opticus interpretiert.

Tab. A.6.2: Medikamente, die ursächlich beim idiopathischen intrakraniellen Hypertonus diskutiert werden.

– Tetrazykline	– Phenytoin
– Nitrofurantoin	– Indomethazin
– Sulfamethoxazol	– Amiodaron
– Phenothiazine	– Wachstumshormon
– Chlorpromazin	– Kortikosteroide
– Fluoridazin	– Orale Kontrazeptiva
– Lithiumcarbonat	– Vitamin A

6.3.2 Epidemiologie

Die Inzidenz des IIH wird mit ca. 1/100.000 angegeben, ist jedoch bei übergewichtigen jungen Frauen zwischen 15 und 44 Jahren auf das 10-20-fache gesteigert. In Minnesota hat sich die Inzidenz von 1/100.000 in der Zeit von 1990–2001 auf 2,4/100.000 in der Zeit von 2002–2014 mehr als verdoppelt und lag bei Frauen zwischen 15 und 44 Jahren bei 22/100.000 [27]. Frauen sind 8-10-mal häufiger betroffen als Männer. Bei Kindern scheinen Übergewicht und Geschlecht keine Rolle zu spielen [28].

6.3.3 Klinisches Bild

Die typischen Symptome eines IIH sind Kopfschmerz, Stauungspapille und Sehstörung [29]. Ein- oder beidseitige pulsierende *Kopfschmerzen*, oft begleitet von Übelkeit und Erbrechen, sind bei 84 % das erste Symptom [30]. *Stauungspapillen* sind bei nahezu allen Fällen vorhanden, wobei der Befund variieren kann und auch Fälle ohne Stauungspapillen wurden beschrieben [31]. Als Folge der Optikusschädigung treten verschiedene *visuelle Symptome* auf: Häufig sogenannte transiente Obskurationen mit episodischem Verschwommensehen, Visusverschlechterung, Vergrößerung des blinden Fleckes und Gesichtsfelddefekte bis zur vollständigen Erblindung. Doppelbilder durch Abduzensparesen kommen bei bis zu 40 % der Fälle vor, selten können auch Fazialisparesen auftreten. Tinnitus und Nackensteife sind weitere Symptome, die vorhanden sein können [29]. Weiterhin scheint die Inzidenz von psychosozialen Schwierigkeiten und Depressionen bei Patienten mit IIH erhöht zu sein [32].

In vielen Fällen ist der klinische Verlauf selbstlimitiert mit spontanen Remissionen nach Wochen oder Monaten bzw. nach wiederholten Lumbalpunktionen oder nach Beendigung einer medikamentösen Therapie [33].

6.3.4 Diagnostik

Ein kranielles *MRT* mit Venogramm zum Ausschluss von symptomatischen Ursachen oder venösen Abflussstörungen ist immer erforderlich. Beim IIH sind die Ventrikel eher schmal und es wird häufig eine „empty Sella“ beschrieben. Gelegentlich kann im MRT eine Schwellung der Optikusscheide gesehen werden.

Der Liquordruck bei der *Lumbalpunktion* im Liegen ist > 250 mm H_2O-Säule. Die Liquorzytologie und -chemie sind normal.

Ophthalmologische Untersuchungen zur Erfassung des Papillenödems sowie regelmäßige Visuskontrollen und Perimetrie (initial wöchentlich) sind unerlässlich. Die Optikusschädigung beginnt meist mit einem nasal inferioren Gesichtsfelddefekt. In der optischen Kohärenztomografie (OCT) lässt sich häufig eine Verdickung der peripapillären Nervenfaserschicht als Zeichen des Stauungsödems nachweisen [34].

Eine *endokrinologische Diagnostik* zeigt zwar keinen einheitlichen Befund, kann aber in einigen Fällen eine zugrundeliegende oder zumindest assoziierte Störung aufdecken.

6.3.5 Therapie

Das wesentliche Ziel der Therapie ist es, durch Reduktion des intrakraniellen Druckes einen irreversiblen Optikusschaden zu verhindern. Potenziell *verursachende Medikamente* (Tab. A.6.2) sollten abgesetzt werden.

Eine *Gewichtsreduktion* bei adipösen Patienten kann schon bei geringer Reduktion des Körpergewichtes zu einem deutlichen Rückgang des Papillenödems führen und somit das Risiko einer irreversiblen Schädigung reduzieren [35].

Wiederholte Lumbalpunktionen (tägliches Ablassen von 25 ml Liquor, bis der Liquordruck unter 180 mm H_2O ist, mit anschließender Verlängerung der Intervalle) sollten bei vorhandenen Visusminderungen durchgeführt werden.

Parallel hierzu kann die Liquorproduktion medikamentös mit Azetazolamid (2 × 250–2000 mg, einschleichend, ist off-label) gesenkt werden [30], wobei manchmal eine metabolische Azidose oder Parästhesien der Hände limitierend sein können. Alternativ kann Topiramat (50–200 mg/Tag) eingesetzt werden, wobei die Studiendaten hier schlechter sind [36]. Das Senken des zentralvenösen Druckes mit Furosemid (40–250 mg täglich) kann unterstützend wirken. Einige Autoren empfehlen als nächsten Schritt die Behandlung mit Steroiden (2 mg/kg KG für 2 Wochen) [33]. Dieses Behandlungsprinzip wurde aber weitestgehend wieder verlassen [29,37], auch wegen eines möglichen ursächlichen Zusammenhangs zwischen Steroiden und IIH.

Lässt sich mit diesen Maßnahmen der Liquordruck nicht dauerhaft senken, so muss die Anlage eines lumbo-peritonealen Shunts in Erwägung gezogen werden. Wegen der hohen Komplikationsrate sollte die Indikation jedoch erst nach Ausschöpfung anderer Möglichkeiten gestellt werden. Die chirurgische *Dekompression des N. opticus* durch retrobulbäre Fensterung der Optikusscheide führt bei den meisten Patienten zu einer Stabilisierung, wobei der Eingriff beidseitig erfolgen sollte [38].

Symptomatische Formen des IIH sollten entsprechend der Ursache behandelt werden. Allerdings ist derzeit noch unklar, ob bei partiellen Venenthrombosen eine Antikoagulation wie bei der Sinusvenenthrombose indiziert ist.

6.3.6 Differentialdiagnose

Differentialdiagnostisch müssen letztlich alle Ursachen für einen gesteigerten Hirndruck in Betracht gezogen werden. In erster Linie sind dies *intrakranielle Raumforderungen* oder anlagebedingte Ursachen für eine Liquorabflussstörung, die durch die bildgebende

Diagnostik ausgeschlossen werden müssen. *Sinusvenenthrombosen* werden mittels MRT erfasst, eine Angiografie ist heutzutage in der Regel nicht erforderlich. Chronische meningeale Reizungen durch *Infektionen* oder eine *Meningeosis carcinomatosa* werden durch die Liquoruntersuchung erfasst, ebenso wie Zustände mit *erhöhtem Liquorprotein* (Guillain-Barré-Syndrom, Lupus erythematodes, M. Behçet, spinaler Tumor). Bei *ischämisch bedingten Papillenödemen* und *Thrombosen der retinalen Zentralvene* tritt der Visusverlust plötzlich auf und ist in der Regel einseitig. Auch ist der Liquordruck nicht erhöht. Gleiches gilt für die entzündliche *Papillitis/Optikusneuritis*. Die Abgrenzung von *Drusenpapillen* als Anlageanomalie kann bei gleichzeitig vorhandenen Kopfschmerzen schwierig sein, allerdings ist hier der Liquordruck normal und der ophthalmologische Befund bleibt im Verlauf konstant.

6.4 Idiopathisches (spontanes) Liquorunterdrucksyndrom

Bereits 1938 wurde das spontane Liquorunterdrucksyndrom als eigenständiges Krankheitsbild beschrieben [39], welchem durch die Einführung neuer diagnostischer und therapeutischer Möglichkeiten wieder vermehrt Aufmerksamkeit geschenkt wurde, da hier eine behandelbare Ursache von Kopfschmerzen zur Verfügung steht. Zu unterscheiden sind ein spontanes und ein iatrogenes Liquorunterdrucksyndrom, letzteres in der Regel nach Lumbalpunktion und somit in der Ätiologie bekannt.

6.4.1 Ätiologie und Pathogenese

Ursprünglich wurde vermutet, dass der spontane Liquorunterdruck entweder durch eine verminderte Produktion oder durch vermehrte Reabsorption des Liquors hervorgerufen wird [39]. Mittlerweile wird die Ursache des spontanen Liquorunterdrucksyndroms in einem spinalen Liquorleck gesehen. Entsprechend der Monro-Kellie-Doktrin [40] ist das Volumen von Gehirn, Blut und Liquor im Kopf konstant und bei Volumenverlust einer der Komponenten muss eine andere dieses ausgleichen. Da das Gehirnvolumen relativ wenig veränderbar ist, kommt es bei einem Verlust von Liquor zu einer Vermehrung des Blutvolumens, was zu einer Erweiterung des vaskulären Raumes in der Dura führt. Dies äußert sich in einer Verdickung der Dura und Dilatation der duralen venösen Sinus. Es kommt dabei auch zu einer Kaudalverlagerung des Gehirns mit Dehnung schmerzsensibler Strukturen (Meningen, Gefäße, Hirnnerven) als mögliche Ursache für die typischen lageabhängigen Kopfschmerzen und Begleitsymptome [41,42].

Durch neue hochauflösende bildgebende Techniken konnten in den letzten beiden Dekaden mehrere Ursachen für ein spontanes Liquorunterdrucksyndrom beschrieben werden: Am häufigsten mit ca. 42 % sind spinale meningeale Divertikula, gefolgt von ventralen duralen Einrissen (ca. 27 %) und Liquor-venösen Fisteln (ca. 3 %) sowie Kombinationen davon [42]. Bei den *meningealen Divertikeln* handelt es sich um durale Dehiszenzen, die eine Protrusion der Leptomeningen durch den duralen Effekt ermöglichen und somit eine Schwachstelle für einen Einriss darstellen. Meist sind diese thorakal oder hoch lumbal zu finden. Bindegewebserkrankungen wie das Marfan-Syndrom oder das Ehlers-Danlos-Syndrom stellen eine Prädisposition dar. *Ventrale durale Einrisse* werden meist durch verkalkte Protrusionen von Bandscheiben oder scharfe Osteophyten hervorgerufen. Liquor-venöse Fisteln wurden erst 2014 beschrieben [43]. Der Fluss in den Fisteln ist unidirektional vom Liquor in das venöse

System, da physiologischerweise der Liquordruck höher ist als der venöse Druck. Die häufigste Lokalisation der Fisteln ist thorakal.

6.4.2 Epidemiologie

Das idiopathische (spontane) Liquorunterdrucksyndrom wird als seltene Erkrankung angesehen. Die jährliche Inzidenz beträgt 5/100.000 mit einem Altersgipfel um das 40. Lebensjahr [44]. Frauen sind doppelt so häufig betroffen wie Männer.

6.4.3 Klinisches Bild

Orthostatische Kopfschmerzen in aufrechter Position mit Besserung im Liegen sind das typische klinische Merkmal eines spontanen Liquorunterdrucksyndroms. Die Variabilität ist jedoch groß und initial lageabhängige Kopfschmerzen können im Verlauf von chronischen, ständig vorhandenen Kopfschmerzen abgelöst werden. Begleitend können *Übelkeit* und *Erbrechen, Nackenschmerz, Tinnitus, Doppelbilder* aufgrund einer Abduzensparese oder sehr selten Störungen anderer Hirnnerven, *Verschwommensehen* und *Dysgeusie* auftreten [42,45]. Bei einigen Patienten können sich subdurale Hämatome bilden, die gelegentlich symptomatisch sein können und chirurgisch entlastet werden müssen. Das klinische Bild hat sich in den letzten Jahren erweitert und Fälle ohne Kopfschmerz oder mit normalem Liquordruck wurden beschrieben [46]. Hier kommt es wohl bei hochnormalem Liquordruck zu einer Volumenreduktion und den pathophysiologischen Veränderungen, ohne dass eine Erniedrigung des absoluten Liquordruckes auftritt. Es wurde daher vorgeschlagen, den Begriff der Liquorhypovolämie statt des Liquorunterdruckes für dieses Syndrom zu benutzen.

6.4.4 Diagnostik

Das *MRT* des Kopfes zeigt typischerweise eine diffuse, gleichförmige Gadolinium-Anreicherung der Meningen (Abb. A.6.2), welche auch an den spinalen Meningen zu finden ist. Dieser Befund ist zwar nicht spezifisch, jedoch sehr charakteristisch und bei anderen Differentialdiagnosen kommt es in der Regel zu umschriebenen, irregulären oder nodulären Anreicherungen. Es wurden auch einige Patienten mit nachgewiesenem Liquorleck ohne meningeale Anreicherung beschrieben [47]. Zeichen einer Kaudalverlagerung des Gehirns, bei der ein Absinken der Corpora mammilaria in Richtung Pons zu sehen ist, werden regelhaft gesehen [41,42]. Seltener sind subdurale Flüssigkeitsansammlungen bis hin zu subduralen Hämatomen im MRT zu finden. Mit Rückbildung der klinischen Symptomatik sind auch diese Auffälligkeiten im MRT rückläufig.

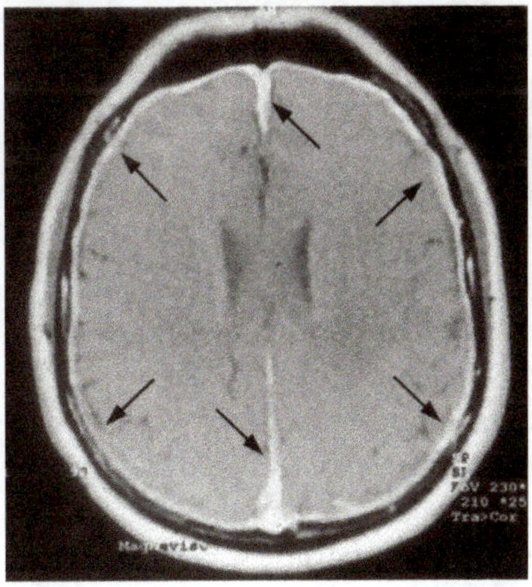

Abb. A.6.2: Spontanes Liquorunterdrucksyndrom. MRT des Kopfes in T1-Wichtung mit homogener Gadoliniumanreicherung der Meningen (Pfeile).

Die spinale Bildgebung spielt eine wichtige Rolle, um das Liquorleck zu lokalisieren und damit die Diagnose auch noch weiter zu untermauern. Sowohl MRT (insbesondere T2-Sequenzen mit Fettunterdrückung) als auch eine hochauflösende CT-Myelografie werden eingesetzt, um die epiduralen Liquoransammlungen zu demonstrieren [42]. Das MRT mit intrathekaler Gabe von Gadolinium hat keine wesentlichen Vorteile gezeigt, so dass diese off-label Anwendung überwiegend nicht mehr eingesetzt wird. Ebenso wurde die *Liquorszintigrafie*, welche viele Jahre zum Nachweis eines Liquorlecks eingesetzt wurde, aufgrund der schlechten räumlichen Auflösung verlassen.

Der *Liquordruck* ist in aller Regel erniedrigt bis hin zur „punctio sicca", aber wie erwähnt ist dies nicht obligat. Im Liquorbefund zeigen sich häufig Auffälligkeiten mit erhöhter Zellzahl und/oder erhöhtem Proteingehalt [48].

Bei eindeutiger Klinik und entsprechenden Zusatzuntersuchungen kann auf eine *Meningealbiopsie* verzichtet werden. Sollte sie in seltenen Fällen zur differentialdiagnostischen Abklärung erforderlich sein, so findet sich beim spontanen Liquorunterdrucksyndrom an der subduralen Seite der Dura eine dünne Schicht mit Fibroblasten und kleinen dünnwandigen Blutgefäßen in einer amorphen Matrix ohne Hinweis auf Entzündung oder Blutung. Bei länger bestehenden Beschwerden scheint es auch zu einer Verdickung der Arachnoidea zu kommen [48].

Nach den *Diagnosekriterien der International Classification of Headache Disorders* (ICHD-3) muss der Kopfschmerz in zeitlichem Zusammenhang mit einem erniedrigten Liquordruck stehen oder dieser muss zur Diagnose des erniedrigten Liquordruckes geführt haben. Als objektive Kriterien werden ein Liquordruck < 60 mm H_20 und/oder in der Bildgebung ein Liquorleck nachgewiesen sein [49].

6.4.5 Therapie

Therapeutisch werden eine konservative Therapie, epidurale Blut-Patches und chirurgische Interventionen eingesetzt. Bei einer Reihe von Patienten kommt es zu einer spontanen Besserung. Neben allgemeinen Maßnahmen wie *Flachlagerung* und oraler Hydratation wird die orale Gabe von Koffein (300 mg) empfohlen. Analgetika (z. B. Paracetamol, ASS) haben in der Regel keine Wirkung beim idiopathischen Liquorunterdrucksyndrom.

Bei anhaltenden Beschwerden wird meist ein *epiduraler Blut-Patch* eingesetzt [42,45]. Dabei wird eine epidurale Eigenblutinjektion (ca. 20 ml) auf Höhe des nachgewiesenen Liquorlecks epidural instilliert. Kann das Leck nicht genau lokalisiert werden, kann diese Injektion auch nicht gezielt lumbal/thorakolumbar durchgeführt werden und durch Kopftieflagerung von 30° für 10 Minuten oder Bauchlagerung für 30–60 Minuten verteilt sich das Blut über mehrere Segmente, so dass auch zerviko-thorakale Abschnitte erreicht werden. Alternativ zum Eigenblut kann auch Fibrinkleber benutzt werden, ist aber off-label.

Die operative Therapie bleibt den Fällen mit klar lokalisiertem Liquorleck und Versagen der Therapie mit einem Blut-Patch vorbehalten. Auch bei Liquor-venösen Fisteln kann eine operative Therapie erwogen werden, da diese meist schlechter auf Blut-Patches ansprechen.

6.4.6 Differentialdiagnose

Durch die Anamnese können Lumbalpunktionen, Myelografie, neurochirurgische Eingriffe sowie Schädel-Hirntraumen mit Liquorrhoe als symptomatische Formen mit bekanntem Liquorleck abgegrenzt werden. Eine diffuse meningeale Gadolinium-Anreicherung ist selten auch bei entzündlichen Erkrankungen zu sehen, wobei die Abgrenzung zur viralen Meningitis sicherlich die häufigste ist, seltener kommen Sarkoidose, Tuberkulose, Lues oder

Borreliose vor. Wichtig ist auch die Unterscheidung von einer Meningeosis carcinomatosa und einem Lymphom. Obwohl häufig der Liquorbefund wegweisend sein kann und bei diesen Erkrankungen die meningeale Anreicherung im MRT meist nicht so einheitlich und durchgehend ist, ist in Einzelfällen eine Meningealbiopsie erforderlich.

6.5 Arachnoidalzysten

6.5.1 Ätiologie und Pathogenese

Arachnoidalzysten sind umschriebene flüssigkeitsgefüllte Hohlräume, die in der Regel durch eine Differenzierungsstörung der Leptomeningen entstehen, seltener nach Traumen oder Meningitiden. Sie liegen in einer Arachnoidea-Duplikation oder zwischen Arachnoidea und Pia und kommunizieren in der Regel nicht mit dem Subarachnoidalraum. Oft ist gleichzeitig eine Dysplasie oder Aplasie der angrenzenden Hirnstrukturen zu finden. Nur selten haben sie einen raumfordernden Charakter. Die häufigste Lokalisation ist die mittlere Schädelgrube mit 50–60 %, sowie die hintere Schädelgrube, wobei Lage und Größe extrem variabel sein können, ohne dass eine Korrelation zur klinischen Symptomatik besteht. Die meisten Arachnoidalzysten sind Zufallsbefunde.

Eine klinische Symptomatik kann auftreten, wenn Arachnoidalzysten einen raumfordernden Charakter haben. Dies kann durch einen Ventilmechanismus entstehen. Besonders bei Lokalisationen in der Mittellinie oder in der hinteren Schädelgrube kann es zu einer Kompression des Aquäduktes und zu einem Verschlusshydrozephalus kommen. Durch Einblutung infolge eines Einreißens von Gefäßen, die in der Zystenwand verlaufen, oder durch Ruptur der Zystenwand, können akut fokale Symptome auftreten.

6.5.2 Epidemiologie

Arachnoidalzysten sind oft ein Nebenbefund bei CT- und MR-Untersuchungen des Kopfes (Abb. A.6.3). Die Häufigkeit wird bei Kindern mit 2,6 % angegeben und bei Erwachsenen mit 1,4 % [50,51]. Das männliche Geschlecht überwiegt. Sie können multipel auftreten oder auch Bestandteil komplexer Fehlbildungen sein. Einige Erkrankungen sind mit einer Häufung von Arachnoidalzysten assoziiert, wie z. B. autosomal-dominante polyzystische Nierenerkrankungen, Mukopolysaccharidose, Neurofibromatose, Aicardi-Syndrom und andere [52].

6.5.3 Klinisches Bild

Die meisten Arachnoidalzysten bleiben klinisch symptomlos. In der Regel bleibt die Größe über die Zeit konstant und nur sehr selten kommt es zu einer Expansion der Zysten. Weniger als 10 % verursachen klinische Beschwerden, die auf die Zysten zurückgeführt werden. Die Symptomatik ist entsprechend der Lokalisation sehr variabel mit epileptischen Anfällen, Hemisymptomatik oder Zeichen eines erhöhten Hirndruckes bei Aquäduktkompression.

6.5.4 Diagnostik

Im CCT und MRT stellen sich Arachnoidalzysten als liquorisodense bzw. -isointense, scharf begrenzte Strukturen dar (Abb. A.6.3). Typisch ist auch eine Hypoplasie der angrenzenden Hirnstrukturen.

6.5.5 Therapie

Nur symptomatische oder raumfordernde Arachnoidalzysten sollten behandelt werden.

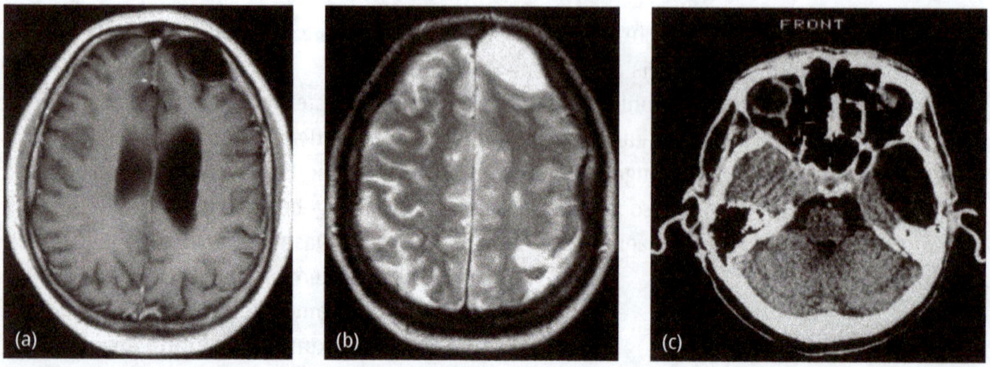

Abb. A.6.3: Arachnoidalzyste. Im MRT links frontal in T1- (a) und in T2-Wichtung (b); (c) links temporale Arachnoidalzyste im CCT.

Bei epileptischen Anfällen ohne Größenprogredienz der Zyste ist eine antikonvulsive Therapie oft ausreichend. Eine operative Behandlung kann durch Versorgung der Zyste selbst wie auch eines sekundären Hydrozephalus mit einem Shunt erfolgen. Eine Ableitung kann auch durch Fensterung der Zystenwand oder Punktion erfolgen, wobei es zu Rezidiven kommen kann. Eine komplette Exzision ist häufig mit Komplikationen behaftet und wird daher nur in Einzelfällen durchgeführt [52].

6.5.6 Differentialdiagnose

Zystische Raumforderungen im Rahmen von komplexen Fehlbildungen oder zystisch wachsende Tumoren können in aller Regel mittels bildgebender Diagnostik unterschieden werden.

Literatur

[1] Koleva M, De Jesus O. Hydrocephalus, in StatPearls. 2020: Treasure Island (FL).

[2] Serville F, et al. X-linked hydrocephalus: clinical heterogeneity at a single gene locus. Eur.J.Pediatr. 1992;151:515–518.

[3] Del Bigio MR. Neuropathological changes caused by hydrocephalus. Acta Neuropathol. 1993;85:573–585.

[4] Isaacs AM, et al. Age-specific global epidemiology of hydrocephalus: Systematic review, metanalysis and global birth surveillance. PLoS One. 2018;13(10):e0204926.

[5] Boynton BR, et al. Ventriculoperitoneal shunts in low birth weight infants with intracranial hemorrhage: neurodevelopmental outcome. Neurosurgery. 1986;18:141–145.

[6] Kang JK, Lee IW. Long-term follow-up of shunting therapy. Childs Nerv.Syst. 1999;15:711–717.

[7] Goodman RR. Magnetic resonance imaging-directed stereotactic endoscopic third ventriculostomy. Neurosurgery. 1993;32:1043–1047.

[8] Hakim S, Adams RD. The special clinical problem of symptomatic hydrocephalus with normal cerebrospinal fluid pressure. Observations on cerebrospinal fluid hydrodynamics. J.Neurol.Sci. 1965;2:307–327.

[9] Meier U, Zeilinger FS, Kintzel D. Pathophysiologie, Klinik und Krankheitsverlauf beim Normaldruckhydrozephalus. Fortschr.Neurol.Psychiatr. 1998;66:176–191.

[10] Isaacs AM, Williams MA, Hamilton MG. Current Update on Treatment Strategies for Idiopathic Normal Pressure Hydrocephalus. Curr Treat Options Neurol. 2019;21(12):65.

[11] Vanneste JAL. Diagnosis and management of normal-pressure hydrocephalus. J.Neurol. 2000;247:5–14.

[12] Kuriyama N, et al. Nationwide hospital-based survey of idiopathic normal pressure hydrocephalus in Japan: Epidemiological and clinical characteristics. Brain Behav. 2017;7(3):e00635.

[13] Jaraj D, et al. Prevalence of idiopathic normal-pressure hydrocephalus. Neurology. 2014;82(16):1449–54.

[14] Das M, Biagioni MC. Normal Pressure Hydrocephalus, in StatPearls. 2020: Treasure Island (FL).

[15] Lemcke J, et al. Nationwide Incidence of Normal Pressure Hydrocephalus (NPH) Assessed by Insurance Claim Data in Germany. Open Neurol J. 2016;10:15–24.

[16] Graff-Radford NR, Jones DT. Normal Pressure Hydrocephalus. Continuum (Minneap Minn), 2019;25(1):165–186.

[17] Relkin N, et al. Diagnosing idiopathic normal-pressure hydrocephalus. Neurosurgery. 2005;57(3 Suppl):S4–16; discussion ii-v.

[18] Mori E, et al. Guidelines for management of idiopathic normal pressure hydrocephalus: second edition. Neurol Med Chir (Tokyo). 2012;52(11):775–809.

[19] Halperin JJ, et al. Practice guideline: Idiopathic normal pressure hydrocephalus: Response to shunting and predictors of response: Report of the Guideline Development, Dissemination, and Implementation Subcommittee of the American Academy of Neurology. Neurology. 2015;85(23):2063–71.

[20] Merten T. Neuropsychologie des Normaldruckhydrozephalus. Nervenarzt. 1999;70:496–503.

[21] Kahlon B, Sjunnesson J, Rehncrona S. Long-term outcome in patients with suspected normal pressure hydrocephalus. Neurosurgery. 2007;60(2):327–32; discussion 332.

[22] Boon AJW, et al. The dutch normal-pressure hydrocephalus study. How to select patients for shunting? An analysis of four diagnostic criteria. Surg.Neurol. 2000;53:201–207.

[23] Vanneste J, et al. Shunting normal pressure hydrocephalus: The predictive value of combined clinical and CT data. J.Neurol.Neurosurg.Psychiatry. 1993;56:251–256.

[24] Krauss JK, et al. Vascular risk factors and arteriosclerotic disease in idiopathic normal-pressure hydrocephalus of the elderly. Stroke. 1996;27:24–29.

[25] King JO, et al. Cerebral venography and manometry in idiopathic intracranial hypertension. Neurology. 1995;45:2224–2228.

[26] Karahalios DG, et al. Elevated intracranial venous pressure as a universal mechanism in pseudotumor cerebri of varying etiologies. Neurology. 1996;46:198–202.

[27] Kilgore KP, et al. Re-evaluating the Incidence of Idiopathic Intracranial Hypertension in an Era of Increasing Obesity. Ophthalmology. 2017;124(5):697–700.

[28] Radhakrishnan K, et al. Epidemiology of idiopathic intracranial hypertension: a prospective and case-control study. J.Neurol.Sci. 1993;116:18–28.

[29] Thurtell MJ. Idiopathic Intracranial Hypertension. Continuum (Minneap Minn). 2019;25(5):1289–1309.

[30] Wall M, et al. The idiopathic intracranial hypertension treatment trial: clinical profile at baseline. JAMA Neurol. 2014;71(6):693–701.

[31] Marcelis J, Silberstein SD. Idiopathic intracranial hypertension without papilledema. Arch.Neurol. 1991;48:392–399.

[32] Kleinschmidt JJ, Digre KB, Hanover R. Idiopathic intracranial hypertension: relationship to depression, anxiety, and quality of life. Neurology. 2000;54:319–324.

[33] Soler D, et al. Diagnosis and management of benign intracranial hypertension. Arch.Dis.Child. 1998;78:89–94.

[34] Skau M, et al. OCT for optic disc evaluation in idiopathic intracranial hypertension. Graefes Arch Clin Exp Ophthalmol. 2011;249(5):723–30.

[35] Sinclair AJ, et al. Low energy diet and intracranial pressure in women with idiopathic intracranial hypertension: prospective cohort study. BMJ. 2010;341:c2701.

[36] Supuran CT. Acetazolamide for the treatment of idiopathic intracranial hypertension. Expert Rev Neurother. 2015;15(8):851–6.

[37] Wall M. Idiopathic intracranial hypertension: Mechanisms of visual loss and disease management. Semin.Neurol. 2000;20:89–95.

[38] Kalyvas AV, et al. Efficacy, complications and cost of surgical interventions for idiopathic intracranial hypertension: a systematic review of the literature. Acta Neurochir (Wien). 2017;159(1):33–49.

[39] Schaltenbrand G. Neuere Anschauungen zur Pathophysiologie der Liquorzirkulation. Zentralbl. Neurochir. 1938;3:290–299.

[40] Mokri B. The Monro-Kellie hypothesis: applications in CSF volume depletion. Neurology. 2001;56(12):1746–8.

[41] Fishman RA, Dillon WP. Dural enhancement and cerebral displacement secondary to intracranial hypotension. Neurology. 1993;43:609–611.

[42] Kranz PG, et al. Spontaneous Intracranial Hypotension: Pathogenesis, Diagnosis, and Treatment. Neuroimaging Clin N Am. 2019;29(4):581–594.

[43] Schievink WI, Maya MM. Spinal meningeal diverticula, spontaneous intracranial hypotension, and superficial siderosis. Neurology. 2017;88(9):916–917.

[44] Schievink WI. Spontaneous spinal cerebrospinal fluid leaks and intracranial hypotension. JAMA. 2006;295(19):2286–96.

[45] Upadhyaya P, Ailani J. Review of Spontaneous Intracranial Hypotension. Curr Neurol Neurosci Rep. 2019;19(5):22.

[46] Mokri B, et al. Orthostatic headaches caused by CSF leak but with normal CSF pressures. Neurology. 1998;51:786–790.

[47] Mokri B, et al. Absent pachymeningeal gadolinium enhancement on cranial MRI despite symptomatic CSF leak. Neurology. 1999;53:402–404.

[48] Mokri B, Piepgras DG, Miller GM. Syndrome of orthostatic headaches and diffuse pachymeningeal gadolinium enhancement. Mayo Clin.Proc. 1997;72:400–413.

[49] Headache Classification Committee of the International Headache Society (IHS) The International Classification of Headache Disorders, 3 rd edition. Cephalalgia. 2018;38(1):1–211.

[50] Al-Holou WN, et al. Prevalence and natural history of arachnoid cysts in adults. J Neurosurg. 2013;118(2):222–31.

[51] Al-Holou WN, et al. Prevalence and natural history of arachnoid cysts in children. J Neurosurg Pediatr. 2010;5(6):578–85.

[52] Jafrani R, et al. Intracranial arachnoid cysts: Pediatric neurosurgery update. Surg Neurol Int. 2019;10:15.

A.7 Zelluläre und humorale Immunreaktionen im Nervensystem

Einführung

Das Immunsystem ist ein komplexes Netzwerk aus Zellen, humoralen Komponenten und Geweben, das unseren Körper vor Eindringlingen schützt [1,2]. Es besteht aus zwei Hauptkomponenten, dem angeborenen und dem erworbenen Immunsystem [1,2]. Die folgenden zwei Kapitel werfen einen Blick auf beide Systeme und beleuchten ihre enge Beziehung zum Nervensystem sowie ihre Rolle in der Liquordiagnostik.

Das angeborene Immunsystem ist die erste Verteidigungslinie des Körpers gegen krankheitsverursachende Faktoren [1,2]. Dieses allgemeine Abwehrsystem ist bereits bei der Geburt vorhanden und reagiert nicht spezifisch auf bestimmte Krankheitserreger. Seine Zellen erkennen fremde Muster auf der Oberfläche von Krankheitserregern und setzen entzündliche Reaktionen in Gang, um die Eindringlinge zu bekämpfen [1,2]. Zu den Hauptakteuren des angeborenen Immunsystems gehören natürliche Killerzellen, Makrophagen, neutrophile, eosinophile und basophile Granulozyten, Mastzellen und dendritische Zellen [1,2]. Im Nervensystem sind Mikrogliazellen ein essenzieller *zellulärer* Bestandteil des angeborenen Immunsystems [3], wohingegen die Proteine des Komplementsystems die *humorale* Komponente dieses Systems bilden [1,2]. Im Gegensatz zum angeborenen ist das erworbene Immunsystem hochspezialisiert, und wehrt sehr spezifisch Krankheitserreger ab [1,2]. Seine Basis bilden T- und B-Lymphozyten. Die Aktivierung von B-Lymphozyten führt zu Antikörper produzierenden Plasmazellen. Von Plasmazellen sezernierte Antikörper bilden die humorale Komponente des adaptiven Immunsystems [1,2]. Das erworbene Immunsystem ist nicht nur lernfähig, sondern besitzt auch ein immunologisches Gedächtnis, das es ihm erlaubt, schneller und effizienter auf wiederkehrende Infektionen zu reagieren [1,2].

Das zentrale Nervensystem (ZNS) und das Immunsystem sind eng miteinander verbunden [4]. Antigene des ZNS gelangen über lymphatische Gefäße, die eine Verbindung zwischen dem Hirn und zervikalen Lymphknoten herstellen, in die Peripherie [5]. Darüber hinaus gelangen lösliche Faktoren vom ZNS über die duralen Sinusgefäße in die Peripherie, und das ZNS innerviert den Darm sowie die peripheren lymphatischen Organe [6]. Die Innervierung der Milz ist eine Voraussetzung dafür, dass dort Antikörper produzierende Plasmazellen gebildet werden und myeloide Zellen reifen [7,8]. Das Nervensystem kann über Neurotransmitter und neuronale Signale die Aktivität des angeborenen Immunsystems modulieren.

Sowohl das angeborene als auch das erworbene Immunsystem spielen eine Rolle bei der Immunantwort im ZNS und beeinflussen pathophysiologische Prozesse im Liquor. Die Verbindung zwischen dem angeborenen und erworbenen Immunsystem, dem Nervensystem und der Liquordiagnostik ist eng und vielschichtig. Sie zeigt, wie komplex unser Immunsystem und seine Interaktionen mit anderen Körpersystemen – einschließlich des Liquor cerebrospinalis – ist. Diese Beziehungen ist von entscheidender Bedeutung für die Interpretation komplexer liquorologischer Befunde und somit für die Diagnose und Behandlung von neurologischen Erkrankungen.

https://doi.org/10.1515/9783110331905-008

7.1 Angeborenes Immunsystem

Catharina C. Gross, Olga V. Steinberg

7.1.1 Einführung

Das angeborene Immunsystem spielt sowohl unter physiologischen als auch pathophysiologischen Bedingungen eine tragende Rolle im Nervensystem. Das angeborene Immunsystem ist essenziell für (1) die *Entwicklung* und *Homöostase* des *Nervensystems*, (2) die *effizienten Immunüberwachung* im *Nervengewebe* und (3) die *Regeneration* des *Nervensystems* nach traumatischen oder entzündlichen Ereignissen. Die im Parenchym des ZNS ansässigen *Mikrogliazellen* sind Hauptakteure bei der prä- und postnatalen Neurogenese und Synapsenbildung, sowohl während der Bildung des Nervensystems als auch unter homöostatischen Bedingungen beim Erwachsenen. Dabei stehen Mikrogliazellen in enger Wechselwirkung mit den Nervenzellen – wie Neuronen, Astrozyten und Oligodendrozyten – und verwenden Komponenten des *Komplementsystems*. Zellen des angeborenen und adaptiven *Immunsystems*, die in den *Plexus chorioides*, Hirnhäuten (*Meningen*) sowie *Liquor ansässig* sind und *patrouillieren*, sorgen im Zusammenspiel mit den Nervenzellen für die effiziente Immunüberwachung des Nervensystems. Die Zellen des Nerven- und Immunsystems kommunizieren sowohl durch Ausschüttung von *pro-* und *anti-inflammatorischen Zytokinen*, *Neurotransmittern* und *-peptiden* als auch unter Verwendung von Komponenten des *Komplementsystems* miteinander. Nach entzündlichen und traumatischen Prozessen unterstützen im ZNS ansässige und das ZNS infiltrierende Zellen des angeborene Immunsystems die neuronale Regeneration. Im Gegensatz dazu ist das angeborenen Immunsystem aber auch direkt an pathophysiologischen Prozessen bei *neuroimmunologischen-*, *neurodegenerativen-* und *neuropsychiatrischen Erkrankungen* beteiligt. Viele dieser Prozesse spiegeln sich im Liquor – dem das ZNS-Parenchym umspülenden Kompartiment – wider. Die Entwicklung von Hochleistungstechnologien ermöglicht es die zellulären und molekularen Bestandteile des Liquors umfassend zu untersuchen. So wurden viele neue Biomarker im Liquor für die Differentialdiagnose und Prognose neurologischer Erkrankungen identifiziert [9]. Will man Liquorbefunde interpretieren, sind deshalb Grundkenntnisse über das angeborene Immunsystem und Änderungen der zellulären und molekularen Komponenten im Liquor unter bestimmten pathophysiologischen Bedingungen essenziell.

7.1.2 Besonderheiten des angeborenen Immunsystems

Charles Janeway Jr (1943–2003) postulierte 1989, dass das angeborenen Immunsystem (1) nicht infektiöse eigene von infektiösen fremden Substanzen unterscheidet und (2) adaptive Immunantworten generiert [10]. Diese Theorie – die Janeway als „kleines schmutziges Geheimnis der Immunologie" bezeichnete – basiert auf Untersuchungen, die zeigen: Ein fremdes Antigen alleine reicht zur Aktivierung des adaptiven Immunsystems nicht aus. Dafür braucht es die zusätzliche Gabe von „schmutzigen" Extrakten wie Mykobakterien, Mineralöl oder Aluminiumhydroxid. Heute ist unumstritten: Zu den Haupteigenschaften des angeborenen Immunsystems gehören (1) die Bildung der *ersten Immunabwehr* gegen *Infektionen* und *neoplastische Zellen*, (2) die *Rekrutierung* und *Aktivierung* der *Zellen des adaptiven Immunsystems* und (3) das Abschalten von Entzündungsreaktionen und damit die Wiederherstellung der *Homöostase* [2]. Darüber hinaus spielt das angeborene Immunsystem eine wesentliche Rolle bei der Beseitigung von Zelltrümmern, nekrotischen und apoptotischen Zellen und bei der Reparatur von geschädigten Geweben. Diese Prozesse laufen sowohl in der Peripherie als auch im Nervensystem ab. Das angeborene Immunsystem ist außerdem essenziell für die *Entwicklung* und *Aufrechterhaltung* des *Nervensystems* [11–13].

Bei einer Infektion erfolgt eine erste Immunantwort durch das angeborenen Immunsystem bereits nach wenigen Stunden (0–12 h) [2]. Innerhalb von Minuten nach dem Eintritt eines Pathogens erkennen die Zellen des angeborenen Immunsystems evolutionär konservierte molekulare Strukturen – die *Pathogen-assoziierten molekularen Muster* ("pathogen-associated molecular patterns", *PAMPs*) – auf der Pathogenoberfläche mittels spezifischer und in der Keimbahn festgelegten Rezeptoren, den Mustererkennungsrezeptoren ("pattern-recognition receptors", *PRRs*) [14]. Im Falle eines Traumas oder einer Gewebsschädigung erkennen die Zellen des angeborenen Immunsystems *Schädigungs-assoziierte molekulare Muster („damage-associated molecular patterns", DAMPs*) anhand von RRRs, die diese durch auf ihrer Zelloberfläche und im Zytosol exprimieren [15]. Die daraus resultierende Aktivierung der Zellen des angeborenen Immunsystems setzt erste Prozesse zum Abtöten des Pathogens in Gang und führt sowohl zur Rekrutierung weiterer Immunzellen zum Entzündungsherd als auch dem Anschalten des Komplementsystems. Unter anderem werden auch die T- und B-Zellen des adaptiven Immunsystems angelockt und die in **Kapitel A.7.2** beschriebenen Prozesse initiiert. Im Gegensatz zum adaptiven Immunsystem zeichnet sich das angeborene Immunsystem hierbei durch eine *festgelegte Spezifität* und *eingeschränkte Diversität* aus [2].

- *Pathogen-assoziierte molekulare Muster (pathogen-associated molecular patterns, PAMPs)* [14]: Evolutionär konservierte molekulare invariante Strukturen, die durch PRRs erkannt werden. Prominente Beispiele für PAMPs sind unter anderem die Lipopolysaccharide (LPS) in der Zellwand von Gram-negativen und die Lipoteichonsäure in der Zellwand von Gram-positiven Bakterien, die Mannose-reichen Glykane der Glykoproteine und Glykolipide von Bakterien, unmethylierte CpG-Nucleotide der Bakterien DNS und doppelsträngige RNS als Zeichen replizierender Viren.
- *Schädigungs-assoziierte molekulare Muster (damage-associated molecular patterns, DAMPs)* [15]: Molekulare invariante Strukturen, die durch tote, geschädigte oder gestresste Wirtszellen freigesetzt werden. Sie lösen eine Immunantwort aus, indem sie sich an spezifische PRR auf der Oberfläche und im Zytosol von Immunzellen des angeborenen Immunsystems binden. Zu den DAMPs gehören Hitzeschockproteine, zytoplasmatische Proteinkomplexe wie S-100A8/S-100A9, Box 1 DNS-bindende Proteine des Nukleus und ATP.
- *Mustererkennungsrezeptoren (pattern-recognition receptors, PRRs)* [14,15]: In der Keimbahn festgelegte Rezeptoren, die im Zytosol oder der Membran von angeborenen Immunzellen exprimiert werden. Beispiele für PRRs sind Scavenger-Rezeptoren, Toll-like-Rezeptoren (TLRs), C-Typ Lektin-Rezeptoren (CLRs), NOD-like-Rezeptoren (NLRs) und RIG-1-ähnliche Proteine (RLRs). Die Bindung an einen PRR führt zur Signalkaskade und zur Ausschüttung von Zytokinen und anderen molekularen Komponenten. Darüber hinaus gibt es PRRs, die die Phagozytose von Pathogenen und die Aktivierung des Komplementsystems aktivieren.

Ursprünglich wurde angenommen, dass das angeborene Immunsystem im Gegensatz zum adaptiven Immunsystem kein Gedächtnis besitzt. Dieses Dogma wird aber mittlerweile in Frage gestellt, da eine Vielzahl von Studien gezeigt hat, dass Monozyten, Makrophagen und NK-Zellen – hauptsächlich durch epigenetische Veränderungen – durchaus in der Lage sind eine *Art Gedächtnis auszubilden* [16,17]. Dies führt zu einer verstärkten Immunantwort bei einem Zweitkontakt, die allerdings wesentlich weniger spezifisch ausfällt als beim adaptiven Immunsystem.

7.1.3 Die Zellen des angeborenen Immunsystems

Beim Erwachsenen entstehen alle zellulären Bestandteile des Blutes aus einer gemeinsamen pluripotenten hämatopoetischen Stammzelle im Knochenmark [2]. Die meisten Zellen des angeborenen Immunsystems wie die neutrophilen -, eosinophilen – und basophilen Granulozyten (im weiteren *Neutrophile, Eosinophile, Basophile), Makrophagen, Mikrogliazellen, dendritischen Zellen (DZ)* und *Mastzellen* gehören zur sogenannten *myeloiden Reihe* und werden aus einer gemeinsamen erythroiden/myeloiden Vorläuferzelle („erytrhoid myeloid progenitor“, EMP) gebildet [2]. Unterschiedliche gewebsspezifische Makrophagen wandern aus den im Blut zirkulierenden und dem Knochenmark entstammenden Monozyten in das Gewebe ein und differenzieren sich in der Peripherie aus. Im Gegensatz dazu werden die im Parenchym des ZNS ansässigen Mikrogliazellen und die meisten *ZNS-assoziierten Makrophagen* („CNS-associated macrophages“, CAMs) bereits im Dottersack des Embryos ohne Monozytenzwischenstufe direkt aus frühen (*early*) EMPs (eEMPs) gebildet [18]. Neben den T- und B-Lymphozyten (s. **Kap. A.7.2**) werden die *angeborenen lymphoiden Zellen* („innate lymphoid cells“, ILCs) aus einer gemeinsamen lymphoiden Vorläuferzelle gebildet [2]. ILCs tragen im Gegensatz zu T- und B-Zellen keine antigen-spezifischen T- und B-Zellrezeptoren, dafür aber den Rezeptor für IL-7 [19]. Zu den ILCs zählt man die im Blut zirkulierenden *Natürlichen Killerzellen (NK-Zellen)* und eine heterogene Gruppe nicht-zirkulierender *gewebsansässiger ILCs,* die erst kürzlich beschrieben wurde [19].

7.1.3.1 Die erste Abwehr gegen eindringende Pathogene und Parasiten: Mastzellen, Basophile und Eosinophile

Mastzellen, Eosinophile und *Basophile* spielen eine wichtige Rolle beim Schutz vor eindringenden Krankheitserregern, der Abwehr von Parasiten und allergischen Reaktionen (Tab. A7.1) [2]. *Mastzellen* kommen hauptsächlich in gefäßreichen Bindegeweben vor, z. B. direkt unter der Epitheloberläche der Dermis der Haut und den submukosalen Geweben des Magen-Darm-Traktes und der Lunge. Dort reifen sie heran und können mehrere Wochen bis Monate überleben [2]. Man findet Mastzellen aber auch im Gehirn, im Rückenmark und in den Meningen [20]. Der Begriff Mastzelle stammt von Paul Ehrlich (1854–1915), der sie auf Grund ihrer lipidhaltigen Granula als „gemästete“ Zelle beschrieb [2]. Heute weiß man, dass die Granula von Mastzellen *biogene Amine* wie Histamin, *Verdauungsenzyme* wie Tryptasen und *Lipid Mediatoren* (Leukotriene und Prostaglandine) enthält. Diese Entzündungsmediatoren werden nach Stimulierung von ihrem hoch-affinen Fc-Rezeptor für IgE (FcεRI) durch an der Pathogenoberfläche gebundenem IgE freigesetzt [1,2]. Dadurch werden zusammen mit den von aktivierten Mastzellen sezerniertem *TNF-α* lokale Entzündungsreaktionen ausgelöst, was u. a. das Einwandern und Aktivierung vom im Blut zirkulierenden reifen *Basophilen* (0,5 % der Blut-Leukozyten) und *Eosinophilen* (2,7 % der Blut-Leukozyten) zur Folge hat [1,2]. Basophile und Eosinophile exprimieren ebenfalls FcεRI und Granula mit Entzündungsmediatoren, deren Ausschüttung die Entzündung weiter vorantreibt. Eosinophile töten eingedrungene Parasiten durch einen Erkennungs- und Lysemechanismus, der als *antikörperabhängige zellvermittelte Zytotoxizität* („antibody-dependent cellular cytotoxicity", ADCC) bezeichnet wird [1,2]. Dabei wird der Parasit anhand von an der Oberfläche gebundenen IgE mittels des FcεR1 erkannt, was wiederum zur Freisetzung von Verdauungsenzymen wie Hydrolasen und Peroxidasen führt [1,2]. Die Erkennung von IgE durch FcεR1 kommt auch bei Allergien zum Tragen, die durch Mastzellen und Basophilen ausgelöst werden [1,2]. In diesem Fall bindet spezifisches IgE an ein Allergen. Darüber hinaus spielen Eosinophilie eine wesentliche Rolle beim Asthma [1,2].

– Antikörperabhängige zellvermittelte Zytotoxizität (*antibody-dependent cellular cytotoxicity*, ADCC) [1,2]: Erkennungs- und Lysemechanismus, der von Zellen des angeborenen Immunsystems wie beispielsweise den Eosinophilen und NK-Zellen genutzt wird. Diese Zellen tragen Rezeptoren, die den Fc-Teil der an die Zelloberfläche gebundenen Ig erkennen, was wiederum zur Aktivierung der Immunzelle und Ausschüttung zytotoxischer Granula führt. Eosinophile erkennen mittels FcεRI an die Parasitenoberfläche gebundenes IgE und sezernieren Verdauungsenzyme zum extrazellulären Abbau des Parasiten. Die NK-Zellen erkennen Virus-infizierte Zellen durch an die Zelloberfläche gebundenes IgG1 oder IgG3 mittels FcλRIII, was zur Ausschüttung von Perforin und Granzymen und damit zur Apoptose von Zielzellen führt.

Das Vorkommen von *Mastzellen* in der Dura mater der Meningen legt die Vermutung nahe, dass auch sie eine tragende Rolle bei der Immunabwehr des Nervensystems spielen. Durch Ausschüttung von Entzündungsmediatoren, aber auch Expression von MHC der Klasse II können Mastzellen direkt mit den zirkulierenden T- und B-Zellen kommunizieren und T- und B-Zell- Antworten steuern [20]. Darüber hinaus wurden sowohl neuroprotektive als auch -degenerative Funktionen von Mastzellen in Folge von traumatischen Ereignissen und Schlaganfall beschrieben [21]. Interessanterweise finden sich Tryptase sezernierende Mastzellen in aktiven Läsionen von Patienten mit chronisch-progredienter MS. Die Histamin- und Tryptasespiegel sind im Liquor von MS-Patienten im Vergleich zu gesunden Individuen erhöht [22–25]. Dies lässt vermuten, dass Mastzellen ebenfalls an entzündlichen Prozessen von neuroimmunologischen Erkrankungen beteiligt sind. Eosinophile und basophile Zellen kommen unter physiologischen Bedingungen im Liquor nur vereinzelt vor. Das pathologisch bedingte Vorkommen von Eosinophilen im Liquor gilt als Zeichen einer parasitären Meningitis (Tab. A.7.2).

Tab. A.7.1: Die Zellen des angeborenen Immunsystems (adaptiert von [2]).

Zelle	Funktion
Myeloide Zellen	
Mastzellen	Schutz vor Krankheitserregern, Abwehr von Parasiten, Freisetzung von Histamin und Proteasen
Eosinophile	Abtötung Antikörper-bedeckter Parasiten
Basophilie	Verstärkung der Immunität gegen Parasiten und Förderung allergischer Reaktionen
Neutrophile	Phagozytose und Aktivierung bakterizider Mechanismen

Tab. A.7.1 (fortgesetzt)

Zelle	Funktion
Makrophagen	Phagozytose, Aktivierung bakterizider Mechanismen, Rekrutierung von Leukozyten zum Entzündungsherd und Antigenpräsentation
Mikroglia	Prä- und postnatale Neurogenese, Aufrechterhaltung der Neuronen, Synapsenbildung, Immunüberwachung des Nervengewebes neuronale Regeneration nach entzündlichen und traumatischen Prozessen
Dendritische Zellen	Aufnahme von Antigenen aus der Peripherie, Antigenpräsentation und Aktivierung von Leukozyten
Angeborene lymphoide Zellen (*innate lymphoid cells*, ILCs):	
NK-Zellen	Abtötung von Virus-infizierten Zellen und Tumorzellen, Homöostase durch Abtötung von Antigen-aktivierten T-Zellen
ILC1	Abwehr intrazellulärer Pathogene
ILC2	Abwehr von Parasiten
ILC3	Aufrechterhaltung der Epithelzellschicht und Kontrolle von T-Zell Antworten im Darm
LTis (lymphoid tissue inducer cells)	Bildung sekundärer lymphatischen Gewebe bei Embryogenese, Abwehr von extrazellulären Bakterien

Tab. A.7.2: Veränderungen des Immunzellprofils im Liquor bei neurologischen Erkrankungen (adaptiert von [60,69]).

Erkrankung	Zellen im Liquor
Infektionen	
Bakterielle Meningitis	Neutrophile ↑
Parasitäre Meningitis	Eosinophile ↑
Neuroimmunologische Erkrankungen	
Multiple Sklerose	LTis ↑, GrB^+CD4^+ T-Zellen↑, TfH↑, leichte Aktivierung von $CD4^+$ und $CD8^+$ T-Zellen, B-Zellen↑, Plasmazellen↑
$AQP4^+$ NMOSD	Schub: Neutrophile↑, Aktvierung von $CD4^+$ und $CD8^+$T-Zellen, AQP4-spezifische B-Zellen
MOGAD	Aktivierung von $CD4^+$ T-Zellen im Schub, MOG-spezifische B-Zellen (60 %)
Autoimmune Enzephalitiden	Aktivierung von $CD4^+$ und $CD8^+$T-Zellen, B-Zellen↑, Plasmazellen ↑
Susac Syndrom	$CD8^+$ T-Zellen ↑, Aktivierung von $CD8^+$T-Zellen, B-Zellen ↑
Rasmussen Enzephalitis	$CD4^+$ T-Zellen↑, $CD8^+$T-Zellen↑
Neurovaskuläre Erkrankungen	
ALS	Aktivierung von $CD4^+$ und $CD8^+$T-Zellen
Neurodegenerative Erkrankungen	
Morbus Alzheimer	Aktivierung von $CD4^+$ und $CD8^+$T-Zellen
Neoplastische Erkrankungen	
Meningiosis neoplastica	Neutrophile ↑

LTis =Lymphoid tissue inducer cells; TfH = follikuläre T-Helferzellen; AQP4 = Aquaporin-4; MOG = Myelin-Oligodendrozyten-Glykoprotein

7.1.3.2 Die „Fresszellen“ (Phagozyten) und „Rekrutierer“ des angeborenen Immunsystems: Neutrophile und Makrophagen

Neutrophile und *Makrophagen* sind die „Fresszellen“ (*Phagozyten*) des Immunsystems. Ihre Hauptfunktionen sind (1) die Erkennung, Phagozytose und Lyse von Bakterien, (2) die Rekrutierung von weiteren Leukozyten Populationen zum Infektionsherd und (3) die Aktivierung des *Komplementsystems* durch die Ausschüttung pro-inflammatorischer Zytokine wie *IL-1, IL-6* und *TNF-α* (Tab. A.7.1) [2].

- Phagozytose von Pathogenen [1]: Die Phagozytose ist ein mehrstufiger Prozess, der in folgenden Schritten abläuft:
  1. Erkennung durch und Bindung des Bakteriums an einen PRR
  2. Aufnahme des Bakteriums in das Phagosom
  3. Fusion von Phagosom und Lysosom zum Phagolysosom
  4. Aktivierung von Phagozyten u. a. durch Respiratorische Entladung, d. h. die Bildung freier Sauerstoffradikale durch die NADPH Oxidase
  5. Abtötung des Bakteriums im Phagolysosom
- Einwandern von Leukozyten zum Entzündungsherd [1,26]: Eine wichtige Funktion der Phagozyten ist die Rekrutierung von weiteren Leukozyten zum Inflammationsherd. Aktivierte Phagozyten schütten hierfür pro-inflammatorische Zytokine wie IL-1, IL-6 und TNF-α aus. Diese Zytokine wirken auf Endothelzellen, was eine Hochregulation von E-Selektin und ICAM auf der Endothelzelle zur Folge hat. Die im Blut zirkulierenden Leukozyten binden mittels PSGL1 an E-Selektin und es kommt zum sogenannten Tethering und Rolling der Leukozyten entlang der Endothelzellschicht. Durch diesen Prozess wird der Leukozyt aktiviert, was ein Abwerfen (*shedding*) von PSGL1 und eine Überführung von auf der Leukozytenmembran exprimierten Integrin in die offene Konfirmation zur Folge hat. Dadurch wird die Bindungsstelle zu ICAM auf dem Integrin frei und es kommt zur Adhäsion der Leukozyten an die Endothelzellschicht mit anschließender Diapedese, d. h. dem Einwandern der Leukozyten durch die Endothelzellschicht aus dem Blutgefäß hin zum Inflammationsherd. Die Diapedese kann sowohl inter- als auch parazellulär verlaufen [27].

Neutrophile haben eine sehr kurze Halbwertszeit von ca. 6 h und täglich werden 1×10^{11} Neutrophile gebildet [2]. Mit 40–60 % bilden Neutrophile die Hauptgruppe der Leukozyten im venösen Blut. Im Gegensatz dazu findet man sie unter physiologischen Bedingungen nur vereinzelt im Liquor und ihre Erhöhung gilt als Hinweis auf einen entzündlichen Prozess im ZNS. So finden sich vermehrt Neutrophile im Liquor von Patienten mit einer bakteriellen Meningitis, aber auch bei einer Meningiosis neoplastica (Tab. A.7.2) [28]. In den Läsionen von Patienten mit einer $AQP4^{+}$ NMOSD finden sich ebenfalls vermehrt Neutrophile und ihre Anzahl ist während des Schubes im Liquor erhöht (Tab. A.7.2) [29].

Makrophagen kommen in fast allen Geweben inklusive des Nervensystems vor [2]. Im ZNS findet man zwei anatomisch und funktionell unterschiedliche Makrophagen – die *Mikrogliazellen* und die *mit dem ZNS assoziierten Makrophagen* („CNS-associated Macrophages“, CAMs) (siehe **Kapitel A.7.1.5–A.7.1.7**) [3]. Während der Embryogenese werden viele der gewebsansässigen Makrophagen zunächst aus eEMPs und später über eine embryonale Monozytenzwischenstufe aus EMPs gebildet [18]. Makrophagen, die sich erst beim Erwachsenen ausbilden, entstehen aus Monozyten, die in das Gewebe eingewandert sind, und im Blut zirkulieren. Genau wie die Neutrophilen beseitigen Makrophagen Krankheitserreger und infizierte Zellen durch Phagozytose [2]. Darüber hinaus agieren Makrophagen aber auch als allgemeine Fresszellen (sogenannte *Scavenger*-Zellen), indem sie tote Zellen und Zelltrümmer beseitigen. Als antigenpräsentierende Zellen präsentieren Makrophagen den T-Zellen die Antigene der abgebauten Bakterien. Durch Ausschüttung von *IL-1, IL-6* und *TNF-α* tragen Makrophagen maßgeblich zum Entstehen von Entzündungen bei, indem sie weiter Leukozyten zum Inflammationsherd rekrutieren und T-Zellen sowie das *Komplementsystems* aktivieren. Im Nervensystem spielen die *Mikrogliazellen* und *CAMs* eine tragende Rolle unter homöostatischen Bedingungen, aber auch während pathophysiologischen Prozessen. Sie werden in den **Kapiteln A.7.1.5–A.7.1.7** ausführlich beschrieben.

7.1.3.3 Die professionellen Antigen-Präsentatoren und Vermittler zwischen angeborenen und adaptiven Immunsystem: Dendritische Zellen (DZ)

Neben den Neutrophilen und Makrophagen zählt man die in den 1970er Jahren von Ralph M. Steinmann (1943–2011) entdeckten *dendritischen Zellen (DZ)* zu den *Phagozyten* (Tab. A.7.1) [2]. DZ bilden eine essenzielle Schnittstelle zwischen dem angeborenen und adaptiven Immunsystem. Unreife DZ wandern vom Knochenmark über das Blut in das Gewebe ein. Als Phagozyten können gewebsspezifische DZ ein breites Spektrum von Krankheitserregern (Bakterien, Viren, Parasiten) durch ihre spezifischen PRRs erkennen, aufnehmen und zerstören. Als *professionelle Antigenpräsentierende Zellen* präsentieren sie deren Antigene mittels MHC der Klasse II auf der Zelloberfläche. Darüber hinaus können DZ durch rezeptorunabhängige Makropinozytose extrazelluläres Material wie Viruspartikel und Bakterienbestandteile aufnehmen und nach weiterer Prozessierung die daraus resultierenden Antigene auf MHC der Klasse II präsentieren. Diese Prozesse aktivieren antigen-präsentierende DZ. Diese wandern über afferente Lymphgefäße in die regionalen Lymphknoten, wo sie als nicht phagozytotische ausgereifte DZ sowohl naiven $CD4^{+}$T-Helferzellen das Antigen präsentieren als auch co-stimulatorische Zytokine wie *IL-12* (für Th1), *IL-4* (für Th2) oder *IL-6/TGF-β* (für Th17) sezernieren. Das führt zur Aktivierung und Differenzierung der T-Helferzell-Subpopulationen (siehe **Kapitel A.7.2**). Unter physiologischen Bedingungen kommen DZ im Nervensystem nur vereinzelt in den gefäßreichen Regionen – wie der Dura mater der Meningen und dem Stroma der Plexus chorioides – vor [30,31]. Weniger als 1 % der im Liquor zirkulierenden Immunzellen sind DZ [32]. Sie werden entweder von aus dem Knochenmark stammenden Monozyten oder von aus Blut stammenden DZ-Vorläuferzellen gebildet [30,33]. Unter homöostatischen Bedingungen liegen im ZNS ansässige DZ in einem ruhenden Stadium vor, das sich durch eine erhöhte endozytotische Kapazität und niedrige Oberflächenexpression co-stimulatorischer Moleküle auszeichnet [34]. Neuere Untersuchungen haben gezeigt, dass im ZNS ansässige DZ eine essentielle Rolle bei der Bildung von Toleranzmechanismen im Nervensystem spielen [35]. Während *Typ I Interferon* sezernierende *plasmazytoide DZ (pDZ)* unter physiologischen Bedingungen so gut wie gar nicht im ZNS vorkommen, finden sie sich bei entzündlichen Prozessen vermehrt in den Leptomeningen, dem perivaskulärem Raum und im Liquor [36]. Durch Interaktion mit pro-inflammatorischen Zytokinen oder ZNS-Antigenen können im ZNS ansässige DZ sehr schnell aktiviert werden und weitere Entzündungsreaktionen stimulieren, indem sie pro-inflammatorische Zytokine ausschütten, Antigene präsentieren und Granulozyten rekrutieren [36].

7.1.3.4 Die Lymphozyten des angeborenen Immunsystem: Angeborene Lymphoide Zellen und Natürliche Killerzellen

Zu den *angeborenen lymphoiden Zellen* („innate lymphoid cells", ILCs) gehören die im Blut *zirkulierenden Natürlichen Killerzellen (NK-Zellen)* und eine erst kürzlich beschriebene heterogene Gruppe nicht-zytotoxischer gewebsansässiger Zellen (Tab. A7.1) [19]. Die *gewebsansässigen ILCs* kommen in unterschiedlichen Geweben vor, darunter Schleimhäute, sekundäre lymphoide Gewebe, Meningen und ZNS, wo sie sich lokal vermehren und regenerieren und eine wesentliche Rolle sowohl bei der Bildung und dem Abschalten von Entzündungsreaktionen sowie bei der darauffolgenden Wundheilung spielen [37]. Darüber hinaus sind ILCs wichtige Akteure bei der „Transplantat-gegen-Wirt-Reaktion" (*graft-versus host disease*), entzündlichen Erkrankungen des Darms und Autoimmunerkrankungen wie Asthma, Neurodermitis und Multipler Sklerose. Anhand ihrer Zytokinexpression unterscheidet man drei Gruppen von ILCs, welche ähnliche Funktionen wie die korrespondierenden spezifischen T-Zell Populationen erfüllen [38]. Zu den *Gruppe 1-ILCs* zählt man neben den *NK-Zellen* die Th1-Zytokin *IFN-γ* und *GM-CSF* produzierenden *ILC1*, die hauptsächlich für die Abwehr intrazellulärer Pathogene verantwortlich sind. *ILC2* bilden die *Gruppe 2-ILCs* und spielen durch die Produktion von der Th2-Zytokine *IL-4, IL-5, IL-9* und *IL-13* eine wesentliche Rolle bei der Abwehr von Parasiten. Zu den *Gruppe 3-ILCs* zählt man ILC3 und die sogenannten *Lymphoid-tissue inducer cells* (LTis). Unter physiologischen Bedingungen kommen die *IL-22* sezernierenden *ILC3* hauptsächlich im Darm vor, wo sie für die Aufrechterhaltung der Epithelschicht und die Kontrolle von T-Zell Antworten verantwortlich sind. *LTis* sind wichtige Akteure bei der Bildung sekundärer lymphatischen Gewebe während der Embryogenese und bei der Abwehr gegen extrazelluläre Bakterien durch die Ausschüttung der Th17-Zytokine *IL-17, IL-22* und *GM-CSF*. Interessanterweise findet sich eine erhöhte Anzahl von pro-inflammatorischen LTis im Liquor von MS-Patienten (Tab. A.7.3) [39].

Tab. A.7.3: Die Proteine des Komplementsystems (adaptiert von [2]).

Protein/Peptid	Funktion
C3b, C4b	Oberflächenbindende Proteine und Opsonine
C1q	Bindung an Antigen/Antikörper-Komplexe oder CRP auf Pathogenoberflächen, im ZNS: Modulation von Mikrogliazellen und synaptisches Pruning
MBL	Bindung an Kohlenhydratstrukturen wie Mannose auf mikrobiellen Oberflächen
C3a, C4a, C5a	Entzündungsvermittelnde Peptide (Anphylatoxine)
C5b, C6, C7, C8, C9	Membranangreifende Proteine
C1r, C1s, C2a, Bb, D, MASP-1–3	Aktivierende Enzyme
CR1, CR2, CR3, CR4, CRIg	Komplementrezeptoren auf Phagozyten
CD46, CD47, CD59	Beispiele für Komplementregulatorische Proteine

Anmerkung: Die zuerst entdeckten Proteine des Komplementsystems gehören zum Klassischen Weg und sind durch „C" gekennzeichnet, dem eine Zahl folgt, die in der Reihenfolge der Entdeckung und nicht nach ihren aufeinanderfolgenden Reaktionen erfolgt. Mit Ausnahme von C2, bei dem das aktive größere Fragment mit C2a bezeichnet wird, erhält das kleine Spaltprodukt die Bezeichnung „a" und das größere Spaltprodukt die Bezeichnung „b". Die Proteine des Alternativen Weges, der später entdeckt wurde werden mit verschiedenen großen Buchstaben bezeichnet und die Bezeichnung der Spaltprodukte erfolgt mit „a" und „b" wie oben beschrieben.

Im Gegensatz zu den ILCs wurden die *NK-Zellen* bereits 1975 als große granuläre Lymphozyten beschrieben [40,41]. NK-Zellen spielen eine essenzielle Rolle bei der Kontrolle von

Virus-infizierten Zellen und Tumorzellen (Tab. A.7.1) [42]. Darüber hinaus sind NK-Zellen sowohl durch Ausschüttung anti-inflammatorischer Zytokine als auch durch Abtöten von Antigen-aktivierten T-Zellen wichtige Akteure bei der Homöostase [43–46]. Anhand der Expression des schwach-affinen Fcγ-Rezeptor IIIA (CD16) und dem neuralen Zell Adhäsionsmolekül NCAM (CD56) kann man NK-Zellen in zwei große Subpopulationen unterteilen [47]. Während 90 % der im venösen Blut vorkommenden NK-Zellen $CD56^{dim}CD16^{bright}$ NK-Zellen (*$CD56^{dim}$ NK-Zellen*) sind, zirkulieren nur 10 % der $CD56^{bright}CD16^{+/-}$ NK-Zellen (*$CD56^{bright}$ NK-Zellen*) im Blut. Im Gegensatz dazu bilden die immunregulatorischen und Zytokine sezernierenden (z. B. *IFN-γ, GM-CSF, IL-10* oder *IL-13, TNF-α) $CD56^{bright}$ NK-Zellen* die Haupt-NK-Zell-Population in den sekundären lymphoiden Organen und im Liquor unter physiologischen Bedingungen [32,48]. Letzteres lässt vermuten, dass sie eine wesentliche Rolle bei der Immunüberwachung im ZNS spielen. Die *$CD56^{dim}$ NK-Zellen* sind die zytotoxischen Zellen des angeborenen Immunsystems, die analog der $CD8^{+}$T-Zellen Virus-infizierte Zellen und neoplastische Zellen abtöten. NK-Zellen können hierfür drei verschiedene Lysemechanismen verwenden. (1) NK-Zellen erkennen und bekämpfen ihre Zielzellen durch ein komplexes System von keimbahnkodierenden aktivierenden (z. B. NKG2D, DNAM-1, 2B4, NKp44, NKp46) und inhibierenden Rezeptoren (z. B. Killerzellen Ig-ähnliche Rezeptoren [KIRs], NKG2A) [49–53]. Hierbei bestimmt die Nettobilanz der daraus resultierenden aktivierenden und inhibierenden Signale, ob die NK-Zelle die Zielzelle tötet oder nicht (erweiterte Missing-Self-Hypothese von Klas Kärre) [54–56]. (2) Ein weiterer Lysemechanismus ist die *ADCC*. Hierbei erkennt die NK-Zelle über ihren FcγRIII (CD16) die konstante Region von an Zielzellen gebundenes IgG [49]. Beide Lysemechanismen führen nach Aktivierung der NK-Zelle zur Ausschüttung zytotoxischer Granula, die Granzyme und Perforin enthalten [57]. Analog des Lysemechanismus der zytotoxischen $CD8^{+}$T-Zellen (**Kapitel A.7.2**) führt dies zum Abtöten der Zielzelle. (3) Neben diesen beiden Mechanismen können NK-Zellen ihre Zielzellen auch durch die Bindung des TRAIL-Proteins (*tumor necrosis factor-related apoptosis-inducing ligand*) und die beiden „Todesrezeptoren“ DR4 und DR5 und die daraus resultierende Apoptose abtöten [58]. NK-Zellen nutzen den Lysemechanismus mittels aktivierender und inhibierender Rezeptoren auch, um von Antigenen aktvierte T-Zellen zu erkennen und zu lysieren [43,44,46]. Genau wie regulatorische $CD4^{+}$T-Zellen verwenden NK-Zellen hierfür den aktivierenden Rezeptor DNAM-1, der hochreguliertes CD155 auf Antigen-aktivierten T-Zellen erkennt [48,59]. Dieser Mechanismus ist bei der MS gestört, wodurch autoreaktive T-Zellen der Immunantwort durch NK-Zellen ausweichen können. Interessanterweise findet man generell im venösen Blut von Patienten mit neuroimmunologischen Erkrankungen weniger $CD56^{dim}$ NK-Zellen, was zur Annahme führt, dass analog der regulatorischen T-Zellen Fehlfunktionen von NK-Zellen eine treibende Kraft bei der Entstehung von Autoimmunität sein können [60].

7.1.4 Die Molekularen Komponenten des angeborenen Immunsystems – Komplementsystem

Zu den molekularen Komponenten des angeborenen Immunsystems zählt man die Gruppe der *Eikosanoide* (Prostaglandine, Prostacycline, Thromboxan und Leukotriene), die *Akute-Phase Proteine* und die Proteine des Komplementsystems [2]. Darüber hinaus sezernieren die Zellen des angeborenen Immunsystems – wie die Zellen des adaptiven Immunsystems – nach Aktivierung pro-inflammatorische *Zytokine* und *Chemokine*. Eine besondere Bedeutung haben hierbei *IL-1, IL-6* und *TNF-α*. Sie sind indirekt für die Rekrutierung von anderen Leukozytenpopulationen zum Inflammationsherd verantwortlich und aktivieren damit lokale Inflammationsprozesse [2]. Von Phagozyten ausgeschüttete pro-inflammatorische Zytokine wie IL-1, IL-6, und TNF-α sind aber auch für die Bildung der Akute-Phase-Proteine in der Leber verantwortlich. Das C-reaktive Protein (CRP), mannosebindende Lektin (MBL), C3, Serumamyloidprotein (SAP), Fibrinogen und die Surfactant-Proteine SP-A und SP-D zählen zu den Akute-Phase-Proteinen. Akute-Phase-Proteine wirken (1) als Opsonin, d. h. sie markieren die Pathogenoberfläche für einen spezifischen PRR zur anschließenden Phagozytose und aktivieren (2) das Komplementsystem [2].

Jules Bordet (1870–1961) entdeckte die *Komplementproteine* in den 1890ern als hitzelabile Plasmakomponente, die die anti-mikrobielle Wirkung bestimmter Antikörper ergänzt (= komplementiert). Er fand damit den sogenannten Klassischen Weg des Komplementsystems [1]. Er führte folgendes Experiment durch: Gab er bei 37° C erwärmtes Serum auf eine Bakterienkultur kam es zur Lyse von Bakterien. Diese blieb aus, wenn er das Serum vorher bei 56° C erwärmte. Da Jules Bordet wusste, dass Antikörper hitzestabil sind, schloss er daraus, dass es noch weitere hitzelabile Komponenten geben muss, die für die Lyse der Bakterien verantwortlich sind. Das Komplementsystem ist sowohl Bestandteil des angeborenen als auch adaptiven humoralen Immunsystem. Zu den Hauptaufgaben vom Komplementsystem gehören (1) die *Opsinosierung* durch Bindung von C3b und C4b, die die weitere Aufnahme durch Phagozyten ermöglicht, (2) die *Stimulierung der Entzündungsreaktion* durch die sogenannten *Anphylatoxine* wie C3a und C5a und (3) die *Komplement-vermittelte Lyse* durch die Bildung des sogenannten *Membran-Angriffs-Komplex* (*membrane attack complex*, MAC) (Abb. A.7.1) [12]. Im Nervensystem ist das Komplementprotein nicht nur an der Immunabwehr und anschließender Regeneration des Nervengewebes beteiligt, sondern spielt eine entscheidende Rolle bei der (4) *Synapsenbildung* (siehe **Kapitel A.7.1.5**) [12,13]. Das Komplementsystem setzt sich aus über 30 verschiedenen Plasmaproteinen (Tab. A.7.3) zusammen, die hauptsächlich in der Leber produziert werden. Unter physiologischen Bedingungen zirkulieren sie in einer inaktiven Form als sogenannte Zymogene und werden die erst nach proteolytischer Spaltung durch ein anderes Komplementprotein enzymatisch aktiv [2].

Bei Anwesenheit von Pathogenen oder von an Pathogenoberflächen gebundenen Antikörpern kommt es zur Aktivierung des Komplementsystems, wobei bestimmte Komplementproteine nacheinander miteinander in Wechselwirkung treten und die drei verschiedenen Reaktionswege der Komplementaktivierung ausbilden: (1) den *Alternativen Weg*, (2) den *Lektin-Weg* und (3) den *Klassischen Weg* (Abb. A.7.1) [1,2,12]. Während der Alternative und Lektin-Weg phylogenetisch gesehen die älteren Wege sind – und man einige Komponenten schon bei den Invertebraten findet – hat sich der Klassische Weg gemeinsam mit den Antikörpern entwickelt. Beim *Alternativen Weg* bindet C3b direkt an die Pathogenoberfläche (Abb. A.7.1). In wässriger Lösung wird C3 spontan zu C3(H_2O) hydrolysiert welches mit Faktor B, D, und P (Properdin) interagiert, was zur weiteren Spaltung von C3 und schließlich zur Anlagerung der C3-Konvertase (C3bBb) an die Pathogenoberfläche führt. Die C3-Konvertase spaltet weiteres C3, so dass sich weiteres C3b an die CD3-Konvertase anlagert und die C5-Konvertase ($C3b_2Bb$) des Alternativen Wegs entsteht, welche C5 in C5a und C5b spaltet. Beim *Lektin-Weg* binden Mannose-bindende Lektine (MBL), Ficoline oder Collectine an Kohlenhydrate auf Zell-

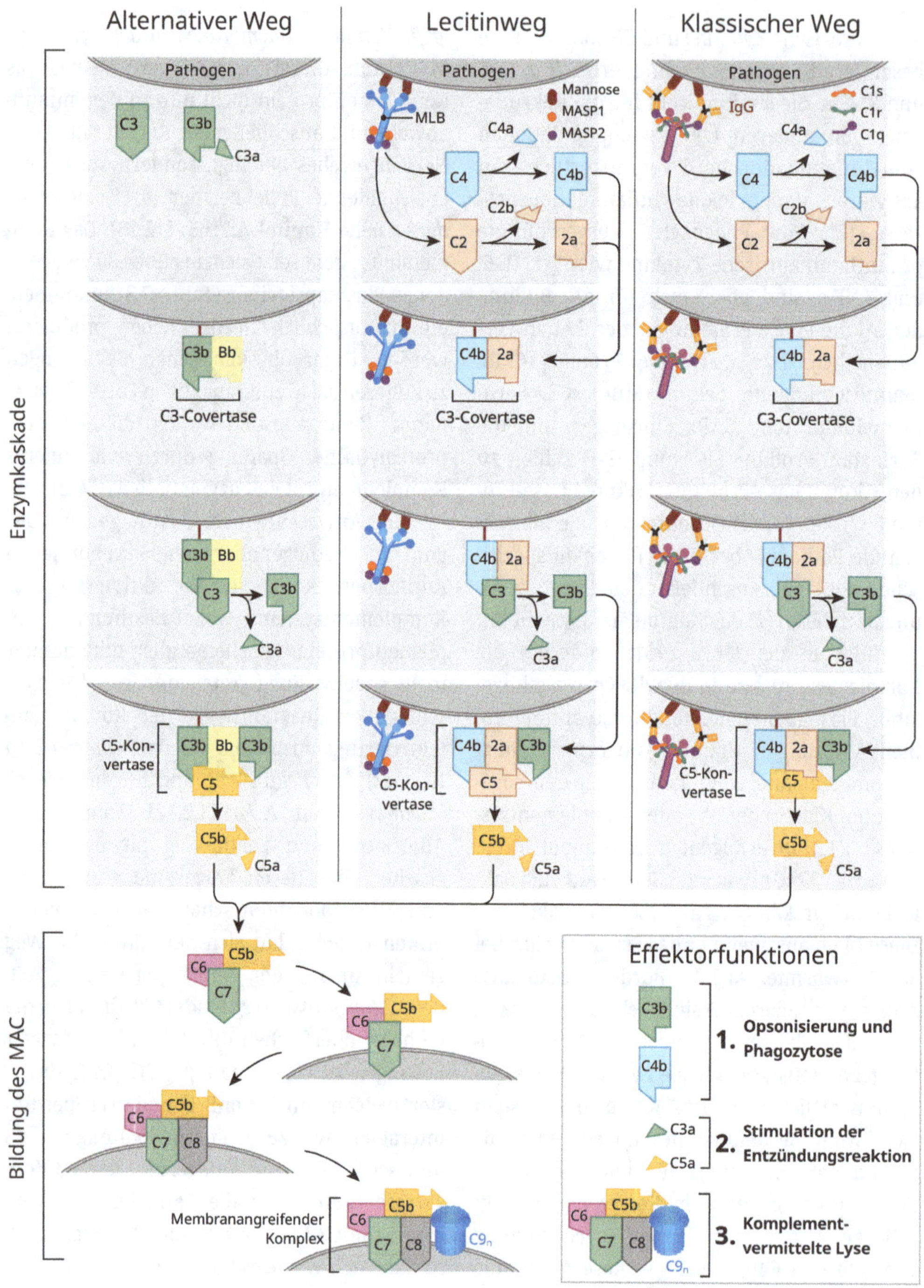

Abb. A.7.1: Das Komplementsystem.

wänden und -kapseln von Mikroorganismen, wodurch Manan-bindende Lektin Serin Protease 1 (MASP1) und MASP2 aktiviert werden, was wiederum die Spaltung von C4 und C2 und Bildung der C3-Konvertase (C4bC2a) zur Folge hat (Abb. A.7.1). Die C3-Konvertase führt zur Spaltung von C3 und Anlagerung von C3b und somit zur Bildung der C5-Konvertase (C4bC2aC3b). Beim Klassischen Weg bindet das C1q des C1-Komplexes, bestehend aus C1q und den beiden Zymogenen C1r und C1s, direkt an die Pathogenoberfläche oder indirekt an Antigen-/Antikörperkomplexe (IgG1-3 oder IgM) bzw. an Akute-Phase-Proteine wie CRP (Abb. A.7.1). Durch Spaltung von C4 und C2 und Anlagerung von C4b und C2a entsteht analog zum Lektin-Weg die C3-Konvertase (C4bC2a) und im weiteren Schritt die C5-Konvertase (C4bC2aC3b). Interessanterweise kann C1q auch lokal im ZNS gebildet werden, wo es in der neuronalen Entwicklung eine Rolle beim sogenannten *synaptischen Pruning*, d. h. der Eliminierung bestimmter Synapsen, spielt (siehe **Kapitel A.7.1.5**). Während C3a und C5a die Entzündung stimulieren und phagozytotische Zellen zum Infektionsherd locken, wo sie die mit Komplement bedeckten Pathogene durch ihre Rezeptoren für C3b und C4b direkt aufnehmen und zerstören können, initiiert die Spaltung von C5 in C5a und C5b den *Lyse-Weg* des Komplementsystems, bei dem sich die letzten Komponenten des Weges C6 bis C9 zu einem *MAC-Komplex* zusammenschließen.

Unter physiologischen Bedingungen spielt das Komplementsystem im Nervensystem eine wichtige Rolle bei der Abwehr von Pathogenen, beim Gewebsumbau und bei der Bildung von Synapsen (siehe Kapitel **A.7.1.5 und A.7.1.6**) [12,13,61]. Das Komplementsystem ist aber auch wesentlich an pathophysiologischen Prozessen von neuroimmunologischen Erkrankungen wie Neuromyelitis Optica Spektrum Erkrankungen und der Myasthenia Gravis beteiligt, bei denen es die Wirkung der Aquaporin 4-Antikörper bzw. Acetylcholin Rezeptor Antikörper verstärkt (siehe **Kapitel A.7.1.7**) [12]. Darüber hinaus spielt das Komplementsystem auch eine pathophysiologische Rolle bei neurodegenerativen Erkrankungen wie dem Morbus Alzheimer und der Amyotrophen Lateralsklerose und bei neuropsychiatrischen Erkrankungen wie der Schizophrenie [12,13].

7.1.5 Die Rolle des angeborenen Immunsystems bei der Bildung und Homöostase des Nervensystems – Mikrogliazellen als Konstrukteure des Nervensystems

In enger Wechselwirkung mit Nervenzellen – wie Neuronen, Oligodendrozyten und Astrozyten – sind die im Parenchym des ZNS ansässigen *Mikrogliazellen* maßgeblich an der Entwicklung und Homöostase des Nervensystems beteiligt [3,18,62]. Hierbei nutzen Mikrogliazellen auch Komponenten des *Komplementsystems*. Mikrogliazellen wurden 1919 von dem spanischen Neurowissenschaftler Pío del Río-Hortega (1882–1952) entdeckt [63]. Mikrogliazellen sind hochspezialisierte und mit gedächtnisähnlichen Funktionen ausgestattete Makrophagen, die als Sensoren des Nervensystems eine Vielzahl von unterschiedlichen Funktionen erfüllen können [62]. Mikrogliazellen fungieren sowohl als *Konstrukteure* bei der *Entwicklung* und der *Homöostase* des *ZNS* als auch als *Sicherheitsdienst* bei der *Immunüberwachung* des *Nervensystems* (siehe **Kapitel A.7.1.6**). Im Gegensatz dazu können Mikrogliazellen aber auch die treibende Kraft bei pathophysiologischen Prozessen von *neurologischen Erkrankungen* sein (siehe **Kapitel A.7.1.7**). Beim Erwachsenen sind 10 % der ZNS-Zellen Mikrogliazellen, deren Häufigkeit zwischen den einzelnen ZNS-Regionen variiert [64]. Unter physiologischen Bedingungen sind Mikrogliazellen die einzige Immunzellpopulation, die im Parenchym des ZNS vorkommt [65]. Darüber hinaus finden sich Mikrogliazellen auch in der Retina des Auges. Sie werden bereits vor Bildung der anderen Gliazellen direkt aus eEMPs im extraembryonalen Dottersack gebildet, von wo aus sie vor Bildung der Blut-Hirnschranke das ZNS infiltrieren und durch ein stufenweises Entwicklungsprogramm heranreifen [18,66,67]. Während Mikrogliazellen sich in frühen Entwicklungsstadien durch eine sehr hohe Teilungsrate auszeichnen, sind sie in späten Stadien durch eine Kombination von niedriger Teilungsrate und apoptotischen Prozessen zur ständigen Selbsterneuerung fähig [68,69]. Einzelzell-Untersuchungen in Mäusen haben gezeigt, dass die höchste gewebsspezifische Diversität von Mikrogliazelllen in der weißen Hirnsubstand des Zerebellums und Corpus callosum kurz nach der Geburt vorliegt [18]. Diese nimmt vom Embryonalstadium zum erwachsenen Tier hin graduell ab, um dann bei Alterungsprozessen wieder zuzunehmen [18]. Auch wenn neuste Untersuchungen gezeigt haben, dass es eine hohe Übereinstimmung zwischen den Mikrogliazellen von Mäusen und Menschen gibt, ist die Diversität beim Menschen unter physiologischen Bedingungen beim Menschen generell höher [70,71]. Unter pathophysiologischen Bedingungen kommt es sowohl im Tiermodell als auch beim Menschen zu einer krankheitsbedingten Zunahme der Heterogenität der Mikrogliazellen in den betroffenen Geweben [18]. Zusammengefasst zeigen diese Untersuchungen, dass die Mikrogliazellen als Sensoren des Nervensystems fungieren, die eine hohe Plastizität aufweisen und sich den jeweiligen Umständen anpassen können. Dementsprechend sind die Funktionen, die Mikrogliazellen während der Entwicklung und Homöostase des Nervensystems ausüben sehr vielseitig. Mikrogliazellen weisen im Embryonalstadium und nach der Geburt eine hohe phagozytotische Aktivität auf. Während der *Embryogenese* sind Mikrogliazellen an (1) der Bildung der Blutgefäße (*Vaskulogenese*) in Gehirn und Retina, (2) der *Entfernung überschüssiger Neuronen* durch Ausschüttung reaktiver Sauerstoffspezies und anschließender Phagozytose der apoptotischen Nervenzellen und (3) der *Migration inhibierender kortikaler Interneurone* beteiligt [3,62]. Inhibierende kortikale Neurone sind Hauptakteure beim Hemm- und Erregungsgleichgewicht der Neurone, das bei Erkrankungen aus dem Autismusspektrum und Schizophrenie von Bedeutung ist. Mikrogliazellen unterstützten auch die *nachgeburtliche Neurogenese* in bestimmten Hirnregionen und *Entwicklung* des *Rückenmarks* [3,62]. Durch Ausschüttung des Wachstumsfaktors *IGF-1* (*insulin-like growth factor 1*) unterstützen Mikrogliazellen (1) das Überleben und die Entwicklung von Oligodendrozyten-Vorläuferzellen (*oligodendocyte progenitor cells*, OPCs) [72]. Vermittelt durch die Proteine des Komplementsystems und in enger Wechselwirkung mit Neuronen und Astrozyten sind Mikrogliazellen (2) durch Elimination überzähliger Synapsen und gleichzeitiger selektiver Aufrechterhaltung spezifischer synaptischer Schaltungen wesentlich an der *Ausbildung funktionaler neuronaler Netzwerke* beteiligt [73]. Der als *präsynaptisches Pruning* bezeichnete Prozess wurde bisher am Besten im Auge untersucht. Dort konnte gezeigt werden, dass überzählige Synapsen C1q-vermittelt durch C3 gekennzeichnet werden (*klassischer Weg des Komplementsystems*, Abb. A.7.1), wodurch eine C3-Rezeptor (C3R) vermittelte Phagozytose durch Mikrogliazellen erfolgt [74–76]. Im Gegensatz dazu werden Synapsen durch CD47, das an den auf Mikrogliazellen exprimierten Rezeptor SIRPα bindet, vor Phagozytose geschützt [76]. Im *adulten Gehirn* tasten Mikrogliazellen als Sensoren für intrathekale Veränderungen ständig ihre Umgebung ab und sind maßgeblich an der *Homöostase* beteiligt [3]. Sie unterstützen die (1) *Aufrechterhaltung* von *Neuronen* – z. B. durch Ausschüttung des

Wachstumsfaktors *BDNF* (*brain derived neurotrophic factor*) – und *Oligodendrozyten*, die an Myelinisierungsprozessen beteiligt sind. (2) Vermittelt durch *TGF-β*, *BDNF* und die *Komplementproteine C1q* und *C3* eliminieren Mikrogliazellen im Thalamus, Kortex und Hippocampus durch *synaptisches Pruning* defekte oder nicht mehr benötigte Synapsen. So unterstützen sie die neuronale Plastizität und die zum Lernen und Gedächtnisbildung notwendigen Prozesse. (3) Darüber hinaus tragen Mikrogliazellen auch maßgeblich zum Immunprivileg des ZNS bei, indem sie anti-inflammatorische Zytokine ausschütten, und Th1-Antworten inhibieren und beschädigtes Nervengewebe reparieren. Unter *pathophysiologischen Bedingungen* kommt es durch epigenetische Prozesse zur Reprogrammierung von Mikrogliazellen. Die dadurch aktivierten Mikrogliazellen können sich sehr schnell teilen, exprimieren eine erhöhte Anzahl von Rezeptoren auf ihrer Oberfläche, sezernieren pro-inflammatorische Zytokine und Chemokine wie IL-6, IL-8 und CCL2 und zeigen eine verstärkte Phagozytose-Aktivität. Dadurch können Mikrogliazellen Zelltrümmer beseitigen und Prozesse einleiten, die die *Regeneration des Nervengewebes* unterstützen – wie z. B. die Remyelinisierung.

Eliminierung der Synapsen durch synaptisches Pruning

Die Eliminierung der Synapsen durch von Mikrogliazellen vermittelte Apoptose und anschließender Phagozytose bezeichnet man als Synaptisches Pruning. Der klassische Weg der Komplementaktvierung spielt eine essenzielle Rolle bei Synaptischen Pruning während der Synapsenbildung [12,13]. Die zu eliminierenden Synapsen werden hierbei durch C1q und C3 zur C3R-vermittelten Phagozytose für Mikrogliazellen markiert [74,75]. Interessanterweise sind Mikrogliazellen selbst die Hauptquelle für im Nervensystem gebildetes C1q. Aktivierte Mikrogliazellen eliminieren die markierten Synapsen durch Apoptose – mit Hilfe der Ausschüttung reaktiver Sauerstoffspezies, des Wachstumsfaktors NGF (nerve growth factor), TNF-α - und anschließender Phagozytose. CD47, das an den auf Mikrogliazellen exprimierten Rezeptor SIRPα bindet, schützt bei diesen Prozessen die weiteren Synapsen vor Phagozytose [76]. Das synaptische Pruning spielt eine essenzielle Rolle bei Lernprozessen und der Gedächtnisbildung [13]. Viele neurologische aber auch psychiatrische Erkrankungen zeichnen sich durch Veränderungen beim synaptischen Pruning und dem damit einhergehenden Verlust von Synapsen aus. So gehen beispielsweise kognitive Defizite beim Morbus Alzheimer oder dem virusvermittelte Gedächtnisverlust mit einer Reaktivierung des komplementvermittelten synaptischen Pruning einher [77,78]. C4 kann während der Entwicklung ebenfalls die Eliminierung von Synapsen durch Mikrogliazellen vermitteln. Genetische Varianten im *C4B* Lokus sind mit einer erhöhten Prädisposition für Schizophrenie und Autismus Spektrumerkrankungen assoziiert [79–81].

7.1.6 Der Sicherheitsdienst für die Immunüberwachung des Nervensystems – im ZNS ansässige Zellen des angeborenen Immunsystems und Komplementsystem

Die in den *Meningen*, *im Plexus chorioides* und *Liquor* ansässigen und zirkulierenden *Zellen des angeborenen Immunsystems* fungieren als Sicherheitsdienst des ZNS, der in enger Wechselwirkung mit den in **Kapitel A.7.2** beschriebenen *patrouillierenden T- und B-Lymphozyten* und *Nervenzellen* für eine effiziente Immunüberwachung sorgt (Abb. A.7.2) [4]. Die Funkverbindungen werden mittels *pro-* und *anti-inflammatorischer Zytokine*, aber auch *Neurotransmitter* und *-peptide* hergestellt. Ihre Waffen sind *zytotoxische Granula* und die *Proteine* des *Komplementsystems* dienen als Alarmanlage. Bei diesen Prozessen steht das Immunsystem des Nervensystems in ständigen Kontakt mit der Außenwelt (Peripherie) [4]. So wird durch Lymphdrainage von ZNS-Antigenen eine Verbindung zwischen Gehirn und *zervikalen Lymphknoten* hergestellt, wo die Antigene T- und B-Zellen präsentiert werden [82]. Darüber hinaus können molekulare Bestandteile des ZNS über die duralen venösen Nebenhöhlen in das Blut und die peripheren Organe gelangen [82]. Die Versorgung der Milz durch Botenstoffe des Gehirns ist essenziell für die Bildung von Antikörper produzierenden Plasmazellen und die Reifung von myeloiden Zellen [7,8]. Neuste Untersuchungen haben gezeigt, dass die *Darm-ZNS-Achse* eine wichtige Schnittstelle für die Kommunikation zwischen Gehirn und Peripherie darstellt. So können von der Darmflora ausgeschüttete Neurotransmitter direkt das Nervensystem modulieren, aber auch die Differenzierung und Effektorfunktionen von myeloiden Zellen und Lymphozyten beeinflussen [83–86]. Die dadurch hergestellte wechselseitige Kommunikation mit der Peripherie stellt sicher, dass einerseits das Immunsystem des Nervensystems vor einem möglichen Angriff von außen gewarnt wird und andererseits das Immunsystems der Peripherie signalisieren kann, wenn ein solcher Angriff erfolgt ist, damit es Hilfe von außen durch Nachrücken weiterer Immunzellen bekommt [4]. Die das Gehirn, das Rückenmark und den Liquor umgebenden *Meningen* spielen eine tragende Rolle bei der Immunüberwachung des Nervensystems [4] (Abb. A.7.2). Die Dura mater der Meningen verbindet das Gehirn über ihr lymphatisches System direkt mit den zervikalen Lymphknoten. Darüber hinaus steht sie über die venösen Nebenhöhlen direkt in Verbindung mit dem Blut und Liquor. Unter physiologischen Bedingungen bilden in den *Meningen ansässige Makrophagen* (aus EMPs differenzierte Makrophagen der Leptomeningen und aus dem Knochenmark stammende Makrophagen der Dura mater), *DZ*, *Mastzellen* und *ILCs* den Wachdienst vor Ort. Sie stehen sowohl mit durch die Meningen patrouillierenden *Neutrophilen*, *NK-Zellen* und *T-* und *B-Lymphozyten* als auch den im Parenchym ansässigen *Mikrogliazellen* im ständigen Austausch [4,20]. Auf diese Weise wird beim Eindringen eines Pathogens eine schnelle und effiziente lokale Immunantwort gewährleistet. Die Funktionen, die die einzelnen Immunzellpopulationen hierbei erfüllen, entsprechen weitgehend denen in der Peripherie (siehe **Kapitel A.7.1.3**). Bei entzündlichen Prozessen werden die in den Meningen ansässigen Makrophagen, DZ, Mastzellen und ILCs aktiviert und initiieren weitere Entzündungsreaktionen, indem sie pro-inflammatorische Zytokine ausschütten und CSF-Antigenen auf MHC Klasse II ZNS-spezifischen – aus dem zervikalen Lymphknoten stammenden – patrouillierende T-Zellen [4,20] präsentieren. Durch Ausschüttung von Leukotrienen und Prostaglandinen beeinflussen Mastzellen u. a. die Permeabilität der Blut-Hirnschranke, was das Einwandern weiterer Immunzellen in das ZNS begünstigt [87]. Darüber hinaus sorgen Mastzellen bei entzündlichen Prozessen durch Ausschüttung pro-inflammatorischer Zytokine und Chemokine für die frühe Rekrutierung weiterer Neutrophile in das Gehirn [87]. Unterschiedliche Subpopulationen von Neutrophilen können wiederum sowohl proinflammatorische als auch immunsupprimierende Funktionen erfüllen. Neben den Immunzellen der Meningen spielen die in den Stromata der *Plexus chorioides* ansässigen *Neutrophilen*, *NK-Zellen*, *Makrophagen*, *Monozyten* und *DZ* eine wichtige Rolle bei der Immunabwehr des Nervensystems [4,88] (Abb. A.7.2). Die Expression von *PRRs* dient als Alarmanlage für „Gefahrensignale“ – wie proinflammatorische Zytokine und TLRs – aus dem Parenchym des ZNS [89,90]. Im Tiermodell konnte gezeigt werden, dass die im Stroma ansässigen DZ ZNS-Antigene sowohl Effektor Memory T-Zellen als auch regulatorischen T-Zellen präsentieren [4]. Im Stroma der Plexus choroides ansässige T-Zellen sezernieren IL-4, IFN-γ und IL-10[4]. [4] Das Vorkommen neuronaler Stammzellen und die unmittelbare Nähe zu den subventrikulären und -granularen Bereichen des Hippocampus legen die Vermutung nahe, dass die Plexus choroides auch eine Rolle bei der Neurogenese spielen [4]. Zusammengefasst bilden die vier Plexus choroides in den Ventrikeln eine immunologisch funktionelle Blut-Liquor-Schranke, die als Eintrittspforte für einwandernde Immunzellen aus dem Blut in den *Liquor* dient [91]. Unter physiologischen Bedingungen zirkulieren im Liquor hauptsächlich *Gedächtnis T-Zellen* und eine kleine Anzahl an *Neutrophilen, Monozyten*, von *Monozytenzwischenstufen*

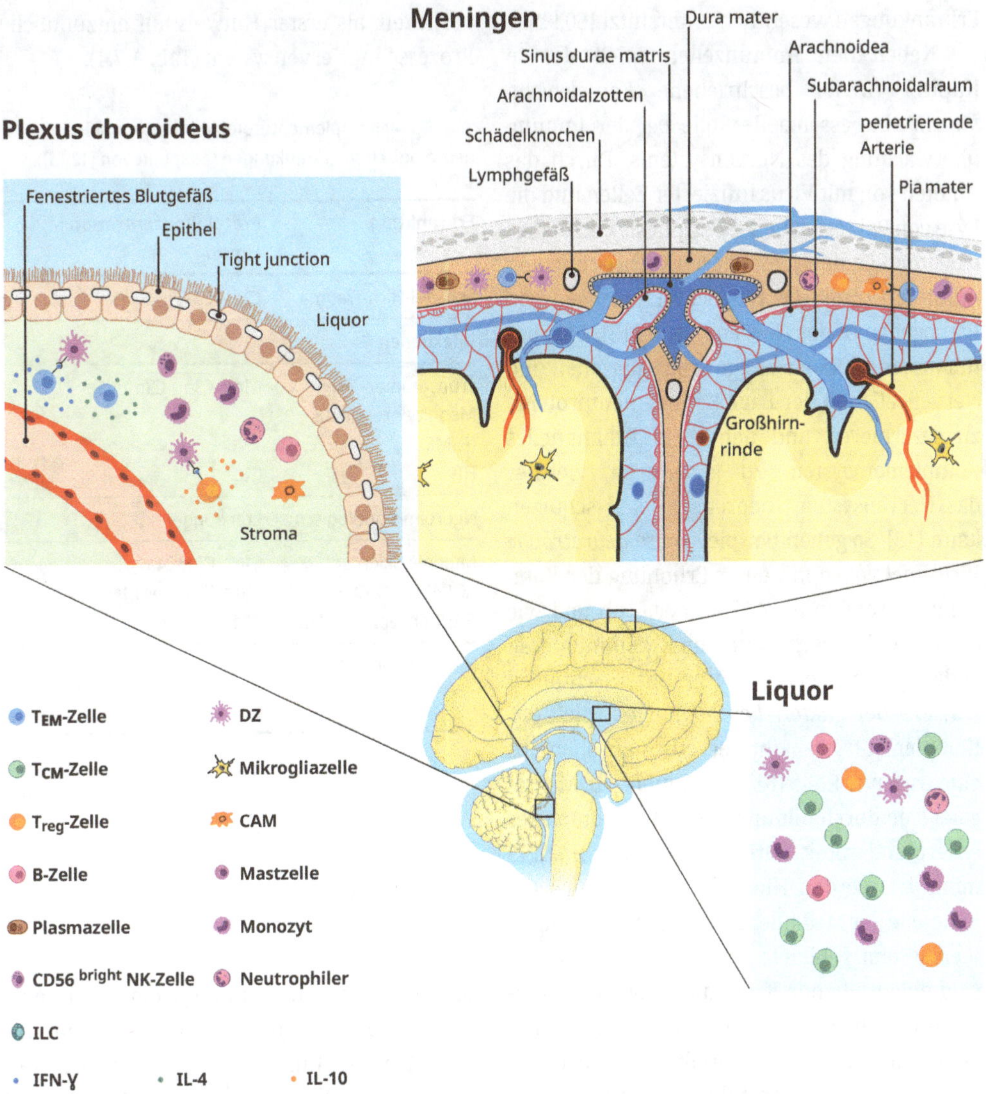

Abb. A.7.2: Das Immunsystem im ZNS (adaptiert von [4]).

abstammende *Makrophagen, DZ, B-Zellen* und immunregulatorische *CD56*^{bright} *NK-Zellen*, die vermutlich alle eine tragende Rolle bei der Immunüberwachung des Nervensystems spielen [32,48]. Pathologisch bedingte Änderungen des Immunzellprofils im Liquor gelten als sicherer Hinweis auf entzündliche Prozesse im Nervensystem (Tab. A.7.2) und neuste Untersuchungen haben gezeigt, dass Kenntnisse über die zellulären Änderungen die Differentialdiagnose neurologischer aber auch psychiatrischer Erkrankungen wesentlich unterstützt [60,92].

Neben den Immunzellen spielt das in **Kapitel A.7.1.4** beschriebene *Komplementsystem* eine essenzielle Rolle bei der Immunüberwachung des Nervensystems. Durch das Abtöten von mit Virus infizierter Zellen und die Lyse von Bakterien in der Peripherie verhindert das Komplementsystem deren Verbreitung und minimiert somit das mögliche Eindringen von Pathogenen in das Nervensystem [13]. Darüber hinaus sind ZNS-ansässige Mikrogliazellen und Nervenzellen in der Lage Komplementproteine zu sezernieren und damit ein funktionelles Komplementsystem zu generieren, welches das Nervensystem theoretisch lokal schützen kann [13]. So gehen beispielsweise *neurotrophe Virusinfektionen* mit einer Erhöhung der Komplementproteine im ZNS einher – ob und wie diese die Virusverbreitung im ZNS minimieren bedarf jedoch noch weiterer Untersuchungen [13]. Bei der *bakteriellen Meningitis* spielt das Komplementsystem im Nervensystem ebenfalls eine tragende Rolle [61]. So können z. B. Meningokokken durch Bildung eines MAC-Komplexes lysiert und somit deren Verbreitung im ZNS minimiert werden. Hier zeigt sich aber auch die Kehrseite der Medaille, denn durch das Komplementsystem gebildete Anphylatoxine wie C5a sind eine treibende Kraft, die zu einer unkontrollierten Entzündung des Nervensystems und damit einer erhöhten Mortalitätsrate bei bakteriellen Meningitiden führen kann [61]. Neue Therapieansätze – wie der Einsatz von C5a- und C5aR-Antagonisten – zielen daher darauf ab, die Stimulation durch Anphylatoxine zu reduzieren und gleichzeitig die Bildung des MAC-Komplexes und die damit verbundenen Lyse von Bakterien aufrechtzuerhalten [61]. Pathophysiologisch bedingte Veränderungen des Komplementsystems im Nervensystem spiegeln sich auch im Liquor wieder. Somit dient eine Änderung der Komplementproteine im Liquor, die unter physiologischen Bedingungen im Vergleich zum Serum 100- bis 1000-fach erniedrigt vorliegen, als erster Hinweis auf entzündliche Prozesse im Nervensystem (Tab. A.7.4).

Tab. A.7.4: Komplementproteine Im Liquor bei neurologischen Erkrankungen (adaptiert von [12,13]).

Erkrankung	Proteinkonzentration im Liquor
Schädel-Hirn-Trauma	C1q↑, C3↑
Infektionen	
Frühsommer-Mengioenzephalitis (FSME)	C1q↑, C3a↑, C3b↑, C5a↑
HIV	C1q↑
Neuroimmunologische Erkrankungen	
Multiple Sklerose	C1q↑, C3↑, C4a↑
AQP4⁺ NMOSD	C5a↑, lösliches MAC↑
GAD⁺ Enzephalitis [103]	C5a↑, SC5b9↑
Neurodegenerative Erkrankungen	
Morbus Alzheimer	C3↓

7.1.7 Die Kehrseite der Medaille – Das angeborene Immunsystem in der Pathophysiologie neurologischer Erkrankungen

Das angeborenen Immunsystem spielt eine essenzielle Rolle sowohl bei der Bildung als auch bei der Immunüberwachung des Nervensystems. Die Kehrseite der Medaille ist jedoch, dass sowohl die Zellen des angeborenen Immunsystems als auch Proteine des Komplementsystems eine treibende Kraft bei der Pathophysiologie neurologischer Erkrankungen sein können. Das Spektrum reicht hierbei vom Gedächtnisverlust in Folge viraler oder bakterieller Infektionen des Nervensystems, über neuroimmunologische Erkrankungen wie die Multiple Sklerose, bis hin zu neuropsychiatrischen Erkrankungen wie der Schizophrenie und Autismus-Spektrum-Erkrankungen.

Aufgrund ihrer zentralen Rolle im Nervensystem sind *Mikrogliazellen* maßgeblich an der Pathophysiologie vieler neurologischer Erkrankungen beteiligt [3]. So gehören viele der Risikogene, die man bei genomweiten Assoziationsstudien zur Multiplen Sklerose, Morbus Alzheimer, Morbus Parkinson, Schizophrenie und Autismus gefunden hat, zu den Mikroglia [80,93–95]. Darüber hinaus haben Einzelzelluntersuchungen gezeigt, dass die Heterogenität der Mikrogliazellen im Nervensystem unter pathophysiologischen Bedingungen stark zunimmt und sie krankheitsspezifisches Transkriptionsmuster aufweisen [18]. Mikrogliazellen und vermutlich auch im ZNS ansässige Makrophagen sind die treibende Kraft bei sogenannten Mikrogliapathien [3]. Zu den Mikrogliapathien zählt man die autosomal dominant vererbte *CSF-1R*-assoziierte Leukoenzephalopathie und die rezessiv vererbten chronischen neurodegenerativen Erkrankungen, die mit Variationen in den *TYROBP*- und *TREM2*-Genen einhergehen [96–98]. Initiiert durch andere Zellen des Immunsystems vermitteln Mikrogliazellen zusammen mit Komponenten des *Komplementsystems* neurodegenerative Prozesse bei vielen neurologischen und psychiatrischen Erkrankungen [12,13]. Beispiele hierfür sind das synaptischen Pruning bei neuroimmunologischen Erkrankungen wie der Rasmussen Enzephalitis und bei neurodegenerativen Erkrankungen wie dem Morbus Alzheimer und anderen Tauopathien [13,99] (Tab. A.7.5). Synaptisches Pruning spielt aber auch eine Rolle beim Gedächtnisverlust in Folge von Infektionen mit neurotrophen Viren [13]. Generell sind Mikrogliazellen und Komplementsystem durch Synapsenelimierung an Alterungsprozessen beteiligt [13]. Darüber hinaus ist das Komplementsystem als essenzielle Schnittstelle zwischen angeborenen und adaptiven Immunsystem, aber auch maßgeblich an der Gewebszerstörung bei neuroimmunologischen Erkrankungen des peripheren Nervensystems wie diversen Neuropathien und neuromuskulären Erkrankungen wie diversen Myopathien und der Myasthenia gravis beteiligt [12] (Tab. A.7.5).

Tab. A.7.5: Änderungen des Komplementsystems bei neurologischen Erkrankungen (adaptiert von [12,99]).

Neurologische Erkrankung	Anzeichen für eine Beteiligung des Komplementsystems
ZNS	
Schädel-Hirn-Trauma	erhöhte C3 und MAC-Expression in Gehirn und CSF
Neurotrophe Virusinfektionen	Erhöhung der Komplementproteine im Nervensystem
Bakterielle Meningitis	erhöhte Konzentrationen von C1q und C3b und der Anphylatoxine C3a und C5a im Liquor
Multiple Sklerose	Komplementablagerungen in demyelinisierende Läsionen, Assoziation von erhöhten C4a Konzentration mit Krankheitsaktivität
AQP4⁺ NMOSD	erhöhte Konzentrationen von C5a und löslichem MAC im Liquor
MOGAD	erhöhte Konzentrationen von Komplementproteinen als Indikator für systemische Aktivierung des Klassischen und Alternativen Wegs [104]
	Anlagerung von C9neo und Makrophagen mit phagozytierten Myelinabbauprodukten

Tab. A.7.5 (fortgesetzt)

Neurologische Erkrankung	Anzeichen für eine Beteiligung des Komplementsystems
Rasmussen Enzephalitis	Synaptisches Pruning durch Mikrogliazellen
CASPR2 und LGI1 Enzephalitis	Antikörper und Komplement-vermittelte Neurodegeneration
Morbus Alzheimer	Co-Lokalisation von aktivierten Komplementproteinen mit Amyloid-b Ablagerungen
Amyotrophe Lateralsklerose	C1q und C3b Ablagerungen in Motorneuronen, Astrozyten und Mikrogliazellen
Schizophrenie	Assoziiert mit Risikogen im C4 Lokus
Peripheres Nervensystem	
Guillain-Barré Syndrom	Komplement- und Immunglobulinablagerungen an myelinisierte Fasern, Gangliosidantikörper initiieren Aktivierung der Komplementkaskade und Bildung des MAC-Komplexes
Neuropathien	1. Komplementablagerungen an myelinisierte Fasern und Assoziation von Komplementaktivierung mit einem schwereren klinischen Verlauf bei entzündlichen demyelisierenden Polyneuropathien 2. CD59-Mutation bei genetischer Form der Neuropathien 3. Anlagerung von Komplementproteinen über an Fasern gebundene Myelin-assoziierte Glykoprotein Antikörper bei IgM-vermittelten Neuropathien 4. Schmerzreaktionen sind mit erhöhten Konzentrationen der Anphylatoxine C3a und C4a assoziiert
Neuromuskuläre Erkrankungen	
Myasthenia gravis	erhöhte Konzentrationen von Komplementproteinen im Plasma von AChR-AK$^+$ Myasthenia Gravis als Indikator für Komplementaktivierung [105] Anlagerung von IgG, C3 und C9 an die Postsynapsen der neuromuskulären Verbindungen
Lambert-Eaton myasthenisches Syndrom	Anlagerung von C3 an Präsynapsen der neuromuskulären Verbindungen
Myositis	IgG, C1q und MAC-Anlagerung bei Muskelbiopsien

Die pathophysiologische Wechselwirkung zwischen aus der Peripherie einwandernden Immunzellen und im ZNS ansässigen Immun- und Nervenzellen kann man anhand der *Multiplen Sklerose* als exemplarisches Beispiel einer neuroimmunologischen Erkrankung sehr gut verdeutlichen [100]. Immunologische Untersuchungen bei MS-Patienten in Kombination mit Analysen unterschiedlicher Tiermodelle haben gezeigt, dass initial pathophysiologische Veränderungen des Immunsystems in der Peripherie die treibende Kraft in der frühen Krankheitsphase sind [101]. Demgegenüber dominieren entzündliche Prozesse im ZNS die progressive Phase [101]. Eine Kombination aus genetischen und Umweltfaktoren führt zur Störung der Kontrolle autoreaktiver T-Zellen durch regulatorische T-Zellen, NK-Zellen und tolerogenen DZ [100]. Dadurch können autoreaktive für ZNS-Antigene spezifische T-Zellen in peripheren lymphatischen Geweben aktiviert werden und migrieren in das ZNS. Im ZNS werden die pathogenen T-Zellen durch ZNS-ansässige Makrophagen, Mikroglia und DZ reaktiviert. Die aktivierten T-Zellen schütten pro-inflammatorische Zytokine und Chemokine aus und initiieren so eine Entzündungskaskade, die zur Einwanderung weiterer Immunzellen wie Monozyten und gegen die Myelinschicht gerichtete Antikörper produzierende Plasmazellen in das ZNS führt. Dadurch entstehen im Parenchym entzündliche Läsionen und es kommt durch Anlagerungen von C1q zur Aktivierung der im ZNS-ansässigen Mikrogliazellen, deren Transkriptionsmuster ähnlich ist wie bei anderen neurodegenerativen Erkrankungen [102]. Dadurch werden weitere Prozesse in Gang gesetzt, die letztendlich zur neuralen Degeneration führen.

Da sowohl die Zellen des angeborenen Immunsystems als auch das Komplementsystem an vielen pathophysiologischen Prozessen im Nervensystem beteiligt sind, gibt es mittlerweile eine Reihe von Therapieansätzen zur Inhibierung des angeborenen Immunsystems. Das Ziel solcher Therapieansätze sollte es aber sein, die pathophysiologischen Prozesse des angeborenen Immunsystems zu minimieren, ohne die Funktionen der Zellen oder des Komplementsystems zur Aufrechterhaltung der Homöostase zu beeinflussen.

Literatur

[1] Abbas A, Lichtman A, Pillai S. Cellular and Moledular Immunology. Elsevier 10th Edition (2021).

[2] Murphy K, Weaver C. Janeway's Immunobiology. Springer Spektrum 9th Edition (2017).

[3] Prinz M, Masuda T, Wheeler MA, Quintana FJ. Microglia and Central Nervous System-Associated Macrophages-From Origin to Disease Modulation. Annu Rev Immunol. 2021;39:251–277.

[4] Croese T, Castellani G, Schwartz M. Immune cell compartmentalization for brain surveillance and protection. Nat Immunol. 2021;22:1083–1092.

[5] Schiller M, Ben-Shaanan TL, Rolls A. Neuronal regulation of immunity: why, how and where? Nat Rev Immunol. 2021;21:20–36.

[6] Huang S, et al. Lymph nodes are innervated by a unique population of sensory neurons with immunomodulatory potential. Cell. 2021;184:441–459, e425.

[7] Zhang X, et al. Brain control of humoral immune responses amenable to behavioural modulation. Nature. 2020;581:204–208.

[8] Nevin JT, Moussa M, Corwin WL, Mandoiu II, Srivastava PK. Sympathetic nervous tone limits the development of myeloid-derived suppressor cells. Sci Immunol. 200;5.

[9] Meyer Zu Horste G, Gross CC, Klotz L, Schwab N, Wiendl H. Next-Generation Neuroimmunology: New Technologies to Understand Central Nervous System Autoimmunity. Trends Immunol. 2020;41:341–354.

[10] Janeway CA, Jr. Pillars article: approaching the asymptote? Evolution and revolution in immunology. Cold spring harb symp quant biol. 1989. 54: 1–13. J Immunol. 2013;191:4475–4487.

[11] Matejuk A, Vandenbark AA, Offner H. Cross-Talk of the CNS With Immune Cells and Functions in Health and Disease. Front Neurol. 2021;12:672455.

[12] Dalakas MC, Alexopoulos H, Spaeth PJ. Complement in neurological disorders and emerging complement-targeted therapeutics. Nat Rev Neurol. 2020;16:601–617.

[13] Kanmogne M, Klein RS. Neuroprotective versus Neuroinflammatory Roles of Complement: From Development to Disease. Trends Neurosci. 2021;44:97–109.

[14] Medzhitov R, et al. Highlights of 10 years of immunology in Nature Reviews Immunology. Nat Rev Immunol. 2011;11:693–702.

[15] Zhang Q, et al. Circulating mitochondrial DAMPs cause inflammatory responses to injury. Nature. 2010;464:104–107.

[16] Wendeln AC, et al. Innate immune memory in the brain shapes neurological disease hallmarks. Nature. 2018;556:332–338.

[17] Pahl JHW, Cerwenka A, Ni J. Memory-Like NK Cells: Remembering a Previous Activation by Cytokines and NK Cell Receptors. Front Immunol. 2018;9.

[18] Masuda T, Sankowski R, Staszewski O, Prinz M. Microglia Heterogeneity in the Single-Cell Era. Cell Rep. 2020;30:1271–1281.

[19] Walker JA, Barlow JL, McKenzie AN. Innate lymphoid cells--how did we miss them? Nat Rev Immunol. 2013;13:75–87.

[20] Brown MA, Weinberg RB. Mast Cells and Innate Lymphoid Cells: Underappreciated Players in CNS Autoimmune Demyelinating Disease. Front Immunol. 2018;9:514.

[21] Lindsberg PJ, Strbian D, Karjalainen-Lindsberg ML. Mast cells as early responders in the regulation of acute blood-brain barrier changes after cerebral ischemia and hemorrhage. J Cerebr Blood F Met. 2010;30:689–702.

[22] Ibrahim MZ, Reder AT, Lawand R, Takash W, Sallouh-Khatib S. The mast cells of the multiple sclerosis brain. J Neuroimmunol. 1996;70:131–138.
[23] Lock C, et al. Gene-microarray analysis of multiple sclerosis lesions yields new targets validated in autoimmune encephalomyelitis. Nat Med. 2022;8:500–508.
[24] Tuomisto L, Kilpelainen H, Riekkinen P. Histamine and histamine-N-methyltransferase in the CSF of patients with multiple sclerosis. Agents Actions. 1983;13:255–257.
[25] Rozniecki JJ, Hauser SL, Stein M, Lincoln R, Theoharides TC. Elevated mast cell tryptase in cerebrospinal fluid of multiple sclerosis patients. Ann Neurol. 1995;37:63–66.
[26] Engelhardt B, Ransohoff RM. Capture, crawl, cross: the T cell code to breach the blood-brain barriers. Trends Immunol. 2012;33:579–589.
[27] Herich S, et al. Human CCR5high effector memory cells perform CNS parenchymal immune surveillance via GZMK-mediated transendothelial diapedesis. Brain. 2019;142:3411–3427.
[28] Koedel U, Klein M, Pfister HW. New understandings on the pathophysiology of bacterial meningitis. Curr Opin Infect Dis. 2010;23:217–223.
[29] Wingerchuk DM, Lennon VA, Lucchinetti CF, Pittock SJ, Weinshenker BG. The spectrum of neuromyelitis optica. Lancet Neurol. 2007;6:805–815.
[30] Anandasabapathy N, et al. Flt3L controls the development of radiosensitive dendritic cells in the meninges and choroid plexus of the steady-state mouse brain. J Exp Med. 2011;208:1695–1705.
[31] Quintana E, et al. DNGR-1(+) dendritic cells are located in meningeal membrane and choroid plexus of the noninjured brain. Glia. 2015;63:2231–2248.
[32] Han S, et al. Comprehensive immunophenotyping of cerebrospinal fluid cells in patients with neuroimmunological diseases. J Immunol. 2014;192:2551–2563.
[33] Menezes S, et al. The Heterogeneity of Ly6C(hi) Monocytes Controls Their Differentiation into iNOS(+) Macrophages or Monocyte-Derived Dendritic Cells. Immunity. 2016;45:1205–1218.
[34] Mrdjen D, et al. High-Dimensional Single-Cell Mapping of Central Nervous System Immune Cells Reveals Distinct Myeloid Subsets in Health, Aging, and Disease. Immunity. 2018;48:599.
[35] Gallizioli M, et al. Dendritic Cells and Microglia Have Non-redundant Functions in the Inflamed Brain with Protective Effects of Type 1 cDCs. Cell Rep. 2020;33:108291.
[36] Jordao MJC, et al. Single-cell profiling identifies myeloid cell subsets with distinct fates during neuroinflammation. Science. 2019;363.
[37] Artis D, Spits H. The biology of innate lymphoid cells. Nature. 2015;517:293–301.
[38] Spits H, et al. Innate lymphoid cells – a proposal for uniform nomenclature. Nature Reviews Immunology. 2013;13:145–149.
[39] Wuest SC, et al. A role for interleukin-2 trans-presentation in dendritic cell-mediated T cell activation in humans, as revealed by daclizumab therapy. Nat Med. 2011;17:604–609.
[40] Herberman RB, Nunn ME, Holden HT, Lavrin DH. Natural cytotoxic reactivity of mouse lymphoid cells against syngeneic and allogeneic tumors. II. Characterization of effector cells. Int J Cancer. 1975;16:230–239.
[41] Kiessling R, Klein E, Pross H, Wigzell H. "Natural" killer cells in the mouse. II. Cytotoxic cells with specificity for mouse Moloney leukemia cells. Characteristics of the killer cell. Eur J Immunol. 1975;5:117–121.
[42] Farag SS, Caligiuri MA. Human natural killer cell development and biology. Blood Rev. 2006;20:123–137.
[43] Cerboni C, et al. Antigen-activated human T lymphocytes express cell-surface NKG2D ligands via an ATM/ATR-dependent mechanism and become susceptible to autologous NK- cell lysis. Blood. 2007;110:606–615.
[44] Ardolino M, et al. DNAM-1 ligand expression on Ag-stimulated T lymphocytes is mediated by ROS-dependent activation of DNA-damage response: relevance for NK-T cell interaction. Blood. 2011;117:4778–4786.
[45] Bielekova B, et al. Regulatory CD56(bright) natural killer cells mediate immunomodulatory effects of IL-2Ralpha-targeted therapy (daclizumab) in multiple sclerosis. Proc Natl Acad Sci USA. 2006;103:5941–5946.
[46] Gross CC, et al. Regulatory Functions of Natural Killer Cells in Multiple Sclerosis. Front Immunol. 2016;7:606.
[47] Cooper MA, Fehniger TA, Caligiuri MA. The biology of human natural killer-cell subsets. Trends Immunol. 2001;22:633–640.
[48] Gross CC, et al. Impaired NK-mediated regulation of T-cell activity in multiple sclerosis is reconstituted by IL-2 receptor modulation. Proc Natl Acad Sci USA. 2016;113:E2973-2982.
[49] Bryceson YT, March ME, Barber DF, Ljunggren HG, Long EO. Cytolytic granule polarization and degranulation controlled by different receptors in resting NK cells. J Exp Med. 2005;202:1001–1012.

[50] Bryceson YT, March ME, Ljunggren HG, Long EO. Synergy among receptors on resting NK cells for the activation of natural cytotoxicity and cytokine secretion. Blood. 2006;107:159–166.
[51] Bryceson YT, Ljunggren HG, Long EO. Minimal requirement for induction of natural cytotoxicity and intersection of activation signals by inhibitory receptors. Blood. 2009;114:2657–2666.
[52] Kim HS, Das A, Gross CC, Bryceson YT, Long EO. Synergistic signals for natural cytotoxicity are required to overcome inhibition by c-Cbl ubiquitin ligase. Immunity. 2010;32:175–186.
[53] Fauriat C, Long EO, Ljunggren HG, Bryceson YT. Regulation of human NK-cell cytokine and chemokine production by target cell recognition. Blood. 2010;115:2167–2176.
[54] Karre K, Ljunggren HG, Piontek G, Kiessling R. Selective rejection of H-2-deficient lymphoma variants suggests alternative immune defence strategy. Nature. 1986;319:675–678.
[55] Ljunggren HG, Karre K. In search of the 'missing self': MHC molecules and NK cell recognition. Immunol Today. 1990;11:237–244.
[56] Lanier LL. Up on the tightrope: natural killer cell activation and inhibition. Nat Immunol. 2008;9:495–502.
[57] Bryceson YT, et al. Functional analysis of human NK cells by flow cytometry. Methods Mol Biol. 2010;612:335–352.
[58] Lunemann A, Lunemann JD, Munz C. Regulatory NK-cell functions in inflammation and autoimmunity. Mol Med. 2009;15:352–358.
[59] Piedavent-Salomon M, et al. Multiple sclerosis associated genetic variants of CD226 impair regulatory T cell function. Brain. 2015;138:3263–3274.
[60] Gross CC, et al. Classification of neurological diseases using multi-dimensional cerebrospinal fluid analysis. Brain. 2021;
[61] Koelman DLH, Brouwer MC, van de Beek D. Targeting the complement system in bacterial meningitis. Brain. 2019;142:3325–3337.
[62] Prinz M, Jung S, Priller J. Microglia Biology: One Century of Evolving Concepts. Cell. 2019;179:292–311.
[63] Rio-Hortega P. El tercer elemento de los centros nerviosos I. La microglia en estado normal. Bol. de la Soc. Esp. de Biol. 2919;IX:58–82.
[64] Lawson LJ, Perry VH, Dri P, Gordon S. Heterogeneity in the distribution and morphology of microglia in the normal adult mouse brain. Neuroscience. 1990;39:151–170.
[65] Ransohoff RM, Cardona AE. The myeloid cells of the central nervous system parenchyma. Nature. 2010;468:253–262.
[66] Ginhoux F, et al. Fate mapping analysis reveals that adult microglia derive from primitive macrophages. Science. 2010;330:841–845.
[67] Matcovitch-Natan O, et al. Microglia development follows a stepwise program to regulate brain homeostasis. Science. 2016;353:aad8670.
[68] Askew K, et al. Coupled Proliferation and Apoptosis Maintain the Rapid Turnover of Microglia in the Adult Brain. Cell Rep. 2017;18:391–405.
[69] Tay TL, et al. A new fate mapping system reveals context-dependent random or clonal expansion of microglia. Nat Neurosci. 2017;20:793–803.
[70] Gosselin D, et al. An environment-dependent transcriptional network specifies human microglia identity. Science. 2017;356.
[71] Masuda T, et al. Spatial and temporal heterogeneity of mouse and human microglia at single-cell resolution. Nature. 2019;566:388–392.
[72] Hagemeyer N, et al. Microglia contribute to normal myelinogenesis and to oligodendrocyte progenitor maintenance during adulthood. Acta Neuropathol. 2017;134:441–458.
[73] Paolicelli RC, et al. Synaptic pruning by microglia is necessary for normal brain development. Science. 2011;333:1456–1458.
[74] Stevens B, et al. The classical complement cascade mediates CNS synapse elimination. Cell. 2007;131:1164–1178.
[75] Schafer DP, et al. Microglia sculpt postnatal neural circuits in an activity and complement-dependent manner. Neuron. 2012;74:691–705.
[76] Lehrman EK, et al. CD47 Protects Synapses from Excess Microglia-Mediated Pruning during Development. Neuron. 2018;100:120–134, e126.
[77] Hong S, et al. Complement and microglia mediate early synapse loss in Alzheimer mouse models. Science. 2016;352:712–716.
[78] Vasek MJ, et al. A complement-microglial axis drives synapse loss during virus-induced memory impairment. Nature. 2016;534:538–543.
[79] Sellgren CM, et al. Increased synapse elimination by microglia in schizophrenia patient-derived models of synaptic pruning. Nat Neurosci. 2019;22:374–385.
[80] Sekar A, et al. Schizophrenia risk from complex variation of complement component 4. Nature. 2016;530:177–183.
[81] Mostafa GA, Shehab AA. The link of C4B null allele to autism and to a family history of autoimmunity

in Egyptian autistic children. J Neuroimmunol. 2010;223:115–119.

[82] Rustenhoven J, et al. Functional characterization of the dural sinuses as a neuroimmune interface. Cell. 2021;184:1000–1016, e1027).

[83] O'Donnell MP, Fox BW, Chao PH, Schroeder FC, Sengupta P. A neurotransmitter produced by gut bacteria modulates host sensory behaviour. Nature. 2020;583:415–420.

[84] Deshmukh HS, et al. The microbiota regulates neutrophil homeostasis and host resistance to Escherichia coli K1 sepsis in neonatal mice. Nat Med. 2014;20:524–530.

[85] Thaiss CA, Zmora N, Levy M, Elinav E. The microbiome and innate immunity. Nature. 2016;535:65–74.

[86] Lee YK, Menezes JS, Umesaki Y, Mazmanian SK. Proinflammatory T-cell responses to gut microbiota promote experimental autoimmune encephalomyelitis. Proc Natl Acad Sci USA. 2011;108(1):4615–4622.

[87] Sayed BA, Christy AL, Walker ME, Brown MA. Meningeal mast cells affect early T cell central nervous system infiltration and blood-brain barrier integrity through TNF: a role for neutrophil recruitment? J Immunol. 2010;184:6891–6900.

[88] Dani N, et al. A cellular and spatial map of the choroid plexus across brain ventricles and ages. Cell. 2021;184:3056–3074, e3021.

[89] Kunis G, et al. IFN-gamma-dependent activation of the brain's choroid plexus for CNS immune surveillance and repair. Brain. 2013;136:3427–3440.

[90] Butchi NB, Woods T, Du M. Morgan TW, Peterson KE. TLR7 and TLR9 trigger distinct neuroinflammatory responses in the CNS. Am J Pathol. 2011;179:783–794.

[91] Shechter R, et al. Recruitment of beneficial M2 macrophages to injured spinal cord is orchestrated by remote brain choroid plexus. Immunity. 2013;38:555–569.

[92] Rauber S, et al. Cerebrospinal fluid flow cytometry distinguishes psychosis spectrum disorders from differential diagnoses. Mol Psychiatry. 2021;.

[93] De Jager PL, et al. Meta-analysis of genome scans and replication identify CD6, IRF8 and TNFRSF1A as new multiple sclerosis susceptibility loci. Nat Genet. 2009;41:776–782.

[94] Hollingworth P, et al. Common variants at ABCA7, MS4A6A/MS4A4E, EPHA1, CD33 and CD2AP are associated with Alzheimer's disease. Nat Genet. 2011;43:429–435.

[95] Guerreiro R, et al. TREM2 variants in Alzheimer's disease. N Engl J Med. 2013;368:117–127.

[96] Guo L, et al. Bi-allelic CSF1R Mutations Cause Skeletal Dysplasia of Dysosteosclerosis-Pyle Disease Spectrum and Degenerative Encephalopathy with Brain Malformation. Am J Hum Genet. 2019;104:925–935.

[97] Oosterhof N, et al. Homozygous Mutations in CSF1R Cause a Pediatric-Onset Leukoencephalopathy and Can Result in Congenital Absence of Microglia. Am J Hum Genet. 2019;104:936–947.

[98] Paloneva J, et al. Mutations in two genes encoding different subunits of a receptor signaling complex result in an identical disease phenotype. Am J Hum Genet. 2002;71:656–662.

[99] Wiendl H, et al. Fundamental mechanistic insights from rare but paradigmatic neuroimmunological diseases. Nat Rev Neurol. 2021;17:433–447.

[100] Dendrou CA, Fugger L, Friese MA. Immunopathology of multiple sclerosis. Nat Rev Immunol. 2015;15:545–558.

[101] Hemmer B, Kerschensteiner M, Korn T. Role of the innate and adaptive immune responses in the course of multiple sclerosis. Lancet Neurol. 2015;14:406–419.

[102] Absinta M, et al. A lymphocyte-microglia-astrocyte axis in chronic active multiple sclerosis. Nature. 2021.

[103] Chuquisana O, et al. Complement activation contributes to GAD antibody-associated encephalitis. Acta Neuropathol. 2022;144:381–383.

[104] Keller CW, et al. Complement Activation Is a Prominent Feature of MOGAD. Ann Neurol. 2021;90:976–982.

[105] Stascheit F, et al. Complement activation profiles in anti-acetylcholine receptor positive myasthenia gravis. Eur J Neurol. 2023;30:1409–1416.

7.2 Erworbenes Immunsystem

Markus Krumbholz, Edgar Meinl

7.2.1 Besonderheiten des erworbenen Immunsystems

Das Immunsystem hat die Aufgabe, physiologische körpereigene („Selbst") von unphysiologischen fremden Strukturen (Viren, Bakterien, Pilze, evtl. Tumorzellen; „Nicht-Selbst") zu unterscheiden und diese zu eliminieren. Für eine wichtige erste, aber grobe Verteidigung wird eine begrenzte Anzahl häufiger Strukturen, die typischerweise von Pathogenen stammen (*pathogen associated molecular patterns*, PAMP) erkannt. Die Zellen des *angeborenen* Immunsystems (**Kap. A.7.1**) haben sich auf diesen Erkennungsweg fokussiert und leiten weitere immunologische Mechanismen ein. Die Besonderheit des *erworbenen* Immunsystems liegt darin, dass eine unvorstellbar große Anzahl fremder Strukturen erkannt und ggf. als gefährlich erinnert werden kann (**Kap. A.7.2.4**). Dazu trägt jede B- und T-Zelle einen bestimmten Rezeptor auf der Oberfläche (*B cell receptor*, BCR, und *T cell receptor*, TCR), der hochdivers ist, aber teils nur auf einer einzigen Zelle vorkommt. Die Erkennung und Immunantwort gegen diese Vielzahl fremder Strukturen wird durch folgende Mechanismen erreicht:

– *Adaptivität:* eine große Anzahl naiver B- und T-Lymphozyten trägt jeweils unterschiedliche BCR bzw. TCR auf Ihrer Oberfläche. Der jeweilige BCR/TCR ist somit nicht auf einer ausreichenden Anzahl von Zellen vorhanden, um eine Infektion zu beseitigen, da im menschlichen Körper nicht genug Platz wäre, um von vorneherein für alle erdenklichen Pathogene genügend Lymphozyten vorzuhalten. Nach Kontakt mit einem Pathogen werden aber diejenigen Lymphozyten, deren Rezeptor das Pathogen erkennt, aktiviert, sie proliferieren und differenzieren sich weiter, sodass eine ausreichende Anzahl für die Beseitigung des spezifischen Pathogens zur Verfügung steht. Dieses Prinzip der Adaptivität wird bei Impfungen genutzt. Tierexperimentell konnten folgende typische Größenordnungen abgeschätzt werden: eine Maus hat naive CD8+ T-Zellen gegen LCMV in der Größenordnung von 10^2 bis 10^3 (d. h. < 1 % der naiven CD8 T-Zellen, Schätzungen beim Menschen << 1 %). Nach LCMV-Infektion kam es zu einer Expansion um mehrere Größenordnungen auf 10^7. Ca. 5 % dieser Zellen überlebten und bildeten einen *Memory T Cell Pool* in der Größenordnung von 5×10^5. Diese grob gerundet angegebenen Zahlen variieren je nach Studie und Antigen, sollen aber eine größenordnungsmäßige Vorstellung der möglichen Dynamik des Lymphozytenpools für ein bestimmtes Antigen erlauben [1,2].
– *Rekombination:* Diese enorme Vielfalt des naiven BCR/TCR-Repertoires ist nicht fest genetisch kodiert, sondern wird erst durch die Rekombination verschiedener Gensegmente erreicht (**Kap. A.7.2.4**).
– *Gedächtnis (memory)*: Nach einem Antigenkontakt differenzieren sich die relevanten Lymphozyten neben Effektor-Zellen auch zu Gedächtnis-Zellen, welche sich auf die Erkennung im Fall einer erneuten Infektion spezialisiert haben, langlebig sind und bei Reexposition schneller reagieren können (z. B. T- und B-Gedächtnis-Zellen, langlebige Plasmazellen).
– *Affinitätsreifung (affinity maturation)*: Weder für B- noch für T-Zellen gibt es ein binäres Erkennen oder Nicht-Erkennen einer Struktur; vielmehr besteht eine unterschiedlich hohe und für eine bestimmte Reaktion ausreichende oder nicht ausreichende Affinität/Avidität. B-Zellen, die das Pathogen prinzipiell erkennen, durchlaufen im Zuge der darauffolgenden Keimzentrumsreaktion somatische Hypermutation in ihrem BCR, die zu einer Veränderung der Affinität führen. Hiervon überleben, proliferieren und differenzieren sich bevorzugt diejenigen B-Zellen mit besonders hoher Affinität weiter. Durch diesen Mechanismus können somit BCR entstehen, die es initial nicht einmal auf einer einzigen B-Zelle gab, und die beson-

ders gut zur Elimination des Pathogens geeignet sind.

In der Summe führen diese Mechanismen des „erworbenen" Immunsystems (das als System natürlich nicht erworben, sondern bereits vor der Geburt angelegt ist) dazu, dass nach Antigen-Kontakt durch Impfung oder Infektion der betroffene Mensch die Möglichkeit *erworben* hat, auf das oder die betreffenden Antigene schneller und umfangreicher zu reagieren, und damit eine bessere Chance hat, diese und insb. auch eine eventuell erneute Infektion gut zu überstehen („Immunität"). Um den Aspekt dieser Anpassung zu betonen, wird insb. im englischen Sprachgebrauch oft der Begriff *adaptive immunity* (adaptives Immunsystem) verwendet.

Bei der Antigen-Rezeptor-Erkennung durch Lymphozyten spielen folgende Begriffe eine Rolle:

- *Antigen:* Struktur (z. B. Eiweiß, Polysaccharid etc.), die von einem BCR/TCR erkannt werden kann.
- *Epitop:* genau der Teil der Oberfläche eines Antigens, die an den BCR bzw. an den TCR/MHC bindet
- *Hapten:* kleinmolekulare Substanz, die erst nach Bindung an eine größere Substanz (i. d. R. ein Protein) eine Immunreaktion auslösen kann. Haptene spielen bei der allergischen Kontaktdermatitis eine wichtige Rolle, z. B. gegen Nickel. Kürzlich konnten molekulare Mechanismen der Erkennung durch Nickel-reaktive T-Zellen aufgeklärt werden [3]. Nach neurochirurgischen/neuroradiologischen vaskulären Eingriffen mit nickelhaltigen Stents oder Clips sind in Einzelfällen Hinweise für eine allergieartige Reaktion gegen Nickel beschrieben worden; im Einzelfall ist dies gegen eine Fremdkörperreaktion abzugrenzen [4,5].
- *Affinität:* Bindungsstärke, hier zwischen Epitop und TCR bzw. BCR pro einzelner Bindungsstelle.
- *Avidität:* die funktionelle Bindungsstärke kann nicht nur durch eine hohe Affinität (d. h. pro einzelner Bindungsstelle), sondern auch durch eine polyvalente Bindung zustande kommen (z. B. durch pentameres IgM stehen 5 × 2 Epitop-bindende Rezeptoranteile zur Verfügung, sodass IgM-Antikörper trotz eigentlich niedriger Affinität zu den einzelnen Epitopen oft trotzdem binden können).

7.2.1.1 Selbst-Reaktivität und Autoimmunerkrankungen

Mechanismen zur positiven und negativen Selektion bei der B- und T-Zell-Entwicklung sorgen dafür, dass diese Lymphozyten prinzipiell funktionsfähig sind, aber deutlich selbstreaktive Lymphozyten weitgehend eliminiert werden (zentrale Toleranz) – dies ist aber nicht als absolut anzusehen. Nichtsdestoweniger lassen sich nämlich auch bei völlig gesunden Primaten T-Zellen gegen körpereigene Strukturen aus dem Blut isolieren, die dann im Transfer in dasselbe Tier sogar pathogen sein können [6]; auch gesunde Menschen können Autoantikörper im Blut haben. Bei gesunden Menschen gibt es eine Vielzahl regulatorischer Mechanismen der peripheren Toleranz, die autoimmune Reaktionen durch reife Lymphozyten, die die zentrale positive und negative Selektion überstanden haben, verhindern (z. B. regulatorische B- und T-Zellen, Notwendigkeit kostimulatorischer Moleküle bei der T-Zell-Aktivierung, Immuncheckpoint-Rezeptoren [die zur Tumortherapie erfolgreich blockiert werden können], Anti-Idiotypen-Netzwerk [7,8].

Die enorme Anpassungsfähigkeit und Vielfalt der erkannten Strukturen ist sehr nützlich, um Krankheitserreger abzuwehren, kann aber – wenn regulatorische Mechanismen versagen – auch dazu führen, dass der Körper fälschlicherweise sein eigenes Gewebe (z. B. auch das Nervensystem) angreift, wie bei Multipler Sklerose, NMOSD, MOGAD oder NMDA-R-Enzephalitis.

Eine Grundkenntnis des erworbenen Immunsystems ist nützlich für die Interpretation der klinischen Liquordiagnostik, z. B. für das Verständnis der typischen Liquor-Auffälligkeiten bei der Multiplen Sklerose (oligoklonale Banden, MRZ-Reaktion, **Kap. B.3.2 und B.3.3**), bei ZNS-Lymphomen (Kappa/Lambda-Verhältnis der B-Zellen, Monoklonalität bei der BCR-/TCR-Sequenzierung, **Kap. A.7.2.4 und Kap. C.1.3**) und allgemein bei der Immunphänotypisierung.

7.2.1.2 Evolution des adaptiven Immunsystems

Ein erworbenes/adaptives Immunsystems ist evolutionär gesehen sehr alt und offenbar sehr erfolgreich. Ähnlich wie beim Menschen findet es sich schon früh bei den sog. Kiefermäulern angelegt, die zu den Wirbeltieren gehören. Jedoch finden sich „alternative Lösungen" mit ähnlichen Ansätzen auch bei den Rundmäulern (früher: Kieferlose, ebenfalls Unterform der Wirbeltiere, mit verschiedenen Formen des *variable lymphocyte receptor*) und sind in Ansätzen sogar bei Insekten beschrieben worden (alternatives Splicing des hypervariablen Ig-Domain-Gens *Dscam* [9]. Beim Menschen und anderen Kiefermäulern sind die Träger des erworbenen Immunsystems im Wesentlichen zwei Gruppen von Lymphozyten, die T-Zellen und die B-Zellen.

7.2.2 Grundzüge des humoralen und B-Zell-Systems

7.2.2.1 Aufgaben

Der Begriff *humorales Immunsystem* (lat. humor = Feuchtigkeit, Saft, Flüssigkeit) betont die Funktion von Antikörpern (Immunglobulinen) in Körperflüssigkeiten als die am besten bekannte Effektorfunktion von B-Zellen. B-Zellen übernehmen jedoch eine Vielzahl von Aufgaben für das Immunsystem (Abb. A.7.3):

- *Antikörperproduktion und Effektorfunktionen*: Der B-Zell-Rezeptor kann als Oberflächenmolekül das Epitop passender Spezifität erkennen und zu einer B-Zell-Aktivierung führen. Der B-Zell-Rezeptor kann jedoch auch als Splice-Variante nicht in der Zellmembran verankert, sondern als löslicher Antikörper sezerniert werden. Antikörper werden vor allem von den B-Zell-Differenzierungsformen Plasmablasten und Plasmazellen produziert (vgl. **Kap. A.7.2.2.4** und Tab. A.7.6). Antikörper können als Effektorfunktionen an Fc-Rezeptoren binden sowie Komplement aktivieren.
- *Antigen-Präsentation:* Durch den Oberflächen-BCR können B-Zellen gezielt und sehr effektiv „ihr" lösliches Antigen aufnehmen und auf MHC Klasse II an CD4+ Helferzellen präsentieren.
- *Sekretion von Zytokinen:* B-Zellen sezernieren proinflammatorische (z. B. TNF, IFNg, IL2, IL6, IL17, LTα1β2) und regulatorische (z. B. IL10, IL35 [10]) Zytokine, die Immunreaktionen inkl. T-Zellen steuern können [11].
- *Antigen-Shuttling:* B-Zellen nehmen in der Milz opsonisiertes Antigen aus dem Blut in der Marginalzone auf und transportieren es zu Follikeln. Dieses Shuttling der B-Zellen wird von CXCR5 zu den Follikeln und von Spingosin-1-Phosphat zurück in die Marginalzone gesteuert [12].

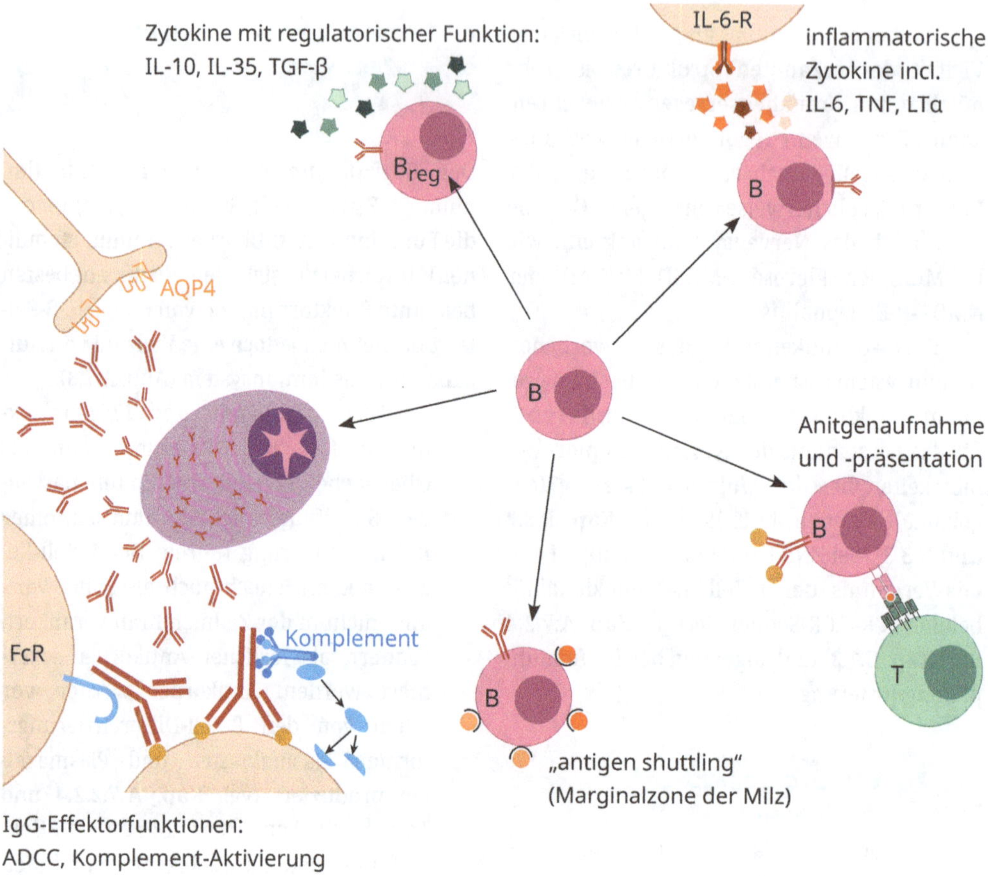

Abb. A.7.3: Spektrum der Funktionen von B-Zellen. *Effektorfunktionen* von Antikörpern beinhalten Bindung an *Fc-Rezeptoren* und Aktivierung von *Komplement*. Darüber hinaus können B-Zellen sehr effektiv „ihr“ Antigen aufnehmen und *an T_H-Zellen präsentieren*. B-Zellen können sowohl proinflammatorische als auch regulatorische *Zytokine* sezernieren. Durch *Antigen-Shuttling* gelangt Antigen aus dem Blut in der Marginalzone zu den Milz-Follikeln (nach [13]).

Tab. A.7.6: Vergleich der beiden Zelltypen, die hauptsächlich Antikörper produzieren.

Merkmal	Plasmazelle	Plasmablast
Lokalisation	In Überlebensnischen in Knochenmark und Milz. Entzündliches Gewebe.	Lymphatische Organe. Auch zirkulierend in Körperflüssigkeiten.
Überlebensdauer	Jahre bis Jahrzehnte	Tage
CD19 Expression	±	+
CD20 Expression	-	+
Zellteilung	-	+
Sekretion von Ig	+ +	+ +
Oberflächen-Ig	±	+ +
MHC-II	±	+ +

7.2.2.2 Antigenerkennung und Effektorfunktionen von Antikörpern

Der Oberflächen-BCR und lösliche Antikörper der Hauptsubklasse IgG bestehen aus jeweils zwei schweren und zwei leichten Ketten. Für die Antigenbindung besonders wichtig sind kleine Regionen auf der Seite der beiden „Arme“ (in der Fab-Region, *antigen-binding fragment* nach Papain-Verdau) der Y-Struktur eines Antikörper-Moleküls, die als *complementarity-determining regions* (CDR) bezeichnet werden. Auf jeder schweren und leichten Kette gibt es 3 CDR.

Lösliche Antikörper können lösliches und zellgebundenes Antigen binden. Die Fc-Regionen (*crystallizable fragment*) führen dann zu folgenden Effektormechanismen (Abb. A.7.3):

– *Komplementaktivierung:* Gebundene IgM- und IgG-Antikörper (je nach IgG-Subklasse unterschiedlich stark) können zu einer Aktivierung der Komplementkaskade führen.
– *Opsonisierung* (auch *Opsonierung*) des Antigens. Hiermit wird eine „Kenntlichmachung“ bezeichnet. Anschließend können z. B. Makrophagen bzw. NK-Zellen mit ihren Fc-Rezeptoren die Fc-Region des opsonisierenden Antikörpers erkennen und das Antigen internalisieren, um es zu eliminieren und Epitope hiervon auf MHC Klasse II an T-Helferzellen zu präsentieren, bzw. Antikörper-markierte Zellen angreifen (*antibody-dependent cellular cytotoxicity*, ADCC). Der Vollständigkeit halber sei erwähnt, dass eine Opsonisierung nicht nur durch Antigen-spezifische Immunglobuline, sondern z. B. auch durch PAMP-bindende Faktoren des angeborenen Immunsystems (z. B. bestimmte Komplementfaktoren, Mannose-bindende Lektine etc.) erfolgen kann.

Antikörper identischer Spezifität, die aus dem ursprünglich gleichen B-Zell-Klon hervorgegangen sind, können sich in Ihrer Klasse unterscheiden. Durch Rekombination und somit Austausch der verwendeten Fc-Region kommt es zu einem Klassenwechsel *(isotype switch)* von IgM zu IgA, IgG oder IgE (IgD findet sich nur auf der Oberfläche von vor allem „naiven“ B-Zellen). Ein Klassenwechsel kann in dieser Reihenfolge auftreten, nicht aber „rückwärts“. IgM-Antikörper stellen die initiale Form dar, die z. B. bei einer Primärinfektion oder Reaktivierung passager produziert wird, während IgG-Antikörper bei der Primärinfektion erst später nachweisbar sind und persistieren. Neben dem IgM-Nachweis kann ein Titeranstieg von IgG auf eine neue Infektion hinweisen. IgA-Moleküle können als sekretorisches dimeres IgA v. a. auf Schleimhautoberflächen vorkommen, aber auch als monomeres IgA im Blut. IgE spielen v. a. für Allergien eine Rolle, weniger bei der Liquordiagnostik. Innerhalb der IgG-Antikörper gibt es beim Menschen 4 IgG-Subklassen (IgG1 bis IgG4), die sich in der Abundanz, Halbwertszeit und in den Effektormechanismen unterscheiden. Beispielsweise führt IgG1 zu einer deutlichen Komplementaktivierung, während IgG4 dies kaum tut, was z. B. bei blockierenden therapeutischen monoklonalen Antikörpern ausgenutzt wird; z. B. sollen Rituximab/Ocrelizumab die gebundene B-Zelle eliminieren (IgG1 mit Komplementaktivierung/FcR-Bindung), während Natalizumab α4-Integrine bloß blockieren soll, ohne zu einer ubiquitären Inflammation an ZNS-Gefäßen zu führen (IgG4 ohne wesentliche Komplement-Aktivierung). Mittlerweile gibt es auch Daten zu bestimmten Autoantikörpern im Blut und Liquor, die unterschiedliche IgG-Subklassenverteilungen aufweisen [14–16]).

Neben dem Klassenwechsel durch Rekombination können Antikörper-Effektorfunktionen auch durch die Glykosylierung der schweren Kette des IgG moduliert werden. Beispielsweise kann hypofucosyliertes IgG gegen behüllte Viren zu einer besseren Bindung an

Fc-Rezeptoren und Viruskontrolle, aber auch zu immunmediierten Komplikationen beitragen, wie zuletzt für SARS-CoV-2 gezeigt [17]. Wir konnten zeigen, dass intrathekal produziertes IgG bei Patienten mit MS im Vergleich zu Kontrollen ein pro-inflammatorisches Glykosylierungsmuster aufweist [18].

Bei der Synthese der Immunglobulin-Ketten besteht ein Überschuss der leichten Kette gegenüber den schweren Ketten, sodass bereits physiologischerweise geschätzt ca. 500 mg/d polyklonaler freier Leichtketten ins Blut gelangen, wo sie rasch vorwiegend renal entfernt werden [19]. Dies kann diagnostisch genutzt werden, wenn z. B. beim Malignen Melanom vermehrt eine klonale Leichtkette produziert wird und sich das Kappa-Lambda-Verhältnis im Blut verschiebt [20], oder wenn bei der Multiplen Sklerose nicht nur eine intrathekale IgG-Synthese, sondern auch eine erhöhte Menge freier Leichtketten im Liquor beobachtet wird [21] (siehe auch Kap. **C.1.1.6.1**).

7.2.2.3 Reifung und Untergruppen

B-Zellen sind nach der *Bursa Fabricii* benannt, in der sich bei Vögeln diese Lymphozyten entwickeln. Die *Bursa Fabricii* wurde 1621 von Giromalo Fabricio im Dach der Kloake von Vögeln entdeckt, ihre Bedeutung für die Entwicklung von Antikörpern bei Vögeln wurde 1956 von Glick und Mitarbeiten gefunden. Bei Menschen gibt es so eine Bursa nicht, die B-Zellen entwickeln sich beim Menschen im Knochenmark als primärem lymphatischen Organ (Abb. A.7.4). Die weitere Entwicklung und Differenzierung laufen in sekundären lymphatischen Organen (Lymphknoten, Milz, Mucosa-assoziiertes lymphatisches Gewebe [MALT]) ab. Im Fall von chronisch-entzündlichen Erkrankungen finden sich teils Strukturen in den betroffenen Organen, die in Teilaspekten an lymphatische Organe erinnern und manchmal als tertiäre lymphatische Follikel/Organe bezeichnet werden. Solche Follikel-artigen Strukturen finden sich auch in den Meningen von Patenten mit MS und können zum Fortbestehen der intrathekalen Entzündung und Expansion des B-Zell-Repertoires beitragen [22].

Neben den unreifen Vorstufen im Knochenmark gibt es folgende periphere Differenzierungsformen von B-Zellen (Abb. A.7.4):
- *Naive B-Zellen* hatten noch keinen passenden Antigenkontakt und warten auf eine Aktivierung und z. B. Keimzentrumsreaktion. Sie sind IgM + IgD+.
- *Zentroblasten* und *Zentrozyten* kommen bei der Keimzentrumsreaktion vor. Hierbei kommt es nach Antigenkontakt passender Affinität zu einer Proliferation und Klassenwechsel. Hieraus entstehen weitere Differenzierungsstufen:
- *Memory-B-Zellen*: Ein wesentliches Merkmal des adaptiven Immunsystems ist die Ausbildung von Gedächtniszellen, die schnell und effizient auf einen erneuten Kontakt mit dem Antigen reagieren können. Gedächtnis-B-Zellen exprimieren kein IgD mehr an der Oberfläche.
- *Plasmablasten* produzieren große Mengen von Antikörpern. Antikörper-produzierende Zellen im Liquor sind vorwiegend Plasmablasten.
- *Plasmazellen* produzieren ebenfalls große Mengen von Antikörpern. Sie sind langlebig in typischen Nischen nachweisbar (physiologisch: Knochenmark, bei Erkrankungen: auch im Zielorgan wie z. B. dem ZNS).

Weiterführende Übersichten zur B-Zell-Entwicklung und Oberflächenmarkern der Differenzierungsformen finden sich bei [13,23].

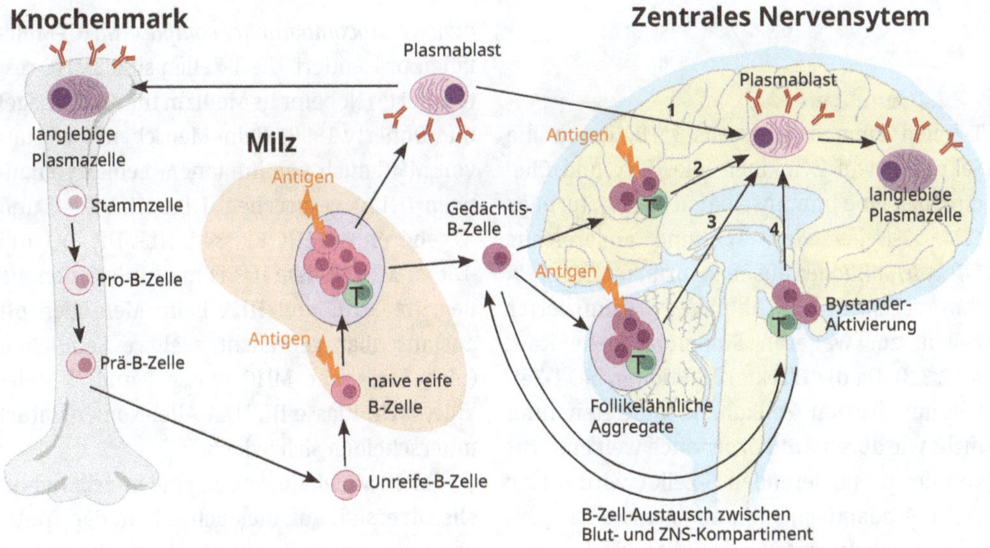

Abb. A.7.4: Orte der Entwicklung von B-Zellen und Wege zur intrathekalen Ig-Synthese. Die B-Zell-Entwicklung beginnt im Knochenmark und setzt sich in sekundären lymphatischen Organen (Milz, Knochenmark) fort. Hier differenzieren reife naive B-Zellen nach Antigen-Kontakt in einer Keimzentrumsreaktion in Gedächtnis-B-Zellen und Plasmablasten/Plasmazellen. Plasmazellen können im Knochenmark eine Langzeitüberlebensnische finden, aber auch in entzündeten Organen wie dem ZNS bei Multipler Sklerose (Weg 1). Gedächtnis-B-Zellen, die in das ZNS gelangt sind, können sich nach Antigenkontakt extrafollikulär (Weg 2) oder in Follikel-ähnlichen Aggregaten in den Meningen (Weg 3) in Antikörper-sezernierende Zellen differenzieren. Außerdem können Gedächtnis-B-Zellen als sog. Bystander-Reaktion, d. h. ohne Antigen-Kontakt, zu Plasmablasten differenzieren (Weg 4). Plasmablasten, die eine geeignete Überlebensnische finden, können sich zu langlebigen Plasmazellen entwickeln (nach [24]). Durch BCR-Sequenzierungen konnte gezeigt werden, dass es einen Austausch zwischen B-Zellen im ZNS und Blut in beiden Richtungen gibt [25].

7.2.2.4 Zwei Gruppen Antikörper-produzierender Zellen: Plasmablasten und Plasmazellen

B-Zellen differenzieren sich nach Erkennen „ihres“ Antigens, im Wesentlichen in lymphatischen Organen, zu Antikörper-produzierenden Zellen. Diese Differenzierung führt zu einer Veränderung der Oberflächenmoleküle und auch zu morphologischen Veränderungen (ausgeprägter perinukleärer Golgi-Apparat und prominentes endoplasmatisches Retikulum als Ausdruck der großen Proteinsynthese). Zunächst entstehen Plasmablasten, die Eigenschaften von aktivierten B-Zellen und von Antikörper-produzierenden Zellen haben (Tab. A.7.6). Ein Teil der Plasmablasten verlässt die lymphatischen Organe und zirkuliert im Blut. Wenn diese Plasmablasten eine Überlebensnische finden, im Knochenmark oder in entzündeten Organen, können sie sich zu langlebenden Plasmazellen entwickeln und in ihrer Nische für Jahre und Jahrzehnte bleiben. An dieser Langzeit-Überlebensnische für Plasmazellen sind wesentlich die Überlebensfaktoren BAFF und APRIL beteiligt [23] [24]. Solche langlebigen Plasmazellen sind für die persistierenden oligoklonale Banden im Liquor bei Patienten mit MS verantwortlich [26]. In Abb. A.7.4 sind verschiedene Wege aufgeführt, wie Plasmablasten in Ihre Nische im ZNS finden können.

7.2.3 Grundzüge des T-Zell-Systems

7.2.3.1 Aufgaben

T-Zellen können einerseits z. B. durch die Sekretion von Zytokinen wie IFNγ und Chemokinen eine Immunreaktion *steuern* (primär *CD4+ T-Helferzellen*, T_h), und andererseits *Effektorfunktionen* ausüben (primär *CD8+ T-Effektorzellen*, z. B. Abtöten virusinfizierter Zellen; zur weiteren Einteilung siehe **Kap. A7.2.3.3**). Da die Effektorfunktionen bei T-Zellen im direkten Zellkontakt auftreten (und nicht wie durch Antikörper auch weit entfernt von der produzierenden B-Zelle), wird dieser Teil des adaptiven Immunsystems auch „zelluläres Immunsystem“ genannt, auch wenn B-Zellen selbstverständlich auch Immunzellen sind. Weiterhin können *regulatorische T-Zellen* (T_{reg}) eine Immunreaktion im Zaum halten.

Verschiedene Differenzierungsformen von T-Zellen produzieren verschiedene *Zytokine*, die vielfältige proinflammatorische und regulatorische Funktionen von T-Zellen (z. B. Polarisierung zu T_h1, T_h2, T_h17 oder T_{reg} Zellen) und B-Zellen (Aktivierung, Klassenwechsel) steuern, sowie als *chemotaktische Zytokine (Chemokine)* die Organisation lymphatischer Organe (homöostatische Chemokine), die Zellmigration in lymphatischen Organen (Keimzentrumsreaktion) und bei Entzündungen steuern [27] [28].

7.2.3.2 Antigenerkennung, MHC-Restriktion und Effektorfunktionen

Das Grundmerkmal von T-Zellen ist der T-Zell-Rezeptor (TCR), der im Gegensatz zum B-Zell-Rezeptor kein gelöstes freies Antigen erkennt. Vielmehr müssen T-Zellen „ihr“ Antigen auf bestimmten Molekülen präsentiert bekommen. Bei konventionellen αβ-T-Zellen, um die es hier i. W. gehen soll (unkonventionelle T-Zellen: siehe unten, **Kap. A.7.2.3.4**) wird das (meist prozessierte) Antigen auf *major histocompatibility complex* (MHC)-Molekülen präsentiert, die T-Zellen sind „MHC-restringiert“ (Nobelpreis Medizin für Zinkernagel und Doherty 1996). Beim Menschen wird statt von MHC auch von humanem Leukozytenantigen (HLA) gesprochen. HLA HLA-A, -B und -C gehören zu MHC-Klasse I, HLA-DP, -DQ und -DR zu MHC-Klasse II. Bis hierhin werden die Begriffe MHC und HLA beim Menschen oft austauschbar gebraucht, weitere Feinheiten (nicht-klassische MHC Klasse I und II Moleküle, MHC Klasse III, HLA-Allel-Nomenklatur) unterscheiden sich jedoch.

MHC-Moleküle weisen eine interindividuelle Diversität auf, die auch z. B. in der Transplantationsmedizin eine Rolle spielt. Daraus folgt, dass eine konventionelle T-Zelle „ihr“ Antigen nur im Kontext des richtigen MHC-Moleküls erkennt, nicht aber z. B. auf einer Antigen-präsentierenden Zelle eines HLA-inkompatiblen Spenders (dafür kann eine solche fremde Zelle aber über andere Mechanismen eliminiert werden, vgl. GvHD).

MHC der Klasse I (HLA-A, -B, -C) ist unterschiedlich stark, aber ubiquitär auf verschiedensten Körperzellen exprimiert und präsentiert v. a. Peptide *intrazellulären* Ursprungs, die von MHC Klasse I-restringierten CD8+ Effektor-T-Zellen erkannt werden können (z. B. im Fall einer virusinfizierten Zelle, die daraufhin abgetötet wird) oder (bei Gesunden) als Selbst-Peptide normalerweise ignoriert werden. MHC der Klasse II (HLA-DR/-DP/-DQ) sind i. d. R. auf professionelle Antigen-präsentierende Zellen beschränkt (dendritische Zellen, Makrophagen, B-Lymphozyten) und präsentieren primär *extern* aufgenommene Peptide (z. B. aufgenommene Bakterienbestandteile), die von CD4+ Helfer-Z-Zellen erkannt werden. Hier wäre es sinnlos, den präsentierenden Makrophagen abzutöten, sodass die T-Helfer-Zellen hier nicht primär direkt gegen die präsentierende Zelle gerichtete Effektormechanismen ausüben, sondern als Helferzellen die weitere Immunantwort organisieren z. B. durch Sekretion von Zytokinen und Hilfe für B-Zellen.

Darüber hinaus können spezialisierte dendritische Zellen auch von außen aufgenommene Antigene auf MHC-Klasse I präsentieren (Kreuzpräsentation). Der Vollständigkeit halber sei noch erwähnt, dass andersherum auf spezialisierten Thymusepithelzellen auch endogene zelluläre Antigene auf MHC Klasse II präsentiert werden können, was wichtig für die T-Zell-Selektion im Thymus ist.

In Abwesenheit von Infektionen sind die MHC-Moleküle im Wesentlichen mit körpereigenen Peptiden belegt. Bei Infektionen kommen dann auch von den Krankheitserregern kodierte Proteine auf die MHC-Moleküle und in Kombination mit anderen Signalen (*danger signals*) wird eine Immunantwort gegen den jeweiligen Krankheitserreger ausgelöst.

7.2.3.3 Reifung der T-Zellen und Untergruppen

T-Lymphozyten werden nach dem Ort Ihrer Reifung im *Thymus* bezeichnet. Im Thymus werden unreife T-Zellen dahingehend selektioniert, dass sie mit den eigenen MHC-Molekülen zurechtkommen, aber *keine* starke Bindung zu Komplexen aus MHC und *körpereigenen* Peptiden aufweisen. T-Zellen werden hauptsächlich in *CD4+* T-Helferzellen (T_h) und *CD8+* T-Effektorzellen eingeteilt. Helferzellen produzieren hauptsächlich Zytokine, regulieren Entzündungsreaktionen und erkennen „ihr" Antigen auf MHC-Klasse II. CD8+ T-Effektorzellen können Zielzellen eliminieren, wenn diese Fremd-Antigen auf MHC-Klasse I präsentieren (z. B. virusinfizierte Zelle durch Sekretion von Perforin oder durch die Expression von FasL und Bindung mit Fas auf der Zielzelle).

Diagnostisch kann das *CD4:CD8-Verhältnis* bestimmt werden, das bei der Neurosarkoidose (**Kap. C.1.1.7.1**) im Liquor erhöht ist. Ein niedriges CD4:CD8-Verhältnis kann bei HIV-Patienten im Blut und Liquor gefunden werden und gilt als ungünstig. Eine Natalizumab-Therapie bei Patienten mit MS führt im Blut nur zu einer sehr leichten, aber im Liquor sehr deutlichen (ähnlich wie bei HIV-Patienten) Verringerung der CD4:CD8-Ratio [29].

Aus dem Thymus stammende *naive* T-Zellen können z. B. bei einer Infektion nach Antigenpräsentation passender Affinität und Kostimulation zu *Gedächtnis-T-Zellen (memory T cells)* differenzieren. Gedächtnis-T-Zellen werden vielfach in 2 Gruppen eingeteilt, *central memory T cells* (T_{CM}) und *effector memory T cells* (T_{EM}) [30]. Darüber hinaus ist in den letzten Jahren eine bedeutende Rolle von gewebsständigen Gedächtnis-T-Zellen, *tissue resident memory T cells* (T_{RM}) herausgearbeitet worden. Während solche T_{RM} ursprünglich in Grenzgeweben wie Haut und Darm beschrieben wurden, ist ihre Bedeutung auch für Entzündungsreaktionen im ZNS deutlich geworden [31,32].

7.2.3.4 Unkonventionelle T-Zellen

Die unkonventionellen T-Zellen (γδ T-Zellen, natürliche Killer [NK]-T-Zellen und Mucosa-assoziierte semi-invariante T-Zellen [MAIT]) (Tab. A.7.7) haben Antigen-erkennende T-Zell-Rezeptoren, die ebenfalls durch somatische Rekombination gebildet werden. Sie erkennen häufig konservierte molekulare Strukturen von Mikroben oder deren Metabolismus. Daher werden diese Zelltypen vielfach als zwischen angeborener und erworbener Immunität stehend angesehen. Diese unkonventionellen T-Zellen sind nicht oder nicht nur über klassische MHC-Moleküle restringiert (Tab. A.7.7).

Tab. A.7.7: Antigen-Erkennung von B-Zellen und T-Zellen beim Menschen.

Merkmal	B-Zellen	konventionelle T-Zellen	nicht-konventionelle T-Zellen
Klonale Struktur: ein Typ Rezeptor pro Zelle	heavy chain (IgH) + light chain (IgL)	TCR-α + TCR-β	MAIT: Vα7,2 + β γδ-T-Zellen: γδ iNKT: Vα24Jα18
Erzeugung einer Vielfalt von Rezeptoren durch genetische Rekombination	ja	ja	MAIT: semi-invariant γδ-T-Zellen: Ja, aber wesentlich geringere Anzahl der V- und J-Segmente im Vgl. zu αβ-TCR [33] iNKT: invariant
Affinitäts-Reifung durch Kontakt mit Antigen	ja	nein	nein
Antigen-Erkennung	direkt (löslich, Zelloberfläche)	MHC-restringiert (klassische MHC-Moleküle): MHC Klasse I–CD8 MHC Klasse II–CD4	MAIT: MR1-restringiert γδ-T-Zellen: direkt und im Kontext mit verschiedenen Oberflächenmolekülen [34] iNKT: CD1d-restringiert
erkanntes Antigen	alles möglich: Protein, Zucker, Lipid. Löslich und Zell-gebunden. T-Zell-abhängig oder z. B. im Fall von Antigenen mit repetitiven Epitopen auch T-Zell-unabhängig.	Peptide, i. d. R. intrazellulär prozessiert (ggf. Hapten + Peptid)	MAIT: kleinmolekulare Substanzen, z. B. Metabolite der bakteriellen Riboflavin-Biosynthese γδ-T-Zellen: unorthodoxe Nukleotide, mycobakterielle Lipide und Hitzeschock-Proteine. iNKT: mikrobielle Peptide und Glykolipide
lösliche Rezeptoren	Ja. Die sezernierten Antikörper erkennen das gleiche Antigen wie der zellständige BCR.	Nein. T Zellrezeptor nur membrangebunden.	
Affinität	hoch (K_D 10^{-9} – 10^{-12})	niedrig (K_D 10^{-4} – 10^{-7}) hohe Avidität durch Bindung mehrerer identischer TCR-Moleküle	

Mucosa-assoziierte semi-invariante T-Zellen (MAIT-Zellen) sind eine heterogene, semi-invariante T-Zellpopulation mit einer kanonischen TCR-α-Kette. Diese invariante TCR-α-Kette (beim Menschen *Vα7.2*) wird mit einer begrenzten Zahl von TCR-β-Ketten gefunden. MAIT-Zellen exprimieren oft weder CD4 noch CD8. MAIT-Zellen können bis zu 10 % aller T-Zellen im Blut ausmachen (im Alter deutlich weniger [35]) und sie sind auch im Liquor und in MS-Läsionen gefunden worden [36–38]). MAIT-Zellen erkennen z. B. mikrobielle Vitamin-B-Metabolite, die von dem hochkonservierten MHC-I-ähnlichen *MR1* präsentiert werden.

γδ-T-Zellen. Die γδ-TCRs haben ebenfalls zwei variable Ketten (γ und δ, statt α und β wie bei konventionellen T-Zellen). Ähnlich wie bei T-Zellen mit einem αβ-TCR wird eine Vielzahl von Antigenrezeptoren durch genetische Rekombination erzeugt, allerdings stehen deutlich weniger V- und J-Segmente zur Verfügung als für αβ-TCRs [33]. Die erkannten Antigene unterscheiden sich aber strukturell von denen konventioneller αβ-TCRs: γδ-T-Zellen können von einer Vielzahl strukturell unterschiedlicher Antigene aktiviert werden, wie *unorthodoxen Nukleotiden, mykobakteriellen Lipiden* und *Hitzeschock-Proteinen.* Viele γδ-T-Zellen erkennen ihr Antigen *direkt* ohne Antigen-Präsentation durch MHC-I/II, und einige im Kontext von *nicht-klassischen MHC-Ib Molekülen.* Die von γδ-T-Zellen erkannten Antigene zeigen in der Regel Stress oder eine Infektion an. γδ-T-Zellen findet man im Blut als Bestandteil von entzündlichen Reaktionen und an einigen speziellen anatomischen Lokalisationen, z. B. intraepithelial in der Haut und im weiblichen Reproduktionstrakt, wo sie eine limitierte Rezeptorvielfalt haben. Beim Menschen sind nur 0,5–10 % der T-Zellen γδ-T-Zellen, ähnlich wie bei Mäusen, Ratten und Hunden. In anderen Tieren kann der Anteil aber wesentlich höher sein (z. B. Rinder: 20–40 %) [33].

Invariante NKT-Zellen (iNKT-Zellen). Diese Gruppe von Zellen entwickelt sich im Thymus von CD4+ CD8+ Thymozyten. Die meisten iNKT-Zellen haben eine identische TCR-α-Kette (*Vα24Jα18* bei Menschen) und einen limitierten Satz von TCR β-Ketten. Viele dieser Zellen exprimieren auch das Oberflächenmolekül NK1.1 (CD161), das auf NK-Zellen vorkommt. Im Gegensatz zu konventionellen T-Zellen erkennen sie ihr Antigen im Kontext von *CD1.* CD1-Proteine sind eine separate Klasse von Antigen-präsentierenden Molekülen, die mikrobielle Peptide und *Glykolipide* zu T-Zellen präsentieren. Die iNKT-Zellen können sehr schnell ein großes Spektrum an Zytokinen sezernieren und es werden zunehmend Subgruppen von iNKT-Zellen unterschieden.

7.2.4 Mechanismen der Erzeugung der Vielfalt von Rezeptoren zur Antigenerkennung

Von den T- und B-Zell-Rezeptoren gibt es eine kaum vorstellbar große Anzahl an Ausprägungen mit unterschiedlichen Antigen-Spezifitäten (für T-Zellen geschätzt 10^8 verschiedene, theoretisch 10^{15} möglich; für B-Zellen 10^{11} verschiedene ohne somatische Hypermutation und Rezeptor-Editing).

Das Prinzip der Erzeugung dieser enormen Vielfalt an Antigen-Rezeptoren ist bei beiden Zelltypen gleich: Die Vielfalt wird durch *genetische Rekombination* einer relativ kleinen Gruppe vererbter Gensegmente erzeugt (Nobelpreis für Tonegawa Suzumu 1987). Jeder Rezeptor (BCR, αβ-TCR und γδ-TCR) besteht aus einer kleineren (IgL, α, γ) und einer größeren (IgH, β, δ) Kette. Die kleineren Ketten setzen sich aus je einem V- (variable) und J- (joining) Segment zusammen, die größeren Ketten aus je einem V-, D- (diversifying) und J-Segment. Für jeden Rezeptor wird 5x (VJ + VDJ) je eines von vielen Segmenten (Tab. A.7.8) ausgewählt, was zu der großen Anzahl an Möglichkeiten führt. Für die schwere IgG-Kette bspw. Gibt es 65 V-, 27 D- und 6 J-Gensegmente [39]. Jedoch sind nicht alle theoretisch denkbaren Kombinationen praktisch möglich. Eine ausführliche Darstellung mit vielen Illustrationen findet sich frei online zugänglichen [39]. Diese Rearrangierung erfolgt durch Lymphozyten-spezifische Rekombinasen, RAG-1 und RAG-2, durch die jeweils ein V-, D- und J-Gensegment zusammengefügt werden. Die Vielfalt wird weiter erhöht, indem das Enzym terminale Deoxynukleotid-Transferase (TdT) bei der Rearrangierung *zufällig Nukleotide* einfügt, die nicht in der Keimbahn kodiert sind. Die Vielfalt der Antigenerkennungsmöglichkeiten wird zusätzlich durch die Kombination jeweils zweier rekombinierter Ketten (TCR-α und TCR-β für den konventionellen T-Zell-Rezeptor; Ig heavy (IgH) und Ig light chain (IgL) für den B-Zell-Rezeptor) erhöht. Bei *B-Zellen* wird diese Vielfalt durch *somatische Hypermutation* nach Antigenkontakt weiter gesteigert (Tab. A.7.7).

Die Kenntnis des BCR-/TCR-Aufbaus macht man sich für der *Diagnostik bei Lymphomen* zu nutze. Bei Verdacht auf eine ZNS-Befall (meist von der B-Zell-Reihe ausgehend) können die Liquorzellen mit Antikörpern gegen die κ- und λ-Kette gefärbt werden. Eine massive κ- oder λ-Prädominanz ist ein Hinweis auf eine monoklonale Zellpopulation, da bei poly-/oligoklonalen Populationen meist κ- als auch λ-Klone beteiligt sind. Außerdem kann eine Nukleinsäure-Sequenzierung des BCR oder TCR aus frischem zellhaltigem Liquor erfolgen. Wird hierbei eine Prädominanz einzelner Segmente festgestellt, spricht dies ebenfalls für Monoklonalität und damit eine lymphatisch-neoplastische Erkrankung.

Es sei noch erwähnt, dass einige wenige Prozent der T-Zellen zwei verschiedene TCRs (*dual TCRs*) haben, weil sie zwei TCR-α-Ketten und eine TCR-β-Kette haben. Eine Beteiligung solcher dual-spezifischen T-Zellen bei Autoimmunreaktionen wird immer wieder diskutiert, ihre Bedeutung ist aber letztlich immer noch unklar.

7.2.5 Interaktion von B- und T-Zellen

B- und T-Zellen haben verschiedene Schwerpunkte ihrer Aufgaben, agieren aber nicht unabhängig voneinander, sondern es gibt eine Vielzahl von Interaktionen und gegenseitigen Abhängigkeiten [13,23], vgl. auch Abb. A.7.4. B-Zellen können kleinste Mengen „ihres“ Antigens mittels ihrer Oberflächen-BCRs hocheffizient aufspüren und für CD4+ T-Zellen präsentieren.

B-Zellen benötigen – neben einem gewissen Zytokin-Milieu, das auch von T-Zellen stammt – für viele Antigene auch eine *direkte zellkontaktabhängige* Hilfe durch T-Zellen *(T cell dependent [TD] antigens),* für bestimmte andere Antigene jedoch nicht *(T cell independent [TI] antigens).* Antigene mit repetitiven Epitopen, wie z. B. in Polysacchariden von bekapselten Bakterien (TI2-Antigene), können viele BCR binden und kreuzvernetzen, was zu einer direkten Aktivierung reifer B-Zellen führt. Im Gegensatz hierzu führt eine polyvalente Bindung bei unreifen B-Zellen zu Apoptose. Sehr kleine Kinder regieren weniger

Tab. A.7.8: Zusammensetzung und zur Verfügung stehende Segmente für einen BCR und TCR beim Menschen.

Segment	BCR / Antikörper[1,3]		konventioneller TCR[2,3]		λδ-TCR[2,3]	
	IgL κ/λ	IgH	α	β	γ	δ
V (variable)	40/30	65	50	57	14	5
D (diversifying)	–	27	–	2	–	3
J (joining)	5 / 4	6	70	13	5	3

[1] (Charles A Janeway et al., 2001a) [39].
[2] (Holderness et al., 2013) [33].
[3] Aufgrund genetischer Polymorphismen kann die genauen Anzahl von Segmenten von Mensch zu Mensch abweichen [39].

stark auf Polysaccharid-Antigene [40] wie z. B. im Polysaccharid-Impfstoff gegen Pneumokokken und werden daher mit einem Konjugatimpfstoff geimpft, der eine T-Zell-Reaktion miteinschließt. Der Vollständigkeit halber sei erwähnt, dass TI1-Antigene i. W. polyklonale B-Zell-Aktivatoren, also Mitogene, sind.

Bei Peptid-Antigenen, die nicht multiple BCR kreuzvernetzen können (TD-Antigene), wird jedoch ein *direkter* Zellkontakt benötigt, indem die B-Zelle das Antigen auf MHC-II an eine CD4+ T-Zelle präsentiert, und ein CD40/CD40L-Kontakt als 2. Signal stattfindet.

Auch sind T-Helferzellen für die Affinitätsreifung und den Klassenwechsel *(isotype switch)* von B-Zellen erforderlich.

Sowohl B- als auch T-Zellen sezernieren proinflammatorische und regulatorische Zytokine, die Immunreaktionen inkl. auch der jeweils anderen Zellart (B- bzw. T-Zellen) steuern (Abb. A.7.4, **Kap. A.7.2.2.1**, **Kap. A.7.2.3.1**) [11,27,28].

Aufgrund der vielfältigen Interaktionen zwischen B- und T-Zellen sind bei den meisten Infektions- und Autoimmunerkrankungen auch beide Systeme beteiligt, wie z. B. auch bei der MS und NMOSD.

7.2.6 Lymphozytenmigration, Immun-Surveillance und Inflammation im ZNS

Immun-Surveillance bezeichnet „Patrouillengänge" von Zellen des adaptiven und angeborenen Immunsystems. Im Folgenden soll zusammengefasst werden, welche Mechanismen hier für T- und B-zellen zum Tragen kommen, welche Besonderheiten im ZNS gegenüber anderen Organen bestehen, und welche Auswirkungen diese Besonderheiten und auch eine therapeutische Beeinflussung auf entzündliche und erregerbedingte Erkrankungen hat.

7.2.6.1 Adhäsions- und Transmigrationskaskade von T-Zellen in das ZNS

Nach tierexperimentellen Beobachtungen gibt es folgende Schritte der Migration von Immunzellen in das ZNS und die anschließende lokalen Entzündung:

T-Zellen können das Gefäßsystem verlassen und bis in das ZNS-Parenchym gelangen, wenn sie zuvor aktiviert wurden und im perivaskulären Raum durch das gleiche Antigen reaktiviert werden. Aktivierte CD4+ T-Zellen können Spezifitäts-unabhängig in das ZNS gelangen [41]. Als Routen in das ZNS sind die Migration aus postkapillären Venolen in den perivaskulären Raum im ZNS-Parenchym selber, aus pialen postkapillären Venolen in den perivaskulären und Subarachnoidalraum, und aus dem den Plexus choroideus in den Liquor beschrieben worden [42].

Nach einer Kaskade von Interaktionen der aktivierten T-Zelle mit Chemokinen und Integrinen (inkl. A4β1-Integrin, das durch Natalizumab blockiert wird) [42,43] kommt es zur Transmigration der T-Zelle bevorzugt aus postkapillären Venolen in den perivaskulären Raum (Virchow-Robin-Raum). Dieser Raum wird durch die beiden Basalmembran-Blätter der Astrozytenendfüße und des Gefäßes selber gebildet, ist normalerweise sehr klein bis nicht existent, da die beiden Blätter aneinander anliegen, kann aber z. B. bei einer Entzündung durch die einwandernden Zellen bis auf viele Zellschichten anwachsen.

Eine lokale Reaktivierung der T-Zellen mit „ihrem" Antigen im perivaskulären Raum z. B. durch Makrophagen fördert die weitere Migration in das eigentliche ZNS-Parenchym. Zellmigration wird durch Gradienten chemotaktische Zytokine (= Chemokine) reguliert. Ein Beispiel ist das Chemokin CXCL13 (*B cell-attracting chemokine 1*, BCA-1), das B-Zellen anlockt, z. B. von aktivierter Mikroglia/Makrophagen produziert wird, bei der Organisation lymphatischer Organe eine Rolle spielt, und im entzündeten ZNS erhöht ist. Bei der MS wird es i. W. in aktiven Läsionen exprimiert [44]. Im Liquor kann es erhöht sein bei Patienten mit MS, bei ZNS-Lymphomen, und besonders bei einer akuten Neuroborreliose, und kann hierbei eine gewisse diagnostische Bedeutung haben [44–49], **vgl. Kap. B.4.1.9.**

In MS-Läsionen gibt es chemotaktische Zytokine (Chemokine), die die gerichtete Migration und Präsenz von Immunzellen dort steuern [44] [43]. In MS-Läsionen werden B-Zellen und CD4+ T-Zellen vorwiegend im perivaskulären Raum gefunden, CD8+ T-Zellen hingegen auch zahlreich im eigentlichen Parenchym [50]. Durch die Effektormechanismen von Makrophagen, CD8+ T-Zellen und durch Antikörper/Komplement können neurale Strukturen angegriffen werden.

Nach antigenspezifischer Aktivierung sezernieren die T-Zellen Chemokine und andere Zytokine, und die Entzündung schreitet fort. Endothelzellen werden aktiviert, was die Transmigration weiterer Immunzellen fördert. Auch kann es zur Öffnung der Blut-Hirn-Schranke an nahegelegenen Kapillaren, kommen, was sich in der Extravasation z. B. von Antikörpern und Komplementfaktoren, oder diagnostisch von Gadolinium-haltigem Kontrastmittel zeigt.

7.2.6.2 Immunprivileg

Anders als z. B. beim Muskel kommt es beim Gehirn nicht nur darauf an, dass eine ausreichende Anzahl von Organzellen in halbwegs geordnet ausgerichteter Art funktionsfähig ist, sondern es zählt auch jede einzelne Verbindung zwischen zwei Nervenzellen, die sich auch über sehr weite Entfernungen im Gehirn und Rückenmark erstrecken kann, sodass eine Infektion, aber auch eine überschießende Entzündungsreaktion leicht erheblichen Schaden anrichten kann. Deshalb gibt es eine Vielzahl von Mechanismen, die das ZNS einerseits besonders gegenüber Verletzungen und Infektionen abschirmt (Schädelkalotte und Wirbelkanal, Hirnhäute, Blut-Hirn-Schranke), und andererseits die Gefahr einer leichtfertig überschießenden (und überhaupt selten benötigten) Immunreaktion dort reduziert (sog. „Immunprivileg“).

Das Konzept des ZNS als immunprivilegierte Region beruht auf der klassischen Beobachtung, dass tierexperimentell ein Transplantat im ZNS nicht abgestoßen wird, außer es wird ein zweites Transplantat gleicher Art subkutan angebracht. Dies hat folgenden Grund [51]:

Während sonst Antigen-präsentierende Zellen ständig Antigen sampeln und in lymphatische Organe tragen, wo im Fall von Fremd-Antigenen ggf. Lymphozyten aktiviert werden und sich auf den Weg an den Ort z. B. der Infektion machen können, ist dieser zellgebundene Weg aus dem ZNS wesentlich geringer ausgeprägt. Das heißt aber nicht, dass kein Antigen aus dem ZNS gelangen kann: Liquor mit löslichen Antigenen kann z. B. insb. an den Stellen von Nervenwurzeln resorbiert werden und zu einem Transport löslichen Antigens in das systemische Kompartiment führen; es wurde z. B. ZNS-Antigen in zervikalen Lymphknoten beschrieben, wo es zur Reifung entsprechender B-Zellen kommen kann [52]. Entgegen der früheren Sichtweise, dass es im ZNS keine Lymphgefäße gäbe, wurden an den duralen Sinus Lymphgefäße gefunden, die lösliche Antigene und Immunzellen transportieren und mit den tiefen zervikalen Lymphknoten verbunden sind [52,53].

Wenn nun aber das Antigen z. B. durch ein zweites subkutanes Transplantat systemisch zur Verfügung steht und von Antigen-präsentierenden Zellen gesampelt werden kann, kommt es sehr wohl zu einer systemischen

Aktivierung von T-Zellen. Aktivierte T-Zellen können dann gut in den perivaskulären Raum im ZNS und ggf. weiter in das eigentliche Parenchym gelangen, um ein Transplantat abzustoßen oder eine Infektion zu bekämpfen (oder im pathologischen Fall auch zu einer Autoimmunerkrankung führen). Die Immun-Surveillance auch des ZNS stellt eine wichtige physiologische Funktion dar (**Kap. A.7.2.6.3**).

Als weiterer Mechanismus des Immunprivileg des ZNS besteht, insbesondere im gesunden ZNS, eine stark begrenzte Expression von MHC-Molekülen. Während Mikroglia und Endothelzellen konstitutiv MHC Klasse I exprimieren, kann es bei einer Entzündungsreaktion zu einer Hochregulation von MHC-Klasse I auch auf Astrozyten, Oligodendrozyten und Neuronen/Axonen kommen. MHC-Klasse-II-Moleküle sind auf Mikroglia und Makrophagen exprimiert [54]. *In vitro* exprimieren auch Astrozyten MHC-Klasse II insb. nach Stimulation mit entzündlichen Zytokinen, aber *in vivo* gibt es eine solche MHC-Klasse-II-Expression auf Astrozyten kaum [54].

Außerdem exprimieren Neurone den Fas-Liganden und können nach Bindung an eindringende Fas-positive T-Zellen diese zur Apoptose treiben [55].

7.2.6.3 Bedeutung der physiologischen Immun-Surveillance im ZNS

Beim Menschen lässt sich das Ausmaß und die Bedeutung einer physiologischen Immun-Surveillance im ZNS als immunprivilegierter Region z. B. bei Patienten mit MS und Therapie mit Natalizumab studieren. Natalizumab blockiert α4-Integrine, und damit relativ selektiv die Transmigration von Lymphozyten in das ZNS (und den Darm). Diese Blockade ist bei der MS therapeutisch sehr erfolgreich, die Schubrate nimmt stark ab, und die Patienten spüren i. d. R. kaum Nebenwirkungen, insb. keine im klinischen Alltag zu beobachtende erhöhte Infektionsrate im ZNS – mit einer Ausnahme: unter Natalizumab wurden unerwartet viele Fälle einer progressiven multifokalen Leukenzephalopathie (PML, zur Diagnostik siehe **Kap. B.5.2.2 und C.1.1.2.15**) beobachtet. Hierbei handelt es sich und eine Enzephalitis durch Reaktivierung des latenten John-Cunningham-Virus (JCV, benannt nach dem Patienten, aus dem es 1971 isoliert wurde; [56]; systematischer Name: Humanes Polyomavirus 2, HPyV2). Eine JCV-Reaktivierung wird sonst nur unter starker systemischer Immunsuppression z. B. nach Transplantation oder bei AIDS beobachtet. Dies wird so interpretiert, dass es gelegentlich zu kleineren Reaktivierungen dieses Virus kommt, die vom Immunsystem bei Gesunden regelhaft durch patrouillierende Lymphozyten abgefangen werden – außer diese Immun-Surveillance ist z. B. durch Natalizumab blockiert.

7.2.6.4 Blut-Hirn-Schranke und Abgrenzung von Blut-Liquor-Schrankenfunktion und Zellmigration

Das Konzept der Blut-Hirn-Schranke stammt von der Beobachtung, dass sich das Gehirn nicht wie andere Organe durch intravaskulär injizierte Farbstoffe anfärbte. Ursache hierfür sind anatomischen Besonderheiten wie z. B. *tight junctions*, die eine besonders enge Abdichtung der Kapillaren im ZNS-Parenchym erklären (**Kap. A.3.3**).

Trotz der gemeinsamen Vorstellung eines „Austausches“ zwischen Blut und ZNS müssen die Zell-Transmigration und der durch die Blut-Hirn-Schranke regulierte Übertritt von Molekülen klar abgegrenzt werden: *Immunzellen* migrieren *aktiv*, v. a. in *postkapillären Venolen*, zwischen oder insb. auch durch Endothelzellen hindurch in den perivaskulären Raum. Abgesehen von speziellen Transportmechanismen (z. B. Glukosetransporter) diffundieren *einzelne Moleküle passiv* v. a. aus *Kapillaren*, bei größeren Molekülen insb. im Fall einer geschädigten Blut-Hirn-Schranke. Diese Regulation des passiven Übertritts in das ZNS durch die Blut-Hirn-Schranke ist wichtig für Medikamente, die in das ZNS gelangen sollen. Wie gut z. B. Antiinfektiva bei i. W. intakter Blut-Hirn-Schranke in das ZNS gelangen können, hängt neben anderen Faktoren (Lipophilität, aktiver Transport aus dem ZNS durch P-Glycoprotein) insb. auch von der Molekülgröße ab [57]. Ebenso gelangen therapeutische monoklonale Antikörper nur zu einem kleinen Teil in das ZNS, solange die Barrieremechanismen intakt sind. Eine gestörte Blut-Hirn-Schranke ist diagnostisch z. B. durch Übertritt von Gadolinium-haltigem Kontrastmittel im MRT darstellbar. Weiterhin als Begriff zu unterscheiden von der morphologisch definierten Blut-Hirn-Schranke ist die *Blut-Liquor-Schrankenfunktion*, z. B. bei der Interpretation der Albuminquotienten im Reiber-Quotientendiagramm [58]. Neben morphologischen Aspekten schließt dieser Begriff auch Effekte durch den Liquorfluss mit ein (**Kap. A.4**).

Während diese drei Konzepte alle beim Menschen diagnostisch (Albuminquotient im Liquor, Gadolinium-anreichernde Läsionen im MRT) oder experimentell (Nachweis von Makrophagen, die mit eisenhaltigen Partikeln [SPIO, USPIO] markiert wurden) *in vivo* gemessen werden und gleichzeitig auftreten können, können sie sich messbar in der zeitlichen Dynamik unterscheiden [59–61].

7.2.6.5 Austausch von Lymphozyten zwischen systemischem und ZNS-Kompartiment

Da aktuelle B-Zell-gerichtete Immuntherapien deren Oberflächen-Moleküle (z. B. CD19, CD20) als Zielstruktur haben, ist deren Entwicklung in Abb. 2 weiter ausgeführt. T- und B-Zellen im Liquor stellen kein bloßes Spiegelbild der Immunzellen im Blut dar, sondern unterschiedliche Subtypen finden sich in unterschiedlicher Häufigkeit [23] [13] [24] [26]. B-Zellen im Liquor und im Blut unterliegen einem wechselseitigen Austausch [25]. Während im Liquor die meisten T-Zellen zur Gruppe der CD4+ T-Zellen gehören, ist insbesondere in CD8+ T-Zellen eine klonale Expansion beobachtet worden [62]. Lösliche Rezeptoren von B-Zellen (sBCMA und sTACI) [63] und T-Zellen (sCD27) [64] sind als Fußabdruck einer Immunreaktion im ZNS identifiziert worden.

Literatur

[1] Blattman JN, Antia R, Sourdive DJD, et al. Estimating the Precursor Frequency of Naive Antigen-specific CD8 T Cells. J. Exp. Med. 2002;195:657–664. https://doi.org/10.1084/jem.20001021

[2] Seedhom MO, Jellison ER, Daniels KA, Welsh RM. High Frequencies of Virus-Specific CD8 + T-Cell Precursors. J. Virol. 2009;83:12907–12916. https://doi.org/10.1128/JVI.01722-09

[3] Aparicio-Soto M, Riedel F, Leddermann M, et al. TCRs with segment TRAV9-2 or a CDR3 histidine are overrepresented among nickel-specific CD4+ T cells. Allergy. 2020;75:2574–2586. https://doi.org/10.1111/all.14322

[4] Tan T, Tee JW, Han TF. Cell-mediated allergy to cerebral aneurysm clip causing extensive cerebral edema: Case report. J. Neurosurg. 2014;121:924–928. https://doi.org/10.3171/2014.6.JNS132405

[5] Tsang ACO, Nicholson P, Pereira VM. Nickel-Related Adverse Reactions in the Treatment of Cerebral Aneurysms: A Literature Review. World Neurosurg. 2018;115:147–153. https://doi.org/10.1016/j.wneu.2018.04.073

[6] Meinl E, Hoch RM, Dornmair K, et al. Encephalitogenic potential of myelin basic protein-specific T cells isolated from normal rhesus macaques. Am. J. Pathol. 1997;150:445–453.

[7] Kohler H, Pashov A, Kieber-Emmons T. The Promise of Anti-idiotype Revisited. Front. Immunol. 2019;10:808. https://doi.org/10.3389/fimmu.2019.00808

[8] Quaglia S, Ferrara F, De Leo L, et al. A Functional Idiotype/Anti-Idiotype Network Is Active in Genetically Gluten-Intolerant Individuals Negative for Both Celiac Disease-Related Intestinal Damage and Serum Autoantibodies. J. Immunol. Baltim. Md. 1950. 2019;202:1079–1087. https://doi.org/10.4049/jimmunol.1800819

[9] Dong Y, Taylor HE, Dimopoulos G. AgDscam, a Hypervariable Immunoglobulin Domain-Containing Receptor of the Anopheles gambiae Innate Immune System. PLoS Biol. 2006;4. https://doi.org/10.1371/journal.pbio.0040229

[10] Shen P, Roch T, Lampropoulou V, et al. IL-35-producing B cells are critical regulators of immunity during autoimmune and infectious diseases. Nature. 2014;507:366–370. https://doi.org/10.1038/nature12979

[11] Shen P, Fillatreau S. Antibody-independent functions of B cells: a focus on cytokines. Nat. Rev. Immunol. 2015;15:441–451. https://doi.org/10.1038/nri3857

[12] Cinamon G, Zachariah MA, Lam OM, Foss Jr FW, Cyster JG. Follicular shuttling of marginal zone B cells facilitates antigen transport. Nat. Immunol. 2008;9:54–62. https://doi.org/10.1038/ni1542

[13] Krumbholz M, Meinl E. B cells in MS and NMO: pathogenesis and therapy. Semin. Immunopathol. 2014;36:339–350. https://doi.org/10.1007/s00281-014-0424-x

[14] Koneczny I, Cossins J, Waters P, Beeson D, Vincent A.. MuSK myasthenia gravis IgG4 disrupts the interaction of LRP4 with MuSK but both IgG4 and IgG1-3 can disperse preformed agrin-independent AChR clusters. PLoS One. 2013;8:e80695.

[15] Ng JKM, Malotka J, Kawakami N, et al. Neurofascin as a target for autoantibodies in peripheral neuropathies. Neurology. 2012;79:2241–2248. https://doi.org/10.1212/WNL.0b013e31827689ad

[16] Tüzün E, Zhou L, Baehring JM, et al. Evidence for antibody-mediated pathogenesis in anti-NMDAR encephalitis associated with ovarian teratoma. Acta Neuropathol. (Berl.) 2009;118:737–743. https://doi.org/10.1007/s00401-009-0582-4

[17] Larsen MD, Graaf EL de, Sonneveld ME, et al. Afucosylated IgG characterizes enveloped viral responses and correlates with COVID-19 severity. Science. 2020; https://doi.org/10.1126/science.abc8378

[18] Wuhrer M, Selman MH, McDonnell LA, et al. Pro-inflammatory pattern of IgG1 Fc glycosylation in multiple sclerosis cerebrospinal fluid. J. Neuroinflammation. 2015;12:235. https://doi.org/10.1186/s12974-015-0450-1

[19] Basnayake K, Stringer SJ, Hutchison CA, Cockwell P. The biology of immunoglobulin free light chains and kidney injury. Kidney Int. 2011;79:1289–1301. https://doi.org/10.1038/ki.2011.94

[20] Hansen CT, Pedersen PT, Nielsen LC, Abildgaard N. Evaluation of the serum free light chain (sFLC) analysis in prediction of response in symptomatic multiple myeloma patients: rapid profound reduction in involved FLC predicts achievement of VGPR. Eur. J. Haematol. 2014;93:407–413. https://doi.org/10.1111/ejh.12376

[21] Senel M, Mojib-Yezdani F, Braisch U, et al. CSF Free Light Chains as a Marker of Intrathecal Immunoglobulin Synthesis in Multiple Sclerosis: A Blood-CSF Barrier Related Evaluation in a Large Cohort. Front. Immunol. 2019;10:641. https://doi.org/10.3389/fimmu.2019.00641

[22] Monaco S, Nicholas R, Reynolds R, Magliozzi R. Intrathecal Inflammation in Progressive Multiple Sclerosis. Int. J. Mol. Sci. 2020;21:8217. https://doi.org/10.3390/ijms21218217

[23] Krumbholz M, Derfuss T, Hohlfeld R, Meinl E. B cells and antibodies in multiple sclerosis pathogenesis and therapy. Nat. Rev. Neurol. 2012;8:613–623. https://doi.org/10.1038/nrneurol.2012.203

[24] Meinl E, Krumbholz M, Hohlfeld R. B lineage cells in the inflammatory central nervous system environment: migration, maintenance, local antibody production, and therapeutic modulation. Ann. Neurol. 2006;59:880–892. https://doi.org/10.1002/ana.20890

[25] von Büdingen H-C, Kuo TC, Sirota M, et al. B cell exchange across the blood-brain barrier in multiple sclerosis. J. Clin. Invest. 2012;122:4533–4543. https://doi.org/10.1172/JCI63842

[26] Stangel M, Fredrikson S, Meinl E, et al. The utility of cerebrospinal fluid analysis in patients with multiple sclerosis. Nat. Rev. Neurol. 2013;9:267–276. https://doi.org/10.1038/nrneurol.2013.41

[27] Raphael I, Nalawade S, Eagar TN, Forsthuber TG. T cell subsets and their signature cytokines in autoimmune and inflammatory diseases. Cytokine. 2015;74:5–17. https://doi.org/10.1016/j.cyto.2014.09.011

[28] Vazquez MI, Catalan-Dibene J, Zlotnik A. B cells responses and cytokine production are regulated by their immune microenvironment. Cytokine. 2015;74:318–326. https://doi.org/10.1016/j.cyto.2015.02.007

[29] Stüve O, Marra CM, Bar-Or A, et al. Altered CD4 + /CD8 + T-Cell Ratios in Cerebrospinal Fluid of Natalizumab-Treated Patients With Multiple Sclerosis. Arch. Neurol. 2006;63:1383–1387. https://doi.org/10.1001/archneur.63.10.1383

[30] Sallusto F, Lenig D, Förster R, Lipp M, Lanzavecchia A. Two subsets of memory T lymphocytes with distinct homing potentials and effector functions. Nature. 1999;401:708–712. https://doi.org/10.1038/44385

[31] Steinbach K, Vincenti I, Merkler D. Resident-Memory T Cells in Tissue-Restricted Immune Responses: For Better or Worse? Front. Immunol. 2018;9. https://doi.org/10.3389/fimmu.2018.02827

[32] Steinbach K, Vincenti I, Egervari K, et al. Brain-resident memory T cells generated early in life predispose to autoimmune disease in mice. Sci. Transl. Med. 2019;11. https://doi.org/10.1126/scitranslmed.aav5519

[33] Holderness J, Hedges JF, Ramstead A, Jutila MA. Comparative Biology of γδ T Cell Function in Humans, Mice, and Domestic Animals. Annu. Rev. Anim. Biosci. 2013;1:99–124. https://doi.org/10.1146/annurev-animal-031412-103639

[34] Deseke M, Prinz I. Ligand recognition by the γδ TCR and discrimination between homeostasis and stress conditions. Cell. Mol. Immunol. 2020;17:914–924. https://doi.org/10.1038/s41423-020-0503-y

[35] Godfrey DI, Koay H-F, McCluskey J, Gherardin NA. The biology and functional importance of MAIT cells. Nat. Immunol. 2019;20:1110–1128. https://doi.org/10.1038/s41590-019-0444-8

[36] Held K, Beltrán E, Moser M, Hohlfeld R, Dornmair K. T-cell receptor repertoire of human peripheral CD161hiTRAV1-2 + MAIT cells revealed by next generation sequencing and single cell analysis. Hum. Immunol. 2015a;76:607–614. https://doi.org/10.1016/j.humimm.2015.09.002

[37] Held K, Bhonsle-Deeng L, Siewert K, et al. 2015b. αβ T-cell receptors from multiple sclerosis brain lesions show MAIT cell–related features. Neurol. – Neuroimmunol. Neuroinflammation 2. https://doi.org/10.1212/NXI.0000000000000107

[38] Hohlfeld R, Dornmair K, Meinl E, Wekerle H. The search for the target antigens of multiple sclerosis, part 2: CD8 + T cells, B cells, and antibodies in the focus of reverse-translational research. Lancet Neurol. 2016;15:317–331. https://doi.org/10.1016/S1474-4422(15)00313-0

[39] Janeway Jr CA, Travers P, Walport M, Shlomchik MJ. 2001a. The generation of diversity in immunoglobulins. Immunobiol. Immune Syst. Health Dis. 5th Ed.

[40] Janeway Jr CA, Travers P, Walport M, Shlomchik MJ. 2001b. B-cell activation by armed helper T cells. Immunobiol. Immune Syst. Health Dis. 5th Ed.

[41] Wekerle H, Sun D, Oropeza-Wekerle RL, Meyermann R. Immune reactivity in the nervous system: modulation of T-lymphocyte activation by glial cells. J Exp Biol. 1987 Sep;132:43–57.

[42] Ransohoff RM, Kivisäkk P, Kidd G. Three or more routes for leukocyte migration into the central nervous system. Nat. Rev. Immunol. 2003;3:569–581. https://doi.org/10.1038/nri1130

[43] Engelhardt B, Ransohoff RM. Capture, crawl, cross: the T cell code to breach the blood–brain barriers. Trends Immunol. 2012;33:579–589. https://doi.org/10.1016/j.it.2012.07.004

[44] Krumbholz M, Theil D, Cepok S, et al. Chemokines in multiple sclerosis: CXCL12 and CXCL13 up-regulation is differentially linked to CNS immune cell recruitment. Brain J. Neurol. 2006;129:200–211. https://doi.org/10.1093/brain/awh680

[45] Khademi M, Kockum I, Andersson ML, et al. Cerebrospinal fluid CXCL13 in multiple sclerosis: a suggestive prognostic marker for the disease course. Mult. Scler. J. 2011;17:335–343. https://doi.org/10.1177/1352458510389102

[46] Kowarik MC, Cepok S, Sellner J, et al. CXCL13 is the major determinant for B cell recruitment to the CSF during neuroinflammation. J. Neuroinflammation. 2012;9:93. https://doi.org/10.1186/1742-2094-9-93

[47] Remy MM, Schöbi N, Kottanattu L, et al. Cerebrospinal fluid CXCL13 as a diagnostic marker of neuroborreliosis in children: a retrospective case-control study. J. Neuroinflammation. 2017;14:173. https://doi.org/10.1186/s12974-017-0948-9

[48] Rubenstein JL, Wong VS, Kadoch C, et al. CXCL13 plus interleukin 10 is highly specific for the diagnosis of CNS lymphoma. Blood. 2013;121:4740–4748. https://doi.org/10.1182/blood-2013-01-476333

[49] Rupprecht TA, Manz KM, Fingerle V, et al. Diagnostic value of cerebrospinal fluid CXCL13 for acute Lyme neuroborreliosis. A systematic review and meta-analysis. Clin. Microbiol. Infect. 2018;24:1234–1240. https://doi.org/10.1016/j.cmi.2018.04.007

[50] Machado-Santos J, Saji E, Tröscher AR, et al. The compartmentalized inflammatory response in the multiple sclerosis brain is composed of tissue-resident CD8+ T lymphocytes and B cells. Brain. 2018 Jul 1;141(7):2066–2082.

[51] Galea I, Bechmann I, Perry VH. What is immune privilege (not)? Trends Immunol. 2007;28:12–18. https://doi.org/10.1016/j.it.2006.11.004

[52] Alves de Lima K, Rustenhoven J, Kipnis J. Meningeal Immunity and Its Function in Maintenance of the Central Nervous System in Health and Disease. Annu. Rev. Immunol. 2020;38:597–620. https://doi.org/10.1146/annurev-immunol-102319-103410

[53] Louveau A, Smirnov I, Keyes TJ, et al. Structural and functional features of central nervous system lymphatic vessels. Nature. 2015;523:337–341. https://doi.org/10.1038/nature14432

[54] Höftberger R, Aboul-Enein F, Brueck W et al. Expression of major histocompatibility complex class I molecules on the different cell types in multiple sclerosis lesions. Brain Pathol. 2004 Jan;14(1):43–50.

[55] Flügel A, Schwaiger FW, Neumann H, et al. Neuronal FasL Induces Cell Death of Encephalitogenic T Lymphocytes. Brain Pathol. 2000;10:353–364. https://doi.org/10.1111/j.1750-3639.2000.tb00267.x

[56] Padgett BL, Walker DL, Zu Rhein GM, et al. Cultivation of papova-like virus from human brain with progressive multifocal leucoencephalopathy. Lancet. 1971 Jun 19;1(7712):1257–60.

[57] Nau R, Sörgel F, Eiffert H. Penetration of Drugs through the Blood-Cerebrospinal Fluid/Blood-Brain Barrier for Treatment of Central Nervous System Infections. Clin. Microbiol. Rev. 2010;23:858–883. https://doi.org/10.1128/CMR.00007-10

[58] Reiber H. Flow rate of cerebrospinal fluid (CSF)--a concept common to normal blood-CSF barrier function and to dysfunction in neurological diseases. J. Neurol. Sci. 1994;122:189–203. https://doi.org/10.1016/0022-510x(94)90298-4

[59] Vellinga MM, Oude Engberink RD, Seewann A, et al. Pluriformity of inflammation in multiple sclerosis shown by ultra-small iron oxide particle enhancement. Brain. 2008;131:800–807. https://doi.org/10.1093/brain/awn009

[60] Stoll G, Bendszus M.. Imaging of inflammation in the peripheral and central nervous system by magnetic resonance imaging. Neuroscience, Brain – Immune Interactions in Acute and Chronic Brain Disorders. 2009;158:1151–1160. https://doi.org/10.1016/j.neuroscience.2008.06.045

[61] Hochmeister S, Grundtner R, Bauer J, et al. Dysferlin Is a New Marker for Leaky Brain Blood Vessels in Multiple Sclerosis. J. Neuropathol. Exp. Neurol. 2006;65:855–865. https://doi.org/10.1097/01.jnen.0000235119.52311.16

[62] Beltrán E, Gerdes LA, Hansen J, et al. Early adaptive immune activation detected in monozygotic twins with prodromal multiple sclerosis. J. Clin. Invest. 2019;129:4758–4768. https://doi.org/10.1172/JCI128475

[63] Meinl E, Thaler FS, Lichtenthaler SF. Shedding of BAFF/APRIL Receptors Controls B Cells. Trends Immunol., Special Focus Issue: Systemic Influences of the Microbiota. 2018;39:673–676. https://doi.org/10.1016/j.it.2018.07.002

[64] Komori M, Blake A, Greenwood M, et al. Cerebrospinal fluid markers reveal intrathecal inflammation in progressive multiple sclerosis. Ann. Neurol. 2015;78:3–20. https://doi.org/10.1002/ana.24408

[52] Stern JNH, Yaari G, Vander Heiden JA, et al. B cells populating the multiple sclerosis brain mature in the draining cervical lymph nodes. Sci. Transl. Med. 2014;6:248ra107. https://doi.org/10.1126/scitranslmed.3008879

A.8 Der integrierte Liquor-Gesamtbefund

Hayrettin Tumani, Manfred Uhr

Der Liquor ist ein wichtiges, teilweise alternativloses diagnostisches Verfahren bei Entzündungen des Nervensystems und der Hirnhäute, bildgebend nicht fassbaren Blutungen im Bereich des Subarachnoidalraums sowie Ausbreitung maligner Erkrankungen auf den Liquorraum und die Meningen (siehe Leitlinie und Methodenkatalog der DGLN unter [1], [2]).

Um die diagnostische Ausbeute zu maximieren, müssen die für die klinische Fragestellung geeigneten Analysanden ausgewählt und die Empfehlungen zur Präanalytik beachtet werden.

Für die Liquoranalytik ist als qualitätssichernde Maßnahme eine Gesamtbeurteilung in einem integrierten Gesamtbefund (Abb. A.8.1), der den klinischen Kontext sowie präanalytische, zytologische und proteinchemische Daten umfasst, zwingend erforderlich [3]. Dem erfahrenen Laborarzt erlaubt diese Zusammenstellung, die Einzelergebnisse auf ihre Richtigkeit zu überprüfen. Bestimmte Befundmuster sind einerseits für das Erkennen von krankheitstypischen Befundmustern hilfreich, und andererseits ermöglichen sie die Identifizierung ganz typischer Messfehler (High-dose-hook-Effekt usw.) und präanalytischer Fehler (Blutbeimengung, zu frühe Punktion nach Immunglobulininfusion, Plasmapherese usw.), die dadurch vermieden werden können.

Der Befundbericht des Einzelpatienten wird meist gekoppelt mit der Online-Auswertung der Protein-Messdaten erstellt und die weiteren externen Daten zugefügt. Es gibt dafür eine Reihe von Softwareangeboten (z. B. http://www.albaum.it, http://www.wormek.org etc.).

Der integrierte Gesamtbefund sollte grundsätzlich folgende Aspekte umfassen (siehe auch Tabellen A.8.1, A.8.2 und A.8.3):

1. alle Daten über die visuelle Beurteilung des Liquors
2. die Angabe des Arztes zur differenzialdiagnostischen Fragestellung und der Verdachtsdiagnose.
3. Zell- und Erythrozytenzahl, Angaben über das zytologische Zellbild
4. Laktat im Liquor, ggf. Glukose Liquor/Serumquotient
5. Einzeldaten von Proteinkonzentrationen und berechnete Quotienten, die sowohl numerisch als auch graphisch in Quotientendiagrammen repräsentiert sind
6. Oligoklonales IgG in Liquor und Serum
7. Antikörperindices in erforderlicher Komplexität (keine Einzelwerte)
8. weitere Untersuchungen wie ZNS- bzw. liquorspezifische Parameter zur Abklärung einer Liquorrhoe, Dementielle Syndrome, SAB, neoplastische Erkrankungen etc.
9. gesamtbefundübergreifende Interpretation als normal/pathologisch
10. methodische oder klinisch orientierte Kommentare. Wissensbasierte Befundinterpretationen sind grundsätzlich für den erfahrenen klinischen Chemiker oder Neurologen gedacht, entweder als Befundungshilfe, zur Plausibilitätskontrolle oder als Anregung für weiterführende Analytik, nicht aber zur Erstellung von Diagnosen

https://doi.org/10.1515/9783110331905-009

Klinische Angaben/Fragestellung:
21 jähr. Patientin mit akuter Optikusneuritis

Punktionsort:	Lumbal
Beschaffenheit:	Klar
Volumen:	10 ml

ZELLEN

Zellzahl:	6/µl	Erys: 0/µl
- Lymphozyten	74 %	
- Monozyten	25 %	
- Granulozyten	0 %	
- Plasmazellen	1 %	

LACTAT: 1,9 mmol/l

PROTEINE

Gesamtprotein:	325 mg /l
Quotienten:	(Liquor/Serum x 10^{-3})
- Albumin:	5,5
- IgG:	2,4
- IgA:	1,3
- IgM:	0,16

OLIGOKLONALE BANDEN
Liquor: + Serum: Ø (Typ 2)

BEURTEILUNG
Entzündlicher ZNS-Prozess,
DD chronisch-entzündlich
DD Z.n. ZNS-Infekt

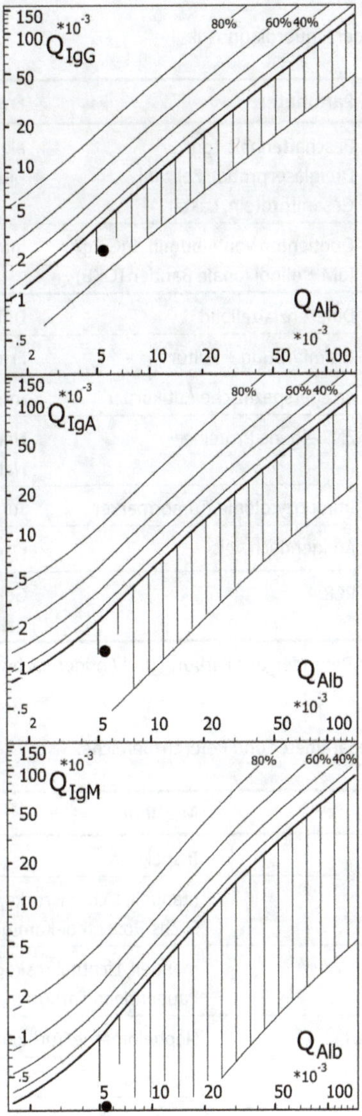

Abb. A.8.1: Beispiel für einen integrierten Gesamtbefund.

Tab. A.8.1: Stufen der Liquordiagnostik.

Stufe	Parameter	Fragestellung/Information
Eilanalytik	Beschaffenheit, (ggf. Dreigläserprobe), Zellzahl, Gesamtprotein, Laktat	akute Entzündung, bakteriell-viral, Blutung (SAB, ICB)
Basisanalytik	Quotienten von Albumin, IgG, IgA, IgM + oligoklonale Banden (OKB)	intrathekale Entzündung, Schrankenstörung
	Differenzialzellbild	Differenzierung von Entzündung, Blutung und Tumorbefall
	Gramfärbung + Kultur	Erregernachweis (Bakterien, Pilze)
Spezialanalytik	erregerspezifische Antikörper	Infekt vs. Autoimmunerkrankung
	ZNS-eigene Proteine	Neurodegenerative Erkrankungen (AD, CJD, ALS, SMA, Narkolepsie, usw.)
	Immunzytologie, Tumormarker	Tumor: Bestätigung + Typisierung
	Antigennachweis	Erregernachweis bzw. Bestätigung (v. a. Bakterien, Pilze)
	PCR	Goldstandard für Viren, ergänzend bei Tbc, anderen Bakterien und Parasitosen*

*z. B. bei negativen Befunden aus Färbung und Antigennachweis

Tab. A.8.2: Routineparameter und Referenzbereiche.

Parameter	Methode	Normalbefund
Beschaffenheit	Inspektion	klar, farblos
Zellzahl (Leukozyten/µL)	manuell, Lichtmikroskopie, Fuchs-Rosenthal-Kammer	< 5
Differentialzellbild	manuell, Lichtmikroskopie, Pappenheim-Färbung,	lymphomonozytär (Verhältnis 2:1 bis 3:1)
Gesamtprotein (mg/L)	Nephelometrie/Turbidimetrie	< 500
L-Laktat (mmol/L)	enzymatisch	0,9–2,7 (altersabhängig)
Glukose (L/S)	enzymatisch	> 0,50
Albumin (L/S x 10^{-3})	Nephelometrie	< 5–10 (altersabhängig)
Ig-Synthese im ZNS	Nephelometrie	nicht nachweisbar
Erregernachweis	Gramfärbung, Kultur, Mikroskopie, PCR, Antigennachweis	nicht nachweisbar
erregerspezifische Antikörper (Berechnung der Synthese im ZNS)	Enzymimmunoassays	nicht nachweisbar
hirnspezifische Proteine (pg/ml)	Enzymimmunoassays	Tau-Protein (< 450)* Phospho-Tau (< 60)* Abeta1-42 (> 550)* Abeta1-42/Abeta1-40-Quotient (> 0,1)

L/S = Liquor-Serum-Quotient; *) Labor- und Assayspez. Grenzwerte beachten, können herstellerabhängig differieren

Tab. A.8.3: Kriterien für die zusammenfassende Beurteilung.

Beurteilung	Bedeutung
normaler Liquorbefund	schließt einen normalen Liquor-Zytologie-Befund ein
normaler Liquorproteinbefund	alle untersuchten Daten, außer Zytologie, normal
Blut-Liquor-Schrankenfunktionsstörung	altersbezogene Auswertung von Albuminquotienten (Q_{Alb}!)
erhöhte Zellzahl	> 4/µl
intrathekaler Tumorbefall	Zytologie, QCEA > Qlim (CEA) = Qlim (IgA).
entzündlicher Prozess	intrathekale IgG-, IgA-, IgM- oder Kappa-FLC- Fraktion > 10 %
	gestörte Quotienten-Reihenfolge im Diagramm ($Q_{IgG} > Q_{Alb}$ ($Q_{Alb} > 0{,}6 \times 10^{-3}$); $Q_{IgA} > Q_{IgG}$; $Q_{IgM} > Q_{IgA}$; $Q_{IgX} > Q_{Lim}$ im Quotientendiagramm
	oligoklonales IgG im Liquor (Typ 2 oder 3)
	erregerspezifische Antikörpersynthese (AI > = 1,5 oder $Q_{spez.} > Q_{Lim}$ im Quotientendiagramm)
	Zytologie (erhöhte Zellzahl, Plasmazellen)

Literatur

[1] Tumani H, Petereit H-F, et al. Lumbal-punktion und Liquordiagnostik, S1-Leitlinie, 2019, in: Deutsche Gesellschaft für Neurologie, Deutsche Gesellschaft für Liquordiagnostik und Klinische Neurochemie (Hrsg.), Leitlinien für Diagnostik und Therapie in der Neurologie. Online: www.dgn.org/leitlinien

[2] Wick M, et al. Ausgewählte Methoden der Liquordiagnostik und Klinischen Neurochemie. Hrsg.: Deutsche Gesellschaft für Liquordiagnostik und Klinische Neurochemie, e. V. 4. Auflage 2020 (beziehbar über www.dgln.de)

[3] Uhr M, Tumani H, Lange P. Strategien der Liquorbefundung – integrierter Befundbericht. Nervenarzt. 2016;87:1271–1275.

A.9 Referenzwerte für Liquorparameter mit diagnostischer Relevanz

Harald Hegen, Florian Deisenhammer, Sigurd D. Süßmuth, Hayrettin Tumani, Uwe K. Zettl*

9.1 Referenzwerte-Tabellen

In den in diesem Kapitel aufgeführten Tabellen sind Referenzwerte für zelluläre (Tab. A.9.1) und humorale Parameter (Tab A.9.2) des Liquor cerebrospinalis ausgewiesen. Angeführt sind nur Untersuchungsparameter, die nach heutigem Kenntnisstand eine klinische Relevanz für die Liquordiagnostik bei neurologischen Erkrankungen haben. Grundsätzlich gilt, dass besonders eine Reihe von humoralen Parametern nur im Zusammenhang mit den entsprechenden Serumwerten beurteilt werden kann. Auf Abhängigkeiten vom Liquorkompartiment (lumbal, subokzipital, ventrikulär) sowie vom Alter wird hingewiesen, soweit gesicherte Erkenntnisse vorliegen. Referenzwerte für Kinder (Tab. A.9.3) und den Ventrikelliquor sind darüber hinaus gesondert ausgewiesen (**Kap. B.7 und B.8**). Laborparameter, die sich hinsichtlich der Beurteilung ihrer Wertigkeit für die Diagnostik im Erprobungs- und Forschungsstadium befinden, sind in den speziellen Kapiteln dieses Buches dargestellt.

Tab. A.9.1: Referenzwerte für die Liquordiagnostik: zelluläre Parameter.[1)]

Parameter	Referenzwerte	Hinweise
Leukozyten	L[2)]: < 5 /µl[3)] S[2)]: < 3 /µl V[2)]: < 3 /µl	Werte nur für Proben < 2 h nach Entnahme; Altersabhängigkeit (s. Tab. A.9.3) (**Kap. B.2.1.1.2; V: Kap. B.8**)
Erythrozyten	nicht nachweisbar	häufig artifiziell vorhanden; ab 1000 /µl die Leukozytenzahl korrigieren (**Kap. B.1, B.2.1, B.3.1, B.7**)
Granulozyten	nicht nachweisbar	häufig artifiziell vorhanden (**Kap. B.1, B.2.1, B.7**)
Plasmazellen	nicht nachweisbar	bei Knochenmarkkontamination gelegentlich nachweisbar
Aktivierte B-Lymphozyten	nicht nachweisbar	Anteil < 0,1 %, im artifiziell blutigen Liquor nur von begrenzter diagnostischer Wertigkeit (**Kap. B.2.3**)
Erythrophagen/ Hämosiderophagen („Siderophagen“)	nicht nachweisbar	vereinzelt in Repunktaten nach stark artifiziell blutiger Erstpunktion (**Kap. B.1, B.2.1, C.1.4.5**)
Differentialzellbild Lymphozyten*) Monozyten*)	 L: 70–85 % L: 15–30 %	*) Zytozentrifuge; abhängig von der Zellpräparationstechnik; S und V: nur wenig veränderte Relationen

*__Anmerkung:__ Modifiziert nach Aufl. 1 und 2: R. Lehmitz, D. Hobusch, H. Kluge, E. Mix

https://doi.org/10.1515/9783110331905-010

Tab. A.9.1 (fortgesetzt)

Parameter	Referenzwerte	Hinweise
Lymphozytensubpopulationen		orientierende Werte, abhängig von der Nachweistechnik (**Kap. B.2.2**)
T-Lymphozyten (gesamt)	93 % (83–98)	$CD3^+$
Helferzellen	72 % (52–82)	$CD3^+4^+$
Zytotox./Suppressorzellen	21 % (13–35)	$CD3^+8^+$
$CD3^+4^+/CD3^+8^+$-Quotient	3,4 (1,8–5,5)	
Fetaltyp-Zellen	1 % (0,2–3,2)	$CD3^+4^-8^{(+)}$ $TCR\gamma\delta^+$
Natürliche Killerzellen	4 % (2,0–9,0)	$CD3^-16^+56^+$
B-Lymphozyten (gesamt)	< 1 %	$CD19^+$
Polymerase-Kettenreaktion (PCR)	kein Nachweis erregerspezifischer DNA	Zeitfenster für DNA-Präparation beachten (**Kap. B.5**)
Erreger-Schnelltest (Latex-Agglutination)	keine Agglutination	Ausbleiben von Agglutination wie in der Negativ-Kontrolle

[1] Alle Angaben für Erwachsene und Lumballiquor, wenn nicht anders vermerkt.
[2] L = Lumballiquor, S = Subokzipitalliquor, V = Ventrikelliquor.
[3] In der Labormedizin auch gebräuchliche internationale Einheit: Megapartikel/Liter = Mpt/l

Tab. A.9.2: Referenzwerte für die Liquordiagnostik: humorale Parameter (vgl. auch S. 62, Tabellen A.3.1 und A.3.2).[1]

Parameter	Referenzwerte	Hinweise
Pandy-Reaktion	negativ	zellfreie Probe; positiv ab ca. 500 mg/l Protein
Hämoglobin	negativ	zellfreie Probe
Bilirubin	negativ	zellfreie Probe
L-Laktat	1,1–1,8 mmol/l (0–15 Jahre) 1,5–2,1 mmol/l (16–50 Jahre) 1,7–2,6 mmol/l (> 51 Jahre) V: <3,4 mmol/l	Werte nur für Proben < 3 h nach Entnahme (Fluorid-Röhrchen) (**Kap. A.3, B.1**) (V[2]: **Kap. B.8**)
D-Laktat	< 0,2 mmol/l	
Glukose	45–91 mg/dl (2,5–5,1 mmol/l) (> 50 % des Blutwertes)	Blut und Liquor gleichzeitig entnehmen; Werte nur für Proben < 2 h nach Entnahme
Liquor/Blut-Quotient (Q_{Glu})	Interpretation in Abhängigkeit von Blutglukose: < 100 mg/dl (5,6 mmol/l): Q_{Glu} > 0,5 100–149 mg/dl: Q_{Glu} > 0,4 > 150 mg/dl (8,3 mmol/l): Q_{Glu} > 0,3	Liquor/Blut-Quotient in L und V vergleichbar (**Kap. B.1.3.5**) (V: **Kap. B.8**)
Gesamtprotein	L[2]: < 450–600 mg/l* S[2]: < 270 mg/l V[2]: 50–180 mg/l	Altersabhängigkeit *); alterskorrigierte Referenzwerte nur für lumbalen Liquor vorhanden; Wertekorrektur bei artifizieller Blutkontamination (> 2000 /µl Erythrozyten) (**Kap. A.3, B.1.3.3, B.7, B.8**)

Tab. A.9.2 (fortgesetzt)

Parameter	Referenzwerte	Hinweise
Albumin	L: 110–350 mg/l Serum: 35–52 g/l	zur Beurteilung Serumwerte erforderlich; Blut und Liquor gleichzeitig entnehmen; rostro-caudaler Konzentrationsgradient; Altersabhängigkeit **(Kap. A.3, A.4, B.3.1, B.7)** (V: **Kap. B.8)** bei Intensiv-Patienten erniedrigte Werte im Serum möglich
IgG	L: < 40 mg/l Serum: 7–18 g/l	zur Beurteilung Serumwerte erforderlich; Blut und Liquor gleichzeitig entnehmen; rostro-caudaler Konzentrationsgradient; Altersabhängigkeit **(Kap. A.3, A.4, B.3.1, B.7)** (V: **Kap. B.8)**
IgA	L: 0,5–6,0 mg/l Serum: 0,9–4,5 g/l	siehe IgG
IgM	L: < 0,8 mg/l Serum: 0,6–2,8 g/l	siehe IgG
$Q_{Alb} \times 10^{-3}$	< 8 (bis 30 Jahre) < 9 (bis 50 Jahre) < 10 (bis 60 Jahre) < 11 (über 60 Jahre)	Albuminquotient = Liquoralbumin/ Serumalbumin; Marker für Blut-Liquor-Schrankenfunktion; rostro-caudaler Konzentrationsgradient; Altersabhängigkeit (**Kap. A.3**, **A.4**, **B.3.1**, **B.7**) (V: **Kap. B.8**)
Intrathekale Ig-Synthese (IgG; IgA; IgM)	nicht nachweisbar	Protein-Quotientendiagramm
Oligoklonales IgG	nicht nachweisbar; oder gleiches Bandenmuster in Liquor und Serum	isoelektrische Fokussierung; Immunfixation/ Immunoblotting (**Kap. B.3.2**)
Antikörperindex (AI)	0,7–1,4	$Q_{\text{Spezifische Antikörper}}/Q_{\text{Gesamt-Ig}}$ (Q = jeweils Liquor/Serum) (**Kap. B.3.3**)
Anti-Neuronale Antikörper, bspw.: anti-Hu (ANNA-1)* anti-Ri (ANNA-2)* anti-Yo (PCA-1)# anti-Ma* anti-CV2§ anti-Amphiphysin§ anti-Tr#	*keine* Bindung an Zellkerne von *) Neuronen, #) Zytoplasma von Purkinje-Zellen oder §) Nervenfortsätzen	Immunhistochemie Bestätigung über Western-Blot; Paralleluntersuchung im Serum (**Kap. B.3.4**)

Tab. A.9.2 (fortgesetzt)

Parameter	Referenzwerte	Hinweise
anti-NMDA-R[§§] anti-LGI1[§§] anti-Caspr2[§§] anti-AMPA-Rezeptor Typ 1/2[§§] anti-GABA-Rezeptor Typ A/B[§§] anti-Iglon-5[§§] anti-DPPX[§§]	[§§]) Keine Bindung der Antikörper an das neuronale Zielantigen/keine positive Immunfluoreszenz	Zell-basierter Assay (exprimiert Antigen) oder Immunhistochemie Paralleluntersuchung im Serum (**Kap. B.3.4**)
Karzinoembryonales Antigen (CEA)	keine intrathekale Synthese	schrankenabhängige Bewertung im IgA-Quotientendiagramm; $Q_{CEA} > Q_{Alb}$ = intrathekale CEA-Synthese. Alter, Nierenfunktion und Zigarettenkonsum beeinflussen die Höhe des Werts. (**Kap. B.3.1, B.3.5.4**)
Humanes Choriongonadotropin (β-hCG)	L: < 8,2 IU/l; Serum < 2,5 IU/l	Altersabhängigkeit (**Kap. B.3.5.5**)
Alpha-Fetoprotein (AFP)	L: < 3,8 µg/l; Serum < 25 µg/l	Altersabhängigkeit (**Kap. B.3.5.5**)
Interleukin 6 (IL-6)	L: < 7 pg/ml	Am ehesten bei Verlaufsuntersuchungen in Ventrikeldrainagen aussagekräftig; ein Anstieg > 3000 pg/ml zeigt ein hohes Vasospasmusrisiko nach SAB oder eine beginnende Ventrikulitis (dann meist > 10.000 pg/ml) an. **(Kap. A.3.4.1)**
Ferritin	< 10 µg/l	über 98 % im ZNS synthetisiert; eindeutig pathologisch >15 µg/l. (**Kap. A.3**)
Angiotensin-Converting-Enzyme (ACE)	nicht erhöht	Konzentration abhängig von Labormethode (Radioassay, Spektrophotometrie), kein allgemein gütiger Referenzwert etabliert. Niedrige diagnostische Sensitivität und Spezifität. (**Kap. A.4, B.3.1, B.4.1.10**)
CXCL13	L: < 20 pg/ml (Nachweisgrenze)	Eine unauffällige CXCL13-Konzentration im Liquor schließt eine akute Neuroborreliose praktisch aus
Neuronenspezifische Enolase (NSE/γγ-Enolase)	< 20 µg/l	Bewertung durch artifizielle Blutkontamination eingeschränkt. Sicher pathologisch >30 µg/l. > 99 % im ZNS synthetisiert. Altersabhängigkeit. Referenzwerte für Bestimmung mittels ECLIA[3)] (**Kap. A.3, A.4, B.3.1, B.3.5.4, B.4.3.6**)

Tab. A.9.2 (fortgesetzt)

Parameter	Referenzwerte	Hinweise
$β_2$-Mikroglobulin	< 1,8–3 mg/l	über 99 % im ZNS synthetisiert Altersabhängigkeit **(Kap. A.3, B.3.5.4, B.4.1.9)**
$β_2$-Transferrin (Asialotransferrin)	In Sekreten ohne Liquorbeimengung bei ansonsten Gesunden nur Serumtransferrin (glykosiliertes Transferrin) nachweisbar	Nachweis von Asialotransferrin in Sekreten, sofern nicht auch bereits im Serum vorhanden, gilt als beweisend für Liquorbeimengung. **(Kap. A.3.4.1)**
Neopterin	< 5 nmol/l	ca. 98 % im ZNS synthetisiert Referenzwerte gelten für ELISA (**Kap. A.3, B.4.1.9**)
Protein 14-3-3	nicht nachweisbar	SDS-PAGE; Western-Blot; Immunfärbung, RT-Quick artifizielle Blutkontamination kann zu falsch positiven Ergebnissen führen (**Kap. B.3.1, B.4.3.3**)
Tau (total tau)	< 50 Jahre: < 300 51–70 Jahre: < 450 > 70 Jahre: < 500 pg/ml	100 % im ZNS synthetisiert. Referenzwerte unterscheiden sich je nach Labormethode[4]; total Tau durchschnittlich < 450 pg/ml. Altersabhängigkeit.
phosphoryliertes Tau (ptau)	< 61 pg/ml	Präanalytik: Tau bis eine Woche stabil (4°C), bis 2 Monate bei−20!C, danach−80°C. Tau-Protein darf nicht in Glasbehältern aufbewahrt werden, am besten in Polypropylenröhrchen. (**Kap. A.3.4.1, A.4, B.3.1, B.4.3.2**)
Amyloid-beta $(Ab)_{1\text{-}42}$	nicht erniedrigt	Referenzwerte unterscheiden sich je nach Labormethode[4] (z. B. ELISA: $Ab_{1\text{-}42}$ > 450–650 pg/ml) Signifikante Inter-Labor-Variabilität (**Kap. B.3.1, B.4.3.1**)
$Ab_{1\text{-}42}/Ab_{1\text{-}40}$ Quotient	> 0,050–0,120	Referenzwerte unterscheiden sich je nach Labor[4]
Neurofilamente cNfL (Liquor), sNfL (Serum) NfM NfH, pNfH	Liquor: < 200 pg/ml Serum: < 20–80 pg/ml	hohe Sensitivität der Testsysteme der 4. Generation auf Basis einer Einzelmolekülanalyse. Signifikante Altersabhängigkeit insbesondere für den Serum-Referenzbereich. NfL: Liquor- und Serumwerte korrelieren gut. sNfL: Abhängigkeit von Alter, Body-Mass-Index und Nierenfunktion. (**Kap. A.3, B.4.3.4**)

Tab. A.9.2 (fortgesetzt)

Parameter	Referenzwerte	Hinweise
S-100B	< 5µg/l	über 99 % im ZNS synthetisiert Altersabhängigkeit Referenzwerte für Bestimmung mittels ECLIA[3)] **(Kap. A.3, A.4, B.3.5.4, B.4.3.7, C.1.5.2)**
GFAP (Saures Gliafaserprotein)	Liquor: < 6,2 µg/l Serum: < 92 ng/l	100 % im ZNS synthetisiert; unterschiedliche Referenzbereiche in Abh. von der Analyseplattform beachten. **(Kap. A.3, B.4.3.5)**
Beta-Trace-Protein (β–TP, Prostaglandin D-Synthase)	Nasensekret: < 0,3 mg/l V: 1,0 – 2,0 mg/l L: 12,0 – 20,0 mg/l Serum: 0,35 – 0,64 mg/l Urin: 0,5 – 2,0 mg/l	über 99 % im ZNS synthetisiert **(Kap. A.3, A.4, B.3.1.4.3, B.4.3.8, C.1.5.2)** Sekretion: Serum Beta-Trace Ratio kann bei grenzwertigen Ergebnissen zusätzlichen Nutzen bringen
Orexin (Hypocretin)	> 110 – 200 pg/ml Intermediärbereich > 200 pg/ml Normalbereich	Radioimmunoassay. **(Kap. C.1.4.9)**

1) Alle Angaben für Erwachsene und Lumballiquor, wenn nicht anders vermerkt.

2) L = Lumballiquor, S = Subokzipitalliquor, V = Ventrikelliquor.

3) Elektrochemilumineszenz-Immunoassay.

4) Laborabhängige individuelle Cut-off Werte, siehe Delabry et al. [13].

Tab. A.9.3: Referenzwerte für die Liquordiagnostik im Kindesalter (Lumballiquor). Angegeben sind arithmetische Mittelwerte (mit Wertebereich) oder ± Standardabweichung, typische Maximalwerte oder typische Wertebereiche.

Parameter	24.–28. SSW	27.–33. SSW	36. SSW	Neugeborene	Säuglinge		1–6 Jahre	7–15 Jahre
Leukozyten z/µl	4 (0–14)	6 (0–44)	9 (0–29)	< 15	< 9 (im 2. Lebensmonat) < 5 (> 3. Lebensmonat)		< 5	< 5
Erythrozyten z/µl	1027 (0–19500)	786 (0–9750)	15 (0–800)	9 (0–1070)	0		0	
Granulozytenanteil %	6 (0–66)	9 (0–60)		7 (0–60)	keine		keine	
Glukose (mg/dl, Median)				~45	~45			
Glukosequotient Liquor/Blut (Q_{Glu})			0,7[1]	0,6[1]	0,7[1]		0,7[1]	Interpretation abhängig v. Blutglukose: s. Tab. A.9.2
L-Laktat mmol/l					1,2–1,8		1,2–1,8	
Gesamtprotein mg/l	1500 (950–3700)	1320 (450–2270)	1150 (650–2000)	660 (bis 1270)	490 (bis 990) (im 2. Lebensmonat)		150 (bis 450)	
Albumin mg/l					1–2 Mo.	199,7 ± 97,9	87,4 ± 18,8	94,9 ± 21,3
					3–6 Mo.	133,9 ± 42,8		
					7–12 Mo.	96,9 ± 23,0		
$Q_{Alb} \times 10^{-3}$				8–28	1–2 Mo.	6,0 ± 3,8	2,4 ± 0,5	3,1 ± 0,9
					3–6 Mo.	3,5 ± 1,4		
					7–12 Mo.	2,4 ± 0,7		

(fortgesetzt)

Tab. A.9.3 (fortgesetzt)

Parameter	24.–28. SSW	27.–33. SSW	36. SSW	Neugeborene	Säuglinge		1–6 Jahre	7–15 Jahre
IgG mg/l					1–2 Mo.	21,6 ± 20,6	10,4 ± 3,5	12,7 ± 4,1
					7–12 Mo.	8,6 ± 2,3		
$Q_{IgG} \times 10^{-3}$					1–2 Mo.	3,2 ± 2,1	1,1 0,3	1,2 ± 0,2
					3–6 Mo.	1,7 ± 0,6		
					7–12 Mo.	1,2 ± 0,4		

[1)] Für Kinder < 6 Jahren liegen keine Daten zur Blutglukose-abhängigen Interpretation des Q_{Glu} vor. Die Angaben zu Neugeborenen und Säuglingen sind Durchschnittswerte des Q_{Glu}.

Weiterführende Literatur

Ackerman AD. Meningitis, infectious encephalopathies and other central nervous system infections. In: M. C. Rogers (Hrsg.): Textbook of pediatric intensive care. S. 1047–1049. Williams & Wilkins, Baltimore – Hong Kong – London 1992.

American Academy of Sleep Medicine. International Classification of Sleep Disorders (ICSD-3) 3 rd edn. AASM (2014).

Arrer E, Meco C, Oberascher G, et al. Beta-trace protein as a marker for cerebrospinal fluid rhinorrhea. Clin Chem. 2002;48:939–941.

Auer M, Hegen H, Zeileis A, et al. Quantitation of intrathecal immunoglobulin synthesis – a new empirical formula. Eur J Neurol. 2016;23:713–721.

Bachmann-Harildstad G. Diagnostic values of beta-2 transferrin and beta-trace protein as markers for cerebrospinal fluid fistula. Rhinology. 2008;46:82–85.

Biou D, Benoist J, Xuan Huong CN, et al. Cerebrospinal Fluid Protein Concentrations in Children: Age-related Values in Patients without Disorders of the Central Nervous System. Clin Chem. 2000;46:399–403.

Blennow K, Fredman P, Wallin A, et al. Protein analysis in cerebrospinal fluid. II. reference values derived from healthy individuals 18–88 years of age. Eur Neurol. 1993;33:129–133.

Bogner JR, Junge-Hülsing B, Kronawitter U, et al. Expansion of neopterin and β2-microglobulin in cerebrospinal fluid reaches maximum levels early and late in the course of human immunodeficiency virus infection. Clin Invest. 1992;70:665–669.

Breiner A, Moher D, Brooks J, et al. Adult CSF total protein upper reference limits should be age- partitioned and significantly higher than 0.45 g/L: a systematic review. J Neurol. 2019;266:616–624.

Bridel C, Courvoisier DS, Vuilleumier N, et al. Cerebrospinal fluid angiotensin-converting enzyme for diagnosis of neurosarcoidosis. J Neuroimmunol. 2015;285:1–3.

Dalmau J, Posner JB. Neurologic paraneoplastic antibodies (anti-Yo; anti-Hu; anti-Ri): the case for a nomenclature based on antibody and antigen specificity. Neurol. 1994;44:2241–2246.

Deisenhammer F, Egg R, Giovannoni G, et al. EFNS guidelines on disease-specific CSF investigations. Eur J Neurol. 2009;16:760–770.

Delaby C, Teunissen CE, Blennow K, et al. Clinical reporting following the quantification of cerebrospinal fluid biomarkers in Alzheimer's disease: An international overview. Alzheimers Dement. 2022;18(10):1868–1879.

Eeg-Olofsson O, Link H, Wigertz A. Concentrations of CSF proteins as a measure of blood brain barrier function and synthesis of IgG within the CNS in 'normal' subjects from the age of 6 months to 30 years. Acta Paediatr Scand. 1981;70:167–70.

Feigin RD, McCracken GH, Klein JO. Diagnosis and management of meningitis. Pediatr Infect Dis J. 1992;11:785–814.

Felgenhauer K. Labordiagnostik neurologischer Erkrankungen. In: L. Thomas (Hrsg.): Labor und Diagnose, S. 1341–1359. TH-Books-Verl.-Ges., Frankfurt/Main 1998.

Felgenhauer K. Liquordiagnostik. In: L. Thomas (Hrsg.): Labor und Diagnose, S. 1403–1423. Med Verl-Ges, Marburg 1988.

Hajduková L, Sobek O, Prchalová D, et al. Biomarkers of Brain Damage: S100B and NSE Concentrations in Cerebrospinal Fluid—A Normative Study. Biomed Res Int. 2015:379071.

Hegen H, Auer M, Deisenhammer F. Serum glucose adjusted cut-off values for normal cerebrospinal fluid/serum glucose ratio: implications for clinical practice. Clin Chem Lab Med. 2014;52:1335–1340.

Hegen H, Auer M, Zeileis A, et al. Upper reference limits for cerebrospinal fluid total protein and albumin quotient based on a large cohort of control patients: implications for increased clinical specificity. Clin Chem Lab Med. 2016;54:285–92.

Hegen H, Walde J, Auer M, et al. Cerebrospinal fluid:serum glucose ratio in the ventricular and lumbar compartments: implications for clinical practice. Eur J Neurol. 2018;25:373–379.

Hermann P, Laux M, Glatzel M, et al. Validation and utilization of amended diagnostic criteria in Creutzfeldt-Jakob disease surveillance. Neurology. 2018;91:e331–e338.

Khoury J, Wellik KE, Demaerschalk BM, et al. Cerebrospinal Fluid Angiotensin-Converting Enzyme for Diagnosis of Central Nervous System Sarcoidosis. The Neurologist. 2009;15:108–111.

Kleine TO. Neue Labormethoden für die Liquordiagnostik. Thieme, Stuttgart–New York 1980.

Kleine TO. Nervensystem. In: H. Greiling, A. M. Gressner (Hrsg.): Lehrbuch der Klinischen Chemie und Pathobiochemie, S. 859–893. Schattauer, Stuttgart–New York 1987.

Kleine TO. Liquordiagnostik bei akuten entzündlichen Erkrankungen des Zentralnervensystems. In: H.

Lang, H. Greiling (Hrsg.): Pathobiochemie der Entzündung, S. 176–187. Springer, Berlin 1984.
Kleine TO. Diagnostische Untersuchungen im Liquor cerebrospinalis. In: L. Thomas (Hrsg.): Labor und Diagnose, S. 937–965. Med Verl-Ges, Marburg 1984.
Kleine TO. D-Lactat und L-Lactat im Liquor cerebrospinalis bei akuten entzündlichen Erkrankungen des Zentralnervensystems (ZNS). Lab Med. 1991;15:114–116.
Kleine TO, Hackler R, Lehmitz R, et al. Liquordiagnostik: Klinisch-chemische Kenngrößen – eine kritische Bilanz. DG Klin Chem Mitt. 1994;25:199–214.
Kleine T, Damm T, Althaus H. Quantification of beta-trace protein and detection of transferrin isoforms in mixtures of cerebrospinal fluid and blood serum as models of rhinorrhea and otorrhea diagnosis. Fresenius J Anal Chem. 2000;366:382–386.
Kölmel HW. Liquordiagnostik. In: H. Henkes, H. W. Kölmel (Hrsg.): Die entzündlichen Erkrankungen des Zentralnervensystems, I-1, S. 1–25. Ecomed-Losebl.-Ausg., Grundwerk, Landsberg/Lech 1993.
Kuehne LK, Reiber H, Bechter K, et al. Cerebrospinal fluid neopterin is brain-derived and not associated with blood-CSF barrier dysfunction in non-inflammatory affective and schizophrenic spectrum disorders. J Psychiatr Res. 2013;47:1417–1422.
Le Bastard N, De Deyn PP, Engelborghs S. Importance and Impact of Preanalytical Variables on Alzheimer Disease Biomarker Concentrations in Cerebrospinal Fluid. Clinical Chemistry. 2015;61:734–743
Lebel MH. Meningitis. In: F. A. Oski, C. D. DeAngelis, R. D. Feigin et al. (Hrsg.): Principles and practice of pediatrics, S. 525–528. J. B. Lippincott Company, Philadelphia 1990.
Leen WG, Willemsen MA, Wevers RA, et al. Cerebrospinal Fluid Glucose and Lactate: Age-Specific Reference Values and Implications for Clinical Practice. PLoS One. 2012;7:e42745.
Lehmitz R, Mix E, Zettl UK. Liquorparameter bei ausgewählten entzündlichen Erkrankungen des Nervensystems. In: U. K. Zettl, E. Mix (Hrsg.): Klinische Neuroimmunologie. Walter de Gruyter, Berlin–New York 1999.
Lehmitz R, Kleine TO. Liquorzytologie: Ausbeute, Verteilung und Darstellung von Leukozyten bei drei Sedimentationsverfahren im Vergleich zu drei Zytozentrifugen-Modifikationen. Lab Med. 1994;18:91–99.
Lehmitz R. Methoden zur Anreicherung von Liquorzellen. Lab Med. 1991;15:41–45.
Lennon VA. The case for a descriptive generic nomenclature: clarification of immunostaining criteria for PCA-1, ANNA-1, and ANNA-2 autoantibodies. Neurology. 1994;44:2412–2415.
Liu Z, Jia D, Dai J, et al. Age-specific reference values for cerebrospinal fluid protein concentrations in children in southern China. Medicine (Baltimore). 2019;98:e17500.
Mantur M, Lukaszewicz-Zając M, Mroczko B, et al. Cerebrospinal fluid leakage—Reliable diagnostic methods. Clin Chim Acta. 2011;412:837–840.
Mattssona N, Andreassona U, Persson S, et al. The Alzheimer's Association external quality control program for cerebrospinal fluid biomarkers. Alzheimer's & Dementia. 2011;7:386–395.
McCudden CR, Brooks J, Figurado P, et al. Cerebrospinal Fluid Total Protein Reference Intervals Derived from 20 Years of Patient Data. Clinical Chemistry. 2017;63:1856–1865.
Meillet D, Belec L, Celton N, et al. Intrathecal synthesis of β2-microglobulin and lysozyme: differential markers of nervous system involvement in patients infected with human immunodeficiency virus. Eur J Clin Chem Clin Biochem. 1993;31:609–615.
Michaud J. Basic laboratory support in fetal and neonatal medicine. In: G. B. Reed, A. E. Claireaux, F. Cockburn (Hrsg.): Diseases of the fetus and newborn. S. 1522. Chapman & Hall Medical, London–Glasgow–Weinheim 1995.
Moll JW, Vecht CJ. Immune diagnosis of paraneoplastic disease. Clin Neurol Neurosurg. 1995;97:71–81.
Nagy N, Skagervik I, Tumani H, et al. Cerebrospinal fluid analyses for the diagnosis of subarachnoid haemorrhage and experience from a Swedish study. What method is preferable when diagnosing a subarachnoid haemorrhage? Clin Chem Lab Med. 2013;51:2073–2086.
Reiber H, Jacobi C, Felgenhauer K. Sensitive quantitation of carcinoembryonic antigen in cerebrospinal fluid and its barrier-dependent differentiation. Clin Chim Acta. 1986;156:259–270.
Reiber H, Felgenhauer K. Protein transfer at the blood cerebrospinal fluid barrier and the quantitation of the humoral immune response within the central nervous system. Clin Chim Acta. 1987;163:319–328.
Reiber H, Lange P. Quantification of virus-specific antibodies in cerebrospinal fluid and serum: sensitive and specific detection of antibody synthesis in brain. Clin Chem. 1991;37:1153–1160.

Rhoads DD, Wrona A, Foutz A, et al. Diagnosis of prion diseases by RT-QuIC results in improved surveillance. Neurology. 2020;95:e1017–e1026.

Risch L, Lisec I, Jutzi M, et al. Rapid, accurate and non-invasive detection of cerebrospinal fluid leakage using combined determination of beta-trace protein in secretion and serum. Clin Chim Acta. 2005;351:169–176.

Ritchie C, Smailagic N, Noel-Storr AH, et al. CSF tau and the CSF tau/ABeta ratio for the diagnosis of Alzheimer's disease dementia and other dementias in people with mild cognitive impairment (MCI). Cochrane Database Syst Rev. 2017:CD010803.

Rodriguez AF, Kaplan SL, Mason EO. Cerebrospinal fluid values in the very low birth weight infant. J Pediatr. 1990;116:971–974.

Sarff LD, Platt LH, McCracken GH. Cerebrospinal fluid evaluation in neonates: comparison of high risk infants with and without meningitis. J Pediatr. 1976;88:473–477.

Schmidt RM (Hrsg.). Der Liquor cerebrospinalis. Untersuchungsmethoden und Diagnostik (2 Bde.). Thieme, Leipzig 1987.

Schnabel C, Di Martino E, Gilsbach JM, et al. Comparison of beta2-transferrin and beta-trace protein for detection of cerebrospinal fluid in nasal and ear fluids. Clin Chem. 2004;50:661–663.

Schwenkenbecher P, Janssen T, Wurster U, et al. The Influence of Blood Contamination on Cerebrospinal Fluid Diagnostics. Front Neurol. 2019;10:584.

Thomson J, Sucharew H, Cruz AT, et al. Cerebrospinal Fluid Reference Values for Young Infants Undergoing Lumbar Puncture. Pediatrics. 2018;141:e20173405.

Van Engelen BG, Lamers KJ, Gabreels FJ, et al. Age-Related Changes of Neuron-Specific Enolase, S-100 Protein, and Myelin Basic Protein Concentrations in Cerebrospinal Fluid. Clin Chem. 1992;38:813–816.

Wick M, Fateh-Moghadam A. Liquordiagnostik. In: D. E. Pongratz (Hrsg.): Klinische Neurologie, S. 136–156. Urban und Schwarzenberg, München-Wien-Balitmore 1992.

Wurster U. Liquoranalytik. In: H. Schliack, H. C. Hopf (Hrsg.): Diagnostik in der Neurologie, S. 212–236. Thieme, Stuttgart–New York 1988.

Zerr I, Bodemer M, Gefeller O, et al. Detection of 14-3-3 protein in the cerebrospinal fluid supports the diagnosis of Creutzfeld-Jakob disease. Ann Neurol. 1998;43:32–40.

B Liquordiagnostik – Methoden und klinische Bedeutung

Im Folgenden wird ein aktueller, umfassender Einblick in die vielfältige und sich ständig erweiternde Methodik der klinischen Liquordiagnostik dargestellt, wobei sich an dem in der Praxis etablierten Modell der gestuften Laboranalytik orientiert wird: dem Notfall-, Basis- und dem erweiterten Programm. Sowohl der konventionellen Liquorzytologie als auch der Immunzytologie ist nach wie vor ein besonderer Stellenwert beizumessen, da diese Domänen entscheidende Hinweise für die Diagnose, aber auch bezüglich des Stadiums bestimmter Erkrankungen geben können, wie z. B. bei Infektionen, Blutungen, Tumoren und immunvermittelten entzündlichen Erkrankungen des ZNS. Die quantitative Proteinanalytik, Quotientendiagramme und oligoklonalen Banden stellen die Basisdiagnostik dar und erlauben den hochsensitiven Ausschluss oder den Nachweis einer ZNS-Entzündung, die dann im erweiterten Programm durch erregerspezifische Antikörper oder Autoantikörper zu differenzieren wäre. Eine diagnostisch wegweisende Ergänzung mit immer robuster werdender Evidenz stellen ZNS-spezifische Proteine und supplementäre Aktivierungsmarker einschließlich Chemokinen, Zytokinen und Adhäsionsmolekülen dar, und auch die molekularbiologischen Methoden für die Identifikation von Erregern und Neoplasien im ZNS erweitern sich ständig und lassen immer tiefere Einblicke in die Natur dieser Erkrankungen zu. Im Abschnitt Pädiatrische Liquordiagnostik werden spezifische Besonderheiten dieser Altersgruppe genauer beleuchtet, und die diagnostischen Herausforderungen in der Intensivmedizin werden anhand der Besonderheiten des Ventrikelliquors thematisiert. Abschließend wird die Qualitätskontrolle in der Liquordiagnostik einschließlich zellulärer und humoraler Parameter, die Bestandteil von Ringversuchen sind, behandelt. Diese stellt sicher, dass die gewonnenen Ergebnisse zuverlässig und aussagekräftig sind.

https://doi.org/10.1515/9783110331905-011

B.1 Notfallprogramm

Manfred Uhr, Axel Regeniter

1.1 Einleitung

Eine Liquordiagnostik benötigt grundsätzlich viele Parameter und eine entsprechende Komplexität, um mögliche unerwartete Ergebnisse nicht zu verpassen. Die Auswertung erfolgt zusammenfassend in einem integrierten Gesamtbefund. Im Notfall müssen jedoch mit bereits wenigen Informationen die schnell zur Verfügung gestellt werden therapeutische Entscheidungen getroffen werden. Dazu ist es erforderlich, dass ein Notfall auch als solcher erkenntlich ist und klinische Informationen und Fragestellungen an das Labor vermittelt werden, damit auch hier die richtigen Entscheidungen zur sofortigen Messung und der richtigen Materialverschickung getroffen werden.

Die Liquoranalytik unterscheidet sich im zeitlichen Ablauf in Notfallparameter, ein Sofortprogramm und Folgeuntersuchungen die entsprechend der Fragestellung durchgeführt werden.

Zum Notfallprogramm gehören mindestens Zellzahl, Erythrozytenzahl, Gesamtprotein und Laktat. Das Sofortprogramm sollte möglichst rasch dem Notfallprogramm folgen. Dazu gehören Albumin, IgG, IgA und IgM in Liquor und Serum sowie das Differentialzellbild.

Je nach klinischem Befund und Fragestellung können das Verschicken von Probenmaterial in die Bakteriologie und Virologie zur Keimidentifikation und PCR zu den wichtigen Erstmaßnahmen im Notfallprogramm gehören.

1.2 Indikation

Die Indikation ein Notfallprogramm rasch durchzuführen, wird klinisch gestellt und dem Labor mitgeteilt. Alle Parameter, die im Notfallprogramm enthalten sind werden auch bei einer routinemäßigen Analytik durchgeführt, jedoch nicht mit der nötigen zeitlichen Bevorzugung.

Die Indikation ist bei kritischen Krankheitszuständen und rascher Verschlechterung gestellt, wenn die Liquoranalytik einen Beitrag zur Ursachenklärung liefert. Dazu gehören insbesondere akute Krankheitsbilder mit Bewusstseinseinschränkungen, Fieber, Kopfschmerzen und so weiter. Verdacht auf Meningitis, Enzephalitis, Subarachnoidalblutung ohne Befund in der Bildgebung und ungeklärte komatöse Zustände gehören unter anderem dazu.

Nach Ausschluss von Kontraindikationen wie Hirndruck oder Störungen der Blutgerinnung sollte die Liquorgewinnung (Lumbalpunktion, externe Ventrikeldrainage) rasch erfolgen.

1.3 Parameter des Notfallprogramms

1.3.1 Visuelle Beurteilung der Liquorprobe

Bereits während der Liquorgewinnung erfolgt die erst Beurteilung des Liquors durch den Punktierenden durch visuelle Inspektion. Dabei ist auf Klarheit, beziehungsweise Grad einer Trübung, die Farbe und andere Auffälligkeiten wie zum Beispiel Gerinnsel zu achten. Unauffälliger Liquor ist wasserklar und farblos. Ab ca. 1000 Erythrozyten/µl ist eine leichte Rotfärbung zu erkennen. Ebenfalls ist mitzuteilen, ob Schlierenbildungen durch artifizielle Blutbeimengung in den Tropfen beziehungsweise im Sichtfenster der Punktionsnadel zu erkennen sind. Ab ca. 1000 Leukozyten/µl ergibt sich

https://doi.org/10.1515/9783110331905-012

eine weißliche Trübung und ab ca. 10.000 Leukozyten/µl wirkt der Liquor eitrig. Massive Proteinerhöhungen, wie zum Beispiel bei der Neurotuberkulose, können zu Spinnengewebsgerinnsel führen.

Ist der Liquor fleischfarben und blutig sollte eine Mehrgläserprobe durchgeführt werden. Unterscheiden sich die Gläser deutlich, spricht dieses für eine artifizielle Blutbeimengung, die Reihenfolge ist dabei unerheblich.

Im Labor ist ein Liquor mit artifizieller Blutbeimengung nach der Abzentrifugation der korpuskulären Bestandteile (bei ca. 200 g) klar. Bei einer zurückliegenden Blutung mit bereits stattgehabter Hämolyse ist der Liquor rot. Bei größerer zeitlicher Latenz zwischen Blutung und Liquorgewinnung wird der Liquor braun-rot bis xanthochrom gefärbt.

1.3.2 Liquorzellzahl und Liquor-Erythrozytenzahl

Die Quantifizierung der Liquorzellen und der Erythrozyten erfolgt aus unzentrifugiertem nativen Liquor in der Fuchs-Rosenthal-Kammer. Eine erhöhte Zellzahl ist ein Akuitätszeichen und weist auf pathologische Prozesse hin, eine normale Zellzahl kann diese jedoch nicht ausschließen. In jedem Fall sollte neben der Zellzählung eine Zelldifferenzierung veranlasst werden. Vorsicht ist bei der Beurteilung erforderlich, selbst bei einer bakteriellen Meningitis können in ca. 5 % der Fälle normale Zellzahlen vorkommen. Eine automatisierte Zeitzählung wird bei niedrigen Zell- und Erythrozytenzahlen kritisch gesehen. Eine Zelldifferenzierung im medizinisch erforderlichen Sinne ist unzureichend. Zellen, die eine früher stattgehabte Blutung nachweisen oder Tumorzellen, werden übersehen.

Die Liquor-Zelldifferenzierung gehört nicht zum Notfallprogramm, es sollte jedoch spätestens nach 2 Stunden ein Präparat angefertigt werden. Nach 2-stündiger Lagerung der Liquorprobe bei Raumtemperatur nimmt die Zellzahl durch Autolyse ab. Die Autolyse betrifft insbesondere die Makrophagen und Granulozyten. Je nach Erfordernis können weitere Zusatzfärbungen wie die Gramfärbung, Berliner Blaufärbung oder Tuschefärbung (Kryptokokken) durchgeführt werden.

1.3.3 Gesamtprotein

Die Messung des Gesamtproteins gibt einen ersten groben Anhalt über eine Blut-Liquor-Schrankenfunktionsstörung. Der Albuminquotient ist dieser Untersuchung vorzuziehen. Des Weiteren dient die Bestimmung des Gesamtproteins als Grundlage für die Probeneinstellung der weiteren spezifischeren Proteinanalytik im Liquor. Es gelten für das Gesamtprotein altersabhängige Referenzwerte (siehe Tab. B.1.1). Ein erhöhtes Gesamtprotein kann zustande kommen durch eine Störung der Blut-Liquor-Schrankenfunktion, eine intrathekale Immunglobulin-Synthese, Blutung in die Liquorräume oder eine artifizielle Blutbeimengung.

Tab. B.1.1: Gesamtprotein Referenzwerte.

Lumbaler Liquor:	
Alter	**Gesamtprotein**
6 Monate–2 Jahre	250 mg/L
2–6 Jahre	250 mg/L
6–12 Jahre	280 mg/L
12–18 Jahre	340 mg/L
18–30 Jahre	500 mg/L
> 30 Jahre	600 mg/L
Zisternaler-Liquor:	130–270 mg/L
Ventrikel-Liquor:	50–180 mg/L

1.3.4 L-Laktat

L-Laktat dient dem Nachweis einer anaeroben Glukoseverstoffwechselung bei Hypoxie, Blutungen, Tumorbefall, bakteriellen, viralen und tuberkulösen Entzündungen. Die Analyse von Laktat im Liquor hat gegenüber der Glukosebestimmung in Liquor und Serum den Vorteil, dass nur die Analyse im Liquor nötig ist, da der Liquor nicht durch den Blutwert beeinflusst wird. Die Veränderungen sollen früher beginnen und länger anhalten [1]. Die Laktatkonzentration im Liquor ist im Gegensatz zur Blutkonzentration nach bis zu 24 Stunden bei Raumtemperatur ohne Zusatz von Natriumfluorid stabil, unabhängig von der Liquor-Leukozytenzahl [2].

Laktatwerte von größer 3,5 mmol/l können auf einen bakteriellen Prozess hinweisen, auch haben Neurotuberkuloseerkrankte hohe Laktatwerte im Liquor. Die Laktatwerte können zwischen bakteriellen und aseptischen in die tiefen unterscheiden. Bei viralen Meningitiden finden sich oft normale Laktat- und Glukosekonzentration. Die Referenzwerte sind altersabhängig (Tab. B.1.2) [3,4].

Tab. B.1.2: Laktat-Referenzwerte im Liquor.

Lumbaler Liquor:	
0,5 bis 15 Jahre	1,1–1,8 mmol/L
16–50 Jahre	1,5–2,1 mmol/L
51–75 Jahre	1,7–2,6 mmol/L
Ventrikel Liquor:	
Erwachsene	< 3,4 mmol/L

1.3.5 Glukosequotient

Erniedrigte Glukosewerte zeigen eine vermehrte Verstoffwechselung durch bakterielle Infektion, Tumorzellen oder andere Prozesse an. Es ist zu bedenken, dass Glukose durch erleichterte Diffusion mithilfe eines Glukose-Transporter-Systems in den Liquor gelangt. Die sich daraus ergebende Liquorkonzentration ist stark abhängig von der Konzentration im Blut und beträgt ca. 60 % der Blutkonzentration. Aus diesem Grund sollte immer der Glukosequotient betrachtet werden.

Im Liquor ist Glukose 4 Stunden bei Raumtemperatur und 24 Stunden bei 4° C, unabhängig von der Zellzahl, stabil. Glukosekonzentrationen in nicht behandelten Serumproben nehmen im Laufe der Zeit ab, können jedoch bis 5 Stunden bei Raumtemperatur (oder 24 Stunden bei 4°) gelagert und gemessen werden. Längere Lagerung macht eine Abnahme in Natriumfluorid-Röhrchen erforderlich. Wird dies nicht bedacht, kann dies zu falsch hohen Glukosequotienten führen [2].

Bei Vorliegen einer Pleozytose ist eine erniedrigte Glukose-Ratio in der Notfalldiagnostik akuter entzündlicher Erkrankung ein wichtiges Erkennungsmerkmal bakterieller Infektionen (bakterielle Meningitis, Zerebritis und Neurotuberkulose), auch einer Meningeosis neoplastica sowie von Blutungen [5].

Der Referenzbereich ist im lumbalen und ventrikulären Liquor abhängig von der Serumglukose und bei normalen Glukosekonzentrationen < 100 mg/dl gleich ≥ 0,5; 100–150 mg/dl Glukose ≥ 0,4 und > 150 mg/dl Glukose ≥ 0,3.

1.3.6 Ferritin

Die Ferritinmessung im Liquor ist eine ergänzende Methode zum Nachweis beziehungsweise zum Ausschluss von ZNS-Blutungen. Dies gilt insbesondere für kleinere Subarachnoidalblutungen (die im CT noch nicht sichtbar sind) und Blutungen die schon länger zurückliegen [5,6]. Ferritin wird im Normalzustand auch im ZNS synthetisiert und größer 98 % des im Liquor vorkommenden Ferritin stammen aus dem ZNS. Somit ist es ausreichend das Ferritin allein im Liquor zu

Messen. Unter entsprechender klinischer Fragestellung für eine Subarachnoidalblutung hat der Grenzwert von 15 ng/ml eine hohe Spezifität und Sensitivität (ca. 95 %). Dies dient insbesondere auch der Abgrenzung zur artifiziellen Blutbeimengung. In der Frühphase einer Subarachnoidalblutung können die Werte jedoch noch falsch niedrig sein. Bei einer Subarachnoidalblutung können hohe Werte über Wochen bis Monate persistieren.

Hohe Ferritinwerte werden auch bei Entzündungen im Subarachnoidalraum und somit bei einer HSV-Encephalitis, Tumoren oder bei der bakteriellen Meningitis gefunden.

1.3.7 Erreger-Schnellnachweis

Um Patienten möglichst früh einer gezielten medikamentösen Therapie zuzuführen werden Mikroskopie, Kultur-Erregeranzucht und PCR-Erreger-Schnellnachweise bei Verdacht auf akute bakterielle oder pilzbedingte ZNS-Infektion angeboten. Dabei werden lösliche Antigene der Erreger von bakteriellen Meningitiden mit Latex-Reagenzien durch Agglutination nachgewiesen. Die Sensitivität der Antigen-Schnelltests ist nur bei großer Bakteriendichte hoch. Die Tests können die Verdachtsdiagnose einer bakteriellen Meningitis unterstützen, wenn aufgrund antibiotischer Vorbehandlung die Bakterienkultur nur eingeschränkt möglich ist. Diese Tests können keinesfalls als Ausschlussdiagnostik interpretiert werden. Die Methodik hat jedoch an Bedeutung verloren da klinisch relevante bakterielle und virale Erreger heute zunehmend mittels PCR-Erregernachweis identifiziert werden. Ihren Stellenwert hat sie jedoch in der Diagnostik einer Kryptenkokken-Infektion und weisen Polysaccharid-Antigene der gekapselten Hefe im Serum und Liquor nach.

Der weitere Erregernachweis mit mikroskopischen Erregernachweis, kultureller Erregeranzucht und Nukleinsäure Amplifikationverfahren (PCR) werden in den spezifischen Kapiteln dargestellt.

Literatur

[1] Leib SL, Boscacci R, Gratzl O, Zimmerli W. „Predictive value of cerebrospinal fluid (CSF) lactate level versus CSF/blood glucose ratio for the diagnosis of bacterial meningitis following neurosurgery“. In: Clin. Infect. Dis. 1999;29.1:69–74.

[2] Dujmovic I, Deisenhammer F. „Stability of cerebrospinal fluid/serum glucose ratio and cerebrospinal fluid lactate concentrations over 24 h: analysis of repeated measurements“. In: Clin. Chem. Lab. Med. 2010;48.2:209–212.

[3] Tumani H, Hegen H. „Glucose and Lactate“. In: F. Deisenhammer, F. Sellebjerg und C. E. Teunissen. Deisenhammer, F. and Sellebjerg, Finn and Teunissen, Charlotte E. Springer-Verlag GmbH, 2015. Kap. 7.

[4] Leen WG, Willemsen MA, Wevers RA, Verbeek MM. Cerebrospinal fluid glucose and lactate: age-specific reference values and implications for clinical practice. PLoS One. 2012;7(8):e42745.

[5] Hegen H, Auer M, Deisenhammer F. „Serum glucose adjusted cut-off values for normal cerebrospinal fluid/serum glucose ratio: implications for clinical practice“. In: Clinical Chemistry and Laboratory Medicine (CCLM). 2014;52.9:1335–1340.

[6] Nagy K, et.al. Cerebrospinal fluid analyses for the diagnosis of subarachnoid haemorrhage. Clin. Chem. Lab. Med. 2013;51:2073–2086.

[7] Wick M, Pfister H. Ferritin and iron metabolism in cerebrospinal fluid after subarachnoid hemorrhage. Clin.Chem.Lab. Med. 1999;77.

B.2 Liquorzytologie

2.1 Konventionelle Liquorzytologie

Herwig Strik, Stefan Isenmann

Die mikroskopische Untersuchung der Zellen des Liquors stellt einen Grundpfeiler der Liquoranalytik dar. Dabei bleibt die klassische liquorzytologische Analyse des nach May-Grünwald-Giemsa gefärbten Präparats am Mikroskop der Ausgangspunkt der zytologischen Liquordiagnostik [1]. Das vorliegende Kapitel stellt Voraussetzungen und Methoden der klassischen Liquorzytologie dar und gibt einen Überblick über die physiologisch im Liquor vorkommenden Zelltypen, ihre Aktivierungsformen, sowie typische pathologisch relevante bzw. sogar pathognomonische Befundkonstellationen bei entzündlichen und infektiösen, hämorrhagischen und neoplastischen Erkrankungen mit Anschluss zum Liquorraum [2]. Die eingefügten Tabellen dienen der raschen und vergleichenden Übersicht; ein reicher Bildteil veranschaulicht die typischen Befunde und Konstellationen.

2.1.1 Präanalytik – Zellpräparation

Die Bestimmung der Gesamtzellzahl und ihre Differenzierung in physiologische und pathologische Zellen liefert basale und wertvolle Informationen über den Gesundheitszustand des Patienten. Ein Liquorvolumen von 5–10 ml sollte ohne Zeitverzögerung, in moderater Umgebungstemperatur und ohne Erschütterung (keine Rohrpost!) in das verarbeitende Labor überbracht werden. Unmittelbar darauf sollen Zellen und Liquorüberstand getrennt werden, um separat verarbeitet werden zu können (s. Anleitung unten). Eine Reihe von Verfahren und Modifikationen wurde in der Vergangenheit beschrieben; viele haben sich nicht durchgesetzt (Übersicht bei [3]). Die Sedimentationskammer nach Sayk[1] [4,5] mit späteren Modifikationen [6,7] liefert verlässliche Ergebnisse, wird mittlerweile aber kaum mehr genutzt. Stattdessen hat sich die Zentrifugation als effektive und ausreichend schonende Methode durchgesetzt, mit der die zu beurteilenden Zellen auf einem gut überschaubaren Bereich des Objektträgers konzentriert werden [8,9]. Eine weitere Modifikation sieht nach einer ersten Zentrifugation eine Resuspension in einem Medium sowie eine weitere Zentrifugation in der Zytozentrifuge vor [10]. Nach Aufbringen der Zellen auf den Objektträger können die Zellen luftgetrocknet werden und halten sich dann morphologisch langfristig ohne autolytische Veränderungen. Im Anschluss kann die Färbung der Zellen erfolgen, die üblicherweise nach Pappenheim als Kombination aus May-Grünwald und Giemsa-Färbung erfolgt und eine gute Anfärbung und Erkennbarkeit der Zellen gewährleistet. Mit dieser Färbung kann die grundlegende Differenzierung der Zellen in physiologische Liquorzellen, physiologische Liquorraum-nahe Zellen, Veränderung physiologischer Zellen und pathologische Zellformen erfolgen.

> Die korrekte Bestimmung der Anzahl und die Differenzierung der Zellen gehören zu den basalen Elementen der Liquordiagnostik. Eine erhöhte Zellzahl ist ein wichtiger Hinweis auf einen pathologischen Prozess im zentralen Nervensystem, auch wenn eine normale Zellzahl einen krankhaften Zustand keineswegs

1 Johannes Sayk, deutscher Neurologe (1923–2005), Jena, Rostock; Pionier der zytologischen Diagnostik des Liquor cerebrospinalis.

https://doi.org/10.1515/9783110331905-013

sicher ausschließen kann. Zudem gibt eine Pleozytose nur einen unspezifischen Hinweis auf einen pathologischen Zustand, da ungefärbte Zellen in aller Regel keinen Rückschluss auf die weitere Zuordnung und damit den zugrundeliegenden Erkrankungsprozess erlauben. Deshalb muss in einem zweiten Schritt eine Präparation und Färbung der Zellen erfolgen, um physiologische, aktivierte und pathologische Zellen und Zellformen erkennen und Schlussfolgerungen zur zugrundeliegenden Pathologie ziehen zu können [10].

Liquorzellen sind insofern speziell, als sie instabil sind, sobald sie die Homöostase des Organismus mit konstanten Bedingungen – vor allem hinsichtlich Temperatur und pH-Wert – verlassen. Deshalb ist eine sorgfältige Gewinnung und rasche, schonende Verarbeitung für eine qualitativ hochwertige Präparation und aussagekräftige Beurteilung essentiell [7,11,12]. Nachfolgend werden die erforderlichen Schritte von der Probengewinnung bis zu Beurteilung beschrieben.

2.1.1.1 Liquorentnahme und Transport

Eine technisch korrekte Lumbalpunktion mit anschließend sorgfältigem Liquortransport ist Voraussetzung für eine gute zytologische Beurteilung. Für eine ausreichende Menge an beurteilbaren Zellen sollten 5–10 ml Liquor entnommen werden [8]. Die Zellen werden durch Zentrifugation vom Liquorüberstand getrennt, so dass etwa 5000 Zellen auf einen Objektträger aufgebracht werden können und gleichzeitig der gesamte Überstand für die Proteinanalyse zur Verfügung steht [11,13,14]. Eine versehentliche Punktion umgebender Strukturen kann eine Kontamination mit Blut, Knorpel- oder Knochenmarkszellen verursachen (s. u.). Lange Transportzeiten können autolytische Veränderungen verursachen, da der pH rasch in basische Werte umschlägt und kalte oder heiße Umgebungstemperaturen den raschen Zellzerfall beschleunigen. Deshalb sollte die Liquorprobe innerhalb einer Stunde unter Vermeidung kalter oder sehr warmer Temperaturen und ohne harte Erschütterungen in das Labor verbracht und stets rasch verarbeitet werden [15]. In der eigenen Erfahrung sind die Transportzeiten vor allem im Sommer bei hohen Umgebungstemperaturen sehr problematisch.

Für die Präparation hat es sich bewährt, die Zellen zunächst in einem ersten Zentrifugationsschritt vom Liquorüberstand zu trennen. Anschließend können die Zellen mit einer Lösung resuspensiert werden, die als wesentlichste Bestandteile Kälberserum und einen pH-Puffer enthält [10]. Ein hoher Proteingehalt und die Stabilisierung des pH verhindern eine rasche Autolyse der Zellen. Danach werden die Zellen in einem zweiten Zentrifugationsschritt auf den Objektträger aufgebracht. Durch Lufttrocknung entsteht ein Zytospinpräparat, auf dem sich die Zellen stabil halten und gefärbt, aufbewahrt oder versandt werden können.

2.1.1.2 Zellzählung

Die Gesamtzellzahl spiegelt im Wesentlichen die Zahl der Leukozyten wider. Die Zählung kann an ungefärbten Zellen erfolgen und unterscheidet Zellen mit und ohne Kern, entsprechend Leukozyten und Erythrozyten [16]. Diese Unterscheidung ist essentiell, da eine fehlerhafte Zuordnung von Erythrozyten eine fälschlich erhöhte Zellzahl, eine Fehlinterpretation von Leukozyten als Erythrozyten dagegen eine fälschlich zu niedrige Zellzahl ergeben würde. Eine weitere Differenzierung der Leukozyten in Lymphozyten, Monozyten und Granulozyten ist so in der Zählkammer nicht möglich, wie auch Liquorraum-nahe Zellen nicht abgegrenzt werden können, die somit ebenfalls die Gesamtzellzahl beeinflussen. Auch die Erkennung von Tumorzellen ist unsicher und unzuverlässig, Hinweise ergeben sich allenfalls bei extrem großen Zellen oder Zellverbänden. Lediglich eine Kryptokokkose kann ggf. bereits im ungefärbten Präparat erkannt werden, wenn die Pilze eine Sprossbildung aufweisen, die auch ungefärbt eine pathognomonische Form aufweisen.

Der unzentrifugierte Liquor wird in eine Fuchs-Rosenthal-Zählkammer mit einem Volumen von 3,2 µl pipettiert. Deshalb muss die Zahl der gezählten Zellen durch 3 geteilt werden, um die heute gebräuchliche Angabe als Zellzahl pro Mikroliter zu erhalten. Angaben in „Drittelzellen" sind obsolet und führen zu Verwirrung.

Die Zählkammer besteht aus der Kammer selbst, die mit Liquor gefüllt und mit einem Deckglas abgedeckt wird, und einem Hintergrund mit einem Gitternetz, das den auszuzählenden Bereich vorgibt. Dieses Netz besteht aus 16 großen Quadraten, die jeweils 16 kleine Quadrate enthalten und damit die Zählbarkeit erleichtern (Abb. B.2.1a). Die Grenzen der großen Quadrate sind durch Dreifachlinien gekennzeichnet. Bei 250-facher Vergrößerung werden alle Zellen gezählt, die innerhalb der Quadrate liegen. Zellen, die auf den äußeren oberen und linken Dreifach-Begrenzungslinien liegen, werden mitgezählt, solche auf den unteren und rechten nicht (Abb. B.2.1b). Erythrozyten werden ggf. separat gezählt. Sie sind an der Doppelringstruktur zu erkennen, die durch ihre bikonkave Form und den fehlenden Zellkern entsteht, während Leukozyten Zellkerne mit einer erkennbaren internen Struktur enthalten (Abb. B.2.1c). Bei Bedarf können Erythrozyten zur leichteren Erkennbarkeit rot angefärbt werden.

Fehlinterpretationen können in seltenen Einzelfällen durch Liposomen-haltige Medikamente entstehen, die intrathekal eingegeben werden, wie z. B. liposomal verkapseltes Cytarabinosid (Depocyte®), das allerdings (Stand 2022) nicht mehr am Markt erhältlich ist. Liposomen können bis zu 4 Wochen im Liquor persistieren, somit in der Zählkammer erscheinen und dort mit Leukozyten verwechselt werden. Liposomen können an ihrer sehr regulären runden Form, dem schmalen Rand und dem optisch leeren Binnenraum erkannt werden (Abb. B.2.2).

Die Zellzahl wird pro Mikroliter Liquor angegeben. Eine Gesamtzellzahl von bis zu 4 Leukozyten/µl ist normal, 5 und mehr sind als pathologisch anzusehen [17]. Bei artifizieller Blutbeimengung sollten die mutmaßlich mit der Blutkontamination eingebrachten Leukozyten von den autochthonen abgezogen werden. Als generelle Faustregel kann – entsprechend dem ungefähren Verhältnis im Blut (z. B. 5 Mio. Erys/µl, 5.000 Leukozyten/µl) – 1 Leukozyt pro 1000 Erythrozyten abgezogen werden. Genauere Approximationen berücksichtigen das Verhältnis beim individuellen Patienten, das auf der Erythrozyten-Seite z. B. bei Polyglobulie oder Anämie, auf Seiten der Leukozyten bei Infekt oder Leukämie – oder aber Leukopenie deutlich von diesem Verhältnis abweichen kann. So würde man beispielsweise bei einer Blutkontamination bei einem Patienten mit Anämie (3,2 Mio. Erys/µl) und Leukozytose (16.000 Leukozyten/µl) bereits 5 Leukozyten pro 1000 Erythrozyten abziehen.

Eine automatisierte Zellzählung wird von vielen Herstellern für Zytometer propagiert, die für die Zählung von Blutzellen entwickelt wurden. Auch wenn für diese Geräte eine europäische CE-Zertifizierung vorliegt, muss geprüft werden, ob eine entsprechende Validierung für alle Messbereiche vorliegt. Ist dies nicht der Fall, muss der Anwender diese selbst vornehmen. Ältere Geräte haben dabei eine Quantifizierungsgrenze von über 50 Zellen/µl, modernere Geräte immer noch von über 20/µl. Dies ist insbesondere deshalb

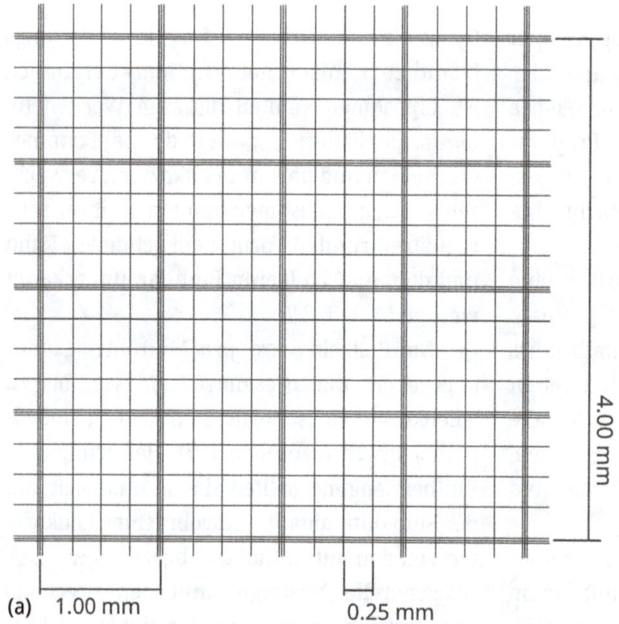

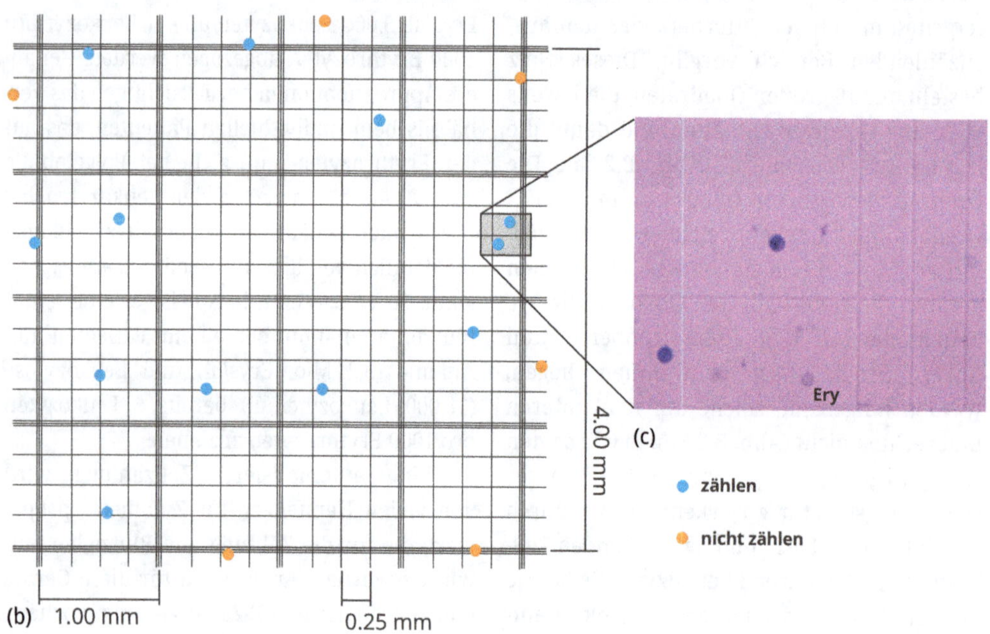

Abb. B.2.1: (a): Fuchs-Rosenthal-Zählkammer, Struktur. (b): Fuchs-Rosenthal-Zählkammer, Auswertungsschema. Alle Zellen in den Quadraten sowie diejenigen, die auf den linken oder oberen Begrenzungslinien liegen, werden gezählt (blau); diejenigen, die auf den rechten oder unteren Begrenzungslinien liegen, jedoch nicht (orange). Im Beispiel also: 12/3 Zellen = 4 Zellen/μL. (c): Liquorzellen in der Fuchs-Rosenthal-Zählkammer. Gefärbte Leukozyten (blau) heben sich deutlich ab vom Hintergrund sowie von den nicht gefärbten, fast gleich großen Erythrozyten (Ery).

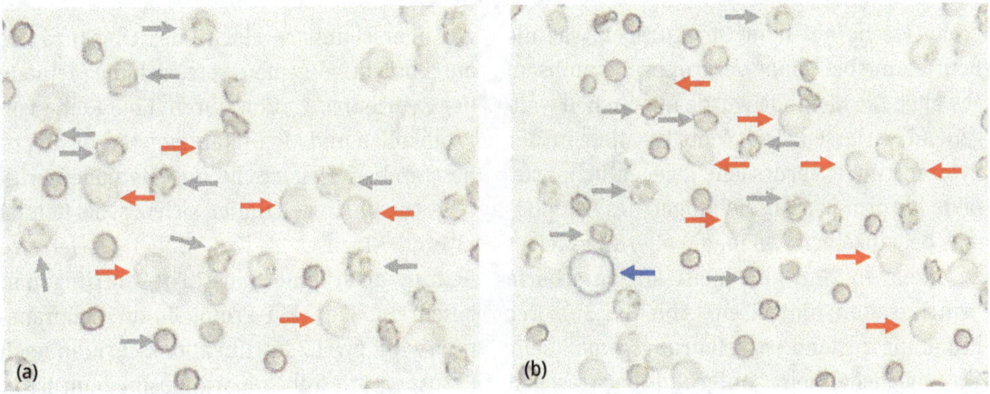

Abb. B.2.2: (a): Zellzählung. Rot, Erythrozyt; Grau, Leukozyt. (b): Zellzählung. Rot, Erythrozyt; Grau, Leukozyt; Blau, Liposom.

bedeutsam, da Ungenauigkeiten besonders im Bereich niedriger Zellzahlen bestehen, in dem die präzise Unterscheidung von < 5 Z/µl oder ≥ 5 Z/µl am wichtigsten ist. Zudem nimmt diese Impräzision bei artifizieller Blutbeimengung noch zu, so dass hier besondere Vorsicht geboten ist. Deshalb sollte bei wichtigen therapeutischen Entscheidungen oder Blutbeimengung eine Zählung in der Zählkammer durch eine erfahrene Kraft vorgenommen werden [18,19]. Wo dies unterbleibt bzw. nicht mehr möglich ist, kommt der kritischen Durchsicht des Präparats am Mikroskop eine umso wichtigere Bedeutung zu. Bei Zytometern werden die Erythrozytenzahlen üblicherweise – wie in der Hämatologie üblich – als ***n** Mio./fl*, die Leukozytenzahlen als ***n** Tsd./fl* angegeben. Somit werden geringe Blutbeimengungen (0 *Mio.* Erythrozyten/fl sind nicht 0 Erythrozyten/fl) gar nicht erfasst und, wo nicht mehr in der Zählkammer von Hand ausgezählt wird, überhaupt erst im Präparat sichtbar.

Eine Differenzierung der Liquorzellen nach unterschiedlichen Zelltypen ist auch mit den moderneren Geräten nicht in ausreichend valider Weise möglich. Allenfalls kann eine orientierende Erkennung von neutrophilen Granulozyten bei erregerbedingten Erkrankungen im Notfallbetrieb erfolgen, wogegen eine weitergehende Differenzierung nicht verlässlich möglich ist. Insbesondere ist zu beachten, dass die Erkennung von pathologisch relevanten Zellzuständen wie z. B. Mitosen, Apoptosen, Mehrkernigkeit, Zellverbänden, nicht vorgesehen ist und letztlich nicht verlässlich erfolgt. Ebenso ist die Differenzierung von Erregern wie Bakterien oder Pilzen oder die Abgrenzung neoplastischer Zellen mit Zytometern nicht möglich. Daraus ergibt sich die Notwendigkeit, in jedem Fall, bei jeder Punktion, ein zytologisches Präparat anzufertigen und dieses durch einen kompetenten Untersucher mikroskopisch zu beurteilen.

2.1.1.3 Zellpräparation

Die Zuordnung der Zellen zu den verschiedenen physiologischen und pathologischen Typen erfolgt am gefärbten Präparat. Die Zellen können durch verschiedene Methoden auf den Objektträger aufgebracht werden: Sedimentation in der Sayk-Kammer oder Zentrifugation in der Zytozentrifuge [3,20]. Die Sedimentationsmethode gilt allgemein als schonender und weniger artefaktbehaftet. Nach eigener Erfahrung ist der Erhaltungszustand allerdings nicht zwingend besser als nach Zentrifugation. Zudem verteilen sich die Zellen über eine große Fläche auf dem Objektträger, was die Beurteilung bei hoher Vergrößerung mühsam gestaltet. Die Methode wurde inzwischen weitgehend verlassen. Die Zentrifugation in der Zytozentrifuge verursacht gelegentlich Artefakte in Form von Ausziehungen des Zytoplasmas bei einzelnen Zellen, die allerdings leicht zu erkennen sind und meist auf zu scharfe Zentrifugation hinweisen (Abb. B.2.3b). Der Erhaltungszustand ist erfahrungsgemäß sehr gut, möglicherweise aufgrund der raschen Verarbeitung, und die Zellen werden auf eine gut überschaubare Fläche des Objektträgers aufgebracht. Allgemein setzt sich die Methode der Zytozentrifugation durch. Eine Reihe von Protokollen und Modifikationen wurde hierzu beschrieben. Historische und Methoden-kritische Ausführungen finden sich u. a. bei Kölmel [3] und Kluge et al. [20], wobei der letztere Beitrag auch eine Einschritt-Zentrifugation beschreibt [20]. Ein Protokoll zur Zellpräparation mit zwei Zentrifugationsschritten nach Resuspension mit Präparationsmedium ist in Abb. B.2.3a dargestellt.

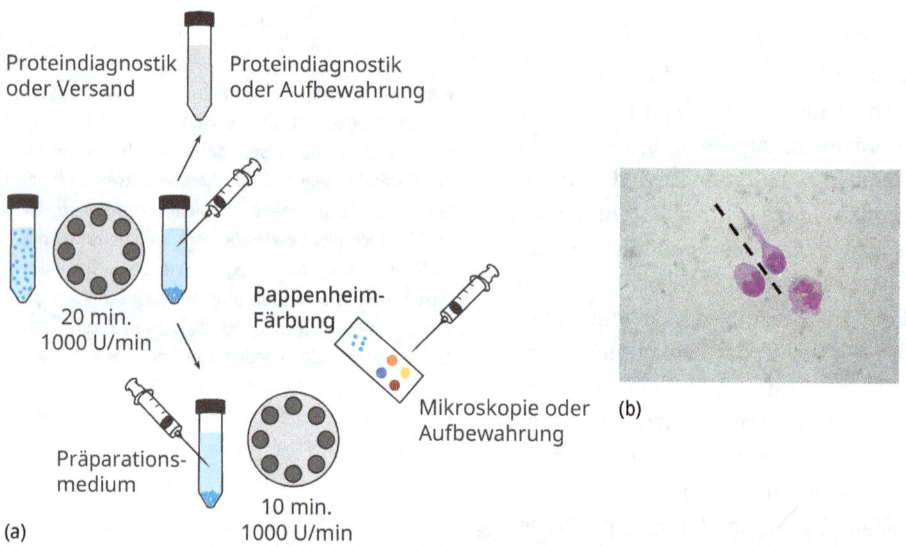

Abb. B.2.3: Zytospinpräparation und Anlegen eines Präparats. (a): Anlage eines Zytospinpräparats nach der Methode mit zwei Zentrifugationsschritten und zwischenzeitlicher Resuspension mit Präparationsmedium. (b): Zentrifugationsartefakt: längliche Ausziehung des Zytoplasmas, hier bei einem Lympho- und einem Monozyten (die gestrichelte Linie zeigt die Richtung der Ausziehung an). Beachte auch die artifiziellen Ausziehungen der Zytoplasmamembran der Granulozyten (rechts).

2.1.1.4 Zellpräparation für Zelldifferenzierung

Nach Zellzählung wird der gesamte Liquor in einem konischen, graduierten Röhrchen 20 min. bei 200 × g (1100 U/min, r = 14,7 cm) zentrifugiert. Der Überstand wird mit einer 1 ml Pipette bis auf einen Rest von ca. 0,25 ml abgehoben. Zum Zellsediment werden 0,2–12 ml kaltes Kulturmedium (je nach Zellzahl, s. u.) beigegeben und durch vorsichtiges Schütteln resuspendiert. Anschließend werden 0,2 ml Zellsuspension in die Küvetten der Zytozentrifuge pipettiert und 10 min. bei 1000 U/min (100 × g) auf Objektträger zentrifugiert. Nach einfacher Lufttrocknung können die Präparate gefärbt oder aufbewahrt werden.

Herstellung des Gebrauchsmediums zur Zell-Resuspension

- Medium 199
- 500 ml Medium 199
- 5 ml Penicillin/Streptomycin
- mit Natriumbicarbonat 7,5 % (ca. 1 ml) einstellen auf pH 7,2–7,3
- FCS Fötales Kälberserum (bei 56° C 2 h inaktivieren)
- *Suspensionsmedium*: 9 ml Medium 199 + 1 ml FCS

Verdünnung des Zell-Zentrifugats (ca. 5 ml Liquor auf 0,2 ml konzentriert)

0–2 Zellen/µl	0,2 ml Kulturmedium
3–5	0,4–0,6 ml
6–10	0,6–1,0 ml
11–20	1,0–1,6 ml
21–33	1,6–1,8 ml
34–70	2,0–3,0 ml
70–140	3,0–4,0 ml
150–300	4,0–5,0 ml
ab 300	6,0–7,0 ml
ab 700	8,0–9,0 ml
ca. 1000	10–12 ml

Ab 1000 Zellen/µl weniger Liquor zentrifugieren (1–2 ml) und entsprechend weniger Medium einsetzen. Bei blutigem Liquor nur wenig Sediment einsetzen (ca. 20 µl).

2.1.2 Färbemethoden

2.1.2.1 Grundlagen

Grundsätzlich lassen sich die aus der Hämatologie und exfoliativen Zytologie bekannten Färbemethoden auf Liquorzellpräparate übertragen. Bei manchen Färbungen muss die Anwendungszeit angepasst (meist: verlängert) werden. Im Einzelfall und gerade bei selten eingesetzten Färbungen sind hier auch „Fingerspitzengefühl“ und ggf. eigene Modifikationen der Färbevariante erforderlich. Das zur Verdünnung wie auch zum Spülen bzw. Waschen der Präparate eingesetzte Wasser muss einen neutralen pH-Wert (7,0) haben.

Generell soll bei *jedem* Liquorpunktat ein Zellpräparat angefertigt und von einem erfahrenen Untersucher sorgfältig mikroskopisch untersucht werden. Geschieht dies nicht, oder etwa nur ab bestimmten (in keiner Weise Evidenz-basierten, sondern regelmäßig rein willkürlich festgesetzten) Grenzen (z. B. > 5 oder > 20 Zellen / µl), so wird die Differenzierung der Leukozyten fehlen oder fehlerbehaftet sein; der Aktivierungsgrad von Leukozyten oder Makrophagen bei Abräumreaktionen wird nicht erfasst. Weiterhin können (mglw. diagnostisch relevante) Blutbeimengungen dem Nachweis entgehen. Schließlich besteht das Risiko, Hämatomakrophagen und/oder Bilirubin oder aber Tumorzellen, die auch bei Zellzahlen < 5 / µl vorkommen können, sowie gemischte Pathologien (insbesondere Tumorzellen bei gleichzeitiger Blutbeimengung oder Entzündung) nicht zu erfassen (s. o.).

Regelhaft wird ein Präparat nach *Pappenheim (May-Grünwald-Giemsa*, MGG) angefertigt. Dieses ermöglicht die grundlegende Beurteilung physiologischer Zellbestandteile des Liquors, ebenso wie die Beurteilung und Differenzierung artifizieller sowie pathologischer Zellbestandteile. Daneben können grundsätzlich auch weitere Elemente dargestellt werden, wie (bei hinreichender Vergrößerung) Bakterien sowie auch ggf. Fremdmaterial (z. B. Verunreinigungen). Zu den regelhaft differentialdiagnostisch darstellbaren Zelltypen und Strukturen siehe Übersicht unter „Pappenheim (May-Grünwald-Giemsa)“.

Von Bedeutung bleibt die *Gram-Färbung* bei bakteriellen und insbesondere eitrigen Meningoenzephalitiden. Sie hilft im positiven Fall in kurzer Zeit, vor Kultur und Resistogramm, Erreger einer bakteriellen Meningoenzephalitis zu identifizieren. Dies hat Bedeutung für die Wahl der antibiotischen Therapie sowie auch – im Falle von Meningokokken – weiteren Maßnahmen (Isolation, Prophylaxe bei Kontaktpersonen, Meldung an das Gesundheitsamt).

Die *Berliner Blau-Färbung* kann in Zweifelsfällen den Nachweis von Eisen und somit einer stattgehabten Blutung sicher ermöglichen, wenn Blutabbauprodukte entweder in sehr kleiner, sonst nicht darstellbarer Menge vorliegen, oder aber die Abgrenzung zu Melanin im Pappenheim-Präparat schwer fällt. Wenngleich die Färbung in der Regel sehr schöne und eindeutige Resultate ergibt, ist sie in der Praxis für den erfahrenen Untersucher doch meist entbehrlich.

Die *Tuschefärbung* hat weiterhin Bedeutung zum gezielten morphologischen Nachweis von Kryptokokken – insbesondere für die rasche und zuverlässige Diagnostik. Die Schleimkapsel der Pilze hält die Tusche ab und erzeugt einen optisch leeren Raum, der ein charakteristisches Bild ergibt (Abb. B.2.4).

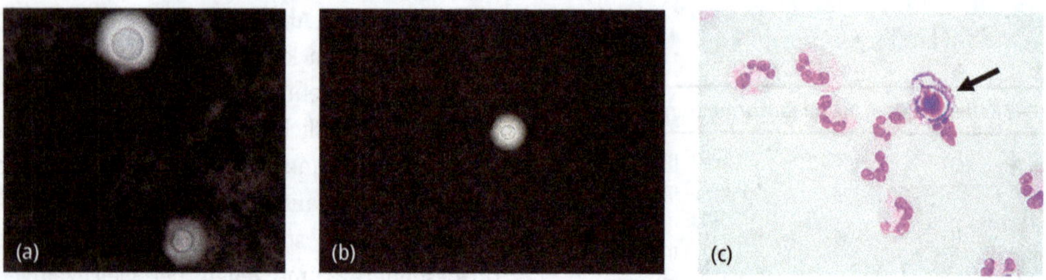

Abb. B.2.4: Kryptokokkenmeningitis. (a), (b): Tuschepräparat. Kryptokokken weisen die Tusche ab, es entsteht ein optisch leerer Raum (hell). (c): Pappenheim-Färbung mit Darstellung eines Kryptokokkus (Pfeil); daneben mehrere neutrophile Granulozyten.

Der Stellenwert anderer Färbungen nimmt in der Praxis zusehends ab. Dies liegt einerseits an der geringen Erfordernis einzelner Färbungen aufgrund seltener spezifischer Fragestellungen, andererseits an der zunehmenden Auflösung von Liquor-Laboren, mit der Folge von Einschränkungen in bzw. auch Verlust der Praxis spezieller, aber selten benötigter Färbetechniken. Gleichzeitig aber können molekularbiologische Techniken zumindest teilweise Spezialfärbungen ersetzen (z. B. PCR-Nachweis von Mykobakterien statt *Ziehl-Neelsen*-Färbung).

So spielen auch *Fett-*, *Perjodsäure Schiff (PAS)-* und (außer bei der Fragestellung nach epithelialen Tumorzellen i. S. einer Meningeosis carcinomatosa) auch die *Papanicolaou-Färbung* heute eine untergeordnete Rolle. Zur Bedeutung immunologischer und insbesondere immunzytologischer Färbung s. u.

Kernaussage: Nach Überzeugung der Autoren und der Fachgesellschaft soll leitliniengemäß von jedem Liquor-Punktat zumindest ein MGG-Präparat angefertigt und von einem erfahrenen Zytologen am Mikroskop sorgfältig untersucht werden. Eine alleinige automatische Zellzahlbestimmung und -differenzierung wird der grundsätzlichen Aussagekraft des Zellbestands nicht gerecht. Die Gram-Färbung behält derzeit – trotz zunehmend umfassenderer, präziser und schnellerer mikrobiologischer Methoden – noch ihren Stellenwert zur raschen Orientierung über grampositive und -negative Kokken und Stäbchen, mit unmittelbarer Relevanz für die antibiotische Therapie.

Weitere Spezialfärbungen treten demgegenüber zunehmend in den Hintergrund, einerseits wegen der Seltenheit ihres Einsatzes bei zunehmend weniger spezialisierten Laboren und gleichzeitig besserer bildgebender, immunologischer und molekularbiologischer Diagnostik. Gleichwohl können im Einzelfall Papanicolaou, Berliner Blau, PAS u. a. wichtige Informationen zur diagnostischen Einordnung von pathologischen Prozessen beitragen.

2.1.2.2 Färbemethoden: Anwendung und Protokolle

Pappenheim-Färbung nach May-Grünwald-Giemsa

Die Färbung nach May-Grünwald-Giemsa (MGG) – auch Pappenheim-Färbung oder „panoptische" Differentialfärbung nach Pappenheim genannt – ist ähnlich wie in der Hämatologie auch in der Liquor-Zytologie die Standardfärbung, die grundsätzlich bei jeder zytologischen Liquor-Analyse zur Anwendung kommt (Abb. B.2.5).

Historisch:
- Richard May (1863–1937), deutscher Internist
- Ludwig Grünwald (1863–1927), deutscher HNO-Arzt
- Gustav Giemsa (1867–1948), Hamburger Chemiker und Pharmazeut
- Arthur Pappenheim (1870–1916), deutscher Hämatologe

Bedeutung: Standard-Färbung bei jedem Präparat zur grundlegenden morphologischen Differenzierung

Färbeverhalten:
- Zellkerne (basophil): violett
- Zytoplasma: blau
- Morphologie: Kern- und Zytoplasmastrukturen
- Erythrozyten: rosa mit Grauschattierungen
- Hämosiderin: kräftig blau (schollig)

Farbstoffe:
- *May-Grünwald:* mit Eosin angesäuertes Methylenblau und Methanol, in Wasser gelöst
- *Giemsa:* Azur-Eosin-Methylenblau

Vorgehen:
1. Präparat lufttrocknen.
2. Den horizontal positionierten Objektträger mit Grünwald-Lösung bedecken, 3 Minuten einwirken lassen.
3. Färbelösung abgießen und kurz mit Wasser abspülen.
4. Objektträger mit frisch angesetzter und filtrierter Giemsa-Lösung (1 Teil Standard-Lösung mit 9 Teilen Wasser verdünnt) für 15 bis 20 Minuten bedecken.
5. Färbelösung abgießen und mit Wasser nachspülen.
6. Im Falle einer Überfärbung der Kerne ggf. erneut spülen, um Strukturen differenzierter darzustellen
7. Objektträger vertikal stellen und trocknen lassen.
8. Mit einem nichtsauren Standard-Mittel einbetten und deckeln (nicht obligat).

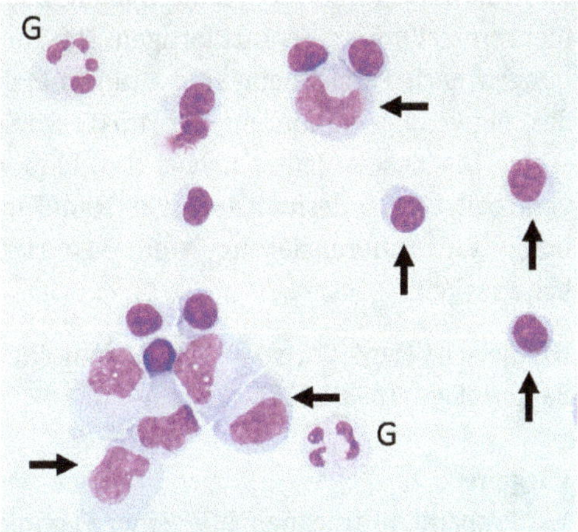

Abb. B.2.5: Pappenheim-Färbung. Dargestellt sind, mit typischem Färbeverhalten, v. a. kleine Lymphozyten (vertikale Pfeile) sowie einige Monozyten (horizontale Pfeile); weiterhin zwei neutrophile Granulozyten (G).

Tab. B.2.1: Morphologische Differenzierung in der Pappenheim-Färbung.

Darstellung und Differenzierung *physiologischer* Zelltypen im Liquor	
– Lymphozyten, Monozyten	
Darstellung und Differenzierung *aktivierter* Zelltypen im Liquor	
– aktivierte Lymphozyten, Plasmazellen; aktivierte Monozyten, Makrophagen	
Darstellung *artifiziell* (Punktions-bedingt) eingebrachter Zellen	
– Erythrozyten, Granulozyten (i. d. R. Neutrophile; seltener Eosino-, Basophile) – Knorpelzellen – Hämatopoietische Zellen – Haut-, Unterhautgewebe (selten)	
Darstellung und Differenzierung *Liquorraum-naher* Zelltypen im Liquor	
– Deckepithelien, Plexuszellen – Neurone, Nervengewebe (bei Drainage-Liquor)	
Darstellung und Differenzierung *pathologischer* Zelltypen im Liquor	
– Erythrozyten, Granulozyten, Hämatomakrophagen, (Hämatoidin/Bilirubin)	bei Blutung, insbes. SAB
– Granulozyten: insbes. Neutrophile, ggf. unreife Formen	bei bakterieller Meningitis
– Tumorzellen	bei Meningeosis neoplastica
Darstellung und Differenzierung *weiterer Elemente*	
– Bakterien, Pilze – artifizielle Verunreinigungen, Fremdkörper	

SAB, Subarachnoidalblutung

Gram-Färbung

Wenn die klinischen Zeichen den Verdacht auf eine bakterielle Meningitis lenken, sind mehrere Zellpräparate anzufertigen. Die Färbungen nach Pappenheim und Gram bilden das notwendige Minimum der mikroskopischen Diagnostik. Jedes Labor, das Liquor verarbeitet, muss deshalb auch die Gram-Färbung zur Differenzierung von Bakterien beherrschen.

Historisch: Hans Christian Gram, dänischer Bakteriologe (1853–1928)

Vorgehen:

1. Präparat lufttrocknen, über einer Flamme fixieren.
2. In Carbol-Gentianaviolett-Lösung eine halbe Minute tauchen.
3. Mit Lugolscher Lösung spülen.
4. Lugolsche Lösung eine halbe Minute einwirken lassen.
5. Mit 95 % Äthanol entfärben.
6. In eine 1/5 Verdünnung von Safranin für eine halbe Minute tauchen.
7. Mit destilliertem Wasser spülen und anschließend lufttrocknen.

Färbung: Grampositive Bakterien: dunkelblau Zellkerne, gramnegative Bakterien rot.

Färbeverhalten (Beispiele):

– *Gram-positive Kokken* (Abb. B.2.6b): Staphylokokken, Pneumokokken, Streptokokken, Enterokokken
– *Gram-negative Kokken* (Abb. B.2.6a): Meningokokken (Neisseria meningitidis)
– *Gram-positive Stäbchen* (**Kap. B.6.1.4** Abb. B.6.2 c): Listerien, Nokardien

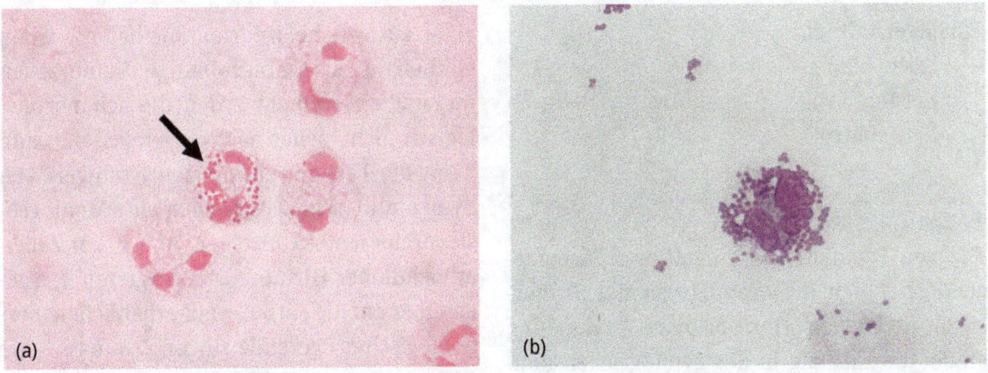

Abb. B.2.6: Bakterielle Meningitis (Gram-Präparate). (a): Meningokokken-Meningitis. Beachte die intrazellulären Gram-negativen Kokken in einem neutrophilen Granulozyten (→), überwiegend als Diplokokken vorliegend; zusätzlich weitere neutrophile Granulozyten ohne Meningokokken sowie (durchscheinend) mehrere Erythrozyten. (b): Vorwiegend intrazelluläre Gram-positive, in Haufen liegende Kokken (kulturell: *Staphylococcus aureus*). (Bild übernommen aus Auflage 2 (2005), Kap. B.6.1 von Prof. Dr. Roland Nau, Universität Göttingen.).

– *Gram-negative Stäbchen* (**Kap. B.6.1 .4** Abb. B.6.2 d): E. coli, Enterobacter, Klebsiellen, Pseudomonaden, Haemophilus influenzae

Berliner Blau-Reaktion

Mit der Berliner Blau-Färbung wird Eisen dargestellt. Sie dient daher in Zweifelsfällen dem sicheren Beweis von Blutungen durch Nachweis von Eisen aus dem Abbau des Hämosiderins. Eisenhaltige Zytoplasmateile stellen sich grau-blau bis leuchtend tief dunkelblau dar. Das Färbeprodukt kann fein über das gesamte Zytoplasma verteilt oder in einigen größeren Flecken schollig gesammelt erscheinen (Abb. B.2.7). Melanin, das sich in der Pappenheim-Färbung ähnlich wie Hämosiderin darstellen kann, reagiert bei dieser Färbung negativ, so dass hier eine ansonsten in Einzelfällen schwierige Differenzierung sicher gelingt.

Historisch:

Berliner Blau (Eisen(III)-hexacyanidoferrat[II/III]; $Fe_4[Fe(CN)_6]_3$) wurde erstmals vom *Berliner Farbenhersteller Johann Jacob Diesbach um 1706* hergestellt. Es ist ein lichtechtes, tiefblaues Pigment, der Feststoff ist luft- und wasserstabil.

Der deutsche *Pathologe Max Perls (1843–1881)* beschrieb 1867 erstmals den Einsatz der Berliner-Blau-Reaktion in Gewebeproben zum Nachweis von Eisen. In englischer Literatur findet man den Begriff „Perls' Prussian blue [„Prussian" (preußisch) statt „Berliner"].

Vorgehen:

1. Präparat lufttrocknen.
2. Zellpräparat nacheinander in eine Alkohol-Verdünnungsreihe tauchen: jeweils 3 Minuten in 100 % Ethanol; dann 90 %, 80 % und 70 % Methanol (in Wasser).
3. Mit destilliertem Wasser kurz spülen.
4. 25 Minuten in Kaliumferrozyanid-Lösung stellen (1 Teil 2 % Salzsäure, 1 Teil 2 % Kaliumferrozyanid-Lösung).
5. Mit destilliertem Wasser nachspülen.
6. Mit Kernechtrot 20 Minuten färben.
7. Mit destilliertem Wasser nachspülen.
8. Nacheinander für jeweils 3 Minuten in 70 %, 80 %, 90 % und 100 % Methanol tauchen.
9. Das trockene Präparat einbetten.

Färbeverhalten:

- Eisen: blau
- Kerne: rot (Gegenfärbung durch Kernechtrot)

Papanicolaou-Färbung

Die von Papanicolaou eingeführte Färbemethode hat sich insbesondere in der Tumorzytologie bewährt. Ihre primäre Anwendung findet die Färbung in der zytologischen Routinediagnostik gynäkologischer Abstriche („PAP-Test"). Am Liquor-zytologischen Präparat kann diese Färbung gelegentlich wertvolle zusätzliche Information liefern, wenn epitheliale, zytokeratin-haltige Tumorzellen im Liquor vermutet werden, die sich morphologisch nicht sicher nachweisen lassen. Dann kann die Färbung durch den Nachweis von Zytokeratinen im Zytoplasma eine Meningeosis carcinomatosa anzeigen (Abb. B.2.8). Zellen autochthoner Hirntumoren reagieren demgegenüber auf die Färbung mit erheblichen morphologischen Veränderungen, so dass eine Differenzierung nicht einfach ist. Im liquorzytologischen Alltag hat die Färbung nur eine untergeordnete Bedeutung.

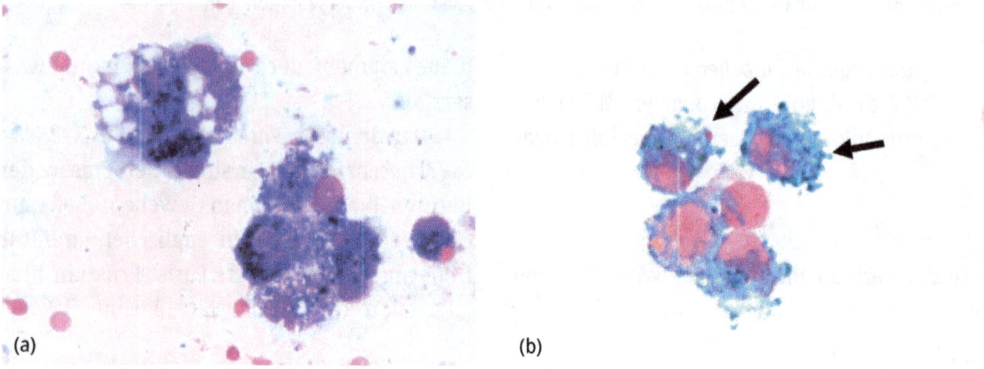

Abb. B.2.7: Hämatomakrophagen (in dieser Form auch als Siderophagen bezeichnet). Darstellung von überwiegend intrazellulär gelegenem Hämosiderin in der Pappenheim-Färbung (a) und in der Berliner Blau-Reaktion (b).

Historisch: George Nicolas Papanicolaou (1883–1962), griechischer Pathologe.

Bedeutung: v. a. Tumorzytologie bei Karzinomen, dysplastische Veränderungen; ursprgl. aus der Zytologie gynäkologischer Abstriche

Farbstoffe:

- Hämatoxylin nach Harris
- Orange G
- Polychromlösung

Vorgehen:

1. Zellpräparat nacheinander in eine Methanol-Verdünnungsreihe tauchen: jeweils 3 Minuten in 80 %, 70 %, 60 % und 50 % Methanol (in Wasser).
2. Mit destilliertem Wasser spülen.
3. 6 Minuten in filtrierte Harris-Hämatoxylin-Lösung stellen.
4. Kurz in destilliertes Wasser tauchen.
5. 6 mal in 8 % wässrige Salzsäure tauchen.
6. Nacheinander für jeweils 3 Minuten in 50 %, 60 %, 70 %, 80 % und 90 % Methanol tauchen.
7. 1 Minute in Orange-G6-Lösung legen.
8. Mit 100 % Ethanol spülen.
9. 30 Sekunden in EA31-Polychrom-Lösung legen.

10. Zweimal in jeweils frisches 100 % Ethanol tauchen.
11. In Xylol tauchen, gleich danach einbetten (z. B. Eukitt, Kanada-Balsam, DePeX).

Färbeverhalten:
- Zellkern: blau, Intensität abhängig vom Reifegrad
- Zytoplasma: blaugrün
- Keratin-haltiges Zytoplasma: rot/rosarot bis gelb
- (Bakterien: blau)
- (Schleim: rot-braun)

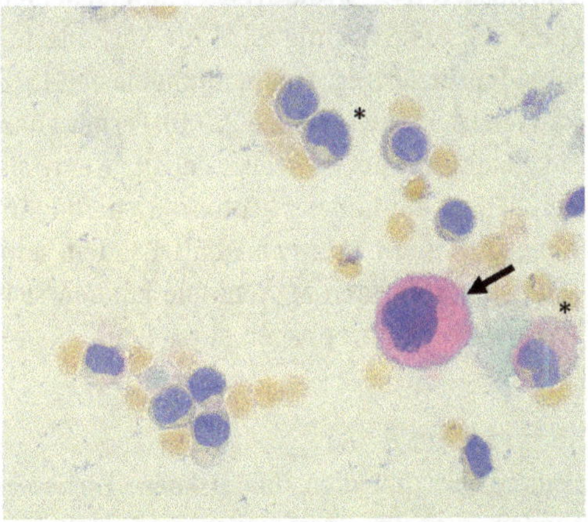

Abb. B.2.8: Papanicolaou-Färbung zur Darstellung intrazellulärer Zytokeratine (rosarot) zum Nachweis epithelialer Tumorzellen. Hier: Meningeosis carcinomatosa bei Adenokarzinom des Darms. Beachte die Größe der Zelle im Vergleich zu den Lymphozyten, Erythrozyten und Monozyten (*) Zu weiteren Charakteristika von Tumorzellen s. Text.

Fettfärbung mit Sudanrot (oder Sudanschwarz)

Zur Anfärbung von Lipiden, insbesondere Neutralfetten, eignen sich Farbstoffe, die sich besser in Fett als in Wasser lösen. Eingesetzt werden Azo- und Anthrachinon-Farbstoffe, insbesondere Sudanrot. Eine Reihe von Sudanen steht zur Verfügung, sie färben Fette jeweils charakteristisch gelb, orange, rot bis purpurfarben an (Abb. B.2.9). Der Zellkern und das Zytoplasma färben sich mit diesen lipophilen Farbstoffen nicht an. Sie werden daher mit anderen Farbstoffen (Hämatoxylin, Kernechtblau) gegengefärbt. Diese Fett-Färbungen sind nicht sehr beständig, der Farbstoff bleicht leicht aus. Die Färbungen spielen in der Liquor-zytologischen Routinediagnostik kaum mehr eine Rolle.

Historisch: Sudan-Farbstoffe sind synthetisch hergestellte Lösungsmittelfarben; es handelt sich um eine Gruppe von v. a. Azofarbstoffen (gelb bis rot; schwarz), die zumindest seit 1883 bekannt sind. Wie es zu dem Namen *„Sudan“* kam, und inwiefern eine etymologische Beziehung zum nordafrikanischen Staat besteht, ist nicht gesichert.

Vorgehen:
1. Präparat lufttrocknen.
2. Zur Fixierung zweimal kurz in 5 % Ethanol tauchen.
3. 20 Minuten in Sudanrot- (oder Sudanschwarz-) Lösung legen.
4. Mit Wasser kurz abspülen.
5. Kurz in 5 % Ethanol tauchen.
6. Zur Kerndarstellung 10 Minuten in modifizierte Harris-Hämatoxylin-Lösung legen.
7. Präparat trocknen und mit verflüssigter glyzerinischer Gelatine einbetten. Keine Xylol-haltigen Eindeckmittel verwenden, da der Farbstoff durch Xylol und Alkohol rasch herausgelöst wird!

Färbeverhalten: Die fetthaltigen Anteile der Zelle färben sich mit Sudan I gelb, mit Sudan II orange, mit Sudan III rot (Sudanrot) und mit Sudan IV scharlachrot an, mit Sudanschwarz schwarz; es gibt weitere Sudan-Farbstoffe, die in Rottönen färben, sowie blaue Sudan-Anthrachinonfarbstoffe; durch Mischungen können auch Grün- und Brauntöne erzielt werden.

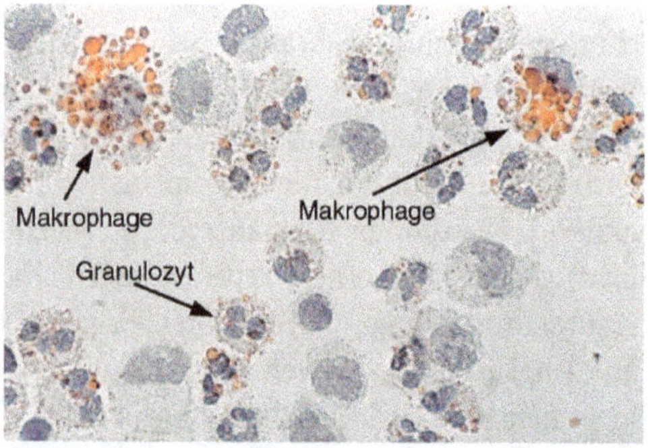

Abb. B.2.9: Sudan-Rot-Färbung. Rot gefärbte fetthaltige Substanzen/Lipide, insbesondere in den beiden markierten Makrophagen. (Bild übernommen aus Auflage 2 (2005), Kap. B.2.1 von Prof. Dr. Hans Wolfgang Kölmel, Erfurt.).

Perjodsäure-Schiff (PAS)-Färbung

Mit der PAS-Reaktion (Perjodsäure-Schiff'sches Reagens) werden Mukopolysaccharide und Glykogene dargestellt. Sofern nur die Polysaccharide erscheinen sollen, muss das Glykogen vorher durch die enzymatische Einwirkung von Amylase entfernt werden.

Historisch:
Schiffsches Reagens: *Hugo Schiff* (1834–1915), italienischer Chemiker

Der Triphenylmethanfarbstoff Fuchsin reagiert mit Schwefliger Säure zu der farblosen Fuchsinschwefligen Säure, die bei Zugabe eines Aldehyds wieder zerstört wird. Dabei entsteht die rotviolette Fuchsinlösung.

Vorgehen:
1. Das lufttrockene Präparat 5 Minuten in Formoldampf fixieren (in einem geschlossenen Gefäß mit einem Formalin-getränkten Tuch).
2. Mit fließendem Wasser 10 Minuten spülen.
3. 8 Minuten in eine frisch angesetzte 0,8 % Perjodsäure (PAS) legen.
4. Erneut mit fließendem Wasser 8 Minuten spülen.
5. 30 Minuten in Schiff'sches Reagenz geben.
6. 3-Mal jeweils 2 Minuten mit Sulfid-Wasser (in verschiedenen Küvetten) spülen.
7. Mit fließendem Wasser 5 Minuten spülen.
8. Mit einer modifizierten Harris-Hämatoxylin-Lösung 8 bis 10 Minuten färben.
9. Lufttrocknen.

Bei diesem Färbevorgang werden die Aldehyde durch Perjodsäure für die Reaktion mit Fuchsin, das in dem Schiffschen Reagenz enthalten ist, verfügbar.

Färbeverhalten: Man kann zwischen homogenen, feingranulierten und grobkörnigen PAS-positiven Strukturen unterscheiden (Abb. B.2.10a). Wichtig wird die Färbung für die Identifizierung von Lymphoblasten-Leukämien (s. u., sowie Abb. B.2.10b). Ferner kann sie diagnostische Hinweise geben, wenn sie bei Zellen epithelialer Tumoren, besonders Adenokarzinom, positiv ausfällt. Bei dem sehr seltenen zerebralen M. Whipple können sich PAS-positive Makrophagen darstellen.

Tuschefärbung

Anders als bei den klassischen Färbemethoden, die hier beschrieben sind, stellt die Tusche-Färbung kein eigentliches Färbeprotokoll für die darzustellenden Strukturen oder Pathogene (hier insbesondere: Kryptokokken) dar. Vielmehr zeigen diese sich gerade als charakteristische Aussparung der (schwarzen) Tusche-Suspension an den Stellen, an denen sich die Erreger befinden.

Zur Darstellung werden nicht – wie bei allen anderen hier beschriebenen Färbungen – fixierte Zellpräparate eingesetzt. Stattdessen wird die Suspension mit dem Liquor auf dem Objektträger vermischt. Die Schleimkapsel der Kryptokokken weist die wässrige Pigmentlösung ab, der optisch leere runde Bereich ist pathognomonisch.

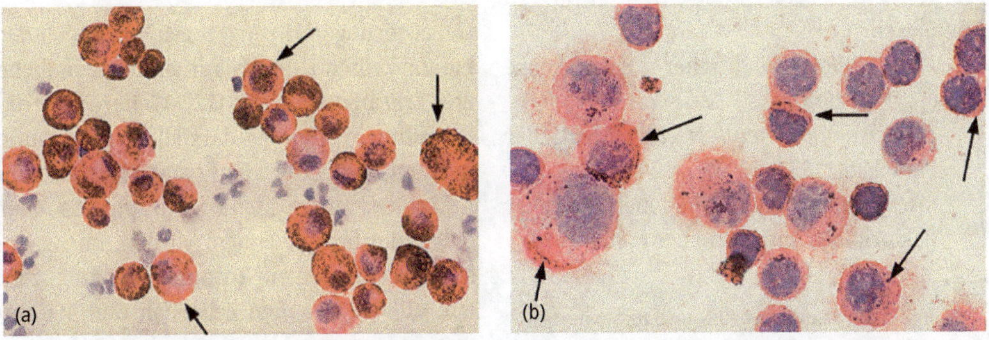

Abb. B.2.10: PAS-Färbung. Die Pfeile weisen auf PAS-positive Substanzen. (a): In Zellen eines Mammakarzinoms bei Meningeosis carcinomatosa. (b): In Zellen einer akuten Lymphoblastenleukämie. (Bilder übernommen aus Auflage 2 (2005), Kap. B.2.1 von Prof. Dr. Hans Wolfgang Kölmel, Erfurt).

Vorgehen:

1. Chinatusche 1:1 mit Wasser verdünnen.
2. 1 Tropfen auf den entfetteten Objektträger geben.
3. Mit Liquorprobe auf dem Objektträger mischen und Ausstrichpräparat herstellen.
4. Trocknen lassen.
5. Hitzefixierung.

Färbeverhalten: Negativ-Kontrastierung: Kryptokokken bleiben hell (ausgespart), die Umgebung/der Hintergrund erscheint durch die Tusche tiefschwarz (s. Abb. B.2.4a und B.2.4b).

Weitere Färbungen

Weitere, früher z. T. gebräuchlichere Färbemethoden spielen heute allenfalls bei speziellen Fragestellungen eine Rolle und werden z. T. noch in spezialisierten Laboren durchgeführt. Als Beispiel soll hier noch die *Silber-Färbung nach Grocott* angeführt werden. Die Versilberung dient dem Nachweis von Pilzen (sowie – in der Liquorzytologie nicht relevant – *Pneumocystis carinii*). Dabei werden Pilze durch die Versilberung schwarz angefärbt; das Zytoplasma wird rosarot gegengefärbt.

Historisch:

– *Robert G. Grocott*, medizinischer Pathologie-Assistent in Panama, Beschreiber der Methode 1955 als Anwendung der Silber-Methenamin-Färbung nach Gömöri/Gomori (1937) auf Gewebeschnitten und Ausstrichpräparaten.
– *György Gömöri* (1904, Budapest – 1957 Palo Alto, CA, USA [dort: *George Gomori*]) ungarisch-amerikanischer Mediziner (Pathologe, Chirurg, Internist). Nach ihm ist auch die Gömöri-Trichrom-Färbung für Muskelgewebe benannt.

Auch die *Ziehl-Neelsen Färbung* zur Darstellung säurefester Bakterien (Mykobakterien) bei Tuberkulose (siehe Abb. B.2.25, sowie Abb. B.6.2e in Kap. B.6.1.4) spielt heute eine eher untergeordnete Rolle, insbesondere aufgrund ihrer geringen Sensitivität. Ein Färbeprotokoll ist in **Kap. B.6.1** in Tab. B.6.2 angegeben. Eine Alternative für die Färbung von Bakterien mit säurefester Zellwand ist die *Kinyoun-Färbung*, eine Variante der Ziehl-Neelsen-Färbung, die jedoch kein Erhitzen des Objektträgers erfordert (Abb. B.2.25 c). Die Kinyoun-Färbung kann mit der Gram-Färbung kombiniert werden.

Historisch:
- *Franz Ziehl*, deutscher Bakteriologe (1857–1926)
- *Friedrich Carl Adolf Neelsen*, deutscher Pathologe (1854–1894)
- *Joseph James Kinyoun*, US-amerikanischer Bakteriologe und Pathologe (1860–1919).

Grundsätzlich kann man heutzutage zusammenfassen, dass die sorgfältige liquotzytologische Diagnostik am May-Grünwald-Giemsa gefärbten Präparat zur Standarddiagnostik bei jeder Liquoranalyse gehört. Spezialfärbungen treten demgegenüber deutlich in den Hintergrund. Dies liegt zum einen an den seltenen spezialisierten Fragestellungen und dem Rückgang spezialisierter Liquor-Labore. Zum anderen liefern zunehmend bessere bildgebende Verfahren (insbes. MRT, ggf. mit Spektroskopie; Nuklearmedizinische Diagnostik) weiterreichende, wegweisende Informationen. Schließlich liefern insbesondere spezialisierte immunologische (Antikörper-Diagnostik; Durchflusszytometrie) und molekularbiologische Diagnostik (PCR-Techniken, ggf. Sequenzierung) spezifischere Informationen und sind inzwischen deutlich überlegen (Zeitgang, Sensitivität, Resistenzen etc.).

Die Möglichkeiten und Stärken werden im Folgenden ausführlich dargestellt. Zur Veranschaulichung und zum besseren Verständnis ist der Text durch Abbildungen beispielhaft illustriert. Weitere spezifische und vertiefende Illustrationen finden sich im separaten Abbildungsteil (siehe Kap. E).

2.1.3 Physiologisches Zellbild: Zellen des normalen Liquors

Als „normalen Liquor“ kann man Liquor ansehen, der im Rahmen einer differentialdiagnostischen Abklärung oder zur Ausschlussdiagnostik gewonnen wurde. So wurde beispielsweise für die Durchflusszytometrie eine Kontrollgruppe von Patienten mit Somatisierungsstörungen herangezogen, bei denen der Liquor keinen Hinweis auf eine entzündliche ZNS-Erkrankung ergab [21]. Weitere Kontrollen können Liquores darstellen, die (häufig bei Kopfschmerzen oder Psychosyndrom) zum Ausschluss einer Meningoenzephalitis oder einer Blutung gewonnen wurden. Im Gegensatz zu der Protein-Zusammensetzung geht man davon aus, dass Zellgehalt und -zusammensetzung des Liquors ab dem 4. Lebensmonat keiner Altersabhängigkeit unterliegen [17,22].

Grundsätzlich kann zwischen physiologischen und aktivierten, artifiziellen sowie pathologischen Zellbestandteilen im Liquor unterschieden werden (Tab. B.2.1, B.2.2). Zu den physiologischen Zellelementen gehören Lymphozyten und Monozyten, die üblicherweise im Verhältnis von etwa 3:1 bis 4:1 bei einer Gesamtzellzahl von unter 5/µl (< 5 Mpt/L) vorkommen. Diese Zellen sind physiologischerweise „ruhend“, das heißt: nicht aktiviert und damit klein und ohne Zytoplasma-Vakuolen [2,23,24].

Vereinzelte Erythrozyten oder Granulozyten können vorkommen, einerseits punktionsbedingt (auch bei unkomplizierter, nicht offensichtlich „blutiger“ Punktion) sowie insbesondere nach – mit Blick auf die Liquordiagnostik – „unspezifischen“ Pathologien, wie beispielsweise epileptischer Anfall, Schlaganfall, intrazerebraler Blutung oder Abszess ohne unmittelbaren Anschluss an den Liquorraum. Gleichwohl ist ihr Vorkommen erklärungsbedürftig. Der Nachweis eosinophiler oder basophiler Granulozyten bleibt im nicht pathologisch veränderten Liquor die Ausnahme und muss immer Anlass zu genauer Analyse und Korrelation mit der Klinik geben.

Zu einer *„Reizpleozytose“* kann es wiederum „unspezifisch“ kommen, beispielsweise nach o. a. Pathologien (epileptischer Anfall, Schlaganfall, intrazerebraler Blutung oder

Abszess ohne unmittelbaren Anschluss an den Liquorraum) – oder auch nach wiederholten Punktionen (siehe hierzu **Kap. C.1.6**). In letzterem Fall findet sich in der Literatur auch die Bezeichnung „reaktive Pleozytose"; die Begriffe werden allerdings nicht scharf definiert oder getrennt. In der älteren Literatur wird die Frage, wie hoch die Zellzahl bei einem solchen unspezifischen „Reizzustand" sein kann, heterogen diskutiert. Nach einmaliger Punktion seien bis 50, nach mehrmaligen Punktionen in Einzelfällen bis zu 400 Zellen/µl gesehen worden [25]. Systematische Untersuchungen liegen hierzu allerdings nicht vor; insbesondere ist gerade bei älteren anekdotischen Berichten nicht auszuschließen, dass nur eingeschränkt ätiologische Differentialdiagnostik möglich war und möglicherweise alternative bzw. zusätzliche Pathologien nicht erfasst worden sein mögen. Wir halten Zellzahlen bis zu etwa 15 (– 25) Zellen/µl für möglich; höhere Zellahlen sollten immer kritisch hinterfragt werden und zu weiteren differentialdiagnostischen Überlegungen und ggf. gezielter Differentialdiagnostik führen. Das Zellbild bei Reizpleozytosen wird weniger kontrovers diskutiert. Regelhaft finden sich Lymphozyten und Monozyten mit Aktivierungszeichen. Daneben lassen sich auch Granulozyten, und zwar vornehmlich Neutrophile, seltener Eosinophile und nur ausnahmsweise Basophile nachweisen; auch aktivierte Monozyten sowie Makrophagen als Hinweis auf eine Abräumreaktion können im späteren zeitlichen Verlauf vorkommen.

Pathologische Veränderungen können sich zum einen in der Zunahme der Anzahl und einer Aktivierung physiologischer Zellen im Liquor zeigen, zum anderen im pathognomonischen Nachweis üblicherweise nicht im Liquor vorkommender Zellen. Tab. B.2.2 gibt einen zusammenfassenden Überblick über Zelltypen, die sich im Liquor finden können, Tab. B.2.3 fasst typische zytologische Befundkonstellationen bei pathologischen Prozessen zusammen.

Tab. B.2.2: Zelltypen im Liquor cerebrospinalis.

Physiologische Zelltypen	**Abbildungsbeispiel**
Lymphozyten (L)	Abb. B.2.5, B.2.14
Monozyten (M)	Abb. B.2.5, B.2.14, B.2.19
allenfalls vereinzelt (punktionsbedingt): Erythrozyten (Ery) (frisch, keine Phagozytose), Segmentkernige Neutrophile Granulozyten (G)	Abb. B.2.13c, B.2.19a, B.2.14
Veränderungen physiologischer Zellen: Aktivierte Zellen	
Lymphozyten mit Aktivierungszeichen, Lymphoidzellen (aL)	Abb. B.2.21, B.2.22c
Plasmazellen (P)	Abb. B.2.21, B.2.22c
Monozyten (M): Aktivierungszeichen (kleinere Vakuolen)	Abb. B.2.28c
Makrophagen (MP): deutliche Aktivierungszeichen (größere Vakuolen; intrazytoplasmatische Darstellung phagozytierten Materials)	Abb. B.2.26, B.2.28c
Artifiziell punktionsbedingte Zellbeimengungen	
Erythrozyten (Ery) (frisch, keine Phagozytose)	Abb. B.2.19
Segmentkernige Neutrophile Granulozyten (G), Eosinophile Granulozyten (E), Basophile Granulozyten (B)	Abb. B.2.14
Knorpelzellen	Abb. B.2.19

Tab. B.2.2 (fortgesetzt)

Hämatopoietische Zellen aus dem blutbildenden Knochenmark (Normoblasten, Myeloblasten)	Abb. B.2.20
Hornschuppen, Zellen aus Haut-, Unterhautgewebe (sehr selten)	Abb. B.2.13
Neurone, Hirnparenchym (bei Drainage-Liquor; Schädel-Hirn-Trauma)	Abb. B.2.12
Liquorraum begrenzende Zelltypen	
Ependym	Abb. B.2.16
Plexusepithelien	Abb. B.2.17
Meningeale Zellen; multinukleäre Riesenzellen	Abb. B.2.18
Zellen bei pathologischen Prozessen: Entzündungsreaktionen	
Lymphozytäres Zellbild (kleine – aktivierte Lymphozyten – Lymphoidzellen – Plasmazellen); besonders starke Aktivierung mit vielen Plasmazellen: typisch für Neuroborreliose	Abb. B.2.23
Granulozytäres (eitriges) Zellbild, initial mglw. „Linksverschiebung" = unreife, eher stabkernige Granulozyten, insbes. Neutrophile; später häufig hypersegmentiert, evtl. mit Nachweis (bakterieller) Erreger	Abb. B.2.28b Abb. B.2.24
Gemischte Zellbilder:	
– Lymphozytär mit Granulozyten: z. B. bei früher viraler Entzündung	Abb. B.2.22
– Granulozyten mit Monozyten, Makrophagen: Abräumreaktion bei anbehandelter Meningoenzephalitis, Konsolidierung	Abb. B.2.28c
– „buntes" bzw. „gemischtzelliges Bild": Lympho-, Monozyten, Makrophagen; Granulozyten: Neutro-, Eosino-, Basophile: Tuberkulose, aber auch andere subakut verlaufende Infektionen wie Listeriose oder Toxoplasmose	Abb. B.2.25
Auch wenn Bakterien, Kryptokokken, Pilze keine Zellen im eigentlichen Sinn darstellen, sollen sie hier erwähnt werden, da sie im Präparat nachweisbar sein und dann wichtige Hinweise auf Erreger-bedingte Pathologien geben können	Abb. B.2.6, B.2.4c
Blutungen (Subarachnoidalblutung)	
Erythrozyten, z. T. frisch, z. T. älter (irregulär, entfärbt)	Abb. B.2.22c, B.2.16, B.2.13c
Hämatomakrophagen: umfassen das gesamte Spektrum: Erythrophagen, Siderophagen, Bilirubin- (Hämatoidin-) haltige Makrophagen	Abb. B.2.30
Meningeosis neoplastica (engl.: „neoplastic meningitis")	
Tumorzellen (morphologische Merkmale: s. sep. Tab. B.2.9 und Text)	Abb. B.2.32a–l
In der Praxis ist es gelegentlich unumgänglich, auch „tumorverdächtige Zellen" zu beschreiben, wenn Zellen atypisch erscheinen, aber eindeutige Tumorzellmerkmale nicht nachweisbar sind.	
Besonderheiten	
– Zytoplasmavakuolen und „Siegelringzellen" bei Adeno-Ca	Abb. B.2.32a, B.2.35b
– „Blasten" (ähnlich unreifen hämatopoietischen Vorläufern) bei (myeloischen) Leukämien	Abb. B.2.38
– Pigmentierung bei Melanomzellen	Abb. B.2.36

Von echten intravitalen pathologischen Veränderungen abzugrenzen sind *autolytische Prozesse*, etwa wenn der gewonnene Liquor vor der Bearbeitung zu lange, zu kalt oder zu warm gelagert wurde oder starken Erschütterungen ausgesetzt war (cave: Rohrpost!). Insbesondere Granulozyten sind aufgrund ihrer Enzymausstattung einer raschen Autolyse unterworfen. So kann es beispielsweise bei warmen Umgebungstemperaturen und höherer Zellzahl bereits innerhalb von 1–2 Stunden zu einer deutlichen Schädigung der Integrität insbesondere neutrophiler Granulozyten kommen, mit der Konsequenz einer möglichen Fehlbeurteilung, wenn diese nicht mehr (sicher) als solche identifiziert werden können. Auch pathologische Zelltypen wie Tumorzellen können dann häufig insbesondere in der Zytoplasma- und Kernstruktur nicht mehr gut beurteilbar sein, wohingegen Lymphozyten etwas stabiler sind. Zeichen der Autolyse sind (Abb. B.2.11): Verformung und Irregularität der Zellkontur, Homogenisierung des Zytoplasmas mit Verlust von Binnenstrukturen, Homogenisierung der nukleären Färbung mit Verlust von Binnenstrukturen, Beeinträchtigung und Verlust der funktionellen und strukturellen Integrität der Zytoplasma- und Kernmembran mit Austritt des Inhalts; schließlich können nur noch unscharf begrenzte – nicht weiter beurteilbare – fleckige „Zellschatten" übrig bleiben, man spricht von „Detritus" oder „Debris". In solchen Fällen kann die Beurteilung sowohl hinsichtlich der Zellzahl wie auch der zytologischen Zuordnung erschwert oder sogar unmöglich sein.

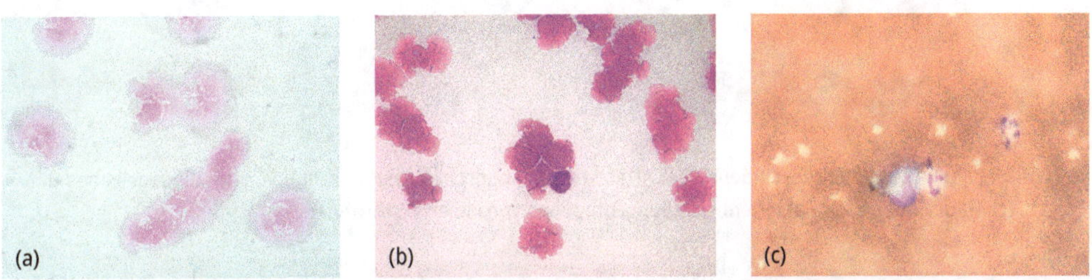

Abb. B.2.11: Beispiele für Autolyse aus drei verschiedenen Präparaten. (a): Nach langer Lagerung oder bei zu hohen Temperaturen (oder auch Lagerung im Kühlschrank über Nacht) sind nur noch Zellschatten ohne weitere Differenzierungsmöglichkeit erkennbar. (b): Hier sind zwar Zellen noch abgrenzbar, jedoch ist die Integrität der Zellmembranen gestört und macht eine klare Unterscheidung von Zellkern und Zytoplasma sowie eine Abgrenzung der Zellen untereinander nahezu unmöglich. (c): „Erythrozytensee", hier bei ausgeprägter artifizieller Blutbeimengung. Einzelne Erythrozyten sind nicht abgrenzbar; Leukozyten sind teilweise eben noch abgrenzbar (hier: 1 Monozyt und zwei neutrophile Granulozyten, in Autolyse).

Weitere artifizielle Veränderungen können bei zu scharfem Zentrifugieren entstehen, dann können Zellen morphologisch verformt sein (ovalär, länglich; s. Abb. B.2.3b) oder agglomerieren und dann das Vorhandensein von Zellverbänden vortäuschen. Bei Ventrikelliquor finden sich regelmäßig Zeichen der (intravitalen) Degeneration, selbst wenn die Probe sachgerecht unter Verwerfung der ersten Portion, die sich im Schlauchsystem befand, erfolgt (Abb. B.2.12).

Gelegentlich finden sich auch punktions-bedingte Fremdzellen, wie Hautschuppen oder Bindegewebsanteile (Abb. B.2.13).

2.1.3.1 Lymphozyten, Monozyten

Die *Lymphozyten* im physiologischen Liquor sind nicht aktiviert und daher klein, rund, mit regulärer Zytoplasmabegrenzung, ohne Ausstülpungen. Die Kerne liegen meist etwas

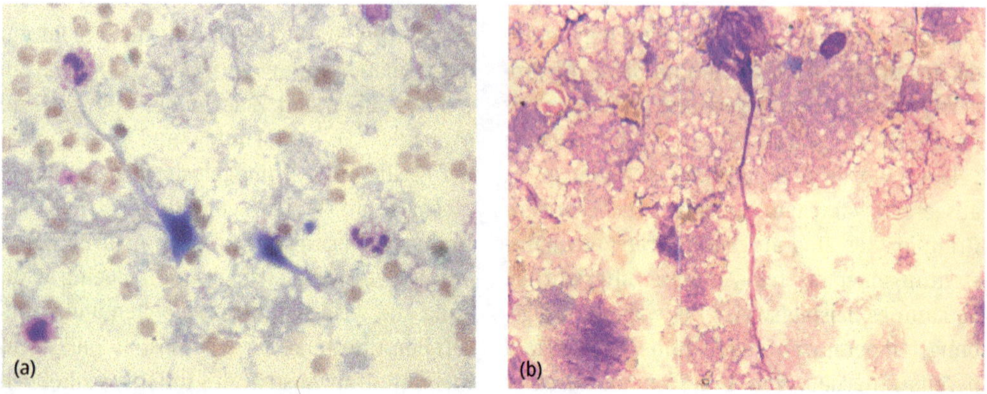

Abb. B.2.12: Ventrikelliquor mit Gewebebröckeln aus einem Drainagesystem. (a): Einige Erythrozyten und Leukozyten, wenig Parenchym, degenerierende (homogen überfärbte) Neurone mit erkennbaren Axonen und Dendriten. (b): Größerer Parenchymanteil mit Neuropil, degenerierten Neuronen und Gliazellen.

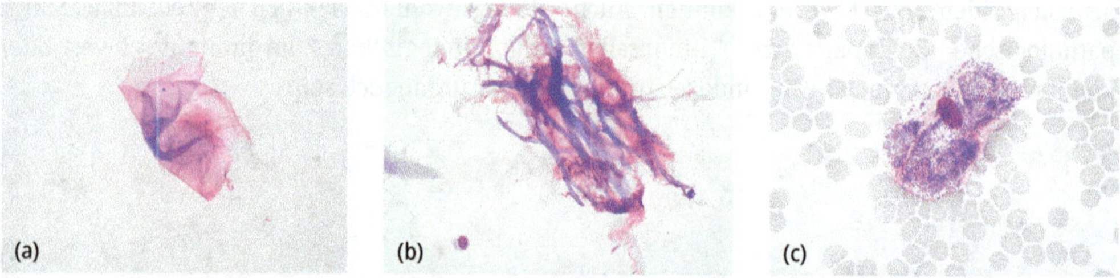

Abb. B.2.13: Punktionsbedingte, eingebrachte Artefakte. (a): Abgeschilferte Hautschuppen. (b): Bindegewebe mit Fasern. (c): Hautschuppe mit Bakterienbesiedlung, umgeben von vielen Erythrozyten.

exzentrisch, mit einem kleinen Zytoplasmasaum zu einer Seite hin; sie sind nur wenig größer als Erythrozyten, etwa 8–12 µm im Durchmesser (Abb. B.2.5, B.2.14).

Monozyten sind größer als Lymphozyten, etwa 15 µm, auch etwas irregulärer und polymorpher in der Zellkontur, oft mit eingestülptem oder charakteristischerweise hufeisen- oder bohnenförmigem Kern. Sie weisen im ruhenden Zustand manchmal vereinzelte kleine Zytoplasmavakuolen als Hinweis auf eine unspezifische Aktivierung auf (Abb. B.2.3, B.2.14).

2.1.3.2 Granulozyten

Granulozyten kommen physiologischerweise im Liquor nicht vor. Allerdings sind vereinzelte neutrophile Granulozyten immer wieder auch bei nur geringer artifizieller Blutbeimengung nachzuweisen. Diese sind dann „normal“ segmentiert, mit meist 3–4 Kernsegmenten, nicht stabkernig oder übersegmentiert. Weiterhin können wenige Granulozyten vorkommen nach epileptischem Anfall, Schlaganfall, oder wiederholten Punktionen (Abb. B.2.14; B.2.15a). Während einzelne Neutrophile gelegentlich ohne spezifische pathologische Relevanz im Liquor vorkommen können (s. o.), weisen Eosinophile (Abb. B.2.15b) mit feinkörniger Granulierung des Zytoplasmas (rötlich imponierend), und Basophile (Abb. B.2.15c) mit kräftig blau-violetter zytoplasmatischer Granulierung bei gleichzeitigem Vorkommen von Erythrozyten auf eine relevante Blutbeimengung oder aber einen pathologischen entzündlichen Prozess hin. Granulozyten sind im

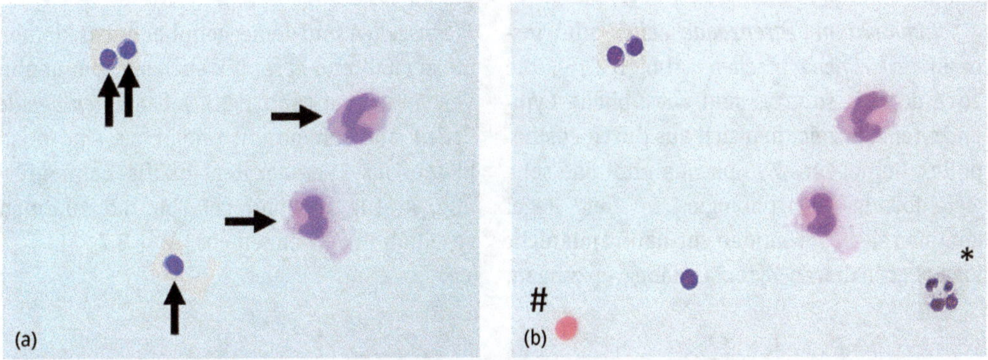

Abb. B.2.14: Zellbild in der Pappenheim-Färbung. (a): Normales Zellbild (3 Z/μL): 3 kleine Lymphozyten (vertikale Pfeile), 2 Monozyten, mit Vakuolen (horizontale Pfeile), jedoch keine höhergradigen Aktivierungszeichen, beginnende Autolyse der Monozyten erkennbar in Form von einer Unschärfe der Zellbegrenzungen. (b): zusätzlich (hier digital eingefügt): Erythrozyten (#) und vereinzelte neutrophile Granulozyten (*). Dieser Befund wäre erklärungsbedürftig, da Granulozyten und Erythrozyten im normalen Liquor nicht vorkommen. Meist handelt es sich um eine artifizielle (punktionsbedingte) Beimengung; DD s. Text.

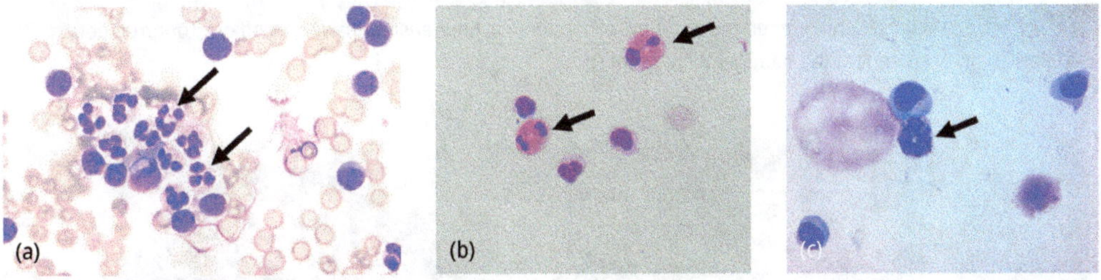

Abb. B.2.15: Granulozyten. (a): Mehrere neutrophile Granulozyten (hier bei einem Hirnabszess), bei artifiziell blutiger Punktion mit Erythrozyten. Daneben einige Lymphozyten. (b): Zwei Eosinophile Granulozyten. Beachte die feinkörnige eosinophile rötliche Granulierung des Zytoplasmas im Vergleich zu den neutrophilen Granulozyten in (a). (c): Basophiler Granulozyt mit stark basophiler, blau-violetter Granulierung des Zytoplasmas.

Liquor wenig stabil; nach Punktion sind sie rascher als Lymphozyten autolytischen Veränderungen unterworfen.

2.1.3.3 Erythrozyten

Erythrozyten kommen zwar physiologischerweise im Liquor nicht vor, sind aber im Präparat in geringer Anzahl doch häufiger nachzuweisen, in der Regel als Hinweis auf eine oftmals makroskopisch gar nicht erkennbare punktionsbedingte Blutbeimengung – trotz „0,000 Mio. Erythrozyten/μl" in der automatischen Zählung. Sie sind rund, kernlos, aufgrund ihrer doppelkonkaven Form mit einer charakteristischen doppelten Ringkontur, die in Fotographien aufgrund des Fokus des Bildes manchmal nicht zu erkennen ist (Abb. B.2.14, B.2.15a, B.2.13c).

2.1.3.4 Liquorraum-begrenzende und benachbarte Zellen

Wie Granulozyten und Erythrozyten können *Liquorraum-begrenzende Zellen* punktionsbedingt, mithin artifiziell im Liquorpräparat nachweisbar sein. Daher ist es wichtig, diese Zellen zu erkennen und einordnen zu können.

Liquorraum-begrenzende Zellen sind insbesondere *Ependymzellen* (Abb. B.2.16), die etwa doppelt so groß sind wie übliche Lymphozyten. Sie zeichnen sich aus durch eosinophiles, homogenes Zytoplasma und eine sehr gleichförmige Morphologie; in der Regel kommen sie in Verbänden vor, häufig mit nicht klar abgrenzbaren Zytoplasmabegrenzungen. *Plexuszellen* sind demgegenüber etwas kleiner, meist rund und basophil; auch sie kommen in Verbänden vor (Abb. B.2.17). *Leptomeningeale Zellen* sind seltener zu finden, sie sind noch kleiner als Lymphozyten, häufig bohnenförmig, kräftig basophil gefärbt und kommen regelhaft in Verbänden vor (Abb. B.2.18).

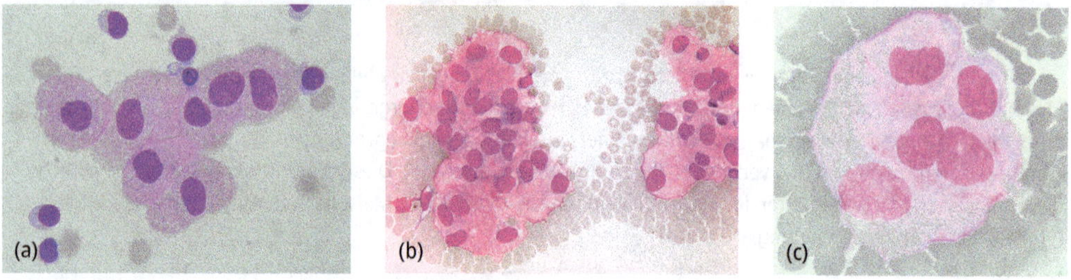

Abb. B.2.16: Ependymzellen kommen regelhaft in Verbänden vor. Eher ausnahmsweise sind die Konturen der Einzelzellen noch erkennbar (a), häufiger nicht mehr (b), (c).

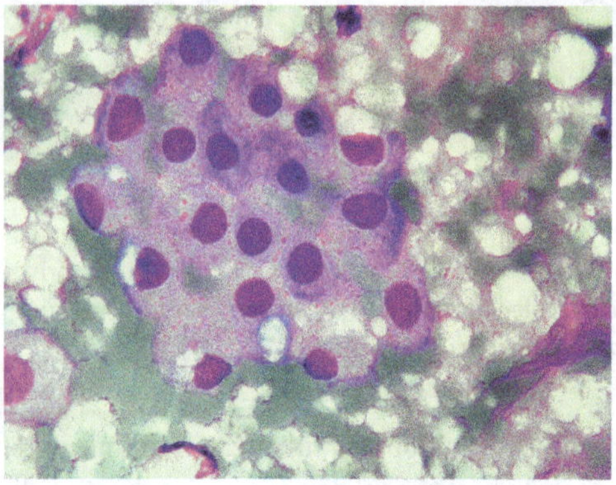

Abb. B.2.17: Plexus-Zellverband. Beachte das homogene Erscheinungsbild mit gleichförmigen, überwiegend runden Kernen, aufgelockertem, basophilem Zytoplasma und kaum identifizierbaren Zellgrenzen.

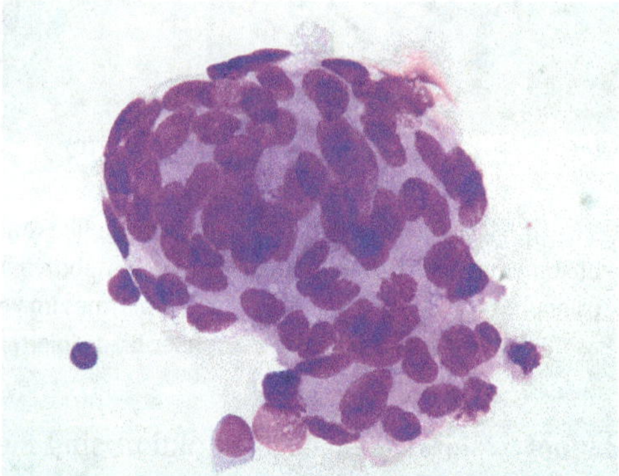

Abb. B.2.18: Verband leptomeningealer Zellen. Im Vergleich zu Plexuszellen sind die Kerne kleiner, eher bohnenförmig, und intensiver homogen gefärbt.

Knorpelzellen

Knorpelzellen können nach schwieriger Punktion artifiziell in das Punktat gelangen, man findet sie daher öfter in ohnehin Blut-kontaminierten Präparaten. Sie treten meist vereinzelt, gelegentlich auch in Verbänden auf. Sie sind größer als physiologische Leukozyten im Liquor und stark basophil; der Zellkern ist häufig nur gering farblich gegenüber dem Zytoplasma abgesetzt, die Binnenstrukturen sind stark gefärbt (Abb. B.2.19). Der unerfahrene Befunder mag zunächst differenzialdiagnostisch an Tumorzellen denken.

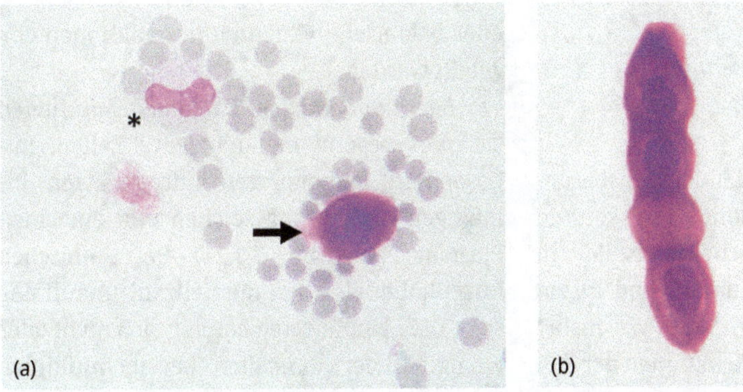

Abb. B.2.19: Knorpelzellen als artifizielle Beimengung. (a): Eine einzelne Knorpelzelle (→) sowie ein Monozyt (*), neben einigen Erythrozyten. Beachte die für eine artifizielle Blutbeimengung charakteristische, nur äußerliche Anlagerung der Erythrozyten an den Monozyten, der Monozyt ist nicht aktiviert und es findet sich keine Phagozytose. (b): Gruppiert aufgereihte Knorpelzellen.

Hämatopoietische Zellen des blutbildenden Knochenmarks

Durch versehentliche Punktion von blutbildendem *Knochenmark* können – wiederum nach schwieriger, traumatischer Punktion – auch hämatopoietische Vorläuferzellen wie *Erythroblasten oder Myeloblasten* als auffällige, ungewöhnliche Zellen im Liquorpräparat erscheinen (Abb. B.2.20). Ein wesentliches Merkmal einer Beimengung von Knochenmarkszellen (in Abgrenzung zu malignen Zellen bzw. Blasten bei AML, s. u.) ist das Vorkommen von Zellen verschiedener Zelllinien in unterschiedlichen Differenzierungs-/Entwicklungsstadien, wohingegen eine neoplastische Proliferation lediglich eine Zelllinie und ein bestimmtes Differenzierungsstadium beinhaltet, also ein homogeneres Zellbild bietet.

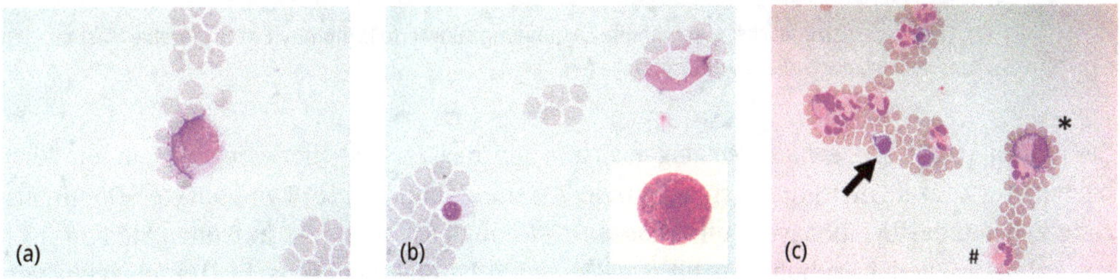

Abb. B.2.20: Knochenmarkszellen als artifizielle Beimengung. Regelhaft finden sich auch Erythrozyten als Beimengung, die sich im Präparat häufig um Knochenmarks-Vorläuferzellen gruppiert finden. (a): Myeloblast. (b): Erythroblast; Einschub: Erythroblast in Vergrößerung. Beachte die eosinophile Granulierung des Zytoplasmas (bei im Vergleich zu eosinophilen Granulozyten völlig unterschiedlicher Kernstruktur). Rechts oben: Mglw. beginnende extrakorporale Erythro-Phagozytose durch einen Makrophagen. (c): Vorstufen mehrerer Reihen, neben Erythroblasten u. a. auch unreife Granulozyten-Vorstufen, Myeloblast (→) – Promyelozyt (*) – Myelozyt – Metamyelozyt – Stabkerniger Granulozyt (#).

2.1.4 Veränderungen physiologischer Liquorzellen: Aktivierungszeichen bei Entzündungsreaktionen

Physiologische Zellen des Liquors, insbesondere Lymphozyten und Monozyten, können ihr morphologisches Erscheinungsbild in Abhängigkeit von ihrer Funktion und ihrem Aktivierungsgrad verändern, dies ist insbesondere bei entzündlichen Reaktionen der Fall (Übersicht: Tab. B.2.3).

Entzündliche Veränderungen im Liquorzellbild können zunächst in nicht-infektiöse (autoimmune) und infektiöse (meist virale oder bakterielle) Entzündungsreaktionen eingeteilt werden.

Bei *autoimmunen Entzündungen* finden sich vorwiegend mononukleäre Zellen, insbesondere Lymphozyten mit geringen bis mäßigen Aktivierungszeichen und einzelnen Plasmazellen (Abb. B.2.21). Bei limbischen Enzephalitiden kann die Zellzahl unauffällig sein. Die Lymphozyten können sich nicht oder wenig aktiviert darstellen. Bei der multiplen Sklerose findet man in der Regel eine mononukleäre Pleozytose mit Aktivierungszeichen, die aber je nach Phase der Erkrankung diskret sein können.

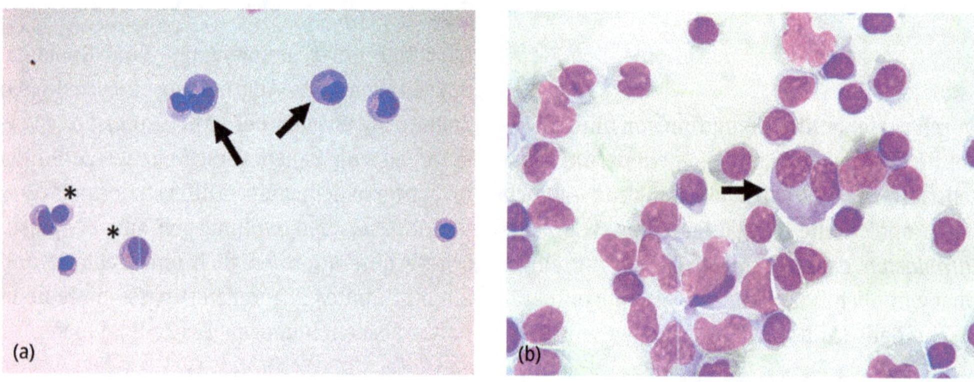

Abb. B.2.21: (a): Chronisch-entzündliche, autoimmune Entzündung: aktivierte Lymphozyten (*), einzelne Plasmazellen (→). (b): aktiviertes Zellbild, doppelkernige Plasmazelle (→).

Bei *viralen Meningoenzephalitiden* zeigen sich bei höherer Zellzahl meist nur geringe Aktivierungszeichen der Lymphozyten und Monozyten, zumindest in der Frühphase (Abb. B.2.22). Typische Beispiele sind HSV-Enzephalitis oder auch verschiedene Formen der Zoster Meningo-Radikulitiden. Eine Reihe von viralen Erregern können meningeale, enzephalitische und radikuläre Syndrome verursachen, deren liquorzytologische Bilder nicht Erreger-spezifisch sind [26]. Gerade in der Frühphase können vor allem auch Neutrophile Granulozyten vorkommen. Neben der *Neuroborreliose* ist auch die *Listeriose* eine bakterielle Infektion des ZNS mit überwiegend mononukleärem Zellbild, also Lymphozyten-Dominanz, wenngleich auch hier in frühen Stadien noch eine beträchtliche Anzahl Granulozyten vorkommen kann. Insbesondere bei der Neuroborreliose findet sich üblicherweise ein stark aktiviertes lymphozytäres Zellbild mit reichlich Plasmazellen, gelegentlich sogar Mitosen (Abb. B.2.23).

Demgegenüber ist eine *granulozytäre* (in der Regel neutrophile), eitrige *Pleozytose* die typische Zellreaktion bei eitrigen bakteriellen Infektionen. Klassische Erreger beim Erwachsenen sind Pneumokokken und Meningo-

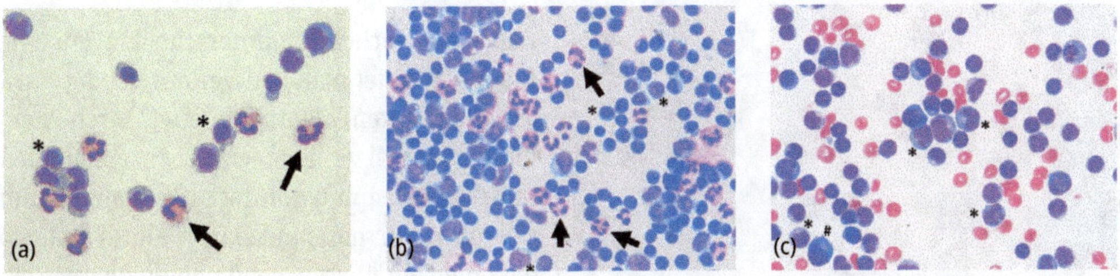

Abb. B.2.22: Verschiedene Fälle von viralen Meningitiden. (a): Frühe virale Meningitis: Lymphozyten, gering aktiviert (*); mehrere neutrophile Granulozyten (→). (b): Frühe virale Meningitis, anderer Fall: reichlich kleine, nicht aktivierte Lymphozyten, zusätzlich aktivierte Lymphozyten (*) und mehrere neutrophile Granulozyten (→). (c): Gleicher Fall wie (b), 1 Woche später: lymphozytäres Zellbild mit Lymphozyten und aktivierten Lymphozyten (*), keine Granulozyten mehr. Beachte die Plasmazelle (#).

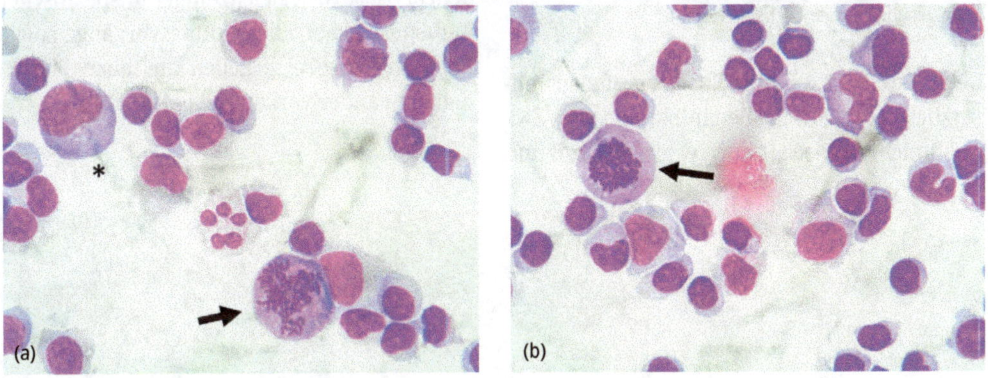

Abb. B.2.23: Neuroborreliose: aktivierte Zellbilder mit großen Lymphozyten, Plasmazellen (*), gelegentlich sogar Plasmazellmitosen (→).

kokken, bei der septischen Herdenzephalitis sowie bei epiduralen Abszessen auch Staphylokokken. Hier können in der Frühphase massenhaft auch unreife, *stabkernig* erscheinende *Granulozyten* vorkommen; neben *neutrophilen* kommen auch *eosinophile* und seltener *basophile* Granulozyten (s. Abb. B.2.15) vor. In der subakuten Phase und insbesondere unter antibiotischer Behandlung ist die Zellzahl rasch abnehmend. Neutrophile Granulozyten sind klassisch segmentkernig (reif), z. T. auch übersegmentiert (Abb. B.2.24); im weiteren Verlauf werden auch Apoptose-Figuren sichtbar. Daneben treten zunehmend Monozyten und Makrophagen im Rahmen von Abbau- und Reparaturprozessen hinzu. *Gemischtzellige „bunte“ Zellbilder* mit Lymphozyten, Monozyten, Makrophagen und sowohl neutrophilen, eosinophilen oder auch basophilen Granulozyten finden sich bei subakuten erregerbedingten Infektionen wie *Tuberkulose* (Abb. B.2.25), aber auch bei *Listeriose* oder *Pilzinfektionen*. *Makrophagen* können in dieser Phase vielgestaltig auftreten, als Leukophagen oder Lipophagen (Abb. B.2.26); auch Mitosen können in dieser Phase starker Aktivierung nachweisbar sein. Da auch bei malignen Prozessen (Meningeosis neoplastica s. u.), Abräumprozesse und Phagozytose (u. a. von Tumorzellen) vorkommen, kann die differenzialdiagnostische Zuordnung mitunter schwerfallen.

Erreger-bedingte Infektionen des ZNS verlaufen in Phasen, deren Korrelat sich auch im Zellbesatz widerspiegelt (siehe Tab. B.2.5, vgl.

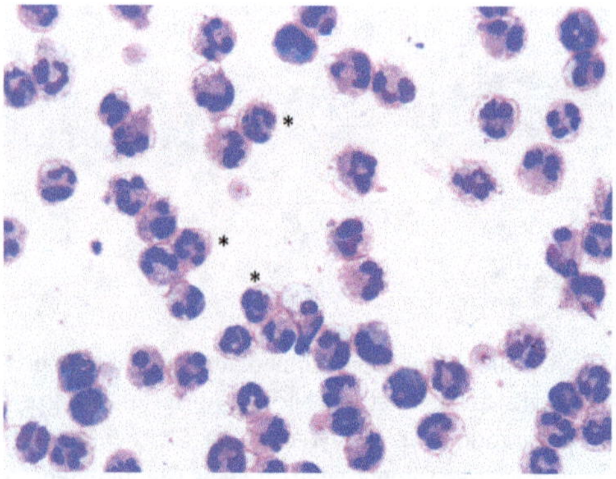

Abb. B.2.24: Bakterielle (eitrige) Meningitis mit fast ausschließlich neutrophilen Granulozyten, deren Kerne zum Teil übersegmentiert sind (*).

auch **Kap. C.3.1.4**). Diese Phasen laufen grundsätzlich bei praktisch allen Infektionen des ZNS in ähnlicher Weise ab, auch wenn Ausmaß und Dauer sich erheblich unterscheiden können. Klassisch findet man den Verlauf bei der eitrigen (purulenten) Meningitis, etwa durch Pneumokokken. Bei viralen Meningoenzephalitiden findet die Erstpunktion fast regelhaft erst im Übergang zur mononukleären Phase statt, so dass man ein überwiegend polynukleäres Zellbild wie in Abb. B.2.22a/b nur selten, bei sehr früher Punktion in den ersten Tagen sehen wird. Andererseits sieht man bei langandauernden Infektionen, z. B. der Tuberkulose, häufiger ein „buntes", gemischtzelliges Zellbild, bei dem als Ausdruck gleichzeitiger unspezifischer und spezifischer Entzündungsvorgänge sowie Reparationsprozesse Zellen aus allen Phasen nebeneinander vorkommen (Abb. B.2.25).

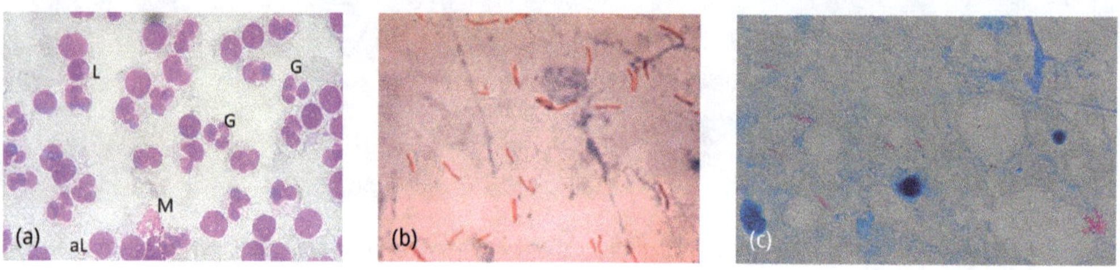

Abb. B.2.25: Tuberkulose. (a): Sogenanntes „buntes", gemischtzelliges Liquor-Zellbild mit Lymphozyten (L), aktivierten Lymphozyten (aL), neutrophilen Granulozyten (G) und Makrophagen (M) im Bildausschnitt. (b): Selber Fall wie in (a) mit Nachweis von *Mycobacterium tuberculosis* im Rachenabstrich mittels Ziehl-Neelsen-Färbung. Bilder (a) und (b) freundlicherweise zur Verfügung gestellt von Prof. Dr. Hayrettin Tumani, Neurologie, Universitätsklinik Ulm). (c): Weiterer Fall: Kinyoun-Färbung mit Nachweis von säurefesten Stäbchen aus dem Biopsat einer zerebralen Raumforderung eines Patienten aus Moldau. Die anschließende PCR aus dem Biopsat war *Mycobacterium tuberculosis*-positiv. Außerdem konnte *Mycobacterium tuberculosis* aus dieser Probe auch kulturell angezüchtet werden (Bild freundlicherweise zur Verfügung gestellt von Prof. Dr. Andreas Essig, Medizinische Mikrobiologie und Hygiene, Universitätsklinik Ulm).

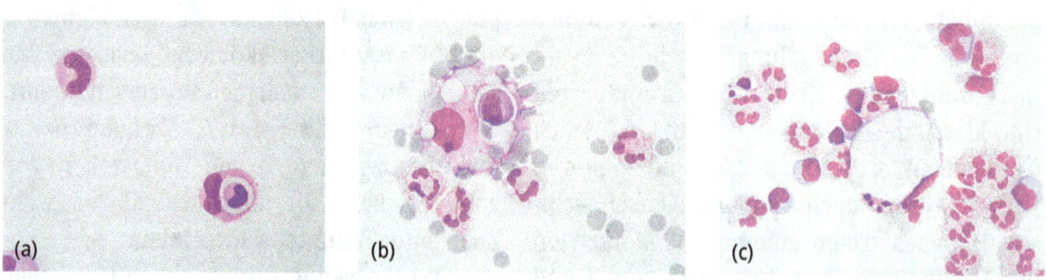

Abb. B.2.26: Verschiedene Makrophagentypen (nach der Art des phagozytierten Materials): (a): Leukophage; (b): Leuko- und Erythrophage, (c): Lipophage.

Zu beachten ist, dass auch bei liquorraumnahen oder systemischen Infektionen mittelgradige Zellzahlerhöhungen (bis ca. 100/µl) mit granulozytären oder gemischtzelligen Bildern beobachtet werden können (Abb. B.2.27). Dies kann z. B. der Fall sein bei paravertebralen Abszessen, Spondylodiszitiden, aber auch bei Septikämien etwa durch eine Endokarditis. Dies ist dann als Begleitreaktion aufzufassen und entspricht nicht zwingend dem Nachweis einer eitrigen Meningoenzephalitis.

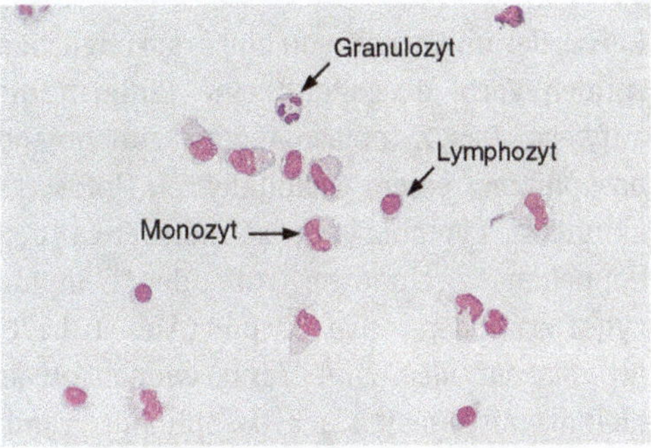

Abb. B.2.27: Begleitreaktion, gemischtzelliges Bild. Vierjähriges Mädchen mit einer Angina catarrhalis und positiven meningitischen Zeichen. Im Liquor unspezifische Reizpleozytose von 10 Zellen/µl mit 6 % Granulozyten, keine lymphozytären Transformationsformen, normaler Gesamteiweißgehalt (Bild übernommen aus Auflage 2 [2005], Kap. B.7 von Dr. Dirk Hobusch, Universität Rostock).

2.1.4.1 Aktivierte Lymphozyten und Monozyten

Aktivierte Lymphozyten unterscheiden sich von ruhenden durch eine zunehmende Größe, zunächst des Zytoplasmas, später auch des

Tab. B.2.3: Zellzahl, Zytologie und typische Befundkonstellationen.

Diagnose	**Zellzahl / µl***	**Zellbild, mikroskopischer Befund§**
Normalbefund	< 5	L, M
„Reizpleozytose"	< ~ 15 (–25)	(a)L, M, G, (MP)
Enzephalomyelitis disseminata, CIS	n/↑ (< 30)	L, M, aL, aM, P
akute virale Infektion[1]	↑, < 500	G, L, M
subakute virale Infektion[1]	↑, < 500	(G), L, M, (MP)
akute bakterielle Infektion[2]	↑↑, > 1.000 (–30/50.000)	(z. T. unreife, stabkernige) G, (L, M, E, MP), evtl. Bakterien
anbehandelte/abheilende bakterielle Infektion[2]	↑, > 1.000	G, (L), M, MP
Neuroborreliose	↑, 30–500	L, aL, P, M
Neurotuberkulose	↑, 30–300	L, M, G, E, (B), (MP) Sog. „buntes" Zellbild
Abräumreaktion (nach unterschiedlichen Pathologien)	↑	(G, L, M), MP
Blutung	↑	Ery, Hämatomakrophagen, Bili
Leptomeningeale Tumoraussaat	n/↑ – ↑↑	Tumorzellen, L, M (Ery, G)

Abk.: a = aktiviert, B = Basophile Granulozyten, Bili = Bilirubin, E = Eosinophile Granulozyten, Ery = Erythrozyten, L = Lymphozyten, G = Neutrophile Granulozyten, M = Monozyten, MP = Makrophagen, n = normal, P = Plasmazellen, Z = Zellzahl.

*Werte in Klammern: ungefähre Maximalwerte zur Orientierung; ↑, erhöht; ↑↑ stark erhöht.

§Angaben in Klammern bedeuten: kann vorhanden sein.

[1] z. B. HSV-Enzephalitis, VZV-Meningitis. [2] z. B. Pneumokokken-, Meningokokken-Meningitis.

Kerns, der im Verlauf von der ursprünglichen runden Form ausgehend eine Einbuchtung aufweist. Das Zytoplasma wird zunehmend basophil, mit einem perinukleären Hof; stark aktivierte Lymphozyten können etwa den doppelten Durchmesser ruhender Lymphozyten erreichen, etwa 20 µm (Abb. B.2.22c) [2]. *Plasmazellen* sind dann wieder etwas kleiner, mit einem stark basophilen, granulierten Zytoplasma, so dass die perinukleäre Aufhellung auffällig zur Darstellung kommt (Abb. B.2.22c). Der Zellkern enthält heterogen verteilt gut erkennbar kondensiertes Chromatin (Abb. B.2.21a). Selten können in aktivierten Krankheitsbildern auch Mitosen von Lymphozyten nachgewiesen werden, z. B. bei Borreliose (Abb. B.2.23). Auch *aktivierte Monozyten* weisen eine Größenzunahme, insbesondere des Zytoplasmas auf, mit zunehmender zytoplasmatischer Vakuolenbildung (Abb. B.2.25a, B.2.28c).

2.1.4.2 Makrophagen

Makrophagen treten bei Abräumreaktionen auf, z. B. in der subakuten Phase nach Infektionen, Ischämien, Blutungen, SHT; sie werden morphologisch nach dem vorwiegend phagozytierten Material benannt, womit sich auch Hinweise auf die zugrunde liegende Pathologie ergeben (Tab. B.2.4). Sie beinhalten noch größere Vakuolen, häufig sind auch phagozytierte Strukturen noch nachweisbar (beispielsweise Erythrozyten, Lymphozyten, Erreger, Lipide).

Charakteristisch nach Blutungen sind *Hämatomakrophagen*, die Erythrozyten phagozytiert haben und, abhängig vom Stadium, diese sowie deren Abbauprodukte, wie Hämosiderin oder Hämatoidin (Bilirubin), in sich tragen. Gelegentlich lassen sich mehrere oder alle dieser Elemente im gleichen Zellbild oder sogar in einem einzigen Hämatomakrophagen nachweisen (Abb. B.2.30).

Tab. B.2.4: Makrophagen – Subtypen und Merkmale.

- **Hämatomakrophagen**
  - **Erythrophagen:** phagozytierte Erythrozyten
  - **Siderophagen:** intrazelluläres Hämosiderin
- **Leukophagen:** Makrophagen mit phagozytierten Leukozyten
- **„Bakteriophagen“:** Makrophagen mit phagozytierten Bakterien (der Begriff ist v. a. in der älteren Literatur noch gebräuchlich. *Cave:* terminologisch Verwechslungsgefahr mit Bakterien-Viren, z. B. T4, die ebenfalls als „Bakteriophagen“ bezeichnet werden)
- **Lipophagen** (unspezifisch, u. a. Abräumreaktion; Lipophagen, die einzelne sehr große Fettpartikel phagozytiert haben, können mit einem randständigen Kern und einem Durchmesser von 50 µm und mehr morphologisch auch als „*Siegelringz*ellen“ imponieren; dann kann Verwechslungsgefahr bestehen mit ebenfalls (aufgrund der Morphologie) als „Siegelringzellen“ bezeichneten großen Tumorzellen mit randständigem Kern, wie sie etwa bei Adenokarzinomen, v. a. des Magens oder Ovars auftreten können; hier ist die Beurteilung im Kontext der Anamnese und des gesamten Zellbilds von entscheidender Bedeutung.

2.1.4.3 Granulozyten

In bedeutsamer Anzahl und von pathophysiologischer Relevanz erscheinen Granulozyten erst bei wesentlichen Pathologien im Liquor: bei Blutung im Rahmen des Übertritts von Blutbestandteilen sowie bei (Erreger-bedingten) Entzündungen, dann in der Regel ohne entsprechende Erythrozyten-Beimengung. Mischbilder sind nicht selten. Bei akuten bakteriellen (eitrigen) Meningitiden, insbesondere durch Meningo- oder Pneumokokken, kann es binnen weniger Stunden zu einem Anstieg der Granulozyten-Zahl im Liquor auf mehrere Tausend/µl kommen. Aktivierte Granulozyten verstoffwechseln Glukose anaerob, so dass mit dem Anstieg der Zellzahl und der Aktivierung ein Abfall der Liquorglukose und ein Anstieg des Lactatspiegels einhergehen. (Dies ist bei Tumorzellen im Liquor ebenso der Fall!).

2.1.4.3.1 Neutrophile Granulozyten

Neutrophile Granulozyten sind segment- und damit polymorph-kernig, rund und häufig ähnlich groß wie Monozyten, d. h. bis etwa 15 µm Durchmesser. Sie sind die Zellen, die bei einer akuten bakteriellen Meningitis innerhalb weniger Stunden den Liquorraum massiv invadieren. Aufgrund ihrer kurzen Halbwertszeit *ex vivo* soll der Liquor – wie eigentlich immer! – besonders rasch verarbeitet werden. Im Frühstadium der akuten Entzündungsreaktion kommen noch unreife „jugendliche", stabkernige Granulozyten vor (Abb. B.2.28a/b). Rasch dominieren dann segmentierte und übersegmentiert erscheinende Granulozyten das Bild (Abb. B.2.28c). Gelegentlich kann es schwierig sein, einzelne Kernsegmente von phagozytierten Bakterien abzugrenzen; dann kann das Mikroskopieren mit hoher Vergrößerung (50 × oder 100 × Objektiv mit Öl) weiterhelfen. Bakterien werden sich über verschiedene Zellen hinweg gleichartig darstellen, während Kernsegmente sich in unterschiedlicher Größe und Form zeigen. Die Darstellung einer Vielzahl von Bakterien bei eher geringer Granulozyten-Antwort kann auf ein sehr frühes Stadium der Infektion hinweisen – oder auf eine Anergie mit dann häufig ungünstiger Prognose. Im Verlauf einer erfolgreichen Therapie sinkt die Granulozytenzahl rasch ab, sie kann bereits innerhalb der ersten 2–3 Tage auf 20–30 % der ursprünglichen Zellzahl abfallen. Nach 2–3 Wochen ist ihre Zahl deutlich reduziert, ihr Anteil macht dann weniger als 5–10 % der gesamten Zellpopulation aus.

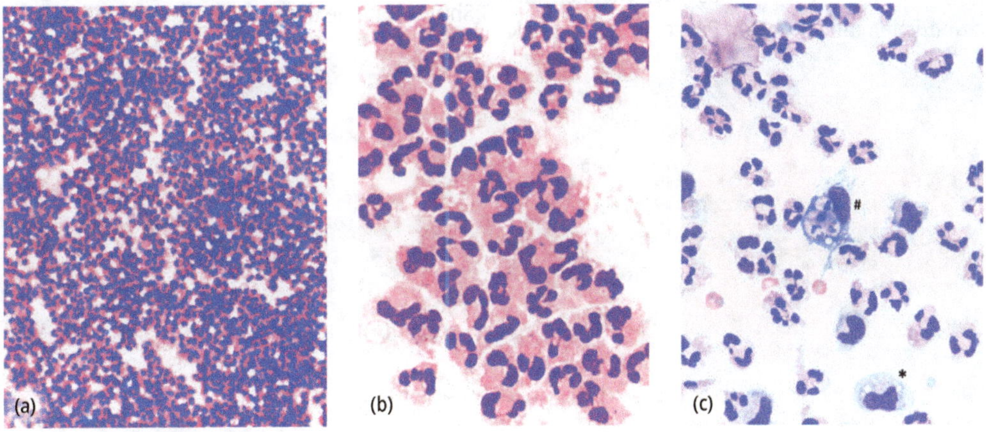

Abb. B.2.28: Akute bakterielle (eitrige) Meningitis (Pneumokokken). (a), (b): frühes Stadium, Anschoppung: fast ausschließlich neutrophile Granulozyten, z. T. noch mit stabförmigen/hyposegmentierten Kernen. (c): späteres Stadium (Heilphase): Neutrophile mit segmentierten und hypersegmentierten Kernen, Auftreten von Monozyten (*), Makrophagen (#).

Bei viralen Infektionen kommen in der Frühphase ebenfalls Granulozyten vor, initial sogar vorherrschend (Abb. B.2.22); binnen weniger Tage ist das Zellbild dann aber Lymphozyten-dominiert. In der klinischen Praxis wird die granulozytäre Frühphase eher selten beobachtet, da die Infektion erst mit einer gewissen Verzögerung zur klinischen Vorstellung führt und so nur ausnahmsweise eine Punktion in der Frühphase einer viralen ZNS-Infektion erfolgt.

Auch im Frühstadium einer tuberkulösen Meningitis soll eine granulozytäre Pleozytose bestehen [27]; allerdings sieht man dieses Bild in der heutigen Praxis nie, da die Vorstellung regelhaft erst zu einem späteren Zeitpunkt mit klinischen Manifestationen erfolgt; dann wird man ein „buntes", gemischtzelliges Zellbild antreffen (Abb. B.2.25), mit neutro-, eosino- und basophilen Granulozyten neben aktivierten Lymphozyten, Monozyten und Makrophagen. Tab. B.2.6 gibt einen differenzierten Überblick über typische zytologische Befunde bei Infektionen mit verschiedenen Erregern.

Eosinophile Granulozyten

Abzugrenzen sind die *eosinophilen Granulozyten*, die häufig zwei etwa gleich große Kernanteile aufweisen („Brillenform") sowie eine deutliche eosinophile Granulierung des Zytoplasmas zeigen (Abb. B.2.15b, B.2.29). Sie spielen insbesondere bei parasitären Infektionen eine Rolle. Eosinophile treten in begrenzter Anzahl während der Heilungsphase der meisten entzündlichen intrathekalen Prozesse auf, bei bakteriellen Infektionen vor bzw. mit dem Abfall der Neutrophilen, bei viralen Infektionen mit der lymphozytären Transformation. Aber selbst in diesen Situationen macht ihr Anteil selten mehr als 5 % der Gesamtzellzahl aus. Eine von Eosinophilen dominierte „eosinophile Meningitis" kann bei Parasitosen wie Zystizerkose, Echinokokkose und anderen in unseren Breitengraden seltenen Wurminfektionen, bei Fremdkörperreaktionen, z. B. auf Shunt-Material (bis in die 1990er Jahre häufig, heute erheblich seltener) sowie, ebenfalls eher selten, bei Meningeosen (insbesondere Meningeosis lymphomatosa bei M. Hodgkin) auftreten [28–32]. Es existiert eine umfangreiche Literatur über Eosinophile im Liquor (Übersicht in [2]), deren Relevanz angesichts der Seltenheit parasitärer ZNS-Infektionen in unseren Breitengraden und heutzutage verträglicherer Materialien der Shunt-Systeme deutlich abgenommen hat.

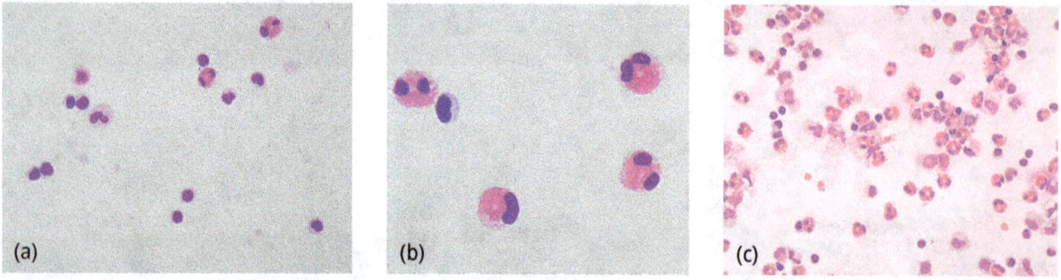

Abb. B.2.29: Vorherrschen von eosinophilen Granulozyten („Eosinophile Meningitis").

Basophile Granulozyten

Basophile Granulozyten sind demgegenüber im Zytoplasma tief blau (basophil) granuliert, die Kerne sind irregulärer als bei den Eosinophilen, sie erscheinen häufiger gelappt als segmentiert, nicht selten sind sie mit geringerer Intensität gefärbt als die Zytoplasmagranula (Abb. B.2.15c). Ihre Funktion bei entzündlichen Reaktionen im Liquor ist nicht gut verstanden. Ihr Anteil macht kaum je mehr als 1–2 % der Liquorzellen aus.

> Beachte: „Typische" liquorzytologische Befunde finden sich insbesondere bei den für die Erreger klassischen Krankheitsverläufen, hier Meningitis und Meningoenzephalitis. Bei Liquorraum-fernen Prozessen wie (abgekapselten) intrazerebralen Abszessen oder subduralem Empyem kann die Zellzahl normal oder nur geringfügig erhöht sein; zeigt sich eine Pleozytose, so kann diese in der subakuten Phase (d. h. ggf. bereits bei initialer Diagnostik) auch mononukleär dominiert sein.

Tab. B.2.5: Klinischer und liquorzytologischer Verlauf von ZNS-Infektionen (paradigmatisch: bakterielle Meningo-Enzephalitis).

Phase	Zelltyp-Dominanz	biologisches Korrelat
Polynukleäre Phase	(überwiegend neutrophile) Granulozyten, bei eitrigen Meningitiden fulminant	unspezifische Reaktion; Schrankenstörung grundsätzlich unabhängig vom Erreger(typ)
Mononukleäre Phase	Lymphozyten, Monozyten, Abnahme des Granulozyten-Anteils	immunologische (spezifische) Abwehr, Beginn der Phagozytose
Reparaturphase	überwiegend mononukleäres Zellbild; deutlicher Rückgang/Normalisierung der Zellzahl „buntes Bild" mit vereinzelten Granulozyten sowie einigen (aktivierten) Lymphozyten noch möglich	Ende der Abbaureaktion; „Reparatur", Heilung des Gewebeschadens

Tab. B.2.6: Typische mikroskopische Befunde bei Infektionen des ZNS.

Infektion/Krankheitsbild	Erreger	Zellbild
Bakterielle (eitrige) Meningitis	Meningokokken, Pneumokokken	klassische Phasen (s. Text, Tab. B.2.5)
	Streptokokken, H. influenzae	initial massenhaft Granulozyten
Besonderheiten:	Listerien (Meningoenzephalitis, Hirnstammenzephalitis)	Gemischtes Zellbild
Apurulente bakterielle Infektion		
Neurotuberkulose	M. tuberculosis	„buntes Bild": gemischte Pleozytose Wochen – Monate, auch unter Therapie
Neuroborreliose	B. burgdorferi	mononukleäres Bild, aktivierte Lymphozyten, Plasmazellen
Neurolues	T. pallidum	Mischbild: Lymphozyten; seltener Granulozyten
Diverse seltene Erkrankungsbilder		
Neurobrucellose	Brucella sp.	Granulozyten → Lymphozyten
Leptospirose Meningitis	Humanpathogene Leptospiren	Granulozyten → Lymphozyten
Legionellose (unspezifische) Enzephalopathie, Meningoenzephalitis	Legionalla sp.	ZZ und Zellbild unauffällig gemischt → Lymphozyten
Mykoplasmen-Meningitis, Meningoenzephalitis, Enzephalitis, Myelitis	Humanpathogene Mykoplasmen, z. B. Mycoplasma pneumoniae	gemischt → Lymphozyten
Pilzinfektionen	Candida, Kryptokokken	Mischbilder: Granulozyten, Lymphozyten, Plasmazellen
	Aspergillus	

Tab. B.2.6 (fortgesetzt)

Infektion/Krankheitsbild	Erreger	Zellbild
Protozoeninfektionen		
Toxoplasmose	Toxoplasma gondii	Lymphozyten, Plasmazellen. bei Toxoplasmose ausnahmsweise Nachweis von Tachyzoiten, einer sich schnell replizierenden Entwicklungsform der Parasiten (→ „Eulenaugenzellen“; im Liquor absolute Rarität)
Zerebrale Malaria, spinale Beteiligung, Polyradikulitis	Plasmodium falciparum	Lymphozyten, Plasmazellen
Parasitosen	Toxocara, Zystizerken	Lymphozyten, Mischbilder, Eosinophile!
Virusmeningitis	z. B. HSV, VZV, CMV	i. d. R. bereits initial < 20 % Granulozyten
	Masern	v. a. Lymphozyten, Plasmazellen; Phasen weniger dtl. ausgeprägt
	FSME	initial dtl. granulozytär
Besonderheiten:	HIV	< 30 Z/µl, Lymphozyten; – bei opportunist. Infektionen entspr. zusätzl. Veränderungen
Generell bei enzephalitischer Beteiligung:		Persistenz von Granulozyten
Reizmeningitis, Begleitreaktion	generell Reaktion auf „unspezifische“ Reize, z. B.: Fremdkörper, Blutung, SHT, Tumorzellen (Meningeosis)	gemischtzelliges Bild: Granulozyten, z. T. Eosinophile, Lymphozyten, z. T. aktiviert, daneben Abräumreaktion

Die Pappenheim-Färbung erlaubt den Nachweis aller hier beschriebener Zellpopulationen und im Verbund mit der Klinik (Symptomkonstellation, Akuität), der Zellzahl und dem Zellbild bereits eine Zuordnung hinsichtlich (wahrscheinlicher) viraler vs. bakterieller Infektion sowie Stadium. Weiterhin können ggf. Bakterien selbst erkennbar sein. Die Differenzierung in Stäbchen vs. Kokken und bei letzteren die Konfiguration (Diplokokken: S. pneumoniae, N. meningitidis) und Anordnung („Ketten“: typischerweise Streptokokken; „Haufen“: typischerweise Staphylokokken) gibt bereits morphologisch weitere Hinweise. Die Gram-Färbung erlaubt dann eine noch weitergehende Differenzierung (s. o.).

Neben der Differenzierung des Zellbilds sind in der Pappenheim-Färbung auch subzelluläre Strukturen differenzierbar. Dies ist von besonderer Bedeutung bei der Erkennung neoplastischer Zellen (s. dort). Aber auch bei entzündlichen Zellbildern sind intra- und subzelluläre Strukturen hilfreich, u. a.:

- Zell-, Kerngröße und -morphologie
- Kernmorphologie bei Granulozyten: stabkernig, segmentiert, hypersegmentiert
- Lympho-, Monozyten: Aktivierungsgrad
- ggf. Mehrkernigkeit; Mitosen (DD: maligne Zellen)
- Degenerationszeichen (intravital – *post punctionem*/präanalytisch)

– Phagozyten: phagozytiertes Material (Bakterien, Erythrozyten, Leukozyten; Detritus); ggf. Fremdkörper.

2.1.5 Zellbilder von Blutungen mit Anschluss zum Liquorraum (SAB)

Blutungen können im Liquor nur nachgewiesen werden, wenn sie den Liquorraum erreichen [33]. Bei basalen aneurysmatischen Subarachnoidalblutungen ist dies regelhaft der Fall. Auch Hirnparenchymblutungen, die die Oberfläche erreichen oder in das Ventrikelsystem einbrechen, können im Liquor nachgewiesen werden. Demgegenüber entziehen sich rein intraparenchymatöse Blutungen (ebenso wie abgekapselte entzündliche Prozesse, etwa Abszesse oder nicht-aneurysmatische SABs über der Haube) dem liquordiagnostischen Nachweis.

Frische, zart rosa gefärbte *Erythrozyten* können Ausdruck einer artifiziellen, punktionsbedingten Beimengung sein (vgl. Abb. B.2.19) – oder aber bei frischer oder anhaltender Blutung in den Subarachnoidalraum nachweisbar sein (Abb. B.2.30, Tab. B.2.7). Bei zeitgemäßer Verarbeitung (binnen 1–2 Stunden) stellt bereits der isolierte Nachweis *phagozytierter frischer Erythrozyten* einen Beleg für eine frische SAB dar. Nur ausnahmsweise sind lediglich erste Zeichen der Phagozytose oder eine beginnende, unvollständige Phagozytose noch kein Beweis für eine Blutung, wenn das Präparat erst nach längerer Zeit angelegt wurde, da in Einzelfällen auch *ex vivo* im Punktat noch in geringem Maße eine Erythrophagozytose vorkommen mag (vgl. Abb. B.2.20b). Der Nachweis entfärbter, blasser („maskierter") Erythrozyten und die Phagozytose in einem Präparat mit solchen entfärbten Erythrozyten hingegen sprechen für eine zumindest Stunden zurückliegende Einblutung und damit eher für eine Subarachnoidalblutung (SAB). Der Nachweis von *Siderophagen* oder gar *Hämatoidin-Kristallen* sowie auch der Nachweis von Erythrophagozytose in unterschiedlichen Stadien sind demgegenüber sichere Belege für eine stattgehabte Blutung (Abb. B.2.30d, Tab. B.2.8).

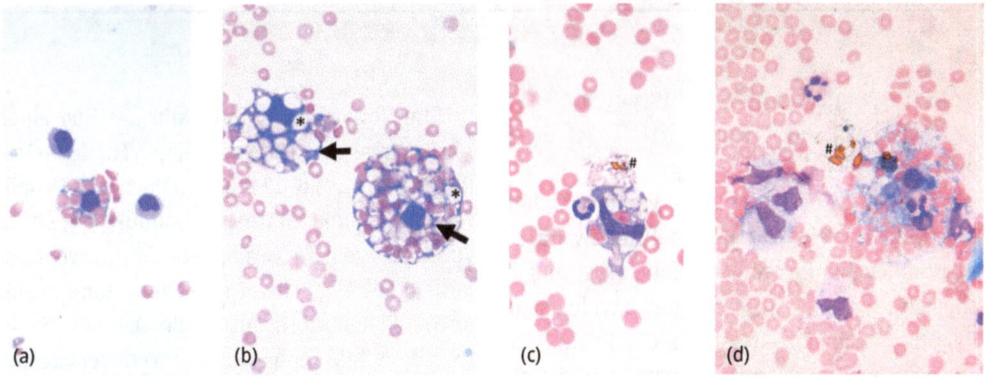

Abb. B.2.30: Subarachnoidalblutung: Hämatomakrophagen. (a): Erythrophage mit frischen, noch gleichmäßig pigmentierten Erythrozyten. (b): Erythrophage mit bereits angedauten, z. T. depigmentierten Erythrozyten (*), beginnende Hämosiderinbildung (→). (c): Hämatomakrophage mit fortgeschrittener Phygozytose, Depigmentierung, Bilirubin (= Hämatoidin)-Bildung (#). (d): Anhaltende (oder mehrzeitige) Blutung mit verschiedenen Stadien: frische, gleichmäßig pigmentierte sowie etwas ältere, z. T. teilweise depigmentierte Erythrozyten; Hämatomakrophage mit teils frischen, teils depigmentierten Erythrozyten, Hämosiderin sowie auch Bilirubin (Hämatoidin), sowohl intra- wie auch extrazellulär (#).

Tab. B.2.7: Makroskopische/zytologische Kriterien zur DD SAB vs. artifizielle Blutbeimengung.

	SAB	artifiziell
Aussehen	blutig, „fleischwasser-, lachsfarben"	blutig, „fleischwasser-, lachsfarben"
Drei- (ggf.: Vier-) Gläserprobe	Färbung gleichbleibend	Färbung abnehmend
Zytologie (frisch, Stunden)	Leukozyten, Erythrozyten, (Blut-typ. Verhältnis, d. h. ~ 1:1000)[1]; weiterhin[2]: G:L ~ 3:1; Erythrophagen	Erythrozyten, Leukozyten (Blut-typ. Verhältnis) keine (kaum) Makrophagen, keine Erythrophagen
Zytologie (älter, Tage)	Erythrozyten, Leukozyten; Makrophagen: Erythrophagen, Siderophagen, Hämatoidin	Erythrozyten, Leukozyten; keine (kaum) Makrophagen, keine Erythrophagen
Überstand nach Zentrifugation	xanthochrom	klar

[1] Zellzahlerhöhung (ca. 1 Leukozyt/1000 Erythrozyten); Weiteres hierzu s. o. unter B.2.1.1.2); Zellbild erreicht Blutbildcharakter (Granulozyten-Dominanz ist nicht Ausdruck einer bakteriellen/eitrigen Entzündung zu werten!)
[2] G, (neutrophile) Granulozyten; L, Lymphozyten.

Tab. B.2.8: Liquor-zytologische Befunde bei Blutungen mit Anschluss an den Liquorraum (SAB) im Verlauf.

	< 12 h	12 h–3 d	> 3 d–Wochen
frische Erythrozyten	+ + +	+ + +	+ – + +
ältere (entfärbte) Erythrozyten	(+)	+ +	+ – + +
Erythrophagen	+	+ +	(+ – + +)
Siderophagen	-	+	+ +
Hämatoidin (Bilirubin), intrazellulär	-	+ – + +	+ + – + + +
(freie) Hämatoidinkristalle	-	(+)	+ +

Liquorzytologie bei Hirnschädigungen: Ischämie, Hypoxie, Trauma (SHT), post-operativ

Wenn eine Hirnschädigung – gleich welcher Ursache – hinreichend ausgedehnt bzw. diffus ist und den Liquorraum erreicht, wird möglicherweise eine „unspezifische" zytologische Reaktion nachweisbar sein. In der Frühphase können insbesondere Erythrozyten und Granulozyten im Rahmen einer gemischtzelligen Pleozytose dominieren (Abb. B.2.31). Weiterhin können auch ependymale Zellen, in der Regel in Verbänden, nachweisbar sein.

Im Verlauf dominiert dann das Bild einer Abräumreaktion des geschädigten Hirngewebes (Beginn ab etwa 6–12 Stunden nach dem Primärereignis). Zunächst treten mononukleäre Zellen vereinzelt, teils in Verbänden auf; im weiteren Verlauf liegt der Schwerpunkt dann zunehmend auf der Phagozytose, mit entsprechendem Nachweis von Makrophagen in ihren verschiedenen Formen: Hämatomakrophagen (Erythro-, Hämosiderophagen, später auch mit Hämosiderin-Partikeln); Leukophagen, Lipophagen, typischerweise mit dem Vorkommen von Mischformen (vgl. Abb. B.2.26). Insofern ergeben sich zum Teil erhebliche Überschneidungen mit den Zellbildern, wie sie nach Blutungen in den Liquorraum (SAB, s. dort) zu finden sind.

2.1.5.1 Besonderheiten des Ventrikel-Liquors

Aufgrund seiner Besonderheiten soll hier noch kurz auf die Zytologie des Ventrikel-Liquors eingegangen werden, der aus einer Drainage gewonnen wurde. Die physiologisch im Ventrikel-Liquor vorkommenden Zellpopulationen unterscheiden sich nicht von denen des lumbalen Liquors [34]. Allerdings kann es bereits durch Trauma und/oder einen chirurgischen Eingriff (vorangegangene Operation, Einlage der Drainage, möglicherweise primäre intrazerebrale Blutung als Anlass der Drainageanlage) zu einem blutigen Liquorzellbild kommen, das dem einer SAB (s. dort) entspricht, sowohl akut wie auch im Verlauf, mit nachfolgendem Auftreten von Hämatomakrophagen und schließlich dem Nachweis von Bilirubin. Eine granulozytäre Begleitreaktion ist die Regel; eine ganz überwiegende granulozytäre Reaktion muss – insbesondere bei im Verlauf zunehmender Zellzahl – den Verdacht auf eine Ventrikulitis lenken (Abb. B.2.31). Diese Komplikation ist auch der Grund für die Empfehlung regelmäßiger Liquoranalysen

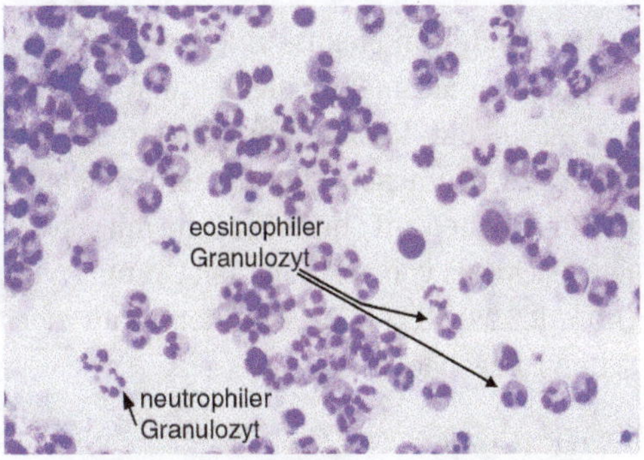

Abb. B.2.31: Ventrikulitis nach Hirnkontusion, gemischtzelliges Bild mit Erythrozyten. Neunjähriger Junge mit einer Ventrikulitis nach Hirnkontusion. Es zeigen sich überwiegend Neutrophile, neben Erythrozyten und einigen mononukleären Zellen. Im späteren Verlauf vorwiegend eosinophile Granulozytose im Sinne einer Fremdkörperreaktion. (Bild übernommen aus Auflage 2 (2005), Kap. B.7 von Dr. Dirk Hobusch, Universität Rostock).

bei liegender Drainage, beispielsweise täglich oder aber zumindest drei Mal pro Woche (z. B. jeden zweiten Werktag).

Eine kontinuierlich bzw. deutlich zunehmende Anzahl neutrophiler Granulozyten im Verlauf ist als starker Hinweis auf eine Infektion (Ventrikulitis) zu werten. In der Literatur findet sich als spezifischerer Hinweis der Zellindex (ZI), der in der Praxis allerdings an Bedeutung verliert.

$$\mathrm{ZI} = \frac{\text{Leukozyten im Liquor } [\mathrm{Z}/\mu\mathrm{l}] \times \text{Erythrozyten im Blut } [\mathrm{Z}/\mu\mathrm{l}]}{\text{Leukozyten im Blut } [\mathrm{Z}/\mu\mathrm{l}] \times \text{Erythrozyten im Liquor } [\mathrm{Z}/\mu\mathrm{l}]}$$

Mit einem Grenzwert von ZI = 4 lässt sich – ggf. selbst ohne Verlaufswerte – eine mögliche bzw. wahrscheinliche Ventrikulitis erkennen. Bei einem ZI < 4 ist eine reine Blutbeimengung wahrscheinlich; Werte (deutlich) > 4 sprechen für eine zusätzlich vorliegende Ventrikulitis.

Im Verlauf kommt es unter erfolgreicher Behandlung auch hier zu einer zellulären Abräumreaktion mit der bekannten Abfolge; allerdings persistieren Granulozyten, z. T. auch in bedeutsamer Zahl mit > 100/μl selbst ohne Erregernachweis oder nach erfolgreicher antibiotischer Therapie mitunter über zwei Wochen. Im Verlauf der Abräumreaktion sind dann häufig Riesenzellen anzutreffen.

Regelhaft finden sich im Präparat Gewebebröckel von avitalem Parenchym, mit untergehenden, ballonierten Neuronen, deren Fortsätze oft noch zu erkennen sind, Gliazellen und Neuropil (Abb. B.2.12); weiterhin kommen

Zellverbände von Plexus- und Ependymzellen häufiger vor als im lumbalen Liquor.

Bis in die 1990er Jahre hinein kam es häufig zu deutlichen allergischen Fremdkörper-Reaktionen auf Shunt-Systeme mit gehäuftem Nachweis von eosinophilen Granulozyten (Abb. B.2.29) [2,25]. Dies ist heute nur noch selten zu beobachten.

2.1.6 Neoplastische Veränderungen: Meningeosis neoplastica

Der Nachweis von *Tumorzellen* im Liquor sowie deren sichere Abgrenzung von physiologischen oder pathologischen Zellen anderen Ursprungs gehört zu den anspruchsvollsten differenzialdiagnostischen Aufgaben in der liquorzytologischen Befundung. Dies ist nicht zuletzt in der Vielgestaltigkeit von Tumorzellen begründet, möglichen Abgrenzungsschwierigkeiten zu aktivierten Zellformen, und letztlich auch wegen der Konsequenzen für den Patienten [36]. Eine *Meningeosis neoplastica* ist Ausdruck einer disseminierten Tumorerkrankung und, zumindest im Falle von Karzinomen, Melanomen oder Sarkomen, auch mit ungünstiger Prognose und deutlich eingeschränkter Lebenserwartung und -qualität assoziiert. In der Regel wird eine Tumorerkrankung bereits anamnestisch vorbekannt sein. Immer wieder jedoch kommt es doch vor, dass selbst ohne Tumoranamnese im Rahmen einer Symptomabklärung Tumorzellen im Liquor nachweisbar sind. Dies kann insbesondere bei akuten Leukämien, hochmalignen Zellen primärer ZNS-Tumoren [PNET] der Fall sein, seltener bei Karzinomen und höchstens ganz ausnahmsweise bei Melanomen.

In der Regel steht eine *Meningeosis neoplastica* (Tab. B.2.9) im Kontext einer disseminierten Tumorerkrankung. Bei Nachweis maligner Zellen im Liquor haben etwa 50 % der Patienten auch parenchymatöse Tumormanifestationen (Hirnmetastasen), 2/3 der Patienten zusätzlich extrazerebrale Metastasen. *Tumoren*, die mit einer Häufigkeit von bis zu etwa 10 % vergleichsweise häufig zu einer Meningeose führen, sind Mammakarzinom, Bronchialkarzinom, malignes Melanom, aggressive hämatologische Neoplasien wie die Akute myeloische Leukämie (AML), großzellige Lymphome. Als primäre ZNS-Tumore mit Neigung zur Aussaat im Sinne einer Meningeosis gelten insbesondere Medulloblastome, PNET und höhergradige Ependymome. Einen Sonderfall stellen *primäre ZNS-Lymphome* dar, die meist großzellige maligne B-Zell-Lymphome sind. Diese gehen bei Diagnosestellung in etwa 30 %, im Verlauf in bis zu 70 % mit dem Nachweis einer Meningeosis lymphomatosa einher. In Einzelfällen kann – insbesondere vor Einleitung einer Kortisonbehandlung! – die Diagnose gelegentlich alleine aus dem Liquor (Zytologie und Durchflusszytometrie, s. dort) gestellt werden und sich eine Biopsie erübrigen [37].

Tumorzellen können über Blutgefäße, über Ausbreitung entlang Nerven-/Gefäßscheiden oder über einen Übertritt aus soliden Metastasen in Parenchym, Plexus oder Ependym, seltener aus umgebenden Knochenmetastasen (Kalotte, Wirbelkörper) oder im spinalen Bereich über Lymphknoten in den Subarachnoidalraum gelangen. Aufgrund sehr unterschiedlicher Ausbreitungs- und Verteilungsmuster von Tumorzellen im Liquorraum kann die Klinik sehr bunt sein, mit zentralen Symptomen wie Kopfschmerzen, Übelkeit, Bewusstseinsstörungen; weiterhin Hirnnervenaffektionen sowie auch spinalen Symptomen; dabei können diese Symptome in unterschiedlicher Ausprägung und Kombination auftreten. Entsprechend reicht die ätiologische Differenzialdiagnose auch in entzündliche Erkrankungen hinein, insbesondere Neuroborreliose oder virale Meningoenzephalitiden und -radikulitiden. Da im Verlauf solcher lymphozytärer Entzündungen auch aktivierte, große, irreguläre

Zellformen, mithin sogar Mitosen vorkommen, kann die Differenzialdiagnose im Einzelfall schwierig erscheinen. Umgekehrt führt auch eine Meningeose häufig zu einer entzündlichen oder phagozytierenden zellulären Begleitreaktion mit Granulozyten und Lymphozyten, teilweise auch Erythrozyten, was im anglo-amerikanischen Sprachraum zur Bezeichnung *„neoplastic meningitis"* führt. Auch dies kann die Differentialdiagnose erschweren.

Tab. B.2.9: Formen der Meningeosis neoplastica.

Meningeosis carcinomatosa	Häufigste Form. Ursprung: Karzinome: insbesondere aus Mamma, Bronchus, GI-Trakt (häufig Adeno-Karzinome)
Meningeosis lymphomatosa	Hochmaligne systemische B- und T-NHL Sonderfall: großzellige primäre B-Zell-Lymphome des ZNS
Meningeosis leucaemica	Leukämien (AML, ALL, hochmaligne B- und T-NHL)
Meningeosis melanomatosa	Malignes Melanom
Meningeosis sarcomatosa	Sarkome (sehr selten)

Eine unauffällige Gesamtzellzahl (< 5/µl) im Liquor schließt das Vorhandensein neoplastischer Zellen – und damit die Diagnose einer Meningeose – nicht aus, so dass in jedem Fall auch bei regelrechter Zellzahl ein Zellpräparat anzufertigen und sorgfältig am Mikroskop zu untersuchen ist. Gleichwohl ist eine zumindest moderate Pleozytose (häufig 20–100 Zellen/µl, gelegentlich noch höher) eher die Regel. Neben Tumorzellen finden sich dann regelhaft auch Lymphozyten und Monozyten, nicht selten auch Granulozyten und Erythrozyten im Punktat, also Zeichen einer zellulären Begleitreaktion. In der eigenen Erfahrung werden in einem unselektionierten neurologischen Krankengut in etwa einem von 500 Liquorpräparaten neoplastische Zellen nachgewiesen; bei hämato-onkologischen Patienten ist die Häufigkeit mit bis zu einem von 5 Präparaten erheblich höher. Der überraschende, unerwartete Nachweis maligner Zellen im Liquor bei Patienten ohne Tumoranamnese – und somit die Erstdiagnose einer bereits fortgeschrittenen malignen Grunderkrankung anhand der Liquorzytologie – kommt zwar selten, aber doch immer wieder vor, und ist ein wichtiges Argument für die Anlage eines Präparats bei jeder Punktion. Meist handelt es sich dann um Karzinome.

Je mehr Tumorzellkriterien nachweisbar sind, desto sicherer wird die Diagnosestellung im Einzelfall ausfallen. Gleichwohl wird auch der erfahrene Diagnostiker in seltenen Fällen mangels eindeutiger Tumorzellen im Präparat nicht über die Diagnose „atypische Zellen" oder „DD Tumor-verdächtige Zellen" hinauskommen. Zu beachten ist weiterhin, dass selbst bei klinisch und bildgebend naheliegendem Vorliegen einer Meningeose der eindeutige Nachweis maligner Zellen nicht in jedem Fall unmittelbar gelingt. In begründeten Verdachtsfällen ist daher eine 2. (ggf. auch 3.) Punktion mit Anfertigung von Zellpräparaten aus einem größeren Volumen (ggf. 5 bis 10 ml Liquor) angezeigt. Bei rein meningealem *Wachstum en plaque* ohne Abschilferung von Tumorzellen kann allerdings trotz Vorhandenseins einer flächenhaften meningealen Aussaat (ggf. mit bildgebendem Nachweis) die liquorzytologische Diagnostik negativ bleiben. Auch wenn *Atypien*, nicht aber eindeutige Malignitätskriterien zu finden sind, kann eine erneute Punktion zur weiteren Klärung angezeigt sein. Ergänzend zur konventionellen Zytologie in der May-Grünwald-Giemsa-Färbung kann bei der Frage nach Karzinomen die Papanicolaou-Färbung nützlich sein, wenngleich viele Liquorzytologen bei deren Beurteilung nur über eingeschränkte Erfahrung verfügen. Weitere zusätzliche Methoden umfassen immunhistochemische Methoden sowie die Durchflusszytometrie in der Differenzierung lymphatischer Neoplasien (s. dort).

Kriterien für *Tumorzellen im Liquor* sind generell (Tab. B.2.10): Erhöhte *Größe*, vermehrte *Basophilie* des Zytoplasmas, Vorhandensein mehrerer *Nucleoli*, veränderte *Kern-/Zytoplasmarelationen* zugunsten des Kerns, irreguläre *Konturen des Zytoplasmas und/oder des Nukleus*. *Mitosen* können ebenso auf eine Meningeose hinweisen, sind allerdings keineswegs immer beweisend, da auch akut entzündliche Zellbilder, etwa im Rahmen einer Neuroborreliose, Mitosen enthalten können; atypische Mitosen mit irregulärer Chromatinverteilung hingegen weisen auf maligne proliferierende Zellen hin. *Epitheliale Zellen* kommen physiologischerweise im Liquor nicht vor. Ihr Nachweis ist daher ein Beleg für eine *Meningeosis carcinomatosa*. Häufig sind die zugrunde liegenden Tumore Adenokarzinome, etwa von Mamma, Bronchus, Zervix, Ovarien, Magen, Darm ausgehend. Dann zeigen sich häufiger intrazytoplasmatische *Vesikel*, vesikuläre Auftreibungen der Zytoplasmamembran und im Extremfall sogenannte *„Siegelringzellen"*, die 50–100 µm Durchmesser erreichen können und einen randständigen Kern aufweisen. Während solche Zellen die Diagnose einer Meningeosis carcinomatosa bei Adenokarzinom, ggf. noch zusätzlich hoher oder niedrigerer Differenzierung erlauben können, ist eine Zuordnung zum Ursprungsorgan des Tumors liquorzytologisch nicht möglich; diese wird anhand der Anamnese und ggf. weiteren Zusatzdiagnostik erfolgen. Eine starke *Pigmentierung* bei einem Teil der Tumorzellen kann, insbesondere bei heterogenem Tumorzellbild, auf ein Melanom als Ursprungstumor hinweisen (Tab. B.2.11). Dabei erscheint die Pigmentierung aufgrund der Transparenz der Zellen häufig nicht schwarz, sondern dunkelblau.

Tab. B.2.10: Kriterien von Tumorzellen im Liquorpunktat (vgl. Abb. B.2.32).

A)	Größe	> 15–20 µm, tlw. (mehrkernige Riesenzellen, „Siegelringzellen") > 50–100 µm
B)	Färbeverhalten	Hyperchromasie und Polyploidie der Kerne
C)	Mitosen	insbesondere atypische
D)	Mehrkernigkeit	auch unregelmäßige, asymmetrische Kernstruktur
E)	Basophilie des Zytoplasmas	
F)	zytoplasmatische Einschlüsse	
G)	Variable Zellmembran	mit Ausstülpungen, Vesikeln
H)	Kern-/Plasma-Relation	zugunsten des Kerns verschoben
Weitere Phänomene bei Meningeosis neoplastica:		
I)	Tumorzell-Phagozytose	
J)	Tumorzell-Verbände	

Tab. B.2.10 (fortgesetzt)

K)	evtl. Tumorzell-Apoptosen	
L)	Begleitreaktion	häufig Nachweis von Lymphozyten, Monozyten, Granulozyten, Erythrozyten

2.1.6.1 Differentialdiagnostik neoplastischer Zellen

Eine grundsätzliche Schwierigkeit der Diagnostik und Zuordnung von Tumorzellen aus dem Liquor – im Gegensatz zur (neuro-)pathologischen Diagnostik aus dem Biopsat – besteht darin, dass eben kein Gewebeverband aus einem definierten Organ oder einer umschriebenen Entnahmestelle vorliegt. Wichtige Informationen wie Zelldichte, -heterogenität, (Ent-) Differenzierungsgrad, Wachstumsmuster, Infiltrationseigenschaften, Umgebungsreaktion, Endothelproliferation, Nekrosen, Proliferationsfraktion kann das Zellpräparat aus dem Liquor nicht liefern [2,38]. Damit begrenzt sich in vielen Fällen die diagnostische Aussage der Liquorzytologie auf die Beurteilung der Einzelzellen, die allenfalls gruppiert oder in Verbänden auftreten können, als Hinweis auf den neoplastischen Charakter. Weitergehende differenzierende Aussagen können aufgrund zytologischer Charakteristika ggf. möglich sein bei:

- Medulloblastom/PNET
- Lymphomen
- Hämatopoietischen Neoplasien (Blasten), insbesondere AML
- Pigmentierten Melanomzellen
- Karzinomen – hier ist ggf. eine weitere Differenzierung möglich:
  - Adeno-Ca, Plattenepithel-Ca, undifferenziertes Ca
  - eine Zuordnung zum Ursprungsorgan bzw. -gewebe ist demgegenüber nicht möglich.

Einzelne Entitäten werden im Folgenden besprochen.

2.1.6.2 Primäre ZNS-Tumore

In der älteren Literatur wird die Nachweisrate maligner Zellen im Liquor bei primären Tumoren des ZNS sehr unterschiedlich angegeben, insgesamt mit unter 15 % [39–41]. Dabei gehen wir davon aus, dass bei niedriggradigen hirneigenen Tumoren (ZNS-WHO Grad 1–2) mit geringen Atypien und geringer Proliferationsrate (etwa: Meningeome, pilozytische oder diffuse Astrozytome; Schwannome) kaum je Tumorzellen im Liquor zu finden sind. Zuletzt wurden in der Vorauflage dieses Kapitels [3] sowie im großen Atlas von Kluge et al. [2] differenzierte liquorzytologische Bilder bei einer Reihe von Tumoren des ZNS gezeigt. Aus heutiger Sicht allerdings haben diese Präparate und Bilder, die vielfach noch aus den Zeiten vor der heute üblichen zerebralen Schnittbildgebung mittels CT und MRT sowie den ergänzenden spektroskopischen und nuklearmedizinischen Methoden stammen, und die in nicht molekulargenetisch klassifiziert wurden, eher untergeordnete – und hinsichtlich primärer Diagnosestellung von Entität und Dignität *keine* – Bedeutung. Bei Verdacht auf astrogli-

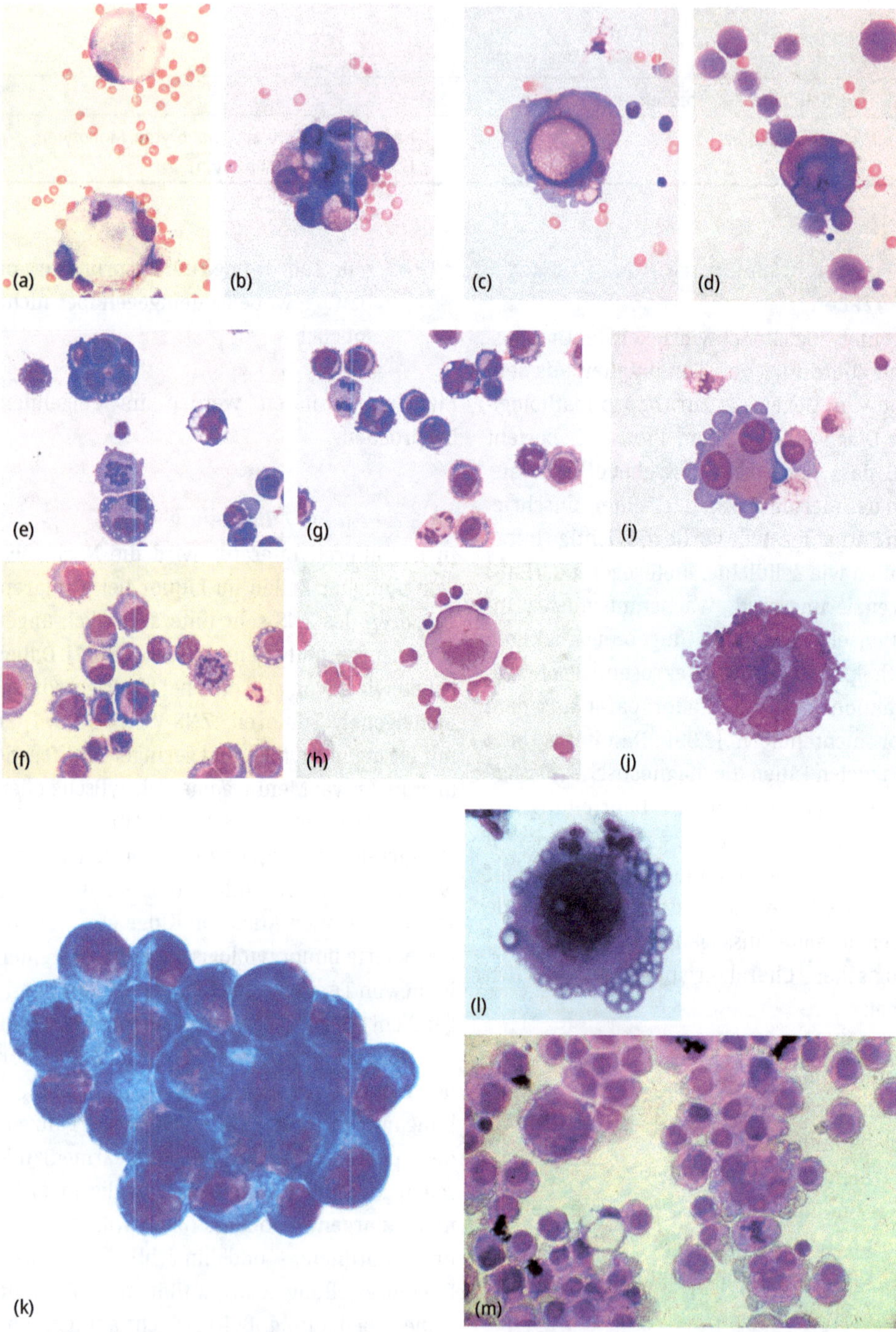

Abb. B.2.32: Tumorzellkriterien. Die Abbildungsteile (a)–(t) zeigen jeweils ein wesentliches darzustellendes Tumorzellkriterium entsprechend den Kriterien **A-L**, s.u. und in Tab. B.2.10. Die meisten Zellen weisen jedoch weitere Kriterien auf (in Klammern). (a),(b): **A** (B,F). (c),(d): **B** (F). (e)-(h): **C** (A,B,D,E,G). (i),(j): **D** (A,B,E,G). (k): **E** (A,B,C,J). (l),(m): **F** (A,B,C,D,G). (n): **G** (A,B,D,F). (o): **H** (A,B,E,J). (p): **I**. (q),(r): **I, K** (→). (s),(t): **L**.

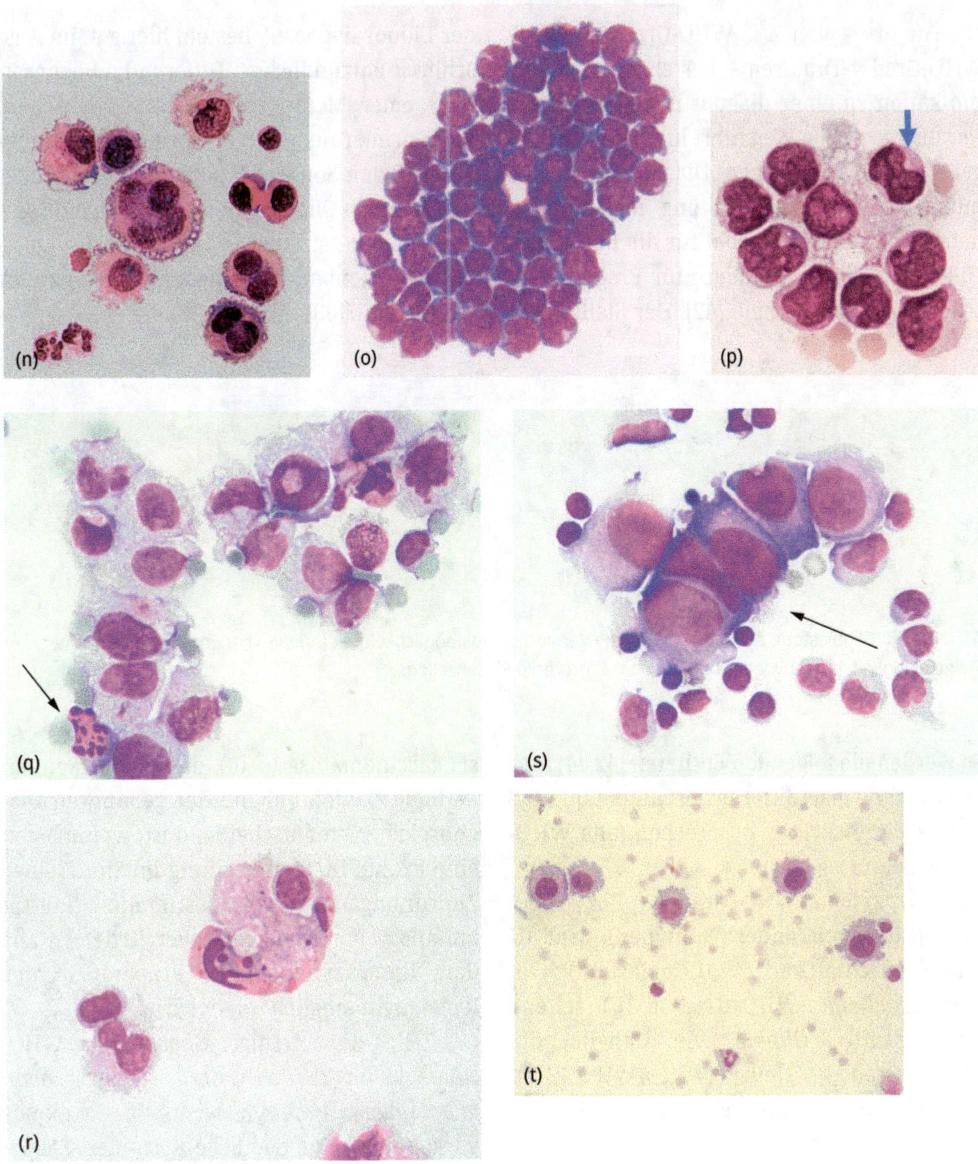

Abb. B.2.32 (fortgesetzt)
Buchstabencode der Kriterien: **A:** Größe: > 15–20 µm, tlw. (mehrkernige Riesenzellen, Siegelringzellen) > 50–100 µm. **B:** Färbeverhalten: Hyperchromasie und Polyploidie der Kerne. **C:** Mitosen, insbesondere atypische. **D:** Mehrkernigkeit, auch unregelmäßige, asymmetrische Kernstruktur. **E:** Basophilie des Zytoplasmas. **F:** z. T. zytoplasmatische Einschlüsse. **G:** variable Zellmembran mit Ausstülpungen, Vesikeln. **H:** zugunsten des Kerns verschobene Kern-/Plasma-Relation. Weitere Phänomene bei Meningeosis neoplastica: **I:** Tumorzell-Phagozytose. Bei manchen Karzinomen (Bild (p) mit blauem Pfeil, Patient mit Adenokarzinom der Lunge) fällt bei Zusammenlagerung der Tumorzellen eine morphologische Veränderung der Zellkerne auf (→), das sogenannte Molding („Eindellung"). **J:** Tumorzell-Verbände. **K:** Tumorzell-Apoptosen. **L:** häufig Nachweis von Lymphozyten, Monozyten, Granulozyten, Erythrozyten (Begleitreaktion) – führt im anglo-amerikanischen Sprachraum zur Bezeichnung *„neoplastic meningitis"*.

ale Tumore – von ZNS-WHO-Grad 1 zu ZNS-WHO-Grad 4-Tumoren – besteht heute keine Indikation zu einer diagnostischen Punktion. Der diagnostische Weg führt hier von der Bildgebung zur bioptischen Diagnosesicherung, mit zunehmender Bedeutung molekulargenetischer Analysen sowohl für die Klassifizierung als auch insbesondere für Prognoseeinschätzung und Therapie [42]. Der Stellenwert der Liquordiagnostik besteht hier ggf. im Ausschluss entzündlicher Differentialdiagnosen oder einer Meningeose eines systemischen, nicht primär dem ZNS entspringenden Malignoms. Einen Sonderfall stellen die sehr seltenen spinalen Gliome dar, die deutlich häufiger in den Liquor streuen als bei zerebraler Lokalisation, offenbar durch die kurze Distanz zum Liquorraum [43] (Abb. B.2.33).

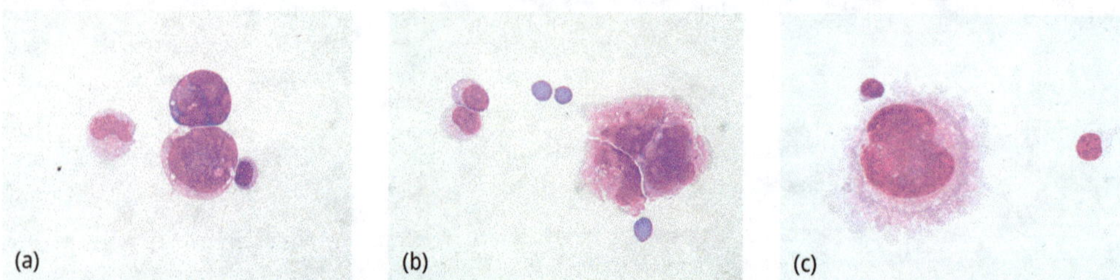

Abb. B.2.33: Glioblastom: z. T. morphologische Verwechslungsmöglichkeit mit (Adeno-) Karzinomzellen, enorme Vielgestaltigkeit; immer wieder finden sich z. T. groteske Riesenzellen.

So werden die folgenden Entitäten [42,44] hier nicht mehr eigens differenziert unter liquorzytologischen Aspekten besprochen (alte WHO-Nomenklatur):

Astrozytome WHO Grad I (pilozytisch), Grad II (diffus u. andere Subtypen), Grad III (anaplastisch), Grad IV (Glioblastom); *Oligodendrogliome* (WHO Grad II, III); seltene *niedriggradige Gliome* wie Gangliogliom (WHO Grad I), Neurozytom (WHO Grad II); *Ependymale Tumore* (WHO Grad I-III), *Chorioid Plexustumore* (WHO Grad I–III), *Meningeome* (meist WHO Grad I, seltener II–III), *Schwannome* (WHO Grad I); *Tumore der Pinealisregion* (WHO Grad I–IV), *Tumore der Sellaregion* (WHO Grad I); *Hämangioperizytome* (WHO Grad I–III); *Sarkome*. Die letzten großen Übersichten hierzu finden sich bei Kölmel [3] und Kluge et al. [2]. Eine gewisse Rolle kann die Liquordiagnostik im späteren Erkrankungsverlauf spielen, wenn es um die Frage einer (sekundären) Meningeose geht. Dann gilt, wie bei der Meningeosis carcinomatosa (s. u.), dass das Erkennen maligner Zellen anhand der genannten Diagnosekriterien entscheidend ist, wohingegen eine exakte Diagnosestellung im Sinne einer Zuordnung zu einer bestimmten Entität anhand rein morphologischer Kriterien aus dem liquor-zytologischen Präparat in der Regel nicht möglich sein wird.

Zellen höhergradiger *Gliome* (neue WHO-Nomenklatur: ZNS-WHO Grad 3–4; engl.: *„malignant glioma"*) weisen, wenn sie im Liquor vorkommen, eine deutliche Kern- und Zellpolymorphie, Polychromasie, Mitosen sowie eine zuungunsten des Zytoplasmas verschobene Kern-Plasma-Relation auf; bei ZNS-WHO Grad 3–4 Tumoren finden sich alle Tumorzellkriterien (s. Tab. B.2.10).

Medulloblastom

Medulloblastome (nach alter Nomenklatur WHO Grad IV) kommen primär in der hinteren Schädelgrube vor und breiten sich häufig nach spinal aus („Abtropfmetastasen"). Insofern nehmen sie auch hinsichtlich der liquorzytologischen Diagnostik eine Sonderstellung ein. Im Liquor kommen die Tumorzellen vereinzelt wie auch in Verbänden vor; gelegentlich deutet sich dann Rosettenbildung an, ein Phänomen, das im Tumor selbst histologisch ebenfalls vorkommt. Das Zellbild erscheint etwas monomorph, mit vergleichsweise großen Kernen, grobscholligem Chromatin; häufig sind mehrere Nukleoli zu erkennen. Das Zytoplasma ist meist homogen basophil, ohne erkennbare Vakuolen (Abb. B.2.34a, b). Vereinzelte Zellen können Schwierigkeiten in der Abgrenzung zu unreifen Lymphom-Zellen bereiten [45,46]. Die neue WHO-Klassifikation [42,44] hat hinsichtlich der Medulloblastome sehr weitreichende Differenzierungen vorgenommen, die molekulargenetische, histo-morphologische und auch klinische Verschiedenheiten berück-

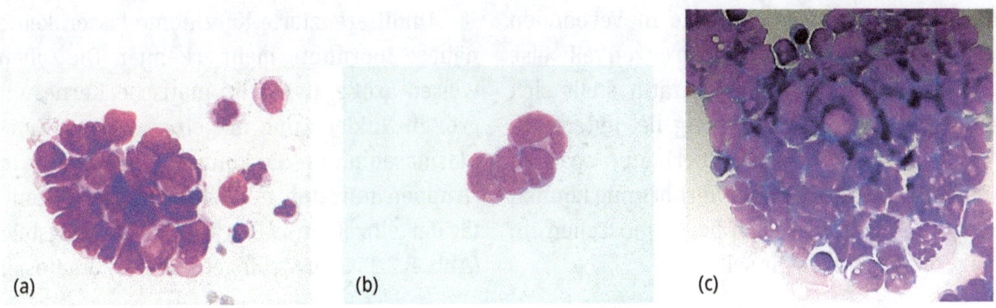

Abb. B.2.34: (a), (b): Medulloblastom. (a): Dicht gelagerte Tumorzellen, mit Vakuolen; Rosettenbildung. (b): Kleinerer Tumorzellverband. (c): PNET (Diagnosestellung 2015 nach damaliger WHO-Nomenklatur). Dichte Tumorzellen, atypische Mitosen.

sichtigen. Zum gegenwärtigen Zeitpunkt sind diese liquor-zytologisch in der konventionellen Zytologie nicht darstellbar. Seltener sind auch Zellen „primitiver neuroektodermaler Tumore (alter Nomenklatur, PNET, WHO IV) im Liquor nachweisbar (Abb. B.2.34c). Trotz anderen (nicht infratentoriellen) Ursprungs sind sie liquorzytologisch nicht von Medulloblastom-Zellen zu unterscheiden.

2.1.6.3 Meningeosis neoplastica

Auch wenn – wegen der überwiegenden Häufigkeit – der Begriff „Meningeosis carcinomatosa" häufig undifferenziert bei Nachweis maligner Zellen jedweden Ursprungs im Liquor verwendet wird, ist als Überbegriff eigentlich die „Meningeosis neoplastica" korrekt, mit ihren nach dem Ursprungsgewebe differenzierten Unterformen (Tab. B.2.9).

Meningeosis carcinomatosa

Tumorzellen sind häufig größer als physiologische Zellen des Liquors. Dies gilt insbesondere für Tumorzellen epithelialer Herkunft, die auch mehrkernige „Riesenzellen" bilden können. Das Zytoplasma ist meist unregelmäßig gefärbt, mit stärker und schwächer basophil gefärbten Arealen (Abb. B.2.32). Vakuolen im Zytoplasma sowie Ausstülpungen der Zytoplasma-Membran kommen häufig bei Adeno-Karzinomen mit Sekretbildung vor; „Siegelringzellen" stellen die Extremform von Zellen mit Sekret-gefülltem Zytoplasma dar; sie treten insbesondere bei Karzinomen des Magens und des Ovars auf. Bei wenig oder undifferenzierten Adenokarzinomen können diese Merkmale allerdings fehlen. Adenokarzinomzellen sind häufig besonders groß, sie kommen gruppiert vor, mit sehr unterschiedlicher Morphologie der Einzelzellen. Oft sind sie mehrkernig, mit randständigen Kernen und deutlich erkennbaren Nukleoli. Mitosen, auch atypische, sind häufig (Abb. B.2.32). Adenokarzinome metastasieren vergleichsweise oft in das ZNS, so dass umgekehrt bei Nachweis einer Meningeosis carcinomatosa die Ursprungstumore häufig Adenokarzinome sind.

Zellen von Plattenepithelkarzinomen sind demgegenüber eher gleichmäßig groß, sie wirken homogener; wenn sie in Verbänden vorkommen, können die Zellgrenzen teilweise schwer abgrenzbar sein. Keratin stellt sich in der Papanicolaou Färbung besonders gut dar. Mitosen sind, wenn überhaupt, spärlich nachweisbar. Zeichen der Verhornung können vorkommen, finden sich bei Tumorzellen im Liquor allerdings sehr selten.

Auch das kleinzellige Bronchialkarzinom neigt zu zerebraler Filiarisierung und Ausbreitung im Liquorraum. Die Zellen treten typischerweise in Verbänden auf. Für Karzinome typisch kann ein sogenanntes „Molding“ auftreten, eine teils wirbelsäulenartige Aufreihung von Zellen mit Eindellung nicht nur von Zytoplasma, sondern tlw. sogar der Zellkerne. Die Zellen erscheinen morphologisch relativ homogen, mit großen Kernen und eher schmalem Zytoplasmasaum. Mitosen sind häufig, Zwei- oder Mehrkernigkeit selten.

Undifferenzierte Karzinome lassen keine nähere Zuordnung mehr erkennen. Die Zellen weisen große, hyperchromatische Kerne mit großen Nukleoli und nur einen kleinen Zytoplasmasaum auf. Sie können einzeln oder in Gruppen auftreten, mit deutlicher Heterogenität der einzelnen Zellen im Erscheinungsbild (Abb. B.2.35 Bsp. Meningeosis carcinomatosa).

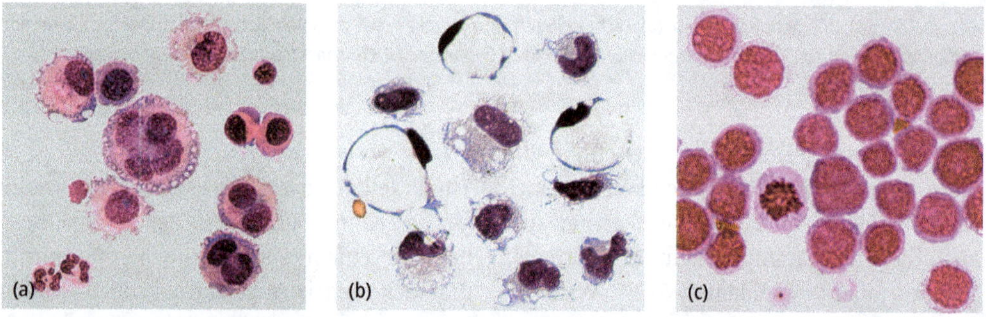

Abb. B.2.35: Meningeosis carcinomatosa – Beispiele. (a): Mamma-Karzinom. (b): Magen-Karzinom. (c): Bronchial-Karzinom.

Meningeosis melanomatosa

Als Besonderheit kann bei *Melanomzellen* eine dunkelblau-schwarze Pigmentierung im Zytoplasma erkennbar sein. Dieses Phänomen tritt allerdings nur bei einem Teil der Melanome überhaupt und selbst dann nur bei einem Bruchteil der Zellen auf. Das Pigment ist häufig nicht tief schwarz, wie es im histologischen Präparat zu sehen ist, sondern eher bläulich, da es in den dünnen Einzelzellen transparenter erscheint (Abb. B.2.36). Differentialdiagnostisch ist das Pigment vor allem gegenüber Hämosiderin abzugrenzen.

Meningeosis leucaemica

Eine besondere diagnostische Herausforderung können hämatologische Tumorerkrankungen mit einer *Meningeosis leucaemica* darstellen. So können die kleinen Lymphozyten einer CLL sich morphologisch nur geringfügig von physiologischen Lymphozyten unterscheiden (Abb. B.2.37). Bei Lymphomen finden

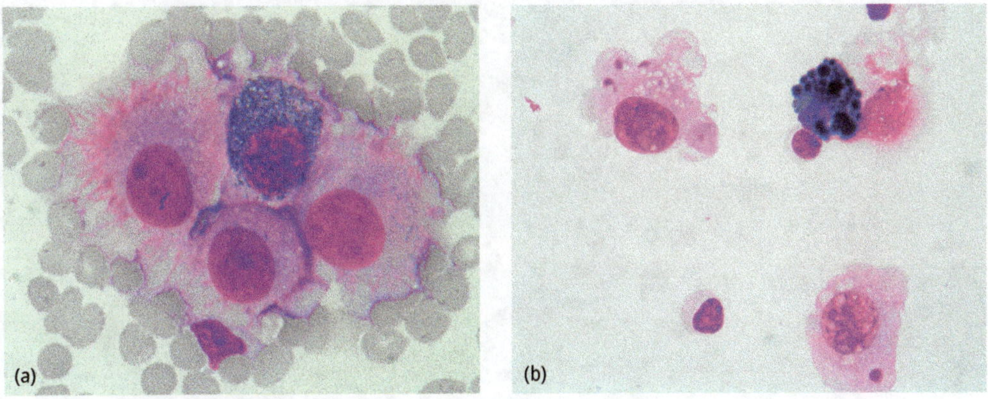

Abb. B.2.36: Meningeosis melanomatosa. (a): Große Tumorzellen mit großen Kernen und großem Zytoplasma; eine Zelle mit kleinscholliger Pigmentierung; (b): Mehrere amelanotische Tumorzellen, eine Zelle mit grobscholliger Pigmentierung.

sich häufig größere lymphozytäre Zellen mit irregulärem Erscheinungsbild und nukleären Einkerbungen, die dann sogar pathognomonisch sein können. *Blasten* (undifferenzierte Vorläuferzellen) im Rahmen einer akuten myeloischen Leukämie (AML) sind große, vielgestaltige Zellen, häufig mit gelappten Kernen, zum Teil mit „Kleeblatt"-Aspekt und deutlich basophilem Zytoplasma (Abb. B.2.38).

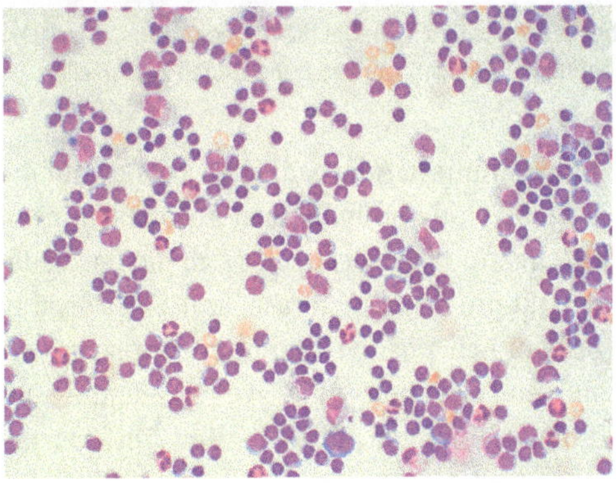

Abb. B.2.37: Meningeosis leucaemica bei chronischer lymphatischer Leukämie (CLL.). Überwiegend kleine, nicht aktiviert erscheinende Lymphozyten, z. T. mit kleinen nukleären Einkerbungen oder Vakuolen (vgl. auch Abb. B.2.43d). Daneben einige Erythrozyten (punktionsbedingt) sowie Monozyten, neutrophile sowie eosinophile Granulozyten.

Am häufigsten befallen akute lymphatische Neoplasien den Liquor, wie z. B. aggressive Lymphome oder akute lymphatische Leukämien (ALL). Die Tumorzellen können dunkel, aber auch blass-basophil sein. Sie zeichnen sich häufig durch eine deutlich gesteigerte Gesamtgröße aus (≥ 3-facher Durchmesser normaler Lymphozyten) und häufig auch durch eine entrundete Gesamtform, Ausziehungen oder Einkerbungen des Zytoplasmas, die mindestens ein Drittel des Gesamtdurchmessers betragen [47].

Bei *akuten lymphatischen Leukämien (ALL)* sind die Lymphozyten in der Regel klein und morphologisch unter Umständen schwer von ruhenden, nicht aktivierten Lymphozyten zu unterscheiden. Hinweise auf einen Befall kann eine Pleozytose mit monomorphen kleinen Lymphozyten darstellen, ohne Aktivierungsformen oder andere Zellpopulationen, die auf eine Entzündung oder Abbaureaktion hinweisen würden. Die differentialdiagnostische Klärung ist heute eine Domäne der Durchflusszytometrie. Bei der ALL sind in bis zu 50 % der Fälle bereits bei der Erstdiagnose maligne Zellen im Liquor nachweisbar (Abb. B.2.39), so dass eine Meningeose besteht. Meist aber

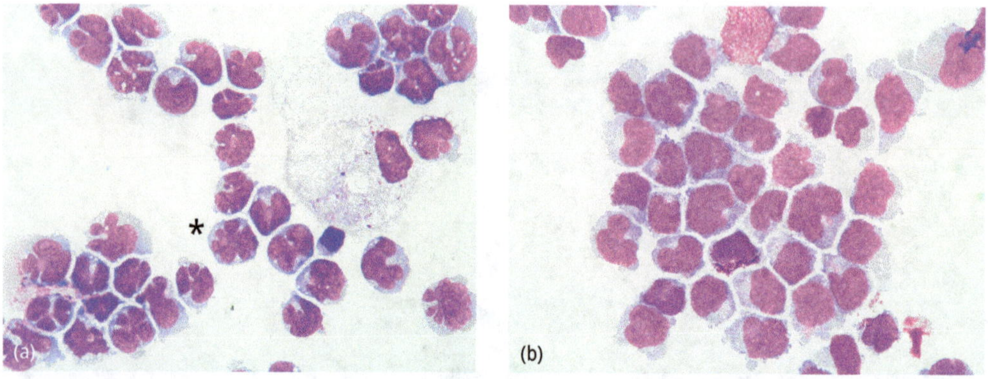

Abb. B.2.38: (a), (b): Meningeosis leucaemica bei akuter myeloischer Leukämie (AML). Blasten mit Kerneinkerbungen und „Kleeblatt"-Form der Kerne (*).

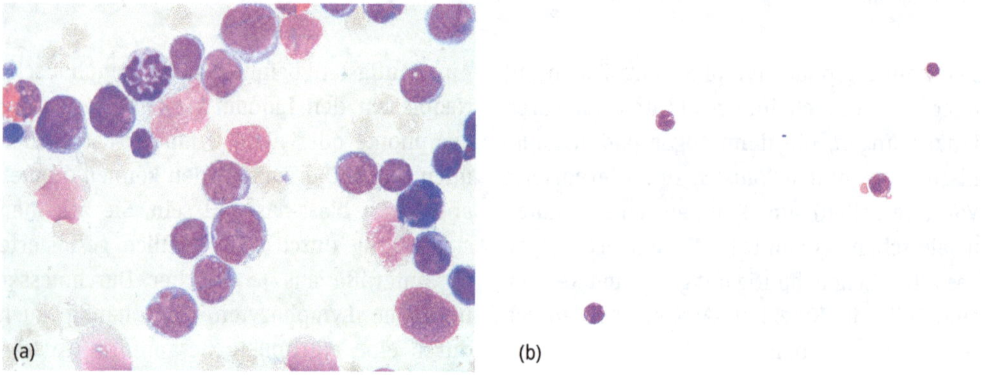

Abb. B.2.39: Meningeosis leucaemica bei akuter lymphatischer Leukämie (ALL). (a): Deutliche Pleozytose; geringgradig vergrößerte Tumorzellen. (b): Anderer Fall mit geringer Zellzahl (5/µL) und nur wenigen Tumorzellen.

tritt die Meningeose erst im weiteren Krankheitsverlauf auf. Gerade bei Leukämien und Lymphomen ist der frühzeitige Nachweis für die weitere Therapie mit zum Teil kurativer Zielsetzung von großer Bedeutung.

Bei *akuten myeloischen Leukämien (AML)* finden sich wenig differenzierte Vorläuferzellen von Granulozyten. Diese stellen sich als große, irreguläre Zellen mit großen, plumpen Kernen dar. Die Kerne sind sehr heterogen geformt, mit Einbuchtungen, Einkerbungen, Teilsegmentierungen. Es kommen sogar „Kleeblattformen" vor. Das Zytoplasma ist azidophil, granuliert. Auer-Stäbchen können auf die Diagnose hinweisen. Sofern Zusatzfärbungen durchgeführt werden, zeigt sich die Peroxidasereaktion meist, Esterase und PAS-Färbung gelegentlich positiv. Immunzytologische Färbungen erlauben eine weitergehende Differenzierung von Zelllinie und Differenzierungsgrad.

Bei chronischen myeloischen (CML) und chronischen lymphatischen Leukämien (CLL) sind Tumorzellen kaum je im Liquor nachweisbar.

Meningeosis lymphomatosa

Die Inzidenz von Lymphomen nimmt insgesamt offenbar zu. Grundsätzlich ist zu unterscheiden zwischen systemischen malignen Lymphomen, M. Hodgkin sowie *Non-Hodgkin-Lymphomen (NHL)* einerseits und primären großzelligen B-Zell Lymphomen des ZNS (PZNSL) andererseits.

NHL sind etwa drei bis vier Mal häufiger als *Hodgkin*-Lymphome. Die niedrig malignen (indolenten) Formen, zu denen nach der WHO-Klassifikation neben der *CLL* u. a. auch *Follikuläre Lymphome, Immunozytome, Plasmozytome* und *Mantelzelllymphome* zählen, manifestieren sich selten im Liquor (Abb. B.2.40).

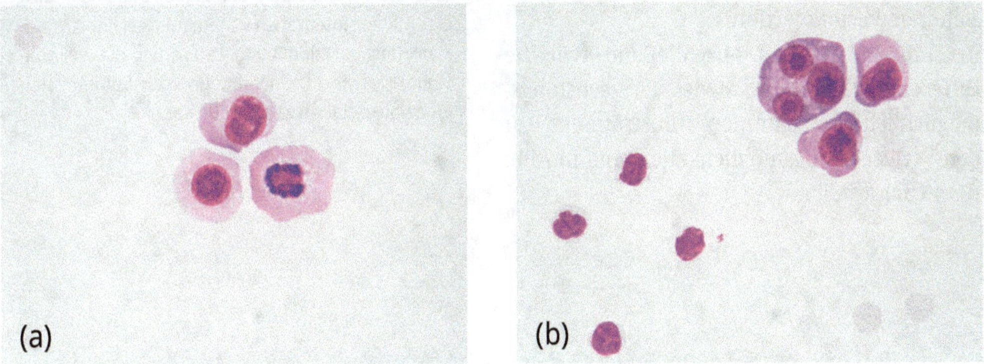

Abb. B.2.40: Niedrig maligne Non-Hodgin-Lymphome (NHL) [47]. NHL: Follikuläre Lymphome, Immunozytome, Plasmozytome und Mantelzelllymphome. (a), (b): Seltener Fall mit einer Meningeose bei Plasmozytom.

Zu den hochmalignen NHL gehören das *diffuse großzellige B-Zell-Lymphom*, üblicherweise als *primäres ZNS-Lymphom* (Abb. B.2.41), das *Vorläuferzell-B-lymphoblastische Lymphom* sowie das *Burkitt-Lymphom* [48,49]. Die Zellbilder sind vielgestaltig (Abb. B.2.42). Ein Großteil der Zellen ist groß, mit großen, homogen gefärbten Zellkernen, Nukleoli sind häufig nicht abgrenzbar. Charakteristisch sind scharfe Einkerbungen oder auch Einbuchtungen des Kerns. Mitosen, auch atypische, sind häufig. Die Kern-Plasma Relation ist verschoben, es zeigt sich häufig nur ein kleiner Zytoplasmasaum, vielfach ist nur im Bereich der Einbuchtung eine blasse Zytoplasmafärbung erkennbar [47]. Wenngleich sich die Zellen sehr polymorph darstellen, so sind sie insgesamt doch leicht einer (malignen) Population zuzuordnen. Obwohl einzelne Entitäten zyto-architektonische Besonderheiten aufweisen können, wird eine zuverlässige Zuordnung zu einer Entität alleine anhand morphologischer Kriterien nicht gelingen. Hierfür können Kenntnisse der Anamnese (insbesondere bereits erfolgte histologische/immunzytochemische/molekularbiologische Charakterisierung aus einer Biopsie) hilfreich sein. Am Liquor selbst helfen durchflusszytometrische Untersuchungen weiter. Wie bei den malignen Gliomen stützen sich Klassifikation, Prognoseabschätzung sowie Therapie zunehmend auf molekulare Marker, die der konventionellen Zytologie nicht zugänglich sind.

Unter Behandlung kommt es leicht zu regressiven Veränderungen insbesondere der Kernmorphologie, so dass die morphologische Zuordnung und die Abgrenzung zu präanalytischen Veränderungen erschwert sein kann. Eine Reihe morphologisch beschreibbarer Kriterien kann nur im Kontext von Anamnese, klinischen Befunden sowie der Gesamtkonstellation im Liquor sicher gewertet werden.

Tab. B.2.11 fasst abschließend typische Differentialdiagnosen sowie Verwechslungsmöglichkeiten zusammen. Illustrationen zu den Verwechslungsmöglichkeiten sind in Abb. B.2.43 dargestellt.

Weitergehende Abbildungen finden sich im zusätzlichen Zytologieatlasteil in Kap. E. Die hier vorgelegte Übersicht mit Bildatlas zeigt die Möglichkeiten der zytologischen Beurteilung auf und illustriert die Notwendigkeit, bei jeder Liquorgewinnung eine Basisdiagnostik einschließlich Zellzählung vorzunehmen sowie auch ein zytologisches Präparat in der Pappenheim-Färbung anzulegen.

Gleichwohl soll aber daran erinnert werden, dass die Aussagekraft der Liquor-Diagnostik sich erst mit der Integration von Anamnese, Klinik, Paraklinik (insbes. Bildgebung, Labor) und der weiteren Liquoranalytik in einer integrierten Befunderstellung voll entfalten kann (siehe Kap. A.8).

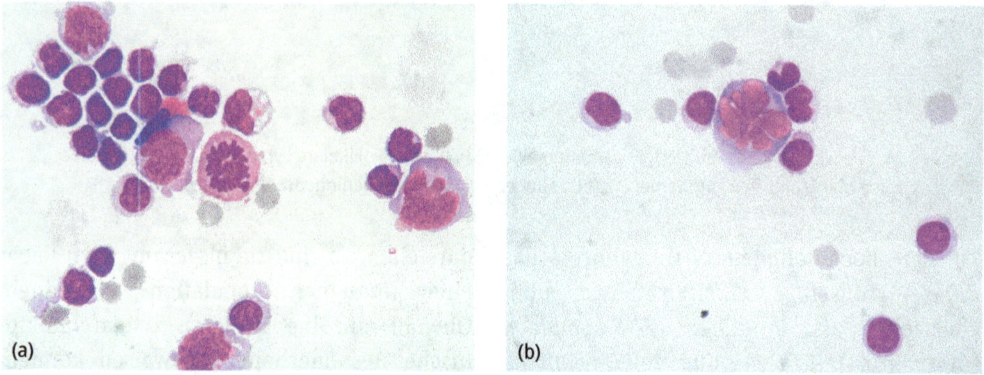

(a) (b)

Abb. B.2.41: Hochmaligne NHL. Diffus großzelliges B-NHL. Große, irreguläre Tumorzellen mit erheblich vergrößerten, irregulären Kernen mit z.T. Kerbungen sowie auffälligen irregulären Zytoplasmaausziehungen (lymphoglanduläre Körperchen) (a,b) und häufigen atypischen Mitosen (a).

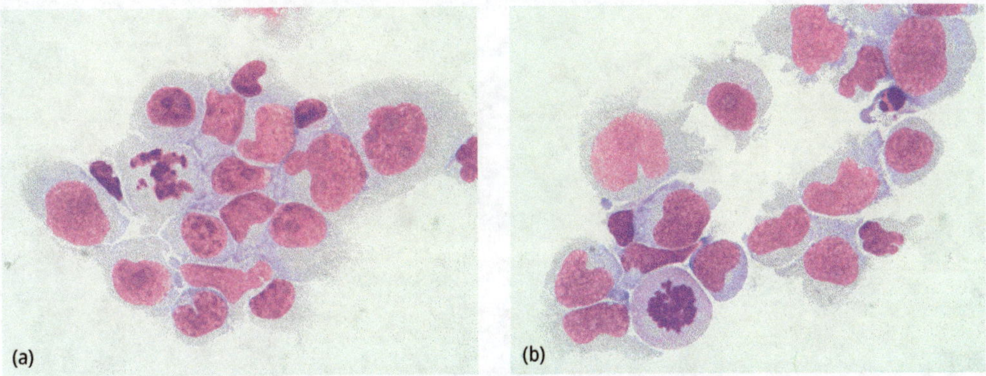

Abb. B.2.42: Hochmaligne NHL: *Burkitt-Lymphom*: Große, irreguläre Zellen mit großen Kernen, reichlich Zytoplasma; atypische Mitose; Tumorzell-Apoptose.

Tab. B.2.11: Morphologische Verwechslungsmöglichkeiten (vgl. Abb. B.2.43).

Phänomen / Aspekt (mit Abb.-Verweis in Abb. B.2.43)	**Vorkommen: entzündlich; artifiziell; degenerativ**	**DD: neoplastisch (bei Meningeosis neoplastica)**
große pigmentierte Zellen, ggf. mehrkernig (a)	Makrophagen: Siderophagen, Melanophagen	pigmentierte Melanomzellen
Große Zellen mit „leerem"/ vakuoligem Zytoplasma, randständigem Kern (b)	Lipophagen	Siegelringzellen bei Adeno-Ca (insbes. Magen, Ovar)
Multinukleär erscheinende *Riesen-Zellen* (c)	Ependym; Knorpelzellen	Tumorzellen
(kleine) Lymphozyten (d)	entzündlich, aktiviert	neoplastisch (NHL, [CLL])
Zellverbände (e–f)	z. B. Ependym; auch: Aggregation (artifiziell)	Tumorzellverbände
Mitosen (g)	stark aktivierte Lymphozyten, (v. a. bei Borreliose) seltener aktivierte Monozyten	Tumorzellen
Kernpolymorphien, Hyperchromasie	degenerativ: Abbauprozesse Autolyse (präanalytisch)	Tumorzellen

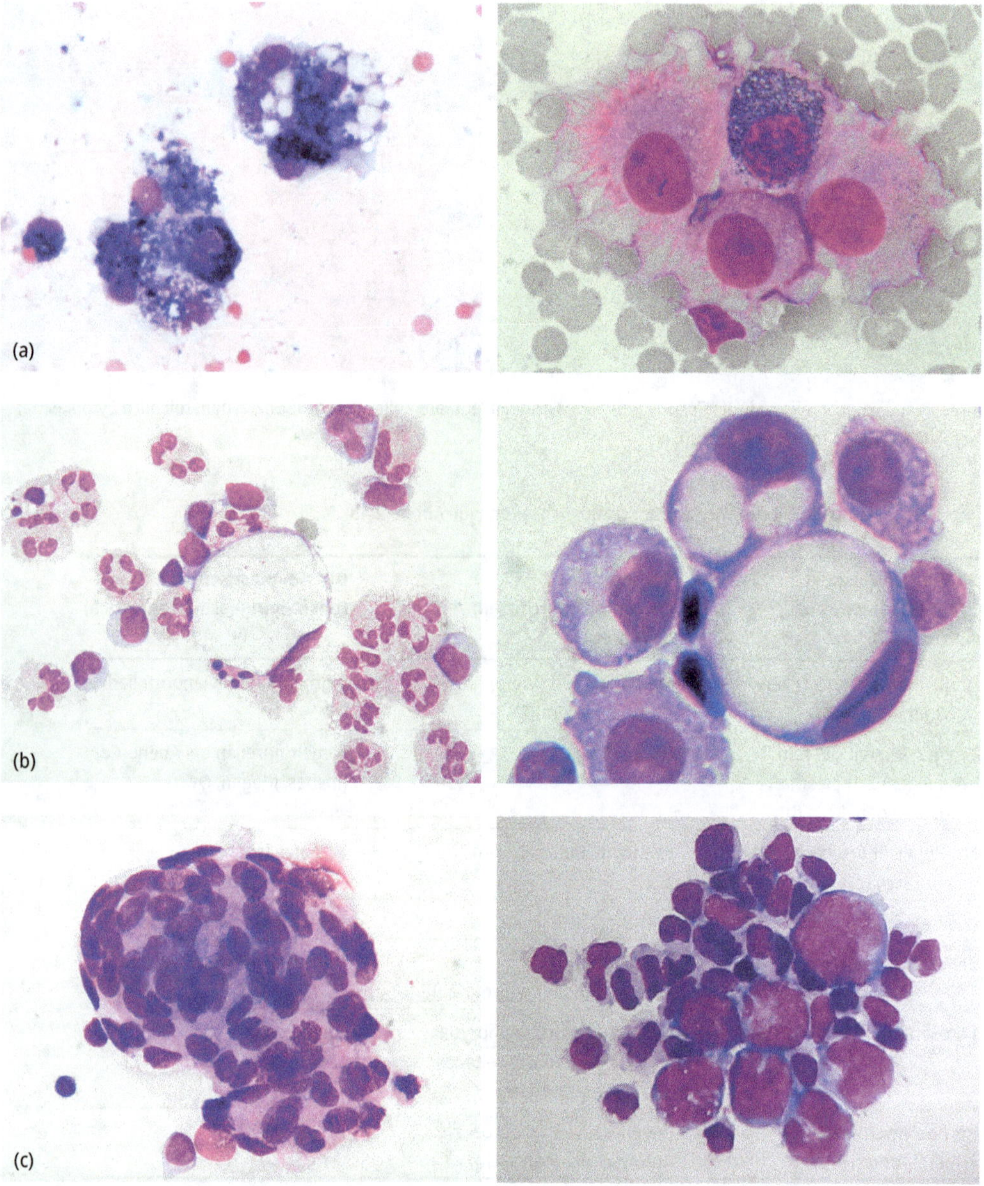

Abb. B.2.43: Häufige Verwechslungsmöglichkeiten. (a): *Große pigmentierte* Zellen, ggf. mehrkernig: Makrophagen (Siderophagen) (li.) – pigmentierte Melanomzellen (re.) (b): *Große Zellen* mit „leerem“/vakuoligem Zytoplasma, randständigem Kern („Siegelringzellen“): Lipophagen im Rahmen einer entzündlichen Abbaureaktion (li.) – Siegelringzellen bei Adeno-Ca (insbes. Magen, Ovar) (re.) (c): Multinukleär erscheinende *Riesen-Zellen/ Zellverbände:* Ependym; vgl. auch: Abb. B.2.15–17, Deckepithel; Knorpelzellen) (li.) – Tumorzellverbände, hier: Großzelliges primäres B-NHL des ZNS (re.)

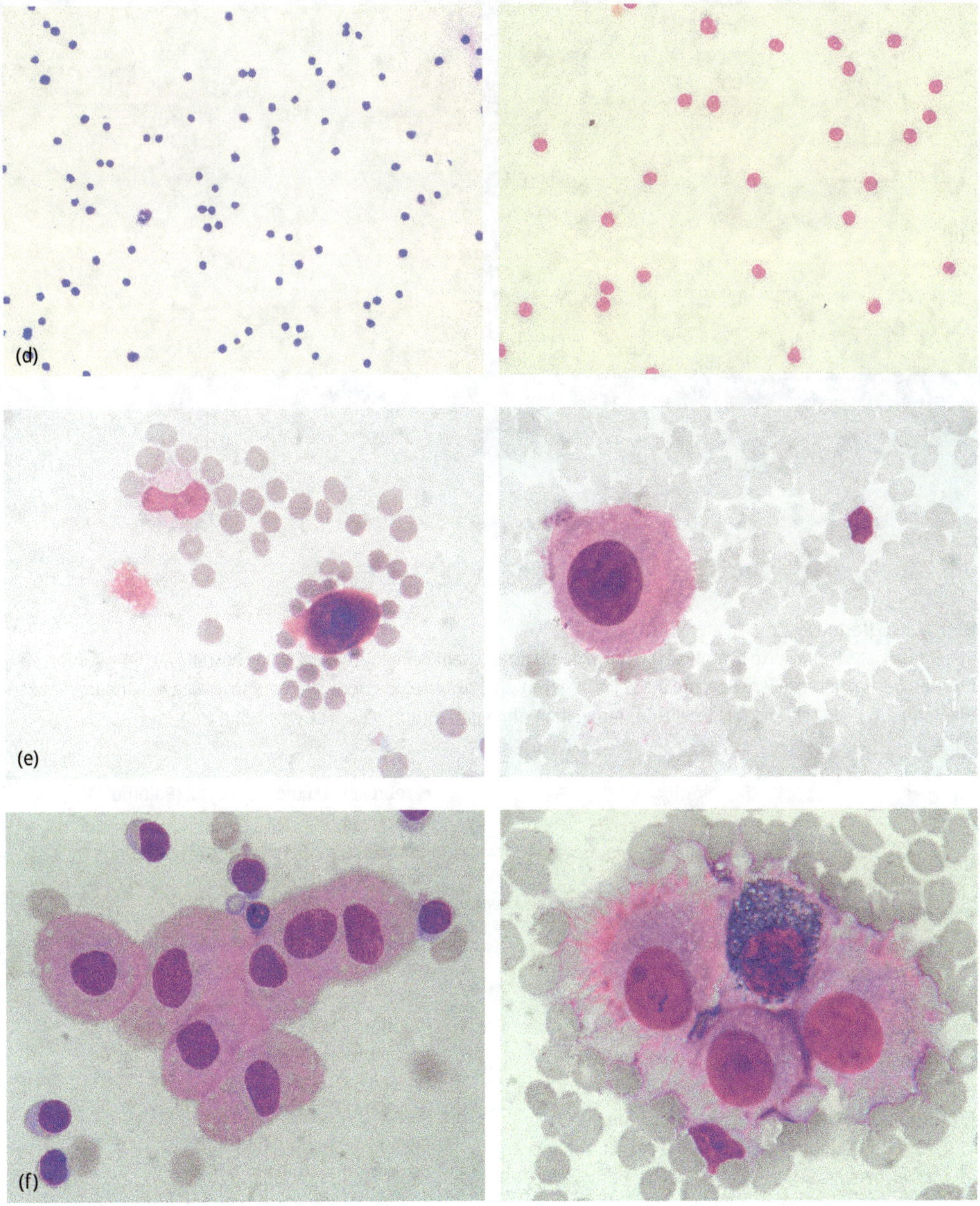

Abb. B.2.43 (fortgesetzt)
(d): *(Kleine) Lymphozyten:* Normalbefund (s. Abb. B.2.5, B.2.14) – entzündlich, gering aktiviert (li., hier: subakute Varizellen-Radikulitis) – neoplastisch (re., hier: CLL [sehr selten, älteres Präparat]; Beachte nukleäre Eindellungen bzw. Vakuolen). Zur DD sind gerade hier auch klinische Angaben unerlässlich. (e)–(f): *Zellverbände.* (e): einzelne Knorpelzelle (li.) – einzelne Melanomzelle (re.); (f): Verband von Ependymzellen (li.) – zusammengelagerte Melanomzellen (re.)

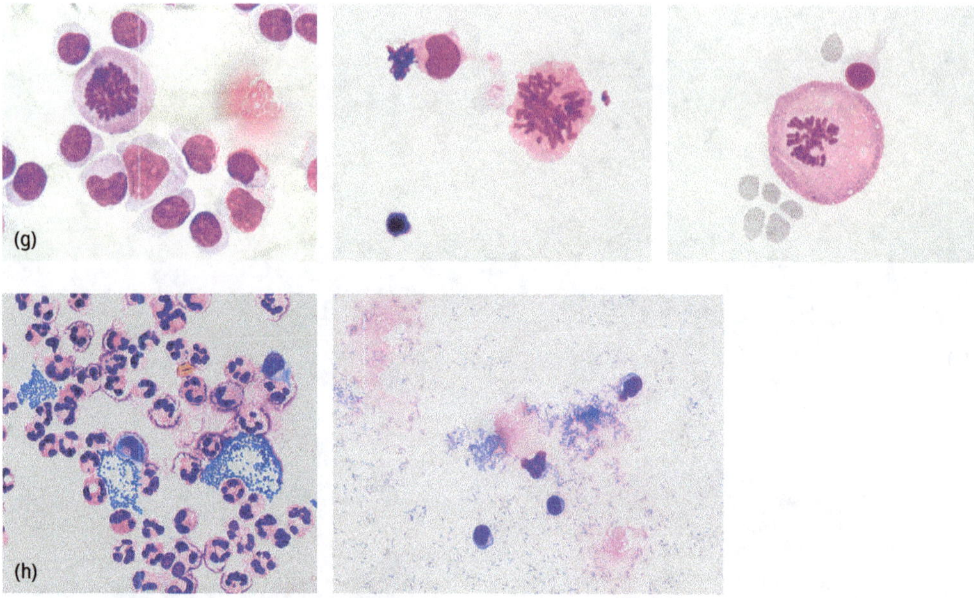

Abb. B.2.43 (fortgesetzt)
(g): *Mitosen:* stark aktivierte Lymphozyten bei akut entzündlichem Zellbild (v. a. bei Neuroborreliose) (li.) – Tumorzell-Mitosen bei Karzinomzellen: Beachte die Zellgröße (re.) (h): *Bakterien:* massenhaft Pneumokokken bei Pneumokokken-Meningitis (li.) – Mischflora (artifizielle Kontamination ohne pathognomonische Bedeutung) (re.).

Literatur

[1] Kluge H, Wieczorek V, Witte OW, et al. Stellenwert der praktischen (klassischen) Liquorzytologie im Gesamtspektrum der Liquordiagnostik. In: Kluge H, Wieczorek V, Linke E, Zimmermann K, Witte OW. Atlas der praktischen Liquorzytologie. Thieme, Stuttgart, 2005.

[2] Kluge H, Wieczorek V, Linke E, Zimmermann K, Witte OW. Atlas der praktischen Liquorzytologie. Thieme, Stuttgart, 2005.

[3] Kölmel HW. Konventionelle Liquorzytologie. In: Klinische Liquordiagnostik, 2. A. Zettl UK, Lehmitz R, Mix E (Hrsg.), S. 135–160, de Gruyter, Berlin, 2005.

[4] Sayk J. Ergebnisse neuer liquorzytologischer Untersuchungen mit dem Sedimentkammerverfahren. Ärztliche Wochenschrift. 1954;9:1042–1046.

[5] Sayk J. Zur Differenzierung des Liquorzellbildes. Ergebnisse neuer liquorcytologischer Untersuchungen mit dem Sedimentkammerverfahren (2. Mitteilung) Ärztliche Wochenschrift. 1955;10:250–254.

[6] Bots GTAM, Went LN, Schaberg A. Results of a sedimentation technique for cytology of cerebrospinal fluid. Acta Cytol (Baltimore). 1964;8:234–241.

[7] Kölmel HW. A method for concentrating cerebrospinal fluid. Acta Cytol (Baltimore). 1977;21:154–156.

[8] Grover ML, Blee E, Stokes BO. Effect of sample volume on cell recovery in cytocentrifugation. Acta Cytol. 1995;39:387–390.

[9] Woodruff KH. Cerebrospinal fluid cytology using cytocentrifugation. Am J Clin Pathol. 1973;60:621–627.

[10] Wurster U, Stark E, Engelhardt P. Liquorzytologie nach kombinierter Zentrifugation und Zytozentrifugation im Vergleich zu Sedimentation und Membranfiltration. Ärztl. Lab. 1984;30:184–188.

[11] Gondos B, King EB. Cerebrospinal fluid cytology: diagnostic accuracy and comparison of different techniques. Acta Cytol. 1976;20:542–547.

[12] Kluge H, Roskos M, Linke E, Wieczorek V, Isenmann S. Präanalytik in der Liquorzytologie. In: Kluge H, Wieczorek V, Linke E, Zimmermann K, Witte OW. Atlas der praktischen Liquorzytologie. Thieme, Stuttgart, 2005.

[13] Hansen HH, Bender RA, Shelton BJ. The cyto-centrifuge and cerebrospinal fluid cytology. Acta Cytol. 1974;18: 259–262.
[14] Lehmitz R, Kleine TO. Liquorzytologie – Ausbeute, Verteilung und Darstellung von Leukozyten bei drei Sedimentationsverfahren im Vergleich zu drei Zytozentrifugen-Modifikationen. Lab Med. 1995;18:91–99.
[15] Veerman AJP, Huismans L, van ZI. Storage of cerebrospinal fluid samples at room temperature. Acta Cytol. 1985;29:188–189.
[16] Kleine TO. Liquordiagnostik. Methoden und klinische Bedeutung – Notfall-Programm. In: Klinische Liquordiagnostik, 2. A. Zettl UK, Lehmitz R und Mix E (Hrsg.), S. 129–130. De Gruyter, Berlin, 2005.
[17] Tumani H, Petereit H-F, et al. Lumbalpunktion und Liquordiagnostik, S1-Leitlinie, 2019, in: Deutsche Gesellschaft für Neurologie (Hrsg.), Leitlinien für Diagnostik und Therapie in der Neurologie. Online: www.dgn.org/leitlinien (abgerufen am 26.08.2023)
[18] Strik H, Luthe H, Nagel I, Ehrlich B, Bahr M. Automated cerebrospinal fluid cytology: limitations and reasonable applications. Analytical and Quantitative Cytology and Histology. 2005;27:167–173.
[19] Heller T, Nagel I, Ehrlich B, Bahr M, Strik H. Automated cerebrospinal fluid cytology. Anal Quant Cytol Histol. 2008;30:139–144.
[20] Kluge H, Roskos M, Kluska MM. Zellpräparation (Sedimentation) und Färbung der Zellpräparate. In: Kluge H, Wieczorek V, Linke E, Zimmermann K, Witte OW. Atlas der praktischen Liquorzytologie. Thieme, Stuttgart, 2005.
[21] Lueg G, Gross CC, Lohmann H, et al. Clinical relevance of specific T-cell activation in the blood and cerebrospinal fluid of patients with mild Alzheimer's disease. Neurobiol Aging. 2015;36:81–89.
[22] Isenmann S, Strik H, Wick M, Gross CC. Liquorzytologie: Methoden und Möglichkeiten. Fortschr Neurol Psychiatr. 2017;85(10):616–630.
[23] Sayk J. Cytologie der Cerebrospinal Flüssigkeit. Fischer Verlag, Jena, 1962.
[24] Wick M, Gross CC, Isenmann S, Strik H. Liquorzytologie : Standards, Stellenwert und moderne Methoden [Cytology of cerebrospinal fluid : Standards, importance and modern methods]. Nervenarzt. 2016;87(12):1276–1281.
[25] Zettl UK, Mix E, Lehmitz R. Liquorveränderungen nach diagnostischen oder therapeutischen Eingriffen. In: Zettl UK, Lehmitz R, Mix E (Hrsg). 2. A., S. 456–458. de Gruyter, Berlin, 2005.
[26] Isenmann S, Lührs A. Entzündliche ZNS-Erkrankungen. In: Facharztprüfung Neurologie in Fällen, Fragen und Antworten. Sieb JP, Block F (Hrsg.), S. 127–139. Elsevier, München, 2022.
[27] Schönenberg H. Das Liquorzellbild bei der Meningitis tuberculosa. Monatsschr Kinderheilkd. (1949;97:509–515.
[28] Sayk J. Klinischer Beitrag zur Liquor-Eosinophilie und Frage der allergischen Reaktion im Liquorraum. Dtsch Z Nervenheilkd. 1957;177:62–72.
[29] Bosch I, Oehmichen M. Eosinophilic granulocytes in cerebrospinal fluid: analysis of 94 cerebrospinal fluid specimen and review of the literature. J Neurol. 1978;219:93–105.
[30] Hoffmann HG, Kölmel HW, Alexander M. Eosinophile Meningomyelitis. Infection. 1982;10:28–30.
[31] Kolar O, Zeman W, Ciembroniewicz J, et al.: Über die Bedeutung der eosinophilen Leukozyten bei neurologischen Krankheiten. Wien Z Nervenheilkd. 1969;27:97–106.
[32] Kuberski T. Eosinophils in the cerebrospinal fluid. Ann Intern Med. 1979;91:70–75.
[33] Wieczorek V, Kluge H, Witte OW, et al. Pathologische Liquorzellbefunde bei intrakraniellen Blutungen, traumatischen und hypoxisch-ischämischen Hirnschädigungen. In: Kluge H, Wieczorek V, Linke E, Zimmermann K, Witte OW. Atlas der praktischen Liquorzytologie. Thieme, Stuttgart, 2005.
[34] Kluge H, Kalff R. Besonderheiten des Ventrikelliquors. In: Klinische Liquordiagnostik, 2. A. Zettl UK, Lehmitz R, Mix E (Hrsg.), S. 366–379. de Gruyter, Berlin, 2005.
[35] Duhaime AC. Eosinophilia following Shunting. J Neurosurg. 1992;76:724–725.
[36] Wieczorek V, Kluge H, Isenmann S, et al. Pathologische Liquorzellbefunde bei primären und metastatischen Tumoren des ZNS, malignen Lymphomen und Leukämien. In: Kluge H, Wieczorek V, Linke E, Zimmermann K, Witte OW. Atlas der praktischen Liquorzytologie. Thieme, Stuttgart, 2005.
[37] Finn WG, Peterson LC, James C, et al. Enhanced detection of malignant lymphoma in cerebrospinal fluid by multiparameter flow cytometry. Am J Clin Pathol. 1998;110:341–346.
[38] Wertlake PT, Markovits BA, Stellar S. Cytologic evaluation of cerebrospinal fluid with clinical and histological correlation. Acta Cytol (Baltimore). 1972;16:224–239.

[39] Sayk J. The cerebrospinal fluid in brain tumours. In: P. J. Vinken, G. W. Bruyn (Hrsg.): Handbook of Clinical Neurology. Vol. XIII. S. 360–417. North Holland Publ., Amsterdam 1974.

[40] Wieczorek V. Erfahrungen mit der Tumorzelldiagnostik im Liquor cerebrospinalis bei primären und metastatischen Hirngeschwülsten. Dtsch Z Nervenhk. 1964;186:410–432.

[41] Wilkins RH, Odom GL. Cytological changes in cerebrospinal fluid associated with resections of intracranial neoplasms. J Neurosurg. 1966;25:24–36.

[42] Louis DN, Perry A, Wesseling P, et al. The 2021 WHO Classification of Tumors of the Central Nervous System: a summary. Neuro Oncol. 2021;23(8):1231–1251.

[43] Strik HM, Effenberger O, Schäfer O, et al. A case of spinal glioblastoma multiforme: immunohistochemical study and review of the literature. J Neurooncol. 2000;50(3):239–43.

[44] Louis DN, Perry A, Reifenberger G,et al. The 2016 World Health Organization Classification of Tumors of the Central Nervous System: a summary. Acta Neuropathol. 2016;131(6):803–20.

[45] Bammer H. Zur Tumorzelldiagnostik im Liquor cerebrospinalis. Dtsch Z Nervenhk. 1963/64;185:89–109.

[46] Spriggs AJ. Malignant cells in cerebrospinal fluid. J Clin Path. 1954;7:122–130.

[47] Perske C, Nagel I, Nagel H, Strik H. CSF cytology – the ongoing dilemma to distinguish neoplastic and inflammatory lymphocytes. Diagn Cytopathol. 2011;39(8):621–6.

[48] Gerard-Marchant R, Hamlin I, Lennert K, et al. Classification of non-Hodgkin's lymphomas. Lancet. 1974;2:406–408.

[49] Swerdlow SH, Campo E, Harris NL, et al. WHO classification of Tumours of the Haematopoetic and Lymphoid Tissues. Lyon, France. IARC; 2008.

Weiterführende Literatur

Bigner HS, Johnston WW. Cytopathology of the Central Nervous System. Masson, New York, 1983

Bigner SH. Cytopathology of the central nervous system. Edward Arnold Publishers, London, 1994.

Boogerd W, Vroom THM, Van Heerde P et al. CSF cytology versus immunocytochemistry in meningeal carcinomatosis. J Neurol Neurosurg Psychiatry. 1988;51:142–145.

Cavenee, Louis, Ohgaki, Wiestler, Hrsg. WHO Classification of Tumours of the Central Nervous System. Lyon, IARC Press, 2007, ISBN 92-832-2430-2.

Den Hartog Joger WA. Color Atlas of CSF cytology. Lippincott, Philadelphia, 1980.

Dufresne JJ. Praktische Zytologie des Liquors. Ciba-Geigy, Basel, 1973.

Gerard-Marchant R, Hamlin I, Lennert K, Rilke F, Stansfeld A, van Unnik J: Classification of non-Hodgkin's lymphomas. Lancet. 1974; 2:406–408.

Gondos B, King EB. Cerebrospinal fluid cytology: diagnostic accuracy and comparison of different techniques. Acta Cytol. 1976;20:542–547.

Grisold W, Weiss R, Jellinger K. Klinik und zytologische Diagnostik der meningealen Neoplasien. In: von Heyden HW, Krauseneck P (Hrsg) Hirnmetastasen. Zuckschwerdt, Miinchen Bern Wien. S 49–79, 1983.

Grover ML, Blee E, Stokes BO. Effect of sample volume on cell recovery in cytocentrifugation. Acta Cytol. 1995;39:387–390.

Hansen, HH, Bender RA, Selton BJ. The cyto-centrifuge and cerebrospinal fluid cytology. Acta Cytol Histol. 1974;18:259–262.

Heller T, Nagel I, Ehrlich B, Bähr M, Strik H. Automated cerebrospinal fluid cytology. Anal Quant Cytol Histol. 2008;30:139–144.

Isenmann S, Strik H, Wick M, Gross CC. Liquorzytologie: Methoden und Möglichkeiten. Fortschr Neurol Psychiatr. 2017;85(10):616–630.

Jellinger K, Grisold W, Weiss R. Zytologische Differenzierung von Malignomzellen des Liquor cerebrospinalis. In: Kölmel HW (Hrsg) Zytologie des Liquor cerebrospinalis. VCH, Weinheim, 1986, S 137–175.

Kleihues P, Cavenee WK, Eds. Pathology and Genetics of Tumours oft he nervous system. IARC press, Lyon, 2000.

Kleine TO. Liquordiagnostik. Methoden und klinische Bedeutung. In: Zettl U, Lehmitz R, Mix E (eds) Klinische Liquordiagnostik. De Gruyter, Berlin, 2003, pp 129–130.

Kluge H, Wieczorek V, Linke E, Zimmermann K, Witte OW. Atlas der praktischen Liquorzytologie. Thieme, Stuttgart, 2005.

Kluge H, Wieczorek V, Linke E, Zimmermann K, Isenmann S, Witte OW. Atlas of CSF Cytology Thieme, Stuttgart, 2006 (engl. Ausgabe).

Kluge H, Isenmann S, Kühn HJ, et al. Praktische Liquorzytologie / CD-ROM. Ein interaktiver Trainingskurs für Neurologen und Labormediziner. Thieme Stuttgart, 2007.

Kluge H, Isenmann S, Kühn HJ, et al. Practical CSF Cytology / CD-ROM. An interactive training course for Neurologists, Neuropathologists, and Lanboratory Physicians. Thieme, Stuttgart, 2008 (engl. Ausgabe).

Kölmel HW. Zytologie des Liquor cerebrospinalis. Weinheim, Edition Medizin, VCH, 1986.

Kölmel HW. Conventional CSF cytology. Klinische Liquordiagnostik. In: Zettl UK, Mix E, Lehmitz R (eds). Walter de Gruyter, Berlin, 2003, pp 135–160.

Lehmitz R, Kleine TO. Liquorzytologie – Ausbeute, Verteilung und Darstellung von Leukozyten bei drei Sedimentationsverfahren im Vergleich zu drei Zytozentrifugen-Modifikationen. Lab med. 1995;18:91–99.

Louis DN, Ohgaki H, Wiestler OD, et al.: WHO Classification of Tumours of the Central Nervous System (Revised 4th Edition). Hrsg.: International Agency for Research on Cancer. Lyon 2016, ISBN 978–92–832–4492–9.

Lueg G, Gross CC, Lohmann H, et al. Clinical relevance of specific T-cell activation in the blood and cerebrospinal fluid of patients with mild Alzheimer's disease. Neurobiol Aging. 2015;36:81–89.

Oehmichen M. Cerebrospinal fluid cytology. An Introduction and Atlas. Stuttgart, Thieme, 1976.

Oehmichen M, Wiethölter H, Sayer H. Zytologie des Liquor cerebrospinalis. Eine Diasammlung mit Begleittext. Recom, 1980.

Olischer RM. Die Zellreaktionen des Liquor cerebrospinalis. Ergebnisse liquorzytologischer Untersuchungen in der Klinik entzündlicher und Tumorerkrankungen des Zentralnervensystems. Habilitationsschrift, Rostock 1969.

Oschmann P, Kaps M, Volker J, et al. Meningeal carcinomatosis: CSF cytology, immunocytochemistry and biochemical tumor markers. Acta Neurol Scand. 1994;89:395–399.

Perske T, Nagel I, Nagel H, Strik H. CSF cytology – the ongoing dilemma to distinguish neoplastic and inflammatory lymphocytes. Diagn Cytopathol. 2011;39(8): 621–6.

Rehm O. Atlas der Zerebrospinalflüssigkeit. G. Fischer, Jena, 1932.

Rich JR. A survey of cerebrospinal fluid cytology. Acta Cytol (Baltimore). 1967;11:289–294.

Rosenthal D. Cytology of the central nervous system. Karger, Basel 1984.

Sayk J. Cytologie der Cerebrospinalflüssigkeit. Jena, Gustav Fischer, 1960.

Schmidt RM. Atlas der Liquorzytologie. Leipzig, Barth, 1978.

Spriggs AJ. Malignant cells in cerebrospinal fluid. J Clin Path. 1954;7:122–130.

Stein H. Die neue WHO-Klassifikation der malignen Lymphome. Pathologe. 2000;21:101–5.

Strik H, Prommel P. Diagnosis and individualized therapy of neoplastic meningitis. Expert Rev Anticancer Ther. 2010;10:1137–1148.

Strik H, Luthe H, Nagel I, Ehrlich B, Bähr M. Automated cerebrospinal fluid cytology: limitations and reasonable applications. Anal Quant Cytol Histol. 2005;27:167–173.

Swerdlow SH, Campo E, Harris NL, et al. WHO classification of Tumours of the Haematopoetic and Lymphoid Tissues. Lyon, France. IARC; 2008.

Tumani H, Petereit H-F, et al. Lumbalpunktion und Liquordiagnostik, S1-Leitlinie, 2019, in: Deutsche Gesellschaft für Neurologie (Hrsg.), Leitlinien für Diagnostik und Therapie in der Neurologie. Online: www.dgn.org/leitlinien (abgerufen am 30.06.2024)

Veerman AJ, Huismans L, van Zantwijk I. Storage of cerebrospinal fluid samples at room temperature. Acta Cytol. 2985;29:188–189.

Wick M, Gross CC, Isenmann S, Strik H. Liquorzytologie : Standards, Stellenwert und moderne Methoden [Cytology of cerebrospinal fluid: Standards, importance and modern methods]. Nervenarzt. 2016;87(12):1276–1281.

Wieczorek V. Erfahrungen mit der Tumorzelldiagnostik im Liquor zerebrospinalis bei primären und metastatischen Hirngeschwülsten. Dt Z Nervenheilk. 1964;186:410–432.

Wiethölter H, Oehmichen M. Liquorzytologie. In: Gänshirt H, Berlit P, Haack G (Hrsg) Akute entzündliche Erkrankungen des Zentralnervensystems und seiner Hüllen. Perimed, Erlangen, 1984, S 182–186.

Woodruff KH. Cerebrospinal fluid cytomorphology using cytocentrifugation. Am J Clin Pathol. 1973;60:621–627.

Worofka B, Lassmann J, Bauer K, Kristoferitsch W. Praktische Liquorzelldiagnostik. Springer, Wien, 1997.

2.2 Immunzytologie

Manfred Wick

2.2.1 Indikation

Immunzytologische Methoden können in der Liquordiagnostik als Ergänzung zur konventionellen Zytologie (**B.2.1**) vor allem zum Nachweis und der Charakterisierung maligner Zellen sowie ggf. auch zur näheren Charakterisierung der Immunantwort in der Diagnostik entzündlicher Erkrankungen des ZNS eingesetzt werden.

Limitierender Faktor ist dabei häufig die geringe Zellzahl sowie die geringe Stabilität von Liquorzellen. Somit kann im Einzelfall die Indikation zu einer immunzytologischen Untersuchung nicht nur in Abhängigkeit der klinischen Fragestellung, sondern erst bei Kenntnis von Zellzahl und zytomorphologischen Befund gestellt werden. In Anbetracht der geringen Stabilität von Liquorzellen muss innerhalb von 2 Stunden eine entsprechende Entscheidung zumindest bzgl. der Zellpräparation erfolgen. Ansonsten ist eine immunzytologische Charakterisierung ggf. erst nach einer Kontrollpunktion möglich.

Nach bisheriger Erfahrung ist der größte klinische Nutzen beim empfindlichen Nachweis und Charakterisierung maligner Zellen im Rahmen einer Meningeosis neoplastica zu erwarten. Dies betrifft insbesondere

- Charakterisierung von morphologisch atypischen Zellen unklarer Herkunft [2,11]
- empfindlicherer Nachweis von Zellen solider Tumoren mit geringer Zellaussaat in den Liquor [2,11]
- Differentialdiagnose „lymphozytäre Entzündung versus niedrig malignes Lymphom“ [4,6,11]
- empfindlicherer Nachweis primärer ZNS-Lymphome mit geringer Zellaussaat [6].

Im Gegensatz zu den genannten Indikationen erfordert eine Meningeosis neoplastica mit ausgeprägter Zellaussaat bei bekannter Primärerkrankung (z. B. bei akuten Leukämien oder systemischen Lymphomen höheren Malignitätsgrades) in der Regel keine immunzytologische Bestätigung, da die entsprechenden atypischen bzw. blastären Zellen bereits morphologisch erkennbar sind und deren Herkunft als bekannt vorausgesetzt werden kann.

Abgesehen von malignen Erkrankungen kann die Immunzytologie auch zur besseren Charakterisierung einer überwiegend lymphozytären Immunantwort beitragen. Der klinische Nutzen für die Differentialdiagnose entzündlicher Erkrankungen ist abgesehen vom Nachweis aktivierter B-Lymphozyten weniger offenkundig.

Aktivierte B-Lymphozyten mit intrazellulärer Immunoglobulinproduktion können in der Frühphase entzündlicher Erkrankungen bereits zur Differentialdiagnose beitragen [10], bevor die entsprechenden Immunglobuline auch sezerniert werden (siehe auch **A.7.2** und **B.2.3**).

2.2.2 Präanalytik

Die Möglichkeiten einer immunozytologischen Liquordiagnostik sind nicht selten durch die geringe Zellzahl und geringe Stabilität der Liquorzellen beschränkt. Um einen Verlust wichtiger Antigene sowie unspezifische Bindungen von Antikörpern an autolytische Zellen auszuschließen, sollte zumindest die Zellpräparation innerhalb von 2 Stunden nach der Punktion erfolgen. Somit ist Postversand von frischem Liquor an externe Laboratorien nicht möglich, als Notlösung können nach vorheriger Rücksprache mit dem analysierenden Labor ggfs. fixierte oder luftgetrocknete Präparate verschickt oder mittlerweile verfügbare kommerzielle Stabilisatoren dem Liquor zugefügt werden.

Starke Erschütterungen oder Temperaturschwankungen der Liquorprobe sollten vermieden werden, eine Kühlung gewährleistet keine belegbare verlängerte Haltbarkeit.

Insbesondere bei Leukämien und systemischen Lymphomen mit leukämischer Aussaat sollte eine artifiziell blutige Punktion unbedingt vermieden werden, da andernfalls zwangsläufig maligne Zellen in den Liquor verschleppt werden können und zu einem falsch positiven Befund führen. Auch die Charakterisierung einer Immunantwort würde durch die Verschleppung von Blutlymphozyten verfälscht.

Die erforderliche Probenmenge ist stark abhängig von der Zellzahl und der Anzahl der zu untersuchenden Antigene (realistisch ca. 3–5 ml Liquor). Pro Markierung sollten für mikroskopische Verfahren mindestens 1000 Zellen, für durchflusszytometrische Methoden pro untersuchter Antigenkombination in Mehrfachmarkierung besser 5–10.000 Zellen verfügbar sein. Dies schränkt die Anwendbarkeit durchflusszytometrischer Verfahren erheblich ein. Erfahrungsgemäß sind häufig die verfügbaren Zellmengen hierfür zu gering (außer: Meningeosis leucaemica und lymphomatosa).

2.2.3 Methoden

Mikroskopische Verfahren [6,12]

Mikroskopisch sind grundsätzlich immunfluoreszenzmikroskopische und immunzytochemische Methoden zu unterscheiden. Diese sind prinzipiell als gleichwertig anzusehen, weisen jedoch einige praktische Vor- und Nachteile auf, die bei der Auswahl berücksichtigt werden müssen. Gemeinsamer Vorteil ist der geringe Zellbedarf, der bei mindestens 1000 Zellen, besser jedoch 5000 Zellen pro Antigenmarkierung liegt. Die Immunzytochemie mit Immun-Peroxidase oder -alkalischer Phosphatase weist grundsätzlich den Vorteil einer besseren Haltbarkeit der Präparate sowie der besseren Zuordnung zwischen Antigenexpression und morphologischem Zelltyp auf. Dies wird jedoch durch die Möglichkeit einer Diffusion des nicht festgebundenen Farbstoffs, der in der Nachweisreaktion entsteht, wieder beeinträchtigt, bei Immunperoxidasemethoden muss außerdem die endogene Peroxidaseaktivität myeloischer Zellen und ggf. des Hämoglobins berücksichtigt werden. Demgegenüber weist die Immunfluoreszenz durch die feste Koppelung von Fluroreszenzfarbstoffen und Antikörpern eine bessere Zuordenbarkeit zu zellulären Strukturen auf. Die Präparate sind jedoch nicht haltbar, die Zuordnung zwischen Antigenexpression und bestimmten Zelltypen ist wegen des erforderlichen Wechsels zwischen Fluoreszenz- und Durchlicht schwieriger zu beurteilen.

Zellpräparation für mikroskopische Methoden

Zur Vermeidung unspezifischer Bindungen an autolytische Zellen sind Zytozentrifugenpräparate weniger geeignet, vorzuziehen ist das Auftragen eines durch schonende Zentrifugation gewonnenen Liquorzellsediments in Aliquots von ca. jeweils 1–5000 Zellen pro Markierung auf beschichtete Mehrfeld-Adhäsions-Objektträger [6]. Kontaminierende Liquorproteine, insbesondere Immunglobuline, müssen durch Waschung mit Phosphatpuffer entfernt werden. Die Wahl des Fixiermittels ist abhängig von der Methode. Glutaraldehyd ist wegen der hohen Autofluoreszenz für Immunfluoreszenzverfahren nicht geeignet, bei immunzytochemischen

Methoden jedoch zur Antigenschonung vorzuziehen. Zur Immunfluoreszenz kann Methanol verwendet werden, was auch zur Membranpermeabilisierung für intrazelluläre Antigene führt. Andernfalls können hierfür zusätzlich Detergenzien verwendet werden.

Die zur Markierung angewendeten Antikörper sollten vorher titriert worden sein, um die maximal anwendbare Konzentration, die noch nicht zur einer unspezifischen Hintergrundfärbung führt, zu ermitteln. Dennoch sollte in jedem einzelnen Ansatz als Negativkontrolle eine Isotypkontrolle sowie als Positivkontrolle ein häufiges Antigen, wie z. B. CD45 auf Leukozyten, mitgeführt werden.

Durchflusszytometrie [5,12]

Hauptnachteil in der Liquordiagnostik ist der große Zellbedarf, mindestens 5000 Zellen pro Mehrfachmarkierung sind erforderlich. Dies schließt eine umfangreichere Diagnostik bei zellarmen Liquores von vornherein aus. Bei ausgeprägten Pleozytosen kann dagegen die Charakterisierung von Leukämie- und Lymphomzellen sowie auch einer lymphozytären Immunantwort dadurch gegebenenfalls rationeller erfolgen. Insbesondere ist durch die Möglichkeit von Mehrfach-, mindestens Dreifach-Markierungen die Klonalitätsprüfung von B-Zellen sowie generell die Erkennung atypischer Zellen mit aberranter Antigenexpression erleichtert. Ähnliches gilt auch für die Charakterisierung einer lymphozytären Immunantwort, z. B. der Nachweis von B-Zellen mit CD5-Coexpression.

Im Vergleich zu Analysen aus peripherem Blut oder Knochenmarksblut ergibt sich zumindest für nichtblutige Liquores eine vereinfachte Vorgehensweise, da die Notwendigkeit einer Dichtegradientenzentrifugation oder einer Erythrozyten-Lyse entfällt. Das weitere Vorgehen entspricht zumindest bei vergleichbarer Zellzahl den üblichen Methoden für peripheres Blut, bei wesentlich niedrigerer Zellzahl muss dagegen die zugegebene Antikörpermenge entsprechend reduziert werden (Cave: unspezifische Bindungen!). Wegen äußerst unterschiedlicher Zellzahlen im Ausgangsliquor muss insbesondere bei zellarmen Proben ggf. zunächst durch schonende Zentrifugation ein angereichertes Zellsediment hergestellt werden, um für die Messung eine ausreichende Zelldichte zu erzielen, bei hoher Zellzahl (> 100/µl) kann ggf. Nativliquor verwendet werden. Zur Erkennung unspezifischer Bindungen insbesondere bei autolytischen Zellen ist hier die Isotypkontrolle besonders wichtig. Bei der Analyse erfolgt je nach gesuchter Zellpopulation (z. B. Lymphozyten, Blasten) ein geeignetes Gating nach den Streulichteigenschaften der Zellen.

Eingesetzte Antikörper [2,3,7–9]

Die Antikörperspezifitäten zur Abklärung der jeweiligen Fragestellung sind grundsätzlich bei mikroskopischen und durchflusszytometrischen Methoden die gleichen, jedoch erlaubt die Durchflusszytometrie den Einsatz von fluoreszenzmarkierten Primärantikörpern und in diesem Zusammenhang Mehrfachmarkierungen, während bei immunzytochemischen Methoden generell indirekte Markierungen erforderlich und bei gleichem Farbstoff Doppelmarkierungen generell nicht möglich sind. Auch bei der Immunfluoreszenzmikroskopie sind häufig indirekte Markierungen zur Sensitivitätssteigerung erforderlich, bei Detektion von zwei unterschiedlichen Fluoreszenzwellenlängen sind mit Einschränkungen Doppelmarkierungen möglich, jedoch schwierig auszuwerten.

Das für die Markierung eingesetzte Antikörperpanel variiert stark je nach evtl. bekanntem Primärtumor, verfügbarer Zellzahl, zytomorphologischem Befund und aktueller Fragestellung:

Lymphome und lymphatische Leukämien* allgemein: Terminale Desoxyribonukleotidyltransferase TdT, CD34,CD30.

T-Zell-assoziiert: CD1a, CD2, CD3, CD4, CD8, CD5, CD7

B-Zell-assoziiert. CD10, CD19, CD20, CD22, CD23, IgM, Kappa, Lambda.

*Umfassendere Panels z. B. EUROFlow sind beschrieben [3], jedoch für Liquor in der Regel nicht anwendbar oder notwendig.

Myeloische Leukämien*

CD34, CD117, CD33, CD13, CD14, CD64, MPO, Lysozym.

*Umfassendere Panels z. B. EUROFlow sind beschrieben [3], jedoch für Liquor in der Regel nicht anwendbar oder notwendig.

Karzinome und mesenchymale Tumoren

Zytokeratine, CEA, EMA, NSE, S-100-Protein, Vimentin, HMB 45.

Primäre Hirntumoren (außer ZNS-Lymphom)

Vimentin, GFAP, Neurofilament, NSE, S-100-Protein, Zytokeratine. Diese Antigene dienen nur der groben Zelllinienzuordnung, in neuropathologischen Speziallaboratorien stehen weitere, spezifischere zur Verfügung

Je nach Zellzahl und verfügbaren Vorinformationen muss im Einzelfall ein geeignetes Antikörperpanel zusammengestellt werden.

2.2.4 Analytische Bewertung

Auswertung

Die Frage, ob eine Zelle als spezifisch markiert und damit als positiv für ein bestimmtes Antigen anzusehen ist, kann nur im Vergleich zu Negativ- und Positivkontrollen entschieden werden. Besonders wichtig ist dabei die Negativ (Isotyp)-Kontrolle, die in jedem Fall sowohl bei der Durchflusszytometrie als auch bei fluoreszenzmikroskopischen oder immunzytochemischen Methoden mitgeführt werden sollte. Ihre maximale Markierungsintensität gibt die Obergrenze von Autofluoreszenz und unspezifischen Bindungen an. Bei der Durchflusszytometrie erfolgt die Trennung zwischen solchen unspezifischen Signalen einerseits und der spezifischen Markierung andererseits elektronisch, während dies andernfalls mit dem Auge des Untersuchers durchgeführt werden muss. Nach diesem Prinzip wird üblicherweise der Anteil der für ein bestimmtes Antigen positiven Zellen an der Gesamtzahl der kernhaltigen Zellen oder auch Leukozyten ermittelt. Bei der Bestimmung von Lymphozytensubpopulationen wird gegebenenfalls auch lediglich auf die Gesamtzahl der Lymphozyten bezogen. Wichtige Doppelmarkierungen z. B. zur Klonalitätsbestimmung oder zum Nachweis aberranter Antigenexpressionen bei durchflusszytometrischen Analysen sollten separat angegeben werden.

Plausibilitätskontrolle

Eine Plausibilitätskontrolle ist über die Summen einander ausschließender Zellpopulationen bzw. Antigenexpressionen möglich. So sollte z. B. die Summe von T-, B- und NK-Lymphozyten der Gesamtzahl der Lymphozyten entsprechen oder die Summe aus lymphatischen Zellen, Monozyten, myeloischen Zellen und ggf. atypischen epithelialen Zellen wiederum der Gesamtzahl der kernhaltigen Zellen entsprechen, sofern keine Kontamination durch Normoblasten aus artifiziell verschlepptem Knochenmark vorliegt. Eine Gegenkontrolle ist auch über das morphologische Liquorzytogramm möglich, wobei allerdings berücksichtigen ist, dass sich die relative Zellverteilung bei Präparation auf Adhäsionsobjektträgern durch selektive Zellverluste verändern kann.

Normalbefunde

Ein normaler Liquor enthält nur wenige Zellen pro µl, im wesentlichen Lymphozyten und Monozyten etwa im Verhältnis 2:1. Die Lymphozyten sind überwiegend (> 80 %), T-Zellen mit einem CD4/CD8-Verhältnis von 1,8 bis 5,5, B-Zellen bis maximal 3 % [5]. Monoklonale, unreife oder anderweitig atypische Lymphozyten sind nicht nachweisbar [6]. Daneben kann normaler Liquor vereinzelt Plexus- oder Ependym-Zellen enthalten, desgleichen auch ggf. verschleppte normale Plattenepithelien von der Haut, die zytokeratinmarkiert sind. Hier müssen zur Unterscheidung von Karzinomzellen die Morphologie und ggf. andere Antigene wie CEA herangezogen werden. Vereinzelt können auch normale Gliazellen mit Vimentin- und GFAP-Markierung nachweisbar sein.

2.2.5 Klinische Bewertung

Karzinome und andere solide Tumoren

Eine Liquoraussaat im Rahmen von Karzinomen, Melanomen und Sarkomen oder (selten) primären Hirntumoren gibt sich in der Regel morphologisch durch in der Regel größere atypische Zellen, die zum Teil in Zellverbänden auftreten, mit gehäuften Mitosen zu erkennen. Der Sensitivitätsgewinn durch eine immunzytologische Untersuchung ist dabei eher marginal (ca. 5–10 %) und im Wesentlichen auf die Fälle mit geringer Tumorzellaussaat beschränkt, die der morphologischen Beobachtung auch eines geübten Untersuchers entgehen. Dies gilt vor allem auch für Fälle mit niedriger Zellzahl, die eine Meningeosis neoplastica zwar unwahrscheinlich machen, aber nicht sicher ausschließen.

Klinisch bedeutsamer dürfte jedoch der Spezifitätsgewinn sein, der in Zweifelsfällen in mehrfacher Hinsicht erzielt werden kann: Zelllinienzuordnung bei morphologisch atypischen Zellen unklarer Herkunft (siehe Tab. B.2.12) [2,7,11]:

Bei einer Tumorzellaussaat unklarer Herkunft lässt sich zunächst eine grobe Zelllinienzuordnung anhand der Expression bzw. des Fehlens verschiedener Antigengruppen vornehmen. Epitheliale Antigene wie Zytokeratine, EMA sowie onkofetale Antigene wie CEA sprechen für die Zuordnung zu einem Karzinom, wobei einige Sonderformen durch

Tab. B.2.12: Immunzytologische Differenzierung zwischen ZNS-Metastase und primärem Hirntumor [nach 2,7,11].

	CEA	EMA	Zytokeratine	Vimentin	Desmin	GFAP	Neurofilament
Metastasen							
Karzinome	+	+	+	–	–	–	–
neuroendokrine Tumoren*)	(+)	(+)	(+)	–	–	–	+
Mesotheliome	–	+	+	+	–	–	–
SD-Karzinome*)	(+)	(+)	+	+	–	–	–
Sarkome	–	–	–	+	–	–	–
Myosarkome	–	–	–	(+)	+	–	–
Melanome*)	–	–	–	+	–	–	–
Primäre Hirntumoren*)							
Plexustumoren	–	–	+	–	–	–	–

Tab. B.2.12 (fortgesetzt)

	CEA	EMA	Zytokeratine	Vimentin	Desmin	GFAP	Neurofilament
Ependymome	–	–	–	(+)	–	+	–
Medulloblastome	–	–	–	–	–	+	+
Gliome	–	–	–	(+)	–	+	–
Meningeome	–	–	–	+	–	–	–

Abkürzungen: CEA = karzinoembryonales Antigen, EMA = epitheliales Membranantigen, GFAP = glial fibrillary acidic protein, SD = Schilddrüse.
*) Jetzt auch spezifische Antigene verfügbar (siehe Text).

weitere Antigene höherer Organspezifität erkannt werden können (NSE für neuroendokrine Tumoren wie z. B. kleinzelliges Bronchialkarzinom, PSA für Prostatakarzinom, Thyreoglobulin für Schilddrüsenkarzinom). Die Unterscheidung zwischen Adeno- und Plattenepithelkarzinomen ist gegebenenfalls anhand Zytokeratinsubtypen möglich (z. B. Zytokeratin 18 bei Adeno- und Zytokeratin 10 bei Plattenepithelkarzinomen).

Mesenchymale Antigene wie Vimentin finden sich vor allem bei mesenchymalen Tumoren wie Sarkomen, Melanomen, Lymphomen, können jedoch gegebenenfalls auch bei Mesotheliomen, manchen Karzinomen oder auch primären Hirntumoren wie z. B. Ependymomen oder Gliomen coexprimiert werden. Für Melanome stehen dabei zusätzliche Antigene wie z. B. S-100-Protein und HMB 45 zur Verfügung.

Primäre Hirntumoren weisen selten eine wesentliche Liquoraussaat auf, ist es dennoch der Fall, so können neuronale Antigene wie NSE oder Neurofilamente sowie Glia-assoziierte Antigene wie GFAP die Assoziation zu neuronalem bzw. Gliagewebe belegen, in neuropathologischen Laboratorien werden z. T. weitere, spezifischere verwendet. Ependymome und Gliome können, wie erwähnt jedoch ggf. nur Vimentin exprimieren, die Expression von Lymphozytenantigenen auf atypischen Zellen weist dagegen auf ein ZNS-Lymphom.

Hämatologische Systemerkrankungen versus lymphozytäre Entzündung [6,8,9]

Hämatologische Neoplasien höheren Malignitätsgrades wie z. B. akute Leukämien und hochmaligne Lymphome lassen eine Liquoraussaat in der Regel bereits mikroskopisch als blastäre unreife Zellen erkennen. Ist die zugrundeliegende Primärerkrankung bekannt und aus Blut, Knochenmark oder Lymphknoten ausreichend diagnostiziert, erübrigt sich in der Regel eine Immunzytologie aus dem Liquor. In Zweifelsfällen kann versucht werden, den aus den genannten Untersuchungsmaterialien ermittelten aberranten bzw. monoklonalen Phänotyp der Blasten (siehe Tab. B.2.13 und B.2.14) im Liquor wiederzufinden. Dies gilt insbesondere dann, wenn der zytomorphologische Befund wegen eines geringen Blastenanteils oder des Vorliegens kleiner Blasten als zweideutig angesehen werden muss sowie ggf. bei primären ZNS-Lymphomen. Die große Mehrzahl der Lymphome mit ZNS-Befall erweist sich als B-Zell-Lymphome, als deren gemeinsames Kennzeichen hier die Monoklonalität (entspricht der Leichtkettenrestriktion des Oberflächen- oder ggf. auch zytoplasmatischen Immunglobulins) herauszustellen ist, ansonsten sind hochmaligne NHL nicht selten nicht-leukämische Varianten der zugehörigen akuten Leukämien mit sehr ähnlichem Phänotyp, z. B. lymphoblastisches B-NHL wie precursor B-ALLs, Burkitt-Lymphom entsprechend einer reifen B-ALL sowie T-NHLs den T-ALL-Formen. Die geringste zusätzliche Information ist bei akuten myeloischen Leukämien zu erwarten, da hier größere häufig granulierte Blasten vorliegen und der Immunphänotyp wesentlich geringere Möglichkeiten zur Unterscheidung von reaktiven myeloischen Zellen bietet (Tab. B.2.13). Inzwischen werden aus prognostischen Gründen AMLs, jetzt teilweise auch ALLs, sofern möglich, weitgehend molekulargenetisch charakterisiert, häufig nicht mit einer eindeutigen Korrelation zum Immunphänotyp (Ausnahme z. B. AML M3, Promyelozytenleukämie); die FAB-Klassifikation wird jedoch bei nicht genetisch charakterisierten AMLs weiter verwendet: siehe auch die regelmäßig aktualisierten WHO-Klassifikationen hämatologischer Erkrankungen.

Tab. B.2.13: Korrelation Immunphänotyp/FAB-Subtyp bei akuten myeloischen Leukämien, FAB-Subtyp [modifiziert nach 8].

Antigen	M0	M1	M2	M3	M4	M5	M6	M7
HLA-DR	+	+	+	–	+	+	+	+
CD34[a)]	+	+	+	–	+	+	+	+
CD13	+	+	+	+	+	+	+	+
CD33	+	+	+	+	+	+	+	+
CDw65	+	+	+	+	+	+	+	+
CD14	–	–	–	–	–/+	–/+	–	–
CD15	–	–	+	–	+	+	+	–
Glykophorin A	–	–	–	–	–	–	+	–
CD41/C61	–	–	–	–	–	–	–	+

a) Bezeichnung (CD = cluster of differentiation) entsprechend 4th International Workshop on Human Leukocyte Differentiation Antigens.

Tab. B.2.14: Immunologische Reaktionsmuster der ALL-Subtypen, ALL-Untergruppen [modifiziert nach 8].

Antigen	Pro-B = Prä-prä-B	Common	Prä-B	B	Prä-/Pro-T	Kortikale T	Reife T
TDT	+	+	+	–	+	+	+
HLA-DR	+	+	+	+	–/+	–	–
CD34[a)]	+	+	–/+	–	–/+	–	–
CD10	–	+	+	+	–/+	–/+	–
CD19	+	+	+	+	–	–	–
cyIgM	–	–	+	–	–	–	–
SIg	–	–	–	+	–	–	–
CD7	–	–	–	–	+	+	+
cyCD3	–	–	–	–	+	+	–
E_R/CD2	–	–	–	–	–/+	+	+
CD1a	–	–	–		–	+	–
sCD3					–	–/+	+

a) Bezeichnung (CD = cluster of differentiation) entsprechend 4th International Workshop on Human Leukocyte Differentiation Antigens. cyIgM = Zytoplasmatisches IgM, SIg = Surface Immunoglobulin, cyCD3 = Zytoplasmatisches CD3, sCD3 = Surface CD3.

Wesentlich seltener ist der ZNS-Befall bei Lymphomen niedrigeren Malignitätsgrades. Tritt er dennoch auf, bietet er dafür größere diagnostische Probleme in der Abgrenzung gegenüber reaktiven lymphozytären Pleozytosen. Nachdem auch hier in der Mehrzahl der Fälle B-Zell-Lymphome zugrundeliegen, ist auch hier die Bestimmung des B-Zell-Anteils und deren Klonalität die wichtigste Maßnahme. Zur näheren Bestimmung der Lymphomentität kann die Coexpression weiterer B-Zell-Antigene (siehe Tab. B.2.15) herangezogen werden. Eine Dominanz von B-Zellen bei gleichzeitiger starker Verschiebung des Lambda-Kappa-Verhältnisses ist in jedem Fall dringend verdächtig auf ein B-Zell-Lymphom (Abb. B.2.44) (Cave: oligoklonale Reaktionen mit verschobenem Lambda-Kappa-Verhältnis).

Noch seltener sind niedrig-maligne T-Zell-Lymphome im Liquor zu finden. Richtungsweisend können der Verlust einzelner T-Zell-assoziierter Antigene (z. B. CD7 bei Sezary-Syndrom) oder eine starke Verschiebung des C4/CD8-Verhältnisses sein (Tab. B.2.16). Der relative Wert zytomorphologischer und immunphänotypischer Untersuchungen wurde durchaus kontrovers diskutiert [4], insbesondere bei nicht hämatologisch vordiagnostizierten Patienten in der Neurologie erscheint ein kombiniertes Vorgehen nach vorausgegangener zytomorphologischer Diagnostik sinnvoll [1], bei hämatologischen Neoplasien mit bekanntem Immunphänotyp kann ggf. gezielt danach gesucht werden.

Im Gegensatz zu den genannten Lymphomen ist bei lymphozytären Entzündungen in der Regel eine Dominanz der T-Zell-Antwort zu finden, das CD4/CD8-Verhältnis kann jedoch in weiten Bereichen schwanken und ist im Zweifelsfall höher als im peripheren Blut (Ausnahme: HIV-Enzephalitis, wo sich korrespondierend zum peripheren Blut eine progrediente Depletion der T-Helfer-Zellen mit entsprechend niedrigem CD4/CD8-Verhältnis findet).

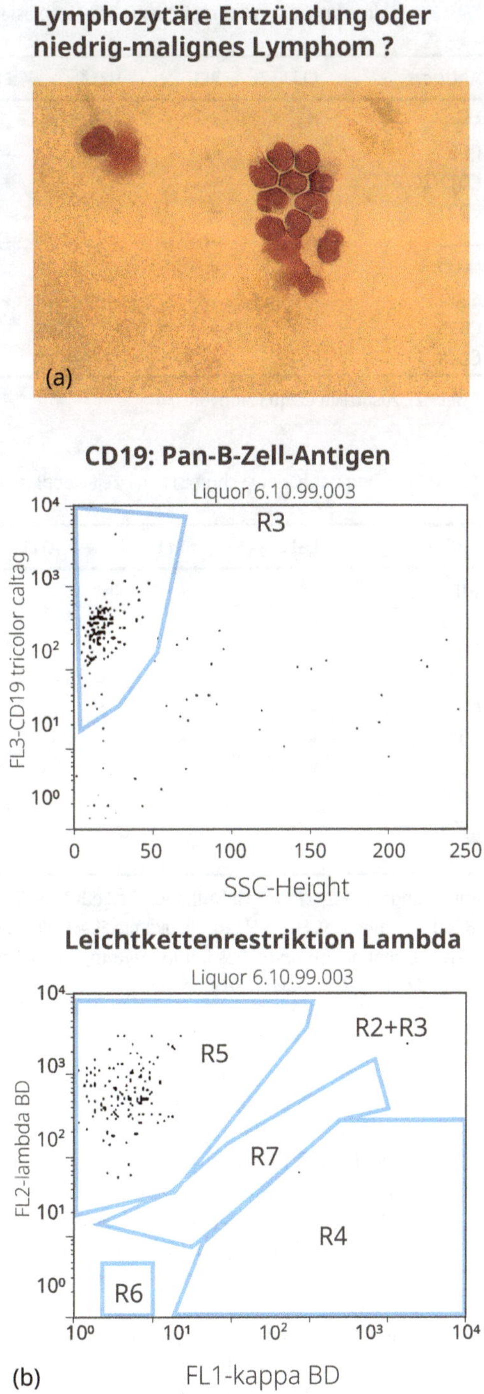

Abb. B.2.44: Morphologie und Leichtkettenrestriktion bei niedrig-malignem B-NHL (hier MZL) [4].

Tab. B.2.15: Immunphänotyp chronischer B-Zell-Neoplasien Entität [modifiziert nach 9].

Antigen	CLL	PLL	HZL*	FL	MZL	LP-IC
SIg	(+)	+	+	+	+	+
CD5	+	–/ +	–	–	+	–/ +
CD19/20/24	+	+	+	+	+	+
CD22	–/ +	+	+	+	+	–/ +
CD23	+	–/ +	–	–/ +	–	–/ +
FMC7	–/ +	+	+	–/ +	+	–/ +
CD10	–	–	–	+	–	–
CD25	–	–	+	–	–	–
CD38	–	–	–/ +	–	–	+

* Bei HZL zusätzlich CD 103 sinnvoll.

Tab. B.2.16: Immunphänotyp chronischer T-Zell-Neoplasien Entität [modifiziert nach 9].

Antigen	LGLL	PLL	ATLL	Sezary- Syndrom
TdT	–	–	–	–
CD1a	–	–	–	–
CD2	+	+	+	+
CD3	+	+	+	+
CD4	–	+	+	+
CD7	+	+	–	–
CD8	+	+	–	–
CD25	–	–	+	–
CD16	+	–	–	–
CD57	+	–	–	–

Abkürzungen: CLL = chronisch lymphatische Leukämie, PLL = Prolymphozytenleukämie (B- oder T- möglich), HZL = Haarzellleukämie FL = Follikuläres Lymphom, MZL = Mantelzelllymphom, LP-IC = Lymphoplasmozytisches Immunozytom, LGLL = Large granular lymphocyte leukemia, ATLL = Adulte T-Zell-Leukämie/Lymphom

Literatur

[1] Bommer M, Nagy A, Schopflin C, et al. Cerebrospinal fluid pleocytosis: pitfalls and benefits of combined analysis using cytomorphology and flow cytometry. Cancer Cytopathol. 2011;119,20–26.

[2] Coakham HB, Garson JA, Brownell B, et al. Monoclonal antibodies as reagents for brain tumor diagnosis: a review. J Royal Soc Med. 1984;77:780–87.

[3] Van Dongen JJM, Lhermitte L, Böttcher S, et al. EuroFlow antibody panels for standardized n-dimensional flow cytometric immunophenotyping of normal, reactive and malignant leukocytes. Leukemia. 2012;26:1908–75.

[4] Isenmann S, Strik H, Wick M, Groß CC. Liquorzytologie: Methoden und Möglichkeiten. Fortschr Neurol Psychiatr. 2017;85:616–30.

[5] Kleine TO, Albrecht J. Vereinfachte Durchflußzytometrie von Liquorzellen mit FACScan. Lab Med. 1991;15:73–78.

[6] Kranz BR. Methodik und Wert immunzytochemischer Differenzierung benigner und maligner Zellen im Liquor cerebrospinalis. Lab Med. 1991;15:61–68.

[7] Osborn M, Weber K. Biology of disease – Tumor diagnosis by intermediate filament typing: a novel tool for surgical pathology. Lab Invest. 1983;48:372–394.

[8] Ratei R, Nebe Th, Schabath R, et al. Akute Leukämien, in: Sack U., Tarnok A., Rothe G. (Hrsg): Zelluläre Diagnostik. Grundlagen, Methoden und klinische Anwendungen der Durchflsszytometrie. Basel, Karger, 2007, S. 946–1000.

[9] Wattad M. Durchflusszytometrie in der Non-Hodgkin-Lymphom-Diagnostik, in: Sack U., Tarnok A., Rothe G. (Hrsg): Zelluläre Diagnostik. Grundlagen, Methoden und klinische Anwendungen der Durchflsszytometrie. Basel, Karger, 2007, S. 1001–1030.

[10] Weber Th, Rieckmann P, Jürgens S, et al. Immunocytochemical analysis of immunoglobulin-containing cells in CSF and blood in inflammatory disorders of the central nervous system. J Neurol Sci. 1988;86:61–72.

[11] Wick M, Fateh-Moghadam A. Liquordiagnostik. In: D. Pongratz, Klinische Neurologie, S. 136–156, Urban & Schwarzenberg, München 1992.

[12] Wick M, Reiber H. Deutsche Gesellschaft für Liquordiagnostik und Klinische Neurochemie e. V. (4.Ed.). Ausgewählte Methoden der Liquordiagnostik und Klinischen Neurochemie. Ulm, Düsseldorf, Instand Schriftenreihe Band II, Selbstverlag, 2020.

2.3 B-Lymphozyten-Aktivierung – Intrazelluläre Immunglobuline

Hayrettin Tumani, Sigurd D. Süßmuth, Uwe K. Zettl*

2.3.1 Einleitung

Die Liquorzytologie hat im Rahmen der Liquoranalytik für die Diagnostik von entzündlichen Erkrankungen des Nervensystems einen hohen Stellenwert. Nicht selten deutet nur ein leicht aktiviertes Lymphozytensystem mit Lymphoidzellen, die nicht immer durch eine deutliche Basophilie imponieren, auf eine entzündliche Reaktion hin. In diesen Fällen erbringt jedoch erst der Nachweis von aktivierten B-Lymphozyten (B-Zellen) den eindeutigen Beweis für ein entzündliches Zellbild. Als aktivierte B-Zellen sind in der zellulären Diagnostik des Liquors die Lymphozyten definiert, die intrazellulär Immunglobuline (Ig) enthalten. Der nachgewiesene Ig-Subtyp (IgG, IgA oder IgM) ist bei Verwendung von polyspezifischen Antiköpern in den Testsystemen als unspezifisch zu interpretieren, erlaubt also bei erregerbedingten Erkrankungen keinen Rückschluss auf das spezifische Antigen. Die Ig-Klassenkonstellation (IgG, IgA, IgM) hat allerdings sowohl qualitativ als auch quantitativ differentialdiagnostische Bedeutung. Für die Darstellung von aktivierten B-Zellen kommt heutzutage hauptsächlich die Durchflusszytometrie mit Oberflächenantigenmarkierungen (Fluorescence Activated Cell Sorting, FACS) zur Anwendung, die jedoch auf eine entsprechend ausreichende Zellzahl angewiesen ist und darüber hinaus nicht überall verfügbar sein mag (siehe **Kap. B.2.2**). Daher soll in diesem Kapitel die bereits in der Vorauflage ausgeführte Nachweismethode von aktivierten B-Zellen mittels einer immunzytochemischen Technik beibehalten werden.

Im Zentralnervensystem (ZNS) zeigen humorale Immunantworten bei entzündlichen Erkrankungen z. T. charakteristische Ig-Konstellationen, die diagnostisch, aber auch differentialdiagnostisch von Bedeutung sind. Der aktuelle Wissensstand über die Regulation der humoralen Immunantwort im

*__Anmerkung:__ Original von Reinhard Lehmitz, 2. Auflage 2005

ZNS in Abhängigkeit von unterschiedlichen Antigenen ist im **Kapitel A.7** zusammengefasst. Akute und chronische entzündliche Erkrankungen des ZNS gehen in unterschiedlichem Ausmaß mit intrathekalen Ig-Synthesen, die sowohl quantitativ durch speziell entwickelte empirische mathematische Verfahren als auch qualitativ (u. a. isoelektrische Fokussierung, Immunoblot) erfasst werden können, einher. Auf zellulärer Ebene weisen Plasmazellen bzw. aktivierte B-Zellen (intrazelluläre Ig) im Liquor auf eine intrathekale humorale Immunreaktion hin. Als Antwort auf Antigene (Erreger), die auf verschiedenen Wegen das ZNS erreichen können, aber auch auf Autoantigene (ZNS), kommt es folglich im ZNS zu einer Antikörperproduktion (**Kapitel A.7**). Die früher aufgestellte These, dass das Nervensystem bedingt durch fehlende Lymphdrainage und das Vorhandensein von Blut-Hirn-Schranke (BHS), Blut-Liquor-Schranke (BLS) und auch Blut-Nerven-Schranke (BNS) ein „immunprivilegiertes Organ" darstellt, kann zumindest für die humorale Immunität nicht aufrechterhalten werden.

Die humoralen Immunantworten im ZNS zeigen einige empirisch festgestellte Besonderheiten. Sowohl humoral als auch zellulär ergeben sich bei einigen entzündlichen ZNS-Erkrankungen typische Einklassen- oder Mehrklassen-Ig-Reaktionen, die anscheinend keinem weiteren Ig-Switch unterliegen und über längere Zeiträume stabil nachweisbar sind. Zum Zeitpunkt der klinischen Manifestation von akuten entzündlichen Erkrankungen finden sich z. T. bereits initial B-Zell-Antworten (humoral und zellulär), meist sind sie jedoch zeitversetzt oder bleiben ganz aus, obwohl der Erkrankung derselbe Erreger zugrunde liegt. Die B-Zell-Antwort zeigt sich sehr oft zunächst nur zellulär (aktivierte B-Lymphozyten). Erst später werden über die heute zur Verfügung stehenden quantitativen und qualitativen Bewertungssysteme intrathekale Ig-Synthesen erfasst.

Dem ZNS fehlt eine konventionelle Lymphdrainage. Aus tierexperimentellen Untersuchungen geht jedoch eindeutig hervor, dass Verbindungen zwischen ZNS und sekundären lymphatischen Organen (Lymphknoten, Milz) bestehen. Die extrazelluläre Flüssigkeit des Hirnparenchyms, die durch Sekretion und Diffusion aus dem zerebralen vaskulären Endothel (BHS) entsteht, drainiert über die perivaskulären Räume in den Liquor. Der Liquor wiederum hat aus dem Subarachnoidalraum über die Pacchioni-Granulationen Zugang zum venösen Blut, über craniale Nerven und spinale Nervenwurzeln besteht Zugang zur Lymphflüssigkeit (**Kapitel A.3**). Damit existieren die Voraussetzungen, dass antigenes Material (afferenter Weg) in unprozessierter Form und auch Zellen aus dem ZNS sowohl Lymphknoten als auch die Milz erreichen können, wo dann eine entsprechende B-Zell-Antwort initiiert werden kann. Aktivierte spezifische B- und T-Zellen (Effektorzellen) können auf dem efferenten Weg über die BHS bzw. BLS das ZNS erreichen, hier weiter proliferieren, sich weiter differenzieren und somit als Plasmazellen eine intrathekale Ig-Produktion ausführen. Der Eintritt von Lymphozyten in das ZNS ist durch Schrankensysteme limitiert. Im gesunden Hirnparenchym finden sich nur wenige Lymphozyten, der normale Liquor enthält jedoch immer Lymphozyten, so dass ein kontrollierter Zelltransfer in das ZNS als physiologisch anzusehen ist. Unter pathologischen Bedingungen können Lymphozyten sowohl im Hirnparenchym als auch im Liquor (Pleozytose) erheblich angereichert sein.

Es ist davon auszugehen, dass eine intrathekale Antikörpersynthese die Initiierung der B-Zell-Antwort in sekundären lymphatischen Organen voraussetzt. Für eine auf das ZNS beschränkte Auslösung einer kompletten

B-Zell-Antwort einschließlich Antigenerkennung durch ruhende B-Zellen, Kooperation mit spezifischen T_H-Zellen sowie Affinitätsreifung und B-Memory-Zell-Generierung fehlt im ZNS nach Kenntnisstand das morphologische Mikromilieu, wie es u. a. in Lymphknoten, Milz und mukosaassoziiertem Gewebe gegeben ist (**Kapitel A.7**). Proliferation von aktivierten B-Lymphozyten und weitere Differenzierung zu Effektorzellen einschließlich Antikörperproduktion sind für das ZNS nachgewiesen. Eine Plasmazellgenerierung (sekundäre Immunantwort) aus Memory-B-Zellen ist nicht an die Keimzentren der sekundären lymphatischen Organe gebunden. Bei entzündlichen Erkrankungen des ZNS dürfte der biologische Sinn eines verstärkten Zelltransfers (Pleozytose) in das Hirnparenchym oder den Liquorraum darin liegen, die Wahrscheinlichkeit für den Eintritt von immunologisch wirksamen Effektorzellen oder regulativen Zellen in das ZNS zu erhöhen. Die Beobachtung, dass auch bei gleichem Erreger aktivierte B-Lymphozyten bzw. eine intrathekale Ig-Synthese initial, zeitversetzt oder gar nicht nachweisbar sind, könnte dafür sprechen, dass in Abhängigkeit von der Antigenkonzentration im Liquor bzw. dem Vorhandensein von ruhenden erregerspezifischen B-Zellen im Liquor die Kooperation mit sekundären lymphatischen Organen zeitlich unterschiedlich oder gar nicht realisiert wird. Bei relativ schnellen B-Zell-Antworten im ZNS könnte es auch sein, dass das ZNS-relevante Antigen systemisch im Organismus verbreitet ist. Für eine Reihe von bakteriellen und viralen Entzündungen des Nervensystems ist bekannt, dass der Anteil von aktivierten B-Zellen im Blut erhöht ist, was zumindest eine systemische Immunreaktion belegt. Auch wenn die Effektorfunktionen der im ZNS synthetisierten Antikörper aus bereits genannten Gründen wohl nur eine untergeordnete Rolle spielen, so hat doch der Nachweis von aktivierten B-Lymphozyten im Liquor für die Diagnostik und Therapiekontrolle von entzündlichen Erkrankungen des ZNS einen wichtigen Stellenwert.

Weiterführende Literatur: [1,3,4,6–8,17, 19,20]. (Zu B-Lymphozyten-Aktivierung siehe **Kap. A.7.2.2**)

2.3.2 Morphologie der aktivierten B-Lymphozyten im Liquor cerebrospinalis

Aktivierte B-Zellen im Liquor stellen sich morphologisch als sehr heterogen dar. Sie variieren erheblich hinsichtlich ihrer Zellgröße. Sie sind meist kleiner als die typischen Plasmazellen und oftmals nur wenig größer als normale Lymphozyten (siehe **Kapitel B.2.1**). Viele Lymphozyten mit intrazellulären Ig würden im zytologischen Präparat nach Standardfärbung mit May-Grünwald-Giemsa weder durch Größe noch durch Färbung als „aktiviert“ auffallen.

Die funktionelle Zuordnung der aktivierten B-Zellen im Liquor ist bisher im Detail nicht eindeutig bekannt. Es dürfte sich sowohl um Präplasmazellen (Lymphoidzellen) und Plasmazellen (Effektorzellen) als auch um „regulative“ Zellen (Memory-B-Zellen) handeln. Plasmazellen und deren Vorstufen sind Ergebnis von Proliferation und Differenzierung im ZNS. Sie können in diesem Reifestadium nicht den sekundären lymphatischen Organen entstammen, da Plasmazellen aus den entsprechenden Keimzentren zwar partiell in das Knochenmark gelangen, aber nicht in nennenswertem Umfang frei zirkulieren. Nach heutigem Kenntnisstand ist ein Plasmazelltransfer durch ZNS-Endothelien auch nicht möglich. Memory-B-Zellen können durch Transfer über die ZNS-Endothelien direkt oder indirekt über das Hirnparenchym in den Liquorraum gelangen. Eine Generierung von

Memory-B-Zellen im ZNS ist sehr unwahrscheinlich, da bisher im ZNS kein morphologisches Mikromilieu, wie es die Keimzentren der sekundären lymphatischen Organe darstellen, verifiziert werden konnte. Memory-Zellen werden aus den Keimzentren in die Zirkulation entlassen.

Weiterführende Literatur: [2,13]

2.3.3 Nachweis intrazellulärer Immunglobuline

2.3.3.1 Indikation

Zellulärer Nachweis einer Immunreaktion im ZNS bei Verdacht auf akute und chronische entzündliche Erkrankungen. Die Indikation ist unabhängig von der Leukozytenzahl, da besonders bei chronisch-entzündlichen Erkrankungen oftmals normale Zellzahlen gefunden werden. Im Falle von nur diskret stimulierten entzündlichen Zellbildern erbringt erst der Nachweis von aktivierten B-Zellen eindeutige Hinweise auf ein entzündlich bedingtes pathologisches Zellbild. Um eventuell differentialdiagnostische Hinweise zu erhalten, sollten Zellpräparate für den Nachweis von intrazellulärem IgG, IgA und IgM analysiert werden. Bei Verlaufsuntersuchungen zur Therapiekontrolle ist z. T. eine erneute Analytik angezeigt.

2.3.3.2 Präanalytik

Die Herstellung der Zellpräparate für den immunzytochemischen Nachweis der aktivierten B-Zellen sollte unmittelbar nach Liquorentnahme erfolgen. Ist der Liquor älter als 2 Stunden, sind verfälschte Ergebnisse nicht auszuschließen. Zytozentrifugenpräparate (s. a. Methode) werden nach 2–4 Stunden Lufttrocknung für 5 min in Methanol fixiert. Wird die immunzytochemische Analytik nicht gleich anschließend durchgeführt, so können die fixierten Präparate in einer Pufferlösung für mehrere Tage zwischengelagert werden. Nach Fixierung dürfen die Zytopräparate bis zur Inkubation mit Antikörpern nicht trocknen.

2.3.3.3 Methoden

Herstellung der Zytopräparate

Die Liquorzellen werden zunächst durch Zentrifugation der gesamten Liquorprobe angereichert (Hettich-Zytozentrifuge; 20 min/220 × g). Anschließend erfolgt das Abheben des zellfreien Liquors, der für die weitere Analytik zur Verfügung steht. In Abhängigkeit von der Zahl der zu erstellenden Präparate verbleiben je Präparat 200 µl Liquor über dem Zellpellet, das dann schonend resuspendiert wird. Jetzt erfolgt pro Präparat ein Zusatz von 50 µl steril filtrierter Rinderserum-Albumin (RSA)-Lösung (RSA in Medium 199 mit Antibiotikazusatz/pH 7,2). Die RSA-Endkonzentration liegt im Bereich der Albuminkonzentration des Serums. Nach erneuter Resuspendierung können jetzt die Kammern der Zytozentrifuge mit je 250 µl Liquorzellsuspension beschickt werden. Die verwendeten Objektträger sind mit Polykationen (Polydimethyl-diallyl-ammoniumchlorid) zur Zelladhärenzverstärkung beschichtet. Eine erste Zentrifugation (Zytozentrifugation) erfolgt für 5 min bei 220 × g. Der zellfreie Überstand wird bis auf 50 µl (verbleibt zunächst über dem Zellmonolayer) schonend mit einer Mikroliterspritze abgesaugt. Nach Abnahme der Zytokammer verbleibt folglich ein Flüssigkeitstropfen (50 µl) auf dem Sedimentationsareal. Nach einem zweiten Zentrifugationsschritt (Trockenzentrifugation/1 min bei ca. 800 × g) ist die Liquorzellpräparation abgeschlossen. Die hier dargestellten Bedingungen gelten für Leukozytenzahlen bis 50 Zellen/µl. Bei Leukozytenzahlen > 50 / µl bzw. artifizieller Blutkontamination können entsprechend einer optimalen Zelldichte auf den Objektträgern Zytokammern mit größeren Sedimentationsarealen eingesetzt werden. Von der Leukozytenzahl und von der Anzahl der zu erstellenden Präparate hängt ab, aus welchem Liquorvolumen die Liquorzellen initial angereichert werden. Weitere methodische Details sind der Literatur zu entnehmen.

Für die Liquorzellpräparation können auch andere Zytozentrifugationstechniken sowie Spontansedimentationstechniken (u. a. Polykationen-beschichtete Objektträger mit Reaktionsfeldern) genutzt werden.

Immunzytochemische Methode

Reagenzien:

1. TBS-Puffer: 60,55 g Tris(hydroxymethyl)-aminomethan (Merck) und 85,20 g NaCl (Merck) in 500 ml Aqua bidest. lösen; mit 25 %iger HCl auf pH 7,6 einstellen und auf 1000 ml mit Aqua bidest. auffüllen = Stammlösung. Diese Stammlösung vor Gebrauch 1 + 9 mit Aqua bidest verdünnen = Gebrauchslösung.
2. Carrageenan-Lösung:
   a. Tris-Phosphat-Puffer (Tris 0,04 m/ Phosphat 0,01 m): hierfür 5 g Tris(hydroxymethyl)-aminomethan (Merck) und 1,2 g Na_2HPO_4 (Merck) und 0,25 g NaH_2PO_4 (Merck) und 7,0 g NaCl (Merck) in Aqua bidest. lösen; auf pH 7,8 einstellen und auf 1000 ml mit Aqua bidest. auffüllen.
   b. 0,7 g Carrageenan (Sigma) und 0,1 g NaN_3 und 0,5 g TRITON X-100 (Ferak) in 100 ml Tris-Phosphat-Puffer (a) lösen = Carrageenan-Lösung.
3. Astraneufuchsin-Lösung: 5 g Astraneufuchsin (Merck) in 100 ml 2n HCl lösen.
   a. Astraneufuchsin-Gebrauchslösung: 50 ml TBS-Puffer (Gebrauchslösung) mit 1 m NaOH auf pH 8,7 einstellen; 18 mg Levamisol (Sigma) in 50 ml TBS-Puffer (Gebrauchslösung / pH 8,7) lösen.
   b. 1 g $NaNO_2$ (Merck) in 25 ml Aqua bidest. lösen; dazu 100 µl Astraneufuchsin-Lösung (3) geben und mischen.

   300 µl Dimethylformamid (Merck) mit 25 mg Naphthol-AS-BI-Phosphat (Sigma) mischen. Erst Lösung A und C mischen, dann Lösung B dazugeben und die Lösung filtrieren = Astraneufuchsin-Gebrauchslösung.

   Astraneufuchsin-Gebrauchslösung immer frisch ansetzen.
4. Antikörper-Lösungen:
   Antikörper:
   - Alkaline-Phosphatase-conjugated Affini-Pure F(ab')2 Fragment Goat Anti-Human IgG (H + L)/(DIANOVA)
   - Alkaline-Phosphatase-conjugated Affini-Pure F(ab')2 Fragment Goat Anti-Human IgA (Alpha Chain Specific)/(DIANOVA)
   - Alkaline-Phosphatase-conjugated Affini-Pure F(ab')2 Fragment Goat Anti-Human IgM (Fc5µ Fragment Specific)/(DIANOVA)

   Antikörper-Lösung: Antikörper in 0,5 ml Aqua bidest. lösen; dann die 0,5 ml Antikörper-Lösung 1 + 49 mit der Carrageenan-Lösung (2.b) verdünnen. Die Antikörper-Lösungen können bis zu 1 Jahr verwendet werden.

Methodischer Ablauf (Küvettentechnik)

Frisch fixierte bzw. in TBS-Puffer (Gebrauchslösung) gelagerte Zytopräparate werden zunächst in TBS-Puffer (Gebrauchslösung) für 10 min gespült. Die Inkubation mit den Alkalische Phosphatase-konjugierten Antikörpern erfolgt dann jeweils für 45 min bei Raumtemperatur. Nach 2 Zwischenspülungen (je 5 min) in TBS-Puffer (Gebrauchslösung) wird die enzymatische Farbreaktion für 30 min in der Astraneufuchsin-Gebrauchslösung durchgeführt (Raumtemperatur). Nach 3 erneuten kurzen Zwischenspülungen mit TBS-Puffer (Gebrauchslösung) werden die Präparate ca. 3 min mit Meyers Hämalaun gegengefärbt. Sind die Präparate dann getrocknet, können sie schließlich eingedeckt werden (DePeX/ Serva).

Weiterführende Literatur: [2,9–15,18,21].

2.3.3.4 Analytische Beurteilung

Aktivierte B-Zellen zeigen ein rot gefärbtes Zytoplasma, das flächig, z. T. etwas granuliert erscheint (Abb. B.2.45a und b). Eine nur membranständige Anfärbung gilt in diesem Testsystem nicht als positiv. Die aktivierten B-Zellen werden in Prozent der Gesamtlymphozyten angegeben. Ein Anteil von ≥ 0,1 % gilt als sicherer Hinweis auf eine entzündliche Erkrankung des ZNS. Im völlig blutfreien Liquor ist auch ein Anteil von < 0,1 % an positiven Zellen diagnostisch verwertbar. Im Falle von stark artifiziell blutigen Liquores können einzelne morphologisch unauffällige positive Zellen aus dem Blut stammen. Sind morphologisch auffällige positive Zellen vorhanden (Lymphoidzellen, Plasmazellen), ist ihre Herkunft aus dem Blut äußerst unwahrscheinlich. Wenn einzelne aktivierte B-Zellen bei artifizieller Blutkontamination unter Berücksichtigung des gesamten Liquorbefundes nicht plausibel erscheinen, ist das zytologische Präparat (Standardfärbung) nochmals sehr sorgfältig auf Zeichen einer Knochenmarkkontamination zu überprüfen. Es ist möglich, dass im gesamten Zellpräparat nur wenige Zellen (Erythrozyten- und Leukozytenvorstufen) einen Hinweis auf Knochenmark geben. Im Fall von Knochenmarkkontamination können aktivierte B-Zellen generell nicht diagnostisch genutzt werden.

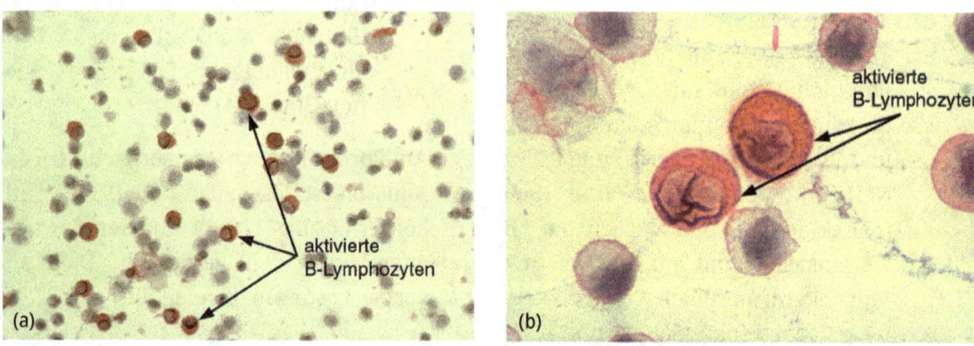

Abb. B.2.45: Intrazellulärer Immunglobulinnachweis mittels Immunzytochemie. (a): Aktivierte B-Lymphozyten bei Neuroborreliose (intrazellulär IgM). (b): Aktivierte B-Lymphozyten (intrazellulär IgG).

Obwohl endogene Phosphatasen durch Levamisol im Testansatz gehemmt werden, zeigen aktivierte Monozyten und Makrophagen gelegentlich eine Farbreaktion, die aber meist nur schwach ausfällt. Dies kann bedingt sein durch ungehemmte endogene Phosphatasen. Knorpelzellen, die im Liquor gelegentlich artifiziell vorkommen, reagieren oft „falsch positiv“ (endogene Phosphatasen). Die Bewertung der aktivierten B-Zellen schließt folglich in einigen Fällen eine morphologische Beurteilung der Zellen ein. Plasmazellen können sich selten einmal nur schwach positiv, oder auch negativ zeigen. In diesen Zellen findet keine Antikörperproduktion mehr statt (Endzellen), da die Zellen nur eine Lebensdauer von einigen Wochen haben und nicht mehr teilungsfähig sind.

2.3.3.5 Medizinische Beurteilung

Die liquorzytologische Analytik ist ein Schwerpunkt der Diagnostik und Differentialdiagnostik von entzündlichen Erkrankungen des Nervensystems. Der Nachweis von B-Zellen mit intrazellulären Ig (aktivierte B-Zellen) hat in diesem Zusammenhang einen gesicherten diagnostischen Stellenwert. In mehr als 95 % aller Fälle mit entzündlichen Erkrankungen des Nervensystems werden entweder sehr früh oder im Verlauf der Erkrankung aktivierte B-Zellen nachgewiesen. Da der Nachweis dieser Zellen nicht mit einer intrathekalen Ig-Produktion korreliert, gelten aktivierte B-Zellen als unabhängiger „Marker" für einen entzündlichen Prozess. Allerdings ist der Häufigkeitsnachweis von aktivierten B-Zellen nicht zuletzt abhängig von der Zellpräparationstechnik und der Zahl der für die Auswertung zur Verfügung stehenden Zellen. Im Rahmen von Verlaufsuntersuchungen kommt dem Anteil von aktivierten B-Zellen bei einigen Krankheitsbildern ein prognostischer Wert zu. Die Klassenverteilung (IgG, IgA, IgM) und die Quantität der aktivierten B-Zellen haben z. T. differentialdiagnostische Bedeutung, generell zeigen sich häufiger „Mehrklassen-Reaktionen". In etwa 70 % weisen sowohl aktivierte B-Zellen als auch oligoklonales IgG auf eine intrathekale Immunreaktion hin, wobei in ca. 20 % der Fälle von entzündlichen Erkrankungen nur aktivierte B-Zellen eine Immunreaktion im Nervensystem belegen. Die Akuität eines entzündlichen Prozesses im Nervensystem kann durch aktivierte B-Zellen nur bedingt beurteilt werden. Bei chronisch entzündlichen Erkrankungen, wie der Multiplen Sklerose, können diese Zellen mit einer gewissen Regelmäßigkeit auch in klinisch „stummen" Phasen beobachtet werden. Nach wie vor ist die Frage offen, ob aktivierte B-Zellen nicht doch generell „behandlungsbedürftige" immunologische Aktivität im Mikromilieu von Entzündungsherden anzeigen, auch wenn kein auffälliger klinischer Befund manifest ist.

Weiterführende Literatur: [2–5, 13,15, 16,21].

Literatur

[1] Beuche W, Siever A, Thomas RS, et al. Immunocytochemical detection of specific activated cerebrospinal fluid B lymphocytes in the diagnosis of infectious diseases. In: K. Felgenhauer, M. Holzgraefe, H. W. Prange (Hrsg.): CNS barriers and modern CSF diagnostics, S. 331–337. VCH Verlagsges., Weinheim–New York 1993.

[2] Beuche W, Thomas RS, Rieckmann P. Aktivierte B-Lymphozyten des Liquor cerebrospinalis. In: M. Holzgraefe, H. Reiber, K. Felgenhauer (Hrsg.): Labordiagnostik von Erkrankungen des Nervensystems, S. 57–63. Perimed Fachbuch-Verlagsges. mbH, Erlangen 1988.

[3] Beuche W, Thomas RS, Felgenhauer K. Demonstration of zoster virus antibodies in cerebrospinal fluid cells. J Neurol. 1989;236:26–28.

[4] Beuche W, Siever A, Felgerhauer K. Specific antigen binding by activated cerebrospinal fluid B lymphocytes in acute neuroborreliosis. J Neurol. 1992;239:322–326.

[5] Braune HJ, Henn KH, Huffmann G. Immunzytochemische Analyse von immunglobulinenthaltenden Zellen im Liquor cerebrospinalis bei vermutlich virusbedingter Meningitis. In: G. Huffmann, H. J. Braune (Hrsg): Infektionskrankheiten des Nervensystems, S. 38–41. Einhorn-Presse Verlag, Reinbek 1991.

[6] Cserr HF, Knopf PM. Cervical lymphatics, the blood brain barrier and the immunoreactivity of the brain: a new view. Immunol Today. 1992;13:507–512.

[7] Knopf PM, Harling-Berg CJ, Cserr HF, et al. Antigen-dependent intrathecal antibody synthesis in the normal rat brain: tissue entry and local

retention of antigen-specific B cells. J Immunol. 1998;161:692–701.

[8] Knopf PM, Cserr HF, Nolan SC, et al. Physiology and immunology of lymphatic drainage of interstitial and cerebrospinal fluid from the brain. Neuropathol Appl Neurobiol. 1995;21:175–180.

[9] Kranz BR. Methodik und Wert immunzytochemischer Differenzierung benigner und maligner Zellen im Liquor cerebrospinalis. Lab Med. 1991;15:61–68.

[10] Lehmitz R. Verwendung von Polykationen-beschichteten Objektträgern für Zellanreicherungsverfahren. Z Med Lab Diagn. 1987;28:222–224.

[11] Lehmitz R. Methoden zur Anreicherung von Liquorzellen. Lab Med. 1991;15:41–45.

[12] Lehmitz R, Kleine TO. Liquorzytologie: Ausbeute, Verteilung und Darstellung von Leukozyten bei drei Sedimentationsverfahren im Vergleich zu drei Zytozentrifugen-Modifikationen. Lab Med. 1994;18:91–99.

[13] Rieckmann P, Dalloul S. Nachweis Immunglobulin-produzierender B-Lymphozyten im Liquor als früher Entzündungsparameter. mta. 1989;4:608–612.

[14] Schädlich HJ, Nekic M, Felgenhauer K. The detection of activated cerebrospinal fluid B lymphocytes by peroxidase conjugated antibodies. J Neurol. 1980;224:77–87.

[15] Schädlich HJ, Felgenhauer K. Diagnostic significance of IgG-synthesizing activated B cells in acute inflammatory diseases of the central nervous system. Klin Wochenschr. 1985;63:505–510.

[16] Schädlich HJ, Bliersbach Y. Immunglobulin G sythetisierende Lymphozyten im Liquor bei Multipler Sklerose und nichtentzündlichen Erkrankungen des Nervensystems. J Clin Chem Clin Biochem. 1984;22:483–487.

[17] Seabrook TJ, Johnston M, Hay JB. Cerebrospinal fluid lymphocytes are part of the normal recirculating lymphocyte pool. J Neuroimmunol. 1998;91:100–107.

[18] Stark E, Wurster U. Preparation procedure for cerebrospinal fluid that yields cytologic samples suitable for all types of staining, including immunologic and enzymatic methods. Acta Cytol. 1987;31:374–376.

[19] Thomas RS, Beuche W, Felgenhauer K. The proliferation rate of T and B lymphocytes in cerebrospinal fluid. J Neurol. 1991;238:27–30.

[20] Vass K, Rinner W, Lassman H. Mechanisms of leucocyte migration through the blood- brain barrier. J Lab Med. 1996;20:156–158.

[21] Weber T, Rieckmann P, Jürgens S, et al. Immunocytochemical analysis of immunoglobulin-containing cells in CSF and blood in inflammatory disorders of the central nervous system. J Neurol Sci. 1988;86:61–72.

B.3 Proteindiagnostik

3.1 Diagnostische Relevanz der Proteinanalytik und Grundlagen krankheitsbezogener Datenmuster in Quotientendiagrammen

Leonie K. Kühne, Marie Süße

3.1.1 Einführung

Die quantitative Liquorproteinanalytik ist neben der Liquorzytologie die tragende Säule der Liquordiagnostik. Zusammen mit der graphischen Darstellung der Immunglobulinreaktionsmuster ist sie ein wichtiger Bestandteil eines integrierenden Befundberichtes (**Kap. A.8**). Zum Verständnis der klinischen Relevanz sind eine Reihe elementarer Fragen zu beantworten:

a. die Herkunft der Proteine im Liquor
b. Diskriminierung der aus dem Blut und aus dem Gehirn stammenden Proteinfraktionen
c. Charakterisierung einer Blut-Liquor-Schrankenfunktionsstörung und einer intrathekalen humoralen Immunreaktion in Quotientendiagrammen
d. Krankheitstypische Muster der humoralen Immunreaktion im zentralen Nervensystem
e. Dynamik, Interpretation und Relevanz der aus dem Gehirn stammenden Proteine in Liquor und Blut

3.1.1.1 Herkunft der Proteine im Liquor

Liquorproteine stammen zu 80 % aus der Peripherie (extrathekal synthetisiert) und nur zu 20 % aus dem zentralen Nervensystem (intrathekal synthetisiert und freigesetzt) [1].

Extrathekal synthetisierte Proteine und Blut-Liquor-Schrankenfunktionsstörung

Stammen die Proteine aus der Peripherie, gelangen sie über die Blut-Liquor-Schranke in den Subarachnoidalraum und sind im Liquor cerebrospinalis messbar. Das Passieren der Blut-Liquor-Schranke erfolgt über Diffusion (Kap. A4) und ist abhängig von der Molekülgröße des jeweiligen Proteins. Die Konzentration der aus dem Blut stammenden Proteine nimmt zwischen Ventrikel und lumbalem Liquor entlang der gesamten Flussachse in rostro-kaudaler Richtung nicht-linear zu. Die Anreicherung im Liquor ist hauptsächlich von der Flussgeschwindigkeit des Liquors abhängig: Bei langsamem Liquorfluss werden die stetig eindiffundierenden Proteine langsamer eliminiert und damit ist die Konzentration derselben höher als bei demselben Prozess mit einer schnelleren Liquorflussgeschwindigkeit. Die Konzentrationen extrathekaler Proteine im Liquor haben damit eine besondere Aussagekraft über die Blut-Liquor-Schrankenfunktion.

Kommt es zu einer Verlangsamung des Liquorflusses, spricht man von einer Blut-Liquor-Schrankenfunktionsstörung. Die Annahme einer variablen Schrankenfunktion durch Veränderung der morphologischen Strukturen (Leck-Theorie) ist veraltet. Die biologisch sehr vielfältigen Schrankenstrukturen garantieren eine Diffusions-kontrollierte Molekülgrößen-abhängige Passage, die im Fließgleichgewicht mit einer modulierenden Flussgeschwindigkeit ist (**siehe Kapitel A4**).

Intrathekal synthetisierte Proteine

Von gehirneigenen Proteinen spricht man, wenn mindestens 90 % des Liquorproteins intrathekal synthetisiert wurde. Die Variation der Konzentration entlang der rostro-kau-

https://doi.org/10.1515/9783110331905-014

dalen-Achse ist hierbei abhängig vom Herkunftsort: Stammt das Protein aus dem *Plexus choroideus* (z. B. Transthyretin, Transferrin) oder den *Neuronen und Gliazellen* (z. B. Neuronenspezifische Enolase, Tau-Protein, S100B, Alpha-Synuclein, Prion Protein) ist die Konzentration in den Ventrikeln am höchsten und nimmt linear entlang der Flussachse ab. Entlang des rostro-kaudalen Liquorflussweges können keine aus dem Gehirn stammenden Proteine einströmen und die aus dem Blut stammenden Anteile sind vernachlässigbar, sodass ein Nettoausstrom vorherrscht.

Bei einer Blut-Liquor-Schrankenfunktionsstörung, also einem verringerten Liquorfluss, steigt die Konzentration der intrathekal freigesetzten, ventrikelnah gebildeten Proteine im lumbalen Liquor nicht an: der Konzentrationsanstieg durch den verminderten Liquorabfluss wird durch einen vermehrten Proteinausstrom aus dem Liquorraum kompensiert.

Die Konzentration *leptomeningealer Proteine* (z. B. β-Trace-Protein, Cystatin C oder Mannan-binding lectin) steigt nach lumbal linear an, da sie entlang der gesamten Flussachse freigesetzt werden. Bei einer Blut-Liquor-Schrankenfunktionsstörung steigen die lumbalen Konzentrationen leptomeningealer Proteine ebenfalls linear an [2–4].

3.1.1.2 Pathologische intrathekale, humorale Immunreaktion

Antikörper (Immunglobuline [Ig]) sind Antigen-bindende Moleküle, die aus zwei schweren und zwei leichten Ketten bestehen. Die fünf verschiedenen schweren Ketten bestimmen den Isotyp des Immunglobulins (IgG, IgA, IgM, IgD, IgE) mit jeweils unterschiedlichem Molekulargewicht. Ein Isotyp-Switch bezeichnet die Anpassung der Immunantwort im Körper, die im Falle einer Infektion initial aus einer IgM-Synthese und im Verlauf aus der spezifischeren und länger anhaltenden IgG-Synthese besteht.

In einem gesunden Körper sind die Immunglobuline im Liquor ausschließlich extrathekal synthetisierte Proteine, die in den Liquor über die Blut-Liquor-Schranke gelangen. Liegt zusätzlich eine intrathekale Synthese derselben vor, ist von einem pathologischen Prozess im zentralen Nervensystem auszugehen.

Intrathekale Antikörper werden von B--Lymphozyten synthetisiert, die zuvor unspezifisch in das Gehirn eingewandert sind [5]. Der entzündungsbedingte Wechsel der Immunglobulinklassen (Isotypen) hat bereits extrathekal (Lymphknoten) stattgefunden.

Die Bedeutung einer gleichzeitigen Analyse der IgG-, IgA- und IgM-Klassenreaktion bei neurologischen Erkrankungen resultiert aus dieser Besonderheit der neuroimmunologischen Regulation: Im Gegensatz zur bekannten systemischen Immunreaktion mit einer initialen IgM-Klassenreaktion und folgendem Wechsel zur IgG-Klassenreaktion findet dieser Isotypen-Switch im zentralen Nervensystem nicht statt (Beispiel: Neuroborreliose, **Kap. B.3.1.3.1**) [6]. Im Gegensatz zur peripheren humoralen Immunreaktion ist die intrathekale IgM Synthese kein Hinweis auf eine akute Erkrankung.

Um eine intrathekale, humorale Immunreaktion zu identifizieren, muss deren Fraktion an der im Liquor enthaltenen Gesamtimmunglobulinmenge bestimmt werden. Hierzu muss die Immunglobulin-Fraktion aus dem zentralen Nervensystem (intrathekale Synthese) neben der aus dem Blut stammenden Fraktion (extrathekale Synthese) möglichst sensitiv charakterisiert werden. Dies gelingt zum Teil mit qualitativen Methoden (oligoklonales IgG im Liquor, **Kap. B.3.2**) besser als mit quantitativen Methoden, die sich auf statistisch definierte Referenzbereiche beziehen.

Die Bedeutung einer quantitativen Bestimmung der IgG-, IgA-, IgM-Synthese ist jedoch für die Darstellung von immunologischen Reaktionsmustern, als auch für die weiterführende Analytik (z. B. Nachweis erregerspezifischer intrathekaler Antikörpersynthese) unerlässlich und ist in Bezug auf die hyperbolischen Referenzbereiche in den Quotientendiagrammen charakterisiert (**Kap. B.3.1.2 und Kap. A.4**): Im sogenannten Reiberdiagramm ergeben sich durch die verschieden ausgeprägte Dominanz der Immunglobulinklassen, abhängig von der Konzentration intrathekal und extrathekal synthetisierter Immunglobuline (IgA, IgG, IgG) krankheitstypische Befundmuster, die in der ersten differentialdiagnostisch relevanten Lumbalpunktion als wichtiges diagnostisches Kriterium dienen (**Kap. B.3.1.3**).

3.1.1.3 Interpretation von Liquorprotein-Daten

Gesamtprotein im Liquor

Die Bestimmung der Gesamtproteinkonzentration im Liquor ist wenig spezifisch und sensitiv und sollte lediglich in Akutsituationen alleinstehend zur Beurteilung der Schrankenfunktion beachtet werden. Erhöhte Werte durch z. B. eine hohe Hämoglobinfraktion nach einer Blutung können eine Schrankenfunktionsstörung vortäuschen.

Der mittlere Anteil des Albumins am Gesamtprotein ist 58 % mit einer Variation zwischen 35 %–80 %. Zu einem mittleren Wert von $Q_{Alb} = 5 \times 10^{-3}$ (Bereich $4{,}3–5{,}7 \times 10^{-3}$) wird ein Gesamtproteinbereich von 270–490 mg/l beobachtet.

Liquor/ Serum Quotienten

Da mit dem Anstieg der Serumkonzentration auch die Liquorkonzentration eines Proteins ansteigt, müssen diese Konzentrationen für eine sensitive Interpretation der absoluten Liquorkonzentration in ein Verhältnis gesetzt werden (siehe **Kap. B.3.1.2**).

Um eine Aussage über die Schrankenfunktion zu erhalten, wird ein Quotient aus Liquorkonzentration eines Proteins und Serumkonzentration desselben (Q = Liquor/Serum-Konzentrationsquotient) bestimmt, weswegen immer zusätzlich zur Lumbalpunktion eine Blutentnahme erfolgen muss.

Quotienten sind mathematisch gesehen für die Serum-Konzentration normierte, dimensionslose Liquorkonzentrationen.

Wie wichtig das für die klinische Sensitivität sein kann, ist aus den Daten der Tab. B.3.8 ersichtlich. Hier sind Proteinkonzentrationen von Patienten dargestellt, welche an einer *Trypanosomiasis* erkrankt sind. Da bei dieser parasitären Erkrankung eine Kombination aus sehr niedrigen Albuminkonzentrationen und extrem hohen IgM-Konzentrationen im Blut vorliegt, würde bei einem Anstieg der IgM-Konzentration im Blut um das 15-fache auch ohne ZNS-Beteiligung irrtümlich eine intrathekale Synthese vermutet werden. Über den Absolutwert der Albuminkonzentration im Liquor wäre eine Schrankenfunktionsstörung hier nicht erkennbar, da die Konzentrationen im Blut zu niedrig sind [7].

Analytische Sensitivität

Bei der Bildung des Quotienten aus zwei einzelnen Analyten würde sich der analytische Fehler von beiden Einzelwerten addieren. Deshalb ist die wichtigste Voraussetzung für eine vertrauenswürdige Analytik, dass der Liquor und die (verdünnte) Serumprobe in demselben analytischen Lauf, in demselben Testsystem mit Bezug auf eine gemeinsame Kalibrationskurve gemessen werden. Diese Kalibrationskurve muss auf ihre Verdünnungsechtheit überprüft werden. Das wird am einfachsten mit einer seriell verdünnten Serumprobe gemacht.

Die unterschiedliche analytische Impräzision in verschiedenen Labors ist mit

Tab. B.3.1: Referenzwertbereiche des Albuminquotienten bei Kindern und Erwachsenen.

Alter	Geburt	1. Mon.	2. Mon.	3. Mon.	4. Mon./5 J
$Q_{Alb} \times 10^{-3}$	8 bis 28	5 bis 15	3 bis 10	2 bis 5	0,5 bis 4,0

Kinder >5 Jahre und Erwachsene: Q_{Alb} (Ref erenzbereichsgrenze) = (4 + Alter (J) / 15) × 10^{-3}
Beispiele: Alter bis 15 J: Q_{Alb} = 5 × 10^{-3}; bis 40 J: Q_{Alb} = 6,5 × 10^{-3}; bis 60 J: Q_{Alb} = 8 × 10^{-3}.

einem Variationskoeffizienten VK = 3–8 % für Albumin-, IgG-, IgA- und IgM-Quotienten beschrieben.

Die falsche Handhabung der Analytik kann dazu führen, dass ein Quotient in der Nähe von Q_{lim} falsch negativ oder falsch positiv interpretiert wird (Beispiele hierfür sind in den Kommentaren zu den externen Qualitätskontrollen bei www.INSTAND-eV.de zu finden).

Liquor/Serum Quotienten sind Methoden-unabhängige Parameter, sofern analytische Grundprinzipien eingehalten werden.

Albuminquotient, Q_{Alb}

Da Albumin auch in pathologischen Prozessen ausschließlich extrathekal synthetisiert wird, hat sich dessen Bestimmung zur Beurteilung der Schrankenfunktion etabliert [8] **(Kap. A.4.3)**. Aus dem Albuminquotienten (Q_{Alb}) ergibt sich ein dimensionsloser Wert zwischen Q = 0 und Q = 1, deren Referenzen altersabhängig sind, da der Liquorfluss im Alter durch eine langsamere Bildung im Plexus abnimmt.

Der Albuminquotient als Referenzwert ist die Grundlage für die Quotientendiagramme (Reiber-Diagramme).

Referenzbereiche des Albuminquotienten

Die Auswertung des Liquor/Serum-Albuminquotienten bedarf der Berücksichtigung *altersabhängiger* Referenzbereiche. In Tab. B.3.1 ist die Abhängigkeit des Albuminquotienten vom Alter in den ersten 4 Lebensmonaten dargestellt. Die zum Zeitpunkt der Geburt noch sehr hohe Albuminkonzentration nimmt mit beginnender Reifung der Arachnoidalzotten und entsprechend schnellerem Liquorfluss ab **(Kap. A.4)**.

Beim Erwachsenen nimmt die Liquorflussgeschwindigkeit stetig ab, der Albuminquotient steigt stetig an.

Die Referenzbereichsgrenze von Q_{Alb} beim Erwachsenen (> 5 J) wird durch die folgende Funktion beschrieben: Q_{Alb} (Ref) = (4 + Alter (J.) / 15) × 10^{-3}.

Für die Evaluation des Albuminquotienten muss berücksichtigt werden, dass durch den rostro-kaudalen Konzentrationsgradienten mit zunehmendem Abnahmevolumen bei der Lumbalpunktion die mittlere Albuminkonzentration im Liquor abnimmt. Der Referenzbereich bezieht sich auf ein mittleres Abnahmevolumen von 5 ml Liquor.

Der Referenzbereich des Albuminquotienten für den Ventrikel-Liquor und den zisternalen Liquor wird aus dem Referenzbereich des lumbalen Liquors berechnet. Für den Ventrikel-Liquor (V) wird dieser mit dem Faktor 0,4 multipliziert ($V_{Q\text{-}Alb} = 0{,}4 \times Q_{Alb}$), für den zisternalen Liquor (Z) mit dem Faktor 0,65 ($Z_{Q\text{-}Alb} = 0{,}65 \times Q_{Alb}$).

Diagnostische Relevanz des Albuminquotienten

Das Ausmaß der Blut-Liquor-Schrankenfunktionsstörung ist im begrenzten Rahmen diagnostisch relevant: Albuminquotienten für chronische Erkrankungen wie Multiple Sklerose sind meist kleiner als 10×10^{-3}. Bei viralen Meningitiden oder opportunistischen Infektionen sind Albuminquotienten bis 20×10^{-3} beobachtbar. Werte oberhalb eines Albuminquotienten $Q_{Alb} = 20 \times 10^{-3}$ müssen als Zeichen einer akut entzündlichen Erkrankung interpretiert werden (z. B. bakterielle Meningitis, Neuroborreliose, HSV-Enzephalitis), soweit eine spinale Blockade, bei der extrem hohe Werte beobachtbar sind, ausgeschlossen ist (Tab. B.3.9) [9]. Extrem hohe Werte ($Q_{Alb} > 50 \times 10^{-3}$) werden ebenfalls bei einer purulenten Meningitis oder bei einer tuberkulösen Meningitis aber auch beim Guillain-Barré Syndrom beobachtet. Ein erhöhter Albuminquotient kann demnach (in Ergänzung einer erhöhten Zellzahl) einen Akuitätsparameter darstellen.

3.1.2 Quotientendiagramme – Grundlagen

Obgleich Quotientendiagramme in der Liquor-Proteinanalytik schon sehr lange verwendet werden, wurde lange über einen vertrauenswürdigen Referenzbereich diskutiert [6]. Die auf der Grundlage hinreichender empirischer Daten gefundene Hyperbelfunktion für den Referenzbereich in Quotientendiagrammen ist wie in **Kap. A.4** gezeigt aus den Diffusionsgesetzen mathematisch ableitbar [10]. Für die Praxis wurde eine Darstellung der Quotientendiagramme mit doppelt logarithmischen Achsen gewählt (Abb. B.3.1). Dadurch ist der diagnostisch wichtigste Bereich zwischen normalen Q_{Alb}-Werten und leichten Schrankenfunktionsstörungen am eindeutigsten darstellbar. Für praktische Zwecke ist der Wertebereich bis $Q_{Alb} = 150 \times 10^{-3}$ hinreichend. Zusammen mit den hyperbolischen Referenzbereichen werden diese Diagramme auch als Reiber-Diagramme bezeichnet.

Grundlage der Quotientendiagramme ist, dass alle auch extrathekal synthetisierten Proteine entsprechend ihrer molekularen Größe mehr oder weniger schnell in den Liquorraum gelangen. Das Liquor/Serum-Konzentrationsverhältnis eines Serumproteins hängt neben der molekularen Diffusion auch von der Liquorflussgeschwindigkeit ab. Letzteres wird durch die Relation der Liquor/Serumkonzentration von Albumin als ausschließlich in der Leber synthetisiertes Protein widergespiegelt (**Kap. A.4**). In den Quotientendiagrammen wird der Quotient aus Immunglobulinkonzentration im Liquor und Serum (z. B. Q_{IgG}, Q_{IgA}, Q_{IgM}) auf den Albuminquotienten, Q_{Alb}, als Maß der individuellen Blut-Liquor-Schrankenfunktion bezogen.

Der Referenzbereich der aus dem Blut stammenden Proteinfraktionen im Liquor ist als hyperbolische Funktion charakterisiert und liegt zwischen oberer (Q_{lim}) und unterer (Q_{low}) hyperbolischer Grenzlinie, er umfasst 99 % (Mittelwert ± 3SD) der untersuchten Fälle (Abb. B.3.1).

Die empirische Grundlage des Referenzbereiches in den Quotientendiagrammen beruht auf einer Analyse von Daten von über 4000 Patienten mit und ohne Blut-Liquor-Schrankenfunktionsstörungen. Die Referenzbereiche der aus dem Blut stammenden Proteinfraktionen (oberer Grenzbereich Q_{lim}, mittlerer Grenzbereich Q_{mean}, unterer Grenzbereich Q_{low}) sind durch eine hyperbolische Funktion $\left(y = \frac{a}{b} * \sqrt{x^2 + b^2} - c\right)$ empirisch gefittet. Anhand dieser Patientendaten wurden die Parameter a, b, c für die Hyperbelfunktionen abgeleitet (Tab. B.3.2).

Die Gültigkeit dieser hyperbolischen Funktionen in Tab. B.3.2 ist durch die mathematische Herleitung aus den Diffusionsgesetzen mit nicht explizit lösbaren Funktionen (**Kap. A.4**) bis zu Werten für Q = 0,5 (z. B. $Q_{IgG} = 500 \times 10^{-3}$) gültig. Das ist für die Immunglobuline ausreichend (bis $Q_{Alb} = 1$). Für klei-

Tab. B.3.2: Grundlagen der hyperbolischen Funktion für IgG, IgA, IgM.

Allgemeine hyperbolische Funktion

$$QIg = \frac{a}{b} * \sqrt{(QAlb)^2 + b^2} - c$$

Beschreibung der oberen Diskriminierungslinie (Q_{lim}) für den Referenzbereich.
$Q_{Ig} > Q_{lim}$ bedeutet eine intrathekale Synthese mit 99,5 % Wahrscheinlichkeit.

$$Q_{lim}\ (IgG) = 0{,}93 * \sqrt{(QAlb)^2 + 6 * 10^{-6}} - 1{,}7 * 10^{-3}$$

$$Q_{lim}\ (IgA) = 0{,}77 * \sqrt{(QAlb)^2 + 23 * 10^{-6}} - 3{,}1 * 10^{-3}$$

$$Q_{lim}\ (IgM) = 0{,}67 * \sqrt{(QAlb)^2 + 120 * 10^{-6}} - 7{,}1 * 10^{-3}$$

Beschreibung der mittleren Diskriminierungslinie (Q_{mean})

$$Q_{mean}(IgG) = 0{,}65 * \sqrt{(QAlb)^2 + 8 * 10^{-6}} - 1{,}4 * 10^{-3}$$

$$Q_{mean}(IgA) = 0{,}47 * \sqrt{(QAlb)^2 + 27 * 10^{-6}} - 2{,}1 * 10^{-3}$$

$$Q_{mean}(IgM) = 0{,}33 * \sqrt{(QAlb)^2 + 306 * 10^{-6}} - 5{,}7 * 10^{-3}$$

Beschreibung der unteren Diskriminierungslinie (Q_{low}). $Q_{Ig} < Q_{low}$ ist ein Hinweis auf präanalytische und analytische Fehler oder auf iatrogene Immunoglobulin-Zufuhr

$$Q_{low}(IgG) = 0{,}33 * \sqrt{(QAlb)^2 + 2 * 10^{-6}} - 0{,}3 * 10^{-3}$$

$$Q_{low}(IgA) = 0{,}17 * \sqrt{(QAlb)^2 + 74 * 10^{-6}} - 1{,}3 * 10^{-3}$$

$$Q_{low}(IgM) = 0{,}04 * \sqrt{(QAlb)^2 + 442 * 10^{-6}} - 0{,}82 * 10^{-3}$$

nere Moleküle als Albumin geht die Kurve in eine gespiegelte Hyperbelfunktion mit sigmoider Gesamtform über. Das ist am Beispiel des kleinen Moleküls Freie Leichtketten Kappa in **Kap. A.4.2.2.3 Abb. A.4.7** dargestellt.

Berechnungsbeispiel

Die Hyperbelfunktionen können für die Berechnung vereinfacht werden, indem man den Faktor 10^{-3} herauszieht z. B. $Q_{mean}(IgG) = 0{,}65 * \sqrt{(QAlb)^2 + 8 * 10^{-6}} - 1{,}4 * 10^{-3}$ mit $QAlb = 5 * 10^{-3}$ ist dann $Q_{mean}(IgG) = (0{,}65\ \sqrt{(5)^2 + 8} - 1{,}4) * 10^{-3} = 2{,}33 * 10^{-3}$.

Quantifizierungen der intrathekalen Ig-Synthese

Das Ausmaß einer lokal synthetisierten Immunglobulinmenge, die in den Liquor abgegeben wird, kann entweder als Konzentrationsveränderung im Liquor (Ig_{loc}) oder als relative intrathekale Fraktion (Ig_{IF}) dargestellt werden, wobei zur Berechnung der intrathekalen Fraktion, Ig_{IF}, und Ig_{loc} auf die Gesamt-Ig-Konzentration im Liquor (Ig_{Loc}/Ig_{CSF} * 100 %) bezogen wird:

$$Ig_{loc} = \left[Q_{Ig} - Q_{lim}(Ig)\right] * Ig_{Serum}[mg/l]$$

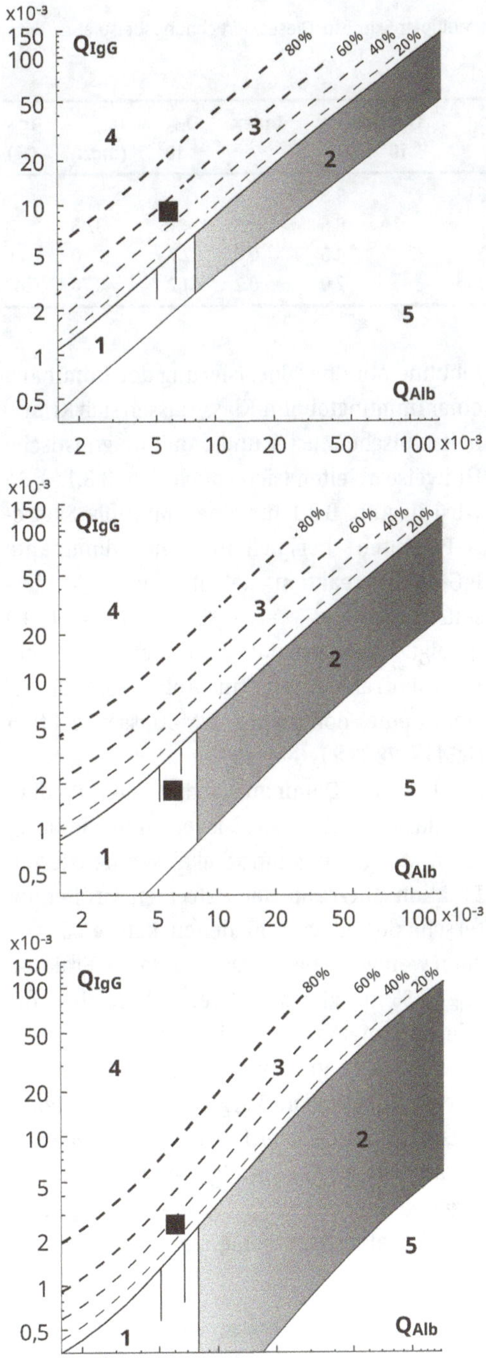

Abb. B.3.1: Doppelt logarithmische Quotientendiagramme für IgG, IgA und IgM. Die durchgängig gezeichnete Linie repräsentiert die

$$Ig_{IF} = \left[1 - Q_{lim}(Ig) / Q_{Ig}\right] * 100\,[\%]$$

In den Quotientendiagrammen ist die intrathekale Fraktion, IF (20, 40, 60, 80 % Linien), direkt ablesbar (z. B. Abb. B.3.1), um so die verschiedenen Immunglobulinklassen vergleichen zu können (krankheitstypische Muster-Dominanz, siehe **Kap. B.3.1.3**).

Die Dominanz einer intrathekalen Fraktion wird z. B. mit $IgG_{IF} > IgM_{IF}$ als dominante intrathekale IgG-Synthese bezeichnet.

Für die Charakterisierung der intrathekalen Antikörpersynthese beim Einzelpatienten und für statistische Zwecke zum Vergleich von Patientengruppen ist Ig_{loc} besser geeignet, um die quantitative Änderung der intrathekalen Synthese zu zeigen.

Diagnostisch relevant für die Interpretation beim einzelnen Patienten für die Berechnung von Ig_{loc} ist der Bezug auf Q_{lim}, die Obergrenze des Referenzbereiches des aus dem Blut stammenden Ig. Bei statistischen Vergleichen von verschiedenen Krankheitsgruppen oder für die Berechnung der spezifischen Anti-

Abb. B.3.1 (fortgesetzt)
obere Diskriminierungslinie Q_{lim} als Obergrenze des Referenzbereiches für die aus dem Blut stammende Proteinfraktion im Liquor. Werte oberhalb dieser Linie sind als intrathekale IgG-, IgA- oder IgM-Synthese zu interpretieren. Die gestrichelten Linien geben das Ausmaß der intrathekalen Synthese als intrathekale Fraktion (IgG_{IF}, IgA_{IF} oder IgM_{IF}) in % der Gesamt-Liquor-Konzentration an. Altersabhängige Referenzbereiche der Schrankenfunktionsstörung sind mit vertikalen Linien angezeigt (bis 15, 40 und 60 Jahre). Die dargestellten Daten stammen von einem Patienten mit Multipler Sklerose mit einer humoralen Immunreaktion für IgG (IgG_{IF} = 55 %) und IgM (IgM_{IF} = 40 %) (s. Berechnungsbeispiel Tab. B.3.3). Die Bereiche 1–5 im Diagramm bedeuten: 1-Normalbereich, 2-Blut-Liquor Schrankenfunktionsstörung, 3-Ig-Synthese mit Schrankenfunktionsstörung, 4-Ig-Synthese ohne Schrankenfunktionsstörung, 5-messmethodischer Fehler oder iatrogene intravenöse Ig Zufuhr.

Tab. B.3.3: Interpretation der Messdaten eines Patienten mit Multipler Sklerose. Dieses Berechnungsbeispiel der Immunglobulindaten ist auch in Abb. B.3.1 dargestellt.

	Liquorkonzentration (mg/l)	Serumkonzentration (g/l)	Quotienten * 10^3	Index	Q_{lim} * 10^3	Ig_{loc} (mg/l)	Ig_{IF} (%)
Albumin	259	44,6	5,8				
IgG	68,9	8,1	8,5	1,5	4,16	37,6	51
IgA	2,25	1,5	1,5	0,6	2,7	0	0
IgM	1,9	0,95	2,0	0,3	1,2	0,76	40

körperfraktion (Fs) wird besser auf Q_{mean}, den Mittelwert des Referenzbereiches, bezogen.

In Tab. B.3.4 und Abb. B.3.2 ist gezeigt, dass bei sich normalisierender Schrankenfunktion IgM_{loc} im Krankheitsverlauf im Gegensatz zu IgM_{IF} abnimmt.

Tab. B.3.4: Intrathekale IgM-Synthese eines Patienten mit Neuroborreliose (Abb. B.3.2). Vergleich von IgM_{loc} und IgM_{IF} bei sich normalisierender Liquorflussgeschwindigkeit, d. h. abnehmenden Albuminquotienten zwischen 4.,6., 10. und 16. Woche nach Krankheitsbeginn.

Punktion	2.	3.	4.	5.
Q_{Alb} ×10^3	80	68	32	20
$IgM_{.loc}$ (mg/l)	85	77	29,2	14,2
IgM_{IF} (%)	60	62	61	59

Soll jedoch die intrathekale Synthese verschiedener Immunglobulinklassen bei einem Patienten verglichen werden (Dominanz, Muster), ist es vorteilhaft, Ig_{loc} als relative intrathekale Fraktion, Ig_{IF} in (%), darzustellen. Mit diesem relativen Wert der intrathekalen Synthese wird den grundsätzlich unterschiedlichen Mengen der IgG-, IgA- und IgM-Synthesen im Blut und ZNS-Rechnung getragen. Damit wird erst ein Vergleich im Sinne eines Immunglobulin-Reaktionsmusters mit relativer Dominanz möglich.

Dominanz einer Immunglobulin-Klasse

Anhand der unterschiedlichen relativen, intrathekalen Synthesen verschiedener Immunglobuline mit Charakterisierung der Dominanz einer Immunglobulin-Klasse lassen sich Krankheitstypische Muster und damit diagnostische Hinweise ableiten (siehe auch Kap. B.3.1.3). So wird in Abb. B.3.1 für einen Multiple Sklerose-Patienten beispielhaft eine dominante IgG-Klassenreaktion neben einer IgM-Klassenreaktion (IgG_{IF} = 51 % > IgM_{IF} = 40 %) gezeigt. Demgegenüber findet sich bei Neuroborreliose, wie in Abb. B.3.2 dargestellt, eine dominante IgM-Klassenreaktion (IgM_{IF} = 78 % > IgG_{IF} = 45 %).

Um die Dominanz einer Immunglobulin-Klasse zu charakterisieren, sind die absoluten Mengen der intrathekal synthetisierten Fraktion aufgrund der extremen Größenunterschiede mit verschiedenen Referenzbereichen weniger geeignet als die relative Fraktion Ig_{IF} in % mit gleichen Referenzbereichen für alle Immunglobuline zwischen 0 und 100 %. Eine 10-fach größere intrathekal synthetisierte IgG-Menge im Vergleich zur IgA-Menge entspricht im Beispiel Tab. B.3.5 etwa gleichen intrathekalen IgG_{IF}- und IgA_{IF}-Werten. IgG_{IF} ist sogar kleiner als IgM_{IF} trotz 3-fach größerer intrathekaler Synthesemenge.

3.1.2.1 Freie Leichtketten vom Typ Kappa im Quotientendiagramm

Die Analyse der freien Leichtketten stellt in doppelter Hinsicht eine wichtige Neuerung in der Liquordiagnostik dar, einerseits ist es als kleines Molekül (kleiner als Albumin) wichtig

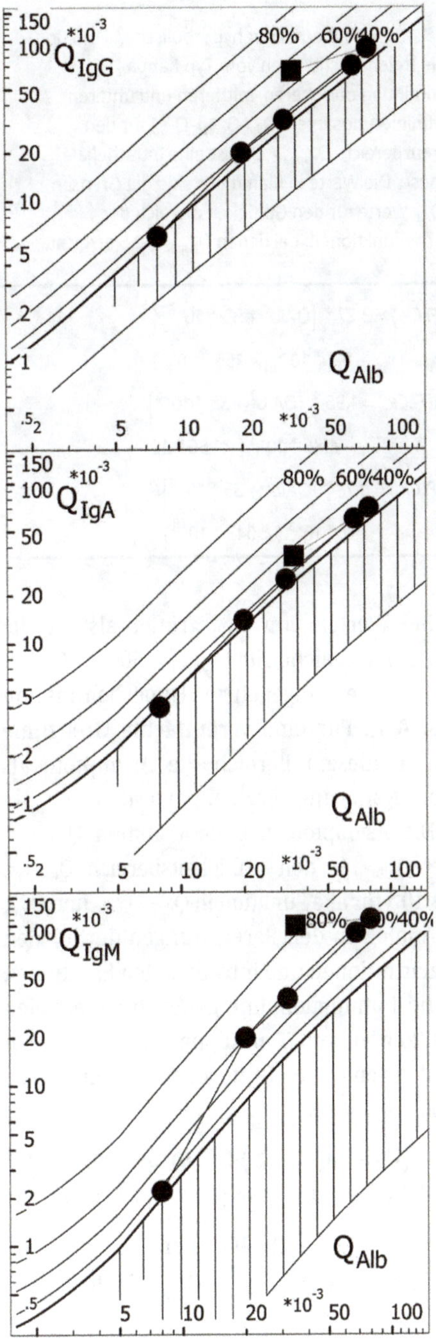

Abb. B.3.2: Zeitverlauf der Liquorproteindaten eines Patienten mit Neuroborreliose. Der Patient wurde 3 (■), 4, 6, 10, 16 und 83 Wochen nach Zeckenstich punktiert. Die Zellzahlen waren 132/µl; 100/µl; 39/µl; 90/µl; 15/µl; 3/µl entsprechend den Punktionsdaten. Weitere Daten dieses Patienten sind in Tab. B.3.4 dargestellt. Ig_{loc} ist das beste

Tab. B.3.5: Vergleichende Darstellung der intrathekalen Immunglobulin-Klassenreaktion. Die intrathekale Fraktion, Ig_{IF}, in %, im Vergleich mit der absoluten Menge als lokal synthetisierte Konzentration Ig_{loc} (mg/l).

	Alb	IgG	IgA	IgM
Liquor (mg/l)	1440	819	113	171
Serum (g/l)	36	12,6	2,7	1,8
Q (*10³)	40	65	42	95
Q_{lim} (*10³)	–	35,6	27,9	20,7
Ig_{loc} (mg/l)	–	370,4	38,1	133,7
Ig_{IF} (%)	–	45	34	78

für die Theorie geworden (**Kap. A.4**) und andererseits bewirkt die extrem niedrige Konzentration im Serum eine hohe Sensitivität für die intrathekale Synthese.

Neben den Immunglobulinen kann die Analyse von freien Leichtketten vom Typ Kappa (FLCκ) und deren Auswertung in Quotientendiagrammen zur Differenzialdiagnostik neurologischer Erkrankungen beitragen (siehe Abb. B.3.3). Die freien Leichtketten vom Typ Kappa werden bei der Immunglobulin Synthese durch B-Zellen im Überschuss gebildet und sind als ungebundene Moleküle im Liquor messbar.

Sensitivität

Als quantitative Analyse ist der Nachweis von freien Leichtketten vom Typ Kappa sensitiver

Abb. B.3.1 (fortgesetzt)
Maß für die Darstellung eines Verlaufs einer intrathekalen Synthese beim einzelnen Patienten: Mit zunehmender Besserung durch Therapieinitiierung kommt es zu einem Rückgang der Schrankenfunktionsstörung bei zunächst gleichbleibender Ig_{IF}, welche im Verlauf ebenfalls rückläufig ist. Die Ig_{loc}-Konzentration nimmt bereits im Frühstadium der Behandlung ab. In den Quotientendiagrammen ist die intrathekale Fraktion, IF (%), direkt ablesbar: Die im Verlauf der Neuroborreliose gezeigte Abnahme von IgG_{IF}- und IgM_{IF} als auch IgG_{loc} und IgM_{loc} bei abnehmenden Q_{Alb} (Tab. B.3.4) erlaubt die über längere Zeiträume unveränderte Dominanz von IgM zu zeigen.

als das Gesamt IgG, da bei vergleichsweise sehr niedriger normaler Serum- und Liquorkonzentration eine intrathekale Synthese von freien Leichtketten vom Typ Kappa sehr hohe Quotientenwerte (bis $Q_{Kappa} = 2000 \times 10^{-3}$) ergibt. Bei Patienten mit Multipler Sklerose sind diese ungefähr dreifach so hoch wie für Q_{IgG} [11]. Die Sensitivität der freien Leichtketten vom Typ Kappa zur Detektion einer intrathekalen IgG-Synthese ist vergleichbar mit der aktuell verfügbaren sensitivsten Nachweismethode, dem qualitativen Nachweis von oligoklonalem IgG (mit isoelektrischer Fokussierung) [12]. Der offensichtliche Vorteil der freien Leichtketten vom Typ Kappa ist die einfachere Anwendung, sowie die Möglichkeit einer objektivierbaren und quantifizierbaren Auswertung.

Eine frei verfügbare Software zur Kalkulation und graphischen Darstellung der freien Leichtketten vom Typ Kappa ist verfügbar unter: www.albaum.it [13].

Quantifizierung der Freien Leichtketten vom Typ Kappa

Die freien Leichtketten vom Typ Kappa zirkulieren im Blut und im Liquor hauptsächlich als Monomere mit einer durchschnittlichen Molekülgröße von 22,5kDa. Für die freien Leichtketten vom Typ Kappa wurde anhand empirischer Daten ein Quotientendiagramm analog zur Herleitung der Quotientendiagramme für die Immunglobuline erstellt [11] (Tab. B.3.6, Abb. B.3.3).

Gegenüber anderen Auswerteverfahren wie den absoluten Konzentration der freien Leichtketten vom Typ Kappa, dem Liquor/Serum-Quotienten oder dem Index (Q_{Kappa}/Q_{Alb}) ist die Auswertung in Quotientendiagrammen die pathophysiologisch korrekteste. Bei linearen Auswerteverfahren kommt es zur Unterschätzung der Sensitivität in kleineren Q_{Alb} Bereichen und zur Überschätzung der Sensitivität bei größeren Q_{Alb}-Werten [11,14].

Tab. B.3.6: Grundlagen der hyperbolischen Funktion für die freien Leichtketten vom Typ Kappa [11]: Beschreibung der oberen, mittleren und unteren Diskriminierungslinien (Q_{lim}, Q_{mean}, Q_{low}) für den Referenzbereich. $Q_{Kappa} > Q_{lim}$ ist eine intrathekale Synthese. Die Werte in Klammern sind die Grenzen der Q_{Alb} Werte für den Gültigkeitsbereich der Hyperbelfunktionen, bei denen $Q_{Kappa} = 0{,}5$ erreicht.

$$Q_{lim}(FLC\kappa) = 3{,}27 * \left[QAlb^2 + 33 * 10^{-6}\right]^{0{,}5} - 8{,}2 * 10^{-3}\ (< 155 * 10^{-3})$$

$$Q_{mean}(FLC\kappa) = 1{,}95 * \left[QAlb^2 + 33 * 10^{-6}\right]^{0{,}5} - 4{,}85 * 10^{-3}\ (< 256 * 10^{-3})$$

$$Q_{low}(FLC\kappa) = 0{,}78 * \left[QAlb^2 + 33 * 10^{-6}\right]^{0{,}5} - 2 * 10^{-3}\ (< 643 * 10^{-3})$$

Bei Werten von Q_{Alb} größer als für die Gültigkeitsbereiche für $Q_{Kappa} > 500 \times 10^{-3}$ gilt eine andere umgekehrte Hyperbelfunktion (**Kap. A.4**). Für eine vereinfachte Grenzlinie kann in diesem Bereich die Asymptote als lineare Näherung verwendet werden.

Die Asymptote hat die Funktion $Q_{Kappa} = a/b \times Q_{Alb}$, für den Gültigkeitsbereich $Q_{Kappa} > 500 \times 10^{-3}$ für alle Funktionen Q_{lim}, Q_{mean} und Q_{low}.

Analog zu den Berechnungen der lokalen Konzentrationen und intrathekalen Fraktionen für die Immunglobuline gelten für die freien Leichtketten vom Typ Kappa gleiche Formeln (mit den genannten Gültigkeitsgrenzen):

1. $FLC\kappa_{loc} = (Q_{FLC\kappa} - Q_{lim\,FLC\kappa}) * FLC\kappa\ Serum\ (mg/l)$
2. $FLC\kappa_{IF} = FLC\kappa_{loc}(mg/l) / FLC\kappa\ Liquor\ (mg/l) * 100$ oder
3. $FLC\kappa_{IF} = [1 - (Q_{lim\,FLC\kappa}/Q_{FLC\kappa})] * 100\ (\%)$

3.1.3 Krankheitstypische Befundmuster

In der 1970er Jahren wurde in der Neurologischen Klinik in Göttingen [15] das Konzept eines integrierenden Befundberichtes entwi-

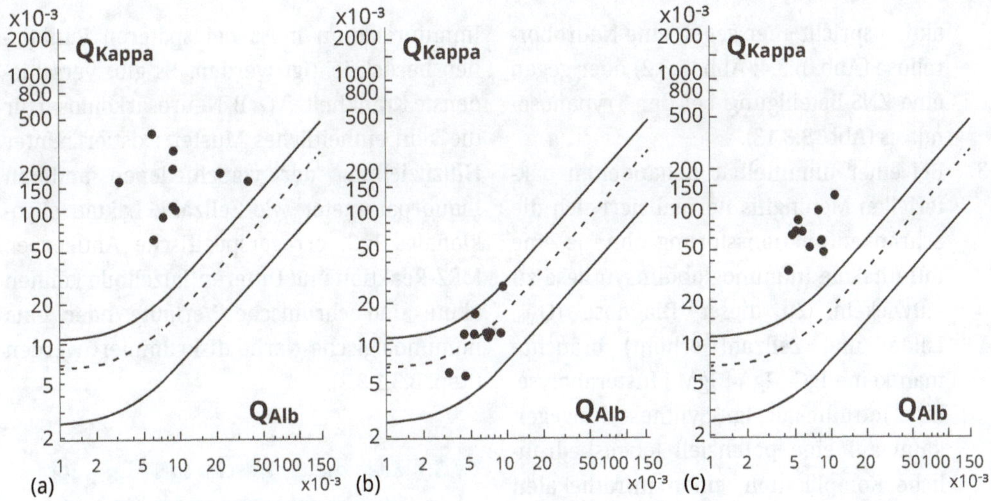

Abb. B.3.3: Quotientendiagramme für freie Leichtketten vom Typ Kappa. Analog zu den Quotientendiagrammen für Ig (siehe Abb. B.3.1) repräsentieren die durchgezogenen gezeichneten Linien die obere und untere Diskriminierungslinie als empirisch und theoretisch fundierte Hyperbelfunktion. Die obere Grenzlinie Q_{lim} ist die Obergrenze des Referenzbereiches für die aus dem Blut stammende Proteinfraktion im Liquor. Werte > Q_{lim} repräsentieren eine intrathekale FLCκ Synthese wie in Abb. B.3.3(a) für n = 10 Patienten mit Multipler Sklerose dargestellt. Abb. 3.3. (b) zeigt zum Vergleich n=10 Patienten mit nicht inflammatorischen neurologischen Erkrankungen. Hier ist die lokale Konzentration der FLCκ innerhalb des Referenzbereiches. In Abb. 3.3. (c) sind Werte der freien Leichtketten vom Typ Kappa bei infektiösen und autoimmunen ZNS Erkrankungen dargestellt (virale Meningitis n = 4, bakterielle Meningitis n=1, Neurosarkoidose n=3, Neuroborreliose n=2).

ckelt (**Kap. A.8**), der alle Daten eines Patienten zusammengefasst darstellt. Als wesentlicher graphischer Bestandteil kam dann später die Darstellung der Immunglobulinmuster in Quotientendiagrammen hinzu. Damit wurde es möglich eine Verdachtsdiagnose auf einen Blick zu finden oder zu verwerfen und damit eine weitergehende qualifizierte Laboranalytik vorzuschlagen.

Auch wenn die neurologische Diagnose in jedem Fall nur unter Hinzuziehung der klinischen Daten gestellt werden sollte, kann ein integrierender Befund mit Quotientendiagrammen zur Differentialdiagnostik beitragen durch:

1. krankheitstypische Befundmuster
2. Ausschluss einer Verdachtsdiagnose
3. Hinweis auf Komplikationen bei bekannter Diagnose
4. Vorschläge für eine weiterführende Diagnostik
5. Hinweis auf verschiedene pathophysiologische Verlaufsformen

Diese Bedeutungen sind an wenigen bedeutenden Beispielen zu exemplifizieren:

1. Eine dominante intrathekale IgA-Synthese (Abb. B.3.4, Mitte) zusammen mit einer schweren Blut-Liquor-Schrankenfunktionsstörung, einem moderaten Anstieg der Zellzahlen in Kombination mit einer erhöhten Laktatkonzentration im Liquor evtl. mit oligoklonalem IgG weist auf eine Neurotuberkulose hin (Abb. B.3.7).
2. Eine intrathekale Ig-Synthese bei schwerer Schrankenfunktionsstörung spricht gegen die Verdachtsdiagnose eines Guillain-Barré-Syndroms. Eine dominante IgA-Klassenreaktion spricht gegen eine Neurosyphilis (Abb. B.3.4; Abb. B.3.8). Eine fehlende intrathekale IgM-Klassenre-

aktion spricht eher gegen eine Neuroborreliose (Abb. B.3.4; Abb. B.3.2) oder gegen eine ZNS-Beteiligung bei der Trypanosomiasis (Abb. B.3.13).

3. Bei einer unmittelbar behandelten bakteriellen Meningitis normalisiert sich die Schrankenfunktionsstörung ohne je eine intrathekale Immunoglobulinsynthese zu entwickeln. Zu dieser Diagnose (Q_{Alb}, Laktat und Zellzahl erhöht) bräuchte man keine IgG-, IgA-, IgM-Musteranalyse. Eine intrathekale IgA-Synthese hingegen kann auf eine potenziell lebensbedrohliche Komplikation, einen intrathekalen Abszess, hindeuten (Abb. B.3.6).
4. Bei Vorliegen einer peripheren Fazialisparese kann die Analyse der Immunglobulinmuster wichtige diagnostische Hinweise geben. Während ein normales Immunglobulinmuster auf eine VZV-Infektion hindeuten kann, spricht eine (dominierende) intrathekale IgM-Synthese für eine Borrelieninfektion als Ursache der peripheren Fazialisparese. Beide Verdachtsdiagnosen sind durch die Bestimmung spezifischer Antikörpersynthesen (VZV-AI > 1,5, Borrelien-AI > 1,5) abklärbar. Die Liquoranalytik ist die einzige Möglichkeit diese Ursachen zu diskriminieren und eine in beiden Fällen verschiedene, korrekte Therapie bei den Patienten gewährleisten zu können.
5. Bei der Neurosyphilis kann eine extreme intrathekale IgM-Synthese auf einen parenchymatösen Verlauf hinwiesen (Abb. B.3.8). Beim Neurolupus ist ein Befund ohne intrathekale Synthese und ohne MRZ-Reaktion pathophysiologisch verschieden von einem Befund mit oder ohne intrathekalem IgG (aber Nachweis oligoklonaler Banden isoliert im Liquor) und positiver MRZ-Reaktion.

Diese Befundmuster beziehen sich auf den diagnostischen Erstbefund. Die Dynamik der Immunreaktion muss bei späteren Punktionen berücksichtigt werden. Es gibt verschiedenste Krankheiten (z. B. Neurosarkoidose) für die kein einheitliches Muster existiert. Unter Hinzuziehung der verschiedenen anderen Liquorparameter wie Zellzahl, Laktat, oligoklonales IgG, erregerspezifische Antikörper, MRZ-Reaktion und Differentialzellbild können akute und chronische Verläufe oder eine immunologische Narbe diskriminiert werden (Kap. B.3.1.3.2).

3.1.3.1 Krankheitstypische IgG-, IgA-, IgM-Reaktionsmuster im Liquor

Die im Folgenden dargestellten, repräsentativen Fallbeispiele beziehen sich bezüglich ihrer diagnostischen Relevanz auf den Zeitpunkt der ersten diagnostischen Punktion, der durch die klinischen Symptome bestimmt wird und je nach Erreger zwischen wenigen Stunden (bakterielle Meningitis) und bis zu drei Wochen (tuberkulöse Meningitis) nach Beginn der ZNS-Infektion liegen kann. Dies ist für die pathophysiologische und differentialdiagnostische Interpretation der zellulären und der humoralen Liquorparameter von Bedeutung.

Die Darstellungen von sogenannten repräsentativen Befundmustern sind zwar durch eine Vielzahl von Publikationen statistisch abgesichert (zitiert in [6]), bedürfen aber stets einer kritischen Bewertung, da gerade die Abwesenheit des typischen Befundmusters eine Verdachtsdiagnose mit wenigen Ausnahmen nicht widerlegen kann. Dafür können aber bestimmte Befundmuster auf eine unvermutete Diagnose hinweisen.

Aus der beschriebenen Dynamik der neuroimmunologischen Reaktionen wird deutlich, dass im ZNS von einem Krankheits-typischen Bild der intrathekalen Immunglobulinklassen gesprochen werden muss. Die spezifischen analytischen Muster an sich haben jedoch keine bestimmte pathophysiologische Bedeutung; ihr

Auftreten ist von einer Vielzahl von Faktoren wie beispielsweise Punktionszeitpunkt und Lokalisation des Krankheitsprozesses abhängig [5]. Der Nachweis einer intrathekalen IgG-Synthese ist doppelt so häufig wie der Nachweis einer intrathekalen IgA- oder IgM-Synthese [16]; umso wichtiger ist hier die Interpretation in einem integrierten Liquorgesamtbefund.

Im Gegensatz zur IgM-Synthese im Serum ist der Nachweis einer intrathekalen IgM-Synthese nicht Ausdruck einer akuten Infektion, da der Isotypenwechsel nicht im ZNS stattfindet (**Kap. B.3.1.1.2**). Das Auftreten einer initialen intrathekalen IgM-Synthese, wie sie bei der Neuroborreliose sehr häufig (Abb. B.3.2), weniger häufig bei der Neurosyphilis (Abb. B.3.8) oder Multiplen Sklerose (Abb. B.3.1) gefunden wird, ist als Einzelparameter an sich nicht aussagekräftig. Erst in einem integrierten Liquorgesamtbefund lassen sich krankheitscharakteristische Reaktionsmuster detektieren. Eine isolierte oder eine dominant intrathekale IgM Synthese findet sich so, je nach Zusatzbefunden, bei der Neurotrypanosomiasis, Neuroborreliose sowie Non Hodgkin Lymphomen des ZNS und der Mumps Meningoenzephalitis (Abb. B.3.4 rechts). Je nach vermuteter Diagnose sind weitere Zusatzuntersuchungen bei Detektion einer intrathekalen IgM-Synthese zur Diagnosesicherung notwendig. Im Gegensatz dazu deutet eine intrathekale IgA-Synthese zum Zeitpunkt der ersten diagnostischen Punktion auf eine bakterielle Ursache hin, obgleich auch hier die Reaktion bei unterschiedlichen bakteriellen Infektionen verschieden ausfällt. Besonders charakteristisch ist eine IgA-Synthese für die Neurotuberkulose (Abb. B.3.4 Mitte).

Die intrathekale Immunreaktion hängt vom zeitlichen Verlauf der Erkrankung (akut, subakut, chronisch) ab und unterscheidet sich deutlich von Erreger zu Erreger. Während bei einer ZNS-Infektion durch Borrelia Burgdorferi im Zusammenhang mit einer dominanten IgM-Reaktion auch häufig eine IgA-Synthese beobachtet wird, wird bei einer anderen Spirochäte, Treponema pallidum, eine IgA-Synthese sehr selten beobachtet. Eine intrathekale IgA-Synthese wird interessanterweise auch bei einer Stoffwechselerkrankung, der Adrenoleukodystrophie, beobachtet [17]. Eine humorale Immunreaktion ist verzögert ebenfalls bei Parasiten beobachtbar (Abb. B.3.13, Abb. B.3.14) [18].

Es ist aber auch möglich, dass bei ein und demselben Erreger, je nach Lokalisation der Infektion und Krankheitsverlauf, unterschiedliche Immunglobulinmuster beobachtbar sind. Bei der Neurosyphilis zeigt beispielsweise die meningovaskuläre Verlaufsform seltener eine IgM-Klassenreaktion als die parenchymatöse Verlaufsform (Abb. B.3.8). Die Darstellung in den Reiber-Diagrammen macht das Immunglobulinmuster mit Schrankenfunktionsbezug „auf einen Blick" am einprägsamsten erkennbar (Tab. B.3.7, Abb. B.3.4).

Tab. B.3.7: Humorale Immunreaktionsmuster im ZNS zum Zeitpunkt der ersten diagnostischen Lumbalpunktion.

Reaktionstyp	Krankheit
kein IgG, IgA, IgM	frühe bakterielle Meningitis und Virusenzephalitis
IgG-Dominanz	Multiple Sklerose (seltenes Auftreten von IgM_{IF} und IgA_{IF})
	Neurosyphilis (seltenes Auftreten von erhöhtem IgM_{IF}, kein IgA_{IF})
	HIV-Infektion
IgA-Dominanz	Neurotuberkulose (IgA isoliert oder mit IgG-Reaktion)
	Hirnabszess
	Juvenile Adrenoleukodystrophie (isoliertes intrathekales IgA)
IgM-Dominanz	Neuroborreliose, ($IgM_{IF} >> IgG_{IF}$)

Tab. B.3.7 (fortgesetzt)

Reaktionstyp	Krankheit
	Mumps Meningoenzephalitis Neurotrypanosomiasis
	Non-Hodgkin Lymphom mit ZNS-Beteiligung (z. B. isolierte IgM_{IF})
IgG + IgA + IgM	Opportunistische Infektion (z. B. CMV, Toxoplasma)

Immunreaktionsmuster bei bakteriellen Infektionen

Zum Zeitpunkt der ersten diagnostischen Lumbalpunktion zeigen bakterielle Infektionen starke krankheitsabhängige Unterschiede im Muster der Immunglobulinreaktion. Sowohl eine Ein -, Zwei- oder Drei-Klassen-Immunglobulinreaktion kann nachweisbar sein, eine humorale Immunreaktion kann jedoch auch komplett fehlen. In Abb. B.3.4 sind Varianten mit einer dominanten IgM-Synthese dargestellt (rechts), mit einer dominanten IgA-Synthese (Mitte) und einer dominanten IgG-Klassenreaktion (links). Eine bakterielle Meningitis, verursacht durch Streptokokken, Haemophilus influenza oder Neisseria, zeigt in klassischer Weise einen hohen Albuminquotienten, eine erhöhte Zellzahl mit dominant neutrophilen Granulozyten, aber keine humorale Immunreaktion zum Zeitpunkt der ersten diagnostischen Punktion (Abb. B.3.5). Eine humorale Immunreaktion ist erst ungefähr 3 bis 4 Tage nach den ersten klinischen Symptomen nachweisbar. Patienten, welche nach Beginn der klinischen Symptome unmittelbar antibiotisch behandelt werden, bilden in der Regel keine intrathekale Immunreaktion aus. Mit der Normalisierung der Blut-Liquor-Schrankenfunktion folgen die IgG-, IgA-, IgM-Quotienten mit abnehmenden Albuminquotienten der Hyperbelfunktion innerhalb des Referenzbereiches, sofern keine Komplikationen im Krankheitsverlauf auftreten (Abb. B.3.5).

Die Fälle von Meningokokken-Meningitis oder Pneumokokken-Meningitis, die oft mit einer vorausgehenden systemischen Infektion verbunden sind, zeigen gelegentlich bereits initial eine intrathekale IgA-Synthese (Ausnahme!). Diese intrathekale IgA-Synthese verschwindet oft sehr schnell. Im Gegensatz dazu kann eine andauernde humorale Immunreaktion (IgA) auf Komplikationen bei bakterieller Meningitis, z. B. multiple Abszesse, hinweisen (Abb. B.3.6). Das Ausmaß des erhöhten Albuminquotienten hängt von der Lokalisation des Abszesses ab. Im Besonderen ein spinaler Abszess muss eine Einschränkung des Liquorflusses und damit eine Erhöhung des Albuminquotienten im lumbalen Liquor bewirken. Bei einer parenchymatösen Lokalisation kann ein normaler Albuminquotient mit der intrathekalen IgA-Synthese assoziiert sein (Abb. B.3.6, aus [20]). Damit ist hier die Abwesenheit einer humoralen Immunreaktion ein wichtiges Kriterium, um einen komplikationsfreien Verlauf zu bestätigen. Eine detaillierte Beschreibung der differentialdiagnostischen Aspekte einer bakteriellen Meningitis in den Reiber-Diagrammen wurde von Felgenhauer gegeben [20].

Neurotuberkulose

Eine dominante intrathekale IgA-Synthese (Abb. B.3.7) zusammen mit einer schweren Blut-Liquor-Schrankenfunktionsstörung, einem moderaten Anstieg der Zellzahlen in Kombination mit einer erhöhten Laktatkonzentration im Liquor legt den Verdacht auf eine Neurotuberkulose nahe. Aufgrund dieses typischen Musters, welches praktisch ohne differentialdiagnostische Alternative zur Neurotuberkulose ist, sollte unmittelbar der mikrobiologische Nachweis unter anderem mittels PCR durchgeführt werden [21,22] (Kap. B.5).

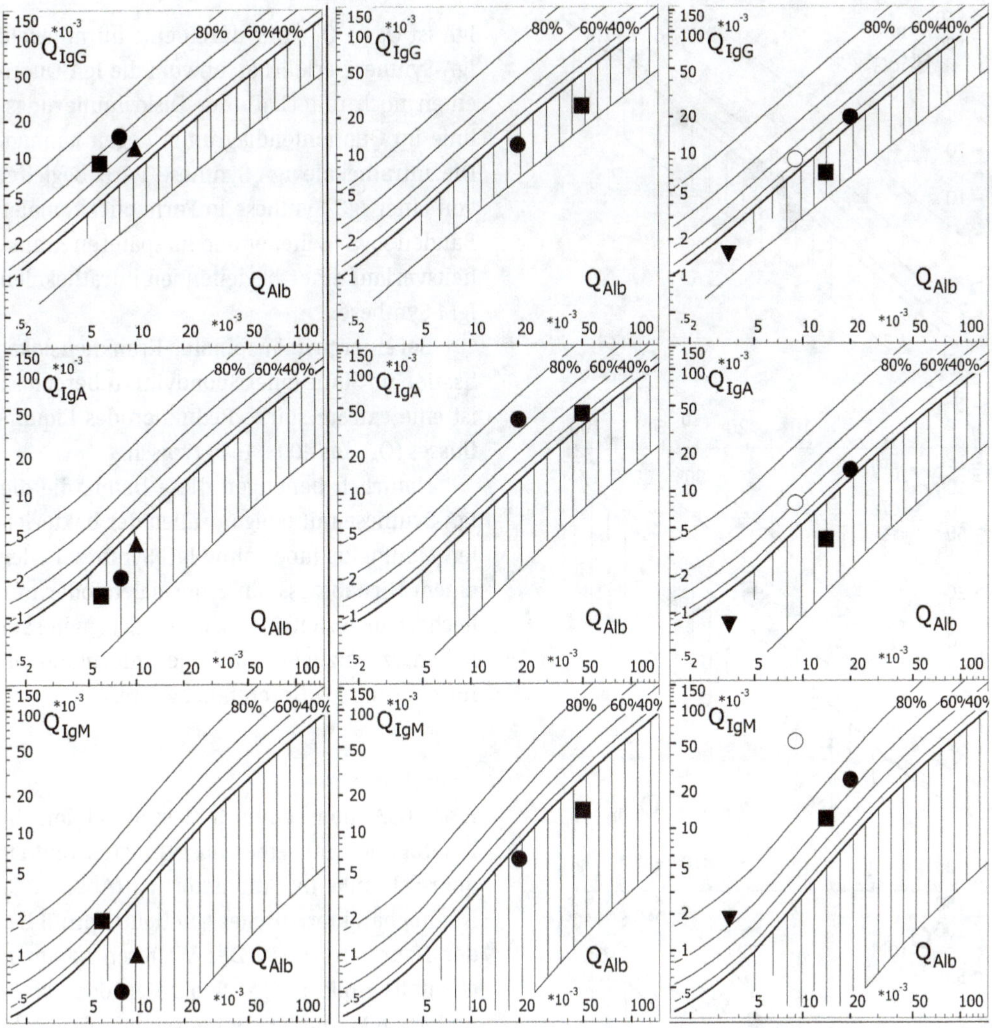

Abb. B.3.4: Humorale Immunreaktionsmuster im ZNS „auf einen Blick“: Links: Krankheiten des ZNS mit IgG-dominanter humoraler Immunreaktion: ■ Multiple Sklerose, ● parenchymatöse Verlaufsform der Neurosyphilis, ▲ HSV Enzephalitis im Verlauf. Mitte: Krankheiten des ZNS mit IgA-dominanter humoraler Immunreaktion: ■ Neurotuberkulose, ● Intrathekaler Abszess. Rechts: Krankheiten des ZNS mit IgM-dominanter humoraler Immunreaktion: ■ Neuroborreliose, ● meningovaskuläre Verlaufsform der Neurosyphilis, ○ cerebrale Trypanosomiasis, ▼ Non-Hodgkin-Lymphom des ZNS.

Die Analyse der Datenmuster (Abb. B.3.7) ist deswegen nicht überflüssig geworden, da hiermit innerhalb weniger Stunden nach Punktion differentialdiagnostische Fragen geklärt werden können. Die intrathekale IgA-Synthese wird zum Zeitpunkt der Erstpunktion in 85 % der Fälle und bei Berücksichtigung einer zweiten, späteren Punktion in 100 % der untersuchten Fälle gefunden. Die Beobachtung von einer Verschiebung der Quotientenreihenfolge, das heißt $Q_{IgA} > Q_{IgG}$ kann in diagnostisch unklaren Fällen den sensitiveren Nachweis einer intrathekalen IgA-Synthese darstellen. Für das größere Molekül

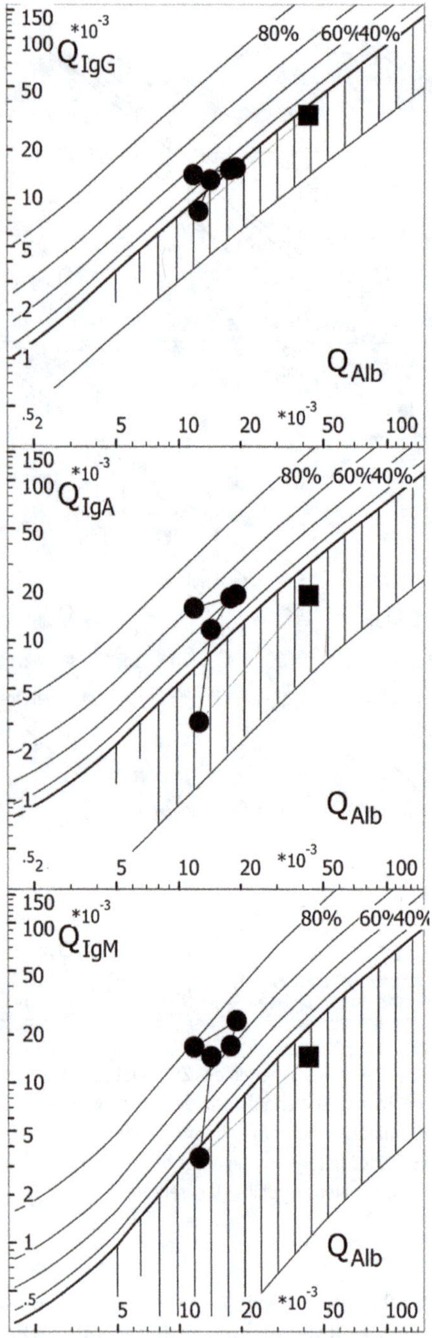

Abb. B.3.5: Zeitverlauf der Liquorproteindaten einer Patientin mit Haemophilus influenzae Meningoenzephalitis. Die Patientin wurde an den Tagen 1 (■), 3, 57, 67, 74 und 79 punktiert. Die Zellzahlen waren 1413/µl; 153/µl; 266/µ, 100/µl, 138/µl und 112/

IgA ist $Q_{IgA} > Q_{IgG}$ nur durch eine intrathekale IgA-Synthese erklärbar, obwohl die IgA-Quotienten noch unterhalb der Diskriminierungslinie im Quotientendiagramm liegen können. Die intrathekale IgA-Synthese wird begleitet von einer IgG-Synthese in Form oligoklonaler Banden sowie seltener und im späteren Krankheitsverlauf einer begleitenden intrathekalen IgM-Synthese.

Bei einer primär spinalen Krankheitslokalisation im Sinne einer Spondylitis tuberculosa ist eine extrem starke Reduktion des Liquorflusses (Q_{Alb} bis 400×10^{-3}) typisch.

Natürlich benötigen diese Daten, die die IgA-Synthese mit einigen Fällen der bakteriellen Meningitis (aber ohne IgG-Synthese) oder einem Hirnabszess (aber normalem oder nur leicht reduziertem Liquorumsatz), gemeinsam haben, zusätzliche klinische Informationen für eine klare Differentialdiagnose.

Neuroborreliose

Eine IgM dominante 3-Klassenreaktion in Kombination mit einer ausgeprägten Blut-Liquor-Schrankenfunktionsstörung (Abb. B.3.2) ist ein charakteristisches Quotientenprofil bei der Neuroborreliose. Des Weiteren kommen ebenfalls isolierte IgM Synthesen oder kombinierte IgM und IgG Synthesen mit einer IgM Dominanz vor. Das Muster einer IgM dominanten 3-Klassenreaktion und einer ausgeprägten Schrankenfunktionsstörung hat zusammen mit einem Nachweis IgM-haltiger aktivierter B-Lymphozyten im Liquor eine diagnostische

Abb. B.3.5 (fortgesetzt)
µl entsprechend den Punktionsdaten. (■) stellt die diagnostisch relevante Erstpunktion dar. Die Therapie begann am Tag der Aufnahme, der klinische Verlauf komplizierte sich im Verlauf durch multiple cerebrale Ischämien im Rahmen einer postinfektiösen sekundären Vaskulitis.

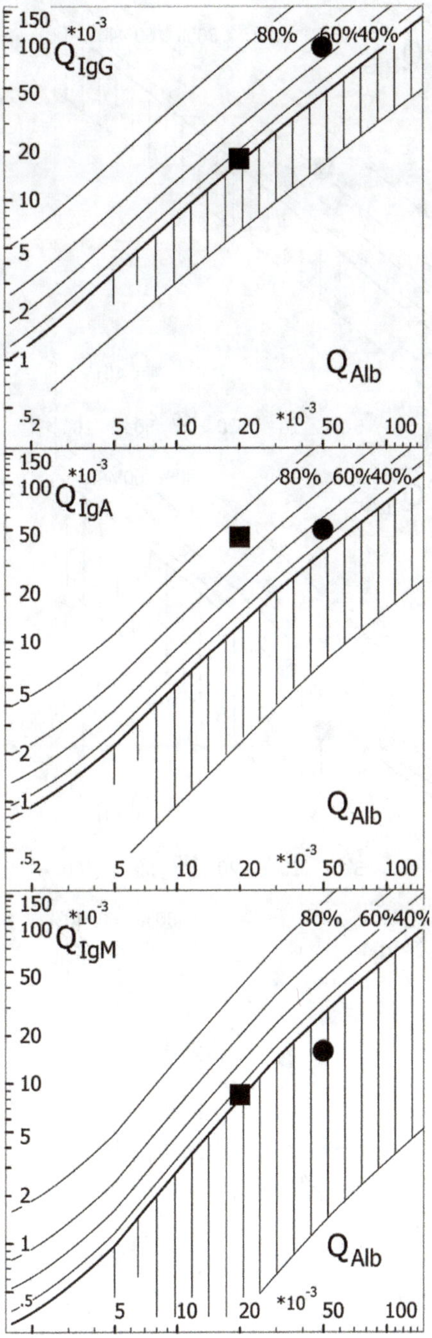

Abb. B.3.6: Fall 1: (●) stellt die Daten eines Patienten mit multiplen Hirnrindenabszessen nach einer purulenten Meningitis dar. Zellzahl 13/µl, oligoklonales IgG, Zwei-Klassenreaktion mit dominantem IgG_{IF} = 48 % neben IgA_{IF} = 38 %. Fall 2: (■) stellt die Daten bei einem

Abb. B.3.6 (fortgesetzt)
Hirnabszess von einem Patienten mit angeborenen multiplen Herzfehlern dar. Zellzahl 73/µl, 5 % aktivierte B-Lymphozyten, oligoklonales IgG und vor allem eine dominante IgA-Synthese (IgA_{IF} = 61 %).

Spezifität von 96 % und eine diagnostische Sensitivität von 70 %. Der zusätzliche Nachweis einer intrathekalen Synthese von borrelienspezifischen Antikörpern erhöht die Sensitivität auf 80 % [23]. Diese Sensitivität des Grundprogrammes der Liquordiagnostik übertrifft weit die klinische Sensitivität des Antigennachweises mit der PCR (ca. 40 %). Auch der vergleichende Nachweis im Western-Blot für Liquor- und Serumprobe ist weniger empfindlich als der spezifische Antikörperindex. Der Nachweis einer 3-Klassenreaktion mit einem erhöhten Antikörperindex für Borrelien ist auch ein diagnostisches Kriterium, um eine falsche Interpretation bei kreuzreagierenden Antikörpern zu vermeiden (z. B. mit Treponema pallidum oder einem gemeinsamen Antigen mit anderen Bakterien).

Der Nachweis einer humoralen Immunreaktion ist jedoch abhängig vom Zeitpunkt der diagnostischen Punktion. In sehr frühen Phasen kann eine humorale Immunreaktion abgesehen von einer Zellzahlerhöhung noch fehlen. Sowohl die humorale 3-Klassenreaktion als auch der erhöhte spezifische Antikörperindex ist noch Jahre nach Ausheilung einer Neuroborreliose nachweisbar. In der isoelektrischen Fokussierung lassen sich bei mehr als 70 % oligoklonale Banden als Ausdruck einer intrathekalen Immunglobulin-Synthese nachweisen [24]. Die Banden können oft jahrelang persistieren.

Der Nachweis einer isolierten IgA-Synthese gehört hingegen nicht zum typischen Befund bei einer Neuroborreliose.

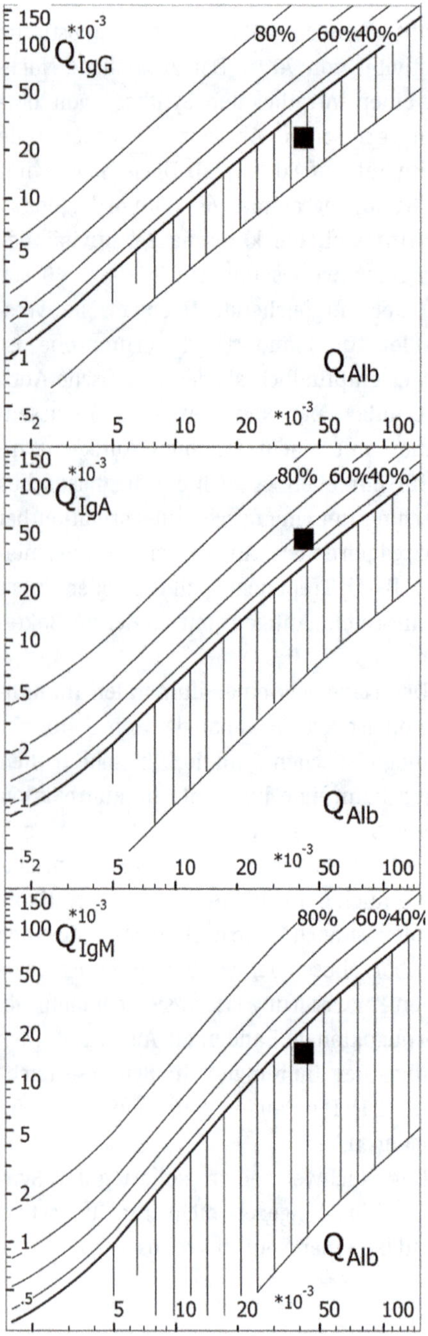

Abb. B.3.7: Proteindaten im Quotientendiagramm bei Neurotuberkulose. Beim Patienten ist eine dominante IgA-Synthese anhand einer intrathekalen IgA-Fraktion IgA_{IF} = 32 % direkt erkennbar.

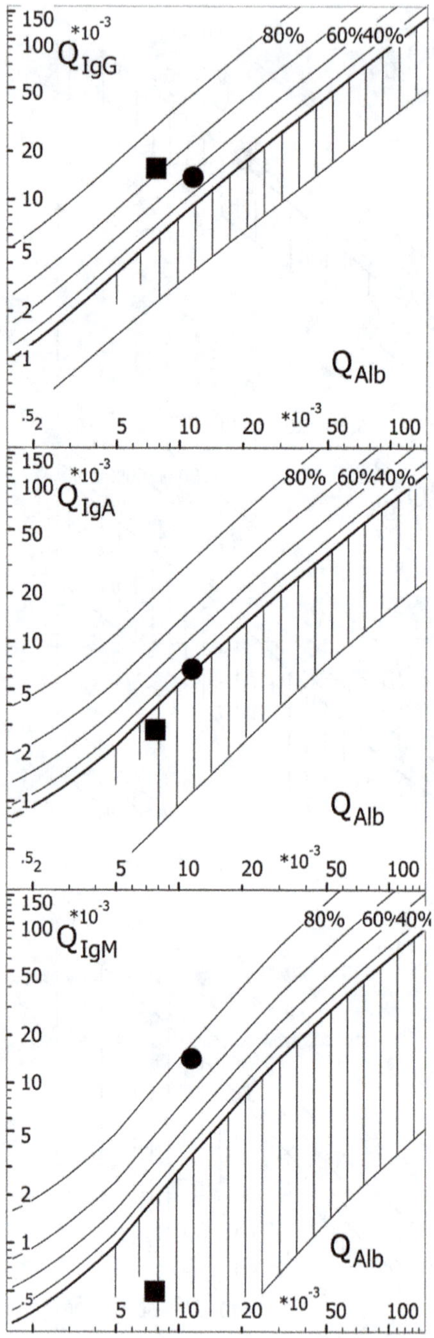

Abb. B.3.8: Quotientendiagramme mit Daten von Patienten mit einer Neurosyphilis. Die beiden Patienten mit Neurosyphilis sind repräsentativ für eine meningovaskuläre Verlaufsform (■) mit reiner

Neurosyphilis

Ein charakteristischer Befund bei Neurosyphilis ist der Nachweis einer gemischtzelligen oder mononukleären Pleozytose, einer Blut-Liquor-Schrankenfunktionsstörung sowie eine IgG-dominante Immunreaktion im ZNS. Die Liquorveränderungen sind abhängig von der Manifestationsform der neurologischen Mitbeteiligung.

Die diagnostische Lumbalpunktion bei der aktiven Neurosyphilis zeigt eine dominante IgG-Synthese (Abb. B.3.8■) mit häufig normaler Blut-Liquor Schrankenfunktion oder leichter Schrankenfunktionsstörung. In den Fällen einer parenchymatösen Form der Neurosyphilis (progressive Paralyse) ist die intrathekale IgG-Synthese intensiver und wesentlich häufiger (IgG_{IF} > 0 in 50 %) als bei der meningovaskulären Verlaufsform der Erkrankung (IgG_{IF} > 0 in ca. 19 %). Die parenchymatöse Verlaufsform ist häufig auch von einer intensiven intrathekalen IgM-Synthese begleitet. In beiden Fällen ist jedoch die Abwesenheit einer IgA-Synthese als typisch zu bezeichnen und unterscheidet die Neurosyphilis damit deutlich von den Mustern, die für eine Neuroborreliose (Abb. B.3.2) oder für die Neurotuberkulose (Abb. B.3.7) gefunden werden. Im Unterschied zur Neuroborreliose mit ebenfalls dominanter IgM-Synthese ist die Schrankenfunktionsstörung bei der Neurosyphilis nicht so deutlich ausgeprägt. Ein erhöhter treponemenspezifischer Antikörperindex ist die entscheidende, spezifische Information für die Differentialdiagnose. Der Antikörperindex als auch der Nachweis von intrathekal produziertem IgG ist noch 20 Jahre nach der Diagnosestellung und Therapie nachweisbar und bedeutet für sich alleine keine erneute Reaktivierung oder Reinfektion (Abb. B.3.9). Zur Beurteilung des therapeutischen Ansprechens ist ein Rückgang der Pleozytose sowie des Albuminquotienten hilfreich. Eine Normalisierung der Zellzahl kann jedoch bis zu zwei Jahre nach Therapiebeginn andauern.

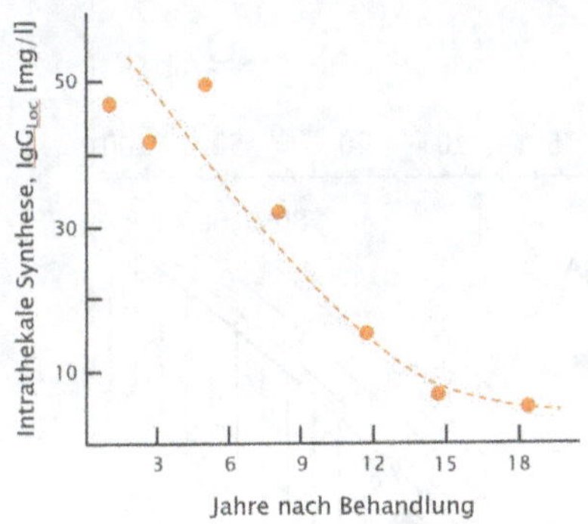

Abb. B.3.9: Verzögerte Normalisierung der intrathekalen Immunreaktion in 7 verschiedenen Patienten mit Neurosyphilis. Die Lumbalpunktionen stammen von verschiedenen Zeiten nach Beginn der akuten Erkrankung mit jeweils erfolgreicher Therapie. Daten von Patienten in der akuten Phase der Neurosyphilis sind in Abb. B.3.8 dargestellt.

Virusinfektionen des ZNS

Die Virusinfektionen des ZNS zeigen im Allgemeinen ein einheitlicheres Muster in der Liquordiagnostik als bakterielle Infektionen. Die hauptsächlichen Unterschiede sind normale bis leicht erhöhte Laktatwerte im Liquor, die Abwesenheit einer IgA-Synthese zum Zeitpunkt der ersten diagnostischen Punktion und eine schwach ausgeprägte Blut-Liquor-Schrankenfunktionsstörung. Die üblicherweise niedrigen Zellzahlen bei Virusinfektionen sollten differentialdiagnostisch nicht überbewertet werden, da einige bakterielle Infektionen ähnlich niedrige Zellzahlen haben. Das Differentialzellbild (**Kap. B.2.1**) ist hilfreich für die Differentialdiagnose bei Zell-

Abb. B.3.8 (fortgesetzt)
IgG-Synthese (IgG_{IF} = 63 %) und eine parenchymatöse Verlaufsform (●) mit einer dominanten intrathekalen IgM-Synthese (IgM_{IF} > 75 %) neben einer intrathekalen IgG-Synthese (IgG_{IF} = 33 %). In beiden Fällen ist eine IgA-Synthese nicht beobachtbar.

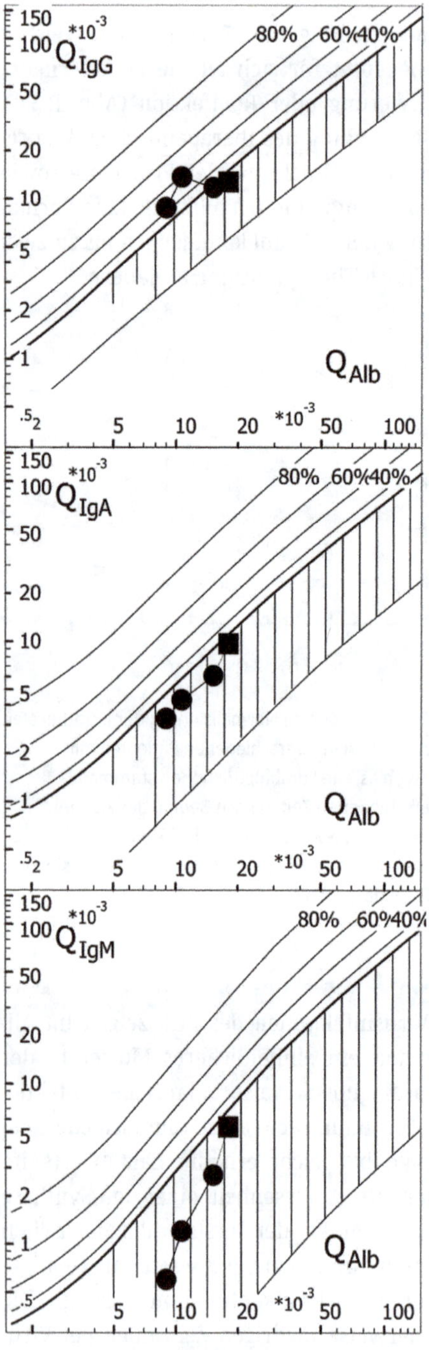

Abb. B.3.10: Zeitverlauf der Proteindaten bei einem Patienten mit Herpes-simplex-Enzephalitis. Der Patient wurde am 1., 13., 36. Tag sowie 3 Monate nach Aufnahme punktiert. (■) stellt die diagnostisch relevante Erstpunktion dar. Am 1. Tag (■) noch ohne humorale Immunreaktion, Zellzahl 144/µl, HSV-AI = 0,9; HSV-PCR

zahlen < 500/µl. Der Liquor weist in der Regel eine geringe bis mittelgradige Pleozytose mit einer kurzen neutrophilen Reaktion und sich anschließender lymphozytärer Pleozytose auf. Im Gegensatz zum Zeitpunkt der diagnostischen Erstpunktion können bei viralen Infekten im späteren Verlauf ebenfalls IgA-Synthesen evtl. kombiniert mit IgM-Synthesen auftreten.

Herpes simplex Enzephalitis (HSVE)

Die HSVE wird initial durch einen mittleren Anstieg der Proteinkonzentration (Q_{Alb} < 20×10^{-3}) und niedrige Zellzahlen von < 300 Zellen/µl charakterisiert. Die humorale Immunreaktion mit dominanten IgG-Klassen-Antikörpern wird erst ab 7 bis 10 Tagen nach Beginn der klinischen Symptome mit einem Maximum um Tag 26 nachweisbar (Abb. B.3.10) [25] und nimmt oft nur sehr langsam über Monate und Jahre ab. Die intrathekale IgG-Synthese kann auch mit einer intrathekalen IgA- (Häufigkeit < 20 %) und IgM- (Häufigkeit < 50 %) Synthese einhergehen.

Im Gegensatz zum Antikörpernachweis ist der direkte Nachweis der HSV-DNA mit PCR unmittelbar bei der ersten Punktion in 98 % der Fälle mit einer Spezifität von 94 % nachweisbar (**Kap. B.5.1.3.1**).

Zoster Meningitis, Enzephalitis, Ganglionitis

Die durch Varizella Zoster Virus verursachte Meningitis ist charakterisiert durch eine initial normale bis mittelgradige Schrankenfunktionsstörung mit erhöhten Liquorzellzahlen

Abb. B.3.10 (fortgesetzt)
positiv. Bei der zweiten Punktion, 13 Tage nach Aufnahme: Zellzahl 96/µl, 3. Punktion – 36 Tage nach Aufnahme: Intrathekale IgG-Synthese IgG_{IF} 38 %. HSV-AI = 21,8; Zellzahl 23/µl. 3 Monate nach Aufnahme: Zellzahl 8/µl, intrathekale IgG-Synthese IgG_{IF} 21 %, HSV-AI = 58,3.

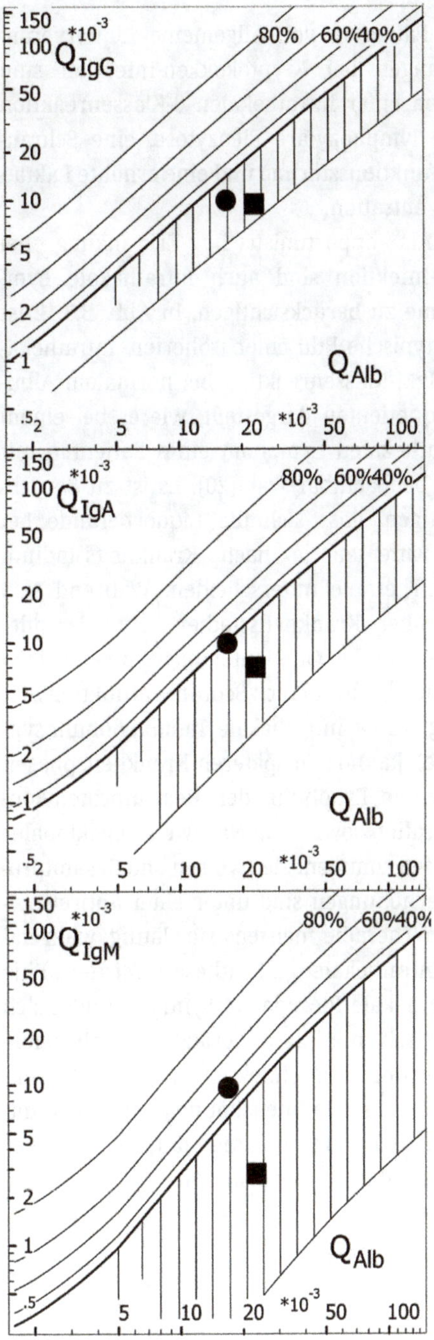

Abb. B.3.11: Proteindaten zweier Patienten mit Herpes zoster Enzephalitis. ■: Zellzahl 14/µl, VZV PCR positiv. Es zeigt sich zum Zeitpunkt der diagnostischen Erstpunktion keine intrathekale Immunglobulinsynthese. ●: Zellzahl 96/µl, VZV PCR positiv. Es findet sich eine isolierte intrathekale IgM-Synthese.

[25]. Eine humorale Immunreaktion ist eher selten nachweisbar ($IgG_{IF} > 0$ in 18 % oder als oligoklonales IgG in 37 %) [26] (Abb. B.3.11, ■). Im Verlauf kann eine intrathekale IgM-Synthese im Quotientendiagramm nachweisbar sein (Abb. B.3.11, ●). Eine intrathekale spezifische Antikörpersynthese gegen Varizella Zoster Viren wird in 50 % bereits zwischen Tag 1 bis Tag 6 nach Beginn der Erkrankung mit einem Maximum am Tag 12 beobachtet. Der Nachweis von VZV-DNA im Liquor mittels PCR gelingt mit einer Sensitivität von 60 %.

Auch Patienten mit einer Zoster-bedingten Ganglionitis haben in den wenigsten Fällen eine humorale Immunreaktion, allenfalls als oligoklonale Banden im Liquor nachweisbar [26].

Opportunistische Infektionen, Toxoplasmose, Kryptokokken-Meningitis, HIV

Für die Erkennung einer opportunistischen Infektion im ZNS sind die Veränderungen in den Quotientendiagrammen, z. B. gegenüber einer HIV-Enzephalopathie, so deutlich, dass sie eine wichtige diagnostische Relevanz für die weiterführende Analytik haben. Während bei der HIV-Enzephalopathie eine IgG-Synthese in Form von oligoklonalen Banden, eine diskrete Pleozytose sowie eine normale Blut-Liquor-Schrankenfunktion gefunden werden kann, unterscheidet sich das Muster bei Vorliegen einer opportunistischen Infektion deutlich. Opportunistische Infektionen im ZNS, wie die Toxoplasma-Enzephalitis, können eine intrathekale IgG-, IgA- und IgM-Synthese im Sinne einer Drei-Klassenreaktion typischerweise in Begleitung einer Schrankenfunktionsstörung und einer Pleozytose aufweisen. Diagnostisch entscheidend bleibt jedoch immer der direkte Erregernachweis aus dem Liquor.

Die Kryptokokken-Meningitis kommt im Gegensatz zu den anderen opportunistischen Infektionen auch bei nicht immunsupprimierten Patienten vor. Allgemeine Liquorveränderungen bei Kryptokokken-Infektion sind neben einer intrathekalen 3-Klassenreaktion eine lymphozytäre Pleozytose, eine Schrankenfunktionsstörung und eine erhöhte Laktatkonzentration.

Als opportunistische Erkrankung bei HIV-Infektion sind auch intrathekale Lymphome zu berücksichtigen. In Abb. B.3.12 ist das typische Bild einer isolierten, intrathekalen IgM-Klassenreaktion bei normalem Albuminquotienten dargestellt, wie es bei einem intrathekalen Lymphom eines Patienten mit HIV beobachtbar war [20]. Es ist zu berücksichtigen, dass sich die Liquorbefunde bei HIV-Patienten je nach Krankheitsstadium und Therapie unterscheiden. Während sich in frühen Krankheitsstadien keine Veränderungen in den Quotientendiagrammen zeigen (keine Blut-Liquor-Schrankenfunktionsstörung, keine intrathekale Immunglobulinsynthese), kann es in späteren Krankheitsphasen zu einer Erhöhung der Gesamtproteinkonzentration sowie zum Nachweis oligoklonaler Banden kommen. Pleozytosen und Gesamtproteinerhöhungen sind unter einer antiretroviralen Therapie meistens rückläufig, während die intrathekale IgG-Synthese persistiert. Eine intrathekale IgA oder M Synthese findet sich praktisch nie ohne zusätzlich vorliegende opportunistische Infektion. Zu berücksichtigen ist, dass die Intensität der humoralen intrathekalen Immunreaktion mit der Dauer der Erkrankung wieder abnimmt.

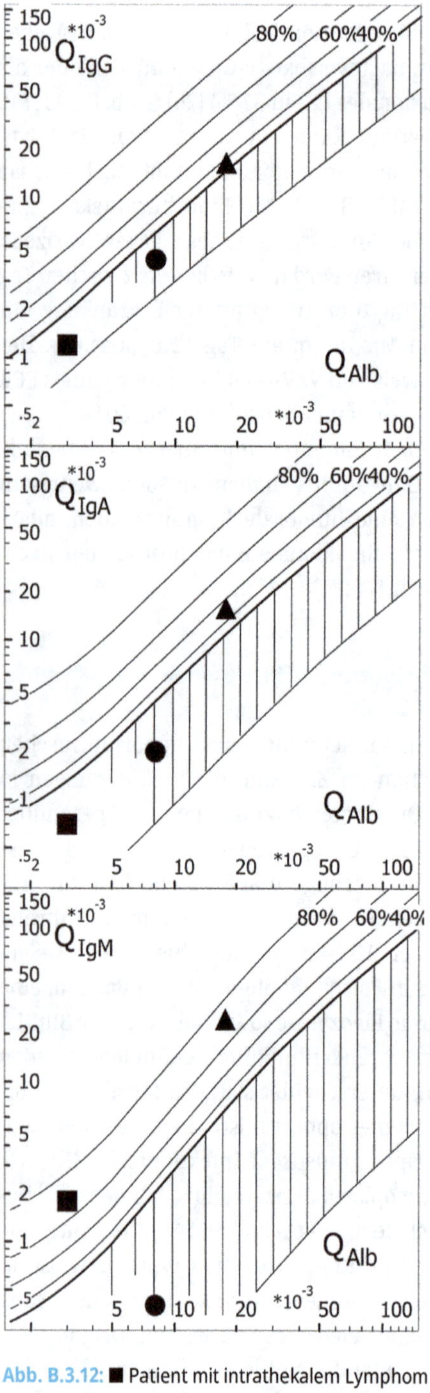

Abb. B.3.12: ■ Patient mit intrathekalem Lymphom bei HIV-Infektion Stadium 3, Zellzahl 18/µl, kein oligoklonales IgG, HIV-AI = 4,5; IgM_{IF} = 65 % (4). ▲ Proteindaten eines Patienten mit opportunistischer Infektion nach Immunsuppression bei Nierentransplantation: Es zeigt eine IgM-dominante

Abb. B.3.12 (fortgesetzt)
intrathekale 3-Klassenreaktion (IgM_{IF}: 87 %, IgG_{IF}: 31 %, IgA_{IF} 48 %) sowie oligoklonale Banden isoliert im Liquor. ● Patientin mit HIV assoziierter Myelopathie. Der Nachweis einer intrathekalen IgG-Synthese gelingt nur mittels OKB-Analyse.

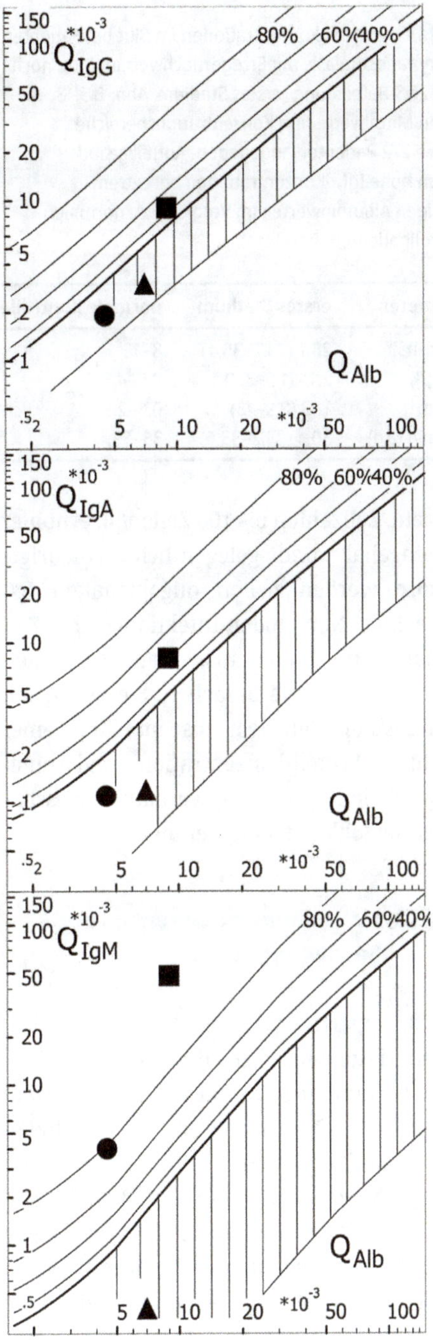

Abb. B.3.13: Exemplarische Proteindaten von Patienten mit Trypanosomiasis. So zeigen Patienten im WHO-Stadium 2 (▲) keine intrathekale humorale Immunantwort, wogegen das späte Stadium 1 (●) eine intrathekale IgM-Synthese zeigt. Das späte Stadium 2 der Trypanosomiasis (■) zeigt eine

Parasitosen

Die Anwesenheit von Parasiten und deren toxische Begleiterscheinungen können zu einer humoralen Immunreaktion im ZNS führen, wie aus Untersuchungen bei akuter eosinophiler Meningoenzephalitis bei Kindern durch Angiostrongylus cantonensis-Befall deutlich wurde. Häufig ist bei Beginn der Infektion lediglich eine eosinophile Pleozytose in Kombination mit einer Blut-Liquor-Schrankenfunktionsstörung auffällig, welche im Verlauf einiger Tage mit abnehmender Schrankenfunktionsstörung zu einer 3-Klassenreaktion führen kann (Abb. B.3.14).

Eine dominante IgM-Synthese wird bei einer Infektion mit Trypanosoma ghanese oder rhodense beobachtet (Tab. B.3.8) [7]. Der Nachweis einer intrathekalen IgM-Synthese kann mit einer 95 %igen Sensitivität eine ZNS Manifestation dieser parasitären Erkrankung anzeigen (Abb. B.3.13, ●). Im weiteren Verlauf der Erkrankung kann eine 2- bis 3-Klassen-Immunglobulinreaktion mit einer dominanten IgM-Klassenreaktion detektiert werden (Abb. B.3.13, ■). Eine IgG-Klassenreaktion, insbesondere als oligoklonales IgG identifiziert, wird nur in 75 % der Fälle gefunden.

Die klinische Manifestation der Neurozystizerkose ist unspezifisch und hängt sehr stark von der Zahl und der Lage der Läsionen ab. Eine Blut-Liquor-Schrankenfunktionsstörung kann im Falle einer Neurozystizerkose den extraparenchymatösen Befall des Subarachnoidalraums anzeigen. Im Fall der Neuroschistosomiasis gründet sich die nachweisbare Blut-Liquor-Schrankenfunktionsstörung in einem reduzierten Liquorfluss durch verminderte Resorption über die Spinalnerven-

Abb. B.3.13 (fortgesetzt)
Zwei- bis Drei- Klassenreaktion mit dominanter IgM-Synthese, erhöhter Zellzahl (> 20/ μl) und Laktatwerten > 3,4 mmol/l [7].

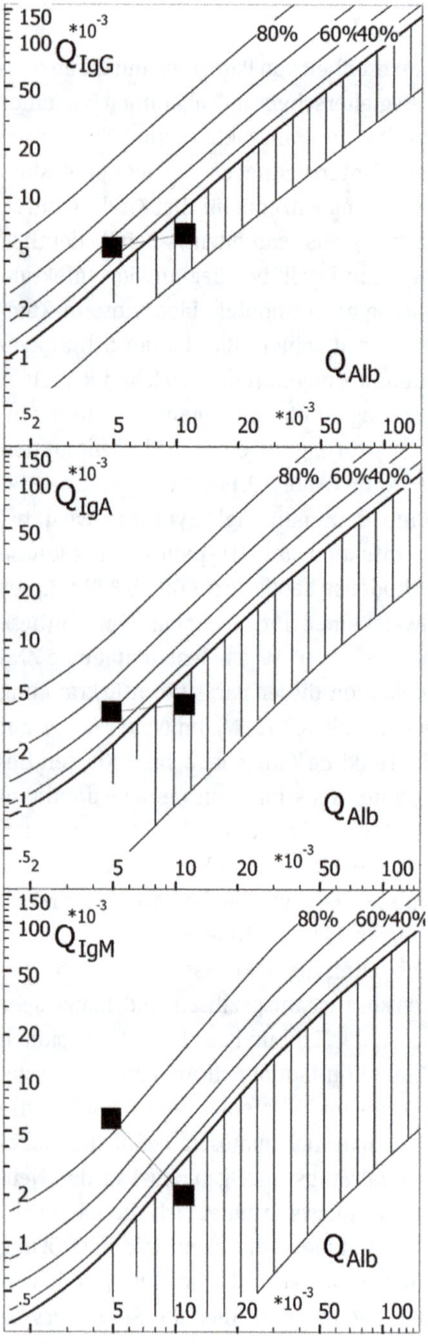

Abb. B.3.14: Exemplarische Proteindaten von Patienten mit eosinophiler Meningitis verursacht durch Angiostrongylus cantonensis. Die erste diagnostische Punktion in der Akutphase zeigt keine intrathekale Ig-Synthese (■, rechts), jedoch eine leichte Blut-Liquor-Schrankenfunktionsstörung. Sieben Tage später ist die Schrankenfunktionsstörung regredient, jetzt zeigt sich eine intrathekale IgM dominante 3-Klassenreaktion (■, links).

Tab. B.3.8: Proteinkonzentrationen im Blut bei Patienten mit Trypanosomiasis mit Erregernachweis im Blut, noch ohne ZNS-Beteiligung (erstes Stadium, Abb. B.3.13, ▲). Es sind Mittelwerte und Konzentrationsbereiche von n = 272 Patienten angegeben. Auffällig sind extrem hohe IgM-Konzentrationen bei extrem niedrigen Albuminwerten im Vergleich zu normalen Kontrollpatienten (Bereiche).

Parameter	erstes Stadium	normale Kontrolle
IgG (g/l)	28,7 (23,7–35,4)	8–18
IgA (g/l)	2,14 (1,5–3,4)	0,9–4,5
IgM (g/l)	11,3 (8,9–18)	0,6–2,5
Albumin (g/l)	30,4 (23,2–33,6)	35–55

wurzeln. Zellzahlen bis 100 Zellen/µl, erhöhter Proteingehalt und gelegentlich erniedrigte Glukose werden neben oligoklonalem IgG beobachtet. Nematoden-Infektionen des ZNS können eine Meningitis, Meningoradikulitis oder Myelitis verursachen. Sie gehen mit einer eosinophilen Pleozytose im Liquor, einer erhöhten Proteinkonzentration und einer intrathekalen IgG-Synthese, häufig messbar mittels oligoklonalem IgG einher.

3.1.3.1.1 Autoimmunerkrankungen mit Beteiligung des ZNS

Multiple Sklerose

Der häufigste Befund zur diagnostischen Erstpunktion und auch der im Krankheitsverlauf konstanteste Parameter ist der Nachweis einer quantitativen (60–75 %) oder qualitativen IgG-Synthese (96 %) (Abb. B.3.1). Obwohl es starke interindividuelle Schwankungen bezüglich der Ausprägung der intrathekalen IgG-Synthese gibt, sind die intraindividuellen

Schwankungen wesentlich geringer. Eine intrathekale IgM-Synthese wird in 20 % und noch seltener eine IgA-Synthese bei Patienten mit Multipler Sklerose beobachtet [19], jedoch nie ohne gleichzeitige IgG-Synthese (Abb. B.3.1). Die IgM-Klassenreaktion scheint im Laufe der Erkrankung geringfügig abzunehmen, ist aber wiederum nicht Ausdruck akuter Veränderungen im Rahmen eines schubförmigen Krankheitsverlaufs [28]. Albumin und Zellzahl sind normal bis geringfügig erhöht. Gemäß den aktuellen diagnostischen Kriterien für eine MS [29] kann bei Nachweis einer intrathekalen IgG-Synthese bei Patienten mit einem klinisch-isolierten Syndrom, welche die kernspintomographischen Kriterien einer räumlichen Dissemination erfüllen, die Diagnose einer schubförmigen MS gestellt werden. Ist eine intrathekale IgG-Synthese bei der Verdachtsdiagnose einer MS nicht nachweisbar, sollte die Diagnose kritisch hinterfragt werden [30]. Unter Immuntherapien (z. B. mit Natalizumab, Fingolimod, Rituximab oder Stammzelltransplantation) kann es zu einer Abnahme der lokalen IgG-Synthese oder zu einem fehlenden Nachweis von OKB kommen, welches nach Beendigung der Immuntherapie reversibel ist [31].

Die Sensitivität der freien Leichtketten vom Typ Kappa zur Detektion einer intrathekalen Inflammation bei Patienten mit Multipler Sklerose oder klinisch isoliertem Syndrom beträgt 93 % bis 100 % [14] und ist somit als additiver Parameter zur Diagnosestellung hilfreich. Dieses wird besonders dadurch deutlich, dass die Höhe der intrathekal synthetisierte Fraktion der freien Leichtketten vom Typ Kappa zwischen Patienten mit klinisch isoliertem Syndrom und klinisch definitiver Multipler Sklerose nicht signifikant unterschiedlich ist, bei Patienten mit klinisch isoliertem Syndrom sogar tendenziell höher gemessen werden kann [11,14].

Patienten mit Multipler Sklerose oder klinisch isoliertem Syndrom und dem Nachweis einer polyspezifischen Immunreaktion („MRZ"-Reaktion) als spezifischen Parameter für einen chronisch autoimmunen ZNS-Prozess haben höhere lokale Konzentrationen der freien Leichtketten vom Typ Kappa, als Patienten ohne Nachweis einer MRZ-Reaktion [14]. Analog zum IgG steigt die Nachweisfrequenz einer MRZ-Reaktion mit dem Ausmaß der humoralen Immunreaktion im Liquor an.

Autoimmune Enzephalitiden

Autoimmune Enzephalitiden sind autoimmun-entzündliche Erkrankungen vorwiegend der grauen Substanz des zentralen Nervensystems, welche zu epileptischen Anfällen, Bewegungs- und Koordinationsstörungen, neurokognitiven und psychiatrischen Störungen führen können [32]. Liquorchemisch lassen sich häufig eine leichte lymphomonozytäre Pleozytose, eine Störung der Blut-Liquor-Schrankenfunktion sowie eine intrathekale Immunglobulinsynthese nachweisen. Diese lässt sich häufig nur mittels oligoklonaler Banden im Liquor detektieren (Abb. B.3.15, ●), in anderen Fällen jedoch auch als intrathekale 2- oder 3-Klassenreaktion (Abb. B.3.15, ■) darstellen. Die Häufigkeit des Nachweises entzündlicher Liquorveränderungen ist hierbei abhängig von Antikörper-spezifischen Krankheitsentitäten sowie (damit assoziiert) vom Alter der Patienten. Bestätigend für die Diagnosestellung ist der Nachweis antineuronaler Antikörper, welche zum einen gegen membranständige neurale Antigene (ionotrope und metabotrope Neurotransmitter-Rezeptoren und neuronale Adhäsionsmoleküle) gerichtet sind, als auch gegen intrazelluläre neuronale Antigene, welche häufig mit einer Tumorerkrankung in Zusammenhang auftreten können (Abb. B.3.16, ●).

Neurosarkoidose

Die Liquorbefunde bei Neurosarkoidose (Abb. B.3.16) schwanken intraindividuell erheblich je nach Lokalisation, Krankheitsstadium und Therapie. Die Verdachtsdiagnose einer Neurosarkoidose lässt sich durch den Nachweis einer lymphozytären Pleozytose, welche bei leptomeningealem Befall stärker ausgeprägt ist [33], einer Blut-Liquor-Schrankenfunktionsstörung sowie einer intrathekalen Immunglobulinsynthese (nachweisbar in 50 %) unterstützen. Es sind sowohl isolierte intrathekale Synthesen von IgG, IgA und IgM (Patient ▲ in Abb. B.3.16 mit isoliert nachweisbaren oligoklonalen Banden als Ausdruck einer IgG-Synthese) als auch intrathekale 2- oder 3-Klassenreaktionen beschrieben (Patient ● in Abb. B.3.16) [34,35]. Besonders häufig scheint der Nachweis einer intrathekalen IgA Synthese zu sein (Patient ■ in Abb. B.3.16). Im Gegensatz zur Detektion einer persistierenden intrathekalen Immunglobulinsynthese bei Multipler Sklerose kann eine Immunglobulinsynthese bei anderen autoimmunen Erkrankungen des ZNS wie der Neurosarkoidose nur vorübergehend nachweisbar sein [33].

3.1.3.2 Dynamik der intrathekalen Immunglobulin-Klassenreaktion

In Abb. B.3.2 ist der Zeitverlauf der Liquorproteindaten eines Patienten mit Neuroborreliose dargestellt. Als Ergebnis der diagnostischen Punktion wird eine Zwei-Klassenreaktion mit Dominanz der IgM-Klasse bei Schrankenfunktionsstörung festgestellt. Trotz Normalisierung der Zellzahl, des Albuminquotienten und der intrathekalen Synthese (Tab. B.3.4) mit Verbesserung der klinischen Symptomatik ist bis zu 5 Wochen kein Wechsel von der dominanten IgM-Klassenreaktion zur IgG-Klassenreaktion im ZNS beobachtbar.

Die im Blut des Patienten ablaufende, initial dominante IgM-Klassenreaktion mit

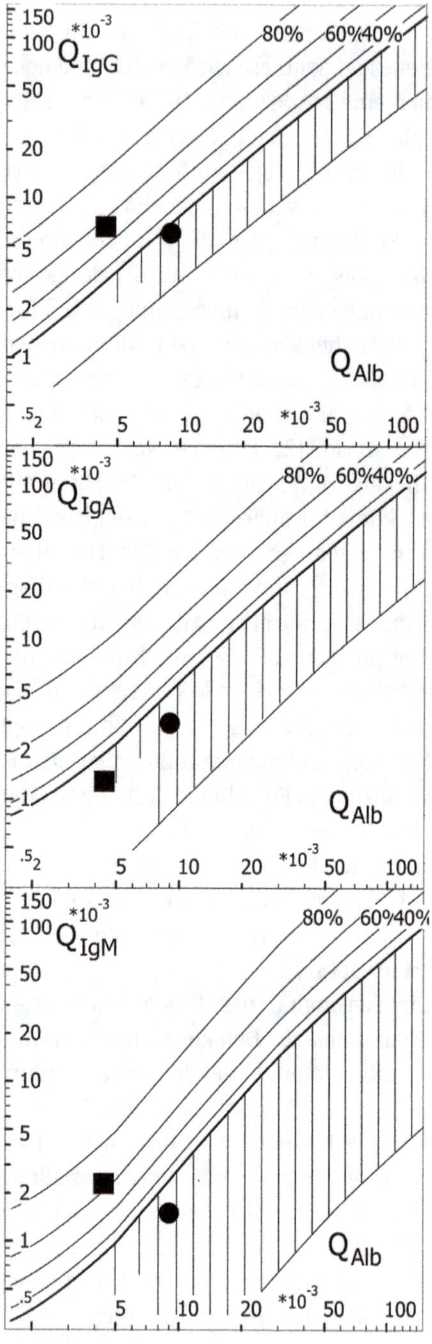

Abb. B.3.15: Proteindaten von Patienten mit autoimmuner Enzephalitis. Patient 1 (■) 80-jähriger männlicher Patient mit Anti-NMDA-Rezeptor Enzephalitis (Titer Liquor 1:256, Serum 1:80); Zellzahl 11/µl, Nachweis einer IgM-dominanten 2-Klassenreaktion, Nachweis von oligoklonalen Banden im Liquor.

einem Wechsel zur IgG-Klassenreaktion spiegelt sich im Liquor nicht wider, weil durch die Quotientenbildung die Blut-abhängige Variation eliminiert wird und nicht gleichzeitig mit dem Wechsel zur IgG-Klassenreaktion im Blut der Wechsel im Gehirn stattfindet (**Kap. B.3.1.1.2**) [6]. Die Beobachtung, dass über längere Zeiträume trotz hinreichender Therapie und erreichter Beschwerdefreiheit des Patienten eine intrathekale Immunglobulin-Reaktion anhalten kann, ist noch ausgeprägter bei der Neurosyphilis, wie in Abb. B.3.9 dargestellt. Bei Patienten mit Neurosyphilis wurde über Zeiträume bis zu 20 und mehr Jahren eine intrathekale IgG-Synthese im Rahmen von Kontrollpunktionen gefunden. Je größer der zeitliche Abstand zur erfolgreichen Therapie ist, desto schwächer wird die intrathekale Synthese. Zum Teil ist nach vielen Jahren die intrathekale Synthese lediglich als oligoklonales IgG oder erregerspezifischer Antikörperindex nachweisbar, während die IgG-Quotienten bereits im Referenzbereich liegen. Bei einer Herpes simplex Enzephalitis ist diese langsam abnehmende intrathekale Antikörpersynthese ebenfalls bis zu 20 Jahren beobachtbar.

Im Fall einer chronischen Erkrankung wie der Multiplen Sklerose (Abb. B.3.1) wird unabhängig von den klinischen Symptomen über große Zeiträume eine konstante intrathekale IgG-Synthese beobachtet.

Zusammenfassend lässt sich sagen, dass die intrathekale, humorale Immunreaktion

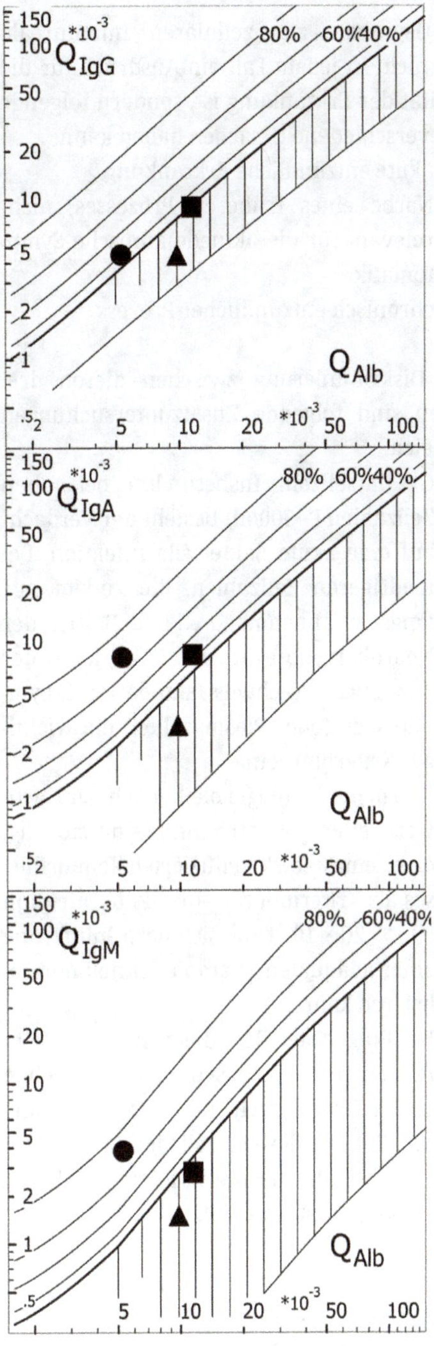

Abb. B.3.15 (fortgesetzt)
Patient 2 (●): 67-jähriger männlicher Patient mit einer paraneoplastischen autoimmunen Enzephalitis mit Nachweis von Anti-Hu-Antikörpern im Liquor und Serum bei kleinzelligem Bronchial-Karzinom. Zellzahl 14/µl, kein Nachweis einer quantitativen Immunglobulinsynthese, aber Nachweis von oligoklonalen Banden isoliert im Liquor.

Abb. B.3.16: ▲: 53-jährige weibliche Patientin mit isolierter Neurosarkoidose. Kein Nachweis einer quantitativen Immunglobulinsynthese, jedoch Nachweis von isolierten oligoklonalen Banden im Liquor, Erhöhung von Zellzahl (97/µl) sowie Gesamteiweiß (738 mg/dl).

im Gegensatz zur zellulären Immunreaktion nicht in jedem Fall ein Ausdruck für die Akuität der Erkrankung ist, sondern folgende drei verschiedene Ursachen haben kann:

1. akute entzündliche Erkrankung
2. Narbe eines früheren Prozesses, nicht relevant für die aktuelle klinische Symptomatik
3. chronisch entzündlicher Prozess

Zur Diskriminierung zwischen diesen drei Fällen sind folgende Zusatzuntersuchungen hilfreich:

a. Gesamtzellzahl. Insbesondere bei hohen Zellzahlen (> 500/µl) besteht der Verdacht auf eine akute bakterielle Infektion. Bei niedrigeren Zellzahlen, die zudem nur langsam abnehmen, wie z. B. bei der Neuroborreliose in Abb. B.3.2, kann der zusätzliche Nachweis aktivierter B-Lymphozyten (oder Plasmazellen) ein wichtiges Kriterium sein.
b. Neben der Zytologie bleibt noch der Nachweis einer Schrankenfunktionsstörung, d. h. eines stark reduzierten Liquorflusses als Kriterium für eine akute Infektion ($Q_{Alb} > 20 \times 10^{-3}$), die sich nach Initiierung einer adäquaten Therapie schnell normalisieren kann.
c. Bei Fragen der Reaktivierung oder Reinfektion (z. B. Neurosyphilis) kann neben der Zellzahl auch die Titer-Bewegung im Blut (in diesem Fall der IgM-Klasse) einen wichtigen Hinweis auf einen akuten Prozess darstellen [36].
d. Der Nachweis einer MRZ-Reaktion kann die Identifizierung eines chronisch entzündlichen Prozesses autoimmuner Genese ermöglichen.

Generell muss die Bewertung des integrierten Liquorgesamtbefundes immer durch klinische Informationen und/oder bildgebende Verfahren zur korrekten Diagnosestellung ergänzt werden.

3.1.3.3 Sensitivität der Quotientendiagramme

Die Sensitivität für die Bestimmung einer intrathekalen IgG-, IgA- oder IgM-Synthese im Quotientendiagramm hängt von dem wie bei Serumwerten statistisch definierten Referenzbereich ab. Ein Patient, dessen Werte an der Untergrenze des Referenzbereichs liegen, kann bis zu 200 % intrathekale Synthese benötigen, um statistisch signifikant im Quotientendiagramm als intrathekale Synthese nachgewiesen zu werden. Im Gegensatz dazu braucht die qualitative Methode zum Nachweis von oligoklonalem IgG (mit isoelektrischer Fokussierung) nur 0,5 % intrathekales, oligoklonales IgG am Gesamt-Liquor-IgG (siehe **Kap. B.3.2**). Am Beispiel der Multiplen Sklerose mit einer Nachweishäufigkeit von 98 % für oligoklonales IgG werden deshalb nur bei 75 % der Patienten erhöhte IgG_{IF}-Werte gefunden, d. h. 25 % der Quotienten liegen mit Bezug auf Q_{lim} noch im Normalbereich (Bereiche 1 und 3 in Abb. B.3.1).

Die klinische Sensitivität eines bestimmten Immunglobulin-Musters ist sehr variabel. So kann die Abwesenheit eines Krankheitstypischen Befundmusters die vermutete Diagnose nicht ausschließen. Das hängt u. a. damit zusammen, dass bei vielen Erkrankungen des ZNS der pathologische Prozess fern des Liquorraums sein kann und entsprechend weniger sichtbar im Liquor wird.

Abb. B.3.16 (fortgesetzt)
●: 56-jährige weibliche Patientin mit bioptisch gesicherter Neurosarkoidose und Nachweis einer intrathekalen 3-Klassenreaktion, Zellzahl 6/µl. ■: 53-jährige weibliche Patientin, intrathekale IgA-Synthese und Nachweis isolierter oligoklonaler Banden als Ausdruck einer zusätzlichen IgG Synthese, Zellzahl 115/µl, Gesamteiweiß 829 mg/l.

Schrankenfunktionsstörung

Die intrathekal synthetisierten Immunglobuline im Liquor, die primär aus dem Hirnparenchym stammen, können bezüglich der Dynamik wie ein gliales oder neuronales Protein behandelt werden. Das bedeutet, dass der Ig_{loc}-Wert, welcher das Ausmaß einer lokal synthetisierten Immunglobulinmenge, die in den Liquor abgegeben wird widerspiegelt, sich nicht mit dem Liquorfluss (Q_{Alb}) ändert. Damit wird bei hohen Q_{Alb}-Werten die intrathekale Fraktion kleiner.

Blutkontamination

Die Diagramme sind störanfällig für Blutkontaminationen, insbesondere in Fall von niedrigen Albuminquotienten und hierbei wiederum vor allem für den IgM-Quotienten. Dies hängt mit dem 45°-Anstieg der Quotienten (Q_{IgM}/Q_{Alb}) unter diesen Bedingungen zusammen (Abb. A.4. **in Kapitel A.4**). Eine Molekülgrößen-abhängige intrathekale Fraktion der Immunglobuline kann damit einen Hinweis auf eine artifiziell positive intrathekale Fraktion durch Blutkontamination geben ($IgM_{IF} > IgA_{IF} > IgG_{IF}$). Für artifizielle Blutbeimengungen kann mit Bezug auf die Erythrozytenzahl im Liquor bis zu einem begrenzten Rahmen eine Korrektur gerechnet werden (< 7000 Ery/µl) [10,37]. Im Umkehrschluss kann eine Verschiebung der Molekülgrößen-abhängigen Quotientenreihenfolgen (physiologisch $Q_{IgM} < Q_{IgA} < Q_{IgG}$) eine pathologisch bedeutsame intrathekale Ig-Produktion trotz schwerster Blutbeimengung anzeigen:

$Q_{IgG} > Q_{Alb}$ (für $Q_{Alb} > 0{,}6 * 10^{-3}$) entspricht damit einer intrathekalen IgG-Synthese, $Q_{IgA} > Q_{IgG}$ einer intrathekalen IgA Synthese und $Q_{IgM} > Q_{IgA}$ weist auf eine intrathekale IgM-Synthese hin, auch wenn die Quotienten im Referenzbereich liegen.

Bei $Q_{Alb} < 0{,}6 * 10^{-3}$ werden auch bei normalen Liquores (z. B. im Rahmen von ventrikulären Liquorabnahmen) die IgG-Quotienten größer als die Albumin Quotienten.

Eine weitere Möglichkeit zur Differenzierung zwischen einer artifiziellen Ig-Synthese durch Blutbeimengung und einer echten intrathekalen Ig-Synthese in den Diagrammen ist die Bestimmung der intrathekalen Fraktion der freien Leichtketten vom Typ Kappa, welche bei durch Blutkontaminationen bedingter artifizieller intrathekaler Fraktion von IgM, IgA oder IgG niemals, bei echter intrathekaler Synthese dieser Proteine jedoch positiv nachweisbar ist [38].

Therapeutische Interventionen

Die Quotientendiagramme sind ebenfalls anfällig für therapeutische Interventionen. Innerhalb von 24 Stunden nach Plasmapherese oder Immunabsorption kann es durch eine Verschiebung der Immunglobulinkonzentrationen (Verringerung der Immunglobulinkonzentration im Serum und damit relativ höherer Liquorkonzentration) zu einer falsch positiven intrathekalen Fraktion der Immunglobuline kommen [39]. Nachdem sich das Diffusionsgleichgewicht zwischen Serum und Liquor der entsprechenden Proteine eingestellt hat, ist diese artifiziell nachweisbare intrathekale Ig-Fraktion verschwunden.

Gleiches Prinzip besteht nach einer therapeutischen intravenösen Immunglobulinzufuhr. Hier erhöht sich die Serumkonzentration der Immunglobuline relativ zur konstant bleibenden Liquorkonzentration, wodurch die intrathekale Ig-Fraktion transient falsch negativ werden kann oder sich der entsprechende Ig-Quotient im Quotientendiagramm im Bereich 5 (Abb. B.3.1) befindet, welcher präanalytische Fehler impliziert. Nachdem sich das Diffusionsgleichgewicht zwischen Serum und Liquor der entsprechenden Proteine eingestellt hat, ist auch diese artifiziell erniedrigte intrathekale Ig-Fraktion nicht mehr nachweisbar.

Interpretation und statistische Auswertung von Immunglobulindaten für den Vergleich von Patientengruppen mit einer publikationsfähigen Graphik in Quotientendiagrammen sind frei verfügbar unter www.albaum.it [13].

3.1.3.4 Spezifität der Immunoglobulinmuster in Quotientendiagrammen

Die erfahrungsabhängige Spezifität der Muster kann im Zusammenhang mit weiteren diagnostischen Parametern sehr hoch sein. So ist z. B. eine intrathekale isolierte IgA-Synthese mit Schrankenstörung und erhöhtem Laktat im Liquor neben moderat erhöhter Zellzahl fast ohne Alternative zur Diagnose einer Neurotuberkulose. Grundsätzlich ist jedoch kein Immunglobulinmuster an sich hochspezifisch für ein bestimmtes Krankheitsbild. Deshalb ist die Befundbeurteilung in einem integrierten Liquorgesamtbefund essenziell.

3.1.4 Gehirneigene und leptomeningeale Proteine in Liquor und Blut

Interpretation und Dynamik der gehirneigenen Proteine und der leptomeningealen Proteine im Liquor

Die Diffusions-/Liquorfluss-Theorie ist nicht auf die Immunglobuline beschränkt, sondern für alle Proteine gültig. Stammt das Protein vorherrschend aus dem Gehirn bietet es sich an, den absoluten Wert des Proteins im Liquor auszuwerten. Diese reinen Hirnproteine brauchen nicht in Bezug zum Albuminquotienten gesetzt werden. Liquor/Serum-Quotienten sind nur von Vorteil (d. h. von höherer Sensitivität), wenn das Liquorprotein auch zum großen Teil aus dem Serum stammt. Bei den leptomeningealen Proteinen wird der Absolutwert mit Bezug auf den Albuminquotienten ausgewertet. Die Grenze des Referenzbereiches ist in dem Fall linear (nicht hyperbolisch) [4] (**Kap. A.4**).

Die kombinierte Dynamik von Blut, Gehirn und leptomeningealen Proteinen lässt sich anhand einer lumbalen Liquorblockade beschreiben [9]. Von einem Patienten mit einer leptomeningealen Tumormetastase, die zu einer Wirbelsäulenblockade führte, sind Daten von zwei gleichzeitigen Punktionen an L2 und L5 in Tab. B.3.9 aufgeführt. Die Albuminkonzentration der Lumbalpunktion an L2 oberhalb der Blockade ist erhöht (Q_{Alb} = 19,7 $*10^{-3}$ im Vergleich zu normalem Q_{Alb} = 5 $*10^{-3}$). Unterhalb der Blockade, punktiert an L5, ist die Albuminkonzentration 17-fach höher (Q_{Alb} = 338 $*10^{-3}$), da Albumin weiterhin eindiffundiert, jedoch eine Eliminierung durch die reduzierte Blut-Liquor-Zirkulation nicht mehr ausreichend gegeben ist. Aus dem gleichen Grund ergibt sich eine viermal höhere Konzentration des leptomeningealen β-Trace Proteins (es wird auch unterhalb des Blockes von den Leptomeningen sezerniert, kann jedoch nicht abtransportiert werden). Gleichzeitig ergibt sich eine dreimal niedrigere Konzentration der Neuronenspezifischen Enolase (NSE), da diese – im Gehirn produziert – nicht ausreichend kaudal der Blockade angelangt. Bei Transthyretin (TT) mit einer normalerweise dominanten Fraktion aus dem Gehirn oberhalb der Blockade, wird unterhalb der Blockade die Fraktion aus dem Blut mit einem dreifachen Anstieg dominant (Tab. B.3.9).

Das Diffusions-Fluss Modell ist bisher das einzige Modell, das eine konsistente Erklärung für all diese verschiedenen besonderen Dynamiken von Proteinen unterschiedlicher Herkunft im Liquor liefert.

Interpretation der gehirneigenen Proteine und der leptomeningealen Proteine im Blut

Bei einem Erwachsenen trägt resorbierter Liquor zu 10 % des menschlichen Blutvolumens bei. Proteine gelangen per Diffusion über die Kapillaren aus dem gesamten Gehirn und über die gesamte Liquorflussachse in

Tab. B.3.9: Proteinkonzentrationen im lumbalen Liquor oberhalb und unterhalb eines spinalen Blocks [9]. Daten von einem Patienten mit einer leptomeningealen Infiltration (Meningeose durch systemisches Adenokarzinom), die aus diagnostischen Gründen in derselben Sitzung bei L2 und bei L5 punktiert wurde. Die Liquorwerte bei L2: Q_{Alb} 19,7/Q_{IgG} 12,8/Q_{IgA} 8,8/Q_{IgM} 3,2 * 10^{-3}, Zellzahl normal, keine OKB, Laktat 1,6 mmol/l, Totalprotein 1,5 g/l, Hb++, Q_{CEA} < 38 * 10^{-3}. Die Liquorwerte L5: entsprechende Quotienten 338/218/150/43,6 *10^{-3}, Zellzahl 4/µL, Laktat 2,6 mmol/l, Totalprotein 23,9 g/l, Hb 0, Xanthochromie, Q_{CEA} = 306 * 10^{-3} oder 16 % intrathekale Synthese. Zum Vergleich wurden die Normalwerte L5(n) aus mittleren Konzentrationsgradienten berechnet.

	Q_{Alb} (* 10^{-3})	CEA (ng/ml)	NSE (µg/l)	ß-Trace (mg/l)	TT (g/l)	Ferritin (µg/l)
L2	19.7	< 0,07	10,8	25,9	0,020	7,5
L5	338	0,52	3,0	102	0,067	32
L5(n)	< 25	< 0,07	> 8	< 40	< 0,020	< 15

das Blut und können dort gemessen als sogenannte Markerproteine zentrale Abbauprozesse anzeigen (Tab B.3.10)

Die pathologische Mehranreicherung eines gehirneigenen- oder leptomeningealen Proteins im Blut ist nicht über den Liquorfluss (Blut-Liquor-Schrankenfunktion), sondern über eine lokal erhöhte Konzentration im Gehirn oder Liquor und damit einhergehenden erhöhten Liquor-Serum-Gradienten zu erklären [3].

3.1.4.1 Charakterisierung einzelner gehirneigener Proteine im Liquor

Karzinoembryonales Antigen (CEA)

Das karzinoembryonale Antigen (CEA) stellt einen Parameter zur Therapiekontrolle intrathekaler Metastasen CEA-synthetisierender Karzinome (z. B. Mamma-, Bronchial-, Pankreas-, Magen-, Prostata- und Schilddrüsen-Karzinom) dar.

Ist der Quotient aus der Liquor/Serum-Konzentration von CEA größer als der entsprechende Albuminquotient (Q_{CEA} (Liquor/Serum) > Q_{Alb}) liegt ein pathologischer Befund vor [40,41].

Die genauere Auswertung von CEA ist im Reiber-Diagramm möglich (Abb. B.3.17). Hierbei kann CEA in den IgA-Diagrammen ausgewertet werden, da CEA und IgA ähnliche Diffusionskoeffizienten (ähnliche, mittlere Molekülradien) haben (Abb. A.4.6 **in Kap. A.4.4.2.2**). Q_{CEA}-Werte oberhalb der Diskriminierungslinie im IgA-Quotientendiagramm sind ein Hinweis für eine intrathekale CEA-Produktion.

In Abb. B.3.17 sind 4 Patienten mit einer intrathekalen Metastase gezeigt. Eine intrathekale Fraktion mit bis zu CEA_{IF} = 99 % und Q_{CEA}-Werten bis zu 1600 × 10^{-3} stellen die extremsten Werte von pathologischen intrathekalen Fraktionen im Liquor dar. Die Höhe der CEA-Konzentration im Liquor hängt von der Distanz der Metastase zum Liquorraum ab, d. h. ein normaler CEA-Quotient kann z. B. eine Metastase im Frontalhirn nicht ausschließen [42]. Die meningealen Reaktionen führen zu einer Reduktion des Liquorflusses mit entsprechend erhöhten Albuminquotienten. Hirneigene Tumore führen im Gegenzug nicht zu einer erhöhten CEA-Fraktion (gelegentlich jedoch zu einer Schrankenstörung, teilweise mit oligoklonalem IgG als Reizreaktion).

Angiotensin Converting Enzyme (ACE)

Das Angiotensin Converting Enzyme (ACE) im Liquor stammt zu 70 % aus dem Gehirn (**Tab. A.4. in Kap. A.4**) und kann zur Erhärtung einer Verdachtsdiagnose und Aktivitätsbeurteilung der Neurosarkoidose bestimmt

Tab. B.3.10: Bestimmung und Aussagekraft ausgewählter gehirneigener und leptomeningealer Proteine.

Protein	Sezernierungsort	Liquor (L)	Serum (S)	Sekret (M)	diagnostische Wertigkeit	
Alpha-Synuclein	Neuron	X			↓	Synukleinopathien, z. B. IPS oder LBD
					↑	sporadische CJD
Angiotensin Converting Enzyme (ACE)	Plexus choroideus/ Endothel	X	**X**		L↑	Neurosarkoidose
					S↑	M. Gaucher, Lepra, TBC, PBC, alkoholische Lebererkrankungen, Hyperthyreose, DM
β-2-Transferrin	ZNS			X	M↑	Liquorfistel, Schädelbasisbruch
					S↑	Serumbestimmung hier nur als Vergleichswert
β-Amyloid 1–42	Neuron	X			↓	AD, MCI, LBD, IPS (MSA, CJD)
β-trace Protein	Leptomeninx	X		X	L↓	bakteriell-eitrige/tuberkulöse Meningitis
					M↑	Liquorfistel, Schädelbasisbruch
Karzinoembryonales Antigen	Metastase	X			↑	Intrathekale Metastasen CEA-synthetisierender Karzinome
Neurofilamente	Neuron	X	X		↑	PSP, MS, NMO, FTD, zerebralen Ischämie, Mikroangiopathie, MSA (Neuropathien / CIDP, GBS)
					↑↑	rasche Krankheitsprogression, Motoneuronerkrankung, SAB, ICB, Hirntumore, erregerbedingte Enzephalitiden, SHT
Neuronenspezifische Enolase (NSE)	Neuron/ Neuroendokrine Zelle	X	X		L↑	CJD (zerebrale Ischämien, Hirntumor, SHT)
					↓	Korsakow-Syndrom
					S	Progn. bei Hypoxie, Infarkt m. Hirnödem, SHT
Prion Protein (PrP)	Neuron	X			↑	CJD (HSE, letale familiäre Schlafkrankheit, Gerstmann-Sträussler-Scheinker-Syndrom)
Protein 14–3–3	Zellmembran	X			↑	CJD (Meningoenzephalitiden, Ischämien, nach epileptischem Anfall, SAB, selten bei AD)
S-100B-Protein	Gliazelle	X	X		L	↑FTLD, ↑↑ CJD
					S↑	SHT, Hypoxie, Blutung, Ischämie
Tau-Protein	Neuron	X			↑	AD, MCI (Multiinfarktdemenz, FTLD, MSA)
					↑↑	CJD

↑ = erhöht, ↑↑ = stark erhöht, ↓ = erniedrigt, () = Konzentrationsveränderung seltener beobachtet
LBD = Lewy-Body-Demenz, **IPS** = Idiopathisches Parkinson-Syndrom, **CJD** = Creutzfeldt-Jakob-Krankheit,
TBC = Tuberkulose, **PBC** = primär biliäre Cholangitis, **DM** = Diabetes mellitus, **AD** = Alzheimer-Demenz,

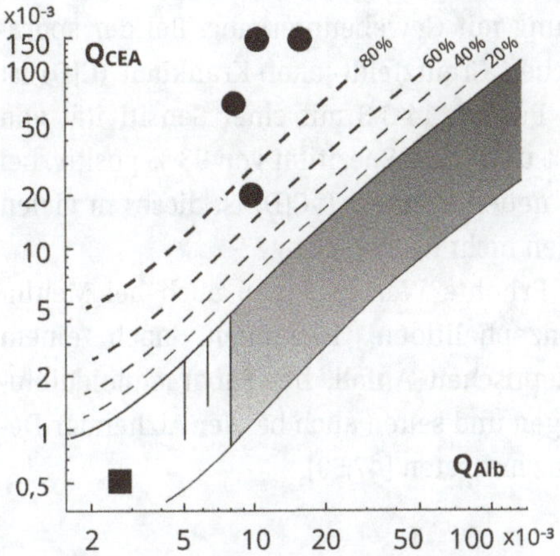

Abb. B.3.17: Meningeosis carcinomatosa. Der Nachweis einer intrathekalen Freisetzung von karzinoembryonalem Antigen ist dokumentiert im Quotientendiagramm Q_{CEA}/Q_{Alb}, das aufgrund der Molekülgröße identisch mit dem Quotientendiagramm für IgA ist. Die Daten zeigen 4 Patienten (●) mit Metastasen im Gehirn bei primärem Mamma-, Colon-, Blasen- und Adeno-Karzinom. Ein Patient (■) mit systemischem Karzinom und pathologisch erhöhten CEA-Werten im Blut (67,4 ng/ml) zeigte ein normales Liquormuster (Q_{Alb} = 2,4; Q_{IgG} = 1,1; Q_{CEA} = 0,4; Zellzahl 2/µl) und keine Zeichen einer Hirnmetastase.

werden. Die Sensitivität und Spezifität sind hierbei jedoch gering [43]. Ebenfalls erhöhte Serum-Werte können bei M. Gaucher, Lepra, Tuberkulose, primär biliäre Zirrhose, alkoholische Lebererkrankungen, Hyperthyreose sowie Diabetes mellitus nachgewiesen werden [44].

Gemessen wird die ACE-Aktivität (nmol/min/ml), so wird verhindert, dass hohe Liquorkonzentrationen, die durch verringerten Liquorfluss und damit einhergehender erhöhter ACE-CSF-Fraktion aus dem Blut entstehen, falsch interpretiert werden. Diese Besonderheit entsteht, da ACE eine nicht zu vernachlässigende Serum-Fraktion im Liquor hat.

Tau-Protein und β-Amyloid-1-42

Eine erhöhte Konzentration von Gesamt-Tau oder phosphoryliertem Tau in Kombination mit einer Erniedrigung von β-Amyloid weisen auf eine neurodegenerative Erkrankung hin. β-Amyloid-Oligomere binden direkt an synaptische Enden, führen dort zu morphologischen und funktionellen Veränderungen und haben Anteil an der Tau-Phosphorylierung. Dies führt zu einer Destabilisierung von neuronalen Transportvorgängen und damit zur synaptischen Dysfunktion und zum neuronalen Zellverlust. Die Bestimmung beider Proteine hilft zur Differenzierung zwischen primär neurodegenerativen Demenzerkrankungen und anderen Ursachen eines Demenzsyndroms.

Ein typischer Befund bei der *Alzheimer-Erkrankung* besteht aus einem erniedrigten β-Amyloid-1-42-Wert in Kombination mit erhöhten Phospho-Tau- und Gesamt-Tau-Konzentrationen.

Solche Konstellationen können ebenfalls bei Patienten mit einem *Mild cognitive Impairment* (MCI) gefunden werden und erhöhen die Wahrscheinlichkeit, dass sich bei dem Patienten ein Frühstadium der Alzheimer-Erkrankung diagnostizieren lässt. Bei einer MCI mit Nachweis einer β-Amyloid-1-42- und Tau-Pathologie steigt die Wahrscheinlichkeit in den nächsten 5 Jahren an einer Alzheimer-Demenz zu erkranken von 5 % auf 90 % [45].

Tab. B.3.10 (fortgesetzt)

MCI = Mild cognitive Impairment, **MSA** = Multisystematrophie, **PSP** = progressive supranukleäre Blickparese, **MS** = Multiplen Sklerose, **NMO** = Neuromyelitis optica, **FTD** = frontotemporalen Demenz, **CIDP** = chronisch inflammatorische demyelinisierende Polyneuropathie, **GBS** = Guillain-Barré-Syndrom, **SAB** = subarachnoidale Blutung, **ICB** = intrazerebrale Blutung, **SHT** = Schädel-Hirn-Trauma, **BE** = Blutentnahme, **HSE** = Humane spongiforme Enzephalopathie, **FTLD** = frontotemporale Lobärdegeneration.

Bei der *Lewy-Körperchen-Demenz* und der *Parkinson-Demenz* findet man häufig erniedrigte β-Amyloid-1-42-Werte und normwertige Tau-Protein-Werte.

Bei der *Multiinfarktdemenz* (vaskulären Demenz) sieht man gelegentlich erhöhte Tau-Proteinwerte und meist normwertige β-Amyloid-1-42-Werte.

Die Erkrankungen aus dem Formenkreis der *frontotemporalen Lobärdegeneration* kann eine Erhöhung des Tau-Proteins nachweisbar sein.

Bei der *Multisystematrophie* (MSA) kann das Tau-Protein ebenfalls erhöht sein, das β-Amyloid-1-42 ist entweder normwertig oder erniedrigt.

Bei rasch progredient degenerativen Erkrankungen sind höhere Konzentrationen zu messen. Bei Tau-Protein-Konzentration von > 1300 ng/ml sollte an eine *Creutzfeldt-Jakob-Krankheit* (CJD) gedacht werden. In diesem Fall ist das Verhältnis von Phospho-Tau/Gesamt-Tau geringer als bei den anderen Demenzformen [46–48]. Auch bei der CJD kann das β-1-42-Amyloid erniedrigt sein.

S-100B-Protein

Das S-100-Protein kann in zwei Formen nachgewiesen werden (einer α- und einer β-Form). Die β-Form (S100B) kann als Gliamarker zur Beurteilung von neuronalen Gewebedestruktion bestimmt werden.

Eine leicht erhöhte Fraktion ist bei Erkrankungen aus dem Formenkreis der frontotemporalen Lobärdegeneration zu verzeichnen. Eine massiv erhöhte Fraktion spricht mit einer Sensitivität von 84 % und einer Spezifität von 91 % für eine Creutzfeldt-Jakob-Krankheit [49].

Protein 14-3-3

Erhöhte Werte des Proteins 14-3-3 gelten als Zeichen einer schweren neurologischen Schädigung mit Gewebeuntergang. Bei der sporadischen Creutzfeldt-Jakob-Krankheit (CJD) ist das Protein 14-3-3 mit einer Sensitivität von 94 % und einer Spezifität von 93 % positiv, bei der neuen Variante (vCJD) ist dieses in vielen Fällen nicht nachweisbar.

Erhöhte Werte können auch bei Meningoenzephalitiden, Ischämien, nach einem epileptischen Anfall, bei Subarachnoidalblutungen und selten auch bei der Alzheimer-Demenz auftreten [47,50].

Neuronenspezifische Enolase

Die Neuronenspezifische Enolase (NSE) im Liquor stammt zu 98 % aus dem ZNS. Eine Erhöhung spricht für eine akute Neuronenschädigung und spricht mit einer Spezifität von 88 % und einer Sensitivität von 78 % für eine Creutzfeldt-Jakob-Krankheit. Ebenfalls pathologische Werte werden bei zerebralen Ischämien, Hirntumoren und Hirntraumata gemessen.

Bei chronischen Erkrankungen wie zum Beispiel dem Korsakow-Syndrom hingegen zeigt sich ein erniedrigter Wert [42].

Alpha-Synuclein

Bei dem Alpha-Synuclein handelt es sich um ein präsynaptisches Protein. Eine verringerte Konzentration im Liquor ist bei Synukleinopathien (z. B. M. Parkinson oder Lewy-Körperchen-Demenz), eine Erhöhung bei der sporadischen Creutzfeldt-Jakob-Krankheit zu erwarten [51,52].

Prion Protein (PrP)

Bei dem Prion Protein PrPC handelt es sich um ein physiologisches Protein der Zellmembran. Das PrPSc ist die fehlgefaltete, pathologische Variante bei dessen Nachweis (im Liquor) es sich mit einer Sensitivität von 85 % und einer Spezifität von 99 % um eine humane spongiforme Enzephalopathie *(Creutzfeldt-Jakob-Krankheit)* handelt [53]. Ebenfalls nachweisbar ist das Protein bei der humanen spongioformen Enzephalopathie, der letalen familiären Schlafkrankheit und dem Gerstmann-Sträussler-Scheinker-Syndrom.

β-trace Protein

Aufgrund des drastischen ventrikulolumbalen Konzentrationsanstieg von β-trace-Protein im Liquor geht man von einer Synthese in den spinalen Leptomeningen aus. Erniedrigte Konzentrationen weisen auf meningeale Erkrankungen wie z. B. die bakteriell-eitrige und tuberkulöse Meningitis hin. Bei viralen oder nicht-eitrigen Meningitiden ist die Konzentration unverändert [54].

3.1.4.2 Charakterisierung einzelner gehirneigener Proteine in Blut

Neuronenspezifische Enolase

Das Ausmaß einer Schädigung des Gehirns nach Hypoxien, Infarkten mit Hirnödem oder Schädelhirntrauma kann mit einem Anstieg der neuronenspezifischen Enolase (NSE) im Blut [55] beurteilt werden (Abb. B.3.18). Die NSE stellte den ersten Parameter dar, der es erlaubte, mit der Blutanalytik Störungen des ZNS zu untersuchen [55,56].

Der Referenzwertebereich im Serum befindet sich bei 3–10 ng/ml. Die unter Berücksichtigung aller präanalytischen Fehlermöglichkeiten festgelegte Obergrenze ist 30 ng/ml.

Voraussetzung für das Treffen einer Prognose, ist eine serielle Blutabnahme über einen geeigneten Zeitraum. Eine einmalige Bestimmung der NSE-Serum-Konzentration ist ohne Aussagekraft. Aus der seriellen Abnahme der Blutproben ergeben sich bei Hypoxien (z. B. nach Herzstillstand und Reanimation) innerhalb weniger Stunden bis Tage Zunahmen der NSE bis zu 800 ng/ml. Bei über 24 Stunden konstant anhaltenden NSE-Werten im Blut von > 150 ng/ml (Abb. B.3.18a) ist mit einer Wiedergewinnung der kortikalen Funktionen nicht zu rechnen.

Je nach Ausmaß und Lage eines Hirninfarktes und insbesondere bei solchen, die mit einem sekundären Hirnödem einhergehen, ist ein sehr frühzeitiger NSE-Anstieg im Blut zu beobachten. Nach einem Schädelhirntrauma ohne Hypoxie oder nach einer erfolgreichen Reanimation gehen die erhöhten NSE-Serum-Werte innerhalb von wenigen Stunden wieder auf Normalwerte im Blut zurück (Abb. B.3.18c, d). Kurzfristige Erhöhungen bis 120 ng/ml werden auch bei der Elektrokonvulsionstherapie (EKT) (EKT) beobachtet.

S100B-Protein

Das S100B-Protein kann als unspezifischer Marker für Gliaschädigung ergänzend zur NSE im Serum bestimmt werden. Ebenso wie die NSE dient es als Diagnose- und Prognoseparameter bei einem Hirnschaden nach einem Schädelhirntrauma, einer Hypoxie, Blutung oder Ischämie. Bei leichten Hirnschädigungen bietet das S100B-Protein eine höhere Sensitivität als die NSE [57,58].

Neurofilamente

Neurofilamente sind axonale Proteine und können sowohl im Liquor als auch im Serum nachgewiesen werden. Eine Erhöhung entsteht bei einer axonalen Schädigung und kann ein Hinweis auf eine neurodegenerative Erkrankung sein.

Neurofilamente (Nf) kommen in drei verschiedenen Isoformen vor und werden abhängig ihres Molekulargewichtes eingeteilt „Light“ (Nf**L**), „Medium“ (Nf**M**) und „Heavy“ (Nf**H**). Bestimmt werden NfL und die phosphorylierte NfH (pNfH). Eine mäßige Erhöhung der Neurofilamente findet man bei der progressiven supranukleären Blickparese, Mul-

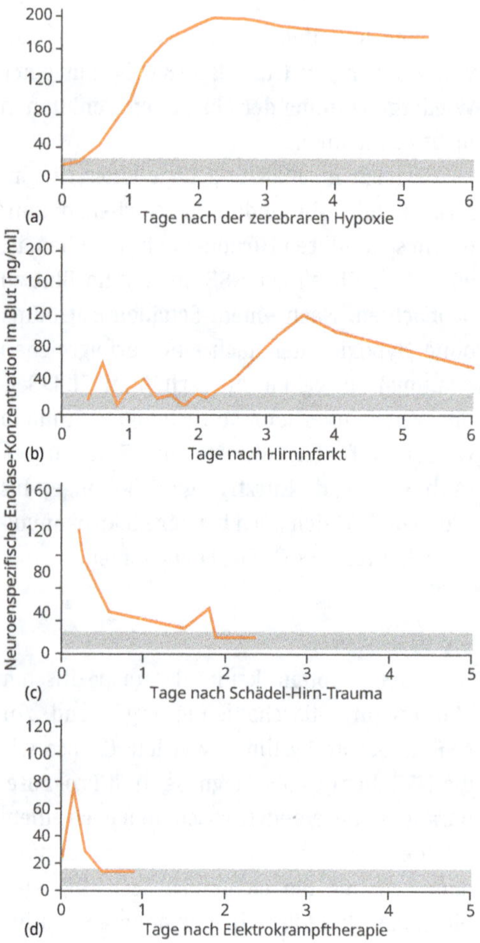

Abb. B.3.18: Idealisierter Verlauf der Blutkonzentration der neuronenspezifischen Enolase (NSE).
(a): Nach zerebraler Hypoxie; (b): nach Hirninfarkt; (a): nach Schädel-Hirn-Trauma; (d): nach Elektrokonvulsionstherapie. Der klinisch definierte Referenzbereich ist jeweils schraffiert dargestellt (NSE ≤ 30 ng/ml).

tiplen Sklerose, Neuromyelitis optica, frontotemporalen Demenz, zerebralen Ischämie, Mikroangiopathie und bei der Multisystematrophie. Drastisch erhöhte Werte können ein Hinweis auf eine Motoneuronerkrankung und eine rasche Krankheitsprogression sein, auf subarachnoidale und intrazerebrale Blutungen, Hirntumore, erregerbedingte Enzephalitiden oder Schädel-Hirn-Traumata.

Gelegentlich tritt eine Erhöhung auch bei Neuropathien/chronisch inflammatorisch demyelinisierenden Polyneuropathien und im Rahmen eines Guillain-Barré-Syndroms auf [59–62].

3.1.4.3 Charakterisierung einzelner gehirneigener Proteine in Sekreten

β-trace-Protein

Zur Identifikation von Liquor in Sekreten (bei Rhinoliquorrhoe oder Otoliquorrhoe) ist die Analyse von β-trace-Protein geeignet [54,63,64]. Der Nachweis von erhöhtem β-trace-Protein (> 0,36 mg/l) ist ein Hinweis auf eine Liquorfistel.

Der Referenzwertebereich für das β-trace-Protein [64] im Nasensekret liegt bei ≤ 0,12 mg/l, im Median bei 0,016 mg/l und ist damit gut abzugrenzen von der Konzentration im Liquor (lumbal: 9–29 mg/l; ventrikulär 1,0–2,0 mg/l) und im Serum (0,38–0,86 mg/l).

Bei Blutbeimengung im Sekret wird der Grenzwert > 1,0 mg/l verwendet, da sich die Konzentration durch die niedrigere Serum-Konzentration des Proteins verringert [63].

Weitere diagnostische Hindernisse zeigen sich durch die schwankende Konzentration von β-trace-Protein abhängig von der Höhe der Fistel (ventrikulo-lumbaler Konzentrationsanstieg [65], Niereninsuffizienz-bedingte Erhöhungen [66], Infekt-bedingte (bakterielle) Konzentrationsverminderungen [54], Beimengungen von Peri- oder Endolymphe des Innenohrs (hohe β-trace-Protein-Konzentrationen) sowie Schwangerschaftsbedingte Konzentrationsanstiege im Liquor [67].

β-2-Transferrin

Das β-2-Transferrin (Asialotransferrin) kommt hauptsächlich im Liquor vor und kann ähnlich des β-trace-Proteins zum Nachweis von Liquor in Nasen-, Ohr- oder Wundsekreten genutzt werden [68]. β-2-Transferrin ist ein Carbohydrate deficient transferrin (CDT) und kann bei Patienten mit chronischem Alkoholkonsum auch im Serum nachgewiesen werden. Ein Vergleich mit Serumwerten ist demnach zu empfehlen.

Literatur

[1] Thompson EJ. Proteins of the Cerebrospinal Fluid. s. l. : Academic Press, 2005.

[2] Reiber H, Padilla-Docal B, Jensenius JC, Dorta-Contreras AJ. Mannan-binding lectin in cerebrospinal fluid: a leptomeningeal protein. Fluids Barriers CNS. 2012;9(1):17.

[3] Reiber H. Proteins in cerebrospinal fluid and blood: Barriers, CSF flow rate and source-related dynamics. Restorative Neurology and Neuroscience. 2003;21:79–96.

[4] Reiber H. Dynamics of brain proteins in cerebrospinal fluid. Clin Chim Acta. 2001;310(2):173–86.

[5] Reiber H, Kruse-Sauter H, Quentin Claus D. Antibody patterns vary arbitrarily between cerebrospinal fluid and aqueous humor of the individual multiple sclerosis patient: specificity-independent pathological B cell function. J Neuroimmunol. 2015;278:247–254.

[6] Reiber H, Peter,JB. Cerebrospinal Fluid Analysis – Disease-related data patterns and evaluation programs . J Neurol Sci. 2001;184(2):101–122.

[7] Reiber H. Cerebrospinal fluid data compilation and knowledge-based interpretation of bacterial, viral, parasitic, oncological, chronic inflammatory and demyelinating diseases. Diagnostic patterns not to be missed in neurology and psychiatry. Arq Neuropsiquiatr. 2016;74(4):337–350.

[8] Andersson M, Alvarez-Cermeño J, Bernardi G, et al. Cerebrospinal fluid in the diagnosis of Multiple Sclerosis: a consensus report. J Neurol Neurosurg Psychiatr. 1994;57(8):897–902.

[9] Reiber H. Blood-CSF barrier dysfunction means reduced cerebrospinal fluid flow not barrier leakage: conclusions from CSF protein data. Arq Neuro-Psiquiatr 79(01), Jan 2021. https://doi.org/10.1590/0004-282X-anp-2020-0094.

[10] Reiber H. Knowledge-base for interpretation of cerebrospinal fluid data patterns. Essentials in neurology and psychiatry. Arq Neuropsiquiatr. 2016;74(6):501–12.

[11] Reiber H, Zeman D, Kušnierová P, Mundwiler E, Bernasconi L. Diagnostic relevance of free light chains in cerebrospinal fluid-The hyperbolic reference range for reliable data interpretation in quotient diagrams . Clin Chim Acta . 2019;497:153–162.

[12] Süße M, Hannich M, Petersmann A, et al. Kappa free light chains in cerebrospinal fluid to identify patients with oligoclonal bands. Eur J Neurol. 2018;25(9):1134–1139.

[13] Reiber H. Software for cerebrospinal fluid diagnostics and statistics. Revista cubana de investigaciones Biomedicas. 2009;39(3):e740.

[14] Süße M, Reiber H, Grothe M, et al. Free light chain kappa and the polyspecific immune response in MS and CIS – Application of the hyperbolic reference range for most reliable data interpretation. J Neuroimmunol. 2020;346:577287.

[15] Reiber H. Liquordiagnostik in Deutschland nach 1950. Entwicklungen im Kontext von Wissenschaft und Gesellschaft in DDR und BRD. Nervenarzt. 2016;87:1261–1270.

[16] Regeniter A, Kuhle J, Mehling M, et al. A modern approach to CSF analysis: pathophysiology, clinical application, proof of concept and laboratory reporting. Clin Neurol Neurosurg. 2009;111(4):313–8.

[17] Korenke GC, Reiber H, Hunnemann DH, Hanefeld F. Intrathecal IgA Synthesis in X-Linked Cerebral Adrenoleukodystrophy. J Child Neurol. 1997;12(5):314–20.

[18] Dorta AJ, Reiber H. Inthrathecal synthesis of immunoglobulins in eosinophilic meningoencephalitis due to Angiostrongylus cantonensis. Clin Diagn Lab Immunol. 1998;5(4):452–5.

[19] Reiber H. Cerebrospinal fuid – physiology, analysis and interpretation of protein patterns for diagnosis of neurological diseases. Mult Scler. 1998;4(3):99–107.

[20] Felgenhauer K. Entzündliche Krankheiten. [Hrsg.] K. Kunze. Lehrbuch der Neurologie. Stuttgart : Thieme, 1992, S. 499–523.

[21] Liu PY, Shi Z, Lau Y, Hu BS. Rapid diagnosis of tuberculous meningitis by a simplified nested amplification protocol. Neurology. 1994;44(6):1161–4.

[22] Monteyne PH, Sindic CJM. The diagnosis of tuberculous meningitis. Acta Neurol Belg. 1995, S. 95(2):80–7.

[23] Tumani H, Nölker G, Reiber H. Relevance of cerebrospinal fluid parameters for early diagnosis in neuroborreliosis. Neurol . 1995;45(9):1663–70.

[24] Djukic M, Schmidt-Samoa C, Lange P, et al. Cerebrospinal fluid findings in adults with acute Lyme neuroborreliosis. J Neurol. 2012;259(4):630–6.
[25] Felgenhauer K, Reiber H. The diagnostic relevance of antibody specificity indices in multiple sclerosis and herpes virus induced diseases of the nervous system. Clin Invest. 1992;70(1):28–37.
[26] Skripuletz T, Pars K, Schulte A, et al. Varicella zoster virus infections in neurological patients: a clinical study. BMC Infect Dis. 2018;18(1):238.
[27] Lejon V, Reiber H, Legros D, et al. Intrathecal immune response pattern for improved diagnosis of central nervous system involvement in trypanosomiasis. J Infect Dis. 2003;187(9):1475–83.
[28] Reiber H, Teut M, Pohl D, Rostasy KM, Hanefeld F. Paediatric and adult multiple sclerosis: age-related differences and time course of the neuroimmunological response in cerebrospinal fluid. Mult Scler. 2009;15(12):1466–80.
[29] Thompson AJ, Baranzini SE, Geurts J, Hemmer B, Ciccarelli O. Multiple Sclerosis. Lancet. 2018;391(10130):1622–1636.
[30] Miller DH, Weinshenker BG, Filippi M, et al. Differential diagnosis of suspected multiple sclerosis: a consensus approach. Mult Scler. 2008;14(9):1157–74.
[31] Warnke C, Stettner M, Lehmensiek V, et al. Natalizumab exerts a suppressive effect on surrogates of B cell function in blood and CSF. Mult Scler. 2015;21(8):1036–44.
[32] Graus F, Titulaer MJ, Balu R, et al. A clinical approach to diagnosis of autoimmune encephalitis. Lancet Neurol. 2016;15(4):391–404.
[33] Wengert O, Rothenfusser-Korber E, Vollrath B, et al. Neurosarcoidosis: correlation of cerebrospinal fluid findings with diffuse leptomeningeal gadolinium enhancement on MRI and clinical disease activity. J Neurol Sci. 2013;335(1–2):124–30.
[34] McLean BN, Mitchell DN, Thompson EJ. Local synthesis of specific IgG in the cerebrospinal fluid of patients with neurosarcoidosis detected by antigen immunoblotting using Kveim material. Neurol Sci. 1990;99(2–3):165–75.
[35] Kinnman J, Link H. Intrathecal production of oligoclonal IgM and IgG in CNS sarcoidosis. Acta Neurol Scand. 1984;69(2):97–106.
[36] Quentin CD, Reiber H. Fuchs' Heterochromic Cyclitis – rubella virus antibodies and genome in aqueous humor. Am J Ophtalmol. 2004;138(1):46–54.
[37] Reiber H, Otto M, Trendelenburg C, Wormek A. Reporting cerebrospinal fluid data – knowledge base and interpretation software. Clin Chem Lab Med . 2001;39(4):324–32.
[38] Hannich MJ, Dressel A, Budde K, et al. Kappa Free Light Chains in the Context of Blood Contamination, and Other IgA- and IgM-Related Cerebrospinal Fluid Disease Pattern. Cells. 2021;10(3):616.
[39] Berger B, Hottenrott T, Leubner J, et al. Transient spurious intrathecal immunoglobulin synthesis in neurological patients after therapeutic apheresis. BMC Neurol. 2015;15:255.
[40] Jacobi C, Reiber H, Felgenhauer K. The clinical relevance of the locally produced carcinoembryonic antigen in cerebrospinal fluid. J Neurol. 1986;233(6):358–61.
[41] Oschmann P, Kaps M, Völker J, Dorndorf W. Meningeal carcinomatosis: CSF cytology, immunocytochemistry and biochemical tumor markers. Acta Neurol Scand. 1994;89(5):395–9.
[42] Jacobi C, Reiber H. Clinical relevance of increased neuron-specific enolase concentration in cerebrospinal fluid. Clin Chim Acta. 1988;49–54.
[43] Nowak DA, Widenka DC. Neurosarcoidosis: a review of its intracranial manifestation. J Neurol. 2001;248(5):363–72.
[44] Khoury J, Wellik KE, Demaerschalk BM, Wingerchuk DM. Cerebrospinal fluid angiotensin-converting enzyme for diagnosis of central nervous system sarcoidosis. Neurologist. 2009;15(2):108–11.
[45] Wagner M, Wolf S, Reischies FM, et al. Biomarker validation of a cued recall memory deficit in prodromal Alzheimer disease. Neurology. 2012;78(6):379–386.
[46] Wiltfang J, Esselmann H, Smirnov A, et al. Beta-amyloid peptides in cerebrospinal fluid of patients with Creutzfeldt-Jakob disease. Ann Neurol. 2003; 54(2):263–267.
[47] Otto M, Wiltfang J, Cepek L, et al. Tau protein and 14–3–3 protein in the differential diagnosis of Creutzfeldt-Jakob disease. Neurology . 2002;22;58(2):192–197.
[48] Llorens F, Schmitz M, Ferrer I, Zerr I. CSF biomarkers in neurodegenerative and vascular dementias. Prog Neurobiol. 2016;138–140:36–53.
[49] Otto M, Stein H, Szudra A, et al. S-100 protein concentration in the cerebrospinal fluid of patients with Creutzfeldt-Jakob disease. J Neurol. 1997;244(9):566–570.
[50] Zerr I, Bodemer M, Gefeller,O et al. Detection of 14–3–3 protein in the cerebrospinal fluid supports

the diagnosis of Creutzfeldt-Jakob disease. Ann Neurol. 1998;43(1):32–40.
[51] Paciotti S, Bellomo G, Gatticchi L, Parnetti L. Are We Ready for Detecting α-Synuclein Prone to Aggregation in Patients? The Case of "Protein-Misfolding Cyclic Amplification" and "Real-Time Quaking-Induced Conversion" as Diagnostic Tools. Front Neurol. 2018;6;9:415.
[52] Mollenhauer B, Caspell-Garcia CJ, Coffey CS, et al. Longitudinal analyses of cerebrospinal fluid α-Synuclein in prodromal and early Parkinson's disease. Mov Disord. 2019;34(9):1354–1364.
[53] McGuire LI, Poleggi A, Poggiolini I, et al. Cerebrospinal fluid real-time quaking-induced conversion is a robust and reliable test for sporadic creutzfeldt–jakob disease: An international study. Ann Neurol. 2016;80(1):160–165.
[54] Tumani H, Reiber H, Nau R, et al. Beta-trace protein concentration in cerebrospinal fluid is decreased in patients with bacterial meningitis. Neurosc Lett. 1998;242(1):5–8.
[55] Schaarschmidt H, Prange H, Reiber H. Neuron-specific enolase concentrations in blood as a prognostic parameter in cerebrovascular diseases. Stroke. 1994;25(3):558–565.
[56] Prange H, Aue G, Frauendorf H, Reiber H. Die neuronenspezifische Enolase als Prognosemarker bei zerebraler Hypoxie. Intensivmed. 1995;32: 17–22.
[57] Ingebrigtsen T, Romner B. Biochemical serum markers of traumatic brain injury. J Trauma. 2002;52(4):798–808.
[58] Johnsson P, Lundqvist C, Lindgren A, et al. Cerebral complications after cardiac surgery assessed by S-100 and NSE levels in blood. J Cardiothorac Vasc Anesth. 1995;9(6):694–699.
[59] Khalil M, Teunissen CE, Otto M, et al. Neurofilaments as biomarkers in neurological disorders. Nat Rev Neurol. 2018;14(10):577–589.
[60] Feneberg E, Oeckl P, Steinacker P, et al. Multicenter evaluation of neurofilaments in early symptom onset amyotrophic lateral sclerosis. Neurology. 2018;90(1):e22–e30.
[61] Oeckl P, Jardel C, Salachas F, et al. Multicenter validation of CSF neurofilaments as diagnostic biomarkers for ALS. Amyotroph Lateral Scler Frontotemporal Degener. 2016;17(5–6):404–413.
[62] Steinacker P, Feneberg E, Weishaupt J, et al. Neurofilaments in the diagnosis of motoneuron diseases: a prospective study on 455 patients. J Neurol Neurosurg Psychiatry. 2016;87(1):12–20.
[63] Reiber H. Beta-trace protein concentration in nasal secretion: discrepancies and flaws in recent publications. Letter to the Editor. Acta Neurol Scand. 2004;110:339–341.
[64] Reiber H, Walther K, Althaus H. Beta-trace protein as sensitive marker for CSF Rhinorhea and CSF Otorhea. Acta Neurol Scand . 2003;108(5):359–362.
[65] Brandner S, Thaler C, Lewczuk P, et al. Neuroprotein dynamics in the cerebrospinal fluid: intraindividual concomitant ventricular and lumbar measurements. Eur Neurol. 2013;70(3–4):189–194.
[66] Melegos DN, Grass L, Pierratos A, Diamandis EP. Highly elevated levels of prostaglandin D synthase in the serum of patients with renal failure. Uology. 1999;53(1):32–37.
[67] McArthur J, Hill J, Paech MJ, et al. Cerebrospinal fluid and serum concentrations of beta-trace protein during pregnancy. Anaesthesia. 2005;60(2):163–167.
[68] Arrer E, Gibitz HJ. [Detection of beta 2-transferrin with agarose gel electrophoresis, immunofixation and silver staining in cerebrospinal fluid, secretions and other body fluids]. J Clin Chem Clin Biochem. 1987;25(2):113–116.

3.2 Nachweis und Bedeutung von oligoklonalen Banden

Ulrich Wurster, Franziska Bachhuber, Hayrettin Tumani

3.2.1 Einführung

3.2.1.1 Definition

Die zunächst von Löwenthal [1] im Liquor cerebrospinalis (CSF) von Patienten mit entzündlichen Erkrankungen des zentralen Nervensystems (ZNS) in der Agarelektrophorese beschriebene auffällige Zonierung im Bereich der gamma-Globuline wurde später von Laterre et al. [2] als „oligoclonal aspect“ bezeichnet. Daraus entstand im Weiteren der Begriff „oligoklonale Banden“ oder nach Identifizierung derselben als IgG auch „oligoklonales IgG“.

Oligoklonale IgG Banden (OKB) sind Ausdruck einer gesteigerten Immunglobulin-Synthese durch mehrere B-Zellklone. Bedingt durch Variationen in den Aminosäuresequenzen von Immunglobulinen verschiedener Spezifität und posttranslationale Modifikationen, unterscheiden sich IgG-Moleküle in ihrer Größe und Ladung, was Unterschiede in ihrer elektrophoretischen Mobilität bedingt [3]. Die Bezeichnung „oligoklonal“ bezog sich auf das Erscheinungsbild der gamma-Globulin-Fraktion in der Agarelektrophorese. Hier nahm der Nachweis mehrerer OKB eine klare Mittelstellung ein zwischen dem kontinuierlichen Spektrum von polyklonalem IgG und einer ausgeprägten Bande bei Vorhandensein eines monoklonalen Paraproteins.

Die Entwicklung der Agarelektrophorese erlaubte erstmals die elektrophoretische Trennung von Liquorproteinen mit einer hohen Auflösung und führte zur Entdeckung der oligoklonalen Banden. Die erste Beschreibung von Subfraktionen mit unterschiedlicher elektrophoretischer Mobilität in einer Densitometrie der gamma-Fraktion erfolgte durch Karcher und Kollegen im Liquor eines Patienten mit Subakut Sklerosierender Panenzephalitis [4]. In einer nachfolgenden Arbeit konnten Löwenthal, van Sande und Karcher auffällige Fraktionen im Liquor von Patienten mit Multipler Sklerose, Subakut Sklerosierender Panenzephalitis, Neurosyphilis und afrikanischer Trypanosomiasis beschreiben [1]. Die Agarelektrophorese ermöglichte bei Patienten mit chronisch entzündlichen ZNS-Erkrankungen den Nachweis von Protein-Banden im Gammaglobulin-Bereich im Liquor, die sich vom polyklonalen Hintergrund abhoben und im Serum nicht zu sehen waren. Es konnte gezeigt werden, dass ein Teil der Banden auf IgG zurückzuführen war [5,6]. In den folgenden Jahren wurden mittels Agarelektrophorese isolierte OKB im Liquor regelmäßig bei Patienten mit MS und anderen entzündlichen neurologischen Erkrankungen nachgewiesen [2,7].

Im Jahr 1983 wurde der Nachweis liquorspezifischer OKB erstmals in den Diagnosekriterien der Multiplen Sklerose [8] aufgenommen, welche bis dahin rein klinisch definiert waren [9]. Isolierte OKB im Liquor oder in Analogie charakteristische Veränderungen im MRT erlaubten die Diagnose einer laborunterstützten MS, auch wenn die klinisch erforderliche Dissoziation der Symptome in Zeit und Raum noch nicht erfüllt waren [8]. Durch eine internationale Expertenkommission wurden 2001 neue Diagnosekriterien eingeführt („McDonald-Kriterien“) [10]. Hier wurde das Kriterium eines positiven CSF-Befundes durch den Nachweis von isolierten OKB im Liquor definiert, sowohl bei den neu eingeführten Diagnosekriterien für die primär progrediente Verlaufsform der MS als auch bei der schubförmigen MS. In den folgenden Jahren wurden die McDonald-Kriterien mehrfach überarbeitet, wobei vor allem neuen Entwicklungen der Kernspin-Diagnostik eine zunehmende Bedeutung zukam [11,12]. Nach Revision der Diagnosekriterien im Jahr 2010 wurde die CSF-Untersuchung nur noch bei der Diagnose der primär progredienten MS eingeschlossen [13]. Die aktuellste Revision der McDonald-Kriterien im Jahr 2017 berücksichtigt erneut die CSF-Analytik (isolierte OKB im Liquor) auch für die schubförmige MS, dieses Mal als gleichwertiger Ersatz für die kernspintomographischen Kriterien einer zeitlichen Dissemination, so dass eine Frühdiagnose bei der Erstmanifestation gestellt werden kann, sofern die MRT-Kriterien der räumlichen Dissemination erfüllt sind [14].

3.2.1.2 Diagnostische Bedeutung

Der Nachweis isolierter OKB im Liquor zeigt unspezifisch eine intrathekale humorale Immunreaktion an und ist insbesondere im Zusammenhang mit subakuten und chronisch-entzündlichen Erkrankungen des ZNS von Bedeutung. Der qualitative Nachweis einer intrathekalen IgG-Synthese durch die Detektion liquorspezifischer oligoklonaler Banden ist sensitiver als eine quantitative Bestimmung über Quotientendiagramme.

Eine besondere Bedeutung kommt der Untersuchung von OKB im Rahmen der Sicherung der Diagnose sowie der differentialdiagnostischen Abgrenzung bei Verdacht einer Multiplen Sklerose (MS) zu. Dies wurde im Rahmen der Revision der McDonald-Kriterien im Jahr 2017 verdeutlicht, wonach bei Patienten mit Erstmanifestation oder einem klinisch isolierten Syndrom, welche die kernspintomographischen Kriterien einer räumlichen Dissemination erfüllen und isolierte OKB im Liquor aufweisen, die Diagnose einer schubförmigen Multiplen Sklerose gestellt werden kann [14].

Darüber hinaus hat das Vorhandensein von isolierten OKB im Liquor eine prognostische Bedeutung bei Patienten mit einem klinisch oder radiologisch isolierten Syndrom. Als klinisch isoliertes Syndrom (KIS) bezeichnet man ein erstes monofokales oder multifokales klinisches Schubereignis, das mit einer Multiplen Sklerose vereinbar ist, bei dem die Diagnose MS jedoch nicht gestellt werden kann, da keine zeitliche Dissemination gegeben ist [15]. Patienten mit einem KIS, bei denen isolierte OKB im Liquor nachweisbar sind, haben im Vergleich zu Patienten ohne OKB unabhängig vom MRT-Befund ein etwa doppelt so hohes Risiko für die Entwicklung einer klinisch definitiven MS [16–18]. Patienten mit radiologisch isoliertem Syndrom (RIS) besitzen keine MS-typischen Symptome, zeigen jedoch MRT-Befunde, die auf eine entzündlich demyelinisierende Erkrankung hinweisen und mit einer MS vereinbar wären [19]. Zu den paraklinischen Prädiktoren, die bei Patienten mit RIS eine hohe Evidenz zur Beurteilung des Risikos für eine MS aufweisen, zählen neben spinalen Läsionen, einem hohen Alter und männlichem Geschlecht auch isolierte OKB im Liquor [20,21]. Dabei spielt ein positiver OKB-Befund sowohl als abhängiger (in Kombination mit typischen Läsionen im MRT) als auch als unabhängiger Prädiktor für das Risiko, im Verlauf eine MS zu entwickeln, eine wichtige Rolle [22–25].

3.2.2 Indikation

Die Untersuchung des Liquors auf OKB ist Bestandteil des Standardprogrammes der CSF-Analytik [26]. Der Nachweis von intrathekal produzierten OKB im Liquor zeigt das Vorliegen einer Immunreaktion im ZNS an, so dass dieser Befund daher neben der MS für alle entzündlichen Erkrankungen, erregerbedingt oder autoimmun, von Interesse ist. Aber auch bei initialem Verdacht auf degenerative oder psychiatrische Erkrankungen kommt es immer wieder zu Neuorientierungen in der Diagnose aufgrund eines überraschenden Liquorbefundes.

Gelegentlich wird die Meinung vertreten, dass die Bestimmung von OKB bei einem IgG-Index < 0,45 und > 0,8 entfallen kann [27]. Es ist zwar richtig, dass bei der MS eine erhöhte lokale IgG-Produktion praktisch immer mit dem Auftreten von OKB vergesellschaftet ist, doch trifft dies auf einzelne Erkrankungen nicht in jedem Fall zu. Weiterhin würde die Information, die durch die OKB-Muster 3, 4 und 5 vermittelt wird, verlorengehen, wenn lediglich die quantitative IgG-Synthese evaluiert werden würde. Auch würde ohne Kenntnis des OKB-Befundes ein wichtiges Instrument der Plausibilitätskontrolle für die quantitative IgG-Synthese entfallen. Vor allem beruht der OKB-Nachweis auf einem direkten Vergleich von Liquor und Serum des betroffenen Patienten. Der OKB-Test basiert somit allein auf Informationen von ein und demselben Individuum und benötigt keine Referenzkollektive mit unterschiedlich gehandhabten

Auswertungsformeln. Daher ist der OKB-Test aufgrund der o. g. Argumente unseres Erachtens derzeit nicht ersetzbar.

3.2.3 Präanalytik

Die Untersuchung von OKB erfolgt in simultan entnommenen Liquor- und Serumproben. Diese können bis zu eine Woche bei 4° C gelagert und zur längerfristigen Aufbewahrung bei –20 bis –70° C eingefroren werden [28]. Veränderungen des oligoklonalen Musters mit dem Abnahmevolumen wurden nicht beobachtet [29]. In gemäßigten Klimazonen ist Postversand von Serum und Liquor ohne Kühlung möglich. Wenn allerdings eine Verkeimung der Proben stattgefunden hat (Trübung, Geruch), können durch proteolytischen Abbau aus normalem IgG Spaltprodukte entstanden sein, die OKB vortäuschen, oder tatsächlich existierende OKB können verschwunden sein. Eine Kontamination des CSF führt auch zum Abbau anderer liquoreigener Proteine, so dass in der Proteinfärbung das Fehlen des für Liquor typischen Cystatin C (ehemals γ-Trace-Protein) Anlass zur Überprüfung der Lagerungsbedingungen sein sollte. Es empfiehlt sich, Liquor und Serum sofort bei –70° C in mehreren Aliquots in Polypropylenröhrchen einzufrieren. Zusatz von Konservierungsmitteln wird nicht empfohlen. Vor allem schwache OKB verschwinden nach mehrjähriger Lagerung (bei –70° C nach 3–5 Jahren, bei –20° C früher).

3.2.4 Methoden

Im Rahmen der OKB-Analyse wird zunächst eine elektrophoretische Trennung der Proben durchgeführt, gefolgt von der Fixation und der Detektion oligoklonaler IgG-Banden. Sowohl für die Trennung (Tab. B.3.11) als auch für die Detektion (Tab. B.3.12) von OKB wurde eine große Zahl unterschiedlicher Methoden beschrieben [30]. Ein Großteil dieser Verfahren wurde inzwischen von sensitiveren und praktikableren Methoden abgelöst.

In einem ersten Schritt werden die untersuchten Proben in einem elektrischen Feld aufgetrennt. Bei Elektrophoresen werden Moleküle entsprechend ihrer Ladung oder ihres Molekulargewichts getrennt, während bei der Isoelektrischen Fokussierung die Trennung von Proteinen entsprechend ihres isoelektrischen Punktes erfolgt. In der Zone-

Tab. B.3.11: Methoden und Trägermaterialien zur elektrophoretischen Trennung von Immunglobulinen.

Elektrophorese	Isoelektrofokussierung	2D-Elektrophorese
Celluloseacetat	Celluloseacetat	1. Dimension IEF
Agar	Agarose	2. Dimension SDS-PAGE
Agarose	Polyacrylamid (Makro)	
Disc (Polyacrylamid)	Polyacrylamid (Mikro)	
SDS-PAGE	Polyacrylamid (Immobiline)	
Kapillarelektrophorese		

Fertige Gele bzw. Kits zum Nachweis von oligoklonalen Banden/IgG werden u. a. für die Agarose-IEF, Polyacrylamid-IEF im Makro-Format, Polyacrylamid-IEF im Mikroformat und Polyacrylamid-IEF mit immobilisierten pH-Gradienten angeboten. SDS-PAGE: Natriumdodecylsulfat-Polyacrylamidgelelektrophorese, IEF: Isoelektrofokussierung

Tab. B.3.12: Methoden zur Fixation und Detektion von oligoklonalen Banden.

	Trennung	Fixation	Detektion
Proteinfärbung	Flachbett-IEF Polyacrylamid-Gel	Säurefixation	Silberfärbung Coomassie (nach CSF-Konzentrierung)
Immunfixation	Flachbett-IEF Polyacrylamid-Gel	Inkubation mit anti-human-IgG-Fc (evtl. anti-Kappa-Ketten, anti-Lambda-Ketten)	Silberfärbung
	Flachbett-IEF Agarose-Gel	Inkubation mit anti-human-IgG-Fc-Peroxidase	Enzymfärbung
Immunoblot	Flachbett-IEF	Transfer auf Nitrocellulose- oder PVDF-Membran	Direkt I) anti-human-IgG-Enzym-Konjugat Indirekt I) *[species]* anti-human-IgG II) anti-*[species]* -Enzym-Konjugat Verstärkung I) *[species$_A$]* anti-human-IgG-Fc II) anti-*[species$_A$]* -IgG -Biotin III) Avidin-Enzym-Konjugat Enzym-Konjugat: Peroxidase, alkalische Phosphatase Nachweis: colorimetrisch
	Agarose-Gel	– Diffusion – Affinität	
	Polyacrylamid-Gel	– Diffusion – Affinität – elektrophoretisch	
Kapillar-IEF	Kapillar-Polyacrylamid-IEF	photochemisch	Direkt I) anti-human-IgG-Peroxidase Nachweis: Lumineszenz

IEF: Isoelektrische Fokussierung, PVDF: Polyvinyldifluorid

nelektrophorese werden Proteine nach ihrer Nettoladung getrennt. Hier werden die Proben anodisch aufgetragen und alle Proteine wandern Richtung Kathode, wobei die Banden bedingt durch Diffusion während des Laufs immer breiter werden. Eine relevante Limitation der Methode ist ihre niedrige Sensitivität, die beispielsweise die Verwendung großer Liquor-Volumina oder die Notwendigkeit zur Konzentrierung des Liquors erforderte [31]. In Ringversuchen im deutschsprachigen Raum wurde die Agaroseelektrophorese Ende der 1990er Jahre aufgrund nicht zufriedenstellender Ergebnisse nur noch von einzelnen Teilnehmern angewandt. Auch eine für ein kommerziell erhältliches Elektrophorese-System entwickelte Agaroseelektrophorese in Verbindung mit Immunfixation wurde nach 2004 nicht mehr eingesetzt. Auch bei der Darstellung von OKB mittels Kapillarelektrophorese ergibt sich eine vergleichbar niedrige Sensitivität [32]. Ebenso kann der Untersuchung von OKB basierend auf der lediglich Molekulargewichtsunterschiede erfassenden SDS-PAGE keine Relevanz in der Analyse von OKB zugeschrieben werden [33].

Voraussetzung für die Vergleichbarkeit von Liquor und Serum ist die Verdünnung aller Proben auf identische IgG-Konzentrationen sowie die Analyse im selben Gel nebeneinander. Eine Konzentrierung des Liquors, fehlende Einstellung auf gleiche IgG-Konzentrationen in CSF und Serum, sowie eine Interpretation oligoklonaler IgG-Banden im Liquor ohne Vergleich mit einer korrespondierenden Serumprobe, sind aus heutiger Sicht inakzeptabel.

Nach Einführung der Isoelektrischen Fokussierung (IEF) konnte eine deutlich überlegene Sensitivität und Trennschärfe der IgG-Banden erreicht werden. 1994 erzielten 24 Liquor-Experten aus 12 europäischen Ländern Einigkeit darüber, dass nur mittels IEF als Trennmethode eine Sensitivität von mehr als 95 % für Patienten mit MS zu erreichen sei [34]. Hinsichtlich des Trennmediums – Polyacrylamid oder Agarose – und der Identifikation der OKB – Silberfärbung oder Immundetektion – werden in der klinischen Praxis verschiedene Methoden erfolgreich angewandt. Hier geben oft lokale Traditionen und persönliche Erfahrungen den Ausschlag.

Die Wahl der Methodik hat großen Einfluss auf die Durchführung, Auswertung, sowie Qualität der OKB-Analyse. Die geometrische Anordnung und die Auflösung (d. h. die Zahl) der OKB beispielsweise hängen von der Trennmethode und bei der IEF von der Art und Zusammensetzung der Ampholyte sowie der Endspannung ab [30]. Die durch Methodik und Ausführung bedingten, teils erheblichen Unterschiede in Qualität und Sensitivität, sollten bei der Bewertung und Einordnung von Publikationen zur Analyse von OKB in Betracht gezogen werden. Die langjährige Erfahrung des Erstautors mit der Silberfärbung hat zur Aufstellung eines Forderungskatalogs (Tab. B.3.13) geführt, anhand dessen die Leistungsfähigkeit einer Methode zum Nachweis von OKB leicht zu beurteilen ist.

3.2.4.1 Isoelektrische Fokussierung

Bei der Isoelektrischen Fokussierung (IEF) werden Moleküle gemäß ihrem isoelektrischen Punkt (pI) fokussiert, also dem pH-Wert, an dem ihre Nettoladung gleich null ist. Anders als die Elektrophorese ist die IEF eine Endpunktmethode. Amphotere Moleküle (wie Proteine, Peptide) wandern entsprechend ihrer Ladung so lange Richtung Anode oder

Tab. B.3.13: Checkliste zum Nachweis oligoklonaler Banden.

1.	Verwendung von nicht konzentriertem Liquor
2.	parallele Trennung von Liquor und Serum
3.	Einstellung auf identische IgG Konzentrationen
4.	Darstellung von polyklonalem (normalem) IgG über den gesamten pH-Bereich 6,7–9,3 bei Proteinfärbungen und 4,5–9,3 bei immunologischem Nachweis
5.	bei Proteinfärbungen Präsenz von Cystatin C am alkalischen Ende und β2-Transferrin bei pH 5,8 zur Identifikation von Liquor (Schutz vor Verwechslung mit Serum)
6.	einheitliche Färbeintensität zwischen den einzelnen Proben
7.	Sichtbarkeit des polyklonalen Hintergrundes auch bei oligoklonalen Mustern
8.	Nachweis von OKB bei MS ohne quantitativ erhöhte intrathekale IgG-Synthese, z. B. IgG Index < 0,7
9.	Sensitivität für MS: ≥ 95 % (bei einem Anteil von mindestens 30 % ohne quantitativ erhöhte IgG-Synthese)
10.	maximale Anzahl von 30–50 OKB bei starker IgG-Synthese. IgG Paraprotein: 3–13
11.	Korrelation zwischen der berechneten intrathekalen IgG-Synthese und der Anzahl OKB
12.	Erfassung von identischen Mustern (Typ 4) und Mischformen (Typ 3)
13.	Reproduzierbarkeit der Trennung und Färbung von Gel zu Gel
14.	Erkennung und Möglichkeit zur Identifizierung von suspekten Banden
15.	leichte Auswertbarkeit
16.	Eignung für photographische Reproduktion
17.	Lagerfähigkeit und Archivierbarkeit

Kathode, bis sie an dem pH-Wert im Gradienten angelangt sind, der ihrem isoelektrischen Punkt entspricht. Entfernen sie sich durch Diffusion von ihrem pI, erhalten sie wieder eine Nettoladung und wandern an ihren pI zurück. Daraus resultieren sehr scharfe Banden, die der Methode ihren Namen (Fokussierung) verliehen haben.

Die Nettoladung eines Proteins wird bestimmt durch die Ladungen seiner Aminosäurensequenz (Primärstruktur), seiner Tertiär- bzw. Quartärstruktur, sowie posttranslationale Veränderungen, z. B durch den variablen Anteil von Kohlenhydraten bei den Immunglobulinen. Aufgrund der hohen Variabilität und großen Anzahl verschiedener Spezifitäten umfassen die isoelektrischen Punkte bei Immunglobulinen einen breiteren pH-Bereich. Unterschiede werden dabei verursacht durch i) Variationen in den Aminosäuresequenzen der konstanten Regionen verschiedener Ig-Subklassen, ii) Variationen der Aminosäuresequenzen der variablen Regionen von Immunglobulinen verschiedener Spezifitäten und iii) posttranslationale Veränderungen. In der IEF wird IgG im pH-Bereich zwischen 6,5 und 9,3 fokussiert. Getrennt werden IgG-Moleküle, die von verschiedenen Plasmazell-Klonen stammen, und aufgrund posttranslationaler Modifikationen selbst diejenigen, der von *einem* Plasmazell-Klon gebildeten Immunglobuline.

Die chemische Basis der Heterogenität von monoklonalem und oligoklonalem IgG gleicher Spezifität wird auf postsynthetische Modifikationen zurückgeführt. Wie durch Lectin-Blots und Abspaltung der Kohlenhydratreste mit Neuraminidase und Glykosidase F gezeigt werden konnte, spielt eine unterschiedliche Glykosylierung kaum eine Rolle, so dass in erster Linie Deamidierungen für die beobachtete Aufspaltung der von der Aminosäuresequenz her an sich einheitlichen IgG-Moleküle eines Plasmazell-Klons in Frage kommen [35].

Als Trennmedium kommen sowohl Agarose- als auch Polyacrylamid-Gele zum Einsatz. Die sehr dünnen (0,3 bis 1,0 mm) und weichen IEF-Gele werden für mechanische Stabilität und einfachere Handhabung auf beschichtete Polyester-Filme aufpolymerisiert. Agarose-IEF-Gele sind aufgrund ihrer höheren Porengröße weniger restriktiv und erlauben theoretisch auch die Trennung von höher molekularen Proteinen (Makromoleküle > 200 kDa, siehe aber Abschnitt zu IgM-OKB). Agarose-Gele benötigen eine kürzere Trenndauer und Färbezeit. Von den Herstellern der Agarose-Gele wird gerne angeführt, dass diese keine toxischen Substanzen und keine Katalysatoren enthalten würden, welche einen Einfluss auf die Trennung von Proteinen ausüben könnten. Für gewaschene Polyacrylamid-Gele trifft das ohnehin nicht zu, zudem ist der postulierte Effekt eher hypothetisch. Da Agarose negative Ladungen enthält, kommt es während der IEF zu einem ständigen endosmotischen Fluss und damit verbunden zu einem Wassertransport Richtung Kathode. Um diesen Effekt zu minimieren, steht für die IEF eine modifizierte Agarose zur Verfügung, bei welcher negative Ladungen chemisch neutralisiert wurden. Dennoch lässt sich bei Agarose-Gelen durch residuale endosmotische Effekte während der Fokussierung eine Ansammlung von Wasser auf der Geloberfläche, ein Aufquellen unter den Elektrodenstreifen und eine Verdickung der basischen Gelhälfte nicht vermeiden. Daher wird empfohlen, die Elektrodenstreifen während des Laufs abzutrocknen [36]. Aufgrund geringerer Endosmose und der Verwendung höherer Spannungen besitzen Polyacrylamid-Gele im Vergleich zu Agarose-Gelen eine höhere Auflösung.

Der pH-Gradient in den Trenngelen kann durch Zugabe von im Gel frei beweglichen Träger-Ampholyten oder durch fest in das Gel eingebundene Immobiline [37] erzeugt werden. Träger-Ampholyte sind Gemische aus einer Vielzahl kleiner isomerer aliphatischer Moleküle (Oligo-Aminosäuren oder Oligo-Carbonsäuren) mit innerhalb eines definierten pH-Bereiches nahe beieinander liegenden isoelektrischen Punkten. Der pH-Gradient im Gel wird durch Anlegen der elektrischen Spannung aufgebaut, entweder während des Laufes oder zuvor (Vorfokussierung vor Probenapplikation). Ampholyt-Mischungen werden für breite pH-Intervalle (z. B. pH 3–10) sowie für enger gefasste Bereiche (z. B. pH 2,5–5; pH 5–8) angeboten. Ampholyte verschiedener Anbieter und verschiedener pH-Intervalle werden üblicherweise kombiniert, um glattere Gradienten und damit bessere Trennungen zu erreichen. Ampholyt-Gemische verschiedener Hersteller unterscheiden sich in ihrer Zusammensetzung und können Auswirkungen auf die Kontinuität des pH-Gradienten haben. Durch Inhomogenitäten bei der Ampholytverteilung kann es zu Bandenartefakten kommen.

Bei der isoelektrischen Fokussierung von IgG wird meist ein pH-Bereich von 3–10 gewählt, dieser kann jedoch durch Variation der Träger-Ampholyte im alkalischen Bereich etwas gespreizt werden. Um einen stabilen pH-Gradienten aufrechtzuerhalten, werden als Endpunkte mit Elektrodenlösung getränkte Filterpapierstreifen zwischen den Elektroden und dem Gel angebracht (Anode saure Lösung, Kathode basische Lösung).

Das Auflösungsvermögen der IEF ist sehr hoch (< 0,05 pH-Einheiten für Polyacrylamid-Gele) und wird durch die Spannung, die Trennstrecke und den pH-Bereich des Gradienten beeinflusst [38]. In vergleichenden Versuchen zur Trennung von OKB ergab sich für Gele mit immobilisiertem pH-Gradienten ein im Vergleich zur Verwendung von Träger-Ampholyten schlechteres Auflösungsvermögen [37,39]. Eigene Versuche, mit selbst gegossenen Gelen die Auflösung durch engere pH-Bereiche weiter zu steigern, führten nur in einigen Fällen zur Aufspaltung einer dickeren Bande in zwei dünne Banden, ansonsten blieb die Zahl der OKB konstant, wobei die Bandenschärfe durch deren allgemeine Verbreiterung eher abnahm. Auch die sehr arbeitsintensive 2D-Elektrophorese bringt für die OKB-Analyse nur einen geringen Zuwachs an Auflösung, da die Massenheterogenität von Immunglobulinen gegenüber der durch die IEF erfassten Ladungsheterogenität kaum ins Gewicht fällt.

Durchführung der Isoelektrischen Fokussierung

Die Probenapplikation erfolgt von oben auf die horizontalen Gele, beispielsweise unter Zuhilfenahme von Silikonapplikatorbändern oder Probenwannen im Gel. Die Auftragungsstelle kann bei Verwendung von Applikatorbändern variiert werden, sollte jedoch nicht im pH-Bereich nahe des pI des zu analysierenden Proteins gewählt werden, da sonst die Einwanderung in die Gelmatrix aufgrund zu geringer Eigenladung erschwert ist. Weitere methodische Unterschiede in der Durchführung der IEF ergeben sich durch die Anzahl der Proben-Auftragsplätze, das Auftragsvolumen, die IgG-Konzentration der applizierten Proben, die Trenndauer, die erreichte maximale Spannung, sowie die Distanz, über welche sich die IgG-Moleküle erstrecken. Als interne Qualitätskontrollen werden neben den Patientenproben auf jedem Gel Positiv- und Negativkontrollen aufgetragen. Hierbei werden meist in-house-Kontrollen in Form von aliquotierten, eingefrorenen Liquores verwendet. Kommerzielle Qualitätskontrollen bestehen aus Gemischen meist von zwei Paraproteinen, die nicht die wahre Beschaffenheit von OKB wiedergeben. Als Negativkontrolle empfiehlt sich die Verwendung von IgG-Präparaten zur intravenösen Therapie. Damit wird der pH-Bereich von IgG dargestellt und das Grundmuster vorgegeben. Es ist nicht möglich, gepoolte Liquorproben als interne Positivkontrollen einzusetzen, da OKB nach Vermischen mehrerer Proben teilweise nicht mehr oder nur noch schwach nachgewiesen werden können. Eine externe Qualitätskontrolle erfolgt meist in national organisierten Ringversuchen [40].

In der neurochemischen Diagnostik werden zahlreiche Kombinationen verschiedener Trenngele sowie verschiedener Fixations- und Detektionstechniken eingesetzt. Dabei kommen in-house-Methoden (manuelle Durchführung oder Verwendung eines Färbeautomaten [41,42]), sowie kommerziell erhältliche Systeme (IEF-Kits, halbautomatische Fokussierungs- und Färbesysteme) zur Anwendung. Die IEF wird sowohl im Makro- als auch im Mikro-Maßstab durchgeführt, wobei eine Vielzahl verschiedener Fertiggele oder selbst hergestellter Gele eingesetzt wird. Typischerweise bieten die Gele Auftragsplätze für 8 bis zu 40 Proben. Meist werden kleine Problem-Volumina (5–20 µl), welche zuvor auf IgG-Konzentrationen zwischen 15–40 mg/ml verdünnt wurden, im schwach sauren Bereich aufgetragen. Die Fokussierung erfolgt bei Agarose-Gelen mit Maximalspannungen zwischen 500–1500 Volt über 60 bis 105 Minuten, bei Polyacrylamid-Gelen über eine Dauer von 110 bis 120 Minuten mit 1200–2100 Volt.

3.2.4.2 Silberfärbung und Immundetektion

Auch für die Fixation und Detektion der oligoklonalen IgG-Banden werden verschiedene Methoden angewandt. Solange die elektrische Spannung anliegt, bleiben Proteine bei der IEF in scharfen Banden fokussiert. Da nach Beendigung der Fokussierung besonders in den großporigen Gelen jedoch unmittelbar eine Diffusion erfolgt, ist eine schnelle Fixierung wichtig, um eine Verbreiterung und eventuelles Zusammenfließen der Banden zu verhindern. Die Detektion der oligoklonalen Banden erfolgt anschließend entweder durch eine allgemeine Proteinfärbung (z. B. Silberfärbung) oder durch spezifischen IgG-Nachweis (Immunfixation oder Immunoblotting).

Silberfärbung

Allgemeine Proteinfärbungen wie die in Abb. B.3.19 gezeigte Silberfärbung erfassen alle Proteine in Serum und Liquor zwischen pH 3,5 und 9,5. Weitere, vor Etablierung der Silberfärbung eingesetzte Methoden zur Proteinfärbung (z. B. Amidoschwarz, Coomassie-Blau), erforderten aufgrund ihrer niedrigen Sensitivität eine vorherige Konzentrierung des Liquors und kommen daher nicht mehr zum Einsatz. Da im alkalischen pH-Bereich fast ausschließlich IgG in relevanter Konzentration fokussiert wird, können die IgG-Banden in der Silberfärbung zuverlässig identifiziert werden.

Bei einer Proteinfärbung besteht die Gefahr, ein Protein mit alkalischem pI als IgG einzustufen, was bei Beschränkung dieses Proteins auf den CSF als eine oligoklonale Bande fehlinterpretiert würde. Auch aus diesem Grunde wurde anfänglich bei Proteinfärbungen meist ein höherer Grenzwert für einen positiven OKB-Befund angesetzt. Die Proteine β2-Transferrin mit einem pI von 5,8, Carboanhydrase mit pI 6,6 und CRP mit pI 5,3 werden außerhalb des Auswertebereichs fokussiert und liegen darüber hinaus in Konzentrationen unterhalb der Nachweisgrenze der Silberfärbung vor. Auch das basische Myelinprotein mit einem pI von > 10,6 liegt außerhalb des IgG-Fokussierungsbereiches und bleibt selbst bei ausgedehnten Demyelinisierungen mit Konzentrationen von etwa 10 µg/l noch um ca. Faktor 50 hinter der Erfassungsgrenze der Silberfärbung zurück. Das für Liquor typische Cystatin C (γ-Trace-Protein) ist mit einem pI von 9,3 ebenfalls vom IgG eindeutig katho-

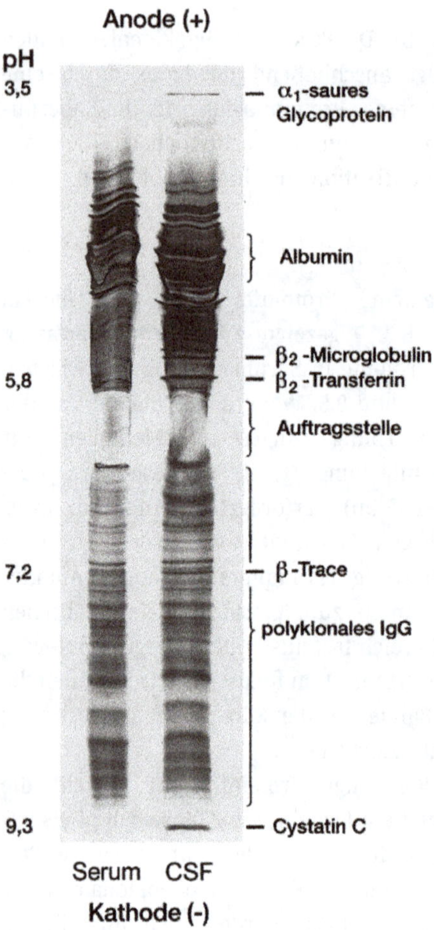

Abb. B.3.19: Silberfärbung von Serum und Liquor nach Isoelektrofokussierung auf Polyacrylamid-Fertiggelen pH 3,5–9,5. Serum und CSF wurden auf 20 mg/l IgG eingestellt und 30 µl (0,6 µg IgG) aufgetragen. Die manuelle Färbemethode ist in [43], die automatisierte in [42] beschrieben.

disch abgesetzt und dient als willkommener Marker für CSF, der Verwechslungen mit Serum oder Unregelmäßigkeiten beim Probenauftrag aufdecken hilft. Bei unsachgemäßer Lagerung des CSF, insbesondere bei mehrmaligem Einfrieren und Auftauen, nimmt das Cystatin C bei pH 9,3 zugunsten einer neuen breiten, eher rötlichen Fraktion bei pH 8,2 ab. Die im Gegensatz zu den schwärzlichen OKB mehr rotbraune, scharfe Bande einer Isoform der liquortypischen Prostaglandin-D2-Synthetase (β-Trace-Protein) bei pH 7,2 ist ebenso unschwer zu erkennen wie die 1–5 breiten rotbraunen Hämoglobinbanden, die nach Blutbeimengung im CSF auftauchen können (leicht zu verifizieren durch Hämoglobin Test-Streifen).

Die Silberfärbung bildet das Trennergebnis der IEF direkt und ohne verzerrende Zwischenschritte ab. Bei Beachtung der Einstellung auf gleiche IgG-Konzentrationen erscheint die Intensität der Färbung in den einzelnen Bahnen sehr gleichmäßig, was auch durch Densitometrie und Berechnung der gleichartigen Flächen bestätigt wurde (Abb. B.3.20). Dadurch fallen Abweichungen in der IgG-Konzentration, sei es durch falsche Messungen oder durch Fehler beim Verdünnen oder Probenauftrag sofort als „zu hell“ oder „zu dunkel“ ins Auge. Die Intensität der liquortypischen Proteine β2-Transferrin, β-Trace-Protein und Cystatin C kann vom erfahrenen Anwender zu Rückschlüssen auf die durch die IgG-Konzentration bestimmte Proben-Verdünnung bzw. das Ausmaß einer Schrankenstörung, die Herkunft (lumbal oder ventrikulär) und die Qualität (Lagerungsartefakte) des CSF genutzt werden. Eine Proteinfärbung zeigt auch seltene Besonderheiten wie monoklonale Leichtketten oder intrazerebrale IgA-Paraproteine als suspekte Banden auf, welche bei Bedarf in einem zweiten Schritt identifiziert werden können. Einer auf den Nachweis von Gammaketten (schweren Ketten) beschränkten Immundetektion entgehen solche Spezialfälle. Der Ausweg einer zusätzlichen Trennung und Färbung von Kappa- und Lambdaketten ist für die Routine zu aufwendig.

Für die gezeigten Abbildungen zur Silberfärbung wurden Polyacrylamid-Fertiggele mit einem Färbeautomaten verwendet. Bei den Verfahren zur Immundetektion wurde im Neurochemischen Labor in Ulm eine in-house Methode mit selbstgegossenen Polyacryla-

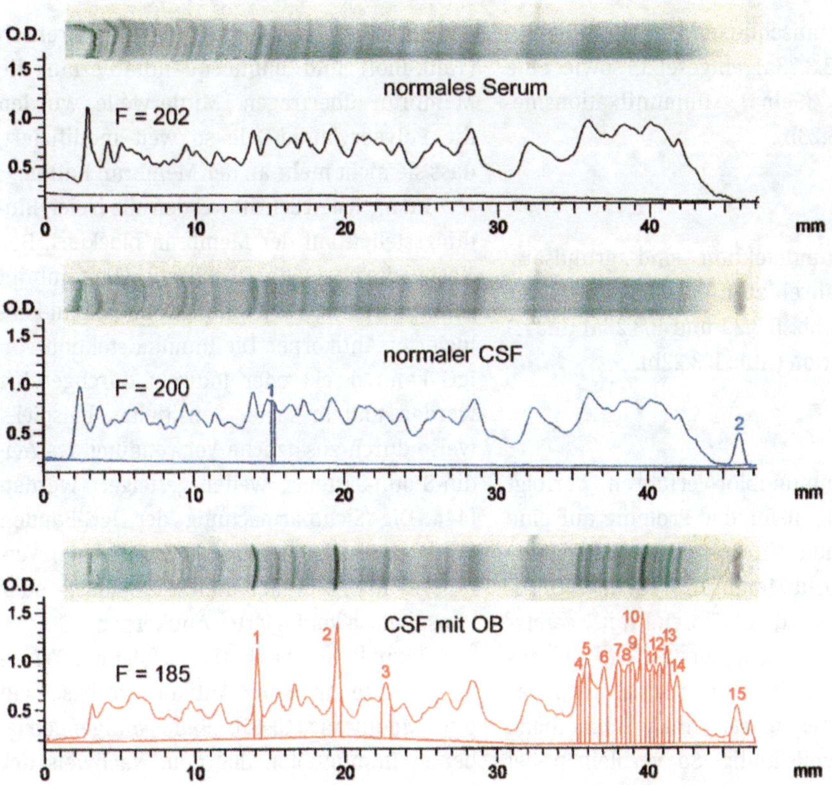

Abb. B.3.20: Vergleich der densitometrischen isoelektrischen Profile von normalem Serum, normalem Liquor und Liquor mit OKB. Es ist nur der kathodische Bereich der mit Silber gefärbten Gele von der Auftragestelle bei pH 6,5 bis pH 9,5 wiedergegeben. In der mittleren Spur entspricht Peak 1 dem β-Trace-Protein und Peak 2 Cystatin C. In der unteren Spur sind die OKB mit 1–14 bezeichnet und Peak 15 stellt Cystatin C dar. Die Ermittlung der Fläche (F) erfolgte mit Hilfe eines Personal Laser Densitometers (Molecular Dynamics).

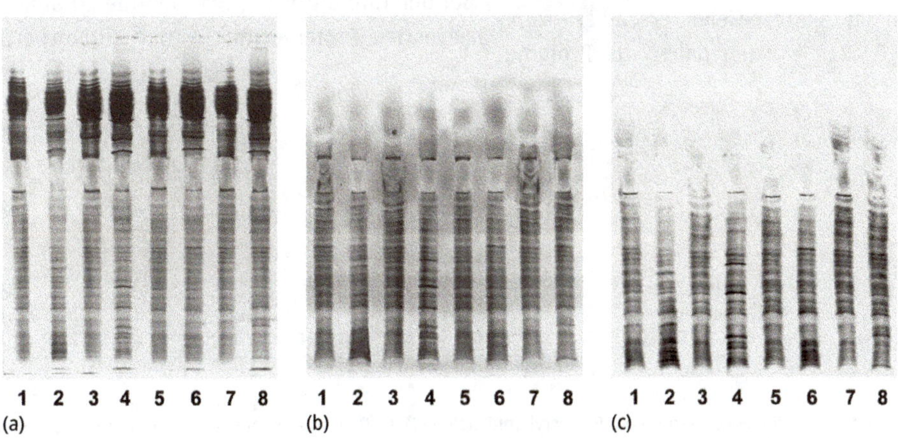

Abb. B.3.21: Vergleich von (a) Silberfärbung, (b) Immunfixation mit Silberfärbung und (c) Immunoblot mit Alkalischer Phosphatase-konjugiertem anti-human-IgG (Originalfarbe Blau). Ungerade Zahlen entsprechen Serum, gerade Zahlen Liquor.

mid-Gelen mit anschließendem Immunoblot (Abb. B.3.22, B.3.23a) eingesetzt, sowie eine kommerzielle (Sebia) Immunfixationsmethode (Abb. B.3.23b).

Immundetektion

Bei der Immundetektion sind grundsätzlich zwei Verfahren zu unterscheiden: 1) der Immunoblot (Abb. B.3.22 und B.3.23a) und 2) die Immunfixation (Abb. B.3.22b).

Immunoblot

Bei den Immunoblot-Verfahren erfolgt zunächst der Transfer der Proteine auf eine immobilisierende Nitrocellulose- oder Polyvinylidendifluorid-Membran. Beim Diffusions-Blotting wird die Membran, gefolgt von mehreren Filterpapierstreifen, auf das Gel aufgelegt und von oben beschwert. Der Transfer ist bei dieser Abklatschmethode jedoch nicht vollständig. So verbleiben bei Polyacrylamid-Gelen gemäß nachgeschalteter Silberfärbung noch ca. 50 % der Proteine im Gel zurück (Wurster U, unveröffentlicht). Diesbezügliche Daten für Agarose-Gele sind nicht bekannt. Aufgrund der klebrigen Oberfläche kann das Ablösen der Membran im Vergleich zu Agarose-Gelen erschwert sein. In Abb. B.3.21c wurden daher die Proteine aus dem Polyacrylamid-Gel elektrophoretisch (Tank-Blot) und damit quantitativ auf die Membran übertragen. Mittlerweile wurden die Polyacrylamid-Gele so weit modifiziert, dass sie nicht mehr an der Membran haften.

Im nächsten Schritt werden alle freien Bindungsstellen auf der Membran blockiert. Der Nachweis von auf der Oberfläche der Membran gebundenem IgG erfolgt mit Hilfe Enzym-konjugierter Antikörper. Die Immundetektion von IgG kann direkt oder indirekt durchgeführt werden und in seiner Sensitivität, beispielsweise durch zusätzliche Verwendung des Avidin-Biotin-Systems, weiter gesteigert werden [44]. Die Sichtbarmachung der IgG-Banden erfolgt meist in einem kolorimetrischen Verfahren unter Zuhilfenahme Peroxidase- oder Phosphatase-konjugierter Antikörper.

Beim Affinitäts-Blotting erfolgt der Transfer auf eine zuvor mit Antikörpern beschichtete Membran [45,46]. Beim antigengetriebenen Immunoblot, der dem Nachweis der Spezifität der OKB dienen kann, wird die Membran vor dem Transfer mit spezifischem Antigen inkubiert [46–48].

Immunfixation

Bei der Immunfixation werden die zu analysierenden Proteine im Gel mit Antikörpern

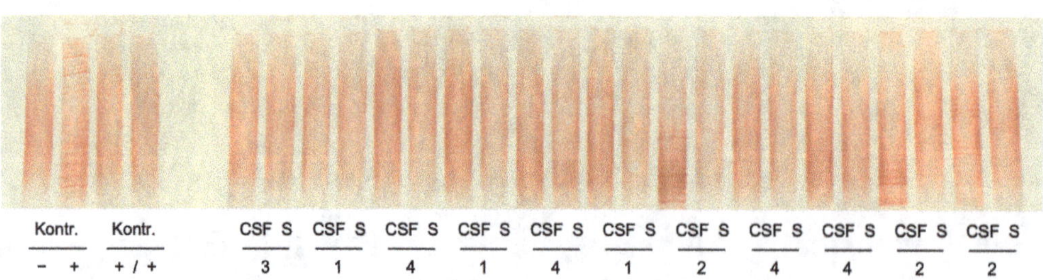

Abb. B.3.22: Isoelektrische Fokussierung auf Polyacrylamid-Gelen pH 3–10. Immunoblot mit Peroxidase-gekoppeltem Antikörper und kolorimetrischem Nachweis, in-house-Methode beschrieben in [49]. Die Interpretation der OKB-Muster (Typ 1–4, **siehe B.3.2.5.1**) ist unter den Serum- (S) Liquor- (CSF) Probenpaaren angegeben. Neben den Patientenproben wurden positiv (+) und negativ (-) Kontrollen aufgetragen. Die Abb. B.3.22 stammt aus dem Neurochemischen Labor der Neurologischen Klinik der Universität Ulm.

präzipitiert und bilden unlösliche Immunkomplexe. Nach der IEF in Polyacrylamid- oder Agarose-Gelen erfolgt die Fixierung durch Präzipitation von IgG durch Inkubation des Gels mit einer meist gegen IgG-Gammaketten gerichteten Antikörper-Lösung. Nach Auswaschen der Nicht-IgG-Proteine und nicht gebundener Antikörper über Nacht werden die zurückgebliebenen Immunkomplexe wiederum mit Silber gefärbt oder mittels eines kolorimetrischen Nachweises mit Enzym-konjugierten Antikörpern sichtbar gemacht.

Trotz intensiven mehrmaligen Waschens verbleiben bei der Immunfixation Spuren an sauren Proteinen und ein durchgehender Schleier von Antikörpern. Dicht nebeneinander liegende Banden verschmelzen leicht, so dass kein Zusammenhang zwischen der Zahl der OKB und der Höhe der IgG-Synthese gefunden wird [50]. Bei besonders intensiven Banden wie IgG-Paraproteinen kann es durch Antigenüberschuss zu einer Negativfärbung kommen. Aufgrund der zahlreichen Wasch- und Färbeschritte sollte für die Immunfixation ein Färbeautomat zur Verfügung stehen. Bei Verfügbarkeit hochtitriger, präzipitierender Antikörper stellt die Immunfixation eine wertvolle Bereicherung des methodischen Repertoires zur allgemeinen Identifikation von Proteinen nach IEF in Polyacrylamid- oder Agarose-Gelen dar. Außer IgG und leichten Ketten können bei Bedarf auch für CSF charakteristische Proteine, wie beispielsweise β_2-Transferrin bei Vorliegen einer Liquorfistel, nachgewiesen werden [51].

Methodisch bedingte Unterschiede der Verfahren zur Detektion von OKB

Der direkte Vergleich von Silberfärbung, Immunfixation und Immunoblot in Abb. B.3.21 ergibt prinzipiell die gleichen OKB-Muster. Bei der Silberfärbung ist die Zahl der OKB am größten, bei gleichzeitig geringster Hintergrundfärbung. Auch eine systematische Auswertung externer Qualitätskontrollen aus nationalen Ringversuchen zeigte bei Vergleich der Sensitivität zwischen Silberfärbung und Immundetektion keine signifikanten Unterschiede [40]. Es ergab sich die Schlussfolgerung, dass häufig berichtete Unterschiede in der Leistungsqualität der Detektionstechniken weniger auf methodische Aspekte, sondern eher auf mangelnde Erfahrung und Expertise der ausführenden Labore zurückzuführen sind.

Die immunologischen Nachweisverfahren sind spezifisch für IgG und erreichen bei Einsatz von alkalischer Phosphatase anstelle

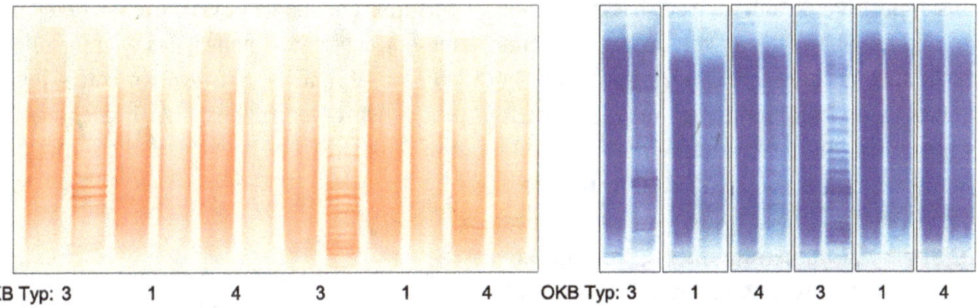

Abb. B.3.23: Verfahren zur Immundetektion nach Isoelektrischer Fokussierung. (a): Immuno-Blot; (b): Immunfixation. Analyse derselben Patientenproben mit beiden Methoden. Die Interpretation der OKB-Muster (Typ 1–4) ist unter den Serum-Liquor-Probenpaaren angegeben. Die Abb. B.3.22a stammt aus dem Neurochemischen Labor der Neurologischen Klinik der Universität Ulm.

von Peroxidase oder besonders bei der Verstärkung mit dem Avidin-/Biotin-System eine verstärkte Empfindlichkeit. Diese bietet im Falle des oligoklonalen IgG jedoch keinen Vorteil, da bei der Silberfärbung ebenfalls nativer CSF eingesetzt wird. Gegenüber der Silberfärbung (Abb. B.3.21a) kommt es bei der Immundetektion aufgrund der zeitlichen Verzögerung bis zur Fixierung bedingt durch Diffusion zu breiteren Banden und teilweise zum Zusammenlaufen von OKB. Auf den nicht transparenten Membranen können die Banden schlechter vom polyklonalen Hintergrund unterschieden werden als in den mit Durchlicht betrachteten glasklaren, mit Silber gefärbten Gelen. Aus diesem Grunde kann die Differenzierung von in Serum und CSF identischen Banden (Typ 4) und teilidentischen Banden (Typ 3) auf Immunoblots erschwert sein.

Die Silberfärbung hat in Deutschland die längste Tradition und ist entsprechend weit verbreitet. Die hohe Auflösung der Polyacrylamid-Gele bleibt durch die direkte Anfärbung unvermindert erhalten und wird von keinem anderen Verfahren erreicht. Trennung und Anfärbung sind gut standardisiert und geben die quantitativen Verhältnisse unverzerrt wieder. Im Rahmen einer Untersuchung der Fragestellung, ob durch die unspezifische Proteinfärbung besonders bei wenigen OKB falsch-positive Resultate registriert werden, ergab eine Überprüfung von meist schwachen OKB-Mustern bei mehr als 20 Patienten, bei denen keine Immunantwort im ZNS erwartet worden war, mittels Immunfixation und/oder Immunoblot die gleichen OKB-Muster, die in der Silberfärbung gesehen worden waren (Wurster U, unveröffentlicht). Im direkten Vergleich mit zwei kommerziellen Verfahren erwies sich die Silberfärbung mit Polyacrylamid-Fertiggelen als sensitiver. Besonders bei schwachen oligoklonalen Mustern und ungewöhnlicher Lage im Gradienten (welche bei kommerziellen Herstellern möglicherweise abgeschnitten werden) ist die Silberfärbung überlegen [52]. Darüber hinaus erhält man bei Verwendung der Silberfärbung zur Darstellung der OKB wertvolle Informationen über weitere Proteine im CSF

3.2.5 Analytische Bewertung

Die Auswertung eines Gels erfolgt visuell durch Vergleich der IgG-Muster in den nebeneinander analysierten Liquor- und Serumproben. Entscheidend ist die Erkennung von Unterschieden im Verteilungsprofil des IgG zwischen a) Liquor und Serum und b) normalem Serum und Serum mit abweichendem Muster. Als OKB werden diejenigen Banden bezeichnet, die im normalen polyklonalen Muster des IgG nicht sichtbar sind. Aufgrund des passiven Transfers von Immunglobulinen vom Blut in den Liquorraum über die Blut-Liquor-Schranke stellt sich ein Bandenmuster im Serum spiegelbildlich auch im Liquor dar. Im Fall einer intrathekalen Synthese hingegen sind die entsprechenden Banden nur im Liquor nachweisbar.

Die Interpretation sollte stets „blind“ durchgeführt werden, d. h. ohne Kenntnis der Verdachtsdiagnosen. Darüber hinaus werden nicht nur die korrespondierenden Liquor- und Serum-Probenpaare eines individuellen Patienten betrachtet, vielmehr ist es wichtig, alle auf einem Gel analysierten Proben sowie Positiv- und Negativ-Kontrollen zu berücksichtigen.

3.2.5.1 Klassifikation der oligoklonalen Muster

Nach internationalem Konsens werden fünf OKB-Muster unterschieden [34]. Ein positiver OKB-Befund im Sinne des Nachweises einer intrathekalen IgG-Synthese liegt dann vor, wenn im Liquor isolierte OKB nachgewiesen werden, die im Serum nicht vorkommen.

- Typ 1: Normalbefund (polyklonal). Keine OKB im Serum und keine OKB im Liquor.
- Typ 2: OKB-positiv. Isolierte OKB im Liquor und keine OKB im Serum. Intrathekale IgG-Synthese.
- Typ 3: OKB-positiv. Isolierte OKB im Liquor und zusätzlich identische OKB in Liquor und Serum. Intrathekale IgG-Synthese.
- Typ 4: Identische OKB in Serum und Liquor. Systemische IgG-Synthese. (Spiegelbildmuster)
- Typ 5: Identische monoklonale Banden (Paraprotein) in Serum und Liquor. (Leitermuster)

Eine lokale IgG-Synthese im ZNS besteht bei Typ 2 und Typ 3. Der Nachweis identischer Banden in Liquor und Serum bei Typ 3, 4 und 5 ist Ausdruck einer peripheren IgG-Synthese. Wichtig ist die Differenzierung zwischen dem Auftreten von oligoklonalen Banden infolge eines systemischen bzw. intrathekalen Immungeschehens. Auch bei Typ 4 wird ein oligoklonales Bandenmuster gefunden, welches sich aufgrund der spiegelbildlichen Verteilung identischer Banden in Liquor und Serum jedoch auf eine systemische Immunreaktion zurückführen lässt. Eine intrathekale IgG-Synthese wird nur nachgewiesen, wenn im Liquor mehrere IgG-Banden gefunden werden, die im Serum nicht vorkommen. Auch im Zusammenhang mit positiven OKB-Befunden geläufige Bezeichnungen wie beispielsweise „OKB-positiv“, „Nachweis oligoklonaler Banden“, „OKB im Liquor“ beziehen sich auf den Nachweis isolierter liquorspezifischer IgG-Banden.

Zu seltenen Sonderformen zählen die Kombination aus Typ 2 und Typ 5 (intrathekale IgG-Synthese bei gleichzeitiger Anwesenheit einer monoklonalen Gammopathie [Abb. B.3.29a, Bahn 4, Abb. B.3.29b, Bahn 5]) und die Beschränkung von monoklonalen Banden auf den Liquor im Falle eines intrazerebralen Plasmozytoms.

Im Falle einer diskontinuierlichen Verteilung des polyklonalen IgG-Hintergrundes fällt eine Zonierung (Hintergrundbanden, „common bands“) auf, die bei Betrachtung des gesamten Gels bei den meisten Patienten beobachtet werden kann. Mögliche Ursachen hierfür sind eine inhomogene Verteilung der Ladungen der zahlreichen IgG-Moleküle eines Individuums sowie durch inhomogene Ampholyt-Mischungen bedingte Unregelmäßigkeiten im pH-Gradienten des Gels. Aufgrund von Hintergrundbanden kommt es öfters zu einer Fehlinterpretation des OKB-Typ 1 als Typ 4 [40]. Ein homogener polyklonaler Hintergrund erleichtert die visuelle Auswertung, routinierte Anwender können auch Hintergrundbanden zuverlässig identifizieren.

3.2.5.2 Anzahl der oligoklonalen Banden

Die Anzahl der nachgewiesenen OKB ist abhängig von der angewandten Methodik und wird sowohl von der Trennleistung als auch von der Art und der Empfindlichkeit des Nachweises beeinflusst. Insbesondere bei der Silberfärbung besteht eine Korrelation zwischen dem Ausmaß der intrathekalen Synthese und der Anzahl der oligoklonalen Banden. Die höchste Auflösung mit einer beobachteten maximalen Zahl von ca. 50 OKB wird bei der Silberfärbung in Polyacrylamid-Gelen erreicht. Auch monoklonales IgG-Paraprotein wird in der hochauflösenden IEF aufgrund von posttranslationalen Modifikationen in mehrere (2–15) Banden aufgespalten. Aus diesen Gründen ist es nicht möglich, allein aus der Zahl der OKB im Liquor auf die Zahl der beteiligten Plasmazell-Klone zu schließen. Bei vergleichenden Analysen identischer Proben mit unterschiedlichen Methoden wird deutlich, dass es von der Sensitivität und dem Auflösungsvermögen der Methode abhängt, ob 1. nahe beieinander liegende Banden voneinander abgegrenzt werden können oder als eine Bande erscheinen und ob 2. schwache Banden nachgewiesen werden können.

Mindestanzahl isolierter OKB im Liquor für eine positive Wertung als Immunreaktion

Die Festlegung eines Grenzwertes für eine positive oligoklonale Reaktion wird unterschiedlich gehandhabt. In diesem Zusammenhang gilt zu beachten, dass auch für OKB die für jeden diagnostischen Test gültigen Wechselbeziehungen zwischen diagnostischer Sensitivität und Spezifität zutreffen. Rein analytisch betrachtet ist es zwar korrekt, schon ab einer über Immundetektion nachgewiesenen Bande von einer positiven Immunreaktion zu sprechen [50]. Dieser Wert führt jedoch zu einer zu großen Anzahl von falsch-positiven Befunden, was in mehreren Untersuchungen durch den Nachweis einer IgG-Bande bei etwa 7 % der gesunden Kontrollpersonen verdeutlicht wird [30,50,53]. Darüber hinaus sollte sich das Limit auch an der Zahl der maximal aufgelösten OKB orientieren und wird damit von der eingesetzten Methode bestimmt.

Für einen positiven Befund werden häufig mindestens 2 [54,55] bzw. mindestens 3 [56,57] isolierte OKB im Liquor gefordert. Die aktuellen Diagnosekriterien für die MS sowie die Leitlinie zur Lumbalpunktion und Liquordiagnostik geben einen Grenzwert von mindestens 2 isolierten OKB im Liquor an (unter Annahme einer OKB-Analyse mittels IEF und Immundetektion) [14,26]. Auch die Deutsche Gesellschaft für Liquordiagnostik und Klinische Neurochemie beschreibt in ihrem Methodenkatalog einen Grenzwert von mindestens 2 liquorspezifischen OKB bei Immundetektion und mindestens 3 liquorspezifischen OKB bei Proteinfärbungen [28].

Bei Anwendung gut standardisierter hochauflösender Methoden werden teilweise auch höhere Grenzwerte festgelegt. Mit IEF auf Polyacrylamid-Gelen und Silberfärbung werden im Liquorlabor der Medizinischen Hochschule Hannover bei der MS über 50 OKB beobachtet, so dass der Grenzwert auf initial 4 OKB festgesetzt wurde. Da jedoch der Nachweis von 2–3 OKB ebenfalls als grenzwertig positiv (Typ 2a bzw. Typ 3a) gilt, wird tatsächlich ein Grenzwert von 2 Banden festgelegt. Die Verwendung unterschiedlicher Bewertungskategorien ist auch für andere qualitative Verfahren üblich und hat sich für OKB in der Praxis über viele Jahre bewährt [58].

Nachweis einer singulären IgG-Bande im Liquor

Die Häufigkeit und klinische Signifikanz des Nachweises einer singulären isolierten Bande im Liquor wurde in mehreren Studien untersucht. Diese wurden selten (< 2 %) und am häufigsten bei Patienten mit MS oder im Zusammenhang mit anderen entzündlichen ZNS-Erkrankungen nachgewiesen [57,59,60]. Bei Verlaufsuntersuchungen hatten 9/31 [59] bzw. 3/10 Patienten [60] mit einer isolierten Bande im CSF im Verlauf ein oligoklonales Bandenmuster entwickelt. Als mögliche Erklärungen wurden i) die Sichtbarkeit zunächst nur einer Bande im Prozess der Ausbildung der humoralen intrathekalen Immunreaktion, ii) die Überdeckung weiterer Banden im polyklonalen Hintergrund [61], sowie iii) mehrere Banden, die aufgrund einer geringen Auflösung in der visuellen Auswertung als eine Bande erscheinen [58], diskutiert. Da eine singuläre isolierte Bande im CSF bei weniger als 20 % der Patienten mit einem entzündlichen ZNS-Prozess gekoppelt war, konnte dem Nachweis dennoch keine eindeutige klinische Signifikanz zugeschrieben werden [62].

3.2.6 Klinische Bewertung

In Tab. B.3.14 wird die Häufigkeit des Nachweises systemischer sowie intrathekaler oligoklonaler IgG-Banden in einer Gruppe von 2200 fortlaufend untersuchten Patienten dargestellt [30]. Liquor und Serum wurden mittels IEF in Polyacrylamid-Gelen und Silberfärbung untersucht. Von 2200 Patienten besaßen 394 (17,9 %) 1–43 OKB nur im Liquor. Der Nachweis einer intrathekalen Immunantwort in Form von OKB im Liquor entspricht bei Patienten mit klinisch sicherer oder wahrscheinlicher MS sowie erregerbedingten neurologischen Erkrankungen (n = 42) den Erwartungen. Der Großteil der Patienten mit klinisch sicherer MS hatte mindestens 4 OKB im Liquor (158/164), während 97 der 154 Patienten ohne Diagnose einer MS oder infektiöser ZNS-Erkrankung lediglich 1, 2 oder 3 OKB aufwiesen. So blieben beispielsweise alle Patienten mit Schwindel und 8/10 mit Hirninfarkt unter dem Limit von 4 OKB. Mit der Anhebung des Schwellenwertes eliminiert man marginale und oft nur passagere Immunreaktionen, und erreicht damit eine bessere Spezifität ohne nennenswerte Sensitivitätseinbuße.

Bezogen auf das Kollektiv der klinisch sicheren MS (2 Schubereignisse) beträgt die Sensitivität bei 4 isolierten OKB 96,3 %, bei 2 isolierten OKB 98,2 %. Die Berechnung der Spezifität gestaltet sich schwieriger, da OKB eine Immunreaktion im ZNS anzeigen und daher nicht nur bei der MS, sondern auch bei weiteren entzündlichen ZNS-Erkrankungen korrekt positiv wären und die Häufigkeit des OKB-Nachweises von der Zusammensetzung des Kontrollkollektivs abhängig ist.

Der Großteil der OKB-positiven Befunde außerhalb der MS und infektiöser Erkrankungen konzentrierte sich auf einige wenige Diagnosen. Dabei kann das Auftauchen von OKB im Liquor durch Gewebsuntergang bedingt werden (Trauma, Epilepsie, Schlaganfall) oder bei lymphoproliferativen Erkrankungen, granulomatösen Entzündungen und Autoimmunerkrankungen als Ausdruck einer ZNS-Beteiligung interpretiert werden. Nur 3 Fälle mit Hirnmetastasen (Mamma-Ca, Lungen-Ca) erreichten eine ähnlich hohe Anzahl von OB im CSF wie die MS.

Um eine Vorstellung über die Vielfalt der Erscheinungsformen der OKB zu geben, zeigen die Abb. B.3.24, B.3.25, B.3.28, B.3.29 jeweils 5 Beispiele für die verschiedenen Typen von OKB. Dabei erreicht die Reproduktion leider nicht vollständig die Qualität der Originale. In einer neueren Zusammenstellung wurden weitere nicht-entzündliche Erkrankungen mit positiven OKB mit ähnlich niedrigen Frequenzen gefunden [63].

3.2.6.1 Typ 1, Normalbefund, keine oligoklonalen Banden

Ein normales Muster (Abb. B.3.19) bedeutet die Abwesenheit von OKB sowohl im CSF als auch im Serum. Der Nachweis vor allem von wenigen IgG-Banden zeigt jedoch nicht in jedem Falle ein pathologisches Geschehen an. Insbesondere grenzwertige identische OKB in Serum und Liquor (Typ 4) haben im Allgemeinen wenig aktuellen Krankheitswert.

Da OKB im CSF eine Immunantwort im ZNS anzeigen, werden sie bei auf das periphere Nervensystem beschränkten Erkrankungen in der Regel nicht nachgewiesen. Auch bei neurodegenerativen Erkrankungen und Hirninfarkten werden meist keine OKB beobachtet. Ausnahmen sind jedoch immer möglich und sollten sorgfältig im klinischen Kontext unter Einbeziehung der MRT-Daten diskutiert werden.

Tab. B.3.14: Häufigkeit der systemischen und lokalen IgG-Synthese bei nicht-infektiösen Erkrankungen.

Diagnose	n	IgG-Index	OKB-Typ 2 und OKB-Typ 3		OKB-Typ 4	
		> 0,7 *n* (%)	≥ 4 OKB *n* (%)	2–3 OKB *n* (%)	≥ 4 id. OKB *n* (%)	2–3 id. OKB *n* (%)
sichere MS	164	113 (69)	158 (96,3)	3 (1,8)	0	0
Parästhesien	38	1 (2,6)	3 (7,9)	1 (2,6)	0	1 (2,6)
Fazialisparese	32	0	1 (3,1)	3 (9,4)	2 (6,3)	3 (9,4)
Trigeminusneuralgie	23	0	1 (4,3)	1 (4,3)	1 (4,3)	0
Hörsturz	11	1 (9,1)	1 (9,1)	0	0	0
Sarkoidose	13	1 (8)	2 (15)	2 (15)	2 (15)	0
Tolosa-Hunt	4	2 (50)	2 (50)	0	0	0
Sjögren Syndrom	3	1 (33)	3 (100)	0	0	0
Mischkollagenose	12	3 (25)	3 (25)	0	4 (33)	1 (8)
ZNS-Lupus	21	4 (19)	5 (24)	2 (10)	5 (24)	3 (14)
Systemischer Lupus	14	0	1 (7)	2 (14)	6 (43)	1 (7)
Rheumat. Arthritis	14	1 (7)	1 (7)	1 (7)	1 (7)	1 (7)
Myasthenia gravis	25	0	0	1 (4)	3 (12)	0
Panarteritis nodosa	14	0	0	0	2 (14)	3 (21)
GBS	20	2 (10)	1 (5)	0	8 (40)	3 (15)
Polyneuropathie	35	0	1 (2,9)	0	6 (17)	2 (6)
Parkinson	30	0	3 (10)	0	9 (30)	3 (10)
Dystonien	19	0	1 (5)	3 (16)	1 (5)	1 (5)
Torticollis	10	0	2 (20)	2 (20)	0	0
ALS	78	1 (1,3)	3 (3,8)	0	8 (10)	2 (3)
Epilepsie	49	4 (8)	10 (20)	2 (4)	0	1 (2)
Hirninfarkt	65	2 (3,1)	2 (3,1)	7 (11)	6 (9,2)	3 (4,6)
Hirnkontusion	10	0	0	2 (20)	0	1 (10)
Demenz	10	0	0	0	3 (33)	0
Bandscheibenvorfall	25	0	0	0	2 (8)	3 (12)
Lumbago	25	0	0	1 (4)	3 (12)	1 (4)
Kopfschmerzen	48	0	2 (4,2)	5 (10)	2 (4,2)	2 (4,2)
Schwindel	32	0	0	0	2 (6,2)	0
Tabak-Alk. Amblyopie	27	0	0	0	n. d.	n. d.
psychogene Erkrankungen	50	0	0	0	n. d.	n. d.

3.2.6.2 Typ 2 und Typ 3, Oligoklonale Banden ausschließlich im Liquor (Typ 2) oder im Liquor und zusätzlich identische Banden (Typ 3)

Während quantitative Verfahren zum Nachweis einer intrathekalen Immunglobulinsynthese in Bezug auf einen statistisch definierten Referenzbereich ausgewertet werden, erfolgt bei der IEF ein Vergleich der IgG-Profile in Liquor und Serum der individuellen Patienten. Bereits ein Anteil von 0,5–3 % intrathekal synthetisiertem IgG an intrathekal vorhandenem Gesamt-IgG kann als isolierte OKB im Liquor detektiert werden [81]. Die beiden Typen 2 und 3 (Abb. B.3.24 und B.3.25) werden zusammen diskutiert, da liquorspezifische OKB im Prinzip in jedem Fall zusätzlich von unabhängigen (z. B. altersbedingten) OKB in Serum und CSF begleitet sein können. Es gibt aber durchaus für den Typ 3 charakteristische

Tab. B.3.15: Erkrankungen mit nachgewiesener Erregerspezifität von oligoklonalen Banden.

Bakterien	Neurosyphilis (Vartdal et al.) [64] Brucellose (Willoughby et al.) [65] Tuberkulose (Sindic et al.) [48] Neuroborreliose (Kaiser et al.) [66]
Viren	Rubella (Vandvik et al.) [67] Masern-Virus, SSPE (Tourtelotte et al.) [68] Mumps (Link et al.) [69] HSV-1 (Grimaldi et al.) [70] HSV-2 (Boucquey et al.) [71] HIV (Kaiser et al.) [75] Paramyxovirus (McLean et al.) [77] Enterovirus (Kaiser et al.) [78] Varicella Zoster (Sindic et al.) [46] Cytomegalie (Franciotta et al.) [74] JC-Virus, PML (Sindic et al.) [79] FSME-Virus (Kaiser et al.) [80]
Weitere	Candida albicans (Iwashita et al.) [72] Cryptococcus (La Mantia et al.) [73] Toxoplasmose (Franciotta et al.) [74]

Konstellationen (erregerbedingt, lymphoproliferativ oder paraneoplastisch), bei welchen die systemische und die intrathekale Immunantwort in Zusammenhang stehen und in einem ähnlichen zeitlichen Rahmen ablaufen. Der Nachweis von OKB-Typ 3 bei Polyneuropathien kann ein Hinweis auf das Vorhandensein antineuronaler Antikörper sein und im Rahmen von Epilepsien eine autoimmune Genese anzeigen.

Im Fall einer starken intrathekalen IgG-Synthese können aufgrund der Drainage von Liquor ins Blut (ca. 500 ml pro Tag) CSF-Banden auch schwach im Serum sichtbar werden. Dennoch handelt es sich in solchen Fällen um OKB-Typ 2, nicht um Typ 3 oder 4.

OKB bei infektiösen neurologischen Erkrankungen

Bei erregerbedingten Erkrankungen des ZNS ist ein großer Teil der humoralen Immunantwort gegen Struktur- und Oberflächenproteine des infektiösen Agens gerichtet. Für die in Tab. B.3.15 aufgeführten Erreger wurde über Antigen-getriebene Affinitäts-Blots (mit Antigenen beschichtete Membranen, siehe **Kap. B.3.2.4.2**) und/oder Absorption mit Antigen explizit gezeigt, dass ein Teil der oligoklonalen IgG-Antikörper gegen Antigene der verursachenden Mikroorganismen gerichtet ist (Deckungsgleichheit zwischen Gesamt-IgG OKB und anti-Erreger-IgG OKB). Bei weiteren durch Bakterien (Pneumokokken, Meningokokken, Listerien, Tropheryma whipplei), Viren (EBV, Influenza, Polio), Pilze oder Parasiten (Malaria, Toxocara, Cysticercosis, Trypanosomen) verursachten Meningoenzephalitiden, wurde in unterschiedlichem Ausmaß ebenfalls das Auftreten von OKB beobachtet. Es liegt nahe, den in diesen Fällen und den bei weiteren Infektionen des ZNS gefundenen OKB gleichfalls Antikörperspezifität gegen die beteiligten Erreger zuzuschreiben, doch ist dies nicht immer eindeutig. Bei angeborenen oder erworbenen Immundefekten oder unter immunsuppressiver Therapie beispielsweise treten vermehrt opportunistische Infektionen auf. So können bei HIV-Patienten nebeneinander Antikörper gegen das HI-Virus sowie gegen opportunistische Erreger vorliegen [74]. Ohnehin läuft die intrathekale Immunreaktion auch bei Infektionen des ZNS nicht streng monospezifisch ab. Es sind in untergeordnetem Maße auch Nebenreaktivitäten gegen andere Antigene (z. B. virale), aber auch gegen ZNS-Strukturproteine, wie beispielsweise GFAP nach einer viralen Myelitis, vorhanden [82].

Die zur Ausbildung von OKB bei akut infektiösen ZNS-Erkrankungen notwendige Zeit beträgt 1–2 Wochen. Aussagen zur Häufigkeit von OKB bei diesen Erkrankungen sind somit vom Zeitpunkt der Erstpunktion abhängig.

Bei der *Herpes-simplex*-Enzephalitis (HSE) erfolgt die diagnostische Erstpunktion meist

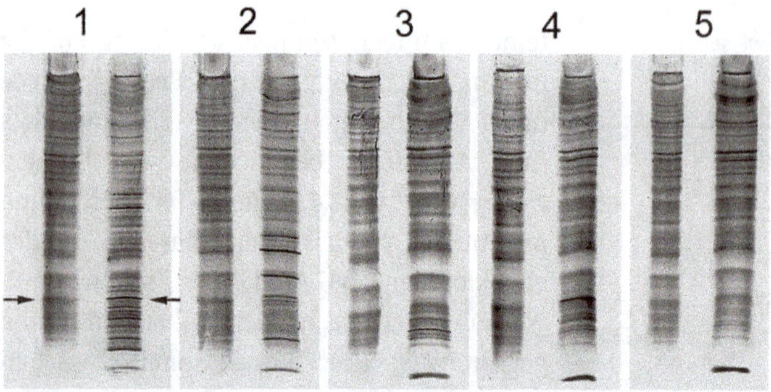

(a)

zu (a): Patientendaten

Pat.	Alter (Jahre)	Diagnose	Zellzahl (/µl)	IgG CSF (g/l)	Albumin-Quotient	IgG-Index	Anzahl OKB Serum	Anzahl OKB CSF	MRT-Herde
1	21	MS	10,7	0,046	3,2	1,738	1	34	multiple
2	62	Neurolues	2,7	0,049	9,9	0,833	1	11	
3	17	Opticus Neuritis	9,3	0,017	2,9	0,513	0	6	vereinzelt
4	33	Schwindel	0,3	0,024	3,4	0,568	0	7	einzelne
5	23	Opticus Neuritis	6,3	0,022	4,0	0,519	0	2	keine

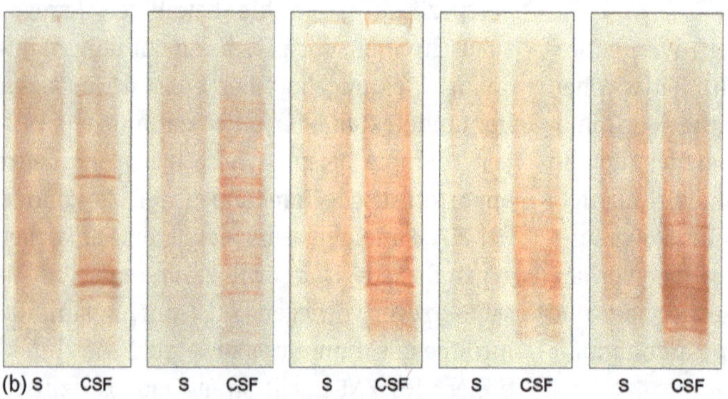

Abb. B.3.24: (a) Typ 2: Oligoklonale Banden positiv. OKB nur im Liquor, nicht im Serum. Die beiden Pfeile markieren eine mit einer starken Bande im Liquor kongruente Bande im Serum. (b) Typ 2: Oligoklonale Banden positiv. OKB nur im Liquor (CSF), nicht im Serum (S). Die Abb. B.3.24b stammt aus dem Neurochemischen Labor der Neurologischen Klinik der Universität Ulm.

zwischen dem 4.–7. Tag der Erkrankung [83]. Im Frühstadium hat der Nachweis der humoralen Immunantwort noch keine Bedeutung, da OKB erst nach 10–14 Tagen detektierbar werden. In diesem Zeitraum kommt dem Erregernachweis im Liquor mittels PCR eine große Bedeutung zu. Die Sensitivität der HSV-PCR ist in den ersten zwei Wochen sehr hoch und zeigt sich gegenläufig zum Nachweis von liquorspezifischen OKB und erhöhten erregerspezifischen Antikörperindizes. In den ersten drei Tagen nach Erkrankungsbeginn kann jedoch auch die PCR negativ ausfallen. Darüber hinaus können durch eine Blutbeimengung falsch-negative Befunde verursacht werden, da Häm-Produkte die PCR inhibieren können

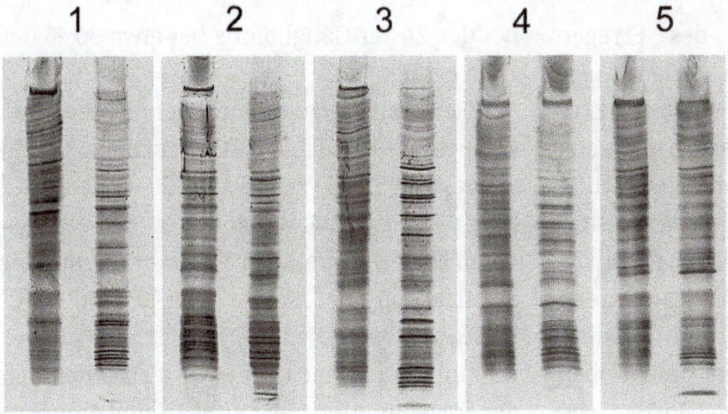

(a)

zu (a): Patientendaten

Pat.	Alter (Jahre)	Diagnose	Zellzahl (/µl)	IgG CSF (g/l)	Albumin-Quotient	IgG-Index	Anzahl OKB Serum	Anzahl OKB CSF	MRT-Herde
1	44	MS	2,0	0,061	2,2	2,669	7	28	typisch
2	42	HIV	4,0	0,188	9,3	0,818	8	20	
3	73	Hu-Syndrom	3,3	0,064	3,3	2,271	10	23	keine
4	61	Nieren Tx, CMV	40,0	0,237	14,4	4,861	10	34	
5	47	Neuro-Lupus	0,7	0,042	7,2	0,667	6	14	multiple

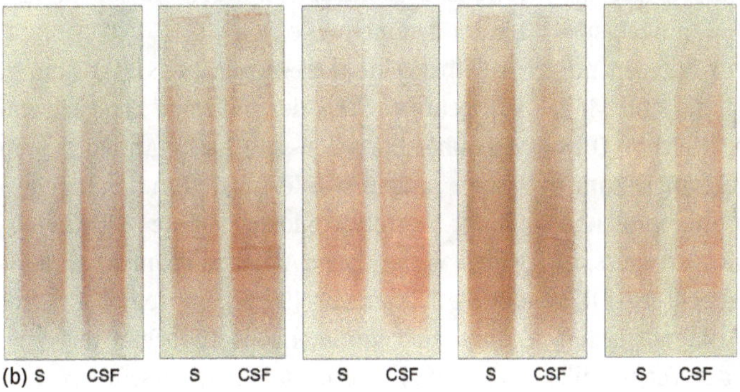

(b)

Abb. B.3.25: Typ 3: Oligoklonale Banden positiv. OKB nur im Liquor und zusätzliche identische Banden in Serum und Liquor. Typ 3: Oligoklonale Banden positiv. OKB nur im Liquor (CSF) und zusätzliche identische Banden in Serum (S) und Liquor. Die Abb. B.3.25b stammt aus dem Neurochemischen Labor der Neurologischen Klinik der Universität Ulm.

[84]. Bei der Beurteilung von PCR-Ergebnissen muss der Zeitpunkt der Lumbalpunktion und ggf. die antivirale Therapie in Betracht gezogen werden. Bei nicht eindeutigen ersten LP-Befunden und weiterhin bestehendem Verdacht einer HSE sollte die Punktion wiederholt werden, insbesondere wenn der Liquor in den ersten 72 Stunden entnommen wurde, xanthochrom oder blutig war [83,85].

Die wiederholte Punktion bei Meningoenzephalitiden folgt der Empfehlung des Consensus-Papiers für die *Herpes-simplex*-Enzephalitis [85], nach der mindestens zwei aufeinanderfolgende Liquores mittels PCR und immunologischem Nachweis des Erregers untersucht werden sollen. Im Verlauf vieler viraler Infektionen des ZNS erfolgt der Erregernachweis initial (insbesondere in der ersten Woche, im Verlauf mit abnehmender Häufigkeit) durch Detektion von Viruserbgut mittels PCR, während OKB und spezifische Antikörper als Ausdruck der humoralen Immunreaktion später auftreten. Dies wurde für weitere häufige virale ZNS-Infektionen beschrieben, beispielsweise *Varizella-Zoster*-Virus bei immunkompetenten Personen sowie Epstein-Barr-Virus, Cytomegalievirus, und JC-Virus bei immundefizienten Personen [86–92].

Allerdings fehlen liquorspezifische OKB bei Meningoenzephalitiden häufig auch bei Folgepunktionen, was einerseits mit einer wirksamen Therapie zusammenhängen kann, andererseits durch die begrenzte Sensitivität der OKB bedingt ist. Mittels ELISA bestimmte AI lassen sich erst ab einer Höhe von 2–4 sicher als isolierte OKB im CSF fassen. Mit Affinitäts-Blots werden regelmäßig Antigen-spezifische OKB entdeckt, die nicht mit den mit Anti-IgG reaktiven OKB kongruent sind [46], und der Nachweis Erreger-spezifischer OKB ist auch bei völliger Abwesenheit von Gesamt-IgG OKB möglich [74]. Bei akut entzündlichen Erkrankungen hat der Nachweis erregerspezifischer Antikörper im Vergleich zu OKB eine höhere (methodische und diagnostische) Sensitivität und hat daher in der Diagnostik einiger ZNS-Infektionen eine große Bedeutung (siehe u. a. **Kap. B.6**). Ist der Großteil der intrathekalen Immunglobuline gegen den Erreger gerichtet, dann haben AI die höchste Sensitivität für den Nachweis der ZNS-Entzündung (z. B. HSV-Enzephalitis, Zoster-Meningitis, Zoster-Ganglionitis, HIV-Enzephalitis, Neuroborreliose, Neurolues) [93]. So ist beispielsweise ein erhöhter VZV-Antikörperindex deutlich sensitiver als der Nachweis isolierter oligoklonaler Banden im Liquor, welcher im Rahmen einer Zoster-Meningitis nur bei 15 %, bei der Zoster-Ganglionitis bei etwa 30 % der Fälle gelingt [94].

Bei Patienten mit Neuroborreliose werden bei mehr als 70 % isolierte OKB im Liquor nachgewiesen [95,96]. Wie Abb. B.3.26 verdeutlicht, hängt die Sensitivität jedoch von der verwendeten Nachweismethode ab. Während mit der Silberfärbung bereits die erste LP mit 5 OKB im CSF schwach positiv (Typ 2) ist, sind mit der Immunfixation noch keine OKB zu sehen. Bei der Folgepunktion nach 8 Tagen sind dann mit der Silberfärbung insgesamt 14 Banden vorhanden gegenüber 7 bei der Immunfixation. Die ursprünglichen 5 Banden bei der Silberfärbung treten jetzt stärker hervor. Außerdem imponiert mit Silber eine persistierende Bande nur im Serum (Pfeilkopf) zunächst ohne Entsprechung im Liquor, danach eine schwächere Bande auch im Liquor. Offensichtlich ist noch kein Diffusionsgleichgewicht zwischen Serum und CSF erreicht. Zusätzlich existieren noch jeweils 2 identische Banden in Serum und Liquor (Doppelpfeile).

Ein direkter Erregernachweis im CSF durch PCR gelingt selten, der indirekte Erregernachweis über Borrelien-spezifische-Antikörper im Liquor hingegen ist essenziell in der Diagnostik der Neuroborreliose. Erhöhte *Borrelia burgdorferi*-spezifische AI liegen bei mehr als 80 % der Patienten vor [95,97], bei einer Erkrankungsdauer von mehr als 6 Wochen sogar bei 100 % [98]. Die intrathekale Ig-Synthese und damit die OKB und AI können über Jahre oder sogar lebenslang persistieren. Zur Unterscheidung zu einer durchgemachten jedoch nicht mehr aktiven Neuroborreliose können akute Entzündungszeichen herangezogen werden (Pleozytose, erhöhter Albuminquotient, erhöhtes CXCL13 im Liquor). Erhöhte Konzentrationen des Chemokins CXCL13 können bereits zu einem sehr frühen Zeitpunkt nachgewiesen werden und gehen bei Rückgang der intrathekalen Entzündung bzw. unter Therapie mit Antibiose schnell zurück [99].

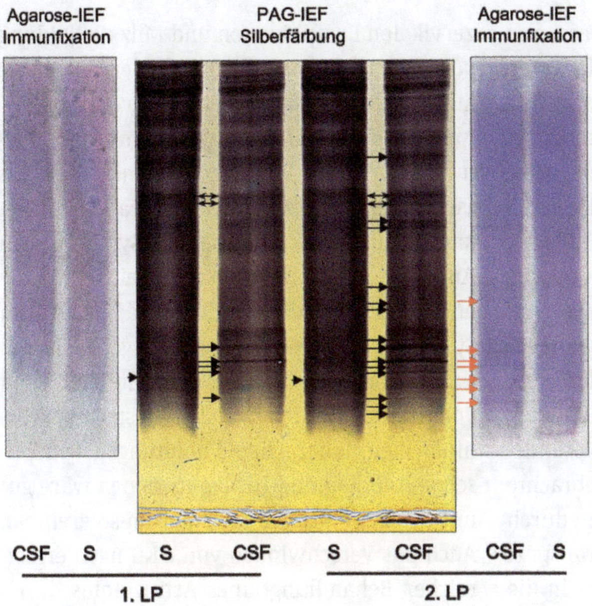

Patientendaten

LP	Tag	IgG CSF (g/l)	IgG S (g/l)	Zellzahl (/µl)	Albumin-Quotient	ZNS-Synthese			BB-AI	
						IgG	IgA	IgM	IgG	IgM
1	0	0,125	10,6	600	20,4	–	–	–	106	2,8
2	8	0,063	10,0	156	8,2	–	9%	64%	49	9,6

Abb. B.3.26: Änderung der OKB-Muster zwischen erster Punktion (1. LP) und Verlaufs-LP nach 8 Tagen (2. LP) bei einem Patienten mit Neuroborreliose. Polyacrylamid-IEF mit Silberfärbung (Liquorlabor der Medizinischen Hochschule Hannover, schwarz) gegenüber Agarose-IEF und Immunofixation (H. Möller, Klinikum Lemgo, Sebia, blau).

Auch bei der Neurolues bleibt die intrathekale Synthese von Antikörpern gegen *Treponema pallidum* oft jahrelang, teils lebenslang, bestehen und muss nicht den Nachweis einer floriden Neurolues bedeuten [100,101]. Die Detektion isolierter OKB im Liquor im Rahmen einer Neurosyphilis ist typisch, kann in Stadium II (frühsyphilitische Meningitis) jedoch negativ ausfallen. Zur Unterscheidung kann auch hier neben Zeichen einer akuten intrathekalen Entzündung (Zytologie, Zellzahl, Albuminquotient) die Messung von CXCL13 im Liquor hilfreich sein [102]. Die im Rahmen einer erregerbedingten Erkrankung ausgebildete intrathekale Immunantwort in Form von liquorspezifischen OKB und insbesondere erregerspezifischen AI kann jahrelang persistieren und stellt gewissermaßen eine „Narbe" dar. Bei normaler Zellzahl und Schrankenfunktion haben diese meist keine weitere Bedeutung.

OKB bei entzündlichen und nicht-entzündlichen neurologischen Erkrankungen, Gehirntumoren und Autoimmunerkrankungen mit ZNS-Beteiligung

Die intrathekale humorale Immunantwort ist Teil der Überwachungsstrategie des Organismus. Aktivierte B-Zellen aus dem Blut können die Blut-Hirn-Schranke passieren und werden bei Antreffen eines relevanten Antigens zu Plasmazellen transformiert, die dann lokal spezifische Antikörper sezernieren. Die Blut-Liquor-Schranke erlaubt auch die Passage naiver patrouillierender Lymphozyten. Besonders wichtig zum Verständnis der Immunantwort im ZNS war die Aufdeckung des Mechanismus einer sogenannten „intrathekalen Immunisierung“ im Zusammenhang mit einer Antigen-abhängigen intrathekalen Ig-Synthese. Bedingt durch Infektionen, traumatische oder degenerative Veränderungen in das Hirnparenchym eingebrachte oder dort freigesetzte Antigene können durch lymphogenen oder hämatogenen Transport über die Resorptionswege des Liquors in die peripheren lymphatischen Organe (cervikale Lymphknoten, Milz) gelangen. Dort wird über einen Zeitraum von 1–2 Wochen eine systemische Immunreaktion ausgebildet. Besteht die Präsenz des Antigens im ZNS weiterhin oder wird erneut ausgelöst, so können die im peripheren Blut vorhandenen Antigen-spezifischen B-Zellen auf ihrer Patrouille durch das ZNS sofort zu Plasmazellen ausreifen und dort lokal spezifische Antikörper produzieren [103]. Eine ähnliche Situation liegt bei vielen erregerbedingten Erkrankungen des ZNS vor, wo eine systemische Immunreaktion bereits eingeleitet ist, bevor der Erreger (meist auf hämatogenem Weg) ins Gehirn gelangt.

Mit diesem Konzept lassen sich sowohl das Auftreten von spezifischen OKB gegenüber Fremdantigen als auch die Nebenreaktivitäten gegen andere Erreger oder körpereigene ZNS-Proteine erklären. (i) Da alle aktivierten B-Zellen ins ZNS einwandern können, wird es bei entsprechenden Zytokin-Konstellationen auch zur Stimulation von B-Lymphozyten kommen, welche die Immunitätsgeschichte des Individuums widerspiegeln. (ii) Liegt eine Gewebedestruktion im ZNS vor, so wird über die Ausschleusung von ZNS-Proteinen in die zervikalen Lymphknoten und Milz die Bildung von entsprechenden B-Zellen in der Peripherie ausgelöst, da ZNS-eigene Proteine vom Organismus wahrscheinlich aufgrund ihrer Abschirmung durch die Blut-Hirn-Schranke nicht als „selbst“ erkannt werden. Nach ca. 2 Wochen kann dann eine intrathekale Synthese von Antikörpern gegen ZNS-Proteine einsetzen, die aber nach Beendigung der Schädigung zum Stillstand kommen sollte. Das gelegentliche (< 5 %), vorübergehende (< 6 Monate) Auftreten von schwachen oligoklonalen Mustern bei Hirninfarkten, Subarachnoidalblutungen, epileptischen Anfällen und Hirnkontusionen wäre gut mit einem derartigen Mechanismus vereinbar. Auch das Verschwinden von OKB nach erfolgreicher Behandlung eines Astrozytoms durch Operation, Bestrahlung und Chemotherapie ließe sich mit der Elimination der antigenen Stimulation, in diesem Fall der Tumorantigene, erklären (Abb. B.3.27). Im dargestellten Fall verschwindet gleichzeitig auch die begleitende intrathekale Immunreaktion gegen Masern.

Obgleich diese Annahme plausibel erscheint, ist die tatsächliche Spezifität von OKB bei Tumorerkrankungen des ZNS, die selten bei primären Hirntumoren (Astrozytom, Glioblastom, Dysgerminom) und etwas häufiger bei zerebralen Metastasen (Bronchial-Ca, Mamma-Ca, Melanom) zu sehen sind, nicht geklärt. Dagegen sind bei paraneoplastischen neurologischen Erkrankungen onkoneuronale Antigene bekannt (u. a. Hu, Yo und Ri).

Für lymphoproliferative Erkrankungen wie NHL, ALL, CLL, AML mit ZNS-Beteiligung sind OKB vom Typ 3 charakteristisch, da sich die von der systemischen Erkrankung herrührenden häufigen OKB im Serum und die auf den CSF beschränkten OKB überlagern. Beim primären ZNS-Lymphom können OKB im CSF vorliegen, doch kommt ihnen eine geringere Bedeutung zu als den Oberflächenmarkern der Liquorzellen. Liquorspezifische OKB konnten bei primärem ZNS-Lymphom

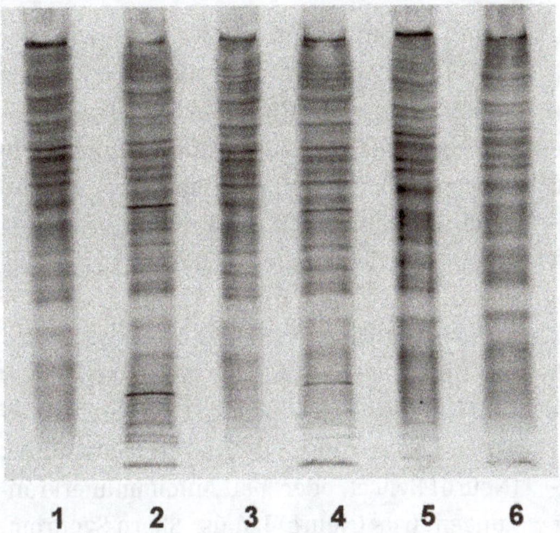

Patientendaten

Spur	Tage	Zellzahl (/µl)	Albumin-Quotient	IgG-Index	Anzahl OKB CSF	Anzahl OKB Serum	AI Masern
1/2 = Ser/CSF	0	6,7	3,4	0,773	25	0	9,3
3/4 = Ser/CSF	26	2,3	4,5	0,618	12	1	1,9
5/6 = Ser/CSF	109	161,3	30,4	0,735	0	0	1,3

Abb. B.3.27: Verschwinden von oligoklonalen Banden (Typ 2) nach Entfernung eines Astrozytoms.

bei 16 % der Patienten nachgewiesen werden, oligoklonale Banden vom Typ 4 bei 14 % [104].

Zur Gruppe der immunvermittelten Erkrankungen des zentralen und/oder peripheren Nervensystems zählen die Autoimmun-Enzephalitiden und paraneoplastische neurologische Syndrome, bei denen eine gegen neuronale oder gliale Antigene gerichtete Autoimmunität besteht. Bei einem Teil der Patienten können in Serum und/oder CSF antineuronale, oder seltener antigliale, Autoantikörper nachgewiesen werden (i. d. R. IgG-Klasse). Bei einem großen Teil der Patienten finden sich chronisch-entzündliche Liquorbefund-Konstellationen und eine intrathekale IgG-Synthese. Die Erkrankungen sind jedoch sehr heterogen und die Häufigkeit des Nachweises isolierter OKB im Liquor hängt von der spezifischen Erkrankung ab.

Im Rahmen von paraneoplastischen neurologischen Syndromen können mit der hochsensitiven IEF bei den meisten Patienten mit zerebraler Beteiligung liquorspezifische OKB nachweisen werden (überwiegend Typ 3) [105–107]. Ebenfalls konnte eine Spezifität von OKB für Hu [105,108], Yo [107,109], Ri [110,111] und anti-CV2/CRMP5 [112] demonstriert werden. Ähnlich wie bei einigen infektiösen ZNS-Erkrankungen, bei denen der Nachweis der gerichteten Immunreaktion durch Erreger-spezifische AI eine höhere Sensitivität besitzt, ist der Nachweis der gezielten Immunreaktion bei immunvermittelten Erkrankungen durch Antikörper-spezifisches Blotting teilweise sensitiver als die Analyse der gesamt-IgG-OKB [86,109,111–113]. Auch bei dem im Rahmen von Paraneoplasien vorkommenden Stiff-Man-Syndrom und der Neuromyotonie

(Isaac's Syndrom) findet man oft einen entzündlichen Liquor mit isolierten OKB [114]. Das Stiff-Man-Syndrom ist eine chronische entzündliche Erkrankung des ZNS mit paraneoplastischen, autoimmun-vermittelten und idiopathischen Varianten. Bei 70 % der Patienten können im Serum Autoantikörper mit Spezifität für GAD (Glutamat-Decarboxylase) nachgewiesen werden [115,116]. Im Liquor kommen bei 60 % der Patienten isolierte OKB vor. Bei GAD-Antikörper positiven Patienten konnte eine persistierende (systemische und) intrathekale GAD-spezifische Immunglobulin-Synthese gezeigt und OKB mit Spezifität für GAD demonstriert werden [113,115,117].

Autoimmun-Enzephalitiden stellen eine Gruppe seltener entzündlicher ZNS-Erkrankungen mit Präsenz eines distinkten antineuronalen Antikörpers dar, die paraneoplastisch sowie idiopathisch auftreten. Zwischen den durch zahlreiche verschiedene Autoantikörper definierten Subtypen ergeben sich erhebliche Unterschiede bezüglich Klinik, Demographie, Therapie sowie den Liquorbefundkonstellationen. Die Autoantikörper bei den zehn wichtigsten Subtypen richten sich gegen die NMDA-, AMPA-, Glycin-, $GABA_A$-, oder $GABA_B$-Rezeptoren sowie gegen DPPX, CASPR2, LGI1, IgLON5 oder GAD [118]. Am häufigsten tritt die NMDA-Rezeptor-Enzephalitis auf, bei der nahezu bei allen Patienten entzündliche Veränderungen im CSF in Form einer Pleozytose und/oder liquorspezifische OKB (bei 50–70 %) gefunden werden. Auch bei Patienten mit Antikörperspezifität für $GABA_B$-Rezeptoren oder GAD werden OKB bei mehr als der Hälfte der Patienten detektiert. Beim ebenfalls häufiger auftretenden Subtyp mit Antikörpern gegen LGI1 sowie der selteneren anti-IgLON5 Enzephalitis hingegen werden OKB in weniger als 10 % der Fälle nachgewiesen [26].

Im Rahmen der ebenfalls immunvermittelten Neuromyelitis Optica Spektrum Erkrankungen (NMOSD) sowie der MOG-IgG-assoziierten Erkrankungen werden liquorspezifische OKB selten (bei weniger als 30 % der Fälle) und häufig nur transient nachgewiesen. Bei der NMOSD konnte eine deutliche Assoziation mit der Krankheitsaktivität gezeigt werden (isolierte OKB im Liquor bei 20–30 % im Schub, in Remission bei weniger als 10 % der Fälle) [119–122].

Über die Spezifität der mit unterschiedlicher Häufigkeit auftretenden OKB bei entzündlichen Erkrankungen wie (Neuro)-Sarkoidose, (Neuro)-Behçet oder bei Autoimmunerkrankungen wie (Neuro)-Lupus, Sharp-Syndrom, CREST-Syndrom, Sjögren-Syndrom, Vasculitis, Wegenersche Granulomatose, Hashimoto-Thyreoiditis, postinfektiöse und postvakzinale neurologische Affektionen gibt es kaum systematische Informationen.

Im Rahmen von Autoimmunerkrankungen mit Beteiligung des ZNS (u. a. SLE, Sjörgen-Syndrom, Wegnersche Granulomatose, Morbus Behçet) kann der Nachweis isolierter OKB im Liquor sowie seltener einer MRZ-Reaktion positiv ausfallen, wobei Angaben zur Prävalenz der OKB teilweise deutlich variieren. Bei Patienten mit Behçet-Erkrankung und neurologischer Manifestation werden liquorspezifische OKB in circa 10 % der Fälle nachgewiesen, diese traten nach bisherigen Erfahrungen ausschließlich bei parenchymaler Beteiligung auf [123,124]. Auch zum neuropsychiatrischen Lupus sind nur in begrenztem Umfang Daten vorhanden. Die für den systemischen Lupus erythematosus (SLE) typische Synthese von anti-ds-DNA-Antikörpern im Blut findet sich nur bei 2/32 (6,3 %) LE-Patienten intrathekal (Reiber, Haas und Wurster, unveröffentlicht). Bei etwa einem Drittel der Patienten können OKB im Liquor (Typ 2 oder 3) nachgewiesen werden [26,123,125,126]. Diese und auch andere Zeichen einer chronischen ZNS-Entzündung können sich im Krankheitsverlauf oder unter Einfluss einer Immuntherapie zurückbilden. Auch umgekehrt können initial unauffällige Befunde im Verlauf pathologisch werden. Ein Verschwinden oder Auftauchen von OKB bzw. starke inter- und intraindividuelle Schwankungen der Liquorbefunde ist bei weiteren entzündlichen Erkrankungen (u. a Sarkoidose, Vasculitis) bekannt und stellt ein wichtiges Merkmal in der Differentialdiagnose der MS dar [26,123].

Während für die Diagnose einer gesicherten Neurosarkoidose eine positive Histopathologie erforderlich ist, spielt der Nachweis entzündlicher Veränderungen im Liquor eine wichtige Rolle bei der Diagnose einer wahrscheinlichen Neurosarkoidose. Bei etwa 40 % der Patienten können isolierte OKB im Liquor nachgewiesen werden, wobei publizierte Angaben zur Häufigkeit zwischen 0–70 % schwanken [123,127,128]. Eine positive MRZ-Reaktion findet sich bei knapp 10 % der Patienten.

OKB bei Multipler Sklerose

Obwohl der prozentuale Anteil der Plasmazellen mit der gemessenen IgG-Produktion im CSF korreliert, ist die Zahl der Plasmazellen im CSF zu gering, um die bei der MS durchschnittlich intrathekal vorliegende Menge an IgG zu synthetisieren. Das im CSF enthaltene IgG oligoklonaler Natur wird als repräsentativ für das in den MS-Herden und in den germinalen Zentren der Meningen durch die dort ansässigen Plasmazellen sezernierte IgG angesehen. Inwieweit sich die oligoklonalen Muster in verschiedenen Hirnarealen unterscheiden, ist strittig [50]. Denkbar ist ein Einfluss von Alter und zellulärer Zusammensetzung der Herde, dem Abstand der Läsionen vom Liquorraum, der Länge des Diffusionswegs, ein proteolytischer Abbau sowie die Bindung an Antigene oder Fc-Rezeptoren auf Qualität und Menge der OKB.

In Abb. B.3.24a zeigt sich der Zusammenhang zwischen quantitativ berechneter IgG-Synthese und der Anzahl an OKB bei Silberfärbung. Bei Patient Nr. 1 mit einem IgG-Index von 1,738 sind 34 OKB im CSF vorhanden, bei den Patienten Nr. 3 und Nr. 5 ohne rechnerische intrathekale Synthese nur 7 bzw. 2 OKB.

Angaben über zusätzliche identische OKB (Typ 3) bei der MS schwanken zwischen 3–77 % [129]. Bei der MS können zusätzliche identische OKB altersbedingt vorliegen, auf eine subakute oder chronische Infektion (z. B. Harnwege) zurückzuführen sein, die Produktion von autoimmunen systemischen Antikörpern (niedrigtitrige ANA bei 25 % der Patienten) anzeigen oder die systemische Komponente der im ZNS ablaufenden Immunreaktion darstellen. Letztere Möglichkeit wäre gut mit der insbesondere bei hoher intrathekaler IgG-Synthese gemachten Beobachtung zu vereinbaren, dass einzelne OKB im Serum vorzugsweise an den Stellen lokalisiert sind, die sehr intensiven OKB im CSF entsprechen (Abb. B.3.24a, Bahn 1). In der vorigen Auflage wurde die naheliegende Vorstellung, dieses Phänomen durch die tägliche Drainage von 500 ml CSF (z. B. IgG = 100 mg/l) in ca. 5 l peripheres Blut (IgG = 10 g/l) aufgrund der 1000-fachen Verdünnung zu erklären, noch abgelehnt. Dabei wurde jedoch nicht berücksichtigt, dass es sich nicht um ein einmaliges Ereignis handelt, sondern dass Tag für Tag oligoklonales IgG aus dem Liquor ins Blut gelangt und sich dort aufsummiert. Die Halbwertszeit für IgG im Serum beträgt 3 Wochen. Zwischen dem Zuwachs durch Zustrom aus dem CSF und dem Abbau wird sich mit der Zeit ein Gleichgewicht einstellen. Eine grobe Überschlagsrechnung ergibt für hohe intrathekale Synthesen > 80 % und dementsprechend hohen IgG im CSF von z. B.100 mg/l einen Anteil von ca. 1/80 CSF-IgG an der normalen Konzentration von 10 g/l im Blut. In den letzten Jahren wurde der Übertritt von Proteinen aus dem Liquor ins Blut diagnostisch nutzbar gemacht. Zwischen der Konzentration von Neurofilament Leichtketten im CSF und Blut besteht eine enge Korrelation, wobei die Konzentration bei der MS im Blut ca. 1/42 von der im CSF beträgt [130]. Dieser Wert entspricht größenordnungsmäßig dem für IgG geschätzten Wert von ca. 1/80. Konsequenterweise dürfen IgG-Banden mit gleicher Lokalisation in CSF und Serum, dort aber in schwächerer Intensität als ihr sehr intensives Äquivalent im CSF, nicht im Sinne von identischen Banden vom Typ 3 gewertet werden. In einer kürzlich erschienenen Übersicht aus der Gruppe von Franciotta in Italien wurde die oben beschriebene Konstellation als eigener Typ 2 plus klassifiziert [131] und formal als identische Bande eingestuft, wobei für die Bande im Liquor eine teilweise intrathekale Synthese als möglich erachtet wurde. Die Intensitätsunterschiede (CSF > Serum) wurden auf eventuelle Ungenauigkeiten bei der Messung und Verdünnung zurückgeführt.

Eine differentialdiagnostisch relevante Besonderheit der MS ist das über den Verlauf der Erkrankung konstante Liquorprofil. Die Persistenz der intrathekalen Immunglobulinsynthese ist insbesondere in der Abgrenzung zu anderen entzündlichen ZNS-Erkrankungen (u. a. NMOSD, MOG-EM, Neurosarkoidose) von Bedeutung, bei denen eine lokale Ig-Synthese seltener und oftmals nur vorrübergehend nachweisbar ist. Auch unter Immuntherapie kommt es typischerweise nicht zu deutlichen Veränderungen der intrathekalen Immunglobulinsynthese [132–134]. Die OKB-Muster (Anzahl, Position und Intensität der Banden) sind interindividuell verschieden, beim einzelnen Patienten aber über den Verlauf der Erkrankung relativ stabil [135,136]. Inzwischen wurde jedoch auch eine Reduktion der B-Zellantwort bei einzelnen Therapien beschrieben. So wurde von einem Verschwinden von OKB während der Therapie mit einem gegen alpha-4-Integrin gerichteten monoklonalen Antikörper (Natalizumab) berichtet, welcher die Migration aktivierter Lymphozyten in das ZNS verhindert. Bei einzelnen Patienten verschwinden IgG sowie IgM-Banden, nach Absetzen der Therapie kommt es zu einer Rückkehr, teilweise zu einer starken Zunahme des Bandenmusters im Rahmen eines „Rebound-Phänomens“ [137–140]. Auch unter Cladribin-Therapie wurde ein Verschwinden der oligoklonalen Banden bei einem Teil der Patienten dokumentiert [141]. Darüber hinaus kann es auch bei intrathekaler Kortikosteroidtherapie zu einer Reduktion der intrathekalen IgG-Synthese und der oligoklonalen Banden kommen [142]. Noch nicht abschließend geklärt ist das Verhalten von OKB nach autologer hämatopoetischer Stammzelltransplantation. Nach kürzeren Beobachtungszeiten von maximal einem Jahr nach Transplantation wurde eine Persistenz der OKB [143], bei länger Nachbeobachtung ein langsames Verschwinden von Banden beschrieben, wobei fünf Jahre nach Transplantation bei etwa 70 % der Patienten weiterhin isolierte OKB im Liquor nachweisbar waren [144,145].

Obwohl liquorspezifische OKB seit mehr als 50 Jahren als das auffälligste Labormerkmal bei der MS bekannt sind, ist ihre pathogenetische Bedeutung bis heute nicht geklärt. In Hinblick auf ein besseres Verständnis der Pathophysiologie sowie die Identifikation potenzieller therapeutischer Ansätze wurde die Antigenspezifität von OKB bei der MS eingehend untersucht. Die polyspezifische intrathekale Immunglobulinsynthese bei der MS ist gegen eine Vielzahl verschiedener Antigene gerichtet. Typischerweise sind Antikörper mit Spezifität für verschiedene virale Antigene nachweisbar (v. a. neurotrope Erreger), wobei eine mindestens bi-spezifische MRZ-Reaktion mit erhöhten AI für Masern-, Röteln- und Varizella-Zoster-Viren typisch ist und für die MS eine hohe Spezifität aufweist. Der Anteil des intrathekalen IgG mit Virus-Spezifität am gesamten intrathekal vorhandenem IgG ist jedoch mit weniger als 1 % gering [81,94]. Darüber hinaus wurde vorwiegend im Serum, aber auch im Liquor eine große Zahl von Immun-Reaktivitäten beschrieben [146]. Allerdings wiesen gegen Bestandteile des Myelins (MBP, MAG, MOG, PLP, CNPase, CSL = cerebellar soluble lectin, heat-shock Proteine) oder Oligodendrozyten-Proteine (Oligodendrozyten-spezifisches Protein, αB-Crystallin, Transaldolase, Alu-Peptid) gerichtete Antikörper lediglich geringe Häufigkeiten auf. Sofern getestet, ergaben sich für die Reaktivität der Antigene gegenüber OKB nochmals wesentlich geringere Häufigkeiten, oder keine Deckungsgleichheit zwischen spezifischen OKB und dem oligoklonalen gesamt-IgG [46,147,148]. Alle bisher im CSF beschriebenen Antikörper-Reaktivitäten sind quantitativ unbedeutend und kommen vermutlich nur für einen Bruchteil der OKB (< 5 %) bei der MS auf. Die Frage nach der Spezifität der OKB muss daher weiterhin als ungelöst betrachtet werden. Auch durch rekombinante Immunglobuline aus Plasmazellen des CSF gelang bisher keine eindeutige Identifikation relevanter Antigene [149–151].

Molekularbiologische Untersuchungen zur Expression des IgG sowohl in MS-Plaques [152] als auch in B-Zellen aus dem Liquor [153] haben eine stark vermehrte Nutzung der variablen Segmente V_H4 der schweren Ketten und extensive somatische Hypermutation ergeben, was für eine Antigen-induzierte Affinitätsreifung und Selektion der IgG-produzierenden Plasmazellen in den MS-Läsionen spricht. Aus ausgeschnittenen und sequenzierten einzelnen oligoklonalen Banden wurden rekombinante Antikörper synthetisiert und gegen ein Protein Array getestet. Jedoch erwiesen sich die erkannten Antigene als ubiquitäre, intrazelluläre, nicht für das Gehirn spezifische Proteine, die beim Zellzerfall freigesetzt wurden und damit eine sekundäre Antikörperreaktion auslösten [154].

Bei all den Bemühungen, den intrathekal synthetisierten Immunglobulinen eine pathologische Funktion zuzuschreiben, sollte man, auch angesichts der therapeutischen Wirksamkeit von intravenösem Immunglobulin bei der MS, nicht vergessen, dass Autoantikörpern bei Abräumvorgängen durch Opsonisierung durchaus eine physiologische Bedeutung zukommt und, dass sie (vorzugsweise IgM) eventuell die Remyelinisierung fördern können [155].

3.2.6.3 Typ 4, identische oligoklonale Banden in Liquor und Serum

Identische OKB sind Ausdruck eines systemischen Immungeschehens. Aufgrund der passiven Filtration von IgG aus dem Blut- in das Liquor-Kompartiment sollten im Serum vorhandene OKB auch im Liquor enthalten sein (Spiegelbild). Bei den Erkrankungen mit einem Typ-4-Muster lassen sich grob zwei große Gruppen mit Häufigkeiten von 10–40 % unterscheiden (Tab. B.3.14). In der Regel rein systemische Immunreaktionen finden sich bei Patienten mit Polyneuropathien, GBS, amyotropher Lateralsklerose, hepatischen Erkrankungen, Morbus Parkinson, Demenzen und Organtransplantierten. So wird OKB-Typ 4 beispielsweise bei etwa 40 % der GBS-Patienten nachgewiesen. Bei der anderen großen Gruppe können OKB gleichfalls ausschließlich systemischen Ursprungs sein. Es kann aber wie unter **Kap. B.3.2.6.2** ausgeführt, bei Übergreifen der Erkrankung auf das ZNS zur Ausbildung von zusätzlichen OKB im CSF, also Typ 3, kommen. Zu dieser Klasse gehören akute (vor allem neurotrope Erreger, gelegentlich Sepsis), chronische (z. B. HIV) oder abgelaufene (z. B. Lues) Infektionen, Autoimmunerkrankungen und Neoplasien (insbesondere Carcinome, Paraneoplasien, lymphoproliferative Erkrankungen (ALL, AML, CLL)).

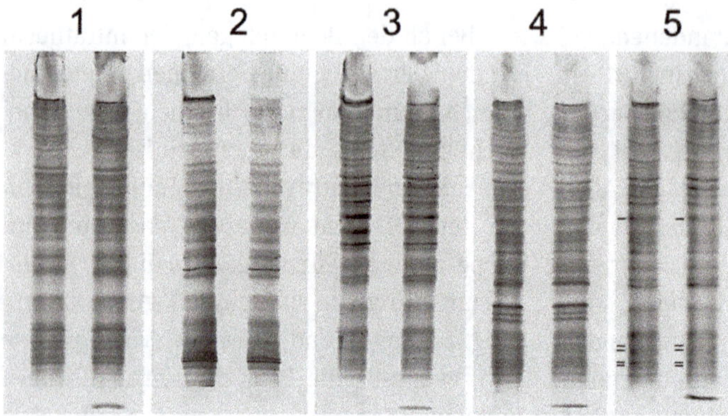

(a)

zu (a): Patientendaten

Pat.	Alter (Jahre)	Diagnose	Zellzahl (/µl)	IgG CSF (g/l)	Albumin-Quotient	IgG-Index	Anzahl OKB Serum	Anzahl OKB CSF	MRT-Herde
1	74	CLL	19,3	0,049	15,0	0,673	8	8	
2	17	virale Meningitis	81,3	0,028	5,3	0,553	6	6	
3	53	GBS	2,0	0,060	8,9	0,481	9	9	
4	70	Bronchial-Ca	3,3	0,057	11,7	0,581	19	19	
5	78	Schwindel	0,7	0,050	9,8	0,551	5	5	

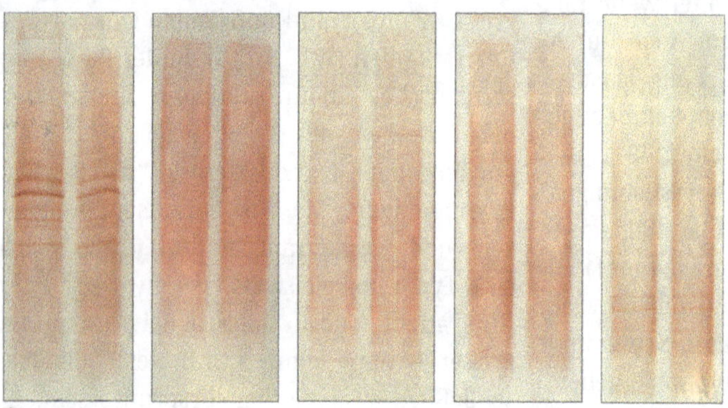

(b) S CSF S CSF S CSF S CSF S CSF

Abb. B.3.28: (a) Typ 4: Identische oligoklonale Banden in Serum und Liquor. (b) Typ 4: Identische oligoklonale Banden in Serum (S) und Liquor (CSF). Die Abb. B.3.28b stammt aus dem Neurochemischen Labor der Neurologischen Klinik der Universität Ulm.

Darüber hinaus handelt es sich, insbesondere bei schwächer ausgeprägten OKB, auch um ein mit dem Alter korreliertes Phänomen. In diesem Zusammenhang konnte mit zunehmendem Alter ein signifikanter Anstieg der Häufigkeit des Nachweises von OKB Typ 4 gezeigt werden [63].

3.2.6.4 Typ 5, monoklonale Gammopathie – intensive identische Banden in Liquor und Serum

Der Nachweis monoklonaler Banden im Serum und Liquor ist ein Hinweis auf eine systemische Gammopathie. Paraproteine ohne quantitative Erhöhung der IgG-Konzentration werden meist im Rahmen einer monoklonalen Gammopathie unbestimmter Signifikanz (monoclonal gammopathy of undetermined significance, MGUS) oder eines Multiplen Myeloms gefunden.

Die Bezeichnungen oligoklonale und monoklonale Banden wurden in der Zeit der Agarelektrophorese geprägt, in der sich eine intrathekale IgG-Synthese durch mehrere liquorspezifische Banden und ein IgG-Paraprotein durch eine prominente, in Liquor und Serum identische, Bande darstellte. Im Gegensatz zur Zelluloseazetat- oder Agarelektrophorese wird in der hochauflösenden IEF auch monoklonales IgG in mehrere (2–15) meist breitere Banden aufgespalten. Die unterschiedlichen Isoformen rühren bei dem an sich monoklonalen Protein mit einer einheitlichen Aminosäuresequenz von posttranslationalen Modifikationen, vor allem Deamidierungen, seltener von unterschiedlicher Glykosylierung her. Es zeigt sich ein charakteristisches Bild mehrerer, mit gleichmäßigem und engem Abstand nahe beieinander liegender Banden, meist mit zur Anode hin abnehmender Intensität, die in Liquor und Serum identisch sind.

Die Position verschiedener Paraproteine auf dem Gel schwankt zwischen stark alkalisch mit pH 9,1 (Abb. B.3.29a, Bahn 4) bis zu pH 5,1. Die Ausdehnung der Spektrotypen umfasst 0,06 pH Einheiten bei zwei Banden und bis zu 1,45 pH Einheiten bei 15 Banden. In seltenen Fällen kann bei stark aufgesplitteten Unterbanden (Abb. B.3.29a, Bahn 3) eine Unterscheidung von OKB-Typ 4 erschwert sein. In den Bahnen 3–5 der Abb. B.3.29a sind seltene Spezialfälle abgebildet, bei welchen IgG-Paraproteine zusammen mit auf den CSF beschränkten OKB vorkommen. In Bahn 5 (CSF) kommt das Äquivalent des Paraproteins im CSF wegen der überproportional hohen Verdünnung des CSF (IgG Index = 1,700) gegenüber dem Serum nur unzulänglich zur Darstellung. Liegt dagegen eine geringere intrathekale Synthese vor, wie in Bahn 3 (CSF), so bleibt die Kongruenz zwischen Serum und CSF trotz der noch höheren, 23-fachen Verdünnung des CSF (A = 66,6) erhalten.

IgG-Paraproteine, meist im Rahmen einer MGUS, werden öfter als Zufallsbefund im Rahmen der Liquordiagnostik entdeckt, bevor sie in der Routineelektrophorese und Immunfixation bestätigt werden [156]. Aufgrund der höheren Sensitivität können Paraproteine in der IEF auch in Fällen nachgewiesen werden, in denen die Serumelektrophorese normal ausfällt [157]. Auch in diesem Zusammenhang zeigt sich die Bedeutung der qualitativen IgG-Analyse mittels IEF in Ergänzung zu den quantitativen freien Leichtketten Kappa/Lambda Ratio-Bestimmungen, welche monoklonale Muster nicht verlässlich identifizieren und bei Patienten mit Werten innerhalb des Referenzbereiches normal ausfallen können [158].

Die Prävalenz einer MGUS vom IgG Typ bei über 50-Jährigen beträgt mehr als 2 % und steigt mit zunehmendem Alter. Der Entwicklung eines Multiplen Myeloms geht in der Regel ein MGUS voraus [159]. Eine monoklonale Gammopathie unbestimmter Signifikanz vom IgG-Typ ist mit einem erhöhten Risiko, eine maligne lymphoproliferative Erkrankung zu entwickeln, verbunden [160,161] und zeigt auch eine Assoziation mit Polyneuropathien und Motoneuronerkrankungen [162,163]. Der Nachweis eines Paraproteins bedingt daher eine sorgfältige Diagnostik und Verlaufsuntersuchungen [159,164].

3.2.7 Unerwartete Befunde bei der Untersuchung auf OKB

3.2.7.1 Plausibilitätskontrolle

Abweichung von typischen IgG-Mustern zwischen Liquor und Serum

Selten können im Vergleich von Liquor und Serum IgG-Verteilungsmuster vorkommen,

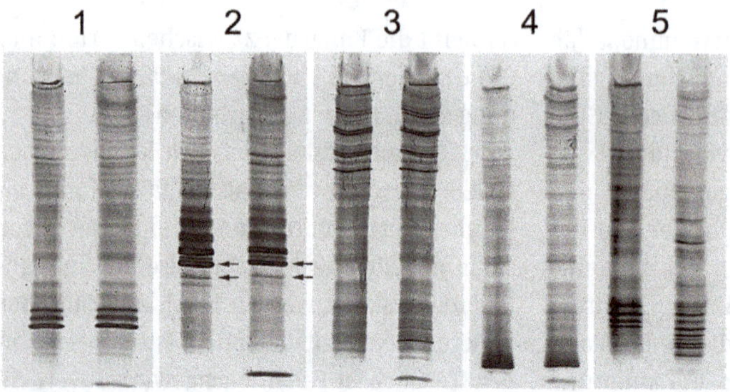

(a)

zu (a): Patientendaten

Pat.	Alter (Jahre)	Diagnose	Zellzahl (/µl)	IgG CSF (g/l)	Albumin-Quotient	IgG-Index	Anzahl OKB		MRT-Herde
							Serum	CSF	
1	60	Polyneuropathie	1,7	0,061	8,0	0,456	3	3	
2	70	Pseudotumor cerebri	1,0	0,044	4,4	0,537	5	5	
3	63	Hydrocephalus	10,7	0,463	66,6	0,816	7	7 + 5*	Medulla
4	52	Myelitis	80,0	0,070	4,3	1,018	4	4 + 16*	
5	47	MS	1,3	0,191	7,0	1,700	4 + 5*	26*	multiple

* feine Banden

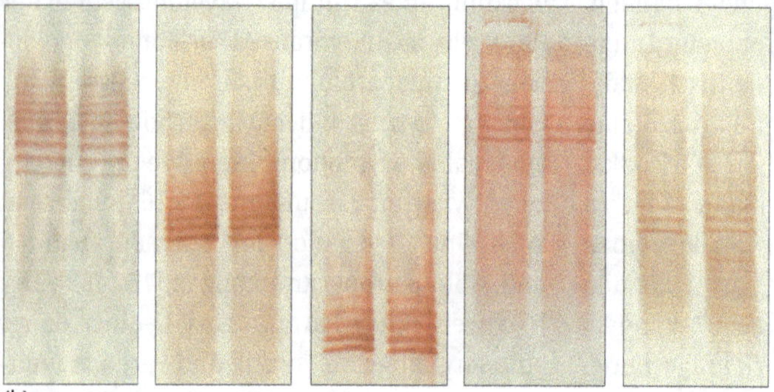

(b)

Abb. B.3.29: (a) Typ 5: Monoklonale Gammopathie. Intensive identische Banden in Serum und Liquor. Pfeile markieren das Auftreten von monoklonalen IgG-Banden in der sonst unbesetzten Lücke bei pH 8,2. (b) Typ 5: Monoklonale Gammopathie. Intensive identische Banden in Serum (S) und Liquor (CSF). Die Abb. B.3.29b stammt aus dem Neurochemischen Labor der Neurologischen Klinik der Universität Ulm.

die keinem der nach internationalem Konsensus definierten Interpretationsmuster der OKB-Typen 1 bis 5 entsprechen. Dies kann die bereits erwähnten seltenen Sonderformen einer Kombination aus Typ 2 und Typ 5 oder die (sehr selten vorkommende) Restriktion monoklonaler Banden auf den Liquor beim intrazerebralen Plasmozytom betreffen. Der Nachweis von OKB nur im Serum hingegen ist stark Artefakt-verdächtig und kann beispielsweise durch eine nicht zeitgleiche Abnahme von Serum und Liquor oder durch Verluste von OKB bei sehr hohen Verdünnungen des CSF mit destilliertem Wasser bedingt sein. Eine weitere Ursache für unplausible Befunde kann das Fehlen eines Gleichgewichtszustandes zwischen dem Blut- und Liquor-Kompartiment sein, da sich aufgrund der Selektivität der Blut-Liquor-Schranke Veränderungen von Proteinkonzentrationen im Blut erst mit zeitlicher Verzögerung im Liquor einstellen. Das Erreichen des Diffusionsgleichgewichtes benötigt im Fall des IgG drei Tage, daher kann eine gerade begonnene systemische Produktion von oligoklonalen IgG-Antikörpern (z. B. bei Sepsis) im CSF noch fehlen. Auch intensivmedizinisch versorgte Patienten, die Infusionen erhalten, zeigen oftmals irreguläre Konstellationen der Proteinkonzentrationen in CSF und Serum. Vorsicht geboten ist auch bei stark erhöhten IgG-Konzentrationen im Serum, die von einer Therapie mit intravenösen Immunglobulinen herrühren können. Meist sind suspekte Unterschiede zwischen Serum und CSF bei Folgepunktionen verschwunden.

Zeman et al. [129] fanden bei 17/20 untersuchten MS-Patienten mit OKB vom Typ 3 ein sogenanntes diskordantes Muster, worunter OKB im Serum ohne Entsprechung im CSF oder deutliche Unterschiede in der Intensität von OKB zwischen Serum und CSF verstanden werden. Wenn Artefakte auszuschließen sind, kann eine gelegentlich auftretende stärkere Intensität der OKB im Serum bei Typ 3 und der Variante Typ 5 plus Typ 2 (Abb. B.3.29, Bahn 5) möglicherweise durch eine relativ hohe Verdünnung des CSF verursacht werden, welche infolge einer intrathekalen Synthese mit überproportional erhöhter IgG Konzentration notwendig sein kann. In solchen Situationen stoßen sowohl die technische Darstellung als auch die visuelle Auswertung der OKB an ihre Grenzen und sollten nicht überinterpretiert werden.

Diskrepanz zwischen quantitativ und qualitativ ermittelter Immunglobulinsynthese

Der integrierte Gesamtbefund der Liquordiagnostik ermöglicht zudem eine Prüfung der Plausibilität im Hinblick auf den Nachweis einer intrathekalen Ig-Synthese durch qualitative bzw. quantitative Verfahren. Aufgrund der höheren Sensitivität des qualitativen Nachweises einer lokalen IgG-Synthese kann die OKB-Analyse auch bei negativer quantitativ ermittelter IgG-Synthese positiv ausfallen. Wird hingegen quantitativ eine intrathekale IgG-Synthese nachgewiesen, so sollten die OKB ebenso positiv sein.

In Fällen mit trotz berechneter lokaler IgG-Produktion fehlenden OKB kann die Diskrepanz oftmals auf falsch gemessene oder falsch mitgeteilte IgG-Werte zurückgeführt werden. Bei einer nicht apparenten, artifiziell oder zerebral bedingten Blutbeimengung sowie bei stärkeren Schrankenfunktionsstörungen [165] kann die quantitativ berechnete IgG-Synthese als falsch-positiv interpretiert werden, was durch fehlende OKB erkannt wird. Auch eine isolierte IgM-Synthese kann Hinweis auf eine artifizielle Blutbeimengung sein. Eine quantitative Erhöhung von IgM (z. B. im Reiber-Felgenhauer-Diagramm) ohne qualitativen Nachweis liquorspezifischer IgG-Banden ist äußerst unwahrscheinlich (ZNS-Beteiligung bei non-Hodgkin-Lymphom). Bei der MS besteht teilweise eine intrathekale IgM-Synthese, diese tritt jedoch nicht ohne lokale IgG-Synthese auf [166]. Auch bei der Neuroborreliose, für die eine IgM-Dominanz typisch ist, wird die intrathekale IgM-Synthese in der Regel von positiven OKB begleitet [96].

Darüber hinaus kann im Rahmen von therapeutischen Apherese-Verfahren aufgrund der (vor Einstellung des Diffusionsgleichgewichts) transienten isolierten Reduktion der IgG-Konzentration im Serum bei normaler Konzentration im Liquor der artifiziell erhöhte Ig-Quotient als intrathekale Synthese fehlinterpretiert werden [167]. Auch die Infusion Albumin-haltiger Lösungen erniedrigt bei konstant bleibenden Ig-Quotienten (fälschlich) den Albuminquotienten, wodurch eine lokale Immunglobulin-Synthese vorgetäuscht wird. In solch speziellen Fällen zeigen sich in der IEF jedoch keine isolierten OKB im Liquor, wodurch eine quantitativ falsch-positiv ermittelte intrathekale IgG-Synthese identifiziert und korrigiert werden kann [167,168]. Die Untersuchung auf OKB bietet somit auch eine gewisse Plausibilitätskontrolle, auf die angesichts der schwerwiegenden Konsequenzen eines falsch-positiven Befundes nicht verzichtet werden sollte.

Da ein stabiles Fließgleichgewicht der Proteine zwischen dem Blut- und Liquor-Kompartiment eine Voraussetzung für eine zuverlässige Interpretation der Ergebnisse darstellt, wird die Durchführung einer Liquoranalyse frühestens 48 Stunden nach Plasmapherese oder Therapie mit hoch dosierten Immunglobulinen (IVIG) empfohlen. Sollte eine Liquoruntersuchung außerhalb der Steady-State-Bedingungen notwendig sein, ist eine bedachte Interpretation des Gesamtbefundes unter Berücksichtigung der bis zur Einstellung eines Diffusionsgleichgewichts benötigten Zeit erforderlich.

3.2.7.2 Interpretation von überraschend positiven OKB

Ein positiver Nachweis von OKB zeigt eine lokale Immunreaktion im ZNS an und ist nicht spezifisch für eine bestimmte Erkrankung oder einen Pathomechanismus. Bei Patienten mit nicht-entzündlichen neurologischen Erkrankungen wird typischerweise keine intrathekale Ig-Synthese erwartet. In seltenen Fällen kann jedoch eine lokale IgG-Synthese durch die Detektion isolierter OKB im Liquor nachgewiesen werden. Bei der Bewertung von unerwartet positiven OKB sollten zunächst naheliegende Ursachen für deren Ausbildung, wie erregerbedingte Erkrankungen oder bekannte Autoimmunkrankheiten, in Erwägung gezogen werden. Allerdings ist ein Zusammenhang oft nicht unmittelbar ersichtlich. So können in der Vergangenheit durchgemachte Meningitiden (anamnestische Reaktion) oder klinisch unbemerkt gebliebene Begleitreaktionen von vorwiegend viralen Infekten eine immunologische Narbe in Form von OKB hinterlassen haben. Auch eine Reaktivierung von Viren aus der Herpes-Familie ist möglich [169]. Eine definitive Diagnose einer Autoimmunerkrankung scheitert oft daran, dass die notwendige Zahl an Kriterien für deren Diagnose (noch) nicht erreicht ist.

Hilfreich kann die Untersuchung einer intrathekalen Antikörper-Synthese gegen Masern-, Röteln-, und Varizella Zoster-Viren sein, welche häufig im Rahmen der Differentialdiagnostik der Multiplen Sklerose durchgeführt wird. Eine gleichzeitige Erhöhung von zwei oder mehr Antikörperindizes (AI) weist auf einen chronisch entzündlichen Prozess vom Autoimmuntyp, wie die MS oder eine (v. a. rheumatische) Autoimmunerkrankung mit ZNS-Beteiligung hin [170,171]. Da sowohl die Anzahl erkannter viraler Antigene als auch die Intensität der jeweiligen AI von der gesamten intrathekalen IgG-Synthese abhängig ist [166,170,172], wird bei schwachen OKB-Mustern oftmals kein oder nur ein erhöhter Antikörperindex detektiert. Bei Nachweis eines einzelnen erhöhten AI muss eine Erreger-bedingte Immunreaktion in Erwägung gezogen und ausgeschlossen werden.

Finden sich gleichzeitig isolierte OKB im Liquor, insbesondere in Begleitung von erhöhten AI, sowie charakteristische Läsionen im MRT, deutet dies auf einen chronisch entzündlichen Prozess hin, auch wenn eine für eine MS atypische oder keine neurologisch fassbare Symptomatik vorliegt. In neuropa-

Tab. B.3.16: OKB bei wichtigen Differentialdiagnosen der MS.

Erkrankung	Präsenz von OKB
Arterielle Hypertonie	negativ
Migräne	negativ
Subkortikale vaskuläre Encephalopathie (SVE)	negativ
Neurolupus	30–40 %, transient
Neurosarkoidose	30–70 %, transient
Neuroborreliose	> 70 %
Akute disseminierte Enzephalomyelitis (ADEM)	< 30 %, häufig transient
Neuromyelitis Optica Spektrum Erkrankungen (NMOSD)	20–35 %, häufig transient
Progressive multifokale Leukenzephalopathie (PML)	55 % (anti-VP-1)
Subakute sklerosierende Panenzephalitis (SSPE)	100 %
Leber hereditäre Optikusatrophie (LHON) mit MS-Symptomatik	30–70 %
Zerebrale Adrenoleukodystrophie	7 %
Toxische (Bestrahlung, Chemotherapie) Leukenzephalopathie	negativ
Zentrale pontine (osmotische) Myelinolyse	negativ

thologischen Autopsiestudien konnten wiederholt MS-typische histopathologische Veränderungen gezeigt werden, die zu Lebzeiten von keiner klinischen Symptomatik begleitet waren [173,174]. Denkbar ist hierbei sowohl, dass der Nachweis der Läsionen zu einem präsymptomatischen Zeitpunkt stattfand, als auch, dass die MS-Plaques permanent subklinisch geblieben sind. Bei für MS diskordanten Zwillingspaaren wurden bei 70 % der klinisch gesunden Partner liquorspezifische OKB [175] und in beträchtlichem Anteil Veränderungen im MRT [176] festgestellt. Bei klinisch gesunden, familiär prädisponierten monozygoten Zwillingspartnern von MS-Patienten konnte eine Häufung von Zeichen einer subklinischen Neuroinflammation und bei OKB-positiven Personen klonal expandierte B-Zell Populationen identifiziert werden [177]. Auch bei gesunden Geschwistern von MS-Patienten wurde eine erhöhte Prävalenz liquorspezifischer OKB sowie weiterer Auffälligkeiten im Liquorbefund gezeigt [178]. Darüber hinaus wurden in der Studie auch bei 4 % der nicht verwandten Kontrollpersonen isolierte OKB im Liquor nachgewiesen.

Der Nachweis von Läsionen im Rahmen einer MRT-Untersuchung kann auch einen Zufallsbefund darstellen. Hier kann die OKB-Analyse bei schwer einzuordnenden Signalintensitäten in der weißen Substanz zur Differenzierung entzündlicher oder vaskulär bedingter Herde beitragen. Ein MRT-Befund mit MS-typischen Läsionen, der ohne neurologische Manifestation auftritt und nicht anders erklärt werden kann, wird als radiologisch isoliertes Syndrom (RIS) bezeichnet [14]. Die Prävalenz von RIS ist unter gesunden Verwandten von MS Patienten erhöht [179,180], wobei der Nachweis isolierter OKB im Liquor mit einem erhöhten Risiko einer Konversion zu MS assoziiert ist [21,181].

Die lebenslange Persistenz und Konstanz der oligoklonalen Muster bei der MS stellt ein wichtiges Unterscheidungsmerkmal zu anderen Erkrankungen wie der NMOSD, LE, Sarkoidose oder ADEM dar (Tab. B.3.16). Auch die meist schwachen OKB-Muster, welche teils nach ischämischen Ereignissen, Subarachnoidalblutungen oder Hirnkontusion nachgewiesen werden, verschwinden in der Regel innerhalb von sechs Monaten (siehe **Kap. B.3.2.6.2**).

Auch die Koexistenz von MS und anderen neurologischen Erkrankungen einschließlich Autoimmunerkrankungen (z. B. SLE, CIDP, LHON, ALS, Uveitis) in einer Person ist möglich. Liquorspezifische OKB werden sehr selten auch bei nicht-entzündlichen Erkrankungen nachgewiesen. In einer großen retrospektiven Studie mit mehr als 2100 Patienten ohne Hinweis auf eine entzündliche Erkrankung, wurden liquorspezifische OKB durchschnittlich bei 4 % der Patienten nachgewiesen, am häufigsten fanden sie sich u. a. bei Störungen des Liquor-Flusses, Kopfschmerzen und neurodegenerativen Erkrankungen [182]. Auch in einer Studie zu umfassend charakterisierten Patienten mit primär neurodegenerativer Demenz wurde das seltene Auftreten isolierter OKB im Liquor bei normaler Zellzahl beschrieben [183]. Bei der Untersuchung gesunder Freiwilliger mittels IEF und Silberfärbung fanden sich mindestens 2 isolierte OKB im Liquor bei 4 % (3/82) und mindestens 4 isolierte OKB im Liquor bei 1,2 % (1/82) der gesunden Kontrollpersonen [53]. Auch mit der hochsensitiven Kapillar-IEF wurden OKB in einer Gruppe nicht-inflammatorischer neurologischer Kontrollen bei etwa 3 % der Patienten gefunden [49]. Als mögliche Ursache wird häufig eine „immunologische Narbe“ infolge einer in der Vergangenheit durchgemachten Infektion oder einer Autoimmunerkrankung aufgeführt.

3.2.7.3 Abwesenheit von OKB bei MS

Die häufigste Ursache für den fehlenden Nachweis von OKB bei sicherer MS dürfte eine unzulängliche Methode oder deren nicht optimale Durchführung sein (höchst suspekt ist eine erhöhte IgG-Synthese ohne OKB). Bei ca. 50 % der regelmäßig mit der Bitte um Überprüfung negativer OKB-Befunde zugesandten Proben können mit der hochsensitiven IEF und Silberfärbung mühelos OKB nachgewiesen werden. Auch eine Arbeit zur Überprüfung OKB-negativer MS-Fälle beschreibt nach Wiederholung der Analyse von 34 Patienten, die bei einer früheren Untersuchung keine OKB aufgewiesen hatten, eine Revision des Befundes in 14 Fällen. Bei 3 von 6 weiteren Patienten ergaben sich bei Re-Punktion positive OKB. In 8 Fällen konnte die Erstdiagnose MS nicht aufrechterhalten werden, so dass schließlich nur noch 9 der ursprünglich 34 Patienten OKB-negativ waren [184]. Diese zeichneten sich durch einen bemerkenswert benignen Verlauf aus.

Überhaupt entpuppen sich unter fortwährender klinischer Kontrolle vornehmlich aufgrund ihres typischen MRT-Bildes, aber unter Nichtbeachtung eines negativen OKB-Befundes, als sicher eingestufte MS-Fälle immer wieder als andere Erkrankungen [185–188]. Lee et al. [189] beschreiben drei Fälle mit stark MS-verdächtigem MRT, die sich als Demenz und lakunäres Syndrom herausstellten. Ein MS-typisches MRT-Bild bei fehlenden OKB (Grenzwert allerdings fünf liquorspezifische OKB) wurde von Pirtillä [190] vor allem bei älteren Männern mit chronisch progredientem Verlauf berichtet, was Zweifel an der Diagnose MS aufkommen lässt. Bei einem Drittel der von Fieschi et al. [191] berichteten Fälle mit MS-typischem MRT aber fehlenden liquorspezifischen OKB kam es zu einer anderen Abschlussdiagnose (Vasculitis, OPCA, Aneurysma, mitochondriale Enzephalomyopathie, Borreliose, Sjögren-Syndrom). Von 87 Patienten mit CADASIL (cerebral autosomal dominant arteriopathy with subcortical infarcts and leukoencephalopathy) wies nur ein Betroffener OKB im CSF auf, aber 25 % waren zunächst aufgrund der ähnlichen klinischen und Kernspinbefunde als MS fehldiagnostiziert worden [192]. Auch bei dem regelmäßig mit der MS verwechselten Susac-Syndrom sind die fehlenden OKB ein Warnsignal [193].

Da bei akut entzündlichen Prozessen der Nachweis erregerspezifischer Antikörper im Vergleich zu OKB eine höhere (methodische und diagnostische) Sensitivität hat, ist auch bei negativem OKB-Befund eine intrathekale humorale Immunantwort nicht ausgeschlossen [93,194] – die Wahrscheinlichkeit eines chronisch entzündlichen Prozesses ist jedoch gering.

Rudick et al. [195] haben schon 1986 auf die Bedeutung von fehlenden OKB („red flags") bei der Differentialdiagnose der MS hingewiesen und auf die therapeutischen und prognostischen Konsequenzen aufmerksam gemacht. Die Abwesenheit liquorspezifischer OKB schließt die Diagnose einer MS nicht aus. Dennoch sollte ein negativer Befund angesichts der Häufigkeit isolierter OKB im Liquor bei Patienten mit MS (> 95 %) eine sorgfältige Überprüfung der Diagnose bedingen [26,196]. Hierbei sind andere entzündliche demyelinisierende Erkrankungen des ZNS wichtige Differentialdiagnosen. Im Zusammenhang mit Neuromyelitis Optica Spektrum-Erkrankungen sind liquorspezifische OKB häufig nicht oder nur transient nachweisbar [119,120,197]. Bei einem Großteil der Patienten mit MOG-IgG-positiver Enzephalomyelitis können ebenfalls keine isolierten OKB im Liquor nachgewiesen werden [198–200].

Auch nach Ausschluss alternativer Diagnosen verbleibt eine kleine Gruppe von MS Patienten, bei denen in der IEF keine liquorspezifischen OKB nachgewiesen werden können, und deren Anteil auf etwa 3–5 % geschätzt wird [184,201]. MS Patienten ohne isolierte OKB im Liquor werden teilweise mit einer besseren Prognose in Verbindung gebracht [184,202]. Unter anderem wurde eine im Vergleich zu OKB-positiven Patienten längere Zeitspanne bis zum Erreichen des gleichen Schweregrads der neurologischen Behinderung beschrieben [201]. Auch scheinen OKB-negative MS-Patienten weniger Gehirn-Atrophie zu zeigen [203].

Wiederholt wurde eine Assoziation des OKB-Status mit demographischen und immunogenetischen Faktoren beschrieben – die Häufigkeit isolierter OKB im Liquor variiert in Abhängigkeit von HLA-Haplotypen und Breitengrad [204–209]. Die wesentlich niedere Frequenz von OKB bei der MS in Japan beispielsweise geht zum einen auf den größeren Anteil von rein optico-spinalen Formen zurück, zum anderen scheint eine genetische Komponente wirksam zu sein [204,205]. Beschrieben wurde auch eine Häufung der Abwesenheit isolierter OKB im Liquor in einer Subgruppe von MS-Patienten mit hohen Cardiolipin-Antikörperspiegeln [210,211].

In der frühen Erkrankungsphase der MS kann die intrathekale Immunglobulin-Synthese noch nicht nachweisbar sein, obwohl sie später detektierbar wird [81,212]. So ist die Frequenz isolierter OKB im Liquor bei Patienten mit KIS niedriger im Vergleich zu einer klinisch sicheren MS [213] und bei einem Teil initial OKB-negativer MS-Patienten können bei Re-Punktionen im weiteren Verlauf OKB nachgewiesen werden [184]. Die für die MS charakteristische Persistenz der oligoklonalen Muster besteht in der Regel auch unter Therapie. Vereinzelt können therapeutische Maßnahmen jedoch einen Einfluss auf die OKB-Muster haben (siehe **Kap. B.3.2.6.2**) und somit Ursache eines negativen Befundes sein [26].

Bei bis zu der Hälfte OKB-negativer MS-Patienten kann eine intrathekale Immunglobulinsynthese durch andere Methoden nachgewiesen werden. Bei Anwendung der sehr sensitiven Nachweismethode der Kapillar-IEF konnten bei etwa 30 % (10/33) der untersuchten OKB-negativen MS-Patienten liquorspezifische OKB detektiert werden [214]. Der Nachweis einer bi- oder tri-spezifischen MRZ-Reaktion gelang bei etwa einem Viertel (11/46) der untersuchten Patienten ohne isolierte OKB im Liquor [215]. Dies kann auf eine intrathekale Immunglobulinsynthese unterhalb der Nachweisgrenze der zur OKB-Analyse verwendeten speziellen Methode zurückzuführen sein.

Tab. B.3.17: Negativer OKB-Befund bei Multipler Sklerose.

mögliche Einflussfaktoren	Überlegungen/ Maßnahmen
methodische Aspekte	Wiederholung der OKB-Analyse Analyse der Proben durch anderes Labor
Diagnose MS nicht korrekt	sorgfältige Differentialdiagnose
Entwicklung von OKB im weiteren Verlauf	Re-Punktion im Verlauf
alternativer Nachweis intrathekale Ig-Synthese	Kapillar isoelektrische Fokussierung
	MRZ-Reaktion
	OKB mit Antigenspezifität für M, R, Z
	quantitative Bestimmung Kappa FLC
	Untersuchung Kappa/ Lambda FLC OKB
mögliche Einflussfaktoren	Berücksichtigung therapeutischer Maßnahmen (z. B. IVIG)
	Berücksichtigung demographischer und immungenetischer Faktoren

FLC: freie Leichtketten, M: Masern-Virus, R: Röteln-Virus, Z: Varizella Zoster-Virus.

3.2.8 Neue und experimentelle Ansätze der Analyse von oligoklonalen Banden

Der Nachweis isolierter oligoklonaler IgG-Banden im Liquor erfolgt durch standardisierte und reproduzierbare Methoden und stellt einen etablierten Routineparameter der Liquordiagnostik dar, dessen diagnostische und prognostische Bedeutung umfänglich belegt und allgemein akzeptiert ist. Darüber hinaus wurden im Zusammenhang mit der Detektion oligoklonaler Immunglobulin-Banden weitere Ansätze beschrieben, die im Kontext von Forschungsfragen durchgeführt werden oder interessante Optionen für die klinische Praxis darstellen könnten.

3.2.8.1 Kapillar Isoelektrische Fokussierung

Eine vielversprechende neue Methode für die Untersuchung von oligoklonalem IgG stellt die kürzlich beschriebene Kapillar-IEF dar [49,214]. Diese wird im Nano-Format mithilfe eines automatisierten Kapillar-IEF-Systems durchgeführt, was den Einsatz kleiner Probenvolumina, ein großes Maß an Standardisierung, sowie einen hohen Probendurchsatz ermöglicht. Die Kapillar-IEF hat sich als hoch sensitiv erwiesen, wird in der Routinediagnostik jedoch noch nicht eingesetzt. Nach Trennung in Polyacrylamid durch Kapillar-Isoelektrische Fokussierung werden die Immunglobuline photochemisch immobilisiert. Der direkte Nachweis von IgG mithilfe eines Peroxidase-gekoppelten Antikörpers wird durch Chemilumineszenz sichtbar gemacht und digital dokumentiert.

3.2.8.2 Oligoklonales IgA und IgM

Für den qualitativen Nachweis einer intrathekalen IgA- oder IgM-Synthese stehen derzeit keine validierten und standardisierten Methoden zur Verfügung. Die Analyse erfolgt aktuell in einzelnen Laboren im Forschungskontext. Analog zum Nachweis von oligoklonalen IgG-Banden ist grundsätzlich die parallele Untersuchung von unkonzentrierten Liquor- und Serumproben, Einstellung der Immunglobulinkonzentrationen, und Trennung durch isoelektrische Fokussierung erforderlich. Die Untersuchung von oligoklonalem IgA und IgM ist sehr anspruchsvoll, u. a. aufgrund der im Vergleich zu IgG deutlich niedrigeren Konzentrationen im CSF sowie der Lokalisation der isoelektrischen Punkte im neutralen bis sauren pH-Bereich, durch welche sich bei allgemeinen Proteinfärbungen eine Überlappung mit anderen Plasmaproteinen ergibt. Daher sind für diese Fragestellungen immunologische Nachweisverfahren erforderlich, sowohl wegen ihrer Spezifität als auch ihrer höheren Empfindlichkeit.

Polyacrylamid-Gele sind wegen ihrer geringeren Porengröße als Trennmedium für natives IgM und begrenzt auch für IgA ungeeignet. Obwohl in Agarose-IEF-Gelen die Wanderung von Makromolekülen möglich, wenn auch gegenüber kleineren Molekülen deutlich erschwert ist, wird eine Reduktion der 900 kDa großen IgM-Pentamere und des 160–170 kDa schweren IgA, welches zu Polymerisation und Komplexbildung mit anderen Plasmaproteinen neigt, zu Monomeren empfohlen [45,216–218]. Dabei besteht jedoch die Gefahr, dass die Reduktion nicht bei den Monomeren endet, sondern auch intra-molekulare Disulfidbrücken gespalten werden, so dass es zur Freisetzung von leichten Ketten und Halbmolekülen kommt [45], die ihrerseits unkontrolliert reassoziieren könnten. Aus diesem Grunde sollte man die Reduktion mit Dithiothreitol durch Zugabe von z. B. Jodacetat abstoppen. Diese Maßnahme wurde bisher jedoch nur von Zeman [219] vorgenommen.

In der klinischen Forschung besteht besonderes Interesse an der Untersuchung oligoklonaler IgM-Banden. Im Vergleich zu IgG ist die Analyse von IgM-OKB methodisch anspruchsvoller und zeigt eine schlechtere Reproduzierbarkeit [220,221]. Technische Schwierigkeiten bereiten unter anderem die Hydrophobizität, sehr niedrige Konzentration im Liquor, das hohe Molekulargewicht und die pentamere Struktur des IgM. So ergaben sich bei unabhängigen Untersuchungen von IgM-OKB keine konsistenten Ergebnisse und ein auffällig hoher Anteil von Fällen, bei denen kein oligoklonales IgM nachgewiesen werden konnte, obwohl der IgM-Index erhöht war [217,222]. Allerdings könnten die Diskrepanzen teilweise auf die Unzuverlässigkeit des IgM-Indexes bei Schrankenfunktionsstörungen zurückzuführen sein.

Im Jahr 2004 stellte die Arbeitsgruppe um Villar et. al eine optimierte Methode für die Analyse oligoklonaler IgM-Banden vor. Nach Angleichung der IgM-Konzentrationen durch Verdünnung von Serum mit physiologischer Kochsalzlösung und Reduktion der IgM-Pentamere zu Monomeren durch Inkubation mit Dithiothreitol in alkalischem Puffer wurde die IEF in Agarose-Gelen mit einem pH-Gradienten von 5–8 durchgeführt, gefolgt von passivem Transfer auf eine PVDF-Membran mittels Diffusions-Blot [216]. Durch direkte Immundetektion wurde eine Kreuzreaktivität von sekundären Antikörpern mit human-IgG vermieden und durch Verwendung von alkalischer Phosphatase als Enzym-Konjugat eine im Vergleich zu Peroxidase höhere Sensitivität erreicht [216].

Der Nachweis einer intrathekalen IgM-Synthese durch liquorspezifische oligoklonale IgM-Banden wurde bei Patienten mit klinisch isoliertem Syndrom als Risikofaktor für eine Konversion identifiziert und bei Patienten mit MS mit einem ungünstigeren Verlauf in Verbindung gebracht [223–229], wobei Autoren außerhalb des Arbeitskreises um Villar diese Ergebnisse in Frage stellten [230,231]. Auch eine größere Studie mit 503 Patienten aus Sardinien ergab keine Assoziation von IgM-OKB mit der Krankheitsprogression [232]. Als mögliche Ursache wurde die besondere genetische Ausstattung von MS-Patienten auf Sardinien in Erwägung gezogen. Auch der Nachweis von IgM-OKB mit Spezifität für Myelin-Lipide wurde beschrieben [233]. Bei positiven Lipid-spezifischen IgM-OKB wurde eine Assoziation mit einer schlechteren Prognose [234–237] und einem veränderten Therapie-Ansprechen gezeigt [238].

Insgesamt ist die Datenlage zur intrathekalen IgM-Synthese begrenzt, weniger eindeutig und wird kontrovers diskutiert. Auch gibt es keine eindeutige Referenzmethode zum sensitiven Nachweis einer intrathekalen IgM-Synthese. Nach unverhältnismäßiger Häufung von negativen Befunden für IgM-OKB bei gleichzeitig quantitativ erhöhter intrathekaler IgM-Synthese in früheren Analysen [45,217] zeigte sich in neueren Untersuchungen eine höhere Sensitivität der qualitativen Methoden [219,239].

Unter den quantitativen Methoden ist die Berechnung einer intrathekalen IgM-Synthese nach Reiber und Felgenhauer am sensitivsten. Die Methode basiert auf dem Vergleich mit einem statistisch ermittelten Referenzbereich, während bei der qualitativen Analyse Liquor- und Serumproben der individuellen Patienten verglichen werden. Daher ist (analog zu intrathekale IgG-Synthese im Reibergramm vs. IgG-OKB) eine geringere Sensitivität der quantitativen Methode naheliegend, vor allem bei geringerem Anteil einer intrathekalen Synthese. Das etablierte Konzept des sensitiven und reproduzierbaren qualitativen Nachweises liquorspezifischer OKB, lässt sich jedoch nicht einfach auf die Untersuchung oligoklonaler IgM-Banden übertragen. Auch der Rückschluss auf eine oligoklonale Immunreaktion mit mehreren beteiligten B-Zellklonen bei Nachweis mehrerer isolierter Banden im Liquor ist für IgM weniger eindeutig. Es werden nämlich insgesamt weniger, dafür jedoch breitere Banden detektiert. Die Festlegung eines Grenzwertes für positive Befunde erweist sich als schwierig, teilweise wird eine höhere Bandenzahl für den sicheren Nachweis vorgeschlagen [219,239].

Unter anderem bedingt durch die aufgeführten Limitationen und schlechtere Reproduzierbarkeit hat die Analyse der IgM-OKB bisher keine allgemeine Verbreitung und Akzeptanz erlangt. Auch die Bedeutung positiver Befunde wird teilweise kontrovers diskutiert [231,240,241]. Aktuelle Untersuchungen beschäftigen sich mit der Eignung einer Untersuchung von IgM-OKB in der Routinediagnostik [219,220,242].

IgA kommt typischerweise als Monomer oder Dimer vor und liegt unter physiologischen Bedingungen im Serum größtenteils als Monomer vor. Auch im Liquor von neurologisch gesunden Personen wurde ein geringer Anteil von etwa 5 % dimerem IgA gefunden, dieser steigt im Fall einer intrathekalen IgA-Synthese jedoch erheblich an [243]. Daher erfolgt auch bei der Analyse von IgA-OKB zunächst eine Reduktion der IgA-Moleküle zu Monomeren. Bei der IEF in Agarose-Gelen hat sich die Verwendung eines pH-Gradienten von 3–10 mit zusätzlicher Spreizung des Bereiches zwischen pH 4,5–6 bewährt. Beschrieben wurde unter anderem die Immundetektion mittels Affinitäts-Blot auf eine mit anti-IgA-Antikörpern vorbehandelte Nitrozellulosemembran. Nach bisherigen Erkenntnissen war die quantitative Bestimmung einer intrathekalen IgA-Synthese sensitiver als der Nachweis oligoklonaler IgA-Banden im Liquor [218,244].

Eine vor kurzem beschriebene Methode zur sensitiven und spezifischen Detektion oligoklonaler IgA-Banden umfasst nach Reduktion der Proben mit Dithiothreitol und IEF in Agarose-Gelen (Gradient pH 3–10 mit Spreizung im Bereich pH 4,5–6) Transfer mittels Diffusions-Blot und die Detektion mittels Immunoblot [245]. Durch indirekte Immundetektion unter Verwendung des Biotin-Streptavidin-Systems wurde eine Verstärkung der Empfindlichkeit des IgA-Nachweises angestrebt. Dabei wurde eine im Vergleich zu bisher publizierten Methoden und zur quantitativen Analyse mittels Reibergramm höhere Sensitivität beschrieben (66 % KIS-Patienten, 34 % RRMS, 37 % SPMS und 10 % PPMS). Die angeführte Reihung mit KIS >> RRMS, SPMS, PPMS erscheint ungewöhnlich und steht im Gegensatz zu den Verhältnissen bei IgG, wobei auch der generell höhere Anteil von Typ 3 gegenüber Typ 2 erstaunt (z. B. 46,4 % Typ 3 und nur 19,6 % Typ 2 für KIS). Im Hinblick auf die Aktualität steht eine unabhängige Reproduktion der Ergebnisse noch aus [245], jedoch müssen aufgrund der Reduktion mit Dithiothreitol die gleichen Vorbehalte wie schon beim „oligoklonalen" IgM gemacht werden.

3.2.8.3 Leichtketten OKB

Auch der qualitative Nachweis Kappa-freier Leichtketten (κFLC) und Lambda-freier Leichtketten (λFLC) wurde beschrieben. Nach IEF in Agarose-Gelen (pH 3,5–9,5) wurde der Transfer auf eine zuvor mit gegen κFLC oder gegen λFLC gerichteten Antikörpern inkubierte PVDF-Membran durchgeführt und die Banden durch Immundetektion nachgewiesen. Liquorspezifische oligoklonale κFLC kamen dabei im Vergleich zu λFLC häufiger vor und konnten bei über 90 % der MS-Patienten nachgewiesen werden [246]. Bei einer Untersuchung OKB-negativer MS-Patienten gelang bei mehr als 50 % der Patienten (18/33) der Nachweis isolierter oligoklonaler κFLC im Liquor [247]. Zeman et al. beschreiben den sensitiven Nachweis von κFLC und λFLC OKB durch IEF und Immundetektion mit Affinitäts-Blots, bei welchen neben den oligoklonalen IgG-Profilen auch die Verteilungsmuster von oligoklonalem IgGκ und IgGλ untersucht wurden. Bei unklaren identischen Mustern in Serum und CSF könnte hiermit eine Unterscheidung gegenüber monoklonalen Mustern erleichtert werden, die entweder nur mit κFLC oder nur mit λFLC auftreten sollten [248].

3.2.8.4 OKB in verschiedenen Biomaterialien

OKB im Kammerwasser des Auges

Isolierte oligoklonale IgG-Banden wurden bei MS-Patienten mit Erkrankungen des inneren Auges auch im Kammerwasser nachgewiesen [249]. Darüber hinaus konnte eine MS-typische polyspezifische Immunreaktion auch durch erhöhte AI im Rahmen einer MRZ-Reaktion gezeigt werden. Zwischen Kammerwasser und Liquor derselben Patienten ergaben sich dabei Unterschiede in den IgG-Bandenmustern sowie in der Verteilung der Antikörper-Spezifitäten.

OKB in Tränenflüssigkeit

Von Interesse ist auch die Untersuchung von OKB in alternativen Biomaterialien, die für eine nicht-invasive und wiederholte Abnahme zugänglich sind, wie beispielsweise das Tränenkompartiment. Immunologische Parameter in der Tränenflüssigkeit von MS-Patienten wurden erstmals durch Coyle und Sibony untersucht [250–252], auch der Nachweis von IgG-Banden in Tränenflüssigkeit bei der MS wurde beschrieben [253]. Mehrere unabhängige nachfolgende Studien konnten die Beobachtungen jedoch nicht reproduzieren [254–256]. Neuere Berichte über ein hohes Maß an Übereinstimmung zwischen OKB in Tränenflüssigkeit und CSF sowie über eine hohe Prävalenz von Tränen-OKB bei Patienten mit MS, KIS und RIS wurden von einer französischen Forschungsgruppe publiziert [257–259], die gezeigten Muster wurden jedoch in einem Leserbrief kritisch hinterfragt [260]. Bei der Untersuchung von Tränenflüssigkeit ergeben sich zusätzliche Herausforderungen durch die aufwendige Probengewinnung und ein geringes zugängliches Probenvolumen. Eine niedrige IgG-Konzentration bei gleichzeitig hoher Konzentration Tränen-eigener basischer Proteine erfordert eine Anpassung der analytischen Methoden. Bei einer Untersuchung von OKB in Tränenflüssigkeit mittels IEF in Polyacrylamid-Gelen und Silberfärbung erwies sich eine vorangehende Isolation von IgG durch Affinitätschromatographie mit Protein G als notwendig [261]. Isolierte IgG-Banden in Tränen wurden bei etwa 40 %

der MS-Patienten gefunden. IgG-Banden in Tränenflüssigkeit wurden auch mittels IEF in Polyacrylamid-Gelen und Immunoblot untersucht. Durch indirekte Immundetektion und Verstärkung unter Verwendung des Biotin-Streptavidin-Systems wurde dabei die Analyse kleiner Probenvolumina mit niedriger IgG-Konzentration ermöglicht [262]. Isolierte IgG-Banden in Tränenflüssigkeit fanden sich bei einer Untersuchung von 42 MS- und KIS-Patienten und 46 Kontrollpersonen bei 61 % der Patienten mit MS, 59 % der Patienten mit anderen entzündlichen Erkrankungen und etwa einem Drittel der Kontrollgruppen [263]. In beiden Studien wurde erneut ein vermehrtes Vorkommen von IgG-Banden in Tränenflüssigkeit bei Patienten mit MS oder anderen entzündlichen Erkrankungen gezeigt. Eine zuvor beschriebene gute Übereinstimmung des OKB-Status zwischen Liquor und Tränenflüssigkeit konnte dabei nicht bestätigt werden. Auch wurden in der Tränenflüssigkeit distinkte Muster der Banden-Verteilung (Anzahl, Intensität und Lage im Gradienten) beobachtet. Die mangelnde Übereinstimmung zwischen OKB in Tränen und CSF, schlechte Reproduzierbarkeit und methodisch bedingte Schwierigkeiten lassen eine Eignung der Untersuchung von Tränen-OKB als diagnostischer Biomarker für MS unwahrscheinlich erscheinen. Durch das individuelle Verteilungsmuster isolierter IgG-Banden in Tränenflüssigkeit und der höheren Prävalenz bei entzündlichen Erkrankungen ergeben sich im Forschungskontext neue Fragestellungen bezüglich der Herkunft und Bedeutung von OKB in der Tränenflüssigkeit.

Literatur

[1] Lowenthal A, Sande M Van, Karcher D. THE DIFFERENTIAL DIAGNOSIS OF NEUROLOGICAL DISEASES BY FRACTIONATING ELECTROPHORETICALLY THE CSF γ-GLOBULINS. J Neurochem. 1960;6:51–56.

[2] Laterre EC, Callewaert A, Heremans JF, et al. Electrophoretic morphology of gamma globulins in cerebrospinal fluid of multiple sclerosis and other diseases of the nervous system. Neurology. 1970;20:982–990.

[3] Holmøy T. The discovery of oligoclonal bands: A 50-year anniversary. Eur Neurol. 2009;62:311–315.

[4] Karcher D, Van Sande M, Lowenthal A. Micro-electrophoresis in agar gel of proteins of the cerebrospinal fluid and central nervous system. J Neurochem. 1959;4:135–40.

[5] Link H. Immunoglobulin G and low molecular weight proteins in human cerebrospinal fluid. Chemical and immunological characterisation with special reference to multiple sclerosis. Acta Neurol Scand. 1967;43:1–136.

[6] Laterre EC. Les gammaglobulines du liquide céphalo-rachidien dans la sclérose en plaques. Acta Neurol Psychiatr Belg. 1966;66:305–318.

[7] Link H, Müller R. Immunoglobulins in Multiple Sclerosis and Infections of the Nervous System. Arch Neurol. 1971;25:326–344.

[8] Poser CM, Paty DW, Scheinberg L, et al. New diagnostic criteria for multiple sclerosis: Guidelines for research protocols. Ann Neurol. 1983;13:227–231.

[9] Schumacher GA, Beebe G, Kibler RF, et al. PROBLEMS OF EXPERIMENTAL TRIALS OF THERAPY IN MULTIPLE SCLEROSIS: REPORT BY THE PANEL ON THE EVALUATION OF EXPERIMENTAL TRIALS OF THERAPY IN MULTIPLE SCLEROSIS. Ann N Y Acad Sci. 1965;122:552–568.

[10] McDonald WI, Compston A, Edan G, et al. Recommended diagnostic criteria for multiple sclerosis: Guidelines from the international panel on the diagnosis of multiple sclerosis. Ann Neurol. 2001;50:121–127.

[11] Polman CH, Reingold SC, Edan G, et al. Diagnostic criteria for multiple sclerosis: 2005 Revisions to the 'McDonald Criteria'. Annals of Neurology. 2005;58:840–846.

[12] Polman CH, Reingold SC, Banwell B, et al. Diagnostic criteria for multiple sclerosis: 2010 Revisions to the McDonald criteria. Ann Neurol. 2011;69:292–302.

[13] Polman CH, Reingold SC, Banwell B, et al. Diagnostic criteria for multiple sclerosis: 2010 revisions to the McDonald criteria. Ann Neurol. 2011;69:292–302.

[14] Thompson AJ, Banwell BL, Barkhof F, et al. Diagnosis of multiple sclerosis: 2017 revisions of the McDonald criteria. Lancet Neurol. 2018;17:162–173.

[15] Lublin FD, Reingold SC, Cohen JA, et al. Defining the clinical course of multiple sclerosis: The 2013 revisions. Neurology. 2014;83:278.

[16] Huss AM, Halbgebauer S, Öckl P, et al. Importance of cerebrospinal fluid analysis in the era of McDonald 2010 criteria: a German–Austrian retrospective multicenter study in patients with a clinically isolated syndrome. J Neurol. 2016;263:2499–2504.

[17] Tintoré M, Rovira A, Río J, et al. Do oligoclonal bands add information to MRI in first attacks of multiple sclerosis? Neurology. 2008;70:1079–83.

[18] Kuhle J, Disanto G, Dobson R, et al. Conversion from clinically isolated syndrome to multiple sclerosis: A large multicentre study. Mult Scler. 2015;21:1013–1024.

[19] Okuda DT, Mowry EM, Beheshtian A, et al. Incidental MRI anomalies suggestive of multiple sclerosis. Neurology. 2009;72:800–805.

[20] Lebrun-Frenay C, Kantarci O, Siva A, et al. Radiologically Isolated Syndrome: 10-Year Risk Estimate of a Clinical Event. Ann Neurol. 2020;88:407–417.

[21] Lebrun-Frénay C, Rollot F, Mondot L, et al. Risk Factors and Time to Clinical Symptoms of Multiple Sclerosis Among Patients With Radiologically Isolated Syndrome. JAMA Netw open. 2021;4:e2128271.

[22] Kantarci OH, Lebrun C, Siva A, et al. Primary Progressive Multiple Sclerosis Evolving From Radiologically Isolated Syndrome. Ann Neurol. 2016;79:288–294.

[23] Makhani N, Lebrun C, Siva A, et al. Radiologically isolated syndrome in children. Neurol Neuroimmunol NeuroInflammation. 2017;4:e395.

[24] Matute-Blanch C, Villar LM, Álvarez-Cermeño JC, et al. Neurofilament light chain and oligoclonal bands are prognostic biomarkers in radiologically isolated syndrome. Brain. 2018;141:1085–1093.

[25] Lebrun C, Bensa C, Debouverie M, et al. Association between clinical conversion to multiple sclerosis in radiologically isolated syndrome and magnetic resonance imaging, cerebrospinal fluid, and visual evoked potential: Follow-up of 70 patients. Arch Neurol. 2009;66:841–846.

[26] Tumani H., Petereit H.-F. et al., Lumbalpunktion und Liquordiagnostik, S1-Leitlinie, 2019, in: Deutsche Gesellschaft für Neurologie (Hrsg.), Leitlinien für Diagnostik und Therapie in der Neurologie. Online: www.dgn.org/leitlinien (abgerufen am 30.06.2024)

[27] Kaiser R, Czygan M, Kaufmann R, et al. [Intrathecal IgG synthesis: when is determination of oligoclonal bands necessary?]. Nervenarzt. 1995;66:618–23.

[28] Wick M, et al. Ausgewählte Methoden der Liquordiagnostik und Klinischen Neurochemie. 4th ed. Deutsche Gesellschaft für Liquordiagnostik und Klinische Neurochemie e. V., 2020.

[29] Wurster U. Protein gradients in the cerebrospinal fluid and the calculation of intracerebral IgG synthesis. J Neuroimmunol. 1988;20:233–235.

[30] Wurster U. Von der Celluloseacetatelektrophorese zur Isoelektrofokussierung. Eine kritische Betrachtung von Techniken zur Darstellung oligoklonaler Banden im Liquor cerebrospinalis. Lab Med. 1991;15:176–184.

[31] Cavuoti D, Baskin L, Jialal I. Detection of Oligoclonal Bands in Cerebrospinal Fluid by Immunofixation Electrophoresis. Am J Clin Pathol. 1998;109:585–588.

[32] Sanders E, Katzmann JA, Clark R, et al. Development of capillary electrophoresis as an alternative to high resolution agarose electrophoresis for the diagnosis of multiple sclerosis. Clin Chem Lab Med. 1999;37:37–45.

[33] Chu AB, Sever JL, Madden DL, et al. Oligoclonal IgG bands in cerebrospinal fluid in various neurological diseases. Ann Neurol. 1983;13:434–439.

[34] Andersson M, Alvarez-Cermeñio J, Bernardi G, et al. Cerebrospinal fluid in the diagnosis of multiple sclerosis: A consensus report. J Neurol Neurosurg Psychiatry. 1994;57:897–902.

[35] Wurster U, Rinke M. Does glycosylation contribute to the oligoclonal appearance of intracerebrally synthesized IgG? In: Canadian Journal of Neurological Sciences / Journal Canadien des Sciences Neurologiques. XVth WORLD CONGRESS OF NEUROLOGY, p. S218.

[36] Westermeier R. Electrophoresis in Practice. In: Electrophoresis in Practice: A Guide to Methods and Applications of DNA and Protein Separations: Fifth Edition. Weinheim: Wiley-VCH GmbH, 2016, pp. 393–410.

[37] Cowdrey GN, Tasker PJ, Gould BJ, et al. Isoelectric focusing in an immobilized pH gradient for the detection of intrathecal IgG in cerebrospinal fluid: Sensitivity and specificity for the diagnosis of multiple sclerosis. Ann Clin Biochem. 1993;30:463–468.

[38] Svensson H, Woldbye F, Lindahl T, et al. Isoelectric Fractionation, Analysis, and Characterization of Ampholytes in Natural pH Gradients. I. The Differential Equation of Solute Concentrations at a Steady State and its Solution for Simple Cases. Acta Chem Scand. 1961;15:325–341.
[39] Pirttilä T, Mattila K, Frey H. CSF proteins in neurological disorders analyzed by immobilized PH gradient isoelectric focusing using narrow PH gradients. Acta Neurol Scand. 1991;83:34–40.
[40] Reiber H, Thompson EJ, Grimsley G, et al. Quality assurance for cerebrospinal fluid protein analysis: International consensus by an internet-based group discussion. Clin Chem Lab Med. 2003;41:331–337.
[41] Hansson LO, Link H, Sandlund L, et al. Oligoclonal IgG in cerebrospinal fluid detected by isoelectric focusing using PhastSystem. Scand J Clin Lab Invest. 1993;53:487–492.
[42] Wurster U. Detektion von oligoklonalem IgG in Liquor und Serum. Isoelektrische Fokussierung auf Polyacrylamidgelen (PAG Plates pH 3,5–9,5) mit automatisierter Silberfärbung. 1998;1–20.
[43] Wurster U. Liquoranalytik. In: Schliack H, Hopf HC (eds) Diagnostik in der Neurologie. Stuttgart: Thieme, 1988, p. S. 212–236.
[44] Olsson T, Kostulas V, Link H. Improved detection of oligoclonal IgG in cerebrospinal fluid by isoelectric focusing in agarose, double-antibody peroxidase labeling, and avidin-biotin amplification. Clin Chem. 1984;30:1246–1249.
[45] Kaiser R. Affinity immunoblotting: rapid and sensitive detection of oligoclonal IgG, IgA and IgM in unconcentrated CSF by agarose isoelectric focusing. J Neurol Sci. 1991;103:216–225.
[46] Sindic CJM, Monteyne P, Laterre EC. The intrathecal synthesis of virus-specific oligoclonal IgG in multiple sclerosis. J Neuroimmunol. 1994;54:75–80.
[47] Dörries R, Ter Meulen V. Detection and identification of virus-specific, oligoclonal IgG in unconcentrated cerebrospinal fluid by immunoblot technique. J Neuroimmunol. 1984;7:77–89.
[48] Sindic CJM, Boucquey D, Van Antwerpen MP, et al. Intrathecal synthesis of anti-mycobacterial antibodies in patients with tuberculous meningitis. An immunoblotting study. J Neurol Neurosurg Psychiatry. 1990;53:662–666.
[49] Halbgebauer S, Haußmann U, Klafki H, et al. Capillary isoelectric focusing immunoassay as a new nanoscale approach for the detection of oligoclonal bands. Electrophoresis. 2015;36:355–362.
[50] Tourtellotte WW, Tumani H. Multiple sclerosis cerebrospinal fluid. In: Raine CS, Farland HFM, Tourtellotte WW (eds) Multiple sclerosis, clinical and pathogenetic basis. London: Chapman and Hall Medical, 1997, p. S. 57–79.
[51] Warnecke A, Averbeck T, Wurster U, et al. Diagnostic relevance of beta2-transferrin for the detection of cerebrospinal fluid fistulas. Arch Otolaryngol Head Neck Surg. 2004;130:1178–84.
[52] Wurster U. Nachweis oligoklonaler Banden. In: Regeniter A (ed) Praktische Liquordiagnostik. Bremen, London, Boston: Uni-Med, 2021, pp. 132–154.
[53] Wurster U, Stachan R, Windhagen A, Petereit HF, Leweke FM. Reference values for standard cerebrospinal fluid examinations in multiple sclerosis. Results from 99 healthy volunteers. In: Multiple Sclerosis. LONDON EC1Y 1SP, ENGLAND: SAGE PUBLICATIONS LTD., 2006, pp. S62–S62.
[54] Kostulas VK, Link H, Lefvert AK. Oligoclonal IgG bands in cerebrospinal fluid. Principles for demonstration and interpretation based on findings in 1114 neurological patients. Arch Neurol. 1987;44:1041–1044.
[55] Stangel M, Fredrikson S, Meinl E, et al. The utility of cerebrospinal fluid analysis in patients with multiple sclerosis. Nat Rev Neurol. 2013;9:267–276.
[56] Mclean BN, Luxton RW, Thompson EJ. A study of immunoglobulin g in the cerebrospinal fluid of 1007 patients with suspected neurological disease using isoelectric focusing and the log igg-index: A comparison and diagnostic applications. Brain. 1990;113:1269–1289.
[57] Hegen H, Zinganell A, Auer M, et al. The clinical significance of single or double bands in cerebrospinal fluid isoelectric focusing. A retrospective study and systematic review. PLoS One; 14. Epub ahead of print 1 April 2019. DOI: 10.1371/JOURNAL.PONE.0215410.
[58] Wurster U, Giovannoni G, Keir G, et al. The clinical significance of an intrathecal monoclonal immunoglobulin band: A follow-up study [1] (multiple letters). Neurology. 2004;62:1237.
[59] Davies G, Keir G, Thompson EJ, et al. The clinical significance of an intrathecal monoclonal immunoglobulin band. Neurology. 2003;60:1163–1166.
[60] Ferraro D, Franciotta D, Bedin R, et al. A multicenter study on the diagnostic significance

of a single cerebrospinal fluid IgG band. J Neurol. 2017;264:973–978.

[61] Franciotta D, Zardini E, Lolli F, et al. The clinical significance of an intrathecal monoclonal immunoglobulin band: A follow-up study [1] (multiple letters). Neurology. 2004;62:675–676.

[62] Reiber H. Oligoklonales IgG. In: Wildemann B, Reiber H, Oschmann P (eds) Neurologische Labordiagnostik. Georg Thieme Verlag, 2006. DOI: 10.1055/b-002-23571.

[63] Pannewitz-Makaj K, Wurster U, Jendretzky KF, et al. Evidence of oligoclonal bands does not exclude non-inflammatory neurological diseases. Diagnostics (Basel). 2020 Dec 28;11(1):37.

[64] Vartdal F, Vandvik B, Michaelsen TE, et al. Neurosyphilis: intrathecal synthesis of oligoclonal antibodies to Treponema pallidum. Ann Neurol. 1982;11:35–40.

[65] Willoughby EW, Lambert JA. Oligoclonal IgG with anti-brucella specificity in cerebrospinal fluid in chronic brucella meningitis with myeloradiculopathy. Neurology. 1985;35:242.

[66] Kaiser R. Variable CSF findings in early and late Lyme neuroborreliosis: a follow-up study in 47 patients. J Neurol. 1994;242:26–36.

[67] Vandvik B, Weil ML, Grandien M, et al. Progressive rubella virus panencephalitis: synthesis of oligoclonal virus-specific IgG antibodies and homogeneous free light chains in the central nervous system. Acta Neurol Scand. 1978;57:53–64.

[68] Tourtellotte WW, Ma BI, Brandes DB, et al. Quantification of de novo central nervous system IgG measles antibody synthesis in SSPE. Ann Neurol. 1981;9:551–556.

[69] Link H, Laurenzi MA, Frydén A. Viral antibodies in oligoclonal and polyclonal IgG synthesized within the central nervous system over the course of mumps meningitis. J Neuroimmunol. 1981;1:287–298.

[70] Grimaldi LME, Roos RP, Manservigi R, et al. An isoelectric focusing study in herpes simplex virus encephalitis. Ann Neurol. 1988;24:227–232.

[71] Boucquey D, Chalon M-P, Sindic CJM, et al. Herpes simplex virus type 2 meningitis without genital lesions: an immunobiot study. 1990.

[72] Iwashita H, Araki K, Kuroiwa Y, et al. Occurrence of candida-specific oligoclonal IgG antibodies in CSF with candida meningoencephalitis. Ann Neurol. 1978;4:579–581.

[73] La Mantia L, Salmaggi A, Tajoli L, et al. Cryptococcal meningoencephalitis: intrathecal immunological response. J Neurol. 1986;233:362–366.

[74] Franciotta D, Zardini E, Bono G, et al. Antigen-specific oligoclonal IgG in AIDS-related cytomegalovirus and toxoplasma encephalitis. Acta Neurol Scand. 1996;94:215–218.

[75] Kaiser R, Dörries R, Lüer W, et al. Analysis of oligoclonal antibody bands against individual HIV structural proteins in the CSF of patients infected with HIV. J Neurol. 1989;236:157–160.

[76] Link H, Cruz M, Gessain A, et al. Chronic progressive myelopathy associated with HTLV-I: oligoclonal IgG and anti-HTLV-I IgG antibodies in cerebrospinal fluid and serum. Neurology. 1989;39:1566–1572.

[77] McLean BN, Thompson EJ. Antibodies against the paramyxovirus SV5 are not specific for cerebrospinal fluid from multiple sclerosis patients. J Neurol Sci. 1989;92:261–266.

[78] Kaiser R, Dörries R, Martin R, et al. Intrathecal synthesis of virus-specific oligoclonal antibodies in patients with enterovirus infection of the central nervous system. J Neurol. 1989;236:395–399.

[79] Sindic CJM, Trebst C, Van Antwerpen MP, et al. Detection of CSF-specific oligoclonal antibodies to recombinant JC virus VP1 in patients with progressive multifocal leukoencephalopathy. J Neuroimmunol. 1997;76:100–104.

[80] Kaiser R, Holzmann H. Laboratory Findings in Tick-Borne Encephalitis – Correlation with Clinical Outcome. Infect. 2000;28: 8–84.

[81] Ruprecht K, Tumani H. Cerebrospinal fluid diagnostics in multiple sclerosis. Nervenarzt. 2016;87:1282–1287.

[82] Kaiser R, Lücking CH. GFAP-specific oligoclonal bands in the CSF of a patient with acute myelitis. Acta Neurol Scand. 1993;88:94–96.

[83] Süssmuth SD, Brettschneider J, Spreer A, et al. Aktuelle Liquordiagnostik bei erregerbedingten Krankheiten. Nervenarzt. 2013;84:229.

[84] DeBiasi RL, Tyler KL. Molecular methods for diagnosis of viral encephalitis. Clin Microbiol Rev. 2004;17:903–925.

[85] Cinque P, Cleator GM, Weber T, et al. The role of laboratory investigation in the diagnosis and management of patients with suspected herpes simplex encephalitis: A consensus report. Journal of Neurology Neurosurgery and Psychiatry. 1996;61:339–345.

[86] Gregoire SM, Van Pesch V, Goffette S, et al. Polymerase chain reaction analysis and oligoclonal antibody in the cerebrospinal fluid from 34 patients with varicella-zoster virus infection of the nervous system. J Neurol Neurosurg Psychiatry. 2006;77:938.
[87] Guillaume B, Sindic CJM, Weber T. Progressive multifocal leukoencephalopathy: Simultaneous detection of JCV DNA and anti-JCV antibodies in the cerebrospinal fluid. Eur J Neurol. 2000;7:101–106.
[88] Monteyne P, Laterre EC, Sindic CJM. Encephalitis in immunocompetent patients due to herpes simplex virus type 1 or 2 : Determination by polymerase chain reaction and detection of intrathecal virus-specific oligoclonal antibodies. Acta Neurol Belg. 1997;97:233–239.
[89] Sindic CJM, Van Antwerpen MP, Goffette S. Clinical relevance of polymerase chain reaction (PCR) assays and antigen-driven immunoblots for the diagnosis of neurological infectious diseases. Brain Res Bull. 2003;61:299–308.
[90] Tselis A, Duman R, Storch GA, et al. Epstein-Barr virus encephalomyelitis diagnosed by polymerase chain reaction. Neurology. 1997;48:1351–1355.
[91] Virale Meningoenzephalitis Leitlinien für Diagnostik und Therapie in der Neurologie, 2018. www.awmf.org (abgerufen am 30.06.2024: abgelaufen, in Überarbeitung).
[92] Frühsommer-Meningoenzephalitis (FSME) Leitlinien für Diagnostik und Therapie in der Neurologie, 2020. www.awmf.org (abgerufen am 30.06.2024).
[93] Felgenhauer K, Reiber H. The diagnostic significance of antibody specificity indices in multiple sclerosis and herpes virus induced diseases of the nervous system. Clin Investig. 1992;70:28–37.
[94] Uhr M, Reiber H. Liquordiagnostik. 2017;1–32.
[95] Djukic M, Schmidt-Samoa C, Lange P, et al. Cerebrospinal fluid findings in adults with acute Lyme neuroborreliosis. J Neurol. 2012;259:630–636.
[96] Schwenkenbecher P, Pul R, Wurster U, et al. Common and uncommon neurological manifestations of neuroborreliosis leading to hospitalization. BMC Infect Dis. 2017, Jan 21;17(1):90.
[97] Tumani H, Nolker G, Reiber H. Relevance of cerebrospinal fluid variables for early diagnosis of neuroborreliosis. Neurology. 1995;45:1663–1670.
[98] Ljøstad U, Skarpaas T, Mygland Å. Clinical usefulness of intrathecal antibody testing in acute Lyme neuroborreliosis. Eur J Neurol. 2007;14:873–876.
[99] Senel M, Rupprecht TA, Tumani H, et al. The chemokine CXCL13 in acute neuroborreliosis. J Neurol Neurosurg Psychiatry. 2010;81:929–933.
[100] STI-Gesellschaft D. Diagnostik und Therapie der Syphilis S2k-Leitlinie. 2021;83.
[101] Maschke M. Neurosyphilis, 2020. www.awmf.org (abgerufen am 30.06.2024).
[102] Dersch R, Hottenrott T, Senel M, et al. The chemokine CXCL13 is elevated in the cerebrospinal fluid of patients with neurosyphilis. Fluids Barriers CNS. 2015 May 15;12:12.
[103] Knopf PM, Harling-Berg CJ, Cserr HF, et al. Antigen-dependent intrathecal antibody synthesis in the normal rat brain: tissue entry and local retention of antigen-specific B cells. J Immunol. 1998;161:692–701.
[104] Hottenrott T, Schorb E, Fritsch K, et al. The MRZ reaction and a quantitative intrathecal IgG synthesis may be helpful to differentiate between primary central nervous system lymphoma and multiple sclerosis. J Neurol. 2018;265:1106–1114.
[105] Schwenkenbecher P, Chacko LP, Wurster U, et al. Intrathecal synthesis of anti-Hu antibodies distinguishes patients with paraneoplastic peripheral neuropathy and encephalitis. BMC Neurol; 16. 2016 Aug 11;16(1):136.
[106] Venkatraman A, Opal P. Paraneoplastic cerebellar degeneration with anti-Yo antibodies – a review. Ann Clin Transl Neurol. 2016;3:655.
[107] Schwenkenbecher P, Chacko L, Pul R, et al. Paraneoplastic cerebellar syndromes associated with antibodies against Purkinje cells. Int J Neurosci. 2018;128:721–728.
[108] Rauer S, Kaiser R. Demonstration of anti-HuD specific oligoclonal bands in the cerebrospinal fluid from patients with paraneoplastic neurological syndromes: Qualitative evidence of anti-HuD specific IgG-synthesis in the central nervous system. J Neuroimmunol. 2000;111:241–244.
[109] Stich O, Graus F, Rasiah C, et al. Qualitative evidence of anti-Yo-specific intrathecal antibody synthesis in patients with paraneoplastic cerebellar degeneration. J Neuroimmunol. 2003;141:165–169.
[110] Stich O, Rauer S. Qualitative evidence of anti-Ri specific intrathecal antibody synthesis and quanti-

fication of anti-Ri antibodies in serial samples from a patient with anti-Ri syndrome. J Neurol Neurosurg Psychiatry. 2006;77:282–283.

[111] Jarius S, Stich O, Rasiah C, et al. Qualitative evidence of Ri specific IgG-synthesis in the cerebrospinal fluid from patients with paraneoplastic neurological syndromes. J Neurol Sci. 2008;268:65–68.

[112] Stich O, Rauer S. Antigen-specific oligoclonal bands in cerebrospinal fluid and serum from patients with anti-amphiphysin- and anti-CV2/CRMP5 associated paraneoplastic neurological syndromes. Eur J Neurol. 2007;14:650–653.

[113] Jarius S, Stich O, Speck J, et al. Qualitative and quantitative evidence of anti-glutamic acid decarboxylase-specific intrathecal antibody synthesis in patients with stiff person syndrome. J Neuroimmunol. 2010;229:219–224.

[114] Ahmed A, Simmons Z. Isaacs syndrome: A review. Muscle Nerve. 2015;52:5–12.

[115] Meinck H-M, et al. S1 Leitlinie Stiff-Man-Syndrom. Leitlinien für Diagnostik und Ther der Neurol, www.dgn.org (2017, accessed 26 March 2022).

[116] Buechner S, Florio I, Capone L. Stiff Person Syndrome: A Rare Neurological Disorder, Heterogeneous in Clinical Presentation and Not Easy to Treat. Case Rep Neurol Med. 2015;2015:1–5.

[117] Skorstad G, Hestvik AL, Torjesen P, et al. GAD65 IgG autoantibodies in stiff person syndrome: clonality, avidity and persistence. Eur J Neurol. 2008;15:973–980.

[118] Blinder T, Lewerenz J. Cerebrospinal Fluid Findings in Patients With Autoimmune Encephalitis-A Systematic Analysis. Front Neurol. 2019 Jul 25;10:804.

[119] Wingerchuk DM, Banwell B, Bennett JL, et al. International consensus diagnostic criteria for neuromyelitis optica spectrum disorders. Neurology. 2015;85:177.

[120] Trebst C, Jarius S, Berthele A, et al. Update on the diagnosis and treatment of neuromyelitis optica: Recommendations of the Neuromyelitis Optica Study Group (NEMOS). J Neurol. 2014;261:1.

[121] Jarius S, Paul F, Franciotta D, et al. Cerebrospinal fluid findings in aquaporin-4 antibody positive neuromyelitis optica: Results from 211 lumbar punctures. J Neurol Sci. 2011;306:82–90.

[122] Jarius S, Paul F, Weinshenker BG, et al. Neuromyelitis optica. Nat Rev Dis Prim. 2020;6:1–32.

[123] McLean BN, Miller D, Thompson EJ. Oligoclonal banding of IgG in CSF, blood-brain barrier function, and MRI findings in patients with sarcoidosis, systemic lupus erythematosus, and Behçet's disease involving the nervous system. J Neurol Neurosurg Psychiatry. 1995;58:548–554.

[124] Saruhan-Direskeneli G, Yentür SP, Mutlu M, et al. Intrathecal oligoclonal IgG bands are infrequently found in neuro-behçet's disease. Clin Exp Rheumatol. 31.

[125] Wurster U. Elektrophoreseverfahren – Nachweis und Bedeutung von Oligoklonalen Banden. In: Zettl UK, Lehmitz R, Mix E (eds) Klinische Liquordiagnostik. Berlin: Walter de Gruyter, pp. 208–234.

[126] Reiber H. Polyspecific antibodies without persisting antigen in multiple sclerosis, neurolupus and guillain-barré syndrome: Immune network connectivity in chronic diseases. Arq Neuropsiquiatr. 2017;75:580–588.

[127] Hottenrott T, Dersch R, Berger B, et al. The intrathecal, polyspecific antiviral immune response in neurosarcoidosis, acute disseminated encephalomyelitis and autoimmune encephalitis compared to multiple sclerosis in a tertiary hospital cohort. Fluids Barriers CNS. 2015 Dec 13:12:27.

[128] Marangoni S, Argentiero V, Tavolato B. Neurosarcoidosis. J Neurol. 2005;253:488–495.

[129] Zeman AZJ, Keir G, Luxton R, et al. Serum oligoclonal IgG is a common and persistent finding in multiple sclerosis, and has a systemic source. QJM. 1996;89:187–193.

[130] Disanto G, Barro C, Benkert P, et al. Serum Neurofilament light: A biomarker of neuronal damage in multiple sclerosis. Ann Neurol. 2017;81:857–870.

[131] Gastaldi M, Zardini E, Franciotta D. An update on the use of cerebrospinal fluid analysis as a diagnostic tool in multiple sclerosis. Expert Rev Mol Diagn. 2017;17:31–46.

[132] Axelsson M, Mattsson N, Malmeström C, et al. The influence of disease duration, clinical course, and immunosuppressive therapy on the synthesis of intrathecal oligoclonal IgG bands in multiple sclerosis. J Neuroimmunol. 2013;264:100–105.

[133] Petereit HF, Rubbert-Roth A. Rituximab levels in cerebrospinal fluid of patients with neurological autoimmune disorders. Mult Scler. 2009;15:189–192.

[134] Kowarik MC, Pellkofer HL, Cepok S, et al. Differential effects of fingolimod (FTY720) on immune cells in the CSF and blood of patients with MS. Neurology. 2011;76:1214–1221.

[135] Walsh MJ, Tourtellotte W. Temporal invariance and clonal uniformity of brain and cerebrospinal IgG, IgA, and IgM in multiple sclerosis. J Exp Med. 1986;163:41–53.

[136] Tomescu-Baciu A, Johansen JN, Holmøy T, et al. Persistence of intrathecal oligoclonal B cells and IgG in multiple sclerosis. J Neuroimmunol. 2019;333:576966.

[137] Villar LM, García-Sánchez MI, Costa-Frossard L, et al. Immunological markers of optimal response to natalizumab in multiple sclerosis. Arch Neurol. 2012;69:191–197.

[138] Harrer A, Tumani H, Niendorf S, et al. Cerebrospinal fluid parameters of B cell-related activity in patients with active disease during natalizumab therapy. Mult Scler. 2013;19:1209–1212.

[139] Mancuso R, Franciotta D, Rovaris M, et al. Effects of natalizumab on oligoclonal bands in the cerebrospinal fluid of multiple sclerosis patients: a longitudinal study. Mult Scler. 2014;20:1900–1903.

[140] Warnke C, Stettner M, Lehmensiek V, et al. Natalizumab exerts a suppressive effect on surrogates of B cell function in blood and CSF. Mult Scler. 2015;21:1036–1044.

[141] Rejdak K, Stelmasiak Z, Grieb P. Cladribine induces long lasting oligoclonal bands disappearance in relapsing multiple sclerosis patients: 10-year observational study. Mult Scler Relat Disord. 2019;27:117–120.

[142] Giotaki I, Lange P, Weber MS. Modification of CSF findings in multiple sclerosis in the era of rapidly expanding treatment options. Expert Rev Neurother. 2019;19:277–283.

[143] Saiz A, Carreras E, Berenguer J, et al. MRI and CSF oligoclonal bands after autologous hematopoietic stem cell transplantation in MS. Neurology. 2001;56:1084–1089.

[144] Larsson D, Åkerfeldt T, Carlson K, et al. Intrathecal immunoglobulins and neurofilament light after autologous haematopoietic stem cell transplantation for multiple sclerosis. Mult Scler J. 2020;26:1351–1359.

[145] Burman J, Iacobaeus E, Svenningsson A, et al. Autologous haematopoietic stem cell transplantation for aggressive multiple sclerosis: the Swedish experience. J Neurol Neurosurg Psychiatry. 2014;85:1116–1121.

[146] Link H. B cells and autoimmunity. In: Russell WC (ed) Molecular biology of multiple sclerosis. Chichester: Wiley & Sons, 1997, pp. 161–190.

[147] Archelos JJ, Trotter J, Previtali S, et al. Isolation and characterization of an oligodendrocyte precursor-derived B-cell epitope in multiple sclerosis. Ann Neurol. 1998;43:15–24.

[148] Cruz M, Olsson T, Ernerudh J, et al. Immunoblot detection of oligoclonal anti-myelin basic protein IgG antibodies in cerebrospinal fluid in multiple sclerosis. Neurology. 1987;37:1515–1519.

[149] von Büdingen HC, Harrer MD, Kuenzle S, et al. Clonally expanded plasma cells in the cerebrospinal fluid of MS patients produce myelin-specific antibodies. Eur J Immunol. 2008;38:2014–2023.

[150] Owens GP, Bennett JL, Lassmann H, et al. Antibodies produced by clonally expanded plasma cells in multiple sclerosis cerebrospinal fluid. Ann Neurol. 2009;65:639–649.

[151] von Büdingen HC, Gulati M, Kuenzle S, et al. Clonally expanded plasma cells in the cerebrospinal fluid of patients with central nervous system autoimmune demyelination produce “oligoclonal bands”. J Neuroimmunol. 2010;218:134–139.

[152] Owens GP, Kraus H, Burgoon MP, et al. Restricted use of VH4 germline segments in an acute multiple sclerosis brain. Ann Neurol. 1998;43:236–243.

[153] Qin Y, Duquette P, Zhang Y, et al. Clonal expansion and somatic hypermutation of V(H) genes of B cells from cerebrospinal fluid in multiple sclerosis. J Clin Invest. 1998;102:1045–1050.

[154] Brändle SM, Obermeier B, Senel M, et al. Distinct oligoclonal band antibodies in multiple sclerosis recognize ubiquitous self-proteins. Proc Natl Acad Sci U S A. 2016;113:7864–7869.

[155] Asakura K, Miller DJ, Pease LR, et al. Targeting of IgMκ Antibodies to Oligodendrocytes Promotes CNS Remyelination. J Neurosci. 1998;18:7700.

[156] Gässler NC. Labordiagnostik bei der monoklonalen Gammopathie unklarer Signifikanz (MGUS). LaboratoriumsMedizin. 2016;40:125–132.

[157] Schipper HI, Prange HW. Cerebrospinal fluid paraproteins in neurological disorders. J Neurol Sci. 1984;64:305–314.

[158] Singh G. Serum and Urine Protein Electrophoresis and Serum-Free Light Chain Assays in the Diagnosis and Monitoring of Monoclonal Gammopathies. J Appl Lab Med. 2020;5:1358–1371.

[159] Vincent Rajkumar S, Dimopoulos MA, Palumbo A, et al. Review International Myeloma Working Group updated criteria for the diagnosis of multiple myeloma. Lancet Oncol. 2014;15:e538–e548.

[160] Kyle RA, Therneau TM, Rajkumar SV, et al. A Long-Term Study of Prognosis in Monoclonal Gammopathy of Undetermined Significance. N Engl J Med. 2002;346:564–569.

[161] Kaseb H, Annamaraju P, Babiker HM. Monoclonal Gammopathy Of Undetermined Significance. StatPearls, https://www.ncbi.nlm.nih.gov/books/NBK507880/ (2021, accessed 30 March 2022).

[162] Vrethem M, Reiser N, Lauermann C, et al. Polyneuropathy associated with IgM vs IgG monoclonal gammopathy: comparison between clinical and electrophysiological findings. Acta Neurol Scand. 2010;122:52–57.

[163] Lavrnić D, Vidaković A, Miletić V, et al. Motor neuron disease and monoclonal gammopathy. Eur Neurol. 1995;35:104–107.

[164] S3-Leitlinie Multiples Myelom. Online: www.leitlinienprogramm-onkologie.de/leitlinien/multiples-myelom (abgerufen am 23.09.2024).

[165] Gallo P, Bracco F, Tavolato B. Blood-brain barrier damage restricts the reliability of quantitative formulae and isoelectric focusing in detecting intrathecally synthesized IgG. J Neurol Sci. 1988;84:87–93.

[166] Reiber H, Teut M, Pohl D, et al. Paediatric and adult multiple sclerosis: age-related differences and time course of the neuroimmunological response in cerebrospinal fluid. Mult Scler. 2009;15:1466–1480.

[167] Berger B, Hottenrott T, Leubner J, et al. Transient spurious intrathecal immunoglobulin synthesis in neurological patients after therapeutic apheresis. BMC Neurol. 2015 Dec 11:15:255.

[168] Madžar D, Maihöfner C, Zimmermann R, et al. Cerebrospinal fluid under non-steady state condition caused by plasmapheresis. J Neural Transm. 2011;118:219–222.

[169] Skripuletz T, Pars K, Schulte A, et al. Varicella zoster virus infections in neurological patients: a clinical study. BMC Infect Dis. 2018 May 25;18(1):238.

[170] Stachan R, Wurster U. Frequency of virus specific antibodies in clinically definite multiple sclerosis versus acute monosymptomatic opticus neuritis. LaboratoriumsMedizin. 1996;20:515.

[171] Jarius S, Eichhorn P, Franciotta D, et al. The MRZ reaction as a highly specific marker of multiple sclerosis: re-evaluation and structured review of the literature. J Neurol. 2017;264:453–466.

[172] Reiber H, Ungefehr S, Jacobi C. The intrathecal, polyspecific and oligoclonal immune response in multiple sclerosis. Mult Scler. 1998;4:111–117.

[173] Siva A. Asymptomatic MS. Clin Neurol Neurosurg. 2013;115:S1.

[174] Engell T. A clinical patho-anatomical study of clinically silent multiple sclerosis. Acta Neurol Scand. 1989;79:428–430.

[175] Xu XH, McFarlin DE. Oligoclonal bands in CSF: twins with MS. Neurology. 1984;34:769–774.

[176] Uitdehaag BMJ, Polman CH, Valk J, et al. Magnetic resonance imaging studies in multiple sclerosis twins. J Neurol Neurosurg Psychiatry. 1989;52:1417–1419.

[177] Beltrán E, Gerdes LA, Hansen J, et al. Early adaptive immune activation detected in monozygotic twins with prodromal multiple sclerosis. J Clin Invest. 2019;129:4758–4768.

[178] Haghighi S, Andersen O, Rosengren L, et al. Incidence of CSF abnormalities in siblings of multiple sclerosis patients and unrelated controls. J Neurol. 2000;247:616–622.

[179] Gabelic T, Ramasamy DP, Weinstock-Guttman B, et al. Prevalence of Radiologically Isolated Syndrome and White Matter Signal Abnormalities in Healthy Relatives of Patients with Multiple Sclerosis. AJNR Am J Neuroradiol. 2014;35:106.

[180] Tienari PJ, Wikstrom J, Palo J, et al. Familial multiple sclerosis: MRI findings in clinically affected and unaffected siblings. J Neurol Neurosurg Psychiatry. 1992;55:883–886.

[181] Boyko A. Radiologically isolated syndrome with oligoclonal bands in CSF (RIS + OCB) can be classified as high MS risk group. Mult Scler. 2020;26:869–870.

[182] Jesse S, Brettschneider J, Süssmuth SD, et al. Summary of cerebrospinal fluid routine parameters in neurodegenerative diseases. J Neurol. 2011;258:1034.

[183] Janssen JC, Godbolt AK, Ioannidis P, et al. The prevalence of oligoclonal bands in the CSF of patients with primary neurodegenerative dementia. J Neurol. 2004;251:184–188.

[184] Zeman AZJ, Kidd D, McLean BN, et al. A study of oligoclonal band negative multiple sclerosis. J Neurol Neurosurg Psychiatry. 1996;60:27–30.
[185] Solomon AJ, Bourdette DN, Cross AH, et al. The contemporary spectrum of multiple sclerosis misdiagnosis: A multicenter study. Neurology. 2016;87:1393.
[186] Siva A. Common Clinical and Imaging Conditions Misdiagnosed as Multiple Sclerosis: A Current Approach to the Differential Diagnosis of Multiple Sclerosis. Neurol Clin. 2018;36:69–117.
[187] Beer S, R6sler KM, Hess CW, et al. Diagnostic value of paraclinical tests in multiple sclerosis: relative sensitivities and specificities for reclassification according to the Poser committee criteria. Neurosurgery, and Psychiatry. 1995;59:152–159.
[188] Filippini G, Comi GC, Cosi V, et al. Sensitivities and predictive values of paraclinical tests for diagnosing multiple sclerosis. J Neurol. 1994;241:132–137.
[189] Lee KH, Hashimoto SA, Hooge JP, et al. Magnetic resonance imaging of the head in the diagnosis of multiple sclerosis: a prospective 2-year follow-up with comparison of clinical evaluation, evoked potentials, oligoclonal banding, and CT. Neurology. 1991;41:657–660.
[190] Pirttilä T, Nurmikko T. CSF oligoclonal bands, MRI, and the diagnosis of multiple sclerosis. Acta Neurol Scand. 1995;92:468–471.
[191] Fieschi C, Gasperini C, Ristori G, et al. Patients with clinically definite multiple sclerosis, white matter abnormalities on MRI, and normal CSF: if not multiple sclerosis, what is it? J Neurol Neurosurg Psychiatry. 1995;58:255–256.
[192] Dichgans M, Wick M, Gasser T. Cerebrospinal fluid findings in CADASIL. Neurology. 1999;53:233.
[193] Ballard E, Butzer JF, Donders J. Susac's syndrome: neuropsychological characteristics in a young man. Neurology. 1996;47:266–8.
[194] Jarius S, Eichhorn P, Wildemann B, et al. Usefulness of antibody index assessment in cerebrospinal fluid from patients negative for total-IgG oligoclonal bands. Fluids Barriers CNS. 2012;9:1–5.
[195] Rudick RA, Schiffer RB, Schwetz KM, et al. Multiple sclerosis. The problem of incorrect diagnosis. Arch Neurol. 1986;43:578–583.
[196] Miller D, Weinshenker B, Filippi M, et al. Differential diagnosis of suspected multiple sclerosis: a consensus approach. Mult Scler. 2008 Nov;14(9):1157–74.
[197] Jarius S, Ruprecht K, Kleiter I, et al. MOG-IgG in NMO and related disorders: A multicenter study of 50 patients. Part 2: Epidemiology, clinical presentation, radiological and laboratory features, treatment responses, and long-term outcome. J Neuroinflammation. 2016;13:280.
[198] Jarius S, Pellkofer H, Siebert N, et al. Cerebrospinal fluid findings in patients with myelin oligodendrocyte glycoprotein (MOG) antibodies. Part 1: Results from 163 lumbar punctures in 100 adult patients. J Neuroinflammation. 2020;17:261.
[199] Jarius S, Wildemann B. Aquaporin 4 antibody-positive neuromyelitis optica spectrum disorders and myelin oligodendrocyte glycoprotein antibody-associated encephalomyelitis. A brief review. Nervenarzt. 2021;92:317–333.
[200] Lee YJ, Nam SO, Ko A, et al. Myelin oligodendrocyte glycoprotein antibody-associated disorders: clinical spectrum, diagnostic evaluation, and treatment options. Clin Exp Pediatr. 2021;64:103–110.
[201] Joseph FG, Hirst CL, Pickersgill TP, et al. CSF oligoclonal band status informs prognosis in multiple sclerosis: a case control study of 100 patients. J Neurol Neurosurg Psychiatry. 2009;80:292–296.
[202] Farina G, Magliozzi R, Pitteri M, et al. Increased cortical lesion load and intrathecal inflammation is associated with oligoclonal bands in multiple sclerosis patients: a combined CSF and MRI study. J Neuroinflammation. 2017 Feb 21;14(1):40.
[203] Ferreira D, Voevodskaya O, Imrell K, et al. Multiple sclerosis patients lacking oligoclonal bands in the cerebrospinal fluid have less global and regional brain atrophy. J Neuroimmunol. 2014;274:149–154.
[204] Fukazawa T, Kikuchi S, Sasaki H, et al. The significance of oligoclonal bands in multiple sclerosis in Japan: Relevance of immunogenetic backgrounds. J Neurol Sci. 1998;158:209–214.
[205] Kikuchi S, Fukazawa T, Niino M, et al. HLA-related subpopulations of MS in Japanese with and without oligoclonal IgG bands. Human leukocyte antigen. Neurology. 2003;60:647–651.
[206] Imrell K, Landtblom AM, Hillert J, et al. Multiple sclerosis with and without CSF bands: clinically indistinguishable but immunogenetically distinct. Neurology. 2006;67:1062–1064.
[207] Wu JS, Qiu W, Castley A, et al. Presence of CSF oligoclonal bands (OCB) is associated with the

HLA-DRB1 genotype in a West Australian multiple sclerosis cohort. J Neurol Sci. 2010;288:63–67.
[208] Lechner-Scott J, Spencer B, De Malmanche T, et al. The frequency of CSF oligoclonal banding in multiple sclerosis increases with latitude. Mult Scler. 2012;18:974–982.
[209] Dobson R, Ramagopalan S, Davis A, et al. Cerebrospinal fluid oligoclonal bands in multiple sclerosis and clinically isolated syndromes: a meta-analysis of prevalence, prognosis and effect of latitude. J Neurol Neurosurg Psychiatry. 2013;84:909–914.
[210] Vilisaar J, Wilson M, Niepel G, et al. A comparative audit of anticardiolipin antibodies in oligoclonal band negative and positive multiple sclerosis. Mult Scler. 2005;11:378–380.
[211] Karussis D, Leker RR, Ashkenazi A, et al. A subgroup of multiple sclerosis patients with anticardiolipin antibodies and unusual clinical manifestations: do they represent a new nosological entity? Ann Neurol. 1998;44:629–634.
[212] Petereit HF, Reske D. Expansion of antibody reactivity in the cerebrospinal fluid of multiple sclerosis patients – Follow-up and clinical implications. Cerebrospinal Fluid Res. 2005;2:1–7.
[213] Dobson R, Ramagopalan S, Davis A, et al. Cerebrospinal fluid oligoclonal bands in multiple sclerosis and clinically isolated syndromes: a meta-analysis of prevalence, prognosis and effect of latitude. J Neurol Neurosurg Psychiatry. 2013;84:909–914.
[214] Halbgebauer S, Huss A, Buttmann M, et al. Detection of intrathecal immunoglobulin G synthesis by capillary isoelectric focusing immunoassay in oligoclonal band negative multiple sclerosis. J Neurol. 2016;263:954–960.
[215] Brecht I, Weissbrich B, Braun J, et al. Intrathecal, Polyspecific Antiviral Immune Response in Oligoclonal Band Negative Multiple Sclerosis. PLoS One. 2012;7:e40431.
[216] Villar LM, González-Porqué P, Masjuán J, et al. A sensitive and reproducible method for the detection of oligoclonal IgM bands. J Immunol Methods. 2001;258:151–155.
[217] Sindic CJM, Monteyne P, Laterre EC. Occurrence of oligoclonal IgM bands in the cerebrospinal fluid of neurological patients: an immunoaffinity-mediated capillary blot study. J Neurol Sci. 1994;124:215–219.
[218] Withold W, Wick M, Fateh-Moghadam A, et al. Detection of oligoclonal IgA in cerebrospinal fluid samples by an isoelectric focusing procedure. 1994:
[219] Zeman D, Kušnierová P, Všianský F, et al. Cerebrospinal fluid oligoclonal IgM test in routine practice: Comparison with quantitative assessment of intrathecal IgM synthesis. Clin Chim Acta. 2020;508:137–145.
[220] Espiño M, Abraira V, Arroyo R, et al. Assessment of the reproducibility of oligoclonal IgM band detection for its application in daily clinical practice. Clin Chim Acta. 2015;438:67–69.
[221] Abraira V, Alvarez-Cermeño JC, Arroyo R, et al. Utility of oligoclonal IgG band detection for MS diagnosis in daily clinical practice. J Immunol Methods. 2011;371:170–173.
[222] Rijcken CAW, Thompson EJ, Teelken AW. An improved, ultrasensitive method for the detection of IgM oligoclonal bands in cerebrospinal fluid. J Immunol Methods. 1997;203:167–169.
[223] Villar LM, Masjuan J, González-Porqué P, et al. Intrathecal IgM Synthesis Is a Prognostic Factor in Multiple Sclerosis. Ann Neurol. 2003;53:222–226.
[224] Perini P, Ranzato F, Calabrese M, et al. Intrathecal IgM production at clinical onset correlates with a more severe disease course in multiple sclerosis. J Neurol Neurosurg Psychiatry. 2006;77:953–955.
[225] Ferraro D, Simone AM, Bedin R, et al. Cerebrospinal fluid oligoclonal IgM bands predict early conversion to clinically definite multiple sclerosis in patients with Clinically Isolated Syndrome. J Neuroimmunol. 2013;257:76–81.
[226] Villar LM, Casanova B, Ouamara N, et al. Immunoglobulin M oligoclonal bands: biomarker of targetable inflammation in primary progressive multiple sclerosis. Ann Neurol. 2014;76:231–240.
[227] Huss A, Abdelhak A, Halbgebauer S, et al. Intrathecal immunoglobulin M production: A promising high-risk marker in clinically isolated syndrome patients. Ann Neurol. 2018;83:1032–1036.
[228] Pfuhl C, Grittner U, Gieß RM, et al. Intrathecal IgM production is a strong risk factor for early conversion to multiple sclerosis. Neurology. 2019;93:e1439–e1451.
[229] Fonderico M, Portaccio E, Razzolini L, et al. Cerebrospinal Fluid IgM and Oligoclonal IgG Bands in Multiple Sclerosis: A Meta-Analysis of Prevalence and Prognosis. Brain Sci. 2021;11:1444.
[230] Schneider R, Euler B, Rauer S. Intrathecal IgM-synthesis does not correlate with the risk of

relapse in patients with a primary demyelinating event. Eur J Neurol. 2007;14:907–911.

[231] Stauch C, Reiber H, Rauchenzauner M, et al. Intrathecal IgM synthesis in pediatric MS is not a negative prognostic marker of disease progression: quantitative versus qualitative IgM analysis. Mult Scler. 2011;17:327–34.

[232] Frau J, Villar LM, Sardu C, et al. Intrathecal oligoclonal bands synthesis in multiple sclerosis: is it always a prognostic factor? J Neurol. 2018;265:424–430.

[233] Villar LM, García-Barragán N, Espiño M, et al. Influence of oligoclonal IgM specificity in multiple sclerosis disease course. Mult Scler. 2008;14:183–187.

[234] Villar LM, Sádaba MC, Roldán E, et al. Intrathecal synthesis of oligoclonal IgM against myelin lipids predicts an aggressive disease course in MS. J Clin Invest. 2005;115:187–194.

[235] Thangarajh M, Gomez-Rial J, Hedström AK, et al. Lipid-specific immunoglobulin M in CSF predicts adverse long-term outcome in multiple sclerosis. Mult Scler. 2008;14:1208–1213.

[236] Ribes García S, Casanova Estruch B, Gómez Pajares F, et al. Prognostic utility of the IgM oligoclonal bands against myelin lipids in multiple sclerosis. J Neuroimmunol. 2021;359:577698.

[237] Coll-Martinez C, Quintana E, Salavedra-Pont J, et al. Assessing the presence of oligoclonal IgM bands as a prognostic biomarker of cognitive decline in the early stages of multiple sclerosis. Brain Behav. 2021 Dec;11(12):e2405.

[238] Bosca I, Villar LM, Coret F, et al. Response to interferon in multiple sclerosis is related to lipid-specific oligoclonal IgM bands. Mult Scler. 2010;16:810–815.

[239] Gastaldi M, Zardini E, Franciotta D. An update on the use of cerebrospinal fluid analysis as a diagnostic tool in multiple sclerosis. Expert Rev Mol Diagn. 2017;17:31–46.

[240] Reiber H, Rostasy K. Response to the letter of Villar et al. 'Quantitative and qualitative IgM analysis in CSF'. Mult Scler J. 2012;18:252–253.

[241] Villar LM, Álvarez-Cermeño JC. Comment on the article by Stauch et al. 'Intrathecal IgM synthesis in paediatric MS is not a negative prognostic marker of disease progression: Quantitative versus qualitative IgM analysis'. Mult Scler J. 2012;18:250–251.

[242] Cabrera CM, Gosis A. Semi-automated methodology for detection of IgM oligoclonal bands in cerebrospinal fluid and serum samples. J Immunol Methods. 2020;487:112898.

[243] Sindic CJM, Delacroix DL, Vaerman JP, et al. Study of IgA in the cerebrospinal fluid of neurological patients with special reference to size, subclass and local production. J Neuroimmunol. 1984;7:65–75.

[244] Sindic CJM, Monteyne P, Bigaignon G, et al. Polyclonal and oligoclonal IgA synthesis in the cerebrospinal fluid of neurological patients: an immunoaffinity-mediated capillary blot study. J Neuroimmunol. 1994;49:109–114.

[245] Muñoz Ú, Sebal C, Escudero E, et al. High prevalence of intrathecal IgA synthesis in multiple sclerosis patients. Sci Rep. 2022;12:4247.

[246] Sindic CJM, Laterre EC. Oligoclonal free kappa and lambda bands in the cerebrospinal fluid of patients with multiple sclerosis and other neurological diseases: An immunoaffinity-mediated capillary blot study. J Neuroimmunol. 1991;33:63–72.

[247] Goffette S, Schluep M, Henry H, et al. Detection of oligoclonal free kappa chains in the absence of oligoclonal IgG in the CSF of patients with suspected multiple sclerosis. J Neurol Neurosurg Psychiatry. 2004;75:308–310.

[248] Zeman D, Hradílek P, Švagera Z, et al. Detection of oligoclonal IgG kappa and IgG lambda bands in cerebrospinal fluid and serum with HevyliteTM antibodies. Comparison with the free light chain oligoclonal pattern. Fluids Barriers CNS. 2012;9:1–11.

[249] Reiber H, Kruse-Sauter H, Quentin CD. Antibody patterns vary arbitrarily between cerebrospinal fluid and aqueous humor of the individual multiple sclerosis patient: Specificity-independent pathological B cell function. J Neuroimmunol. 2015;278:247–254.

[250] Coyle PK, Sibony PA. Tear immunoglobulins measured by ELISA. Invest Ophthalmol Vis Sci. 1986;27:622–5.

[251] Coyle PK, Sibony PA. Tear analysis in multiple sclerosis. Neurology. 1986;36:547–50.

[252] Coyle PK, Sibony PA. Viral specificity of multiple sclerosis tear immunoglobulins. J Neuroimmunol. 1987;14:197–203.

[253] Coyle PK, Sibony P, Johnson C. Oligoclonal IgG in tears. Neurology. 1987;37:853–6.

[254] Mavra M, Thompson EJ, Nikolic J, et al. The occurrence of oligoclonal IgG in tears from patients with MS and systemic immune disorders. Neurology. 1990;40:1259–62.
[255] Liedtke W, Weller M, Wiethölter H, et al. Immunological abnormalities in the tears of multiple sclerosis patients. Acta Neurol Scand. 1992;85:228–30.
[256] Martino G, Servalli C, Filippi M, et al. Absence of oligoclonally restricted immunoglobulins in tears from multiple sclerosis patients. J Neuroimmunol. 1993;44:149–155.
[257] Devos D, Forzy G, de Seze J, et al. Silver stained isoelectrophoresis of tears and cerebrospinal fluid in multiple sclerosis. J Neurol. 2001;248:672–5.
[258] Calais G, Forzy G, Crinquette C, et al. Tear analysis in clinically isolated syndrome as new multiple sclerosis criterion. Mult Scler. 2010;16:87–92.
[259] Lebrun C, Forzy G, Collongues N, et al. Tear analysis as a tool to detect oligoclonal bands in radiologically isolated syndrome. Rev Neurol (Paris). 2015;171:390–3.
[260] Lolli F, Franciotta D. Oligoclonal bands in tears. Mult Scler J. 2010;16:760–760.
[261] Hümmert MW, Wurster U, Bönig L, et al. Investigation of Oligoclonal IgG Bands in Tear Fluid of Multiple Sclerosis Patients. Front Immunol. 2019;10:1110.
[262] Bachhuber F, Huss A, Senel M, et al. Diagnostic biomarkers in tear fluid: from sampling to preanalytical processing. Sci Rep. 2021;11:10064.
[263] Bachhuber F, Huss A, Senel M, et al. Analyse von oligoklonalem IgG in der Tränenflüssigkeit bei Multipler Sklerose. In: DGN Kongress, E-Poster Neuroimmunologie. Berlin, 2021.

3.3 Erregerspezifische Antikörper

Hela-F. Petereit, Hansotto Reiber, Peter Lange, Manfred Uhr, Hayrettin Tumani

Als Teil der humoralen Immunantwort werden erregerspezifische Antikörper (Ak) im Falle einer Infektion auch im Nervensystem gebildet, und sind im Liquor z. B. mittels ELISA messbar. Die alleinige Messung von erregerspezifischen Antikörpern im Liquor ist jedoch nicht zielführend, da auch ein Teil der im Serum zirkulierenden Antikörper über die (gestörte) Blut-Hirn-Schranke in den Liquor gelangen kann. Daher setzt man die Menge der erregerspezifischen Antikörper im Liquor in Beziehung zu der im Serum ($Q_{spez} = Ak_{Liquor}/Ak_{Serum}$), und vergleicht das mit dem Quotienten des gesamten IgG als Referenz ($Q_{IgG} = IgG_{Liquor}/IgG_{Serum}$). Ist der Q_{spez} größer als der Q_{IgG} erwarten lässt, geht man von einer intrathekalen Synthese erregerspezifischer Ak aus, die eine durchgemachte Infektion des Zentralnervensystems beweist (Tab. B.3.18, Abb. B.3.30). Als Grenzwert hat sich ein Ak-spezifischer Index (AI = Q_{spez}:Q_{IgG}) von 1,4 etabliert. Ein AI von 1,5 und mehr zeigt eine intrathekale Ak-Produktion und damit eine Infektion des ZNS an. Ein AI von 1,3 und kleiner zeigt dagegen einen Normalbefund an.

Zu beachten ist allerdings der Zeitpunkt der Lumbalpunktion, da die Neubildung von Ak im Rahmen einer Infektion – wie auch im Serum – 10 bis 14 Tage in Anspruch nehmen kann. Zu Beginn eines Infektionsgeschehens wird also noch keine intrathekale Antikörpersynthese nachweisbar sein, der AI ist 1,3 oder kleiner. Im Laufe der Erkrankung wird der AI dann positiv, also 1,5 oder größer.

Eine Besonderheit liegt bei Erkrankungen vor, bei denen eine pathologische IgG-Produktion im Liquor vorliegt. Das klassische Beispiel ist die Multiple Sklerose, bei der im Rahmen des Autoimmunprozesses eine B- und Plasmazellstimulation mit vermehrter IgG-Produktion pathognomonisch ist. In diesen Fällen wird der AI nicht als Quotient aus Q_{spez} und Q_{IgG}, sondern als Quotient aus Q_{spez} und Q_{lim} gebildet (AI = Q_{spez}/Q_{lim}). Der Q_{lim} für IgG errechnet sich aus dem Quadrat des Albuminquotienten nach der Formel $Q_{lim} = 0{,}93 \times \sqrt{(Q_{Alb}^2 + 6 \times 10^{-6})} - 1{,}7 \times 10^{-3}$ (siehe **Kap. B.3.1.2, Tab. B.3.2).**

Auch bei nicht Erreger-bedingten Infektionen des Nervensystems wie der Multiplen Sklerose können erregerspezifische Antikörper gemessen werden, am häufigsten gegen

Masern, Röteln und Varizella-Zoster. Diese intrathekale Antikörperproduktion zeigt nicht die Auseinandersetzung mit einem Erreger an, sondern ist eine fehlgeleitete Immunantwort. Die sogenannte MRZ-Reaktion ist bei weitem nicht auf die genannten 3 Viren beschränkt und kann diagnostisch zum Nachweis einer autoimmun-bedingten Entzündung verwendet werden. Auch andere nicht-erregerbedingte Entzündungen des Nervensystems wie der Neurolupus können eine MRZ-Reaktion aufweisen. Die Neuromyelitis optica dagegen weist selten eine MRZ-Reaktion auf [1].

Auch bei erregerbedingten Erkrankungen des Nervensystems wie der Herpes simplex-Enzephalitis, sind 10 % und bei der subakuten sklerosierenden Panenzephalitis sind 20–30 % der intrathekal gebildeten Antikörper spezifisch für das ursächliche Antigen (Herpes simplex-Virus, Treponema pallidum oder Masern-Virus) [2]. Der überwiegende Teil des intrathekal synthetisierten IgG ist jedoch eine polyspezifische Immunreaktion. Da bei jeder Immunreaktion auch mehrere Zellklone selektiert werden, muss also grundsätzlich von einer polyspezifischen, oligoklonalen Immunreaktion gesprochen werden [2–6].

Es war ein mühseliger Erkenntnisprozess zu verstehen, dass Antikörper im Gehirn, wie auch im Blut, synthetisiert werden, die nicht gegen ein ursächliches Antigen (clonal selection), sondern gegen andere Antigene gerichtet sind, die nichts mit der Krankheit zu tun haben. So hat der Nachweis von intrathekaler Masern-Antikörper-Synthese bei Multipler Sklerose [7] die Hypothese einer Virusätiologie ausgelöst. Spätere Beobachtungen zeigten, dass beim selben MS-Patienten eine intrathekale Antikörpersynthese gegen Röteln-, VZV-, HSV-, Mumps-Viren [8] zu finden ist. Auch gegen Toxoplasma gondii [9] werden bei MS-Patienten intrathekal Antikörper gebildet, ohne dass das Antigen im Gehirn persistiert. Sogar eine intrathekale Bildung von Autoantikörpern gegen ds-DNA wird bei 19 % dieser Patienten gefunden [2]. Erst mit den modernen Formen einer Netzwerktheorie des Immunsystems [2,6] wird diese polyspezifische, oligoklonale Immunreaktion verstehbar. Die niedrigeren Mengen an Antikörpern gegen diese nicht ätiologischen Antigene (z. B. Masern-Antikörper bleiben unter 1 % der gesamten intrathekalen IgG-Klassenreaktion bei MS [9]) lassen zum Teil eine Unterscheidung zwischen Antikörpern gegen das ursächliche Antigen und der polyspezifischen Immunreaktion, insbesondere bei chronischen Erkrankungen, zu.

Tab. B.3.18: Auswertung des Antikörperindex (AI).

Definition des (korrigierten) Antikörperindex (AI)	
AI	$= Q_{spez}/Q_{ges}$ ($Q_{Lim} > Q_{ges}$)
AI	$= Q_{spez}/Q_{Lim}$ ($Q_{Lim} < Q_{ges}$)
Q_{ges}	= empirisch gefundener Immunglobulinquotient für IgG, IgA oder IgM (Q_{IgG}, Q_{IgA}, Q_{IgM}).
Q_{spez}	= spezifischer Antikörper CSF/Serum-Quotient.
Q_{Lim}	= oberer Grenzwert des Referenzbereiches (Abb. B.3.30).
Referenzbereiche/Bewertung	
Methodisch bedingter Referenzbereich:	
	AI = 1,0 ± 0,3

In Tab. B.3.20 sind Daten für die subakute sklerosierende Panenzephalitis (SSPE), die Herpes simplex Enzephalitis (HSV-E) und Fuchs' Heterochromie Zyklitis (FHC) des Auges mit Daten der entsprechenden Antikörper-Spezies bei der Multiplen Sklerose verglichen. Für diesen Vergleich wurde neben dem relativen Antikörperindex (AI) auch die quantitative intrathekale spezifische Antikörperfraktion (Fs) dargestellt [3]. Eine ausführliche Interpretation dieser Parameter ist unter **Kap. B.3.3.1** zu finden.

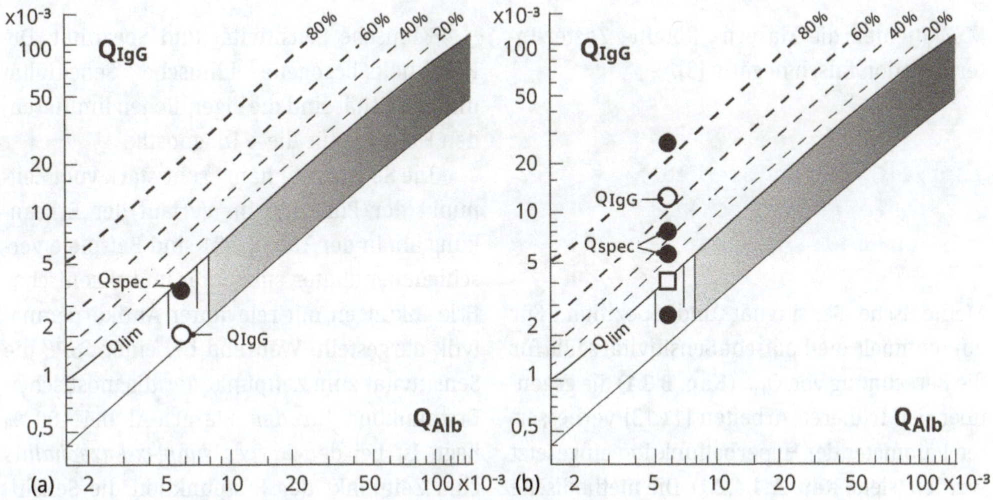

Abb. B.3.30: Liquor/Serum-Quotienten für spezifische Antikörper und Gesamt-IgG von Patienten mit (a) Zoster-Ganglionitis und (b) Multipler Sklerose. (a) Die Liquor-/Serum-Daten des Patienten mit einer Zoster-Ganglionitis waren $Q_{Alb} = 6{,}0 \times 10^{-3}$, $Q_{IgG} = 1{,}7 \times 10^{-3}$, und der spezifische Quotient $Q_{VZV} = 3{,}3 \times 10^{-3}$. Der entsprechende Antikörperindex ist dann VZV-AI = 1,9. In diesem Fall mit $Q_{IgG} < Q_{Lim}$ wurde die Gleichung AI = Q_{spez}/Q_{IgG} gewählt. (b) Die Daten des Multiple Sklerose-Patienten waren $Q_{Alb} = 5{,}0 \times 10^{-3}$, $Q_{IgG} = 11{,}6 \times 10^{-3}$, $Q_{Lim} = 3{,}5 \times 10^{-3}$, $Q_{Masern} = 22{,}4 \times 10^{-3}$, $Q_{Röteln} = 8{,}2 \times 10^{-3}$, $Q_{VZV} = 5{,}9 \times 10^{-3}$ und $Q_{HSV} = 2{,}8 \times 10^{-3}$. Die entsprechenden Antikörperindexwerte waren: Masern-AI = 6,4; Röteln-AI = 2,3; VZV-AI = 1,8 und HVS-AI = 0,8. Mit einer polyspezifischen IgG-Synthese ($Q_{IgG} > Q_{Lim}$) wird die Gleichung AI = Q_{spez}/Q_{Lim} gewählt. Im Allgemeinen ist ein Wert von Q_{spez} oberhalb der 30 %-Linie im Diagramm ($Q_{spez} \geq 1{,}5 \times Q_{Lim}$), repräsentativ für einen pathologischen Antikörperindexwert (≥ 1,5).

Für die sensitive Analyse einer lokalen Antikörpersynthese im Kammerwasser des Auges haben bereits in den 50er Jahren Goldmann und Wittmer [10] einen Index mit Bezug auf das Gesamt-IgG errechnet. Dieser Goldmann Wittmer Index wurde später für Liquor als Antikörperindex eingeführt (Ref. in [11]) und ist bis heute nach einer wesentlichen Korrektur [12] das Auswerteverfahren der Wahl (Tab. B.3.18). Das Prinzip ist einfach. Da alle im Blut nachzuweisenden Antikörper (z. B. der IgG-Klasse) auch im Liquor entsprechend dem Gesamt-IgG-Verhältnis ($Q_{IgG} = IgG_{CSF}/IgG_{Ser}$) zu finden sind, ist jeder Wert des spezifischen Antikörper-Verhältnisses (z. B. $Q_{VZV} = VZV_{CSF}/VZV_{Ser}$) der größer ist als Q_{IgG} ein Hinweis auf eine intrathekale Synthese (z. B. von VZV-Antikörpern). Dies ist in Abb. B.3.30a gezeigt. Im Falle einer Zoster-Ganglionitis mit einer Gesamt-IgG-Synthese, die noch im Referenzbereich der aus dem Blut stammenden Fraktion im Liquor liegt ($IgG_{IF} = 0$, s. **Kap. B.3.1.2**) wird der spezifische Quotient für Varizel-la-Zoster-Antikörper, Q_{VZV} = 3,1, direkt auf Q_{IgG} = 1,8 bezogen. Damit wird VZV-AI = 1,7 als pathologisch erhöht gefunden (AI ≥ 1,5). Im Falle einer Multiplen Sklerose (Abb. B.3.30b) mit intensiver intrathekaler IgG-Synthese (IgG_{IF} = 70 %) wird statt Q_{IgG} die Obergrenze des Referenzbereiches Q_{Lim} als Referenz für die Berechnung des Antikörperindex gewählt, d. h. z. B. VZV-AI = Q_{VZV}/Q_{Lim} (IgG). Durch den Bezug auf Q_{Lim} wird der Wert für Röteln und VZV-AI > 1,5 (Röteln-AI = 2,5, VZV-AI = 1,8) während für HSV-AI = 0,8 gefunden wird. Bei Bezug auf Q_{IgG} würde der Röteln-AI und der VZV-AI < 1,0 als falsch negativ interpretiert. Ohne diese Korrektur wären bei 40 % der

MS-Patienten die Masern-, Röteln-, Zoster-Interpretation falsch negativ [3].

3.3.1 Sensitivität und Spezifität der erregerspezifischen Antikörpernachweise

Methodische Sensitivität und Spezifität. Für eine optimale methodische Sensitivität sollte für die Berechnung von Q_{Lim} (**Kap. B.3.1**) die gegenüber den früheren Arbeiten [11,13] verbesserten Parameter der Hyperbelfunktion eingesetzt werden (siehe **Kap. A.4.4.2.1**). Die methodische Qualität der Analytik hängt entschieden davon ab, dass Liquor- und Serumproben im ELISA [13] auf derselben Platte mit Bezug auf eine Standardkurve gemessen werden. Die analytische Präzision der spezifischen Quotienten (s. Tab. B.3.19) wird umso besser, je dichter die Liquor- und Serumproben im Messbereich der Standardkurve zusammenliegen.

Tab. B.3.19: Spezifische Antikörper in Liquor und Serum. Impräzision (VK) von spez. Liquor/spez. Serum-Antikörper-Quotienten (Q_{spez})*).

Impräzision	Q_{Masern}	$Q_{Röteln}$	Q_{VZV}	Q_{HSV}
VK, Interassay (n = 20)	7,3 %	5,6 %	9,1 %	6,7 %
VK, Intraassay (n = 10)	6,9 %	4,1 %	7,2 %	8,1 %

*) Q_{spez}, der Quotient spez. AK in Liquor/spez. AK im Serum hat einen kleineren VK als der Antikörperindex (AI = Q_{spez}/Q_{ges}) mit VK = 16 %, der auch die Impräzision aus der IgG-Analytik enthält [13].

Titerbestimmungen sind aufgrund der hohen Ungenauigkeit (Zweierschritte) nicht geeignet für eine Abschätzung einer intrathekalen Antikörpersynthese. Aufgrund von Titerwerten muss die Referenzbereichsgrenze auf AI = 4 (statt AI = 1,5) gesetzt werden.

Die methodische Spezifität ist bei den gängigen Enzymimmunoassays sehr hoch. Kreuzreaktivitäten sind vernachlässigbar selten.

Klinische Sensitivität und Spezifität: Die Krankheits-bezogene klinische Sensitivität und Spezifität sind die eigentlichen limitierenden Faktoren für diese Diagnostik.

Die Sensitivität hängt sehr stark vom Zeitpunkt der Punktion im Verlauf der Erkrankung ab. In der Tab. B.3.21 sind Beispiele verschiedener akuter, subakuter und chronischer Erkrankungen mit relevanter Antikörperanalytik dargestellt. Während bei einer *SSPE* die Sensitivität zum Zeitpunkt der diagnostischen Erstpunktion für den Masern-AI bei 100 % liegt, ist bei der *Herpes simplex-Enzephalitis* zum Zeitpunkt der Erstpunktion die Sensitivität für den HSV-AI bei 0 %, d. h. der HSV-AI ist zu diesem Zeitpunkt stets normal (AI < 1,5). Erst ab dem 7. bis 10. Tag nach Beginn der klinischen Symptomatik [11] sind erhöhte AI-Werte (siehe **Kap. B.3.1, Abb. B.3.10**) beobachtbar. Interessant ist die häufige Mitreaktion von VZV-Antikörpersynthese (keine Kreuzreaktion im Test!). Beispiele dafür sind in Tab. B.3.21 für die Zoster-Ganglionitis und die HSV-Enzephalitis dargestellt. Welcher der beiden Viren als ursächlich zu bezeichnen ist, lässt sich nicht alleine an dem höheren AI-Wert entscheiden. Das hängt damit zusammen, dass der AI-Wert ein relativer Wert ist. Bei hohen Konzentrationen des Serumwerts für den spezifischen Antikörper (z. B. bei SSPE, Tab. B.3.20) wird ein niedriger Q_{spez}-Wert gefunden und damit auch ein relativ niedrigerer AI-Wert (durch die aus dem Serum stammende Antikörperfraktion ist die aus dem ZNS stammende Antikörperfraktion relativ weniger eindrücklich sichtbar). Dadurch gibt es eine starke Überlappung der AI-Werte von Antikörpern gegen kausale Antigene (mit oft hohen Antikörperkonzentrationen im Blut), mit der polyspezifischen Immunreaktion (mit meist normalen Durchseuchungstitern im Serum). Dies wird in der Tab. B.3.20, z. B. für Masern bei MS im Vergleich mit den Masern-Antikörpern bei der SSPE, sichtbar.

Für die Bestimmung des ursächlichen Antigens gegenüber einer polyspezifischen Mitreaktion kann es hilfreich sein, die Titerwerte im Blut zu bestimmen. Bei akuten Erkrankungen sind die Titerwerte in diesen Fällen höher als bei den polyspezifischen Mitreaktionen mit niedrigen Durchseuchungstitern, wie z. B. der MS in Tab. B.3.20.

Der Mangel an Diskriminierung wurde, vor allem für wissenschaftliche Zwecke, durch die Einführung der quantitativen Bestimmung in der spezifischen intrathekalen Fraktion der Antikörper (F_S in Tab. B.3.20) verbessert. Da F_S auf Q_{mean} bezogen wird statt auf Q_{Lim}, hat F_S eine geringere Sensitivität, wird aber spezifischer für die Erkennung eines Antikörpers gegen ein kausales Antigen. Der messmethodische Unterschied bei der Bestimmung von F_S gegenüber AI ist die Bestimmung der quantitativen absoluten Antikörperkonzentration im Vergleich zur Bestimmung bei AI, bei dem eine Bestimmung von Liquor und Serum als willkürliche Konzentrationseinheiten ausreichend ist. Ein Anwendungsbeispiel ist für die Fuchs-Heterochromiezyklitis des Auges [3] gezeigt worden.

Die spezifische intrathekale Antikörperfraktion (F_S) im Liquor wird berechnet entsprechend der folgenden Funktion:

$FS = AB_{Loc}$ (mean)/IgG_{Loc} (mean) · 100 in %. Mit Q_{mean} (IgG) = $(0{,}65(Q_{Alb}{}^2 + 8)0{,}5\text{–}1{,}4) \cdot 10^{-3}$ wird Gesamt-IgG errechnet: IgG_{Loc} (mean) = $(Q_{IgG} - Q_{mean}) \cdot IgG_{Ser}$ in mg/l, und für den einzelnen Antikörper (AB) ergibt sich: AB_{Loc} (mean) = $(Q_{spez} - Q_{mean}) \cdot AB_{Ser}$ in mg/l. Für AB_{Loc} wird die absolute Konzentration von AB_{CSF} und AB_{Ser} benötigt [3].

3.3.1.1 Zoster-Ganglionitis [11,12]

Während die Daten in den Quotientendiagrammen für die Zoster-Ganglionitis meist im Normalbereich liegen (Abb. B.3.30), d. h. normale Blut-Liquor Schrankenfunktion und

Tab. B.3.20: Mittlere Intensität der intrathekalen erregerspezifischen Antikörpersynthese bei akuten, subakuten und chronisch-entzündlichen Erkrankungen des ZNS. Vergleich des Antikörperindex (AI) und der spezifischen intrathekalen Antikörper-Fraktion (F_S) gegen das kausale Antigen bei der subakuten sklerosierenden Panenzephalitis (SSPE), Herpes simplex Enzephalitis (HSV-E) und der Fuchs' Heterochromiezyklitis des Auges (FHC) neben Multipler Sklerose (MS) mit einer polyspezifischen Immunreaktion gegen nicht-kausale Antigene. MW: Mittelwert.

	AK- Spezies	F_S (%)		AI	
		MW	(Bereich)	MW	(Bereich)
SSPE	Masern	20	(12–28)	21	(12–31)
HSV-E	HSV	9	(4–13)	41	(32–51)
FHC[1]	Röteln[1]	2,6	(0,14–46)[1]	21	(1,5–309)[1]
MS	Masern	0,5	(0,04–4,4)	3,3	(1,5–46)
MS[2]	Röteln	0,5	(0,03–4,8)	2,6	(1,5–14)
MS	VZV	0,23	(0,03–4,9)	3,4	(1,5–15)
MS	HSV	0,14	(0,06–0,23)	2,3	(1,6–9,3)

[1)] Daten im Kammerwasser des Auges bei der Fuchs-Heterochromiezyklitis [10].

[2)] Bei MS-Patienten mit Uveitis oder Periphlebitis werden entsprechend im Kammerwasser folgende Daten gefunden: Röteln-AI = 3,0 (0,7–35); Röteln-Fs = 0,06 (0,01–0,25).

keine intrathekale Fraktion, und auch die Zellzahlen zwischen normal und nur leichter Pleozytose variieren, ist der Nachweis von VZV-Antikörpern mit dem VZV-Antikörperindex (Tab. B.3.21), mit einer Sensitivität von 100 % beschrieben [12]. Der erhöhte VZV-Antikörperindex als Ausdruck einer lokalen Antikörpersynthese ist wesentlich empfindlicher als der Nachweis von oligoklonalem IgG mit der isoelektrischen Fokussierung (Sensitivität 30 %) oder der Nachweis einer intrathekalen IgG-Fraktion (IgG_{IF} > 0; 15 % Sensitivität). Ein erhöhter Antikörperindex für Zoster-Antikörper konnte noch bis zu 2 Jahre nach vollständiger Genesung des Patienten beobachtet werden [11].

Zu dieser Analytik gibt es in der Neurologie keine Alternative, um die Ursache einer

Fazialisparese (VZV, Borrelien, HSV, bakterieller Infekt) zu charakterisieren. Die Unterscheidung der bakteriellen von der Virus-bedingten Ursache ist von entscheidender Bedeutung, da in beiden Fällen eine – allerdings unterschiedliche – Therapie möglich ist. Die zum Teil noch länger nach Abklingen der Symptome anhaltende Synthese von VZV-Antikörpern ist wiederum ein Hinweis darauf, dass ein erhöhter spezifischer Antikörperindex nicht als Zeichen der Akuität der Erkrankung bewertet werden darf.

3.3.1.2 Zoster-Meningitis [11]

Die Zoster-Meningitis ist charakterisiert durch einen initial normalen bis mittelgradig erhöhten Albuminquotienten mit erhöhten Liquorzellzahlen. Die sehr schwache Immunreaktion führt zu einer geringen Sensitivität im Nachweis der IgG-Synthese (15 % Sensitivität; IgG_{IF} > 0 oder oligoklonales IgG). Der Nachweis eines erhöhten Zoster-Antikörperindexwertes ist aber bereits zwischen Tag 1 und Tag 6 nach Beginn der Erkrankung mit einem Maximum um Tag 12 nachweisbar mit einer Sensitivität von ca. 50 % [11].

3.3.1.3 HIV-Enzephalopathie und opportunistische Infektionen [14]

Der Nachweis erregerspezifischer Antikörper hat eine höhere Sensitivität als der Nachweis von oligoklonalem IgG oder einer intrathekalen IgG-Fraktion ist aber auch hier stark abhängig vom Stadium der Erkrankung. Im Stadium I ist die Sensitivität 47 %, im Stadium II 67 % und im Stadium III 84 %.

Bei Toxoplasma gondii oder Cytomegalie-Virusinfektionen wird ein erhöhter Antikörperindex mit einer Sensitivität von annähernd 100 % gefunden. Es ist aber besonders bei der Toxoplasmose anzumerken, dass für die Beurteilung der *klinischen Spezifität* die Möglichkeit einer polyspezifischen Immunreaktion im Zusammenhang mit einem chronisch entzündlichen Prozess ebenfalls betrachtet werden muss (z. B. in 10 % der MS-Patienten beobachtbar). Der Nachweis der intrathekalen Toxoplasma-Antikörpersynthese kann wichtig sein, um zwischen verschiedenen Ursachen von Hirnläsionen, wie sie im CT oder Kernspintomografie beobachtbar sind, zu differenzieren. So z. B. die Unterscheidung von intrazerebralen Lymphomen und Toxoplasma-Granulom.

Bei der Kryptokokkose (Cryptococcus neoformans) ist ein spezifischer Antikörpernachweis meist nicht einfach. Hier ist der Kapsel-Antigen-Nachweis (**Kap. 6.3.2.3**) die Analytik der Wahl. Aber auch die PCR erreicht 80 % Sensitivität [15].

Die Nachweise von erhöhten Zoster-AI-Werten oder CMV-AI-Werten sind im Verlauf der HIV-Enzephalitis mit einer entsprechenden klinischen Symptomatik (Zoster-Ganglionitis, CMV-Enzephalitis) assoziiert. Dagegen ist die bei 20 % der Patienten im späten AIDS-Stadium beobachtete intrathekale Herpes simplex Antikörpersynthese (Tab. B.3.21) ohne entsprechende klinische Manifestation [14]. Dies wäre wiederum im Sinne einer polyspezifischen Immunreaktion zu interpretieren.

3.3.1.4 Neuroborreliose [16]

Der Nachweis von Borrelien-spezifischen Antikörpern der IgM- und der IgG-Klasse hat eine Sensitivität von 80 % gegenüber 70 % einer allgemeinen humoralen Immunreaktion, wie sie in den Quotientendiagrammen nachweisbar ist. Der Nachweis einer spezifischen DNA mit PCR hat eine wesentlich niedrigere Sensitivität (< 40 %).

Die bislang nur schwierig zu diagnostizierende chronische Neuroborreliose zeigt bei häufig dominanter intrathekaler IgG-Synthese ebenfalls ein MRZ-Muster bei dominanter

Tab. B.3.21: AI-Werte bei entzündlichen neurologischen Erkrankungen des ZNS.

	SSPE	Zoster-Gang	HSV-E	HIV WR2	HIV WR6	MS	Neuroborreliose
Masern-V	**87,5**	1,0	1,0	0,9	1,1	**15,6**	0,8
Röteln-V	0,9	1,0	0,9	1,0	0,9	**10,7**	1,0
VZV	1,0	**5,0**	**13,0**	1,1	1,0	**3,9**	0,9
HSV	1,1	**2,5**	**37,9**	0,9	**2,3**	1,2	1,0
HIV	–	–	–	**5,4**	**4,2**	–	–
Borrel (IgG)	–	1,0	–	–	–	–	**19,3**
Borrel (IgM)	–	1,1	–	–	–	–	**124,0**

Subakute Sklerosierende Panenzephalitis (SSPE), Zoster-Ganglionitis (Zoster-Gangl), Herpes Simplex Enzephalitis (HSV-E), HIV-Enzephalopathie – Phase Walter Reed 2 und 6 (WR2 und WR6), Multiple Sklerose (MS), Neuroborreliose. Pathologische Werte sind die fett gedruckten Zahlen (AI > 1,4).

IgG-Klassenreaktion (Tab. B.3.20). Die chronische Neuroborreliose geht definitiv nicht aus der akuten Form der Neuroborreliose hervor, sondern stellt offensichtlich eine unabhängige Verlaufsform dar. Eine Kombination der Erkrankungen Multiple Sklerose und Neuroborreliose würde allerdings ein ähnliches Bild vortäuschen.

3.3.1.5 Neurosyphilis

Der Nachweis erregerspezifischer Antikörper (TP-Index) als intrathekale Synthese ist von ausschlaggebender Bedeutung für die Diagnose einer Neurosyphilis. Wiederum ist die über Jahrzehnte anhaltende nur langsam ausklingende intrathekale Antikörpersynthese zu beobachten, ohne dass damit eine therapierelevante Information gegeben wird (s. **Kap. B.3.1**).

Zur Sensitivität des Nachweises von erregerspezifischen Antikörpern kann zusammenfassend gesagt werden, dass bei *akut entzündlichen Erkrankungen* der Nachweis einer intrathekalen Antikörpersynthese mittels Antikörperindex (bei Korrektur für die polyspezifische Immunreaktion) die *höchste Sensitivität* gegenüber anderen Verfahren, wie oligoklonalem IgG oder intrathekalen Fraktionen der Immunglobulinklassen, zeigt.

Der Nachweis der spezifischen Antikörper mit dem Enzymimmunoassay ist auch von der methodischen Sensitivität den anderen Verfahren (isoelektrische Fokussierung oder Blot-Techniken nach Elektrophorese) [11] eindeutig überlegen. Im Gegensatz dazu ist bei chronischen Erkrankungen, wie der Multiplen Sklerose, die Sensitivität für oligoklonales IgG größer als die der MRZ-Reaktion [9].

In den meisten Fällen ist der Nachweis der IgG-Klassen-Antikörper entscheidend, und nur in ganz bestimmten Fällen ist ein IgM-Klassen-Antikörpernachweis im Liquor angezeigt oder unerlässlich.

3.3.2 Chronisch entzündliche Erkrankungen des ZNS

3.3.2.1 Multiple Sklerose [9]

Bei der Multiplen Sklerose liegt die Sensitivität der humoralen Immunreaktion, d. h. des Nachweises oligoklonalen IgG bei 98 %. Der Nachweis polyspezifischer Masern-, Röteln-, Zoster-, Herpes simplex, Mumps- etc. Antikörper korreliert mit der Intensität der intrathekalen IgG-Synthese. Die Masern-, Röteln- und Zoster-Antikörpersynthese (MRZ-Reaktion) wird im Mittel mit einer Sensitivität von 90 % gefunden. Die Häufigkeit für Masern (78 %), Röteln (65 %), Zoster (55 %) und Herpes simplex (25 %) nimmt für andere Spezies, z. B. für

Doppelstrang-DNA-Autoantikörper (10 %) und Toxoplasma-Antikörper (10 %) weiter ab. Mit der Intensität der intrathekalen IgG-Synthese korreliert auch die Höhe des Antikörperindexwertes [9].

3.3.2.2 Spezifität der intrathekalen Antikörpersynthese

Die prinzipiell polyspezifische Immunreaktion [2,3,5,6,15,17] muss notwendigerweise zur Einschränkung der klinischen Spezifität des Antikörpernachweises führen. Zur Unterscheidung eines Antikörpers gegen das ursächliche Antigen neben einer polyspezifischen Mitreaktion im immunologischen Netzwerk [2,5] sind verschiedene Möglichkeiten gegeben. Wie in Tab. B.3.21 gezeigt, kann der Masern-AI-Wert bei der SSPE so hoch sein, dass eine Mitreaktion ausgeschlossen werden kann. Bei MS sind die Werte für Masern-AI < 45 [9]. Dies gilt auch für extreme HSV-AI-Werte bei der HSV-Enzephalitis. Bei jedoch meistens überlappenden AI-Wertebereichen kann die absolute Menge, d. h. Titerwerte im Liquor und Serum herangezogen werden, um eine AK-Synthese bei einer akuten Infektion von einem AK-Titer im Bereich der Durchseuchungstiter (unterhalb des cut off, meist lakonisch als negativ bezeichnet) zu unterscheiden. Als dritte Möglichkeit wird die Analyse der *Affinität* der Antikörper propagiert – bei akuten Erkrankungen ist die Affinität niedriger als bei länger zurückliegenden Infektionen mit abgeschlossener Reifung der Affinität [1,18,19].

Eine besondere Position nimmt die Kombination verschiedener Antikörperspezies, wie die MRZ-Reaktion bei MS, ein. Eine Kombination erhöhter AI-Werte, z. B. für M + R oder R + Z, kann als Hinweis auf einen chronisch entzündlichen Prozess mit Autoimmuncharakter gewertet werden [9,20], da eine Doppelerkrankung mit M + R unplausibel ist und eine Häufigkeit der M + R, R + Z, M + Z oder M + R + Z-Kombination als Mitreaktion bei anderen Erkrankungen unter 0,1 % liegt. Diese M + R-Kombination ist eindeutiger einem chronischen Prozess im Immunsystem zuzuordnen als dies mit der Kombination VZV + HSV-Antikörper möglich ist, die auch bei akuten Prozessen vorkommt (Tab. B.3.21).

Die Kombination von M + R + Z wird bei Erkrankungen wie Neurotuberkulose, Neurosyphilis oder Zystizerkose nicht beobachtet.

Der Nachweis der MRZ-Reaktion ist derzeit die empfindlichste und spezifischste Methode, um zum Zeitpunkt der ersten klinischen Symptome einen *chronisch* entzündlichen Prozess im ZNS (Autoimmuntyp) zu diagnostizieren und damit dem Nachweis von oligoklonalem IgG insofern überlegen, als oligoklonales IgG unspezifisch bei akuten wie bei chronischen Erkrankungen auftritt.

Die MRZ-Reaktion ist nicht spezifisch für MS, da sie auch bei Autoimmunerkrankungen mit Beteiligung des ZNS, wie z. B. Lupus erythematodes, Wegenersche Granulomatose oder Sjögren-Syndrom vorkommt [20].

3.3.3 Allgemeine Interpretationen der intrathekalen Antikörpersynthese

Die Anwesenheit einer intrathekalen, humoralen Immunreaktion kann nicht als Zeichen der Krankheitsakuität und Aktivität benützt werden. Hier bleiben immer drei Möglichkeiten einer Interpretation der intrathekalen Antikörpersynthese:

1. Es handelt sich um eine akute Erkrankung mit der Reaktion auf ein monospezifisches Antigen. Der Anteil der intrathekalen Antikörpersynthese für das kausale Antigen liegt bei ca. 25–30 % der intrathekal synthetisierten IgG-Fraktion bei zusätzlich

hohen Titern im Serum (und Liquor). Werte AI > 50 sind hier zuzuordnen.

2. Es liegt eine postakute im Verlauf abnehmende Antikörpersynthese ohne klinische Relevanz vor (Narbe). Titer liegen hier meistens im Bereich der normalen Durchseuchungstiter im Blut, d. h. unterhalb eines statistisch definierten Cut-Off-Wertes.
3. Die intrathekale Antikörpersynthese ist Teil einer polyspezifischen Immunreaktion, wie sie typischerweise bei akuten und vor allem chronisch entzündlichen Erkrankungen des ZNS gefunden werden. Bei Blut-Titern im Rahmen der Durchseuchungstiter (unterhalb des statistisch definierten Cut-Off, meist als normal oder negativ bezeichnet) finden sich intrathekal synthetisierte Antikörper, die in der Regel unter 1 % der intrathekalen Gesamt-IgG-Fraktion liegen. Antikörperindexwerte sind kleiner als bei Fall 1 (AI < 45).

Literatur

[1] Jarius S, Franciotta D, Bergamaschi R, et al. Polyspecific, antiviral immune response distinguishes multiple sclerosis and neuromyelitis optica. J Neurol Neurosurg Psychiatry. 2008;79:1134–6.

[2] Reiber H, Davey B. Desert-Storm-Syndrome and Immunization. Arch Internal Med. 1996;156:217.

[3] Quentin CD, Reiber H. Fuchs' Heterochromic Cyclitis – rubella virus antibodies and genome in aqueous humor. Am J Ophtalmol. 2004;138:46–54.

[4] Sindic CJM, Monteyne PH, Laterre EC. The intrathecal synthesis of virus-specific oligoclonal IgG in multiple sclerosis. J Neuroimmunol. 1994;54:75–80.

[5] Terryberry JW, Schoenfeld Y, Gilburd B, et al. Myelin- and microbe-specific antibodies in Guillain-Barré Syndrome. J Clin Lab Anal. 1995;9:308–319.

[6] Varela FJ, Coutinho A. Second generation immune networks. Immunol Today. 1991;12:159–166.

[7] Adams JM, Imagawa DG. Measles antibodies in multiple sclerosis. Proc Soc Exp Biol Med. 1962;111:562.

[8] Vandvic B, Norrby E, Nordal HJ. Optic neuritis: local synthesis in the CNS of oligoclonal antibodies to measles, mumps, rubella and herpes simplex viruses. Acta Neurol Scand. 1979;60:204–213.

[9] Reiber H, Ungefehr S, Jacobi C. The intrathecal, polyspecific and oligoclonal immune response in multiple sclerosis. Mult Sclerosis. 1998;4:111–117.

[10] Goldmann H, Wittmer R. Antikörper im Kammerwasser. Ophthalmol. 1954;127:323–330.

[11] Felgenhauer K, Reiber H. The diagnostic significance of antibody specificity indices in multiple sclerosis and herpes virus induced diseases of the nervous system. Clin Investig. 1992;70:28–37.

[12] Reiber H. Die diagnostische Bedeutung neuroimmunologischer Reaktionsmuster im Liquor cerebrospinalis. Lab med. 1995;19:444–462.

[13] Reiber H, Lange P. Quantification of virus-specific antibodies in cerebrospinal fluid and serum: sensitive and specific detection of antibody synthesis in brain. Clin Chem. 1991;37:1152–1160.

[14] Lüer W, Poser S, Weber T, et al. Chronic HIV Encephalitis – I. Cerebrospinal Fluid Diagnosis. Klin Wochenschr. 1988;55:86–89.

[15] Reiber H, Sindic CJM, Thompson EJ. Cerebrospinal Fluid – Clinical Neurochemistry of Neurological Diseases. Springer-Verlag, Heidelberg 2005.

[16] Tumani H, Nölker G, Reiber H. Relevance of cerebrospinal fluid parameters for early diagnosis in neuroborreliosis. Neurol. 1995;45:1663–1670.

[17] Peter JB, Schoenfeld Y (Hrsg.). Autoantibodies. Elsevier, Amsterdam 1996.

[18] Gharavi AE, Reiber H. Affinity and Avidity of Autoantibodies. In: J. B. Peter, Y. Schoenfeld (Hrsg.): Autoantibodies, S. 13–23. Elsevier Science Amsterdam 1996.

[19] Luxton RW, Zeman A, Holzel H, et al. Affinity of antigen-specific IgG distinguishes multiple sclerosis from encephalitis. J Neurol Sci. 1995;132:11–19.

[20] Graef I, Henze T, Reiber H. Polyspezifische Immunreaktion im ZNS bei Autoimmunerkrankungen mit ZNS Beteiligung. Zeitschrift für ärztl Fortbild. 1994;88:587–691.

3.4 Autoantikörper bei Autoimmunenzephalitiden, paraneoplastischen neurologischen Syndromen und verwandten Erkrankungen des Nervensystems

Jan Lewerenz

3.4.1 Einleitung

Bei verschiedenen, autoimmunologisch bedingten Erkrankungen des zentralen, z. T. auch des peripheren Nervensystems (ZNS/PNS) finden sich diagnostisch und prognostisch relevante antineuronale, in selteneren Fällen auch antigliale Antikörper. Diese sollen in diesem Kapitel besprochen werden. Ausgenommen werden hier Autoantikörper, Anti-MOG- und Anti-Aquaporin 4-Antikörper, die bei demyelinisierenden Erkrankungen des ZNS wichtig sind und damit eine Sonderstellung einnehmen, sowie Antikörper, die ausschließlich bei Erkrankungen des peripheren Nervensystems und der motorischen Endplatte auftreten.

Alle die in diesem Kapitel besprochenen Antikörper gehören zur Immunglobulinklasse IgG [1]. Bis vor kurzem wurden diese Antikörper prinzipiell in vier Kategorien aufgeteilt: 1. Antikörper gegen intrazelluläre „onkoneuronale“ Antigene bei paraneoplastischen neurologischen Syndromen (PNS), 2. Antikörper gegen intrazelluläre Antigene, die in der Regel ohne Assoziation mit Neoplasien auftreten, 3. Antikörper gegen neuronale Oberflächenantigene, 4. Purkinjezell-Antikörper [2–6]. Da in den letzten Jahren vermehrt Antikörper gegen neuronale Oberflächenantigene identifiziert wurden, bei denen ein z. T. beträchtlicher Anteil der positiv getesteten Patienten ein PNS aufweist, wurde diese Einteilung jüngst zugunsten einer Klassifikation dieser Antikörper aufgrund des mit ihnen assoziierten Risikos einer zugrundeliegenden malignen Erkrankung aufgegeben [1]. Auch ergaben sich bei der vormaligen Einteilung im Einzelnen Probleme, da einige einer Gruppe zugeordnete Antikörper von der Mehrzahl der in diese Klasse gehörenden Subtypen abweichende Eigenschaften aufwiesen bzw. sich mehr als einer Kategorie zuordnen ließen. Bei der Beschreibung des Ablaufs der Diagnostik hat die vormalige Einteilung jedoch weiterhin eine gewisse Berechtigung, so dass diese in diesem Kapitel weiterhin, neben der aktuellen Einteilung nach Tumorrisiko, angewendet wird. Eine Sondergruppe stellen in diesem Kontext die neuen und/oder partiell charakterisierten Antikörper dar. Hier handelt es sich um wahrscheinlich ätiologisch und/oder diagnostisch relevante Antikörper, bei denen allerdings noch nicht genügend Informationen vorliegen, um z. B. eine Tumorassoziation sicher zu beurteilen [1].

Die Antikörper der Kategorie 1 wurden bis vor kurzem auch „onkoneuronale“ Antikörper genannt [2,3], diese entsprechen gemäß der neuen Klassifikation im Wesentlichen den Hochrisiko-Antikörpern [1] (Tab. B.3.22). Hinzugekommen sind SOX1-Antikörper, die zwar im Jahre 2000 erstmals bei Patienten mit kleinzelligen Bronchialkarzinomen beschrieben worden sind [7], deren häufiges mit paraneoplastischem Lambert-Eaton-Syndrom und progredienter zerebellärer Ataxie bei dieser Tumorerkrankung erst im Verlauf klar wurde [8,9]. Obwohl schon länger als PCA2 bekannt [10], wurde erst jüngst das Antigen dieses stark mit PNS assoziierten Antikörpers als MAP1b identifiziert [11], so dass dieser Antikörper nun als gut charakterisiert gilt und mit in diese Gruppe gezählt wird. Neu hinzugekommen sind ferner Antikörper gegen das Kelch-like Protein-11(KLHL11), vornehmlich als Marker für eine paraneoplastische Cerebellitis bei Männern mit Keimzelltumoren

Tab. B.3.22: Hochrisiko-Antikörper (> 70 % Assoziation mit Krebserkrankungen), adaptiert von [1].

Antikörper	Neurologische Präsentation	Tumorhäufigkeit (%)	Tumortyp	Geschlecht, Alter, sonstige
Hu (ANNA1)	Sensible Neuronopathie chronische intestinale Pseudoobstruktion Limbische Enzephalitis Enzephalomyelitis	85	kleinzelliges Bronchialkarzinom >> nicht-kleinzelliges Bronchialkarzinom Neuroendokrine Tumoren Neuroblastom	Limbische Enzephalitis in der Regel nicht-paraneoplastisch in einem Alter < 18 Jahre
CV2 (Anti-CRMP5)	Enzephalomyelitis, Sensible Neuronopathie	> 80	Kleinzelliges Bronchialkarzinom Thymom	Chorea Optikusneuritis
SOX1	LEMS mit/ohne rasch progrediente zerebelläre Ataxie	> 90	Kleinzelliges Bronchialkarzinom	Assoziation mit Tumoren abhängig vom Phänotyp
PCA2 (MAP1B)	Sensible Neuronopathie rasch progrediente zerebelläre Ataxie	80	Kleinzelliges Bronchialkarzinom Nicht-kleinzelliges Bronchialkarzinom Mammakarzinom	
Amphiphysin	Polyradikulopathie Sensible Neuronopathie Enzephalomyelitis Stiff-Person-Syndrom	80	Kleinzelliges Bronchialkarzinom Mammakarzinom	oft andere Antikörper Wenn isoliert – > Frauen mit Mamma-Ca und Stiff-Person-Syndrom
Ri (ANNA2)	Hirnstammenzephalitis rasch progrediente zerebelläre Ataxie Opsoklonus-Myoklonus-Syndrom	> 70	Mammakarzinom →Bronchialkarzinom	Mammakarzinom bei Frauen, Bronchialkarzinom bei Männern
Yo (PCA1)	rasch progrediente zerebelläre Ataxie	> 90	Ovar- und Mammakarzinom	fast immer Frauen, bei Männern sollte Antigenexpression im Tumor geprüft werden
Ma/Ta	Limbische Enzephalitis Dienzephalitis Hirnstammenzephalitis	> 75	Hodenkarzinom Nichtkleinzelliges Bronchialkarzinom	jüngere Männer →Hodenkarzinome ältere Patienten →Bronchialkarzinome
Tr (DNER)	Rasch progrediente zerebelläre Ataxie	90	Hodgkin-Lymphom	
KLHL11	Hirnstammenzephalitis rasch progrediente zerebelläre Ataxie	80	Hodenkarzinom	junge Männer

Abkürzungen: ANNA = Antineuronale nukleäre Antikörper; CRMP5 = collapsin response-mediator protein 5; DNER = Delta/notch-like epidermal factor-related receptor; KLHL11 = Kelch-like protein 11, LEMS = Lambert-Eaton myasthenes Syndrom, PCA = Purkinje cell antibody

[12–14], allerdings auch als klinisch nicht relevanter Begleitantikörper bei Anti-NMDAR-Rezeptor-Enzephalitiden.

Das Vorkommen hochtitriger Antikörper dieser Kategorie in Serum und/oder Liquor bei einem Patienten mit einer klinisch passenden Präsentation ist hoch suggestiv für das Vorhandensein eines PNS, auch wenn noch kein Tumor bekannt ist [1]. Da die Antikörper gegen intrazellulär lokalisierte onkoneuronale Antigene gerichtet sind, ist die allgemeine Auffassung nicht, dass diese die neurologischen Symptome direkt auslösen [15]. Vielmehr handelt es sich aller Wahrscheinlichkeit nach bei diesen Erkrankungen um T-Zell-vermittelte Autoimmunerkrankungen, bei denen die Antikörper lediglich Folge einer Ko-Aktivierung der B-Zellen darstellen, die jedoch diagnostisch ausgenutzt werden kann. Eine Sonderstellung nimmt in dieser Gruppe Anti-Tr ein. Dieser Antikörper ist gegen den Delta/Notch-like epidermal growth factor-related receptor (DNER) gerichtet [16]. Als einziger Antikörper in der vormaligen Gruppe der onkoneuronalen Antikörper, jetzt Hochrisiko-Antikörper, mit starker Assoziation bei Anti-Tr-positiven Cerebellitiden mit Hodgkin-Lymphomen, interagiert dieser mit einen Transmembranprotein, was prinzipiell eine Antikörper-Antigen-Interaktion bei Anti-Tr-positiven PNS ermöglicht. Zudem gehört Anti-Tr in die Klasse der Purkinjezell-Antikörper, ebenso wie der Anti-Yo [17] und der MAP1b-Antikörper [10,11]

Zwei Antikörper der Kategorie der Hochrisiko-Antikörper, Anti-Sox1 und Anti-CV2, erkennen gliale Antigene [18,19]. Das Antigen von Anti-Sox1, auch Anti-glialer nukleärer Antikörper (AGNA) genannt, ist vor allem in den Zellkernen der zerebellären Bergmann-Glia lokalisiert [8]. Die Identifizierbarkeit der glialen Lokalisation des Zielmoleküls von Anti-CV2 hängt stark von den Fixierungsbedingungen des Gewebes ab, weshalb zunächst Uneinigkeit herrschte, ob der von Honnorat et al. beschriebene CV2-Antikörper mit dem vom Labor von Vanda Lennon identifizierte CRMP5-Antikörper [20] identisch ist, was sich dann jedoch bestätigte. Kommerziell erhältliche Gewebe sind in der Regel nicht perfusionsfixiert, so dass die oligodendrogliale Antigenlokalisation nicht deutlich wird, stattdessen zeigt sich ein Neutrophil-Muster ähnlich dem von Anti-Amphiphysin [20].

Der Kategorie 2 zugeordnet werden können in erster Linie die Anti-GAD-Antikörper. Hierbei handelt es sich um die 65 kDa- und z. T. die 67 kDA-Isoform [21] des Schrittmacherenzymes der GABA-Synthese. Demzufolge wird es vor allem in GABAergen Neuronen exprimiert, jedoch auch in einige endokrin differenzierten Zellen, den β-Zellen der Pankreasinseln [22]. Obwohl basierend auf Tierexperimenten Überlegungen existierten, dass Anti-GAD-Antikörper während der neuronalen Aktivität möglicherweise Zugang zu ihrem Antigen haben [23], ist die direkt pathophysiologische Relevanz der GAD-Antikörper aufgrund der Lokalisation des Antigens prinzipiell als fraglich anzusehen, zumal B-Zell-depletierende Therapien beim Menschen sich als unwirksam erwiesen haben [24]. Vielmehr muss auch bei GAD-Antikörper-assoziierten Erkrankungen davon ausgegangen werden, dass es sich um T-Zell-vermittelte Erkrankungen handelt [25] und die Antikörper ebenfalls, wie die onkoneuronalen Antikörper, einen Bystander-Effekt darstellen, der für diagnostische Zwecke genutzt werden kann. Auch Antikörper gegen das gliale fibrilläre saure Protein (glial fibrillary acidic protein, GFAP) sind gegen ein intrazelluläres Antigen gerichtet [26], das in diesem Fall jedoch in Astrozyten lokalisiert ist (Tab. B.3.23).

Die dritte Kategorie, in die die hier besprochenen Antikörper klassifiziert werden können, sind Antikörper gegen neuronale Oberflächenantigene. Diese stellen mit Abstand die größte und auch die häufigste

Gruppe dar. Antikörper dieser Kategorie werden jedoch nach Subtyp in sehr unterschiedlichen Assoziationen mit neoplastischen Erkrankungen gefunden, so dass zusammen mit den Antikörpern mit mittlerem Tumorrisiko (Tab. B.3.23) oder zusammen mit den GAD- und GFAP-Antikörpern der Gruppe mit niedrigen Risiko (Tab. B.3.24) zuteilt werden [1]. Allerdings ergibt sich das Tumorrisiko teilweise aus der Kombination des Antikörpers mit einem bestimmten klinischen Syndrom [1]. Die meisten zu dieser Kategorie gehörigen Antikörper sind erst in den letzten 15 Jahren, nachdem 2007 der Antikörper gegen den NMDA-Rezeptor in Assoziation mit Autoimmunenzephalitis bei Frauen mit Ovarteratomen gefunden wurde [27], identifiziert worden, haben jedoch entsprechend ihrer Häufigkeit eine hervorgehobene Stellung erreicht. Jedoch waren auch schon zuvor Antikörper dieser Klasse bekannt. So waren bereits 1988 beim Lambert-Eaton-Syndrom als auch zerebelläre Ataxien in Assoziation mit kleinzelligen Bronchialkarzinomen Antikörper gegen spannungsabhängige Kalziumkanäle (voltage-gated calcium channels, VGCC) gefunden worden [28]. Die heutzutage mit den spezifischen Assays detektierten Anti-LGI1- und Anti-CASPR2-Antikörper konnten bereits 1995 als Antikörper, die gegen spannungsanhängige Kaliumkanäle (voltage-gated potassium channels, VGKC) gerichtet zu sein schienen, detektiert werden [29]. Dieses VGKC-Assay ist jedoch heutzutage aufgrund fehlender Spezifität und fehlender Sensitivität als obsolet einzuschätzen [30].

Tab. B.3.23: Antikörper mit mittlerem Risiko (> 70 % Assoziation mit Krebserkrankungen), adaptiert von [1].

Antikörper	Neurologische Präsentation	Tumorhäufigkeit (%)	Tumortyp	Geschlecht, Alter, sonstige
AMPA-Rezeptor	Limbische Enzephalitis	> 50	Kleinzelliges Bronchialkarzinom Malignes Thymom	häufiger paraneoplastisch, wenn Hochrisiko-Antikörper assoziiert
$GABA_B$-Rezeptor	Limbische Enzephalitis	> 50	Kleinzelliges Bronchialkarzinom	häufiger paraneoplastisch in älteren Männern
mGluR5	Encephalitis	50	Hodgkin-Lymphom	
P/Q-Typ-Kalziumkanäle	LEMS rasch progrediente zerebelläre Ataxie	50 (LEMS, Ataxie 90)	Kleinzelliges Bronchialkarzinom	mit N-Typ-Kalziumkanal-Antikörpers etwas häufiger paraneoplastisch
NMDA-Rezeptor	Anti-NMDA-Rezeptor-Enzephalitis	38	Ovarteratome und extraovariale Teratome	Tumoren (zumeist Ovarialteratome) vor allem 12–45 Jahre (50 %). Ältere Patienten haben seltener Tumoren (< 25 %) kaum Tumoren in Kindern (< 10 %)
CASPR2	Morvan-Syndrom	50	Malignes Thymom	Tumorassoziation spezifisch für Morvan-Syndrom

Abkürzungen: AMPA = alpha-Amino-3-hydroxy-5-isoxazolpropionsäure; CASPR2 = contactin-associated protein-like 2; GABA = gamma-Aminobuttersäure; LEMS = Lambert-Eaton mysthenes Syndrom; mGluR5 = metabotroper Glutamatrezeptor 5 (adaptiert von [1])

Tab. B.3.24: Antikörper mit niedrigem Risiko (< 30 % Assoziation mit Krebserkrankungen), adaptiert von [1].

Antikörper	Neurologische Präsentation	Tumorhäufigkeit (%)	Tumortyp	Geschlecht, Alter, sonstige
mGluR1	Zerebelläre Ataxie	30	zumeist hämatologisch	
$GABA_A$-Rezeptor	Enzephalitis	< 30	Malignes Thymom	Tumoren seltener bei Kindern
CASPR2	Limbische Enzephalitis Zerebelläre Ataxie Neuromyotonie	< 30	Malignes Thymom	Morvan-Syndrom mit höherem Tumorrisiko Chorea
GFAP	Meningoenzephalomyelitis	20	Ovarteratome Adenokarzinome	kann mit NMDAR-Antikörpern auftreten
GAD65	Limbische Enzephalitis Stiff-Person-Syndrom Zerebelläre Ataxie	< 15	Kleinzelliges Bronchialkarzinom Neuroendokrine Tumore Malignes Thymom	Tumorrisiko bei älteren Patienten und atypischer Präsentation
LGI1	Limbische Enzephalitis	< 10	Neuroendokrine Tumore Malignes Thymom	Thymom in der Regel bei Morvan-Syndrom und zusätzlich CASPR2-Antikörpern Hyponatriämie
DPPX	Enzephalitis mit ZNS-Hyperexzitabilität PERM	< 10	B-Zell-Neoplasien	
GlyR	Limbische Enzephalitis PERM	< 10	Malignes Thymom Hodgkin-Lymphom	

Abkürzungen: CASPR2 = contactin-associated protein-like 2; DPPX = dipeptidyl peptidase-like protein; GABA = gamma-Aminobuttersäure, GAD = Glutamatdecarboxylase, GFAP = glial fibrillary acidic protein; LGI1 = leucine-rich glioma-inactivated protein 1; mGluR1 = metabotroper Glutamatrezeptor 1; PERM = Progressive Enzephalomyelitis mit Rigidität und Myoklonus.

Die allermeisten dieser Antikörper lassen sich in der Immunhistologie auf speziell fixiertem Rattenhirn als sogenanntes Neuropilmuster nachweisen, da die Antigene vorwiegen synaptisch lokalisiert sind [31]. Diese Neuropilmuster weist je nach Antigen etwas unterschiedliche, für den Erfahrenen diagnostisch wegweisende Charakteristika auf. Immer wieder werden Patienten mit neurologischen Autoimmunerkrankungen publiziert, die neue Antikörper dieser Kategorie in Serum und/oder Liquor aufweisen. Einige Autoren sind dazu übergegangen, in Übersichten zu dieser Kategorie nur Antikörper zu besprechen, die unabhängig von zumindest zwei unterschiedlichen Laboren gefunden werden konnten [32]. Dieses Prinzip wird in diesem Kapitel übernommen. Gemeinsam ist den Antikörpern dieser Kategorie ist die Zugänglichkeit der Antigene für eine Bindung des Antikörpers. Für einige Vertreter dieser Kategorie wurde bereits gezeigt, dass diese Antikörper-Antigen-Interaktion im lebenden Organismus tatsächlich vorkommt und zu neuronaler Dysfunktion führt, die letztlich die neurologischen Symptome erklärt [33–35]. Die Antikörper dieser Kategorie können subtypspezifisch bestimmten IgG-Subklassen zugeordnet werden [36] (Tab. B.3.23). Unter anderem davon kann es abhängen, ob eine komplementmediierte antineuronale Zytotoxizität bei der Pathophysiologie der Erkrankung eine Rolle spielt. Der alternative als relevant identifizierte Mechanismus ist die Internalisierung des Antigen-Antikörper-Komplexe und damit Hemmung der durch das Antigen vermittelten Signalübertragung. Wichtig ist ferner, dass einige Vertreter dieser Kategorie eine ausgesprochen prominente intrathekale Synthese aufweisen, wie z. B. der NMDAR-Antikörper in Assoziation mit einer NMDAR-Enzephalitis [37]. Dies kann entscheidend dafür sein, ob der Nachweis eines dieser Antikörper als klinisch relevant eingestuft wird (siehe unten). Im Prinzip stellt auch der Anti-Tr-Antikörper einen neuronalen Oberflächenantikörper dar [16]. Ferner entsprechen noch die Antikörper gegen den metabotropen Glutamatrezeptor 1 (mGluR1) der Kategorie der Purkinjezell-Antikörper [38].

Die Purkinjezell-Antikörper als vierte und letzte Kategorie stellen ebenfalls eine sehr große Gruppe dar. Hierunter finden sich mit Anti-Yo, PCA2 und Anti-Tr „onkoneuronale“ Hochrisiko-Antikörper als auch Antikörper, die selten Assoziationen mit Neoplasien haben, oder über deren diagnostische Relevanz und Tumorassoziation aufgrund der geringen Anzahl bisher beschriebener Patienten noch keine Aussagen gemacht werden können (Tab. B.3.25). Ihnen gemeinsam ist, dass diese in der Immunhistochemie zu einer mehr oder weniger subtypspezifischen Markierung der Purkinjezellen führen und vornehmlich in klinischer Assoziation mit Zerebellitiden auftreten [4–6]. Das viele dieser Antikörper (noch) als neu und teilcharakterisiert gelten, haben die Purkinjezell-Antikörper gemeinsam mit einigen anderen Antikörpern, die vornehmlich bei einzelnen Patienten mit limbischen Enzephalitiden gefunden wurden [1].

Tab. B.3.25: Neuere oder partiell charakterisierte Purkinje-Zellantikörper (modifiziert nach [1]).

Antikörper	Neurologische Präsentation	Anzahl publizierter Patienten	Tumor (%)	Berichtete Tumoren	Geschlecht, Alter, sonstige
ITPR1	Zerebelläre Ataxie Polyneuropathie	25	30	Mammakarzinom	
ARHGAP26/Ca	Zerebelläre Ataxie Enzephalitis/ Enzephalopathie	10	50	verschiedene Tumoren B-Zell-Lymphome Melanome	
Adaptorprotein-3B	sensible oder zerebelläre Ataxie	10	20	Nierenzellkarzinom B-Zell-Lymphom	
CARP VIII	Zerebelläre Ataxie	3	100	Melanom Ovarial-Karzinom Mammakarzinom	
Proteinkinase C-gamma	Zerebelläre Ataxie	2	100	Nicht-kleinzelliges Bronchialkarzinom Hepatozelluläres Karzinom	

Tab. B.3.25 (fortgesetzt)

Antikörper	Neurologische Präsentation	Anzahl publizierter Patienten	Tumor (%)	Berichtete Tumoren	Geschlecht, Alter, sonstige
TRIM9/67	Zerebelläre Ataxie	2	100	Nicht-kleinzelliges Bronchialkarzinom	
mGluR2	Zerebelläre Ataxie	2	100	Kleinzelliges Karzinom Rhabdomyosarkom	
Homer 3*	Zerebelläre Ataxie	3	0	Mammakarzinom	Mammakarzinom bei einem unpublizierten Fall

*[97]; Abkürzungen: ARHGAP26 = Rho GTPase-activating protein 26; CARP VIII = carbonic anhydrase-related protein VIII; ITPR1 = Inositol-1,4,5-triphosphatrezeptor 1, mGluR2 = metabotroper Glutamatrezeptor 2, TRIM = tripartite motif-containing protein.

3.4.2 Indikation

Die Indikation zur Bestimmung der oben aufgeführten vier Kategorien von Antikörpern ergibt sich aus der klinischen Präsentation. In der Regel werden Antikörper mehrerer Kategorien gemeinsam bestimmt.

Hinsichtlich der Verdachtsdiagnose eines PNS sollten die aktuell von Graus et al. jüngst in revidierter Fassung vorgeschlagenen Kriterien Anwendung finden [1]. Diese definieren Hochrisiko-Phänotypen, die den vormaligen klassische PNS des zentralen und peripheren Nervensystems entsprechen [2]. Diese Änderung trägt der Beobachtung Rechnung, dass auch bei Hochrisiko-Phänotypen, ehemals klassische paraneoplastische Syndrome, auch bei gleichzeitigem Nachweis eines „onkoneuronalen“ Hochrisiko-Antikörpers selbst bei intensivem Follow-up nicht in allen Fällen ein Tumor nachgewiesen werden kann. Bei Hochrisiko-Phänotypen lassen sich in vielen Fällen Hochrisiko-Antikörper nachweisen; eine paraneoplastische Ätiologie ist häufig. Phänotypen mittleren Risikos bezeichnen Syndrome, die unter Einbeziehung von Bildgebung und Liquorbefund wahrscheinlich entzündlicher Ätiologie einzustufen sind, und in der Regel subakut progredient verlaufen, bei denen nach Ausschluss anderer, häufigerer Ätiologien auch an eine paraneoplastische Ätiologie gedacht und die entsprechende Antikörperdiagnostik durchgeführt werden sollte. Während einige Antikörper fast ausschließlich mit einer einzigen klinischen Präsentation assoziiert gefunden werden, wie z. B. Yo-Antikörper in der Regel bei Patienten mit einem rasch progredienten zerebellärem Syndrom [39], kann insbesondere der häufigste Hochrisiko-Antikörper, Anti-Hu, bei ganz unterschiedlichen Krankheitsbildern auf die paraneoplastische Ätiologie hinweisen [40]. Bestimmte Hochrisiko-Antikörper sind, da die ektope Expression der „onkoneuronalen“ Proteins abhängig vom Tumortyp ist, vorzugsweise mit bestimmten Tumoren assoziiert. Ihr Nachweis macht somit nicht nur die Diagnose eines PNS hoch wahrscheinlich, sondern leitet auch die Strategie der Tumorsuche. Da die z. B. paraneoplastische limbische Enzephalitis einen Hochrisiko-Phänotyp darstellt, der ebenso auch mit Antikörpern mit niedrigem Tumorrisiko auftreten kann, ist hier die Bestimmung der Antikörper verschiedener Risikokategorien angezeigt.

GAD-Antikörper-assoziierte neurologische Erkrankungen zeigen typischerweise im starken Kontrast zu PNS aber auch zu den meisten Erkrankungen mit neuronalen Oberflächenantikörpern einen charakteristischerweise schleichenden Verlauf. Drei Phänotypen sind charakteristisch, eine limbische Enzephalitis, bei der eine Temporallappenepilepsie ganz im Vordergrund stehen kann, eine chronisch progrediente zerebelläre Ataxie sowie das Stiff-person-Syndrom [41]. Letzteres kann allerdings auch paraneoplastisch assoziiert mit Anti-Amphiphysin-Antikörpern auftreten [42]. An GFAP-Antikörper-assoziierte Enzephalitiden muss gedacht werden, wenn meningitische Zeichen in Form von Kopfschmerzen mit einem enzephalomyelitischen Krankheitsbild assoziiert sind [26]. Hier ist eine entlang der intraparenchymatösen, in den Hemisphären radiär verlaufenden Gefäße lokalisierte Kontrastmittelaufnahme bei ca. 50 % der Patienten als charakteristischer MRT-Befund beschrieben worden [43].

Die meisten Erkrankungen, die mit diagnostisch relevanten neuronalen Oberflächenantikörpern assoziiert sind, präsentieren sich phänotypisch als Enzephalitis. Für die Autoimmunenzephalitiden wurden vor einigen Jahren diagnostische Kriterien vorgeschlagen, die eine Hilfestellung bieten sollen, bei welchen Patienten der entsprechende Verdacht geäußert und somit eine Antikörpertestung initiiert werden sollte [44]. Für den Verdacht auf eine NMDAR-Enzephalitis wurden aufgrund der oftmals charakteristischen Präsentation gesonderte, parallel anwendbare diagnostische Kriterien vorgeschlagen. Diese diagnostischen Kriterien sind allerdings nicht formal validiert, so dass bisher keine belastbaren Daten über die Sensitivität vorliegen. Auch können neuronale Oberflächenantikörper dieser Gruppe bei Patienten mit anderen klinischen Syndromen auftreten und hier diagnostisch relevant sein. Hierzu gehören zerebelläre Ataxien, die assoziiert mit CASPR2- und VGCC-Antikörpern vorkommen können [45,46]. Auch wurden zerebelläre Symptome bei der NMDAR-Enzephalitis beschrieben [47]. CASPR2-Antikörper finden sich ferner bei einigen Patienten mit peripheren Hyperexzitabilitätssyndromen, wie Crampus-Faszikulations-Syndromen bzw. Neuromyotonie, aber auch Schmerzsyndromen [45]. Eine Sonderstellung nehmen Glyzinrezeptor-Antikörper ein, da diese diagnostisch relevant bei Stiff-person-Syndrom-ähnlichen Präsentationen bzw. progressiver Enzephalomyelitis mit Rigidität und Myokloni sind [48], aber auch bei Epilepsie und häufig zusammen mit MOG- und Aquaporin 4-Antikörpern bei Optikusneuritis gefunden werden, wobei der diagnostische Stellenwert bei letzteren fraglich bleibt [49]. Die Bestimmung von IgLON5-Antikörpern ist zusätzlich bei unklaren Schlafstörungen und in Einzelfällen in der Differentialdiagnose atypischer Parkinson-Syndrome und unklarer Chorea von Bedeutung, kann jedoch auch mit peripheren Hyperexzitabilitätssyndromen assoziiert sein [50]. In der Abklärung choreatischer Syndrome spielt zusätzlich zu den IgLON5-Antikörpern die Bestimmung der CASPR2- [51] und CV2-Antikörper [52] eine Rolle. Letzter findet sich auch in einigen Fällen paraneoplastischer Optikusneuritiden [53].

3.4.3 Methodik

Bei der Bestimmung der bei Autoimmunenzephalitiden, PNS und verwandten Erkrankungen des Nervensystems relevanten Autoantikörper, muss zunächst die Entscheidung getroffen werden, ob diese Antikörper im Serum und/der im Liquor untersucht werden sollen. Zumindest für die NMDAR-Enzephalitis gibt es belastbare Daten, dass eine Bestimmung im Serum nicht ausreichend ist [54]. So ergeben sich zwar bei allen Patienten positive

Befunde im Liquor, jedoch kann gleichzeitig der Nachweis bei 15 % der Patienten im Serum negativ ausfallen. Dies gilt aber nicht für alle Autoimmunenzephalitiden mit Antikörpern gegen neuronale Oberflächenantigene, so sind isoliert positive CASPR2- oder IgLON5-Antikörper im Liquor bisher nicht beschrieben worden. Auch wäre es aufgrund der pathophysiologischen Überlegungen zur Entstehung eines PNS ungewöhnlich, wenn onkoneuronale Antikörper isoliert im Liquor detektierbar wären. Bei Erkrankungen des peripheren Nervensystems wie der Neuromyotonie als auch bei den meisten Purkinjezell-Antikörpern kann wahrscheinlich auf eine Bestimmung im Liquor verzichtet werden. Dennoch wurden in einer Untersuchung bei einzelnen Patienten auch Hochrisiko-Antikörper ausschließlich im Liquor gefunden [55]. Prinzipiell gilt aber, dass bei einer ZNS-Symptomatik eine Bestimmung in Liquor und Serum anzustreben ist, während bei sich auf das periphere Nervensystem beziehende Beschwerden die Bestimmung im Liquor aller Wahrscheinlichkeit verzichtbar ist. Bei der Durchführung einer indirekten Immunfluoreszenz auf Hirnschnitten mit Serum in niedrigen Ausgangsverdünnungen kann es in Einzelfällen zu einem ungünstigen Signal/Rausch-Verhältnis kommen, das diagnostisch relevante Muster verdecken kann [56]. Da häufig auch eine intrathekale Synthese vorliegt, hilft hier das parallele Mitführen einer wenig oder unverdünnt eingesetzten Liquorprobe. Generell wird deshalb die parallele Testung in Liquor und Serum empfohlen [1].

3.4.3.1 Assay zur Detektion und Quantifizierung antineuronaler Antikörper

Für die Testung auf antineuronale Antikörper stehen unterschiedliche Methoden zur Verfügung, die im Folgenden beschrieben werden.

Indirekte Immunfluoreszenz auf Geweben für den Nachweis intrazellulärer Hochrisiko-, GAD- und Purkinjezell-Antikörpern

Diese Tests bestehen am häufigsten aus Zerebellumschnitten. Empfehlenswert ist eine Komplettierung mit differentialdiagnostisch relevanten Zellen enthaltenden Geweben, z. B. die in den Pankreasinseln enthaltenen β-Zellen oder die Neurone des Plexus myentericus zwischen den beiden Schichten glatter Muskulatur des Darmes. Es wird verdünntes Serum und unverdünnter oder wenig verdünnter Liquor eingesetzt. Nach Bindung des hierin enthaltenen IgG an die im Schnitt enthaltenden Strukturen wird dieses mit einem mit einem Fluorophor markiertem Zweitantikörper markiert. Dann wird mittels Fluoreszenzmikroskopie das Vorhandensein einer relevanten Bindung und der diagnostischen Bedeutung des entstehenden Musters beurteilt. Bei positivem Ergebnis in der Ausgangsverdünnung erfolgt die Austitrierung zur semiquantitativen Bestimmung der Antikörpermenge.

Dieser Test wird klassischerweise zum Nachweis von Antikörpern gegen intrazelluläre Antigene angewendet. Eine Markierung aller neuronaler Nuklei mit geringerer zytoplasmatischer Färbung, insbesondere gut zu erkennen bei den Purkinjezellen mit Signal im Plexus myentericus, ist typisch für Hu-Antikörper [57,58] (Abb. B.3.31a), während das gleiche Muster ohne Anfärbung des Plexus myentericus suggestiv für Ri-Antikörper ist [59] (Abb. B.3.31b). Yo-Antikörper zeigen eine zytoplasmatische Fluoreszenz vorwiegend der Purkinjezellen, aber auch Sternzellen (Abb. B.3.31c), während Amphiphysin-Antikörper entsprechend der synaptischen Konzentration des Antigens ein Neuropilmuster aufweisen (Abb. B.3.31d). Einige dieser nukleären Antikörper lassen sich insbesondere gleichzeitigem Vorliegen eines ANAs nicht sicher abgrenzen, hierzu zählen Zic4- und SOX1-Antikörper, die eine Reaktivität gegenüber den Zellkernen der Körnerzellen [60] bzw. der Bergmann-Glia [8] als diagnostisch relevantes Muster aufweisen (Abb. B.3.31e/f). Die nicht-neuronalen Gewebe helfen bei der Abgrenzung eines ANA von den spezifisch neuronale oder gliale Nuclei erkennenden Antikörpern.

In Kombination des charakteristischen Musters im Zerebellum, mäßig positives Purkinjezell-Zytoplasma, ein granulär bis fibrilläres Signal in der Molekularschicht und der die Purkinjezellen an der Basis umfassenden Fasern sowie eine prominente Färbung der Glomerula cerebellares zusammen mit Signal in den β-Zellen der Pankreasinseln, lassen sich GAD-Antikörper diagnostizieren [22] (Abb. B.3.32a/b). Auch Purkinjezell-Antikörper können mit dieser Methode sicher

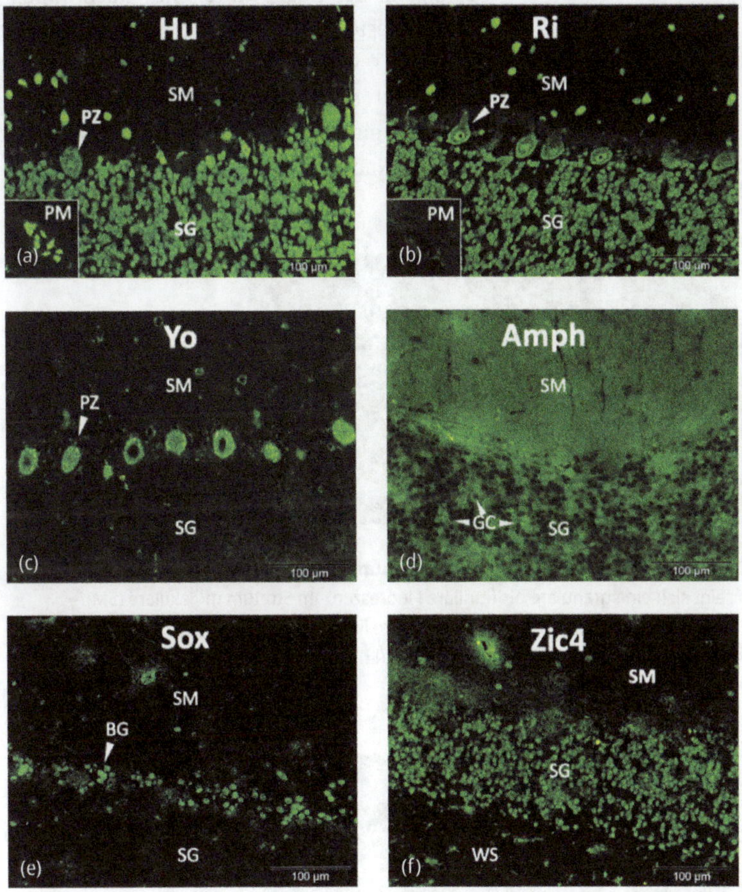

Abb. B.3.31: Nachweis intrazellulärer Antikörper mittels indirekter Immunfluoreszenz auf Zerebellum (und Darm). (a)–(f): Zu sehen ist die Purkinjezell (PZ)-Schicht mit dem Stratum molekulare (SM) darüber und dem Stratum granulosum (SG) darunter. (a/b) Hu- und Ri-Antikörper zeigen ein ähnliches Fluoreszenzmuster, allerdings ist der Plexus myentericus nur bei Hu-Antikörpern positiv (Inserts) (d). (b) Yo-Antikörper zeigen eine schollige zytoplasmatische Fluoreszenz der PZ, weniger auch der Sternzellen im SM. (c) Bei Amphiphysin-Antikörpern (Amph) sind die Glomeruli cerebellares (GC) im SG akzentuiert. (e) Sox1-Antikörper zeigen sich durch eine akzentuierte Fluoreszenz der Kerne der Bergmann-Glia (BG). (f) Bei Zic4-Antikörpern zeigt sich zwischen der weißen Substanz (WS) und dem SM lediglich eine positive Kernfluoreszenz der Körnerzellen.

erkannt, aber nicht unbedingt zugleich differenziert werden (Abb. B.3.33a/b). Hinsichtlich der spezifischen Charakteristika ggf. diagnostisch relevanter Muster bei Purkinjezell-Antikörpern sei an dieser Stelle auf ausführliche Übersichtsartikel verwiesen [4–6]. Sehr hochtitrige Antikörper gegen neuronale Oberflächenantigene können ebenfalls mit diesen Geweben nachgewiesen werden, a. e. AMPAR- und IgLON5-Antikörper. Die Methode ist jedoch generell hierfür nicht ausreichend sensitiv. Wie gut sich in kommerziell erhältlichen Geweben das typische Muster für KLHL11-Antikörper nachweisen lässt, das sich durch eine schwache zytoplasmatische Fluoreszenz in den Kleinhirnkernen sowie positive Einschlüsse in einzelnen Zellpopulationen auszeichnet [12,13], ist nicht bekannt.

Nachweis von Antikörpern gegen neuronale Oberflächenantigene mittels Immunhistochemie und leicht paraformaldehydfixiertem Nagerhirn

Der Nachweis von Antikörpern gegen neuronale Oberflächenantigene im Gewebsschnitt erfolgt in der Regel mittels nur kurz immersionsfixiertem Nagergehirn, in der Regel der Ratte [61]. Obwohl keine direkten Vergleiche publiziert sind, scheinen postfixierte Kryoschnitte eine deutlich geringere Sensitivität für den Nachweis zumindest einiger der Anti-

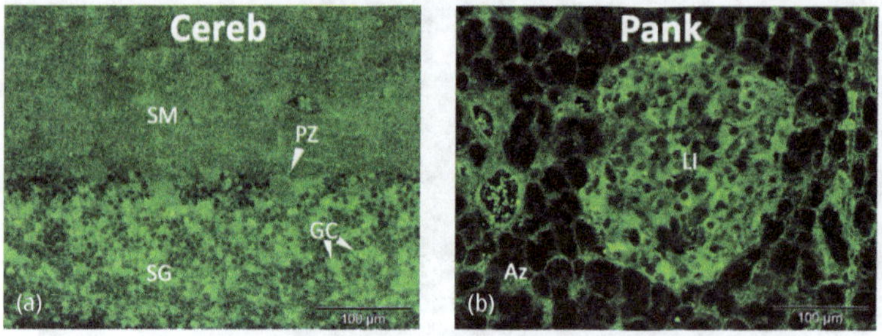

Abb. B.3.32: **Nachweis von GAD-Antikörpern mittels indirekter Immunfluoreszenz auf Zerebellum und Pankreas**. (a): Im Zerebellum zeigt sich eine granuläre bis fibrilläre Fluoreszenz im Stratum molekulare (SM), eine mäßige Fluoreszenz der Purkinje-Zellen (PZ), sowie eine akzentuierte Fluoreszenz der Glomeruli cerebellares (GC). (b): Im Pankreas sind die beta-Zellen der Langerhans'schen Inseln (LI) positiv, während die Azini (Az) des Pankreasparenchyms negativ bleiben.

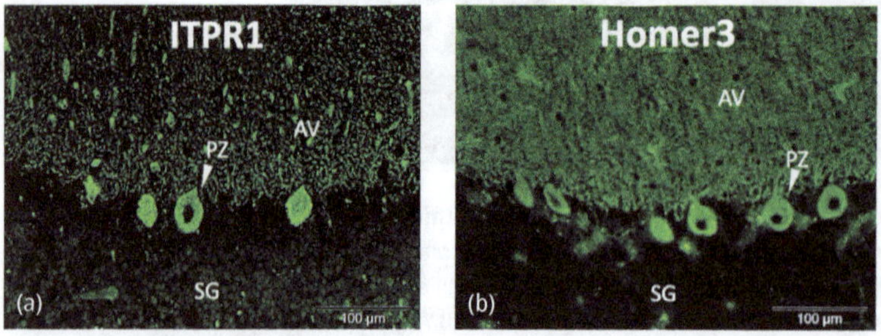

Abb. B.3.33: **Teilcharakterisierte Purkinjezell-Antikörper**. In der indirekten Immunfluoreszenz auf Primatenzerebellum zeigt sich sowohl bei Antikörpern gegen (a) den Inositol-1,4,5-triphosphat-rezeptor 1 (ITPR1) als auch (b) Homer 3 nicht nur eine zytoplasmatische Fluoreszenz der Purkinjezellen (PZ) sondern auch eine ausgedehnte Fluoreszenz des Arbot vitae (AV) genannten Dendritenbaumes, wobei das Muster bei Homer 3 dichter erscheint.

körper gegen neuronale Oberflächenantigene zu haben [62,63], wobei hier IgLON5- und AMPAR-Antikörper möglicherweise eine Ausnahme darstellen könnten. Der Nachteil der Methode mit immersionsfixiertem Nagerhirn ist, dass es keine kommerziellen Anbieter für diese Gewebspräparation gibt. Es handelt sich also immer um in-house-Assays. Die Gehirnschnitte werden mit verdünntem Liquor oder Serum überschichtet und das gebundene IgG mittels entsprechenden Zweitantikörpern, Verstärkungsmechanismen und Meerrettich-Peroxidase als das Farbstoffpräzipitate bildende Enzym visualisiert [61]. Durch die Art der Fixierung ist insbesondere der Hippocampus gut beurteilbar (Abb. B.3.34).

Mit diesem Assay lässt sich das Vorliegen einer charakteristischen Reaktivität gegen neuronale Oberflächenantigene, die mit Neuropilmustern assoziiert sind, aufzeigen oder ausschließen [31]. Ausnahmen stellen hierbei z. B. VGCC- und Glyzinrezeptor-Antikörper dar. Warum VGCC-Antikörper mit dieser Technik kein relevantes Muster aufweisen, ist unklar. Die Alpha1-Untereinheit des Glyzinrezeptors, die das spezifische Antigen des Anti-Glyzinrezeptor-Antikörpers darstellt [48,64], wird im Rattenhirn vor allem im Hirnstamm exprimiert [65]. Viele Antikörper gegen neuronale Oberflächenantigene zeigen relativ charakteristische Muster [31]. Auch GAD-Antikörper [63] und einzelne onkoneuronale Antikörper werden mit diagnostisch relevanten Mustern detektiert [31]. Dieses Assay ist ferner in der Lage, noch nicht bekannte neuronale Oberflächenantikörper nachzuweisen oder solche, für die in der Routine keine spezifischen Erweiterungstests zur Verfügung stehen.

Indirekte Immunfluoreszenz mittels transient transfizierter Zellen

Viele Antikörper gegen neuronale Oberflächenantigene scheinen komplex gefaltete Strukturen von Membranproteinen *in situ* zu erkennen, die beim Herauslösen der Proteine

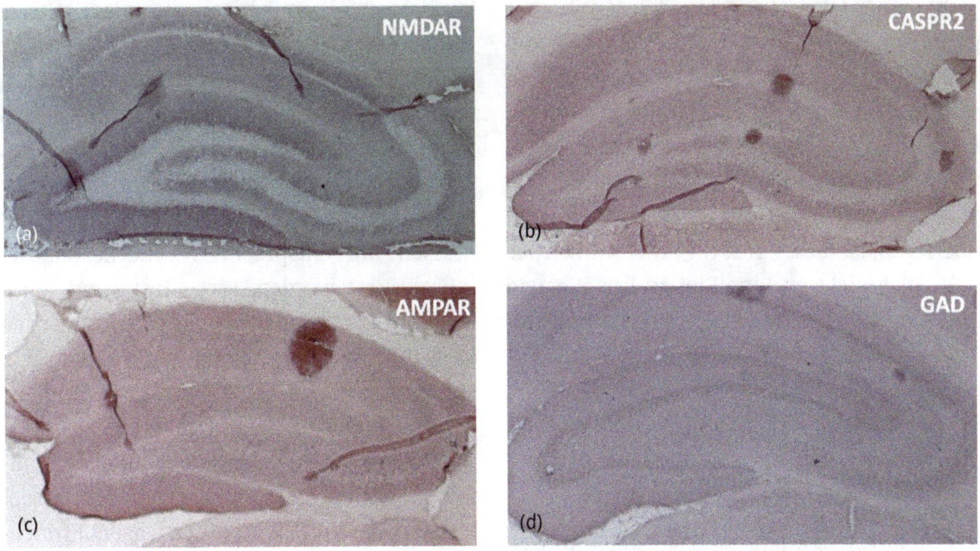

Abb. B.3.34: **Nachweis von neuronalen Oberflächen- und GAD-Antikörpern durch Immunhistochemie auf Rattenhippocampus.** Muster bei positivem Nachweis von Antikörpern gegen (a) NMDA-Rezeptoren (NMDAR), (b) Contactin-associated protein-like 2 (CASPR2), (c) AMPA-Rezeptoren (AMPAR), (d) Glutamatdecarboxylase (GAD).

aus der Membran zerstört werden. Neben Geweben kommen hier deshalb sogenannte zellbasierte Assays zum Einsatz. Hierfür werden leicht kultivier- und transfizierbare Zelllinien, meist HEK293-Zellen, transient transfiziert [27]. Dadurch exprimiert ein Teil der Kultur das Antigen, das in die Zellmembran eingebaut wird. Der Anteil der Kultur, bei dem die Transfektion nicht erfolgreich war, dient gleichzeitig als interne Negativkontrolle. Kommerziell erhältliche Zellen werden fixiert und dadurch haltbar [66]. Als in-house-Assay werden auch lebende Zellen verwendet, die den Vorteil einer intakten Zellmembran haben, wodurch das Signal-Rausch-Verhältnis u. U. deutlich günstiger wird [63]. Die Reaktion der Antikörper in Serum und Liquor mit dem in den Zellen exprimierten Antigen und dessen Nachweis mittels Fluorophor-markierter Zweitantikörper erfolgt analog zur indirekten Immunfluoreszenz mit Gewebsschnitten.

Die Domäne der zellbasierten Assays ist der spezifische Nachweis bestimmter Antikörper gegen neuronale Oberflächenantigene, insbesondere der häufigsten, d. h. Antikörper gegen den NMDA-Rezeptor, LGI1, CASPR2 und andere [66]. Dieser Test wird jedoch auch zum spezifischen Nachweis von Antikörpern gegen intrazelluläre Antigene verwendet, wie z. B. GAD65 oder Zic4. Nicht kommerziell erhältlich, aber wahrscheinlich den anderen Techniken überlegen, ist dieser Test für SOX1-Antikörper [56]. Auch nicht im Line Blot zu bestätigende CV2-Antikörper lassen sich mittels zellbasierten Assays nachweisen [67].

Line Blot und Western Blot

Für den Nachweis antineuronaler Antikörper gegen intrazelluläre Antigene, also die Hochrisiko- und GAD-Antikörper, aber auch Anti-Tr, finden auch sogenannte Line Blots Verwendung. Dies sind Streifen aus einem Trägermaterial, z. B. Nylon, auf die an unterschiedlichen Lokalisationen mehrere, jeweils von diagnostisch relevanten Antikörpern erkannte Antigene als rekombinantes aufgereinigtes Protein in Linien aufgetragen wurden [68]. Seltener werden heutzutage Teststreifen mit auf das Trägermaterial geblotteten, elektrophoretisch aufgetrennten Proteinextrakten aus Gehirngewebe verwendet [69]. Diese Teststreifen werden mit dem verdünnten Serum oder auch Liquor inkubiert und die gebundenen IgG durch einen enzymgekoppelten Zweitantikörper visualisiert. Anhand eines Kontrollstreifen und Scannern kann eine semiquantitative densitometrische Auswertung erfolgen.

Ein negatives Ergebnis im Line Blot sollte das Vorhandensein eines diagnostisch relevanten Antikörpers gegen eines der untersuchten Antigene ausschließen. Dies ist jedoch nicht immer der Fall, da einzelne Fälle mit CV2-Antikörpern nicht durch kommerzielle Line Blots detektiert werden [67]. Auch kommen falsch-negative Line Blot-Ergebnisse auch bei bis zu 25 % positiver SOX1-Antikörper vor [56]. Geringfügig positive Ergebnisse in Blot-Verfahren können auf niedrigtitrige Antikörper unklarer diagnostischer Relevanz hinweisen oder auch unspezifische Interaktionen darstellen. Diese haben in der Regel aufgrund der generell höheren Sensitivität des Line Blots kein korrespondierendes Muster in der indirekten Immunfluoreszenz [70] und müssen mit entsprechender Zurückhaltung interpretiert werden. Diese Tests sind somit keinesfalls für jeden Hochrisiko-Antikörper, in dem Sinne, dass dieser ein PNS anzeigt, 100 % spezifisch [71]. Niedrigtitrige Antikörper gegen Hochrisiko-Antigene, die sich ausschließlich im Line Blot, aber nicht in der indirekten Immunfluoreszenz nachweisen lassen, treten insbesondere bei kleinzelligem Bronchialkarzinom in einer relevanten Anzahl von Patienten unabhängig vom Vorhandensein eine PNS auf [70]. Ein solcher Befund kann also unter Umständen eine gewisse Relevanz besitzen, auch wenn er nicht diagnostisch für ein PNS zu werten ist.

Quantitative Verfahren: Radioimmunpräzipitations- und Radioimmunoassay

ELISAs (Enzyme-linked immunosorbent assay) haben sich bei der Diagnostik der verschiedenen antineuronalen Antikörper mit der Ausnahme von Anti-GAD65 [72,73], die hierdurch quantitativ nachgewiesen können, nicht durchsetzen können. Verwendet werden jedoch außerdem Verfahren, bei denen eine Quantifizierung durch radioaktive Markierung des Antigens erfolgt. Antikörper gegen VGCC werden mittels Radioimmunopräzipitationsassays (RIA) detektiert. Das mittels Jod-125 radioaktiv markierte ω-Conotoxin-M_{VII}C bindet an P/Q-Typ-VGCC, das ω-Conotoxin-G_{VII}A an N-Typ-VGCC [74]. Werden nun Gewebslysate, die hohe Konzentrationen dieser VGCCs enthalten, mit einem der beiden Toxine inkubiert, so erfolgt die irreversible Bindung der Toxine an die Kanalproteine. Im zweiten Schritt wird dann das Serum (seltener Liquor) mit dem Gewebsextrakt inkubiert. Mittels eines Zweitantikörpers werden Immunkomplexe gebildet, die präzipitiert werden können. Die Radioaktivität des Präzipitats korreliert dann mit der Menge der Antikörper gegen den jeweils markierten VGCC. Entsprechend wurde bei dem heutzutage obsoletem VGKC-Assay vorgegangen mit dem Unterschied, dass hier das VGKC-bindende Toxin alpha-Dendrotoxin verwendet wird [29]. Beim Radioimmunoassay zur Detektion von GAD-Antikörpern muss in Ermangelung eines radioaktiv markierbaren spezifischen Liganden, rekombinantes GAD65-Protein direkt markiert werden [75].

Im Unterschied zu den vorherigen Assays handelt es sich hierbei um quantitative Analysen, bei denen eine definierter Cut-off in Form einer Antikörperkonzentration anstatt eines semiquantitativen Titers oder densitometrischen Ergebnisses als oberer Normwert definiert werden muss. Aufgrund der Linearität eignen sich die Assays auch zur Bestimmung einer intrathekalen Antikörpersynthese [73], wobei hier die von Reiber und Lange vorgeschlagenen Grenzwerte anwendbar sind [76].

Weitere Verfahren zur Bestimmung antineuronaler Antikörper

In Forschungslaboren werden zellbasierte Assays mit lebenden primären Neuronenkulturen verwendet [61]. Ihr Einsatzgebiet ist die Bestätigung, ob die Ursache eines im Gewebsschnitt detektierten Neuropilmusters, das sich nicht durch spezifische Subtests aufklären ließ, tatsächlich ein Antikörper gegen ein unbekanntes, ggf. präferenziell synaptisches neuronales Oberflächenantigen ist. Ausgenutzt wird hier, dass nur die Zelloberflächen der intakten Neurone für den Antikörper zugänglich sind.

In Forschungsstudien sind über die oben beschriebenen Verfahren hinaus auch alternative Methoden verwendet worden, um antineuronale Antikörper nachzuweisen oder zu quantifizieren. So kann die Hemmung der lateralen Mobilität einzelner markierter NMDAR-Moleküle in der Zellmembran durch Verlinkung durch Anti-NMDAR-IgG verwendet werden, um diese Bindung nachzuweisen [77]. Zu den in Forschungsstudien verwendeten quantitativen Untersuchungen gehört der Einsatz von ELISAs für Hochrisiko-Antikörper [78], die quantitative Bestimmung von Antikörpern gegen neuronale Oberflächenantigene mittels Durchflusszytometrie [79] oder Fluoreszenzimmunopräzipitation [80]. Der prinzipielle Vorteil dieser Verfahren ist, dass diese quantitativen Assays die Definition von Normalbereichen und für die Fragestellung validierte Cut-offs erlauben würden. In der

Praxis haben sich diese Verfahren jedoch nicht durchsetzen können, z. T. weil die Möglichkeit der Quantifizierung mit einem Verlust an Sensitivität einhergeht.

3.4.3.2 Methodenbasierte und klinische Interpretation der Testergebnisse

Hochrisiko-Antikörper

Der Nachweis eines Hochrisiko-Antikörpers ist ein wichtiger Baustein bei der Diagnose eines PNS. Das heißt aber auch, dass ein positiv bewertetes Testergebnis die Diagnose einer malignen Grunderkrankung hoch wahrscheinlich macht, auch wenn diese zum Zeitpunkt der Diagnose eines PNS nicht bekannt ist. Dies hat weitreichende Implikationen für die Patienten, denen diese Diagnose und deren Hintergründe, die mit der Diagnose eines PNS einhergehende schlechte Prognose sowie das weitere Vorgehens inklusive einer wiederholten, detaillierten Tumorsuche inklusive ggf. invasiver Verfahren vermittelt werden müssen [1].

Aus diesem Grunde wird gefordert, dass, sofern technisch möglich, der Befund eines positiven onkoneuronalen Antikörpers auf zwei unabhängigen Assays beruht, die beide positiv ausfallen müssen, d. h. ein Muster diagnostisch für einen Hu-Antikörper in der indirekten Immunfluoreszenz auf Kleinhirn und Darmgewebe muss durch einen positiven Nachweis im Immunoblot oder Line Blot unterstützt sein [1]. Das ist in der Praxis nicht immer möglich, z. B. können Anti-Zic4-Antikörper in Einzelfällen nicht eindeutig in der gewebsbasierten indirekten Immunfluoreszenz abgrenzbar sein, so dass hier auf der ebenfalls mit rekombinantem Protein arbeitende, kommerzielle zellbasierte Assays als zweite Methode zurückgegriffen werden muss. Allerdings sind Zic4-Antikörper fast immer mit anderen Hochrisiko-Antikörpern assoziiert [81]. SOX1-Antikörper sind in einem Teil der Fälle aufgrund auch solcher Phänomene in Gewebsschnitten in 10–15 % der Seren nicht abgrenzbar, aber auch in bis zu 25 % der kommerziellen Line Blots falsch-negativ [56], zumal das als Goldstandard anzusehende zellbasierte Assay nicht kommerziell angeboten wird. Problematisch ist oft auf die Bestätigung von CV2-Antikörpern auf kommerziellen Gefrierschnitten, da hier ein Neuropilmuster, ähnlich dem von Anti-Amphiphysin, zu detektieren ist [20], zumal hier in 5–10 % der Fälle die Antikörper scheinbar aufgrund von unterschiedlichen Epitopspezifitäten nicht im Line Blot nachgewiesen werden können [67]. Häufiger als die Konstellation eines eigentlich für einen bestimmten Hochrisiko-Antikörper diagnostischen Musters in den gewebsbasierten Tests ohne Korrespondenz im Line Blot, ist allerdings die umgekehrte Konstellation: ein positives Signal im Line Blot ohne korrespondierende Muster in den gewebsbasierten Assays.

Hier kommen im Prinzip vier Interpretationen in Frage:

1. Das positive Signal im gewebsbasierten Assay wird durch andere Reaktivitäten überdeckt (z. B. ANAs oder AMAs). Hier ist der Line Blot in der Regel deutlich positiv. Oft kann hier eine Austitrierung oder die Testung im Liquor helfen, das Antikörper-spezifische Muster doch nur erkennen zu können, da oft eine intrathekale Synthese der Hochrisiko-Antikörper vorliegt.
2. Der Line Blot ist falsch negativ (z. B. bei AGNA oder von für CV2-Antikörper suggestivem Muster). Hier sollte eine Testung in einem Speziallabor erfolgen.
3. Es liegt ein zu niedrigtitriger Hochrisiko-Antikörper vor, als dass dieser im gewebsbasierten Assay positiv sein kann. Da insbesondere beim kleinzelligen Bronchialkarzinom niedrigtitrige Hochrisi-

ko-Antikörper in bis zu 20 % der Patienten vorkommen [70], kann der Nachweis von für diesen Tumor typischen Antikörpern (z. B. Hu, Sox1, CV2) auf diesen Tumor als Ursache eines formal „Antikörper-negativen" PNS hinweisen [71].

4. Es handelt sich um eine unspezifische Bindung von IgG im untersuchten Serum oder Liquor an das rekombinante Protein. Hierfür spricht, dass in vielen Fällen die nachgewiesene Reaktivität des Serums mit einem bestimmten rekombinanten Antigen diskordant mit einem bekannten vorliegenden Tumor ist [71]. Auch konnte gezeigt werden, dass diese Konstellation für Yo- oder Zic4-Antikörper keine diagnostische Relevanz für die Diagnose eines PNS hat [71]. Insofern ist zu vermuten, dass diese Interpretation in der Mehrzahl der Fälle die wahrscheinlichste ist.

Zusammenfassend kann nur durch parallelen Nachweis in zwei unabhängigen Methoden die Diagnose eines sicher positiven Hochrisiko-Antikörpers in Serum und/oder Liquor gestellt werden, dessen Nachweis maßgeblich für die Diagnose eines PNS ist. Ein positives Ergebnis im Line Blot ohne zunächst abgrenzbares korrespondierendes Muster in den gewebsbasierten Assays sollte mit Wissen über die spezifischen Eigenschaften der verwendeten Assays und möglicher anderer interferierender Reaktivitäten kritisch geprüft und im klinischen Kontext interpretiert werden. Gleiches gilt unter Berücksichtigung bekannter diagnostischer Lücken der Line Blots für charakteristische Muster in den gewebsbasierten Assays. In Einzelfällen kann die Durchführung weiterer Assays in Speziallaboren sinnvoll sein. Neben der passenden Klinik sollte berücksichtigt werden, dass zumindest bei der Mehrzahl der Patienten mit paraneoplastischen Syndromen, zumindest mit ZNS-Beteiligung, entzündliche Liquorbefunde vorliegen (siehe **Kapitel C.1.1.10**), was ebenfalls in der Gesamtbeurteilung von nicht eindeutigen Antikörperbefunden mitberücksichtigt werden sollte.

Antikörper gegen neuronale Oberflächenantigene

Auch wenn bei Durchführung der Untersuchungen zur Detektion von Antikörpern gegen neuronale Oberflächenantigene auch ein dem bei Hochrisiko-Antikörpern entsprechendes Vorgehen mit Einsatz zweier unabhängiger Methoden wünschenswert wäre, so ist dies in der Praxis für die meisten Labore nicht durchführbar, da das entsprechende Gewebe, mild immersionsfixiertes Rattenhirn [31,61] für Immunhistochemie, nicht kommerziell erhältlich ist. Somit basieren in den meisten Fällen die Befunde alleinig auf den Ergebnissen der kommerziellen zellbasierten Assays. Kommerziell erhältliche Kryoschnitte sind in der Regel für den Nachweis eines Neuropilmusters nicht sensitiv genug. Bei einzelnen Antikörpern ist das kommerziell erhältliche zerebelläre Gewebe eher geeignet, ein Neuropilmuster nachzuweisen, hierzu zählen Anti-AMPAR und -IgLON5. Ein Neuropilmuster ist bei niedrigen Serumverdünnungen auf kommerziellem Gewebe generell häufig, somit ist dieses Assay auch nicht spezifisch.

Der Nachweis verschiedener Antikörper gegen neuronale Oberflächenantigene mittels Immunhistochemie auf leicht mit Paraformaldehyd immersionsfixiertem Rattenhirn hat eine hohe Sensitivität zum Nachweis antineuronaler Oberflächen-Antikörper [63]. Dieser Ansatz ermöglicht es, auch bisher nicht bekannte Neuropilantikörper zu identifizieren. Allerdings kann in einzelnen, im zellbasierten Assay Anti-NMDAR-IgG-positiven Proben (ca. 5 %) das Screening auf Rattenhirn Anti-NMDAR-Antikörper negativ ausfallen [63]. Wie oft dies bei paralleler Testung von Serum und Liquor relevant ist, ist jedoch nicht bekannt. Aufgrund der intrathekalen Synthese mancher Antikörpersubtypen ergibt die Testung im Liquor dann oft ein optimaleres Signal-Hintergrund-Verhältnis. Im Prinzip kann in vielen Fällen anhand des Verteilungsmuster der Neuropilfärbung der Antikörpersubtyp erkannt werden [31] (Abb. B.3.34). Dies ist jedoch so sehr von der Erfahrung des Auswerters abhängig, dass dieses Vorgehen nicht generell empfohlen werden kann. Ferner sind einige der häufigsten Subtypen neuronaler Oberflächenantikörper nicht als Einzeltests erhältlich, sondern als Panel mit mehreren unterschiedlich transfizierten Zellen zusammen. Daher bietet es sich an, diese spezifischen Subtests zur Bestätigung und Differenzierung eines im Rattenhirn gefundenen Neuropilantikörpers einzusetzen.

Für die Mehrzahl der so verwendeten Zellen sollte ein negatives zellbasiertes Assay das Vorliegen eines klinisch relevanten Antikörpers gegen ein neuronales Oberflächenantigen in der untersuchten Körperflüssigkeit ausschließen. Untersuchungen, die kommerziell erhältliche Assays mit Lebendzell-Assays verglichen haben, weisen auf eine etwas geringere Sensitivität der kommerziellen Assays mit fixierten Zellen hin [63], so dass bei klinisch typischer Präsentation und negativen zellbasierten Assays eine Testung in einem Speziallabor erfolgen sollte, das die Assays mit lebenden Zellen bereithält. Auch gilt bei den meisten kommerziellen Assays in der Regel, dass ein positiver Nachweis, auch in der niedrigsten Titerstufe, als positiv bewertet wird. Problematisch sind hier kommerziell angebotene Assays zur Detektion von Antikörpern gegen den NMDA-Rezeptor, da hier manchmal interpretatorische Herausforderungen durch andere Reaktivitäten des in der Körperflüssigkeit enthaltenden IgGs mit den verwendeten Zellen auftreten können [63,82,83].

Der Nachweis eines Antikörpers gegen ein neuronales Oberflächenantigen im zellbasierten Assay muss aufgrund der nicht 100 %igen Spezifität [84] immer im klinischen Kontext interpretiert werden. So ergaben Untersuchungen an einer großen Zahl an Serumproben von Kontrollprobanden für Anti-NMDAR-IgG im kommerziellen zellbasierten Assay eine Seroprävalenz von 0,4 % [85]. Dem gegenüber steht die diagnostisch hohe Relevanz eines positiven Anti-NMDAR-IgG-Befundes bei der Beurteilung, ob neurologische Auffälligkeiten Ausdruck eine NMDAR-Enzephalitis sind [44]. Nach den 2016 vorgeschlagenen Graus-Kriterien reicht bei positiven NMDAR-Antikörpern lediglich eines von sechs für die Anti-NMDAR-Enzephalitis typischen Symptomen, psychiatrische bzw. kognitive Störungen, Sprachveränderungen, epileptische Anfälle, eine Bewegungs-, Bewusstseins- oder eine autonome Störung aus, um die Diagnose einer gesicherten NMDAR-Enzephalitis zu stellen. Aus gutem Grund wird deshalb darauf hingewiesen, dass hier zusätzlich eine Testung im Liquor erfolgen sollte [44]. Bei der NMDAR-Enzephalitis sollten Anti-NMDAR-IgG immer auch, in 15 % sogar ausschließlich, im Liquor zu finden sein [47]. Grund hierfür ist, dass bei der NMDAR-Enzephalitis eine intrathekale Synthese des Anti-NMDAR-IgG vorliegt [37, 98]. Mit dem Wissen, dass positive NMDAR-Antikörper im Serum unabhängig von neurologischen Symptomen vorkommen, muss gelten, dass bei positiven NMDAR-Antikörpern im Serum, aber einem negativen Ergebnis des kommerziellen NMDAR-Antikörper-Assays im Liquor, die Diagnose einer NMDAR-Antikörper-Enzephalitis stark in Zweifel gezogen werden muss. Allerdings können negative Liquorproben bei passender klinischer Präsentation sich Immunhistochemie und/oder ein Lebendzell-Assay dennoch als positiv erweisen [63], so dass bei einer zu einer NMDAR-Enzephalitis passenden Klinik diese weiteren Unterprüfungen erfolgen sollten. Bei Patienten mit NMDAR-Enzephalitis liegt ferner in der überwiegenden Anzahl der Patienten ein entzündliches Liquorsyndrom vor (siehe **Kapitel C1.1.10**), so dass ein normaler Liquorbefund die klinische Relevanz eines nur im Serum positiven NMDAR-Antikörpers unwahrscheinlich macht, allerdings nicht ausschließt. Bei der NMDAR-Enzephalitis ist ferner ein erhöhtes CXCL13 im Liquor häufig [37], so dass auch dies in Einzelfällen für die Gesamtbeurteilung hinzugezogen werden kann. Komplizierend kommt hinzu, dass in Einzelfällen bei Patienten mit einer Multiplen Sklerose, wohl unabhängig von einer passenden Klinik, eine intrathekale Synthese von Anti-NMDAR-IgG gefunden wurde [86] und eine intrathekale Synthese nach einer abgelaufenen NMDAR-Enzephalitis über Jahre im Sinne einer asymptomatischen Seronarbe, allerdings ohne Pleozytose, persistieren kann [87].

Passend zu der Beobachtung, dass CASPR2-Antikörper in Kontrollseren und -liquorproben positiv sein können [84], waren in einer Serie von Seren, die in einem Diagnostiklabor zur Antikörpertestung zugeschickt wurde, Anti-CASPR2-positive Befunde in 2/3 der Fälle nicht mit einer zu einer Autoimmunenzephalitis passenden Klinik assoziiert [51]. Lediglich höhertitrige Ergebnisse zeigten eine spezifischere Assoziation mit einer Enzephalitis [51]. Auch hier kann die Überprüfung des Ergebnisses im Liquor helfen [88]. Allerdings muss berücksichtigt werden, dass im Serum hochtitrige und gleichzeitig im Liquor positive CASPR2-Antikörper-Befunde typisch für die CASPR2-Antikörper-positive limbische Enzephalitis sind, jedoch aber beim Morvan-Syndrom und Patienten mit Neuromyotonie deutlich niedrigere Anti-CASPR2-Titer im Serum mit negativen Ergebnissen im Liquor vorkommen [45,88]. In Assoziation mit einem Morvan-Syndrom sind die niedrigtitrigen, nur im Serum nachweisebaren CASPR2-Antikörper jedoch diagnostisch umso relevanter, da diese aufgrund der hohen Prävalenz von Thymomen beim Anti-CASPR2-positiven Morvan-Syndrom als Antikörper mittleren Risikos, nicht niedrigen Risikos wie bei der limbischen Enzephalitis, eingestuft werden [1].

Auch für LGI1-Antikörper wurden bei ca. 1 % der Kontrollproben positive Ergebnisse berichtet [84]. LGI1-Antikörper bei zu einer LGI1-Antikörper-Enzephalitis passenden Klinik sind in den kommerziellen zellbasierten Assays häufig nur im Serum positiv, so dass diese Konstellation nicht gegen eine LGI1-Enzephalitis spricht [63]. Da die Liquorbefunde bei der LGI1-Enzephalitis oft unauffällig sind (siehe **Kapitel C.1.1.10**), helfen diese bei der Bewertung des Befundes oft nicht viel weiter, wichtige ist hier die klinische Präsentation und ggf. mesiotemporale MRT-Auffälligkeiten [89].

Niedrigrisiko-Antikörper gegen intrazelluläre Antigene: GAD- und GFAP-Antikörper

Die Vielzahl der erhältlichen Assays zum Nachweis von GAD-Antikörpern, indirekte Immunfluoreszenz auf Geweben und transfizierten Zellen, Line Blot, ELISA und RIA [73,75,90,91], ermöglicht eine Vielzahl von Kombinationen mehrerer Assays zum Nachweis dieser Antikörper. Das grundlegende Problem hierbei ist jedoch, dass die Diagnostik auch anstreben sollte, die klinische Relevanz eines positiven GAD-Antikörper-Nachweises für eine neurologische Symptomatik beurteilbar zu machen. GAD-Antikörper im Serum werden nämlich nicht nur bei GAD-Antikörper-assoziierten neurologische Erkrankungen gefunden, sondern auch bei endokrinen Autoimmunopathien, in erster Linie beim Diabetes mellitus Typ 1 [72]. Zur Anwendung in der Diabetesdiagnostik ist der Cut-off der kommerziell erhältlichen ELISAs und RIAs validiert, der für neurologische Fragestellungen allerdings irrelevant ist. Um den Zusammenhang eines GAD-Antikörpernachweises mit einer neurologischen Symptomatik zu untermauern, können in der Praxis jedoch drei Variablen angewendet werden: die Höhe des Serumtiters [90], der Nachweis des GAD-Antikörpers im Liquor und der Nachweis einer intrathekalen Synthese von GAD-Antikörpern [73]. Leider gibt es für keines der Assays klinisch validierten Cut-offs für Serum und Liquor für mit neurologischen Symptomen assoziierte GAD-Antikörper. Eine pragmatisch angewendete Daumenregel ist es, dass in gewebebasierten Assays nachweisbare GAD-Antikörper als so hochtitrig einzustufen sind [90,91], dass diese gut erklärend für eine GAD-Antikörper-assoziierte neurologische Erkrankung typische Klinik sein können. Insofern sollte ein gewebsbasiertes Assay immer mit durchgeführt werden. Dem Line Blot kommt in der Regel nur die Rolle als spezifischer Bestätigungstest in Kombination mit gewebsbasierten Verfahren zu. Die quantitativen Verfahren eignen sich insbesondere für die Bestimmung einer intrathekalen Synthese eines bekannten GAD-Antikörpers. Hierbei kann entweder der Liquor/Serum-GAD-Antikörper-Quotient (Q_{GAD}) mit dem Liquor/Serum-Albuminquotienten (Q_{Alb}) in Bezug gesetzt werden, wobei dann eine intrathekale Synthese angenommen wird, wenn $Q_{GAD} > Q_{Alb}$ [73]. Ein alternatives, wahrscheinlich sensitiveres Vorgehen verwendet den Liquor/Serum-Quotienten (Q_{IgG}) bzw. bei quantitativer intrathekaler IgG-Synthese den Grenzquotienten Q_{lim} als Bezugsgröße zur Berechnung eines GAD-Antikörper-Liquor/Serum-Indexes (GAD-AI). Dieses von Reiber und Lange publizierte Verfahren, dass auch bei der Bestimmung der MRZ-Reaktion breite Anwendung findet, hat einem Cut-off von 1,4 [76]. Werden Ergebnisse einer semiquantitativen Austitrierung zellbasierter Assays verwendet, so wird in der Regel ein GAD-AI > 4 als Hinweis auf eine intrathekale Antikörpersynthese. Wichtig ist jedoch zu betonen, dass eine intrathekale Synthese von GAD-Antikörper nicht bei allen Patienten mit GAD-Antikörper-assoziierten neurologischen Erkrankungen vorliegt [73]. Insofern muss der Nachweis eines hochtitrigen GAD-Antikörpers, insbesondere, wenn sich keine intrathekale Synthese findet, immer auch in Zusammenschau mit der Klinik interpretiert werden. Hier helfen auch die Befunde der allgemeinen Liquoranalyse, die bei Patienten mit GAD-assoziierten neurologischen Erkrankungen zwar typischerweise keine oder nur eine geringe Pleozytose aufzeigt, jedoch in der Mehrzahl der Patienten den qualitativen Nachweis einer intrathekalen IgG-Synthese in Form von isolierten OKBs im Liquor erbringt (siehe **Kapitel C.1.1.10**).

Wichtig ist, dass in Einzelfällen auch ein paraneoplastisches neurologisches Syndrom (PNS) mit GAD-Antikörper assoziiert sein kann. Insbesondere wenn die klinische Präsentation nicht einem der drei typischen GAD-Antikörper-assoziierten neurologischen Syndrome entspricht, sondern anstatt schleichend progredient, eher subakut verläuft und als Hochrisiko-Phänotyp einzuordnen ist [92], muss daran gedacht und eine Tumorsuche durchgeführt werden.

Klinisch relevante GFAP-Antikörper lassen sich vermuten, wenn sich im Liquor mittels indirekter Immunfluoreszenz auf Kleinhirn ein astrozytäre Fortsätze, insbesondere der Bergmann-Glia, hervorgebendes Muster nachweisen lässt [43,93]. Im Serum sind fibrilläre Fluoreszenzmuster hier auch ohne klinische Relevanz insgesamt häufig. Zur Überprüfung des Befundes sollte ein zellbasiertes Assay mit GFAP-transfizierten Zellen angewendet werden [43].

Purkinjezell-Antikörper

Der primäre Nachweis eines Purkinjezell-Antikörpers erfolgt in gewebsbasierten Assays mit kommerziell erhältlichen Zerebellumschnitten. In niedrigen Titerstufen (bis 1:100) sind leichtgradige Reaktivitäten gegenüber Purkinjezellen häufig und in der Regel diagnostisch nicht relevant, sollten aber je nach klinischem Kontext die Durchführung der spezifischen Line Blots zum Ausschluss von Yo- und Tr-Antikörpern nach sich ziehen. Aufgrund häufiger Reaktivitäten gegen Purkinjezellen ist der für den Nachweis von Antikörpern gegen neuronale Oberflächenantigen optimierte Assay mit leicht immersionsfixierten Rattenhirn eher ungeeignet. Um höhertitrige Purkinjezell-Antikörper im gewebsbasierten Assay auf Cerebellum im Serum, insbesondere wenn assoziiert mit einer zerebellären Symptomatik und positivem Nachweis im Liquor, weiter zu differenzieren, stehen in Speziallaboren zellbasierte Assays zur Verfügung, mit denen die häufigsten dieser Antikörper, Anti-mGluR1, Anti-Homer-3, Anti-Sj/ITPR1 und Anti-CARP VIII anti-Ca/ARHGAP26, differenziert werden können. Weitere Untersuchungen stehen in der Regel nur Speziallaboren zur Verfügung. Der primäre Einsatz der zellbasierten Assays kann nicht empfohlen werden. Zumindest für Anti-Ca/ARHGAP26 liegen Daten vor, dass Anti-Ca/ARHGAP2-IgG im zellbasierten Assay bei Kontrollseren in ca. 1 % der Fälle positiv ist [94]. Viele dieser Antikörper, u. a. Anti-Sj/ITPR1, Anti-CARP VIII, Anti-Ca/ARHGAP26, Anti-Protein kinase Cγ, Anti-TRIM9/67 und mGluR2, finden sich nach den diagnostischen Kriterien für PNS lediglich in der Gruppe der neuen oder nur partiell charakterisierten Antikörper wieder [1]. Diese Klassifizierung bedeutet, dass aktuell nicht genug Patienten berichtet wurden, um abschließend zu beurteilen, wie hoch das Tumorrisiko bei diesen Patienten ist. Dies kann sich jedoch jederzeit aufgrund neuer Erkenntnisse ändern, so dass sich bei dem Nachweis eines dieser Antikörper eine aktuelle Literaturrecherche anbietet.

3.4.4 Klinische Bewertung

Der Nachweis eines Hochrisiko-Antikörpers zusammen mit einer hierzu passenden klinischen Präsentation ist ein wichtiger Baustein bei der Diagnose eines PNS [1]. Da bestimmte Hochrisiko-Antikörper mit bestimmten Krebsarten assoziiert sind, kann der nachgewiesene Antikörper die Tumorsuche leiten [1]. Auf der anderen Seite ist es bei weitem nicht so, dass alle PNS mit einem positiven Antikörpernachweis assoziiert sind. Zumindest 20 % der PNS sind nicht mit spezifischen Antikörpern assoziiert [95]. Wahrscheinlich ist der Anteil der Antikörper-negativen PNS eher noch höher, da Patienten mit spezifischen Antikörpern eine höhere Wahrscheinlichkeit besitzen, in einer der großen Registerstudien für PNS eingeschlossen zu werden.

Hochrisiko-Antikörper mit niedrigen Titern, u. U. so niedrig, dass diese sich nicht in gewebebasierten Assays nachweisen lassen, können auch ohne neurologische Symptomatik, die zu einem PNS passen würde, vorkommen. Es gibt Untersuchungen, die darauf hindeuten, dass auch diese Antikörper häufiger bei den Tumoren vorkommen, die auch mit PNS mit hochtitrigen Antikörpern des gleichen Subtyps assoziiert sind. Diese Ergebnisse sind im Einzelfall nicht von falsch-positiven Signalen zu unterscheiden, sollten aber innerhalb des klinischen Kontextes kritisch bewertet werden, z. B. wenn deutliche Risiken für einen Tumor vorliegen oder die klinische Präsentation ein PNS suggeriert.

Hochtitrige GAD-Antikörper, insbesondere wenn diese mit dem Nachweis eine intrathekalen GAD-Antikörper-Synthese oder isolierten oligoklonalen Banden im Liquor einhergehen, beweisen die immunmediierte Ätiologie eines langsam progredienten zerebellären Syndroms, dessen Differentialdiagnose ansonsten auch genetisch bedingte zerebelläre Ataxien wären. Im Kontext einer Temporallappenepilepsie weisen hochtitrige GAD-Antikörper eine chronische limbische Enzephalitis, oft mit nur nachgeordneten und fraglich auch im Rahmen der Anfälle erklärlichen kognitiven Defizite, nach. Die Differentialdiagnose eines in der Regel nicht-paraneoplastischen Stiff-person-Syndroms, das sich durch den Nachweis von GAD-Antikörpern beweisen lässt, ist eine primär progrediente Multiple Sklerose, eine primäre Lateralsklerose sowie in vielen Fällen auch dissoziative Bewegungsstörungen.

In Kombination mit einer zu einer Autoimmunenzephalitis passenden Klinik und ggf. einem entzündlichen Liquorbefund bzw. passenden Befunden im MRT und EEG, beweist ein positiver Antikörper gegen neuronale Oberflächenantigene die autoimmunologische Ätiologie der Erkrankung und ist ein wichtiger Baustein für die Diagnose einer Autoimmunenzephalitis im allgemeinen und limbischen Enzephalitis autoimmunologischer Ätiologie [44]. Positive CASPR2-Antikörper weisen auf eine autoimmunologische Ätiologie eines Crampus-Faszikulations-Syndroms hin. Der Nachweis von IgLON5-Antikörpern grenzt die verschiedenen Präsentationen dieser Erkrankungen von primär neurodegenerativen Erkrankungen ab [96]. Der Nachweis von Purkinjezell-Antikörpern weist auf die autoimmunologische Ätiologie eines zerebellären Syndroms hin.

Literatur

[1] Graus F, et al. Updated Diagnostic Criteria for Paraneoplastic Neurologic Syndromes. Neurol Neuroimmunol Neuroinflamm. 2021;8(4).

[2] Graus,F, et al. Recommended diagnostic criteria for paraneoplastic neurological syndromes. J Neurol Neurosurg Psychiatry. 2004;75(8):1135–1140.

[3] Lancaster E, Dalmau J. Neuronal autoantigens—pathogenesis, associated disorders and antibody testing. Nat Rev Neurol. 2012;8(7):380–390.

[4] Jarius S, Wildemann B. 'Medusa-head ataxia': the expanding spectrum of Purkinje cell antibodies in autoimmune cerebellar ataxia. Part 1: Anti-mGluR1, anti-Homer-3, anti-Sj/ITPR1 and anti-CARP VIII. J Neuroinflammation. 2015;12:166.

[5] Jarius S, Wildemann B. 'Medusa head ataxia': the expanding spectrum of Purkinje cell antibodies in autoimmune cerebellar ataxia. Part 2: Anti-PKC-gamma, anti-GluR-delta2, anti-Ca/ARHGAP26 and anti-VGCC. J Neuroinflammation. 2015;12: 167.

[6] Jarius S, Wildemann B. 'Medusa head ataxia': the expanding spectrum of Purkinje cell antibodies in autoimmune cerebellar ataxia. Part 3: Anti-Yo/CDR2, anti-Nb/AP3B2, PCA-2, anti-Tr/DNER, other antibodies, diagnostic pitfalls, summary and outlook. J Neuroinflammation. 2015;12:168.

[7] Gure AO, et al. Serological identification of embryonic neural proteins as highly immunogenic tumor antigens in small cell lung cancer. Proc Natl Acad Sci U S A. 2000;97(8):4198–203.

[8] Sabater L, et al. SOX1 antibodies are markers of paraneoplastic Lambert-Eaton myasthenic syndrome. Neurology. 2008;70(12):924–8.

[9] Titulaer MJ, et al. SOX antibodies in small-cell lung cancer and Lambert-Eaton myasthenic syndrome: frequency and relation with survival. J Clin Oncol. 2009;27(26):4260–7.

[10] Vernino S, Lennon VA. New Purkinje cell antibody (PCA-2): marker of lung cancer-related neurological autoimmunity. Ann Neurol. 2000;47(3):297–305.

[11] Gadoth A, et al. Microtubule-associated protein 1B: Novel paraneoplastic biomarker. Ann Neurol. 2017;81(2):266–277.

[12] Mandel-Brehm C, et al. Kelch-like Protein 11 Antibodies in Seminoma-Associated Paraneoplastic Encephalitis. N Engl J Med. 2019;381(1):47–54.

[13] Maudes E, et al. Clinical significance of Kelch-like protein 11 antibodies. Neurol Neuroimmunol Neuroinflamm, 2020;7(3).

[14] Dubey D, et al. Expanded Clinical Phenotype, Oncological Associations, and Immunopathologic Insights of Paraneoplastic Kelch-like Protein-11 Encephalitis. JAMA Neurol. 2020;77(11):1420–1429.

[15] Dalmau J, Rosenfeld MR. Paraneoplastic syndromes of the CNS. Lancet Neurol. 2008;7(4):327–40.

[16] de Graaff E, et al. Identification of delta/notch-like epidermal growth factor-related receptor as the Tr antigen in paraneoplastic cerebellar degeneration. Ann Neurol. 2012;71(6):815–24.

[17] Furneaux HM, et al. Selective expression of Purkinje-cell antigens in tumor tissue from patients with paraneoplastic cerebellar degeneration. N Engl J Med. 1990;322(26):1844–51.
[18] Graus F, et al. Anti-glial nuclear antibody: marker of lung cancer-related paraneoplastic neurological syndromes. J Neuroimmunol. 2005;165(1–2):166–71.
[19] Honnorat J, et al. Antibodies to a subpopulation of glial cells and a 66 kDa developmental protein in patients with paraneoplastic neurological syndromes. J Neurol Neurosurg Psychiatry. 1996;61(3):270–8.
[20] Yu Z, et al. CRMP-5 neuronal autoantibody: marker of lung cancer and thymoma-related autoimmunity. Ann Neurol. 2001;49(2):146–54.
[21] Meinck HM, et al. Antibodies against glutamic acid decarboxylase: prevalence in neurological diseases. J Neurol Neurosurg Psychiatry. 2001;71(1):100–3.
[22] Solimena M, et al. Autoantibodies to GABA-ergic neurons and pancreatic beta cells in stiff-man syndrome. N Engl J Med. 1990;322(22):1555–60.
[23] Hansen N, et al. Human Stiff person syndrome IgG-containing high-titer anti-GAD65 autoantibodies induce motor dysfunction in rats. Exp Neurol. 2013;239:202–9.
[24] Dalakas MC, et al. A double-blind, placebo-controlled study of rituximab in patients with stiff person syndrome. Ann Neurol. 2017;82(2):271–277.
[25] Burton AR, et al. On the pathogenicity of autoantigen-specific T-cell receptors. Diabetes. 2008;57(5):1321–30.
[26] Fang B, et al. Autoimmune Glial Fibrillary Acidic Protein Astrocytopathy: A Novel Meningoencephalomyelitis. JAMA Neurol. 2016;73(11):1297–1307.
[27] Dalmau J, et al. Paraneoplastic anti-N-methyl-D-aspartate receptor encephalitis associated with ovarian teratoma. Ann Neurol. 2007;61(1):25–36.
[28] De Aizpurua HJ, et al. Antagonism of voltage-gated calcium channels in small cell carcinomas of patients with and without Lambert-Eaton myasthenic syndrome by autoantibodies omega-conotoxin and adenosine. Cancer Res. 1988;48(17):4719–24.
[29] Shillito P, et al. Acquired neuromyotonia: evidence for autoantibodies directed against K + channels of peripheral nerves. Ann Neurol. 1995;38(5):714–22.
[30] van Sonderen A, et al. The relevance of VGKC positivity in the absence of LGI1 and Caspr2 antibodies. Neurology. 2016;86(18):1692–9.
[31] Dalmau J. NMDA receptor encephalitis and other antibody-mediated disorders of the synapse: The 2016 Cotzias Lecture. Neurology. 2016;87(23):2471–2482.
[32] Bien CG. [Principles of autoimmune and paraneoplastic encephalitis]. Nervenarzt. 2018.
[33] Malviya M, et al. NMDAR encephalitis: passive transfer from man to mouse by a recombinant antibody. Ann Clin Transl Neurol. 2017;4(11):768–783.
[34] Haselmann H, et al. Human Autoantibodies against the AMPA Receptor Subunit GluA2 Induce Receptor Reorganization and Memory Dysfunction. Neuron. 2018;100(1):91–105 e9.
[35] Petit-Pedrol M, et al. LGI1 antibodies alter Kv1.1 and AMPA receptors changing synaptic excitability, plasticity and memory. Brain. 2018;141(11):3144–3159.
[36] Dalmau J, Graus F. Antibody-Mediated Encephalitis. N Engl J Med. 2018;378(9):840–851.
[37] Leypoldt F, et al. Investigations on CXCL13 in anti-N-methyl-D-aspartate receptor encephalitis: a potential biomarker of treatment response. JAMA Neurol. 2015;72(2):180–6.
[38] Lopez-Chiriboga AS, et al. Metabotropic glutamate receptor type 1 autoimmunity: Clinical features and treatment outcomes. Neurology. 2016;86(11):1009–13.
[39] Venkatraman A, Opal P. Paraneoplastic cerebellar degeneration with anti-Yo antibodies – a review. Ann Clin Transl Neurol. 2016;3(8):655–63.
[40] Lucchinetti CF, Kimmel DW, Lennon VA. Paraneoplastic and oncologic profiles of patients seropositive for type 1 antineuronal nuclear autoantibodies. Neurology. 1998;50(3):652–7.
[41] Saiz A, et al. Spectrum of neurological syndromes associated with glutamic acid decarboxylase antibodies: diagnostic clues for this association. Brain. 2008;131(Pt 10):2553–63.
[42] De Camilli P, et al. The synaptic vesicle-associated protein amphiphysin is the 128-kD autoantigen of Stiff-Man syndrome with breast cancer. J Exp Med. 1993;178(6):2219–23.
[43] Dubey D, et al. Autoimmune GFAP astrocytopathy: Prospective evaluation of 90 patients in 1 year. J Neuroimmunol. 2018;321:157–163.
[44] Graus F, et al. A clinical approach to diagnosis of autoimmune encephalitis. Lancet Neurol. 2016;15(4):391–404.
[45] van Sonderen A, et al. The clinical spectrum of Caspr2 antibody-associated disease. Neurology. 2016;87(5):521–8.

[46] Graus F, et al. P/Q type calcium-channel antibodies in paraneoplastic cerebellar degeneration with lung cancer. Neurology. 2002;59(5):764–6.

[47] Titulaer MJ, et al. Treatment and prognostic factors for long-term outcome in patients with anti-NMDA receptor encephalitis: an observational cohort study. Lancet Neurol. 2013;12(2):157–65.

[48] McKeon A, et al. Glycine receptor autoimmune spectrum with stiff-man syndrome phenotype. JAMA Neurol. 2013;70(1):44–50.

[49] Martinez-Hernandez E, et al. Antibodies to aquaporin 4, myelin-oligodendrocyte glycoprotein, and the glycine receptor alpha1 subunit in patients with isolated optic neuritis. JAMA Neurol. 2015;72(2):187–93.

[50] Gaig C, et al. Frequency and Characterization of Movement Disorders in Anti-IgLON5 Disease. Neurology. 2021.

[51] Bien CG, et al. Anti-contactin-associated protein-2 encephalitis: relevance of antibody titres, presentation and outcome. Eur J Neurol. 2017;24(1):175–186.

[52] Vigliani MC, et al. Chorea and related movement disorders of paraneoplastic origin: the PNS EuroNetwork experience. J Neurol. 2011;258(11):2058–68.

[53] Cohen DA, et al. Collapsin Respon-se-Mediator Protein 5-Associated Retinitis, Vitritis, and Optic Disc Edema. Ophthalmology. 2020;127(2):221–229.

[54] Gresa-Arribas N, et al. Antibody titres at diagnosis and during follow-up of anti-NMDA receptor encephalitis: a retrospective study. Lancet Neurol. 2014;13(2):167–77.

[55] McKeon A, Pittock SJ, Lennon VA. CSF complements serum for evaluating paraneoplastic antibodies and NMO-IgG. Neurology. 2011;76(12):1108–10.

[56] Ruiz-Garcia R, et al. Caveats and Pitfalls of SOX1 Autoantibody Testing With a Commercial Line Blot Assay in Paraneoplastic Neurological Investigations. Front Immunol. 2019;10:769.

[57] Dalmau J, et al. Detection of the anti-Hu antibody in the serum of patients with small cell lung cancer—a quantitative western blot analysis. Ann Neurol. 1990;27(5):544–52.

[58] Kiers L, Altermatt JH, Lennon VA. Paraneoplastic anti-neuronal nuclear IgG autoantibodies (type I) localize antigen in small cell lung carcinoma. Mayo Clin Proc. 1991;66(12):1209–16.

[59] Graus F, et al. The neuronal nuclear antigen recognized by the human anti-Ri autoantibody is expressed in central but not peripheral nervous system neurons. Neurosci Lett. 1993;150(2):212–4.

[60] Bataller L, et al. Antibodies to Zic4 in paraneoplastic neurologic disorders and small-cell lung cancer. Neurology. 2004;62(5):778–82.

[61] Ances BM, et al. Treatment-responsive limbic encephalitis identified by neuropil antibodies: MRI and PET correlates. Brain. 2005;128(Pt 8):1764–77.

[62] Gadoth A, et al., Expanded phenotypes and outcomes among 256 LGI1/CASPR2-IgG-positive patients. Ann Neurol. 2017;82(1):79–92.

[63] McCracken L, et al. Improving the antibody-based evaluation of autoimmune encephalitis. Neurol Neuroimmunol Neuroinflamm. 2017;4(6):e404.

[64] Hutchinson M, et al. Progressive encephalomyelitis, rigidity, and myoclonus: a novel glycine receptor antibody. Neurology. 2008;71(16):1291–2.

[65] Sato K, et al. Localization of glycine receptor alpha 1 subunit mRNA-containing neurons in the rat brain: an analysis using in situ hybridization histochemistry. Neuroscience. 1991;43(2–3):381–95.

[66] Wandinger K-P, Klingbeil C, Gneiss C, et al. Neue serologische Marker zur Differentialdiagnose der Autoimmun-Enzephalitis Laboratoriumsmedizin. 2011;35(6):329–342.

[67] Sabater L, et al. Pitfalls in the detection of CV2 (CRMP5) antibodies. J Neuroimmunol. 2016;290:80–3.

[68] Gonzalez-Buitrago JM. Multiplexed testing in the autoimmunity laboratory. Clin Chem Lab Med. 2006;44(10):1169–74.

[69] Graus F, et al. Sensory neuronopathy and small cell lung cancer. Antineuronal antibody that also reacts with the tumor. Am J Med. 1986;80(1):45–52.

[70] Graus F, et al. Anti-Hu antibodies in patients with small-cell lung cancer: association with complete response to therapy and improved survival. J Clin Oncol. 1997;15(8):2866–72.

[71] Ruiz-Garcia R, et al. The Diagnostic Value of Onconeural Antibodies Depends on How They Are Tested. Front Immunol. 2020;11:1482.

[72] Pfutzner A, et al. Determination of anti GAD65 autoantibodies with an ELISA before and after standardization with the new international reference serum. Exp Clin Endocrinol Diabetes. 1995;103(2):123–5.

[73] Dalakas MC, et al. Stiff person syndrome: quantification, specificity, and intrathecal synthesis of GAD65 antibodies. Neurology. 2001;57(5):780–4.

[74] Lennon VA, et al. Calcium-channel antibodies in the Lambert-Eaton syndrome and other paraneoplastic syndromes. N Engl J Med. 1995;332(22):1467–74.

[75] Walikonis JE, Lennon VA. Radioimmunoassay for glutamic acid decarboxylase (GAD65) autoantibodies as a diagnostic aid for stiff-man syndrome and a correlate of susceptibility to type 1 diabetes mellitus. Mayo Clin Proc. 1998;73(12):1161–6.

[76] Reiber H, Lange P. Quantification of virus-specific antibodies in cerebrospinal fluid and serum: sensitive and specific detection of antibody synthesis in brain. Clin Chem. 1991;37(7):1153–60.

[77] Jezequel J, et al. Cell- and Single Molecule-Based Methods to Detect Anti-N-Methyl-D-Aspartate Receptor Autoantibodies in Patients With First-Episode Psychosis From the OPTiMiSE Project. Biol Psychiatry. 2017;82(10):766–772.

[78] Stich O, et al. Specific antibody index in cerebrospinal fluid from patients with central and peripheral paraneoplastic neurological syndromes. J Neuroimmunol. 2007;183(1–2):220–4.

[79] Ramberger M, et al. Comparison of diagnostic accuracy of microscopy and flow cytometry in evaluating N-methyl-D-aspartate receptor antibodies in serum using a live cell-based assay. PLoS One. 2015;10(3):e0122037.

[80] Irani SR, et al. N-methyl-D-aspartate antibody encephalitis: temporal progression of clinical and paraclinical observations in a predominantly non-paraneoplastic disorder of both sexes. Brain. 2010;133(Pt 6):1655–67.

[81] Sabater L, et al. Antibody repertoire in paraneoplastic cerebellar degeneration and small cell lung cancer. PLoS One. 2013;8(3):e60438.

[82] Gastaldi M, et al. Pitfalls in the detection of N-methyl-d-aspartate-receptor (NMDA-R) antibodies. Clin Biochem. 2017;50(6):354–355.

[83] Komorowski L, et al. Letter to the editor re: "Pitfalls in the detection of N-methyl-d-aspartate-receptor (NMDA-R) antibodies" accurate evaluation of anti-NMDA-R cell-based assay avoids reporting of false positive results. Clin Biochem. 2017;50(7–8):458–459.

[84] Lang K, Pruss H. Frequencies of neuronal autoantibodies in healthy controls: Estimation of disease specificity. Neurol Neuroimmunol Neuroinflamm. 2017;4(5):e386.

[85] Hammer C, et al. Neuropsychiatric disease relevance of circulating anti-NMDA receptor autoantibodies depends on blood-brain barrier integrity. Mol Psychiatry. 2014;19(10):1143–9.

[86] Castillo-Gomez E, et al. The brain as immunoprecipitator of serum autoantibodies against N-Methyl-D-aspartate receptor subunit NR1. Ann Neurol. 2016;79(1):144–51.

[87] Hansen HC, et al. Persistent intrathecal antibody synthesis 15 years after recovering from anti-N-methyl-D-aspartate receptor encephalitis. JAMA Neurol. 2013;70(1):117–9.

[88] Joubert B, et al. Characterization of a Subtype of Autoimmune Encephalitis With Anti-Contactin-Associated Protein-like 2 Antibodies in the Cerebrospinal Fluid, Prominent Limbic Symptoms, and Seizures. JAMA Neurol. 2016;73(9):1115–24.

[89] van Sonderen A, et al. Anti-LGI1 encephalitis: Clinical syndrome and long-term follow-up. Neurology. 2016;87(14):1449–1456.

[90] Saiz A, et al. Autoantibodies to glutamic acid decarboxylase in three patients with cerebellar ataxia, late-onset insulin-dependent diabetes mellitus, and polyendocrine autoimmunity. Neurology. 1997;49(4):1026–30.

[91] Murinson BB, et al. Markedly elevated GAD antibodies in SPS: effects of age and illness duration. Neurology. 2004;63(11):2146–8.

[92] Arino H, et al. Paraneoplastic Neurological Syndromes and Glutamic Acid Decarboxylase Antibodies. JAMA Neurol. 2015;72(8):874–81.

[93] Yang X, et al. Treatment of Autoimmune Glial Fibrillary Acidic Protein Astrocytopathy: Follow-Up in 7 Cases. Neuroimmunomodulation. 2017;24(2):113–119.

[94] Dahm L, et al. Seroprevalence of autoantibodies against brain antigens in health and disease. Ann Neurol. 2014;76(1):82–94.

[95] Giometto B, et al. Paraneoplastic neurologic syndrome in the PNS Euronetwork database: a European study from 20 centers. Arch Neurol. 2010;67(3):330–5.

[96] Gaig C, et al. Clinical manifestations of the anti-IgLON5 disease. Neurology. 2017;88(18):1736–1743.

[97] Xu X, et al. Anti-Homer-3 antibody associated cerebellar ataxia: A rare case report and literature review. J Neuroimmunol. 2019;330:155–158.

[98] Dürr M, Nissen G, Sühs KW, et al. CSF Findings in Acute NMDAR and LGI1 Antibody-Associated Autoimmune Encephalitis. Neurol Neuroimmunol Neuroinflamm 2021;8.

3.5 Lösliche Tumormarker

Manfred Wick

3.5.1 Indikation

Die Erkennung primärer oder sekundärer Hirntumoren bzw. des ZNS-Befalls maligner Systemerkrankungen ist vor allem die Domäne bildgebender Verfahren einerseits sowie zytologischer Liquoranalysen andererseits. In Zweifelsfällen kann jedoch der Nachweis einer lokalen Tumormarkersynthese im Liquor zu einer empfindlicheren u. auch spezifischeren Diagnostik beitragen. Dies betrifft u. a.

- zweideutige Herdbefunde in bildgebenden Verfahren, insbesondere bei zellarmem Liquor

sowie

- ergänzende Diagnostik bei Verdacht auf Meningeosis neoplastica und negativem oder zweideutigem zytologischen Befund.

Während für primäre Hirntumoren außer für Lymphome oder Keimzelltumoren kaum ein routinetauglicher Tumormarker mit geprüfter Sensitivität und Spezifität zur Verfügung steht, bieten sich folgende tumorassoziierte Antigene in der Krankenversorgung an:

CEA (Karzinoembryonales Antigen) für die Diagnostik von Meningealkarzinosen und Karzinommetastasen im Gehirn, vor allem in der Abgrenzung gegenüber granulomatösen Meningitiden und anderen Raumforderungen [2,6].

Darüber hinaus können AFP (Alpha-Fetoprotein) und Beta-hCG (Beta-Humanes Choriongonadotropin) für Keimzelltumoren [1], ggf. PSA (Prostataspezifisches Antigen) für Prostatakarzinome, Thyreoglobulin für Schilddrüsenkarzinome sowie ggf. NSE (Neuronen-spezifische Enolase) für neuroendokrine Tumoren (vor allem kleinzelliges Bronchialkarzinom) und Protein S-100 für Melanome eingesetzt werden. Die letztgenannten (NSE und Protein S-100) kommen jedoch auch als Proteine im Nervensystem vor und können daher bei allen akuten ZNS-Erkrankungen mit Gewebedestruktion vermehrt in den Liquor freigesetzt werden. Die Verwendung anderer Karzinommarker (z. B. CA 19–9, CA 15–3, CA 125) kann wegen nicht gesicherter Relevanz und Matrixeffekten bei schlecht definierter Struktur dieser Makromoleküle [4] gegenwärtig nicht empfohlen werden, mit der möglichen Ausnahme von CYFRA 21–1 [8]. Eine vermehrte Produktion von Beta-2-Mikroglobulin kann in Zweifelsfällen zur Diagnose eines Lymphom- oder Leukämiebefalls beitragen [3], wenn opportunistische Infektionen als Ursache ausgeschlossen sind, die Spezifität ist insgesamt jedoch gering [7]. Bei Plasmozytomen und B-Zell-Lymphomen insbesondere niedrigen Malignitätsgrades ist ggf. der Nachweis einer lokalen Synthese von monoklonalem Immunglobulin richtungsweisend.

Als artdiagnostisch unspezifischer Tumormarker im Liquor wurde VEGF *(Vascular Epithelial Growth Factor)* für Meningealkarzinosen beschrieben [5], es handelt sich hierbei um einen Wachstumsfaktor für Gefäßneubildungen in Tumoren, der bei anderen Erkrankungen nicht oder nur in niedrigerer Konzentration zu finden ist.

3.5.2 Präanalytik

Für alle tumorassoziierten Antigene, die normalerweise nicht im ZNS produziert werden und daher im Liquor in Konzentrationen vorkommen, die mehrere Größenordnungen unter üblichen Serumkonzentrationen liegen (CEA, AFP, β-hCG, Thyreoglobulin, PSA, VEGF) wäre zur Unterscheidung zwischen lokaler Synthese und passivem Schrankentransfer unbedingt die Paralleluntersuchung von Liquor und Serum unter Berücksichtigung der Schrankenfunktion erforderlich, dies ist zum Teil jedoch unzureichend validiert bzw. wird nur für CEA routinemäßig eingesetzt. Dagegen erfordern Tumormarker, die bereits normalerweise im Liquor in ähnlicher oder gar höherer Konzentration als im Serum gefunden werden, keine Paralleluntersuchung von Serum oder gar schrankenabhängige Auswertung (z. B. β2-Mikroglobulin, NSE, Protein S-100). Alle genannten Proteine sind bei 4° C mindestens 1 Woche, bei –20° C dagegen über Monate hinweg stabil. Für die meisten Kenngrößen ergeben sich keine besonderen Abnahmebedingungen. Zahlreiche Marker können jedoch durch blutige Punktion des Liquors bzw. durch artifiziell hämolytische Serumgewinnung verfälscht werden (z. B. NSE).

3.5.3 Methoden

Nahezu alle genannten Tumormarker können mit Liganden-Immunoassays (RIA, ELISA, LIA, ECLIA etc.) gemessen werden. Bei den Markern, die normalerweise nicht im ZNS synthetisiert werden (vor allem CEA, jedoch auch AFP, β-hCG, PSA und Thyreoglobulin) sind übliche kommerzielle Testsysteme zwar für die Bestimmung im Serum gut geeignet, jedoch für Liquor nicht sensitiv genug, um auch noch Konzentrationen im Referenzbereich messen zu können. Zumindest für CEA gelang es jedoch, durch Modifikationen hinsichtlich Inkubationszeit und Probenmenge eine wesentlich höhere Sensitivität zu erzielen [2,7]. Dagegen können alle Proteine, die bereits physiologischerweise lokal produziert werden, nach Prüfung von Matrixeffekten auch mit üblichen Serummethoden gemessen werden.

Der Nachweis einer lokalen Synthese von monoklonalem Immunglobulin erfordert einerseits die Bestätigung der Monoklonalität, z. B. durch Immunfixation, und zum anderen eine lokale Synthese des entsprechenden Immunglobulins (IgG, IgA oder IgM) im Quotientendiagramm.

3.5.4 Analytische Bewertung

Für CEA und monoklonales Immunglobulin ist die schrankenabhängige Bewertung unter Bezug auf den Albuminquotienten unabdingbar. Eine lokale CEA-Produktion gilt als bewiesen, wenn der CEA-L/S-Quotient größer als der korrespondierende Albuminquotient oder zumindest größer als Q_{Lim} im IgA-Quotientendiagramm ist [2,7], nachdem die Schrankenpermeabilität von CEA näherungsweise der von IgA entspricht. Für die Immunglobuline können die entsprechenden empirischen Quotientendiagramme (siehe **Kap. B.3.1**) verwendet werden. Auch für VEGF ist eine schrankenabhängige Auswertung beschrieben [5]. AFP dürfte sich aufgrund seiner Molekülgröße ähnlich wie Albumin verhalten, wurde jedoch bisher nicht schrankenabhängig ausgewertet, ebensowenig β-hCG. Bezüglich anderer Marker, insbesondere von Makromolekülen wie Thyreoglobulin oder gar CA 19–9 u. CA 15–3, liegen dagegen kaum Erfahrungen vor.

Kenngrößen, die bereits normalerweise in relativ hoher Konzentration in Liquor zu finden sind, können dagegen als Einzelwerte im Vergleich zu Referenzbereichen betrachtet werden. Diese sind als methodenabhängig anzusehen, einigermaßen definiert sind folgende:

- β2-Mikroglobulin < 1,8 mg/l
- NSE 5–15 ng/ml
- Protein S-100 < 5 ng/ml.

3.5.5 Klinische Bewertung

CEA und andere Karzinomantigene

In der ergänzenden Diagnostik zu Zytologie und bildgebenden Verfahren für den Nachweis von Karzinommetastasierungen kann CEA einen gesicherten Platz beanspruchen [2,4,6]. Für Meningealkarzinosen liegt die Sensitivität der zytologischen Liquoruntersuchung je nach Technik und Erfahrung des Untersuchers zwischen 50 und 75 %, auch bei wiederholten Punktionen ist mit ca. 10–20 % falsch negativen Befunden zu rechnen. Der Nachweis einer intrathekalen CEA-Synthese ermöglicht in nahezu allen dieser Fälle dennoch eine Diagnose mit sehr hoher Spezifität. Die Sensitivität beträgt zwar auch nur ca. 70–80 %, jedoch ergibt sich zusammen mit der Zytologie eine additive Sensitivität von ca. 95 % bei nahezu absoluter Spezifität [6]. Auf diese Weise lassen sich Meningealkarzinosen mit hoher Sicherheit von granulomatösen Entzündungen mit Kontrastmittelaufnahme in bildgebenden Verfahren unterscheiden.

Auch bei der Differentialdiagnose von intrazerebralen Herdbefunden in bildgebenden Verfahren lässt sich die Sicherheit des Metastasennachweises auf die Weise steigern. Bei nahezu absoluter Spezifität weisen ca. 60–70 % aller Karzinommetastasen eine intrathekale CEA-Synthese auf. Lediglich bei frontal oder parietal gelegenen Herden, deren Extrazellulärflüssigkeit kaum in den lumbalen Liquorraum drainiert, muss mit falsch negativen Befunden gerechnet werden. Somit ist in allen Fällen, in denen einzelne Metastasenherde von primären Hirntumoren, Abszessen oder Toxoplasmose unterschieden werden müssen, insbesondere bei fehlender Tumorzellaussaat, der Nachweis einer CEA-Synthese eine wesentliche differentialdiagnostische Hilfe.

Für die meisten anderen zur Verlaufsdiagnostik von Karzinomen im Serum eingesetzten Tumormarker gibt es bisher keine ausreichenden methodischen und klinischen Evaluierungen, die einen generellen Einsatz in der Liquordiagnostik rechtfertigen würden, mit der möglichen Ausnahme von CYFRA 21–1, für das eine ähnliche diagnostische Wertigkeit wie für CEA bei Bronchialkarzinomen berichtet wurde, allerdings ohne Berücksichtigung der Schrankenabhängigkeit [8], bei einem Cut-off im Liquor von > 5,5 µg/l. Für einige Marker mit hoher Organspezifität (AFP und β-hCG für Keimzelltumoren [1], s. u., Thyreoglobulin für Schilddrüsenkarzinome, PSA für Prostatakarzinome), die bei Normalpersonen und benignen Erkrankungen mit Sicherheit im ZNS nicht synthetisiert werden, existieren zumindest kasuistische Erfahrungen, nach denen eine lokale Synthese dieser Antigene im Liquor einen hochsignifikanten Befund im Sinne eines Tumorbefalls darstellt.

NSE und Protein S-100

Diese beiden Proteine kommen auch physiologischerweise im ZNS vor und werden daher bei allen Erkrankungen mit akuter Gewebedestruktion auch freigesetzt, was die Spezifität als mögliche Tumormarker von vornherein begrenzt. Wegen der relativ hohen Konzentrationen im Liquor sind diese jedoch mit Serummethoden gut messbar. NSE ist einer der führenden Marker für neuroendokrine Tumoren (vor allem kleinzelliges Bronchialkarzinom), Protein S-100 dagegen für maligne Melanome, die beide bekanntermaßen häufig ins ZNS metastasieren. Hohe Konzentrationen der genannten Marker im Liquor können daher ein wesentliches Indiz für einen Tumorbefall darstellen, wenn andere Erkrankungen mit akuter Gewebedestruktion ausgeschlossen werden können [7,8].

AFP und β-hCG

AFP und β-hCG werden zur Charakterisierung und Verlaufskontrolle von Keimzelltumoren, außer im Serum, für intrakranielle Tumoren auch im Liquor eingesetzt, bei embryonalen Tumoren ist mit einer Produktion von beiden zu rechnen, bei Chorionkarzinomen nur von β-hCG, bei Germinomen mit keinem der Marker. Bisher werden üblicherweise nur Einzel-Cut-off-Werte für Liquor oder Serum verwendet, die Abhängigkeit von der Blut/Liquor-Schrankenfunktion wird leider nicht berücksichtigt. Neuere Studien verwenden niedrigere Cut-offs als bisher tradiert [1]: β-hCG im Liquor ≥ 8,2 IU/l, im Serum ≥ 2,5 IU/l, AFP im Liquor ≥ 3,8 ng/ml, im Serum ≥ 25 ng/ml, hier wurde für die Nicht-Germinome eine kumulative Sensitivität beider von ca. 65 % bei 100 % Spezifität berichtet.

β2-Mikroglobulin und monoklonales Immunglobulin

β2-Mikroglobulin und monoklonales Immunglobulin können als ergänzende Verfahren zu zytologischen, bildgebenden und bioptischen Methoden angesehen werden. Ein sekundärer ZNS-Befall bei Leukämien oder systemischen Lymphomen führt in der Regel zu einer ausgeprägten Meningeosis leucaemica, bzw. lymphomatosa, die mit zytologischen und ggf. immunzytologischen Methoden nachgewiesen werden kann. Gelingt dies, so sind lösliche Tumormarker hier nur von untergeordneter Bedeutung. Dagegen kann bei primären ZNS-Lymphomen ohne wesentliche Zellaussaat in den Liquor die vermehrte Produktion von β-2-Mikroglobulin sowie seltener auch von monoklonalen Immunglobulin richtungsweisend sein. Wegen mangelnder Tumorspezifität ist in diesem Sinne β-2-Mikroglobulin nur dann verwertbar, wenn entzündliche Erkrankungen ausgeschlossen sind [3]. Insgesamt ist die Spezifität von β-2-Mikroglobulin im Liquor für maligne Prozesse jedoch sehr gering, bei jeglicher Art von Leukozytenaktivierung oder -zerfall sind erhöhte Konzentrationen möglich [7].

Eine lokale Synthese von monoklonalem Immunglobulin weist zwar eine sehr hohe Spezifität auf, kommt jedoch üblicherweise nur bei Plasmozytomen und niedrig-malignen B-Zell-Lymphomen vor, die vergleichsweise selten das ZNS befallen. Pathogenetisch und diagnostisch ist monoklonales Immunglobulin ggf. auch dann von Bedeutung, wenn keine lokale Synthese im Liquor stattfindet. Durch Ablagerung in den Nervenwurzeln bzw. Reaktion mit Myelinbestandteilen (z. B. MAG) und damit verknüpften Blut/Liquor-Schrankenstörungen kann monoklonales Immunglobulin als Ursache von Polyradikulitiden oder Polyneuropathien im Sinne eines paraneoplastischen Syndroms wesentlich werden, auch wenn kein direkter Befall des Nervensystems mit Tumorzellen vorliegt.

VEGF

Für VEGF als artdiagnostisch unspezifischem Tumormarker wurden sowohl eine Auswertung von Einzelwerten im Liquor (Cut-off für Meningealkarzinosen > 745 pg/ml) auch die Bildung von VEGF-L/S-Indizes (Cut-off > 62,3) unter Bezug auf den Albuminquotienten als Parameter für die Schrankenfunktion berichtet [5]. Hier zeigte sich zumindest eine hohe Sensitivität. Deutlich erhöhte, jedoch im Vergleich dazu niedrigere Werte wurden auch bei der bakteriellen Meningitis gefunden. Bei den meisten anderen ZNS-Erkrankungen liegen die Konzentrationen unter der Nachweisgrenze, zumindest eines Standard-ELISAs, von 25 pg/ml.

Literatur

[1] Hu M, Guan H. Lau C, et al. An update on the clinical diagnostic value of ß-hCG and aFP for intracranial germ cell tumors. Eur J Med Res. 2016;21:10.

[2] Jacobi C, Reiber H, Felgenhauer K. The clinical relevance of locally produced carcinoembryonic antigen in cerebrospinal fluid. J Neurol. 1986;233:358–361.

[3] Mavligit GM, Stuckey SE, Cabanillas FF. Diagnosis of leukemia or lymphoma in the central nervous system by β2-microglobulin determination. N Engl J Med. 1980;303:718–722.

[4] Oschmann P, Kaps M. Meningeal carcinomatosis CSF cytology, immunocytochemistry and biochemical tumor markers. Acta Neurol Scand. 1994;89:395–399.

[5] Stockhammer G, Jäger I, Ruffini I, Deisenhammer F. Liquor-VEGF (Vascular Endothelial Growth Factor): ein neuer Tumormarker in der Meningeosis carcinomatosa. Lab Med. 2003;27:329–338.

[6] Wick M. Blutliquor- und Bluthirnschranke bei metastatischen Prozessen, in: H. J. Staab, P. Krauseneck (Hrsg.): Hirnmetastasen – eine interdisziplinäre Herausforderung, S. 15–19. Thieme, Stuttgart–New York 1998.

[7] Wick M, Reiber H. Deutsche Gesellschaft für Liquordiagnostik und Klinische Neurochemie (4.Ed.). Ausgewählte Methoden der Liquordiagnostik und Klinischen Neurochemie. Ulm, Düsseldorf, Instand Schriftenreihe Band II, Selbstverlag

[8] Wang P, Piao Y, Zhang X, Li W, Hao X. The concentation of CYFRA 21-1, NSE and CEA in cerebrospinal fluid can be useful indicators for diagnosis of meningeal carcinomatosis of lung cancer. Cancer Biomark. 2013;13:123–130.

B.4 Supplementäre Marker

4.1 Zytokine, Chemokine, Adhäsionsmoleküle und andere Aktivierungsmarker

Hela-F. Petereit, André Huss, Sigurd D. Süßmuth, Hayrettin Tumani

Allgemeine Einführung

Bei allen Entzündungen des ZNS und der Hirnhäute sowie bei reaktiven Abräumreaktionen nach Ischämie oder Trauma kommt es zur Einwanderung von weißen Blutzellen aus den Gefäßen in den Liquorraum bzw. ins Hirnparenchym. Dabei müssen die einwandernden Entzündungszellen die Endothelschranke überwinden. Dies gelingt ihnen nur in aktivierter Form nach der Expression von Adhäsionsmolekülen. Diese sind auf Seite der Entzündungszellen L-Selectin und auf Endothelseite P-Selectin, E-Selectin, ICAM 1 (intercellular adhesion molecule 1) und VCAM1 (vascular adhesion molecule 1). Ein Teil der membranständigen Adhäsionsmoleküle wird in löslicher Form in Blut und Liquor abgegeben und kann dort gemessen werden. Die Aktivierung der Lymphozyten, Monozyten, Mikroglia und des Gefäßendothels, sowie die Expression von MHC Klasse I und II Produkten auf Gliazellen werden durch Zytokine gesteuert. Die wichtigsten proinflammatorischen Zytokine sind die Interleukine IL 1, IL 2, IL 12, IFNG (Interferon γ), TNF α (Tumor Nekrose Faktor alpha), und Lymphotoxin, wobei IL2, IFNG und TNF α von Th1-Zellen gebildet werden. Als antiinflammatorische Zytokine gelten TGF-β (transforming growth factor beta), IL 4, IL 10, IL 6, die den Th2-Zellen zugeordnet werden. Eine wichtige regulatorische Rolle kommt IL17 zu. Die Messung von Zytokinen und löslichen Adhäsionsmolekülen in Liquor und Blut kann somit etwas über den immunologischen Aktivitätsgrad einer Entzündung im zentralen Nervensystem (ZNS) aussagen. Aus klinischer Sicht ist dies vor allem bei chronischen oder subakuten Entzündungen relevant. Ein gutes Beispiel hierfür ist die Multiple Sklerose (MS), bei der im Gegensatz zur akuten bakteriellen oder viralen Meningoenzephalitis die Liquorzellzahl oder der unmittelbar klinisch sichtbare Funktionsverlust keine direkte Aussage über die biologische Krankheitsaktivität erlauben.

Neben weiteren unzähligen Mediatoren immunologischer Reaktionen seien die Chemokine und ihre Rezeptoren genannt, da einzelne Vertreter wie das CXCL13 Eingang in die klinische Differentialdiagnostik z. B. der frühen Neuroborreliose gefunden haben [1].

Präanalytik

Für ELISA-Messungen werden 5 ml Vollblut nach 30–60-minütiger Lagerung bei Raumtemperatur (möglichst abgedunkelt) 10 Minuten bei 1 000 × g zentrifugiert. Liquorproben (ebenfalls etwa 5 ml) werden 10 Minuten bei 200 × g zentrifugiert. Es werden 50 bis 200 µl Serum oder Liquor pro Messung eingesetzt. Die Messung der Zytokine und Adhäsionsmoleküle sollte innerhalb weniger Stunden nach der Probengewinnung durchgeführt werden. Bis dahin genügt Kühlung bei 4–8° C. Bei längerer Aufbewahrung muss die Probe bei –20 bis –80° C eingefroren werden. Wiederholtes Einfrieren und Auftauen ist zu vermeiden, deshalb ist gegebenenfalls fraktioniertes Einfrieren anzuraten.

Bei durchflusszytometrischer Bestimmung von IFNG werden 10 ml heparinisiertes Vollblut oder – in Abhängigkeit von der Zellzahl – 3–5 ml Liquor benötigt. Die Weiterverarbeitung der Zellen muss innerhalb weniger Stunden nach Blutentnahme erfolgen, eine Lagerung ist nicht möglich.

https://doi.org/10.1515/9783110331905-015

Eine ebenfalls zellgebundene Methode der Zytokin-Bestimmung ist die ELISPOT-Technik [2].

Methodenbeschreibung

Aufgrund der niedrigen Konzentrationen vieler Zytokine werden hohe Anforderungen an die Sensitivität der Methode gestellt. Die Vielfalt von Methoden zur Zytokinbestimmung in der Literatur spiegelt diese Schwierigkeiten wider. Häufig wird die Zytokinproduktion durch Stimulation mit verschiedenen Aktivatoren über die Nachweisgrenze angehoben. Deshalb müssen Methoden, die native Proben einsetzen von solchen mit stimulierten Proben unterschieden werden. Außerdem ist die Messung von intrazellulären Zytokinen (Durchflusszytometrie, ELISPOT-Technik) von solchen im Serum/Plasma, Liquor oder Kulturüberstand (ELISA, EAISA) zu unterscheiden. Mittlerweile gibt es eine Vielzahl an Immunoassays (ELISA, Simoa, Meso Scale, Luminex) welche die zuverlässige Bestimmung von Zytokinen auch im Mutliplexansatz und mit teils hoher Sensitivität erlauben. Wenn möglich, haben wir aus der Literatur Serum- und Liquor-Werte von Patienten und Kontrollgruppen zusammengestellt. Wo es sinnvoll erschien, wurde der Methodenteil um weitere Methoden ergänzt, wobei die Methodenauswahl aufgrund des begrenzten Raumes unvollständig und subjektiv bleiben muss. In einigen Fällen wurde im Methodenteil auf ausgewählte Literaturstellen hingewiesen, die den Zytokinnachweis auf Messenger RNA (mRNA) beschreibt. Da in einigen Fällen eine posttranslationale Modifizierung erfolgt, sind diskrepante Befunde von Messungen auf Protein und mRNA-Ebene zu erwarten. Allerdings konnte für einige Zytokine eine gute Korrelation zwischen beiden Parametern gezeigt werden [3].

Klinische Bewertung

Für die meisten Zytokine gibt es noch keine klinisch gesicherte Indikation in der klinischen Diagnostik oder Verlaufskontrolle. Dies liegt zum Teil an methodischen Schwächen wie aufwendigen Untersuchungstechniken, zum Teil aber auch an fehlenden Standards. Der Schwerpunkt der Zytokinmessungen liegt im wissenschaftlichen Bereich mit Fragestellungen, die zur Klärung der Pathophysiologie infektiöser und nicht erreger-bedingter entzündlicher Erkrankungen beitragen sollen. Dies mag sich in Zukunft ändern, wenn einerseits die methodischen Schwierigkeiten gelöst sind und andererseits die zahlreichen Einzelerkenntnisse zu einem brauchbaren pathophysiologischen Gesamtkonzept gebündelt worden sind.

4.1.1 ICAM 1 und VCAM 1

4.1.1.1 Pathophysiologie

ICAM 1 (intercellular adhesion molecule 1, CD 54) und VCAM 1 (vascular cell adhesion molecule, CD 106) sind Adhäsionsmoleküle aus der Immunglobulin-Superfamilie. Die vermehrte Expression an der Oberfläche von Endothelzellen nach Aktivierung durch verschiedene Zytokine ermöglicht den Austritt von Lymphozyten und Monozyten ins umliegende Gewebe. ICAM 1 wird vor allem auf aktivierten Endothelien und Monozyten exprimiert, kann aber auch auf aktivierten T- und B-Lymphozyten und Epithelzellen zu finden sein. Seine Liganden auf der Seite der Entzündungszellen sind das Integrin LFA 1 (lymphocyte-function associated antigen 1, CD 18/CD 11a) und der Monozytenmarker MAC 1 (CD 18/CD 11b) sowie CD 43. Die Expression von ICAM 1 wird hochreguliert durch die Zytokine IFNG, IL 1β, und TNF α. VCAM 1 findet sich auf aktivierten Endothelzellen, kann aber auch auf aktivierten Makrophagen, Knochenmarksfibroblasten und Myoblasten sowie Astrozyten und Mikroglia exprimiert werden. Der wichtigste Ligand von VCAM 1 auf Seite der Entzündungszellen ist das Integrin α4β1 (VLA 4). Die

Expression von VCAM 1 wird hochreguliert durch IL 1β, IL 4, TNF α und IFNG. Kortikosteroide inhibieren die Expression von Adhäsionsmolekülen. Neben der zellgebundenen Form werden Adhäsionsmoleküle auch durch sog. Shedding in die Umgebung sezerniert und sind dann als lösliche Formen (sICAM, sVCAM) in Serum oder Liquor nachweisbar.

4.1.1.2 Indikation und klinischer Bezug

Bei Infektionen des Zentralnervensystems durch Viren und Bakterien finden sich erhöhte Werte von sICAM und sVCAM in Serum und Liquor von Patienten mit bakterieller oder viraler Meningitis [4,5]. Im Tierversuch reduzieren ICAM 1-Antikörper das Ausmaß der Ödembildung bei bakterieller Meningitis und haben damit einen potenziell günstigen Einfluss auf den Krankheitsverlauf und -ausgang [6]. Bei nicht erregerbedingten Entzündungen des ZNS finden sich ebenfalls erhöhte sICAM- und sVCAM-Werte in Serum und Liquor, so zum Beispiel bei der aktiven Multiplen Sklerose und dem Guillain-Barré-Syndrom [7,8]. Auch primär nicht entzündliche Erkrankungen wie das Schädel-Hirn-Trauma, der ischämische Insult, die Alzheimer Demenz sowie intrazerebrale und subarachnoidale Blutungen, führen zu einem Anstieg von löslichen Adhäsionsmolekülen im Liquor und z. T. auch im Serum [9]. Die Höhe der gemessenen Werte im Liquor bei intrazerebralen Blutungen und im Serum bei Aneurysmablutungen korrelierte in einzelnen Studien mit dem outcome [10; 11; 12; 13]. Humane Rhinoviren nutzen ICAM als Bindungsstelle, um in respiratorische Epithelzellen einzudringen [14]. VCAM-markierte Nanocarrier erreichen das Gehirn in wesentlich höherer Konzentration als anders markierte Nanopartikel [15]. Nanocarrier sind eine Methode zur Einschleusung von Medikamenten ins Gehirn, die aktuell evaluiert wird. Bereits zugelassen zur Therapie der Multiplen Sklerose ist der monoklonale Antikörper Natalizumab (Handelsname Tysabri®), der die Bindung von VCAM auf Endothelzellen und alpha4beta1-Integrin auf hämatopoetischen Zellen, und damit das Einwandern von Leukozyten ins Zentralnervensystem, hemmt [16].

4.1.1.3 Methodenbeschreibung

Kommerzielle Kits für den Nachweis von sICAM und sVCAM mittels ELISA-Technik stehen zur Verfügung.

Tab. B.4.1: sICAM im Serum und Liquor neurologischer Patienten in ng/ml (Mittelwert ± Standardabweichung).

	(Dore-Duffy, 1995) [7]		(Trojano, 1998) [8]		(Jander, Heidenreich, und Stoll, 1993) [5]		(Ziliotto, 2019) [17]
	Serum	Liquor	Serum	Liquor	Serum	Liquor	Serum
Kontrollgruppe	146 ± 41	< 8	252 ± 68		305 ± 140	1,7*)	130 ± 30*)
Virale Meningitis	–	–	–	–	310*)	5,8*)	–
Bakterielle Meningitis	–	–	–	–	440*)	36*)	–
Multiple Sklerose	239 ± 138	< 8	284 ± 60	–	260*)	1,7*)	130 ± 50*)
Guillain-Barré-Syndrom	–	–	307 ± 39	–	290*)	3,1*)	–

*) Werte bei fehlenden Zahlenangaben des Autors aus Diagramm geschätzt.

Tab. B.4.2: sVCAM-Werte bei Patienten mit neurologischen Erkrankungen. Angaben in ng/ml, (jeweils Mittelwert ± Standardabweichung).

	(Mößner, 1996) [18]		(Dore-Duffy, 1995) [7]		(Ziliotto, 2019) [17]
	Serum	Liquor	Serum	Liquor	Serum
Kontrollgruppe	621 ± 47	27 ± 7	428 ± 84	1,1 ± 0,7	855 ± 135
Virale Meningitis	1025 ± 173	97 ± 28	–	–	–
Multiple Sklerose	971 ± 140	61 ± 15	406 ± 130	6 ± 3	1039 ± 175#

#PMS Proben.

4.1.1.4 Analytische Bewertung

sICAM und sVCAM können im Serum und Liquor mit einem entsprechend sensitiven ELISA-Kit nachgewiesen werden. Während bei chronisch entzündlichen Prozessen eine Überlappung mit Normalwerten besteht, ist bei akuten viralen und vor allem bei bakteriellen ZNS-Entzündungen eine deutliche Erhöhung von sICAM und sVCAM zu beobachten. sICAM-Werte in Serum und Liquor gemessen in ELISA-Technik bei verschiedenen neurologischen Krankheitsbildern sind in Tab. B.4.1 zusammengefasst.

In Tab. B.4.2 sind sVCAM-Werte in Serum und Liquor von Patienten mit neurologischen Erkrankungen aus der Literatur zusammengestellt (ELISA-Technik).

4.1.1.5 Klinische Bewertung

In der klinischen Diagnostik oder Verlaufsbeurteilung ergibt sich noch keine erkennbare Indikation zur Bestimmung von Adhäsionsmolekülen.

4.1.2 Tumor-Nekrose-Faktor

4.1.2.1 Pathophysiologie

Tumor-Nekrose-Faktor (TNF) ist ein 157 Aminosäuren langes Protein, das überwiegend von aktivierten Monozyten produziert wird. Der Rezeptor ist ubiquitär. Die TNF-Produktion wird durch Lipopolysaccharide und bakterielle Exotoxine sowie durch IFNG gesteigert. Dexamethason hemmt die TNF-Produktion. Löslicher TNF-Rezeptor entsteht durch enzymatische Abtrennung zellständiger TNF-Moleküle durch die Enzyme TACE und ADAM1 und kann die Wirkung von TNF neutralisieren. TNF wirkt proinflammatorisch und zytotoxisch. Die Zytotoxizität wird durch eine vermehrte phagozytotische Aktivität von Granulozyten sowie durch eine vermehrte antikörperabhängige, zellvermittelte Zytotoxizität erreicht. TNF induziert außerdem Apoptose. Als endogenes Pyrogen unterstützt TNF die Infektabwehr, wobei jedoch hohe Konzentrationen von TNF mit einer schlechten Prognose vergesellschaftet sind. Im Tierversuch induziert intrathekal verabreichtes TNF eine aseptische Entzündung und begleitende subpiale Demyelinisierung [19].

4.1.2.2 Indikation und klinischer Bezug

Bei der zerebralen Malaria gehen Serum-Spiegel von mehr als 100 pg/ml mit einer erhöhten Mortalität einher [20]. Bei bakterieller Meningitis erreichen die TNF-Spiegel im Liquor Werte über 1000 pg/ml und korrelieren mit dem Schweregrad der Erkrankung [21]. Bei nicht erregerbedingten entzündlichen Erkrankungen des Nervensystems wie der Multiplen Sklerose und dem Guillain-Barré-Syndrom wurden erhöhte Spiegel im Serum und im

Liquor gemessen [22]. Ein TNF-Peak im Serum ist prädiktiv für einen MS-Schub und kann daher als Aktivitätsparameter fungieren [23]. Aufgrund seiner zentralen Rolle bei Autoimmunerkrankungen wie Rheumatoider Arthritis, Ankylosierender Spondylarthritis, entzündlichen Darmerkrankungen und der Psoriasis, wurden TNF-Antagonisten entwickelt und nach positiver klinischer Testung als Therapie zugelassen. Dabei kommen monoklonale Antikörper wie Infliximab, Adalimumab, Golimumab und Certolizumab, aber auch Rezeptor-Fusionsmoleküle wie Etanercept zum Einsatz. Bei der Multiplen Sklerose sind TNF-Hemmer nicht wirksam. Unter Therapie mit TNF-Antagonisten kann es selten sogar zu disseminierten demyelinisierenden Entzündungen des ZNS und PNS kommen [24]. Das Auftreten bzw. die Reaktivierung einer Tuberkulose wurde als Nebenwirkung von TNF-Antagonisten beschrieben [25].

Tab. B.4.3: Häufigkeit erhöhter TNF α-Werte im Serum und Liquor neurologischer Patienten in Prozent. In Klammern Minimal- und Maximalwerte für TNF α in pg/ml.

	(Kornelisse, 1997) [26]	(Tsukada, 1991) [22]		(Maimone, 1991) [27]	
	Liquor	**Serum**	**Liquor**	**Serum**	**Liquor**
Kontrollgruppe	–	17 % (< 3,5–7)	0 %	0 %	7 % (< 40–125)
Multiple Sklerose	–	36 % (< 3,5–70)	94 % (< 3,4–24)	18 % (< 40–46)	23 % (< 40–140)
Guillain-Barré-Syndrom	–	63 % (< 3,5–21)	88 % (< 3,4–22)	–	–
Aseptische Meningo-enzephalitis	–	–	–	0 %	29 % (< 40–230)
Bakterielle Meningitis	(< 15–10600)	–	–	–	–

4.1.2.3 Methodenbeschreibung

Für die Bestimmung von TNF α stehen kommerzielle ELISA-Kits zur Verfügung.

4.1.2.4 Analytische Bewertung

Bei gesunden Probanden beträgt der TNF α-Gehalt im Serum 0–11,5 pg/ml. Selbst bei entzündlichen Prozessen kann der TNF α-Gehalt in Serum oder Liquor in einem nennenswerten Prozentsatz unter der Nachweisgrenze liegen. In Tab. B.4.3 ist die Häufigkeit erhöhter TNF α-Werte in Serum und Liquor bei Patienten mit unterschiedlichen neurologischen Erkrankungen aus der Literatur zusammengestellt.

Die Messergebnisse variieren beträchtlich bei Anwendung verschiedener ELISA-Kits [28]. Verschiedene Untersuchungsbedingungen wie die Lagerung der Probe bei Temperaturen von 4° C bis zu 20 Tagen, wiederholtes Einfrieren und Auftauen, Bestimmung in Serum oder Plasma haben dagegen keinen Einfluss auf den Messwert [29]. Die Anwesenheit von löslichem TNF α-Rezeptor soll die TNF α-Konzentration bei Anwendung der ELISA und EAISA-Technik nicht beeinflussen [30].

4.1.2.5 Klinische Bewertung

Wie die meisten anderen Zytokine liegt der Schwerpunkt des Einsatzes von TNF α-Bestimmungen bei wissenschaftlichen Fragestellungen. Von besonderem Interesse sind die physiologische Rolle von TNF α bei der Infektabwehr sowie die Beteiligung bei chronisch entzündlichen Prozessen. Ob TNF α geeignet ist, die Prognose bei erregerbedingten ZNS-Erkrankungen und septischen Krankheitsbildern abzuschätzen, bleibt größeren Fallkontrollstudien vorbehalten.

4.1.3 Interferon gamma

4.1.3.1 Pathophysiologie

Interferon gamma (IFNG, IFNγ) ist ein homodimeres, 143 Aminosäuren umfassendes Glykoprotein, das zur Gruppe II der Interferone gezählt wird. Es wird von T-Lymphozyten und natürlichen Killerzellen nach Stimulation durch verschiedene Antigene und Mitogene sowie Zytokine (IL 12, TNF α) gebildet. Die INFG-Produktion wird durch IL 10 und Kortison inhibiert. Auf zellulärer Ebene induziert IFNG nach Bindung an die ubiquitär vorkommenden, spezifischen Rezeptoren die Transkription bestimmter Proteine, z. B. MIG (monokine induced by IFNG) und des Chemokins CXCL10 [31]. IFNG stimuliert die Freisetzung weiterer proinflammatorischer Zytokine wie TNF α. IFNG erhöht die Expression von MHC II Molekülen und damit die Kapazität immunkompetenter Zellen, Antigene im Rahmen eines trimolekularen Komplexes zu präsentieren und zu erkennen. Insgesamt ist Interferon gamma eines der wichtigsten proinflammatorischen und zytotoxischen Zytokine.

4.1.3.2 Indikation und klinischer Bezug

Bei akuten und chronischen Entzündungen des zentralen Nervensystems ist IFNG in Blut und Liquor erhöht. Ein wesentlicher Bestandteil der Virusabwehr bei viralen Meningitiden ist die Zytotoxizität, die durch in CD8 positiven Lymphozyten gebildetes IFNG vermittelt wird [32]. Auch bakterielle Meningitiden gehen mit einer vermehrten IFNG-Produktion im Liquor einher [26]. Bei nicht erregerbedingten Entzündungen des zentralen Nervensystems, wie der Multiplen Sklerose finden sich ebenfalls erhöhte IFNG-Werte in Blut und Liquor [33]. Die besondere Bedeutung von IFNG bei der Multiplen Sklerose wird durch die Beobachtung von Panitch [34] unterstrichen, dass die intravenöse Gabe von IFNG Krankheitsschübe auslösen kann. IFNG ist ebenfalls wichtig für die Abwehr von Mykobakterien. Dies konnte an Patienten mit disseminierter Infektion durch apathogene oder attenuierte BCG-Stämme gezeigt werden, die eine partielle Defizienz des Interferon gamma Rezeptors Typ 1 aufwiesen [35]. Die IFNG-Freisetzung sensibilisierter T-Effektorzellen wird diagnostisch zum Nachweis einer (durchgemachten) Tuberkulose im IFNG-Freisetzungstest (IFNG release assay, IGRA) genutzt. Es stehen kommerzielle Testsysteme (T-Spot.TB® und Quantiferon®-Test-TB Gold plus) zur Verfügung.

IFNG induziert in Astrozyten Neurotoxizität [36]. INFG exponierte Mikroglia hemmt im Tierversuch die Neurogenese und führt zu depressivem Verhalten und kognitiven Defiziten [37].

4.1.3.3 Methodenbeschreibung

IFNG kann in Plasma, Serum, Liquor, Urin und Kulturüberstand mit kommerziell erhältlichen ELISA-Kits gemessen werden. Die Messwerte können in Abhängigkeit vom benutzten ELISA-Kit erheblich differieren [38]. Aufgrund der niedrigen zu erwartenden Werte in Normalkollektiven bieten einzelne Hersteller hochsensitive ELISA-Kits an.

Des Weiteren kann IFNG intrazellulär mittels Durchflusszytometrie oder ELI-

SPOT-Technik nachgewiesen werden. Bei beiden Methoden liegen die zu erwartenden IFNG-Werte in nativen Zellen so niedrig, dass es sich empfiehlt, die Zellen zu stimulieren. Üblicherweise werden mononukleäre Zellen betrachtet, die mittels Dichtegradientenzentrifugation isoliert werden. Die Durchflusszytometrie ermöglicht morphologisch die Differenzierung von IFNG produzierenden Lymphozyten und Monozyten sowie bei entsprechender Markierung von Oberflächenantigenen auch die Beurteilung der IFNG-Produktion in T-Zell-Subpopulationen. Es liegen verschiedene Protokolle zur Zellstimulation vor. Gängige Stimulantien sind Phorbol-Myristat-Acetat (PMA)/Ionomycin, Lipopolysaccharid, anti CD3-Antikörper, Concanavalin A, die unterschiedliche Aktivierungswege nutzen und je nach Fragestellung ausgewählt werden sollten. Bei der Durchflusszytometrie werden die Zellen nach dem Stimulationsvorgang fixiert und mit monoklonalen fluoreszenzmarkierten Antikörpern gegen INFG, ggfs. auch gegen weitere Antigene inkubiert. Die Messung erfolgt im Durchflusszytometer. Als hilfreich haben sich weitere Präparationsschritte wie die Sekretionshemmung während der Stimulationsphase und die Permeabilisierung der Zellwand vor Zugabe der monoklonalen Antikörper erwiesen. Die Messwerte werden in Prozent INFG produzierender Zellen bezogen auf alle gemessenen Zellen oder bestimmte Subpopulationen angegeben. Die ELISPOT-Technik weist von stimulierten Zellen sezerniertes IFNG mittels monoklonaler Antikörper in einer dem ELISA ähnlichen Technik nach. Eine weitere Möglichkeit besteht darin, IFNG nicht auf Proteinniveau zu bestimmen, sondern die zugehörige Messenger-RNA in Blut- oder Liquorzellen zu messen. Geeignete Primer-Sequenzen finden sich bei [39]. Diese Methode bietet den Vorteil, dass auf eine Stimulation verzichtet werden kann. Allerdings ist der Rückschluss auf die Proteinkonzentration nur mittelbar, da sie auch durch posttranslationale Schritte beeinflusst wird. Mittlerweile stehen kommerzielle Kits für dieses Verfahren zur Verfügung.

4.1.3.4 Analytische Bewertung

Bei Gesunden ist der zu erwartende IFNG-Wert in ELISA-Technik im Serum kleiner 2 pg/ml. Tab. B.4.4 gibt Liquorwerte für verschiedene entzündliche Erkrankungen des ZNS und Kontrollen wieder.

Tab. B.4.4: IFNG im Liquor bei entzündlichen Erkrankungen (ELISA-Technik).

Patientenkollektiv	IFNG im Liquor in pg/ml Mittelwert ± Standardabweichung	Literatur
Kontrolle	4,8 ± 0,9	[40]
Virusmeningitis	36 ± 38	[40]
Tb-Meningitis	708 ± 887	[41]

Aufgrund der niedrigen Werte werden häufig Überstände stimulierter Blutzellkulturen analysiert. Hier variieren die Werte je nach Stimulationsmethode zwischen 370 und 696 pg/ml [42,43].

Der Anteil CD3-positiver IFNG produzierende Blut- und Liquor- Lymphozyten an allen gemessenen Lymphozyten bei Gesunden und verschiedenen neurologischen Krankheitsbildern, gemessen nach Stimulation mit PMA und Ionomycin mittels Durchflusszytometrie, ist in Tab. B.4.5 zusammengefasst [44,45].

Tab. B.4.5: IFNG-produzierende CD 3-positive Blut- und Liquorlymphozyten gemessen im Durchflusszytometer nach PMA/Ionomycin-Stimulation in Prozent aller gegateten Lymphozyten, Mittelwert ± Standardabweichung, Werte nach [44,45].

Patientenkollektiv	Blut	Liquor
gesunde Probanden	3,08 ± 1,85	–
Multiple Sklerose	14,75 ± 7,25	27,13 ± 15,88
Lymphozytäre Meningitis	14,33 ± 7,23	34,10 ± 13,09

4.1.3.5 Klinische Bewertung

Zurzeit wird die Bestimmung von IFNG hauptsächlich bei wissenschaftlichen Fragestellungen eingesetzt; in die klinische Routine hat sie noch keinen Eingang gefunden. Mögliche Anwendungen wären die Beurteilung der Krankheitsaktivität und des Therapieerfolges bei chronisch entzündlichen Prozessen wie der Multiplen Sklerose.

4.1.4 IL12

4.1.4.1 Pathophysiologie

Interleukin 12 (IL12) ist ein Heterodimer, das aus einer 35 und einer 40 kD Untereinheit gebildet wird. IL 12 wird in Monozyten und anderen antigen-präsentierenden Zellen gebildet. Die IL12 Produktion wird durch verschiedene Erreger, auch Bakterienbestandteile, und Interaktion von CD 40 mit seinem Liganden induziert. IL-10 wirkt als Antagonist der IL 12-Produktion. Auch Kortikosteroide, intravenöse Immunglobuline und bestimmte Immunsuppressiva inhibieren die IL 12-Produktion. IL 12 induziert die IFNG-Produktion und erhöht die Zytotoxizität von zytotoxischen T-Zellen und NK-Zellen. Weitere Mitglieder der IL12-Zytokin-Familie sind das ebenfalls proinflammatorische IL23, das eine identische 40 kD Untereinheit aufweist, sowie IL27 und IL35, die eher hemmende Effekte auf die Entzündungsreaktion haben [46].

Tab. B.4.6: IL 12 im Serum und Liquor von neurologischen Patienten. Messung der IL 12p40 Untereinheit mittels ELISA, Angabe in pg/ml.

	(Kornelisse, 1997) [26]		(Fassbender, 1997) [4]		(Uzawa, 2010) [48]
	Serum	Liquor	Serum	Liquor	Liquor
Kontrollgruppe	109 (59–299)	< 50	416,3 ± 152,9	10,4 ± 8,1	1,1 ± 0,4
Multiple Sklerose	–	–	209,0 ± 44,0	108,5 ± 43,5	1,3 ± 0,9
Virale Meningitis	–	–	156,2 ± 47,6	180,9 ± 107,6	
Bakterielle Meningitis	165 (72–1024)	509 (< 50–5390)	1 214,3 ± 728,7	29,8 ± 11,9	
NMO	–	–	–	–	1,2 ± 0,9

4.1.4.2 Indikation und klinischer Bezug

IL 12 ist ein wichtiger Bestandteil der Infektabwehr. Erhöhte IL12-Werte wurden in Serum und Liquor von Patienten mit viralen und bakteriellen Erkrankungen gemessen [26,49,50]. Bedeutsam erscheint das Auftreten von bakteriellen und mykobakteriellen Infektionen bei einer IL12-Defizienz [51]. Durch Viren hervorgerufene Erkrankungen dagegen aktivieren die Infektabwehr über einen alternativen Weg [32,53]. Für die Entstehung von Autoimmunerkrankungen wird eine Imbalanz der Interleukine 10 und 12 als ursächlich diskutiert [54]. Auch bei der Multiplen Sklerose wurden erhöhte IL12-Werte gemessen [55]. Interessanterweise sagt eine hohe IL12-Expression in Blutlymphozyten von Patienten mit multipler Sklerose ein schlechtes Therapieansprechen auf eine Interferon beta-Therapie in 80 % der Fälle voraus [55].

Seit 2009 ist ein monoklonaler Antikörper gegen die p40-Untereinheit von IL12 bzw. IL23 zur Therapie der Plaquepsoriasis, Psoriasisarthritis und des M. Crohn zugelassen ("Stelara – Fachinformation" n. d.).

4.1.4.3 Methodenbeschreibung

Für die Bestimmung von IL12 stehen kommerzielle ELISA-Kits zur Verfügung. Es wird sowohl das Heterodimer als auch die p40-Untereinheit erkannt. Auch die Bestimmung der mRNA liefert verwertbare Ergebnisse. Geeignete Primer- und Zielsequenzen wurden bereits publiziert [56].

4.1.4.4 Analytische Bewertung

Tab. B.4.6 zeigt eine Zusammenstellung von IL12-Werten im Serum und Liquor bei verschiedenen neurologischen Erkrankungen. Zurzeit kann die Bestimmung von IL12 in der klinischen Routine nicht empfohlen werden. Möglicherweise ergibt sich eine klinische Anwendung von IL12 als Prädiktor des Therapieerfolges einer immunmodulatorischen Therapie der multiplen Sklerose mit beta-Interferonen.

4.1.5 IL 17

4.1.5.1 Pathophysiologie

Interleukin 17 ist ein wichtiger Regulator der proinflammatorischen Antwort, in dem es die Genexpression proinflammatorischer Zytokine heraufreguliert [57]. Interleukin 17 wird überwiegend in CD4+ Helferzellen, den sogenannten TH17-Zellen, gebildet. Die IL17-Rezeptoren finden sich ubiquitär auf allen Zelltypen, auch auf nicht myeloischen Zellen.

4.1.5.2 Indikation und klinischer Bezug

IL17 spielt eine zentrale Rolle in der Immunabwehr bei Infektionen durch Bakterien und Pilze. So finden sich beispielsweise erhöhte IL17-Titer im Liquor von Patienten mit symptomatischer Neurosyphilis (s. Tab. B.4.7). Eine Aktivierung IL17-produzierender Zellen wird als wesentlich für die Entstehung von Autoimmunität angesehen. Im Liquor von Patienten mit MS wurden jedoch keine erhöhten IL17-Werte gemessen [58], wohl aber im Serum (s. Tab. B.4.8). Männliche Patienten mit MS wiesen dabei noch höhere Werte auf als weibliche, wobei genetische Polymorphismen gleich verteilt waren und daher eher keine Rolle spielen [59]. IL17-Antagonisten wie Secukinumab und Ixekizumab wurden bereits zur Behandlung der schweren Plaquepsoriasis mit Erfolg eingesetzt [60]. Bei chronisch entzündlichen Darmerkrankungen kam es dagegen zu einer Zunahme der Krankheitsaktivität unter einer Therapie mit IL17-Antagonisten.

Tab. B.4.7: IL 17 im Liquor von Patienten mit Neurosyphilis und Kontrollen, gemessen mittels ELISA, Median (Minimum, Maximum), Werte in pg/ml [61].

Kontrolle	0
Lues ohne Beteiligung des Nervensystems	0 (0–2,6)
Asymptomatische Neurolues	0,7 (0–44,3)
Neurolues mit Paresen	7,6 (0–38,1)
Neurolues mit okulären Symptomen	0,9 (0–59,8)
Tabes dorsalis	0,8(0–18,2)

Tab. B.4.8: (a) IL17 im Serum von gesunden, Patienten mit MS und NMO, gemessen mittels ELISA, Mittelwert (Standardabweichung), Werte in pg/ml. (b) IL17A und IL17F im Liquor von Patienten mit Meningitis und Kontrollen [62]. Werte in pg/ml als Median mit Interquartilbereich.

(a)	**(Ashtari et al., 2019) [62]**	**(Ghaffari et al., 2017) [59]**
Kontrollgruppe	4,8 (1,4)	6,4 (1,0)
NMO	10,2 (2,8)	keine Angaben
MS	11,5 (2,7)	25,5 (8,3)
(b)	**IL17A**	**IL17F**
Kontrollgruppe	17,5 (12,2–27,1)	9,0 (5,1–20,2)
Meningitis	33,0 (20,8–58,3)	35,0 (22,1–60,3)

4.1.5.3 Methodenbeschreibung

IL17 lässt sich als ELISA in Körperflüssigkeiten wie dem Serum bestimmen, aber auch in zellgebundenen Assays wieder FACS-Analyse oder der ELISPOT-Technik.

4.1.5.4 Analytische Bewertung

Interleukin 17 hat in der Routinediagnostik bislang keinen Stellenwert.

4.1.6 IL4, IL6, IL10

4.1.6.1 Pathophysiologie

Die Interleukine IL4, IL6 und IL10 gelten als antiinflammatorische Zytokine.

IL 4 wird in einer Vielzahl von Zellen gebildet, darunter TH2-Zellen, Mastzellen, eosinophile/basophile Granulozyten, und fördert die Differenzierung in Richtung einer TH2-Zell-Antwort sowie die B-Zelldifferenzierung und Plasmazellbildung. Auch die Bildung von Immunglobulinen der Klasse IgE und die Fähigkeit von B-Zellen, Antigen zu präsentieren, wird durch IL4 und das strukturverwandte IL13 gesteigert [64]. Allergene und parasitärer Befall steigern die IL4–Produktion. IL4 bindet an einen heterodimeren Rezeptor, der auf hämatopoetischen Zellen aus der alpha-Einheit des IL4-Rezeptors und der gamma-Untereinheit des IL2-Rezeptors besteht. Auf allen anderen Zellen besteht er aus den jeweiligen alpha-Untereinheiten des IL4- und IL13-Rezeptors [65]. Die intrazelluläre Signalkaskade wird über STAT6 vermittelt. IL 4 hemmt die Produktion proinflammatorischer Zytokine wie IL12 und TNF [66]. Vermehrte IL4 und IL13-Konzentrationen werden bei allergischem Asthma und atopischer Dermatitis gefunden [64]. IL4 scheint eine Rolle bei der Kognition und Neurogenese zu spielen [68].

IL 6 hat sowohl pro- als auch antiinflammatorische Effekte. Das Zytokin wird hauptsächlich von T-Lymphozyten und Monozyten nach Stimulation durch IL 1 und TNF alpha gebildet. Zellgebundene IL6-Rezeptoren finden sich auf Hepatozyten und hämatopoetischen Zellen. Lösliche IL6-Rezeptoren bilden Komplexe mit löslichem IL6 und können so an gp130 (CD130) binden. IL 6 stimuliert B-Lymphozyten und reguliert die IgG-Produktion herauf. Auch eine proliferationsfördernde Wirkung auf Lymphome und bestimmte Karzinome wird IL 6 nachgesagt. IL 6 ist pyrogen. Neben der Wirkung auf Blutzellen hat IL 6 auch einen Einfluss auf die Regeneration von Leberzellen sowie auf die Produktion von Akutphase-Proteinen in der Leber. Il 6 reduziert die Insulin-like growth factor-Produktion und kann über die Regulation von Adipozyten gewichtssenkend wirken. Muskelaktivität stimuliert die Produktion von IL6 in Myozyten, so dass man auch von einem Myokin spricht. Insbesondere das durch Muskelaktivität in Myozyten gebildete IL6 wirkt antiinflammatorisch und lipolytisch [69]. Im Tierversuch wurden IL6 remyelinisierende und neuroregenerative Effekte zugeschrieben, so dass erste präklinische Studien zu pulsatilen IL6-Gaben bei experimentell-induzierter Neuropathie durchgeführt wurden, mit positiven Ergebnissen [69]. Ausdauertraining kann die

Konzentration von IL6 im Serum um das 128-fache steigern. Diese pulsatilen IL6-Erhöhungen sind im Gegensatz zu einer dauerhaften IL6-Erhöhung wie bei Patienten mit Diabetes antiinflammatorisch wirksam [70].

IL 10 wird überwiegend in Th 2-Lymphozyten, regulatorischen T-Zellen und Monozyten nach Stimulation unter anderem mit bakteriellen Exotoxinen gebildet. Es wirkt inhibierend auf die IFNG, TNF und IL 2-Produktion und ist damit ein wichtiges antiinflammatorisches Zytokin. IL10 stimuliert die B-Zell-Proliferation und Differenzierung von B-Lymphozyten in Plasmazellen. IL10-Mangel begünstigt das Auftreten von Autoimmun-Erkrankungen wie M. Crohn oder Multipler Sklerose. IL10 hemmt im Tierversuch die Metastasierung von Tumoren.

4.1.6.2 Indikation und klinischer Bezug

Während IL 4 selbst im Plasma von Patienten mit Meningokokken-Infektion nicht nachweisbar ist [56,73], finden sich im Tiermodell der Hämophilus-influenza-Meningitis Hinweise auf eine vermehrte IL 4 mRNA-Expression in Liquorzellen [71]. Bei chronisch-entzündlichen ZNS-Erkrankungen wie der Multiplen Sklerose lassen sich im Gegensatz zu erhöhten proinflammatorischen Zytokin-Werten in Serum und Liquor nur sehr selten antiinflammatorische Zytokine nachweisen [3]. Allerdings wurde eine hohe Zahl von IL 4-produzierenden T Zell-Klonen im Liquor von MS-Patienten beschrieben [52]. Neuere Arbeiten weisen auf erhöhte Konzentrationen von IL4 im Liquor von Patienten mit der Creutzfeldt-Jakob-Erkrankung (CJD) hin [72]. In einer Untersuchung an 113 Patienten mit Neuroborreliose verschiedener Stadien und Kontrollen wurde gezeigt, dass in der Frühphase der Erkrankung IFNG-produzierende Zellen überwiegen, während in der Heilungsphase IL4-produzierende Zellen vorherrschen [74].

Tab. B.4.9: IL4 im Liquor von Patienten mit CJD und anderen Erkrankungen, gemessen mittels ELISA, Werte in pg/ml.

	(Stoeck, 2005) [72]	(Kaneko, 2018) [73]
CJD	26,4	–
Kontrollen	6,2	0,3
Motoneuron-Erkrankungen	10,5	–
Neuromyelitis optica	–	0,5
Multiple Sklerose	–	0,3

Tab. B.4.10: IL 6 in Serum und Liquor von Patienten mit Entzündungen des Nervensystems gemessen mittels ELISA, Mittelwerte in pg/ml. AQO + NMO: Neuromyelitis optica mit Aquaporin-Antikörpern.

	(Chavanet, 1992) [47]		(Matsuzono, 1995) [96]		(Kaneko, 2018) [73]
	Serum	Liquor	Serum	Liquor	Liquor
Kontrollgruppe	–	–	–	–	2,8
Enzephalitis	–	–	< 100	409	–
Virale Meningitis	–	2160	< 100	1076	–
Bakterielle Meningitis	–	6575	14.332	49.017	–
Multiple Sklerose	–	–	–	–	8,2
Guillain-Barré-Syndrom	–	–	–	–	–
AQP + NMO	–	–	–	–	635,2

Tab. B.4.11: IL 10 in Serum und Liquor von Patienten mit Entzündungen des Nervensystems gemessen mittels ELISA, Mittelwert ± Standardabweichung bzw. Mittelwert (Minimum-Maximum), Werte in pg/ml.

	(Ishiguro, 1996) [83]		(Lehmann, 1995) [84]		(Kaneko, 2018) [73]
	Serum	Liquor	Serum	Liquor	Liquor
Kontrollgruppe	11 ± 4	10 ± 3	20 (0–60)	–	2,3
Aseptische Meningitis	< 10	88 ± 146	–	–	–
Bakterielle Meningitis	–	–	119 (0–1050)	637 (0–2000)	–
Multiple Sklerose	–	–	–	–	2,2
Neuromyelitis optica	–	–	–	–	6,0

Bei systemischen Infektionen steigt IL6 im Serum auf ein Vielfaches an. Beim metabolischen Syndrom ist IL6 im Serum chronisch leicht erhöht [69]. IL 6 ist bei einer Reihe neurologischer Erkrankungen in Serum und Liquor erhöht, die mit einer spezifischen oder begleitenden Antikörper-Produktion einhergehen, z. B. Meningitis, Multiple Sklerose, NMOSD und Guillain-Barré-Syndrom [75,76]. In der Differenzierung von Aquaporin-Antikörper-positiven Patienten mit NMOSD von Patienten mit Multipler Sklerose könnte IL6 eine Rolle spielen [77]. Vor allem im Liquor fanden sich erhöhte IL6-Konzentrationen bei NMOSD [73]. Bei der subakuten sklerosierenden Panenzephalitis, die mit einer exzessiven intrathekalen Masern-Antikörper-Produktion einhergeht, konnten dagegen keine erhöhten IL 6-Werte in Serum oder Liquor gemessen werden [78]. Perez und Kollegen [79] vermuten eine pathogenetische Bedeutung von IL 6 für die Produktion von intrathekalen Immunglobulinen bei der Multiplen Sklerose. Erste Therapien mit monoklonalen Antikörpern gegen IL6-Rezeptoren wurden bereits für die rheumatoide Arthritis zugelassen [80]. Satralizumab, ein weiterer monoklonaler IL6-Rezeptor-Antikörper zeigte sich in zwei klinischen Studien wirksam bei der Behandlung der Neuromyelitis optica [81,82] und ist zur Behandlung zugelassen.

IL 10 ist bei infektiösen und entzündlichen Erkrankungen in Serum und Liquor erhöht [33,83,84]. Im Liquor von Patienten mit Neurolues fanden sich signifikant höhere IL10-Konzentrationen im Vergleich zu Lues-Patienten ohne Befall des Nervensystems [63]. Untersuchungen zu IL10-Promotor-Polymorphismen legen nahe, dass die Beteiligung des Nervensystems bei der Syphilis mit genetisch determiniert erhöhten IL10-Konzentrationen im Liquor einhergeht [86]. Beim Neuro-Behcet wurde mittels quantitativer rtPCR höhere Interleukin 10-Konzentrationen im Liquor gemessen als bei der Multiplen Sklerose [87]. Ein Zusammenhang von hohen IL 10-Werten im Serum und letalem Ausgang einer Meningokokken-Meningitis wurde kürzlich berichtet [84]. Dabei scheint das Ausmaß der IL-10-Produktion nach Stimulation genetisch determiniert zu sein [88]. Während bei infektiösen Erkrankungen die IL 4, 6 und 10-Produktion zeitlich dem Maximum proinflammatorischer Zytokine folgt und in die Rekonvaleszenzphase fällt [89], findet sich bei chronisch entzündlichen Prozessen eine zeitgleiche Erhöhung pro- und antiinflammatorischer Zytokine [33]. Aber auch eine Reihe nicht entzündlicher Erkrankungen wie Schädel-Hirn-Traumata und maligne Hirntumore gehen mit einer vermehrten IL-10-Produktion einher [90,91].

In einer Metaanalyse wurde erhöhtem IL10 im Liquor ein hoher Stellenwert bei der Diagnose und prognostischen Einschätzung von ZNS-Lymphomen zugesprochen [92]. Mit einer Sensitivität von 81 % und Spezifität von 97 % lag bei IL10-Konzentrationen im Liquor von mehr als 6,9 pg/ml ein ZNS-Lymphom vor. Patienten mit höheren Liquor-IL10-Werten hatten eine schlechtere Prognose hinsichtlich eines progressionsfreien Überlebens.

Erhöhte IL10-Kozentrationen im Liquor gehen bei der Alzheimer Demenz mit einem schnelleren kognitiven Abbau einher [93]. Auch im Alter steigt die Konzentration von IL10 im Liquor an, wobei der Anstieg eine U-förmige Kurve mit einem Tiefpunkt um das 50. Lebensjahr beschreibt [94].

4.1.6.3 Methodenbeschreibung

Für IL 4, 6 und 10 stehen kommerziell erhältliche ELISA-Kits zur Verfügung.

4.1.6.4 Analytische Bewertung

Die Konzentration von freiem IL4 in Serum und Liquor liegt bei Anwendung der ELISA-Technik meist unter der Nachweisgrenze [3,95]. Zellgebundene IL4 ist möglicherweise besser nachweisbar, beispielsweise mit der ELISPOT-Technik [74]. Die IL6-Konzentratioonen im Serum sind nicht nur von pathologischen Prozessen abhängig, sondern auch von körperlicher Aktivität. In Tab. B.4.9, B.4.10 und B.4.11 sind die von verschiedenen Autoren gemessenen IL4-, IL-6- und IL-10-Werte in Serum und Liquor bei verschiedenen entzündlichen Erkrankungen des Nervensystems zusammengefasst.

4.1.6.5 Klinische Bewertung

Möglicherweise kann IL 6 die Diagnose einer Meningitis in der frühen Phase erleichtern, da ein IL-6-Anstieg im Liquor der Pleozytose vorausgehen kann [96]. IL10 im Liquor kann bei der prognostischen Einschätzung von primären ZNS-Lymphomen herangezogen werden. Für IL 4 lässt sich gegenwärtig noch keine Anwendungen in der klinischen Routine erkennen.

4.1.7 TGF beta

4.1.7.1 Pathophysiologie

Die drei Unterformen von TGF β (transforming growth factor) haben eine 80 % Sequenzhomologie. TGF β wird von vielen Zelltypen gebildet, auch im Zentralnervensystem. Neben einem antiproliferativen Effekt auf B-, T- und NK-Lymphozyten sowie verschiedene Parenchymzellen hat TGF β einen antiinflammatorischen Effekt, der sowohl auf zellulärer Ebene, u. a. durch die Induktion von regulatorischen T-Zellen, als auch durch Inhibition von IL 1 und IL 2 erklärt wird. Die B-Zell-Proliferation wird durch TGF beta gehemmt. TGF β kann die Differenzierung von bestimmten Geweben fördern. TGF β induziert die Kollagenbildung und Fibrosierung und gilt deshalb als „Reparatur-Zytokin". Im Tiermodell des Schlaganfalls, aber auch bei Schädel-Hirn-Traumen, konnten neuroprotektive Effekte von TGF beta beobachtet werden [97]. Ein Homodimer von TGF beta bindet an den ebenfalls dimeren Rezeptor, eine Seronin/Threonin-Kinase. TGF beta kann durch verschiedene Proteinasen wie Plasmin oder MMP in eine lösliche Form überführt werden.

Tab. B.4.12: TGF β1 in Serum und Liquor von Patienten mit neurologischen Erkrankungen. ELISA, Mittelwert ± Standardabweichung, Werte in pg/ml.

	(Huang et al., 1997) [102]		(Rollnik et al., 1997) [103]	
	Serum	Liquor	Serum	Liquor
Kontrollgruppe	–	20,5 ± 1,1	56,9 ± 35,0	119,0 ± 21,5
Multiple Sklerose	–	–	39,3 ± 43,8	98,0 ± 123,0
Aseptische Meningitis	–	25,3 ± 1,7	–	–
Bakterielle Meningitis	–	32,9 ± 2,4	–	–

4.1.7.2 Indikation und klinischer Bezug

Aufgrund seiner antiinflammatorischen Wirkung wurde eine verminderte Aktivität von TGF β bei chronisch entzündlichen Prozessen wie der Multiplen Sklerose vermutet. Link [98] konnte zeigen, dass in Liquor und Blut von MS-Patienten TGF β-produzierende Zellen häufiger vorkommen als bei Patienten mit anderen neurologischen Erkrankungen. Allerdings ist die TGF β-Produktion besonders in stabilen Krankheitsphasen im Vergleich zu Krankheitsschüben erhöht [99]. Die Gabe von TGF β bei Patienten mit Multipler Sklerose hatte in einem kleinen Kollektiv jedoch keinen günstigen Effekt auf die Krankheitsaktivität oder den Behinderungsgrad [100]. Bei erregerbedingten Erkrankungen des Zentralnervensystems ist TGF β im Liquor im Sinne einer Gegenregulation erhöht [85]. Dabei finden sich besonders hohe Werte bei bakteriellen Erkrankungen verglichen mit viralen [102]. Die Höhe der TGF β-Produktion im Liquor hat allerdings keine prognostische Aussagekraft [102].

4.1.7.3 Methodenbeschreibung

Kommerzielle ELISA-Kits, zum Teil mit einer hohen Spezifität für TGF beta-1, stehen zur Verfügung.

4.1.7.4 Analytische Bewertung

Mittels ELISA von verschiedenen Autoren gemessene TGF β1-Werte in Serum und Liquor bei Patienten mit entzündlichen Erkrankungen des zentralen Nervensystems sind in Tab. B.4.12 zusammengefasst. Für klinische Fragestellungen hat die Bestimmung von TGF beta aktuell keine Bedeutung.

4.1.8 sIL2-Rezeptor

4.1.8.1 Pathophysiologie

Der membranständige IL2 Rezeptor (IL2R) kommt auf aktivierten regulatorischen und Helfer-T-Zelle vor. Das Zytokine IL2 vermittelt über den zellständigen IL2R Signale, die zu T-Zell-Proliferation führen. Beim IL2R handelt sich um einen heterotrimeren Transmembran-Rezeptor, bestehend aus der alpha-Kette (CD25), der beta-Kette (CD122) und der gamma-Kette (CD132). Die alpha-Kette kann proteolytisch abgespalten werden und in löslicher Form (soluble IL2 receptor, sIL2R) im Serum oder anderen Körperflüssigkeiten wie dem Liquor nachgewiesen werden, und gilt als Indikator einer T-Zell-Aktivierung wie sie bei inflammatorischen oder auch anderen entzündlichen Prozessen vorkommt. Defekte im Gen der gamma-Kette des sIL2R führen zu einem schweren Immundefizienz-Syndrom (XSCID [104]). Nicht nur IL2, sondern auch andere Mitglieder der Zytokin-Familie wie IL4, IL7, IL 9, IL16 und 21 binden an die gamma-Kette des IL2R [104].

4.1.8.2 Indikation und klinischer Bezug

Kürzlich konnte an einer Kohorte von 101 Patienten mit Sarkoidose gezeigt werden, dass sIL2R eine 88 % Sensitivität und 85 % Spezifität bei der Diagnose einer Sarkoidose aufweist und damit Angiotensin Converting Enzyme (ACE, siehe **Kap. B.4.1.11**) deutlich überlegen ist [105]. Die Diagnose der Sarkoidose war in 80 % der Fälle Biopsie-gesichert. 88 Patienten mit initialem Verdacht auf Sarkoidose, bei denen im weiteren Verlauf eine andere Erkrankung gesichert wurde, dienten als Kontrolle. sIL2R wurde mittels ELISA bestimmt. Ein Wert von 3550 pg/ml erwies sich als sensitiv und spezifisch in der Abgrenzung von anderen Krankheitsbildern.

Tab. B.4.13: sIL2R im Serum und Liquor bei verschiedenen Kollektiven. Werte in pg/ml.

	(Eurelings et al., 2019) [105] Median (interquartil range)	(H.-F. Petereit et al., 2010) [108] Mittelwert (Standardabweichung)	
	Serum	**Serum**	**Liquor**
gesunde Kontrollen	1515 (keine Angabe)	2460 (161,9)	34 (0)
andere definierte Krankheitsbilder	2500 (1925–3300)	s. unten	s. unten
Multiple Sklerose	keine Angabe	2538 (333,3)	52 (8,7)
Bakterielle Meningitis	keine Angabe	11615 (4069,3)	1578 (450,4)
Sarkoidose	6100 (4500–9850)	keine Angabe	keine Angabe
Neurosarkoidose	keine Angabe	12214 (6445,3)	2871 (1077,5)

4.1.8.3 Methodenbeschreibung

sIL2R kann mittels ELISA-Technik im Serum und anderen wässrigen Flüssigkeiten wie dem Liquor cerebrospinalis gemessen werden.

4.1.8.4 Analytische Bewertung

Bei der Diagnose einer Sarkoidose, bei der der Goldstandard immer noch die Biopsie von Granulomen ist, ist der sIL2-Rezeptor im Serum und Liquor ein wichtiger Parameter, um die Diagnose einer Sarkoidose oder Neurosarkoidose zu untermauern. Differentialdiagnosen sind zu beachten. So gilt sIL2R z. B. als Biomarker für die Diagnose und den Therapieverlauf maligner Lymphome oder rheumatischer Erkrankungen [106,107]. sIL2R im Liquor von Patienten mit Multipler Sklerose, viraler Meningitis oder zerebraler Vaskulitis zeigt deutlich niedrigere Werte als bei Neurosarkoidose (s. Tab. B.4.13). Dagegen sind die sIL2R Werte im Liquor bei bakterieller Meningitis, Neurotuberkulose und Neurosarkoidose vergleichbar hoch. Während die Differenzierung von Neurosarkoidose und bakterieller Meningitis anhand der Liquor-Zellzahl und -Zytologie leicht gelingt, ist die Abgrenzung von der Neurotuberkulose deutlich schwieriger [108]. Bei klinischer inaktiver Neurosarkoidose und unter Steroid-Therapie sinken die sIL2R-Werte im Liquor ab, u. U. bis in den Normalbereich [108].

4.1.9 CXCL13

4.1.9.1 Pathophysiologie

CXCL13 gehört zur Gruppe der alpha-Chemokine. Als Chemokine oder auch chemotaktische Zytokine wird eine Gruppe von mehr als 50 Proteinen mit 70 bis 120 Aminosäuren bezeichnet, die die Migration von Immunzellen ins Gewebe steuert. Dabei wandern die Zielzellen in Richtung der höchsten Konzentration des jeweiligen Chemokins. Dieser Effekt wird zum Teil über eine Aktivierung von Adhäsionsmolekülen erzielt. Chemokine sind ebenfalls in die Angiogenese, Embryogenese und Organogenese involviert. Die Nomenklatur der Chemokine richtet sich nach der Nachbarschaft von Zystein-Bausteinen am N-terminalen Ende des Moleküls, die mittels Disulfid-Brücken eine charakteristische Tertiärstruktur des Moleküls bedingen. Bei beta-Chemokinen liegen die beiden Zystein-Bausteine nebeneinander, man spricht auch von dem CC-Motiv bei alpha-Chemokinen liegt eine Aminosäure zwischen den beiden Zysteinen (CXC), bei delta-Chemokinen sind es 3 Aminosäuren (CX_3C). Die gamma-Chemokine weisen nur eine N-terminale Zystein-Disulfid-Brücke auf (XC). Chemokine werden durch den Zusatz „L" (für Ligand) von ihren Rezeptoren (R) unterschieden.

CXCL13 wird von dendritischen Zellen, Monozyten und reifen Makrophagen produziert, und führt durch Bindung an den CXCR5-Rezeptor zu einer Chemotaxis insbesondere von B-Zellen an den Ort der Entzündung.

4.1.9.2 Indikation und klinischer Bezug

Bei der Neuroborreliose finden sich stark erhöhte Werte für CXCL13 im Liquor, besonders zu Beginn der Erkrankung [109] (s. Tab. B.4.14). Sie korrelieren gut mit der Krankheitsaktivität und der Zellzahl und können der intrathekalen Antikörperproduktion vorausgehen. Dadurch haben sie einen gewissen Stellenwert in der Frühdiagnose der unbehandelten Neuroborreliose und bei der Reinfektion nach durchgemachter Neuroborreliose [110,111]. Im Rahmen einer effektiven Therapie fallen die CXCL13-Konzentrationen im Liquor wieder ab [111]. Auch bei anderen entzündlichen Erkrankungen wie der Neurolues, MS, NMO und bei ZNS-Lymphomen können erhöhte Konzentrationen von CXCL13 im Liquor gefunden werden [111].

4.1.9.3 Methodenbeschreibung

CXCL13 kann mittels ELISA im Serum oder Liquor bestimmt werden.

4.1.9.4 Analytische Bewertung

CXCL13 hat einen gewissen Stellenwert bei der Diagnose der frühen, unbehandelten Neuroborreliose, insbesondere wenn innerhalb der ersten 1 bis 2 Wochen der Borrelien-Antikörperindex noch negativ ist. Zur Differenzierung der akuten Neuroborreliose von anderen entzündlichen Erkrankungen des ZNS werden unterschiedliche Cut-off-Werte zwischen 61 und 1229 pg/ml diskutiert [111]. Für einzelne Cut-off-Werte werden Sensitivitäten und Spezifitäten von über 90 % ermittelt [110,111]. CXCL13 ist jedoch nicht spezifisch für die Neuroborreliose und ersetzt die übrige Liquordiagnostik mit Zellzahl, Blut-Liquor-Schranke und Antikörperindex nicht.

Tab. B.4.14: Konzentrationen von CXCL13 im Liquor bei verschiedenen Krankheitsbildern.

	(Schmidt, 2011) [112] Mittelwert in pg/ml	(Hytönen, 2014) [111] Mittelwert (Minimum-Maximum) in pg/ml	(Rupprecht, 2014) [1] Median (Minimum-Maximum)
Neuroborreliose	15.149	6480 (424–158.000)	3869 (292–32960)
andere neurologische Erkrankung	247	< 7,8 (< 7,8–153)	39 (7–222) (MS)
Virale ZNS-Infektion	keine Angaben	(< 7,8–406)	34 (7–340)
nicht-infektiöse, entzündliche ZNS-Erkrankung	keine Angaben	(< 7,8–280)	7 (7–39)

4.1.10 Neopterin, β2-Mikroglobulin

4.1.10.1 Pathophysiologie

Neopterin reflektiert die Aktivierung von Makrophagen durch aktivierte, IFNγ-sezernierende T-Zellen und stellt damit einen unspezifischen Marker zellulärer immunologischer Stimulation dar. Es handelt sich um ein sehr kleines (253 Da), relativ polares Molekül, das nicht metabolisiert wird. Das im Blut befindliche Neopterin stammt hauptsächlich aus Monozyten, Makrophagen und dendritischen Zellen. Es konnte gezeigt werden, dass Neopterin im Liquor im Wesentlichen aus dem Gehirn selbst stammt und nicht aus dem Blut oder der Leptomeninx [113]. Der genaue Ursprung des Liquor-Neopterins ist bislang nicht nachgewiesen, aber Mikroglia und astrogliale Zellen sind die wahrscheinlichen Ursprungsorte.

β2-Mikroglobulin ist ein Protein niedrigen Molekulargewichts (11,8 kDa) und findet sich auf der Oberfläche der meisten nukleären Zellen als Leichtkettenprotein des Klasse I MHC-Moleküls (major-histocompatibility-complex). Korrespondierend zum HLA-Turnover wird β2-Mikroglobulin kontinuierlich freigesetzt und ist als lösliches Protein in Blut, Liquor, Urin, Speichel und anderen Körperflüssigkeiten detektierbar. Erhöhte Serum- und Liquorspiegel sind mit einer Aktivierung von T-Zellen und Makrophagen assoziiert.

4.1.10.2 Indikation

Bedeutung erlangte die Neopterinmessung im Liquor für die Bestimmung des Ausmaßes und der Aktivität des zellulären Immunsystems bei einer Vielzahl von Erkrankungen, wie z. B. bei Infektionen (bakterielle und virale Meningitis, virale Enzephalitis, Neuroborreliose), chronischen ZNS-Entzündungen (MS) und Autoimmunerkrankungen (wie der Wegener-Granulomatose), malignen Erkrankungen, oder Erkrankungen aus dem affektiven und schizophreniformen Spektrum [114,115]. Insbesondere bei Erkrankungen des ZNS in Verbindung mit einer HIV-Infektion spricht ein Anstieg der Neopterinkonzentration im Liquor, auch bei klinischer Symptomlosigkeit, für ein Fortschreiten der ZNS-Infektion [116]. Obgleich Neopterin unspezifisch ist, wird seine Konzentrationsbestimmung im Liquor als ein möglicherweise nützlicher Marker für das Monitoring der Immunaktivierung des ZNS angesehen und wird weiterhin als Marker für demyelinisierende Erkrankungen, hypoxische Enzephalopathien oder das primäre ZNS-Lymphom untersucht.

β2-Mikroglobulin kann in der Diagnostik, Verlaufs- und Therapiebeurteilung lymphoproliferativer Erkrankungen mit Manifestation im ZNS sowie HIV-Infektionen mit ZNS-Beteiligung eingesetzt werden [117]. Liquor- und Serumkonzentrationen korrelieren mit den Stadien einer HIV-Infektion. Dabei sprechen erhöhte β2-Mikroglobulin- Liquorkonzentrationen für die Progression zur HIV-assoziierten Demenz [118,119]. Auch bei einer Reihe anderer Erkrankungen mit Involvierung des Nervensystems finden sich erhöhte Liquorspiegel. Dazu gehören die Neurosarkoidose, die Multiple Sklerose, sowie virale und bakterielle Meningitiden [120].

4.1.10.3 Präanalytik

Neopterin: Für die Bestimmung aus Liquor werden ca. 0,5 ml, für Serumbestimmungen 1 ml benötigt. Aufgrund der Lichtempfindlichkeit von Neopterin sollte das Probenmaterial vor Licht geschützt gelagert werden. Neopterin ist bei 15–25° C mindestens drei Tage, bei 4° C bis zu einer Woche stabil. Längerfristige Lagerung bei –20 bis –80° C.

β2-Mikroglobulin: Für die Analytik werden 0,5 ml Liquor benötigt. β2-Mikroglobulin ist bei 4° C mindestens eine Woche stabil. Längerfristige Lagerungen bei –20 bis –80° C.

4.1.10.4 Methodenbeschreibung

Neopterin: Die Konzentrationen im Liquor und im Serum können mit kommerziell erhältlichen Radioimmunoassays oder ELISA bestimmt werden, deren Detektionslimit bei einer Neopterinkonzentration zwischen 1,25 und 2 nmol/l liegt. Darüber hinaus gibt es die Möglichkeit eines Nachweises mittels Hochdruckflüssigkeitschromatographie (HPLC).

β2-Mikroglobulin: Für die Bestimmung der Serum- und Liquorkonzentrationen können sowohl Radioimmunoassays als auch hochsensitive und spezifische ELISAs sowie ein nephelometrischer Immunoassay mit Latexverstärkung eingesetzt werden.

4.1.10.5 Analytische Bewertung

Neopterin: Der Referenzbereich für Neopterin im Liquor liegt bei einer Konzentration < 5,5 nmol/L, im Serum bei < 10,4 nmol/L, ist allerdings abhängig vom verwendeten Assay [113]. Bei Erkrankungen des ZNS übertreffen die Neopterinkonzentrationen im Liquor die des Serums (siehe Tab. B.4.15). Da der ganz überwiegende Anteil des Liquorneopterins aus dem Gehirn stammt, muss die Bewertung des Liquorneopterins unabhängig vom Serumwert erfolgen. Der Bezug auf den Serumwert kann zu falschen Ergebnissen und damit zu falschen Schlussfolgerungen führen [115].

Tab. B.4.15: Neopterinkonzentration als Mittelwert mit Angabe des Wertebereichs (Minimum-Maximum in Liquor und Serum angegeben in nmol/l bei gesunden Kontrollen [113,121] und bei verschiedenen Krankheitsbildern [121]. Angabe des Wertebereiches in runden Klammern.

	Liquor	Serum	Methode	Referenz
gesunde Kontrollen	4,27 (3,3–4,8)	6,29 (3,7–9,9)	ELISA	[113]
gesunde Kontrollen	4,2 (3,2–5,5)	6,0 (3,0–9,3)	RIA	[121]
Bakterielle Meningitis	63,0 (10,0–202,0)	42,2 (7,9–437,0)		
Neuroborreliose	54,9 (10,1–182,0)	9,1 (5,1–17,3)		
Virale Meningitis	32,5 (6,7–60,5)	5,6 (3,8–6,4)		
Virale Enzephalitis	130,9 (86,4–236,0)	11,0 (7,7–13,2)		
Asymptomatische HIV-Infektion	13,9 (5,2–34,3)	15,1 (5,7–41,1)		
AIDS	26,0 (8,8–42,0)	35,1 (17,7–66,5)		
HIV-assoziierte Demenz (AIDS-Demenz-Komplex)	65,4 (55,6–110,0)	71,4 (23,2–121,0)		

β2-Mikroglobulin: Die Referenzbereiche in Liquor und Serum sind in Tab. B.4.16 aufgeführt. Weniger als 1 % des β2-Mikroglobulins im Liquor kommt aus dem Blut, mehr als 99 % sind intrathekalen Ursprungs. Aufgrund der überwiegend renalen Ausscheidung von β2-Mikroglobulin ist zu beachten, dass Änderungen der Serumkonzentration aus Störungen der Nierenfunktion resultieren können. Bei Normalpersonen ist die Liquorkonzentration im Schnitt ist bis zu 25 % niedriger als die Konzentration im Serum [122,123]. Es existieren geringe intraindividuelle Variabilitäten sowie altersabhängige Veränderungen, jedoch keine geschlechtsspezifischen [124]. Aufgrund seiner niedrigen Molekulargröße kann β2-Mikroglobulin die Blut-Liquor-Schranke passieren. Hohe Serumkonzentrationen können daher theoretisch den Liquorspiegel beeinflussen. Da jedoch weniger als 1 % aus dem Serum stammen, sind die Absolutkonzentrationen diagnostisch verwertbar und es braucht kein Liquor/Serum-Quotient gebildet zu werden.

Tab. B.4.16: Referenzbereiche der Beta-2-Mikroglobulinkonzentration in mg/l, zusammengestellt nach den Arbeiten von [116,122,125–128].

Liquor	**< 2,2**
Serum	
< 60 Jahre	< 2,5
≥ 60 Jahre	≤ 3,0

4.1.10.6 Klinische Bewertung der Neopterin- und β2-Mikroglobulin-Konzentrationen im Liquor

Bei Liquor-Neopterin und Liquor-β2-Mikroglobulin handelt es sich um etablierte klassische Marker für die Bestimmung der immunogenen Stimulation im ZNS, die aber beide unspezifisch sind. Die Messung der Liquorkonzentrationen hilft nicht bei der Unterscheidung zwischen bakteriellen und viralen oder nicht-infektiösen entzündlichen oder malignen Prozessen des ZNS. Die Spezifität von β2-Mikroglobulin im Liquor ist für maligne Prozesse sehr gering, kann aber zur Diagnose eines Lymphoms oder einer Leukämie durchaus beitragen, sofern opportunistische Infektionen ausgeschlossen sind (siehe **Kap. B.3.5**). Die Bestimmung als diagnostische Tests bei neurologischen Erkrankungen erscheint weiterhin wenig wegweisend, jedoch mögen diese Parameter als Orientierungshilfe bei der Beobachtung des klinischen Verlaufs und der Einschätzung des therapeutischen Effekts dienen.

Mittlerweile gibt es aber eine Vielzahl von neuen Markern zur Erfassung und Beurteilung inflammatorischer Prozesse, wie insbesondere Interleukine oder CXCL13, die zum Teil bereits in der Routine angekommen sind und die in den vorausgehenden Unterkapiteln behandelt werden.

4.1.11 Angiotensin-Converting Enzyme (ACE)

4.1.11.1 Pathophysiologie

Angiotensin-Converting Enzyme (ACE) wandelt Angiotensin I zu Angiotensin II um, den stärksten Vasokonstriktor des menschlichen Körpers. Serum-ACE ist allerdings nicht in diese Reaktion involviert, seine pathophysiologische Bedeutung ist noch ungeklärt. ACE ist ein membranständiges Protein, welches in hoher Konzentration auf der luminalen Oberfläche von Endothelzellen sowie in Makrophagen von sarkoiden Granulomen enthalten ist. Zerebrospinales ACE wird im Gehirn synthetisiert und ist Teil eines autonomen zerebralen Renin-Angiotensin-Mechanismus.

4.1.11.2 Indikation

Die Bestimmung von ACE in Serum und Liquor wurde in der Vergangenheit vorwiegend bei der Diagnostik und Verlaufsbeurteilung der Sarkoidose sowie zur Abschätzung der Granulomlast eingesetzt. Erhöhte Liquorspiegel finden sich jedoch auch bei Meningitiden, Hirntumoren, und Polyneuritiden. Eine Erhöhung des Serum-ACE wurde bei lymphoproliferativen Erkrankungen, Stoffwechsel- und Infektionserkrankungen beschrieben.

4.1.11.3 Präanalytik

ACE-Hemmer sollten nach Möglichkeit vier Wochen vor der Bestimmung abgesetzt werden, anderenfalls werden falsch niedrige Werte gemessen. Für die Bestimmung aus Blut darf wegen der Verminderung der ACE-Aktivität kein EDTA als Antikoagulanz eingesetzt werden. Serum wird unverdünnt eingesetzt, Liquor muss bis zu 100-fach konzentriert werden. Serum-ACE ist für mindestens 1 Woche bei +4° C stabil und bei –20° C für 3 Monate.

4.1.11.4 Methodenbeschreibung

Zur Anwendung kommen unterschiedliche radioenzymatische und photometrische Verfahren [129,130,131,132].

4.1.11.5 Analytische Bewertung

Hinsichtlich der ACE-Aktivität im Liquor gilt für radioenzymatische Verfahren ein Referenzbereich < 3,8 U/L. Die Referenzbereiche für Serum/Heparinplasma sind der Tab. B.4.17 zu entnehmen.

Tab. B.4.17: Referenzbereiche der ACE-Aktivität im Serum/Heparinplasma.

Aktivität (U/L)	Referenz
10–35	[131]
44–138	[132]
12–52	[129]
8–52	[130]

Da unter Normalbedingungen nur etwa 70 % des Liquor-ACEs aus dem ZNS stammen, ist die Aktivität im Liquor vom Albuminquotienten abhängig. Der gemessene ACE-Absolutwert sollte auf diesen bezogen werden. Der ACE-Liquor/Serum-Quotient findet aufgrund behandlungsbedingter Schwankungen der Serumwerte keine praktische Anwendung. Serum-ACE-Werte weisen eine Altersabhängigkeit auf, dabei haben Kinder bis zur Pubertät höhere Werte als Erwachsene. Mit zunehmendem Alter ist eine Abnahme der ACE-Aktivität zu beobachten.

4.1.11.6 Klinische Bewertung

Früher wurde ACE als unterstützender Marker einer möglichen (Neuro)Sarkoidose verwendet. Der positive prädiktive Wert einer erhöhten ACE-Aktivität im Serum für Sarkoidose liegt allerdings bei 75–90 %, der negative prädiktive Wert bei 70–80 %. Eine normale ACE-Aktivität im Serum schließt eine Sarkoidose somit nicht aus und ist nicht empfindlich genug, um den Beginn einer Sarkoidose verlässlich anzuzeigen [133]. Umgekehrt liegt die Rate der falsch positiven Ergebnisse der Serum-ACE, abhängig von der Literaturangabe, ebenfalls bei ca. 50 % [133]. Erhöhte ACE-Liquorspiegel sind bei ca. 60 % der Fälle mit einer Neurosarkoidose nachweisbar [134].

Die Messung der Serum- und Liquor-ACE hat mittlerweile stark an Bedeutung verloren, da mit der Bestimmung des löslichen IL2R in Serum und Liquor ein Marker mit einer besseren Sensitivität und Spezifität für die Untermauerung der Diagnose einer (Neuro)Sarkoidose zur Verfügung steht (siehe **Kap. B.4.1.8 und C.1.1.7.1**).

Literatur

[1] Rupprecht TA, Lechner C, Tumani H, Fingerle V. CXCL13: A Biomarker for Acute Lyme Neuroborreliosis. Investigation of the Predictive Value in the Clinical Routine. Nervenarzt. 2014;85(4):459–64.

[2] Ranieri E, Popescu I, Gigante M. CTL ELISPOT Assay. In Methods in Molecular Biology. 2014;1186:75–86. Humana Press Inc.

[3] Gallo P, Piccinno MG, Tavolato B, Sidén A. A Longitudinal Study on IL-2, SIL-2R, IL-4 and IFN-γ in Multiple Sclerosis CSF and Serum. Journal of the Neurological Sciences. 1991;101(2):227–32.

[4] Fassbender K, Schminke U, Ries S, et al. Endothelial-Derived Adhesion Molecules in Bacterial Meningitis: Association to Cytokine Release and Intrathecal Leukocyte-Recruitment. Journal of Neuroimmunology. 1997;74(1–2):130–34.

[5] Jander S, Heidenreich F, Stoll G. Serum and CSF Levels of Soluble Intercellular Adhesion Molecule-1 (ICAM- 1) in Inflammatory Neurologic Diseases. Neurology. 1993;43(9):1809–13.

[6] Weber JR, Angstwurm K, Bürger W, Einhäupl KM, Dirnagl U. Anti ICAM-1 (CD 54) Monoclonal Antibody Reduces Inflammatory Changes in Experimental Bacterial Meningitis. Journal of Neuroimmunology. 1995;63(1):63–68.

[7] Dore-Duffy P, Newman W, Balabanov R, et al. Circulating, Soluble Adhesion Proteins in Cerebrospinal Fluid and Serum of Patients with Multiple Sclerosis: Correlation with Clinical Activity. Annals of Neurology. 1995;37(1):55–62.

[8] Trojano M, Avolio C, Ruggieri M, et al. Soluble Intercellular Adhesion Molecule-I (SICAM-I) in Serum and Cerebrospinal Fluid of Demyelinating Diseases of the Central and Peripheral Nervous System. Multiple Sclerosis. 1998;4(1):39–44.

[9] Janelidze S, Mattsson N, Stomrud E, et al. CSF Biomarkers of Neuroinflammation and Cerebrovascular Dysfunction in Early Alzheimer Disease. Neurology. 2018;91(9):e867–77.

[10] Whalen MJ, Carlos TM, Kochanek PM, et al. Soluble Adhesion Molecules in CSF Are Increased in Children with Severe Head Injury. Journal of Neurotrauma. 1998;15(10):777–87.

[11] Selaković V, Colić M, Jovanović M, Raicević R, Jovicić A. Cerebrospinal Fluid and Plasma Concentration of Soluble Intercellular Adhesion Molecule 1, Vascular Cell Adhesion Molecule 1 and Endothelial Leukocyte Adhesion Molecule in Patients with Acute Ischemic Brain Disease. Vojnosanitetski Pregled. Military-Medical and Pharmaceutical Review. 2023;60(2):139–46.

[12] Mack WJ, Mocco J, Hoh DJ, et al. Outcome Prediction with Serum Intercellular Adhesion Molecule-1 Levels after Aneurysmal Subarachnoid Hemorrhage. Journal of Neurosurgery. 2002;96(1):71–75.

[13] Kraus J, Oschmann P, Leis S, Neundörfer B, Heckmann JG. High Concentrations of SVCAM-1 and SICAM-1 in the Cerebrospinal Fluid of Patients with Intracerebral Haemorrhage Are Associated with Poor Outcome . J Neurol Neurosurg Psychiatry. 2002 Sep;73(3):346–7.

[14] Bella J, Kolatkar PR, Marlor CW, et al. The Structure of the Two Amino-Terminal Domains of Human ICAM-1 Suggests How It Functions as a Rhinovirus Receptor and as an LFA-1 Integrin Ligand. Proceedings of the National Academy of Sciences of the United States of America. 1998;95(8):4140–45.

[15] Marcos-Contreras OA, Greineder CF, Kiseleva RY, et al. Selective Targeting of Nanomedicine to Inflamed Cerebral Vasculature to Enhance the Blood–Brain Barrier. Proc Natl Acad Sci U S A. 2020 Feb 18;117(7):3405–3414.

[16] Delbue S, Elia F, Carloni C, et al. JC Virus Load in Cerebrospinal Fluid and Transcriptional Control Region Rearrangements May Predict the Clinical Course of Progressive Multifocal Leukoencephalopathy. Journal of Cellular Physiology. 2012;227(10):3511–17.

[17] Ziliotto N, Zivadinov R, Jakimovski D, et al. Plasma Levels of Soluble NCAM in Multiple Sclerosis. Journal of the Neurological Sciences. 2019;396(October 2018):36–41.

[18] Mößner R, Fassbender K, Kühnen J, Schwartz A, Hennerici M. Vascular Cell Adhesion Molecule – A New Approach to Detect Endothelial Cell Activation in MS and Encephalitis in Vivo. Acta Neurologica Scandinavica. 1996;93(2–3):118–22.

[19] James RE, Schalks R, Browne E, et al. Persistent Elevation of Intrathecal Pro-Inflammatory Cytokines Leads to Multiple Sclerosis-like Cortical Demyelination and Neurodegeneration. Acta Neuropathologica Communications. 2020;8(1).

[20] Grau GE, Taylor TE, Molyneux ME, et al. Tumor Necrosis Factor and Disease Severity in Children with Falciparum Malaria. New England Journal of Medicine. 1989;320(24):1586–91.

[21] Ohga S, Okada K, Ueda K, et al. Cerebrospinal Fluid Cytokine Levels and Dexamethasone Therapy in Bacterial Meningitis. Journal of Infection. 1999;39(1):55–60.

[22] Tsukada N, Miyagi K, Matsuda M, Yanagisawa N, Yone K. Tumor Necrosis Factor and Interleukin-1 in the CSF and Sera of Patients with Multiple Sclerosis. Journal of the Neurological Sciences. 1991;104(2):230–34.

[23] Philippé J, Debruyne J, Leroux-Roels G, Willems A, Dereuck J. In Vitro TNF-α, IL-2 and IFN-γ Production as Markers of Relapses in Multiple Sclerosis. Clinical Neurology and Neurosurgery. 1996;98(4):286–90.

[24] Kollias G, Kontoyiannis D, Douni E, Kassiotis G. The Role of TNF/TNFR in Organ-Specific and Systemic Autoimmunity: Implications for the Design of Optimized 'anti-TNF' Therapies. Curr Dir Autoimmun. 2002;5:30-50.

[25] Minozzi S, Bonovas S, Lytras T, et al. Risk of Infections Using Anti-TNF Agents in Rheumatoid Arthritis, Psoriatic Arthritis, and Ankylosing Spondylitis: A Systematic Review and Meta-Analysis. Expert Opinion on Drug Safety. 2016;15(sup1):11–34.

[26] Kornelisse RF, Hack CE, Savelkoul HFJ, et al. Intrathecal Production of Interleukin-12 and Gamma Interferon in Patients with Bacterial Meningitis. Infection and Immunity. 1997;65(3):877–81.

[27] Maimone D, Gregory S, Arnason BGW, Reder AT. Cytokine Levels in the Cerebrospinal Fluid and Serum of Patients with Multiple Sclerosis. Journal of Neuroimmunology. 1991;32(1):67–74.

[28] Kreuzer KA, Rockstroh JK, Sauerbruch T, Spengler U. A Comparative Study of Different Enzyme Immunosorbent Assays for Human Tumor Necrosis Factor-. Journal of Immunological Methods. 1996;195(1–2):49–54.

[29] Aziz N, Nishanian P, Mitsuyasu R, et al. Variables That Affect Assays for Plasma Cytokines and Soluble Activation Markers. Clinical and Diagnostic Laboratory Immunology. 1999;6(1):89–95.

[30] Moreau E, Philippé J, Couvent S, Leroux-Roels G. Interference of Soluble TNF-Alpha Receptors in Immunological Detection of Tumor Necrosis Factor-Alpha. Clin Chem. 1996 Sep;42(9):1450–3.

[31] Antonelli A, Ferrari SM, Giuggioli D, et al. Chemokine (C-X-C Motif) Ligand (CXCL)10 in Autoimmune Diseases. Autoimmunity Reviews. Autoimmun Rev. 2014 Mar;13(3):272–80.

[32] Cousens LP, Peterson R, Hsu S, et al. Two Roads Diverged: Interferon α/β- and Interleukin 12-Mediated Pathways in Promoting T Cell Interferon γ Responses during Viral Infection. Journal of Experimental Medicine. 1999;189(8):1315–27.

[33] Navikas V, Link H. Review: Cytokines and the Pathogenesis of Multiple Sclerosis. Journal of Neuroscience Research. J Neurosci Res. 1996.

[34] Panitch HS, Haley AS, Hirsch RL, Johnson KP. EXACERBATIONS OF MULTIPLE SCLEROSIS IN PATIENTS TREATED WITH GAMMA INTERFERON. The Lancet. 1987;329(8538):893–95.

[35] Jouanguy E, Lamhamedi-Cherradi S, Altare F, et al. Partial Interferon-γ Receptor 1 Deficiency in a Child with Tuberculoid Bacillus Calmette-Guerin Infection and a Sibling with Clinical Tuberculosis. Journal of Clinical Investigation. 1997;100(11):2658–64.

[36] Hashioka S, McGeer E, Miyaoka T, et al. Interferon- γ-Induced Neurotoxicity of Human Astrocytes. CNS & Neurological Disorders – Drug Targets. 2015;14(2):251–56.

[37] Zhang J, He H, Qiao Y, et al. Priming of Microglia with IFN-γ Impairs Adult Hippocampal Neurogenesis and Leads to Depression-like Behaviors and Cognitive Defects. GLIA. 2020;68(12):2674–92.

[38] Paasch BD, Reed BR, Keck R, et al. An Evaluation of the Accuracy of Four ELISA Methods for Measuring Natural and Recombinant Human Interferon-G. Journal of Immunological Methods. 1996;198(2):165–76.

[39] Kruse N, Pette M, Toyka K, Rieckmann P. Quantification of Cytokine MRNA Expression by RT PCR in Samples of Previously Frozen Blood. Journal of Immunological Methods. 1997;210(2):195–203.

[40] Dalal I, Tzhori S, Somekh E, et al. Cytokine Profile in Cerebrospinal Fluid of Children with Echovirus Type 4 Meningitis. Pediatric Neurology. 2003;29(4):312–16.

[41] Thwaites GE, Simmons CP, Quyen NTH, et al. Pathophysiology and Prognosis in Vietnamese

Adults with Tuberculous Meningitis. Journal of Infectious Diseases. 2003;188(8):1105–15.

[42] Crucian B, Dunne P, Friedman H, et al. Alterations in Peripheral Blood Mononuclear Cell Cytokine Production in Response to Phytohemagglutinin in Multiple Sclerosis Patients. Clinical and Diagnostic Laboratory Immunology. 1995;2(6): 766–69.

[43] Pollard AJ, Galassini R, Van Rouppe EM, et al. Cellular Immune Responses to Neisseria Meningitidis in Children. Infection and Immunity. 1999;67(5):2452–63.

[44] Petereit HF. Interferon Gamma Producing Blood Lymphocytes Are Decreased by Interferon Beta Therapy in Patients with Multiple Sclerosis. Multiple Sclerosis. 1997;3(3):180–83.

[45] Petereit HF, Bamborschke S, Esse AD. Interferon Gamma in Blut- Und Liquorlymphozyten Bei Entzündlichen Erkrankungen Des Zentralnervensystems. Aktuelle Neurologie. 1999;26.

[46] Vignali DAA, Kuchroo VK. IL-12 Family Cytokines: Immunological Playmakers. Nature Immunology. Nat Immunol. 2012;13:722–728.

[47] Chavanet P, Bonnotte B, Guiguet M, et al. High Concentrations of Intrathecal Interleukin-6 in Human Bacterial and Nonbacterial Meningitis. The Journal of Infectious Diseases. 1992;166(2):428–31.

[48] Uzawa A, Mori M, Arai K, et al. Cytokine and Chemokine Profiles in Neuromyelitis Optica: Significance of Interleukin-6. Multiple Sclerosis. 2010;16(12):1443–52.

[49] Torre D, Zeroli C, Ferrario G, et al. Levels of Nitric Oxide, Gamma Interferon and Interleukin-12 in AIDS Patients with Toxoplasmic Encephalitis. Infection. 1999;27(3):218–20.

[50] Furuya T, Nakamura T, Fujimoto T, et al. Elevated Levels of Interleukin-12 and Interferon-Gamma in Patients with Human T Lymphotropic Virus Type I-Associated Myelopathy. Journal of Neuroimmunology. 1999;95(1–2):185–89.

[51] Altare F, Durandy A, Lammas D, et al. Impairment of mycobacterial immunity in human interleukin-12 receptor deficiency. Science. 1998;280:1432–1435.

[52] Birebent B, Semana G, Commeurec A, et al. TCR Repertoire and Cytokine Profiles of Cerebrospinal Fluid- and Peripheral Blood-Derived T Lymphocytes from Patients with Multiple Sclerosis. Journal of Neuroscience Research. 1998;51(6): 759–70.

[53] Oxenius A, Karrer U, Zinkernagel RM, Hengartner H. IL-12 Is Not Required for Induction of Type 1 Cytokine Responses in Viral Infections. The Journal of Immunology. 1999;162(2):965–73.

[54] Segal BM, Dwyer BK, Shevach EM. An Interleukin (IL)-10/IL-12 Immunoregulatory Circuit Controls Susceptibility to Autoimmune Disease. The Journal of Experimental Medicine. 1998;187(4):537–46.

[55] Boxel-Dezaire A, Van HH, Hoff SCJ, et al. Decreased Interleukin-10 and Increased Interleukin- 12p40 MRNA Are Associated with Disease Activity and Characterize Different Disease Stages in Multiple Sclerosis. Annals of Neurology. 1999;45(6):695–703.

[56] Boxel-Dezaire A, Van HH, Van SCJ, et al. Contrasting Responses to Interferon β-1b Treatment in Relapsing-Remitting Multiple Sclerosis: Does Baseline Interleukin- 12p35 Messenger RNA Predict the Efficacy of Treatment? Annals of Neurology. 2000;48(3):313–22.

[57] Amatya N, Garg AV, Gaffen SL. IL-17 Signaling: The Yin and the Yang. Trends in Immunology. Elsevier Ltd., 2017.

[58] Ishizu T, Osoegawa M, Mei FJ, et al. Intrathecal Activation of the IL-17/IL-8 Axis in Opticospinal Multiple Sclerosis. Brain. 2005;128(5):988–1002.

[59] Ghaffari SA, Nemati M, Hajghani H, et al. Circulating Concentrations of Interleukin (IL)-17 in Patients with Multiple Sclerosis: Evaluation of the Effects of Gender, Treatment, Disease Patterns and IL-23 Receptor Gene Polymorphisms. Iranian Journal of Neurology. 2017;16(1):15–25.

[60] Taltz | European Medicines Agency. Accessed February 17, 2022. https://www.ema.europa.eu/en/medicines/human/EPAR/taltz.

[61] Wang C, Zhu L, Gao Z, et al. Increased Interleukin-17 in Peripheral Blood and Cerebrospinal Fluid of Neurosyphilis Patients. PLoS Neglected Tropical Diseases. 2014;8(7).

[62] Ashtari F, Madanian R, Shaygannejad V, et al. Serum Levels of IL-6 and IL-17 in Multiple Sclerosis, Neuromyelitis Optica Patients and Healthy Subjects. International Journal of Physiology, Pathophysiology and Pharmacology. 2019;11(6):267–73.

[63] Li W, Wu W, Chang H, et al. Cerebrospinal Fluid Cytokines in Patients with Neurosyphilis: The Significance of Interleukin-10 for the Disease. BioMed Research International. 2020.

[64] Braddock M, Hanania NA, Sharafkhaneh A, et al. Potenzial Risks Related to Modulating Interleukin-13 and Interleukin-4 Signalling: A Systematic Review. Drug Safety. Springer International Publishing 2018.

[65] Junttila IS. Tuning the Cytokine Responses: An Update on Interleukin (IL)-4 and IL-13 Receptor Complexes. Front Immunol. 2018 Jun 7;9:888.

[66] Levings MK, Schrader JW. Mechanisms-Independent IL-12 by STAT6-Dependent and and α IL-4 Inhibits the Production of TNF. J Immunol. 1999 May 1;162(9):5224–9.

[67] Gadani SP, Cronk JC, Norris GT, Kipnis J. IL-4 in the Brain: A Cytokine To Remember. The Journal of Immunology.2012;189(9):4213–19.

[68] Cox AA, Sagot Y, Hedou G, et al. Low-Dose Pulsatile Interleukin-6 as a Treatment Option for Diabetic Peripheral Neuropathy. Front Endocrinol (Lausanne). 2017 May 2;8:89.

[69] Steensberg A, Fischer CP, Keller C, et al. IL-6 Enhances Plasma IL-1ra, IL-10, and Cortisol in Humans. American Journal of Physiology – Endocrinology and Metabolism. 2003;285(2 48–2).

[70] Diab A, Zhu J, Lindquist L, et al. Cytokine MRNA Profiles during the Course of Experimental Haemophilus Influenzae Bacterial Meningitis. Clinical Immunology and Immunopathology. 1997;85(3):236–45.

[71] Stoeck K, Bodemer M, Ciesielczyk B, et al. Interleukin 4 and Interleukin 10 Levels Are Elevated in the Cerebrospinal Fluid of Patients with Creutzfeldt-Jakob Disease. Archives of Neurology. 2005;62(10):1591–94.

[72] Kaneko K, Sato DK, Nakashima I, et al. CSF Cytokine Profile in MOG-IgG + Neurological Disease Is Similar to AQP4-IgG + NMOSD but Distinct from MS: A Cross-Sectional Study and Potenzial Therapeutic Implications. Journal of Neurology, Neurosurgery, and Psychiatry. 2018;89(9):927–36.

[73] Widhe M, Jarefors S, Ekerfelt C, et al. Borrelia-Specific Interferon-γ and Interleukin-4 Secretion in Cerebrospinal Fluid and Blood during Lyme Borreliosis in Humans: Association with Clinical Outcome. Journal of Infectious Diseases. 2004;189(10):1881–91.

[74] Hashim IA, Walsh A, Hart CA, Shenkin A. Cerebrospinal Fluid Interleukin-6 and Its Diagnostic Value in the Investigation of Meningitis. Annals of Clinical Biochemistry. 1995;32(3):289–96.

[75] Maimone D, Annunziata P, Simone IL, Livrea P, Guazzi GC. Interleukin-6 Levels in the Cerebrospinal Fluid and Serum of Patients with Guillain-Barré Syndrome and Chronic Inflammatory Demyelinating Polyradiculoneuropathy. Journal of Neuroimmunology. 1993;47(1):55–61.

[76] Hofer LS, Mariotto S, Wurth S, et al. Distinct Serum and Cerebrospinal Fluid Cytokine and Chemokine Profiles in Autoantibody-Associated Demyelinating Diseases. Multiple Sclerosis Journal – Experimental, Translational and Clinical. 2019;5(2):205521731984846.

[77] Mehta PD, Kulczycki J, Mehta SP, Coyle PK, Wisniewski HM. Increased Levels of Interleukin-1beta and Soluble Intercellular Adhesion Molecule-1 in Cerebrospinal Fluid of Patients with Subacute Sclerosing Panencephalitis. The Journal of Infectious Diseases. 1997;175(3):689–92.

[78] Perez L, Alvarez-Cermeno C, Rodgriguez C, Roldan E, Brieva JA. B Cells Capable of Spontaneous IgG Secretion in Cerebrospinal Fluid from Patients with Multiple Sclerosis: Dependency on Local IL-6 Production. Clinical and Experimental Immunology. 1995;101(3):449–52.

[79] CHMP. n. d. RoActemra, INN-Tocilizumab. Accessed February 17, 2024. www.ema.europa.eu/contact.

[80] Traboulsee A, Greenberg BM, Bennett JL, et al. Safety and Efficacy of Satralizumab Monotherapy in Neuromyelitis Optica Spectrum Disorder: A Randomised, Double-Blind, Multicentre, Placebo-Controlled Phase 3 Trial. The Lancet Neurology. 2020;19(5):402–12.

[81] Yamamura T, Kleiter I, Fujihara K, et al. Trial of Satralizumab in Neuromyelitis Optica Spectrum Disorder. New England Journal of Medicine. 2019;381(22):2114–24.

[82] Ishiguro A, Suzuki Y, Inaba Y, et al. Production of Interleukin-10 in the Cerebrospinal Fluid in Aseptic Meningitis of Children. Pediatric Research. 1996;40(4):610–14.

[83] Lehmann AK, Halstensen A, Sornes S, Rokke O, Waage A. High Levels of Interleukin 10 in Serum Are Associated with Fatality in Meningococcal Disease. Infection and Immunity. 1995;63(6):2109–12. .

[84] Pastuszczak M, Jakiela B, Jaworek AK, et al. Association of Interleukin-10 Promoter Polymorphisms with Neurosyphilis. Human Immunology. 2015;76(7):469–72.

[85] Ossege LM, Sindern E, Voss B, Malin JP. Expression of Tumor Necrosis Factor-Alpha and Transforming Growth Factor-Beta 1 in Cerebrospinal Fluid Cells in Meningitis. Journal of the Neurological Sciences. 1996;144(1–2):1–13.

[86] Belghith M, Bahrini K, Kchaou M, et al. Cerebrospinal Fluid IL-10 as an Early Stage Discriminative Marker between Multiple Sclerosis and Neuro-Behçet Disease. Cytokine. 2018;108:160–67.

[87] Eskdale J, Gallagher G, Verweij CL, et al. Interleukin 10 Secretion in Relation to Human IL-10 Locus

Haplotypes. Proceedings of the National Academy of Sciences of the United States of America. 1998;95(16):9465–70.
[88] Navikas V, Haglund M, Link J, He B, et al. Cytokine MRNA Profiles in Mononuclear Cells in Acute Aseptic Meningoencephalitis. Infection and Immunity. 1995;63(4):1581–86.
[89] Bell M, Patrick J, Kochanek M, et al. Interleukin-6 and Interleukin-10 in Cerebrospinal Fluid after Severe Traumatic Brain Injury in Children. Journal of Neurotrauma. 1997;14(7):451–57.
[90] Wagner S, Czub S, Greif M, et al. Microglial/Macrophage Expression of Interleukin 10 in Human Glioblastomas. International Journal of Cancer. 1999;82(1):12–16.
[91] Wang L, Luo L, Gao Z, et al. The Diagnostic and Prognostic Value of Interleukin-10 in Cerebrospinal Fluid for Central Nervous System Lymphoma: A Meta-Analysis. Leukemia and Lymphoma. 2017:58(10):2452–59.
[92] Gangishetti U, Howell JC, Perrin RJ, et al. Non-Beta-Amyloid/Tau Cerebrospinal Fluid Markers Inform Staging and Progression in Alzheimer's Disease. Alzheimer's Research and Therapy. 2018;10(1).
[93] Hu WT, Howell JC, Ozturk T, et al. CSF Cytokines in Aging, Multiple Sclerosis, and Dementia. Front Immunol. 2019 Mar 15;10:480.
[94] Van Deuren M, Van der Ven-Jongekrijg, Bartelink AMK, et al. Correlation between Proinflammatory Cytokines and Antiinflammatory Mediators and the Severity of Disease in Meningococcal Infections. The Journal of Infectious Diseases. 1995;172(2):433–39.
[95] Matsuzono Y, Narita M, Akutsu Y, Togashi T. Interleukin-6 in Cerebrospinal Fluid of Patients with Central Nervous System Infections. Acta Paediatr (Oslo, Norway : 1992). 1995;84(8):879–83.
[96] Link H. The Cytokine Storm in Multiple Sclerosis. Multiple Sclerosis (Houndmills, Basingstoke, England). 1998;4(1):12–15.
[97] Dobolyi A, Vincze C, Pál G, Lovas G. The Neuroprotective Functions of Transforming Growth Factor Beta Proteins. International Journal of Molecular Sciences. 2012; MDPI AG.
[99] Carrieri PB, Provitera V, Bruno R, et al. Possible Role of Transforming Growth Factor-Beta in Relapsing-Remitting Multiple Sclerosis. Neurological Research. 1997;19(6):599–600.
[100] Calabresi PA, Fields NS, Maloni HW, et al. Phase 1 Trial of Transforming Growth Factor Beta 2 in Chronic Progressive MS. Neurology. 1998;51(1):289–92.
[101] Dobolyi A, Vincze C, Pál G, Lovas G. The Neuroprotective Functions of Transforming Growth Factor Beta Proteins. International Journal of Molecular Sciences. 2012; MDPI AG.
[102] Huang CC, Chang JC, Chow NH, Wang ST. Level of Transforming Growth Factor Beta 1 Is Elevated in Cerebrospinal Fluid of Children with Acute Bacterial Meningitis. Journal of Neurology. 1997;244(10):634–38.
[103] Rollnik JD, Sindern E, Schweppe C, Malin JP. Biologically Active TGF-Beta 1 Is Increased in Cerebrospinal Fluid While It Is Reduced in Serum in Multiple Sclerosis Patients. Acta Neurologica Scandinavica. 1997;96(2):101–5.
[104] Lin JX, Leonard WJ. The Common Cytokine Receptor γ Chain Family of Cytokines. Cold Spring Harbor Perspectives in Biology. 2018;10(9).
[105] Eurelings LEM, Miedema JR, Dalm VASH, et al. Sensitivity and Specificity of Serum Soluble Interleukin-2 Receptor for Diagnosing Sarcoidosis in a Population of Patients Suspected of Sarcoidosis. PLoS ONE. 2019;14(10).
[106] Murakami S. Soluble Interleukin-2 Receptor in Cancer. Frontiers in Bioscience : A Journal and Virtual Library. Front Biosci. 2004 Sep 1;9:3085–90.
[107] Rose CD, Fawcett PT, Gibney K, Doughty RA, Singsen BH. Serial Measurements of Soluble Interleukin 2 Receptor Levels (SIL2-R) in Children with Juvenile Rheumatoid Arthritis Treated with Oral Methotrexate. Annals of the Rheumatic Diseases. 1994;53(7):471–74.
[108] Petereit HF, Reske D, Tumani H, et al. Soluble CSF Interleukin 2 Receptor as Indicator of Neurosarcoidosis. Journal of Neurology. 2010;257(11):1855–63.
[109] Gudowska-Sawczuk M, Mroczko B. Chemokine Ligand 13 (Cxcl13) in Neuroborreliosis and Neurosyphilis as Selected Spirochetal Neurological Diseases: A Review of Its Diagnostic Significance. International Journal of Molecular Sciences. 2020. MDPI AG.
[110] Senel M, Rupprecht TA, Tumani H, Pfister HW, Ludolph AC, Brettschneider J. The Chemokine CXCL13 in Acute Neuroborreliosis. Journal of Neurology, Neurosurgery and Psychiatry. 2010;81(8):929–33.
[111] Hytönen J, Kortela E, Waris M, et al. CXCL13 and Neopterin Concentrations in Cerebrospinal Fluid of Patients with Lyme Neuroborreliosis and Other

Diseases That Cause Neuroinflammation. J Neuroinflammation. 2014 Jun 11;11:103.

[112] Schmidt C, Plate A, Angele B, et al. A Prospective Study on the Role of CXCL13 in Lyme Neuroborreliosis. Neurology. 2011;76(12):1051–58.

[113] Kuehne LK, Reiber H, Bechter K, Hagberg L, Fuchs D. Cerebrospinal fluid neopterin is brain-derived and not associated with blood-CSF barrier dysfunction in non-inflammatory affective and schizophrenic spectrum disorders. J Psychiatr Res. 2013;47(10):1417–22.

[114] Hagberg L, Cinque P, Gisslen M, et al. Cerebrospinal fluid neopterin: an informative biomarker of central nervous system immune activation in HIV-1 infection. AIDS Res Ther. 2010;7:15.

[115] Bechter K, Reiber H, Herzog S, et al. Cerebrospinal fluid analysis in affective and schizophrenic spectrum disorders: identification of subgroups with immune responses and blood-CSF barrier dysfunction. J Psychiatr Res. 2010;44(5):321–30.

[116] Gisslen M, Chiodi F, Fuchs D, et al. Markers of immune stimulation in the cerebrospinal fluid during hiv infection: a longitudinal study. Scand J Infect Dis. 1994;26:523–533.

[117] Mavligit GM, Stuckey SE, Cabanillas FF, et al. Diagnosis of leukaemia or lymphoma in the central nervous system by beta-2-microglobulin determination. N Engl J Med. 1980;303:718–722.

[118] Brew BJ, Bhalla RB, Paul M, et al. Cerebrospinal fluid beta 2-microglobulin in patients with aids dementia complex: an expanded series including response to zidovudine treatment. AIDS. 1992;6:461–465.

[119] Brew BJ, Dunbar N, Pemberton L, et al. Predictive markers of aids dementia complex: cd4 cell count and cerebrospinal fluid concentrations of beta 2-microglobulin and neopterin. J Infect Dis. 1996;174:294–298.

[120] Adachi N. Beta-2-microglobulin levels in the cerebrospinal fluid: their value as a disease marker. A review of the recent literature. Eur Neurol. 1991;31:181–185.

[121] Hagberg L, Dotevall L, Norkrans G, et al. Cerebrospinal fluid neopterin concentrations in central nervous system infection. J Infect Dis. 1993;168:1285–1288.

[122] Tenhunen R, Iivanainen M, Kovanen J. Cerebrospinal fluid beta 2-microglobulin in neurological disorders. Acta Neurol Scand. 1978;58:366–73.

[123] Adachi N, Tsukagoshi H, Murakami F, et al. Beta-2-microglobulin levels in cerebrospinal fluid: The levels in various neurological diseases and their comparison with those in serum. Clin Neurol. 1978;18:351–357.

[124] Bjerrum OW, Lage S, Hansen OE. Measurement of beta-2-microglobulin in human cerebrospinal fluid by elisa technique. Act Neurol Scand. 1986;74:177–180.

[125] Maruyama I, Fukuda F, Ohkatsu Y, et al. Beta-2-microglobulin in cerebrospinal fluid and its clinical significance. Neurol Med. 1976;5:583–586.

[126] Starmans JJ, Vos J, van der Helm HJ. The beta 2-microglobulin content of the cerebrospinal fluid in neurological disease. J Neurol Sci. 1977;33:45–49.

[127] Twijnstra A, van Zanten AP, Nooyen WJ, et al. Cerebrospinal fluid beta 2-microglobulin: a study in controls and patients with metastatic and non-metastatic neurological diseases. Eur J Cancer Clin Oncol. 1986;22:387–391.

[128] Weller M, Stevens A, Sommer N, et al. Humoral CSF parameters in the differential diagnosis of hematologic CNS neoplasia. Acta Neurol Scand. 1992;86:129–133.

[129] Friedland J, Silverstein E. A sensitive fluorimetric assay for serum angiotensin-converting enzyme. Am J Clin Pathol. 1976;66:416–424.

[130] Holmquist B, Bunning P, Riordan JF. A continuous spectrophotometric assay for angiotensin converting enzyme. Anal Biochem. 1979;95:540–548.

[131] Lieberman J. Elevation of serum angiotensin-converting-enzyme (ACE) level in sarcoidosis. Am J Med. 1975;59:365--372.

[132] Ryan JW, Chung A, Ammons C, et al. A simple radioassay for angiotensin-converting enzyme. Biochem J. 1977;167:501–504.

[133] d'Alessandro M. Editorial: Sarcoidosis and autoimmunity: From bench to bedside. Front Med (Lausanne). 2023;10:1147529.

[134] Oksanen V. Neurosarcoidosis: clinical presentations and course in 50 patients. Act Neurol Scand. 1986;73:283–290.

4.2 Marker für Demyelinisierung und Remyelinisierung

Hayrettin Tumani, Sigurd D. Süßmuth

4.2.1 Marker für Demyelinisierung: Basisches Myelinprotein und Antikörper gegen Myelinproteine

4.2.1.1 Pathophysiologie

Myelin besteht zu 70 % aus Lipiden und zu 30 % aus Protein. Der Anteil des Basischen Myelinproteins (MBP), das aus 170 Aminosäuren besteht, beträgt 30 % des Gesamtproteingehalts des Myelins. Es wird ausschließlich in Oligodendrozyten und Schwannzellen exprimiert. MBP lässt sich unter physiologischen Verhältnissen im Liquor nicht oder nur in sehr geringen Mengen nachweisen. Die Abbauprodukte des MPB, die sowohl im Urin als auch im Liquor quantifizierbar sind, gehören zu den Markern, die auf eine Demyelinisierung hinweisen.

Mittlerweile mehr in den Fokus des Interesses sind in dieser Biomarkergruppe Autoantikörper gegen verschiedene Bestandteile des Myelins gerückt. Hervorzuheben sind hierbei die Antikörper gegen MBP (Anti-MBP), Antikörper gegen das Myelin-Oligodendrozyten-Glykoprotein (Anti-MOG, Antikörper gegen Proteolipid-Protein (Anti-PLP), und Antikörper gegen das Wasserkanalprotein Aquaporin (Anti-AQP4). Myelin-Oligodendrozyten-Glykoprotein (MOG) ist ein ca. 54 kDa großes Dimer aus der Immunglobulin-Familie, dessen Anteil am Gesamt-Myelin ist mit unter 0,1 % sehr gering ist, jedoch wird das Protein an der Oberfläche der Myelinschichten exprimiert, wo es von Antikörpern erkannt werden kann. MOG hat immunogene Eigenschaften und zeigt Kreuzreaktivität mit Butyrophilin, einem Milchprotein [1,2]. Proteolipid-Protein (PLP, Lipophilin), das mit 50 % den Hauptteil der Myelinproteine des ZNS ausmacht, ist ein ca. 26 kDa großes Transmembranprotein mit stabilisierender Wirkung auf die Myelinscheide. Aquaporin-4 (AQP-4) ist ein integrales Transmembranprotein mit einer molekularen Masse von 35 kDa. Es handelt sich um einen Wasserkanal, der überwiegend auf den Fortsätzen von Astrozyten exprimiert wird und im ZNS die Wasserhomöostase kontrolliert.

4.2.1.2 Indikation und klinischer Bezug

MBP und MBP-ähnliche Peptide wurden intensiv bei MS-Patienten untersucht. Erhöhte Liquorspiegel zeigen eine gute Korrelation mit der akuten Myelinschädigung im ZNS, sind aber nicht MS-spezifisch: erhöhte Liquorspiegel finden sich auch bei anderen ZNS-Schädigungen (Trauma, Infarkt, Infekt), der akuten demyelinisierenden Enzephalomyelitis (ADEM) und bei der Neuromyelitis optica (NMO) [3].

Antikörper gegen Myelinproteine und Aquaporine sind bei allen Erkrankungen mit Demyelinisierungsvorgängen insbesondere im Rahmen von entzündlichen Prozessen von Interesse (siehe **Kap. C.1.1.6.2 und C.1.1.6.3**). Die MOG-IgG-seropositive Enzephalomyelitis gilt inzwischen als eigenständige Krankheitsentität.

Ein AQP4-IgG-Test wird bei allen Patienten mit klinischen oder klinisch-radiologischen Befunden empfohlen, die im Falle eines positiven Testergebnisses gemäß den *International Panel for NMO Diagnosis (IPND)*-Kriterien [4] die Diagnose „NMOSD mit positivem AQP4-IgG-Serostatus" zulassen würden, sowie bei allen Patienten, bei denen gemäß den IPND-Kriterien die Diagnose „NMOSD mit unbekanntem AQP4-IgG-Serostatus" gestellt wurde [5]. In allen anderen Fällen sollte die Entscheidung, ob ein AQP4-IgG-Test durchgeführt werden soll oder nicht, individuell getroffen werden; von einem breit angelegten Screening von Patienten mit demyelinisierenden Erkrankungen, die die oben genannten

IPND-Kriterien nicht erfüllen, wird jedoch abgeraten, insbesondere in Regionen der Welt, in denen NMOSD nur einen kleinen Anteil der inflammatorisch-demyelinisierenden-Fälle ausmacht, da diese Praxis zu einem ungünstigen Verhältnis von falsch-positiven zu richtig-positiven Ergebnissen führen kann.

4.2.1.3 Präanalytik

Lagerung des Liquors bis zur Messung bei −20 bis −70° C.

4.2.1.4 Methodenbeschreibung

MBP: Zur Bestimmung der MBP-Konzentration im Liquor werden hochsensitive Radioimmunoassays sowie ELISAs eingesetzt.

Autoantikörper: Für den Nachweis von Autoantikörpern kommt heutzutage den zellbasierten Assays (CBA) besondere Bedeutung zu (siehe auch **Kap. B.3.4.3.1 und C.1.1.6.2**).

Sowohl AQP4-IgG als auch MOG-IgG (zum Ausschluss von MOG-EM/MOGAD bei Patienten, die die IPND-Kriterien für „NMOSD mit AQP4-IgG-negativem Serostatus" erfüllen) müssen mittels zellbasierter Assays (CBA) getestet werden. Für den Test müssen entweder fixierte oder lebende Zellen verwendet werden, die konformationsmäßig intaktes, rekombinantes humanes AQP4- bzw. MOG-Protein in voller Länge als antigenes Substrat exprimieren, und mock-transfizierte (scheintransfizierte, d. h. ohne DNA; oder zumindest nicht-transfizierte) Zellen als Kontrollsubstrat [6–8]. Formalin-fixierte CBA sind leichter zu standardisieren, im Handel und damit weithin verfügbar und können in allen Routinelabors, die mit grundlegenden Immunfluoreszenztechniken vertraut sind, eingesetzt werden, während die technisch anspruchsvolleren Lebend-CBA nur von einigen wenigen Speziallabors angeboten werden [5]. In einigen Studien wurde jedoch festgestellt, dass die Lebend-CBA etwas empfindlicher sind, insbesondere für den Nachweis von MOG-IgG [9–11]. Beide Arten von Assays können verwendet werden, allerdings sollte bei negativem Ergebnis im CBA mit fixierten Zellen und passender klinischer Präsentation zur Bestätigung idealerweise noch der sensitivere Lebendzell-Assay angeschlossen werden.

Immunhistochemie unter Verwendung von Nagetier- oder Primaten-ZNS-Gewebeschnitten als Substrat, Enzymimmunoassays (ELISA), fluoreszenzbasierte Immunpräzipitationstests (FIPA), Western-Blot-Tests und Radioimmunpräzipitationstests (RIA) wurden in der Vergangenheit verwendet, gelten jedoch als weniger empfindlich und/oder spezifisch als CBA und sollten daher nicht mehr für klinische Routinetests eingesetzt werden [5]. Immunhistochemische Assays zum Nachweis von AQP4-IgG können ausnahmsweise verwendet werden, wenn ein Test mittels CBA weder vor Ort noch durch Versand an spezialisierte Zentren verfügbar ist, wie es in einigen Regionen der Welt immer noch der Fall ist; in diesem Fall sollte ein Bestätigungstest mittels CBA angestrebt und durchgeführt werden, sobald dieser verfügbar ist. Von der Verwendung von IHC-Assays zum Nachweis von MOG-IgG wird dringend abgeraten. Assays, die Peptide anstelle von Proteinen in voller Länge als Antigene verwenden, sind nicht spezifisch und daher nicht geeignet, eine Diagnose von NMOSD oder MOG-EM/MOGAD zu stellen, und dürfen nicht mehr verwendet werden [4,5].

Die Analyse des Liquors ist nach den aktuellen Diagnosekriterien nicht formal erforderlich, um eine NMOSD-Diagnose zu stellen. Wir empfehlen jedoch dringend eine Lumbalpunktion bei Patienten mit Verdacht auf NMOSD, da die CSF-Analyse die Diagnose NMOSD stützen und dazu beitragen kann, die NMOSD von MS und anderen Differentialdiagnosen zu unterscheiden (siehe **C.1.1.6.2 und C.1.1.6.3**).

4.2.1.5 Analytische Bewertung

MBP: Die MBP-Konzentration im Liquor (Tab. B.4.18) weist, ähnlich wie für S100B und NSE, einen Altersanstieg auf [12]. Es sind bisher keine geschlechtsspezifischen Unterschiede beschrieben. Die MBP-Konzentration ist weitestgehend unabhängig vom Liquorproteingehalt, vom intrathekalen IgG, oligoklonalen Banden sowie dem Vorliegen einer etwaigen Pleozytose. Die Konzentration des Liquor-MBP ist besonders während der Schubphasen einer MS erhöht; diese Erhöhung kann bis zu 6 Wochen persistieren. Die Liquorspiegel werden wie bei anderen Markern (z. B. sICAM-1) von der Größe und Lage der Läsionen beeinflusst, wobei sich besonders periventrikuläre Veränderungen im Liquor widerspiegeln. Normale MBP-Spiegel finden sich in der Frühphase der MS, z. B. bei Optikusneuritis, bei klinisch stabilen MS-Patienten und bei fortgeschrittener Erkrankung. Eine signifikante Korrelation der Konzentration des Liquor-MBP mit der Krankheitsaktivität im MRT bzw. dem Ansprechen auf Kortikosteroidtherapie wurde nachgewiesen [13]. Auch bei PPMS wurde über häufiges Auftreten von MBP-ähnlichen Substanzen im Urin berichtet. Problematisch bei der Bestimmung des MBP ist, dass der Radioimmunoassay nicht standardisiert und nicht kommerziell verfügbar ist [14].

Tab. B.4.18: Referenzbereiche der MBP-Konzentration im Liquor nach verschiedenen Autoren.

Referenzbereich (µg/l)	Referenz
0,12–0,72	van Engelen et al. 1992 [12]
< 4	Nakagawa et al. 1994 [15]
0,2–1,2	Jongen et al. 1997 [16]
≤ 0,102	Ohta et al. 2000 [17]

Autoantikörper: Anti-MOG und andere Antikörper sind bei einer Reihe akut und chronisch entzündlichen sowie auch nicht-entzündlichen neurologischen Erkrankungen nachzuweisen. In aller Regel gilt für zellbasierte Assays (Lebendzell-Assay oder mit fixierten Zellen), dass ein positiver Nachweis, auch in der niedrigsten Titerstufe, als positiv bewertet wird.

4.2.2 Marker für Remyelinisierung: Adhäsionsmoleküle und Wachstumsfaktoren

4.2.2.1 Pathophysiologie

Zu den Markern für Remyelinisierung zählen das neuronale Zelladhäsionsmolekül N-CAM sowie die Wachstumsfaktoren CNTF (Ciliary neurotrophic factor), BDNF (Brain Derived Neutrotrophic Factor), NGF (nerve growth factor) und Neurotrophin-3. N-CAM vermittelt den Zellkontakt zwischen Neuronen und ist in das Auswachsen von Neuriten involviert. Es gehört zur Immunglobulin-Superfamilie und hat mehrere Isoformen. CNTF ist ein Peptidhormon und ein neurotropher Faktor, der unter anderem an Neuritenaussprossung, Schutz der Neurone und an der Schadensbegrenzung bei inflammatorisch bedingter Gewebsschädigung beteiligt ist. BDNF, NGF und Neurotrophin-3 gehören zur Gruppe der Neurotrophine, kleine basische Signalproteine aus der Klasse der Zytokine. Ihnen ist gemeinsam, dass sie ebenfalls das Wachstum und die Differenzierung von Neuronen stimulieren und eine wichtige Rolle im Schutz von Nervenzellen und bei der neuronalen Plastizität spielen.

4.2.2.2 Indikation und klinischer Bezug

Remyelinisierungsmarker sind bei allen Erkrankungen von Interesse, bei denen es zu Demyelinisierung kommt. Dazu zählen insbesondere entzündliche Autoimmunerkrankungen des zentralen und peripheren Nervensystems.

4.2.2.3 Präanalytik

Standardtransport innerhalb von 24 h, ansonsten tiefgefroren. Lagerung des Liquors/Serums bis zur Messung bei –20 bis –70° C.

4.2.2.4 Methodenbeschreibung

BDNF und andere Neurotrophine werden mit herkömmlichen Immunoassays mit verschiedenen Detektionssystemen bestimmt.

4.2.2.5 Analytische Bewertung

Bei MS-Patienten sind die Liquorspiegel von N-CAM und CNTF nach dem Schub erhöht. In seriellen Liquoruntersuchungen von N-CAM wurde nach einem Schub ein über 5 Wochen anhaltender Konzentrationsanstieg festgestellt. Dieser Anstieg war bei Patienten, die mit Kortikosteroiden behandelt wurden, ausgeprägter als bei unbehandelten Patienten. Da der Konzentrationsanstieg von N-CAM im Liquor parallel zu einem Rückgang der Symptome verlief, vermutet man, dass diese Substanz eine wichtige Rolle bei der Remyelinisierung spielt [18].

Reduzierte Liquorspiegel von BDNF wurden bei Patienten mit sekundär progredienter MS (SPMS) im Vergleich zur primär schubförmigen MS (RRMS) während der schubfreien Phase gefunden. Es wird daher angenommen, dass ein BDNF-Mangel zu Krankheitsprogression und axonalem Verlust bei progredienten Verlaufsformen der MS beiträgt [19]. Es konnte gezeigt werden, dass aktivierte Immunzellen in den MS-Läsionen BDNF produzieren, und dass BDNF-Rezeptoren im Hirnparenchym mit MS-Läsionen vorkommen. Weiterhin wurde beschrieben, dass Glatiramerazetat-spezifische T-Zellen, unabhängig vom Phänotyp Th1 oder Th2, ebenfalls zur Produktion von BDNF in der Lage sind [20,21].

Literatur

[1] Oliver AR, Lyon GM, Ruddle NH. Rat and human myelin oligodendrocyte glycoprotein induce experimental autoimmune encephalomyelitis by different mechanisms in C57BL/6 mice. J Immunol. 2003;171:462–8.

[2] Guggenmos J, Schubart AS, Ogg S, et al. Antibody cross-reactivity between myelin oligodendrocyte glycoprotein and the milk protein butyrophilin in multiple sclerosis. J Immunol. 2004;172:661–8.

[3] Takano R, Misu T, Takahashi T, et al. Astrocytic damage is far more severe than demyelination in NMO: A clinical CSF biomarker study. Neurology. 2010;75(3):208–216.

[4] Wingerchuk DM, Banwell B, Bennett JL, et al. International Panel for NMOD. International consensus diagnostic criteria for neuromyelitis optica spectrum disorders. Neurology. 2015;85:177–189.

[5] Jarius S, Aktas O, Ayzenberg I, et al. Update on the diagnosis and treatment of neuromyelits optica spectrum disorders (NMOSD) – revised recommendations of the Neuromyelitis Optica Study Group (NEMOS). Part I: Diagnosis and differential diagnosis. J Neurol. 2023;270:3341–3368.

[6] Jarius S, Paul F, Aktas O, et al. [MOG encephalomyelitis: international recommendations on diagnosis and antibody testing]. Nervenarzt. 2018;89:1388–1399.

[7] Jarius S, Paul F, Weinshenker BG, et al. Neuromyelitis optica. Nat Rev Dis Primers. 2020;6:85.

[8] Reindl M, Schanda K, Woodhall M, et al. International multicenter examination of MOG antibody assays. Neurol Neuroimmunol Neuroinflamm. 2020;7:e674.

[9] Gastaldi M, Scaranzin S, Jarius S, et al. Cell-based assays for the detection of MOG antibodies: a comparative study. J Neurol. 2020;267:3555–3564.

[10] Waters P, Reindl M, Saiz A, et al. Multicentre comparison of a diagnostic assay: aquaporin-4 antibodies in neuromyelitis optica. J Neurol Neurosurg Psychiatry. 2016;87:1005–1015.

[11] Waters PJ, Komorowski L, Woodhall M, et al. A multicenter comparison of MOG-IgG cell-based assays. Neurology. 2019;92:e1250–e1255.

[12] Van Engelen BG, Lamers KJ, Gabreels FJ, et al. Age-related changes of neuron-specific enolase, S-100 protein, and myelin basic protein concentrations in cerebrospinal fluid. Clin Chem. 1992;38:813–816.

[13] Barkhof F, Frequin ST, Hommes OR, et al. A correlative triad of gadolinium-DTPA MRI, EDSS, and CSF-MBP in relapsing multiple sclerosis patients treated with high-dose intravenous methylprednisolone. Neurology. 1992;42: 63–67.

[14] Whitaker JN. Myelin basic protein in cerebro-spinal fluid and other body fluids. Mult Scler. 1998;4:16–21.

[15] Nakagawa H, Yamada M, Kanayama T, et al. Myelin basic protein in the cerebrospinal fluid of patients with brain tumors. Neurosurg. 1994;34:825–33.
[16] Jongen PJ, Lamers KJ, Doesburg WH, et al. Cerebrospinal fluid analysis differentiates between relapsing-remitting and secondary progressive multiple sclerosis. J Neurol Neurosurg Psychiatr. 1997;63:446–451.
[17] Ohta M, Ohta K, Ma J, et al. Clinical and analytical evaluation of an enzyme immunoassay for myelin basic protein in cerebrospinal fluid. Clinical chemistry. 2000;46:1326–1330.
[18] Massaro AR. Are there indicators of remyelination in blood or CSF of multiple sclerosis patients? Mult Scler. 1998;4:228–231.
[19] Sarchielli P, Greco L, Stipa A, et al. Brain-derived neurotrophic factor in patients with multiple sclerosis. J Neuroimmunol. 2002;132:180–188.
[20] Hohlfeld R, Kerschensteiner M, Stadelmann C, et al. The neuroprotective effect of inflammation: Implications for the therapy of multiple sclerosis. J Neuroimmunol. 2000;107:161–166.
[21] Ziemssen T, Kümpfel T, Schneider H, et al. Secretion of brain-derived neurotrophic factor by glatiramer acetate-reactive T-helper cell lines: Implications for multiple sclerosis therapy. J Neurol Sci. 2005;233:109–112.

4.3 ZNS- und Liquor-spezifische lösliche Proteine und Destruktionsmarker

Michael Khalil, Markus Otto, Axel Petzold, Inga Zerr, Jens Kuhle, David Leppert, Hela-F. Petereit

4.3.1 Aβ-Proteine (Aβ1-40, Aβ1-42)

4.3.1.1 Pathophysiologie

Aβ-Peptide entstehen bei enzymatischem Abbau von Amyloidprecursorprotein (APP) durch α-, β- und γ-Sekretasen und bilden den Hauptanteil der Amyloid-Plaques bei der Alzheimer Erkrankung [1–3]. Diese Peptide bilden eine heterogene Gruppe von 37–42 Aminosäuren Länge, wobei Aβ-Peptid1-40 (Aβ1-40) deutlich überwiegt [4–6]. Unter physiologischen Bedingungen beträgt der Anteil von Aβ-Peptid1-42 (Aβ1-42) nur 10 % der Gesamtfraktion. Aβ1-42 unterscheidet sich carboxyterminal von Aβ1-40 nur durch zwei zusätzliche neutrale Aminosäuren.

Trotz der weitgehend identischen Primärsequenz zeigt das carboxyterminal verlängerte Aβ1-42 eine geringere kinetische Löslichkeit im Vergleich zum Aβ1-40 und aggregiert schneller zu neurotoxischen β-Amyloidablagerungen. Die neuritischen extrazellulären β-Amyloidplaques bestehen dabei überwiegend aus Aβ1-42. Nachdem carboxyterminal-selektive Antikörper zu Verfügung standen, konnten ELISA-Verfahren aufgebaut werden, die zwischen Aβ1-42 und Aβ1-40 im Liquor unterscheiden konnten. Es konnte in mehreren Studien nachgewiesen werden, dass Aβ1-42 bei Patienten mit der Alzheimer-Erkrankung (AD) signifikant erniedrigt ist und in Kombination mit der Erhöhung des Tau-Proteins relativ spezifisch eine AD diagnostiziert werden kann [7–11]. In der Liquordiagnostik hat sich die Bestimmung der Aβ-Ratio (Quotient Aβ1-42/Aβ1-40) weitestgehend durchgesetzt [12].

Mittlerweile kann dieser Quotient auch im Serum gemessen werden und ist auch bei Patienten mit AD erniedrigt [13]. Allerdings zeigt sich doch eine deutliche Überlappung mit den Normalbefunden, so dass diese Messung noch nicht in der Routine ist.

4.3.1.2 Indikation

In der Differentialdiagnose dementieller Erkrankungen werden in der Regel die Aβ-Peptide zusammen mit den Tau-Proteinen bestimmt.

4.3.1.3 Präanalytik

Beta-Amyloid ist in Liquorproben uneingefroren nur wenige Tage und nur in Polypropylen-Röhrchen stabil. Bei längerem Transport mit Lagerung in Polypropylen-Röhrchen einfrieren.

4.3.1.4 Methodenbeschreibung

Die Aβ-Peptide werden mittels herkömmlichem ELISA bestimmt. Mittlerweile setzten einige Labors aber Multiplex-Assays (z. B. Roche®, Fujirebio®) ein, bei der sowohl Gesamt-Tau, pTau, Aβ1-42 und Aβ1-40 bestimmt werden können. Dies kann für die Bewertung relevant sein, da sich unterschiedliche Grenzwerte mit den unterschiedlichen Anbietern ergeben können. Die massenspektrometrische Bestimmung ist qualitativ am genausten, dient aber nicht der quantitativen high-throughput-Bestimmung und wird daher nicht in der Routine im Liquor eingesetzt.

4.3.1.5 Analytische Bewertung

Niedrige Aβ1-42 Werte und/oder niedrige Aβ42/40 Quotienten sind typisch für die Alzheimer-Erkrankung. Diese typischen Werte sind nunmehr auch in die diagnostischen Kriterien eingegangen. Über das sogenannte ATN-Konzept sollen diese Werte klinisch noch besser nutzbar gemacht werden [14,15]. Hierbei steht „A" für Amyloid-Pathologie, „T" für Tau-Pathologie und „N" für Neurodegeneration. Ein pathologischer Amyloid-Quotient im Liquor steht für die „A"-Pathologie, ein erhöhtes pTau im Liquor für die Tau-Pathologie und ein erhöhtes Gesamt-Tau im Liquor für die Neurodegeneration (siehe auch **Kapitel C.1.4.1.1**). Bei der Creutzfeldt-Jakob-Krankheit können ebenfalls niedrige Aβ1-42 Werte vorliegen, wobei der Quotient häufig unauffällig ist [6,16].

4.3.2 Tau-Proteine (Gesamt-tau) und phospho-Tau-Protein (ptau181)

4.3.2.1 Pathophysiologie

Bei den Tau-Proteinen handelt es sich um Mikrotubulus-assozierte Proteine, die sich histologisch bei Alzheimer-Patienten in den neurofibrillären Bündeln befinden [17,18]. Bei Patienten mit Alzheimer Erkrankung (AD) ist eine Fraktion der Tau-Proteine an verschiedenen Stellen hyperphosphorliert. Es existieren Verfahren, um die unterschiedliche pTau-Proteine im Liquor zu quantifizieren. In der Liquordiagnostik für die Alzheimer-Erkrankung hat sich das pTau181 in der Routine durchgesetzt.

Es existieren inzwischen auch hochsensitive Verfahren zur Bestimmung der Tau-Proteine und phospho-Tau-Proteine (ptau) im Serum. Diese sind bislang aber noch nicht in die Routinemessung eingegangen.

4.3.2.2 Indikation

In der Differentialdiagnose dementieller Erkrankungen werden in der Regel die Tau-Proteine zusammen mit den Aβ-Peptiden (Aβ) bestimmt.

4.3.2.3 Präanalytik

Tau-Protein und ptau181 im Liquor ist bis zu einer Woche stabil (4° C; Einfrieren schadet nicht). Tau-Protein darf nicht in Glasbehältern oder einfachen Plastikbehältern aufbewahrt werden, am besten in Polypropylen-Röhrchen. Die positive geladene Oberfläche von Glas und verschiedenen Plastiken bindet die negativ geladenen Proteine durch van-der-Waals Kräfte. Das führt zu fälschlich niedrigen quantitativen Bestimmungen.

4.3.2.4 Methodenbeschreibung

Gesamt-Tau und ptau werden noch immer mittels herkömmlichem ELISA bestimmt. Mittlerweile setzen einige Labors aber Multiplex-Assays ein (z. B. Roche®, Fujirebio®), bei der sowohl Gesamt-Tau, ptau, Aβ1-42 und Aβ1-40 bestimmt werden können. Dies kann für die Bewertung relevant sein, da sich unterschiedliche Grenzwerte mit den unterschiedlichen Anbietern ergeben können.

4.3.2.5 Analytische Bewertung

Hohe Gesamt-Tau-Werte, hohe ptau-Werte und niedrige Aβ1-42 Werte sind typisch für die AD, diese typischen Werte sind inzwischen auch in die diagnostischen Kriterien eingegangen. Mittlerweile versucht man die möglichen neurochemischen Befunde mit Hilfe des ATN-Konzeptes klinisch noch besser nutzbar zu machen und die Bewertung zu vereinheitlichen [14,15]. Hierbei steht „A" für Amyloid-Pathologie, „T" für Tau-Pathologie und „N" für Neurodegeneration. Ein pathologischer Amyloid-Quotient im Liquor steht für die „A"-Pathologie, ein erhöhtes pTau im Liquor für die Tau-Pathologie und ein erhöhtes Gesamt-Tau im Liquor für die Neurodegeneration (siehe **Kapitel C.1.4.1.1**). Massiv erhöhte Tau-Protein-Werte bei fast unauffälligen pTau-Werten findet man bei der Creutzfeldt-Jakob-Krankheit [19]. Synaptische Marker, die womöglich eine Schädigung der Synapsen anzeigen, sind in dieses Konzept noch nicht eingeflossen [20].

4.3.3 14-3-3-Proteine

4.3.3.1 Pathophysiologie

Die Entwicklung von CSF-basierten Biomarkern bei CJD begann 1986, als eine von M. Harrington geleitete Forschungsgruppe zwei CSF-Proteine mit der Bezeichnung p130/131 unter Verwendung von zweidimensionalem Gel identifizierte [21]. Fast 10 Jahre später zeigte die Mikrosequenzierung, dass diese beiden CSF-Proteine zur Familie der 14-3-3-Proteine gehören [22]. Bei den 14-3-3-Proteinen handelt es sich um eine in Neuronen vorkommende Proteinfamilie mit einem Molekulargewicht von etwa 30 kDa. Es sind zumindest 7 Isoformen bekannt, die als Dimer vorliegend, hochkonserviert in fast allen Spezies zu finden sind.

4.3.3.2 Indikation

Die Indikation für die Messung der 14-3-3-Proteine im Liquor ist der klinische Verdacht einer Creutzfeldt-Jakob-Krankheit oder einer anderen Prionerkrankung (siehe **Kapitel C.1.4.2**)

4.3.3.3 Präanalytik

Das Protein ist im Liquor bis zu 1 Woche stabil (bei RT oder 4° C). Die Probe kann ohne Einfrieren versandt werden (Einfrieren stört jedoch nicht). Die Messung in einer blutig kontaminierten Liquorprobe kann zu falsch-positiven Ergebnissen führen.

Analysen z. B. durch das Nationale Referenzzentrum für Prionerkrankungen in Göttingen auf der Basis einer gezielten Fragestellung (z. B. DD CJD versus andere Demenzen).

4.3.3.4 Methodenbeschreibung

Der Nachweis im Liquor erfolgte zunächst durch die Verwendung von Western-Blot-Assays, inzwischen gibt es eine Reihe von ELISAs. Ringversuche sind äußerst wichtig, um eine hohe Qualität der Analysen sicherzustellen [23].

4.3.3.5 Analytische Bewertung

Erhöhte Konzentrationen der Proteine 14-3-3 sprechen in erster Linie für eine rasche neuronale Destruktion. In der differentialdiagnostischen Abgrenzung einer CJD von einer anderen neurodegenerativen Erkrankung ist die Spezifität hoch (ca. 90 %) bei einer ähnlich hohen Sensitivität für CJD (siehe **Kapitel C.1.4.2.2**). Pathologische Werte kommen jedoch auch bei anderen neurologischen Erkrankungen vor, z. B. bei Ischämie oder nach einem generalisierten epileptischen Anfall.

4.3.3.6 Neue diagnostische Entwicklungen

Assays, die auf den Eigenschaften eines Proteins aufbauen, schnell zu aggregieren, stellen eine vollkommen neue Klasse der laborchemischen Tests dar. Die sog. Real Time Quaking Induced Conversion (RT-QuIC) ist so eine Methode, deren Prinzip in Abb. B.4.1 am Beispiel des Prion-Proteins veranschaulicht wird. Zu einer Probe, in der ein fehlgefaltetes Protein vermutet wird, wird rekombinantes Protein dazugegeben. Das rekombinante Protein wird durch das vorhandene pathologische konvertiert. Die konvertierten Proteine aggregieren, die Aggregate werden durch hochfrequentes Schütteln der Probe aufgebrochen, die neu entstehenden Fragmente stehen für die Konversion des rekombinanten Proteins als „seeds" wieder zur Verfügung. Dieser Zyklus wird so lange wiederholt, bis genügend Aggregate zur Verfügung stehen, die mittels Fluoreszenz detektiert werden können. Die Methode wurde initial für die Diagnostik von Prionerkrankungen entwickelt, inzwischen werden jedoch

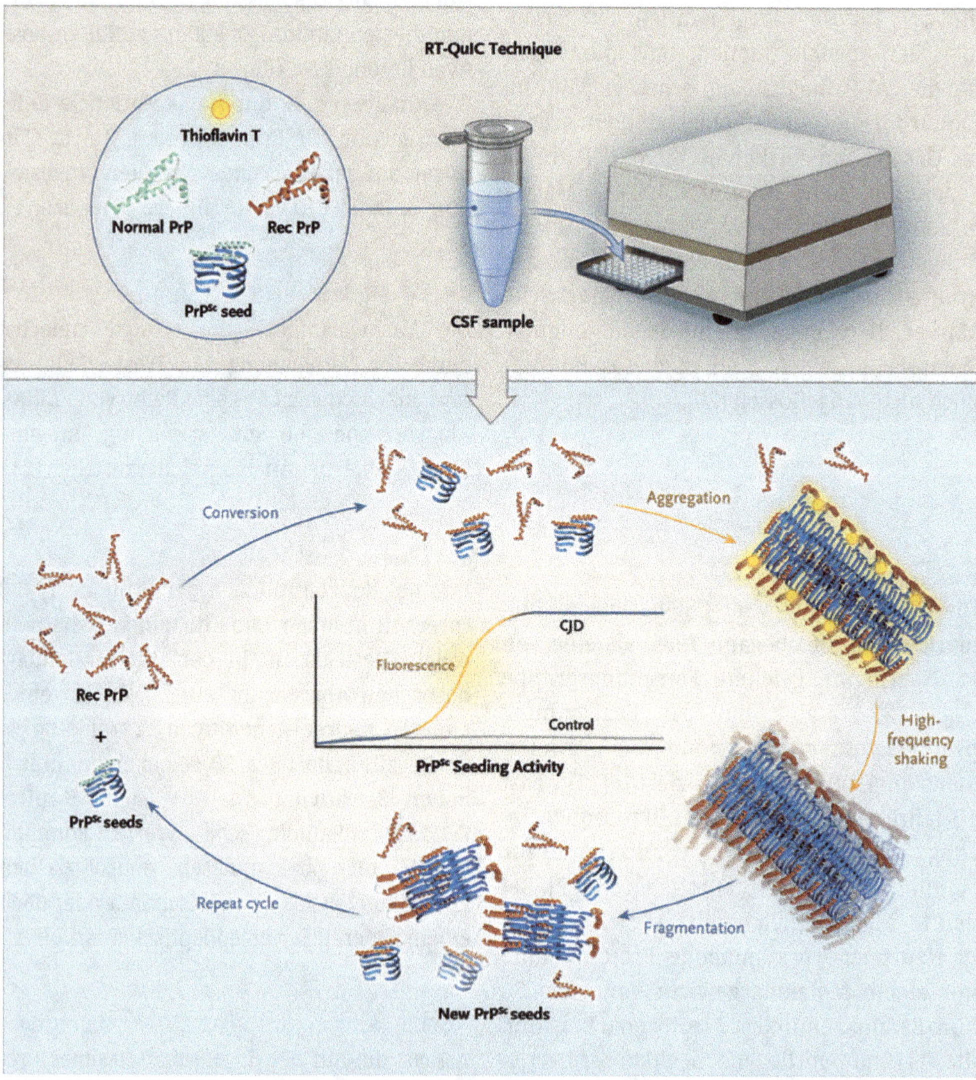

Abb. B.4.1: Das Prinzip der RT-QuIC (Real Time Quaking Induced Conversion), veranschaulicht am Beispiel des Prion-Proteins [24].

auch weitere Proteine damit detektiert, die bei neurodegenerativen Erkrankungen eine Rolle spielen. Die RT-QuIC für das Prion-Protein (siehe **Kapitel B.5.1.3.2**) und für das Alpha-Synuclein (siehe **Kapitel C.1.4.1.4**) sind wohl am weitesten fortgeschritten, aber es gibt auch Ansätze für das Protein Tau und eventuell Aβ.

4.3.4 Neurofilamente

Neuro-axonale Schädigung stellt die Hauptursache von permanenter neurologischer Beeinträchtigung dar. Die genaue Quantifizierung und longitudinale Beurteilung von neuro-axonaler Schädigung wäre für das klinische Management von vielen akuten und chronischen neurologischen Erkrankungen von immenser Bedeutung. In dieser Hinsicht wird den Neurofilamentproteinen eine zentrale Rolle zugesprochen, da diese Proteine nur in Neuronen vorkommen und deren Konzentrationen im Liquor und in geringeren Mengen auch im Blut in Abhängigkeit des Ausmaßes neuronaler Destruktion ansteigen. Bis vor kurzer Zeit beschränkte sich die Forschung auf diesem Gebiet auf Analysen im Liquor, da die verfügbaren Testsysteme für die geringen Konzentrationen im peripheren Blut nicht sensitiv genug für den Routinelaborbetrieb waren. Erst mit der Einführung der sogenannten Single Molecule Array (Simoa) Technologie gelang es Neurofilamente auch im Blut valide zu quantifizieren. Im Vergleich zu der relativ invasiven Prozedur einer Lumbalpunktion, kann Blut relativ einfach gewonnen werden, wodurch longitudinale Bestimmungen ermöglicht werden. Zudem kann durch die Neurofilament-Messung im Blut dieser Marker auch im Detail bei neurologischen Erkrankungen untersucht werden, bei denen per se eine Lumbalpunktion aus diagnostischen Zwecken nicht vorgesehen ist [25,26].

All dies führte dazu, dass in den letzten Jahren Neurofilamente in den Fokus der neurologischen Biomarkerforschung rückten, was durch eine Vielzahl von rezenten Publikationen belegt ist.

Zulassungsbehörden wie FDA und EMA haben inzwischen auf Basis von Änderungen der Neurofilamentwerte die Zulassung von Medikamenten zur Behandlung der multiplen Sklerose (Ocrelizumab) und der Amyotrophen Lateralsklerose (Tofersen) genehmigt.

4.3.4.1 Pathophysiologie

Neurofilamente gehören zu den intermediären Filamenten mit einem Durchmesser von ca. 10 nm, deren Größe somit zwischen denen von Actin-Filamenten (6 nm) und Myosin-Filamenten (15 nm) liegt. Neurofilamente sind zytoskelettale Proteine, die vornehmlich in Neuronen und ihren Axonen vorkommen. Das Molekulargewicht von humanen Neurofilamenten ist abhängig von der Subklasse und liegt für die schwere Kette (Neurofilament heavy chain, NfH) bei 112,5 kDa auf Basis der DNA-Sequenz und experimentell etwas höher, bei 200–220 kDa auf Basis der Polyacrylamid-Gelelektrophorese aufgrund von post-translationalen Modifikationen. Für die mittelschwere Kette (neurofilament medium chain, NfM) entsprechend bei 102,5 kDa bzw. 145–160 kDa, und für die meistuntersuchte leichte Kette (neurofilament light chain, NfL) bei 61,5 kDa bzw. 70–86 kDa. Zusammen mit -Internexin (55,4 kDa and 58–66 kDa) gehören sie zur Klasse IV der intermediären Filamente, wohingegen Peripherin (53,7 kDa und 57–59 kDa) zur Klasse III der intermediären Filamente gehört [25–27]. Neurofilamente bestehen aus einer relativ konservierten zentralen Domäne, einer kurzen variablen Kopfdomäne am amino-terminalen Ende und aus einer hochvariablen Domäne am carboxyterminalen Ende mit unterschiedlicher Länge (Abb. B.4.2).

Die Zusammensetzung von Neurofilamenten erfolgt durch Bildung von Proteindimeren. Durch antiparallele Aggregation dieser Dimere bilden sich Tetramere, wobei acht Tetramere

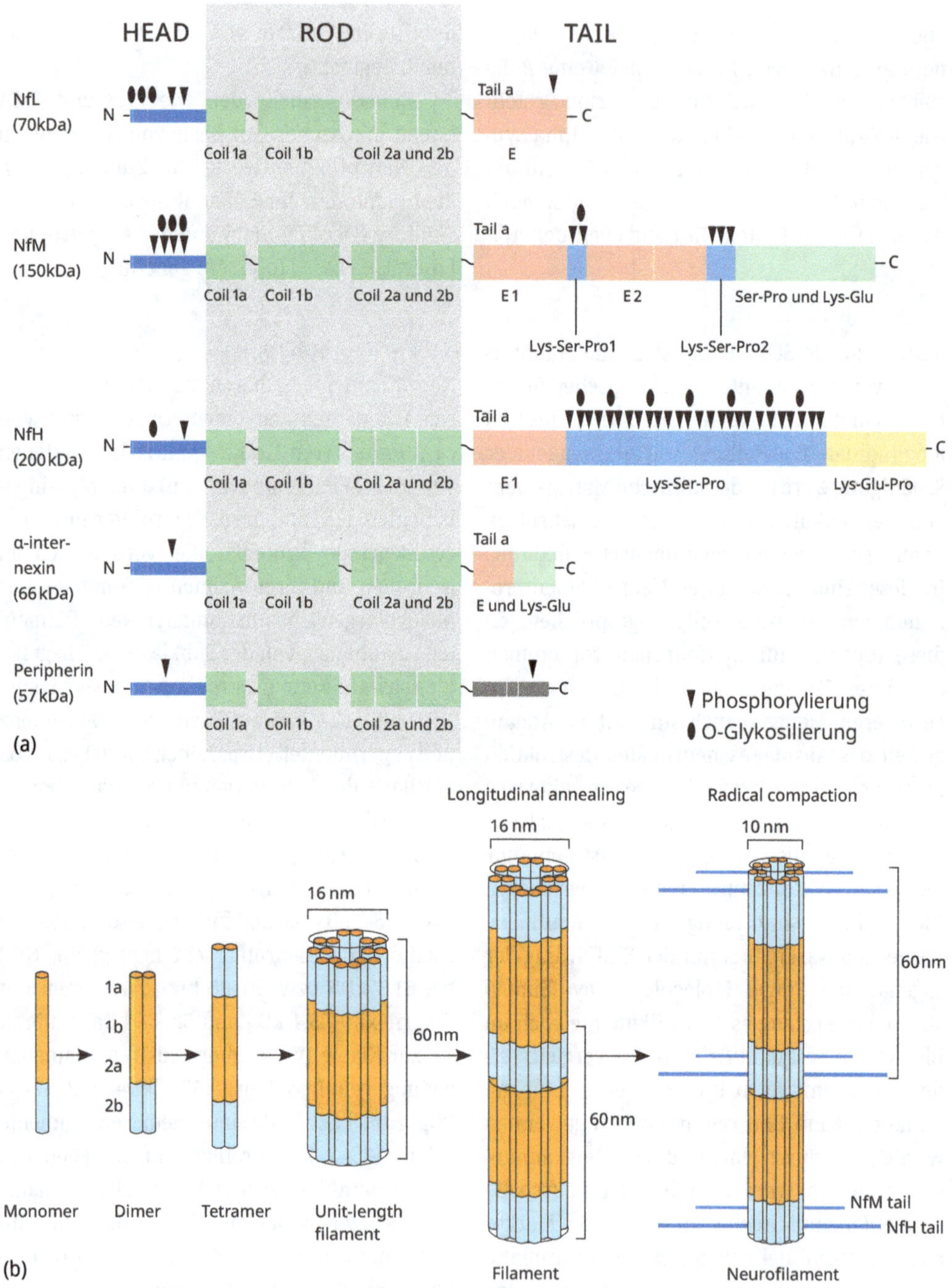

Abb. B.4.2: Struktur und Aufbau von Neurofilamenten (nach [25]).

eine sogenannte zylindrische Einheit (cylindrical unit-length filament, UFL) bilden, durch deren Aneinanderlagerung, Auswärtsverlegung der Seitenketten und radiale Verdichtung die langen Neurofilamentproteine mit einem radialen Durchmesser von ca. 10 nm entstehen [26,27].

Posttranslationale Modifikationen verändern Gewicht, Ladung und Struktur der Neurofilamente. Die posttranslationalen Modifikationen beinhalten Zufügen von N-Acetylglucosamin (O-linked N-acetylglucosamine – O-GlcNAc) zu Serin- und Threoninresiduen, Nitrierung, Oxidation, Ubiquitinierung und vor allem Phosphorylierung. Alle Subklassen zeigen eine Phosphorylierung am Kopfende, wohingegen lediglich NfM und NfH umfangreich am carboxyterminalen Ende phosphoryliert sind [28]. Das Ausmaß der Phosphorylierung scheint die Resistenz der einzelnen Subklassen gegenüber Proteasen zu erhöhen [29].

Nach neuro-axonaler Schädigung gelangen intrazellulare Bestandteile, inklusive der Neurofilamentproteine in den Extrazellularrum, in weiterer Folge in den Liquor cerebrospinalis und in geringerer Konzentration auch ins periphere Blut [25] (Abb. B.4.3).

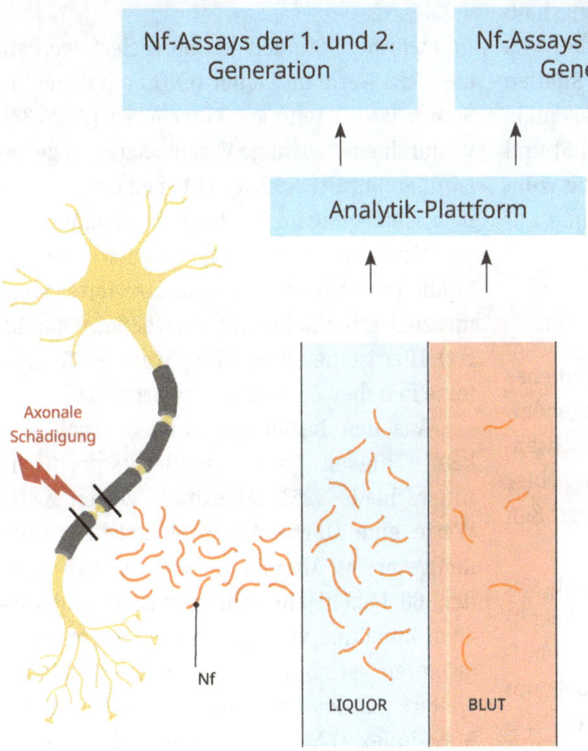

Abb. B.4.3: **Freisetzung von Neurofilamenten (Nf) nach axonaler Destruktion** (nach [25]). Immunoassays der ersten Generation (Immun-Blots) und der zweiten Generation (ELISA) können Neurofilamente im Liquor verlässlich nachweisen, haben jedoch eine begrenzte Sensitivität für den Nachweis im Blut. Immunoassays der dritten Generation (Elektrochemilumineszenz) und insbesondere der vierten Generation (Einzelmolekülanalyse) können Neurofilamente im Blut zuverlässig quantifizieren und subtile Konzentrationsänderungen über die Zeit detektieren.

4.3.4.2 Indikation

Die Bestimmung von Neurofilamenten dient zum laborchemischen Nachweis von neuro-axonaler Schädigung im Liquor und im Blut. In Bezug auf Sensitivität und Spezifität liegen die besten Ergebnisse für NfL vor, weshalb sich die weiteren Ausführungen auf diese Subform konzentrieren. Es ist zu erwarten, dass dieser Marker im Kontext von akuten und chronischen neurologischen Erkrankungen in naher Zukunft für den klinischen Alltag relevant sein wird. Derzeit beschränkt sich die Indikationsstellung noch überwiegend auf wissenschaftliche Fragestellungen.

4.3.4.3 Präanalytik

100 µL nativer Liquor oder 100 µL Serum oder Plasma (Verdünnung je nach Assay meist ~ 1:4). Bei Messungen zu einem späteren Zeitpunkt sollten die Proben nach Abnahme innerhalb von zwei Stunden verarbeitet und bei –80 ° C aufbewahrt werden [30]. Neuere Studien zeigen, dass bestimmte Neurofilament-Peptide [31] im Blut und Plasma sehr stabil sind und Verzögerungen von bis zu 7 Tagen bis zum Einfrieren, keinen wesentlichen Einfluss auf die Messung nehmen [32].

4.3.4.4 Methodenbeschreibung

In den letzten drei Dekaden gab es immense technische Fortschritte in der Methodenentwicklung mit der Etablierung von hochsensitiven Testsystemen, wodurch man einer klinischen Anwendung von NfL einen großen Schritt näher rückte [25,26].

Der ELISA für NfL im Liquor ist seit einigen Jahren kommerziell erhältlich. Sowohl Immunoblot als auch ELISA eignen sich aufgrund der limitierten Sensitivität nicht, um die generell ca. 50–100-fach niedrigeren NfL-Werte im Blut zu messen.

Mit der Einführung von Testsystemen der 4. Generation auf Basis einer Einzelmolekülanalyse (Single Molecule Array – Simoa) konnten im Vergleich zu ELISA und ECL 126-fach und 25-fach höhere Sensitivitäten erreicht werden [33,34]. Erst durch diese Methode wurde eine valide Quantifizierung von NfL im Blut möglich. Bei diesem Assay werden einzelne mikroskopisch kleine Beads von 2,7 µm Durchmesser nach Bindung eines Sandwich-Antikörper-Komplexes (2 Antikörper 1 Antigen) simultan und digital gezählt und ausgewertet. Obwohl die gleichen Antikörper wie im kommerziell erhältlich ELISA verwendet werden [35], können durch diese Methode deutlich höhere Sensitivitäten erreicht werden.

Zusätzlich zu NfL gibt es kommerziell erhältliche Tests für NfM und NfH. Ein Test für Peripherin wurde rezent entwickelt ([S. Keddie et al., Brain, im Druck).

4.3.4.5 Analytische Bewertung

In mehreren Studien konnte belegt werden, dass NfL-Werte im Liquor (cNfL) mit denen im Serum (sNfL) sehr gut korrelieren [25,26,36], wodurch eine wichtige Voraussetzung gegeben ist, über Blut-NfL Aussagen über eine neuro-axonale Schädigung im ZNS tätigen zu können.

Mittlerweile werden in den meisten Studien zu sNfL ein gut standardisierter kommerziell erhältlicher Kit verwendet (Quanterix). Hier ist die Entwicklung weiterer Testsysteme in naher Zukunft zu erwarten [26].

Aus den bisherigen Studien ergab sich kein Hinweis auf geschlechtsspezifische Unterschiede [25]. Allerdings zeigen sNfL-Werte eine starke Altersabhängigkeit. Über den gesamten Altersbereich und vor allem ab dem 60. Lebensjahr kommt es zu einer deutlichen Zunahme von sNfL, die auch von einer größeren Variabilität begleitet ist [37–39]. Als weitere Einflussfaktoren konnten der Body-Mass-Index (BMI) und Nierenfunktion identifiziert werden [40–42]. Aus diesen Gründen wird empfohlen, sogenannte Z-Scores zu benutzen [39]. Der Vorteil der Z-Scores liegt darin, dass sie einen von demographischen Daten unabhängigen Vergleich der quantitativen Neurofilamentwerte ermöglichen.

4.3.4.6 Klinische Bewertung

Neurofilamente sind spezifisch für den Nachweis einer neuro-axonalen Schädigung, allerdings nicht für eine bestimmte Erkrankung [43]. Die klinische Interpretation erfolgt somit stets im klinischen Kontext der zu untersuchenden neurologischen Erkrankung.

Bisher gibt es vielversprechende Ergebnisse bei Multipler Sklerose, Neuritis nervi optici, Demenzen, Schlaganfall, traumatischer Hirnschädigung und der Amyotrophen Lateralsklerose [25,26,39]. Bei weiteren neurologischen Erkrankungen, könnte NfL möglicherweise von Relevanz sein (Tab. B.4.19) [25].

Tab. B.4.19: Relevanz von Neurofilamenten bei unterschiedlichen neurologischen Erkrankungen, adaptiert von Khalil et al. 2018 [25].

Neurologische Erkrankungen mit guter Evidenz für NfL als diagnostischer/prognostischer Marker bzw. als Marker für das Monitoring von Therapien.
– Multiple Sklerose – Demenzen – Schlaganfall – Traumatische Hirnschädigung – Morbus Parkinson – Morbus Huntington – Hypoxische Hirnschädigung
Neurologische Erkrankungen, bei denen NfL relevant sein könnte, die Datenlage aber derzeit noch unzureichend ist.
– Epilepsie – Enzephalitis – Meningitis – Optikusneuropathien – erhöhter intrakranieller Druck – Neurotoxizität – Periphere Neuropathien

Wichtig ist zu betonen, dass sich die derzeitige Evidenz großteils auf Gruppenvergleiche beschränkt. Um klare Aussagen auf Ebene einzelner Personen/Patienten tätigen zu können, müssen die sNfL-Werte für die oben beschriebenen Einflussfaktoren, wie Alter und BMI, korrigiert werden. In einer rezenten Studie konnte mit Hilfe der bereits erwähnten Z-Scores, die Anhand eines großen Datensatzes einer multinationalen Kohorte von Kontrollpersonen, für Alter und BMI korrigiert sind, sNfL bei Multipler Sklerose-Patienten der Krankheitsverlauf auf individueller Patientenebene interpretiert werden [39].

Zusammenfassend ist sNfL ein sehr weit gediehener Biomarker ist, der mit hoher Wahrscheinlichkeit in absehbarer Zeit in der klinischen Routine Anwendung finden wird. Die die genaue Untersuchung von zusätzlichen Einflussfaktoren auf sNfL, sowie die Harmonisierung unterschiedlicher Testsysteme sind wesentliche Punkte derzeitiger Forschungsbemühungen.

4.3.5 GFAP

4.3.5.1 Pathophysiologie

Glial Fibrillary Acidic Protein (GFAP) ist, wie auch die Neurofilament-Proteine, sehr zellspezifisch. In messbaren Mengen kommt es praktisch ausschließlich in Astrozyten vor [44]. Die außerordentliche Eigenschaft von GFAP Proteinaggregate zu bilden wurde möglicherweise von manchen Lebewesen, z. B. Fröschen und Kröten, als zu gefährlich erkannt und GFAP aus der DNA eliminiert [45]. Mutationen im GFAP-Gen (Chromosom 17q21.1-q25) können die Tendenz zu Proteinaggregatbildung weiter erhöhen und somit zu der bis jetzt tödlichen Alexander-Erkrankung führen [46]. Der hieraus resultierende Vorteil für die Liquoranalytik ist die große Stabilität des Proteins über tausende von Jahren [47]. Zusammenfassend ist GFAP ein Protein dessen erhöhte Werte im Liquor, Blut oder anderen Proben auf eine Schädigung der Astrozyten zurückschließen lässt.

4.3.5.2 Indikation

Unter den akuten neurologischen Krankheiten ist GFAP hilfreich bei allen Formen von Traumata, bei denen es zur Schädigung des ZNS kommen kann, Hirnblutungen, Subarachnoidalblutungen, Schlaganfall, akute Neuromyelitis optica, Multiple Sklerose, Sepsis und neuroinvasive Infektionen [48–50]. Von den chronischen Erkrankungen zeigen vor allem die glialen Hirntumoren, z. B. Glioblastome, Prionerkrankungen und andere neurodegenerative Erkrankungen sowie die Amyotrophe Lateralsklerose und Demenzen erhöhte Werte [51]. Letztlich hat GFAP eine Rolle im Monitoring von Behandlungsstrategien, die derzeit vor allem auf das Immunsystem gerichtet sind, aber sehr wahrscheinlich über die nächsten Jahre auch genetische Strategien beinhalten werden [44,45].

4.3.5.3 Präanalytik

Das Protein ist sehr stabil, aber aggregiert leicht. Wiederholte Zyklen des Auftauens und Einfrierens beschleunigen die GFAP-Aggregatbildung und sind, so wie für andere Biomarker, am besten zu vermeiden. Systematische Untersuchungen hierüber, so wie sie bei Aβ durchgeführt wurden, sind allerdings noch nicht für GFAP publiziert.

4.3.5.4 Methodenbeschreibung

GFAP kann qualitativ im Western-Blot und quantitativ mit Hilfe von ELISA, elektrochemilumineszenzbasierten Technologien, Sensoren, suspension array system xMAP und Simoa bestimmt werden (Tab. B.4.20). Weitere Verfahren sind reversed-phase HPLC und mass-spectrometry, was auch selected reaction monitoring (SRM) genannt wird [52]. Vor allem die Simoa-Technologie gewinnt zunehmend an Bedeutung aufgrund der hohen Sensitivität bei geringem Probenmengenbedarf. Die Tendenz zur Aggregatbildung von GFAP führt, in Anwesenheit von Aggregaten, in einer Verdünnungsreihe zu einem „paradoxen" Anstieg der GFAP-Werte in den ersten Verdünnungsschritten. Erst bei höheren Verdünnungen kommt es zu der analytisch normalen Verminderung der GFAP-Werte. Aufgrund des visuellen Eindrucks beim Beurteilen solch einer Verdünnungsreihe wird dieses analytische Phänomen als „Hook effect" bezeichnet. Es ist eines von vielen Beispielen für „non-parallelism" [44].

Tab. B.4.20: Quantitative Messmethoden zur Bestimmung von löslichem GFAP, adaptiert von [44].

Methode	Multiplexing	Detektion	Volumen	Referenz
ELISA	nein	Farbumschlag	Mikroliter	Petzold et al. 2004 [44,53]
MSD	ja	ECL	Mikroliter	Kuhle et al. 2010 [54]
Sensors	ja	ECL	Femtoliter	Muzyka 2014 [55]
xMAP	ja	Fluoreszenz	Mikroliter	Houser 2012 [56]
Simoa	ja	Fluoreszenz	Femtoliter	Chang et al. 2012 [57]
SRM	ja	Label-free	Mikroliter	Picotti und Aebersold 2012 [52]

ECL = Electrochemiluminescence, ELISA = Enzyme-linked Immunosorbent Assay, MSD = Meso Scale Discovery Electrochemiluminescence, Simoa = Single Molecule Array, SRM = selected reaction monitoring. xMAP = Multi-Analyt-Profiling.

4.3.5.5 Analytische Bewertung

Die Bewertung im Kontext einer akuten Erkrankung ist am einfachsten da pathologische GFAP-Werte Schaden anzeigen. Aggregatbildung, Existenz von GFAP-Autoantikörpern und die effektive Halbwertszeit spielen hier weniger eine Rolle. Zur Beurteilung der GFAP-Konzentration bei chronischen

Erkrankungen sind longitudinale Messungen. Abb. B.4.4 fasst die verschiedenen Muster von GFAP Werten zusammen.

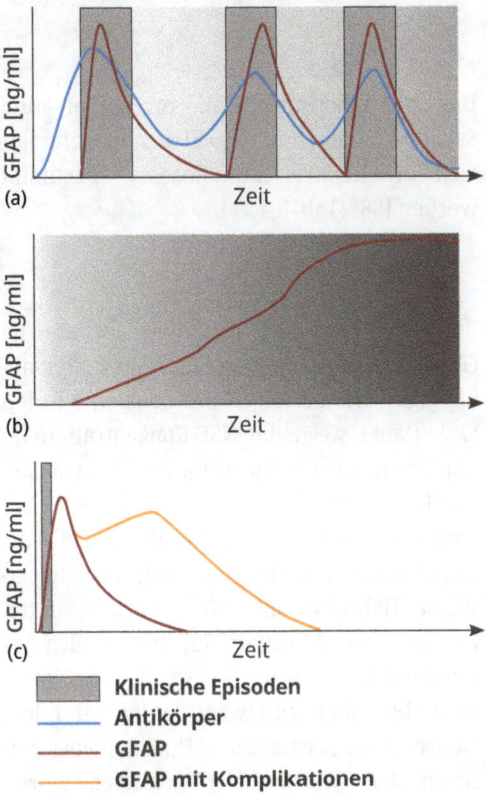

Abb. B.4.4: Die drei dominanten GFAP-Muster im Blut und Liquor. Klinische Episoden von Patienten sind durch die grau schattierten Rechtecke dargestellt. Der Schweregrad und die Progression sind durch den grau hinterlegten Gradienten dargestellt, wobei ein intensiverer Grauton für einen schwereren Krankheitsverlauf steht. Die rotbraunen Kurven widerspiegeln den Konzentrationsverlauf von GFAP verschiedener Studien über die Zeit. (a): Bei autoimmunen Astrozytopathien, wie NMOSD, summiert sich die Destruktion von Astrozyten in klinischen Episoden, in denen der Großteil des Schadens entsteht, über die Zeit auf. Jede klinische Episode wird von einem Anstieg von Antikörpern (orange Kurven) z. B. gegen AQP4, begleitet. Komplementabhängige Destruktion der Astrozyten führt dann zu einem Anstieg der GFAP-Konzentration im Liquor und Blut. Zwischen den einzelnen klinischen Episoden kann sich die GFAP-Konzentration im Liquor und Blut

4.3.6 Neuron-spezifische Enolase (NSE)

4.3.6.1 Pathophysiologie

Neuronen-spezifische Enolase (NSE, EC 4.2.1.11) ist ein homodimeres gamma/gamma (ENO2) oder heterodimeres alpha/gamma (ENO1/ENO2) glykolytisches Metallo (Mg^{2+})-Enzym, das ausschließlich im Zytoplasma von Neuronen, peripheren neuroendokrinen und APUD-Zellen produziert wird; es finden sich nur in Spuren in Thrombozyten, Erythrozyten und Lymphozyten. NSE stellt 0,4–2,2 % der löslichen zellulären Proteine des Gehirns dar [58] und kann im Liquor als auch im Serum gemessen werden. Die biologische Halbwertszeit beträgt ca. 24 Stunden (https://www.mayocliniclabs.com/test-catalog/Overview/80913).

4.3.6.2 Indikation

Die primäre klinische Bedeutung von NSE liegt in der Verlaufsuntersuchung als Tumormarker bei neuroendokrinen Neoplasien welche NSE produzieren. Darunter fallen das kleinzellige Lungenkarzinom, das Karzinoid, Inselzelltumoren und das Neuroblastom. Auch

---

Abb. B.4.4 (fortgesetzt)
wieder normalisieren. (b): Toxische „gain of function" Astrozytopathie, die durch Mutationen im GFAP-Genom, wie sie zum Beispiel bei der Alexander-Krankheit vorkommt, bedingt ist. Dies führt zu einer schweren und raschen Krankheitsprogression. Von analytischer Seite ist es wichtig, einen möglichen GFAP „hook effect" zu erkennen, durch den fälschlicherweise zu niedrige GFAP-Konzentrationen im Assay angezeigt werden können. (c): Bei akuten Krankheitsbildern, wie der septischen Enzephalopathie (inklusive COVID19), Hirnblutungen (SAB), Schlaganfall kommt es zum kurzen Anstieg von GFAP (rotbraune Kurve). Wenn zusätzliche Komplikationen auftreten, wie z. B. ein Hydrozephalus oder Vasospasmus mit nachfolgender Ischämie, dann entwickelt sich aus der ersten Kurve heraus eine zweite Kurve (graue Linie) mit hohen GFAP-Werten.

andere Tumortypen können NSE produzieren [58]. Serum NSE-Spiegel sind ein Marker für die Tumordiagnose, als auch Monitoring-Marker für Tumormasse und Ansprechen auf die Therapie [58], währendem die Bestimmung im Liquor Metastasierung in das ZNS anzeigen kann [58,59].

Die Erhöhung der NSE-Konzentration als neuronaler Destruktionsmarker wurde bei einer Reihe von Erkrankungen (Creutzfeldt-Jakob [60–62], Schädel-Hirntrauma [63], Guillain-Barré-Syndrom [64], Status epilepticus [65], Multiinfarkt-Demenz [66], Subarachnoidalblutung, anoxischem Hirnschaden [67], ischämischer Insult [68]) gefunden, wobei eine quantitative Beziehung zwischen dem Grad der ZNS-Schädigung und den Konzentrationen in Liquor und Serum besteht [58,69–73]. Diese Anwendungen sind lediglich noch von historischer Bedeutung vor dem Hintergrund der hoch sensitiven Messung von NfL. Bei der Creutzfeldt-Jakob-Erkrankung ist die diagnostische Sensitivität (78 %) und Spezifizität (88 %) bei Liquorwerten > 35 ng/ml bei Patienten mit entsprechender Klinik ungenügend im Hinblick auf eine individuelle Diagnosestellung [60,61]. Das gleiche gilt für die Anwendung als prognostischer Marker für die Mortalität oder den funktionellen neurologischen Verlauf bei Herzstillstandpatienten [74].

4.3.6.3 Präanalytik

Sichtbar hämolytisches Serum und Liquor können nicht zuverlässig analysiert werde, da falsch positive Ergebnisse aufgrund einer NSE-Freisetzung aus Erythro- und Thrombozyten gemessen werden. Zellfreie Überstände können bei 4° C bis zu 72 Stunden gelagert werden. Jedoch ist NSE im Liquor instabil und zeigt bei Aufbewahrung über einen Monat bei –20° C einen Abfall der Werte von über 25 %. Bei Aufbewahrung bei –80° C zeigt sich über 9 Monate ebenfalls ein kontinuierlicher Abfall von über 20 %. Hingegen scheint Serum NSE bei –80° C über 9 Monate stabil zu sein [58].

4.3.6.4 Methodenbeschreibung

Die NSE-Konzentrationen in Liquor und Serum können mit verschiedenen kommerziell erhältlichen Immunoassays bestimmt werden [58] (Tab. B.4.21).

4.3.6.5 Analytische Bewertung

Bei der Beurteilung der Referenzbereiche (Tab. B.4.21) ist zu beachten, dass altersabhängige Veränderungen beschrieben wurden [75]. Dabei steigt die NSE-Konzentration im Liquor um 0,1–1,4 % pro Jahr an. Als Ursachen werden ein erhöhter NSE-Gehalt der Zellen bei konstantem Turnover, ein erhöhter Zell-Turnover sowie eine Verlängerung der biologischen Halbwertszeit durch verlangsamten Liquorabfluss diskutiert [75]. Hinsichtlich des Geschlechts wurden höhere Liquor-Normwerte bei Männern als bei Frauen gefunden, während im Serum keine Unterschiede zwischen den Geschlechtern gefunden wurde (Tab. B.4.21).

Vergleichende Messungen von Serum- und Liquorkonzentrationen ergaben, dass NSE zuerst im Liquor ansteigt und erst später in das Serum freigesetzt wird [65]. Der Serum-Peak nimmt dabei niemals höhere Werte als der Liquor-Peak an [68]. Anstiege der NSE im Liquor resultieren fast ausschließlich aus Gewebeuntergängen im ZNS. Der serumabhängige Anteil liegt unter 2 % [76]. Da NSE zuerst im Liquor ansteigt, reflektieren Messungen der Liquorkonzentration akute Veränderungen besser als Messungen der Serumkonzentration.

Tab. B.4.21: Normalwerte von NSE-Konzentrationen (ng/ml) im Liquor und Serum. Werte oberhalb des oberen Grenzbereiches gelten in der jeweiligen Arbeit als klinisch auffällig.

NSE_{Liquor} Mittelwert ± SD (min-max)	oberer Grenzbereich	NSE_{Serum} Mittelwert ± SD (min-max)	analytische Methode	Referenz
6,3 ± 3,6 (1–12)	–	4,7 ± 2,3	Gamma Enolase EIA (Roche)	Lima et al. 2004 [77]
4,9 ± 1,9 (1,-12,2)	8,7	-	ELISA	Mokuno et al. 1994 [64]
10,8 ± 3,1 (4,0–18,0)	20	4,5 ± 1,4	Radioimmunoassay (RIA) (Pharmacia)	Correale et al. 1998 [65]
10,2 ± 3,2	16,6	–	Radioimmunoassay (NSE EIKEN)	Jimi et al. 1992 [62]
10,8 ± 4,5	20	–	Gamma Enolase EIA (Roche)	Jacobi und Reiber 1988 [76]
7,1 ± 1,9	–	–	Radioimmunoassay (RIA) (Pharmacia)	Beelen et al. 1993 [78]
< 2	2,4	7 ± 1,6 (< 2–13)	Radioimmunoassay (RIA) (Pharmacia)	Persson et al. 1987 [68]
–	10,2	–	Radioimmunoassay (RIA) (Pharmacia)	van Engelen et al. 1992 [75]
Männer 5,1 ± 1,6 Frauen 4,1 ± 1,4	–	7,1 ± 3,6	Sandwich immunoradiometric assay (Sangtec Medical AB)	Nygaard et al. 1998 [79]
–	–	8,5 (5,5–14,0)		Ross et al. 1996 [63]
–	–	Männer 11,5 Frauen 10,2	Time-Resolved Amplified Cryptate Emission* (TRACE™) (ThermoFisher)	Braga et al. 2013 [80]

*Mit diesem Assay werden die Referenzwerte mit ≤ 15 ng/ml für Serum angegeben (https://www.mayocliniclabs.com/test-catalog/Overview/80913)

4.3.7 S-100 und S-100B

4.3.7.1 Pathophysiologie

Die S-100-Familie stellt eine Gruppe kalziumbindender, saurer Proteine dar, die vorwiegend im zentralen und peripheren Nervensystem als Homo- oder Heterodimer zweier isomerer Untereinheiten, α und β, zu finden sind [81]. Vor allem S100B ist bei ZNS-Schaden erhöht, aber weit weniger spezifisch als GFAP oder Neurofilamente [82,83]. Die S-100-Proteine sind relevant für eine große Anzahl von biophysiologischen Funktionen des Gehirns (Zell-Zellkommunikation, Zellwachstum und Differenzierung, Energiemetabolismus und Transduktion intrazellulärer Signale) [84,85].

4.3.7.2 Indikation

Die hohe Löslichkeit von S-100B und die relative Stabilität hatten das Protein sehr interessant gemacht, bevor die mehr zelltypspezifischen GFAP und Nf mit Hilfe der Simoa-Technologie bestimmt werden konnten. Dennoch hat S-100B noch Bedeutung, vor allem in der Diagnostik von ZNS Schaden in der Akutphase bei Trauma, Schlaganfall, SAB, NMO, Sepsis, sowie chronisch beim CJD [48,51,86].

4.3.7.3 Präanalytik

S-100 Proteine sind auch in weißen Blutzellen enthalten und Kreuzreaktion besteht zwischen den S-100A und S-100B Untereinheiten [87]. Aus diesem Grund ist die Hämolyse der Proben zu vermeiden, um das Risiko falsch positiver Ergebnisse zu vermindern. Die Proben können gut eingefroren und aufgetaut werden.

4.3.7.4 Methodenbeschreibung

Das am weitesten verbreiteten Messverfahren für S-100 Proteine sind ELISA. Die Sensitivität des ELISA ist ausreichend.

4.3.7.5 Analytische Bewertung

Vorsicht ist bei der Bewertung erhöhter S-100B Werte geboten, wenn Verdacht auf eine nicht spezifische Pathologie, iatrogenen Schaden oder Probenkontamination (z. B. Hämolyse) besteht [85,88–90].

4.3.8 Liquorspezifische Proteine: Beta-trace-Protein

4.3.8.1 Pathophysiologie

Beta-Trace Protein (β-TP) wird in der Neurologie und Neurochirurgie als Marker zum Nachweis von Liquorbeimengung in Sekreten und damit von Liquorfisteln benutzt. β-TP (Lipocalin-type prostaglandin D, glutahione-independent prostaglandin D synthase, EC 5.3.99.2) ist ein 26 kD schweres Glykoprotein der Lipocalinfamilie. Mit 3 % der Gesamtmenge ist es nach Albumin das zweithäufigste Liquorprotein [91,92]. Die physiologische Funktion von β-TP ist die Konversion von Prostaglandin H2 in PGD2, welches bei der Schlafinduktion involviert ist [93]. β-TP ist in praktisch allen Hirnstrukturen in hohen Konzentrationen nachweisbar. Demgegenüber beschränkt sich der Nachweis außerhalb des ZNS auf periphere Nerven, Herz und das testikuläre Gewebe (http://biogps.org/#goto=genereport&id=5730). Neben dem Liquor cerebrospinalis lässt sich β-TP auch in Blut, Urin und anderen Körperflüssigkeiten nachweisen, allerdings in > 31-fach niedrigerer Konzentration (Tab. B.4.22). Physiologischerweise ist die Konzentration von β-TP in der Schwangerschaft im Liquor erhöht und im Serum erniedrigt, was zu einer Verdoppelung des CSF/serum-Quotienten führt [94] (Tab. B.4.22). Ob neurologische Erkrankungen zu veränderten Liquorspiegeln führen, erscheint unsicher. Erhöhte β-TP-Konzentrationen wurden bei Multipler Sklerose, zerebrovaskulären Erkrankungen [95], Gehirntumoren und Subarachnoidalblutung [96] sowie einer Reihe anderer neurologischer Erkrankungen beschrieben [97]. Daneben existieren gegensätzliche Ergebnisse, die, einschließlich der oben genannten Erkrankungen, keine signifikanten Unterschiede der Liquorkonzentration von β-TP im Vergleich mit gesunden Kontrollen fanden [92,98]. Bei Gehirntumoren und bakterieller Meningitis wurden auch Erniedrigungen der β-TP-Konzentration ermittelt [99–101]. β-TP wird renal via glomeruläre Filtration ausgeschieden. Im Rahmen einer Niereninsuffizienz kommt es zum Anstieg der Serumkonzentration von β-TP, wo Erhöhungen auf das 35–100-fache des Normwertes gemessen wurden [102,103]. β-TP wurde deshalb zur Quantifizierung der glomerulären Filtrationsrate evaluiert [84]; allerdings ist die klinische Bedeutung dadurch limitiert, dass damit die Aussagekraft anderer renaler Marker nicht verbessert wird [104].

Tab. B.4.22: Normalwerte von beta-trace Protein (mg/l) im Liquor und Serum.

Anzahl Individuen (Alter, Mittelwert)	Liquor	Serum	Liquor/ Serum-Ratio	Analytische Methode	Referenz
	Mean(SD) [mg/l]				
116 (kA)	19,6 (5,8) 11,5–32,6	0,6 (0,2) 0,1–1,4		Nephelometrie	Arrer 2002 [91]
34 Kontrollpersonen (kA)	–	0,5 (0,2)	22	Nephelometrie	Petereit 2001 [105]
20 Spannungskopfschmerz (45)	11 (2,2)	–			
132 (kA)	18,4	0,6		Nephelometrie	Reiber 2003 [106]
40 Schwangere am Termin (31)	27,9 (10,2)	0,4 (0,1)	76	Nephelometrie	McArthur 2005 [94]
21 Frauen (47)	13,4 (4,7)	0,4 (0,1)	31	Nephelometrie	Tumani 1998 [99]
19 Männer (52)	15,4 (4,5)	0,5 (0,1)	32	(electroimmunoassay)	
60 Frauen, 60 Männer (32)	–	0,5	–	Nephelometrie	Donadio 2003 [84]
14 (56)	15,3 (5,2)	–	–	ELISA	Mase 2003 [107]

kA = keine Angabe

4.3.8.2 Indikation

β-TP ist der Standardbiomarker in Ohren- oder Nasen-Sekreten zum Nachweis von Liquorfisteln und wurde in dieser Anwendung erstmals 1987 von Felgenhauer beschrieben [108]. Im Vergleich zu neuroradiologischen und nuklearmedizinischen Methoden ist β-TP schnell, unbelastend und kostengünstig zu messen. Die vergleichende Bestimmung von β-TP im Serum und in Sekreten ist bei Niereninsuffizienz nicht sinnvoll, da in dieser Konstellation die Annahme von dessen fast vorwiegender Herkunft aus dem Liquor nicht gültig ist.

4.3.8.3 Präanalytik

Lagerung der Proben bis zur Analytik bei −20° C. Für den Nachweis einer Liquorrhoe sollten ca. 10–30 µl Nasen-, Ohr- oder Wundsekret gewonnen werden.

4.3.8.4 Methodenbeschreibung

Bestimmung von β-TP in Liquor, Serum und anderen Körperflüssigkeiten kann mittels kommerzieller immunnephelometrischer Assays erfolgen. Darüber hinaus besteht die Möglichkeit eines Nachweises mittels ELISA [98], immunfluorometrischer Assays [109] oder Elektroimunoassay (rocket Elektrophorese) [105,108].

4.3.8.5 Analytische Bewertung

In mehreren Studien wurden altersabhängige β-TP Konzentrationen beschrieben [92,95]. Dabei ist der Anstieg wahrscheinlich auf eine verminderte Liquorproduktion und einen verminderten Turnover zurückzuführen [97]. Der altersabhängige Anstieg von β-TP ist jedoch zu gering, um sich auf die Interpretation der Ergebnisse in Sekreten auszuwirken.

4.3.8.6 Klinische Bewertung

Bestimmung von β-TP in Nasen-, Ohr- oder Wundsekreten stellt eine sensitive Methode bei der Diagnostik einer Liquorrhoe dar [108,110].

Als Schwellenwert für eine Liquorbeimischung in Sekreten gilt ein β-TP Wert von ≥ 1,3 mg/l, der die 97,5 Perzentile des Wertes im Nasensekret in einer Untersuchung an 160 Proben darstellte [91]. Umgekehrt schließt ein β-TP Wert von ≤ 0,7 mg/l eine Liquorbeimengung in einem Sekret aus [110]. Bei β-TP Wert zwischen 0,7 und 1,29 mg/l ist eine Liquorbeimengung wahrscheinlich, wenn das Verhältnis von Sekret- zu Serum-Wert > 2 ist [110]. Mit diesem Algorithmus wird eine Sensitivität von 98,3 % und eine Spezifizität von 96 % erreicht (positiver prädiktiver Wert 89,2 %, negativer prädiktiver Wert 99,4 %).

Literatur

[1] Glenner GG, Wong CW. Alzheimer's disease: initial report of the purification and characterization of a novel cerebrovascular amyloid protein. Biochem Biophys Res Commun. 1984;120(3):885–90.

[2] Masters CL, Simms G, Weinman NA, et al. Amyloid plaque core protein in Alzheimer disease and Down syndrome. Proc Natl Acad Sci U S A. 1985;82(12):4245–9.

[3] Shoji M, Golde TE, Ghiso J, et al. Production of the Alzheimer amyloid beta protein by normal proteolytic processing. Science. 1992;258(5079):126–9.

[4] Gravina SA, Ho L, Eckman CB, et al. Amyloid beta protein (A beta) in Alzheimer's disease brain. Biochemical and immunocytochemical analysis with antibodies specific for forms ending at A beta 40 or A beta 42(43). J Biol Chem. 1995;270(13):7013–6.

[5] Wiltfang J, Esselmann H, Cupers P, et al. Elevation of beta-amyloid peptide 2–42 in sporadic and familial Alzheimer's disease and its generation in PS1 knockout cells. J Biol Chem. 2001;276(46):42645–57.

[6] Wiltfang J, Esselmann H, Bibl M, et al. Highly conserved and disease-specific patterns of carboxy-terminally truncated Abeta peptides 1–37/38/39 in addition to 1–40/42 in Alzheimer's disease and in patients with chronic neuroinflammation. J Neurochem. 2002;81(3):481–96.

[7] Andreasen N, Minthon L, Clarberg A, et al. Sensitivity, specificity, and stability of CSF-tau in AD in a community-based patient sample. Neurology. 1999;53(7):1488–94.

[8] Galasko D, Chang L, Motter R, et al. High cerebrospinal fluid tau and low amyloid beta42 levels in the clinical diagnosis of Alzheimer disease and relation to apolipoprotein E genotype. Arch Neurol. 1998;55(7):937–45.

[9] Hulstaert F, Blennow K, Ivanoiu A, et al. Improved discrimination of AD patients using beta-amyloid(1–42) and tau levels in CSF. Neurology. 1999;52(8):1555–62.

[10] Kanai M, Matsubara E, Isoe K, et al. Longitudinal study of cerebrospinal fluid levels of tau, A beta1-40, and A beta1-42(43) in Alzheimer's disease: a study in Japan. Ann Neurol. 1998;44(1):17–26.

[11] Motter R, Vigo-Pelfrey C, Kholodenko D, et al. Reduction of beta-amyloid peptide42 in the cerebrospinal fluid of patients with Alzheimer's disease. Ann Neurol. 1995;38(4):643–8.

[12] Lewczuk P, Riederer P, O'Bryant SE, et al. Cerebrospinal fluid and blood biomarkers for neurodegenerative dementias: An update of the Consensus of the Task Force on Biological Markers in Psychiatry of the World Federation of Societies of Biological Psychiatry. World J Biol Psychiatry. 2018;19(4):244–328.

[13] Thijssen EH, La Joie R, et al. Diagnostic value of plasma phosphorylated tau181 in Alzheimer's disease and frontotemporal lobar degeneration. Nat Med. 2020;26(3):387–97.

[14] Jack CR, Bennett DA, Blennow K, et al. NIA-AA Research Framework: Toward a biological definition of Alzheimer's disease. Alzheimers Dement. 2018;14(4):535–62.

[15] Delaby C, Teunissen CE, Blennow K, et al. Clinical reporting following the quantification of cerebrospinal fluid biomarkers in Alzheimer's disease: An international overview. Alzheimer's & Dementia. 2022;18(10):1868–79.

[16] Otto M, Esselmann H, Schulz-Shaeffer W, et al. Decreased beta-amyloid1-42 in cerebrospinal fluid of patients with Creutzfeldt-Jakob disease. Neurology. 2000;54(5):1099–102.

[17] Grundke-Iqbal I, Iqbal K, Tung YC, et al. Abnormal phosphorylation of the microtubule-associated protein tau (tau) in Alzheimer cytoskeletal pathology. Proc Natl Acad Sci U S A. 1986;83(13):4913–7.

[18] Braak H, Braak E, Bohl J, Bratzke H. Evolution of Alzheimer's disease related cortical lesions. J Neural Transm Suppl. 1998;54:97–106.

[19] Otto M, Wiltfang J, Tumani H, et al. Elevated levels of tau-protein in cerebrospinal fluid of patients with Creutzfeldt-Jakob disease. Neurosci Lett. 1997;225(3):210–2.

[20] Barba L, Abu Rumeileh S, Bellomo G, et al. Cerebrospinal fluid β-synuclein as a synaptic

biomarker for preclinical Alzheimer's disease. J Neurol Neurosurg Psychiatry. 2023;94(1):83–6.

[21] Harrington MG, Merril CR, Asher DM, Gajdusek DC. Abnormal proteins in the cerebrospinal fluid of patients with Creutzfeldt-Jakob disease. N Engl J Med. 1986;315(5):279–83.

[22] Hsich G, Kenney K, Gibbs CJ, Lee KH, Harrington MG. The 14–3–3 brain protein in cerebrospinal fluid as a marker for transmissible spongiform encephalopathies. N Engl J Med. 1996;335(13):924–30.

[23] Schmitz M, Ebert E, Stoeck K, et al. Validation of 14–3–3 Protein as a Marker in Sporadic Creutzfeldt-Jakob Disease Diagnostic. Mol Neurobiol. 2016;53(4):2189–99.

[24] Zerr I. Laboratory Diagnosis of Creutzfeldt–Jakob Disease. Ropper AH, editor. N Engl J Med. 2022;386(14):1345–50.

[25] Khalil M, Teunissen CE, Otto M, et al. Neurofilaments as biomarkers in neurological disorders. Nat Rev Neurol. 2018;14(10):577–89.

[26] Petzold A. The 2022 Lady Estelle Wolfson lectureship on neurofilaments. Journal of Neurochemistry. 2022;163(3):179–219.

[27] Yuan A, Rao MV, Veeranna, Nixon RA. Neurofilaments and Neurofilament Proteins in Health and Disease. Cold Spring Harb Perspect Biol. 2017;9(4):a018309.

[28] Herrmann H, Aebi U. Intermediate Filaments: Structure and Assembly. Cold Spring Harb Perspect Biol. 2016;8(11):a018242.

[29] Beck R, Deek J, Safinya CR. Structures and interactions in 'bottlebrush' neurofilaments: the role of charged disordered proteins in forming hydrogel networks. Biochem Soc Trans. 2012;40(5):1027–31.

[30] Teunissen CE, Petzold A, Bennett JL, et al. A consensus protocol for the standardization of cerebrospinal fluid collection and biobanking. Neurology. 2009;73(22):1914–22.

[31] Shaw G, Madorsky I, Li Y, et al. Uman-type neurofilament light antibodies are effective reagents for the imaging of neurodegeneration. Brain Commun. 2023;5(2):fcad067.

[32] Altmann P, Ponleitner M, Rommer PS, et al. Seven day pre-analytical stability of serum and plasma neurofilament light chain. Sci Rep. 2021;11(1):11034.

[33] Rissin DM, Kan CW, Campbell TG, et al. Single-molecule enzyme-linked immunosorbent assay detects serum proteins at subfemtomolar concentrations. Nat Biotechnol. 2010;28(6):595–9.

[34] Kuhle J, Barro C, Andreasson U, et al. Comparison of three analytical platforms for quantification of the neurofilament light chain in blood samples: ELISA, electrochemiluminescence immunoassay and Simoa. Clin Chem Lab Med. 2016;54(10):1655–61.

[35] Norgren N, Karlsson JE, Rosengren L, Stigbrand T. Monoclonal antibodies selective for low molecular weight neurofilaments. Hybrid Hybridomics. 2002;21(1):53–9.

[36] Disanto G, Barro C, Benkert P, et al. Serum Neurofilament light: A biomarker of neuronal damage in multiple sclerosis. Ann Neurol. 2017;81(6):857–70.

[37] Khalil M, Pirpamer L, Hofer E, et al. Serum neurofilament light levels in normal aging and their association with morphologic brain changes. Nat Commun. 2020;11(1):812.

[38] Barro C, Benkert P, Disanto G, et al. Serum neurofilament as a predictor of disease worsening and brain and spinal cord atrophy in multiple sclerosis. Brain. 2018;141(8):2382–91.

[39] Benkert P, Meier S, Schaedelin S, et al. Serum neurofilament light chain for individual prognostication of disease activity in people with multiple sclerosis: a retrospective modelling and validation study. The Lancet Neurology. 2022;21(3):246–57.

[40] Manouchehrinia A, Piehl F, Hillert J, et al. Confounding effect of blood volume and body mass index on blood neurofilament light chain levels. Ann Clin Transl Neurol. 2020;7(1):139–43.

[41] Koini M, Pirpamer L, Hofer E, et al. Factors influencing serum neurofilament light chain levels in normal aging. Aging. 2021;13(24):25729–38.

[42] Fitzgerald KC, Sotirchos ES, Smith MD, et al. Contributors to Serum NfL Levels in People without Neurologic Disease. Annals of Neurology. 2022;92(4):688–98.

[43] Bridel C, van Wieringen WN, Zetterberg H, et al. Diagnostic Value of Cerebrospinal Fluid Neurofilament Light Protein in Neurology: A Systematic Review and Meta-analysis. JAMA Neurol. 2019;76(9):1035–48.

[44] Petzold A. Glial fibrillary acidic protein is a body fluid biomarker for glial pathology in human disease. Brain Res. 2015;1600:17–31.

[45] Messing A, Brenner M. GFAP at 50. ASN Neuro. 2020;12:1759091420949680.

[46] Brenner M, Johnson AB, Boespflug-Tanguy O, et al. Mutations in GFAP, encoding glial fibrillary acidic protein, are associated with Alexander disease. Nat Genet. 2001;27(1):117–20.

[47] Petzold A, Lu CH, Groves M, et al. Protein aggregate formation permits millennium-old brain preservation. J R Soc Interface. 2020;17(162):20190775.

[48] Kuhle J, Petzold A. What makes a prognostic biomarker in CNS diseases: strategies for targeted biomarker discovery? Part 1: acute and monophasic diseases. Expert Opin Med Diagn. 2011;5(4):333–46.

[49] Ehler J, Petzold A, Sharshar T, Ely EW, Saller T. Biomarker Panel to Differentiate Brain Injury From Brain Dysfunction in Patients With Sepsis-Associated Encephalopathy. Crit Care Med. 2020;48(5):e436–7.

[50] Petzold A, Groves M, Leis AA, Scaravilli F, Stokic DS. Neuronal and glial cerebrospinal fluid protein biomarkers are elevated after West Nile virus infection. Muscle Nerve. 2010;41(1):42–9.

[51] Kuhle J, Petzold A. What makes a prognostic biomarker in CNS diseases: strategies for targeted biomarker discovery? Part 2: chronic progressive and relapsing disease. Expert Opin Med Diagn. 2011;5(5):393–410.

[52] Picotti P, Aebersold R. Selected reaction monitoring-based proteomics: workflows, potential, pitfalls and future directions. Nat Methods. 2012;9(6):555–66.

[53] Petzold A, Keir G, Green AJE, Giovannoni G, Thompson EJ. An ELISA for glial fibrillary acidic protein. J Immunol Methods. 2004;287(1–2):169–77.

[54] Kuhle J, Regeniter A, Leppert D, et al. A highly sensitive electrochemiluminescence immunoassay for the neurofilament heavy chain protein. J Neuroimmunol. 2010;220(1–2):114–9.

[55] Muzyka K. Current trends in the development of the electrochemiluminescent immunosensors. Biosens Bioelectron. 2014;54:393–407.

[56] Houser B. Bio-Rad's Bio-Plex® suspension array system, xMAP technology overview. Arch Physiol Biochem. 2012;118(4):192–6.

[57] Chang L, Rissin DM, Fournier DR, et al. Single molecule enzyme-linked immunosorbent assays: theoretical considerations. J Immunol Methods. 2012;378(1–2):102–15.

[58] Isgrò MA, Bottoni P, Scatena R. Neuron-Specific Enolase as a Biomarker: Biochemical and Clinical Aspects. Adv Exp Med Biol. 2015;867:125–43.

[59] Carney DN, Teeling M. Neuron-specific enolase: how useful as a cancer marker? Eur J Cancer Clin Oncol. 1988;24(5):825–8.

[60] Zerr I, Bodemer M, Otto M, et al. Diagnosis of Creutzfeldt-Jakob disease by two-dimensional gel electrophoresis of cerebrospinal fluid. Lancet. 1996;348(9031):846–9.

[61] Zerr I, Bodemer M, Räcker S, et al. Cerebrospinal fluid concentration of neuron-specific enolase in diagnosis of Creutzfeldt-Jakob disease. Lancet. 1995;345(8965):1609–10.

[62] Jimi T, Wakayama Y, Shibuya S, et al. High levels of nervous system-specific proteins in cerebrospinal fluid in patients with early stage Creutzfeldt-Jakob disease. Clin Chim Acta. 1992;211(1–2):37–46.

[63] Ross SA, Cunningham RT, Johnston CF, Rowlands BJ. Neuron-specific enolase as an aid to outcome prediction in head injury. Br J Neurosurg. 1996;10(5):471–6.

[64] Mokuno K, Kiyosawa K, Sugimura K, et al. Prognostic value of cerebrospinal fluid neuron-specific enolase and S-100b protein in Guillain-Barré syndrome. Acta Neurol Scand. 1994;89(1):27–30.

[65] Correale J, Rabinowicz AL, Heck CN, Smith TD, Loskota WJ, DeGiorgio CM. Status epilepticus increases CSF levels of neuron-specific enolase and alters the blood-brain barrier. Neurology. 1998;50(5):1388–91.

[66] Sulkava R, Viinikka L, Erkinjuntti T, Roine R. Cerebrospinal fluid neuron-specific enolase is decreased in multi-infarct dementia, but unchanged in Alzheimer's disease. J Neurol Neurosurg Psychiatry. 1988;51(4):549–51.

[67] Roine RO, Somer H, Kaste M, Viinikka L, Karonen SL. Neurological outcome after out-of-hospital cardiac arrest. Prediction by cerebrospinal fluid enzyme analysis. Arch Neurol. 1989;46(7):753–6.

[68] Persson L, Hårdemark HG, Gustafsson Jet al. S-100 protein and neuron-specific enolase in cerebrospinal fluid and serum: markers of cell damage in human central nervous system. Stroke. 1987;18(5):911–8.

[69] Kohnken R, Buerger K, Zinkowski R, et al. Detection of tau phosphorylated at threonine 231 in cerebrospinal fluid of Alzheimer's disease patients. Neurosci Lett. 2000;287(3):187–90.

[70] Kornelisse RF, Hack CE, Savelkoul HF, et al. Intrathecal production of interleukin-12 and gamma interferon in patients with bacterial meningitis. Infect Immun. 1997;65(3):877–81.

[71] Kraus J, Oschmann P, Leis S, Neundörfer B, Heckmann JG. High concentrations of sVCAM-1 and sICAM-1 in the cerebrospinal fluid of patients with intracerebral haemorrhage are associated with poor outcome. J Neurol Neurosurg Psychiatry. 2002;73(3):346–7.

[72] Lewczuk P, Esselmann H, Bibl M, et al. Tau protein phosphorylated at threonine 181 in CSF as a neurochemical biomarker in Alzheimer's disease: original data and review of the literature. J Mol Neurosci. 2004;23(1–2):115–22.
[73] Lieberman J, Beutler E. Elevation of serum angiotensin-converting enzyme in Gaucher's disease. N Engl J Med. 1976;294(26):1442–4.
[74] Akin M, Garcheva V, Sieweke JT, et al. Neuromarkers and neurological outcome in out-of-hospital cardiac arrest patients treated with therapeutic hypothermia-experience from the HAnnover COoling REgistry (HACORE). PLoS One. 2021;16(1):e0245210.
[75] van Engelen BG, Lamers KJ, Gabreels FJ, et al. Age-related changes of neuron-specific enolase, S-100 protein, and myelin basic protein concentrations in cerebrospinal fluid. Clin Chem. 1992;38(6):813–6.
[76] Jacobi C, Reiber H. Clinical relevance of increased neuron-specific enolase concentration in cerebrospinal fluid. Clin Chim Acta. 1988;177(1):49–54.
[77] Lima JE, Takayanagui OM, Garcia LV, Leite JP. Use of neuron-specific enolase for assessing the severity and outcome in patients with neurological disorders. Braz J Med Biol Res. 2004;37(1):19–26.
[78] Beelen NA, Twijnstra A, van de Pol M, Menheere PP. Neuron-specific enolase in cerebrospinal fluid of patients with metastatic and non-metastatic neurological disease. Eur J Cancer. 1993;29 A(2):193–5.
[79] Nygaard O, Langbakk B, Romner B. Neuron-specific enolase concentrations in serum and cerebrospinal fluid in patients with no previous history of neurological disorder. Scand J Clin Lab Invest. 1998;58(3):183–6.
[80] Braga F, Ferraro S, Mozzi R, Dolci A, Panteghini M. Biological variation of neuroendocrine tumor markers chromogranin A and neuron-specific enolase. Clin Biochem. 2013;46(1–2):148–51.
[81] Donato R. S100: a multigenic family of calcium-modulated proteins of the EF-hand type with intracellular and extracellular functional roles. Int J Biochem Cell Biol. 2001;33(7):637–68.
[82] Jackson RG, Sales KM, Samra GS, Strunin L. Extra cranial sources of S100B. Br J Anaesth. 2001;86(4):601.
[83] Steiner J, Bernstein HG, Bielau H, et al. Evidence for a wide extra-astrocytic distribution of S100B in human brain. BMC Neurosci. 2007;8:2.
[84] Donadio C, Lucchesi A, Ardini M, Donadio E, Giordani R. Serum levels of beta-trace protein and glomerular filtration rate—preliminary results. J Pharm Biomed Anal. 2003;32(4–5):1099–104.
[85] Sen J, Belli A. S100B in neuropathologic states: the CRP of the brain? J Neurosci Res. 2007;85(7):1373–80.
[86] Otto M, Wiltfang J, Schütz Eet al. Diagnosis of Creutzfeldt-Jakob disease by measurement of S100 protein in serum: prospective case-control study. BMJ. 1998;316(7131):577–82.
[87] Heizmann CW. S100B protein in clinical diagnostics: assay specificity. Clin Chem. 2004;50(1):249–51.
[88] Schulte S, Podlog LW, Hamson-Utley JJ, Strathmann FG, Strüder HK. A systematic review of the biomarker S100B: implications for sport-related concussion management. J Athl Train. 2014;49(6):830–50.
[89] Undén J, Bellner J, Eneroth M, et al. Raised serum S100B levels after acute bone fractures without cerebral injury. J Trauma. 2005;58(1):59–61.
[90] Kleindienst A, Ross Bullock M. A critical analysis of the role of the neurotrophic protein S100B in acute brain injury. J Neurotrauma. 2006;23(8):1185–200.
[91] Arrer E, Meco C, Oberascher G, et al. beta-Trace protein as a marker for cerebrospinal fluid rhinorrhea. Clin Chem. 2002;48(6 Pt 1):939–41.
[92] Melegos DN, Freedman MS, Diamandis EP. Prostaglandin D synthase concentration in cerebrospinal fluid and serum of patients with neurological disorders. Prostaglandins. 1997;54(1):463–74.
[93] Hayaishi O, Matsumura H, Urade Y. Prostaglandin D synthase is the key enzyme in the promotion of physiological sleep. J Lipid Mediat. 1993;6(1–3):429–31.
[94] McArthur J, Hill J, Paech MJ, et al. Cerebrospinal fluid and serum concentrations of beta-trace protein during pregnancy. Anaesthesia. 2005;60(2):163–7.
[95] Link H, Olsson JE. Beta-trace protein concentration in CSF in neurological disorders. Acta Neurol Scand. 1972;48(1):57–68.
[96] Mase M, Yamada K, Iwata A, et al. Acute and transient increase of lipocalin-type prostaglandin D synthase (beta-trace) level in cerebrospinal fluid of patients with aneurysmal subarachnoid hemorrhage. Neurosci Lett. 1999;270(3):188–90.
[97] Tumani H, Nau R, Felgenhauer K. Beta-trace protein in cerebrospinal fluid: a blood-CSF barrier-related evaluation in neurological diseases. Ann Neurol. 1998;44(6):882–9.
[98] Saso L, Leone MG, Sorrentino C, et al. Quantification of prostaglandin D synthetase in cerebrospinal fluid: a potential marker for brain tumor. Biochem Mol Biol Int. 1998;46(4):643–56.

[99] Tumani H, Reiber H, Nau R, et al. Beta-trace protein concentration in cerebrospinal fluid is decreased in patients with bacterial meningitis. Neurosci Lett. 1998;242(1):5–8.

[100] Rajagopal MU, Hathout Y, MacDonald TJ, et al. Proteomic profiling of cerebrospinal fluid identifies prostaglandin D2 synthase as a putative biomarker for pediatric medulloblastoma: A pediatric brain tumor consortium study. Proteomics. 2011;11(5):935–43.

[101] Yamashima T, Sakuda K, Tohma Y, et al. Prostaglandin D synthase (beta-trace) in human arachnoid and meningioma cells: roles as a cell marker or in cerebrospinal fluid absorption, tumorigenesis, and calcification process. J Neurosci. 1997;17(7):2376–82.

[102] Hoffmann A, Nimtz M, Conradt HS. Molecular characterization of beta-trace protein in human serum and urine: a potential diagnostic marker for renal diseases. Glycobiology. 1997;7(4):499–506.

[103] Melegos DN, Grass L, Pierratos A, Diamandis EP. Highly elevated levels of prostaglandin D synthase in the serum of patients with renal failure. Urology. 1999;53(1):32–7.

[104] Ebert N, Koep C, Schwarz K, et al. Beta Trace Protein does not outperform Creatinine and Cystatin C in estimating Glomerular Filtration Rate in Older Adults. Sci Rep. 2017;7(1):12656.

[105] Petereit HF, Bachmann G, Nekic M, Althaus H, Pukrop R. A new nephelometric assay for beta-trace protein (prostaglandin D synthase) as an indicator of liquorrhoea. J Neurol Neurosurg Psychiatry. 2001;71(3):347–51.

[106] Reiber H, Walther K, Althaus H. Beta-trace protein as sensitive marker for CSF rhinorhea and CSF otorhea. Acta Neurol Scand. 2003;108(5):359–62.

[107] Mase M, Yamada K, Shimazu N, et al. Lipocalin-type prostaglandin D synthase (beta-trace) in cerebrospinal fluid: a useful marker for the diagnosis of normal pressure hydrocephalus. Neurosci Res. 2003;47(4):455–9.

[108] Felgenhauer K, Schädlich HJ, Nekic M. Beta trace-protein as marker for cerebrospinal fluid fistula. Klin Wochenschr. 1987;65(16):764–8.

[109] Melegos DN, Diamandis EP, Oda H, Urade Y, Hayaishi O. Immunofluorometric assay of prostaglandin D synthase in human tissue extracts and fluids. Clin Chem.1996;42(12):1984–91.

[110] Bernasconi L, Pötzl T, Steuer C, et al. Retrospective validation of a β-trace protein interpretation algorithm for the diagnosis of cerebrospinal fluid leakage. Clin Chem Lab Med. 2017;55(4):554–60.

B.5 Molekularbiologische Methoden in der Liquordiagnostik

Andrea Harrer, Georg Pilz, Simon Hametner

5.1 Einleitung

Eine bedeutende Dynamik in der Entwicklung von Untersuchungsmethoden seit der Zweitauflage dieses Buches 2005 erlebte die Molekularbiologie und somit auch die molekulare Diagnostik. Entsprechend groß ist auch die Bandbreite zwischen kommerziell erhältlichen CE-IVD-zertifizierten molekularen Tests der Routinediagnostik (z. B. diverse PCR-Assays), molekularen Spezialuntersuchungen in Referenzlabors (z. B. RT-QuIC) und „High-throughput/-omics“-Technologien der klinischen Forschung auf dem Weg zur „Präzisionsmedizin“.

Bevor sich dieses Kapitel daher dem Spezialbereich der molekularen Liquordiagnostik zuwendet, folgt hier zum besseren Verständnis ein einleitender Streifzug von den Anfängen zum derzeitigen State-of-the-Art molekularbiologischer Untersuchungsmethoden.

5.1.1 Definition und Entwicklung molekularbiologischer Methoden

Molekularbiologische Methoden – was genau ist das? Historisch betrachtet nahm die Entwicklung der molekularen Biologie ihren Ausgang mit der Strukturaufklärung der DNA-Doppelhelix durch James Watson und Francis Crick, 1953 publiziert [1,2], und der Auflösung der Grundzüge des genetischen Codes 1965 [3]. Mit dem Wissen, wie der Informationsfluss von DNA über die Transkription zur RNA und Translation zum Protein von statten ging, war auch die molekulare Biologie als solche etabliert.

Die Molekularbiologie widmet sich also der Struktur, Funktion und Biosynthese von Makromolekülen, im Speziellen der DNA, unserem Erbgut in Form einer Doppelhelix, der RNA, die durch den Vorgang der Transkription von der DNA abgelesen wird und als Einfachhelix für die Informationsübertragung vom Gen zum Protein fungiert, und deren Interaktion mit Proteinen. Entsprechend vielfältig ist das Methodenspektrum, welches bis zum Ende der sechziger Jahre auf klassischen biophysikalischen, biochemischen und genetischen Verfahren basierte.

Die Entwicklung rekombinanter DNA-Technologien Anfang der siebziger Jahre leitete mit der Verwendung neuartiger „Werkzeuge“ einen radikalen Wandel mit völlig neuen Wegen ein (Ref. Hans-Jörg Rheinberg. Kurze Geschichte der Molekularbiologie. Preprint 24 [mpg.de]). Bei diesen neuen, molekularen Werkzeugen handelte es sich um Restriktionsenzyme, Polymerasen, Plasmide, Vektoren und Bruchstücken von DNA und RNA. Diese aus Organismen/Zellen gewonnenen oder in vitro hergestellten Makromoleküle fungieren als Schere, Nadel und Träger, mit denen Gene geschnitten, gespleißt beziehungsweise transportiert werden können. Die Konstruktion eines ersten Plasmids, mit dem die DNA eines fremden Genoms in Bakterien übertragen werden konnte [4], kann somit als Startschuss des „genetic engineering“ bezeichnet werden. Diese Entwicklung mündete in der biotechnologischen Revolution des CRISPR/Cas- Verfahrens, dieser sogenannten „Genschere“ für punktgenaue Genom-Editierung („Genomchirurgie“), für welche die beiden Molekularbiologinnen Emmanuelle Charpentier und Jennifer Doudna 2020 den Chemie-Nobelpreis erhielten [5].

https://doi.org/10.1515/9783110331905-016

Ähnlich dynamisch entwickelte sich die molekulare Diagnostik, deren Startschuss zehn Jahre später auf einer Welle technischer Innovationen der 80er Jahre beruhte, zu denen die Automatisierung des von Maxam-Gilbert und Sanger entwickelten Sequenzierens [6,7] und die Entwicklung der Polymerase-Kettenreaktion (Polymerase chain reaction, PCR) gehörte [8]. Heute sind automatisierte und hoch durchsatzfähige Technologien des Amplifizierens, Detektierens und Sequenzierens wie multiplex Real-time PCR, Next Generation Sequencing (NGS), oder digital PCR kommerziell verfügbar, und finden breite Anwendung in klinischer Diagnostik und Forschung.

5.1.2 Anwendungsbereiche in der Liquordiagnostik

Etablierte Anwendungsbereiche molekularer Untersuchungsmethoden sind gemäß der derzeit aktuellen Leitlinien für Lumbalpunktion und Liquordiagnostik (Version 3 vom 25.07.2019; https://dgn.org/leitlinien/ll-030-141-lumbalpunktion-und-liquordiagnostik-2019/) und der CDC's Diagnostic Criteria for Creutzfeldt-Jakob Disease (CJD, deutsch Creutzfeldt-Jakob-Krankheit, CJK), 2018 (https://www.cdc.gov/creutzfeldt-jakob/hcp/infection-control/index.html) primär die Realtime PCR in der Erregerdiagnostik bei Neuroinfektion und die Real-Time quaking-induced conversion (RT-QuIC) bei Verdacht auf sporadische CJK [9–11] (siehe **Kap. C.1.4.2**). Während die Realtime-PCR vor mehr als 20 Jahren ihren Siegeszug als wichtige labordiagnostische Technologie startete und in der Routinediagnostik breite Verwendung findet, gehört der RT-QuIC erst seit Anfang 2017 zu den Diagnoserichtlinien des CJK International Surveillance Networks (vormals EuroCJD) und wird in spezialisierten Labors durchgeführt.

Die einst vielversprechende PCR-basierte Fragmentanalyse der complementarity determining region (CDR)3-Region des B-Zell-Rezeptors hat sich im Liquor gegenüber der durchflusszytometrischen Untersuchung des Leichtkettenverhältnisses bei Verdacht auf B-Zell-Lymphom (als häufigste hämato-onkologische ZNS-Erkrankung) nicht durchgesetzt.

Dafür entwickelt sich gerade ein neuer Anwendungsbereich in der Neuroonkologie durch die Untersuchung von Liquor als Liquid Biopsy. Wie der Name bereits impliziert, handelt es sich bei einer Liquid Biopsy um flüssiges Probenmaterial (z. B. Blut, Harn, Liquor), um zirkulierende genetische Information aus dem Gewebe zu gewinnen. Möglich wurde dies durch sich die Erkenntnis, dass zellfreie DNA (cell-free DNA, cfDNA) im Blut zirkuliert, was auch für Tumor-DNA zutrifft (circulating tumor DNA, ctDNA) [12]. Mittlerweile werden auch zellfreie mitochondriale Tumor-RNA (cfmiRNA) und Exosomen intensiv beforscht [13]. Mit der rasanten Entwicklung und Verbreitung entsprechender molekularer high-end-Technologien diese nachweisen zu können, insbesondere der digitalen PCR und NGS, bedeutet die Untersuchung der Liquor-ctDNA eine vielversprechende nicht-invasive Option für Diagnostik, Prognose, Therapieansprechen und Verlaufskontrolle onkologischer ZNS-Erkrankungen. Allerdings sei erwähnt, dass, auch wenn bereits sogenannte Liquid Biopsy NGS-Panels am Markt erhältlich sind, eine hohe Expertise, ausreichende Mengen hoch gereinigter DNA sowie einheitliche Qualitätssicherungsstandards Voraussetzung für solide Daten und somit eine zukünftige Etablierung in die klinische Liquordiagnostik sind. Wichtige Einflussfaktoren für die Detektion von Liquor-ctDNA sind die Lokalisation eines Tumors im ZNS, etwaige Einkapselung im ZNS-Parenchym, sowie geringer Differenzierungsgrad [14]. Die größten Mengen an Liquor-ctDNA finden sich bei leptomeningealen Metastasen [15].

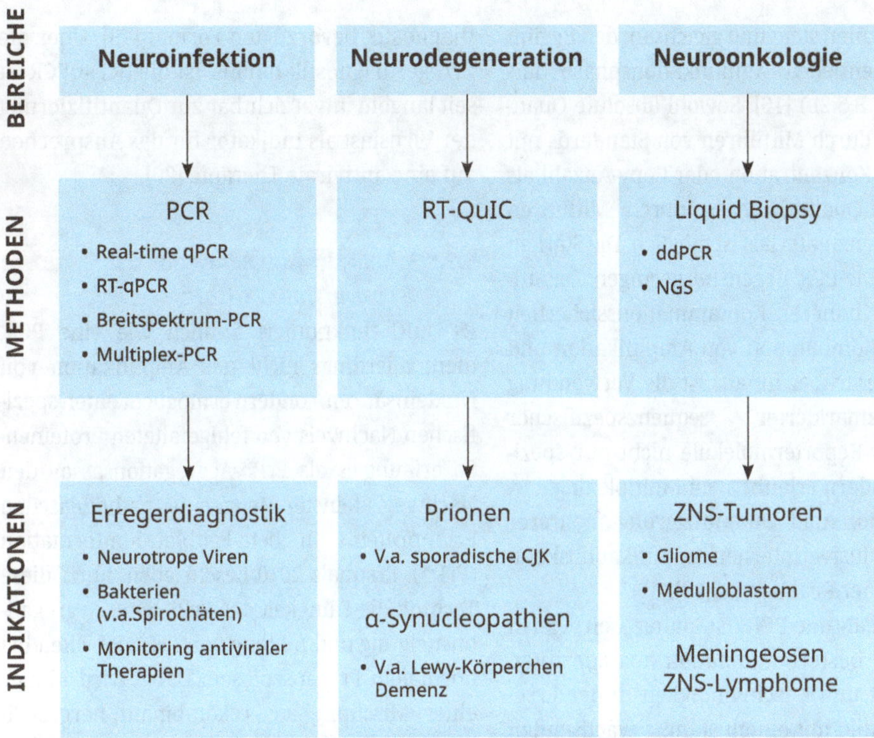

Abb. B.5.1: Schematische Darstellung der wichtigsten klinischen Bereiche, Methoden und Indikationen für molekulare Liquordiagnostik. Abkürzungen: ddPCR, digital-droplet PCR; NGS, Next-Generation Sequencing; PCR, Polymerase-Kettenreaktion; RT-qPCR, reverse Transkriptase quantitative PCR; CJK, Creutzfeldt-Jakob-Krankheit; ZNS, zentrales Nervensystem.

5.1.3 Die wichtigsten Methoden im Überblick

5.1.3.1 Real-time PCR

Neuroinfektion, Neurodegeneration und Neuroonkologie sind drei Hauptbereiche für die Verwendung molekularer Methoden (Abb. B.5.1). Bei der Real-time PCR (alias quantitative PCR, qPCR) wird über Zugabe von fluoreszierenden Reportermolekülen (spezifisch an doppelsträngige DNA-bindende Farbstoffe oder fluorophormarkierte seqenzspezifische Sonden) die Amplifikation spezifischer DNA-Fragmente in Echtzeit sichtbar gemacht und erlaubt auch deren Quantifizierung anhand des Fluoreszenzsignalanstiegs während der exponentiellen Amplifikationsphase. Der Ablauf gleicht dem der konventionellen PCR, benötigt neben den Fluoreszenzreportern die üblichen Reagenzien – sequenzspezifische Primer, DNA-Polymerase, Nukleotide, spezielle Ionen und natürlich das DNA-Template – und besteht aus den drei Schritten: 1) Aufheizen, um die doppelsträngige DNA zu denaturieren, 2) Kühlen, damit die Primer spezifisch binden können, und 3) DNA-Synthese mittels einer thermostabilen Polymerase. Diese drei Schritte bilden einen Zyklus, der so oft wiederholt wird, bis ausreichend DNA-Moleküle amplifiziert wurden (Abb. B.5.2). Derjenige Zyklus, bei dem sich das Fluoreszenzsignal vom Hintergrundrauschen abzuheben beginnt, beschreibt den Cycle threshold (Ct)-Wert, der in einem proportionalen Verhältnis zur initialen Anzahl an DNA-Template Molekülen steht und gleichsam den Beginn der exponentiellen Amplifikationsphase darstellt (Abb. B.5.2b) [16]. Sowohl absolute Quantifizierung durch Mitführen von Standards mit bekannter Konzentration oder Copy-Anzahl als auch Semi-Quantifizierung durch Mitführen eines Referenzmaterials ist möglich. Die Stärken der Real-time-PCR liegen im geringen Zeitaufwand und höherer Kontaminationssicherheit durch die Kombination von Amplifikation und Detektion. Darüber hinaus ist die Verwendung fluoreszenzmarkierter sequenzspezifischer Sonden als Reportermoleküle nicht nur spezifischer, sondern erlaubt auch Multiplexing, i. e. die Detektion und Quantifizierung mehrerer Targets inklusive interner Amplifikationskontrollen in einer Reaktion [17,18].

Die Real-time-PCR ist daher seit vielen Jahren die beste Kombination aus Spezifität, Sensitivität und Geschwindigkeit in der Erregerdiagnostik, mit einem ständig wachsenden Repertoire an Detektions- und Hochdurchsatz-Plattformen. Durch die zunehmende Verfügbarkeit von Sequenzdaten kann für so gut wie jeden Mikroorganismus ein qPCR-Assay entwickelt werden. Die Spezifität wird durch Primer und fluoreszenz-markierter Sonden (z. B. sogenannte fluorescence resonance energy transfer (FRET) Hybridization-Probes), die spezifische Sequenzen des viralen oder bakteriellen Genoms erkennen, sichergestellt [16]. Eine Schmelzkurven-Analyse nach der Amplifikation erlaubt zusätzlich eine Differenzierung von Genotypen wie zum Beispiel zwischen den beiden Herpes Simplex Viren (HSV)-1 und HSV-2 (Abb. B.5.2c). Im Falle von RNA-Viren geht der Amplifikation eine reverse Transkription (RT-PCR) voraus, bei der die virale RNA vor der Amplifikation in eine komplementäre DNA (cDNA) umgeschrieben wird. Dies kann in der gleichen Reaktion mit der eigentlichen PCR stattfinden, der sogenannten One-Step-RT-qPCR, dem in der molekularen Diagnostik bevorzugten Format [19]. Über die Erregerdiagnostik hinaus, ist die (RT)-qPCR ist seit langem unverzichtbar zur Quantifizierung der Viruslast als Indikator für das Ansprechen auf eine antivirale Therapie [20].

5.1.3.2 Real-time quaking-induced conversion (RT-QuIC)

RT-QuIC funktioniert ähnlich wie eine PCR, dient allerdings nicht der Amplifikation von Nukleinsäuren, sondern ermöglicht einen spezifischen Nachweis von fehlgefalteten Proteinen. So erlaubt es als PrP^{Sc}-Aggregationsassay den Nachweis kleinster Mengen des pathologischen Prionproteins in beta-Faltblatt-Konformation (PrP^{Sc}). Erstmals 2010 beschrieben, nutzt diese Technik die Fähigkeit des PrP^{Sc}, eine Aggregationsneigung und Bildung von PrP^{Sc}-Fibrillen bei normalem PrP auszulösen. Dabei wird Liquor einer Mischung aus rekombinant hergestelltem PrP (rPrP) und dem Fluorophor Thioflavin T zugefügt. Im Liquor vorhandenes PrP^{Sc} kann somit an rPrP binden und dessen Umfaltung induzieren (Abb. B.5.3). Dieser Prozess hat eine Verzögerungszeit („Lag-time") von bis zu 30 Stunden, ist bis dahin allerdings so weit fortgeschritten, dass es zur Bildung von Aggregaten kommt, die wiederum Thioflavin T binden, wodurch die Reaktion sichtbar wird und in Echtzeit mitverfolgt werden kann. Die derzeitige Sensitivität und Spezifität liegen gemäß der UK National CJD Research & Surveillance Unit bei 92 % und 99 %. Allerdings ist die RT-QuIC störanfällig bei Liquor-Pleozytose, artifizieller Blutbeimengung und erhöhtem Totalprotein. Es wird daher empfohlen, nur klaren und farblosen Liquor mit weniger als 10 Zellen/µl und weniger als 100 mg/dl Totalprotein mittels RT-QuIC zu untersuchen [11]. Dafür erweist sich das PrP^{Sc} als relativ stabil, da weder Lagerung von Liquor bei Raumtemperatur oder bei 4° C bis zu acht Tagen noch wiederholtes Auftauen RT-QuIC Ergebnisse beeinflusst hat [21].

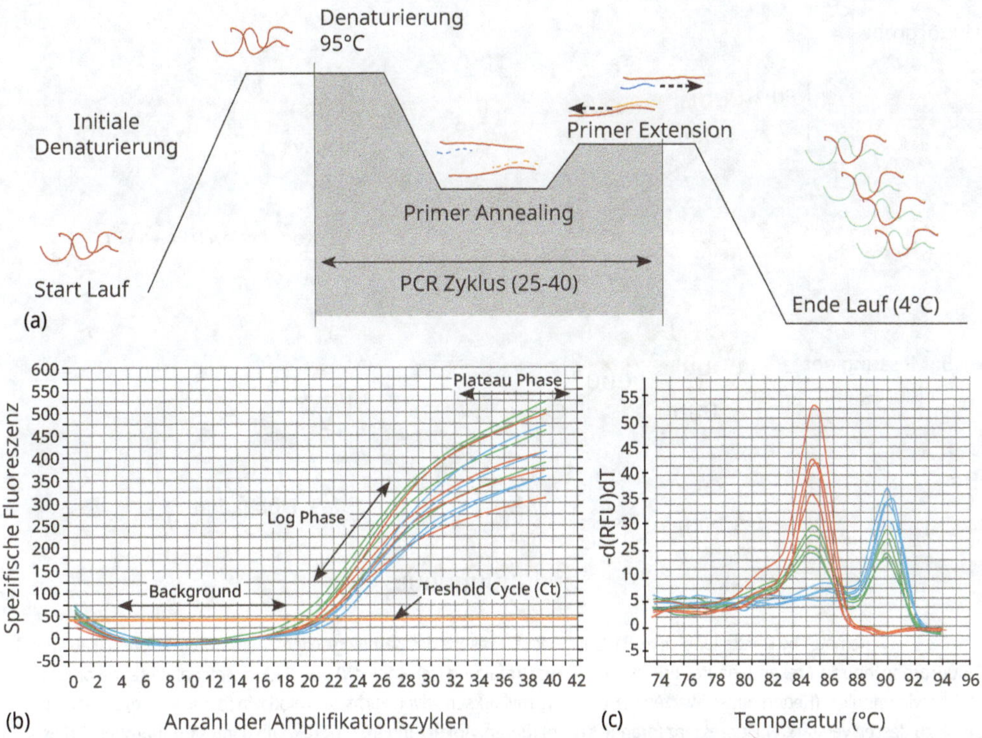

Abb. B.5.2: Die Polymerase-Kettenreaktion. Schematische Darstellung eines konventionellen PCR-Laufs (a) und exemplarische Real-time PCR Ergebniskurven einer Amplifikation (b) und Schmelzkurvenanalyse (c).

5.1.3.3 Liquid Biopsy

Generell besteht zellfreie DNA (cfDNA) aus 70–200 bp langen DNA-Fragmenten, die von apoptotischen und nekrotischen Zellen freigesetzt werden und in diversen Körperflüssigkeiten nachgewiesen werden können [22]. Ähnliches ist der Fall bei der ctDNA, die von apoptotischen, nekrotischen sowie zirkulierenden Tumorzellen stammt, und anteilsmäßig zwischen 0,01 % und 80 % der cfDNA ausmachen kann. Je größer das Hintergrundrauschen durch cfDNA, desto schwieriger wird der Nachweis von ctDNA. So gelingt zum Beispiel bei Gliomen der Nachweis von ctDNA aus dem Plasma in weniger als 10 % der Fälle [23], was wiederum die Untersuchung von Liquor-ctDNA als vielversprechenderen diagnostischen, prognostischen und prediktiven Biomarker sowohl primärer als auch sekundärer, solider als auch hämato-onkologischer ZNS-Tumoren antreibt.

Die derzeit am häufigsten verwendeten Methoden zur Analyse von ctDNA basieren auf der digital droplet PCR (ddPCR) und NGS und stehen jeweils für einen der beiden Hauptzugangsweisen (Abb. B.5.4), die da sind: i) der sogenannte „targeted approach“ zum gezielten Nachweis bekannter Punktmutation mittels PCR-basierter Technologien, und ii) der „untargeted approach“, bei dem das gesamte Genom (whole-genome sequencing, WGS) oder genomische „regions of interest“ der ctDNA mittels NGS untersucht werden, um neue Mutationen oder genomische Aberrationen zu identifizieren [14].

Die digitale oder droplet digital PCR (ddPCR) ist eine wichtige Weiterentwicklung der PCR in Richtung „single molecule“ Technologie. Das

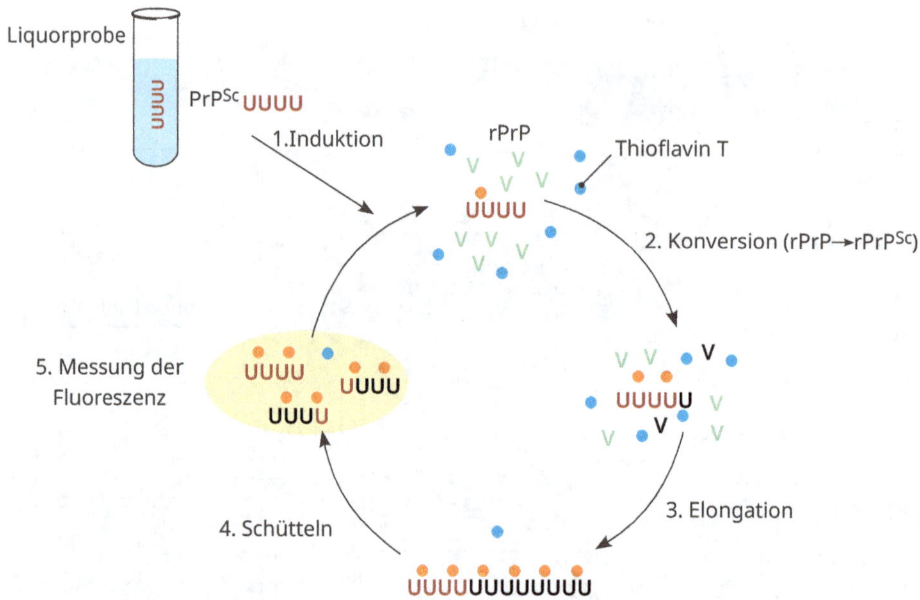

Abb. B.5.3: Schematische Darstellung eines RT-QuIC Zyklus. Präsenz des pathologischen Prion-Proteins (rotes U) aus der Liquorprobe induziert rekombinantes PrP (grünes V) zur Umfaltung (schwarzes V) und Bildung fehlgefalteter rekombinanter PrP-Amyloidfibrillen (Ketten mit schwarzem U), die den Amyloid-sensitiven Farbstoff Thioflavin (blaue Kreise) binden und somit zu dessen verstärkter Fluoreszenz (orange Kreise) führen. Abkürzungen: rPrP, rekombinantes Prionprotein; PrPSc, pathologisches Prionprotein. Mit freundlicher Genehmigung von Priv.-Doz. Mag. Dr. Günther Regelsberger, Abteilung für Neuropathologie und Neurochemie, Universitätsklinik für Neurologie, Medizinische Universität Wien.

bedeutet, dass die Probe so eingebracht wird, dass jedes Molekül einzeln untersucht und somit auch sehr seltene Transkripte, somatische Varianten, Copy Number Variationen etc. detektiert und quantifiziert werden können. Dabei wird basierend auf der "water emulsion droplet technology" der PCR-Reaktionsansatz (DNA-Template, Primer, Fluoreszenzreporter, Polymerase . . .) in 20.000 Droplets (Tröpfchen) fraktioniert, die entweder einzelne oder keine Target-Moleküle enthalten. Nach der Amplifikation werden die Droplets, die eine Target-Sequenz enthalten, ähnlich der Real-time-PCR durch die Zunahme an Fluoreszenz detektiert, und die Droplets ohne Fluoreszenz werden als negativ erfasst. Eine statistische Analyse der Anzahl positiver und negativer Droplets nach Poisson bildet die Grundlage für die absolute Quantifizierung der Target-Sequenz (Introduction to Digital PCR | LSR | Bio-Rad; https://tinyurl.com/f67tjs94). Mit diesem Hintergrundwissen wird auch klar, warum die ddPCR so extrem sensitiv und somit hochgeeignet für die Untersuchung von ctDNA ist. Der Begriff „Targeted Approach" steht für sequenz-spezifische Amplifikation und Detektion und setzt entsprechende Kenntnisse über den zugrundeliegenden Tumor sowie definierte Fragestellungen voraus.

Im Gegensatz dazu liefert Next Generation Sequencing (NGS) Sequenz-Information, benötigt nicht obligat Kenntnis über spezifische Mutationen und kann somit genomische Veränderungen identifizieren. Das ist hochrelevant, da die Halbwertszeit von ctDNA mit weniger als 1,5 h [24] sehr kurz ist, und NGS somit Einblicke in die Dynamik der Tumorevolution, insbesondere tumor-spezifische genetische oder auch epigenetische Veränderungen ermöglicht.

Ein Hauptproblem für klinische Anwendungen von NGS ist, dass je umfassender die Panels sind, desto mehr DNA wird benötigt, und je höher die Sensitivität durch „genomic coverage" sein soll, desto höher werden auch die Kosten. Was ctDNA betrifft, so beginnt die Problematik damit, dass die Detektierbarkeit im Blut von der Tumorgröße abhängt und zumeist nur in sehr geringer Menge im Blut vorkommt [23,25]. Aus diesem Grund gibt es auch bereits speziell für die Untersuchung von ctDNA entwickelte cfDNA Isolierungs-Kits und NGS-basiete Detektionsmethoden, wie zum Beispiel Safe-Seq (safe sequencing system), Tam-Seq (tagged amplicon deep sequencing), oder Ampli-Seq. Diese dienen der Herstellung sogenannter Amplicon Libraries, das ist die Gesamtheit der in der Probe mittels PCR detektierter und vervielfältigter (amplifizierter) Target-DNA-Fragmente (Amplicons), um ausreichend Templates (Ziel-DNA-Sequenzen) für die darauffolgende Sequenzierungsreaktion zur Verfügung zu haben [14]. Die Amplicons können darüber hinaus durch molekulares Labeling (respektive Barcoding) markiert werden, sodass mehrere unterschiedliche Proben gepoolt und in einem Lauf sequenziert werden können.

Zusammengefasst sind die wichtigsten Schritte für eine Untersuchung von cfDNA mittels NGS somit i) Aufreinigung von cfDNA, ii) Herstellung einer Amplicon Library durch Amplifikation und molekularen Labeling von in der cfDNA enthaltener ctDNA-Molekülen mittels real-time-PCR, multiplex PCR oder ddPCR, iii) targeted Sequenzierung durch eine NGS-Plattform, und iv) bioinformatische Analyse.

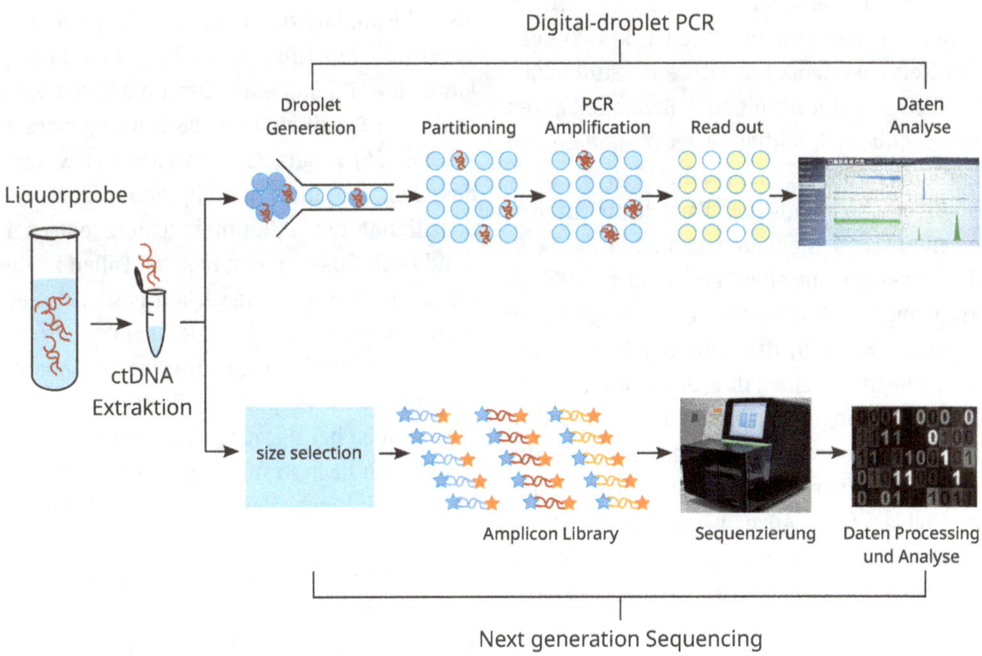

Abb. B.5.4: Schematische Darstellung der Abläufe der Untersuchung von Liquor ct-DNA mittels digital droplet PCR und Next Generation Sequencing (NGS).

5.2 Rolle der PCR in der Liquordiagnostik bei Neuroinfektionen

Die PCR aus dem Liquor cerebrospinalis ist die wichtigste molekularbiologische Methode zum Nachweis von Krankheitserregern bei Infektionen des zentralen Nervensystems. Prinzipiell kann mit der PCR eine Vielzahl an Viren, Bakterien und auch Pilzen detektiert werden. Da die Inzidenz viraler ZNS-Infektionen in gemäßigten Breiten mit 1,5–7 Fällen/100.000 deutlich höher als die der bakteriellen Meningitis ist [26], und weil bei bakteriellen Infektionen ein direkter Erregernachweis mittels Kultur zu bevorzugen ist, wird das PCR-Verfahren hauptsächlich zum Nachweis von viralen Krankheitserregern eingesetzt.

Bei der Herangehensweise zur Erregerdiagnostik von entzündlichen Erkrankungen des Nervensystems hat sich eine Stufendiagnostik nach Häufigkeit und Behandelbarkeit unter Mitberücksichtigung der Anamnese und der Vorerkrankungen, bewährt [27].

Trotz beträchtlicher Fortschritte in den diagnostischen Methoden kann bei 34–74 % der Patienten mit einer entzündliche ZNS-Erkrankung kein Krankheiterreger nachgewiesen werden [28,27]. In den letzten Jahren wurde zunehmend evidenter, dass auch autoimmunologische bedingte Enzephalitiden von Bedeutung sind. Sie verursachen ca. 10–20 % der bisher ungeklärten enzephalitischen Krankheitsbilder [29]. Auch wenn die Detektion mancher Krankheitserreger keine Behandlungskonsequenz hat, ist es wichtig diese nachzuweisen. Damit kann die Dauer von unnötigen antimikrobiellen Behandlungen, die Dauer des Krankenhausaufenthaltes und die Anzahl von Zusatzuntersuchungen reduziert werden [30–32]. Im Folgenden werden einige Anwendungsbeispiele dieser PCR-Verfahren im Detail dargestellt. In Anlehnung an die Stufendiagnostik werden im ersten Teil häufige und behandlungsrelevante Krankheitserreger besprochen. Im zweiten Teil werden kurz die PCR-Verfahren zum Nachweis von einigen seltenen Viren, Bakterien und Pilzen besprochen.

5.2.1 PCR-Nachweis häufiger Krankheitserreger von Neuroinfektionen

Herpes simplex Virus (HSV) Typ 1

HSV1 ist der häufigste Erreger einer sporadischen fokalen Enzephalitis [33]. Durch die Behandlung mit Aciclovir wurde die Letalität der Herpes simplex Enzephalitis (HSE) von 70 % auf 19–28 % gesenkt [34]. Entscheidend für eine adäquate Behandlung ist eine schnelle und sicher Diagnosestellung. Die PCR hat sich als Goldstandart zum Nachweis einer HSE etabliert [35]. Mit Hilfe der PCR aus dem Liquor kann eine HSE mit einer Sensitivität von 99 % und einer Spezifizität von 96 % nachgewiesen werden [36]. Zusätzlich ist es wichtig zu wissen, dass der Zeitpunkt der Liquorentnahme die Sensitivität der PCR-Untersuchung entscheidend beeinflusst. In den meisten Fällen ist die PCR früh im Krankheitsverlauf positiv (Innerhalb der ersten 24 h), und bleibt während der ersten Woche auch unter einer Behandlung mit Aciclovir positiv [37]. In Einzelfällen wurde aber bei negativer PCR innerhalb der ersten 72 h nach Krankheitsbeginn im Verlauf dann doch noch Herpes Simplex Virus im Liquor nachgewiesen [38]. Daher ist es essenziell, bei Patienten mit typischen klinischen Beschwerden, und passenden bildgebenden Veränderungen im MRT, eine Behandlung mit Aciclovir trotz initial negativem PCR-Ergebnis fortzuführen.

Zur Durchführung der meisten HSV PCR-Tests werden 0,5–1 ml nicht zentrifugierter Liquor benötigt. HSV-DNA bleibt im Liquor über 30 Tage weitgehend stabil nachweisbar, und zwar unabhängig davon, ob die Probe bei Raumtemperatur, im Kühlschrank, oder eingefroren gelagert wurde [39].

Varizella zoster Virus (VZV)

VZV bleibt nach der Erstinfektion in Form von Windpocken, latent lebenslang in den Ganglien persistierend [40]. Jahre später kann eine Reaktivierung des Virus unterschiedliche neurologische Syndrome, wie z. B. eine Radikulitis, Meningitis, Enzephalitis oder Myelitis verursachen. VZV-Reaktivierung ist eine der häufigsten Ursachen für entzündliche neurologische Erkrankungen, und VZV ist der am zweithäufigsten nachgewiesene Virus bei Meningoenzephalitiden [29]. Die PCR-Untersuchung hat maßgeblich dazu beigetragen, das breite Spektrum der durch VZV ausgelösten neurologischen Krankheitsbilder zu definieren, insbesondere wenn die Beschwerden nicht von dem typischen Hautausschlag begleitet werden [41]. Die Sensitivität der PCR zum Nachweis von VZV hängt einerseits vom Untersuchungszeitpunkt, anderseits sehr von der klinischen Manifestation ab. Bei Befall des zentralen Nervensystems, wie bei einer Meningoenzephalitis oder Myelitis, lässt sich VZV in ca. 2/3 der Fälle mittels PCR im Liquor nachweisen. Bei Befall des peripheren Nervensystems in Form einer Zoster radikulitis, ist die VZV-PCR, aufgrund der längeren Krankheitsdauer und der geringeren Viruslast überwiegend negativ [42]. In solchen Fällen kann eine Reaktivierung durch den Nachweis einer VZV spezifischen intrathekalen Antikörpersynthese bestätigt werden [43].

Enteroviren (EV)

EV gehören zur Familie der RNA-Viren und beinhalten die Untergruppe der Coxackieviren, der Echoviren, und der Polioviren. EV sind häufige Erreger unspezifischer grippaler Infekte. Als neurologische Manifestation kann sich manchmal eine aseptische Meningitis, und sehr selten eine Enzephalitis, entwickeln [44]. EV sind sowohl bei Kindern als auch bei Erwachsenen in Europa und in den USA der häufigste Erreger einer aseptischen Meningitis [45,46]. Daher ist es empfehlenswert bei allen Patienten mit den Symptomen einer Meningoenzephalitis, ohne Hinweis für einen anderen Krankheitserreger eine EV-PCR im Liquor durchzuführen [47]. Die Reverse Transkriptase (RT) PCR aus dem Liquor ist eine zeitsparende und zuverlässige Methode, um eine EV-Infektion nachzuweisen [48]. Sehr früh im Krankheitsverlauf, falls das Virus beim Auftreten der neurologischen Beschwerden das Nervensystem schon wieder verlassen hat, oder bei einer sehr niedrigen Viruslast im Liquor, kann die EV-PCR im Liquor negativ sein. Durch eine zusätzliche PCR aus dem Stuhl kann in solchen Fällen der Nachweis von EV mit einer höheren Sensitivität doch noch gelingen [49].

Bakterielle Breitspektrum-PCR und Multiplex-PCR zur Erregerdiagnostik bei Neuroinfektion

Falls möglich ist bei bakteriellen Infektionen des Nervensystems immer ein direkter Erregernachweis durch Kultur inklusive Antibiogramm anzustreben. Eine zusätzliche PCR erhöht jedoch, besonders bei antibiotisch vorbehandelten Patienten, die Wahrscheinlichkeit eines Erregernachweises, und das Ergebnis ist zudem schneller verfügbar. Mit den derzeit verfügbaren diagnostischen PCR-Verfahren können die häufigsten Erreger einer bakteriellen Meningitis, *Streptococcus pneumoniae* und *Neisseria meningitidis*, mit einer ähnlichen Sensitivität wie in der Liquorkultur detektiert werden [50]. Für einen Nachweis Katheter-assoziierter Infektionen bei externen Ventrikel-Drainagen dürfte die PCR der Erregerkultur sogar überlegen sein [51].

Bei der Herangehensweise zum Nachweis der bakteriellen DNA ist die bakterielle

Breitspektrum-PCR von der Multiplex-PCR zu unterscheiden. Bei der bakteriellen Breitspektrum-PCR wird in einem ersten Schritt eubakterielle (universelle) DNA, das 16 S rRNA-Gen vervielfältigt. Bei einem positiven Ergebnis wird in einem zweiten Schritt mittels DNA-Sequenzierung eine Erregerdifferenzierung ermöglicht. Bei der Multiplex-PCR können gleichzeitig eine Vielzahl bakterieller, aber auch viraler und fungaler Krankheitserregern detektiert werden. Aufgrund der höheren Sensitivität hat sich in letzter Zeit zunehmend die Echtzeit (real-time), quantitative Multiplex-PCR als effektivste molekularbiologische Methode zum Nachweis der gängigsten bakteriellen Meningitis Erreger etabliert [50]. Es gibt mittlerweile kommerziell erhältliche Multiplex-PCR Panels mit denen die DNA beziehungsweise RNA der häufigsten Bakterien, Viren und Pilze, die eine Meningoenzephalitis verursachen können, sehr rasch in einem PCR-Lauf nachgewiesen werden können. Ein derart breiter diagnostischer Ansatz scheint vor allem bei immunsupprimierten Patienten, oder als zweiter Schritt, falls die Routinediagnostik keinen Erregernachweis erbrachte, sinnvoll.

Die Borrelien-PCR

Eine PCR zum Nachweis von Borrelien aus dem Liquor spielt in der Diagnose der Neuroborreliose eine sehr untergeordnete Rolle. Wie bei vielen Spirochäten Erkrankungen gelingt der direkte Erregernachweis aus dem Liquor nur selten. Die Sensitivität liegt zwischen 5–30 % [52]. In Einzelfällen, sehr früh im Krankheitsverlauf, oder bei immunsupprimierten Patienten kann eine positive PCR aus dem Liquor die Diagnose einer Neuroborreliose aber sichern [53]. Grundsätzlich ist der Nachweis einer borrelien-spezifischen intrathekalen Antikörpersynthese der Goldstandart zur Diagnose einer Neuroborreliose [54,55].

5.2.2 PCR-Nachweis seltener Krankheitserreger von Neuroinfektionen

Epstein Barr Viren (EBV)

EBV können unterschiedlichste neurologische Syndrome wie eine Enzephalitis, Myelitis, Radikulitis oder Plexusneuritis verursachen [56]. Diese Erkrankungen sind insgesamt sehr selten, sind aber vor allem bei immunsupprimierten Patienten von Bedeutung. Daher ist es sinnvoll bei Patienten, mit solchen Krankheitsbildern, ohne Nachweis einer anderen Ursache, eine EBV-PCR aus dem Liquor durchzuführen [47]. Es gibt zwar gegen EBV keine sicher wirksame antivirale Behandlung, aber manchmal hat der Nachweis von EBV eine indirekt therapeutische Relevanz. So kann z. B. bei einer durch eine medikamentöse Immunsuppression begünstigten EBV-Enzephalitis, durch eine Reduktion der immunsuppressiven Medikation, die Enzephalitis behandelt werden. Bei Patienten mit AIDS und einem suszipierten ZNS-Lymphom, kann diese Diagnose mit hoher Sensitivität und Spezifizität durch den Nachweis von EBV-DNA aus dem Liquor bestätigt werden [57].

John Cunningham Virus (JCV)

Eine Reaktivierung des JCV, aus der Familie der Polyomaviren, verursacht bei immunsupprimierten Patienten eine progressive multifokale Leukenzephalopathie (PML), eine demyelinisierende Entzündungsreaktion im ZNS. PML kann zum Beispiel durch AIDS im Rahmen einer HIV-Infektion, eine maligne lymphoproliferative Erkrankung, oder in letzter Zeit zunehmend auch durch Immuntherapien, wie z. B. Natalizumab ausgelöst werden [58,59]. Mittlerweile ist der Nachweis von JCV-DNA mittels PCR aus dem Liquor der Goldstandard zur Diagnose einer PML. Eine Hirnbiopsie ist nur noch in Ausnahmefällen, bei negativer PCR und dringendem bildgebenden und klinischem Verdacht notwendig [60]. Zusätzlich ist auch die Quantifizierung der Viruslast mit PCR aus dem Liquor wichtig. Eine höhere Viruslast ist ein Prädiktor für eine kürzere Überlebenszeit [61].

Mycobacterium tuberculosis

Die Diagnose einer tuberkulösen Meningitis rasch und sicher zu stellen gestaltete sich im klinischen Alltag oft als sehr herausfordernd. Die Ergebnisse der kulturellen Nachweisverfahren dauern viele Wochen. Die PCR aus dem Liquor auf *Mycobacterium tuberculosis* hat sich als wichtiges ergänzendes diagnostisches Verfahren etabliert. Durch eine negative PCR kann zwar aufgrund der niedrigen Sensitivität eine tuberkulöse Meningitis nicht sicher ausgeschlossen werden, aber die rasche Verfügbarkeit des PCR-Ergebnisses kann die Diagnosestellung in positiven Fällen deutlich beschleunigen [62,63].

5.3 Die Rolle von RT-QuIC in der Diagnostik neurodegenerativer Erkrankungen

Die sCJK ist die häufigste Prionenerkrankung beim Menschen (etwa 90 % aller Fälle von Prionenerkrankungen) und hat eine Inzidenz von etwa 1,5 bis 2 Fällen pro Million Personen pro Jahr [64]. Die Krankheit wird durch Aggregationen von fehlgefaltetem Prion-Protein Scrapie (PrP^{Sc}) verursacht. Klinisch verläuft die Erkrankung aufgrund eines Polymorphismus im Codon 129 des Prion-Protein-Gens (Methionin oder Valin) heterogen, was diagnostische Herausforderungen mit sich bringt [65]. Aufgrund der hohen Stabilität (Resistenz gegenüber im Krankenhaus üblichen Sterilisationsmethoden), Infektiosität und potenziellen Übertragbarkeit von PrP^{Sc} – zum Beispiel durch chirurgische Instrumente – ist es von besonderer Bedeutung, einen Verdacht auf sCJD diagnostisch bestmöglich abzuklären. Über die letzte Dekade hinweg hat hierfür die Methode des RT-QuIC einen festen Stellenwert in der diagnostischen Abklärung bei Verdacht auf sCJD bekommen. Bei klinischem Verdacht auf CJD erlaubt der Nachweis von PrP^{Sc} im Liquor in Zusammenschau mit Klinik, jedoch unabhängig von Elektroenzephalogramm, Bildgebung oder der Bestimmung von 14-3-3 bzw. gesamt-Tau aus dem Liquor die klinische Einstufung „wahrscheinliche sporadische Creutzfeld-Jakob-Krankheit“. Der dadurch erreichte Nachweis von PrP^{Sc} aus dem Liquor zeigt eine besonders hohe Spezifität von 99–100 %, was in zahlreichen Studien belegt wurde [66]. Weiters wurde in mehreren Studien bei Assays der zweiten Generation mittlerweile eine Sensitivität von 92–97 % erreicht [66]. Nichtsdestotrotz kann nach den gültigen diagnostischen Guidelines bei positivem RT-QuIC und Vorliegen eines progressiven neuropsychiatrischen Syndroms höchstens eine „wahrscheinliche sCJD“ („probable sCJD“) diagnostiziert werden. Für die definitive Diagnosesicherung ist zur entsprechenden Klinik eine neuropathologische oder biochemische Verifikation nötig [66]. Hierzu zählt insbesondere der postmortale immunhistochemische Nachweis von PrP^{Sc} in typischen Färbemustern und in bestimmten Hirnregionen [67].

Eine weitere Anwendung dieser Technik im Bereich der Neurodegenerationsdiagnostik besteht in der Detektion von alpha-Synuclein-Aggregaten im Liquor cerebrospinalis von Patienten mit Verdacht auf Morbus Parkinson oder Lewy-Körperchen Demenz, sogar in der frühesten Krankheitsphase mit REM-Schlafstörungen [68]. Eine entsprechende Validationsstudie an 76 Patienten ergab eine Sensitivität von 92,9 % und eine Spezifität von 95,9 % des alpha-Synuclein-RT-QuIC-Assays für das Vorliegen einer Lewy-Körperchen-Demenz oder gemischter Pathologie mit alpha-Synuclein-Komponente, gemessen am Goldstandard der neuropathologischen Autopsie [69].

5.4 Pipeline-Methoden der Neuroonkologie – Liquid Biopsie aus dem Liquor

Unter normalen Umständen befindet sich die DNA als Trägerin der Erbinformation im Zellkern. Aufgrund von Zelluntergängen werden jedoch geringe Mengen an DNA freigesetzt, die in Körperflüssigkeiten wie etwa Blut oder Liquor cerebrospinalis als sogenannte zellfreie DNA („cell free DNA", cfDNA) nachweisbar sind. Es handelt sich dabei um DNA-Fragmente mit einer Länge von in etwa 160 Basenpaare [70]. Vermehrt wird cfDNA physiologisch beim Sport und pathologisch bei verschiedenen Erkrankungen wie chronischen Entzündungsreaktionen, Schlaganfall, Myokardinfarkt, aber auch von Tumoren freigesetzt [71]. Reichen die Mengen an freigesetzter DNA durch einen Tumor aus („cell-free tumor DNA" ctDNA), können anhand der ctDNA-Fragmente aus dem Blut oder Liquor genetische Informationen der Tumorzellen für die Diagnose und maßgeschneiderte Behandlung eines Tumors herangezogen werden.

Die „Biopsie", also der invasive Eingriff einzig für die Erstellung einer Diagnose und eines Behandlungsplanes, wird anstatt aus einem soliden Gewebe einer Körperflüssigkeit entnommen, daher die Bezeichnung „liquid biopsy".

5.4.1 Liquor ct-DNA und ZNS-Tumore

Bei Tumoren des ZNS ist aufgrund der Blut-Hirn-Schranke die Detektion von ctDNA im Liquor cerebrospinalis wesentlich sensitiver als im Blut [72]. So wurde in einer Studie an 640 Tumor-Patienten mit peripheren Tumoren ctDNA im Serum von mehr als 75 % der Patienten mit fortgeschrittenen Karzinomen detektiert, jedoch bei weniger als 10 % der Patienten mit Gliomen [23]. Die Sensitivität für die Detektion bestimmter ZNS-tumorspezifischer Mutationen aus Liquor-ctDNA lag hingegen bei etwa 60 %, die Detektion von ctDNA aus dem Plasma bei 0 % [72]. Eine andere Studie zeigte entsprechende Sensitivitäten von 100 % versus 38 % [73]. Die Mengen an analysierbarer ctDNA im Liquor scheinen, ähnlich wie im Blut, mit dem Tumorgrad zu korrelieren – also je höher der WHO-Grad (von I = beste Prognose bis IV = schlechteste Prognose), desto wahrscheinlicher das Vorliegen ausreichender Mengen an ctDNA. In einer rezenten Studie an 85 Gliom-Patienten mit Grad 2-, 3- und 4-Gliomen war das Vorhandensein analysierbarer Mengen tumorspezifischer ctDNA im Liquor mit einem signifikant schlechteren Überleben vergesellschaftet, wobei in 49 % der Patienten analysierbare Mengen an ctDNA im Liquor gefunden wurden [74]. Wenn der Tumor zudem an einen Liquorraum grenzt oder sich in diesem befindet, dürfte die Wahrscheinlichkeit für eine Detektion von ctDNA wesentlich höher sein [75]. Im Folgenden wird näher auf ZNS-Tumore eingegangen, bei denen eine Etablierung einer Liquid Biopsie Untersuchung aus dem Liquor in die klinische Routine wahrscheinlich oder zumindest möglich erscheint.

Gliome

Gliome werden nach der gültigen WHO-Klassifikation von 2021 in 4 Stufen 1–4 gradiert. Hierbei werden histomorphologische Kriterien wie Abwesenheit oder Vorhandensein von Gefäßproliferaten und Nekrosen sowie die Mitosefrequenz herangezogen. Mehr und mehr werden einige dieser Kriterien jedoch durch molekularpathologische Marker erweitert oder abgelöst. So wird die Unterscheidung zwischen Oligodendrogliom und Astrozytom nicht mehr morphologisch, sondern mit dem Nachweis der 1p/19q-Kodeletion (Oligodendrogliom) oder Nachweis eines ATRX-Verlustes (spricht eher für Astrozytom) getroffen. Mittlerweile gibt es eine Reihe von Mutationen in verschiedenen Genen, bei denen eine diagnostische und/oder prognostische Relevanz für Gliome vorliegt (IDH1, IDH2, ATRX, TP53, TERT, H3F3A, etc.) [12].

Besonders hervorzuheben im Kontext der „liquid biopsy" ist die Mutation K27M in den Genen H3F3A (kodiert das Histon H3.3) oder HIST1H3B (kodiert Histon H3.1). Bei den entsprechenden Tumoren handelt es sich um hochmaligne diffuse Mittelliniengliome vom WHO Grad 4, die vor allem in den neurochirurgisch schwierig zugänglichen und klinisch eloquenten Lokalisationen Hirnstamm, Thalamus oder Basalganglien auftreten. Diese Tumoren betreffen vor allem Kinder, und die therapeutischen Optionen sind vergleichsweise sehr limitiert [76]. Der Nachweis einer K27M-Mutation gelang in mehreren Studien aus Liquor-ctDNA [73]. So konnte etwa in einer rezenten Studie in allen drei Patienten mit K27M-mutiertem Mittelliniengliom die Mutation in Liquor-ctDNA nachgewiesen werden [77]. In einer weiteren Studie wurde aus der Liquor-ctDNA eine Vermehrung von H3K27M-Kopien 3 Monate vor Detektion von radiologischer Progression bei einem Patienten mit bekanntem pädiatrischem H3K27M-mutiertem Mittelliniengliom gefunden [78]. Diese Arbeit zeigte auch die Wertigkeit der Liquid Biopsy für einen personalisierten Behandlungsansatz bei pädiatrischem H3K27M-mutiertem Mittelliniengliom auf.

Therapeutisch von besonderer Bedeutung bei Gliom-Patienten ist der Methylierungsstatus des MGMT-Promoters, weil dieser das Ansprechen auf eine adjuvante Chemotherapie durch Temozolomid wesentlich mitbestimmt [79]. Die Quantifizierung der MGMT-Promotermethylierung für eine Temozolomid-Therapie konnte in einer Studie an 89 Gliom-Patienten mit einer Spezifität von 100 % und einer Sensitivität von 65 % aus Liquor-ctDNA vorgenommen werden [80].

Medulloblastom

Das Medulloblastom ist ein hochaggressiver, embryonaler Hirntumor vom WHO-Grad 4, der bevorzugt, aber nicht ausschließlich im Kindesalter auftritt [81]. Schon länger etabliert ist die molekularpathologische Einteilung der Medulloblastome in WNT, SHH, Gruppe 3- und Gruppe 4-Tumore, die sich hinsichtlich ihrer Prognose teils erheblich unterscheiden [82]. So verlaufen etwa WNT-Tumore prognostisch sehr gut, während SHH-Tumore eine intermediäre Prognose, Gruppe 4-Tumore eine schlechte und Gruppe 3-Tumore eine sehr schlechte Prognose aufweisen [83]. Mittlerweile existiert eine weitere Subtypisierung und detailliertere molekularpathologische Charakterisierung der Medulloblastome [84]. Diese bereits gut charakterisierte und sich weiter verfeinernde molekulare Landschaft des Medulloblastoms prädestiniert es, gemeinsam mit einer für chirurgische Eingriffe oft ungünstigen infratentoriellen Lage dafür typischer Nähe zum IV. Ventrikel für eine Liquid biopsy. In einer rezenten Studie an 13 Patienten mit Medulloblastom konnten im Liquor, obwohl in keinem der Fälle zytologisch Tumorzellen nachweisbar waren, analysierbare Mengen von ctDNA in 10 von 13 Patienten noch vor der neurochirurgischen Resektion gewonnen werden [85]. Dies war im Blutplasma nur bei einem von 13 Patienten der Fall. Die in der Liquor-ctDNA detektierten genomischen Abweichungen ermöglichten eine Risikoeinschätzung der Patienten gemäß der 4 Risikolevels [83] und wurden an der nachfolgenden molekularen Analyse des Tumorexzisates bestätigt.

5.4.2 Liquor-ctDNA und Meningeosis carcinomatosa

Etwa 20–40 % der Patienten mit fortgeschrittenen Lungen- oder Brustkarzinomen sowie Melanomen entwickeln Hirnmetastasen, die in 5–8 % dieser Patienten auch in einer leptomeningealen Tumoraussaat (Meningeosis neoplastica, unterteilt in Meningeosis carcinomatosa und melanomatosa) resultieren [12]. Diese Krankheitsmanifestationen gehen alle mit einer sehr schlechten Prognose einher. So lag das mediane Überleben bei einer Kohorte von 150 Patienten ab Diagnose einer Meningeosis carcinomatosa bei 2,3 Monaten [86]. Neben den bereits genannten peripheren Tumorentitäten metastasieren auch Darm- und Nierenzellkarzinome vergleichsweise häufig in das Gehirn [87]. Bei einer vermuteten leptomeningealen Aussaat von Tumorzellen beinhaltet die Diagnostik klassischerweise Klinik, Bildgebung und traditioneller Liquorzytologie (Nachweis von Tumorzellen in May-Grünwald-Giemsa-gefärbten Liquor-Zytospinpräparaten). Die Sensitivität der Liquorzytologie ist derjenigen der MRT für leptomeningeale Aussaat unterlegen: so konnte in einer Studie an 187 Patienten die Meningeosis neoplastica in 77 % der Fälle mit MRT, aber nur in 47 % mit Liquorzytologie gestellt werden. Allerdings erlaubt die Liquorzytologie durch Anwendung immunhistochemischer Tumormarker bei Vorhandensein von Tumorzellen oft einen Rückschluss auf den Primärtumor. Die Liquid biopsy hatte nun in einer neueren Studie an 35 Patienten mit Meningeosis neoplastica eine Sensitivität von 100 % für das Vorhandensein von eindeutiger Tumor-cfDNA, verglichen mit 71 % Sensitivität der Liquorzytologie für eindeutige Tumorzellen in dieser Studie [88]. Abgesehen von der Detektion von ctDNA im Liquor konnten in einer weiteren Studie auch Alterationen in zentralen krankheitstreibenden Genen (zum Beispiel MET, ERBB2, KRAS, MYC und ALK in Patienten mit nicht-kleinzelligem Bronchialkarzinom als Primum) in 100 % der Patienten mit Meningeosis neoplastica gefunden werden [89]. Zudem zeigte sich eine teils vom Primum abweichende genetische Signatur der leptomeningealen Tumorzellen. Hierzu zählen auch therapeutisch relevante Mutationen, wie etwa die EGFR-Tyrosinkinase-Inhibitor-Resistenzmutation EGFR T790M, die in Liquor-ctDNA von Patienten mit Lungenkarzinommetastasen detektiert werden konnte [90].

5.4.3 Liquor-ctDNA und ZNS-Lymphom (primär/sekundär)

Ein Lymphom kann das ZNS entweder im Zuge eines systemischen Lymphoms (sekundäres ZNS-Lymphom) oder in dessen Abwesenheit (primäres ZNS-Lymphom, PCNSL) befallen. Das primäre ZNS-Lymphom ist ein vergleichsweise seltener Tumor des Zentralnervensystems (unter 4 % der primären ZNS-Tumoren) und betrifft vorwiegend Menschen höheren Alters [91]. Es handelt sich beim PCNSL in 95 % der Fälle um ein malignes, diffus-großzelliges B-Zell-Lymphom. Die restlichen 5 % fallen auf Burkitt-, Lymphoblasten-, Marginalzellen- oder T-Zell-Lymphome [92]. Die Behandlung des ZNS-Lymphoms erfolgt überwiegend chemotherapeutisch (hochdosiertes Methotrexat, neuere teilweise in klinischer Überprüfung befindliche Immuntherapeutika), wohingegen der neurochirurgischen Resektion keine therapeutische Bedeutung zukommt [91]. Die aggressive Chemotherapie des PCNSL unterscheidet sich grundlegend von Therapien anderer ZNS-Tumoren und entzündlichen ZNS-Erkrankungen, die in der MRT-Bildgebung jedoch nicht immer einfach vom PCNSL zu differenzieren sind. Daher erfolgt die Diagnosestellung des PCNSL goldstandardmäßig über eine neurochirurgische Feinnadelbiopsie, die jedoch einen invasiven Eingriff mit gewisser Morbidität und Mortalität bedeutet.

Diese Situation prädestiniert auch die Diagnostik des PCNSL für die Liquid biopsy. Eine gezielte ddPCR für die Mutation MyD88 L265P, die in 58 bis 76 % der Patienten mit PCNSL, aber nicht in differentialdiagnostisch wichtigen PCNSL-Mimics wie Gliomen oder anderen soliden ZNS-Tumoren auftritt, konnte in 12 von 14 Patienten mit MyD88-L265P-mutiertem PCNSL (86 % Sensitivität) kosteneffizient nachgewiesen werden [93].

Eine neuere Studie an 6 Patienten mit PCNSL, 12 Patienten mit systemischem Non-Hodgkin-Lymphom und einem Patienten mit systemischem und ZNS-Befall bestätigte eine hohe Sensitivität (100 %) für MyD88^{L265P} aus Liquor-ctDNA für PCNSL. In keinem der 12 Patienten mit systemischem Lymphom ohne ZNS-Befall konnte die Mutation im Liquor nachgewiesen werden [94].

Literatur

[1] Watson JD, Crick FH. Molecular structure of nucleic acids; a structure for deoxyribose nucleic acid. Nature. 1953;171(4356):737–8.

[2] Watson JD, Crick FH. Genetical implications of the structure of deoxyribonucleic acid. Nature. 1953;171(4361):964–7.

[3] Watson JD. Involvement of RNA in the synthesis of proteins. Science. 1963;140(3562):17–26.

[4] Cohen SN, Chang AC, Boyer HW, Helling RB. Construction of biologically functional bacterial plasmids in vitro. Proc Natl Acad Sci U S A. 1973;70(11):3240–4.

[5] Nidhi S, Anand U, Oleksak P, et al. Novel CRISPR-Cas Systems: An Updated Review of the Current Achievements, Applications, and Future Research Perspectives. Int J Mol Sci. 2021;22(7).

[6] Maxam AM, Gilbert W. A new method for sequencing DNA. Proc Natl Acad Sci U S A. 1977;74(2):560–4.

[7] Sanger F, Nicklen S, Coulson AR. DNA sequencing with chain-terminating inhibitors. Proc Natl Acad Sci U S A. 1977;74(12):5463–7.

[8] Mullis K, Faloona F, Scharf S, et al. Specific enzymatic amplification of DNA in vitro: the polymerase chain reaction. Cold Spring Harb Symp Quant Biol. 1986;51 Pt 1:263–73.

[9] Atarashi R, Satoh K, Sano K, et al. Ultrasensitive human prion detection in cerebrospinal fluid by real-time quaking-induced conversion. Nat Med. 2011;17(2):175–8.

[10] Schmitz M, Cramm M, Llorens F, et al. The real-time quaking-induced conversion assay for detection of human prion disease and study of other protein misfolding diseases. Nat Protoc. 2016;11(11):2233–42.

[11] Green AJE. RT-QuIC: a new test for sporadic CJD. Pract Neurol. 2019;19(1):49–55.

[12] Escudero L, Martinez-Ricarte F, Seoane J. ctDNA-Based Liquid Biopsy of Cerebrospinal Fluid in Brain Cancer. Cancers (Basel). 2021;13(9).

[13] Ma ZJ, Yang JJ, Lu YB, Liu ZY, Wang XX. Mesenchymal stem cell-derived exosomes: Toward cell-free therapeutic strategies in regenerative medicine. World J Stem Cells. 2020;12(8):814–40.

[14] Yan W, Xu T, Zhu H, Yu J. Clinical Applications of Cerebrospinal Fluid Circulating Tumor DNA as a Liquid Biopsy for Central Nervous System Tumors. Onco Targets Ther. 2020;13:719–31.

[15] Momtaz P, Pentsova E, Abdel-Wahab O, et al. Quantification of tumor-derived cell free DNA(cfDNA) by digital PCR (DigPCR) in cerebrospinal fluid of patients with BRAFV600 mutated malignancies. Oncotarget. 2016;7(51):85430–6.

[16] Kralik P, Ricchi M. A Basic Guide to Real Time PCR in Microbial Diagnostics: Definitions, Parameters, and Everything. Front Microbiol. 2017;8:108.

[17] Klein D. Quantification using real-time PCR technology: applications and limitations. Trends Mol Med. 2002;8(6):257–60.

[18] Yang S, Rothman RE. PCR-based diagnostics for infectious diseases: uses, limitations, and future applications in acute-care settings. Lancet Infect Dis. 2004;4(6):337–48.

[19] Hoffmann B, Beer M, Reid SM, et al. A review of RT-PCR technologies used in veterinary virology and disease control: sensitive and specific diagnosis of five livestock diseases notifiable to the World Organisation for Animal Health. Vet Microbiol. 2009;139(1–2):1–23.

[20] Watzinger F, Ebner K, Lion T. Detection and monitoring of virus infections by real-time PCR. Mol Aspects Med. 2006;27(2–3):254–98.

[21] Cramm M, Schmitz M, Karch A, et al. Stability and Reproducibility Underscore Utility of RT-QuIC for Diagnosis of Creutzfeldt-Jakob Disease. Mol Neurobiol. 2016;53(3):1896–904.

[22] Schwarzenbach H, Hoon DS, Pantel K. Cell-free nucleic acids as biomarkers in cancer patients. Nat Rev Cancer. 2011;11(6):426–37.

[23] Bettegowda C, Sausen M, Leary RJet al. Detection of circulating tumor DNA in early- and late-stage human malignancies. Sci Transl Med. 2014;6(224):224ra24.

[24] Diehl F, Schmidt K, Choti MA, et al. Circulating mutant DNA to assess tumor dynamics. Nat Med. 2008;14(9):985–90.

[25] Wan JCM, Massie C, Garcia-Corbacho J, et al. Liquid biopsies come of age: towards implementation of circulating tumour DNA. Nat Rev Cancer. 2017;17(4):223–38.

[26] Boucher A, Herrmann JL, Morand P, et al. Epidemiology of infectious encephalitis causes in 2016. Med Mal Infect. 2017;47(3):221–35.

[27] McGill F, Griffiths MJ, Solomon T. Viral meningitis: current issues in diagnosis and treatment. Curr Opin Infect Dis. 2017;30(2):248–56.

[28] Kupila L, Vuorinen T, Vainionpaa R, et al. Etiology of aseptic meningitis and encephalitis in an adult population. Neurology. 2006;66(1):75–80.

[29] Granerod J, Ambrose HE, Davies NW, et al. Causes of encephalitis and differences in their clinical presentations in England: a multicentre, population-based prospective study. Lancet Infect Dis. 2010;10(12):835–44.

[30] Ramers C, Billman G, Hartin M, Ho S, Sawyer MH. Impact of a diagnostic cerebrospinal fluid enterovirus polymerase chain reaction test on patient management. JAMA. 2000;283(20):2680–5.

[31] Chadwick DR, Lever AM. The impact of new diagnostic methodologies in the management of meningitis in adults at a teaching hospital. QJM. 2002;95(10):663–70.

[32] Robinson CC, Willis M, Meagher A, et al. Impact of rapid polymerase chain reaction results on management of pediatric patients with enteroviral meningitis. Pediatr Infect Dis J. 2002;21(4):283–6.

[33] Whitley RJ. Viral encephalitis. N Engl J Med. 1990;323(4):242–50.

[34] Skoldenberg B, Forsgren M, Alestig K, et al. Acyclovir versus vidarabine in herpes simplex encephalitis. Randomised multicentre study in consecutive Swedish patients. Lancet. 1984;2(8405):707–11.

[35] Aurelius E, Johansson B, Skoldenberg B, Staland A, Forsgren M. Rapid diagnosis of herpes simplex encephalitis by nested polymerase chain reaction assay of cerebrospinal fluid. Lancet. 1991;337(8735):189–92.

[36] Tebas P, Nease RF, Storch GA. Use of the polymerase chain reaction in the diagnosis of herpes simplex encephalitis: a decision analysis model. Am J Med. 1998;105(4):287–95.

[37] Wildemann B, Ehrhart K, Storch-Hagenlocher B, et al. Quantitation of herpes simplex virus type 1 DNA in cells of cerebrospinal fluid of patients with herpes simplex virus encephalitis. Neurology. 1997;48(5):1341–6.

[38] Weil AA, Glaser CA, Amad Z, Forghani B. Patients with suspected herpes simplex encephalitis: rethinking an initial negative polymerase chain reaction result. Clin Infect Dis. 2002;34(8):1154–7.

[39] Wiedbrauk DL, Cunningham W. Stability of herpes simplex virus DNA in cerebrospinal fluid specimens. Diagn Mol Pathol. 1996;5(4):249–52.

[40] Kennedy PG, Cohrs RJ. Varicella-zoster virus human ganglionic latency: a current summary. J Neurovirol. 2010;16(6):411–8.

[41] Gilden DH, Wright RR, Schneck SA, Gwaltney JM, Jr., Mahalingam R. Zoster sine herpete, a clinical variant. Ann Neurol. 1994;35(5):530–3.

[42] Persson A, Bergstrom T, Lindh M, Namvar L, Studahl M. Varicella-zoster virus CNS disease – viral load, clinical manifestations and sequels. J Clin Virol. 2009;46(3):249–53.

[43] Skripuletz T, Pars K, Schulte A, et al. Varicella zoster virus infections in neurological patients: a clinical study. BMC Infect Dis. 2018;18(1):238.

[44] Rotbart HA, McCracken GH, Jr., Whitley RJ, et al. Clinical significance of enteroviruses in serious summer febrile illnesses of children. Pediatr Infect Dis J. 1999;18(10):869–74.

[45] Huang C, Morse D, Slater B, et al. Multiple-year experience in the diagnosis of viral central nervous system infections with a panel of polymerase chain reaction assays for detection of 11 viruses. Clin Infect Dis. 2004;39(5):630–5.

[46] Kaminski M, Grummel V, Hoffmann D, Berthele A, Hemmer B. The spectrum of aseptic central nervous system infections in southern Germany – demographic, clinical and laboratory findings. Eur J Neurol. 2017;24(8):1062–70.

[47] Steiner I, Schmutzhard E, Sellner J, et al. EFNS-ENS guidelines for the use of PCR technology for the diagnosis of infections of the nervous system. Eur J Neurol. 2012;19(10):1278–91.

[48] Rotbart HA, Sawyer MH, Fast S, et al. Diagnosis of enteroviral meningitis by using PCR with a colorimetric microwell detection assay. J Clin Microbiol. 1994;32(10):2590–2.

[49] Kupila L, Vuorinen T, Vainionpaa R, Marttila RJ, Kotilainen P. Diagnosis of enteroviral meningitis by use of polymerase chain reaction of cerebrospinal fluid, stool, and serum specimens. Clin Infect Dis. 2005;40(7):982–7.

[50] Boving MK, Pedersen LN, Moller JK. Eight-plex PCR and liquid-array detection of bacterial and viral pathogens in cerebrospinal fluid from patients with suspected meningitis. J Clin Microbiol. 2009;47(4):908–13.

[51] Banks JT, Bharara S, Tubbs RS, et al. Polymerase chain reaction for the rapid detection of cerebrospinal fluid shunt or ventriculostomy infections. Neurosurgery. 2005;57(6):1237–43; discussion –43.

[52] Aguero-Rosenfeld ME, Wang G, Schwartz I, Wormser GP. Diagnosis of lyme borreliosis. Clin Microbiol Rev. 2005;18(3):484–509.

[53] Mygland A, Ljostad U, Fingerle V, et al. EFNS guidelines on the diagnosis and management of European Lyme neuroborreliosis. Eur J Neurol. 2010;17(1):8–16, e1–4.

[54] Hansen K, Lebech AM. The clinical and epidemiological profile of Lyme neuroborreliosis in Denmark 1985–1990. A prospective study of 187 patients with Borrelia burgdorferi specific intrathecal antibody production. Brain. 1992;115 (Pt 2):399–423.

[55] Kaiser R, Rauer S. Analysis of the intrathecal immune response in neuroborreliosis to a sonicate antigen and three recombinant antigens of Borrelia burgdorferi sensu stricto. Eur J Clin Microbiol Infect Dis. 1998;17(3):159–66.

[56] Majid A, Galetta SL, Sweeney CJ, et al. Epstein-Barr virus myeloradiculitis and encephalomyeloradiculitis. Brain. 2002;125(Pt 1):159–65.

[57] Cinque P, Brytting M, Vago L, et al. Epstein-Barr virus DNA in cerebrospinal fluid from patients with AIDS-related primary lymphoma of the central nervous system. Lancet. 1993;342(8868):398–401.

[58] Berger JR, Concha M. Progressive multifocal leukoencephalopathy: the evolution of a disease once considered rare. J Neurovirol. 1995;1(1):5–18.

[59] Steiner I. Quantitative risk-benefit analysis of natalizumab. Neurology. 2009;72(20):1791–2; author reply –2.

[60] Weber T, Turner RW, Frye S, et al. Progressive multifocal leukoencephalopathy diagnosed by amplification of JC virus-specific DNA from cerebrospinal fluid. AIDS. 1994;8(1):49–57.

[61] Garcia De Viedma D, Diaz Infantes M, Miralles P, et al. JC virus load in progressive multifocal leukoencephalopathy: analysis of the correlation between the viral burden in cerebrospinal fluid, patient survival, and the volume of neurological lesions. Clin Infect Dis. 2002;34(12):1568–75.

[62] Pai M, Flores LL, Pai N, et al. Diagnostic accuracy of nucleic acid amplification tests for tuberculous meningitis: a systematic review and meta-analysis. Lancet Infect Dis. 2003;3(10):633–43.

[63] Pormohammad A, Nasiri MJ, McHugh TD, Riahi SM, Bahr NC. A Systematic Review and Meta-analysis of the Diagnostic Accuracy of Nucleic Acid Amplification Tests for Tuberculous Meningitis. J Clin Microbiol. 2019;57(6).

[64] Ladogana A, Puopolo M, Croes EA, et al. Mortality from Creutzfeldt-Jakob disease and related disorders in Europe, Australia, and Canada. Neurology. 2005;64(9):1586–91.

[65] Parchi P, Giese A, Capellari S, et al. Classification of sporadic Creutzfeldt-Jakob disease based on molecular and phenotypic analysis of 300 subjects. Ann Neurol. 1999;46(2):224–33.

[66] Hermann P, Appleby B, Brandel JP, et al. Biomarkers and diagnostic guidelines for sporadic Creutzfeldt-Jakob disease. Lancet Neurol. 2021;20(3):235–46.

[67] Budka H, Aguzzi A, Brown P, et al. Neuropathological diagnostic criteria for Creutzfeldt-Jakob disease (CJD) and other human spongiform encephalopathies (prion diseases). Brain Pathol. 1995;5(4):459–66.

[68] Iranzo A, Fairfoul G, Ayudhaya ACN, et al. Detection of alpha-synuclein in CSF by RT-QuIC in patients with isolated rapid-eye-movement sleep behaviour disorder: a longitudinal observational study. Lancet Neurol. 2021;20(3):203–12.

[69] Bongianni M, Ladogana A, Capaldi S, et al. alpha-Synuclein RT-QuIC assay in cerebrospinal fluid of patients with dementia with Lewy bodies. Ann Clin Transl Neurol. 2019;6(10):2120–6.

[70] Underhill HR, Kitzman JO, Hellwig S, et al. Fragment Length of Circulating Tumor DNA. PLoS Genet. 2016;12(7):e1006162.

[71] Crigna AT, Samec M, Koklesova L, et al. Cell-free nucleic acid patterns in disease prediction and monitoring-hype or hope? EPMA J. 2020:1–25.
[72] De Mattos-Arruda L, Mayor R, Ng CKY, et al. Cerebrospinal fluid-derived circulating tumour DNA better represents the genomic alterations of brain tumours than plasma. Nat Commun. 2015;6:8839.
[73] Pan C, Diplas BH, Chen X, et al. Molecular profiling of tumors of the brainstem by sequencing of CSF-derived circulating tumor DNA. Acta Neuropathol. 2019;137(2):297–306.
[74] Miller AM, Shah RH, Pentsova EI, et al. Tracking tumour evolution in glioma through liquid biopsies of cerebrospinal fluid. Nature. 2019;565(7741):654–8.
[75] Wang Y, Springer S, Zhang M, et al. Detection of tumor-derived DNA in cerebrospinal fluid of patients with primary tumors of the brain and spinal cord. Proc Natl Acad Sci U S A. 2015;112(31):9704–9.
[76] Azad TD, Jin MC, Bernhardt LJ, Bettegowda C. Liquid biopsy for pediatric diffuse midline glioma: a review of circulating tumor DNA and cerebrospinal fluid tumor DNA. Neurosurg Focus. 2020;48(1):E9.
[77] Martinez-Ricarte F, Mayor R, Martinez-Saez E, et al. Molecular Diagnosis of Diffuse Gliomas through Sequencing of Cell-Free Circulating Tumor DNA from Cerebrospinal Fluid. Clin Cancer Res. 2018;24(12):2812–9.
[78] Gojo J, Pavelka Z, Zapletalova D, et al. Personalized Treatment of H3K27M-Mutant Pediatric Diffuse Gliomas Provides Improved Therapeutic Opportunities. Front Oncol. 2019;9:1436.
[79] Hegi ME, Diserens AC, Gorlia T, et al. MGMT gene silencing and benefit from temozolomide in glioblastoma. N Engl J Med. 2005;352(10):997–1003.
[80] Wang Z, Jiang W, Wang Y, et al. MGMT promoter methylation in serum and cerebrospinal fluid as a tumor-specific biomarker of glioma. Biomed Rep. 2015;3(4):543–8.
[81] Smoll NR, Drummond KJ. The incidence of medulloblastomas and primitive neurectodermal tumours in adults and children. J Clin Neurosci. 2012;19(11):1541–4.
[82] Kool M, Korshunov A, Remke M, et al. Molecular subgroups of medulloblastoma: an international meta-analysis of transcriptome, genetic aberrations, and clinical data of WNT, SHH, Group 3, and Group 4 medulloblastomas. Acta Neuropathol. 2012;123(4):473–84.
[83] Taylor MD, Northcott PA, Korshunov A, et al. Molecular subgroups of medulloblastoma: the current consensus. Acta Neuropathol. 2012;123(4):465–72.
[84] Hovestadt V, Ayrault O, Swartling FJ, et al. Medulloblastomics revisited: biological and clinical insights from thousands of patients. Nat Rev Cancer. 2020;20(1):42–56.
[85] Escudero L, Llort A, Arias A, et al. Circulating tumour DNA from the cerebrospinal fluid allows the characterisation and monitoring of medulloblastoma. Nat Commun. 2020;11(1):5376.
[86] Clarke JL, Perez HR, Jacks LM, Panageas KS, Deangelis LM. Leptomeningeal metastases in the MRI era. Neurology. 2010;74(18):1449–54.
[87] Tabouret E, Chinot O, Metellus P, et al. Recent trends in epidemiology of brain metastases: an overview. Anticancer Res. 2012;32(11):4655–62.
[88] Zhao Y, He JY, Zou YL, et al. Evaluating the cerebrospinal fluid ctDNA detection by next-generation sequencing in the diagnosis of meningeal Carcinomatosis. BMC Neurol. 2019;19(1):331.
[89] Li YS, Jiang BY, Yang JJet al. Unique genetic profiles from cerebrospinal fluid cell-free DNA in leptomeningeal metastases of EGFR-mutant non-small-cell lung cancer: a new medium of liquid biopsy. Ann Oncol. 2018;29(4):945–52.
[90] Kawahara A, Abe H, Murata K, et al. Screening system for epidermal growth factor receptor mutation detection in cytology cell-free DNA of cerebrospinal fluid based on assured sample quality. Cytopathology. 2019;30(2):144–9.
[91] Schaff LR, Ambady P, Doolittle ND, Grommes C. Primary central nervous system lymphoma: a narrative review of ongoing clinical trials and goals for future studies. Ann Lymphoma. 2021;5.
[92] Ferreri AJ, Marturano E. Primary CNS lymphoma. Best Pract Res Clin Haematol. 2012;25(1):119–30.
[93] Rimelen V, Ahle G, Pencreach E, et al. Tumor cell-free DNA detection in CSF for primary CNS lymphoma diagnosis. Acta Neuropathol Commun. 2019;7(1):43.
[94] Bobillo S, Crespo M, Escudero L, et al. Cell free circulating tumor DNA in cerebrospinal fluid detects and monitors central nervous system involvement of B-cell lymphomas. Haematologica. 2021;106(2):513–21.

B.6 Mikrobiologische Diagnostik im Liquor

6.1 Liquordiagnostik bei bakteriellen ZNS-Erkrankungen

Annette Spreer, Helmut Eiffert, Roland Nau

6.1.1 Klinik, Epidemiologie und Meldepflicht

Am Anfang der zur Diagnosestellung führenden diagnostischen Schritte steht der klinische Verdacht. Den Verdacht auf eine ZNS-Infektion stellen die behandelnden Ärzte unter Einbeziehung der klinischen Präsentation des Patienten, aber auch der anamnestischen und fremdanamnestischen Vorinformationen. Wichtig sind unter anderem Vorerkrankungen, Geschwindigkeit der Symptomentwicklung, Reiseanamnese und Schwere des Krankheitsbildes.

Das typische klinische Syndrom einer akuten bakteriellen Meningitis besteht aus Fieber, Nackensteifigkeit (Meningismus) und Kopfschmerzen, im weiteren Krankheitsverlauf tritt eine Bewusstseinstrübung hinzu. In typischen Fällen erlaubt das klinische Syndrom beim Erwachsenen rasch die Diagnosestellung. Die sogenannte „klassische Trias" aus Fieber, Meningismus und Bewusstseinsminderung findet sich jedoch nur in 44 % der Fälle [1], so dass im Einzelfall auch bei Vorliegen von nur wenigen der typischen Symptome an eine bakterielle Meningitis gedacht werden muss. So wird das Symptom Kopfschmerz in 87 % der Fälle angegeben, Fieber ≥ 38° C in 77 %, Meningismus in 83 % sowie eine Bewusstseinsminderung in 69 %. Bei Neugeborenen und jungen Säuglingen, Immunsupprimierten und sehr alten Menschen fehlen häufig die typischen Zeichen einer Meningitis. Im tiefen Koma verschwindet der Meningismus. Patienten, die, bevor sie gefunden werden, längere Zeit zu Hause oder im Freien gelegen haben, können beim Eintreffen ins Krankenhaus hypo- oder normotherm sein, obwohl sie an einer Meningitis leiden.

Die Vorgeschichte kann Schlüsse auf die wahrscheinlich beteiligten Erreger ermöglichen. Meningokokken befallen in der Regel junge, zuvor gesunde Menschen und Personen mit (seltenen) Defekten des Komplementsystems, während Pneumokokken häufiger bei Älteren, Alkoholikern, Splenektomierten, Patienten mit Pneumonie, Sinusitis und anderen Erkrankungen eine Meningitis verursachen. *Haemophilus-influenzae*-Meningitiden treten fast ausschließlich bei Kindern auf, bei Erwachsenen kommen sie selten als Komplikation einer HNO-Infektion (vor allem Otitis media) oder Liquorfistel vor. Staphylokokken-Infektionen des ZNS sind häufig mit Schädel-Hirn-Traumata, neurochirurgischen Eingriffen und Liquordrainagen vergesellschaftet, werden aber auch bei Diabetikern, im Rahmen einer Endokarditis, einer Spondylodiszitis oder anderer fortgeleiteter Staphylokokken-Infekte angetroffen. Insbesondere niedrig virulente, aber gegen zahlreiche Antibiotika resistente Koagulase-negative Staphylokokken-Stämme besiedeln die Ventrikelkatheter und verursachen ZNS-Infektionen, deren Symptomatik bei den zumeist schwerkranken Patienten klinisch schlecht beurteilbar ist.

Listerien, gramnegative Stäbchen, Enterokokken und Tuberkelbakterien sind vorwiegend bei Alten und durch eine Grundkrankheit oder therapeutische Immunsuppression Abwehrgeschwächten für ZNS-Entzündungen verantwortlich (Ausnahme: Neugeborenensepsis und -meningitis durch *Listeria monocytogenes*).

https://doi.org/10.1515/9783110331905-017

Bei der tuberkulösen Meningitis lässt sich in ca. 65 % eine frühere oder klinisch manifeste extrazerebrale Tuberkulose eruieren. Diese Erkrankung verläuft in der Regel subakut über einige Wochen, kann aber akut exazerbieren. Auch die klinische Symptomatik eines Hirnabszesses entwickelt sich meistens im Verlauf mehrerer Tage bis Wochen; doch kommen auch akute Verläufe mit Meningismus, insbesondere bei Einschmelzung und Anschluss des entzündlichen Prozesses an den Subarachnoidalraum, vor.

Die häufigsten Erreger der bakteriellen Meningitis und Meningoenzephalitis beim Erwachsenen sind *Streptococcus pneumoniae* und *Neisseria meningitidis*, gefolgt von *Listeria monocytogenes* (< 5 % der Fälle), Staphylokokken (je nach Literaturangabe 1–9 % der Fälle), Gram-negativen Enterobakterien und *Pseudomonas aeruginosa* (< 10 % der Fälle) und *Haemophilus influenzae* (1–3 %). Die häufigsten Erreger der bakteriellen Meningitis und Meningoenzephalitis im Kindesalter sind Pneumokokken und Meningokokken, in der Neugeborenenperiode Gruppe-B-Streptokokken und *Listeria monocytogenes* [2]. Die *Haemophilus-influenzae*-Typ b-Schutzimpfung (in Deutschland, Österreich und der Schweiz öffentlich empfohlen) hat in Ländern mit hoher Impfrate zu einem starken Rückgang der bakteriellen Meningitis im Kindesalter geführt. Die Häufigkeit der jeweiligen Form der akuten bakteriellen Meningitis lässt sich nur abschätzen, die gesetzliche Meldepflicht erlaubt nur für wenige Infektionen die Angabe gesicherter Infektionszahlen für Deutschland. So wurde dem Robert-Koch-Institut 2018 295 und in 2020 nur 138 invasive Meningokokken-Infektionen (Meningitis, Sepsis) gemeldet. Die Sterblichkeit der Meningokokken-Meningitis lag 2018 bei 12 % [3].

Postoperative ZNS-Infektionen sind, weil sie in der Mehrzahl nicht meldepflichtig sind, in zahlreichen Statistiken unterrepräsentiert. Hierbei werden aus dem ventrikulären Liquor bei liegender externer Ventrikeldrainage (mit und ohne klinische Zeichen einer ZNS-Infektion) am häufigsten Koagulase-negative Staphylokokken, *Staphylococcus aureus* und Gram-negative Stäbchen isoliert. In einem Krankenhaus der Maximalversorgung mit zahlreichen operativen Eingriffen am zentralen Nervensystem sind die nosokomialen ZNS-Infektionen mittlerweile häufiger als die außerhalb des Krankenhauses erworbenen Meningitiden [4].

Die am häufigsten einen Hirnabszess verursachenden Erreger sind:

1. Streptokokken (35–50 %), vorzugsweise aus der *Streptococcus viridans*-Gruppe,
2. *Staphylococcus aureus* (10–15 %),
3. Koagulase-negative Staphylokokken (5–10 %),
4. obligate Anaerobier (15–40 %), z. B. *Bacteroides*-Spezies,
5. Gram-negative aerobe Bakterien (15–30 %), z. B. Enterobakterien oder *Pseudomonas spp.* [5,6].

Oft liegt beim Hirnabszess eine Mischinfektion von aeroben und anaeroben Bakterien vor. Sie lässt sich nur durch sorgfältige anaerobe Kulturtechniken nachweisen [5,6]. Der spinale und der seltene zerebrale epidurale Abszess werden in etwa 60 % der Fälle durch *Staphylococcus aureus* verursacht, weniger häufig sind die anderen beim Hirnabszess beobachteten Erreger. Beim zerebralen und dem seltenen spinalen subduralen Empyem sowie bei dem ebenfalls seltenen spinalen intramedullären Abszess ist das Erregerspektrum ähnlich wie beim Hirnabszess; lediglich Anaerobier lassen sich seltener isolieren.

Im Rahmen einer Endokarditis oder einer von einem anderen Organ ausgehenden Sepsis kann es zu einer septischen Herdenzephalitis kommen, die durch das Eindringen infizierter Emboli in die Hirnstrombahn gekennzeichnet ist. Häufigste Erreger sind *Staphylococcus aureus*, Streptokokken der Gruppe B, andere Streptokokken und Koagulase-negative Staphylokokken [7–9]. Bei der septischen Herdenzephalitis müssen zum Erregernachweis wiederholt Blutkulturen (3 × aerob, 3 × anaerob) vor Beginn der antibiotischen Behandlung entnommen werden. Die Erregeranzucht aus dem Liquor gelingt selten.

Meldepflicht

Nach § 6 des Gesetzes zur Verhütung und Bekämpfung von Infektionskrankheiten beim Menschen (Infektionsschutzgesetz – IfSG) (Arztmeldepflicht) ist in Deutschland der Verdacht einer Erkrankung, die Erkrankung sowie der Tod durch Meningitis oder Sepsis durch *Neisseria meningitidis* namentlich meldepflichtig. Die Erkrankung und der Tod ist namentlich meldepflichtig bei behandlungsbedürftiger Tuberkulose, „auch wenn ein bakteriologischer Nachweis nicht vorliegt“, diese Pflicht obliegt dem behandelnden Arzt. Nach § 7 des IfSG (Labormeldepflicht) muss das Labor bei folgenden bakteriellen Erregern von ZNS-Infektionen den direkten oder indirekten Nachweis namentlich melden, „soweit die Nachweise auf eine akute Infektion hinweisen“: *Brucella sp., Haemphilus influenzae, Legionella sp.*, humanpathogene Leptospiren, *Listeria monocytogenes, Mycobacterium tuberculosis, Neisseria meningitidis, Streptococcus pneumoniae,* Methicillin-resistente *Staphylococcus aureus*, Carbapenem-resistente Enterobakterien und *Acinetobacter spp.* [10]. Einige Länder (insbesondere Sachsen und Thüringen) gehen mit ihren Meldepflichten z. T. weit über das bundesweit gültige IfSG hinaus. In Berlin, Brandenburg, Sachsen und Thüringen sind Erkrankung und Tod an Borreliose namentlich meldepflichtig, in Mecklenburg-Vorpommern, Bayern, Rheinland-Pfalz und Saarland muss der Arzt Erkrankungen an Erythema migrans, akuter Neuroborreliose und akuter Lyme-Arthritis nicht namentlich dem zuständigen Gesundheitsamt melden [11]. Die in Österreich geltenden Meldepflichten sind im österreichischen Epidemiegesetz (EpiG) geregelt, ergänzt um das AIDS-Gesetz, das Geschlechtskrankheitengesetz und das Tuberkulosegesetz, und sind über das Rechtsinformationssystem des Bundes abrufbar [12]. Die Meldepflichten unterscheiden sich zum Teil von denjenigen in Deutschland in Abhängigkeit vom Krankheitserreger. Beispielsweise ist ein Verdacht auf eine Meningokokken-Erkrankung allein noch nicht (namentlich) meldepflichtig, jedoch ein entsprechender Erkrankungs- und Todesfall.

Die Meldepflichten in der Schweiz werden im Epidemiengesetz (EpG) geregelt und vom Bundesamt für Gesundheit (BAG) herausgegeben. Hier gilt für Meningokokken-Erkrankungen wie in Deutschland namentliche Meldepflicht bei Verdacht sowie bei Veranlassung der spezifischen Labordiagnostik oder dem Vorliegen eines positiven Laborbefundes, auch für die Tuberkulose gilt namentliche Meldung bei Behandlungsbedürftigkeit oder Nachweis von Mykobakterien. Für eine ausführliche Darstellung sei auf die Materialien des BAG verwiesen [13].

6.1.2 Indikationen zur Liquoranalytik

Bei klinischem Verdacht auf eine bakterielle Meningitis, Meningoenzephalitis, Hirnphlegmone, septische Herdenzephalitis oder Ventrikulitis nach Implantation einer Liquordrainage ist die Liquoranalytik immer indiziert, sofern der Patient nicht durch die Liquorentnahme gefährdet wird.

Der in Deutschland etablierte Algorithmus zum diagnostischen und therapeutischen Vorgehen bei klinischem Verdacht auf außerhalb des Krankenhauses erworbener bakterieller Meningitis findet sich in Abb. B.6.1. Wache Patienten ohne ausgeprägte neurologische Herdsymptomatik sollen nach Ausschluss einer Stauungspapille mittels Augenspiegeln sofort lumbalpunktiert werden, sofern keine Gerinnungsstörungen bestehen. Eine craniale Computertomographie (CCT) vor Lumbalpunktion (LP) stellt bei diesen Patienten eine unnötige Verzögerung der LP und des Beginns der antibiotischen Behandlung dar. Bei entsprechender klinischer Symptomatik soll die erste Antibiotika-Dosis unmittelbar nach der Entnahme des Liquors und der Blutkultur (sowie des Rachen- bzw. Wundabstrichs) verabreicht werden. Der Liquorbefund soll nicht abgewartet werden.

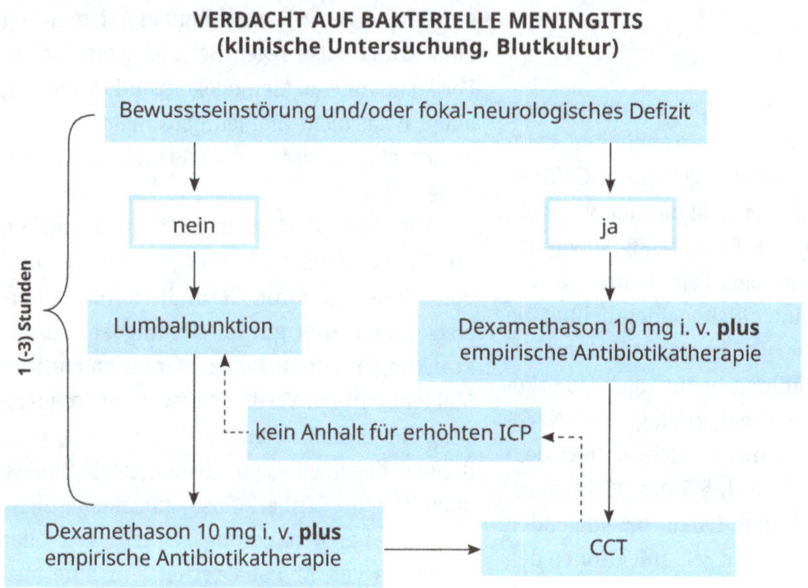

Abb. B.6.1: Diagnostisches und therapeutisches Vorgehen bei Verdacht auf bakterielle Meningitis [2]. ICP, intrakranieller Druck; CCT, craniale Computertomographie.

In der Notfalldiagnostik besteht die Indikation für ein CCT zum Ausschluss bzw. Nachweis eines Hirnödems bei soporösen und komatösen Patienten bzw. einer intrakraniellen Raumforderung bei Patienten mit auf einen intrazerebralen Prozess hinweisenden neurologischen Herdsymptomen. Wenn bei solchen Patienten ein dringender klinischer Verdacht auf eine bakterielle Meningitis besteht, soll nach Entnahme von Blutkultur sowie Rachen- bzw. Wundabstrich mit der antibiotischen Behandlung begonnen werden. Danach soll das CCT durchgeführt werden. Zeigt sich im CCT kein schweres Hirnödem bzw. keine intrakranielle Massenverschiebung, soll der Patient lumbalpunktiert werden zur Diagnosesicherung und um die Wahrscheinlichkeit der kulturellen Erregeranzucht zu erhöhen. Bei schwerem Hirnödem bzw. großer intrakranieller Raumforderung soll auf die LP verzichtet werden. Die Nichtbefolgung der Regel, bei Verzögerung der Liquorpunktion nach Abnahme der Blutkulturen sofort mit der antibiotischen Behandlung zu beginnen, verschlechtert die Prognose der bakteriellen Meningitis und Sepsis. Ein Intervall zwischen Krankenhausaufnahme und erster antibiotischer Dosis > 3 h steigert die Letalität um das 14-fache [14].

Die Revision der schwedischen Richtlinien zur Akutbehandlung der bakteriellen Meningitis

2009 (mäßige bis schwere Bewusstseinstrübung und epileptische Anfälle als Kontraindikationen für die Durchführung der Liquorpunktion vor CCT wurden gestrichen) führte zu einer erheblichen Verkürzung des Intervalls zwischen Krankenhausaufnahme und erster antibiotischer Dosis und zu einer signifikanten Reduktion der Letalität und der Langzeitschäden [15]. Der relative Anstieg der Letalität pro Stunde Behandlungsverzögerung wurde auf 8,8 % (95 % CI, 3,4 %–14,4 %; p < 0,01) geschätzt [15]. In einer prospektiven Folgestudie, in der die Autoren die Befolgung der schwedischen Richtlinien im Vergleich zu den Richtlinien der *European Society of Clinical Microbiology and Infectious Diseases* (ESCMID) und der *Infectious Diseases Society of America* (IDSA) verglichen, hatten die nach den schwedischen Richtlinien Behandelten eine geringere Letalität (adjustierte Odds Ratio [aOR] 0,48 (95 %-Konfidenzintervall [CI] 0,26–0,89)) und eine erhöhte Wahrscheinlichkeit eines günstigen Behandlungsergebnisses (aOR 1,52 (95 % CI 1,08–2,12)). Die Einhaltung der ESCMID-Leitlinien resultierten in einer aOR von 0,68 (95 % CI 0,38–1,23) für die Letalität und 1,05 (95 % CI 0,75–1,47) für ein günstiges Behandlungsergebnis. Das Befolgen der IDSA-Empfehlungen resultierte in einer aOR von 1,09 (95 % CI 0,61–1,95) für Letalität und 0,59 (95 % CI 0,42–0,82) für ein günstiges Ergebnis. Die Autoren der schwedischen Studie folgern, dass deshalb eine Bewusstseinstrübung keine Kontraindikation für die sofortige LP bei V. a. bakterielle Meningitis sein sollte [16]; die Revision der deutschen Leitlinie nennt als Kontraindikationen für eine LP ohne vorheriges CCT 1. schwere Vigilanzstörung, 2. neu aufgetretenes fokal-neurologisches Defizit und 3. epileptische Anfälle.

Aufgrund der Gefahr der Herniation ist die Liquorentnahme bei Patienten mit einer Mittellinienverlagerung, einem größeren zerebellären Abszess, den Zeichen einer beginnenden transtentoriellen Herniation oder mit einem ausgeprägten Hirnödem kontraindiziert!

Bei Patienten mit dem Vollbild einer bakteriellen Meningitis liegt die Liquor-Leukozytenzahl in der Regel (cave: Abweichung bei sog. „apurulenter bakterieller Meningitis") über 1000/µl, das Differential-Zellbild ist vorwiegend granulozytär, das Gesamteiweiß liegt bei über 1000 mg/l, der Liquor-Serum-Albuminquotient bei über 20 und das Liquorlaktat bei über 3,5 mmol/l. Insbesondere in der Initialphase, nach bereits begonnener antibiotischer Therapie sowie bei Immunabwehrgeschwächten sind atypische Befunde jedoch nicht selten (**s. Kapitel C.1.1.1.2**).

Die Mehrzahl von Patienten mit Hirnabszessen, zerebralen epiduralen Abszessen und zerebralen subduralen Empyemen zeigt im Liquor cerobrospinalis eine Erhöhung der Leukozytenzahl (in der Regel < 1000 /µl) mit variablem Differentialzellbild. Das Gesamteiweiß im Liquor ist meistens erhöht, in manchen Fällen lässt sich eine intrathekale Synthese von Immunglobulinen (IgA) nachweisen. In Einzelfällen kann es allerdings auch bei Tumoren, insbesondere bei hochmalignen Gliomen, zu einer Vermehrung der Liquorleukozyten und zu einer intrathekalen Immunglobulinsynthese kommen, so dass die Differentialdiagnose Entzündung/Tumor erschwert wird. Wenn der Abszess nicht in den Subarachnoidalraum durchgebrochen ist, lassen sich keine Erreger aus dem Liquor anzüchten oder mikroskopisch darstellen. Nach Durchbruch des Abszesses in den Liquorraum entsprechen die Liquorbefunde denen einer bakteriellen Meningitis. Die Liquorbefunde beim spinalen epiduralen Abszess sind bei Punktion unterhalb des Abszesses fast immer gekennzeichnet durch eine ausgeprägte Erhöhung des Liquoreiweißes und des Liquor-Serum-Albuminquotienten als Ausdruck einer Liquorzirkulationsstörung. Die Liquor-Pleozytose ist variabel. Der Erreger lässt sich im Liquor in der Regel erst anzüchten, wenn der Abszess in den Subarachnoidalraum durchgebrochen ist. Demgegenüber lässt sich der Erreger (häufig

Staphylococcus aureus) in etwa 50 % der nicht antibiotisch vorbehandelten Patienten in der Blutkultur anzüchten.

Abszesse breiten sich im spinalen Epiduralraum langstreckig aus. Sie befinden sich meistens dorsal des Myelons bzw. der Cauda equina. Nach Einführung der Kernspintomographie in die klinische Routine soll bei dringendem Verdacht auf einen lumbalen spinalen epiduralen Abszess die Liquordiagnostik unterbleiben: hierdurch soll verhindert werden, dass zunächst der dorsal gelegene Abszess und danach der weiter ventral gelegene Liquorraum anpunktiert und Erreger aus dem Abszess in den Liquorraum verschleppt werden. Wird zufällig ein epiduraler Abszess punktiert, so entleert sich bei ausreichend dicker Nadel Eiter entweder spontan oder durch Aspiration. Die Punktionsnadel soll dann nicht weiter nach ventral vorgeschoben werden, um die Dura nicht zu verletzen.

Entscheidend für die Erregeranzucht bei Hirnabszess, zerebralen und spinalen subduralen Empyemen und epiduralen Abszessen, ist die rasche Gewinnung von Abszessinhalt durch den Neurochirurgen entweder vor oder in den ersten Stunden nach Beginn der antibiotischen Behandlung. Wenn einem Hirnabszess eine Infektion im oberen Respirationstrakt bzw. im Mittelohr zugrunde liegt, lässt sich der bzw. die Erreger häufig aus vorhandenen Sekreten anzüchten.

Bei der septischen Herdenzephalitis finden sich im Liquor häufig eine in ihrer Ausprägung variable Pleozytose und eine leichte Eiweißerhöhung. Bei der septisch-metastatischen Herdenzephalitis sind die Liquorveränderungen ausgeprägter als bei der septisch-embolischen [9]. Das Ausmaß der Liquorveränderungen hängt außer von der Intensität der Entzündung auch von der Lage der enzephalitischen Läsion(en) ab. Die Anzucht des Erregers aus dem Liquor gelingt nur ausnahmsweise [7]. Entscheidend für den Erregernachweis sind Blutkulturen sowie ggf. die Gewinnung von Material vom Ausgangsort der Sepsis. Bei kritisch kranken Patienten mit septischer Herdenzephalitis soll die Liquorentnahme nicht erzwungen werden.

Wiederholte Liquorentnahmen sind unter folgenden Bedingungen sinnvoll:

1. Kann anhand des initial entnommenen Liquors kein Erreger identifiziert werden, gelingt es nicht selten bei einer der darauffolgenden Liquorentnahmen den Erreger anzuzüchten (z. B. *M. tuberculosis*). Bei solchen Patienten sind Lumbalpunktionen in etwa wöchentlichen Abständen indiziert.
2. Bei einer adäquat behandelten bakteriellen Meningitis sollte 24–36 h nach Beginn der antibiotischen Behandlung der Liquor steril sein. Lassen sich aus dem bei der zweiten Punktion entnommenen Liquor noch Bakterien anzüchten, muss eine Umstellung der antibiotischen Behandlung erwogen werden [17].

Bei der unkomplizierten bakteriellen Meningitis ist die wiederholte Liquorentnahme im Abstand von einigen Tagen bis zur Normalisierung der Liquorbefunde nicht notwendig. In diesem Fall ist auch die Kontrolle des Liquorbefundes nach Behandlungsende entbehrlich. Die Liquor-Leukozytenzahl am Behandlungsende korreliert bei der klinisch unkomplizierten bakteriellen Meningitis nicht mit dem Rezidivrisiko [18,19].

6.1.3 Gewinnung und Transport des Liquors für bakteriologische Untersuchungen

Die Anzucht der Krankheitserreger ist weiter der Goldstandard zur Erregeridentifikation und zur Resistenzbestimmung. Der zur Anzucht vorgesehene Liquor muss steril asserviert werden (cave: Kontamination mit Koagulase-negativen

Staphylokokken). Die Punktionsstelle muss besonders gründlich desinfiziert werden, um eine Kontamination des Liquors mit auf der Haut siedelnden Bakterien (z. B. Koagulase-negative Staphylokokken, *Corynebacterium* spp.) oder eine iatrogene Infektion des Patienten zu vermeiden.

Die für die Erregeranzucht vorgesehene Portion des Liquors darf nicht zentrifugiert werden und soll ungekühlt transportiert werden. Bei zu niedrigen oder zu hohen Temperaturen und langer Transportzeit im nährstoffarmen Liquor können Bakterien rasch absterben und die Sensitivität des mikrobiologischen Erregernachweises abfallen. Als besonders empfindlich beschrieben werden Meningokokken und *H. influenzae*, hier kann eine zu lange Transportzeit oder eine Lagerung bei Raumtemperatur oder 4° C zu einem unkontrollierten Absterben führen [20]. Pneumokokken und *L. monocytogenes* sind widerstandsfähiger gegenüber niedrigen Temperaturen und können auch nach Lagerung über mehrere Stunden noch rekultiviert werden, Listerien können sich auch bei Kühlschranktemperaturen vermehren. Bei V. a. eine bakterielle Meningitis muss der gewonnene Liquor deshalb *unzentrifugiert* und bei *Raumtemperatur* schnellstmöglich in ein mikrobiologisches Labor transportiert werden. Dauert der Transport wesentlich länger als 30 min, überleben empfindliche Meningitiserreger zuweilen besser, wenn 1–5 ml (–10 ml) Liquor (die Sensitivität der Kultur steigt mit der Menge des eingesetzten Liquors) in eine Blutkulturflasche gegeben wird. Hierbei ist ein optimales Verhältnis zwischen Probenvolumen und Nährmedium anzustreben, ggfs. wird die Verwendung von pädiatrischen Blutkulturflaschen empfohlen.

Beim Hirnabszess wird für die aerobe Kultur eine Portion des aspirierten Eiters in ein steriles Röhrchen gefüllt. Zur erfolgreichen Kultur von Anaerobiern muss der Kontakt des Probenmaterials mit der Luft vermieden werden. Am leichtesten gelingt dies, indem für die anaerobe Kultur der Eiter mit einer Spritze ohne Luftbeimengung aspiriert wird. Die Spritze muss danach luftdicht verschlossen werden.

6.1.4 Bakteriologische Diagnostik des Liquor cerebrospinalis

Mikroskopischer Erregernachweis

Die mikroskopische Darstellung der Erreger einer bakteriellen Meningitis mittels Gram- bzw. Ziehl-Neelsen-Färbung (Tab. B.6.1 bzw. Tab. B.6.2) ist weiterhin eine wichtige Methode in der Notfalldiagnostik. Sie gestattet schnell Rückschlüsse auf das verantwortliche Bakterium (Abb. B.6.1) und beeinflusst damit die Wahl des Antibiotikums. Ob sich Bakterien im Liquor mikroskopisch nachweisen lassen, hängt unter anderem von ihrer Zahl ab. Bei einer Bakteriendichte von < 10^3 Kolonie-formenden Einheiten (CFU) pro ml gelingt der mikroskopische Nachweis in etwa 25 %, bei Bakteriendichten von 10^3–10^5 CFU/ml in 60 %, und bei einer Bakterienkonzentration > 10^5 CFU/ml in 97 % [21].

Da die Erregerdichte auch vom jeweiligen Erreger abhängt, variiert die Sensitivität des Gram-gefärbtem Liquorpräparats bei der akuten bakteriellen Meningitis speziesabhängig (bis 90 % bei Pneumokokken, < 50 % bei *L. monocytogenes*) [21] (Abb. B.6.2, B.6.3). Ist der Patient bereits antibiotisch vorbehandelt, kann die Sensitivität des Grampräparates abfallen [22], in anderen Studien war die Sensitivität des Grampräparates trotz antibiotischer Vorbehandlung unverändert [23].

Die Benutzung einer Zytozentrifuge scheint im Vergleich zur konventionellen Zentrifugation des Liquors (15–20 min bei 3000 × g) die Empfindlichkeit des mikroskopischen Nachweises durch Gram-Färbung zu erhöhen [24].

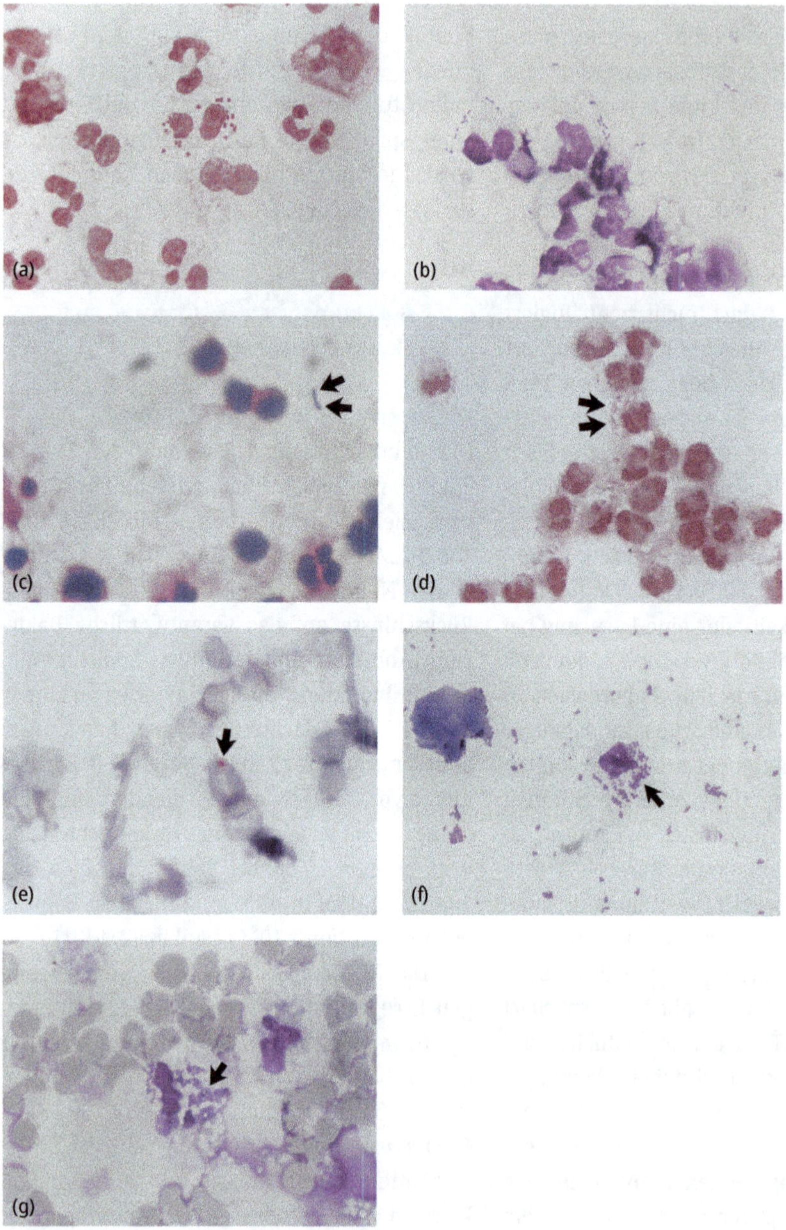

Abb. B.6.2: (a)–(d): Färbungen typischer Meningitis-Erreger in Liquor-Ausstrichen bzw. -Zytozentrifugaten (× 1000). (a) Gram-negative, vorwiegend intrazellulär gelegene Diplokokken (kulturell: *Neisseria meningitidis*). (b) Gram-positive, vorwiegend extrazellulär gelegene Diplokokken (kulturell: *Streptococcus pneumoniae*). (c) Gram-positive Stäbchen (kulturell: *Listeria monocytogenes*). (d) Gram-negative, vorwiegend extrazellulär gelegene Stäbchen (kulturell: *Haemophilus influenzae*). (e) Säurefeste Stäbchen, vorwiegend intrazellulär gelegen (kulturell: *Mycobacterium tuberculosis*).(f) Vorwiegend intrazelluläre Gram-positive, in Haufen liegende Kokken (May-Grünwald-Färbung; kulturell: *Staphylococcus aureus*).(g) Gram-positive keulenförmige Stäbchen bei Patienten mit infizierter externer Ventrikeldrainage (kulturell: *Corynebacterium* sp.).

Tab. B.6.1: Gram-Färbung (die Protokolle können in Details vom hier beschriebenen Vorgehen abweichen, vgl. Kap. B.2.1.2.2).

Prinzip
Bakterien, deren Zellwand aus mehreren miteinander vernetzten Peptidoglykanschichten besteht, halten während des Entfärbungsschritts mit Alkohol das Gentianaviolett in ihrem Inneren. Sie sind unter dem Mikroskop blau-schwarz bis dunkel-violett (= Gram-positiv). Bakterien mit dünner Zellwand entfärben sich im Alkohol und nehmen danach die rosa bis rote Farbe der Gegenfärbung an (= Gram-negativ).
Methode
Ausstrich bzw. Zytozentrifugat hitzefixieren
Färben mit Gentianaviolett 1–2 min
Inkubation mit Lugolscher Lösung (Jodjodkaliumlösung) für 1–2 min („Beizen“)
Entfärben mit 95 % Äthylalkohol, bis keine sichtbaren Farbwolken mehr abgehen
Beendigung des Entfärbungsprozesses durch Abspülen mit Wasser
Gegenfärbung mit Safranin- oder Fuchsin-Lösung für 30–60 s

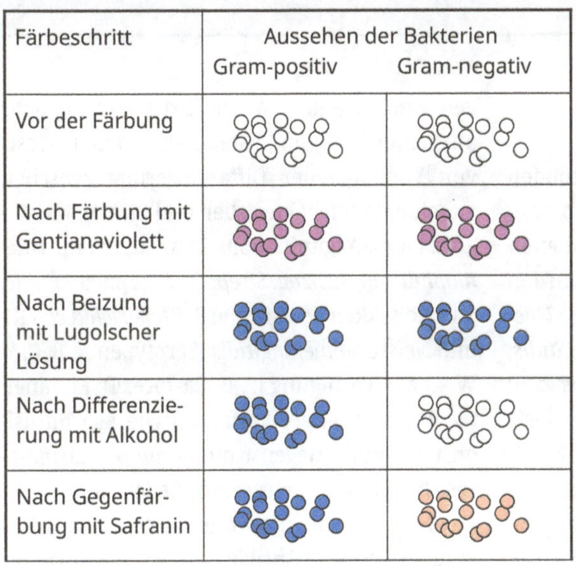

Die Gram-Färbung kann falsch positiv oder falsch negativ ausfallen, wenn zu kurz oder zu lange mit Alkohol entfärbt wird. Außerdem stellen sich Gram-positive Bakterien mit geschädigter Zellwand (z. B. nach Antibiotika-Exposition) manchmal Gram-negativ dar

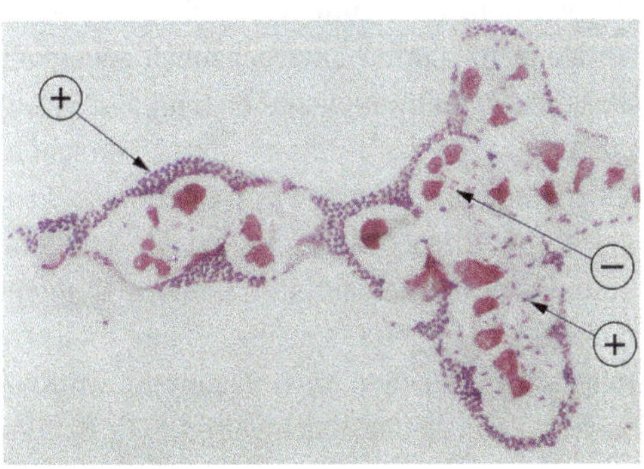

Abb. B.6.3: Apurulente Meningitis. Es finden sich wenige Leukozyten, die von zahlreichen Gram-positiven (⊕) Kokken (Pneumokokken) umlagert werden. Nach Gram-Färbung stellen sich nicht alle Pneumokokken blau-schwarz dar. Pneumokokken mit geschädigter Zellwand (z. B. während der Autolyse oder nach antibiotischer Vorbehandlung) entfärben sich stärker als intakte Pneumokokken und sind deshalb scheinbar Gram-negativ (⊖).

Tab. B.6.2: Ziehl-Neelsen-Färbung (die Protokolle können in Details vom hier beschriebenen Vorgehen abweichen).

Prinzip
Manche Bakterien, insbesondere Mykobakterien, Aktinomyzeten und Nokardien, lassen sich aufgrund ihrer Lipophilie (durch Lipid- und Wachsreichtum) mit den üblichen Farbstoffen nur schlecht anfärben. Wenn diese Bakterien aber einen Farbstoff aufgenommen haben, lassen sie sich nur schwer entfärben und geben selbst bei Säureexposition die Farbe nicht ab.
Methode
Ausstrich bzw. Zytozentrifugat hitzefixieren
Inkubation mit wässrig-alkoholischer Karbolfuchsinlösung
Während der Inkubation Objektträger mit Bunsenbrenner 3 × bis zum Dampfen erhitzen
Beendigung der Färbung durch Spülen mit Wasser
Entfärben mit 3 % Salzsäurealkohol
Gegenfärbung mit 0,3–1 %iger wässriger Methylenblau-Lösung
Aktinomyzeten und Nokardien sind weniger säurefest als Mykobakterien. Um diese Bakterien nachzuweisen, nimmt man zum Entfärben 1 %ige Schwefelsäure.

Erregeridentifikation mittels immunologischer Methoden

Eine Vielzahl immunologischer Methoden wurde zum Nachweis bakterieller Oberflächenantigene im Liquor entwickelt. Sie dienen als Schnelltests. Am breitesten erprobt wurden diese Nachweismethoden bei durch *Haemophilus influenzae*, *Neisseria meningitidis*, *Streptococcus pneumoniae* und *Escherichia coli* verursachten Meningitiden. Diese Tests verlieren durch den breiten Einsatz der PCR an Bedeutung. Stehen Nukleinsäure-basierte Verfahren jedoch nicht zur Verfügung, stellen sie eine Alternative als Schnelltest dar. Wie mit der PCR, lassen sich mit dem Antigen-Nachweis Erreger noch einige Tage nach Beginn der antibiotischen Behandlung nachweisen.

Der für den bakteriellen Antigennachweis am weitesten verbreitete Latex-Agglutinations-Test lässt sich binnen weniger Minuten durchführen. Die Sensitivität ist, wenn für die Kultur ausreichend Liquor zur Verfügung steht, beim Latex-Test etwas geringer als bei der Kultur. Da der Antigennachweis nach Beginn der antibiotischen Behandlung noch gelingen kann, wenn sich der Erreger nicht mehr anzüchten lässt, sind Latex-Agglutinations-Tests von Wert bei der Differenzierung zwischen anbehandelter bakterieller und viraler Meningitis. Latex-Agglutinations-Tests stehen für *Haemophilus influenzae*, *Streptococcus pneumoniae*, Streptokokken der Gruppe B, *Escherichia coli* K1 und *Neisseria meningitidis* (Serotypen A, B, C, Y, W_{135}) zur Verfügung (z. B. Pastorex®; Meningitis, Bio-Rad). Ältere Verfahren wie Agardiffusionstest und Gegenstromimmunoelektrophorese haben nur noch geringe Bedeutung [25].

Mit einem Enzymimmunoassay (EIA) können neben Antikörpern gegen Erreger auch Erreger-spezifische Antigene nachgewiesen werden. EIAs zum Nachweis bakterieller Antigene im Liquor sind erheblich sensitiver als Latex-Agglutinationsmethoden [25–27]. Mit einem EIA gegen Teichon- und Lipoteichonsäuren aus der Zellwand von Pneumokokken, der empfindlicher als kommerziell erhältliche Latex-Agglutinationstests ist, ließen sich Pneumokokken-Antigene spezifisch und sensitiv (bis zu zwei Wochen nach Beginn der antibiotischen Behandlung) nachweisen [27]. Bei der tuberkulösen Meningitis wurden verschiedene EIAs erprobt mit einer diagnostischen Sensitivität von 50–80 % und einer Spezifität von über 90 % [25,28]. Trotz eindrucksvoller Resultate in Studien haben sich standardisierte EIAs zum Nachweis *M. tuberculosis*-spezifischer Antigene in der Zerebrospinalflüssigkeit nicht in der klinischen Routine durchgesetzt.

Zum Nachweis von Infektionen des Liquorraums durch Gram-negative Bakterien wurde der Endotoxin-Nachweis mittels Limulus-Lysat-Test benutzt. Der Test ist sensitiv, erkennt aber keine Infektionen durch Gram-positive Bakterien und differenziert nicht zwischen den einzelnen Gram-negativen Erregern [29]. Durch Kontamination von Reagenzgefäßen oder Reagenzien mit Endotoxin kann der sehr empfindliche Test falsch positiv ausfallen.

Polymerase-Kettenreaktion und andere molekularbiologische Verfahren

Die *Polymerase-Kettenreaktion* (PCR) besitzt eine sehr hohe Sensitivität und ist binnen einiger Stunden durchführbar. Insbesondere bei antibiotisch vorbehandelten Patienten ist die PCR deutlich empfindlicher als die Kultur und die Mikroskopie [30].

In einer Studie mit 65 Patienten mit kulturell bestätigter außerhalb des Krankenhauses erworbener bakterieller Meningitis lag die Sensitivität für *H. influenzae* bei 92 %, für *S. pneumoniae* bei 100 %, und für *N. meningitidis* bei 88 %; die Spezifität lag für alle Erreger bei 100 %. In einer anderen Studie mit 139 Patienten mit bakterieller Meningitis (positive Liquorkultur 94 Fällen, positive Gram-Färbung 12 Fälle, klinischer Verdacht mit negativen Kulturen 31 Fälle) lag die Sensitivität einer Multiplex-PCR (einer PCR mit mehreren, für unterschiedliche Erreger spezifischen Primern) für *H. influenzae* bei 88 %, für *S. pneumoniae* bei 92 %, für *N. meningitidis* bei 94 % (Spezifität 100 % für alle Erreger). Die Sensitivität einer Multiplex-PCR im Liquor lag unter den Bedingungen eines sich entwickelnden Landes (Burkina Faso) bei 409 Patienten mit bakterieller Meningitis (diagnostiziert mit Liquorkultur, Latex-Agglutinations-Test, PCR oder Gram-Färbung) erheblich niedriger: 72 % für *H. influenzae*, 61 % für *S. pneumoniae* und 88 % für *N. meningitidis* mit Spezifitäten von 95 %, 95 % und 97 %. Trotzdem war der Zusatznutzen der PCR in dieser Studie hoch: bei 43 % der Patienten mit *H. influenzae*-Meningitis, 27 % der Patienten mit Pneumokokken-Meningitis und 37 % der Patienten mit Meningokokken-Meningitis wurde die Diagnose nur mit PCR gestellt [31].

Die Detektion von Meningokokken-DNA mittels PCR wird mittlerweile in vielen Ländern der Erde bei Patienten mit vermuteter Meningokokken-Meningitis und negativen Liquorkulturen praktiziert. In einer prospektiven französischen Studie mit 363 Kindern, „clinically defined meningococcal meningitis“ und negativer Liquorkultur war die PCR für Meningokokken-DNA positiv bei 205 Kindern (57 %); bei 169 (47 %) Kindern wurden die Meningokokken nur durch die PCR identifiziert. Antibiotische Vorbehandlung reduziert die Sensitivität der PCR in Liquorproben. In einer prospektiven Untersuchung an 28 Patienten mit *„clinically defined meningococcal meningitis“* war die PCR für Meningokokken-DNA bei 13 von 16 antibiotisch vorbehandelten Patienten positiv (81 %), während die PCR bei allen 21 Patienten ohne antibiotische Vorbehandlung *N. meningitidis* korrekt detektierte (100 %). Die PCR kann auch zur Genotypisierung eingesetzt werden, um einzelne Meningokokken-Stämme in Ausbruchsituationen zu verfolgen. Der Nachweis von *L. monocytogenes* mittels PCR war zunächst durch eine geringe Empfindlichkeit erschwert. Mittlerweile hat sich die Sensitivität verbessert, der Zusatznutzen der PCR für die Diagnose einer Listerien-Meningitis ist aber unklar. Auch für die Detektion von Streptokokken der Gruppe B im

Liquor ist der Zusatznutzen der PCR begrenzt. *Streptococcus suis*-DNA wurde mittels PCR korrekt detektiert im Liquor von 149 von 151 Patienten (Sensitivität 99 %) [31]. In einer brasilianischen Studie wurden bei 451 Liquores sowohl eine Gram-Färbung als auch eine RT-PCR oder Kultur durchgeführt. Bei 80 Patienten (17,7 %) wurden in der Liquorkultur *S. pneumoniae, N. meningitidis* oder *H. influenzae* angezüchtet. Bei 101 Patienten (22,2 %) zeigte die Gram-Färbung einen Verdacht auf *S. pneumoniae, N. meningitidis* oder *H. influenzae.* Die RT-PCR im Liquor ergab ein positives Ergebnis auf *S. pneumoniae, N. meningitidis* oder *H. influenzae* bei 113 (25,1 %) Patienten, von denen 32,7 % eine negative Kultur aufwiesen [30]. Eine mittels quantitativer PCR bestimmte hohe Bakterienkonzentration im Liquor war bei Pneumokokken- und Meningokokken-Meningitis mit einem ungünstigen Behandlungsergebnis assoziiert [31]. Zusammengefasst stellt die PCR bei Meningitiden und Meningoenzephalitiden durch leicht anzüchtbare Erreger eine die Kultur ergänzende Methode dar, die insbesondere bei antibiotischer Vorbehandlung oder längeren Transportwegen die Sensitivität vergrößert.

Unter den bakteriellen ZNS-Infektionen ist die Bedeutung der PCR bei der ZNS-Tuberkulose und beim Morbus Whipple am größten (sehr lange Kulturzeiten bzw. kein Wachstum des Erregers auf Routine-Nährböden). Bei Einsatz der PCR zu diagnostischen Zwecken muss eine Kontamination unbedingt vermieden werden, da hieraus falsch-positive Befunde resultieren.

Für die Diagnose einer ZNS-Tuberkulose liegt der Vorteil der PCR vor allem in der Verkürzung des Intervalls Entnahme-Befund. Erfahrene Labors scheinen Ergebnisse von hoher Spezifität und relativ hoher Sensitivität zu produzieren: bei den meisten Untersuchungen betrug im Liquor die Spezifität 97–100 %, während die Sensitivität zwischen 50 und 80 % schwankte [32–37]. Eine negative PCR schließt somit die Tuberkulose nicht aus (die Bakteriendichte im Liquorkompartiment ist oft sehr gering): bei klinischem Verdacht sind wiederholte Untersuchungen in ca. wöchentlichem Abstand mit ausreichenden Liquorvolumina (etwa 5 ml) indiziert, um die Sensitivität zu erhöhen. Auf das gleichzeitige Anlegen einer Kultur darf nicht verzichtet werden.

Aufgrund der niedrigen Bakteriendichte ist die Borrelien-PCR im Liquor bei klinisch und serologisch sicherer Neuroborreliose nur in etwa 20 % der Fälle positiv [38,39]. Die Diagnose einer Neuroborreliose ist deshalb weiterhin vorwiegend eine klinische Diagnose, gestützt auf die Symptomatik und die Liquor-Pleozytose, den Nachweis Borrelien-spezifischer Antikörper in Serum und Liquor sowie den hieraus errechneten Erreger-spezifischen Antikörperindex (**s. Kap. C1.1.1.2:** Abb. C.1.2**)**. Eine Anwendung der PCR erscheint, wenn überhaupt, bei sehr frühen Krankheitsverläufen hilfreich, da für Neuroborreliosefälle mit einer sehr kurzen Krankheitsdauer von weniger als 2 Wochen eine Sensitivität von 50 % beschrieben wurde [40].

Der zerebrale M. Whipple, eine langsam progrediente bakterielle ZNS-Erkrankung (häufig assoziiert mit gastrointestinalen Symptomen), die nur mit geringen entzündlichen Liquorveränderungen einhergeht, kann mittels PCR auf *Tropheryma whipplei* diagnostiziert werden. Geeignete Materialien sind Duodenalbiopsat, Blut, Liquor und Hirngewebe [41–43].

Neuerdings stehen für die Nukleinsäure-Detektion der häufigsten bakteriellen und viralen Meningitis/Enzephalitis-Erreger Multiplex-PCRs zur Verfügung. Diese können zur Erreger-Identifikation innerhalb weniger Stunden führen und helfen, frühzeitig die richtige und gezielte Therapie einzuleiten bzw. weiterzuführen. In einer kommerziell erhältlichen Multiplex-PCR (z. B. BioFire® FilmArray® Meningitis/Encephalitis [ME] Panel) werden z. B. die Bakterien *Escherichia coli, Haemophilus influenzae, Lis-*

teria monocytogenes, Neisseria meningitidis, Streptococcus agalactiae, Streptococcus pneumoniae, die Viren Cytomegalie-Virus (CMV), Enterovirus (EV), Herpes-simplex-Virus-1 (HSV-1), Herpes-simplex-Virus-2 (HSV-2), Humanes Herpesvirus-6 (HHV-6), Humanes Parechovirus (HPeV) und Varizella-zoster-Virus (VZV) sowie der Pilz *Cryptococcus neoformans/gattii* identifiziert [44].

Metagenomisches Next-Generation Sequencing (NGS) des Liquors kann Erreger identifizieren, die der Kultur oder PCR entgehen: bei 204 Kindern und Erwachsenen bestanden 58 Infektionen des Nervensystems in 57 Patienten (27,9 %). NGS identifizierte 13 ZNS-Infektionen (22 %), die dem Routinenachweis entgangen waren. Infektionen, die nur durch metagenomisches NGS diagnostiziert wurden, waren neben St. Louis Enzephalitis-Virus, Hepatitis E-Virus, und *Streptococcus agalactiae, Neisseria spp., Nocardia farcinica, Candida tropicalis, Enterobacter aerogenes, Streptocioccus mitis* und *Enterococcus faecalis* [45].

Die meisten PCR-Verfahren haben den Nachteil, dass die Resistenz der Erreger gegenüber Antibiotika nicht erkannt wird. Nur in einigen Multiplex-PCR-Verfahren werden auch Resistenz-Gene amplifiziert; bei positivem Befund kann hierüber auf eine Unempfindlichkeit gegenüber bestimmten Antibiotika(-gruppen) geschlossen werden. Die Bedeutung solcher Methoden, bei denen ohne Anzucht Informationen über die Erregerempfindlichkeit gewonnen werden, wird in Zukunft zunehmen.

Erregeranzucht und Resistenzbestimmung

Die Anzucht des Erregers aus dem Liquor ist der Goldstandard für den Erregernachweis bei bakteriellen ZNS-Infektionen. Für die Bakterienkultur kommen feste und flüssige Medien zum Einsatz. Bei klinischem Verdacht auf bakterielle Meningitis können z. B. folgende Kulturmedien zum Einsatz kommen: mit Blut supplementierter Mueller-Hinton-Agar (zur Anzucht zahlreicher Erreger), Kochblut-Agar (*Haemophilus influenzae*), Endo-Agar (Gram-negative Erreger), anaerob bebrüteter Columbia-Agar (Anaerobier), Sabouraud-Agar (Pilze). Bei klinischem Verdacht auf Mykobakterien werden zusätzlich Kulturen auf Löwenstein-Jensen-Agar und in geeignetem Flüssig-Medium (z. B. Middlebrook-Bouillon) angelegt [46].

Ist die Anzucht gelungen, wird die Empfindlichkeit des Erregers auf Antibiotika untersucht. Hierfür eignet sich der semiquantitative Agardiffusionstest, bei dem mehrere mit unterschiedlichen Antibiotika beschickte Plättchen auf beimpfte Agarnährböden gelegt werden („Plättchen-Test“), nur bedingt, weil sich die nach DIN 58940 normierte Bewertung des Hemmhofdurchmessers im Agar als „empfindlich“ oder „resistent“ an den Serum- und nicht an den erreichbaren Liquorkonzentrationen des jeweiligen Antibiotikums orientieren. Der Reihenverdünnungstest in Bouillon, mit dessen Hilfe die minimalen Hemmkonzentrationen (MHK) des jeweiligen Erregers für alle therapierelevanten Antibiotika quantitativ bestimmt werden können, ist die Untersuchung der Wahl [47]. Hierfür wird eine Verdünnungsreihe des jeweiligen Antibiotikums in Bouillon angelegt und mit dem isolierten Bakterienstamm (eingesetzte Bakteriendichte ca. 5×10^5 Kolonie-formende Einheiten/ml) inkubiert (bei schnellwachsenden Erregern 16–24 h). Die MHK des jeweiligen Antibiotikums ist die Konzentration, die *in vitro* bakteriostatisch wirkt, d. h. zu einer sichtbaren Hemmung des Bakterienwachstums (= Verminderung der Trübung der Bouillon) führt. Aufgrund des geringeren Aufwands wird heute die MHK oft mit dem E-Test (einem Teststreifen mit Konzentrationsgradienten des zu testenden Antibiotikums, der auf die mit dem

Erreger bestrichene Agarplatte gelegt wird) bzw. im Laborautomaten über die Wachstumskinetik des getesteten Erregers bei verschiedenen Antibiotikakonzentrationen ermittelt. Welche Konzentration des jeweiligen Antibiotikums *in vitro* bakterizid wirkt, kann durch Ausplattieren der Bouillon der Röhrchen bzw. Näpfe der Mikrotiterplatte ermittelt werden, in denen es nach 24-stündiger Inkubation zu einer sichtbaren Verminderung der Trübung gekommen ist. Als minimale bakterizide Konzentration (MBK) ist die Konzentration des Antibiotikums definiert, die *in vitro* zu einer Reduktion der eingesetzten Bakterienkonzentration um mindestens 3 Zehnerpotenzen in 24 h führt (von 5×10^5 auf $< 5 \times 10^2$ Kolonie-formende Einheiten/ml). Weil bei bakteriellen ZNS-Infektionen gegen den jeweiligen Erreger bakterizid wirkende Substanzen eingesetzt werden müssen, ist die Bestimmung der MBK bei Liquorisolaten zwar wünschenswert, in der klinischen Routine aufgrund des hohen Aufwands aber kaum umsetzbar.

6.1.5 Notwendige mikrobiologische Untersuchungen in anderen Körperflüssigkeiten und Geweben

In jedem Fall des Verdachts auf bakterielle ZNS-Erkrankungen muss die Erregeranzucht zusätzlich aus dem Blut mittels *aerober und anaerober Blutkulturen* versucht werden. Die Entnahme von zwei aeroben und zwei anaeroben Blutkulturen vor Beginn der antibiotischen Therapie darf nicht vergessen werden. Bei klinischem Verdacht auf eine durch eine Endokarditis verursachte ZNS-Infektion müssen vor Beginn der antibiotischen Therapie mehrere aerobe und anaerobe Blutkulturen (in Abhängigkeit von der Akuität des neurologischen Krankheitsbildes ≥ 3 Paare) angelegt werden. Wie bei der Liquorentnahme muss die Haut gründlich desinfiziert werden, um eine Kontamination der Blutkulturflaschen durch Hautkeime zu vermeiden.

Ein *Rachenabstrich* ist in bestimmten Fällen ebenfalls für die Anzucht des verursachenden Erregers (z. B. bei der Meningokokken-Meningitis oder -Sepsis) geeignet. Weil die Antibiotikakonzentrationen im Rachensekret relativ niedrig liegen, kann man Meningokokken u. a. Erreger nicht selten aus dem Rachenabstrich noch nach Beginn der antibiotischen Behandlung anzüchten, obwohl Liquor und Blut bereits steril sind. Bei einem vorbestehenden Infektionsherd, der mit der ZNS-Entzündung in Zusammenhang stehen könnte, z. B. bei einer Otitis media oder einem Furunkel beim diabetischen Patienten, soll ein Abstrich von diesem Herd entnommen werden.

Bei Verdacht auf Neurotuberkulose ist die dreimalige mikroskopische Untersuchung (Ziehl-Neelsen-Färbung) und Kultur von Sputum, Magensaft und Urin (auf Löwenstein-Jensen-Agar und z. B. in Middlebrook-Bouillon) nötig.

Etwa 10 ml Serum sollen initial für nach Behandlungsbeginn eventuell nötige serologische Diagnostik (z. B. Borrelien-Serologie) asserviert werden.

Um den/die Erreger eines Hirnabszesses anzüchten zu können, sollte die Abszesspunktion mit Aspiration des Abszessinhalts möglichst vor Beginn der ersten Antibiotikagabe stattfinden. Das Aspirat wird mit einer Gram-Färbung, ggf. mit weiteren Spezialfärbungen, angefärbt und in den gleichen Medien kultiviert wie oben für den Liquor aufgeführt. Ist der neurochirurgische Eingriff nicht binnen kurzer Zeit durchführbar, muss mit der ungezielten antibiotischen Behandlung begonnen werden. Aufgrund der langen Diffusionsstrecke und der damit verbundenen langsamen Penetration von Antibiotika in die

Abszesshöhle gelingt es manchmal auch noch längere Zeit nach dem Beginn der antibiotischen Behandlung, den Erreger anzuzüchten.

Nach bakteriellen ZNS-Infektionen, insbesondere bei rezidivierenden Pneumokokken-Meningitiden oder im Gefolge von stattgehabten Schädelbasis- oder Felsenbeinfrakturen, taucht häufig die Frage nach einer Liquorfistel im Bereich der frontalen Schädelbasis oder des Felsenbeines auf. Zur Klärung, ob es sich bei aus der Nase austretender Flüssigkeit um Liquor handelt, wird das β-trace-Protein im Nasensekret mittels ELISA gemessen [48]. Die Bestimmung des Zuckergehalts des Sekrets ist weniger aussagekräftig (siehe **Kap. C.1.5.2**).

Literatur

[1] van de Beek D, de Gans J, Spanjaard L, et al. Clinical features and prognostic factors in adults with bacterial meningitis. The New England journal of medicine. 2004;351(18):1849–1859.

[2] Pfister H.-W., Klein M. et al., Ambulant erworbene bakterielle Meningoenzephalitis im Erwachsenenalter, S2k-Leitlinie, 2023, in: Deutsche Gesellschaft für Neurologie (Hrsg.), Leitlinien für Diagnostik und Therapie in der Neurologie. Online: www.dgn.org/leitlinien (abgerufen am 30.06.2024)

[3] Robert-Koch-Institut (2018) Infektionsepidemiologisches Jahrbuch meldepflichtiger Krankheiten für 2018. https://wwwrkide/DE/Content/Infekt/Jahrbuch/Jahrbuch_2018pdf?__blob=publicationFile

[4] Zysk G, Nau R, Prange H. [Bacterial CNS infections in adults in Southern Lower Saxony. A retrospective study of the Göttingen Neurologic University Clinic]. Der Nervenarzt. 1994;65(8):527–535

[5] Sharma R, Mohandas K, Cooke RP. Intracranial abscesses: changes in epidemiology and management over five decades in Merseyside. Infection. 2009;37(1):39–43.

[6] Klein M, Pfister H, Tunkel A, Scheld W. Brain abscess. In: Scheld W, Whitley R, Marra C (eds) Infections of the nervous system. Wolters Kluwer, Alphen aan den Rijn, The Netherlands, 2014.

[7] Bitsch A, Nau R, Hilgers RA, et al. Focal neurologic deficits in infective endocarditis and other septic diseases. Acta neurologica Scandinavica. 1996;94(4):279–286.

[8] Pruitt AA, Rubin RH, Karchmer AW, Duncan GW. Neurologic complications of bacterial endocarditis. Medicine. 1978;57(4):329–343.

[9] Tauber SC, Djukic M, Gossner J, et al. Sepsis-associated encephalopathy and septic encephalitis: an update. Expert review of anti-infective therapy. 2020:1–17.

[10] Infektionsschutzgesetz Gesetz zur Verhütung und Bekämpfung von Infektionskrankheitenbeim Menschen (Infektionsschutzgesetz – IfSG). http://www.gesetze-im-internet.de/ifsg/IfSG.pdf (abgerufen 20.9.2020).

[11] RKI Meldepflichtige Krankheiten und Krankheitserreger Übersichtstabelle Stand: September 2017 https://wwwrkide/DE/Content/Infekt/IfSG/Meldepflichtige_Krankheiten/Meldepflichtige_Krankheiten_Erregerpdf?__blob=publicationFile (abgerufen 20.9.2020)

[12] Rechtsinformationssysztem des Bundes. Bundesrecht konsolidiert: Gesamte Rechtsvorschrift für Epidemiegesetz 1950, Fassung vom 10.04.2021: https://www.ris.bka.gv.at/GeltendeFassung.wxe?Abfrage=Bundesnormen&Gesetzesnummer=10010265, abgerufen am 10.04.2021.

[13] Bundesgesetz über die Bekämpfung übertragbarer Krankheiten des Menschen (Epidemiengesetz, EpG): https://www.fedlex.admin.ch/eli/cc/2015/297/de; Verordnung des Eidgenössischen Departement des Inneren (EDI) über die Meldung von Beobachtungen übertragbarer Krankheiten des Menschen: https://www.fedlex.admin.ch/eli/cc/2015/892/de, abgerufen am 10.04.2021.

[14] Auburtin M, Wolff M, Charpentier J, et al. Detrimental role of delayed antibiotic administration and penicillin-nonsusceptible strains in adult intensive care unit patients with pneumococcal meningitis: the PNEUMOREA prospective multicenter study. Critical care medicine. 2006;34(11):2758–2765.

[15] Glimåker M, Johansson B, Grindborg Ö, et al. Adult bacterial meningitis: earlier treatment and improved outcome following guideline revision promoting prompt lumbar puncture. Clinical infectious diseases : an official publication of the Infectious Diseases Society of America. 2015;60(8):1162–1169.

[16] Glimåker M, Sjölin J, Åkesson S, Naucler P. Lumbar Puncture Performed Promptly or After Neuroimaging in Acute Bacterial Meningitis in Adults: A Prospective National Cohort Study Evaluating Different Guidelines. Clinical infectious diseases : an official publication of the Infectious Diseases Society of America. 2018;66(3):321–328.

[17] Lebel MH, McCracken GH, Jr. Delayed cerebrospinal fluid sterilization and adverse outcome of bacterial meningitis in infants and children. Pediatrics. 1989;83(2):161–167.

[18] Durack DT, Spanos A. End-of-treatment spinal tap in bacterial meningitis. Is it worthwhile? Jama. 1982;248(1):75–78.

[19] Schaad UB, Nelson JD, McCracken GH, Jr. Recrudescence and relapse in bacterial meningitis of childhood. Pediatrics. 1981;67(2):188–195.

[20] Gray LD, Fedorko DP. Laboratory diagnosis of bacterial meningitis. Clinical microbiology reviews. 1992;5(2):130–145.

[21] La Scolea LJ, Jr., Dryja D. Quantitation of bacteria in cerebrospinal fluid and blood of children with meningitis and its diagnostic significance. Journal of clinical microbiology. 1984;19(2):187–190. doi:10.1128/jcm.19.2.187-190.1984.

[22] Bohr V, Rasmussen N, Hansen B, et al. 875 cases of bacterial meningitis: diagnostic procedures and the impact of preadmission antibiotic therapy. Part III of a three-part series. The Journal of infection. 1983;7(3):193–202.

[23] Nigrovic LE, Malley R, Macias CG, et al. Effect of antibiotic pretreatment on cerebrospinal fluid profiles of children with bacterial meningitis. Pediatrics. 2008;122(4):726–730.

[24] Chapin-Robertson K, Dahlberg SE, Edberg SC. Clinical and laboratory analyses of cytospin-prepared Gram stains for recovery and diagnosis of bacteria from sterile body fluids. Journal of clinical microbiology. 1992;30(2):377–380.

[25] Greenlee JE, Carroll KC. Cerebrospinal fluid in CNS infections. Infections of the central nervous system, 2 edn. 1997, Lippincott-Raven, Philadelphia.

[26] Sippel JE, Prato CM, Girgis NI, Edwards EA. Detection of Neisseria meningitidis group A, Haemophilus influenzae type b, and Streptococcus pneumoniae antigens in cerebrospinal fluid specimens by antigen capture enzyme-linked immunosorbent assays. Journal of clinical microbiology. 1984;20(2):259–265.

[27] Stuertz K, Merx I, Eiffert H, et al. Enzyme immunoassay detecting teichoic and lipoteichoic acids versus cerebrospinal fluid culture and latex agglutination for diagnosis of Streptococcus pneumoniae meningitis. Journal of clinical microbiology. 1998;36(8):2346–2348.

[28] Watt G, Zaraspe G, Bautista S, Laughlin LW. Rapid diagnosis of tuberculous meningitis by using an enzyme-linked immunosorbent assay to detect mycobacterial antigen and antibody in cerebrospinal fluid. The Journal of infectious diseases. 1998;158(4):681–686.

[29] Jorgensen JH, Lee JC. Rapid diagnosis of gram-negative bacterial meningitis by the Limulus endotoxin assay. Journal of clinical microbiology. 1978;7(1):12–17.

[30] Wu HM, Cordeiro SM, Harcourt BH, et al. Accuracy of real-time PCR, Gram stain and culture for Streptococcus pneumoniae, Neisseria meningitidis and Haemophilus influenzae meningitis diagnosis. BMC infectious diseases. 2013;13:26.

[31] Brouwer MC, Tunkel AR, van de Beek D. Epidemiology, diagnosis, and antimicrobial treatment of acute bacterial meningitis. Clinical microbiology reviews. 2010;23(3):467–492.

[32] Bonington A, Strang JI, Klapper PE, et al. Use of Roche AMPLICOR Mycobacterium tuberculosis PCR in early diagnosis of tuberculous meningitis. Journal of clinical microbiology. 1998;36(5):1251–1254.

[33] Fresquet-Wolf C, Haas J, Wildemann B, Storch-Hagenlocher B. [Value of polymerase chain reaction (PCR) for diagnosis of tuberculoid meningitis]. Der Nervenarzt. 1998;69(6):502–506.

[34] Reischl U, Lehn N, Wolf H, Naumann L. Clinical evaluation of the automated COBAS AMPLICOR MTB assay for testing respiratory and nonrespiratory specimens. Journal of clinical microbiology. 1998;36(10):2853–2860.

[35] Tortoli E, Tronci M, Tosi CP, et al. Multicenter evaluation of two commercial amplification kits (Amplicor, Roche and LCx, Abbott) for direct detection of Mycobacterium tuberculosis in pulmonary and extrapulmonary specimens. Diagnostic microbiology and infectious disease. 1999;33(3):173–179.

[36] Siddiqi OK, Birbeck GL, Ghebremichael M, et al. Prospective Cohort Study on Performance of Cerebrospinal Fluid (CSF) Xpert MTB/RIF, CSF Lipoarabinomannan (LAM) Lateral Flow Assay (LFA), and Urine LAM LFA for Diagnosis of Tuberculous Meningitis in Zambia. Journal of clinical microbiology. 2019;57(8).

[37] Bahr NC, Nuwagira E, Evans EE, et al. Diagnostic accuracy of Xpert MTB/RIF Ultra for tuberculous meningitis in HIV-infected adults: a prospective cohort study. The Lancet Infectious diseases. 2018;18(1):68–75.

[38] Christen HJ, Eiffert H, Ohlenbusch A, Hanefeld F. Evaluation of the polymerase chain reaction for the detection of Borrelia burgdorferi in cerebrospinal fluid of children with acute peripheral facial palsy. European journal of pediatrics. 1995;154(5):374–377.

[39] Eiffert H, Ohlenbusch A, Christen HJ, et al. Nondifferentiation between Lyme disease spirochetes from vector ticks and human cerebrospinal fluid. The Journal of infectious diseases. 1995;171(2):476–479.

[40] Lebech AM, Hansen K, Brandrup F, Clemmensen O, Halkier-Sørensen L. Diagnostic value of PCR for detection of Borrelia burgdorferi DNA in clinical specimens from patients with erythema migrans and Lyme neuroborreliosis. Molecular diagnosis: a journal devoted to the understanding of human disease through the clinical application of molecular biology. 2000;5(2):139–150.

[41] Relman DA, Schmidt TM, MacDermott RP, Falkow S. Identification of the uncultured bacillus of Whipple's disease. The New England journal of medicine. 1992;327(5):293–301.

[42] Relman DA. Whipple's disease. In: Scheld WM, Whitley RJ, Durack DT (eds) Infections of the central nervous systems. 2. Auflage edn. Lippincott-Raven, Philadelphia, pp 579–589, 1997.

[43] Compain C, Sacre K, Puéchal X, et al. Central nervous system involvement in Whipple disease: clinical study of 18 patients and long-term follow-up. Medicine. 2013;92(6):324–330.

[44] Radmard S, Reid S, Ciryam P, et al. Clinical Utilization of the FilmArray Meningitis/Encephalitis (ME) Multiplex Polymerase Chain Reaction (PCR) Assay. Frontiers in neurology. 2019;10:281.

[45] Wilson MR, Sample HA, Zorn KC, et al. Clinical Metagenomic Sequencing for Diagnosis of Meningitis and Encephalitis. The New England journal of medicine. 2019;380(24):2327–2340.

[46] Brandis H, Köhler W, Eggers HJ, et al. Lehrbuch der Medizinischen Mikrobiologie. 7. Auflage edn. Gustav Fischer Verlag, Stuttgart, 1994.

[47] Nau R, Sörgel F, Prange HW. Pharmacokinetic optimisation of the treatment of bacterial central nervous system infections. Clinical pharmacokinetics. 1998;35(3):223–246.

[48] Felgenhauer K, Schädlich HJ, Nekic M. Beta trace-protein as marker for cerebrospinal fluid fistula. Klinische Wochenschrift. 1987;65(16):764–768.

6.2 Mikrobiologische Diagnostik im Liquor bei viralen Erkrankungen

Sarah Jesse

Neurotrope Virusinfektionen

Bei immunologisch kompetenten Personen werden Virusinfektionen des Zentralnervensystems (ZNS) hauptsächlich durch Herpes-simplex-Virus Typ 1 (HSV-1), Varizella-Zoster-Virus (VZV), Epstein-Barr-Virus (EBV), Mumps-, Masern- und Entero-Viren ausgelöst. Neben sporadischem Auftreten können sie auch in Form kleiner Epidemien manifest werden, je nach Erreger ist eine lokale (z. B. FSME), saisonale (z. B. Coxsackie) oder auch altersabhängige (z. B. Masern) Häufung zu beobachten. Die Viren erreichen entweder hämatogen, lymphogen oder via Immunzellen das ZNS und können nach Passage der Blut-Hirn- oder Blut-Liquor-Schranke in Zellen des Nervensystems penetrieren. Das klinische Spektrum der viralen ZNS-Infektionen ist breit und reicht von leichten Meningitiden über Myelitiden bis hin zu schweren Enzephalitiden mit residualer Defektheilung. Die Prognose hängt dabei vom Vorliegen des Erregers selbst sowie auch maßgeblich von der raschen Diagnosestellung und Therapieeinleitung ab. Von den akuten viralen ZNS-Infektionen sind die chronischen sowie postinfektiösen oder autoimmunen sowie die Infektionen bei Immunkompromittierung abzugrenzen.

6.2.1 Akute und subakute neurologische Syndrome

Die akute oder subakute Meningoenzephalitis ist charakterisiert durch ein unspezifisches Prodromalstadium (typisch für Masern, Mumps, Röteln, Varizellen, Ringelröteln) oder katarrhalische Prodromi (häufig bei HSV, FSME, Enteroviren oder Polio). Diesem folgt eine Meningo/Myelo/Enzephalitis mit qualitativer und quantitativer Bewusstseinsstörung und dem nicht obligaten Auftreten fokalneurologischer Symptome und Syndrome wie beispielsweise Paresen, Aphasien oder epileptische Anfälle. Ein Meningismus lässt sich häufig – konträr zu den bakteriellen Infektionen – nicht abgrenzen.

In Tab. B.6.3 sind die häufigsten Viren nach ihrer klinisch-neurologischen Manifestation gelistet [1].

Tab. B.6.3: klinisch-neurologische Manifestation viraler ZNS-Infektionen und assoziierte Viren.

Syndrom	Symptome	Erreger
Aseptische Meningitis	Kopf-/Nackenschmerzen, Meningismus, Licht-/Lärmscheu, Abgeschlagenheit, Myalgien	Coxsackievirus, Echovirus, Adenovirus, HSV-2, VZV, Phlebovirus, Polioviren, Masern, FSME, Mumps, EBV, Röteln, Enterovirus 71, HIV, Parvovirus B19, HHV-6, Denguevirus
Meningoenzephalitis	Vigilanzstörung, delirante Syndrome, epileptische Anfälle, Aphasie, Apraxie, Hemiparesen, kognitive Störungen. Komplikationen: Status epilepticus, Hirnödem	HSV, VZV, Adenoviren, FSME, Masern, CMV, Rabies, Enterovirus 71, Vaccinia, HIV, Lassavirus, Japanische Enzephalitis (JBV), West-Nil-Virus, Polioviren, Hantaviren

Tab. B.6.3 (fortgesetzt)

Syndrom	Symptome	Erreger
Enzephalopathie	Kopfschmerzen, Psychosyndrom, Bewusstseinsstörung	HIV, Polyomaviren (JCV), Gelbfieber, Hepatitis C, Lassavirus
Hämorrhagisches Fieber (mit ZNS-Beteiligung)	Fieber, Kopf-, Bauch-, Muskelschmerzen, Erbrechen, Diarrhoe, Schock, Nierenversagen, Meningismus, zerebrale Anfälle, Bewusstseinsstörungen, Zeichen der Koagulopathie	Hantaviren (z. B. Hantaan-, Puumalavirus), Filoviren (Marburg- und Ebolavirus)
Hirnnervenparesen	Ausfall einzelner Hirnnerven	VZV, HSV, CMV, HIV, FSME, Mumps, Polioviren, Hepatitis-C-Virus
Augenbeteiligung	z. B. Chorioretinitis mit Sehstörungen und ggf. Augenschmerzen	CMV, HSV, VZV

6.2.2 Chronische Virusinfektionen des ZNS

Chronische Virusinfektionen des ZNS lassen sich auf eine insuffiziente Erregerelimination nach Primärinfektion zurückführen, kommen aber auch bei Patienten mit intakter humoraler Immunabwehr vor. Sie verlaufen teils über Jahre langsam fortschreitend mit eher psychiatrischem oder neurodegenerativem klinischem Bild.

Typische Konstellationen aus klinischem Bild und Virusinfektion sind in Tab. B.6.4 aufgeführt.

6.2.3 Virale ZNS-Infektionen bei Immundefizienz

Überschneidungen zu den chronischen Infektionen zeigen sich insbesondere bei HIV und JCV sowie Polio-Erkrankungen.

Die chronische HIV-Infektion mit ZNS-Beteiligung tritt einerseits bei insuffizienter Viruskontrolle unter cART im Sinne einer AIDS-definierenden Erkrankung auf, andererseits manifestiert sie sich unter suffizienter Therapie als neurodegenerativer Prozess mit dementiellem Bild. Additiv zu der chronischen Infektion können sich unter Immunschwäche auch akut opportunistische Infektionen als progressive multifokale Leukenzephalopathie, Toxoplasma-Enzephalitis oder Kryptokokken-Meningitis als häufigster Erreger manifestieren [2].

Die progressive multifokale Leukenzephalopathie (PML) wird durch das Polyomavirus JC hervorgerufen und führt zu einer Zytolyse der Oligodendroglia mit der Folge einer Demyelinisierung. Der Erreger gilt nicht nur als eine AIDS-definierende Erkrankung, sondern lässt sich auch bei anderen Immundefizienz-Syndromen beispielsweise iatrogener Genese nachweisen.

Weitere klassische Erreger sind neben den genannten auch das Cytomegalievirus, welches analog zum JCV eine AIDS-definie-

Tab. B.6.4: typische Virusinfektionen mit chronischem Verlauf.

Slow-virus-Infektion des ZNS	Verlauf in 4 Stadien: Wesensänderungen, Myoklonien und Krampfanfälle, choreoathetoide Bewegungsstörungen, Dezerebrationsstarre	Masernvirus, Rubellavirus
Enzephalopathie	demenzieller Abbauprozess	HIV, JCV, Polio-Virus, ECHO-Virus

rende Erkrankung darstellt sowie die EBV-Infektion, die mit einem Burkitt-Lymphom assoziiert sein kann.

6.2.4 Diagnose zentralnervöser Virusinfektionen

Nachdem sich das klinisch-neurologische Bild sehr variabel und somit unspezifisch darstellt, beruht die Diagnose viraler ZNS-Infektionen auf spezifischen Laboruntersuchungen des Liquor cerebrospinalis. Hierbei hängen Sensitivität und Spezifität der verwendeten Untersuchungsmethode einerseits vom Zeitpunkt der Diagnostik, andererseits auch vom Erreger selbst ab, zumal nicht alle Viren durch die gängigen Methoden gleich gut detektiert werden können.

PCR-Verfahren sind die diagnostische Domäne der akuten viralen ZNS-Erkrankungen, die mit hoher Sensitivität und Spezifität in kurzer Zeit und unter Verwendung nur geringer Probenvolumina positive Ergebnisse liefern.

Neben Nukleinsäure-Amplifikationsmethoden spielen serologische Untersuchungen mit indirektem Erregernachweis bei Erregern aus der Gruppe der Flaviviren, Retroviren, Paramyxoviren und Togaviren eine diagnostische Rolle in der Akutphase der Erkrankung. Für subakute oder bereits chronische Infektionen mit bereits negativem PCR-Ergebnis stellt die Untersuchung der intrathekalen humoralen Immunantwort mit Nachweis einer erregerspezifischen Antikörperproduktion eine wichtige Option dar. Grundlage hierfür ist eine Quotientenbildung aus Liquor und Serum unter Berücksichtigung der Diffusionsgesetze an der Blut-Liquor-Schranke. Neben dem Gesamtimmunglobulin einer bestimmten Klasse (beispielsweise IgG) diffundieren auch speziesspezifische Antikörper im gleichen Verhältnis aus dem Blutkompartiment in den Liquor, sodass normalerweise die Quotienten (Liquor/Serum) der spezifischen Antikörper und die der Gesamtimmunglobuline gleich sind. Hieraus lassen sich Erreger-spezifische Antikörperindizes berechnen [3].

6.2.4.1 Präanalytik

Untersuchungsmaterial sollte eine zeitgleich abgenommene Serum-Liquorprobe sein, wobei die Lumbalpunktion, wenn möglich, unblutig sein oder bei artefizieller Blutbeimengung zumindest genügend Material in verschiedenen Polypropylen-Röhrchen abgenommen werden sollte. Grund hierfür ist die eingeschränkte Beurteilbarkeit des Enzymimmunoassays bei Erythrozytenbeimengung, zudem ist die Bestimmung der Erythrozyten im Liquor ein Maß für eine möglich zu hohe Anzahl an Immunglobulinen aus dem Serum und muss bei der Berechnung/Interpretation der Antikörperindizes berücksichtigt werden.

Eine Anzucht des Virus aus Liquor gelingt häufig nur in einem frühen Krankheitsstadium und ist eigentlich nur dem Nachweis von Rabies aus Liquor sowie Enteroviren aus Stuhlproben vorbehalten.

Liquorproben für die virologische Diagnostik sollten grundsätzlich gekühlt bei 4° C aufbewahrt werden. Zeichnet sich eine längere Transportdauer von mehreren Tagen ab, kann die Probe bei –70° C eingefroren werden. Allerdings kann es je nach Virus durch Einfrier- und Auftauvorgänge zu einem Verlust von Infektiosität führen. Eine Aufbewahrung bei –20° C eignet sich nicht, da es hierbei insbesondere bei Herpesviren zum vollständigen Verlust der Infektiosität kommen kann.

Bei geplanter Polymerasekettenreaktion als diagnostischer Maßnahme stellt in der Probenvorbereitung die sterile Abnahme und Aufarbeitung der Liquorprobe eine obligate Voraussetzung für einen reliablen Befund dar. Exogene Kontaminationen mit viraler Nukleinsäure führen zu falsch positiven Befunden. Aus diesem Grund müssen Probenvorbereitung und Durchführung der PCR an einem separaten Arbeitsplatz erfolgen.

6.2.4.2 Analytik

6.2.4.2.1 Liquorgrundbefund

Bereits der Grundbefund des Liquoranalyse mit Zellzahl, Gesamtprotein sowie Laktat geben bei klinischem Verdacht auf eine virale Infektion erste wichtige Hinweise darauf, ob die Verdachtsdiagnose wahrscheinlich ist oder ob andere Erkrankungen in Betracht gezogen werden müssen. Klassischerweise finden sich eine lymphozytäre (initial auch gemischtzellige) Pleozytose > 5 Zellen/µl, ein mäßig erhöhtes Gesamtprotein sowie ein normales oder nur leicht erhöhtes Laktat. Weichen die Befunde stark davon ab, sollte die Verdachtsdiagnose reevaluiert werden. Weitere Spezialanalytik im Liquor dient dem Virusnachweis und ist insbesondere für die behandelbaren Erreger wie HSV1 und 2, VZV, CMV und HIV von therapeutischer Relevanz.

6.2.4.2.2 Direkter Virusnachweis

Die Polymerasekettenreaktion (PCR)

Der Nachweis viraler DNA mittels PCR bzw. RNA mit reverser Transkription und anschließender PCR als reverse Transkriptase-PCR (RT-PCR)-Verfahren weist für virale Erreger eine hohe Sensitivität und Spezifität auf. Da im Liquor Inhibitoren enzymatischer Prozesse enthalten sein können, ist das Mitführen einer Kontrollprobe mit einem viralen Referenzgenom notwendig. Sollte die Kontrolle negativ ausfallen, wäre dies ein Hinweis auf das Vorliegen von Inhibitoren und bedingt eine erneute Untersuchung des Probenmaterials mit Verdünnung oder Extraktion der Nukleinsäuren aus der Probe.

Die Nachweisgrenzen der kommerziell erhältlichen PCR-Kits liegen je nach Virusart zwischen 500 und 1000 Genomkopien pro ml. Für wissenschaftliche Fragen entwickelte Systeme erreichen unter Umständen noch niedrigere Nachweisgrenzen.

Von der Möglichkeit des qualitativen Virusnachweises lassen sich Methoden der quantitativen PCR und RT-PCR abgrenzen. Diese spielen insbesondere bei persistierender subakuter Infektion sowie bei den chronischen viralen ZNS-Erkrankungen eine Rolle hinsichtlich einer möglichen Resistenz gegenüber der Behandlung oder einer Reaktivierung. Siehe auch **Kap. B.5.2.**

Anzucht infektiöser Viruspartikel

Trotz des hohen Stellenwertes, den die PCR beim Nachweis von viralen Erregern im Liquor einnimmt, ist unter bestimmten Voraussetzungen der Versuch einer Virusanzucht aus der klinischen Probe sinnvoll, beispielsweise bei leicht anzuzüchtenden Viren wie das Entero- oder Mumpsvirus. Gerade bei den Enteroviren kann die typenspezifische Diagnose durch

Anzucht mit nachfolgender Serotypisierung wertvolle epidemiologische Daten liefern.

Zur Isolierung infektiöser Viruspartikel wird Liquor auf konfluente Zellkulturen verimpft und nach einer ca. 60-minütigen Inkubation zur Adsorption von Viruspartikeln an die Wirtszellen mit Erhaltungsmedium aufgefüllt. Ein positiver Befund ist durch die Entstehung eines zytopathogenen Effektes (CPE) im Zellrasen deutlich. Die endgültige Typisierung kann allerdings erst durch die Neutralisation einer bestimmten Menge des vermehrten Isolats durch Standardseren vorgenommen werden. Neben dem Alter der Probe entscheidet hierbei die Qualität der Gewebekultur entscheidend über den Erfolg der Virusisolierung. Da keine primäre Zelllinie zur Verfügung steht, die das Wachstum aller Viren erlaubt, sind mehrere Zellkulturtypen mit unterschiedlichen Ansprüchen notwendig.

6.2.4.2.3 Nachweis der intrathekalen virusspezifischen Antikörpersynthese

Enzymimmunoassay

Dieses Testverfahren beruht auf der vergleichenden Untersuchung des virusspezifischen Antikörpergehaltes am Gesamtimmunglobulin von Liquor und Serum. Ist das Verhältnis von virusspezifischen Antikörpern zum Gesamtimmunglobulin im Liquor höher als im Serum, ist von einer intrathekalen Synthese auszugehen. In seltenen Fällen kann es aus Sensitivitätsgründen zu falsch negativen Ergebnissen kommen. Durch Verwendung eines Affinitäts-Blots können mit Hilfe einer isoelektrischen Fokussierung des Liquor/Serum-Paares virusspezifischen Antikörperklone auf einen virusantigenhaltigen Filter geblottet und anschließend durch einen Enzymimmunoassay dargestellt werden. Sollten bei gleicher Konzentration an Gesamtimmunglobulin im Liquor mehr oder andere erregerspezifische Antikörperklone nachweisbar sein, muss von einer intrathekalen Synthese ausgegangen werden. Da diese Methodik technisch anspruchsvoll, zeit- und personalintensiv ist, wird sie trotz ihrer ausgezeichneten Sensitivität und Spezifität nur bei spezifischer Fragestellung sowie in wenigen Laboratorien verwendet.

6.2.4.3 Befundbewertung

Der Nachweis viraler Nukleinsäure und/oder die Anzüchtung eines infektiösen Erregers aus dem Liquor wird als pathognomonisch für eine akute virusinduzierte ZNS-Infektion angesehen. Diese Methoden weisen ihre höchste Sensitivität im frühen Stadium der Infektion auf.

Dahingegen kommt der intrathekalen Antikörpersynthese in der überwiegenden Mehrzahl der Fälle zu Beginn der Erkrankung nur eine geringe Bedeutung zu, da Antikörpertiter erst mehrere Tage nach Beginn der klinischen Symptome auftreten und eine stattfindende intrathekale Synthese keine Aussagen über die Akuität des Infektionsgeschehens erlaubt. Auch Jahre nach einer akuten viralen ZNS-Infektion ist die intrathekale Synthese von erregerspezifischen Antikörpern unter Umständen nachweisbar. Autochthon im ZNS synthetisierte Antikörper sind außerdem eine Begleiterscheinung persistierender oder reaktivierter latenter Infektionen und auch das Vorkommen einer intrathekalen Erreger-spezifischen IgM-Synthese ist kein sicheres Zeichen einer primären akuten Infektion, sondern kann durchaus auch bei persistierenden Infektionen angetroffen werden.

Tab. B.6.5 stellt die gängige Diagnostik der einzelnen Erreger dar.

Tab. B.6.5: Übersicht über einzelne Viren und deren Diagnostik [4].

Erreger	Diagnostikmethode 1. Wahl	Material	Diagnostikmethode 2. Wahl	Material	Referenz
Immunkompetente Patienten					
Enterovirus (Echo-, Coxsackievirus A/B)	RT-PCR Sensitivität 97 % Spezifität 100 %	Liquor Stuhl	Direktnachweis mit Elektronenmikroskopie	Stuhl	[5]
Flavivirus (FSME)	Serologie Sensitivität 99 % Spezifität 98 %	Blut	RT-PCR (frühe Phase) AI nach 10–14 Tagen	Liquor	[6]
Herpes simplex Virus Typ 1 & 2	DNA-PCR Sensitivität > 95 % Spezifität 100 %	Liquor	AI nach 10–14 Tagen	Liquor	[7]
Varizella zoster Virus	DNA-PCR Sensitivität 95 % Spezifität 100 %	Liquor	AI nach 10–14 Tagen	Liquor	[8]
Immunkompromittierte Patienten					
Cytomegalie-Virus	DNA-PCR Sensitivität 99 % Spezifität 99 %	Liquor	AI nach 10–14 Tagen pp65-Antigen	Liquor Blut/Liquor	[9,10]
Epstein Barr-Virus	DNA-PCR Sensitivität 100 % Spezifität 100 %	Liquor	AI nach 10–14 Tagen	Liquor	[11]
Humanes Immundefizienz-Virus	Serologie RT-PCR Sensitivität 99 % Spezifität 100 %	Blut	AI nach 10–14 Tagen	Liquor	[12]
John Cunningham-Virus	DNA-PCR Sensitivität > 95 % Spezifität > 90 %	Liquor	AI nach 10–14 Tagen	Liquor	[13]
Sonstige virale ZNS-Erreger					
Adenovirus	DNA-PCR Sensitivität 100 % Spezifität 99 %	Liquor	Antigennachweis	Liquor	[14]
Hanta-Virus	DNA-PCR Sensitivität 95 % Spezifität 100 %	Liquor	AI nach 10–14 Tagen	Liquor	[15]
Masern-Virus	Serologie RT-PCR Sensitivität 100 % Spezifität 100 %	Serum Liquor	AI nach 10–14 Tagen	Liquor	[16]

Tab. B.2.2 (fortgesetzt)

Erreger	Diagnostikmethode 1. Wahl	Material	Diagnostikmethode 2. Wahl	Material	Referenz
Mumps-Virus	Serologie RT-PCR Sensitivität 90 % Spezifität 100 %	Serum Liquor	AI nach 10–14 Tagen pp65-Antigen	Liquor Blut/Liquor	[17]
Polio-Virus	Serologie RT-PCR Sensitivität 100 % Spezifität 100 %	Liquor	AI nach 10–14 Tagen	Liquor	[18]
Rabies-Virus	RT-PCR Sensitivität 99 % Spezifität 99 %	Liquor Blut Speichel	Direktnachweis mit Elektronenmikroskopie	Liquor Speichel Gehirn	[19]
Röteln-Virus	Serologie RT-PCR Sensitivität 79 % Spezifität 100 %	Serum Liquor	AI nach 10–14 Tagen	Liquor	[20]
Zika-Virus	Serologie RT-PCR Sensitivität 91 % Spezifität 97 %	Serum Liquor/Urin	AI nach 10–14 Tagen	Liquor	[21]

Literatur

[1] Meyding-Lamadé U. et al., Virale Meningoenzephalitis, S1-Leitlinie, 2018, in: Deutsche Gesellschaft für Neurologie (Hrsg.), Leitlinien für Diagnostik und Therapie in der Neurologie.Online: www.dgn.org/leitlinien (abgerufen am 23.06.2024).

[2] Hahn K., Maschke M. et al., Diagnostik und Therapie HIV-1-assoziierter neurologischer Erkrankungen, S1-Leitlinie, 2020. Deutsche Gesellschaft für Neurologie (Hrsg.), Leitlinien für Diagnostik und Therapie in der Neurologie. Online: www.dgn.org/leitlinien (abgerufen am 23.06.2024).

[3] Reiber H, Lange P. Quantification of virus-specific antibodies in cerebrospinal fluid and serum: sensitive and specific detection of antibody synthesis in brain. Clin Chem. 1991;37(7): 1153–60.

[4] Tumani H, Petereit HF, Gerritzen A et al. S1 guidelines “lumbar puncture and cerebrospinal fluid analysis” (abridged and translated version). Neurol. Res. Pract., 2020;2:8.

[5] Benschop K, et al. Rapid detection of human parechoviruses in clinical samples by real-time PCR. J Clin Virol. 2008;41(2):69–74.

[6] Holzmann H. Diagnosis of tick-borne encephalitis. Vaccine. 2003;21(1):36–40.

[7] Hanson KE, et al. Validation of laboratory screening criteria for herpes simplex virus testing of cerebrospinal fluid. J Clin Microbiol. 2007;45(3):721–4.

[8] Leung J, et al. Evaluation of laboratory methods for diagnosis of varicella. Clin Infect Dis. 2010;51(1):23–32.

[9] Akkaya O, et al. Real-time PCR Detection of the Most Common Bacteria and Viruses Causing Meningitis. Clin Lab. 2017;63(4): 827–832.

[10] Berger A, Preiser W. Viral genome quantification as a tool for improving patient management: the example of HIV, HBV, HCV and CMV. J Antimicrob Chemother. 2002;49(5):713–21.

[11] Ihekwaba UK, Kudesia G, McKendrick MW. Clinical features of viral meningitis in adults: significant differences in cerebrospinal fluid findings among herpes simplex virus, varicella zoster virus, and enterovirus infections. Clin Infect Dis. 2008;47(6):783–9.

[12] Almeida SM. Cerebrospinal fluid analysis in the HIV infection and compartmentalization of HIV in the central nervous system. Arq Neuropsiquiatr. 2015;73(7):624–9.
[13] Berger JR, et al. PML diagnostic criteria: consensus statement from the AAN Neuroinfectious Disease Section. Neurology. 2013;80(15):1430–8.
[14] Buckwalter SP, et al. Real-time qualitative PCR for 57 human adenovirus types from multiple specimen sources. J Clin Microbiol. 2012;50(3):766–71.
[15] Vial C, et al. Molecular method for the detection of Andes hantavirus infection: validation for clinical diagnostics. Diagn Microbiol Infect Dis. 2016;84(1):36–39.
[16] Afzal MA, et al. Comparative evaluation of measles virus-specific RT-PCR methods through an international collaborative study. J Med Virol. 2003;70(1):171–6.
[17] Rota JS, et al. Comparison of the sensitivity of laboratory diagnostic methods from a well-characterized outbreak of mumps in New York city in 2009. Clin Vaccine Immunol. 2013;20(3):391–6.
[18] Hindiyeh MY, et al. Development and validation of a real time quantitative reverse transcription-polymerase chain reaction (qRT-PCR) assay for investigation of wild poliovirus type 1-South Asian (SOAS) strain reintroduced into Israel, 2013 to 2014. Euro Surveill. 2014;19(7):20710.
[19] Faye M, et al. Development and validation of sensitive real-time RT-PCR assay for broad detection of rabies virus. J Virol Methods. 2017;243:120–130.
[20] Okamoto K, et al. Evaluation of sensitivity of TaqMan RT-PCR for rubella virus detection in clinical specimens. J Clin Virol. 2016;80:98–101.
[21] Theel ES, Hata DJ. Diagnostic Testing for Zika Virus: a Postoutbreak Update. J Clin Microbiol. 2018;56(4).

6.3 Mikrobiologische Diagnostik bei Pilzen

Bettina Pfausler

6.3.1 Einleitung

Weltweit gibt es mehr als 1 Million verschiedener Pilzarten. Morphologisch wird zwischen Hefepilzen, die sich durch Sprossung, Schimmelpilzen, welche sich über Hyphen und Sporen, und dimorphen Pilzen, die sich abhängig von der Temperatur durch Sprossung oder Hyphen vermehren, unterschieden [1]. Humanpathogen sind nur rund 300 Pilz-Spezies. Die meisten Pilzinfektionen sind auf Haut, Schleimhaut und Finger/Zehennägel beschränkt, nur 10–15 % verursachen eine neuroinvasive Infektion [2]. Invasive Pilzinfektionen insbesondere jene des zentralen Nervensystems (ZNS) sind lebensbedrohliche Erkrankungen mit hoher Morbidität und Mortalität. Sie treten vorwiegend als opportunistische Infektionen bei immunsupprimierten Personen, nach Organ- und/oder Knochenmarkstransplantation, bei HIV-Erkrankung, unter zytostatischer oder Kortison-Therapie und bei chronischen Erkrankungen wie Diabetes mellitus auf [3,4]. Die wichtigsten Erreger einer opportunistischen ZNS-Infektion sind *Aspergillus spp, Fusarium spp* (Schimmelpilz), *Cryptococcus* spp und *Candida spp* (Hefepilze). Durch die prophylaktische Gabe von Antimykotika bei Hochrisikopatienten nehmen Pilzinfektionen in unseren Breiten ab, weltweit ist jedoch eine Zunahme von invasiven Pilzinfektionen durch die Heterogenität und Zunahme von Risikopatienten und dem unterschiedlichen Zugang zu Gesundheitsressourcen zu sehen (AIDS in *Resource poor countries*) [5].

Auch bei Immunkompetenten kommen Pilzinfektionen, bezeichnet als primäre Mykosen im Vergleich zu den sekundären Mykosen bei Immsupprimierten, vor. Diese werden vorwiegend durch Pilze, die in Europa nicht heimisch sind, wie *Blastomyces dermatitidis, Coccidoides spp., Histoplasma capsulatum* (dimorphe Pilze), verursacht. Eine Zunahme von Erkrankungen durch Mukormyzeten (*Mucor spp., Rhizopus spp.*; Schimmelpilz) wird ebenfalls bei Immunkompetenten beobachtet.

Der Eintritt von Pilzen in das ZNS erfolgt hämatogen, *per continuitatem* oder durch direkte Inokulation nach offenen Schädelverletzungen und neurochirurgischen Eingriffen.

Die klinischen Symptome einer Pilzinfektion sind unspezifisch und unterscheiden sich nicht von denen einer anderen Erreger-assoziierten ZNS-Infektion. Eine Pilzinfektion des ZNS kann sich als Meningitis, Enzephalitis, Hirnabszess, Granulom, selten als ischämischer Schlaganfall durch Invasion und Obliteration der Gefäßwand durch Pilzhyphen, und als intrakranielle Blutung durch Ruptur eines mykotischen Aneurysmas präsentieren [7]. Bei einem entsprechenden Risikoprofil/Prädisposition ist eine Pilzinfektion immer in die ätiologische Abklärung miteinzubeziehen und eine entsprechende mikrobiologische Aufarbeitung zu veranlassen.

Candidiasis (C. albicans, C. glabrata, C. parapsilosis, C. tropicalis, C. auris)

Candida spp sind physiologische Bewohner des Gastrointestinaltrakts. Eintrittspforten für eine invasive Infektion sind zentral venöse Katheter, zerebrale Shunt-Systeme und nach abdominalchirurgischen Engriffen [8]. ZNS-Infektionen werden meist nur im Rahmen einer disseminierten systemischen Infektion und Immunsuppression gesehen. Häufigste Manifestation ist die Candida-Meningitis. Durch die hämatogene Dissemination sind jedoch auch Mikroabszedierungen, mykotische Aneurysmata und Vaskulitiden möglich. Alte Autopsiestudien zeigten bei fast 50 % der Patienten mit einer Candidämie zerebrale Mikroabszesse. *C. albicans* ist das häufigste Isolat einer invasiven Mykose, *C. tropicalis* tritt vorwiegend bei hämatologischen Patienten und *C. parapsilosis* bei Neugeborenen auf. *C. parapsilosis* kann Biofilme an Kathetern bilden, was die Therapie zusätzlich erschwert. Eine Defizienz am CARD9-Protein und eine Leukopenie begünstigt eine neuroinvasive Candidiasis [9,10].

Aspergillose (A. fumigatus, A. flavus, A. terreus A. niger, A. spp)

Eine invasive Aspergillose geht fast immer von einem pulmonalen Fokus oder paranasalem Sinus aus. Ein hohes Risiko einer Infektion zeigen Patienten nach Knochenmarks- und Organtransplantationen, bei Neutropenie, unter Kortisontherapie und bei weitfortgeschrittener AIDS-Erkrankung [11]. *A. fumigatus* ist der häufigste Erreger bei immunsupprimierten Personen, *A. flavus, A. terreus, A. niger* kommen auch bei Immunkompetenten vor. Aspergillen befallen Gefäßwände und führen zu Gewebseinschmelzungen. Eine ZNS-Beteiligung kommt in 10 %–20 % vor, Hirnabszesse sind dabei die führende Manifestation. Infektionen der nasalen Sinus können die Schädelbasis destruieren und zu Hirnnervenausfällen führen. Wegen zunehmender Resistenzen von *A. spp* gegen Antimykotika ist es wichtig, die Spezies auf die Empfindlichkeit der Mykotika zu testen [12].

Kryptokokkose

Unter den 39 verschiedenen Kryptokokkenspezies sind *C. neoformans und C. gattii* die wichtigsten humanpathogenen Erreger. Weltweit schätzt man 1 Million HIV-assoziierte Kryptokokkenerkrankungen. In den Industrieländern sind die Hälfte der Kryptokokkenerkrankungen auf eine HIV-Erkrankung zurückzuführen [13]. Immunsuppression, Nierentransplantation, chronische Erkrankungen und Kortikosteroidtherapie begünstigen ebenso eine Infektion. Bei Immunkompetenten sind Infektionen mit *C. gattii* beschrieben. Eine Meningitis ist die häufigste zerebrale Manifestation einer Infektion, während es zu einer Meningoenzephalitis bei fortgeschrittener HIV-Erkrankung kommen kann. Intrazerebrale Cryptococcomata sind selten und können bei Immunkompetenten mit einer Infektion mit *C. gattii* und als Immunrekonstitutionssyndrom auftreten [14].

Mukormyzeten (Mucor, Rhizopus, Rhizomucor, Lichtheimia)

In den letzten Jahren kam es zu einer Zunahme von Infektionen mit Mukormyzeten. Betroffen sind Immunsupprimierte mit einer Granulozytopenie, Kortisontherapie und bei Diabetes mellitus [15]. Durchbruchsinfektionen treten gehäuft unter einer Aspergillus-Therapie auf. Die Rhino-orbitale zerebrale Mukormykose ist die häufigste klinische Manifestation. Eine Hyperglykämie und eine ketoazidotische Stoffwechsellage begünstigen das Mukormyzeten-Wachstum.

6.3.2 Mykologische Liquordiagnostik des Liquor cerebrospinalis

Die Liquoruntersuchung ist bei jeder Erreger-assoziierten ZNS-Infektion essenziell. Bei großen raumfordernden Läsionen ist das Risiko einer Lumbalpunktion gegenüber einer Herniation oder Abszessruptur abzuwägen. Bei Abszessen ist eine stereotaktische Biopsie mit weiterer mikrobiologischer und histopathologischer Aufarbeitung anzustreben.

Bei der Liquorgewinnung ist auf eine ausreichende Menge zu achten, um alle notwendigen Untersuchungen auch durchführen zu können. Der Liquor wird in einem sterilen Röhrchen asserviert, ein Nährmedium ist nicht erforderlich. Bei einer geringen Erregerzahl sind deutlich höhere Liquorvolumina (bis zu 30 ml) erforderlich. Eine rasche Aufarbeitung des Liquors ist anzustreben. Eine Rücksprache mit dem mikrobiologischen Labor ist sinnvoll, um erforderliche Liquormenge und die Temperatur zur Lagerung und Transport abzusprechen, sofern der Liquor nicht umgehend aufgearbeitet werden kann.

Bei einer Pilzinfektion ist der Liquor makroskopisch transparent. Eine hohe Erregerdichte kann zu einer leicht opaken Farbe führen. Die Zellzählung und die Beurteilung der Zellmorphologie erfolgt im nativen, unzentrifugierten Liquor; alle anderen Untersuchungen werden aus dem zentrifugierten Überstand bestimmt. Die Pilzmeningitis hat eine geringe bis mäßige Pleozytose (30–500 Leukozyten/µl) mit einem gemischten granulo-lymphozytären Zellbild, eine Eiweißerhöhung (< 1000 mg/l), eine erniedrigte Glukose beziehungsweise Serum-Liquor-Glukose-Ratio und eine Laktaterhöhung [16]. Eine schwere Immunsuppression kann die inflammatorische Reaktion im Liquor deutlich herabsetzen. Durch Zentrifugieren des Liquors können Pilzpartikel angereichert werden, was zu einer höheren mikrobiologischen Ausbeute führen kann.

6.3.2.1 Mikroskopische Präparate

Viele Erreger sind aufgrund ihrer geringen Kontrastierung nativ unter dem Mikroskop nicht sichtbar und es müssen daher Färbungen angelegt werden. Die Art der Färbungen richten sich nach den zu erwartenden Erregern. Standardfärbungen des Liquors sind die May-Grünwald-, Giemsa- und die Gram-Färbung. Das Auftragen des Liquors auf den Objektträger erfolgt mit der Zytospinzentrifuge nach standardisierten Protokollen. Obwohl Hefepilze in der Gramfärbung rot anfärbbar sind, ist eine Gram-Färbung zur Diagnose einer Pilzinfektion nicht geeignet. In der Giemsa- und der Methylenblau-Färbung können Kryptokokken dargestellt werden (Abb. B.6.4, Abb. B.6.5). Spezifische Pilzfärbungen sind die Calcofluor White- (blauer Fluoreszenzfarbstoff bindet an Zellulose und Chitin der Zellwand von Pilzen), die Grocott- (modifizierte Silberfärbung, Pilzelemente sind schwarz dargestellt), die PAS- (*periodic acid Schiff reaction*, Rotfärbung der Zellwand) und die Hämatoxylin-Eosin-Färbung

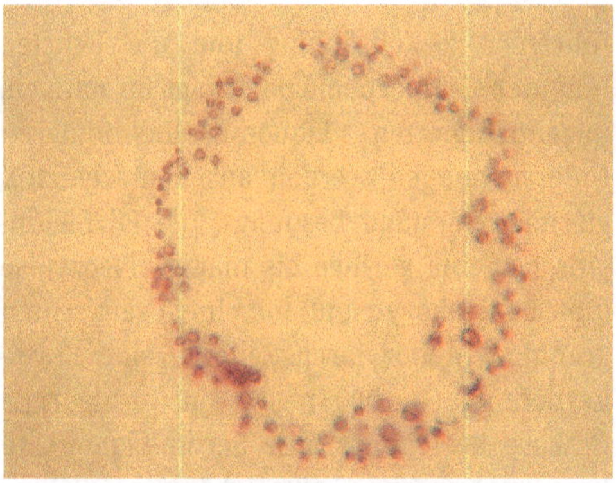

Abb. B.6.4: **Giemsa-Färbung**: Nachweis von *Cryptococcus neoformans* bei Erstmanifestation einer HIV-Erkrankung (Freundlicherweise zur Verfügung gestellt von Prof. Florian Deisenhammer, Immunologisches Labor, Univ. Klinik für Neurologie, Medizinische Universität Innsbruck).

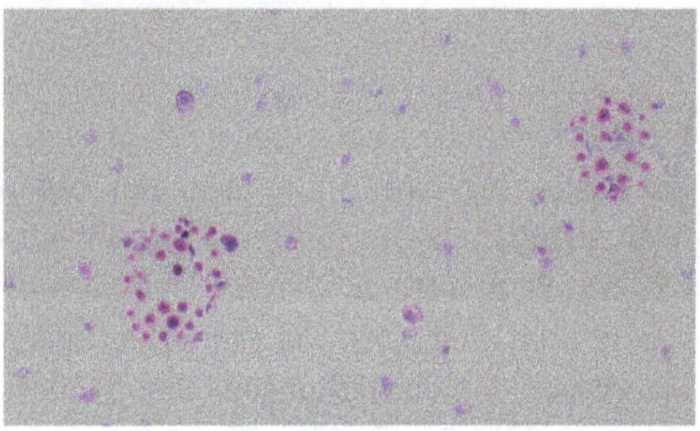

Abb. B.6.5: **Methylenblau-Färbung**: Nachweis von *Cryptococcus neoformans* bei 67-jährigem Patienten nach Nierentransplantation (Freundlicherweise zur Verfügung gestellt von Prof. Florian Deisenhammer, Immunologisches Labor, Univ. Klinik für Neurologie, Medizinische Universität Innsbruck).

Hefepilze (Candida, Kryptokokken) können im Nativpräparat (ungefärbtes Präparat) dargestellt werden. Da bei einer Candida-Meningitis oft nur wenige Hefezellen im Liquor sind, muss eine ausreichende Menge Liquor abgenommen und mehrere Proben untersucht werden. Die Mikroskopie erfolgt mit 200–400-facher Vergrößerung. Rundovale Hefezellen, Blastosporen, Chlamydosporen und Pseudohyphen sind indikativ für eine Candidainfektion.

Mit einem Tuschepräparat können Kryptokokken rasch diagnostiziert werden. Liquorsediment wird mit Tusche vermengt, auf den Objektträger aufgetragen und bei 200–400-facher Vergrößerung mikroskopiert. Dargestellt wird das Nichtanfärben der Schleimkapsel. Die Kryptokokken erscheinen hell mit einem Halo auf dem dunklen Tusche-Untergrund. Die Sensitivität der Untersuchung ist von der Erregerlast abhängig. Eine Unterscheidung zu Leukozyten ist durch die Sprossung möglich. Serologische Tests haben die Tuschefärbung stark verdrängt [17].

6.3.2.2 Pilzkulturen

Positive Kulturen sind auch heute noch essenzieller Bestandteil der Diagnose und beweisend für eine Infektion. Eine Kultur erlaubt eine Zuordnung auf Speziesebene und eine Empfindlichkeitstestung auf Antimykotika. Liquor und andere sterile Körperflüssigkeiten werden dazu auf Spezialmedien aufgetragen und inkubiert. Für die Anzucht von Pilzen stehen spezielle Nähr-, Selektiv- und Indikatorenmedien zur Verfügung; diese werden von Laboren unterschiedlich eingesetzt [18]. Gängige Nährmedien sind der *Sabouraud-Agar*, der *Malzextraktagar*, *Guizotia-Kreatinin Agar*, *Czapek-Dox-Agar*. Hefepilze lassen sich relativ leicht, Schimmelpilze jedoch schwer anzüchten. Den Nährmedien können Antibiotika zur Unterdrückung eines Bakterienwachstums beigesetzt werden. Nachteile der Kulturen sind die oft lange Inkubationszeit. Mit einem positiven Ergebnis ist zwischen 2–5 Tagen zu rechnen, bei anbehandelten Infektionen ist jedoch eine Inkubation von bis zu 3 Wochen nötig. Durch die Verwendung von Chrom-Agar-Böden können farbige Candida-Kolonien angezüchtet und auf Speziesebene differenziert werden. Die Farbunterschiede entstehen durch den unterschiedlichen Metabolismus der verschiedenen Spezies. Das Aussehen der positiven Kulturen unterscheidet sich abhängig vom

Nährmedium und Wachstumsbedingungen in Farbe und Konsistenz (Abb. B.6.6). Bei *C. neoformans* sind die Einzelkolonien durch die Polysaccharidkapsel schleimig, Candida-Kulturen sind eher pastös. Die weitere Differenzierung der Erreger erfolgt durch Mikroskopie und biochemischen Analysen (Abb. B.6.7). Kryptokokken sind als 4–6 μm große Sprosszellen (Blastosporen) mit in der Regel umhüllender Schleimkapsel, Candida als rundovale Blastosporen und/oder mit Pseudomyzelen erkennbar.

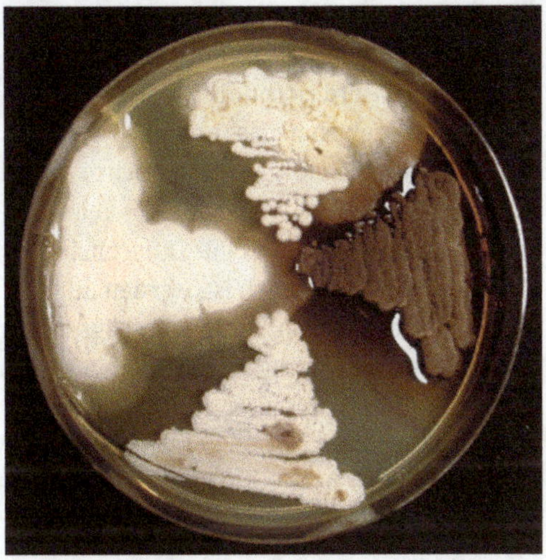

Abb. B.6.6: **Hefepilzkultur** auf Sabouraud-Agar nach 5 Tagen bei 37° Inkubation, unterschiedliches Wachstumsverhalten (Freundlicherweise zur Verfügung gestellt von Prof. Cornelia Lass-Flörl, Institut für Hygiene und Medizinische Mikrobiologie, Medizinische Universität Innsbruck).

6.3.2.3 Serologische Verfahren

In den letzten 2 Jahrzehnten haben serologische und molekularbiologische Verfahren eine rasante Entwicklung gemacht und tragen zu einer rascheren Pilz-Diagnose bei. Pilz-serologische Untersuchungen sind der Antigentest und Hämagglutinationstechniken; sie erlauben zirkulierende Zellwandbestandteile mittels ELISA, EIA und indirekte Immunfluoreszenz

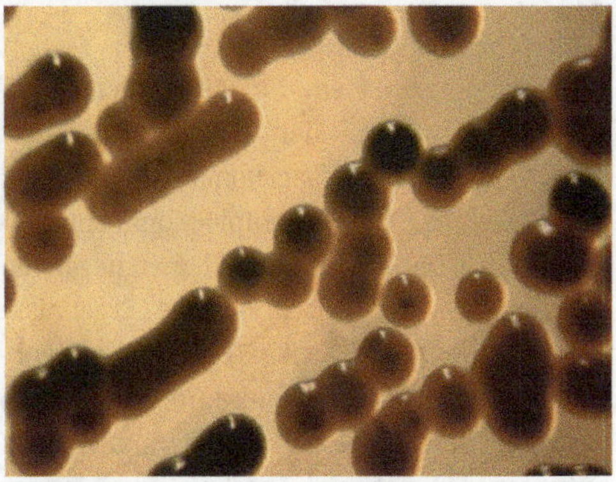

Abb. B.6.7: **Candida albicans bei 100-facher Vergrößerung** nach Inkubation auf Sabouraud-Agar für 48 Stunden bei 37° (Freundlicherweise zur Verfügung gestellt von Prof. Cornelia Lass-Flörl, Institut für Hygiene und Medizinische Mikrobiologie, Medizinische Universität Innsbruck).

zu detektieren [19]. Antigen-Tests werden zum Screening bei Risikopatienten verwendet und eignen sich zum Ausschluss einer Mykose. Da es Test-Kits von verschiedenen Anbietern gibt, müssen die technischen Abläufe nach den Richtlinien des Herstellers erfolgen. Auch sind nicht alle Tests für die Untersuchung von Liquor validiert.

β (1,3)-D-Glucan- und Mannan-Test

Die Tests basieren auf dem Nachweis von Mannan oder β (1,3)-D-Glucan, die beide antigenen Charakter haben [20]. Die kommerziellen Tests weisen eine unterschiedliche Sensitivität und Spezifität auf. β (1,3)-D-Glucan ist bei Candida, Aspergillen und Fusarien, nicht jedoch bei Kryptokokken und Mukormyzeten, nachweisbar. Falsch positive Reaktion können bei Patienten unter Hämodialyse, bei Leberzirrhose und nach abdominalchirurgischen Eingriffen auftreten. Abfallende Konzentration von β (1,3)-D-Glucan werden für den Nachweis des Ansprechens auf eine spezifische Therapie verwendet [21]. Ein negativer β (1,3)-D-Glucan Test schließt eine Pilzinfektion aus.

Galactomannan-Antigentest

Galactomannan ist ein für Aspergillen spezifisches Polysacharid der Zellwand. Der Test erfasst zirkulierendes Galactomannan und wird zum Screening und als Therapie-Monitoring verwendet [22]. Der Test hat einen hohen negativen prädiktiven Wert. Falsch positive Ergebnisse können durch Antibiotika (Piperacillin/Tazobactam, Amoxicillin/Clavulansäure) und durch Kreuzreaktionen mit anderen Schimmelpilzen auftreten. Ein positives Ergebnis muss immer mit einer zweiten Probe bestätigt werden, unter einer antimykotischen Therapie kann die Sensitivität drastisch sinken. Der Test ist für Liquor und die alveolären Bronchiallavage zertifiziert.

Ein weiterer Test zum Nachweis von Aspergillen ist der Lateral-Flow-Test (seitlicher Flusstest, Kombination aus Dünnschichtchromatographie und Immunassay). Mit ihm kann das extrazelluläre Glykoprotein JF5 von Aspergillen nachgewiesen werden, welches nur während des aktiven Wachstums entsteht. Daten für Liquor fehlen jedoch.

Kryptokokken-Antigentest

Der Test ist als Latex-Agglutinationstest und als immunochromatografischer Test verfügbar und basiert auf den Nachweis des antigenwirksamen Kapsel-Polysaccharids [23]. Der Test hat eine hohe Sensitivität und Spezifität. Ein negativer Test im Liquor schließt eine Infektion nahezu aus. Der Titerverlauf kann als Therapie-Monitoring verwendet werden. Der Antigentest kann aber auch bei erfolgreicher Behandlung über Jahre positiv sein.

Die Diagnose von selteneren Schimmelpilzinfektionen ist nur über einen kulturellen Erregernachweis möglich. Antigen- oder Antikörpertest stehen derzeit nicht zur Verfügung.

6.3.2.4 Molekularbiologische Verfahren

Führendes molekularbiologisches Verfahren ist die Polymerase-Kettenreaktion (PCR). Obwohl für molekularbiologische Liquoruntersuchungen nur kleine Fallzahlen vorliegen, werden Pan-fugale PCR-Untersuchungen auch bei ZNS-Infektionen verwendet [24]. Die PCR-Untersuchungen haben eine hohe Sensitivität und Spezifität, die Interpretation eines positiven Resultats muss aber immer mit anderen Biomarkern und nichtkulturbasierten Tests erfolgen.

Vielversprechend sind auch weitere molekularbiologische und biochemische Untersuchungsverfahren wie die MALDI-TOF-MS (matrix-assisted laser desorption/ionization time-of-flight mass spectrometry, Matrix-unterstützte Laserdesorptions/Ionisations-Flugzeit-Massenspektrometrie) und der PNA-FISH-Test (Peptide Nucleic Acid Fluorescence in Situ Hybridisation) [25]. Während mit der MALDI-TOF-MS aus Isolaten eine Differenzierung auf Speziesebene möglich ist, werden mit dem PNA-FISH-Test Spuren von einem begrenzten Erregerspektrum nachgewiesen. Beide Untersuchungen führen zu einer deutlichen Verkürzung der Diagnosezeit.

6.3.3 Interpretation mykologischer Liquorbefunde

Invasive Pilzerkrankungen treten vorwiegend unter Immunsuppression auf. Positive Pilzbefunde im Liquor müssen daher immer in Zusammenhang mit prädisponierenden Risikofaktoren, klinischer Präsentation und Bildgebung interpretiert werden.

Bei unauffälliger Liquorzytologie, normaler Liquorglukose und immunkompetenten Personen ist ein positiver Pilzbefund als Kontamination einzustufen.

Ein negativer mikrobiologischer Pilzbefund schließt eine Infektion bei schwerer Immunsuppression nicht aus, da insbesondere Aspergillen schwer identifizierbar sind. Biochemische und molekularbiologische Untersuchungen können zu einer besseren und rascheren Diagnose beitragen. Bei fortbestehendem klinischem Verdacht einer Pilzinfektion sind die spezifischen Untersuchungen zu wiederholen.

Mit Ausnahme einer Kryptokokkose bei einer HIV-Erkrankung ist bei einer Pilzinfektion des ZNS von einer hämatogenen Streuung aus einem anderen Organ (Lunge bei Aspergillose) oder einer Candidämie auszugehen. Eindringen von Erregern *per continuitatem* ist bei Mykomyzeten aus angrenzenden Schädelbasis-nahen Strukturen möglich. Eine Abklärung beinhaltet daher auch immer eine Fokussuche (Abb. B.6.8).

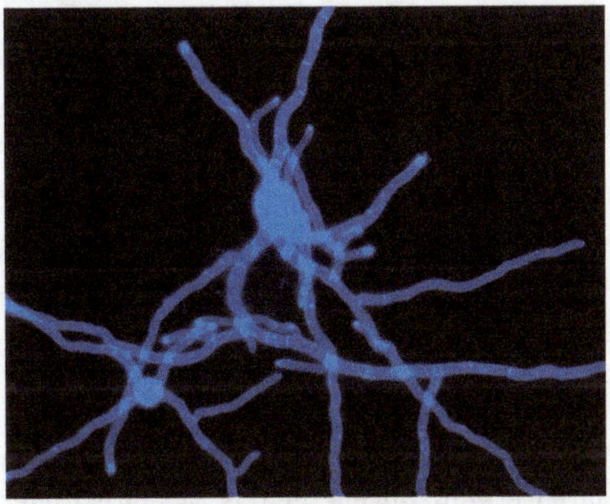

Abb. B.6.8: **Calcofluor white-Färbung**: Invasive Aspergillose aus bronchoalveolärer Lavage (Freundlicherweise zur Verfügung gestellt von Prof. Cornelia Lass-Flörl, Institut für Hygiene und Medizinische Mikrobiologie, Medizinische Universität Innsbruck).

Literatur

[1] Walther G, Kurzai O. Allgemeine Mykologie: Medizinische Mikrobiologie und Infektiologie. 9. Auflage (Hrsg. Sauerbaum S, Burchard GD, Kaufmann SHE, Schulz TF) Berlin, Deutschland, Springer Verlag 2020. https://doi.org/10.1007/978-3-662-61385-6.

[2] Köhler JR, Hube B, Puccia R, Casadevall A, Perfect JR. Fungi that Infect Humans. Microbiol Spectrum. 2017;5. doi: 10.1128/microbiolspec.FUNK-0014-2016

[3] Schmidt-Hieber M, Engelhard D, Ullmann A, et al. Central nervous system disorders after hematopoietic stem cell transplantation: a prospective study of the Infectious Diseases Working Party of EBMT. J Neurol. 2020;267:430–9. doi: 10.1007/s00415-019-09578-5.

[4] Sonneville R, Magalhaes E, Meyfroidt G. Central nervous system infections in immunocompromised patients. Curr Opin Crit Care. 2017;23:128–33. https://doi.org/10.097/MCC.0000000000000397

[5] Pappas PG, Lionakis MS, Arendrup MC, Ostrosky-Zeichner L, Kullberg BJ. Invasive candidiasis. Nat Rev Dis Primers. 2018;4:18026. doi: 10.1038/nrdp.2018.26. PMID: 29749387.

[6] Góralska K, Blaszkowska J, Dzikowiec M. Neuroinfections caused by fungi. Infection. 2018;46:443–59. doi: 10.1007/s15010-018-1152-2

[7] Deigendesch N, Costa Nunez J, Stenzel W. Parasitic and fungal infections. Handb Clin Neurol. 2017;145:245–62. doi: 10.1016/B978-0-12-802395-2.00018-3.

[8] Kullberg BJ, Arendrup MC. Invasive Candidiasis. N Engl J Med. 2015;373:1445–56. doi: 10.1056/NEJMra1315399. PMID: 26444731.

[9] Snarr BD, Drummond RA, Lionakis MS. It's all in your head: antifungal immunity in the brain. Curr Opin Microbiol. 2020;58:41–6. doi: 10.1016/j.mib.2020.07.011.

[10] Drummond RA, Swamydas M, Oikonomou V, et al. CARD9 microglia promote antifungal immunity via IL-1β- and CXCL1-mediated neutrophil recruitment. Nat Immunol. 2019;20:559–70. doi: 10.1038/s41590-019-0377-2

[11] McCarthy M, Rosengart A, Schuetz AN, Kontoyiannis DP, Walsh TJ. Mold infections of the central nervous system. N Engl J Med. 2014;371:150–60. doi: 10.1056/NEJMra1216008.

[12] Lestrade PP, Bentvelsen RG, Schauwvlieghe AFAD, et al. Voriconazole Resistance and Mortality in Invasive Aspergillosis: A Multicenter Retrospective Cohort Study. Clin Infect Dis. 2019;68:1463–71. doi: 10.1093/cid/ciy859.

[13] Spec A, Powderly WG. Cryptococcal meningitis in AIDS. Handb Clin Neurol. 2018;152:139–50. doi: 10.1016/B978-0-444-63849-6.00011-6. PMID: 29604972.

[14] Wu X, Shen Y. Management of human immunodeficiency virus-associated cryptococcal meningitis: Current status and future directions. Mycoses. 2019;62:874–82. doi: 10.1111/myc.12977.

[15] Panackal AA, Williamson PR. Fungal Infections of the Central Nervous System. Continuum (Minneap Minn). 2015;(6 Neuroinfectious Disease):1662–78. doi:10.1212/CON.0000000000000241
[16] Mace SE. Central nervous system infections as a cause of an altered mental status? What is the pathogen growing in your central nervous system? Emerg Med Clin North Am. 2010;28:535–70. doi: 10.1016/j.emc.2010.03.002
[17] Rajasingham R, Wake RM, Beyene T, et al. Cryptococcal Meningitis Diagnostics and Screening in the Era of Point-of-Care Laboratory Testing. J Clin Microbiol. 2019;57:e01238-18. doi: 10.1128/JCM.01238-18. PMID: 30257903; PMCID: PMC6322457.
[18] Willinger B. Culture-Based Techniques. Methods Mol Biol. 2017;1508:195–207. doi: 10.1007/978-1-4939-6515-1_10. PMID: 27837505
[19] Schwartz S, Kontoyiannis DP, Harrison T, Ruhnke M. Advances in the diagnosis and treatment of fungal infections of the CNS. Lancet Neurol. 2018;17:362–72. doi: 10.1016/S1474-4422(18)30030-9.
[20] Lyons JL, Erkkinen MG, Vodopivec I. Cerebrospinal fluid (1,3)-ß-D-glucan in isolated candida meningitis. Clin Infect Dis. 2015;60:161–62. doi:10.1093/cid/ciu737.
[21] Litvintseva AP, Lindsley MD, Gade L, et al. Utility of (1–3)-ß-D-glucan testing for diagnostics and monitoring response to treatment during the multistate outbreak of fungal meningitis and other infections. Clin Infect Dis. 2014;58:622–30. doi:10.1093/cid/cit808
[22] Chong GM, Maertens JA, Lagrou K, et al. Diagnostic performance of galactomannan antigen testing in cerebrospinal fluid. J Clin Microbiol. 2016;54:428–31. doi.org/10.1128/JCM.02913 –15.
[23] Temfack E, Boyer-Chammard T, Lawrence D, et al. New Insights Into Cryptococcus Spp. Biology and Cryptococcal Meningitis. Curr Neurol Neurosci Rep. 2019;19:81. doi: 10.1007/s11910-019-0993-0.
[24] Arvanitis M, Anagnostou T, Fuchs BB, Caliendo AM, Mylonakis E. Molecular and nonmolecular diagnostic methods for invasive fungal infections. Clin Microbiol Rev. 2014;27:490–526. doi: 10.1128/CMR.00091-13.
[25] Frickmann H, Zautner AE, Moter A, et al. Fluorescence in situ hybridization (FISH) in the microbiological diagnostic routine laboratory: a review. Crit Rev Microbiol. 2017;43:263–93. doi: 10.3109/1040841X.2016.1169990.
[26] Tsuchida S, Umemura H, Nakayama T. Current Status of Matrix-Assisted Laser Desorption/Ionization-Time-of-Flight Mass Spectrometry (MALDI-TOF MS) in Clinical Diagnostic Microbiology. Molecules. 2020;17(25):4775. doi: 10.3390/molecules25204775.

6.4 Mikrobiologische Diagnostik im Liquor bei Parasitosen

Bettina Pfausler, Erich Schmutzhard

6.4.1 Einleitung

Parasitosen des zentralen Nervensystems (ZNS) werden durch Protozoen oder Helminthen verursacht. Neben epidemiologischen Besonderheiten stellen ZNS-Parasitosen, insbesondere in ihrer Pathogenese, klinisch neurologischen Symptomatik, allgemein medizinischen/systemischen Symptomatik und vor allem in ihrer Ätiologie, Diagnostik und Therapie eine höchst uneinheitliche Gruppe von ZNS-Erkrankungen dar.

Tabellen B.6.6 und B.6.7 listen die parasitären Erkrankungen, die das ZNS direkt oder auch indirekt affizieren können, in ihrer Ätiologie, Epidemiologie und Symptomatik auf. Der direkte Erregernachweis, d. h. die mikrobiologische/parasitologische Diagnosesicherung aus dem ZNS/Liquor cerebrospinalis, stellt in den meisten dieser Erkrankungen weiterhin den goldenen Standard der Diagnose dar. PCR-Techniken zum Nachweis der Erreger-DNA haben in den letzten zwei Jahrzehnten jedoch eine diagnostische Erleichterung und Erweiterung gebracht. ZNS-Parasitosen, die über indirekte Mechanismen (immunologische, hypoxische, kardioembolische etc.) auf das ZNS wirken, sind aus differentialdiagnostischen Überlegungen ebenfalls angeführt. Die detaillierte Beschreibung der klinischen Symptomatik, epidemiologischer Besonderheiten, und des sonstigen diagnostischen und therapeutischen Managements sind den entsprechenden Fachbüchern zu entnehmen. Die in den Tabellen B.6.6 und B.6.7 angeführten Krankheitsentitäten rechtfertigen zur direkten oder indirekten Diagnosesicherung bzw. zum differentialdiagnostischen Ausschluss klinisch ähnlicher Krankheitsbilder die Lumbalpunktion.

Bei den in den Tabellen B.6.6 und B.6.7 genannten Erkrankungen stützen sich die neurologische Diagnose und/oder die differentialdiagnostische Abgrenzung auf bildgebende Verfahren (zerebrale/spinale Computertomographie, zerebrale/spinale Kernspintomographie) in vielen Fällen auch direkt auf bioptische/aspirationsdiagnostische Verfahren [1]. Bei fehlender Hirndrucksymptomatik ist die Lumbalpunktion zur diagnostischen/zytologischen Aufarbeitung des Liquors, insbesondere zur mikrobiologischen und serologischen Diagnostik (Liquor-/Serumpaare sind unverzichtbar) unerlässlich.

6.4.2 Präanalytik

Nur wenige Parasitosen des ZNS treten isoliert als zerebrale und/oder spinale Manifestation einer parasitären Erkrankung auf. Es ist daher die neurologische Symptomatik im Kontext mit den allgemeinen medizinischen Symptomen zu sehen und entsprechend zu interpretieren. In Einzelfällen ist bei direktem Erregernachweis aus dem peripheren Blut bei entsprechend passendem klinischen Syndrom und entsprechender Liquorkonstellation (z. B. zerebrale Malaria – normaler Liquor; afrikanische Trypanosomiasis – typischer Liquor, siehe dort) die Diagnose einer ZNS-Parasitose bzw. ZNS-Affektion durch einen parasitären Erreger erlaubt.

Im peripheren Blut findet sich lediglich in der Akut/Subakutphase einer Wurmerkrankung des Nervensystems bei gleichzeitiger systemischer Involvierung eine Eosinophilie.

Gerade für die Diagnosestellung einer ZNS-Parasitose ist eine detaillierte Anamneseerhebung vor jedem weiteren invasiven diagnostischen Vorgehen ein unerlässlicher Bestandteil des Managements. Expositions- und Reiseanamnesen müssen so detailliert wie möglich erhoben werden. Das Vorhandensein von immunsupprimierenden, -kompromittierenden bzw. -modulierenden Grunderkrankungen bzw. Therapien (HIV, Zytostatika, Zustand nach Transplantation etc.) muss im geeigneten klinischen Kontext ebenfalls an eine ZNS-Parasitose denken lassen (z. B. Toxoplasmose, *Strongyloides stercoralis*-Hyperinfektionssyndrom).

Die zerebrale Bildgebung ist für einen Teil der ZNS-Parasitosen teilweise pathognomonisch. In diesem Zusammenhang sind insbesondere Wurmerkrankungen (Neurozystizerkose, ZNS-Paragonimiasis, ZNS-Echinokokkose etc.) zu nennen. Im geeigneten klinischen Kontext sind auch bestimmte ZNS-Protozoonosen (z. B. Toxoplasma gondii) mittels Bildgebung differentialdiagnostisch einzugrenzen [2].

Thoraxröntgen (Paragonimiasis), Nativröntgen der Weichteile (Neurozystizerkose), Ultraschalluntersuchung bzw. computertomographische Untersuchung des Abdomens (Echinokokkose) oder eine ophthalmologische Untersuchung (Toxokarose) helfen mittels nicht-invasiver extrazerebraler Untersuchungen, die Verdachtsdiagnose schon frühzeitig in eine bestimmte Richtung zu lenken.

6.4.3 Methoden

6.4.3.1 Direkter und indirekter Nachweis von Protozoen im Liquor cerebrospinalis

Tab. B.6.8 listet die Erreger der Protozoonosen, beschreibt erregertypische Liquorkonstellationen sowie die gängigen direkten und indirekten Nachweismöglichkeiten der Erreger im Liquor cerebrospinalis.

Tab. B.6.6: Protozoen, die eine direkte ZNS-Infestation, Infektion oder indirekte ZNS-Affektion verursachen.

Erreger Protozoen	Verbreitung/ Epidemiologie	wichtige extrazerebrale Symptome	neurologische Symptome, neurologisches Syndrom	direkt (lokale Infektion/ Infestation)	indirekt (systemische Infektion/ Infestation)	Verlauf und Prognose der ZNS-Erkrankung
Entamoeba histolytica	Tropen, Subtropen	Dysenterie, Leberabszess	Hirnabszess, auch multipel (fokale Symptome, Hirndruck)	sehr selten, nur bei gleichzeitigem Leberabszess		akut/subakut Mortalität: > 10 %
freilebende Amoeben Naegleria fowleri (evtl. Vahlkampfia)	weltweit (eher warme Regionen); Süßwasserexposition Schwimmbad, Teich		primäre Amoeben-Meningoenzephalitis (Meningitis, Hirnödem, Hirndruckerhöhung)	akute purulente Meningitis, nekrotisierende, hämorrhagische Zerebritis		perakut Mortalität: > 90 %
Acanthamoeba spp. Balamuthia mandrillaris	weltweit (bes. USA, Australien, Europa)	evtl. Keratokonjunktivitis (Kontaktlinsenträger)	granulomatöse Amoebenenzephalitis (fokale Symptome, Hirndruckerhöhung)	fokale Meningitis, granulomatöse Enzephalitis, Vaskulitis, hämorrhagische Nekrosen		subakut/akut Mortalität: > 90 %
Plasmodium falciparum	Tropen; Anopheles-Moskitos	Multiorgan-Malaria	zerebrale Malaria (diffuses Hirnödem, fokale Symptome, zerebrale Krampfanfälle)		Hypoxie, Haemorrhagien (Koma, zerebrale Krampfanfälle)	akut Mortalität: 2–50 % neurologische Langzeitschäden: 7–10 %
Trypanosoma brucei gambiense	West- und Zentralafrika; Tsetsefliegen	Trypanosomenschanker 1. Stadium: hämolymphatisches Stadium: Fieber, Lymphadenopathie	2. Stadium: chronische Meningoenzephalitis (multifokale Symptomatik, diffuse Enzephalopathie)	2. Stadium: chronische Meningoenzephalitis		chronisch, Mortalität: ohne Therapie 100 %

(fortgesetzt)

Tab. B.6.6 (fortgesetzt)

Erreger Protozoen	Verbreitung/ Epidemiologie	wichtige extrazerebrale Symptome	neurologische Symptome, neurologisches Syndrom	direkt (lokale Infektion/ Infestation)	indirekt (systemische Infektion/ Infestation)	Verlauf und Prognose der ZNS-Erkrankung
Trypanosoma brucei rhodesiense	Ost- und Zentralafrika; Tsetsefliegen	s. Tryp. brucei gambiense	subakute/chronische Meningoenzephalitis	subakute/chronische Meningoenzephalitis	–	subakut/chronisch, Mortalität: ohne Therapie 100 %
Trypanosoma cruzi	Süd-, Mittelamerika; Raubwanzen	Romanazeichen Status febrilis, Lymphadenopathie Myokarditis Chagas-Krankheit – Kardiomyopathie	akute/subakute Meningitis kardiogene zerebrale Embolie	akute/subakute Meningitis	kardiogene Embolie: zerebrale Ischämie	gutmehrheitlich günstig progredient
Toxoplasma gondii	weltweit		bei Immunkompromittierten (HIV): fokale Läsionen, Granulome, Abszesse; bei Transplantierten, unter Zytostatika-Therapie: diffuse Enzephalitis	zerebrale Toxoplasmose: Granulome, Abszesse akute/subakute Enzephalitis	erregerbedingte Vaskulitis, zerebrale Ischämie	abhängig von der Grundkrankheit

Allgemeine Symptome: Allgemeine Symptomatik, die typischerweise der ZNS-Affektion vorausgeht, bzw. die führende systemische/allgemein-medizinische Symptomatik darstellt; *direkt:* Invasion des Erregers (meist bestimmter Entwicklungsstadien) in den Liquor cerebrospinalis und/oder in das ZNS-Parenchym möglich (Erregernachweis mittels Hirnbiopsie, stereotaktische Punktion, Aspiration von Abszessen oder Zysten, Lumbalpunktion, Immunantwort intrathekal); *indirekt:* systemische Infektion/Infestation, die über hypoxische, toxische, immunologische, metabolische oder ischämische Mechanismen das ZNS schädigt. Erregernachweis im Liquor cerebrospinalis und/oder im ZNS-Parenchym sowie mittels intrathekaler Immunantwort (Antikörperbildung) sind nicht möglich.

Tab. B.6.7: Helminthen, die eine direkte ZNS-Infestation, Infektion oder indirekte ZNS-Affektion verursachen.

Erreger Helminten	Verbreitung/ Epidemiologie	extrazerebrale Symptome	neurologische Diagnose/ neurologische Symptomatik	direkt	indirekt	Verlauf und Prognose der ZNS-Erkrankung
Cestoden						
Taenia solium (Larve: Cysticercus cellulosae) Schweinebandwurm	weltweit (bes. Südamerika, Thailand, Indien)	unspezifisch	Myopathie, Muskelverkalkungen; Neurozystizerkose – parenchymatös – raumfordernde Zysten – subarachnoidale Zysten – intraventrikuläre Zysten – spinale Zysten	Neurozystizerkose – parenchymatös – raumfordernde Zysten – subarachnoidale Zysten – intraventrikuläre Zysten – spinale Zysten	erregerbedingte Vaskulitis: zerebrale Ischämie	unterschiedlich, entsprechend der Lokalisation, Anzahl und Akuität der Läsionen/Zysten
Taenia multiceps (Bandwurm von Canivoren)	Europa, Afrika, Brasilien	ähnlich Neurozystizerkose	ähnlich Neurozystizerkose	ähnlich Neurozystizerkose	–	–
Spirometra spp. (Bandwurm von Carnivoren)	Ostafrika, Südostasien	Granulome fokale Symptome	ähnlich Neurozystizerkose (sehr selten)	ähnlich Neurozystizerkose (sehr selten)	–	–
Echinococcus granulosus (Hundebandwurm) [	weltweit (bes. Europa, Ost- Afrika)	Zysten in Leber, Lunge (zystische Echinokokkose)	20 %: zerebrale Zysten (raumfordernd)	intrakranielle Zysten	–	–
Echinococcus multilocularis (Fuchsbandwurm)	hauptsächlich Europa	Raumforderung in der Leber (alveoläre Echinokokkose)	< 2 %: ZNS-Affektion	Granulome	–	progredient
Nematoden						
Angiostrongylus cantonensis	Südostasien, Pazifik, (rohe Schnecken)	Larva migrans visceralis	eosinophile Meningitis	eosinophile Meningitis	–	gut

Gnathostoma spinigerum	Südostasien (ungekochtes Geflügelfleisch, Schnecken)	Larva migrans visceralis	eosinophile Meningitis, Hirnnervenläsionen, Enzephalitis, Myelitis, Radikulitis, Subarachnoidalblutung	eosinophile Meningitis, Hirnnervenläsionen, Enzephalitis, Myelitis, Radikulitis, Subarachnoidalblutung	–	neurologische Dauerschäden: 30–50 % Mortalität: 10 %
Trichinella spiralis	weltweit, Epidemien (ungekochtes Schweinefleisch oder anderes Fleisch)	gastrointestinale Symptome eosinophile Myositis-Myalgien Muskelverkalkungen	selten: Meningoenzephalitis, fokale Läsionen	selten: Meningoenzephalitis, fokale Läsionen	–	Mortalität: 10–20 %
Toxocara canis/cati	weltweit	Larva migrans visceralis	Granulome, eosinophile Meningitis	Granulome, eosinophile Meningitis	–	gut
Baylisascaris procyonsis	USA (Exposition von Waschbären-Faeces)	Larva migrans visceralis Eosinophilie	eosinophile Meningitis, Enzephalitis, fokale Läsionen	eosinophile Meningoenzephalitis Granulome	–	subakut, fatal
Strongyloides stercoralis	weltweit (Tropen, Subtropen)	gastrointestinale Symptome, Larva migrans cutanea Autoinfektion: Gramnegative Sepsis	Autoinfektion: Strongyloides stercoralis Hyperinfektions-syndrom (bes. bei Immunsupprimierten, HIV-Patienten etc.)	Autoinfektion: Strongyloides stercoralis Hyperinfektions-syndrom (bes. bei Immunsupprimierten, HIV-Patienten etc.)	–	fulminant Mortalität: > 70 %
Lymphatische Filarien (Wuchereria bancrofti, Brugia malayi, Loa loa, Meningonema peruzzi, Dipetalonema perstans	Tropen: Afrika, Südostasien, Mittel- und Südamerika; Moskitos, Fliegen	lymphatische Filariose	sehr selten ZNS-Affektion, fokale Läsionen	sehr selten ZNS-Affektion	–	–
Onchocerca volvulus	Afrika, Süd-Mittelamerika; Kriebelmücken	Onchozerkose, subkutane Knoten, Flussblindheit	zerebrale Krampfanfälle	zerebrale Krampfanfälle	–	–

(fortgesetzt)

Tab. B.6.7 (fortgesetzt)

Erreger Helminten	Verbreitung/ Epidemiologie	extrazerebrale Symptome	neurologische Diagnose/ neurologische Symptomatik	direkt	indirekt	Verlauf und Prognose der ZNS-Erkrankung
Lagochilascaris minor	Brasilien (Einzelfallbericht bei Pat. mit Fallot'scher Tetraplegie)	subkutane Abszesse Sinusitis	Meningitis hämorrhagische nekrotisierende Enzephalitis, Vaskulitis	–		subakut fatal
Trematoden						
Schistosoma spp.	s. unten (Süßwasserexposition-Schnecken)	Katayamafieber (immunologische Reaktion bei Erstinfestation)	Enzephalopathie Hirndruck zerebrale Anfälle	Enzephalopathie Hirndruck zerebrale Anfälle		gut
Schistosoma haematobium	Afrika	urogenitale Schistosomiasis	hauptsächlich spinale Symptome – Granulome	spinale Symptome	parainfektiöse Plexus lumbosacralis Läsion	neurologische Dauerschäden möglich
Schistosoma mansoni	Afrika, Südamerika	gastrointestinale Schistosomiasis (hepatische)	hauptsächlich spinale Symptome – Granulome	hauptsächlich spinale Symptome	parainfektiöse Plexus lumbosacralis Läsion	neurologische Dauerschäden möglich
Schistosoma japonicum	Ostasien	gastrointestinale Schistosomiasis (hepatische)	vorwiegend fokale zerebrale Symptome	vorwiegend fokale zerebrale Symptome	–	mäßig gut
Paragonimus spp.	Tropen, weltweit (Süßwasser-Crustaceen)	Meningitis, verkalkte intrakranielle Zysten	Meningitis, verkalkte intrakranielle Zysten	–		relativ gut

Allgemeine Symptome: Allgemeine Symptomatik, die typischerweise der ZNS-Affektion vorausgeht, bzw. die führende systemische/allgemein-medizinische Symptomatik darstellt; *direkt:* Invasion des Erregers (meist bestimmter Entwicklungsstadien) in den Liquor cerebrospinalis und/oder in das ZNS-Parenchym möglich (Erregernachweis mittels Hirnbiopsie, stereotaktische Punktion, Aspiration von Abszessen oder Zysten, Lumbalpunktion, Immunantwort intrathekal); *indirekt:* systemische Infektion/Infestation, die über hypoxische, toxische, immunologische, metabolische oder ischämische Mechanismen das ZNS schädigt. Erregernachweis im Liquor cerebrospinalis und/oder im ZNS-Parenchym sowie mittels intrathekaler Immunantwort (Antikörperbildung) sind nicht möglich.

Tab. B.6.8: Protozoonosen-typische Liquorkonstellationen, direkte und indirekte Nachweismöglichkeiten von Protozoen im Liquor cerebrospinalis.

Protozoen	erregertypische Liquorkonstellation	direkte Nachweismethoden	Indirekte Nachweismethoden
Naegleria fowleri	granulozytäre Pleozytose Protein stark erhöht Glukose erniedrigt (Bild einer akuten eitrigen Meningitis)	nativ: motile Trophozoiten (Pseudopodien), 10–30 μm Motilität der Trophozoiten wird durch Anwärmung des frischen Liquors erhöht Färbung: Akridin-Orange Giemsa, Wright, Trichrom Kultur: 1,5 % non nutrient Agar Zellkultur PCR MALDI-TOF-MS	IFT
Acanthamoeba spp. (inkl. Balamuthia mandrillaris)	lymphozytäre Pleozytose (eher wenige Granulozyten) Protein gering erhöht, Glukose nur gering erniedrigt	nativ: extrem selten Biopsie: Kultur (s. o.) Trophozoiten 25–40μm sehr selten Zysten Balamuthia mandrillaris: 30–60 μm Färbung: Hämatoxilin-Eosin, Wright, Giemsa, PAS Elektronenmikroskopie PCR	ELISA IFT
Entamoeba histolytica	lymphozytäre Pleozytose (selten granulozytär), Protein gering erhöht Glukose selten erniedrigt	Liquor: meist nicht möglich Abszessaspirat: motile Trophozoiten (Pseudopodien), 10–60 μm Färbung: Gomori-Trichrom, Hämatoxilin-Eosin PAS Kultur: unpraktikabel PCR	ELISA EIA HAT
Trypanosoma brucei gambiense/ rhodesiense	lympho-, plasmazelluläre Pleozytose (Morulazellen Mott) Protein deutlich erhöht, insbesondere IgM Glukose nur gering oder nicht erniedrigt	nativ: motile Trypanosomen Färbung: Giemsa Blutausstrich auf Trypanosomen PCR	CATT
Trypanosoma cruzi	akut: geringe lymphozytäre Pleozytose Protein erhöht (gering) Glukose gering erniedrigt Chagas-Krankheit: Liquor normal sehr selten bei Immunkompromittierten: chronische granulomatöse Enzephalitis: Liquor geringgradig unspezifisch verändert	nativ: motile Trypanosomen Kultur: Novy-MacNeal-Nicolle-Medium Blutausstrich auf Trypanosomen PCR	ELISA IFT EIA KBR HAT

Tab. B.6.8 (fortgesetzt)

Protozoen	erregertypische Liquorkonstellation	direkte Nachweismethoden	Indirekte Nachweismethoden
Toxoplasma gondii	Liquor normal oder unspezifisch verändert Hirnbiopsie	Hirnbiopsie: Pseudozysten Tachyzoiten Färbung: Hämatoxilin-Eosin, Giemsa PCR	ELISA CLIA IFT Sabin-Feldmann-Test
Plasmodium falciparum (zerebrale Malaria)	Liquor normal	Blutausstrich	–

Naegleria fowleri

Bei der primären Amöbenmeningoenzephalitis, verursacht vorwiegend durch *Naegleria fowleri*, finden sich im frischen, noch körperwarmen Liquor cerebrospinalis, der im Übrigen sonst die typische Konstellation einer akuten purulenten Meningitis zeigt, bei der lichtmikroskopischen Untersuchung die beweglichen Trophozoiten mit ihrem typischen amöboiden (Pseudopodien) Bewegungsmuster [3]. Die im frischen Liquor gefundenen Trophozoiten sind 10–30 µm groß. Die Bewegung der Trophozoiten wird bewirkt durch explosionsartige Protrusion der Pseudopodien. Anwärmen des Nativpräparates stimuliert die Bewegungsfreudigkeit der Trophozoiten. Mittels Romanowsky-Färbung können die Trophozoiten im Zentrifugat visualisiert werden, eine Akridin-Orange-Färbung erlaubt eine gute Differenzierung der Amöben von Leukozyten in der Fluoreszenzmikroskopie mit typischem rötlichen, schaumigen Zytoplasma der Amöben [4]. *Naegleria fowleri* kann auf 1,5 % Non-Nutrient-Agar, der mit gewaschenen *E. coli*-Bakterien bedeckt und in einer feuchten Kammer bei 37° C über Nacht inkubiert wurde, kultiviert werden [5]. Idealerweise wird der Agar in der verdünnten Amöbenkochsalzlösung nach Page aufbereitet, nach Autoklavierung kann er bei Raumtemperatur aufbewahrt werden. *Naegleria fowleri* kann auch auf Zellkulturen, die üblicherweise zur Virusisolierung verwendet werden, zum Wachsen und zur Vermehren gebracht werden [6]. Mit der Real-Time Polymerase-Kettenreaktion (PCR) kann heute innerhalb weniger Stunden die Diagnose gestellt werden [7–9]. Das MALDI-TOF-MS-Verfahren (matrix-assisted laser desorption/ionization time-of-flight mass spectrometry) erlaubt eine Genus- und Speziesdifferenzierung von *Naegleria* [10,11].

Acanthamoeba spp.

Sehr viel schwieriger ist der Direktnachweis von Acanthamoeba-Spezies (bzw. Balamuthia mandrillaris), den Erregern der granulomatösen Amöbenenzephalitis [12]. Im Liquor werden die Trophozoiten nur in Ausnahmefällen gesehen, sie sind größer als *Naegleria fowleri*. Acanthamoeba-Spezies haben einen Durchmesser von 25–40 µm und *Balamuthia mandrillaris* von 30–60 µm. Das Aussehen der Trophozoiten entspricht, mit Ausnahme der Größe, dem von *Naegleria fowleri* [13,14]. Eine Hirnbiopsie ist bei dieser Erkrankung unverzichtbar. Dieselben Kulturmethoden wie bei *Naegleria fowleri* werden nach einer Inkubationszeit von ca. 1 Woche (in einer feuchten Kammer bei 37° C) die Erreger zum Anwachsen bringen, allerdings wesentlich weniger erfolgreich als *Naegleria fowleri*. Durch spezielle Färbungen oder in Wachs eingebettete oder Formalin-fixierte Biopsieschnitte können *Acanthamoeba spp.* mittels Immunfluoreszenz (IFT) oder ELISA nachgewiesen werden [15–17]. Die PCR-Untersuchung hat aufgrund der niedrigen Trophozoiten-Zahl im Liquor und in Formalin-fixiertem Hirngewebe geringere Sensitivität [18].

Entamoeba histolytica

Eine Hirnbiopsie (stereotaktische Aspiration von Abszessen) wird nur unter entsprechender amöbizider Chemotherapie durchzuführen sein, um die Verschleppung bzw. Ausbreitung von *Entamoeba histolytica* in gesundes Hirngewebe zu vermeiden. Im Aspirat finden sich eventuell mobile Amöben-Trophozoiten, die typischerweise prominente Nukleoli haben, intrazellulär finden sich rote Blutkörperchen ingestiert. Im dicken Eiter von Amöbenabszessen ist die Motilität der *Entamoeba histolytica*-Trophozoiten meist nur gering vorhanden, der Durchmesser der Trophozoiten beträgt 10–60 µm. Die Bewegung findet mittels Pseudopodien statt [19]. Die Färbung des Aspirates erfolgt, nach Fixierung mit Polyvinylalkohol oder Schaudinn-Fixierlösung, entweder mit Gomori, Trichrom, Eisenhämatoxylin, Hämatoxylin-Eosin oder *periodic acid Schiff* (PAS) [20]. Die Kultur von Amöben ist möglich, im Routinebetrieb jedoch derzeit nicht einsetzbar und eine Kulturdauer von mindestens 4 Tagen erforderlich. Die PCR erlaubt die Identifizierung von *Entamoeba histolytica* [21]. Serologische Untersuchungen umfassen ELISA (Spezifität 97 %, Sensitivität 100 %), Enzymimmunoassay (EIA) und indirekten Hämagglutinationstest [22,23].

Trypanosoma brucei gambiense und/oder rhodesiense

Moderne molekularbiologische Verfahren ermöglichen es, die Subspezies der Trypanosomen zu klassifizieren, welche einen unterschiedlichen klinischen Verlauf zeigen [24]. Jeder Patient mit einer im Blut nachweisbaren *Trypanosoma brucei gambiense* oder *rhodesiense*-Infektion (Schlafkrankheit) muss lumbalpunktiert werden [25]. Die geringste Abweichung des Liquorbefundes weist auf eine beginnende ZNS-Involvierung im Sinne des zweiten Stadiums der afrikanischen Trypanosomiasis hin und muss entsprechend diagnostisch aufgearbeitet und vor allem therapiert werden. Im Vollbild des zweiten Stadiums der afrikanischen Trypanosomiasis, d. h. des meningoenzephalitischen Stadiums, zeigt sich eine geringe bis mäßige Pleozytose und ein gemischtzelliges Bild mit Überwiegen von Lymphozyten und Plasmazellen (ca. 10 % stellen sogenannte Morulazellen Mott = typische Plasmazellen dar) [26]. Die Liquor-Glukose ist meist nur gering erniedrigt, das Gesamteiweiß im Liquor erhöht, insbesondere ist die IgM-Fraktion deutlich erhöht. Der direkte Nachweis von Trypanosomen im Liquor (Flagellen!) gelingt im Nativpräparat (mobile Trypanosomen) sowie mittels Giemsa-Färbung. Die *in vitro*-Kultivierung von Trypanosomen ist extrem schwierig und steht routinediagnostischen Zwecken nicht zur Verfügung. Der Nachweis von *Trypanosoma brucei spp.* im peripheren Blut bei auch nur geringen Liquorveränderungen (z. B. IgM-Erhöhung) ist beweisend für das beginnende meningoenzephalitische Stadium einer afrikanischen Trypanosomiasis und zieht auf jeden Fall das adäquate Vorgehen nach sich. Molekularbiologische Verfahren (PCR, multiplex-PCR, loop-mediierter isothermaler Amplifikationstest) führen heute zu einer raschen Diagnose [27,28]. Hohe Spiegel von Neopterin, CXCL8, CXCL10 und CXCL13 lassen auf ein spätes Krankheitsstadium schließen [29]. Serologische Tests, wie der Card-Agglutinationstest (CATT), werden zum Screening und Schnelltests für die Diagnose einer akuten Erkrankung eingesetzt [30,31].

Trypanosoma cruzi

Der Direktnachweis von *Trypanosoma cruzi* im Liquor cerebrospinalis gelingt bei bis zu 75 % der Patienten mit einer akuten *T. cruzi*-Infektion, wenngleich eine klinisch eindeutig diagnostizierbare Meningoenzephalitis in dieser Phase relativ selten ist [32]. Eine akute ZNS-Infektion tritt häufig bei Kleinkindern oder als Komplikation einer kongenitalen Infektion auf. Die PCR hat in der akuten Erkrankungsphase eine hohe Sensitivität und wird auch zur Therapiekontrolle herangezogen [33]. Im chronischen Stadium der Erkrankung ist die Sensitivität der PCR vom Untersuchungsmaterial, Untersuchungsvolumen und der verwendeten PCR-Methode abhängig [34].

Der direkte Erregernachweis im chronischen Stadium, dem Chagas-Leiden, bei dem in seltenen Fällen eine chronische granulomatöse Enzephalitis bestehen kann (gelegentlich auch bei immunkompromittierten Patienten zu sehen), ist aus dem Liquor sehr viel schwieriger zu führen. Allerdings kann *T. cruzi* auf Spezialmedien kultiviert werden. Der Liquor cerebrospinalis zeigt meist nur gering erhöhtes Liquoreiweiß und eine milde lymphozytäre Pleozytose, und ist damit völlig unspezifisch verändert. Serologische Untersuchungstechniken, wie Komplementbindungsreaktion (KBR), Hämagglutinationstest (HAT), Immunfluoreszenztest und Enzymimmunoassay (EIA) basieren auf dem Nachweis von IgG-Antikörpern und werden vorwiegend bei einer chronischen Infektion eingesetzt [35]. Die Sensitivität der Tests ist sehr unterschiedlich und für den Nachweis einer Erkrankung wird eine Positivität von zwei unterschiedliche Testverfahren gefordert [36]. Wenngleich die serologischen Untersuchungstechniken unspezifisch sind, erreichen sie 6 Monate nach der Infektion eine lebenslang bestehende 100 %ige Sensitivität.

In der akuten Phase der amerikanischen Trypanosomiasis gelingt der direkte Parasitennachweis häufig im peripheren Blut oder durch Biopsie aus quergestreifter Muskulatur oder Herzmuskulatur. Anreicherungsmethoden (Zentrifugation, Konzentrationsmethode von Stout) erleichtern den Erregernachweis im Blut.

Toxoplasma gondii

Die klinische und pathologische Manifestation einer zerebralen Toxoplasmose ist abhängig vom Immunstatus des Erkrankten [37]. Beim immunkompromittierten erwachsenen Patienten mit der typischen (meist herdförmigen) neurologischen Symptomatik wird die Bildgebung mit zerebraler Computertomographie und/oder zerebraler Magnetresonanztomographie schon den dringenden Verdacht auf eine ZNS-Toxoplasmose lenken [38]. Beim Immunkompetenten kommen verschiedenste Differentialdiagnosen in Erwägung.

Bei der zerebralen Toxoplasmose zeigt der Liquor kaum Veränderungen. Eine geringe Zellzahl und Eiweißerhöhung ist möglich, fallweise kann eine geringe Eosinophilie vorliegen [39]. Der Direktnachweis von *Toxoplasma gondii* im Liquor ist praktisch nie möglich, allerdings lassen sich histopathologisch *Toxoplasma gondii*-Zysten und Tachyzoiten mittels Peroxidase/Anti-Peroxidase-Färbemethode eindeutig identifizieren [40].

Serologische Tests werden zum quantitativen Nachweis von spezifischen Antikörpern eingesetzt, bei Immunsupprimierten können die Tests negativ sein (ELISA, CLIA, ELFA). Der IgG-Aviditätstest erlaubt in Zusammenschau mit den IgG- und IgM-Antikörpern die Floridität der Erkrankung zu beurteilen [41]. Beim Immunkompetenten ist der vierfache Antikörpertiteranstieg diagnostisch für eine akute erworbene Toxoplasmose. Ein einzelner sehr hoher Titer (1 : > 1024) ist beim Immunkompetenten ebenfalls ein sensitiver Hinweis für eine akute Infektion (Sensitivität 93 %), allerdings bleiben bei ca. ⅔ der Patienten solche hohe Titer für mindestens 12 Monate bestehen. Bei AIDS-Patienten findet sich bei einer ZNS-Toxoplasmose nur in seltenen Fällen ein akuter Antitoxoplasma-IgM-Antikörperanstieg. Bei Fortschreiten sowohl der Grundkrankheit als auch der ZNS-Toxoplasmose können vorhandene Titer absinken oder unter die Nachweisgrenze fallen. Allerdings besitzt eine positive Serologie (ELISA, IFA, Sabin-Feldman-Test) bei einem Patienten mit charakteristischen computertomographischen oder kernspintomographischen Gehirnläsionen einen prädiktiven Wert von ca. 80 % [42]. Der Nachweis einer intrathekalen Produktion von *Toxoplasma gondii*-Antikörpern kann im Zweifelsfall die Verdachtsdiagnose unterstützen.

Der direkte Erregernachweis erfolgt heute mittels molekularbiologischer Verfahren (PCR, Nested PCR, Real-time PCR, loop-mediated isothermale Amplifikation) [43]. Die gängigen PCR-Tests können jedoch nicht zwischen Tachyzoiten und Bradyzoiten unterscheiden und somit keine Aussage über die Aktivität der Erkrankung geben. Für die Einstufung der Krankheitsaktivität sind die serologischen Tests erforderlich. Während ein positives PCR-Ergebnis bei einem Immunkompetenten nicht unbedingt eine Infektion anzeigt, muss man beim Immunsupprimierten von einer aktiven Infektion ausgehen. Bei Immunsupprimierten sollten die Anti-Toxoplasma-Antikörper auch im Liquor cerebrospinalis bestimmt werden.

Bei unklaren radiologischen Befunden kann eine definitive Diagnose einer ZNS-Toxoplasmose nur mittels Hirnbiopsie gestellt werden [44]. Zysten und Tachyzoiten werden am besten in Material, das aus der Peripherie zentral nekrotischer Granulome gewonnen wird, nachgewiesen. Obwohl Toxoplasmen in der Giemsafärbung oder Hämatoxylin-Eosin-Färbung darstellbar sind, sind spezifische immunhistochemische und Immunfluoreszenztechniken sowie die PCR der Färbung überlegen.

Zerebrale Malaria

Eine Lumbalpunktion ist bei Verdacht auf zerebrale Malaria essenziell, um andere Ursachen der Bewusstseinsstörung, von zerebralen Krampfanfällen und/oder neurologischen Herdsymptomen auszuschließen. Der Liquor zeigt normalerweise keine Pleozytose, die Liquor-Glukose ist normal, das Liquoreiweiß kann in seltenen Fällen geringgradig (maximal 1500 mg/l) erhöht sein. Die Diagnosesicherung erfolgt nach Ausschluss anderer Ursachen der Enzephalopathie, durch den Erregernachweis im peripheren Blut, mittels dickem Tropfen oder Blutausstrich. Antigentests basieren auf dem Nachweis von plasmodienspezifischen Antigenen (hohe Sensitivität nur für *P. falciparum*), Plasmodium-Laktat-Dehydrogenase oder Plasmodium-Aldolase. Antigentests erlauben jedoch keinen Rückschluss auf die Parasitämie-Dichte. PCR-Techniken stehen nur spezialisierten Labors zur Verfügung und haben keinen Stellenwert in der Routine-Akutdiagnostik [45,46].

6.4.3.2 Direkter und indirekter Nachweis von Helminthen im Liquor cerebrospinalis

Tab. B.6.9 listet die Erreger der möglichen ZNS Helminthosen, beschreibt erregertypische Liquorkonstellationen sowie die gängigen direkten und indirekten Nachweismöglichkeiten im Liquor cerebrospinalis.

6.4.3.2.1 Cestoden

Taenia solium (Larve: Cysticercus cellulosae)

Ca. die Hälfte der Patienten mit Neurozystizerkose zeigen einen normalen Liquorbefund. Bei den übrigen findet sich eine milde Pleozytose, meist gemischtzellig; nur selten findet sich im Liquor eine Eosinophilie. Das Liquoreiweiß ist

Tab. B.6.9: Helminthosen-typische Liquorkonstellationen, direkte und indirekte Nachweismöglichkeiten von Helminthen im Liquor cerebrospinalis.

Helminthen	erregerspezifische Liquorkonstellation	direkte Nachweismethoden	indirekte Nachweismethoden
Cestoden			
Taenia solium (Larve: Cysticercus cellulosae)	normal, allerdings bei bis zu 60 %: geringe lymphozytäre Pleozytose sehr selten Eosinophilie Protein gering erhöht Glukose gering erniedrigt Intrathekale IgE-Produktion Liquorelektropherese: IgG-Produktion	–	ELISA EITB Wurmeier im Stuhl
Echinococcus spp.	Lumbalpunktion meist kontraindiziert (Riesenzysten) (Liquor: unspezifisch, insbesondere keine Eosinophilie)	–	Zysteninhalt: ELISA, EITB
Spirometra spp.	siehe Larva migrans	sehr selten: chirurgische Extraktion des adulten Bandwurmes PCR	ELISA Immunchromatographie
Taenia multiceps	siehe Taenia solium	chirurgische Exstirpation der Zysten – invaginierte Protoscolices	
Nematoden			
Angiostrongylus cantonensis	Eosinophile Pleozytose (Eosinophile > 10 %) Protein deutlich erhöht, Glukose leicht erniedrigt oder normal	selten: lebende Larven im Liquor PCR	ELISA Western-Blot peripheres Blut: Eosinophilie
Gnathostoma spinigerum	Eosinophile Pleozytose (bis zu 90 % Eosinophile) Protein mäßig bis deutlich erhöht Glukose erniedrigt oder normal Liquor kann auch frisch blutig sein, Xantochromie	Autopsie: Larvennachweis; Im Liquor üblicherweise Larven nicht nachweisbar	ELISA peripheres Blut: Eosinophilie
Trichinella spiralis	selten: eosinophile Pleozytose Protein gering erhöht, Glukose normal > 75 % Liquor normal	selten (< 10 %) lebende Larven im Liquor	ELISA Western-Blot peripheres Blut: deutliche Eosinophilie
Toxocara canis/cati	eosinophile Pleozytose Protein gering erhöht Glukose normal bzw. gering erniedrigt	sehr selten: lebende Larven im Liquor	ELISA

Tab. B.6.9 (fortgesetzt)

Helminthen	**erregerspezifische Liquorkonstellation**	**direkte Nachweismethoden**	**indirekte Nachweismethoden**
Baylisascaris procyonis	eosinophile Pleozytose Protein erhöht, Glukose leicht erniedrigt	PCR Autopsie: Granulome mit B. procyonis Larven	ELISA Western-Blot
Lagochilascaris minor	diskrete eosinophile Pleozytose, hämorrhagischer Liquor	Autopsie: hämorrhagisch-nekrotische Hirnparenchym- und Meningenareale mit L. minor Larven	–
Strongyloides stercoralis	massiv granulozytäre Pleozytose Eiweiß deutlich erhöht, Glukose deutlich erniedrigt Larva migrans visceralis Gramnegative Sepsis + zusätzlich gramnegative Meningitis	filariforme Larven mit oder ohne begleitende gramnegative bakterielle Meningitis Autopsie: filariforme Larven im Subarachnoidalraum, selten im Gehirnparenchym	Hyperinfektionssyndrom serologische Tests ohne Aussage PCR im Suhl
Lymphatische Filarien (sehr selten)	diskrete eosinophile Pleozytose		PCR im Serum Immunchromatographie (IgE, IgG4)
Onchocerca volvolus	diskrete eosinophile Pleozytose		PCR in Hautstanze LIPS (IgG1, IgG4)
Trematoden			
Schistosoma spp.	diskrete lymphozytäre, manchmal eosinophile Pleozytose gelegentlich Xantochromie Protein: leicht erhöht, selten stark erhöht Glukose normal	Liquor: - Biopsie (Granulome) oder Autopsie: Eier	ELISA KBR, HAT PCR im Serum selten: periphere Eosinophilie
Paragonimus spp.	diskrete lymphozytäre Pleozytose (selten Eosinophilie) Protein gering erhöht, Glukose normal häufig Liquor normal	Liquor: – Biopsie (Granulome: Eier) PCR	ELISA EITB periphere Eosinophilie (bis zu 40 %)

gering erhöht, die Liquor-Glukose meist gering erniedrigt [47,48]. Ein Direktnachweis der *Cysticercus cellulosae*-Larven gelingt nicht. In Einzelfällen wurde eine intrathekale IgG-Produktion im Liquor gefunden. Die serologische Diagnostik erlaubt bei klinischem Verdacht und entsprechenden bildgebenden Befunden (Computertomographie, Kernspintomographie) die Sicherung der Diagnose. Die serologischen Tests basieren auf dem Antigen- bzw. Antikörpernachweis (ELISA, EITB) [49]. Der EITB (enzyme-linked immunoelectrotransfer blot) hat beim Vorliegen von mehr als 2 zerebralen Zysten eine hohe Sensitivität im Serum, die Sensitivität im Liquor ist geringer. ELISA-Antikörper-Tests haben für den Liquor eine höhere Spezifität als im Serum, die Sensitivität entspricht dem des EITBs. Negative serologische Tests machen eine Infektion unwahrscheinlich. Quantitative serielle ELISA-Antigen Tests werden als Therapie-Monitoring verwendet. PCR-Verfahren zum Nachweis von spezifischer DNA sind in Etablierung und noch nicht weit verbreitet [50].

Echinococcus spp.

Eine zerebrale Echinokokkose wird fast ausschließlich durch *E. granulosus* verursacht. Die dringende Verdachtsdiagnose einer zerebralen Echinokokkose wird mit zerebraler Computertomographie bzw. Kernspintomographie gestellt. Da die Zysten meistens eine beträchtliche Größe erreichen, ist eine Lumbalpunktion aus Hirndruckgründen nicht indiziert, zumal der Liquor cerebrospinalis üblicherweise normal bzw. nur geringe, unspezifische Veränderungen zeigt (siehe *Taenia solium*, Neurozystizerkose). Insbesondere ist aufgrund der langsamen Progredienz der Erkrankung und der damit verbundenen langen Dauer eine Liquor-Eosinophilie nie zu sehen. Ein direkter Nachweis des Erregers aus dem Liquor cerebrospinalis gelingt nicht, allerdings können im Zysteninhalt typische *Protoscolices* gesehen werden. Wegen der hohen Kreuzreaktionen mit anderen Parasiten sind serologische Untersuchungsmethoden nur begrenzt aussagekräftig [51]. Neuentwickelte serologische Testverfahren mit neuen rekombinanten Antigenen und Antigen-Chimeren sind bei der hepatischen Ecchinokokkose in Validierung [52].

Spirometra spp.

Die Larven der Carnivoren-Bandwurmspezies *Spirometra* verursachen eine der Neurozystizerkose sehr ähnliche, insgesamt aber sehr selten zu beobachtende Erkrankung, die Sparganose. Die typische Symptomatik entspricht der einer *Larva migrans visceralis*, die Larvenstadien erreichen in maximal 3 % der Sparganose-Patienten das ZNS. Die zerebrale Bildgebung ähnelt einer Neurozystizerkose [53]. Der Antikörper-Nachweis erfolgt mit ELISA und der Immunchromatographie. Seit 2014 ist ein PCR-Test vorliegend [54].

In seltenen Fällen kann der adulte Wurm (bis zu 50 cm lang und 2–4 mm im Durchmesser) aus jedem Gewebe (inkl. Hirngewebe) chirurgisch extrahiert werden [55].

Taenia multiceps

Die Larven von *Taenia multiceps* verursachen die Coenurose. Eine definitive Diagnose ist nur mittels Histologie möglich, die Metazestoden-Larve nimmt die Form einer singulären Zyste mit multiplen invaginierten Protoscolices ein. Eine neurochirurgische Entfernung einer solchen Zyste klärt die Diagnose. Derzeit stehen keine weiteren direkten oder indirekten Nachweisverfahren zur Verfügung [56].

6.4.3.2.2 Nematoden

Angiostrongylus cantonensis

Angiostrongylus cantonensis kommt im asiatisch pazifischen Raum endemisch vor. Die höchste Inzidenz ist in Thailand und Malaysia. Bei entsprechender Expositionsanamnese muss jeder Patient mit einer eosinophilen Meningitis in Bezug auf *Angiostrongylus cantonensis* ätiologisch abgeklärt werden [57]. Neben *Gnathostoma spinigerum* ist *Angiostrongylus cantonensis* die einzige durch Nematoden-Larven bedingte Meningitis, die regelmäßig mit einer deutlichen Liquor-Eosinophilie (bis zu 72 %, auf jeden Fall > 10 %) einhergeht. Zusätzliche neurologische Symptome bestehen selten, diese erlauben daher in den meisten Fällen eine Abgrenzung gegenüber *Gnathostoma spinigerum*-Infestation. In seltenen Fällen können im Liquor-Nativpräparat lebende Larven gefunden werden. Serologische Tests zum Antikörpernachweis (ELISA, Western-Blot) können negativ sein [58]. Ein

PCR-Test mit hoher Sensitivität und Spezifität ist seit kurzem verfügbar [59].

Gnathostoma spinigerum

Bei entsprechender Expositionsanamnese und der typischen aggressiven klinischen Symptomatik besteht bei einer deutlichen Liquor-Eosinophilie (bis zu 90 %), nicht selten assoziiert mit den klinischen und „liquorologischen" Zeichen einer Subarachnoidalblutung (frischblutiger Liquor, Xanthochromie), der dringende Verdacht auf eine *Gnathostoma spinigerum*-Meningitis, -Radikulomyelitis, etc. *Intra vitam* gelingt der direkte Nachweis lebender Larven praktisch nie; allerdings lassen sich Larven bei Autopsie im ZNS nachweisen. Antikörper- und Antigennachweis mittels ELISA sind als Bestätigungstests in Südostasien seit langem etabliert [60].

Trichinella spiralis

Bei entsprechender Expositionsanamnese und klinischer Symptomatik sowie deutlicher Eosinophilie im peripheren Blut muss an eine akute *Trichinella spiralis*-Infestation des ZNS gedacht werden. In mehr als drei Viertel der Patienten ist der Liquor cerebrospinalis normal, beim Rest findet sich eine mäßiggradig ausgeprägte eosinophile Pleozytose [61]. In bis zu 10 % der Patienten lassen sich im Liquor lebende Larven nachweisen. Die wesentliche diagnostische Nachweismethode ist der ELISA als Screening-Instrument. Ein positiver ELISA muss mit einem Western-Blot bestätigt werden [62].

Toxocara canis/cati

Die Expositionsanamnese gegenüber Hundewelpen (oder jungen Katzen) ist ein entscheidender Hinweis, insbesondere, wenn zusätzlich eine Eosinophilie im peripheren Blut besteht. In einem Einzelfall wurden im Liquor *Toxocara canis*-Larven *intra vitam* nachgewiesen [63]. Mittels ELISA können intrathekal produzierte Antikörper nachgewiesen werden. Die Untersuchung hat eine hohe Sensitivität und Spezifität und ist beweisend für eine ZNS-Toxokarose [64]. In der gesunden Bevölkerung gibt es regionale Unterschiede in der Seroprävalenz der Toxokarose [65].

Baylisascaris procyonis

Eine Baylisascariosis ist eine extrem selten Erkrankung beim Menschen und tritt vorwiegend bei Kleinkindern auf [66]. Reservoir dieser Nematoden ist der Waschbär. Der klinische Verlauf ähnelt dem der Toxokarose, wenn Larven in das ZNS migrieren. Die Diagnose erfolgt serologisch mittels ELISA und Western-Blot oder durch eine PCR-Untersuchung von Biopsiegewebe [67]. In den granulomatösen Zysten lassen sich auch Larven nachweisen.

Lagochilascaris minor

Lagochilascaris spp. . kommt ausschließlich in Südamerika vor und ist durch abszedierende Prozesse im Bereich des Halses, Nackens sowie der paranasalen Sinus und der Lungen charakterisiert. In wenigen Einzelfällen wird auch über Erkrankungen des ZNS berichtet, mit z. B. einer hämorrhagischen nekrotischen Enzephalitis mit Nachweis von Larven im Hirngewebe, Meningen und Zisternen [68].

Strongyloides stercoralis

Bei immunkompromittierten Patienten kann es bei Vorliegen einer intestinalen *Strongyloides stercoralis*-Infestation durch Autoinfektion zum lebensbedrohlichen Bild eines Hyperinfektionssyndroms kommen. Dieses ist häufig mit einer gramnegativen Sepsis und/oder Meningitis vergesellschaftet. Unabhängig von der gramnegativen bakteriellen

Begleitsymptomatik findet sich das Liquorbild einer akuten purulenten Meningitis [69]. In Einzelfällen wurden filariforme Larven im Liquor nachgewiesen, sowohl mit begleitender als auch ohne begleitende gramnegative Meningitis. Die Letalität beträgt bis zu 77 %. Bei der Autopsie finden sich die filariformen Larven im Subarachnoidalraum, nur selten im Gehirnparenchym. Die Erkrankung verläuft äußerst fulminant, eine Diagnose kann indirekt über spezielle Stuhluntersuchungen (Baermann-Technik, Agar-Kulturplatten) mit Nachweis von Würmern versucht werden. Verschiedene serologische Tests (IFAT, ELISA, NIE-LIPS) stehen zur Verfügung, zeigen jedoch eine unterschiedliche Sensitivität, auch sind Kreuzreaktionen mit anderen Helminthen möglich. PCR-Untersuchungen mit hoher Sensitivität liegen für Stuhlproben vor [70].

Lymphatische Filarien und Onchocerca volvulus

Nur in sehr seltenen Fällen kommt es zur Direktinvasion von Mikrofilarien in das ZNS. Es findet sich dabei eine milde Pleozytose ohne sonstige wesentliche Liquorauffälligkeiten. Der Direktnachweis von Mikrofilarien aus dem Liquor ist bisher noch nicht gelungen. PCR-Tests (NAAT) zeigen eine hohe Sensitivität und Spezifität, sind aber derzeit nur in Forschungslaboren und bei Hautstanzen in Verwendung. Serologisch steht der indirekte Fluoreszenztest sowie der ELISA zur Verfügung, letzterer gegen IgE- und IgG4-Antikörper sowie gegen zirkulierendes Antigen gerichtet. Spezifische serologische Tests für *Onchocerca volvulus* (Luciferase Immunpräzipitations-Test/LIPS) sind in der Routinediagnostik nicht in Verwendung. Die Wertigkeit dieser Testmethoden bei ZNS-Invasion durch Mikrofilarien wurde allerdings bisher noch nicht validiert [71].

6.4.3.2.3 Trematoden

Schistosoma spp.

Bei entsprechender Expositionsanamnese kann eine milde Liquor-Eosinophilie, häufig nur eine lymphozytäre Pleozytose, in seltenen Fällen eine Xanthochromie oder ein frischblutiger Liquor Ausdruck einer ZNS-Schistosomiasis sein. Im Nativpräparat werden nie *Schistosoma spp.*-Eier gefunden, im Biopsat oder bei der Autopsie sind allerdings bei ZNS-Schistosomiasis typische Eier, eingebettet in granulomatöses reaktives Gewebe, nachweisbar. Serologisch stehen Hämagglutinationstest, Komplementbindungsreaktion und ELISA zur Verfügung. Die individuelle serologische Antwort auf eine *Schistosoma spp.*-Infektion ist jedoch höchst variabel. Bei einer spinalen Manifestation kann eine intrathekale Immunglobulinsynthese gegen lösliche Bestandteile der Schistosomen-Eier nachgewiesen werden [72]. PCR–Untersuchungen im Serum haben die Diagnosestellung deutlich verbessert, Ergebnisse für Liquoruntersuchungen liegen dazu nicht vor [73]. Die Untersuchung von MicroDNA im Serum führt auch bei Personen mit geringer Erregerlast zur raschen Diagnose. Diese Methode kann auch zum Therapie-Monitoring verwendet werden [74].

Paragonimus spp.

Die Paragonimiasis ist klassischerweise eine Erkrankung der Lunge und Pleura, sie kann mit einer Tuberkulose verwechselt werden. Die ZNS-Paragonimiasis manifestiert sich im frühen Erkrankungsstadium als eine Meningoenzephalitis, im späteren Stadium entwickeln sich Granulome, die im weiteren Krankheitsverlauf verkalken. Der Liquor zeigt nur selten eine milde lymphozytäre Pleozytose, gelegentlich eine geringgradige Liquoreosinophilie [75]. Im peripheren Blut findet sich bei bis zu 40 % eine Eosinophilie. Im Liquor cerebrospinalis finden sich nie Wurmeier, allerdings können im Biopsat oder bei der Autopsie typische Wurmeier visualisiert werden. Mittels ELISA und Immunoblot (EITB) können spezifische Antikörper in Serum und Liquor nachgewiesen werden. Mit Hilfe unterschiedlichen PCR-Techniken ist eine Speziesdifferenzierung möglich [76].

6.4.4 Analytische und klinische Bewertung

Der Direktnachweis von Parasiten im Liquor cerebrospinalis, im stereotaktisch gewonnenen Aspirat bzw. im stereotaktisch oder offen neurochirurgisch gewonnenen Biopsat stellt nach wie vor den goldenen Standard der mikrobiologischen/parasitologischen Diagnostik dar. Bei entsprechend typischem klinischen Bild kann ein extrazerebraler Nachweis des Erregers (z. B. in der Muskulatur: Myositis – Verkalkungen, bei Trichinose oder Neurozystizerkose) den definitiven und direkten Erregernachweis im Liquor cerebrospinalis zumindest mit weitgehender Wahrscheinlichkeit ersetzen. Dies trifft vor allem aber auf parasitäre Erkrankungen zu, bei denen das ZNS lediglich indirekt affiziert und als Folge einer systemischen Erkrankung (z. B. südamerikanische Trypanosomiasis, bzw. Multiorgan-Malaria/*Plasmodium falciparum*-Infektion) betroffen ist. Bei allen perakut oder akut verlaufenden parasitären ZNS-Infektionen und -Infestationen spielen serologische Untersuchungstechniken nur eine untergeordnete oder keine Rolle (z. B. bei Multiorgan-Malaria, Infektionen mit freilebenden Amöben, *Baylisascaris procyonis*, *Lagochilascaris minor*, *Strongyloides stercoralis*). Subakut bzw. chronisch verlaufende ZNS-Parasitosen können durch eine Reihe von serologischen Testmethoden zumindest in der Wahrscheinlichkeit bekräftigt werden. Da ZNS-Parasitosen in den meisten Fällen Teil einer systemischen parasitären Erkrankung darstellen, ist eine bei ausschließlich das ZNS betreffenden Infektionen bzw. Infestationen als unverzichtbar geforderte intrathekale Antikörperproduktion nur in den wenigsten Fällen tatsächlich vorhanden. Darüber hinaus zeigen verschiedene Seroprävalenzstudien (Antikörper gegen den Großteil der subakut bis chronisch verlaufenden Parasitosen) eine sehr hohe Prävalenz in der gesunden oder scheinbar unaffizierten Bevölkerung. Daher sind Untersuchungsergebnisse bei Patienten aus Endemiegebieten unterschiedlich gegenüber kurzzeitexponierten Personen (z. B. Touristen, etc.) zu interpretieren. Diese hohe Expositionsrate führt auch dazu, dass bei Menschen, die ihr ganzes Leben in den entsprechenden Endemiegebieten verbracht haben, im Erwachsenenalter die Erkrankungen häufig wesentlich milder oder zumindest abgeschwächt verlaufen als bei kurzzeitexponierten Personen. Hohe Seroprävalenzen wurden bei *Schistosoma spp.*, *Paragonimus spp.*, *Plasmodium falciparum*, *Entamoeba histolytica*, *Trypanosoma spp.*, *Toxoplasma gondii*, *Taenia solium* und *Echinococcus spp.*, *Angiostrongylus cantonensis*, *Toxocara spp.*, *Strongyloides spp.*, lymphatischen Filarien und Onchozerkose in den entsprechenden Endemiegebieten gefunden [7,13,23]. Genaue Kenntnis der Epidemiologie der einzelnen pathogenen Agenzien ist für die Interpretation von serologischen Befunden daher zu fordern. Ausdruck einer meist akuten bis subakuten Infektion bzw. Infestation mit Parasiten (hauptsächlich Helminthen) ist eine Eosinophilie im peripheren Blut oder im ZNS.

Tab. B.6.10 listet diejenigen Erreger, bei denen eine periphere Eosinophilie auch bei ZNS-Affektion/Infestation charakteristisch ist sowie bei denen eine Liquor-Eosinophilie in unterschiedlicher Häufigkeit gefunden werden kann und zumindest differentialdiagnostisch richtungsweisend zu interpretieren ist.

Periphere oder Liquor-Eosinophilie, serologische Befunde, und in Einzelfällen auch

Tab. B.6.10: Eosinophilie im Blut und Liquor bei Parasitosen.

Pathogen	Periphere Eosinophilie	Liquor-Eosinophilie
Cysticercus cellulosae	Akutstadium (meist vor Auftreten der Neurozystizerkose) +	+
Echinococcus spp.	+	–
Angiostrongylus cantonensis	+ +	+ + +
Gnathostoma spinigerum	+ +	+ + +
Trichinella spiralis	+ + +	+
Toxocara spp.	+ + +	+ +
Strongyloides stercoralis (Hyperinfektionssyndrom)	–	–
Lymphatische Filarien	+ + +	+
Onchocerca volvolus	+ + +	+
Schistosoma spp.	+	+
Katayama Fieber	+ + +	–
Paragonimus spp.	+ +	–
– nie, oder extrem selten		
+ selten		
+ + häufig		
+ + + regelmäßig/typisch		

der Direktnachweis von Erregern müssen bei parasitären Erkrankungen des ZNS immer in der Gesamtheit von Anamnese und klinischer Symptomatik interpretiert werden.

Literatur

[1] Garcia HH, Nath A, Del Brutto OH. Parasitic Infections of the Nervous System. Semin Neurol. 2019;39:358–68. doi: 10.1055/s-0039-1693036.

[2] Abdalkader M, Xie J, Cervantes-Arslanian A, Takahashi C, Mian AZ. Imaging of Intracranial Infections. Semin Neurol. 2019;39:322–33. doi: 10.1055/s-0039-1693161.

[3] Visvesvara GS. Infections with free-living amebae. Handb Clin Neurol. 2013;114:153–68. doi: 10.1016/B978-0-444-53490-3.00010-8.

[4] Boyle AL, Friedman TA, Braunstein H, Tomasulo M. Rapid diagnosis of primary meningoencephalitis due to naegleria: detection of organisms with bacterial stains. J Clin Pathol. 1979;32:306–7. doi: 10.1136/jcp.32.3.306.

[5] Martinez AJ, Visvesvara GS. Free-living, amphizoic and opportunistic amebas. Brain Pathol. 1997;7:583–98. doi: 10.1111/j.1750-3639.1997.tb01076.x.

[6] Schuster FL. Cultivation of pathogenic and opportunistic free-living amebas. Clin Microbiol Rev. 2002;15:342–54.

[7] Maďarová L, Trnková K, Feiková S, Klement C, Obernauerová M. A real-time PCR diagnostic method for detection of Naegleria fowleri. Exper Parasitol. 2010;126:37-41.

[8] Grace E, Asbill S, Virga K. Naegleria fowleri: pathogenesis, diagnosis, and treatment options. Antimicrob Agents Chemother. 2015;59:6677–81. doi: 10.1128/AAC.01293-15.

[9] Régoudis E, Pélandakis M. Detection of the free living amoeba Naegleria fowleri by using conventional and real-time PCR based on a single copy DNA sequence. Exper Parasitol. 2016;161:35-39.

[10] Moura H, Izquierdo F, Woolfitt AR, et al. Detection of biomarkers of pathogenic Naegleria fowleri through mass spectrometry and proteomics. J Eukaryot Microbiol. 2015;62:12-20. doi: 10.1111/jeu.12178.

[11] Jahangeer M, Mahmood Z, Munir N, et al. Naegleria fowleri: Sources of infection, pathophysiology, diagnosis, and management; a review. Clin Exp Pharmacol Physiol. 2020;47:199–212. doi: 10.1111/1440-1681.13192.

[12] Kalra SK, Sharma P, Shyam K, Tejan N, Ghoshal U. Acanthamoeba and ist pathogenic role in granulomatous amebic encephalitis. Exp

Parasitol. 2020;208:107788. doi: 10.1016/j.exppara.2019.107788.

[13] Parija SC, Dinoop K, Venugopal H. Management of granulomatous amebic encephalitis: Laboratory diagnosis and treatment. Trop Parasitol. 2015;5:23–8. doi: 10.4103/2229-5070.149889.

[14] Durack DT. Amebic Infections. In: WM. Scheld, RJ Whitley, DT Durack (Hrsg.): Infections of the central nervous system. 2. Aufl, S. 831–844. Lippincott-Raven, Philadelphia–New York 1997

[15] Schuster FL, Yagi S, Wilkins PP, et al. Balamuthia mandrillaris, agent of amebic encephalitis: Detection of serum antibodies and antigenic similarity of isolates by enzyme immunoassay.J Eukaryot Microbiol. 2008;55:313–20.

[16] Kiderlen AF, Radam E, Tata PS. Assessment of Balamuthia mandrillaris-specific serum antibody concentrations by flow cytometry. Parasitol Res. 2009;104:663–70. doi: 10.1007/s00436-008-1243-6.

[17] Kalra SK, Sharma P, Shyam K, Tejan N, Ghoshal U. Acanthamoeba and ist pathogenic role in granulomatous amebic encephalitis. Exp Parasitol. 2020;208:107788. doi: 10.1016/j.exppara.2019.107788.

[18] Yagi S, Schuster FL, Visvesvara GS. Demonstration of Balamuthia and Acanthamoeba mitochondrial DNA in sectioned archival brain and other tissues by the polymerase chain reaction. Parasitol Res. 2008;102:211–7. doi: 10.1007/s00436-007-0749-7.

[19] Gluckstein D, Ciferri F, Ruskin J. Chagas' disease: another cause of cerebral mass in the acquired immunodeficiency syndrome. Am J Med. 1992;92(4):429–32. doi: 10.1016/0002-9343(92)90275-g.

[20] Stanley SL Jr. Amoebiasis. Lancet. 2003;22:1025–34. doi: 10.1016/S0140-6736(03)12830-9.

[21] Solaymani-Mohammadi S, Lam MM, Zunt JR, Petri WA Jr. Entamoeba histolytica encephalitis diagnosed by PCR of cerebrospinal fluid. Trans R Soc Trop Med Hyg. 2007;101:311–3. doi: 10.1016/j.trstmh.2006.05.004.

[22] Petri WA, Haque R. Entamoeba histolytica brain abscess. Handb Clin Neurol. 2013;114:147–52. doi: 10.1016/B978-0-444-53490-3.00009-1.

[23] Schmutzhard E, Mayr U, Rumpl E, Prugger M, Pohl P. Secondary cerebral amebiasis due to infection with Entamoeba histolytica. A case report with computer tomographic findings. Eur Neurol. 1986;25:161–5. doi: 10.1159/000116003.

[24] Jamonneau V, Truc P, Grébaut P, et al. Trypanosoma brucei gambiense Group 2: The Unusual Suspect. Trends Parasitol. 2019;35:983–95. doi: 10.1016/j.pt.2019.09.002.

[25] Kennedy PG. Clinical features, diagnosis, and treatment of human African trypanosomiasis (sleeping sickness). Lancet Neurol. 2013;12:186–94. doi: 10.1016/S1474-4422(12)70296-X.

[26] Chappuis F, Loutan L, Simarro P, Lejon V, Büscher P. Options for field diagnosis of human african trypanosomiasis. Clin Microbiol Rev. 2005;18:133–46. doi: 10.1128/CMR.18.1.133-146.2005.

[27] Mugasa CM, Adams ER, Boer KR, et al. Diagnostic accuracy of molecular amplifi cation tests for human African trypanosomiasis—systematic review. PLoS Negl Trop Dis. 2012;6:e1438.

[28] Njiru ZK, Mikosza AS, Armstrong T, et al. Loop mediated isothermal amplifi cation (LAMP) method for rapid detection of Trypanosoma brucei rhodesiense. PLoS Negl Trop Dis. 2008;2:e147.

[29] Bonnet J, Vignoles P, Tiberti N, et al. Neopterin and CXCL-13 in Diagnosis and Follow-Up of Trypanosoma brucei gambiense Sleeping Sickness: Lessons from the Field in Angola. Biomed Res Int. 2019;23:2019:6070176. doi: 10.1155/2019/6070176.

[30] Truc P, Lejon V, Magnus E, et al. Evaluation of the micro-CATT, CATT/ Trypanosoma brucei gambiense, and LATEX/T b gambiense methods for serodiagnosis and surveillance of human African trypanosomiasis in west and central Africa. Bull World Health Organ. 2002;80:882–86.

[31] Jamonneau V, Camara O, Ilboudo H, et al. Accuracy of individual rapid tests for serodiagnosis of gambiense sleeping sickness in West Africa. PLoS Negl Trop Dis. 2015;9:e0003480. doi: 10.1371/journal.pntd.0003480.

[32] Guarner J. Chagas disease as example of a reemerging parasite. Semin Diagn Pathol. 2019;36:164–69. doi: 10.1053/j.semdp.2019.04.008.

[33] Bern C. Chagas' Disease. N Engl J Med. 2015;373(5):456–63

[34] Alonso-Padilla J, Gallego M, Schijman AG, Gascon J. Molecular diagnostics for Chagas disease: up to date and novel methodologies. Expert Rev. Mol. Diagn. 2017;17:699–10.

[35] Echeverria LE, Morillo CA. American Trypanosomiasis (Chagas Disease). Infect Dis Clin North Am. 2019;33:119–134. doi: 10.1016/j.idc.2018.10.015.

[36] Tarleton RL, Reithinger R, Urbina JA, Kitron U, Gürtler RE. The challenges of Chagas Disease — grim outlook or glimmer of hope? PLoS Med. 2007:e332.

[37] Graham AK, Fong C, Naqvi A, Lu JQ. Toxoplasmosis of the central nervous system: Manifestations vary

with immune responses. J Neurol Sci. 2020:117223. doi: 10.1016/j.jns.2020.117223.

[38] Abdel Razek AA, Watcharakorn A, Castillo M. Parasitic diseases of the central nervous system. Neuroimaging Clin N Am. 2011;21:815–41. doi: 10.1016/j.nic.2011.07.005.

[39] de Almeida SM, de Souza CV, Pletsch L, et al. Diagnostic importance of eosinophilic meningitis in HIV-positive and HIV-negative patients. J Neurovirol. 2019:331–41. doi: 10.1007/s13365-019-00722-5.

[40] Khurana S, Batra N. Toxoplasmosis in organ transplant recipients: evaluation, implication and prevention. Trop Parasitol. 2016;6:123–28. doi: 10.4103/2229-5070.190814.

[41] Robert Koch-Institut: RKI-Ratgeber Toxoplasmose. Epid Bull. 2018;42:451–457.doi: 10.17886/EpiBull-2018–051.

[42] Rodriguez JC, Martinez MM, Martinez AR, et al. Evaluation of different techniques in the diagnosis of Toxoplasma encephalitis. J Med Microbiol. 1997;46:597–601. doi: 10.1099/00222615-46-7-597.

[43] Rostami A, Karanis P, Fallahi S. Advances in serological, imaging techniques and molecular diagnosis of Toxoplasma gondii infection. Infection. 2018;46:303–15. doi: 10.1007/s15010-017-1111-3.

[44] Lee AM, Bai HX, Zou Y, et al. Safety and diagnostic value of brain biopsy in HIV patients: a case series and meta-analysis of 1209 patients. J Neurol Neurosurg Psychiatry. 2016;87:722–33. doi: 10.1136/jnnp-2015-312037.

[45] White NJ, Pukrittayakamee S, Hien TT, et al. Malaria. Lancet. 2014;383:723–35. doi: 10.1016/S0140-6736(13)60024-0.

[46] Makanjuola RO, Taylor-Robinson AW. Improving Accuracy of Malaria Diagnosis in Underserved Rural and Remote Endemic Areas of Sub-Saharan Africa: A Call to Develop Multiplexing Rapid Diagnostic Tests. Scientifica (Cairo). 2020;2020:3901409. doi: 10.1155/2020/3901409.

[47] Garcia HH, Nath A, Del Brutto OH. Parasitic Infections of the Nervous System. Semin Neurol. 2019;39:358–68. doi: 10.1055/s-0039-1693036.

[48] Garcia HH. Neurocysticercosis. Neurol Clin. 2018;36:851–64. doi: 10.1016/j.ncl.2018.07.003.

[49] Hernández M, Astudillo OG, Diego G, et al. Immunodiagnosis of human neurocysticercosis: comparative performance of serum diagnostic tests in Mexico. Parasitol Res. 2019;118:2891–99. doi: 10.1007/s00436-019-06425-4.

[50] Avendaño C, Patarroyo MA. Loop-Mediated Isothermal Amplification as Point-of-Care Diagnosis for Neglected Parasitic Infections. Int J Mol Sci. 2020;21:7981. doi: 10.3390/ijms21217981.

[51] Woolsey ID, Miller AL. Echinococcus granulosussensu lato and Echinococcus multilocularis: A review. Res Vet Sci. 2020;S0034-5288(20):31077–8. doi: 10.1016/j.rvsc.2020.11.010.

[52] Sánchez-Ovejero C, Akdur E, Manzano-Román R, et al. Evaluation of the sensitivity and specificity of GST-tagged recombinant antigens 2B2t, Ag5t and DIPOL in ELISA for the diagnosis and follow up of patients with cystic echinococcosis. PLoS Negl Trop Dis. 2020;14(11):e0008892. doi: 10.1371/journal.pntd.0008892.

[53] Liu Q, Li MW, Wang ZD, Zhao GH, Zhu XQ. Human sparganosis, a neglected food borne zoonosis. Lancet Infect Dis. 2015;15:1226–35. doi:10.1016/S1473-3099(15)00133-4.

[54] Kikuchi T, Maruyama H. Human proliferative sparganosis update. Parasitol Int. 2020;75:102036. doi: 10.1016/j.parint.2019.102036.

[55] Moon WK, Chang KH, Cho SY, et al. Cerebral sparganosis: MR imaging versus CT features. Radiology. 1993;188:751–7. doi: 10.1148/radiology.188.3.8351344.

[56] Deplazes P, Eichenberger RM, Grimm F. Wildlife-transmitted Taenia and Versteria cysticercosis and coenurosis in humans and other primates. Int J Parasitol Parasites Wildl. 2019;9:342–358. doi: 10.1016/j.ijppaw.2019.03.013.

[57] Federspiel F, Skovmand S, Skarphedinsson S. Eosinophilic meningitis due to Angiostrongylus cantonensis in Europe. Int J Infect Dis. 2020;93:28–39. doi: 10.1016/j.ijid.2020.01.012.

[58] Ansdell V, Wattanagoon Y. Angiostrongylus cantonensis in travelers: clinical manifestations, diagnosis, and treatment. Curr Opin Infect Dis. 2018;31:399–408. doi:10.1097/QCO.0000000000000481.

[59] Qvarnstrom Y, Xayavong M, da Silva ACA, et al. Real-time polymerase chain reaction detection of Angiostrongylus cantonensis DNA in cerebrospinal fluid from patients with eosinophilic meningitis. Am J Trop Med Hyg. 2016;94:176–81. doi: 10.4269/ajtmh.15-0146.

[60] Eiras JC, Pavanelli GC, Takemoto RM, Nawa Y. Fish-borne nematodiases in South America: neglected emerging diseases. J Helminthol. 2018;92:649–54. doi: 10.1017/S0022149X17001006.

[61] Bruschi F, Brunetti E, Pozio E. Neurotrichinellosis. Handb Clin Neurol. 2013;114:243–9. doi: 10.1016/B978-0-444-53490-3.00019-4.

[62] Bruschi F, Gómez-Morales MA, Hill DE. International Commission on Trichinellosis: Recommendations on the use of serological tests for the detection of Trichinella infection in animals and humans. Food Waterborne Parasitol. 2019;14:e00032. doi: 10.1016/j.fawpar.2018.e00032.

[63] Mikhael NZ, Montpetit VJA, Orizaga M, et al. Toxocara canis infestation with encephalitis. Can J Neurol Sci. 1974;1:114–120.

[64] Meliou M, Mavridis IN, Pyrgelis ES, Agapiou E. Toxocariasis of the Nervous System. Acta Parasitol. 2020;65:291–299. doi: 10.2478/s11686-019-00166-1.

[65] Berrett AN, Erickson LD, Gale SD, et al.Toxocara Seroprevalence and Associated Risk Factors in the United States.Am J Trop Med Hyg. 2017;97:1846–50. doi: 10.14411/fp.2018.011.

[66] Kazacos KR, Jelicks LA, Tanowitz HB. 2013. Baylisascaris larva migrans. Handb Clin Neurol. 2013;114:251–62. doi: 10.1016/B978-0-444-53490-3.00020-0.

[67] Graeff-Teixeira C, Morassutti AL, Kazacos KR. Update on Baylisascariasis, a Highly Pathogenic Zoonotic Infection. Clin Microbiol Rev. 2016;29:375–99. doi: 10.1128/CMR.00044-15.

[68] Campos DMB, Barbosa AP, Oliveira JA, et al. Human lagochilascariasis-A rare helminthic disease. PLoS Negl Trop Dis. 2017;11:e0005510. doi: 10.1371/journal.pntd.0005510.

[69] Woll F, Gotuzzo E, Montes M. Strongyloides stercoralis infection complicating the central nervous system. Handb Clin Neurol. 2013;114:229–34. doi: 10.1016/B978-0-444-53490-3.00017-0.

[70] Levenhagen MA, Costa-Cruz JM. Update on immunologic and molecular diagnosis of human strongyloidiasis. Acta Trop. 2014;135:33–43. doi: 10.1016/j.actatropica.2014.03.015.

[71] Showler AJ, Nutman TB. Imported onchocerciasis in migrants and travelers. Curr Opin Infect Dis. 2018;31:393–98. doi: 10.1097/QCO.0000000000000483.

[72] Ferrari TC, Moreira PR, Cunha AS. Clinical characterization of neuroschistosomiasis due to Schistosoma mansoni and its treatment. Acta Trop. 2008;108:89–97. doi.10.1016/j.actatropica.2008.04.007.

[73] Härter G, Frickmann H, Zenk S, et al. Diagnosis of neuroschistosomiasis by antibody specificity index and semi-quantitative real-time PCR from cerebrospinal fluid and serum. J Med Microbiol. 2014;63:309–12. doi: 10.1099/jmm.0.066142-0.

[74] Meningher T, Lerman G, Regev-Rudzki N, et al. Schistosomal MicroRNAs Isolated From Extracellular Vesicles in Sera of Infected Patients: A New Tool for Diagnosis and Follow-up of Human Schistosomiasis. J Infect Dis. 2017;215:378–86. doi: 10.1093/infdis/jiw539.

[75] Chai JY. Paragonimiasis. Handb Clin Neurol. 2013;114:283–96. doi: 10.1016/B978-0-444-53490-3.00023-6.

[76] Wang Q, Hou L, Liu L. Diagnosis and Treatment of Hemorrhagic Cerebral Paragonimiasis: Three Case Reports and Literature Review. Turk Neurosurg. 2020;30:624–28. doi: 10.5137/1019-5149.JTN.22666-18.3.

B.7 Besonderheiten der Liquordiagnostik im Kindesalter

Kevin Rostásy, Annikki Bertolini, Christian Lechner

7.1 Einführung

Die Bedeutung der Liquoruntersuchung bei neurologischen Erkrankungen hat in den letzten Jahren aufgrund neuer Erkenntnisse bei bekannten (kindliche Multiple Sklerose) und neuen Krankheitsbildern (z. B. Antikörper-vermittelte Autoimmunenzephalitiden) eine Renaissance erfahren. Im Kindesalter wird eine Liquoruntersuchung vor allem bei Verdacht auf Erreger-bedingte entzündliche Prozesse des zentralen und peripheren Nervensystems durchgeführt. Aber auch bei Energiestoffwechselstörungen, die mit einer Demenz, Epilepsie (Liquor/Serum-Glukosequotient, Laktaterhöhung, Aminosäureprofil) einhergehen, Pseudotumor cerebri (Liquoröffnungsdruck), primären Bewegungsstörungen (Neurotransmitterprofil), Hirntumoren (Zytospin, Tumormarker) und vielen anderen Erkrankungen ist die Liquoruntersuchung ein zentraler Bestandteil der Abklärung geworden.

Die Durchführung der Lumbalpunktion bei Kindern mit anschließender Auswertung der Befunde erfolgt wie bei Erwachsenen. Zur korrekten Interpretation der Befunde von Neugeborenen und Säuglingen muss die Reifung der Blut-Liquor-Schranke mitbedacht werden.

Für methodische Aspekte der Liquoranalytik ist das geringe zur Verfügung stehende Liquorvolumen bei Früh- und Neugeborenen, Säuglingen sowie Kleinkindern zu berücksichtigen. Dies erfordert ein Untersuchungsprogramm, das auf die Fragestellung zugeschnitten ist, mit guter Zusammenarbeit zwischen Klinik, Liquorlabor, Mikrobiologie und ggf. Forschungslaboren. Grundsätzlich ist zu empfehlen, dass jede Lumbalpunktion nach einem bestimmten Schema erfolgt inklusive der Messung des Liquoröffnungsdruckes, der Notfalldiagnostik (Zellzahl, Gesamtprotein, Lactat und/oder Liquor/Serum-Glukosequotienten) und einer Liquorbasisdiagnostik mit Bestimmung des Albuminquotienten, der quantitativen Immunglobulinen und der oligoklonalen IgG-Banden.

Bevor die Krankheitsbilder im Kindesalter, bei denen die Liquoruntersuchung eine wichtige Rolle spielt, im Detail beschrieben werden, sollen die Besonderheiten der Altersstufen genannt werden, die zu Abweichungen von bereits in den anderen Kapiteln beschriebenen Liquorbefunden führen.

7.2 Liquorbefunde bei Früh- und Neugeborenen sowie Säuglingen

In dieser Altersstufe, die nicht einheitlich ist, aber aus didaktischen Gründen zusammengefasst wird, sind die deutlichsten Abweichungen zu den Liquorbefunden im Erwachsenenalter zu verzeichnen. Hervorgerufen werden sie in erster Linie durch nicht abgeschlossene Reifungsprozesse. Hinzu kommt eine andere Immunitätslage mit allgemeiner und lokaler Abwehrschwäche sowie ein differentes Erregerspektrum bei Erkrankungen in den ersten sechs Lebenswochen.

Anmerkung: Die Abbildungen wurden aus Kap. B.7 der 2. Auflage (2005) von Dr. Dirk Hobusch, Universität Rostock, übernommen.

https://doi.org/10.1515/9783110331905-018

7.2.1 Liquorgesamtprotein

Bei reifen Neugeborenen liegt der lumbale Proteingehalt in den ersten Tagen im Mittel bei 66 mg/dl (20–1270 mg/dl), bei Frühgeborenen 45–370 mg/dl (siehe Tab. A.9.3 **in Kapitel A.9**). Die hohe Proteinkonzentration wird durch eine verminderte Liquorflussrate infolge verminderter Liquorresorption durch noch unreife Pacchioni'sche Granulationen hervorgerufen [1]. Durch Reifung der Arachnoidalzotten normalisieren sich die Gesamtproteinwerte bis zum 4. bis 6. Lebensmonat (Albuminquotient 3×10^{-3}) auf ein niedrigeres Niveau. Somit ist in diesem Zeitraum eine Interpretation der Blut-Liquor-Schrankenfunktion mit dem Liquor/Serum-Quotientendiagramm nach Reiber nicht sicher möglich.

7.2.2 Akute bakterielle Meningitis bei Früh- und Neugeborenen sowie Säuglingen

Die Meningitis ist eine Entzündung der Hirn- und Rückenmarkshäute bedingt durch unterschiedliche Pathogene, die sich über den Liquor ausbreiten. Im Neugeborenen- und frühen Säuglingsalter wird diese vor allem durch eine bakterielle Infektion verursacht. Auch das angrenzende Hirnparenchym ist oftmals mitbetroffen (Meningoenzephalitis).

Die Inzidenz der bakteriellen Meningitis in der Neonatalperiode beträgt etwa 0,15 bis 0,50 pro 1000 Lebendgeborenen, liegt ein Vielfaches höher für Frühgeborene und ist im ersten Lebensmonat häufiger als in jedem anderen Alter [2–4].

Das Erregerspektrum der bakteriellen Meningitis bei Früh- wie Neugeborenen und Säuglingen bis einschließlich sechster Lebenswoche unterscheidet sich grundsätzlich von dem im späteren Alter. Es handelt sich um die typischen Erreger der neonatalen Sepsis, aus der sie sich oft entwickelt (siehe Tab. B.7.1) [5].

Tab. B.7.1: Erregerspektrum der neonatalen Meningitis [5].

Gruppe-B-Streptokokken	**44 %**
Escherichia coli	28 %
andere gramnegative Stäbchen	4 %
andere grampositive Kokken (darunter Streptococcus pneumoniae und Streptococcus bovis)	4 % (1,8 % und 1,4 %)
Neisseria meningitidis (darunter Serogruppe B)	3,2 % (2,5 %)
Listeria monozytogenes	1,6 %

Die klinischen Zeichen der neonatalen Meningitis sind oft unspezifisch. Häufig treten Temperaturinstabilität, wechselnder Bewusstseinszustand mit Lethargie, Apathie, Irritabilität und schrillem Schreien, Muskelhypo- bzw. -hypertonie, Trinkschwäche, Erbrechen, Apnoen und Krampfanfälle auf. Nackensteifigkeit und vorgewölbte Fontanelle finden sich mit 15 % bzw. 25 % seltener als vermutet, möglicherweise da oftmals eine Exsikkose vorliegt [6,7]. Bei Frühgeborenen können sich die klinischen Symptome nochmals unspezifischer präsentieren [8].

Auch wenn zur korrekten Diagnose die Lumbalpunktion (LP) unerlässlich und bei jedem klinischen Verdacht auf eine Meningitis auch indiziert ist, kann bei vorliegender Kreislaufinstabilität die LP erst nach Therapiebeginn durchgeführt werden. Die Behandlung sollte dabei bereits einer Meningitistherapie entsprechen [9]. Die Abnahme einer Blutkultur vor Therapiebeginn ist ebenfalls obligat (!). Eine begonnene Therapie kann zwar eine unauffällige Liquorkultur bedingen, die übrigen Liquorparameter wie Zellzahl, Liquorprotein und Liquor/Serum-Glukosequotient werden in den ersten wenigen Tagen nach Symptom- bzw. Therapiebeginn jedoch nicht relevant beeinflusst [10]. Bei der typischen bakteriellen Meningitis reduziert sich bei gutem Ansprechen auf die Therapie die Zellzahl etwa ab dem dritten Tag, während sich in der Zellzusammensetzung die Granulozytenzahl langsam zugunsten von Mono- und Lymphozyten vermindert.

Die Interpretation des Liquorbefundes ist vor dem Hintergrund der altersspezifischen Normwerte (leicht erhöhte Zellzahl, häufig vorhandene neutrophile Granulozyten, leicht erhöhte Gesamtproteinkonzentration) vorzunehmen [11]. Thomson et al. erhoben etwa für die Altersgruppe 0 bis 28 bzw. 29 bis 60 Tage eine durchschnittliche Zellzahl von 5,5 bzw. 3,6 Zellen/µl, die 90. Perzentile lag dabei jedoch bei 12 bzw. 8 Zellen/µl. Noch mehr gilt dies für Frühgeborene mit sehr niedrigem Geburtsgewicht (< 1500 g), welche in den ersten sieben Lebenstagen eine durchschnittliche Zellzahl von 7 (Range: 0–30) Zellen/µl aufweisen [12].

Die erwähnten Studien machen eine gewisse Überlappung der Zellzahlen von Neugeborenen und jungen Säuglingen mit und ohne bakterielle Meningitis ersichtlich. Garges et al. konnten allerdings für Zellzahlen über 21 Zellen/µl eine Sensitivität von 79 % und eine Spezifität von 81 % zeigen [13]. Dennoch weisen dementsprechend einige Patienten mit einer bakteriellen Meningitis eine normale Zellzahl auf.

Die mediane Zellzahl bei in weiterer Folge bestätigter gramnegativer Meningitis lag laut Smith et al. allerdings bei 1217 Zellen/ µl und, signifikant unterschiedlich, bei ursächlichen grampositiven Kokken bei 187 Zellen/µl. Der Zellzahl-Bereich betrug dabei für erstere Gruppe 1–38.000 Zellen/µl, für letztere 0–47.400 Zellen/µl. Bei einer Gruppe-B-Streptokokken-Meningitis lag die mediane Zellzahl bei 271 Zellen/µl [14]. Bei normaler Zellzahl erfolgte die indizierte LP eventuell zu einem Zeitpunkt, zu dem die Erregerinvasion bereits stattgefunden hatte, die Entzündungsreaktion jedoch noch nicht eingetreten ist [6].

Der Anteil von unreifen stabkernigen und reifen segmentkernigen neutrophilen Granulozyten liegt bei einer bakteriellen Meningitis zumeist bei > 90 % und das Liquorprotein ist auf über 100 mg/dl erhöht. Die vielfach schwerkranken Kinder haben meist eine vermehrte anaerobe Glukolyse und dadurch eine gesteigerte Laktat-Freisetzung. Ein Liquor/Serum-Glukosequotient unter 0,4, (Cave: kann jedoch sekundär bedingt, etwa durch Stress oder vorhergehende Glukoseinfusion, beeinflusst sein) und ein Liquorlaktat über 35 mg/dl (entspr. 3,89 mmol/l) sind entsprechend hinweisend auf eine bakterielle Meningitis [6,9,11].

Die Bestimmung von Interleukin-6, C-reaktivem Protein (CRP) und Procalcitonin im Liquor kann bei der Diskriminierung zwischen aseptischer, viraler und bakterieller Meningitis unterstützen. Die jeweiligen Parameter haben jedoch unterschiedlich hohe Aussagekraft, während in der Frühphase einer bakteriellen Meningitis das CRP etwa noch normal sein kann, ist Interleukin-6 zumeist bereits erhöht [15].

Molekulare Methoden mittels Multiplex-PCR oder metagenomische Next-Generation-Sequencing (NGS)-Untersuchungen werden zunehmend eingesetzt, um die Verdachtsdiagnose Meningitis und damit auch therapeutische Entscheidungen zu unterstützen. Mittels Multiplex-PCR werden unterschiedliche Pathogene der am häufigsten ursächlichen Erreger (vor allem Bakterien und Viren) im Liquor detektiert [16], beim metagenomischen NGS wird die im Liquor (oder auch Serum) vorkommende DNA des Pathogens mittels vorbestehenden Datenbanken mit der DNA von mehreren Zehntausenden Bakterien, Viren, Parasiten und Pilzen verglichen. Letztere Methode kann dadurch Erreger feststellen, die in der klassischen mikrobiologischen Diagnostik nicht detektiert wurden [17] (Wilson 2019). Dennoch ist derzeit primär weiterhin die mikrobiologische Diagnostik empfohlen, nach Möglichkeit unter Unterstützung von molekularen Methoden [6].

Für Gruppe-B-Streptokokken und andere häufige bakterielle Erreger liegen sensitive, schnell durchzuführende, jedoch teure Latex-Agglutinationstests vor [18].

Beweisend für die Meningitis ist letztlich der Erregernachweis im Gram-Präparat und/oder der bakteriologischen Kultur. Zu bedenken gilt, dass die Liquorkultur unauffällig bleiben kann, wenn vor der LP bereits die Therapie eingeleitet werden musste. Auch eine zur Behandlung eventueller Prodromalsymptome begonnene orale antibiotische Therapie kann ein Anzüchten des Erregers mittels Liquorkultur verhindern. Die Therapiedauer der bakteriellen Meningitis beträgt, abhängig vom Erregernachweis in der Liquorkultur, zumindest 10 Tage (unauffällige Liquor- und grampositive Erreger in der Blutkultur), oft drei Wochen (und länger) etwa bei E. coli und anderen gramnegativen Erregern [8].

Bei gutem klinischem Ansprechen auf die empirisch begonnene (und später antibiogrammadaptierte) Therapie und dem Fehlen von Multiresistenzen im Antibiogramm scheint keine Kontroll-LP notwendig und wird in der Praxis auch kaum durchgeführt [20].

7.2.2.1 Listerienmeningitis

Eine gewisse Sonderstellung nimmt die seltene Listerienmeningitis ein. Die Frühinfektion (1.–6. Lebenstag) verläuft überwiegend schwer und befällt vor allem Frühgeborene. Im Vordergrund stehen septische Symptome mit makulo- bzw. vesikulopapulösen sowie petechialen Hautveränderungen, auch Meningitis kommt vor. Die Spätinfektion (> 6. Lebenstag) kommt vor allem bei Neugeborenen vor und äußert sich mit Meningitis und Enzephalitis. Nach der Neonatalperiode sind meist immuninkompetente Patienten betroffen, wobei häufig eine ZNS-Symptomatik auftritt. Der Liquorbefund ähnelt einerseits einer typischen bakteriellen Meningitis, andererseits finden sich auch geringe Zellzahlen (unter 100 Zellen/μl) mit buntem, lymphozytär-betontem Zellbild. Das Liquorprotein und der Liquor/Serum-Glukosequotient bleiben häufig unauffällig. Auch die Liquorkultur und der mikroskopische Nachweis von kurzen, grampositiven Stäbchen unterstützen nur in 40 % der Meningitiden die Diagnose [19].

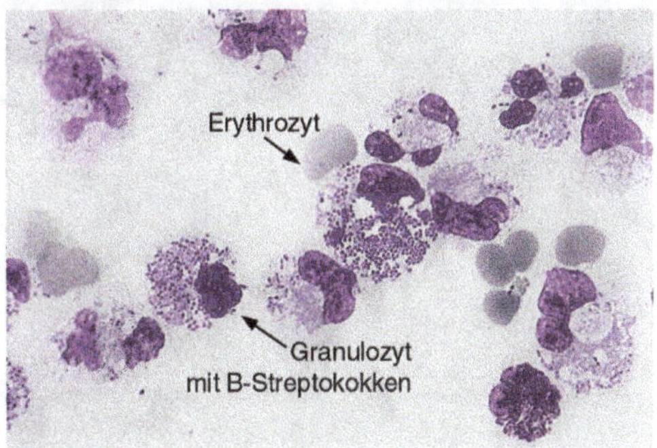

Abb. B.7.1: Drei Tage altes Neugeborenes mit bakterieller Meningitis und massivem Gruppe-B-Streptokokkennachweis in den Granulozyten.

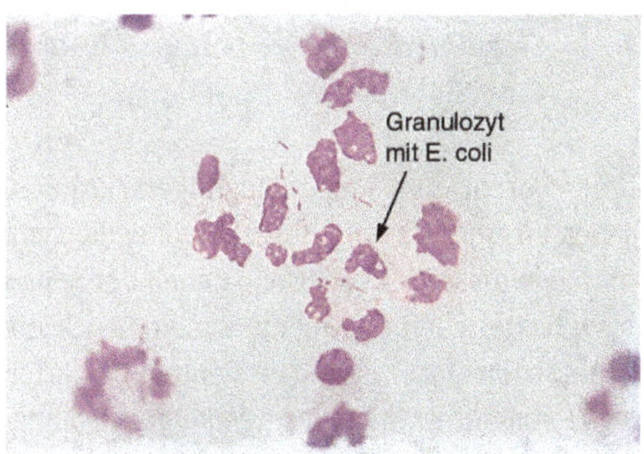

Abb. B.7.2: Fünf Tage altes Neugeborenes mit bakterieller Meningitis und E. coli-Nachweis in den Granulozyten (Grampräparat).

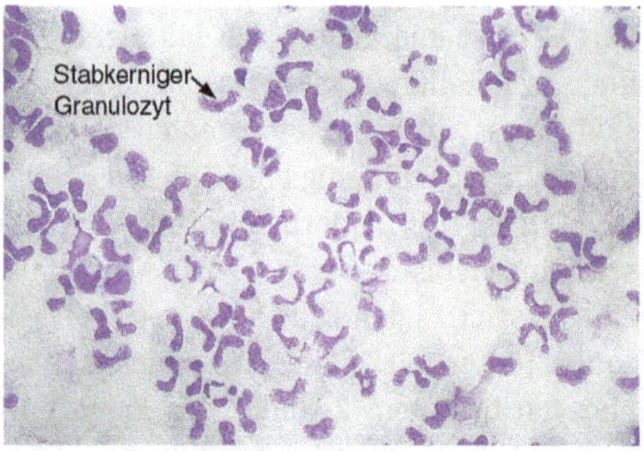

Abb. B.7.3: Fünf Tage altes Neugeborenes mit bakterieller Meningitis ohne Erregernachweis. Der hohe Anteil von stabkernigen Granulozyten spricht für eine perakute Phase der Entzündung.

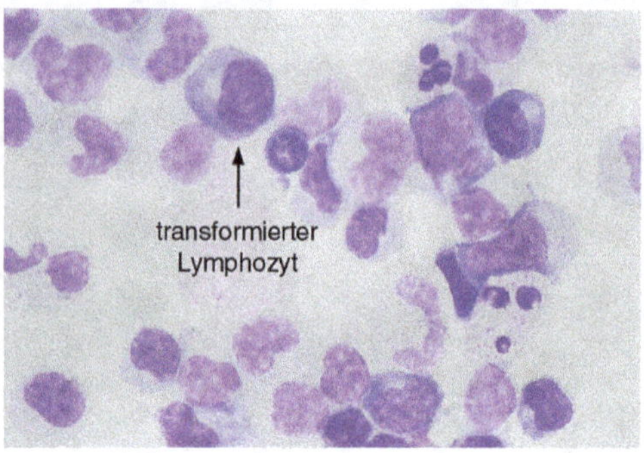

Abb. B.7.4: Sechs Tage altes Neugeborenes mit bakterieller Meningitis durch Listerien. Buntes lymphozytär betontes Zellbild, im Bild einige transformierte Lymphozyten.

7.2.3 Virale Meningitis und Enzephalitis bei Neugeborenen und Säuglingen

Neugeborene und junge Säuglinge erkranken selten an einer Virusmeningitis, wobei die Symptome in dieser Altersperiode denen der Sepsis bzw. bakteriellen Meningitis ähneln. Auch die Differenzierung zwischen viraler und bakterieller Meningitis ist mit den zur Verfügung stehenden Liquorparametern bei Neugeborenen und Säuglingen praktisch nicht möglich [21]. Somit kann aus Sicherheitsgründen oft auf eine initiale antibiotische und antivirale Therapie nicht verzichtet werden, zumal eine unter der Geburt übertragene bakterielle Infektion deutlich häufiger ist. Klinisch zeigen die Kinder häufig eine gestörte Vigilanz mit entweder zunehmender Lethargie oder Irritabilität, Änderung des Muskeltonus (hyper- oder hypoton), Berührungsempfindlichkeit, Krampfanfälle, eine gespannte Fontanelle und Apnoen/ Bradykardien. Bei Neugeborenen mit Verdacht auf eine ZNS-Infektion sollte an eine konnatale Infektion durch Erreger der TORCH-Gruppe gedacht werden, zu dieser gehören u. a. Toxoplasmen, Röteln, CMV, VZV und HSV. Die drei Erstgenannten führen bei einer pränatalen Infektion zu typischen morphologischen Veränderungen (z. B. Hautdefekten, Augenanomalien, Mikrozephalie mit ZNS-Veränderungen), bei einer konnatalen CMV-Infektion können Neugeborene oft asymptomatisch sein und erst im späteren Verlauf durch Entwicklungsstörung (kognitive Defizite, Hörstörung) auffallen [22].

Die Herpes simplex-Virus (HSV)-Infektion des Neugeborenen erfolgt peripartal durch eine hämatogenen Streuung. Es handelt sich meist um den HSV-Typ II. Bei primärer maternaler Infektion in der Schwangerschaft beträgt das Risiko einer peripartalen Übertragung ca. 30–50 %, bei reaktiviertem Herpes genitalis nur 1–3 %. Die Infektion kann sich durch herpetiforme Bläschen an Haut oder Schleimhäuten manifestieren, als isolierte Enzephalitis oder als disseminierte Infektion, wobei das Auftreten der Bläschen auch das Prodromalstadium der Letztgenannten darstellen kann. Bei Neugeborenen zeigt sich die Herpesenzephalitis meist als diffuse Hirnentzündung. Der initiale Liquorbefund ist charakterisiert durch eine leichte Pleozytose und erhöhter Erythrozytenzahl durch hämorrhagische Transformation der Läsionen. Auch hier kann aber das Zellbild initial dem einer bakteriellen Meningitis mit annähernd 100 % Granulozyten ähneln. Der Shift zu lymphomonozytären Zellen kann sich um mehrere Tage verzögern [23]. Einige Kinder zeigen eine ausgeprägte Abnahme des Liquor-/

Serum-Glukosequotienten (Hypoglykorrachie) und stark erhöhte Gesamtproteinwerte. Wegweisend ist die PCR aus Liquor und ggf. der Nachweis von spezifischen Antikörpern. Die Prognose ist vom Ausmaß der Bewusstseinsstörung abhängig, frühe zerebrale Krampfanfälle sind prognostisch ungünstig.

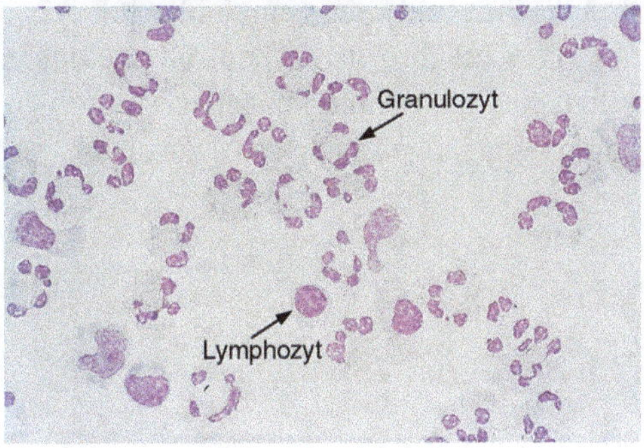

Abb. B.7.5: Drei Tage altes Neugeborenes mit viraler Enzephalitis durch HSV-Typ 2 und mäßiger Pleozytose mit vorwiegend Granulozyten.

7.3 Liquorbefunde bei Kindern nach dem Säuglingsalter

7.3.1 Referenzwerte

Ab dem 3. bis 6. Lebensmonat gleichen sich die Liquorwerte in den meisten Bereichen an das Niveau des späteren Lebens an. Der Liquor ist klar, die maximale *Leukozytenzahl* beträgt 5 Zellen/µl, Granulozyten und Erythrozyten finden sich im normalen Liquor nicht. Die Zellen setzen sich aus Lymphozyten (70–85 %) und Monozyten (15–30 %) zusammen. Der *Liquor/Serum-Glukosequotient* und der *Laktatspiegel* sind konstant (**siehe Tab. A.9.3 in Kap. A.9**). Der *Gesamtproteingehalt* bei Säuglingen und Kleinkindern bis zum 6. Lebensmonat ist sehr variabel und liegt im Durchschnitt für diese Altersgruppe bei 470 mg/l (**Kap. A.9 Tab. A.9.3)** und fällt ab auf Werte im Durchschnitt von 250 mg/l, die erst ab dem 6. Lebensjahr wieder leicht ansteigen auf 280 mg/l und im Altersbereich zwischen 12 und 18 Jahren auf 340 mg/l [24]. Das *Liquor/Serum-Quotientendiagramm* nach Reiber kann ab dem 6. Lebensmonat angewandt werden. Die wichtigsten Unterschiede bei den Liquorbefunden zwischen den im Folgenden erörterten Krankheitsbildern finden sich in Tabelle B.7.3.

7.3.2 Akute bakterielle Meningitis bei Klein- und Schulkindern

Nach dem Säuglingsalter sind Neisseria meningitidis (Meningokokken, besonders Serogruppe B) und Streptococcus pneumoniae (Pneumokokken) für 60–70 % aller bakteriellen Meningitiden verantwortlich. Die Häufigkeit von Haemophilus influenzae Typ b und auch die generelle Inzidenz der bakteriellen Meningitis, wurden durch die in den frühen 1990ern eingeführte Impfung deutlich reduziert [4]. Gleiches gilt grundsätzlich auch für die Pneumokokken-Impfung [25]. Weitere Serotypen, gegen welche derzeitige Impfungen nicht schützen, spielen als Meningitiserreger allerdings ebenfalls eine Rolle [26]. Ursachen und mögliche Erreger einer sekundären bakteriellen Meningitis gehen aus Tab. B.7.2 hervor.

Tab. B.7.2: Mögliche Erreger einer sekundären bakteriellen Meningitis (nach [9], Berner/DGPI, S. 162).

Ätiopathogenese	Bakterien
Sinusitis, Mastoiditis	S. pneumoniae, P. aeruginosa, Staphylokokken, H. influenzae (unbekapselt), Staphylokokken
Liquor-Shunt-Systeme	Staphylokokken (Enterokokken)
Schädel-Hirn-Trauma, Liquorfistel	S. pneumoniae, Staphylokokken
Fistelnde Dermoidzyste	Staphylokokken
Dermalsinus	Enterobacteriaceae
Myelomeningozele	Anaerobier, Anaerobier
Zyanotische Herzvitien (Hirnabszess)	Staphylokokken, Streptokokken

Entscheidend für die Einordnung der Liquorbefunde ist der Zeitpunkt der Lumbalpunktion. Erfolgt sie in der Initialphase der Erkrankung, kann, wie oben beschrieben, erst eine geringe Pleozytose vorliegen. Das Zellbild wird dominiert von stab- und segmentkernigen neutrophilen Granulozyten, die Veränderungen wie Kernverklumpung und toxische Granulationen aufweisen [27]. Der Albuminquotient ist fast immer bereits frühzeitig in der Größenordnung einer schweren Blut-Liquor-Schrankenstörung erhöht.

Die Bestimmung des Liquor/Serum-Glukosequotienten und des Liquorlaktats kann, wie schon oben für Neugeborene und junge Säuglinge beschrieben, für die Diagnostik der bakteriellen Meningitis auch in dieser Altersgruppe nützlich sein. Laut der bereits älteren Untersuchung von 119 Säuglingen ab der neunten Woche und älteren Kindern durch Donald et al. hat ein Quotient von unter 0,4 als Hinweis für eine bakterielle Meningitis eine Sensitivität von 79,8 % und eine Spezifität von 97,7 % [28]. Dies bedeutet allerdings, dass ein Teil der Patienten mit bakterieller Meningitis einen unauffälligen Liquor/Serum-Glukosequotienten aufweist. Eine persistierende niedrige Glukosekonzentration spricht für einen komplizierten Verlauf. Hinsichtlich der Bestimmung von Interleukin-6, CRP und Procalcitonin im Liquor sowie zusätzlicher diagnostischer Methoden gilt dasselbe wie für Neugeborene und Säuglinge (siehe oben).

Eine besondere Bedeutung hat die oben beschriebene Konstellation „Erregerinvasion vor Entzündungsreaktion" in der Altersgruppe der älteren Säuglinge und Kinder am Beginn einer invasiven Meningokokken-Erkrankung im Sinne eines Waterhouse-Friderichsen-Syndroms. Hier können neben der Pleozytose auch klinische Hinweise auf eine Meningitis fehlen [29].

Die Dauer der empirisch mit Cefotaxim oder Ceftriaxon einzuleitenden Therapie richtet sich nach dem kausalen Agens und dem Antibiogramm. Bei Pneumokokken wird eine Therapiedauer von 10–14, bei Meningokokken 5–7, bei Haemophilus influenzae Typ b 7–10 Tage, und bei E. coli sowie anderen gramnegativen Erregern, wie oben beschrieben oft drei Wochen und länger empfohlen [8].

Hinsichtlich der Kontrollpunktionen gelten dieselben Anmerkungen wie für Neugeborene und junge Säuglinge (siehe oben).

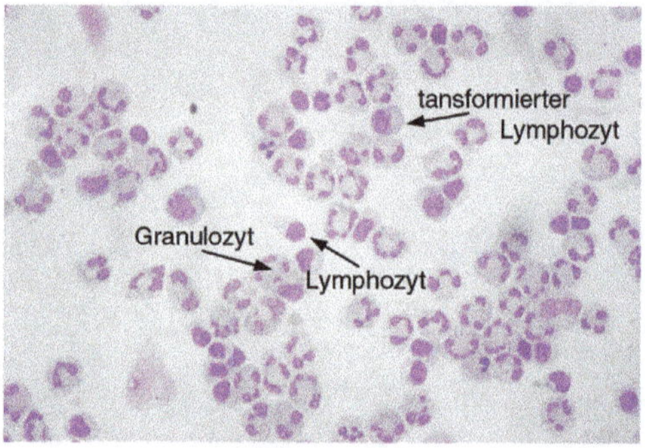

Abb. B.7.6: 3,5-jähriger Junge mit einer bakteriellen Meningitis durch N. meningitidis. Kontrollpunktion nach viertägiger Kurzzeittherapie mit Ceftriaxon. Der Granulozytenanteil war weiterhin hoch. Der weitere Verlauf gestaltete sich komplikationslos.

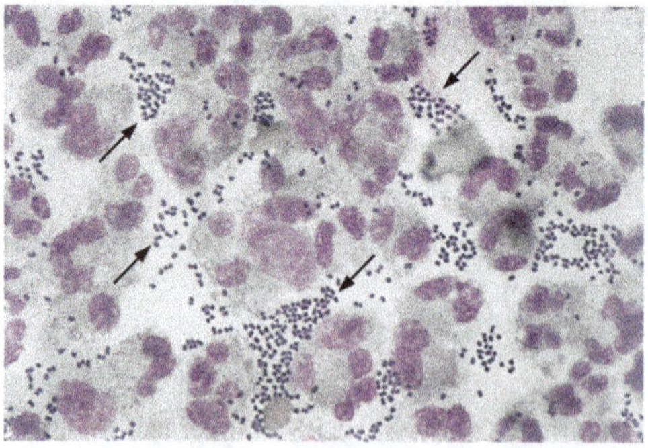

Abb. B.7.7: 1,5 Jahre altes Kind mit eitriger Meningitis durch N. meningitidis. Intra- und extrazellulär finden sich massiv Meningokokken. Die Granulozyten sind toxisch verändert.

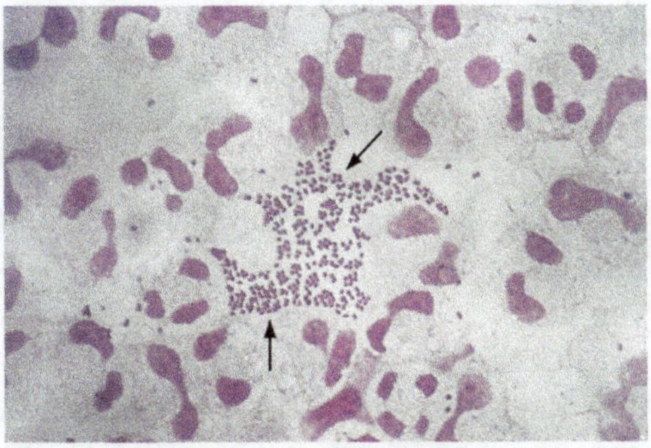

Abb. B.7.8: Gleiches Kind wie Abb. B.7.7. Im Grampräparat finden sich gramnegative Diplokokken.

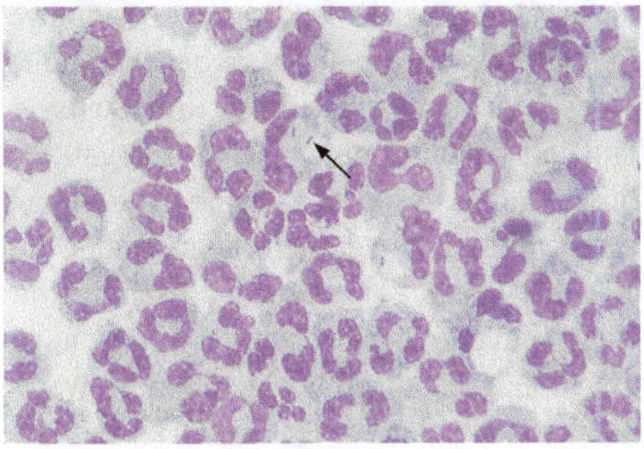

Abb. B.7.9: Zwei Jahre altes Mädchen mit einer eitrigen Meningitis durch S. pneumoniae. Einzelne Granulozyten haben Pneumokokken phagozytiert.

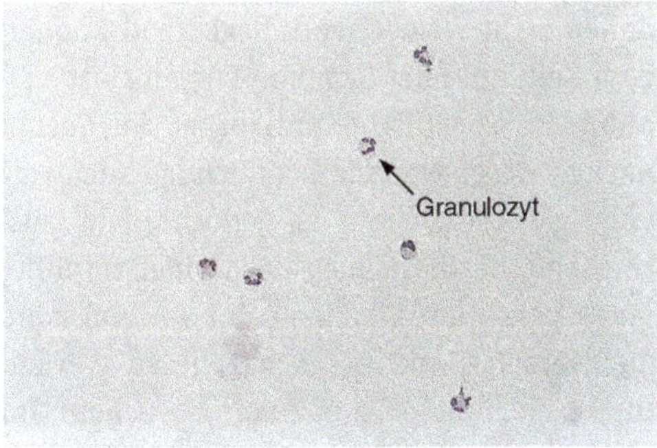

Abb. B.7.10: Neun Monate alter Junge mit erstem Krampfanfall bei Fieber. Im Liquor 2 Zellen/µl Leukozyten und normaler Gesamtproteingehalt, im Sediment jedoch 62 % Granulozyten.

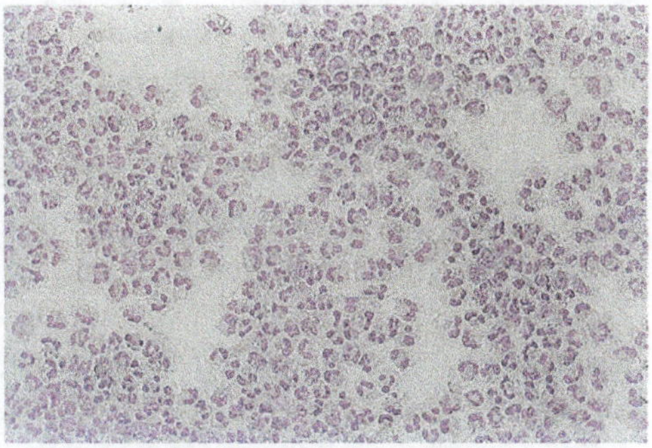

Abb. B.7.11: Gleiches Kind wie Abb. B.7.10. 24 Stunden nach Erstpunktion eitriger Liquor mit 5851 Zellen/µl Leukozyten, 180 mg/dl Protein und 96 % Granulozyten, trotz bereits am Vortag eingeleiteter adäquater antibiotischer Therapie.

7.3.3 Virale Meningitis und Enzephalitis bei älteren Kindern

Die häufigsten Erreger der Virusmeningitis bei größeren Kindern kommen aus der Gruppe der Enteroviren, von denen 71 Subtypen beschrieben sind (Echo, Coxsackie/Polioviren) und insbesondere in den Sommer- und Herbstmonaten auftreten [30]. Die früher häufige Mumps-Meningitis ist seit Einführung der Schutzimpfung kaum noch anzutreffen. Von untergeordneter Bedeutung sind Adeno-, Parainfluenza-, Arbo- oder das lymphozytäre Choriomeningitis-Virus. ZNS-Infektionen ausgelöst durch Röteln-, Masern-, Herpes-, EBV-, CMV-, VZV-, HIV- oder Influenza-Viren sind durch ein enzephalitisches Krankheitsbild gekennzeichnet. Einen besonderen Stellenwert hat die Frühsommer-Meningoenzephalitis (FSME), die je nach Region und auch bei Kindern erhebliche neurologische Probleme verursachen kann (siehe unten). Der Übergang von einer serösen Meningitis hin zur Enzephalitis ist fließend (Meningoenzephalitis). Das klinische Erscheinungsbild kann sehr stark variieren je nach Alter des Kindes,

Ausmaß der Virämie bis hin zum septischen/enzephalitischen Krankheitsbild mit assoziierten Organkomplikationen [31]. Bei den meisten viralen Meningitiden zeigt sich ein gutartiger Verlauf mit stetigem Abklingen der Symptome innerhalb von 1–2 Wochen. Schwere Verläufe zeigen sich am ehesten bei Neugeborenen mit einem Sepsis-ähnlichen Krankheitsbild aber auch bei älteren Kindern im Zusammenhang mit Enteroviren-Infektion mit den Subtypen 68 und 71 (schwere Rhombenzephalitis, schlaffe Myelitis) [32]. Die Diagnose einer viralen Meningitis wird durch eine Kombination aus Anamnese, Realtime/Multiplex-PCR aus Liquor und einem signifikanten Serumtiteranstieg der entsprechenden IgG-Antikörper gesichert.

Bei der viralen Meningitis können die Liquorveränderungen stark variieren und sind meist durch ein lymphozytäres *Zellbild* geprägt (25–500/µl), können aber auch Werte um 1000/µl erreichen. In der Frühphase ist ein Überwiegen polymorphkerniger Zellen möglich, insbesondere bei der FSME. Der *Glukosegehalt* ist in der Regel normwertig (Liquor/Serum-Glukosequotient), der *Proteingehalt* ist normwertig oder leicht erhöht. Speziell bei Mumps-Viren kann eine erhebliche Pleozytose mit niedriger Glukose bestehen. Außer bei der HSV-Enzephalitis und der FSME werden in der akuten Phase der Entzündung keine intrathekale IgG- oder IgM-Antikörpersynthese beobachtet. Bei der viralen Enzephalitis kommt es ähnlich wie bei Meningitis meist zu einer milden *Pleozytose* mit überwiegend lymphozytärem Zellbild. Der *Proteingehalt* erreicht selten 100 mg/dl. In der Pädiatrie haben die HSV-Enzephalitis auf Grund der Häufigkeit und die Masernenzephalitis auf Grund der Schwere der Folgeerscheinungen einen besonderen Stellenwert und sollen im Weiteren zusammen mit der FSME näher beschrieben werden

7.3.3.1 Frühsommer-Meningoenzephalitis

Die FSME wird von einem Flavivirus verursacht und durch Zecken übertragen. Die Verbreitung ist endemisch und erstreckt sich von Süddeutschland bis zur Rhein-Main-Linie, mit einer Durchseuchung der Zecken von bis zu 5 %. Das Erkrankungsrisiko nach einem Zeckenstich beträgt 1:1000. Insbesondere Kinder erkranken selten an einer FSME und zeigen meist einen milderen Krankheitsverlauf als Erwachsene. Meist handelt es sich um eine Meningitis mit grippeähnlichen Symptomen, seltener kommt es im Rahmen einer Meningoenzephalitis mit Begleitmyelitis zu schweren neurologischen Verläufen. Typisch ist ein biphasischer Krankheitsverlauf mit einem symptomfreien Intervall von bis zu einer Woche. Im Liquor zeigt sich typischerweise eine Zellzahlerhöhung (Median 100–200/µl) mit einer initialen Erhöhung der Neutrophilen, später überwiegend Lymphozyten. Das Liquorprotein kann normwertig oder erhöht sein (> 50 mg/dl). Spezifische Antikörper im Liquor sind initial nur bei ca. der Hälfte der Patienten nachweisbar, ab dem 10. Krankheitstag jedoch allermeist positiv. Eine Erreger-PCR aus Liquor ist ab dem Zeitpunkt der ZNS-Symptome wieder negativ und daher nicht wegweisend. Begleitend können zum Zeitpunkt des Symptombeginns fast ausnahmslos spezifische Antikörper im Serum nachgewiesen werden. Der alleinige Nachweis von IgM-Antikörpern ist jedoch nicht ausreichend, da diese auch nach einer Impfung lange persistieren können. Im Verlauf sollte auch ein IgG-Anstieg nachgewiesen werden (meist nach einer Latenz von 2 Wochen). Im EEG zeigt sich häufig eine diffuse Verlangsamung als Zeichen der Enzephalitis und im kranialen MRT typischerweise bilaterale T2-Hyperintensitäten in den Thalami und Basalganglien [33,34].

7.3.3.2 HSV-Enzephalitis

Die HSV-Enzephalitis beginnt meist mit Symptomen eines fieberhaften Infektes, jedoch mit rasch eintretender Vigilanzminderung, fokal neurologischen Ausfällen oder insbesondere fokalen Krampfanfällen. Im EEG findet sich eine regionale Verlangsamung, meist temporal mit epilepsie-typischen Potenzialen. Im cMRT lässt sich als erstes Zeichen einer schweren Schädigung eine Diffusionsstörung im Bereich des Temporallappens oder limbischen Systems nachweisen. Im Liquor kann sich eine xanthochrome Verfärbung zeigen, da es durch den Erreger rasch zu hämorrhagisch-nekrotischen Veränderungen im Hirnparenchym kommen kann. Der Erregernachweis im Liquor erfolgt durch eine PCR.

Bei der HSV-Enzephalitis wird anfangs nur eine leichte bis mäßige Schrankenstörung und im späteren Verlauf eine autochthone Dreiklassen-Immunglobulinproduktion mit IgG-Dominanz beobachtet. Trotz gutem Ansprechen auf eine frühzeitige Aciclovir-Therapie (über 21 Tage) bleibt eine hohes Restrisiko für gravierende neurologische Residualsymptome, insbesondere bezüglich kognitiver Einschränkungen und therapierefraktärer Epilepsien [35]. Im Liquor lässt sich zu diesem Zeitpunkt keine HSV-DNA nachweisen, möglicherweise auf Grund einer sehr niedrigen Viruslast. Im zerebralen MRT fallen neue nekrotische Läsionen auf bzw. diffuse Veränderungen der weißen Substanz. Eine relapsierende Episode kann jedoch auch durch eine post-infektiöse Anti-NMDA-Rezeptor-Enzephalitis verursacht werden. Diese zeigt sich bei jüngeren Kindern mit einer schweren Choreoathetose, bei Jugendlichen dominieren psychiatrische Symptome und epileptische Anfälle. An diese Differentialdiagnose sollte bei relapsierenden Verläufen gedacht werden, da bei positivem Nachweis von NMDAR-Antikörpern eine rasche antiinflammatorische Therapie erforderlich ist, um den Verlauf zu verbessern [36].

7.3.3.3 Masernenzephalitis

Maserninfektionen sind in industrialisierten Ländern selten geworden, durch Impfmüdigkeit kommt es jedoch immer wieder zu lokalen Ausbrüchen. Als primäre ZNS-Komplikation kann es in bis zu 1:1000 Erkrankungsfällen zur akuten Masernenzephalitis kommen. Klinisch zeigt sich diese mit Fieber, fokalen oder generalisierten Krampfanfällen, Paresen und Vigilanzstörung, Auftreten meist innerhalb einer Woche nach Erkrankungsbeginn (Exanthem) [37]. Im Liquor zeigt sich bei 30–50 % der Patienten eine Pleozytose (> 10 Zellen/µl) mit Proteinerhöhung. Masernviren oder eine autochthone Antikörpersynthese lassen sich im Liquor nicht nachweisen. Bei fehlendem Exanthem und Verdacht erfolgt der Nachweis über positive Masern-IgM-Antikörper im Serum.

Eine seltene Form stellt die progressive infektiöse Masernenzephalitis (Masern-Einschlusskörperchen-Enzephalitis) dar, diese betrifft nur immunsupprimierte/Immundefekt-Patienten nach Masernkontakt. Die Inkubationszeit kann Wochen bis Monate dauern, das typische Masernexanthem fehlt meist. Klinisch zeigt sich eine progrediente Enzephalopathie mit zunehmender Vigilanz- und Sprachstörung, epileptischen Anfällen (Epilepsia partialis continua), fokalen neurologischen Ausfällen bis zum Koma. Der Verlauf ist letal innerhalb von meist zwei Monaten nach Beginn der neurologischen Symptome. Der Liquor zeigt sich meist nicht pathologisch verändert. Eine Masern-PCR bleibt meist negativ bei begleitend fehlender spezifischer Antikörperproduktion. Es kann versucht werden Masern-RNA aus anderen Sekreten zu gewinnen (Urin, Rachenabstrich). Eine sichere Diagnose kann meist nur durch eine Hirnbiopsie gestellt werden.

Die subakute sklerosierende Panenzephalitis (SSPE) betrifft vor allem Kinder, die nicht gegen Masern geimpft wurden. Erste Symptome der Enzephalitis zeigen sich mit einer Latenz von mehreren Jahren, im Durchschnitt bis zu 7 Jahren [38]. Die Häufigkeit beläuft sich auf 7–11 Fälle pro 100.000 Masernerkrankungen. Der Krankheitsverlauf wird in 4 Stadien eingeteilt, zunächst mit progredienten kognitiven Einbußen und Verhaltensänderungen, gefolgt von repetitiven unwillkürlichen Myoklonien, progredienter spastischer Bewegungsstörung mit Verlust der Gehfähigkeit, Demenz, bis hin zum Dezerebrationsstadium mit Streckspasmen und Koma. Die einzelnen Stadien können unterschiedlich lang sein mit intermittierenden stabilen Intervallen. Pathognomonisch sind die sogenannten Radermecker-Komplexe im EEG, hochamplitudige periodisch auftretende Slow-Waves. Im Liquor zeigen sich sehr hohe Antikörpertiter gegen Masern, bei ansonsten oftmals unauffälliger Zellzahl oder Proteingehalt.

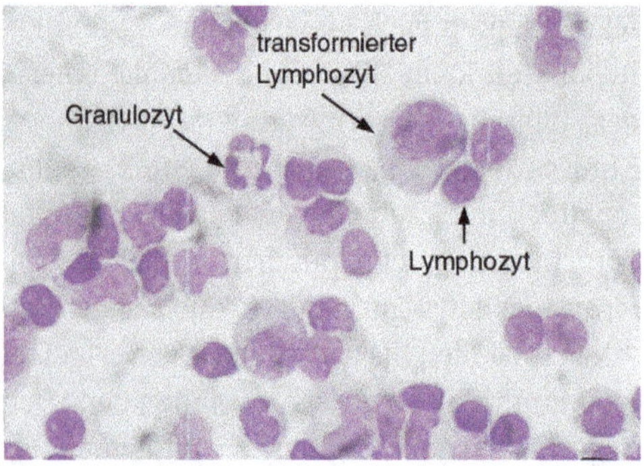

Abb. B.7.12: Siebenjähriger Knabe mit einer Mumpsmeningitis. Pleozytose von 1230 Zellen/µl und lymphozytärem Zellbild mit Nachweis lymphozytärer Transformationsformen und meist nur wenig Granulozyten (in der Frühphase können diese vorherrschen).

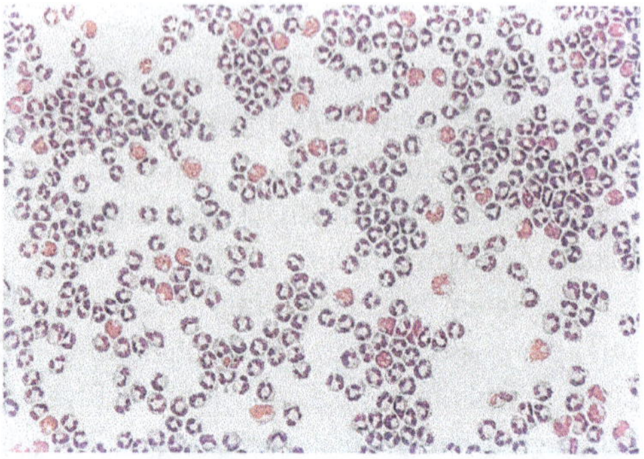

Abb. B.7.13: Achtjähriger Knabe mit einer viralen Meningitis durch Echo-Virus Typ 7. Im Liquor 1441 Zellen/µl Leukozyten mit 96 % Granulozyten.

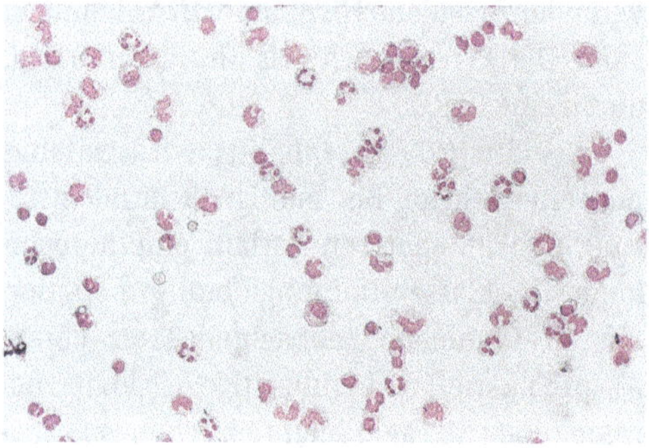

Abb. B.7.14: Gleiches Kind wie Abb. B.7.13. Die Kontrollpunktion nach 36 Stunden zeigt eine deutliche Abnahme der Pleozytose und einen Rückgang der Granulozyten.

7.3.4 Nicht-eitrige bakterielle Meningitiden

Nicht-eitrige bakterielle Meningitiden werden vor allem durch Borrelien, Mycobacterium tuberculosis, Mycoplasma pneumoniae und sehr seltene andere Erreger wie Leptospiren oder Brucellen verursacht.

7.3.4.1 Neuroborreliose

In Europa sind die beiden häufigsten Manifestation einer Neuroborreliose (NB) bei Kindern die lymphozytäre-aseptische Meningitis und die unilaterale oder beidseitige Fazialisparese. Die klassischen Symptome einer Meningitis können nur diskret vorhanden sein und werden beim Fehlen von Hirnnervenausfällen leicht übersehen [39]. Neben dem N. fazialis können alle anderen Hirnnerven auch betroffen sein mit Ausnahme des N. olfactorius. Die schwere Radikulopathie wie sie bei Erwachsenen häufig vorkommt, wird bei Kindern nur selten beschrieben. Weitere seltene Manifestationen einer NB sind neben vielen anderen die transverse Myelitis, akute Hemiparese und akute zerebelläre Ataxie [40]. Die späte und protrahierte Form einer NB kommt bei Kindern fast nicht vor. Neurokognitive Auffälligkeiten nach einer durchgemachten definitiven Neuroborreliose wurden nicht beobachtet [41].

Die Diagnose wird anhand der Diagnosekriterien der Deutschen Gesellschaft für Neurologie (DGN)-Leitlinie eingeteilt in eine mögliche, wahrscheinliche und definitive NB. Bei der definitiven NB liegen die folgenden Kriterien vor: typische klinische Manifestationen, Borrelien-spezifische IgG- und/oder IgM-Antikörper im Serum, lymphozytäre Pleozytose im Liquor und eine intrathekale Synthese von Borrelien-spezifischen IgG- und/oder IgM-Antikörpern oder eine positive Borrelien-PCR im Liquor [42]. Die Zellverteilung im Liquor zeigt ein lymphozytär-geprägtes pleomorphes Zellbild mit Nachweis von Transformationsformen (Lymphoid- und Plasmazellen). In der Frühphase können Granulozyten im Liquorpunktat überwiegen. Der Gesamtproteingehalt ist in der Regel erhöht und es zeigt sich eine Blut-Liquor-Schrankenstörung. Wegen der z. T. unspezifischen Symptomatik und der unscharfen Abgrenzung zur Virusmeningitis bzw. serösen bakteriellen Meningitis anderer Genese ist die erregerspezifische Diagnostik mit Nachweis einer Antikörpersynthese im Liquor bei der NB ausschlaggebend. Die zu erwartenden Liquor- und serologischen Befunde hängen jedoch in erheblichem Maße vom Stadium der Erkrankung, Dauer der Symptome und vom Zeitpunkt der Lumbalpunktion ab [43]. Liegen initial seronegative Befunde vor und keine Liquorpleozytose, sollte bei begründetem klinischen Verdacht nach zwei Wochen eine Kontrolluntersuchung von Liquor und Serum vorgenommen werden. Das Chemokin CXCL13 ist in der Anfangsphase auch bei Kindern mit definitiver Neuroborreliose erhöht und korreliert mit der Anzahl der Leukozyten im Liquor, allerdings ist der Nachweis von CXCL13, anders als bei Erwachsenen noch nicht standardisiert.

Bei einer Fazialisparese plus lymphozytärer Liquorpleozytose, vor allem in den Sommer- und Herbstmonaten, kann vor Erhalt der serologischen Befunde im Kindesalter eine Borrelieninfektion angenommen und die Therapie begonnen werden (siehe DGN-Leitlinie). Im Liquor gelten als Zeichen einer effektiven Therapie die Rückbildung der Pleozytose, völliges Verschwinden der IgM-positiven aktivierten B-Lymphozyten und Normalisierung des initial erhöhten Liquorgesamtproteinwertes, ggf. auch die der CXCL13-Werte. Die intrathekale Antikörpersynthese dagegen persistiert oft über mehrere Jahre [44].

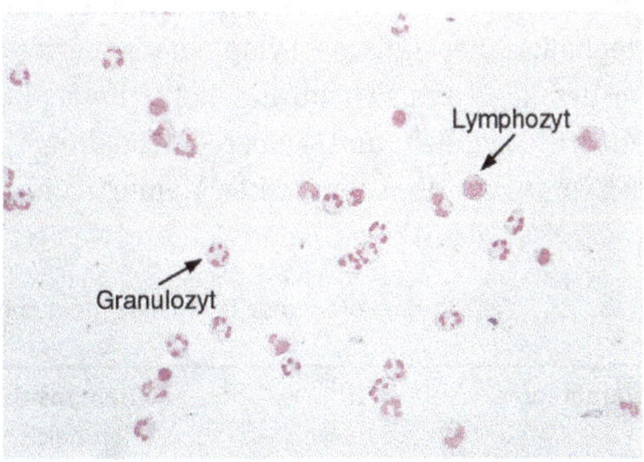

Abb. 7.15: Fünf Jahre alter Junge mit einer Neuroborreliose. In der Frühphase ist ein Vorherrschen der Granulozyten möglich.

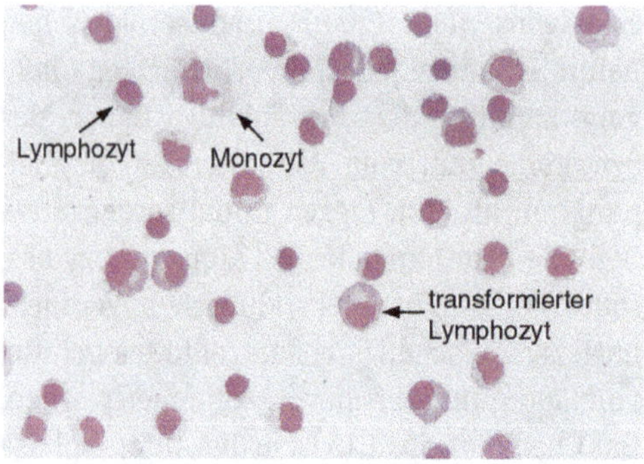

Abb. 7.16: 11-jähriges Mädchen mit einer Fazialisparese und einer Pleozytose. Typisches lymphozytär-betontes Zellbild mit Nachweis von Transformationsformen bei Neuroborreliose.

7.3.4.2 Tuberkulöse Meningitis

Die tuberkulöse Meningitis (TBM) gewinnt aus epidemiologischen Gründen (wie Migration aus unterschiedlichen Ländern mit einer hohen Prävalenz) zunehmend an Bedeutung (Bennent). Die TBM entsteht vor allem durch hämatogene Streuung von M. tuberculosis aus einem pulmonalen Herd. Eine Besonderheit ist, dass Säuglinge und Kleinkinder im Rahmen einer Exposition direkt an einer TBM erkranken können. Nach der subpialen und subependymalen Granulombildung kommt es in den meisten Fällen zu einer basalen Meningitis mit Beteiligung der Stammganglien, den basalen Gefäßen und der Ausprägung eines obstruktiven Hydrozephalus. Die klinische Symptomatik beginnt in der Regel schleichend mit Kopfschmerzen, Abgeschlagenheit und Fieber. Im Stadium 2 kommt es zu Hinweisen einer Meningitis und im weiteren Verlauf (Stadium 3) zu schweren neurologischen Symptomen wie Bewusstseinsstörung, Hirnnervenausfällen und anderen Symptomen. Im Liquorpunktat zeigt sich eine lymphozytäre Pleozytose mit einer Zellzahl bis 1000 Zellen/µl und mehr. Die Zellzusammensetzung ist bunt, d. h. neben vorwiegend Lymphozyten und transformierten Lymphozyten finden sich Neutrophile bis zu einem Anteil von 50 %. Es liegt eine schwere Schrankenstörung mit einem deutlich erhöhten Gesamtprotein vor. Das Liquor/Serum-Quotientendiagramm zeigt eine lokale IgG- und IgA-Synthese mit IgA-Dominanz [45]. Der Liquor/Serum-Glukosequotient ist stark erniedrigt und der Laktatgehalt deutlich erhöht. Der spezifische Erregernachweis ist meist schwierig und gelingt nur in 10 % der Fälle. Daher basiert die Diagnose auf einer typischen Anamnese (Exposition, Symptomenkonstellation), PCR- und Kulturuntersuchungen aus dem Liquor, Magennüchternsekret, Bronchiallavage und weiteren Untersuchungen (z. B. ELISPOT, Quantiferon-Test). Die rasche Diagnose und der Beginn einer adäquaten Therapie nach Resistogramm ist von entscheidender Bedeutung, um die Prognose der betroffenen Kinder zu verbessern [46].

7.3.5 Autoimmunenzephalitis

Neben Erreger-bedingten Inflammationen des ZNS sind in der letzten Dekade insbesondere Antikörper-vermittelte Erkrankungen des ZNS in den Fokus gerückt.

Tab. B.7.3: Typische Liquorbefunde der Meningitis in Abhängigkeit der Ätiologie [6,9,11].

Parameter	Grampositive Meningitis	Gramnegative Meningitis	Virale Meningitis	Tuberkulose
Zellzahl pro µl (Median)	0–1000 (187)	> 1000 (1217)	25–500	> 1000
Liquor-Gesamtprotein (mg/dl, Median)	279	296	normal	deutlich erhöht
Liquor/Serum-Glukosequotient	< 0,4	< 0,4	normal	< 0,4
Liquorlaktat (mg/dl)	> 35	> 35	normal	deutlich erhöht

In der initialen Phase sind diese Erkrankungen häufig nicht von Erreger-bedingten Enzephalitiden oder psychiatrischen Erkrankungen zu unterscheiden. Aufgrund des in der Regel guten therapeutischen Ansprechens ist die frühzeitige Diagnosestellung (siehe Tabellen B.7.4 und B.7.5) vor allem bei atypischen Verläufen dringend anzustreben. Die beiden häufigsten Antikörper-vermittelten Erkrankungen bei Kindern sind die NMDA-Rezeptor- und die Myelin-Oligodendrozyten-Glykoprotein (MOG)-Enzephalitis aus dem Spektrum der MOG-Antikörper-assoziierten Erkrankungen (MOGAD) [47]. Neben diesen beiden Autoantikörpern gibt es noch zahlreiche weitere, die mit einer Enzephalitis oder Zerebellitis assoziiert sind. Die meisten hiervon spielen bei Erwachsenen eine wichtige Rolle, werden bei Kindern aber nur sehr selten detektiert, wie etwa die Autoantikörper Contactin-associated protein-like 2 (CASPR2) und Leucine-rich glioma-inactivated (LGI1), die in Fallserien beschrieben wurden [48]. Idealerweise erfolgt der Nachweis der Autoantikörper immer auch im Liquor mit Ausnahme der MOG-Antikörper, bei denen nach derzeitigem Kenntnisstand bei Kindern nur die Serumtiter relevant sind.

7.3.5.1 NMDAR-Enzephalitis

Bei der NMDAR-Enzephalitis zeigen sich in 50 % der Patienten ein Prodromalstadium von Tagen bis Wochen mit Kopfschmerzen, Krankheitsgefühl, Fieber. Jüngere Kinder präsentieren sich in bis zu 80 % mit epileptischen Anfällen [49], gefolgt von hyperkinetischen Bewegungsstörungen, Verhaltensauffälligkeiten bis zu psychiatrischen Manifestationen. Das EEG ist gekennzeichnet durch eine diffuse Verlangsamung und seltener durch Spike-Wave Entladungen. Zeichen einer autonomen Dysfunktion mit Fieber, Blutdruckschwankungen, Tachykardie und Rhythmusstörungen treten in bis zu 50 % der Patienten auf. In der MRT-Bildgebung finden sich gelegentlich unspezifische Auffälligkeiten mit T2-Hyperintensitäten in unterschiedlichen Lokalisationen. Im Liquor können eine Zellzahlerhöhung bis 100 Leukozyten/µl und häufig zusätzlich oligoklonale Banden (OKBs) vorliegen [49]. Die Testung auf NMDA-Rezeptor-Antikörper sollte, wie auch für andere neuronale Antikörper, grundsätzlich im Liquor und Serum erfolgen, da es bei reiner Serumtestung bis zu 16 % falsch negative Befunde gibt [50]. Bei Mädchen sollte eine Teratomsuche mit einem MRT des Abdomens erfolgen. Die Prognose ist bei früher Diagnose im Kindesalter in der Mehrzahl der Fälle günstig. Allerdings kann es auch zu Rezidiven sowie vor allem im Langzeitverlauf zu kognitiven Problemen kommen.

7.3.5.2 MOG-Enzephalitis

Kürzlich wurde eine neue Entität von Kindern mit MOG-Antikörpern charakterisiert, welche sich insbesondere klinisch und radiologisch von den anderen MOGAD-Phänotypen unterscheidet und als MOG-Enzephalitis Eingang in die Terminologie fand. Klinisch findet sich eine Bewusstseinsstörung, häufig Krampfan-

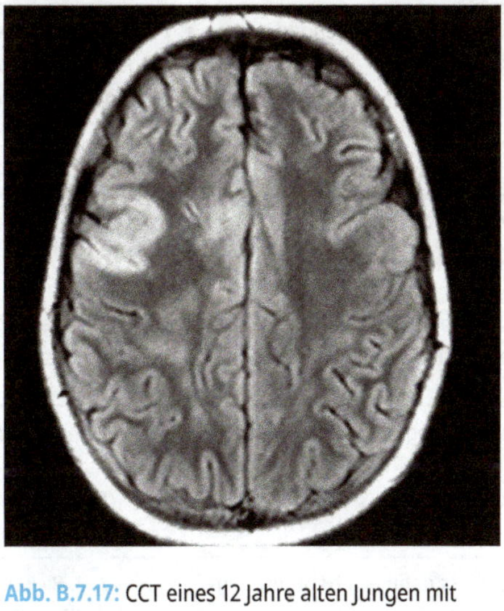

Abb. B.7.17: CCT eines 12 Jahre alten Jungen mit Enzephalopathie und fokalen Anfällen und Serum MOG-Antikörpern.

fälle, neurologische Defizite und bildgebend im MRT eine isolierte unilaterale oder seltener eine multifokale kortikale Signalanhebung (Abb. B.7.17), ohne isolierte Beteiligung der weißen Substanz [51].

Bei beiden Formen erfolgt die Therapie mit hochdosiertem intravenösen Methylprednisolon (IVMP) und intravenösen Immunglobuline (IVIG) in der ersten Behandlungsstufe. Bei Kindern mit schwersten Symptomen wird zusätzlich eine therapeutische Apherese (Plasmapherese oder Immunadsorption) durchgeführt. Bei fehlendem Ansprechen sollten weitere immunmodulatorische Therapeutika (z. B. Rituximab) zum Einsatz kommen.

Weitere wichtige autoimmunologische Syndrome des ZNS sind die steroid-responsive encephalopathy with autoimmune thyroiditis (SREAT), die Bickerstaff-Enzephalitis und die akute nekrotisierende Enzephalitis (ANE). Bei letzterer kommt es häufig im Rahmen einer Influenza-Infektion zu einer akuten Enzephalopathie mit symmetrischen Veränderungen der Thalami. Es zeigt sich weiterhin eine Erhöhung der Leberfunktionsparameter und des Liquorproteins bei fehlender Pleozytose.

Sofern andere Ursachen einer akuten/subakuten Enzephalopathie ausgeschlossen worden sind, sollte die Diagnose einer möglichen Autoimmunenzephalitis oder einer höchstwahrscheinlichen, aber Antikörper-negativen Autoimmunenzephalitis nach den Kriterien von Graus et al. [52] (siehe Tab. B.7.4) oder Cellucci et al. erfolgen, die kürzlich für Kinder publiziert wurden [53]. Bei Vorliegen dieser Kriterien wird ebenfalls eine Therapie mit IVMP und IVIG zumindest begleitend bis zum Erhalt der Autoantikörperbefunde empfohlen.

Tab. B.7.4: Diagnostische Kriterien für eine mögliche autoimmun-bedingte Enzephalitis, sofern drei der folgenden Voraussetzungen erfüllt sind (modifiziert nach Graus et al. 2016, [52]).

subakuter Beginn (< 3 Monaten) mit	– Symptomen im Bereich Kurzzeitgedächtnis – Auffälligkeiten im Mentalstatus (z. B. Lethargie, Enzephalopathie, Persönlichkeitsänderungen) – und/oder psychiatrische Symptome
mindestens 2 der folgenden Auffälligkeiten	– neue fokale neurologische Symptome – Anfälle nicht bedingt durch ein vorliegendes Anfallsleiden – Liquorzellzahlerhöhung (> 5 Zellen/µl) – MRT-Auffälligkeiten vereinbar mit einer Enzephalitis[2]
Ausschluss anderer Ursachen	

[2] T2/FLAIR Hyperintensitäten in beiden medialen temporalen Hirnregionen (LE) oder unterschiedlichen Bereichen der kortikalen und/oder weißen Substanz).

Tab. B.7.5: Diagnostische Kriterien für eine höchstwahrscheinliche, aber Antikörper-negative, autoimmun-bedingte Enzephalitis. Alle vier Hauptkriterien müssen erfüllt sein (modifiziert nach Graus et al. 2016, [52]).

subakuter Beginn (< 3 Monaten) mit	– Symptomen im Bereich Kurzzeitgedächtnis – Auffälligkeiten im Mentalstatus (z. B. Lethargie, Enzephalopathie, Persönlichkeitsänderungen) – und/oder psychiatrische Symptome
Ausschluss definierter Autoimmunsyndrome	– z. B. Bickerstaff-Enzephalitis – ADEM usw.

Tab. B.7.5 (fortgesetzt)

Fehlen gut charakterisierter Auto-Ak im Serum /Liquor in Kombination mit mindestens 2 der folgenden Punkte	– MRT-Auffälligkeiten vereinbar mit einer Enzephalitis – Liquorzellzahlerhöhung (> 5 Zellen/µl) – Liquor-spezifische oligoklonale Banden – Hirnbiopsie mit Hinweisen für eine inflammatorische Erkrankung und Ausschluss anderer Ursachen (z. B. Tumor)
Ausschluss anderer Ursachen	

7.3.6 Entzündliche demyelinisierende Erkrankungen des ZNS

7.3.6.1 Multiple Sklerose

Die multiple Sklerose (MS) wird bei 3–7 % aller Patienten vor dem 18. Lebensjahr diagnostiziert. Hierbei ist auf relevante Besonderheiten in ihrem Verlauf im Vergleich zu Erwachsenen zu achten, etwa eine häufig polyfokale Manifestation und Enzephalopathie, eine höhere Schubrate in den ersten sechs Jahren, höhere Läsionslast, längere Phase bis zum Erreichen einer relevanten Behinderung und dem nur extrem seltenen Auftreten einer primär-progressiven Verlaufsform. Außerdem muss bei Kindern mit Verdachtsdiagnose MS ein breiteres differentialdiagnostisches Spektrum von entzündlichen und neurometabolischen ZNS-Erkrankungen bedacht werden [54]. Die Diagnose der pädiatrischen MS erfolgt, wie bei adulten Patienten, nach den revidierten McDonald-Kriterien von 2017 [55].

Die Liquorbefunde entsprechen denen bei Erwachsenen: Die mediane Zellzahl liegt, je nach pädiatrischer Altersgruppe und Studie, zwischen 3 und 15 Zellen/µl, sehr selten zeigen sich mehr als 50 Zellen/µl. Das Liquorprotein ist meist normal oder geringgradig erhöht. OKBs sind bei der Mehrzahl der Kinder beim ersten Schub vorhanden und sind mit einer Konversion zur MS assoziiert [56–58].

7.3.6.2 MOG-Antikörper-assoziierte Erkrankungen

Entzündliche Erkrankungen des ZNS mit Antikörpern gerichtet gegen MOG wurden erst vor wenigen Jahren erstmals beschrieben. Diese kennzeichnen eine eigenständige Krankheitsentität mit unterschiedlichen klinischen Phänotypen, welche als MOGAD zusammengefasst werden. Zu den klinischen Phänotypen zählen u. a. Optikusneuritiden (ON), (longitudinale extensive) transverse Myelitiden ([LE]TM) und die akute disseminierte Enzephalomyelitis (ADEM).

Mehr als 30 % der Kinder mit einem ersten demyelinisierenden Ereignis haben Serum-MOG-Antikörper. Die klinische Präsentation ist dabei abhängig vom Alter: Kinder unter 5 Jahren manifestieren sich vor allem als ADEM mit multifokalen neurologischen Symptomen, Enzephalopathie und einem cMRT charakterisiert durch große flaue Läsionen supra- und infratentoriell. Auch das Auftreten einer LETM ist möglich. Schulkinder zeigen meist einen Neuromyelitis-optica-Spektrum-Erkrankungen (NMOSD)-ähnlichen Phänotyp und Jugendliche eine ON [59]. Multiphasische Verläufe treten bei einer Subgruppe von Kindern auf, welche mit hohen und persistierenden MOG-Antikörper auffallen. Hierbei zeigen die Patienten, unter anderem, eine multiphasische

ADEM oder eine ADEM mit rekurrierender ON [59]. Mehrere Studien haben gezeigt, dass MOG-Antikörper nicht mit einer MS im Kindesalter assoziiert sind [60] (siehe zu den Unterschieden bei den Liquorbefunden auch Tab. B.7.6).

Der Liquorbefund bei Kindern und Jugendlichen mit MOGAD zeigt zwar eine gewisse Abhängigkeit vom vorliegenden klinischen Phänotyp, jedoch signifikante Unterschiede zum Liquorbefund bei vorliegender MS [61]. Die mediane Zellzahl beträgt 40 (Range: 6–256) Zellen/µl, OKBs fehlen in 89 % der Patienten. Das mediane Liquorprotein bleibt im Normalbereich, eine positive MRZ-Reaktion wird nicht nachgewiesen. Die Liquorzytologie zeigt, signifikant unterschiedlich zum Liquor von MS-Patienten, neben Lymphozyten und Monozyten in 71,1 % aller Patienten auch neutrophile Granulozyten, welche bei manchen Patienten sogar mehrheitlich vorhanden sind. Eine Blut-Liquor-Schrankenstörung besteht in knapp der Hälfte der Patienten. [61,62].

7.3.6.3 Neuromyelitis-optica-Spektrum-Erkrankungen

NMOSD sind seltene inflammatorische demyelinisierende Erkrankungen des zentralen Nervensystems, charakterisiert durch simultane oder sequenzielle Episoden von uni- oder bilateralen Optikusneuritiden, transversen Myelitiden, Area postrema- oder Hirnstammsyndromen. Bei bis zu 80 % der adulten Patienten zeigen sich Antikörper gegen das Wasserkanalprotein Aquaporin 4-Antikörper. Aufgrund der Seltenheit der Erkrankung besonders im Kindesalter und unterschiedlicher Studienergebnisse ist eine vergleichende Aussage für pädiatrische NMOSD-Patienten nur bedingt möglich [63].

Die mediane Zellzahl im Liquor scheint jedenfalls im Vergleich zu MS und MOGAD deutlich erhöht, das Liquorprotein dahingegen recht vergleichbar normal bis hochnormal. OKBs und MRZ-Reaktion kommen ähnlich selten wir vor bei MOGAD, und auch die Zytologie und die Schrankenstörung dieser beiden Entitäten sind vergleichbar [64–66].

Tab. B.7.6: Typische Liquorbefunde bei MS, MOGAD und NMOSD.

Parameter	Multiple Sklerose [56–58]	MOGAD [61]	NMOSD [64–66]
Zellzahl (Zellen/µl, Median)	3–15	40	105,8
Liquor-Gesamtprotein (mg/dl, Median)	31	31	46,6
Oligoklonale Banden (vorhanden in %)	86–100	11	13,3–32
Albuminquotient ($\times 10^{-3}$, Median)	3,2–3,9	6,9	7
Zytologie (vornehmlich)	Plasmazellen, aktivierte Lymphozyten	Lymphozyten, Monozyten, neutrophile Granulozyten (!)	Lymphozyten, Monozyten, neutrophile Granulozyten (!)
	64	0	0

7.3.6.4 Guillain-Barré-Syndrom

Das Guillain-Barré-Syndrom (GBS) ist eine akute inflammatorische Polyradikuloneuropathie, die sich klassischerweise durch progressive, symmetrisch-aufsteigende Muskelschwäche, erloschene (oder abgeschwächte) Muskeleigenreflexe und neuropathischen Schmerz auszeichnet [67]. Die Ergebnisse der elektrophysiologischen Untersuchungen sind abhängig von der vorliegenden Form des GBS.

Die klassischen Varianten werden unterteilt in akute (1) inflammatorische demyelinisierende Polyradikulo- (AIDP), (2) motorische axonale (AMAN), und (3) motorisch-sensible axonale Neuropathie (AMSAN). Lokalisierte Formen des GBS umfassen das Miller-Fisher-Syndrom mit vorrangiger Hirnnervenbeteiligung, und die pharyngeal-cervikal-brachiale Schwäche. Im spinalen MRT zeigt sich mehrheitlich eine Kontrastmittelanreicherung der (vorderen) Nervenwurzeln und der Cauda equina. Antikörper gegen Ganglioside sind etwa bei der Hälfte aller pädiatrischen Patienten detektierbar. Erst kürzlich wurden auch Antikörper gegen Neurofaszin und andere paranodale Proteine beschrieben [68].

In der Liquoruntersuchung zeigt sich, gleich wie bei betroffenen Erwachsenen, beim Großteil der Patienten ein erhöhtes Liquorprotein und eine normale Zellzahl (sog. zytoalbuminäre Dissoziation). Selten kann am Beginn der Symptomatik das Liquorprotein noch normal ausfallen, hier kann im Bedarfsfall eine Re-Punktion 7–10 Tage später Klärung erbringen [67]. Bei stark erhöhtem Liquorprotein (> 2500 mg/dl) ist differentialdiagnostisch auch an einen Sperrliquor bei spinaler Raumforderung zu denken. Die Zellzahl kann manchmal bis 50 Zellen/µl leicht erhöht sein und sollte auch hier zur nochmaligen differentialdiagnostischen Prüfung (HIV, Neuroborreliose, Meningeosis neoplastica, etc.) führen [67].

7.4 Liquoruntersuchungen bei besonderen Fragestellungen

1. Pseudotumor cerebri Syndrom (PTCS)/idiopathische intrakranielle Hypertension (IIH)

Die Diagnosestellung eines PTCS/IIH im Kindes- und Jugendalter ist häufig schwierig. Das klinische Spektrum ist breit und beinhaltet unterschiedliche Formen von Kopfschmerzen, Augensymptomen wie Doppelbilder, Visusminderung und Nüchternerbrechen. Zur Diagnosesicherung ist der Nachweis von Stauungspapillen durch den Augenarzt notwendig, deren Nachweis von vielen Faktoren abhängig ist (Kooperation, Erfahrung des Untersuchers, Normvarianten usw.). Mit dem cMRT sollen wichtige Differentialdiagnosen einer Stauungspapille ausgeschlossen werden (Hydrozephalus, Hirntumoren). MRT-Auffälligkeiten, die die Diagnose unterstützen sind eine „empty sella“, Vorwölbung der Optikusköpfchen und prominente Sehnervenscheiden. Bei der Lumbalpunktion (LP) ist unbedingt darauf zu achten, dass sie im Liegen durchgeführt wird, idealerweise mit einer entsprechenden Sedierung (ohne Ketamin). Neuere Untersuchungen legen nahe, dass der *Liquoröffnungsdruck* eine dynamische Größe ist und der obere Normwert bei 28 cm H_20 (90er Perzentile) bzw. 25 cm H_20 bei nicht adipösen und nicht sedierten Kindern [69] liegt. Wichtig ist, dass der Liquoröffnungsdruck im Kontext mit den anderen Befunden gesehen wird. Kinder mit einem Liquoröffnungsdruck über 28 cm H_20 können gesund sein. Auf der anderen Seite können Kinder mit einem normalen Befund, aber den klinischen Hinweisen inklusive Stauungspapillen und entsprechenden MRT-Hinweisen einen behandlungspflichtigen PTCS/IIH haben [70]. Außerdem sollte bei Kindern mit einem akuten beidseitigem Visusverlust über wenige Tage und einem erhöhten Liquoröffnungsdruck auch an eine bilaterale ON im Rahmen einer MOGAD gedacht werden und unbedingt die Serum MOG-Antikörper bestimmt werden (persönliche Beobachtung [KR]) [76].

2. Liquoruntersuchung bei Kindern mit Narkolepsie mit Kataplexie Typ 1

Die Kernsymptome bestehen aus exzessiver Tagesschläfrigkeit, Kataplexien, Schlaflähmungen und hypnagogen Halluzinationen. Obwohl die Narkolepsie häufig bereits im Kindesalter beginnt, wird die Diagnose meist erst nach einem langen Intervall gestellt. Ein Grund hierfür ist, dass die Symptome im Kindesalter häufig noch nicht komplett ausgebildet sind und zum Beispiel die Kataplexie im weiteren Krankheitsverlauf erst auftritt [71]. Die Diagnose wird unterstützt durch wichtige paraklinische Befunde wie einem positiven multiplen Schlaflatenztest. Liquoruntersuchungen bei Kindern mit Narkolepsie mit Kataplexie legen nahe, dass es keine Auffälligkeiten in den Standarduntersuchungen wie *Zellzahl, Gesamtprotein, Glukose, Laktat* und *Albuminquotienten* gibt. Wie bei Erwachsenen zeigen sich auch bei Kindern mit einer Kataplexie deutlich erniedrigte (< 100 pg/ml) bis nicht messbare *Hypokretin*-Werte im Liquor. Dies stellt einen wichtigen Laborparameter dar, insbesondere bei Kindern, bei denen nicht alle klinischen Merkmale einer Narkolepsie vorliegen und der Verdacht auf eine Narkolepsie Typ 2 besteht, die in der Regel mit normalen Hypokretinspiegeln einhergeht (eigene Beobachtung).

3. Liquoruntersuchung bei Verdacht auf eine ventrikulo-peritonealen Shunt-Infektion

Liquor-ableitende Systeme können als Fremdkörper durch koagulasenegative Staphylokokken, Enterokokken, Corynebakterien, aber auch durch andere Erreger besiedelt werden. In 10 bis 15 % der Fälle handelt es sich um eine bakterielle Infektion [72], die während der operativen Shunt-Anlage erfolgte. Die Latenz bis zum Auftreten der meist schleichend einsetzenden Symptome kann Wochen bis Monate betragen. Durch die perioperative Antibiotikaprophylaxe ist die Shunt-Infektion seltener geworden. Die Liquorbefunde können sehr vielfältig sein. Es finden sich einerseits typische Veränderungen im Sinne einer bakteriellen Meningitis. Andererseits können auch nur Bakterien ohne Zellzahlerhöhung und Granulozyten, jedoch mit Gesamtproteinerhöhung sowie minimaler Pleozytose, mit vereinzelten Granulozyten mit und ohne mikroskopischem und kulturellem Bakteriennachweis vorliegen. Das Liquor/Serum-Quotientendiagramm zeigt meist eine mäßige bis schwere Schrankenstörung. Ohne mikroskopischen und/oder kulturellen Erregernachweis kann sich die Ventrikulitis-Diagnostik schwierig gestalten, da Reizzustände durch den Katheter das Bild einer Entzündung imitieren können (siehe auch **Kapitel B.8 und C.1.6.7**).

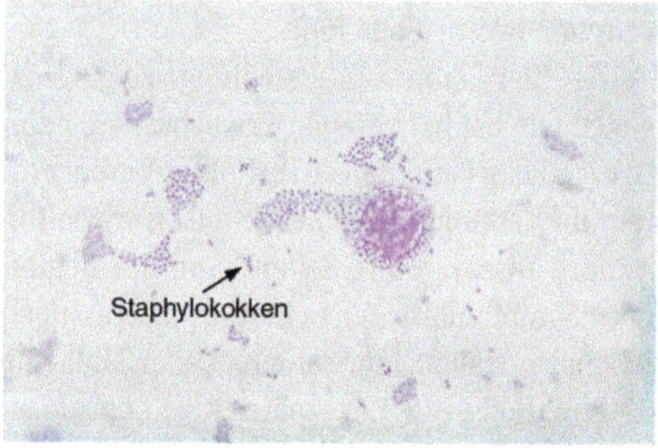

Abb. 7.18: Drei Monate alter Säugling mit einer Shunt-Infektion durch Staphylococcus aureus. Im Liquor nur Bakterien und vereinzelte Leukozyten.

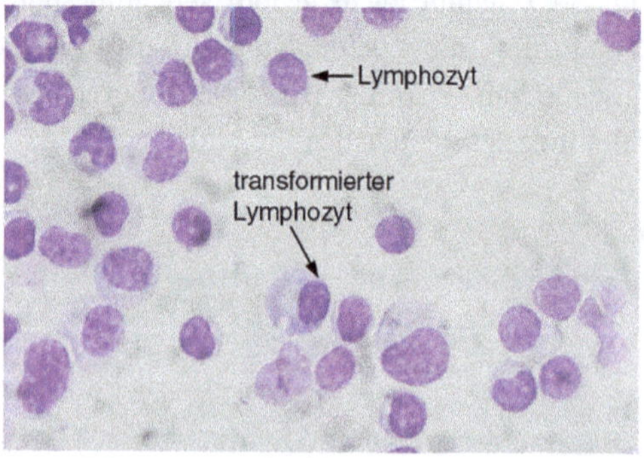

Abb. 7.19: Drei Monate alter Knabe mit Hydrozephalus und tuberkulöser Meningitis. Lymphozytäre Pleozytose mit Nachweis von Transformationsformen und einem Gesamtproteingehalt von 320 mg/dl.

4. Liquoruntersuchung bei Kindern mit einer angeborenen oder erworbenen Immundefizienz

Eine Sondergruppe bilden Patienten mit einer angeborenen oder erworbenen Immundefizienz. Bei Frühgeborenen liegt auf Grund der extremen Unreife ebenso eine Störung der Immunantwort vor.

Klinisch zeigen sich bei diesen Patienten besonders schwere oder chronische Verläufe (bis hin zur Hirn-Abszedierung). Auf Grund der fehlerhaften Immunantwort zeigt sich häufig ein vermindertes Ansprechen serologischer Tests. Die Identifikation von Erregern muss daher durch Kultur, molekulare Methoden wie einfacher oder Multiplex-PCR sowie metagenomischen NGS-Untersuchungen, oder eine Biopsie erfolgen. Das Erregerspektrum, welches bei Kindern mit einer Immundefizienz bedacht werden sollte, umfasst virale Infektionen (u. a. Mumps, Masern, HHV-6, CMV, EBV, VZV, JC-Virus), Pilze (Candida spp., Aspergillen, Microsporidien, Kryptokokken), Bakterien (Listerien, typische und atypische Mykobakterien, Pneumokokken/ Meningokokken), Parasiten und Protozoen [73–75].

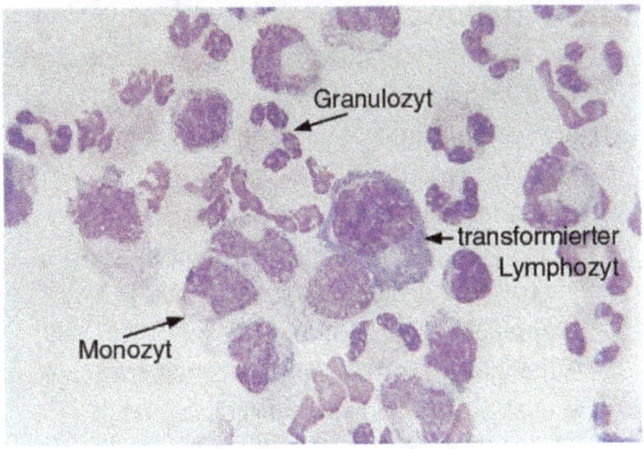

Abb. B.7.20: 15-jähriges Mädchen mit zellulärem Immundefekt und einer Meningitis durch Candida albicans. Über längere Zeit buntes Zellbild mit Granulozyten, Lymphozyten, transformierte Lymphozyten und Monozyten bei hohen Gesamtproteinwerten.

Literatur

[1] Reiber H. Proteins in cerebrospinal fluid and blood: barriers, CSF flow rate and source-related dynamics. Restor Neurol Neurosci. 2003;21:79–96.

[2] Baud O, Aujard Y. Neonatal bacterial meningitis. Handb Clin Neurol. 2013;112:1109–1113.

[3] Okike IO, Johnson AP, Henderson KL, et al. Incidence, Etiology, and Outcome of Bacterial Meningitis in Infants Aged < 90 Days in the United Kingdom and Republic of Ireland: Prospective, Enhanced, National Population-Based Surveillance. Clinical Infectious Diseases. 2014;59:e150–e157.

[4] Thigpen MC, Whitney CG, Messonier NE, et al. Bacterial meningitis in the United States, 1998–2007. N Engl J Med. 2011;364:2016.

[5] Gaschignard J, Levy C, Romain O, et al. Neonatal Bacterial Meningitis: 444 Cases in 7 Years. Pediatr Infect Dis J. 2011;30:212.

[6] Edwards MS, Baker CJ. Bacterial meningitis in the neonate: Clinical features and diagnosis. In: UpToDate, Post TW (Ed), UpToDate, Waltham, MA. (Zugriff am 11.11.2020)

[7] Nizet V, Klein JO. Bacterial sepsis and meningitis. In: Infectious Diseases of the Fetus and Newborn Infant, 8th ed, Remington JS, Klein JO, Wilson CB, et al (Eds), Elsevier Saunders, Philadelphia 2016. p. 217.

[8] Zemlin M, Berger A, Franz A, et al. Bakterielle Infektionen bei Neugeborenen. Leitlinie der GNPI, DGPI, DGKJ und DGGG. (S2k-Level, AWMF-Leitlinien-Register-Nr. 024/008, April 2018). Z Geburtshilfe Neonatol. 2019;223(03):130–144.

[9] Berner R, Bialek R, Forster J, et al. DGPI Handbuch. Infektionen bei Kindern und Jugendlichen. 7. vollständig überarbeitete Edition. Thieme, Stuttgart 2018.

[10] Ellis J, Luintel A, Chandna A, Heyderman RS. Community-acquired acute bacterial meningitis in adults: a clinical update. Br Med Bull. 2019;131(1):57–70.

[11] Thomson J, Sucharew H, Cruz AT, et al. Cerebrospinal fluid reference values for young infants undergoing lumbar puncture. Pediatrics. 2018;141(3):e20173405.

[12] Mhanna MJ, Alesseh H, Gori A, Aziz HF. Cerebrospinal fluid values in very low birth weight infants with suspected sepsis at different ages. Pediatr Crit Care Med. 2008; 9:294.

[13] Garges HP, Moody MA, Cotton CM, et al. Neonatal meningitis: what is the correlation among cerebrospinal fluid cultures, blood cultures, and cerebrospinal fluid parameters? Pediatrics. 2006;117(4):1094.

[14] Ansong AK, Smith PB, Benjamin DK, et al. Group B streptococcal meningitis: Cerebrospinal fluid parameters in the era of intrapartum antibiotic prophylaxis. Early Human Development. 2009;85:S5–S7.

[15] García-Hernandez P, Prieto B, Martínez-Morillo E, Rodríguez V, Álvarez FV. Interleukin-6 in cerebrospinal fluid as a biomarker of acute meningitis. Ann Clin Biochem. 2016;53(Pt 1):155–163.

[16] Albuquerque RC, Ramos Moreno AC, dos Santos SR, Betta Ragazzi SL, Martinez MB. Multiplex-PCR for diagnosis of bacterial meningitis. Braz J Microbiol. 2019;50(2):435–443.

[17] Wilson MR, Sample HA, Zorn KC, et al. Clinical metagenomic sequencing for diagnosis of meningitis and encephalitis. N Engl J Med. 2019;380(24):2327–2340.

[18] Shenoy B, Biradarb S. Latex Agglutination Test (LAT) – For rapid diagnosis of acute bacterial meningitis. Pediatric Infectious Diseases. 2014;6(4):150–152.

[19] Sapuan S, Kortsalioudaki C, Anthony M, et al. Neonatal listeriosis in the UK 2004–2014. J Infect. 2017;74(3):236–242.

[20] Agarwal R, Emmerson A. Should repeat lumbar punctures be routinely done in neonates with bacterial meningitis? Results of a survey into clinical practice. Arch Dis Child. 2001;84(5):450.

[21] Bedetti L, Marrozzini L, Baraldi A, et al. Pitfalls in the diagnosis of meningitis in neonates and young infants: the role of lumbar puncture. J Matern Fetal Neonatal Med. 2019;32(23):4029–4035.

[22] Ornoy A, Tenenbaum A. Pregnancy outcome following infections by coxsackie, echo, measles, mumps, hepatitis, polio and encephalitis viruses. Reprod Toxicol. 2006;21(4):446–457.

[23] Silverman MS, Gartner JG, Halliday WC, et al. Persistent cerebrospinal fluid neutrophilia in delayed-onset neonatal encephalitis caused by herpes simplex virus type 2. J Pediatr. 1992;120:567–569.

[24] Kahlmann V, Roodbol J, van Leeuwen N, et al. Validated age-specific reference values for CSF total protein levels in children. Eur J Paediatr Neurol. 2017;21(4):654–660.

[25] Thigpen MC, Whitney CG, Messonier NE, et al. Bacterial meningitis in the United States, 1998–2007. N Engl J Med. 2011;364:2016.

[26] Hsu HE, Shutt KA, Moore MR, et al. Effect of pneumococcal conjugate vaccine on pneumococcal meningitis. N Engl J Med. 2009;360(3):244–256.

[27] Laifer G. Weisses Blutbild bei Infektionen. Schweiz Med Forum. 2011;11(38):649–653.

[28] Donald PR, Malan C, van der Walt A. Simultaneous determination of cerebrospinal fluid glucose and blood glucose concentrations in the diagnosis of bacterial meningitis. J Pediatr. 1983;103(3):413–415.

[29] Pollard AJ, Sadarangani M. Neisseria meningitidis (Meningococcus). In: Nelson Textbook of Pediatrics, 20th ed, Kliegman RM, Stanton BMD, St. Geme J, Schor NF (Eds), Saunders (W. B.) Co Ltd, Philadelphia 2015.

[30] Hasbun R, et al. Epidemiology of Meningitis and Encephalitis in Infants and Children in the United States, 2011–2014. Pediatr Infect Dis J. 2019;38(1):37–41.

[31] Shukla B, Aguilera EA, Salazar L, et al. Aseptic meningitis in adults and children: Diagnostic and management challenges. J Clin Virol. 2017;94:110–114.

[32] Möhn N, Skripuletz T, Stangel M. Neurologische Komplikationen bei Infektionen mit (neuen) Enteroviren [Neurological complications of infections with (novel) enteroviruses]. Nervenarzt. 2018 Dec;89(12):1320–1331.

[33] von Stülpnagel C, Winkler P, Koch J, et al. MRI-imaging and clinical findings of eleven children with tick-borne encephalitis and review of the literature. Eur J Paediatr Neurol. 2016;20(1):45–52.

[34] Rostasy K. Tick-borne encephalitis in children. Wien Med Wochenschr. 2012;162:244–7.

[35] Schleede L, Bueter W, Baumgartner-Sigl S, et al. Pediatric herpes simplex virus encephalitis: a retrospective multicenter experience. J Child Neurol. 2013;28(3):321–31.

[36] Armangue T, Moris G, Cantarín-Extremera V, et al.; Spanish Prospective Multicentric Study of Autoimmunity in Herpes Simplex Encephalitis. Autoimmune post-herpes simplex encephalitis of adults and teenagers. Neurology. 2015;85(20):1736–1743.

[37] Lo Vecchio A, Krzysztofiak A, Montagnani C, et al. Complications and risk factors for severe outcome in children with measles. Arch Dis Child. 2020;105(9):896–899.

[38] Wendorf KA, Winter K, Zipprich J, Schechter. Titel. Clin Infect Dis. 2017;65(2):226–232.

[39] Huppertz HI, Bartmann P, Heininger U, et al; Committee for Infectious Diseases and Vaccinations of the German Academy for Pediatrics and Adolescent Health. Rational diagnostic strategies for Lyme borreliosis in children and adolescents: recommendations by the Committee for Infectious Diseases and Vaccinations of the German Academy for Pediatrics and Adolescent Health. Eur J Pediatr. 2012;171(11):1619–1624.

[40] Monteventi O, Steinlin M, Regényi M, et al. Pediatric stroke related to Lyme neuroborreliosis: Data from the Swiss NeuroPaediatric Stroke Registry and literature review. Eur J Paediatr Neurol. 2018;22(1):113–121.

[41] Zotter S, Koch J, Schlachter K, et al. Neuropsychological profile of children after an episode of neuroborreliosis. Neuropediatrics. 2013;44(6):346–353.

[42] Rauer S, Kastenbauer S, Hofmann H, et al.; Consensus group. Guidelines for diagnosis and treatment in neurology – Lyme neuroborreliosis. Ger Med Sci. 2020;18:Doc03.

[43] Tveitnes D, Øymar K, Natås O. Laboratory data in children with Lyme neuroborreliosis, relation to clinical presentation and duration of symptoms. Scand J Infect Dis. 2009;41(5):355–62.

[44] Nau R, Christen HJ, Eiffert H. Lyme disease—current state of knowledge. Dtsch Arztebl Int. 2009;106(5):72–81; quiz 82, I.

[45] Reiber H. Die diagnostische Bedeutung neuroimmunologischer Reaktionsmuster im Liquor cerebrospinalis. Lab med. 1995;19:444–462.

[46] Boyles TH, Lynen L, Seddon JA. Tuberculous Meningitis International Research Consortium. Decision-making in the diagnosis of tuberculous meningitis. Wellcome Open Res. 2020;5:11.

[47] Gable MS, Sheriff H, Dalmau J, Tilley DH, Glaser CA. The frequency of autoimmune N-Methyl-D-Aspartate receptor encephalitis surpasses that of individual viral etiologies in young individuals enrolled in the California Encephalitis Project. Clin Infect Dis. 2012;54(7):899–904.

[48] Lopez-Chiriboga AS, Klein C, Zekeridou A, et al., LGI1 and CASPR2 neurological autoimmunity in children. Ann Neurol. 2018;84(3):473–480.

[49] Titulaer MJ, McCracken L, Gabilondo I, et al., Treatment and prognostic factors for long-term outcome in patients with anti-NMDA receptor encephalitis: an observational cohort study. Lancet Neurol. 2013;12(2):157–65.

[50] Gresa-Arribas N, Titulaer MJ, Torrents A, et al., Antibody titres at diagnosis and during follow-up of anti-NMDA receptor encephalitis: a retrospective study. The Lancet Neurology. 2014;13(2):p. 167–177.

[51] Wegener-Panzer A, Cleaveland R, Wendel EM, et al. Clinical and imaging features of children with autoimmune encephalitis and MOG antibodies. Neurol Neuroimmunol Neuroinflamm. 2020;7(4):e731.

[52] Graus F, Titulaer MJ, Balu R, et al., A clinical approach to diagnosis of autoimmune encephalitis. Lancet Neurol. 2016;15(4):391–404.

[53] Cellucci T, Van Mater H, Graus F, et al. Clinical approach to the diagnosis of autoimmune encephalitis in the pediatric patient. Neurol Neuroimmunol Neuroinflamm. 2020;7(2):e663.

[54] Rostasy K, Bajer-Kornek B, Venkateswaran S, Hemingway C, Tardieu M. Differential diagnosis and evaluation in pediatric inflammatory demyelinating disorders. Neurology. 2016;87(9 Suppl 2):S28–37.

[55] Thompson AJ, Banwel BLI, Barkhof F, et al. Diagnosis of multiple sclerosis: 2017 revisions of the McDonald criteria. Lancet Neurol. 2018.17(2):162–173.

[56] Reiber H, Teut M, Pohl D, Rostasy KM, Hanefeld F. Paediatric and adult multiple sclerosis: age-related differences and time course of the neuroimmunological response in cerebrospinal fluid. Mult Scler. 2009;15(12):1466–1480.

[57] Pohl D, Rostasy K, Reiber H, Hanefeld F. CSF characteristics in early-onset multiple sclerosis. Neurology. 2004;63(10):1966–1967.

[58] Heussinger N, Kontopantelis E, Gburek-Augustat J, et al. for GRACE-MS (German-speaking Research Alliance for ChildrEn with Multiple Sclerosis). Oligoclonal bands predict multiple sclerosis in children with optic neuritis. Ann Neurol. 2015;77(6):1076–82.

[59] Hennes EM, Baumann M, Schanda K, et al. Prognostic relevance of MOG antibodies in children with an acquired demyelinating syndrome. Neurology. 2017;89(9):900–908.

[60] Ketelslegers IA, Pelt DE, Bryde S, et al. Anti-MOG antibodies plead against MS diagnosis in an Acquired Demyelinating Syndromes cohort. Mult Scler. 2015;21(12):1513–1520.

[61] Jarius S, Lechner C, Wendel EM, et al. Cerebrospinal fluid findings in patients with myelin

oligodendrocyte glycoprotein (MOG) antibodies. Part 2: Results from 108 lumbar punctures in 80 pediatric patients. J Neuroinflammation. 2020;17(1):262.

[62] Jarius S, Pellkofer H, Siebert N, et al. Cerebrospinal fluid findings in patients with myelin oligodendrocyte glycoprotein (MOG) antibodies. Part 1: Results from 163 lumbar punctures in 100 adult patients. J Neuroinflammation. 2020;17(1):261.

[63] Lechner C, Breu M, Wendel EM, et al. Epidemiology of Pediatric NMOSD in Germany and Austria. Front Neurol. 2020;11:415.

[64] Lechner C, Baumann M, Hennes EM, et al. Antibodies to MOG and AQP4 in children with neuromyelitis optica and limited forms of the disease. J Neurol Neurosurg Psychiatry. 2016;87(8):897–905.

[65] Kaneko K, Sato DK, Nakashima I, et al. CSF cytokine profile in MOG-IgG + neurological disease is similar to AQP4-IgG + NMOSD but distinct from MS: a cross-sectional study and potential therapeutic implications. J Neurol Neurosurg Psychiatry. 2018;89(9):927–936.

[66] Jarius S, Ruprecht K, Kleiter I, et al. MOG-IgG in NMO and related disorders: a multicenter study of 50 patients. Part 2: Epidemiology, clinical presentation, radiological and laboratory features, treatment responses, and long-term outcome. J Neuroinflammation. 2016;13(1):280.

[67] Korinthenberg R, Trollmann R, Felderhoff-Müser U, et al. Diagnosis and treatment of Guillain-Barré Syndrome in childhood and adolescence: An evidence- and consensus-based guideline. Eur J Paediatr Neurol. 2020;25:5–16.

[68] De Simoni D, Ricken G, Winklehner M, et al. Antibodies to nodal/paranodal proteins in paediatric immune-mediated neuropathy. Neurol Neuroimmunol Neuroinflamm. 2020;7(4):e763.

[69] Avery RA, Shah SS, Licht DJ, et al. Reference range for cerebrospinal fluid opening pressure in children. N Engl J Med. 2010;363(9):891–893.

[70] Tibussek D, Pseudotumor cerebri; Kap. 32, 685–698 Aksu F (ed.): Neuropädiatrie. 5. Auflage, Uni-Med, Bremen, 2020.

[71] Mayer G, et al. Narkolepsie – Neue Chancen in Diagnostik & Therapie. Georg Thieme Verlag, Stuttgart 2007.

[72] Test MR, Whitlock KB, Langley M, et al. Relationship of causative organism and time to infection among children with cerebrospinal fluid shunt infection. J Neurosurg Pediatr. 2019;24(1):22–28.

[73] Bustamante J, Zhang SY, von Bernuth H, Abel L, Casanova JL. From infectious diseases to primary immunodeficiencies. Immunol Allergy Clin North Am. 2008;28(2):235–58.

[74] Casanova JL, Fieschi C, Zhang SY, Abel L. Revisiting human primary immunodeficiencies. J Intern Med. 2008;264(2):115–27.

[75] Slade CA, McLean C, Scerri T, et al. Fatal enteroviral encephalitis in a patient with common variable immunodeficiency harbouring a novel mutation in NFKB2. J Clin Immunol. 2019;39(3):324–335.

[76] Narayan RN, Wang C, Sguigna P, Husari K, Greenberg B. Atypical Anti-MOG syndrome with aseptic meningoencephalitis and pseudotumor cerebri-like presentations. Mult Scler Relat Disord. 2019;27:30–33.

B.8 Besonderheiten des Ventrikelliquors

Marie Süße, Matthias Grothe, Harald Kluge, Rolf Kalff, Hayrettin Tumani

8.1 Einführende Bemerkungen

Die Besonderheiten des ventrikulären gegenüber dem subarachnoidalen/zisternalen und lumbalen Liquor bestehen unter physiologischen Bedingungen vor allem in quantitativen Unterschieden der biochemischen Zusammensetzung, während sich die normale Zellausstattung kaum unterscheidet. Diese quantitativen Unterschiede sind durch die regionalen Charakteristika der jeweiligen Schrankenfunktions- und Transportsysteme bedingt. Während die konzentrationsbestimmenden Einflüsse im subarachnoidalen/zisternalen und lumbalen Liquorraum durch das dynamische Gleichgewicht zwischen Sekretion und Resorption komplex gekennzeichnet sind, ist die ventrikuläre Liquorzusammensetzung durch das tanizytäre Blut-Liquor-Schrankenfunktionssystem des Plexus choroideus und die Hirn-Liquor-Transportsysteme der an die Ventrikel angrenzenden Hirnareale geprägt.

Großer Wert wird auf die Begründung der Notwendigkeit einer intensiven interdisziplinären Zusammenarbeit zwischen Neurologen, Neurochirurgen, Anästhesiologen und Intensivmedizinern, Mikrobiologen und Liquoranalytikern gelegt, die für eine integrative Befunderhebung unerlässlich ist und abgestimmte Untersuchungsprogramme erfordert. Da der Liquoranalytiker zum Verständnis der Fragestellungen der Kliniker ausreichende Kenntnis über die Gründe für die Anlage ventrikulärer Drainagen, ihre Funktionsweise und die Entnahmebesonderheiten des ventrikulären Liquors haben muss, wird ein hierauf bezugnehmender Abschnitt bewusst vorangestellt.

8.1.1 Indikationen für die Anlage einer ventrikulären Liquordrainage

Die generellen pathophysiologischen Grundlagen für die Indikation einer ventrikulären Liquordrainage bilden Zirkulations- und/oder Resorptionsstörungen des Liquors, deren spezifische Auslösemechanismen auch die konkreten Inhalte der liquordiagnostischen Untersuchungspalette bestimmen. Ausführliche Übersichtsartikel mit referierender Literatur finden sich hierzu in [1–4]. Hauptsächliche Indikationsfelder mit eventueller, prozessbedingter Notwendigkeit einer Ventrikeldrainage sind dabei:

1. Einblutungen in das Ventrikelsystem mit Tamponade des Liquorflusses
2. Hydrozephalus malresorptivus nach zum Beispiel einer spontanen oder traumatischen Subarachnoidalblutung (SAB) bzw. bei einer bakteriellen Meningitis durch Behinderung der Liquorresorption durch Obstruktion der Arachnoidalvilli mit Erythrozyten, Leukozyten oder Bakterien
3. Normaldruck-Hydrocephalus
4. Hydrocephalus occlusus durch Verlegungen des Ventrikelsystems, meist die Engstellen betreffend (Foraminae Luschkae, Magendii, Monroi; Aquädukt; 4. Ventrikel),
5. kongenitaler Hydrocephalus mit Abflussstörungen
6. Hirnödeme, zum Beispiel bei schwerem Schädel-Hirn-Trauma, Hypoxie oder Stoffwechselentgleisungen (Hirndruckmonitoring zur Therapiesteuerung und ggf. Druckentlastung)
7. Druckentlastung bei operativen Zugängen entlang der Schädelbasis

https://doi.org/10.1515/9783110331905-019

8. intraventrikuläre Medikamentenapplikation (Gentamycin, Morphin, Methotrexat etc.)

Bei externen Ventrikeldrainagen ist die Einleitung eines sekundären Kontrollregimes während ihrer genannten Lagezeit unerlässlich. Dieses Kontrollregime ergibt sich zwangsweise aus Komplikationen infolge von sekundären Katheterinfektionen und seltener von Materialunverträglichkeiten. Unter Beachtung aller hygienischen Vorsichtsmaßnahmen ist ab etwa dem 10. postoperativen Tag regelmäßig mit einer Keimbesiedelung des externen Ventrikelkatheters mit Hautkeimen zu rechnen. Durch sekundäre Infektionen (Pneumonien, Harnwegsinfekte, Enterobakterien, Hautinfektionen etc.) steigt zudem zusätzlich das Risiko einer Besiedelung mit pathologischen Keimen. Ausführliche Darstellungen zu Komplikationen von Drainagesystemen und Shunts finden sich in [1–4].

8.1.2 Fragestellungen des Klinikers für Untersuchungen des ventrikulären Liquors

Die eine Ventrikeldrainage erfordernden Krankheitsbilder einerseits und die mit ihrer Anlage und Liegedauer verbundenen sekundären Komplikationen andererseits bilden das sowohl spezifische als auch universelle Fundament der Fragestellungen des Klinikers an den Liquordiagnostiker. Die Fragestellungen lassen sich dabei im Wesentlichen aus drei Problemkomplexen ableiten:

1. Bedingt durch das primäre Krankheitsbild bzw. der Art der vorliegenden Schädigung, dessen Prognose und Verlaufskontrolle, um
   - ein hinreichend relevantes und möglichst weitgehend spezifisches zytologisches Untersuchungsprofil und Parameterspektrum abzudecken sowie daraus
   - ableitbare, funktionsdiagnostisch zuverlässige Parameter für Verlaufs- und Therapiekontrollen zu gewinnen.
2. Hinsichtlich der Funktionskontrolle der verwendeten Drainage-Systeme, um
   - Sekundärinfektionen auszuschließen bzw. zuzuordnen,
   - unspezifische Reizsyndrome (bzw. Materialunverträglichkeiten) festzustellen, sowie
   - manipulative (zum Beispiel postoperativ, bei Anlegen der Drainage, Entnahmekomplikationen) von krankheits-bedingten Veränderungen zu differenzieren
3. Aus der Beurteilung der Schrankenfunktionssysteme im ventrikulären Kompartiment, um
   - therapeutische Spiegel von zum Beispiel schwer schrankengängigen Pharmaka zu bestimmen.

Aus diesen drei Komplexen rekrutiert sich das Untersuchungsspektrum an Parametern, das einen essenziellen und einen fakultativen Teil enthalten muss, letzterer limitiert durch die verfügbare Menge ventrikulären Liquors. Der essenzielle Teil ist praktisch von der Erstpunktion an über den gesamten Verlauf der Drainage durchzuführen und zu berichten, betreffend die Zytodiagnostik, Mikrobiologie und Proteindiagnostik zur Feststellung von Blutungen, vornehmlich bakteriellen Infektionen und dem Schrankenfunktionszustand. Er bildet somit das *Basisprogramm* für Fälle mit vorliegender oder möglicher mikrobieller Infektion (siehe Tab.B.8.1).

Die Methodik der Mikrobiologen ist im ventrikulären Liquor grundsätzlich mit denen des lumbalen Liquors identisch. Sie ist im **Kapitel B.6.1** nachzulesen.

Tab. B.8.1: Parameter des Liquorbasisprofils (Basisprogramm).

- Zellzahl
- Differential-Zellbild
- Erythrozytenzahl
- Laktat
- Glukose (Vergleich mit Blutwerten)
- Gesamtprotein
- Albumin (Quotient vCSF/Serum)
- Immunglobuline (Quotient IgG, IgA, IgM vCSF/Serum)
- Mikrobiologische Untersuchungen:
- Gramfärbung
- Kultur (Vergleich mit Blutkultur)

Die im lumbalen Liquor üblichen zytologischen Verfahren, Proteinbestimmungstechniken und Nachweismethoden niedermolekularer Solute (Substrate, Metabolite) sind ebenso auf den ventrikulären Liquor anwendbar (**siehe Kapitel A.2 und Methodenkapitel B**).

Zur unbedingten Korrespondenz zwischen Kliniker und Liquoranalytiker gehört für letzteren die Kenntnis der Medikation. Sie kann vielfältig und sehr hoch dosiert sein, so dass Komplikationen bei der Zellzählung (kristalline Ausfällungen im essigsauren Milieu), beim Zellbild (Strukturschädigungen) und bei nephelometrischen und bestimmten kolorimetrischen Nachweisreaktionen (Fällungsunregelmäßigkeiten, Bildung störender Farbkomplexe) auftreten können.

Des Weiteren ist zur Testung ausgewählter Parameter über Liquor/Serum-Quotienten dem Liquorlabor eine entsprechend präparierte Blutprobe mitzusenden.

Je nach weiterer klinischer Fragestellung können weitere fakultative Analysen aus dem Liquor diagnostisch wegweisend sein, wie weitere virologische und mikrobiologische Untersuchungen, die Bestimmung von oligoklonalen Banden bei Verdacht auf autoimmune ZNS-Prozesse oder die Einleitung neuropathologischer Untersuchungen bei Verdacht auf atypische Zellelemente in der Zelldifferenzierung.

8.2 Zytodiagnostik des ventrikulären Liquors

Da im ventrikulären Liquor grundsätzlich die gleichen Zellpopulationen wie im zisternalen und lumbalen Liquor vorkommen bzw. vorkommen können, sind die dort beschriebenen Zähl-, Zellanreicherungs-, Färbe- und Markierungstechniken uneingeschränkt anwendbar. Die Differenzierung erfolgt in gleicher Weise. Die Normalwerte für die Zellzahl unterscheiden sich nicht bzw. nur geringfügig (zum Vergleich: Normalbereich Zellzahl Erwachsene (lumbal): 0–4/µl; Erwachsene (subokzipital) 0–3/µl; Erwachsene (ventrikulär): 0–1/µl).

Für artifizielle Blutbeimengungen kann mit Bezug auf die Erythrozytenzahl im Liquor bis zu einem begrenzten Rahmen eine Korrektur gerechnet werden (Reduktion von 1 Leukozyten/µL pro 1000 Erythrozyten/µL im Liquor) [5,6].

Es sind demgegenüber einige Besonderheiten des Differentialzellbildes hervorzuheben:

- Die Häufigkeit *eosinophiler Granulozyten* ist oft bedeutend größer als im lumbalen Liquor (siehe Abb.B.8.1). Sie kommen im ventrikulären Liquor häufig als Folge von Abbau- und besonderen Reizreaktionen vor, bei denen Mukopolysaccharide und N-Acetylneuraminsäuren freigesetzt werden und einen eosinotaktischen Effekt ausüben sollen. In diesem Zusammenhang treten erhöhte Mengen eosinophiler Granulozyten als Folge von Shunt-Operationen, bei Entzündungen, zerebralen Ischämien, Blutungen, nach Medikamentengaben und vereinzelt bei Tumoren auf [7–14]. Der Nachweis von eosinophilen Granulozyten im ventrikulären Liquor kann zudem jedoch auch auf eine persistierende Infektion des ZNS durch kontaminierte Shunt-Systeme bei Kindern hinweisen [14] und ist damit sowohl von diagnostischer als auch von therapeutischer Bedeutung.

– Bei Verschlüssen ventrikuloperitonealer Shunts (sowohl am peritonealen oder ventrikulären Ende oder gleichzeitig an beiden Enden) wurden *Bindegewebe*, *gliale* und *granulomatöse Gewebsreste*, *Epithelien des Plexus chorioideus*, *Fibrin- Bruchstücke von nekrotischem Gewebe*, *Blutbestandteile und Fremdkörper* im Verschlussmaterial nachgewiesen. Mit derartigen Gewebsfetzen ist selbst bei weitgehend intakt funktionierenden Shunts und Drainagesystemen hin und wieder zu rechnen. Dementsprechend sind auch Abräumfunktionen erfüllende *Riesenzellen* im ventrikulären Liquor häufig anzutreffen. Reizinduzierte *granulozytäre Pleozytosen* (operative Eingriffe, Materialunverträglichkeiten und mechanische Reize, Eindringen von Blutbestandteilen, etc.) können im ventrikulären Liquor ein bedeutend größeres Ausmaß als im lumbalen Liquor annehmen. Gesamtzellzahlen bis 500 Zellen/µl mit bis zu 90 % *neutrophilen Granulozyten* sind unter diesen Bedingungen keine Seltenheit, ohne dass ein Erreger gefunden wird (siehe Abb.B.8.1).
– Umgekehrt können erregerbedingte granulozytäre Pleozytosen aus anatomisch-physiologisch erklärbaren Gründen im lumbalen Liquor viel deutlicher als im ventrikulären Liquor ausgeprägt sein.
– Die bei bakteriellen Meningitiden im lumbalen Liquor bekannte zeitliche Folge einer kurzzeitig dominanten granulozytären Pleozytose (polynukleäre Initialphase) und einer deutlich längeren, zunächst dominant lymphozytären und dann monozytären Pleozytose (mononukleäre Sekundärphase) kann im ventrikulären Liquor völlig verändert sein. Die granulozytäre Phase bleibt im ventrikulären Liquor bisweilen über viel längere Zeiträume dominant, selbst wenn der Liquor nach antibiotischer Behandlung längst steril ist.

Eine Möglichkeit bakterielle Sekundärinfektion bei Patienten mit intrakraniellen Blutun-

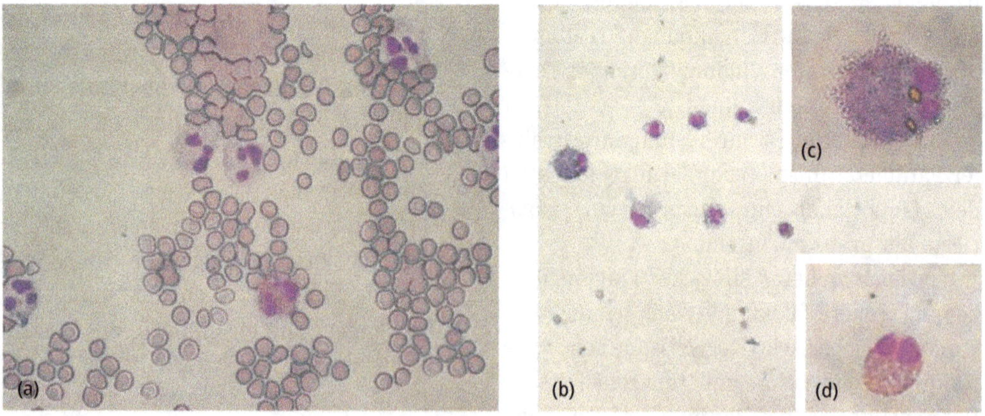

Abb. B.8.1: Zytologische Präparate ventrikulärer Liquores. (a): Liquorpräparat einer intrakraniellen Blutung loco typico mit Ventrikeleinbruch. Neben reichlich Erythrozyten waren zu 88 % neutrophile Granulozyten und vereinzelt eosinophile Granulozyten nachweisbar (mittig). (b): Liquorpräparat einer intrakraniellen Einblutung mit Nachweis von Hämatoidin als sicheres zytologisches Zeichen einer intrathekalen Einblutung (Vergrößerung in [c]) sowie reichlich eosinophilen Granulozyten (Vergrößerung in [d]).

gen liquorchemisch anhand des Ventrikel-Liquors zu identifizieren, ist die Bestimmung des Zell-Indexes [15]:

Zellindex = (Leukozyten-Liquor/Leukozyten-Blut) / (Erythrozyten im Liquor/Erythrozyten im Blut)

Bei Werten des Zellindexes über 4 kann eine Ventrikulitis vermutet werden, bei Werten unter 4 ist die Erhöhung der Zellzahl auf eine Blutbeimengung zurückzuführen.

8.3 Proteinanalytik

Albumin, Immunglobuline G, A, M

Die Konzentration der aus dem Blut in den Liquorraum diffundierenden Proteine nimmt zwischen Ventrikel und lumbalem Liquor in rostro-kaudaler Richtung nicht-linear zu. Daraus folgt, dass die Konzentration dieser Proteine im ventrikulären Liquor im Vergleich zu lumbal deutlich geringer ist.

Stammt das Protein aus dem *Plexus choroideus* oder den *Neuronen und Gliazellen* (z. B. Neuronenspezifische Enolase, Tau-Protein, S-100B) ist die Konzentration in den Ventrikeln am höchsten und nimmt linear entlang der Flussachse ab.

Die Konzentration *leptomeningealer Proteine* (z. B. β-Trace-Protein) steigt nach lumbal linear an, da sie entlang der gesamten Flussachse freigesetzt werden [16–18] (siehe auch **Kapitel B.3.1**).

Der Referenzbereich des Albuminquotienten für den Ventrikel-Liquor und den zisternalen Liquor wird aus dem Referenzbereich des lumbalen Liquors berechnet. Für den Ventrikel-Liquor wird dieser mit dem Faktor 0,4 multipliziert ($V\text{-}Q_{Alb} = 0{,}4 * Q_{Alb}$), für den zisternalen Liquor mit dem Faktor 0,65 ($z\text{-}Q_{Alb} = 0{,}65 * Q_{Alb}$).

Der Albumin*quotient vCSF/Serum* als Parameter der *ventrikulären Blut-Liquor-Schrankenfunktion* hat eine gleiche grundsätzliche Bedeutung wie der Albuminquotient im lumbalen Liquor. Da der ventrikuläre Quotient durch meist tägliche Verlaufsuntersuchungen viel häufiger als der lumbale Quotient bestimmt werden kann, liefert er nicht nur für die Prognose des Schrankenfunktionszustandes, sondern gleichzeitig für das aktuelle Therapieprogramm zusätzlich konkretere Hinweise (siehe Abb. B.8.2 links: Verlaufskontrolle ventrikulärer Liquorentnahmen eines Patienten mit nachgewiesener Pneumokokken Meningitis).

Die diagnostischen Aussagen mittels der ventrikulären Quotienten der *Immunglobuline G, A, M* sind prinzipiell mit denen der lumbalen Quotienten vergleichbar. Allerdings ergeben sich einige Besonderheiten in der Befundbeurteilung unter anderem durch die häufige Blutbeimengung bei ventrikulären Liquoreinsendungen.

Die exakte Beurteilung der ventrikulären Werte und Quotienten ist nur dann valide möglich, wenn keine einblutungsbedingten oder manipulativ artifiziellen Serumanteile in den ventrikulären Liquor gelangen. Diese können den Albumin- und Ig-Gehalt im ventrikulären Liquor mindestens 10-fach stärker erhöhen, wenn man von den ventrikulären und lumbalen Normalkonzentrationen und einem Verteilungsvolumen von 5 ml pro Seitenventrikel gegenüber der breiten Spanne von 20–150 ml der äußeren Liquorräume ausgeht. Ein daraus leicht erstellbares Simulationsmodell lässt Anstiege der ventrikulären Konzentrationen und der Quotienten errechnen, deren Ausmaß die durch gleiche Serumanteile verursachten Veränderungen im lumbalen Liquor weit übertrifft. Objektiv bedingt oder nur schwer vermeidbar, muss daher bei dem überwiegenden Teil postoperativ oder aus Drainagen entnommener ventrikulärer Liquorproben mit eingeschränkter Beurteilbarkeit gerechnet werden.

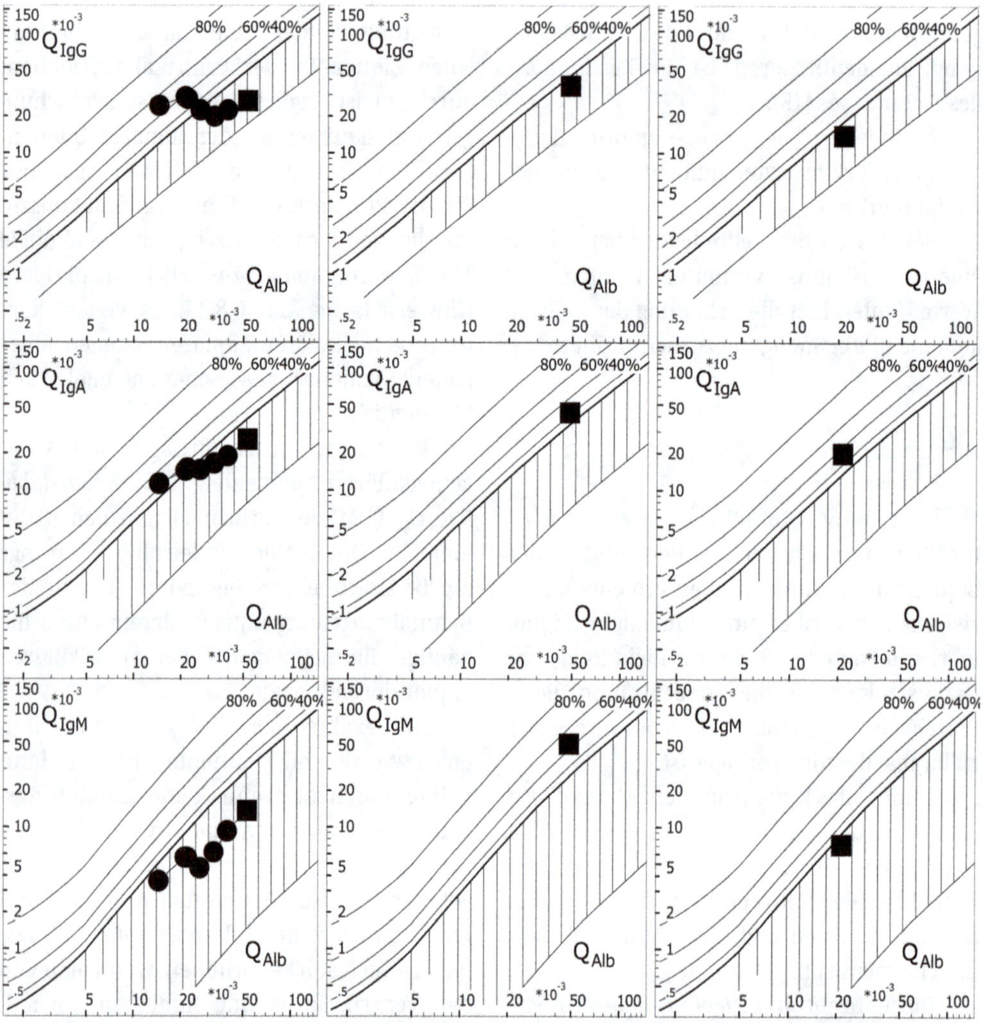

Abb. B.8.2: Doppelt logarithmische Quotientendiagramme für IgG, IgA und IgM. Die dick gezeichneten Linien repräsentieren die obere Diskriminierungslinie Q_{lim} als Obergrenze des Referenzbereiches für die aus dem Blut stammende Proteinfraktion im Liquor. Links Zeitverlauf der ventrikulären Proteindaten eines Patienten mit Pneumokokkenmeningitis. Dem Patienten wurde am 1., 3., 5., 7., 10., 13., 17. Tag nach Aufnahme Liquor entnommen. (■) stellt die diagnostisch relevante Erstpunktion dar. Mitte: Darstellung einer artifiziellen Ig-Synthese durch Blutbeimengung, erkennbar an der charakteristischen Reihenfolge der intrathekalen Ig-Fraktionen (IgM IF > IgA IF > IgG IF). Rechts: Darstellung einer intrathekalen IgA-Synthese nach ventrikuloperitonealer Shunt Anlage.

Die Auswertung von Albumin- und Immunglobulinquotienten in den Reiberdiagrammen sind insbesondere für niedrige Albuminquotienten und für den IgM-Quotient sehr störanfällig für Blutkontamination (siehe **Kapitel B.3.1.3.3; Abb. A.4.6 in Kapitel A.4.4.2.3**). Eine Molekülgrößen-abhängige intrathekale Fraktion der Immunglobuline kann dadurch einen Hinweis auf eine artifiziell positive intrathekale Fraktion (IF) durch Blutkontamination geben (IgM IF > IgA IF > IgG IF; siehe Abb. B.8.2, Mitte, ventrikulärer Liquorproteinbefund eines Patienten mit ICB loco typico mit Ventrikeleinbruch). Im Umkehrschluss kann eine Verschiebung der Molekülgrößen-abhängigen Quotientenreihenfolgen (physiologisch QIgM < QIgA < QIgG) eine pathologisch bedeutsame intrathekale Ig-Produktion trotz schwerster Blutbeimengung anzeigen (siehe Abb. B.8.2, rechts: ventrikuläre Liquorentnahme einer Patientin mit SAB und ventrikuloperitonealer Shunt Anlage 8 Tage vor der Liquorentnahme). Bei $Q_{Alb} < 0{,}6 * 10^{-3}$ werden auch bei normalen Liquores (z. B. im Rahmen von ventrikulären Liquorabnahmen) die IgG-Quotienten größer als die Albuminquotienten. In einem begrenzten Rahmen (im Bereich von 1000–7000 Erythrozyten/μL) ist eine Korrektur für Liquor Albumin sowie Immunoglobulin Konzentrationen möglich [6].

Ein zweiter, in der validen Beurteilung zu berücksichtigender Faktor für die Beurteilung des ventrikulären Albuminquotienten ist die eventuell vorliegende Substitution von Albumin. Drainagepflichtige Intensivpatienten haben des Öfteren aufgrund verschiedener Faktoren eine Hypoalbuminämie, welches den Albuminquotienten als Ausdruck der Blut-Liquor-Schrankenfunktion beeinflussen kann.

Ein weiteres Phänomen kann eine intrathekale IgA-Synthese sein, welche im Verlauf nach ventrikuloperitonealen Shunt-Anlagen oder Ventrikeldrainagen gelegentlich beobachtet werden kann. Diese kann bei entsprechender klinischer Konstellation ein Hinweis auf einen intrathekalen Abszess sein (siehe auch **Kapitel B.3.1, Abb. B.3.6)**, alternativ ist eine Genese im Sinne einer Fremdkörperreaktion ebenfalls diskutabel, da ein Zusammenhang zwischen Eosinophilie und IgA-Sekretion beschrieben wurde [19] (Abb. B.8.2, rechts: ventrikuläre Liquorproteindaten nach ventrikuloperitonealer Shunt-Anlage) mit intrathekaler IgA Synthese.

8.4 Laktat, Glukose

Normale Laktatspiegel liegen im ventrikulären Liquor niedriger als im lumbalen Liquor [20]. Der obere Grenzwert liegt bei 3,4 mmol/l [21].

Ausmaß und Bewegungen der ventrikulären Liquorlaktatkonzentrationen gehören zu den wesentlichen Markern für den Umfang und die Prognose einer generalisierten oder lokalisierten zerebralen Ischämie und Hypoxie. Da diese metabolischen Entgleisungen Ursachen und Folgen verschiedener, häufig sehr komplexer Schädigungen sein können (Schädel-Hirn-Trauma, Blutungen, Hirninfarkt, bakterielle Meningitis, Tumoren u. a.) sind Korrelationen zwischen klinischem Bild, Prognose und Höhe des Laktatspiegels am besten über Verlaufsbestimmungen zu erkennen. Die Empfehlung einer diagnostischen Nutzung der Laktatbestimmung bei ventrikulären Drainagen bezieht sich vorrangig auf Verlaufskontrollen während der ersten 6–8 Tage zur Erkennung prognostischer Trends.

1. Für die Verläufe ventrikulärer Laktatspiegel nach schweren Schädel-Hirn-Traumen lassen sich im Wesentlichen drei Profile abgrenzen [22–24]: Ausgehend von einem posttraumatisch (10–12 Stunden) erhöhten Ausgangsspiegel (> 2,5 mmol/l) erfolgen innerhalb von 5–6 Tagen
   - eine relative Normalisierung auf Werte ≦ 2 mmol/l als Zeichen einer guten Prognose oder
   - ein Persistieren erhöhter Ausgangswerte mit schlechter Prognose oder
   - ein weiterer Anstieg mit einer weiteren Prognoseverschlechterung bis zur Todesfolge

2. Die Verläufe ventrikulärer und zisternaler Laktatspiegel bei aneurysmalen Subarachnoidalblutungen erbrachten in älteren Studien ebenfalls Korrelationen zum klinischen Verlauf und zur Prognose [25]. Nach einer SAB durch rupturierte Aneurysmata bewirkten Vasospasmen deutliche Laktatanstiege und eine entsprechende klinische Verschlechterung [26]. Dem gegenüber berichten neuere Studien jedoch keinen Zusammenhang zwischen ventrikulären Laktatkonzentrationen und dem Outcome nach SAB gemessen anhand der Glasgow Outcome Scale [27]. Ein besserer prognostischer Marker als die ventrikuläre Laktatkonzentration für das klinische Outcome nach SAB scheint die Laktatkonzentration im Blut zu sein [28].
3. Stellt sich bei Patienten mit Schädel-Hirn-Trauma, Subarachnoidalblutungen und weiteren drainagepflichtigen Bildern zusätzlich eine bakterielle Meningitis ein, können sich die ventrikulären und zisternalen Laktatspiegel bedingt durch eine Produktion durch erhöhte Granulozytenzahlen und Bakterienlyse deutlich erhöhen [29]. Ein Wert ≥ 4 mmol/l soll, jedoch ausschließlich in Kombination mit anderen klinischen und biochemischen Markern geeignet sein, eine nosokomiale Meningitis zu erkennen [30].

Die Bestimmung der Glukosekonzentration ist bei der Diagnostik infektiöser ZNS-Erkrankungen von Bedeutung. Die Referenzbereiche sind abhängig von der Serum-Glukosekonzentration und sollten daher immer als Liquor/Serum Quotient ausgewertet werden (Tab. B.8.2).

Für Verminderungen des Glukosespiegels im ventrikulären Liquor durch Alterationen des Glukosetransportes, durch zellulären Verbrauch und verminderte Verfügbarkeit kommen verschiedene Ursachen in Frage:

Tab. B.8.2: Referenzbereiche für Liquor/Serum Glukose Quotienten in Abhängigkeit der Serum Glukosekonzentration [31].

Serum Glukosekonzentration	Liquor/ Serum-Glukcosequotient
< 100 mg/dl	> 0,51
100–150 mg/dl	> 0,45
> 150 mg/dl	> 0,36

Bakterielle, gelegentlich auch virale Infektionen, Meningeosis mit meningitischen Begleitreaktionen, Sarkoidose, Blutungen, Diabetes und schwere Hyperglykämien sowie cerebrale Ischämien. Eine differentialdiagnostische Nutzung ist damit kaum gegeben.

Eine Nutzung zur Therapiekontrolle und Prognose sind dann gewährleistet, wenn parallele Bestimmungen der Blutglukose, gegebenenfalls ergänzt durch relevante Parameter des Mineral- und Säure-Basen-Haushalts, durchgeführt werden und somit Anhaltspunkte für eine Beurteilung der Gesamtsituation des Glukosemetabolismus gegeben sind [25].

8.5 Nachweis weiterer relevanter Analyte im ventrikulären Liquor

Neuronenspezifische Enolase (NSE), Protein S-100 (S-100), Präalbumin (PA), Ferritin

NSE und *S-100* erweckten als potenzielle zerebrale Destruktionsmarker besonders Interesse im Hinblick auf Liquor- und Serumuntersuchungen.

NSE ist vornehmlich im neuronalen Gewebe lokalisiert, S-100 im glialen Zytoplasma. Ihre Freisetzung in den ventrikulären Liquor nach schweren Schädel-Hirn-Traumen, zerebralen Ischämien und zerebralen Blutungen wurde von verschiedenen Untersuchern beschrieben und hat prognostische Implikationen [32,33]. Allerdings treten Erhöhungen dieser Parameter mit ähnlichem Zeitverlauf auch bereits durch eine intraventrikuläre Katheter-Implantation auf, so dass die mit dem eigentlichen Ereignis verbundenen Anstiege verfälscht werden können [34,35].

Zum *Präalbumin (Transthyretin*, PA) im ventrikulären Liquor liegen intensive Untersuchungen vor, da dieses Protein wegen seiner hohen Syntheserate im Epithel des Plexus choroideus, die den über die Blut-Liquor-Schranke in den Liquor der unterschiedlichen Kompartimente gelangenden Anteil um ein Vielfaches übersteigt, als Maß für die ventrikuläre Liquorproduktion (Primärliquor) und für die Liquorzirkulation genutzt werden kann [36,37].

Ferritin als Eisen-bindendes Protein wird nach hämorrhagischen Ereignissen von den meisten Gewebestrukturen freigesetzt, um freies Eisen zu binden und das Auftreten von freien Radikalen zu verhindern, die das Gewebe schädigen. Neben den gewebebildenden Zellen gehören die Makrophagen zu den potentesten Produzenten von Ferritin. Wenn der Eisenüberschuss insgesamt zu hoch ist, um es zu binden, werden Zellen lysiert und Ferritin freigesetzt, das in der umgebenden Körperflüssigkeit gemessen werden kann [38]. Ferritin wird deshalb als hochsensitiver Biomarker im Liquor für intrakranielle Blutungen des oder mit Beteiligung des Subarachnoidalraums eingeschätzt [39,40]. Die Sensitivität erreicht 75 % (Cut-off 18 µg/ml) in einer ersten Punktion und weitere 15 % in Verlaufspunktionen (nach 2–4 Tagen), um eine intrakranielle Blutung zu detektieren [38]. Andere Erkrankungen wie pyogene Infektionen oder neoplastische Meningitiden mindern allerdings die Spezifität dieses Biomarkers, da sie ebenfalls eine Ferritinerhöhung im Liquor bedingen können. In den ersten 2–4 Tagen nach einem Blutungsereignis können die Ferritinwerte zudem falsch negativ sein [38].

8.6 Spezielle Krankheitsbilder relevant für die ventrikuläre Liquorbefundung

Intraventrikuläre Einblutungen und Infektionen

Die Detektion einer SAB mittels cerebralem CT oder MRT bleibt in einigen Fällen weiterhin schwierig, vor allem, wenn die Bildgebung mehr als 6 Tage nach dem Akutereignis durchgeführt wird [41].

Die Liquorzytologie zum Nachweis von Erythro- oder Siderophagen ist der spezifischste Nachweis einer echten Blutung in die Liquorräume und dient zur Bestätigung, Altersabschätzung und Differenzialdiagnose gegenüber Tumorblutungen und hämorrhagischen Entzündungen [42]. Nach einer akuten Einblutung in das Ventrikelsystem zeigt sich zunächst reichlich frische Blutbeimengung, häufig korrespondierend mit einer zum Teil sehr ausgeprägten Reizpleozytose, welche nach 1–3 Tagen von einer Abräumreaktion mit Erythro- und später vor allem Siderophagen im Zellbild, Übergang in ein überwiegend lymphomonozytäres Zellbild und schließlich einem Rückgang der Blutbeimengung mit Persistenz von Siderophagen und Hämatoidin-(Bilirubin-)Kristallen einhergeht (siehe Abb.B.8.1). [42] Ein gleichzeitiges Auftreten von Erythrophagen und Siderophagen kann hierbei auf eine zweizeitige Einblutung hindeuten, obwohl diese Befunde häufig auch durch die Manipulation an Ventrikeldrainagen verursacht sein können.

Die Fragestellung nach intrathekaler Infektion insbesondere bei Patienten mit einer externen Ventrikeldrainage nach SAB ist häufig. Schwierigkeiten in der Beurteilung des integrierten Liquorgesamtbefundes können bei der Fragestellung nach einer intrathekalen Infektion nach Einblutung entstehen, da der integrierte Liquorgesamtbefund nach einer akuten Einblutung denen einer intrathekalen

Infektion durch eine ebenfalls vorliegende granulozytäre Pleozytose, milde bis moderate Laktaterhöhung sowie einem erhöhten Gesamteiweiß ähneln kann. Zur unterstützenden Beurteilung sind hier die klinischen Angaben über periphere Infektionsparameter wesentlich entscheidend. Des Weiteren kann der prozentuale Anteil an neutrophilen Granulozyten in der Zelldifferenzierung [30], die absolute Zellzahl in µl [43], der Zellindex, sowie der Liquor/Serum-Glukosequotient zur Beurteilung genutzt werden. Ein Neutrophilenanteil unter 70 % sowie ein Gesamtproteinanteil von < 635 mg/dl macht eine Ventrikulitis unwahrscheinlich [43]. Ein Zellindex (Leukozyten-Liquor/Leukozyten-Blut)/(Erythrozyten im Liquor/Erythrozyten im Blut) über 4 ist auf eine Ventrikulitis hinweisend, ein Wert unter 4 auf eine Blutbeimengung [15]. Prädiktive Modelle bestehend aus klinischen und oben genannten laborchemischen Parametern sind zur Abschätzung der Entwicklung einer nosokomialen Meningitis vorgeschlagen worden [30].

Eine intrathekale Ig-Synthese ohne charakteristisches Schema einer Blutbeimengung (d. h. IF IgM > IF IgA > IF IgG) kann ebenfalls hinweisend auf eine intrathekale Infektion oder im Falle einer isolierten IgA-Synthese auf einen intrakraniellen Abszess sein. Bei einer weiteren unklaren klinischen und liquordiagnostischen Situation ist zudem die mikrobiologische und/oder virologische Zusatzdiagnostik essenziell.

Erlaubt die Untersuchung des lumbalen Liquors zuverlässige Rückschlüsse auf die Verhältnisse im Ventrikelliquor?

In der Arbeit Gerber et al. 1998 [44] wurden in 41 Paaren von ventrikulärem und lumbalem Liquor Gesamtproteinkonzentration, Leukozytenzahl und Laktatkonzentration untersucht, die im Abstand von weniger als 24 Stunden von Patienten mit vermuteten bakteriellen ZNS-Infektionen entnommen wurden. Die ventrikulo-lumbalen Verhältnisse reichten von 0,003 bis 10,2 (Median = 0,42) für Gesamtproteinkonzentration und von 0,002 bis 53,5 (Median = 0,17) für Leukozytenzahl. Die ungleichmäßige Verteilung von Leukozytenzahl und Gesamtproteinkonzentration im Liquorraum kann zu Befunden führen, die nicht auf bakterielle ZNS-Infektionen hinweisen bzw. eine übersehen. Laktat dagegen war im Liquorraum homogener als Gesamtprotein und Leukozyten (ventrikulo-lumbales Verhältnis 0,52 bis 1,66 [Median = 0,81], $r_s = 0{,}79$, $p < 0{,}0001$) verteilt, so dass eine bakterielle Ventrikulitis anhand des erhöhten Laktatwerts im lumbalen Liquor zuverlässiger erfasst werden konnte als mit der Leukozytenzahl ($r_s = 0{,}37$, $p < 0{,}02$) oder mit der Gesamtprotein-Konzentration ($r_s = 0{,}42$, $p < 0{,}006$) [44].

Literatur

[1] Blount JP, Campell JA, Haines SJ. Complications in ventricular cerebrospinal fluid shunting. Neurosurg Clin N Am. 1993;4:633–656.

[2] Greenlee JE, Carroll KC. Cereprospinal fluid in CNS Infections. [Hrsg.] Whitley RJ, Durack DT Scheld WM. Infections of the Central Nervous System. Philadelphia-New York : Lippincott-Raven, 1997, S. 899–922.

[3] Kaufmann BA. Infections of Cerebrospinal Fluid Shunts. [Hrsg.] Whitley RJ, Durack DT Scheld WM. Infections of the Central Nervous System. Philadelphia–New York : Lippincott–Raven, 1997, S. 555–577.

[4] Conen A, Walti LN, Merlo A, et al. Characteristics and treatment outcome of cerebrospinal fluid shunt-associated infections in adults: a retrospective analysis over an 11-year period. Clin Infect Dis. 2008;47(1):73–82.

[5] Reiber H, Otto M, Trendelenburg C, Wormek A. Reporting cerebrospinal fluid data – knowledge base and interpretation software. Clin Chem Lab Med. 2001;39(4):324–32.

[6] Reiber H. Knowledge-base for interpretation of cerebrospinal fluid data patterns. Essentials in neurology and psychiatry. Arq Neuropsiquiatr. 2016;74(6):501–12.

[7] Bosch I, Oehmichen M. Eosinophile Granulocytes in Cerebrospinal Fluid: Analysis of 94 Cerebrospinal Fluid Specimens and Review of the Literature. J Neurol. 1978;219:93–105.

[8] Sayk J. Klinischer Beitrag zur Liquoreosinophilie und Frage der allergischen Reaktion im Liquorraum. Dtsch Z Nervenheilk. 1957;177:62.

[9] Schmidt RM, Hecht H. Beitrag zur Liquordiagnostik der eosinophilen Meningitis. Nervenarzt. 1962;33:547.

[10] Thung H, Raffel C, McComb JG. Ventricular cerebrospinal fluid eosinophilia in children with ventriculoperitoneal shunts. J Neurosurg. 1991;75:541–544.

[11] Tzvetanova EM, Tzekov CT. Eosinophilia in the cerebrospinal fluid of children with shunts implanted for the treatment of internal hydrocephalus. Acta Cytol. 1986;30:277–280.

[12] Fulkerson DH, Boaz JC. Cerebrospinal fluid eosinophilia in children with ventricular shunts. J Neurosurg Pediatr. 2008;1(4):288–95.

[13] Duhaime A-C. Eosinophilia Following Shunting. J Neurosurg. 1992;76:724–725.

[14] Wiersbitzky SK, Ahrens N, Becker T, et al. The diagnostic importance of eosinophil granulocytes in the CSF of children with ventricular-peritoneal shunt systems. Acta Neurol Scand. 1998;97(3):201–3.

[15] Montes K, Jenkinson H, Habib OB, Esquenazi Y, Hasbun R. Corrected white blood cell count, cell index, and validation of a clinical model for the diagnosis of health care-associated ventriculitis and meningitis in adults with intracranial hemorrhage. Clin Neurol Neurosurg. 2019;178:36–41.

[16] Reiber H, Padilla-Docal B, Jensenius JC, Dorta-Contreras AJ. Mannan-binding lectin in cerebrospinal fluid: a leptomeningeal protein. Fluids Barriers CNS. 2012;9(1):17.

[17] Reiber H. Proteins in cerebrospinal fluid and blood: Barriers, CSF flow rate and source-related dynamics. Restorative Neurology and Neuroscience. 2003;21:79–96.

[18] Reiber H. Dynamics of brain proteins in cerebrospinal fluid. Clin Chim Acta. 2001;310(2):173–86.

[19] Abu-Ghazaleh RI, Fujisawa T, Mestecky J, Kyle RA, Gleich GJ. IgA-induced eosinophil degranulation. J Immunol. 1989;142(7):2393–400.

[20] Posner JB, Plum F. Independence of blood and cerebrospinal fluid lactate. Arch Neurol. 1967;16:462–496.

[21] Kleine T. D-Lactat und L-Lactat im Liquor cerebrospinalis bei akuten entzündlichen Erkrankungen des Zentralnervensystems (ZNS). Lab. Med. 1991;15:114–116.

[22] De Salles AAF, Kontos HA, Becker DP, et al. Prognostic significance of ventricular CSF lactic acidosis in severe head injury. J Neurosurg. 1986;65:615–624.

[23] De Salles AAF, Muizelaar JP, Young HF. Hyperglycemia, cerebrospinal fluid lactic acidosis, and cerebral blood flow in severely head-injured patients. Neurosurg. 1987;1:45–50.

[24] Rabow L, De Salles AAF, Becker DP, et al. CSF brain creatine kinase levels and lactic acidosis in severe head injury. J Neurosurg. 1986;65:625–629.

[25] Shimoda M, Yamada S, Yamamoto I, et al. Time Course of CSF Lactate evel in Subarachnoid Haemorrhage. Correlation with Clinical Grading and Prognosis. Acta Neurochir (Wien). 1989;99:127–134.

[26] Mori K, Nakajiama K, Maeda M. Long-term monitoring of CSF lactate levels and lactate/pyruvate ratios following subarachnoid haemorrhage. Acta Neurochir (Wien). 1993;125:20–26.

[27] Lindgren C, Koskinen LO, Ssozi R, Naredi S. Cerebrospinal fluid lactate and neurological outcome after subarachnoid haemorrhage. J Clin Neurosci. 2019;60:63–67.

[28] Ndieugnou Djangang N, Ramunno P, Izzi A, et al. The Prognostic Role of Lactate Concentrations after Aneurysmal Subarachnoid Hemorrhage. Brain Sci. 2020;10(12):1004.

[29] Grille P, Verga F, Biestro AJ. Diagnosis of ventriculostomy-related infection: Is cerebrospinal fluid lactate measurement a useful tool? J Clin Neurosci. 2017;45:243–247.

[30] Hernández OH, García HI, Muñoz RF, et al. Development of a prediction rule for diagnosing postoperative meningitis: a cross-sectional study. J Neurosurg. 2018;128(1):262–271.

[31] Hegen H, Walde J, Auer M, Deisenhammer F. Cerebrospinal fluid:serum glucose ratio in the ventricular and lumbar compartments: implications for clinical practice. Eur J Neurol. 2018;25(2):373–379.

[32] Persson, Hardemark LH, Gustafson J, et al. S-100 protein and neuron specific enolase in cerebrospinal fluid and serum: Markers of cell

damage in human central nervous system. Stroke. 1987;18:911–918.
[33] Moritz S, Warnat J, Bele S, Graf BM, Woertgen C. The prognostic value of NSE and S100B from serum and cerebrospinal fluid in patients with spontaneous subarachnoid hemorrhage. J Neurosurg Anesthesiol. 2010;22(1):21–31, 2010.
[34] Kruse A, Cesarini KG, Bach FW, et al. Increases of Neuron-specific Enolase, S-100 Protein, Creatine Kinase and Creatine Kinase BB Isoenzyme in CSF Following Intraventricular Catheter Implantation. Acta Neurochirurg (Wien). 1991;110:106–109.
[35] Brandner S, Thaler C, Buchfelder M, Kleindienst A. Brain-derived protein concentrations in the cerebrospinal fluid: contribution of trauma resulting from ventricular drain insertion. J Neurotrauma. 2013;30(13):1205–10.
[36] Kleine TO, Hackler R, Lütcke A, et al. Transport and production of cerebrospinal fluid (CSF) change in aging humans under normal and diseased conditions. Z Gerontol. 1993;26:251–255.
[37] Weisner B, Roethig H-J. The Concentration of Prealbumin in Cerebrospinal Fluid (CSF), Indicator of CSF Circulation Disorders. Eur Neurol. 1983;22:96–105.
[38] Kolodziej MA, Proemmel P, Quint K, Strik HM. Cerebrospinal fluid ferritin – unspecific and unsuitable for disease monitoring. Neurol Neurochir Pol. 2014;48(2):116–21.
[39] Tumani H, Petzold A, Wick M, et al. Liquordiagnostik bei CT-negativer Subarachnoidalblutung. Nervenarzt. 2010;81(8):973–9.
[40] Petersmann A, Kallner A, Preez H, Thein E, Dressel A. Diagnosis of late presenting subarachnoid hemorrhage: comparison of methods for cerebrospinal fluid ferritin. Scand J Clin Lab Invest. 2014;74(6):524–6.
[41] Horstman P, Linn FH, Voorbij HA, Rinkel GJ. Chance of aneurysm in patients suspected of SAH who have a 'negative' CT scan but a 'positive' lumbar puncture. J Neurol. 2012;259:649–652.
[42] Tumani H, Petereit H-F, et al. Lumbalpunktion und Liquordiagnostik, S1-Leitlinie. in: Deutsche Gesellschaft für Neurologie (Hrsg.), Leitlinien für Diagnostik und Therapie in der Neurologie. Online: www.dgn.org/leitlinien (abgerufen am 30.06.2024), 2019.
[43] Lenski M, Huge V, Schmutzer M, et al. Inflammatory Markers in Serum and Cerebrospinal Fluid for Early Detection of External Ventricular Drain-associated Ventriculitis in Patients With Subarachnoid Hemorrhage. J Neurosurg Anesthesiol. 2019;31(2):227–233.
[44] Gerber J, Tumani H, Kolenda H, Nau R. Lumbar and ventricular CSF protein, leukocyte and lactate in suspected bacterial CNS infections. Neurology. 1998;51:1701–1714.

B.9 Qualitätskontrolle in der Liquordiagnostik

9.1 Qualitätskontrolle in der Liquorzytodiagnostik

Martin Roskos, Ernst Linke, Klaus Zimmermann

9.1.1 Einleitung

Alle labordiagnostischen Randgebiete unterliegen aus naheliegenden, zunehmend ökonomisch dominierten Gründen leicht einer gewissen Vernachlässigung und bedürfen deshalb besonderer Aufsicht und Pflege. Dies gilt auch für die Liquor-Zytologie, die – soll sie die Aufgaben einer Zytodiagnostik erfüllen – einheitlichen und weitgehend verbindlichen morphologischen Festlegungen folgen muss und in ihren Möglichkeiten, aber auch in ihren Grenzen klar definiert sein soll. Diese Definition ist auch Grundlage einer effizienten Qualitätskontrolle.

Im Kontext der bald gut entwickelten Liquor-Proteindiagnostik [1] spielte die Liquor-Zytologie über längere Zeit eine vergleichsweise nur untergeordnete Rolle. Gleichwohl hatte die Entwicklung von leistungsfähigen Zellpräparationstechniken [2,3] sowie zytochemischer [4] und immunzytologischer Methoden [5–9] der Liquorzytologie vor allem in den 1970er und 80er Jahren aber auch in neuerer Literatur [10] einen bedeutenden Entwicklungsschub verliehen. Die Erkenntnis, dass wesentliche diagnostische Informationen nicht durch eine unzureichend entwickelte und nur punktuell praktizierte Liquor-Zytologie verloren gehen dürften, fand ihren Ausdruck in der Veröffentlichung wichtiger liquorzytologischer Monographien durch Dufresne [11], Sayk [12], Oehmichen [13], Schmidt [14] und Kölmel [15] und führte 1983 zur Initiierung des „1. Stadtrodaer Seminars für Liquor-Zytodiagnostik". Mit dieser Veranstaltungsreihe wurde ein Forum geschaffen, auf dem alle praktischen und theoretischen Teilaspekte der Liquorzytologie regelmäßig diskutiert werden konnten. Den durch diese Veranstaltungen fokussierten Bemühungen um Vereinheitlichung der morphologischen Zuordnungen sowie dem schwierigen Versuch der Klärung vielfältiger nosologischer Probleme folgte der Wunsch, den erreichten liquorzytologischen Kenntnisstand im Sinne eines Ringversuches zu überprüfen. In den Jahren 1987 und 1988 wurden folgerichtig die ersten beiden „Ringversuche zur Qualitätssicherung in der Liquorzytodiagnostik in der damaligen DDR durchgeführt [16].

Getragen durch die „Deutsche Gesellschaft für Liquordiagnostik und klinische Neurochemie" wurde in Verantwortung des „Institutes für Standardisierung und Dokumentation im medizinischen Laboratorium e. V., INSTAND", Düsseldorf die Weiterführung der liquorzytologischen Qualitätssicherung jetzt in Form eines „Ringversuches vor Ort" ermöglicht.

Anders als in der Hämatologie, die den Parallelversand einer Vielzahl weitestgehend identischer Präparate gestattet, ist durch die besondere Form eines „Ringversuches vor Ort" den speziellen Gegebenheiten der Liquorzytologie mit ihren vergleichsweise immer geringen Mengen an Untersuchungsmaterial Rechnung getragen.

Um den erklärten Zielen einer Verbesserung des liquorzytologischen Kenntnisstandes und einer Vereinheitlichung der zytologischen Zuordnung gerecht zu werden, wurden alle „Ringversuche vor Ort" mit einem sogenannten „liquorzytologischen Entscheidungs- und Zuordnungstraining" verbunden.

Von Anbeginn der Aktivitäten zur Qualitätssicherung in der Liquorzytodiagnostik war dem mit der Durchführung beauftragtem

https://doi.org/10.1515/9783110331905-020

Fachgremium [17] klar, dass eine wertende Interpretation aller Ergebnisse nur unter Beachtung zutreffender und gültiger statistischer Grundsätze möglich sein würde.

Neben dieser durch die liquordiagnostischen Fachkreise initiierten Qualitätsmaßnahme unterliegt die Liquordiagnostik aber mittlerweile auch den hohen Standards und Vorschiften einer internen und externen Qualitätskontrolle, die teilweise der Gesetzgeber [18] und teilweise die medizinischen Fachgesellschaften vorgeben [19]. Zudem muss auch der kontinuierlich zunehmenden Automatisierung im Bereich des Liquorlabors durch Anpassung der Qualitätsmanagementvorgaben Rechnung getragen werden.

9.1.2 Grundlagen der Zuverlässigkeit liquorzytologischer Zellzählungen und Differenzierungsergebnisse

Wird in einer beliebigen Liquorprobe die Zellzahl mehrfach ermittelt bzw. ein liquorzytologisches Präparat mehrfach differenziert, so wird selbst bei Bearbeitung durch die gleiche Person nicht mit völlig identischen Ergebnissen zu rechnen sein. Was jedoch im Sinne einer relevanten diagnostisch wertbaren Aussage auch von jeder einzelnen Zellzählung oder Differenzierung erwartet werden muss, kann wie folgt zusammengefasst werden:

1. Die einzelnen Zellzählungs-/Differenzierungsergebnisse der gleichen oder auch mehrerer Personen müssen *qualitativ und quantitativ* in einem „vernünftigen" Rahmen miteinander vergleichbar sein.
2. Die Zellzählungen-/Differenzierungen müssen den tatsächlich vorliegenden zytologischen Verhältnissen im lumbalen Subarachnoidalraum entsprechen.
3. Alle Zellzählungs-/Differenzierungen müssen die tatsächlich im Präparat enthaltenen Zellpopulationen beinhalten und deren realer Verteilung entsprechen.

Insbesondere jedes Liquor-Differentialzellbild soll also ein vertretbar zuverlässiges Abbild der im Normalfall rund 12,5 Millionen Zellen der Cerebrospinalflüssigkeit und zugleich ein hinreichend zuverlässiges Abbild der Zellzusammensetzung des liquorzytologischen Präparates sein. Mit Anerkennung dieser Grundforderungen wird sofort klar: die gewöhnlich differenzierte Anzahl von 100 Zellen stellt allemal einen Kompromiss zwischen der für ein exaktes Ergebnis eigentlich notwendigen hohen Zahl zu differenzierender Zellen und dem in der Praxis vertretbaren zeitlichen und technischen Aufwand für eine Differenzierung dar. Es ist auch ohne weiteres einsichtig, dass der Rückschluss von 100 differenzierten Zellen auf die Verhältnisse in einem z. B. recht zellreichen Präparat oder gar auf die Zusammensetzung der gesamten Leukozytenpopulation des Cerebrospinalraumes mit unvermeidbaren Ungenauigkeiten belastet sein muss. Dies gilt, mit allerdings unterschiedlicher Bedeutung, sowohl für die quantitativen Angaben von Zellanteilen wie auch für die Erkennung kleinerer Zellpopulationen, also für den qualitativen Aspekt eines Liquor-Differentialzellbildes.

9.1.3 Zuverlässigkeit quantitativer Angaben

Prinzipiell kommt in der Liquorzytologie sowohl allen qualitativen wie auch quantitative Angaben der einzelnen Zellpopulationen eine hohe diagnostische Bedeutung zu, die also beide auch einer möglichst stringenten Qualitätskontrolle bedürfen. Bei der Suche nach einer Möglichkeit zur Berechnung vertretbarer Vertrauensgrenzen, innerhalb derer quantitative Differenzierungsergebnisse variieren dürfen, bot sich das auch bisher noch konkurrenzlose, ausgesprochen praxisrele-

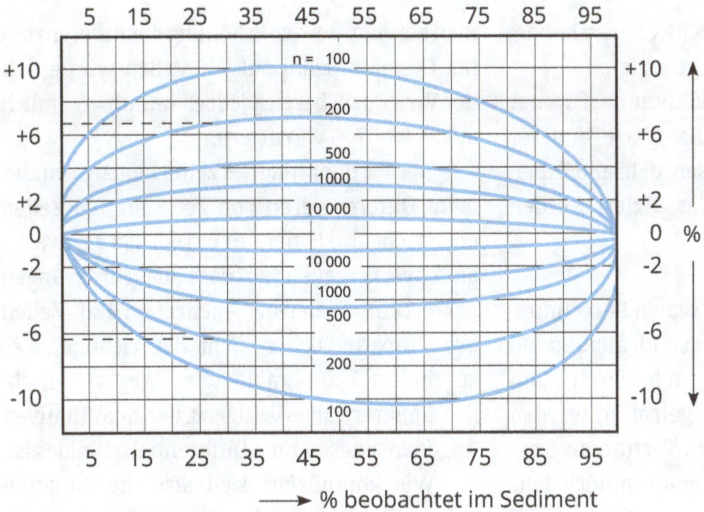

Abb. B.9.1: Nomogramm zur Bestimmung der Grenzen der 95 %-Vertrauensintervalle für den Prozentsatz von Leukozyten einer bestimmten Art.

Tab. B.9.1: 95 % Vertrauensintervalle für den tatsächlichen Prozentanteil einer beliebigen Zellpopulation.

a	n = 100	n = 200	n = 500	n = 1000
4	1–10	2–8	2,5–6	3–5,5
10	5–18	6–15	7,5–13	8–12
30	21–40	24–37	26–34	27–33
60	50–70	53–67	56–64	57–63
90	82,5–95	85–94	87–92,5	88–92

a: tatsächlicher Prozentanteil; n: Anzahl der differenzierten Zellen

vante Verfahren nach Rümke [20,21] an, das jedes zugrundeliegende Differenzierungsergebnis als einmalige Punktschätzung behandelt (Abb. B.9.1 und Tab. B.9.1).

Es ist im gesamten biologischen Bereich üblich, die 95 %-Vertrauensgrenzen zu verwenden und damit eine 5 %ige Irrtumswahrscheinlichkeit in Kauf zu nehmen. Es werden innerhalb dieser Vertrauensgrenzen praktisch alle die Werte erfasst, die ebenso gut wie der *eine* ermittelte Wert richtig sein könnten und nur in 5 % der Fälle würde der wahre Wert noch außerhalb dieses Vertrauensbereiches liegen. Dies ist ein notwendiger Kompromiss, der eingegangen werden muss, um die Anforderungen an die Richtigkeit einer Differenzierung und den damit verbundenen Zeit- und Arbeitsaufwand nicht unvertretbar hoch anzusetzen.

Die wesentlichste Forderung, die sowohl für das Ziel einer ausreichenden klinisch-diagnostischen Relevanz jeder Differenzierung wie auch für alle mathematisch-statistischen Berechnungen zu stellen ist, besteht in dem Gebot, dass es sich bei jedem Liquor-Differential-Zellbild um eine Stichprobe, exakt auch als Punktschätzung aus einer Grundgesamtheit bezeichnet, handelt. Diese Stichprobe muss die Forderung nach Repräsentativität erfüllen, denn nur das repräsentative Ergebnis wird verständlicherweise eine erwünscht gute Annäherung an die tatsächlichen Verteilungsverhältnisse garantieren. Die Bedingungen für die Repräsentativität einer Stichprobe aber sind folgende:

1. Die jeweils entnommene Liquormenge muss eine *zufällige* Probe aus dem Gesamtkompartiment Liquor cerebrospinalis sein.
2. Die differenzierten Zellen müssen eine *zufällige* Auswahl aus der Zellausstattung des entnommenen Liquors und des jeweiligen Präparates darstellen, d. h. jede Zelle

muss gleichsam die gleiche Chance haben, zur Differenzierung zu gelangen.
3. Jede erkannte Zellpopulation darf weder die Erkennung noch die Werte anderer Zellelemente beeinflussen, d. h. alle Zellen müssen ohne Fehler klassifiziert werden können.

Da alle so definierten statistischen Berechnungen auf der Grundlage dieser idealen, kaum erreichbaren Voraussetzungen basieren, kann kaum eine andere Aussage getroffen werden als die, dass die berechneten Vertrauensgrenzen sicher niemals besser, sondern höchstens schlechter, als im zugrunde gelegten Idealfall sein werden.

Die Breite eines Vertrauensintervalls ist natürlich auch von der Gesamtzahl der differenzierten Zellen selbst, statistisch gesprochen, also von der Größe des Stichprobenumfanges abhängig. Tausend differenzierte Zellen machen das Ergebnis allemal sicherer als nur 100 differenzierte Zellen. Aber die Breite des Vertrauensintervalls ist auch abhängig vom beobachteten Prozentsatz einer Zellart selbst. Ein ermittelter 80 %iger Lymphozytenanteil ist beispielsweise sicher näher an der Wahrheit, also innerhalb eines engeren Vertrauensbereiches angesiedelt, als ein etwa nur 30 %iger Lymphozytenanteil. Auf der Abszisse der Rümke-Grafik (Abb. B.9.1) ist der differenzierte Prozentsatz aufgetragen, die eingezeichneten elliptischen Kurven stehen für die Gesamtzahl der differenzierten Liquorzellen, auf der Ordinate ist als ablesbares Ergebnis der Prozentsatz aufgetragen, der zum differenzierten Wert addiert, die obere Vertrauensgrenze ergibt und auch derjenige Prozentsatz, der nach Subtraktion vom Differenzierungsergebnis die untere Vertrauensgrenze angibt. Gleiches ergibt sich für ausgewählte Zahlen aus der zugehörigen Tab. B.9.1. Ein festgestellter Wert von 30 % Lymphozyten hätte demnach mit dem gleichen Anspruch auf Richtigkeit jeden Wert zwischen 21 und 40 % annehmen können. Bei der Erhöhung der differenzierten Gesamtzellzahl auf 200 Zellen würde sich der Vertrauensbereich jedoch nur unwesentlich auf 24 %–37 % verringern.

Der Verdopplung des zeitlichen Aufwandes beim Differenzieren von 200 statt 100 Zellen entspricht also leider nur ein geringer Zuwachs an Zuverlässigkeit, so dass die Forderungen nach Differenzierung mehrerer 100 Zellen pro Präparat sicher nicht der richtige oder zumindest kein praktikabler Weg zu erheblich höherer Zuverlässigkeit der quantitativen Angaben eines Liquor-Differentialzellbildes ist.

Wie kompliziert sich also die Situation bei der Beurteilung der Zuverlässigkeit quantitativer Differenzierungsergebnisse darstellt, kommt in den in Tab. B.9.2 dargestellten Ergebnissen zum Ausdruck. Obwohl die überprüften Monozytenanteile eine zunächst relativ unproblematisch erscheinende Liquorzellpopulation betreffen und die am Ringversuch teilnehmenden 26 Laboratorien ausgewiesene Liquorlaboratorien waren, erweist sich der Anteil von Ergebnissen außerhalb der Vertrauensgrenzen als überraschend hoch. Die Erklärung für die unbefriedigenden Ergebnisse liegt sehr wahrscheinlich in der oft unterschätzten morphologischen Vielfalt der Monozyten, aber auch in der Inhomogenität der meist sehr zellreichen Präparate, für die in diesen Fällen die Differenzierung von nur 100 Zellen, zudem an jeweils anderen Stellen der Präparate, evtl. zu den deutlichen quantitativen Differenzierungsunterschieden führte (siehe Tab. B.9.2).

Es darf dennoch als Konsens gelten, auch quantitative Angaben in der Mehrzahl der Fälle auf die Differenzierung von nur 100 Zellen zu beziehen, aber im Falle offensichtlicher Diskontinuitäten im Präparat sollte jedoch durch Differenzierung weiterer 100 oder 200 Zellen an unterschiedlichen Stellen des Präparates und anschließende arithmetische Mittelwertbildung eine Verbesserung der Richtigkeit quantitativer Angaben erreicht werden.

Tab. B.9.2: Ringversuchsergebnisse. Quantitative Differenzierungsergebnisse: *Monozyten* (26 Laboratorien).

Präparat	1	2	4	7	9	11
Vertrauensbereich in %	10–26	13–30	9–24	20–39	23–42	47–68
richtige Differenzierungen innerhalb des Vertrauensbereich in %	70	52	73	55	36	62

9.1.4 Zuverlässigkeit qualitativer Angaben

In diesem Zusammenhang ist es hilfreich, sich der idealen Voraussetzungen zu erinnern, die den berechneten Vertrauensgrenzen zugrunde liegen. Was begrenzt in der Liquor-Zytologie die Forderung nach Einhaltung der Repräsentativität von Differenzierungsergebnissen?

1. Da ist zunächst die Tatsache, dass jede lumbale Liquorprobe wegen der immer wirksamen okzipito-lumbalen Liquordissoziation kein zufälliger Anteil des Gesamtliquors, sondern immer der lokale Anteil eines individuellen Lumballiquors ist. Dazu kommt die mögliche Veränderung der Zellzahl durch den Punktionsreiz und besonders beim vorgeschädigten ZNS, eine mögliche Verschiebung der ursprünglichen Zellrelation durch eine ebenfalls punktionsbedingte Reizung des leptomeningealen Gewebes. Insgesamt resultiert daraus gegebenenfalls im Einzelfall eine erhebliche und unvermeidliche Störung des Zufälligkeitsprinzips.
2. Auch die Zufälligkeit der Auswahl der Liquorzellen ist z. B. bei Anwendung unterschiedlicher Präparationstechniken nicht gewährleistet. Der Lymphozyt hat in der Saykschen Sedimentationskammer durch den auf ihn ausgeübten Sog eine wesentlich geringere Chance zur unbeeinflussten Sedimentation und damit Differenzierung zu gelangen, als beispielsweise der „massereichere“ Monozyt. Insofern ist mit der Methode der Polykationenbeschichtung von Objektträgern viel eher eine Annäherung an die tatsächliche Zellverteilung im Liquor zu erreichen [9,22,23]. Bei der heute fast ausschließlichen Verwendung von Zytozentrifugen ist dagegen mit Zellbildern zu rechnen, die die tatsächlichen Relationen der Liquorzellen sehr viel wirklichkeitsnäher widerspiegeln.
3. Schließlich trifft die Forderung nach richtiger und unbeeinflusster Differenzierung aller Liquorzellen den Kernpunkt der Bemühungen um Qualitätssicherung in der Liquor-Zytodiagnostik. Jede Zytodiagnostik als morphologische Methode bedarf auch einvernehmlicher Festlegungen. Richtig ist dann ein Differenzierungsergebnis, das diesen anerkannten und damit allgemein verbindlichen Festlegungen entspricht. Erfreulicherweise sind die von unterschiedlichen liquordiagnostischen Schulen in Deutschland vertretenen liquorzytologischen Anschauungen in wesentlichen Punkten identisch oder liegen nahe beieinander. Neben der erklärten Zielsetzung einer Verbesserung des Kenntnisstandes über objektive liquorzytologische Sachverhalte, geht es deshalb im Rahmen der Bemühungen um Qualitätssicherung immer wieder auch um eine Vereinheitlichung liquorzytologischer Zuordnungsprinzipien und um Konsens in der Nosologie der Liquorzytologie.

Jede mikroskopische Differenzierung hat neben der Ermittlung der richtigen prozentualen Zusammensetzung aller richtig erkannten und zugeordneten Zellpopulationen auch die Erkennung von nur in geringer Zahl vertretener Zellpopulationen zum Ziel. Mit Hilfe von Binomialverteilungen (Abb. B.9.2) können sogenannte Wirkungskurven für die Nachweiswahrscheinlichkeit z. B. innerhalb der üblichen Differenzierung von 100 Zellen ermittelt werden. Mit der geforderten Nachweissicherheit von 95 % besteht z. B. die Wahrscheinlichkeit auf den Nachweis von *einer* auffälligen Zelle erst, wenn davon durchschnittlich mindestens 3 innerhalb von 100 Zellen vorhanden sind.

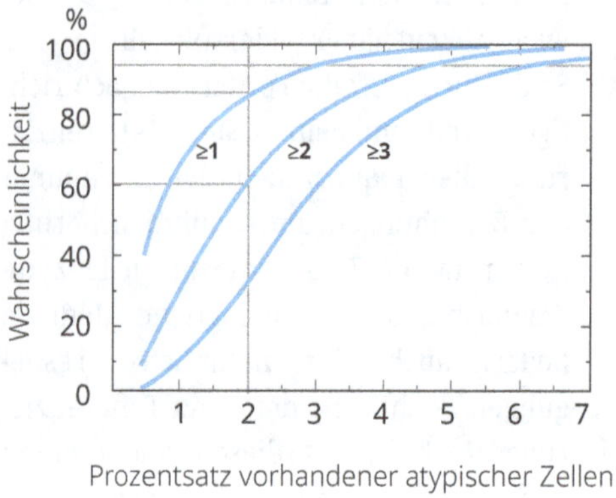

Abb. B.9.2: Wirkungskurven zum Nachweis atypischer Zellen bei Differenzierung von 100 Leukozyten, wenn das Beobachten von wenigstens 1 oder 3 atypischen Zellen erwartet oder gefordert wird.

Diese statistisch immer wirksame Forderung ist jedoch in der liquorzytologischen Realität häufig nicht erfüllt. Gleichzeitig ist jedoch Tatsache, dass das Auftauchen nur einer einzigen auffälligen Zelle in der Praxis u. U. eher als nicht relevant oder als Artefakt gedeutet wird und dass erst mindestens eine zweite auffällige Zelle die erhöhte Aufmerksamkeit des Zytologen verursacht und die Ernsthaftigkeit einer relevanten Normabweichung ins Blickfeld rückt. Es ist deshalb realistischer, den Nachweis mindestens zweier auffälliger Zellen zu fordern und dies bedeutet statistisch, dass wiederum mit einer 95 %igen Nachweiswahrscheinlichkeit diese beiden Zellen erst bei Anwesenheit von mindestens 5 dieser unter Umständen diagnoserelevanten Zellpopulation innerhalb von 100 Zellen zu erwarten sind (Abb. B.9.2). Häufig jedoch wird ein solch hoher Prozentsatz, z. B. bei Tumorzellen, Erythrophagen, Bakteriophagen u. a. nicht erreicht, so dass sich diese Zellen bei einer Differenzierung von üblicherweise nur 100 Zellen mit abnehmendem Anteil dem Nachweis mit immer größer werdender Wahrscheinlichkeit entziehen. Es gilt deshalb der seit vielen Jahren in vielen Fortbildungsveranstaltungen auch ohne diese mathematisch-statistische Untermauerung immer wieder vertretene und zum Konsens erhobene Grundsatz, dass außer der Differenzierung von 100 Zellen stets das *gesamte* Liquorzellpräparat zu durchmustern ist. Andernfalls muss bei sinkenden Anteilen bestimmter Zellpopulationen im zytologischen Präparat mit einer erheblichen Nachweisverschlechterung und einem daraus resultierenden inakzeptablen Verlust an diagnostischer Information gerechnet werden. Ein treffendes Beispiel hierfür bieten die häufig sehr schlechten Ergebnisse des Erythrophagennachweises bei phagenarmen Mikroblutungen.

Das prinzipielle Problem der mengenabhängigen Erkennung von Liquorzellpopulationen erfährt übrigens eine weitere unerwartete, weil paradoxe Komplizierung durch die Tatsache, dass bei bestimmten Zellpopulationen die Nachweisempfindlichkeit bei sehr hohen Anteilen nicht immer ebenso hoch ist, sondern im Gegenteil, sogar abfallen kann. Eine Meningeosis mit morphologisch eigentlich gut erkennbaren Lymphoblasten wird, wenn diese ausschließlich und dazu bei stark erhöhter Zellzahl vorliegen, in vielen Fällen paradoxerweise nicht erkannt! Es wird fälschlicherweise stattdessen eine normale lymphozytäre Pleozytose mitgeteilt, was bei einem geringeren Anteil der auffälligen Blasten im Präparat möglicherweise so nicht geschehen wäre.

Man muss also in Anbetracht dieser Tatsache zur Kenntnis nehmen, dass in der Zytodiagnostik neben der unbestrittenen Dominanz liquorzytologischer Spezialkenntnisse auch psychologische Effekte die Wahrnehmung beeinflussen können.

9.1.5 Einbindung der Qualitätskontrolle in ein Managementsystem

Die ausgeführten Vorrausetzungen für die Ermittlung sowohl qualitativ als auch quantitativ richtiger liquorzytologischer Untersuchungsergebnisse müssen im Managementsystem des Liquorlabors ausreichend Beachtung finden.

Dabei unterliegt die Durchführung jeder Liquordiagnostik selbstverständlich der Richtlinie der Bundesärztekammer zur Qualitätssicherung laboratoriumsmedizinischer Untersuchungen (Rili-BÄK) [18]. So ist insbesondere der Teil A dieser Richtlinien zu beachten. Im Hinblick auf die Liquorzytologie ergeben sich bezogen auf den Teil B Einschränkungen in der Anwendung hinsichtlich der dort explizit genannten Ausnahme der noch immer weitgehend manuell/mikroskopisch praktizierten Kammerzählung zur Zellzahlermittlung. Durch diesen Umstand sowie durch das Fehlen kommerziellen Kontrollmaterials für die manuelle zytologische Differenzierung sind die eigentlich geltenden Vorschriften für eine interne und externe Qualitätskontrolle *de facto* für diese Diagnostik weitestgehend außer Kraft gesetzt.

Zur Durchführung einer maschinell leistbaren, sehr eingeschränkten intern und externen Qualitätskontrolle stehen jedoch mittlerweile für die beiden zytologischen Parameter Leukozyten- und Erythrozytenzahl kommerzielle Kontrollmaterialien in offenbar ausreichender Qualität zur Verfügung.

Eine nicht unerhebliche Einschränkung der maschinellen und automatisierbaren Bestimmung der Zellzahl, sowie die grobe Differenzierung in polymorphkernige und mononukleäre Zellen sowohl in Routine wie Qualitätskontrolle, besteht in der Einsetzbarkeit nur weniger geeigneter Analysensysteme. Zudem ist bei Einsatz dieser Automaten die genaue Kenntnis und Beachtung einer Reihe von ergebnisverfälschenden Störfaktoren, vor allem durch Blutbeimengung jeglicher Genese, zur Vermeidung von Fehlbeurteilungen der maschinell ermittelten Daten unabdingbar [24]. Zum gegenwärtigen Zeitpunkt ist die manuell-mikroskopische Erstellung des Liquor-Differentialzellbildes und – dies allerdings schon mit gewisser Einschränkung – die Zellzahlbestimmung mittels Kammerzählung (Fuchs-Rosenthal Kammer) als gültiger Goldstandart zu werten [19,25]. Allerdings ist zu vermuten, dass die intensiven industriellen Anstrengungen schon in absehbarer Zeit zum Einzug einer maschinell automatisierten Liquorzytologie in das Liquorlabor führen. Bis dahin und sicher auch darüber hinaus gilt es zur Wahrung einer qualitätsbasierten Liquorzytologie einen hohen allgemein zytologischen Wissensstand und eine umfassende liquorzytologische Spezialkenntnis aller Mitarbeiter des Liquorlabors zu erhalten und zu entwickeln. Ganz ohne Zweifel behält in diesem Zusammenhang der sogenannte „Ringversuch vor Ort“ auch weiterhin seine Bedeutung für die Vermittlung, Förderung und Sicherung einer qualitätsbasierten Liquorzytologie.

9.1.6 Der Ringversuch vor Ort zur Qualitätssicherung der Liquorzytodiagnostik (RvO)

Der „Ringversuch vor Ort“ erfordert, wie ja aus seinem Namen hervorgeht, die physische Anwesenheit der Teilnehmer. Zur Erlangung des Zertifikats werden jeweils 4 Liquorpräparate zur Differenzierung vorgelegt, von denen zur Erlangung des Zertifikats mindestens drei innerhalb von 60 Minuten richtig differenziert werden müssen. Die rund 400 verfügbaren Präparate werden fortlaufend von einer Expertenkommission auf Schäden und eventuelle Auffälligkeiten geprüft und einzelne Präparate gegebenenfalls ersetzt. Anzugeben sind alle im Präparat erkannten Zellpopulationen, dies fakultativ auch semiquantitativ. Soweit es den Teilnehmern möglich ist, wird auch eine verbale medizinische Interpretation des Zellbildes erbeten. Die Quantifizierung der einzelne Zellpopulationen, ähnlich den Ringversuchen in der Hämatologie, wäre zwar wünschenswert ist aber u. a. aufgrund fehlender Zielwerte nicht sinnvoll und im gegenwärtigen Ringversuchsformat nicht möglich.

Bei der Bewertung des Ringversuches kommen drei Kriterien zur Anwendung.

1. Differenzierung bzw. Beurteilung richtig (Bewertung = 1)
2. Differenzierung bzw. Beurteilung im Wesentlichen richtig, aber korrekturbedürftig (Bewertung = 2)
3. Differenzierung falsch (Bewertung = 3)
   3a) wichtige Zellpopulation nicht erkannt
   3b) angegebene Zellpopulation nicht vorhanden

Für diese Bewertung sind folgende Zellpopulationen relevant:

- Lymphozyten
- aktivierte Lymphozyten
- Plasmazellen
- Monozyten
- aktivierte Monozyten
- Granulozyten
- Erythrozyten
- Erythrophagen
- Hämosiderophagen
- Tumor/Tumor-verdächtige Zellen
- Bakterien

Ferner das Erkennen eine Knochenmarkbeimengung und das Vorhandensein von Hämatoidin.

Die konsequente Anwendung dieser drei oben genannten Bewertungsarten war besonders in den Fällen problematisch, bei denen das Differenzierungsergebnis nicht mit der verbalen Beurteilung des Präparates übereinstimmte.

Es sollen dafür nachfolgend drei Beispiele angeführt werden.

Bakterielle Meningitis verbal richtig mitgeteilt	im Differentialzellbild keine Angabe der vorhandenen Bakterien und der gut sichtbaren Bakteriophagen
Massive Knochenmarkaspiration Unauswertbarkeit des Präparates verbal richtig mitgeteilt	im dennoch erstellten Differentialzellbild die unkommentierte Angabe von neutrophilen und eosinophilen Granulozyten
Tumorzellaussaat richtig erkannt und verbal mitgeteilt	im konkreten Differenzierungsergebnis, möglicherweise als Ausdruck bestehender Unsicherheit, keine atypischen Zellen angegeben

Ein weiteres Problem bei der Auswertung der Ergebnisse ergab sich daraus, dass von einer Reihe der Teilnehmer im dennoch erstellten Differentialzellbild ein Anteil neutrophiler Granulozyten angegeben wurde, obwohl in der verbalen Beschreibung ganz richtig die Undifferenzierbarkeit des Präparates wegen einer erheblichen *artifiziellen* Blutbeimengung mitgeteilt wurde. Diese Verfahrensweise ist deshalb irreführend und falsch, weil z. B. die Angabe von neutrophilen Granulozyten auch bei Anwesenheit von Blut dennoch richtig und notwendig sein kann, wenn die Granulozyten über den blutbedingten Anteil hinaus eine zusätzliche deutliche Vermehrung erkennen lassen, wie dies beim Vorliegen einer Reizmeningitis nach frischer Subarachnoidalblutung recht häufig der Fall ist.

Genau zu einem solchen, aber unzutreffenden diagnostischen Schluss muss der versierte Anforderer von Liquordiagnostik aber kommen, wenn neben der verbalen Mitteilung einer Blutbeimengung im beiliegenden Differentialzellbild dennoch ein definierter Prozentsatz neutrophiler Granulozyten angegeben wird, anstatt deren fehlende diagnostische Relevanz auch durch ihr Weglassen im irrelevanten Differential-Zellbild zu dokumentieren.

Aus den teilweise gravierenden Unterschieden zwischen den Zelldifferenzierungsangaben und der verbalen Beschreibung der Zellbilder ergaben sich so von Fall zu Fall für die Auswertung erhebliche Bewertungsprobleme. Es wurde die Tendenz erkennbar, ein Zellbild eher auf verbale Weise richtig zu beschreiben, als diese richtige Bewertung auch konsequent in konkrete Angaben im Differentialzellbild umzusetzen. Diese auch im klinischen Alltag gelegentlich zu erheblichen Irritationen führende halbherzige Verfahrensweise bei der Übermittlung liquorzytologischer Befunde ist vor allem deshalb abzulehnen, weil in der Krankenakte letztendlich das quantitative Differentialzellbild dokumentiert wird und dieses von Fall zu Fall auch eher für notwendige Entscheidungen herangezogen wird als eine subjektive Befundbeschreibung.

Nach Meinung eines Expertengremiums [17] soll die Erteilung eines Zertifikates für Liquorzytologie wie bisher, so auch weiterhin an ein Ergebnis gebunden sein, das maximal *eine* Fehldifferenzierung von vier liquorzytologischen Präparaten beinhaltet.

Die unter Anwendung der beschriebenen Festlegungen erhalten Ringversuchsergebnisse sind in den Tabellen B.9.2–B.9.5 zusammengefasst. Alle Ergebnisse müssen auch unter Berücksichtigung des Umstandes gesehen werden, dass sich an jedem neuen Ringversuch erfreulicherweise eine unterschiedliche Zahl von erklärten Neueinsteigern beteiligte. Die fast durchgängig verbesserungswürdigen Ringversuchsergebnisse sind auch unter dem Gesichtspunkt der daraus resultierenden sehr unterschiedlichen Vorkenntnisse der Ringversuchsteilnehmer zu sehen und natürlich zusätzlich durch bisher noch voneinander abweichende zytologische Auffassungen bedingt. Dennoch ist erfreulicherweise eine Tendenz zur Verbesserung der Ergebnisse nicht zu übersehen, was recht eindeutig am steigenden Prozentsatz vergebener Zertifikate ablesbar ist und nach Meinung von Mehrfachteilnehmern als Ergebnis der kontinuierlichen liquorzytologischen Fortbildungsbemühungen der „Deutschen Gesellschaft für Liquordiagnostik und Klinische Neurochemie" zu werten ist.

Tab. B.9.3: Ringversuchsergebnisse. Sensitivität und Spezifität für ausgewählte Zellarten.

		RV/1987	1. RV	2. RV	3. RV	4. RV
		SE/SP	SE/SP	SE/SP	SE/SP	SE/SP
1.	Aktivierte Monozyten	–	–	90/66	92/64	96/67
2.	Leukophagen	–	–	63/89	60/90	67/84
3.	Erythrophagen	78/100	79/91	89/86	85/87	95/95
4.	Hämosiderophagen	74/100	83/95	80/91	74/90	82/97
5.	Aktivierte Lymphozyten	86/98	–	78/70	69/79	85/76
6.	Plasmazellen	71/96	–	66/92	65/89	70/86
7.	TU-Zellen	84/96	85/73	75/92	88/88	86/95
8.	Knochenmarkzellen	73/100	28/100	46/92	61/99	83/99

RV = Ringversuch; SE = Sensitivität in %; SP = Spezifität in %

Tab. B.9.4: Ringversuchsergebnisse. Belegung der Bewertungsmuster.

		RV. 1	RV. 2	RV. 3	RV. 4
Teilnehmerzahl		**102**	**65**	**47**	**43**
Bewertungsmuster					
1.	1111	3	1	0	3
2.	1112	12	2	1	1
3.	1122	18	10	5	4
4.	1222	4	8	5	8
5.	2222	2	12	9	7
6.	1113	5	1	0	0
7.	1123	16	1	2	1
8.	1223	12	10	9	6
9.	2223	6	10	6	7
10.	1133	3	0	0	0
11.	1233	12	2	3	1
12.	2233	4	3	6	5
13.	1333	2	0	0	0
14.	2333	2	4	1	0
15.	3333	1	1	0	0

Tab. B.9.5: Ringversuchsergebnisse. Fehlerverteilung bei 4 Präparaten (Angaben in %).

		RV. 1	RV. 2	RV. 3	RV. 4
0	Fehler	38	51	43	53
1	Fehler	38	34	36	33
2	Fehler	19	8	19	14
3	Fehler	4	6	2	0
4	Fehler	1	1	0	0
Zertifikat erteilt		76	85	79	86

Wenn die Qualität des Nachweises diagnoserelevanter Liquorzellpopulationen durch die Parameter Sensitivität und Spezifität beschrieben wird, ergibt sich das in Tab. B.9.3 zusammengefasste Bild.

Deskriptiv zeigen sich bezüglich des Erkennens einzelner Zellpopulationen folgende Sachverhalte und Problematiken:

Aktivierte Monozyten

Der zum Teil erhebliche Unterschied zwischen Sensitivität und Spezifität bei der Bestimmung der aktivierten Monozyten weist zwingend auf die Notwendigkeit von weitergehenden Absprachen zur morphologischen Abgrenzung dieser Zellpopulation hin. Nachdem alle früheren Bezeichnungen wie Retikulumzellen, Phagozyten, potenzielle Phagozyten u. a. keinen Bestand hatten, ist dennoch für viele Liquorzytologen klar, welcher Liquorzelltyp aus dem Kreis monozytärer Zellen als aktivierter Monozyt gelten muss. Trotz der morphologischen Vielfalt monozytärer Zellen ist es möglich, eine weitgehend unverwechselbare zytologische Population herauszulösen und durch Konsens als „aktivierte Monozyten“ festzulegen. Es sind dies mit einem Durchmesser von 20–30 µm relativ große, oft nahezu kreisrunde Zellen, die sich durch einen meist randständigen relativ kleinen ebenfalls runden Kern und ein homogenes rauchgrau bis leicht azidophiles Plasma auszeichnen. Sie kommen meist einzeln, aber auch in Gruppen mit Resten eines synzytialen Zusammenhanges vor und weisen als Ausdruck einer erhöhten zellulären Aktivität nicht selten mitotische Kernteilungen auf, in deren Folge auch zweikernige aktivierte Monozyten entstehen können. Deren Abgrenzung von leukophagozytären Reaktionsformen ist mitunter schwierig.

Im Rahmen der Ringversuchsauswertungen wurde das Fehlen der Angabe „aktivierte Monozyten“ bisher nicht als falsches, sondern nur als korrekturbedürftiges Differenzierungsergebnis eingestuft.

Leukophagen

Die vergleichsweise geringe Sensitivität bei der Zuordnung der meist gut erkennbaren und für die Beurteilung reparativer Aktivitäten im Cerebrospinalraum wichtigen Leukophagen ist unklar. Möglicherweise wurden sie – wenn nicht in größerer Zahl vorhanden – tatsächlich nicht gefunden, da sie im durchmusterten Teil des Präparates zufällig nicht vertreten waren. Dies allerdings würde dem wichtigen Grundsatz der Liquor-Zytodiagnostik widersprechen, jedes Präparat unabhängig von der Zahl der Zellen stets vollständig zu durchmustern.

In diesem Zusammenhang ist es interessant auf die mit bis zu 38 % Sensitivität vergleichsweise sehr schlechte Erkennung der tabellarisch nicht mit aufgeführten Lipophagen hinzuweisen. Richtig ist allerdings auch, dass die ausschließlich morphologische Zuordnung von Lipophagen in gewissem Sinne unzureichend ist und genau genommen des bestätigenden zytochemischen Nachweises bedarf. Auch bleibt im gesicherten positiven Einzelfall ungeklärt, ob die meist ungleichmäßig großen farblosen Zellplasmaeinschlüsse tatsächlich durch Phagozytose zustande kamen oder vielleicht einer endogenen Bildung ihren Ursprung verdanken, wie dies zuweilen bei den sogenannten Siegelringzellen der Fall zu sein scheint. Dennoch darf davon ausgegangen werden, dass sowohl feintropfige wie auch die charakteristischen farblosen Einschlüsse sehr unterschiedlicher Größe phagozytierten Lipiden entsprechen und die angenommenen Lipophagen bei entsprechender Häufung sowohl auf eine gesteigerte reparative Aktivität innerhalb des Cerebrospinalraumes wie auch auf den möglichen Untergang von ZNS-Gewebsanteilen hinweisen.

Erythrophagen

In jedem „Ringversuch vor Ort“ war an jedem mikroskopischen Arbeitsplatz stets mindestens ein Präparat mit Erythrophagen im Zellbild vorhanden. Die zum Teil nur geringe Sensitivität für die Erythrophagenbestimmung kann, auch wenn sie vorwiegend zu Lasten von gering ausgeprägten und deshalb oft schwer erkennbaren Blutungen oder Sickerblutungen ging, nicht befriedigen. Dies gilt insbesondere, wenn die diagnostischen und therapeutischen Konsequenzen einer korrekten Differenzierung dieser unter Umständen diagnoseweisenden Liquorzellpopulation in Betracht gezogen werden.

Gleiches gilt leider auch für die Spezifität des Erythrophagennachweises, für die trotz aller potenzieller Verwechslungsmöglichkeiten der sogenannten „maskierten Erythrophagen“ mit Lipophagen, ein Wert nahe 100 % zu fordern wäre.

Hämosiderophagen (Siderophagen)

Die im Vergleich zu den Liquor-Erythrophagen nur unwesentlich abweichenden Ergebnisse für diese zweite blutungsrelevante Zellpopulation ist überraschend, da für phagozytiertes Hämosiderin generell eine bessere Erkennbarkeit vorausgesetzt werden kann. Die besondere Gefahr für relativ ungeübte Liquorzytologen, zum Teil Fremdpartikel im zytologischen Präparat als Hämosiderin fehlzudeuten, hat offenbar keine besondere Rolle gespielt und die Spezifität des Hämosiderophagennachweises nicht erheblich verschlechtert. Die zum Teil jedoch noch immer deutlich verbesserungswürdige Sensitivität geht sehr wahrscheinlich auf das Nichterkennen von Sickerblutungen mit einer nur geringen Zahl von Hämosiderophagen im Präparat zurück.

Aktivierte Lymphozyten/Plasmazellen

Lymphozytäre Pleozytosen in ihrer Dynamik bestimmen ganz wesentlich das Gros pathologischer Zellbilder. In Abhängigkeit von Erreger, individueller Immunitätslage und Erkrankungsstadium ist eine Vielzahl von Aktivierungsformen der immunkompetenten Lymphozytenpopulation im Liquor zu finden. Ihre Vielgestaltigkeit, häufig begleitet von einer deutlich erhöhten Mitosetätigkeit hat im Laufe der Entwicklung der Liquorzytologie zu einer verwirrenden Vielzahl von Bezeichnungen und Untergruppenbildungen geführt. Aus Gründen der Vergleichbarkeit von liquorzytologischen Befunden und weil allen unterschiedlichen Aktivierungsformen eine gemeinsame Haupteigenschaft: ihre gesteigerte Immunkompetenz eigen ist, war es folgerichtig und berechtigt, alle diese Zellen, allerdings mit Ausnahme der Plasmazellen, unter dem Oberbegriff der „Aktivierten Lymphozyten" zusammenzufassen. Die verwirrende nosologische Vielfalt dieser funktionell grob einheitlichen Zellpopulation (ohne Berücksichtigung der differenten B- und T-Zellfunktionen) sollte deshalb der Vergangenheit angehören und zugunsten der vereinfachten und diagnostisch dennoch gut verwertbaren Differenzierung als aktivierte Lymphozyten verlassen werden. Dass das erstrebte Ziel einer einheitlichen Differenzierung noch nicht erreicht ist, zeigen die verbesserungswürdigen Werte für Sensitivität und Spezifität der Zuordnung aktivierter Lymphozyten. Kritisch muss angemerkt werden, dass bei der Differenzierung aktivierter Lymphozyten in nicht wenigen Fällen die Grenzen der morphologischen Differenzierungsmöglichkeiten erreicht sind. Obwohl eine Vielzahl maligner mononukleärer Zellen, in der Regel Lymphomzellen, sich morphologisch gut zuordnen lassen, wird es besonders in diesem Bereich der Liquorzytologie immer wieder suspekte Fälle geben, deren Lösung nicht durch konventionelle Zellfärbung und mikroskopische Beurteilung möglich ist, sondern auf immunzytochemischem Wege gesucht werden muss.

Eine von der Großgruppe der „aktivierten Lymphozyten" relativ gut abgrenzbare Population sind die Plasmazellen. Inwieweit es sinnvoll ist auf deren konsequente Zurechnung zu den aktivierten Lymphozyten zu verzichten, ist unter anderem auch von einer möglichen klinischen Relevanz dieser Zellpopulation abhängig. Eine Reihe entsprechender Hinweise und die relativ eng umrissene Morphologie der Plasmazellen sollte sie nach derzeitiger Meinungslage als eine separate Zellpopulation innerhalb pathologischer Zellbilder belassen. Die Ringversuchsergebnisse weisen jedoch auf einen deutlichen Trainingsbedarf hin.

Tumor- und tumorverdächtige Zellen

In allen „Ringversuchen vor Ort" war an allen mikroskopischen Arbeitsplätzen mindestens ein Tumorzell-Präparat im Präparatesatz enthalten. Unter Subsummierung aller Zellen und Zellverbände mit den Zeichen der Malignität und unter Nichtbeachtung einer von Fall zu Fall zwar möglichen und auch richtig geführten Artdiagnose des zugrundeliegenden malignen Prozesses ergab sich für die Liquor-Tumorzell-Diagnostik eine Sensitivität zwischen 75 und 85 % und eine Spezifität zwischen 65 und 96 %.

Bei einer in Anbetracht der besonderen Differenzierungsschwierigkeiten vielleicht gerade noch akzeptablen Sensitivität der Liquor-Tumorzell-Bestimmung (allerdings leider auch unter Einschluss schwerer Verkennungen von zweifelsfrei erkennbaren Lymphomzellen) überrascht andererseits die zum Teil niedrige Spezifität der Tumor-Zellzuordnung, die auf vielen falsch positiven Tumorzellbestimmungen beruht. Diese hatten bezeichnenderweise am häufigsten Fehldifferenzierungen aktivierter Lymphozyten, aktivierter Monozyten und vor allem die Fehldeutung unreifer Zellen aus artefiziellen Knochenmarkbeimengungen zur Ursache.

Knochenmarkzellen

An mehr als der Hälfte aller mikroskopischen Arbeitsplätze war im Präparatesatz ein Liquorsediment mit zum Teil ganz erheblicher artifizieller Beimengung von Knochenmarkzellen vorhanden.

Immer wieder und mitnichten so selten wie ohne genaue Kenntnis der Materie anzunehmen ist, wird insbesondere bei kleinen Kindern, aber auch bei älteren Patienten während der Lumbalpunktion knöchernes Material durchstoßen und mit dem Liquor Knochenmark aspiriert.

Die vielgestaltigen unreifen Formen der weißen und roten Entwicklungsreihe sorgen bei ihrer Nichterkennung für erhebliche Verwirrung und für folgenreiche Fehldifferenzierungen. Die niedrige Sensitivität der Erkennung dieser in der Routine also gar nicht so seltenen Knochenmarkbeimengungen erklärt sich durch Fehldeutung dieser Zellen als Tumor- oder tumorverdächtige Zellen, was andererseits die unmittelbar damit verknüpfte niedrige Spezifität der Tumorzellerkennung zur Folge hat. Die dagegen gute Spezifität der Zuordnung von Knochenmarkzellen entspricht der Erwartung und hängt offenbar mit den guten hämatologischen Vorkenntnissen aller Ringversuchsteilnehmer zusammen.

9.1.7 Fazit und Ausblick Ringversuche vor Ort

Die Auswertung der bisherigen Ringversuche erlaubt zusammenfassend folgende Feststellungen:

1. Es besteht recht häufig eine deutliche Diskrepanz zwischen niedergelegtem quantitativen oder halbquantitativen Differenzierungsergebnis und der verbalen Beurteilung des Zellbildes. Die Auswertung aller bisherigen Ringversuchsergebnisse zeigt eine Tendenz aus der hervorgeht, dass mit den verbalen Beurteilungen die wesentlichen Inhalte der Zellbilder zum Teil besser getroffen werden als durch deren Umsetzung in das konkret fassbare Differenzierungsergebnis. Immerhin hätten aufgrund einer verbalen, aber allein eben unzureichenden Beschreibung der Zellbilder 97 % der Ringversuchsteilnehmer am 4. Ringversuch vor Ort, die eine verbale Beschreibung der Zellbilder abgegeben hatten, die Zertifikatbedingung höchstens *einer* Fehldifferenzierung erfüllt. Im Vergleich dazu erfüllten diese Forderung nur 86 % der gleichen Ringversuchsteilnehmer bei Bewertung des konkreten Differenzierungsergebnisses. Es liegt auf der Hand, dass das geschilderte Phänomen nicht etwa von nebensächlicher Bedeutung ist, da beim Anforderer von Liquordiagnostik gegebenenfalls Unsicherheit und Zweifel bei der Einordnung widersprüchlicher zytologischer Angaben in den Prozess der Diagnosefindung regelrecht programmiert werden. Dies gilt in noch verstärktem Maße für retrospektive Befundbeurteilungen, bei denen eine klärende Nachfrage an den Liquorzytologen unter Umständen nicht mehr möglich oder nicht mehr sinnvoll ist. Andererseits kann aber auch das gänzliche Weglassen einer verbalen Beurteilung der vorgelegten liquorzytologischen Präparate weder für den Ringversuch akzeptiert noch für die Routinediagnostik empfohlen werden. Unter der Voraussetzung, dass diskrepante Aussagen nicht zustande kommen, dient die erklärende Beschreibung der Differenzierungsergebnisse dem einordnenden Verständnis des Klinikers einerseits und führt den Liquorzytologen auf dem Wege einer kritischen Reflexion des ermittelten Zellbildes zu liquordiagnostischer Zuverlässigkeit und Genauigkeit.
2. Die zytologisch richtige und andererseits auch einheitliche Liquor-Zellzuordnung – dies gilt für alle Liquorzellen – ist grundsätzlich nur auf der Grundlage ausreichend guter zytologischer Kennt-

nisse möglich, in vielen Fällen aber auch abhängig von der einvernehmlichen Festlegung bestimmter morphologischer Kriterien. Letzteres trifft, wie die Praxis immer wieder nachdrücklich zeigt, in ganz besonderem Maße auf die Populationen aktivierter Monozyten und aktivierter Lymphozyten zu. Den in diesem Zusammenhang besonders wirksamen Lerneffekt eines gemeinsamen Zuordnungs- und Entscheidungstrainings belegen entsprechende Untersuchungen. Das Differenzierungsergebnis von Zellbildern, die im Abstand von drei Tagen nach zwischenzeitlichem Seminarablauf auf dem 2. Stadtrodaer Seminar für Liquorzytodiagnostik in veränderter Reihenfolge und ohne entsprechende Ankündigungen vorgelegt wurden, weist eine deutliche Verbesserung der richtigen Zuordnungen aus und belegt auf beindruckend objektive Weise den Wert entsprechender Veranstaltungen (Tab. B.9.6).

3. In den weiteren Jahren konnte an die guten Erfahrungen des „Ringversuches vor Ort“ sowohl in Stadtroda als auch in anderen Städten (Dresden, Ulm, Jena) angeknüpft werden.

Tab. B.9.7 zeigt die Teilnehmerzahl und Bestehensquoten der letzten Jahre.

Tab. B.9.6: Ringversuchsergebnisse. Differenzierungsergebnisse und „Trainingseffekt“ (III. Stadtrodaer Seminar für Liquor-Zytodiagnostik 1988).

		richtige Differenzierung	
		1. Tag	3. Tag
1.	**Lymphozyten**		
	1. Ausschlussdiagnostik	93 %	91 %
2.	**Aktivierte Lymphozyten**		
	1. Neuroborreliose	67 %	85 %
3.	**Plasmazellen**		
	1. Encephalomyelitis isseminata	79 %	96 %
	2. Neuroborreliose	30 %	87 %
	3. virale Meningitis	44 %	70 %
4.	**Aktivierte Monozyten**		
	1. SAB	59 %	99 %
	2. virale Meningitis	25 %	69 %
	3. Blutung	11 %	93 %
	4. SAB	88 %	96 %
5.	**Tumorzellen**		
	1. Glioblastoma multiforme	82 %	97 %
	2. Melanoblastom	74 %	85 %
	3. Hirnmetastasen bei Mammakarzinom	82 %	99 %
	4. Hirnmetastasen bei Adenokarzinom	60 %	84 %
	5. Medulloblastom	89 %	99 %
	6. Meningeosis bei immunoblastischem Lymphom	21 %	76 %
	7. Meningeosis bei myeloischer Leukämie	37 %	81 %

Insgesamt besteht ein gleichbleibend großes Interesse der Liquorlabore ihren Mitarbeitern die Möglichkeit dieser Ausbildung zu geben und eine „quasi externe“ vergleichende Qualitätskontrolle der bei ihnen geübten Liquorzytologie zu ermöglichen, die, wie dargelegt, zurzeit über andere Verfahren noch nicht möglich wäre. Auch die Bestehensquoten zeigen, dass das Konzept aus Kombination von Wissensvermittlung und interaktiver Überprüfung des Gelernten extrem hilfreich im Sinne eines erfolgreichen Qualitätsmanagement und einer quasi- externen Qualitätskont-

Tab. B.9.7: Teilnehmerzahl und Bestehensquoten der letzten Jahre.

Datum	**2004**	**2005**	**2006**	**2007**	**2008**	**2009**	**2010**	**2011**
Ort	**Leipzig**	**Leipzig**	**Leipzig**	**Leipzig**	**Dresden**	**Jena**	**Dresden**	**Jena**
Teilnehmer	75	78	81	90	92	85	79	66
bestanden	72 %	65 %	70 %	80 %	78 %	78 %	77 %	83 %
Datum	**2013**	**2014**	**2015**	**2016**	**2017**	**2018**	**2019**	**2021**
Ort	**Jena**	**Dresden**	**Jena**	**Dresden**	**Jena**	**Dresden**	**Jena**	**Jena**
Teilnehmer	68	53	62	66	66	72	66	37
bestanden	82 %	91 %	81 %	85 %	76 %	86 %	89 %	70 %

rolle des Laborparameters Liquorzelldifferenzierung ist.

Die Bedeutung des RvO wird auch auf indirekte Weise dadurch deutlich, dass für die Erlangung der „Fachqualifikation Liquordiagnostik und klinische Neurochemie – Liquorzertifikat Labor“ der Deutschen Gesellschaft für Liquordiagnostik und Neurochemie, das Bestehen dieses Liquorzytologie-Ringversuchs zwingende Vorrausetzung ist.

Hinsichtlich der weiteren Entwicklung der Qualitätssicherungsprozesse stellt die begrenzte Verfügbarkeit des Materials Liquor nach wie vor das entscheidende Hemmnis für eine umfassendes Qualitätskontrollmanagement dar, wie es z. B. bereits für die artverwandte Hämatologie verfügbar ist. Diesem Umstand geschuldet ist die konsequente Anwendung eines speziellen modifizierten Qualitätmanagementsystems, das jedoch sehr detaillierter Angaben zur praktischen Durchführung bedarf. Die Bedeutung von umfangreichen theoretischen und praktischen Schulungen der Mitarbeiter des Liquorlabors ist daher essenziell und hat eine Schlüsselfunktion für die Erreichung einer guten Qualität der Liquorzytologie. Interne Vergleichsuntersuchungen mithilfe laboreigener „Kontrollpräparate“ können, da kommerzielle Kontrollmaterialien weiterhin fehlen, den Erfolg der Schulungsmaßnahmen ergänzen und verifizieren. Die regelmäßigen Schulungsangebote der DGLN ergänzen das Qualitätsmanagementsystem und bieten vor allem für die manuelle Liquorzytologie die Möglichkeit einer externen Beurteilung der Kompetenz des Liquorlabors bzw. dessen Mitarbeiter. Dabei hat sich, wie ausführlich beschrieben, insbesondere die Durchführung einer externen Qualitätskontrolle in Form der „Ringversuche vor Ort“ sehr bewährt und wird deshalb in gemeinsamer Verantwortung der „Deutschen Gesellschaft für Liquordiagnostik und Klinische Neurochemie“ und des „INSTAND Düsseldorf“ kontinuierlich weitergeführt. Die bisherigen Anstrengungen zur Qualitätssicherung der qualitativen Liquorzellzuordnung sind nach Schaffung entsprechender Voraussetzungen ggf. um die quantitativen Aspekte der Liquorzelldifferenzierung zu erweitern. Die neuen Möglichkeiten der automatisierten digitalen Erfassung von Zellpräparaten, die bereits in Bezug auf Auflösung, Fokussierungsmöglichkeiten und Flexibilität die manuelle Mikroskopie übertreffen, könnten mit ähnlicher Zielsetzung auch virtuelle liquorzytologische Ringversuche zur externen Qualitätskontrolle eingesetzt werden. Doch ist zu beachten, dass mit diesen Methoden kein personengebundenes Kompetenzzertifikat erteilt werden kann und auch der im Ringversuch vor Ort enthaltene interaktive Fortbildungsteil entfällt. Diese virtuellen Ringversuche können aber dennoch als eine wichtige Ergänzung des Qualitätsmanagement im Liquorlabor dienen [26].

Die dringend wünschenswerte Weiterentwicklung der Qualität und auch der Qualitätskotrollmöglichkeiten der Liquorzytologie sind in der weiteren Zukunft sicher als gemeinsame Aufgabe der Liquorzytologen, der medizintechnischen Industrie und der zuständigen medizinischen Institutionen, sowie natürlich der sachkundige Anforderer in den entsprechenden medizinischen Fachbereichen zu verstehen und zu lösen.

Literatur

[1] Reiber H, Felgenhauer. Proteintransfer at the blood-CSF barrier and the quantitation of humoral immune response within the central nervous system. Clin Chim Acta. 1987;163: 319–328.

[2] Hansen HH. The cytocentrifuge and cerebrospinal fluid cytology. Acta Cytol. 1969;13:545–551.

[3] Sayk J. Ergebnisse neuer Liquorcytologischer Untersuchungen mit dem Sedimentkammerverfahren. Ärztl Wochenschr. 1954;9:1042–1046.

[4] Olischer RM. Zytochemische Untersuchungsmethoden in der Liquorzytodiagnostik neurologischer Erkrankungen. Z med Labortechnik. 1974;15: 59.

[5] Boogert W, Vroom THM, van Herde P, et al. CSF cytology versus immuncytochemistry in meningeal carcinomatosis. J Neurol Neurosurg Psychiatr. 1988;51:142–145.

[6] Hohlfeld R, Brüske-Hohlfeld I, Schwartz A, et al. Analyse von Oberflächenmarkern auf Liquorzellen. Dtsch med Wochenschr. 1984;109:1760–1762.

[7] Kranz BR. Methodik und Wert immunzytochemischer Differenzierung benigner und maligner Zellen im Liquor cerebrospinalis. Lab med. 1991;15:61–68.

[8] Rieckmann P, Weber T, Felgenhauer K. Class differentiation of immunoglobulin containing cerebrospinalfluid cells in inflammatory diseases of the central nervous system. Klin Wochenschr. 1990;68:12–17.

[9] Isenmann S, Strik H, Wick M, Gross CC. Liquorzytologie: Methoden und Möglichkeiten. Fortschr. Neurol. Psychiatr. 2017;85(10):616–630.

[10] Kluge H, Wieczorek V, Linke E, Zimmermann K, Witte OW. Atlas der prakrtischen Liquorzytologie. Stuttgart, New York : Thieme, 2005.

[11] Dufresne JJ. Praktische Zytologie des Liquors. Basel : Documenta Geigy, 1973.

[12] Sayk J. Cytologie der Cerebrospinalflüssigkeit. Jena : Fischer Verlag, 1960.

[13] Oehmichen M. Cerebrospinal Fluid Cytology. Stuttgart : Georg Thieme, 1976.

[14] Schmidt RM. Atlas der Liquorzytologie. Leipzig : Johann Ambrosius Barth, 1978.

[15] Kölmel HW. Zytologie des Liquor cerebrospinalis. Weinheim : VCH Verlagsgesellschaft mbH, 1986.

[16] Linke E, Zimmermann K, Krause H. Externe Qualitätskontrolle in der Liquorzytologie. Lab med. 1991;15:38–40.

[17] Fachgremium der DGLN für die Qualitätsvorgaben beim Ringversuch vor Ort Liquorzytologie. Kölmel HW, Linke E, Wieczorek V, et al.

[18] Bundesärztekammer. Richtlinie der Bundesärztekammer zur Qualitätssicherung laboratoriumsmedizinischer Untersuchungen. Dtsch Arztebl. 2019;116:51–52, A2422-A33.

[19] Wick M, et. al. Ausgewählte Methoden der Liquordiagnostik und Klinischen Neurochemie. [Hrsg.] Deutsche Gesellschaft für Liquordiagnostik und Klinische Neurochemie e. V. 4. Ulm : s. n., 2020.

[20] Rümke CL. The statistically expected variability in differential leucocyte counting. [Buchverf.] J. A. Koepke. Differential leucozyte counting. Skokie : Illinois College of American Pathologists, 1979, S. 39–45.

[21] Rümke CL, Bezemer PD, Knik DJ. Normal values and least significant differences for differential leucocyte counts. J Chron Dis. 1975;28:661–668.

[22] Lehmitz R, Müller H, Kretschmer G. Liquorzellanreicherung mit der Sedimentkammer unter Verwendung von Polykationen-beschichteten Objektträgern. Psychiat Neurol med Psychol. 1989;41:751–754.

[23] Lehmitz R, Kleine TO. Liquorzytologie: Ausbeute, Verteilung und Darstellung von Leukozyten bei drei Sedimentationsverfahren im Vergelich zur drei Zytozentrifugen-Modifikationen. Lab. Med. 1994;18:91–99.

[24] Wick M, Gross C, Tumani H, Wildemann B, Stangel M. Automated Analysis of Cerebrospinal Fluid Cells Using Commercially Avaliable Blood Cell Analysis Devices-A Critical Appraisal. Cells. 2021;10:1232.

[25] Kleine T. Mechanisierte Zählung und Differenzierung von Liquorzellen. Lab. Med. 1991;15:51–59.

[26] T, Zimmerman. Webbasierte Qualitätskontrolle in der Liquorzytologie. [Buchverf.] Tumani H. [Hrsg.] DGLN. 25 Jahre gesamtdeutsche Liquordiagnostik. Ulm: mayercards, Reinhold Armbruster-Mayer, 2016, S. 199–202.

9.2 Qualitätskontrolle für Proteinanalytik

Manfred Uhr*

9.2.1 Vorbemerkung: Besonderheiten der Liquoranalytik

Die Besonderheit der Liquoranalytik besteht darin, dass gleichzeitig mehrere Analyte in Liquor und Serum gemessen werden. Die Ergebnisse stehen in Beziehung zueinander, und dies ermöglicht bei der zusammenfassenden Befundung im integrierten Gesamtbefund eine technische und medizinische Plausibilitätskontrolle. Dies ist einer der wichtigsten qualitätssichernden Maßnahmen im Labor und erfordert hohe Fachkompetenz auf diesem Gebiet. Aus diesem Grund bedarf es einer ausreichenden Komplexität von Analyten und deren Kombinationen zueinander. Der integrierte Gesamtbefund hat hierbei einen besonderen Stellenwert [1]. Eine weitere Besonderheit sind die sehr großen Konzentrationsunterschiede zwischen Liquor und Serum (insbesondere beim IgM), die hohe Anforderungen an die Präanalytik und Analytik stellen. Die Kontrolle auf Blutbeimengung im Liquor und das Vermeiden von Verschleppungen im Labor ist von hoher Bedeutung. Die oft sehr niedrigen Konzentrationen sind eine analytische Herausforderung und machen die Verfahren fehleranfällig, sodass besondere qualitätssichernde Maßnahmen und Kontrollen sinnvoll sind. Da die klinische Interpretation die Quotienten aus Liquor und Serum maßgeblich sind, sollten diese auch in den Laboratorien kontrolliert werden, auch wenn dies von den Richtlinien der Bundesärztekammer nicht zwingend gefordert wird.

Die Richtlinien der Bundesärztekammer zur Qualitätssicherung quantitativer laboratoriumsmedizinischer Untersuchungen in der Liquoranalytik geben zulässige Abweichungen von Einzelwerten vor, Quotienten sind jedoch nicht als quantitative Parameter vorgesehen [2]. Die Charakterisierung von Absolutwerten alleine wird jedoch den Besonderheiten der Liquoranalytik nicht gerecht.

Die Qualität der Liquoranalytik hängt in ihrer klinischen wie auch methodischen Bedeutung davon ab, dass stets Liquor und Serum des Patienten zusammen analysiert und aufeinander bezogen werden [3]. Als Grundregel gilt dabei das *Liquor und Serum mit derselben Methode vom gleichen Hersteller im selben analytischen Lauf und an derselben Standardkurven analysiert* werden. Wird verdünntes Serum und Liquor im selben Konzentrationsbereich untersucht erhöht sich die *Präzision* im Quotienten und der Liquor/Serum-Konzentrationsquotient bildend damit einen *methodenunabhängigen* Wert [4]. Für die klinische Interpretation in der Liquoranalytik sind die Quotienten und deren Verhältnisse zueinander entscheidend, nicht Einzelwerte oder deren Referenzbereiche! Analytische systematische Fehler werden durch die Quotientenbildung ausgeglichen. Des Weiteren gleicht die Quotientenbildung bei Verwendung der gleichen Methodik individuell auftretende biologische Unterschiede des Probenmaterials aus.

Wenn sichergestellt ist, dass die oben genannten Regeln eingehalten werden und eine Verdünnungsechtheit gegeben ist, dann ist die Bildung des Liquor/Serum-Konzentrationsquotienten bezüglich der Richtigkeit des Wertes von Hersteller zu Hersteller und Labor zu Labor vergleichbar. Nur unter diesen Bedingungen ist eine Auswertung im Quotientendiagramm, das gleichermaßen für alle Hersteller gilt und Methodenunabhängig ist, möglich.

Die von der Bundesärztekammer festgelegte Bewertung von Einzelwerten wird der Praxis im qualifizierten Liquorlabor alleine nicht gerecht.

***Autor der Vorauflage:** Hansotto Reiber

Die Grenzen der maximal zulässigen Abweichung des Einzelwertes sind zwar niedrig genug, jedoch bleibt es nach wie vor ein Defizit, dass Serumwerte für Albumin, IgG, IgA und IgM für den Serumtest zertifiziert werden sollen und nicht wie in der Praxis nach den Kriterien eines entsprechend verdünnten Serumwertes im Liquortest. Für das Serum, das simultan mit dem Liquor im selben Analysenverfahren gemessen wird, entstehen durch eine entsprechend hohe Verdünnung zusätzliche Präzisionsanforderungen. Dieser Nachteil wird jedoch durch die Quotientenbildung wieder aufgehoben.

Da es jedem Labor überlassen bleibt, seine Qualitätskontrolle schärfer zu fassen als von der RiLiBÄK vorgeschrieben, sollte jedes Labor die Überwachung der Quotienten in der internen Qualitätskontrolle durchführen. Auch haben die Ringversuchsinstitutionen die Kontrolle der Quotienten in die externe Qualitätskontrolle aufgenommen.

9.2.2 Albumin, IgG, IgA, IgM in Liquor und Serum

9.2.2.1 Interne Qualitätskontrolle

Entsprechend der RiLiBÄK ist eine interne Qualitätskontrolle vorgeschrieben. Es muss Kontrollmaterial verwenden werden, was dem zu untersuchenden Material am nächsten kommt, also Liquor und Serum. Kontrolliert werden soll in den Konzentrationsbereichen, die für die medizinische Entscheidung relevant sind. Hier ergeben sich erhebliche Probleme da bislang nur wenige Hersteller Liquor in den entsprechenden Konzentrationsbereichen anbieten. Zudem sollten Liquor- und Serumpärchen untersucht werden und auch Sollwerte für die Quotienten angegeben und kontrolliert werden. Dies findet leider noch unzureichend statt. Die bisher kommerziell angebotenen Liquorproteinkontrollen hatten zumeist zu hohe Sollwerte und es fehlt an Sollwerten für die Quotienten. In der neuen RiLiBÄK von 2019 wurden die geforderten Konzentrationsbereiche den Erfordernissen angeglichen (Tab. B.9.8) [2].

9.2.2.2 Externe Qualitätskontrolle – Ringversuch

Der von INSTAND (Institut für Standardisierung im medizinischen Laboratorium e. V.) seit Jahren durchgeführte Ringversuch „Liquordiagnostik“ hat sich bewährt, um eine externe Qualitätskontrolle in der Liquordiagnostik durchzuführen [5]. In dem Ringversuch wird eine qualitative, patientenorientierte Bewertung durchgeführt. In der Teilnahmebescheinigung wird die *klinisch orientierte Richtigkeit des Gesamtbefundes* dokumentiert (Blut-Liquor Schrankenfunktionsstörung, entzündlicher Prozess im ZNS, intrathekale IgG-, IgA-, IgM-Synthese).

Die quantitative Beurteilung nimmt Bezug auf das Spezifikum der Liquordiagnostik: Die Liquor/Serum-Quotienten. Die sekundäre Bewertung der Einzelparameter dient zur Analyse eines möglichen Fehlers im Liquor/Serum-Quotienten [5].

Um den Vorgaben von RiLiBÄK gerecht zu werden, werden die Absolutwerte einzeln zertifiziert. Insgesamt werden die in Tab. B9.8 angegebenen Parameter bewertet.

Die Ergebnisse der Ringversuchsteilnehmer werden bezogen auf einen Zielwert, der mit dem Algorithmus A aus allen Angaben der Teilnehmer berechnet wird. Ergeben sich unerfreuliche herstellerabhängige Gruppenbildung so erfolgt bei Bedarf eine herstellerabhängige Auswertung. Sehr kritisch betrachtet werden muss, wenn sich die Quotienten herstellerabhängig unterscheiden, da für alle Hersteller im gleichen Quotientendiagramm ausgewertet wird. Besonderheit der Ringversuchsproben ist, das Liquor und Serum meist nicht vom gleichen Patienten stammen und sich so die biologische Variabilität bei der Quotientenbildung nicht ausgleichen kann. Da jedoch überwiegend Liquor- und Serumpools als Probenmaterial verwendet werden, gleicht sich die biologische Variabilität in den Proben an.

9.2.3 Oligoklonales IgG

9.2.3.1 Interne Qualitätskontrolle

Es sollen grundsätzlich immer mehrere Liquor- und Serumpaare zusammen auf einem Gel analysiert werden (mindesten ein normales Paar), damit pH-Inhomogenitäten nicht als Artefakte fehl interpretiert werden.

Als oligoklonales IgG wird die Detektion von mindestens 2 Banden bezeichnet. Je nach Inhomogenität des Ampholinmusters können auch 3–4 Banden nötig sein. Der Nachweis mit direkter Proteinfärbung (Silberfärbung) steht in der Sensitivität der Immundetektion in nichts nach, d. h. er ist sogar vielen kommerziell erhältlichen Immunoblot-Assays überlegen. Auch sollte eine Positivkontrolle mit echten oligoklonalen Banden (nicht Paraprotein) pro Untersuchung mitlaufen.

9.2.3.2 Externe Qualitätskontrolle – Ringversuch

Das zu analysierende Liquor-Serum-Probenpaar wird nach folgenden internationalen Kriterien [1] beurteilt und eine Herstellerdarstellung der Ergebnisse vorgenommen:

1. Kein oligoklonales IgG nachweisbar (IEF).
2. Oligoklonales IgG im Liquor! (intrathekale Synthese).
3. Oligoklonales IgG im Liquor! Zusätzlich identische Banden in Liquor und Serum. (intrathekale Synthese).
4. Identische Banden in Liquor und Serum. Kein isoliertes oligoklonales IgG im Liquor! (keine intrathekale Synthese).
5. Monoklonales IgG in Liquor und Serum (Paraprotein, keine intrathekale Synthese).
6. Unplausibler Befund.

9.2.4 Spezifische Antikörper in Liquor und Serum

Wie auch bei anderen Analyten ist der Nachweis von spezifischen Antikörpern in Liquor und Serum durch die Bewertung als CSF/Serum-Quotient bezüglich einer allgemeinen Qualitätskontrolle besser als die Beurteilung von Absolutwerten.

Spezifische Antikörper verhalten sich bezüglich der Diffusion gleich der Gesamtmenge der jeweiligen Immunglobulinklasse und so kann im üblichen Verfahren eine Befundung im Quotientendiagramm (mit spezifischen Quotienten) erfolgen und dadurch die Plausibilität der Befunde geprüft werden. Die Antikörperindex-Berechnung nach den üblichen Verfahren konkretisiert die diagnostische Aussage und hat seine besondere Bedeutung für spezifische Quotienten, die noch unterhalb des Q-Limes liegen. Die Sensitivität wird durch die Berechnungen in diesem Bereich verbessert. Für die klinische Bedeutung und Interpretation ist die Lage der Antikörperindices zueinander wichtig. Antikörperindices kleiner 1 entstehen, wenn spezifische Antikörper nicht im ZNS produziert werden, jedoch eine gesamt Immunglobulinsynthese vorliegt (und somit auf den Q-Limes bezogen wird). Unplausibel Befunde können im Quotientendiagramm (mit spezifischen Quotienten) erkannt werden, wenn sie im unplausibel Bereich liegen.

Der Testansatz sollte so aufgebaut werden, dass versucht wird den Normalbereich (AI = 1) sicher zu treffen. Dazu können die Informationen der Gesamtimmunglobulinmessungen

Tab. B.9.8: Messgrößen im Liquor cerebrospinalis.

1 lfd. Nr.	2 Messgröße	3 zulässige relative Abweichung des Einzelwertes bzw. des relativen quadratischen Mittelwertes	4 Gültigkeitsbereich der Spalten 3 und 5			5 zulässige relative Abweichung beim Ringversuch	6 Zielwertart beim Ringversuch
			von	bis	Einheit		
1	Albumin	13,5 %	20	2000	mg/l	23,0 %	SW
2	Glukose	9,5 %	20	300	mg/dl	18,0 %	RMW
			1,1	17	mmol/l		
3	Immunglobulin A (IgA)	15,5 %	0,5	80	mg/l	27,0 %	SW
4	Immunglobulin G (IgG)	12,0 %	15	500	mg/l	20,0 %	SW
5	Immunglobulin M (IgM)	15,5 %	0,2	60	mg/l	33,0 %	SW
6	Laktat	11,5 %	10	99	mg/dl	20,0 %	SW
			1,1	11	mmol/l		
7	Protein (Gesamt-)	13,5 %	50	4000	mg/l	23,0 %	SW

genutzt werden. Die Probenverdünnung ist so zu wählen, dass die Liquor- und Serum-Werte auf einer Eichkurve möglichst nahe beieinander liegenden (im selben OD [optische Dichte]-Bereich) wenn keine intrathekale spezifische Immunglobulinsynthese vorliegt.

9.2.4.1 Interne Qualitätskontrolle

Eine gepaarte Analyse von geeigneten Liquor- und Serum-Kontrollproben erlaubt die Berechnung der spezifischen Antikörper Liquor/Serum-Quotienten (Q_{spez}). Diese Quotientenwerte werden für die Überprüfung der Qualität verwendet. In der Praxis wird Q_{spez} auf den entsprechenden Quotienten für Gesamt-IgG oder den Grenzwert des Referenzbereiches Q_{Lim} bezogen. Dies ergibt den sogenannten Antikörperindex (AI). Entsprechend sollte geeignetes Liquor- und Serum-Kontrollmaterial mit gemessen werden.

9.2.4.2 Externe Qualitätskontrolle – Ringversuch

Im Liquor-Ringversuch, in dem berechnete AI-Werte beurteilt werden, kommt lediglich der Q_{spez}-Wert zum Tragen, da der IgG-Quotient den Teilnehmern mit vorgegeben wird, um so für die Berechnung des AI-Wertes einheitliche IgG-Werte zugrunde zu legen. Die Qualitätskontrolle für die IgG-Analytik wird getrennt durchgeführt.

Die klinisch relevante Evaluation beurteilt:
- normale(r) AI-Wert(e)
- intrathekale Antikörpersynthese mit Angabe der jeweilig erhöhten pathologischen Spezies
- chronisch entzündlicher Prozess (wenn bestimmte Kombinationen, MRZ-Reaktion, erhöht sind)
- Liquor- und Serumprobe sind unplausibel.

Literatur

[1] Uhr M, Tumani H, Lange P. Strategien der Liquorbefundung – integrierter Befundbericht [Strategies for cerebrospinal fluid analysis – Integrated results report]. Nervenarzt. 2016;87(12):1271–1275.

[2] BÄK. Richtlinie der Bundesärztekammer zur Qualitätssicherung quantitativer laboratoriums-medizinischer Untersuchungen. Deutsches Ärzteblatt. 2019;116:51–52.

[3] Reiber H, Thompson EJ, Grimsley G, et al. Quality Assurance for Cerebrospinal Fluid Protein Analysis: International Consensus by an Internet-Based Group Discussion. Clin Chem Lab Med. 2003;41:331–337.

[4] Reiber H, Uhr M. Liquordiagnostik-Ausbildung und Fachqualifikation: Richtlinien der Deutschen Gesellschaft für Liquordiagnostik und Klinische Neurochemie (DGLN). J Lab Med. 2003;27:322–328.

[5] Reiber H. External quality assessment in clinical neurochemistry: Survey of analysisfor cerebrospinal fluid (CSF) proteins based on CSF/serum quotients. Clin Chem. 1995;41:256–263.

C Klinische Liquordifferentialdiagnostik

In den nachfolgenden Kapiteln wird die Liquordifferentialdiagnostik aus verschiedenen Perspektiven beleuchtet. Zunächst werden die einzelnen neurologischen Krankheitsbilder mit den zu erwartenden Liquorbefunden dargestellt (Kap. C.1), gefolgt von einer tabellarischen Übersicht über die Liquorbefunde in Bezug auf die klinischen Krankheitsbilder (Kap. C.2). Abgerundet wird das Kapitel mit Abhandlungen zur Befundbewertung bei akuten und chronischen klinisch-neurologischen Syndromen (Kap. C.3) und einem Ausblick zu Kontroversen und aktuellen Perspektiven der Liquor- und neurochemischen Analytik (Kap. C.4). Damit verspricht die Klinische Liquordifferentialdiagnostik ein tieferes Verständnis für die komplexen Zusammenhänge zwischen Liquorveränderungen und neurologischen Erkrankungen.

https://doi.org/10.1515/9783110331905-021

C.1 Von der klinischen Diagnose zum Liquorbefund

Das breite Spektrum der Erkrankungen des Nervensystems beginnt mit klassischen und seltenen infektiologischen Krankheitsbildern, herausfordernden immunvermittelten nicht-infektiösen Erkrankungen, darunter entzündlich-demyelinisierenden und vaskulären Erkrankungen, gefolgt von Autoimmunenzephalitiden, paraneoplastischen neurologischen Syndromen und neoplastischen Erkrankungen des Nervensystems. Auch sind die Erkenntnisse bei den zunehmend therapeutisch zugänglichen neurodegenerativen Erkrankungen, wie Motoneuronerkrankungen, aber auch seltenen Prionenerkrankungen, Liquordrucksyndromen, Schädel-Hirn-Traumata und vaskulären Erkrankungen in jüngster Zeit umfangreicher geworden. Darüber hinaus werden auch seltene und ungewöhnliche Fälle behandelt, sowie Liquorveränderungen nach diagnostischen oder therapeutischen Maßnahmen und postmortale Liquorveränderungen. Hierbei wird insbesondere auf die klassischen Liquorparameter des Liquorgrundbefundes eingegangen, wie *Zellzahl*, *Zelldifferenzierung*, *Gesamtprotein*, *Albuminquotient* sowie *intrathekale Immunglobulin-Synthese*. Soweit andere Liquorparameter, wie z. B. Zelltypisierungsmarker oder humorale Faktoren, für die Diagnosefindung eine Bedeutung haben, werden sie entsprechend in die Bewertung einbezogen.

Neu hinzugekommen sind seit der letzten Auflage Befunde zu Parametern im Blut, sofern deren Nachweismethoden sensitiv genug sind, um bestimmte pathologische Prozesse des Nervensystems anzuzeigen. Auf Parameter, die zurzeit Forschungsgegenstand sind und deren klinische Bedeutung noch nicht sicher zu evaluieren ist, wird punktuell eingegangen oder auf weiterführende Literatur verwiesen.

Nicht für alle in diesem Kapitel aufgeführten Erkrankungen ist eine Lumbalpunktion nach heutigem Kenntnisstand primär indiziert. Im Einzelfall sind im klinischen Alltag aber sehr weitgefasste differentialdiagnostische Überlegungen notwendig, so dass das Wissen um potenzielle Liquorbefundkonstellationen hilfreich sein kann, die Differentialdiagnosen auch aus liquorologischer Sicht weiter einzuengen.

1.1 Entzündliche Erkrankungen des Nervensystems

Entzündliche Erkrankungen des Nervensystems manifestieren sich u. a. als Meningitis, Meningoenzephalitis, Enzephalitis, Abszess, Enzephalomyelitis, Radikulitis, Myelitis oder Polyneuritis, wobei die Übergänge z. T. fließend sind. Das Ausmaß entzündlicher Liquorveränderungen ist sowohl von der Ätiologie und dem Stadium der Erkrankung als auch von der Lokalisation des entzündlichen Prozesses abhängig. Generell gilt, dass Liquorbefundkonstellationen überwiegend als „typisch“ und nur selten als „spezifisch“ anzusehen sind. Bei Patienten mit angeborenen Immundefekten oder erworbenen Immundefizienzen ist damit zu rechnen, dass entzündliche Liquorbefunde weniger stark ausgeprägt oder „atypisch“ sind. Die in diesem Kapitel dargestellten Liquorbefunde beziehen sich überwiegend auf einzelne entzündliche Erkrankungen des Nervensystems und nicht auf sogenannte „Liquorsyndrome“, wie akute, subakute und chronische entzündliche Liquorsyndrome, die unabhängig von der Ätiologie und Genese der Erkrankungen beschrieben werden können (**Kap. C.3**).

https://doi.org/10.1515/9783110331905-022

1.1.1 Bakterielle Erkrankungen des Nervensystems

Annette Spreer, Roland Nau

1.1.1.1 Einführung

Bakterielle Infektionen des zentralen Nervensystems (ZNS) sind eine sehr heterogene Gruppe. Neben akut verlaufenden Erkrankungen, die unbehandelt in der Regel rasch zum Tode führen (Modellerkrankung akute bakterielle Meningitis), finden sich in dieser Gruppe subakute Erkrankungen, die auch unbehandelt eine relevante Spontanheilungshäufigkeit aufweisen (Modellerkrankung Neuroborreliose). Das klinische Bild des betroffenen Patienten, die zeitliche Dynamik, die Schwere des Krankheitsbildes und die Anamnese sind somit wesentliche Vorinformationen, welche die zu veranlassende laborchemische und mikrobiologische Diagnostik lenken. In der Liquordiagnostik liefert die Mikroskopie erste Anhaltspunkte für den zugrunde liegenden Erreger, die aufgrund ihrer nicht sehr hohen Sensitivität bei niedrigen Erregerkonzentrationen oft negativ ist, bei hohen Erregerkonzentrationen jedoch rasch wichtige Informationen liefern kann. Entscheidend für die Diagnose akut verlaufender bakterieller Infektionen ist der Erregernachweis mittels Liquor- und Blutkultur ggfs. ergänzt durch eine Liquor-PCR, bei den subakuten oder chronischen Infektionen kommt zudem der Serologie und der intrathekalen Antikörperdiagnostik eine wichtige Bedeutung zu. Der Nachweis eines Bakteriums im Liquor mittels Kultur oder PCR muss immer ernst genommen werden, auch wenn eine Kontamination des Liquors durch Hautkeime (meist *Staphylococcus epidermidis* und verwandte Koagulase-negative Staphylokokken oder die Haut besiedelnde Corynebakterien) insbesondere bei unzureichender Desinfektion der Haut, unsachgemäßer Präanalytik oder Kontamination des Hahnes bei Entnahme von Liquor aus einer in situ befindlichen Liquordrainage vorkommen kann.

Bei durch schwer anzüchtbare Erreger verursachten subakut verlaufenden Erkrankungen (v. a. bei der Neuroborreliose und Neurosyphilis) ist die PCR aufgrund der niedrigen Erregerkonzentration im Liquor wenig sensitiv. Hier beweist eine intrathekale Erreger-spezifische Immunglobulinsynthese zusammen mit einer typischen oder zumindest gut vereinbaren Klinik und dem Vorhandensein weiterer Entzündungsparametern im Liquor die Diagnose. Der Nachweis einer intrathekalen Synthese Erreger-spezifischer Immunglobuline allein ohne Vorhandensein einer entsprechenden klinischen Symptomatik kommt demgegenüber bis zu mehrere Jahre nach erfolgreicher antibiotischer Therapie oder nach Spontanheilungen vor und ist auch im Rahmen einer polyspezifischen intrathekalen Immunreaktion bei autoimmunen Erkrankungen des ZNS (insbesondere bei der Multiplen Sklerose) möglich (s. **Kapitel B.3.3**) und somit alleine nicht beweisend für eine floride Infektion.

Manche bakteriellen Infektionen des ZNS gehen häufig mit typischen Liquorbefunden einher. Versuche, anhand solch typischer Liquorbefunde auf den Erreger zu schließen, sind aber weder sensitiv noch spezifisch genug, um hierauf eine Diagnose aufzubauen. Die Intensität der Entzündung, die ein bakterieller Erreger im Liquorraum verursacht, hängt ab a) vom Erreger selbst, b) der Quantität sowie der Qualität der von ihm auf der Oberfläche getragenen bzw. spontan oder durch antibiotische Therapie freigesetzten pro-inflammatorischen Bestandteile, c) der Erregerkonzentration, d) dem Intervall zwischen Eindringens des Erregers ins ZNS und der Liquorentnahme, e) dem Immunsystem des Wirts einschließlich eventuell eingenommener immunmodulierender Medikamente, f) der Entfernung des Infektionsherds vom Liquorraum, g) der Intensität der Störung der Permeabilität der Blut-Liquor- und Blut-Hirn-Schranke sowie h) einer vorliegenden generalisierten oder lokalen Zirkulationsbehinderung des Liquors. Selbst eine normale Liquor-Leukozytenzahl schließt eine bakterielle ZNS-Infektion nicht immer aus.

Meistens erlaubt aber die Zusammenschau der im Rahmen der Liquordiagnostik erhobenen Parameter (Liquorkumulativbefund) die Differenzierung zwischen purulenten bakteriellen und viralen Meningoenzephalitiden. Zum Notfallprogramm bei Verdacht auf eine bakterielle ZNS-Infektion gehört die visuelle Beurteilung des Liquors, die Zählung der Liquor-Leukozytenzahl in der Fuchs-Rosenthal-Zählkammer, die Gesamteiweißbestimmung (i. d. R. mittels Nephelometrie oder Fällungsreaktionen, als bedside-Methode kann eine erste Einschätzung mittel Urinstreifentest erfolgen) und die Bestimmung des Liquorlaktats (**Kap. B.1**). Empfehlenswert, aber nicht in jedem Liquor-analysierenden Labor realisiert, ist die Anfertigung von Zytozentrifugaten (**Kap. B.2.1.1**). Färbungen nach Gram und Ziehl-Neelsen, die bei entsprechendem klinischem Verdacht zum Notfallprogramm gehören, lassen sich außer an Zytozentrifugaten auch an Ausstrichen von Sedimenten nach Zentrifugation durchführen. Im Notdienst angefertigte Zytozentrifugate können für liquorzytologische Untersuchungen (z. B. May-Grünwald-Giemsa-Färbung) (**Kap. B.2.1.2**) am darauffolgenden Werktag benutzt werden, während sich länger als wenige Stunden bei Raumtemperatur oder im Kühlschrank asservierter Liquor in der Regel nicht mehr für eine zytologische Aufarbeitung und Auswertung eignet.

Notfallprogramm: Leukozytenzahl, Gesamteiweiß, Laktat, Glukose

Die Leukozytenzahl und das Gesamteiweiß im Liquor sind bei bakteriellen ZNS-Erkrankungen fast immer erhöht, wobei das Ausmaß der Abweichung von der Norm bei den verschiedenen klinischen Konstellationen erheblich variiert (s. u.). Das Liquorlaktat ist für die Differentialdiagnose bakterielle Meningitis versus virale Meningitis versus tuberkulöse Meningitis versus Neuroborreliose sehr wichtig (Ursachen von Laktaterhöhungen im Liquor s. u.): ein normales Liquorlaktat bei einem meningitischen Syndrom spricht eher für eine virale Ätiologie.

Die Laktatkonzentration liegt beim Gesunden im Liquor in der Regel geringfügig über der Serumkonzentration. Wahrscheinlich wird der größte Teil des Liquorlaktats in den zentralnervösen Kompartimenten gebildet und stammt nicht aus dem Blut. Deshalb ist zur Interpretation des Liquorlaktatspiegels außer bei einer schweren systemischen Laktatazidose die gleichzeitige Kenntnis der Serumkonzentration nicht erforderlich. Die hohen Liquorlaktatkonzentrationen bei durch Bakterien und Pilze verursachten ZNS-Infektionen entstehen wahrscheinlich durch anaerobe Glykolyse von Leukozyten in Liquor und Nerven- und Gliazellen im Hirnparenchym. Die Mikroorganismen spielen als Laktat-Produzenten meist eine geringe Rolle. Insbesondere bei Ventrikulitiden und anderen bakteriellen Infektionen, die mit einer niedrigen Liquorpleozytose einhergehen, ist ein Liquorlaktat über 3,5 mmol/l ein sensitiver Indikator für eine bakterielle bzw. durch Pilze verursachte ZNS-Infektion. Aktuelle Metaanalysen ermitteln in der differenzialdiagnostischen Fragestellung einer bakteriellen versus viralen Meningitis eine Sensitivität von 98 % für unbehandelte bakterielle Meningitiden bei einem Grenzwert von 35 mg/dl = 3,9 mmol/ [1,2], allerdings sinkt nach Beginn einer empirischen antibiotischen Behandlung die Sensitivität auf 49 %. Hingegen ist die Spezifität nicht sehr hoch, weil auch andere schwere Hirnerkrankungen (z. B. intrakranielle Blutungen, Status epilepticus oder maligne Erkrankungen) ebenfalls mit einem hohen Liquorlaktat einhergehen können. Ein hohes Liquorlaktat ist Ausdruck der anaeroben Glykolyse in den zentralnervösen Kompartimenten und somit ein relativ unspezifischer Indikator, dass es „dem Gehirn schlecht geht".

Glukose gelangt vom Blut in die zentralnervösen Kompartimente zum größten Teil durch in den Hirnkapillaren lokalisierte Carrier mittels erleichterter Diffusion, zu einem kleinen Teil durch passive Diffusion durch die Blut-Liquor- und Blut-Hirn-Schranke. Beim Gesunden beträgt der Liquor/Serum-Glukosequotient ca. 0,6 entsprechend einer Liquor-Glukose von 45–80 mg/dl (2,5–4,5 mmol/l) bei normalen Glukose-Serumkonzentrationen. Bei bakterieller Meningitis (einschließlich Neurotuberkulose) und Pilz-Meningitis ist die Glukosekonzentration im Liquor häufig erniedrigt (Liquor/Serum-Glukosequotient < 0,5). Klinisch relevanter Fallstrick ist jedoch die Notwendigkeit der zeitgleichen Bestimmung der Serumglukose, eine Notwendigkeit, die im klinischen Alltag oft zu einer Einschränkung in der Beurteilbarkeit der Werte führt. Ursachen für eine erniedrigte Liquor-Glukose-Konzentration sind Verbrauch von Glukose durch Mikroorganismen und Leukozyten, eventuell auch eine Affektion des Glukose-Transporters der Hirnkapillaren.

Die eitrige bakterielle Meningitis geht typischerweise mit einer *Liquor-Leukozytenzahl* über 1000/μl, einem *granulozytären Zellbild*, einem *Liquoreiweiß* von über 1000 mg/l und einem deutlich erhöhten *Liquorlaktat* (über 3,5 mmol/l) einher (Tab. C.1.1). Spirochätenerkrankungen des ZNS verlaufen in der Regel mit einem überwiegend lymphomonozytären Zellbild.

In der Initialphase viraler Meningitiden und Enzephalitiden kann das Liquorzellbild vorübergehend eine Granulozytose aufweisen, wobei die übrigen Befunde aber einer Viruserkrankung des ZNS entsprechen. Umgekehrt sind bei der ersten Liquorentnahme in ca. 10 % der bakteriellen Meningitiden über 50 % der Liquorzellen mononukleär – also Monozyten und Lymphozyten. Im Tierversuch wurde gezeigt, dass bei der bakteriellen Meningitis zirkulierende Monozyten für die Einwanderung von Granulozyten in den Liquorraum benötigt werden [4].

Wichtig ist bei der Interpretation der Liquorbefunde die Zusammenschau aller oben genannten Parameter. Insbesondere ist das Risiko der klinischen Fehlinterpretation hoch, wenn man sich nur an einzelnen Parametern, z. B. der Zellzahl orientiert. So fanden sich in klinischen Studien, in denen die jeweilige Meningitis durch kulturelle Erregeranzucht oder Nukleinsäureamplifikation gesichert wurde, atypische Liquorbefunde in relevanten Anteilen.

Bei der Neugeborenmeningitis bedingt durch *S. agalactiae* wurde der Liquorbefund in 6 % (n = 146) als unauffällig beschrieben [5]. Bei der Meningokokkenmeningitis lag die Zellzahl in 20 % (n = 258) unterhalb der oben genannten Richtgröße von 1000/μl, und in 1,7 % wurde der Liquorbefund als unauffällig angegeben [6]. Bei der Pneumokokkenmeningitis fand sich in einer Studie (n = 153) in 17 % eine Zellzahl < 100/μl und in 5 % sogar eine Zellzahl unter 10/μl [7]. Und in einer Studie mit 62 Fällen einer Listerienmeningitis wurde der Liquorbefund in 26 % als nicht typisch für eine bakterielle Meningitis angegeben [8].

Diese Beispiele sollen verdeutlichen und unterstreichen, dass die klinische Interpretation der Liquoranalyse die Zusammenschau aller relevanten Liquorparameter erfordert.

Die entzündlichen Veränderungen sind oft in den einzelnen Teilen des Liquorkompartiments unterschiedlich stark ausgeprägt [9]. Bei bakteriellen ZNS-Infektionen liegen die Leukozytenzahl und das Gesamteiweiß im lumbalen Liquor häufig höher als im ventrikulären. In

Tab. C.1.1: Typische Liquorbefunde bei Meningitiden unterschiedlicher Ätiologie (Normwerte für Procalcitonin [PCT]: [3]).

Liquorbefunde	Bakterielle Meningitis	Tuberkulöse Meningitis	Pilzmeningitis	Neuroborreliose	Virale Meningitis*
Aussehen	trüb	transparent, manchmal „Spinngewebsgerinnsel“ nach längerem Stehen	transparent	klar	klar
Zellzahl (/µl)	> 1000	30–1000	30–1000	30–1000	20–1000
Gesamteiweiß	+ + +	+ +	+ +	+ bis + +	normal bis +
Differentialzellbild	vorwiegend granulozytär	granulo-lymphomonozytär	granulo-lymphomonozytär	lymphomonozytär	lymphomonozytär
Eiweiß (mg/l)	> 1000 bis > 10000	> 1000	> 1000	500–2000	< 1000
Liquor/Serum-Albuminquotient × 10^{-3}	> 20	> 20	> 20	8–40	< 20
Laktat (mmol/l)	> 3,5	> 3,5	> 3,5	< 3,5	< 3,5
Intrathekale Immunglobulin-Synthese		IgA		IgM	(IgG, IgA, IgM)
Blutuntersuchungen					
Blutbild	Leukozytose, Linksverschiebung	normale Leukozytenzahl	teils reduzierte Leukozytenzahl (Grunderkrankung!)	normale Leukozytenzahl	normale bis erniedrigte Leukozytenzahl
C-reaktives Protein (mg/l)	> 50	variabel	erhöht	normal	normal
Procalcitonin (ng/l)	erhöht	variabel	variabel	normal	normal

*Bei der Neurolues sowie Meningitiden und Enzephalitiden bei Infektionen durch Brucellen, Chlamydien, Legionellen, Leptospiren, Mykoplasmen u. a. bakteriellen Erregern ähnelt der Liquorbefund dem Befund bei viralen Meningitiden und Enzephalitiden.

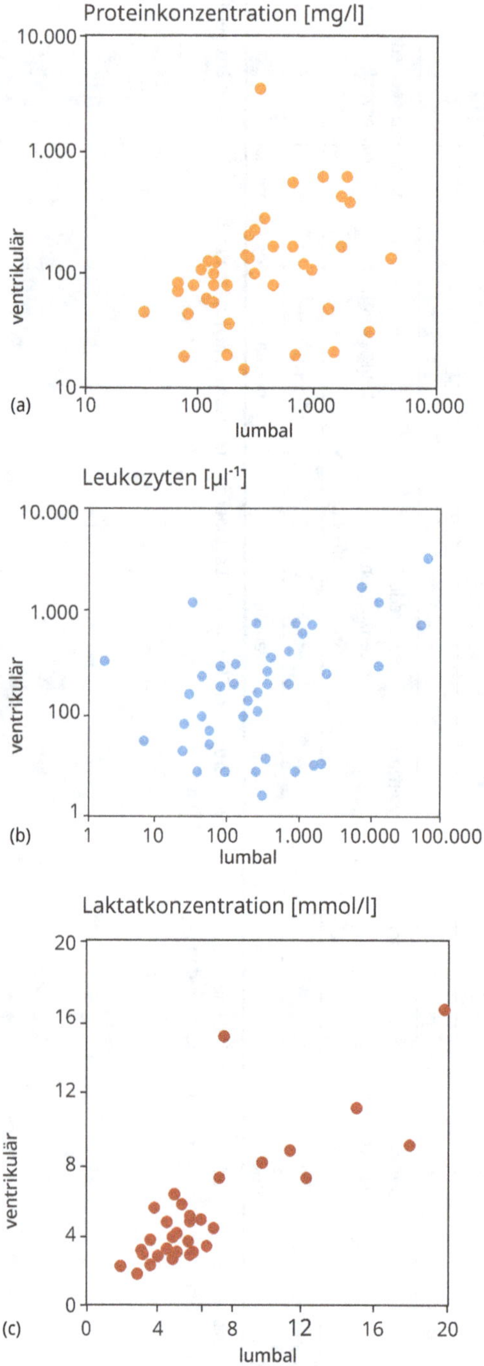

Abb. C.1.1: Lumbale und ventrikuläre Liquorbefunde bei Patienten mit bakteriellen ZNS-Infektionen, denen binnen eines Tages sowohl lumbaler als auch ventrikulärer Liquor entnommen wurde. Die lumbalen und ventrikulären Leukozytenzahlen (b) und

seltenen Fällen kann sich dieser Gradient aber umkehren (Abb. C.1.1a, b). Demgegenüber ist die Differenz zwischen der Laktatkonzentration im lumbalen und ventrikulären Liquor in der Regel gering (Abb. C.1.1c).

Für die Praxis gilt folgende Regel:

Wenn einer der Parameter über den in Tab. C.1.1 genannten Grenzwerten (Liquor-Leukozytenzahl über 1000 /µl, Liquoreiweiß über 1000 mg/l oder Liquorlaktat über 3,5 mmol/l) liegt oder sich in der Blutanalytik der Hinweis auf eine bakterielle Infektion zeigt (erhöhtes C-reaktives Protein oder Procalcitonin), ist bis zum sicheren Ausschluss einer bakteriellen ZNS-Infektion eine antibakterielle Therapie durchzuführen.

1.1.1.2 Charakteristika einzelner bakterieller ZNS-Infektionen

Akute bakterielle Meningitis

Die Pathophysiologie und die Dynamik der Liquorbefunde sind bei der bakteriellen Meningitis gut untersucht. Deshalb soll sie als Modellerkrankung ausführlich besprochen werden. Das Vollbild der bakteriellen Meningitis verursacht typische Liquorbefunde (s. Tab. C.1.1). Diese ausgeprägten Liquorbefunde werden aufgrund der folgenden pathophysiologischen Charakteristika verursacht:

1. Bakterien und bakterielle Produkte sind ein starker Entzündungsreiz. Hierdurch kommt es zur Aktivierung meningealer und perivaskulärer Makrophagen und Mikrogliazellen und zu einer Ausschüttung von Zyto- und Chemokinen. Diese führen zu einer massiven Migration von

Abb. C.1.1 (fortgesetzt)
Proteinkonzentrationen (a) korrelieren auf mittlerem Niveau miteinander. Meist sind die lumbalen Werte höher als die ventrikulären. Laktat (c) scheint sich homogener im Liquorkompartiment zu verteilen; lumbale und ventrikuläre Konzentrationen weichen nur gering voneinander ab [9].

Granulozyten und Monozyten, weniger von Lymphozyten in den Liquorraum.

2. Die Aktivierung zerebrovaskulärer und meningovaskulärer Endothelzellen sowie die Schädigung des Plexusepithels durch Entzündungsmediatoren, pro-inflammatorische sowie zytotoxische Bakterienbestandteile und die Migration von Leukozyten durch das Kapillarendothel sowie das Plexusepithel führen zu einer Steigerung der Permeabilität der Blut-Liquor- und Blut-Hirn-Schranke. Gleichzeitig führt die Verlegung der Liquorabflusswege (v. a. der Pacchioni'schen Granulationen sowie der Nervenwurzeln) zu einer Liquorflussverlangsamung, nicht selten entwickelt sich sogar ein Hydrozephalus. Beide Mechanismen tragen zu einer erheblichen Erhöhung des Liquoreiweißes und des Liquor/Serum-Albuminquotienten Q_{Alb} bei.
3. Aufgrund des Nährstoffbedarfs der Entzündungszellen und der Bakterien im Liquorraum und im angrenzenden Hirngewebe kommt es zur vermehrten Glykolyse im Liquorraum und der für bakterielle Meningitis typischen Verminderung des Liquor/Serum-Glukosequotienten. Die mit der Liquorabflussbehinderung einhergehende intrakranielle Drucksteigerung sowie ischämische Prozesse durch begleitende Vaskulitis und kapilläre Zirkulationsstörungen beim septischen Schock führen zu einer unzureichenden Sauerstoffversorgung und damit verbunden zu einer gesteigerten anaeroben Glykolyse und einem Anstieg des Laktats im Liquor (typischerweise ≥ 3,5 mmol/l). Auch bei der bakteriellen Meningitis liegt im Liquor überwiegend L-Laktat vor. Tierexperimentelle Befunde mit D-Laktat-produzierenden Bakterien sprechen dafür, dass unter 5 % der Liquorlaktatkonzentration durch Bakterien, somit über 90 % durch Zellen des Wirts verursacht wird [10].

Mit Hilfe verschiedener Algorithmen, die auch Liquorparameter umfassen, hat man versucht, bakterielle von Virus-induzierten Meningitiden zu differenzieren. Um unnötige antibiotische Behandlungen zu reduzieren, ist eine hohe Spezifität wünschenswert. Umgekehrt muss die Sensitivität eines solchen Algorithmus nahe 100 % liegen, denn jede unterlassene oder verzögerte antibiotische Therapie bei einer bakteriellen Meningitis ist eine klinische Katastrophe. Keiner der bisher entwickelten Algorithmen weist jedoch bei hoher Spezifität eine 100 %ige Sensitivität auf.

Verhängnisvolle Fehldiagnosen sind bei der sogenannten „apurulenten" bakteriellen Meningitis möglich, bei der der Liquor zwar häufig ein hohes Eiweiß und Laktat, jedoch nur eine geringe Liquorleukozytenzahl aufweist. Folgende Pathomechanismen sind dafür verantwortlich, dass bei der bakteriellen Meningitis untypische Liquorbefunde in Form der apurulenten bakteriellen Meningitis entstehen:

1. Das Intervall zwischen Eindringen der Bakterien in den Liquorraum und diagnostischer Liquorentnahme ist zu kurz. Tierexperimentelle Befunde sprechen dafür, dass der Wirt ca. 12 h benötigt, bis die Leukozytenmigration nach Eindringen der Bakterien beginnt. Leukozytenzahlen ≥ 1000/µl werden frühestens 14 h nach Inokulation von Bakterien in den Liquor erreicht [11]. Von praktischer Bedeutung ist dieses Phänomen bei septisch verlaufenden Meningokokken-Infektionen, bei denen in der Frühphase Meningokokken im Liquor angezüchtet werden können bei normaler oder geringgradig erhöhter Liquorleukozytenzahl, Liquoreiweiß und Liquorlaktat. Gleiches gilt für die Pneumokokken-Sepsis und -Meningitis beim Splenektomierten („*overwhelming post-splenectomy infection*", OPSI). Aufgrund der niedrigen Bakterienkonzentrationen im Liquor ist die Mikroskopie in diesen Fällen meist nicht

sensitiv genug, um Bakterien im Liquor zu detektieren. In dieser Situation erlaubt aber die Notfalluntersuchung des Bluts (Procalcitonin) die Verdachtsdiagnose einer septischen bakteriellen Infektion.

2. Bei einem immunsupprimierten Wirt (entweder auf dem Boden einer Grunderkrankung oder einer immunsuppressiven Therapie) sind entweder zu wenig im Blut zirkulierende Immunzellen vorhanden oder sie sind nicht genügend stimulierbar, so dass die Migration in den Liquor verringert ist. In diesen Fällen liegt die Liquor-Leukozytenzahl über mehrere Tage, nicht selten sogar während der gesamten Erkrankung, unter 1000/μl. Aufgrund der gestörten Blut-Liquor- und Blut-Hirn-Schranke und der anaeroben Glykolyse liegt das Liquoreiweiß in diesen Fällen häufig ≥ 1000 mg/l und das Liquorlaktat ≥ 3,5 mmol/l, so dass die Liquorbefunde einem für tuberkulöse Meningitis typischen Befund ähneln. Zahlreiche mikroskopisch sichtbare Bakterien trotz geringer Liquor-Leukozytenzahl sind hier oft diagnostisch wegweisend (**siehe Kap. B.6.1, Abb. B.6.3**).
3. Bei den häufigsten nosokomialen Meningitiden und Ventrikulitiden, den Infektionen durch Bakterien über eine externe Ventrikeldrainage, sind die Entzündungszeichen im Liquor oft diskret. Dies liegt zum einen an der oft geringen Bakteriendichte im Liquorkompartiment, zum anderen an der geringen Virulenz zahlreicher verantwortlicher Erreger (häufig Koagulase-negative Staphylokokken oder Corynebakterien).

Der „apurulenten" bakteriellen Meningitis liegen somit drei Krankheitszustände zugrunde, die außer dass sie durch Bakterien verursacht werden, wenig miteinander zu tun haben: 1. frühe Meningitiden, insbesondere bei septischen Verläufen mit Meningokokken oder (bei Splenektomierten) Pneumokokken, 2. Meningitiden bei Immunsupprimierten mit Leukozytopenien oder Leukozytenfunktionsstörungen, 3. Meningitiden bei Fremdkörperinfektionen, z. B. infizierten Ventrikeldrainagen, weil die niedrige Bakterienkonzentration oder/und geringe immunstimulierende Wirkung der beteiligten Bakterien nur eine geringe Entzündungsreaktion im Liquor induzieren.

ZNS-Listeriose

Bei der ZNS-Listeriose handelt es sich klinisch um zwei Krankheitsbilder, die Listerien-Meningitis bzw. -Meningoenzephalitis und die Hirnstamm-Enzephalitis.

Die Entzündungszeichen im Liquor sind bei der Listerien-Meningitis und -Meningoenzephalitis oft weniger ausgeprägt als bei bakteriellen Meningitiden anderer Erreger. Im Median lag die *Leukozytenzahl* im Liquor bei 766/μl (25./75. Perzentile 225/ 2047/μl), bei 15 von 26 Patienten (58 %) lag die Liquor-Zellzahl unter 1000 Leukozyten/μl. Das *Gesamteiweiß* im Liquor lag bei 2400 mg/l (1,8–3,8 g/l), und der *Liquor/Blut-Glukosequotient* bei 0,27 (0,16–0,39) [12]. In einer älteren Arbeit lag bei 9 Patienten mit Listerien-Meningitis oder -Meningoenzephalitis die Liquorleukozytenzahl im Median bei 640/μl und das Liquor-Gesamteiweiß im Median bei 2557 mg/l. Bei 5 der 9 Patienten war zum Zeitpunkt der Diagnose im Liquor ein „buntes" Differentialzellbild sichtbar. Bei den 5 Patienten, deren Laktat im Liquor bestimmt wurde, lag es über 3,5 mmol/l [13].

Die seltene Listerien-Hirnstamm-Enzephalitis (Rhombenzephalitis, ca. 10 % aller ZNS-Listeriosen) weist im Liquor noch geringere Entzündungszeichen auf als die Listerien-Meningoenzephalitis. Morphologisch liegen der Hirnstamm-Enzephalitis Mikroabszesse im Hirnstamm zugrunde. Bei 9 Patienten mit einer Listerien-Rhombenzephalitis lag die Liquor-*Leukozytenzahl* zwischen 20 und 3300/μl (Median 237/μl), das Liquor-*Gesamteiweiß* bei 530–2370 mg/l (Median 1240 mg/l) und die Liquor-*Glukose* bei 0,10–3,50 mmol/l (Median 2,15 mmol/l) [14].

Die Gram-positiven Listerien (siehe auch **Kap. B.6.1,** Abb. B.6.2c) lassen sich, auch bei der Rhombenzephalitis, nicht selten aus Blut oder Liquor anzüchten bzw. mit der PCR detektieren.

Tuberkulöse Meningitis

Typische Liquorbefunde bei der tuberkulösen Meningitis sind stark erhöhte Liquor-*Gesamteiweißwerte* und *Liquor/Serum-Albuminquotienten*, eine mäßige *Zellzahlerhöhung* (Zellzahlen von 30 bis 1000 Leukozyten/µl) mit gemischtzelligem Zellbild, eine erniedrigte Liquor-*Glukose* (Liquor/Blut < 0,5 in 95 % der Fälle) bei erhöhtem *Liquorlaktat* (≥ 3,5 mmol/l). Die Dominanz der neutrophilen Granulozyten (> 50 %) war in einer Studie der stärkste Prädiktor für eine tuberkulöse Meningitis mit einer Sensitivität von 54 % und einer Spezifität von 98 % [15]. Bei HIV-infizierten Patienten kommen vereinzelt normale Liquor-Zellzahl-Befunde vor [16]. Das Ausmaß der Erniedrigung der Liquor-Glukose korreliert mit der Schwere der Erkrankung. Bei der Bewertung der Albumin- und Immunglobulin-Quotientendiagramme gilt eine dominierende intrathekale IgA-Synthese (QIgA > QIgG) als charakteristisch. Auch *oligoklonale IgG-Banden* sind nicht selten, besonders in fortgeschrittenen Fällen [17]. Ca. 50 % aller Betroffenen weisen bei der Diagnosestellung einen erhöhten *Liquordruck* auf. Eine nicht-infektiöse wichtige Differentialdiagnose zur tuberkulösen Meningitis ist, insbesondere wenn der Erregernachweis nicht gelingt, die Meningeosis neoplastica. Sie weist ähnliche Zellzahlen, Eiweiß- und Laktatwerte im Liquor auf. Zu ihrem Ausschluss ist die wiederholte Anfertigung von Differential-Liquor-Zellbildern und Betrachtung durch einen erfahrenen Zytologen nötig.

Die mikroskopische Untersuchung des Liquorausstrichpräparates auf säurefeste Stäbchen zunächst mittels einer von Paul Ehrlich 1882 entwickelten Färbung, später mit der Ziehl-Neelsen-Färbung ist die Grundlage der raschen Diagnostik seit fast 140 Jahren (**siehe Kap. B.6.1**, Abb. B.6.2e). Bei hoher Spezifität (> 95 %) beträgt die Sensitivität der Ziehl-Neelsen-Färbung aufgrund der geringen Bakterienkonzentration im Liquor ca. 10–20 %. Durch wiederholte Liquoruntersuchungen und Konzentration ausreichend großer Liquormengen mittels Zentrifugation kann die Sensitivität der Färbung erheblich erhöht werden.

Für die definitive Diagnose ist die Anzucht des Erregers die Methode der Wahl. Die Anzucht erlaubt die anschließende Resistenztestung. Zur Anzucht wird Liquor auf zwei festen und einem flüssigen Nährmedium kultiviert. Die Kultur muss für wenigstens 8, besser 12 Wochen bebrütet werden. Aufgrund der geringen Bakteriendichte im Liquor gelingt die Anzucht nur in 30–50 %. Ein großes Volumen des eingesetzten Liquors (möglichst ≥ 6 ml) steigert die Sensitivität. Die zusätzliche Anlage von Kulturen aus Sputum, Magensaft und Urin ist empfohlen.

Ergänzend soll mittels PCR versucht werden, mykobakterielle Nukleinsäure im Liquor nachzuweisen. Die zusätzliche Anwendung der PCR führt zu einer geringgradigen Steigerung der Sensitivität im Vergleich zur alleinigen Kultur, allerdings liegt das PCR-Ergebnis sehr viel rascher vor als das Kultur-Ergebnis. So erlaubt beispielsweise der kommerziell erhältliche Nukleinsäure-Amplifikationstest GenXpert (Cepheid, Sunnyvale, California, USA) den Nachweis der Mycobacterium-DNA und beantwortet gleichzeitig die Frage, ob eine Rifampicin-Resistenz vorliegt, binnen 2 Stunden. Der Weiterentwicklung dieses Tests, dem für Liquoranalytik vorgesehene Xpert MTB/RIF Ultra, wird in Studien eine deutlich verbesserte Sensitivität für tuberkulöse Meningitis zwischen 50 und 70 % zugeschrieben [18,19].

Die Bestimmung von Tuberkulose-Antigenen, Tuberkulose-Antikörpern bzw. eines

TBC-spezifischen Antikörperindex sind keine etablierten und validierten Methoden der Liquoranalytik. Bei typischer Klinik gelingt trotz aller diagnostischer Bemühungen – auch im Verlauf – bei 10–40 % der Patienten der Erregernachweis nicht. Bereits der ausreichend begründete Verdacht auf eine ZNS-Tuberkulose erfordert deshalb die Einleitung einer anti-tuberkulösen Therapie, in der Regel unter Komedikation mit Glukokortikoiden.

γ-Interferon-Freisetzungs-Tests (Interferon-γ Release Assays [IGRA]) werden zur Diagnostik der Tuberkulose eingesetzt. Als Probenmaterial dient Vollblut, selten auch Liquor des Patienten [20]. Spezifische *Mycobacterium tuberculosis*-Antigene werden benutzt, um *in vitro* Gedächtnis-T-Zellen zu stimulieren. Wenn diese Patientenzellen die Antigene erkennen, weil sie im Rahmen einer Infektion schon einmal mit ihnen in Kontakt gekommen sind, produzieren sie vermehrt Interferon-γ (IFN- γ), welches im Zellüberstand gemessen wird. Der IGRA erkennt somit Personen, die mit Organismen des *M. tuberculosis*-Komplexes (*M. tuberculosis, M. bovis*) infiziert sind oder waren. Die Quantifizierung von IFN-γ bildet die Grundlage dieser Tests. Sie sind empfindlicher als die klassischerweise verwendeten Tuberkulin-Reaktionen nach subkutaner Administration („Tine-Test", „Mendel-Mantoux-Test"). Bei schwer Immunsupprimierten können sie aber trotz florider TBC-Meningitis negativ sein. In einer Metaanalyse, die 8 Studien mit Blut-IGRA und 6 Studien mit Liquor-IGRAs auswertete, lagen die Sensitivität für Blut und Liquor bei 0,78 und 0,77, und die Spezifizität bei 0,61 und 0,88, so dass diese Tests bei der tuberkulösen Meningitis eine moderate diagnostische Genauigkeit aufwiesen [21].

Zusammengefasst verursacht die tuberkulöse Meningitis typischerweise eine lympho-mono-granulozytäre Liquorpleozytose (sog. „buntes Zellbild") von einigen hundert Zellen pro Mikroliter und eine ausgeprägte Liquoreiweiß- und Laktaterhöhung. Typisch für die tuberkulöse Meningitis, aber nicht immer vorhanden, ist außerdem eine intrathekale IgA-Synthese. Da der mikroskopische Nachweis von Mykobakterien (Ziehl-Neelsen-Färbung) selten gelingt, soll bei entsprechendem Verdacht eine ansonsten ätiologisch ungeklärte akute oder subakute Meningitis mit dem o. g. Liquorbefund bis zum Beweis des Gegenteils als tuberkulös angesehen und entsprechend behandelt werden.

Nosokomiale bakterielle Meningitis

Bakterielle Infektionen nach neurochirurgischen Eingriffen sind häufig ebenfalls schwer zu diagnostizieren:

1. Bei den oft schwer kranken Patienten kann die klinische Symptomatik vieldeutig sein. Nicht selten leiden diese Patienten unter Infekten der Atemwege und des Urogenitaltrakts, so dass Fieber trotz Vorliegen einer ZNS-Infektion irrtümlicherweise auf eine extrazerebrale Infektion zurückgeführt wird.
2. Umgekehrt kann Blut im Subarachnoidalraum einen Meningismus verursachen und klinisch eine ZNS-Infektion vortäuschen. Nach Eindringen von Blut in den Subarachnoidalraum kommt es zu einer Abräumreaktion durch Leukozyten, während der eine leichte Pleozytose im Liquor physiologisch ist.
3. Koagulase-negative Staphylokokken, die meist für Infektionen nach Fremdkörperimplantation verantwortlich sind, verursachen häufig keine ausgeprägte Entzündungsreaktion. Die Liquorpleozytose bei durch solche Erreger verursachten ZNS-Infektionen beträgt meistens einige hundert Leukozyten/μl, das Liquorlaktat ist in der Regel auf über 3,5 mmol/l erhöht.

Besonders schwer ist die Differentialdiagnose zwischen einer Entzündungsreaktion, die während der Resorption einer intrakraniellen Blutung auftritt, und einer Infektion: in einer niederländischen retrospektiven Untersuchung an 209 Patienten nach Subarachnoidalblutung wurde bei 48 Patienten eine antibiotische Behandlung wegen vermuteter bakterieller Ventrikulitis begonnen. Bei 11 Patienten (alle mit mindestens einer vorherigen Liquorableitung) wurden im Liquor Bakterien angezüchtet (8 × *Staphylococcus epidermidis*, 2 × *Enterococcus*-Spezies, 1 × *Staphylococcus aureus*). Bei den 37 Patienten mit einer negativen Liquorkultur wurden die Antibiotika abgesetzt. Nur einer dieser 37 Patienten erlitt ein zweites Ereignis mit Ventrikulitis-Verdacht, bei dem dann in der Tat im Liquor ein Bakterium angezüchtet wurde. Patienten mit klinischem Verdacht auf Ventrikulitis ohne Erregernachweis hatten im Liquor erheblich mehr Erythrozyten (102.900 Erythrozyten/µl [33.600–177.000]) als Patienten mit einer durch Liquorkultur gesicherten bakteriellen Ventrikulitis (6300 Erythrozyten/µl [1200–7.168.000]; Mediane, 95 % Konfidenzintervalle, p = 0,01; Mann-Whitney U-Test). Andere Laborparameter waren nicht signifikant different zwischen beiden Gruppen, auch wenn in der Gruppe der kulturell bestätigten Ventrikulitiden die Liquor-Leukozytenzahl (3225/µl [489–15.595] versus 1722/µl [1191–2430]) und das Gesamteiweiß im Liquor (1200 mg/l [600–2900] versus 1000 mg/l [700–1500]) tendenziell höher und die Liquor-Glukose (2,7 mmol/l [1,8–3,6] versus 3,4 mmol/l [2,9–3,8]) tendenziell niedriger lag als bei den Patienten mit Erythrozyten-induzierter Ventrikulitis [22].

In einer 2019 publizierten Übersichtsarbeit, die 20 prospektive und 22 retrospektive Studien analysierte, lagen bei 243 Patienten mit Ventrikulitis nach externer Ventrikeldrainage im Durchschnitt die Liquor-*Leukozytenzahlen* höher als bei 951 Patienten ohne Ventrikulitis. Lediglich in 4 Studien mit 22 Patienten mit Drainage-assoziierter Ventrikulitis verglichen mit 69 Patienten ohne Ventrikulitis waren die Liquor-Leukozytenzahlen nicht different. Erhöhte Liquor-Leukozytenzahlen fand man bei 93 % der Patienten mit Drainage-assoziierter Ventrikulitis und bei 32 % ohne Ventrikulitis. Während man in 3 Studien mit 87 Patienten im Differential-*Liquorzellbild* einen erhöhten Prozentsatz von Granulozyten fand, ließ sich dies in 2 anderen Studien mit 71 Patienten nicht bestätigen [23].

Die Korrektur des Einflusses der Blutbeimengung mittels des von Pfausler et al. [24] beschriebenen Zellindex (Quotient Leukozyten$_{\text{Liquor}}$/ Eythrozyten$_{\text{Liquor}}$: Leukozyten$_{\text{Blut}}$/ Eythrozyten$_{\text{Blut}}$) bei 60 Patienten mit Drainage-assoziierter Ventrikulitis verglichen mit 62 Patienten ohne Drainage-assoziierter Ventrikulitis ergab eine signifikante Differenz der Liquor-Leukozytenzahl. Zwei andere Studien mit 71 Patienten mit und 464 Patienten ohne Ventrikulitis fanden allerdings keine signifikante Differenz des Zellindex [22]. Somit ist unklar, ob der Zellindex im Vergleich zur üblichen Korrektur für Blutbeimengung (pro 1000 Erythrozyten/µl wird ein Leukozyt/µl von der gezählten Leukozytenzahl/µl abgezogen) Vorteile bringt oder ob es sich nur um eine Scheingenauigkeit handelt. Zwar kann in der Tat im Blut der Quotient Leukozyten-/Erythrozytenkonzentration erheblich von 1:1000 abweichen, aber Erythrozyten induzieren *in vivo* selbst eine Entzündungsreaktion und werden dabei phagozytiert (Erythro- und Siderophagen im Liquor), so dass sich ihre Relation *in vivo* ohne begleitende Infektion verschiebt, und Erythrozyten lysieren *in vitro* rascher als Leukozyten, wenn eine Liquorprobe nicht sofort gezählt wird.

Das Liquor-*Gesamteiweiß* lag bei Patienten mit Drainage-assoziierter Ventrikulitis im Mittel bei 2000 mg/l, bei Patienten ohne Ventrikulitis bei 700 mg/l. Bei einem Cut-off von 800 mg/l lag die AUC bei 0,772. Die Liquor-*Glukose* lag bei Drainage-assoziierter Ventrikulitis im Mittel bei 52 mg/dl (2,9 mmol/l), ohne Ventrikulitis bei 100 mg/dl (5,6 mmol/l). Der Liquor/Blut-Glukosequotient war niedriger bei der Drainage-assoziierten Ventrikulitis als bei Patienten ohne Ventrikulitis. Das *Liquorlaktat* war ebenfalls im Mittel bei Patienten mit Drainage-assoziierter Ventrikulitis erhöht im Vergleich zu Patienten ohne Ventrikulitis. Der Cut-off-Wert differierte in den einzelnen Untersuchungen von > 4,0 bis > 6,0 mmol/L, die AUC schwankte zwischen 0,55 und 0,90. Für Liquor-Gesamteiweiß, Liquorglukose, Liquor-Blut-Glukosequotient und Liquorlaktat ließ sich der geschilderte Zusammenhang nicht in allen Studien reproduzieren.

Die *Zytokine* Interleukin (IL)-1β, IL-6, IL-8, Tumor Necrosis Factor (TNF)-α und Transforming Growth Factor-β wurden hinsichtlich ihres Nutzens für die Diagnose einer Drainage-assoziierten Ventrikulitis untersucht (die meisten Erfahrungen liegen für IL-6 vor), aber die Zahl der Untersuchungen und der eingeschlossenen Patienten waren zu niedrig für klare Schlussfolgerungen [23].

Das zu erwartende Erregerspektrum ist in Tab. C.1.2 aufgeführt. Von 156 als Drainage-assoziierte Ventrikulitis klassifizierten Episoden waren bei 125 (80 %) aus dem Liquor Bakterien anzüchtbar, in 31 Fällen misslang die Anzucht (20 %). Bei 580 Patienten, von denen man annahm, dass sie keine Drainage-assoziierte Ventrikulitis hatten, ließen sich in 106 Kulturen von 68 Patienten Bakterien anzüchten aufgrund einer Kolonisation der Drainagenspitze mit negativer Liquorkultur, und 145 Kulturen von 91 Patienten waren positiv aufgrund von Kontamination. Die Gram-Färbung zeigte Bakterien bei 44 von 81 Patienten mit Drainage-assoziierter Ventrikulitis (54 %), während es in einer Studie keine falsch-positiven Gram-Färbungen bei 51 Patienten ohne Drainage-assoziierte Ventrikulitis (Spezifität 100 %) und in einer anderen Studie 3 falsch positive Befunde bei 21 Patienten ohne Ventrikulitis gab (Spezifität 85 %).

Tab.C. 1.2: Erregerspektrum bei Ventrikulitis durch externe Liquordrainagen [23].

Erreger	N = 545	%
Gram-positive Bakterien	326	60
– Koagulase-negative Staphylokokken	173	32
– Staphylococcus aureus	69	13
– Enterococcus spp.	37	7
– Streptococcus spp.	15	3
– Propionibacterium acnes	9	2
– andere Gram-positive Bakterien	13	2
– nicht weiter spezifizierte Gram-positive Bakterien	10	2
Gram-negative Bakterien	172	32
– Acinetobacter spp.	48	9
– Enterobacter spp.	27	5
– Pseudomonas spp.	24	4
– Klebsiella spp.	25	5
– Escherichia coli	19	3
– Serratia spp.	12	2
– andere Gram-negative Bakterien	9	2
– nicht weiter spezifizierte Gram-negative Bakterien	8	1
Polymikrobielle Infektion	42	8
Andere	5	1

Prozentwerte auf ganze Zahlen gerundet

In 2 Studien wurde die Zuverlässigkeit der 16 S ribosomalen RNA-PCR zur Diagnose einer Drainage-assoziierten Ventrikulitis untersucht. In der ersten wurde bakterielle RNA in 17 von 21 (81 %) Kultur-positiven Liquores und in einem Kultur-negativen Liquor nachgewiesen. In der zweiten Studie mit 18 Kindern und 57 Episoden mit vermuteter Drainage-assoziierter Ventrikulitis detektierte die PCR bakterielle RNA bei 37 von 38 Kultur-positiven Liquores [23].

Da auch Laborparameter im Blut nicht besser diskriminieren als Liquorparameter, haben zur Zeit alle Laborparameter einen begrenzten Wert, um eine Erreger-bedingte

Ventrikulitis und sterile Entzündung bei Patienten mit externer Liquordrainage zu differenzieren [23].

Zwei bisher nicht an größeren Kollektiven validierte Vorhersagemodelle für die Diagnose einer Drainage-assoziierten Ventrikulitis wurden entwickelt. Das erste Modell nutzte die IL-6-Konzentration im Liquor, die Liquor-Leukozytenzahl und das C-reaktive Protein im Plasma (Fläche unter der Receiver Operating Characteristic (ROC)-Kurve 0,89, Sensitivität 100 % [95 % CI 69–100 %], Spezifität 78 % [95 % CI 62–89 %], positiver prädiktiver Wert 53 % [95 % CI 29–76 %], negativer prädiktiver Wert 100 % [95 % CI 89–100]). Das zweite Modell kombinierte ein Liquorlaktat > 6 mmol/l, eine Liquorpleozytose, eine positive Gram-Färbung und eine positive Liquorkultur mit einem Erreger mit derselben Morphologie wie die Gram-Färbung. Dieser Algorithmus ergab keine falsch-positiven Befunde [23,25,26].

Hirnphlegmone (Zerebritis) und Hirnabszess

Die Liquoranalytik hat in den meisten Fällen für die Diagnostik der Hirnphlegmone und des Hirnabszesses keinen besonderen Stellenwert. Die Liquorveränderungen sind unspezifisch (leichte bis mäßige *Pleozytose*, *Proteinerhöhung*), der Liquor kann selten auch normal sein. Umgekehrt können bei einer Ruptur des Abszesses in das Ventrikelsystem („Pyozephalus") die *Leukozytenzahl*, das *Gesamteiweiß* und *Laktat* im Liquor sehr hoch sein und Werte wie beim Vollbild der bakteriellen Meningitis annehmen. In einer Übersichtsarbeit wurden Angaben zur Liquoranalytik aus 43 Studien mit 3955 eingeschlossenen Patienten gemacht. Liquor wurde bei 1392 Patienten (35 %) entnommen. Bei 96 von 588 Patienten (16 %) war der Liquorbefund normal. Bei 758 von 1063 Patienten (71 %) war die Liquor-Leukozytenzahl, bei 222 von 381 Patienten (58 %) das Liquoreiweiß erhöht [27].

Für die Erregeridentifikation kann die Kultur des Liquors hilfreich sein, insbesondere wenn eine begleitende Meningitis vorliegt oder der Abszess rupturiert ist. Von 1108 Patienten hatten 263 (24 %) Erregerwachstum in der Liquorkultur [27]. Die PCR im Liquor scheint etwas sensitiver als die Bakterienkultur zu sein [28]. Bei raumfordernden Abszessen ist die Liquorentnahme wegen der Gefahr der transtentoriellen und/oder transforaminellen/zerebellären Herniation kontraindiziert. Eine klinische Verschlechterung in Zusammenhang mit einer Liquorpunktion wurde bei 76 von 1030 Patienten (7 %) aus 19 Studien beschrieben [27].

Als Erreger des Hirnabszesses werden in 35–50 % Streptokokken, vorzugsweise aus der *Streptococcus viridans*-Gruppe, in 10–15 % *Staphylococcus aureus*, in 5–10 % Koagulase-negative *Staphylokokken*, in 15–40 % obligate Anaerobier, z. B. *Bacteroides*-Spezies, und in 15–30 % Gram-negative aerobe Bakterien, z. B. Enterobakterien oder *Pseudomonas spp.*, nachgewiesen. Typisch für den Hirnabszess sind Mischinfektionen aus aeroben und anaeroben Bakterien [29,30]. Bei ungeeigneter Behandlung des entnommenen Abszessinhalts (insbesondere Kontakt der Bakterien mit Luftsauerstoff) wird die Häufigkeit von Infektionen mit Anaerobiern bzw. aeroben/anaeroben Mischinfektionen unterschätzt. In 59,5 % der Fälle wurde ein Erreger angezüchtet, in 17 % mehrere Erreger, und in 27,5 % gelang kein Erregernachweis [29]. Mit Hilfe einer die bakterielle 16 S ribosomale RNA amplifizierenden PCR mit anschließender Sequenzierung des Amplifikats wurde in bis zu 40 % der Fälle eine Mischinfektion festgestellt mit mindestens einem anaeroben Bakterium [28]. Bei immunkompromittierten Patienten müssen auch Nocardien, Actinomyceten, Pilze (*Aspergillus* spp., *Candida* spp., *Cryptococcus neoformans*, *Mucorales*) als Erreger beim Hirnabszess in Betracht gezogen werden. Bei

Immunkompetenten nach Beinahe-Ertrinken, aber auch möglich bei Immunsupprimierten ohne Ertrinkungsunfall, kommt es zu Hirnabszessen mit *Scedosporium apiospermum* [31]. Liegt eine entsprechende Reise- oder Expositionsanamnese vor, können in seltenen Fällen Protozoen und Würmer einen Hirnabszess verursachen (*Entamoeba histolytica, Baylisascaris procyonis*) bzw. vortäuschen (Granulome oder Zysten: *Schistosoma* spp., *Echinococcus* spp., *Taenia solium, Paragonimus* spp. und andere). Die fokal-nekrotisierende Toxoplasmenenzephalitis ist in Ländern mit einer hohen HIV-Prävalenz und fehlender Primärprophylaxe eine häufige Manifestationsform der AIDS-Erkrankung und kann im CCT oder cMRT mit einem Hirnabszess verwechselt werden.

Durch die Anwendung sorgfältiger anaerober Kulturtechniken [29] oder mit Hilfe molekularbiologischer Methoden [28] konnte gezeigt werden, dass

- in vielen Hirnabszessen mehrere unterschiedliche Erreger vorkommen,
- Anaerobier aus zahlreichen Abszessen isoliert werden können und
- auch nach dem Beginn der antibiotischen Behandlung in den meisten Fällen noch lebende Erreger in der Abszesshöhle anzutreffen sind.

Epiduraler Abszess und subdurales Empyem (zerebral und spinal)

Zerebrale epidurale Abszesse sind sehr selten, weil die Dura mater eng mit der Kalotte verbunden ist. Demgegenüber liegt die Arachnoidea der Dura locker an, so dass sich im Subduralraum Eiter ausbreiten kann. Zerebrale subdurale Empyeme entstehen am häufigsten als Komplikation einer bakteriellen Meningitis oder einer Sinusitis der Nasennebenhöhlen. Die Liquorveränderungen ähneln denen des Hirnabszesses. Bei raumfordernden zerebralen subduralen Empyemen und zerebralen epiduralen Abszessen ist die Liquorentnahme kontraindiziert.

Der Epiduralraum im Spinalkanal wird von Bindegewebe und einem Venenplexus ausgefüllt. Wenn Erreger in den spinalen Epiduralraum eindringen, können sie sich ausbreiten und langstreckige Eiteransammlungen verursachen. Ausgangspunkte sind oft eine Spondylodiszitis oder eine epidurale Injektion, insbesondere Kortikoid-Instillation. Das diagnostische Verfahren der Wahl ist die Kernspintomographie. Die Myelographie, früher das Standardverfahren, ist heute nur noch in Ausnahmefällen indiziert. Die lumbale Liquorentnahme ist ebenfalls nur in Ausnahmefällen indiziert, denn sie beinhaltet das Risiko eines Einschleppens der Erreger in den Liquorraum mit darauffolgender Meningitis. Da der Abszess oft dorsal des Liquorraums liegt, kann es bei Kontraindikationen für ein Kernspintomogramm nötig sein, die Liquorpunktionsnadel sehr langsam vorzuschieben, ggf. auch zu aspirieren, um die dorsal des Liquorraums liegende Eiteransammlung im spinalen Epiduralraum zu detektieren.

In einer Übersichtsarbeit aus der Prä-MRT-Ära wurde eine *Liquor-Pleozytose* in 22 von 30 Patienten gefunden (73 %). 13 dieser 22 Patienten wiesen im Differentialzellbild ein Überwiegen der Granulozyten, 7 ein Überwiegen mononukleärer Leukozyten auf. In zwei Fällen mit Liquor-Pleozytose und bei allen 8 Patienten mit normaler Liquor-Leukozytenzahl gab es zum Differential-Liquorzellbild keine Informationen. Das Liquor-*Gesamteiweiß* war in 90 % (26 von 29 Fällen) erhöht. Die Liquor-*Glukose* war bei 54 % (14 von 26 Patienten) erniedrigt (≤ 50 mg/dl). Bei keinem Patienten wurden mikroskopisch im Liquor Bakterien gesehen, bei 6 von 24 Patienten (25 %) ließen sich die Bakterien aber aus dem Liquor anzüchten (Tab. C.1.3) [32].

Tab. C.1.3: Liquorbefunde beim spinalen epiduralen Abszess [32].

Messwert	Minimum-Maximum (Median)	Zahl der Patienten mit pathologischem Befund* (%)
Leukozyten (Zellen/µl)	0–27000 (40)	22/30 (73)
Gesamteiweiß (mg/l)	200–27600 (2390)	26/29 (90)
Glukose (mg/dl)	0–181 (44)	14/26 (54)
Bakterienkultur positiv	–	6/24 (25)
Gram-Färbung positiv	–	0/20 (0)

*Zahl der Patienten mit pathologischem Befund/Zahl der Patienten, bei denen der jeweilige Wert bestimmt wurde. Als pathologisch wurden gewertet: Lympho-/Monozyten im Liquor ≥ 5/µl, Granulozyten im Liquor ≥ 1/µl, Gesamteiweiß > 450 mg/l, Glukose ≤ 50 mg/dl.

In 3 Fällen (nicht in der Tabelle enthalten) wurde bei der lumbalen Liquorentnahme lediglich Eiter aus dem posterior gelegenen spinalen epiduralen Abszess gewonnen. Hier lagen die Leukozytenkonzentrationen und Eiweißwerte sehr hoch (bis $5{,}6 \times 10^6$/µl bzw. 24.300 mg/l), und die Glukose war niedrig bis nicht messbar. In allen 3 Fällen ließ sich der Erreger mikroskopisch und kulturell nachweisen [32].

Septische Herdenzephalitis und septische Enzephalopathie

Die septische Enzephalopathie ist eine häufige Erkrankung, insbesondere bei Neugeborenen, Säuglingen, Kleinkindern und alten Menschen. Demgegenüber sind septische Herdenzephalitiden selten. Hier lassen sich septisch-embolische (Ischämien durch Bakterien-besiedelte Emboli dominieren) und septisch-metastatische (Mikroabszesse dominieren) Herdenzephalitiden differenzieren. Die Klinik der septischen Enzephalopathie besteht aus einer Bewusstseinstrübung vom akuten Verwirrtheitszustand und Delir bis zum Koma. Ausgeprägte neurologische Herdsymptome sprechen für eine septische Herdenzephalitis. Für die sichere Stellung der Diagnose ist neben der zerebralen Bildgebung (hier ist das MRT erheblich sensitiver als das CT) eine Liquorentnahme nötig. Für den Erregernachweis sind Blutkulturen und/oder Kulturen von Material aus dem septischen Streuherd erforderlich, die Erregeranzucht aus dem Liquor gelingt meist nicht [33].

Die Liquor-*Leukozytenzahl* ist bei der septischen Enzephalopathie in der Regel normal, das Liquor-*Gesamteiweiß* normal bis geringgradig erhöht (< 1000 mg/l) [34,35]. 11 von 12 Patienten mit einer septisch-embolischen und alle 6 Patienten mit einer septisch-metastatischen Herdenzephalitis wiesen entzündliche Liquorveränderungen auf [36]. Bei der septischen Herdenzephalitis sind die Liquorveränderungen variabel und reichen von wenigen Normalbefunden (v. a. septisch-embolische Enzephalitiden) bis selten zu Pleozytosen über 1000/µl sowie Eiweißerhöhungen über 1000 mg/l (septisch-metastatische Verlaufsformen).

Die Liquoruntersuchung bei der septischen Herdenzephalitis ist indiziert, um überhaupt entzündliche Veränderungen nachzuweisen, die die septische Herdenzephalitis vom ischämischen Hirninfarkt abgrenzen.

Neuroborreliose

Eine Neuroborreliose kann sich unterschiedlich manifestieren. Eine serologisch-mikrobiologische Diagnostik sollte nicht ohne klinischen Verdacht auf eine Borreliose erfolgen, weil die Prävalenz von erhöhten Borrelien-Antikörper-Titern ohne Krankheitswert in Deutschland in der Gesamtbevölkerung mit dem Alter ansteigt und bei 70-79-jährigen Personen beiderlei Geschlechts bei 20 % liegt [37]. Bei Waldarbeitern in Forstbetrieben in Nordrhein-Westfalen lag die Seroprävalenz von Antikörpern gegen *B. burgdorferi sensu lato* bei 30,6 % [38]. Bei entsprechendem Expositionsrisiko (ein Zeckenstich wird nur in ca. 50 % der Fälle erinnert, ein vorausgegangenes Erythema migrans ist nicht obligat) sollten folgende neurologische Symptome Anlass zu einer diagnostischen Abklärung einer Neuroborreliose geben:

- Radikulitis spinaler Nerven
- Radikulitis der Hirnnerven II–XII
- Meningitis
- Neuritis peripherer Nerven (sehr selten)
- Enzephalitis (selten, meist späte Neuroborreliose)
- Myelitis (selten, meist späte Neuroborreliose)
- Borrelien-induzierte zerebrale Vaskulitis (selten)
- Borrelien-induzierte Myositis (sehr selten).

Im Unterschied zu zahlreichen anderen bakteriellen Erkrankungen ist die Erregeranzucht schwierig. Sie gelingt nur in Speziallaboren und spielt deshalb in der Routinediagnostik keine Rolle. Aufgrund der niedrigen Erregerkonzentration im Liquor ist die Borrelien-spezifische PCR wenig sensitiv. Die Diagnose beruht deshalb auf klinischer Präsentation plus Nachweis Borrelien-spezifischer Antikörper.

Die Leitlinie der Deutschen Gesellschaft für Neurologie [39] unterscheidet zwischen:

Mögliche Neuroborreliose

- typisches klinisches Bild
- Borrelien-spezifische IgG- und/oder IgM-Antikörper im Serum (kann in sehr frühen Fällen noch negativ sein)
- Liquorpunktion nicht durchgeführt
- Ausschluss anderer Ursachen

Wahrscheinliche Neuroborreliose

- wie „mögliche Neuroborreliose“, jedoch zusätzlich
- entzündliches Liquorsyndrom mit lymphozytärer Pleozytose, Blut-Liquor-Schrankenstörung und intrathekaler Immunglobulinsynthese

Gesicherte Neuroborreliose

- wie „wahrscheinliche Neuroborreliose“, zusätzlich:
- intrathekale Synthese Borrelien-spezifischer Antikörper (positiver IgG- und/oder IgM- Antikörperindex) im Liquor oder
- positiver kultureller Nachweis von Borrelien mittels Kultur oder Borrelien-spezifischer Nukleinsäuren mittels PCR im Liquor.

Serologie

Die serologische Diagnostik einer Borrelieninfektion erfolgt zweistufig aus Serum oder Plasma und besteht aus einer Suchreaktion und einem Bestätigungsverfahren. Als Suchtests werden Enzymimmuntests (ELISA) oder vergleichbare Verfahren wie z. B. Chemolumineszenztests eingesetzt. Weil Antikörper gegen in der Mundhöhle physiologisch vorkommende Borrelien im ELISA mit den eingesetzten Antigenen kreuzreagieren können, muss bei einem positiven oder grenzwertigen Ergebnis der Suchtest mit einem Immunoblot oder Line Blot bestätigt werden (Bestätigungstest).

In typischen Fällen einer Borrelieninfektion erfolgt nach 2–3 Wochen eine im Blut nachweisbare IgM-Antwort, gefolgt von einer IgG-Antwort. Insgesamt weisen die moderneren Testsysteme durch den Zusatz rekombinanter Antigene wie des *in vivo* exprimierten Proteins VLSE eine erhöhte Sensitivität gegenüber frühen IgG-Antikörpern auf [40]. Bei rasch einsetzender antibiotischer Behandlung kann die IgG-Antwort ausbleiben. Solche Patienten können jahrelang Borrelien-spezifische IgM-Antikörper im Blut aufweisen, ohne dass es zu einer nachweisbaren IgG-Antikörper-Synthese kommt.

Bei Auftreten eines *Erythema migrans* ist eine mit Hilfe kommerzieller Assays messbare Antikörperantwort nur in 20–50 % der Fälle vorhanden, so dass die Diagnose klinisch gestellt werden muss. Bei einer frühen akuten Neuroborreliose kann man in 70 bis über 90 % der Fälle einen positiven Antikörpernachweis erwarten, bei Spätmanifestationen in nahezu 100 % (IgG) [40,41]. Der Nachweis von Borrelien-spezifischen Antikörpern im Serum bei Patienten, deren klinisches Beschwerdebild unspezifisch ist, ist nicht beweisend für eine floride und behandlungsbedürftige Borrelien-Infektion. So sind zum einen asymptomatische Serokonversionen nicht selten, zum anderen persistieren erhöhte IgG- und IgM-Antikörpertiter im Serum (und die Borrelien-spezifische intrathekale Antikörperproduktion im Liquor) auch bei adäquat behandelten Patienten über Jahre [42,43]. Der Erfolg einer antibiotischen Therapie muss daher klinisch beurteilt werden. Eine routinemäßige serologische Verlaufskontrolle zum Zweck der Beurteilung des Therapieerfolges wird nicht empfohlen [39,40].

Liquordiagnostik

Entscheidend für die Sicherung der Diagnose Neuroborreliose ist die Liquoranalytik.

Die Frage der Akuität der Erkrankung wird durch die Leukozytenzahl im Liquor beantwortet, die Frage nach einer spezifisch gegen Borrelien gerichteten intrathekalen Antikörperproduktion durch Kalkulation des Borrelien-spezifischen IgG- bzw. IgM-Antikörperindex.

Typischerweise tritt bei der Neuroborreliose eine Liquor-*Pleozytose* bis 1000 Zellen/µl auf mit einem Überwiegen lymphomonozytärer Zellen und Plasmazellen. Eine in der Regel deutliche Störung der *Blut-Liquor-Schrankenfunktion* spiegelt sich in einem erhöhten Liquor-*Gesamteiweiß* und Liquor-Serum-Albuminquotienten wider. Die klinischen Manifestationsformen Polyradikuloneuritis, Fazialisparese und Meningitis unterscheiden sich hinsichtlich der Routine-Liquorparameter Zellzahl, Eiweiß, Albuminquotient und Laktat nicht (Tab. C.1.4).

Die Frage, ob es eine akute Neuroborreliose mit normaler Liquor-Leukozytenzahl gibt, wird kontrovers diskutiert. Laut Leitlinie

Tab. C.1.4: Routine-Liquorbefunde bei den einzelnen Manifestationsformen der Neuroborreliose beim Erwachsenen (klinisch wahrscheinliche oder sichere akute Neuroborreliose nach den Kriterien der Leitlinie der DGN [39]) [44].

Parameter	Polyradikuloneuritis (n = 70)	Fazialisparese (n = 50)	Meningitis (n = 18)	p*
Liquor- Leukozyten [z/µl]	260 ± 284,8 171,5 (5–1259)	274,2 ± 234,6 210,5 (15–992)	419,3 ± 377,2 345,5 (9–1269)	0,12
Liquor-Protein [mg/l]	1513 ± 966 1339 (300–5160)	1604 ± 983 1372 (425–5160)	1222 ± 903 942 (399–3462)	0,56
Liquor/Serum-Albuminquotient $Q_{Alb} \times 10^{-3}$	21,7 ± 14 19,8 (3,2–64,4)	22,9 ± 13,7 21 (5,0–64,3)	17,8 ± 13,7 12,6 (5,2–55,1)	0,35
Liquorlaktat [mmol/l]	2,2 ± 0,6 2,0 (1,3–3,6)	2,1 ± 0,6 2,0 (1,2–3,5)	2,3 ± 0,7 2,4 (1,3–3,6)	0,41

*Kruskal-Wallis-Test

der DGN ist für die Diagnose einer wahrscheinlichen oder sicheren Neuroborreliose ein „entzündliches Liquorsyndrom mit lymphozytärer Pleozytose, Blut-Liquor-Schrankenstörung und intrathekaler Immunglobulinsynthese" nötig, bei der möglichen Neuroborreliose ist der „Liquorbefund nicht vorliegend" [39]. Das „und" impliziert, dass die Leitlinie der DGN die Liquorpleozytose für die Diagnose einer Neuroborreliose fordert. Dem stehen Berichte aus der Pädiatrie von durch *Borrelia burgdorferi* verursachten Fazialisparesen gegenüber, die in etwa 10 % mit einer normalen Liquor-Leukozytenzahl einhergingen [45,46].

Es erscheint uns deshalb auch bei Erwachsenen wahrscheinlich, dass eine akute Neuroborreliose in Ausnahmefällen (sehr frühe Infektion, Infektion auf den Canalis n. facialis beschränkt) mit einer normalen Liquor-Leukozytenzahl einhergehen kann.

Die im Liquorraum angestoßene humorale Immunantwort lässt sich mit verschiedenen Maßnahmen mit unterschiedlicher Sensitivität nachweisen (Tab. C.1.5).

Tab. C.1.5: Liquorbefunde bei klinisch wahrscheinlicher oder sicherer akuter Neuroborreliose mit erhöhter Liquor-Leukozytenzahl (n = 118) [44].

	n	%
Intrathekale IgM-Synthese (Reiber-D.)	83	70
Intrathekale IgG-Synthese (Reiber-D.)	23	19
Intrathekale IgG-Synthese (IEF)	71	60
Intrathekale Ig-Synthese gegen BB	97	82
Liquorlaktat < 3,5 mmol/l	113	96
Serum-IgG- und IgM-AK unter Cut-off	11	9

BB = Borrelia burgdorferi

Bei Betrachtung der Reiber-Felgenhauer-Quotientendiagramme kommt es erheblich häufiger zu einer lokalen IgM- als zu einer lokalen IgG-Immunglobulinproduktion. Während sich eine lokale IgG-Synthese in den Reiber-Felgenhauer-Quotientendiagrammen nur in ca. 20 % nachweisen lässt, gelingt dies mit Hilfe der sensitiveren isoelektrischen Fokussierung in 60 %. Am empfindlichsten für die Detektion einer Immunglobulinsynthese im ZNS ist der Borrelien-spezifische Antikörperindex. Hier lässt sich, wenn sowohl Borrelien-spezifisches IgG als auch IgM einbezogen wird, eine intrathekale Immunglobulinsynthese in über 80 % der Fälle nachweisen [44].

Die *Liquorlaktatwerte* hingegen sind bei der Neuroborreliose meist normal oder nur leicht erhöht (< 3,5 mmol/l) [44,47]. Dem Liquorlaktat kommt deshalb eine wichtige Bedeutung zu, um die Neuroborreliose von der Neurotuberkulose, der durch andere Bakterien verursachten Meningoenzephalitis und von der Meningeosis neoplastica, die häufig mit hohen Liquorlaktatwerten einhergehen, abzugrenzen.

Als beweisend („sichere Neuroborreliose" gemäß Leitlinie der DGN [39]) wird das Vorliegen einer typischen klinischen Befundkonstellation, eines entzündlichen Liquorbefunds und des Nachweises einer intrathekalen Synthese von gegen Borrelien gerichteten Antikörpern angesehen. Zum Nachweis einer lokalen Antikörpersynthese im ZNS wird der Liquor/Serum-Quotient des erregerspezifischen Immunglobulins auf den Liquor/Serum-Quotient des entsprechenden Gesamt-Immunglobulins bezogen. Hierfür sollen Liquor und Serum im selben Assay gemessen und beide Flüssigkeiten auf annähernd gleiche IgG- bzw. IgM-Gesamtwerte verdünnt werden. Sind die spezifischen Antikörper gegen Borrelien in gleichem Maße wie das Gesamt-Immunglobulin durch Diffusion in den Liquor gelangt, liegt also keine intrathekalen Synthese vor, sollte das als Antikörperindex (AI) bezeichnete Verhältnis dieser beiden Quotienten 1 betragen. Erhöhte AI-Werte (erregerspezifischer Liquor/Serum-Quotient Q_{spez} > Liquor/Serum-Quotient des Gesamt-Immunglobulins Q_{ges}) sprechen unter Beachtung methodenabhängig definierter Grenzwerte (bei Verwendung eines ELISAs in der Regel > 1,5) für eine lokale

Antikörpersynthese im ZNS (Abb. C.1.2). Findet sich in den Quotientendiagrammen eine fassbare lokale Immunglobulinsynthese der jeweiligen Immunglobulinklasse (IgG_{ges} oder IgM_{ges}, intrathekal synthetisierte Fraktion > 0 %), wird Q_{spez} bezogen auf den entsprechend der Reiber-Felgenhauer-Quotientendiagramme maximalen normalen Immunglobulin-Quotienten bezogen auf den jeweils gemessenen Liquor/Serum-Albuminquotienten [48,49].

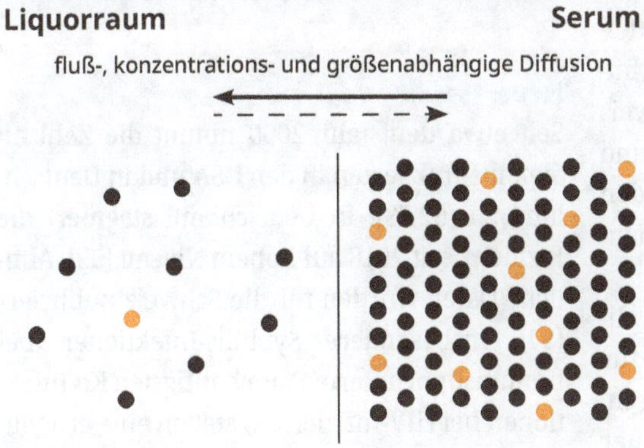

$$\frac{\text{spezifisches Ig im Liquor}}{\text{spezifisches Ig im Serum}} = \frac{\text{gesamtes Ig im Liquor}}{\text{gesamtes Ig im Serum}}$$

$$\frac{\text{spezifisches Ig im Liquor}}{\text{spezifisches Ig im Serum}} > \frac{\text{gesamtes Ig im Liquor}}{\text{gesamtes Ig im Serum}}$$

$$AI_{Ig} = \frac{Q_{spez}}{Q_{Igges}} \qquad \frac{\dfrac{\text{spezifisches Ig im Liquor}}{\text{spezifisches Ig im Serum}}}{\dfrac{\text{gesamtes Ig im Liquor}}{\text{gesamtes Ig im Serum}}}$$

oder bei lokaler Ig-Synthese (IgIF > 0%)

$$AI_{Ig} = \frac{Q_{spez}}{Q_{lim}}$$

Antikörperindexwert normal	1	(0,7–1,4)
Antikörperindexwert erhöht	≥	1,5

Abb. C.1.2: Berechnung des spezifischen Antikörperindexwertes (AI).

Eine intrathekale Antikörpersynthese gegen Borrelien mittels Antikörperindex ist je nach Dauer der neurologischen Symptome in 80–90 % (8–41 Tage Krankheitsdauer) bzw. bis in 100 % (> 6Wochen) der Fälle nachweisbar [41]. Sehr früh im Krankheitsverlauf beobachtet man jedoch auch ein Fehlen der intrathekalen Immunantwort. In diesen Sonderfällen kommt dem direkten Borreliennachweis mittels Nukleinsäureamplifikation (PCR) und der Quantifizierung des B-Zell-anlockenden Chemokins CXCL13 eine ergänzende Bedeutung in der Diagnosesicherung zu.

Die PCR zur Amplifikation von Borrelien-Nukleinsäuren aus dem Liquor ist kein für die Routineanwendung etabliertes Verfahren. Die Protokolle variieren nach Methode, Primer und Verfahren zur DNA-Extraktion [40]. Eine Anwendung erscheint bei sehr frühen Krankheitsverläufen in Einzelfällen hilfreich, da für Neuroborreliose-Fälle mit einer sehr kurzen Krankheitsdauer von weniger als 2 Wochen eine Sensitivität von 50 % beschrieben wurde [50]. Bereits nach 2 Wochen oder länger lag die Sensitivität der PCR aus Liquor aber nur noch bei 13 %, ihre Sensitivität wird im Allgemeinen mit 10–30 % angegeben [40]. Wichtig ist, dass ein positives Ergebnis einer PCR nur verwertbar ist, sofern eine Kontamination ausgeschlossen werden kann. Der Einsatz einer PCR wird nicht empfohlen bei Patienten mit chronischen Symptomen oder zur Verlaufskontrolle nach antibiotischer Therapie.

Neben den bisher dargestellten Methoden scheint in frühen akuten und unbehandelten Neuroborreliose-Fällen die zusätzliche Bestimmung von CXCL13 eine nützliche Ergänzung der bisherigen Diagnostik darzustellen. Dieses B-Zell-anlockende Chemokin steigt bei Patienten mit akuter Neuroborreliose im Liquor deutlich an, noch bevor eine spezifische Antikörperantwort generiert wird, und fällt rasch nach Beginn der Antibiotikagabe wieder ab. In einer prospektiven Studie an 179 Patienten mit vermuteter Neuroborreliose ergaben sich eine Sensitivität/Spezifität von 100 %/99 % sowie positiv bzw. negativ prädiktive Werte von 88 % und 100 % [51], so dass der Parameter bei unklaren Fällen einer sehr frühen Neuroborreliose hilfreich sein kann [39].

Neurosyphilis

Seit etwa dem Jahr 2000 nimmt die Zahl an Syphilis-Infizierten in den USA und in Deutschland zu [52,53]. In Deutschland stagniert die Inzidenz seit 2018 auf hohem Niveau [53]. Ähnliche Daten wurden für die Schweiz publiziert [54]. Insbesondere Syphilis-Infektionen bei Immunsupprimierten (am häufigsten Ko-Infektionen bei HIV-Infizierten) stellen eine erhebliche diagnostische und therapeutische Herausforderung dar. Neurologische Manifestationen der Syphilis können während allen Stadien der Infektion auftreten. Die Häufigkeit des Eindringens von *Treponema pallidum* in den ersten Tagen der Infektion ins ZNS wird auf 30–100 % geschätzt. In ca. 80 % scheint der Erreger durch die Immunantwort im ZNS ohne antibiotische Therapie eliminiert zu werden. In den Fällen, in denen der Erreger im ZNS persistiert, kommt es nach einer mehrjährigen Latenz zu einer syphilitischen Meningitis, der meningovaskulären Syphilis, der progressiven Paralyse oder der Tabes dorsalis (Abb. C.1.3) [52].

Ähnlich wie bei der Neuroborreliose wird die definitive Diagnose in der Regel mittels des Nachweises von Antikörpern gestellt. Hierfür stehen in der klinischen Routine der Treponema-pallidum-Partikelagglutinationstest (TPPA), der Treponema-pallidum-Hämagglutinationstest (TPHA), der Fluoreszenz-Treponema-Antikörper-Absorptionstest (FTA-Abs-Test) sowie Nachweismethoden von gegen *Treponema pallidum* gerichteten IgG- und/oder IgM-Antikörpern mittels ELISA zur Verfügung. Die PCR zum Nachweis von *Treponema pallidum* im Liquor zur Diagnosestellung bzw.

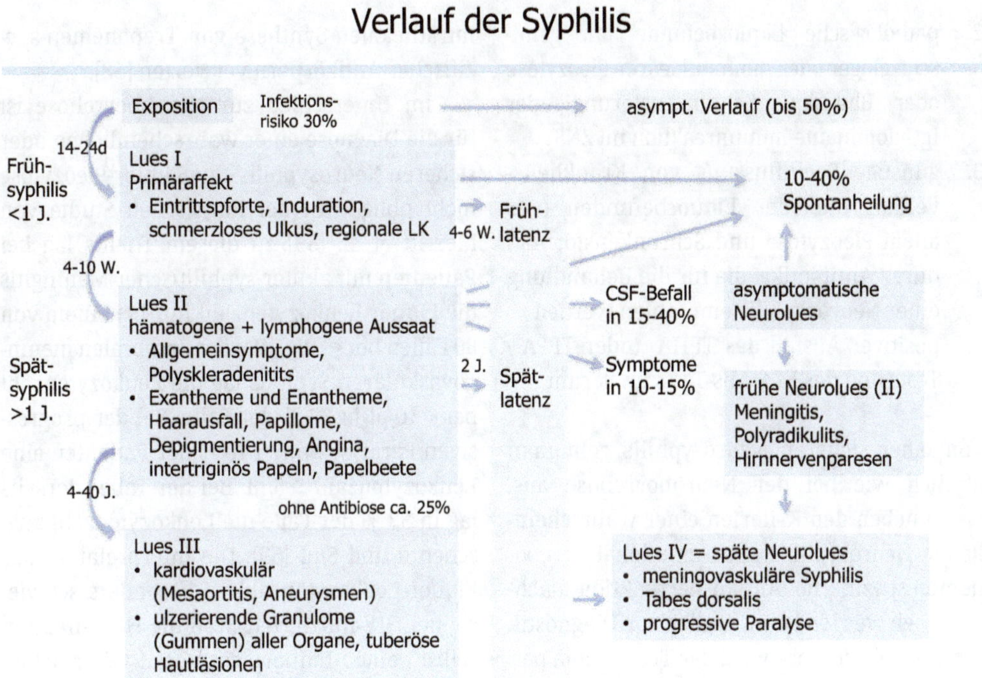

Abb. C.1.3: Neurologische Beteiligung bei der Syphilis. Die Prozentzahlen und Zeitangaben repräsentieren Schätzungen bzgl. der Progression zum jeweiligen Stadium. Die Schätzungen in der Abbildung gehen von unbehandelten Fällen aus.

zum Diagnoseausschluss einer Neurosyphilis kann aufgrund einer in einer Metaanalyse und in einer aktuellen Studie an 40 Patienten mit Neurosyphilis ermittelten zu niedrigen Sensitivität (32–64 %) und einer nicht ausreichenden Spezifität (40–98 %) derzeit nicht empfohlen werden [55,56]. Der mikroskopische Nachweis im Liquor mittels Dunkelfeldmikroskopie ist aufgrund der geringen Erregerdichte noch weniger empfindlich.

Bei Patienten mit positiver Syphilis-Serologie im Serum wird eine Liquoruntersuchung mit der Frage Beteiligung des ZNS empfohlen, wenn eine der folgenden Konstellationen vorliegt:

- neurologische, psychiatrische, ophthalmologische oder otologische Symptomatik
- bei Vorliegen von mindestens 2 von 4 Punkten: HIV-Infektion plus CD4-Zellzahl ≤ 200 Zellen/µl, unbehandelte HIV-Infektion, nachweisbare HI-Viruslast, hoher VDRL > 1:64 im Serum
- klinische Zeichen für eine gummöse oder kardiovaskuläre Manifestationsform der Tertiärsyphilis
- Rezidiv einer Syphilis trotz leitliniengerechter Behandlung.

Wie bei der Neuroborreliose wird zwischen wahrscheinlicher und sicherer Neurosyphilis unterschieden. Laut Leitlinie der DGN [57] leidet ein Patient wahrscheinlich an einer Neurosyphilis, wenn mindestens zwei der folgenden Kriterien 1–3 *und* immer das Kriterium 4 erfüllt sind:

1. subakuter oder chronisch-progredienter Verlauf einer neurologisch-psychiatrischen Symptomatik mit Phasen von Verschlechterung und Teilremission

2. pathologische Liquorbefunde mit gemischtzelliger oder mononukleärer Pleozytose oder Blut-Liquor-Schrankenstörung oder IgG-dominante Immunreaktion im ZNS
3. günstige Beeinflussung von Krankheitsverlauf und/oder Liquorbefunden (vor allem Pleozytose und Schrankenstörung) durch Antibiotika, die für die Behandlung einer Neurosyphilis empfohlen werden
4. positiver Ausfall des TPHA- (oder TPPA-) Tests und des FTA-Abs-Tests im Serum

Von einer sicheren Neurosyphilis geht man ähnlich wie bei der Neuroborreliose aus, wenn neben den Kriterien einer wahrscheinlichen Neurosyphilis noch eine lokale Treponemen-spezifische Antikörperreaktion nachgewiesen werden kann. Analog zur Diagnostik der Neuroborreliose wird der Treponema pallidum-spezifische Liquor-Serum-Antikörperindex berechnet (vgl. Abb. C.1.2). Zur Berechnung des Treponema pallidum-spezifischen Liquor-Serum-Antikörperindex eignen sich mittels ELISA gewonnene Treponemen-spezifische Antikörperkonzentrationen in Liquor und Serum besser als im TPHA oder TPPA ermittelte Titer. Unter der Voraussetzung, dass Liquor und Serum auf ähnliche IgG_{gesamt}- bzw. IgM_{gesamt}-Konzentrationen verdünnt werden und dass die Standardkurve des ELISAs im Bereich der Messwerte annähernd linear verläuft, ist bei Verwendung eines IgG- oder IgM-ELISAs ein Treponema pallidum-spezifische Liquor-Serum-Antikörperindex ≥ 1,5 als Nachweis einer intrathekalen Synthese Treponemen-spezifischer Antikörper zu werten. Bei der Verwendung von Tests, die statt Konzentrationen Titerstufen angeben, können Messungen um eine Titerstufe nach oben oder unten abweichen. Deshalb lässt sich bei Verwendung von TPHA oder TPPA erst ein Treponema pallidum-spezifischer Liquor-Serum-Antikörperindex ≥ 4 als Nachweis einer intrathekalen Synthese von Treponemen-spezifischer Antikörpern verwerten [58].

Im Unterschied zur Neuroborreliose ist für die Diagnose einer wahrscheinlichen oder sicheren Neurosyphilis eine Liquor-Pleozytose nicht obligat. In der klassischen Studie von Merritt et al. [59] zu diesem Thema lag bei Patienten mit akuter syphilitischer Meningitis die Liquor-Leukozytenzahl nur bei einem von 80 Fällen bei < 10/μl. Bei der zerebralen meningovaskulären Syphilis lag die Leukozytenzahl bei < 10/μl in 37 % der Fälle. Bei der progressiven Paralyse hatten 10 % der Patienten eine Leukozytenzahl ≤ 5/μl. Bei der Tabes dorsalis lag in 53 % der Fälle die Leukozytenzahl zwischen 0 und 5/μl [59]. Die Interpretation der Liquor-Leukozytenzahl ist besonders schwierig bei HIV-Infizierten, weil die HIV-Infektion selbst eine Liquorpleozytose verursachen kann, insbesondere, wenn die Kranken keine adäquate antiretrovirale Therapie erhalten. Um die Spezifizität der Liquor-Pleozytose für die Diagnose Neurosyphilis zu erhöhen, wurde vorgeschlagen, den Cut-off auf 10 Leukozyten/μl für HIV-Patienten und auf 20 Leukozyten/μl für HIV-Patienten ohne antiretrovirale Behandlung zu erhöhen [60]. In Zweifelsfällen wird man sich aber bei HIV-Patienten für eine antibiotische Therapie entscheiden.

Die Bestimmung von CXCL13 im Liquor ist für die Diagnose der Neurosyphilis weniger nützlich als bei der Neuroborreliose. Bei HIV-Infizierten und Verwendung eines niedrigen Cut-off-Wertes lag die Sensitivität bei 90 % und die Spezifität bei 37 %. Bei einem hohen Cut-off stieg die Spezifität auf 79 %, die Sensitivität sank aber auf 41 %. Bisher hat sich keiner der neuen Biomarker in der klinischen Praxis etablieren können [60].

Die Liquoranalytik ist für die Beurteilung des Behandlungserfolgs von Bedeutung. Laut Leitlinie der DGN [57] sind die folgenden Para-

meter für die Beurteilung des Therapieansprechens hilfreich:
- klinische Besserung
- Rückgang der Liquorpleozytose und des Liquorproteins (Liquor-Serum-Albuminquotienten). Eine erneute Liquoruntersuchung sollte ca. 6 Monate nach Therapie erfolgen. Eine Normalisierung der Liquorzellzahl ist bis 2 Jahre nach Therapie zu erwarten.
- In Serum und Liquor kommt es bei erfolgreicher Therapie in der Regel zu einem Abfall des VDRL um 3–4 Titerstufen innerhalb eines Jahres.

Ähnlich wie bei der Neuroborreliose kann bei der erfolgreich behandelten Neurosyphilis der Treponema pallidum-spezifische Liquor-Serum-Antikörperindex über Jahre bis Jahrzehnte erhöht bleiben, obwohl die Erkrankung ausgeheilt ist. Der erhöhte Treponema pallidum-spezifische Liquor-Serum-Antikörperindex zeigt dann an, dass eine ZNS-Beteiligung stattgefunden hat [61]. Dies kann gutachterliche Relevanz besitzen, ist aber keine Indikation für eine erneute antibiotische Behandlung.

Neurobrucellose

Die Brucellose ist eine häufige Zoonose (weltweit beim Menschen ca. 500.000 Fälle/Jahr). Ein hohes Erkrankungsrisiko besteht im Mittelmeerraum, in Süd- und Zentralamerika, Osteuropa, Asien, Afrika, der Karibik und im Mittleren Osten. Die Neurobrucellose ist eine seltene Manifestationsform der Brucellose (1,7–10 % aller Fälle) [62]. Häufige vom Patienten geklagte Beschwerden bei der Neurobrucellose sind Kopfschmerz, Fieber, Schwitzen, Gewichtsverlust und Rückenschmerzen. Klinische Symptome sind Meningismus, Verwirrtheit und quantitative Bewusstseinsstörungen, Sensibilitätsstörungen, Hepato- und Splenomegalie, Hirnnervenausfälle (v. a. N. vestibulocochlearis und N. trochlearis), Polyneuropathie/Radikulopathie, Depression, Paraparese und -plegie, Schlaganfälle und Abszesse in Gehirn, Spinalkanal und Epiduralraum. Die Schlaganfälle können sowohl ischämisch sein auf dem Boden einer Vaskulitis, oder es kommt zu einer Ruptur eines mykotischen Aneurysmas mit Subarachnoidalblutung oder intrazerebraler Blutung.

Die entzündlichen Liquorveränderungen sind abhängig von der Manifestationsform. Typischerweise ist das Liquor-*Gesamtprotein* deutlich erhöht, die Liquor-*Glukose*-Konzentration erniedrigt, und es besteht eine mäßige *Pleozytose* mit Überwiegen lymphozytärer Zellen. Die Liquorveränderungen ähneln denen der ZNS-Tuberkulose. In ca. 2 % der Fälle entwickelt sich das Vollbild eines Hydrozephalus [63–65].

Die Diagnose wird am sichersten durch Blut- oder Liquorkultur oder PCR gestellt. Gelingt dies nicht, stehen im Serum und Liquor anwendbare serologische Verfahren zur Verfügung (Rose-Bengal-Test, Hämagglutinationstest, ELISA für IgM- und IgG-Antikörper) [62,64,65]. Die Kalkulation eines Brucellen-spezifischen Antikörperindex ist vielversprechend, wurde aber bisher in der Literatur nicht beschrieben.

Morbus Whipple

Die Whipple-Erkrankung ist eine relativ seltene chronisch-rezidivierende entzündliche Multisystemerkrankung des mittleren Lebensalters. Häufigkeitsangaben für die Beteiligung des ZNS liegen zwischen 6 % und 20 %. Eine ZNS-Beteiligung kann auch ohne neurologische Symptomatik vorliegen. Der Erreger des Morbus Whipple ist *Tropheryma whipplei.* Die neurologische Symptomatik ist vielgestaltig und reicht von Verwirrtheit und Koma über kognitive Beeinträchtigungen bis hin zu extrapyramidalen Bewegungsstörungen.

Bei 6 von 16 Fällen fand man im Liquor eine lymphozytäre Pleozytose (5–335/µl, in 3 Fällen vergesellschaftet mit einer Liquor-*Gesamteiweißerhöhung*). Bei 10 von 16 Patienten war die Liquor-Leukozytenzahl normal, bei 4 dieser Fälle war das Liquoreiweiß erhöht. Die Liquorzytologie war normal bei 62 % der Patienten [66].

Das Auffinden von PAS-positiven (Perjodsäure-Schiff-Reaktion) Makrophagen (Sieracki-Zellen) in den beteiligten Geweben und Körperflüssigkeiten gilt als pathognomonisch, gelingt im Liquor aber maximal in einem Drittel der Fälle. Bei den angefärbten Strukturen handelt es sich um Bakterienbruchstücke. Normale Zellzahlen schließen das Auffinden von Sieracki-Zellen im Liquor cerebrospinalis nicht aus. Eine Hirnbiopsie wurde bei 4 Patienten durchgeführt, 2 von ihnen mit isolierter ZNS-Symptomatik. PAS-positive Zellen ließen sich bei allen Hirnbiopsierten nachweisen.

Am sensitivsten beim zerebralen M. Whipple ist die *Tropheryma whipplei*-PCR im Liquor, die in 92 % der Fälle, in denen sie durchgeführt wurde, positiv war [66].

Legionellose

Die Legionellen-Pneumonie wird durch das Gram-negative Bakterium *Legionella* spp. verursacht, welches v. a. Wasserleitungen und -speicher mit Warmwasser besiedelt. Die jährliche Inzidenz in Europa beträgt z. Z. etwa 1/100.000. Bei einer Beteiligung des ZNS kommt es typischerweise zu einer Hirnstammsymptomatik mit ausgeprägten Störungen der Bulbusmobilität und Nystagmus.

Die Liquorveränderungen sind diskret (leichte *Pleozytose*, *Gesamteiweiß* und *Laktat* normal bis leicht erhöht, *Glukose*-Konzentration meist normal) und ähneln denen der Virusenzephalitis [67]. Die Legionellose wird entweder mit Hilfe einer positiven Kultur oder PCR aus Trachealsekret oder Sputum oder durch einen positiven Urin-Antigen-Test nachgewiesen [68].

Chlamydien- und Mykoplasmen-Meningoenzephalitis

Chlamydia pneumoniae und *Mycoplasma pneumoniae* sind häufige Erreger atypischer Pneumonien. Die Diagnose wird durch Kultur oder PCR im Rachenabstrich/Trachealsekret gestellt. Erreger-DNA kann in einem Teil der Fälle mittels PCR im Liquor nachgewiesen werden. Chlamydien-Infektionen wurden als ätiologischer Faktor diskutiert in der Entwicklung einer Multiplen Sklerose. Wahrscheinlich ist aber die mittels Erreger-spezifischem Antikörperindex gemessene intrathekale Antikörpersynthese gegen *Chlamydia pneumoniae* bei der Multiple Sklerose Teil der für diese Erkrankung typischen polyspezifischen Immunantwort [69]. Die Rolle von Chlamydien-Infektionen bei der Entwicklung vaskulärer Erkrankungen ist ebenfalls nicht vollständig geklärt.

Echte Chlamydien-Infektionen des ZNS (Meningitiden, Enzephalitiden) sind sehr selten. Bei einer lumbosakralen Meningoradikulitis war der Liquor klar, enthielt 6 *Lymphozyten*/µl, ein *Gesamtprotein* von 970 mg/l und eine normale *Glukose*-Konzentration. Es bestanden Hinweise für eine intrathekale Antikörpersynthese gegen *C. pneumoniae* [70]. Im Liquor eines 34-jährigen Mannes, dessen *C. pneumoniae*-Meningoenzephalitis durch Hirninfarkte kompliziert wurde, fand man eine lymphozytäre *Pleozytose* von 66 Leukozyten/µl, ein erhöhtes Gesamtprotein (840 mg/l) und *Laktat* (2,5 mmol/l) sowie eine verminderte Glukosekonzentration (Liquor 2,17 mmol/l, Serum 6,06 mmol/l) sowie positive *oligoklonale*

Banden [71]. Bei einem 12-Jährigen mit bilateraler rezidivierender Optikusneuritis und zweimaligem Nachweis von *C. pneumoniae* im Liquor mittels PCR lag die initiale Liquor-Leukozytenzahl bei 36/µl, das Gesamteiweiß bei 590 mg/l, die oligoklonalen Banden (IgG) waren negativ [72]. Bei einem 25 Tage alten Säugling mit *C. trachomatis*-Enzephalitis lag die Liquor-Leukozytenzahl bei 8/µl, das lumbale Gesamteiweiß bei 530 mg/l, die Liquorglukose bei 58 mg/dl und das Liquorlaktat bei 111 mg/l entsprechend 1,2 mmol/l (normal) [73].

Mycoplasma pneumoniae befällt häufiger Kinder als Erwachsene. Antikörpertiter im Serum und Liquor können unspezifisch erhöht sein. ZNS-Komplikationen sind selten. Der Liquorbefund kann eine in der Regel lymphozytäre *Pleozytose* bis 230 Leukozyten/ml aufweisen, Liquor-*Gesamteiweißerhöhungen* bis 1640 mg/l wurden beobachtet. Der Liquorbefund ist aber in über der Hälfte der Fälle (ca. 60 %) normal [74].

Leptospirose

Die Leptospirose ist eine Zoonose. Der Mensch infiziert sich typischerweise durch den Urin infizierter Tiere. Der Krankheitsverlauf variiert von mild oder asymptomatisch bis hin zu Sepsis mit Multiorganversagen. Die Weil'sche Krankheit ist durch Ikterus, Blutungskomplikationen und Nierenversagen charakterisiert. Das ZNS ist nicht selten betroffen.

Eine Übersichtsarbeit mit 366 Fällen einer Leptospiren-Meningitis fand eine Liquor-*Pleozytose* mit im Median 206 Leukozyten/µl (Minimum-Maximum 5–2072/µl) mit einer Prädominanz von Lymphozyten (ca. 95 %). Die Liquor-*Glukose* lag im Median bei 2,5 mmol/l, das *Gesamteiweiß* 1100 mg/l. Bei allen Patienten wurden Antikörper gegen Leptospiren im Blut gefunden. Im Liquor wurden weder durch Kultur noch durch PCR Leptospiren detektiert [75]. Bei einer 27-Jährigen, die von einer von ihr gehaltenen Maus infiziert wurde, lag die Liquor-Leukozytenzahl bei 213/µl mit einem Überwiegen von Granulozyten (56 %), das Laktat bei 2,7 mmol/l, die Glukose bei 3,4 mmol/l und das Gesamteiweiß bei 550 mg/l [76].

1.1.1.3 Zustand nach bakterieller Infektion

Die Rückbildung der Liquorveränderungen nach erfolgreich behandelter bakterieller ZNS-Infektion dauert beim Menschen mehrere Wochen bis Monate. Granulozyten werden apoptotisch und werden dann von Makrophagen phagozytiert [77]. Deshalb wird z. B. bei nur langsam abklingenden Symptomen nach einer Neuroborreliose empfohlen, frühestens nach 6 Monaten nachzupunktieren. Echte Rezidive müssen rasch erneut lumbalpunktiert werden, und der Erreger muss mittels Erreger-spezifischer Diagnostik (z.B. Mikroskopie, Kultur, PCR) identifiziert werden.

Chorea minor Sydenham

Bei diesem hyperkinetischen Syndrom nach einer Streptokokkeninfektion sind die Routineparameter in der Liquoranalytik typischerweise ohne pathologische Auffälligkeiten [78,79].

Literatur

[1] Huy NT, Thao NT, Diep DT, et al. Cerebrospinal fluid lactate concentration to distinguish bacterial from aseptic meningitis: a systemic review and meta-analysis. Critical care (London, England). 2010;14(6):R240.

[2] Sakushima K, Hayashino Y, Kawaguchi T, Jackson JL, Fukuhara S. Diagnostic accuracy of cerebrospinal fluid lactate for differentiating bacterial meningitis from aseptic meningitis: a meta-analysis. The Journal of infection. 2011;62(4):255–262.

[3] Li W, Sun X, Yuan F, et al. Diagnostic Accuracy of Cerebrospinal Fluid Procalcitonin in Bacterial Meningitis Patients with Empiric Antibiotic Pretreatment. Journal of clinical microbiology. 2017;55(4):1193–1204.

[4] Zysk G, Brück W, Huitinga I, et al. Elimination of blood-derived macrophages inhibits the release of interleukin-1 and the entry of leukocytes into the cerebrospinal fluid in experimental pneumococcal meningitis. Journal of neuroimmunology. 1997;73(1–2):77–80.

[5] Georget-Bouquinet E, Bingen E, Aujard Y, Levy C, Cohen R. [Group B streptococcal meningitis'clinical, biological and evolutive features in children]. Archives de pediatrie : organe officiel de la Societe francaise de pediatrie. 2008;15(3):126–132.

[6] Heckenberg SG, de Gans J, Brouwer MC, et al. Clinical features, outcome, and meningococcal genotype in 258 adults with meningococcal meningitis: a prospective cohort study. Medicine. 2008;87(4):185–192.

[7] Ostergaard C, Konradsen HB, Samuelsson S. Clinical presentation and prognostic factors of Streptococcus pneumoniae meningitis according to the focus of infection. BMC infectious diseases. 2005;5:93.

[8] Koopmans MM, Brouwer MC, Bijlsma MW, et al. Listeria monocytogenes sequence type 6 and increased rate of unfavorable outcome in meningitis: epidemiologic cohort study. Clinical infectious diseases : an official publication of the Infectious Diseases Society of America. 2013;57(2):247–253.

[9] Gerber J, Tumani H, Kolenda H, Nau R. Lumbar and ventricular CSF protein, leukocytes, and lactate in suspected bacterial CNS infections. Neurology. 1998;51(6):1710–1714.

[10] Wellmer A, Prange J, Gerber J, et al. D- and L-lactate in rabbit and human bacterial meningitis. Scandinavian journal of infectious diseases. 2001;33(12):909–913.

[11] Ernst JD, Decazes JM, Sande MA. Experimental pneumococcal meningitis: role of leukocytes in pathogenesis. Infection and immunity. 1983;41(1):275–279.

[12] Koopmans M, Brouwer M, Geldhoff M, et al. Cerebrospinal fluid inflammatory markers in patients with Listeria monocytogenes meningitis. BBA Clin. 2014;1:44–51.

[13] Nau R, Schuchardt V, Prange H. Zur Listeriose des Zentralnervensystems. Fortschr Neurol Psychiatr. 1990;58(11):408–422.

[14] Moragas M, Martínez-Yélamos S, Majós C, et al. Rhombencephalitis: a series of 97 patients. Medicine. 2011;90(4):256–261.

[15] Zou Y, He J, Guo L, Bu H, Liu Y. Prediction of cerebrospinal fluid parameters for tuberculous meningitis. Diagnostic cytopathology. 2015;43(9):701–704.

[16] Thwaites GE, Duc Bang N, Huy Dung et al. The influence of HIV infection on clinical presentation, response to treatment, and outcome in adults with Tuberculous meningitis. The Journal of infectious diseases. 2005;192(12):2134–2141.

[17] Thwaites GE, Chau TT, Stepniewska K, et al. Diagnosis of adult tuberculous meningitis by use of clinical and laboratory features. Lancet (London, England). 2002;360(9342):1287–1292.

[18] Siddiqi OK, Birbeck GL, Ghebremichael Met al. Prospective Cohort Study on Performance of Cerebrospinal Fluid (CSF) Xpert MTB/RIF, CSF Lipoarabinomannan (LAM) Lateral Flow Assay (LFA), and Urine LAM LFA for Diagnosis of Tuberculous Meningitis in Zambia. Journal of clinical microbiology. 2019;57(8).

[19] Bahr NC, Nuwagira E, Evans EE, et al. Diagnostic accuracy of Xpert MTB/RIF Ultra for tuberculous meningitis in HIV-infected adults: a prospective cohort study. The Lancet Infectious diseases. 2018;18(1):68–75.

[20] Kösters K, Nau R, Bossink A, et al. Rapid diagnosis of CNS tuberculosis by a T-cell interferon-gamma release assay on cerebrospinal fluid mononuclear cells. Infection. 2008;36(6):597–600.

[21] Yu J, Wang ZJ, Chen LH, Li HH. Diagnostic accuracy of interferon-gamma release assays for tuberculous meningitis: a meta-analysis. The international journal of tuberculosis and lung disease : the official journal of the International Union against Tuberculosis and Lung Disease. 2016;20(4):494–499.

[22] Hoogmoed J, van de Beek D, Coert BA, et al. Clinical and Laboratory Characteristics for the Diagnosis of Bacterial Ventriculitis After Aneurysmal Subarachnoid Hemorrhage. Neurocritical care. 2017;26(3):362–370.

[23] Dorresteijn K, Jellema K, van de Beek D, Brouwer MC. Factors and measures predicting external CSF drain-associated ventriculitis: A review and meta-analysis. Neurology. 2019;93(22):964–972.

[24] Pfausler B, Beer R, Engelhardt K, et al. Cell index – a new parameter for the early diagnosis of ventriculostomy (external ventricular drainage)-related ventriculitis in patients with intraventricular hemorrhage? Acta neurochirurgica. 2004;146(5):477–481.

[25] Boeer K, Vogelsang H, Deufel T, Pfister W, Kiehntopf M. Immediate diagnosis of ventriculits: evaluation of parameters independent of microbiological culture. Acta neurochirurgica. 2011;153(9):1797–1805.

[26] Muñoz-Gómez S, Wirkowski E, Cunha BA. Post craniotomy extra-ventricular drain (EVD) associated nosocomial meningitis: CSF diagnostic criteria. Heart & lung : the journal of critical care. 2015;44(2):158–160.

[27] Brouwer MC, Coutinho JM, van de Beek D. Clinical characteristics and outcome of brain abscess: systematic review and meta-analysis. Neurology. 2014;82(9):806–813.

[28] Mishra AK, Dufour H, Roche PH, et al. Molecular revolution in the diagnosis of microbial brain abscesses. European journal of clinical microbiology & infectious diseases : official publication of the European Society of Clinical Microbiology. 2014;33(12):2083–2093.

[29] Sharma R, Mohandas K, Cooke RP. Intracranial abscesses: changes in epidemiology and management over five decades in Merseyside. Infection. 2009;37(1):39–43.

[30] Klein M, Pfister H, Tunkel A, Scheld W. Brain abscess. In: Scheld W, Whitley R, Marra C (eds) Infections of the nervous system. Wolters Kluwer, Alphen aan den Rijn, The Netherlands, 2014.

[31] Mursch K, Trnovec S, Ratz H, et al. Successful treatment of multiple Pseudallescheria boydii brain abscesses and ventriculitis/ependymitis in a 2-year-old child after a near-drowning episode. Child's nervous system : ChNS : official journal of the International Society for Pediatric Neurosurgery. 2006;22(2):189–192.

[32] Darouiche RO, Hamill RJ, Greenberg SB, Weathers SW, Musher DM. Bacterial spinal epidural abscess. Review of 43 cases and literature survey. Medicine. 1992;71(6):369–385.

[33] Tauber SC, Djukic M, Gossner J, et al. Sepsis-associated encephalopathy and septic encephalitis: an update. Expert review of anti-infective therapy. 2020:1–17.

[34] Cotena S, Piazza O. Sepsis-associated encephalopathy. Translational medicine @ UniSa. 2012;2:20–27.

[35] Ehler J, Petzold A, Wittstock M, et al. The prognostic value of neurofilament levels in patients with sepsis-associated encephalopathy – A prospective, pilot observational study. PloS one. 2019;14(1):e0211184.

[36] Bitsch A, Nau R, Hilgers RA, et al. Focal neurologic deficits in infective endocarditis and other septic diseases. Acta neurologica Scandinavica. 1996;94(4):279–286.

[37] Wilking H, Fingerle V, Klier C, Thamm M, Stark K. Antibodies against Borrelia burgdorferi sensu lato among Adults, Germany, 2008–2011. Emerging infectious diseases. 2015;21(1):107–110.

[38] Jurke A, Bannert N, Brehm K, et al. Serological survey of Bartonella spp., Borrelia burgdorferi, Brucella spp., Coxiella burnetii, Francisella tularensis, Leptospira spp., Echinococcus, Hanta-, TBE- and XMR-virus infection in employees of two forestry enterprises in North Rhine-Westphalia, Germany, 2011–2013. International journal of medical microbiology : IJMM. 2015;305(7):652–662.

[39] Rauer S, Kastenbauer S, et al. Neuroborreliose, S3-Leitlinie. In: Leitlinien für Diagnostik und Therapie in der Neurologie. Deutsche Gesellschaft für Neurologie (Hrsg.), 2018.

[40] Fingerle V, Eiffert H, Gessner A, et al. Lyme Borreliose. In: MiQ – Qualitätsstandards in der mikrobiologisch-infektiologischen Untersuchung. Urban & Fischer, München Jena, 2017.

[41] Hansen K, Lebech AM. Lyme neuroborreliosis: a new sensitive diagnostic assay for intrathecal synthesis of Borrelia burgdorferi – specific immunoglobulin G, A, and M. Ann Neurol. 1991;30(2):197–205.

[42] Kalish RA, McHugh G, Granquist J, et al. Persistence of immunoglobulin M or immunoglobulin G antibody responses to Borrelia burgdorferi 10–20 years after active Lyme disease. Clinical infectious diseases : an official publication of the Infectious Diseases Society of America. 2001;33(6):780–785.

[43] Hammers-Berggren S, Lebech AM, Karlsson M, et al. Serological follow-up after treatment of patients with erythema migrans and neuroborreliosis. Journal of clinical microbiology, 1994;32(6):1519–1525.

[44] Djukic M, Schmidt-Samoa C, Lange P, et al. Cerebrospinal fluid findings in adults with acute Lyme neuroborreliosis. J Neurol. 2012;259(4):630–636.

[45] Pöyhönen H, Lähdesmäki T, Hytönen J, Peltola V. Cerebrospinal Fluid Pleocytosis and Elevated C-X-C Motif Chemokine Ligand 13 Value Predict Lyme Borreliosis in Children With Facial Palsy. The Pediatric infectious disease journal. 2019;38(12):1195–1198.

[46] Eiffert H, Karsten A, Schlott T, et al. Acute peripheral facial palsy in Lyme disease – a distal neuritis at the infection site. Neuropediatrics. 2004;35(5):267–273.

[47] Wildemann B, Reiber H, Oschmann P. Neurologische Labordiagnostik Thieme, Stuttgart, 2006.

[48] Reiber H, Lange P. Quantification of virus-specific antibodies in cerebrospinal fluid and serum: sensitive and specific detection of antibody synthesis in brain. Clin Chem. 1991;37(7):1153–1160.

[49] Kaiser R, Lucking CH. Intrathecal synthesis of specific antibodies in neuroborreliosis. Comparison of different ELISA techniques and calculation methods. J Neurol Sci. 1993;118(1):64–72.

[50] Lebech AM, Hansen K, Brandrup F, Clemmensen O, Halkier-Sørensen L. Diagnostic value of PCR for detection of Borrelia burgdorferi DNA in clinical specimens from patients with erythema migrans and Lyme neuroborreliosis. Molecular diagnosis : a journal devoted to the understanding of human disease through the clinical application of molecular biology. 2000;5(2):139–150.

[51] Rupprecht TA, Lechner C, Tumani H, Fingerle V. [CXCL13: a biomarker for acute Lyme neuroborreliosis: investigation of the predictive value in the clinical routine]. Der Nervenarzt. 2014;85(4):459–464.

[52] Ghanem KG. REVIEW: Neurosyphilis: A historical perspective and review. CNS neuroscience & therapeutics. 2010;16(5):e157–168.

[53] RKI Syphilis in Deutschland im Jahr 2018 – Anstieg der Vorjahre stagniert auf hohem Niveau. Epidemiologisches Bulletin 5 (Dezember) 2019: https://www.rki.de/DE/Content/Infekt/EpidBull/Archiv/2019/Ausgaben/2050_2019.pdf?__blob=publicationFile (abgerufen am 19.9.2020)

[54] BAG-Bulletin 48/2020. HIV S, Gonorrhoe und Chlamydiose in der Schweiz im Jahr 2019: eine epidemiologische Übersichtfile:///C:/Users/ROLAND~1/AppData/Local/Temp/hiv-sti-epizahlen-2019.pdf, abgerufen am 11.04.2021.

[55] Gayet-Ageron A, Lautenschlager S, Ninet B, Perneger TV, Combescure C. Sensitivity, specificity and likelihood ratios of PCR in the diagnosis of syphilis: a systematic review and meta-analysis. Sexually transmitted infections. 2013;89(3):251–256.

[56] Vanhaecke C, Grange P, Benhaddou N, et al. Clinical and Biological Characteristics of 40 Patients With Neurosyphilis and Evaluation of Treponema pallidum Nested Polymerase Chain Reaction in Cerebrospinal Fluid Samples. Clinical infectious diseases : an official publication of the Infectious Diseases Society of America. 2016;63(9):1180–1186.

[57] Klein M, Weber J, et al. Neurosyphilis, S1-Leitlinie. Deutsche Gesellschaft für Neurologie (Hrsg), Leitlinien für Diagnostik und Therapie in der Neurologie Online 2020: http://www.dgn.org/leitlinien (abgerufen am 30.08.2020)

[58] Prange H, Bobis-Seidenschwanz I. Zur Evaluierung serologischer Aktivitätskriterien bei Neurosyphilis. Verh Dtsch Ges Neurol. 1995;8:789–791.

[59] Merritt H, Adams R, Solomon H. Neurosyphilis. Oxford University Press, 1946.

[60] Tuddenham S, Ghanem KG. Neurosyphilis: Knowledge Gaps and Controversies. Sexually transmitted diseases. 2018;45(3):147–151.

[61] Prange HW, Moskophidis M, Schipper HI, Müller F. Relationship between neurological features and intrathecal synthesis of IgG antibodies to Treponema pallidum in untreated and treated human neurosyphilis. J Neurol. 1983;230(4):241–252.

[62] Maji S, Manjunath N, Bahubali VH, et al. Neurobrucellosis: A neglected entity? An update from tertiary care Neurocentre of South East Asia. J Neurol Sci. 2020;411:116683.

[63] McLean DR, Russell N, Khan MY. Neurobrucellosis: clinical and therapeutic features. Clinical infectious diseases : an official publication of the Infectious Diseases Society of America. 1992;15(4):582–590.

[64] Gul HC, Erdem H, Bek S. Overview of neurobrucellosis: a pooled analysis of 187 cases. International journal of infectious diseases : IJID : official publication of the International Society for Infectious Diseases. 2009;13(6):e339–343.

[65] Farhan N, Khan EA, Ahmad A, Ahmed KS. Neurobrucellosis: A report of two cases. JPMA The Journal of the Pakistan Medical Association. 2017;67(11):1762–1763.

[66] Compain C, Sacre K, Puéchal X, et al. Central nervous system involvement in Whipple disease: clinical study of 18 patients and long-term follow-up. Medicine. 2013;92(6):324–330.

[67] Grün D, Unger MM, Kauffmann J, et al. Legionnaire's-disease-associated meningoencephalitis: A case report. Pulmonology. 2019;25(2):128–130.

[68] Edelstein PH, Jørgensen CS, Wolf LA. Performance of the ImmuView and BinaxNOW assays for the detection of urine and cerebrospinal fluid Streptococcus pneumoniae and Legionella pneumophila serogroup 1 antigen in patients with Legionnaires' disease or pneumococcal pneumonia and meningitis. PloS one. 2020;15(8):e0238479.

[69] Derfuss T, Gürkov R, Then Bergh F, et al. Intrathecal antibody production against Chlamydia pneumoniae in multiple sclerosis is part of a polyspecific immune response. Brain : a journal of neurology. 2001;124(Pt 7):1325–1335.

[70] Michel D, Antoine JC, Pozzetto B, Gaudin OG, Lucht F. Lumbosacral meningoradiculitis associated with Chlamydia pneumoniae infection. Journal of neurology, neurosurgery, and psychiatry. 1992;55(6):511.

[71] Minnerop M, Bös M, Harbrecht U, et al. CNS infection with Chlamydia pneumoniae complicated by multiple strokes. J Neurol. 2002;249(9):1329–1331.

[72] Pohl D, Rostasy K, Gieffers J, Maass M, Hanefeld F. Recurrent optic neuritis associated with Chlamydia pneumoniae infection of the central nervous system. Developmental medicine and child neurology. 2006;48(9):770–772.

[73] Bertsche A, Wagner MH, Bollmann R, Obladen M, Felderhoff-Mueser U. An unusual manifestation of a neonatal Chlamydia infection. Journal of child neurology. 2008;23(8):948–949.

[74] Koskiniemi M. CNS manifestations associated with Mycoplasma pneumoniae infections: summary of cases at the University of Helsinki and review. Clinical infectious diseases : an official publication of the Infectious Diseases Society of America. 1993;17(1):52–57.

[75] van Samkar A, van de Beek D, Stijnis C, Goris M, Brouwer MC. Suspected leptospiral meningitis in adults: report of four cases and review of the literature. The Netherlands journal of medicine. 2015;73(10):464–470.

[76] Nordholm AC, Omland LH, Villumsen S, Al-Subeihe I, Katzenstein TL. Leptospirosis meningitis transmission from a pet mouse: a case report. Journal of medical case reports. 2019;13(1):362.

[77] Nau R, Zettl U, Gerber J, et al. Granulocytes in the subarachnoid space of humans and rabbits with bacterial meningitis undergo apoptosis and are eliminated by macrophages. Acta neuropathologica. 1998;96(5):472–480.

[78] Cunha L, Oliveira CR, Diniz M, et al. Homovanilic acid in Huntington's disease and Sydenham's chorea. Journal of neurology, neurosurgery, and psychiatry. 1981;44(3):258–261.

[79] Goldenberg J, Ferraz MB, Fonseca AS, et al. Sydenham chorea: clinical and laboratory findings. Analysis of 187 cases. Revista paulista de medicina. 1992;110(4):152–157.

1.1.2 Virale Infektionen des Nervensystems

Sarah Jesse

Im Gegensatz zur bakteriellen Meningoenzephalitis sind virale Infektionen des ZNS häufiger, verlaufen meist subakut oder chronisch und weisen ein breiteres neurologisches Spektrum auf von der aseptischen Meningitis, der Meningoenzephalitis, der Enzephalopathie, dem hämorrhagischen Fieber mit ZNS-Beteiligung, Hirnnervenparesen, einer Augenbeteiligung bis hin zu einer Slow-Virus-Infektion des ZNS [1].

Der klinische Verlauf und die Prognose hängen vornehmlich vom Allgemeinzustand des Patienten, dessen Alter sowie von der Art des Erregers ab. Nachdem für viele der viralen Infektionserreger inzwischen eine spezifische Therapie etabliert ist, ist deren Diagnostik nicht nur Grundlage epidemiologisch-wissenschaftlichen Interesses, sondern vielmehr auch die Basis einer Erreger-gerechten Therapie.

Die Differenzialdiagnostik einer bakteriellen versus viralen ZNS-Infektion stützt sich neben dem klinischen Bild auf laborchemische Untersuchungen. Hierzu zeigt sich im Blut eine relative Lymphozytose bei nur leicht erhöhten oder erniedrigten Leukozytenzahlen, das Procalcitonin im Serum weist bei viraler Genese der Infektion Werte unter 0,5 ng/ml auf [2].

Der Liquor cerebrospinalis ist bei viralen Infektionen initial durch eine leichte bis mäßige *Pleozytose* von 25–1000 Leukozyten/µl mit im Zytopräparat nachweisbarer kurzer granulozytärer Reaktion als *Mischzellbild* (siehe Abb. C.1.4), gefolgt von einer lymphomonozytären Pleozytose gekennzeichnet. Bei einer Manifestation als reine Meningitis sind *Laktat* und *Gesamtprotein* häufig normal, bei einer Meningoenzephalitis leicht erhöht. Im späteren Verlauf lassen sich im Gegensatz zur bakteriellen Meningoenzephalitis nach 10–14 Tagen intrathekale *erregerspezifische Antikörper* nachweisen, welche mittels Antikörperindex nachgewiesen werden [3].

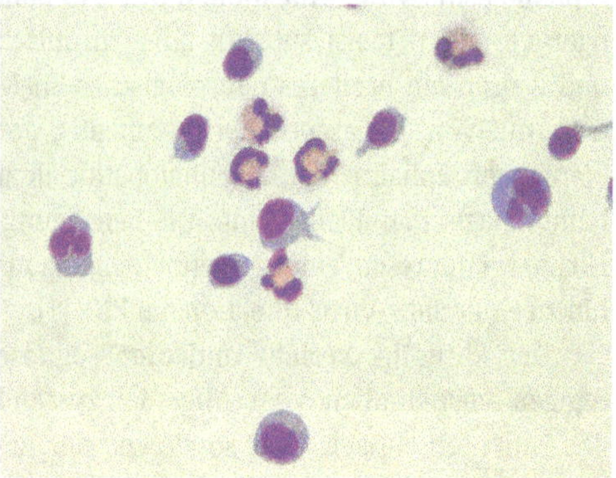

Abb. C.1.4: Im akuten Stadium von viralen Meningitiden finden sich kurzzeitig größere Mengen von neutrophilen Granulozyten, auch Plasmazellen können vorkommen. Dieses Stadium geht innerhalb weniger Tage in eine mononukleäre Form über.

Zur weiteren virologischen Diagnostik in der ersten Krankheitsphase stehen der Nachweis viraler DNA/RNA mittels PCR oder reverse Transkriptase-PCR (RT-PCR) aus unzentrifugiertem Liquor neben point of care-Verfahren zur Verfügung. Das für den jeweiligen Erreger am besten etablierte Nachweisverfahren wird in den einzelnen Kapiteln dezidiert dargestellt.

Bildgebende Verfahren, bevorzugt mittels cMRT, dienen zum einen der Differenzialdiagnostik zum anderen jedoch auch zur Darstellung krankheitsspezifischer Verteilungsmuster der Virusinfektion (HSV mit vornehmlich temporaler Manifestation, FSME mit asymmetrischer Affektion der Stammganglien, JC-Virus mit Lokalisation hauptsächlich in Projektion auf die U-Fasern).

Sie werden ergänzt durch eine EEG-Diagnostik, die meist unspezifisch ausfällt, jedoch in Einzelfällen einen wichtigen Beitrag zur Differenzialdiagnostik leisten kann (Radermecker-Komplexe bei den Slow-Virus-Infektionen, temporale Lokalisation periodischer Muster bei HSV).

1.1.2.1 Herpes-simplex-Virus (HSV)

Epidemiologie

Für das Herpes-simplex-Virus gibt es konträr zu vielen anderen Viren keine saisonale Häufung. Die Inzidenz beträgt 0,4/100.000 Einwohner. Das HSV ist in Europa der häufigste Erreger einer viralen Enzephalitis.

Klinische Manifestation

Bezüglich des klinischen Erscheinungsbildes muss zwischen HSV-Typ 1 und Typ 2 unterschieden werden. Typ 1 führt zu einer akuten nekrotisierenden Enzephalitis und ist mit 95 % der häufigere Erreger. HSV-Typ 2 ist mit 5 % der HSV-Infektionen deutlich seltener und führt primär zu einer Meningitis.

Die Erkrankungen mit HSV-Typ 1 verlaufen häufig zweiphasig mit einem initial grippalen Prodromalstadium, gefolgt von einem psychotischen Syndrom und fokal-neurologischen Ausfällen multipler Manifestation bis hin zu einer quantitativen Bewusstseinsstörung.

Bei bis zu 25 % der Patienten wird ein rekurrierender Verlauf beobachtet, welcher zum Teil auf eine Virusreaktivierung, teils jedoch auch auf Immunphänomene zurückzuführen ist. In letzterem Falle lassen sich NMDA-Rezeptor-Antikörper nachweisen [4–6], das klinische Bild lässt sich dann durch eine immunmodulatorische Therapie positiv beeinflussen.

Diagnostik in Liquor und Serum

Der Liquor weist initial eine gemischtzellige *Pleozytose* mit bis zu 40 % neutrophilen Granulozyten, im Verlauf ein lymphomonozytäres Bild mit Plasmazellen auf. Lassen sich Erythro- und Hämosiderophagen im Zytopräparat nachweisen, sind diese Ausdruck einer hämorrhagischen Enzephalitis. Die Zellzahl variiert zwischen 5–500 Leukozyten/µl. Es findet sich meist eine mäßige bis deutliche *Eiweißerhöhung* von 500–800 mg/l und ein normales oder leicht erhöhtes *Laktat*.

Im primären Stadium der Erkrankung ist die PCR aus Liquor mit einer Sensitivität von 95–100 % [7] das Diagnostikum der Wahl (siehe **Kap. B.5.2.1**), allerdings kann diese in den ersten 24–48 h noch negativ sein [8] und sollte bei klinischem Verdacht keineswegs zu einer Beendigung der Therapie führen.

Im Verlauf kommt es zu einem Anstieg des *Erreger-spezifischen Antikörperindex* ab Ende der 2. Krankheitswoche. Es können neben IgG- auch IgA- und IgM-Titer erhöht sein. Die positiven AI können über Jahre hinweg positiv blieben und sind als Marker für die Akuität der Erkrankung nicht geeignet. Bei der Interpretation der HSV-AI ist zu berücksichtigen, dass eine Kreuzreaktivität zu VZV-AI besteht und dass HSV-AI auch im Rahmen der polyspezifischen MRZ-Reaktion bei chronisch-entzündlichen Erkrankungen positiv werden können.

Therapie

Durch einen frühzeitigen Therapiebeginn mit Aciclovir, fortgeführt über einen Zeitraum von mindestens 14 Tagen, lässt sich die Letalität auf 20 % senken. Bei Aciclovir-resistenten HSV-Stämmen ist Foscarnet eine Alternative.

1.1.2.2 Varizella-zoster-Virus (VZV)

Epidemiologie

Eine Infektion mit VZV stellt die zweithäufigste infektiöse Enzephalitis in Industriestaaten mit einer ZNS-Manifestation von 0,1 % dar [9].

Klinische Manifestation

Nach 4–8 Tagen Inkubationszeit kommt es zunächst zu den typischen Hauterscheinungen. In Fällen mit neurologischer Manifestation im Verlauf findet sich ein breites Manifestationsspektrum von Meningitis, Enzephalitis, Myelitis, Ganglionitis, Radikulitis, isoliertem Hirnnervenbefall, Vaskulitis sowie einer postherpetischen Neuralgie. Eine ZNS-Manifestation ist häufig Ausdruck einer Immunschwäche.

Diagnostik in Liquor und Serum

In der Regel lässt sich eine *Pleozytose* bis 600 Leukozyten/µl nachweisen, welche je nach Krankheitsmanifestation stark variiert (Meningitis, Enzephalitis, Ganglionitis, Vaskulitis, Myelitis) und mikroskopisch einem lymphomonozytären *Zellbild* entspricht. Gerade bei immunkompromittierten Patienten lassen sich jedoch auch unauffällige Liquor-Grundbefunde nachweisen [10], so dass hier der PCR ein wesentlicher Stellenwert zukommt.

Eine *Schrankenstörung* findet sich regelhaft und ist meist ausgeprägter als bei der HSV-Infektion mit *Gesamtprotein*-Werten bis 1000 mg/l.

Diagnostik der ersten Wahl in frühem Krankheitsstadium ist die PCR aus Liquor (siehe **Kap. B.5.2.1**), der *Antikörperindex* wird nach etwa 14 Tagen positiv und persistiert analog zur HSV-Infektion über einen längeren Zeitraum, so dass er kein Parameter zur Abschätzung der Akuität darstellt [11]. Ebenso müssen auch hier die Kreuzreaktivität zu HSV sowie ein möglicher Zusammenhang mit einer positiven MRZ-Reaktion bei chronisch-entzündlichen Erkrankungen bei der Interpretation berücksichtigt werden.

Therapie

Aciclovir intravenös, alternativ Foscarnet [12].

1.1.2.3 Epstein-Barr-Virus (EBV)

Epidemiologie

Bei einer sehr hohen Durchseuchungsrate in der Bevölkerung kommt es meist nur bei einer Kompromittierung der Immunabwehr zur Entwicklung klinischer Symptome.

Klinische Manifestation

Insbesondere immunkompromittierte Patienten entwickeln eine aseptische Meningitis oder Enzephalitis mit qualitativer und quantitativer Bewusstseinsstörung. Fokalneurologische Ausfälle sind eher untypisch, lassen sich aber typischerweise beim EBV-assoziierten GBS nachweisen.

Diagnostik in Liquor und Serum

Die Parameter des Liquor-Grundbefundes sind häufig nicht auffällig [13].

Die PCR mit Nachweis der EBV-DNA im Liquor ist mit einer sehr hohen Sensitivität und Spezifität von 100 % verbunden und ist das Diagnostikum der Wahl (siehe **Kap. B.5.2.2**). Die intrathekale Antikörperproduktion ist bei Immunkompromittierten häufig unzuverlässig [14].

Therapie

Aciclovir oder Valaciclovir werden oft mit einer Kortikoidgabe kombiniert [15].

1.1.2.4 Cytomegalie-Virus (CMV)

Epidemiologie

Auch das Cytomegalie-Virus gehört der Gruppe der Herpesviren an und weist eine Seroprävalenz in Deutschland von 47 % bei Schwangeren, sowie von 77 % bei Nierentransplantierten auf.

Klinische Manifestation

Bei Immunkompetenten treten in der Regel keine oder nur unspezifische Symptome auf. Kommt es zur klinischen Manifestation nach einer Inkubationszeit von 4–6 Wochen, stellen sich meist eine Meningoenzephalitis und Chorioretinitis dar.

Diagnostik in Liquor und Serum

Die Diagnostik der 1. Wahl ist der Nachweis der DNA aus Liquor mittels PCR mit einer Sensitivität von 99 % bei gleicher Spezifität. Im weiteren Krankheitsverlauf lassen sich Erreger-spezifische Antikörper anhand der AI sowie das pp65 Antigen in Liquor und Serum nachweisen.

Therapie

Bei Immunkompromittierten sowie kongenitaler Infektion erfolgt eine spezifische Therapie mit Ganciclovir, welche bei Resistenz durch die Virostatika Foscavir und Cidofovir ersetzt werden kann [16].

1.1.2.5 Humanes-Immundefizienz-Virus (HIV)

Epidemiologie

Weltweit eine der häufigsten viralen Infektionserkrankungen mit 5,4 Fällen auf 100.000 Einwohner in Europa.

Klinische Manifestation

Durch die etablierte Therapie mittels cART (*combined antiretroviral therapy*) ist ein Rückgang der Mortalität in den letzten Jahren verzeichnet worden. Damit hat sich jedoch auch das klinische Manifestationsspektrum geändert und ist bei bekannter Diagnose im Verlauf häufig durch kognitive Defizite bis hin zur demenziellen Entwicklung gekennzeichnet. Bei klinischer Erstmanifestation sind eine Enzephalopathie, Myelopathie, Neuropathie, Myopathie, opportunistische zerebrale Infektionen und ein zerebrales Lymphom möglich. Unter Therapie kann es zu einem Immunrekonstitutionssyndrom kommen.

Diagnostik in Liquor und Serum

Bei der Enzephalopathie lassen sich eine leichte lymphozytäre *Pleozytose*, keine oder eine nur geringe *Schrankenstörung* nachweisen und im Verlauf eine intrathekale *IgG-Synthese* bei positiven *oligoklonalen Banden*, welche bei fortgeschrittener Erkrankung wieder rückläufig sein kann. Eine intrathekale IgA- oder IgM-Synthese ist nicht typisch und sollte, wenn sie vorhanden ist zur weiteren Differenzialdiagnostik einer Koinfektion mit opportunistischen Erregern führen.

Bei neurologischer Manifestation ist die Bestimmung der Viruslast mittels RT-PCR (Sensitivität 99 % bei Spezifität von 100 %) ggf. mit Resistenzbestimmung wegweisend. Auch eine Blutserologie ist insbesondere im Verlauf einige Wochen nach der Primärinfektion mit einer hohen diagnostischen Wertigkeit zu sehen. Im Verlauf entwickeln sich Erreger-spezifische Antikörper. Die Relevanz des Liquors beschränkt sich nicht nur auf den Nachweis der HIV-Infektion, sondern ist insbesondere auch für die Diagnostik von HIV/AIDS-assoziierten opportunistischen Infektionen (Toxoplasmose, CMV, Kryptokokken etc.) sowie eines ZNS-Lymphoms sehr wertvoll [14].

Therapie

Hochaktive antiretrovirale Therapie (cART), bevorzugt mit Liquor-gängigen Medikamenten.

1.1.2.6 Masernvirus

Epidemiologie

0,7/100.000 Einwohner. Masern haben weiterhin die höchste Inzidenz bei Kindern in den ersten beiden Lebensjahren.

Klinische Manifestation

Es zeigt sich meist ein zweiphasiger Verlauf mit initial katarrhalischem Stadium, gefolgt von dem klassischen Masern-Exanthem. Gelegentlich kommt es zu schwerwiegender Komplikation wie der postinfektiösen Enzephalitis in 1/1000 der Infizierten, welche 4–7 Tage nach Primärinfektion auftritt und in bis zu 20 % mit Residualheilung verbunden sein kann; auch Todesfälle durch eine postinfektiöse Masernenzephalitis sind beschrieben.

Die subakut sklerosierende Panenzephalitis (SSPE) stellt eine späte Komplikation einer durchlaufenen Maserninfektion dar und manifestiert sich meist 6–8 Jahre nach Infektion mit stets infauster Prognose.

Diagnostik in Liquor und Serum

Das Spektrum reicht von normaler Zellzahl bis hin zu *Pleozytosen* bis 500/µl, das *Zytopräparat* kann initial gemischt granulo-lymphomonozytär oder nur mononukleär sein. Eine *Schrankenstörung* ist möglich, muss aber nicht vorhanden sein.

Die RT-PCR aus Rachenabstrich, Blut oder Urin weist eine hohe Sensitivität und Spezifität auf. Eine Serologie mit Nachweis von Masern-IgM im Serum oder im Verlauf Erreger-spezifischer AI im Liquor nach 10–14 Tagen sind weitere diagnostische Möglichkeiten. Insbesondere bei der subakut sklerosierenden Panenzephalitis lassen sich stark erhöhte Masern-AI nachweisen.

Therapie

Eine spezifische Therapie existiert nicht. Eine postexpositionelle Prophylaxe durch Inkubationsimpfung ist möglich [17].

1.1.2.7 Rubella-Virus

Epidemiologie

Mit 0,02 Fällen auf 100.000 Einwohner eine eher seltene Virusinfektion.

Klinische Manifestation

Die meisten Rötelninfektionen verlaufen klinisch mild mit einem Exanthem, Arthralgien und Lymphknotenschwellungen. Es kann nach kongenitaler Infektion zu einer persistierenden Enzephalitis kommen, die durch Innenohrschwerhörigkeit, Kataraktbildung sowie kognitive Einschränkungen gekennzeichnet ist.

Diagnostik in Liquor und Serum

Zellzahl und *Gesamtprotein* sind vielfach unauffällig oder nur leichtgradig verändert. Eine RT-PCR ist im initialen Stadium möglich, sie weist eine Sensitivität von 97 % bei einer Spezifität von 100 % auf. Es lassen sich im Verlauf der Erkrankung Erreger-spezifische Antikörper nachweisen.

Therapie

Bei Ausbruch der Erkrankung symptomatische Therapie.

1.1.2.8 Mumpsvirus

Epidemiologie

0,6 Fälle auf 100.000 Einwohner.

Klinische Manifestation

In der initialen Phase stellt sich meist eine akute respiratorische Symptomatik dar, welche gefolgt ist von der typischen Parotisschwellung. Eine Beteiligung des ZNS als Enzephalitis ist selten und manifestiert sich bei unter 1 % der Erkrankten, oft mit einer transienten Taubheit. Aseptische Meningitiden sind dagegen häufiger und treten in bis zu 10 % auf. Eine Orchitis lässt sich bei 30 % der Männer, eine Pankreatitis in 4 % der Fälle nachweisen.

Diagnostik in Liquor und Serum

Der serologische Nachweis mit Nachweis von IgM-Antikörpern ist möglich, ebenso wie eine PCR (Sensitivität 90 %, Spezifität 100 %).

Therapie

Symptomatische Therapie [17].

1.1.2.9 Enteroviren – Poliomyelitis-Virus

Epidemiologie

In Deutschland sind seit 1990 keine Neuerkrankungen beschrieben, allerdings sind durch Reiserückkehrer auch hier Fälle mit einer Poliomyelitis möglich.

Klinische Manifestation

Meist führt die Erkrankung zu einer abortiven Poliomyelitis mit unspezifischen Symptomen.

Kommt es zu einer ZNS-Affektion, existieren zwei Manifestationsformen: die paralytische und die nicht-paralytische Poliomyelitis. Bei der nicht-paralytischen Form zeigt sich klinisch eine aseptische Meningitis mit Fieber, Nackensteifigkeit, Rückenschmerzen und Muskelspasmen. Bei der paralytischen Poliomyelitis kommt es durch eine Affektion der Vorderhörner zu einer asymmetrischen schlaffen Tetraparese, eine Beteiligung der Augenmuskeln oder eine bulbäre Manifestation ist möglich. Die Entwicklung eines Postpolio-Syndroms mit progredienten Paresen sowie Myatrophien ohne Nachweis einer Virus-Reaktivierung kann Jahre oder Jahrzehnte nach der Primärinfektion auftreten.

Diagnostik in Liquor und Serum

In der Liquordiagnostik findet sich eine lymphozytäre *Pleozytose* bei sonst normalem Grundbefund.

Eine direkter Virusnachweis durch Anzucht aus Liquor (siehe **Kap. B.5.2.1**) und Stuhlproben ist möglich. Ansonsten weist die Enterovirus-PCR aus Stuhl eine Sensitivität von 97 % bei einer Spezifität von 100 % auf und ist die Diagnostikmethode der Wahl. Häufig lassen sich die Enteroviren im Liquor cerebrospinalis nicht nachweisen [18].

Therapie

Symptomatisch [17].

1.1.2.10 Früh-Sommer-Meningo-Enzephalitis-Virus (FSME)

Epidemiologie

2 Fälle auf 100.000 Einwohner in deutschen Risikogebieten [19].

Je nach Risikogebiet sind bis zu 10 % der Zecken mit FSME-Viren kontaminiert. Von den infizierten Personen entwickeln etwa 30 % eine Infektion, davon 10 % eine ZNS-Manifestation [20].

Neben einer Übertragung durch Zecken ist in seltenen Fällen auch eine Inokulation der Flaviviren durch unpasteurisierte Milch und deren Produkte möglich.

Klinische Manifestation

Nach einer Inkubationszeit von etwa 10 Tagen kommt es zu einer unspezifischen Prodromalphase. Typisch ist der zweigipflige Verlauf mit erneutem Fieberanstieg und neurologischer Manifestation einer Meningo-Enzephalo-Myelitis. Die Enzephalitis ist primär auf den Hirnstamm lokalisiert, was auch die teils schweren Verläufe mit Hirnnervenbeteiligung sowie Atem- und Kreislaufstörungen erklärt. Die Myelitis betrifft die Vorderhörner im Sinne einer schlaffen Tetraparese, die meist mit einer schweren Muskelatrophie im Verlauf einhergeht.

Diagnostik in Liquor und Serum

Eine Leukozytose > 10.000/µl, eine beschleunigte Blutsenkungsgeschwindigkeit sowie CRP-Erhöhung sind häufig pathologische Parameter im Blut [20]. 2–4 Wochen nach stattgehabtem Zeckenstich lassen sich serologisch IgM-Antikörper im Blut und kurz darauf auch IgG-Antikörper nachweisen. Die Sensitivität der Serologie ist hoch mit 99 % bei einer Spezifität von 98 %.

Im Liquor ist eine initial gemischtzellig-granulozytäre, dann lymphozytäre *Pleozytose* mit einer mäßigen *Schrankenstörung* typisch. Häufig kommt es zu einer intrathekalen *IgM-Synthese*, gelegentlich auch einer Dreiklassenreaktion. Das *Laktat* ist in der Regel nicht erhöht. Nach 2–3 Wochen lassen sich im Liquor Erreger-spezifische Antikörper vom Typ IgG und IgM nachweisen [21].

Noch in der Prodromalphase der Erkrankung ist es möglich, im Liquor FSME-RNA nachzuweisen, allerdings nur in einer sehr frühen Phase der Erkrankung und damit passager [22].

Therapie

Es existiert keine kausale Therapie.

1.1.2.11 Rabies-Virus

Epidemiologie

Ein Infektionsrisiko besteht durch Reisen in Länder mit endemischem Vorkommen. Weltweit sind etwa 59.000 Todesfälle durch Tollwutinfektionen gemeldet.

Klinische Manifestation

Das Krankheitsbild ist durch 3 Stadien gekennzeichnet: einem Prodromalstadium mit unspezifischen Symptomen, einem enzephalitischen Stadium mit typischerweise ausgeprägter Hydrophobie, orofazialen und laryngealen Krämpfen, Hypersalivation, aggressiver oder depressiver Stimmungslage. Die paralytische Form manifestiert sich mit absteigenden schlaffen Paresen. Bei Auftreten klinischer Symptome verläuft die Erkrankung mit einer progredienten quantitativen Bewusstseinsstörung immer letal.

Diagnostik in Liquor und Serum

Die RT-PCR aus Liquor, Speichel, Cornea weist teils eine geringe Sensitivität auf [23]. In einigen Fällen ist eine sichere Diagnostik erst *post mortem* aus einer Hirnbiopsie mittels Immunfluoreszenztest wegweisend.

Therapie

Es existiert eine Prä- und Postexpositionsprophylaxe.

1.1.2.12 Hantavirus

Epidemiologie

0,3 Fälle pro 100.000 Einwohner

Klinische Manifestation

Das hämorrhagische Fieber mit nephrotischem Syndrom ist die klassische Beschwerdesymptomatik, ebenso auch ein Hantavirus-induziertes pulmonales Syndrom. Eine ZNS-Beteiligung ist möglich.

Diagnostik in Liquor und Serum

Die Serologie mit Nachweis von IgM-Antikörpern ist das diagnostische Vorgehen der Wahl. Die RT-PCR ist nur in frühen Stadien positiv und weist dann eine Sensitivität von 95 % bei Spezifität von 100 % auf [24]. Im Verlauf lassen sich Erreger-spezifische Antikörper im Liquor nachweisen.

Therapie

Die Therapie erfolgt symptomatisch.

1.1.2.13 West-Nil-Virus

Epidemiologie

Es zeigt sich eine saisonale Häufung in den Sommermonaten.

Klinische Manifestation

Das West-Nil-Virus verursacht bei ca. 20 % der infizierten Symptome, die sich meist in einer fiebrigen Erkrankung manifestieren. Weniger als 1 % der Infizierten entwickeln ein neuroinvasives Krankheitsbild mit einer Letalitätsrate von ca. 10 %.

Diagnostik in Liquor und Serum

Die Diagnostik erfolgt mittels RT-PCR aus Serum und Liquor. Eine Serokonversion und Nachweis Erreger-spezifischer Antikörper erfolgen nach 10–14 Tagen [25].

Therapie

Keine kausale Therapie.

1.1.2.14 Japanische Enzephalitis-Virus

Epidemiologie

Das Virus ist endemisch in vielen Ländern Asiens, dem West-Pazifik und im nördlichen Australien mit einer Gesamtinzidenz von 1,8 auf 100.000 Einwohner.

Klinische Manifestation

Etwa einer von 250 Betroffenen erkrankt schwer mit neurologischer Symptomatik, die sich als Meningitis, Myelitis oder Enzephalitis manifestiert. Bei schwerem Krankheitsverlauf versterben etwa 1/3 der Patienten, bei 30–50 % der Überlebenden persistieren psychiatrisch-neurologische Auffälligkeiten. Die Myelitis kann sich auf die Vorderhörner projizieren, so dass sich klinisch eine schlaffe (Tetra-)Parese entwickelt als Differenzialdiagnose zur Poliomyelitis [26,27].

Diagnostik in Liquor und Serum

Im Liquor zeigt sich eine deutliche *Schrankenstörung* sowie im Verlauf der Nachweis *Erreger-spezifischer Antiköper* [28]. Die Interpretation der Serologie kann durch Kreuzreaktionen mit anderen Flaviviren eingeschränkt sein.

Therapie

Es existiert keine spezifische Therapie.

1.1.2.15 John-Cunningham-Virus (JCV-virus)

Epidemiologie

Durchseuchung bei Erwachsenen bis 92 %. Eine Infektion tritt praktisch ausschließlich bei Immunkompromittierten auf.

Klinische Manifestation

Bei Immundefizienz, therapeutischer Immunsuppression sowie neoplastischen Erkrankungen kommt es durch eine Infektion mit dem JC-Virus zu einer fokalen oder generalisierten zerebralen Demyelinisierung, dem Bild einer progressiven multifokalen Leukenzephalopathie (PML).

Neuropsychologische Auffälligkeiten und Sehstörungen sind die häufigste initiale Symptomatik. Dann kommt es je nach Lokalisation der Infektion zu neurologischen Herdsymptomen.

Diagnostik in Liquor und Serum

In vielen Fällen ist der Liquor-Grundbefund unauffällig oder nur leicht pathologisch verändert mit gering erhöhter *Zellzahl* oder dezenter *Schrankenstörung* und spricht nicht gegen die Verdachtsdiagnose.

Die Sensitivität der PCR (siehe **Kap. B.5.2.2**) aus Liquor kann aufgrund von Hypermutationen des Virus herabgesetzt sein [29]. Bei klinischem Verdacht und negativem Ergebnis der PCR ist eine Bestimmung in verschiedenen Referenzlaboren sinnvoll [30]. Dabei sollte der durchgeführte Test ein Detektionslimit von < 100 Kopien/ml Liquor haben. Sensitivität 60–95 % bei Spezifität von 90 %. Die Anzahl der nachgewiesenen Kopien scheint eine gewisse prognostische Bedeutung zu haben, mit besserem Outcome bei niedriger Kopienzahl [31] und zudem auch mit der Größe der MRT-Veränderungen zu korrelieren [32].

Bei negativer PCR und persistierendem Verdacht kann in Einzelfällen eine Hirnbiopsie zur Diagnosesicherung erwogen werden.

Therapie

Eine spezifische und wirksame Therapie ist nicht bekannt. Bei AIDS-Patienten kann durch die cART und Steigerung der Immunkompetenz eine Besserung erzielt werden. Bei therapeutischer Immunsuppression sollte diese abgesetzt und ggf. eine Plasmapherese/Immunadsorption durchgeführt werden.

1.1.2.16 Influenza-Virus

Epidemiologie

Saisonal im Winterhalbjahr, die Inzidenz ist von Jahr zu Jahr stark schwankend.

Klinische Manifestation

Es kommt zu einer primären Lungenaffektion, eine Influenza-Virus-assoziierte Enzephalitis ist möglich mit quantitativer und qualitativer Bewusstseinsstörung sowie epileptischen Anfällen.

Diagnostik in Liquor und Serum

Der Liquor-Grundbefund ist häufig unauffällig [33]. Eine PCR aus Liquor kann erfolgen mit allerdings geringer Sensitivität. Darüber hinaus steht die Serologie zur Diagnosesicherung zur Verfügung [34].

Therapie

Neuraminidasehemmer kommen therapeutisch zum Einsatz.

1.1.2.17 Zika-Virus

Epidemiologie

0,02 Fälle pro 100.000 Einwohner.

Klinische Manifestation

Meist zeigt sich die Infektion mit unspezifischen Symptomen. Das Auftreten eines Guillain-Barré-Syndroms ist möglich, ebenso wie eine Enzephalitis, Meningitis, oder periphere Fazialisparesen. Eine schwere Manifestationsform ist die fetale Mikrozephalie bei Erstinfektion in der Schwangerschaft [35].

Diagnostik in Liquor und Serum

Initial ist eine PCR aus EDTA und Urin möglich, im Verlauf erfolgt die Serologie zur Diagnostik.

Therapie

Die Therapie erfolgt symptomatisch.

1.1.2.18 Coronavirus SARS-CoV-2

Epidemiologie

Pandemische Ausbreitung in 2019–2022.

Klinische Manifestation

Eine Infektion mit dem *Severe acute respiratory syndrome coronavirus type 2* (SARS-CoV-2) kann zu einer zerebralen Beteiligung mit Enzephalitis, Enzephalopathie, akuten zerebrovaskulären Ereignissen, epileptischen Anfällen, einer Transversen Myelitis, einer Affektion des peripheren Nervensystems mit Riech-, Geschmacks- und Sehstörung, einer Polyradikulitis sowie einer muskuloskelettalen Symptomatik mit Myalgien führen [36]. Die

Guillain-Barré-Polyradikulitis tritt in klinischer Manifestation 3–21 Tage nach Symptombeginn der Coronavirus-Erkrankung 2019 (COVID-19) auf; Männer und ältere Patienten unterliegen einem höheren Risiko für die klinische Manifestation dieser Autoimmun-Neuropathie [37].

Diagnostik und Liquorbefunde

Mittels RT-PCR kann das SARS-CoV-2 mit hoher Sensitivität und Spezifität im Tracheal- und Bronchialsekret mittels eines Nasen-Rachenabstrichs detektiert werden, wobei der Nachweis abhängig von der Infektionsdauer ist und im Laufe der Erkrankung vom oberen Nasen-Rachenabschnitt hin zu den tiefen Lungenarealen verschoben ist [38]. Der Nachweis des Virus im Liquor ist in den meisten Fällen nicht möglich – ob dies einer zu geringen Sensitivität der Messinstrumente geschuldet ist oder ob eine neurologische Mitbeteiligung im Rahmen von COVID-19 weniger durch eine direkte Virusinfektion des Nervensystems als mehr durch eine indirekte (auto-)immune Reaktion bedingt ist, bleibt momentan noch offen.

Der Liquor-Grundbefund bei neurologischen Symptomen in Zusammenhang mit COVID-19 weist innerhalb der ersten Woche nach Auftreten der Symptome im Wesentlichen eine normale oder nur leicht erhöhte *Zellzahl* und einen normalen oder mittelgradig erhöhten *Albuminquotienten* auf [39,40]. Insgesamt ist trotz neurologischer Symptomatik in etwa einem Drittel der Fälle mit einem unauffälligen Liquorbefund zu rechnen. Ist die COVID-bedingte Symptomatik mit anderen ZNS-Erkrankungen vergesellschaftet, spiegelt der Liquorbefund in der Regel eher die komorbide ZNS-Erkrankung wider [40].

Eine COVID-19-assoziierte *Liquorpleozytose* findet sich in ca. 10 % der Fälle. Die Zellzahl bewegt sich in einem Rahmen bis maximal 25/µl (Median 10/µl). Nur ausnahmsweise können, bei einer Beteiligung des ZNS, Zellzahlen > 100/µl zu finden sein. Das Zellbild ist lymphomonozytär. Aktivierte Lymphozyten oder neutrophile Granulozyten können gelegentlich vorkommen.

Der häufigste pathologische Befund ist eine leicht- bis mittelgradige Störung der *Blut-Liquor-Schranke* (Q_{Alb} bis 50,8), womit in 50 % d. F. zu rechnen ist [40]. Die Schrankendysfunktion ist im Zeitverlauf rückläufig, allerdings zeigen sich auch noch > 30 Tage nach Beginn der neurologischen Symptomatik Erhöhungen des Q_{Alb} als Ausdruck der Schrankenstörung. Das *Gesamteiweiß* ist ebenfalls in ca. 46 % d. F. erhöht und kann Werte bis 2400 mg/l erreichen. In einem Viertel der Fälle ist das *Liquorlaktat* erhöht (bis max. 4 mmol/l). *Oligoklonales IgG* isoliert im Liquor (Typ 2) ist mit 2 % d. F. eine Ausnahme und ist nicht in Zusammenhang mit einer intrathekalen SARS-CoV-2-Antikörperbildung zu sehen. Auch mit einem positiven SARS-CoV-2-Antikörperindex (AI) ist in der bei Erst-LP oft frühen Phase der Erkrankung nicht zu rechnen. Eine OKB-Übereinstimmung in Serum und Liquor (Typ 4) ist dagegen mit 56 % vergleichsweise häufig. Anti-neuronale/anti-gliale Autoantikörper im Serum oder Liquor sind in der Regel nicht zu detektieren.

Therapie

Die Therapie bei neurologischer Manifestation im Rahmen einer SARS-Cov-2-Infektion unterscheidet sich nicht von der Behandlung bei rein pulmonaler Beteiligung und erfolgt momentan gemäß der Leitlinien der Deutschen Gesellschaften für Neurologie und Pulmonologie [38,41].

Literatur

[1] Rotbart HA. Viral meningitis. Semin Neurol. 2000;20(3):277–92.

[2] Taskin E. et al. Serum procalcitonin and cerebrospinal fluid cytokines level in children with meningitis. Mediators Inflamm. 2004;13(4):269–73.

[3] Tumani H, Petereit HF, Gerritzen A. S1 guidelines "lumbar puncture and cerebrospinal fluid analysis" (abridged and translated version). Neurol. Res. Pract. 2020;2.

[4] Armangue T, et al. Herpes simplex virus encephalitis is a trigger of brain autoimmunity. Ann Neurol. 2014;75(2):317–23.

[5] Dorcet G, et al. Two Cases of Late-Onset Anti-NMDAr Auto-Immune Encephalitis After Herpes Simplex Virus 1 Encephalitis. Front Neurol. 2020;11:38.

[6] Sahar N, Nurre AM, Simon RQ. Infectious Trigger for Autoimmune Encephalitis: A Case Report and Literature Review. Case Rep Infect Dis. 2019:5731969.

[7] Guffond T, et al. Significance and clinical relevance of the detection of herpes simplex virus DNA by the polymerase chain reaction in cerebrospinal fluid from patients with presumed encephalitis. Clin Infect Dis. 1994;18(5):744–9.

[8] Niksefat M, et al. Third time's a charm: diagnosis of herpes simplex encephalitis after two negative polymerase chain reaction results. Heliyon. 2020;6(6):e04247.

[9] Boucher A, et al. Epidemiology of infectious encephalitis causes in 2016. Med Mal Infect. 2017;47(3):221–235.

[10] Ricigliano VAG, et al. Slowly progressing varicella zoster brainstem encephalitis complicating Ramsay Hunt syndrome in an immunocompetent patient: case report and review of the literature. J Neurovirol. 2017;23(6):922–928.

[11] Grahn A, Studahl M. Varicella-zoster virus infections of the central nervous system – Prognosis, diagnostics and treatment. J Infect. 2015;71(3):281–93.

[12] Balfour HH Jr., et al. Management of acyclovir-resistant herpes simplex and varicella-zoster virus infections. J Acquir Immune Defic Syndr (1988). 1994;7(3):254–60.

[13] Dyachenko P, et al. Epstein-barr virus-associated encephalitis in a case-series of more than 40 patients. Wiad Lek. 2018;71(6):1224–1230.

[14] Meyding-Lamadé U. et al., Virale Meningoenzephalitis, S1-Leitlinie, 2018, in: Deutsche Gesellschaft für Neurologie (Hrsg.), Leitlinien für Diagnostik und Therapie in der Neurologie. Online: www.dgn.org/leitlinien (abgerugen am 23.06.2024).

[15] Hayton E, et al. Successful outcome of Epstein-Barr virus encephalitis managed with bilateral craniectomy, corticosteroids and aciclovir. Pract Neurol. 2012;12(4):234–7.

[16] Ludwig A, Hengel H. Epidemiological impact and disease burden of congenital cytomegalovirus infection in Europe. Euro Surveill. 2009;14(9):26–32.

[17] Robert-Koch-Institut. Infektionsepidemiologisches Jahrbuch meldepflichtiger Krankheiten für 2018. 2019.

[18] Gilsdorf JR. Acute Flaccid Myelitis: Lessons From Polio. J Pediatric Infect Dis Soc. 2019;8(6):550–553.

[19] Hellenbrand W. et al. Epidemiology of Tick-Borne Encephalitis (TBE) in Germany, 2001(-)2018. Pathogens. 2019;8(2).

[20] Kaiser R. et al. Frühsommer-Meningoenzephalitis (FSME), S1-Leitlinie, 2020, in: Deutsche Gesellschaft für Neurologie (Hrsg.), Leitlinien für Diagnostik und Therapie in der Neurologie. Online: www.dgn.org/leitlinien (abgerufen am 23.06.2024).

[21] Kaiser R, Holzmann H. Laboratory findings in tick-borne encephalitis – correlation with clinical outcome. Infection. 2000;28(2):78–84.

[22] Saksida A, et al. The importance of tick-borne encephalitis virus RNA detection for early differential diagnosis of tick-borne encephalitis. J Clin Virol. 2005;33(4):331–5.

[23] Chacko K, et al. Diagnostic difficulties in human rabies: A case report and review of the literature. Qatar Med J. 2016;2016(2):15.

[24] Zhang L, et al. Analysis of misdiagnosed cases of hemorrhagic fever with renal syndrome in children: two cases and literature review. BMC Nephrol. 2019;20(1):383.

[25] Maramattom BV, et al. Acute flaccid paralysis due to West nile virus infection in adults: A paradigm shift entity. Ann Indian Acad Neurol. 2014;17(1):85–8.

[26] Keng LT, Chang LY. Japanese encephalitis. CMAJ. 2018;190(21):E657.

[27] Robert-Koch-Institut. Epidemiologisches Bulletin 18–2020 Japanische Enzephalitis Infektion.

[28] Shen Q, et al. Acute flaccid paralysis as the initial manifestation of Japanese encephalitis: a case report. Jpn J Infect Dis. 2020.

[29] Swinnen B, et al. Predictive value of JC virus PCR in cerebrospinal fluid in the diagnosis of PML. Diagn Microbiol Infect Dis. 2019;95(3):114859.

[30] Weber T, et al. Polymerase chain reaction for detection of JC virus DNA in cerebrospinal fluid: a quality control study. European Union Concerted Action on Viral Meningitis and Encephalitis. J Virol Methods. 1997;69(1–2):231–7.

[31] Delbue S, et al. JC virus load in cerebrospinal fluid and transcriptional control region rearrangements may predict the clinical course of progressive multifocal leukoencephalopathy. J Cell Physiol. 2012;227(10):3511–7.

[32] Wijburg MT, et al. Association of Progressive Multifocal Leukoencephalopathy Lesion Volume With JC Virus Polymerase Chain Reaction Results in Cerebrospinal Fluid of Natalizumab-Treated Patients With Multiple Sclerosis. JAMA Neurol. 2018;75(7):827–833.

[33] Mastrolia MV, et al. Characteristics and outcome of influenza-associated encephalopathy/encephalitis among children in a tertiary pediatric hospital in Italy, 2017–2019. BMC Infect Dis. 2019;19(1):1012.

[34] Meijer WJ, et al. Acute influenza virus-associated encephalitis and encephalopathy in adults: a challenging diagnosis. JMM Case Rep. 2016;3(6):e005076.

[35] Lannuzel A, et al. Long-term outcome in neuroZika: When biological diagnosis matters. Neurology. 2019;92(21):e2406–e2420.

[36] Norouzi M, et al. Nervous System Involvement in COVID-19: a Review of the Current Knowledge. Mol Neurobiol. 2021.

[37] Finsterer J, Scorza FA, Ghosh R. COVID-19 polyradiculitis in 24 patients without SARS-CoV-2 in the cerebro-spinal fluid. J Med Virol. 2021;93(1):66–68.

[38] Berlit P, et al. Neurologische Manifestationen bei COVID-19, Sk2-Leitlinie, 2024, in: Deutsche Gesellschaft für Neurologie (Hrsg.), Leitlinien für Diagnostik und Therapie in der Neurologie. Online: www.dgn.org/leitlinien (abgerufen am 23.06.2024).

[39] Neumann B, et al. Cerebrospinal fluid findings in COVID-19 patients with neurological symptoms. J Neurol Sci. 2020;418:117090.

[40] Jarius S, Pache F, Körtvelyessy P, et al. Cerebrospinal fuid findings in COVID-19: a multicenter study of 150 lumbar punctures in 127 patients. J Neuroinfammation. 2022;19(1):19.

[41] Kluge S, et al. S3- Leitlinie – Empfehlungen zur stationären Therapie von Patienten mit COVID-19. AWMF Register-Nr. 113/001, 2022.

1.1.3 Pilzinfektionen des Nervensystems

Bettina Pfausler*

Pilzinfektionen des ZNS sind in der Regel systemische Mykosen. Die Krankheitsbilder sind relativ selten und kommen am häufigsten als opportunistische Infektionen bei immundefizienten Patienten vor. In Mitteleuropa haben als Erreger die Sprosspilze bzw. Hefen (z. B. Candida und Cryptococcus) und Schimmelpilze (z. B. Aspergillus) die größte Bedeutung.

Generell ist festzustellen, dass die Liquorbefunde in Abhängigkeit von der Krankheitsmanifestation Schwankungen unterworfen sind. Die *Zellzahlen* reichen von Normalwerten bis zu 1000 Leukozyten/µl (in Einzelfällen auch weit höher) bei überwiegend granulozytären oder gemischtzelligen (mit Plasmazellen), und besonders in chronifizierten Stadien lymphozytären *Zellbildern. Schrankenfunktionsstörungen* haben z. T. ein erhebliches Ausmaß. Das *Gesamtprotein* kann normal sein, aber auch erhöhte Werte zeigen. *Intrathekale Ig-Synthesen* sind häufig und besonders in der chronischen Krankheitsphase zu erwarten (mikrobiologische Diagnostik siehe **Kap. B.6.3**).

1.1.3.1 Candidose

Bei der Candidamykose liegen die *Zellzahlen* meist im Bereich von 30–300 Zellen/µl. Das *Zellbild* zeigt Lymphozyten und Granulozyten (gemischtzellig). Die *Gesamtproteinwerte* sind meist deutlich erhöht bis etwa 1500 mg/l. Im Verlauf der Erkrankung ist eine dominante *intrathekale IgA-Synthese,* verbunden mit einer *IgG-Synthese,* zu erwarten. Für die *Glukose* ergeben sich oft erniedrigte Werte, das *Laktat* ist erhöht. Molekularbiologische Untersuchungen sind heute in der Diagnostik etabliert.

***Autoren der Vorauflage:** R. Lehmitz, E. Mix, U. K. Zettl

1.1.3.2 Kryptokokkose

Für die Kryptokokkose ergeben sich überwiegend ähnliche Befunde wie für die Candidamykose. Ein *Erregernachweis* kann in Tuschepräparaten bzw. nach Spezialfärbungen (u. a. PAS) erfolgreich sein. Cryptococcus-Blastosporen liegen zum Teil phagozytiert in Makrophagen des Liquor cerebrospinalis vor. Die *Zellzahl* liegt im Normalbereich bzw. ist bis etwa 300 Zellen/µl erhöht (in Einzelfällen höher), die *Zellbilder* sind gemischt mit Lymphozytendominanz oder rein lymphozytär (Plasmazellen, aktivierte B-Lymphozyten), das *Gesamtprotein* erreicht Werte bis 2500 mg/l. Eine *intrathekale Ig-Synthese* kann initial als „Zwei-Ig-Klassen-Reaktion" (IgG, IgM) und im Verlauf als „Drei-Ig-Klassen-Reaktion" (IgG, IgA, IgM) vorliegen. *Glukosewerte* sind überwiegend erniedrigt, das *Laktat* erhöht. Zu erwähnen ist, dass bei der AIDS-assoziierten Kryptokokkose die pathologischen Liquorveränderungen meist weniger imponieren.

1.1.3.3 Aspergillose

Der Liquorbefund bei Aspergillose ist bei ventrikelferner Abszessbildung häufig unauffällig. Ein *Erregernachweis* im Liquor und in der Kultur gelingt fast nie. Im Falle einer meningealen Beteiligung ergeben sich initial *Zellzahlerhöhungen* bis 50 Zellen/µl, später bis 1000 Zellen/µl bei granulozytären *Zellbildern*. Das *Gesamtprotein* erreicht Werte bis 4000 mg/l. Im Krankheitsverlauf wird eine *intrathekale Immunglobulinsynthese* mit IgA-Dominanz als „Drei-Ig-Klassen-Reaktion" nachgewiesen. Es finden sich fast immer *Glukoseerniedrigungen*, das *Laktat* übersteigt nicht 4 mmol/l. Eine nekrotisierende Entzündung führt häufig zu Rupturblutungen mit hämorrhagischem Liquor und den entsprechenden Liquorzellbildern mit Erythrophagen und Hämosiderophagen.

1.1.4 Protozoonosen des Nervensystems

Überarbeitet von Bettina Pfausler*

1.1.4.1 Toxoplasmose

Von den Protozoonosen hat in Mitteleuropa die Toxoplasmose, besonders als opportunistische Infektion bei AIDS-Patienten und nach Organtransplantation, die größte Bedeutung. Die Toxoplasmose entsteht in der Regel durch die Reaktivierung einer vorbestehenden Toxoplasma-Infektion und betrifft häufig das ZNS.

Zellzahlerhöhungen bei der Toxoplasma-Enzephalitis übersteigen nur selten 1000 Zellen/µl. Das *Zellbild* ist lymphozytär, oftmals mit Plasmazellen. Bei *Gesamtproteinwerten* bis etwa 1000 mg/l zeigt sich in etwa 75 % der Fälle eine *Schrankenfunktionsstörung* (Q_{Alb} 8–25 × 10^{-3}). Eine *intrathekale Immunreaktion* ist bei etwa 50 % der Patienten als IgG-, IgA- und IgM-Synthese (Drei-Ig-Klassen-Reaktion) zu finden. Bei nahezu allen Patienten mit ZNS-Manifestation der Toxoplasmose wird eine intrathekale spezifische Antikörpersynthese nachgewiesen. Eine *erregerspezifische PCR* ist möglich, muss aber hinsichtlich Sensitivität und Spezifität weiter evaluiert werden. Der Liquorbefund ist bei der AIDS-assoziierten Toxoplasmose bis auf eine leichte *Gesamtproteinerhöhung* häufig normal. Zur mikrobiologischen Diagnostik siehe **Kapitel B.6.4.**

1.1.4.2 Zerebrale Malaria

Obwohl in Deutschland nur mit etwa 500–600 Fällen einer zerebralen Malaria pro Jahr zu rechnen ist, soll auf die Liquorbefunde eingegangen werden, da wegen des sich entwickelten Tourismus migrationsbedingt auch an diese Infektion gedacht werden muss. Die zerebrale Malaria tritt bei nichtimmunen Personen in allen Altersstufen auf, in holoende-

---

***Anmerkung:** Autoren der Vorauflage: R. Lehmitz, E. Mix, U. K. Zettl mischen Gebieten ist eine Häufung im Kleinkindalter zu verzeichnen.

Der *Liquordruck* ist bei fortgeschrittener klinischer Symptomatik deutlich erhöht. Die *Zellzahlen* im Liquor sind nur sehr diskret erhöht bei *Gesamtproteinkonzentrationen* bis maximal 1500 mg/l. In seltenen Fällen können geringe hämorrhagische Veränderungen im Liquor cerebrospinalis gefunden werden.

Eine *intrathekale IgG-Synthese* ist bei einem Teil der Patienten nachweisbar. *Glukose-Werte* sind normal, das *Laktat* ist z. T. erhöht (**Kap. B.6.4**).

1.1.4.3 Zerebrale Amöbiasis

Von den hunderten Genera von freilebenden Amöben sind nur wenige menschenpathogen. Dazu zählen Acanthomoebaspezies, Balamuthia mandrillaris und insbesondere Naegleria genera, die eine granulomatöse Amöbenmeningoenzephalitis (foudroyanter Krankheitsverlauf) hervorrufen. Entamoeba histolytica bedingt in den meisten Fällen eine zerebrale Abszedierung.

Bei den Patienten mit einer primären Amöbenmeningoenzephalitis zeigen sich die klinischen Symptome wie bei einer akuten bakteriellen Meningitis. Wesentliche Indikatoren einer Amöbenmeningoenzephalitis sind initiale Geruchsstörungen und die rasche Entwicklung herdneurologischer Symptome bei Patienten mit einer typischen Expositionsanamnese (Baden im Swimmingpool etc.).

Schnellstmögliche Diagnostik und Therapie ist angesichts des fulminanten Verlaufes essenziell. Zur Sicherung der Diagnose ist die Untersuchung des Liquors unumgänglich.

In der Liquoranalytik zeigen sich eine granulozytäre *Pleozytose* und eine deutliche *Gesamtproteinerhöhung* wie bei einer akuten bakteriellen Meningitis. In einigen Fällen ist die Zellzahl nur gering erhöht. Im *Zellbild* können neben den putriden auch zusätzlich hämorrhagische Zeichen nachweisbar sein. Der Liquor-Serum-Glukosequotient ist deutlich erniedrigt. In einigen Fällen ist keine *Glukose* im Liquor cerebrospinalis mehr nachweisbar. Die Untersuchung des *Nativpräparates* zeigt die hochbeweglichen Trophozoiten. Ein bereits abgekühlter Liquor sollte auf Körpertemperatur erwärmt werden, um die Beweglichkeit der Naegleria-fowleri-Trophozoiten zu stimulieren. In der differentialdiagnostischen Abgrenzung zur akuten bakteriellen Meningitis kommt es bei der Amöbenmeningoenzephalitis zu keiner Reaktion in der Gramfärbung. Die *kulturelle Anzucht* und eine *PCR* stehen für Naegleriae in ausgewählten Labors zur Verfügung. Die Ergebnisse beider Untersuchungen kommen jedoch bei der Aggressivität der Erkrankung meist zu spät.

Auf die Liquorbefunde, die im Rahmen der Abszedierung z. B. durch Entamoeba histolytica zu erwarten sind, wird im Kapitel „Hirnphlegmone (Zerebritis) und Hirnabszess“ eingegangen.

1.1.5 Parasitosen des Nervensystems

Überarbeitet von Bettina Pfausler*

1.1.5.1 Neurozystizerkose

Aus der Gruppe der Parasitosen soll an dieser Stelle nur auf Helminthenerkrankungen eingegangen werden. Die Neurozystizerkose wird durch die Larve des Schweinebandwurmes (Taenia solium) hervorgerufen. Sie ist die häufigste parasitäre Erkrankung des ZNS und manifestiert sich als meningeale, parenchymatöse, ventrikuläre oder „gemischte“ Entzündung. Der Liquorbefund ist von der Lokalisation der Zysten sowie dem Entwick-

*__Anmerkung:__ Autoren der Vorauflage: R. Lehmitz, E. Mix, U. K. Zettl lungsstadium der Larven abhängig und kann unauffällig sein. Meist findet sich eine leichte bis mäßige *Pleozytose* (bis 120 Zellen/µl) bei lymphozytärem oder gemischtem *Zellbild*, selten mit Eosinophilie. Die *Schrankenfunktionsstörung* kann erheblich sein. Typisch sind eine *intrathekale IgG- und IgE-Synthese.* Die Bestimmung *spezifischer Antikörper* im Liquor ergibt hohe Sensitivitäten und Spezifitäten. Eine deutliche *Glukoseerniedrigung* gilt als prognostisch ungünstiges Zeichen (**Kap. B.6.4**).

1.1.5.2 Toxocariasis

Bei der durch den Hundespulwurm (Toxocara canis) hervorgerufenen Toxocariasis kann sich im ZNS eine *eosinophile* Meningitis oder eine Meningoenzephalitis manifestieren. Der Liquorbefund kann normal sein. In den anderen Fällen zeigt sich eine *Pleozytose* bis 150 Zellen/µl mit überwiegend lymphozytärem *Zellbild.* Der Anteil eosinophiler Granulozyten kann bis 30 % betragen. Die *Schrankenfunktion* ist leicht gestört, *intrathekale IgG-Synthesen* wurden nachgewiesen. Antikörpernachweise im Liquor zeigen mit ELISA-Techniken bisher die höchste Sensitivität und Spezifität (**Kap. B.6.4**).

1.1.5.3 Trichinose

Eine Absiedlung von Trichinenlarven im sogenannten Finnenstadium in das ZNS findet sich bei bis zu 20 % der an einer Trichinose Erkrankten. Eine zu Bewusstseinstrübung, zu organischem Psychosyndrom und/oder neurologischen Symptomen führende ZNS-Manifestation bedarf vor der Lumbalpunktion einer bildgebenden Untersuchung des Gehirns. In der überwiegenden Anzahl der Fälle findet man im Liquor eine gering bis mäßig ausgeprägte gemischtzellige *Pleozytose,* die eosinophil akzentuiert ist. Neben einer *Gesamtproteinerhöhung* ist die Liquorglukose normal bis gering erniedrigt. In etwa einem Viertel der Fälle konnten im Liquor cerebrospinalis Larven von Trichinella spiralis nachgewiesen werden.

Weiterführende Literatur

Alonso-Padilla J, Gallego M, Schijman AG, Gascon J. Molecular diagnostics for Chagas disease: up to date and novel methodologies. Expert Rev. Mol. Diagn. 2017;17:699–10.

Berger JR. Amebic infections of the central nervous system. J Neurovirol. 2022;28:467–472.

Bruschi F, Brunetti E, Pozio E. Neurotrichinellosis. Handb Clin Neurol. 2013;114:243–9.

Castillo Y, Toribio LM, Guzman C, et al. Cysticercosis Working Group in Peru. Consistent Measurement of Parasite-Specific Antigen Levels in Sera of Patients with Neurocysticercosis Using Two Different Monoclonal Antibody (mAb)-Based Enzyme-Linked Immunosorbent Assays. Pathogens. 2023;12:566.

Challa S. Invasive Fungal Infections of the Central Nervous System in Immune-Competent Hosts. Curr Fungal Infect Rep. 2020;14:174–185.

Del Brutto OH. Human Neurocysticercosis: An Overview. Pathogens. 2022;11:1212.

Garcia HH. Neurocysticercosis. Neurol Clin. 2018;36:851–64. doi: 10.1016/j.ncl.2018.07.003.

Góralska K, Blaszkowska J, Dzikowiec M. Neuroinfections caused by fungi. Infection. 2018;46:443–459.

Gushiken AC, Saharia KK, Baddley JW. Cryptococcosis. Infect Dis Clin North Am. 2021;35:493–514.

Haston JC, Cope JR. Amebic encephalitis and meningoencephalitis: an update on epidemiology, diagnostic methods, and treatment. Curr Opin Infect Dis. 2023;36:186–191.

Hernández M, Astudillo OG, Diego G, et al. Immunodiagnosis of human neurocysticercosis: comparative performance of serum diagnostic tests in Mexico. Parasitol Res. 2019;118:2891–99.

Knapp J, Lallemand S, Monnien F, et al. Real-time multiplex PCR for human echinococcosis and differential diagnosis. Parasite. 2023;30:3.

Lyton J, Theiopoulou DC, Rutenberg D, et al. Clinical spectrum, radiological findings, and outcomes of

severe Toxoplasmosis in immunocompetent hosts: A Systematic Review. Pathogens. 2023;12:543.
Makanjuola RO, Taylor-Robinson AW. Improving Accuracy of Malaria Diagnosis in Underserved Rural and Remote Endemic Areas of Sub-Saharan Africa: A Call to Develop Multiplexing Rapid Diagnostic Tests. Scientifica (Cairo). 2020;2020:3901409.
Marra CM. Central nervous system infection with Toxoplasma gondii. Handb Clin Neurol. 2018;152:117–122.
McCarty TP, White CM, Pappas PG. Candidemia and Invasive Candidiasis. Infect Dis Clin North Am. 2021;35:389–413.
Meena DS, Kumar D, Bohra GK, Kumar G. Clinical manifestations, diagnosis, and treatment outcome of CNS aspergillosis: A systematic review of 235 cases. Infect Dis Now. 2021;51:654–660.
Meliou M, Mavridis IN, Pyrgelis ES, Agapiou E. Toxocariasis of the Nervous System. Acta Parasitol. 2020;65:291–299.
Noordin R, Yunus MH, Tan Farrizam SN, Arifin N. Serodiagnostic methods for diagnosing larval toxocariasis. Adv Parasitol. 2020;109:131–152.
Rosca EC, Tudor R, Cornea A, Simu M. Central Nervous System Involvement in Trichinellosis: A Systematic Review. Diagnostics (Basel). 2021;11:945.
Rostami A, Karanis P, Fallahi S. Advances in serological, imaging techniques and molecular diagnosis of Toxoplasma gondii infection. Infection. 2018;46:303–15.
Sahu PK, Mohanty S. Pathogenesis of Cerebral Malaria: New Trends and Insights for Developing Adjunctive Therapies. Pathogens. 2023;12:522.
Savonius O, de Souza CF, Fançony C, et al. PCR-confirmed malaria among children presenting with a decreased level of consciousness in Angola: a prospective, observational study. Malar J. 2023;22(1):130.
Schwartz S, Kontoyiannis DP, Harrison T, Ruhnke M. Advances in the diagnosis and treatment of fungal infections of the CNS. Lancet Neurol. 2018;17:362–372.
Vasconcelos Miranda TA, Tsuchiya K, Lucato LT. Imaging of Central Nervous System Parasitic Infections. Neuroimaging Clin N Am. 2023;33:125–146.
White NJ, Pukrittayakamee S, Hien TT, et al. Malaria. Lancet. 2014;383:723–35.
Wilson KJ, Dhalla A, Meng Y, et al. Retinal imaging technologies in cerebral malaria: a systematic review. Malar J. 2023;22(1):139.

1.1.6 Entzündlich-demyelinisierende Erkrankungen des Nervensystems

Hayrettin Tumani, Klemens Ruprecht, Franziska Bachhuber, Makbule Senel, Brigitte Wildemann, Uwe K. Zettl*

1.1.6.1 Multiple Sklerose

Zusammen mit der Magnetresonanztomographie (MRT) hat die Liquordiagnostik einen zentralen Stellenwert sowohl bei der Diagnosestellung einer Multiplen Sklerose (MS) als auch in der differentialdiagnostischen Abgrenzung einer MS von anderen entzündlichen ZNS-Erkrankungen. Aus historischer Perspektive wurde mit dem 1983 von Poser et al. eingeführten Begriff „laborunterstützte Diagnose“ der MS diesem Sachverhalt erstmals Rechnung getragen [1]. Die diagnostischen Kriterien für eine MS wurden in der Folge durch eine internationale Expertengruppe (International Panel on the Diagnosis of Multiple Sclerosis) mehrfach überarbeitet [2–4]. Die derzeit gültigen, weltweit angewandten sogenannten „McDonald-Kriterien“ für die Diagnosestellung einer MS wurden zuletzt im Jahr 2017 aktualisiert (Tab. C.1.6) [5].

Prinzipiell ist für die Diagnose einer MS neben einer typischen klinischen Präsentation der Nachweis von demyelinisierenden ZNS-Läsionen mit räumlicher und zeitlicher Dissemination (*dissemination in space* [DIS] und *dissemination in time* [DIT]) sowie der Ausschluss möglicher Differentialdiagnosen erforderlich. Der Nachweis der räumlichen und zeitlichen Dissemination kann rein klinisch oder mit Hilfe zusätzlicher paraklinischer Untersuchungsbefunde (MRT) erfolgen. Während die Untersuchung des Liquor cere-

---

***Anmerkung:** Autoren der Vorauflage: R. Lehmitz, E. Mix, U. K. Zettl brospinalis in der vorherigen Fassung der McDonald-Kriterien von 2010 keinen essenziellen Baustein der MS-Diagnosekriterien darstellte, wurde mit den aktuellen Kriterien von 2017 die Bedeutung der Liquordiagnostik erneut unterstrichen. In der Tat kann gemäß der McDonald-Diagnosekriterien von 2017 der Nachweis liquorspezifischer oligoklonaler IgG Banden (OKB) den klinischen/MR-tomographischen Nachweis einer zeitlichen Dissemination des Entzündungsprozesses ersetzen [5]. Somit kann bei Patienten mit einem typischen klinisch isolierten Syndrom, welche die radiologischen Kriterien der räumlichen Dissemination erfüllen, bei Nachweis isolierter OKB im Liquor die Diagnose einer schubförmigen MS gestellt werden. Auch bei der Diagnose der primär progredienten MS stellt der Nachweis liquorspezifischer OKB weiterhin eines von 3 paraklinischen Kriterien dar, von denen neben der klinischen Präsentation mindestens zwei für die Diagnosestellung einer PPMS erforderlich sind (Tab. C.1.6).

Insbesondere im deutschsprachigen Raum besteht traditionell ein breiter klinischer Konsensus darüber, dass bei Verdacht auf eine MS eine Untersuchung des Liquor cerebrospinalis erfolgen sollte, da neben dem Nachweis liquorspezifischer OKB auch andere Parameter wie Zellzahl, zytologischer Befund und Proteinparameter (z. B. eine positive MRZ-Reaktion) das Vorliegen einer MS unterstützen können. Die von der Deutschen Gesellschaft für Neurologie herausgegebene aktuelle Leitlinie zur Diagnostik und Therapie der Multiplen Sklerose empfiehlt dementsprechend bei Patienten mit Verdacht auf MS neben einer kranialen und spinalen MRT-Bildgebung die Untersuchung des Liquor cerebrospinalis (AWMF, 030/050, 2021) [6].

Tab. C.1.6: McDonald-Kriterien 2017 für die Diagnose einer Multiplen Sklerose (Thompson et al., 2018).

Klinik	Läsionen	Zusatzinformationen		
Diagnose einer schubförmigen Multiplen Sklerose				
≥ 2 Schübe mit	≥ 2 Läsionen (objektiv)	keine erforderlich		
≥ 2 Schübe mit	1 Läsion (objektiv)	räumliche Dissemination (DIS) – im MRT* oder – weiterer klinischer Schub		
1 Schub mit	≥ 2 Läsionen (objektiv)	zeitliche Dissemination (DIT) – im MRT** oder – weiterer klinischer Schub	oder	Nachweis liquorspezifischer oligoklonaler Banden
1 Schub mit	1 Läsion (objektiv)	räumliche Dissemination (DIS) – im MRT* oder – weiterer klinischer Schub	und	zeitliche Dissemination (DIT) – im MRT** oder – weiterer klinischer Schub
				oder Nachweis liquorspezifischer oligoklonaler Banden

Tab. C.1.6 (fortgesetzt)

Klinik	Läsionen	Zusatzinformationen
Diagnose einer primär progredienten Multiplen Sklerose		
Klinische Progression über mindestens ein Jahr (prospektiv oder retrospektiv)	Plus zwei der folgenden Kriterien: – mindestens eine T2-hyperintense Läsion in mindestens einem der Areale periventrikulär, kortikal/juxtakortikal oder infratentoriell – mindestens zwei T2-hyperintense Läsionen spinal – Nachweis liquorspezifischer oligoklonaler Banden	

* Räumliche Dissemination-MRT: mind. eine T2-hyperintense Läsion in mind. 2 von 4 Arealen: periventrikulär, kortikal/juxtakortikal, infratentoriell, spinal.
** Zeitliche Dissemination-MRT: simultaner Nachweis Kontrastmittel-aufnehmender und -nichtaufnehmender Läsionen oder eine neue T2-hyperintense Läsion in einem Folge-MRT.

Liquorbefunde bei MS

Es gibt bis heute weder einzelne Liquorparameter noch eine Liquorbefundkonstellation, die eindeutig beweisend für eine MS sind. Die Liquoruntersuchung kann jedoch einerseits durch den Nachweis von Veränderungen, die auf das Vorliegen eines chronisch entzündlichen Prozesses hinweisen, die Diagnose einer MS untermauern, und ist andererseits im Rahmen der differentialdiagnostischen Abgrenzung von Bedeutung.

Bei etwa 60 % der Patienten mit MS findet sich eine mäßige *Zellzahlerhöhung* bis 50/μL (Mpt/l) (Tab. C.1.7). In wenigen Einzelfällen können auch Pleozytosen im Bereich von 50 bis 100/μL vorkommen. Das *Zellbild* ist typischerweise lymphomonozytär, Granulozyten werden nicht gefunden. Als ein charakteristischer Befund finden sich bei ca. 50–60 % der Patienten in der Liquordifferenzierung aktivierte Lymphozyten und Plasmazellen als Zeichen einer chronisch-entzündlichen Reaktion. Der Anteil von sowohl aktivierten Lymphozyten als auch Plasmazellen an allen Zellen im Liquor beträgt hierbei jeweils < 5 %. Auch wenn es sich somit um relativ subtile Veränderungen im Liquordifferentialzellbild handelt, kann der Nachweis einer pathologischen entzündlichen Zellreaktion somit anhand morphologischer Lymphozyten-Aktivierungszeichen im Differentialzellbild erfolgen. Darüber hinaus ist es möglich, durch immunzytochemische Nachweismethoden B-Lymphozyten mit intrazellulärer Immunglobulin-Produktion zu identifizieren. Durch die Bestimmung dieser als aktivierte B-Lymphozyten bezeichneten Zellpopulation kann die Nachweisrate einer subakuten oder chronischen entzündlichen Reaktion im ZNS auf fast 90 % erhöht werden. Bei der MS werden vorwiegend IgG-produzierende aktivierte B-Lymphozyten nachgewiesen. IgA- und/oder IgM-positive Lymphozyten kommen mit geringer Häufigkeit vor, ihr dominanter Nachweis ist untypisch für die MS. Der zytologische Befund bei MS-Patienten kann aber auch ohne pathologische Auffälligkeiten sein (2–15 %) ([7] und eigene Beobachtungen). Mit der Durchflusszytometrie lässt sich die Zusammensetzung, Aktivierungsgrad und Vorkommen pathologisch relevanter Immunzellpopulationen im Liquor bei entzündlichen Erkrankungen des ZNS genauer analysieren, womit Aussagen über pathologisch bedingte Veränderungen der im Liquor befindlichen

Immunzellsubtypen getroffen werden können. Charakteristisch für chronisch-entzündliche ZNS-Erkrankungen vom autoimmunen Typ sind der Nachweis von Plasmazellen und eine hohe CD4/CD8-Ratio, für Virusinfektionen und insbesondere die HIV-Infektion dagegen eine niedrige CD4/CD8-Ratio [8,9] (siehe auch **Kap. B.2.2**, Immunzytologie).

Die *Gesamtproteinkonzentration* im Liquor kann leicht erhöht sein (etwa 15–30 % der Fälle). Hierbei stellen etwa 700–900 mg/l einen unscharfen oberen Grenzwert dar [10]. Der Albuminquotient ist meist normal (70–80 % der Fälle) oder zeigt eine leichte ($8–10 \times 10^{-3}$) und sehr selten eine mittelgradige ($10–20 \times 10^{-3}$) *Schrankenfunktionsstörung* an [11–16]. Geschlechterabhängige Unterschiede mit höheren Albuminquotienten bei Männern wurde zudem berichtet [14]. Erhöhte Albuminquotienten bei der Erstpunktion korrelieren mit dem Vorhandensein spinaler Läsionen [11], einem höheren Behinderungsgrad nach EDSS [15] und einer Abnahme des Hirnparenchymvolumens im Verlauf [12,13]. Albuminquotienten über 12×10^{-3} sollten Anlass für eine Überprüfung der Verdachtsdiagnose einer MS geben.

Den wichtigsten abnormen Liquorbefund bei der MS stellt eine *intrathekale Immunglobulinsynthese*, insbesondere von Immunglobulin G (IgG), dar. Diese lässt sich sowohl durch qualitative Verfahren (oligoklonale IgG-Banden) als auch durch quantitative Methoden (Quotientendiagramm, Ig-Index) nachweisen [17]. Eine intrathekale IgG-Synthese ist ein sehr charakteristischer Befund bei der MS und findet sich in Form isolierter liquorspezifischer oligoklonaler IgG-Banden in bis zu 98 % der Fälle. Im Zusammenhang mit positiven OKB-Befunden im klinischen Jargon geläufige Bezeichnungen wie „OKB positiv“, „Nachweis oligoklonaler Banden“, „OKB im Liquor“ beziehen sich auf den Nachweis isolierter liquorspezifischer IgG-Banden in der isoelektrischen Fokussierung. Die Bezeichnungen „liquorspezifische OKB“ und „isolierte OKB im Liquor“ werden synonym für positive OKB-Befunde (OKB-Muster Typ 2 oder Typ 3, siehe **Kap. B.3.2.5.1**) als Korrelat einer intrathekalen IgG-Synthese verwendet. Die Detektion liquorspezifischer oligoklonaler IgG-Banden ist zwar sehr sensitiv, aber nicht spezifisch für die MS. Auch bei anderen entzündlichen oder subakut infektiösen ZNS-Erkrankungen oder selten auch Tumoren des ZNS, können liquorspezifische oligoklonale IgG-Banden nachgewiesen werden (siehe Tab. C.1.9). Im Vergleich zum qualitativen Nachweis einer intrathekalen IgG-Synthese in Form liquorspezifischer OKB mit der hochempfindlichen isoelektrischen Fokussierung (**Kap. B.3.2**) ist der quantitative Nachweis einer intrathekalen IgG-Synthese mit Hilfe des Quotientendiagramms nach Reiber und Felgenhauer weniger sensitiv (ca. 60–75 %). Mit Hilfe der Quotientendiagramme lassen sich jedoch auch intrathekale IgA- und IgM-Synthesen quantifizieren. Bei MS finden sich bei ca. 10 % der Patienten eine intrathekale IgA- und bei 20–25 % der Patienten eine intrathekale IgM-Synthese [10,18,19]. Hierbei ist auch differentialdiagnostisch bedeutsam, dass intrathekale IgA- oder IgM-Synthesen praktisch immer zusätzlich zu einer intrathekalen IgG-Synthese vorliegen. Isolierte IgA- und/ oder IgM-Synthesen ohne gleichzeitige IgG-Synthese sollten somit an der Diagnose einer MS Zweifel aufkommen lassen. Eine sog. Dreiklassenreaktion, d. h. eine gleichzeitige intrathekale Synthese von IgG, IgA und IgM, kann bei Patienten mit MS in seltenen Fällen vorkommen und schließt somit die Diagnose einer MS nicht aus.

Ein wichtiges Charakteristikum der intrathekalen Immunglobulinsynthese ist ihre Persistenz über den gesamten Krankheitsverlauf. Dies ist insbesondere in der differentialdiagnostischen Abgrenzung zu anderen entzündlichen ZNS-Erkrankungen, bei denen intrathekale Immunglobulin-Synthesen nur vorübergehend nachweisbar sein können (z. B. Neurosarkoidose, NMOSD) von Bedeutung. Sollte sich bei Patienten mit V. a. MS in der Analyse der oligoklonalen IgG-Banden bei Kontrollpunktionen eine Befundänderung (erst positiver, später negativer Befund) zeigen, ohne dass eine immuntherapeutische Intervention als Erklärung herangezogen werden kann, muss die Diagnose einer MS überdacht werden.

Der Liquor/Serum-Quotient der κ-freien Leichtketten (KFLC) hat eine vergleichbar hohe Sensitivität für den Nachweis einer intrathekalen Ig-Synthese wie der Nachweis liquorspezifischer OKB. Somit sind die KFLC unter den quantitativen Methoden ein vielversprechendes und mittlerweile akzeptiertes Verfahren zum humoralen Nachweis einer ZNS-Entzündung. Trotz der hohen diagnostischen Sensitivität und der leichteren Standardisierung werden sie derzeit nicht als Ersatz für die OKB empfohlen, sondern als sinnvolle Ergänzung zum Nachweis einer intrathekalen Ig-Synthese [19a–19g].

Die intrathekale Immunglobulinsynthese ist polyspezifisch, d. h. sie ist gegen zahlreiche unterschiedliche Zielantigene gewendet. Bereits seit Langem ist bekannt, dass sich die polyspezifische intrathekale Immunantwort auch gegen virale Antigene richtet. Eine solche antivirale intrathekale Antikörperproduktion lässt sich durch einen erhöhten virusspezifischen Antikörperindex (AI) nachweisen. Bei Patienten mit MS finden sich insbesondere intrathekale antivirale IgG-Synthesen gegen Masernvirus (M), Rötelnvirus (R) und Varizella-Zoster-Virus (Z), was zur Bezeichnung dieses Phänomens als „MRZ-Reaktion“ führte. Die MRZ-Reaktion stellt eine intrathekale Synthese erregerspezifischer IgG-Antikörper im Rahmen einer polyspezifischen humoralen Immunantwort ohne Nachweis der entsprechenden Erreger im ZNS dar. Etwa 90 % der Patienten mit MS zeigen eine intrathekale Ig-Synthese gegen mindestens eines dieser Viren [18,20]. Diese kann sich in Einfach- (M, R, Z) oder Kombinationskonstellationen (MR, MZ, RZ, MRZ) darstellen (**Kap. B.3.3**). Von einer „positiven MRZ-Reaktion“ spricht man, wenn für mindestens zwei der drei Erreger (M, R, Z) erhöhte Antikörperindizes vorliegen, was bei etwa 70 % der MS-Patienten vorkommt. Die intrathekale Produktion antiviraler Antikörper beschränkt sich jedoch nicht nur auf die klassische „MRZ-Reaktion“, sondern umfasst auch andere virale Antigene, z. B. HSV-1, Mumpsvirus oder Parvovirus B19, oder auch mikrobielle Antigene, z. B. Borrelien oder Chlamydien [21]. Die MRZ-Reaktion ist – obgleich nicht pathognomonisch – der spezifischste derzeit bekannte Laborparameter für die MS [22]. Die MRZ-Reaktion ist für die MS insbesondere auch spezifischer als der Nachweis liquorspezifischer oligoklonaler Banden, wobei die Sensitivität der MRZ-Reaktion niedriger ist. Der MRZ-Reaktion kommt insbesondere bei Patienten, bei denen eine differentialdiagnostische Abgrenzung gegenüber anderen entzündlichen ZNS-Erkrankungen schwierig ist, eine wichtige diagnostische Bedeutung zu. So ist die MRZ-Reaktion beispielsweise bei AQP4-IgG-positiver NMOSD oder MOG-IgG-positiver Enzephalomyelitis (englisch auch MOG antibody associated disorder, MOGAD, genannt) nicht oder nur sehr selten nachweisbar.

Die MRZ-Reaktion korreliert nach Intensität und Häufigkeit mit dem quantitativen Ausmaß der Gesamt-IgG-Synthese im ZNS [18]. Imponiert nur eine spezifische Antikörpersynthese (M, R oder Z), muss im Einzelfall eine monospezifische Infektion klinisch und durch weiterführende Labordiagnostik ausgeschlossen werden. Zu berücksichtigen ist in diesem Zusammenhang, dass erregerspezifische Antikörpersynthesen im Rahmen von ZNS-Infektionen oft noch jahrelang nachweisbar sind.

Das Liquorprofil, insbesondere die humorale intrathekale Immunantwort, ist im Verlauf einer MS typischerweise konstant und erlaubt keine direkten Rückschüsse auf Krankheitsaktivität.

Großes Interesse gilt der Identifikation von Biomarkern, die zuverlässig objektivierbare Aussagen zu Krankheitsaktivität, Prognose, sowie Ansprechen auf Therapien bei

Patienten mit MS erlauben. Auch in Hinblick auf die Erfassung pathogenetischer Mechanismen (z. B. Demyelinisierung, axonale Schädigung) ist die Untersuchung von potenziellen neuen Biomarkern von großer Relevanz. In diesem Zusammenhang wurde eine Vielzahl von Parametern sowohl im Liquor als auch im Serum untersucht. Teils vielversprechende Ergebnisse bedürfen in den meisten Fällen unabhängiger Bestätigung oder weiteren Untersuchungen in kontrollierten Studien.

Ein vielversprechender Marker für neuroaxonale Schädigungen sind jedoch Neurofilament-Leichtketten (NfL), deren Konzentrationen bei Patienten mit MS mit Krankheitsaktivität, Hirnatrophie und Therapieansprechen zu korrelieren scheinen. Von besonderem Interesse ist, dass die Bestimmung von NfL durch sensitive Methoden mittlerweile auch aus dem Blut möglich ist. Bisherige Ergebnisse bei der MS haben die Wertigkeit von NfL als Aktivitäts-, Prognose- und Therapieresponse-Marker in Gruppeneffekten gezeigt [23]. Limitierend für die intraindividuelle Anwendung sind Altersabhängigkeit, Abhängigkeit vom body-mass-index (BMI) und Nierenfunktion. Bestrebungen, diese Störfaktoren zu umgehen, sind mit der Erprobung von Z-Scores und graphischer Auswertung bereits im Gang [23]. Während NfL insbesondere bei der schubförmigen Verlaufsform als Marker zur Beurteilung der Krankheitsaktivität und -progression sowie Therapieresponse geeignet ist, zeigen neuere Arbeiten, dass das gliale fibrilläre saure Protein (GFAP) bei der progredienten MS (PMS) als Marker für die schleichende Behinderungszunahme nützlich sein kann. Mehrere Studien zeigten einen Zusammenhang zwischen hohen GFAP-Konzentrationen und PMS [24–27]. Die konsistente Korrelation zwischen GFAP-Konzentrationen und klinischen Schweregraden lässt auf vielversprechende Anwendungen des Markers für die Erforschung und Überwachung des schubunabhängigen Verlaufs bei MS hoffen. Aussagekräftige prospektive Studien sind jedoch erforderlich, um routinefähige Nachweismethoden und Grenzwerte zu ermitteln.

Liquorparameter als prognostische Biomarker bei MS

Oligoklonale Banden

Dem Nachweis isolierter oligoklonaler IgG-Banden im Liquor kommt bei Patienten mit einem klinisch isolierten Syndrom (KIS) oder radiologisch isolierten Syndrom (RIS) eine prognostische Bedeutung zu. Patienten mit einem KIS, bei denen liquorspezifische OKB nachweisbar sind, haben unabhängig vom MRT-Befund ein in etwa doppelt so hohes Risiko, im weiteren Verlauf eine klinisch sichere MS zu entwickeln [28–30]. Auch bei Patienten mit RIS wurden isolierte oligoklonale Banden im Liquor als Prädiktor für das Risiko, im Verlauf eine MS zu entwickeln, identifiziert [31–36].

Intrathekale IgM-Synthese

Der Nachweis einer intrathekalen IgM-Synthese wurde mit einem ungünstigeren Verlauf in Verbindung gebracht [37–39] und stellt bei Patienten mit einen KIS einen unabhängigen Risikofaktor für eine Konversion zu MS dar [40–43]. Auch der quantitative Nachweis einer intrathekalen IgG-Synthese beeinflusst die Prognose bei Patienten mit KIS oder früher MS ungünstig [44].

Chitinase 3-like 1

Erhöhte Liquorspiegel des Astrozytenmarkers Chitinase 3-like 1 scheinen bei Patienten mit einem klinisch isolierten Syndrom mit einer deutlich erhöhten Konversionsrate zu einer schubförmigen MS assoziiert zu sein [45]. Möglicherweise eignet sich die Untersuchung des Parameters als Prädiktor für die Krankheitsprogression [46–48].

Tab. C.1.7: Liquor-Parameter bei Patienten mit Multipler Sklerose.

Liquormarker	MS-Patienten	Nachweishäufigkeit
Zellzahl [Leukozyten/μl]	< 5	40 %
	5–30	55 %
	> 30	5 %
Differentialzytologie	Lymphomonozytäres Zellbild	100 %
	aktivierte Lymphozyten (max. 5 % aller Zellen)	50–60 %
	Plasmazellen (max. 5 % aller Zellen)	50–60 %
Gesamtprotein im Liquor	normal leichte Erhöhung (< 700–900 mg/l)	70–85 % 15–30 %
Albuminquotient	Schrankenstörung eher untypisch $Q_{alb} < 8 \times 10^{-3}$	20–30 % ~ 90 %
Intrathekale Ig-Synthese nach Reiber (intrathekale Fraktion > 0 %)	IgG	60–75 %
	IgA	8–10 %
	IgM	20–25 %
	Kappa FLC	bis zu 98 %
Oligoklonale IgG-Banden	Liquorspezifische OKB (Typ 2 oder 3)	bis zu 98 %
Erregerspezifische intrathekale Ig-Synthese [AI > 1.5]	Mindestens einfach positiv	bis zu 94 %
	davon Masern	78 %
	Röteln	60 %
	Zoster	55 %
MRZ-Reaktion	mindestens zweifach positiv	63–70 %

AI = Antikörperindex, Ig = Immunglobulin, MRZ = Masern-, Röteln-, Varizella-Zoster-Virus, Q_{alb} = Albuminquotient

Einfluss von Immuntherapien auf Liquorbefunde bei MS

Charakteristisch bei der MS sind über den gesamten Krankheitsverlauf relativ konstante Liquorbefunde sowie eine Persistenz der intrathekalen Immunglobulinsynthese, welche typischerweise auch unter Immuntherapien fortbesteht [49–51]. Unter Immuntherapien (z. B. Fingolimod, Rituximab, Natalizumab) können Änderungen von Liquorbefunden auftreten, diese betreffen jedoch meist eine Abnahme der Zellzahl, während die intrathekale IgG-Synthese relativ unverändert bleibt [52–54]. Eine Besonderheit stellt die Therapie mit dem α4-Integrin-Inhibitor Natalizumab dar, welcher an den Endothelzellen der Blutgefäße die Transmigration von α4-Integrin-positiven Leukozyten aus Blutgefäßen in entzündete Gewebe blockiert und somit ihre Einwanderung über die Blut-Hirn-Schranke und in andere Gewebe inhibiert. Hier wurde eine Abnahme der B-Zell-Antwort beobachtet, die sich durch Reduktion der lokalen IgG-Synthese oder dem Verschwinden von OKB (unterhalb der Nachweisgrenze) von OKB äußern kann (**Kap. B.3.2**) [55–57]. Nach Unterbrechung bzw. Beendigung der Natalizumab-Therapie erscheinen die zuvor verschwundenen OKB wieder bzw. werden stärker sichtbar, was im Rahmen eines Rebound-Phänomens der intrathekalen Entzündung zu bewerten ist.

Zusammenfassend spielt die Liquordiagnostik eine wichtige Rolle in der Diagnose und Differentialdiagnose der MS. Einerseits untermauert der Nachweis von Liquorveränderungen, die auf einen chronisch-entzündlichen Prozess hinweisen, die Diagnose einer MS. Andererseits ist die Liquordiagnostik im Rahmen der differentialdiagnostischen Abgrenzung der MS von anderen entzündlichen ZNS-Erkrankungen von Bedeutung. Krankheitstypische Liquorbefunde sind bei > 90 % der MS-Patienten vorhanden und umfassen in der Regel den Nachweis von liquorspezifischen OKB, eine lymphozytäre Zellreaktion (leichte Pleozytose, vorwiegend lymphozytär mit aktivierten Lymphozyten und Plasmazellen), bei normalen bis leicht erhöhten Gesamtprotein und Albuminquotient. Sensitivster Parameter ist der qualitative Nachweis einer intrathekalen Immunglobulinsynthese (liquorspezifische OKB), spezifischster Parameter eine positive MRZ-Reaktion. Die Abwesenheit von liquorspezifischen OKB, Zellzahlen von mehr als 50/µL, eine deutliche Schrankenstörung mit Albuminquotienten $> 12 \times 10^{-3}$, der Nachweis von Granulozyten im Liquor, sowie eine intrathekale IgM- und/oder IgA-Synthese ohne begleitende IgG-Synthese sollten Anlass für eine sorgfältige Überprüfung der Diagnose einer MS geben.

1.1.6.2 Neuromyelitis-optica-Spektrum-Erkrankungen (NMOSD, Devic-Syndrom)

Die Neuromyelitis-optica-Spektrum-Erkrankungen (Neuromyelitis optica spectrum disorders, NMOSD) umfassen die Neuromyelitis optica (NMO) sowie deren inkomplette Formen. Während die NMO lange als klinische Variante der MS galt, führte die Entdeckung von IgG-Autoantikörpern gegen das Wasserkanalprotein Aquaporin-4 (AQP4-IgG, ehemals NMO-IgG) bei Patienten mit NMO und der Nachweis der pathogenetischen Relevanz von AQP4-IgG zu einer Vielzahl von klinisch bedeutsamen Erkenntnissen hinsichtlich Diagnose, Therapie und Pathogenese des Syndroms.

AQP4-IgG kann im Serum von über 80 % der Patienten mit NMOSD nachgewiesen werden. Bei Verdacht auf eine NMOSD kommt dem serologischen Nachweis von AQP4-IgG mittels eines zellbasierten Assays daher eine besondere Bedeutung zu. In einer Subgruppe (10–40 %) der AQP4-IgG-seronegativen Patienten mit einem klinischen oder MR-tomographischen „NMOSD-Phänotyp" (NMOSD ohne AQP4-IgG Nachweis) können im Serum Autoantikörper gegen das Myelin-Oligodendrozyten-Glykoprotein nachgewiesen werden (MOG-IgG) [58]. Die MOG-IgG-seropositive Enzephalomyelitis (englisch: MOG antibody associated disorder; MOGAD), deren klinisches und radiologisches Spektrum sowohl mit der NMOSD als auch der MS überlappt, gilt inzwischen als eigenständige Krankheitsentität. Sehr selten werden Antikörper gegen das gliale fibrilläre Astrozytenprotein (GFAP) gefunden [59–61].

Bei der AQP4-IgG-positiven NMOSD findet man in über 80 % der Fälle entzündliche Veränderungen im Liquor cerebrospinalis, charakteristisch sind eine lymphomonozytär-dominierte *Pleozytose* mit wechselndem Anteil neutrophiler Granulozyten sowie mitunter auch eosinophilen Granulozyten, eine *Gesamtproteinerhöhung* (häufig bis 850 mg/l, teilweise über 1000 oder 1500 mg/l) und eine *Schrankenfunktionsstörung* [62,63]. Liquorspezifische oligoklonale Banden als Korrelat einer *intrathekalen IgG-Produktion* sind bei einem Großteil der Patienten nicht oder nur transient nachweisbar. Nach bisherigen Erkenntnissen wurde kein signifikanter Unterschied der Häufigkeit von liquorspezifischen OKB zwischen AQP4-IgG-positiven Patienten und AQP4-IgG-negativen Patienten mit einem NMOSD-Phänotyp beschrieben [58,64]. Eine 2- oder 3-Klassen-Reaktion, als Korrelat einer gleichzeitigen intrathekalen Synthese von zwei oder drei Immunglobulin-Klassen, kommt bei der AQP4-IgG-positiven NMOSD praktisch nicht vor. Die MRZ-Reaktion (definiert als positiver Antikörperindex für mindestens zwei der drei Antikörper-Reaktivitäten) ist fast ausnahmslos negativ.

Die Liquorbefunde variieren in Abhängigkeit von Krankheitsaktivität und Lokalisation der Läsionen [62]. Insbesondere zu Beginn der Erkrankung und bei Manifestationen als Myelitis können die Entzündungsparameter sehr ausgeprägt sein und im weiteren Verlauf fluktuieren. Pathologische Veränderungen lassen sich häufig nur im Schub nachweisen.

Während eines Schubereignisses findet sich bei etwa 60 % der Patienten eine moderate Pleozytose. Die Zellzahlerhöhung kann dabei höher ausfallen als bei MS (> 50/µL bei 35 % der Patienten, > 100/µL bei 6 % der Patienten). Das Differentialzellbild ist lymphomonozytär, häufig können zusätzlich neutrophile (ca. 40–60 %) und/oder eosinophile Granulozyten (ca. 10–15 %) nachgewiesen werden [65]. In bis zu 20 % der Fälle finden sich aktivierte Lymphozyten oder Plasmazellen. Bei rund der Hälfte der Patienten werden erhöhte Werte für Albuminquotient (55 %) oder Laktat im Liquor (43 %, insbesondere bei Myelitis) gefunden. Selten zeigt sich eine intrathekale IgG-Synthese, welche im Schub bei 20–30 % qualitativ durch liquorspezifische OKB nachgewiesen werden kann. Ein quantitativer Nachweis einer intrathekalen Immunglobulin-Synthese nach Reiber erfolgt deutlich seltener (6–13 %) und fast ausschließlich während eines Schubereignisses.

In Phasen der Remission ist die Zellzahl meist normal, eine Pleozytose < 100/µL wird in 20 % der Fälle gefunden. Ein erhöhter Albuminquotient findet sich bei 30 % und isolierte OKB im Liquor bei 9 % der Patienten. Intrathekale Ig-Synthesen oder erhöhte Laktat-Werte werden typischerweise nicht beobachtet.

In der differentialdiagnostischen Abgrenzung zur MS sprechen Zellzahlen von mehr als 50/µL sowie der Nachweis von neutrophilen und/oder eosinophilen Granulozyten für eine NMOSD, während eine positive MRZ-Reaktion typisch für eine MS ist (Tab. C.1.8) [66]. Da bei NMOSD, im Gegensatz zur MS, die meisten pathologischen Auffälligkeiten nur während eines aktiven Schubs nachweisbar sind, kann u. U. auch eine erneute Punktion (sechs bis zwölf Wochen nach Abklingen der Krankheitsaktivität) von Nutzen sein. Ein Rückgang der humoralen Immunreaktion spricht hierbei für eine NMOSD [67]. Isolierte OKB im Liquor sind untypisch für die NMOSD und können, anders als bei der MS, im Erkrankungsverlauf verschwinden [66]. Daher ist ein zunächst positiver, im Verlauf negativer OKB-Befund vereinbar mit einer NMOSD. Die Liquorbefunde zum Zeitpunkt eines akuten NMOSD-Schubs (Pleozytose mit erhöhtem Granulozytenanteil, Laktaterhöhung, Schrankenstörung) können denen viraler oder bakterieller erregerbedingter Erkrankungen ähneln, was bei differentialdiagnostischen Überlegungen berücksichtigt werden sollte.

1.1.6.3 MOG-IgG-positive Enzephalomyelitis

Die Enzephalomyelitis mit Seropositivität für IgG-Autoantikörper gegen das (vollständige, konformationell intakte) Myelin-Oligodendrozyten-Glykoprotein (MOG-IgG) ist eine seltene entzündliche demyelinisierende Erkrankung des zentralen Nervensystems, welche auch als MOG-IgG-assoziierte Enzephalomyelitis, kurz MOG-Enzephalomyelitis (MOG-EM), MOG-IgG-assoziierte Erkrankung oder MOGAD (MOG antibody associated disease) bezeichnet wird. Sie stellt eine eigenständige, von der klassischen MS sowie von der AQP4-IgG-positiven NMOSD abzugrenzende Krankheitsentität dar, welche vornehmlich durch eine (meist rezidivierende) Optikusneuritis (ON), Myelitis und/oder Hirnstammenzephalitis gekennzeichnet ist [68].

Das klinische und radiologische Spektrum der MOG-IgG-assoziierten Enzephalomyelitis überlappt mit den Phänotypen der NMOSD, der MS, sowie der akuten demyelinisierenden Enzephalomyelitis (ADEM). Bei Kindern sind ADEM-ähnliche Manifestationen und monophasische Verläufe am häufigsten, bei Erwachsenen verläuft die Mehrzahl der Fälle relapsierend [6].

Im Schub finden sich bei der MOG-EM ähnliche Liquor-Profile wie bei der (AQP4-IgG-positiven) NMOSD. Das Ausmaß der Liquorveränderungen wird beeinflusst durch die spinale Läsionslast und den Läsionsort (wobei generell gilt: spinale Läsionen > zerebrale Läsionen > ON; bzw. akute Myelitis > Enzephalitis ohne Myelitis > akute isolierte ON). Aus diesem Grund treten die deutlichsten und häufigsten Liquor-Veränderungen bei akuter Myelitis auf, während insbesondere bei isolierter ON auch im Schub ein normales Liquorprofil möglich ist.

Häufig findet sich eine milde bis mäßiggradige *Pleozytose* mit Zellzahlen, die häufig mehr als 10/µL und nicht selten mehr als 50/µL oder 100/µL betragen [58,68–71]. Typisch ist ein *lymphomonozytäres Zellbild*, häufig (40–70 %) mit zusätzlich neutrophilen Granulozyten und teilweise (10–20 %) aktivierten Lymphozyten (Tab. C.1.8) [58,63,70,71]. Isolierte *oligoklonale IgG-Banden* im Liquor werden nur selten gefunden und sind teilweise nur transient nachweisbar (6–22 % der Fälle) (siehe Tab. C.1.9). Eine positive MRZ-Reaktion (bi- oder tri-spezifisch) wurde in den bisher untersuchten Fällen noch nicht nachgewiesen. Eine Blut-Liquor-Schrankenfunktionsstörung liegt bei einem Drittel bis zur Hälfte der Fälle vor und ist oft stärker ausgeprägt als bei der MS (Albuminquotient > 12×10^{-3} bei ca. 25 % der Fälle mit Schrankenstörung) [58,63,70,71]. Der Albuminquotient ist häufiger erhöht bei Patienten mit spinaler oder zerebraler Beteiligung und kann bei ON auch normal ausfallen [58,70,71]. Im Schub ist die Laktatkonzentration bei 25 % der Fälle erhöht und zeigt (ähnlich dem Albuminquotienten) bei Myelitis eine positive Korrelation mit der spinalen Läsionslast [58,70,71].

Tab. C.1.8: Typische Liquorbefunde bei Patienten mit MS, AQP4-positiver NMOSD und MOG-EM.

Liquormarker	MS	AQP4-pos. NMOSD	MOG-EM
Pleozytose	60 %	~ 60 % im Schub	~ 30–70 % (MY > EN > ON)
Zellzahl > 50/µl	„red flag“	~ 35 % im Schub	~ 20 %
Zellzahl > 100/µl	„red flag“	~ 6 % im Schub	~ 10 % (insbes. MY)
Zellbild	lymphomonozytär	lymphomonozytär + Neutrophile (~ 40–60 %) + Eosinophile (~ 10–15 %)	lymphomonozytär + Neutrophile (~ 40–70 %)
aktivierte Lymphozyten	50–60 %	bis zu 20 %	10–20 %
Neutrophile	„red flag“	häufig (im Schub)	häufig (MY > ON)
Blut-Liquor-Schrankenfunktionsstörung (Q_{alb} ↑)	eher untypisch, leicht bis mittelgradig bei < 20–30 %	> 50 % (MY > ON)	~ 50 % (MY > ON)
$Q_{alb} \geq 12 \times 10^{-3}$	sehr selten, „red flag“	Falls Q_{alb} ↑: ~ 50 %	Falls Q_{alb} ↑: ~ 25 %
liquorspezifische OKB	bis zu 98 %	selten, oft transient	selten, teilweise transient

Tab. C.1.8: (fortgesetzt)

Liquormarker	MS	AQP4-pos. NMOSD	MOG-EM
MRZ-Reaktion (bi- oder tri-spezifisch)	häufig positiv (~ 70 %)	extrem selten	negativ
L-Laktat	meist normal	erhöht bei > 40 % im Schub	erhöht bei ~ 25 % im Schub

AQP4 = Aquaporin-4, EM = Enzephalomyelitis, EN = Enzephalitis, L = Liquor, MOG = Myelin-Oligodendrozyten-Glykoprotein, MRZ = Masern-Röteln-Zoster, MY = Myelitis, MS = Multiple Sklerose, NMOSD = Neuromyelitis-Optica-Spektrum-Erkrankungen, OKB = oligoklonale Banden, ON = Optikusneuritis, Q_{alb} = Albuminquotient

1.1.6.4 Myelinoklastische diffuse Sklerose (Schildersche Erkrankung)

Die myelinoklastische diffuse Sklerose, auch Schildersche Erkrankung, manifestiert sich meist in einem Alter von weniger als 18 Jahren [72]. Eine wichtige Differentialdiagnose, insbesondere bei Jungen männlichen Patienten, ist die Adrenoleukodystrophie mit zerebraler Beteiligung. Während einige Autoren das Krankheitsbild als Variante der MS ansehen, wird sie insbesondere in der neuropädiatrischen Literatur sowie aufgrund neuerer immunologischer Erkenntnisse als eigenständiges Krankheitsbild gewertet. Signifikante Unterschiede zur MS finden sich sowohl in wesentlichen radiologischen und histopathologischen Merkmalen als auch in typischen Liquorbefundkonstellationen.

Im Liquor cerebrospinalis können pathologische Veränderungen wie bei der MS vorkommen, meist sind aber keine *oligoklonalen Banden* nachweisbar, auch erhöhte *Zellzahlen* werden nur selten gefunden. In einer kürzlichen retrospektiven Analyse der Liquorbefunde von Patienten mit myelinoklastischer diffuser Sklerose im Rahmen eines systematischen Reviews waren liquorspezifische OKB nur in 26 % der Fälle, bzw. bei Patienten, die normale Serumkonzentrationen langkettiger Fettsäuren aufwiesen und damit sicher nicht an einer Adrenoleukodystrophie erkrankt waren, in nur 17 % vorhanden (siehe Tab. C.1.9). Die Zellzahl war lediglich bei 24 % bzw. 11 % der Patienten erhöht [73].

1.1.6.5 Konzentrische Sklerose Baló

Dieses seltene Krankheitsbild ist histopathologisch gekennzeichnet durch laminäre konzentrische Strukturen im Marklager des ZNS. Die laminären Strukturen entsprechen abwechselnden Schichten von demyelinisierten und nur teilweise demyelinisierten (möglicherweise auch remyelinisierten) Nervenfasern, die auch im MRT erkennbar sind [74]. Morphologie, Lokalisation und Größe der häufig als „zwiebelartig" beschriebenen Läsionen unterscheiden sich hierbei von typischen MS-Läsionen [75]. Hinsichtlich der klinischen Präsentation, Verlaufsformen und Prognose ist die konzentrische Sklerose Baló sehr heterogen [76]. Bei mehr als der Hälfte der Patienten finden sich zusätzlich zu Baló-artigen Läsionen auch MS-typische Läsionen im MRT und ein Teil der Patienten entwickelt im weiteren Verlauf eine MS. Darüber hinaus können Baló-artige Läsionen auch im Verlauf einer MS auftreten [75].

Liquordiagnostisch können eine Erhöhung des *Gesamtproteins* oder lymphomonozytäre *Pleozytosen imponieren* sowie deutlich seltener als bei MS isolierte *oligoklonale Banden* im Liquor (siehe Tab. C.1.9) [76–79]. Eine mit Daten von 132 Patienten vorgenommene retrospektive Analyse der Liquorbefunde ergab nur bei 35 % der getesteten Fälle den Nachweis liquorspezifischer OKB. Eine Pleozytose (median 27/µl [77]) lag in etwa 30 % der Fälle vor. Der Liquorbefund kann jedoch auch ohne pathologische Auffälligkeiten sein (mind. 15 % der Proben) [77].

1.1.6.6 Akute demyelinisierende Enzephalomyelitis (ADEM)

Die akute demyelinisierende Enzephalomyelitis ist eine in der Regel monophasisch verlaufende demyelinisierende Erkrankung des zentralen Nervensystems, die insbesondere Kinder betrifft. Meist tritt die Erkrankung in zeitlichem Zusammenhang und mehrheitlich ein bis drei Wochen nach einer Infektion (häufig virale Infektion der oberen Atemwege) oder seltener (5-12 % der Fälle) nach einer Impfung auf. Eine differentialdiagnostisch sichere Abgrenzung von einer MS-Erstmanifestation ist zum Zeitpunkt der Symptommanifestation auf der Basis des klinischen Untersuchungsbefundes meist nicht möglich.

Bei einem Teil der Patienten mit dem klinischen Bild einer ADEM, insbesondere bei Kindern, können in der akuten Erkrankungsphase im Serum (und Liquor) anti-MOG Antikörper nachgewiesen werden, deren Konzentrationen nach Erkrankungsende wieder abnimmt. Der Nachweis von Anti-MOG-IgG bei Patienten mit ADEM geht mit einer einheitlicheren klinischen und paraklinischen Präsentation und dem Auftreten von weiteren mit anti-MOG-IgG assoziierten Erkrankungen einher [80,81]. Es ist somit davon auszugehen, dass bei einem Teil der Patienten mit einer ADEM tatsächlich eine MOG-IgG-assoziierte Enzephalomyelitis (MOGAD, s. o.) vorliegt.

Der Liquorbefund zeigt in der Regel pathologische Auffälligkeiten, kann ausnahmsweise aber auch völlig normal sein [82]. Es treten z. T. charakteristische Abweichungen vom Liquorbefund bei MS auf. Überwiegend zeigen sich lymphozytäre oder „gemischtzellige" *Zellbilder,* wobei besonders zu Krankheitsbeginn auch eine Granulozytendominanz vorkommen kann. Regelmäßig kann eine milde *Pleozytose* nachgewiesen werden [82,83]. Auch *Zellzahlerhöhungen* über 100/µL (z. T. darüber) wurden gefunden, sind jedoch selten. *Schrankenfunktionsstörungen* sind in der Regel ausgeprägter als bei der MS (Albuminquotient bis 20×10^{-3}) [84,85]. Liquorspezifisches oligoklonales IgG wurde in einigen Fällen nachgewiesen, die *intrathekale IgG-Synthese* geht jedoch im Gegensatz zur MS während des weiteren Krankheitsverlaufs langsam zurück (siehe Tab. C.1.9) [82,84]. In Einzelfällen ist der Nachweis einer intrathekalen IgM- und IgA-Synthese möglich. Eine polyspezifische Immunantwort (MRZ-Reaktion) bleibt nach bisherigen Beobachtungen negativ.

Auf eine frühe Myelinzerstörung weist der Nachweis von basischem Myelinprotein (MBP) im Liquor cerebrospinalis hin. So fand man vereinzelt bei Patienten mit ADEM deutlich erhöhte Konzentrationen vom MBP im Liquor cerebrospinalis.

1.1.6.7 Akute nekrotisierende hämorrhagische Enzephalomyelitis (Hurst-Enzephalitis)

Die akute nekrotisierende hämorrhagische Enzephalomyelitis (auch akute hämorrhagische Leukenzephalomyelitis (AHLE), Weston-Hurst Syndrom) wird als fulminante Verlaufsform einer ADEM angesehen [84,86]. Sie manifestiert sich meist bei jungen Erwachsenen und tritt häufig post-infektiös, unter anderem im Zusammenhang mit Mycoplasma pneumoniae, Influenza A, EBV oder SARS-CoV2-Infektionen auf.

Im Liquor cerebrospinalis wird häufig eine erhöhte Leukozytenzahl festgestellt (ca. 65 %), oft finden sich auch Erythrozyten [87]. In den ersten Krankheitstagen lässt sich häufig eine gemischtzellige *Pleozytose* mit Überwiegen der neutrophilen Granulozyten nachweisen. Im späteren Krankheitsverlauf finden sich auch Erythrozyten, Erythrophagen und Hämosiderophagen als Ausdruck der hämorrhagischen Komponente bei der akuten Enzephalomyelitis vom Typ Hurst.

Meist findet sich eine stark erhöhte *Gesamtproteinkonzentration* (mind. 85 % der Patienten) [87]. Die Schrankenfunktionsstörung ist in der Regel stärker ausgeprägt als bei der MS.

Tab. C.1.9: Häufigkeit isolierter oligoklonaler IgG-Banden im Liquor bei entzündlich demyelinisierenden Erkrankungen.

Erkrankung	Häufigkeit isolierte OKB im Liquor	Anmerkungen
MS, adult	> 95 %	persistierend
MS, pädiatrisch	> 90 %	persistierend
NMOSD (AQP4-IgG pos.)	20–30 %	häufig transient
NMOSD (AQP4-IgG neg.)	max. 35 %	häufig transient
MOG-EM	6–22 %	teilweise transient
Myelinoklastische diffuse Sklerose	17–26 %	
Balò konzentrische Sklerose	18–35 %	möglicherweise transient
ADEM	< 30 %	häufig transient
GBS	ungewöhnlich	
CIDP	gelegentlich	

ADEM = akute demyelinisierende Enzephalomyelitis, AQP4 = Aquaporin-4, CIDP = Chronische inflammatorische demyelinisierende Polyneuropathie, EM = Enzephalomyelitis, GBS = Guillain-Barré-Strohl-Syndrom, IgG = Immunglobulin G, MOG = Myelinoligodendrozytenglykoprotein, MS = Multiple Sklerose, NMOSD = Neuromyelitis Optica Spektrum Erkrankungen, OKB = oligoklonale Banden

1.1.6.8 Guillain-Barré-Strohl-Syndrom (GBS)

Das Guillain-Barré-Strohl-Syndrom (GBS) umfasst ein Spektrum von akut entzündlichen, peripheren Neuropathien, deren Subtypen sich primär durch Demyelinisierung oder durch axonale Degeneration auszeichnen. Die akute inflammatorische demyelinisierende Polyneuropathie (AIDP) ist die häufigste Form des GBS in westlichen Populationen.

Auffälligstes Merkmal des GBS im Liquor cerebrospinalis ist die zytoalbuminäre Dissoziation („dissociation albumino-cytologique"), d. h. eine zunächst leichte, später hochgradige *Gesamtproteinerhöhung* bis ca. 2000 mg/l (gelegentlich höhere Werte vergleichbar mit CIDP, bis zu 6000 mg/l) [88–91] bei normaler bis geringgradig erhöhter *Zellzahl* (initial bis 50/µL nach ein bis drei Wochen 5–10/µL) [92,93]. Bei höheren Zellzahlen muss die Diagnose in Frage gestellt werden. Das *Zellbild* ist lymphozytär, gelegentlich mit vereinzelten Plasmazellen oder aktivierten Lymphozyten. Die Gesamtproteinerhöhung beruht ausschließlich auf einer *Schrankenfunktionsstörung* (isolierte Erhöhung des Albuminquotienten bis 200×10^{-3}) im Rahmen einer Polyradikulitis. Sie erreicht ihr Maximum nach zwei bis drei Wochen und klingt im Allgemeinen im Zeitraum von 6 Wochen wieder ab, kann aber in Abhängigkeit von der Wurzelbeteiligung auch Monate andauern. Die Gesamtproteinkonzentration im Liquor ist abhängig vom Zeitpunkt der Lumbalpunktion und kann in der ersten Woche normal ausfallen. *Intrathekale IgG-Synthesen* werden kaum gefunden. Im Liquor und Serum können identische oligoklonale Banden als Ausdruck einer systemischen Immunreaktion vorkommen. Isolierte *oligoklonale Banden* im Liquor cerebrospinalis sind im Rahmen eines GBS untypisch (siehe Tab. C.1.10).

Zahlreiche Biomarker-Kandidaten wurden im Liquor cerebrospinalis im Hinblick auf ihre pathophysiologische und differentialdiagnostische Bedeutung bzw. ihre Eignung als Marker für Verlauf, Prognose, Ansprechen auf spezifische Therapien sowie die Differenzierung verschiedener Subtypen untersucht. Darüber hinaus wurden Proteom-Analysen durchgeführt, um weitere potenzielle Biomarker zu identifizieren. Als Zeichen der systemischen Immunaktivierung können Immunparameter wie Komplement, Zytokine (insbesondere TNF-α und TGF-β) und Zytokinrezeptoren im Liquor cerebrospinalis sowie im Blut erhöht sein. Axonale Destruktionsmarker im Liquor spiegeln das Ausmaß der Nervenwurzelschädigung wider [89,94].

Darüber hinaus wurde eine Reihe von anti-Gangliosid- bzw. anti-Galactocerebrosid-Autoantikörpern identifiziert, die unter anderem beim GBS und seinen Varianten auftreten (z. B. anti-GM1, anti-GD1a, anti-GT1a, GalNAc-GD1a) [89,95,96]. So finden sich beispielsweise bei etwa 25 % der Patienten anti-GM1-Antikörper im Serum. Die serologische Untersuchung von Gangliosid- bzw. anti-Galactocerebrosid-Autoantikörpern wird auch zur Unterstützung der Diagnose verschiedener Subtypen des GBS herangezogen.

In der klinischen Praxis bleibt jedoch der Nachweis einer zytoalbuminären Dissoziation der wichtigste liquordiagnostische Parameter, welcher die Diagnose eines GBS unterstützt. Nachdem zu Beginn der Erkrankung die Gesamtproteinkonzentration im Liquor normal sein kann, kann bei klinischem Verdacht eine erneute Punktion oder neurographische Kontrolle sinnvoll sein.

1.1.6.9 Miller-Fisher-Syndrom

Beim Miller-Fisher-Syndrom manifestieren sich ähnliche Befunde im Liquor cerebrospinalis wie beim GBS-Syndrom, wobei im Gegensatz zum GBS-Syndrom bei einem größeren Prozentsatz der Patienten Normalbefunde für *Zellzahl* und *Gesamtprotein* gefunden werden. Übersichtsarbeiten deuten darauf hin, dass eine zytoalbuminäre Dissoziation in der ersten Erkrankungswoche bei gut einem Drittel der Patienten, in der zweiten Woche bei mehr als 75 % der Patienten auftritt [97]. *Pleozytosen* werden selten beobachtet [97]. Charakteristisch ist der Nachweis von IgG-Antikörpern gegen das Gangliosid GQ1b im Serum [98,99]. GQ1b wird insbesondere in den okulomotorischen Nervenfasern, Muskelspindeln der Extremitäten und im Kleinhirn exprimiert. Der Nachweis von anti-GQ1b-Antikörpern ist mit einem Spektrum inflammatorischer Erkrankungen des Nervensystems assoziiert, das neben dem Miller-Fisher-Syndrom dessen inkomplette Varianten und die Bickerstaff Hirnstamm Enzephalitis (**Kap. C.1.1.7.6**) umfasst [97].

1.1.6.10 Elsberg-Syndrom (Polyradiculitis sacralis)

Das Elsberg-Syndrom bezeichnet eine Polyradikulitis, welche die sakralen Nervenwurzeln der Cauda equina betrifft [100]. Die Ursachen des Erkrankungsbildes sind heterogen, es kann als Sonderform eines GBS-Syndroms (idiopathische Polyradiculitis sacralis) oder als symptomatische Verlaufsformen bei genitalen Herpes-simplex-Virus Typ 2- oder Zytomegalievirus-Infektionen auftreten. Es ist insbesondere relevant bei HIV-positiven Patienten mit erworbener Immunschwäche (AIDS) und wurde auch im Zusammenhang mit HSV-1, EBV- und VZV-Infektionen beschrieben. Die zu erwartenden Liquorbefunde sind aufgrund der inhomogenen Ätiologie des Krankheitsbildes vielfältig. Sie reichen von einer diskreten *Pleozytose* und starken *Gesamtproteinerhöhungen* wie beim GBS-Syndrom bis zu deutlichen Pleozytosen mit Gesamtproteinerhöhungen im Rahmen einer viralen Genese [101,102]. Die Besonderheiten des Liquorbefundes bei erworbener Immunschwäche sind im Kapitel HIV-Enzephalopathie beschrieben (**Kap. C.1.1.2.5**).

1.1.6.11 Chronische inflammatorische demyelinisierende Polyneuropathie (CIDP)

Die chronische inflammatorische demyelinisierende Polyneuropathie (CIDP) zeichnet sich meist durch einen langsamen, subakuten Beginn aus. Etwa 15–20 % der Fälle beginnen jedoch akut, ähnlich dem GBS-Syndrom, wobei aufgrund der unterschiedlichen Behandlung eine schnelle Differenzierung wichtig ist. Auch bei der CIDP findet sich häufig eine zytoalbuminäre Dissoziation. Die *Gesamtproteinwerte* sind normal bis typischerweise erheblich erhöht (bis 6000 mg/l) [103–105]. Analog zum GBS-Syndrom variieren die Gesamtprotein- bzw. Albuminquotientenwerte in Abhängigkeit vom Schädigungsausmaß der Polyradikulitis. Bei der CIDP können auch altersbedingte Komorbiditäten zusätzlich zu den höheren Gesamtproteinwerten beitragen.

Pleozytosen (lymphomonozytäre *Zellbilder*) mit Zellzahlen von in der Regel < 10 Zellen/μL (bis zu 50/μL möglich, insbesondere bei gleichzeitiger HIV-Infektion) können auftreten. Auch Normalbefunde für Zellzahl und Gesamtproteinwerte sind möglich. Eine *intrathekale IgG-Synthese* (liquorspezifische OKB) wird in Einzelfällen nachgewiesen, zeigt aber keine Beziehung zu Krankheitsverlauf und zu angewandten Therapieoptionen bei der CIDP (siehe Tab. C.1.10).

Bei klinischem Verdacht auf eine CIDP kann die Untersuchung immunologischer Parameter im Serum differentialdiagnostisch von Relevanz sein. So wird bei allen Patienten die Untersuchung auf monoklonale Gammopathien empfohlen, die Bestimmung von anti-MAG-Antikörpern bei Nachweis von IgM-Paraprotein, sowie von Antikörpern gegen nodale/paranodale Proteine, anti-Gangliosid Antikörpern, antinukleären Antikörpern oder VEGF bei bestimmten klinischen Konstellationen.

Bei einem Teil der Patienten können im Serum Antikörper gegen Ganglioside sowie im Bereich des Ranvier'schen Schnürrings exprimierte Proteine (nodal oder paranodal) nachgewiesen werden [96,106]. Der Nachweis von Autoantikörpern gegen die nodalen/paranodelen Proteine Neurofascin 155 und Contactin 1 ist spezifisch für eine Subgruppe der Patienten (< 10 %) mit dem klinischen Bild einer CIDP und zeigt eine Assoziation mit klinischen Parametern und dem Ansprechen auf Therapie [107]. Aufgrund des Nachweises von Autoantikörpern mit distinkter klinischer und pathophysiologischer Bedeutung wird in neueren Arbeiten und Diagnose-Kriterien eine Neu-Klassifizierung hinsichtlich „Autoimmun-Nodopathien" empfohlen [104].

Bei der multifokalen CIDP (Lewis-Sumner-Syndrom; MADSAM – multifokale erworbene demyelinisierende sensorische und motorische Neuropathie) ist die Gesamtproteinkonzentration im Liquor in der Mehrzahl der Fälle nicht oder nur leicht erhöht [108,109]. Eine moderate *Gesamtproteinerhöhung* findet sich bei etwa 40 % der Fälle [110]. Nur sehr selten (< 5 %) finden sich leicht erhöhte anti-GM1-AK Titer [110].

1.1.6.12 Multifokale motorische Neuropathie (MMN)

Bei mindestens 40–50 % der Patienten mit multifokaler motorischer Neuropathie (MMN) können im Serum hochtitrige IgM-Antikörper gegen das Gangliosid GM1 nachgewiesen werden [96,111]. Im Gegensatz zur CIDP sind die *Gesamtproteinwerte* im Liquor nicht oder nur leicht erhöht (bei circa 30 % der Patienten) [108,109]. Bei etwa zwei Dritteln der Patienten findet sich ein Liquorbefund ohne pathologische Auffälligkeiten.

Tab. C.1.10: Typische Liquorbefunde bei Patienten mit immunvermittelten Polyneuropathien.

	Zellen	Protein	Intrathekale IgG-Synthese
GBS	Zellzahl < 10/µl (bis 50/µl möglich) < 5/µl bei 85 % < 10/µl bei mind. 90 % lymphomonozytäres Zellbild, vereinzelt aktivierte Lymphozyten	Gesamtprotein normal bis deutlich erhöht (bis zu 2000 mg/l) Albuminquotient normal bis deutlich erhöht (bei mind. 85 %) kann in erster Woche normal sein (bei mind. 50 %)	untypisch OKB Typ IV bei 40 %
MFS	Zellzahl < 10/µl (bis 50/µl möglich) < 10/µl bei mind. 95 % lymphomonozytäres Zellbild	Gesamtprotein normal bis deutlich erhöht; kann in erster Woche normal sein (bei mind. 60 %)	untypisch
CIDP	Zellzahl < 10/µl (bis 50/µl möglich) < 5/µl bei mind. 90 % lymphomonozytäres Zellbild	Gesamtprotein normal bis erheblich erhöht (bis zu 6 000 mg/l)	gelegentlich isolierte OKB im Liquor und/oder intrathekale IgG-Synthese nach Reiber möglich
MADSAM	Zellzahl in der Regel nicht erhöht	Gesamtprotein nicht oder nur leicht erhöht (bei ca. 40 %)	untypisch
MMN	Zellzahl in der Regel nicht erhöht	Gesamtprotein nicht oder nur leicht erhöht (bei ca. 30 %)	untypisch

CIDP = Chronische inflammatorische demyelinisierende Polyneuropathie, GBS = Guillain-Barré-Strohl-Syndrom, MADSAM = Multifokale erworbene demyelinisierende sensorische und motorische Neuropathie, MFS = Miller-Fisher-Syndrom, MMN = Multifokale motorische Neuropathie, OKB = oligoklonale Banden

Literatur

[1] Poser CM, Paty DW, Scheinberg L, et al. New diagnostic criteria for multiple sclerosis: Guidelines for research protocols. Ann Neurol. 1983;13:227–231.

[2] McDonald WI, Compston A, Edan G, et al. Recommended diagnostic criteria for multiple sclerosis: guidelines from the International Panel on the diagnosis of multiple sclerosis. Ann Neurol. 2001;50:121–127.

[3] Polman CH, Reingold SC, Edan G, et al. Diagnostic criteria for multiple sclerosis: 2005 Revisions to the 'McDonald Criteria'. Annals of Neurology. 2005;58:840–846.

[4] Polman CH, Reingold SC, Banwell B, et al. Diagnostic criteria for multiple sclerosis: 2010 revisions to the McDonald criteria. Ann Neurol. 2011;69:292–302.

[5] Thompson AJ, Banwell BL, Barkhof F, et al. Diagnosis of multiple sclerosis: 2017 revisions of the McDonald criteria. Lancet Neurol. 2018;17:162–173.

[6] Hemmer B. Diagnose und Therapie der Multiplen Sklerose, Neuromyelitis-optica-Spektrum-Erkrankungen und MOG-IgG-assoziierten Erkrankungen, S2k Leitlinie, 2023, in: Deutsche Gesellschaft für Neurologie (Hrsg.), Leitlinien für Diagnostik und Therapie in der Neurologie. Online: www.dgn.org/leitlinien (abgerufen am 29.06.2024)

[7] Zeman D, Adam P, Kalistová H, et al. Cerebrospinal fluid cytologic findings in multiple sclerosis. A comparison between patient subgroups. Acta Cytol. 2001;45:51–59.

[8] Isenmann S, Strik H, Wick M, et al. Cerebrospinal fluid cytology: Methods and possibilities. Fortschritte der Neurol Psychiatr. 2017;85:616–630.

[9] Kleine TO, Albrecht J. Vereinfachte Durchflußzytometrie von Liquorzellen mit FACScan. LaboratoriumsMedizin. 1991;15:73–78.

[10] Ruprecht K, Tumani H. Cerebrospinal fluid diagnostics in multiple sclerosis. Nervenarzt. 2016;87:1282–1287.

[11] Liebsch R, Kornhuber ME, Dietl D, et al. Blood-CSF barrier integrity in multiple sclerosis. Acta Neurol Scand. 1996;94:404–10.

[12] Uher T, Horakova D, Tyblova M, et al. Increased albumin quotient (QAlb) in patients after first clinical event suggestive of multiple sclerosis is associated with development of brain atrophy and greater disability 48 months later. Mult Scler. 2016;22:770–81.

[13] Kroth J, Ciolac D, Fleischer V, et al. Increased cerebrospinal fluid albumin and immunoglobulin A fractions forecast cortical atrophy and longitudinal functional deterioration in relapsing-remitting multiple sclerosis. Mult Scler. 2019;25:338–343.

[14] Castellazzi M, Morotti A, Tamborino C, et al. Increased age and male sex are independently associated with higher frequency of blood-cerebrospinal fluid barrier dysfunction using the albumin quotient. Fluids Barriers CNS. 2020;17:14.

[15] Diem L, Bürge M, Leichtle A, et al. Pathological cerebrospinal fluid protein concentration and albumin quotient at relapse predicts short-term disability progression in multiple sclerosis: a retrospective single center observational study. Ther Adv Neurol Disord. 2020;13:1756286420975909.

[16] Berek K, Bsteh G, Auer M, et al. Cerebrospinal Fluid Findings in 541 Patients With Clinically Isolated Syndrome and Multiple Sclerosis: A Monocentric Study. Front Immunol. 2021;12:675307.

[17] Andersson M, Alvarez-Cermeñio J, Bernardi G, et al. Cerebrospinal fluid in the diagnosis of multiple sclerosis: A consensus report. J Neurol Neurosurg Psychiatry. 1994;57:897–902.

[18] Reiber H, Ungefehr S, Jacobi C. The intrathecal, polyspecific and oligoclonal immune response in multiple sclerosis. Mult Scler. 1998;4:111–117.

[19] Reiber H, Peter JB. Cerebrospinal fluid analysis: Disease-related data patterns and evaluation programs. Journal of the Neurological Sciences. 2001;184:101–122.

[19a] Hegen H, Walde J, Milosavljevic D, et al. Free light chains in the cerebrospinal fluid. Comparison of different methods to determine intrathecal synthesis. Clin Chem Lab Med. 2019 Sep 25;57(10):1574–1586.

[19b] Hegen H, Walde J, Berek K, et al. Cerebrospinal fluid kappa free light chains for the diagnosis of multiple sclerosis: A systematic review and meta-analysis. Mult Scler. 2023 Feb;29(2):169–181.

[19c] Leurs CE, Twaalfhoven H, Lissenberg-Witte BI, et al. Kappa free light chains is a valid tool in the diagnostics of MS: A large multicenter study. Mult Scler. 2020 Jul;26(8):912–923.

[19d] Presslauer S, Milosavljevic D, Huebl W, et al. Validation of kappa free light chains as a diagnostic biomarker in multiple sclerosis and clinically isolated syndrome: A multicenter study. Mult Scler. 2016 Apr;22(4):502–10.

[19e] Reiber H, Zeman D, Kušnierová P, Mundwiler E, Bernasconi L. Diagnostic relevance of free light chains in cerebrospinal fluid - The hyperbolic reference range for reliable data interpretation in quotient diagrams. Clin Chim Acta. 2019 Oct;497:153–162.

[19f] Senel M, Mojib-Yezdani F, Braisch U, et al. CSF Free Light Chains as a Marker of Intrathecal Immunoglobulin Synthesis in Multiple Sclerosis: A Blood-CSF Barrier Related Evaluation in a Large Cohort. Front Immunol. 2019 Mar 29;10:641.

[19g] Schwenkenbecher P, Konen FF, Wurster U, et al. Reiber's Diagram for Kappa Free Light Chains: The New Standard for Assessing Intrathecal Synthesis? Diagnostics (Basel). 2019 Nov 16;9(4):194.

[20] Reiber H. Cerebrospinal fluid – Physiology, analysis and interpretation of protein patterns for diagnosis of neurological diseases. Mult Scler. 1998;4:99–107.

[21] Derfuss T, Gürkov R, Bergh FT, et al. Intrathecal antibody production against Chlamydia pneumoniae in multiple sclerosis is part of a polyspecific immune response. Brain. 2001;124:1325–1335.

[22] Jarius S, Eichhorn P, Franciotta D, et al. The MRZ reaction as a highly specific marker of multiple sclerosis: re-evaluation and structured review of the literature. J Neurol. 2017;264:453–466.

[23] Benkert P, Meier S, Schaedelin S, et al. Serum neurofilament light chain for individual prognostication of disease activity in people with multiple sclerosis: a retrospective modelling and validation study. Lancet Neurol. 2022;21:246–257.

[24] Abdelhak A, Huss A, Kassubek J, et al. Serum GFAP as a biomarker for disease severity in multiple sclerosis. Sci Rep. 2018;8:14798.

[25] Högel H, Rissanen E, Barro C, et al. Serum glial fibrillary acidic protein correlates with multiple sclerosis disease severity. Mult Scler. 2020;26:210–219.

[26] Ayrignac X, Le Bars E, Duflos C, et al. Serum GFAP in multiple sclerosis: correlation with disease type and MRI markers of disease severity. Sci Rep. 2020;10:10923.

[27] Abdelhak A, Foschi M, Abu-Rumeileh S, et al. Blood GFAP as an emerging biomarker in brain and spinal cord disorders. Nat Rev Neurol. 2022;18:158–172.

[28] Huss AM, Halbgebauer S, Öckl P, et al. Importance of cerebrospinal fluid analysis in the era of McDonald 2010 criteria: a German–Austrian retrospective

multicenter study in patients with a clinically isolated syndrome. J Neurol. 2016;263:2499–2504.

[29] Tintoré M, Rovira A, Río J, et al. Do oligoclonal bands add information to MRI in first attacks of multiple sclerosis? Neurology. 2008;70:1079–83.

[30] Kuhle J, Disanto G, Dobson R, et al. Conversion from clinically isolated syndrome to multiple sclerosis: A large multicentre study. Mult Scler. 2015;21:1013–1024.

[31] Lebrun-Frenay C, Kantarci O, Siva A, et al. Radiologically Isolated Syndrome: 10-Year Risk Estimate of a Clinical Event. Ann Neurol. 2020;88:407–417.

[32] Lebrun-Frénay C, Rollot F, Mondot L, et al. Risk Factors and Time to Clinical Symptoms of Multiple Sclerosis Among Patients With Radiologically Isolated Syndrome. JAMA Netw open. 2021;4:e2128271.

[33] Kantarci OH, Lebrun C, Siva A, et al. Primary Progressive Multiple Sclerosis Evolving From Radiologically Isolated Syndrome. Ann Neurol. 2016;79:288–294.

[34] Makhani N, Lebrun C, Siva A, et al. Radiologically isolated syndrome in children. Neurol Neuroimmunol NeuroInflammation. 2017;4:e395.

[35] Matute-Blanch C, Villar LM, Álvarez-Cermeño JC, et al. Neurofilament light chain and oligoclonal bands are prognostic biomarkers in radiologically isolated syndrome. Brain. 2018;141:1085–1093.

[36] Lebrun C, Bensa C, Debouverie M, et al. Association between clinical conversion to multiple sclerosis in radiologically isolated syndrome and magnetic resonance imaging, cerebrospinal fluid, and visual evoked potential: Follow-up of 70 patients. Arch Neurol. 2009;66:841–846.

[37] Villar LM, Masjuan J, González-Porqué P, et al. Intrathecal IgM Synthesis Is a Prognostic Factor in Multiple Sclerosis. Ann Neurol. 2003;53:222–226.

[38] Villar LM, Casanova B, Ouamara N, et al. Immunoglobulin M oligoclonal bands: biomarker of targetable inflammation in primary progressive multiple sclerosis. Ann Neurol. 2014;76:231–240.

[39] Fonderico M, Portaccio E, Razzolini L, et al. Cerebrospinal Fluid IgM and Oligoclonal IgG Bands in Multiple Sclerosis: A Meta-Analysis of Prevalence and Prognosis. Brain Sci. 2021;11:1444.

[40] Ferraro D, Simone AM, Bedin R, et al. Cerebrospinal fluid oligoclonal IgM bands predict early conversion to clinically definite multiple sclerosis in patients with Clinically Isolated Syndrome. J Neuroimmunol. 2013;257:76–81.

[41] Huss A, Abdelhak A, Halbgebauer S, et al. Intrathecal immunoglobulin M production: A promising high-risk marker in clinically isolated syndrome patients. Ann Neurol. 2018;83:1032–1036.

[42] Pfuhl C, Grittner U, Gieß RM, et al. Intrathecal IgM production is a strong risk factor for early conversion to multiple sclerosis. Neurology. 2019;93:e1439–e1451.

[43] Oechtering J, Schaedelin S, Benkert P, et al. Intrathecal Immunoglobulin M Synthesis is an Independent Biomarker for Higher Disease Activity and Severity in Multiple Sclerosis. Ann Neurol. 2021;90:477–489.

[44] Gasperi C, Salmen A, Antony G, et al. Association of Intrathecal Immunoglobulin G Synthesis With Disability Worsening in Multiple Sclerosis. JAMA Neurol. 2019;76:841–849.

[45] Canto E, Tintore M, Villar LM, et al. Chitinase 3-like 1: prognostic biomarker in clinically isolated syndromes. Brain. 2015;138:918–931.

[46] Sellebjerg F, Royen L, Soelberg Sørensen P, et al. Prognostic value of cerebrospinal fluid neurofilament light chain and chitinase-3-like-1 in newly diagnosed patients with multiple sclerosis. Mult Scler. 2019;25:1444–1451.

[47] Schneider R, Bellenberg B, Gisevius B, et al. Chitinase 3-like 1 and neurofilament light chain in CSF and CNS atrophy in MS. Neurol Neuroimmunol neuroinflammation. 2021;8:e906.

[48] Pérez-Miralles F, Prefasi D, García-Merino A, et al. CSF chitinase 3-like-1 association with disability of primary progressive MS. Neurol Neuroimmunol neuroinflammation. 2020;7:e815.

[49] Walsh MJ, Tourtellotte W. Temporal invariance and clonal uniformity of brain and cerebrospinal IgG, IgA, and IgM in multiple sclerosis. J Exp Med. 1986;163:41–53.

[50] Axelsson M, Mattsson N, Malmeström C, et al. The influence of disease duration, clinical course, and immunosuppressive therapy on the synthesis of intrathecal oligoclonal IgG bands in multiple sclerosis. J Neuroimmunol. 2013;264:100–105.

[51] Tomescu-Baciu A, Johansen JN, Holmøy T, et al. Persistence of intrathecal oligoclonal B cells and IgG in multiple sclerosis. J Neuroimmunol. 2019;333:576966.

[52] Petereit HF, Rubbert-Roth A. Rituximab levels in cerebrospinal fluid of patients with neurological autoimmune disorders. Mult Scler. 2009;15:189–192.

[53] Kowarik MC, Pellkofer HL, Cepok S, et al. Differential effects of fingolimod (FTY720) on immune cells in the CSF and blood of patients with MS. Neurology. 2011;76:1214–1221.

[54] Kowarik MC, Astling D, Lepennetier G, et al. Differential Effects of Fingolimod and Natalizumab on B Cell Repertoires in Multiple Sclerosis Patients. Neurotherapeutics. 2021;18:364–377.
[55] Villar LM, García-Sánchez MI, Costa-Frossard L, et al. Immunological markers of optimal response to natalizumab in multiple sclerosis. Arch Neurol. 2012;69:191–197.
[56] Harrer A, Tumani H, Niendorf S, et al. Cerebrospinal fluid parameters of B cell-related activity in patients with active disease during natalizumab therapy. Mult Scler. 2013;19:1209–1212.
[57] Warnke C, Stettner M, Lehmensiek V, et al. Natalizumab exerts a suppressive effect on surrogates of B cell function in blood and CSF. Mult Scler. 2015;21:1036–1044.
[58] Jarius S, Ruprecht K, Kleiter I, et al. MOG-IgG in NMO and related disorders: A multicenter study of 50 patients. Part 2: Epidemiology, clinical presentation, radiological and laboratory features, treatment responses, and long-term outcome. J Neuroinflammation. 2016;13:280.
[59] Fang B, McKeon A, Hinson SR, et al. Autoimmune glial fibrillary acidic protein astrocytopathy: A novel meningoencephalomyelitis. JAMA Neurol. 2016;73:1297–1307.
[60] Flanagan EP, Hinson SR, Lennon VA, et al. Glial fibrillary acidic protein immunoglobulin G as biomarker of autoimmune astrocytopathy: Analysis of 102 patients. Ann Neurol. 2017;81:298–309.
[61] Sechi E, Morris PP, Mckeon A, et al. Glial fibrillary acidic protein IgG related myelitis: Characterisation and comparison with aquaporin-4-IgG myelitis. J Neurol Neurosurg Psychiatry. 2019;90:488–490.
[62] Jarius S, Paul F, Franciotta D, et al. Cerebrospinal fluid findings in aquaporin-4 antibody positive neuromyelitis optica: Results from 211 lumbar punctures. J Neurol Sci. 2011;306:82–90.
[63] Jarius S, Wildemann B. Aquaporin 4 antibody-positive neuromyelitis optica spectrum disorders and myelin oligodendrocyte glycoprotein antibody-associated encephalomyelitis. A brief review. Nervenarzt. 2021;92:317–333.
[64] Jarius S, Ruprecht K, Wildemann B, et al. Contrasting disease patterns in seropositive and seronegative neuromyelitis optica: A multicentre study of 175 patients. J Neuroinflammation. 2012;9:1–17.
[65] Jarius S, Paul F, Weinshenker BG, et al. Neuromyelitis optica. Nat Rev Dis Prim. 2020;6:1–32.
[66] Wingerchuk DM, Banwell B, Bennett JL, et al. International consensus diagnostic criteria for neuromyelitis optica spectrum disorders. Neurology. 2015;85:177.
[67] Trebst C, Jarius S, Berthele A, et al. Update on the diagnosis and treatment of neuromyelitis optica: Recommendations of the Neuromyelitis Optica Study Group (NEMOS). J Neurol. 2014;261:1.
[68] Jarius S, Paul F, Aktas O, et al. MOG encephalomyelitis: International recommendations on diagnosis and antibody testing. Journal of Neuroinflammation. 2018;15:134.
[69] Lee YJ, Nam SO, Ko A, et al. Myelin oligodendrocyte glycoprotein antibody-associated disorders: clinical spectrum, diagnostic evaluation, and treatment options. Clin Exp Pediatr. 2021;64:103–110.
[70] Jarius S, Pellkofer H, Siebert N, et al. Cerebrospinal fluid findings in patients with myelin oligodendrocyte glycoprotein (MOG) antibodies. Part 1: Results from 163 lumbar punctures in 100 adult patients. J Neuroinflammation. 2020;17:261.
[71] Jarius S, Lechner C, Wendel EM, et al. Cerebrospinal fluid findings in patients with myelin oligodendrocyte glycoprotein (MOG) antibodies. Part 2: Results from 108 lumbar punctures in 80 pediatric patients. J Neuroinflammation. 2020;17:262.
[72] Schilder P. Zur Kenntnis der sogenannten diffusen Sklerose. (Über Encephalitis periaxialis diffusa.). Zeitschrift für die gesamte Neurol und Psychiatr. 1912;10:1.
[73] Jarius S, Haas J, Paul F, et al. Myelinoclastic diffuse sclerosis (Schilder's disease) is immunologically distinct from multiple sclerosis: results from retrospective analysis of 92 lumbar punctures. J Neuroinflammation. 2019;16:51.
[74] Bolay H, Karabudak R, Tacal T, et al. Balo-s Concentric Sclerosis Report of Two Patients with Magnetic Resonance Imaging Follow-up. J Neuroimaging. 1996;6:98–103.
[75] Hardy TA, Miller DH. Baló's concentric sclerosis. Lancet Neurol. 2014;13:740–746.
[76] Amini Harandi A, Esfandani A, Pakdaman H, et al. Balo's concentric sclerosis: an update and comprehensive literature review. Rev Neurosci. 2018;29:873–882.
[77] Jarius S, Würthwein C, Behrens JR, et al. Baló's concentric sclerosis is immunologically distinct from multiple sclerosis: results from retrospective analysis of almost 150 lumbar punctures. J Neuroinflammation. 2018;15:22.

[78] Purohit B, Ganewatte E, Schreiner B, et al. Balo's Concentric Sclerosis with Acute Presentation and Co-Existing Multiple Sclerosis-Typical Lesions on MRI. Case Rep Neurol. 2015;7:44–50.

[79] Xie JS, Jeeva-Patel T, Margolin E. Baló's concentric sclerosis – A rare entity within the spectrum of demyelinating diseases. J Neurol Sci. 2021;428:117570.

[80] Baumann M, Sahin K, Lechner C, et al. Clinical and neuroradiological differences of paediatric acute disseminating encephalomyelitis with and without antibodies to the myelin oligodendrocyte glycoprotein. J Neurol Neurosurg Psychiatry. 2015;86:265–272.

[81] Baumann M, Hennes EM, Schanda K, et al. Children with multiphasic disseminated encephalomyelitis and antibodies to the myelin oligodendrocyte glycoprotein (MOG): Extending the spectrum of MOG antibody positive diseases. Mult Scler. 2016;22:1821–1829.

[82] Massa S, Fracchiolla A, Neglia C, et al. Update on acute disseminated encephalomyelitis in children and adolescents. Children. 2021;8:280.

[83] Paolilo RB, Deiva K, Neuteboom R, et al. Acute disseminated encephalomyelitis: Current perspectives. Children (Basel). 2020 Nov 3;7(11):210.

[84] Filippi M, Rocca MA. Acute Disseminated Encephalomyelitis. In: White Matter Diseases. Cham: Springer International Publishing, pp. 109–125.

[85] Dale RC, De Sousa C, Chong WK, et al. Acute disseminated encephalomyelitis, multiphasic disseminated encephalomyelitis and multiple sclerosis in children. Brain. 2000;123(12):2407–2422.

[86] Otallah S. Acute disseminated encephalomyelitis in children and adults: A focused review emphasizing new developments. Mult Scler. 2021;27:1153–1160.

[87] Grzonka P, Scholz MC, De Marchis GM, et al. Acute Hemorrhagic Leukoencephalitis: A Case and Systematic Review of the Literature. Front Neurol. 2020;11:899.

[88] Brettschneider J, Claus A, Kassubek J, et al. Isolated blood-cerebrospinal fluid barrier dysfunction: Prevalence and associated diseases. J Neurol. 2005;252:1067–1073.

[89] Brettschneider J, Petzold A, Süssmuth S, et al. Cerebrospinal fluid biomarkers in Guillain-Barré syndrome-Where do we stand? J Neurol. 2009;256:3–12.

[90] Yuki N, Hartung H-P. Guillain–Barré Syndrome. N Engl J Med. 2012;366:2294–2304.

[91] Rath J, Zulehner G, Schober B, et al. Cerebrospinal fluid analysis in Guillain-Barré syndrome: value of albumin quotients. J Neurol. 2021;268:3294–3300.

[92] Van Der Meché FGA, Van Doorn PA, Meulstee J, et al. Diagnostic and classification criteria for the Guillain-Barré syndrome. Eur Neurol. 2001;45:133–139.

[93] Fokke C, Van Den Berg B, Drenthen J, et al. Diagnosis of Guillain-Barré syndrome and validation of Brighton criteria. Brain. 2014;137:33–43.

[94] Petzold A, Brettschneider J, Jin K, et al. CSF protein biomarkers for proximal axonal damage improve prognostic accuracy in the acute phase of Guillain-Barré syndrome. Muscle Nerve. 2009;40:42–49.

[95] Rees JH, Gregson NA, Hughes RAC. Anti-ganglioside GM1 antibodies in Guillain-Barré syndrome and their relationship to Campylobacter jejuni infection. Ann Neurol. 1995;38:809–816.

[96] Kieseier BC, Mathey EK, Sommer C, et al. Immune-mediated neuropathies. Nat Rev Dis Prim. 2018;4:31.

[97] Ito M, Kuwabara S, Odaka M, et al. Bickerstaff's brainstem encephalitis and Fisher syndrome form a continuous spectrum. J Neurol. 2008;255:674–682.

[98] Odaka M, Yuki N, Hirata K. Anti-GQ1b IgG antibody syndrome: clinical and immunological range. J Neurol Neurosurg Psychiatry. 2001;70:50–55.

[99] Nishimoto Y, Odaka M, Hirata K, et al. Usefulness of anti-GQ1b IgG antibody testing in Fisher syndrome compared with cerebrospinal fluid examination. J Neuroimmunol. 2004;148:200–205.

[100] Elsberg CA. Experiences in spinal surgery. Observations upon 60 laminectomies for spinal disease. Surg Gynecol Obs. 1913;117–132.

[101] Yoritaka A, Ohta K, Kishida S. Herpetic lumbosacral radiculoneuropathy in patients with human immunodeficiency virus infection. Eur Neurol. 2005;53:179–181.

[102] Savoldi F, Kaufmann TJ, Flanagan EP, et al. Elsberg syndrome: A rarely recognized cause of cauda equina syndrome and lower thoracic myelitis. Neurol Neuroimmunol Neuroinflammation. 2017;4:355.

[103] Liberatore G, Manganelli F, Cocito D, et al. Relevance of diagnostic investigations in chronic inflammatory demyelinating poliradiculoneuropathy: Data from the Italian CIDP database. J Peripher Nerv Syst. 2020;25:152–161.

[104] Van den Bergh PYK, van Doorn PA, Hadden RDM, et al. European Academy of Neurology/Peripheral Nerve Society guideline on diagnosis and treatment of chronic inflammatory demyelinating polyradiculoneuropathy: Report of a joint Task Force—Second revision. J Peripher Nerv Syst. 2021;26:242–268.

[105] Stino AM, Naddaf E, Dyck PJ, et al. Chronic inflammatory demyelinating polyradiculoneuropathy—Diagnostic pitfalls and treatment approach. Muscle Nerve. 2021;63:157–169.
[106] Mathey EK, Garg N, Park SB, et al. Autoantibody responses to nodal and paranodal antigens in chronic inflammatory neuropathies. J Neuroimmunol. 2017;309:41–46.
[107] Lumbalpunktion und Liquordiagnostik Leitlinien für Diagnostik und Therapie in der Neurologie Herausgegeben von der Kommission Leitlinien der Deutschen Gesellschaft für Neurologie (DGN) und der Deutschen Gesellschaft für Liquordiagnostik und Klinische Neur, www.awmf.org (2019, accessed 1 November 2021).
[108] Heuß D, et al. Diagnostik bei Polyneuropathien, S1-Leitlinie. In: Deutsche Gesellschaft für Neurologie (Hrsg.), Leitlinien für Diagnostik und Therapie in der Neurologie. Online: www.dgn.org/leitlinien. AWMF-Registernummer: 030/067. www.awmf.org (2019).
[109] Verschueren A, Azulay JP, Attarian S, et al. Lewis–Sumner syndrome and multifocal motor neuropathy. Muscle Nerve. 2005;31:88–94.
[110] Rajabally YA, Chavada G. Lewis-sumner syndrome of pure upper-limb onset: diagnostic, prognostic, and therapeutic features. Muscle Nerve. 2009;39:206–220.
[111] Yeh WZ, Dyck PJ, Van Den Berg LH, et al. Multifocal motor neuropathy: controversies and priorities. J Neurol Neurosurg Psychiatry. 2020;91:140–148.

1.1.7 Andere entzündliche nichtinfektiöse Erkrankungen des Nervensystems

Nora Möhn, Thomas Skripuletz, Franziska Bachhuber, Hayrettin Tumani

1.1.7.1 Neurosarkoidose

Bei etwa 5 % der Fälle von Sarkoidose (Morbus Boeck) ist eine ZNS-Beteiligung zu beobachten. Der Liquor cerebrospinalis zeigt in vielen Fällen pathologische Auffälligkeiten, wobei die Liquordiagnostik unter anderem dem Nachweis einer Entzündungsreaktion im ZNS sowie dem Ausschluss von Differentialdiagnosen dient. Eine lymphozytäre *Pleozytose* (10–200 Zellen/µl) mit Plasmazellen sowie eine *Schrankenfunktionsstörung* werden in 40 % bis 70 % der Fälle beschrieben [1]. Mit einer Nachweisrate von ca. 50–70 % werden isolierte *oligoklonale IgG-Banden* (OKB) im Liquor gefunden [2–5]. Erwähnenswert scheint, dass im Verlauf das Verschwinden oder Auftauchen von liquorspezifischen OKB möglich ist. Dies stellt auch einen wichtigen Anhaltspunkt in der Differentialdiagnose zur Multiplen Sklerose dar, bei welcher intrathekale Ig-Synthese und OKB-Befunde typischerweise konstant sind. Eine Verminderung des Glukosequotienten oder eine Laktaterhöhung sind typisch für die Neurosarkoidose, kommen aber nur bei einem Teil der Patienten vor bzw. können jedoch nur in einem Teil der Fälle nachgewiesen werden. Der Liquorbefund kann in seltenen Fällen aber auch völlig normal sein. Im Liquor sind die ACE (Angiotensin-Converting-Enzyme)-Werte in 50–60 % der Erkrankungsfälle erhöht (**Kap. B.3.1**) [6]. Der Stellenwert des ACE-Wertes im Liquor cerebrospinalis für die Diagnosesicherung der Neurosarkoidose ist umstritten, da sowohl Sensitivität als auch Spezifität dieser Untersuchung gering sind (vgl. **Kap. B.4.1.11**) [7–9]. Lysozym (75 %)- und β2-Mikroglobulin-Erhöhungen im Liquor cerebrospinalis sind bei Neurosarkoidose beschrieben. Eine Erhöhung des CD4/CD8-Lymphozyten-Quotienten kann diagnostisch hilfreich sein. Im Vergleich zu nicht-entzündlichen neurologischen Erkrankungen sind die Konzentrationen des löslichen Interleukin-2-Rezeptor (sIL-2R) im Liquor und dessen Liquor/Serum-Quotient bei der Neurosarkoidose häufig erhöht [10]. Betroffene zeigen in > 50 % der Fälle eine intrathekale sIL-2R-Produktion. Obwohl nicht spezifisch für die Neurosarkoidose kann dieser Parameter die Abgrenzung zur Multiplen Sklerose erleichtern [11]. Die Liquorbefunde können bei der Neurosarkoidose u. a. abhängig von der klinischen Präsentation und Nähe der Pathologie zum Liquorraum stark variieren. Darüber hinaus wird im Krankheitsverlauf und insbesondere nach Therapie auch eine starke intraindividuelle Heterogenität der Liquorbefunde beschrieben. (siehe Tab. C.1.11)

1.1.7.2 Rasmussens chronische Enzephalitis

Bei einem Teil der Patienten mit Rasmussens chronischer Enzephalitis sind *Zellzahl* und *Gesamtprotein* im Liquor cerebrospinalis geringgradig erhöht [7]. *Oligoklonales IgG* ist in etwa 50 % der Fälle nachweisbar. Ein CMV-Nachweis mit der PCR könnte Bedeutung erlangen, falls sich die Theorie einer viralen Ätiologie bestätigen sollte. Als weiterer Pathomechanismus der Krankheitsentstehung wird eine autoimmune Genese postuliert. Bis dato konnten nur bei einzelnen wenigen Patienten spezifische Antikörper u. a. gegen GluR3 und Munc-18 nachgewiesen werden, weshalb die Rolle von spezifischen Autoantikörpern bei der Pathogenese der Rasmussen-Enzephalitis weiterhin unklar bleibt [12]. Aktuell wird primär die These eines T-Zell-vermittelten Prozesses verfolgt. Der Liquorbefund kann aber auch völlig normal sein [13]. Eine abschließende Beurteilung des Stellenwertes von pathologischen Liquorveränderungen außerhalb der Basisparameter ist bei diesem Krankheitsbild zurzeit nicht möglich (siehe Tab. C.1.11) [3,14].

1.1.7.3 Arachnoiditis

Die Ätiologie der Arachnoiditis ist vielfältig und bleibt bei einem beträchtlichen Teil der Fälle ungeklärt. Bei den ätiologisch geklärten Fällen spielen Zustände nach SAB, bakterieller Meningitis, intrathekaler Applikation von Medikamenten und Kontrastmitteln sowie Bandscheibenoperationen quantitativ eine wichtige Rolle. Aufgrund der heterogenen Pathogenese sind unterschiedliche Liquorbefunde zu erwarten. Bei chronischen Verlaufsformen kann eine lymphozytäre *Pleozytose* mit Erhöhung des *Gesamtproteins* und in Abhängigkeit von der topographischen Manifestation mit einem positiven Queckenstedt-Test gefunden werden.

1.1.7.4 Eosinophile Meningitis

Der Begriff eosinophile Meningitis oder auch eosinophile *Pleozytose* ist am ehesten als ein Liquorsyndrom aufzufassen, denn das Auftreten von eosinophilen Granulozyten im Liquor wird bei unterschiedlichen Erkrankungen beschrieben [15–17]. Im Vordergrund der differentialdiagnostischen Möglichkeiten stehen Parasitosen und allergisch-bedingte Erkrankungen. Eosinophile Granulozyten lassen sich aber auch in geringer Anzahl bei einigen autoimmun bedingten Entzündungen wie der Neurosarkoidose nachweisen [15]. Am ausgeprägtesten ist mit einer Liquoreosinophilie bei Parasitosen zu rechnen. Wesentlich diskreter zeigt sich eine Liquoreosinophilie bei allergischen Prozessen und im Rahmen von Durchgangssyndromen bei unterschiedlichen Erkrankungen des Nervensystems. So können bei Tumorerkrankungen eosinophile Granulozyten in unterschiedlichem Ausmaß im Liquor cerebrospinalis gefunden werden. Im Einzelfall kann im Rahmen der Tumorerkrankungen (u. a. maligne Lymphome) die eosinophile Reaktion als eosinophile Meningitis imponieren. Zusätzlich finden sich Einzelfallbeschreibungen von ausgeprägter eosinophiler Liquorpleozytose nach Behandlung hämatologischer Erkrankungen mit chimären Antigen-Rezeptor (CAR) T-Zellen [18]. Relativanteile von über 20 % an eosinophilen Granulozyten sollten allerdings zunächst an eine Parasitenerkrankung denken lassen. Bei bakteriellen Meningitiden erscheinen eosinophile Granulozyten kurz vor dem Granulozytensturz und bei virusbedingten Entzündungen im Zeitraum der stärksten Lymphozytenaktivierung. Im Falle von tuberkulösen Erkrankungen sind eosinophile Granulozyten über längere Zeiträume zu beobachten. Erwähnenswert erscheint, dass bei toxisch-allergischen Reaktionen auf Farbverdünnungsmittel im Liquorzellbild eosinophile Granulozyten mit bis zu 70 % dominieren können (**Kap. B.6.4 und Kap. B.7**) [19].

1.1.7.5 Mollaret Meningitis

Die Mollaret-Meningitis stellt eine Sonderform der benignen, chronisch-rezidivierenden Meningitiden dar. Der in diesem Zusammenhang beschriebene Nachweis von Herpes-simplex-DNA legt die Vermutung nahe, dass eine rekurrierende Herpesinfektion zumindest Trigger einer Mollaret-Meningitis sein kann. Zusätzlich werden Überempfindlichkeitsreaktion der Hirnhäute nach vorheriger Einnahme nichtsteroidaler entzündungshemmender Medikamente und zystische Anomalien, welche squamöses Material freisetzen und konsekutiv die Meningen reizen, als Ursache der rezidivierenden Krankheitsschübe diskutiert. Wegweisend für die initial breit ausgelegten differentialdiagnostischen Überlegungen ist der Liquorbefund mit einer Pleozytose von etwa 200 Zellen/µl (Einzelfälle bis zu über 3000 Zellen/µl) ohne kulturellen Erregernachweis. Das Differentialzellbild bei der Mollaret-Meningitis hängt vom Krankheitsstadium ab. Während in der initialen Krankheitsphase (akutes Stadium) höhere Zellzahlen mit einer granulozytären Dominanz gefunden werden, zeigen sich während der Remission geringere lymphomonozytäre *Pleozytosen*. Typischerweise finden sich im *Differentialzellbild* des Liquors neben den dominierenden granulozytären bzw. lymphozytären Zellpopulationen endotheliale Reizformen, sogenannte Mollaret-Zellen, die monozytärer Herkunft sind. Plasmazellen können in kleiner Zahl vorkommen. Die Liquor-*Gesamtproteinerhöhung* liegt meist unter 1000 mg/l, kann aber im Einzelfall auch bis zu 2000 mg/l betragen. Häufig besteht eine *intrathekale IgG-Synthese*.

1.1.7.6 Rhombenzephalitis Bickerstaff

Die Bickerstaff-Enzephalitis oder Bickerstaff-Hirnstamm-Enzephalitis ist ein vorzugsweise nach klinischen Kriterien definiertes Syndrom, welches nach einem uncharakteristischen Prodromalstadium mit einem akuten Symptomkomplex aus progressiver externer Ophthalmoplegie, Ataxie und Bewusstseinsstörung mit oder ohne Pyramidenbahnzeichen einhergeht [20,21]. Eine autoimmune Genese nach vorherigem Infekt wird angenommen. Die Erkrankung tritt vorzugsweise im frühen Erwachsenenalter auf, verläuft monophasisch und bildet sich nach maximaler Symptomausprägung in variierender Dauer wieder zurück. Der Liquorbefund besteht in einer gering ausgeprägten lymphozytären *Pleozytose* und einer leichten *Gesamtproteinerhöhung* [22]. Über eine *intrathekale IgG-Produktion* gibt es keine klaren Angaben in der Literatur. In etwa 75 % der Fälle lassen sich bei den betroffenen Patienten IgG anti-GQ1b Antikörper im Serum nachweisen [22]. Die Bickerstaff-Hirnstamm-Enzephalitis und das Miller-Fischer-Syndrom werden in der aktuellen Literatur als Teile eines kontinuierlichen Spektrums entzündlicher Erkrankungen verstanden, das u. a. durch gemeinsame Autoantikörper gekennzeichnet ist (siehe Tab. C.1.11) [23,24].

1.1.7.7 Hashimoto-Enzephalitis/ Enzephalopathie

Die Hashimoto-Enzephalitis/Enzephalopathie ist eine Sekundärerkrankung im Rahmen der Autoimmunthyreoiditis mit Struma, deren Pathogenese bisher weitgehend ungeklärt ist. Leitsymptome sind zerebrale Krampfanfälle, extrapyramidale Hyperkinesen und kognitive Defizite mit Demenzentwicklung und Halluzinationen. Das weibliche Geschlecht ist 4-5-mal häufiger betroffen. Bildmorphologisch zeigt sich im Verlauf eine rasche Hirnatrophie. Der Nachweis von anti-Thyreoglobulin und/oder

Tab. C.1.11: Liquor-Standardparameter und Besonderheiten der aufgeführten Krankheitsbilder.

	Zellzahl	Zellbild	Blut-Liquor-Schrankenfunktion	Laktat- und Glukosegehalt	OKB/intrathekale AK-Synthese	Besonderheiten
Neurosarkoidose	10–200 Zellen/µl	lymphozytär mit Plasmazellen	Schrankenfunktionsstörung in 40–70 %	Teilweise Laktaterhöhung/ Verminderung des Glukosequotienten	in 50–70 % oligoklonales IgG (teilweise transient)	intrathekale s-IL2R-Produktion in > 50 %
Rasmussen-Enzephalitis	milde Pleozytose	lymphozytär	leichte Schrankenfunktionsstörung	normal	in etwa 50 %	selten anti- GluR3 und anti-Munc-18-AK im Serum
Eosinophile Meningitis	variabel	Eosinophile Pleozytose	variabel/abhängig von Grunderkrankung	variabel/abhängig von Grunderkrankung	variabel/abhängig von Grunderkrankung	–
Mollaret Meningitis	Pleozytose bis 300 Zellen/µl	initial granulozytär, später lymphozytär	leichte Gesamtproteinerhöhung	normal	häufige intrathekale IgG-Synthese	Nachweis von Mollaret-Zellen
Bickerstaff-Enzephalitis	milde Pleozytose	lymphozytär	leichte Gesamtproteinerhöhung	normal	unklar	in 75 % IgG anti-GQ1b Antikörper im Serum
Hashimoto-Enzephalitis/ Enzephalopathie	milde Pleozytose in 10–25 %	lymphozytär	leichte Schrankenfunktionsstörung	normal	unklar	Nachweis von anti-TPO- und anti-Thyreoglobulin-AK notwendig für Diagnose

anti-Thyroperoxidase-Antikörpern im Serum ist notwendig für die Diagnosestellung. Zusätzlich lassen sich z. T. Antikörper gegen mikrosomales Antigen und seltener gegen TSH-Rezeptoren nachweisen. Während die entzündliche Reaktion mit Lymphozyteninfiltration in die Schilddrüse gut beschrieben ist, ist die Bedeutung der entzündlichen Reaktion und die Rolle der Schilddrüsenantikörper für die Pathogenese der neurologischen und neuropsychologischen Störungen bisher noch wenig verstanden [25]. Liquoruntersuchungen zeigen bei 80 % der Patienten Auffälligkeiten, die in der Regel mild sind [26–28]. Der häufigste Befund ist ein erhöhter *Proteingehalt* bei etwa 75 % der Patienten. Eiweißwerte von mehr als 1000 mg/l sind seltener und treten bei max. 20 % der Betroffenen auf. Eine leichte lymphozytäre *Pleozytose* liegt in 10 bis 25 % der Fälle vor (siehe Tab. C.1.11).

Literatur

[1] Arun T, Pattison L, Palace J. Distinguishing neurosarcoidosis from multiple sclerosis based on CSF analysis: A retrospective study. Neurology. 2020;94:e2545–e2554.

[2] McLean BN, Miller D, Thompson EJ. Oligoclonal banding of IgG in CSF, blood-brain barrier function, and MRI findings in patients with sarcoidosis, systemic lupus erythematosus, and Behçet's disease involving the nervous system. J Neurol Neurosurg Psychiatry. 1995;58:548–554.

[3] Lehmitz R, Mix E, Zettl UK. Liquorparameter bei ausgewählten entzündlichen Erkrankungen des Nervensystems. In: Zettl UK, Mix E (eds) Klinische Neuroimmunologie. Berlin – New York: Walter de Gruyter, 1999, pp. 59–87.

[4] Felgenhauer K, Beuche W. Labordiagnostik neurologischer Erkrankungen. Stuttgart: Georg Thieme, 1999.

[5] Schmutzhard E. Entzündliche Erkrankungen des Nervensystems. Stuttgart – New York: Georg Thieme, 2000.

[6] Tahmoush AJ, Amir MS, Connor WW, et al. CSF-ACE activity in probable CNS neurosarcoidosis. Sarcoidosis, Vasc Diffus lung Dis Off J WASOG. 2002;19:191–7.

[7] Prange H, Beuche W. Infektionserkrankungen des Zentralnervensystems. Pathogenese, Diagnose und Therapie. Stuttgart: Wiss. Verlagsgesellschaft Stuttgart, 2001.

[8] Bridel C, Courvoisier DS, Vuilleumier N, et al. Cerebrospinal fluid angiotensin-converting enzyme for diagnosis of neurosarcoidosis. J Neuroimmunol. 2015;285:1–3.

[9] Bradshaw MJ, Pawate S, Koth LL, et al. Neurosarcoidosis: Pathophysiology, Diagnosis, and Treatment. Neurol Neuroimmunol neuroinflamm. 2021 Oct 4;8(6):e1084.

[10] Petereit H-F, Reske D, Tumani H, et al. Soluble CSF interleukin 2 receptor as indicator of neurosarcoidosis. J Neurol. 2010;257:1855–63.

[11] Otto C, Wengert O, Unterwalder N, et al. Analysis of soluble interleukin-2 receptor as CSF biomarker for neurosarcoidosis. Neurol Neuroimmunol neuroinflamm. 2020 May 11;7(4):e725.

[12] Wiendl H, Bien CG, Bernasconi P, et al. GluR3 antibodies: prevalence in focal epilepsy but no specificity for Rasmussen's encephalitis. Neurology. 2001;57:1511–4.

[13] Takahashi Y, Mine J, Kubota Y, et al. A substantial number of Rasmussen syndrome patients have increased IgG, CD4 + T cells, TNFalpha, and Granzyme B in CSF. Epilepsia. 2009;50:1419–31.

[14] Prange H (ed). Infektionskrankheiten des ZNS. London–Weinheim: Chapman & Hall, 1995.

[15] Bosch I, Oehmichen M. Eosinophilic granulocytes in cerebrospinal fluid: analysis of 94 cerebrospinal fluid specimens and review of the literature. J Neurol. 1978;219:93–105.

[16] Weller PF, Liu LX. Eosinophilic meningitis. Semin Neurol. 1993;13:161–8.

[17] Slom TJ, Cortese MM, Gerber SI, et al. An outbreak of eosinophilic meningitis caused by Angiostrongylus cantonensis in travelers returning from the Caribbean. N Engl J Med. 2002;346:668–75.

[18] Le Calvez B, Eveillard M, Decamps P, et al. Extensive myelitis with eosinophilic meningitis after Chimeric antigen receptor T cells therapy. EJHaem. 2022;3:533–536.

[19] Kleinert R, Kleinert G, Walter GF, et al. [Fatal eosinophilic meningoencephalitis following lacquer poisoning. Case report and differential diagnostic

considerations]. Eur Arch Psychiatry Neurol Sci. 1986;235:378–81.

[20] Bickerstaff ER. Brain-stem encephalitis; further observations on a grave syndrome with benign prognosis. Br Med J. 1957;1:1384–7.

[21] Suchenwirth RM. [Rhombencephalitis: a special idiopathic form of Bickerstaff's brainstem – encephalitis (author's transl)]. Nervenarzt. 1979;50:587–9.

[22] Koga M, Kusunoki S, Kaida K, et al. Nationwide survey of patients in Japan with Bickerstaff brainstem encephalitis: epidemiological and clinical characteristics. J Neurol Neurosurg Psychiatry. 2012;83:1210–1215.

[23] Ito M, Kuwabara S, Odaka M, et al. Bickerstaff's brainstem encephalitis and Fisher syndrome form a continuous spectrum. J Neurol. 2008;255:674–682.

[24] Kastrup O, Thimm A, Möller-Hartmann C, et al. Miller-Fisher-Syndrom und Bickerstaff-Enzephalitis: Das Anti-GQ1b-Syndrom: 2 Seiten einer Medaille. Aktuelle Neurol. 2016;43:380–384.

[25] Ferracci F, Moretto G, Candeago RM, et al. Antithyroid antibodies in the CSF: their role in the pathogenesis of Hashimoto's encephalopathy. Neurology. 2003;60:712–714.

[26] Chaudhuri J, Mukherjee A, Chakravarty A. Hashimoto's Encephalopathy: Case Series and Literature Review. Curr Neurol Neurosci Rep; 2023 Apr;23(4):167–175.

[27] Wilhelm-Gössling C, Weckbecker K, Brabant EG, et al. [Autoimmune encephalopathy in Hashimoto's thyroiditis. A differential diagnosis in progressive dementia syndrome]. Dtsch Med Wochenschr. 1998;123:279–84.

[28] Querol Pascual MR, Aguirre Sánchez JJ, Velicia Mata MR, et al. [Hashimoto's encephalitis: a new case with spontaneous remission]. Neurologia. 2000;15:313–6.

1.1.8 Vaskulitiden

Thomas Skripuletz, Tabea Seeliger

Vaskulitiden zeigen heterogene Liquorbefunde, die durch Entität, Bezug der Entzündung zum Liquorsystem und gegebenenfalls auch Sekundärkomplikationen wie beispielsweise zerebrale Ischämien geprägt werden. Da es sich insgesamt um seltene Krankheitsentitäten handelt, sind anschließend nur ausgewählte Vaskulitiden beschrieben.

Die adäquate Diagnosefindung ist aufgrund der Breite des klinischen Spektrums der Vaskulitiden weiterhin herausfordernd [1]. Daher wurde 2012 die Nomenklatur der Vaskulitiden nach der International Chapel Hill Consensus Conference wie folgt neu definiert [2]:

1.1.8.1 Vaskulitiden der großen Gefäße

1.1.8.1.1 Takayasu Arteriitis (TAK)

Die TAK manifestiert sich als Riesenzellarteriitis meist in der Aorta und den unmittelbaren Gefäßabgängen. Die initialen Beschwerden sind oft konstitutionell, wobei im Krankheitsverlauf auch Gefäßschäden symptomatisch werden können [3]. Betroffen sind vor allem Frauen zwischen 10 und 40 Jahren [4]. Eine neurologische Beteiligung entwickelt sich nur im Falle der Manifestation in Carotiden oder Vertebralarterien, da hierbei hämodynamisch und/oder embolisch Sekundärkomplikationen ausgelöst werden können [5,6]. Der Liquor ist normalerweise nur in Folge von cerebralen Ischämien entsprechend verändert.

1.1.8.1.2 Riesenzellarteriitis (GCA), ehemals Morbus Horton, Arteriitis temporalis

Die GCA ist ebenfalls eine Riesenzellarteriitis, die sich systemisch in den großen und mittelgroßen Gefäßen manifestieren kann. Sie stellt die häufigste idiopathische systemische Vaskulitis dar. Betroffen sind vor allem Menschen höheren Lebensalters, wobei die Inzidenz ab dem 50. Lebensjahr stetig zunimmt [7]. Das Auftreten einer GCA geht mit einem erhöhten Risiko einer zusätzlich vorliegenden Polymyalgia rheumatica einher, welche sich in 40–50 % aller GCA-Patienten findet [8].

Klinisch finden sich typischerweise konstitutionelle Symptome, ein temporal betonter Kopfschmerz, eine Claudicatio mandibularis, sowie ein temporärer oder permanenter ischämisch bedingter Visusverlust. Auch anderweitige cerebrale Ischämien (vorrangig im vertebrobasilären Stromgebiet) können mit der GCA einhergehen, sind allerdings mit < 8 % selten [9,10]. Das periphere Nervensystem ist bei der GCA in weniger als 14 % betroffen [11]. Auch Manifestationen in Form von Myelopathie, Pachymeningitis, Hirnnervenbeteiligung oder Demenz sind in Einzelfällen beschrieben [11–13].

Es existieren Einzelfallberichte von leichter lymphomonozytärer Pleozytose bzw. leichter Gesamtproteinerhöhung im Liquor bei der GCA [14,15]. Bei Auftreten von zerebralen Ischämien ist der Liquor in Folge entsprechend verändert.

1.1.8.2 Vaskulitiden der mittleren Gefäße: Polyarteriitis nodosa (PAN, auch Panarteriitis)

Die PAN präsentiert sich klassischerweise als systemische, ANCA negative Vaskulitis der mittelgroßen Gefäße mit charakteristischem Nachweis von Mikroaneurysmen und entzündlichen Stenosen der abdominellen Gefäße [16]. Die Lunge ist klassischerweise bei der PAN ausgespart. Interessanterweise besteht eine Assoziation mit Hepatitis B und C [17], sodass eine infektassoziierte und durch Immunkomplexe vermittelte Pathogenese vermutet wird [16]. Klassischerweise sind etwas mehr Männer als Frauen und insgesamt Patienten um die 6. Lebensdekade betroffen [17,18]. Eine Beeinträchtigung der peripheren Nerven findet sich in bis zu 75 % [19,20]. Eine Beteiligung des zentralen Nervensystems findet sich in 5 % der PAN-Patienten und geht mit einer schlechten Prognose einher [19]. Hierbei finden sich lediglich zerebrale Ischämien [16], die am häufigsten lakunär lokalisiert sind [21] und zu entsprechenden Liquorveränderungen führen können.

1.1.8.3 ANCA-assoziierte Vaskulitiden der kleinen Gefäße

1.1.8.3.1 Mikroskopische Polyangiitis (MPA)

Die MPA als ANCA-assoziierte, nicht-granulomatöse Kleingefäßvaskulitis manifestiert sich neben konstitutionellen Symptomen fast immer über eine Nierenbeteiligung und deutlich seltener über eine Lungenbeteiligung [22]. Serologisch lassen sich meist pANCA, sowie MPO-Antikörper nachweisen. Eine periphere Nervenbeteiligung liegt bei bis zu 60 % vor, wohingegen eine zentrale Beteiligung mit < 12 % selten ist [16,20,22]. Letztere manifestiert sich über zerebrale Ischämien, welche gegebenenfalls mit Liquorveränderungen einhergehen können [23].

1.1.8.3.2 Granulomatose mit Polyangiitis (GPA, ehemals Morbus Wegener)

Die GPA gehört ebenfalls zu den ANCA-assoziierten Vaskulitiden und betrifft vorrangig Männer mittleren Lebensalters [24,25]. Klinisch führend zeigt sich eine granulomatöse Entzündung von nasaler und/oder oraler Mukosa (Ulcera) und pulmonalem Parenchym (noduläre Infiltrate) [26]. Vorrangig nachzuweisen sind hierbei pANCA und Proteinase-3-Antikörper [27]. Das periphere Nervensystem ist bei der GPA in bis zu 40 % betroffen, wohingegen Zeichen der zentralen Beteiligung bei 12 % erhoben wurden [20,25]. Symptome bei ZNS-Beteiligung sind meist Pachymeningitiden, Hirnnervenaffektion oder Cephalgien, sowie selten auch intrakranielle Hämorrhagien oder Diabetes insipidus [24,28,29].

Im Liquor zeigt sich oft ein Normalbefund, gegebenenfalls besteht eine milde lymphomonozytäre Pleozytose mit Schrankenfunktionsstörung [30,31]. Teilweise wurde auch über einen erhöhten Eröffnungsdruck berichtet [32]. Eine intrathekale Immunglobulinsynthese kann nachweisbar sein, ist aber bislang selten untersucht [33]. In der Literatur finden sich einzelne Berichte über Nachweis von cANCAs im Liquor [33,34].

1.1.8.3.3 Eosinophile Granulomatose mit Polyangiitis (EGPA, ehemals Churg-Strauss-Syndrom, allergische Granulomatose)

Auch die EGPA gehört zu den ANCA-assoziierten Vaskulitiden der kleinen und mittelgroßen Blutgefäße und manifestiert sich klassischerweise mit Asthma, Sinusitis und einer Eosinophilie. Häufigste neurologische Beteiligung der EGPA stellt mit 55–65 % eine Affektion des peripheren Nervensystems in Form einer Mononeuritis multiplex dar [35,36]. Eine Beteiligung des zentralen Nervensystems bei EGPA ist dagegen mit einer Prävalenz von 5–8 % selten [36,37]. Die häufigsten zentralneurologischen Manifestationen sind hierbei zerebrale Ischämien (52 %), intrazerebrale/subarachnoidale Hämorrhagien (24 %), Visusverlust (33 %) und Hirnnervenausfälle (21 %). Im Liquor findet sich bei diesen Patienten selten eine Pleozytose (4 %) und/oder ein erhöhtes Gesamtprotein (34 %) [35].

1.1.8.4 Vaskulitiden variabler Gefäße: Behçet Syndrom

Das Behcet Syndrom zeichnet sich charakteristischerweise durch orale und urogenitale Ulcerationen, sowie Uveitiden und vaskuläre Beteiligung verschiedener Organe aus. Es findet sich eine regionale Häufung dieser Krankheitsentität entlang der alten Seidenstraße, wobei vorrangig junge Erwachsene zwischen 20 und 40 Jahren betroffen sind.

Neurologische Komplikationen des Behçet-Syndroms sind heterogen und insgesamt selten [38–41]. Hierbei werden parenchymale (meningoenzephalitisch, meist Hirnstamm und Dienzephalon) von nicht-parenchymalen Verläufen (meist vaskulär e. g. Sinusthrombose mit konsekutiv erhöhtem intrakraniellem Druck) unterschieden, wobei selten auch kombinierte Verläufe möglich sind [40]. Parenchymale Manifestationen des Neuro-Behcet gehen in 60–80 % mit einer Erhöhung von Zellzahl (bis 500 Zellen/µl) und/oder Protein (meist moderat, teilweise auch > 1000 mg/l) und selten auch mit einer intrathekalen Immunglobulinsynthese nachgewiesen im Reiber-Diagramm bzw. qualitativ in Form von oligoklonalen Banden einher. Das Zellbild zeigt zu Krankheitsbeginn klassischerweise eine Neutrophilie, welche im Verlauf von einer Lymphozytose abgelöst wird. Demgegenüber ist der Liquor bei nicht-parenchymalen Verläufen bis auf den erhöhten Eröffnungsdruck meist für Zellzahl, Protein und intrathekale Immunglobulinsynthese unauffällig [40–44].

Da Verlauf und Krankheitsmanifestation oft schwer von Differenzialdiagnosen wie beispielsweise der Multiplen Sklerose zu unterscheiden ist, gewinnen Biomarkerstudien immer mehr an Bedeutung [45,46].

1.1.8.5 Vaskulitiden einzelner Organe: Primäre Angiitis des ZNS (PACNS)

Die PACNS manifestiert sich klassischerweise mit chronischen Kopfschmerzen, Enzephalopathie und zerebralen Ischämien und betrifft typischerweise Männer im mittleren Lebensalter [47–49]. Der Liquor ist dabei bei 80–90 % der Patienten auffällig verändert [48].

Die aktuellen modifizierten Diagnosekriterien der PACNS von Birnbaum und Hellmann (2009) unterscheiden zwischen einer wahrscheinlichen und einer definitiven PACNS [49]: Letztere kann dabei nur histologisch festgestellt werden. Eine wahrscheinliche PACNS liegt bei typischem magnetresonanztomographischem und angiographischem Befund vor, wenn dazu der Liquor charakteristisch verändert ist: Hierbei findet sich eine milde bis moderate Pleozytose (< 250 Zellen/µl) in bis zu

70 % betroffener Patienten und ein erhöhtes Gesamtprotein in bis zu 96 % [47,48,50]. Auch der Liquordruck kann erhöht sein [50].

Im Diagnosealgorithmus nimmt bei der PACNS die differenzialdiagnostische Abklärung von triggernden Infektionen einen hohen Stellenwert ein. Daher sollte eine intensive Aufarbeitung auf bakterielle (Anlage von Kulturen aus Liquor und Serum), virale und fungale Erreger und Parasiten, sowie eine FACS-Analyse von Blut und Liquor zur Detektion hämatologischer Erkrankungen erfolgen. Systemische Entzündungszeichen finden sich nur bei < 20 % [48,50].

1.1.8.6 Susac-Syndrom (Endotheliopathie)

Das Susac-Syndrom definiert sich über die klinische Trias aus Enzephalopathie mit führenden Balkenläsionen, retinalen mikroangiopathischen Arterienastverschlüssen und sensorineuralem Gehörverlust und ist insgesamt ein sehr seltenes Krankheitsbild, welches häufiger Frauen im Alter zwischen 20 und 40 betrifft [51]. Da die klinische Trias oft nicht bei Krankheitsbeginn komplettiert ist, ist jedoch auch von einer hohen Dunkelziffer auszugehen [52]. Klinisch-neurologisch zeigen sich initial meist Cephalgien mit multifokalen neurologischen Ausfällen, welche mit psychiatrischen Auffälligkeiten, kognitiven Störungen, Gedächtnisverlust und Verwirrung bis hin zur Demenz einhergehen können [53]. Die genaue Ätiogenese ist dabei nicht bekannt, allerdings fanden sich in aktuelleren histologischen Aufarbeitungen Hinweise auf entzündliche Prozesse im Endothel [54]. Die These einer inflammatorischen Genese des Susac Syndroms wird ebenso durch das Ansprechen der Patienten auf immunmodulatorische Therapien gestützt [55].

Die Liquordiagnostik nimmt bei diesem Krankheitsbild einen hohen Stellenwert ein, da sich im Gegensatz zu anderen chronisch entzündlichen ZNS-Erkrankungen hier kaum Veränderungen finden. Meist findet sich hierbei eine unspezifische Proteinerhöhung, die selten von einer leichten Pleozytose begleitet wird. In sehr wenigen Fällen werden oligoklonale Banden nachgewiesen [51].

Literatur

[1] Seeliger B, Sznajd J, Robson JC, et al. Are the 1990 American College of Rheumatology vasculitis classification criteria still valid? Rheumatol (United Kingdom). 2017;56:1154–1161.

[2] Jennette JC, Falk RJ, Bacon PA, et al. 2012 Revised International Chapel Hill consensus conference nomenclature of vasculitides. In: Arthritis and Rheumatism. John Wiley & Sons, Ltd, pp 1–11, 2013.

[3] De Souza AWS, de Carvalho JF. Diagnostic and classification criteria of Takayasu arteritis. J Autoimmun. 2014;48–49:79–83.

[4] Arend WP, Michel BA, Bloch DA, et al. The American College of Rheumatology 1990 criteria for the classification of takayasu arteritis. Arthritis Rheum. 1990;33:1129–1134.

[5] Ringleb PA, Loewer M, Hartmann M, et al. Cerebrovascular manifestations of Takayasu arteritis in Europe. Rheumatology. 2005;44:1012–1015.

[6] Rodríguez-Pla A, De Miguel G, López-Contreras J, et al. Bilateral blindness in Takayasu's disease. Scand J Rheumatol. 1996;25:394–395.

[7] Gonzalez-Gay MA, Miranda-Filloy JA, Lopez-Diaz MJ, et al. Giant cell arteritis in northwestern Spain: A 25-year epidemiologic study. Medicine (Baltimore). 2007;86:61–68.

[8] Gonzalez-Gay MA, Barros S, Lopez-Diaz MJ, et al. Giant cell arteritis: Disease patterns of clinical presentation in a series of 240 patients. Medicine (Baltimore). 2005;84:269–276.

[9] Nesher G, Berkun Y, Mates M, et al. Risk Factors for Cranial Ischemic Complications in Giant Cell Arteritis. Medicine (Baltimore). 2004;83:114–122.

[10] Gonzalez-Gay MA, Vazquez-Rodriguez TR, Gomez-Acebo I, et al. Strokes at time of disease diagnosis in a series of 287 patients with biopsy-proven giant cell arteritis. Medicine (Baltimore). 2009;88:227–235.

[11] Caselli RJ, Hunder GG, Whisnant JP. Neurologic disease in biopsy-proven giant cell (Temporal) arteritis. Neurology. 1988;38:352–359.

[12] Ribe JA, Aggarwal I, Witthayaweerasak J, et al. Refractory giant cell arteritis complicated by vision loss from optic atrophy and maculopathy associated with pachymeningitis. J Neuro-Ophthalmology. 2018;38:17–23.
[13] Fytili C, Bournia VK, Korkou C, et al. Multiple cranial nerve palsies in giant cell arteritis and response to cyclophosphamide: a case report and review of the literature. Rheumatol Int. 2015;35:773–776.
[14] Larivière D, Sacre K, Klein I, et al. Extra- and intracranial cerebral vasculitis in giant cell arteritis: An observational study. Med (United States). 2014;93:e265.
[15] Abe Y, Harada M, Tada K, et al. Elevated cerebrospinal fluid levels of total protein in patients with secondary central nervous system vasculitis and giant cell arteritis. Mod Rheumatol. 2020;30:1033–1038.
[16] Magnus T, Melms A, Kötter I, Holle JU. Neurologische manifestationen von vaskulitiden und primäre zns-vaskulitis. Z Rheumatol. 2012;71:551–563.
[17] Mahr A, Guillevin L, Poissonnet M, Aymé S. Prevalences of Polyarteritis Nodosa, Microscopic Polyangiitis, Wegener's Granulomatosis, and Churg-Strauss Syndrome in a French Urban Multiethnic Population in 2000: A Capture-Recapture Estimate. Arthritis Care Res. 2004;51:92–99.
[18] Watts RA, Lane SE, Bentham G, Scott DGI. Epidemiology of systemic vasculitis: A ten-year study in the United Kingdom. Arthritis Rheum. 2000;43:414–419.
[19] Pagnoux C, Guillevin L. Peripheral neuropathy in systemic vasculitides. Curr Opin Rheumatol. 2005;17:41–48.
[20] Heuss D, Schlotter-Weigel B, Sommer C. Klinik, Diagnostik und Therapie der vaskulitischen Neuropathie: Bundeseinheitliche Konsensuspapiere der Muskelzentren im Auftrag der Deutschen Gesellschaft für Muskelkranke e. V. (DGM). Fortschritte der Neurol Psychiatr. 2003;71:172–186.
[21] Reichhart MD, Bogousslavsky J, Janzer RC. Early lacunar strokes complicating polyarteritis nodosa: Thrombotic microangiopathy. Neurology. 2000;54:883–889.
[22] Adams HP. Cerebral vasculitis. In: Handbook of Clinical Neurology. Elsevier B. V., pp 475–494, 2014.
[23] Tang CW, Wang PN, Lin KP, et al. Microscopic polyangiitis presenting with capsular warning syndrome and subsequent stroke. J Neurol Sci. 2009;277:174–175.
[24] Huang YH, Ro LS, Lyu RK, et al. Wegener's granulomatosis with nervous system involvement: A hospital-based study. Eur Neurol. 2015;73:197–204.
[25] Fauci AS, Haynes BF, Katz P, Wolff SM. Wegener's granulomatosis: Prospective clinical and therapeutic experience with 85 patients for 21 years. Ann. Intern. Med. 1983;98:76–85.
[26] Leavitt RY, Fauci AS, Bloch DA, et al. The American College of Rheumatology 1990 criteria for the classification of wegener's granulomatosis. Arthritis Rheum. 1990;33:1101–1107.
[27] Nolle B, Specks U, Ludemann J, et al. Anticytoplasmic autoantibodies: Their immunodiagnostic value in Wegener granulomatosis. Ann Intern Med. 1989;111:28–40.
[28] Czarnecki EJ, Spickler EM. MR demonstration of Wegener granulomatosis of the infundibulum, a cause of diabetes insipidus. Am J Neuroradiol. 1995;16.
[29] Garovic VD, Clarke BL, Chilson TS, Specks U. Diabetes insipidus and anterior pituitary insufficiency as presenting features of Wegener's granulomatosis. Am J Kidney Dis. 2001;37.
[30] Newman NJ, Slamovits TL, Friedland S, Wilson WB. Neuro-ophthalmic manifestations of meningocerebral inflammation from the limited form of Wegener's granulomatosis. Am J Ophthalmol. 1995;120:613–621.
[31] Jinnah HA, Dixon A, Brat DJ, Hellmann DB. Chronic meningitis with cranial neuropathies in Wegener's granulomatosis. Case report and review of the literature. Arthritis Rheum. 1997;40:573–577.
[32] Oimomi M, Suehiro I, Mizuno N, et al. Wegener's Granulomatosis With Intracerebral Granuloma and Mammary Manifestation: Report of a Case. Arch Intern Med. 1980;140:853–854.
[33] Spranger M, Schwab S, Meinck H, et al. Meningeal involvement in Wegener's granulomatosis confirmed and monitored by positive circulating antineutrophil cytoplasm in cerebrospinal fluid. AAN Enterp.
[34] Weinberger LM, Cohen ML, Remler BF, et al. Intracranial Wegener's granulomatosis. Neurology. 1993;43:1831–1834.
[35] André R, Cottin V, Saraux JL, et al. Central nervous system involvement in eosinophilic granulomatosis with polyangiitis (Churg-Strauss): Report of 26 patients and review of the literature. Autoimmun. Rev. 2017;16:963–969.
[36] Comarmond C, Pagnoux C, Khellaf M, et al. Eosinophilic granulomatosis with polyangiitis

(Churg-Strauss): Clinical characteristics and long-term followup of the 383 patients enrolled in the French Vasculitis Study Group cohort. Arthritis Rheum. 2013;65:270–281.
[37] Guillevin L, Cohen P, Gayraud M, et al. Churg-Strauss syndrome: Clinical study and long-term follow-up of 96 patients. Medicine (Baltimore). 1999;78:26–37.
[38] Serdaroğlu P. Behcet's disease and the nervous system. J. Neurol. 1998;245:197–205.
[39] Kidd DP. Neurological complications of Behçet's syndrome. J Neurol. 2017;264:2178–2183.
[40] Al-Araji A, Kidd DP. Neuro-Behçet's disease: epidemiology, clinical characteristics, and management. 2009.
[41] Reske D, Petereit HF, Heiss WD. Difficulties in the differentiation of chronic inflammatory diseases of the central nervous system – Value of cerebrospinal fluid analysis and immunological abnormalities in the diagnosis. Acta Neurol. Scand. 2005;112:207–213.
[42] Kalra S, Silman A, Akman-Demir G, et al. Diagnosis and management of Neuro-Behçet's disease: international consensus recommendations. J. Neurol. 2014;261:1662–1676.
[43] Saruhan-Direskeneli G, Yentür SP, Mutlu M, et al. Intrathecal oligoclonal IgG bands are infrequently found in neuro-behçet's disease. Clin Exp Rheumatol. 2013;31:
[44] Akman-Demir G, Serdaroglu P, Tasçi B. Clinical patterns of neurological involvement in Behcet's disease: Evaluation of 200 patients. Brain. 1999;122:2171–2181.
[45] Aldinucci A, Bonechi E, Biagioli T, et al. CSF/serum matrix metallopeptidase-9 ratio discriminates neuro Behçet from multiple sclerosis. Ann Clin Transl Neurol. 2018;5:493–498.
[46] Hirohata S, Isshi K, Oguchi H, et al. Cerebrospinal fluid interleukin-6 in progressive neuro-Behcet's syndrome. Clin Immunol Immunopathol. 1997;82:12–17.
[47] Hermann J. Primäre Vaskulitis des ZentralnervensystemsPrimary Vasculitis of the Central Nervous System. rheuma plus. 2018;17:132–137.
[48] Salvarani C, Brown RD, Calamia KT, et al. Primary central nervous system vasculitis: Analysis of 101 patients. Ann Neurol. 2007;62:442–451.
[49] Birnbaum J, Hellmann DB. Primary angiitis of the central nervous system. Arch. Neurol. 2009;66:704–709.
[50] Vollmer TL, Guarnaccia J, Harrington W, Petroff OAC. Idiopathic granulomatous angiitis of the central nervous system: Diagnostic challenges. Arch Neurol. 1993;50:925–930.
[51] Dörr J, Krautwald S, Wildemann B, et al. Characteristics of Susac syndrome: A review of all reported cases. Nat. Rev. Neurol. 2013;9:307–316.
[52] Kleffner I, Dörr J, Ringelstein M, et al. Diagnostic criteria for Susac syndrome. J Neurol Neurosurg Psychiatry. 2016;87:1287–1295.
[53] Susac JO, Egan RA, Rennebohm RM, Lubow M. Susac's syndrome: 1975–2005 microangiopathy/ autoimmune endotheliopathy. J Neurol Sci. 2007;257:270–272.
[54] Magro CM, Poe JC, Lubow M, Susac JO. An organ-specific autoimmune Endotheliopathy syndrome associated with anti-endothelial cell antibodies. Am J Clin Pathol. 2011;136:903–912.
[55] Monferrer-Adsuara C, Remolí-Sargues L, Hernández-Bel L, et al. Rituximab in the treatment of Susac's syndrome: Report of a case. Eur J Ophthalmol. 2020; https://doi.org/10.1177/1120672120924545

1.1.9 Kollagenosen

Thomas Skripuletz, Tabea Seeliger

1.1.9.1 Systemischer Lupus erythematodes (SLE)

Der SLE wird zu den Kollagenosen gezählt und betrifft vorrangig Frauen im gebärfähigen Alter [1]. Serologisch hohe Bedeutung hat der Nachweis von Antinukleären Antikörpern (ANA) und Doppelstrang-DNA-Antikörpern (dsDNA). Die Erkrankung kann sich in multiplen Organen manifestieren, sodass eine große klinische Heterogenität entstehen kann. Die zentralnervöse Beteiligung stellt mit bis zu 70 % eine häufige Komplikation des SLE dar, man spricht in diesem Fall vom Neuropsychiatrischen Lupus erythematodes (NPL). Der NPL tritt charakteristischerweise bei Frauen zwischen dem 20. und 40. Lebensjahr auf und geht mit einer schlechten Prognose einher [2–4]. Er manifestiert sich meist über kognitive Defizite, Depressionen und Psychosen. Auch Hirnnervenbeteiligung, epileptische Anfälle und zerebrale Vaskulopathien können auftreten, sind jedoch seltener [3,5]. Letztere können sowohl über eine intrakranielle Vaskulopathie als auch über Thrombembolien verursacht werden. Eine periphere Neuropathie ist für 6–29 % der NPL-Patienten beschrieben [4–6]. Auch einzelne Fälle von aseptischen Meningitiden, Myelopathien, Plexusläsionen, choreatischen Bewegungsstörungen und Pseudotumor cerebri finden sich in der Literatur [7].

Im Liquor finden sich sehr häufig Auffälligkeiten bei betroffenen NPL-Patienten, wohingegen Veränderungen bei Patienten ohne NPL-Manifestation eher selten auftreten [8]. Hier besteht oft eine *lymphozytäre Pleozytose*, eine *Schrankenstörung* und/oder eine *intrathekale IgG-Synthese* ein Form von positiven *oligoklonalen Banden* [8,9]. Eine intrathekale Synthese von IgG und/oder IgM per Reiberdiagramm ist häufig, sowie von IgA selten nachweisbar. Dabei besteht oft eine kombinierte Synthese mehrerer Immunglobulin-Klassen [8]. Interessanterweise scheint die Menge der intrathekalen Synthese von IgG, IgM und IgA unter erfolgreicher Therapie zu sinken [10]. Auch der intrathekale Nachweis freier Leichtketten ist beim NPL beschrieben [9]. Zu beachten ist, dass sich diese Analysen auf gepoolte Einzelfallanalysen stützen, wodurch die Aussagekraft zu exakten Häufigkeiten schwierig ist.

1.1.9.2 Sjögren-Syndrom

Das Sjögren-Syndrom ist eine Kollagenose, die sich primär über eine lymphozytäre Infiltration von Speichel- und Tränendrüsen manifestiert und daher als Leitsymptom die Xerophthalmie und Xerostomie hat [11]. Die Diagnose wird hierbei über den Fokus-Score der aktuellen ACR/EULAR-Klassifikationskriterien gestellt [12], der sich über die Summe der folgenden Punkte berechnet:

- objektive Xerophthalmie (1 Punkt),
- objektive Xerostomie (1 Punkt),
- Nachweis von SSA(Ro)-Antikörpern (3 Punkte) und
- bioptischer Nachweis einer Sialadenitis von mindestens einem lymphozytären Fokus/mm³ (dies entspricht Grad 3 oder 4 nach Chisholm und Mason [13]).

Ein Fokus-Score ≥ 4 Punkte ist wegweisend für die Diagnosestellung. Extraglanduläre systemische Manifestationen wurden bisher vorrangig für Leber, Lunge, Niere und Herz beschrieben [12]. In den letzten Jahren ist jedoch das Bewusstsein für neurologische extraglanduläre Begleitmanifestationen immer mehr gestiegen. Im Rahmen dessen ist mittlerweile bekannt, dass eine periphere Nervenbeteiligung häufiger ist als bislang angenommen, und dass diese in schweren Verläufen auch mit progredienten Paresen einhergehen kann [14]. Eine weitere Beteiligung ist in Form von Hirnnervenparesen, Myelitiden, Meningoenzephalitiden, Myositiden sowie kognitiven Defiziten und neuropsychiatrischen Symptomen beschrieben [15–19], wobei die Angaben zur Prävalenz (von bis zu 25 %) aufgrund der heterogenen Definition nicht reliabel sind.

Im Liquor findet sich bei Patienten mit Polyneuropathien, Hirnnervenausfällen oder ZNS-Beteiligung bis zu 25 % eine leichte *lymphomonozytäre Pleozytose* (meist < 20 Zellen/µl), wobei vereinzelt auch der Nachweis von Plasmazellen beschrieben wurde [14,18–20]. Das Liquorlaktat ist beim Neuro-Sjögren fast immer normal. Eine *Schrankenfunktionsstörung* lässt sich bei 20–60 % finden [14,19]. Sjögren-Patienten mit ZNS-Beteiligung bzw. Hirnnervenaffektion zeigen signifikant häufiger eine Schrankenstörung als solche mit Polyneuropathie. Entsprechende Vergleiche für Zellzahl und Laktat verblieben nicht signifikant

[19]. *Oligoklonale Banden* finden sich nach isoelektrischer Fokussierung im Polyacrylamidgel mit anschließender Silberfärbung in bis zu 25 % als Typ 2 oder 3 [14,19]. Es wurde postuliert, dass der Nachweis oligoklonaler Banden unter Therapie reversibel sein könnte [18,20,21]. Eine quantitative intrathekale Immunglobulinsynthese berechnet im Reiberdiagramm ist in bis zu 5 % für IgG beschrieben [14], IgM und IgA finden sich nicht in diesen Analysen. Es findet sich in Einzelfällen eine intrathekale Anti-SSA(Ro)-Antikörper Produktion [17]. Interessanterweise finden sich im Liquor keine signifikanten Unterschiede zwischen CIDP-Patienten mit und ohne Sjögren-Syndrom, was die Rolle der Sjögren-Neuropathie als potenzielle Mimikry anderer Neuropathien unterstreicht.

Literatur

[1] Stojan G, Petri M. Epidemiology of systemic lupus erythematosus: An update. Current Opinion in Rheumatology. 2018;30:144–150.

[2] Reske D, Petereit HF, Heiss WD. Difficulties in the differentiation of chronic inflammatory diseases of the central nervous system – Value of cerebrospinal fluid analysis and immunological abnormalities in the diagnosis. Acta Neurologica Scandinavica. 2005;112:207–213.

[3] Gibson T, Myers AR. Nervous system involvement in systemic lupus erythematosus. 1976.

[4] Grigor R, Edmonds J, Lewkonia R, et al. Systemic lupus erythematosus A prospective analysis. 1978.

[5] Hanly JG, Su L, Farewell V, et al. Prospective study of neuropsychiatric events in systemic lupus erythematosus. J Rheumatol. 2009;36:1449–1459.

[6] Feinglass EJ, Arnett FC, Dorsch CA, et al. Neuropsychiatric manifestations of systemic lupus erythematosus: Diagnosis, clinical spectrum, and relationship to other features of the disease. Med (United States). 1976;55:323–339.

[7] Jennekens FGI, Kater L. The central nervous system in systemic lupus erythematosus. Part 1. Clinical syndromes: A literature investigation. Rheumatology. 2002;41:605–618.

[8] Ernerudh J, Olsson T, Lindstromt F, et al. Cerebrospinal fluid immunoglobulin abnormalities in systemic lupus erythematosus. 1985.

[9] McLean BN, Miller D, Thompson EJ. Oligoclonal banding of IgG in CSF, blood-brain barrier function, and MRI findings in patients with sarcoidosis, systemic lupus erythematosus, and Behcet's disease involving the nervous system. J Neurol Neurosurg Psychiatry. 1995;58:548–554.

[10] Hirohata S, Hirose S, Miyamoto T. Cerebrospinal Fluid IgM, IgA, and IgG Indexes in Systemic Lupus Erythematosus: Their Use as Estimates of Central Nervous System Disease Activity. Arch Intern Med. 1985;145:1843–1846.

[11] Sjögren H. Zur Kenntnis der Keratoconjunctivitis Sicca. Acta Ophthalmol. 1933;13:1–39.

[12] Shiboski CH, Shiboski SC, Seror R, et al. 2016 American College of Rheumatology/European League Against Rheumatism classification criteria for primary Sjögren's syndrome. Ann Rheum Dis. 2017;76: 9–16.

[13] Chisholm DM, Mason DK. Labial salivary gland biopsy in Sjogren's disease, J Clin Pathol. 1968 Sep;21(5):656–60.

[14] Seeliger T, Prenzler NK, Gingele S, et al. Neuro-Sjögren: Peripheral Neuropathy With Limb Weakness in Sjögren's Syndrome. Front Immunol. 2019;10:1600.

[15] Seeliger T, Bönig L, Witte T, et al. Hearing dysfunction in patients with Neuro-Sjögren: a cross-sectional study. Ann Transl Med. 2020;8:1069–1069.

[16] Seeliger T, Jacobsen L, Hendel M, et al. Cognitive impairment in patients with Neuro-Sjögren. Ann Clin Transl Neurol. 2020;7:1352–1359.

[17] Butryn M, Neumann J, Rolfes L, et al. Clinical, Radiological, and Laboratory Features of Spinal Cord Involvement in Primary Sjögren's Syndrome. J Clin Med. 2020;9:1482.

[18] Alexander EL, Malinow K, Lejewski JE. Primary Sjogren's syndrome with central nervous system disease mimicking multiple sclerosis. Ann Intern Med. 1986;104:323–330.

[19] Pars K, Pul R, Schwenkenbecher P, et al. Cerebrospinal Fluid Findings in Neurological Diseases Associated with Sjögren's Syndrome. Eur Neurol. 2017;77:91–102.

[20] Hietaharju A, Yli-Kerttula U, Häkkinen V, et al. Nervous system manifestations in Sjögren's syndrome. Acta Neurol Scand. 2009;81:144–152.

[21] Vrethem M, Ernerudh J, Lindström F, et al. Immunoglobulins within the central nervous system in primary Sjögren's syndrome. J Neurol Sci. 1990;100:186–192.

1.1.10 Autoimmunenzephalitiden und paraneoplastische neurologische Syndrome

Jan Lewerenz

Die Gemeinsamkeit dieser Gruppe immunmediierter entzündlicher Erkrankungen ist, dass sich in den meisten Fällen in Serum und/oder Liquor die Erkrankungen identifizierende Antikörper gegen neuronale (seltener auch gliale) Antikörper nachweisen lassen (für deren Diagnostik siehe **Kapitel B.3.4**). Demyelinisierende Erkrankungen mit Nachweis spezifischer anti-glialer Antikörper – Neuromyelitis optica mit Anti-Aquaporin 4-Antikörpern und MOG-Antikörper-assoziierte Erkrankungen – werden in der Regel nicht in die Gruppe gezählt (siehe **Kapitel C.1.1.6**).

Jüngst wurden die diagnostischen Kriterien von 2004 [1] für die paraneoplastischen neurologischen Syndrome (PNS) revidiert [2], so dass sich bei der Klassifizierung dieser Erkrankungen relevante Änderungen ergeben. So wurde die Bezeichnung „onkoneuronaler Antikörper" aufgegeben. Gründe hierfür waren, dass der hierzu gehörige Begriff „onkoneuronales Antigen" suggerierte, dass es sich bei den Antigenen, gegen das diese Antikörper gerichtet sind, um Eiweiße handelt, die normalerweise im Nervensystem exprimiert werden, diese jedoch durch ihre ektope Expression in einem Tumor zu einer Anti-Tumor-Immunreaktion führen, die dann als Kreuzreaktion auf das Nervensystem übergreift. Es hat sich herausgestellt, dass dies nicht immer, insbesondere bei hämatologischen Neoplasien, der Fall ist [3]. Die „onkoneuronalen Antikörper" waren ferner – ebenfalls wieder mit einzelnen Ausnahmen, den Anti-Tr-Antikörpern [4] – gegen intrazelluläre Antigene gerichtet [1]. Somit wurden diese als nicht direkt pathogen eingestuft, sondern viel mit als diagnostisch nützlicher Biomarker für eine gegen den Tumor und das Nervensystem gerichtete T-Zell-vermittelte Immunität [5].

In den letzten Jahren wurden jedoch eine Vielzahl weiterer Antikörper identifiziert, die bei Patienten mit autoimmunologisch bedingten Erkrankungen des Gehirnes vorkommen, die eine etwas weniger starke, aber dennoch relevante Assoziation mit Tumorerkrankungen aufweisen, die aber nicht gegen intrazelluläre Antigene, sondern neuronale Oberflächenantigene gerichtet sind [5]. Die Gruppen von mit Autoimmunenzephalitiden umfasst darüber hinaus aber auch noch Erkrankungen, bei denen ebenfalls bestimmte Antikörper gegen neuronale Oberflächenantigene nachweisbar sind, die nur eine mäßige oder gar keine Assoziation mit Tumorerkrankungen aufweisen. Dann gibt es noch weitere bei Autoimmunerkrankungen des ZNS diagnostisch relevante Antikörper gegen intrazelluläre Antigene, Glutamat-Decarboxylase (GAD) und GFAP (*glial fibrillary acidic protein*), die jedoch selten mit Tumorerkrankungen assoziiert sind [6,7].

Diese Entwicklungen hatten zur Folge, dass die Antikörper, die in dem Gesamtkomplex gefunden werden, unter Aufgabe der Bezeichnung „onkoneuronaler Antikörper" nach dem Risiko mit einer zugrundeliegenden Krebserkrankung assoziiert zu sein, benannt werden. PNS wären nach den aktuellen diagnostischen Kriterien Erkrankungen, bei denen verschiedene Kombinationen aus klinischer Präsentation, dem gefunden Antikörper und dem Vorhandensein einer Krebserkrankung, einen kausalen Zusammenhang der Erkrankung mit dem Tumor suggerieren [2].

Die vorliegenden Daten zu den Liquorbefunden bei PNS, die in diesem Komplex von Erkrankungen gefunden werden, haben jedoch zu einem relevanten Teil die vormaligen PNS-Diagnosekriterien verwendet, so dass diese in diesem Subkapitel noch Anwendung finden müssen. Auch die Publikationen, die die Liquorbefunde bei Patienten mit Antikörpern gegen neuronale Oberflächenantigene ausgewertet haben, haben in der Regel nicht unterschieden, ob es sich hierbei um PNS oder idiopathische Autoimmunenzephalitiden gehandelt hat. Insofern erscheint folgende Einteilung der verschiedenen Antikörper-assoziierten Erkrankungen wie folgt am sinnvollsten:

1. Zumeist paraneoplastische Erkrankungen mit Nachweis eines Antikörpers der vormaligen Gruppe der onkoneuronalen Antikörper.
2. In der Regel nicht-paraneoplastische Erkrankungen mit Antikörpern gegen intrazelluläre Antigene,
3. Fakultativ paraneoplastische Erkrankungen mit Nachweis von Antikörpern gegen neuronale Oberflächenantigene.

Hierbei ist zu berücksichtigen, dass ein Teil der Patienten mit PNS und idiopathischen Autoimmunenzephalitiden keine diagnostisch relevanten Antikörper in Serum und/oder Liquor aufweist. Diese Erkrankungen sind äußerst schwierig zu klassifizieren, so dass hier keine belastbaren Daten vorliegen, wie die Liquorbefunde bei diesen heterogenen Krankheitsbildern sind.

1.1.10.1 Paraneoplastische neurologische Syndrome mit Nachweis von Hochrisiko-Antikörpern

Diese Gruppe umfasst zum Großteil Patienten, die an den vormalig als „klassisch paraneoplastisch“ genannten Syndromen leiden [1], die nach der neuen Nomenklatur als „high-risk neurological phenotypes“ (neurologische Phänotypen mit hohem Risiko) bezeichnet werden [2]. Bei der Mehrzahl dieser Patienten werden die vormalig „onkoneuronale“ Antikörper genannten Antikörper gegen intrazelluläre Antigene gefunden, nämlich an absteigender Häufigkeit Anti-Hu, Anti-Yo, Anti-CV2, Anti-Ma/Ta, Anti-Ri, Anti-Tr und Anti-Amphiphysin [8]. Die Liste dieser Antikörper hat sich in letzter Zeit noch vergrößert. Mit dem *Microtubule-associated protein 1 B* (MAP1B) wurde das Antigen des schon länger bekannten PCA2-Antikörpers identifiziert, der somit spezifischer getestet werden kann [9,10]. Jüngst hinzugekommen sind Erkrankungen, die mit Antikörpern gegen Kelch-like Protein-11 (KLHL11) assoziiert hinzugekommen [11]. Zic4-Antikörper werden nicht mehr einzeln aufgeführt, zum einen aufgrund der technischen Schwierigkeit bei der eindeutigen Testung und aufgrund der Tatsache, dass diese oft mit anderen diagnostisch relevanteren Antikörpern wie Anti-Hu und Anti-CV2 assoziiert gefunden werden [12].

Typische klinische Präsentationen dieser Gruppe von Erkrankungen sind eine limbische Enzephalitis, ein rasch progredientes zerebelläres Syndrom, das Opsoclonus-Myoclonus-Syndrom, die sensorische Neuronopathie Typ Denny-Brown, die gastrointestinale Pseudoobstruktion, die Enzephalomyelitis als eine Kombination aus den vorherigen, sowie das Lambert-Eaton-Syndrom [2]. Dies ist nicht gleichbedeutend damit, dass jeder Patient mit einer dieser klinischen Syndrome ein PNS haben muss. Bei diesen Phänotypen ist eine zugrundeliegende Krebserkrankung ein relevanter Trigger. Weniger spezifische Phänotypen, die ebenfalls in der Gruppe auftreten können, sind Enzephalitiden, die sich nicht eindeutig auf das limbische System beziehen, Hirnstammenzephalitiden, z. T. mit dienzephaler Beteiligung, Myelitiden, das Stiff-Person-Syndrom sowie Radikuloneuropathien.

PNS sind nicht nur insgesamt selten, sondern klinisch auch sehr heterogen. Somit wäre es nicht verwunderlich, wenn die zu erwartenden Liquorbefunde je nach klinischem Syndrom und Antikörper unterschiedlich wären. Leider existieren nur wenige Berichte größerer Kohorten mit homogenen

Krankheitsbildern, aus denen Rückschlüsse auf den zu erwartenden Liquorbefund in einer bestimmten Konstellation getroffen werden können.

Die wichtigste Frage hierbei ist, ob ein entzündlicher Liquorbefund die PNS-Diagnose bei dieser Gruppe unterstützt und ob ein unauffälliger Liquorbefund eine Erkrankung aus diesem Formenkreis ausschließen kann. In einer großen, repräsentativ erscheinenden Kohorte des PNS Euronetwork konnte bei 295 Patienten mit PNS mit Anti-Hu, Anti-Yo, Anti-CV2, Anti-Ma/Ta, Anti-Ri und Anti-Tr Antikörpern in knapp der Hälfte der Patienten eine Pleozytose gefunden werden [8]. Andererseits hatten zwei Drittel eine Erhöhung des Gesamtproteins im Liquor. Auch isolierte oligoklonale Banden (OKB) fanden sich bei ca. zwei Drittel der Patienten. Es konnten keine relevanten Unterschiede der Liquorbefunde in Abhängigkeit von der zugrundeliegenden Krebserkrankung oder des Antikörpers gefunden werden. Allerdings zeigte sich, dass die Wahrscheinlichkeit, eine Liquorpleozytose nachweisen zu können, mit der Dauer der Erkrankung abnahm. Eine Pleozytose erschien bei PNS mit Beteiligung des ZNS etwas stärker ausgeprägt zu sein, während die Proteinerhöhung bei PNS des peripheren Nervensystems ausgeprägter war. OKB schienen zwischen den beiden Gruppen nicht unterschiedlich häufig.

Fasst man die in Fallserien publizierten Liquorbefunde von PNS mit verschiedenen onkoneuronalen Antikörpern zusammen [13–35], so zeigt sich in 39–64 % eine Liquorpleozytose, in 53–84 % eine Eiweißerhöhung, und in 41–83 % finden sich isolierte oligoklonale Banden im Liquor (Abb. C.1.5a). Die Häufigkeit der Liquorauffälligkeiten scheint insgesamt sehr ähnlich, wobei eine Proteinerhöhung bei CV2-Antikörper-positiver PNS häufiger zu sein scheint als bei den anderen Subformen, während Amphiphysin-Antikörper-positive PNS etwas seltener isolierte OKBs aufzuweisen scheinen. Liquorzellzahlen schwanken von 0 bis 200 Zellen/µl, wobei die Zellzahlen bei Hu-Antikörper-assoziierten Erkrankungen mit einem Median von 4 Zellen/µl (Interquartilsabstand 1–11 Zellen/µl) etwas niedriger zu sein scheinen als bei Erkrankungen mit Amphiphysin-, Ma/Ta- und Yo-Antikörpern, während sich mit einer medianen Zellzahl von 25/µl (Interquartilsabstand 2–27 Zellen/µl) eine Tendenz zu höheren Zellzahlen bei CV2-Antikörper-assoziierten Erkrankungen ergab (Abb. C.1.5b). Bei Hu-, CV2- und Amphiphysin-Antikörper-assoziierten Erkrankungen kommen deutliche Erhöhungen des Gesamtproteins (> 1000 mg/L), wobei bei Amphiphysin-Antikörper-assoziierten Erkrankungen nur die erhöhten Proteinwerte berichtet worden waren (Abb. C.1.5b). Für den noch selteneren Hochrisiko-Antikörper gegen MAP1b (vormalig PCA2) liegen keine belastbaren Daten über assoziierte Liquorbefunde vor. In der initialen Publikation wird bei zwei von drei Patienten, von denen Liquorbefunde erwähnt wurden, eine Pleozytose berichtet [9]. Bei Patienten mit Anti-KLHL11-Antikörper-assoziierten PNS hat die überwiegende Mehrzahl entweder eine Erhöhung des Gesamtproteins im Liquor oder eine Pleozytose [36]. Isolierte OKBs wurden bei 12 von 22 Patienten berichtet [36].

Bei der diagnostischen Abklärung mit der Frage, ob bei einem Patienten ein PNS vorliegen könnte und eine spezifische Antikörperdiagnostik initiiert werden sollte, stellt sich natürlich die Frage, wie häufig bei diesen Patienten vollständig normale Liquorbefunde oder nur unspezifische Auffälligkeiten wie eine Proteinerhöhung bzw. eine Erhöhung der Liquor/Serum-Albuminquotienten vorliegt. In der Serie von PNS-Patienten von Psimaras et al. konnte bei der Bestimmung von Zellzahl, Gesamtprotein und OKBs nur bei weniger als 10 % ein unauffälliger Liquorbefund erhoben werden [8]. Ausführliche Liquoranalysen, aus denen hervorgeht, zu welchem

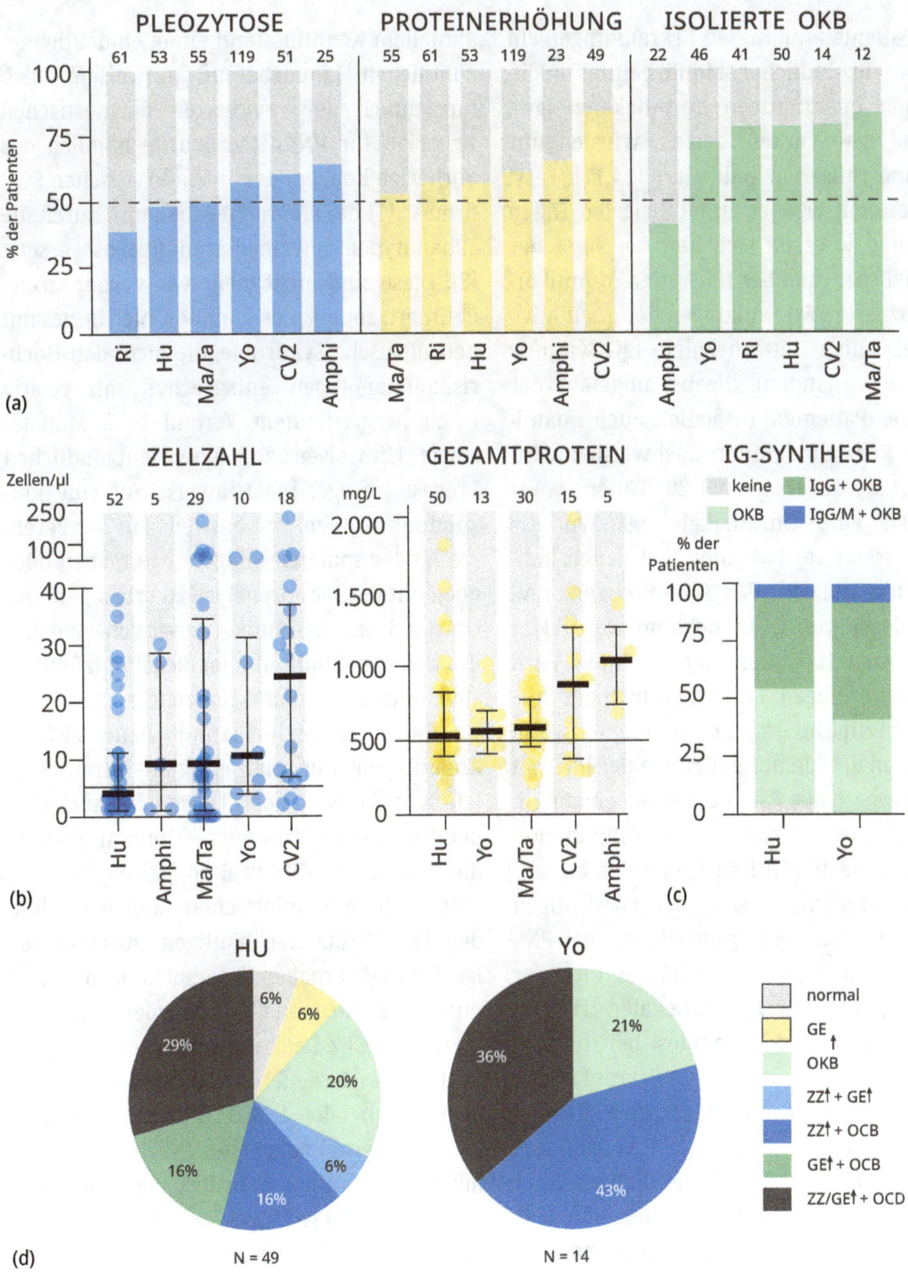

Abb. C.1.5: Typische Liquorbefunde bei Paraneoplastischen Neurologischen Syndromen mit Hochrisiko-Antikörpern gegen intrazelluläre Antigene. Die Liquorbefunde von eigenen Patienten mit den häufigsten Hochrisikoantikörpern Hu, Yo, Ri, Ma/Ta, CV2, und Anti-Amphiphysin (Amphi) wurden aus Ref. [13–35] sowie von einen Patienten zusammengefasst. (a): Häufigkeit eine Liquorpleozytose (linker Graph, violett), einer Erhöhung des Gesamtproteins (mittlerer Graph, beige), sowie isolierter oligoklonaler Banden (OKB, rechter Graph, grün). (b): Liquorzellzahl (linker Graph) sowie Gesamtprotein (rechter Graph) bei Patienten, bei denen Einzelwerte erhältlich waren (Median + Interquartilsabstandstand als Querbalken und Antennen angegeben). (b): Häufigkeit einer ausschließlich qualitativ nachweisbaren intrathekalen IgG-Synthese in Form von OKB sowie einer zusätzlich mittels Reiber-Formeln

Anteil Patienten mit diesen Erkrankungen ein definitiv entzündlicher Liquorbefund inklusive einer quantitativen intrathekalen IgG-, IgA- und IgM-Synthese zeigen, wurden nur für kleine Fallserien publiziert [14,17]. Fasst man diese mit eigenen unpublizierten Fällen zusammen, so ergibt sich hier bei 94 % der Hu-Antikörper- und bei 100 % der Yo-Antikörper-assoziierten Erkrankungen der qualitative Nachweis einer intrathekalen IgG-Synthese (oligoklonale Banden), die bei ungefähr der Hälfte der Patienten zusätzlich auch quantitativ im Reiber-Diagramm nachweisbar wird (Abb. C.1.5c). Jeder 10. bis 20. Patient weist zusätzlich eine intrathekale IgM-Synthese auf. Basierend auf Patienten, bei denen individuell die Zellzahl, das Gesamteiweiß und das Vorliegen von OKBs bekannt war, ergibt sich das jeder 10. Patient mit Hu-Antikörpern einen unauffälligen Liquorbefund oder nur eine unspezifische Proteinerhöhung aufweist, während in der kleineren Gruppe der PNS mit Yo-Antikörpern alle Patienten einen entzündlichen Liquorbefund, zumeist eine Kombination aus Pleozytose und OKBs, zeigen (Abb. C.1.5d).

Diese Ergebnisse lassen den vorsichtigen Schluss zu, dass die Liquorbefunde bei PNS insgesamt sehr ähnlich und häufig mit einer Zellzahlerhöhung und intrathekalen IgG-Synthese assoziiert sind. Zumindest bei Hu- und Yo-Antikörper-assoziierten Erkrankungen zeigt sich häufig auf eine quantitative intrathekale IgG-, seltener auch eine IgM-Synthese. Nicht eindeutig entzündliche Liquorbefund sind selten, jedoch schließen diese ein PNS nicht aus. Wichtig ist die Feststellung, dass die meisten PNS mit Hochrisiko-Antikörpern nach aktuellem Kenntnisstand einen eindeutig entzündlichen Liquorbefund aufweisen, auch hinsichtlich der revidierten diagnostischen Kriterien für PNS. Hier wurde nämlich das vorherige Konzept des „nicht-klassischen Syndroms“ [1] bei PNS aufgegeben und durch die „Phänotypen intermediären Risikos“ ersetzt [2]. Diese sind nicht mehr wie vorher streng definiert, sondern es kommen hier insgesamt neurologische Syndrome, die nicht den Hochrisiko-Phänotypen entsprechen mit relativ rasch progredientem Verlauf (< 3 Monate) sowie Hinweisen auf einen entzündlichen Prozess infrage. Die Hinweise auf eine Entzündung können sich entweder in der zerebralen oder spinalen Bildgebung ergeben oder eben mit der Liquoranalyse zu erbringen. Der Umstand, dass bei Antikörper-gesicherten PNS die Liquorbefunde in aller Regel entzündlich sind, unterstützt dieses Konzept.

Bei chronisch-entzündlichen ZNS-Erkrankungen mit ausgeprägter intrathekale IgG-Synthese wird unter Umständen auch eine polyspezifische intrathekale Immunreaktion, die sogenannte MRZ-Reaktion, als Bestätigung einer autoimmunologischen Ätiologie gefunden [37]. Trotz der häufigen intrathekalen IgG-Synthese ergaben Untersuchungen an PNS mit „onkoneuronalen“ Antikörpern, dass bei diesen die MRZ-Reaktion ausnahmslos negativ ist [38]. Nach neuerer Nomenklatur würde aber auch die NMDAR-Rezeptor-Antikörper-assoziierte Enzephalitis (NMDAR-E), wenn mit einem Teratom assoziiert, einem PNS entsprechen [2]. Die NMDARE scheint zeigt jedoch sich in einem Drittel der Fälle eine positive MRZ-Reaktion [39].

Abb. C.1.5 (fortgesetzt)
quantitativ nachweisbaren intrathekalen Immunglobulinsynthese (IIS) für IgG, IgM oder der Kombination aus IgG und IgM (IgG/M) bei PNS-Patienten mit Hu-Antikörpern (N = 13) und Yo-Antikörpern (N = 9). (c): Kombination aus dem Vorliegen einer Liquorpleozytose (ZZ ↑), Gesamteiweißerhöhung (GE↑) sowie des Vorhandenseins isolierter oligoklonaler Banden (OKB) bei PNS-Patienten mit Hu- und Yo-Antikörpern, wenn alle drei Parameter berichtet wurden.

1.1.10.2 Liquorbefunde bei Autoimmunenzephalitiden und verwandten Erkrankungen mit Antikörpern mittlerem und niedrigerem Tumorrisiko

Im Vergleich zu den Erkrankungen mit Hochrisiko-Antikörpern, sind die Erkrankungen mit Antikörpern mit niedrigem oder mittlerem Tumorrisiko um ein Vielfaches häufiger. Diese Erkrankungen zeigen sowohl hinsichtlich der klinische Präsentation, Neuromyotonie, Stiff-person-Syndrom, zerebelläre Ataxien, limbische Enzephalitis, sowie spezifische Syndrome wie das Morvan-Syndrom, die IgLON5-Enzephalopathie sowie NMDAR-E, als auch hinsichtlich des Verlaufs, häufig chronisch und sehr langsam verlaufen bei GAD-Antikörper-assoziierten Erkrankungen oder bei Patienten mit IgLON5-Antikörpern bis rasch und phasisch verlaufenden Erkrankungen wie der NMDAR-E, untereinander deutliche Unterschiede.

Gleiches gilt jedoch hier auch für die Liquorbefunde [40]. Abb. C.1.6 illustriert typische Liquorbefunde bei Autoimmunenzephalitiden mit Antikörpern gegen neuronale Oberflächenantigene und Glutamatdecarboxylase-Antikörpern im Detail. Während Erkrankungen mit GAD-Antikörpern sehr selten eine Zellzahlerhöhung und Proteinerhöhung aufweisen, finden sich bei vielen Patienten isolierte oligoklonale Banden als einzige Auffälligkeit (Abb. C.1.6a). Die Liquorbefunde bei Patienten mit DPPX- sowie NMDA-, $GABA_B$- und AMPA-Rezeptorantikörpern weisen zu mehr als 50 % eine B tiefgestellt wie oben auf, und die Mehrzahl der Patienten mit NMDA- und $GABA_B$-Rezeptorantikörpern ebenfalls (Abb. C.1.6a, C.1.6b). Proteinerhöhungen kommen häufig bei IgLON5-Antikörper-positiven Patienten vor. Am seltensten kommen entzündliche Liquorbefunde in der Gruppe der Patienten mit LGI1-, Glyzinrezeptor (GlyR)- und IgLON5-Antikörpern vor. Dies spiegelt sich auch in der berichteten Zellzahl, wenn eine Pleozytose vorliegt. Diese ist bei Erkrankungen mit GAD-, LGI1-, DPPX-, CASPR2-, und GlyR-Antikörper-assoziierten Erkrankungen in der Regel mild ausgeprägt. Liquorzellzahlen von 25–100 Zellen/µl, selten auch einmal bis 1000 Zellen/µl, kommen regelhaft nur bei Erkrankungen mit Autoimmunenzephalitiden mit AMPA-, $GABA_A$-, $GABA_B$- und NMDAR-Rezeptor-Antikörpern vor. Bei dieser Gruppe und Patienten mit LGI1-Antikörpern finden sich auch die deutlichsten Proteinerhöhungen, die in der Regel unter 1000 mg/L bleiben.

Publikationen zu detaillierteren Liquorbefunden bei diesen Erkrankungen, inklusive Angaben zu einer quantitativen intrathekalen Ig-Synthese liegen nur wenige vor. Eine chinesische Arbeit konnte zeigen, dass bei vielen NMDAR-E-Patienten, wenn nach der Methode von Reiber berechnet, eine quantitative intrathekale IgG-Synthese vorkommt [41]. Dies konnte repliziert und durch Befunde hinsichtlich einer IgA- und IgM-Synthese erweitert werden [39]. Ca. 25 % der Patienten mit NMDAR-Antikörper-assoziierter Enzephalitis wiesen hier keine intrathekale Ig-Synthese bei negativen OKBs auf, 50 % zeigten eine quantitative intrathekale Ig-Synthese, am häufigsten IgG, weniger häufig IgM und am seltensten IgA, wobei jeder 10. Patient eine quantitative intrathekale Synthese für alle drei Immunglobulin-Klassen aufwies. Im Gegensatz hierzu kommen oligoklonale Banden nur bei einer Minderheit der LGI1-Antikörper-assoziierten Enzephalitiden (LGI1-E) vor. Der Nachweis einer quantitativen intrathekalen Immunglobulinsynthese spricht nach vorliegenden Daten gegen diese Diagnose.

In Kombination der verschiedenen Liquorauffälligkeiten zeigt sich bei 90 % der Patienten mit akuter NMDAR-E ein definitiv entzündlicher Liquorbefund. Allerdings konnte gezeigt werden, dass dieser Anteil bei Patienten mit höherem Lebensalter geringer ausfällt. Ein unauffälliger Liquorbefund macht diese Diagnose somit nicht sehr wahrschein-

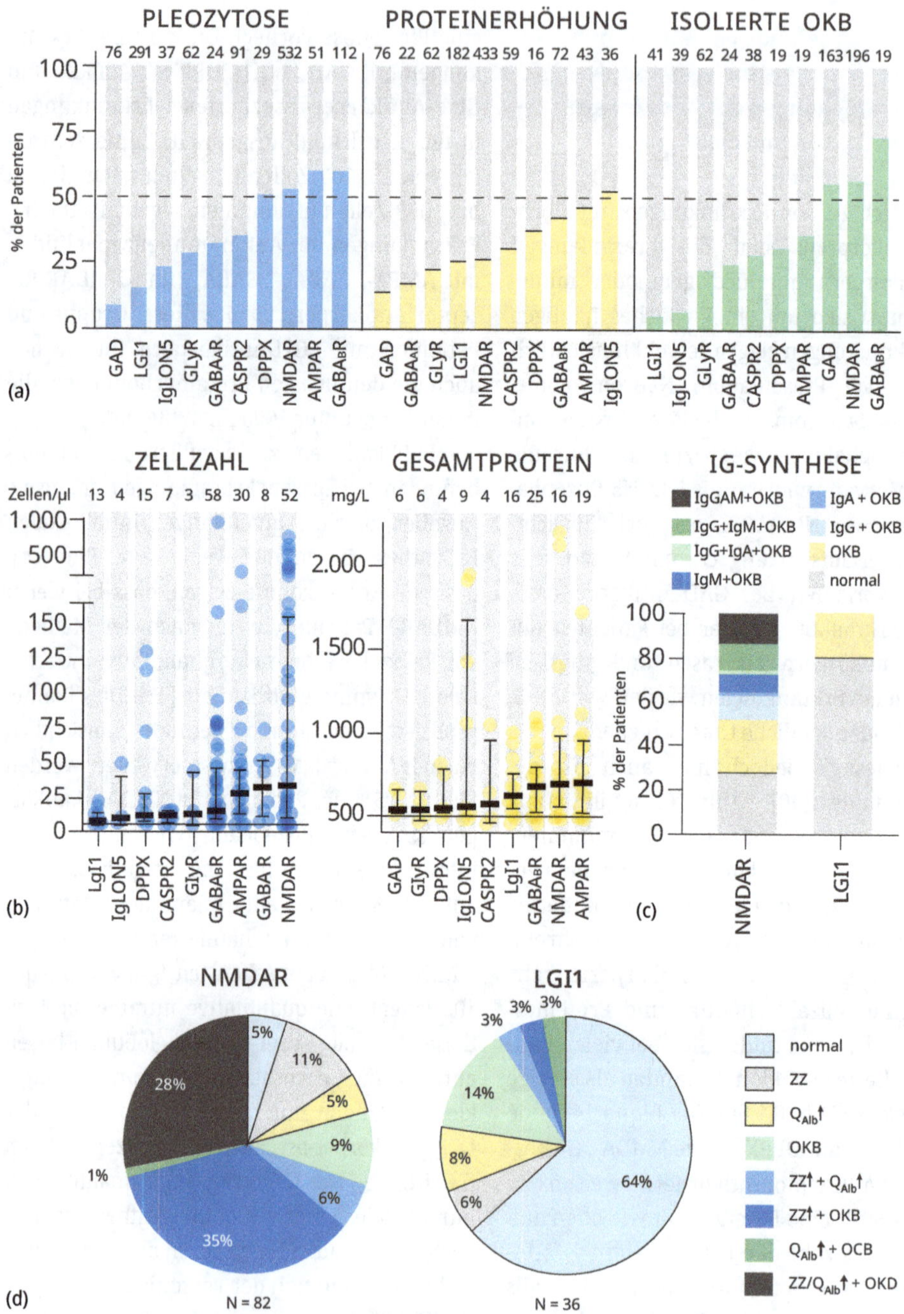

Abb. C.1.6: Typische Liquorbefunde bei Autoimmunenzephalitiden mit Antikörpern gegen neuronale Oberflächenantigene und Glutamatdecarboxylase-Antikörpern. (a): Häufigkeit einer Liquorpleozytose (linker Graph, violett), einer Gesamtproteinerhöhung (mittlerer Graph, beige) und isolierter oligoklonaler Banden im Liquor (OKB, grün) bei Autoimmunenzephalitis-Patienten mit Antikörpern gegen Glutamatdecarboxylase (GAD), LGI1, IgLON5, DPPX, CASPR2, sowie den Glyzinrezeptor (GlyR), $GABA_A$-Rezeptor ($GABA_AR$), $GABA_B$-Rezeptor ($GABA_BR$), NMDA-Rezeptor (NMDAR) und AMPA-Rezeptor (AMPAR). Die Anzahl der ausgewerteten Patienten ist über den Balken dargestellt.

lich, diese kann jedoch nicht ausgeschlossen werden. Dahingehend sind bei einer LGI1-E die Liquorbefunde in der Mehrzahl der Patienten nicht entzündlich. Hier kann die Liquordiagnostik nichts zur Erhärtung des Verdachtes einer Autoimmunenzephalitis beitragen.

In den aktuell vorgeschlagenen Diagnosekriterien für Autoimmunenzephalitiden unterstützt eine Liquorpleozytose den Verdacht auf eine Autoimmunenzephalitis [42]. Um eine NMDAR-E zu vermuten, fließen neben der klinischen Präsentation und dem EEG der Liquorbefund mit Zellzahl und oligoklonalen Banden ein. Für die Diagnose einer definitiven limbischen Enzephalitis autoimmunologischer Ätiologie zählt wiederum nur die Zellzahl. In der Realität sind die relevanten Hinweise auf eine entzündliche Ätiologie, wie oben ausgeführt, komplexer. So haben bei GAD-Antikörper-assoziierten Erkrankungen die OKB eine deutliche höhere diagnostische Wertigkeit. Auch bei anderen Antikörpern außer denen gegen den NMDAR-Rezeptor, insbesondere DPPX, AMPA- und $GABA_B$-Rezeptor kommen OKBs häufig vor und sollten bei der Differentialdiagnose berücksichtigt werden.

Literatur

[1] Graus F, Delattre JY, Antoine JC, et al. Recommended diagnostic criteria for paraneoplastic neurological syndromes. J Neurol Neurosurg Psychiatry. 2004;75:1135–1140.

[2] Graus F, Vogrig A, Muniz-Castrillo S, et al. Updated Diagnostic Criteria for Paraneoplastic Neurologic Syndromes. Neurol Neuroimmunol Neuroinflamm. 2021;8.

[3] Graus F, Arino H, Dalmau J. Paraneoplastic neurological syndromes in Hodgkin and non-Hodgkin lymphomas. Blood. 2014;123:3230–3238.

[4] Greene M, Lai Y, Baella N, Dalmau J, Lancaster E. Antibodies to Delta/Notch-like Epidermal Growth Factor-Related Receptor in Patients With Anti-Tr, Paraneoplastic Cerebellar Degeneration, and Hodgkin Lymphoma. JAMA Neurol. 2014;

[5] Dalmau J, Graus F. Antibody-Mediated Encephalitis. N Engl J Med. 2018;378:840–851.

[6] Saiz A, Blanco Y, Sabater L, et al. Spectrum of neurological syndromes associated with glutamic acid decarboxylase antibodies: diagnostic clues for this association. Brain. 2008;131:2553–2563.

[7] Dubey D, Hinson SR, Jolliffe EA, et al. Autoimmune GFAP astrocytopathy: Prospective evaluation of 90 patients in 1 year. J Neuroimmunol. 2018;321:157–163.

[8] Psimaras D, Carpentier AF, Rossi C. Cerebrospinal fluid study in paraneoplastic syndromes. J Neurol Neurosurg Psychiatry. 2010;81:42–45.

[9] Vernino S, Lennon VA. New Purkinje cell antibody (PCA-2): marker of lung cancer-related neurological autoimmunity. Ann Neurol. 2000;47:297–305.

[10] Gadoth A, Kryzer TJ, Fryer J, et al. Microtubule-associated protein 1B: Novel paraneoplastic biomarker. Ann Neurol. 2017;81:266–277.

[11] Mandel-Brehm C, Dubey D, Kryzer TJ, et al. Kelch-like Protein 11 Antibodies in Seminoma-Associated Paraneoplastic Encephalitis. N Engl J Med. 2019;381:47–54.

[12] Bataller L, Wade DF, Graus F, Stacey HD, Rosenfeld MR, Dalmau J. Antibodies to Zic4 in paraneoplastic neurologic disorders and small-cell lung cancer. Neurology. 2004;62:778–782.

Abb. C.1.6 (fortgesetzt)
(b): Die Liquorzellzahl (linker Graph) und das Gesamtprotein (rechter Graph) bei Patienten aus (a) bei denen die exakten Werte bei Vorliegen einen Pleozytose bzw. Liquorproteinerhöhung erhältlich waren. (c): Anteil der Patienten mit akuter Enzephalitis mit NMDAR- bzw. LGI1- Antikörpern (N = 82 bzw. N = 36) mit unterschiedlichem Ausmaß einer intrathekalen Immunglobulinsynthese (normal = keine, OKB = nur isolierte OKB, IgG + OKB = quantitative intrathekale IgG-Synthese und OKB, IgA + OKB = quantitative intrathekale IgA-Synthese und OK, IgM + OKB = quantitative intrathekale IgM-Synthese und OK, oder die jeweiligen Kombinationen, IgGAM = quantitative intrathekale Synthese aller Immunglobulinklassen. (d): Häufigkeit der Kombinationen aus Liquorpleozytose (ZZ↑), Erhöhung der Liquor/Serum-Albuminquotienten (Q_{Alb}↑) oder qualitativem Nachweis einer intrathekalen IgG-Synthese in Form von OKB. Modifiziert nach Ref. [40] (a/b) und Ref. [39] (c/d).

[13] Rauer S, Kaiser R. Demonstration of anti-HuD specific oligoclonal bands in the cerebrospinal fluid from patients with paraneoplastic neurological syndromes. Qualitative evidence of anti-HuD specific IgG-synthesis in the central nervous system. J Neuroimmunol. 2000;111:241–244.
[14] Schwenkenbecher P, Chacko LP, Wurster U, et al. Intrathecal synthesis of anti-Hu antibodies distinguishes patients with paraneoplastic peripheral neuropathy and encephalitis. BMC Neurol. 2016;16:136.
[15] Alamowitch S, Graus F, Uchuya M, et al. Limbic encephalitis and small cell lung cancer. Clinical and immunological features. Brain. 1997;120 (Pt 6):923–928.
[16] Stich O, Graus F, Rasiah C, Rauer S. Qualitative evidence of anti-Yo-specific intrathecal antibody synthesis in patients with paraneoplastic cerebellar degeneration. J Neuroimmunol. 2003;141:165–169.
[17] Schwenkenbecher P, Chacko L, Pul R, et al. Paraneoplastic cerebellar syndromes associated with antibodies against Purkinje cells. Int J Neurosci. 2017:1–8.
[18] McKeon A, Tracy JA, Pittock SJ, et al. Purkinje cell cytoplasmic autoantibody type 1 accompaniments: the cerebellum and beyond. Arch Neurol. 2011;68:1282–1289.
[19] Hammack JE, Kimmel DW, O'Neill BP, Lennon VA. Paraneoplastic cerebellar degeneration: a clinical comparison of patients with and without Purkinje cell cytoplasmic antibodies. Mayo Clin Proc. 1990;65:1423–1431.
[20] Peterson K, Rosenblum MK, Kotanides H, Posner JB. Paraneoplastic cerebellar degeneration. I. A clinical analysis of 55 anti-Yo antibody-positive patients. Neurology. 1992;42:1931–1937.
[21] Pittock SJ, Lucchinetti CF, Lennon VA. Anti-neuronal nuclear autoantibody type 2: paraneoplastic accompaniments. Ann Neurol. 2003;53:580–587.
[22] Luque FA, Furneaux HM, Ferziger R, et al. Anti-Ri: an antibody associated with paraneoplastic opsoclonus and breast cancer. Ann Neurol. 1991;29:241–251.
[23] Jarius S, Stich O, Rasiah C, Voltz R, Rauer S. Qualitative evidence of Ri specific IgG-synthesis in the cerebrospinal fluid from patients with paraneoplastic neurological syndromes. J Neurol Sci. 2008;268:65–68.
[24] Simard C, Vogrig A, Joubert B, et al. Clinical spectrum and diagnostic pitfalls of neurologic syndromes with Ri antibodies. Neurol Neuroimmunol Neuroinflamm. 2020;7.
[25] Honnorat J, Antoine JC, Derrington E, Aguera M, Belin MF. Antibodies to a subpopulation of glial cells and a 66 kDa developmental protein in patients with paraneoplastic neurological syndromes. J Neurol Neurosurg Psychiatry. 1996;61:270–278.
[26] Stich O, Rauer S. Antigen-specific oligoclonal bands in cerebrospinal fluid and serum from patients with anti-amphiphysin- and anti-CV2/CRMP5 associated paraneoplastic neurological syndromes. Eur J Neurol. 2007;14:650–653.
[27] Cross SA, Salomao DR, Parisi JE, et al. Paraneoplastic autoimmune optic neuritis with retinitis defined by CRMP-5-IgG. Ann Neurol. 2003;54:38–50.
[28] Dubey D, Lennon VA, Gadoth A, et al. Autoimmune CRMP5 neuropathy phenotype and outcome defined from 105 cases. Neurology. 2018;90:e103–e110.
[29] Feldman JL, Smith JC, Liu G. Respiratory pattern generation in mammals: in vitro en bloc analyses. Curr Opin Neurobiol. 1991;1:590–594.
[30] Ortega Suero G, Sola-Valls N, Escudero D, Saiz A, Graus F. Anti-Ma and anti-Ma2-associated paraneoplastic neurological syndromes. Neurologia (Engl Ed). 2018;33:18–27.
[31] Vogrig A, Joubert B, Maureille A, et al. Motor neuron involvement in anti-Ma2-associated paraneoplastic neurological syndrome. J Neurol. 2019;266:398–410.
[32] Folli F, Solimena M, Cofiell R, et al. Autoantibodies to a 128-kd synaptic protein in three women with the stiff-man syndrome and breast cancer. N Engl J Med. 1993;328:546–551.
[33] Dropcho EJ. Antiamphiphysin antibodies with small-cell lung carcinoma and paraneoplastic encephalomyelitis. Ann Neurol. 1996;39:659–667.
[34] Antoine JC, Absi L, Honnorat J, et al. Antiamphiphysin antibodies are associated with various paraneoplastic neurological syndromes and tumors. Arch Neurol. 1999;56:172–177.
[35] Pittock SJ, Lucchinetti CF, Parisi JE, et al. Amphiphysin autoimmunity: paraneoplastic accompaniments. Ann Neurol. 2005;58:96–107.
[36] Dubey D, Wilson MR, Clarkson B, et al. Expanded Clinical Phenotype, Oncological Associations, and Immunopathologic Insights of Paraneoplastic Kelch-like Protein-11 Encephalitis. JAMA Neurol. 2020;77:1420–1429.
[37] Reiber H, Lange P. Quantification of virus-specific antibodies in cerebrospinal fluid and serum: sensitive and specific detection of antibody synthesis in brain. Clin Chem. 1991;37:1153–1160.
[38] Jarius S, Eichhorn P, Jacobi C, et al. The intrathecal, polyspecific antiviral immune response: Specific

for MS or a general marker of CNS autoimmunity? J Neurol Sci. 2009;280:98–100.
[39] Durr M, Nissen G, Suhs KW, et al. CSF Findings in Acute NMDAR and LGI1 Antibody-Associated Autoimmune Encephalitis. Neurol Neuroimmunol Neuroinflamm. 2021;8.
[40] Blinder T, Lewerenz J. Cerebrospinal Fluid Findings in Patients With Autoimmune Encephalitis-A Systematic Analysis. Front Neurol. 2019;10:804.
[41] Wang R, Guan HZ, Ren HT, et al. CSF findings in patients with anti-N-methyl-D-aspartate receptor-encephalitis. Seizure. 2015;29:137–142.
[42] Graus F, Titulaer MJ, Balu R, et al. A clinical approach to diagnosis of autoimmune encephalitis. Lancet Neurol. 2016;15:391–404.

1.2 ZNS-Manifestationen bei systemischen Infektionen

Holger Schmidt, Uwe K. Zettl

1.2.1 ZNS-Beteiligung bei akuter bakterieller Endokarditis

Die Trias Fieber, Herzgeräusch und Schlaganfall bei der bakteriellen Endokarditis ist seit langer Zeit bekannt. Bis heute sind Schlaganfälle mit etwa 10 % die häufigsten neurologischen Komplikationen einer akuten bakteriellen Endokarditis geblieben. Ein Befall der Mitralklappe prädestiniert stärker für einen Schlaganfall als jener der Aortenklappe, wahrscheinlich, weil septische Thromben an der Mitralklappe größer als solche an der Aortenklappe sind.

Klinisch treten zudem Kopfschmerzen, fokale epileptische Anfälle und Wesensveränderungen auf, entweder isoliert oder in variabler Kombination.

Pathologisch liegen diesen Komplikationen der Endokarditis Meningitiden, septisch-metastatisch oder -embolisch bedingte Hirnabszesse, vaskulitisch oder thrombembolisch induzierte Ischämien oder mykotische Aneurysmen zu Grunde. Mykotische Aneurysmen wiederum können durch Ruptur zu subarachnoidalen oder intrakraniellen Blutungen führen. Die Summe neurologischer Komplikationen unter einer Endokarditis wird mit 20 bis 40 % angegeben. Dieser Anteil steigt aber, wenn systematisch diese Patienten im MRT, vor allem mit blutungssensitiven Sequenzen untersucht werden (60–80 %).

Staphylococcus aureus, Koagulase negative Staphylokokken und Enterokokken scheinen als Verursacher in ihrer Häufigkeit zuzunehmen, während *Streptococcus viridans* seltener gefunden wird.

In Abhängigkeit vom Pathomechanismus und der Akuität des Krankheitsbilds werden variable Liquorbefunde erhoben. „Eitrige Liquorbilder", also mit granulozytärer *Pleozytose*, deutlicher *Blut-Liquor Schrankenstörung*, erhöhtem *Laktat* werden ebenso gefunden wie Konstellationen, die eher bei einer viralen Meningitis zu erwarten wären, also mit lymphozytärer Pleozytose, nur geringer Störung der Blut-Liquor Schranke, normaler, gering oder gar nicht erhöhten Laktatwerten. Oft haben Patienten mit letzterem Liquorprofil einen subakuteren Verlauf als jene mit einem „eitrigen Liquor".

Durch die häufigen subarachnoidalen, aber auch intrakraniellen Einblutungen [4] wird auch ein „hämorrhagischer Liquor" beobachtet. In Abhängigkeit von Erreger und klinischer Symptomatik, werden bei ischämischen Komplikationen bis zu einem Drittel und bei symptomatischen epileptischen Anfällen im Rahmen einer bakteriellen Endokarditis meist normale Liquorbefunde erhoben. Wichtig ist, in den Fällen mit pathologischen Liquorkonstellationen einen transienten Grund, z. B. nach zerebraler Ischämie (**Kap. C.1.4.5.2**) oder nach epileptischem Anfall (**Kap. C.1.5.1**) von erregerbedingten Liquorveränderungen abzugrenzen. Im Einzelfall ist deshalb eine erneute Liquoranalyse im Verlauf notwendig.

Grundsätzlich sollte bei allen Patienten mit einer subakuten oder akuten bakteriellen Endokarditis, die eine ZNS-Symptomatik zeigen oder bei denen dies nicht komplett ausgeschlossen werden kann, eine Liquordiagnostik durchgeführt werden.

1.2.2 Septische Sinus- und Hirnvenenthrombose

Der Liquor cerebrospinalis ist in Abhängigkeit von der Pathogenese der septischen Sinus- und Hirnvenenthrombose im Sinne einer granulozytären *Pleozytose* mit *Blut-Liquor Schrankenstörung* und erhöhtem *Laktat* verändert. Das Ausmaß der pathologischen Veränderungen ist einerseits abhängig von der Lokalisation der septischen Sinusvenenthrombose und andererseits von hinzutretenden Komplikationen. So kann eine septische Thrombose des Sinus transversus auch mit einem normalen oder nur gering veränderten Liquorbefund einhergehen. Bei Durchwanderung des purulenten Prozesses mit konsekutiver bakterieller Meningitis kommt es dagegen zu deutlichen Entzündungszeichen mit granulozytärer Pleozytose. Obwohl eine septische Thrombose des Sinus cavernosus mit 15 % Erblindung und etwa 50 % Hirnnervenstörungen bei den Betroffenen ernsthafte Symptome hervorruft, geht das Krankheitsbild dennoch oft mit einem gering oder gar nicht veränderten Liquorbefund einher.

1.2.3 Septische Herdenzephalitis

Ursache der septischen Herdenzephalitis ist eine hämatogene Erregerverschleppung in das ZNS bei primär bakteriellem Befall anderer Organe und einer daraus folgenden Septikämie. Es werden zwei Krankheitsentitäten unterschieden, die septisch-embolische Herdenzephalitis und die septisch-metastatische Herdenzephalitis. Der septisch-embolischen Herdenzephalitis liegt nahezu immer eine bakterielle Endokarditis des linken Herzens zugrunde, während im Falle einer septisch-metastatischen Herdenzephalitis die primären Infektionsherde an beliebigen Stellen des Körpers liegen können. Selten können Krankheiten mit einem rechts-links Shunt vorliegen, die wie die Endokarditis zu einer septisch-embolischen Herdenzephalitis führen könnten (z. B. M. Osler).

Beide Formen der septischen Herdenzephalitis zeigen im Liquor cerebrospinalis in der Regel entzündliche Veränderungen, Normalbefunde sind im Einzelfall aber möglich. Bei der septisch-embolischen Herdenzephalitis wurden *Pleozytosen* mit sehr großer Spanne berichtet. Das *Zellbild* ist granulozytär oder bunt. Nach längerem Krankheitsverlauf überwiegen lymphomonozytäre Zellbilder. *Schrankenstörung* und *Laktaterhöhungen* sind die Regel. Eine intrathekale *Immunglobulin-Synthese* kann vorliegen.

Etwas abweichend davon entspricht der Liquorbefund im Rahmen einer septisch-metastatischen Enzephalitis mit der üblicherweise präsenten granulozytären Pleozytose und ausgeprägten Schrankenstörung eher jenem einer bakteriellen Meningitis. Nach der Initialphase mit granulozytärer Pleozytose finden sich später auch lymphozytäre Zellbilder, manchmal auch Plasmazellen und aktivierten B-Lymphozyten. Analog zur bakteriellen Meningitis sind intrathekale IgG- und IgA-Synthesen, seltener auch IgM-Synthesen möglich. Andere Autoren fanden hingegen keine signifikanten Unterschiede zwischen septisch-metastatischer und septisch-embolischer Herdenzephalitis.

1.2.4 Sepsis-Enzephalopathie, septische Enzephalopathie

Die Diagnose einer septischen Enzephalopathie darf gestellt werden, wenn eine Begleit-Enzephalitis oder Begleit-Meningitis ausgeschlossen wurde. Die Diagnose setzt also eine fehlende oder allenfalls gering ausgeprägte *Pleozytose* voraus. Klinisch allein lässt sich das Krankheitsbild, das vor allem qualitativ-delirante, aber auch quantitative Bewusstseinsstörungen hervorruft, nicht sicher von einer septisch-embolischen oder -metastatischen Enzephalitis abgrenzen. Die Störung wird mit einer hohen Häufigkeit von über 70 % bei septischen Patienten angetroffen. Ätiologisch spielt hier Interleukin-1 (IL-1) eine zentrale Rolle, das im Ratten-Hippocampus die Ausschüttung von Acetylcholin (ACh) behindert. Der Abbau des ACh wird zudem durch eine IL-1 induzierte Induktion der ACh-Esterase beschleunigt. Ob der zerebrale ACh-Mangel allerdings die zentrale Rolle in der Krankheitsentstehung hat, ist nicht sicher geklärt. Dagegen spricht z. B., dass die Gabe eines zentral wirksamen ACh-Esterase-Inhibitors bei deliranten Intensivpatienten zu einer vermehrten Sterblichkeit führte. Die Mechanismen, die dazu führen, dass Patienten mit septischer Enzephalopathie nicht selten kognitive Spätschäden erleiden, sind ebenfalls noch längst nicht komplett geklärt, es gibt aber gute neurochemische Anhaltspunkte, dass die meist zu beobachtende Schrankenfunktionsstörung eine Folge bakterieller Abbauprodukte ist. Dies wiederum erleichtert den Übertritt proinflammatorischer Zytokine in das ZNS. Die Endotoxin-Wirkung auf die Schrankenfunktion ist seit vielen Jahren aus Tierversuchen bekannt. In einer Autopsieserie von Patienten mit und ohne Sepsis konnte zudem bei 38 % der Sepsis-Patienten ein Fehlen einer Occludin-Expression nachgewiesen werden. Dies gilt als histopathologisches Zeichen einer ausgeprägten Schrankenstörung. Hohe Entzündungszeichen vor dem Versterben korrelierten in dieser Kohorte mit dem Auftreten des Occludin-Mangels. Weiterhin führt die Sepsis zu einer schwer gestörten Osmoregulation, da Vasopressin als Antwort auf osmotische Reize nur noch unzureichend ausgeschüttet wird. All die o. g. Prozesse münden in einer gestörten Gefäßregulation, die wiederum eine Hypoperfusion des Gehirns herbeiführt.

Im Tiermodell wurden als Sepsisfolge β-Amyloid- und pTau-Akkumulationen nachgewiesen, vermittelt über den „Receptor for advanced glycation end products (RAGE)". Dies würde die Langzeitfolgen erklären, wenn sich dieser Befund beim Menschen reproduzieren ließe.

Neurochemisch sind die Neurofilamente vielversprechende Messwerte sowohl für die Diagnose einer septischen Enzephalopathie als auch für deren Prognose. 12 Septische Patienten wiesen im Mittel (±STD) einen Neurofilament-H (pNfH) Wert von 561 ± 1697 ng/ml (im Normalkollektiv Grenzwert ≤ 940 ng/ml und einen Neurofilament-light (NfL) Wert von 21.891 ± 49.917 pg/ml im Liquor auf. Zum Vergleich: Die Werte für NfL lagen in einer gesunden Kohorte von 40 Probanden bei 449 ± 343 pg/ml, Spanne: 154–878 pg/ml im Liquor. Ein weiterer Liquor-Biomarker, der bei septischer Enzephalopathie signifikant erhöht vorgefunden wurde, ist das Amino-terminale Propeptid vom C-Typ-Natriuretischen Peptid (NT-pro-CNP). Andere klassische Abbauproteine, die sich im Liquor gut nachweisen lassen und deren Nachweis in Mitteleuropa flächendeckend möglich ist (S-100, NSE) oder gar deren Serum-Konzentrationen, scheinen weniger nützlich für die Diagnose einer Septischen Enzephalopathie zu sein.

Weiterführende Literatur

Anderson DJ, Goldstein LB, Wilkinson WE et al. Stroke location, characterization, severity, and outcome in mitral vs aortic valve endocarditis. Neurology. 2003;61(10):1341–1346.

Bogdanski R, Blobner M, Hänel F, Kochs E. Die septische Enzephalopathie. Anästhesiologie Intensivmedizin Notfallmedizin Schmerztherapie. 1999;34(3):123–130.

Cabell CH, Pond KK, Peterson GE, et al. The risk of stroke and death in patients with aortic and mitral valve endocarditis. American Heart Journal. 2001;142(1):75–80.

Cantier M, Mazighi M, Klein I, et al. Neurologic Complications of Infective Endocarditis: Recent Findings. Current Infectious Disease Reports. 2017;19(11).

Chirillo F, Cecchi E, Trinchero R, et al. Clinical presentation and outcome of infective endocarditis in italy: results from the italian registry of infective endocarditis (RIEI). Circulation. 2012.

Cunha B, Jimada I, Chawla K. Intracranial complications of acute bacterial endocarditis. Surgical Neurology International. 2018.

Czempik PF, Pluta MP, Krzych ŁJ. Sepsis-Associated Brain Dysfunction: A Review of Current Literature. International Journal of Environmental Research and Public Health. 2020;17(16):5852.

DiNubile MJ, Boom WH, Southwick FS. Septic Cortical Thrombophlebitis. Journal of Infectious Diseases. 1990;161(6):1216–1220.

Ehler J, Petzold A, Wittstock M, et al. The prognostic value of neurofilament levels in patients with sepsis-associated encephalopathy A prospective, pilot observational study. PLOS ONE. 2019;14(1):e0211184.

van Eijk MMJ, Roes KCB, Honing MLH, et al. Effect of rivastigmine as an adjunct to usual care with haloperidol on duration of delirium and mortality in critically ill patients: a multicentre, double-blind, placebo-controlled randomised trial. The Lancet. 2010;376(9755):1829–1837.

Erikson K, Tuominen H, Vakkala M, et al. Brain tight junction protein expression in sepsis in an autopsy series. Critical Care. 2020;24(1).

Gasparotto J, Girardi CS, Somensi N, et al. Receptor for advanced glycation end products mediates sepsis-triggered amyloid-$$ accumulation, Tau phosphorylation, and cognitive impairment. Journal of Biological Chemistry. 2017;293(1):226–244.

Li Y, Liu L, Kang J, et al. NeuronalGlial Interactions Mediated by Interleukin-1 Enhance Neuronal Acetylcholinesterase Activity and mRNA Expression. The Journal of Neuroscience. 2000;20(1):149–155.

Lindner A, Kappen K, Zierz S. Akute Enzephalopathie, Polyneuropathie und Myopathie des kritisch Kranken. Der Internist. 1998;39(5):485–492.

du Moulin GC, Paterson D, Hedley-Whyte J, Broitman SA. E. coli peritonitis and bacteremia cause increased blood-brain barrier permeability. Brain Research. 1985;340(2):261–268.

Osler W. The Gulstonian Lectures, on Malignant Endocarditis. BMJ. 1885;1(1263):522–526.

Peng L, Bi C, Xia D, Mao L, Qian H. Increased cerebrospinal fluid neurofilament light chain in central nervous system inflammatory demyelinating disease. Multiple Sclerosis and Related Disorders. 2019;30:123–128.

Petzold A, Shaw G. Comparison of two ELISA methods for measuring levels of the phosphorylated neurofilament heavy chain. Journal of Immunological Methods. 2007;319(1-2):34–40.

Piazza O, Cotena S, Robertis ED, Caranci F, Tufano R. Sepsis Associated Encephalopathy Studied by MRI and Cerebral Spinal Fluid S100B Measurement. Neurochemical Research. 2009;34(7):1289–1292.

Prange H, Bitsch A. Septische Herdenzephalitiden Pathogenese, Symptomatik, Diagnostik und Therapie'Bakterielle ZNS-Erkrankungen bei systemischen Infektionen. Steinkopff, pp. 65–82, 1998.

Prange HW. Die Septische Herdenzephalitis. Intensivmedizin und Notfallmedizin. 2006;43(2):85–93.

Pruitt AA. Neurologic Complications of Infective Endocarditis. Current Treatment Options in Neurology. 2013;15(4):465–476.

Rada P, Mark GP, Vitek MP, et al. Interleukin-1 decreases acetylcholine measured by microdialysis in the hippocampus of freely moving rats. Brain Research. 1991;550(2):287–290.

Rodriguez-Nunez A, Cid E, Rodrguez-Garca J, et al. Concentrations of Nucleotides, Nucleosides, Purine Bases, Oxypurines, Uric Acid, and Neuron-Specific Enolase in the Cerebrospinal Fluid of Children With Sepsis. Journal of Child Neurology. 2001;16(9):704–706.

Saller T, Wittstock M, Rommer PS, et al. Diagnostic value of NT-proCNP compared to NSE and S100B in cerebrospinal fluid and plasma of patients with sepsis-associated encephalopathy. Neuroscience Letters. 2019;692:167–173.

Schramm P, Klein K, Falkenberg L, et al. Impaired cerebrovascular autoregulation in patients with severe sepsis and sepsis-associated delirium. Critical Care. 2012;16(5):R181.

Siami S, Bailly-Salin J, Polito A, et al. Osmoregulation of vasopressin secretion is altered in the postacute phase of septic shock. Critical Care Medicine. 2010;38(10):1962–1969.

Slipczuk L, Codolosa JN, Davila CD, et al. Infective Endocarditis Epidemiology Over Five Decades: A Systematic Review. PLoS ONE. 2013;8(12):e82665.

Young GB. Neurologic Complications of Systemic Critical Illness. Neurologic Clinics. 1995;13(3):645–658.

1.3 Neoplastische Erkrankungen

Jan Lewerenz, Martin Bommer

Die Liquordiagnostik kann auch in der Diagnostik und Therapiekontrolle neoplastischer Erkrankungen, die das Nervensystem betreffen, eine relevante Rolle spielen. Um diesen Stellenwert systematisch zu beschreiben, ist es zunächst wichtig zu unterteilen, in welcher Weise das Nervensystem von Tumorerkrankungen betroffen werden kann.

Die aktuelle WHO-Klassifikation der Tumoren des zentralen Nervensystems (ZNS) [1] umfasst neben den hirneigenen Tumoren in engeren Sinne, also solche, die von Zellen des ZNS ausgehen, wie Gliome, neurale und glioneurale Tumoren, Ependymome, Tumore des Plexus choroideus, Medulloblastome und andere embryonale ZNS-Tumoren sowie Pinealistumore, auch solche, die sich von Zellen der im Liquorraum befindlichen Nervenwurzeln, also dem peripheren Nervensystem, ableiten lassen, wie Schwannome und Neurofibrome, bzw. von den Meningen, also Meningeome. Neben sehr seltenen anderen mesenchymalen und melanozytären Tumoren des ZNS werden aber auch die primären ZNS-Lymphome, histiozytäre und Keimzelltumoren des ZNS sowie Tumoren der Hypophyse zu den Tumoren des ZNS gezählt. Zuletzt werden auch die sekundäre Manifestation von Tumorerkrankungen der Peripherie, entweder als parenchymatöse oder als leptomeningeale Metastasierung den Tumoren des ZNS zugerechnet.

Für die Diagnostik der hirneigenen Tumoren im engeren Sinne, also die von Zellen innerhalb des ZNS ausgehen, spielt die Liquordiagnostik in den meisten Fällen hinter der bildgebenden Diagnostik und der histologischen Untersuchung bioptisch gewonnenen Gewebes nur eine äußerst untergeordnete Rolle und zwar dahingehend, dass eine differentialdiagnostisch entzündliche Erkrankung unwahrscheinlich gemacht werden soll, bevor eine Biopsie durchgeführt wird. Allerdings können die molekularpathologischen Untersuchungen in seltenen Einzelfällen, in denen aufgrund der Lage des vermeintlichen Tumors keine Biopsie erfolgen kann, eine wertvolle, weil therapierelevante Rolle spielen. Gleiches gilt bei multiplen metastasenverdächtigen Läsionen unter modernen gezielten Therapien, da hier die Molekularpathologie therapierelevante Mutationen nachweisen kann.

Die mit Abstand am häufigsten gestellte Frage an die Liquordiagnostik bei dem Verdacht auf eine Tumorerkrankung des ZNS ist jedoch, ob diese Tumorerkrankung sich durch eine Beteiligung des Leptomeningen manifestiert. Dies ist eine Situation, in der der Nachweis der Tumorzellen im Liquor, seltener anderen spezifisch auf einen Tumor zurückzuführender Liquorveränderungen, eine diagnostisch und in vielen Fällen auch therapeutisch relevante Rolle spielt. Deshalb sollen in diesem Kapitel vorwiegend die typischen Liquorbefunde bei leptomeningealer Tumorbeteiligung besprochen werden, gefolgt von dem Einsatz speziellerer Methoden, die bei dieser Fragestellung eingesetzt werden können. Zuletzt soll auf die zu erwartenden Ergebnisse molekularbiologischer Techniken eingegangen werden.

1.3.1 Meningeosis neoplastica

1.3.1.1 Mit Meningeosis neoplastica assoziierte Tumoren

Eine leptomeningeale Metastasierung kann zeitgleich oder isoliert zu einer parenchymatösen Metastasierung einer malignen Tumorerkrankung vorliegen. In der Regel werden maligne Zellen im Liquor bei Patienten mit bekannter Tumorerkrankung gefunden, wobei in bis zu 10 % der Nachweis unerwartet bei klinischer Manifestation einer leptomeningealen Metastasierung als Erstmanifestation einer Tumorerkrankung erfolgt [2]. Der Einfachheit halber wird hier auch die leptomeningeale Beteiligung bei primären ZNS-Lymphomen als leptomeningeale Metastasierung bezeichnet, ebenso wie die von anderen hirneigenen Tumoren.

Die leptomeningeale Metastasierung ist eine Folge davon, dass Tumorzellen den Subarachnoidalraum erreichen und entweder adhärent an den Leptomeningen oder frei im Liquor proliferieren können.

Sowohl bei soliden Tumoren als auch hämatologischen Neoplasien kann sich eine leptomeningeale Metastasierung entwickeln. Während bei soliden Tumoren von einer Meningeosis carcinomatosa gesprochen wird, werden bei den hämatologischen Neoplasien eine Meningeosis leukaemica bei Leukämien und eine Meningeosis lymphomatosa bei Lymphomen unterschieden, wobei der letzte Begriff auch auf Multiple Myelome angewendet wird.

Die Wahrscheinlichkeit einer leptomeningealen Metastasierung ist von der zugrundeliegenden Tumorentität abhängig. Allgemein gilt, dass hämatologische Neoplasien, allen voran aggressive B-Zell-lymphoproliferative Erkrankungen häufiger als solide Tumoren einen leptomeningealen Befall aufweisen und einen großen Anteil der tumorzellpositiven Befunde darstellen. Eine leptomeningealer Befall kommt bei 10 % der Patienten mit akuter lymphoblastischer Leukämie (ALL) vor, bei 5–10 % der Patienten mit akuter myeloischer Leukämie (AML), 20 % bei primären ZNS-Lymphomen oder okulären Lymphomen sowie bei bis zu 20 % bei bestimmten Subtypen der Non-Hodgkin-Lymphome [3]. Bei den soliden Tumoren dominieren Mammakarzinome, nicht-kleinzellige Bronchialkarzinome sowie Melanome [4]. Aufgrund effektiver zielgerichteter Therapien und der der damit einhergehenden längerfristigen systemischen Kontrolle ist die Häufigkeit einer leptomeningealen Metastasierung in den letzten Jahren bei diesen Erkrankungen angestiegen [5]. Es gibt Hinweise dafür, dass auch der Tumorsubtyp einer Tumorentität das Risiko einer leptomeningealen Metastasierung bestimmt. So scheinen triple-negative Mammakarzinome oder solche mit einem lobulären histologischen Subtyp eine höhere Wahrscheinlichkeit zu haben, in die Leptomeningen zu metastasieren [6]. Bei ALK-positiven sowie bei EGFR-mutierten nicht-kleinzelligen Lungenkarzinomen kommt eine leptomeningeale Metastasierung häufiger vor als bei nicht-kleinzelligen Lungenkarzinomen ohne spezifische Mutationen [7,8]. Allerdings kann der molekulare Phänotyp der leptomeningeal proliferierenden Zellen von dem systemisch vorhandenen Tumor differieren [9], was therapeutische Implikationen haben kann. Als ein Risikofaktor für eine leptomeningeale Metastasierung wurde die neurochirurgische Resektion von isolierten zerebellären Metastasen beschrieben, insbesondere, wenn diese nah am Liquorraum lagen bzw. die Resektion nicht en-bloc oder mit einem Ultraschallaspirator erfolgte [10,11].

Je nach Versorgungsstruktur und des Vorgehens anderer Fachabteilungen, Liquorproben dieser Patienten überhaupt einem dezidierten Liquorlabor zukommen zu lassen, kann sich die Zusammensetzung des Patientenguts mit Nachweis einer leptomeningealen Metastasierung im Liquor deutlich unterscheiden. So besteht die in diesem Kapitel zur Konkretisierung der zu erwartenden Befunde detaillierte beschriebene, monozentrische Kohorte aus 33 konsekutiven Patienten mit zytologisch nachgewiesener leptomeningealer Metastasierung über einen Zeitraum von 5 Jahren, deren Liquorbefunde exemplarisch dargestellt werden, aus 10 Patienten (30 %) mit hämatologischen Neoplasien sowie 23 (70 %) mit einem soliden Tumor. Bei den hämatologischen Neoplasien dominierten diffus-großzellige Lymphome (70 %), wobei eines ein primäres ZNS-Lymphom war. Jeweils ein Patient wies eine intrathekale Manifestation einer chronischen lymphatische Leukämie (B-CLL), eines Multiplen IgA-Myeloms sowie eines monomorphen epitheliotropen intestinalen T-Zell-Lymphoms (MEITL) auf. Bei den 23 Patienten mit soliden Tumoren hatten jeweils sechs ein Mammakarzinom oder ein nicht-kleinzelliges Bronchialkarzinom (26 %), drei hatten ein malignes Melanom (13 %), zwei ein Ösophaguskarzinom und jeweils ein Patient ein Hypopharynx-, Pankreas-, Urothel-, spinozelluläres sowie ein kleinzelliges Bronchialkarzinom. Ein Patient wies bei einem Riesenzell-Glioblastom Tumorzellen im Liquor auf.

1.3.1.2 „Neuro"-Biologie der leptomeningealen Metastasierung

Selten erreichen maligne Zellen die Meningen via Penetration bei dem Liquorraum nahem Befall. In der Mehrzahl der Fälle erreichen Tumorzellen den Liquorraum und damit die Leptomeningen über das Blut. Als eine mögliche Eintrittspforte wird der Plexus choroideus angesehen [12]. Tumorzelllinien, die in einem Tiermodell die Fähigkeit zur leptomeningealen Metastasierung akquiriert haben, zeigten in einer Untersuchung eine Hochregulation des Komplementfaktors C3 [13]. Diese Veränderung war mit der Besiedlung des Plexus choroideus assoziiert. Zudem deuteten die Daten darauf hin, dass eine Komplementfaktor C3-Expression die Eigenschaften des Plexus choroideus so verändert, dass das Wachstum begünstigende Mitogene, insbesondere Amphiregulin, vermehrt in den Liquor filtriert werden [13]. Eine unabhängige Untersuchung ergab Hinweise darauf, dass die Komplementkaskade im Liquor bei Patienten mit Meningeosis aktiviert ist [14].

Ein weiterer möglicher Signalweg, über den ein Übertritt von Tumorzellen über die Blut-Hirn-Schranke ermöglicht wird, scheint das Chemokin CXCL13 und sein Rezeptor CXCR5 zu sein. Bei Patienten mit Mammakarzinom und ZNS-Tumormanifestation sind die Blut-CXCL13-Spiegel höher als bei Patienten ohne zerebrale Metastasierung [15]. CXCL13 störte zudem die Integrität eines in vitro-Modells der Blut-Hirn-Schranke [15]. Dies könnte bedeuten, dass eine mit einem systemisches Tumorleiden assoziierte CXCL13-Synthese die Migration von Tumorzellen über die Blut-Hirn-Schranke begünstigt. Zusätzlich wird bei Patienten mit leptomeningealer Metastasierung häufig eine Migration und Aktivierung weiterer Immunzellen im Liquor beobachtet. Diese scheinen bestimmte Eigenschaften aufzuweisen [16]. So sind Monozyten und Makrophagen häufiger im Liquor bei Meningeosis anzutreffen als bei Liquores von Vergleichspersonen. Die Makrophagen sind eher zum M2-Typ polarisiert. Diese, als auch vermehrte regulatorische T-Zellen weisen auf ein immunsuppressives Mikromilieu hin, das ein Überleben der Tumorzellen begünstigen könnte. Ferner fanden sich anhand von Einzelzellexpressionsdaten Hinweise dafür, dass Liganden/Rezeptor-Signalübertragung zwischen den Tumorzellen und Makrophagen eine besondere Rolle spielt. Hierzu könnte die Freisetzung der Zytokine Interleukin-6 (IL-6), IL-8 und IL-1β gehören, die im Liquor von Patienten mit leptomeningealer Metastasierung erhöht gefunden wurden und in den Tumorzellen im Liquor eine Hochregulation von Lipocalin-2 induzieren, das wiederum sicherstellt, dass die Tumorzellen genügend Eisen für die Proliferation aufnehmen können [17].

1.3.1.3 Klinisches Bild einer Meningeosis neoplastica

Die Proliferation der malignen Zellen in den Leptomeningen kann sich klinisch auf sehr unterschiedliche Weise äußern. Zum einen können die Patienten sich mit Symptomen und Zeichen einer leptomeningealen Reizung bzw. eines Liquoraufstaus, Kopfschmerzen, Übelkeit und Meningismuszeichen, sowie Bewusstseinsstörungen präsentieren. Auch können epileptische Anfälle und passagere fokal-neurologische Ausfälle in deren Folge auftreten. Der leptomeningeale Tumorbefall kann jedoch auch Nervenwurzeln ummauern oder invadieren und somit Hirnnerven-, oder wenn der Schwerpunkt spinal liegt, bzw. radikuläre Reiz- und Ausfallssyndrome verursachen.

Bei Präsentation mit Kopfschmerzen, epileptischen Anfällen und Bewusstseinsstörungen kommen als initiale klinische Differentialdiagnosen der leptomeningealen Metastasierung erregerbedingte Meningitiden bzw. Meningoenzephalitiden in Betracht. In der Mehrzahl der Patienten mit leptomeningealer Metastasierung bei soliden Tumoren bestehen bei Diagnose Symptome durch eine supratentorielle Affektion bedingte Symptome, während zu einen Drittel Symptome durch Befall der hinteren Schädelgrube und nur ungefähr bei jedem zehnten Patienten spinale oder radikuläre Symptome auftreten. Bei hämatologischen Grunderkrankungen sind Symptome durch Beteiligung der der hinteren Schädelgrube und der spinalen Leptomeningen häufiger zu erwarten [18].

Da eine leptomeningeale Metastasierung in der Regel bei bereits bekannten Krebserkrankungen auftritt, stellen paraneoplastische neurologische Syndrome in Form von Enzephalitiden und Radikulitiden eine weitere wichtige Gruppe von Erkrankungen dar, die differentialdiagnostisch abgegrenzt werden sollten. Bildgebend können die Befunde z. B. einer basalen Meningitis aufgrund erregerbedingter als auch immunmediierter granulomatöser Erkrankungen ähneln.

Zur Klärung dieser diagnostischen Fragestellungen ist die Liquordiagnostik inklusive der Testung auf Erreger und antineuronale Antikörper von herausragender Bedeutung. Auf die hierzu notwendigen Methoden und typischen Befunde sei auf die entsprechenden Kapitel verwiesen.

1.3.1.4 Diagnose einer Meningeosis neoplastica

Goldstandard für die Diagnose einer leptomeningealen Metastasierung ist der zytologische oder histologische Nachweis von Tumorzellen in Liquor oder bioptischem Material. Dieses Ziel wird nicht bei allen Fällen erreicht, da die Tumorzellen in einigen Fällen vornehmlich adhärent wachsen können. Eine bioptische Sicherung wird aufgrund ihrer Invasivität selten durchgeführt. Neurochemische (**Kap. B.3.5, C.1.3.3.2–3**) oder molekularpathologische (**Kap. B.5, C.1.3.3.4**) Untersuchungen des Liquors können den zytologischen Nachweis von Tumorzellen nicht vollständig ersetzen, jedoch zusätzliche Information ergeben, die die Diagnose einer leptomeningealen Metastasierung bei passender Klinik hoch wahrscheinlich machen.

Die jedoch am häufigsten durchgeführte Untersuchung, die relevante Informationen zusätzlich zum zytologischen Tumornachweis ergibt, ist das MRT. Als typische Befunde zeigen sich hier noduläre kontrastmittelaufnehmende Läsionen im Bereich der kranialen und/oder spinalen Meningen, an den Nervenwurzeln und Ventrikelwänden, flächige leptomeningeale Kontrastmittelaufnahmen sowie eine Kontrastmittelaufnahme der kranialen oder spinalen Nervenwurzeln. Diese Auffälligkeiten können mit dem bildgebenden Nachweis einer Liquorabflussstörung assoziiert sein [19]. Für den Nachweis dieser Veränderungen werden 3D-T1-gewichtete Bilder oder 2D-FLAIR-MRTs nach Kontrastmittelgabe [20] verwendet.

Bei soliden Tumoren werden bei ungefähr 80 % aller Patienten mit meningealer Tumoraussaat entsprechende Befunde im MRT erhoben [18,21,22], während dies nur bei weniger als der Hälfte aller Patienten mit hämatologischen Neoplasien gelingt [21,22]. Dahingegen lässt sich bei soliden Tumoren bei ca. 80 %, bei hämatologischen Tumoren mit > 95 % deutlich häufiger, eine meningeale Aussaat zytologisch bestätigen [21,22]. Durch bis zu drei Liquorpunktion kann die Sensitivität des zytologischen Nachweises von Tumorzellen bei soliden Tumoren gesteigert werden [22,23].

In der Praxis wird häufig die Lumbalpunktion auf einen Zeitpunkt nach Durchführung des MRTs mit Kontrastmittel verschoben, da befürchtet wird, dass sich postpunktionell artifizielle leptomeningeale Anreicherung zeigen, die somit Anwendung der MRT-Diagnostik als Untersuchungsmodalität, um eine leptomeningeale Tumoraussaat wahrscheinlich oder unwahrscheinlich zu machen, verunmöglichen. Gegen diese weit verbreitete Auffassung spricht der Befund, dass die artifizielle leptomeningeale Kontrastmittelanreicherung nach Lumbalpunktion mit ca. 1 % eine Rarität darstellt [24].

Zusammenfassend kann bei soliden Tumoren erwartet werden, dass bei ca. jedem fünften Patienten die Diagnostik hinsichtlich einer leptomeningealen Metastasierung entweder zytologisch oder MR-tomographisch negativ bleibt, während bei hämatologischen Neoplasien der direkte Nachweis der Tumorzellen im Liquor deutlich im Vordergrund steht. Bis zu drei Lumbalpunktionen bei klinischem Verdacht auf eine leptomeningeale Metastasierung erscheinen gerechtfertigt. Andererseits ergeben sich wenige Argumente, sollte sich nicht zeitnah eine MRT durchführen lassen, die Lumbalpunktion auf einen Zeitpunkt nach der MRT-Bildgebung zu verschieben. In diesen Fällen kann die Untersuchung des Liquors mittels neurochemischer und/oder molekularpathologischer Methoden zeitnah wertvolle Zusatzinformationen liefern. Zur Abschätzung der Wahrscheinlichkeit des Vorliegens einer leptomeningealen Metastasierung bei hierzu passender klinischer Präsentation ist jedoch auch die Kenntnis der typischen Liquorbefunde bei dieser Erkrankung über die Anwesenheit von Tumorzellen hinaus von essenzieller Bedeutung.

1.3.2 Detaillierte Liquorbefunde bei Meningeosis neoplastica

Zentraler Befund bei der leptomeningealen Metastasierung ist der zytologische Nachweis von Tumorzellen. Hier werden die allgemeinen Malignitätskriterien angewendet (siehe **Kapitel B.2.1.6.1**). Es konnte gezeigt werden, dass ein ausreichendes Volumen (> 7 ml) sowie eine rasche Verarbeitung der Proben (< 30 Minuten) ein falsch-negatives Ergebnis unwahrscheinlicher macht [25]. Dies ist beim Verdacht auf eine leptomeningeale Metastasierung von dem die Lumbalpunktion durchführenden Arzt als auch dem Labor zu berücksichtigen.

Der typische integrierte Liquorbefund (**Kap. A.8**) bei einer leptomeningealen Metastasierung zeichnet sich jedoch nicht nur durch das Vorhandensein maligner Zellen in der konventionellen Zytologie oder entsprechenden immunzytologischen Untersuchungen aus. In großen Serien aus vorwiegend soliden Tumoren mit leptomeningealer Metastasierung wurde in der Hälfte bis zwei Drittel der Liquorproben eine Pleozytose gefunden [18,22,23,26], wobei die Zellzählung nicht verlässlich zwischen Entzündungszellen und Tumorzellen unterscheiden kann. Folgende Gründe können hier herangezogen werden: Zunächst führt, wie auch bei metastatischen Absiedlungen in anderen Geweben, die Anwesenheit von Tumorzellen zur Invasion von Entzündungszellen. Diese kann je nach Tumorentität und individuell sehr unterschiedliche Ausmaße annehmen. In der ausführlich dargestellten monozentrischen Kohorte war dies indes bei allen Patienten bis auf einem Patienten mit Melanom der Fall.

Bei jedem zehnten Patienten mit Meningeosis werden Zellzahlen > 100/µl gefunden, auch Zellzahlen > 500/µl kommen vor [26]. Dies war in der dargestellten monozentrischen Kohorte häufiger bei Patienten mit hämatologischen Neoplasien der Fall, die insgesamt auch etwas höhere Zellzahlen aufwiesen (Abb. C.1.7a). Bei über 90 % bei Patienten mit Pleozytose und ca. 75 % mit normaler Zellzahl dominieren Lymphozyten, nicht Tumorzellen das Zellbild [26]. Die unterschiedlichen vorkommenden Verhältnisse von Tumorzellen zu Entzündungszellen sind in Abb. C.1.8 und C.1.9 beispielhaft illustriert. Wie auch beschrieben [27], ist das Verhältnis von Tumorzellen zu Entzündungszellen bei soliden Tumoren kleiner als bei hämatologischen Tumoren [27]. Lymphozyten sind die am häufigsten zusätzlich zu Tumorzellen in der Differenzialzytologie zu findenden Zellen, gefolgt Monozyten und neutrophilen Granulozyten [26,28]. Lymphozyten und Granulozyten werden häufiger bei Liquorproben mit einer Pleozytose gefunden als bei solchen mit normaler Zellzahl [26]. Sehr selten (1–2 %) dominieren neutrophile Granulozyten das Zellbild [26] (Abb. C.1.8f). In der Regel stellen Lymphozyten den größten Anteil an Leukozyten assoziiert mit einer leptomeningealen Metastasierung, sowohl bei hämatologischen als auch soliden Tumoren, dar [27,29]. Es gilt zu berücksichtigen, dass bei Erkrankungen mit leukämischer Ausschwemmung ins Blut – wie beispielsweise bei B-CLL mit extrem hohen Zellzahlen im Blut – der Anteil der im Liquor auftretenden malignen Zellen falsch zu hoch sein kann. In diesen Fällen können lediglich entzündlich bedingte Übertritte der malignen Zellen in den Liquorraum stattfinden [30]. Bei Patienten mit leptomeningealer Metastasierung solider Tumoren, aber nicht bei hämatologischen Tumoren, wird häufig ein höherer Anteil an Monozyten, z. T. bis 40 %, im assoziierten entzündlichen Infiltrat gefunden [27,29] (Abb. C.1.8e). Bei Patienten, bei denen klinisch der Verdacht auf eine leptomeningeale Metastasierung eines soliden Tumors bestand, bei denen jedoch keine Tumorzellen zytologisch zu diagnostizieren waren, zeigten sich in einigen Fällen eine ähnliche Verschiebung, so dass diese Verschiebung suggestiv für eine leptomeningeale Metastasierung gewertet werden könnte [29]. Mehr als 1 % Granulozyten finden sich bei ca. der Hälfte aller Patienten mit leptomeningealer Metastasierung bei soliden Tumoren [27]. Basophile und eosinophile Granulozyten, sowie Plasmazellen und Makrophagen finden sich in 1–2 % der Liquorzytologien bei leptomeningealer Metastasierung und Nachweis von Tumorzellen [28]. Unklarheit herrscht über die Häufigkeit aktivierter Lymphozyten bei leptomeningealer Metastasierung, obwohl dies in Einzelfällen berichtet wurde [31]. Wir sehen bei Patienten mit leptomeningealer Metastasierung häufig aktivierte Lymphozyten (Abb. C.1.8d), eine Beobachtung, die durch ein überzufällige Häufigkeit oligoklonalen IgG isoliert im Liquor und erhöhter CXCL13-Werte gestützt wird (siehe unten).

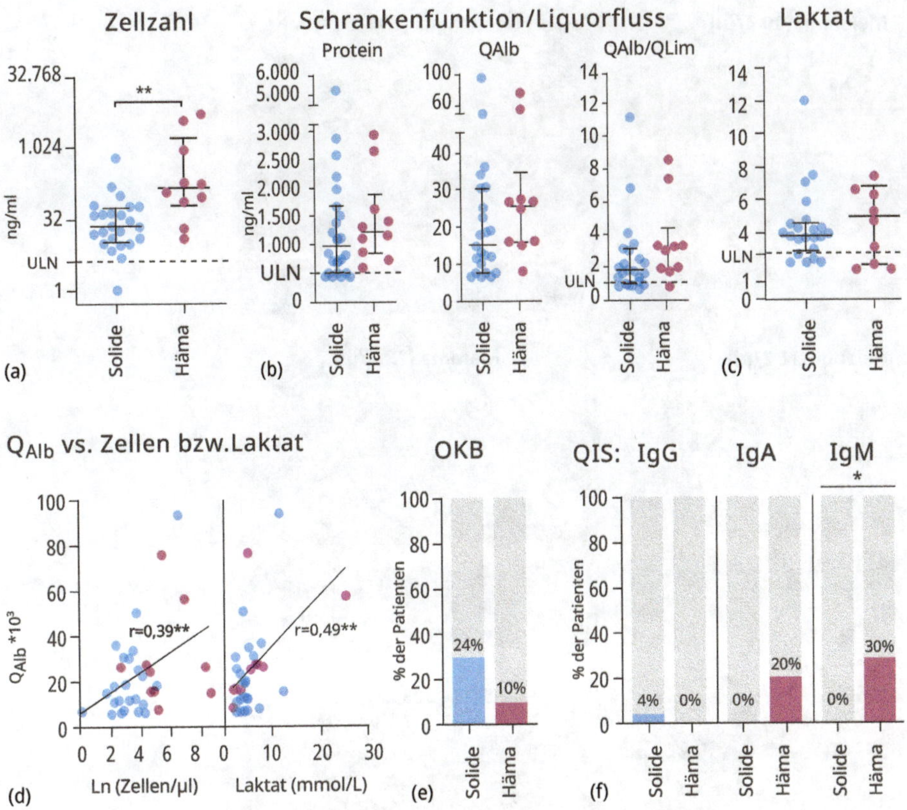

Abb. C.1.7: Typische Liquorbefunde bei leptomeningealer Metastasierung bei soliden und hämatologischen Tumoren am Beispiel von 34 konsekutiven Patienten mit zytologischem oder durchflusszytometrischem Nachweis maligner Zellen im Liquor. Dargestellt ist die Liquorzellzahl (a), Parameter der Schrankenfunktion bzw. des Liquorflusses (Protein = Gesamtprotein, Q_{Alb} = Liquor/Serum-Albuminquotient, Q_{Alb}/Q_{lim} = alterskorrigierter Liquor/Serum-Albuminquotient, b), Laktat (c), der Zusammenhang von Q_{Alb} und Zellzahl (mit natürlichem Logarithmus transformiert) bzw. Laktat (d), die Häufigkeit isolierten oligoklonaler Banden (OKB) im Liquor (e), sowie das Vorkommen einer quantitativen intrathekalen Synthese (QIS) von IgG, IgA und IgM) von Patienten mit einer leptomeningealen Metastasierung bei soliden Tumoren (N = 24) bzw. hämatologischen Neoplasien (N = 10). (a)–(e): Werte von Patienten mit soliden Tumoren sind blau, von Patienten mit hämatologischen Tumoren rot markiert. (e)/(f): Der jeweilig prozentuale Anteil mit positiven Befunden der Patienten ist farblich markiert (solide Tumoren: blau, hämatologische Tumoren: rot). Der Median und der Interquartilsabstand sind angegeben. Der statistische Vergleich erfolgte mittels Mann-Whitney U Test (a–d) oder Fishers exaktem Test.

In mehreren Serien von Patienten mit leptomeningealer Metastasierung zeigte sich das Gesamtprotein in zwei Drittel bis mehr als drei Viertel der Patienten erhöht [23,26,32,33]. In unserer Kohorte war dies bei allen Patienten mit hämatologischen Neoplasien und 70 % der Patienten mit soliden Tumoren der Fall (Abb. C.1.7b). Gesamtprotein-Konzentrationen > 1000 mg/L sind nicht ungewöhnlich, in unserer Kohorte bei knapp der Hälfte aller Patienten mit soliden Tumoren und 70 % bei hämatologischen Neoplasien; selbst Werte > 10.000 mg/L kommen vor [26]. Auch der Liquor/Serum-Albuminquotient als verlässlicherer Parameter für Störungen der Schrankenfunktion bzw. des Liquorfluss wurde in einer Studie in mehr als zwei Drittel der Fälle gegenüber dem alterskorrigierten

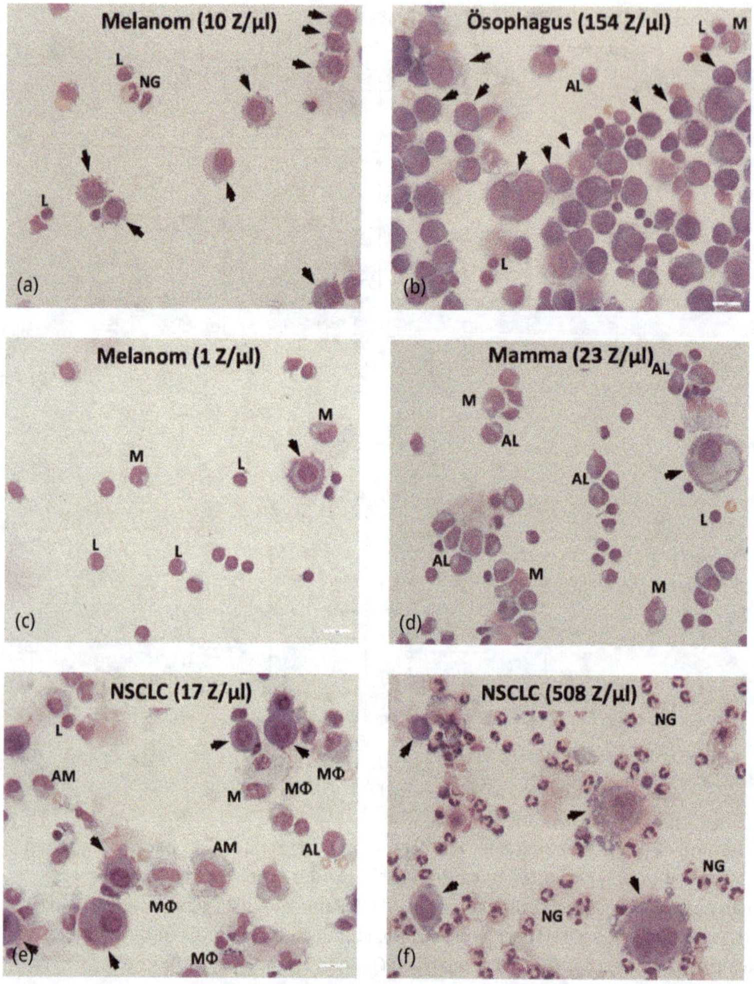

Abb. C.1.8: Unterschiedliche Zellbilder bei Meningeosis bei soliden Tumoren. Die jeweilige Tumorart (Ösophagus = Ösophaguskarzinom, Mamma = Mammakarzinom, NSCLC = Nicht-kleinzelliges Bronchialkarzinom) und Liquorzellzahl (Z/µl) ist angeben. Neben den malignen Zellen (Pfeile) sich unterschiedlich zusammengesetzte und prozentual ausgeprägte Beimengungen an Entzündungszellen. Tumorzellen können dominieren (a)/(b) oder umgekehrt (c)–(f). Die Entzündungszellen können weitgehend areaktiv erscheinen (Lymphozyten = L, neutrophile Granulozyten = NG, Monozyten = M, A-C), oder aktivierte Lymphozyten (AL) (d), aktivierte Monozyten (AM) und Makrophagen (MF) (e) oder neutrophile Granulozyten dominieren (f).

Grenzwert [34] erhöht gefunden [26]. Hier muss einschränkend beachtet werden, dass auch bei bis zu 10 % bei Gesunden leichte Erhöhungen des alterskorrigierten Liquor/Serum-Albuminquotienten gefunden werden [35]. In der hier detailliert beschriebenen Kohorte war der alterskorrigierte Liquor/Serum-Albuminquotient in fast drei Viertel der Fälle mit soliden Tumoren und 90 % der hämatologischen Neoplasien erhöht. Deutlich pathologische Werte mehr als zweifach über dem altersabhängigen Grenzwert fanden sich in noch in über 40 % der Patienten mit soliden Tumoren und 60 % der Patienten mit hämatologischen Neoplasien.

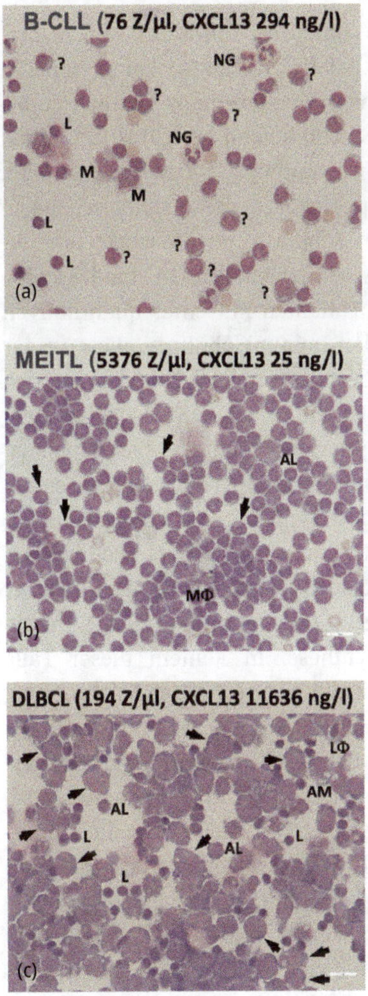

Abb. C.1.9: Exemplarische unterschiedliche Zellbilder bei Meningeosis lymphomatosa. Die jeweils zugrundeliegende hämatologische Neoplasie ist angegeben (B-CLL = Chronisch-lymphatische Leukämie, MEITL = Monomorphes epitheliotropes intestinales T-Zell-Lymphom, DLBCL = Diffus-großzelliges B-Zell-Lymphom). Die Tumorzellen sind exemplarisch mit Pfeilen gekennzeichnet. Die Zellen der B-CLL (?) noch weniger als des MEITL lassen sich nicht eindeutig als neoplastisch klassifizieren und erscheinen als monomorphe lymphozytäre Zellen mit etwas aufgelockertem Zellkern, beim MEITL z. T. gekerbt, und etwas verbreitertem Zytoplasmasaum. Bei der B-CLL zeigen sich in diesem Falle zusätzlich weitere, nicht-neoplastische Entzündungszellen (NG = neutrophile Granulozyten, L = Lymphozyten, M = Monozyten), beim MEITL in diesem Falle eine Makrophage (M) und ein

Die naheliegende Erklärung für häufige und oft auch ausgeprägte Erhöhung des Gesamtproteins bzw. Liquor/Serum-Albuminquotienten ist, dass die Proliferation der malignen Zellen, ggf. zusätzlich die mit diesen assoziierten Entzündungszellen, zu einer Widerstanderhöhung in den Liquorabflusswegen und damit zu einer Liquorflussverlangsamung führt [34]. Passend hierzu zeigt sich bildgebend bei insgesamt einem Drittel der Patienten mit leptomeningealer Metastasierung eine eindeutige Erweiterung der Ventrikel in Sinne eines Hydrozephalus [23]. Die Messung des Liquoreröffnungsdrucks ergibt sogar bei bis zu 50 % der Patienten erhöhte Werte [18,23].

Bei einem Drittel bis der knapp der Hälfte aller Patienten mit leptomeningealer Metastasierung findet sich in größeren Kohorten eine intrathekale IgG-Synthese in Form oligoklonaler Banden isoliert im Liquor [22,36,37]. Dieser Anteil unterscheidet sich nicht deutlich in größeren Kohorten mit soliden im Vergleich zu hämatologischen Neoplasien [22,36,37]. Das ist deutlich häufiger als isoliertes oligoklonales IgG im Liquor bei Gesunden gefunden wird (ca. 5 %) [35]. In einer kleinen Kohorte von Patienten mit Burkitt-Lymphomen, einem Tumor der ausschließlich IgM produziert [38], wurde in 12 von 13 Fällen oligoklonales IgG im Liquor gefunden. Post-mortem zeigten sich bei diesen Patienten perivaskuläre und leptomeningeale Tumoranteile infiltrierende IgG-produzierende Plasma- und B-Zellen [37].

Abb. C.1.9 (fortgesetzt)
aktivierter Lymphozyt (AL), beim DLBCL Lymphozyten, aktivierte Lymphozyten, aktivierte Makrophagen und ein Leukophag (Lϕ). Die Liquorzellzahl (Z/µl) ist jeweils angegeben, sowie das CXCL13, um zu illustrieren, dass eine CXCL13-Erhöhung vom Typ der hämatologischen Neoplasie anhängen kann.

Es kann davon ausgegangen werden, dass die intrathekale Immunreaktion oder Zytokinproduktion durch den Tumor selbst, zur Migration, Proliferation und Ausdifferenzierung von B-Zellen aus der Zirkulation führt. Ähnliches wird auch systemisch bei diffus-großzelligen Lymphomen beobachtet, bei sich bei einem Teil der Patienten eine polyklonale Immunglobulinsynthese im Serum beobachten lässt [39]. In der hier detailliert dargestellten Kohorte zeigten sich in 30 % der Fälle mit soliden Tumoren isolierte OKBs im Liquor, jedoch nur bei einem der Patienten mit hämatologischer Neoplasie (Abb. C.1.7e).

Selten findet sich ein monoklonales IgG in der isoelektrischen Fokussierung im Liquor [40], das dann aller Wahrscheinlichkeit direkt von den neoplastischen B- bzw. Plasmazellen produziert wird. Eine intrathekale Manifestation eines Multiplen Myeloms ist jedoch im Vergleich zu einer leptomeningealen Ausbreitung maligner B-Zell-Erkrankungen in Sinne von Lymphomen oder Leukämien eine Rarität, obwohl in diesen seltenen Fällen die intrathekale Synthese des entsprechenden monoklonalen Immunoglobulins diagnostisch sein kann [41]. Jedoch produzieren nicht nur die neoplastische Plasmazellen bei Multiplen Myelomen monoklonale Immunglobuline, sondern auch die neoplastischen B-Zellen bei ca. 10 % der Patienten mit B-CLL, 60 % der Patienten mit lymphoplasmozytischen Lymphomen und ca. 15 % der Patienten mit diffus-großzelligen B-Zell-Lymphomen [42]. Während bei lymphoplasmozytischen Lymphomen die Produktion IgM klar vor IgA und IgG dominiert, scheint bei aggressiven Lymphomen ein IgG-Paraprotein etwas häufiger vorzukommen [42]. Der Nachweis eines monoklonalen IgM wurde bei lymphoplasmozytischem Lymphom mit ZNS-Manifestation wiederholt berichtet [43,44]. Entsprechend kann postuliert werden, dass ein intrathekales Wachstum dieser Lymphomzellen auch zu einer quantitativen intrathekalen Immunglobulinsynthese entsprechend der Reiber-Diagramme kommen kann. In der Tat wurden einzelne Patienten mit primären-ZNS-Lymphomen berichtet, bei denen sich eine quantitative IgM- bzw. IgA-Synthese, entweder passend zu der histologisch nachgewiesenen Subklasse oder nachgewiesenermaßen als monoklonales IgA fand [45,46]. Unter den Patienten mit einer quantitativen intrathekalen Immunglobulinsynthese in der hier detailliert dargestellten Kohorte fand sich bei zwei Patienten mit diffus-großzelligem B-Zell-Lymphom mit Meningeosis lymphomatosa eine quantitative IgM-Synthese, bei einem begleitet von einer intrathekalen IgA-Synthese (Abb. C.1.7f). Ein Patient mit IgA-produzierendem Multiplen Myelom und leptomeningealer Beteiligung zeigte eine quantitative intrathekale IgA-Synthese. In keinem dieser Fälle zeigte sich in der isoelektrischen Fokussierung begleitend ein oligoklonales IgG im Liquor. Die Koexistenz einer IgA- mit einer IgM-Synthese bei dem einen Lymphom-Patienten illustriert, dass die Immunstimulation durch die Tumorzellen auch neben oligoklonalem IgG auch zu einer quantitativ relevanten, intrathekalen, a. e. reaktiven und damit oligoklonalen Immunglobulinsynthese einer anderen Subklasse als IgG führen kann. Dies zeigt sich z. B. auch bei einem Patienten in der dargestellten Kohorte mit Meningeosis carcinomatosa bei einem nicht-kleinzelligen Bronchialkarzinom, bei dem gleichzeitig zum oligoklonalem IgG im Liquor eine quantitative intrathekale IgG-Synthese vorlag. Auch sind quantitativ relevante IgM-Synthesen sind bei leptomeningealer Metastasierung solider Tumoren in Einzelfällen berichtet worden [47].

Eine erhöhte Zellzahl, entzündliche Aktivierung sowie der bei Tumorzellen bekannte Warburg-Effekt sollten bei Patienten mit leptomeningealer Metastasierung im Liquor zu einem vermehrte Glukoseverbrauch und vermehrter Laktatproduktion führen. Allerdings wurde nur bei etwas weniger als einem Drittel aller Patienten mit Meningeosis eine erniedrigte Liquorglukose beschrieben [18,23,28]. Das Laktat ist dagegen häufig, d. h. bei ca. zwei Dritteln der Liquorproben, erhöht [26], in unserer Kohorte bei mehr als drei Viertel (siehe Abb. C.1.7). Typisch bei der Meningeosis carcinomatosa und lymphomatosa sind Laktatkonzentrationen 1,5- bis 2-fach über dem obersten Normalwert, häufig auch über 3,5 mmol/L [48]. Der Cut-off von 3,5 mmol/L ist ein Wert, der allgemein zur Abgrenzung bakterieller von viralen Meningitiden angewendet wird (vgl. **Kap. A.8**), so dass in diesen Fällen bakterielle Infektionen eine Differentialdiagnose darstellen. Zweistellige Laktatkonzentrationen im Liquor, wie sie nicht selten bei bakteriellen Meningitiden gefunden werden, sind bei jedoch leptomeningealer Metastasierung die Ausnahme (siehe Abb. C.1.7c).

Zusammenfassend gehen die zu erwartenden Auffälligkeiten des Routineliquorbefundes bei Patienten mit leptomeningealer Metastasierung weit über den isolierten zytologischen Nachweis von Tumorzellen hinaus. Häufige Auffälligkeiten sind eine Erhöhung des Eröffnungsdruckes, eine Pleozytose sowie eine mäßige Laktaterhöhung. Zytologisch wird bei soliden Tumoren abseits der Tumorzellen häufig ein hoher Anteil monozytärer Zellen bei einem insgesamt lymphomonozytärem Zellbild mit etwas vermehrt neutrophilen Granulozyten gefunden. Oligoklonales IgG isoliert im Liquor findet sich häufiger als in Kontrollpopulationen. Eine quantitative intrathekale Synthese kommt vorwiegend bei hämatologischen Neoplasien, hier aller Wahrscheinlichkeit als monoklonales Immunglobulin, oft IgM oder IgA, vor. Es liegen keine Untersuchungen vor, wie häufig ein ausführlicher Liquorbefund inklusive Bewertung der intrathekalen Immunglobulinsynthese und der OKBs bei leptomeningealer Metastasierung unauffällig ist. In großen Serien, bei denen eine Eröffnungsdruckbestimmung, Zytologie, Bestimmung der Zellzahl, des Gesamtproteins sowie des Laktats bzw. der Glukose durchgeführt wurde, wurden nur bei 3–6 % der Patienten mit leptomeningealer Metastasierung vollständig normale Werte für alle Parameter gefunden [18,23]. Damit ist bei unauffälligem Liquorbefund inklusive unauffälliger Differentialzytologie eine leptomeningeale Metastasierung zwar äußerst unwahrscheinlich, jedoch bei passender klinischer Konstellation keinesfalls ausgeschlossen. Neben bis zu drei Liquorpunktionen, Einsatz hoher Volumina und Achten auf eine rasche Verarbeitung des Liquors, bieten sich in diesen Fällen Zusatzuntersuchungen an, um den klinischen Verdacht zu bestätigen. Hierzu gehört der Nachweis einer intrathekalen Tumormarkersynthese, aber auch die molekularpathologische zellfreier DNA im Liquor.

1.3.3 Zusatzuntersuchungen im Liquor bei Verdacht auf Meningeosis carcinomatosa und lymphomatosa

Beweisend für das Vorliegen einer leptomeningealen Metastasierung wird der Nachweis von Tumorzellen im Zytopräparat angesehen. Alternativ und/oder zusätzlich kann der Nachweis der typischen Veränderungen im MRT bei passender Klinik die Diagnose untermauern. Der Nachweis von Tumorzellen kann trotz wiederholter Lumbalpunktionen negativ bleiben, wenn bei adhäsiv wachsenden Tumoren keine Tumorzellen frei im Liquor und damit in den Präparaten zu finden sind oder, wenn doch die Tumorzellen vorhanden sind, diese die Malignitätskriterien nicht ausreichend erfüllen. Bei jedem 10. Patienten erfolgt der Nachweis von Tumorzellen im Liquor zudem ohne bekannten Primärtumor. Immer wieder entwickeln auch Patienten mit mehr als einem Tumor in der Vorgeschichte eine leptomeningeale

Metastasierung. In allen diesen Fällen sind Zusatzuntersuchungen wertvoll, die die Diagnose einer leptomeningealen Metastasierung unterstützen und/oder eine genauere Zuordnung des Tumors erlauben. Diese sind bereits methodisch im **Kapitel B.3.5** beschrieben.

1.3.3.1 Immunzytologische Verfahren im Liquor

Bei soliden Tumoren kann Zuordnung suspekt maligner Zellen oder Einordnung als Karzinomzellen eine Immunhistochemie an Zytopräparaten durchgeführt werden (siehe **Kapitel B.2.2**). Da das Material nur in begrenzen Umfang vorhanden ist, beschränkt sich dieses Verfahren in der Regel auf Panzytokeratin-Antikörper zur Identifizierung von Karzinomzellen.

Die Durchflusszytometrie ist das Verfahren der Wahl bei Verdacht auf eine leptomeningeale Ausbreitung hämatologischer Tumoren (siehe **Kapitel B.2.2**). Auch hier kommen im Vergleich zu Untersuchungen an Knochenmark oder peripherem Blut aufgrund der in der Regel geringen Anzahl von Zellen in Ihrem Umfang reduzierte Antikörper-Panel zum Einsatz. Bei B-Zell-Neoplasien lassen sich die neoplastischen Zellen aufgrund ihrer Leichtkettenrestriktion, einer starken Verschiebung in der Verteilung dieser Zellen zugunsten entweder der Kappa- bzw. der Lambda-B-Zellen, als monoklonal identifizieren. Wichtig ist hier, dass eine möglichst große Anzahl von Ereignissen untersucht wird, damit das Ergebnis aussagekräftig ist. Eine ausreichende Menge Liquor (z. B. 10 ml) ist somit wichtige Grundvoraussetzung für einen sinnvollen Einsatz dieser Untersuchungsmethode. Auch monoklonale Plasmazellen lassen sich aufgrund ihrer Leichtkettenrestriktion mit dieser Methode identifizieren. Hierzu ist jedoch ein Plasmazellmarker, z. B. CD38/CD138, im Antikörperpanel Grundvoraussetzung [30]. T-Zell-Neoplasien sind mittels dieser Methode schwieriger zu identifizieren. Wegen der Seltenheit eine Meningeosis bei peripheren T-Zell-Lymphomen, spielt die Meningeosis fast nur eine Rolle bei Patienten mit T-ALL. Hier sind charakteristische Markerprofile (CD1a, TdT, cyCD3) wie sie nur bei neoplastischen T-Zellen gefunden werden, beweisend. Kennt man das Profil der T-ALL in Blut und/oder Knochenmark, kann die Typisierung am Liquor gezielt mit wenigen Markern durchgeführt werden [30,49].

1.3.3.2 Bestimmung von Tumormarkern im Liquor

Hohe Konzentrationen eines etablierten Tumormarkers bzw. der Nachweis dessen intrathekaler Synthese können wichtige Bausteine bei der Diagnose einer leptomeningealen Metastasierung sein. So konnte in Einzelfällen prostataspezifisches Antigen in hoher, nicht durch eine periphere Synthese erklärbarer Konzentration im Liquor erfolgreich eine leptomeningeale Aussaat eines Prostatakarzinom nachweisen [50]. Methodisch eleganter ist der Nachweis einer intrathekalen Synthese von karzinoembryonalem Antigen (CEA) im Liquor, da aufgrund der identischen Größe hier Reiber-Formeln für IgA angewendet werden können, so dass die Synthese auch bei hoher CEA-Konzentration im Blut nachgewiesen werden kann [51]. Andere regelhaft verwendete Tumormarker sind die humane plazentale alkalische Phosphatase (hPLAP), α-Fetoprotein (AFP) und humanes beta-Choriongonadotropin (beta-hCG) bei bildgebendem Verdacht auf ein Germinom [52]. Hierzu sei auf **Kapitel B.3.5** verwiesen.

Ähnlich der Leichtkettenrestriktion in der Durchflusszytometrie bei B-Zell-Neoplasien bzw. Multiplen Myelomen oder der isolierten Erhöhung der tumorspezifischen freien Leichtketten im Serum und/oder Urin in der

Myelom-Diagnostik lässt sich im Liquor bei hämatologischen B-Zell- und Plasmazell-Neoplasien mit leptomeningeale Aussaat in Einzelfällen eine intrathekale Leichtkettensynthese nachweisen [53,54].

1.3.3.3 Bestimmung anderer Markerproteine im Liquor

Neben klassischen Tumormarkern wurden auch andere Proteine vorgeschlagen, die als Marker für eine leptomeningeale Metastasierung einer soliden, aber vor allem hämatologischen Neoplasie fungieren könnten. Diese Gruppe umfasst β2-Mikroglobulin, Ferritin sowie das Chemokin CXCL13 (siehe **Kap. B.3.1, B.3.5, B.4.1.9**). Eine Erhöhung des β2-Mikroglobulin im Liquor, obwohl bei prinzipiell der Mehrzahl der Liquores von Patienten mit intrathekaler Manifestation einer hämatologischen Neoplasie vorhanden [55], ist jedoch keineswegs spezifisch, da sich Erhöhungen auch bei entzündlichen Prozessen [56] und, wie in der hier detailliert dargestellten konsekutiven Kohorte von Patienten mit leptomeningealer Metastasierung gezeigt (Abb. C.1.10), auch bei soliden Tumoren der Fall ist. Gleiches gilt für das Ferritin, das ebenfalls oft bei Meningeosis carcinomatosa als auch lymphomatosa erhöht ist [57]. Dieses ist zusätzlich zu seiner Erhöhung im Rahmen in intrathekalen Entzündungen auch als Residuum einer Blutung erhöht [58], alles Konstellationen, die sich in ihrer klinischen Präsentation mit einer leptomeningealen Metastasierung überlappen können.

Das Chemokin CXCL13 wird in der Routine als Marker für eine aktive Neuroborreliose angewendet (vgl. **Kap. C.1.1.1.2**). Allerdings kommen deutliche Erhöhungen auch bei viralen, bakteriellen und Pilz-Meningitiden, Autoimmunenzephalitiden [59] sowie der Neurosyphilis vor (siehe **Kapitel B.4.1.9**). In Kombination mit Interleukin-10 ergab die Messung von CXCL13 im Liquor eine hohe Sensitivität und Spezifität bei der Diagnose einer primären ZNS-Lymphoms [60]. Die Daten der hier detailliert dargestellten Kohorte zeigen, dass auch leptomeningeale Metastasierung bei soliden Tumoren mit stark erhöhten CXCL13-Konzent-

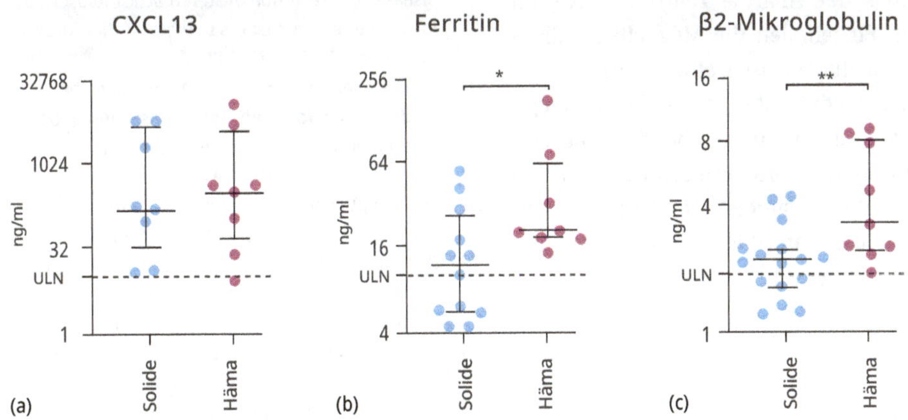

Abb. C.1.10: Markerproteine im Liquor bei leptomeningealer Metastasierung solider und hämatologischer Neoplasien. Dargestellt sind die Konzentrationen von CXCL13 (a), Ferritin (b) und (c) β2-Mikroglobulin im Liquor von einzelnen Patienten der Kohorte in Abb. C.1.7. MEITL = Monomorphic epitheliotropic intestinal T cell lymphoma; MM = Multiples Myelom. Der obere Normwert (ULN = upper limit of normal) ist als gestrichelte Linie dargestellt: CXCL13 10 ng/ml, Ferritin 10 µg/L, β2-Mikroglobulin 1,8 mg/L. Der Median und der Interquartilsabstand ist angegeben. Der statistische Vergleich erfolgte mittels Mann-Whitney U Test.

rationen im Liquor einhergehen kann. Ferner ergibt sich, dass nicht alle hämatologischen Neoplasien bei leptomeningealer Beteiligung massiv erhöhte CXCL13-Konzentrationen aufweisen, z. B. bei B-CLL (Abb. C.1.9a), MEITL (Abb. C.1.9b und C.1.10a) und bei Multiplem Myelom (Abb. C.1.10a).

1.3.3.4 Anwendung molekularpathologischer Untersuchungsverfahren im Liquor

In den letzten Jahren haben molekularpathologische Untersuchungsverfahren die Tumordiagnostik und -klassifikation revolutioniert (siehe **Kapitel B.5**). Für viele Tumoren sind diagnostisch, aber auch therapeutisch relevante Mutationen bekannt. Diese lassen nicht nur in der Analyse zellulärer DNA in Gewebsproben und Liquorzellen, sondern auch in zellfreier DNA nachweisen. Damit ist die Form der Diagnostik möglich, auch wenn keine malignen Zellen im Liquor nachweisen lassen. Selbst bei hirneigenen Tumoren ohne Hinweise auf eine leptomeningeale Aussaat, die in Arealen liegen, die eine diagnostische Biopsie nicht erlauben, z. B. Hirnstammgliome, ergibt sich mittels der Analyse zellfreier DNA im Liquor in Einzelfällen die Möglichkeit, diese Läsionen artdiagnostisch einzugrenzen. Eine andere Anwendung der molekularpathologischen Diagnostik ergibt sich bei der Frage, ob eine bestimmte therapierelevante Mutation bei bekannten systemischen Tumorerkrankungen in den intrathekal proliferierenden Zellen weiterhin vorhanden ist.

Literatur

[1] Louis DN, et al. The 2021 WHO Classification of Tumors of the Central Nervous System: a summary. Neuro Oncol. 2021;23(8):1231–1251.

[2] Bigner SH, Johnston WW. The diagnostic challenge of tumors manifested initially by the shedding of cells into cerebrospinal fluid. Acta Cytol. 1984;28(1):29–36.

[3] Grewal J, et al. Neoplastic meningitis resulting from hematological malignancies: pharmacokinetic considerations and maximizing outcome. Clin Investig (Lond). 2011;1(10):1391–1402.

[4] Graber JJ, Kesari S. Leptomeningeal Metastases. Curr Treat Options Oncol. 2018;19(1):3.

[5] Le Rhun E, Galanis E. Leptomeningeal metastases of solid cancer. Curr Opin Neurol. 2016;29(6):797–805.

[6] Niwinska A, Rudnicka H, Murawska M. Breast cancer leptomeningeal metastasis: propensity of breast cancer subtypes for leptomeninges and the analysis of factors influencing survival. Med Oncol. 2013;30(1):408.

[7] Zheng MM, et al. Clinical Utility of Cerebrospinal Fluid Cell-Free DNA as Liquid Biopsy for Leptomeningeal Metastases in ALK-Rearranged NSCLC. J Thorac Oncol. 2019;14(5):924–932.

[8] Li YS, et al. Leptomeningeal Metastases in Patients with NSCLC with EGFR Mutations. J Thorac Oncol. 2016;11(11):1962–1969.

[9] Grewal J, et al. Isolated loss of hormonal receptors in leptomeningeal metastasis from estrogen receptor- and progesterone receptor-positive lobular breast cancer. J Clin Oncol. 2010;28(13):e200-2.

[10] Suki D, et al. Comparative risk of leptomeningeal disease after resection or stereotactic radiosurgery for solid tumor metastasis to the posterior fossa. J Neurosurg. 2008;108(2):248–57.

[11] Ahn JH, et al. Risk for leptomeningeal seeding after resection for brain metastases: implication of tumor location with mode of resection. J Neurosurg. 2012;116(5):984–93.

[12] Thakkar JP, et al. Leptomeningeal metastasis from solid tumors. J Neurol Sci. 2020;411:116706.

[13] Boire A, et al. Complement Component 3 Adapts the Cerebrospinal Fluid for Leptomeningeal Metastasis. Cell. 2017;168(6):1101–1113 e13.

[14] Kwon JW, et al. Different Metabolomic and Proteomic Profiles of Cerebrospinal Fluid in Ventricular and Lumbar Compartments in Relation to Leptomeningeal Metastases. Metabolites. 2022;12(1).

[15] Curtaz CJ, et al. Serum-derived factors of breast cancer patients with brain metastases alter permeability of a human blood-brain barrier model. Fluids Barriers CNS. 2020;17(1):31.

[16] Ruan H, et al. Single-cell RNA sequencing reveals the characteristics of cerebrospinal fluid tumour environment in breast cancer and lung cancer leptomeningeal metastases. Clin Transl Med. 2022;12(6):e885.

[17] Chi Y, et al. Cancer cells deploy lipocalin-2 to collect limiting iron in leptomeningeal metastasis. Science. 2020;369(6501):276–282.

[18] Hyun JW, et al. Leptomeningeal metastasis: Clinical experience of 519 cases. Eur J Cancer. 2016;56:107–114.

[19] Le Rhun E, et al. The RANO Leptomeningeal Metastasis Group proposal to assess response to treatment: lack of feasibility and clinical utility and a revised proposal. Neuro Oncol. 2019;21(5):648–658.

[20] Seong M, et al. Diagnostic accuracy of MR imaging of patients with leptomeningeal seeding from lung adenocarcinoma based on 2017 RANO proposal: added value of contrast-enhanced 2 D axial T2 FLAIR. J Neurooncol. 2020;149(2):367–372.

[21] Pauls S, et al. Use of magnetic resonance imaging to detect neoplastic meningitis: limited use in leukemia and lymphoma but convincing results in solid tumors. Eur J Radiol. 2012;81(5):974–8.

[22] Prommel P, et al. Neoplastic meningitis: How MRI and CSF cytology are influenced by CSF cell count and tumor type. ScientificWorldJournal. 2013;2013:248072.

[23] Wasserstrom WR, Glass JP, Posner JB. Diagnosis and treatment of leptomeningeal metastases from solid tumors: experience with 90 patients. Cancer. 1982;49(4):759–72.

[24] Wesley SF, et al. Incidence of meningeal enhancement on brain MRI secondary to lumbar puncture. Neurol Clin Pract. 2016;6(4):315–320.

[25] Glantz MJ, et al. Cerebrospinal fluid cytology in patients with cancer: minimizing false-negative results. Cancer. 1998;82(4):733–9.

[26] Djukic M, et al. Cerebrospinal fluid abnormalities in meningeosis neoplastica: a retrospective 12-year analysis. Fluids Barriers CNS. 2017;14(1):7.

[27] Illan J, et al. Differences in cerebrospinal fluid inflammatory cell reaction of patients with leptomeningeal involvement by lymphoma and carcinoma. Transl Res. 2014;164(6):460–7.

[28] Almeida SM, et al. Cerebrospinal fluid cytological and biochemical characteristics in the presence of CNS neoplasia. Arq Neuropsiquiatr. 2007;65(3B):802–9.

[29] Kobayashi S, et al. Macrophages in Giemsa-stained cerebrospinal fluid specimens predict carcinomatous meningitis. Oncol Lett. 2020;20(6):352.

[30] Bommer M, et al. Cerebrospinal fluid pleocytosis: pitfalls and benefits of combined analysis using cytomorphology and flow cytometry. Cancer Cytopathol. 2011;119(1):20–6.

[31] Schabet M, et al. Diagnosis and treatment of meningeal carcinomatosis in ten patients with breast cancer. Eur Neurol. 1986;25(6):403–11.

[32] Kaplan JG, et al. Leptomeningeal metastases: comparison of clinical features and laboratory data of solid tumors, lymphomas and leukemias. J Neurooncol. 1990;9(3):225–9.

[33] Fischer L, et al. The diagnostic value of cerebrospinal fluid pleocytosis and protein in the detection of lymphomatous meningitis in primary central nervous system lymphomas. Haematologica. 2006;91(3):429–30.

[34] Reiber H. Flow rate of cerebrospinal fluid (CSF)—a concept common to normal blood-CSF barrier function and to dysfunction in neurological diseases. J Neurol Sci. 1994;122(2):189–203.

[35] Wurster USR, Windhagen A, Petereit HF, Leweke FM. Reference values for standard cerebrospinal fluid examinationsin multiple sclerosis. Results from 99 healthyvolunteers. Multiple Sclerosis. 2006;12.

[36] Weller M, et al. Tumor cell dissemination triggers an intrathecal immune response in neoplastic meningitis. Cancer. 1992;69(6):1475–80.

[37] Schipper HI, et al. Meningeal carcinomatosis: origin of local IgG production in the CSF. Neurology. 1988;38(3):413–6.

[38] Gross S, Dunn R, Levinsky J. IMMUNOGLOBULIN SYNTHESIS IN BURKITT'S LYMPHOMA. Pediatric Research. 1977;11(4):487–487.

[39] Kim YR, et al. Monoclonal and polyclonal gammopathy measured by serum free light chain and immunofixation subdivide the clinical outcomes of diffuse large B-cell lymphoma according to molecular classification. Ann Hematol. 2014;93(11):1867–77.

[40] McCombe PA, et al. Monoclonal immunoglobulin bands in the cerebrospinal fluid. Aust N Z J Med. 1991;21(2):227–9.

[41] Egan PA, et al. Multiple myeloma with central nervous system relapse. Haematologica. 2020;105(7):1780–1790.

[42] Economopoulos T, et al. Monoclonal gammopathies in B-cell non-Hodgkin's lymphomas. Leuk Res. 2003;27(6):505–8.

[43] Matsuda S, et al. An Autopsy Case of Bing-Neel Syndrome: Discrepancy between the Radiological and Pathological Findings. Intern Med. 2019;58(13):1947–1951.

[44] Drouet T, et al. [Bing-Neel syndrome revealing Waldenstrom's macroglobulinemia]. Rev Neurol (Paris). 2010;166(1):66–75.

[45] Lewerenz J, et al. Dementia and leukoencephalopathy due to lymphomatosis cerebri. J Neurol Neurosurg Psychiatry. 2007;78(7):777–8.

[46] Burkhardt D, et al. IgA producing primary intracerebral lymphoma. J Neurol Neurosurg Psychiatry. 1992;55(7):623–5.

[47] Weller M, et al. Intrathecal IgM response in disseminated cerebrospinal metastasis from malignant melanoma. J Neurooncol. 1993;16(1):55–9.

[48] Oschmann P, et al. Meningeal carcinomatosis: CSF cytology, immunocytochemistry and biochemical tumor markers. Acta Neurol Scand. 1994;89(5):395–9.

[49] Frater JL, Shirai CL, Brestoff JR. Technological features of blast identification in the cerebrospinal fluid: A systematic review of flow cytometry and laboratory haematology methods. Int J Lab Hematol. 2022;44(1):45–53.

[50] Schaller B, et al. Prostate-specific antigen in the cerebrospinal fluid leads to diagnosis of solitary cauda equina metastasis: a unique case report and review of the literature. Br J Cancer. 1998;77(12):2386–9.

[51] Jacobi C, Reiber H, Felgenhauer K. The clinical relevance of locally produced carcinoembryonic antigen in cerebrospinal fluid. J Neurol. 1986;233(6):358–61.

[52] Aihara Y, et al. Placental alkaline phosphatase levels in cerebrospinal fluid can have a decisive role in the differential diagnosis of intracranial germ cell tumors. J Neurosurg. 2018;131(3):687–694.

[53] Hildebrandt B, et al. Assessment of free light chains in the cerebrospinal fluid of patients with lymphomatous meningitis – a pilot study. BMC Cancer. 2007;7:185.

[54] Schroers R, et al. Detection of free immunoglobulin light chains in cerebrospinal fluids of patients with central nervous system lymphomas. Eur J Haematol. 2010;85(3):236–42.

[55] Hansen PB, et al. Cerebrospinal fluid beta-2-microglobulin in adult patients with acute leukemia or lymphoma: a useful marker in early diagnosis and monitoring of CNS-involvement. Acta Neurol Scand. 1992;85(3):224–7.

[56] Svatonova J, et al. Beta2-microglobulin as a diagnostic marker in cerebrospinal fluid: a follow-up study. Dis Markers. 2014;2014:495402.

[57] Almeida SM, et al. Quantification of cerebrospinal fluid ferritin as a biomarker for CNS malignant infiltration. Arq Neuropsiquiatr. 2008;66(3B):720–4.

[58] Kolodziej MA, et al. Cerebrospinal fluid ferritin—unspecific and unsuitable for disease monitoring. Neurol Neurochir Pol. 2014;48(2):116–21.

[59] Leypoldt F, et al. Investigations on CXCL13 in anti-N-methyl-D-aspartate receptor encephalitis: a potential biomarker of treatment response. JAMA Neurol. 2015;72(2):180–6.

[60] Rubenstein JL, et al. CXCL13 plus interleukin 10 is highly specific for the diagnosis of CNS lymphoma. Blood. 2013;121(23):4740–8.

1.4 Nichtentzündliche und nichtneoplastische Erkrankungen des Nervensystems

1.4.1 Neurodegenerative Erkrankungen

Markus Otto, Jens Wiltfang, Samir Abu Rumeileh

Demenzen bezeichnen syndromal erworbene klinisch-neuropsychologische Defizite, denen verschiedenste Ätiologien zugrunde liegen können. Dies impliziert, dass es in der Regel nicht den solitären diagnostischen Laborparameter gibt. Aus neurochemisch diagnostischer Sicht müssen insbesondere entzündlich bedingte Krankheitsbilder wie Neurolues, HIV-Enzephalopathie oder Morbus Whipple erkannt bzw. ausgeschlossen werden. Die Bedeutung neuronaler, axonaler, synaptischer oder astrozytärer Aktivierungs- und Destruktionsmarker im Rahmen von Demenzprozessen wird im **Kapitel B.4.2** dargestellt.

Ziel der neurochemischen Diagnostik ist es aber nicht nur, eine nicht-neurodegenerative Erkrankung auszuschließen, sondern nach Möglichkeit eine „Positivdiagnostik" zu erstellen. Hierbei soll die neurochemische Diagnostik dazu beitragen, den neuropathologischen Befund vorherzusagen. Allerdings muss man sich bewusst sein, dass derzeit unterschiedliche Klassifikationssysteme – klinisch *vs.* neuropathologisch – verwendet werden. Zum Beispiel werden sowohl die progrediente supranukleäre Blickparese (PSP) wie auch die multiple Systematrophie (MSA) klinisch zu den atypischen Parkinsonerkrankungen gezählt, neuropathologisch ordnet man die PSP aber den Tauopathien und die MSA den alpha-Synucleinopathien zu (Tab. C.1.12).

Eine spezielle Situation stellt die Liquordiagnostik, insbesondere die Liquordruckmessung bei Verdacht auf Demenz im Rahmen eines Normaldruckhydrozephalus dar. Auf diesbezügliche Einzelheiten wird im **Kapitel C.1.4.3** eingegangen.

Tab. C.1.12: Neuropathologische Einteilung von Neurodegenerativen Erkrankungen anhand einiger Beispiele.

Extrazelluläre Proteinablagerungen
Alzheimer-Krankheit (Aβ)
Prionkrankheiten (PrP CJD)
Intrazelluläre Proteinablagerungen
Tauopathien
Alzheimer-Krankheit (Tau-Ablagerungen)
Frontotemporale Lobärdegeneration (Tau-Ablagerung)
Progressive supranukleäre Blickparese
Kortikobasale Degeneration
α-Synukleinopathien
Parkinson-Krankheit
Demenz mit Lewy-Körperchen
Multiple Systematrophie
TDP-43 Erkrankungen
Amyotrophe Lateralsklerose
Frontalhirndegeneration mit Motoneuronerkrankung
Polyglutaminkrankheiten
Huntington-Krankheit
Spinozerebelläre Ataxie

1.4.1.1 Alzheimer-Krankheit

Die Alzheimer-Krankheit (AD, früher Morbus Alzheimer) ist die häufigste Ursache einer Demenzerkrankung [1]. Aktuelle Schätzungen nehmen eine Prävalenz von etwa 50 Millionen Fällen weltweit an. Allein in Europa geht man dabei von knapp 10 Millionen Fällen aus. Im Wesentlichen kann man drei klinische Kategorien unterscheiden. Die zahlenmäßig bedeutendste ist die sporadische Alzheimer-Krankheit mit typischen Gedächtnisstörungen (amnestische Variante) im Alter über 70 Jahren. Seltener – in etwa 10 % der AD-Fälle – kommen im Alter unter 70 Jahren Fälle vor mit eher untypischen ersten Symptomen, wie Sprachstörungen (logopenische Variante), Verhaltensstörungen (frontale Variante) oder Sehstörungen (posteriore Variante). Die letztere Variante wird auch als posteriore kortikale Atrophie bezeichnet. Noch seltener kommen in jüngeren Jahren dominant vererbte genetische Formen der Alzheimer-Krankheit vor. Diese beruhen auf Mutationen in den Genen, die für das Präsenilin-1, Präsenilin-2 und das Amyloid-Precursor Protein kodieren.

Als Risikogen für die sporadische AD ist insbesondere das für das Apolipoprotein E kodierende Gen bekannt. Die Variante ApoE4 (Gen: *epsilon4*) ist hier mit einem bis zu vierfach höheren Risiko vergesellschaftet, eine AD zu bekommen. Neuropathologisch ist die AD durch Ablagerungen von Amyloid-Plaques und Tau-Aggregaten gekennzeichnet. Neben diesen typischen Ablagerungen findet sich ebenso eine Mikroglia-Aktivierung und ein neuronaler Zelluntergang mit Synapsenverlust.

Zu Beginn der Jahrtausendwende war das vorrangige Ziel der Labordiagnostik, entzündliche Erkrankungen, die womöglich besser behandelbar waren, auszuschließen. Die Liquordiagnostik hat somit eher auf die Differentialdiagnose abgezielt. Dies hat aber nur bedingt der Situation Rechnung getragen, dass nunmehr nicht mehr nur demente Patienten in der Klinik vorstellig werden, sondern das klinische Spektrum von subjektiven kognitiven Störungen über leichte kognitive Störung bis zu beginnenden Demenzen reicht.

Bei der AD ist die *Liquorzellzahl* normal und das *Liquor-Zellbild* unauffällig, ebenso *Laktat*. Eine leichtgradige Störung der *Blut-Liquor-Schranke* ist nicht ungewöhnlich.

Die erweiterte Labordiagnostik zielt im Moment darauf ab, die Alzheimer-Krankheit möglichst früh zu diagnostizieren, um Klarheit über die Erkrankung zu gewinnen und um Patienten womöglich noch medikamentöse bzw. nicht-medikamentöse Therapiekonzepte vorzuschlagen. Diese Entwicklung spiegelt sich insbesondere in der Entwicklung der diagnostischen Kriterien für die Alzheimer-Krankheit wieder. So wurde die Alzheimer-Demenz 1984 rein klinisch definiert und eine sichere Diagnose erst neuropathologisch gestellt [2]. Mit Einführung der ersten Forschungskriterien im Jahr 2007 wurde versucht, die Erkrankung zu Lebzeiten auch durch das Labor zu untermauern [3]. Dies wiederum hat dazu geführt, dass man bereits eine Alzheimertypische Laborkonstellation im Liquor findet, obwohl die Patienten noch nicht dement sind. Man hat in diesen Fällen von Patienten mit einer leichten kognitiven Störung (*mild cognitive impairment*, MCI) gesprochen, die ein hohes Risiko haben, eine Alzheimer-Demenz zu entwickeln. Heute unterscheidet man in einer solchen Konstellation zwischen einer Alzheimer-Krankheit und einer Alzheimer Demenz.

ATN-Konzept

Um die neurochemischen Biomarker in einheitliche klinisch nutzbare Anwendungen zu bringen, wurde das ATN-Konzept erstellt [4]. Hierbei steht „A“ für Amyloid-Pathologie, „T“ für Tau-Pathologie und „N“ für Neurodegeneration. Ein pathologischer Amyloid-Quotient im Liquor oder der Amylopidnachweis in der Positronen-Emissions-Tomographie steht für die „A” Pathologie, ein erhöhtes pTau im Liquor für die „T“-Pathologie und ein erhöhtes Gesamt-Tau im Liquor für die Neurodegeneration. Ein typischer Befund bei einer Alzheimer-Krankheit oder Alzheimer-Demenz wäre ein erniedrigter Amyloid-Quotient, ein erhöhtes pTau Protein und ein erhöhtes Gesamt-Tau-Protein. Im klinischen Alltag treten nun aber deutlich mehr Kombinationen auf. Wie diese Befundkonstellationen zu bewerten sind, ist im Rahmen eines Konsensus-Prozesses zusammengefasst worden, bei dem 40 europäische Labore beteiligt waren (Tab. C.1.13) [5].

Im Forschungszusammenhang wird nun auch eine Erhöhung der leichten Kette der Neurofilamente (NfL) unter der Rubrik „N“ einsortiert. Zusätzlich finden sich schon frühzeitig erhöhte Werte von synaptischen Markern im Liquor von AD-Patienten, so dass eine Erweiterung der ATN-Kriterien auf synaptische Marker „S“ vorgeschlagen wurde [6]. Zu den synaptischen Markern zählt das präsynaptisch lokalisierte Neurogranin und die post-synaptisch lokalisierten Proteine SNAP-25 und beta-Synuclein [6,7]. Diese Messungen haben bislang aber noch nicht Eingang in die Routine genommen.

Auf Gruppenniveau zeigen die Alzheimer-typischen bzw. mit AD vereinbaren Befundkonstellationen auch hochsignifikant die Entwicklung einer dementiellen Erkrankung im Stadium der leichten kognitiven Störungen an. Für den einzelnen Patienten bleibt die zeitliche Voraussage aber immer noch schwierig.

Sichere Blutmarker für die Diagnose der Alzheimer-Krankheit sind bislang nicht etabliert. Allerdings konnten mittels der SIMOA-Technologie erhöhte Werte des pTau181 und auch der leichten Kette der Neurofilamente im Blut gezeigt werden. Die Gesamt-Tau Messung zeigt keinen Unter-

Tab. C.1.13: ATN-Klassifikation mit typischen Befundkonstellationen und Kommentaren [5]. Bei allen Kommentaren sollte folgender Zusatz stehen: „Befunde müssen im klinischen Zusammenhang interpretiert werden".

A Amyloid-Pathologie	T Tau-Pathologie	N Neurodegeneration	Befundungskommentar
n	n	n	Neurochemisches Profil spricht nicht für eine AD
p	p	p	Neurochemisches Profil spricht für eine AD
p	n	n	Neurochemisches Profil spricht für eine Amyloid-Pathologie
n	n	p	Neurochemisches Profil spricht nicht für eine Alzheimer-Erkrankung; kann mit anderer Neurodegenerativer Erkrankung oder neuronaler Schädigung einhergehen. Falls Tau-Protein über 1200 pg/ml bzw t-tau/p-tau ratio über dem Grenzwert ist, an CJD denken.
p	n	p	Atypisches neurochemisches Profil, könnte aber mit AD konsistent sein.
p	p	n	Atypisches neurochemisches Profil, könnte aber mit AD konsistent sein.
n	p	p	Atypisches neurochemisches Profil, nicht mit AD konsistent
n	p	n	Atypisches neurochemisches Profil, nicht mit AD konsistent

Abkürzungen: AD, Alzheimer-Krankheit; n, normal; p, pathologisch.

schied im Blut. Mittels Massenspektrometrie konnte ein erniedrigter Amyloid-Quotient auch bei AD-Patienten gezeigt werden. Weiterhin konnte ebenfalls mittels quantitativer Massenspektrometrie eine Erhöhung des synaptischen beta-Synucleins im Blut gesehen werden [8]. Diese Erhöhung korreliert gut mit der für die AD typischen Temporallappenatrophie. Diese Messungen bzw. Bewertungen sind aber noch nicht in die klinische Routine eingegangen und werden nur einigen Laboren als Forschungsparameter angeboten. Für alle diese Marker wird an routinefähigen Methoden gearbeitet.

1.4.1.2 Frontotemporale Demenz

Die Frontotemporale Demenzen (FTD, früher als Morbus Pick bezeichnet) sind nach der Alzheimer-Krankheit die zweithäufigsten Demenzerkrankungen unter 65 Jahren. Sie machen etwa 20 % der Demenzen innerhalb dieser Altersgruppe aus. Während es bei der Alzheimer-Krankheit zu einer Degeneration des Temporallappens kommt, wird die FTD durch eine frontotemporale Lobärdegeneration hervorgerufen, die nicht immer zur Demenz, sondern vielmehr zu einer Wesensänderung führt. Um dieser Tatsache Rechnung zu tragen, wird die FTD nach den nun geltenden Kriterien nicht mehr einfach als FTD bezeichnet, sondern um den Zusatz „behavioral" ergänzt [9]. Man spricht also von der behavioralen oder Verhaltensvariante einer FTD (bvFTD). Die bvFTD wird dem Spektrum der frontotemporalen Lobärdegenerationen (FTLD) zugeordnet. Hierbei ist der Begriff bvFTD eine klinische Diagnose, der Begriff FTLD beschreibt hierbei eher die anatomische beziehungsweise neuropathologisch betroffene Region. Die FTLD wiederum umfasst ein klinisches Spektrum von neurodegenerativen Erkrankungen: die bvFTD, die primär progressiven Aphasien (PPA), hinzukommen die „motorischen“ Varianten wie die Kortikobasale Degeneration (CBD), die Progressive supranukleäre Blickparese (PSP) und die Amyotrophe Lateralsklerose (ALS) mit FTD. Der zunächst verwandte Begriff der „frontotemporalen Demenz“ kann sich also in Form zweier klinischer Subtypen manifestieren. Entweder stehen bei der bvFTD klinisch Verhaltens- und Persönlichkeitsveränderungen im Vordergrund oder bei der PPA eine Störung von Sprachverständnis und -produktion.

Nach den Diagnosekriterien für die bvFTD nach Rascovsky et al. wird eine „mögliche“ bvFTD angenommen, wenn drei von sechs typischen klinischen Merkmalen erfüllt sind [9]. Hierzu zählen: Enthemmung, Apathie oder Passivität, Verlust von Mitgefühl oder Einfühlungsvermögen, vermindertes Eingehen auf Bedürfnisse und Gefühle, perseveratives, stereotypes oder zwanghaftes/ritualisiertes Verhalten, Hyperoralität und Veränderungen der Ernährung, oder ein typisches neuropsychologisches Profil mit Defiziten in der Exekution bei relativ unveränderten Gedächtnis- und visuell-räumlichen Leistungen. Bei zusätzlichem Nachweis histopathologischer Veränderungen oder pathogener Genmutationen wird von einer „sicheren“ bvFTD gesprochen.

Die primär progrediente Aphasie (PPA) gehört zu den Sprachvarianten der FTLD. Hier kommt es zu einer auffälligen Veränderung der Sprachverfügbarkeit. Symptome sind massive Wortfindungs- und Wortdeutungsschwierigkeiten. Nach den neuen PPA-Kriterien ist eine agrammatische oder nicht-flüssige (nfv), semantische (sv) und logopenische (lv) Variante zu unterscheiden [10].

In etwa 15 % der Fälle kommt es zum gemeinsamen Auftreten einer ALS und einer bvFTD (ALS-FTD). Das gemeinsame Auftreten von ALS und FTD führt derzeit zur Annahme, dass beide Erkrankungen einem Krankheitsspektrum angehören [11].

Um die Diagnose einer FTD und PPA zu unterstützen, werden unter anderem Bildgebungsverfahren angewendet oder in Fällen mit positiver Familienanamnese genetische Untersuchungen ergänzt. Eine sichere Diagnose ist erst durch den Nachweis einer genetischen Mutation oder dem Nachweis einer FTLD-spezifischen Neuropathologie möglich.

Die FTLD geht mit typischen Proteinablagerungen im Gehirn einher, die letztlich mit dem Untergang von Nervenzellen assoziiert sind [12]. Dabei lassen sich neuropathologisch unterschiedliche Subtypen klassifizieren. Entweder kommt es zu Protein Tau-positiven (kurz FTLD-Tau), TDP-43 (TAR DNA-bindendes Protein 43)-positiven oder FUS (Fused in Sarcoma) Protein-positiven Ablagerungen.

Bei der FTD sind die *Liquorzellzahl* und das *Liquor-Zellbild* unauffällig, *Laktat* ist normwertig. Leichtgradige Störungen der *Blut-Liquor-Schranke* sind möglich, aber eher selten.

Die meisten Liquoruntersuchungen bei der frontotemporalen Demenz beinhalten Standard-Biomarker, wie Amyloid-β und Protein Tau, in Abgrenzung zur Diagnose der Alzheimer-Krankheit (AD). Hierbei zeigen die meisten Studien fast normale Werte für das Tau-Protein im Liquor, wobei das Amyloid1-42 gelegentlich etwas erniedrigt ist [13]. Das phosphorylierte Tau-Protein (pTau181) zeigt in der Regel ebenfalls unauffällige Werte. Aus diesem Grund wurde auch in die diagnostischen Kriterien zur bvFTD ein unauffälliger Befund bezüglich der neurochemischen Marker (Tau und Abeta1-42) eingefügt.

Mittlerweile werden häufig sowohl NfL als auch die phosphorylierte Form der schweren Kette (pNfH) im Liquor gemessen, weiterhin können NfL und pNfH mittlerweile auch im Serum bestimmt werden. Es zeigte sich in mehreren Untersuchungen, dass bei einer Vielzahl von bvFTD Patienten NfL und pNfH im Liquor erhöht sind. Allerdings muss einschränkend dazu erwähnt werden, dass sowohl NfL wie auch pNfH mit dem Ausmaß der kortikalen Atrophie korrelieren, so dass die Neurofilamente nur bedingt für die Frühdiagnose eingesetzt werden können. Die differentialdiagnostische Abgrenzung der NfL- und pNfH-Werte gegenüber der AD ist gering [14]. Allerdings kann die Bestimmung der NfL hilfreich in der Abgrenzung zu depressiven Störungen sein [15].

Differentialdiagnostisch wertvoll ist die Bestimmung der Neurofilamente bei den PPAs, dazu eignen sich auch Blutbestimmungen. Hier kommt es zu typischen Befundkonstellationen mit erhöhten Serum- und Liquor-Neurofilamentwerten bei der nfvPPA und svPPA mit unauffälligen Tau-Protein- und Abeta1-42-Werten. Dagegen sind die Neurofilamentwerte bei der lvPPA unauffällig [16]. Bei Patienten mit einer Amyotrophen Lateralsklerose sind die Neurofilament-Werte im Liquor und Serum maximal [17].

Die neuropathologischen Aggregate TDP-43, FUS und TAU konnten bislang nicht nachgewiesen werden. Eine Ausnahme ist hier der Nachwzeis der sogenannter d peptide repeats (DPR) im Liquor von C9orf72 Mutationsträgern [18]. In dieser Untersuchung konnte gezeigt werden, dass DPRs bereits in der asymptomatischen Phase nachweisbar sind.

1.4.1.3 Progressive Supranukleäre Blickparese

Die Progressive supranukleäre Blickparese (PSP), früher auch Steele-Richardson-Olschewski-Syndrom genannt, ist eine sporadische Tauopathie, die neuropathologisch durch 4R-Tau-Ablagerungen gekennzeichnet ist [19]. Die PSP-Pathologie kann mit verschiedenen klinischen Phänotypen einhergehen [20]. Beim häufigsten Krankheitsbild, dem sogenannten Richardson-Syndrom, stehen eine vertikale supranukleäre Blicklähmung sowie eine posturale Instabilität mit Stürzen im Vordergrund.

Bei der PSP sind die *Liquorzellzahl* und das *Liquor-Zellbild* unauffällig, *Laktat* ist normal, *oligoklonale IgG-Banden* im Liquor finden sich nicht. Störungen der *Blut-Liquor-Schranke* sind möglich und nicht selten (ca. 30 %), jedoch von leichtgradiger Ausprägung ($Q_{Alb} < 20 \times 10^{-3}$) [21].

Wie bei anderen atypischen Parkinson-Syndromen befinden sich für PSP spezifische und sensitive Biomarker noch in der Entwicklung. Es gibt den Hinweis für ein erhöhtes p-Tau/Tau-Verhältnis im Liquor bei PSP-Patienten im Vergleich zu Patienten mit anderen Subtypen einer frontotemporalen Demenz (FTD) (z. B. TDP-Pathologie) [22,23,24]. In einer Studie korrelierte Liquor-pTau gut mit der *post mortem* Tau-Pathologie in Patienten mit sporadischer FTD ohne Nachweis einer Alzheimer-Co-Pathologie [25]. Jedoch stellt die Teilüberlappung der p-Tau/t-Tau-Verhältniswerte zwischen unterschiedlichen diagnostischen Gruppen und das mögliche Auftreten einer AD-Komorbidität eine signifikante Einschränkung für die Anwendung der AD-Biomarker bei PSP auf individueller Ebene dar [22].

NfL ist im Liquor und im Blut bei PSP höher im Vergleich zu Patientenkontrollen und Patienten mit der Parkinson-Krankheit (PD) und kann deshalb bei der Differenzialdiagnose hilfreich sein (siehe auch **Kap. C.1.4.1.**7) [26,27,28,29]. Außerdem könnte NfL aufgrund des signifikanten Zusammenhangs mit einer schlechteren Prognose ein potenzieller prognostischer Biomarker bei PSP sein und als sekundärer Outcome-Marker eine Rolle bei künftigen klinischen Studien spielen [30].

Die RT-QuIC-Technik (Real Time Quaking Induced Conversion), die ursprünglich bei der Creutzfeldt-Jakob-Krankheit entwickelt wurde, erlaubt, die abnorm aggregierten Proteine zu amplifizieren und zu detektieren [31]. Im Rahmen der Tauopathien wurden spezifische Assays für die 3R-, 4R- oder 3 R/4R-Tau-Spezies etabliert [32,33], wobei die Methode leider noch eine suboptimale Sensitivität für die Diagnose einer PSP darstellt [33].

1.4.1.4 Multisystematrophie

Die neuropathologischen Merkmale bei der Multisystematrophie (MSA) umfassen die Neurodegeneration der nigrostriatalen oder olivopontozerebellären Systeme sowie die verbreiteten α-Synuclein-Ablagerungen in Form von glialen zytoplasmatischen Einschlüssen (GCI) [34]. Klinisch ist eine Kombination von autonomen Störungen mit einem Parkinsonismus oder einer zerebellären Ataxie zu erkennen [35]. Die multisystemische Beteiligung stellt eine interdisziplinäre diagnostische und therapeutische Herausforderung dar [36]. Deshalb ist die Identifizierung von Biomarkern heutzutage von großer Bedeutung, um die Differenzialdiagnose zum Morbus Parkinson, die klinische Versorgung und die Stratifizierung der Patienten in klinischen Studien zu verbessern.

Bei der MSA ist unabhängig vom klinischen Subtyp die *Liquorzellzahl* in der Regel normal, das *Liquor-Zellbild* ist unauffällig. *Laktat* ist normal, *oligoklonale IgG-Banden* im Liquor sind nicht zu erwarten. Störungen der *Blut-Liquor-Schranke* sind keine Ausnahme, erhöhte Q_{Alb}-Werte treten in bis zu 50 % der Fälle auf ($Q_{Alb} < 30 \times 10^{-3}$) [21].

Eine Metanalyse mit 1223 MSA-Patienten zeigte verringerte α-Synuclein-Werte und erhöhte NfL- und Tau-Werte in Liquorproben von MSA-Patienten im Vergleich zu PD-Patienten [37]. In den letzten Jahren ist aber die Entwicklung von ultrasensitiven Blut-Biomarkern und der Seed-Amplification-Assays (SAA) wie RT-QuIC und Protein misfolding cyclic amplification (PMCA) als der fundamentale neue Schritt zu erkennen. Hierunter korrelierten Plasma-NfL-Basiskonzentrationen signifikant mit dem motorischen Schweregrad sowie mit dem Fortschreiten der MSA [38], zudem zeigten sich die Biomarkerwerte als gute Prädiktoren für den klinischen Verlauf, die Überlebenszeit und den Grad der Hirnatrophie [39]. In Bezug auf die SAAs fanden Shahnawaz und Kollegen mittels eines PMCA-Assays unterschiedliche Aggregationsprofile in Parkinson- und MSA-Patienten, welche zu einer diagnostischen Genauigkeit von 95 % führten [40]. Außerdem setzten mehrere Studien die RT-QuIC bei Liquor-Proben sowie bei Biopsien der Haut und der Riechschleimhaut von MSA-Patienten mit variabler Sensitivität und Spezifizität ein [41,42,43,44,45].

α-Synuclein RT-QuIC

Die *Real Time Quaking induced Conversion* (RT-QuIC) Technik ist eine ultrasensible Methode zum Nachweis von selbsttemplierenden amyloidogenen Proteinen aus Hirngewebe, Liquor und verschiedenen peripheren Gewebetypen (**Kap. B.5.1.3.2**). Die zunehmenden Hinweise für das prionartige Verhalten von α-Synuclein [40,46] veranlassten die Forscher, den RT-QuIC-Assay für den Nachweis pathogener α-Synuclein-Seeds anzupassen (αSyn RT-QuIC). Fairfoul et al. validierten 2016 einen ersten Assay in Liquorproben von Synucleinopathien [47]. Seitdem wurde die Methode von weiteren Arbeitsgruppen optimiert und mit Hirn- sowie Liquorproben, Gewebeproben der Haut, der Unterkieferdrüse und der Riechschleimhaut reproduziert. Insgesamt zeigte die RT-QuIC eine hohe Sensitivität und Spezifizität für die *in vivo* Diagnose der PD, der Lewy-Körperchen-Demenz (DLB) und der MSA [33,41,42,43,44,45,48,49,50,52]. Da die Lewy-Körperchen (LB)- und die AD-Pathologie häufig koexistieren, kann ein positives Ergebnis bei Nicht-Synucleinopathien möglicherweise kein falsch-positives Ergebnis, sondern eine unerkannte LB-Co-Pathologie sein [43].

Außerdem wurde eine α-Synuclein-seeding-Aktivität mittels RT-QuIC auch in Geweben von Patienten mit einer REM-Schlaf-Verhaltensstörung (RBD) und einer isolierten autonomen Insuffizienz (pure autonomic failure, PAF), die ein erhöhtes Risiko zur Entwicklung von PD, DLB oder MSA darstellen, nachgewiesen [43,47,52,53]. Deshalb könnte der Test in Zukunft dazu beitragen, die Synucleinopathien in einem frühen Stadium zu erkennen. Damit die RT-QuIC als Routine-Screening-Verfahren verwendet werden kann, muss jedoch die Methode, einschließlich eines definierten Reinigungsprotokolls für das Substrat und die Probenentnahme, insbesondere aus den peripheren Geweben, noch standardisiert werden.

1.4.1.5 Vaskuläre Demenz

Die vaskuläre Demenz (VaD) ist die zweithäufigste kognitive Störung nach der Alzheimer-Krankheit (AD) [54]. Die Definition bezieht sich auf ein weites und heterogenes Spektrum von vaskulären Hirnpathologien, die zu kognitiven Beeinträchtigungen beitragen [55]. Es ist aber bekannt, dass der Unterschied zwischen den distinkten VaD-Subtypen in der anatomischen Lokalisierung der vaskulären Läsionen liegt [56]. Die small vessel disease (SVD) ist die wichtigste und häufigste vaskuläre Demenzform (bis zu 45 %) [57]. Die Bildgebung des Neurokraniums ist aktuell das wichtigste Verfahren für die Diagnose der VaD.

Bei der VaD ist die *Liquorzellzahl* normal, das *Liquor-Zellbild* ist unauffällig. *Laktat* ist normal, *oligoklonale IgG-Banden* im Liquor sind nicht zu erwarten. Störungen der *Blut-Liquor-Schranke* sind möglich, die Q_{Alb}-Werte sind dann aber nur leichtgradig erhöht (Q_{Alb} bis maximal ca. 15×10^{-3}).

In Gegensatz zur AD steht die VaD ohne spezifisches Biomarkerprofil im Liquor da. Jedoch wiesen mehrere Studien in Patienten mit VaD auffällige Biomarker für Neurodegeneration und Neuroinflammation nach, insbesondere bei einer SVD. Diesbezüglich löst die chronische hypoxische Hypoperfusion wohl eine molekulare Kaskade mit Neuroinflammation, Öffnung der Blut-Hirn-Schranke und Abbau der myelinisierten subkortikalen Areale aus [58,59]. Ferner werden Matrixmetalloproteinasen (z. B. MMP-2, MMP-3, und MMP-10) unter hypoxischen Bedingungen und Neuroinflammation induziert und sind deshalb im Liquor auffällig. NfL können im Liquor bei VaD ebenfalls erhöht und damit ein Hinweis für eine chronische neuroaxonale Schädigung sein [58,60]. Die Kombination der AD-spezifischen Marker (Aβ42/40, t-tau und p-Tau) scheint vielversprechend für den Ausschluss einer reinen AD-Pathologie bzw. für die Diagnose einer gemischten Demenz zu sein [58].

Das Lipocalin 2 (LCN2) ist ein sezerniertes Glykoprotein, das als Vermittler neuronaler Schäden bei vaskulären Hirnverletzungen angesehen wird [61]. In einer Studie war das LCN2 bei VaD im Vergleich zu Kontrollpatienten, AD, anderen neurodegenerativen Demenzen und kognitiv nicht beeinträchtigten Patienten mit zerebrovaskulären Erkrankungen signifikant erhöht. Außerdem unterschied das LCN2 die VaD mit hoher diagnostischer Genauigkeit von der reinen AD [61]. Deshalb könnte der Marker potenziell eine Rolle in der Differentialdiagnose der VaD spielen.

Hinsichtlich Blutbiomarker scheinen NfL- und GFAP-Serumwerte bei Patienten mit SVD mit dem Schwergrad der Erkrankung sowie mit den aktuellen und künftigen neurokognitiven Funktionen zu korrelieren [62,63,64].

1.4.1.6 Normaldruckhydrozephalus

Der Normaldruckhydrozephalus (NPH) ist eine fortschreitende neurologische Erkrankung, die klinisch durch die klassische Trias aus kognitiver Störung, Gangstörung und Harninkontinenz und neuroradiologisch durch den Nachweis einer Ventrikelerweiterung gekennzeichnet ist. Zu den Grundbefunden der Liquordiagnostik siehe **Kap. C.1.4.3.3**.

Liquor-Biomarker wurden bei NPH eingehend untersucht, um eine bessere Differenzialdiagnose und Outcome-Prädiktion nach Einlage eines ventrikulo-peritonealen Shunts zu ermöglichen. Da es bei NPH jedoch keine spezifischen pathologischen Merkmale gibt, ist aktuell der ideale krankheitsspezifische Marker nicht verfügbar [65].

Dennoch berichteten mehrere Studien über signifikant verringerte Aβ42-, t-Tau- und p-Tau-Werte im Liquor im Vergleich zu Kontrollpatienten [60,65,67,68]. Als pathogenetische Mechanismen werden die Herunterregulierung der β-Amyloid-Produktion aufgrund des periventrikulären Hypometabolismus, die Beeinträchtigung der glymphatischen Clearance-Mechanismen und die abnormale Liquordynamik in Betracht gezogen [66,67,69,70]. Obwohl der Aβ42-Spiegel sowohl bei der Alzheimer-Krankheit (AD) als auch bei NPH verringert ist, sind die Aβ42/40-Werte bei AD signifikant reduziert bzw. bei NPH im Normbereich [60]. Dementsprechend stellte das Aβ42/40-Verhältnis eine höhere diagnostische Genauigkeit als Aβ42 in der Differenzialdiagnose zwischen NPH und AD dar [60].

Außerdem scheint die Ventrikelerweiterung mit dem folgenden Druck, die zu Liquorleckage und periventrikulärer Hypoperfusion führt, für die Degeneration der periventrikulären Axone verantwortlich zu sein [60,65,60]. Dementsprechend sind die NfL-Werte bei NPH erhöht [2,60,65,67] und korrelieren mit dem klinischen Schwergrad der Erkrankung [71,72].

Aufgrund des zunehmenden Anstiegs der NPH-Prävalenz über 65 Jahren [73] ist ein erheblicher Prozentsatz von NPH-Patienten mit altersbedingten Co-Pathologien, wie der AD- und Lewy-Körperchen (LB)-Pathologie zu erwarten. Diesbezüglich zeigten neue Studien [71,74], dass etwa 14–20 % der NPH-Patienten eine α-Synuclein-seeding-Aktivität aufweisen, die mit der LB-Pathologie zusammenhängt. Außerdem stellten einige Studien eine Assoziation zwischen den kognitiven Defiziten und niedrigeren Werten von Aβ42 bzw. Aβ42/40-Verhältnis als Hinweis für eine Alzheimer-Komorbidität in NPH dar [71,72].

Der Zusammenhang zwischen Liquor-Biomarkern und dem chirurgischen Outcome ist aktuell nicht vollständig geklärt. Jedoch zeigte eine Metaanalyse, dass auf einen Shunt nicht-responsive NPH-Patienten signifikant höhere p-Tau- und t-Tau-Werte im Vergleich zu den Shunt-responsiven aufweisen [75]. In Gegensatz dazu unterschiedet Aβ42 nicht signifikant zwischen den zwei Gruppen.

1.4.1.7 Parkinson-Krankheit

Sigurd D. Süßmuth

Im Liquor cerebrospinalis von Patienten mit einer idiopathischen Parkinson-Krankheit (PD, früher Morbus Parkinson) liegen die *Zellzahlen* im Normbereich, während die *Gesamtproteinwerte* bei *Blut-Liquor-Schrankenfunktionsstörung* oftmals leicht erhöht sind; *Laktat* oder *oligoklonale IgG-Banden* sind nicht auffällig [21].

Der Gehalt an Neurofilament-Proteinen, sowohl von NfL als auch NfH, ist bei PSP und MSA signifikant höher als bei PD und kann zur Unterscheidung zwischen einer idiopathischen Parkinson-Krankheit und atypischen Parkinsonsyndromen beitragen (siehe auch **Kap. C.1.4.1.3 und C.1.4.1.4**) [76,77,78]. Ein Unterschied in der glialen Beteiligung, die über das GFAP gemessen wurde, konnte in den PD-,

PSP-, und MSA-Gruppen nicht gefunden werden [77,79]. Auch bei der Kortikobasalen Degeneration (CBD) ist GFAP, ebenso wie Protein Tau, unauffällig, wobei NfL erhöht ist [77]. In frühen Stadien der idiopathischen Parkinson-Krankheit zeigt sich, verglichen mit früher CBD und gesunden Kontrollen, eine signifikante Verringerung der Homovanillinsäure [80].

1.4.1.8 Huntington-Krankheit

Sigurd D. Süßmuth

Bei der Huntington-Krankheit (HD, früher Morbus Huntington oder Chorea Huntington), einer genetisch bedingten Polyglutaminerkrankung, ist der Grundbefund des Liquor cerebrospinalis in 3 von 4 Fällen ohne Auffälligkeiten. Zu den unspezifischen Veränderungen in leichter Ausprägung, die sich insbesondere in frühen Krankheitsstadien finden lassen, zählen eine Störung der *Blut-Liquor-Schranke* mit leicht erhöhtem *Albuminquotient* mit Werten von bis zu 12×10^{-3} (bis zu 20 % der Fälle). Die *Zellzahl* ist in aller Regel normal, eine Pleozytose sollte Anlass zu differentialdiagnostischen Überlegungen geben. Eine intrathekale *Ig-Synthese* bzw. der Nachweis von isolierten *oligoklonalen Banden* im Liquor ist nicht zu erwarten bzw. entspricht der Häufigkeit von Kontrollen [21].

Vielversprechender Biomarkerkandidat mit möglicher prognostischer Relevanz scheinen Leichtketten-Neurofilamente (NfL) im Liquor mit Korrelation zu klinischen Parametern zu sein [81,82]. Die Bedeutung der Messung von NfL-Plasmakonzentrationen muss noch genauer untersucht werden [83].

1.4.1.9 Motoneuronerkrankungen

Hayrettin Tumani

Zu der Gruppe der Motoneuronerkrankungen (MND) gehören die Amyotrophe Lateralsklerose (ALS), Primäre Lateralsklerose (PLS), Spinale Muskelatrophie (SMA) und das Kennedy-Syndrom. Die Liquoruntersuchung ergibt, was die Routineparameter anbetrifft, bei diesen degenerativen Erkrankungen mit motorischem Leitsymptom in der Regel einen Normalbefund mit Ausnahme einer möglichen leicht gestörten *Blut-Liquor-Schrankenfunktion.* Aus liquordiagnostischer Sicht ist daher bei diesen Krankheitsbildern zunächst der differentialdiagnostische Ausschluss eines entzündlichen, raumfordernden oder paraneoplastischen Prozesses von wesentlicher Bedeutung.

Die *Liquorzellzahl* ist in der Regel im Normbereich und das *Liquor-Zellbild* unauffällig. Bei Patienten mit ALS oder SMA, die eine intrathekale Therapie erhalten, können jedoch bei wiederholten Gaben eine Reizpleozytose und Makrophagen mit Einschlüssen aufweisen, die das intrathekal applizierte Medikament, z. B. Nusinersen, beinhalten können (siehe **Kapitel C.1.6.3.2**).

In bis zu 37 % der Patienten mit MND wurden leicht erhöhte *Albuminquotienten* (Q_{Alb}) beschrieben [84], wobei die pathophysiologischen Mechanismen, die diesen Veränderungen zugrunde liegen, noch unklar sind. Diskutiert werden u. a. degenerative Wirbelsäulenveränderungen mit spinalen Engen, aber auch der arterielle Kohlendioxidgehalt, der bei ALS-Patienten im Verlauf der Krankheit im Rahmen der Ateminsuffizienz zunehmen kann. Süßmuth et al. (2010) untersuchten die Beziehung zwischen dem arteriellen Kohlendioxidpartialdruck (pCO_2) und dem Q_{Alb} bei Patienten mit einer ALS, wobei sich eine signifikante Korrelation ergab ($r = 0{,}454$; $p = 0{,}001$; $n = 45$). Die Autoren schlussfolgerten daraus, dass die bei MND vorkommenden Blut-Liquor-Schrankenstörungen unterschiedliche pathophysiologische Mechanismen widerspiegeln, und dass ein möglicher zugrundeliegender Mechanismus der Einfluss des arteriellen pCO_2 auf den Liquorfluss sein könnte [85].

Entzündliche Veränderungen auf der Ebene von Proteinen (IgG, IgA, IgM, oligoklonale IgG-Banden) sind bei Patienten mit MND in der Regel nicht zu beobachten. *Oligoklonale IgG-Banden* waren in unserem Kollektiv lediglich in 3 % isoliert im Liquor und in 7 % systemisch im Blut und im Liquor nachweisbar (Süssmuth, 2003). Derartige Veränderungen sind überwiegend leicht ausgeprägt und am ehesten als unspezifisch zu werten. Auch *Glukose* (Liquor-Serum-Quotient) und *Laktatspiegel* im Liquor zeigen sich in der Regel im Normbereich.

An speziellen Markern mit Bezug auf die zugrundeliegenden Pathomechanismen bei MND wurden diverse gliale sowie neuronale Proteine wie S100b, Tau-Protein, Neurofilamente, Glutamat und Produkte des oxidativen Stress untersucht [86]. Unter diesen Biomarkerkandidaten haben sich in den letzten Jahren der Nachweis der Neurofilamente (NfH und NfL) im Liquor und im Serum als diagnostische und prognostische Parameter mit Praxisrelevanz durchgesetzt.

Brettschneider et al. (2006) konnten erstmals zeigen, dass NfH-Werte im Liquor bei ALS-Patienten fünfmal höher (1,7 ng/ml) als bei Kontrollen (0,3 ng/ml, $p < 0{,}001$) und zehnmal höher als bei Patienten mit einer Alzheimer-Krankheit (0,14 ng/ml, $p < 0{,}001$) waren. Zudem waren die NfH-Werte bei Patienten mit ALS, bei denen das primär erste Motoneuron betroffen war, ebenfalls höher als bei Patienten mit typischer ALS (oberes Motoneuron + unteres Motoneuron) ($p = 0{,}02$). Auch wurde beschrieben, dass die NfH-Werte bei ALS mit rascher Progression höher waren als bei langsamen Krankheitsverlauf [87]. Diese Befunde konnten in späteren Arbeiten an größeren Fallzahlen und mit neueren Assays sowohl im Liquor als auch im Serum bestätigt und erweitert werden [17,88,89,90]. Nach aktuellem Stand steigen die Neurofilamente bei der ALS bereits früh in der Erkrankungsphase an, sind unabhängig von der elektrophysiologischen Klassifikation, und bleiben dann stabil auf hohem Niveau [17,91,92,93].

Die Bestimmung der NfL im Serum mithilfe der SIMOA-Technologie hat eine ähnlich gute Aussage wie die Bestimmung im Liquor [90]. Unklar ist bislang, warum die Neurofilamente bereits so früh in der Krankheitsphase erhöht sind. Hier wird diskutiert, ob die Neurofilamente direkt in der Pathophysiologie involviert sind und damit nicht nur einen einfachen Destruktionsmarker darstellen.

Die Neurofilamente im Liquor und im Blut können außer bei MND auch bei verschiedenen anderen neurologischen Erkrankungen (SAB, ICB, Hirntumoren, erregerbedingter Enzephalitis, Neuropathien, CIDP, GBS, Schädel-Hirn-Trauma, MSA, PSP, MS, NMOSD, Demenz, zerebraler Ischämie und Mikroangiopathie) im Liquor und/oder im Serum erhöht sein. Hier muss die Differenzialdiagnose beachtet werden.

Auch als Therapieresponse-Marker scheint die Bestimmung von Neurofilamenten im Liquor und im Serum ein brauchbares diagnostisches Instrument bei klinischen Studien der ALS und MSA zu sein (siehe auch **Kapitel C.1.6.3.1**).

Literatur

[1] Scheltens P, De Strooper B, Kivipelto M, et al. Alzheimer's disease. Lancet. 2021;397(10284):1577–1590.

[2] McKhann G, Drachman D, Folstein M, et al. Clinical diagnosis of Alzheimer's disease: report of the NINCDS-ADRDA Work Group under the auspices of Department of Health and Human Services Task Force on Alzheimer's Disease. Neurology. 1984;34(7):939–44.

[3] Dubois B, Feldman HH, Jacova C, et al. Research criteria for the diagnosis of Alzheimer's disease:

revising the NINCDS-ADRDA criteria. Lancet Neurol. 2007;6(8):734–46.

[4] Jack CR Jr., Bennett DA, Blennow K, et al. Toward a biological definition of Alzheimer's disease. Alzheimers Dement. 2018;14(4):535–562.

[5] Delaby C, Teunissen CE, Blennow K, et al. Clinical reporting following the quantification of cerebrospinal fluid biomarkers in Alzheimer's disease: An international overview. Alzheimers Dement. 2022 Oct;18(10):1868–1879.

[6] Barba L, Abu Rumeileh B, Bellomo G, et al. Cerebrospinal fluid beta-synuclein as a synaptic biomarker for preclinical Alzheimer's disease. J Neurol Neurosurg Psychiatry. 2023 Jan;94(1):83–86.

[7] Halbgebauer S, Steinacker P, Hengge S, et al. CSF levels of SNAP-25 are increased early in Creutzfeldt-Jakob and Alzheimer's disease. J Neurol Neurosurg Psychiatry. 2022 Aug 22:jnnp-2021-328646.

[8] Oeckl P, Anderl-Straub S, Danek A, et al. Relationship of serum beta-synuclein with blood biomarkers and brain atrophy. Alzheimers Dement. 2023 Apr;19(4):1358–1371.

[9] Rascovsky K, Hodges JR, Knopman D, et al. Sensitivity of revised diagnostic criteria for the behavioural variant of frontotemporal dementia. Brain. 2011;134(Pt 9):2456–77.

[10] Gorno-Tempini ML, Hillis AE, Weintraub S, et al. Classification of primary progressive aphasia and its variants. Neurology. 2011;76(11):1006–14.

[11] Synofzik M, Otto M, Ludolph A, Weishaupt JA. [Genetic architecture of amyotrophic lateral sclerosis and frontotemporal dementia : Overlap and differences]. Nervenarzt. 2017;88(7):728–735.

[12] Mackenzie IR, Neumann M. Molecular neuropathology of frontotemporal dementia: insights into disease mechanisms from postmortem studies. J Neurochem. 2016;138(1):54–70.

[13] Oeckl P, Steinacker P, Feneberg E, Otto M. Neurochemical biomarkers in the diagnosis of frontotemporal lobar degeneration: an update. J Neurochem. 2016;138(1):184–92.

[14] Steinacker P, Anderl-Straub S, Diehl-Schmid J, et al. Serum neurofilament light chain in behavioral variant frontotemporal dementia. Neurology. 2018;91(15):e1390–e1401.

[15] Al Shweiki MR, Steinacker P, Oeckl P, et al. Neurofilament light chain as a blood biomarker to differentiate psychiatric disorders from behavioural variant frontotemporal dementia. J Psychiatr Res. 2019;113:137–140.

[16] Steinacker P, Semler E, Anderl-Straub S, et al. Neurofilament as a blood marker for diagnosis and monitoring of primary progressive aphasias. Neurology. 2017;88(10):961–969.

[17] Steinacker P, Feneberg E, Weishaupt J, et al. Neurofilaments in the diagnosis of motoneuron diseases: a prospective study on 455 patients. J Neurol Neurosurg Psychiatry. 2016;87(1):12–20.

[18] Lehmer C, Oeckl P, Weishaupt JH, et al. Poly-GP in cerebrospinal fluid links C9orf72-associated dipeptide repeat expression to the asymptomatic phase of ALS/FTD. EMBO Mol Med. 2017;9(7):859–868.

[19] Chung DC, Roemer S, Petrucelli L, Dickson DW. Cellular and pathological heterogeneity of primary tauopathies. Mol Neurodegener. 2021;16(1):57.

[20] Höglinger GU, Respondek G, Stamelou M, et al. Clinical diagnosis of progressive supranuclear palsy: The movement disorder society criteria. Mov. Disord. 2017;

[21] Jesse S, Brettschneider J, Süssmuth SD, et al. Summary of cerebrospinal fluid routine parameters in neurodegenerative diseases. J Neurol. 2011;258(6):1034–41.

[22] Abu-Rumeileh S, Mometto N, Bartoletti-Stella A, et al. Cerebrospinal Fluid Biomarkers in Patients with Frontotemporal Dementia Spectrum: A Single-Center Study. J Alzheimers Dis. 2018;66(2):551–563.

[23] Kuiperij HB, Versleijen AA, Beenes M, et al. Tau rather than TDP-43 proteins are potential cerebrospinal fluid biomarkers for frontotemporal lobar degeneration subtypes:Apilot study. J Alzheimers Dis. 2017;55:585–595.

[24] Meeter LHH, Vijverberg EG, Del Campo M, et al. Clinical value of neurofilament and phospho-tau/tau ratio in the frontotemporal dementia spectrum. Neurology. 2018;90:e1231–e1239.

[25] Irwin DJ, Lle´o A, Xie SX, et al. Ante mortem cerebrospinal fluid tau levels correlate with postmortem tau pathology in frontotemporal lobar degeneration. Ann Neurol. 2017;82:247–258.

[26] Hall S, Öhrfelt A, Constantinescu R, et al. Accuracy of a panel of 5 cerebrospinal fluid biomarkers in the differential diagnosis of patients with dementia and/or parkinsonian disorders, Arch. Neurol. 2012;69(11):1445–1452.

[27] Hansson O, Janelidze S, Hall S, et al. Blood-based NfL: A biomarker for differential diagnosis of parkinsonian disorder. Neurology. 2017;88(10):930–937.

[28] Marques TM, van Rumund A, Oeckl P, et al. Serum NFL discriminates Parkinson disease from atypical parkinsonisms. Neurology. 2019;92(13):e1479–e1486.

[29] Quadalti C, Calandra-Buonaura G, Baiardi S, et al. Neurofilament light chain and α-synuclein RT-QuIC as differential diagnostic biomarkers in parkinsonisms and related syndromes. NPJ Parkinsons Dis. 2021;7(1):93.

[30] Rojas JC, Karydas A, Bang J, et al. Plasma neurofilament light chain predicts progression in progressive supranuclear palsy, Annals of clinical and translational neurology. 2016;3(3):216–225.

[31] Lattanzio F, Abu-Rumeileh S, Franceschini A, et al. Prion-specific and surrogate CSF biomarkers in Creutzfeldt-Jakob disease: diagnostic accuracy in relation to molecular subtypes and analysis of neuropathological correlates of p-tau and Aβ42 levels. Acta Neuropathol. 2017;133(4):559–578.

[32] Kraus A, Saijo E, Metrick MA, Newell K, et al. Seeding selectivity and ultrasensitive detection of tau aggregate conformers of Alzheimer disease. Acta Neuropathol. 2019;137(4):585–598.

[33] Saijo E, Metrick MA, Koga S, et al. 4-repeat tau seeds and templating subtypes as brain and CSF biomarkers of frontotemporal lobar degeneration, Acta Neuropathol. 2020;139(1):63–77.

[34] Koga S, Sekiya H, Kondru N, Ross OA, Dickson DW. Neuropathology and molecular diagnosis of Synucleinopathies. Mol Neurodegener. 2021;16(1):83.

[35] Wenning GK, Stankovic I, Vignatelli L, et al. The Movement Disorder Society Criteria for the Diagnosis of Multiple System Atrophy. Mov Disord. 2022;37(6):1131–1148.

[36] Wüllner U, Klockgether T. Klinik und Therapie der Multisystematrophie Dtsch Arztebl. 2003;100(7):A-408/B-357/C-339.

[37] Cong S, Xiang C, Wang H, Cong S. Diagnostic utility of fluid biomarkers in multiple system atrophy: a systematic review and meta-analysis. J Neurol. 2021;268(8):2703–2712.

[38] Zhang L, Cao B, Hou Y, et al. Neurofilament Light Chain Predicts Disease Severity and Progression in Multiple System Atrophy. Mov Disord. 2022;37(2):421–426.

[39] Chelban V, Nikram E, Perez-Soriano A, et al. methoidNeurofilament light levels predict clinical progression and death in multiple system atrophy. Brain. 2022:awac253.

[40] Shahnawaz M, Mukherjee A, Pritzkow S, et al. Discriminating alpha-synuclein strains in Parkinson's disease andmultiple system atrophy. Nature. 2020;578:273–7.

[41] Bongianni M, Ladogana A, Capaldi S, et al. α-Synuclein RT-QuIC assay in cerebrospinal fluid of patients with dementia with Lewy bodies. Ann Clin Transl Neurol. 2019;6:2120–2126.

[42] De Luca CMG, Elia AE, Portaleone SM, et al. Efficient RT-QuIC seeding activity forα-synuclein in olfactory mucosa samples of patients with Parkinson'sdisease and multiple system atrophy. Transl Neurodegener. 2019;8:24.

[43] Rossi M, Candelise N, Baiardi S, et al. Ultrasensitive RT-QuIC assay with highsensitivity and specificity for Lewy body-associatedsynucleinopathies. Acta Neuropathol. 2020;40:49–62.

[44] van Rumund A, Green AJE, Fairfoul G, et al. α-Synuclein real-timequaking-induced conversion in the cerebrospinal fluid of uncertaincases of parkinsonism. Ann Neurol. 2019;85:777–81.

[45] Wang Z, Becker K, Donadio V, et al. Skin α-Synuclein Aggregation Seeding Activity as a Novel Biomarkerfor Parkinson Disease. JAMA Neurol. 2020;78:1–11.

[46] Jaunmuktane Z, Brandner S. Invited review: the role of prion-like mechanisms in neurodegenerative diseases. Neuropathol Appl Neurobiol. 2019;10.1111/nan.12592

[47] Fairfoul G, McGuire LI, Pal S, et al. Alpha-synuclein RT-QuIC in the CSF of patients with alpha-synucleinopathies. Ann Clin Transl Neurol. 2016;3:812–818.

[48] Candelise N, Schmitz M, Llorens F, et al. Seeding variability of different alpha synuclein strains in synucleinopathies. Ann Neurol. 2019;85(5):691–703. doi: 10.1002/ana.25446.

[49] Groveman BR, Orrù CD, Hughson AG, et al. Rapid and ultra-sensitive quantitation of disease-associated α-synuclein seeds in brain and cerebrospinal fluid by αSyn RT-QuIC. Acta Neuropathol Commun. 2018;6:7.

[50] Mammana A, Baiardi S, Quadalti C, et al. RT-QuIC Detection of Pathological alpha-Synuclein in Skin Punches of Patients with LewyBody Disease. Mov Disord. 2021;36:2173–7.

[51] Manne S, Kondru N, Jin H, et al. α-Synuclein real-timequaking-induced conversion in the submandibular glands of Parkinson'sdisease patients. Mov Disord. 2020;35:268–78.

[52] Stefani A, Iranzo A, Holzknecht E, et al. Alpha-synuclein seeds in olfactory mucosa ofpatients with isolated REM sleep behaviour disorder. Brain. 2021;144:1118–26.

[53] Iranzo A, Fairfoul G, Ayudhaya, et al. Detection of α-synuclein in CSF by RT-QuIC inpatients with isolated rapid-eye-movement sleep behaviour disorder: a longitudinal observational study. Lancet Neurol. 2021;20:203–12.
[54] Gorelick PB, Scuteri A, Black SE, et al. Vascular contributions to cognitive impairment and dementia: a statement for healthcare professionals from the american heart association/american stroke association. Stroke. 2011;42:2672–2713.
[55] Erkinjunnti T, Gauthier S. Diagnosing vascular cognitive impairment and dementia. In Concepts and Controversies in Vascular Cognitive Impairment in Clinical Practice; Wahlund, L. O., Erkinjunnti, T., Gauthier, S., Eds.; Cambridge University Press: Cambridge, UK, 2009; pp. 3–9.
[56] Caruso P, Signori R, Moretti R. Small vessel disease to subcortical dementia: A dynamic model, which interfaces aging, cholinergic dysregulation and the neurovascular unit. Vasc. Health Risk Manag. 2019;15:259–281.
[57] Hakim AM. Small Vessel Disease. Front. Neurol. 2019;10:1020.
[58] Wallin A, Kapaki E, Boban M, et al. Biochemical markers in vascular cognitive impairment associated with subcortical small vessel disease – A consensus report. BMC Neurol. 2017;17:102.
[59] Rosenberg GA. Willis Lecture: Biomarkers for Inflammatory White Matter Injury in Binswanger Disease Provide Pathways to Precision Medicine. Stroke. 2022;53(11):3514–3523.
[60] Abu-Rumeileh S, Giannini G, Polischi B, et al. Revisiting the Cerebrospinal Fluid Biomarker Profile in Idiopathic Normal Pressure Hydrocephalus: The Bologna Pro-Hydro Study. J Alzheimers Dis. 2019;68(2):723–733.
[61] Llorens F, Hermann P, Villar-Piqué A, et al. Cerebrospinal fluid lipocalin 2 as a novel biomarker for the differential diagnosis of vascular dementia. Nat Commun. 2020;11(1):619.
[62] Gattringer T, Pinter D, Enzinger C, et al. Serum neurofilament light is sensitive to active cerebral small vessel disease. Neurology. 2017;89:2108–2114.
[63] Peters N, van Leijsen E, Tuladhar AM, et al. Serum Neurofilament Light Chain Is Associated with Incident Lacunes in Progressive Cerebral Small Vessel Disease. J. Stroke. 2020;22:369–376.
[64] Huss A, Abdelhak A, Mayer B, et al. Association of Serum GFAP with Functional and Neurocognitive Outcome in Sporadic Small Vessel Disease. Biomedicines. 2022;10(8):1869.
[65] Schirinzi T, Sancesario GM, Di Lazzaro G, et al. Cerebrospinal fluid biomarkers profile of idiopathic normal pressure hydrocephalus. J Neural Transm (Vienna). 2018;125:673–679.
[66] Jeppsson A, Höltta M, Zetterberg H, et al. Amyloid mis-metabolism in idiopathic normal pressure hydrocephalus. Fluids Barriers CNS. 2016;13:13.
[67] Jeppsson A, Zetterberg H, Blennow K, Wikkelso C. Idiopathic normal-pressure hydrocephalus: Pathophysiology and diagnosis by CSF biomarkers. Neurology. 2013;80:1385–1392.
[68] Chen Z, Liu C, Zhang J, Relkin N, Xing Y, Li Y. Cerebrospinal fluid A42, t-tau, and p-tau levels in the differential diagnosis of idiopathic normal-pressure hydrocephalus: A systematic review and meta-analysis. Fluids Barriers CNS. 2017;14:13.
[69] Graff-Radford NR. Alzheimer CSF biomarkers may be misleading in normal-pressure hydrocephalus. Neurology. 2014;83:1573–1575.
[70] Ringstad G, Vatnehol SAS, Eide PK. Glymphatic MRI in idiopathic normal pressure hydrocephalus. Brain. 2017;140:2691–2705.
[71] Giannini G, Baiardi S, Dellavalle S, et al. In vivo assessment of Lewy body and beta-amyloid copathologies in idiopathic normal pressure hydrocephalus: prevalence and associations with clinical features and surgery outcome. Fluids Barriers CNS. 2022;19(1):71
[72] Braun M, Bjurnemark C, Seo W, et al. Higher levels of neurofilament light chain and total tau in CSF are associated with negative outcome after shunt surgery in patients with normal pressure hydrocephalus. Fluids Barriers CNS. 2022;19(1):15.
[73] Jaraj D, Rabiei K, Marlow T, Jensen C, Skoog I, Wikkelsø C. Prevalence of idiopathic normal-pressure hydrocephalus. Neurology. 2014;82(16):1449–1454.
[74] Fasano A, Martinez-Valbuena I, Azevedo P, et al. Alpha-Synuclein RT-QuIC in Idiopathic Normal Pressure Hydrocephalus. Ann Neurol. 2022; doi: 10.1002/ana.26505.
[75] Thavarajasingam SG, El-Khatib M, Vemulapalli KV, et al. Cerebrospinal fluid and venous biomarkers of shunt-responsive idiopathic normal pressure hydrocephalus: a systematic review and meta-analysis. Acta Neurochir (Wien). 2022;164(7):1719–1746.
[76] Holmberg B, Rosengren L, Karlsson JE, et al. Increased cerebrospinal fluid levels of neurofilament protein in progressive supranuclear

palsy and multiple-system atrophy compared with Parkinson's disease. Mov Disord. 1998;13:70–77.
[77] Constantinescu R, Rosengren L, Johnels B, Zetterberg H, Holmberg B. Consecutive analyses of cerebrospinal fluid axonal and glial markers in Parkinson's disease and atypical Parkinsonian disorders. Parkinsonism Relat Disord. 2010;16(2):142–5.
[78] Brettschneider J, Petzold A, Süssmuth SD, et al. Neurofilament heavy-chain NfH(SMI35) in cerebrospinal fluid supports the differential diagnosis of Parkinsonian syndromes. Mov Disord. 2006;21(12):2224–7.
[79] Süssmuth SD, Uttner I, Landwehrmeyer B, et al. Differential pattern of brain-specific CSF proteins tau and amyloid-β in Parkinsonian syndromes. Mov Disord. 2010;25(9):1284–8.
[80] Kanemaru K, Mitani K, Yamanouchi H. Cerebrospinal fluid homovanillic acid levels are not reduced in early corticobasal degeneration. Neurosci Lett. 1998;245:121–122.
[81] Constantinescu R, Romer M, Oakes D, Rosengren L, Kieburtz K. Levels of the light subunit of neurofilament triplet protein in cerebrospinal fluid in Huntington's disease. Parkinsonism Relat Disord. 2009;15(3):245–8.
[82] Niemelä V, Landtblom AM, Blennow K, Sundblom J. Tau or neurofilament light-Which is the more suitable biomarker for Huntington's disease? PLoS One. 2017;12(2):e0172762.
[83] Parkin GM, Corey-Bloom J, Snell C, Castleton J, Thomas EA. Plasma neurofilament light in Huntington's disease: A marker for disease onset, but not symptom progression. Parkinsonism Relat Disord. 2021;87:32–38.
[84] Süssmuth SD, Tumani H, Ecker D, Ludolph AC. Amyotrophic lateral sclerosis: disease stage related changes of tau protein and S100 beta in cerebrospinal fluid and creatine kinase in serum. Neurosci. Lett. 2003;353:57–60.
[85] Süssmuth SD, Sperfeld AD, Ludolph AC, Tumani H. Hypercapnia is a possible determinant of the function of the blood-cerebrospinal fluid barrier in amyotrophic lateral sclerosis. Neurochem Res. 2010;35(7):1071–4.
[86] Süssmuth SD, Brettschneider J, Ludolph AC, Tumani H. Biochemical markers in CSF of ALS patients. Curr Med Chem. 2008;15(18):1788–801.
[87] Brettschneider J, Petzold A, Süssmuth SD, Ludolph AC, Tumani H. Axonal damage markers in cerebrospinal fluid are increased in ALS. Neurology. 2006;;66(6):852–6.
[88] Lehnert S, Costa J, de Carvalho M, et al. Multicentre quality control evaluation of different biomarker candidates for amyotrophic lateral sclerosis. Amyotroph Lateral Scler Frontotemporal Degener. 2014;15(5–6):344–50.
[89] Menke RA, Gray E, Lu CH, et al. CSF neurofilament light chain reflects corticospinal tract degeneration in ALS. Ann Clin Transl Neurol. 2015;2(7):748–55.
[90] Verde F, Steinacker P, Weishaupt JH, et al. Neurofilament light chain in serum for the diagnosis of amyotrophic lateral sclerosis. J Neurol Neurosurg Psychiatry. 2019;90(2):157–164.
[91] Feneberg E, Oeckl P, Steinacker P, et al. Multicenter evaluation of neurofilaments in early symptom onset amyotrophic lateral sclerosis. Neurology. 2018;90(1):e22–e30.
[92] Steinacker P, Huss A, Mayer B, et al. Diagnostic and prognostic significance of neurofilament light chain NF-L, but not progranulin and S100B, in the course of amyotrophic lateral sclerosis: Data from the German MND-net. Amyotroph Lateral Scler Frontotemporal Degener. 2017;18(1–2):112–119.
[93] Weydt P, Oeckl P, Huss A, et al. Neurofilament levels as biomarkers in asymptomatic and symptomatic familial amyotrophic lateral sclerosis. Ann Neurol. 2016;79(1):152–8.
[94] Feneberg E, Steinacker P, Lehnert S, et al. Limited role of free TDP-43 as a diagnostic tool in neurodegenerative diseases. Amyotroph Lateral Scler Frontotemporal Degener. 2014;15(5–6):351–6.
[95] Oeckl P, Weydt P, Steinacker P, et al. Different neuroinflammatory profile in amyotrophic lateral sclerosis and frontotemporal dementia is linked to the clinical phase. J. Neurol. Neurosurg. Psychiatry. 2019;90:4–10.
[96] Steinacker P, Verde F, Fang L, et al. Chitotriosidase (CHIT1) is increased in microglia and macrophages in spinal cord of amyotrophic lateral sclerosis and cerebrospinal fluid levels correlate with disease severity and progression. J. Neurol. Neurosurg. Psychiatry. 2018;89:239–247.
[97] Thompson AG, Gray E, Thézénas M-L, et al. Cerebrospinal fluid macrophage biomarkers in amyotrophic lateral sclerosis. Ann. Neurol. 2018;83:258–268.
[98] Otto M, Bahn E, Wiltfang J, Boekhoff I, Beuche W. Decrease of S100 beta protein in serum of patients with amyotrophic lateral sclerosis. Neurosci Lett. 1998;240(3):171–3.

Weitere potenzielle Biomarker bei ALS

Aufgrund der bisher bekannten Pathophysiologie der ALS wurden verschiedene Substanzen untersucht, die potenzielle Biomarker für folgende Prozesse darstellen können:

1) neuroaxonale Degeneration, 2) Astrogliaaktivierung, 3) oxidative und antioxidative Prozesse, 4) Dysregulation neurotropher Faktoren, 5) autoimmun-entzündliche Veränderungen, 6) Dysbalance von Neurotransmittern.

Die direkte Messung des TDP-43 im Liquor bringt keine zusätzliche diagnostische Information. Ein Großteil der Liquorkonzentration des TDP-43 kommt aus dem Blut [94].

Nach ersten Studien haben bestimmte Mikroglia-Marker (Chitotriosidase 1, CHIT-1) eine ähnlich gute diagnostische Aussage wie die Neurofilamente [95,96,97].

Otto et al. (1998) berichteten über eine Abnahme der S100b-Konzentration im Serum von ALS-Patienten im Krankheitsverlauf, wobei die absoluten Konzentrationen dieses Markers im Vergleich zu gesunden Kontrollen keinen Unterschied zeigten [98].

Weitere erhöht vorgefundene Marker im Liquor sind Vertreter der Peroxynitrat-vermittelten oxidativen Schädigung wie 3-Nitrotyrosis (3-NT), Superoxid-Dismutase, der Lipidperoxidation wie 4-Hydroxynonenal (HNE), die aber auch nicht krankheitsspezifisch zu sein scheinen [86].

1.4.2 Liquor cerebrospinalis bei Prionerkrankungen

Inga Zerr

Veränderungen im Liquorproteom wurden bei verschiedenen neurodegenerativen Erkrankungen beschrieben, einige sehr frühe Berichte kamen aus dem Bereich der Prionkrankheit [1]. Die Liquoruntersuchung bei Patienten mit einer Creutzfeldt-Jakob-Krankheit (CJD) ist in den Standardparametern unauffällig, es finden sich unauffällige Routineliquorparameter und nur selten eine leichte bis mittelgradige Schrankenstörung. Die klinische Verdachtsdiagnose auf CJD kann durch den Nachweis abnorm hoher Konzentrationen neuronaler und astrozytärer Proteine unterstützt werden. Hierzu gehören die Proteine 14-3-3, Tau, phosphoryliertes Tau (ptau), neuronenspezifische Enolase (NSE), S100b und andere. Die wichtigste Neuerung in diesem Bereich ist die Entwicklung einer Methode, die erlaubt, das fehlgefaltete Prionprotein (PrPSc) aus dem Liquor zu amplifizieren und nachfolgend zu detektieren, die sog. Real-Time Quaking induced Conversion, RT-QuIC. Diese Methode ist inzwischen ein wichtiger Bestandteil der klinischen Diagnostik und erlaubt den Nachweis von PrPSc in ca. 85 % der Erkrankten mit sporadischer CJD.

1.4.2.1 Routineparameter

Die Routinetests der Liquor cerebrospinalis wie die *Zellzahl* und die Parameter der *Blut-Liquor-Schrankenfunktion* sind bei Patienten mit CJD im Allgemeinen unauffällig. In fortgeschrittenen Krankheitsstadien kann ein moderater Anstieg des *Proteingehalts* im Liquor beobachtet werden. Obwohl die Krankheit übertragbar ist, gibt es keine Hinweise auf eine typische Entzündungsreaktion, *IgA-, IgM- und IgG-Quotienten* sind nicht verändert. In Ausnahmefällen werden in etwa 5 % der Fälle *oligoklonale Banden* nachgewiesen, ähnlich wie bei gesunden Kontrollen [2].

1.4.2.2 Surrogatmarker

Proteine 14-3-3

In einer größeren Anzahl von Studien zu diesem Thema wurde gezeigt, dass ein positiver 14-3-3-Proteinnachweis unter geeigneten klinischen Umständen hochempfindlich und spezifisch für die sporadische CJD-Diagnose (sCJD) ist und in 85–94 % der Fälle mit der Diagnose der CJD korreliert [5,6]. Die diagnostische Sensitivität beträgt 94 % bei einer diagnostischen Spezifität von 93 %. Die wichtigste Differentialdiagnose in diesem Zusammenhang ist eine schnell fortschreitende Alzheimer-Demenz und bei bis zu 30 % potenziell reversibler Demenz [7–10]. Eine multizentrische europäische Studie zeigte eine hohe Spezifität des Tests von rund 95 % im Zusammenhang mit neurodegenerativen Erkrankungen. Die meisten „falsch-positiven" Ergebnisse traten bei entzündlichen Erkrankungen und bei Schlaganfallpatienten sowie nach epileptischen Anfällen auf [5]. Im Jahr 2012 ergab eine strukturierte Metaanalyse eine Sensitivität von 92 % und eine Spezifität von 80 % [11]. Der Nachweis abnormaler Konzentrationen reicht allein jedoch keinesfalls aus, um die Diagnose einer CJD zu stellen und sollte immer nur im klinischen Kontext verwendet werden. Daher wurden klinische diagnostische Kriterien vorgeschlagen, die den Nachweis des 14-3-3 Proteins mit beinhalten [6,12,13].

In Einzelfällen kann eine wiederholte Lumbalpunktion sinnvoll sein, um die Verdachtsdiagnose einer CJD zu untermauern, da in den frühen Stadien der Erkrankung der 14-3-3 Test negativ ausfallen kann. Auf der anderen Seite können erhöhte Konzentrationen bei akuten zerebralen Prozessen vorkommen. In der Regel kommt es bei Patienten mit einer CJD im Verlauf der Erkrankung zu einem weiteren Anstieg der 14-3-3-Konzentration, während die Konzentrationen bei einer akuten neuronalen Schädigung anderer Genese (z. B. zerebrale Hypoxie) wieder abfallen. Die Testsensitivität steigt im späteren Krankheitsstadium. Sie wird modifiziert durch Krankheitsdauer, Krankheitsstadium, Codon-129-Genotyp und Alter der Patienten (höher bei kurzem Verlauf, im späten Stadium, bei Homozygoten am Codon 129 des Prionproteingens und bei Älteren) [14,15]. Es muss betont werden, dass die hohe Testsensitivität dieser Proteine nur unter der Voraussetzung normaler Liquor-Standardparameter und eines normalen Standard-MRT (ohne Nachweis einer strukturellen Pathologie wie z. B. CVI, Tumor oder Enzephalitis) gegeben ist.

Tau

Tau, ein mit Mikrotubuli assoziiertes Protein, wird in neuronalen und Gliazellen exprimiert. Bei CJD findet sich ein extrem hoher Liquor-Tau-Spiegel [16]. Die meisten Studien berichteten über eine gute Testempfindlichkeit und -spezifität von jeweils etwa 90 % [5,17–19].

Eine Pilotstudie zeigte, dass der Nachweis im Serum-Tau ebenfalls nützlich sein kann [20]. Darüber hinaus kann das Verhältnis gesamt-Tau (bei CJD deutlich erhöht) zu dem phosphoryliertem tau (bei CJD unauffällig) wegweisend sein.

Diagnostische Wertigkeit bei sporadischer CJD – molekulare Phänotypen

Bei sCJD definiert die Kombination von Methionin-Valin-Polymorphismus an Position 129 (MM, MV, VV) des Prionproteingens (PRNP) zusammen mit der Prionentypisierung (Typ 1 oder 2 in Abhängigkeit von der elektrophoretischen Mobilität des pathologischen PrPSc-Proteins) den molekularen Typ der Krankheit. Die verschiedenen molekularen Subtypen weisen gut definierte histopathologische Merkmale auf und unterscheiden sich je nach Alter zu Beginn und Krankheitsverlauf [21,22] (MM1, MM2, MV1, MV2, VV1, VV2). Bei diesen molekularen Subtypen werden unterschiedliche Konzentrationen der Biomarker beschrieben. Bei den klassischen sCJD-Subtypen MM1 und MV1, VV2 werden höhere 14-3-3-Proteinspiegel beobachtet als bei Patienten mit atypischen Subtypen (MV2, MM2), die auch mit einer längeren Krankheitsdauer verbunden sind [23,24]. Ähnliches wird für das Protein Tau beschrieben. Die Tau-Spiegel sind bei MM- und MV-Patienten mit PrP Typ 1 erheblich höher, bei Patienten mit VV-Genotyp jedoch niedriger [25].

Diagnostische Wertigkeit bei genetischen Prionerkrankungen

Ungefähr 10–15 % aller Fälle von Prionkrankheiten beim Menschen weisen eine genetische Ätiologie auf. Diese sind mit Mutationen des PRNP verbunden, die auch den Phänotyp der genetischen Prionerkrankung definieren als genetische CJD, letale familiäre Insomnie (FFI) oder Gerstmann-Sträussler-Scheinker-Syndrom (GSS).

Die diagnostische Genauigkeit des 14-3-3 Proteins oder des Proteins Tau ist in genetischen CJD-Fällen ähnlich wie bei sCJD, dagegen ist sie für FFI und GSS sehr niedrig [26–29]. S100b und NSE zeigen eine ähnliche Verteilung mit erhöhten Werten bei den genetischen CJD-Fällen und niedrigen Werten (S100b) bzw. normalen Werten (NSE) bei FFI und GSS [27].

PrPSc Nachweis mittels Real-Time Quaking Induced Conversion (RT-QuIC)

Der Prionhypothese zufolge repliziert sich das fehlgefaltete Prionprotein (PrPSc) bei direktem Kontakt mit der physiologischen Form (PrPc) und „zwingt“ der physiologischen Form seine Konformation auf. In seiner pathologischen Konformation neigt PrPSc zur Aggregation, und diese Eigenschaft bildet die Grundlage der neuartigen Technik, der Real-Time Quaking induced Conversion (RT-QuIC). Der PrPSc-Aggregationsassay besteht aus abwechselnden Inkubations- und Fragmentationsphasen (siehe auch **Kap. B.4.2.3.6 und B.5.1.3.2**). In der Inkubationsphase wandelt das PrPSc aus der Probe das rekombinante PrPc des Substrats um und induziert dadurch das Wachstum von PrP-Amyloiden. In der Fragmentationsphase werden diese Amyloide mittels hochfrequenter Vibration aufgebrochen, wodurch die Anzahl von Saatpartikeln in jedem Zyklus exponentiell gesteigert wird. Die Menge der PrP-Amyloide wird mittels Fluoreszenzfarbstoffanalyse in regelmäßigen Abständen detektiert [4,30,31].

Der RT-QuIC Test wurde bereits erfolgreich für den Liquor angepasst, kann aber auch in anderen Geweben angewandt werden (z. B. Gehirn, olfaktorisches Epithel, Tränenflüssigkeit [Orrú et al. 2014 (neu 32) und Schmitz et al. 2023 (neu 33), siehe Literatur.]). Die Reproduzierbarkeit in Ringversuchen ist sehr hoch, der Test ist unter definierten Liquor-Lagerbedingungen stabil (kurz- und langfristig bis zu 5 Jahren) [15]. Somit handelt es sich bei der RT-QuIC um eine robuste diagnostische Testmethode. In der Diagnostik zeigt dieser Assay eine Spezifität von nahezu 100 % und eine Sensitivität von 85 % [15,31,34,35].

Bisher wurde angenommen, dass das Konzept der Proteinfehlfaltung ausschließlich mit Prionkrankheiten zusammenhängt. Zwischenzeitlich werden jedoch ähnliche Eigenschaften auch für andere fehlgefaltete Proteine wie Abeta- oder Tau-Protein bei der Alzheimer Erkrankung oder Alpha-Synuclein bei Parkinson-Erkrankungen beschrieben. Eine „prionartige“ Proteinvermehrung wird bei diesen Krankheiten diskutiert. In diesem Zusammenhang verfügt die RT-QuIC-Methodik über ein beträchtliches diagnostisches Potenzial, das auch für andere fehlgefaltete Proteine/Krankheiten relevant werden kann und zu einer Erweiterung des Anwendungsspektrums dieses Tests führen wird [36–41].

Literatur

[1] Harrington MG, Merril CR, Asher DM, Gajdusek DC. Abnormal proteins in the cerebrospinal fluid of patients with Creutzfeldt-Jakob disease. N Engl J Med. 1986;315(5):279–83.

[2] Jacobi C, Arlt S, Reiber H, et al. Immunoglobulins and virus-specific antibodies in patients with Creutzfeldt-Jakob disease. Acta Neurol Scand. 2005;111(3):185–90.

[3] Hsich G, Kenney K, Gibbs CJ, Lee KH, Harrington MG. The 14-3-3 brain protein in cerebrospinal fluid as a marker for transmissible spongiform encephalopathies. N Engl J Med. 1996;335(13):924–30.

[4] Schmitz M, Ebert E, Stoeck K, et al. Validation of 14-3-3 Protein as a Marker in Sporadic Creutzfeldt-Jakob Disease Diagnostic. Mol Neurobiol. 2016;53(4):2189–99.

[5] Sanchez-Juan P, Green A, Ladogana A, et al. CSF tests in the differential diagnosis of Creutzfeldt-Jakob disease. Neurology. 2006;67(4):637–43.

[6] Stoeck K, Sanchez-Juan P, Gawinecka J, et al. Cerebrospinal fluid biomarker supported diagnosis of Creutzfeldt-Jakob disease and rapid dementias: a longitudinal multicentre study over 10 years. Brain. 2012;135(Pt 10):3051–61.

[7] Van Everbroeck B, Dobbeleir I, De Waele M, et al. Differential diagnosis of 201 possible Creutzfeldt-Jakob disease patients. J Neurol. 2004;251(3):298–304.

[8] Heinemann U, Krasnianski A, Meissner B, et al. Creutzfeldt-Jakob disease in Germany: a prospective 12-year surveillance. Brain. 2007;130(Pt 5):1350–9.

[9] Kelley BJ, Boeve BF, Josephs KA. Cognitive and noncognitive neurological features of young-onset dementia. Dement Geriatr Cogn Disord. 2009;27(6):564–71.

[10] Chitravas N, Jung RS, Kofskey DM, et al. Treatable neurological disorders misdiagnosed as Creutzfeldt-Jakob disease. Ann Neurol. 2011;70(3):437–44.

[11] Muayqil T, Gronseth G, Camicioli R. Evidence-based guideline: diagnostic accuracy of CSF 14-3-3 protein in sporadic Creutzfeldt-Jakob disease: report of the guideline development subcommittee of the American Academy of Neurology. Neurology. 2012;79(14):1499–506.

[12] Zerr I, Pocchiari M, Collins S, et al. Analysis of EEG and CSF 14-3-3 proteins as aids to the diagnosis of Creutzfeldt-Jakob disease. Neurology. 2000;55(6):811–5.

[13] Zerr I, Kallenberg K, Summers DM, et al. Updated clinical diagnostic criteria for sporadic Creutzfeldt-Jakob disease. Brain. 2009;132(Pt 10):2659–68.

[14] Zerr I, Schulz-Schaeffer WJ, Giese A, et al. Current clinical diagnosis in Creutzfeldt-Jakob disease: identification of uncommon variants. Ann Neurol. 2000;48(3):323–9.

[15] Cramm M, Schmitz M, Karch A, et al. Stability and Reproducibility Underscore Utility of RT-QuIC for Diagnosis of Creutzfeldt-Jakob Disease. Mol Neurobiol. 2016;53(3):1896–904.

[16] Otto M, Wiltfang J, Tumani H, et al. Elevated levels of tau-protein in cerebrospinal fluid of patients with Creutzfeldt-Jakob disease. Neurosci Lett. 1997;225(3):210–2.

[17] Lattanzio F, Abu-Rumeileh S, Franceschini A, et al. Prion-specific and surrogate CSF biomarkers in Creutzfeldt-Jakob disease: diagnostic accuracy in relation to molecular subtypes and analysis of neuropathological correlates of p-tau and Abeta42 levels. Acta Neuropathol. 2017;133(4):559–78.

[18] Hamlin C, Puoti G, Berri S, et al. A comparison of tau and 14-3-3 protein in the diagnosis of Creutzfeldt-Jakob disease. Neurology. 2012;79(6):547–52.

[19] Koscova S, Zakova Slivarichova D, Tomeckova I, et al. Cerebrospinal Fluid Biomarkers in the Diagnosis of Creutzfeldt-Jakob Disease in Slovak Patients: over 10-Year Period Review. Mol Neurobiol. 2017;54(8):5919–27.

[20] Noguchi-Shinohara M, Hamaguchi T, Nozaki I, Sakai K, Yamada M. Serum tau protein as a marker for the diagnosis of Creutzfeldt-Jakob disease. J Neurol. 2011;258(8):1464–8.

[21] Parchi P, Strammiello R, Notari S, et al. Incidence and spectrum of sporadic Creutzfeldt-Jakob disease variants with mixed phenotype and co-occurrence of PrPSc types: an updated classification. Acta Neuropathol. 2009;118(5):659–71.

[22] Parchi P, de Boni L, Saverioni D, et al. Consensus classification of human prion disease histotypes allows reliable identification of molecular subtypes: an inter-rater study among surveillance centres in Europe and USA. Acta Neuropathol. 2012;124(4):517–29.

[23] Castellani RJ, Colucci M, Xie Z, et al. Sensitivity of 14-3-3 protein test varies in subtypes of

sporadic Creutzfeldt-Jakob disease. Neurology. 2004;63(3):436–42.
[24] Gmitterova K, Heinemann U, Bodemer M, et al. 14-3-3 CSF levels in sporadic Creutzfeldt-Jakob disease differ across molecular subtypes. Neurobiol Aging. 2009;30(11):1842–50.
[25] Karch A, Hermann P, Ponto C, et al. Cerebrospinal fluid tau levels are a marker for molecular subtype in sporadic Creutzfeldt-Jakob disease. Neurobiol Aging. 2015;36(5):1964–8.
[26] Kovacs GG, Puopolo M, Ladogana A, et al. Genetic prion disease: the EUROCJD experience. Hum Genet. 2005;118(2):166–74.
[27] Ladogana A, Sanchez-Juan P, Mitrova E, et al. Cerebrospinal fluid biomarkers in human genetic transmissible spongiform encephalopathies. J Neurol. 2009;256(10):1620–8.
[28] Gawinecka J, Zerr I. Cerebrospinal fluid biomarkers in human prion diseases. Future Neurol. 2010;5:301–16.
[29] Llorens F, Schmitz M, Karch A, et al. Comparative analysis of cerebrospinal fluid biomarkers in the differential diagnosis of neurodegenerative dementia. Alzheimers Dement. 2016;12(5):577–89.
[30] Wilham JM, Orru CD, Bessen RA, et al. Rapid end-point quantitation of prion seeding activity with sensitivity comparable to bioassays. PLoS Pathog. 2010;6(12):e1001217.
[31] Atarashi R, Satoh K, Sano K, et al. Ultrasensitive human prion detection in cerebrospinal fluid by real-time quaking-induced conversion. Nat Med. 2011;17(2):175–8.
[32] Orrú CD, Bongianni M, Tonoli G, et al. A test for Creutzfeldt-Jakob disease using nasal brushings. N Engl J Med. 2014;371(6):519–29.
[33] Schmitz M, Silva Correia S, Hermann P, et al. Detection of prion protein seeding activity in tear fluids. N Engl J Med. 2023;388(19):1816–7.
[34] McGuire LI, Peden AH, Orru CD, et al. Real time quaking-induced conversion analysis of cerebrospinal fluid in sporadic Creutzfeldt-Jakob disease. Ann Neurol. 2012;72(2):278–85.
[35] Sano K, Satoh K, Atarashi R, et al. Early detection of abnormal prion protein in genetic human prion diseases now possible using real-time QUIC assay. PLoS One. 2013;8(1):e54915.
[36] Salvadores N, Shahnawaz M, Scarpini E, Tagliavini F, Soto C. Detection of misfolded Abeta oligomers for sensitive biochemical diagnosis of Alzheimer's disease. Cell reports. 2014;7(1):261–8.
[37] Stancu IC, Vasconcelos B, Ris L, Wang P, et al. Templated misfolding of Tau by prion-like seeding along neuronal connections impairs neuronal network function and associated behavioral outcomes in Tau transgenic mice. Acta Neuropathol. 2015;129(6):875–94.
[38] Zerr I. RT-QuIC for detection of prodromal alpha-synucleinopathies. Lancet Neurol. 2021;20(3):165–6.
[39] Iranzo A, Fairfoul G, Ayudhaya ACN, et al. Detection of alpha-synuclein in CSF by RT-QuIC in patients with isolated rapid-eye-movement sleep behaviour disorder: a longitudinal observational study. Lancet Neurol. 2021;20(3):203–12.
[40] Dong TT, Satoh K. The Latest Research on RT-QuIC Assays-A Literature Review. Pathogens. 2021;10(3).
[41] Saijo E, Groveman BR, Kraus A, et al. Ultrasensitive RT-QuIC Seed Amplification Assays for Disease-Associated Tau, alpha-Synuclein, and Prion Aggregates. Methods Mol Biol. 2019;1873:19–37.

1.4.3 Liquordrucksyndrome

Martin Stangel

In dieser Gruppe von Erkrankungen sind Syndrome mit Liquorüberdruck, Liquorunterdruck und einem normalen Liquordruck zusammengefasst. Detailliert wird auf diese Krankheitsbilder in **Kapitel A.6.** eingegangen, hier sind die entsprechenden Liquoreröffnungsdrucke mit den zu erwartenden Liquorgrundbefunden aufgeführt.

1.4.3.1 Idiopathische intrakranielle Hypertension (Pseudotumor cerebri)

Die idiopathische intrakranielle Hypertension ist definiert durch einen *Liquoreröffnungsdruck* über 200 mm H_2O. Klinisch und radiologisch müssen insbesondere eine Sinusvenenthrombose, eine Raumforderung und ein Hydrocephalus ausgeschlossen werden. Die Liquoranalytik zeigt bei einer normalen *Zellzahl* ein erniedrigtes bis normales *Gesamtprotein.*

1.4.3.2 Spontane intrakranielle Hypotension (Idiopathisches spontanes Liquorunterdrucksyndrom)

Die seltene spontane intrakranielle Hypotension ist charakterisiert durch einen orthostatischen Kopfschmerz bei niedrigem Liquoreröffnungsdruck. Dieser ist geringer als 60 mm H_2O, oft sogar unter 30 mm H_2O oder in seltenen Fällen gar nicht messbar (Punctio sicca). Die ätiologische Abklärung (Duraleck, Liquorfistel) muss mit bildgebenden Techniken (MRT, Liquorszintigraphie, ggf. Myelographie) erfolgen.

Neben dem niedrigen *Liquoreröffnungsdruck* ergibt die Liquoranalytik in der Regel Normalbefunde. Eventuell finden sich in der *Liquorzelldifferenzierung* einige Erythrozyten. Ein leicht erhöhtes *Gesamtprotein* kann bei einem Teil der Fälle nachgewiesen werden.

1.4.3.3 Normaldruckhydrozephalus

Bei der diagnostischen Liquorpunktion ergeben sich in der Regel normale Werte für *Zellzahl*, *Zelldifferenzierung*, *Gesamtprotein* sowie auch für den *Liquoreröffnungsdruck*. Nach Ablassen von 40–50 ml Liquor cerebrospinalis zeigt sich mit unterschiedlicher Latenz häufig eine klinische Besserung, die sich mit einfachen klinischen Tests aus den Untersuchungsbereichen Motorik (Leitsymptom: Gangstörung) und Neuropsychologie (Leitsymptom: Demenz) dokumentieren lässt.

Hinsichtlich der Erkenntnisse zu Biomarkern siehe **Kap. C.1.4.1.6**.

Weiterführende Literatur

Mokri B. Spontaneous intracranial hypotension. Curr Pain Headache Rep. 2001;5:284–291.

Radhakrishnan K, Ahlskog E, Garrity JA, et al. Idiopathic intracranial hypertension. Mayo Clin Proc. 1994;69:169–180.

Bandyopadhyay S. Pseudotumor cerebri. Arch Neurol. 2001;58:1699–1701.

Spelle L, Boulin A, Tainturier C, et al. Neuroimaging features of spontaneous intracranial hypotension. Neuroradiol. 2001;43:622–627.

Williams MA, Malm J. Diagnosis and treatment of idiopathic normal pressure hydrocephalus. Continuum. 2016;22:579–599.

1.4.4 Schädel-Hirn-Trauma

Ahmed Abdelhak, Matteo Foschi, Hayrettin Tumani

Der Begriff Schädel-Hirn-Trauma (SHT, engl. Abk. TBI) bezieht sich auf eine plötzliche Verletzung des Gehirns, die durch äußere Einwirkungen wie einen Schlag, einen Stoß oder eine Erschütterung des Kopfes verursacht wird. Ein SHT ist nach wie vor eine der Hauptursachen für Todesfälle und Behinderungen, wobei die Inzidenz in den Jahren 2011–2020 stetig zugenommen hat und derzeit etwa 400 auf 100.000 pro Jahr beträgt [1]. Die höchsten Raten von SHT sind in sehr jungen (0–4 Jahre) bis jungen Altersgruppen (15–24 Jahre) zu verzeichnen. Ein weiterer Höhepunkt kommt bei älteren Menschen (> 65 Jahre) vor [2]. Die beiden Hauptursachen für ein SHT sind Stürze und Verkehrsunfälle [3], wobei in Deutschland der Anteil der häuslichen Unfälle den Verkehrsunfällen mittlerweile den Rang abgelaufen hat und gleich häufig mit Freizeitunfällen (z. B. Sportunfälle) mit je fast 30 % den Hauptteil ausmachen [4]. Zu den biophysikalischen Mechanismen, die mit SHT einhergehen, gehören Rotations- (Winkel-) und/oder lineare (Translations-) Beschleunigungen oder stumpfe Verletzungen mit Aufprallverzögerung [5]. Durch diese Kräfte wird ein intrakranieller Druckgradient erzeugt, der wiederum die Scherung und Belastung von Neuronen hervorruft und so zu einer sogenannten diffusen axonalen Schädigung (DAS) führt [6].

Da das Hirngewebe nicht komprimierbar ist, wird die Entwicklung eines Ödems zunächst den Austritt von Liquor in das Rückenmarkskompartiment fördern. Mit der Zeit wird auch Blut verdrängt [7]. In manchen Fällen können die Kompensationsmechanismen auch bei maximaler Intervention versagen, was zu einer Hirnkompression und zum Tod führt [5]. Neben Gehirnerschütterungen, bei denen die routinemäßige Bildgebung in der Regel keine unmittelbaren Auffälligkeiten zeigt, gehören zu den traumatischen Hirnläsionen auch extraaxiale Hämatome, Prellungen, traumatische Subarachnoidalblutungen (SAB) und die DAS. Zu den extraaxialen Hämatomen gehören sowohl epidurale (EDH) als auch subdurale Hämatome (SDH). Während EDH in der Regel aus einem direkten Schlag auf die Schläfenregion resultieren, der eine unmittelbare Bruch des Schädels mit Verletzung der mittleren Hirnhautarterie mit einer schnell wachsenden Blutung verursacht [8], haben SDH einen venösen Ursprung und entstehen häufig durch Beschleunigung/Verzögerung der Hirnoberfläche mit Abscherung der überbrückenden Venen [9]. Chronische SDH treten tendenziell häufiger in der älteren Bevölkerung auf, wenn aufgrund von chronischen Blutungen in den subduralen Raum, der durch Hirnatrophie vergrößert ist, ein kritisches Niveau des intrakraniellen Drucks erreicht ist und so zu klinischen Symptomen führt [10]. Hirnkontusionen treten häufiger im kontralateralen Frontal- oder vorderen Temporallappen in Bezug auf den Aufprallpunkt auf, was auf einen Coup- und Countercoup-Mechanismus zurückzuführen ist. Eine traumatische SAB ist in der Regel nicht so schwerwiegend wie eine spontane aneurysmatische Blutung, da bei letzterer das Blut durch den arteriellen Druck in den Subarachnoidalraum geschleudert wird. Die DAS wird bedingt durch primäre oder sekundäre Axotomie, je nach Ort und Art der Verletzung sind unterschiedliche Schweregrade möglich [11]. Bestimmte Hirnregionen wie die Corona radiata, die innere Kapsel, das Corpus callosum oder der Hirnstamm sind anfälliger für Scherkräfte, die zu DAS führen [12]. Klinisch wird ein SHT in leicht (bzw. mild; auch als Gehirnerschütterung bezeichnet), mittelschwer oder schwer eingeteilt (siehe Tab. C.1.14), je nach Dauer und Schweregrad der Bewusstseinsstörungen, des veränderten Geisteszustands und der posttraumatischen Amnesie sowie nach den Ergebnissen der Bildgebung des Gehirns (Computertomographie – CT oder Magnetresonanztomographie – MRT) [13].

Das leichte SHT macht etwa 85 % aller Fälle aus. Der derzeitige Standard für die Bewertung von SHT hat mehrere Einschränkungen. So kann die Glasgow Coma Scale (GCS) bei intubierten oder sedierten Patienten nicht eingesetzt werden, und der wahllose Einsatz der Hirn-CT kann eine unnötige Belastung durch ionisierende Strahlung sein, insbesondere bei jungen Menschen. Diese Nachteile haben dazu geführt, dass astrogliale und neuronale Biomarker untersucht wurden, um die Genauigkeit der SHT-Diagnose zu verbessern und den Entscheidungsprozess möglicherweise zu unterstützen [14].

1.4.4.1 Leichtes Schädel-Hirn-Trauma und strukturelle Hirnschäden

Die ausschließlich klinische Klassifizierung kann dazu führen, dass die Auswirkungen selbst leichter traumatischer Ereignisse auf die Hirnfunktion unterschätzt werden. Strukturelle Schäden im MRT können in ca. 30 % der Fälle mit klinisch eingestuftem leichtem SHT (mTBI) nachgewiesen werden [15]. Selbst wenn die anfängliche MRT-Untersuchung normal ist, können eine weit verbreitete neuroaxonale Schädigung und eine Neuroinflammation nicht ausgeschlossen werden. In der Tat zeigte die DTI-Bildgebung in mTBI

Tab. C.1.14: Klassifizierung von traumatischen Hirnverletzungen gemäß der Arbeitsgruppe für Gehirnerschütterung oder leichtes SHT des US-Verteidigungsministeriums. (Management of Concussion/TBI Working group, J. Rehabil. 2009)[§].

	Zeitraum des Bewusstseinsverlusts	veränderte mentale Funktion*	Post-traumatische Amnesie	Glasgow Coma Scale (GCS) Score
mildes SHT (mTBI)	0–30 Min.	≤ 24 Std.	≤ 1 Tag	13–15
moderates SHT	30 Min. bis 24 Std.	> 24 Std.	1–7 Tage	9–12
schweres SHT	> 24 Std.	> 24 Std.	> 7 Tage	< 9

*: Zu den mentalen Störungen gehören Benommenheit, Verwirrtheit, die Unfähigkeit, klar zu denken oder die Unfähigkeit, auf Fragen zum mentalen Status richtig zu reagieren.
§: ein SHT, das die Kriterien von mehr als einem Grad erfüllt, wird am höchsten eingestuft. Der beste Wert wird ≤ 24 Stunden nach dem Trauma erreicht.

eine verminderte Diffusität in verschiedenen Bahnen der weißen Substanz [15]. Darüber hinaus kann bei bis zu 15 % der mTBI ein Postkonkusionssyndrom auftreten, das mit einer langfristigen Verminderung der kognitiven Leistung einhergeht [16]. Schließlich kann ein wiederholtes SHT, auch wenn es nur leicht ist, zu einer chronischen traumatischen Enzephalopathie (CTE) führen, die wahrscheinlich aus der Entwicklung eines chronischen Neuronenverlustes resultiert. Eine CTE äußert sich in fortschreitenden kognitiven und psychiatrischen Störungen sowie in Symptomen einer neurologischen Verschlechterung wie Sprachstörungen, Koordinationsstörungen und pyramidalen Zeichen [17]. Daher ist es von entscheidender Bedeutung, die tatsächlichen Auswirkungen einer mTBI auf das ZNS zu erkennen, insbesondere im Zusammenhang mit beruflichen Expositionen wie bei Soldaten im aktiven Dienst und bei Kontaktsportarten wie Boxen, Eishockey, American Football und Fußball. Biomarker, die auf eine ZNS-Schädigung im Liquor und im Blut hinweisen, sind daher für die mTBI von außerordentlicher Bedeutung (Tab. C.1.15 und C.1.16).

Tab. C.1.15: Expressionsorte und vermutete Funktion der wichtigsten Proteine, die als potenzielle Biomarker für traumatische Hirnverletzungen (TBI) analysiert wurden.

Molekül (Molekulargewicht)	Hauptexpressionsorte	Vermutete Funktion im ZNS
GFAP (50 kDa)	ZNS: Astrozyten in der grauen und weißen Substanz, Kleinhirn, subventrikuläre Zonen und Müllerzellen in der Netzhaut. Andere Orte: Schwann-Zellen, Gliazellen im Darm, stellierte Zellen der Leber, Leydig-Zellen, tubuläre Zellen der Nieren, Keratinozyten, Osteozyten und Chondrozyten.	Beitrag zur Stabilität von Astrozyten, zur Funktion von Synapsen und der Blut-Hirn-Schranke, zur Rolle bei der Interaktion zwischen Astrozyten und Neuronen und der Kommunikation zwischen Zellen, zur Aktivierung von Glia und zur Reparatur nach Verletzungen oder Entzündungen des ZNS.
Nfs (NfL: ~68 kDa, NfH: ~200 kDa)	ZNS: Hauptbestandteil des neuronalen Zytoskeletts, fibrilläre Netzwerke in großen myelinisierten Axonen. Andere Stellen: Schwann-Zellen.	Strukturelle Stabilität und Widerstandsfähigkeit gegenüber mechanischer Belastung reifer neuronaler Axone, Beitrag zum radialen Wachstum von Axonen und dendritischen Verzweigungen sowie zum axonalen Transport.

Tab. C.1.15: (fortgesetzt)

Molekül (Molekulargewicht)	Hauptexpressionsorte	Vermutete Funktion im ZNS
tau	ZNS: Neuronen, Astrozyten und Oligodendrozyten (geringe Expression). Sonstige: Hepatozyten, Nierentubuluszellen, Hoden.	Strukturelle Stabilität der axonalen Mikrotubuli, zelluläre Signalübertragung, neuronale Entwicklung und Regulierung des programmierten Zelltods.
UCHL1 (25kDa)	ZNS: Neuronen in der grauen und weißen Substanz, Zwischenhirn, Basalganglien, Thalami und Hirnstamm. Andere Orte: Hoden, neuroendokrine Zellen des Darms.	C-terminales, Ubiquitin-Addukte hydrolysierendes Enzym, das die Markierung von Proteinen für den Proteasom-Abbau, die Anfälligkeit für Protein-Aggregation und den programmierten Zelltod reguliert.
NSE (78 kDa)	ZNS: Zytoplasma von Neuronen. Andere Stellen: neuroendokrine Zellen, Erythrozyten und Blutplättchen.	Zellspezifisches Isoenzym, das an der Glykolyse beteiligt ist.
S100B (21 kDa)	ZNS: Astrozyten und Neuronen. Andere Stellen: Schwann-Zellen, Melanozyten, Chondrozyten, Skelett-Myofasern, Lymphozyten-Untergruppen.	Beteiligung an mehreren intrazellulären Signalwegen und Regulierung der Kalzium-Homöostase.
MBP (18.5 kDa)	ZNS: Oligodendrozyten-Myelinschicht. Andere Stellen: Schwann-Zellen, Melanozyten, hämatopoetische Zellen.	Aufrechterhaltung der Integrität der Myelinschichten durch Adhäsion der zytosolischen Oberflächen des mehrschichtigen kompakten Myelins.

GFAP = glial fibrillary acidic protein, MBP = myelin basic protein, Nfs: Neurofilamente, NfL = neurofilament light chain, NfH = neurofilament heavy chain, NSE = neuronal specific enolase, S100B = calcium binding protein B S-100, UCHL1 = ubiquitin C-terminal hydrolase L1.

Tab. C.1.16: Blut- und Liquor-Biomarker für SHT: Zusammenfassung der aktuellen Erkenntnisse.

Biomarker	Konzentrationsdynamik in Bio-Flüssigkeiten	Diagnostische Evidenz	Prognostische Evidenz
GFAP	Anstieg innerhalb von 1 Stunde nach der Verletzung, Spitzenwert um 20 Stunden und langsamer Rückgang bis 72 nach dem SHT.	Identifizierung von Patienten mit leichtem SHT, abnormalem Kopf-CT/MRT und axonaler Verletzung im MRT.	Vorhersage eines schlechten funktionellen Ergebnisses, Korrelation mit der GCS nach der Verletzung und Verbesserung der prognostischen Kapazität der GOSE.
Nfs	NfL: Anstieg innerhalb von 0–48 Stunden nach der Verletzung, Höchstwert innerhalb von 10 Tagen bis 6 Wochen und langsamer Rückgang (bis zu 5 Jahre nach dem SHT). NfH: schnellerer Anstieg bei Kindern mit schwerem SHT, Spitzenwert innerhalb von 1–3 Tagen.	NfL und NfH: Identifizierung von Patienten mit Schädel-Hirn-Trauma und abnormalem Kopf-CT/MTI (begrenzte AUC für mTBI im Vergleich zur GFAP-Erhöhung).	NfL: Vorhersage eines schlechten funktionellen Ergebnisses, Korrelation mit der GCS nach der Schädigung. NfH: Korrelation mit dem GCS nach der Verletzung bei Kindern mit schwerem SHT. Begrenzte prognostische Evidenz bei Erwachsenen.

Tab. C.1.16: (fortgesetzt)

Biomarker	Konzentrationsdynamik in Bio-Flüssigkeiten	Diagnostische Evidenz	Prognostische Evidenz
t-tau and p-tau (CSF)	Anstieg innerhalb von 48 Stunden nach der Verletzung, Höhepunkt innerhalb von 2 Wochen und langsamer Rückgang (6 Wochen).	Identifizierung von Patienten mit schweren akutem SHT.	Korrelation mit dem GCS nach der Verletzung, Vorhersage der Neurodegeneration nach einem SHT.
UCHL1	Anstieg innerhalb von 0–48 Stunden nach der Verletzung.	Identifizierung von Patienten mit leichtem und mittelschwerem SHT und abnormalem Kopf-CT.	Vorhersage eines schlechten funktionellen Ergebnisses, insbesondere in Verbindung mit der GFAP-Messung.
S-100B	Anstieg innerhalb von 0–12 Stunden nach der Verletzung, Spitzenwert innerhalb von 24 Stunden, sekundärer Anstieg > 48 Stunden nach der Verletzung (Exzitotoxizität).	Identifizierung von Patienten mit akutem SHT und abnormalem Kopf-CT. Fokale Verletzungen (z. B. Prellungen und fokale Hämatome) weisen höhere S100B-Werte auf als diffuse Verletzungen.	Vorhersage eines kurz- und langfristig schlechten funktionellen Ergebnisses.
NSE	Anstieg in den ersten Stunden nach der Verletzung, insbesondere bei mehrfach verletzten Patienten.	Schlechte Unterscheidungsfähigkeit bei akutem SHT (unspezifisch).	Vorhersage eines schlechten funktionellen Ergebnisses (begrenzte zusätzliche Vorhersagefähigkeiten bei Kombination mit S100B).
MBP	Verzögertes Ansteigen (1–3 Tage nach der Verletzung), Rückgang in 2 Wochen.	Aufgrund des verzögerten Anstiegs nicht als Screening-Biomarker geeignet.	Vorhersage eines schlechten funktionellen Ergebnisses, insbesondere bei intrakraniellen Hämorrhagien.

GCS: Glasgow Coma Scale, GCSE: Glasgow Outcome Scale-Extended, GFAP = glial fibrillary acidic protein, MBP = myelin basic protein, Nfs: Neurofilamente NfL = neurofilament light chain, NfH = Neurofilament heavy chain, NSE = Neuronen-spezifische Enolase, S100B = Kalziumbindendes Protein B S-100, t-tau and p-tau = total and phosphorylated tau protein, UCHL1 = ubiquitin C-terminal hydrolase L1.

1.4.4.1.1 Liquorbefunde bei Schädel-Hirn-Traumata

Aufgrund der invasiven Methode der Lumbalpunktion umfassen die meisten Liquorstudien bei SHT eine verhältnismäßig große Anzahl von Patienten mit schwerem SHT. Darüber hinaus gibt es zahlreiche Belege für ventrikuläre Liquorbefunde, aber wenige für Liquor aus dem lumbalen Bereich. Daher können die Ergebnisse nicht auf das gesamte Spektrum der Schädel-Hirn-Traumata verallgemeinert werden.

Bei einem leichten SHT finden sich in den meisten Fällen keine Veränderungen der klassischen Liquorparameter (Zellzahl, Zelldifferenzierung, Gesamtprotein, intrathekale Ig-Synthese), gelegentlich kommt es zu einer diskreten lymphomonozytären *Pleozytose* mit einem geringen Anstieg des *Gesamtproteins.* Der häufigste Befund bei schweren Schädel-Hirn-Traumata ist eine Erhöhung des *Albuminquotienten* als Zeichen einer Schädigung der Blut-Liquor-Schranke. Darüber hinaus findet sich eine lymphomonozytäre *Pleozytose* und eine Zunahme des *Gesamtproteins* unterschiedlicher Ausprägung.

Es wurden zahlreiche Marker untersucht, die die Schädigung bestimmter Zellkompartimente nach einer Verletzung widerspiegeln. Diese werden im folgenden Abschnitt zusammen mit den Blutbiomarkern erörtert.

1.4.4.2 Liquor- und Blutmarker bei SHT

Die Lumbalpunktion ist eine invasive Maßnahme, was ihre Anwendung bei der Erforschung der Pathophysiologie und der Überwachung von Hirnverletzungen bei mTBI einschränkt. Daher wurde in den letzten Jahren intensiv an Blutbiomarkern geforscht, was durch die Entwicklung von hochsensitiven Immunoassays und Point-of-Care-Systemen vorangetrieben wurde.

Bei Verwendung von Standard-ELISA wurden erhöhte Konzentrationen von neuronalen und astrozytären Verletzungsparametern bei schweren TBI-Fällen festgestellt. Mit dem empfindlicheren digitalen ELISA konnten diese Erhöhungen jedoch auch bei mTBI-Fällen nachgewiesen werden. Im folgenden Abschnitt werden die vielversprechendsten Marker und ihre potenziellen Anwendungen hervorgehoben.

1.4.4.2.1 Biomarker für die Aktivierung oder Schädigung von Astrozyten

Gliales fibrilläres saures Protein (GFAP)

GFAP ist ein etablierter Strukturmarker für reife Astrozyten, der das charakteristische Intermediärfilament ihres Zytoskeletts darstellt [14]. Erhöhte Werte im Blut könnten auf eine Schädigung der Astrozyten hinweisen. Bei SHT wurden erhöhte Werte im Liquor nach mTBI (z. B. bei Boxern) festgestellt. Die GFAP-Konzentration im Blut ist in den letzten Jahren intensiver untersucht worden. Tatsächlich waren die GFAP-Konzentrationen im Serum innerhalb einer Stunde nach einem akuten SHT erhöht, erreichten nach 20 Stunden einen Höchststand und gingen schließlich innerhalb von 72 Stunden langsam zurück, um sich nach 90 Tagen wieder zu normalisieren [18,19]. Ein vorab festgelegter Grenzwert (Cut-off) von 22 pg/ml für Serum-GFAP konnte in einer großen multizentrischen Beobachtungsstudie mit mehr als 1900 Patienten mit leichtem bis mittelschwerem SHT (ALERT-TBI) das Vorhandensein von Schädel-Hirn-Verletzungen auf dem Schädel-CT vorhersagen, und zwar mit einem AUC-Wert von 0,976 [20]. Diese Erkenntnis trug zur FDA-Zulassung der ersten blutbasierten SHT-Biomarker zur Vermeidung unnötiger CT-bedingter Bestrahlung bei [21]. Es wurde festgestellt, dass Serum-GFAP (in Kombination mit anderen Markern) in der Lage ist, Patienten mit leichtem SHT (mTBI) von altersgleichen Patienten, ohne intrakranielle traumatische Pathologie zu unterscheiden, wenn auch mit einem höheren Cut-off-Wert (0,23 ng/ml) [22]. Einige Studien der letzten Jahre haben gezeigt, dass GFAP im direkten Vergleich mit anderen Serum-Biomarkern die höchste Unterscheidungsfähigkeit für Schädel-CT-Anomalien bei SHT innerhalb von 24 Stunden nach der Verletzung aufweist [19, 23–25], einschließlich der großen (> 2800 Patienten) prospektiven multizentrischen Collaborative European NeuroTrauma Effectiveness Research (CENTRE-TBI) Studie (GFAP AUC = 0,89) [23]. Darüber hinaus korrelierte GFAP mit dem klinischen Schweregrad und dem Verlauf der

Versorgung in der Notaufnahme, der stationären Aufnahme und der Intensivstation, insbesondere bei Patienten mit mTBI [23]. GFAP war der beste Blut-Biomarker für die Unterscheidung zwischen CT-negativen und CT-positiven Patienten, mit einer AUC von 0,82 für SHT für alle Schweregrade und 0,72 für mTBI [26]. In ähnlicher Weise übertraf GFAP andere Astrozytenmarker wie S100B bei der Erkennung von CT-Läsionen und wies die größte Vorhersagekraft nach 12–32 Stunden auf [25]. Jüngste Studien haben gezeigt, dass GFAP für subklinische intrakranielle Pathologien empfindlich sein kann, die mit CT-Scans des Kopfes nicht sichtbar sind. Die 18 Zentren umfassende „Transforming Research and Clinical Knowledge in TBI (TRACK-TBI)"-Studie (Studienjahre 2014–2018) hat in der Tat gezeigt, dass GFAP in der Lage ist, Patienten mit MRT-Anomalien von Patienten mit normalen Kopf-CT-Scans nach mTBI zu unterscheiden. Die innerhalb von 24 Stunden nach der Verletzung gemessene GFAP-Konzentration war bei Teilnehmern mit positiven MRT-Scans im Vergleich zu den MRT-negativen Teilnehmern signifikant höher [27]. In dieser Kohorte wiesen Patienten mit diffusen axonalen Verletzungen im MRT höhere GFAP-Plasmakonzentrationen auf als andere MRT-Läsionstypen. Selbst bei mTBI-Fällen ohne nachweisbare Läsionen im CT oder MRT wurden im Vergleich zu gesunden Kontrollen im Median höhere Plasma-GFAP-Konzentrationen festgestellt (74,0 pg/ml vs. 8,0 pg/ml), was das Vorhandensein subtiler und/oder mikroskopischer Glia-Schäden selbst bei mTBI untermauert [27]. Darüber hinaus hat GFAP einen prospektiven Wert bei mTBI, wobei höhere GFAP-Werte mit einem schlechteren klinischen Ergebnis (z. B. bei der Rückkehr zur Arbeit) verbunden sind [28,29]. Eine umfassende Längsschnittuntersuchung ergab ein biphasisches Profil für Serum-GFAP bei Patienten mit mittelschwerem und schwerem Schädel-Hirn-Trauma, wobei die Werte in den ersten sechs Monaten nach der Verletzung sanken, und in den darauffolgenden Jahren anstiegen [30]. Zusammenfassend lässt sich sagen, dass GFAP ein zuverlässiger Indikator für kleine und diffuse strukturelle Hirnschädigungen sein kann, die mit CT und sogar MRT nicht leicht zu beurteilen sind, und daher als Ersatzmarker für intrakranielle Pathologie verwendet werden könnte.

1.4.4.2.2 Weitere Biomarker für neuroaxonale Schädigung

Ubiquitin C-terminale Hydrolase L1 (UCHL-1)

UCHL-1 wurde im Zusammenhang mit SHT intensiv untersucht. UCH-L1 ist ein 25 kDa-Protein, das im Gehirn, insbesondere in den neuronalen Zellkörpern, reichlich vorhanden ist. Auf funktioneller Ebene ist UCH-L1 ein multifunktionales Molekül, das entweder an der Hinzufügung oder Entfernung von Ubiquitin aus Proteinen beteiligt ist, die für den Abbau bestimmt sind. Die Expression von UCH-L1 ist nach einer neuronalen Schädigung erhöht, so dass seine Werte sowohl im Liquor als auch im Serum nach einem SHT deutlich ansteigen. Bei leichten bis mittelschweren Schädel-Hirn-Traumata beschränkt sich dieser Anstieg jedoch auf die ersten 48 Stunden. Dennoch hat sich der anfängliche Anstieg als klinisch relevant erwiesen. UCH-L1-Werte über 327 pg/ml waren neben den GFAP-Werten über 22 pg/ml ein sehr empfindliches Maß zur Erkennung von Patienten mit abnormalen CT-Befunden (AUC = 0,976) [27].

Neurofilament-Leichtketten (NfL)

NfL hat sich als ein sehr robuster Marker für neuroaxonale Verletzungen bei verschiedenen neurologischen Erkrankungen erwiesen. Es wird hauptsächlich in den langen, myelinisierten Axonen des Gehirns und des Rückenmarks, aber auch im peripheren Nervensystem exprimiert. Erwartungsgemäß sind die Konzentrationen sowohl der phosphorylierten schweren als auch der leichten Nf-Kette (pNfH und NfL) im Liquor und im Blut von Patienten mit akutem SHT sowie bei Personen, die Kampfsportarten ausüben, erhöht (Shahim et al., 2020). Allerdings war die AUC von NfL zur Unterscheidung von mTBI-Fällen mit CT/MRT-detektierbaren Anomalien im Vergleich zu solchen ohne Anomalien im Vergleich zu GFAP begrenzt [31]. Es hat sich jedoch gezeigt, dass NfL im Blut noch bis zu 5 Jahre nach der Verletzung erhöht bleibt, selbst bei mTBI-Fällen. Zusammenfassend lässt sich sagen, dass NfL ein guter Blut-Biomarker sein könnte, um neuroaxonale Schäden in der akuten und chronischen Phase einer Schädel-Hirn-Trauma zu untersuchen, doch ihre klinische Anwendbarkeit könnte im Vergleich zu GFAP begrenzt sein.

Zukünftige Entwicklungen

Die vielversprechenden Ergebnisse für GFAP und UCHL-1 führten zur FDA-Zulassung eines Point-of-Care-Systems zur Unterstützung der Entscheidung über die Durchführung von Neuroimaging (CT/MRI) bei mTBI. Mit zahlreichen anderen Nachweisverfahren in der Entwicklung scheint eine direkte klinische Anwendung unmittelbar bevorzustehen. Diese Nachweisverfahren liefern unterschiedliche absolute Konzentrationen und wenden verschiedene Cut-off-Werte an, was die Notwendigkeit einer Gold-Standard-Methode und eines Referenzbereichs für GFAP/UCH-L1 unterstreicht. Zudem ist ein angemessenes Verständnis der Dynamik der Biomarker im Blut für die richtige Anwendung von entscheidender Bedeutung (Abb. C.1.11). Darüber hinaus könnte die Untersuchung von Hirnproteinen bei Schädel-Hirn-Traumata eine genauere Definition von „leichten", „mittelschweren" und „schweren" Schädel-Hirn-Traumata liefern als eine bloße klinische Klassifizierung, die häufig durch den Vorbehalt einer Bewusstseinsstörung beeinträchtigt wird.

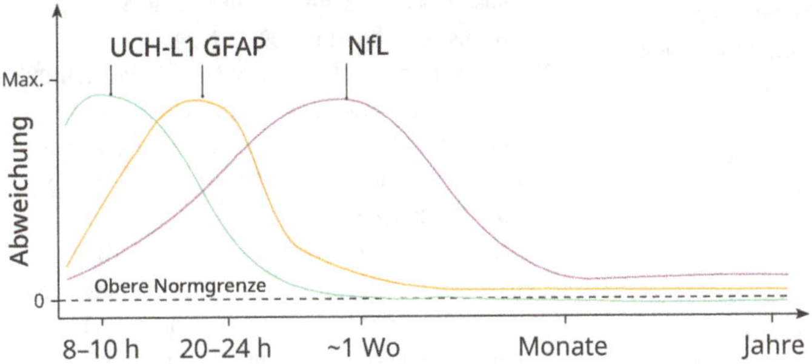

Abb. C.1.11: Dynamik der Biomarker im Blut nach einem leichten Schädel-Hirn-Trauma. Die Erhöhung der UCH-L1-Werte ist in den ersten 8–10 Stunden nach der Verletzung am deutlichsten. GFAP und NfL haben verzögerte Spitzenwerte (~ 20 Stunden bzw. ~ 5–7 Tage). Im Gegensatz zu UCH-L1 können die GFAP- und NfL-Spiegel noch Jahre nach dem Ereignis erhöht bleiben.

Literatur

[1] DGNC. Schädel-Hirn-Trauma (SHT), Traumatic Brain Injuries (TBI)). Retrieved from https://www.dgnc.de/gesellschaft/fuer-patienten/schaedel-hirn-trauma-sht, abgerufen 09.07.2024

[2] Galgano M, Toshkezi G, Qiu X, et al. Traumatic Brain Injury: Current Treatment Strategies and Future Endeavors. Cell Transplant. 2017;26(7):1118–1130.

[3] Rutland-Brown W, Langlois JA, Thomas KE, Xi YL. Incidence of traumatic brain injury in the United States, 2003. J Head Trauma Rehabil. 2006;21(6):544–548.

[4] DGNI. Schädel-Hirn-Traumata im häuslichen Umfeld nehmen zu: Häufigkeit und Prognose nach Daten des Statistischen Bundesamtes, 2017. Retrieved from https://www.dgni.de/aerzte/aktuelle-meldungen/604-schaedel-hirn-traumata-im-haeuslichen-umfeld-nehmen-zu-haeufigkeit-und-prognose-nach-daten-des-statistischen-bundesamtes.htm, abgerufen 09.07.2024

[5] Blennow K, Brody DL, Kochanek PM, et al. Traumatic brain injuries. Nat Rev Dis Primers. 2016;2:16084.

[6] King AI. Fundamentals of impact biomechanics: Part I—Biomechanics of the head, neck, and thorax. Annu Rev Biomed Eng. 2000;2:55–81.

[7] Feldman Z, Kanter MJ, Robertson CS, et al. Effect of head elevation on intracranial pressure, cerebral perfusion pressure, and cerebral blood flow in head-injured patients. J Neurosurg. 1992;76(2):207–211.

[8] Bullock MR, Chesnut R, Ghajar J, et al. Surgical management of acute subdural hematomas. Neurosurgery. 2006;58(3):S16-24; discussion Si-iv.

[9] Besenski N. Traumatic injuries: imaging of head injuries. Eur Radiol. 2002;12(6):1237–1252.

[10] Liu W, Bakker NA, Groen RJ. Chronic subdural hematoma: a systematic review and meta-analysis of surgical procedures. J Neurosurg. 2014;121(3):665–673.

[11] van Eijck MM, Schoonman GG, van der Naalt J, de Vries J, Roks G. Diffuse axonal injury after traumatic brain injury is a prognostic factor for functional outcome: a systematic review and meta-analysis. Brain Inj. 2018;32(4):395–402.

[12] Gennarelli TA, Thibault LE, Adams JH, et al. Diffuse axonal injury and traumatic coma in the primate. Ann Neurol. 1982;12(6):564–574.

[13] Hawryluk GW, Manley GT. Classification of traumatic brain injury: past, present, and future. Handb Clin Neurol. 2015;127:15–21.

[14] Abdelhak A, Foschi M, Abu-Rumeileh S, et al. Blood GFAP as an emerging biomarker in brain and spinal cord disorders. Nat Rev Neurol. 2022;18(3):158–172.

[15] Richter S, Winzeck S, Kornaropoulos EN, et al. Neuroanatomical Substrates and Symptoms Associated With Magnetic Resonance Imaging of Patients With Mild Traumatic Brain Injury. JAMA Netw Open. 2021;4(3):e210994.

[16] Dwyer B, Katz DI. Postconcussion syndrome. Handb Clin Neurol. 2018;158:163–178.

[17] McKee AC, Cantu RC, Nowinski CJ, et al. Chronic traumatic encephalopathy in athletes: progressive tauopathy after repetitive head injury. J Neuropathol Exp Neurol. 2009;68(7):709–735.

[18] Bogoslovsky T, Wilson D, Chen Y, et al. Increases of Plasma Levels of Glial Fibrillary Acidic Protein, Tau, and Amyloid beta up to 90 Days after Traumatic Brain Injury. J Neurotrauma. 2017;34(1):66–73.

[19] Bazarian JJ, Biberthaler P, Welch RD, et al. Serum GFAP and UCH-L1 for prediction of absence of intracranial injuries on head CT (ALERT-TBI): a multicentre observational study. Lancet Neurol. 2018;17(9):782–789.

[20] Papa L, Brophy GM, Welch RD, et al. Time Course and Diagnostic Accuracy of Glial and Neuronal Blood Biomarkers GFAP and UCH-L1 in a Large Cohort of Trauma Patients With and Without Mild Traumatic Brain Injury. JAMA Neurol. 2016;73(5):551–560.

[21] https://abbott.mediaroom.com/2023-03-07-Abbott-Receives-FDA-Clearance-for-First-Commercially-Available-Lab-based-Blood-Test-to-Help-Evaluate-Concussion, abgerufen 09.07.2024

[22] Cevik S, Ozgenc MM, Guneyk A, et al. NRGN, S100B and GFAP levels are significantly increased in patients with structural lesions resulting from mild traumatic brain injuries. Clin Neurol Neurosurg. 2019;183:105380.

[23] Czeiter E, Amrein K, Gravesteijn BY, et al. Blood biomarkers on admission in acute traumatic brain injury: Relations to severity, CT findings and care path in the CENTER-TBI study. EBioMedicine. 2020;56:102785.

[24] Diaz-Arrastia R, Wang KK, Papa L, et al. Acute biomarkers of traumatic brain injury: relationship between plasma levels of ubiquitin C-terminal hydrolase-L1 and glial fibrillary acidic protein. J Neurotrauma. 2014;31(1):19–25.

[25] Mahan MY, Thorpe M, Ahmadi A, et al. Glial Fibrillary Acidic Protein (GFAP) Outperforms S100

Calcium-Binding Protein B (S100B) and Ubiquitin C-Terminal Hydrolase L1 (UCH-L1) as Predictor for Positive Computed Tomography of the Head in Trauma Subjects. World Neurosurg. 2019;128:e434–e444.

[26] Hossain I, Mohammadian M, Takala RSK, Tenovuo O, Lagerstedt L, Ala-Seppälä H, Frantzén J, van Gils M, Hutchinson P, Katila AJ, Maanpää HR, Menon DK, Newcombe VF, Tallus J, Hrusovsky K, Wilson DH, Blennow K, Sanchez JC, Zetterberg H, Posti JP. Early Levels of Glial Fibrillary Acidic Protein and Neurofilament Light Protein in Predicting the Outcome of Mild Traumatic Brain Injury. J Neurotrauma. 2019 May 15;36(10):1551–1560.

[27] Yue JK, Yuh EL, Korley FK, et al. Association between plasma GFAP concentrations and MRI abnormalities in patients with CT-negative traumatic brain injury in the TRACK-TBI cohort: a prospective multicentre study. Lancet Neurol. 2019;18(10):953–961.

[28] Frankel M, Fan L, Yeatts SD, et al. Association of Very Early Serum Levels of S100B, Glial Fibrillary Acidic Protein, Ubiquitin C-Terminal Hydrolase-L1, and Spectrin Breakdown Product with Outcome in ProTECT III. J Neurotrauma. 2019;36(20):2863–2871.

[29] Metting Z, Wilczak N, Rodiger LA, Schaaf JM, van der Naalt J. GFAP and S100B in the acute phase of mild traumatic brain injury. Neurology. 2012;78(18):1428–1433.

[30] Shahim P, Politis A, van der Merwe A, et al. Time course and diagnostic utility of NfL, tau, GFAP, and UCH-L1 in subacute and chronic TBI. Neurology. 2020;95(6):e623–e636.

[31] Gill J, Latour L, Diaz-Arrastia R, et al. Glial fibrillary acidic protein elevations relate to neuroimaging abnormalities after mild TBI. Neurology. 2018;91(15):e1385–e1389.

1.4.5 Vaskuläre Erkrankungen

Sigurd D. Süßmuth, Sarah Jesse

Vaskuläre Erkrankungen können zu zerebralen Durchblutungsstörungen oder Blutungen im ZNS oder in umliegende Kompartimente führen, typischerweise mit akut oder subakut auftretenden fokal-neurologischen Defiziten bzw. bei Blutungen mit meningealen Reizsymptomen. Der Liquordiagnostik kommt hierbei insbesondere bei bestehendem Verdacht auf eine Subarachnoidalblutung ein besonderer Stellenwert zu, wenn diese sich in bildgebenden Verfahren nicht darstellt oder Zweifel am Zeitpunkt des Auftretens bestehen, weiterhin bei Schlaganfällen unklarer Ätiologie mit Verdacht auf eine entzündliche Genese bzw. systemische Infektion. Auch wenn in der überwiegenden Mehrheit der akuten zerebralen Ischämien oder Thrombosen keine Liquordiagnostik erforderlich ist, kann der Liquorgrundbefund zum Teil ausgeprägte Auffälligkeiten aufweisen. Hinsichtlich primär inflammatorischer und erregerbedingter Vaskulitiden sei auf die entsprechenden separaten Kapitel verwiesen (**Kap. C.1.1.8, C.1.2**), bezüglich der schlaganfallähnlichen Episoden im Rahmen eines MELAS auf das **Kap. C.1.4.10.**

1.4.5.1 Subkortikale vaskuläre Enzephalopathie (SVE)

Neuropathologisch ist eine subkortikale vaskuläre Enzephalopathie (SVE; früher Morbus Binswanger[1]) durch diffuse Entmarkungen und Marklagerischämien gekennzeichnet. Zwischen den verschiedenen Formen vaskulärer Enzephalopathien, wie einer akuten zerebralen Ischämie und einer SVE, kann aufgrund des Liquor-Grundbefundes keine Unterscheidung vorgenommen werden. Bei einer SVE zeigt der Liquor in der Mehrzahl der Fälle einen Normalbefund, in ca. 30 % aber eine leichte Störung der *Blut-Liquor-Schranke* (Q_{Alb} bis zu 15×10^{-3}), die sich auch in einer leichten bis mäßigen *Gesamtproteinerhöhung* widerspiegelt. Bei Vorliegen einer klinisch manifesten vaskulären Demenz sind Störungen der Blut-Liquor-Schrankenfunktion häufiger und ausgeprägter, es lassen sich Q_{Alb}-Werte bis zu 20×10^{-3} finden, ausnahmsweise sogar darüber

1 *Otto Binswanger (1852–1929), Schweizer Neurologe und Psychiater*

[1]. Protein Tau kann im Liquor ebenfalls erhöht sein und relativ hohe Werte erreichen.

1.4.5.2 Akute zerebrale Ischämie

Anders als bei der SVE ist beim ischämischen Schlaganfall die Veränderung im Nervengewebe in der Regel akut einsetzend und gleichzeitig in Lokalisation und resultierenden Defiziten höchst variabel. Dies wirkt sich auf den Liquorbefund aus, pathologische Liquorgrundbefunde sind bei akuten Hirninfarkten keine Ausnahme. Es ist jedoch zu bedenken, dass dies häufig von der Lokalisation der zerebralen Ischämie und ihrem Bezug zum Liquorkompartiment sowie auch vom Zeitpunkt der Lumbalpunktion (LP) abhängig ist, so dass je nach Lage der Ischämie und dem LP-Zeitpunkt auch unauffällige Liquorbefunde resultieren können. In der unmittelbaren Akutphase einer zerebralen Ischämie ist eine Liquoranalyse nur in Ausnahmefällen indiziert, und bei Zeichen eines Hirndrucks ist die Lumbalpunktion kontraindiziert. Der *Liquoröffnungsdruck* ist oft im Normbereich, kann aber bei Ödembildung und insbesondere nach hämorrhagischer Transformation auf über 300 mm H_2O ansteigen [2].

Am ersten Tag der Akutphase ist der Liquorbefund in aller Regel unauffällig. Ab dem 2.–4. Tag zeigt sich eine leichte bis mäßiggradige Beeinträchtigung der *Blut-Liquor-Schranke* mit leichter Erhöhung des *Gesamtproteins*. Eine geringe *Pleozytose* kann ebenfalls vorhanden sein, dann vorwiegend als monozytäre Zellreaktion. Oft ist die Zellzahl jedoch normal. Bei ausgedehnten akuten Hirninfarkten sind Pleozytosen bis 400 Leukozyten/µl berichtet worden. In diesen Fällen können im Liquor-*Differentialzellbild* Granulozyten in einem bedeutenden Prozentsatz vorliegen, so dass in Abhängigkeit von der Anamnese und des klinischen Bildes unbedingt differentialdiagnostische Überlegungen in Richtung eines akuten entzündlichen Prozesses (septische Herdenzephalitis? Herpes-Enzephalitis?), eines Zustands nach epileptischem Anfall oder eines akuten metabolisch-toxischen Prozesses angestellt werden müssen. Plasmazellen und/oder intrathekal gebildetes IgG sollten an eine Vaskulitis denken lassen. Im Verlauf ist eine Abräumreaktion mit Auftreten einer gemischtzelligen Pleozytose im Bereich bis 30 Leukozyten/µl zu erwarten.

Zu den Biomarkern im Liquor, die mit der Infarktgröße und dem Ausmaß der neurologischen Ausfälle korrelieren, zählen S100bB und saures Gliafaserprotein (GFAP), die mit zeitlicher Latenz von einigen Stunden nach Infarkt deutlich ansteigen und Maximalwerte an den Tag en 2–4 erreichen. Gesamt-Tau im Liquor kann ebenfalls temporär erhöht sein, Phospho-Tau ist unauffällig. Das basische Myelinprotein (MBP) kann insbesondere bei subkortikalen Infarkten erhöht sein, bei kortikalen Infarkten ist mit Normwerten zu rechnen [3]. Die Neuronen-spezifische Enolase (NSE) steigt zwar ebenfalls nach 24–48 Stunden an, Korrelationen zu morphologischen oder klinischen Charakteristika ließen sich jedoch nicht herausarbeiten.

Sneddon-Syndrom

Klinisch ist das Sneddon[2]-Syndrom durch das dermatologische Bild einer Livedo reticularis mit rezidivierenden zerebralen Ischämien bzw. transitorisch ischämischen Attacken und Kopfschmerzen charakterisiert. Histopathologisch handelt es sich um eine nicht-entzündliche, nicht-atherosklerotische arterielle Verschlusskrankheit, die sich vor allem in der Haut, dem Gehirn und im Herz manifestiert. Die überwiegend weiblichen und meist jüngeren Patienten können ausgeprägte zerebrale

2 *Ian Bruce Sneddon (1915–1987), britischer Dermatologe*

Infarkte zeigen. Der Liquorbefund ist wie bei anderen zerebralen Infarkten abhängig vom Infarktalter, der Infarktgröße und Infarkttopographie, ohne darüberhinausgehende Besonderheiten.

1.4.5.3 Subarachnoidalblutung (SAB)

Die Bedeutung der Liquordiagnostik bei Blutungen in den Liquorraum ist seit Einführung moderner bildgebender Verfahren eingeschränkt, hat aber dennoch ihren Wert in bestimmten Situationen nicht verloren. Zwar ist die Sensitivität der Bildgebung bei der Subarachnoidalblutung (SAB) in den ersten 24 Stunden sehr hoch (um 95 %), nimmt aber im weiteren Verlauf zunehmend ab. Zudem lassen sich oft kleine, z. B. traumatische SAB in der Bildgebung nicht objektivieren. So sollte bei jedem Verdacht auf eine SAB, der mittels Bildgebung nicht bestätigt werden kann, eine Lumbalpunktion nach einem empfohlenen Intervall von mindestens 6 Stunden ab Symptombeginn durchgeführt werden. Dieses Mindestintervall ist erforderlich, um eine Prüfung auf Xanthochromie des Liquors mit in die Beurteilung einbeziehen und im Zytopräparat Erythrophagen entdecken zu können. Die am häufigsten angewendete Methode zur Bestätigung eines SAB-Verdachts mit Hilfe des Liquors ist die *3-Gläser-Probe* innerhalb der ersten 12 Stunden, wobei zur zuverlassigen Bestatigung der Verdachtsdiagnose weitere Liquorparameter beitragen, die Degradations- und Phagozytosevorgänge berücksichtigen.

Der Liquorbefund ist abhängig vom Stadium bzw. Zeitpunkt nach dem Blutungsereignis. Ein bis zwei Stunden nach Beginn der Kopfschmerzen sind massenhaft Erythrozyten im Liquor, der allerdings in Abhängigkeit von der Erythrozytenzahl dennoch klar aussehen kann. Um eindeutig als blutig zu gelten, sind Erythrozytenzahlen > 2000/µl erforderlich, unter 400/µl erscheint der Liquor wasserklar. Wenn Blut in die äußeren Liquorräume gelangt, löst dies eine leptomeningeale zelluläre Reaktion mit deutlicher leukozytärer *Pleozytose* aus. Im Rahmen dieser meningealen Entzündungsreaktion können Leukozytenzahlen bis zu 500/µl nachgewiesen werden, gelegentlich auch darüber. Zunächst dominieren im *Differentialzellbild* neben den Erythrozyten neutrophile Granulozyten, im Verlauf zeigt sich die beginnende Phagozytosetätigkeit von Monozyten und Makrophagen. Nach 48 Stunden nimmt der Anteil von Granulozyten ab, dann treten aktivierte Lymphozyten auf. Nach etwa einer Woche liegt ein lymphomonozytäres Zellbild vor.

Ab etwa 4 Stunden nach Einblutung beginnen monozytäre Zellen, Erythrozyten zu phagozytieren. Nach 6–8 Stunden sind dann Erythrophagen zu finden, also Monozyten/Makrophagen, die Erythrozyten vollständig umschlossen haben. *Der Nachweis von Erythrophagen sichert die Diagnose einer SAB* (sofern sichergestellt ist, dass der Liquor zeitnah analysiert wird, da auch eine *ex vivo*-Phagozytose nach artifizieller Blutbeimengung einsetzen kann). Im Zytoplasma der Erythrophagen können im Rahmen der Lyse der roten Blutzellen auch leer erscheinende Vakuolen in der Größe der Erythrozyten zu sehen sein (siehe **Kap. B.2.1.5 Abb. B.2.30b**). Bis zum Auftreten von sog. *Siderophagen* mit dunkelbraunen bis schwarzen Hämosiderin-Granula im Zytoplasma, einem Eisen-Protein-Komplex und Abbauprodukt des Hämoglobins, vergehen mindestens 3 Tage. Hämosiderin ist in der Pappenheim-Färbung oft erkennbar, kann jedoch zytochemisch durch die Berliner-Blau-Färbung eindeutig nachgewiesen werden.

Nach ca. 7 Tagen schließlich können orange bzw. gelb-braune leuchtende *Hämatoidin*-Kristalle detektiert werden, die oft rhombenförmig erscheinen (Abb. C.1.12). Es handelt sich ein weiteres Hämoglobin-Abbauprodukt, das dem Bilirubin entspricht und kein Eisen mehr enthält. Siderophagen und Hämatoidin können allerdings noch Monate nach Einblutung im Liquor cerebrospinalis gefunden werden und sind damit nicht als Akuitätsmarker geeignet (**Kap. B.2.1.5**).

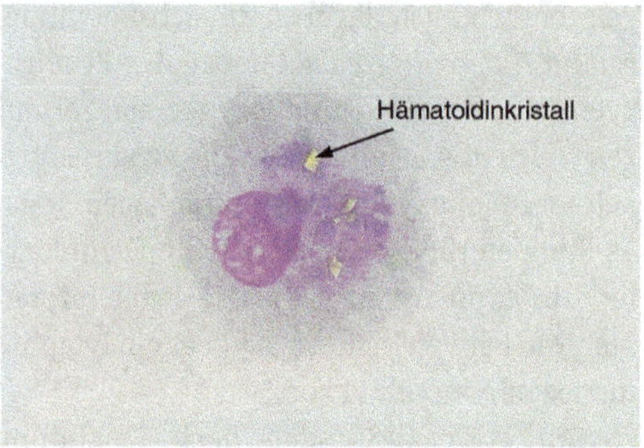

Abb. C.1.12: Drei Tage altes Neugeborenes mit Krampfanfällen. Der Nachweis von Hämatoidinkristallen spricht für eine bereits intrauterin abgelaufene Blutung (Bild übernommen aus Auflage 2 (2005), Kap. B.7 von Dr. Dirk Hobusch, Universität Rostock).

Eine Liquor-*Xanthochromie* hängt vom LP-Zeitpunkt ab und wurde in einzelnen Fällen bereits 2 Stunden nach dem Blutungsereignis gefunden, nach 6 Stunden bereits in ca. 70 % der Fälle, und nach 12 Stunden in 90 %; nach durchschnittlich 2 Wochen ist der Liquor wieder klar, gelegentlich hält die Xanthochromie, insbesondere bei älteren Patienten, 3 bis 5 Wochen an [4].

Ein weiterer hochempfindlicher Parameter, der für die Bestätigung einer Blutung hinzugezogen werden kann, ist *Ferritin*. Es wird in großen Mengen von Erythrophagen produziert und ist daher im Liquor ab 8 Stunden nach SAB erhöht. Die Ferritinbestimmung im Liquor weist mit einem Grenzwert von > 15 ng/ml eine hohe Sensitivität und Spezifität auf und stellt zusammen mit dem Zytopräparat einen wichtigen diagnostischen Baustein dar. Maximale Liquorferritinwerte werden nach 8–10 Tagen erreicht. Erhöhungen können aber auch über Monate hinaus feststellbar sein [5].

Die Differenzierung der Makrophagen kann einen Hinweis auf eine mehrzeitige Einblutung geben. In diesen Fällen zeigen sich im Zellbild ein Nebeneinander von Erythrozyten und Erythrophagen, Siderophagen und ggf. auch Hämatoidin-Kristallen (siehe **Kap. B.2.1.5 Abb. B.2.30d**).

Für einen Überblick über die Stadien und die zu erwartenden Veränderungen der relevanten Parameter im zeitlichen Verlauf siehe **Kapitel C.3**.

Der *Liquoröffnungsdruck* ist in mindestens 60 % aller Fälle erhöht, ist aber kein diagnostischer Standard bei der SAB.

Mit der zunehmenden Verfügbarkeit von sensitiven und validen Tests konnte inzwischen auch im Blut gezeigt werden, dass Neurofilamente, insbesondere Leichtketten-Neurofilamente (NfL) erhöht sind und somit im Blut einen prognostischen Marker darstellen können [6].

1.4.5.4 Intrazerebrale Blutung (ICB)

Bei intrazerebralen Blutungen ist häufiger mit einem erhöhten *Liquoröffnungsdruck* zu rechnen, die Werte können aber auch normal sein. Druckwerte > 300 mm H_2O sind häufig [2]. Bei Hinweisen auf Hirndruck ist die Kontraindikation zur LP zu beachten.

Erfolgt die LP noch am Tag des Symptombeginns, kann der Liquor in einem nicht unerheblichen Teil der Fälle (ca. 25 %) klar aussehen, erscheint also weder blutig noch xanthochrom. Der Liquor-Grundbefund weist in Abhängigkeit von der Lage der Blutung zu den liquorführenden Räumen pathologische Befunde auf, die denen einer SAB entsprechen. In Fällen einer intraparenchymalen Blutung ohne Zugang zum Liquorraum wird der Liquorbefund bei einer ICB ohne pathologische Auffälligkeiten sein.

Die zu beobachtende *Pleozytose* ist oft gering, Höchstwerte sind nach 3–4 Tagen zu erwarten, und der Granulozytenanteil kann erheblich sein. Sind Erythrozyten nachweisbar, sollte differentialdiagnostisch auch an eine zerebrale Sinus-/Venenthrombose oder ein Herpes-Enzephalitis gedacht werden. In aller Regel liegt eine deutliche *Schrankenstörung* mit Erhöhung des *Gesamtproteins* vor. Ist der Liquor klar, liegen die Gesamtproteinwerte meist zwischen 500 und 1000 mg/l, bei xanthochromem Liquor oft darüber. *Laktat* steigt ebenfalls am 2.–4. Tag leicht an, die Erhöhung ist bei septischen Infarkten ausgeprägter.

Es ist gut bekannt, dass in der akuten Phase Protein Tau im Liquor mit mehreren 1000 ng/l sehr ausgeprägt erhöht sein kann [7]. Weiterhin sind insbesondere Leichtketten-Neurofilamente (NfL) sowohl im Liquor als auch im Serum stark erhöht und scheinen sich als prognostischer Marker herauszukristallisieren [8].

1.4.5.5 Aseptische Sinusvenenthrombose

Die Liquordiagnostik kann insbesondere zur differentialdiagnostischen Abgrenzung gegenüber septischen Sinusvenenthrombosen oder einer SAB angezeigt sein. Der *Liquordruck* ist in mehr als 50 % der aseptischen Sinusvenenthrombosen erhöht. In etwa der Hälfte der Fälle ist der Liquor-Grundbefund ohne pathologische Auffälligkeiten, wohingegen in 25 % eine geringe *Pleozytose* und in 10 % der Fälle ein blutiger Liquor zu finden ist. Im Verlauf zeigen sich dann in den Makrophagen des Liquors die charakteristischen Blutabbauprodukte (**Kap. C.1.4.5.3**). In ca. 15 % stellt sich als einzige Auffälligkeit eine *Blut-Liquor-Schrankenfunktionsstörung* dar. Man sollte in Erinnerung behalten, dass epileptische Anfälle oder Stauungsblutungen als typische Folgen einer aseptischen Sinusthrombose ihrerseits mit entsprechenden Liquorveränderungen einhergehen können (**Kap. C.1.5.1, Kap. C.1.4.5.4**).

1.4.5.6 Zerebrale Amyloidangiopathie (CAA)

Die zerebrale Amyloidangiopathie ist eine durch Amyloidablagerungen verursachte Mikroangiopathie vor allem der leptomeningealen Gefäße und der perforierenden Arteriolen. Sie ist daher auch mit rezidivierenden, meist lakunären Ischämien und spontanen intrazerebralen Blutungen assoziiert, was bei der Befundinterpretation berücksichtigt werden sollte.

Der Liquor-Grundbefund unterscheidet sich im Grunde nicht von dem der subkortikalen Ischämien. Die *Zellzahl* ist in der Regel normal, die *Gesamtproteinkonzentration* ist mehrheitlich leicht erhöht (Wertebereich 300–1200 mg/l). *Oligoklonale IgG-Banden* gehören nicht zum Befundbild.

Als typische und ggf. diagnostisch hilfreiche Biomarkerkonstellation bei symptomatischer CAA ohne Demenz kann ein bestimmtes Befundmuster im Liquor herangezogen werden, das von Gesunden bzw. Patienten mit Alzheimer[3]-Erkrankung unterscheiden hilft: die deutliche Verminderung sowohl von Amyloid-β (Aβ) 1–40 und Aβ 1–42 bei gleichzeitiger Erhöhung von Protein Tau (Gesamt-Tau), welches im Vergleich zur typischen Alzheimer-Befundkonstellation aber nur geringgradig erhöht ist [9].

1.4.5.7 Cerebrale autosomal-dominante Arteriopathie mit subkortikalen Infarkten und Leukenzephalopathie (CADASIL)

Beim CADASIL handelt es sich um eine autosomal-dominant vererbte zerebrale Mikro-

3 *Alois Alzheimer (1864–1915), deutscher Psychiater, Neuroanatom und Neuropathologe*

angiopathie auf dem Boden einer Missense-Mutation im NOTCH3-Gen auf dem kurzen Arm von Chromosom 19. Sie manifestiert sich als neuropsychiatrische Erkrankung mit migräneartigen Kopfschmerzen, Hirninfarkten, psychiatrischen Auffälligkeiten sowie einer subkortikalen Demenz meist zwischen dem 40. und 70. Lebensjahr.

Die häufigste Auffälligkeit im Liquor cerebrospinalis ist eine am erhöhten *Albuminquotienten* feststellbare Störung der *Blut-Liquor-Schranke* in deutlich mehr als der Hälfte der Fälle. Es zeigt sich oft eine leichte Erhöhung des *Gesamtproteins*, die erhöht gefundenen Werte sind typischerweise unter 800 mg/l. Die *Zellzahl* ist regelhaft normal. *Oligoklonales IgG* isoliert im Liquor gehört nicht zum Krankheitsprozess.

1.4.5.8 Posteriores reversibles Enzephalopathie-Syndrom (PRES)

Das posteriore reversible Enzephalopathie-Syndrom (PRES) ist durch eine Störung der zerebralen Autoregulation mit Hyperperfusion und reversiblem vasogenen Ödem charakterisiert, in dessen Folge es zu typischen klinischen Symptomen wie generalisierten epileptischen Anfällen, Bewusstseinsstörungen, Kopfschmerzen und kortikalen Sehstörungen kommt. Es können sehr verschiedene Ursachen zugrunde liegen, wie Sepsis, Autoimmunerkrankungen, Eklampsie, oder bestimmte Medikamente. Übergänge zum reversiblen zerebralen Vasokonstriktions-Syndrom sind ebenfalls möglich. Typischerweise findet die Lumbalpunktion innerhalb von 24 Stunden nach Symptombeginn statt [10].

Der *Liquoröffnungsdruck* ist häufig erhöht (Median 230 mm H_2O, Interquartilsbereich 180–280 mm H_2O) [11]. Hinsichtlich der weiteren Parameter ist beim PRES in etwa 60 % mit einem auffälligen Liquor-Grundbefund zu rechnen, konkret mit einer Störung der *Blut-Liquor-Schrankenfunktion* und Erhöhung des *Gesamtproteins.* In Zusammenstellungen entsprechender Liquorbefunde lag die Gesamtproteinkonzentration im Median zwischen 530 und 580 mg/l, Werte bis ca. 800 mg/l sind beschrieben [10,11]. Einzelne Extremwerte über 1300 mg/l bis hin zu 4280 mg/l traten im Rahmen einer Eklampsie auf [10]. Insgesamt zeigt die Höhe der Gesamtproteinkonzentration eine Korrelation zum Ausmaß des vasogenen Ödems. Die *Zellzahl* und andere Liquor-Grundparameter sind typischerweise unauffällig. Eine *Pleozytose* ist beim PRES eher selten und kommt dann insbesondere bei der Eklampsie vor (**siehe Kap C.1.4.8**), und in allen dieser beschriebenen Fälle war ein zytotoxisches Öden und/oder eine SAB auffällig [10].

1.4.5.9 Reversibles zerebrales Vasokonstriktions-Syndrom (RCVS)

Das reversible zerebrale Vasokonstriktionssyndrom (RCVS) basiert ebenfalls auf unterschiedlichen Ätiologien. Zu den Risikofaktoren für das Auftreten eines RCVS zählen neben der Einnahme von vasoaktiven Substanzen wie serotonergen oder adrenergen Medikamenten (Triptane, selektive Serotonin-Wiederaufnahmehemmer, Ergotamine, Sympathikomimetika), Drogen (Cannabis, Kokain, Ecstasy, Amphetamine) oder anderen typischen Auslösern (Tacrolimus, Cyclophosphamid, Interferone, Nikotinpflaster) auch bestimmte Erkrankungen (Präeklampsie, Phäochromozytom) oder intrakranielle Operationen [12]. Klinisch ist ein ungewöhnlicher heftiger „Donnerschlagkopfschmerz“ charakteristisch. Es besteht ein deutlich erhöhtes Risiko für ischämische Schlaganfälle, ICB und SAB. Eine wichtige Differentialdiagnose ist die primäre Angiitis des ZNS (s. **Kap. C.1.1.8.5**), wodurch der Liquordiagnostik ein entscheidender Beitrag zukommen kann. Allerdings erwies sich die Erstellung klarer Grenzwerte für die Zellzahl beim RCVS als nicht gerechtfertigt [13].

Der Liquor-Grundbefund ist typischerweise normal oder allenfalls leichtgradig verändert, womit in ca. 30 % der Fälle zu rechnen ist. Hierzu zählen diagnostischen Kriterien zufolge *Pleozytosen* < 10 Leukozyten/µl und Erhöhungen des *Gesamtproteins* auf bis zu 800 mg/l. Nach neueren Untersuchungen spricht jedoch eine Pleozytose bis zu 35 Leukozyten/µl nicht gegen die Diagnose, und das Gesamtprotein kann im Einzelfall über 800 mg/l liegen [13]. Das *Zellbild* ist üblicherweise lymphomonozytär, seltener finden sich auch Granulozyten. Es ist zu berücksichtigen, dass entsprechende Gegebenheiten, wie z. B. eine oft gleichzeitig vorhandene SAB, ICB oder auch der LP-Zeitpunkt Einfluss auf den Liquor-Grundbefund haben. Bei begleitender SAB ist also mit entsprechenden Befunden zu rechnen (siehe **C.1.4.5.3**). *Liquorlaktat* und *Glukose* sind immer normal.

1.4.5.10 Akute nichttraumatische spinale Ischämie

Man könnte annehmen, dass bei akuten spinalen Ischämien ein Zusammenbruch der Blut-Rückenmark-Schranke in einem Bereich, der der Liquorentnahmestelle nahe liegt, häufiger und zu ausgeprägteren Liquorveränderungen führt als bei akuten zerebralen Ischämien. Dem ist nicht so, der Liquorbefund ist häufig unauffällig oder nur leicht unspezifisch verändert. Die *Zellzahl* ist mehrheitlich normal, typisch ist bei akuten spinalen Ischämien ein normozytärer „nicht-entzündlicher" Liquor, und im Gegensatz zu einer transversen Myelitis sind *oligoklonale Banden* nur ausnahmsweise zu finden [14,15]. Mit einer milden *Pleozytose* < 30 Zellen/µl ist in 8–17 % der Fälle zu rechnen, nicht selten mit Prädominanz von neutrophilen Granulozyten, gelegentlich auch von Monozyten. Auch hier dürfte der Zeitpunkt der LP einen wichtigen Einfluss auf die Befundlage haben, zumal sich auch die Ischämie nicht immer perakut, sondern teilweise allmählich fortschreitend entwickelt. Eine Erhöhung des *Gesamtproteins* ist häufig vorhanden, in der Regel jedoch nicht übermäßig ausgeprägt. In einer Fallserie mit 89 Fällen ergab sich ein Medianwert von 570 mg/l (Wertebereich 360–6550 mg/l) [15].

Es gibt relativ viele Untersuchungen zu möglichen Biomarkern bei iatrogenen spinalen Ischämien, was für chirurgische Eingriffe z. B. an der Aorta von klinischer Relevanz ist. Hier erwiesen sich, ähnlich wie bei zerebralen Ischämien, GFAP und S100B als aussichtsreiche Kandidaten [16].

1.4.5.11 Vaskuläre spinale Malformation

Die arterio-venöse spinale Malformation geht oftmals mit einer leichten *Pleozytose* einher, die Leukozytenzahlen können 20/µl gelegentlich deutlich übersteigen. Im *Differentialzellbild* dominieren Lymphozyten, auch Plasmazellen können vereinzelt auftreten. Das *Gesamtprotein* ist häufig deutlich erhöht, und *Schrankenfunktionsstörungen* nehmen im Gegensatz zur diskreten Pleozytose im Verlauf zu. *Oligoklonales IgG* kann nachweisbar sein und weist dann, ebenso wie der Nachweis von Plasmazellen, auf eine lokale Immunreaktion hin.

Bei klinisch und MR-tomographisch typischen Befunden sollte eine Lumbalpunktion zur Vermeidung einer Befundverschlechterung unterbleiben.

Literatur

[1] Llorens F, Hermann P, Villar-Piqué A, et al. Cerebrospinal fluid lipocalin 2 as a novel biomarker for the differential diagnosis of vascular dementia. Nat Commun. 2020;11:619.

[2] Lee MC, Heaney LM, Jacobson RL, Klassen AC. Cerebrospinal Fluid in Cerebral Hemorrhage and Infarction. Stroke 1975;6:638–641.

[3] Brouns R, De Vil B, Cras P, et al. Neurobiochemical markers of brain damage in cerebrospinal fluid of acute ischemic stroke patients. Clin Chemistry. 2010;56(3):451–458.

[4] Schmidt RM (ed). Der Liquor cerebrospinalis: Untersuchungsmethoden und Diagnostik (2 Bde.) 2. Auflage, Band 2. Gustav Fischer, Stuttgart – New York, 1987.

[5] Tumani H, Petzold A, Wick M, et al. Liquordiagnostik bei CT-negativer Subarachnoidalblutung. Der Nervenarzt. 2010;81:973–979.

[6] Johansson C, Aineskog H, Koskinen LOD, Gunnarsson A, Lindvall P. Serum neurofilament light as a predictor of outcome in subarachnoid haemorrhage. Acta Neurochir. 2023;165(10):2793–2800.

[7] Süssmuth SD, Reiber H, Tumani H. Tau protein in cerebrospinal fluid (CSF): a blood-CSF barrier related evaluation in patients with various neurological diseases. Neurosci Lett. 2001;300(2):95–8.

[8] Gendron TF, Badi MK, Heckman MG, et al.: Plasma neurofilament light predicts mortality in patients with stroke. Sci Transl Med. 2020;12(569):eaay1913.

[9] Charidimou A, Friedrich JO, Greenberg SM, Viswanathan A. Core cerebrospinal fluid biomarker profile in cerebral amyloid angiopathy: A meta-analysis. Neurology. 2018;90(9):e754–e762.

[10] Ellis CA, McClelland AC, Mohan S, et al. Cerebrospinal Fluid in Posterior Reversible Encephalopathy Syndrome: Implications of Elevated Protein and Pleocytosis. Neurohospitalist. 2019;9(2):58–64.

[11] Datar S, Singh TD, Fugate JE, Mandrekar J, Rabinstein AA, Hocker S. Albuminocytologic Dissociation in Posterior Reversible Encephalopathy Syndrome. Mayo Clin Proc. 2015;90(10):1366–1371.

[12] Jansen G, Mertzlufft F, Bach F. Reversibles zerebrales Vasokonstriktionssyndrom – Herausforderung für Diagnostik und Intensivtherapie. Anaesthesist. 2015;64:574–579.

[13] Kraayvanger L, Berlit P, Albrecht P, Hartung HP, Kraemer M. Cerebrospinal fluid findings in reversible cerebral vasoconstriction syndrome: a way to differentiate from cerebral vasculitis? Clin Exp Immunol. 2018;193(3):341–345.

[14] Barreras P, Fitzgerald KC, Mealy MA, et al. Clinical biomarkers differentiate myelitis from vascular and other causes of myelopathy. Neurology. 2018;90(1):e12–e21.

[15] Zalewski NL, Rabinstein AA, Krecke KN, et al. Characteristics of Spontaneous Spinal Cord Infarction and Proposed Diagnostic Criteria. JAMA Neurol. 2019;76(1):56–63.

[16] Harky A, Fok M, Fraser H, et al. Could cerebrospinal fluid biomarkers offer better predictive value for spinal cord ischaemia than current neuromonitoring techniques during thoracoabdominal aortic aneurysm repair – A systematic review. Braz J Cardiovasc Surg. 2019;34(4):464–471.

[17] Cohen O, Biran I, Steiner I. Cerebrospinal fluid oligoclonal IgG bands in patients with spinal arteriovenous malformation and structural central nervous system lesions. Arch Neurol. 2000;57:553–557.

[18] Dichgans M, Wick M, Gasser T. Cerebrospinal fluid findings in CADASIL. Neurology. 1999;53:233.

[19] Renard D, Wacongne A, Ayrignac X, et al. Cerebrospinal Fluid Alzheimer's Disease Biomarkers in Cerebral Amyloid Angiopathy-Related Inflammation. J. Alzheimers Dis. 2016;50:759–764.

[20] Schaarschmidt H, Prange HW, Reiber H. Neuron-specific enolase concentrations in blood as a prognostic parameter in cerebrovascular diseases. Stroke. 1994;25:558–565.

1.4.6 Kopfschmerzsyndrome

Sigurd D. Süßmuth

Bei primären Kopfschmerzen mit wegweisender Anamnese und typischer klinischer Präsentation ist eine Lumbalpunktion (LP) bei normalem neurologischem Untersuchungsbefund verzichtbar, und der Liquor-Grundbefund ist in aller Regel auch nicht auffällig [1]. Der Liquor kann jedoch zur Erforschung pathogenetischer Zusammenhänge und zur Biomarkerentwicklung beitragen.

Wenn Zweifel an der Kopfschmerzursache bestehen oder bestimmte sekundäre Kopfschmerzen vermutet werden, kann eine LP empfehlenswert sein. Hierzu zählen insbesondere heftigste Kopfschmerzen bei Verdacht auf Subarachnoidalblutung, der „Donnerschlagkopfschmerz", wie er beim reversiblen zerebralen Vasokonstriktionssyndrom vorkommen kann, Kopfschmerzen bei meningealen Reizungen und Entzündungen, einem idiopathischen intrakraniellen Hypertonus oder einem Liquorunterdrucksyndrom, auf die in den entsprechenden Kapiteln eingegangen wird.

1.4.6.1 Migräne

Pathologische Liquor-Grundbefunde stellen bei der *episodischen Migräne* eine Ausnahme dar. Gelegentlich ist eine leichte *Gesamtproteinerhöhung* zu finden. In seltenen Fällen kann auch ein erhöhter *Liquordruck* und eine leichte lymphozytäre *Pleozytose* auftreten, insbesondere bei der *familiären hemiplegischen Migräne* [2]. *Oligoklonales IgG* im Liquor ist in Zusammenhang mit der Migräne nicht zu finden. Pathologische Liquorbefunde sollten daher stets Anlass zur Überprüfung der Diagnose sein.

Auch bei der *chronischen Migräne* (CM) sind die Liquor-Grundparameter üblicherweise ohne besondere Auffälligkeiten, allerdings kann bei CM-Formen, die nicht auf die gängigen Behandlungen ansprechen, im überwiegenden Teil der Fälle der *Liquoröffnungsdruck* mit im Mittel 245 mm H_2O (95 %-Konfidenzintervall 224–265 mm H_2O) erhöht sein [3].

Von primär wissenschaftlichem Interesse sind Untersuchungen zu löslichen Markern, eine schöne Übersicht zur empfohlenen Vorgehensweise findet sich in Ref. [1]. Hinreichend konsistente Befunde ergeben sich vor allem für die CM mit Erhöhungen des exzitatorischen Neurotransmitters *Glutamat*, des *CGRP* (*Calcitonin Gene-Related Peptide*) und des Nervenwachstumsfaktors *NGF*, wohingegen β-*Endorphin* oder Endocannabinoide vermindert zu sein scheinen [4]. Die Datenlage für die episodische Migräne ist im Vergleich dazu nur spärlich, es besteht natürlich auch selten Anlass zur Liquorgewinnung. Insgesamt gesehen untermauern die bisherigen Befunde die aktuellen Hypothesen der zugrundeliegenden pathophysiologischen Mechanismen der Migräne.

1.4.6.2 Clusterkopfschmerz

Beim episodischen Clusterkopfschmerz („Bing-Horton[4]-Syndrom") ist der Grundbefund des Liquor cerebrospinalis mehrheitlich ohne Auffälligkeiten, jedoch können in ca. einem Drittel der Fälle leichte unspezifische Veränderungen zu finden sein. Dabei ist eine Störung der *Blut-Liquor-Schranke* mit leicht *erhöhtem Albuminquotient* in der akuten Episode die häufigste Auffälligkeit, die aber auch in Remissionsphasen gefunden werden kann [5]. Die *Zellzahl* ist in der Regel normal, *oligoklonale Banden* nur im Liquor sind nicht zu erwarten.

1.4.6.3 Syndrom der vorübergehenden Kopfschmerzen mit neurologischen Defiziten und Liquorlymphozytose (HaNDL)

Beim HaNDL (*Headache and Neurological Deficits with cerebrospinal fluid Lymphocytosis*), das früher unter der Bezeichnung Pseudomigräne mit Pleozytose (PMP) geführt wurde, handelt es sich um ein erstmals 1981 beschriebenes migräneähnliches Syndrom mit auffälliger lymphozytärer Liquor-Pleozytose [6]. Seitdem sind eine Reihe von weiteren Fallbeschreibungen hinzugekommen und führten zur Formulierung diagnostischer Kriterien.

4 Robert Paul Bing (1878 – 1956), deutsch-schweizerischer Neurologe;
Bayard Taylor Horton (1895–1980), amerikanischer Internist

Pathogenetisch geht man bei diesem Syndrom von einer autoimmunvermittelten Entzündung der Leptomeningen aus, die möglicherweise durch virale Infektionen getriggert wird. In über 25 % der Fälle konnte eine virale Vorinfektion in zeitlichem Zusammenhang mit der Manifestation des HaNDL gefunden werden, mikrobiologische Untersuchungen waren einheitlich unauffällig.

Bei der initialen LP findet man in mehr als 50 % der Fälle einen erhöhten *Liquoröffnungsdruck* von bis zu 400 mm H_2O. Das *Zellbild* zeigt eine *Pleozytose* mit lymphozytärer Prädominanz, es sind Zellzahlen zwischen 10 und 760 Leukozyten/µl beschrieben [7]. Das *Gesamtprotein* ist in über 90 % der Fälle erhöht und kann Werte bis 2500 mg/l erreichen. *Oligoklonales IgG* im Liquor ist in der Regel nicht nachweisbar.

Literatur

[1] Harrington MG. Cerebrospinal fluid biomarkers in primary headache disorders. Headache. 2006;46(7):1075–1087.

[2] Di Stefano V, Rispoli MG, Pellegrino N, et al. Diagnostic and therapeutic aspects of hemiplegic migraine. J Neurol Neurosurg Psychiatry. 2020;91(7):764–771.

[3] De Simone R, Ranieri A, Montella S, et al. Intracranial pressure in unresponsive chronic migraine. J Neurol. 2014;261(7): 1365–1373.

[4] Van Dongen RM, Zielman R, Noga M, et al. Migraine biomarkers in cerebrospinal fluid: A systematic review and meta-analysis. Cephalalgia. 2017;37(1):49–63.

[5] Steinberg A, Wiklund NP, Brundin L, Remahl AI. Levels of nitric oxide metabolites in cerebrospinal fluid in cluster headache. Cephalalgia. 2010;30(6):696–702.

[6] Bartleson JD, Swanson JW, Whisnant JP. A migrainous syndrome with cerebrospinal fluid pleocytosis. Neurol. 1981;31:1257–1262.

[7] Gómez-Aranda F, Cañadillas F, Martí-Massó JF, et al. Pseudomigraine with temporary neurological symptoms and lymphocytic pleocytosis. A report of 50 cases. Brain. 1997;120 (Pt 7):1105-1113.

1.4.7 Intoxikationen

Sigurd D. Süßmuth*

Einer Intoxikation können höchst unterschiedliche Noxen zugrunde liegen, für deren Bestimmung es oft auf sämtliche Details der Symptomatik, der zur Einweisung führenden Umstände, der Vorgeschichte und nicht zuletzt der Zusatzdiagnostik ankommt. Gründe für die Anforderung einer Liquoranalyse, aus der man sich Hinweise zur Ursache erhofft, sind in der Regel plötzliche unklare Bewusstseinsstörungen, delirante und komatöse Zustände, Fieber oder auch epileptische Anfälle. Die Basisparameter der Liquoranalyse wie *Zellzahl, Gesamtprotein* und *Blut-Liquor-Schrankenfunktion* sind bei Intoxikationen in der Regel normwertig oder unspezifisch verändert [1]. Eine retrospektive Untersuchung konnte keine Bezüge zwischen Liquorbasisparametern und den zugrundeliegenden Noxen finden [2]. Die Noxe selbst ist im Liquor häufig zeitversetzt und in geringerer Konzentration als im Blut nachweisbar.

1.4.7.1 Alkaloidintoxikation

Intoxikation mit Alkaloiden (z. B. Atropin, Ergotamin, Kokain, Morphium oder Nikotin) führen in der Regel zu keinen pathologischen Veränderungen des Liquor-Grundbefunds.

1.4.7.2 Alkoholintoxikation

Nach stärkerem Alkoholgenuss lässt sich Alkohol im Liquor cerebrospinalis nachweisen, wobei der Alkoholspiegel im Liquor im Verlauf höher sein kann als im Blut. Im Alkoholrausch ist der *Liquoröffnungsdruck* häufig erhöht, und es finden sich diskrete *Zellzahl-* und *Gesamtproteinerhöhungen*. Bei der *akuten Alkoholintoxikation* kann im Liquor-Grundbe-

---

***Autoren der Vorauflage:** U.K. Zettl, E. Mix, R. Lehmitz

fund als einziger auffälliger Befund das *Laktat* leicht erhöht sein, so fanden sich in Untersuchungen des Liquorlabors der Neurologischen Universitätsklinik Ulm Erhöhungen bis 3 mmol/l ohne sonstige Auffälligkeiten.

Bei *chronischem Alkoholabusus* werden unter anderem verminderte Folsäurewerte, erhöhte Harnsäurewerte und Elektrolytstörungen im Liquor cerebrospinalis gefunden; Protein Tau ist regelhaft im Normbereich [9]. Im Rahmen von *Alkoholentzugsdelirien* ist zusätzlich in bis zu 70 % ein *erhöhter Albuminquotient* und häufig eine *Liquorazidose* nachweisbar. Störungen der Blut-Liquor-Schranke, erhöhte Laktatwerte und Pleozytosen könnten dabei durch *Alkoholentzugsanfälle*, die häufig zur Einweisung deliranter Patienten auf neurologische Notfallaufnahmestationen führen, zumindest mitverursacht sein [3].

1.4.7.3 Arsenintoxikation

Bei ZNS-Manifestation im Rahmen von Arsenvergiftungen sind die Parameter des Liquor-Grundbefunds meist unauffällig. Bei der polyneuropathischen Form sind leichte Erhöhungen des *Gesamtproteins* bei normaler bis diskret erhöhter *Zellzahl* zu finden.

1.4.7.4 Barbituratintoxikation

In einzelnen Fällen können im Liquor cerebrospinalis diskrete *Pleozytosen* mit leichter Erhöhung des *Gesamtproteins* gefunden werden.

1.4.7.5 Bleiintoxikation

Bei Blei-bedingten Enzephalopathien können lymphozytäre *Pleozytosen* und deutliche Erhöhungen des *Gesamtproteins* zu finden sein, die das Bild einer Meningoenzephalitis vermitteln. Für Erwachsene mit Bleienzephalopathie sind Pleozytosen bis 27 Leukozyten/μl und Gesamtproteinwerte bis 1850 mg/l beschrieben [4,5]. Bei Kindern können die Werte deutlich höher sein. Vor allem bei Kleinkindern sind die Veränderungen im Liquor im Rahmen von Bleiintoxikationen ausgeprägter als in späteren Lebensabschnitten und erfordern eine differentialdiagnostische Abgrenzung zu infektiösen Meningoenzephalitiden. Dagegen führen Bleiintoxikationen mit isolierter Beteiligung des peripheren Nervensystems in der Regel zu keinen Liquorveränderungen.

1.4.7.6 Kohlenmonoxidintoxikation

Bei leichten Kohlenmonoxidvergiftungen findet man in der Regel keine Liquorveränderungen. Bei schweren Intoxikationen zeigen sich bei normaler Zellzahl häufig deutliche Erhöhungen des *Gesamtproteins* im Rahmen einer *Blut-Liquor-Schrankenfunktionsstörung*.

Es ließ sich kein Bezug der veränderten Parameter zur Prognose herstellen. Aus einer kleinen Fallserie ergaben sich für hohe Interleukin-6-Werte (> 400 pg/ml) im Liquor in den ersten 24 Stunden nach Kohlenmonoxid-Exposition Hinweise auf eine mögliche prognostische Bedeutung für das Auftreten einer verzögert auftretenden Kohlenmonoxid-bedingten Enzephalopathie [6,7].

1.4.7.7 Paracetamolintoxikation

Intoxikationen mit Paracetamol, das in suizidaler Absicht (nicht selten zusammen mit Alkohol) eingenommen oder im Rahmen der Schmerzbehandlung in Überdosierung zu Leberversagen und dadurch zur Azidose, hepatischer Enzephalopathie und Koma führen kann, sind mit bis zu 10 % aller Intoxikationsfälle recht häufig [7]. Im Liquor kann eine leichte Erhöhung des *Albuminquotienten* zu finden sein [8].

1.4.7.8 Quecksilberintoxikation

In der überwiegenden Zahl der Fälle findet man sowohl bei der *Enzephalopathia mer-*

curialis als auch der *Polyneuritis mercurialis* normale Liquorbefunde. Nur in seltenen Fällen kann es zu einer teils deutlichen *Pleozytose* und *Gesamtproteinerhöhung* kommen. Gelegentlich kann im Liquor Quecksilber selbst nachgewiesen werden.

1.4.7.9 Thalliumintoxikation

Bei Thalliumintoxikation, die durch neuropsychiatrische Symptome wie Psychose, epileptische Anfälle oder extrapyramidale Symptome auffallen kann, ist die *Zellzahl* normal, in etwa der Hälfte der Fälle ist im Liquor eine leichte Erhöhung des *Gesamtproteins* zu finden. Der Thalliumnachweis in Liquor und Serum zeigt einen Anstieg der Thalliumkonzentration im Liquor in den Tagen nach Exposition, während der Thalliumspiegel im Serum bereits wieder abfällt, was bei kurzer Halbwertszeit des Thalliums auf eine verzögerte Verteilung im ZNS mit zeitlich verzögertem Konzentrationsmaximum hindeutet [10].

Literatur

[1] Schmidt RM (ed). Der Liquor cerebrospinalis: Untersuchungsmethoden und Diagnostik (2 Bde.) 2. Auflage, Band 2. Gustav Fischer, Stuttgart – New York, 1987.

[2] Farsinejad M, Kazemzadeh N, Emamhadi M, Zamani N, Sanaei-Zadeh H. Cerebrospinal Fluid Indices in Acute Drug Intoxication; Do they Predict the Patients' Outcome? Iranian Journal of Toxicology. 2012;7(17):635–637.

[3] Haensch CA, Jörg J, Baltzer F. Diagnostischer und prognostischer Wert neurologischer Zusatzdiagnostik beim Alkoholdelir. Nervenarzt. 2000;71(10):822–828.

[4] Whitfield CL, Ch'ien LT, Whitehead JD. Lead encephalopathy in adults. The American journal of medicine. 1972;52(3):289–298.

[5] Evans S, Smith J, Caron E. A Case of Mercury Toxicity Complicated by Acute Inflammatory Demyelinating Polyneuropathy. Journal of child neurology. 2018;33(13):817–819.

[6] Ide T, Kamijo Y. The early elevation of interleukin 6 concentration in cerebrospinal fluid and delayed encephalopathy of carbon monoxide poisoning. American Journal of Emergency Medicine. 2009;27(8):992–996.

[7] Reisinger A, Rabensteiner J, Hackl G. Diagnosis of acute intoxications in critically ill patients: focus on biomarkers–part 2: markers for specific intoxications. Biomarkers. 2020;25(2):112–125.

[8] Bayard-Burfield L, et al. Impairment of the blood-CSF barrier in suicide attempters. European neuropsychopharmacology : the journal of the European College of Neuropsychopharmacology. 1996;6(3):195–199.

[9] Morikawa Y, et al. Cerebrospinal fluid tau protein levels in demented and nondemented alcoholics. Alcoholism, clinical and experimental research. 1990;23(4):575–577.

[10] Rangel Guerra R, Martínez HR, Villarreal HJ. Thallium poisoning. Experience with 50 patients. Gaceta medica de Mexico. 1990;126(6):485–487.

1.4.8 Erkrankungen in der Schwangerschaft

Sigurd D. Süßmuth

1.4.8.1 Eklampsie

Die Eklampsie ist durch epileptische Anfälle bei vorbestehender Präeklampsie (früher: EPH-Gestose) gekennzeichnet, die in der Spätschwangerschaft bis kurz nach der Entbindung auftreten. Ätiologisch werden zerebrale Vasokonstriktionen mit einem sich in der Folge entwickelnden Hirnödem angenommen, und es gibt Ähnlichkeiten zum posterioren reversiblen Enzephalopathie-Syndrom (siehe **Kap. C.1.4.5**, vaskuläre Erkrankungen).

Es finden sich meist unauffällige Liquorbefunde [1]. Dies dürfte jedoch abhängig vom Punktionszeitpunkt und dem Ausmaß der zerebralen Pathologie sein, denn in einigen Fällen lassen sich im Liquor cerebrospinalis *Pleozytosen* und eine Erhöhung des *Gesamtproteins* nachweisen, also Befunde, wie sie prinzipiell in der Frühphase nach epileptischen Anfällen zu finden sein können, aber beispielsweise auch im Rahmen von Blutungen in den Subarachnoidalraum. In einer kleinen Fallserie mit 9 Liquoruntersuchungen bei Eklampsie war in 4 Fällen eine gering- bis mäßiggradige Pleozytose nachweisbar (20–107 Leukozyten/µl, mit Prädominanz neutrophiler Granulozyten in 3 von 4 Fällen), wobei in allen Fällen mit Liquor-Pleozytose ein zytotoxisches Ödem und/oder eine Subarachnoidalblutung vorlag [2]. Die Gesamtproteinkonzentration kann dann deutlich erhöht sein und Werte bis zu 4300 mg/l erreichen. Der klinische Verlauf war jedoch in allen diesen Fällen günstig [1].

Literatur

[1] Stewen J, Sinn D, Heide W. Ungewöhnliche neurologische Manifestationen einer Eklampsie. Aktuelle Neurologie. 2008;35:P659.

[2] Ellis CA, McClelland AC, Mohan S, et al. Cerebrospinal Fluid in Posterior Reversible Encephalopathy Syndrome: Implications of Elevated Protein and Pleocytosis. Neurohospitalist. 2019;9(2):58–64.

1.4.9 Neurochemische Diagnostik bei Narkolepsie und anderen Hypersomnien

Geert Mayer, Wolfgang Jordan

1.4.9.1 Einleitung

Der Begriff „Hypersomnie" ist definiert als „unwiderstehliche chronische Einschlafneigung am Tage". Ca. 4–9 % der Bevölkerung sind in unterschiedlichem Ausmaß betroffen [1]. Die psychosozialen Konsequenzen sind abhängig vom Schweregrad. Die Hypersomnie kann ein Symptom primärer Schlaf-Wach-Störungen sein oder in der Folge von anderen organischen Erkrankungen auftreten (z. B. nach Entzündungen des zentralen Nervensystems, bei konsumierenden und Stoffwechselerkrankungen etc.) oder in Folge von Medikamenten oder Substanzen. Die weltweit häufigste Ursache ist ein chronisches Schlafdefizit. Die Internationale Klassifikation der Schlafstörungen ICSD3 [2] klassifiziert die primären Hypersomnien im Kapitel „Hypersomnien zentralen Ursprungs" (Tab. C.1.17).

Tab. C.1.17: Hypersomnien zentralen Ursprungs nach der ICSD3.

Narkolepsie Typ 1
Narkolepsie Typ 2
Kleine-Levin-Syndrom
Idiopathische Hypersomnie
Schlafmangel-Syndrom
Hypersomnie durch körperliche Erkrankung
Hypersomnie durch Medikation oder Substanzen
Hypersomnie assoziiert mit psychischer Störung
Langschläfer

1.4.9.2 Narkolepsie

Die Pathophysiologie der meisten Hypersomnien zentralen Ursprungs ist bis auf die Narkolepsie Typ 1 (NT1) noch unbekannt. Die Narkolepsie wird eingeteilt in die Narkolepsie Typ 1 (mit Kataplexie), Narkolepsie Typ 2 (NT2) (ohne Kataplexie) und symptomatische Narkolepsie. Typ 2 kann im Verlauf in Typ 1 übergehen, wenn alle diagnostischen Kriterien für Typ 1 vorliegen.

Diagnostische Kriterien der Narkolepsie

1. Symptomatik: Hypersomnie (Tagesschläfrigkeit, imperative Einschlafattacken), ggf. Kataplexien, auch partial, hypnagoge/hypnopompe Halluzinationen, Schlafparalyse, Automatisches Handeln, weitere assoziierte Erkrankungen.
2. Polysomnographie: Diagnostische Kriterien sind eine kurze Einschlaflatenz (< 8 min), gegebenenfalls mit vorzeitig auftretendem REM-Schlaf (Sleep-Onset-REM) innerhalb von weniger als 15 min und oft

ein fragmentierter Nachtschlaf. Im Multiplen Schlaflatenztest, der 4–5-mal am Tag nach der nächtlichen Polysomnographie in 2-stündlichen Abständen durchgeführt wird, müssen verkürzte Einschlaflatenzen (Mittelwert < 8 min) und mindestens zwei Sleep-Onset-REM Perioden nachgewiesen werden [3].

3. Liquordiagnostik: Bestimmung des Hypocretin-1 Spiegels (hrct-1) im Liquor (mit RIA-Methode: bei NT1 < 110 pg/ml, bei NT2 > 110 pg/ml) mit differentialdiagnostischem Ausschluss von anderen ZNS-Erkrankungen. Ca. 98 % aller NT1-Patienten haben ein niedriges Liquor-Hypocretin, während dies nur bei ca. 38 % aller NT2-Patienten niedrig ist [4].
4. Genetik: Ca. 98 % aller Patienten mit NT1 haben den Haplotyp HLA-DQB1*06:02.

Hypocretin- oder Orexin-Defizienz wurde erstmals bei narkoleptischen Hunden beschrieben [5]. Ripley et al. entwickelten eine Methode, die Hypocretine im Liquor zu bestimmen, und validierten ihre Methode an 42 Narkolepsiepatienten und 48 Kontrollpersonen [6]. Bei 37 der 42 Patienten lagen die Werte < 100 pg/ml, bei den Kontrollpersonen bei 224–653 pg/ml, intermediäre Werte (100-194pg/ml) fanden sich bei Patienten mit lymphatischen Erkrankungen, Schädel-Hirn-Traumata und Guillain-Barré-Syndrom. Liquor-Hypocretin-1-Bestimmungen erwiesen sich als hochspezifisch zur Identifikation der NT1. Eine Untersuchung von Narkolepsie-Patienten ohne Kataplexien [7] zeigte hcrt-1 Liquor-Spiegel mit einem Grenzwert von 200pg/ml. Patienten mit hcrt-1 Spiegel < 110 pg/ml hatten höhere Werte in der Epworth-Schläfrigkeitsskala, häufiger den Haplotyp HLA DQB1*06:02, öfter Schlaflähmungen, in der Polysomnographie häufiger kurze REM-Schlaflatenzen, mehr Sleep-onset-REM-Perioden, kürzere Einschlaflatenzen im Multiplen Schlaflatenztest (MSLT) und entwickelten im Verlauf häufiger Kataplexien.

1.4.9.3 Weitere Hypersomnien zentralen Ursprungs

Da die Hypocretine eine Schlüsselrolle in der Regulation des Schlaf-Wach-Rhythmus innehaben, wurden Untersuchungen bei anderen Hypersomnien zentralen Ursprungs durchgeführt. Eine Liquor-Untersuchung bei 26 Patienten mit NT1, 9 Patienten mit NT2, 2 Patienten mit REM-Schlaf assoziierter Hypersomnie, 7 Patienten mit idiopathischer Hypersomnie, 4 mit Kleine-Levin-Syndrom (KLS ist eine sehr seltene Schlaferkrankung mit rezidivierenden Episoden von Hypersomnie, Persönlichkeits- und Verhaltensänderungen) und 88 Kontrollpatienten mit anderen neurologischen Erkrankungen ergab, dass ein niedriges Liquor hcrt-1 hochspezifisch für NT1 ist [8]. Bei einem Patienten mit KLS zeigte sich in der asymptomatischen Phase ein normales Hypocretin in der symptomatischen Phase ein niedriges hcrt. Nur ein Patient mit idiopathischer Hypersomnie zeigte einen Grenzwert von 200pg/ml. Eine später durchgeführte norwegische Studie an 47 NT1, 9 NT2 und 10 Patienten mit idiopathischer Hypersomnie konnte die Befunde replizieren [9] und zeigen, dass NT2 und IH neurochemisch nicht zu differenzieren sind.

Neben den Hypocretinen wurden die Bestimmung von Histamin und Telehistamin, als Abbauprodukt des Histamins, auf ihre diagnostische Bedeutung hin geprüft. In ersten Studien ohne Kontrollpatienten fanden sich erniedrigte Histaminwerte im Liquor von Narkolepsiepatienten, was später widerlegt werden konnte [10]. Histamine werden nur im tuberomamillären Nukleus produziert und haben wachfördernde Funktionen durch ihre Projektionen in wachfördernde Hirnregionen. Sie können auch hemmende Funktionen haben und interagieren mit Hypocretinen. Hypocretinerge Neurone projizieren stark in den tuberomamillären Nucleus. Bei Narkolepsiepatienten ist die Anzahl der histaminergen Neurone vermehrt.

Hypocretine zeigen circadiane und circannuale Schwankungen [11]. Deshalb ist es wichtig, die Liquorbestimmungen immer zu ähnlichen Tageszeiten durchzuführen. Eine Untersuchung von Liquor-Hypocretin, das bei −80° C gelagert wurde, zeigte um 11 % niedrigere Werte als bei Zimmertemperatur gelagerte Proben [4]. Im gleichen Artikel konnte gezeigt werden, dass ein Vergleich der Normwerte von 4 europäischen und einem amerikanischen Labor Schwankungen für den Cut-off-Wert zwischen 88-129pg/ml und für Normwerte zwischen 293-430pg/ml aufwies. Bisher konnten weder einheitliche Standards noch einheitliche weltweite Qualitätskontrollen durchgeführt werden, so dass es erforderlich ist, die Ergebnisse immer kritisch und anhand eigener Laborstandards zu vergleichen. Wenige Studie haben untersucht, ob statt der Liquorbestimmung der Hypocretine die Bestimmung aus dem Plasma möglich ist. Die Plasma Hypocretin-1 Werte von Gesunden und Patienten mit NT1 unterschieden sich nicht [12], so dass sich diese Methode zur Differenzierung der Erkrankung nicht eignet.

1.4.9.4 Bestimmung der Hypocretine im Liquor

Grundsätzlich kann die Bestimmung mittels RIA, ELISA oder Spektrometrie durchgeführt werden. Die Bestimmung mittels RIA ist am genauesten, die Spektrometrie [13] zeigt ähnliche Ergebnisse mit anderen Cut-off-Werten.

Hcrt-1-radioimmunoassay (RIA)

Die Messung von Hypocretin-1 im Liquor im Rahmen von wissenschaftlichen Projekten erfolgt mittels eines für den Forschungsgebrauch zugelassenen Radioimmunoassays (RK-003-30 Orexin A [Human, Rat, Mouse], Phoenix Pharmaceuticals 530 Harbor Boulevard Belmont, CA 94002 USA). Der Assay basiert auf einer kompetitiven Bindung von radioaktiv markiertem (125IHypocretin-1) und nativem Hypokretin-1 an eine begrenzte Menge von Hypocretin-1-Antikörpern im Probenansatz. In Abhängigkeit von der Menge an nativem Hypocretin-1 reduziert sich die Menge an 125I-Hypocretin-1, die an den Antikörper bindet. Durch die Messung der Radioaktivität des gebundenen 125I-Peptides kann anhand einer erstellten Standardkurve die Menge an Hypocretin-1 im Probenmaterial ermittelt werden. Als unteres Detektionslimit wird hierbei in der Regel 2–8 pg/Probengefäß angenommen, wobei 100 µL Liquor eingesetzt werden. In Bezug auf die international verwendete Einheit pg/ml bedeutet dies, dass Werte zwischen 20–80 pg/ml unterhalb der Nachweisgrenze liegen. Die Messungen werden regelhaft als Doppelbestimmungen durchgeführt.

Grenzwerte/diagnostische Empfehlungen

Derzeit werden Hypocretin-1-Werte im Liquor unterhalb von 110 pg/ml als pathologisch und richtungsweisend für das Vorliegen einer Narkolepsie angesehen. Messwerte zwischen 110–200 pg/ml werden als „intermediärer Bereich“ bezeichnet und Werte größer als 200 pg/ml als normal erachtet [6]. Die Cut-off-Werte gelten nicht für die mittels ELISA gemessenen

Proben, die falsch positive niedrige Werte haben können.

Lumbalpunktion/Probenbehandlung

Die Lumbalpunktion ist nach erfolgter Patientenaufklärung entsprechend der örtlichen Standards durchzuführen. Um bei Bedarf eine Wiederholung der Messung vornehmen zu können, ist für die Hypocretinbestimmung die Abnahme von etwa 1–2 ml Liquor zu fordern. Nach der Entnahme sollte das Material möglichst rasch eingefroren werden. Hierbei ist bei vorhandener technischer Ausstattung eine Lagerungstemperatur von −80 ° C zu empfehlen. Zur Vereinfachung der weiteren Schritte und zur Vermeidung von unnötigen Auftauvorgängen ist ein Aliquotieren des Probenmaterials von mindestens 2 mal 500 µl pro Eppendorf-Tubes wünschenswert.

Literatur

[1] Ohayon MM. From wakefulness to excessive sleepiness: what we know and still need to know. In: Sleep medicine reviews. 2008;12(2):129–141.

[2] The international classification of sleep disorders. Third edition. Darien [Illinois]: American Academy of Sleep Medicine, 2014.

[3] Bassetti C, Adamantidis A, Burdakov D, et al. Narcolepsy – clinical spectrum, aetiopathophysiology, diagnosis and treatment. In: Nature reviews. Neurology. 2019;15(9):519–539.

[4] Knudsen S, Jennum PJ, Alving J, et al. Validation of the ICSD-2 criteria for CSF hypocretin-1 measurements in the diagnosis of narcolepsy in the Danish population. In: Sleep. 2010;33(2):169–176.

[5] de Lecea L, Sutcliffe J, Gregor. The hypocretins and sleep. In: The FEBS journal. 2005;272(22):5675–5688.

[6] Ripley B, Overeem S, Fujiki N, et al. CSF hypocretin/orexin levels in narcolepsy and other neurological conditions. In: Neurology. 2001;57(12):2253–2258.

[7] Andlauer O, Moore H, Hong SC, et al. Predictors of hypocretin (orexin) deficiency in narcolepsy without cataplexy. In: Sleep. 2012;35(9):1247–55 F.

[8] Dauvilliers Y, Baumann CR, Carlander B, et al. CSF hypocretin-1 levels in narcolepsy, Kleine-Levin syndrome, and other hypersomnias and neurological conditions. In: Journal of neurology, neurosurgery, and psychiatry. 2003;74(12):1667–1673.

[9] Heier MS, Evsiukova T, Vilming S, et al. CSF hypocretin-1 levels and clinical profiles in narcolepsy and idiopathic CNS hypersomnia in Norway. In: Sleep. 2007;30(8):969–973.

[10] Dauvilliers Y, Delallée N, Jaussent I, et al. Normal cerebrospinal fluid histamine and tele-methylhistamine levels in hypersomnia conditions. In: Sleep. 2012;35(10):1359–1366..

[11] Boddum K, Hansen MH, Jennum PJ, et al. Cerebrospinal Fluid Hypocretin-1 (Orexin-A) Level Fluctuates with Season and Correlates with Day Length. In: PloS one. 2016;11(3):e0151288.

[12] Dalal MA, Schuld A, Haack M, et al. Normal plasma levels of orexin A (hypocretin-1) in narcoleptic patients. In: Neurology. 2001;56(12):1749–1751.

[13] Hirtz C, Vialaret J, Gabelle A, et al. From radioimmunoassay to mass spectrometry: a new method to quantify orexin-A (hypocretin-1) in cerebrospinal fluid. In: Scientific reports. 2016;6:25162.

1.4.10 Stoffwechselerkrankungen

Sigurd D. Süßmuth*

Bei der heterogenen Gruppe der Stoffwechselerkrankungen sind Veränderungen der Liquor-Grundparameter keine Seltenheit und können, je nach Krankheitsentität und Parameter, gelegentlich wegweisend in der Diagnostik sein.

1.4.10.1 Mitochondriale Erkrankungen

Der Liquor kann in dieser Gruppe klinisch und genetisch äußerst heterogener Syndrome mit vielfältigen Manifestationsformen und variablem -alter einen charakteristi-

*__Autoren der Vorauflage:__ U.K. Zettl, E. Mix, R. Lehmitz

schen Befund aufweisen. Je nach Krankheitsentität können im Liquor typischerweise *Laktat* als Ausdruck der gestörten oxidativen Phosphorylierung in den Mitochondrien und/oder das *Gesamtprotein* erhöht sein. So bildet z. B. eine Gesamteiweißerhöhung > 1000 mg/l im Liquor zusammen mit der progredienten externen Ophthalmoplegie mit Retinadegeneration eine das Kearns-Sayre[5] -Syndrom kennzeichnende Trias, und es lässt sich in den meisten Fällen einer Mitochondrialen Enzephalomyopathie mit Laktazidose und Schlaganfall-artigen Episoden (MELAS) eine Erhöhung des Liquorlaktats finden. Unter differentialdiagnostischen Aspekten sollte dabei darauf geachtet werden, einen gewissen Zeitabstand der LP zu bestimmten akuten Symptomen, wie epileptischen Anfällen, einzuhalten, da hier Laktat ebenfalls erhöht sein kann, wenn auch nur temporär und meist nur geringgradig.

Tatsächlich lassen sich bei den meisten diagnostisch gesicherten Mitochondriopathien mit ZNS-Beteiligung im Liquor cerebrospinalis erhöhte Laktatwerte detektieren. Insbesondere bei Kindern ist die Erhöhung des Laktats im Liquor oft wesentlich ausgeprägter als im Blut. Es können Laktatwerte bis 10 mmol/l zu finden sein. Auch der Laktat/Pyruvat-Quotient kann erhöht sein. Es ist hervorzuheben, dass bei mitochondrialen Erkrankungen Laktat im Liquor und Blut nicht korrelieren. Es können daher Laktaterhöhungen im Liquor vorkommen, wenn Serum-Laktat normal ist, so dass bei Verdacht auf eine Mitochondriopathie eine Lumbalpunktion empfehlenswert sein kann, vor allem bei entsprechendem Verdacht bei Kindern [1]. Im Liquor sollten auch Pyruvat zur Bestimmung des Laktat/Pyruvat-Quotienten (falls Laktat erhöht ist), Aminosäuren (Alanin), und 5-Methyltetrahydrofolat angefordert werden [2]. Umgekehrt schließen normale Liquorlaktatwerte eine mitochondriale ZNS-Erkrankung keineswegs aus, ggf. sollte die Diagnostik nach einem angemessenen Zeitintervall wiederholt werden [1]. Zur Vertiefung der Rolle des Laktats bei den verschiedenen mitochondrialen Syndromen sei auf Spezialliteratur verwiesen, wie z. B. [3].

Typische Liquorbefundkonstellationen mitochondrialer Syndrome sind in Tab. C.1.18 aufgeführt.

1.4.10.2 Lipidspeicherkrankheiten

Adrenoleukodystrophie

Für diese Erkrankung mit Akkumulation sehr langkettiger Fettsäuren in Peroxisomen ist eine intrathekale *IgA-Synthese* ein sehr sensitiver Parameter, der in 13 von 14 Kindern mit symptomatischer zerebraler Adrenoleukodystrophie gefunden wurde; bei asymptomatischen Patienten oder Patienten mit Adrenomyeloneuropathie fehlt sie. Mit einer zusätzlichen intrathekalen *IgG- oder IgM-Synthese* ist in ca. 20 % zu rechnen. Mehrheitlich ist eine leichte *Schrankenfunktionsstörung* zu erwarten ($Q_{Alb} < 20 \times 10^{-3}$), das *Gesamtprotein* ist erhöht und kann Werte über 1000 mg/l aufweisen. *Liquorlaktat* ist normal.

Die Höhe der Konzentration des *Basischen Myelinproteins* (MBP) gilt als Marker für die Schwere der Erkrankung, wobei bei der Frühform der Erkrankung keine Korrelationen zwischen dem Stadium der Erkrankung und dem *Gesamtprotein*, der *Immunglobulinproduktion* oder dem *Zytokinmuster* gefunden werden konnten. Dennoch scheinen gerade die *Gesamtproteinkonzentration*, aber auch bestimmte *Matrix-Metalloproteasen* (MMP) relativ gut mit bildgebenden Befunden

5 Thomas P. Kearns (1922–2011), US-amerikanischer Neuroophthalmologe;
George Pomeroy Sayre (1911–1992), US-amerikanischer Augenarzt

Tab. C.1.18: Typische Liquor-Grundbefundkonstellationen ausgewählter Mitochondriopathien.

Syndrom	Zellzahl	Gesamtprotein	Laktat
Chronisch progressive externe Ophthalmoplegie (CPEO)	normal	unauffällig	normal
Kearns-Sayre-Syndrom (KSS)	normal	↑ meist > 1 000 mg/l	↑
Leber'sche[6] hereditäre Optikus-Neuroretinopathie (LHON)	normal	unauffällig	normal
Leigh[7]-Syndrom (LS) – subakut nekrotisierende Enzephalopathie			normal oder ↑ (ebenso *Pyruvat*)
MERRF-Syndrom (Myoklonusepilepsie mit „Ragged Red Fibers")	normal	unauffällig	(↑)
MELAS-Syndrom (Mitochondriale Enzephalomyopathie, Laktazidose, „Stroke-like episodes")	normal	unauffällig	in der Regel ↑
MNGIE-Syndrom (Mitochondriale neurogastrointestinale Enzephalomyopathie)	normal	meist ↑ bis 1500 mg/l	oft unauffällig

(MRT) zur zerebralen Beteiligung sowie dem neurologischen Funktionsniveau zu korrelieren [4].

Morbus Refsum[8]

Bei dieser peroxisomalen Erkrankung mit einem Phytanoyl-CoA-Hydroxylasedefekt ist im Liquor cerebrospinalis typischerweise die *Zellzahl normal* und das *Gesamtprotein* deutlich erhöht.

Globoidzell-Leukodystrophie (Morbus Krabbe)[9]

Bei dieser lysosomalen Erkrankung, der ein β-Galaktocerebrosidase-Defekt zugrunde liegt, kann die *Gesamtproteinerhöhung* im Liquor cerebrospinalis besonders ausgeprägt sein und Werte bis zu 4500 mg/l aufweisen.

Morbus Fabry[10]

Der Erkrankung liegt ein Mangel an α-Galaktosidase A zugrunde, einer lysosomalen Hydrolase. Die Liquor-Grundanalytik ist häufig entweder unauffällig oder unspezifisch verändert, wodurch es im Rahmen der Differentialdiagnostik nicht selten wegweisende Befunde z. B. zur Abgrenzung gegenüber einer Multiplen Sklerose gibt [5]:

Die *Zellzahl* ist normal oder erhöht im Sinne einer geringen bis moderaten *Pleozytose* (es wurden bis zu 76 Leukozyten/μl berichtet), die mit schwankender Zahl gelegentlich über Jahre nachweisbar sein und das Bild einer „chronischen Meningitis" vermitteln kann. Das *Zellbild* ist in der Regel lymphomonozytär, jedoch sind teilweise neutrophile Granulozyten vorhanden, deren Anteil sogar 60 % übersteigen kann. Plasmazellen dagegen sind, genauso wie der Nachweis einer intrathekalen IgG-Synthese, sehr untypisch, und oligoklonales IgG wurde im Liquor in nur einem von 11 Fällen nachgewiesen [5]. Darüber hinaus können Erhöhungen des *Gesamtproteins* (bis

6 Theodor Karl Gustav Leber (1840–1917), deutscher Ophthalmologe und Wissenschaftler

7 Denis Archibald Leigh (1915–1998), britischer Psychiater und Neuropathologe

8 Sigvald Bernhard Refsum (1907–1991), norwegischer Arzt

9 Knud Haraldsen Krabbe (1885 – 1961), dänischer Neurologe

10 Johannes Fabry (1860–1930), deutscher Arzt und Dermatologe

zu 1700 mg/l) mit *Blut-Liquor-Schrankenfunktionsstörung* vorkommen.

Morbus Gaucher[11]

Beim M. Gaucher, einer lysosomalen Erkrankung mit Schädigung von Histiozyten und Makrophagen, ist die Liquor-*Zellzahl* normal, das *Zellbild* ist lymphomonozytär. Für die Typen 2 und 3 mit neuropathischer Komponente ist beschrieben, dass im Liquor ebenfalls „Gaucher-Zellen" zu finden sein können, also monozytäre Zellen, deren Zytoplasma charakteristischerweise wie zerknittertes Zigarettenpapier aussieht [6].

Mit spezifischen Analysemethoden können im Liquor erhöhte Glykolipid-Konzentrationen nachweisbar sein, vor allem von Glukosylzeramid.

Metachromatische Leukodystrophie (MLD)

Diese lysosomale Erkrankung, der ein Arylsulfatase-A-Mangel zugrunde liegt, kann mit deutlichen *Gesamtproteinerhöhungen* von 750–2500 mg/l im Liquor einhergehen.

Durch die Störung des Sulfatidabbaus scheinen auch im Liquor cerebrospinalis die Konzentrationen an *Sulfatiden* erhöht zu sein; es gibt Hinweise darauf, dass die mit Tandem-Massenspektrometrie gemessenen Sulfatidkonzentrationen mit der motorischen Funktion zum Zeitpunkt der Lumbalpunktion gut korrelieren [7]. Weiterhin sind verschiedene Zytokine (z. B. MCP-1, IL-8, VEGF) im Liquor deutlich erhöht, die daher mit den pathophysiologischen Prozessen in Verbindung gebracht werden [8].

Morbus Niemann-Pick[12]

Bei dieser genetisch heterogenen Gruppe von lysosomalen Speichererkrankungen zeigt die Liquor-Grundanalytik generell einen normwertigen Liquor-Grundbefund, eine leichte Erhöhung des *Gesamtproteins* kann vorliegen. Im Falle von deutlichen Auffälligkeiten, wie Pleozytose oder starker Gesamtproteinerhöhung, ist von neuropathologischen Besonderheiten auszugehen [9].

Insbesondere beim Niemann-Pick Typ C werden im Liquor intensiv mögliche Prozessmarker aus dem Feld der Oligodendrozyten, der Purkinjezellen, oder Marker mit Bezug zur Mikrogliaaktivität (z. B. Calbindin, sCD22 etc.) untersucht.

1.4.10.3 Dopa-responsive Dystonie

Die Dopa-responsive Dystonie (DYT/PARK-GCH1, Segawa[13]-Syndrom) ist eine idiopathische Dystonie mit autosomal-dominant vererbter Störung der 6-Pyrvoyl-Tetrahydrobiopterin-Synthese durch Mutation im Guanosintriphosphat-Cyclohydrolase 1 (GCH1)-Gen. Das Gen kodiert für das schrittmachende Enzym für die Tetrahydrobiopterin-Synthese, wodurch der Dopaminstoffwechsel beeinträchtigt ist, aber durch eine Substitution mit L-Dopa kausal therapiert werden kann [10].

Im Liquor cerebrospinalis sind sowohl *Zellzahl* als auch *Gesamtprotein* normal. Eine Erniedrigung der Tetrahydrobiopterin- und Hydroxyvanillinsäure-Konzentration ist nachweisbar [11,12].

---

11 Philippe Gaucher (1854–1918), französischer Dermatologe

12 Albert Niemann (1880–1921); deutscher Pädiater Ludwig Pick (1868–1944), deutscher Pathologe

13 Masaya Segawa, japanischer Neurologe, 1970 Erstbeschreibung

1.4.10.4 Hepatolentikuläre Degeneration (Morbus Wilson[14])

Bei der hepatolentikulären Degeneration, deren ZNS-Manifestationen als sekundär nach Leberschädigung mit daraus resultierender systemischer Kupferüberlagerung eingeordnet werden, sind die Liquor-Grundparameter nicht auffällig. Allerdings konnte gezeigt werden, dass der *Albuminquotient* in den ersten Monaten einer Behandlung mit Penicillamin ansteigen kann [13]. Dies wurde mit der initialen klinischen Verschlechterung der neurologischen Symptomatik nach Therapiebeginn in Zusammenhang gebracht werden, wobei es unter der weiteren Behandlung in den folgenden Monaten zu einer allmählichen Normalisierung der Blut-Liquor-Schrankenfunktion kam.

Im Liquor cerebrospinalis ist, wie im Serum, die Konzentrationen des *freien* Cu^{2+}, erhöht. Auch der *Gesamtkupfergehalt* ist im Liquor deutlich erhöht, wohingegen er im Serum erniedrigt ist. Es wurde daher die Vermutung angestellt, dass der Liquorkupferspiegel den Kupfergehalt im Gehirn reflektiert. Unter spezifischer Therapie ließ sich ein kontinuierlicher Abfall der Liquorkupferkonzentration feststellen, nach Therapieabbruch wurde ein Wiederanstieg beobachtet [14,15].

1.4.10.5 Bilaterale Basalganglienverkalkungen

Fahr'sches[15] Syndrom

Beim Fahr'schen Syndrom mit bilateralen zerebralen Kalzifikationen findet man im Liquor eine *normale Zellzahl*, wobei *monozytäre Zellformen* überwiegen können, und eine *Gesamtproteinerhöhung.* Eine Unterscheidung zwischen der idiopathischen Fahr-Erkrankung und dem Fahr'schen Syndrom mit identifizierter Ursache ist anhand des Liquor-Grundbefunds nicht möglich [16]. Im Einzelfall kann auch eine *Laktaterhöhung* vorhanden sein [17], wobei Assoziationen des Fahr'schen Syndroms mit mitochondrialen Myopathien bekannt sind [18].

Leukoenzephalopathie mit zerebralen Kalzifikationen und Zysten („LCC")

Bei dieser auch als Labrune[16]-Syndrom bezeichneten seltenen Befundkonstellation ist mit einem erhöhten *Liquoreröffnungsdruck* zu rechnen [19]. Der Liquor-Grundbefund ist in der Regel unauffällig, die *Gesamtprotein*-Konzentration kann leicht erhöht sein [20].

Aicardi-Goutières[17]-Syndrom

Für diese sehr seltene autosomal-rezessive Erkrankung des frühen Kindesalters mit Leukenzephalopathie und Basalganglienverkalkungen (nicht zu verwechseln mit dem Aicardi-Syndrom, einer neuronalen Entwicklungsstörung mit Balkenagenesie, chorioretinalen Lakunen und epileptischen Anfällen) ist eine chronische lymphozytäre *Pleozytose* im Liquor mit 20–80 Leukozyten/µl charakteristisch [21]; auch *Interferon-α* und *Neopterin* sind im Liquor erhöht.

1.4.10.6 Akute intermittierende Porphyrie

Die akute intermittierende Porphyrie (AIP) ist die häufigste Form der akuten hepatischen

---

14 Samuel Alexander Kinnier Wilson (1878–1937), britischer Neurologe

15 Theodor Fahr (1877–1945), deutscher Pathologe und Nephrologe

16 Philippe Labrune, französischer Pädiater und Genetiker, Paris. Erstbeschreibung 1996

17 Jean François Marie Aicardi (1926 – 2015), französischer Neuropädiater und Epileptologe;
Françoise Goutières, französischer Kinderneurologe, Paris; Erstbeschreibung 1984

Porphyrien und betrifft überwiegend Frauen. Es kann zu schubartig auftretenden neurologischen und psychiatrischen Symptomen kommen, so dass differentialdiagnostisch gegen eine Multiple Sklerose abzugrenzen sein kann. Des Weiteren kann es neben ZNS-Symptomen auch zu einer sich rasch entwickelnden Polyneuropathie kommen.

Die Liquoruntersuchung im attackenfreien Intervall zeigt bei der AIP in der Regel einen Normalbefund, *oligoklonales IgG* findet sich im Liquor nicht [22]. Im Rahmen von akuten Attacken zeigt sich in der Mehrheit der Fälle eine leichtgradige Erhöhung des *Gesamtproteins*. Es sind vereinzelt Gesamtproteinerhöhungen bis zu 4100 mg/l ohne Pleozytose beschrieben [23], so dass durch ergänzende Zusatzdiagnostik vor allem gegen ein Guillain-Barré-Syndrom[18] abzugrenzen ist [24].

1.4.10.7 Diabetes mellitus

Im Rahmen eines Diabetes mellitus können unabhängig vom zugrundeliegenden Typ normale Zellzahlen oder diskrete *lymphomonozytäre Pleozytosen* und zum Teil recht ausgeprägte Erhöhungen des *Gesamtproteins* gefunden werden. Die Erhöhung der *Albuminquotienten* weist auf eine Störung der Blut-Liquor-Schrankenfunktion hin. Diese Abweichungen sind insbesondere bei Vorliegen einer *diabetischen Polyneuropathie* zu finden [25], es sind Gesamtproteinwerte von bis zu 4000 mg/l beschrieben. Auch können im Liquor *oligoklonale Banden* zu finden sein [26]. Leichte Erhöhungen des *Liquorlaktats* können im Rahmen eines *hypoglykämischen Komas* auftreten, wobei Werte über 2,1 mmol/l mit einem kritisch veränderten zerebralen Glukosemetabolismus assoziiert waren [27].

18 Georges Charles Guillain (1876–1961) und Jean-Alexandre Barré (1880–1967), französische Neurologen

In der Akutphase eines *hyperosmolaren Coma diabeticums* können *gemischtzellige Pleozytosen* mit *Granulozyten* zu finden sein, wie sie beispielsweise auch in den ersten Stunden nach einer zerebralen Ischämie, einem epileptischen Anfall oder der Frühphase eines entzündlichen ZNS-Prozesses auftreten. Daher ist aus liquorologischer Sicht eine weiterführende differentialdiagnostische Abklärung unbedingt erforderlich. In der Regel normalisiert sich sowohl die Zellzahl als auch der Granulozytenanteil im Differentialzellbild nach der hyperglykämischen Stoffwechsellage innerhalb von zwei bis drei Tagen.

1.4.10.8 Urämische Enzephalopathie

Bei der urämischen Enzephalopathie mit Urämie auf dem Boden einer chronischen Niereninsuffizienz ist der *Liquordruck* meist gesteigert. Gelegentlich ist der Liquor cerebrospinalis gelblich *verfärbt*. Die *Zellzahl* ist normal oder leicht erhöht. In seltenen Fällen können *Pleozytosen* mit bis zu 170 Leukozyten/µl vorkommen. Das *Zellbild* ist vorwiegend lymphomonozytär. Das *Gesamtprotein* ist in der überwiegenden Anzahl der Fälle erhöht. Die metabolische *Azidose* ist im Liquor cerebrospinalis weniger stark ausgeprägt als im Blut.

1.4.10.9 Funikuläre Myelose (Vitamin B12-Mangel)

Im Rahmen eines anhaltenden Vitamin B12-Mangels mit resultierender funikulärer Myelose kommt es zu einer kombinierten Degeneration von Hinter- und Seitensträngen und einer Polyneuropathie, gelegentlich sind auch der Bereich des Nervus opticus, das Chiasma und das Marklager des Gehirns betroffen. Als Ursachen kommen ein Mangel an Intrinsic factor, Resorptionsstörungen des Darms, bestimmte Medikamente, und seltener auch mangelnde Vitamin B12-Zufuhr z. B. durch streng vegane Ernährung in Betracht. Der Schilling[19]-Test mit radioaktiv markiertem Cobalamin gilt mittlerweile als obsolet und wird praktisch kaum mehr durchgeführt.

Der Liquor-Grundbefund kann normal sein, allerdings können in Abhängigkeit vom Krankheitsstadium oft leichte Veränderungen mit einer geringen lymphomonozytären *Pleozytose* und insbesondere einer *Gesamtproteinerhöhung* zu finden sein. Bei schwerem Krankheitsverlauf sind diese Liquorveränderungen am ausgeprägtesten.

1.4.10.10 Osmotische Demyelinisierung (Zentrale Myelinolyse)

Der Liquor-Grundbefund bei einer zentralen Myelinolyse, einer osmotisch bedingten Demyelinisierung, ist meist normal, eine leichte Erhöhung des *Gesamtproteins* kann vorkommen.

Literatur

[1] Magner M, Szentiványi K, Svandová I, et al. Elevated CSF-lactate is a reliable marker of mitochondrial disorders in children even after brief seizures: Eur J Paediatr Neurol. 2011;15(2):101–108.

[2] Parikh S, Goldstein A, Koenig MK, et al. Diagnosis and management of mitochondrial disease: a consensus statement from the Mitochondrial Medicine Society. Genet Med. 2015;17(9):689–701.

[3] Robinson BH. Lactic acidemia and mitochondrial disease. Mol Genet Metab. 2006;89:3–13.

[4] Thibert KA, Raymond GV, Nascene DR, et al. Cerebrospinal Fluid Matrix Metalloproteinases are Elevated in Cerebral Adrenoleukodystrophy and Correlate with MRI Severity and Neurologic Dysfunction. Plos ONE. 2012;7(11):e50430.

[5] Böttcher T, Rolfs A, Tanislav C, et al. Fabry Disease – Underestimated in the Differential Diagnosis of Multiple Sclerosis? PLoS One. 2013;8(8):e71894.

[6] Sakura N, Mizoguchi N, Ueda H, et al. Clinical significance of Gaucher cells in cerebrospinal fluid. Acta Paediatr. 1999;88:104–105.

[7] Cao KH, Zhang G, Jacobsen L, Wu J. LC–MS/MS assays to quantify sulfatides and lysosulfatide in cerebrospinal fluid of metachromatic leukodystrophy patients. Bioanalysis. 2020;12(22):1621–1633.

[8] Thibert KA, Raymond GV, Tolar J, et al. Cerebral Spinal Fluid levels of Cytokines are elevated in Patients with Metachromatic Leukodystrophy. Sci. Rep. 2016;6:24579.

[9] Tiewsoh K, Gupta K, Bhatia A. Infantile form of Niemann-Pick disease type C with demyelination: An uncommon feature. Neurol India [serial online]. 2019;67:783–786.

[10] Müller U. The monogenic primary dystonias. Brain. 2009;132:2005–2025.

[11] Furukawa Y, Nishi K, Mizuno Y, et al. Significance of CSF biopterin and neopterin in hereditary progressive dystonia with marked diurnal fluctuation (HPD) – a clue to pathogenesis. No To Shinkei. 1995;47:261–268.

[12] Furukawa Y, Shimedzu M, Rajput AH, et al. GTP-cyclohydrolase I gene mutations in hereditary progressive and dopa-responsive dystonia. Ann Neurol. 1996;39:609–617.

[13] Stuerenburg HJ. CSF copper concentration, blood-brain barrier function, and coeruloplasmin synthesis during the treatment of Wilson's disease. J Neural Transm. 2000;107:321–329.

[14] Hartard C, Weisner B, Dieu C, et al. Wilson's disease with cerebral manifestation: monitoring therapy by CSF copper concentration. J Neurol. 1993;241:101–107.

[15] Stuerenburg HJ, Eggers C. Early detection of non-compliance in Wilson's disease by consecutive copper determination in cerebrospinal fluid. J Neurol Neurosurg Psychiatry. 2000;69:701–702.

[16] Savino E, Soavi C, Capatti E, et al. Bilateral strio-pallido-dentate calcinosis (Fahr's disease): report of seven cases and revision of literature. BMC Neurology. 2016;16:165–176.

[17] Hagiwara N, Ooboshi H, Ishibashi M, et al. Elevated cerebrospinal fluid lactate levels and the pathomechanism of calcification in Fahr's disease. Eur J Neurol. 2006;13(5):539–543.

19 Robert Frederick Schilling (1919–2014), amerikanischer Hämatologe.

[18] Saleem S, Aslam HM, Anwar M, et al. Fahr's syndrome: literature review of current evidence. Orphanet Journal of Rare Diseases. 2013;8:156.

[19] Liu X, Zheng X, Sui Q, Xu W, Zee C. Leukoencephalopathy with cerebral calcifications and cysts: clinical and pathological features in two adults. Acta Neurol Belg. 2016;116:47–52.

[20] Stephani C, Pfeifenbring S, Mohr A, Stadelmann C. Late-onset leukoencephalopathy with cerebral calcifications and cysts: case report and review of the literature. BMC Neurology. 2016;16:19.

[21] Tolmie JL, Shillito P, Hughes-Benzie R, Stephenson JB. The Aicardi-Goutières syndrome (familial, early onset encephalopathy with calcifications of the basal ganglia and chronic cerebrospinal fluid lymphocytosis). J Med Genet. 1995;32(11):881–884.

[22] Bylesjö I, Brekke O-L, Prytz J, Skjeflo T, Salvesen R. Brain Magnetic Resonance Imaging, White-Matter Lesions and Cerebrospinal Fluid Findings in Patients with Acute Intermittent Porphyria. Eur Neurol. 2004;51(1):1–5.

[23] Latorre G, Munoz A. Acellular cerebrospinal fluid with elevated protein level in patients with intermittent acute porphyria. Arch Intern Med. 1989;149:1695.

[24] Albers JW, Fink JK. Porphyric neuropathy. Muscle Nerve. 2004;30(4):410–422.

[25] Younger DS, Rosoklija G, Hays AP. Diabetic peripheral neuropathy. Semin Neurol. 1998;18:95–104.

[26] Jaradeh SS, Prieto TE, Lobeck LJ. Progressive polyradiculoneuropathy in diabetes: correlation of variables and clinical outcome after immunotherapy. J Neurol Neurosurg Psychiatry. 1999;67:607–612.

[27] Yao H, Sadoshima S, Nishimura Y, et al. Cerebrospinal fluid lactate in patients with diabetes mellitus and hypoglycaemic coma. Journal of Neurology, Neurosurgery, and Psychiatry. 1989;52:372–375.

Weitere Literatur

Finsterer J. Cerebrospinal-fluid lactate in adult mitochondriopathy with and without encephalopathy. Acta Med Austriaca. 2001;28:152–155.

Garone C, Tadesse S, Hirano M. Clinical and genetic spectrum of mitochondrial neurogastrointestinal encephalomyopathy. Brain. 2011;134:3326–3332.

Korenke GC, Reiber H, Hunneman DH, et al. Intrathecal IgA synthesis in X-linked cerebral adrenoleukodystrophy. J Child Neurol. 1997;12:314–320.

Mohr I, Weiss KH. Biochemical Markers for the Diagnosis and Monitoring of Wilson Disease. Clin Biochem Rev. 2019;40(2):59–77.

Phillips JP, Lockman LA, Shapiro EG, et al. CSF findings in adrenoleukodystrophy: correlation between measures of cytokines, IgG production, and disease severity. Pediatr Neurol. 1994;10:289–294.

1.5 Krankheitsbilder mit unterschiedlicher Ätiologie

1.5.1 Epilepsie

Susanne Fauser, Hayrettin Tumani

1.5.1.1 Einleitung

Epilepsien bzw. epileptische Anfälle sind keine eigenständige Erkrankung, sondern Folge einer genetischen Prädisposition, metabolischer Einflüsse oder einer erworbenen Schädigung. Dementsprechend unterschiedlich können auch die Liquorbefunde sein. In diesem Kapitel werden vorwiegend Befunde bei Epilepsien/epileptischen Anfällen ohne Zusammenhang mit einer entzündlichen Genese besprochen. Handelt es sich um epileptische Anfälle infolge einer zerebralen Infektion oder einer Autoimmunerkrankung, sind unterschiedliche entzündliche Veränderungen zu erwarten, die in den entsprechenden Kapiteln dieses Buchs aufgeführt sind.

1.5.1.2 Liquorbefunde bei Epilepsien oder epileptischen Anfällen *ohne* Zusammenhang mit zerebralen Infektionen oder Autoimmunerkrankungen

Allgemeine Befunde

Am häufigsten sieht man ein erhöhtes *Gesamtprotein* (51–61 %), gefolgt von einem erhöhten *Albuminquotienten* (als Ausdruck einer gestörten *Blut-Liquor-Schrankenfunktion*) (29–34 %), erhöhtem Tau-Protein (36 %)

(als Ausdruck von Neuronenuntergang), und erhöhtem *Laktat* (14–28 %) (als Ausdruck eines erhöhten Glukosemetabolismus). Nur selten zu beobachten sind hingegen eine *Pleozytose* (gemäß neuerer Literatur 4–11 %) sowie eine *intrathekale Immunglobulinsynthese* bzw. *oligoklonale Banden* (5–8 %) [1–6]. Tab. C.1.19 zeigt die Höchstwerte und Mediane der einzelnen Parameter gemäß [6], um eine Vorstellung über die Größenordnung dieser Parameter zu geben.

Liquorparameter und deren Einflussfaktoren

Zellzahl: Die Zellzahl im Liquor ist selten erhöht, nach neueren Arbeiten lediglich bei 4–6 % der Patienten, wobei Statuspatienten mit eingeschlossen sind [4–7]. Auch in älteren Arbeiten zwischen 1931 und 1983 wurden zumeist Prozentzahlen zwischen 0–11 % angegeben [8–10]. Lediglich die Untersuchung von Prokesch [14] weicht mit der Angabe von 30 % deutlich ab. Bei den meisten Arbeiten lag die maximale Zellzahl unter 100/µl, auch hier macht die Untersuchung von Prokesch [11] eine Ausnahme (464 Leukozyten/µl). Nach neueren Untersuchungen [4,6] lässt sich kein klarer Zusammenhang zwischen Zellzahl und Dauer des Anfalls (auch nicht im Status epilepticus), Semiologie (motorisch versus nicht-motorisch, bewusst erlebt versus nicht bewusst erlebt) oder Ausdehnung des Anfallsgeschehens (fokal versus generalisiert) belegen. Hingegen war die Zellzahl etwas abhängig vom Zeitpunkt der Punktion. Innerhalb der ersten beiden Tage nach dem Anfall fand sich laut einer Studie eine Zellzahlerhöhung ca. doppelt so häufig (7 %) als zwischen Tag 2–14 (3,5 %) [6]. Ein statistisch signifikanter Unterschied in der Zellzahl in Zusammenhang mit der Ätiologie konnte in neueren Untersuchungen nicht gezeigt werden [4,6], wenngleich dies in der älteren Literatur diskutiert wird.

Gesamtprotein: Eine Erhöhung ist bei ca. der Hälfte der Patienten zu finden. Höheres Alter und männliches Geschlecht waren in einer Studie damit positiv korreliert [1].

Albuminquotient: Er ist abhängig von der Dauer des Anfalls. So wurden die höchsten Albuminquotienten bei Status epilepticus (konvulsiv und nicht-konvulsiv) gefunden [6,7]. Die Dauer des Anfalls scheint jedoch nicht nur bei der „Extremvariante" eines Status epilepticus, sondern schon im Minutenbereich eine Rolle zu spielen. Der Median des Albuminquotienten stieg bereits zwischen einer Anfallsdauer von < 1 min und 5 min an [6]. Bei bewusst erlebten (früher einfach-fokalen) Anfällen war der Albuminquotient selten erhöht [6]. Somit scheint neben der Dauer auch die Größe des in den Anfall involvierten Hirnareals eine Rolle zu spielen. Ob motorische oder nicht motorische Anfälle vorliegen, spielt hingegen keine Rolle [4]. Eine Abhängigkeit des Albuminquotienten vom Zeitpunkt der

Tab. C.1.19: Auffällige Liquorbefunde nach epileptischen Anfällen.

	Zellzahl (/µl)	Albuminquotient ($\times 10^{-3}$)	Laktat (mmol/l)	Tau-Protein (pg/ml)
pathologische Werte (Anteil der untersuchten Patienten)	6 %	34 %	14 %	36 %
Maximum	24	34,9	5,7	2533
Median	1	6,1	1,8	225

Referenzwerte: Zellzahl: < 5/µl. Albuminquotient: < (Alter/15) + 4 × 10^{-3}. Laktat: 0–15 J < 1,9 mmol/l; 16–50 J < 2,2 mmol/l; > 50 J < 2,7 mmol/l. Tau-Protein: < 300 pg/ml.

Lumbalpunktion nach Anfall ließ sich in den ersten 14 Tagen nicht nachweisen [6]. Darüber hinaus zeigen sich keine Unterschiede zwischen Patienten mit läsioneller Epilepsie und nicht-läsioneller Epilepsie [4,6]. Ein erhöhter Albuminquotient war in einer Untersuchung [7] ein prognostisch negativer Faktor bei Patienten mit Status epilepticus.

Laktat: Wie bei den vorhergehenden Parametern zeigten sich die höchsten Werte beim Status epilepticus. Aber auch bei kürzeren Anfällen zeichnete sich im Bereich zwischen < 1 min und 5 min Dauer bereits ein zunehmender Anstieg ab [6]. In einer pädiatrischen Serie fanden sich bei kurzen Anfällen keine erhöhten Laktatwerte im Vergleich zum Normalkollektiv. Eine Ausnahme bilden Mitochondriopathien, an die man bei dennoch erhöhten Laktatwerten differentialdiagnostisch denken muss [12]. Nicht-bewusst erlebte Anfälle im Vergleich zu bewusst erlebten Anfällen [1] und motorische Anfälle im Vergleich zu nicht-motorischen Anfällen [4] gingen signifikant häufiger mit einer Laktaterhöhung einher. Anders als beim Albuminquotienten und beim Tau-Protein ist bei der Laktatbestimmung auch der Zeitpunkt der Lumbalpunktion nach Anfall entscheidend. Erhöhte Laktatwerte ließen sich nur innerhalb der ersten 3 Tage nach dem Anfallsereignis nachweisen [6]. Die Ätiologie, d. h. symptomatisch/läsionell versus nicht-läsionell führte zu keinen signifikanten Unterschieden [4,6].

Intrathekale Immunglobulin (Ig)-Synthese: Es handelt sich ebenfalls um ein seltenes Phänomen. Bei Patienten mit Epilepsien unklarer Ätiologie war eine solche am häufigsten zu finden, d. h. Erhöhungen des IgG-Quotienten inklusive oligoklonaler Banden im Liquor bei ca. 8 % der Patienten in gemischtem Patientenkollektiv (Status- und nicht-Status-Patienten) [2,5], 10 % bei einem reinen Statuskollektiv [7]. Bei Patienten mit symptomatischen Epilepsien infolge eines Hirntumors (0 %) oder eines Schlaganfalls (1 %) fand sich eine solche so gut wie nie. Allerdings zeigten sich bezüglich der Ätiologie (symptomatisch versus unbekannte Ätiologie) keine statistisch signifikanten Unterschiede.

Tau-Protein: Ähnlich wie beim Albuminquotienten wurden die höchsten Werte wiederum bei Patienten mit Status epilepticus gefunden [6,7]. Auch beim Tau-Protein scheint schon eine Zunahme der Werte innerhalb der ersten 5 min eines Anfalls stattzufinden [6]. Erhaltenes Bewusstsein hatte keinen so großen Einfluss. Ob es sich um motorische oder nicht motorische Anfälle handelte, spielte ebenfalls keine Rolle [4]. Eine Abhängigkeit des Tau-Proteins vom Zeitpunkt der Lumbalpunktion bestand innerhalb der ersten 14 Tage nicht. Patienten mit läsionellen Epilepsien/symptomatischen Anfällen hatten jedoch signifikant höhere Tau-Protein-Werte als Patienten mit Anfällen oder Epilepsien ungeklärter Ätiologie (nicht-läsionell) [6,13]. Erhöhte Tau-Werte waren im Status epilepticus prognostisch negativ bezüglich der Entwicklung eines refraktären Status [14].

1.5.1.3 Differenzierung zwischen epileptischen und nicht-epileptischen (psychogenen/dissoziativen) Anfällen

Bei nicht epileptischen (dissoziativen/psychogenen) Anfällen sind keine pathologischen Liquorveränderungen zu erwarten [6]. Sind also die oben genannten Liquor-Parameter in erwähnter Weise verändert, spricht dies für einen epileptischen Anfall. Bei unauffälligem Liquor lässt sich allerdings keine Unterscheidung zwischen epileptisch und psychogen/dissoziativ treffen, zumal auch viele Patienten mit epileptischen Anfällen keine Liquorauffälligkeiten zeigen.

1.5.1.4 Serum-Neurofilamente als neue Biomarker bei Patienten mit Epilepsie

In einer retrospektiven Querschnittsstudie [15] wurden die Spiegel der Neurofilament-Leichtkette (NfL) im Serum bei Patienten mit Status epilepticus (30 Probanden), Patienten mit medikamentenresistenter Epilepsie (30 Probanden) und gesunden Kontrollpersonen (30 Probanden) gemessen. Die NfL-Spiegel im Serum waren bei Patienten im Status epilepticus ca. 3–4-mal höher im Vergleich zu Epilepsiepatienten bzw. gesunden Kontrollen. Bei Patienten mit Status epilepticus zeigten die Serum NfL-Spiegel eine hohe Korrelation mit dem NfL-Spiegel im Liquor sowie mit den Liquor-Gesamt-Tau-Werten; sie waren höher bei Status epilepticus mit einer Dauer von > 24 Stunden bzw. bei refraktärem/superrefraktärem Status epilepticus, und bei Patienten, die innerhalb von 30 Tagen starben oder bei denen sich der klinische Zustand verschlechterte. Serum-NfL-Werte von > 28,8 pg/ml sagten nach 30 Tagen eine klinische Verschlechterung oder Tod voraus. Zusammenfassend waren die NfL-Serumspiegel bei Status epilepticus erhöht und korrelierten mit dem Ansprechen auf die SE-Behandlung, und sie stellen somit einen vielversprechenden Biomarker für anfallsbedingte neuronale Schäden dar.

1.5.1.5 Nutzen der Liquordiagnostik in der klinischen Praxis

Eine schwierige Gruppe von Patienten sind diejenigen mit kryptogener fokaler Epilepsie. Die Untersuchung des Liquors – insbesondere die Suche nach der intrathekalen Immunglobulinsynthese – kann wichtig sein, um Patienten mit einer zugrundeliegenden Autoimmunerkrankung zu identifizieren und in einem zweiten Schritt weitere antigene Ziele bei diesen Patienten zu ermitteln. Dies könnte sehr wichtig sein, da neben einer symptomatischen antikonvulsiven Therapie eine Immuntherapie für diese Patienten eine kausale therapeutische Option sein könnte, die sich auf das Langzeit-Outcome von Epilepsie und Hippocampussklerose auswirkt. In der Studie von Kowski et al. (2014) wurde bei einem überraschend hohen Prozentsatz von Patienten (45,2 %) mit chronischer kryptogener Epilepsie eine intrathekale Immunglobulinsynthese festgestellt [16]. Diese Ergebnisse konnten jedoch in später folgenden Patientenserien nicht in dieser Häufigkeit bestätigt werden. Süße et al., 2019 [4] und Fauser et al., 2017 [2] konnten eine intrathekale IgG-Synthese nur in einem sehr viel geringeren Prozentsatz (5 % bzw. 8 %) bei Patienten mit epileptischen Anfällen oder Epilepsien unbekannter Ätiologie nachweisen [2].

Darüber hinaus gibt es bei Patienten mit Epilepsie aufgrund einer limbischen Enzephalitis oder einer Autoimmunenzephalopathie weitere offene Fragen. Bei weitem nicht alle diese Patienten weisen – möglicherweise abhängig von der Art der antineuronalen Antikörper – eine intrathekale Antikörpersynthese auf [17,18]. Die intrathekale Antikörpersynthese war bei Patienten mit GABAB-Rezeptor-Antikörpern häufiger als bei AMPA-Antikörpern, und auch bei Patienten mit GAD-positiver limbischer Enzephalitis häufiger als bei Patienten mit VGKC-Antikörpern. Die Bedeutung der Messung von Liquor-Antikörpern bei der Nachsorge von Patienten mit Epilepsie und nachgewiesener limbischer Enzephalitis oder Autoimmunenzephalopathie, die eine Immuntherapie erhalten haben, ist fraglich und muss weiter untersucht werden. Die von Hansen et al. berichteten Ergebnisse bei einem Patienten unterstreichen, dass die intrathekale Antikörpersynthese nicht unbedingt die Krankheitsaktivität widerspiegelt und dass die Bedeutung von NMDAR-Antikörpertitern für jeden Patienten entsprechend dem klinischen Kontext interpretiert werden muss [19].

Darüber hinaus könnte die Untersuchung des Liquors zunehmend an Bedeutung gewinnen, um Biomarker mit prognostischem Wert zu identifizieren. Solche Biomarker sind das Tau-Protein bei SE und bei Kindern mit vermutlich progressiver epileptischer Enzephalopathie. Darüber hinaus wurde eine Vielzahl von Biomarkern untersucht, die für die Entwicklung einer posttraumatischen Epilepsie nach einer traumatischen Hirnverletzung von prognostischem Wert sein könnten.

1.5.1.6 Perspektiven und Empfehlungen

Zukünftige Studien wären wichtig, um die vaskuläre Integrität der Blut-Liquor- sowie der Blut-Hirn-Schrankenfunktionen bei Patienten mit epileptischen Anfällen besser zu diagnostizieren, um ihre Verwendung als Biomarker für den Ausgang des Status epilepticus und die Wahl der Behandlung zu erforschen, sowie ihr Potenzial als Ziele für die Behandlung.

Der prognostische Wert des Gesamt-tau-Wertes bei Patienten mit SE und als Hilfsmittel bei der Differenzialdiagnose zwischen schwerer Enzephalopathie und Status epilepticus muss weiter untersucht werden und könnte insbesondere bei älteren Patienten mit Koma von klinischer Bedeutung sein.

Der Einfluss des Immunsystems auf Anfälle und Epileptogenese sollte verstärkt berücksichtigt werden. Darüber hinaus sind systematische prospektive klinische und experimentelle Studien erforderlich, um antigene Ziele zu identifizieren und Patienten auszuwählen, für die eine Immuntherapie eine therapeutische Option darstellen könnte.

Biomarker und genetische Einflüsse auf die Entwicklung einer posttraumatischen Epilepsie nach einer Hirnverletzung sind von Interesse und werden in naher Zukunft verstärkt untersucht werden.

Literatur

[1] Chatzikonstantinou A, Ebert AD, Hennerici MG. Cerebrospinal fluid findings after epileptic seizures, Epileptic Disord. 2015;17(4):453–9.

[2] Fauser S, Soellner C, Bien CG, Tumani H. Intrathecal immunoglobulin synthesis in patients with symptomatic epilepsy and epilepsy of unknown etiology ('cryptogenic'). Eur J Neurol. 2017;24(9):1188–1190.

[3] Fauser S, Tumani H. Epilepsy. Handb Clin Neurol. 2017;146:259–266.

[4] Süße M, Saathoff N, Hannich M, von Podewils F. Cerebrospinal fluid changes following epileptic seizures unrelated to inflammation. Eur J Neurol. 2019;26(7):1006–1012.

[5] Süße M, Hamann L, Flöel A, von Podewils F. Nonlesional late-onset epilepsy: Semiology, EEG, cerebrospinal fluid, and seizure outcome characteristics. Epilepsy Behav. 2019;91:75–80.

[6] Tumani H, Jobs C, Brettschneider J, et al. Effect of epileptic seizures on the cerebrospinal fluid – A systematic retrospective analysis. Epilepsy Res. 2015;114:23–31.

[7] Malter MP, Choi S, Fink GR. Cerebrospinal fluid findings in non-infectious status epilepticus. Epilepsy Res. 2018;140:61–65.

[8] Lennox TWG, Merritt HH. The Cerebrospinal Fluid in `Essential' Epilepsy. J Neurol Psychopathol. 1936;17(66):97–106.

[9] Schmidley JW, Simon RP. Postictal pleocytosis. Ann Neurol 1981;9(1):81–4.

[10] Edwards R, Schmidley JW, Simon RP. How often does a CSF pleocytosis follow generalized convulsions? Ann Neurol. 1983;13:460–462.

[11] Prokesch RC, Rimland D, Petrini Jr JL, et al. Cerebrospinal fluid pleocytosis after seizures. South Med J. 1983;76:322–327.

[12] Magner M, Szentiványi K, Svandová I, et al. Elevated CSF-lactate is a reliable marker of mitochondrial disorders in children even after brief seizures. Eur J Paediatr Neurol. 2011;15(2), 101–8.

[13] Palmio J, Suhonen J, Keränen T, et al. Cerebrospinal fluid tau as a marker of neuronal damage after epileptic seizure. Seizure. 2009;18:474–477.
[14] Monti G, Tondelli M, Giovannini G, et al. Cerebrospinal fluid tau proteins in status epilepticus. Epilepsy Behav. 2015;49:150–154.
[15] Giovannini G, Bedin R, Ferraro D, et al. Serum neurofilament light as biomarker of seizure-related neuronal injury in status epilepticus. Epilepsia. 2022;63(1):e23–e29.
[16] Kowski AB, Volz MS, Holtkamp M, Prüss H. High frequency of intrathecal immunoglobulin synthesis in epilepsy so far classified cryptogenic. Eur J Neurol. 2014;21(3):395–401.
[17] Malter MP, Helmstaedter C, Urbach H, Vincent A, Bien CG. Antibodies to glutamic acid decarboxylase define a form of limbic encephalitis. Ann Neurol. 2010;67(4):470–8.
[18] Dogan Onugoren M, Deuretzbacher D, Haensch CA, et al. Limbic encephalitis due to GABAB and AMPA receptor antibodies: a case series. J Neurol Neurosurg Psychiatry. 2015;86:965–972.
[19] Hansen HC, Klingbeil C, Dalmau J, et al. Persistent intrathecal antibody synthesis 15 years after recovering from anti-N-methyl-D-aspartate receptor encephalitis. JAMA Neurol. 2013;70:117–119.

1.5.2 Liquorrhoe

Paulus Rommer, Jörg Kraus*

Der Austritt von Liquor cerebrospinalis aus der Nase, den Ohren oder dem Spinalkanal kann posttraumatisch, iatrogen oder idiopathisch bedingt sein und tritt vermehrt bei kongenitalen Anomalien auf. Obwohl der Stellenwert der Bildgebung mittels Computertomographie oder Magnetresonanztomographie (MRT) deutlich zugenommen hat, um Frakturen an der Schädelbasis oder Fisteln darzustellen, können nicht alle durale Läsionen oder Liquorfisteln detektiert werden [1,2]. Um eine mögliche Infektionsquelle auszuschließen, ist es wichtig, Flüssigkeiten, die aus dem Körper heraustreten, schnellstmöglich als Liquor zu identifizieren. Meningitiden oder Enzephalitiden können die Folge sein [3]. Die Zusammensetzung des Liquors unterscheidet sich signifikant von den anderen Körperflüssigkeiten [4]. Die Liquoranalytik ist der essenzielle Schritt zur entsprechenden Einordnung:

Die zytologische Analyse ergibt keinen sicheren Hinweis, ob es sich dabei um Liquor cerebrospinalis oder um andere Körperflüssigkeiten wie Nasensekret handelt, da der Liquor auf dem Wege durch seinen „pathologischen Austrittskanal" von Erythrozyten und Entzündungszellen, wie neutrophile oder eosinophile Granulozyten, aber auch von Bakterien kontaminiert sein kann.

Zur Differenzierung zwischen Liquor und Nasensekret wurde früher die Bestimmung der Konzentration von *Glukose*, *Gesamteiweiß* und *Kalium* herangezogen, die sich in den beiden Körperflüssigkeiten in der Regel deutlich unterscheiden (Tab. C.1.20). Gerade bei Glukose kann es jedoch zu falsch-positiven und falsch-negativen Ergebnissen kommen. Glukose kann in Sekreten der Atemwegsorgane bei Patienten mit Diabetes mellitus verändert sein, ebenso kann eine Stresshyperglykämie auftreten, was die Unterscheidung erschwert. Im Rahmen von z. B. bakteriellen Meningitiden kann der Glukosegehalt im Liquor erniedrigt sein. Aus diesem Grund ist die Spezifität und Sensitivität des Glukoselevels eingeschränkt [2,5–7].

Tab. C.1.20: Konzentration einiger Inhaltsstoffe im Liquor und Nasensekret.

Parameter	Dimension	Liquor	Nasensekret
Glukose	mg/dl	40,0–60,0*	bis 10,00
Gesamteiweiß	g/l	0,15–0,45	3,0–40,0
Kalium	mmol/l	2,6–3,6*	bis 17,0

*Wert ist stark von den Serum-Konzentrationen abhängig.

***Autoren der Vorauflage:** U.K. Zettl, E. Mix, R. Lehmitz

Stattdessen besteht die Möglichkeit über die Konzentrationsbestimmung von *β-2-Transferrin*, das desialiertem Transferrin entspricht und nur im Liquor vorkommt (Ausnahme: Patienten mit chronischen Lebererkrankungen, angeborenen Fehlern der Glykoprotein-Metabolisierung oder genetisch bedingten Varianten von Transferrin), eine Einteilung zwischen den Flüssigkeiten verlässlich vorzunehmen. Aufgrund der aufwändigeren Laborarbeit hat sich als Alternative jedoch das *β-trace-Protein* durchgesetzt, das im zentralen Nervensystem synthetisiert wird und der Prostaglandin D-Synthase entspricht. Die Bestimmung von β-trace-Protein erlaubt eine rasche Abgrenzung von Liquor gegenüber anderen Körperflüssigkeiten (Ausnahmen: erhöhte Level im Serum bei Niereninsuffizienz sowie bei bakterieller Meningitis sind beschrieben) [4,8,9] (Tab. C.1.21). Beide genannten Möglichkeiten erlauben, dass Liquor mit einer hohen Sensitivität (> 90 %) und Spezifität (100 %) nachgewiesen werden kann [10,11].

Tab. C.1.21: Konzentration von β-trace-Protein in verschiedenen Körperflüssigkeiten.

Parameter	Referenzwerte (mg/l)
Nasensekret	< 0,3
Ventrikelliquor	1,0 – 2,0
lumbaler Liquor	12,0 – 20,0
Serum	0,35 – 0,64
Urin	0,5 – 2,0

Bei besonderen klinischen Konstellationen kann die intrathekale Instillation eines fluoreszierenden Farbstoffes und die anschließende Detektion der Austrittsstelle beim Patienten mittels UV-Lampe im abgedunkelten Raum hilfreich sein [12], siehe Abb. C.1.13. Test-Kits zur raschen Detektierung von Liquor als Point-of-Care-Testing sind in Entwicklung [13].

Abb. C.1.13: Detektion von Liquor mittels fluoreszierender Farbstoffe.

Literatur

[1] Kästner S, Schroth I, Deinsberger W, Jödicke A, Böker DK. Verzögernd auftretende Liquorfisteln – eine retrospektive Analyse [Delayed traumatic CSF-fistulas: a retrospective analysis]. Zentralbl Neurochir. 2001;62(3):102–5. German.

[2] Meco C, Oberascher G. Comprehensive algorithm for skull base dural lesion and cerebrospinal fluid fistula diagnosis. Laryngoscope. 2004;114(6):991–9.

[3] Thomeer HG, Schreurs C, van Doormaal TP, Straatman LV. Management and Outcomes of Spontaneous Cerebrospinal Fluid Otorrhoea. Front Surg. 2020;7:21.

[4] Mantur M, Łukaszewicz-Zając M, Mroczko B, et al. Cerebrospinal fluid leakage – reliable diagnostic methods. Clin. Chim. Acta. 2011;412:837–840.

[5] Schain RJ. Cerebrospinal Fluid and Serum Cation Levels. Arch Neurol. 1964;11(3):330–333.

[6] Seehusen DA, Reeves MM, Fomin DA. Cerebrospinal fluid analysis. Am Fam Physician. 2003;68(6):1103–8.

[7] Tumani H, Huss A, Bachhuber F. The cerebrospinal fluid and barriers – anatomic and physiologic considerations. Handb Clin Neurol. 2017;146:21–32.

[8] Bachmann-Harildstad G. Diagnostic values of beta-2 transferrin and beta-trace protein as markers for cerebrospinal fluid fistula. Rhinology. 2008;46:82–85.

[9] Baranyi A, Amouzadeh-Ghadikolai O, Lewinski D, et al. Beta-trace Protein as a new non-invasive immunological Marker for Quinolinic Acid-induced impaired Blood-Brain Barrier Integrity. Sci Rep. 2017;7.

[10] Bernasconi L, Pötzl T, Steuer C, et al. Retrospective validation of a β-trace protein interpretation algorithm for the diagnosis of cerebrospinal fluid leakage. Clin. Chem. Lab. Med. 2017;55:554–560.

[11] Deisenhammer F, Egg R, Giovannoni G, et al. EFNS guidelines on disease-specific CSF investigations. Eur. J. Neurol. 2009;16:760–770.

[12] Oakley GM, Alt JA, Schlosser RJ, Harvey RJ, Orlandi RR. Diagnosis of cerebrospinal fluid rhinorrhea: an evidence-based review with recommendations. Int Forum Allergy Rhinol. 2016;6(1):8–16.

[13] Bradbury DW, Kita AE, Hirota K, St John MA, Kamei DT. Rapid Diagnostic Test Kit for Point-of-Care Cerebrospinal Fluid Leak Detection. SLAS Technol. 2020;25(1):67–74.

1.5.3 Periphere Fazialisparese, Hirnnervenparesen und -neuritiden

Paulus Rommer, Jörg Kraus*

1.5.3.1 Periphere Fazialisparese

Die weitaus häufigste Ursache einer peripheren Fazialisparese (rund zwei Drittel aller Fazialisparesen) ist die Bell'sche Lähmung oder idiopathische Fazialisparese [1]. In der Regel findet man hierbei regelrechte Liquorbefunde. Jedoch finden sich bei rund 10–40 % der Patienten mit initialem Verdacht auf Bell'sche Lähmung Auffälligkeiten im Liquor, weswegen die Fazialisparese schlussendlich daher nicht als idiopathisch zu werten ist [2] [3]. In den letzten Jahren gelang mehreren Arbeitsgruppen bei Patienten mit Zustand nach Bell'scher Lähmung im Ganglion geniculi oder in der endoneuralen Flüssigkeit des N. facialis die Identifizierung des Genoms vom Herpes-simplex-Virus-Typ 1 [2]; [4]. Therapieversuche mit einem Virustatikum als Add-on-Therapie zu Kortikosteroiden zeigten jedoch, wenn, dann nur begrenzte Wirksamkeit [5]. Aufgrund der hohen Rate an nicht idiopathischen Fazialisparesen, kommt der differenzialdiagnostischen Abklärung und der Liquordiagnostik eine wichtige Rolle zu. Ebenso kam e sowohl im Rahmen der Impfungen [6] gegen den severe acute respiratory syndrome coronavirus type 2 (SARS-CoV-2) als auch post-infektiös im Rahmen des Coronavirus disease 2019 (COVID-19) zu einem gehäuften Auftreten von peripheren Fazialisparesen kommen [7].

Die Therapie der idiopathischen Fazialisparese umfasst 25 mg Prednisolon zweimal täglich p. o. für zehn Tage oder 60 mg p. o. für 5 Tage gefolgt von einer Reduzierung der Kortisondosis um 10 mg täglich [2]. Die Therapie sollte innerhalb von 96 Stunden nach Beginn der Symptomatik begonnen werden, da danach das Ansprechen signifikant abnimmt [8]. Neueste Ergebnisse zeigen, dass es bei ausgeprägten Fällen nützlich sein könnte, zusätzlich Virustatika einzusetzen, um Spätfolgen wie Dyskinesien und „Krokodilstränen" zu verringern [5]. Auch wird ein geringer Vorteil der Kombinationstherapie gegenüber der alleinigen Kortisontherapie diskutiert [9] [10]. Eine generelle Empfehlung für eine Kombinationstherapie kann nicht ausgesprochen werden.

Von der Bell'schen Lähmung sind die klinisch eindeutig symptomatischen peripheren Fazialisparesen abzugrenzen, Die häufigsten Ursachen der nicht-idiopathischen Paresen sind in Tab. C.1.22 gelistet [4] [2]. Hierbei richtet sich der Liquorbefund nach der Grundkrankheit [11]; [3]; [1]. Zur Unterscheidung zwischen zentraler und periphere Fazialisparese kann in Frühstadien (zwischen ersten und dritten Tag) eine kanalikuläre Magnetstimulation durchgeführt werden [12]. Bei bilateraler peripherer Fazialisparese ist eine Lumbalpunktion auf jeden Fall indiziert.

Kohler und Mitarbeiter fanden in 11 % peripherer Fazialisparesen einen abnormen Liquorbefund. Dies kam teils im Rahmen peripherer

*Autoren der Vorauflage: U.K. Zettl, E. Mix, R. Lehmitz

Tab. C.1.22: Ätiologien symptomatischer peripherer Fazialisparesen.

Entzündung/ inflammatorisch	Ramsay-Hunt-Syndrom (bei Zoster oticus), Neuroborreliose, Polyradiculitis cranialis, Meningitis, Mastoiditis, Otitis media, Sarkoidose, weitere Viruserkrankungen wie Cytomegalievirus, u. a.; Guillain-Barré-Syndrom,
Trauma	Felsenbeinquer- und Felsenbeinlängsfrakturen, Hämatom, Ödem
Tumor	Akustikusneurinom, Meningeom, Schwannom, Lipom, Parotistumor, Cholesteatom, Metastasen, Meningeosis carcinomatosa, Schädelbasistumore u. a.
weitere Ursachen	Möbius-Syndrom, Melkersson-Rosenthal-Syndrom, Diabetes mellitus

Fazialisparesen bei Ramsay-Hunt-Syndrom (60 % Liquorveränderungen), Lyme-Borreliose (25 % Liquorveränderungen), HIV-Infektion (100 % Liquorveränderungen) sowie Sarkoidose oder klinisch manifester Herpes-Infektion vor [3]. Beim Melkersson-Rosenthal-Syndrom wurden Erhöhungen des *Gesamtproteins* im Liquor beschrieben [13]. Inwieweit bei Verdacht auf idiopathische Fazialisparese eine Lumbalpunktion durchgeführt werden soll, wird diskutiert. Im Zweifel sollte die Lumbalpunktion immer durchgeführt werden, da rund 10–40 % (in anderen Publikationen zwischen 30–60 % [14]) sich schlussendlich keine idiopathische Fazialisparese zeigte. Bei Kindern kommt es nur in Ausnahmefällen zu einer idiopathischen Fazialisparese [11] und deswegen sollte eine Lumbalpunktion bei Kindern immer durchgeführt werden. Ebenso ist bei Patienten mit klaren Symptomen, die auf eine nicht-idiopathische Ätiologie hinweisen (starke Schmerzen – im Sinne eines Zoster sine herpete, herpetiforme Effloreszenzen, bilaterale Paresen, Hörstörungen) sowie bei Patienten mit Immunsuppression eine Lumbalpunktion auf jeden Fall durchzuführen. Wird eine Ätiologie detektiert, ist diese Ursache entsprechend zu behandeln. Auf die Bedeutung der Elektrophysiologie im Rahmen der Diagnostik wurde bereits hingewiesen [12]. Bei unklaren Fällen oder Aggravierung mit Einbeziehung der anderen Seite sollte eine Lumbalpunktion durchgeführt werden.

1.5.3.2 Ausfälle anderer Hirnnerven

Die Affektion von mehreren Hirnnerven kann in einer Reihe von Erkrankungen auftreten (u. a. im Rahmen von Neoplasien, Aneurysmen, Venenthrombosen, Myopathien, Myositiden, selbst in Multipler Sklerose aber auch im Rahmen einer Myasthenia gravis). Seit langem ist die Assoziation mit einem Guillain-Barré-Syndrom und seinen Unterformen bekannt [15]. Neben dem siebten Hirnnerv sind Paresen des N. oculomotorius, N. trochlearis und N. abducens am häufigsten beschrieben. In einer Studie vor der Verfügbarkeit der Magnetresonanztomografie konnte in rund 40 % keine Ursache detektiert werden. Eine Lumbalpunktion wurde in der Kohorte von 412 retrospektiven Fällen in 272 durchgeführt, wobei 20 Fälle pathologische Ergebnisse zeigten mit einem inflammatorischen Prozess als häufigste Ursache (neun Fälle) [16]. Zu einem ähnlichen Ergebnis kommt eine zeitgleiche retrospektive Studie aus den USA. In 1278 Fällen mit einer Parese des III., IV. oder VI. Hirnnervens wurde in 40 Fällen eine MS, in 12 eine Meningitis/Enzephalitis und in zwei Fällen ein Herpes Zoster-Infektion nachgewiesen [17]. Mit dem Aufkommen und der Weiterentwicklung der Bildgebung haben sich nun die Möglichkeiten der Diagnosestellung deutlich verändert. Die Mitbeteiligung der Hirnnerven bei der Riesenzellarteriitis wird betont, ebenso wird der Anatomie und Anamnese großer Wert zuteil.

Weitere neurologische Auffälligkeiten, eine Trauma-Anamnese, das Alter der Patienten, weitere Symptome (z. B. als Hinweise auf eine Riesenzellarteriitis), Tagesschwankungen (im Rahmen einer Myasthenie) sollten beachtet werden. Das Ausmaß der Schädigung (z. B. Einbeziehung der Pupillen), und insbesondere motorische Störungen sollten evaluiert werden. Die am häufigsten berichteten Ursachen sind vaskulärer (inklusive Aneurysma vor allem bei inkompletter N. III-Parese oder Involvierung der Pupillomotorik), traumatischer Genese oder kongenital (bei Parese des IV. Hirnnervs). Bei multiplen Hirnnervenläsionen sollte immer die Anatomie beachtet werden (z. B. der Sinus cavernosus im Falle von Tolosa-Hunt-Syndrom oder einer Thrombose). Multiple oder bilaterale Affektionen sind im Rahmen einer Meningeosis carcinomatosa, Neurotuberkulose, chronischen Meningitis oder Sarkoidose und bei Neuroborreliose (auch in Mononeuropathien), CMV- oder Pilzmeningitiden/Enzephalitiden möglich [18]. Die Paresen können in Kombination mit Affektion des II., V. (vor allem 1. Astes) und XII. Hirnnervens auftreten. Abhängig von der Bildgebung und der Anamnese sollte auch in diesen Fällen bei Unklarheiten und Aggravierung eine Lumbalpunktion durchgeführt werden. In letzter Zeit wurden auch Hirnnervenausfälle im Rahmen von IgG4-assoziierten Erkrankungen beschrieben. Speziell in immunsupprimierten Patienten sollte bei unklaren Befunden eine Lumbalpunktion durchgeführt werden (Shree et al., 2022). Die Befunde der Liquordiagnostik richten sich nach den zugrunde liegenden Erkrankungen und werden in den jeweiligen Kapiteln dargestellt. Auf die Diagnostik im Rahmen der Optikusneuritis wird an dieser Stelle nicht eingegangen.

Literatur

[1] Ljøstad U, Økstad S, Topstad T, Mygland A, Monstad P. Acute peripheral facial palsy in adults. J Neurol. 2005;252:672–676.

[2] Heckmann JG, Urban PP, Pitz S, Guntinas-Lichius O, Gágyor I. The Diagnosis and Treatment of Idiopathic Facial Paresis (Bell's Palsy). Dtsch Arztebl Int. 2019;116:692–702.

[3] Kohler A, Chofflon M, Sztajzel R, Magistris MR. Cerebrospinal fluid in acute peripheral facial palsy. J Neurol. 1999;246:165–169.

[4] Reich SG. Bell's Palsy. Continuum (Minneap Minn). 2017;23:447–466.

[5] Gagyor I, Madhok VB, Daly F, Sullivan F. Antiviral treatment for Bell's palsy (idiopathic facial paralysis). Cochrane Database Syst Rev. 2019;9:CD001869. https://doi.org/10.1002/14651858.CD001869.pub9

[6] Tondo G, Virgilio E, Naldi A, Bianchi A, Comi C. Safety of COVID-19 Vaccines: Spotlight on Neurological Complications. Life (Basel). 2022;12(9):1338.

[7] Namavarian A, Eid A, Ziai H, Cheng EY, Enepekides D. Facial Nerve Paralysis and COVID-19: A Systematic Review. Laryngoscope. 2022;8:10.1002/lary.30333.

[8] Urban E, Volk GF, Geißler K, et al. Prognostic factors for the outcome of Bells' palsy: A cohort register-based study. Clin Otolaryngol. 2020;45(5):754–761.

[9] Gronseth GS, Paduga R, American Academy of Neurology. Evidence-based guideline update: steroids and antivirals for Bell palsy: report of the Guideline Development Subcommittee of the American Academy of Neurology. Neurology. 2012;79(22):2209–13.

[10] Kim Y, Doo JG, Chon J, et al. Steroids plus antiviral agents are more effective than steroids alone in the treatment of severe Bell's palsy patients over 40 years of age. Int J Immunopathol Pharmacol. 2021;35:20587384211042124.

[11] Kanerva M, Nissinen J, Moilanen K, et al. Microbiologic findings in acute facial palsy in children. Otol Neurotol. 2013;34:e82-87.

[12] Guntinas-Lichius O, Volk GF, Olsen KD, et al. Facial nerve electrodiagnostics for patients with facial palsy: a clinical practice guideline. Eur Arch Otorhinolaryngol. 2020;277(7):1855–1874.

[13] Liu R, Yu S. Melkersson-Rosenthal syndrome: a review of seven patients. J Clin Neurosci. 2013;20(7):993–995.

[14] Patel DK, Levin KH. Bell palsy: Clinical examination and management. Cleve Clin J Med. 2015;82(7):419–26.

[16] Berlit P. Isolated and combined pareses of cranial nerves III, IV and VI. A retrospective study of 412 patients. J Neurol Sci. 1991;103(1):10–5.

[17] Richards BW, Jones FR Jr, Younge BR. Causes and prognosis in 4,278 cases of paralysis of the oculomotor, trochlear, and abducens cranial nerves. Am J Ophthalmol. 1992;113(5):489–96.
[18] Cornblath WT. Diplopia due to ocular motor cranial neuropathies. Continuum (Minneap Minn). 2014;20(4 Neuro-ophthalmology):966–80.
[19] Shree R, Mahesh KV, Balaini N, Goel A. Oculomotor Cranial Neuropathies: Diagnosis and Management. Ann Indian Acad Neurol. 2022;25(Suppl 2):S70–S82.

1.5.4 Vertebrogene Prozesse

Paulus Rommer, Jörg Kraus*

1.5.4.1 Nucleus pulposus prolaps (NPP)

Froin, Nonne und Raven haben zu Beginn des 20. Jahrhunderts auf den Zusammenhang von Blockaden im Spinalkanal und erhöhtem Proteingehalt im Liquor cerebrospinalis hingewiesen [1]. Die Liquorbefunde im Rahmen eines Bandscheibenvorfalls können im pathologischen Fall eine diskrete *Pleozytose* und eine *Gesamtproteinerhöhung* bei einer lokalen *Schrankenfunktionsstörung* zeigen [2]; [3]; [4]. Dieser Liquorbefund ist insbesondere bei einem medialen Prolaps nachweisbar. Bei einem dorso-lateralen Prolaps, der einen massiven klinischen Befund zur Folge haben kann, können diese Liquorveränderungen hingegen fehlen. Lange persistierende Gesamtproteinerhöhungen im Liquor cerebrospinalis bei weitgehender klinischer Rückbildung der Symptomatik sind verdächtig auf degenerative Bandscheibenveränderungen. Wichtig fü die entsprechende klinische Einordnung ist, dass der Proteingehalt im Liquor von vielen Einflussfaktoren, wie zum Beispiel dem Alter, abhängig sein kann [5]; [6]. Die differenzialdiagnostische Einordnung bei unklarer Symptomatik und nicht eindeutigen Befunden umfasst Klinik, Bildgebung und elektrophysiologische Untersuchungen.

*__Autoren der Vorauflage:__ U.K. Zettl, E. Mix, R. Lehmitz

1.5.4.2 Spinalkanalstenose (neurogene Claudicatio spinalis intermittens)

Die mechanische Einengung des Spinalkanals (konstitutionell oder Degeneration im Bewegungssegment) bis zur vollständigen Blockade führt zu erhöhten Proteinkonzentrationen kaudal bei normalen Werten kranial (zisternal, ventrikulär) der Stenose [7] [8] Garisp [9] [10].

Bei der Spinalkanalstenose zeigt sich meist eine *normale Zellzahl*, jedoch können eine Erhöhung des *Gesamtproteins* und *Schrankenfunktionsstörungen* nachgewiesen werden. Es wurden aber auch proinflammatorische Zytokine bei normaler Zellzahl gefunden [10]; [7].

1.5.4.3 Sonstige vertebrogene Prozesse

Spinale Prozesse wie spondylotische Spondylolisthesis, Pseudospondylolisthesis oder Morbus Bechterew, zeigen in der Regel *normale Liquorbefunde* oder diskrete *Gesamtproteinerhöhungen*. Andere vertebrogene Schädigungen wie Traumata, Wirbelkörperfrakturen im Rahmen von Neoplasien oder entzündlichen Prozesse wie Spondylitiden und Spondylodiszitiden, können in Abhängigkeit der Lage zu den Liquorräumen krankheitstypische Befunde aufweisen, die in den entsprechenden Kapiteln dargestellt sind [11]; [12].

Literatur

[1] Mirza S, Adams WM, Corkhill RA. Froin's syndrome revisited, 100 years on. Pseudo-Froin's syndrome on MRI. Clin Radiol. 2008;63:600–604.
[2] Kleine TO, Hackler R, Lütcke A, et al. Laboratory diagnosis of radicular and pseudoradicular syndromes in cerebrospinal fluid (CSF): reliability of methods in consideration of pathogenetic aspects. Report on section "CSF diagnosis" of 4th Klagenfurter Neurology Workshop Conference on radicular and pseudoradicular syndromes, Klagenfurt, Austria, August 28–29, 1992. Eur J Clin Chem Clin Biochem. 1994;32:45–52.

[3] Skouen JS, Larsen JL, Vollset SE. Cerebrospinal fluid protein concentrations related to clinical findings in patients with sciatica caused by disk herniation. J Spinal Disord. 1994;7:12–18.
[4] Skouen JS, Larsen JL, Gjerde IO, Hegrestad SE, Vollset SE. Cerebrospinal fluid protein concentrations in patients with sciatica caused by lumbar disc herniation: an investigation of biochemical, neurologic, and radiologic predictors of long-term outcome. J Spinal Disord. 1997;10:505–511.
[5] Hegen H, Auer M, Zeileis A, Deisenhammer F. Upper reference limits for cerebrospinal fluid total protein and albumin quotient based on a large cohort of control patients: implications for increased clinical specificity. Clin Chem Lab Med. 2016;54(2):285–92.
[7] Brettschneider J, Claus A, Kassubek J, Tumani H. Isolated blood-cerebrospinal fluid barrier dysfunction: prevalence and associated diseases. J Neurol. 2005;252:1067–1073.
[8] Brooks JA, McCudden C, Breiner A, Bourque PR. Causes of albuminocytological dissociation and the impact of age-adjusted cerebrospinal fluid protein reference intervals: a retrospective chart review of 2627 samples collected at tertiary care centre. BMJ Open. 2019;9(2):e025348.
[9] Garispe A, Naji H, Dong F, Arabian S, Neeki M. Froin's Syndrome Secondary to Traumatic and Infectious Etiology. Cureus. 2019;11(12):e6313.
[10] Reiber H, Peter JB. Cerebrospinal fluid analysis: disease-related data patterns and evaluation programs. J Neurol Sci. 2001;184:101–122.
[11] Matthews WB. The neurological complications of ankylosing spondylitis. J Neurol Sci. 1968;6:561–573.
[12] Radcliff K, Morrison WB, Kepler C, et al. Distinguishing Pseudomeningocele, Epidural Hematoma, and Postoperative Infection on Postoperative MRI. Clin Spine Surg. 2016;29:E471–E474.

1.5.5 Polyneuropathien

Paulus Rommer, Jörg Kraus*

1.5.5.1 Immunvermittelte und nicht-immunvermittelte Polyneuropathien

Bei dem heterogenen Krankheitsbild der Polyneuropathien besteht meist keine direkte Beziehung zwischen den geschädigten Nerven und dem Liquorraum, so dass richtungsweisende Befunde nur im begrenzten Umfang zu erwarten sind. Bei Verdacht auf immunvermittelte Genese sollte eine Lumbalpunktion erwogen werden, um zwischen immun- und nicht-immunvermittelten Ätiologien abzugrenzen [1]. Bei nicht-immunvermittelten Polyneuropathien sind die Liquorbefunde in der Regel nicht wegweisend [2]; [3], und es spricht ein pathologischer Befund für die Einbeziehung von Nervenwurzeln oder zentralnervösen Strukturen, auch dann, wenn klinisch nur eine Läsion der distalen Anteile der peripheren Nerven festzustellen ist.

Allgemein lässt sich festhalten, dass die Unterscheidung zwischen immunvermittelter und nicht-immunvermittelter Genese sich schwierig gestalten kann. Bei nicht-entzündlichen Polyneuropathien konnten *proinflammatorische Zytokine* sowohl im Serum als auch im Liquor gefunden werden [4]; [5]. Histopathologisch zeigte sich, dass proinflammatorische Zytokine in Nervenbiopsien in geringerem Ausmaß nachzuweisen waren als bei inflammatorischen Neuropathien [6]. Außerdem waren die Zytokin-Level in inflammatorischen Neuropathien gegenüber nicht-inflammatorischen erhöht [5]. Klinisch ist die Abgrenzung nicht immer eindeutig. So wurden Amyloid-Polyneuropathien als auch hereditäre Transthyretin Amyloidosen als inflammatorische demyelinisierende Polyneuropathien fehldiagnostiziert, teils aufgrund der Klinik und der elektrophysiologischen Befunde, teils aufgrund des Proteingehalts im Liquor, der in Studien im Median bei Amyloidangio(neuro) pathien erhöht war [7] [8] [9] [10]. Bei den nicht-entzündlichen Polyneuropathien wie den toxisch-metabolischen Formen, aber auch bei der Critical-illness-Polyneuropathie ist in der Mehrzahl der Fälle die Störung außerhalb des Nervensystems gelegen. Konsekutiv kann es zu einer *Störung der Schrankenfunktion*

*__Autoren der Vorauflage:__ U.K. Zettl, E. Mix, R. Lehmitz

kommen. Die *Gesamtproteinwerte* liegen bei diesen Polyneuropathie-Formen meist unter 1000 mg/l [11] [12] [13]. Höhere Werte werden gelegentlich bei der diabetischen Polyneuropathie gefunden. Es wurden auch Neuropathien während immunologisch wirksamer Therapie Therapien beschrieben. Bei der Entstehung von Neuropathien unter diesen Medikamenten kann von einem immun-mediierten Effekt ausgegangen werden bzw. kann der Liquor Entzündungszeichen aufgrund der Grunderkrankung zeigen. In diesem Zusammenhang ist auf PD-1-Inhibitoren hinzuweisen [14] [15]. In all diesen Fällen muss der Liquorbefund in Zusammenschau mit der elektrophysiologischen Untersuchung und der Klinik interpretiert werden.

Die *Zellzahl* liegt bei den nicht-entzündlichen Polyneuropathien üblicherweise im Normbereich [12] [16]. Selten (10 %) können leichte *mononukleäre Pleozytosen* nachgewiesen werden [17].

Jaradeh und Mitarbeiter fanden in seltenen Fällen einer durch Diabetes mellitus verursachten progressiven Polyradikuloneuropathie in ca. 30 % *oligoklonale Banden* im Liquor cerebrospinalis [18]. Bei Diabetes mellitus kann die Proteinkonzentration gegenüber Kontrollen (alters- und geschlechts-gematchte Gruppen) erhöht sein und scheint mit der Dauer der Erkrankung und Folgeerkrankungen wie Retinopathie und Proteinurie zu korrelieren [19] Dies steht im Widerspruch, zu einer kürzlich veröffentlichten Studie, die zum Schluss kommt, dass nach Berücksichtigung von Alter und Geschlecht kein Unterschied in der Proteinkonzentration im Vergleich zu nicht an Diabetes erkrankten Kontrollen besteht [20].

Polyneuropathien im Rahmen von Metallvergiftungen können bei gleichzeitiger Beteiligung von ZNS-Strukturen ebenfalls mit besonders hohen *Gesamtproteinkonzentrationen* im Liquor cerebrospinalis einhergehen [21] [22] [23]. Für demyelinisierende immunvermittelte Polyneuropathien wird auf das Kapitel 1.6.6. verwiesen.

1.5.5.2 Hereditäre Polyneuropathien

Bei den hereditären Polyneuropathien zeigt der Liquor cerebrospinalis ein analoges Verhalten wie bei den nicht-hereditären metabolischen Polyneuropathien. Die *Zellzahl* und das *Zellbild* sind in der Regel normal [24]. Bei Patienten mit Polyneuropathien im Rahmen einer Charcot-Marie-Tooth Erkrankung konnten bei atypischer Klinik deutlich erhöhte Proteinwerte (bis zu 1850 mg/l) gefunden und zusätzlich eine chronisch inflammatorische demyelinisierende Polyneuropathie nachgewiesen werden, die auf eine Immuntherapie ansprach [25]. Insbesondere bei der hereditären motorischen und sensiblen Neuropathie (HMSN) Typ III nach Dyck (Dejerine-Sottas-Krankheit) kann man *Gesamtproteinerhöhungen* bis 2000 mg/l im Liquor cerebrospinalis finden. Eine Unterscheidung zwischen den verschiedenen HMSN-Typen ist auf der Basis der Liquoranalytik aber nicht möglich [26] [27].

1.5.5.3 Polyneuropathien bei systemischen Erkrankungen

Bei den Lipidosen lassen sich gelegentlich im Liquor wie im Blut *vakuolisierte Phagozyten* (Monozyten, Makrophagen) nachweisen. Der *Gesamtproteinwert* ist normal oder leicht erhöht, wobei die Polyneuropathie im Rahmen einer Systemerkrankung eher mit einer *Gesamtproteinerhöhung* einhergeht als bei isoliert das periphere Nervensystem betreffenden Formen. Besonders hohe Gesamtproteinwerte können bei Morbus Refsum [28] [29], Porphyrien (in zwei Drittel der Patienten während einer akuten Attacke [30], jedoch nur in Ausnahmen während der Remission [31], und bei der Globoidzell-Leukodystrophie [32] beobachtet werden.

Eine ganz besondere Bedeutung kommt der Liquordiagnostik bei allen Formen von entzündlichen sowie bei den paraproteinämischen Polyneuropathien (**Kap. C.1.1.6.9 und C.1.1.6.10**) zu. Auf die detaillierten Liquorbefunde wird in den entsprechenden Kapiteln eingegangen.

Literatur

[1] Lubec D, Müllbacher W, Finsterer J, Mamoli B. Diagnostic work-up in peripheral neuropathy: an analysis of 171 cases. Postgrad Med J. 1999;75:723–727.

[2] Rudolph T, Farbu E. Hospital-referred polyneuropathies – causes, prevalences, clinical- and neurophysiological findings. Eur J Neurol. 2007;14:603–608.

[3] Wolfe GI, Baker NS, Amato AA, et al. Chronic cryptogenic sensory polyneuropathy: clinical and laboratory characteristics. Arch Neurol. 1990;56:540–547.

[4] Ludwig J, Binder A, Steinmann J, Wasner G, Baron R. Cytokine expression in serum and cerebrospinal fluid in non-inflammatory polyneuropathies. J Neurol Neurosurg Psychiatry. 2008;79:1268–1273.

[5] Langjahr M, Schubert AL, Sommer C, Üçeyler N. Increased pro-inflammatory cytokine gene expression in peripheral blood mononuclear cells of patients with polyneuropathies. J Neurol. 2018;265(3):618–627.

[6] Lindenlaub T, Sommer C. Cytokines in sural nerve biopsies from inflammatory and non-inflammatory neuropathies. Acta Neuropathol. 2003;105:593–602.

[7] Cortese A, Vegezzi E, Lozza A, et al. Diagnostic challenges in hereditary transthyretin amyloidosis with polyneuropathy: avoiding misdiagnosis of a treatable hereditary neuropathy. J Neurol Neurosurg Psychiatry. 2017;88(5):457–458.

[8] Mathis S, Magy L, Diallo L, Boukhris S, Vallat J-M. Amyloid neuropathy mimicking chronic inflammatory demyelinating polyneuropathy. Muscle Nerve. 2012;45:26–31.

[9] Lozeron P, Mariani L-L, Dodet P, et al. Transthyretin amyloid polyneuropathies mimicking a demyelinating polyneuropathy. Neurology. 2018;91:e143–e152.

[10] Planté-Bordeneuve V, Said G. Familial amyloid polyneuropathy. The Lancet Neurology. 2011;10:1086–1097.

[11] de Sèze M, Petit H, Wiart L, et al. Critical illness polyneuropathy. A 2-year follow-up study in 19 severe cases. Eur Neurol. 2000;43:61–69.

[12] Morrison B, Chaudhry V. Medication, toxic, and vitamin-related neuropathies. Continuum (Minneap Minn). 2012;18:139–160.

[13] Kushlaf HA. Emerging toxic neuropathies and myopathies. Psychiatr Clin North Am. 2013;36:209–218.

[14] Tsouni P, Bill O, Truffert A, et al. Anti-TNF alpha medications and neuropathy. Journal of the Peripheral Nervous System. 2015;20:397–402.

[15] Yuen C, Kamson D, Soliven B, et al. Severe Relapse of Vaccine-Induced Guillain-Barré Syndrome After Treatment With Nivolumab. J Clin Neuromuscul Dis. 2019;20:194–199.

[16] Staff NP, Windebank AJ. Peripheral Neuropathy Due to Vitamin Deficiency, Toxins, and Medications. Continuum (Minneap Minn). 2014;20:1293–1306.

[17] Kleine TO, Hackler R, Lütcke A, et al. Laboratory diagnosis of radicular and pseudoradicular syndromes in cerebrospinal fluid (CSF): reliability of methods in consideration of pathogenetic aspects. Report on section “CSF diagnosis” of 4th Klagenfurter Neurology Workshop Conference on radicular and pseudoradicular syndromes, Klagenfurt, Austria, August 28–29, 1992. Eur J Clin Chem Clin Biochem. 1994;32:45–52.

[18] Jaradeh SS, Prieto TE, Lobeck LJ. Progressive polyradiculoneuropathy in diabetes: correlation of variables and clinical outcome after immunotherapy. J Neurol Neurosurg Psychiatry. 1999;67:607–612.

[19] Kobessho H, Oishi K, Hamaguchi H, Kanda F. Elevation of cerebrospinal fluid protein in patients with diabetes mellitus is associated with duration of diabetes. Eur Neurol. 2008;60:132–136.

[20] Breiner A, Bourque PR, Warman-Chardon J, Brooks J, McCudden CR. Does Diabetes Alter CSF Total Protein Levels? A Retrospective Cohort Study. Neurohospitalist. 2022; 12(3): 463–466.

[21] Evans S, Smith J, Caron E. A Case of Mercury Toxicity Complicated by Acute Inflammatory Demyelinating Polyneuropathy. J Child Neurol. 2018;33:817–819.

[22] Ross AT. MERCURIC POLYNEUROPATHY WITH ALBUMINO-CYTOLOGIC DISSOCIATION AND EOSINOPHILIA. JAMA. 1964;188:830–831.

[23] Zairi F, Remacle JM, Allaoui M, Assaker R. Delayed hypersensitivity reaction caused by metal-on-metal total disc replacement. J Neurosurg Spine. 2013;19:389–391.

[24] Lunn M, Manji H. Neuropathies. Medicine, Neurology. 2016;44(Part 2 of 2):557–562.

[25] Ginsberg L, Malik O, Kenton AR, et al. Coexistent hereditary and inflammatory neuropathy. Brain. 2004;127:193–202.
[26] Hagberg B, Lyon G. Pooled European series of hereditary peripheral neuropathies in infancy and childhood. A „correspondence work shop“ report of the European Federation of Child Neurology Societies (EFCNS). Neuropediatrics. 1981;12:9–17.
[27] Ouvrier RA, McLeod JG, Conchin TE. The hypertrophic forms of hereditary motor and sensory neuropathy. A study of hypertrophic Charcot-Marie-Tooth disease (HMSN type I) and Dejerine-Sottas disease (HMSN type III) in childhood. Brain. 1987;110:121–148.
[28] Dry J, Delporte MP, Pradalier A. [Refsum's disease]. Sem Hop. 1976;52:1683–1690.
[29] Thümler R, Atzpodien W, Kremer GJ, Haferkamp G. [Refsum's syndrome (author's transl)]. Dtsch Med Wochenschr. 1977;102:1454–1457.
[30] Latorre G, Muñoz A. Acellular cerebrospinal fluid with elevated protein level in patients with intermittent acute porphyria. Arch Intern Med. 1989;149:1695.
[31] Bylesjö I, Brekke O-L, Prytz J, Skjeflo T, Salvesen R. Brain magnetic resonance imaging white-matter lesions and cerebrospinal fluid findings in patients with acute intermittent porphyria. Eur Neurol. 2004;51:1–5.
[32] Lyon G, Hagberg B, Evrard P, et al. Symptomatology of late onset Krabbe's leukodystrophy: the European experience. Dev Neurosci. 1991;13:240–244.

1.5.6 Psychiatrische Erkrankungen

Manfred Uhr

Die Liquordiagnostik bei Patienten mit psychiatrischen Symptomen und Erkrankungen wird ambulant und stationär sehr unterschiedlich angewendet. Die Häufigkeit und der Umfang des Analysespektrums sind sehr unterschiedlich. Auch international gibt es keine einheitlichen Richtlinien hierfür. Somit ist die erste wichtige Frage, wann Patienten punktiert und eine Analytik durchgeführt werden soll. Erschwert wird dies dadurch, dass es in der Psychiatrie administrative Diagnosen gibt und die ursächlich krankheitsauslösenden Faktoren nicht bekannt sind [1]. Administrativ bedeutet, dass aufgrund der phänotypischen Symptome Diagnosen gestellt werden. Zu bedenken ist, dass zum Beispiel depressive Symptome durchaus auch durch Stoffwechselveränderungen, akute und chronische Entzündungen, Tumoren und anderen Ursachen erzeugt werden können.

Nicht nur bei affektiven, sondern auch bei schizophrenen und wahnhaften Störungen gehört die Liquoranalytik zum diagnostischen Programm und dient der differenzialdiagnostischen Abgrenzung psychiatrischer Symptome von entzündlichen und anderen spezifischen Ursachen. Allein aufgrund der klinischen Symptomatik und anderer diagnostischer Verfahren ist dies nicht möglich.

Somit ergibt sich die Notwendigkeit, auch bei der Abwesenheit von neurologischen Symptomen, zumindest beim ersten Auftreten einer psychiatrischen Symptomatik, zur diagnostischen Klärung eine Lumbalpunktion mit entsprechender Diagnostik durchzuführen. Gleiches gilt, wenn sich das Krankheitsbild im Verlauf deutlich verändert.

Wenn eine Punktion durchgeführt wird, sollte zumindest immer das Liquor-Grundprogramm durchgeführt werden. Dazu gehören Zellzahl, Erythrozytenzahl, Liquorzytologie, Gesamtprotein, Auswertung der Quotienten Albumin, IgG, IgA und IgM im Quotientendiagramm, die oligoklonalen Banden, Laktat und/ oder Glukosequotient. Die Befunde sind im integrierten Gesamtbefund mit entsprechender Interpretation darzustellen.

Abhängig von der Symptomatik und der Befunde des Grundprogramms sind weitere Liquoruntersuchungen durchzuführen. Dazu gehören die Bestimmung von spezifischen Antikörpern (zum Nachweis akuter Erkrankungen und zum Nachweis einer polyspezifischen Immunreaktion), Ferritin, IL-6, Autoantikörper, Demenz- und Destruktionsmarkern.

Nicht selten werden zur Überraschung des Punktierenden bei affektiven und schizophreniformen Symptomen des Patienten überraschende Liquorergebnisse gefunden, die ergänzende Therapien und Diagnosen erforderlich machen. Auf der anderen Seite sind jedoch auch die Analyseergebnisse des Liquor-Grundprogramms bei den psychiatrischen Diagnosen zu einem großen Prozentsatz nicht normal. Dies wird im Weiteren dargestellt.

Bei 40–50 % der Patienten mit Major Depression, bipolarer Störung oder Schizophrenie werden pathologische Liquorbefunde erhoben, ohne dass es Hinweise auf eine weitere Erkrankung gibt.

1.5.6.1 Depression

Von mehr als 1000 im MPI für Psychiatrie, München, untersuchten depressiven Patienten (ICD-10: F32 und F33) hatten ca. 38 % einen pathologischen Liquorbefund. Der häufigste Befund hierfür war mit ca. 24 % eine leichte bis mittelgradige *Schrankenfunktionsstörung*. *Zellzahlerhöhungen* fanden sich in 9 %, und eine intrathekale *Immunglobulinsynthese* (*oligoklonale Banden* oder intrathekale Immunglobulinsynthese im Quotientendiagramm) in ca. 10 % der Fälle. Ähnliche Ergebnisse fanden sich bei Brettschneider et al. 2005 [3], die in 24 % einen erhöhten Albuminquotienten fanden. Bei Endres et al. 2016 [4] hatten 46 % der Fälle eine Eiweißerhöhung (größer 450 mg/l). Der Albuminquotient war in ca. 20 % erhöht, die Autoren wandten jedoch gestufte Normbereiche an, die eine geringere Sensitivität aufweisen. Eine intrathekale Synthese wurde Ihnen 6,5 % der Fälle gefunden. Bechter et al. 2010 [5] fanden bei depressiven Patienten in 14 % der Fälle eine intrathekale Immunglobulinsynthese.

1.5.6.2 Schizophrenie und bipolare affektive Störung

Wir fanden in unserem Kollektiv bei schizophrenen Patienten (ICD-10: F20, N > 230) und bei Patienten mit bipolar affektiver Störung (ICD-10: F30 und F31, N > 180) in 44 bzw. 40 % einen pathologischen Befund und in 34 bzw. 26 % eine Blut-Liquor-Schrankenfunktionsstörung. Starke *Schrankenfunktionsstörungen* traten jedoch nicht auf ($Q_{Alb} < 12 \times 10^{-3}$).

Bei den schizophrenen Patienten fanden sich in 8 % eine *Zellzahlerhöhung* und in 8 % eine intrathekale *Immunglobulinsynthese*. Bei den bipolar affektiven Störungen jeweils ca. 10 % eine *Zellzahlerhöhung* und 9 % eine intrathekale *Immunglobulinsynthese*.

1.5.6.3 Autismus-Spektrum-Störung

Patienten mit einer Autismus-Spektrum-Störung zeigten zu 44 % einen pathologischen Liquorbefund, signifikant erhöht gegenüber einer Kontrollgruppe waren hierbei *Proteinkonzentrationen* im Liquor sowie ein pathologisch erhöhter *Albuminquotient* [6].

1.5.6.4 Einflussfaktoren auf die Liquorparameter

Interessanterweise fanden wir bei depressiven Patienten einen sehr deutlichen Geschlechtsunterschied. Männliche Patienten hatten zu 48,3 % einen pathologischen Befund weibliche Patienten lediglich zu 27,8 %. Signifikant häufiger hatten männliche Patienten eine pathologische Blut-Liquor-Schrankenfunktionsstörung (männlich 34,3 % gegenüber weiblich 13,7 %). Ebenfalls waren Zellzahlerhöhung und Laktaterhöhung in männlichen Patienten signifikant häufiger zu beobachten.

Bei schizophrenen Patienten bestand in unserem Kollektiv kein signifikanter Unterschied zwischen männlichen und weiblichen Liquorbefunden. Geschlechtsunterschiede bei unmedizierten Patienten mit einer Depression, bipolaren Störungen oder Schizophrenie wurden bereits 1994 von Samuelson et al. [7] beschrieben. Die deutlichsten Unterschiede bestanden für die Proteinkonzentrationen im Liquor für Patienten mit einer Major Depression. Meixenberger et al. 2020 [8] fanden ebenfalls bei männlichen Patienten mit affektiven Störungen häufiger pathologische Albuminquotienten (28 % versus 8 %) als bei weiblichen Patienten. Bei Patienten mit schizophrenen Syndromen fanden sie weniger ausgeprägt jedoch auch signifikante Geschlechtsunterschiede.

In unserem Kollektiv depressiver Patienten zeigte sich kein Unterschied im Verlauf der Depression (gemessen mit der Hamilton-Depressions-Skala) über 5 Wochen bezüglich normalem gegenüber pathologischen Liquorbefund. Auch konnte kein Zusammenhang des pathologischen Liquorbefund oder einer Schrankenfunktionsstörung und psychotischen Symptomen oder Anzahl der Vorepisoden gefunden werden.

Die Ursachen für diese insgesamt moderaten, aber pathologischen Liquorveränderungen sind nicht bekannt und Gegenstand weiterer Forschungsaktivitäten. Für die Erklärung eines erhöhten Albuminquotienten muss hier vor allem an eine Veränderung der Liquorproduktionsrate im Plexus und an einen verminderten Liquorfluss gedacht werden. Der dadurch erniedrigte Liquorumsatz erklärt die höheren Proteinkonzentrationen (Q_{Alb}). Die Ursache hierfür ist nicht bekannt, Medikamenteneffekte sind denkbar, wurden jedoch in keiner der Studien nachgewiesen. Insgesamt sprechen somit moderate Schrankenfunktionsstörungen nicht gegen die Diagnosen einer Schizophrenie, Depression oder bipolaren Störung.

1.5.6.5 Differentialdiagnostische Erwägungen

Die Gruppe der Patienten, die eine Zellzahlerhöhung und/oder eine intrathekale Immunglobulinsynthese (oligoklonales IgG, intrathekale Antikörpersynthese) haben, bedürfen einer besonderen Betrachtungsweise. Bei intrathekalen Immunglobulinsynthesen bei psychiatrischen Patienten ist immer auch differenzialdiagnostisch an eine Multiple Sklerose oder andere chronisch entzündliche Prozesse des ZNS zu denken. Auch Autoimmunerkrankungen mit Beteiligung des ZNS können zu oligoklonalem IgG im Liquor führen. Milde Verläufe von akut entzündlichen Prozessen im ZNS mit psychiatrischer Symptomatik sind möglich. Grundsätzlich gelten auch hier die Optionen für die Interpretation einer humoralen Immunreaktion im ZNS: akut, chronisch oder alte Narbe.

Des Weiteren sollte beim Erstauftreten von psychiatrischen Symptomen immer auch an Autoimmunenzephalitiden gedacht werden, insbesondere wenn eine Zellzahlerhöhung oder eine intrathekale Immunglobulin-Produktion vorliegt.

Weiter sprechen für eine Autoimmunenzephalitis das Vorliegen von sogenannten „Red flags". Dazu gehören der akute oder perakute Beginn einer ersten psychotischen Episode, atypisches Alter oder andere autoimmun Vorerkrankungen, eine rapide Progression und Intoleranz auf Antipsychotika. Atypisch polymorphpsychotische Symptome, Katatonie, Dyskinesie, Sprachstörungen, epileptische Anfälle, unerklärte Kopfschmerzen und Fieber, neue fokal neurologische Defizite, sowie komorbide Tumorerkrankung sind wichtige Alarmzeichen.

Eine Vielzahl von neuronalen und glialen Autoantikörpern sind mittlerweile bekannt (siehe **hierzu Kapitel C.1.1.10**). Einigen dieser Autoantikörper werden auch bestimmte klinische Symptome zugesprochen [1,9], jedoch sollte bedacht werden, dass diese Symptome nur in einer Teilgruppe auch so auftreten. Eine Metaanalyse zeigt die Vielfalt der initialen psychiatrischen Diagnosen bei einer NMDAR-Antikörperenzephalitis [10]. Dabei kamen akute

Psychose, Schizophrenie, drogeninduzierte Psychose, postpartum Psychose, Manie/bipolarer Störung, unipolare Depression etc. vor. Dies besagt, dass auch in diesem Fall die psychiatrischen Symptome den Autoantikörpertyp nur begrenzt vorhersagen können und somit breit untersucht werden muss.

Bei den Liquorbefunden des Grundprogramms ergeben sich allerdings Unterschiede (siehe **Kapitel C.1.1.10**). So finden sich bei der NMDAR-Autoimmunenzephalitis zu fast 100 % pathologische Liquorbefunde, wohingegen bei der LgI1-Autoimmunenzephalitis zu fast 70 % normale Liquorbefunde vorkommen können [11].

In der Gruppe der Demenzerkrankungen kann eine Liquoruntersuchung von differenzialdiagnostischer Bedeutung sein (**Kapitel C.1.4.1**).

Eine Liquoruntersuchung sollte aus diesen oben genannten Gründen grundsätzlich Teil einer psychiatrischen Differenzialdiagnose sein.

Literatur

[1] Steiner J, Prüss H, Köhler S, et al. Autoimmune encephalitis with psychosis: Warning signs, step-by-step diagnostics and treatment. World J Biol Psychiatry. 2020;21(4):241–254.

[2] Endres D, Perlov E, Dersch R, et al. Evidence of cerebrospinal fluid abnormalities in patients with depressive syndromes. J Affect Disord. 2016;198:178–84.

[3] Brettschneider J, Claus A, Kassubek J, Tumani H. Isolated blood-cerebrospinal fluid barrier dysfunction: prevalence and associated diseases. J Neurol. 2005;252(9):1067–73.

[4] Endres D, Perlov E, Dersch R, et al. Evidence of cerebrospinal fluid abnormalities in patients with depressive syndromes. J Affect Disord. 2016;198:178–84.

[5] Bechter K, Reiber H, Herzog S, et al. Cerebrospinal fluid analysis in affective and schizophrenic spectrum disorders: identification of subgroups with immune responses and blood-CSF barrier dysfunction. J Psychiatr Res. 2010;44(5):321–30.

[6] Runge K, Tebartz van Elst L, Maier S, et al. Cerebrospinal Fluid Findings of 36 Adult Patients with Autism Spectrum Disorder. Brain Sci. 2020;10(6):355.

[7] Samuelson SD, Winokur G, Pitts AF. Elevated cerebrospinal fluid protein in men with unipolar or bipolar depression. Biol Psychiatry. 1994;35(8):539–44.

[8] Meixensberger S, Bechter K, Dersch R, et al. Sex difference in cerebrospinal fluid/blood albumin quotients in patients with schizophreniform and affective psychosis. Fluids Barriers CNS. 2020;17(1):67.

[9] Endres D, Leypoldt F, Bechter, et al. Autoimmune encephalitis as a differential diagnosis of schizophreniform psychosis: clinical symptomatology, pathophysiology, diagnostic approach, and therapeutic considerations. Eur Arch Psychiatry Clin Neurosci. 2020;270(7):803–818.

[10] Al-Diwani A, Handel A, Townsend L, et al. The psychopathology of NMDAR-antibody encephalitis in adults: a systematic review and phenotypic analysis of individual patient data. Lancet Psychiatry. 2019;6(3):235–246.

[11] Blinder T, Lewerenz J. Cerebrospinal Fluid Findings in Patients With Autoimmune Encephalitis-A Systematic Analysis. Front Neurol. 2019;10:804.

1.6 Liquorveränderungen nach diagnostischen oder therapeutischen Maßnahmen

1.6.1 Reizpleozytosen

Sigurd D. Süßmuth

Liquorveränderungen im Sinne von sog. Reizpleozytosen als Reaktion auf eine Veränderung oder Reizung im Kompartiment oder an seinen Begrenzungsflächen können vielfältige Ursachen haben und sollten in die differentialdiagnostischen Überlegungen einbezogen werden. So finden sich beispielsweise nach vorangegangener Lumbalpunktion und nach zerebralen Anfällen oftmals leichte *Zellzahlerhöhungen* mit einem pathologischen Granulozytenanteil im *Differentialzellbild*. Auch bei Blutungen, Traumen und Tumoren sind *Zellzahlerhöhungen* als Reizpleozytosen zu erwarten. Auf die entsprechenden Veränderungen im Zuge von Erkrankungen sei auf die jeweiligen Kapitel unter **C.1.1–C.1.5** verwiesen. In diesem Kapitel liegt der Fokus auf Reizungen durch mechanische, chemische oder immunologische Vorgänge im Rahmen von diagnostischen und therapeutischen Maßnahmen.

Reizpleozytose nach Lumbalpunktion

Infolge einer Lumbalpunktion (LP) kann eine *reaktive Pleozytose* auftreten, die etwa 7–14 Tage anhält und danach auf Normwerte abklingt [1]. Mit einer erneuten Punktion sollte deshalb nach Möglichkeit entsprechend lange gewartet werden. In der älteren Literatur sind Pleozytosen bis zu 50 Leukozyten/µl, nach mehrmaligen Punktionen in kurzem zeitlichem Abstand in Einzelfällen bis zu 400/µl beschrieben worden. Hierzu darf angemerkt werden, dass es damals im Vergleich zu heutigen Standards der Differentialdiagnostik (vor allem der Bildgebung und der immunologischen Diagnostik) weniger Möglichkeiten für eine ätiologische Zuordnung von außergewöhnlichen Befunden gab. Gestützt werden die oben genannten Zahlen zur einmaligen LP durch eine retrospektive Untersuchung bei gesunden Probanden von klinischen Phase I-Medikamentenstudien mit Liquorentnahme. Darin fanden sich bei der zweiten LP in einem zweiwöchigen Abstand zur ersten LP im Durchschnitt 8,1 Leukozyten/µl (Standardabweichung 8,6) und einem Maximalwert von 45/µl [2]. Somit bewegt sich der Rahmen der zu erwartenden Zellzahlen nach erneuter LP innerhalb von 14 Tagen meist zwischen 1–16/µl, seltener darüber.

Im *Zellbild* erscheinen initial neben Lymphozyten und Monozyten vor allem neutrophile Granulozyten. Lymphozyten und Monozyten sind teilweise aktiviert, auch eosinophile oder basophile Granulozyten können auftreten, im Verlauf auch Makrophagen. Mit Rückgang der Zellzahl nimmt der Neurophilenanteil ab und es zeigt sich wieder ein lymphomonozytäres Bild. Das *Gesamtprotein* wird durch wiederholte Punktionen wenig beeinflusst [1].

Sollten im Rahmen der Lumbalpunktion Medikamente intrathekal appliziert worden sein, so können sich aufgrund dieses zusätzlichen Reizes andere Befundkonstellationen ergeben, wie in den folgenden Kapiteln erläutert wird.

Literatur

[1] Schmidt RM (ed.). Der Liquor cerebrospinalis: Untersuchungsmethoden und Diagnostik (2 Bde.) 2. Auflage, Band 2. Gustav Fischer, Stuttgart – New York, 1987.

[2] Atiee G, Sramek J, Palasota J, Andrews S, Murphy M, Cutler NR. Pleocytosis in cerebrospinal fluid following multiple lumbar punctures in healthy volunteers. J Neurol Sci. 2016;15;360:131–2.

1.6.2 Medikamenteninduzierte aseptische Meningitis

Sigurd D. Süßmuth

Treten nach Verabreichung bzw. Einnahme von Substanzen, ob Medikament oder z. B. Kontrastmittel, klinische Zeichen einer Meningitis und laborchemische Zeichen einer Meningitis auf, sollten generell immer folgende Konstellationen bedacht werden: ob es sich um eine Infektion handeln könnte, eine chemische Irritation durch die Medikamenteneigenschaften, oder eine patientenspezifische Reaktion. Dies erfordert daher immer die Veranlassung sämtlicher zur Verfügung stehender analytischer Methoden, um einen Erreger nachzuweisen bzw. auszuschließen. Erst bei Ausschluss einer Infektion sollte eine medikamenteninduzierte Meningitis in Betracht gezogen werden.

Erste Hinweise für eine medikamenteninduzierte aseptische Meningitis im engeren Sinne waren bei jungen Frauen mit Lupus erythematodes unmittelbar nach Einnahme von Ibuprofen gefunden worden. Tatsächlich stellen Autoimmunerkrankungen wohl einen prädisponierenden Faktor für die Entwicklung von aseptischen Meningitiden dar. Unter den nicht-steroidalen antiinflammatorischen Medikamenten sind zu Ibuprofen mit Abstand die meisten Berichte über die Auslösung einer aseptischen Meningitis bereits nach relativ geringen Dosen bekannt geworden [1]. Mittlerweile sind nach der oralen bzw. systemischen Applikation einer Reihe anderer Substanzen, vor allem von Immunmodulatoren (z. B. intravenöse Immunglobuline), Antibiotika (z. B. Trimethoprim, Sulfadiazin, Sulfamethoxazol, Amoxicillin), monoklonalen Antikörpern (z. B. Immuncheckpoint-Inhibitoren), Immunsuppressiva (z. B. Azathioprin), oder Antiepileptika (z. B. Lamotrigin [2]) ebenfalls Fälle von aseptischen Meningitiden beschrieben worden, die sich klinisch mit Kopfschmerzen, Fieber und Meningismus präsentieren [1,3,4]. Auch Vakzine (vor allem MMR gegen Masern-Mumps-Röteln) können selten eine aseptische Meningitis nach sich ziehen. Oft beginnt die Symptomatik innerhalb weniger Tage nach Medikamentengabe, wobei dies sehr variabel ist und der Beginn von Minuten bis Monaten nach Exposition reicht. Zu Liquorveränderungen im Rahmen von intrathekalen Therapien sei auf **Kap. C.1.6.3** verwiesen.

Pathogenetisch werden zwei wesentliche Mechanismen diskutiert. Zum einen kann es sich um einen direkten toxischen Effekt des Medikaments mit Reizung der Meningen handeln. Bei intrathekaler Verabreichung steigt demzufolge das Risiko für eine aseptische Meningitis. Hierbei spielen wohl auch die Medikamentenkonzentration und die Partikelgröße eine Rolle. Zum anderen wird eine Hypersensitivitätsreaktion vermutet, wobei die Typen III (Immunkomplex-vermittelt mit Bildung von Medikament-Antikörper-Komplexen und konsekutiver Komplementaktivierung) oder IV (mit auf das Medikament reagierenden T-Zellen) am wahrscheinlichsten sind. Die klinischen Symptome verschwinden oft relativ rasch nach Absetzen der auslösenden Noxe, in der Regel innerhalb von wenigen Tagen. Ein starker ätiologischer Hinweis ist die erneute Manifestation der aseptischen Meningitis nach Reexposition. Andere klinische oder paraklinische Parameter helfen nicht in der Differenzierung.

Eine gewisse Besonderheit stellen aseptische Meningitiden durch Immuntherapien dar. OKT3 (Muromonab), der erste murine monoklonale anti-CD3-Antikörper, der für therapeutische Zwecke eingesetzt wurde, war gleichzeitig auch der erste, von dem die Auslösung einer aseptischen Meningitis berichtet wurde. Im Weiteren kamen entsprechende Berichte bei Verabreichung von chimären und humanisierten monoklonalen Antikörpern dazu. Eine aseptische Meningitis als Folge von Immuntherapien tritt innerhalb von 7 Wochen nach Behandlungsbeginn auf und betrifft insgesamt ca. 0,1–0,2 % aller Patienten, sie ist damit also relativ selten, aber typisch [5]. Insbesondere Immuncheckpoint-Inhibitoren sind für aseptische Meningitiden als eine der unerwünschten Wirkungen bekannt geworden. Weitere mögliche neurologische Immuntherapie-assoziierte Nebenwirkungen („n-irAE“) treten in etwa 1–5 % der Fälle auf und können das periphere oder zentrale Nervensystem betreffen [6]. Die wichtigsten Differentialdiagnosen sind die Meningeosis neoplastica (maligne Grunderkrankung!) und die erregerbedingte Meningitis.

Der Liquor zeigt eine *Pleozytose* von sehr variablem Ausmaß, von einigen wenigen bis mehrere Tausend Leukozyten/µl, im Durchschnitt unter 1000/µl, im Median um 300/µl [3,4,7]. In der *Zelldifferenzierung* findet sich am häufigsten eine Granulozytose, in selteneren Fällen wurde eine lymphozytäre oder eosinophile Pleozytose beschrieben. Das *Gesamtprotein* ist oft erhöht auf bis zu 1300 mg/l, kann im Einzelfall aber noch wesentlich höher liegen. Der *Glukosewert* ist im Liquor normwertig, *Liquorlaktat* ist normal, kann aber diskret erhöht sein. Liquor-Kultur und Erreger-PCR sind negativ. Im Verlauf sind diese Veränderungen nach Beendigung der Noxe und Einleitung von Therapien (z. B. Kortikosteroide bei Immuntherapie-bedingten aseptischen Meningitiden) rückläufig.

Literatur

[1] Jolles S, Sewell WA, Leighton C. Drug-induced aseptic meningitis: diagnosis and management. Drug Saf. 2000;22(3):215–26.

[2] Simms KM, Kortepeter C, Avigan M. Lamotrigine and aseptic meningitis. Neurology. 2012;78(12):921–7.

[3] Bihan K, Weiss N, Théophile H, Funck-Brentano C, Lebrun-Vignes B. Drug-induced aseptic meningitis: 329 cases from the French pharmacovigilance database analysis. Br J Clin Pharmacol. 2019;85(11):2540–2546.

[4] Morís G, Garcia-Monco JC. The challenge of drug-induced aseptic meningitis revisited. JAMA Intern Med. 2014;174(9):1511–2.

[5] Roth P, Winklhofer S, Müller AMS, et al. Neurological complications of cancer immunotherapy. Cancer Treat Rev. 2021;97:102189.

[6] Darnell EP, Mooradian MJ, Baruch EN, et al. Immune-Related Adverse Events (irAEs): Diagnosis, Management, and Clinical Pearls. Curr Oncol Rep. 2020;22:39.

[7] Yelehe-Okouma M, Czmil-Garon J, Pape E, Petitpain N, Gillet P. Drug-induced aseptic meningitis: a mini-review. Fundam Clin Pharmacol. 2018;32(3):252–260.

1.6.3 Liquorbefunde bei intrathekaler Medikamentenapplikationen

Sigurd D. Süßmuth

Aseptische Meningitiden nach intrathekaler Verabreichung eines Medikaments sind zwar selten, wurden aber für verschiedene Medikamentenklassen beschrieben, allem voran für Kortikosteroide und Chemotherapeutika, aber auch für Aminoglykoside, Spinalanästhetika oder, sehr selten, intrathekale Baclofen-Injektionen. Als hauptursächlich kann eine direkte meningeale Irritation durch die verabreichten Substanzen angenommen werden, was im englischen Sprachraum als *chemical meningitis* bezeichnet wird. Hierbei kann es zum Teil relativ lange dauern (mehrere Tage bis hin zu Wochen), bis sich die Symptome einer Meningitis entwickeln, was von verschiedenen Faktoren beeinflusst wird, wie der Toxizität des Medikaments selbst (Ort der Wirkung, Dosis), der Partikelgröße, der Lipidlöslichkeit und der Dauer der Einwirkung. Neu ist, dass z. B. bei Amyotropher Lateralsklerose nach intrathekaler Gabe von Tofersen, einem ein Oligonukleotid mit 20 Basenresten, auch von Pleozytosen mit humoralen Veränderungen bis hin zu chronisch-entzündlichen Prozessen einschließlich Myelitis berichtet wurde [1]. In den folgenden Kapiteln wird auf typische Befundkonstellationen einiger Medikamentenklassen näher eingegangen. Den intrathekalen Therapien bei neurodegenerativen Erkrankungen wird aufgrund ihrer Neuartigkeit ein ausführlicherer Beitrag gewidmet (siehe **C.1.6.3.2**).

Generell finden sich bei durch intrathekale Medikamentenapplikationen hervorgerufenen Liquorveränderungen ähnliche Befundmuster. Üblicherweise zeigt sich eine *Pleozytose*, oft mit Prädominanz von neutrophilen Granulozyten im Bereich von mehreren Hundert bis mehreren Tausend Zellen/µl, erhöhtes *Gesamtprotein*, und eine normale *Liquorglukose* bzw. normale Liquor/Serum-Glukosequotienten. *Liquorlaktat* ist nicht oder nicht wesentlich erhöht. Diese Befunde sind nach Beendigung der Exposition über Tage bis Wochen regredient und hängen unter anderem von der Dauer des Kontakts der Medikamente mit den Meningen ab.

1.6.3.1 Liquorbefunde infolge intrathekaler Therapien bei entzündlichen und malignen ZNS-Erkrankungen

Es ist seit längerem vor allem durch zahlreiche Fallberichte bekannt, dass insbesondere Methylprednisolonacetat und Hydrocortison-Natriumsuccinat bei intrathekaler Applikation aseptische Meningitiden verursachen können [2]. Methylprednisolonacetat wurde seit den frühen 1960er Jahren zur Behandlung von Lumboischialgien, Arachnoitiden nach Myelographie oder von Polyradikulitiden eingesetzt; intrathekales Hydrocortison wurde bereits 1953 bei einem Patienten mit schubförmiger Multipler Sklerose angewendet (Übersicht bei [3]). Der Mechanismus scheint in erster Linie chemisch-toxischer Natur zu sein, mitbedingt durch Stoffkonzentration und Partikelgröße. Auch Zusatzstoffe in der Formulierung, wie z. B. Glykol, Benzylalkohol oder Hydroxybenzoate, die für sich genommen neurotoxische Wirkung haben, wurden für hinreichend verdächtig erachtet, eine chemisch induzierte Meningitis bei Steroid- oder Chemotherapiegabe zu verursachen [3,4]. Allerdings konnte gezeigt werden, dass auch Formulierungen ohne diese Additive, wie im Fall von Methotrexatapplikationen gezeigt, ebenfalls zu aseptischen Meningitiden führen können [5].

Intrathekale Chemotherapeutika, für die aseptische Meningitiden beschrieben wurden, sind vor allem Methotrexat und Cytarabin. Der Mechanismus dürfte am ehesten ebenfalls eine direkte toxische Wirkung auf die Meningen sein.

Über die Häufigkeit von Liquorveränderungen nach intrathekalen Medikamentengaben ist wenig bekannt, da nur nachpunktiert wird, wenn sich klinisch meningitische Zeichen und/oder Fieber zeigen, was nur einen kleinen Bruchteil der Behandelten ausmacht. In diesen Fällen findet sich im Liquor typischerweise eine *Pleozytose* von mehreren Hundert bis mehreren Tausend Zellen/µl, die in einigen Fällen lymphozytär, in anderen Fällen primär von neutrophilen Granulozyten dominiert ist. Das *Gesamtprotein* ist häufig erhöht. Die Erregerdiagnostik ist negativ. Eine Befundbesserung stellt sich bei symptomatischer Behandlung oft innerhalb weniger Tage ein.

Literatur

[1] Miller TM, Cudkowicz ME, Genge A, et al. and the VALOR and OLE Working Group. Trial of Antisense Oligonucleotide Tofersen for SOD1 ALS. N Engl J Med. 2022;387(12):1099–1110.

[2] Yelehe-Okouma M, Czmil-Garon J, Pape E, Petitpain N, Gillet P. Drug-induced aseptic meningitis: a mini-review. Fundam Clin Pharmacol. 2018;32(3):252–260.

[3] Nelson DA, Landau WM. Intraspinal steroids: history, efficacy, accidentality, and controversy with review of United States Food and Drug

Administration reports. J Neurol Neurosurg Psychiatry. 2001;70(4):433–43.

[4] Gutknecht D. R. Chemical meningitis following epidural injections of corticosteroids. Am J Med. 1987;82:570.

[5] Jacob LA, Sreevatsa A, Chinnagiriyappa LK, et al. Methotrexate-induced chemical meningitis in patients with acute lymphoblastic leukemia/lymphoma. Ann Indian Acad Neurol. 2015;18(2):206–9.

1.6.3.2 Liquorbefunde bei intrathekalen Therapien bei neurodegenerativen Erkrankungen

Claudia Wurster, Željko Uzelac, Stefan Gingele

Intrathekale Therapien bei neurodegenerativen Erkrankungen haben in den letzten Jahren insbesondere durch den Einsatz von Antisense-Oligonukleotiden (ASO) Einzug in den klinischen Alltag gehalten.

Erstmals beschrieben wurde das Wirkprinzip der ASO 1978, 1998 folgte die erste FDA-Zulassung für ein ASO (Fomivirsen) für die intravitreale Behandlung der Cytomegalie-Virus (CMV)-Retinitis bei AIDS-Patienten [1], und derzeit werden ASO insbesondere im neurologischen Bereich erprobt und eingesetzt.

2016 wurde für die Spinale Muskelatrophie (SMA) die erste genbasierte, „disease-modifying“ Therapie (DMT) in Form eines ASO namens Nusinersen von der FDA zugelassen. Der Mangel an SMN-Protein bedingt durch eine Mutation im *SMN1*-Gen führt bei der SMA zu einer Degeneration des 2. Motoneurons im Hirnstamm und Rückenmark und damit zu einer progredienten Muskelschwäche und Muskelatrophie bis hin zum Tod durch respiratorische Insuffizienz, welche sich bereits im Kindesalter manifestieren. Zahlreiche Studien belegen seither die Wirksamkeit von Nusinersen [2–4], weltweit wurden bereits über 11.000 Menschen damit behandelt (Stand 2022), so dass dieses Medikament einen Meilenstein in der Geschichte der Behandlung neurodegenerativer, genetischer Erkrankungen markiert.

Neben Nusinersen sind derzeit sieben weitere ASO zur Behandlung neurodegenerativer bzw. neuromuskulärer Erkrankungen FDA-zugelassen, und zahlreiche weitere werden derzeit in klinischen Studien untersucht. Für die Muskeldystrophie vom Typ Duchenne (DMD), bedingt durch Mutationen im Dystrophin-Gen, sind insgesamt vier ASO mit unterschiedlichen Targets zugelassen, u. a. Eteplirsen (Dystrophin Exon 51), und für die hereditäre Transthyretinamyloidose (früher: familiäre Amyloidpolyneuropathie), verursacht durch Mutationen im Transthyretin (TTR)-Gen, die Substanz Inotersen. Weitere ASO werden derzeit bei der familiären Amyotrophen Lateralsklerose (ALS) erprobt (wie beispielsweise Tofersen bei *SOD1*-, Jacifusen bei *FUS*- und mehrere ASO bei *C9ORF72*-Mutationen) sowie bei Morbus Parkinson (PD), Multipler Sklerose (MS), Alzheimer Demenz (AD) und anderen, seltenen Erkrankungen wie dem Angelman-Syndrom (AS), Dravet-Syndrom (DS), Alexander-Krankheit (AxD) oder der zentronukleären Myopathie (CNM).

ASO bestehen aus synthetischen, kurzkettigen, einzelsträngigen Nukleinsäuren, die aus wenigen Bausteinen aufgebaut sind und über Watson-Crick-Basenpaarung an eine Nukleinsäuresequenz binden, deren Basenabfolge zu ihrer komplementär ist. Mittels unterschiedlicher Mechanismen (RNAse-H vermittelte Degradation, Spleißmodulation der prä-mRNA, Beeinflussung von mRNA-Expressionsprofilen, Modifikation der MicroRNA und Unterdrückung der Ziel-mRNA) können sie die Expression von Proteinen verändern [5]. Das ASO Nusinersen erhöht beispielsweise die Menge an funktionsfähigem SMN-Protein, indem es an eine intronische Splice Silencing Site (ISS-N1) im Intron 7 der prä-mRNA des *SMN2*-Gens bindet, Splicing-Faktoren verdrängt und zu einer verstärkten Integration von Exon 7 in die mRNA führt, welche normalerweise nur in geringem Maße im Transkript des *SMN2*-Gens enthalten ist.

Da ASO die Bluthirnschranke nicht überwinden können, müssen sie, um (wie beispielsweise bei der SMA) die Zielzellen im Nervensystem zu erreichen, regelmäßig intrathekal verabreicht werden. Die höchsten Wirkstoffkonzentrationen der ASO werden nach intrathekaler Verabreichung im lumbalen Rückenmark (in der Nähe der Injektionsstelle) gefunden, etwas niedrigere Konzentrationen in anderen Regionen des Rückenmarks und des Gehirns, wobei hier die höchsten Wirkstoffkonzentrationen im Cortex, Hippocampus und den Purkinje-Zellen des Kleinhirns gefunden werden und die niedrigsten in tieferen Gehirnstrukturen wie dem Striatum sowie der Körnerschicht des Kleinhirns [6–9].

Für Nusinersen gilt ein Verabreichungsschema bestehend aus einer Aufsättigungs- (Gabe an den Tagen 0, 14, 28 und 63) und einer Erhaltungsphase (Gabe alle 4 Monate). Jeweils 12 mg (5 ml) Nusinersen werden mithilfe einer Spinalkanüle (i. d. R. Sprotte- oder Quincke-Nadel) als Bolusinjektion über 1 bis 3 Minuten appliziert. Zuvor sollte die entsprechende Menge an Liquor entnommen werden. Hinsichtlich der Behandlung von Patienten mit SMA ist zu beachten, dass die Lumbalpunktion durch das Vorliegen von teils schwersten Skoliosen im Rahmen der Grunderkrankung deutlich erschwert sein kann, so dass hier bildgebende Verfahren (meist Durchleuchtung oder Computertomographie [CT]) zur erfolgreichen Durchführung der Lumbalpunktion nötig sein können [10]. Nach Gabe mehrerer Aufsättigungs- und Erhaltungsdosen kumulierten die mittleren Talkonzentrationen von Nusinersen im Liquor cerebrospinalis etwa 1,4- bis 3-fach und erreichten innerhalb von ca. 24 Monaten einen Steady State. Die mittlere Eliminationshalbwertszeit im Liquor wird auf 135 bis 177 Tage geschätzt und die Ausscheidung von Nusinersen sowie seiner Metaboliten erfolgt primär renal [11].

Die allerersten Studien zur intrathekalen Verabreichung von ASO beim Menschen ließen eine gute Verträglichkeit vermuten, wenngleich sie aufgrund der geringen Fallzahl in ihrer Aussagekraft begrenzt waren [12,13]. Potenziell können ASO toxisch auf Leber und Niere wirken und zu Gerinnungs- und Thrombozytenfunktionsstörungen führen [14], jedoch sind diese ASO-Gruppeneffekte vor allem bei systemischer Gabe beschrieben und scheinen bei intrathekaler Verabreichung kaum aufzutreten [15,16]. Nach der Markteinführung von Nusinersen wurde zudem über das Auftreten eines kommunizierenden Hydrozephalus bei Patienten unter Behandlung mit Nusinersen berichtet, der nicht mit einer Meningitis oder einer Blutung assoziiert war. Die meisten der erfassten Nebenwirkungen der Therapie mit Nusinersen, sowohl in den klinischen Studien als auch im klinischen Alltag nach Markteinführung, sind jedoch den Umständen der Lumbalpunktion geschuldet (Kopf- und Rückenschmerzen, postpunktionelles Syndrom) [17].

In der Sicherheitsbewertung von Nusinersen während der klinischen Studien der Phasen 1 und 2, wurde der Liquor hinsichtlich der Gesamtzellzahl, der Proteine, des Glukosespiegels, entzündlicher Zytokine und der Anti-Nusinersen-Antikörper analysiert, wobei sich keine relevanten Auffälligkeiten ergaben [7,18]. Diese Ergebnisse konnten anhand von *„real-world"*-Studien nach der Zulassung von Nusinersen, welche vorwiegend anhand der Liquorproben adulter Patienten durchgeführt wurden, weitestgehend bestätigt werden [15,19–22] (Tab. C.1.23).

Im Detail zeigten sich vereinzelt milde *Pleozytosen* (> 4 Leukozyten/µL) unter der Therapie (Range 5–33/µL), die sehr selten auch transient über mehrere Applikationen nachweisbar waren, jedoch keine anhaltenden (entzündlichen) zellulären Veränderungen oder relevante Verschiebungen der Leukozyten-Subpopulationen. Besonders häufig wurden die leichten Pleozytosen in der Aufsättigungsphase registriert, und es wird vermutet, dass diese im Sinne einer „Reizpleozy-

Tab. C.1.23: Liquorbefunde bei SMA-Patienten mit Nusinersen-Behandlung. Dargestellt sind Medianwerte mit Quartilen (in Klammern) und der Range der Leukozyten, des Gesamtproteins, des Albuminquotienten (Q_{Alb}) und des Laktats im Liquor sowie die Anzahl der Proben mit positiven oligoklonalen IgG-Banden im Liquor (OKB Typ 2 und 3) an den Behandlungstagen Tag 1–Tag 8 (aus [19]).

	Leukozyten (/µL)	Protein (mg/L)	QAlb (x10^3)	Laktat (mmol/L)	OKB
T1	1,0 (0,0; 1,8) Range 0,0–4,0 N = 60	319,5 (246,8; 421,0) Range 148,0–715,0 N = 60	4,20 (3,45; 6,35) Range 2,20–11,40 N = 57	1,40 (1,30; 1,60) Range 0,90–2,80 N = 60	positiv im CSF (Typ 2/3): 2 N = 51
T2	1,0 (1,0; 2,0) Range 0,0–4,0 N = 59	343,0 (268,0; 422,0) Range 153,0–1300,0 N = 59	4,70 (3,73; 6,40) Range 2,30–15,60 N = 56	1,40 (1,25; 1,61) Range 1,0–2,80 N = 58	positiv im CSF (Typ 2/3): 2 N = 51
T3	1,0 (0,0; 2,0) Range 0,0–8,0 N = 58	339,0 (275,5; 449,3) Range 139,0–1110,0 N = 56	4,57 (3,80; 6,55) Range 2,19–14,34 N = 51	1,44 (1,30; 1,60) Range 1,08–3,05 N = 57	positiv im CSF (Typ 2/3): 3 N = 52
T4	1,0 (0,0; 1,0) Range 0,0–4,0 N = 58	318,0 (268,3; 437,3) Range 178,0–1040,0 N = 56	4,70 (3,68; 6,94) Range 2,60–15,00 N = 50	1,40 (1,23; 1,60) Range 1,03–2,80 N = 57	positiv im CSF (Typ 2/3): 2 N = 49
T5	1,0 (0,0; 2,0) Range 0,0–4,0 N = 46	352,0 (280,8; 439,0) Range 184,0–809,0 N = 46	4,70 (3,75; 6,16) Range 2,14–11,20 N = 45	1,50 (1,27; 1,70) Range 1,00–3,00 N = 45	positiv im CSF (Typ 2/3): 2 N = 43
T6	1,0 (0,5; 2,0) Range 0,0–3,0 N = 37	347,0 (292,5; 464,5) Range 175,0–809,0 N = 37	4,90 (3,88; 6,37) Range 2,42–13,14 N = 37	1,45 (1,23; 1,70) Range 1,00–3,10 N = 37	positiv im CSF (Typ 2/3): 1 N = 37
T7	1,0 (1,0; 1,0) Range 0,0–3,0 N = 25	355,0 (302,0; 438,5) Range 172,0–838,0 N = 25	5,00 (3,85; 6,63) Range 2,39–12,48 N = 25	1,40 (1,21; 1,70) Range 1,07–2,30 N = 25	positiv im CSF (Typ 2/3): 0 N = 25
T8	1,0 (1,0; 2,0) Range 0,0–4,0 N = 9	322,0 (282,0; 433,5) Range 218,0–592,0 N = 9	4,15 (3,65; 6,83) Range 3,50–7,81 N = 8	1,30 (1,20; 1,57) Range 1,13–1,90 N = 9	positiv im CSF (Typ 2/3): 0 N = 5

Abkürzungen: Q_{Alb}, Albumin-Liquor/Serumquotient; OKB: oligoklonale IgG-Banden; N: Anzahl der verfügbaren Proben.

tose“ (vgl. **Kap. C.1.6.1**) höchstwahrscheinlich eine Reaktion auf die hochfrequente Abfolge der Lumbalpunktionen zu Beginn der Therapie darstellen [15,19–21]. Es sind jedoch auch Einzelfallberichte von aseptischen [23] und bakteriellen Meningitiden unter der Therapie mit Nusinersen mit entsprechenden Auffälligkeiten der Leukozytenzahl und -zusammensetzung (sowie der weiteren Liquor-Parameter) bekannt (vgl. auch **Kap. C.1.6.3 und C.1.6.5**). Letztere wurden insbesondere bei der Nutzung von subkutanen intrathekalen Kathetern zur Erleichterung der wiederholten Gabe von Nusinersen bei Patienten mit schwersten Skoliosen [24] berichtet, wobei derartige Devices in der Praxis viel seltener zur Anwendung kommen, als zunächst erwartet. Bei der Behandlung der ALS wurden nach intrathekaler Gabe des Oligonukleotids Tofersen darüber hinaus auch humorale Veränderungen bis hin zu chronisch-entzündlichen Prozessen, wie einer Myelitis, berichtet [41].

Gingele und Hümmert et al. konnten in einer systematischen *zytologischen Untersuchung* in den Liquorproben aller Patienten unter Therapie mit Nusinersen zu mindestens einem Zeitpunkt auffällige *Makrophagen* mit zahlreichen, scharf abgegrenzten, körnigen und violett-blauen intrazytoplasmatischen Einschlüssen nachweisen. Diese machten einen Anteil von 0,5–6,5 % aller Leukozyten aus, und obwohl diese Einschlüsse in späteren Liquor-Proben häufiger zu finden waren, gab es keine eindeutige Zunahme über die Dauer der Therapie. Möglicherweise stellen diese nachgewiesenen Einschlüsse phagozytiertes Nusinersen dar („Nusinophagen“), auch wenn dies, genau wie die Relevanz des Befundes für die Therapie, zum jetzigen Zeitpunkt offen bleibt, wie die Autoren schlussfolgerten [20] (Abb. C.1.14).

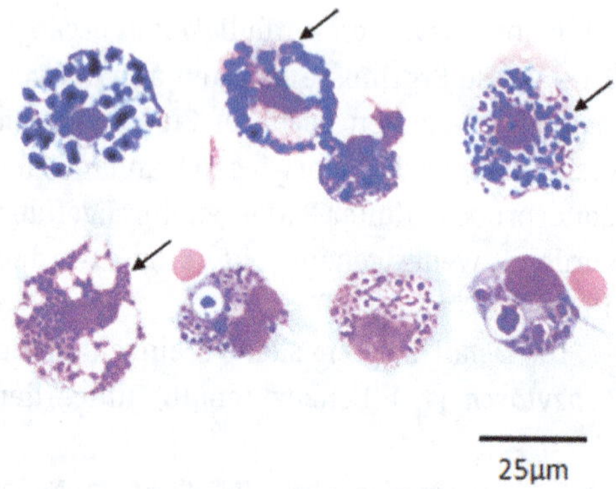

Abb. C.1.14: Makrophagen mit charakteristischen, scharf abgegrenzten Einschlüssen, die als „Nusinophagen“ klassifiziert werden, sind beispielhaft in Liquorproben von erwachsenen Patienten mit SMA unter Therapie mit Nusinersen dargestellt, die bei den vorherigen Lumbalpunktionen keine relevante Beimischung von Erythrozyten aufwiesen. Die Pfeile zeigen charakteristische Einschlüsse in verschiedenen „Nusinophagen“ (aus [20]).

Einen überwiegend konstanten Verlauf im Normalbereich wiesen die *Laktatwerte* unter der Therapie auf (Tab. C.1.23) [15,19,21,22]. Zudem wurde das Auftreten von *oligoklonalen Banden* (OKB), sofern systematisch untersucht, unter der Therapie nur bei einzelnen Patienten und auch nur als transient auftretend beschrieben [19,21]. Eine immunologische Reaktion auf Nusinersen könnte eine mögliche Erklärung für die oligoklonale IgG-Synthese im Liquor sein, da ASO potenziell immunogen sind (und im Blutplasma der Patienten auch in geringem Ausmaß neutralisierende Antikörper nachgewiesen wurden) [39], jedoch bleibt auch dies zum jetzigen Zeitpunkt spekulativ.

In mehreren Studien wurde ein leichter Anstieg des *Gesamtproteins* im Liquor sowie des *Albuminquotienten* (Q_{Alb}) unter der Therapie mit Nusinersen innerhalb der ersten Behandlungsmonate beobachtet [15,19,21,22]. In einer Kohorte wurden beispielsweise in 38,9 % der Fälle während der ersten 10 Monate der Behandlung ein signifikanter Anstieg der Gesamtproteinwerte im Liquor und der entsprechenden Q_{Alb}-Werte beobachtet [21]. Die Proteinwerte lagen dabei (am Beispiel von zwei unterschiedlichen Studien-Kohorten jeweils gemittelt über die gesamte Gruppe) in einem Bereich von 353 mg/l bzw. 319,5 mg/l (vor Beginn der Therapie) bis max. 447 mg/l bzw. max. 355 mg/l (während der Therapie), mit individuell erhöhten Werten bis max. 907 mg/l bzw. max. 1300 mg/l [19,21]. Zu beachten ist, dass einige SMA-Patienten jedoch bereits vor Beginn der Therapie einen leicht erhöhten Protein- bzw. Q_{Alb}-Wert aufwiesen (bspw. in 20 % der Ulmer SMA-Kohorte [19] und 28 % der Hannoveraner SMA-Kohorte [21] gemessen an einem allgemeinen Referenzwert von 450 mg/l bzw. 500 mg/l). Der Anstieg der Protein- bzw. Q_{Alb}-Werte während der Therapie zeigte keinen deutlichen Zusammenhang mit den klinischen Aspekten der Patienten (beispielsweise dem SMA-Typ, dem Vorliegen einer Skoliose oder den motorischen Fähigkeiten) [19]. Auch nach statistischem Ausschluss der Patienten mit erhöhten Protein- bzw. Q_{Alb}-Werten zu Beginn der Therapie war dieser Effekt noch nachzuvollziehen [21]. Diskutiert wurde daher, ob dies vorwiegend auf die spezifische pharmakologische Wirkung des ASO zurückzuführen ist, oder auch eine Folge der wiederholten Lumbalpunktionen darstellen könnte. In den klinischen Studien (Phase II/III) von Nusinersen, in die nur Kinder eingeschlossen waren, wurden die Patienten der Plazebogruppe lediglich zum Schein punktiert (sham), so dass hierzu keine Vergleichsdaten vorliegen. In anderen klinischen Konstellationen, die wiederholte Lumbalpunktionen erfordern (idiopathische intrakranielle Hypertension, Meningitis usw.), können die Liquor-Ergebnisse durch die zugrundeliegende Erkrankung verändert und damit ebenfalls nicht bzw. nur limitiert vergleichbar sein.

In diesem Zusammenhang soll das ASO Tominersen nicht unerwähnt bleiben, welches in der klinischen Erprobung (Phase III) für die Huntington-Krankheit (HK), einer genetisch bedingten neurodegenerativen Erkrankung, die durch die Expansion der CAG-Trinukleotid-Wiederholungen im Huntingtin-Gen (HTT) verursacht wird, eingesetzt wurde. Trotz erfolgsversprechender Ergebnisse der Phase-I/II-Studien (Verminderung der HTT-Protein-Level im Liquor, gutes Sicherheits-, Verträglichkeits-, Pharmakokinetik- und Pharmakodynamikprofil), zeigten sich in der Phase III (Generation HD1), in der Tominersen in einer Dosis von 120 mg alle acht oder alle sechzehn Wochen im Vergleich zu Plazebo verabreicht wurde, einerseits ein geringer Nutzen für die behandelten Patienten und andererseits bei der höherfrequenten Verabreichung des ASO (alle acht Wochen) schwerwiegende unerwünschte Ereignisse, wie vier Fälle eines manifesten Hydrozephalus, Patienten mit Auffälligkeiten in der zerebralen Bildgebung ohne klinische Symptomatik (ventrikuläre Dilatation), Kopfschmerzen, motorische Probleme und Infektionen. Im Liquor zeigte sich in dieser Gruppe ebenfalls ein erhöhtes *Gesamtprotein* sowie eine höhere *Zellzahl* im Vergleich zur Plazebogruppe [16].

Zusammenfassend lässt sich festhalten, dass eine abschließende Beurteilung über Liquor-Veränderungen unter intrathekalen ASO-Therapien zum jetzigen Zeitpunkt nur eingeschränkt möglich ist. Die meiste Erfahrung beruht derzeit auf dem Einsatz von Nusinersen, welches gut verträglich zu sein scheint und nur leichtgradige Liquor-Veränderungen (vereinzelte milde Zellzahlerhöhungen und leichter Anstieg des Liquorproteins bzw. Q_{Alb}) hervorruft. Ein chemisch anders modifiziertes ASO und/oder eine Änderung der Applikationsweise (bspw. veränderte Aufsättigungsphasen, kürzere Applikationsintervalle, sowie veränderte Dosierungen bzw. Volumina) haben möglicherweise stärkere Einflüsse auf die Liquor-Zusammensetzung bzw. den

Liquorfluss und müssen künftig weiter untersucht werden.

In diesem Sinne sollte eine standardisierte Untersuchung der Routineparameter des Liquors (ggf. einschließlich des *Liquoreröffnungsdrucks*) bei intrathekalen Therapien zukünftig nicht nur klinischen Studien vorbehalten werden, sondern fester Bestandteil des Therapieproced eres sein. Auch vor dem Hintergrund der Etablierung geeigneter Liquor-Biomarker zur Beurteilung des Erfolges dieser neuen intrathekalen Therapien bei neurodegenerativen Erkrankungen ist die Kenntnis der Liquor-Dynamik wichtig, da Biomarker auch in Abhängigkeit dieser diskutiert werden müssen. Dies gilt auch für die reaktiven und/oder phagozytischen Zellen, die im Liquor unter der Behandlung beobachtet wurden, da diese auch weitere Analysen wie bspw. eine Proteomanalyse im Liquor potenziell beeinflussen könnten.

1.6.3.2.1 Liquor-Biomarker bei der SMA

Mit der Zulassung der ersten DMT für die SMA rückte auch die Suche nach potenziellen Biomarkern, die das Therapieansprechen abbilden, in den Fokus der Aufmerksamkeit. Der Liquor ist ein hervorragendes Medium für die Untersuchung potenzieller Biomarker, da er die bei der SMA betroffenen Strukturen (das Rückenmark und den Hirnstamm mit den dort ansässigen alpha-Motoneuronen) direkt umspült und zahlreiche Proteine, die für physiologische und pathologische ZNS-Funktionen relevant sind, enthält. Da Liquor vor der intrathekalen Applikation von Nusinersen abgelassen werden soll, ist eine Gewinnung des Mediums im Rahmen der Standardheilbehandlung (unter Berücksichtigung der informierten Einverständniserklärung der Patienten) auch für wissenschaftliche Fragestellungen möglich.

Von besonderem Interesse sind bei neurodegenerativen Erkrankungen Marker der neuronalen bzw. axonalen Schädigung wie beispielsweise die Neurofilamente (Nf). Nf sind wichtige Strukturelemente von Neuronen und wesentlich für das radiale Wachstum von Axonen während der Entwicklung, die Aufrechterhaltung des Axonkalibers und die Nervenleitgeschwindigkeit [25]. Während Nf beispielsweise bei der ALS als diagnostische und prognostische Marker bereits etabliert sind [26], ist der Stellenwert bei der SMA noch teilweise ungeklärt. Erste Studien zeigten, dass Nf insbesondere bei infantiler SMA (SMA-Typ 1) als potentielle Biomarker sowohl im Liquor [27,28] als auch im Serum [29] genutzt werden können, da nachgewiesen werden konnte, dass einerseits bei diesen Patienten die Nf-Werte vor Beginn der Therapie deutlich erhöht waren und sie andererseits unter der Behandlung mit dem ASO Nusinersen abfielen. Bei adulten Patienten mit einem chronischen Verlauf (Typ 2, 3, 4) waren diese Befunde nicht derart eindrücklich nachweisbar; es zeigte sich hingegen, dass sich die Nf bei diesen Patienten im Vergleich zu gesunden Kontrollen bzw. etablierten Referenzwerten überwiegend nicht signifikant unterschieden [30–33] (Tab. C.1.24). In einer aktuellen Studie ergab sich beispielsweise, dass die leichte Kette der Nf im Liquor bei 94 % (50 von 53 Patienten) der adulten SMA-Patienten im Alter von 21–63 Jahren in der Range der Referenzwerte lag [28]. Auch die Dynamik der Nf unter der Therapie mit Nusinersen ist bei adulten Patienten teilweise uneindeutig. In einer aktuellen Subanalyse zeigte sich, dass es auch bei adulten Patienten zu einem Abfall der Nf-Werte über einen 14-monatigen Behandlungszeitraum kommen kann, wenngleich dieser Effekt insbesondere bei leichter betroffenen Patienten (Typ 3) nicht ausgeprägt war [28]. Einzelfallberichte zeigen, dass in der Aufsättigungsphase von Nusinersen überraschenderweise auch ein Anstieg der Nf beobachtet wurde, welcher möglicherweise im Rahmen des leichten Proteinanstiegs im Liquor zu bewerten [30,34]. Bezüglich der Interpretation der Studien sei darauf hingewiesen, dass sich Unterschiede sowohl durch die Sensitivität der Messtechnik (beispielsweise ELISA vs. SIMOA/ELLA) als auch durch die Auswahl des Nf (leichte Kette vs. phosphorylierte schwere Kette) ergeben können. Die Untersuchung anderer Liquor-Biomarker wie des tau-Proteins [27,35,36], der Chitotriosidase (CHIT1) [37,38], des Chitinase-3-like-1 Proteins (YKL-40) [39], des sauren Gliafaserproteins (GFAP) [28,35] und weiterer sind derzeit Gegenstand der SMA-Forschung.

Neben der gezielten Untersuchung klassischer neuronaler/axonaler, neuroinflammatorischer oder glialer Marker im Liquor stellt auch die Proteomanalyse eine weitere Möglichkeit dar, potenzielle Biomarker zu identifizieren. Kessler et al. untersuchten mittels Massenspektrometrie die Liquorproben von 10 SMA-Patienten unter Therapie mit Nusinersen im Vergleich zu Kontrollen und konnten auf der Grundlage von insgesamt 822 Proteinen zwei verschiedene SMA- sowie einen Kontroll-Cluster nachweisen. Die beiden identifizierten Liquor-Proteom-Cluster der SMA-Patienten unterschieden sich dadurch, dass verschiedene Proteine unterschiedlich hoch- und herunterreguliert waren, welche jeweils mit der Aktivierung verschiedener molekularer Signalnetzwerke in Verbindung gebracht werden konnten, zudem waren die Cluster jeweils mit dem Alter korreliert. Interessanterweise war der Liquor-Proteom-Cluster, der mit dem jüngeren Alter der Patienten zusammenhing, mit molekularen Netzwerken assoziiert, die mit Neuroregenerationsprozessen verbunden sind, während im Cluster, der mit dem höheren Alter zusammenhing, Signalnetzwerke, die mit Neurodegenerationsprozessen verbunden sind, hochreguliert wurden. Durch die Behandlung mit Nusinersen kam es zu einer Verringerung der Unterschiede zwischen SMA- und Kontroll-Liquorproteomen, aber nicht zu einem Wechsel der Cluster-Zuordnung. Zudem zeigte sich, dass in der unselektierten Kohorte kein einziges Liquorprotein als Reaktion auf die Nusinersen-Behandlung in unterschiedlicher Weise exprimiert wurde. Als mögliche Gründe für dieses Ergebnis führten die Autoren an, dass möglicherweise das langsame Fortschreiten der Erkrankung bei adulten Patienten mit SMA die Erkennung von Veränderungen in der neurochemischen Zusammensetzung des Liquors während des relativ kurzen Untersuchungszeitraums erschweren könnte, dieses Ergebnis aber auch durch die Robustheit eines intraindividuellen Liquor-Proteom-Fingerabdrucks gegenüber behandlungsbedingten Einflüssen bedingt sein kann (sofern beides aufgrund der niedrigen Fallzahl ausreichend zu beurteilen ist). Durch eine Bewertung der intraindividuellen Häufigkeitsunterschiede jedes identifizierten Proteins vor und nach der Nusinersen-Behandlung (T0–T10) konnten jedoch zwei weitere Cluster identifiziert werden, die eine unterschiedliche Expression von fünf Proteinen, welche alle mit neuronalen oder muskulären Prozessen in Verbindung gebracht werden können, (NPTX1, SEMA7A, CPE, COL6A1 sowie CDH18) aufwiesen und mit dem klinischen Ansprechen auf die Therapie korrelierten. Die Validierung, inwieweit diese Liquor-Proteine bei SMA-Patienten und ihrer individuellen Reaktion auf die Nusinersen-Behandlung relevant sind, und dann als potenzielle Biomarker entwickelt werden können, ist jedoch noch offen, so die Autoren [22]. Eine andere Studie hingegen, die mittels ungezielter Proteomanalyse den Liquor von pädiatrischen Patienten mit SMA untersuchte, konnte bereits ein Protein nachweisen und validieren, welches unter der Therapie mit Nusinersen verändert exprimiert wurde. So zeigte sich, dass die Konzentration der lysosomale Protease Cathepsin D, die am intrazellulären Proteinabbau beteiligt ist, insbesondere bei der Gruppe der Treatment-Responder unter der Therapie deutlich abnahm [40].

Abschließend lässt sich festhalten, dass derzeit vielversprechende Liquor-Biomarker für die SMA untersucht werden, die ein therapeutisches Ansprechen abbilden können. Jedoch zeigen sowohl die bisherigen Studien der Neurofilament- als auch der Proteomuntersuchungen bei der SMA, dass die Ergebnisse insbesondere zwischen pädiatrischen und adulten Patienten zu divergieren scheinen. Da es sich bei der SMA insgesamt um eine sehr heterogene Erkrankung mit einem breiten klinischen Phänotyp handelt, ist dies nicht überraschend und die zukünftige Suche und Interpretation geeigneter Biomarker wird sich vermutlich differenziert gestalten.

Tab. C.1.24: Neurofilamente (Nf) bei SMA-Patienten zu Beginn der Therapie (T1) und zur vierten Injektion von Nusinersen (T4) sowie Kontrollpersonen. Dargestellt sind Medianwerte mit Quartilen (in Klammern) (aus [19]).

	NfL (pg/mL)	pNfH (pg/mL)
SMA-Patienten T1 (N = 25)	263 (143–408)	62,5 (62,5–62,5)
SMA-Patienten T4 (N = 25)	391 (170–553)	62,5 (62,5–62,5)
Kontrollen (N = 25)	449 (188–829)	62,5 (62,5–199)

Abkürzungen: NfL, Neurofilament-Leichtketten (Neurofilament Light Chain); pNfH, schwere phosphorylierte Kette der Neurofilamente (phosphorylierte Neurofilament Heavy Chain).

Literatur

[1] A randomized controlled clinical trial of intravitreous fomivirsen for treatment of newly diagnosed peripheral cytomegalovirus retinitis in patients with AIDS. Am J Ophthalmol. 2002;133(4):467–74.

[2] Finkel RS, Mercuri E, Darras BT, et al. Nusinersen versus Sham Control in Infantile-Onset Spinal Muscular Atrophy. N Engl J Med [Internet]. 2017;377(18):1723–32. Available from: http://www.nejm.org/doi/10.1056/NEJMoa1702752

[3] Mercuri E, Darras BT, Chiriboga CA, et al. Nusinersen versus Sham Control in Later-Onset Spinal Muscular Atrophy. N Engl J Med. 2018;

[4] Hagenacker T, Wurster CD, Günther R, et al. Nusinersen in adults with 5q spinal muscular atrophy: a non-interventional, multicentre, observational cohort study. Lancet Neurol. 2020;19(4):317–25.

[5] Wurster CD, Ludolph AC. Antisense oligonucleotides in neurological disorders. Ther Adv Neurol Disord. 2018;11:1756286418776932.

[6] DeVos SL, Miller RL, Schoch KM, et al. Tau reduction prevents neuronal loss and reverses pathological tau deposition and seeding in mice with tauopathy. Sci Transl Med [Internet]. 2017;9(374):eaag0481. Available from: http://stm.sciencemag.org/lookup/doi/10.1126/scitranslmed.aag0481%5Cnhttp://www.ncbi.nlm.nih.gov/pubmed/28123067

[7] Finkel RS, Chiriboga CA, Vajsar J, et al. Treatment of infantile-onset spinal muscular atrophy with nusinersen: a phase 2, open-label, dose-escalation study. Lancet (London, England). 2016;388(10063):3017–26.

[8] McCampbell A, Cole T, Wegener AJ, et al. Antisense oligonucleotides extend survival and reverse decrement in muscle response in ALS models. J Clin Invest. 2018;128(8):3558–67.

[9] Rigo F, Chun SJ, Norris DA, et al. Pharmacology of a central nervous system delivered 2'-O-methoxyethyl-modified survival of motor neuron splicing oligonucleotide in mice and nonhuman primates. J Pharmacol Exp Ther. 2014;350(1):46–55.

[10] Wurster CD, Winter B, Wollinsky K, et al. Intrathecal administration of nusinersen in adolescent and adult SMA type 2 and 3 patients. J Neurol. 2019;266(1):183–94.

[11] Spinraza. Product information. Biogen. 2019; :

[12] Jaschinski F, Rothhammer T, Jachimczak P, et al. The antisense oligonucleotide trabedersen (AP 12009) for the targeted inhibition of TGF-β2. Curr Pharm Biotechnol. 2011;12(12):2203–13.

[13] Miller TM, Pestronk A, David W, et al. An antisense oligonucleotide against SOD1 delivered intrathecally for patients with SOD1 familial amyotrophic lateral sclerosis: A phase 1, randomised, first-in-man study. Lancet Neurol. 2013;12(5):435–42.

[14] Crooke ST, Baker BF, Crooke RM, Liang X-H. Antisense technology: an overview and prospectus. Nat Rev Drug Discov. 2021;20(6):427–53.

[15] Stolte B, Nonnemacher M, Kizina Ket al. Nusinersen treatment in adult patients with spinal muscular atrophy: a safety analysis of laboratory parameters. J Neurol [Internet]. 2021;268(12):4667–79. Available from: https://doi.org/10.1007/s00415-021-10569-8

[16] Schobel SA (Roche). Preliminary results from GENERATION HD1, a Phase III trial of tominersen in individuals with manifest HD. Chdi [Internet]. 2021;(April). Available from: https://bit.ly/32gvTuB

[17] Hagenacker T, Wurster CD, Günther R, et al. Nusinersen in adults with 5q spinal muscular atrophy: a non-interventional, multicentre, observational cohort study. Lancet Neurol [Internet]. 2020;19(4):317–25. Available from: http://dx.doi.org/10.1016/S1474-4422(20)30037-5

[18] Chiriboga CA, Swoboda KJ, Darras BT, et al. Results from a phase 1 study of nusinersen (ISIS-SMN(Rx)) in children with spinal muscular atrophy. Neurology [Internet]. 2016;86(10):890–7. Available from: http://www.ncbi.nlm.nih.gov/pubmed/26865511%0Ahttp://www.pubmedcentral.nih.gov/articlerender.fcgi?artid=PMC4782111

[19] Wurster CD, Koch JC, Cordts I, et al. Routine Cerebrospinal Fluid (CSF) Parameters in Patients With Spinal Muscular Atrophy (SMA) Treated With Nusinersen. Front Neurol. 2019;10(November):1–10.

[20] Gingele S, Hümmert MW, Alvermann S, et al. Routine cerebrospinal fluid cytology reveals unique inclusions in macrophages during treatment with nusinersen. Front Neurol. 2019;10(JUL):1–5.

[21] Müschen LH, Osmanovic A, Binz C, et al. Cerebrospinal fluid parameters in antisense oligonucleotide-treated adult 5q-spinal muscular atrophy patients. Brain Sci. 2021;11(3):1–14.

[22] Kessler T, Latzer P, Schmid D, et al. Cerebrospinal fluid proteomic profiling in nusinersen-treated patients with spinal muscular atrophy. J Neurochem. 2020;153(5):650–61.

[23] Moshe-Lilie O, Riccelli LP, Karam C. Possible recurrent aseptic meningitis associated with nusinersen therapy. Muscle Nerve. 2020;62:E79–80.

[24] Carson VJ, Young M, Brigatti KW, et al. Nusinersen by subcutaneous intrathecal catheter for symptomatic spinal muscular atrophy patients with complex spine anatomy. Muscle Nerve. 2022;65(1):51–9.

[25] Yuan A, Rao MV, Veeranna, Nixon RA. Neurofilaments at a glance. J Cell Sci. 2012; 125(Pt 14):3257–63.

[26] Steinacker P, Feneberg E, Weishaupt J, et al. Neurofilaments in the diagnosis of motoneuron diseases: A prospective study on 455 patients. J Neurol Neurosurg Psychiatry. 2016; 87(1):12–20.

[27] Winter B, Guenther R, Ludolph AC, et al. Neurofilaments and tau in CSF in an infant with SMA type 1 treated with nusinersen. J Neurol Neurosurg Psychiatry. 2019; 90(9):1068–1069.

[28] Freigang M, Steinacker P, Wurster CD, et al. Glial fibrillary acidic protein in cerebrospinal fluid of patients with spinal muscular atrophy. Ann Clin Transl Neurol. 2022;9(9):1437–48.

[29] Darras BT, Crawford TO, Finkel RS, et al. Neurofilament as a potential biomarker for spinal muscular atrophy. Ann Clin Transl Neurol [Internet]. 2019;acn3.779. Available from: https://onlinelibrary.wiley.com/doi/abs/10.1002/acn3.779

[30] Wurster CD, Günther R, Steinacker P, et al. Neurochemical markers in CSF of adolescent and adult SMA patients undergoing nusinersen treatment. Ther Adv Neurol Disord [Internet]. 2019;12:1756286419846058. Available from: https://doi.org/10.1177/1756286419846058

[31] Wurster CD, Steinacker P, Günther R, et al. Neurofilament light chain in serum of adolescent and adult SMA patients under treatment with nusinersen. J Neurol. 2020;267(1):36–44.

[32] Walter MC, Wenninger S, Thiele S, et al. Safety and Treatment Effects of Nusinersen in Longstanding Adult 5q-SMA Type 3 – A Prospective Observational Study. J Neuromuscul Dis. 2019;6(4):453–65.

[33] Rich KA, Fox A, Yalvac M, et al. Neurofilament Levels in CSF and Serum in an Adult SMA Cohort Treated with Nusinersen. J Neuromuscul Dis. 2022;9(1):111–9.

[34] Walter MC, Wenninger S, Thiele S, et al. Safety and Treatment Effects of Nusinersen in Longstanding Adult 5q-SMA Type 3 – A Prospective Observational Study. J Neuromuscul Dis. 2019;6(4):453–65.

[35] Olsson B, Alberg L, Cullen NC, et al. NFL is a marker of treatment response in children with SMA treated with nusinersen. J Neurol. 2019; 266(9):2129–2136.

[36] Johannsen J, Weiss D, Daubmann A, Schmitz L, Denecke J. Evaluation of putative CSF biomarkers in paediatric spinal muscular atrophy (SMA) patients before and during treatment with nusinersen. 2021;(March):8419–31.

[37] Freigang M, Steinacker P, Wurster CD, et al. Increased chitotriosidase 1 concentration following nusinersen treatment in spinal muscular atrophy. Orphanet J Rare Dis. 2021;16(1):330.
[38] Kobayashi Y, Ishikawa N, Tateishi Y, et al. Evaluation of cerebrospinal fluid biomarkers in pediatric patients with spinal muscular atrophy. Brain Dev. 2022; 45(1):2–7.
[39] Wel B De. Biochemical and clinical biomarkers in adult SMA 3 – 4 patients treated with nusinersen for 22 months. 2022;1241–51.
[40] Schorling DC, Kölbel H, Hentschel A, et al. Cathepsin D as biomarker in cerebrospinal fluid of nusinersen-treated patients with spinal muscular atrophy. Eur J Neurol. 2022;29(7):2084–96.
[41] Miller TM, Cudkowicz ME, Genge A, et al. and the VALOR and OLE Working Group. Trial of Antisense Oligonucleotide Tofersen for SOD1 ALS. N Engl J Med. 2022;387(12):1099–1110.

1.6.4 Liquorveränderungen durch Bestrahlung des ZNS

Sigurd D. Süßmuth

Berichte zu Liquorbefunden nach Bestrahlung sind spärlich und finden sich in der älteren Literatur zur kranialen und kranio-spinalen Strahlentherapie zur Prophylaxe und Behandlung der meningealen Leukämie. Hier lassen sich akute von subakuten und späten Toxizitätseffekten unterscheiden.

Die akute Strahlentoxizität ist charakterisiert durch klinische Symptome einer akuten Enzephalopathie mit Übelkeit, Erbrechen und Kopfschmerzen. Im Liquor sind keine Auffälligkeiten der *Grundparameter* zu erwarten.

Bei der etwa 5–7 Wochen nach der Bestrahlung des ZNS auftretenden subakuten Strahlentoxizität sind klinisch vor allem Somnolenz, Lethargie, erhöhte Reizbarkeit, Fieber und neurokognitive Funktionseinbußen auffällig. Hier wurde gelegentlich eine *Pleozytose* im Liquor beobachtet.

1.6.4.1 Weiterführende Literatur

Pizzo PA, Poplack DG, Bleyer WA. Neurotoxicities of current leukemia therapy. American Journal of Pediatric Hematology/Oncology. 1979;1(2):127–140.
Trigg ME, Gangji D, Poplack DG. Cerebrospinal Fluid Markers of Central Nervous System Radiation and Chemotherapy Damage. In: Wood, J. H. (ed.) Neurobiology of Cerebrospinal Fluid 2. Springer, Boston, MA, 1983.

1.6.5 Liquorveränderungen nach Elektrokonvulsionstherapie

Die Durchführung einer Elektrokonvulsionstherapie (EKT) führt meist zu keinen Liquorveränderungen. Leichte *Pleozytosen* und/oder Erhöhungen des *Gesamtproteins* finden sich nur gelegentlich, vergleichbar mit Befunden bei epileptischen Anfällen (vgl. **Kap. C.1.5.1**).

1.6.5.1 Weiterführende Literatur

Schmidt RM (ed.). Der Liquor cerebrospinalis: Untersuchungsmethoden und Diagnostik (2 Bde.) 2. Auflage, Band 2. Gustav Fischer, Stuttgart – New York, 1987.

1.6.6 Reizpleozytose und Fremdkörperreaktion im Rahmen von neurochirurgischen Eingriffen

Thomas Kapapa

Eine kultur-negative Pleozytose (Reizpleozytose) nach duranahen (operativen) Eingriffen ist seit langem bekannt [1–9]. Die *Differentialzellbilder* sind eher gemischt und enthalten neben Granulozyten auch Lymphozyten, Monozyten und Makrophagen. Makrophagen können als Riesenzellen imponieren. Die Ursache für eine Pleozytose nach einem duranahen chirurgischen Eingriff ist bislang nicht gänzlich geklärt, sodass früher der Begriff „chemische Meningitis“ (chemical meningitis) geprägt wurde [4,10,11]. Sie wird mit einem Vorkommen von 1,6 % bis 7 %, aber auch teilweise bei unterschiedlicher Nachweismethodik mit bis zu 70 % beschrieben [12]. Ihr Vorkommen ist bei supra-, infratentoriellen und spinalen Eingriffen, die sowohl mit und ohne Duraeröffnung einhergehen, beschrieben [13]. Auch gibt es in der Literatur Hinweise darauf, dass bestimmte Pathologien wie z. B. Epidermoide nach operativen Eingriffen zu kultur-negativen Pleozytosen neigen [14]. Selbst das Vorhandensein von Fremdkörpern, wie z. B. eine externe Ventrikeldrainage kann zu einer kultur-negativen Pleozytose führen [15]. Eine kultur-positive, also bakteriell bedingte, Liquorpleozytose nach operativem Eingriff ist klinisch manchmal nur schwer von einer kultur-negativen zu unterscheiden. Allerdings werden die klinischen Symptome einer Meningitis bei bakteriellem Nachweis als intensiver beschrieben [12].

Laborchemische Anhaltspunkte für eine kultur-negative Pleozytose gegenüber einer bakteriellen Infektion der Liquorräume werden in der geringeren Ausprägung der peripheren und intrathekalen Leukozytose sowie in der geringeren Anzahl der *polymorphkernigen Leukozyten* gesehen [5,12]. Forgacs et al. stellen in ihrer Untersuchung fest, dass sich eine kultur-negative Pleozytose nach Eingriff durch eine intrathekale *Leukozytose* von > 7500/µL und eine *Glukosekonzentration* < 10 mg/dL auszeichnete [12]. Eine Liquor-Glukosekonzentration unterhalb des Referenzwertes bei kultur-negativen Pleozytosen nach operativen Eingriffen wird auch von anderen beschreiben, die jedoch nicht so niedrig ist, wie bei einer bakteriellen Meningitis [16]. Auch kultur-negative Pleozytosen können von erhöhten *Laktatwerten* begleitet werden. Es gibt allerdings zahlreiche Hinweise, dass ein Laktatwert von > 4 mmol/l diese eher ausschließt [17]. Das Verhältnis von Leukozyten zu Erythrozyten im Liquor ist besonders nach Eingriffen nicht aussagenkräftig [18]. Eine offene Kommunikation von Umwelt und Intrathekalraum würde eine bakterielle Meningitis nahe legen, sodass bei einer kultur-negativen Pleozytose nach einem duranahen Eingriff eine Liquorfistel, Temperaturen > 39,4° C und eine Wundheilungsstörung sehr selten sind. Die Identifikation und Anzahl von Erythrozyten scheint bei der Differenzierung keinen signifikanten Unterschied aufzuzeigen [12].

Literatur

[1] Blomstedt GC. Craniotomy infections. Neurosurg Clin N Am. 1992;3(2):375–85.

[2] Cushing H. Experiences with the cerebellar astrocytomas: a critical review of seventy-six cases. Surg Gynecol Obstet. 1931;52:128–91.

[3] Cushing H, Bailey P. Tumors arising from the blood vessels of the brain., ed. C. C. Thomas. 1928, Springfield, IL.

[4] Kaufman BA, et al. Meningitis in the neurosurgical patient. Infect Dis Clin North Am. 1990;4(4):677–701.

[5] Ross D, Rosegay H, Pons V. Differentiation of aseptic and bacterial meningitis in postoperative neurosurgical patients. J Neurosurg. 1988;69(5):669–74.

[6] Swartz MN, Dodge PR. Bacterial Meningitis – a Review of Selected Aspects. I. General Clinical Features, Special Problems and Unusual Meningeal Reactions Mimicking Bacterial Meningitis. N Engl J Med. 1965;272:898–902 CONTD.

[7] Blomstedt GC. Infections in neurosurgery: a retrospective study of 1143 patients and 1517 operations. Acta Neurochir (Wien). 1985;78(3–4):81–90.

[8] Blomstedt GC. Post-operative aseptic meningitis. Acta Neurochir (Wien). 1987;89(3–4):112–6.

[9] Patir R, Mahapatra AK, Banerji AK. Risk factors in postoperative neurosurgical infection. A

prospective study. Acta Neurochir (Wien). 1992;119(1–4):80–4.
[10] Jackson I. Aseptic hemogenic meningitis: an experimental study of aseptic meningeal reactions due to blood and its breakdown products. Arch Neurol Psychiatry. 1949;62:572–89.
[11] Katzenelbogen S. The cerebrospinal fluid and its relation to the blood: a physiologic and clinical study. Johns Hopkins University Press. 1935:379–84.
[12] Forgacs P, Geyer CA, Freidberg SR. Characterization of chemical meningitis after neurological surgery. Clin Infect Dis. 2001;32(2):179–85.
[13] Hillier CE, et al. Aseptic meningitis after posterior fossa surgery treated by pseudomeningocele closure. J Neurol Neurosurg Psychiatry. 2000;68(2):218–9.
[14] Cherian A, et al. Recurrent meningitis due to epidermoid. J Pediatr Neurosci. 2012;7(1):47–8.
[15] Dorresteijn K, et al. Factors and measures predicting external CSF drain-associated ventriculitis: A review and meta-analysis. Neurology. 2019;93(22):964–972.
[16] Roland PS, et al. Spinal fluid profile following surgery in the subarachnoid space. Otolaryngol Head Neck Surg. 1989;101(4):445–8.
[17] Hussein K, et al. Management of post-neurosurgical meningitis: narrative review. Clin Microbiol Infect. 2017;23(9):621–628.
[18] Beer R, Pfausler B, Schmutzhard E. Management of nosocomial external ventricular drain-related ventriculomeningitis. Neurocrit Care. 2009;10(3):363–7.

1.6.7 Postoperative Infektionen

Thomas Kapapa

Mit Entwicklung von septischen zu aseptischen Standards in der Chirurgie wurde aus dieser Disziplin, welche oft mit Komplikationen und Infektionen assoziiert war, ein medizinisches Fach, welches zunehmend Heilen und Leben verlängern konnte [1]. Infektiöse Komplikationen nach neurochirurgischen Eingriffen können schwerwiegende Folgen für Morbidität und Mortalität haben [2]. Das Vorkommen von postoperativen Wundinfektionen variiert in der Literatur für kranielle und spinale Eingriffe zwischen 1 % bis 18 % [3]. Wundheilungsstörungen (Surgical Site Infections) machen eine postoperative Infektion des Liquorraums nach duranahen Eingriffen wahrscheinlicher [4]. Infektionen des Liquorraums sind nach neurochirurgischen Eingriffen allerdings selten (0–9 %) und sind stark abhängig von der Art des Eingriffs [5–12]. Sie treten zwei bis zehn Tage nach Eingriff auf [8]. Kommt es während dieser Eingriffe zur Implantatinstallation wie z. B. Drainagen, Sonden oder Shunts, steigt das Risiko für Meningitiden auf bis zu 22 % [5–7]. Implantate stellen an sich ein hohes intra- und postoperatives Infektionsrisiko dar [4].

Besonders im Zusammenhang mit externen Liquorableitungen, welche eine lange Liegezeit in situ oder Abflussstörungen haben, oder mit routinemäßigen Probenentnahmen, intraventrikulären Blutungen, und kraniellen Frakturen mit Liquorrhoe einhergehen, besteht ein hohes Risiko für eine postoperative Infektion des Liquors [7,11,13–16]. Beispiele sind in Abb. C.1.15 bis Abb. C.1.17 gezeigt. Nicht selten besteht nach duranahen Eingriffen am ZNS eine diagnostische Herausforderung darin, die intrathekale Infektion festzustellen. Aufgrund der

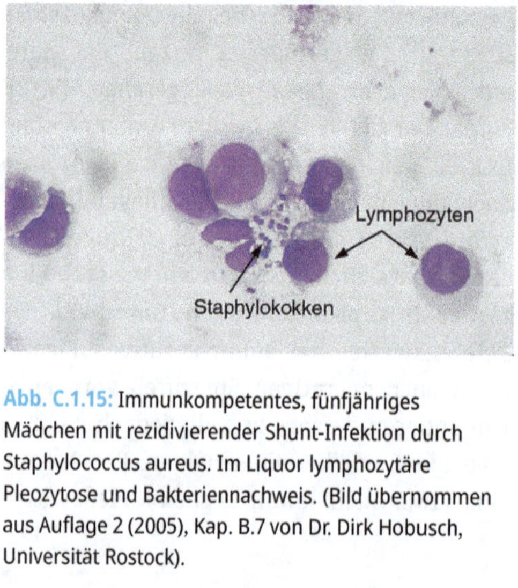

Abb. C.1.15: Immunkompetentes, fünfjähriges Mädchen mit rezidivierender Shunt-Infektion durch Staphylococcus aureus. Im Liquor lymphozytäre Pleozytose und Bakteriennachweis. (Bild übernommen aus Auflage 2 (2005), Kap. B.7 von Dr. Dirk Hobusch, Universität Rostock).

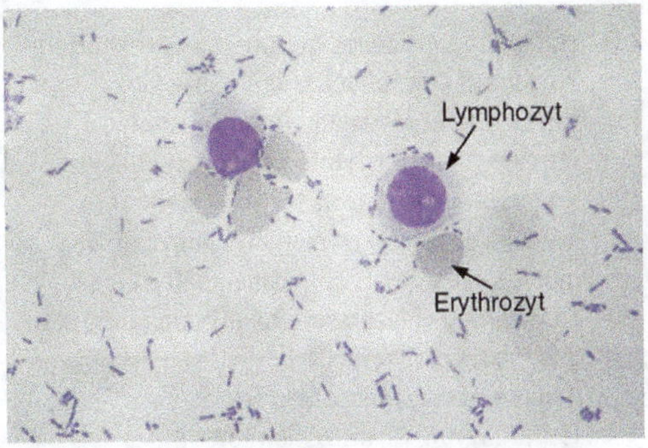

Abb. C.1.16: 16-jähriges Mädchen mit einer Shunt-Infektion durch nach außen penetriertes, abdominelles Katheterende. Im Liquor massenhaft Bakterien (vier verschiedene Arten), jedoch keine Pleozytose (siehe auch Abb. C.1.17). (Bild übernommen aus Auflage 2 (2005), Kap. B.7 von Dr. Dirk Hobusch, Universität Rostock).

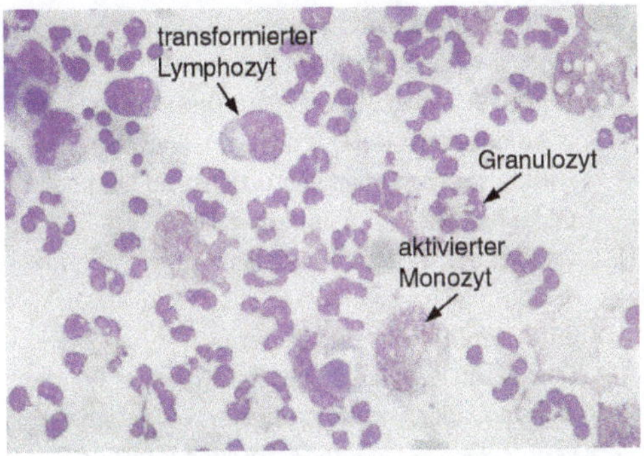

Abb. C.1.17: Gleiches Kind wie Abb. C.1.16. Nach Einleitung der antibiotischen Therapie Auftreten einer granulozytären Zellreaktion, „positives Abwehrzeichen". (Bild übernommen aus Auflage 2 (2005), Kap. B.7 von Dr. Dirk Hobusch, Universität Rostock).

zugrundeliegenden Erkrankung werden Patienten nach einem Eingriff am ZNS oft intensivmedizinisch betreut. Hierbei kann das Bewusstsein und der neurologische Status eingeschränkt untersuchbar sein. Die Bilddiagnostik gibt postoperativ keinen sicheren Hinweis auf eine Infektion, und mikrobiologische Untersuchungen brauchen Zeit. Daher ist der laborchemische Liquorbefund leitend in einem antibiotischen Therapieregime, welches bei Verdacht auf eine bakterielle Liquorrauminfektion unverzüglich gestartet werden sollte [16,17].

Dorresteijn et al. stellten fest, dass in ihrem untersuchten Kollektiv von 103 Patienten mit externer Ventrikeldrainage die mediane Zeit bis zur Feststellung einer intrathekalen Infektion neun Tage (3–16 Tage) betrug. Die mediane Zeit der Drainagenliegedauer war bei Patienten mit Infekt deutlich länger als bei Patienten ohne Infekt (13 versus 9 Tage, p = 0,004). Bei Patienten mit einer Katheter-assoziierten Liquorrauminfektion zeigte sich besonders am zweiten Tag nach Implantation die *Leukozytenzahl* erhöht. Der Zellindex war allerdings schon in den ersten drei Tagen deutlich erhöht. Sowohl die *Glukosekonzentration* im Liquor als auch der Glukosequotient Liquor zu Blut zeigte sich am Tag 3 nach Anlage deutlich verringert. Die *Laktaterhöhungen* zeigten sich besonders am Tag 2 nach Anlage verändert. Charakteristische *Proteinerhöhungen* traten an Tag 2 und 3 auf. Die Antibiotikagabe erfolgte zumeist nach dem ersten Tag, an dem es zur Befundauffälligkeit im Liquor kam [18]. Die Autoren bestätigen jedoch, dass die Laborcharakteristik einer Liquorrauminfektion nach Anlage einer externen Ventrikeldrainage sich nicht von einer Infektion ohne Drainage unterscheidet. Die intrathekale Leukozytose wird als therapeutisch leitend angesehen. Aussagekraftmindernd ist jedoch die Tatsache, dass es aufgrund der zugrunde liegenden Primärerkrankung und gerade nach duranahen Eingriffen immer zu frischen Einblutungen und somit zum Einbringen von Leukozyten in den Liquorraum kommt [18,19]. Aufgrund der häufigen Blutkontaminationen des postoperativen Liquors ist die Interpretation der Quotientendiagramme nur eingeschränkt möglich. Hohe Albuminquotienten ohne Entzündungszeichen und Blutkontamination weisen vorrangig auf eine Schrankenfunktionsstörung hin. Nach Gabe von Antibiotika kommt es zu einer Veränderung der laborchemischen Parameter einer Liquorrauminfektion in Richtung der Referenzwerte. Diese scheint gemäß der Literatur jedoch umso rascher zu erfolgen, je frühzeitiger das Implantatmaterial entfernt wird [7]. Sofern die Notwendigkeit z. B. einer weiteren Liquorableitung besteht, ist die Neuanlage abzuwägen. Bei nicht plausiblen Zellzahlschwankungen oder nur extrazellulär gelegenen Keimen mit dem differentialdiagnostischen Verdacht auf eine Kontamination sollte zur Befundsicherung eine neue Liquorprobe entnommen werden.

Zusammengefasst unterscheidet sich labor-biochemisch die intrathekale postoperative Infektion nicht von einer anderen bakteriellen Infektion. Kein laborchemischer Parameter zeigt sich spezifisch für eine postoperative Infektion [12].

Literatur

[1] Erman T, et al. Risk factors for surgical site infections in neurosurgery patients with antibiotic prophylaxis. Surg Neurol. 2005;63(2):107–12; discussion 112–3.

[2] Valentini LG, et al. Surgical site infections after elective neurosurgery: a survey of 1747 patients. Neurosurgery. 2008;62(1):88–95; discussion 95–6.

[3] Lopez Pereira P, et al. 'Epidemiology of surgical site infection in a neurosurgery department'. Br J Neurosurg. 2017;31(1):10–15.

[4] Conen A, et al. Management of neurosurgical implant-associated infections. Swiss Med Wkly. 2020;150:w20208.

[5] Lozier AP, et al. Ventriculostomy-related infections: a critical review of the literature. Neurosurgery. 2008;62(2):688–700.

[6] Lozier AP, et al. Ventriculostomy-related infections: a critical review of the literature. Neurosurgery. 2002;51(1):170–81; discussion 181–2.

[7] Soavi L, et al. Post-neurosurgical meningitis: Management of cerebrospinal fluid drainage catheters influences the evolution of infection. Surg Neurol Int. 2016;7(39):S927-S934.

[8] Reichert MC, Medeiros EA, Ferraz FA. Hospital-acquired meningitis in patients undergoing craniotomy: incidence, evolution, and risk factors. Am J Infect Control. 2002;30(3):158–64.

[9] van Ek B, et al. Infections after craniotomy: a retrospective study. J Infect. 1986;12(2):105–9.

[10] Korinek AM. Risk factors for neurosurgical site infections after craniotomy: a prospective multicenter study of 2944 patients. The French Study Group of Neurosurgical Infections, the SEHP, and the C-CLIN Paris-Nord. Service Epidemiologie Hygiene et Prevention. Neurosurgery. 1997;41(5):1073–9; discussion 1079–81.

[11] Buckwold FJ, Hand R, Hansebout RR. Hospital-acquired bacterial meningitis in neurosurgical patients. J Neurosurg. 1977;46(4):494–500.

[12] Hussein K, et al. Management of post-neurosurgical meningitis: narrative review. Clin Microbiol Infect. 2017;23(9):621–628.

[13] Jamjoom AAB, et al. Prospective, multicentre study of external ventricular drainage-related infections in the UK and Ireland. J Neurol Neurosurg Psychiatry. 2018;89(2):120–126.

[14] Tunkel AR, et al. 2017 Infectious Diseases Society of America's Clinical Practice Guidelines for Healthcare-Associated Ventriculitis and Meningitis. Clin Infect Dis. 2017;64(6):e34–e65.

[15] van de Beek D, Drake JM, Tunkel AR. Nosocomial bacterial meningitis. N Engl J Med. 2010;362(2):146–54.

[16] Dorresteijn K, et al. Diagnostic Accuracy of Clinical Signs and Biochemical Parameters for External Ventricular CSF Catheter-Associated Infection. Neurol Clin Pract. 2022;12(4):298–306.

[17] van de Beek D, et al. ESCMID guideline: diagnosis and treatment of acute bacterial meningitis. Clin Microbiol Infect. 2016;22(3):S37–62.

[18] Dorresteijn K, et al. Factors and measures predicting external CSF drain-associated ventriculitis: A review and meta-analysis. Neurology. 2019;93(22):964–972.

[19] Fam MD, et al. CSF inflammatory response after intraventricular hemorrhage. Neurology. 2017;89(15):1553–1560.

1.7 Postmortale Liquordiagnostik

Andreas Büttner

Wenngleich keine Routineanwendung in der postmortalen Analytik ermöglicht die Liquoruntersuchung neben Blut, Urin und Augenkammerwasser in einigen Fällen durchaus weiterführende Informationen zu erbringen [1–5]. Die postmortale Liquorgewinnung kann über suboccipitale [1,6–16] oder lumbale [6,8,14–26] Punktion sowie nach Eröffnung des Schädels vor der Entnahme des Gehirns durch Aspiration aus der Cisterna magna [16,21,24–46], oder aus den Ventrikeln [8,16,19,23,48–57] erfolgen. Es scheinen hierbei jedoch Unterschiede zu existieren. So wiesen ventrikulär entnommene Proben im Vergleich zu lumbalem Liquor stärkergradige postmortale Veränderungen auf, wie verminderte Natrium- und Chlor- sowie erhöhte Magnesium- und Kalium-Spiegel [19]. Ein deutlicher occipito-kaudaler Konzentrationsgradient zeigte sich ebenfalls bei der Bestimmung von 5-Hydroxyindolessigsäure [25], Cortisol [56], Serotonin [21] und Tau-Protein [58].

Wie bei allen anlässlich einer Obduktion gewonnenen Proben sind autolytische Prozesse und die postmortale Liegezeit limitierende Faktoren für aussagekräftige Befunde [60], wenngleich Liquor in der frühen postmortalen Phase aufgrund der anatomisch geschützten Lage im Schädelinneren und im Spinalkanal relativ lange stabil bleibt [1,61]. So zeigte sich zum Beispiel, dass nach kühler Lagerung des Leichnams eine Bestimmung der Zellzahl und der Zellmorphologie noch bis zu 7 Tagen post mortem gut möglich war, auch mit entsprechenden immunhistochemischen Färbungen [1,26]. Diesbezügliche Untersuchungen erfolgten unter anderem mit CD68 (Makrophagen), CCR-2 (Knochenmark-spezifische Monozyten), TMEM 119 (Mikroglia) und CD20 (B-Zellen) [1,4].

Postmortale Veränderungen im Liquor sind typischerweise zelluläre Agglutination, Zelllyse, verminderte morphologische Zelldifferenzierung, Anstieg der Zellzahl, sowie Kontamination durch Bakterien und/oder Pilzsporen [1,23,26]. Aufgrund der autolytisch bedingten erhöhten Permeabilität von Zellmembranen, insbesondere des Plexus chorioideus, kommt es weiterhin zu entsprechenden Elektrolytverschiebungen entlang des Konzentrationsgradienten [62].

Bisherige Anwendungsgebiete

Der Nachweis von *Drogen* und/oder deren Metaboliten im Liquor kann bei einer zeitlichen Eingrenzung ihrer Einnahme hilfreich sein [10,31,43,46,47,62].

Eine Einschätzung des postmortalen Intervalls zur *Todeszeitbestimmung* wurde über die Messung verschiedener Liquorparameter versucht. Untersucht wurden hierbei Veränderungen von Albumin [34,40], Chlorid [28,57,64–66], Kalium und Natrium [8,28,32,35,36,42,44,45,48,57,62,64,65,67], Kalzium [8,42,44,62,65], Magnesium [44,62,65,66], anorganischem Phosphat [15,62,65], der Dopaminmetaboliten 4-Dihydroxyphenylessigsäure (DOPAC) und Homovanillinsäure [9,29], Hypoxanthin [33,68–70], Inositol [22], Kohlendioxid [38,62,65], Kreatin [38,71], Kreatinin [38,42], Tau-Protein [58,59], alpha Tocopherol (Vitamin E) [52], verschiedenster Proteine [50], Aminosäuren [28,29,51,72] und Enzyme [18,28,39,50,65,73], sowie dem Anstieg der Zellzahl [26,74]. Allerdings hat sich keiner der obengenannten Parameter als hinreichend valide erwiesen [20,32,39,75,76].

Zum Nachweis *pathologischer metabolischer Stoffwechsellagen* erfolgten Untersuchungen auf Harnstoff zur Frage einer Urämie, dessen postmortale Liquorwerte gut mit den antemortalen Blutspiegeln korrelierten [37,53,61]. Qualitative Untersuchungen auf Glukose und Azeton wiesen relativ zuverlässig auf eine diabetische Stoffwechsellage hin [2,37,61]. Einschränkend ist hierbei jedoch zu beachten, dass Einzelmesswerte in der Regel nicht ausreichend sind, um sichere Rückschlüsse zu ermöglichen und daher die Einbeziehung u. a. von Morphologie und Toxikologie erforderlich ist, um eine abschließende Aussage zu treffen [2].

Untersuchungen an *Suizidenten* zeigten im postmortalen Liquor einen signifikant erhöhten Corticotropin Releasing Factor [6,7] sowie einen erhöhten S100B-Proteinspiegel [49] im Vergleich zu Kontrollen. Ein erniedrigter Serotoninspiegel und der 5-Hydroxyindolessigsäure [25,49] scheint zwar charakteristisch für Suizidenten zu sein, allerdings konnte ein Cut-off-Wert nicht definiert werden da eine relativ starke Überlappung der Werte mit den Kontrollen bestand [11]. Demgegenüber zeigten andere Arbeitsgruppen bei Suizidenten einen um bis 3-fach erhöhten Serotoninspiegel [6,21].

Bei *plötzlichen Kindstodesfällen* (sudden infant death syndrome – SIDS) fanden sich im Liquor erhöhte Konzentrationen des vaskulären endothelialen Wachstumsfaktors (VEGF) welche als Hinweis für eine vorangegangene Hypoxie gewertet wurden [77]. Die Befunde erhöhter Spiegel des Serotoninmetaboliten 5-Hydroxyindolessigsäure, des Dopaminmetaboliten Homovanillinsäure und Tryptophan [17] sowie von Hypoxanthin [68] als mögliche Biomarker bei SIDS-Fällen konnten in nachfolgenden Untersuchungen nicht bestätigt werden [24].

Ein deutlicher Anstieg der Lymphozytenzellzahl bei einigen Fällen von SIDS wurde als Hinweis auf ein zentralnervöses Entzündungsgeschehen gewertet [23,74].

Im Rahmen einer neuropathologischen Untersuchung erbrachte die postmortale Liquordiagnostik vielfach ergänzende Befunde bei ischämisch-hypoxischen Schädigungen [3,69,78] und neurodegenerativen Erkrankungen [3,52,54,56,58,59].

Bei lebenden Patienten wurden nach *Schädel-Hirn-Trauma* im Liquor insbesondere strukturelle ZNS-Proteine als mögliche diagnostische und prognostische Biomarker untersucht [974, 80], auch wenn hierbei noch viele Fragen offen sind. In neueren Studien konnte allerdings aufgezeigt werden, dass die postmortale Liquordiagnostik als ergänzende Analyse für eine forensisch-neuropathologische Diagnose und Einschätzung des Schweregrades eines Schädel-Hirn-Traumas hilfreich sein kann. Untersucht wurden hierbei S100B und neuronenspezifische Enolase (NSE) [30,81], akute-Phase-Proteine (Interleukin-6, Ferritin, Lactatdehydrogenase, Tumornekrosefaktor-Rezeptor Typ1, C-reaktives Protein) [14], Gliafilament-Protein (GFAP), brain-derived neurotrophic factor (BDNF), neutrophil gelatinase-assoziiertes Lipocalin (NGAL) [13,82], Neurofilament-Leichtketten (NF-L), Neurofilament-Schwerketten (NF-H), basisches Myelinprotein (Myelin Basic Protein-MBP) [13,83,84], Kreatinkinase [85], sowie das Tau-Protein [12].

Literatur

[1] Bohnert S, Ondruschka B, Bohnert M, Schuhmann MK, Monoranu C-M. Post-mortem cerebrospinal fluid diagnostics: cytology and immunocytochemistry method suitable for routine use to interpret pathological processes in the central nervous system. Int J Legal Med. 2019;133:1141–6.

[2] Kernbach-Wighton G. Möglichkeiten postmortal-biochemischer Diagnostik. Rechtsmedizin. 2006;16:27–36.

[3] Lescuyer P, Allard L, Zimmermann-Ivol CG, et al. Identification of post-mortem cerebrospinal fluid proteins as potential biomarkers of ischemia and neurodegeneration. Proteomics. 2004;4:2234–41.

[4] Bohnert S, Trella S, Preiß U, et al. Density of TMEM119-positive microglial cells in postmortem cerebrospinal fluid as a surrogate marker for assessing complex neuropathological processes in the CNS. Int J Legal Med. 2022;136:1841–50.

[5] Bohnert S, Reinert C, Trella S, et al. Metabolomics in postmortem cerebrospinal fluid diagnostics: a state-of-the-art method to interpret central nervous system–related pathological processes. Int J Legal Med. 2021;135:183–91.

[6] Arató M, Falus A, Tóthfalusi L, et al. Post mortem cerebrospinal fluid measurements in suicide. Acta Med Leg Soc (Liège). 1986;36:120–5.

[7] Arató M, Bánki CM, Bissette G, Nemeroff CB. Elevated CSF CRF in suicide victims. Biol Psychiatry. 1989;25:355–9.
[8] Dotzauer G, Naeve W. Vergleichende Untersuchungen über den Natrium- und Calciumgehalt im Serum wie im Liquor post mortem. Dtsch Z ges gerichtl Med. 1960;49:406–19.
[9] Endo T, Hara S, Kuriiwa F, Kano S. Postmortem changes in the levels of monoamine metabolites in human cerebrospinal fluid. Forensic Sci Int. 1990;44:61–8.
[10] Engelhart DA, Jenkins AJ. Comparison of drug concentrations in postmortem cerebrospinal fluid and blood specimens. J Anal Toxicol. 2007;31:581–7.
[11] Musshoff F, Menting T, Madea B. Postmortem serotonin (5-HT) concentrations in the cerebrospinal fluid of medicolegal cases. Forensic Sci Int. 2004;142:211–9.
[12] Olczak M, Niderla-Bielinska J, Kwiatkowska M, et al. Tau protein (MAPT) as a possible biochemical marker of traumatic brain injury in postmortem examination. Forensic Sci Int. 2017;280:1–7.
[13] Olczak M, Kwiatkowska M, Niderla-Bieliñska J, et al. Brain-originated peptides as possible biochemical markers of traumatic brain injury in cerebrospinal fluid post-mortem examination. Folia Neuropathol. 2018;56:97–103.
[14] Ondruschka B, Schuch S, Pohlers D, Franke H, Dreßler J. Acute phase response after fatal traumatic brain injury. Int J Legal Med. 2018;132:531–9.
[15] Schleyer F, Janitzki U. Untersuchungen über den postmortalen Phosphatgehalt von Liquor und Serum. Dtsch Z ges gerichtl Med. 1959;49:229–34.
[16] Gîrlescu N, Damian SI, Iov T, et al. Techniques for collecting cerebrospinal fluid during autopsy. Rom J Funct Clin Macro Micro Anat Anthropol. 2020;19:142–7.
[17] Cann-Moisan C, Girin E, Giroux JD, Le Bras P, Caroff J. Changes in cerebrospinal fluid monoamine metabolites, tryptophan, and gamma-aminobutyric acid during the 1st year of life in normal infants. Comparison with victims of sudden infant death syndrome. Biol Neonate. 1999;75:152–9.
[18] Fan K. 2', 3'-cyclic nucleotide 3'-phosphohydrolase activity in postmortem human spinal fluids. Neurosci Lett. 1980;19:229–33.
[19] Garland J, Philcox W, Kesha K, et al. Differences in sampling site on postmortem cerebrospinal fluid biochemistry: A preliminary study. Am J Forensic Med Pathol. 2018;39:304–8.
[20] Garland J, Olds K, Rousseau G, et al. Using vitreous humour and cerebrospinal fluid electrolytes in estimation post-mortem interval-an exploratory study. Aust J Forensic Sci. 2020;52:626–33.
[21] Kauert G, Zucker T, Gilg T, Eisenmenger W. Measurements of Biogenic Amines and Metabolites in the CSF of Suicide Victims and Nonsuicides. In: Möller HJ, Schmidtke A, Welz R. Current Issues of Suicidology. Springer, Berlin, 1988, S 252–62.
[22] Nixon DA. Cerebrospinal fluid inositol and its rise in postmortem specimens. J Physiol. 1955;129:272–80.
[23] Platt MS, McClure S, Clarke R, Spitz WU, Cox W. Postmortem cerebrospinal fluid pleocytosis. Am J Forensic Med Pathol. 1989;10:209–12.
[24] Rognum IJ, Tran H, Haas EA, et al. Serotonin metabolites in the cerebrospinal fluid in sudden infant death syndrome. J Neuropathol Exp Neurol. 2014;73:115–22.
[25] Walendzik H, Zimmer G, Skopp G. Serotonin-, 5-Hydroxyindolessigsäure- und Cholesteringehalt in Blut, Liquor und Hirnarealen zur Abgrenzung suizidaler von nicht suizidalen Todesfällen. Arch Kriminol. 2000;205:131–44.
[26] Wyler D, Marty W, Bär W. Correlation between the post-mortem cell content of cerebrospinal fluid and time of death. Int J Legal Med. 1994;106:194–9.
[27] Ishikawa T, Quan L, Michiue T, et al. Postmortem catecholamine levels in pericardial and cerebrospinal fluids with regard to the cause of death in medicolegal autopsy. Forensic Sci Int. 2013;228:52–60.
[28] Kärkelä JT. Critical evaluation of postmortem changes in human autopsy cisternal fluid, enzymes, electrolytes, acid – base balance, glucose, free amino acids and ammonia. correlation to total brain ischaemia. J Forensic Sci. 1993;38:603–16.
[29] Kärkelä J, Scheinin M. Tryptophan and biogenic amine metabolites in postmortem human cisternal fluid: effects of post-mortem interval and agonal time. J Neurol Sci. 1992;107:239–45.
[30] Li D-R, Michiue T, Zhu B-L, et al. Evaluation of postmortem S100B levels in the cerebrospinal fluid with regard to the cause of death in medicolegal autopsy. Leg Med. 2009;11(1):273–5.
[31] Logan BK, Lüthi R. The significance of morphine concentrations in the cerebrospinal fluid in morphine caused deaths. J Forensic Sci. 1994;39:699–706.
[32] Madea B, Henßge C, Püschel K, Hönig W. Wie zuverlässig ist die Todeszeitbestimmung aus der Kaliumkonzentration in Zisternenliquor? Beitr gerichtl Med. 1988;46:375–81.

[33] Madea B, Käferstein H, Hermann N, Sticht G. Hypoxanthine in vitreous humor and cerebrospinal fluid – a marker of postmortem interval and prolonged (vital) hypoxia? Remarks also on hypoxanthine in SIDS. Forensic Sci Int. 1994;65:19–31.
[34] Mangin P, Lugnier A-A, Chaumont A-J, Offner M, Grucker M. Forensic significance of postmortem estimation of the blood cerebrospinal fluid barrier permeability. Forensic Sci Int. 1983;22:143–9.
[35] Mason JK, Klyne W, Lennox B. Potassium levels in the cerebrospinal fluid after death. J Clin Pathol. 1951;4:231–3.
[36] Murray EF, Hordynski W. Potassium levels in cerebrospinal fluid and their relation to duration of death. J Forensic Sci. 1958;3:480–5.
[37] Naumann HN. Diabetes and uremia diagnosed at autopsy by testing cerebrospinal fluid and urine. Arch Pathol. 1949;47:70–7.
[38] Naumann HN. Studies on postmortem chemistry. Am J Clin Pathol. 1950;20:314–24.
[39] Osuna E, Perez-Carceles MD, Luna A, Pounder DJ. Efficacy of cerebro-spinal fluid biochemistry in the diagnosis of brain insult. Forensic Sci Int. 1992;52:193–8.
[40] Parmar AK, Menon SK. Estimation of postmortem interval through albumin in CSF by simple dye binding method. Sci Justice. 2015;55:388–93.
[41] Quan L, Ishikawa T, Hara J, et al. Postmortem serotonin levels in cerebrospinal and pericardial fluids with regard to the cause of death in medicolegal autopsy. Leg Med. 2011;13:75–8.
[42] Swain R, Kumar A, Sahoo J, et al. Estimation of post-mortem interval: A comparison between cerebrospinal fluid and vitreous humour chemistry. J Forensic Legal Med. 2015;36:144–8.
[43] Tominaga M, Michiue T, Ishikawa T, et al. Evaluation of postmortem drug concentrations in cerebrospinal fluid compared with blood and pericardial fluid. Forensic Sci Int. 2015;254:118–25.
[44] Urban R, Tröger HD. Todeszeitbestimmung Möglichkeiten und Grenzen der Elektrolytbestimmung im Leichenliquor. Beitr Gerichtl Med. 1987;45:157–61.
[45] Wiesböck J, Josephi R, Liebhardt E. Intraindividuelle Kaliumverschiebungen im Liquor cerebrospinalis nach dem Tod. Beitr gerichtl Med. 1989;47:403–5.
[46] Wyman J, Bultman S. Postmortem distribution of heroin metabolites in femoral blood, liver, cerebrospinal fluid, and vitreous humor. J Anal Toxicol. 2004;28:260–3.
[47] Wachholz P, Skowronek R, Pawlas N. Cerebrospinal fluid in forensic toxicology: Current status and future perspectives. J Forensic Legal Med. 2021;82:102231.
[48] Chintalwar RS, Dhawane SG, Dixit PG. Estimation of time since death from CSF electrolyte. Indian J Forensic Med Toxicol. 2016;10:105–7.
[49] Dogan KH, Unaldi M, Demirci S. Evaluation of postmortem cerebrospinal fluid S100B protein and serotonin levels: Comparison of suicidal versus nonsuicidal deaths in Konya, Turkey. J Forensic Sci. 2016;61:1285–91.
[50] Finehout EJ, Franck Z, Relkin N, Lee KH. Proteomic analysis of cerebrospinal fluid changes related to postmortem interval. Clin Chem. 2006;52:1906–13.
[51] Girela E, Villanueva E, Irigoyen P, et al. Free amino acid concentrations in vitreous humor and cerebrospinal fluid in relation to the cause of death and postmortem interval. J Forensic Sci. 2008;53:730–3.
[52] Hensley K, Barnes LL, Christov A, et al. Analysis of postmortem ventricular cerebrospinal fluid from patients with and without dementia indicates association of vitamin E with neuritic plaques and specific measures of cognitive performance. J Alzheimers Dis. 2011;24:767–74.
[53] Jenkins WJ. The significance of blood and cerebrospinal fluid urea levels estimated after death. J Clin Pathol. 1953;6:110–3.
[54] Liu, RY Zhou, JN van Heerikhuize, J Hofman, MA Swaab DF. Decreased melatonin levels in postmortem cerebrospinal fluid in relation to aging, Alzheimer's disease, and apolipoprotein E-epsilon4/4 genotype. J Clin Endocrinol Metab. 1999;84:323–7.
[55] Love S. Post mortem sampling of the brain and other tissues in neurodegenerative disease. Histopathology. 2004;44:309–17.
[56] Swaab DF, Raadsheer FC, Endert E, et al. Increased cortisol levels in aging and Alzheimer's disease in postmortem cerebrospinal fluid. J Neuroendocrinol. 1994;6:681–6.
[57] Yadav J, Deshpande A, Arora A, Athawal BK, Dubey BP. Estimation of time since death from CSF electrolyte concentration in Bhopal region of central India. Leg Med. 2007;9:309–13.
[58] Morihara T, Kudo T, Ikura Y, et al. Increased tau protein level in postmortem cerebrospinal fluid. Psychiatry Clin Neurosci. 1998;52:107–10.

[59] Peyron PA, Hirtz C, Baccino E, et al. Tau protein in cerebrospinal fluid: a novel biomarker of the time of death? Int J Legal Med. 2021;135:2081–9.
[60] Arroyo A, Rosel P, Marron T. Cerebrospinal fluid: postmortem biochemical study. J Clin Forensic Med. 2005;12:153–6.
[61] Falk H, Pfeifer K. Praktische Sektionsdiagnostik mit Schnellmethoden für Gerichtsmediziner und Pathologen. Leipzig, VEB Georg Thieme Verlag, 1964, S 211.
[62] Naumann HN. Cerebrospinal fluid electrolytes after death. Proc Soc Exp Biol Med. 1958;98:16–8.
[63] Jenkins AJ, Lavins ES. 6-acetylmorphine detection in postmortem cerebrospinal fluid. J Anal Toxicol. 1998;22:173–5.
[64] Dongre AP, Bardale RV. Estimation of time since death from cerebrospinal fluid chemistry. J Forensic Med Toxicol. 2004;21:37–40.
[65] Paulson GW, Stickney D. Cerebrospinal fluid after death. Confin Neurol. 1971;33:149–62.
[66] Schleyer F. Untersuchungen über die Beziehungen der postmortalen Chlor- und Magnesiumkonzentration in Liquor und Plasma zu Leichenalter und Todesursache. Frankf Z Pathol. 1959;69:644–8.
[67] Fraschini F, Müller E, Zanoboni A. Post-mortem increase of potassium in human cerebrospinal fluid. Nature. 1963;198:1208.
[68] Carpenter KH, Bonham JR, Worthy E, Variend S. Vitreous humour and cerebrospinal fluid hypoxanthine concentration as a marker of pre-mortem hypoxia in SIDS. J Clin Pathol. 1993;46:650–653.
[69] Harkness RA, Lund RJ. Cerebrospinal fluid concentrations of hypoxanthine, xanthine, uridine and inosine: high concentrations of the ATP metabolite, hypoxanthine, after hypoxia. J Clin Pathol. 1983;36:1–8.
[70] Prætorius E, Poulsen H, Dupont H. Uric acid, xanthine and hypoxanthine in the cerebrospinal fluid. Scand J Clin Lab Invest. 1957;9:133–7.
[71] Takata T, Kitao T, Miyaishi S. Relationship between post-mortem interval and creatine concentration in vitreous humour and cerebrospinal fluid. Aust J Forensic Sci. 2014;46:160–5.
[72] Balbi T, Fusco M, Vasapollo D, et al. The presence of trace amines in postmortem cerebrospinal fluid in humans. J Forensic Sci. 2005;50:630–2.
[73] Dito WR. Transaminase activity in postmortem cerebrospinal fluid. Am J Clin Pathol. 1964;42:360–3.
[74] Morris JA, Harrison LM, Telford DR. Postmortem cerebrospinal fluid pleocytosis: a marker of inflammation or postmortem artifact? Int J Pediatr. 2012;2012:964074.
[75] Ihm P, Schleyer F. Fehlerkritische Betrachtungen über die Todeszeitbereichnung anhand biochemischer Komponenten im Zisternenliquor und Serum. Arch klin Med. 1967;214:20–33.
[76] Peyron P-A, Lehmann S, Delaby C, Baccino E, Hirtz C. Biochemical markers of time since death in cerebrospinal fluid: A first step towards „Forensomics“. Crit Rev Clin Lab Sci. 2019;56:274–86.
[77] Jones KL, Krous HF, Nadeau JM, et al. Vascular endothelial growth factor in the cerebrospinal fluid of infants who died of sudden infant death syndrome: evidence for antecedent hypoxia. Pediatrics. 2003;111:358–63.
[78] Manzke H, Krämer M, Dörner K. Post-mortem oxypurine concentrations in the CSF. Adv Exp Med Biol. 1986;195 Pt A:587–91.
[79] Wang KK, Yang Z, Zhu T, et al. An update on diagnostic and prognostic biomarkers for traumatic brain injury. Expert Rev Mol Diagn. 2018;18:165–80.
[80] Wanke-Jellinek L, van Griensven M, Biberthaler P. Diagnostische Biomarker des Schädel-Hirn-Traumas. Unfallchirurg. 2014;117:693–8.
[81] Ondruschka B, Pohlers D, Sommer G, et al. S100B and NSE as useful postmortem biochemical markers of traumatic brain injury in autopsy cases. J Neurotrauma. 2013;30:1862–71.
[82] Ondruschka B, Sieber M, Kirsten H, Franke H, Dreßler J. Measurement of cerebral biomarkers proving traumatic brain injuries in post-mortem body fluids. J Neurotrauma. 2018;17:2044–55.
[83] Bohnert S, Wirth C, Schmitz W, et al. Myelin basic protein and neurofilament H in postmortem cerebrospinal fluid as surrogate markers of fatal traumatic brain injury. Int J Legal Med. 2021;135:1525–35.
[84] Zwirner J, Bohnert S, Franke H, et al. Assessing protein biomarkers to detect lethal acute traumatic brain injuries in cerebrospinal fluid. Biomolecules. 2021;11:1577.
[85] Zwirner J, Anders S, Bohnert S, et al. Screening for fatal traumatic brain injuries in cerebrospinal fluid using blood-validated CK and CK–MB immunoassays. Biomolecules. 2021;11:1061.

C.2 Vom Liquorbefund zum klinischen Krankheitsbild

Harald Hegen, Florian Deisenhammer, Hayrettin Tumani, Sigurd D. Süßmuth, Uwe K. Zettl

In der nachfolgenden Tabelle C.2.1 werden die *typischen* Laborbefunde und Befundkonstellationen zu den einzelnen Krankheitsentitäten zusammengefasst. Auf hiervon abweichende Befunde wird im **Kapitel C.1** eingegangen.

Die in Klammern angegebenen Prozentzahlen entsprechen den der Literatur entnommenen Häufigkeiten für die vorangehenden Befundangaben. Pfeile zeigen ggf. Veränderungen im Krankheitsverlauf an. Fehlende Angaben (leere Felder) bedeuten nicht automatisch, dass die entsprechenden Parameter im Normbereich liegen, vielmehr fehlen hier zur Zeit noch zuverlässige Informationen aus der Literatur und aus der eigenen Praxis.

Durch diese tabellarische Zusammenstellung soll eine rasche differentialdiagnostische Betrachtung von einzelnen Liquorbefunden sowie von Befundkonstellationen ermöglicht werden. Mögliche Abweichungen hiervon sollten bedacht werden, differentialdiagnostische Erwägungen sind daher nur in enger Zusammenschau mit klinischen und anderen paraklinischen Untersuchungsbefunden sinnvoll. Auf keinen Fall sollte eine isolierte Bewertung der Liquorbefunde erfolgen. Eine therapeutische Entscheidung muss immer patientenindividuell getroffen werden.

https://doi.org/10.1515/9783110331905-023

Tab. C.2.1: Vom Liquorbefund zum klinischen Krankheitsbild.

Krankheiten			Zelluläre Bestandteile			L-Laktat (mmol/l)	Q_{Glu} [1]	Humorale/lösliche Bestandteile									Verweise
Erkrankungsgruppe	Erkrankungen	Zellzahl (z/µl)	Diff.-zellbild	Lymphozytensubpopulationen	Sonstige			Gesamteiweiß (mg/l)	Q_{Alb} ($\times 10^{-3}$)	Intrathekale Immunglobuline (IgG,IgM,IgA)	Oligoklonale Banden (IgG)	Spezifischer Antikörperindex	Autoantikörper	Destruktionsmarker	Adhäsionsmoleküle, Zytokine, Chemokine	Sonstige	
Entzündungen																	
Purulente bakterielle Infektionen	akute bakterielle Meningitis	> 1000 (cave apurulente Meningitis)	granulozytär			erhöht (> 3,5) L-Laktat nur akut (ohne antibiotische Vorbehandlung)	erniedrigt (< 0,4[1])	> 1000	50–300	IgG, IgA im Verlauf; IgA bei Pneumokokken, Meningokokken	selten im Verlauf, bei Komplikationen					Mikroskopie Direktpräparat, Liquorkultur, Blutkultur, Multiplex-PCR	B.1, B.2.1, B.2.3, B.3.1, B.3.2, B.4, B.5.2, B.6.1, B.7, C.1.1.1.1
	Neurolisteriose	10–10.000	granulozytär, lymphozytär oder gemischtzellig;		aktivierte B-Zellen (+)	erhöht	erniedrigt	normal bis 10.000		keine bis Dreiklassenreaktion (IgG + IgM + IgA)	(+)					Mikroskopie Direktpräparat, Liquorkultur, Blutkultur, PCR	B.3.2, B.5, B.7, C.1.1.1.1
	Nocardiose	normal bis 5000	granulozytär → lymphozytär				(erniedrigt)	leicht erhöht bis > 10.000								Kultur	C.1.1.1.1
	Hirnabszess, Hirnphlegmone	leicht erhöht (bis 300)[2]	granulozytär bis gemischtzellig		MØ		erniedrigt	erhöht[3]	erhöht[3]	IgG, IgA	(+) im Verlauf					Blutkultur, Liquorkultur, PCR, mikrobiologische Diagnostik Abszessinhalt	B.1, B.3.1, B.5.2, B.6.1, B.8, C.1.1.1.1

(fortgesetzt)

Tab. C.2.1 (fortgesetzt)

Krankheiten			Zelluläre Bestandteile			L-Laktat (mmol/l)	Q_{Glu} [1]	Humorale/lösliche Bestandteile									Verweise
Erkrankungsgruppe	Erkrankungen	Zellzahl (z/µl)	Diff.-zellbild	Lymphozytensubpopulationen	Sonstige			Gesamteiweiß (mg/l)	Q_{Alb} ($\times 10^{-3}$)	Intrathekale Immunglobuline (IgG,IgM,IgA)	Oligoklonale Banden (IgG)	Spezifischer Antikörperindex	Autoantikörper	Destruktionsmarker	Adhäsionsmoleküle, Zytokine, Chemokine	Sonstige	
apurulente bakterielle Infektionen	Tuberkulöse Meningitis	10–1500	gemischtzellig, neutrophile Granulozyten können dominant sein	γδ⁺T-Zellen	Lymphoidzellen, Plasmazellen, aktivierte MØ, (Eosinophile)	erhöht, 3,0–8,5	erniedrigt	1000–10.000	25–400	IgA (50 %) > IgG	+ (50 %)					Mikroskopie, wiederholte Liquorkulturen, wiederholte M. tuberculosis PCR, cave: große Liquorvolumina; Liquordruck erhöht (> 50 %)	B.1, B.2.1, B.2.3, B.3.1, B.3.2, B.3.3, B.5.2, B.6.1, B.7, C.1.1.2
	Neuroborreliose	10–1000	mononukleär mit Lymphozytendominanz	B-Zellen	Plasmazellen; im Frühstadium Granulozyten mögl.	normal	normal	bis > 2000	bis > 50	IgM > IgA > IgG (31 %)	+ (> 70 %)	Intrathekale Antikörpersynthese (Spezifischer Antiborrelien-Ig-Index IgG und IgM)			CXCL13 unspez. aber sehr sens.; Therapie-response-Marker	B. burgdorferi, PCR spez. aber wenig sens.	B.2.3, B.3.1, B.3.2, B.3.3, B.4, B.5.2, B.6.1, B.7, C.1.1.2
	Neurosyphilis	bis > 350	mononukleär mit wenig Granulozyten		Plasmazellen (+) (Eosinophile)			bis > 800	bis 15 (30)	IgG > IgM > IgA	+ (> 90 %)	ITpA (IgG)			CXCL13 unspez. aber sens.; Therapie-response-Marker	serologische Diagnostik und Aktivitätsparameter TPPA, FTA-Abs, VLDR, RPR	B.2.3, B.3.1, B.3.2, B.3.3, C.1.1.2

Neurobrucellose	10–1000	granulozytär → lymphozytär	Plasmazellen, Eosinophile	3,0–5,0	normal bis leicht erniedrigt	erhöht (bis > 3000)		IgG, IgM, IgA	+	Kultur, Serologie, PCR	B.3.2, C.1.1.1.2
Neuroleptospirose	um 100	granulozytär, gemischtzellig, im Verlauf lymphozytär	Eosinophile		normal	normal bis > 1500				Kultur, Serologie, PCR	C.1.1.1.2
Legionellose	10–200	gemischtzellig, lymphozytär		normal – leicht erhöht	meist normal	erhöht	bis > 50		(+)	(Urinantigentest), PCR, Kultur, (Serologie)	C.1.1.1.2
Chlamydien-Infektion des ZNS	5–70	lymphozytär		normal – leicht erhöht	erniedrigt	erhöht				PCR; Kultur im Rachenabstrich/ Trachealsekret	C.1.1.1.2
Mykoplasmen-Infektion des ZNS	5–1200 (50 %)	lymphozytär >> gemischtzellig	(Eosinophile)	erhöht (59 %)		bis 1500 (50 %)				Serologie, PCR	C.1.1.1.2
M. Whipple (Tropheryma whippelii)	normal bis 400	gemischtzellig	MØ mit sichelförmigen Einschlüssen (Sieracki-Zellen); (Plasmazellen, Eosinophile)			normal bis leicht erhöht			(+)	PCR, Zytologie, Duodenalzottenbiopsie	B.2.3, B.6.1, C.1.1.1.2

(fortgesetzt)

Tab. C.2.1 (fortgesetzt)

Krankheiten			Zelluläre Bestandteile			L-Laktat (mmol/l)	Q_{Glu} [1]	Humorale/lösliche Bestandteile									Verweise
Erkrankungsgruppe	Erkrankungen	Zellzahl (z/µl)	Diff.-zellbild	Lymphozytensubpopulationen	Sonstige			Gesamteiweiß (mg/l)	Q_{Alb} ($\times 10^{-3}$)	Intrathekale Immunglobuline (IgG,IgM,IgA)	Oligoklonale Banden (IgG)	Spezifischer Antikörperindex	Autoantikörper	Destruktionsmarker	Adhäsionsmoleküle, Zytokine, Chemokine	Sonstige	
Virale Infektionen	Herpes-simplex-Virus-Enzephalitis (HSVE)	5–500	lymphozytär, Neutrophile (+)	$CD8^+CD11a^+$ T-Zellen	Plasmazellen, Erythro- und Hämosiderophagen, IFNγ-produzierende Lymphozyten	normal bis leicht erhöht < 3,5	normal	500–800	bis 25	IgG > IgM, IgA	(+) (11 %)	+	Bei rekurrierendem Verlauf (25 %) ggf. NMDAR-Antikörper			HSV-I PCR	B.1, B.2.3, B.3.1, B.3.2, B.3.3, B.4, B.5.2, B.6.1, B.6.2, B.7, C.1.1.2.1
	Varizella-Zoster-Virus (VZV)- Erkrankungen	30–600	mononukleär		aktivierte B-Zellen +	normal	normal	500–1000	8–25	IgG (15 %) > IgA > IgM	+ (30 %)	+				VZV-PCR	B.2.1, B.3.1, B.3.2, B.3.3, B.5.2, B.6.2, B.7, C.1.1.2.2
	HIV-Stadium I/II	bis 30 (40 %)	lymphozytär	CD4/CD8-Ratio < 1,0	(Plasmazellen)				normal (85 %), ansonsten leicht erhöht	IgG (25–40 %)	+ (50–70 %)	+ (50–70 %)					B.2.3, B.3.1, B.3.2, B.3.3, B.4, B.6.2, C.1.1.2.5
	HIV-Stadium III /AIDS	bis 30 (80 %)		CD4/CD8-Ratio < 1,0 (> 90 %)					8–15	IgG (20 %)	+ (40 %)	+ (85 %)		NfL bei HIV mit kognitivem Defizit stark erhöht		HIV-PCR bei neurologischer Manifestation	B.3.1, B.3.3, B.4, B.6.2, C.1.1.2.5

	Masern-Enzephalitis	10–500	mononukleär		Aktivierungszeichen		normal	bis > 1000	leicht bis mittelgradig erhöht	(IgG)	(+)	(+)			B.3.3, B.6.2, C.1.1.2.6
	subakute sklerosierende Panenzephalitis (SSPE) nach Maserninfektion	normal bis leicht erhöht	lymphozytär		aktivierte B-Zellen (+) (Eosinophile)	normal		leicht erhöht	normal	IgG (> 90 %) > IgM	+ (> 90 %)	+			B.3.2, B.6.2, C.1.1.2.6
	Frühsommer-Meningoenzephalitis (FSME)	30–1500	gemischtzellig-granulozytär → mononukleär	CD4, CD8		normal		bis 1000	bis 20	IgM > IgG > > IgA		IgG > IgM			B.6.2, C.1.1.2.10
	Coronavirus SARS-CoV-2	normal bei ZNS-Beteiligung < 100 möglich	lymphomonozytär			normal	normal	bis 2400	normal bis gering erhöht bis 50 (50 %)		unauffällig				C.1.1.2.18
Pilzinfektionen	Candidamykose	30–300	gemischtzellig		(Eosinophile)	4–9	(erniedrigt)	bis 1500		IgA > IgG	(+)			Kultur, PCR	B.3.2, B.6.3, B.7, C.1.1.3.1
	Kryptokokkose	normal bis 300	lymphozytär bis gemischtzellig	aktivierte B-Zellen (+)	Plasmazellen MØ mit phagozytierten Kryptokokken (Eosinophile)	bis 13	erniedrigt	bis 2500	erhöht	IgG, IgM → Dreiklassenreaktion	(+)		CXCL13 unspez. aber sehr sens.; Therapieresponsemarker	Tuschefärbung, Kultur, PCR	B.3.1, B.3.2, B.6.3, C.1.1.3.2

(fortgesetzt)

Tab. C.2.1 (fortgesetzt)

Krankheiten			Zelluläre Bestandteile			L-Laktat (mmol/l)	Q_{Glu} [1]	Humorale/lösliche Bestandteile									Verweise
Erkrankungsgruppe	**Erkrankungen**	**Zellzahl (z/µl)**	**Diff.-zellbild**	**Lymphozytensubpopulationen**	**Sonstige**			**Gesamteiweiß (mg/l)**	**Q_{Alb} ($\times 10^{-3}$)**	**Intrathekale Immunglobuline (IgG,IgM,IgA)**	**Oligoklonale Banden (IgG)**	**Spezifischer Antikörperindex**	**Autoantikörper**	**Destruktionsmarker**	**Adhäsionsmoleküle, Zytokine, Chemokine**	**Sonstige**	
	Aspergillose (Meningitis)	50 → 1000	granulozytär bis gemischtzellig		Erythro- und Hämosiderophagen nach Rupturblutung, (Eosinophile)	< 4	erniedrigt	bis 4000	erhöht	IgA > IgG, IgM	(+)					Kultur, PCR	B.6.3, C.1.1.3.3
Protozoen-Infektionen	Toxoplasmose	bis 1000	Lympho(mono)zytär		aktivierte Lymphozyten (+) Plasmazellen		(normal bis leicht erniedrigt)	bis > 1000	8–25 (75 %)	Dreiklassenreaktion (50 %)	(+)	+ (100 %)				PCR, Serologie	B.3.1, B.3.2, B.3.3, B.6.4, C.1.1.4.1
	Zerebrale Malaria	leicht erhöht (meist < 20)				erhöht	normal bis erniedrigt	bis 1500		(IgG)	(+)					Mikroskopie Blutausstrich/ dicker Tropfen; Antigen-Test, PCR	B.3.2, B.6.4, C.1.1.4.2
	Zerebrale Amöbiasis	leicht erhöht	gemischtzellig				deutlich erniedrigt	gering erhöht								Kultur, PCR	B.6.4, C.1.1.4.3
Parasitosen	Neurozystizerkose	bis 120 (60 %)	lymphozytär oder gemischt		Plasmazellen, sehr selten Eosinophile		erniedrigt (prognostisch ungünstig)	erhöht	erhöht	IgG, IgE	+	+				Serologie; Stuhluntersuchung	B.2.1, B.3.2, B.6.4, C.1.1.5.1

	Toxocariasis (eosinophile Meningoenzephalitis)	normal bis 150	lymphozytär bis granulozytär		Eosinophile (bis 30 %)		normal bis erniedrigt	erhöht	erhöht	IgG		+			Serologie; Stuhluntersuchung	B.6.4, C.1.1.5.2
	Trichinose	erhöht (50 %)	gemischtzellig		Eosinophile, Larven (25 %)		normal	gering erhöht							Serologie; Stuhluntersuchung	B.6.4, C.1.1.5.3
Sonstige Infektionen	Septische Herdenzephalitis	normal bis 500	granulozytär oder gemischtzellig		aktivierte Lymphozyten (+) (Plasmazellen)	erhöht (bis 7)		bis > 1500		(IgA, IgG)						B.6.1, C.1.2.3
Entzündlich-demyelinisierende Erkrankungen	Multiple Sklerose (MS)	normal bis erhöht (60 %), bis 50 (meist < 35)	lymphozytär > lymphomonozytär	T-Zellen (90 %), B-Zelle n (10 %)	Lymphoidzellen, Plasmazellen			normal (> 70 %) bis leicht erhöht (< 700–900)	normal (> 70 %) bis leicht erhöht (< 10)	IgG (60 %) > > IgM > IgA	+ (> 90 %), Kappa-FLC ähnlich sensitiv	MRZ positiv		NfL korreliert mit entzündlicher Aktivität; GFAP korreliert mit PIRA		B.1, B.2.3, B.3.1, B.3.2, B.3.3, B.4, B.7, C.1.1.6.1
	Neuromyelitis optica Spektrumerkrankung (NMOSD)	normal bis erhöht (60 % im Schub; 20 % in Remission), > 50 bei 35 %, bis > 100 (6 %)	lymphomonozytär bis gemischtzellig		Neutrophile, Eosinophile, Lymphoidzellen (10–20 %), Plasmazellen	(gering erhöht)		normal bis erhöht (55), bis > 1000		IgG (10 %)	+ (20–35 % im Schub; 9 % in Remission) oft transient	MRZ negativ	AQP4-Antikörper im Serum	GFAP korreliert mit Schädigungsgrad		B.3.2, B.7.3.6.3, C.1.1.6.2
	Myelin-Oligodendrozyten-Glykoprotein assoziierte Erkrankung (MOGAD)	normal bis erhöht (50 %), > 10 häufig, > 50 (20 %), > 100 (10 %)	lymphomonozytär bis gemischtzellig		Neutrophile, Lymphoidzellen, Plasmazellen	(gering erhöht)		normal bis erhöht (40 %), bis 1000		IgG (oft transient)	+ (< 30 %), teils transient	MRZ negativ	MOG-Antikörper im Serum			B.3.2, B.7.3.6.3, C.1.1.6.1, C.1.1.6.3

(fortgesetzt)

Tab. C.2.1 (fortgesetzt)

Krankheiten		Zelluläre Bestandteile				L-Laktat (mmol/l)	Q_{Glu} [1]	Humorale/lösliche Bestandteile									Verweise
Erkrankungsgruppe	Erkrankungen	Zellzahl (z/µl)	Diff.-zellbild	Lymphozytensubpopulationen	Sonstige			Gesamteiweiß (mg/l)	Q_{Alb} ($\times 10^{-3}$)	Intrathekale Immunglobuline (IgG,IgM,IgA)	Oligoklonale Banden (IgG)	Spezifischer Antikörperindex	Autoantikörper	Destruktionsmarker	Adhäsionsmoleküle, Zytokine, Chemokine	Sonstige	
	Akute inflammatorische demyelisierende Polyneuropathie (AIDP), GBS und MFS	normal bis 50 (rückläufig), (meist < 10)	lymphozytär	$CD4^+$HLA-DR^+ T-Zellen, $CD4^+CD29^+$ T-Zellen	(Plasmazellen)			normal bis 2000		negativ	negativ		Antigangliosid-Antikörper, z. B. GM1 beim GBS, oder GQ1b beim MFS				B.1, B.3.1, B.4, B.7.3.6.4, C.1.1.6.8, C.1.1.6.9
	Chronische inflammatorische demyelisierende Polyneuropathie (CIDP)	normal (90 %) bis leicht erhöht (meist < 10)	lymphozytär					normal bis 6000		(IgG)	(+)						C.1.1.6.11
Vaskulitiden/Kollagenosen/Granulomatosen	Panarteriitis nodosa	normal bis leicht erhöht	lymphozytär					normal									C.1.1.8.2
	primäre Angiitis des ZNS (PACNS)	gering erhöht (70 %) (< 250)	lymphozytär				normal	erhöht (96 %)		(IgG)	(+)						C.1.1.8.5
	Behçet-Syndrom	normal bis mittelgradig erhöht (< 500)	granulozytär → gemischtzellig → lymphozytär				normal	normal bis leicht erhöht									B.3.2, C.1.1.8.4

	Eosinophile Granulomatose mit Polyangiitis (EGPA; früher Churg-Strauss-Syndrom)	normal bis gering erhöht (4 %)			Eosinophile		leicht erhöht, 34 %				Antineutrophile Zytoplasma-Antikörper (p-ANCA)			C.1.1.8.3.3
	Granulomatose mit Polyangiitis (GPA; früher Wegenersche Granulomatose)	gering erhöht	lymphomonozytär				leicht erhöht		(+)	(MRZ)	Antineutrophile Zytoplasma-Antikörper (c-ANCA)			B.3.2, B.3.3, C.1.1.8.3.2
andere systemische Autoimmunerkrankungen	Systemischer Lupus erythematodes (SLE)	5–50 (30 %)	lymphozytär			normal	normal bis leicht erhöht	IgG, IgM, IgA	+ (30–40 %), transient		Antinukleäre Antikörper, etc.			B.3.2, B.3.3, C.1.1.9.1
	Sjögren-Syndrom	normal bis mäßig erhöht (< 20)	lymphozytär		selten Plasmazellen	normal	normal bis leicht erhöht	IgG	+ (25 %)		SS-A, SS-B Antikörper			B.3.2, B.3.3, C.1.1.9.2
sonstige Entzündungen	Neurosarkoidose	10–200 (40 %)	lymphozytär	CD4/ CD8-Ratio erhöht	(Plasmazellen)	erniedrigt (20 %)	normal bis > 2000	IgG, IgA > IgM	+ (50–70 %), transient			(sIL-2R (> 50 %))	(Lysozym (75 %)), (β_2-MG, ACE- Aktivität (40–60 %)),	B.3.1 B.3.2, B.4.1.8, B.4.1.10, C.1.1.7.1
	Rasmussens chronische Enzephalitis	(geringgradig erhöht)				(normal)	(geringgradig erhöht)		+ (50 %)				Cytomegalievirus (PCR)	C.1.1.7.2
	Eosinophile Meningitis	(erhöht)			Eosinophile		(erhöht)							C.1.1.7.4
	Mollaret-Meningitis	hoch (200–3000), oft 200–300	granulozytär → lymphomonozytär		Plasmazellen, endotheliale Reizformen (Mollaret-Zellen)	normal	bis 2000	IgG	+				HSV II (PCR)	C.1.1.7.5

(fortgesetzt)

Tab. C.2.1 (fortgesetzt)

Krankheiten			Zelluläre Bestandteile			L-Laktat (mmol/l)	Q_{Glu} [1]	Humorale/lösliche Bestandteile									Verweise
Erkrankungsgruppe	Erkrankungen	Zellzahl (z/µl)	Diff.-zellbild	Lymphozytensubpopulationen	Sonstige			Gesamteiweiß (mg/l)	Q_{Alb} ($\times 10^{-3}$)	Intrathekale Immunglobuline (IgG,IgM,IgA)	Oligoklonale Banden (IgG)	Spezifischer Antikörperindex	Autoantikörper	Destruktionsmarker	Adhäsionsmoleküle, Zytokine, Chemokine	Sonstige	
	Bickerstaff-Enzephalitis	geringgradig erhöht (30 %; meist < 100; z. T. bis ~500)					normal	normal bis > 3000					im Se Anti-GQ1b-Antikörper (75 %)				C.1.1.7.6
	Hashimoto Enzephalopathie	geringgradig erhöht (10–25 %)	lymphozytär				normal	normal bis erhöht, selten > 1000 (< 20 %)					im Se Anti-TPO- und Anti-Thyreoglobulin-AK				C.1.1.7.7
	Medikamenten-induzierte Meningitis	100–2000	granulozytär oder lymphozytär		(Eosinophile)	normal	normal	erhöht									C.1.6.2
	Fremdkörper-induzierte Entzündungen	50–400	granulozytär → lymphomonozytär		MØ (Riesenzellen), Eosinophile												B.7, C.1.6.6, C.1.6.7
Nichtentzündliche zerebrovaskuläre Erkrankungen																	
Malformationen	Arteriovenöse pineale Malformation mit kongestiver Myelomalazie	leicht erhöht	lymphomonozytär		(Plasmazellen)						(+)						C.1.4.5.11

Ischämien	Infarkt	normal bis leicht erhöht, je nach Infarktgröße bis 400		aktivierte Lympho-zyten (+); Granulo-zyten	erhöht bei frischem Infarkt	normal	normal bis gering erhöht (30 %)	(+)	NSE, S100ß, τ-Protein erhöht; GFAP erhöht p- τ unauffällig		B.2.3, B.3.2, C.1.4.5.2
	Zerebrale Amyloidangio-pathie (CAA)	normal, (leicht erhöht)					meist gering erhöht 300–1200	unauffällig			C.1.4.5.6
	CADASIL	normal					normal bis erhöht < 800	unauffällig			C.1.4.5.7
	Posteriores reversibles Enzephalopa-thie-Syndrom (PRES)	normal			normal		erhöht bis 800			Liquorer-öffnungs-druck > 150 mm H_2O	C.1.4.5.8
	Reversibles zerebrales Vasokonstrik-tions-Syndrom (RCVS)	normal; gel. Pleozyto-sen < 35 (30 %)	lymphomono-zytär	(Granulo-zyten)	normal	normal	normal bis erhöht (< 1000)				C.1.4.5.9
	Spinale Ischämie, nicht-trauma-tisch	normal bis geringgra-dig < 30 (< 17 %)					(erhöht)	unauffällig			C.1.4.5.10
Blutungen	Subarachnoi-dale Blutung (SAB)	mittelgradig bis stark erhöht (bis 1500)	erythrogra-nulozytär → monolympho-zytär	aktivierte Lympho-zyten (+) Erythro- und Side-rophagen, (Plasma-zellen) (Eosino-phile)	erhöht	normal	stark erhöht		Nf erhöht	Hämosiderin, Hämatoi-din = Bilirubin	B.1, B.2.1.5, B.2.3, B.4, B.8, C.1.4.5.3

(fortgesetzt)

Tab. C.2.1 (fortgesetzt)

Krankheiten			Zelluläre Bestandteile			L-Laktat (mmol/l)	Q_{Glu} [1]	Humorale/lösliche Bestandteile									Verweise
Erkrankungsgruppe	Erkrankungen	Zellzahl (z/µl)	Diff.-zellbild	Lymphozytensubpopulationen	Sonstige			Gesamteiweiß (mg/l)	Q_{Alb} ($\times 10^{-3}$)	Intrathekale Immunglobuline (IgG,IgM,IgA)	Oligoklonale Banden (IgG)	Spezifischer Antikörperindex	Autoantikörper	Destruktionsmarker	Adhäsionsmoleküle, Zytokine, Chemokine	Sonstige	
	Intrazerebrale Blutung	mittelgradig erhöht			aktivierte Lymphozyten (+) Erythro- und Siderophagen	erhöht bis 3,5	normal	stark erhöht						τ-Protein und Nf erhöht			B.1, B.2.1.5, B.2.3, B.4, B.8, C.1.4.5.4
Neoplasien																	
Hirntumoren	Glioblastom, Spongioblastom, Astrozytom, Oligodendrogliom, Retinoblastom, Akustikusneurinom, Meningeom, Ependymom, Pinealom, Medulloblastom, Sarkom, primäres Lymphom, Dysgerminom, Plexuspapillom	normal bis > 1000	lymphomonozytär, selten granulozytär		Tumorzellen, (Plasmazellen)	erhöht bis 3,5	normal bis erniedrigt			(IgG)	(+)					spinal: „Stop-Liquor“, α-Fetoprotein (AFP) und ß-Human-Chorion-Gonadotropin (HCG) beim Dysgerminom; Tumormarker im Blut	B.1, B.2.1, B.2.2, B.3.2, B.3.5, B.5.2, B.4, C.1.3

Intrazerebrale Metastasen	Karzinome, Melanome, Lymphome, (Myo-) Sarkome, Mesotheliome, Leukämien	normal bis > 1000	gemischtzellig	aktivierte Lymphozyten (+) Tumorzellen häufig in Verbänden, (Plasmazellen) (Eosinophile)	> 3,5	erniedrigt		(IgM), (IgG), (IgA)	(+)		$Q_{CEA} > Q_{Alb}$ Tumormarker im Blut	B.2.1, B.2.2, B.3.1, B.3.2, B.3.5, B.4, B.5.4.1, B.5.4.3, C.1.3
Meningeosis	Meningeosis neoplastica, lymphomatosa, leucaemica	normal bis leicht erhöht (> 70 %), > 100 (10 %), seltener bis > 1000)	gemischtzellig, (granulozytär (1–2 %))	Tumorzellen, (Eosinophile) (Neutrophile)	> 3,5	erniedrigt (40 %)	bis > 5000 (> 80 %)	(IgG), (IgA und IgM bei hämatolog. Tumoren (20 bzw.30 %)	(+) (10–24 %)			B.1, B.2.1, B.2.2, B.3.5, B.5.4.2, C.1.3.1, C.1.3.2
Paraneoplastische Syndrome	Zerebellitis, Retinopathie, limbische Enzephalitis	normal bis erhöht, 5–200 (in bis zu 50–65 %)	lymphozytär				normal bis leicht erhöht (in bis zu 60–85 %)	(IgG)	(+) (bis zu 60–83 %)	Anti-Hu, Anti-Yo, Anti-Ri, Anti-Tr, Anti-Ma/Ta, Anti-CV2 Anti-Amphiphysin, Anti-MAP1b, Anti-Recoverin Anti-mGluR5 Anti-KLHL11		B.3.2, B.3.4, C.1 .1.10.1
	Stiff-Person-Syndrom	normal bis leicht erhöht	lymphozytär				normal	IgG	+ (60 %)	Anti-GAD65-, Anti-Amphiphysin-, Anti-Glycin-R-Antikörper		B.3.2, B.3.4, C.1.1.10.2

(fortgesetzt)

Tab. C.2.1 (fortgesetzt)

Krankheiten		Zelluläre Bestandteile				L-Laktat (mmol/l)	Q_{Glu} [1]	Humorale/lösliche Bestandteile									Verweise
Erkrankungsgruppe	Erkrankungen	Zellzahl (z/µl)	Diff.-zellbild	Lymphozytensubpopulationen	Sonstige			Gesamteiweiß (mg/l)	Q_{Alb} ($\times 10^{-3}$)	Intrathekale Immunglobuline (IgG,IgM,IgA)	Oligoklonale Banden (IgG)	Spezifischer Antikörperindex	Autoantikörper	Destruktionsmarker	Adhäsionsmoleküle, Zytokine, Chemokine	Sonstige	
Autoimmunenzephalitiden (AIE)[4]																	
	NMDAR Enzephalitis	normal bis leicht erhöht (meist < 100; z. T. bis 500, gelegentlich bis 1000)	lymphozytär					normal bis leicht erhöht, sehr selten bis > 2000		IgG > IgM > IgA (50 %) (Dreiklassen-Reaktion (10 %))	+ (50–70 %)		Anti-NMDAR				B.3.1, B.3.4, C.1.1.10.2
	Limbische Enzephalitis, andere AIE	normal bis leicht erhöht (bis zu 60 %)[4] bis zu 100, sehr selten bis zu 1000	lymphozytär					normal bis leicht erhöht (bis zu 50 %)			(+) (bis zu 75 %)		Anti-LGI1, Anti-CASPR2, Anti-GABA-A/B, Anti-AMPAR-1/2, Anti-DPPX, Anti-IgLon5 Anti-GAD Anti-GlyR				B.3.1, B.3.4, C.1.1.10.2
Degenerationen																	
	Alzheimer-Krankheit	normal				normal				normal				β-Amyloid (1–42) erniedrigt < 500 µg/l, Amyloid-Quotient erniedrigt, τ erhöht > 400 µg/l, pTau erhöht			B.3.1, B.4.3, C.1.4.1.1

	Frontotemporale Demenz	normal		normal					τ und pTau normal, $A\beta_{1-42}$ normal-gel. leicht erniedrigt, NfL und pNfH erhöht		B.3.1, B.4.3, C.1.4.1.2
	Vaskuläre Demenz	normal	normal	normal				unauffällig	τ, pTau und Aβ42/40 normal, (NfL, GFAP)	(MMPs)	C.1.4.1.5
motorisch betont	Progressive Supranukleäre Blickparese	normal	normal	normal				unauffällig	NfL in Li und Se erhöht		C.1.4.1.3
	Multisystematrophie	normal	normal	normal				unauffällig	NfL und τ erhöht	Seed-amplification assays für α-Synuclein-	B.5.1.3.2, B.5.3, C.1.4.1.4
	Parkinson-Krankheit	normal		normal		normal bis leicht erhöht		unauffällig			B.3.2.6.1, B.5.3, C.1.4.1.7
	Huntington-Krankheit	normal		normal			normal	unauffällig			C.1.4.1.8
	Amyotrophe Lateralsklerose	normal	normal	normal	normal	normal bis leicht erhöht	normal	unauffällig	NfL und pNfH, deutlich erhöht (Li & Se)		C.1.4.1.9
Prionenerkrankung	Creutzfeldt-Jakob- Erkrankung (CJD), Gerstmann-Sträussler-Schenker-Syndrom	normal				normal bis moderat erhöht	normal		Protein 14–3–3 (RT-QuIC), τ sehr stark erhöht, pTau normal		B.3.1, B.4.3, B.5.1.3.2, B.5.3, C.1.4.2

(fortgesetzt)

Tab. C.2.1 (fortgesetzt)

Krankheiten			Zelluläre Bestandteile			L-Laktat (mmol/l)	Q_{Glu} [1]	Humorale/lösliche Bestandteile									Verweise
Erkrankungsgruppe	Erkrankungen	Zellzahl (z/µl)	Diff.-zellbild	Lymphozytensubpopulationen	Sonstige			Gesamteiweiß (mg/l)	Q_{Alb} ($\times 10^{-3}$)	Intrathekale Immunglobuline (IgG,IgM,IgA)	Oligoklonale Banden (IgG)	Spezifischer Antikörperindex	Autoantikörper	Destruktionsmarker	Adhäsionsmoleküle, Zytokine, Chemokine	Sonstige	
Traumata																	
posttraumatisch, postoperativ	Schädel-Hirn-Trauma, Comotio, Contusio und Compressio cerebri	(leicht) erhöht	lymphomonozytär bis granulozytär		MØ, (Eosinophile)	erhöht		(leicht) erhöht			(+)			erhöht GFAP, UCH-L1, NfL, NfH, τ, MBP, NSE und S100β; Bluttests verfügbar		GFAP und UCH-L1 im Se erhöht, als POCT vorhanden	B.2.1, B.3.1, B.3.2, B.3.4, B.4, C.1.4.4 , C.1.6.6
Intoxikationen																	
	Medikamente, Drogen, Schwermetalle	normal bis diskret erhöht, bei Medikamenten-induzierter Meningitis und Bleiintoxikation stark erhöht (bis > 2000)	(lymphomonozytär), bei Medikamenteninduzierter Meningitis granulozytär		(Eosinophile)		normal	normal bis diskret erhöht, bei Bleiintoxikation stark erhöht								Substanzen, die zur Intoxikation führten	C.1.4.7, C.1.6.2

Epileptische Anfälle													
	Idiopatisch/ genetisch generalisierte Epilepsie, fokale Epilepsie, Status epilepticus	zumeist normal, nur in ca. 4–6 % der Fälle leicht erhöht	lymphomonozytär		L-Laktat kann iktal und bis zu 3 Tage postiktal erhöht sein (ca. 14 %)	normal	normal bis erhöht (in ca. 50 %)	selten (< 10 %), vor allem bei Anfällen oder Epilepsien ungeklärter Ätiologie)	selten (< 10 %), vor allem bei Anfällen oder Epilepsien ungeklärter Ätiologie)		NSE und S100ß im Blut wenige Stunden erhöht τ im Li normal bis erhöht (ca. 36 %, auch abhängig von der Dauer des Anfalls)	Prolaktin erhöht im Serum	C.1.5.1
Sonstige Erkrankungen													
Stoffwechselerkrankungen	Diabetes mellitus mit progressiver Polyneuropathie	normal					erhöht bis zu 4000		+ (30 %)	Anti-GAD-65 Antikörper im Blut			B.3.4.3.2, C.1.4.10.7
	Kearns-Sayre-Syndrom	normal			erhöht		erhöht, meist > 1000					Laktat/Pyruvat-Quotient	C.1.4.10.1
	MELAS-Syndrom	normal			erhöht		normal					Laktat/Pyruvat-Quotient	C.1.4.10.1
	Leber'sche hereditäre Optikus-Neuroretinopathie	normal			normal		normal						C.1.4.10.1
	Adrenoleukodystrophie				normal		normal bis erhöht, < 1000	IgA > IgG > IgM	+ (7 %)				B.3.1.3.1, B.3.2 .7.2, C.1.4.10.2
	Refsum-Syndrom						stark erhöht						C.1.4.10.2
	Globoidzell-Leukodystrophie						stark erhöht bis zu 4500						C.1.4.10.2

(fortgesetzt)

Tab. C.2.1 (fortgesetzt)

Krankheiten		Zelluläre Bestandteile				L-Laktat (mmol/l)	Q_{Glu} [1]	Humorale/lösliche Bestandteile									Verweise
Erkrankungsgruppe	Erkrankungen	Zellzahl (z/µl)	Diff.-zellbild	Lymphozytensubpopulationen	Sonstige			Gesamteiweiß (mg/l)	Q_{Alb} ($\times 10^{-3}$)	Intrathekale Immunglobuline (IgG,IgM,IgA)	Oligoklonale Banden (IgG)	Spezifischer Antikörperindex	Autoantikörper	Destruktionsmarker	Adhäsionsmoleküle, Zytokine, Chemokine	Sonstige	
	Morbus Fabry	Normal bis erhöht (< 75)	lymphomonozytär		teilweise überwiegend neutrophile Granulozyten			(erhöht) bis 1700									C.1.4.10.2
	Morbus Gaucher	normal	lymphomonozytär		monozytäre „Gaucher-Zellen“											Glykolipid erhöht	C.1.4.10.2
	Metachromatische Leukodystrophie							(erhöht) bis 2500						NfL erhöht	MCP-1, IL-8, VEGF erhöht		C.1.4.10.2
	Morbus Niemann-Pick	normal				normal		normal bis leicht erhöht									C.1.4.10.2
	Dopa-responsive Dystonie	normal						normal								Tetrahydrobiopterin und Hydroxyvanillinsäure erniedrigt	C.1.4.10.3
	Morbus Wilson	normal						normal								Cu^{++} erhöht	C.1.4.10.4
	Funikuläre Myelose bei Vit.B12-Mangel	normal bis gering erhöht	lymphomonozytär					normal bis erhöht									C.1.4.10.9

Weitere	Idiopathische intrakranielle Hypertension (Pseudotumor cerebri)	normal				erniedrigt bis normal				Liquoreröffnungsdruck > 200 mm H_2O	A.6.3, C.1.4.3.1
	Spontanes idiopathisches Liquorunterdrucksyndrom	normal bis erhöht		(Erythrozyten)		(leicht erhöht)				Liquoreröffnungsdruck < 60 mm H_2O	A.6, C.1.4.3.2
	Normaldruckhydrocephalus	normal		(Ependym- und Plexus-choroideus-Zellen)		normal			$A\beta_{1-42}$, τ und pTau erniedrigt, Aβ40/42 normal	Liquoreröffnungsdruck normal	A.5, A.6.2, C.1.4.1.6, C.1.4.3.3
	Migräne	normal, (evtl. gering erhöht)		(Eosinophile)	normal	normal	negativ				C.1.4.6.1
	HaNDL	erhöht (10–760)	lymphozytäre Dominanz			erhöht (90 %) bis 2500		unauffällig			C.1.4.6.3
	Eklampsie	normal, (erhöht auf 20–100 (< 50 %))	oft dominant granulozytär			normal bis deutlich erhöht um 4300					C.1.4.8
	Spinalkanalstenose	i. d. R. normal				bis 30.000 lumbal, (zisternal und ventrikulär normal)					C.1.5.4.2
	Lumboischialgie (Nucleus-pulposus-Prolaps)	(diskret erhöht)									C.1.5.4.1

(fortgesetzt)

Tab. C.2.1 (fortgesetzt)

Krankheiten			Zelluläre Bestandteile			L-Laktat (mmol/l)	Q_{Glu} [1]	Humorale/lösliche Bestandteile									Verweise
Erkrankungsgruppe	Erkrankungen	Zellzahl (z/µl)	Diff.-zellbild	Lymphozytensubpopulationen	Sonstige			Gesamteiweiß (mg/l)	Q_{Alb} ($\times 10^{-3}$)	Intrathekale Immunglobuline (IgG,IgM,IgA)	Oligoklonale Banden (IgG)	Spezifischer Antikörperindex	Autoantikörper	Destruktionsmarker	Adhäsionsmoleküle, Zytokine, Chemokine	Sonstige	
Reizpleozytose, aseptische Meningitis																	
	Reizpleozytose nach LP	geringgradig erhöht (bis 50); nach mehrmaligen LPs bis 400	granulozytär → lymphomonozytär		(aktivierte Monozyten), (eosinophile Granulozyten)			normal									C.1.6.1
	Reizpleozytose, Fremdkörperreaktion	erhöht	gemischtzellig		MØ, (Riesenzellen), (Eosinophile), (Plasmazellen)	(erhöht) < 4	erniedrigt	leicht erhöht								Kultur negativ	C.1.6.6
	Medikamenteninduzierte aseptische Meningitis	variabel erhöht (bis mehrere Hundert)	granulozytär, seltener lymphozytär oder eosinophil				normal	oft erhöht, (bis > 1300)									C.1.6.2

[1] Für die Referenzwerte des Liquor/Serum-Glukosequotienten (Q_{Glu}) siehe **Kapitel A.9, Tab. A.9.2.** Der Q_{Glu} ist üblicherweise > 0,5 (d. h. im Liquor finden sich > 50 % der Blutglukose); bei Patienten mit ausgeprägter Hyperglykämie kann jedoch ein Q_{Glu} bis 0,3 normal sein.

[2] Nach Perforation in den Liquorraum kann die Zellzahl deutlich ansteigen (> 1000/µl) – wie bei akuter bakterieller Meningitis.

[3] Besonders bei spinalem, extraduralem Abszess oder Perforation in den Liquorraum.

[4] Die Liquorbefunde variieren erheblich mit dem Vorkommen bzw. Nachweis bestimmter Autoantikörper.

(+) kann erhöht/vorhanden sein; + erhöht/vorhanden

Abkürzungen: ACE, Angiotensin-Converting Enzyme; AIE, Autoimmunenzephalitiden; β2-MG, Beta-2-Mikroglobulin; CADASIL, Cerebrale autosomal-dominante Arteriopathie mit subkortikalen Infarkten und Leukenzephalopathie; HaNDL, headache with neurological deficits and CSF lymphocytosis; HSV, Herpes simplex Virus; ITpA, intrathekale Treponema pallidum Antikörper; Li, Liquor; LP, Lumbalpunktion; MMPs, Matrixmetalloproteasen; MØ, Makrophagen; MRZ, Masern Röteln Zoster; NfL, Neurofilament leichte Kette; NfH, Neurofilament schwere Kette; NMDAR, N-methyl-D-aspartate receptor; p, phospho; PIRA, progression independent of relapse activity; POCT, Point of care testing; Se, Serum; τ, Tau-Protein; VZV, Varizella zoster Virus; z, Zahl

C.3 Zur Befundbewertung in der Liquordiagnostik

3.1 Liquorbefunde unter Berücksichtigung des Krankheitsstadiums

Hayrettin Tumani, Uwe K. Zettl, Sigurd D. Süßmuth*

„Auch das Zufälligste ist nur ein auf entfernterem Wege herangekommenes Notwendiges." (Schopenhauer)

3.1.1 Vorbedingungen zur Befundinterpretation

In der klinischen Bewertung der Liquorbefunde müssen stets – ebenso wie bei der Indikation zur Liquorentnahme – einige grundsätzliche Fakten zum jeweiligen Krankheitsfall beachtet werden. Zu berücksichtigen sind:

1. Anamnese (primärer Prozess, akutes, subakutes, chronisches bzw. rezidivierendes Geschehen oder sekundäre Folgesymptomatik bei Allgemein- bzw. anderen Organmanifestationen),
2. die im Vordergrund stehenden klinischen Symptome und deren Topik,
3. Ergebnisse der Zusatzdiagnostik, wie neuroradiologische (CT, MRT), neurophysiologische Verfahren sowie die biologischen Reaktionen (klinische Chemie) einschließlich der Serodiagnostik.

Vorrangig sind diese Befunde in die klinische Interpretation der Liquorparameter einzubeziehen.

Die Einzelparameter der Liquoruntersuchung bedürfen in mehrfacher Hinsicht einer *kritischen Bewertung:*

a. hinsichtlich der Spezifität und Sensitivität sowie Präzision des jeweiligen Verfahrens (bzw. seiner Modifikationen) und des prädiktiven Wertes,
b. bezüglich der resultierenden Liquorbefunde und sich ergebenden Konstellationen, die als „Liquorsyndrome" (**Kap. A.1.5** sowie Tab. C.3.1 und C.3.2) definiert werden können.

Pathophysiologisch und pathomorphologisch ist generell zu bedenken, dass die *Reaktionen*, deren Ausdruck die Abweichungen im Liquorkompartiment darstellen, nicht nur durch das Hirnparenchym, sondern überwiegend durch das Gefäßsystem und das mesenchymale Gewebe bestimmt werden. Einen entscheidenden Einfluss haben darüber hinaus die Besonderheiten und der Grad der Störung der Blut-Hirn- und Blut-Liquorschranke sowie die Gliareaktion [1,2] (**Kap. A.3 und A.4**).

Eine kritische Wertung der Resultate einzelner Bestimmungsverfahren ist bereits in den vorangehenden **Kapiteln B.2 bis B.6 sowie B.9** bei den angewandten Methoden vorgenommen worden. Die für die Diagnostik relevanten *Liquorprofile* bzw. *Liquorsyndrome* (Tab. C.3.1 und C.3.2) bedürfen jedoch – unter Berücksichtigung der klinischen Entitäten – einer differenzierten Betrachtung [1–7]. Zudem ist die Beachtung der nachfolgend angeführten Faktoren notwendig. Nur so kann eine gezielte, den klinischen Anforderungen entsprechende Beurteilung und Befundinterpretation gewährleistet werden.

*__Anmerkung:__ Autoren des Kapitels in der 2. Auflage (2005): H. Meyer-Rienecker und R.-M. Olischer

https://doi.org/10.1515/9783110331905-024

3.1.2 Wesentliche Faktoren für die Liquorveränderungen

Zahlreiche Faktoren stellen die Grundlage für die zu erwartenden Abweichungen im Liquorkompartiment dar und haben in Art eines Bedingungs- und Abhängigkeitsgefüges einen Einfluss auf die nachweisbaren Reaktionen. Dabei steht die Ätiopathogenese verständlicherweise obligat an erster Stelle. In abgestufter Reihenfolge sind die folgenden *Einflussfaktoren* bedeutsam:

1. *Erkrankungsursache*, deren direkter oder indirekter Effekt (z. B. die unterschiedliche Pathogenität und der Tropismus mikrobieller Erreger) sowie die akute, chronische oder rezidivierende Einwirkung,
2. *Lokalisation* des pathologischen Geschehens, wobei vor allem die Anzahl, Ausdehnung und Liquorraumnähe der Krankheitsherde von Bedeutung sind,
3. *Krankheits- bzw. Verlaufsform*, die aufgrund der Reaktivität – bei unterschiedlicher genetischer Disposition (sog. Pathoklise) – sehr heterogen sein kann,
4. *Zeitpunkt der Lumbalpunktion* im jeweiligen Krankheitsverlauf, der bei vielen Liquorparameter einen ganz bestimmten Status widerspiegelt,
5. *Vor- und/oder Begleiterkrankungen* mit allgemein-metabolischen oder toxischen Einwirkungen (z. B. Einfluss auf die Funktion der Blut-Hirn- und Blut-Liquorschranke),
6. vorangegangene oder aktuelle *Medikation*, besonders hinsichtlich einer Antibiose oder Immunsuppression bzw. -modulation,
7. der *Allgemeinzustand*, der u. a. durch Fehlernährung oder Stress beeinträchtigt sein kann,
8. schließlich das *Alter* des Patienten (**Kap. B.**7).

Nicht nur die Ätiopathogenese einer Erkrankung, sondern auch die spezielle *Lokalisation* der Krankheitsherde sind entscheidend für den Nachweis pathologischer Liquorbefunde. Hierzu hat Felgenhauer [1] mit dem „Konzept des liquoranalytischen Gehirns“ umfassend Stellung genommen. Er unterscheidet den ab- und aufsteigenden (U-Rohr-artigen) Schenkel der Liquorräume (zum einen die Hirnventrikel, zum anderen den Subarachnoidalraum mit Verbindung über die basalen Zisternen). Als direkt *liquoranalytische Bereiche* werden angesehen:

- das Hemisphärenmark innerhalb eines Ventrikelabstandes von bis zu 30 mm,
- die Stammganglien, subpontine Hirnareale, das Kleinhirn sowie Teile des basalen Rindenbereiches.

Prozesse derartiger Lokalisation – etwa 50 % des ZNS – erweisen sich im allgemeinen als liquoranalytisch zugängig.

Es sind jedoch noch weitere regionale und vor allem durch den *Liquorfluss* bedingte Unterschiede zu beachten (**s. Kap. A.5**). Obwohl der Kortex (durch Furchung der Hirnoberfläche) eine 40-mal größere Fläche als die Ventrikelwände umfasst, zeigen rindennahe Vorgänge im fronto-okzipitalen Kortex (z. B. Frontalhirnprozesse) – wie auch die isolierten Zysten, z. B. im Bereich des Pallidums, etwa bei Neurozystizerkose [1] – relativ geringe auffällige CSF-Befunde. Dagegen können sich bei periventrikulären Herden verhältnismäßig deutliche Liquorveränderungen nachweisen lassen, wie von der Multiplen Sklerose bekannt ist.

Die vorangehenden Erörterungen und die angeführten Faktoren machen deutlich, dass eine verantwortungsvolle Bewertung und eine den Qualitätsstandards gemäße *Befundung* in der Liquordiagnostik nur im Zusammenhang mit den jeweiligen *klinischen Daten*, wie auch den Ergebnissen der bildgebenden, auf die *Topographie* der Prozesse hinweisenden Verfahren möglich ist [1–3, 5, 7–11].

Insgesamt resultiert aus dem Voranstehenden, dass der wesentliche *Anwendungsbereich* der Liquordiagnostik (Tab. C.3.1 und C.3.2) die folgenden Erkrankungen betrifft:
- Meningitiden und Meningoenzephalitiden, besonders basal
- Multiple Sklerose und Sonderformen
- Erkrankungsabläufe im Versorgungsgebiet der A. basilaris
- Krankheiten im Bereich der Stammganglien und des Zerebellums
- Erkrankungen des Rückenmarks und der Spinalwurzeln.

Andererseits finden sich eine Reihe von Krankheitsbildern, bei denen *a priori* nur *gering* veränderte oder auch *normale* Liquorgrundbefunde (Zellzahl, Gesamtprotein, Glukose oder Laktat, Q_{Alb}, Immunglobulinsynthese, OKBs) zu erwarten sind. Hierzu gehören besonders Prozesse im Bereich des Pallidums [1], sub- oder epidurale Großhirnprozesse, auch kortexnahe Phlegmone (!), Krankheitsprozesse im Versorgungsareal der A. carotis und im frontoparietalen Kortex lokalisierte degenerative Erkrankungen (u. a. M. Alzheimer).

Zum Einfluss der oft heterogenen Krankheits- und Verlaufsformen sowie der *Vor- und Begleiterkrankungen* und der *Medikation* auf die Liquorabweichungen liegen nach wie vor relativ wenig gute und detaillierte Analysen vor, zum Teil fehlt die Evaluation der Einzelparameter, zum Teil die Bewertung der verschiedenen Konstellationen, beispielsweise als Liquorsyndrome. In Anbetracht der Heterogenität der quantitativen und/oder qualitativen Liquorveränderungen ist eine Normierung – auch der Liquorsyndrome – in einer Reihe von Krankheitsfällen (speziell einiger Verlaufsformen) mehr oder minder kritisch, so dass für die Befundinterpretation bei den einzelnen Patienten eine „Individualisierung" notwendig erscheint.

3.1.3 Kategorien von Liquorbefunden

Zur Befundbetrachtung und -bewertung für die klinische Praxis auf der Basis der genannten Einflussfaktoren und unter Berücksichtigung der Zusammenstellungen in den vor-

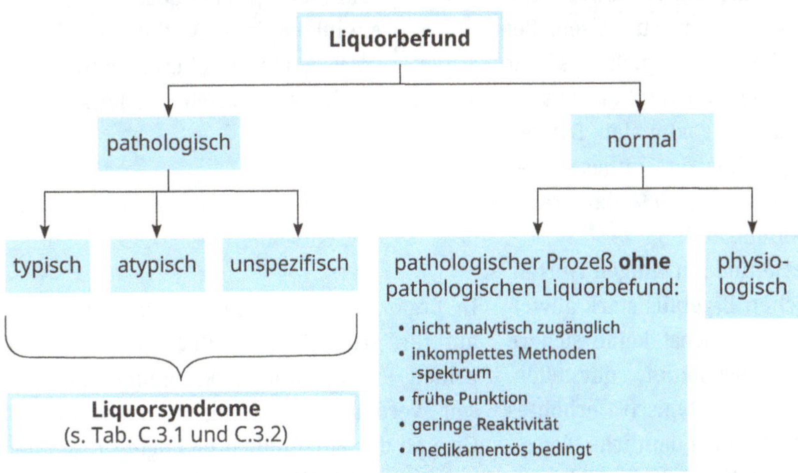

Abb. C.3.1: Kategorien und Variation der Liquorbefunde.

anstehenden **Kapiteln C.1 und C.2** (sowie nachfolgenden Tab. C.3.1 und C.3.2) ist auf einige grundsätzliche Variationen der Liquorbefunde [12–14] aufmerksam zu machen (Abb. C.3.1). Dabei stehen im Vordergrund die als obligatorisch herausgestellten Faktoren wie die Krankheitsursache (1.), die Prozesslokalisation (2.) und die Verlaufstypen mit Heterogenität (3.) sowie die Vor- und/oder Begleiterkrankungen (4.).

Gemäß den empirischen Erkenntnissen sind zu unterscheiden:

1. Ein für ein bestimmtes Krankheitsbild *charakteristischer*, d. h. *typischer* (nicht spezifischer) Liquorbefund, der aus den Untersuchungsergebnissen der Grundmethoden und ergänzenden Routineverfahren sowie der erweiterten speziellen Diagnostik ([1,2,5,7,12–15], **Kap. C.2** sowie Tab. C.3.1 und C.3.2) resultiert. Exemplarisch sei hier die Multiple Sklerose angeführt mit einer mäßigen Zellzahl- und Eiweißvermehrung, aktivierten B-Lymphozyten, oligoklonalen Banden, polyspezifischer Immunglobulin-Synthese und positiver MRZ-Reaktion: diese sind in mindestens 85 % nachweisbar.
2. Ein *inkomplett typischer* Befund, bei dem nicht alle Untersuchungsverfahren charakteristische Ergebnisse aufweisen. Bei der Multiplen Sklerose beispielsweise mit Fehlen der typischen Lymphozytenaktivierung oder der oligoklonalen Banden bzw. polyspezifischen Ig-Synthese oder MRZ-Reaktion – was bis 30 % der Krankheitsfälle betreffen kann.
3. Ein *atypischer* Befund mit einigen Werten, die vom typischen Ergebnis stark abweichen und somit zunächst keine sichere diagnostische Konstellation darstellen. Beispielsweise ein atypisch erhöhtes Gesamteiweiß oder eine deutliche Pleozytose (> 50 Zellen/µl) bei Multipler Sklerose, so dass differentialdiagnostisch die Frage einer Raumforderung sowie eines anders gearteten entzündlichen Prozesses, wie z. B. Neuroborreliose oder Neurosarkoidose besteht.
4. Ein *unspezifischer* Liquorbefund mit nur geringen oder nicht eindeutig pathologischen Abweichungen – auch i. S. eines „unspezifischen Reizungssyndroms“ (Tab. C.3.2) –, so dass ein mehr oder minder uncharakteristisches Resultat vorliegt. Allgemein bei Frühpunktion in der Latenzphase vor Ausprägung des Vollbildes eines pathologischen Geschehens, z. B. bei beginnender Meningoenzephalitis, Polyneuritis; besonders im Falle eines „abgekapselten“ Prozesses bzw. liquoranalytisch kaum erfassbarem Areal.
5. Ein *normaler* Befund trotz klinisch manifester Krankheit kann bedingt sein durch
   a. Liquorferne der Prozesslokalisation (die nicht analytisch zugänglich ist [1]),
   b. geringe (immunologische) Reaktivität (Immunsuppression, Hypo-/Anergie),
   c. inaktive Erkrankungsform (vor allem infolge langsamer bzw. verzögerter Krankheitsdynamik und -kinetik),
   d. Punktion in einer sehr frühen Erkrankungsphase oder
   e. ein inkomplettes Methodenspektrum (z. B. keine erweiterte Routinediagnostik bzw. spezielle Analytik).

3.1.4 Bedeutung der Krankheitsphasen bei Liquorsyndromen

In Ergänzung zum oben Angeführten muss auf die grundsätzliche Bedeutung der einzelnen Phasen einer Erkrankung hingewiesen werden. Das gilt insbesondere für die Gruppe der entzündlich bedingten Krankheiten (Tab. C.3.1). Vor allem hierbei finden sich abgrenzbare Verlaufsphasen im Rahmen des entzündlichen und/oder immunologischen Ablaufes, der Abwehr- bzw. Immunreaktion. Dabei besteht eine Abhängigkeit von der

a. Lokalisation
b. Virulenz der Erreger
c. Art der Einwirkung
d. Dauer und Menge des auslösenden Agens
e. Regulationsstörung sowie der Krankheitsdynamik
f. immunologischen, zellulären (polymorph- oder mononukleären) und humoralen (polyspezifischen und oligoklonalen) Reaktivität.

Eine Unterteilung nach *Verlaufsphasen* erscheint vor allem bei den das leptomeningeale Gefäßbindegewebe beteiligenden entzündlichen Erkrankungen des Zentralnervensystems von klinischem Interesse. Die Phasen werden im nachfolgenden – wie die Liquorsyndrome – aus didaktischen Gründen relativ summarisch und komprimiert dargestellt. Allgemein handelt es sich jedoch um kontinuierliche, keinesfalls streng abzugrenzende Vorgänge und Verläufe der quantitativen und qualitativen Veränderungen. Dabei dominieren jeweils – im Vergleich zu den Eiweißabweichungen – die speziellen Zellreaktionen aufgrund ihrer funktionellen Besonderheiten und Wertigkeit. Vor allem letztere ermöglichen in Abstimmung mit den klinischen Daten und oben angeführter Faktoren eine entsprechende Befundinterpretation im Krankheitsverlauf.

I. Akute granulozytäre Meningitis bzw. Meningoenzephalitis

Vorwiegend *bakteriell* ausgelöst gilt sie als Prototyp für die Einteilung eines phasenhaften Ablaufes [1–8,17].

1. *Phase.* Die *akute*, unspezifische *Abwehrreaktion* bietet infolge der (durch Chemokine und/oder lymphokine Faktoren bzw. entsprechende Rezeptoren getriggerten) Granulozyteninvasion und zunehmenden Gefäßpermeabilität eine schnell auftretende hohe granulozytäre Pleozytose und eine starke Eiweißvermehrung bei Schrankenstörung (Q_{Alb} ↑).
2. *Phase.* In der sogen. *Reaktionsphase* klingt die erste entzündliche Reaktion durch Abfall der Pleozytose bei verringertem Granulozytenanteil und sich reduzierenden Eiweißwerten ab. Eine Monozyten-Makrophagenaktivierung ist konsekutiv erkennbar (Abb. C.3.2). Phagozytierte Partikel (Zelltrümmer, aber auch Bakterien u. a. Erreger), in Art einer Abräumreaktion können einen „direkten" Rückschluss auf die Auslösung und den Ablauf des lokalen Prozesses ergeben. Der zunehmende Lymphozytenanteil bei relativ hoher Anzahl aktivierter Zellen (Lymphoidzellen, **Kap. B.2.3**) entspricht einer weitgehend gezielten immunologischen Abwehr, die aber in der Regel nicht zur Entwicklung einer intrathekalen Ig-Synthese führt. Sie bleibt insbesondere bei schnellem, optimalem antibiotischen Therapieerfolg aus, kann jedoch in seltenen Fällen eines komplikationsträchtigen bzw. subakut-chronischen Verlaufs (z. B. infolge einer verzögerten oder insuffizienten Antibiotikatherapie) auftreten.
3. *Phase.* In der *Reparationsphase* ist über eine Latenzzeit (nicht zuletzt abhängig von den o. g. Einflussfaktoren) ein weiteres Absinken der quantitativen Zell- und Eiweißwerte zu verzeichnen. In Art eines *Restzustandes* können vereinzelte aktivierte Zellformen (Makrophagen, Lymphoidzellen) bei häufig noch über der Normgrenze liegendem Eiweiß und einer Immunglobulinproduktion (auch als „Liquornarbe" bezeichnet) weiter zu beobachten sein [2–4, 7, 10, 18–21].

Tab. C.3.1: Wesentliche Liquorsyndrome mit Reaktionsphasen bei entzündlichen Erkrankungen (I–V).

Syndrom und Phasen	Zellen (quantitativ/ qualitativ)	Eiweiß (quantitativ/ qualitativ)	Besonderheiten/Bemerkungen
I. Akute, granulozytäre Meningitis bzw. Meningoenzephalitis (s. Abb. C.3.2), Krankheitsstadium:			
1. akute, unspezifische Reaktion (1. bis 4. Tag)	massiv erhöhte Zellzahl; fast einheitliche Granulozytose (≈ 90 %)	sehr hohes Ges.-Eiw.; ausgeprägte Schrankenstörung (Q_{Alb}↑)	– unterschiedliche *Erreger*, vorwiegend purulent-bakteriell, Nachweis (**Kap. B.6.1**) – charakterist. Befunde abhängig von Erreger und Abwehrlage (**Kap. B.2, B.3, B.7, C.1**) – gemischtzellige Bilder schon bei Erstpunktion bei atyp. Erregern (z. B. Spirochäten, Mycobakt., Listerien, Toxoplasmen, Pilzen) oder kompromittiertem Immunstatus – Verlaufskontrollen zur Bewertung des Therapieerfolgs; Frage der Chronifizierung – Entwicklung eines *Hirnabszesses:* Ges.-Eiw. ↑/Zellbild „bunt" mit Granuloz., Monoz. u. Makroph., aktivierten Lymphoz. (bei Abkapselung u. U. lediglich unspezifisches Reizungssyndrom) – *Mollaret-Syndrom:* Pleozytose / großplasmat. mononukleäre Zellen – Eosinophilie bei Infektionen, „allergischen" Reaktionen, Fremdkörperappl.; bei Parasitosen Eosinophilenanteil konstant
2. Reaktionsphase (5. bis 10. Tag u. später)	mäßige Pleozytose; Granulozytose ↓, Lymphoz. ↑, einige Lymphoidz., Monoz., wenige Makroph.	Ges.-Eiw. rückläufig; Schrankenstörung (Q_{Alb}↑)	
3. Reparationsphase (bzw. Restzustand)	Zellzahl ↓; lymphomonozytäres Bild, einige Lymphoid- u. Plasmaz., vereinz. Makroph.	im allgemeinen über Grenzwert; selten i.th. Ig-Produktion (**Kap. B.3**)	
Sonderfall: eosinophiles Liquorsyndrom	mäßige bis höhere Pleozytose; unterschiedlicher Eosinoph.-Anteil (> 10 %), Lymphoz., Granuloz., Monoz. u. Makroph.	Ges.-Eiw. mäßig bis stark ↑; Schrankenstörung, selten i.th. Ig-Produktion	
II. Vorwiegend lymphozytäre Meningitis bzw. Meningoenzephalitis (s. Abb. 3), Krankheitsstadium:			
1./2. akute Reaktion	mäßige bis erhebliche Pleozytose; evtl. Granuloz., Lymphoz. relativ hoch, Lymphoidz.	oberer Grenzwert ↑bis auf das 2- bis 3-fache; Schrankenstörung (Q_{Alb}↑), IgM-, später IgG-Produktion (**Kap. B.3**)	– zumeist virusbedingt, Erregersuche (**Kap. B.6.2**) – Befund vieldeutig, Anamnese u. Klinik (!) – *erregerspezifische* Zuordnung entsprechend Antikörperproduktion, auch i.th. (s. u. a. **Kap. B.3.3 u. B.6**) – *Enzephalitis:* Zellzahl gering bis mäßig ↑; buntes, aktiviertes Zellbild – bei *chronischen Verläufen*, DD: Tuberkulose, Mykose, Neuroborreliose (Stad. II; spezif. IgM-Synthese i.th., aktiv. B-Zellen), Neurolues (Stad. III u. IV), Neurosarkoidose (Kap. **B.6.1, B.6.3, C.1.1.7**)
3. Phase: subakutes Stadium u. Reparation	Zellzahl bald ↓; lymphozytär u. monozytär aktiviertes Bild	Normalisierung Q_{Alb}; i.th. IgG↑ (z. Tl. persistierend)	

Tab. C.3.1 (fortgesetzt)

Syndrom und Phasen	Zellen (quantitativ/ qualitativ)	Eiweiß (quantitativ/ qualitativ)	Besonderheiten/Bemerkungen
III. Para-/postinfektiöse Begleitreaktion			
a) meningeale Reaktion	oberer Grenzbereich bis geringe Pleozytose – je nach Beteiligung des Gefäßbindegewebes auch > 100 Leukoz./µl	oberer Grenzbereich, bis leicht ↑; Schrankenstörung (Q_{Alb} diskret ↑), i.th. Ig-Produktion	– zur Ätiologie Anamnese, Zusatzbefunde u. Epidemiologie – Syndrom der Enzephalomyelitis: tlw. quantitative Werte wenig auffällig (diagnost. Hinweis evtl. durch aktivierte Zellen u. Makrophagen) – DD: ADEM (acute demyelinating encephalomyelitis), siehe IV.
b) enzephalitische und/oder myelitische Reaktion	Monoz. u. Lymphoz., Lymphoidz., vereinz. Eosinoph., Granuloz., Makroph. (auch Pleozytose > 30 /µl)	Ges.-Eiw. z. T. deutlich ↑/ Schrankenstörung (Q_{Alb} ↑), i.th. Ig-Produktion (auch passager)	
IV. Encephalomyelitis disseminata			
Multiple Sklerose – verschiedene Varianten und verwandte demyelinisierende Erkrankungen, z. B. NMOSD, MOGAD	Zellzahl gering bis mäßig ↑ (selten > 50 /µl); vorwiegend Lymphoz., einige Plasmaz., aktivierte B-Lymphoz. IgG (IgA, IgM) NMOSD: Pleozytose mit Neutrophilenanteil, oligoklonale Banden seltener	oberer Grenzbereich, selten über 800 mg/l; leichte Schrankenstörung (Q_{Alb} leicht ↑), polyspezifisches oligoklonales IgG i.th., IgG-Index und -Neusynthese (**Kap. B.3**)	– in „Frühphase“ Zellbefund aktiviert (Lymphoz., Lymphoidz.; Monoz u. Makroph.) Liquorkategorien bzw. -variationen (s. Kap. **C.3.1.3**) – MRZ-Reaktion – DD: u. a. Neuroborreliose, Neurosarkoidose, Vaskulitiden (Makrophagen)
ADEM (acute demyelinating encephalomyelitis)	Pleozytose > 50/ µl; lymphozytär aktiviert (Lymphoidz., Makroph., Granuloz)	Ges.-Eiw. ↑ / Q_{Alb}↑ (unregelmäßig i.th. IgG-Synthese)	
V. Polyneuritis, -radikulitis			
Guillain-Barré-Strohl-Syndrom, (AIDP) („zyto-albuminäre Dissoziation“)	kaum Pleozytose, evtl. zu Beginn; im Zellbild gelegentlich wenige Granuloz., vorwiegend Lymphoz., Lymphoidz., später → Monozytose	Ges.-Eiw. stark ↑, Maximum nach ca. 3 Wochen (~ 2000 mg/l); ausgeprägte Schrankenstörung (Q_{Alb} ↑), → IgG-Produktion	– Frühpunktion tlw. Unauffällig – metabolische bzw. toxische *Polyneuropathie:* kaum Liquorabweichungen (allenfalls Ges.-Eiw. mäßig erhöht) – CIDP: Verlauf chron.-progredient, z. T. auch schubweise, paranodale Ak mgl. – bei Neuroborreliose (Stad. II) mit zytoproteinärer Dissoziation (IgM > IgG > IgA)

Tab. C.3.1 (fortgesetzt)

Syndrom und Phasen	Zellen (quantitativ/ qualitativ)	Eiweiß (quantitativ/ qualitativ)	Besonderheiten/Bemerkungen
– chronische inflammatorische demyelinisierende Polyneuritis (CIDP)	Zellzahl unauffällig/ Monozytose vorherrschend	hohes Ges.-Eiw. über Monate; Schrankenstörung (Q_{Alb} ↑)	– Sonderform der Polyneuritis cranialis: *Miller-Fisher-Syndrom* (→ Hirnstammenzephalitis), vereinz. Pleozytosen, Ges.-Eiw. > 2000 mg/l/ Schrankenstörung (Q_{Alb}), Anti-GQ1b-Antikörper
– lymphozytäre Meningoradikulitis (Bannwarth-Syndrom)	Pleozytose (> 30 Mpt/l u. höher)/ gemischtzellig lymphozytär, IgM-haltige B-Zellen, Plasmaz.	Ges.-Eiw. (bis zu mehreren 1000 mg/l); IgM > IgA, später IgG-Synthese i.th.	

↑ansteigend; ↓abfallend; → im Verlauf. DD, Differentialdiagnose; Q_{Alb}, Albuminquotient Liquor/Serum.

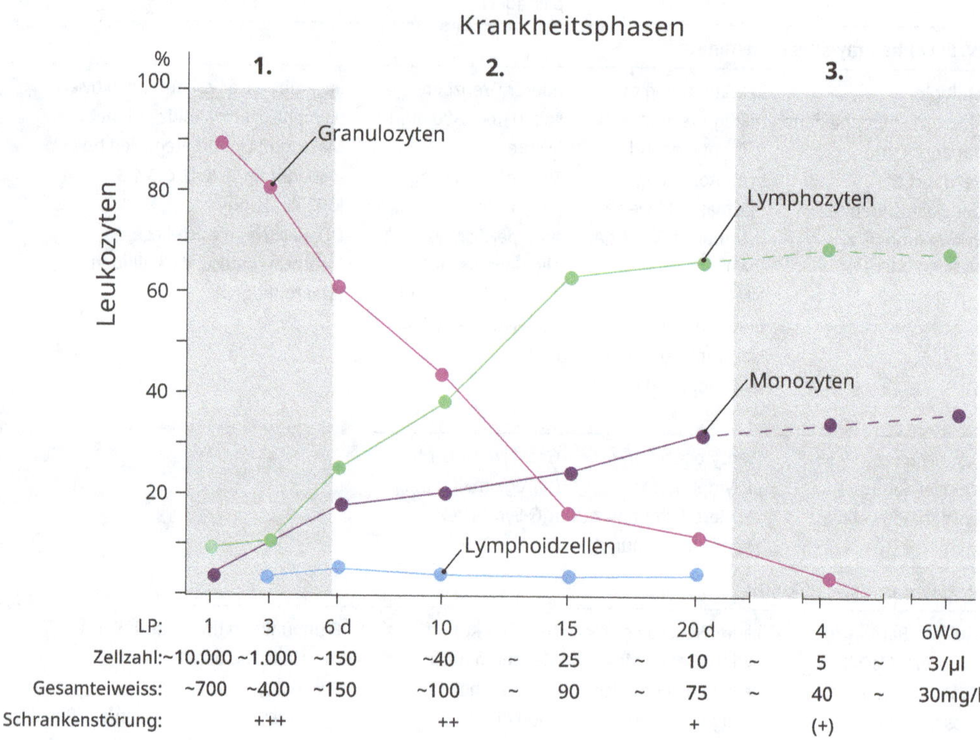

Abb. C.3.2: Akute granulozytäre (bakterielle) Meningitis bzw. Meningoenzephalitis: Liquorzytogramm, Gesamtzell- und -eiweißbefunde, sowie Schrankenstörung in den Verlaufsphasen 1. bis 3. (Durchschnittswerte; n = 32).

II. Lymphozytäre Meningitiden bzw. Meningoenzephalitiden

Diese treten überwiegend – jedoch keinesfalls ausschließlich – bei *virusbedingten* Erkrankungen auf [1–7,16,17].

1. *Phase.* Eine *frühe granulozytäre* Pleozytose kann bei viral – wie auch durch andere Erreger – verursachten Krankheiten vorhanden sein, nicht selten jedoch so kurzdauernd, dass sie bei der Erstpunktion nicht erfasst wird.
2. *Phase.* Das Stadium der vorwiegend *lymphozytären* Pleozytose mit zumeist auffälligem Lymphoidzellanteil, vermehrtem Gesamteiweiß und einer Immunglobulinproduktion (Ein- und Mehr-Klassenreaktion) zeigt einen charakteristischen Befund. Oft bestehen unterschiedliche Abläufe von einer eher meningealen Begleitreaktion (Tab. C.3.1) bis zu den schweren meningoenzephalitischen Verläufen bei Erkrankungen durch neurotrope Viren – in Abhängigkeit von den zuvor genannten Einflussfaktoren. Generell sind zusätzliche diagnostische Maßnahmen anzustreben (Nachweis erregerspezifischer Antikörper, PCR und andere molekularbiologische Methoden; Kap. **B.3.3, B.5, B.6**).
3. *Phase.* Der Übergang vom subakuten Stadium der entzündlichen Reaktionsphase mit unterschiedlich schneller Tendenz zu letztlich normalisierten quantitativen Zell- und Eiweißwerten zeigt sich mit abklingender Lymphozytose in den „Restzustand". Insbesondere kann die Immunglobulinproduktion (zumeist IgG > IgM) bei Viruserkrankungen noch persistieren (Abb. C.3.3).

Es sind einige Krankheitsbilder mit dominierenden lymphozytären Pleozytosen zu beachten, die – über die Annahme einer virusbedingten Krankheit hinaus – diagnostisch zu vielfältigen Überlegungen Anlass geben:

- So z. B. auffällige lymphoid-plasmozytäre Zytogramme bei Infektionen durch Spirochäten (mit lokaler Immunglobulinsynthese – zumeist 3-Klassenreaktion – und z. T. oligoklonalem Muster), wie die Neurolues (IgG > IgM > [IgA]) sowie Neuroborreliose (IgM > IgG > IgA).
- Eher morphologisch homogene Lymphozytosen finden sich bei anderen zur Chronifizierung neigenden Reaktionsabläufen, wie bei der Tuberkulose (IgA > IgG) und der Kryptokokkose (Laktat erhöht); dabei kann die spezielle Immunglobulinproduktion auch über die klinische Symptomatik hinaus noch bis zu einigen Monaten vorhanden sein.

Eine fortlaufende Verlaufsbeobachtung der entzündlichen Erkrankungen ist in jedem Falle erforderlich, wenn sich noch pathologische Befunde ergeben. Dies betrifft etwaige Hinweise auf einen chronisch-rezidivierenden Prozess nach den genannten Verlaufsphasen mit im einzelnen zuzuordnenden *Befundkonstellationen*:

a. bei geringen bis mäßigen Pleozytosen mit einem gemischtzelligen Zytogramm (Lymphozyten, Lymphoidzellen und Makrophagen neben einigen Granulozyten)
b. hinsichtlich der Eiweißwerte, bei oft geringer bis mäßiger Vermehrung und Anzeichen für eine (zumeist mehrere Klassen betreffende) „intrathekale" Immunglobulinproduktion sowie
c. Merkmalen für eine Blut-Liquor-Schranken- bzw. Liquorflussstörung (Q_{Alb} [2]).

Ein Rückschluss allein aus dem „klassischen" Liquorbefund auf das offenbar im Abwehrprozess nicht bewältigte Agens betreffs der *prognostischen Einschätzung* und vor allem *Bewertung des Therapieerfolges* für den nachfolgenden Krankheitsablauf und/oder resul-

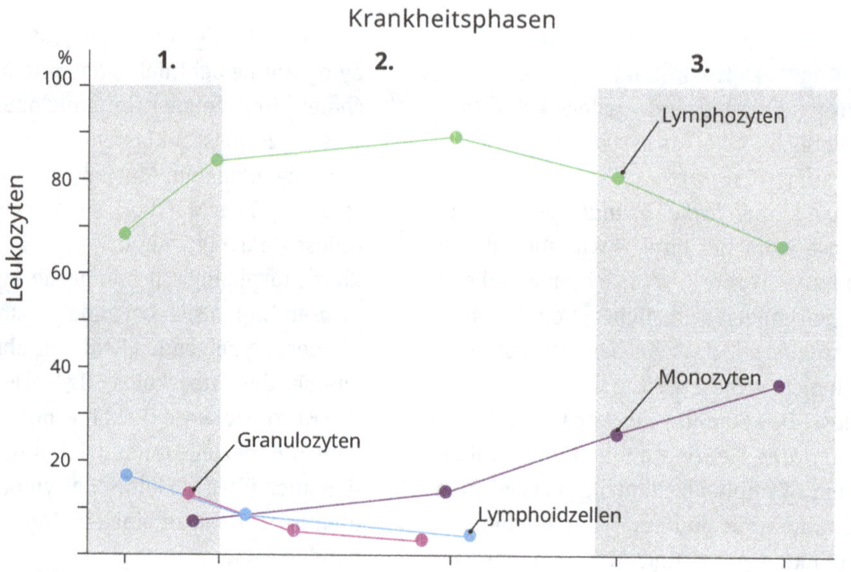

LP:	1	4	14	21	28 Tage
Zellzahl:	195	187	85	31	16 /µl
Gesamteiweiss:	144	63	51	41	35 mg/l
IgM:	(+)	+	++	+	–
IgG:	-	(+)	+	++	+++

Abb. C.3.3: Subakute lymphozytäre (virusbedingte) Meningitis bzw. Meningoenzephalitis: Liquorzytogramm, Gesamtzell- und -eiweißwerte einschließlich 2-Klassenreaktion der Immunglobuline in den Verlaufsphasen 1. bis 3. (Durchschnittswerte; n = 22).

tierende Schädigungen kann problematisch sein. Die Ergebnisse *zusätzlich* differenzierender Untersuchungsmethoden (Kap. **B.2, B.3, B.4, B.5, B.6**) lassen Hinweise auf die Läsion lokaler hirnorganischer Strukturen erkennen.

Anzuführen sind insofern die Aktivierungs- und Destruktionsmarker:

– einerseits der Nachweis von Adhäsionsmolekülen, z. B. Selectine, ICAM, VCAM usw., der verschiedenen Zytokine, speziell Interleukine (IL) und IL-Rezeptoren, und anderer Entzündungsmarker (z. B. Neopterin, β_2-Mikroglobulin); siehe **Kap. B.4.1**;
– weiterhin Marker der De- und Remyelinisierung (Antikörper gegen Myelinproteine, Adhäsionsmoleküle, Wachstumsfaktoren); siehe **Kap. B.4.2**;
– andererseits Marker für die Gewebsdestruktion, z. B. Neurofilamente, die neuronenspezifische Enolase, S100B und 14-3-3-Proteine, und andere hirn- und liquorspezifische Proteine (Tau- und Beta-trace-Protein); siehe **Kap. B.4.3**.

Derartige Parameter können eine Hilfe sein für die Abgrenzung bestimmter Erkrankungsformen bis hin zu möglichen (auto-)immunologisch bedingten Begleit- und Folgekrankheiten einschließlich angiitischer Prozesse.

III. Para-/postinfektiöse Begleitreaktion

Hierbei liegt eine Reaktionsform vor, die unter anderem im Ablauf systemischer Viruserkrankungen auftreten kann. Es bestehen gewisse Analogien zur Phase 2 der subakuten lymphozytären Meningitis bzw. Meningoenzephalitis (Tab. C.3.1. Pkt. II). Es handelt sich um eine traditionell im deutschsprachigen Raum (weniger im anglo-amerikanischen Bereich) eingeführte Bezeichnung, mit subakuten Verläufen [6,7]. Die Liquorabweichungen sind unterschiedlich ausgeprägt (Tab. C.3.1. Pkt. III) bei zumeist ätiologisch nicht sicher einzuordnenden Reaktionsmustern.

Ursächlich eindeutiger erscheinen die selteneren postvakzinalen Erkrankungsformen mit verschiedenartigen Befundmustern. Eine Ausnahme in der Intensität ist die zumeist hochakute ADEM (akute demyelinisierende Enzephalomyelitis). Zukünftig könnte die Identifizierung erregerspezifischer Antikörper und der Nachweis erregerspezifischer Gene mit der PCR (**Kap. B.5, B.6**) zur genaueren diagnostischen Zuordnung derartiger Entitäten beitragen.

IV. Encephalomyelitis disseminata und verwandte demyelinisierende Erkrankungen

Ein bemerkenswert charakteristisches Liquorprofil zeigt sich im Verlauf der *Multiplen Sklerose* (MS), die durch eine *mehrphasische* ((mehrphasige?)) Immunpathogenese, insbesondere spezielle Autoimmunabläufe bestimmt wird [1,2,7,12–14,22,23]:

a) Im *ersten frühen Stadium*, den akuten Schüben mit zum Teil mäßiger Zellzahlvermehrung (s. Tab. C.3.1, Pkt. IV) und erhöhten Gesamteiweißwerten treten alsbald deutliche Anzeichen einer Immunreaktion auf: Lymphozyten, aktivierte B-Zellen – auch bestimmte Interleukine und deren Rezeptoren, z. B. IL-2-Rezeptor, TNFα u. a. (**Kap. B.2.3** bzw. unter **C.1, C.2**) – sowie oligoklonale intrathekale Immunglobuline, IgG-Neusynthese > IgA oder IgM (**Kap. B.3**) und MRZ-Reaktion [2,8,9,13,17,18,22,23]. Des Weiteren befinden sich neuere Marker in der Validierungsphase, die unterschiedliche Pathomechanismen der MS (De- und Remyelinisierung, Pro- und Antiinflammation, Neurodegeneration, Astrozytopathie, Mikrogliareaktion) reflektieren können, und die quantitativ im Liquor und zum Teil auch in Serum auf zellulärer oder humoraler ebene quantifizierbar sind (**Kap. C.1.1.6**).
b) Im *späteren Ablauf*, im Intervall zwischen den Schüben finden sich, wie auch bei eher chronisch-progredienten Krankheitsformen, teilweise weniger deutliche quantitative Zell- und Eiweißbefunde [12] mit den o. a. Anzeichen einer Immunreaktion (einschließlich i.th. IgG-Synthese), die jedoch im schubförmig rezidivierenden Verlauf ausgeprägter vorhanden sein können.

In quantitativer und qualitativer Hinsicht geringer auffällige Werte – ebenso wie außergewöhnliche bis „atypische“ Zell- und Eiweißbefunde (s. auch die voranstehenden CSF-Variationen bzw. -Kategorien, **Kap. C.3.3**) – sind Ausdruck der nicht unerheblichen Heterogenität der Erkrankung [14,24]. Diese basiert auf offenbar verschiedenen pathogenetischen Mechanismen, deren eine Grundlage das 2016 modifizierte „Lassmann/Brück staging system“ bzw. die pathomorphologisch unterschiedlichen Muster darstellen könnte (Übersicht bei [25,26]) – mit wenigstens vier Läsions- bzw. Reaktionstypen. Hierzu liegen bislang erste Ansätze zu differenzierteren CSF-Befundmustern vor, wobei die Bedeutung der B-Zellen im Verlauf des Krankheitsprozesses zunehmend in den Vordergrund rückt und multi-dimensionale Liquoranalysen zur Klassifizierung neurologischer Erkrankungen vielversprechend sind [27–31].

V. Polyneuritis bzw. -radikulitis

Diese entzündlichen peripheren Nervenerkrankungen können durch Krankheitserreger oder Erregerbestandteile initiiert bzw. getriggert werden, wie dies für bestimmte Bakterien

(z. B. Campylobacter jejuni) oder neurotrope Viren (z. B. CMV) bekannt ist. Sie sind gekennzeichnet durch eine Liquorabflussbehinderung infolge ödematöser Veränderungen im Spinalwurzelbereich [2,21] und dadurch bedingter Eiweißvermehrung im Liquor bei im späteren Verlauf fehlender oder gering ausgeprägter Pleozytose (sog. „zytoalbuminäre Dissoziation“, auch „Albuminozytologische Dissoziation“).

Die Erstpunktion in der *akuten Phase*, in der 1. Krankheitswoche der akuten inflammatorischen demyelinisierenden Polyneuritis (AIDP), kann noch relativ unauffällige Eiweißwerte ergeben bei zunächst möglicher Zellvermehrung mit entsprechendem Granulozytenanteil, Monozyten sowie Lymphozyten, auch Lymphoidzellen können vorkommen.

Erst im *weiteren Verlauf* zeigt der Liquor den charakteristischen Befund mit hohem Gesamteiweiß im zellarmen Liquor bei deutlich monozytärem Zellbild, was bei fehlender Remission noch über Monate bestehen kann [3,5–7,32,33].

Eine anhaltende Pleozytose ist suspekt für die noch vorhandene entzündliche Reaktion und lokalisatorisch eher im Sinne zumeist erregerbedingter *Meningoradikulitiden* zu werten. Bezüglich weiterer Einzelheiten und der *chronischen* inflammatorischen demyelinisierenden Polyneuritis (*CIDP*) sei auf Tab. C.3.1 und die entsprechenden **Kapitel in C.1** verwiesen.

VI. Subarachnoidalblutung

Unter weiteren Liquorsyndromen (Tab. C.3.2) ist insbesondere die Subarachnoidalblutung von klinischem Interesse, da hier ein phasenhafter Reaktionsablauf (Abb. C.3.4 und C.3.5) besonders deutlich zu erkennen ist [7,10,34,35].

1. *Phase:* die *akute, unspezifische „Fremdkörperreaktion“* im pathologisch blutigen Liquor. Die auffällige Reizgranulozytose kann u. U. so ausgeprägt sein, dass sie wegen ihres Ausmaßes gelegentlich das Vorliegen einer erregerbedingten Erkrankung erwägen lässt (z. B. hämorrhagische Meningoenzephalitis).
2. *Phase.* In der nachfolgenden *Abräumreaktion* über 3–5 Tage sind sehr bald die ersten Erythrophagen zu beobachten, die sich innerhalb weniger Stunden nach dem Blutungsereignis bilden. Sie stellen ebenso wie die mit Hämosiderin beladenen Makrophagen – im langsam „aufklarenden“ Liquor ab 4. bis 5. Tag – ein Anzeichen für eine abgelaufene Blutung dar (Abb. C.3.4). Mit fortschreitender Lyse der Erythrozyten lassen sich Bilirubin und Ferritin in zunehmendem Ausmaß im Liquor nachweisen (Abb. C.3.5).
3. *Phase.* Als *Restzustand* nach einer Blutung sind bei weitgehend normalisierten Zell- und Eiweißwerten Hämosiderin-Makrophagen (Siderophagen) und Hämatoidinkristalle noch nach Wochen bis hin zu Monaten nachweisbar (Abb. C.3.5). In Fällen mit atypisch verlaufenden, den Subarachnoidalraum tangierenden Hämorrhagien verschiedener Genese können sie – gerade unter dem Aspekt nicht ausgeschlossener falsch negativer Ergebnisse trotz hervorragender neuroradiologischer Diagnoseverfahren – von klinisch wegweisender Bedeutung sein.

Zur Bedeutung von weiteren Parametern wie z. B. Neurofilamenten sei auf **Kap. C.1.4.5** verwiesen.

VII. Primäre und sekundäre Hirntumoren einschließlich Meningeosis neoplastica

Es sind abhängig von der Lokalisation und biologischen Wertigkeit sowie der Malignität des neoplastischen Prozesses zumeist nur unspezifische (Eiweißvermehrung, durch z. T. deut-

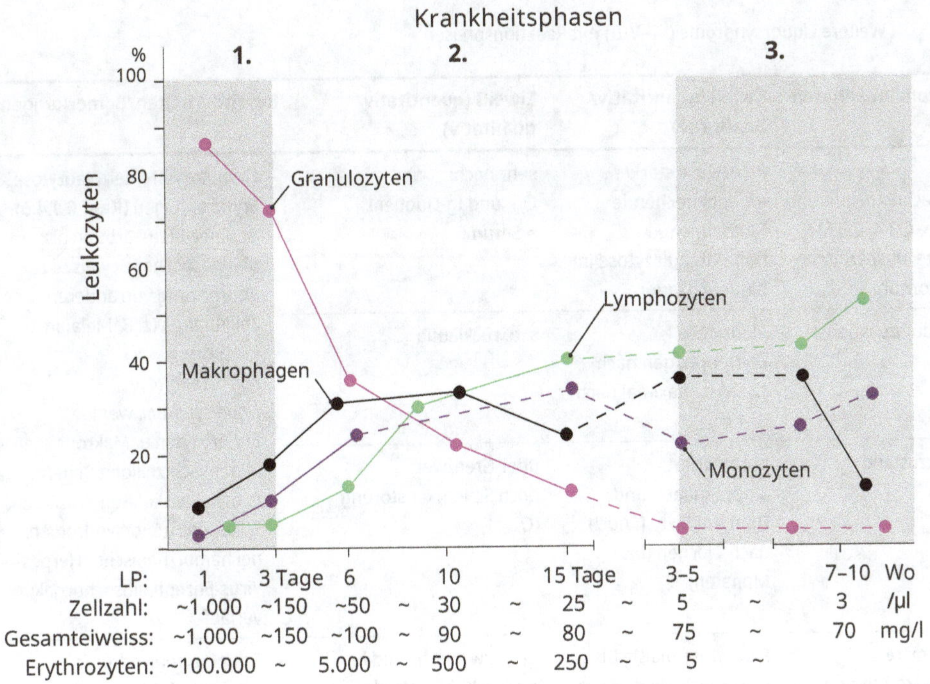

Abb. C.3.4: Liquorbefund bei Subarachnoidalblutung: Zytogramm mit „Fremdkörperreaktion“ (Granulozyten) und Makrophagentätigkeit sowie Gesamtzell- und -eiweißwerte in den Verlaufsphasen 1. bis 3. (Durchschnittswerte; n = 21).

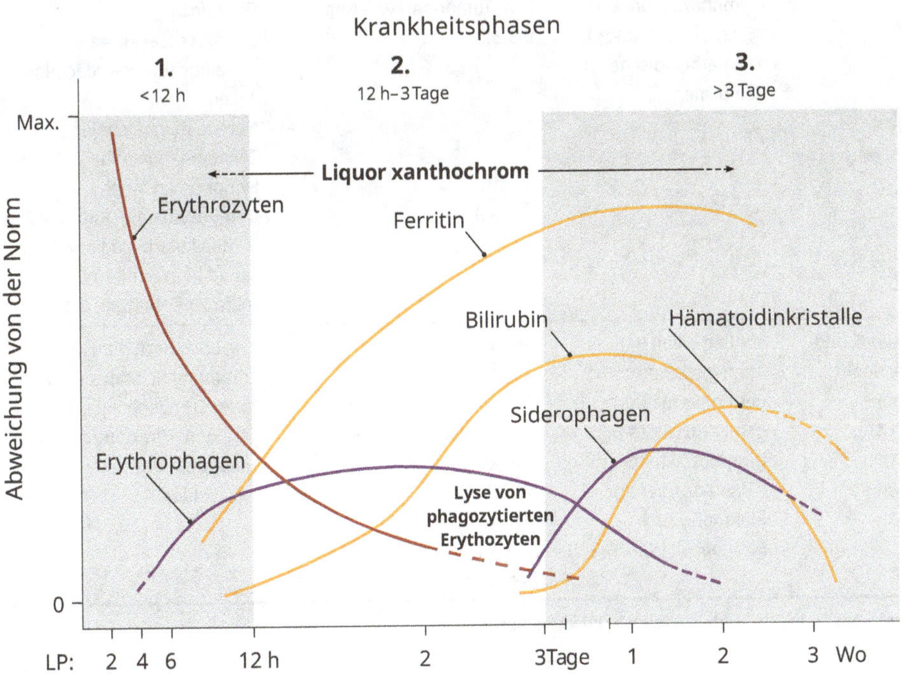

Abb. C.3.5: Dynamik der bei Subarachnoidalblutung bedeutsamen Befunde im Liquor.

Tab. C.3.2: Weitere Liquorsyndrome (VI–VIII) mit Reaktionsphasen.

Syndrom und Phasen	Zellen (quantitativ/ qualitativ)	Eiweiß (quantitativ/ qualitativ)	Besonderheiten/Bemerkungen
VI. Subarachnoidalblutung (s. Abb. C.3.4, C.3.5) 1. akute, unspezifische Reaktionsphase	Pleozytose stärker als entsprechende Blutbeimengung/ hohe Granulozytose im blutigen Liquor	sehr hoch; Q_{Alb} und Ig-Quotient ≈ Serum	– Granulozytäre Reizpleozytose, Erythrophagen (**Kap. C.1.4.5**) – Berliner-Blau-Färbung als diagnostischer Beweis u. zur Abgrenzung von anderen Zellinhalten (z. B. Melanin, Pilzsporen) – *hämorrhagisches Liquorsyndrom:* wenige Erythrozyten u. Makrophagen in gemischtzelligen Bildern, u. a. bei vaskulären Prozessen, Traumen, Tumorsyndromen; bei hämorrhagischer Herpes-Virus-Enzephalitis = hochakuter Verlauf
2. Abräumreaktion	Pleozytose ↓; Erythrophagen nach 12–24 h, maximal nach 3–4 d	s. o. rückläufig	
3. Restzustand	normalisiert; Siderophagen und Hämatoidin z. T. noch nach Wochen (bis Monaten)	über Grenzwert; noch Schrankenstörung (Q_{Alb}, ↑)	
VII. Primäre und sekundäre Tumoren einschl. Meningeosis neoplastica (**Kap. C.1.3**)	Pleozytose mäßig bis stark/bei leukämischer u. lymphatischer Infiltration eher homogen, sonst gemischtzellig (Lymphoz., Monoz. u. Makroph., Granuloz.), z. T. pathologische Zellformen	Ges.-Eiw. wechselnd bis stark erhöht – ↑↑↑ als „Stoppliquor" bei *spinaler* Raumverdrängung; Schrankenstörung (Q_{Alb} ↑) (Ig bzw. Tumormarker – **Kap. B.3.5**)	– Tumorliquorsyndrome 1. Grades (Sayk): viele pathologische Zellen im „bunten" Zellbild (Monoz., Makroph., Lymphoz., Granuloz.) 2. Grades (Sayk): wenige auffällige tumorverdächtige Zellen – Nachw. monoklonaler Zellpopulationen bei Lymphomen durch Immunzytologie (**Kap. B.2.2**) u. Molekularbiologie, wie der Liquid biopsy mit Nachw. von zellfreier DNA (**Kap. B.5**)
VIII. Paraneopl. und nicht-paraneopl. AK-Syndrome (**Kap. C.1.1.10**), unspezifisches Reizungssyndrom	abhängig von der Ätiologie Zellen gering bis mäßig ↑; gemischtzelliges Bild: Lymphoz., Monoz., (Granuloz.), vereinz. Makroph., auch Eosinophile (< 10 %)	Ges.-Eiw. im oberen (seltener unteren) Grenzbereich; qualitativ uneinheitlich, entsprechend Krankheitsauslösung u. Abwehr; (Paraneoplastische Autoantikörper – **Kap. B.3.4**)	– u. a. auch nach general. Krampfanfall (Status convul.), vaskulärer Zephalgie, geringem Hirntrauma, Stress, endogener oder exogener Intoxikation

↑ansteigend; ↓abfallend; Q_{Alb}, Albuminquotient Liquor/Serum.

liche Schrankenstörungen), gelegentlich auch „atypische" zytologische Befundkonstellationen feststellbar [6,7,10,21]. Einen besonderen Wert auch hinsichtlich einer Artdiagnose haben

- der Nachweis neoplastischer bzw. blastomatöser Zellen (in Abhängigkeit von der Topik und dem Malignitätsgrad des Prozesses) vor allem bei meningealer Infiltration, so im Ablauf leukämischer Erkrankungsschübe und von Lymphomen – s. z. B. in der Tab. C.3.2, Pkt. VII die Meningeosis neoplastica/blastomatosa – sowie schließlich die Tumorliquorsyndrome 1. und 2. Grades nach Sayk [21] (Tab. C.3.2); ferner
- der Nachweis (a) zellulärer Antikörper (b) neuronaler Destruktionsmarker und (c) tumorassoziierter Antigene anderer Organsysteme (z. B. CEA, AFP, Beta-hCG, PSA) die allgemein eine Schrankenabhängigkeit aufweisen (**Kap. B.3.5 und C.1**).

Ein anderer Bereich – vor allem hinsichtlich einer möglichen Autoimmunpathogenese – sind die *paraneoplastischen* Erkrankungen, wobei kreuzreagierende antineurale Antikörper auftreten können (**Kap. B.3.4**).

VIII. Paraneoplastische und nicht paraneoplastische AK-Syndrome, unspezifische Reizungssyndrome

Unspezifische Reaktionen im Liquor (Tab. C.3.2) können auf sehr verschiedenen Ursachen beruhen. Das Reizungssyndrom tritt häufig infolge einer direkten Reaktion auf ganz unterschiedliches „Fremdmaterial" im Liquorraum auf, wozu sowohl körpereigene Substanzen (wie Entzündungen, Erythrozyten bei Blutungen, Traumen, Tumoren usw.) als auch körperfremde Materialien (z. B. Drain und Shunt, oder Medikament-Installationen) [1,7,10] zählen (siehe hierzu **Kap. C.1.6**).

Die im Allgemeinen nur geringen bis mäßigen Zellzahlerhöhungen und leichten Eiweißveränderungen sind rein liquordiagnostisch schwer zuzuordnen. Aktivierungszeichen mit vereinzelten Makrophagen, Lymphoidzellen, neutrophilen und eosinophilen Granulozyten im Zytogramm [21] können auf eine Abräumreaktion oder auf einen entzündlich-immunologischen Vorgang deuten. In Zweifelsfällen sollte neben der klinischen und liquorologischen Verlaufsbeobachtung die Verwendung weiterer spezieller Liquorparameter zur individuellen Ursachenermittlung vordergründig sein (Kap. **B.2.1, B.3.4, B.**7, **C.1.6**).

IX. Umgang mit degenerativen Erkrankungen

Einige der neurodegenerativen Erkrankungen, wie sie u. a. als Folge „maskiert" verlaufender und erst später klinisch in Erscheinung tretender Prion- oder Slow-virus-Erkrankungen vorkommen, lassen mit den bislang verfügbaren Untersuchungsverfahren zunächst

a. keine bzw. selten *Befundabweichungen* im Liquor bei der Routine- und erweiterten speziellen Diagnostik erkennen. Hier kann zukünftig bei gezielter Fragestellung, z. B. innerhalb der differentialdiagnostischen Unterscheidung zwischen Demenzprozessen die Bestimmung der
b. *Proliferations- und Destruktionsmarker* (**Kap. B.4** und [1,2,5,18,19,36]) für eine gewisse Differenzierung (und möglicherweise frühen therapeutischen Intervention) hilfreich sein (Abb. C.3.6). Aus gegenwärtiger Sicht bietet die
c. *Korrelation* der Ergebnisse verschiedener Untersuchungsverfahren, wie Liquoranalytik, funktionelle Bildgebung und Neurophysiologie die größte Wahrscheinlichkeit, eine in-vivo-Differenzierung herbeizuführen. Ein Beispiel ist die kom-

binierte CSF-Tau- und ^{123}I-Iodoamphetamin-SPECT-Analyse bestimmter Regionen [37] als evtl. Hinweis auf einen Morbus Alzheimer. Neuere Entwicklungen beinhalten den Nachweis von Demenzmarkern nicht nur im Liquor, sondern auch im Blut (Abeta-Fragmente [38], Tau-Isoformen [39], GFAP [40]), die jeweils eine gute Korrelation mit Bildgebungsmethoden (Tau-PET, Amyloid-PET) zum Nachweis der Alzheimer-Pathologie aufweisen.

3.1.5 Schlussbemerkungen

Vorbedingung für die differenzierte Betrachtung und Interpretation der Untersuchungsresultate des Liquors ist ein über die *Grundmethoden* bis zu *spezielleren Verfahren* reichendes *erweitertes Spektrum* der Untersuchungsmethoden [1,2,4,5,7–9,13,16,18,19,23,42]. Für die einzelnen Krankheitsbilder bzw. -gruppen sollten als Standardprogramm einige der in der Tab. C.3.1 des **Kapitels C.2** angeführten Parameter angestrebt werden. Allgemein resultieren *Befundkonstellationen* bzw. *Liquorbefundmuster*, die im klinischen Gebrauch auch als *Liquorsyndrome* bezeichnet werden können. Dabei stehen im Mittelpunkt mehr oder weniger krankheitscharakteristische bis -typische Parameter (s. *Kategorien* von Liquorbefunden – Abb. C.3.1).

Gegenwärtig besteht die Tendenz – unter der Voraussetzung der Sensitivität und Spezifität der Testverfahren – für einige Parameter die Bezeichnung als Biomarker (Indikator für physiologischen oder pathologischen Prozess) anzuwenden. Die sich somit perspektivisch anbahnende *Ära der Biomarker* (**Kap. A.1.6**) für die Diagnostik und Krankheitsaktivität (**Kap. B.3.5 bzw. B.4** sowie [36,42,43]) muss bezüglich des *prädiktiven* Wertes noch kritisch bewertet werden. Tumani et al. [31] stellten fest, dass kaum einer der verfügbaren lösli-

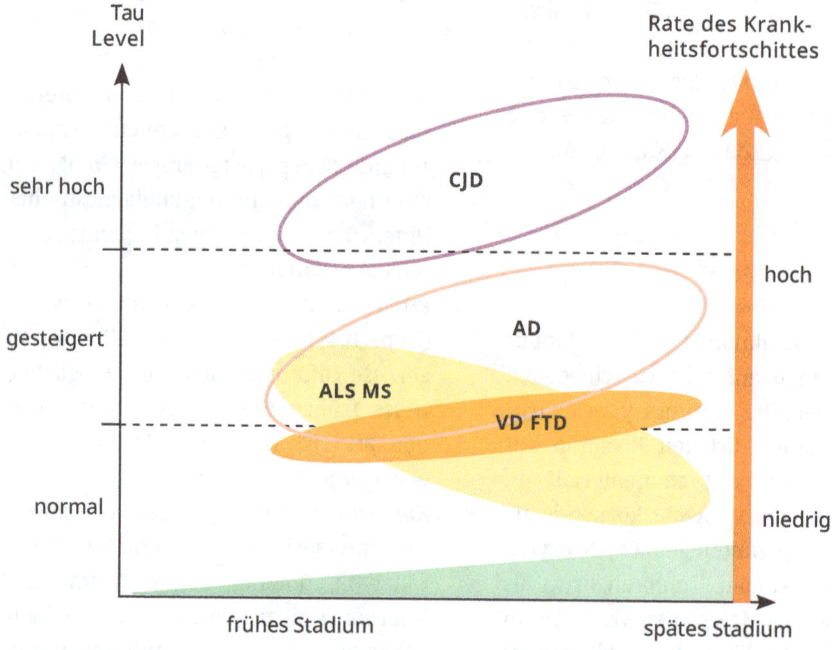

Abb. C.3.6: Dynamik ZNS-spezifischer Biomarker am Beispiel des Tau-Proteins (nach [41]).

chen Surrogatmarker den aufzustellenden Kriterien standhält. Ein wesentlicher Grund scheint die Krankheitsdynamik und -aktivität bzw. oft erhebliche Heterogenität einer Reihe von Erkrankungen zu sein [14,24,26,36].

Entsprechend den diagnostischen Anforderungen, den Verlaufsanalysen und prognostischen Fragen sind *differenzierende Marker* erforderlich:

In Betracht kommen Marker [31] für die verschiedenen (a.) entzündlichen und/oder (b.) immunologischen Prozesse (besondere Lymphozyten-Subpopulationen, Zytokine und ihre Rezeptoren, Chemokine, Antikörper und weitere Proteine), damit im Zusammenhang Hinweise auf eine (c.) gestörte Blut-Hirn-schranken-Funktion (**Kap. A.4**; gegebenenfalls Adhäsionsmoleküle, Matrix-Metalloproteinasen u. a.; **Kap. B.4.1**). Des Weiteren sind von Bedeutung (**Kap. B.4.2**) Marker für die Vorgänge der (d.) Demyelinisierung (Myelinabbauprodukte oder entsprechende Autoantikörper) und der (e.) Remyelinisierung (vor allem Wachstumsfaktoren) sowie der (f.) Gliazellaktivierung oder -schädigung (z. B. GFAP, S100B; **Kap. B.4.3**). Von klinischem Interesse sind darüber hinaus Marker für die (g.) Neurodegeneration (Neurofilamente in Liquor und Serum, neuronenspezifische Enolase, Tau-Protein; **Kap. B.4.3**) und die (h.) Tumormarker, für die zudem noch einige besondere Bedingungen vorliegen (**Kap. B.3.5**). Insgesamt wäre eine Art *Liquormarker-Profil* [31] und schließlich ergänzend als Surrogat- bzw. Additivmarker die Einbeziehung neuester *bildgebender Verfahren* (fMRI; ^{1}H-, ^{13}C- oder ^{31}P-Spektroskopie für verschiedene Metaboliten [11,37]) zur Diagnostik und zum Monitoring anzustreben.

Es bleibt eine permanente *Aufgabe*, durch entsprechende Gremien kompetenter Experten mit langjähriger Erfahrung in der Liquoranalytik, die Art und den Umfang der in der klinischen Diagnostik *obligatorischen Analyseverfahren* des Liquors, *differenziert* für die unterschiedlichen Krankheitsbilder, zu definieren und *Standards* festzulegen. Hierzu liegen erste Ansätze (u. a. bei [3]), und die Vorschläge des Subcommittee der American Academy of Neurology von 1993 [5] vor. Exemplarisch kann für die Multiple Sklerose der europäische Konsensus-Report von 1994 [15] – unter ergänzender Berücksichtigung der body fluid marker [31,36,42,43] – angeführt werden. Im deutschsprachigen Bereich wurden entsprechende Bestrebungen vor allem durch Mitglieder der Deutschen Gesellschaft für Liquordiagnostik und klinische Neurochemie (DGLN) [18,19,44,45] vorangetrieben. Ferner ist besonders auf die Aktivitäten der International CSF Consensus Group (CSF Research Group of WFN – C. J. M. Sindic), der EFN-guidelines [46], der BioMS-eu [47,48] und der CSF Society [49,50,51] hinzuweisen.

Bei ständiger Erweiterung und Verbesserung liquoranalytischer Methoden bleibt das *Ziel* aller Bemühungen, aus dem wertvollen Untersuchungsmaterial Liquor cerebrospinalis ein Maximum an valider Information für die Diagnostik, Therapie und Prognose neurologischer Erkrankungen zu gewinnen und in Art eines *Kompetenznetzwerkes* zu optimieren. Das kann nur unter Berücksichtigung der definitiven analytischen Grenzwerte und Fehlermöglichkeiten (Qualitätskontrollen; **Kap. B.9**) durch die Synopsis mit einer sorgfältig erhobenen Anamnese und dem klinischen Befund sowie der Paraklinik (Neuroradiologie, Neurophysiologie, Mikrobiologie, klinische Chemie) von in der Befundbewertung versierten Experten der *klinischen* Liquordiagnostik geleistet werden.

Literatur

[1] Felgenhauer K, Beuche W. Labordiagnostik neurologischer Erkrankungen. Liquoranalytik und -zytologie, Diagnose- und Prozeßmarker. Georg Thieme, Stuttgart – New York 1999.

[2] Reiber H. Liquordiagnostik. In: P. Berlit (Hrsg.): Klinische Neurologie, S. 148–177. Springer, Heidelberg 1999.

[3] Fishman RA. Cerebrospinal fluid in diseases of the nervous system. 2. Aufl. W. B. Saunders, Philadelphia 1992.

[4] Kölmel HW. Liquordiagnostik. In: H. Henkes, H. W. Kölmel (Hrsg.): Die entzündlichen Erkrankungen des Zentralnervensystems. Handbuch und Atlas, S. I, 1–25. Economed-Losebl.-Ausg. Grundwerk, Landsberg/Lech 1993.

[5] McConnell H, Bianchine J (Hrsg.). Cerebrospinal fluid in neurology and psychiatry. Chapman & Hall, London – Weinheim 1994.

[6] Olischer R-M. Liquorsyndrome. In: G. Göllnitz (Hrsg.): Neuropsychiatrie des Kindes- und Jugendalters, S. 236–258. Gustav Fischer, Jena – Stuttgart 1992.

[7] Schmidt RM (Hrsg.). Der Liquor cerebrospinalis. Untersuchungsmethoden und Diagnostik. 2. Aufl. Georg Thieme, Leipzig 1987.

[8] Kleine TO, Meyer-Rienecker H (Hrsg.). Gesamtdeutsches Liquor-Symposium „Klassische und moderne Methoden in der Liquor-Diagnostik". Lab med. 1991;15:III–V, 29–129 und 173–210.

[9] Kleine TO (Hrsg.). European CSF Symposium. J Lab Med. 1996;20:156–179, 303–365, 497–524.

[10] Olischer R-M. Liquorzytodiagnostik – Möglichkeiten und Grenzen. Psychiat Neurol med Psychol. 1990;42:473–478.

[11] Sormani MP, Bruzzi P, Comi G, et al. MRI metrics as surrogate markers for clinical relapse rate in relapsing-remitting MS patients. Neurology. 2002;58:417–421.

[12] Meyer-Rienecker H. Liquordiagnostik bei der Multiplen Sklerose. Psychiat Neurol med Psychol. 1976;28:641–653.

[13] Meyer-Rienecker HJ, Jenssen HL, Werner H. Aspects of cellular immunity in multiple sclerosis. J Neurol Sci. 1979;42:173–186.

[14] Meyer-Rienecker H. Heterogenität der Multiplen Sklerose: Pathogenetische und klinische Aspekte. In: W. Firnhaber, K. Dworschak, K. Lauer et al. (Hrsg.): Verhandlungen der Deutschen Gesellschaft für Neurologie, Bd. 6, S. 48–52. Springer, Berlin – Heidelberg – New York 1991.

[15] Andersson M, Alvarez-Cermeño J, Bernardi G, et al. Cerebrospinal fluid in the diagnosis of multiple sclerosis: a consensus report. J Neurol Neurosurg Psychiatry. 1994;57:897–902.

[16] Graves M. Cerebrospinal fluid infections. In: R. M. Herndon, R. A. Brumback (Hrsg.): The cerebrospinal fluid, S. 143–165. Kluwer Acad. Publ., Boston – Dordrecht – London 1989.

[17] Lehmitz R, Mix E, Zettl UK. Liquorparameter bei ausgewählten entzündlichen Erkrankungen des Nervensystems. In: U. K. Zettl, E. Mix (Hrsg.): Klinische Neuroimmunologie, S. 59–67. Walter de Gruyter, Berlin – New York 1999.

[18] Reiber H, Adelmann M, Bamborschke S, et al. Ausgewählte Methoden der Liquordiagnostik und klinischen Neurochemie. CSF. Mitteilg. Arbeitsgem. Liquordiagnostik u. klin. Neurochemie. 1996;1:1–41.

[19] Reiber H. Mitgliederrundbrief. Dtsch Ges für Liquordiagnostik u klin Neurochemie. 2000;1:1–45 und 2002;3:1–39.

[20] Reiber H. Proteins in cerebrospinal fluid and blood: Barriers, CSF flow rate and source-related dynamics. Restor Neurol Neurosci. 2003;21:79–96.

[21] Sayk J. Liquorbefunde. In: H. Ch. Hopf, P. Poeck, H. Schliack (Hrsg.): Neurologie in Praxis und Klinik (Bd. 2), S. 4.40–4.50 Georg Thieme, Stuttgart – New York 1981.

[22] Sellebjerg F, Jensen CV, Christiansen M. Intrathecal IgG synthesis and autoantibody-secreting cells in multiple sclerosis. J Neuroimmunol. 2000;108:207–215.

[23] Tourtellotte WW, Tumani H. Multiple sclerosis cerebrospinal fluid. In: C. S. Raine, H. F. McFarland, W. W. Tourtellotte (Hrsg.): Multiple Sclerosis, S. 57–79. Chapman & Hall, London – Weinheim 1997.

[24] Lassman H, Brück W, Lucchinetti C. Heterogeneity of multiple sclerosis pathogenesis: implications for diagnosis and therapy. Trends Molecul Med. 2001;7:115–121.

[25] Kuhlmann T, Ludwin S, Prat A, et al. An updated histological classification system for multiple sclerosis lesions. Acta Neuropathol. 2017;133(1):13–24.

[26] Van der Valk P, De Groot CJA. Staging of multiple sclerosis (MS): pathology of the time frame of MS. Neuropathol and Applied Neurobiol. 2000;26:2–10.

[27] Alvermann S, Hennig C, Stüve O, Wiendl H, Stangel M. Immunophenotyping of cerebrospinal fluid cells in multiple sclerosis: in search of biomarkers. JAMA Neurol. 2014;71(7):905–12.

[28] Negron A, Stüve O, Forsthuber TG. Ectopic Lymphoid Follicles in Multiple Sclerosis: Centers for Disease Control? Front Neurol. 2020;11: 607766.

[29] Gross CC, Schulte-Mecklenbeck A, Madireddy L, et al. Classification of neurological diseases using multi-dimensional CSF analysis. Brain. 2021;144(9):2625–2634.

[30] Cepak S, Jacobsen M, Schock S, et al. Patterns of cerebrospinal pathology correlate with disease progression in multiple sclerosis. Brain. 2001;124:2169–2176.

[31] Tumani H, Linke E, Zimmermann K, Rieckmann P. Liquor und Blutuntersuchungen. In: R. M. Schmidt, F. Hoffman, J. H. Faiss, W. Köhler, U. K. Zettl (Hrsg.): Multiple Sklerose, S. 112–127. 8. Aufl. Elsevier, München – Jena 2021.

[32] Brettschneider J, Petzold A, Süssmuth S, Tumani H. Cerebrospinal fluid biomarkers in Guillain-Barré syndrome—where do we stand? J Neurol. 2009;256(1):3–12.

[33] Abu-Rumeileh S, Abdelhak A, Foschi M, Tumani H, Otto M. Guillain-Barré syndrome spectrum associated with COVID-19: an up-to-date systematic review of 73 cases. J Neurol. 2021;268(4):1133–1170.

[34] Tumani H, Petzold A, Wick M, et al. Liquordiagnostik bei CT-negativer Subarachnoidalblutung [Cerebrospinal fluid-based diagnostics of CT-negative subarachnoid haemorrhage]. Nervenarzt. 2010;81(8):973–9. German.

[35] Nagy K, Skagervik I, Tumani H, et al.: Cerebrospinal fluid analyses for the diagnosis of subarachnoid haemorrhage and experience from a Swedish study. What method is preferable when diagnosing a subarachnoid haemorrhage? Clin Chem Lab Med. 2013;51(11):2073–86.

[36] Kleine TO (Hrsg.). Laboratory diagnosis of brain damage and inflammation with new and old markers in human cerebrospinal fluid and blood. Brain Res. Bull. 2003;61:227–364.

[37] Okamura N, Arai H, Maniyama M, et al. Combined analysis of CSF Tau levels and [123I] Iodoamphetamine SPECT in mild cognitive impairment: Implications for a novel predictor of Alzheimer's disease. Am J Psychiatry. 2002;159:474–476.

[38] Li Y, Schindler SE, Bollinger JG, et al.: Validation of Plasma Amyloid-β 42/40 for Detecting Alzheimer Disease Amyloid Plaques. Neurology. 2022;98(7):e688–e699.

[39] Ossenkoppele R, van der Kant R, Hansson O. Tau biomarkers in Alzheimer's disease: towards implementation in clinical practice and trials. Lancet Neurol. 2022;21(8):726–734.

[40] Abdelhak A, Foschi M, Abu-Rumeileh S, et al. Blood GFAP as an emerging biomarker in brain and spinal cord disorders. Nat Rev Neurol. 2022;18(3):158–172.

[41] Tumani H, Teunissen C, Süssmuth S, et al. Cerebrospinal fluid biomarkers of neurodegeneration in chronic neurological diseases. Expert Rev Mol Diagn. 2008;8(4):479–94.

[42] Laman JD, Thompson EJ, Kappos L. Body fluid markers to monitor multiple sclerosis: the assays and the challenges. Multiple Sclerosis. 1998;4:266–269.

[43] Massaro AR, Tonali P. Cerebrospinal fluid markers in multiple sclerosis: an overview. Multiple Sclerosis. 1998;4:1–4.

[44] Wick M, et al. Ausgewählte Methoden der Liquordiagnostik und Klinischen Neurochemie. 4th ed. Deutsche Gesellschaft für Liquordiagnostik und Klinische Neurochemie e. V., 2020. (https://www.dgln.de/methodenkatalog; Aufgerufen 16.09.2023).

[45] Tumani H, Petereit H-F, et al. Lumbal-punktion und Liquordiagnostik, S1-Leitlinie, 2019, in: Deutsche Gesellschaft für Neurologie, Deutsche Gesellschaft für Liquordiagnostik und Klinische Neurochemie (Hrsg.), Leitlinien für Diagnostik und Therapie in der Neurologie. Online: www.dgn.org/leitlinien, Aufgerufen)

[46] Deisenhammer F, Egg R, Giovannoni G, et al. EFNS guidelines on disease-specific CSF investigations. Eur J Neurol. 2009;16(6):760–70.

[47] Teunissen CE, Tumani H, Engelborghs S, Mollenhauer B. Biobanking of CSF: international standardization to optimize biomarker development. Clin Biochem. 2014;47(4–5):288–92.

[48] Deisenhammer F, Teunissen CE, Tumani H. Preface. Handb Clin Neurol. 2017;146:ix.

[49] Otto M, Bowser R, Turner M, et al. Volcano Group. Roadmap and standard operating procedures for biobanking and discovery of neurochemical markers in ALS. Amyotroph Lateral Scler. 2012;13(1):1–10.

[50] Engelborghs S, Niemantsverdriet E, Struyfs H, et al. Consensus guidelines for lumbar puncture in patients with neurological diseases. Alzheimers Dement (Amst). 2017;8:111–126.

[51] Teunissen CE, Otto M, Engelborghs S, et al. White paper by the Society for CSF Analysis and Clinical Neurochemistry: Overcoming barriers in biomarker development and clinical translation. Alzheimers Res Ther. 2018;10(1):30.

3.2 Chronische neurologische und psychiatrische Krankheiten. Entwicklung, Diagnostik, Therapie

Hansotto Reiber

3.2.1 Einführung

Chronische Erkrankungen sind seit jeher die größte Herausforderung in der Medizin. Da ihre Entstehung in den meisten Fällen unverstanden ist, werden diagnostische Daten fehlinterpretiert, und durch das Defizit an kausalen Therapiekonzepten bleiben nur Symptom-bezogene Therapien [1–5].

In der Neurologie ist die Multiple Sklerose die wohl am häufigsten untersuchte chronische Krankheit. Autoimmunenzephalitiden [6,7] gehören auch in diese Gruppe der Immunsystem -assoziierten Erkrankungen ohne einen spezifischen, auslösenden Prozess, im letzteren Fall für die Bildung einer pathologisch hohen Autoantikörperkonzentration. Anders liegt der Fall bei den Krankheiten, die durch einen persistierenden Mikroorganismus ausgelöst werden. Dazu gehört die Fuchs' Heterochromie Zyklitis [8], bei der das Rötelnvirus im Auge persistiert oder auch die durch Masern verursachte Subakute sklerosierende Panenzephalitis (SSPE). Als weitere Gruppe finden wir Krankheiten, die verzögert nach einer Infektion oder Impfung ein komplexes Spektrum an Symptomen wie bei Myalgischer Enzephalomyelitis/Chronisches Fatigue-Syndrom (ME/CFS) entwickeln. Dazu zählen auch das Golfkriegssyndrom, die post-Lyme- [9] und die aktuelle post-COVID Erkrankung. Es ist vor allem das ME/CFS, das die Konzeptionslosigkeit in der fehlenden Diagnostik und Therapie widerspiegelt.

Ein adäquater Umgang mit chronischen Krankheiten setzt Kenntnisse über immunologische Netzwerke, Darstellung und Interpretation nichtlinearer Regulationsprozesse und auch biologische Prinzipien wie materielle Selbstorganisation von Struktur und Funktion voraus. Die entsprechenden naturwissenschaftlichen Grundlagen [10] werden im Folgenden an konkreten Beispielen thematisiert.

Wir betrachten dabei vor allem vier Typen von chronischen, Immunsystem-assoziierten Prozessen (ISAP), die auch mittels Liquordiagnostik differenziert werden können:

1. Chronische Entzündungskrankheit mit persistierendem, ursächlichem Antigen.
2. Chronisch entzündliche Erkrankungen ohne persistierendes Antigen, aber mit humoraler Immunantwort.
3. Immunsystem-assoziierte Pathologien ohne Anzeichen einer Reaktion des adaptiven Immunsystems.
4. Aktivierte Reaktionskaskaden des angeborenen Immunsystems (*innate immune system*).

3.2.2 Krankheiten mit persistierendem Antigen

Es war ein Verdienst der Mathematiker der Universität Witten-Herdecke, im Modell zu zeigen, dass in Abhängigkeit von der Antigenlast neben Tod und Immunität auch Zwischenstadien existieren müssen, bei denen das Virus nie komplett verschwindet und deshalb auch keine Immunität erreicht wird [11]. Dieser Zustand einer chronischen Erkrankung mit einem stabilen Attraktor des selbstorganisierenden Systems ist in der Abb. C.3.7 als Zusammenfassung des mathematischen Modells [11] gezeigt.

Die Pfeile in der Abb. C.3.7 stellen die therapeutischen Möglichkeiten dar, um von der akuten oder chronischen Krankheitsform zur Immunität zu gelangen. Der rechte Bereich in Abb. C.3.7 mit anfänglich hoher Viruslast

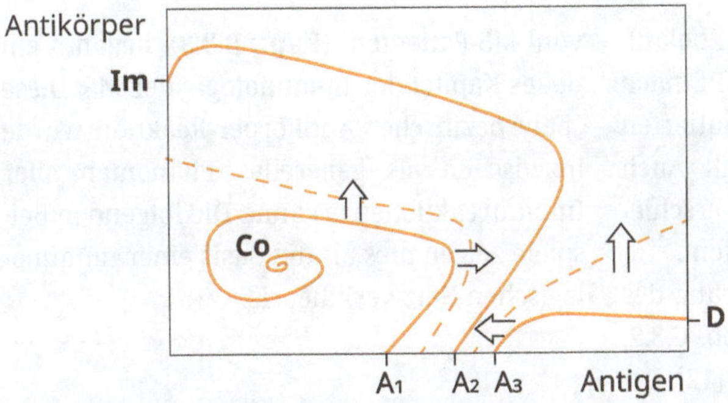

Abb. C.3.7: Dynamik der Immunantwort und Entwicklung eines stabilen chronischen Entzündungszustandes. Modell nach Mayer et al. [11].
In Abhängigkeit von den Ausgangsbedingungen (Viruslast, A1, A2, A3) und den gegebenen Reaktionsparametern des Immunsystems führt die Immunreaktion zur Immunität (Im), zum Tod (D) oder zur Koexistenz (Co) von Virus und Antikörpern mit unterschiedlichen Formen der Attraktoren, hier als Punktattraktor dargestellt.

stellt die Bedingungen dar, unter denen in der Kompetition zwischen Virusreplikation und Bildung neutralisierender Antikörper die Virusreplikation gewinnt und den Tod des Patienten bewirkt. Es sei denn, es gibt eine Möglichkeit, durch antivirale Behandlung (Pfeil nach links) oder z. B. durch Immunglobulinbehandlung (Pfeil nach oben) die gestrichelte Linie in Richtung der mittleren Zone mit Prozessen zur allgemeinen Immunisierung und Eliminierung des Virus zu überschreiten [10].

Diese Veränderung wird als Phasenübergang bezeichnet, und die gestrichelte Linie stellt die Punkte der Kritikalität dar, wo das System sich an der Grenzfläche zwischen den beiden stabilen Zuständen befindet, die Attraktoren genannt werden (1,2). Für die chronischen Fälle in der linken Zone, ausgehend von initial niedriger Viruslast, müssen wir ähnliche Lösungen für einen Phasenübergang in die mittlere Zone finden, der zur Immunität führt: Diese könnte nur durch eine scheinbar paradoxe Verstärkung der Immunantwort (Pfeil nach rechts, steigende Antigenkonzentration wie bei Impfung) oder eine Erhöhung der Antikörper durch eine Immunglobulintherapie (Pfeil nach oben) bewirkt werden.

Pathologische Beispiele

Wir haben als repräsentative Erkrankung für dieses Modell, die Fuchs‘ Heterochromie Zyklitis (FHC) des Auges entdeckt, eine chronische, Jahrzehnte dauernde Erkrankung, bei der in einem Auge Rötelnviren persistieren und für die wechselnde Farbe der Iris und die langsame Entwicklung eines Katarakts verantwortlich sind. Das Rötelnvirus als Ursache haben wir durch die intraokulare Röteln-AK Synthese bei der Kammerwasser-Analyse entdeckt. Auch die Viren selbst waren im Kammerwasser des erkrankten Auges bei jüngeren Patienten nachweisbar. Diese lokal synthetisierten Röteln-AK zeichnen sich gegenüber einer polyspezifischen Antikörperreaktion durch die 40-fach höhere Menge und gereifte, hohe Avidität aus (**Kap B.3.3**).

Das Modell in Abb. C.3.7 ist insofern für die FHC passend, als wir einen limitierten Zugang der Antikörper über die Blut-Kammerwasser Schranke annehmen müssen, der lokal zu einer sehr niedrigen Konzentration des Antikörpers im Auge führt (1/500-stel der Blutkonzentration). Dadurch kann das ins Auge eingewanderte Virus lokal nicht neutralisiert werden, obwohl der Gesamtorganismus immun gegen Röteln geworden ist.

Solche Prozesse sind auch bei Ebolainfektionen beobachtet worden. Die SSPE nach Maserninfektionen ist mit dem mutierten Masernvirus im Gehirn ein Sonderfall. Auch bei Long COVID ist das Virus z. T. in verschiedenen Kompartimenten länger persistent.

Ein Therapiebeispiel mit Aktivierung des Immunsystems (vgl. linke Seite in Abb. C.3.7, Pfeil nach rechts) zeigten Prange et al. [12]. Bei einer Herpes-Enzephalitis mit einem klinisch schwersten, stagnierenden Verlauf bei gleichzeitig schwacher Immunreaktion (schwache intrathekale IgG-Fraktion und niedrige Zellzahl im Liquor) waren 2 von 3 Patienten durch eine intrathekale Behandlung in einen Zustand gekommen, der über eine Intensivierung der Immunreaktion (zellulär und humoral) zur vollständigen Remission führte. Das zur Behandlung eingesetzte alpha-Interferon [12] war zu diesem Zeitpunkt nicht rein genug, um den Aktivierungseffekt durch die zelluläre Verunreinigung auszuschließen.

Dieses Beispiel zeigt eine Lösung für eine kausale Therapie bei chronischen Krankheiten: Es gilt den stabilen pathologischen Zustand über einen Kritikalitätspunkt in einen anderen stabilen gesunden Zustand zu bringen.

3.2.3 Polyspezifische Antikörpersynthese und immunologisches Netzwerk

Zur zweiten großen Gruppe von chronischen Immunsystem-assoziierten Krankheiten gehören Krankheiten ohne ein ursächliches, spezifisches oder persistierendes Antigen wie bei der Multiplen Sklerose, Autoimmunkrankheiten, das Guillain-Barré-Syndrom (GBS) und die Golfkriegserkrankung (GWI, *Gulf war illness*).

Mit dem Nachweis einer gleichzeitigen Antikörpersynthese von Masern-, Röteln- und Varizella-Zoster (MRZ)-Antikörpern im Gehirn von MS-Patienten (**Kap. B.3.3**) begann ein neues Kapitel der Immunologie der MS. Diese „polyspezifische“ Antikörper-Reaktion wurde inzwischen als generelles Phänomen aller Immunreaktionen erkannt. Die folgenden Beispiele zeigen dies als die Basis einer immunologischen Netzwerktheorie.

3.2.3.1 Polyspezifische Immunreaktion im ZNS bei Multipler Sklerose

Bei Multipler Sklerose (MS) waren die M-, R-, Z-Antikörper am häufigsten (55–78 % der Fälle, siehe Tab. C.3.3) und erlangten so als Kombination von mindestens zwei der drei Antikörper mit 75 % Häufigkeit diagnostische Bedeutung. Aber auch jeder andere untersuchte Antikörper (Beispiele in Tab. C.3.3) wurde mit einer Häufigkeit von 10–30 % bei den MS-Patienten gefunden. Voraussetzung war allerdings, dass das Antigen als Wildtyp-Infektion oder Impfung im Körper irgendwann B-Zell Klone bildete, die im Blut im Rahmen einer Immunität zirkulieren. In Kuba, wo die Röteln-Infektion nicht endemisch war, war auch die Röteln-AK-Synthese bei MS-Patienten seltener zu finden [16], bis mit der allgemeinen Impfung gegen Röteln auch in Kuba die Häufigkeit von Röteln-Antikörpern in der MRZ-Reaktion bei MS-Patienten gleich der in anderen Ländern war [16].

Tab. C.3.3: Häufigkeiten der polyspezifischen Antikörper (IgG-Klasse) bei MS. Die Interpretation mit dem korrigierten Antikörperindex ($AI = Q_{spec}/Q_{lim}$) ergibt allgemein höhere Frequenzen durch die höhere analytische Sensitivität.

Antikörperspezifität	Häufigkeit in %
Masern (M)	78
Röteln (R)	60
Varicella Zoster (Z)	55
Herpes simplex (H)	28
Chlamydien	30
HHV-6	20

Tab. C.3.3 (fortgesetzt)

Antikörperspezifität	Häufigkeit in %
EBV	10(30)*
Borrelia b.	10–26**
Toxoplasma	10
ds-DNA	19
MRZ-Reaktion (2–3 Param.)	75
MRZ-Reaktion (1–3 Param.)	96

* verschiedene EBV-Antigene. **Verschiedene lokale Prävalenz systemischer Borrelieninfektionen (hier zwischen BRD und Tschechien, 2005)

Die polyspezifische intrathekale Immunreaktion ist jedoch in der Spezieskombination individuell verschieden und ist sogar auch im einzelnen Patienten lokal verschieden. Das wurde durch die simultane Untersuchung des Kammerwassers des miterkrankten Auges und des Liquors von MS-Patienten gefunden [15].

Tab. C.3.4 zeigt, dass beim selben Patienten im Kammerwasser eine intraokuläre Masern-Antikörpersynthese zu finden ist, die es im Liquor nicht gab, aber umgekehrt eine VZV-Antikörpersynthese, die nur im Liquor zu finden war. An beiden Lokalisationen ist außerdem eine Röteln-AK-Synthese mit unterschiedlicher Ausprägung zu finden. Eine HSV-Antikörpersynthese war an keinem der Orte zu finden. Die Häufigkeiten der intrathekalen und intraokulären MRZ-Reaktionen sind statistisch nicht verschieden, lediglich die Kombinationen sind individuell und lokal willkürlich verschieden [15].

Die bei MS aus dem Blut ins Gehirn einwandernden B-Zellen sind krankheitsbegleitend ohne spezifischen Einfluss auf den pathologischen ZNS-Prozess.

Wie im **Kap. B.3.3** ausführlicher dargestellt, ist die MRZ-Reaktion der IgG-Klasse von besonderer diagnostischer Bedeutung, da sie bereits zum Zeitpunkt der ersten diagnostischen Punktion vorhanden ist [17] und so zwischen einer ADEM und MS unterscheiden hilft. Auch die Fälle eines klinisch isolierten Syndroms (CIS) lassen sich so nach MS und nicht-MS differenzieren. Bei der Sensitivität der MRZ-Reaktion ist zu beachten, dass die Häufigkeit des Nachweises einer Zweier- und Dreier-Kombination mit der Intensität der intrathekalen IgG Synthese (IgG_{loc}) zunimmt [18], also von der Zusammensetzung im jeweiligen Patientenkollektiv abhängt.

Tab. C.3.4: Polyspezifische Antikörpersynthese im Liquor und Kammerwasser des Auges eines MS-Patienten mit einer Iridozyklitis. Die Lumbalpunktion wurde 7 Tage nach der Punktion des Kammerwassers durchgeführt.

AK-Spezies	Liquor	Kammerwasser
Masern-AI	1,1	3,7
Röteln-AI	4,0	1,4
VZV-AI	2,6	0,6
HSV-AI	0,9	0,8

3.2.3.2 Autoimmunerkrankungen und MRZ-Reaktion

Die große Zahl verschiedener Autoimmunenzephalopathien, auch als Autoimmunenzephalitis und Autoimmunpsychosen publiziert, werden durch die erhöhte Konzentration eines spezifischen Autoantikörpers definiert. Die begleitenden Symptome sind sehr verschieden und decken ein größeres überlappendes Spektrum psychiatrischer Symptome ab [19–23] (Details in **Kap. C.1.5.6.6**).

Gerade in diesem Gebiet der Autoimmunerkrankungen existiert eine beträchtliche Konfusion über die Bedeutung der Autoantikörper und deren Entstehung. Nur wenige

Autoren vermerken, dass alle Autoantikörper als Ausdruck der körpereigenen Immuntoleranz in niedriger Konzentration in jedem normalen Immunsystem existieren. In einer umfassenden Statistik zur Assoziation von Infektionen und später auftretenden Autoimmunerkrankungen haben Nielsen et al. [7] den Zugang zum Verständnis einer Immunsystem-assoziierten Pathologie ohne Nachweis einer spezifischen Ursache geebnet. Eine Vielzahl verschiedener Erreger wurden mit dem späteren Auftreten einer Autoimmunerkrankung statistisch assoziiert. Die Spezifität des Erregers einer Infektion kann danach aber nicht mit der Organspezifität der Autoimmunreaktion korreliert werden. Das wird irrtümlicherweise immer wieder versucht [23].

Erst mit dem Verständnis eines B-Zell-Netzwerkes wird es möglich, einen Zusammenhang zwischen Infektion und individueller Hochregulation eines einzelnen B-Zell-Klons, der z. B. Autoantikörper produziert, zu sehen.

Nicht nur bei MS, auch bei Autoimmunreaktionen mit Beteiligung des ZNS wie z. B. Neurolupus [3,24] oder Sjögren-Syndrom, Wegener'sche Granulomatose und Neurosarkoidose werden eine polyspezifische Immunreaktion und damit erhöhte Häufigkeiten für die MRZ-Antikörper-Kombination gefunden [14].

Der Nachweis der MRZ-Antikörperreaktion kann zwar zum empfindlichen Nachweis [17], jedoch nicht zur Differenzierung zwischen Autoimmunreaktionen und MS beitragen.

3.2.3.3 Polyspezifische AK im Blut – das Guillain-Barré-Syndrom

Die Polyradikulitis Guillain-Barré oder Guillain-Barré-Syndrom (GBS) ist eine heterogene Autoimmunerkrankung der peripheren Nerven. Sie tritt nach Infektionen und Impfungen auf [3,25]. Lumbaler Liquor von Patienten mit GBS zeigt einen stark erhöhten Albuminquotienten (Q_{Alb}) aufgrund des eingeschränkten Abflusses von Liquor durch Schwellungen im Bereich der Spinalwurzeln. Jede humorale oder zelluläre Immunreaktion im Liquor widerspricht dieser Diagnose, außer in einer sehr frühen Phase der Erkrankung mit erhöhten Zellzahlen bis zu 50 Zellen/μl, aber einem noch niedrigen Albuminquotienten Q_{Alb}. Erhöhte Titer von Antikörpern und Autoantikörpern verschiedenster Spezifität werden hier aber im Blut, individuell in verschiedener Häufigkeit und Kombination, beobachtet [26].

Neun der 56 Patienten in Tab. C.3.5 hatten nur bei einem der gemessenen 22 Antikörper einen erhöhten Titer. Im Blut von 4 Patienten wurden 11–13 Antikörper-Titer gleichzeitig erhöht gefunden. Die Häufigkeitsverteilung unter den 56 Patienten zeigt eine Gauß-Verteilung [3] mit einer mittleren Zahl von 6 gleichzeitig erhöhten Antikörpertitern. Mit der willkürlichen Häufigkeitsverteilung der Antikörperkombinationen bei den GBS-Patienten wurde deutlich, dass die Immunreaktion immer gleichzeitig mehrere, aber in individuellen Kombinationen vorliegende, B-Zellklone beteiligt.

Man spricht von der *Konnektivität im immunologischen Netzwerk.* In diesem Fall

Tab. C.3.5: Häufigkeitsverteilung einer polyspezifischen Mitreaktion im Blut beim Guillain-Barré-Syndrom. Die Daten sind eine Zusammenfassung der Tab. 4 in Terryberry et al. [26]. Die Zahl der Antikörper mit erhöhtem Titer im Blut (AK) wird aus willkürlich gewählten N = 22 Tests (IgG- und IgM-Klasse) für entzündliche Erreger (Influenza A/B, S. pneumoniae, CMV, HHV-6, Adenovirus, VZV, Mumps, HSV 1/2 etc.) in einer Gruppe von 56 GBS-Patienten gefunden.

Zahl aus 22 möglichen AK	Häufigkeit bei 56 Patienten
1	9
2–4	10
5–7	10
8–10	11
11–13	4

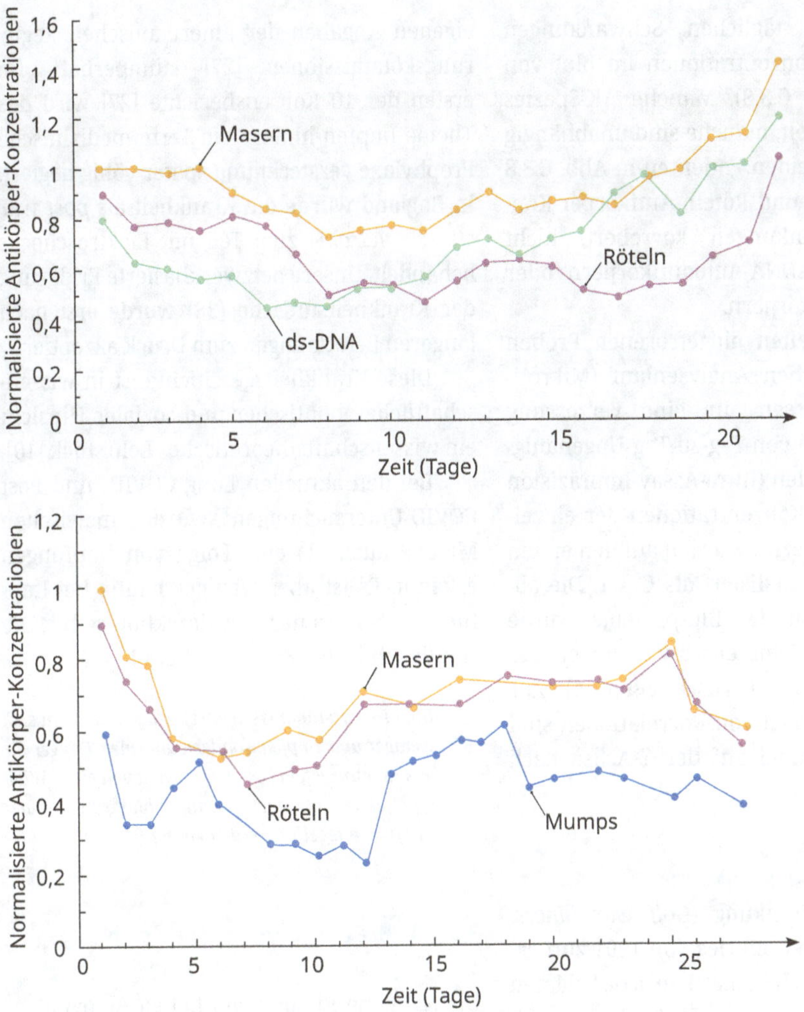

Abb. C.3.8: Antikörperdynamik im Blut von Kontrollpatienten. Daten stammen von der täglichen routinemäßigen Blutabnahme auf der neurologischen Intensivstation bei Patienten mit einer nicht-entzündlichen Erkrankung (Schlaganfall) [4]. Diese Konzentrationen entsprechen normalen Titern, d. h. sie liegen auch unterhalb der Grenze zu einer nosokomialen Infektion (S. Heitmann, nicht publiziert).

wurde bezogen auf 22 willkürlich gewählte AK-Spezies eine mittlere Konnektivität von N = 6 bestimmt [3], was aber bezogen auf die mögliche Gesamtzahl der im Individuum vorhandenen verschiedenen B-Zellklone eine völlig unbestimmbare Zahl bleibt.

Auch bei den Autoantikörpern, die getestet wurden (N = 18 AAK) hatten 11 % der GBS-Patienten mehr als 5 strukturell verschiedene Autoantikörper gleichzeitig erhöht [3,26].

3.2.3.4 Zeitliche Variation der Antikörperkonzentrationen im Blut

Dass die Konnektivität eine Eigenschaft jedes normalen Immunsystems ist, zeigt auch die

Korrelation der täglichen Schwankungen von Antikörperkonzentrationen im Blut von Kontrollen (Abb. C.3.8). Manche AK-Spezies variieren gekoppelt, manche sind unabhängig variierend. Bei beiden Patienten in Abb. C.3.8 sind die Masern- und Röteln-Antikörper-Konzentrationsschwankungen korreliert, nicht aber mit den dsDNA-Autoantikörpern oder den Mumps-Antikörpern.

Die gesammelten eingefrorenen Proben wurden im gleichen Analysenlauf (Mikrotiterplatten) gemessen, um eine Verzerrung durch analytische von-Tag-zu-Tag Ungenauigkeiten zu vermeiden (Intra-Assay-Impräzision CV = 3,5 %). Die Konzentrationen der einzelnen Antikörperspezies wurden auf den ersten Analysenwert normalisiert als C = 1. Die allgemeine Variation der Blutproteine wurde kontrolliert, um Volumenschwankungen des Blutes als Ursache auszuschließen [4]. Zur besseren Sichtbarkeit von Korrelationen sind zwei Kurven parallel auf der Y-Achse nach unten verschoben.

3.2.3.5 Golfkriegserkrankung

Die Golfkriegserkrankung (*Golf war illness*, GWI) geht auf den Golfkrieg von 1991 zurück, bei dem ca. 600.000 US-amerikanische Soldaten und mehr als 50.000 englische Soldaten beteiligt waren. Die Soldaten wurden innerhalb von 14 Tagen sehr hektisch ohne hinreichende Protokolle bis zu 9-fach geimpft. Die Symptome wie Chronic Fatigue, multichemische Allergien, Hautausschlag, kognitive Beeinträchtigungen oder chronische Gelenkschmerzen [4] sind nicht gerade für das Immunsystem typische Symptome. Solche Symptome treten innerhalb von 3 Wochen bis 2 Monaten nach Infektionen oder Impfungen [4,25] auf. Bei 110.000 betroffenen Amerikanern mit bis zu 25 Jahren anhaltenden Symptomen wurde bislang keine andere kriegsassoziierte Ursache gefunden [27]. Die Untersuchungen sind nach eigenen Angaben der amerikanischen Regierungskommissionen [27] stümperhaft. Im ersten der 10 Konsensberichte [27] wird das Thema Impfen hinter dem Term medizinische Prophylaxe versteckt und später völlig negiert. In England wurde die Krankheit als *post war stress syndrome* zum Teil mit Elektroschocks behandelt. Unsere netzwerkbasierte Erklärung der Krankheitsursache [28] wurde erst nach längeren Bemühungen zum Druck akzeptiert.

Diese Krankheitsgeschichte ist in wissenschaftlicher, politischer und sozialer Hinsicht ein wissenschaftstheoretisches Lehrstück [10].

Bei den aktuellen Long COVID- und Post COVID-Untersuchungen wurde inzwischen ME/CFS auch als eine Folge von Impfungen erkannt. Es ist aber weniger häufig bei Impfungen als nach der Virusinfektion selbst. Die Häufigkeit ist bei Frauen höher (4/5).

Um Missverständnissen vorzubeugen: es dreht sich weniger ums Impfen, sondern um einen Trigger für das Immunsystem [28], der sowohl von einer Wildtypinfektion als auch, weniger häufig, von einer Impfung ausgelöst werden kann [7].

3.2.3.6 Alle Immunreaktionen sind polyspezifisch – das B-Zell Netzwerk

Die spontane Bildung von hohen Autoantikörper-Konzentrationen, die Bildung von polyspezifischen Antikörpern im ZNS (MRZ-Reaktion) und auch die Bildung von polyspezifischen Antikörpern im Blut (GBS) sind nur durch eine gleichzeitige Stimulierung von mehreren B-Zell Klonen verstehbar. Die Beobachtung (**Kap. B.3.3**), dass selbst bei jeder akuten Infektion des ZNS im Mittel 80 % des intrathekal synthetisierten IgGs aus unspezifischen Antikörpern besteht, bestätigt diese Darstellung. Die individuelle Variation der Immunreaktion mit der Konsequenz im Krankheitsverlauf besteht in der verschiedenen Netzwerktiefe und der Spezifität der involvierten polyspezifischen B-Zellklone.

Die bis zu 50 Jahre anhaltende Immunität bei der Masernimpfung ist nicht ohne B-Zell-Netzwerk erklärbar, da der einzelne B-Zellklon nur Wochen bis Monate lebt.

Polyspezifische Antikörper sind diagnostisch von den spezifischen Antikörpern durch ihre niedrige Menge aber hohe Avidität [29,30] zu differenzieren.

Das Verständnis dieser Zusammenhänge würde die ständige Suche nach ursächlichem Antigen bei diesen chronischen Erkrankungen als überflüssig erkennen lassen und auch die Erfolglosigkeit einer antibiotischen Therapie bei der Post-Lyme Erkrankung verstehbar machen.

3.2.4 Immunsystem-assoziierte Pathologien ohne adaptive Immunreaktion

In der Neurologie und insbesondere in der Psychiatrie gibt es eine dritte Art von chronischen Krankheiten, die mit dem Immunsystem assoziiert werden können, ohne die für das adaptive Immunsystem typischen Veränderungen im Liquor [22,31,32,39].

Dazu gehört das Spektrum der bipolaren und schizophrenen Erkrankungen, die eventuell einer milden Enzephalitis zugeordnet werden können. In dieser Gruppe findet man bei 30 % der Patienten eine leichte Schrankenstörung und erhöhte Zytokinkonzentrationen im Liquor und auch, damit nicht gekoppelte, erhöhte Neopterinkonzentrationen [33]. Weitere Hinweise auf eine Enzephalitis sind Entzündungen im Frontallappen des Gehirns und die Wirksamkeit immunmodulatorischer Therapien.

Die Schwierigkeiten, für eine solche Krankheitsgruppe eine eigenständige Pathophysiologie zu generieren, werden im Review von K. Bechter deutlich [22]. Diese Krankheitsgruppe mag ein Beispiel dafür sein, dass Krankheit als Option jedes lebenden Organismus ein spontaner, zufälliger Prozess sein kann. Um diese Möglichkeit von spontanen Änderungen in Netzwerken zu verstehen, sei auf zwei wichtige organübergreifende Netzwerke hingewiesen: Das Zytokin-Netzwerk und die angeborene Immunität mit dem Komplementsystem.

3.2.4.1 Zytokin-Netzwerk

Zytokine (s. a. **Kap B.4.1**) stellen ein über das Immunsystem hinausgehendes Netzwerk durch drei organübergreifende Eigenschaften dar:

- Funktioneller Pleiotropismus, d. h. ein bestimmtes Zytokin kann an verschiedenen Rezeptoren unterschiedliche Wirkungen haben im Immunsystem, im Nervensystem und im endokrinen System.
- Funktionelle Redundanz, die bedeutet, dass verschiedene Zytokine die gleiche Wirkung auf eine einzige Zielzelle haben können.
- Konzentrationsabhängige pro- und anti-inflammatorische Wirkung.

Dieses Zytokin-Netzwerk mit seinen ubiquitären Multiorganeinflüssen könnte erklären, warum wir nicht nur Immunreaktionen, sondern auch Erkrankungen des Nervensystems oder des endokrinen Systems in einer Immunsystem-assoziierten Pathologie (ISAP) beobachten. Hier ist an die riesige Liste von organübergreifenden Symptomen bei den ME/CFS-Erkrankungen zu denken. Dieser Zusammenhang ist geläufiger und in der Medizin auch akzeptiert als die Stress- und Hormon-bedingten Veränderungen der Immunreaktionen. Bei den genannten Erkrankungen spielen vor allem die proinflammatorischen Zytokine eine Rolle [32,34].

3.2.4.2 Das angeborene Immunsystem

Das angeborene Immunsystem (*innate immune system*, s. **Kap. A.7.1**) ist die Reaktion des Immunsystems, die bei Pflanzen, Pilzen, Insekten und primitiven mehrzelligen Organismen dominant zu finden ist. Das adaptive

Immunsystem der Vertebraten hat sich erst später entwickelt.

Das angeborene Immunsystem hat folgende Hauptfunktionen:

- Rekrutierung von Immunzellen zum Infektionsherd durch die Produktion von chemischen Faktoren, einschließlich der Zytokine.
- Aktivierung der Komplementkaskade zur Erkennung von Bakterien, Aktivierung von Zellen und Förderung der Beseitigung von Antikörperkomplexen oder toten Zellen
- Identifizierung und Entfernung von Fremdstoffen in Organen, Geweben, Blut und Lymphe durch Makrophagen.
- Aktivierung des adaptiven Immunsystems durch Antigenpräsentation.
- Wirken als physikalische (Haut, Baumrinde) und chemische (Gerinnungsfaktoren, Baumsaft) Barriere gegen infektiöse Erreger, die diese erste Barriere durchbrochen haben.

Dieses angeborene Abwehrsystem der Organismen hat zwei sehr differenzierte Subsysteme.

a) Die Komplementkaskade

Es gibt drei Varianten der Aktivierung der Komplementkaskade: klassischer, alternativer und Lektin-Reaktionsweg (siehe auch **Kap. A.7.1**) [35,36]. Die erste Komponente des klassischen Komplementweges ist der Calcium-abhängige Proteinkomplex, C1, der aus den Subkomponenten C1q, C1r und C1s besteht. Die Aktivierung des C1-Komplexes startet, wenn C1q direkt an die Oberfläche eines Pathogens bindet. Der Lektinweg ist homolog zum klassischen Weg, startet jedoch mit dem Opsonin, dem Mannose-bindenden Lektin (MBL) [36,37] oder Ficolinen, anstelle von C1q [35].

Das Komplementsystem kann schnell auf non-self-Antigene reagieren, nachdem es deren Pathogen-assoziierte molekulare Muster erkannt hat.

b) Das Inflammasom

Die Makrophagen spielen im angeborenen Immunsystem für die Eliminierung von Fremdstoffen eine wichtige Rolle. Im Zytosol der Makrophagen findet man Multiprotein-Oligomere, die als Inflammasom [38] bezeichnet werden.

Das Inflammasom spielt eine wichtige Rolle bei der Induktion von Entzündungskaskaden und der Koordination der Wirtsabwehr, sowohl über die Aktivierung und Sekretion von pro-inflammatorischen Zytokinen als auch über die Induktion einer spezialisierten Form des immunstimulierenden programmierten Zelltods. Bei dieser Apoptose genannten Reaktion setzt die Zelle ihren zytoplasmatischen Inhalt frei, um pro-inflammatorische Reaktionen zu induzieren, die letztlich bei der Abwehr von bakteriellen und viralen Infektionen wichtig sind.

3.2.4.3 Das angeborene Immunsystem und das Gehirn

Traditionell wurden Inflammasome hauptsächlich in Immunzellen des angeborenen Immunsystems, wie z. B. Makrophagen, untersucht. Inzwischen weist die Expression von Inflammasom-Komponenten in epithelialen Zellen der Schrankenstrukturen darauf hin, dass diese hier eine wichtige erste Verteidigungslinie darstellen.

Bei einer Dysregulation der Inflammasom-Aktivierung kann es zu einer Reihe von schwerwiegenden Erkrankungen kommen. Für die neuropathologischen Prozesse mag dies ein besonders wichtiger Zusammenhang sein.

Neben der Rolle der Epithelzellen sind auch die intrathekalen Synthesen von Komplementfaktoren für eine mögliche Beteiligung der angeborenen Immunreaktion bei neurologischen Krankheiten von Interesse.

3.2.4.4 Liquor, Schrankenfunktion und Zytokine

a) Schrankenfunktion

Bei vielen neuropsychiatrischen Erkrankungen [19–22,33,39], inklusive MS, Neurolupus etc., findet man bei ca. 20–30 % der Patienten im Liquor eine leichte Erhöhung der aus dem Blut stammenden Proteine. Diese Reduktion der Liquorproduktionsrate im Plexus ist durch eine Reihe von Störungen möglich [40]. Dazu gehören auch die mit der Aktivierung des Komplementsystems und Inflammasoms einhergehenden Einflüsse der Zytokine auf die Multienzymmechanismen inklusive des Aquaporins bei der Liquorproduktion im Plexus choroideus.

Die Blut-Liquor-Schrankendysfunktion ist jedenfalls kein Beleg für eine Reaktion des adaptiven Immunsystems.

b) Proteine des Komplementsystems im Liquor

Mit der Frage, inwiefern das angeborene Immunsystem mit neurologischen oder psychiatrischen Erkrankungen assoziiert ist, wurde schon lange die Herkunft der Komplementproteine im Liquor untersucht. Generell ist die Herkunft der Proteine im Liquor durch eine systematische Liquor-Analytik (s. **Kapitel A.4 und B.3.1**) direkt bestimmbar:

Da prinzipiell alle im Blut vorhandenen Komplement-Proteine auch im Liquor zu finden sein müssen, ist es die Herausforderung zu zeigen, ob noch zusätzliche intrathekale Anteile in der Liquorfraktion zu finden sind. Für das Prothrombin, das auch in Neuronen und Gliazellen des ZNS produziert wird, konnte klar gezeigt werden, dass die Liquorfraktion zu > 95 % aus dem Blut stammt [41].

Anders dagegen für das Mannan-bindende Lektin (MBL), das im Liquor vorwiegend aus den Leptomeningen stammt, obwohl die Fraktion im Blut vorwiegend in der Leber synthetisiert wird [37].

Das MBL [36] ist von zunehmendem klinischem Interesse, da MBL-Mangel [39] mit verschiedenen Krankheiten assoziiert wurde, einschließlich Infektionen bei systemischen sowie bei neurologischen Erkrankungen.

Die intrathekale Präsenz und lokale Synthese entscheidender Faktoren des angeborenen Immunsystems (Inflammasom und MBL als Starter der Komplement Kaskade, Zytokin-Netzwerk) macht die Liquoranalytik für die Untersuchung der Zusammenhänge zwischen neuropsychiatrischen Krankheiten und dem angeborenen Immunsystem relevant.

3.2.5 Auf dem Weg zu neuen Krankheitsmodellen

Am Beispiel in Abb. C.3.7 ist deutlich geworden, dass neue Krankheitsmodelle unter Berücksichtigung der nichtlinearen Eigenschaften biologischer Prozesse einen Paradigmenwechsel [10] bewirken könnten. Zu diesem Wechsel sind im Prinzip drei wissenschaftliche Grundlagen aus Mathematik und Physik nötig:

1. Nichtlinearität biologischer Prozesse,
2. materielle Selbstorganisation von Form und Funktion,
3. emergente Eigenschaft eines Systems als eine Qualität.

Es bleibt die Frage, warum ein Paradigmenwechsel nicht wirklich stattgefunden hat, obwohl diese naturwissenschaftlichen Grundlagen seit langem bekannt sind.

Eine der Antworten kommt aus der nur zögerlichen Abkehr vom molekulargenetischen Biologieverständnis [1]. So ist es nach wie vor gängige Praxis, bei Krankheiten, deren Entstehung nicht verstanden wird, eine genetische Prädisposition des Patienten zu vermuten [5]. Es mag sinnvoll erscheinen, hier auf den notwendigen Wechsel zu einer phänotypischen Vorstellung der Entwicklung, der Grundlage einer aktuellen Epigenetik [2,42,43], hinzuweisen.

3.2.5.1 Genotyp und Phänotyp

Die in den 1960er Jahren postulierte Entwicklungshypothese war, dass das Genom durch die Entwicklung steuert (genetisches Programm) und wir mit der Kenntnis des Genoms auch die Krankheiten verstehen und heilen werden. Das Scheitern der Gentherapie und auch der Stammzelltherapie konnte schon aus den Prinzipien einer selbstorganisierenden materiellen Entwicklung erwartet werden. Aber auch die Erkenntnisse aus der *Drosophila*-Genetik und dem Humangenom-Projekt zum Ende des letzten Jahrhunderts haben die Genetik und die Vorstellung des Gens grundlegend verändert. Begriffe wie Alternatives Spleißen bei der Genexpression oder RNA-Interferenz, die posttransskriptionale Kontrolle der mRNA durch Mikro-dsRNA, ebenso wie Gene-Silencing, das Abschalten von unbenutzten Genen durch Methylierung, haben eine neue Sicht auf die Epigenese in der Entwicklung entstehen lassen.

Was auch immer von einem Genom exprimiert werden kann, es gewinnt nur Gestalt, wenn damit ein Prozess verbunden ist, der eine stabile Form, d. h. einen Attraktor hat. Brian Goodwin hat dies mit der selbstorganisierten, von Calcium abhängigen Entwicklung der phylotypischen Form, der Blattbildung, bei der Alge Acetabularia exzellent gezeigt [44]. Stabilität des funktionierenden Organismus ist nicht durch das Genom, das ständigen Mutationen ausgesetzt ist, gewährleistet. Nur die materielle Realisation als Phänotyp hat Stabilitätskriterien.

Jede neue Mutation am Genom unterliegt dieser Realitätskontrolle, d. h. der phänotypischen Realisierbarkeit.

Das hatte R. Dawkins bei seiner Idee vom „Selfish Gene“ nicht bedacht. Das Genom ist nicht gesteuert und steuert nicht. Das Rational der Entwicklung eines Organismus kommt aus der Entstehung von Ordnung und Form durch die Selbstorganisation der Materie.

3.2.5.2 Materielle Selbstorganisation von Form und Funktion

Es scheint trivial festzustellen, dass alle Organismen oder biologische Funktionen, die sich in der Evolution behauptet haben, im biologischen Sinne stabil sind. Wissenschaftlich heißt das, dass lebende Systeme unter Energieaufnahme fernab des chemischen Gleichgewichts existieren. Physikalisch wird das durch die nichtlineare Thermodynamik, oder Nichtgleichgewichts-Thermodynamik beschrieben. Jedes materielle System (selbst reines Wasser) geht bei Energieaufnahme (Erwärmen) mit zunehmender Ordnung durch neue Strukturen (Bénard Konvektionsmuster beim Wasser) und Formen. Dieser Prozess der Strukturbildung wird als Selbstorganisation bezeichnet. Da niemand steuert (auch das Genom ist nicht steuernd, sondern selbst Teil der Selbstorganisation des sich entwickelnden Organismus [2]) ist diese Eigenschaft der Materie eine zentrale Grundlage aller Beschreibungen der Stabilität von Organsimen und deren Funktionen wie auch die Wahrscheinlichkeit der Entstehung von chronischen Krankheitsprozessen [10].

Thermodynamisch heißt Stabilität also, dass unter den gegebenen Bedingungen alle dynamischen Prozesse immer wieder und aus verschiedenen Zuständen auf ein Muster, eine Form, eine Gestalt hin konvergieren. Das wird mathematisch als Attraktor bezeichnet. Im biologischen Zusammenhang hat der Attraktor eine materielle Basis. Alle Strukturen oder Funktionen sind auf der Basis physikalischer Eigenschaften der Materie entstanden und werden damit auch aufrechterhalten. Der Attraktor ist real ein emergentes Ganzes (Spezifische Zelle, Organismus, Schwarm [10]). Das emergente Ganze ist Ausdruck der Algorithmen und nicht der konstituierenden Elemente. Das versteht man am besten, wenn man im Zusammenhang mit den nichtlinearen Funktionen die Eigenschaften eines Attraktors und den Bifurkationsweg ins Chaos studiert. Sowohl eine normale, wenngleich extreme lokale Fluktuationen, als auch minimale Veränderungen im kritischen Regulationsparameter (Wachstumsrate in der Populationsgleichung) können das System von einem Attraktor (gesundes System) in einen anderen stabilen! Regulationszustand (krankes System) wechseln lassen.

3.2.5.3 Nichtlinearität biologischer Prozesse – eine Zusammenfassung

(Die ausführlichen naturwissenschaftlichen und mathematischen Grundlagen dieser Zusammenfassung sind in den zitierten Referenzen [1–5,45] und insbesondere im Review [10] zu finden).

In der Natur gibt es keine gerade Linie oder ebene Fläche. Die realen Dimensionen biologischer Formen sind also nicht gerade Zahlen D = 1, 2, 3 sondern repräsentieren gebrochene Zahlen D = 1,7; 3,2 etc., die als „fraktale“ Dimensionen bezeichnet werden.

Da in der Natur die meisten Prozesse durch eine Rückkopplung geregelt sind und Rückkopplung mathematisch zu einem quadratischen Term einer nichtlinearen Funktion führt, sind praktisch alle biologischen Prozesse nichtlinear. Am Beispiel der Glykolyse-Oszillation mit dem spontanen Übergang zwischen periodischen und chaotischen Zeitserien ist das schon vor ca. 50 Jahren demonstriert worden [46]. Der Interpretation von nichtlinearen Zeitserien in den Komplexitätswissenschaften hat zur Erkenntnis geführt, dass chronische Krankheiten mit einer Reduktion der Komplexität der Regulation einhergehen können.

Damit wurde auch das neue Konzept für den Umgang mit biologischen Systemen wie auch Krankheiten deutlich. Wir können zwar keine Prognose aus den Einzelparametern machen, aber das System als Ganzes, als eine emergente Qualität, charakterisieren. Das Verhalten des Ganzen ist nicht aus den Eigenschaften der konstituierenden Parameter erklärbar. Das ist letztlich ein Hinweis für die Gestaltung adäquater Forschungskonzepte in der Medizin.

> *„Molekulare“ Medizin kann nichts über die Art der Symptome einer Krankheit oder die chronische Krankheit selbst aussagen, wenngleich die konstituierenden Elemente und deren Interaktionen in einem deterministischen Zusammenhang stehen.*

3.2.6 Perspektiven

Modelle chronischer Krankheiten und neue Perspektiven für eine kausale Therapieentwicklung setzt folgende Erkenntnisse voraus:

a. Die chronische Krankheit ist ein stabiler Zustand, der im Rahmen eines selbstorganisierenden Prozesses entsteht.
b. Chronische Krankheit entsteht als Phasenübergang aus einem normalen Regelzustand und ist nicht durch lineare Ursache-Wirkungszusammenhänge beschreibbar.

c. Die Suche nach einer persistierenden molekularen Ursache ist nicht sinnvoll.
d. Krankheitsforschung muss auf der Ebene der emergenten Eigenschaft als der Qualität des Ganzen stattfinden, z. B. als Änderung der Komplexität der Regulation. Diese ist experimentell realisierbar durch Bestimmung der fraktalen Dimension von messbaren Zeitserien.
e. Therapiemodelle basieren auf der Destabilisierung des Attraktors der pathologischen Regulation zur Ermöglichung eines anderen selbstorganisierenden stabilen Zustandes. Immunologische Beispiele des Übergangs in eine andere Phase sind in Abb. C.3.7 gezeigt. In der Psychiatrie wäre der Durchgang durch eine Krise ein entsprechender Vorgang.

3.2.7 Liquordiagnostik bei chronischen Erkrankungen [10]

Liquordiagnostik basiert in der Regel auf einer einmaligen Punktion. Wir können damit das klassische Tool der Analytik nichtlinearer Systeme, die Zeitreihenanalytik, oft nicht anwenden. Diese bleibt den nichtinvasiven Methoden (EEG, Dynamik in der Bildgebung) überlassen.

Eine wissensbasierte Auswahl gekoppelter Parameter mag eine Alternative darstellen.

1. Die etablierte Basisdiagnostik im Liquor mit wissensbasierter Interpretation von Datenmustern kann bereits ein hervorragender Beitrag zur Diagnostik vieler neurologischer und psychiatrischer Erkrankungen sein. Voraussetzung ist allerdings, dass soweit wie nötig ein komplettes Muster mit entsprechend erweiterter Spezialanalytik durchgeführt wird. Die CSF-App (www.albaum.it) zeigt dafür Beispiele und ein Interpretationstraining.
2. Der Vergleich von Proteinen mit verschiedenem Ursprung (Hirnzellen, Plexus, Leptomeningen, Blut) würde, z. B., wie dargestellt, auf die Spinalkanalstenose oder Tumormetastasen hinweisen.
3. Die Antikörperanalytik kann durch Unterscheidung zwischen spezifischen und polyspezifischen Antikörpern mit Menge und Avidität zwischen einem akuten und chronischen Prozess unterscheiden.

Die Analytik bei chronischen Erkrankungen erfordert allerdings eine qualifizierte Erweiterung der Diagnostik.

Die *Schrankenstörung* als Begleiterscheinung entzündlicher Prozesse bekommt mit dem Paradigmenwechsel der Schrankenfunktion als reduziertem Liquorfluss eine systematischere diagnostische Funktion. Der erhöhte Albuminquotient ist in diesen Fällen der Ausdruck einer pathologischen Störung am Plexus, dem Einfallstor entzündlicher Prozesse.

Die hohe Exprimierungsrate von *ß-Trace Protein* im Plexus macht dieses Protein zu einem Kandidaten für eine erweiterte, kombinierte Diagnostik. Auch das im Plexus produzierte *Transthyretin* gehört dazu. Eine besondere Rolle spielt die *Zytokinanalytik im Liquor wie im Blut* (Pleiotropismus). Der Aspekt der organübergreifenden Netzwerkeigenschaft der Zytokine kommt hier in die Diskussion. Die weiterführende Analytik kann die Suche nach organischen Veränderungen im systemischen Immunsystem, im endokrinen und im Nervensystem beinhalten.

Wir haben damit zwei Aspekte für die Diagnostik der chronischen Krankheiten gewonnen:

- die Immunsystem-assoziierte Störung der Schrankenfunktion und
- die Zytokin-assoziierte Veränderung der immunologischen Regulation.

Ganz generell: die Diagnostik braucht Informationen über das Gesamtsystem, nicht über die einzelnen Komponenten. Die Suche nach ständig neuen, für eine Krankheit spezifischen Surrogatmarkern ist also wenig zielführend.

Die Ausweitung mit neuen Parameterkombinationen (Zytokine, Neopterin, β-trace Protein, Proteine des nativen Immunsystems), die die Dynamik der Krankheitsregulation in den Netzwerken widerspiegeln, ist für die Diagnostik chronischer Krankheiten möglich. Die Entwicklung einer nichtinvasiven Analytik zur Interpretation von Zeitserien regulatorischer Parameter ist wünschenswert und denkbar, braucht aber die gezielte Finanzierung einer interfakultativen Zusammenarbeit.

3.2.8 Kausale Therapien?

Mit dem Verständnis der chronischen Krankheiten als optionaler Attraktor des Systems tun sich zwei grundlegende Fragen auf: erstens, kann man einen biologisch stabilen Attraktor ändern, und zweitens, wie? Mit dem Beispiel der Abb. C.3.7 (FHC) wurden konkrete Optionen diskutiert. Grundsätzlich entspricht eine therapeutische Perspektive der Destabilisierung des Systems (Zelle, Organismus). Das Ziel ist es, eine Bifurkation zu induzieren, die das System in einen anderen Attraktor wechseln lässt. Das lässt sich aber in selbstorganisierenden Systemen nicht steuern, wir wissen also nicht, in was für einen Attraktor das System wechselt. Mit der aus der Evolution abgeleiteten Annahme, dass die normalen, gesunden Regulationszustände die stabilsten sind, lässt sich erwarten, dass ein induzierter Attraktorwechsel nicht primär zum schlechteren Zustand für den Organismus führt.

Literatur

[1] Reiber H. Komplexität und Selbstorganisation stabiler biologischer Gestalt in Epigenese und Evolution – Von der genozentrischen zur phänozentrischen Biologie. In: Kaasch M, und Kaasch J. (Hrsg.). Biologie und Gesellschaft. Verhandlungen zur Geschichte und Theorie der Biologie. Verlag für Wissenschaft und Bildung, Berlin 2012, Bd. 17: 37–80.

[2] Reiber H. Epigenesis and epigenetics-understanding chronic diseases as a selforganizing stable phenotype Neurol. Psych.Brain Res. 2012;18:79–81.

[3] Reiber H. Polyspecific antibodies without persisting antigen in multiple sclerosis, neurolupus and Guillain-Barré syndrome: immune network connectivity in chronic diseases. Arq Neuropsiquiatr. 2017;75(8):580–588.

[4] Reiber H. Chronic diseases with delayed onset after vaccinations and infections: A complex systems approach to pathology and therapy, J Arch Mil Med. 2017;5(3):e12285.

[5] Reiber H. Die Entstehung von Form und Krankheit. Selbstorganisation oder genetisches Programm – zwei Paradigmen im Widerstreit. In: Engels, Junker & Weingarten (Hrgb). Ethik der Biowissenschaften. Verlag für Wissenschaft und Bildung, Berlin, 1998, S. 393–410.

[6] Vaughan K, Peters B, O'Connor KC, Martin R, Sette A. A molecular view of multiple sclerosis and experimental autoimmune encephalitis: what can we learn from the epitope data? J Neuroimmunol. 2014;267(1–2):73–85.

[7] Nielsen PR, Kragstrup TW, Deleuran BW, Benros ME. Infections as risk factor for autoimmune diseases – A nationwide study. J Autoimmun. 2016;74:176–81.

[8] Quentin CD, Reiber H. Fuchs' heterochromic cyclitis – rubella virus antibodies and genome in aqueous humor. Am J Ophthalmol. 2004;138:46–54.

[9] Reiber H, Ressel Chr, Spreer A. Diagnosis of Neuroborreliosis-Improved knowledge base for qualified antibody analysis and cerebrospinal fluid data pattern related interpretations. Neurol Psychiatry Brain Res. 2013;19:159–169.

[10] Reiber H. Liquordiagnostik in der Neurologie. Paradigmenwechsel bei Schrankenfunktionen, Immunsystem und chronischen Krankheiten. Essentials, Springer 2023

[11] Mayer H, Zaenker KS, An der Heiden U. A basic mathematical model of the immune response. Chaos. 1995;5(1):155–61.

[12] Prange H, Wismann H. Intrathecal use of interferon in encephalitis. N Engl J Med. 1981;305(21):1283–4.

[13] Rostasy K, Reiber H, Pohl D, et al. Chlamydia pneumoniae in children with MS: Frequency and quantity of intrathecal antibodies. Neurology. 2003;61:125–128.

[14] Hottenrott T, Dersch R, Berger B, et al. The intrathecal, polyspecific antiviral immune response in neurosarcoidosis, acute disseminated encephalomyelitis and autoimmune encephalitis compared to multiple sclerosis in a tertiary hospital cohort. Fluids Barriers CNS. 2015;12(1):27.

[15] Reiber H, Kruse-Sauter, H, Quentin C. Antibody patterns vary arbitrarily between cerebrospinal fluid and aqueous humor of the individual multiple sclerosis patient: Specificity-independent pathological B cell function. J Neuroimmunol. 2015;278:247–54.

[16] Robinson-Agramonte M, Reiber H, Cabrera-Gomez JA, Galvizu R. Intrathecal polyspecific immune response to neurotropic viruses in multiple sclerosis: a comparative report from Cuban patients. Acta Neurol Scand. 2007;115:312–318.

[17] Reiber H, Teut M, Pohl D, Rostasy KM, Hanefeld F. Paediatric and adult multiple sclerosis: Age-related differences and time course of the neuroimmunological response in cerebrospinal fluid. Multiple Sclerosis. 2009;15:1466–1480.

[18] Reiber H, Ungefehr St, Jacobi Chr. The intrathecal, polyspecific and oligoclonal immune response in multiple sclerosis. Multiple Sclerosis. 1998;4:111–117.

[19] Banks SA, Sechi E, Flanagan EP. Autoimmune encephalopathies presenting as dementia of subacute onset and rapid progression. Ther Adv Neurol Disord. 2021;14:1–16.

[20] Pollak TA, Lennox BR, Müller S, et al. Autoimmune psychosis: an international consensus on an approach to the diagnosis and management of psychosis of suspected autoimmune origin. Lancet Psychiatry. 2019;6(12):e31.

[21] Ehrenreich H. Autoantibodies against the N-Methyl-d-Aspartate Receptor Subunit nR1: Untangling Apparent inconsistencies for Clinical Practice. Frontiers in Immunology. 2017;8:181.

[22] Bechter K. The Challenge of Assessing Mild Neuroinflammation in Severe Mental Disorders. Frontiers in Psychiatry. 2020;8:11.

[23] Blackburn KM, Wang C. Post-infectious neurological disorders. Ther Adv Neurol Disord. 2020;13:1–17.

[24] Graef IT, Henze T, Reiber H. Polyspezifische Immunreaktion im ZNS bei Auto-immunerkrankungen mit ZNS-Beteiligung. Zeitschrift für ärztl Fortbildung. 1994;88:587–591.

[25] Shoenfeld Y, Aron-Maor A. Vaccination and autoimmunity: 'vaccinosis': a dangereous liaison? J Autoimmun. 2000;14(1):1–10.

[26] National Academies of Sciences, Engineering and Medicine. Gulf War and health. Update of health effects in the Gulf War. Washington DC: The National Academies Press; (10) 2016.

[27] Reiber H, Davey B. Desert-storm-syndrome and immunization. Arch Internal Med. 1996;156:217.

[28] Jacobi C, Lange P, Reiber H. Quantitation of intrathecal antibodies in cerebrospinal fluid of subacute sclerosing panencephalitis, herpes simplex encephalitis and Multiple sclerosis: Discrimination between microorganism-driven and polyspecific immune response. J Neuroimmunol. 2007;187:139–146.

[29] Gharavi AE, Reiber H. Affinity and avidity of autoantibodies. In: Autoantibodies. JB Peter and Y Schoenfeld (eds). Elsevier Science BV, 1996, pp 13–23.

[30] Terryberry J, Sutjita M, Shoenfeld Y, et al. Myelin- and microbe-specific antibodies in Guillain-Barre syndrome. J Clin Lab Anal. 1995;9(5):308–19.

[31] Bechter K, Reiber H, Herzog S, et al. Cerebrospinal fluid analysis in affective and schizophrenic spectrum disorders. Identification of subgroups with immune responses and blood-CSF barrier dysfunction. Journal Psychiatric Research. 2010;44:321–330.

[32] Runge K, Fiebich BL, Kuzior H, et al. An observational study investigating cytokine levels in the cerebrospinal fluid of patients with schizophrenia spectrum disorders. Schizophrenia Research 2021;231(13):205–213.

[33] Kuehne LK, Reiber H, Bechter K, Hagberg L, Fuchs D. Cerebrospinal fluid neopterin is brain-derived and not associated with blood-CSF barrier dysfunction in non-inflammatory affective and schizophrenic spectrum disorders. J Psych.Res. 2013;47:1417–1422.

[34] Rook GA, Zumla A. Gulf War syndrome: is it due to a systemic shift in cytokine balance towards a Th2 profile? Lancet. 1997;349(9068):1831–3.

[35] Nesargikar PN, Spiller B, Chavez R. The complement system: history, pathways, cascade and inhibitors. European Journal of Microbiology & Immunology. 2012;2:103–11.

[36] Jack DL, Klein NJ, Turner MW. Mannose-binding lectin: targeting the microbial world for complement attack and opsonophagocytosis. Immunol Rev. 2001;180:86–99.

[37] Reiber H, Padilla-Docal B, Jensenius J, Dorta-Contreras AJ. Mannan-binding lectin in CSF – a leptomeningeal protein. Fluids and Barriers of the CNS. 2012;9:17–24.

[38] Broz P, Dixit VM. Inflammasomes: mechanism of assembly, regulation and signalling. Nature Reviews Immunology. 2016;16(7):407–420.

[39] Endres D, Matysik M, Feige B, et al. Diagnosing Organic Causes of Schizophrenia Spectrum Disorders: Findings from a One-Year Cohort of the Freiburg Diagnostic Protocol in Psychosis (FDPP). Diagnostics. 2020;10:691.

[40] Reiber H. Proteins in cerebrospinal fluid and blood: Barriers, CSF flow rate and source-related dynamics. Restorative Neurology and Neuroscience. 2003;21:79–96.

[41] Lewczuk P, Reiber H, Ehrenreich H. Prothrombin in normal human cerebrospinal fluid originates from blood. Neurochem Research. 1998;23(8):1027–1030.

[42] Mehler MF. Introduction: Epigenetics and neuropsychiatric diseases. Neurobiology of disease 2010;39:1–2.

[43] Fischer A. Epigenetik: Nadelöhr neuronaler Erkrankungen. Neuroforum. 2009;1:21–28.

[44] Goodwin BC. How the Leopard Changed Its Spots: The Evolution of Complexity. NJ: Princeton University Press. 2007; und: Der Leopard, der seine Flecken verliert. Evolution und Komplexität. Piper Verlag, München, 1997.

[45] Reiber H. Die Komplexität biologischer Gestalt als zeitunabhängiges Konstrukt im Zustands-Raum. Zum naturwissenschaftlichen Umgang mit Qualitäten. In: D. Zeilinger (Hrsg): VorSchein, Jahrbuch der Ernst-Bloch-Assoziation, Antogo Verl. Nürnberg 2007, S. 39–61.

[46] Hess B, Boiteux A. Glykolyse Oszillation. Ber. Bunsenges. Phys. Chem. 1980;84:392.

C.4 Aspekte, Kontroversen und Perspektiven der Liquor- und neurochemischen Analytik

Hayrettin Tumani, Sigurd D. Süßmuth, Jan Lewerenz, Uwe K. Zettl

4.1 Fachpolitische Aspekte

Die Liquoranalytik und klinische Neurochemie nehmen in westlichen Ländern, und besonders im deutschsprachigen Raum, einen hohen Stellenwert in der neurologischen Diagnostik ein. Mit der Anwendung des integrierten Liquorbefundes für die Erfassung krankheitstypischer Befundmuster ist die Liquoranalyse ein essenzieller Bestandteil der neurologischen Diagnostik, insbesondere in Kliniken mit Spezialsprechstunden, fachärztlicher Weiterbildung, breiter akademischer Lehre und angewandter Forschung.

Trotz der Weiterentwicklungen im Bereich der strukturellen und funktionellen Bildgebungsmethoden ist die Analyse des Liquors ein wichtiges diagnostisches Werkzeug, weil der Liquor einen komplikationsarmen Zugang zu bestimmten Regionen des zentralen Nervensystems (ZNS) ermöglicht mit dem Vorteil, pathophysiologische Vorgänge direkt nachweisen oder erkennen zu können, bevor ggf. eine stereotaktische Biopsie in Betracht gezogen werden muss. Besonders hervorzuheben sind diagnostische Weiterentwicklungen zum hochempfindlichen Nachweis intrathekaler Immunglobulin-Synthesen, krankheitsspezifischer Autoantikörper sowie hirnspezifischer Substanzen, die bei therapeutischen Interventionen für Verlaufsuntersuchungen zu Hilfe gezogen werden können und somit zur Therapieoptimierung beitragen.

Die sichere Diagnose von Erkrankungen des Nervensystems sowie die Differenzierung verschiedener entzündlicher Erkrankungen gestaltet sich in der Frühphase oft schwierig. Nicht immer sind unterschiedliche Erkrankungen wie Multiple Sklerose, Neuromyelitis optica-Spektrumerkrankungen oder Autoimmunenzephalitiden bei Erstbefundung sicher voneinander abzugrenzen. Da bei oben genannten Erkrankungen unterschiedliche therapeutische Ansätze eingesetzt werden, ist eine frühzeitige Sicherung der Diagnose für das weitere klinische Management entscheidend.

Eine sichere Frühdiagnose ist auch bei neurodegenerativen Erkrankungen wie Demenzen, Bewegungsstörungen und Motoneuroerkrankungen gleichermaßen von Bedeutung, insbesondere weil neuroprotektive Therapien inzwischen entwickelt wurden und erfolgreich eingesetzt werden. Ähnliches gilt für die Früherkennung von immunologisch behandelbaren Autoimmunenzephalitiden, die bei Erstmanifestation mit psychotischen Syndromen zunächst in Kliniken der Psychiatrie behandelt werden.

Biomarker-Signaturen im Liquor und im Blut werden zunehmend identifiziert, die zukünftig zur sicheren Diagnose herangezogen werden können und eine frühzeitige Einleitung der spezifischen Therapie erlauben. Daraus ergibt sich für viele neuropsychiatrische Erkrankungen, von entzündlichen, vaskulären bis hin zu degenerativen Erkrankungen der differentialdiagnostische Mehrwert der Liquoruntersuchung [1].

Bei hoch-akuten neurologischen Erkrankungen, etwa der erregerbedingten Meningoenzephalitis oder den bildmorphologisch nicht sicher einzuordnenden Schlaganfällen, ist die zeit- und ortsnahe Liquoruntersuchung für eine schnelle Diagnostik und Therapieeinleitung besonders hilfreich, wodurch Frühdiagnosen und Frühtherapien ermöglicht werden.

https://doi.org/10.1515/9783110331905-025

So zeigt sich die Bedeutung der Liquoranalytik beispielsweise in der Implementierung von Liquorparametern (IgG-Synthese, Demenzmarker) in aktualisierten internationalen Diagnosekriterien für die Multiple Sklerose [2] und für die Alzheimer-Demenz [3].

Diese positive Entwicklung wurde ermöglicht durch die Ergebnisse neurochemischer Forschung einerseits und durch die Etablierung einer Qualitätssicherung in der Liquordiagnostik und Neurochemie andererseits, die im deutschsprachigen Raum fast ausschließlich durch Mitglieder der seit der Wiedervereinigung bestehenden Deutschen Gesellschaft für Liquordiagnostik und klinische Neurochemie (DGLN) erfolgte (www.dgln.de; Leitlinie der DGLN [4]).

Die klinische Neurochemie und die Liquordiagnostik haben besonders im deutschsprachigen Raum eine ausgezeichnete Tradition und genießt unter Patienten und Ärzten eine hohe Akzeptanz.

Umso bedenklicher ist jedoch die Tendenz, dass aus betriebswirtschaftlichen und Rationalisierungsgründen an vielen Kliniken, besonders auch an den Universitätsklinken, spezialisierte eigenständige Liquorlaboratorien an Zentrallaboratorien oder an kommerzielle Labore ohne Anbindung an die Klinik überführt werden. Eine solche nicht immer mit inhaltlichen Sachargumenten vorgenommene Kommerzialisierung der klinischen Neurochemie mag kurzfristig wirtschaftlich günstiger sein, aber sie eliminiert die Möglichkeit für die Weiterbildung junger Ärzte an den Kliniken, bedroht den wissenschaftlichen Fortschritt und die Innovation grundlegend, und wird deshalb unserer Ansicht nach unweigerlich den Erkenntniszuwachs über die pathophysiologischen Vorgänge und die Qualität der Krankenversorgung negativ beeinflussen.

Daher hat die DGLN verschiedene Maßnahmenpakete entwickelt, um die Bedeutung der neurochemischen Laboratorien für die klinisch tätigen Neurologen und Psychiater in der Krankenversorgung insgesamt bewusster zu machen. Dies umfasst unter anderem die Entwicklung eines Weiterbildungskonzeptes mit Einrichtung ausbildungsberechtigter Liquorlaboratorien, die Etablierung von Leitlinien für Lumbalpunktion und Liquordiagnostik, die Verfassung verschiedenster Standardwerke und Stellungnahmen zur Liquordiagnostik, die Durchführung jährlicher eigener Symposien auf Tagungen verschiedener Fachgesellschaften, unter anderem auf der Jahrestagung der Deutschen Gesellschaft für Neurologie (DGN), der Deutschen Gesellschaft für Klinische Neurophysiologie (DGKN), auf der Arbeitstagung Neurointensivmedizin der Deutschen Gesellschaft für Neurointensiv- und Notfallmedizin (ANIM-DGNI), der Deutschen Gesellschaft für Psychiatrie und Psychotherapie, Psychosomatik und Nervenheilkunde (DGPPN), der Deutschen Gesellschaft für Klinische Chemie und Laboratoriumsmedizin (DGKL) und der Interdisziplinären Gruppe für Labor und Durchflusszytometrie (IGLD), und schließlich die Durchführung multizentrischer diagnostischer Projekte. Ziel der vielfältigen Maßnahmen ist es, dem klinisch tätigen Neurologen und Psychiater zu vermitteln, dass die zeit- und ortsnahe Liquordiagnostik und klinische Neurochemie für zielgerichtete Fragstellungen genauso bedeutsam ist für die Diagnostik neuropsychiatrischer Erkrankungen wie zum Beispiel die Neurophysiologie oder die Bildgebung.

Um Wissenschaft und Weiterbildung auf dem gesamten neuropsychiatrischen Gebiet zu unterstützen, sollten eigenständige Laboratorien an Universitätskliniken erhalten bleiben, zumal neuropsychiatrische Erkrankungen und deren grundlagenorientierte und angewandte Forschung ganz oben auf der Liste der politischen Tagesordnung der WHO stehen [5]!

Zentrallaboratorien und niedergelassene Labore, die engagierte Liquordiagnostik anbieten, können besonders im Austausch mit Klinikern zu einer hohen Qualität in der Liquordiagnostik beitragen.

4.2 Elektive Lumbalpunktionen im ambulanten Setting – Herausforderungen in der Praxis

Als ein weiterer Schritt der Ambulantisierung in der Krankenversorgung ist die Lumbalpunktion (LP) in den Katalog ambulant durchführbarer Operationen (AOP-Katalog) mit dem OPS-Kode 1-204.2 (Untersuchung des Liquorsystems: Lumbale Liquorpunktion zur Liquorentnahme) und der GOP 02342 EBM (Lumbalpunktion) aufgenommen worden. Diese Leistung kann im ambulanten Bereich ausschließlich von Fachärzten für Neurologie, Nervenheilkunde, Neurochirurgie, Psychiatrie und Psychotherapie und Innere Medizin sowie von Fachärzten für Kinder- und Jugendmedizin und für Anästhesiologie berechnet werden. Zur Erbringung der Leistung ist eine Genehmigung nach der Qualitätssicherungsvereinbarung ambulantes Operieren erforderlich, die analog zu anderen AOP-Maßnahmen beantragt werden muss.

Hieraus ergeben sich neue Herausforderungen bei der Durchführung einer LP im ambulanten Setting, da entsprechende SOPs mit dem Ziel der Qualitätssicherung noch zu etablieren sind. Die Bereitschaft und wirtschaftlichen Anreize im niedergelassenen Bereich zur Durchführung der LP sowie die logistischen Aspekte nach der Liquorgewinnung im Sinne der qualitätsorientierten zeit- und ortsnahen Diagnostik sind dabei essenziell.

4.3 Die Rolle der Liquordiagnostik im Zeitalter der blutbasierten Biomarker

Durch die sehr empfindlichen molekularen Nachweismethoden wurde in der neurochemischen Diagnostik durch die Verfügbarkeit blutbasierter Biomarker ein weiterer Meilenstein erreicht. Wie zu erwarten war, entfacht sich eine Diskussion, ob die Liquordiagnostik für den Nachweis dieser Marker überhaupt noch nötig ist.

Unseres Erachtens ist diese Diskussion viel zu verfrüht, da viele Aspekte im Kontext der klinischen Interpretation der blutbasierten Biomarkerbefunde noch ungeklärt sind. Hierzu zählen

1. Einheitliche Definition der Normbereiche und deren Beeinflussbarkeit durch Einflussfaktoren wie Alter, BMI, Nierenfunktion, etc.,
2. Standardisierung der verschiedenen Assay-Plattformen,
3. Verständnis der genauen Herkunft und Transportwege der ZNS-spezifischen Proteine aus dem ZNS-Kompartiment in die systemische Zirkulation.

Aus o. g. Gründen erscheint es sinnvoll, zumindest für die diagnostische Erstuntersuchung diese ZNS-spezifischen Biomarker in beiden Kompartimenten zu bestimmen, um Informationsverlust und daraus erwachsende Fehlinterpretation zu vermeiden.

4.4 Stellungnahme zur automatisierten Zellzählung

Die Bestimmung der Zellzahl durch lichtmikroskopische Zählung wird allgemein als Goldstandard der Zellzahlung im Liquor betrachtet, beansprucht aber zeitliche Ressourcen von qualifizierten Labormitarbeitern, weshalb anhaltend Diskussionen geführt werden, ob die mikroskopische Methode nicht durch automatisierte Zytometer ersetzt werden kann. In der Zählung von Blutzellen gut eingeführte Automaten wurden inzwischen eigens an die Zählung zellarmer Medien adaptiert. Einige Publikationen berichten dabei durchaus sehr gute Korrelationsraten zwischen dem Goldstandard der mikroskopischen und der automatisierten Zellzählung am Zytometer. Das am häufigsten angeführte Argument für die Zytometrie ist, dass die Fehlerrate durch die personifizierte Auswertung höher sei als beim Automaten. Das wirtschaftliche und somit durchsetzungsfähigere Argument ist, dass eine Maschine im Unterhalt günstiger sei als die bezahlte Arbeitszeit von geschultem Laborpersonal. Unsere Erfahrungen und die publizierte Literatur sprechen jedoch dafür, dass die automatisierte Zellzählung insbesondere bei niedrigen Zellzahlen im Bereich der Grenze zwischen normaler und erhöhter Zellzahl, bei denen es gerade besonders auf eine exakte Bestimmung ankommt, zu ungenau und unzuverlässig ist. Viel erschwerender kommt hinzu, dass die Differenzierung der verschiedenen Zelltypen unzureichend ist und pathologische Zellen nicht erkannt werden. Entsprechend entstehen immer wieder Fehldiagnosen, wie z. B. Übersehen einer Meningeosis neoplastica, oder die Verwechslung einer Subarachnoidalblutung mit einer vermeintlichen Meningitis.

Deshalb ist eine automatisierte Zytometrie allenfalls in Situationen akzeptabel, in denen eine geschulte Fachkraft nicht zur Verfügung steht und eine mikroskopische Analyse baldmöglichst nachgeholt werden kann, um Fehldiagnosen mit schädlichen Folgen für die Patienten zu vermeiden.

Die Nachweisgrenzen und Präzisionen der Liquorzellzählung sind geräteabhängig und müssen vom Anwender im Einzelfall geprüft werden, insbesondere wenn vom Hersteller keine ausreichenden Validierungsdaten auch für den niedrigen Zellzahlbereich vorgelegt werden. Im normalen Zellzahlbereich (0–4/µl) und im niedrigen Pleozytosebereich (5–30/µl) ist die Ungenauigkeit der automatisierten Zellzählung generell am höchsten, mit der Folge falsch-positiver Pleozytosen. In solchen Fällen sollten Befunde unterhalb der gerätespezifischen Quantifizierungsgrenze durch eine manuelle Kammerzählung bestätigt werden. Daneben können auch einzelne grobe Zählfehler durch andere Partikel vorkommen, die an einem gestörten Scatterdiagramm erkennbar sind. Die automatisierte Liquorzytologie liefert im Wesentlichen nur eine grobe Differenzierung in Granulozyten, Lymphozyten und Monozyten. Generell werden unabhängig vom Gerät diagnostisch relevante Einzelzellen wie Tumorzellen, Blasten, Siderophagen, Plasmazellen etc. nicht als solche erkannt, so dass die Zelldifferenzierung mit Automaten nicht empfohlen werden kann und weiterhin mikroskopisch im zytologischen Präparat durchgeführt werden muss [6,7].

4.5 Stellungnahme zu Bestrebungen, die oligoklonalen Banden durch FLC-Kappa zu ersetzen

Die Analyse der freien Immunglobulin-Leichtketten (Kappa und Lambda) im Liquor wurde schon vor 40 Jahren zunächst mit elektrophoretischen Methoden und Radioimmunoassays begonnen [8,9]. Mit der verbesserten automatisierten Analytik (Nephelometrie) gewinnt dieser Parameter wieder neues Interesse als empfindlicher Nachweis einer humoralen Immunreaktion im ZNS, insbesondere im Vergleich mit dem aufwendigeren Nachweis von oligoklonalen IgG-Banden (OKB) [10,11].

Für die neurologische Diagnostik hat insbesondere FLC-Kappa Bedeutung gewonnen. Es wurde sehr früh festgestellt, dass das Vorhandensein von FLCs im Liquor bei MS-Patienten auf direkte Synthese und nicht auf IgG-Degradierung zurückzuführen ist [8]. Es wurde auch früh erkannt, dass der Nachweis einer intrathekalen FLC-Synthese ein diagnostisch sensitiver Test bei ZNS-Entzündungen sein kann, der sogar bei OKB-negativen MS-Patienten auf eine intrathekale Entzündung hinweisen kann [12].

Ähnlich wie bei OKBs, zeigt sich für die Diagnose einer MS eine hohe diagnostische Genauigkeit der intrathekalen FLC-Kappa-Synthese mit einer Sensitivität und Spezifität von etwa 90 %.

FLCs haben den Vorteil, dass ihr Nachweis schnell, einfach, kostengünstig, zuverlässig und Auswerter-unabhängig ist und quantitative Ergebnisse liefert, die auch den Wert der Vorhersage der MS-Krankheitsaktivität verbessern könnten.

Andererseits können die FLCs das klonale Muster der intrathekalen Ig-Synthese (Muster 2, 3, 4, vgl. **Kap. B.3.2.5.1**) nicht erfassen, so dass ohne die OKB-Untersuchung ein Informationsverlust entstehen würde. Ein internationales Gremium von MS- und Liquordiagnostikexperten erarbeitete einen Konsens, der die Einführung der FLC-Kappa bei Patienten mit Verdacht auf MS als zusätzliches Instrument zum Nachweis der intrathekalen Immunglobulinsynthese empfiehlt, nicht jedoch als Ersatz für die OKBs, die somit ihren Stellenwert als Goldstandard zur Bestimmung der intrathekalen IgG-Synthese weiterhin innehaben [13].

4.6 Stellungnahme zur Verordnung über In-vitro-Diagnostika (In-vitro Diagnostics Regulation, IVDR)

Die EU-Verordnung 2017/746, auch IVDR (In-Vitro Diagnostics Regulation), ist eine Verordnung der Europäischen Union, die sich auf In-vitro-Diagnostika (IVDs) bezieht und ursprünglich im Mai 2022 nach einer 5-jährigen Übergangsfrist vollständig in Kraft treten sollte.

IVDs sind medizinische Produkte, die Proben wie Blut, Urin oder Gewebe analysieren, um medizinische Informationen zu gewinnen. Hierzu gehören auch Programme, die aus diesen Körperflüssigkeiten generierte Daten weiter analysieren. Die IVDR wurde entwickelt, um die Regulierung und Überwachung von IVDs zu verbessern, um so die Sicherheit und Leistung dieser Produkte zu gewährleisten.

Die IVDR legt viele neue Anforderungen an das Qualitätsmanagement und den Nachweis der Leistungsfähigkeit fest und beinhaltet zusätzlich einen völlig neuen Schwerpunkt auf die klinische Validität diagnostischer Tests sowie ein neues, strengeres Überwachungssystem. Obwohl diese nicht im Mittelpunkt der Verordnung stehen, wird auch die Qualitätssicherung im gesamten Bereich der in Speziallaboratorien zur Eigenverwendung selbst hergestellten und validierten Tests, sogenannte Inhouse-Assays, innerhalb dieses Rechtsrahmens grundlegend umstrukturiert.

Die neue Verordnung hat weitreichende Auswirkungen auf den Bereich der Spezialdiagnostik in der Laboratoriumsmedizin und damit auch auf die Liquordiagnostik, da sich Hersteller ggf. scheuen werden, den regulatorischen Aufwand für Produkte auf sich zu nehmen, die nur eine begrenzte Marktnische einnehmen, und diese Produkte somit ggf. vom Markt genommen werden bzw. nicht zur Marktreife entwickelt werden. Umso wichtiger werden die Inhouse-Assays, entweder für etablierte Verfahren, wie die OKB-Blots oder selbst programmierte Auswerteprogramme, die die Reiber-Formeln enthalten, oder für zukünftige innovative Bestimmungen, z. B. auch für seltene Erkrankungen. Da für diese

Inhouse-Assays in der IVDR detailliert geregelt ist, welche Maßnahmen und deren Dokumentation zur Gewährleistung der IVDR-Konformität durchgeführt werden müssen, bindet diese relevante Ressourcen in den Liquorlaboren. Andererseits bietet die IVDR gerade für die Liquorlaboratorien mit universitärer Anbindung und assoziierten Biobanken mittelfristig auch Chancen, da die Hersteller von IVD in Zukunft die Leistungsfähigkeit ihrer Produkte in Post-Marketing-Studien nachweisen müssen und somit auf klinisch gut charakterisierte Bioproben angewiesen sein werden.

Vor dem Hintergrund der IVDR wird es eine der großen zukünftigen Herausforderungen der Liquordiagnostik sein, anhand großer Datenmengen, die aufgrund der Digitalisierung der Labore verfügbar sein werden, in multizentrischen Projekten methodenspezifische, indirekt ermittelte Referenzwerte aus mit pathologischen Werten kontaminierten Datensätzen [14] für die aktuell angewendeten Methoden zu generieren. Hier sind in methodisch anderen Feldern als der Liquoranalytik in den letzten Jahren große Fortschritte erzielt worden [15,16]. Neue Algorithmen versprechen die Möglichkeit, Referenzwerte für Analyte mit komplexen Abhängigkeiten von anderen Parametern zu erstellen [17]. Dies ist ein Feld, auf dem die moderne Liquordiagnostik mit ihren multiplen, u. a. vom Alter und zum Teil vom Liquor/Serum-Albuminquotient abhängigen Referenzwerten eine aktive Rolle spielen sollte.

Literatur

[1] Gross CC, Schulte-Mecklenbeck A, Madireddy L, et al. Classification of neurological diseases using multi-dimensional CSF analysis. Brain. 2021;144(9):2625–2634.

[2] Thompson AJ, Banwell BL, Barkhof F, et al. Diagnosis of multiple sclerosis: 2017 revisions of the McDonald criteria. Lancet Neurol. 2018;17:162–173.

[3] Dubois B, Feldman HH, Jacova C, et al. Advancing research diagnostic criteria for Alzheimer's disease: the IWG-2 criteria. Lancet Neurol. 2014;13:614–629.

[4] Tumani H, Petereit HF. Leitlinie zur Lumbalpunktion und Liquordiagnostik, AWMF 030/141. 2019, register.awmf.org/de/leitlinien/detail/030-141 (aufgerufen am 30.06.2024).

[5] WHO European framework for action on mental health 2021–2025: https://www.who.int/europe/de/initiatives/the-pan-european-mental-health-coalition, Zugriff: 10.08.2023.

[6] Wick M, Gross CC, Tumani H, Wildemann B, Stangel M, on behalf of the German Society of CSF Diagnostics and Clinical Neurochemistry DGLN e. V. Automated Analysis of Cerebrospinal Fluid Cells Using Commercially Available Blood Cell Analysis Devices-A Critical Appraisal. Cells. 2021;10(5):1232.

[7] Stellungnahme der DGLN zur automatisierten Zellzählung: Mechanisierte Analyse von Liquorzellen mit handelsüblichen Blutzellanalysegeräten. www.dgln.de/stellungnahmen (aufgerufen am 30.06.2024).

[8] Rudick RA, Peter DR, Bidlack JM, Knutson DW. Multiple sclerosis: free light chains in cerebrospinal fluid. Neurology. 1985;35(10):1443–9.

[9] De Carli C, Menegus MA, Rudick RA. Free light chains in multiple sclerosis and infections of the CNS. Neurology. 1987;37(8):1334–8.

[10] Fagnart OC, Sindic CJ, Laterre C. Free kappa and lambda light chain levels in the cerebrospinal fluid of patients with multiple sclerosis and other neurological diseases. J Neuroimmunol. 1988;19(1–2):119–132.

[11] Rudick RA, French CA, Breton D, et al. Relative diagnostic value of cerebrospinal fluid kappa chains in MS: comparison with other immunoglobulin tests. Neurology. 1989;39(7):964–968.

[12] Goffette S, Schluep M, Henry H, et al. Detection of oligoclonal free kappa chains in the absence of oligoclonal IgG in the CSF of patients with suspected multiple sclerosis. J Neurol Neurosurg Psychiatry. 2004;75(2):308–310.

[13] Hegen H, Arrambide G, Gnanapavan S, et al. Cerebrospinal fluid kappa free light chains for the diagnosis of multiple sclerosis: A consensus statement. Mult Scler. 2023;29(2):182–195.

[14] Arzideh F, Wosniok W, Gurr E, et al. A plea for intra-laboratory reference limits. Part 2. A bimodal retrospective concept for determining reference limits from intra-laboratory databases demonstrated by catalytic activity concentrations of enzymes. Clin Chem Lab Med. 2007;45(8):1043–57.

[15] Ammer T, Schützenmeister A, Prokosch HU, et al. A Novel Algorithm for Reference Interval Estimation from Real-World Data. Sci Rep. 2021;11(1):16023.

[16] Zierk J, Baum H, Bertram A, et al. High-resolution pediatric reference intervals for 15 biochemical analytes described using fractional polynomials. Clin Chem Lab Med. 2021;59(7):1267–1278.

[17] Ammer T, Schützenmeister A, Prokosch HU, et al. A pipeline for the fully automated estimation of continuous reference intervals using real-world data. Sci Rep. 2023;13(1):13440.

D Tabellen

U.K. Zettl, H. Tumani, S.D. Süßmuth

D.1 SI-Einheiten

SI-Basiseinheiten

Größe	Symbol	Einheit	Abk.	Umrechnung
Länge	l	Meter	m	1 inch = 0,0254 m 1 foot = 0,3048 m 1 yard = 0,9144 m 1 mile = 1609,3 m
Lichtstärke	I_v	Candela	cd	
Masse	m	Kilogramm	kg	1 pound = 454 g
Stoffmenge	n	Mol	mol	
Stromstärke	I	Ampere	A	
Temperatur	T	Kelvin	K	0 K = −273,15 °C, °F = (°C × 9/5) + 32 °C = (°F−32) × 5/9
Zeit	t	Sekunde	s	

SI-abgeleitete Einheiten

Größe	Symbol	Einheit	Abk.	Umrechnung
Aktivität	A	Becquerel	Bc	1 Ci (Curie) = $3{,}7 \cdot 10^{10}$ Bc
Äquivalentdosis	H	Sievert	Sv	1 Sv = 1 J/kg 1 rem (Rem) = 10^{-2} Sv
Arbeit	W	Joule	J	J = Nm 1 kWh = 3600 kJ
Beleuchtungsstärke	E_v	Lux	lx	lux = lm/m^{-2}
Dichte	ρ	Kilogramm pro Kubikmeter	$kg \cdot m^{-3}$	
Druck	p	Pascal	Pa	Pa = $N \cdot m^{-2}$ oder $kg \cdot m^{-1} \cdot s^{-2}$ 1 cmH_2O = 98 Pa 1 mmHg = 133,3 Pa 1 bar = 100 kPa 1 atm = 101,324 kPa 1 dyn/cm^2 = 0,1 Pa 1 cmH_2O = 1,36 × mmHg 1 mmHg = 1 Torr
Energie	E	Joule	J	1 kcal = $4{,}19 \cdot 10^3$ J
Energiedosis	D	Gray	Gy	1 Gy = 1 J/kg 1 rd (Rad) = 10^{-2} Gy
Fläche	A	Quadratmeter	m^2	
Frequenz	ι	Hertz	Hz	1 Hz = s^{-1}

https://doi.org/10.1515/9783110331905-026

(fortgesetzt)

Größe	Symbol	Einheit	Abk.	Umrechnung
Geschwindigkeit	v	Meter pro Sekunde	$m \cdot s^{-1}$	
Halbwertszeit	$T_{1/2}$	Sekunde	s	
Ionendosis	I	Coulomb pro Kilogramm	C/kg	1 R (Röntgen) = $2{,}58 \cdot 10^{-4}$ C/kg
Katalytische Aktivität	ζ	Katal	kat	1 kat = $60 \cdot 10^{6}$ U
Kraft	F	Newton	N	$N = m \cdot kg \cdot s^{-2}$ 1 dyn = 10^{-5} N 1 pond = $9{,}8 \cdot 10^{-3}$ N
Leistung	P	Watt	W	$W = J \cdot s^{-1}$ 1 PS = 735,5 W
Leuchtdichte	L_v	Candela pro Quadratmeter	cd/m²	cd/m² = Stilb
Lichtstrom	φ_v	Lumen	lm	
Massen- Konzentration	C	Gramm pro Liter	g/l	1 g% = 10 g/l oder 1 g/dl
Molalität	M	Mol pro Kilogramm	mol/kg	
Molarität	M	Mol pro Liter	mol/l	1 M = mol/l
Spannung	U	Volt	V	
Viskosität	η	Pascalsekunde	$Pa \cdot s$	$1\,Pa \cdot s = N \cdot s \cdot m^{-2}$
Volumen	V	Liter	l	1 l = 1000 cm³ 1 gallon = 3,785 l 1 fl.oz. = 29,57 ml
Wärme	Q	Joule	J	1 kcal = $4{,}19 \cdot 10^{3}$ J
Widerstand	R	Ohm	Ω	R = U/I

SI-Vorsilben

Faktor	Vorsilbe	Symbol
10^{1}	deka	da
10^{2}	hekto	h
10^{3}	kilo	k
10^{6}	mega	M
10^{9}	giga	G
10^{12}	tera	T
10^{15}	peta	P
10^{18}	exa	E

Faktor	Vorsilbe	Symbol
10^{-1}	dezi	d
10^{-2}	zenti	c
10^{-3}	milli	m
10^{-6}	mikro	µ
10^{-9}	nano	n
10^{-12}	piko	p
10^{-15}	femto	f
10^{-18}	atto	a

Umrechnungsfaktoren für SI-Einheiten

Komponente	SI-Einheit neu (n)	Einheit alt (a)	Umrechnungsfaktor (f) (n · f = a; a : f = n)
Albumin	µmol/l	g%	0,0069
Ammoniak	µmol/l	µg%	1,7
Basenüberschuss	mmol/l	mVal/l	1,0
Bikarbonat	mmol/l	mVal/l	1,0
Bilirubin	µmol/l	mg%	0,0585
Blei	µmol/l	µg%	20,7
Chlorid	mmol/l	mVal/l	1,0
Eisen	µmol/l	µg%	5,58
Erythrozyten	T/l	10^6/mm^3	1,0
Fibrinogen	g/l	mg%	100
Folsäure	nmol/l	µg%	0,0441
Glukose	mmol/l	mg%	18
Globuline	g/l	g%	0,1
Hämoglobin	mmol/l	g%	1,611
Harnsäure	µmol/l	mg%	0,0168
Harnstoff	mmol/l	mg%	6,006
IgA	g/l	mg%	100
IgG	g/l	mg%	100
IgM	g/l	mg%	100
Insulin	pmol/l	mE/l	0,138
		µg/l	0,0059
Kalium	mmol/l	mVal/l	1,0
Kalzium	mmol/l	mg%	4,01
Kortisol	µmol/l	µg%	35,71
Kreatin	µmol/l	mg%	0,0131
Kupfer	µmol/l	µg%	6,35
Laktat	mmol/l	mg%	9,0
Leukozyten	G/l	10^3/mm^3	10^3
Lithium	µmol/l	µg%	0,694
Magnesium	mmol/l	mg%	2,43
Molalität	mmol/kg	mosm/kg	1,0
Natrium	mmol/l	mVal/l	1,0
Noradrenalin	nmol/l	ng/l	170,3
Proteine	g/l	g%	0,1
C-reaktives Protein	mg/l	mg%	0,1
Pyruvat	µmol/l	mg%	0,00881
Thrombozyten	G/l	10^3/mm^3	10^3
Zink	µmol/l	mg/l	15,3

D.2 Statistische Parameter

Aufteilung hypothetischer Testergebnisse	**Ergebnisse**	**Krankheit liegt vor (krank)**	**Krankheit liegt nicht vor (gesund)**
	Test positiv (krank)	wahr positiv **A**	falsch positiv Fehler 1. Art **B**
	Test negativ (gesund)	falsch negativ Fehler 2. Art **C**	wahr negativ **D**

Einzelmesswert (x_i)	Einzelner Wert einer Messgröße, der von einem Messgerät geliefert wird
Fehler 1. Art	z. B. ein Gesunder wird als krank eingestuft oder ein Normalwert wird als pathologisch gemessen
Fehler 2. Art	z. B. ein Kranker wird als gesund eingestuft oder ein pathologischer Wert wird als normal gemessen
Geburtenziffer	Zahl der Geburten im Verhältnis zur Gesamtzahl der Bevölkerung
Inzidenz (Neuerkrankungsrate)	Anzahl der Neuerkrankungen in einem gewissen Zeitintervall im Verhältnis zur Gesamtzahl der Bevölkerung
Letalität	Zahl der an einer bestimmten Krankheit Verstorbenen im Verhältnis zur Anzahl der daran Erkrankten
Mittelwert, arithmetischer (x_m)	Summe einer Gruppe von Zahlen dividiert durch die Anzahl der in dieser Gruppe befindlichen Zahlen
Morbidität	Häufigkeit einer bestimmten Erkrankung, als unpräziser Begriff häufig als Synonym entweder für Inzidenz oder Prävalenz verwendet
Mortalität	Zahl der Verstorbenen im Verhältnis zur Gesamtzahl der Bevölkerung
Negativer Vorhersagewert	D/(D + C), d. h. die Wahrscheinlichkeit, mit der ein Testergebnis richtig ist (negativer Fall)
Objektivität	Unabhängigkeit der Ergebnisse vom Beobachter
Pearl-Index	Anzahl der Schwangerschaften bezogen auf 100 Frauen pro Jahr (1200 Risikozyklen)
Positiver Vorhersagewert	A/(A + B), d. h. die Wahrscheinlichkeit, mit der ein Testergebnis richtig ist (positiver Fall)
Prävalenz	(A + C)/(A + B + C + D): Anteil der z. B. Erkrankten am Gesamtkollektiv
Prävalenz (Krankenstand)	Anzahl der am Stichtag Erkrankten im Verhältnis zur Gesamtzahl der Bevölkerung
Präzision	Ein Analysenergebnis muss bei wiederholten Messungen unter gleichen Bedingungen innerhalb gewisser Grenzen übereinstimmen. Zufällige Fehler schränken die Präzision ein. Maß für die Präzision ist die Standardabweichung und der Variationskoeffizient.
Relatives Risiko	Risiko, an einer Krankheit mit Risikofaktor zu erkranken im Verhältnis zum Risiko, ohne Risikofaktor an der gleichen Krankheit zu erkranken
Reliabilität	Reproduzierbarkeit bei Messwiederholung (entspricht weitgehend dem Begriff Präzision; Langzeit-Reliabilität bedeutet Reproduzierbarkeit über einen längeren Zeitraum).
Richtigkeit	Ein Analysenergebnis muss innerhalb enger Grenzen mit dem wahren Wert übereinstimmen. Die Richtigkeit wird durch systematische Fehler eingeschränkt.
Sensitivität	A/(A + C), d. h. die Wahrscheinlichkeit, mit der z. B. ein Kranker als krank erkannt wird

(fortgesetzt)

Spezifität	D / (D + B), d. h. die Wahrscheinlichkeit, mit der z. B. ein Gesunder als gesund erkannt wird
Standardabweichung	$s = \sqrt{\sum (x_i - x_m)^2 / (n-1)}$ n = Anzahl der Messwerte
Variationskoeffizient (%)	$VK = \frac{s \times 100}{x_m}$
Validität	Richtigkeit, dass auch das gemessen wird, was gemessen werden soll
Wirklichkeit (wahrer Wert)	siehe: Aufteilung hypothetischer Testergebnisse
Zuschreibbares Risiko	Differenz zwischen Risiko von Exponierten und Nicht-Exponierten, dieselbe Krankheit zu bekommen.

E Zytologieatlas

Einleitung

Stefan Isenmann

In diesem Kapitel werden ergänzend zu den bereits reichhaltigen textillustrierenden Abbildungen im Kapitel „Liquorzytologie" (B.2.1) einerseits typische, alltägliche, häufige – andererseits auch seltenere, ungewöhnliche, eindrucksvolle zytologische Bilder gezeigt.

Angesichts des vorstehenden ausführlichen Zytologiekapitels in Abschnitt B kommt dieser Atlasteil zur Liquorzytologie ohne längere propädeutische Texte aus. Anders als in manchen früheren Atlanten wird hier daher nicht der Versuch unternommen, Zellbilder möglichst systematisch und „vollständig" zu zeigen, sondern Typisches einerseits und Besonderheiten andererseits in stufenweiser Vergrößerung hervorzuheben. Mögliche Fallstricke werden ergänzend erläutert.

Im klinischen Alltag resultieren die meisten Punktionen (deutlich über 90 %) in

- zytologischen Normalbefunden (Lymphozyten, Monozyten in geringer Zahl, nicht aktiviert),
- einer geringen artifiziellen Blutbeimengung oder
- unspezifischen geringen Reizpleozytosen ohne weitere nosologische Zuordnungsmöglichkeit über die Zytologie alleine.

Regelhaft stellt auch ein solcher „negativer" Befund einen wichtigen Bestandteil der klinischen Diagnostik dar, hier i. S. einer Ausschlussdiagnostik. Selbstverständlich wäre es wenig sinnvoll, solche Befunde gemäß ihrer Häufigkeit zu repräsentieren.

Wenn hier also vorzugsweise besondere Bilder gezeigt werden, so dient diese Verzerrung dem Zweck, auch Selteneres, aber eben dennoch nicht weniger Wichtiges zu veranschaulichen und zugänglich zu machen. Einige Präparate zeigen explizit unerwartete oder überraschende Befunde, auf die dann entsprechend hingewiesen wird. Aus didaktischen Gründen werden die Fallbeispiele teilweise etwas typisiert präsentiert, d. h. Zellzahlen sowie Albumin- und Laktatwerte mögen gerundet sein, um die Größenordnung zu betonen, anstatt unnötig komplexe detaillierte Einzelwerte aufzuführen, die von den Kernbotschaften ablenken könnten.

So wollen die Falldarstellungen nicht als detaillierte Einzelfall-Berichte, etwa im Sinn ausgefeilter *„case reports"* verstanden werden, sondern eher als typisierte Befund-Konstellationen mit kondensierten klinischen Daten nur im erforderlichen Umfang. Die kurzen Fall-Vignetten sollen sich so als ***typische Liquor-zytologische Fälle*** („*CSF typicases*") einprägen und das (Wieder-)Erkennen der Muster in der klinischen Tätigkeit erleichtern.

Z.T. werden nicht nur technisch „perfekte" Bilder gezeigt, sondern eben *„real life"* Präparate aus dem klinischen Alltag, die gelegentlich auch kleinere Verunreinigungen, Artefakte oder Zeichen der Autolyse aufweisen können.

Entsprechend dieser Konzeption ist dieser Bildteil in 5 Abschnitte eingeteilt:

1. Häufige, alltägliche Befundkonstellationen
Hier sind echte und vermeintliche Normalbefunde dargestellt, weiterhin die Befunde artifizieller Blutbeimengung und „traumatischer Punktion" mit Knorpelzellen. Schließlich werden (unspezifische) Reizpleozytosen und der typische Befund bei autoimmun-entzündlichen ZNS-Prozessen gezeigt.

2. Blutungen
Dieser Abschnitt zeigt Befunde bei ausgeprägten frischen Blutbeimengungen, mit der Differentialdiagnose (DD) artifiziell vs. Subarachnoidalblutung (SAB) sowie Befunde bei zurückliegenden Blutungen mit Abräumreaktion und Residuen.

https://doi.org/10.1515/9783110331905-027

3. Infektionen

Hier werden die häufigen und klassischen viralen und bakteriellen Infektionen gezeigt, mit ihren typischen Zellbildern und auch den charakteristischen Veränderungen im Verlauf unter Therapie.

4. Meningeosen

Die Diagnosestellung einer Meningeose aus dem Liquor ist gewissermaßen die „Königsdisziplin". In der Regel wird bei bekannter Tumoranamnese und klinischer Symptomatik gezielt nach Tumorzellen gesucht werden. Immer wieder allerdings wird es vorkommen, dass unvermittelt (ohne bekannte Tumoranamnese) atypische und selten auch eindeutig maligne Zellen im Liquor auftreten. Gerade aus diesem Grund sind sorgfältiges Durchmustern des Präparats und weitreichende Erfahrung unabdingbar, um Diagnosen möglichst frühzeitig und sicher zu stellen, als Basis für gezielte (Einzelfall-)Entscheidungen über weitere Maßnahmen. In diesem Abschnitt werden typische Bilder bei den häufigsten Meningeosen bei Karzinomen gezeigt; weiterhin exemplarisch Meningeosen bei selteneren Entitäten. Der Text in Kapitel B.2.1 mit Tab. B.2.10 und Abb. B.2.32 bildet die wesentliche propädeutische Grundlage für die Merkmale von Tumorzellen.

5. Komplexe Konstellationen

Gelegentlich kommen unterschiedliche Konstellationen in einem Präparat zusammen. Beispiele für solche Fälle, in denen – mit besonderer Sorgfalt – erst der zweite Eindruck den Schlüssel zur richtigen Diagnose liefert, sind in diesem Abschnitt abschließend dargestellt.

Die Präsentation der einzelnen Fallbeispiele folgt jeweils einem strukturierten Schema:

- Fallvignette mit kurzen Hinweisen zur Klinik / Fragestellung
- Liquor-Basis-Parameter (z. T. gerundet/idealisiert)
- Mikroskopische Fotografien mit Abbildungslegenden
- Interpretation, Besonderheiten, Merksatz / *„take home message"*.

Die Darstellung der Abbildungen entspricht der klinisch-diagnostischen Vorgehensweise am Mikroskop: zunächst werden i. d. R. Übersichten gezeigt (10 × und 20 × Objektiv), nachfolgend höhere Vergrößerungen (40 ×), z. T. gefolgt von Detaildarstellungen (50 ×, 63 × oder 100 × [Öl]).

Die Zellzählung und -differenzierung erfolgte z. T. händisch am Mikroskop, z. T. routinemäßig automatisiert am Sysmex XN 1000. Zur Vereinheitlichung sind alle Werte entsprechend der Befundausgabe aus der automatisierten Zellzählung dargestellt. Für die Beurteilung werden die folgenden Normwerte und Einheiten zugrunde gelegt:

Schema:

	Normwerte	*Einheiten*	*[Umrechnung]*
RBC	0,000	Mio/µl	[0/µl]
WBC	< 0,005	T/µl	[< 5/µl]
MN	100	%	
Albumin	150 – 450	mg/l	
Laktat	1,5 – 2,7	mmol/l	

Beispiel Normalbefund: (s. E.1.1.)

Vignette:	W, 40	
Klinik/Frage:	Sensibilitätsstörungen; Ausschluss MS	
RBC:	0,000	[0/µl]
WBC:	0,003	[3/µl]
MN:	100 %	
Albumin:	350	
Laktat:	1,6	

MN = Mononukleare Zellen; MS = Multiple Sklerose; RBC = Red Blood Cells / Erythrozyten; T = Tausend; W bzw. M = weiblich/männlich; WBC = White Blood Cells / Leukozyten.

Mikroskopie und Fotografie erfolgten überwiegend an einem Leica DM 3000 LED Systemmikroskop mit der Software Leica Application Suite X (LAS X; mikroskop-center.de). Der Autor dankt den MitarbeiterInnen des Labors für die Anfertigung der Präparate; Herrn R. H. Nennhaus für die großzügige Unterstützung; S. Süßmuth und H. Tumani für die kritische Durchsicht und wertvolle Beiträge.

E.1 Alltägliche Befundkonstellationen

1.1 Normalbefund

Vignette:	W, 40	
Klinik/Frage:	Sensibilitätsstörungen; Ausschluss MS	
RBC:	0,000	[0 / µl]
WBC:	0,003	[3 / µl]
MN:	100 %	
Albumin:	350	
Laktat:	1,6	
OKB:	negativ	

(a)

Abb. E.1.1a: 10 x, Übersicht: Zellarmes Präparat; einige kleine Lymphozyten.

(b)

Abb. E.1.1b: 20 x, Übersicht, wie (a). Kleine, gleichförmige Lymphozyten, die kaum Zytoplasma zeigen, keine Aktivierungszeichen.

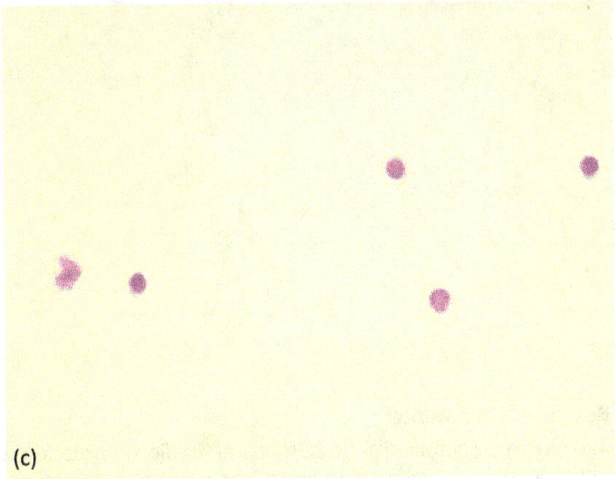

(c)

Abb. E.1.1c: 40 x. Gut differenzierbar sind vier normale Lymphozyten und ein Monozyt.

Besonderheit / Merke:
Das Bild entspricht einem „klassischen“ zytologischen Normalbefund. Es finden sich überwiegend gleichförmige, kleine Lymphozyten, fast ohne Zytoplasmasaum, keine Aktivierungszeichen. Monozyten, ebenfalls nicht oder kaum aktiviert, kommen vor, im Verhältnis zu Lymphozyten von etwa 1:2–1:4. Bei unkomplizierter Punktion ohne Blutbeimengung enthält das Präparat keine Erythrozyten oder Granulozyten.

https://doi.org/10.1515/9783110331905-028

1.2 „Normalbefund" – 1

Vignette:	W, 25
Klinik/Frage:	Sensibilitätsstörungen; Ausschluss MS
RBC:	0,000 [0 / µl]
WBC:	0,002 [2 / µl]
MN:	100 %
Albumin:	350
Laktat:	1,5

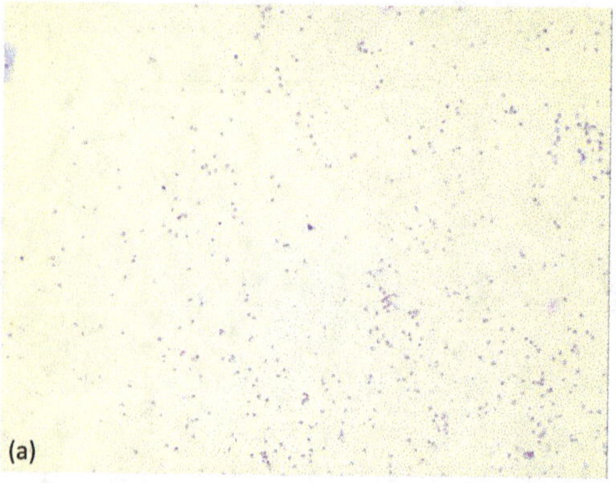

Abb. E.1.2a: 10 x, Übersicht. Lymphozyten, daneben sind auch eine Vielzahl von Erythrozyten zu finden.

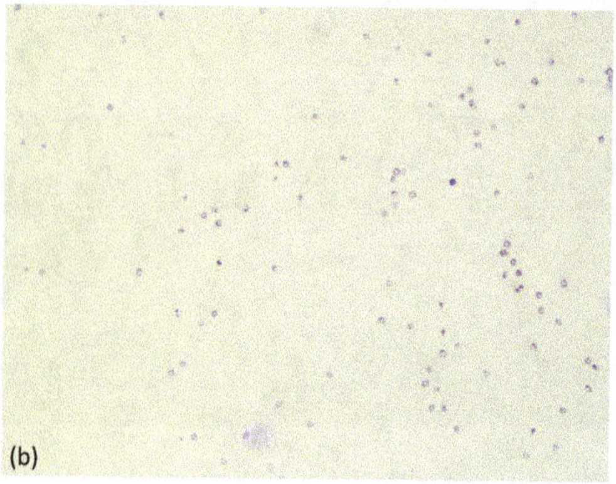

Abb. E.1.2b: 20 x, Übersicht, wie (a). Zwischen Erythrozyten vereinzelte Lymphozyten.

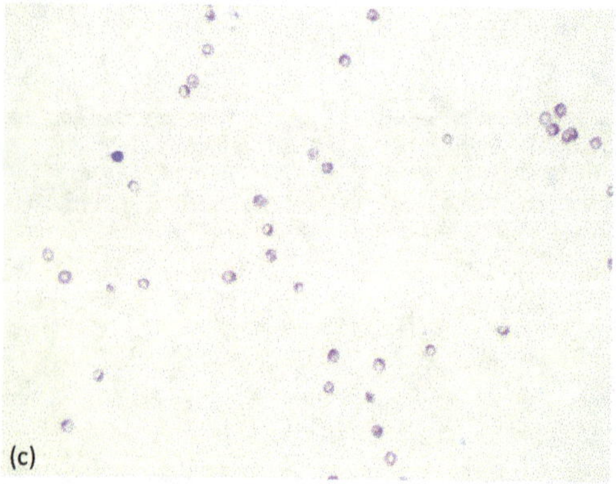

Abb. E.1.2c: 40 x. Erythrozyten, ein normaler Lymphozyt mit schmalem Zytoplasmasaum.

Besonderheit / Merke:

Auch wenn die automatisierte Zellzählung für die Erythrozyten „0,000" (Mio/µL) ergibt, kann das mikroskopische Präparat ggf. Erythrozyten enthalten. In Abwesenheit von Hämatomakrophagen ist die Erythrozytenbeimengung als „frisch" anzusehen. Für die DD zur akuten SAB sind einerseits Klinik/Fragestellung, andererseits Kenntnisse über die Punktion selbst entscheidend.

Bei manueller Zellzählung (Zählkammer, Mikroskop) würden die Erythrozyten sofort auffallen. Bei der automatisierten Zählung wird eine geringe Beimengung an Erythrozyten regelmäßig „übersehen" (ebenso wie etwaige morphologische Besonderheiten im weißen Zellbild) – daher sollte bei jeder Punktion ein Präparat angefertigt und sorgfältig am Mikroskop befundet werden.

1.3 „Normalbefund“ – 2

Vignette:	M, 75
Klinik/Frage:	NPH, Entlastungspunktion
RBC:	0,000 [0 / µl]
WBC:	0,002 [2 / µl]
MN:	80 %
Albumin:	450
Laktat:	1,8

Abb. E.1.3a: 10 x, Übersicht. Einige Erythrozyten, ein Lymphozyt.

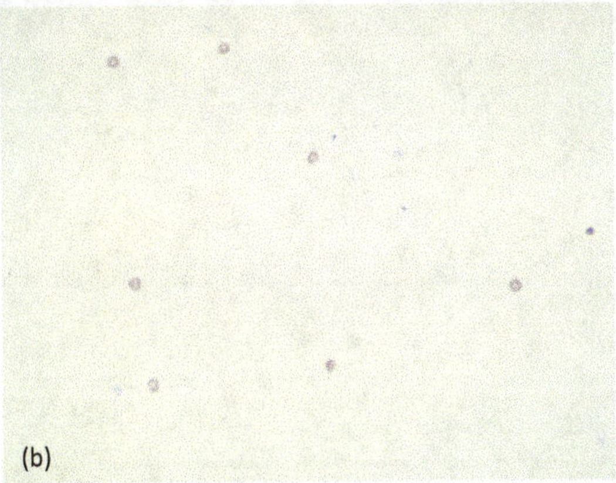

Abb. E.1.3b: 20 x, Übersicht. Eine einzelne, nicht klar dropsförmige Zelle in der Mitte der unteren Bildhälfte entspricht vom Färbeverhalten und der Größe ebenfalls klar einem Erythrozyten.

Abb. E.1.3c: 40 x, Details.
Neben einigen Erythrozyten ein neutrophiler Granulozyt.

Besonderheit / Merke:
Auch wenn die automatisierte Zellzählung für die Erythrozyten „0,000“ (Mio/µL) ergibt, kann das mikroskopische Präparat ggf. Erythrozyten enthalten. Die dann naheliegende artifizielle, Punktions-bedingte Beimengung kann dann ggf. das Vorhandensein einiger neutrophiler Granulozyten bedingen. Zur Abgrenzung hinsichtlich „SAB“ s. a. Kommentar zur vorherigen Vignette 1.2.

1.4 Artifizielle Blutbeimengung

Vignette:	M, 40
Klinik/Frage:	Akute Kopfschmerzen, DD SAB
RBC:	0,001 [1000 / µl]
WBC:	0,005 [5 / µl]
MN:	30 %
Albumin:	400
Laktat:	1,5

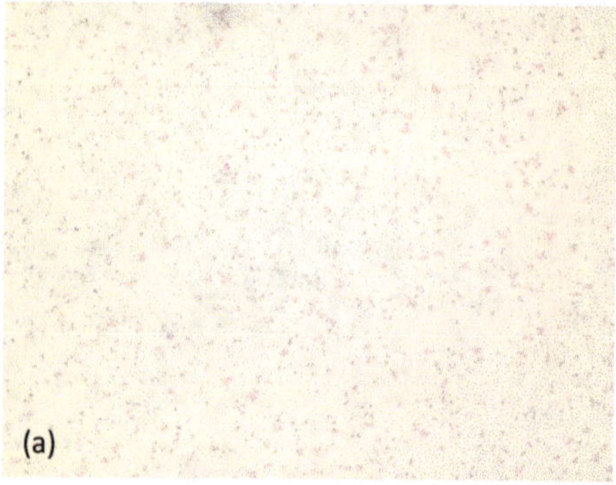

Abb. E.1.4a: 10 x, Übersicht. Reichlich Erythrozyten, zwei Neutrophile Granulozyten.

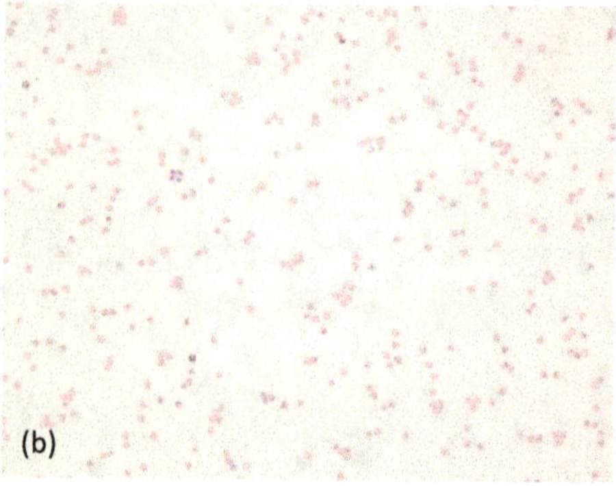

Abb. E.1.4b: 20 x, Übersicht, wie (a). Reichlich Erythrozyten, ein Neutrophiler Granulozyt.

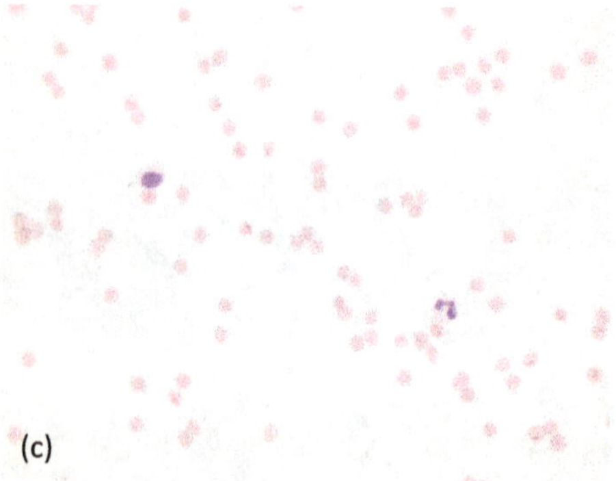

Abb. E.1.4c: 40 x, Details. Neben den Erythrozyten Nachweis eines Neutrophilen Granulozyten sowie eines Lymphozyten.

Besonderheit / Merke:

Die Angabe „0,000“ (Mio / µl) Erythrozyten im Zellzähler schließt den sehr viel empfindlicheren Nachweis mit dem Mikroskop keineswegs aus. Ab „0,001“ werden die Erythrozyten das Bild dominieren und es ist mit einem relevanten Anteil polynukleärer Leukozyten (Neutrophiler Granulozyten) zu rechnen.

Typischerweise sollte der Granulozyten-Anteil bezogen auf die Gesamtzahl der Leukozyten maximal dem im Blut entsprechen (i. d. R. 3–4 : 1); er kann etwas geringer sein (1 : 1–2), wenn einige autochthone Lympho-/Monozyten im Liquor vorhanden sind.

Der zusätzliche Nachweis von Knorpelzellen würde die traumatische Punktion / artifizielle Beimengung belegen. Die Abgrenzung zur SAB kann in solchen Fällen besonders schwierig sein; im Zweifelsfall ist nach Abwägung eine CT-Angiographie oder ggf. Digitale Subtraktionsangiographie (DSA) erforderlich.

1.5 „Traumatische Punktion"

Vignette:	W, 70
Klinik/Frage:	Kopfschmerzen; Mamma-Ca; Meningeosis carcinomatosa?
RBC:	0,003 [3000 / µl]
WBC:	0,005 [5 / µl]
MN:	80 %
Albumin:	600
Laktat:	1,5

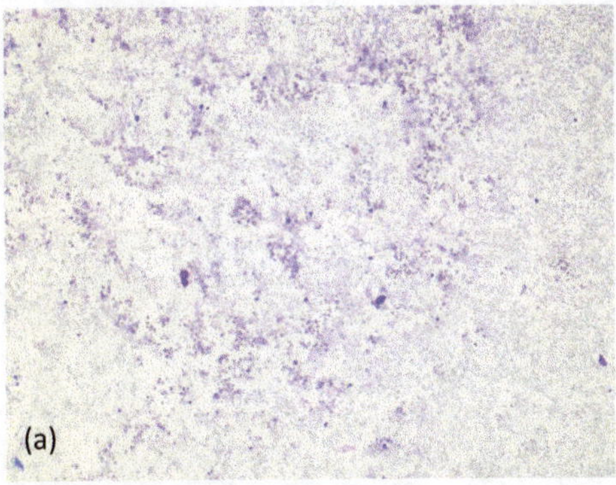

Abb. E.1.5a: 10 x, Übersicht. Reichlich Erythrozyten, einige Lymphozyten; daneben zeigt sich ein größeres Zellelement.

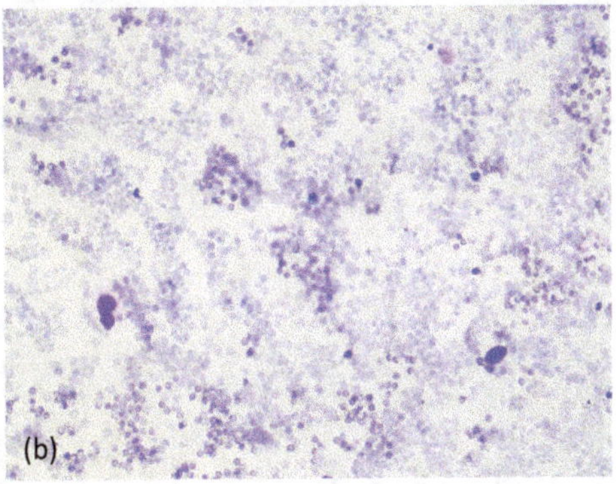

Abb. E.1.5b: 20 x, Übersicht, wie (a). Neben reichlich Erythrozyten und vorwiegend Lymphozyten stellen sich hier drei größere Zellelemente dar, die aufgrund ihrer Form und ihres Färbeverhaltens als Knorpelzellen zu identifizieren sind.

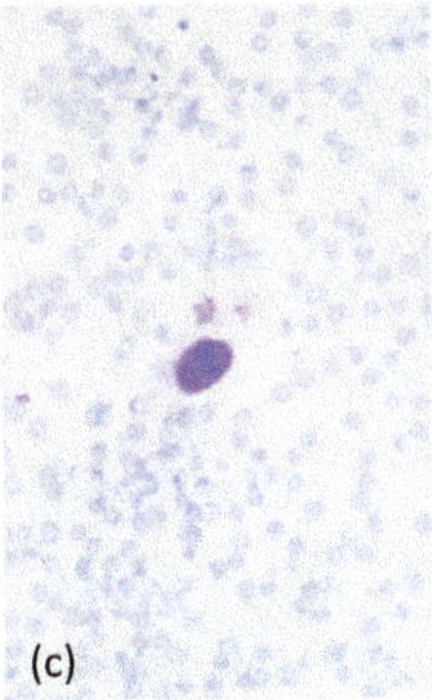

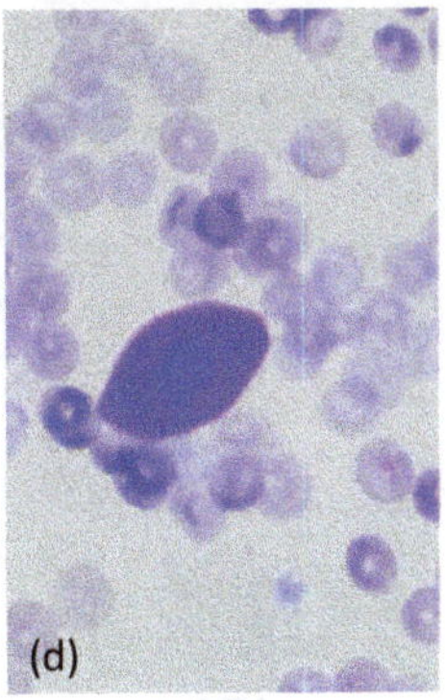

Abb. E.1.5c: 40 x, Details. Knorpelzelle inmitten Erythrozyten.

Abb. E.1.5d: 100 x, Details aus (b). Knorpelzelle. Beachte die ovale Form sowie die homogene Anfärbung des Zytoplasmas; mittelständiger, runder, homogen angefärbter Kern.

Besonderheit / Merke:
In der Übersicht kann zunächst bei reichlicher (hier eindeutig artifizieller) Blutbeimengung der Eindruck großer Tumorzellen entstehen (vgl. z. B. Vignette 4.10). Die höhere Vergrößerung zeigt dann das klassische Erscheinungsbild von Knorpelzellen, die eine traumatische Punktion / artifizielle Beimengung belegen. Im vorliegenden Präparat waren keine Tumorzellen nachweisbar.

Die (hier allenfalls grenzwertig erhöhte) Zellzahl, Dominanz mononukleärer Zellen, der normale Laktatwert und das nur leicht erhöhte Eiweiß schließen allesamt die (Verdachts-)Diagnose einer Meningeose nicht aus. Alleine die sorgfältige mikroskopische Untersuchung des Präparats ermöglicht den zytologischen Ausschluss einer Meningeose (und hier stattdesssen den Nachweis von Knorpelzellen).

1.6 Punktionsbedingte Knorpelanteile

Vignette:	M, 80	
Klinik/Frage:	NPH, Entlastungspunktion	
RBC:	0,001	[1000 / µl]
WBC:	0,006	[6 / µl]
MN:	70 %	
Albumin:	700	
Laktat:	1,6	

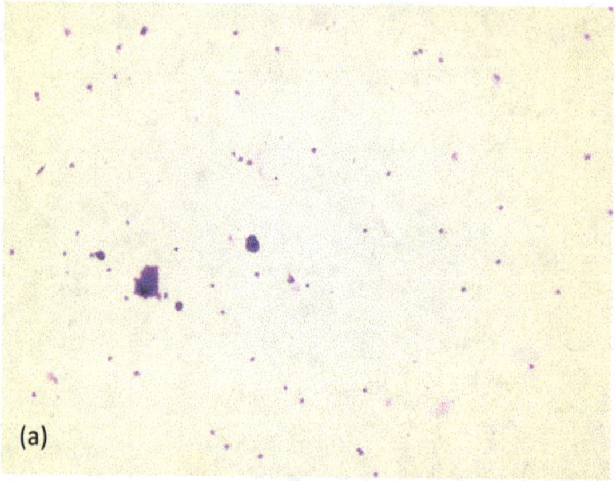

Abb. E.1.6a: 10 x, Übersicht. "Schmutzig" erscheinendes Präparat mit reichlich „Bröckeln", Artefakten. Zu erkennen sind Lymphozyten und Monozyten. Zusätzlich wenige frische Erythrozyten.

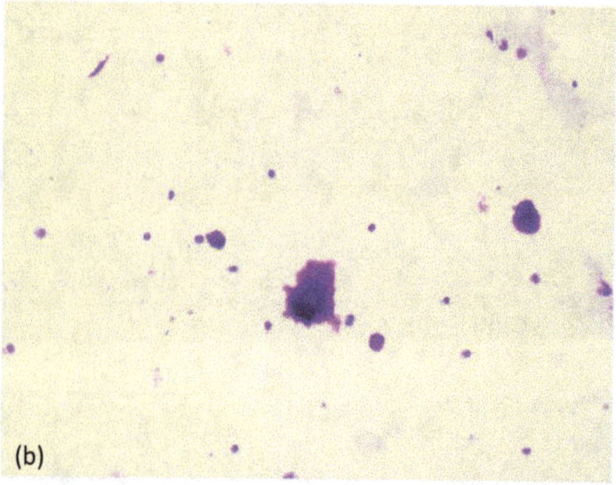

Abb. E.1.6b: Übersicht, wie (a). Es zeigen sich neben den genannten Zellelementen Knorpelzellen sowie auch anhängend faserige und amorphe Knorpelanteile.

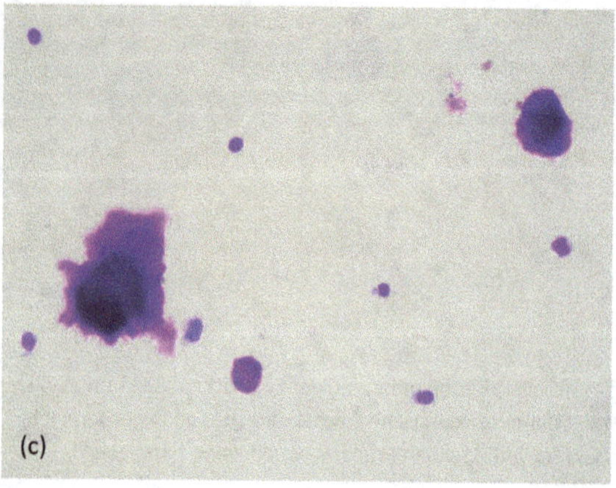

Abb. E.1.6c: 40 x, Details. Knorpelzellen sowie zusätzlich faserige und amorphe Knorpelgewebsanteile als Hinweis auf eine traumatische Punktion.

Besonderheit / Merke:
Zum Nachweis von Knorpelzellen kommt es eher selten. Weitere Knorpelanteile, hier Fasern und amorphe Gewebebröckel, finden sich noch seltener. Erythrozyten sowie auch einige (hier nicht abgebildete) neutrophile Granulozyten sind in solchen Punktaten regelmäßig nachweisbar.

1.7 Artifizielle Blutbeimengung – Eosinophile

Vignette:	W, 60
Klinik/Frage:	Kopfschmerzen seit > 2 Wochen; DD (virale) Entzündung
RBC:	0,001 [1000 / µl]
WBC:	0,005 [5 / µl]
MN:	25 %
Albumin:	400
Laktat:	1,6

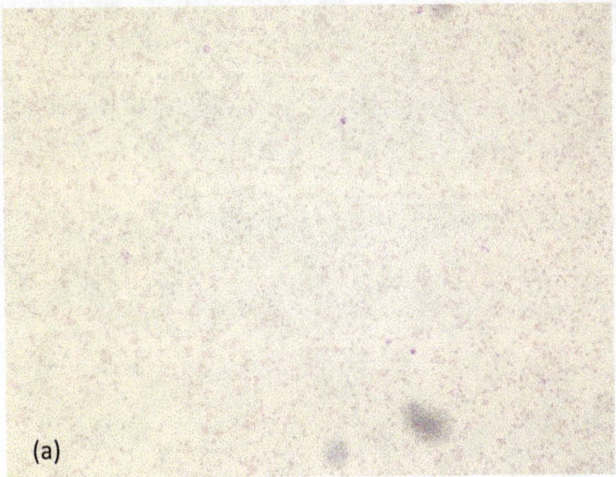

Abb. E.1.7a: 10 x, Übersicht. Erythrozyten. Einige Leukozyten, insbes. Neutrophile Granulozyten.

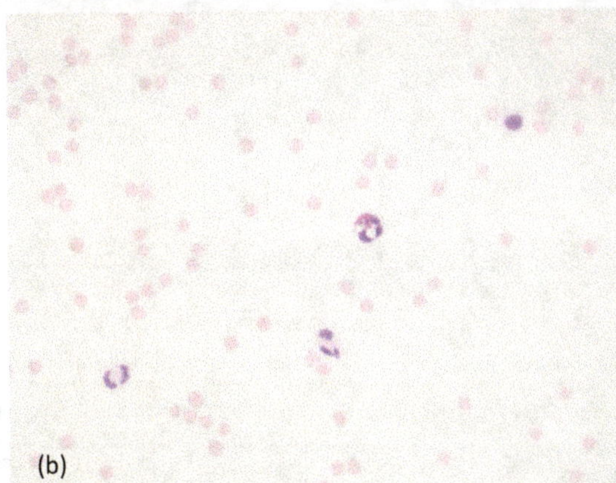

Abb. E.1.7b: 40 x, Details. Erythrozyten. Ein Lymphozyt, zwei Neutrophile Granulozyten; ein Eosinophiler Granulozyt.

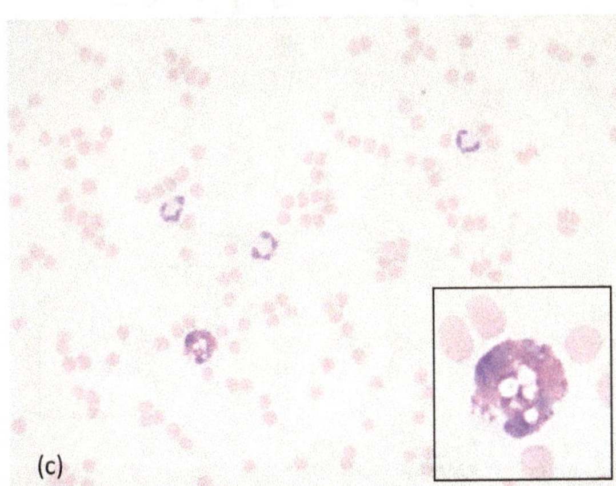

Abb. E.1.7b: 40 x, Details. Zwischen Erythrozyten drei Neutrophile Granulozyten und ein Eosinophiler Granulozyt. Beachte die eosinophile Zytoplasma-Granulierung. (Einschub: Detail-Vergrößerung).

Besonderheit / Merke:
Bei artifizieller Blutbeimengung (wie auch bei SAB) überwiegen i. d. R. Neutrophile Granulozyten gegenüber Lymphozyten (entsprechend ihrem Verhältnis im peripheren Blut). Eosinophile (und noch seltener Basophile) Granulozyten können gelegentlich ebenfalls nachweisbar sein, insbesondere bei peripherer Eosino-/Basophilie.

1.8 Artifizielle Blutbeimengung – Basophile

Vignette:	W, 50
Klinik/Frage:	Anhaltende Kopfschmerzen seit 10 d; DD (virale) Meningitis
RBC:	0,000 [0 / µl]
WBC:	0,005 [5 / µl]
MN:	50 %
Albumin:	450
Laktat:	1,8

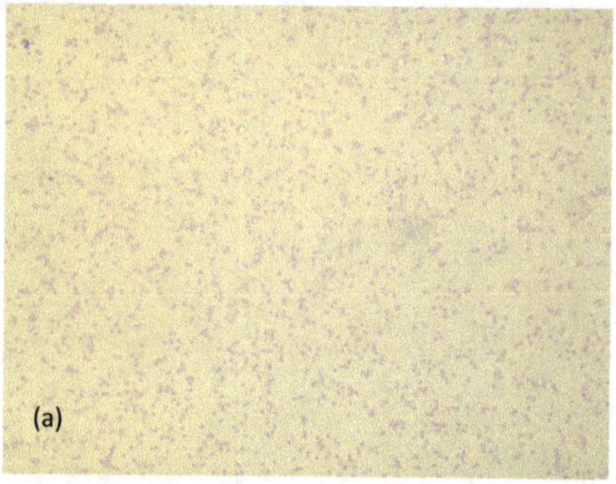

Abb. E.1.8a: 10 x, Übersicht. Erythrozyten, wenige Leukozyten.

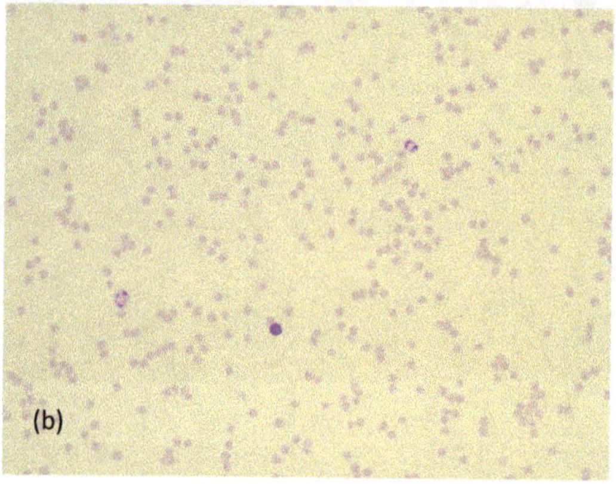

Abb. E.1.8b: 20 x, Übersicht, wie (a). Einzelne kernhaltige Zellen; Zwei Neutrophile Granulozyten sowie dazwischen eine weitere Zelle.

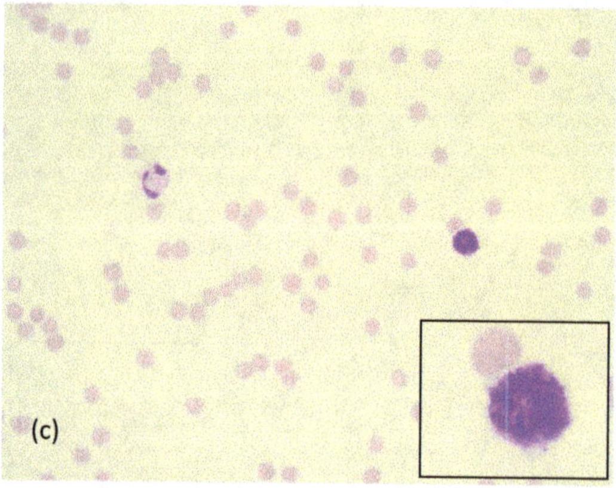

Abb. E.1.8c: 40 x, Details. Die rechte Zelle erweist sich als Basophiler Granulozyt; beachte die tief blau gefärbten Zytoplasmavesikel (Einschub: Detail-Vergrößerung).

Besonderheit / Merke:

Auch wenn der Counter keine Erythrozyten vermerkt (0,000 Mio/µL), können im Präparat Erythrozyten in nicht geringer Anzahl vorkommen. Eosinophile wie auch (noch seltener) Basophile Granulozyten sind bei einer reinen artifiziellen Blutbeimengung selten; sie können aber ausnahmsweise nachweisbar sein, wenn – wie hier – im peripheren Blut eine Basophilie (im vorgestellten Fall: 8%) besteht. Die geringe Erythrozytenzahl und der fehlende Nachweis von Hämatomakrophagen sprechen für eine (geringe) artifizielle Blutbeimengung.

1.9 Reizpleozytose postiktal

Vignette:	M, 30
Klinik/Frage:	Erstmaliger Krampfanfall
RBC:	0,000 [0 / µl]
WBC:	0,010 [10 / µl]
MN:	40 %
Albumin:	400
Laktat:	2,0

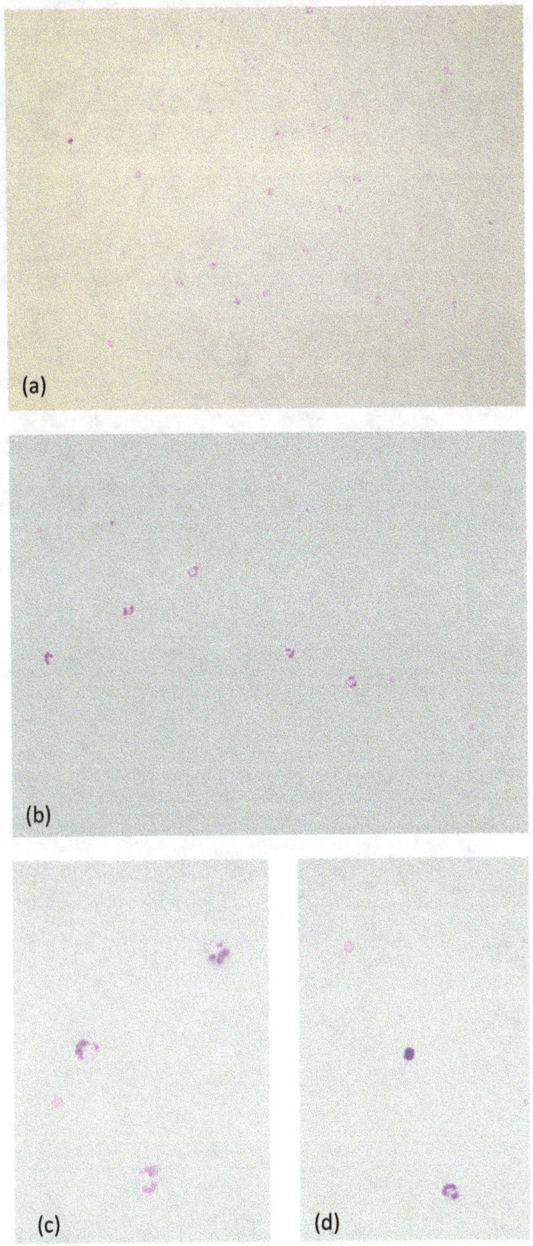

Abb. E.1.9a: 10 x, Übersicht: vor allem Neutrophile Granulozyten, daneben wenige Erythrozyten und mononukleäre Zellen.

Abb. E.1.9b: 20 x, Übersicht, wie (a). Unverkennbar sind die Neutrophilen Granulozyten sowie einige Erythrozyten.

Abb. E.1.9c: 40 x, Details. Drei Neutrophile Granulozyten, ein Erythrozyt.

Abb. E.1.9d: 40 x. Ein Erythrozyt, ein Neutrophiler Granulozyt, ein Lymphozyt.

Besonderheit / Merke:
Gemischtzellige (Reiz-) Pleozytosen gehören (neben [artifizieller] Blutbeimengung) zu den häufigeren „pathologischen" = nicht „normalen" Befunden. Meist dominieren Neutrophile Granulozyten; Lymphozyten und Monozyten kommen regelmäßig vor, Eosinophile und Basophile nur selten. Die Ursachen können vielfältig sein: epileptischer Anfall, Schlaganfall, intrazerebrale Blutung oder Abszess ohne unmittelbaren Anschluss an den Liquorraum, oder auch eine vorangegangene Lumbalpunktion.

1.10 Multiple Sklerose

Vignette:	W, 30
Klinik/Frage:	V. a. Retrobulbärneuritis
RBC:	0,000 [0 / µl]
WBC:	0,015 [15 / µl]
MN:	100 %
Albumin:	300
Laktat:	1,5
OKB:	positiv

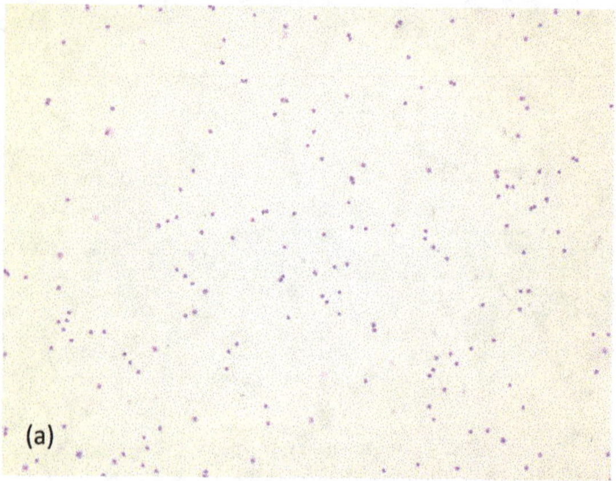

Abb. E.1.10a: 10 x. In der Übersicht v. a. kleinere Lymphozyten.

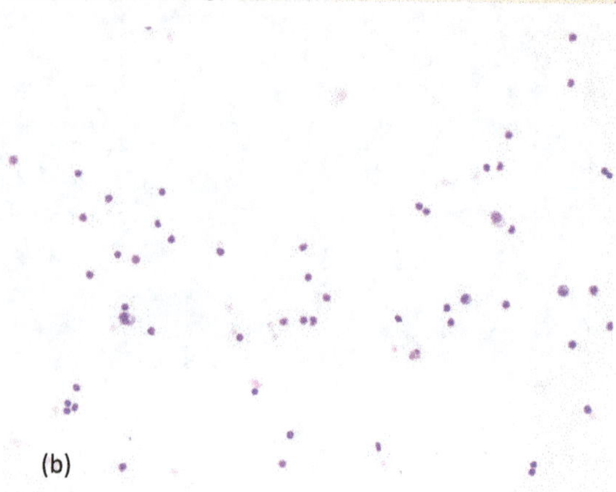

Abb. E.1.10b: 20 x. Neben kleinen Lymphozyten finden sich auch etwas größere Lymphozyten mit Aktivierungszeichen.

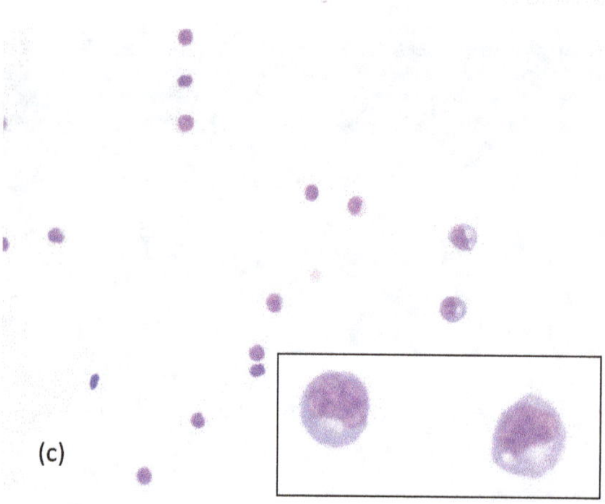

Abb. E.1.10c: 40 x, Details. Die höhere Vergrößerung lässt darüber hinaus auch mehrere Plasmazellen erkennen. Beachte den im Vergleich zu Lymphozyten größeren, etwas eingedellten Kern mit großem, granuliertem Zytoplasma und der typischen perinukleären Aufhellung des Zytoplasmas. (Einschub: Detailvergrößerung).

Besonderheit / Merke:
Typisch für autoimmune Entzündungen des ZNS, deren häufigste Erscheinungsform die Multiple Sklerose ist, ist ein mononukleäres Zellbild mit kleinen, aber auch einigen aktivierten Lymphozyten sowie Plasmazellen, daneben Monozyten.

E.2 Blutungen

2.1 Blutbeimengung – DD Subarachnoidalblutung (SAB)

Vignette:	W, 50
Klinik/Frage:	Kopfschmerzen, Nackenspannung. SAB? Entzündung?
RBC:	0,015 [15000/µl]
WBC:	0,020 [20/µl]
MN:	40 %
Albumin:	1000
Laktat:	1,7

Abb. E.2.1a: 10 x. In der Übersicht imponiert ein „Blutsee“, mit einigen Leukozyten.

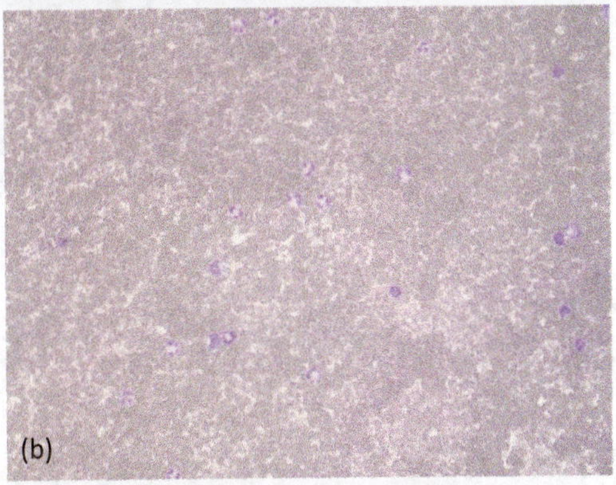

Abb. E.2.1b: 20 x, Übersicht, wie (a). Bei eingeschränkter Zellerhaltung erweisen sich die meisten Leukozyten als neutrophile Granulozyten.

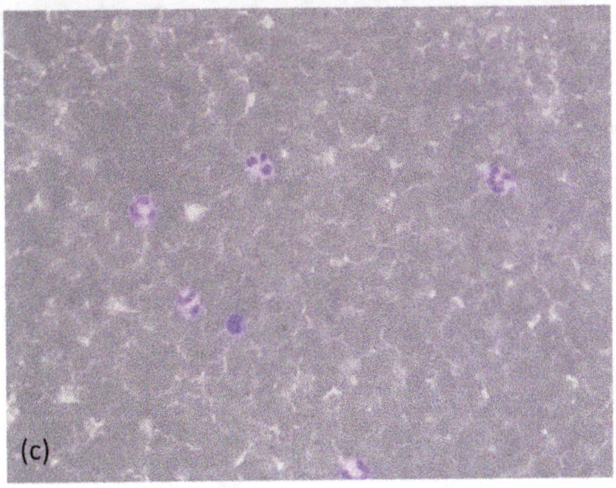

Abb. E.2.1c: 40 x, Details. Der Ausschnitt zeigt fünf neutrophile Granulozyten und einen Lymphozyten.

Besonderheit / Merke:
Bei diesem Bild imponiert ein „Blutsee“. Zunächst besteht die DD zwischen einer SAB und einer artifiziell blutigen Punktion (letzteres war hier der Fall). Der fehlende Nachweis von Hämatomakrophagen (frühste Form: Erythrophagen) schließt eine bereits länger (> 6 h) anhaltende SAB aus. Weiter helfen können zudem: die klinischen Angaben zum Punktionshergang, Dreigläserprobe, Zentrifugation, ggf. zusätzliche Ferritin-Bestimmung.

Im Zweifelsfall soll unmittelbar eine zerebrale Schnittbildgebung mit intrakranieller Gefäßdarstellung (i. d. R. CT-Angiographie) erfolgen. Bei begründetem Verdacht ist eine DSA, in Ausnahmefällen auch eine spinale Bildgebung zu erwägen.

https://doi.org/10.1515/9783110331905-029

2.2 Subarachnoidalblutung (SAB)

Vignette:	W 50
Klinik/Frage:	„Vernichtungskopfschmerz“; vor 1 Woche erstmals starke Kopfschmerzen. SAB?
RBC:	0,020 [20000/µl]
WBC:	0,025 [25/µl]
MN:	80 %
Albumin:	1200
Laktat:	2,2

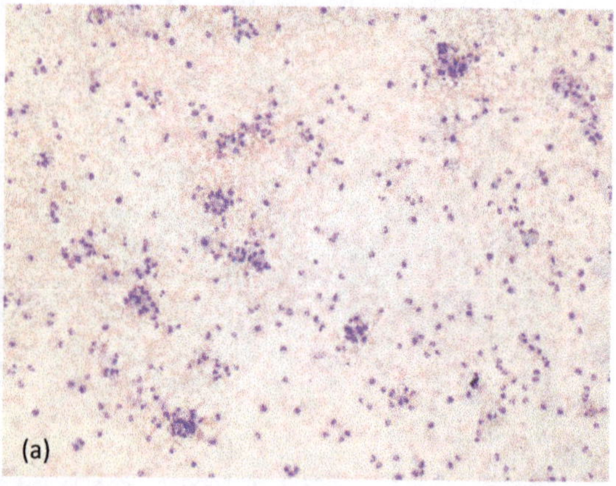

Abb. E.2.2a: 10 x. Übersicht: reichlich Erythrozyten, neutrophile Granulozyten, Erythro- und Siderophagen, Monozyten.

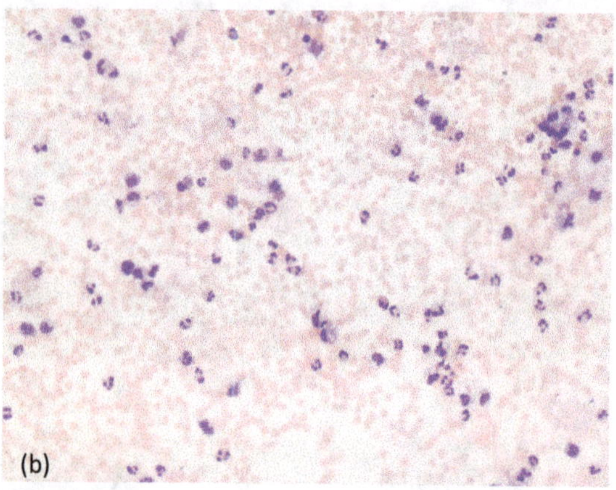

Abb. E.2.2b: 20 x, Übersicht, Zellbild wie (a).

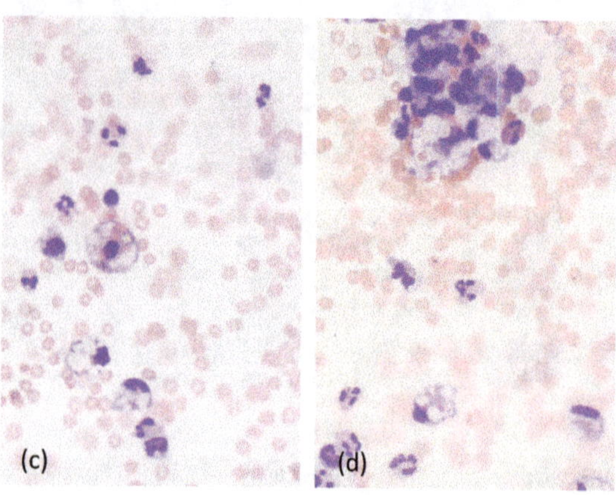

Abb. E.2.2c,d: 40 x, Details.
(c): Mehrere kleinere Erythrophagen mit jeweils einigen phagozytierten frischen (pigmentierten) und älteren unpigmentierten (abgeblassten) Erythrozyten.
(d): Konglomerat von siderophagischen Zellen mit Anteilen der Erythrophagozytose verschiedenen Alters, einschließlich einiger kleinerer Hämosiderinanreicherungen und bereits geringe Bilirubin-Ablagerungen, sowie Leukophagozytose. Daneben Erythrophagen, mehrere neutrophile sowie ein eosinophiler Granulozyt.

Besonderheit / Merke:
Das Nebeneinander von frischen Erythrozyten bzw. phagozytierten Erythrozyten unterschiedlichen Alters (Pigmentierungsgrads) mit Zeichen der (Erythro-/Leuko-)Phagozytose sowie Hämosiderin/Siderophagen sowie sogar bereits Bilirubin-Kristallen zeigt eine bereits länger anhaltende oder mehrzeitige Einblutung an.

2.3 Abräumreaktion nach SAB

Vignette:	W, 40
Klinik/Frage:	SAB vor 10 Tagen, Aneurysmaclipping; anhaltende Kopfschmerzen. Nachblutung? Meningitis?
RBC:	0,010 [10000/µl]
WBC:	0,030 [30/µl]
Albumin:	1200
Laktat:	2,5

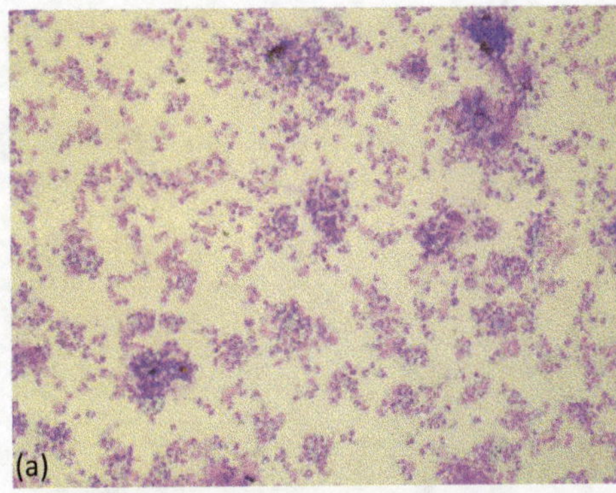

Abb. E.2.3a: 10 x, Übersicht. Gemischtzelliges, heterogenes Zellbild. Frische Erythrozyten sind kaum erkennbar. Vorherrschend Granulozyten, Lymphozyten, Monozyten und reichlich Makrophagen, z. T. in Verbänden. Bilirubinkristalle sind erkennbar.

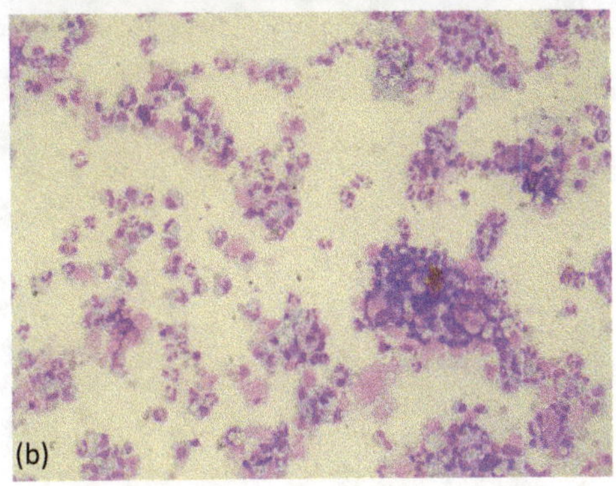

Abb. E.2.3b: 20 x, wie a. Einige frische Erythrozyten sind beigemischt, DD punktionsbedingt (eine ausgeprägte frische Erythrozytenbeimengung stellt sich nicht dar). Frisch (rosarot) oder älter (abgeblasst) phygozytierte Erythrozyten sind demgegenüber nicht (mehr) zu erkennen.

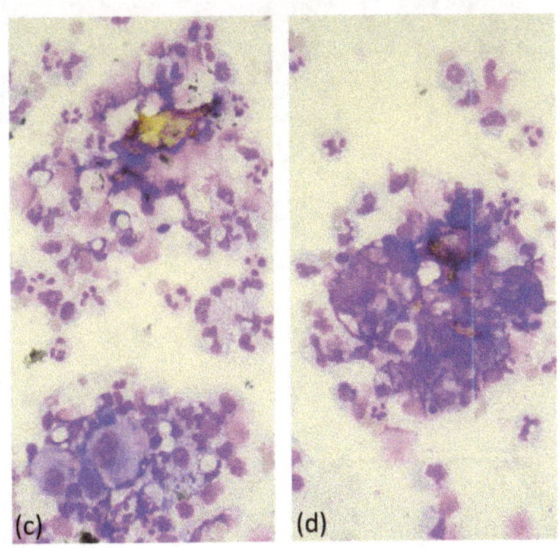

Abb. E.2.3c,d: 40 x, Details. Mehrere größere Makrophagen-Verbände, mit überwiegend Leukophagozytose, Lipophagozytose; Hämosiderin und Bilirubinkristalle. Einzelne neutrophile Granulozyten.

Besonderheit / Merke:

Beachte: Es finden sich Zeichen der früheren/älteren Phagozytose von Erythrozyten (nur noch gering), Leukozyten und Lipiden i. S. einer Abräumreaktion nach SAB. Weiterhin sind reichlich Hämosiderin und Bilirubinkristalle (= Hämatoidin) nachweisbar, z. T. intrazellulär bzw. in den Verbänden. Frische (rosarot) oder etwas ältere (entfärbt) phagozytierte Erythrozyten sind nicht mehr erkennbar, somit kein Nachweis einer anhaltenden oder erneuten SAB.

Weiterhin kein Nachweis von neutrophilen Granulozyten in größerer Anzahl bzw. Dichte („Eiter"). Somit zytologisch weder Hinweis einer Nachblutung oder einer bakteriellen Infektion (Meningitis / Ventrikulitis).

2.4 Abräumreaktion nach SAB

Vignette:	W, 50
Klinik/Frage:	SAB vor 1 Woche, jetzt erneute Kopfschmerzen
RBC:	0,000 [0/µl]
WBC:	0,010 [10/µl]
MN:	90 %
Albumin:	600
Laktat:	2,0

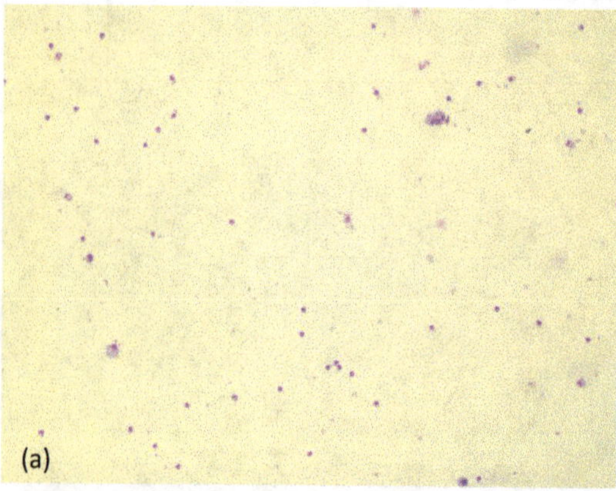

Abb. E.2.4a: 10 x, Übersicht: vor allem Lymphozyten und Monozyten, kaum Aktivierungszeichen. Weiterhin zeigen sich größere Zellen mit balloniert erscheinendem Zytoplasma. Daneben artifizielle (präparationsbedingte) Zellschatten. Wenige frische Erythrozyten.

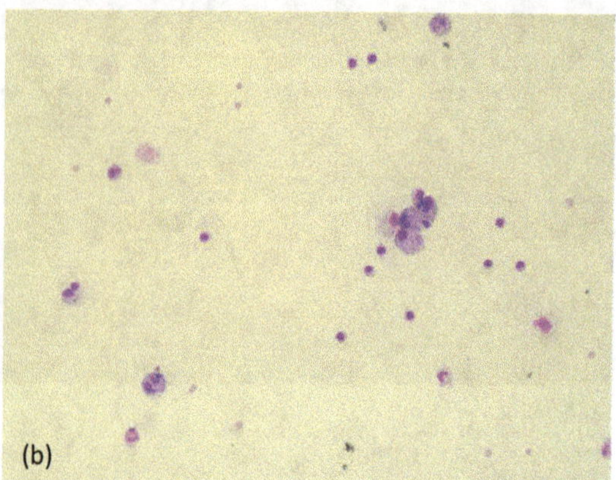

Abb. E.2.4b: 20 x, Übersicht, wie (a).

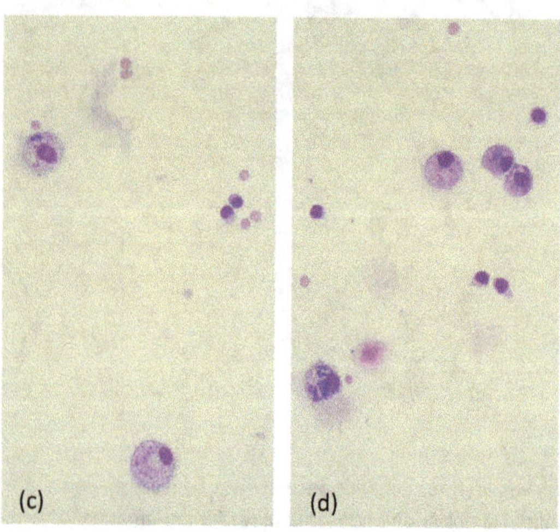

Abb. E.2.4c,d: 40 x, Details. Hämatomakrophagen, hier als reine Siderophagen, z. T. mit kleineren Präzipitaten, z. T. mit größeren Schollen von Hämosiderin. Beachte: es finden sich weder phagozytierte (pigmentierte oder depigmentierte) Erythrozyten noch extrazelluläre Bilirubinkristalle. Die wenigen frischen (pigmentierten) „freien" Erythrozyten sind a.e. punktionsbedingt. Daneben einige Lymphozyten, Monozyten. Neutrophile Granulozyten finden sich in den dargestellten Ausschnitten nicht.

Besonderheit / Merke:
Der praktisch ausschließliche Nachweis von Siderophagen – ohne (frisch) phagozytierte pigmentierte / depigmentierte Erythrozyten und (noch) ohne Bilirubin spricht für eine einmalige (kleinere) SAB, die mehrere Tage zurückliegt.

E.3 Infektionen

3.1 HSV-Enzephalitis

Vignette:	W, 70
Klinik/Frage:	Wesensänderung seit 3 d, Antriebsminderung, Vorbeireden, seit 2 d Fieber (akt. 38,6°C)
RBC:	0,000 [0 / µl]
WBC:	0,100 [100 / µl]
MN:	90 %
Albumin:	600
Laktat:	3,0
HSV 1-PCR:	positiv

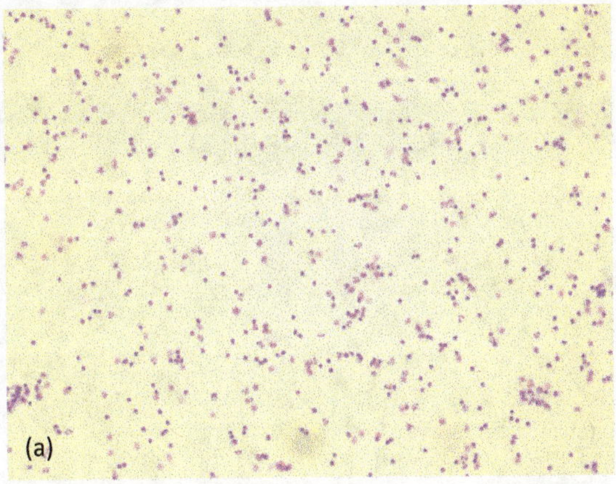

(a)

Abb. E.3.1a: 10 x, Übersicht. Gemischtes Zellbild: überwiegend Lymphozyten, z. T. aktiviert; Neutrophile. Einzelne Erythrozyten punktionsbedingt, sowie einige „Zellschatten" nach verzögerter Aufarbeitung.

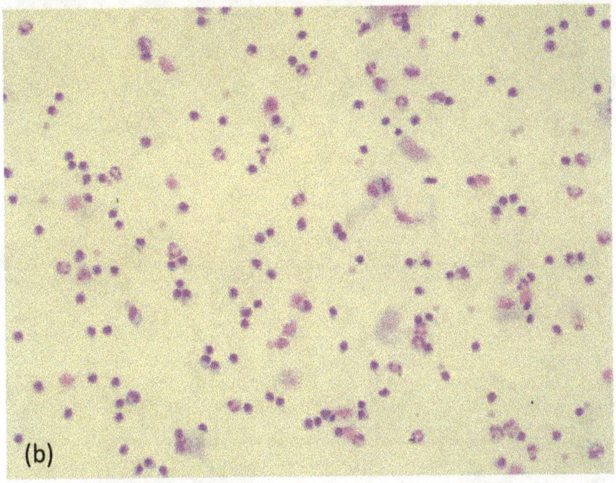

(b)

Abb. E.3.1b: 20 x, Übersicht, wie (a).

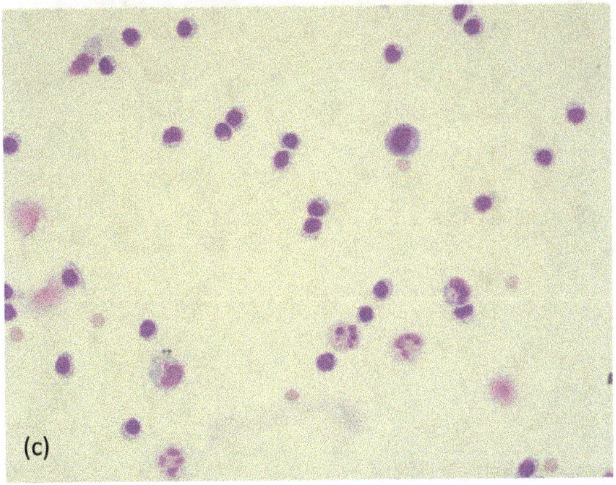

(c)

Abb. E.3.1c: 40 x, Details. Lympho-/monozytäres Zellbild, viele kleine, einige aktivierte sowie mehrere deutlich aktivierte Lymphozyten; weiterhin einige Plasmazellen, daneben einige Neutrophile. (Zellschatten).

Besonderheit / Merke:
In der Frühphase kann sich auch bei viralen Entzündungen (gerade bei HSV) ein erheblicher Anteil Neutrophiler Granulozyten (bis ca. 40 %) finden. Dieser nimmt im Verlauf weniger Tage rasch ab; später findet sich ein weitgehend (> 90 %) mononukleäres Bild mit zunehmend aktivierten Lymphozyten sowie auch Plasmazellen.

https://doi.org/10.1515/9783110331905-030

3.2 Zoster-Meningo-(Poly-)Radikulitis

Vignette:	M, 75	
Klinik/Frage:	Zoster-Effloreszenzen Th 4/5 R, Armschwäche L, lumbale Rückenschmerzen	
RBC:	0,000	[0 / µl]
WBC:	0,050	[50 / µl]
MN:	100 %	
Albumin:	700	
Laktat:	2,2	
VZV-PCR:	positiv	

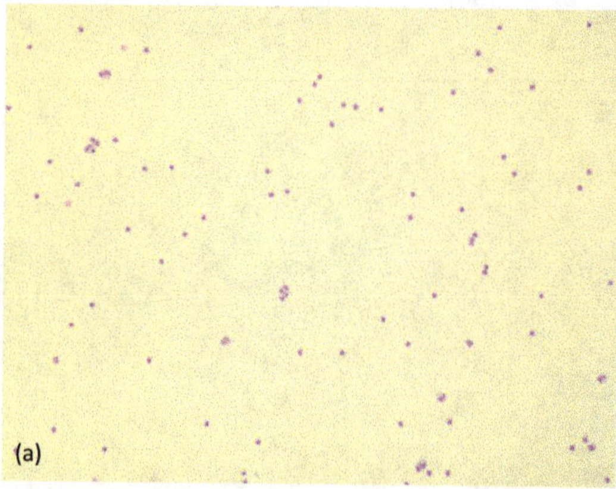

Abb. E.3.2a: 10 x, Übersicht: Pleozytose mit vor allem kleineren Lymphozyten, wenig aktiviert. Einige Monozyten.

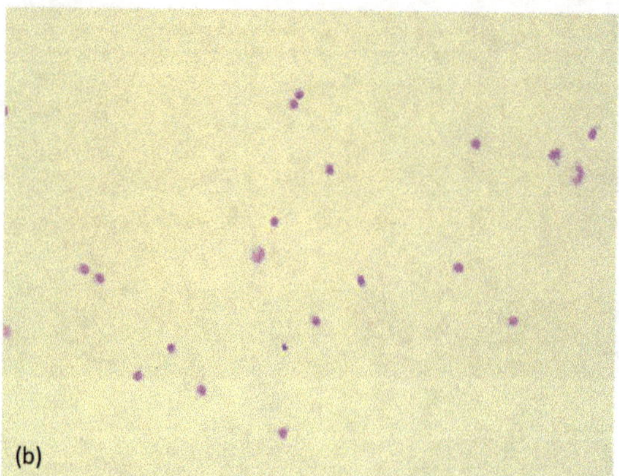

Abb. E.3.2b: 20 x, Übersicht, wie (a).

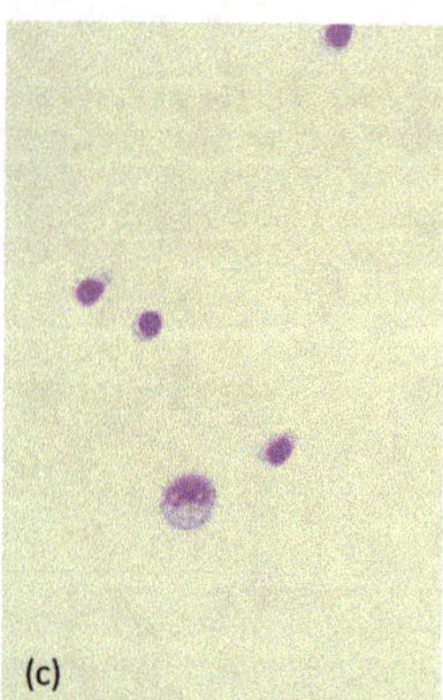

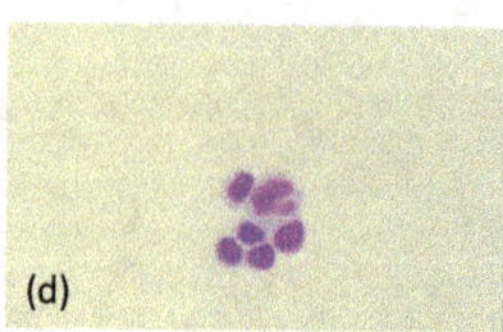

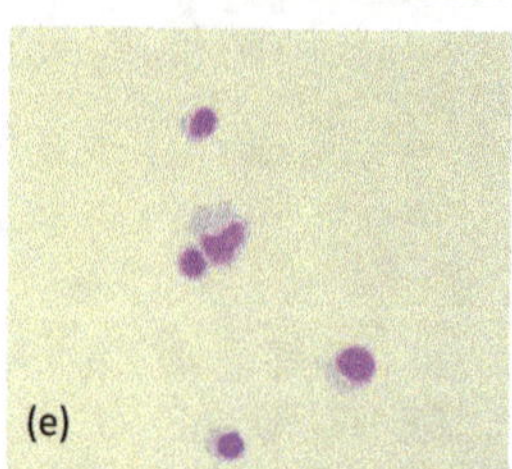

Abb. E.3.2c–e: 40 x, Details. Mehrere kleine, gering aktivierte sowie einige größere, aktivierte Lymphozyten und aktivierte Monozyten.

Besonderheit / Merke:

Kleine bis mittelgroße, eher gering aktivierte Lympho- und Monozyten. Da Vorstellung und Diagnostik i. d. R. mit einiger Latenz erfolgen, sind bei der Erstpunktion keine (oder allenfalls noch einzelne) Granulozyten vorhanden (i. Ggs. zur HSV-Enzephalitis). Eine Liquordiagnostik ist bei einfachem, monosegmentalem H. zoster nicht zwingend erforderlich. Empfohlen wird Liquordiagnostik bei multisegmentalem Befall, bei Zoster ophthalmicus oder Z. oticus sowie bei klinischem V. a. Meningitis, Enzephalitis oder Myelitis, auch zur DD; weiterhin bei Vorliegen oder V. a. Immundefekte (Leukämie, Lymphom, HIV) sowie Immunsuppression.

3.3 FSME-Meningitis

Vignette:	M, 30	
Klinik/Frage:	Kopfschmerzen seit 3 Wochen, Fieber. DD virale/bakterielle Entzündung	
RBC:	nicht bestimmt	7/µl
WBC:	nicht bestimmt	250/µl
MN:	75 %	
Albumin:	600	
Laktat:	1,8	
FSME-Virus-AI (IgM):	3,0	
FSME-Virus-AI (IgG):	8,0	

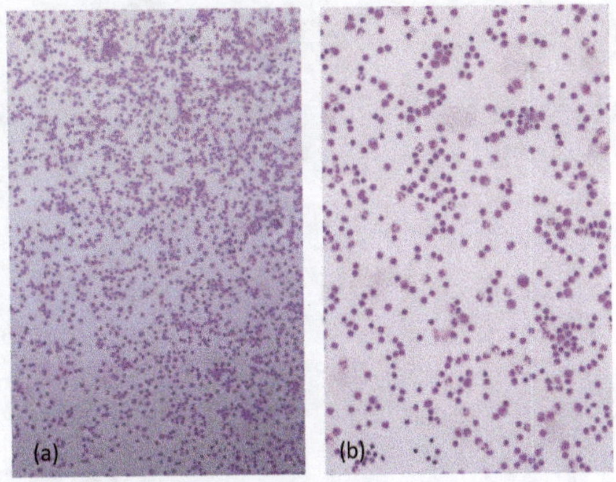

Abb. E.3.3a,b: (a): 10 x; (b): 20 x. Bereits in der Übersicht sind eine Vielzahl von aktivierten Lymphozyten sowie reichlich neutrophile Granulozyten zu erkennen.

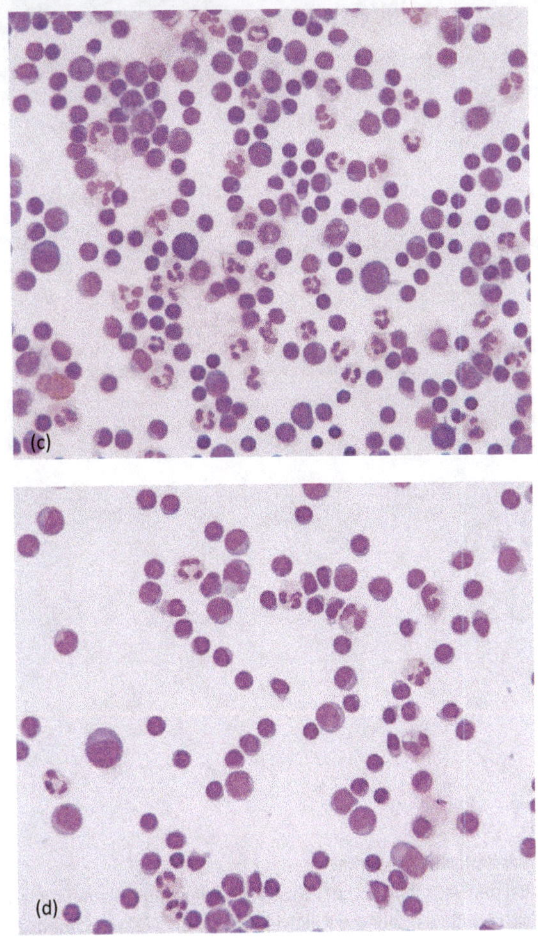

Abb. E.3.3c,d: 63 x.
(c): Auffällig sind die vielen aktivierten Lymphozytenformen und der hohe Anteil an Neutrophilen Granulozyten.
(d): Unter den aktivierten Lymphozytenformen kommen gelegentliche Plasmazellen zur Darstellung. Monozyten mit Einschlüssen.

Besonderheit / Merke:
Wie bei anderen viralen Erkrankungen sind bei einer FSME erhebliche Anteile an Neutrophilen Granulozyten im Zellbild typisch. Plasmazellen deuten auf eine intrathekale Antikörperproduktion hin, die im Reiberdiagramm unentdeckt bleiben kann.

3.4 Neuroborreliose

Vignette:	W, 60
Klinik/Frage:	Schulterschmerzen, prox. Armparese bds., nächtliche Rückenschmerzen
RBC:	0,002 [2000 / µl]
WBC:	0,150 [150 / µl]
MN:	100 %
Albumin:	800
Laktat:	3,0

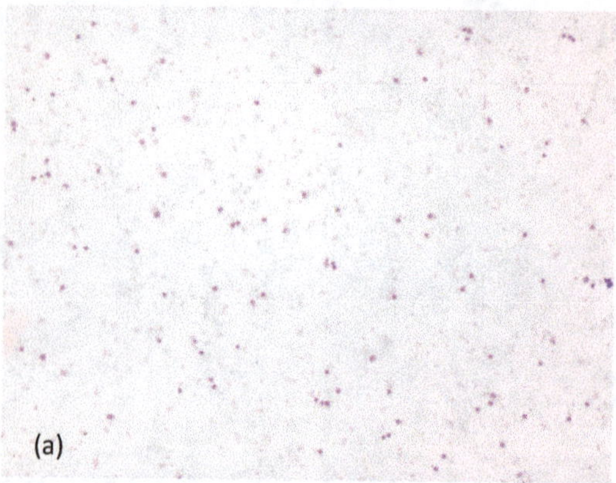

Abb. E.3.4a: 10 x, Übersicht. Reichlich Erythrozyten. Überwiegend kleine sowie einige größere Lymphozyten.

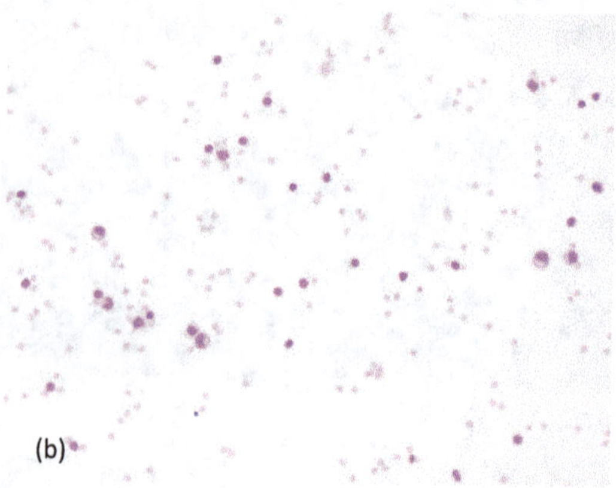

Abb. E.3.4b: 20 x, Übersicht, wie (a). Zusätzlich zeigen sich in hoher Zahl aktivierte Lymphozyten und Plasmazellen.

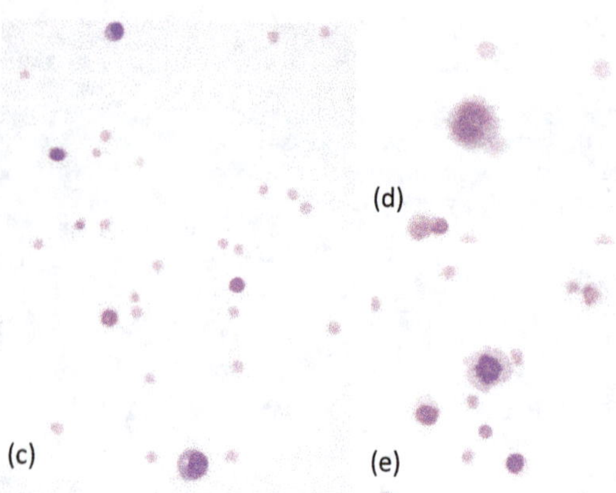

Abb. E.3.4c–e: 40 x, Details. (c): Große, aktivierte Lymphozyten, eine Plasmazelle. (d): zweikernige Plasmazelle. (e): Plasmazell-Mitose.

Besonderheit / Merke:
Bei der Neuroborreliose (klinisch sehr vielfältige Erscheinungsbilder: Meningo- [Poly-]Radikulo-Neuritis; Fazialisparese) zeigt sich häufig ein sehr stark aktiviertes mononukleäres, lymphozytär dominiertes Zellbild mit reichlich Plasmazellen (mehr als bei anderen entzündlichen Entitäten). Dabei können zweikernige Plasmazellen sowie sogar Plasmazell-Mitosen auftreten. Gelegentlich kann daher die Abgrenzung zu lymphatischen Neoplasien Schwierigkeiten bereiten. Dann können Anamnese, Klinik und zytologische Erfahrung ergänzt werden durch Serologie und ggf. Durchflusszytometrie.

3.5 Akute bakterielle (eitrige) Meningitis – früh

Vignette:	M, 60
Klinik/Frage:	Kopfschmerzen, Benommenheit, Nackensteifigkeit
RBC:	0,000 [0 / µl]
WBC:	10,000 [10000 / µl]
MN:	< 5 %
Albumin:	2000
Laktat:	5,0

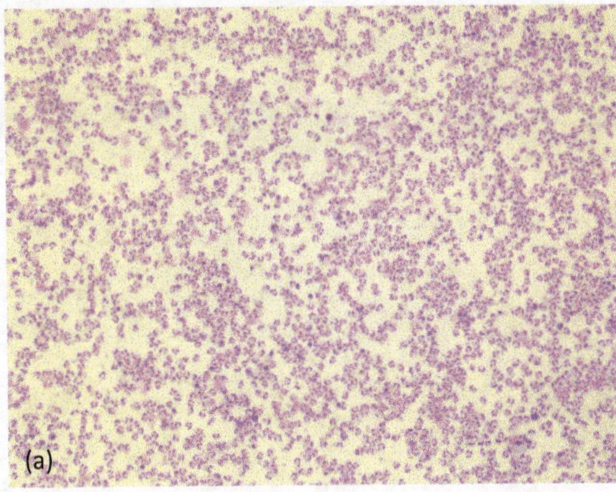

Abb. E.3.5a: 10 x. Dominanz von Neutrophilen Granulozyten.

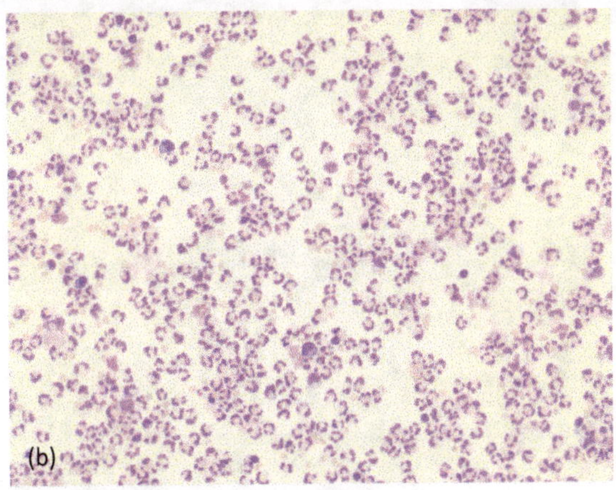

Abb. E.3.5b: 20 x, Übersicht, wie (a). Zusätzlich wenige aktivierte Lymphozyten, Monozyten.

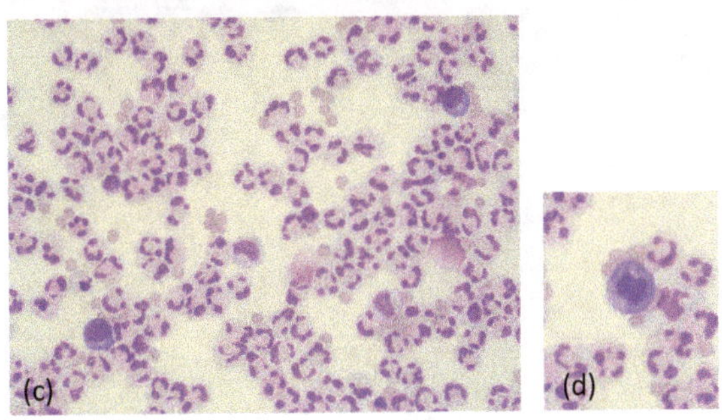

Abb. E.3.5c,d: 40 x, Details.
(c): Die Neutrophilen zeigen überwiegend segmentierte Kerne als Hinweis auf einen bereits einige Tage alten Prozess. Zwei Plasmazellen.
(d): Besonderheit: Plasmazell-Mitose (sonst bei lymphatischen Neoplasien bzw. v. a. bei Neuroborreliose zu sehen, dort in einem aktivierten lymphozytären Zellbild).

Besonderheit / Merke:
Neutrophile Granulozyten fast in „Reinkultur" (= „Eiter"). Die Granulozyten weisen in der (per-) akuten, frühen Phase häufig noch stabförmige, wenig segmentierte Kerne auf (hier noch z. T. vorhanden); im Verlauf sind sie dann segmentiert (hier überwiegend), später möglicherweise sogar über-segmentiert (hier nachweisbar); schließlich finden sich auch apoptotische, aufgebrochenen Kernreste degenerierender Granulozyten unter Therapie, verbunden mit einem Rückgang der Zellzahl.

3.6 Akute bakterielle (eitrige) Meningitis – später

Vignette:	M, 60
Klinik/Frage:	Bakterielle Meningitis, unter antibiotischer Behandlung
RBC:	0,000 [0 / µl]
WBC:	1,500 [1500 / µl]
MN:	20 %
Albumin:	900
Laktat:	2,8

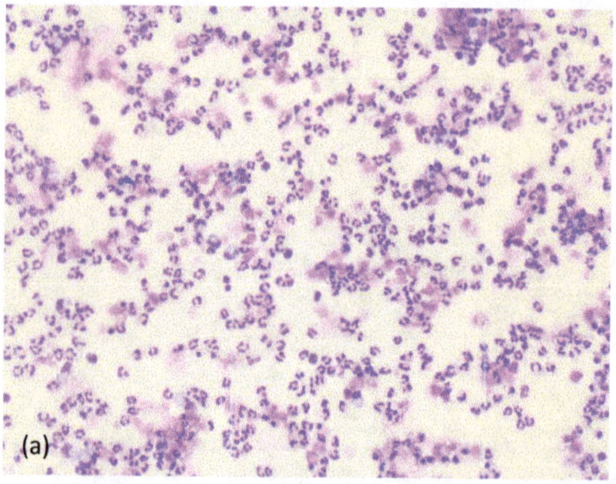

(a)

Abb. E.3.6a: 10 x. Dominanz von neutrophilen Granulozyten (80 %), daneben aber auch bereits einige Lympho- und Monozyten. Im Präparat einige Zellschatten.

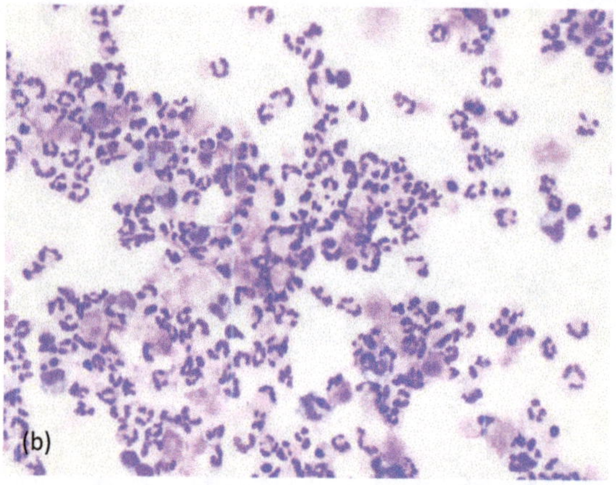

(b)

Abb. E.3.6b: 20 x, Übersicht, wie (a). Aktivierte Lymphozyten, Monozyten, einige Phagozyten sind zusätzlich erkennbar.

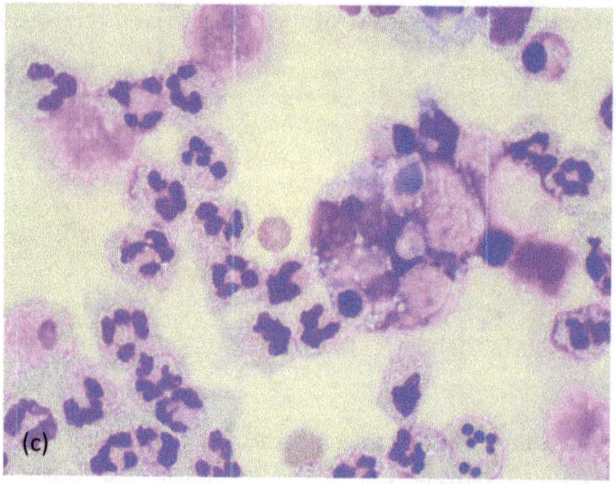

(c)

Abb. E.3.6c: 40 x, Details. Die Neutrophilen zeigen z. T. über-segmentierte Kerne, einige sind bereits im Zerfall begriffen; Neutrophilen-Apoptosen. Daneben Abräumreaktion mit Makrophagen, hier: Schaumzelle, Leukophagen, Riesenzellen. (Wenige Erythrozyten; Zellschatten [Detritus]/Autolyse).

Besonderheit / Merke:
Unter wirksamer antibiotischer Therapie fällt die Zellzahl rasch ab; die Neutrophilen „reifen“ und gehen schließlich unter. Der Anteil mononukleärer Zellen nimmt zu. Makrophagen treten auf als: Schaumzellen, „Bakterio-“, Leuko-, ggf. [bei Blutbeimengung] Erythro-/Hämatomakrophagen, Riesenzellen.

3.7 Meningokokken-Meningitis (1)

Vignette:	M, 70
Klinik/Frage:	Kopfschmerzen, Somnolenz, Meningismus
RBC:	0,000 [0 / µl]
WBC:	3,000 [3000 / µl]
MN:	2 %
Albumin:	2000
Laktat:	3,0

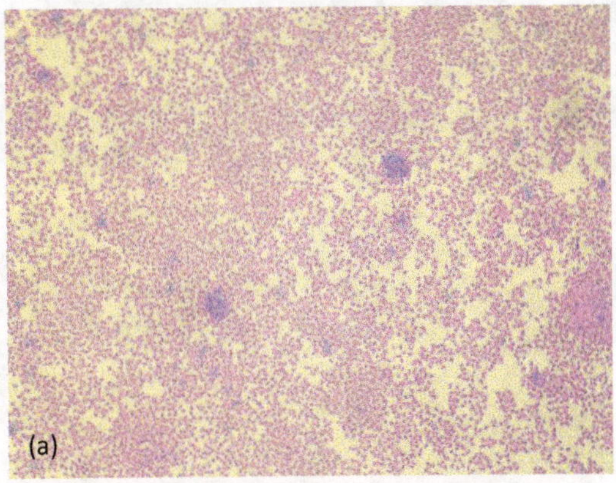

Abb. E.3.7a: 10 x. Dominanz von dicht gelagerten neutrophilen Granulozyten. Daneben sind bereits in der Übersicht blau angefärbte Verdichtungen, Aggregationen isomorpher kleinerer Strukturen erkennbar.

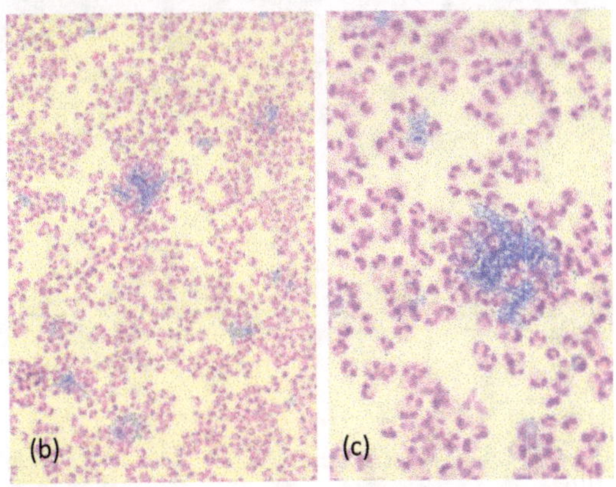

Abb. E.3.7b: 20 x.
Abb. E.3.7c: 40 x, wie (b). Bei zunehmender Vergrößerung erweisen sich die Verdichtungen als Konglomerate einzelner subzellulär kleiner, homogen erscheinender Strukturen (Bakterien).

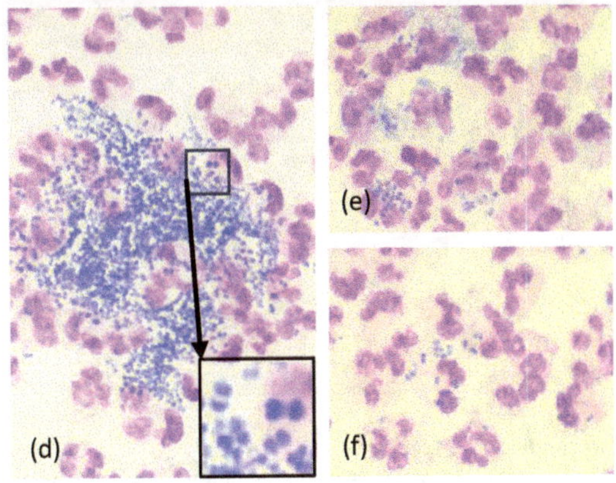

Abb. E.3.7d–f: 100 x. In der Pappenheim-Färbung erscheinen die blauen Strukturen als gleichförmige Diplokokken (Einschub in (d)), und erweisen sich in höheren Vergrößerungen als extra- und intrazellulär, in unterschiedlicher Dichte, als „Seen" (d), gruppiert (e) oder z. T. auch eher vereinzelt (f).

Besonderheit / Merke:
Das granulozytäre („eitrige") Bild belegt eine akute bakterielle Infektion. Die Granulozyten sind z. T. noch stabkernig, als Hinweis auf eine relativ frische Infektion (typisch bei Erstpunktion). Die Diplokokken können Meningo- oder Pneumokokken entsprechen. Hinweise zur DD kann bereits die Anamnese liefern (kalte Jahreszeit, Kontaktverhalten, ggf. Epidemiologie können Hinweise sein auf Meningokokken). Die Gramfärbung (→ s. Folgepräparat) bringt ggf. rasch Klärung und Gewissheit.

Beachte: Meldepflicht und Antibiotikaprophylaxe bei Kontaktpersonen!

3.8 Meningokokken-Meningitis (2)

Vignette:	W, 20
Klinik/Frage:	Kopfschmerzen, rasch progrediente Bewusstseinstrübung, Petechien; Fieber
RBC:	0,000 [0 / µl]
WBC:	0,100 [100 / µl]
MN:	<5 %
Albumin:	500
Laktat:	2,8

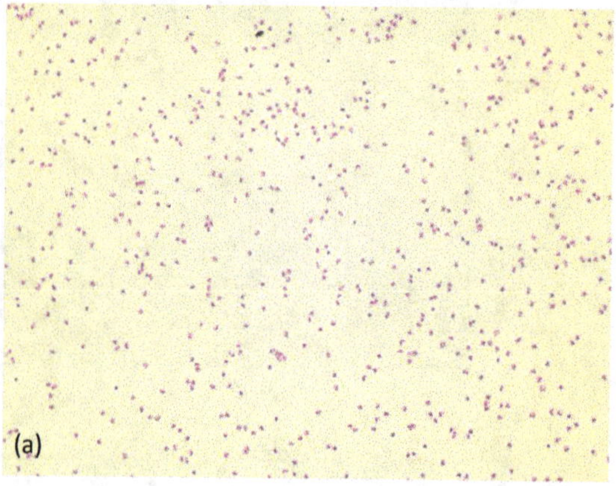

Abb. E.3.8a: 10 x. Dominanz von vereinzelt gelegenen neutrophilen Granulozyten. Allenfalls vereinzelte Lympho-/Monozyten.

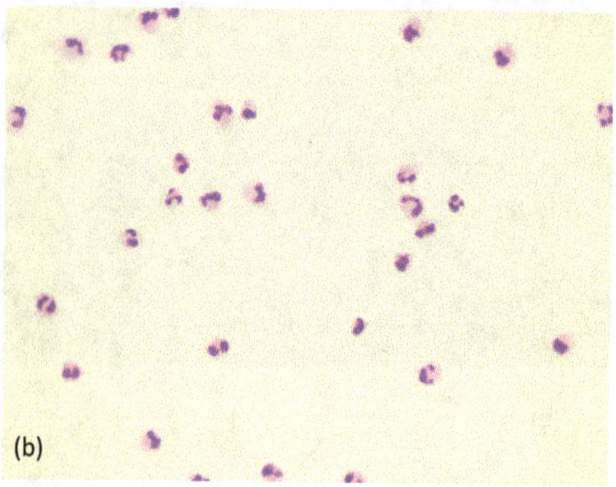

Abb. E.3.8b: 40 x, wie (a); hier ausschließlich Neutrophile. In diesem Ausschnitt sind keine Bakterien erkennbar.

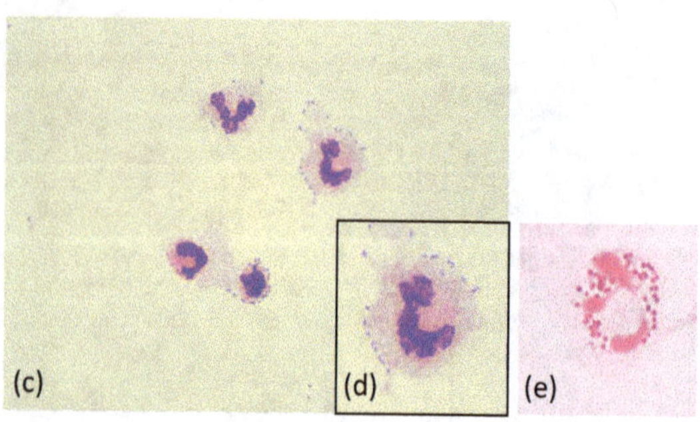

Abb. E.3.8c: 100 x, Details.
Abb. E.3.8d,e: Einschübe, höhere Vergrößerung. (d): Pappenheim-Färbung. Mehrere Neutrophile mit randständigem Besatz von kleinen blauen gleichförmigen Strukturen, Diplokokken entsprechend. (e): Gramfärbung: die Bakterien sind Gram-negativ, somit Meningokokken entsprechend.

Besonderheit / Merke:
Neutrophile Granulozyten fast in „Reinkultur" (= „Eiter"). Hier ist die Zellzahl deutlich geringer als im vorangehenden Fall 3.7. Dies kann irreführen; es besteht akute Lebensgefahr. Das klinische Bild weist auf eine Meningokokken-Sepsis hin; klinisch entwickelte sich trotz sofortiger Antibiose binnen Stunden ein Waterhouse-Friedrichsen-Syndrom mit Multiorganversagen. Nach mehrwöchiger Intensivtherapie kam es zu einer schrittweisen und nach länger Rehabilitation auch neuropsychologisch vollständigen Erholung.

Bei (V. a.) Meningokokken-Meningitis sind in jedem Fall sofort erforderlich: Blutkultur, sofortige Antibiose, Liquordiagnostik (hier: nach CT!); weiterhin Meldung und Antibiotikaprophylaxe bei Kontaktpersonen.

3.9 Meningokokken-Meningitis (3) – Abräumreaktion

Vignette:	M, 60
Klinik/Frage:	Meningokokken-Meningitis, Besserung unter Antibiose (7 d)
RBC:	0,000 [0 / µl]
WBC:	0,100 [100 / µl]
MN:	40 %
Albumin:	800
Laktat:	1,8

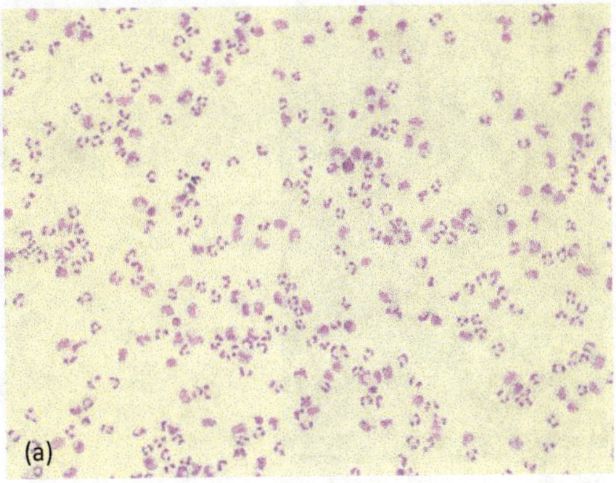

Abb. E.3.9a: 20 x. Nunmehr gemischtzelliges Bild mit neutrophilen Granulozyten (ca. 60 %), wenigen eosinophilen Granulozyten; weiterhin reichlich Monozyten und Makrophagen, einige Lymphozyten.

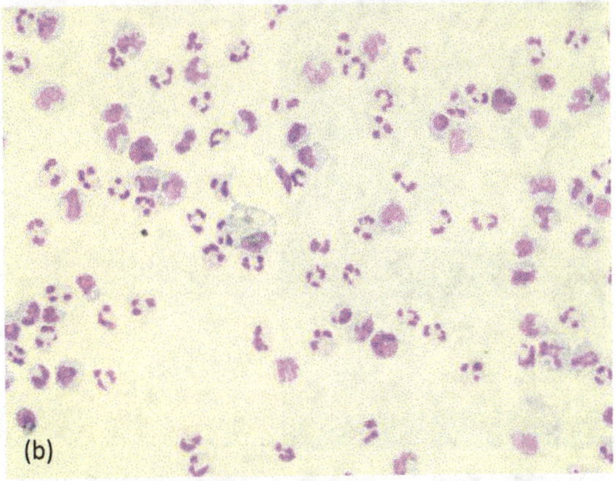

Abb. E.3.9b: 40 x, Übersicht, wie (a). Deutlich haben die Neutrophilen Granulozyten (z. T. über-) segmentierte Kerne, stabkernige kommen nicht mehr vor. Wenige Eosinophile. Mehrere Monozyten; daneben z. T. große Makro-(Lipophagen), einige „Schaumzellen", „Siegelringzellen". Zusätzlich wenige aktivierte Lymphozyten, Monozyten.

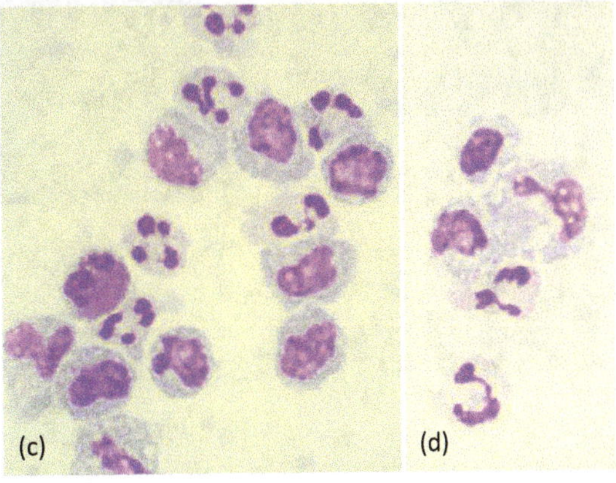

Abb. E.3.9c,d: 100 x, Details. Neutrophile mit stark (über-) segmentierten Kernen (z. T. „prä-apoptotisch", ein Eosinophiler, mehrere Makrophagen und Monozyten, z. T. gruppiert.

Besonderheit / Merke:

Unter Therapie kommt es auch im Zellbild zu raschen Veränderungen: die Zellzahl geht deutlich zurück, die neutrophilen Granulozyten „altern", die Kernsegmentierung nimmt zu. Im Rahmen der Abräumreaktion treten Monozyten und Makrophagen hinzu; einige Eosinophile können ebenfalls vorkommen. Dieser Prozess ist nicht Erreger-spezifisch und gehört bei anderen bakteriellen Infektionen in gleicher Weise zum Abheilungs- und Reparaturprozess.

3.10 Pneumokokken-Meningitis (früh)

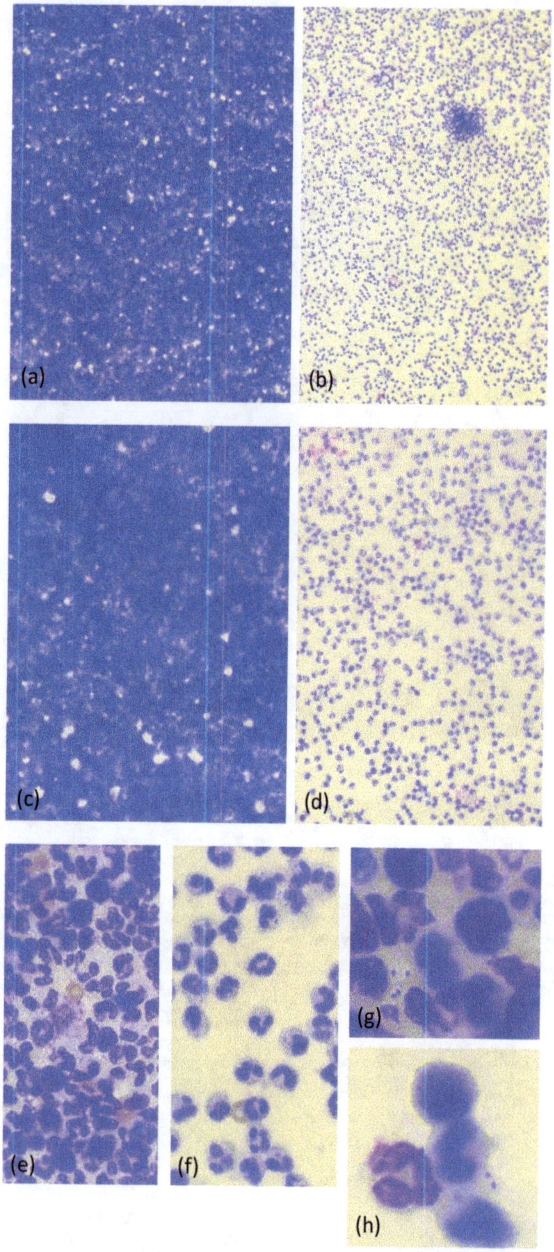

Vignette:	M, 40
Klinik/Frage:	Kopfschmerzen, Wesensänderung. HNO-OP vor 3 Monaten. V. a. Rhinoliquorrhoe seit Wochen.
RBC:	0,000 [0 / µl]
WBC:	20,000 [20000 / µl]
MN:	< 2 %
Albumin:	2500
Laktat:	4,5

Abb. E.3.10a,c,e: (a): 10 x, (c): 20 x, (e): 40 x, aus einem Präparateanteil mit sehr hoher Zelldichte. Hier ist v. a. in den Übersichten eine weitere Beurteilung kaum möglich.

Abb. E.3.10b,d,f: (b): 10 x, (d): 20 x, (f): 40 x, aus dem Randbereich mit geringerer Zelldichte und damit besserer Beurteilbarkeit der Einzelzellen. Dominanz von Neutrophilen Granulozyten (> 95 %).

Abb. E.3.10e,f: 40 x, Details. Die Neutrophilen zeigen überwiegend segmentierte Kerne als Hinweis auf einen bereits einige Tage bestehenden Prozess. Ebenso einige Plasmazellen und Monozyten. In (e) zeigen sich bei hoher Granulozyten-Dichte lediglich einige verdächtige „Punkte"; in (f) sind diese als isomorphe Strukturen, mithin Bakterien auszumachen.

Abb. E.3.10g,h: 100 x. Diplokokken, großteils extrazellulär.

Besonderheit / Merke:

Neutrophile Granulozyten fast in „Reinkultur" (= „Eiter"). Beim Nachweis von Diplokokken kommen DD Meningo- oder Pneumokokken in Frage. HNO-OP, Mastoiditis, Rhinoliquorrhoe weisen auf eine Durchwanderungsmeningitis mit Pneumokokken hin. Neben der sofortigen Antibiose ist eine rasche operative Sanierung erforderlich.

3.11 Akute bakterielle (eitrige) Meningitis - Haemophilus

Vignette:	M, 5
Klinik/Frage:	Apathie, Kopfschmerzen
RBC:	0,000 [0 / µl]
WBC:	1,000 [1000 / µl]
MN:	< 5 %
Albumin:	800
Laktat	3,5

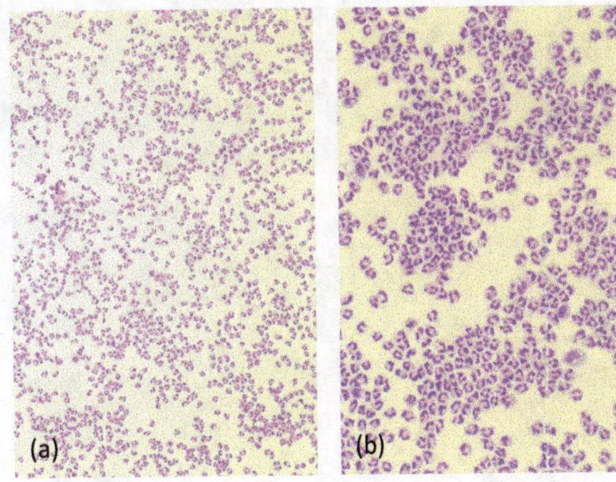

Abb. E.3.11a: 10 x;
Abb. E.3.11b: 20 x. Dominanz von Neutrophilen Granulozyten, überwiegend segmentkernig.

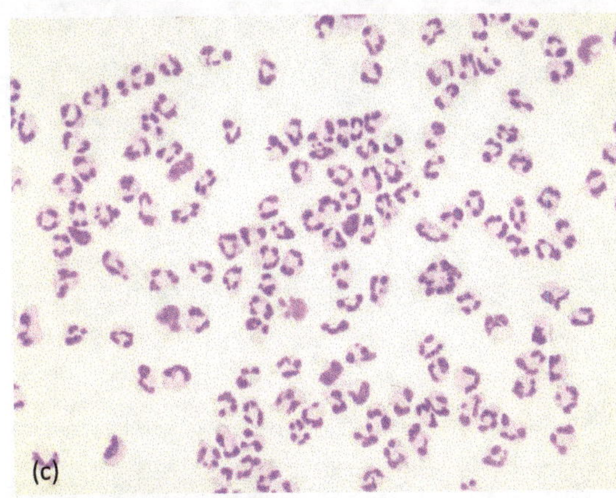

Abb. E.3.11c: 40 x, Detail. Die Neutrophilen zeigen überwiegend segmentierte Kerne als Hinweis auf einen bereits zumindest einige Tage bestehenden Prozess. Zwei Monozyten.

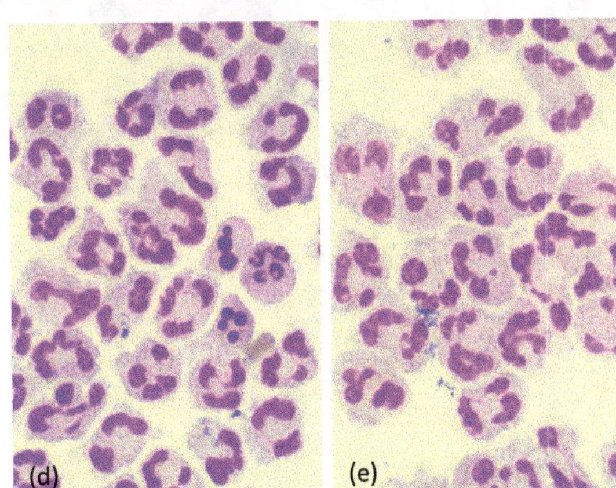

Abb. E.3.11d,e: 100 x. Wenige stabkernige Neutrophile weisen (neben dem praktisch rein granulozytären Zellbild) auf die fortbestehende Akuität hin. Mehrere Granulozyten-Apoptosen. (d), (e): wenige Bakterien der Spezies *Haemophilus influenzae*.

Besonderheit / Merke:
Neutrophile Granulozyten praktisch in „Reinkultur" (= „Eiter"). Haemophilus war früher ein häufiger Meningitis-Erreger bei Kindern (dieses Präparat ist über 25 Jahre alt). Heute ist eine Meningitis durch Haemophilus influenzae (Typ B) insbesondere aufgrund der Impfung eine Seltenheit.

3.12 Hirnstammabszess

Vignette:	M, 25	
Klinik/Frage:	Somnolenz, Apathie, seit ca. 2 Wochen zunehmend	
RBC:	0,005	[5000 / µl]
WBC:	0,050	[50 / µl]
MN:	50 %	
Albumin:	1000	
Laktat:	3,5	

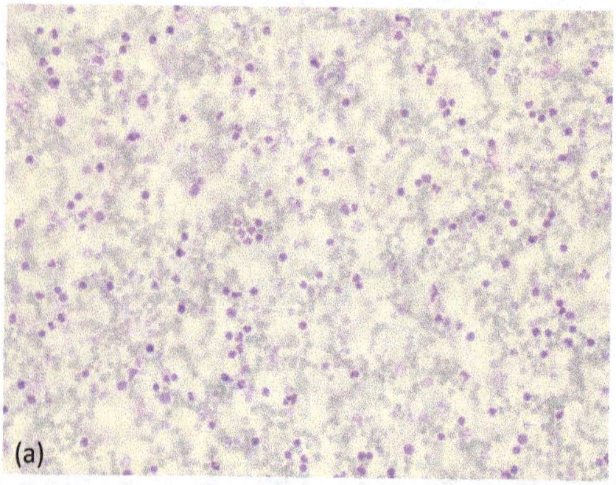

Abb. E.3.12a: 10 x, Übersicht: reichlich (frische) Erythrozyten. Daneben Neutrophile Granulozyten sowie in ähnlicher Zahl Monozyten und Lymphozyten.

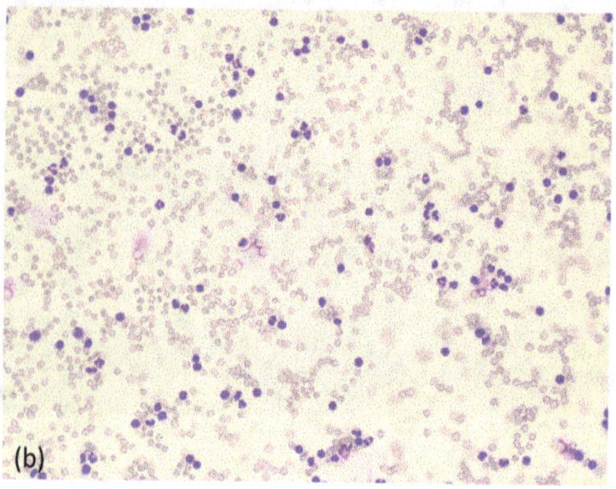

Abb. E.3.12b: 20 x, Übersicht, wie (a).

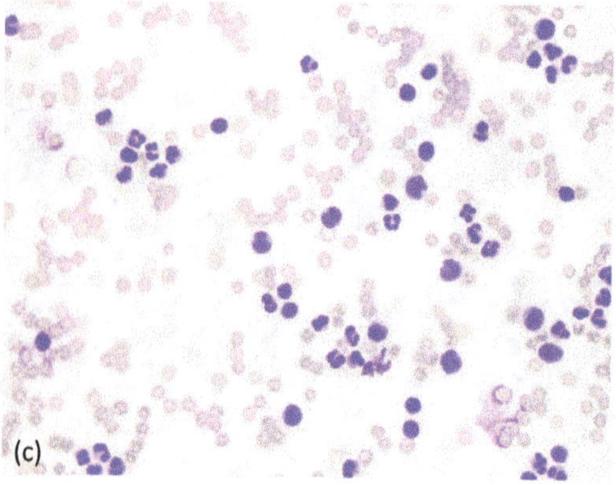

Abb. E.3.12c: 40 x, Details. Die Granulozyten sind überwiegend (über-)segmentiert als Hinweis auf einen bereits länger bestehenden Prozess. Neben vielen kleinen Lymphozyten finden sich mehrere größere, aktivierte, bis hin zu Plasmazellen, auch dies ist ein Beleg für eine bereits seit Längerem (> 1 Woche) bestehende Immunreaktion.

Besonderheit / Merke:

Ein abgekapselter Abszess im Parenchym kann sich dem Nachweis im Liquor auch vollständig entziehen. Bei Kontakt mit dem Liquorraum kann sich – je nach Umfang und Dauer – eine (subakute, unspezifische) entzündliche/infektiöse Reaktion zeigen. Möglich sind: zunächst eine reine Eiweißerhöhung oder eine „unspezifische" „Reiz"-Pleozytose, mit bis zu 20–30 Zellen/µl bis hin zu >100 Zellen/µl. Bei chronischen Prozessen wird man regelmäßig ein gemischtzelliges Bild finden mit Zeichen eines akuten/anhaltend aktiven Prozesses (Granulozyten), chronischen Anteilen (Lympho-, Monozyten) sowie auch Zeichen von gleichzeitig ablaufenden Abbau- und Reparaturprozessen (Monozyten, Makrophagen).

3.13 Intrakranieller Abszess

Vignette:	M, 60
Klinik/Frage:	Kopfschmerzen, Wesensänderung, Hemiparese L. Hinweis auf ZNS-Entzündung?
RBC:	0,000 [0 / µl]
WBC:	0,500 [500 / µl]
MN:	20 %
Albumin:	800
Laktat:	2,5

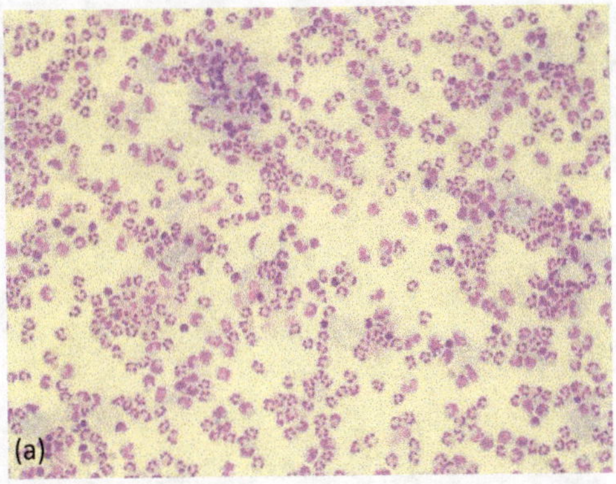

Abb. E.3.13a: 20 x. Überwiegend Neutrophile Granulozyten, daneben finden sich bereits in der Übersicht reichlich mononukleäre Zellen, v. a. Monozyten und Makrophagen.

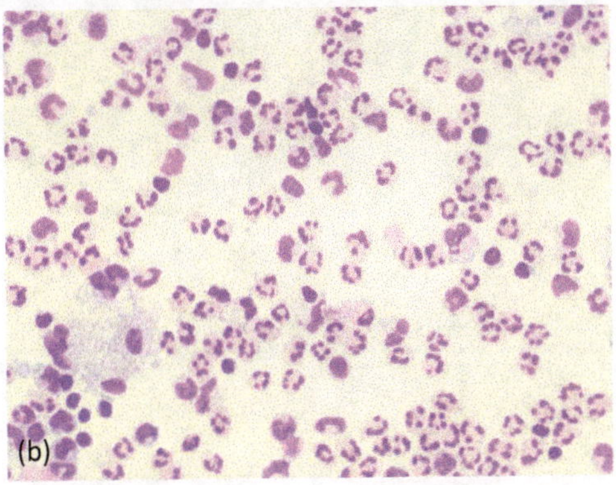

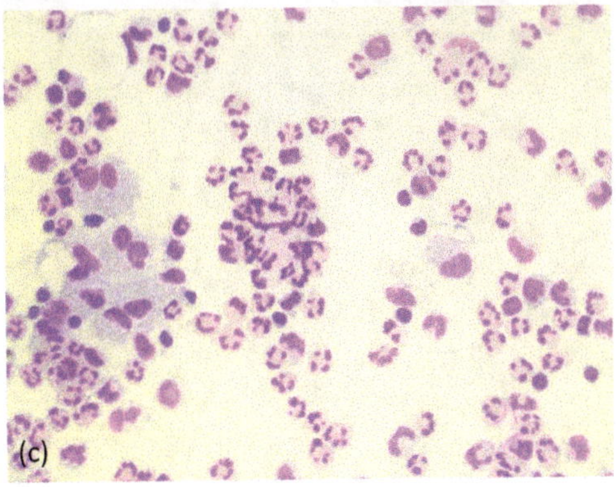

Abb. E.3.13b,c: 40 x, Details. Die Kerne der Neutrophilen sind überwiegend segmentiert, als Hinweis auf einen zumindest sub- (nicht mehr per-) akuten Prozess. Aktivierte Makrophagen (Lipophagen, „Schaumzellen“) und Monozyten, nur wenige Lymphozyten.

Besonderheit / Merke:
Abszesse werden im Liquor nur nachweisbar sein, wenn sie Anschluss an den Liquorraum gewinnen. Im vorliegenden Fall zeigt das Nebeneinander von überwiegend segmentkernigen Neutrophilen mit gleichzeitig Makrophagen eine bereits länger andauende eitrige Entzündung an; die geringer segmentierten und wenige stabkernige Neutrophile belegen den anhaltenden Prozess.

Wenn Abszesse den Liquorraum nicht erreichen, kann der Liquorbefund völlig unauffällig sein! Während positive Liquordiagnostik also das Erreichen der Meningen / den Einbezug des Liquorraums bei einem entzündlichen Prozess anzeigt, ist umgekehrt ein negativer (regelrechter) Liquorbefund zum sicheren Ausschluss eines Abszesses nicht geeignet.

3.14 Eitrige Ventrikulitis

Vignette:	W, 60
Klinik/Frage:	Kopfschmerzen, Somnolenz, Wesensänderung.
Abnahmeort:	Ventrikel
RBC:	0,000 [0 / µl]
WBC:	0,100 [100 / µl]
MN:	< 5 %
Albumin:	500
Laktat:	1,5

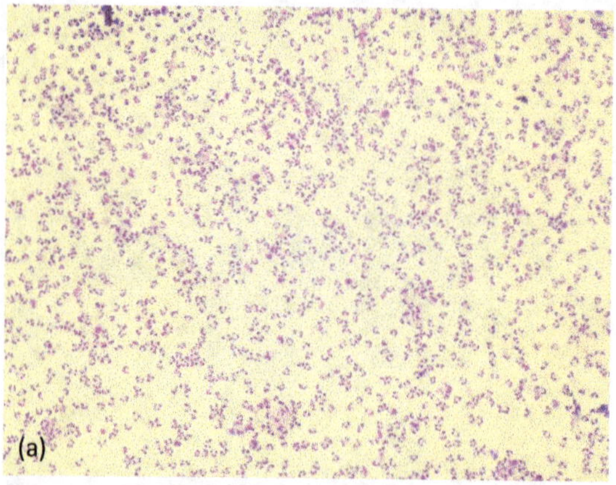

Abb. E.3.14a: 10 x, Dominanz von neutrophilen Granulozyten (> 95 %).

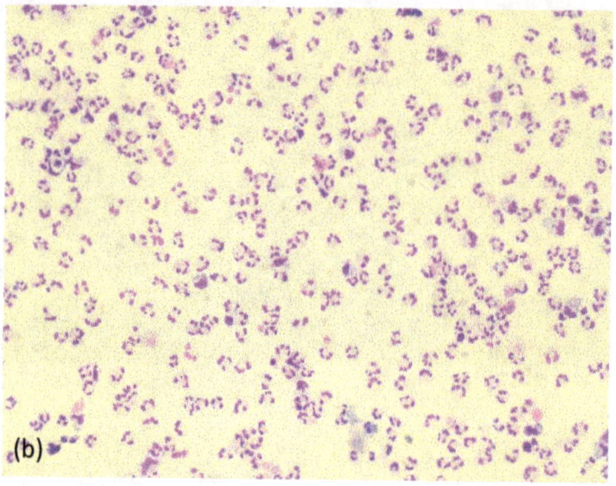

Abb. E.3.14b: 20 x, Übersicht, wie (a); zusätzlich erkennbar sind Monozyten, Makrophagen; kaum Lymphozyten.

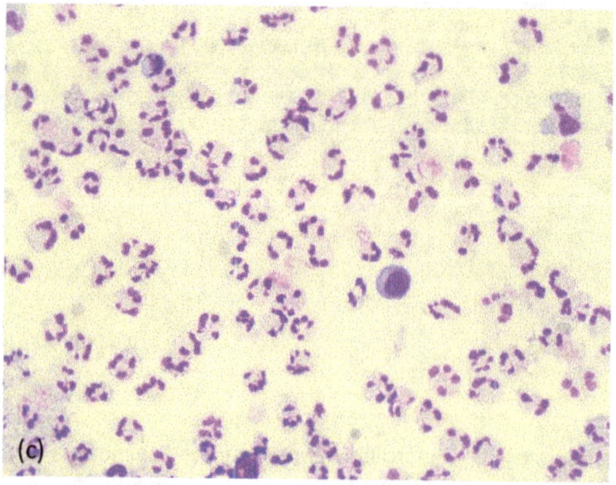

Abb. E.3.14c: 40 x, Details. Die Neutrophilen zeigen überwiegend segmentierte Kerne als Hinweis auf einen bereits einige Tage alten, somit subakuten Prozess. Weiterhin Makrophagen, wenige Erythrozyten, zwei Plasmazellen.

Besonderheit / Merke:

Um Ventrikelliquor beurteilen zu können, muss zunächst eine Portion (aus dem Schlauchsystem) verworfen werden. Auch hier zeigen sich Degenerationszeichen der (insgesamt aber gut erhaltenen) Leukozyten (zytoplasmatische Vesikel auch in den Granulozyten).

3.15 Ventrikulitis

Vignette:	M, 75
Klinik/Frage:	SHT, Kontusionsblutungen, Ventrikel-Shunt.
Abnahmeort:	Ventrikel
RBC:	0,010 [10000/µl]
WBC:	0,070 [70/µl]
MN:	70%
Albumin:	1200
Laktat:	3,5

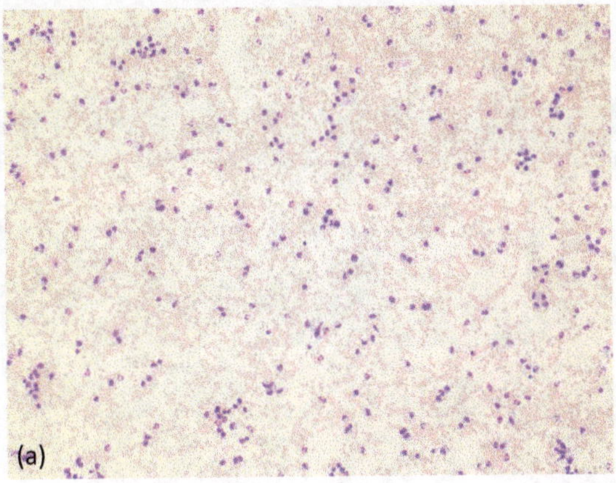

Abb. E.3.15a: 10 x, Übersicht. Reichlich Erythrozyten; daneben „buntes“ Zellbild mit überwiegend mononukleären Zellen, hier v. a. Lymphozyten, z. T. dtl. aktiviert, sowie Monozyten. Daneben Neutrophile sowie auch einige Eosinophile Granulozyten.

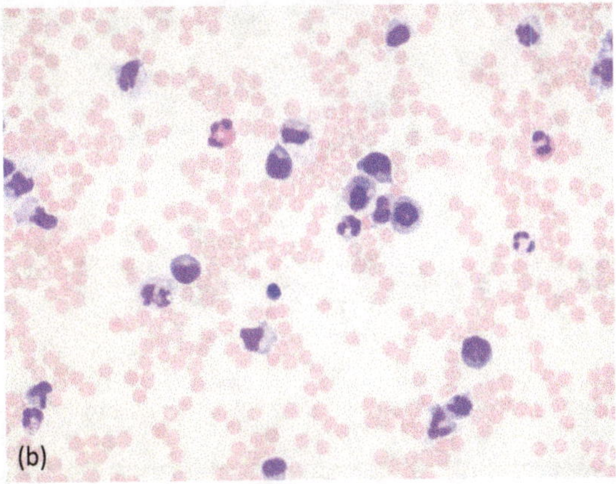

Abb. E.3.15b: 40 x, Details. Zwischen Erythrozyten finden sich aktivierte Lymphozyten bis hin zu Plasmazellen und Plasmazell-Mitosen. Weiterhin Monozyten, Neutrophile und einige Eosinophile Granulozyten.

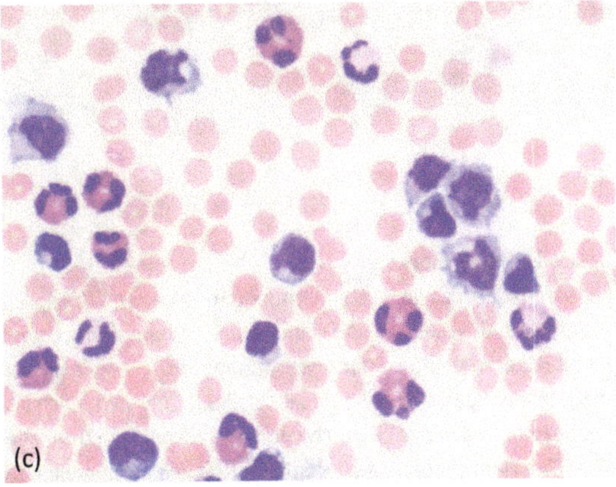

Abb. E.3.15c: 100 x, Details. In diesem Ausschnitt dominieren (neben den Erythrozyten) die Eosinophilen sogar über die Neutrophilen. Weiterhin mehrere Monozyten und Makrophagen, z. T. gruppiert erscheinend.

Besonderheit / Merke:
Dieses Präparat zeigt ***keine*** typische bakterielle/eitrige Shuntinfektion. Vielmehr zeigt sich das Bild einer allergisch anmutenden Entzündung, möglicherweise auf eingebrachtes Fremdmaterial. Solche Bilder waren bis etwa zur Jahrtausendwende häufiger zu sehen; heute sind sie seltener (die Gründe für diese Abnahme sind nicht [vollständig] bekannt).

E.4 Meningeosen

4.1 Meningeosis carcinomatosa (Adeno-Karzinom)

Vignette:	W, 60	
Klinik/Frage:	Kopfschmerzen, subakute Wesensänderung, bekanntes Mamma-Ca. Entzündung? Meningeose?	
RBC:	0,004	[4000/µl]
WBC:	0,025	[25/µl]
MN:	90 %	
Albumin:	1000	
Laktat:	5,0	

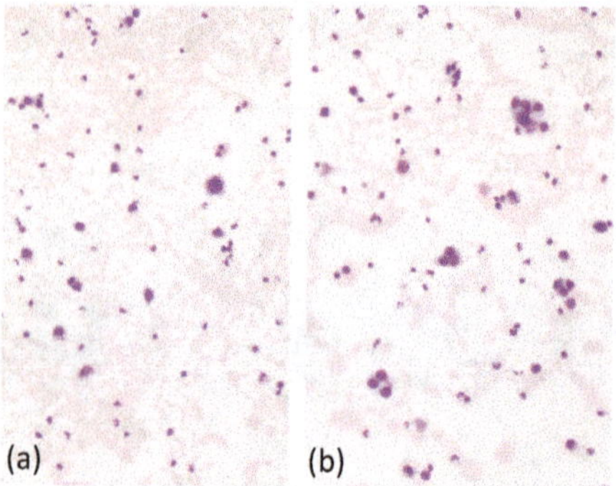

Abb. E.4.1a,b: (a): 10 x. Blutiger Liquor mit reichlich (ausschließlich frischen) Erythrozyten. Dazwischen Lymphozyten und bereits in der Übersicht größere Zellelemente, mit vereinzelten kleineren Verbänden. (b): 20 x, Übersicht, wie (a); zusätzlich wenige aktivierte Lymphozyten, Monozyten. Wie in (a) kein Nachweis von depigmentierten (älteren) Erythrozyten oder Hämatomakrophagen.

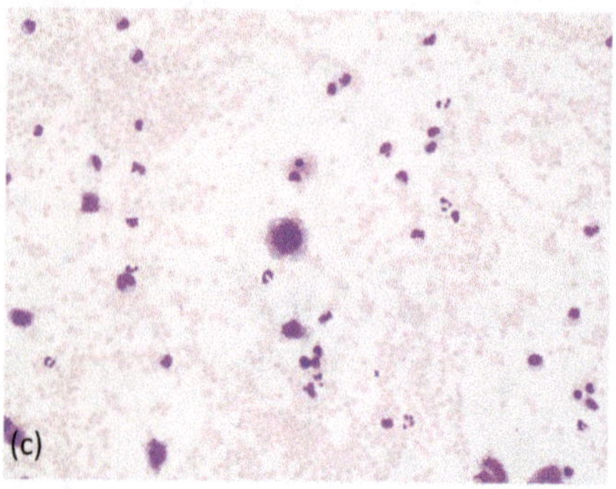

Abb. E.4.1c: 20 x. Die Erythrozyten sind durchweg homogen pigmentiert („frisch") bei punktionsbedingter Beimengung.
Neben Neutrophilen, Monozyten, Makrophagen und vereinzelt Lymphozyten imponieren mehrere große Tumorzellen mit großen, irregulären, atypischen Kernen und einem vesikulären Zytoplasma. Darüber hinaus erkennt man nun einen Erythro-Leukophagen.

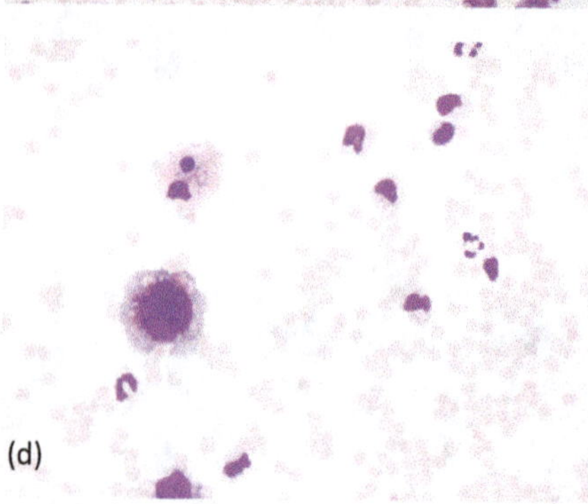

Abb. E.4.1d: 40 x. Ausschnitt aus (c).

Besonderheit / Merke:
Für die hier artifizielle Blutbeimengung (und gegen SAB) sprechen das uniforme Erscheinungsbild der Erythroyzyten, die allgemeine Abwesenheit von Hämatomakrophagen (beachte: die Erythrozyten sind an die Leukozyten nur angelagert, ohne multilokulären Beginn einer Erythrophagozytose) sowie im konkreten Fall Punktionsumstände und Klinik (die dem Befunder mitgeteilt werden und bekannt sein sollen!). Ungewöhnlich ist daher ein einzelner Erythro-Leukophage, der eine ex vivo Phagozytose nach der LP durch einen wahrscheinlich tumorbedingt aktivierten Makrophagen zeigt.

Den Hauptbefund stellt der Nachweis von Tumorzellen i. S. einer Meningeosis neoplastica (hier: carcinomatosa) dar. Bereits die im Verhältnis zur Erythrozytenzahl hohe Anzahl an Leukozyten mit einem Anteil von 90% mononukleärer Zellen (also kaum Granulozyten) weist auf eine zusätzliche, über die Blutbeimengung hinausgehende Pathologie (entzündlich oder neoplastisch) hin. Tumorzellkriterien: Kern-größe, -irregularität, -färbeverhalten, vgl. Kap. B.2.1: Tab. B.2.10, Abb. B.2.32. Die zytoplasmatischen Vesikel belegen die Herkunft als (mäßig differenziertes) Adeno-Ca. Das Ursprungsgewebe (hier: Mamma) kann liquorzytologisch anhand der Morphologie nicht bestimmt werden. Mammakarzinome sind häufig Adeno-Karzinome. Entsprechend kann man bei erhaltener Differenzierung Sekretvesikel erkennen.

https://doi.org/10.1515/9783110331905-031

4.2 Meningeosis carcinomatosa (Magen-Karzinom)

Vignette:	M, 70
Klinik/Frage:	Kopfschmerzen, Morgen-Übelkeit. Symptomatische Ursache?
RBC:	0,000 [0/µl]
WBC:	0,015 [15/µl]
MN:	90 %
Albumin:	600
Laktat:	30

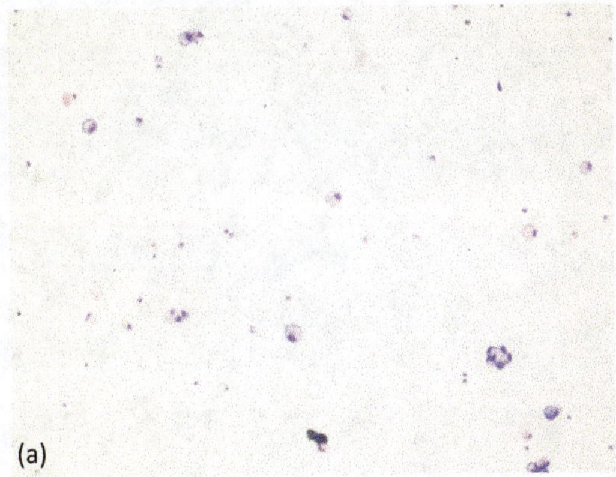

Abb. E.4.2a: 10 x. Überwiegend mononukleäre Zellen, die bereits in der Übersicht balloniert erscheinen, und z. T. in Gruppen vorkommen.

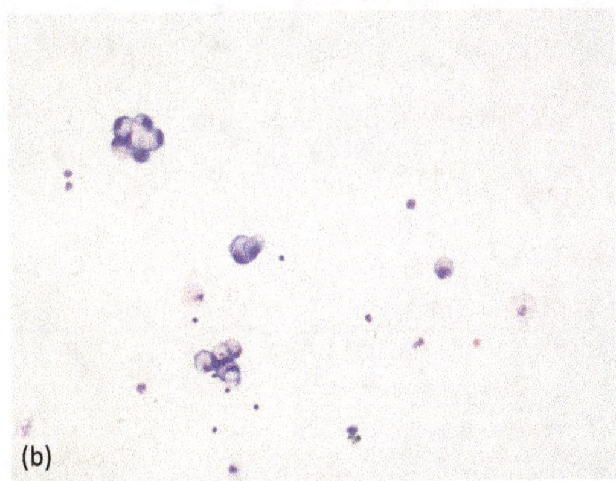

Abb. E.4.2b: 20 x, Neben kleinen Lymphozyten zeigen sich mehrere Tumorzellverbände sowie vereinzelte Tumorzellen mit randständigen Kernen, größerem Zytoplasma.

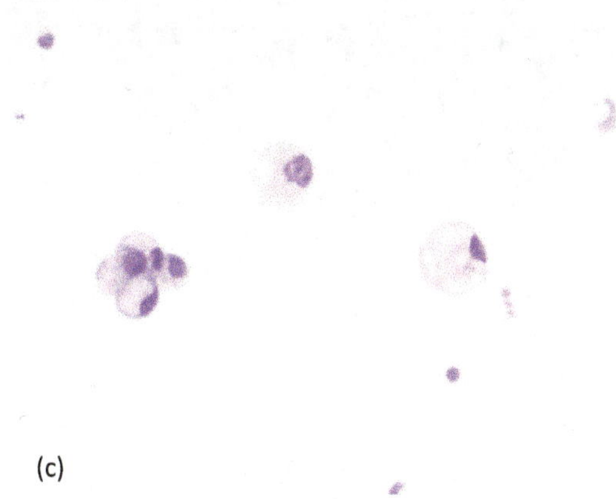

Abb. E.4.2c: 40 x, Details.
Ein Tumorzellverband, weiterhin eine übergroße Tumorzelle (ca. 50 µm), sog. „Siegelringzelle"; dazwischen (wahrscheinlich) ein Makro-(Lipo-)phage, der sich von der neoplastischen „Siegelringzelle" (rechts) unterscheidet durch den größeren, beinahe runden Kern und vakuolige Binnenstruktur des Zytoplasmas. (Für die Diagnosestellung [als Meningeosis] und Prognose ist die Differenzierung auf Einzelzellebene hier nicht ausschlaggebend; sie könnte ggf. erreicht werden durch eine Fett-(„Sudan")-Färbung.

Besonderheit / Merke:
„Siegelringzellen" (Kap. B.2.1: Abb. B.2.32a, Abb. B.2.35b) kommen bei entsprechendem Zellbild und Anamnese vor bei einer Meningeosis carcinomatosa insbesondere bei Magen- oder Ovarial-Karzinom, jedenfalls Adeno-Karzinomen. Große Makrophagen können auf Zellebene eine Differentialdiagnose darstellen. Diagnostisch relevant wird dies insbesondere dann, wenn keine sicheren Tumorzellen nachweisbar sind, und eine Abräumreaktion nach anderer Pathologie differentialdiagnostisch in Frage kommt. Die Inzidenz von Magen-Karzinomen ist seit Jahrzehnten rückläufig. Sie sind i. d. R. (> 95%) Adeno-Karzinome.

4.3 Meningeosis carcinomatosa (nasopharyngeales Karzinom)

Vignette:	M, 60	
Klinik/Frage:	zunehmende Wesensänderung, Kopfschmerzen; anamnestisch progredientes nasopharyngeales Karzinom.	
RBC:	0,000	[0/µl]
WBC:	0,010	[10/µl]
Albumin:	400	
Laktat:	2,8	

(a)

Abb. E.4.3a: 10x, Übersicht. Mononukleäre Zellen und kleinere Zellverbände. Einige Erythrozyten.

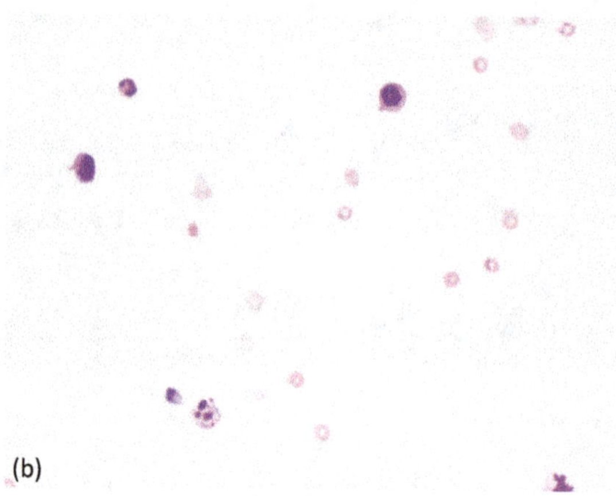
(b)

Abb. E.4.3b: 20x, Erythrozyten (die hier Ausdruck einer artifiziellen Blutbeimengung sind). Neutrophiler Granulozyt in Apoptose. Zwei große Tumorzellen mit Atypien.

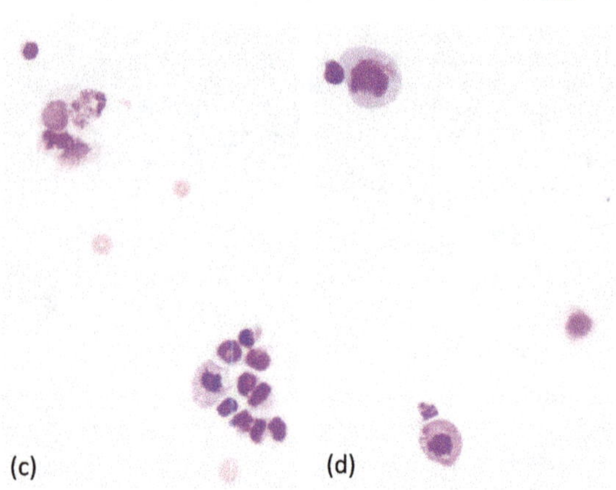
(c) (d)

Abb. E.4.3c,d: 40x.
(c): Aggregation von Tumorzellen, eine atypische Mitose. Weiterhin Tumorzellen mit regressiven Veränderungen.
(d): Große Tumorzellen mit Atypien in Kern und Zytoplasma. Tumorzell-Mitose.

Besonderheit / Merke:
Merkmale von Tumorzellen sind unter anderem die Zellgröße und Kernatypien (vgl. Kap. B.2.1: Tab. B.2.10, Abb. B.2.32). Bei Zellen eines Plattenepithel-Karzinoms finden sich keine Zytoplasmavesikel (wie sie bei [zumindest noch mäßig differenzierten] Adeno-Karzinomen vorkommen).

4.4 Meningeosis carcinomatosa – Zytokeratine

Vignette:	W, 60	
Klinik/ Frage:	Nacken-, Schulterschmerzen, Armschwäche rechts; vorbekanntes metastasiertes Mamma-Karzinom.	
RBC:	0,001	[1000/µl]
WBC:	0,010	[10/µl]
MN:	90 %	
Albumin:	800	
Laktat:	3,5	

Färbungen in Abb. a,c,e,g,i: MGG (Pappenheim); b,d,f,h,j: Zytokeratine (Papanicolaou).

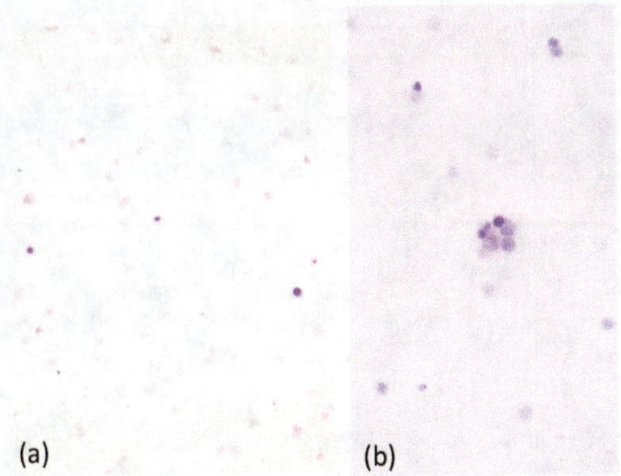

(a) (b)

Abb. E.4.4a,b: 10 x, Übersicht: reichlich Erythrozyten, einige mononukleäre Zellen. B, Zellverband.

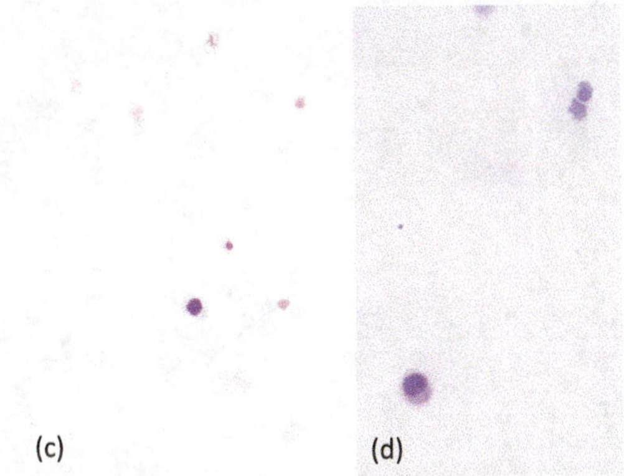

(c) (d)

Abb. E.4.4c,d: 40 x, Details. C, Eine große Zelle mit irregulärem Zytoplasma, zumindest Tumor-verdächtig. D, Ähnliche große Zelle; im Zytoplasma sind Zytokeratine rosarot angefärbt.

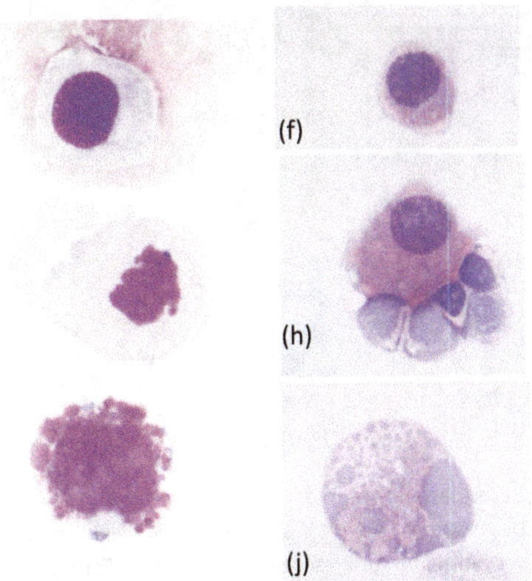

(e) (f) (g) (h) (i) (j)

Abb. E.4.4e–j: 100 x, Details. Jeweils große (20–25 µm) Zellen mit nukleären und zytoplasmatischen Veränderungen (e), atypischen Mitosen (g) und Kernausstülpungen (i) als Malignitätszeichen. (f, h): Die im Zytoplasma enthaltenen Zytokeratine sind deutlich rosarot angefärbt. (j): degenerierende (apoptotische) Tumorzelle.

Besonderheit / Merke:
Im vorliegenden Präparat stellen sich die Tumorzellen vor allem als größere Zellen mit großem Zytoplasmasaum dar. Nukleäre Atypien, kleinere Verbände und atypische Mitosen belegen die Malignität. Eine Zytokeratin-Färbung kann zusätzlich die epitheliale Herkunft dieser Zellen und damit die Natur des zugrundeliegenden Tumors als Karzinom belegen.

4.5 Meningeosis carcinomatosa

Vignette:	M, 60
Klinik/Frage:	Kopfschmerzen, Wesensänderung. Entzündung?
RBC:	0,000 [0/µl]
WBC:	0,020 [20/µl]
MN:	80 %
Albumin:	1000
Laktat:	4,5

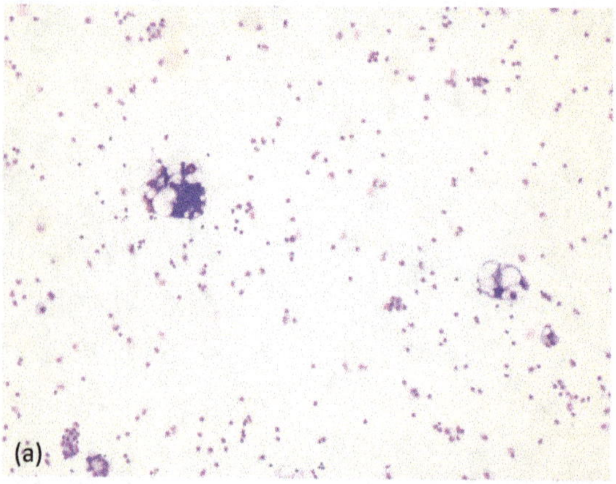

Abb. E.4.5a: 20 x, Übersicht. Neben überwiegend Lymphozyten und Monozyten finden sich auch einige neutrophile Granulozyten; daneben sind insbesondere größere, atypische Zellen und Verbände erkennbar.

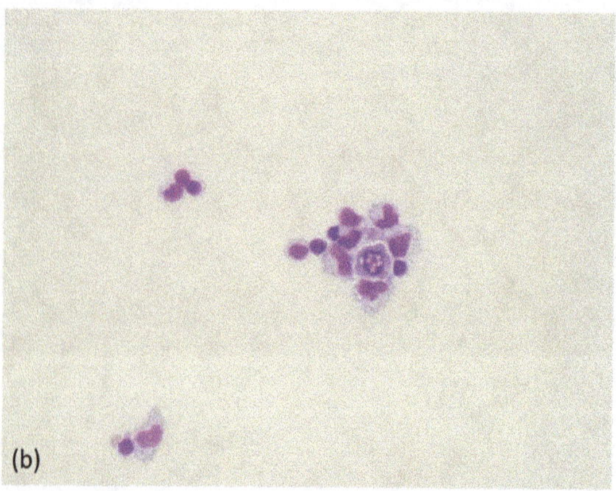

Abb. E.4.5b: 40 x, Details. Lymphozyten, Monozyt, Erythrozyt. Im Konglomerat eine Tumorzelle mit Kernatypien und basophilem Zytoplasma, umgeben von Lymphozyten, Monozyten, Makrophagen („Schaumzelle").

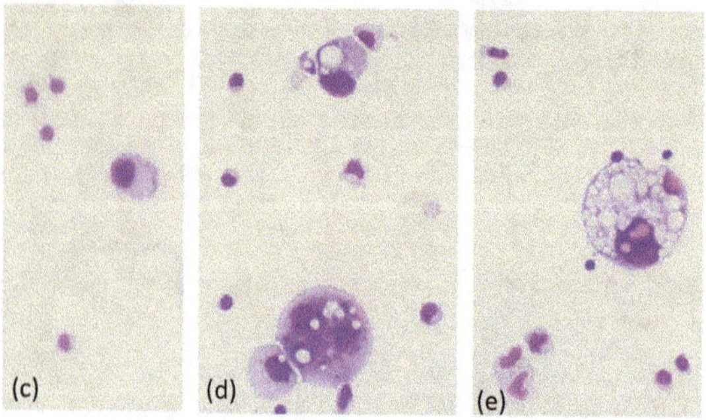

Abb. E.4.5c–e: 40 x, Details. In allen drei Abb. Lymphozyten und Monozyten, in (d) ein Erythrozyt. (c): Große Tumorzelle mit Kern- und Zytoplasmaatypien. (d): Tumorzelle mit großer Zytoplasma-Vakuole (oben). Tumor-Riesenzelle mit mehreren atypischen Kernen und Vakuolen; daneben weitere Tumorzelle mit Kern- (u. a. Kernausstülpung, Nebenkern) und Zytoplasmaatypien. (e): Lympho-, Monozyten; daneben großer Phagozyt (randständiger Kern bei 2 Uhr) mit (Lipid-)Vakuolen und phagozytierter Tumorzelle (Kern bei 6 Uhr).

Besonderheit / Merke:
Das Präparat zeigt die Vielfalt von Tumorzell-Morphologien in einem Präparat. Daneben kommen hier „Riesenzellen" sowohl als Tumor-Riesenzellen wie auch in Form von Phagozyten vor. Die morphologische Zuordnung kann im Einzelfall auf Zellebene Schwierigkeiten bereiten (e); im Gesamtbild allerdings ist die Diagnose einer Meningeose zweifelsfrei zu stellen.

4.6 Meningeosis lymphomatosa

Vignette:	M, 70
Klinik/Frage:	Kopfschmerzen, Wesensänderung, Gewichtsverlust, Gangunsicherheit, Verwahrlosung. Entzündung?
RBC:	0,000 [0/µl]
WBC:	0,100 [100/µl]
MN:	95 %
Albumin:	1000
Laktat:	4,5

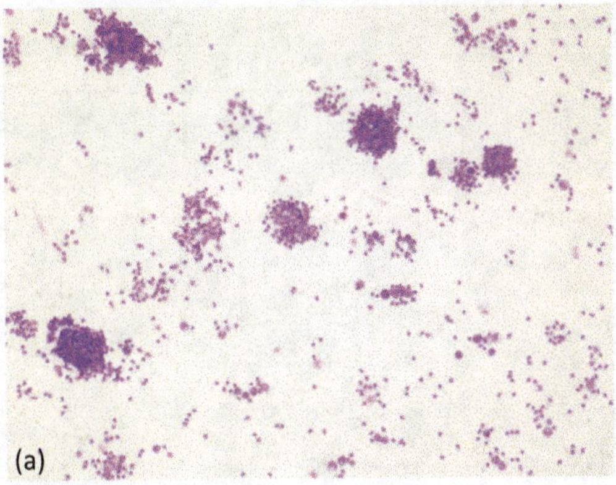

Abb. E.4.6a: 10 x. Bereits in der Übersicht zeigt sich ein heterogenes Bild mit z. T. großen Zellen, teilweise gruppiert.

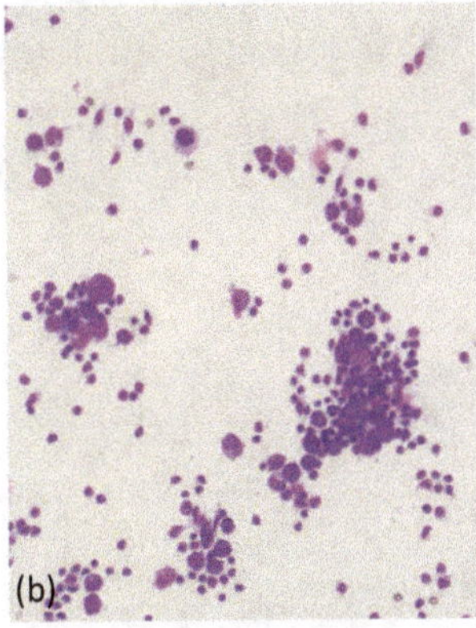

Abb. E.4.6b: 20 x, Übersicht, wie (a); es zeigen sich Kernatypien (große Kerne, gelappt, mit Einkerbungen).

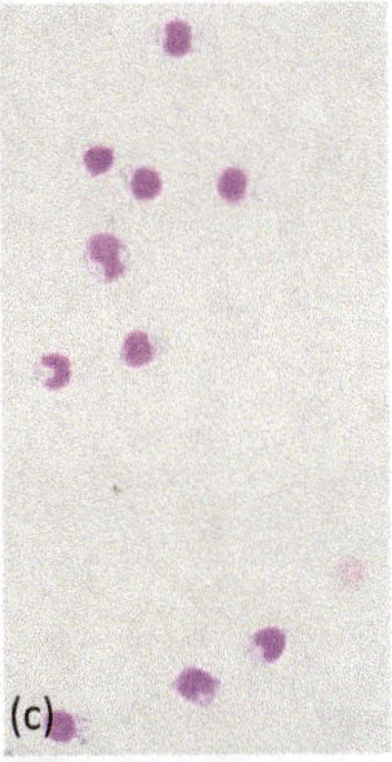

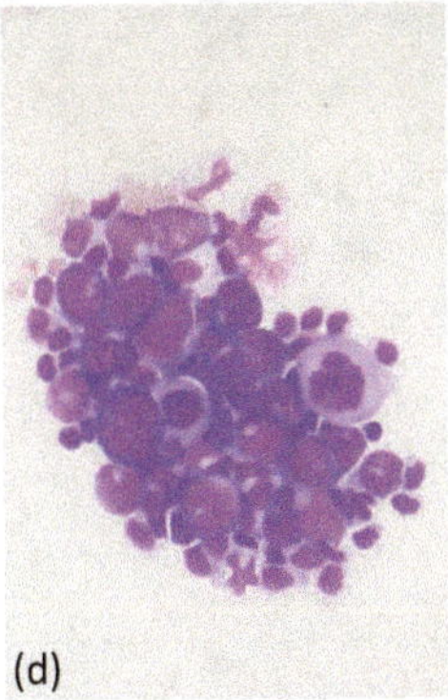

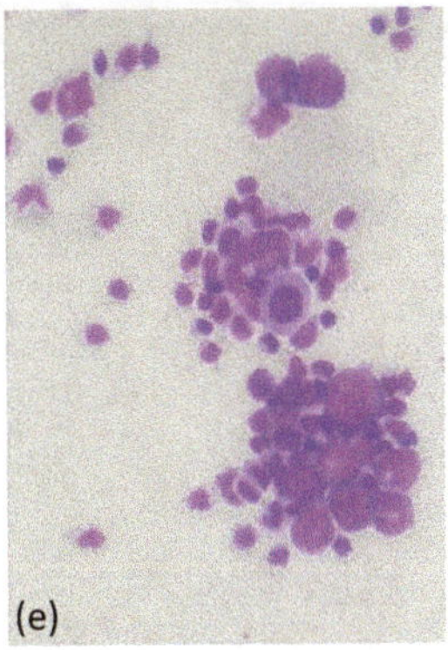

Abb. E.4.6c–e: 40 x, Details.
(c): hier überwiegend reaktive Lympho- und Monozyten; rechts ein Erythrozyt.
(d, e): Tumorzellen, großteils in Verbänden. Vorherrschen von großen Tumorzellen mit gelappten, eingekerbten Kernen, vergleichsweise wenig Zytoplasma. Mehrere atypische Mitosen.

Besonderheit / Merke:
Das Vorkommen von großen, gelappten, eingekerbten Kernen mit weiteren Atypien in großen Zellen (hier z. T. > 50 µm) ohne Zwei-/Mehrkernigkeit; mit vergleichsweise wenig Zytoplasma, keinen Zytoplasmavesikeln und reichlich, v. a. atypischen Mitosen passt gut zu einem großzelligen Lymphom. Die Zellen sind hier dicht gruppiert; einen eigentlichen Gewebeverband bilden sie hingegen nicht. Erst nach der liquorzytologischen Diagnosestellung der Meningeosis lymphomatosa konnte fremdanamnestisch die Diagnose eines großzelligen systemischen Lymphoms (vor einigen Jahren, mit Chemotherapie und Remission) bei dem Patienten eruiert werden. Im Zweifelsfall kann eine Immuntypisierung die Diagnose weiter sichern (Isenmann et al., 2017).

4.7 Meningeosis lymphomatosa (ALL)

Vignette:	M, 60
Klinik/Frage:	Kopfschmerzen, Apathie; bekannte ALL.
RBC:	0,002 [2000/µl]
WBC:	0,005 [5/µl]
MN:	90 %
Albumin:	800
Laktat:	3,0

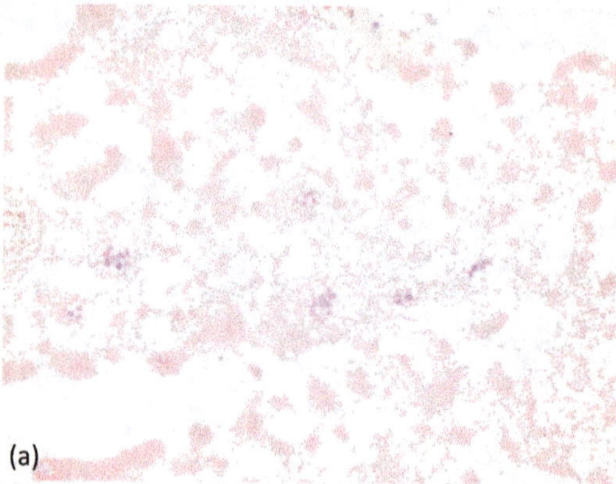

(a)

Abb. E.4.7a: 10 x. Blutiger Liquor mit reichlich (ausschließlich frischen) Erythrozyten. Dazwischen große mononukleäre Zellen, meist in kleinen Verbänden.

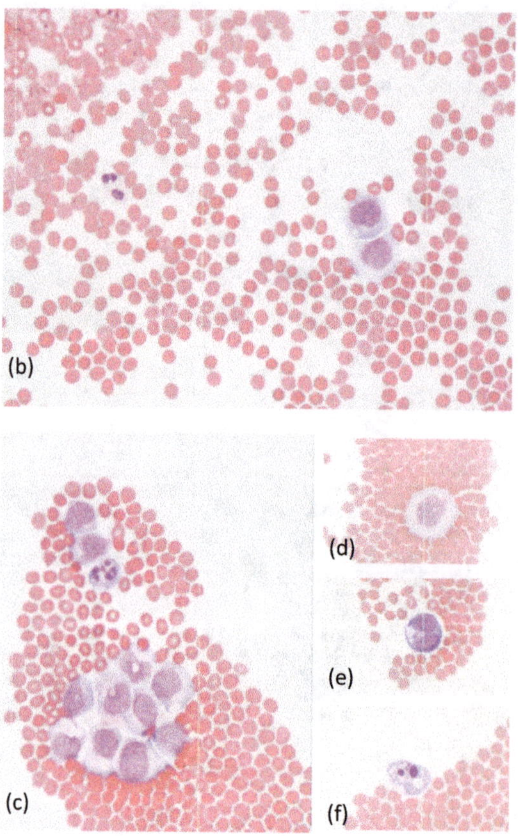

(b) (c) (d) (e) (f)

Abb. E.4.7b–f: 40 x, Details.
(b): Ein neutrophiler Granulozyt. Zwei große Tumorzellen: große Kerne, großer Zytoplasmasaum, Vakuolen, homogenes Erscheinungsbild.
(c): Tumorzellverbände. Beachte: unregelmäßige Nukleoli, Vakuolen. Eine apoptotische Tumorzelle.
(d–f): Große vereinzelte Tumorzellen. (d): Große Nukleoli, Kernmembranausstülpungen; (e): Zweikernige Tumorzelle; (f): degenerierende Tumorzelle mit Kernfragmenten.

Besonderheit / Merke:

1. Die Tumorzellen der ALL („Blasten“) sind in etwa uniform groß, undifferenziert, von gleichförmiger Morphologie (und insofern deutlich homogenerem Erscheinungsbild als etwa Tumorzellen eines [Adeno-]Karzinoms). Sie kommen häufig gruppiert vor. Mitosen, Zweikernigkeit, aber auch degenerierende (apoptotische) Zellen kommen vor.
2. Auch bei offensichtlicher (artifizieller) Blutbeimengung kann sich eine davon unabhängige relevante Zytopathologie im Liquor differenzieren lassen.

4.8 Meningeosis leucaemica (CML)

Vignette:	M, 60	
Klinik/Frage:	Kopfschmerzen, Abgeschlagenheit.	
RBC:	0,000	[0/µl]
WBC:	0,050	[50/µl]
MN:	100 %	
Albumin:	1000	
Laktat:	3,0	

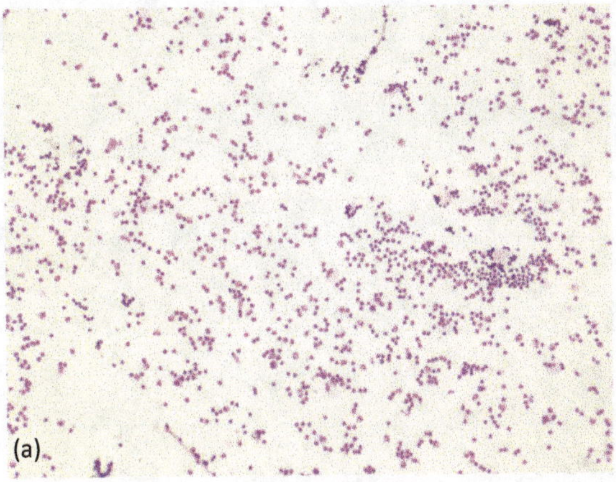

Abb. E.4.8a: 10 x, Übersicht. Dominanz von kleinen Lymphozyten, dazwischen größere Zellen.

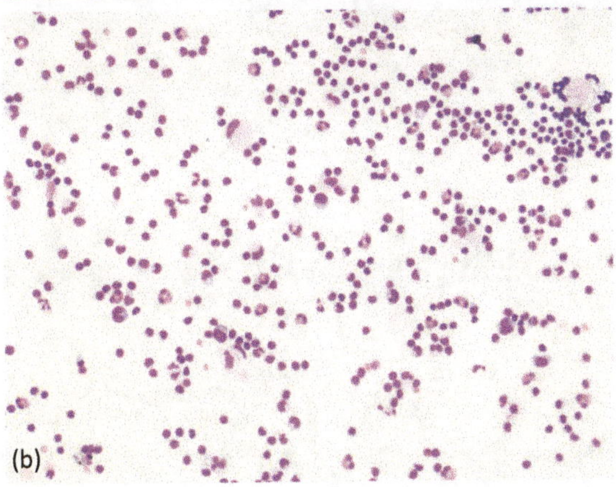

Abb. E.4.8b: 20 x. Bereits hier sind größere Zellen sichtbar, z. T. zweikernige. Daneben stellen sich einige Eosinophile dar.

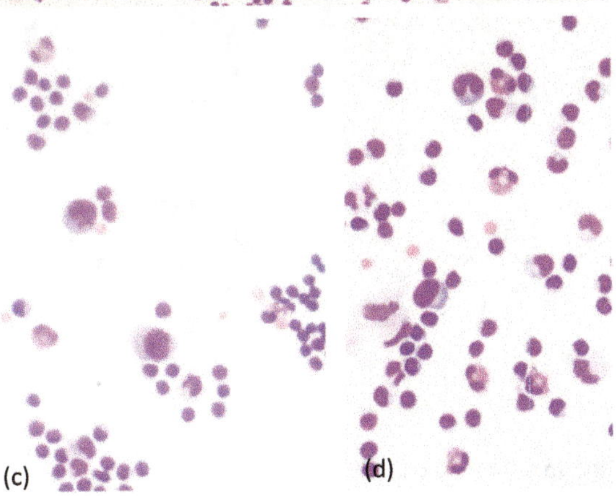

Abb. E.4.8c,d: 40 x, Details. Neben der Mehrzahl kleiner (reaktiver) Lymphozyten, einigen Erythrozyten und einigen Eosinophilen finden sich die Tumorzellen: groß, mit irregulären, großen, bohnenförmig gebuchteten randständigen Kernen und großem Zytoplasma.

Besonderheit / Merke:
Die Tumorzellen („Blasten") der CML sind mittelgroß bis groß, mit irregulären Kernen und großem Zytoplasma. Die großen Vorläuferzellen kommen in verschiedenen Differenzierungsgraden vor. Sie können auch gruppiert, in Verbänden, vorkommen.

4.9 Meningeosis neoplastica bei Embryonalem, nicht-rhabdoidem ZNS-Tumor (früher: ZNS-PNET)

Vignette:	M, 25	
Klinik/Frage:	Paresen R Arm, L Bein, Rückenschmerzen. Entzündlich?	
RBC:	0,000	[0/µl]
WBC:	0,075	[75/µl]
MN:	100 %	
Albumin:	800	
Laktat:	40	

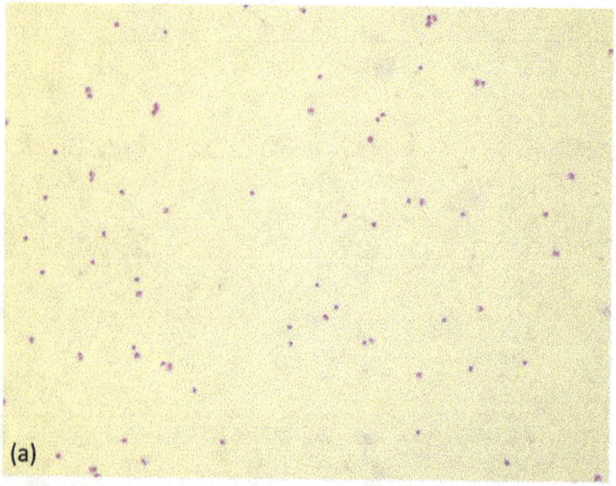

Abb. E.4.9a: 10 x In der Übersicht im wesentlichen mononukleäres Bild mit teilweise aktivierten Lympho- und Monozyten. Dabei fallen einige wenige gruppiert liegende Zellen auf.

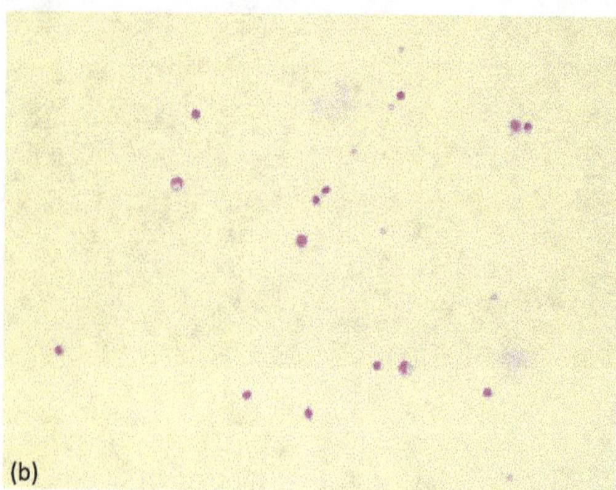

Abb. E.4.9b: 20 x. Ähnliches Bild wie (a). Neben aktiviert erscheinenden Monozyten finden sich größere Zellen mit auffällig stark gefärbtem Kern und z. T. beinahe ohne erkennbaren Zytoplasmasaum.

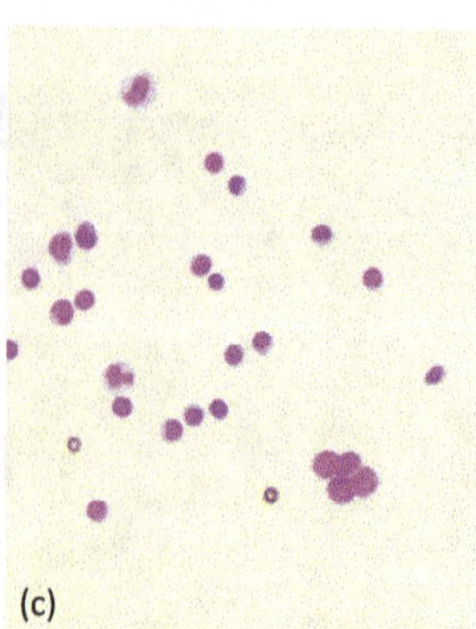

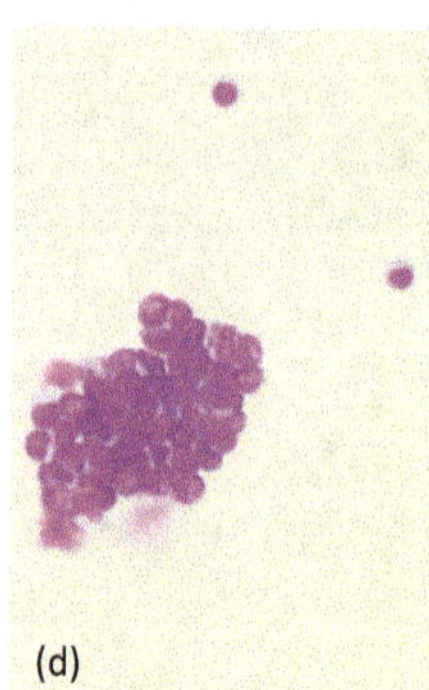

Abb. E.4.9c,d: 40 x, Details.
(c): In diesem Ausschnitt überwiegend Nachweis großer Tumorzellen, einmal in einer kleineren Verband.
(d): Größerer Tumorzellverband.

Besonderheit / Merke:
Bei einer schwer zu fassenden, multifokalen Symptomatik kommen grundsätzlich in erster Linie entzündliche Ursachen in Frage, insbesondere Neuroborreliose und Zoster-Meningo-Polyradikulitis. *Immer* ist jedoch eine Meningeosis neoplastica eine denkbare (wenngleich seltene) Differentialdiagnose. Bei dem Patienten wurde 2015 nach damaliger WHO-Klassifikation die Diagnose eines supratentoriellen Primären Neuroektodermalen Tumors (ST-PNET) gestellt. Gemäß der aktualisierten WHO-Klassifikation wird diese Entität heute unter die „Embryonal tumors with multilayered rosettes" (ETMR) gefasst (Louis et al., 2017, 2021). Die Tumor-Erstdiagnose aus dem Liquor bei einem jugendlichen Patienten bleibt gleichwohl eine Seltenheit.

4.10 Meningeosis melanomatosa

Vignette:	M, 60
Klinik/Frage:	Kopfschmerzen, Wesensänderung; kutanes Melanom vor 5 Jahren.
RBC:	0,002 [2000/µl]
WBC:	0,020 [20/µl]
MN:	95 %
Albumin:	700
Laktat:	3,0

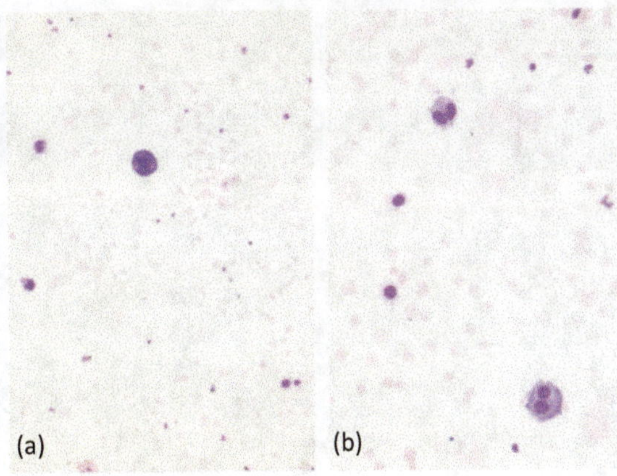

Abb. E.4.10a: 10 x, Übersicht. Neben Erythrozyten (frisch, punktionsbedingt) und einigen Lympho- und Monozyten zeigen sich auch mehrere größere Zellen, z. T. bereits in der Übersicht als mehrkernig erkennbar.

Abb. E.4.10b: 20 x, Übersicht, wie (a). Zwei zweikernige Tumorzellen sowie eine einkernige Tumorzelle mit Zytoplasmaausstülpungen.

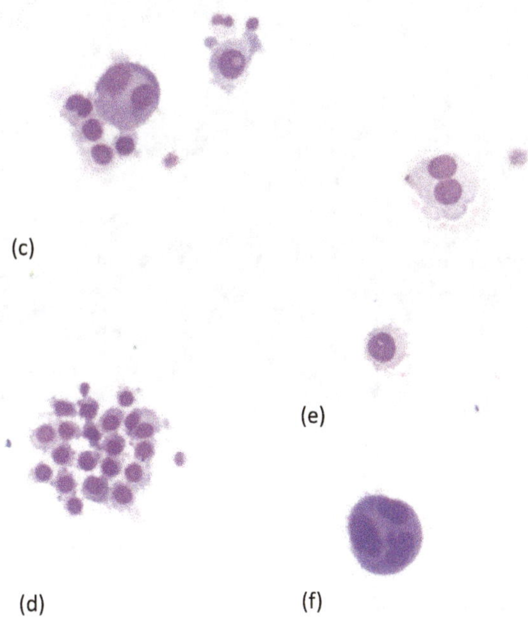

Abb. E.4.10c–f: 40 x, Details.
(c): Verband gleichförmiger Tumorzellen; eine größere und zwei zweikernige Tumorzellen. (d): Tumorzell-Verband. (e): einzelne Tumorzelle mit Kernatypien, unregelmäßigem Nukleolus, Zytoplasmaausstülpungen. (f): Große (> 40 µm) mehrkernige Tumorzelle, im Gegensatz zu den übrigen Tumorzellen ist diese (Melanom-typisch) pigmentiert.

Besonderheit / Merke:
Melanomzellen können sehr polymorphe Erscheinungsbilder aufweisen. Zwei- und Mehrkernigkeit sind häufig, (atypische) Mitosen ebenso. I. d. R. ist nur ein Teil der Zellen deutlich erkennbar pigmentiert, amelanotische Zellen sind häufig und oft vorherrschend. Früher waren ZNS-Manifestationen auch Jahre nach überstanden geglaubter Erkrankung nicht selten. Unter den heutigen neuen Therapien (u. a. Checkpoint-Inhibitoren) ist die Prognose erheblich gebessert; ZNS-Manifestationen kommen deutlich seltener vor.

E.5 Komplexe Konstellationen

5.1 Multiple Sklerose – artifizielle Blutbeimengung

Vignette:	W, 30
Klinik/Frage:	Klin. V. a. Retrobulbärneuritis. Entzündlicher Liquor?
RBC:	0,001 [1000/µl]
WBC:	0,015 [15/µl]
MN:	90 %
Albumin:	350
Laktat:	1,6

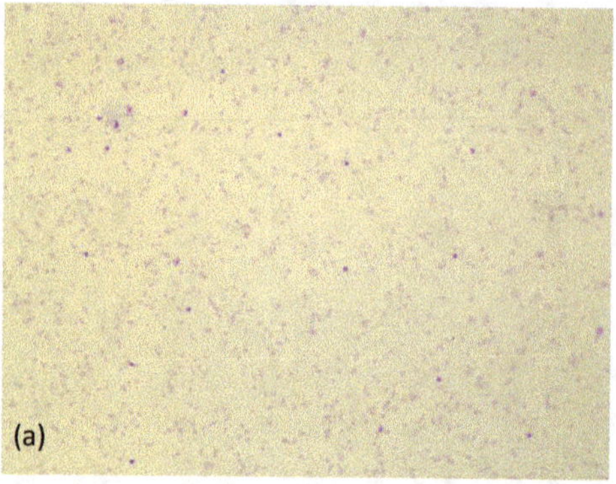

Abb. E.5.1a: 10 x, Übersicht. Reichlich Erythrozyten. Überwiegend Lymphozyten.

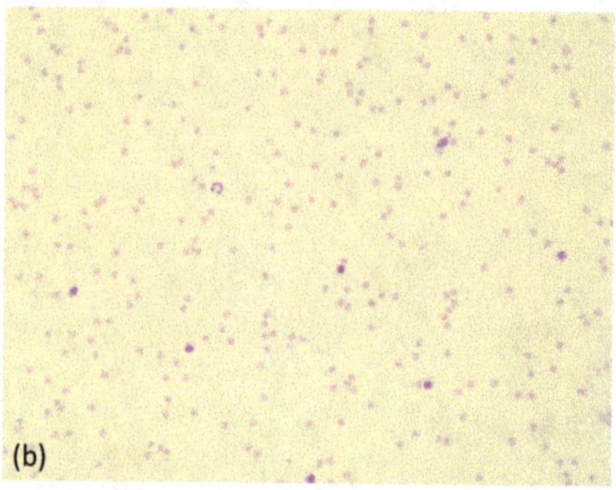

Abb. E.5.1b: 20 x, Übersicht, wie (a). Einige Lymphozyten erscheinen aktiviert (vergrößerter Zytoplasmasaum).

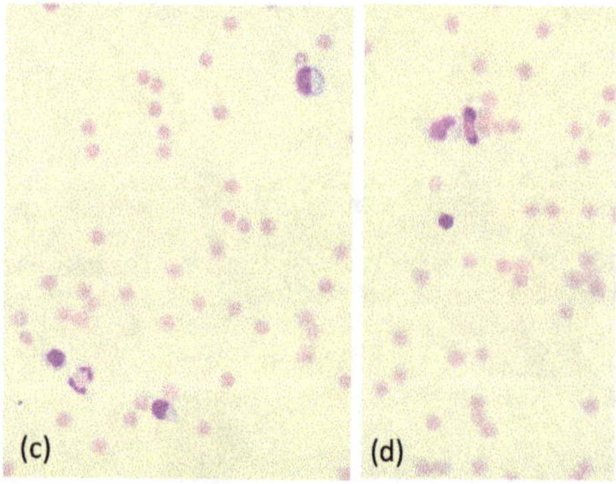

Abb. E.5.1c,d: 40 x, Details.
(c): Ein Neutrophiler; zwei aktivierte Lymphozyten, eine Plasmazelle.
(d): Ein Lymphozyt, ein Monozyt. Besonderheit: Ein Eosinophiler Granulozyt (aus der artifiziellen Blutbeimengung).

Besonderheit / Merke:
Artifizielle Blutbeimengungen kommen nicht selten vor. I. d. R. stellen sie die einzige Normabweichung im Zellbild (begleitet von entsprechenden Veränderungen in der Proteinchemie) dar, i. S. einer (geringen) punktionsbedingten Blutbeimengung. Gleichwohl ist in jedem Einzelfall eine sorgfältige Musterung und Beurteilung des gesamten Präparats erforderlich. Das Überwiegen mononukleärer Zellen (anders als im peripheren Blut!) stellt bereits einen deutlichen Hinweis auf autochthone Lympho-/Monozyten dar. Kämen die Leukozyten überwiegend aus der Blutbeimengung, so wäre ein Granulozytenanteil von etwa 60 % (bzw. im individuellen Fall gemäß dem Anteil von Granulozyten / mononukleären Zellen im peripheren Blut) zu erwarten. Die Aktivierung der Lymphozyten belegt darüber hinaus eine entzündliche Reaktion. Reiber-Diagramm, OKBs, ASIs, MRZ-Reaktion können die Diagnose einer (chronisch-) entzündlichen ZNS-Erkrankung weiter sichern. Im vorliegenden Fall wurde die Diagnose einer Multiplen Sklerose mittels Nachweis einer räumlichen und zeitlichen Dissemination zusätzlich belegt (H. Tumani et al., Liquorlabor der Universitätsklinik Ulm, 2019).

https://doi.org/10.1515/9783110331905-032

5.2 Meningeosis carcinomatosa bei DD SAB

Vignette:	W, 70 J.
Klinik/Frage:	Zunehmende Kopfschmerzen, Abducensparese rechts seit 10 Tagen; cCT/CTA o.B.; Frage: SAB?
RBC:	0,002 [2000/µl]
WBC:	0,010 [10/µl]
MN:	90 %
Albumin:	600
Laktat:	2,8

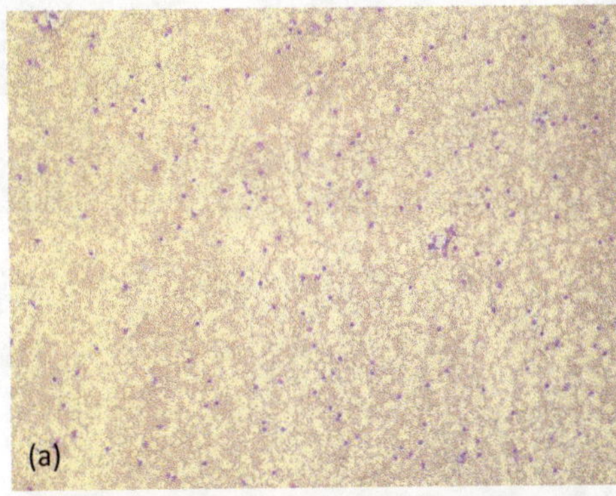

Abb. E.5.2a: 10 x, Übersicht: reichlich Erythrozyten, die im Kontext mit der Klinik zunächst an eine SAB, DD: artifizielle Blutbeimengung denken lassen. Auf den zweiten Blick erkennt man ein (beinahe) rein mononukleäres Zellbild, obwohl (bei SAB wie auch artifizieller Blutbeimengung) überwiegend Neutrophile Granulozyten, zu erwarten wären.

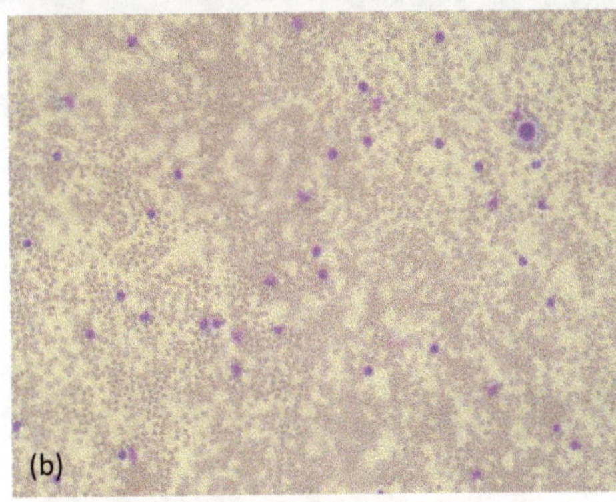

Abb. E.5.2b: 20 x, Übersicht, wie (a). Zusätzlich sind einzelne größere (übergroße!) Zellen erkennbar. Kein Hinweis auf Erythrophagen.

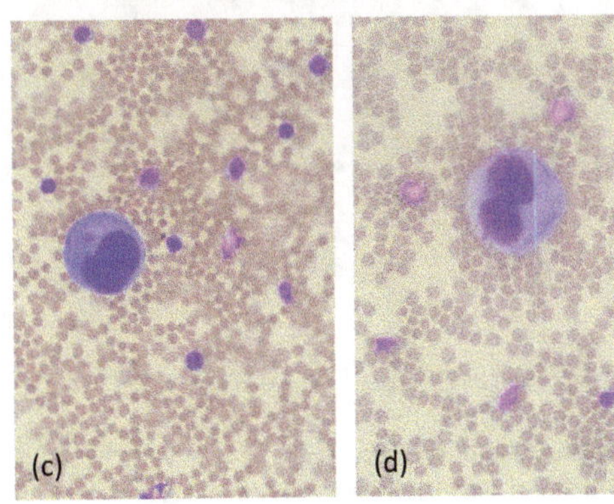

Abb. E.5.2c,d: 40 x, Details.
Nachweis von Tumor-Riesenzellen, z. T. zweikernig – somit Diagnose einer Meningeosis carcinomatosa (keine Tumorerkrankung vorbekannt!) und nachfolgend Erstdiagnose eines Bronchialkarzinoms. Die Erythrozyten erscheinen „frisch" und lagern sich an Leukozyten lediglich an, eine echte Erythrophagozytose ist nicht zu finden.
(Am unteren Bildrand in (c) Anschnitt eines neutrophilen Granulozyten).

Besonderheit / Merke:

1. Die Erstdiagnose einer (metastasierenden) Tumorerkrankung i.R. einer oft unerwarteten Erst-/Neudiagnose einer Meningeosis carcinomatosa ist selten (in der eigenen Erfahrung etwa 1/2000–1/2500 Liquoranalysen). Deutlich häufiger ist – bei entsprechender Klinik – die Diagnose einer Meningeosis carcinomatosa bei bekannter Tumorerkrankung.
2. Auch bei einer mgl. SAB (hier konkret sogar mittels CTA und Katheterangiographie ausgeschlossenen und damit artifiziellen Blutbeimengung) kann eine weitere, relevante zusätzliche Pathologie vorliegen, die letztlich Verlaufsbestimmend und Therapieleitend wird. Ein erster Hinweis im vorliegenden Fall ist die lymphozytäre reaktiv-entzündliche Pleozytose, die sich in der anglo-amerikanischen Bezeichnung als „neoplastic meningitis" widerspiegelt (sowohl bei SAB als auch bei rein artifizieller Blutbeimengung wäre ein Granulozyten-Anteil von > 50%, entsprechend dem Anteil im peripheren Blut, zu erwarten).

5.3 Meningeosis carcinomatosa

Vignette:	W, 60	
Klinik/ Frage:	Kopfschmerzen, Übelkeit; anamnestisch Mamma-Karzinom; in regelm. Kontrollen stabil; kein Anhalt für systemischen Tumor-Progress oder Rezidiv.	
RBC:	0,000	[0/µl]
WBC:	0,005	[5/µl]
MN:	100 %	
Albumin:	400	
Laktat:	2,2	

(a)

Abb. E.5.3a: 10 x. Übersicht. Einige wenige Erythrozyten. Vorherrschen mononukleärer Zellen.

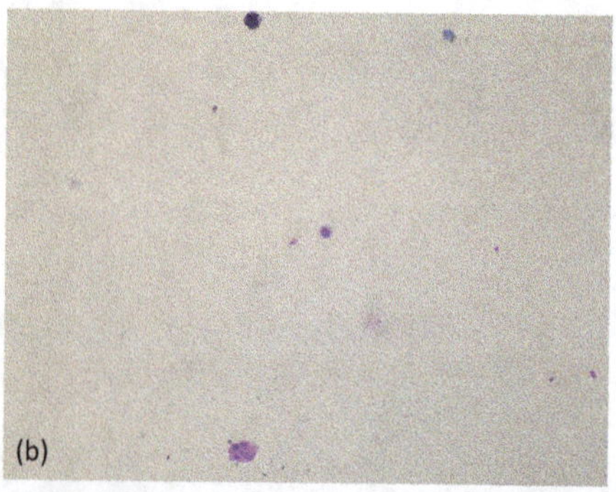

(b)

Abb. E.5.3b: 20 x, Übersicht. Wenige aktivierte Lymphozyten, Monozyten. Daneben einige größere Zellelemente.

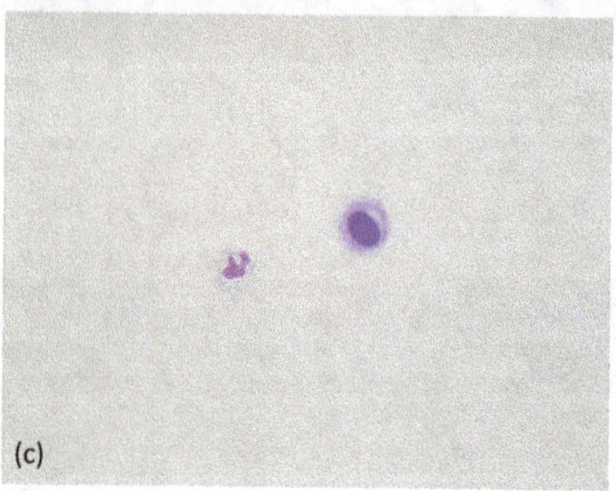

(c)

Abb. E.5.3c: 40 x, Details.
Neben einem Makrophagen (Kerneindellungen, zytoplasmatische Phagozytose-Vesikel) zeigt sich eine Tumorzelle (große Zelle, ca. 20 µm; großer, atypischer Kern, irreguläre Nukleoli, oberflächennahe Zytoplasmavesikel).

Besonderheit / Merke:

1. In *jedem* Einzelfall, insbesondere aber bei bekannter Tumor-Anamnese muss das Präparat sehr sorgfältig nach Tumorzellen durchsucht werden, selbst wenn der Tumor als kontrolliert oder die Behandlung als abgeschlossen gilt, ohne bekannte Hinweise auf Rezidiv, Progredienz oder Filiarisierung. Häufig wird man am Mikroskop zunächst einzelne atypische oder „Tumor-verdächtige" Zellen finden und erst im Verlauf eindeutige Tumorzell-Merkmale erkennen. Sollte der Befund in der Erstpunktion nicht über *atypische* oder *„Tumor-verdächtige"* Zellen hinausgehen, ist eine erneute Punktion indiziert, ggf. mit Anfertigung eines Zellpräparats aus einem größeren Volumen (ca. 5–10 ml) zur Erhöhung der Ausbeute und der diagnostischen Sicherheit (vgl. Kap. B.2.1.6). Bereits der Nachweis einer einzigen eindeutigen Tumor-Zelle führt zur Diagnose einer Meningeose. Der Nachweis von Mitosen (DD: stark aktiviertes Zellbild insbes. bei Borreliose) oder Verbänden (DD: Plexus) kann die Diagnosestellung erleichtern; beides muss aber nicht vorkommen.
2. Diese Konstellation zeigt eindrücklich, dass selbst bei einem Liquor mit „normalen" Parametern eine diagnostisch, prognostisch und therapeutisch relevante Diagnose resultieren kann. Dies ist ein wichtiges Argument für die Anfertigung eines Präparats aus jedem Liquorpunktat, auch bei normaler Zellzahl. Der Automat erkennt die Tumorzellen nicht!

5.4 ALS unter Antisense-Oligonukleotid-Therapie

Vignette:	M, 55	
Klinik/Frage:	Bekannte ALS, unter intrathekaler Tofersen-Therapie	
RBC:	nicht bestimmt	35/µl
WBC:	nicht bestimmt	10/µl
MN:	100 %	
Albumin:	1800	
Laktat:	1,5	

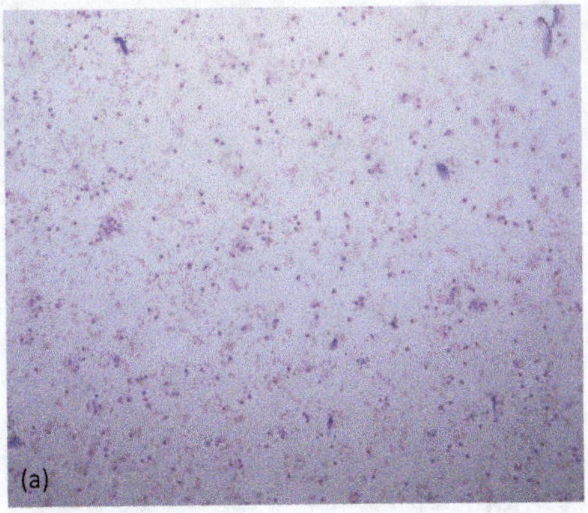

Abb. E.5.4a: 10 x. Bereits in der Übersicht fallen unterschiedliche Größen der Leukozyten im Sinne eines aktivierten lympho-monozytären Zellbilds auf. Nebenbefundlich auch viele Erythrozyten durch punktionsbedingte artifizielle Blutbeimengung (hierdurch erklärt sich auch die erhöhte Protein-Konzentration mit).

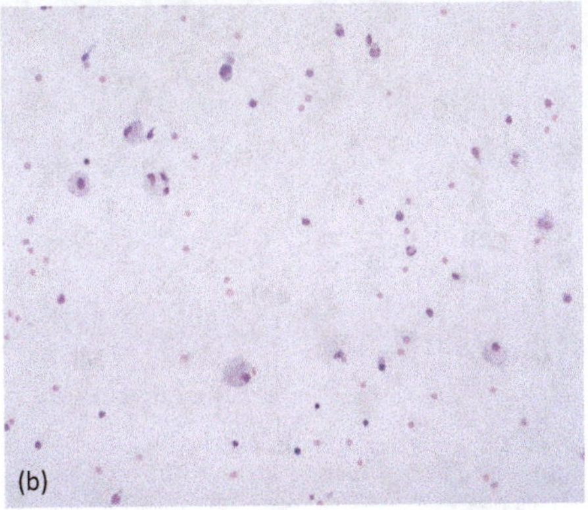

Abb. E.5.4b: 20 x. Ungewöhnliche Makrophagen mit multiplen heterochromen Einschlüssen.

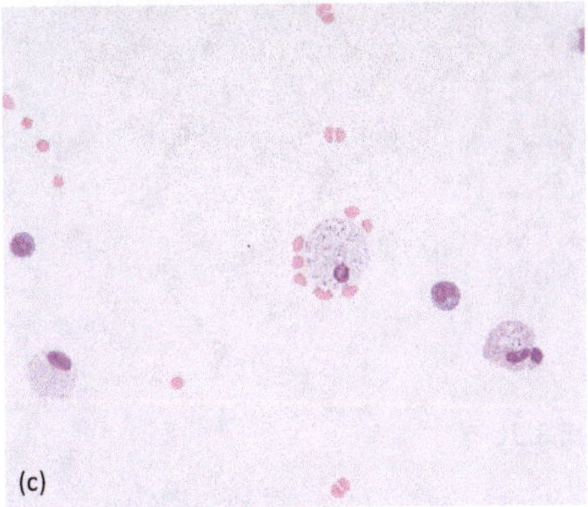

Abb. E.5.4c: 40 x. In der Mitte und rechts zwei Makrophagen mit heterochromen Einschlüssen; diese stellen sich intrazytoplasmatisch scharf abgegrenzt, körnig violett-blau dar. Zwischen diesen Zellen eine Plasmazelle. Links am Rand sowie rechts oben angeschnitten aktivierte Lymphozyten.

Besonderheit / Merke:
Die intrathekale Therapie mit dem Antisense-Oligonukleotid (ASO) Tofersen (MW: 7.128 g/mol) ist zugelassen zur Behandlung der ALS mit Mutationen im *SOD-1* Gen. Nach initial 14-tägigen erfolgen später monatliche Injektionen. Bei intrathekalen Therapien mit ASO sind derartig auffällige Makrophagen in Untersuchungen des Liquors im Verlauf sehr typisch. Worum es sich bei den Einschlüssen genau handelt, kann derzeit noch nicht mit Sicherheit gesagt werden. Vermutet wird phagozytiertes Medikament. Da ASO potentiell immunogen sind, könnte eine Immunreaktion mit Bildung von Antikörpern (Hinweis: Plasmazelle) möglicherweise ebenfalls medikamentenbedingt sein.

E.6 Detailbeschriftungen zu ausgewählten Abbildungen

Im Folgenden sind die Bildbefunde ausgewählter Zellbilder der in E.1–E.5 dargestellten Fallvignetten detailliert beschriftet, üblicherweise aus einer der höheren Vergrößerungen.

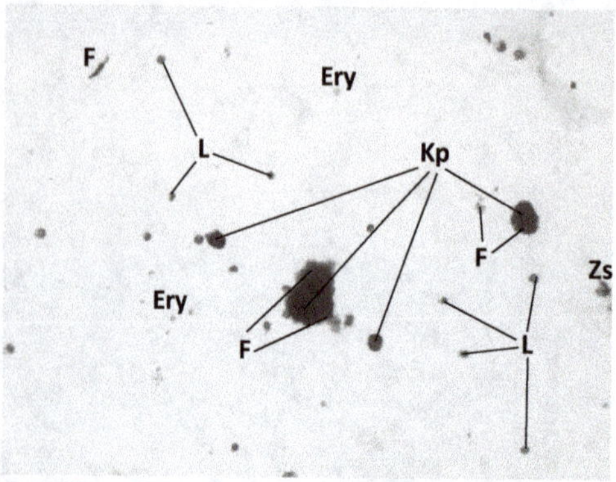

E.1.6b

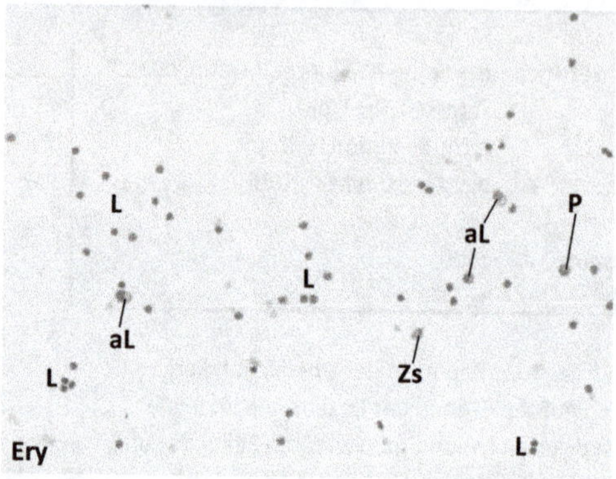

E.1.10b

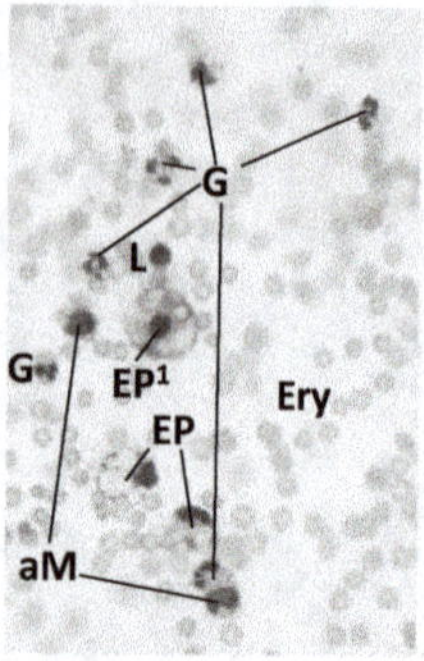

E.2.2c

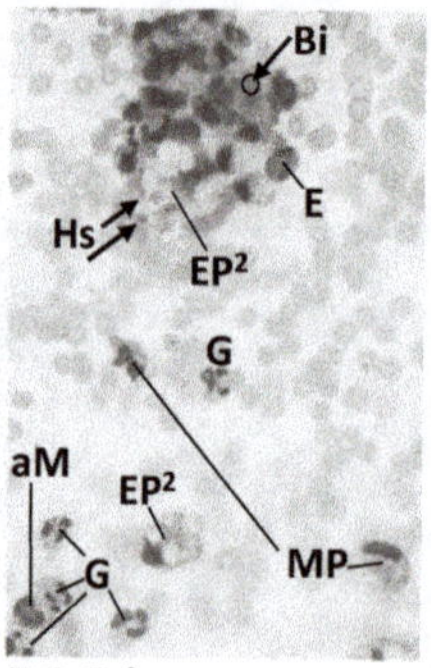

E.2.2d

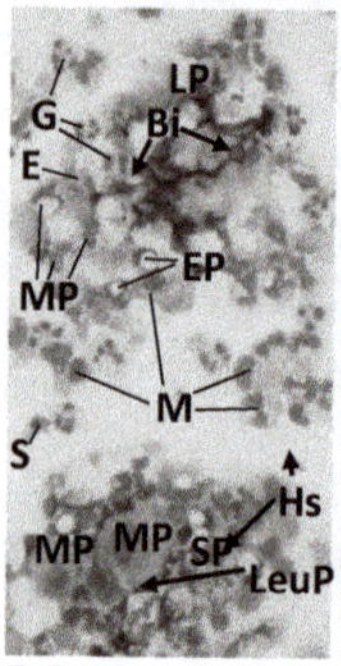

E.2.3c

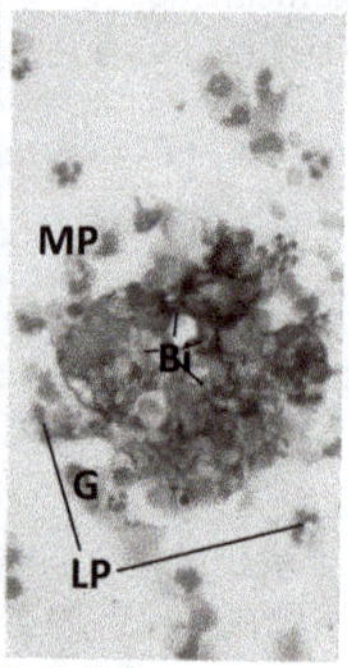

E.2.3d

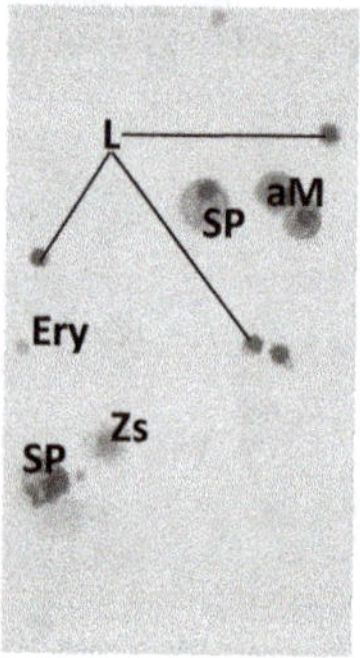

E.2.4d

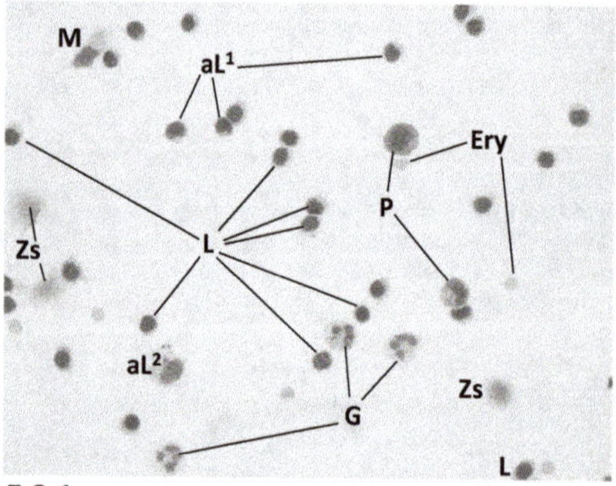

E.3.1c

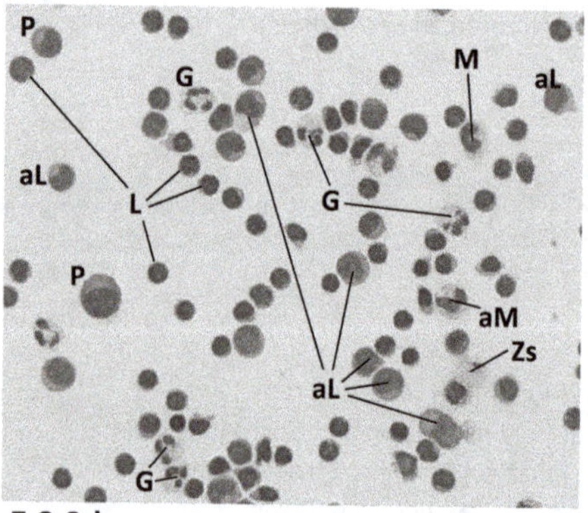

E.3.3d

Abkürzungen/Erläuterungen:
aL = aktivierter Lymphozyt; **aL¹** = mit geringen Aktivierungszeichen; **aL²** = mit deutlicher Aktivierung; **aM** = aktivierter Monozyt; **Bak** = Bakterien; **Bi** = Bilirubin (Hämatoidin); **E** = Eosinophiler Granulozyt; **EP** = Erythrophage; **EP¹** = mit frischen Ery; **EP²** = mit entfärbten Ery; **Ery** = Erythrozyt; **F** = faserartiges Gewebe; **G** = Neutrophiler Granulozyt; **Ga** = Granulozytenapoptose; **Gh** = hypersegmentierter Neutrophiler Granulozyt; **Gs** = stabkerniger G; **LiP** = Lipophage; **LeuP** = Leukophagozytose; **Mit** = Mitose; **Hs** = Hämosiderin; **Kp** = Knorpel; **L** = Lymphozyt; **M** = Monozyt; **MP** = Makrophage; **P** = Plasmazelle; **S** = Schmutz; **SiP** = Siderophage; **SiR** = Siegelringzelle; **SZ** = Schaumzelle; **TuV** = Tumorverdächtig; **TuZ** = Tumorzelle; **Zs** = Zellschatten/lysierende Zelle.

https://doi.org/10.1515/9783110331905-033

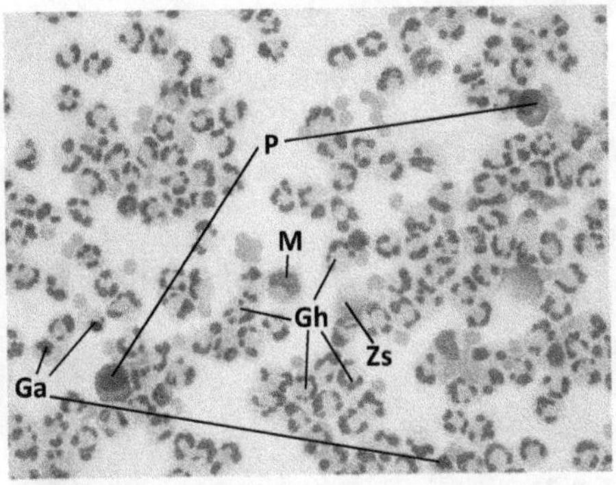

E.3.5c

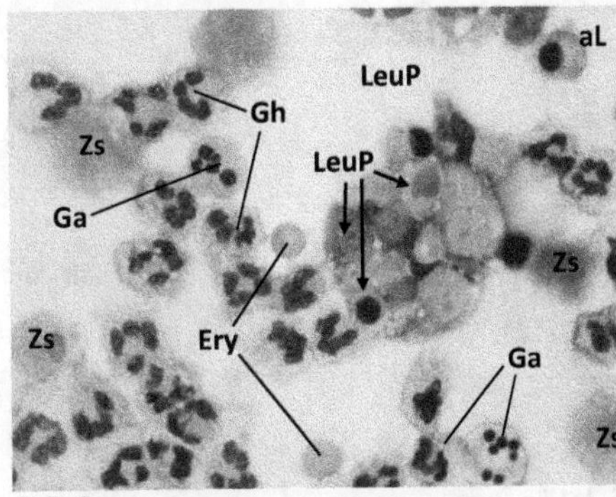

E.3.6c

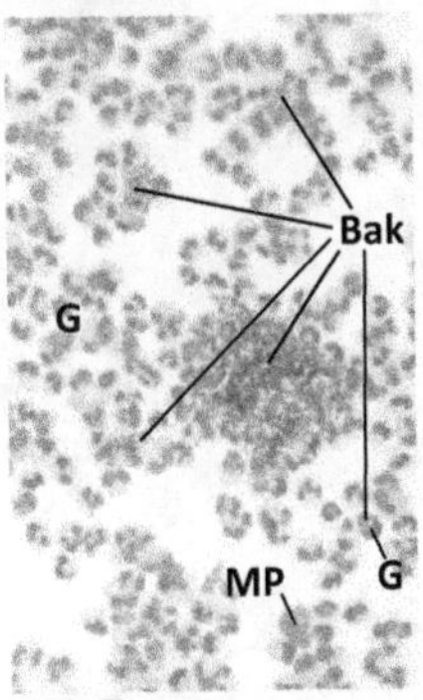

E.3.7c

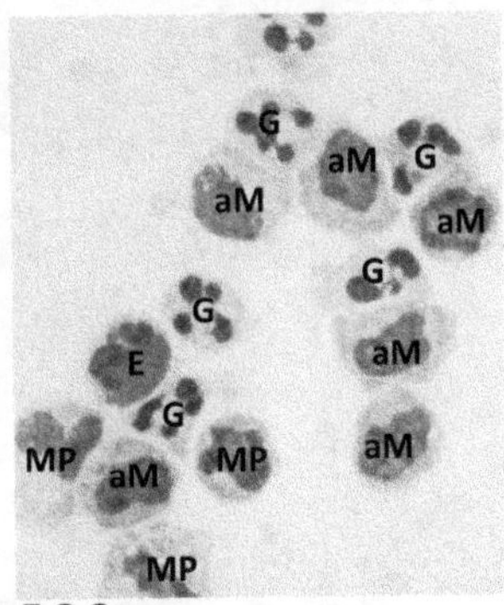

E.3.9c

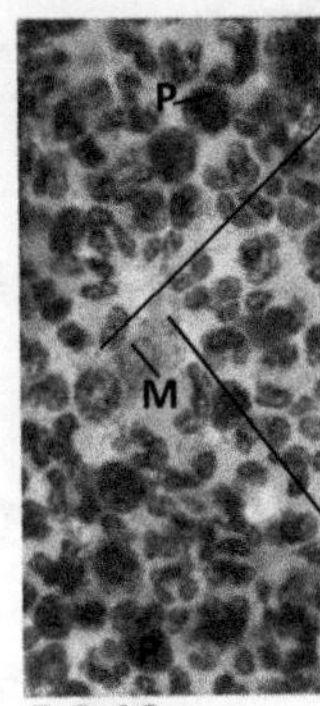

E.3.10e

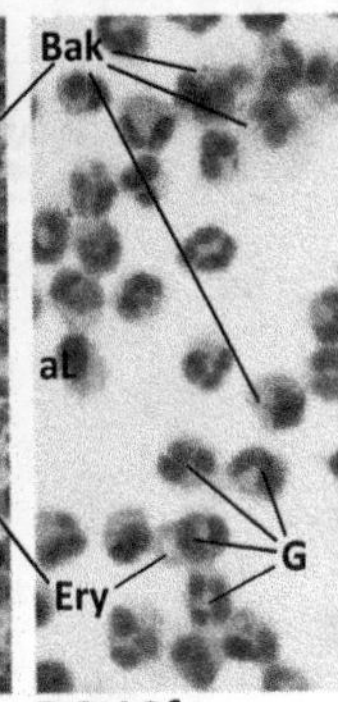

E.3.10f

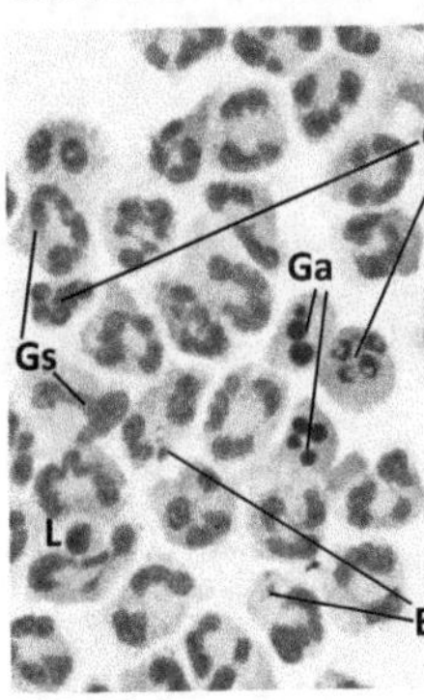

E.3.11d

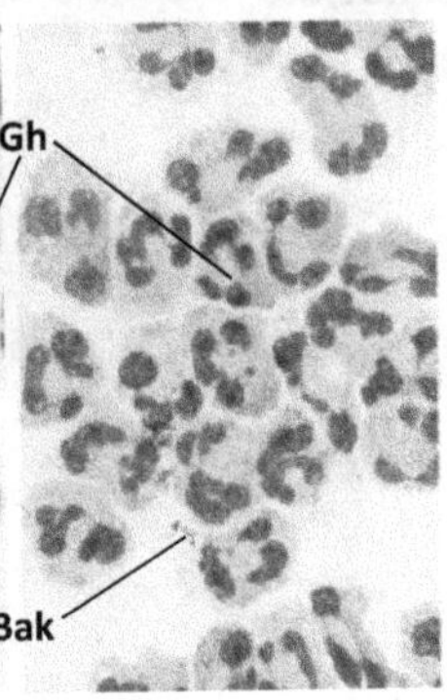

E.3.11e

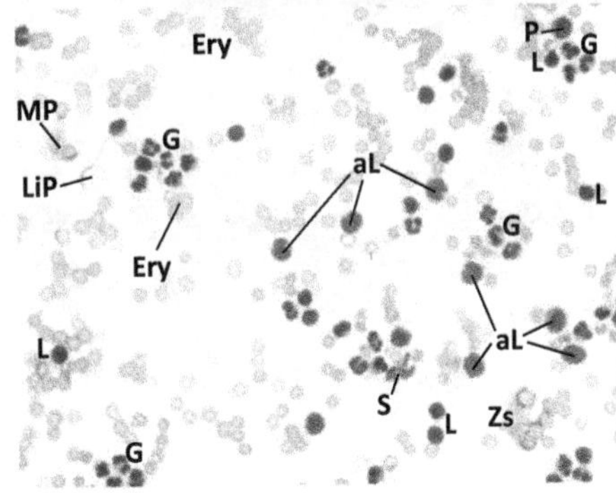

E.3.12c

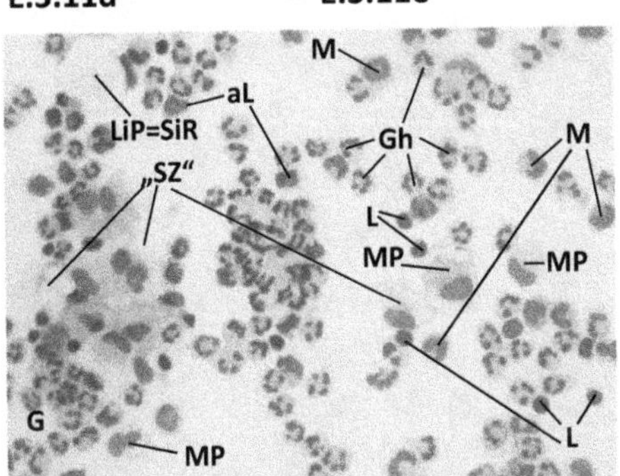

E.3.13c

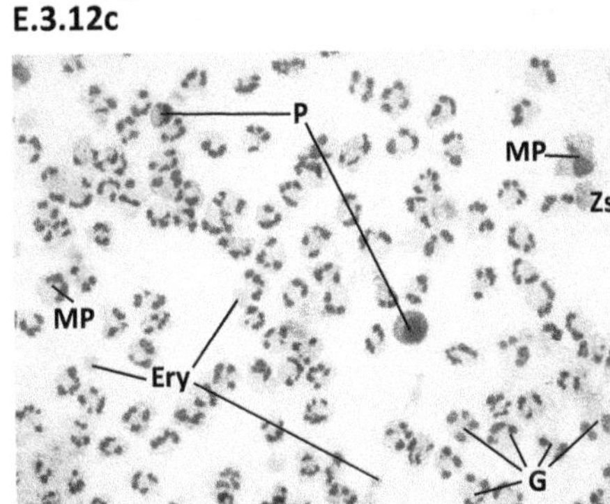

E.3.14c

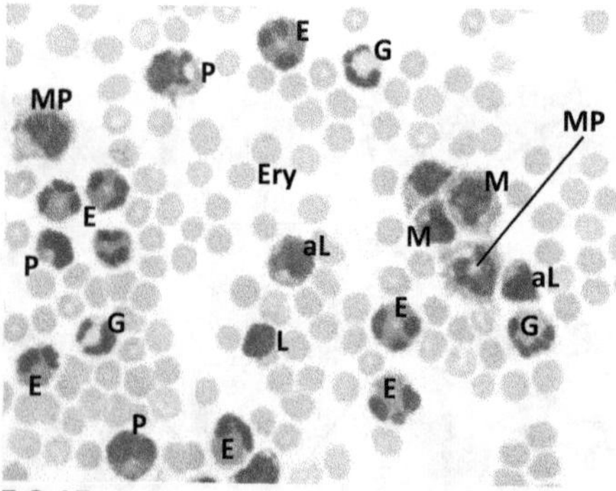

E.3.15c

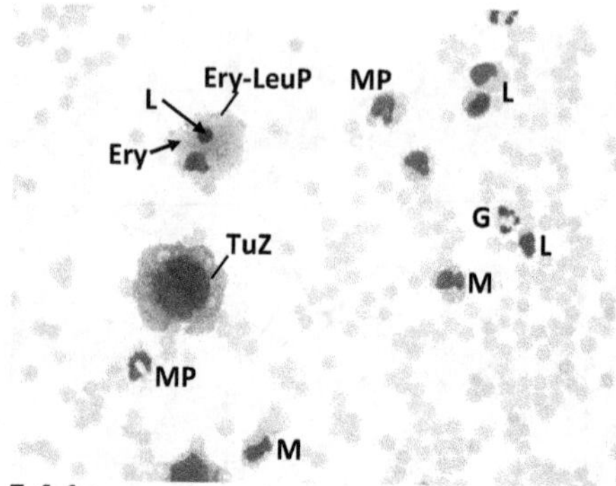

E.4.1c

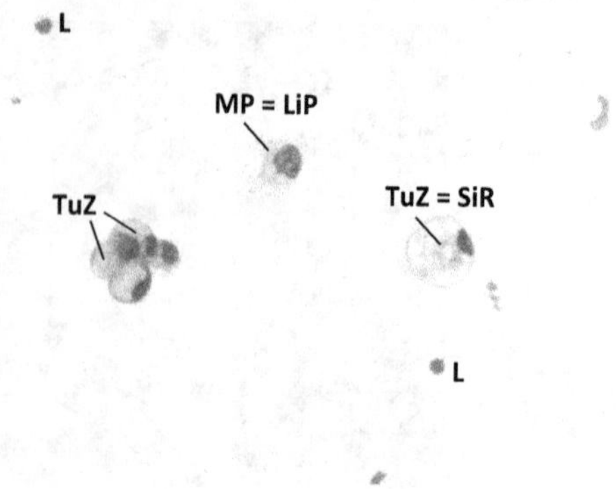

E.4.2c

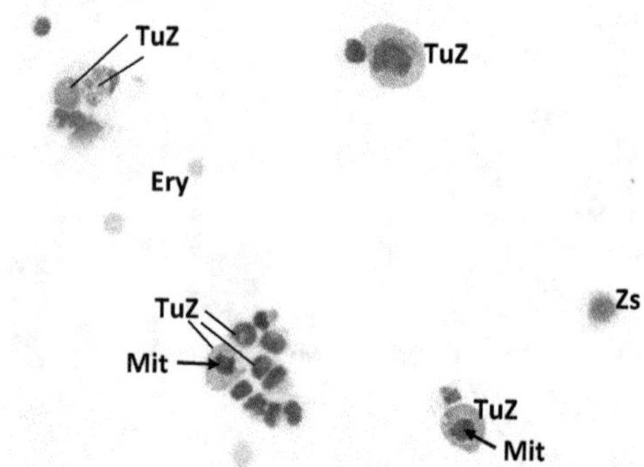

E.4.3c,d

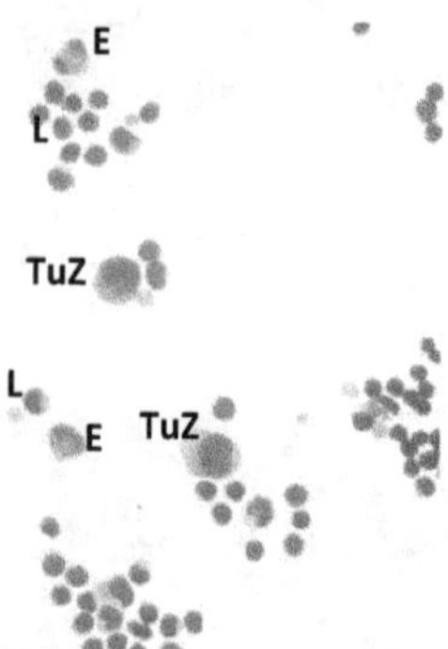

E.4.8c

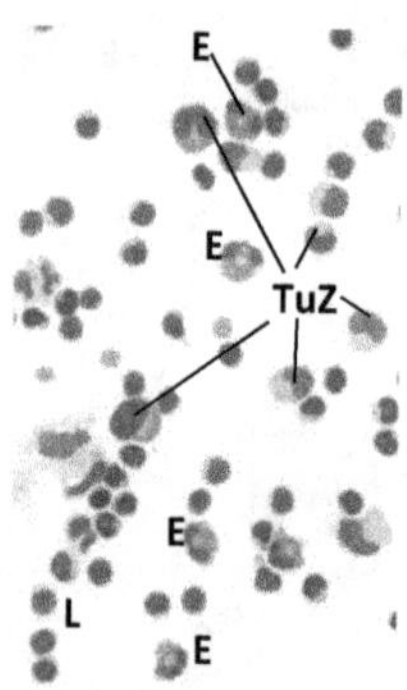

E.4.8d

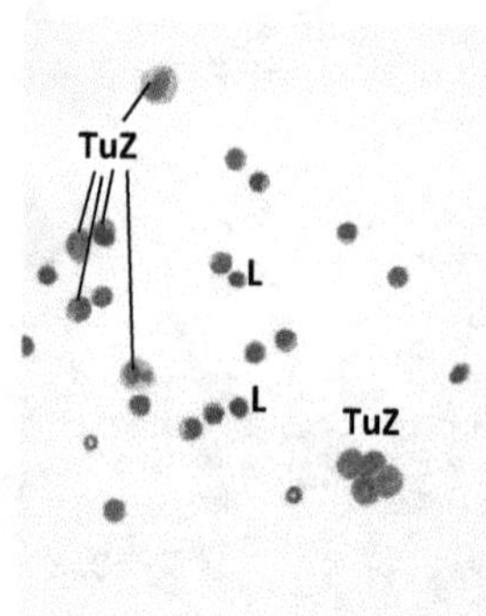

E.4.9c

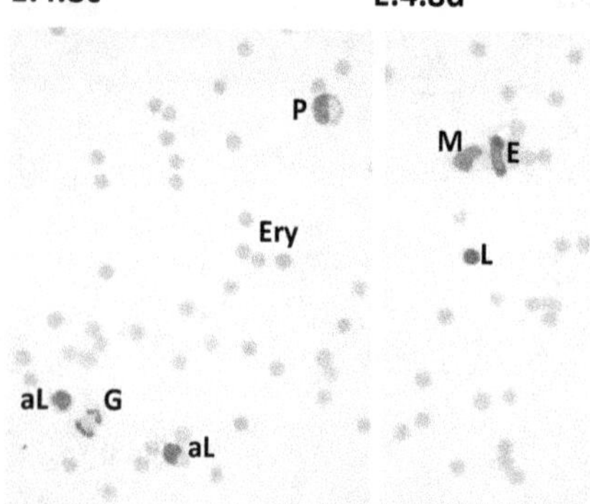

E.5.1c

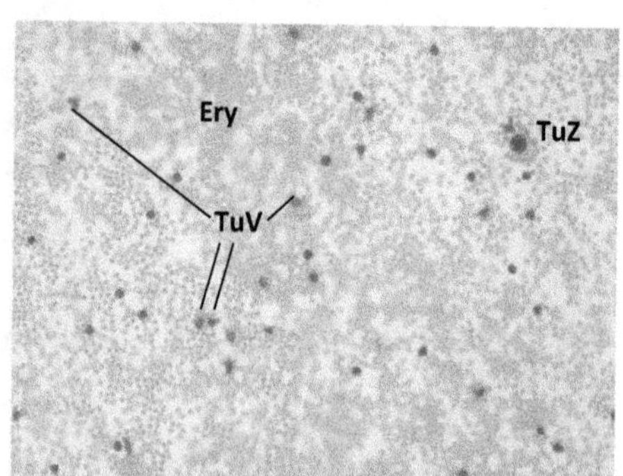

E.5.2b

Register

https://doi.org/10.1515/9783110331905-034

www.ingramcontent.com/pod-product-compliance
Lightning Source LLC
LaVergne TN
LVHW060620300926
849162LV00008B/1662
* 9 7 8 3 1 1 0 2 2 1 9 3 0 *